DIE
DAMPFMASCHINE

VON

DR.-ING. E. h. M. F. GUTERMUTH

GEH. BAURAT, PROFESSOR AN DER TECHNISCHEN HOCHSCHULE
IN DARMSTADT

BEARBEITET IN GEMEINSCHAFT MIT

DR.-ING. A. WATZINGER

PROFESSOR AN DER NORWEGISCHEN
TECHNISCHEN HOCHSCHULE
IN DRONTHEIM

IN DREI BÄNDEN

SPRINGER-VERLAG BERLIN HEIDELBERG GMBH 1928

DIE
DAMPFMASCHINE

ERSTER BAND
ALLGEMEINER TEIL

THEORIE, BERECHNUNG UND
KONSTRUKTION

MIT 1230 TEXTFIGUREN

SPRINGER-VERLAG BERLIN HEIDELBERG GMBH 1928

ISBN 978-3-662-32447-9   ISBN 978-3-662-33274-0 (eBook)
DOI 10.1007/978-3-662-33274-0

Vorwort.

Die Dampfmaschine steht heute am Ende ihrer Entwicklung, die ihrerseits in ihren Anfängen in die Kindheit wissenschaftlicher Technik zurückreicht. Sie ist daher wie keine andere Kraftmaschine geeignet dem Ingenieur durch ihr Werden die Bahn zu weisen, die er als Gestalter neuer technischer Ideen und als Beurteiler bestehender Schöpfungen und Einrichtungen technischer Art zu beschreiten hat.

Bei der geschichtlichen Betrachtung der Dampfmaschine muß es auffallen, daß es, trotz sturmartiger Entwicklung der Technik und ihrer grundlegenden Wissenschaften, so lange dauerte bis der heute allgemein gewordene Aufbau der Dampfmaschine bei einfachster Steuerung und Regelung erreicht war. Der Grund hierfür ist wesentlich darin zu suchen, daß die Dampfmaschinenindustrie lange Zeit ihr Streben weniger zielbewußt auf die wärmtechnisch und konstruktiv ideale Lösung des Dampfmaschinenproblems an sich einstellte, als vielmehr ihre Ausführungen nach kaufmännischen Gesichtspunkten oder nach Konkurrenzrücksichten und daraus sich ergebenden Patentforderungen einrichtete. Maßnahmen, die zu einer Vervollkommnung der Dampfmaschine führten, waren dabei dem Zufall überlassen oder der Intuition genialer Köpfe, die, ihrer Zeit vorauseilend, zu fortschrittlichen Lösungen durch gefühlsmäßiges Empfinden für das Richtige gelangten.

Als Beleg hiefür braucht nur darauf hingewiesen werden, daß nach einer langen Periode empirischer Wandlungen in der Ausbildung der Dampfmaschine, ihr theoretisch einwandfreier Aufbau, sowie die Einführung der Präzisionssteuerung auf das Genie eines Corliß zurückzuführen ist und der Heißdampfbetrieb, nachdem Hirns praktisch verfrühte Anregung bis Ende vorigen Jahrhunderts in Vergessenheit geraten war, seine erfolgreiche Aufnahme der Intuition Wilhelm Schmidt's verdankt. Daneben hat sich in Jahrzehnte währender Umwandlung aus zahllosen, mehr oder weniger umständlichen Steuerungs- und Reglerkonstruktionen einer individualistisch schaffenden, technischen Zeitperiode erst allmählich auch die sachliche Erkenntnis für die naturgemäße einfachste Steuerung und Reglerart, in Form der Exzenterregler-Steuerung herausgebildet, mittels welcher es nunmehr gelingt, die Ausbildung der Dampfmaschine auf wenige Typen zu beschränken, deren konstruktiver Unterschied nur noch durch die voneinander abweichenden inneren Steuerorgane, der Schieber oder Ventile, bedingt wird.

Nicht mangelndes konstruktives Geschick oder ungenügende Leistungsfähigkeit der Werkstattechnik verlangsamte diese Entwicklung, sondern der Umstand, daß jahrzehntelang in der Dampfmaschinenindustrie die Ausbildung eigener, patentfähiger Präzisionssteuerungen aus Konkurrenzrücksichten, als eine technisch und wirtschaftlich wichtige Aufgabe betrachtet wurde. Das Ziel einer Vereinheitlichung der Dampfmaschinenkonstruktion zur rationelleren und damit auch billigeren Herstellung war dabei vollkommen aus den Augen verloren.

Eine ähnlich empirische statt wissenschaftliche Genesis weist auch die mit der Dampfmaschine ungefähr gleichalterige Wasserturbine auf, von deren mannigfachen Konstruktionsarten sich im modernen Turbinenbau nur die Francisturbine und das Peltonrad als theoretisch und praktisch wichtigste Typen herausschälten.

Auch Ottos ingeniöse Lösung eines leistungsfähigen Luftmotors nahm ihren Ausgang in der empirischen, wirtschaftlichen Erkenntnis des praktischen Bedürfnisses nach einem bequemen Kleinmotor und war nicht in erster Linie getragen von der Absicht einer praktischen Lösung des ideellen Wärmemotors. Deshalb konnte auch der durch rein wirtschaftliche Erwägungen geförderte Groß-Gasmotorenbau keinen allgemein bedeutsamen Fortschritt in der Entwicklung der Wärmekraftmaschinen verursachen.

Erst mit der bewußten Einstellung der neuzeitlichen Technik, bei der praktischen Verfolgung einer Aufgabe von der ideellen Lösung auszugehen, ist der Standpunkt gewonnen, welcher zum zielbewußten Fortschritt führt. Abweichend von der gekennzeichneten Entwicklung unserer ältesten Kraftmaschinen zeigt sich daher diejenige unserer jüngsten, der Dieselmotoren und Dampfturbinen. Ihre Urheber stützten sich in der formalen Ausgestaltung dieser neuesten Wärmekraftmaschinen von vornherein auf klar erkannte, praktisch zu erstrebende ideelle Lösungen, so daß ihre technische Vollkommenheit nur noch von der praktischen Beherrschung der schwierigen Konstruktions- und Arbeitsbedingungen abhängt, die beiden Maschinengattungen eigen sind.

Angesichts dieser verschiedenartigen Entwicklung der Wärmekraftmaschinen und der allgemeinen Erkenntnis, daß die Technik, als angewandte Kunst und Wissenschaft, vornehmlich die Grundlage unseres Kulturzeitalters und seiner weiteren Entwicklung bildet, ergeben sich für den akademisch gebildeten Ingenieur und seine geistige Erziehung Grundsätze, auf die im folgenden noch kurz eingegangen werden soll.

Nachdem wirtschaftliche Dauererfolge auf irgendeinem Gebiete menschlicher Betätigung stets hervorragende Leistungen auf diesem voraussetzen, so können erstere nur insoweit auf kaufmännischen oder organisatorischen Erwägungen beruhen, als Absatz- und Preisfragen in Betracht kommen, darüber hinaus aber bleibt die rationelle Befriedigung praktischer Bedürfnisse durch konstruktive, künstlerische oder technische Überlegenheit der Ausführungen, d. i. durch Qualitätsarbeit im weitesten Sinne, ausschlaggebend.

Die Erzielung solcher Leistungsergebnisse hat aber zur Voraussetzung, daß die praktischen Ausführungen technischer Aufgaben sich ihren ideellen Lösungen soweit nähern, als der Stand der Technik erlaubt und die Anpassung an äußere Bedingungen zuläßt. Auch der dabei anzustrebenden Arbeitsteilung im Sinne der Massenfabrikation und Fließarbeit kann nicht der Wirtschaftsgedanke als führend zugestanden werden, denn auf diesen Fabrikationsweg führt der Rationalismus technischer Überlegung von selbst und ist zu seiner Beschreitung nicht in erster Linie kaufmännisches Geschick, sondern technische Intelligenz erforderlich.

Von dieser geisteswissenschaftlichen Betrachtungsweise hat daher auch der akademisch gebildete Ingenieur auszugehen, um im späteren Berufsleben die Vielgestaltigkeit der praktischen Aufgaben mit zielbewußtem Willen und schöpferischem Geiste intuitiv zu meistern. Hierbei erweisen sich nicht wirtschaftliche Erwägungen als untrüglichste Lehrmeisterin, sondern die Natur, deren Studium nach der physikalischen und chemischen Seite seither für den Ingenieur als ausreichend erachtet wurde. In Anbetracht des für beiderlei Naturvorgänge maßgebenden Kausalgesetzes ist leider auch die Auffassung entstanden, daß alle technischen Schöpfungen als mathematisch ausdrückbare Rechenbeispiele zu betrachten seien und somit im wesentlichen handwerksmäßiger Betätigung gleichkommen.

Bei dieser irrtümlichen Beurteilung der Leistungen des Ingenieurs wird vollständig übersehen, daß die einer praktischen Ausführung zugrunde liegende Idee ihrer Berechnung vorausgehen muß. Dieses ideelle Leitmotiv ist aber das Produkt freier Gestaltungsfähigkeit des Ingenieurs, ähnlich wie die Konzeption eines Kunstwerkes geistiges Eigentum des Künstlers ist. Zur schöpferischen Betätigung des Ingenieurs reicht somit die Kenntnis der mathematischen und energetischen Wissenschaften nicht aus, vielmehr gehört zu ihr noch die künstlerische Befähigung zur praktischen Gestaltung einer technischen Idee. Diese Fähigkeit würde die wirksamste Förderung erfahren durch Erweiterung des akademischen Studiums auf die Morphologie der Tier- und Pflanzenwelt, deren technische Ausdrucksformen das Höchstmaß an Vollkommenheit und Zweckmäßigkeit darstellen. Für die Steigerung der Schöpferkraft des Ingenieurs müssen sich daher die lebensvollen Anregungen einer organischen und anorganischen Formenwelt fruchtbringender erweisen, als die nur zeitlich gültigen wirtschaftlichen Erkenntnisse, deren Besonderheiten überdies im Berufsleben autodidaktisch rascher erfaßt werden als durch schulmäßigen Unterricht.

Das Schöpfertum des Ingenieurs läßt sich bezeichnen als die Fähigkeit zur künstlerischen Zusammenfassung verschiedengearteter Funktionen in einer realen Einheit von ideell einfachster Gestaltung zur Erfüllung eines bestimmten praktischen Zweckes. Die damit zusammenhängende zweckhafte Formgebung ist als geistige Tat in Parallele zu stellen mit dem teleologischen Aufbau alles Organischen in der Natur und daher nicht im Sinne eines profanen Utilitarismus zu deuten. Das Kriterium der Wirtschaftlichkeit wird somit für den schöpferischen Ingenieur auch nicht zur Ursache oder zum Leitmotiv seiner technischen Leistungen, sondern lediglich zur naturgemäßen Folgeerscheinung geisteswissenschaftlicher Betätigung.

Die deutsche Technik und Industrie kann im Wettbewerb mit den übrigen durch Naturreichtum gesegneten Kulturnationen nur dann ihre seitherige Vorzugsstellung aufrecht erhalten, wenn der Schwerpunkt der geistigen Einstellung ihrer Ingenieure nicht im Materialismus, sondern in der Auswirkung der verfügbaren geistigen Kräfte gesucht wird, die sich in der alle Kulturentwicklung fördernden technischen Intuition zu entfalten haben.

Diese aus der geschichtlichen Entwicklung der Dampfmaschine einerseits und dem neuzeitlichen Vorgehen in der Maschinentechnik andererseits für den ausübenden Ingenieur sich ergebenden Leitgedanken, bildeten die Grundlage für den Aufbau des vorliegenden Werkes. Es ist versucht, in einheitlicher Bearbeitung die Ausbildung der Dampfmaschine während ihrer letzten Entwicklungsperiode und ihre von wärmetechnischen und mechanischen Arbeitsverhältnissen abhängige Wirtschaftlichkeit zu veranschaulichen, sowie erkennen zu lassen, welcher Grad der Annäherung an ideelle Forderungen der Dampfausnützung und der Dampfmaschinenkonstruktion technisch erreicht werden konnte.

Bei Sichtung und Verarbeitung des reichen literarischen und konstruktiven Materials auf dem Gebiete der Dampfmaschinentechnik wurde daher keine Rücksicht auf dessen zeitliches Entstehen genommen, sondern lediglich auf seine Eignung in wissenschaftlicher Hinsicht, zur Charakterisierung der für die wärmetechnischen Betriebsverhältnisse, sowie für die Formgebung, Steuerung und Regelung maßgebenden theoretischen Leitmotive.

Diese Behandlung des Dampfmaschinenproblems soll dem ausübenden Ingenieur und den Studierenden die Grundlage für jene rationelle, geistige Einstellung gewinnen lassen, die eine vorurteilsfreie, theoretische und praktische Beurteilung jedweder Dampfmaschinenkonstruktion bzw. Anlage ermöglicht und von der aus die konstruktiv und betriebstechnisch einwandfreieste Lösung neuer Dampfmaschinenanlagen zu erfolgen hat.

Auch hoffe ich hierdurch eine Anregung in dem Sinne gegeben zu haben, daß in der literarischen Behandlung technischer Leistungen, wirtschaftliche Gesichtspunkte als Leitmotive wissenschaftlicher Analyse oder künstlerischer Synthese mehr und mehr verschwinden.

Von dieser Auffassung hat das akademische Studium getragen zu sein, wenn es sich über den einseitigen, fachlichen Charakter erheben soll. Das Was bedenke, mehr bedenke Wie — lautet eine Goethesche Maxime. Das Was praktischer Betätigung lehrt uns die objektive Erkenntnis, das Wie bleibt subjektiver Intuition vorbehalten. Diese didaktische Einsicht hat auch bei Verwertung des verfügbaren Materials der Bearbeitung des Dampfmaschinenwerkes zugrunde gelegen.

Die stoffliche Gliederung des dreibändigen Werkes ergab sich zweckmäßigerweise derart, daß im ersten Band behufs Klärung der konstruktiven Grundsätze die wärmetechnischen und mechanischen Verhältnisse der Dampfmaschine im allgemeinen behandelt werden. Im wärmetechnischen Teil sind die in der Literatur zerstreut enthaltenen wärmetechnischen Versuche und eigene Versuche an Dampfmaschinen so zusammengefaßt und bearbeitet, daß genügend Klarheit über den tatsächlichen Einfluß bestimmter Betriebsbedingungen, wie Dampfbeschaffenheit, Steuerungsart, Belastung oder Umdrehungszahl der Maschine gewonnen wird. Einfach- und Mehrfachexpansionsmaschinen sind dabei getrennt behandelt. Das anschließende Kapitel erstreckt sich auf die formale und rechnerische Behandlung der konstruktiven Einzelheiten der ruhenden Maschinenteile und des Triebwerkes. Bei der folgenden eingehenden Behandlung der Steuerungen sind die inneren Steuerorgane getrennt von dem äußeren Steuerungsmechanismen betrachtet. Zur Systematik und Kritik der letzteren ist vom theoretischen Bewegungsgesetz der inneren Steuerorgane ausgegangen, aus dem die beiden konstruktiven Lösungsformen der Ausklinkmechanismen und der zwangläufigen Steuerungen sich ableiten.

Die anschließende theoretische Betrachtung der Regler geht von der Dynamik des Regelvorganges aus, aus der die betriebstechnischen Forderungen für die Wirkungsweise des Reglers sich ergeben, während für die rationelle konstruktive Lösung, sowie für die technische Beurteilung der zahlreichen, bestehenden Reglerkonstruktionen die ideelle Reglerform als Grundlage dient.

In dem die Kondensationseinrichtungen behandelnden Schlußkapitel ist besonderer Wert darauf gelegt, die relative Bedeutung der für Oberflächenkondensatoren in Betracht kommenden zahlreichen, in der Literatur bekannt gewordenen und eigenen Untersuchungen über den Wärmedurchgang durch Röhren zu klären und durch Diagramme zu veranschaulichen. Bei der Verfolgung der Vorgänge in Rückkühlwerken bildete die sehr wertvolle Forschungsarbeit des Dr. Ing. C. Geibel die wesentliche Grundlage zu deren Veranschaulichung.

Der zweite Band umfaßt ein Tafelwerk ausgeführter Einfach- und Mehrfachexpansions-Dampfmaschinen nebst einer Darstellung konstruktiver Einzelheiten der ruhenden und bewegten Maschinenteile, einschließlich der Steuerungen und Regler, sowie der Kondensationseinrichtungen. Ein das Tafelwerk und den Textteil ergänzender Anhang enthält noch vergleichende, rechnerische und graphische Untersuchungen an Steuerungen, Reglern und Triebwerksteilen.

Im dritten Band sind die wärmewirtschaftlichen Ergebnisse von Dampfmaschinenuntersuchungen unter Kennzeichnung der Konstruktion der untersuchten Maschinen und ihrer Versuchsbedingungen, in Tabellen und Diagrammen übersichtlich zusammengestellt; außerdem sind für die wichtigsten Dampfmaschinentypen die Gesetzmäßigkeiten graphisch veranschaulicht, nach denen der tatsächliche Dampf- und Wärmeverbrauch sich ändert.

Ein Anhang von Tafeln theoretischer Natur dient zum Teil als Ergänzung der Mollierschen Entropietafeln durch Veranschaulichung der Gesetzmäßigkeiten, in der Veränderung der theoretisch ausnutzbaren Wärmemenge und des theoretischen Wärmeverbrauchs der verlustlosen Maschine mit Änderung ihrer Betriebsbedingungen; zum anderen Teil dazu, die mit Dampfspannung und Füllungsgrad sich ergebenden Veränderungen des mittleren Dampfdruckes zu veranschaulichen d. i. der wesentlichen Rechnungsgröße, von welcher die grundlegenden Abmessungen einer Dampfmaschine, Cylinderdurchmesser und Kolbenhub, für eine bestimmte Leistung abhängig werden.

Diese tabellarische und graphische Übersicht über die wärmewirtschaftlichen Ergebnisse ausgeführter Dampfmaschinen und die theoretischen Tafeln des Anhangs gewähren nicht nur die Möglichkeit einer leichten und raschen Berechnung des Arbeitsvolumens einer Dampfmaschine, sondern auch einer zuverlässigen Festsetzung der Garantieziffern über Wärme- und Dampfverbrauch auf Grund praktischer Versuchsergebnisse.

Obwohl nun mit dem Höchststand der konstruktiven Entwicklung und werkstattechnischen Vollendung der Dampfmaschine zufällig ihre dominierende Stellung als Wärmekraftmaschine abschließt und sie für große Leistungseinheiten durch die Dampfturbine, sowie auch in vielen Fällen durch die Gas- und Ölmaschine verdrängt wird, so bleibt ihre technische Bedeutung doch bestehen, nicht nur wegen der noch in Betrieb befindlichen, zahllosen Dampfmaschinenanlagen des In- und Auslandes, sondern auch infolge der noch vielfachen Anwendungsmöglichkeiten in Betrieben mit stark veränderlicher Leistung und geforderter größtmöglicher Dampfausnützung, sowie bei Lokomobilen, bei Gegendruckbetrieb oder Abdampfverwertung u. dgl. Außerdem gehört die Dampfmaschine nach wie vor, wegen der weitgehenden theoretischen Klärung ihrer wärmetechnischen und mechanischen Arbeitsverhältnisse zu den wichtigsten Disziplinen des maschinentechnischen Unterrichts an Technischen Hoch- und Fachschulen. Vom didaktischen Standpunkt aus darf daher unbedenklich behauptet werden, daß die Bedeutung der Dampfmaschine für die Ausbildung des technischen Intellekts gleichwertig ist derjenigen der klassischen Sprachen für die gymnasiale Bildung.

Die beabsichtigte wesentlich frühere Herausgabe des Werkes, dessen Inangriffnahme in die Vorkriegszeit fällt, seit welcher ich mich der ständigen Mitarbeiterschaft Professor Watzingers, meines damaligen Assistenten erfreute, ist leider einerseits durch den Weltkrieg und die Ereignisse der Nachkriegszeit, andererseits durch den Umstand vereitelt worden, daß mit Beginn des 20. Jahrhunderts beide Verfasser ihre akademische Tätigkeit auch auf das neue Gebiet der Turbomaschinen einzustellen hatten, so daß die literarische Beschäftigung mit der plötzlich in den Hintergrund gedrängten Dampfmaschine zeitlich sehr erschwert wurde und längere Unterbrechung erfahren mußte.

Bei der zeitraubenden Nachforschung und Sichtung des Literaturmaterials wurden geeignete Diplomkandidaten zugezogen, die mit großem Interesse und Fleiß, sowie anerkennenswerter Gewissenhaftigkeit sich der einheitlichen Bearbeitung von Tabellen und Diagrammen, sowie zugehörigen graphischen und rechnerischen Untersuchungen widmeten. Unter diesen Hilfsarbeitern möchte ich die Dipl.-Ing. Mies und Nissen noch besonders hervorheben.

Den Firmen und Ingenieuren der Dampfmaschinenindustrie, welche durch Überlassung wertvollen Materials das Werk bereicherten, spreche ich auch an dieser Stelle meinen Dank aus. Besonders anerkennend muß ich hier bei noch die Mitwirkung meines ehemaligen Assistenten, jetzigen Direktors Heilmann, bei der Bearbeitung des wärmetechnischen Teils erwähnen. Im Kapitel Kulissen- und Lenkersteuerungen für Schieber haben von Herrn Ingenieur Kolkmann zur Verfügung gestellte textliche und zeichnerische Unterlagen willkommene Verwendung gefunden.

Bereitwillige Unterstützung leisteten bei der Fahnenkorrektur meine Assistenten Dipl.-Ing. Klepp, Dr. Ing. Mehner und Wengler, sowie mein Sohn cand. mach. Max Gutermuth, der außerdem die mühevolle Aufstellung des Sachregisters durchführte.

Schließlich ist es mir eine angenehme Pflicht, das dauernde lebendige Interesse und die Förderung zu betonen, deren ich mich während der, viele Jahre beanspruchenden, Bearbeitung des Werkes seitens der Verlagsbuchhandlung in entgegenkommender Weise zu erfreuen hatte.

Darmstadt, Oktober 1927. **M. F. Gutermuth.**

Übersicht
über den Inhalt der Bände I, II und III.

Band I.

Theorie, Berechnung und Konstruktion.

Band II.

Ausgeführte Konstruktionen.

Band III.

Untersuchung ausgeführter Maschinenanlagen.

Inhalt des I. Bandes.

Erster Abschnitt.

Wärmetechnischer Teil.

Zweiter Abschnitt.

Konstruktiver Teil.

Erster Abschnitt.

Wärmetechnischer Teil.

A. Wärmetheoretische Grundlagen.

1. Physikalische Eigenschaften des Wasserdampfes.

Die Dampfmaschine verdankt ihre seitherige Vorzugsstellung unter den Wärmekraftmaschinen den technisch wertvollen physikalischen und chemischen Eigenschaften des Wasserdampfes. Zu diesen muß in erster Linie die leichte Beschaffung des Wassers und einfache Erzeugung des Wasserdampfes, sowie das neutrale Verhalten beider in chemischer Beziehung gegen die bei der Dampfmaschine zur Verwendung kommenden Metalle gerechnet werden. Von besonderer praktischer Bedeutung ist der Umstand, daß vorübergehende Undichtheiten im allgemeinen keine empfindlichen Störungen durch austretende Dampf- und Wassermengen verursachen und rasch und leicht behoben werden können. Grundlegend für die Zweckmäßigkeit des Wasserdampfes als Wärmeträger und Betriebsmittel für die Dampfmaschine sind jedoch seine wärmetechnischen Eigenschaften, die nachfolgend eingehend betrachtet werden sollen.

Bei Erwärmung des Speisewassers im Dampfkessel unter konstantem Druck tritt zunächst eine allmähliche Temperatursteigerung ein bis zu einer gewissen Temperatur, bei der die Dampfbildung beginnt. Solange Wasser verdampft, bleibt diese Temperatur, die als Sättigungstemperatur bezeichnet wird, unverändert; sie ändert sich nur mit dem Druck, unter dem die Verdampfung erfolgt. Bei atmosphärischem Drucke von 760 mm Quecksilbersäule beträgt die Sättigungstemperatur 100°, bei geringerem Barometerstand ist sie niedriger, während sie mit zunehmendem Drucke steigt. Bei den für Dampfmaschinen üblichen Spannungen der Betriebskessel liegen die Sättigungstemperaturen erheblich über der einer Atmosphäre entsprechenden Verdampfungstemperatur und erreichen beispielsweise bei 16 Atm. rund 200°.

In Anbetracht der Bedeutung, welche die Sättigungstemperaturen für die Kenntnis der Wärmeverhältnisse des Dampfes im Dampfzylinder besitzen, wurden diese bereits von Watt für Spannungen von 0,005 bis 2,74 Atm. experimentell mit praktisch befriedigender Genauigkeit ermittelt[1], Die Dampfmaschinentheorie stützt sich jedoch bis in die neueste Zeit auf jene Werte, die eingehende wissenschaftliche Versuche Regnaults über die physikalischen Eigenschaften des Wasserdampfes geliefert haben. Diese in den Jahren 1842 bis 1869 im Auftrage der Pariser Akademie der Wissenschaften durchgeführten kostspieligen Untersuchungen erstreckten sich auf Drucke bis 27,8 Atm., entsprechend einer Höchsttemperatur von 232,5° C[2]. Eingehende Prüfung und Erweiterung auf höhere Dampfspannungen und Temperaturen erfuhren diese Versuche seit dem Jahre 1905 durch eine Reihe von Untersuchungen im Laboratorium für Technische Physik in München und in der Physikalisch-Technischen Reichsanstalt in Berlin[3].

Verdampfungsvorgang. Sättigungstemperatur und Dampfspannung.

---

[1] Z. d. V. d. Ing. 1896, S. 977.
[2] Regnault, Relation des expériences I, Paris 1847, S. 465; II, Paris 1862, S. 335.
[3] Knoblauch, Raisch, Hausen, Tabellen und Diagramme für Wasserdampf, München und Berlin 1923. — W. Schüle, Technische Thermodynamik, 4. Aufl. Berlin 1921.

Die Spannung gesättigten Dampfes nimmt bei niederen Temperaturen ganz allmählich, bei höheren sehr rasch zu, Fig. 1. Der Zusammenhang zwischen beiden läßt sich analytisch durch eine empirische Exponentialfunktion ausdrücken ($\lg p = a + b\alpha^{r} + c\beta^{r}$), die jedoch wegen ihrer rechnerischen Unbequemlichkeit in der Technik nicht benützt wird. Statt dessen sind für den praktischen Gebrauch die zusammengehörigen Werte von Dampfdruck und Sättigungstemperatur für kleine Spannungsunterschiede in Zahlentafeln zusammengestellt, wobei Zwischenwerte durch Interpolation zu ermitteln sind. Derartige Zahlentafeln, die außerdem noch andere zur rechnerischen Verfolgung des Dampfzustandes wichtige Zahlengrößen enthalten, wurden für gesättigten Dampf u. a. von Zeuner[1]), Fliegner, Weyrauch[2]), Mollier[3]), Schüle[4]) und Knoblauch[5]) aufgestellt. Im vorliegenden Werk ist hauptsächlich die in den neueren Auflagen des von deutschen Ingenieuren allgemein gebrauchten Handbuches der Hütte[6]) aufgenommene Molliersche Tabelle benützt. Die auf Grund der neuesten Versuche von Prof. Knoblauch u. a. berechneten Dampftabellen sind im Anhange dieses Buches angefügt.

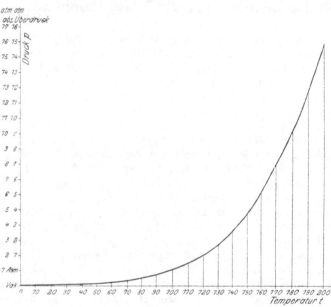

Fig. 1.   Beziehung zwischen Spannung und Temperatur für gesättigten Dampf.

Die physikalische und technische Spannungseinheit.

Bei Benützung der Dampftabellen und überhaupt bei wärmetechnischen Rechnungen ist zu beachten, daß die in der Technik benützte Einheit der Spannung nicht mit dem auf den Meeresspiegel bezogenen Atmosphärendruck von 0° und 760 mm Barometerstand = 10333 kg/qm übereinstimmt, sondern daß im Interesse der Einfachheit für technische Messungen und Berechnungen der Druck einer Atmosphäre = 10000 kg/qm = 1 kg/qcm gesetzt wird. Die Berechtigung zur Einführung der technischen Atmosphäre, die bei 0° C Lufttemperatur einem Barometerstand von 735,6 mm Quecksilbersäule entspricht, beruht nicht nur in der angestrebten Vereinfachung der Rechnung, sondern auch darin, daß der wirkliche Luftdruck je nach der Höhenlage und den klimatischen Verhältnissen veränderlich ist.

Ferner ist zu beachten, daß die zur Messung des Dampfdruckes dienenden Manometer und Vakuummeter nicht den absoluten Druck, sondern den Druckunterschied gegen den tatsächlich bestehenden Druck der atmosphärischen Luft angeben. Bei wärmetheo etischen Rechnungen ist stets die absolute Spannung

[1]) Zeuner, Techn. Thermodynamik II. Anhang.
[2]) Weyrauch, Grundriß der Wärmetheorie, Stuttgart 1907, Bd. II, S. 24.
[3]) Mollier, Neue Tafeln und Tabellen für Wasserdampf, Berlin 1925.
[4]) Schüle, Techn. Thermodynamik Bd. 1, 4. Aufl. 1921, S. 549—553.
[5]) a. a. O., S. 31—34.
[6]) Hütte, des Ingenieurs Taschenbuch. 24. Aufl. Berlin 1924, Bd. I, S. 498 ff.

einzuführen. Es beziehen sich daher auch im folgenden alle Angaben auf absolute Atmosphären von der Einheitsspannung = 1 kg/qcm.

Der bei der Sättigungstemperatur ohne Druck- und Temperaturänderung sich vollziehende Verdampfungsvorgang ist von einer bedeutenden Volumzunahme begleitet und dauert so lange an, bis die vorhandene Wassermenge in Dampf übergegangen ist. Der so gebildete Dampf wird als trocken gesättigt bezeichnet; führt der entwickelte Dampf jedoch noch Wasserteilchen mit sich, so wird von feuchtem oder nassem Dampf gesprochen. Im Dampfkessel scheidet sich der trocken gesättigte Dampf vom Wasser und sammelt sich im oberen Teile des Kessels, im Dampfraume, an.

Der Rauminhalt eines Kilogramms trocken gesättigten Dampfes, das Sättigungsvolumen, ändert sich mit dem Drucke bzw. der Temperatur des Dampfes[1]) und zwar erfährt er mit zunehmendem Drucke eine sehr starke Abnahme, Fig. 2. Beispielsweise beträgt für 0,1 Atm. Dampfspannung das Sättigungsvolumen 14,9 cbm, dagegen nur 1,72 cbm für 1 Atm. und 0,1 cbm bei 20 Atm.

Der Rauminhalt des nassen Dampfes setzt sich aus dem Volumen der vorhandenen Dampf- und Wassermenge zusammen. Das Verhältnis des Gewichtes reinen Dampfes zum Gesamtgewicht des Dampf- und Wassergemisches wird als spezifische Dampfmenge bezeichnet.

Da im Beharrungszustand des Kesselbetriebes stets ein größerer, unveränderlicher Wasservorrat von der Temperatur des gesättigten Dampfes vorhanden ist, so dient die in der Feuerung entwickelte Wärme lediglich zur Temperaturerhöhung des Speisewassers und zu dessen Verdampfung, wobei der sich entwickelnde Dampf trocken gesättigt bleibt und eine Spannung besitzt, welche der Wassertemperatur als Sättigungstemperatur entspricht. Eine Erhöhung der Dampftemperatur über die Sättigungstemperatur, also Überhitzung des Dampfes ist in diesem mit Wasser und Dampf angefüllten Kesselraum ausgeschlossen; diese kann nur in einem besonderen, lediglich mit dem Dampfraum des Kessels in Verbindung stehen-

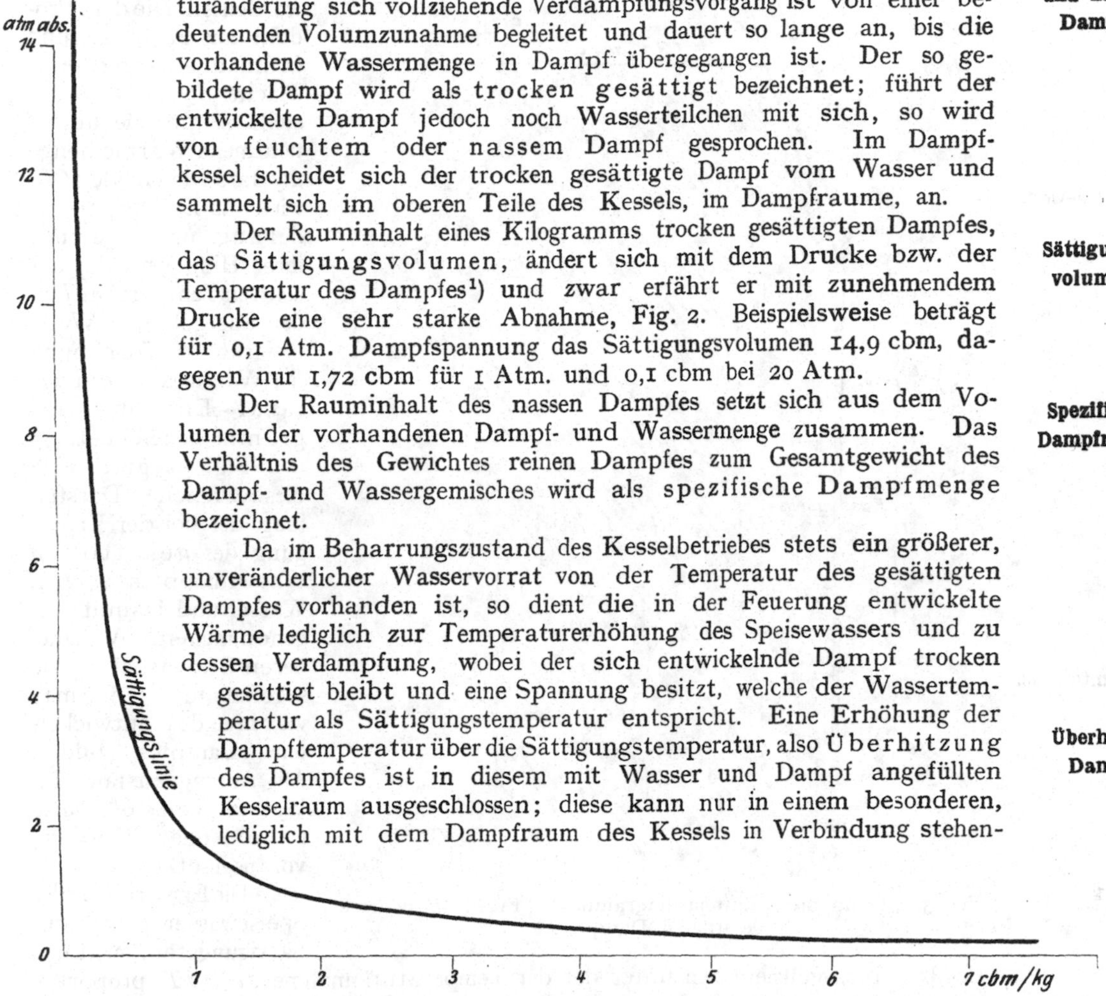

Fig. 2. Beziehung zwischen Spannung und Volumen für gesättigten Dampf.

Gesättigter und nasser Dampf.

Sättigungsvolumen.

Spezifische Dampfmenge.

Überhitzter Dampf.

den Überhitzer erzielt werden. Der durch den Überhitzer geführte Dampf erhöht durch weitere Wärmeaufnahme seine Temperatur unter Beibehaltung seiner Spannung. Das Volumen des so entstehenden Heißdampfes vergrößert sich, während seine Dichte naturgemäß abnimmt. Die Volumenzunahme während der Überhitzung ist abhängig von der Temperatursteigerung, und die Wärmeaufnahme ist außer durch letztere noch durch die mit der Dampfspannung und Temperatur veränderliche Größe der spezifischen Wärme des überhitzten Dampfes[2]) bedingt.

Ein deutliches Bild von der Art der Wärmeaufnahme bei der Dampferzeugung läßt sich graphisch gewinnen, indem die an das Wasser bzw. den

Darstellung der Erzeugungswärme im Temperatur-Entropie-Diagramm.

---

[1]) Die Abhängigkeit des Sättigungsvolumens vom Druck wird annähernd durch die empirische Beziehung $p\,v^n =$ konst. wiedergegeben, in der $n = 1{,}0646$.

[2]) Unter spezifischer Wärme überhitzten Dampfes wird die Wärmemenge verstanden, die zur Temperaturerhöhung von 1 kg Dampf konstanter Spannung um 1° erforderlich ist.

Dampf übertragene Wärme dQ als Fläche innerhalb eines Koordinaten-Systems dargestellt wird, dessen Koordinaten den Werten dQ/T und T entsprechen, wenn T die absolute Temperatur bezeichnet, bei der die Wärmemenge dQ aufgenommen worden ist. Die dem Produkt aus Abscisse und Ordinate entsprechende Fläche $dQ/T \cdot T = dQ$ stellt somit die aufgenommene Wärmemenge dQ dar. Die Größe dQ/T wird als Entropieänderung und die mit ihrer Hilfe und der absoluten Temperatur T in der angegebenen Weise bewirkte Aufzeichnung der Wärme als Temperatur-Entropiediagramm bezeichnet.

Fig. 3 gibt eine diesbezügliche Darstellung der bei der Erzeugung des gesättigten Wasserdampfes vom Wasser und Dampf aufgenommenen Wärme, deren Gesamtbetrag die sogenannte Gesamtwärme des entwickelten Dampfes bildet. Als Anfangszustand ist Wasser von 0^0, also $t = 0^0$ oder $T = 273$ vorausgesetzt.

Entropiewert.

Gesamtwärme.

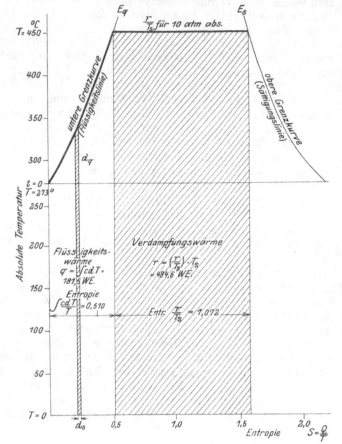

Fig. 3. Temperatur-Entropiediagramm der Erzeugungswärme gesättigten Dampfes.

Die Erwärmung des Speisewassers bis zur Sättigungstemperatur t_s des Dampfes vollzieht sich unter der der Temperaturzunahme $dt = dT$ proportionalen Wärmeaufnahme $dq = c\,dt = c\,dT$, wenn c die spezifische Wärme des Wassers bedeutet. Wird nun im Entropiediagramm die absolute Temperatur T als Ordinate, der Entropiewert der aufgenommenen Wärmemenge als Abscisse

Flüssigkeits-Wärme.

aufgetragen, so wird das Differential dq der Flüssigkeitswärme dargestellt durch ein rechteckiges Flächenelement, das den Entropiewert $ds = dq/T$ zur Basis und die Temperatur T zur Höhe hat, da $dq = (dq/T) \cdot T$.

Der einer Temperaturerhöhung um t_s entsprechende Entropiewert s der Flüssigkeitswärme bestimmt sich somit aus der Beziehung

$$s = \int_0^{t_s} \frac{dq}{T} = \int_0^{t_s} \frac{c\,dT}{T}$$

Die mittlere spezifische Wärme des Wassers, deren Abhängigkeit von der Temperatur für Temperaturen von $40^0 — 300^0$ ausgedrückt ist in der Beziehung[1]

$$c_m = 0,9983 — 0,00005184\,t + 0,0000006912\,t^2,$$

[1] Dieterici, Z. d. V. d. Ing. 1905, S. 362.

kann für die praktisch in Frage kommenden Temperaturgebiete angenähert gleich 1 gesetzt werden. Die Entropie der Flüssigkeitswärme läßt sich alsdann vereinfacht schreiben

$$s = \int_0^{t_s} \frac{dT}{T} = \ln T + C.$$

Hierin wird die Konstante C so gewählt, daß die Entropie für $t = 0^0$, d. i. $T = 273$ zu Null wird, also $0 = \ln 273 + C$ oder $C = -5{,}61$ und $s = \ln T - 5{,}61$.

Die Entropiewerte s als Abscissen im Zusammenhang mit den zugehörigen Temperaturordinaten begrenzen somit eine logarithmische Linie E_q, die bei $T = 273$ durch die Ordinatenachse hindurchgeht. Für Temperaturen unter $t = 0^0$ besitzt vorstehender Ausdruck keine physikalische Bedeutung mehr, da die dort herrschende feste Aggregatform, das Eis, abweichende Wärmeverhältnisse aufweist. So findet beim Schmelzen des Eises die Wärmeaufnahme bei konstanter Temperatur $t = 0^0$ oder $T = 273$ statt, und der Entropiewert der Schmelzwärme W_s würde sich einfach aus der Beziehung ermitteln $s_w = \dfrac{W_s}{273}$.

Die während der Temperaturerhöhung auf $t_s = 179^0$ für 10 Atm. Dampfspannung aufgenommene Flüssigkeitswärme

$$q = \int_0^{t_s} c\, dT = \int_0^{t_s} \frac{dT}{T} \cdot T$$

ist im Entropiediagramm, Fig. 3, dargestellt als Fläche unter der Flüssigkeitsentropielinie E_q zwischen den Ordinaten $t = 0^0$ und $t_s = 179^0$ bzw. $T_s = 452$.

Der Zusammenhang zwischen der Flüssigkeitswärme q und der Wassertemperatur t kann nach Regnault ausgedrückt werden durch die Beziehung $q = t + 0{,}00002\, t^2 + 0{,}0000003\, t^3$. Aus den Dampftabellen ist dieser Wert für die praktisch in Betracht kommenden Temperaturen unmittelbar zu entnehmen, während für Überschlagsrechnungen einfach $q = t$ gesetzt wird.

Da bei Wärmezufuhr über die Flüssigkeitswärme hinaus, unter Aufrechterhaltung der der Flüssigkeitstemperatur entsprechenden Spannung des gesättigten Dampfes, Dampfentwicklung erfolgt, so müssen dem Dampfzustand bei gleicher Temperatur größere Entropiewerte angehören als der Flüssigkeitsentropie entsprechen. Die Entropielinie E_q der Flüssigkeitswärme scheidet deshalb das Gebiet des Wassers von dem des Dampfes bzw. von dem des Dampfwassergemisches und wird daher als untere (oder innere) Grenzkurve oder auch als Flüssigkeitslinie bezeichnet.

Für den Vorgang der Verdampfung bei konstanter Temperatur T_s wird die der Verdampfungswärme r entsprechende Entropielinie E_r durch die Parallele zur Abscissenachse in Höhe der Sättigungstemperatur T_s und von der Länge r/T_s dargestellt. Die Verdampfungswärme, deren Größe sich durch die Formel ausdrücken läßt $r = 606{,}5 - 0{,}695\, t - 0{,}00002\, t^2 - 0{,}0000003\, t^3$, wird somit durch die Rechteckfläche unterhalb der Entropielinie r/T_s bis zur absoluten Nullinie herab gemessen, da $r/T_s \cdot T_s = r$. Die Zahlenangaben in Fig. 3 entsprechen einer Dampfspannung von 10,0 Atm. abs.

Werden die Entropiewerte der Verdampfungswärme für die praktisch in Frage kommenden Dampfspannungen von der Flüssigkeitslinie aus auf den zugehörigen Temperaturhöhen angetragen, so liefern ihre Endpunkte die sogenannte obere (oder äußere) Grenzkurve oder Sättigungslinie E_s. Die Verdampfungswärme r, sowie die Entropiewerte $E_r = r/T$ nehmen, wie die Gleichung für r und das Diagramm Fig. 3 erkennen läßt, mit zunehmender Dampfspannung ab.

Untere Grenzkurve.

Verdampfungswärme.

Obere Grenzkurve.

Druck- und Volumände- rungen bei der Dampfbildung.

Werden die bei der Dampfbildung sich ergebenden Druck- und Volum- änderungen von Dampf und Wasser im Druck-Volumdiagramm, Fig. 4, dar- gestellt, so ergibt sich zunächst, daß das Wasservolumen im Vergleich zum entwickelten Dampfvolumen so klein erscheint, daß es sich überhaupt nicht darstellen läßt. Die mit der Flüssigkeitslinie E_q des Entropiediagramms- korrespondierende Volumlinie des Wassers im Druckvolum- diagramm muß daher mit der Ordinatenachse zusammen- fallend angenommen werden. Der aus dem Wasser sich ent- wickelnde Dampf konstanten Druckes erreicht ein Endvolumen gleich dem Sättigungsvolumen, das als Abscisse in der Ordi- natenhöhe der zugehörigen Dampfspannung anzutragen ist. Diese Horizontale entspricht im Entropiediagramm der eben- falls als Horizontale erscheinenden Entropie E_r. Durch Ein- tragen der den verschiedenen Dampfspannungen entsprechenden Sättigungsvolumen des Dampfes von der Ordinatenachse aus in der zugehörigen Druckhöhe[1]), ergibt sich auch im Druck- volumdiagramm die obere Grenzkurve oder Sättigungslinie korrespondierend mit derjenigen im Entropiediagramm. In den beiden Diagrammen Fig. 3 und 4 werden die zwischen den spezifischen Dampfmengen $x = 0$ und $x = 1$ lie- genden Zustandsänderungen des Satt- dampfes begrenzt durch die Flüssig- keits- und Sättigungslinie. Durch über- einstimmende proportionale Teilung der Horizontalabstände zwischen diesen beiden Grenzkurven und durch Verbinden zusammengehöriger Teilpunkte ergeben sich die einem bestimmten Feuchtigkeits- grade entsprechenden **Kurven konstanter Dampfmenge**[2]).

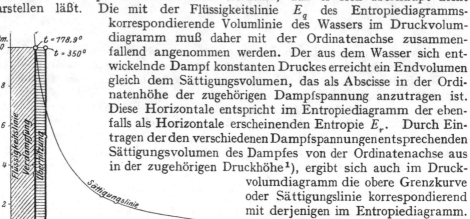

Fig. 4. Druck-Volum-Diagramm der Volum- änderungen bei der Bildung gesättigten und überhitzten Dampfes.

Überhitzungs- wärme.

Wird dem trocken gesättigten Dampf, dessen Zustand durch den seiner Dampfspannung und Temperatur entsprechenden Punkt der Sättigungslinie be- stimmt ist, bei unverändertem Drucke weitere Wärme zugeführt, so tritt eine Temperatursteigerung über die Sättigungstemperatur ein, der Dampf wird überhitzt. Für diese Überhitzung, mit der eine Änderung des Aggregatzu- standes nicht mehr verbunden ist, wurde früher die vom Dampfe aufgenommene Überhitzungswärme Z der Temperaturerhöhung proportional also $dz = c_p \cdot dT$

Spezif. Wärme des überhitzten Dampfes.

gesetzt, worin c_p einen unveränderlichen Wert der spezifischen Wärme des überhitzten Dampfes für konstanten Druck bezeichnete. Bis in die neuere Zeit wurde der von Regnault für Dampf von Atmosphärenpressung und geringer Überhitzung ermittelte Wert $c_p = 0{,}48$ für beliebige Spannungen gültig ange- sehen. Erst nach 1902 wurden auf Anregung von Staatsrat v. Bach[3]) physika- kalische Untersuchungen über die Größe der spezifischen Wärme bei den für die Dampfmaschinentechnik in Frage kommenden Dampfspannungen und Über- hitzungstemperaturen angestellt. Die zuverlässigsten Ermittlungen gingen aus dem Laboratorium für Technische Physik in München durch umfassende Versuche von Prof. Dr. Osc. Knoblauch und seinen Mitarbeitern[4]) hervor. Die Versuche er- streckten sich auf Dampfspannungen von 0,5 bis 30 Atm. und Temperaturen bis 350⁰, bei Drücken zwischen 2 und 8 Atm. bis 550⁰. Die graphische Wiedergabe dieser Versuchsergebnisse in Fig. 5a zeigt in der Nähe des Sättigungszustandes des Dampfes eine rasche Zunahme der spezifischen Wärme mit wachsendem Druck.

[1]) Aus der Dampftabelle des Anhangs zu entnehmen.
[2]) Vgl. Fig. 9 auf S. 12. Kurven $x = 0{,}5$ bis $1{,}0$.
[3]) Z. d. V. d. Ing. 1902, S. 729.
[4]) Mitt. üb. Forschungsarb., Berlin 1906, Heft 35 und 36, S. 109 und 1911, Heft 108 und 109, S. 79, Z. d. V. d. Ing. 1915 S. 376, 1922, S. 418.

Bei gleichem Druck nimmt dagegen vom Sättigungszustand aus c_p mit wachsender Temperatur zuerst ab und nach Durchschreiten eines Minimums wieder zu. Nur bei Drücken unter 0,5 Atm. steigt vom Sattdampfzustand aus die spezif. Wärme mit der Temperatur dauernd an, während für Drücke über 20 Atm. der Kleinstwert von C_p erst bei Temperaturen über 400° sich einstellt. Mit weiterer Steigerung der Temperaturen scheint der Einfluß der Spannung auf die spezif. Wärme allmählich ganz zu verschwinden, entsprechend dem Verhalten hoch-überhitzter Gase (Versuche von Professor Langen[1]).

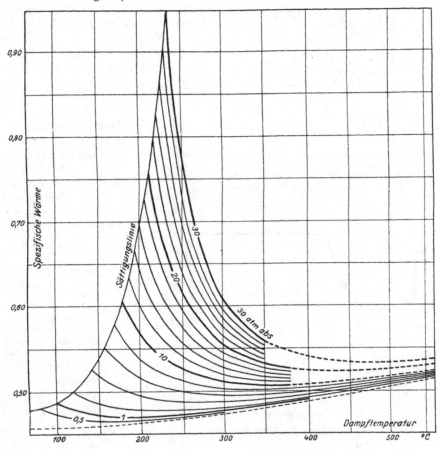

Fig. 5a. Veränderung der spezifischen Wärme des Heißdampfes mit Druck und Temperatur.

Zur raschen Ermittlung der zusammengehörigen Werte von Druck, Raum-inhalt und Temperatur des überhitzten Dampfes werden überwiegend Tempe-

---

[1] Für Heißdampf gilt daher bei den praktisch in Frage kommenden Überhitzungstempera-turen noch nicht die einfache Zustandsgleichung für Gase $v\,p = R\,T$. Vielmehr liefert die in Fig. 5a veranschaulichte Gesetzmäßigkeit für die Veränderung der spezifischen Wärme c_p mit der Temperatur des Heißdampfes, die sich nach Hausen analytisch ausdrücken läßt durch

$$c_p = f(T) + \frac{C}{T - \varphi(p)}$$

eine Zustandsgleichung des Heißdampfes in der Form:

$$v = \frac{RT}{P} - \frac{C\,\varphi'(P)}{A\,[\varphi(P)]^2}\left[T \ln \frac{T}{T - \varphi(P)} - \varphi(P)\right] + \psi(P)$$

worin $\varphi(P)$ und $\psi(P)$ reine Druckfunktionen, $f(T)$ eine reine Temperaturfunktion und C eine Konstante bedeuten. Das spezifische Volumen des Heißdampfes ergibt sich hiernach für eine bestimmte Temperatur T kleiner als bei vollkommenem Gaszustand, indem angenommen werden muß, daß die Überhitzungswärme nicht nur zur Volumvergrößerung nutzbar, sondern zu einem

ratur - Entropiediagramme[1]), Wärme - Entropiediagramme („Molllierdiagramm")[2]) und Volum-Tempe-
raturdiagramme[3]) benutzt, aus denen für die praktisch in Frage kommenden Dampfzustände die betreffenden Größen unmittelbar entnommen werden
können.

Die Aufnahme der Überhitzungswärme wird im
Temperatur-Entropiediagramm Fig. 6 durch die schraffierte Fläche unterhalb der im Überhitzungsgebiet liegenden Kurve konstanten Druckes dargestellt. Für
10 Atm. und 350⁰ berechnet sich der Wärmeaufwand
zu $z = 89,2$ WE. Die durch die Überhitzung bewirkte Volumzunahme im Vergleich zum Sättigungsvolumen kennzeichnet
Fig. 4.

Die ganze zur Dampfbil-
dung erforderliche Erzeu-
gungswärme setzt sich nach
Vorstehendem aus der Flüssig-
keits-, Verdampfungs- und Überhitzungswärme zusammen.

Für gesättigten Dampf be-
stimmter Spannung ergibt sich
die Erzeugungswärme zu:

$$\lambda = q + r,$$

geringen Teil auch zur Überwindung noch bestehender Mole-
kularkräfte verbraucht wird,
(siehe unten Anm. 3). Fig. 5b veranschaulicht die Veränderung
des spezifischen Volumens des
Heißdampfes von bestimmtem
Druck durch die Asymptote AB
zur Geraden $A'B'$, die aus der
allgemeinen Gleichung $v = \dfrac{RT}{p}$
für beliebige Temperaturen T
sich ableitet. Bei sehr niedrigen
Dampfdrucken, wie sie beispielsweise in Feuergasen auftreten,
erscheint es jedoch für technische Rechnungen zulässig,
den Rauminhalt unter Vernachlässigung der Korrektionsglieder
aus der Gleichung $v = \dfrac{RT}{p}$
mit $R = 47,06$ mkg/⁰ C zu berechnen. R. Linde, Mitt. über
Forsch.-Arb.1905, Heft 21, S.61.

[1]) Stodola, Dampf-und
Gasturbinen. 6. Aufl. Berlin
1924 und Nachtrag zur 5. Aufl.
Berlin 1924.

[2]) Mollier, Neue Tafeln
und Tabellen für Wasserdampf,
Berlin, 1925. Stodola, a. a. O.
Knoblauch, Raisch, Hau-
sen a. a. O.

[3]) Stodola, a. a. O.,
S—T. Tafel.

Erzeugungs-
wärme des
Dampfes.

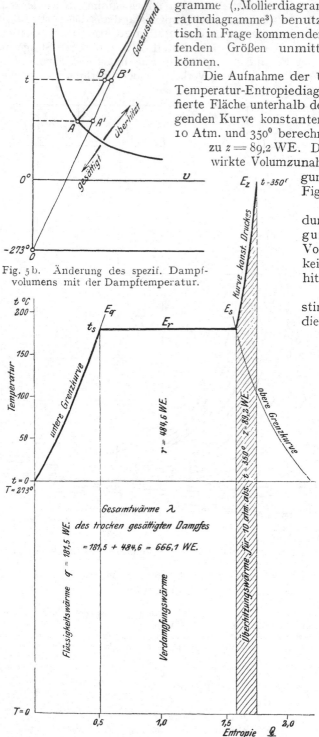

Fig. 5b. Änderung des spezif. Dampfvolumens mit der Dampftemperatur.

Fig. 6. Temperatur-Entropiediagramm der Erzeugungswärme überhitzten Dampfes.

für feuchten Dampf von der spezifischen Dampfmenge x zu:

$$i = q + xr$$

für überhitzten Dampf zu:

$$i = q + r + z,$$

wobei die Werte q, r und z mit dem Drucke p, bzw. der Temperatur t sich verändern. Die relative Größe der die Gesamtwärme des Dampfes bildenden Einzelbeträge q, r

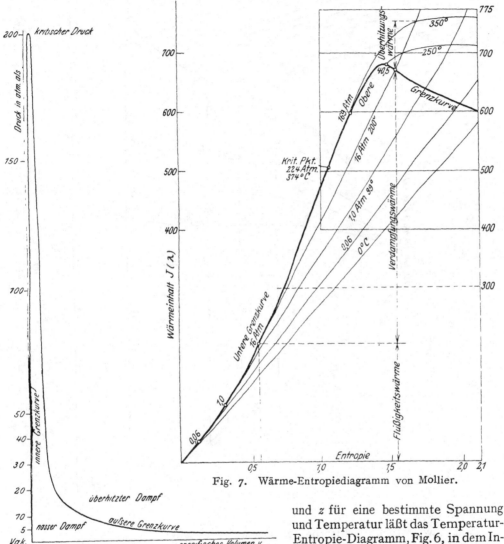

Fig. 7. Wärme-Entropiediagramm von Mollier.

Fig. 8. Druckvolumdiagramm für Zustandsänderungen von Wasser und Sattdampf unter Berücksichtigung des kritischen Druckes.

und z für eine bestimmte Spannung und Temperatur läßt das Temperatur-Entropie-Diagramm, Fig. 6, in dem Inhalte der Flächen unterhalb der Entropielinien E_q, E_r und E_z erkennen.

Zur Darstellung der Änderung der Erzeugungswärme λ bzw. i mit Veränderung der Spannung und Temperatur eignet sich jedoch besser das von Prof. Mollier vorgeschlagene J-S-Diagramm[1]), Fig. 7, in dem als Abscissen ebenfalls die Entropiewerte, als Ordinaten aber die Erzeugungswärmen des Dampfes aufgetragen werden. Dieses Diagramm erleichtert, wie aus den späteren Erörterungen hervorgeht,

**J-S-Dia-
gramm von
Mollier.**

---

¹) Die „Mollier-Tafel" entspricht dem umrahmten Teil der Fig. 7. (S. auch: Neue Tabellen und Diagramme für Wasserdampf v. Dr. R. Mollier 1025.

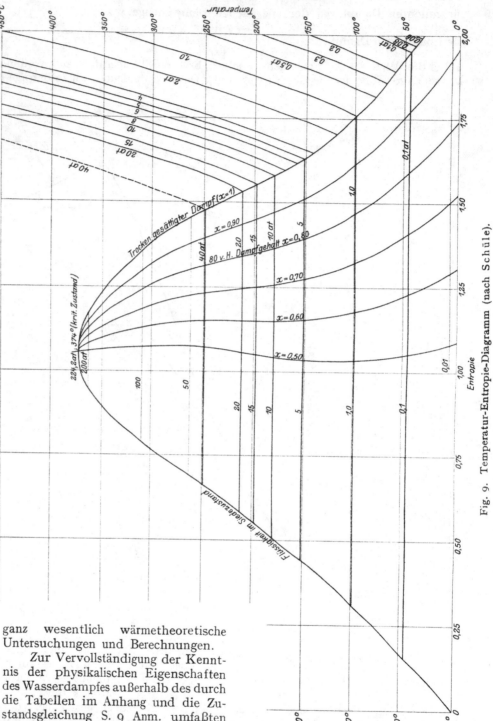

Fig. 9. Temperatur-Entropie-Diagramm (nach Schüle).

Kritischer Druck und kritische Temperatur.

ganz wesentlich wärmetheoretische Untersuchungen und Berechnungen.

Zur Vervollständigung der Kenntnis der physikalischen Eigenschaften des Wasserdampfes außerhalb des durch die Tabellen im Anhang und die Zustandsgleichung S. 9 Anm. umfaßten Gebietes sei erwähnt, daß für gesättigten Dampf eine Drucksteigerung nicht unbegrenzt vorgenommen werden kann, sondern nur bis zum kritischen Druck von 224 Atm., bei dem der Unterschied zwischen flüssigem und dampfförmigem Zustand verschwindet Fig. 8. Für diesen bei einer Temperatur von 374° eintretenden Zustand werden Flüssigkeits- und

Sattdampfvolumen einander gleich (kritisches Volumen $v_k = 0{,}003$ cbm/kg)[1]). Dieser Übergang, in welchem gewissermaßen der flüssige, dampf- und gasförmige Zustand des Wassers sich berühren, kommt in dem Verlauf der beiden Grenzkurven

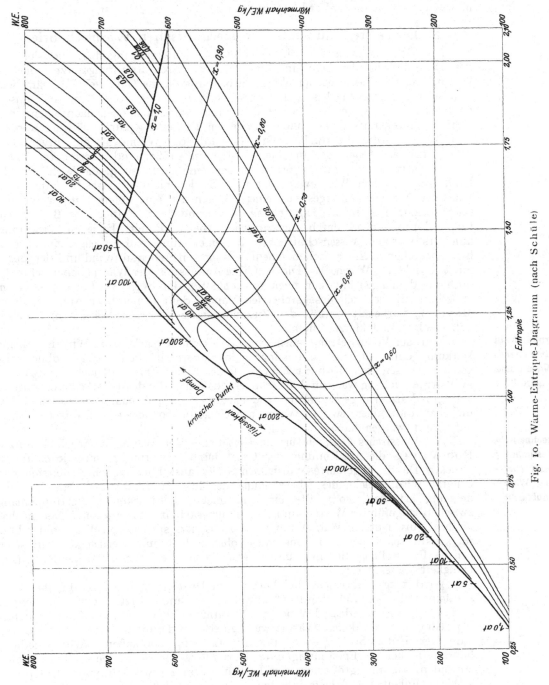

Fig. 10. Wärme-Entropie-Diagramm (nach Schüle)

der Entropiediagramme Fig. 9 und 10 sehr deutlich zum Ausdruck; oberhalb des kritischen Druckes bleibt der Dampf bei allen Pressungen überhitzt[2]).

[1]) Stodola, Nachtrag S. 32. Mollier, a. a. O. S. 18.
[2]) Schüle, Techn. Thermodynamik, Bd. II, 3. Aufl. 1920, Taf. III und Bd. I. 4. Aufl. Taf. III a.

Der Wärmeinhalt trocken gesättigten Dampfes (Gesamtwärme λ) erreicht bei 230° und 29 Atm. einen Höchstwert von 666.8 WE (s. Tab. im Anhang). Von hier vermindert sich die Gesamtwärme rasch auf etwa 500 WE beim kritischen Druck, in welchem $\lambda = q$, da die Verdampfungswärme $= o$ geworden ist.

2. Der erste Hauptsatz der mechanischen Wärmetheorie.

Die Grundlage für die wärmetheoretische Untersuchung der Arbeitsleistung des Dampfes in der Dampfmaschine bilden zwei Erfahrungssätze, die als Hauptsätze der mechanischen Wärmetheorie allgemeine Gültigkeit für sämtliche Wärmekraftmaschinen besitzen. Diese beiden Sätze, die sich auf unsere heutige Auffassung von der Natur der Wärme stützen, mögen nachfolgend hinsichtlich ihrer Entstehung und allgemeinen Bedeutung kurz erläutert werden.

Bis zur Mitte des 19. Jahrhunderts wurde die Wärme als ein unveränderlicher Stoff angesehen, der in einem Körper in größerer oder geringerer Menge je nach seiner Temperatur vorhanden sei, eine Auffassung, die wohl für die Erklärung einzelner Wärmewandlungen, z. B. des nicht mit Arbeitsleistung verbundenen Wärmeüberganges von einer höheren auf eine tiefere Temperatur ausreicht, nicht aber für die Entstehung der Wärme durch Reibung, Stoß, Verdichtung oder allgemein durch mechanische Arbeit. Bereits Ende des 18. Jahrhunderts wurde in wissenschaftlichen Kreisen erkannt, daß ein enger Zusammenhang bestehen müsse zwischen einem bestimmten Arbeitsaufwand und der durch ihn entwickelten Wärme[1]). Die stoffliche Auffassung der Wärme beherrschte jedoch die damaligen Physiker noch so nachhaltig, daß es erst im Jahre 1842 einem außerhalb dieser Fachkreise stehenden Manne, dem Heilbronner Arzte Robert Mayer[2]), vorbehalten war, den Zusammenhang zwischen Wärme und Arbeit aufzudecken und klarzustellen.

Proportionalität zwischen Wärme und Arbeit.

Von der Voraussetzung ausgehend, daß keine Ursache ohne Wirkung, keine Wirkung ohne Ursache sein könne und daher ein Perpetuum mobile ausgeschlossen sei, kam Robert Mayer zu der Erkenntnis, daß nicht nur Arbeit in Wärme sich umwandeln läßt, sondern daß die durch die Arbeitsverrichtung erzeugte Wärmemenge der aufgewendeten Arbeit proportional sein muß und daß umgekehrt aus einer gewissen Wärmemenge eine proportionale mechanische Arbeit entwickelt werden kann.

Rechnerische Bestimmung des mechanischen Wärmeäquivalents.

Als klassisches Beispiel für die Umsetzung der Wärme in Arbeit benützte Rob. Mayer die Ausdehnung der Gase durch Erwärmung unter konstantem Druck. Da die zugeführte Wärmemenge hier ausschließlich zur Arbeitsleistung benützt wird, welche die Überwindung des äußeren Luftdruckes bei der Ausdehnung erfordert, so mußte ein zahlenmäßig ausdrückbarer Zusammenhang zwischen zugeführter Wärme und Ausdehnungsarbeit sich ergeben. Das mechanische Äquivalent der Wärme mußte also aus den spezifischen Wärmen der Luft für konstanten Druck und konstantes Volumen bestimmt werden können; seine genaue Feststellung litt nur unter der zu jener Zeit noch bestehenden Ungenauigkeit dieser Werte.

Wird 1 kg Luft einmal bei konstantem Drucke, das andere Mal bei konstantem Volumen von 0° auf 1° erwärmt, so sind hierzu die Wärmemengen c_p bzw. c_v aufzuwenden. Da bei der Erwärmung von Luft nach den Versuchen von Gay-Lussac keine Wärme zu Aggregatsänderungen verwandt wird, so kann der Unterschied $(c_p - c_v)$ nur zur Leistung der äußeren Arbeit gedient haben, die bei der Erwärmung unter konstantem Druck infolge der hierbei auftretenden Volumvergrößerung der Luft überwunden werden muß. Entspricht 1 Wärmeeinheit $1/A$ Arbeitseinheiten, so ist

$$(c_p - c_v) = A\,p\,(v - v_0).$$

---

[1]) Rumford, Philosophical Transactions 1798, S. 20.
[2]) Mayer, Annalen der Chemie und Pharmazie 1842, S. 233, und Mayer, Mechanik der Wärme, Stuttgart 1893, S. 23.

Nach dem Boyle-Gay-Lussacschen Gesetze ist bei konstantem Druck

$$v = v_0 (1 + \alpha t)$$

und für die Erwärmung um 1^0

$$(v - v_0) = \alpha v_0 ,$$

wenn $\alpha = 1/273$ den Ausdehnungskoeffizienten der Luft bezeichnet. Somit ist

$1/A = \dfrac{\alpha v_0 p}{c_p - c_v}$. Mit den Werten $c_p = 0{,}237$ und $c_v = 0{,}170$ für Luft ergibt diese Rechnung, daß der Aufnahme einer Wärmeeinheit eine Arbeitsleistung von 424 mkg entspricht.

Das aus der Luftausdehnung berechnete Arbeitsäquivalent $1/A$ bzw. Wärmeäquivalent A wurde durch zahlreiche Versuche bestätigt, in denen auf verschiedene Weise durch Arbeit Wärme erzeugt und durch Erwärmung Arbeit geleistet wurde. Das Verdienst, für den Zusammenhang zwischen Wärme und Arbeit zuerst zuverlässige Zahlen auf experimentellem Wege festgestellt zu haben, besitzt der Engländer James Prescott Joule[1]), der in den Jahren 1843—49 Versuche über die Wärmeentwicklung bei Ausdehnung und Zusammendrückung der Luft, bei Bewegung von Flüssigkeiten (Wasser, Quecksilber) durch ein Schaufelrad, bei elektrischer Magnetisierung und dergleichen anstellte. Seine Versuche ergaben im Mittel 424,7 mkg als Arbeitsäquivalent einer WE.

(rechte Marginalie: Experimentelle Bestimmung des Arbeits-äquivalents der Wärme.)

Von späteren Versuchen seien die des elsässischen Ingenieurs Gustav Adolf Hirn[2]) erwähnt, welche für den Maschinen-Ingenieur dadurch besonderes Interesse gewinnen, daß die Äquivalenzwerte aus der Leistung von Dampfmaschinen ermittelt wurden. Der durch Abbremsen festgestellten Nutzarbeit der Dampfmaschine mußte eine äquivalente Abnahme des Wärmeinhaltes des Arbeitsdampfes entsprechen. Es wurde deshalb sowohl die im Eintrittsdampf enthaltene Wärmemenge, als der Wärmeinhalt des Austrittsdampfes experimentell bestimmt. Da jedoch bei diesen Versuchen mit Dampfmaschinen von mehr als 100 PS die Leitungs- und Strahlungsverluste nicht zuverlässig ermittelt werden konnten, so ergaben sich keine übereinstimmenden Äquivalenzwerte und schwankten dieselben zwischen 399 und 427 mkg für eine Wärmeeinheit.

Alle Versuche bestätigten die von Mayer vermutete Tatsache, daß die aus Arbeit entstehende Wärme sowohl unabhängig von der Art der Arbeitsleistung, wie vom Material der verwendeten Körper sei, so daß das Arbeitsäquivalent einer Wärmeeinheit als eine unveränderliche Größe angenommen werden kann, deren wahrscheinlichster Wert nach den neuesten Feststellungen 427 mkg beträgt.

Der erste Hauptsatz der mechanischen Wärmetheorie kann wie folgt ausgedrückt werden:

(rechte Marginalie: Erster Hauptsatz.)

„In allen Fällen, in denen durch Wärme Arbeit entsteht, wird eine der erzeugten Arbeit proportionale Wärmemenge verbraucht. Umgekehrt kann durch Verbrauch einer ebenso großen Arbeit dieselbe Wärmemenge wieder erzeugt werden. Eine Wärmeeinheit entspricht 427 mkg mechanischer Arbeit."

Dieser Satz von der Äquivalenz zwischen Wärme und Arbeit kennzeichnet die Wärme als Energieform und bildet den wärmetheoretischen Ausdruck des allgemeinen Gesetzes von der Erhaltung der Energie, das von Mayer bereits ausgesprochen wurde und im Jahre 1847 durch Helmholtz seine mathematische Formulierung erhielt[3]).

Nachdem die Wärme als Energieform erkannt ist, wird sie heute ihrem Wesen nach auch allgemein als Bewegungsenergie aufgefaßt und zwar, soweit

(rechte Marginalie: Wärme als Bewegungs-energie.)

---

[1]) Joule, Das mechanische Wärmeäquivalent. Gesammelte Schriften. Deutsch von Spengel. Braunschweig 1872.

[2]) Hirn, Recherches sur l'équivalent mécanique de la chaleur, présentées à la société de physique de Berlin. Paris 1858.

[3]) Helmholtz, Über die Erhaltung der Kraft, Berlin 1847; Ostwalds Klassiker, Leipzig 1889, Nr. 1.

eine sichtbare Bewegung der Körpermasse nicht auftritt, als unsichtbare Bewegung der Moleküle eines Körpers, als eine Form potentieller Energie. Die bei der Erwärmung eines Körpers auftretende Temperaturerhöhung entspricht hiernach einer Vermehrung der Schwingungsarbeit der Moleküle. Tritt bei Wärmeaufnahme eines Körpers gleichzeitig Volumausdehnung ein, die unter Überwindung. von Kohäsionskräften erfolgt, so wird der Wärmeaufwand außer zur Erhöhung der Schwingungsarbeit auch zur Leistung einer gewissen Kohäsionsarbeit, sowie zur Überwindung äußeren Gegendruckes, also zur Leistung äußerer Arbeit verbraucht.

Allgemein betrachtet, erfolgt somit die Umsetzung der einem Körper zugeführten Wärmemenge Q nach vorbezeichneten drei Richtungen und zwar zur Vermehrung der Schwingungsarbeit W, zur Überwindung einer gewissen Kohäsionsarbeit I und zur Leistung äußerer Arbeit L.

Es muß daher sein:

$$Q = A(W + I + L)$$

oder bei veränderlicher Wärmeübertragung:

$$dQ = A(dW + dI + dL).$$

Diese Ausdrücke bilden die mathematische Form des ersten Hauptsatzes der mechanischen Wärmetheorie.

Die Größe $(W + I)$ kennzeichnet .die Änderung der inneren Energie und wird meist mit dem Buchstaben U bezeichnet, so daß auch geschrieben werden kann:

$$Q = A(U + L) \qquad \text{oder} \qquad dQ = A(dU + dL).$$

Bei festen und flüssigen Körpern sind infolge der kleinen Ausdehnungs- und Verdichtungskoeffizienten die bei der Erwärmung auftretenden Volumänderungen so gering, daß größere äußere Arbeitsleistungen ausgeschlossen sind. Diese Körper können daher zu technischen Arbeitsvorgängen in Wärmekraftmaschinen nicht verwendet werden. Hierfür eignen sich nur Gase und Dämpfe, bei denen Änderungen des Wärmeinhaltes bedeutende Volumänderungen hervorrufen, die entsprechend große äußere Arbeiten erzeugen oder verbrauchen. Insbesondere wird bei Gasen und hoch überhitzten Dämpfen, bei denen Kohäsionskräfte nicht mehr zu überwinden sind, die zugeführte Wärme in hohem Maße zur äußeren Arbeitsleistung nutzbar. Die Kohäsionsarbeit besitzt nur dann erheblichen Einfluß, wenn die Wärmezufuhr Aggregatsänderungen verursacht, wie dies beim Schmelzen oder Verdampfen eines Körpers der Fall ist. Beim Übergang vom festen in den flüssigen Zustand wird die Schmelzwärme, beim Übergang vom flüssigen in den dampf- und gasförmigen Zustand die Verdampfungswärme gebunden. Diese Schmelz- und Verdampfungswärmen werden zur Überwindung von Kohäsionskräften gebraucht, also zur Leistung innerer Arbeit. Beispielsweise benötigt Eis von 0^0 zu seiner Verwandlung in Wasser von 0^0 eine Wärmezufuhr von 79 WE, die lediglich zur inneren Arbeitsleistung verwendet wird, zuzüglich jenes Betrages an äußerer Arbeit, der mit der Volumverminderung verknüpft ist, da Wasser von 0^0 kleineres Volumen als Eis von 0^0 besitzt.

Beim Verdampfen von Wasser werden 400 bis 500 WE gebunden, je nach der Dampfspannung, ohne daß diese bedeutende Wärmemenge, die sogenannte innere Verdampfungswärme, in Form geleisteter äußerer Arbeit in die Erscheinung treten könnte. Da nun mit der Dampfbildung auch eine Volumvergrößerung u und somit Überwindung äußerer Arbeit $p \cdot u$ verbunden ist, so erhöht sich beim Verdampfen des Wassers der Aufwand an Verdampfungswärme um einen der geleisteten äußeren Arbeit entsprechenden Betrag Apu. Es setzt sich somit die Verdampfungswärme r zusammen aus der inneren Verdampfungswärme ϱ und der der äußeren Arbeit äquivalenten äußeren Verdampfungswärme Apu, so daß gesetzt werden muß

$$r = \varrho + Apu.$$

Die Größenwerte r, ϱ und Apu sind für die verschiedenen Dampfspannungen den Tabellen des Anhanges zu entnehmen. Die innere Verdampfungswärme ϱ nimmt mit zunehmender Dampfspannung ab.

3. Die wichtigsten Zustandsänderungen des Dampfes.

Unter Zugrundelegung des ersten Hauptsatzes ist es leicht möglich, Zustandsänderungen des Dampfes, von denen seine Arbeitsleistung in der Dampfmaschine stets begleitet ist, in ihrem gesetzmäßigen Verlauf für verschiedene Arbeitsvorgänge zu verfolgen.

Für die Dampfmaschinentheorie bieten nachfolgend behandelte Zustandsänderungen besonderes Interesse.

Die isothermische Zustandsänderung, d. i. die Wärmezu- oder Abfuhr bei konstanter Temperatur. Die isothermische Wärmezufuhr entspricht der Entwicklung gesättigten Dampfes aus Wasser von der Sättigungstemperatur. Während des Verdampfungsvorganges bleiben Dampfdruck und Temperatur konstant, das Dampfvolumen dagegen vergrößert sich beständig und nimmt nach Verdampfen von 1 kg Wasser vom Volumen 0,001 cbm die Größe desspezifischen Volumens v ein, so daß die Volumvergrößerung $u = v - 0{,}001$ cbm beträgt.

Isotherme.

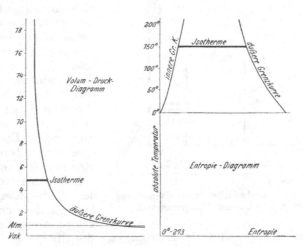

Fig. 11. Isothermische Zustandsänderung.

Da während dieser Zustandsänderung Dampfdruck und Temperatur konstant bleiben, wird die Isotherme im Druckvolum- wie im Temperatur-Entropiediagramm, Fig. 11, durch eine zur Abscissenachse parallele Gerade dargestellt, die im Arbeitsdiagramm der Dampfmaschine der Füllungsperiode angehört.

Von der zugeführten Verdampfungswärme r wird, wie vorausgehend auseinandergesetzt, der große Wärmebetrag ϱ als innere Verdampfungswärme zur Aggregatänderung verbraucht und nur der Wärmebetrag $A p u$ für äußere Arbeitsleistung nutzbar, die in der der Verdampfungsperiode entsprechenden Arbeit $p \cdot u$ gemessen wird.

Für den Vorgang der Dampfüberhitzung kommt eine isothermische Wärmezufuhr nicht in Frage, da bei der Bildung überhitzten Dampfes aus gesättigtem Dampf die Wärmeaufnahme unter konstantem Druck bei steigender Temperatur erfolgt.

Die adiabatische Zustandsänderung. Unter den die Expansion und Kompression des Dampfes kennzeichnenden Zustandsänderungen ist die wichtigste die der Adiabate, bei der dem arbeitenden Dampf weder Wärme zugeführt noch entzogen wird. Es wird also $dQ = 0$ und $dU = dL$, d. h. die äußere Arbeitsleistung bei adiabatischer Ex-

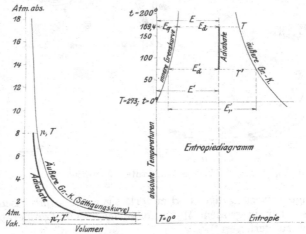

Fig. 12. Adiabatische Zustandsänderung.

Adiabate.

pansion geschieht auf Kosten der inneren Energie des Dampfes, somit unter Temperaturerniedrigung, während der umgekehrte Vorgang, die adiabatische Kompression, die innere Energie erhöhen und Temperatursteigerung bewirken muß.

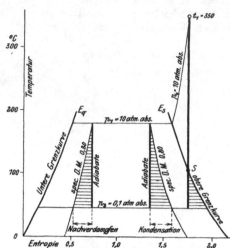

Fig. 13. Adiabatische Zustandsänderung für verschiedenen Dampfzustand.

Im Entropiediagramm, Fig. 12, wird die adiabatische Zustandsänderung durch eine Senkrechte auf die Achse der Entropiewerte dargestellt, da wegen $dQ = 0$ und $dQ/T = 0$ die Entropie unverändert gleich dem Anfangswerte bleibt. Zunahme der Entropie wäre gleichbedeutend mit einer Wärmezufuhr von außen, ihre Abnahme entspräche einer Wärmeentziehung, während das Wesen der adiabatischen Expansion darin besteht, daß die Expansionsarbeit lediglich auf Kosten der inneren Energie des Dampfes, d. i. ohne jede äußere Wärmezu- oder -ableitung geleistet wird. Es bleibt somit bei adiabatischer Expansion Fig. 12, der aus den Entropiewerten E_q und E_d der Flüssigkeits- und Verdampfungswärme sich zusammensetzende Entropiewert E des Anfangszustandes als Entropiewert des Überganges von der Temperatur T auf die untere Temperaturgrenze T' bestehen, so daß $E' = E$ wird.

Im Druckvolumdiagramm kann die Adiabate näherungsweise durch eine Beziehung von der Form $pv^k =$ konst. wiedergegeben werden, in der für gesättigten Dampf $k = 1,035 + 0,1x$ (für eine spezifische Dampfmenge $x > 0,7$) und für überhitzten Dampf, solange die Expansion im Überhitzungsgebiet verläuft, angenähert $k = 1,3$ zu setzen ist, Fig. 13. Hieraus folgt, daß mit sinkendem Expansionsdruck beim Übergang vom überhitzten in den nassen Dampfzustand der Exponent der Adiabate nicht unveränderlich ist, sondern allmählich abnimmt.

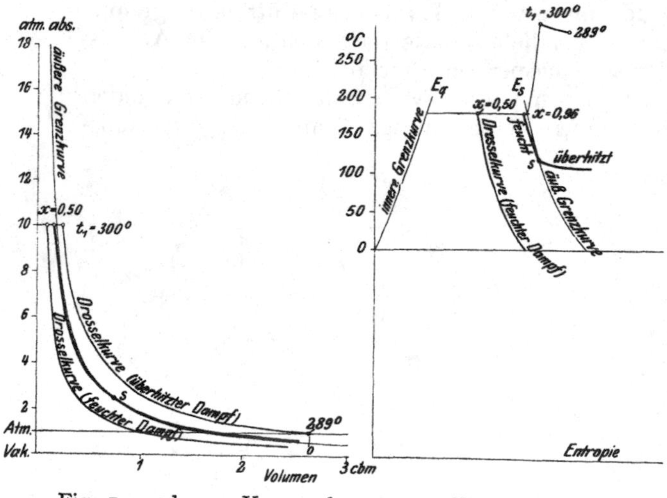

Es ist daher für wärmetechnische Untersuchungen zweckmäßiger und zuverlässiger, die adiabatischen Zustandsänderungen mittels einer in großem Maßstab verzeichneten Temperatur- oder Wärme-Entropietafel zu verfolgen [1]).

Fig. 14 und 15. Kurven konstanten Wärmeinhalts.

Das Entropiediagramm Fig. 13, in das neben den Expansionsadiabaten für eine kleine und eine große anfängliche spezifische Dampfmenge die zugehörigen Kurven konstanter Dampfmenge eingezeichnet sind, läßt deutlich erkennen, daß

[1]) s. S. 9 und 11.

für gesättigten Dampf bei größeren spezifischen Dampfmengen die adiabatische Expansion von einem Dampfniederschlag (Kondensation) begleitet ist, während umgekehrt bei geringer spezifischer Dampfmenge ein Nachverdampfen eintritt. Im Überhitzungsgebiet ruft die Adiabate eine sehr rasche Abnahme der Temperatur hervor, so daß nur bei sehr hoher Anfangsüberhitzung die adiabatische Expansion sich vollständig im Überhitzungsgebiet vollzieht. Fig. 13 zeigt beispielsweise, daß Heißdampf von 10 Atm. und 350^0 bei adiabatischer Expansion auf 0,1 Atm. abs. vom Punkte S ab entsprechend einer Temperatur von 112^0 noch in den nassen Zustand übergeht, daß also eine wesentlich höhere Anfangstemperatur dazu gehört, um eine ganz im Überhitzungsgebiet verlaufende adiabatische Expansion zu erhalten.

Die der adiabatischen Arbeitsleistung äquivalente Änderung der inneren Energie wird durch den Unterschied des Wärmeinhaltes des Dampfes bei Beginn und Ende der Expansion oder Kompression gemessen. Die adiabatische Expansionsarbeit für gesättigten Dampf berechnet sich somit aus

$$L_a = A\left[(q + x\varrho) - (q' + x'\varrho')\right],$$

wenn die Größen ohne Index auf den Anfangs- und diejenigen mit Index auf den Endzustand sich beziehen.

Die spezifische Dampfmenge x' des Endzustandes adiabatischer Expansion berechnet sich aus dem Entropiediagramm als das Verhältnis der am Ende der Expansion sich ergebenden Dampfentropie $E_d{}'$, Fig. 12, zur Entropie $E_r{}'$ der der Endexpansionsspannung entsprechenden Verdampfungswärme r (Dampftabelle im Anhang, Spalte 7). Es würde also sein $x' = E_d{}' : E_r{}'$.

Ohne weitere Rechnung kann aus den Mollier-Stodolaschen Entropietafeln die spezif. Dampfmenge x' unmittelbar abgelesen werden.

Außer den Expansionslinien des Dampfes, die den theoretischen Arbeitsvorgängen der isothermischen und adiabatischen Expansion entsprechen, interessieren noch einige Vergleichskurven, mit deren Hilfe der Verlauf der wirklichen Expansionslinien des arbeitenden Dampfes näher beurteilt und wärmetheoretisch verfolgt werden kann. Hierher gehören die Kurven konstanten Wärmeinhaltes, konstanter Dampfmenge und konstanten Volumens.

Die Kurve konstanten Wärmeinhaltes Fig. 14 und 15 würde einer Expansion entsprechen, bei der das innere Arbeitsvermögen des Dampfes unverändert bleibt, also $dU = 0$ wird.

Kurve konstanten Wärmeinhalts.

Dieser Expansionsvorgang bedingt die Zuführung einer der geleisteten äußeren Arbeit äquivalenten Wärmemenge, so daß der Wärmeinhalt des Dampfes am Ende der Expansion gleich dem am Anfange bleiben kann, also

$$q + x\varrho = q' + x'\varrho' \quad \text{wird.}$$

Ein solcher Endzustand wird bei der Drosselung erreicht, wenn die auf Kosten der inneren Energie des Dampfes erzeugte kinetische Energie des expandierten Dampfes von großer Geschwindigkeit durch Überführung in den Ruhezustand wieder in Wärme zurückverwandelt wird, so daß der Dampf den ursprünglichen Wärmeinhalt wieder besitzen muß. Die Kurve konstanten Wärmeinhaltes kann daher auch als Drosselungskurve bezeichnet werden.

Drosselungskurve.

Die Kurve konstanten Wärmeinhaltes weicht im Druckvolumdiagramm nur unbedeutend von der Hyperbel ab und läßt sich daher näherungsweise durch die Formel ausdrücken:

$$pv = \text{konst.}$$

Kurve konstanter Dampfmenge.

Auch die Kurve konstanter Dampfmenge entspricht einem Expansionsvorgang unter Wärmezufuhr, wenn die Expansion unter Leistung äußerer Arbeit erfolgt.

**Sättigungs-
linie.**

Für trocken gesättigten Dampf wird die Kurve konstanter Dampfmenge
zur sogenannten äußeren oder oberen Grenzkurve oder Sättigungslinie
($x = 1,0$), während sie sich für be-
liebige spezifische Dampfmengen x
durch Linienzüge darstellt, die den
Horizontalabstand zwischen innerer
und äußerer Grenzkurve im Verhältnis der spezifischen Dampfmengen x unterteilen. Diese Kurven sind für Werte von $x = 0,5$
bis 0,9 in dem Entropiediagramm
Fig. 9 und 10 eingezeichnet. Analytisch läßt sich die Kurve konstanter Dampfmenge für irgendeine
spezifische Dampfmenge x als
Polytrope durch die Beziehung
$p\,v^{1,0646} =$ konst. ausdrücken.

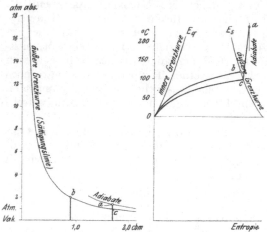

**Kurve
konstanten
Volumens.**

Fig. 16. Kurven konstanten Volumens.

Die Kurve konstanten Vo-
lumens, Fig. 16, verläuft im
Druckvolumdiagramm vertikal und
kennzeichnet einen Spannungsabfall

oder eine Spannungszunahme bei unverändertem Arbeitsvolumen des Dampfes.
Der hierbei stattfindende Übergang von einem Druck p_1 (Punkt b oder c) auf
einen niederen Druck p_2 (in der Figur auf die Spannung Null) oder umgekehrt
erfolgt ohne Leistung äußerer Arbeit und bedingt
Wärmeableitung bzw. Wärmezufuhr.

**Vergleich vor-
bezeichneter
Zustands-
änderungen.**

Die den vorbezeichneten Zustandsänderungen
entsprechenden Veränderungen des Wärmeinhalts
des Dampfes kommen im Entropiediagramm wesentlich klarer zum Ausdruck, als im Druckvolumdiagramm, wie die Darstellungen Fig. 17 bis 19 deutlich erkennen lassen.

Ausgehend von einem bestimmten Anfangs-
volumen gesättigten Dampfes, etwa dem spezifischen
Volumen von 1 kg Dampf (Punkt I), Fig. 17, zeigt

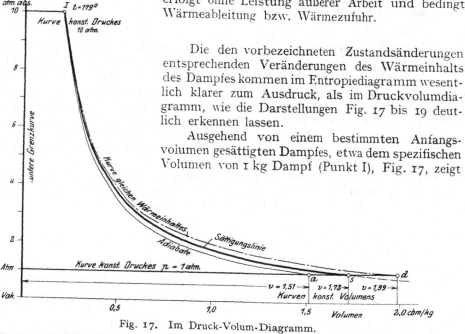

Fig. 17. Im Druck-Volum-Diagramm.

Fig. 17—19. Vergleichsweise Darstellung wichtiger Zustandsänderungen des Dampfes.

sich, daß die Adiabate unterhalb, die Kurve gleichen Wärmeinhalts (Drosselungskurve) oberhalb der Sättigungslinie liegt. Entsprechend diesem Verlauf
ist das auf die gleiche Endexpansionsspannung (1 Atm.) bezogene Endvolumen
für die Adiabate am kleinsten, für die Kurve konstanten Wärmeinhalts am
größten.

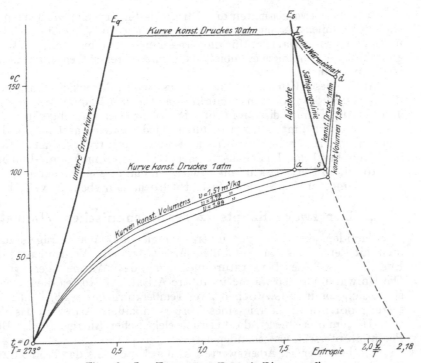

Fig. 18. Im Temperatur-Entropie-Diagramm[1]).

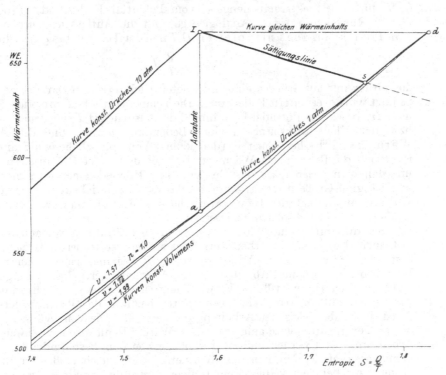

Fig. 19. Im Wärme-Entropie-Diagramm.

[1]) Die Kurven konstanten Volumens beginnen bei $t = 0$ nicht wie gezeichnet im Koordinatenanfangspunkt, sondern bei einem Entropiewert 0,018 und 0,019 entsprechend dem Volumen bei a und s bzw. bei d.

Die zu den vorgenannten drei Kurven in Fig. 17 eingezeichneten Kurven konstanten Volumens verlaufen für die Sättigungslinie und Adiabate nach Fig. 18 und 19, im Gebiet nassen Dampfes, für die Drosselungskurve bis zum Schnitt mit der Sättigungslinie im Überhitzungsgebiet, dann mit weiter sinkendem Druck ebenfalls im Naßdampfgebiet.

Kurven konstanten Druckes.

Außer diesen Kurven sind für Anfangs- und Enddruck der Expansionslinien auch die Kurven konstanten Druckes in den drei Diagrammen angegeben, die im Temperatur-Entropiediagramm, Fig. 18, solange der Dampf gesättigt ist, horizontal verlaufen, nach Eintritt der Überhitzung jedoch rasch ansteigen, sodaß die Linien konstanten Druckes für das Sattdampf- und Überhitzungsgebiet an der Sättigungslinie sich brechen. Im Gegensatz hierzu verlaufen im Wärme-Entropiediagramm, Fig. 19, diese Kurven nicht nur nahezu geradlinig, sondern der Übergang aus dem Überhitzungs- in das Sattdampfgebiet vollzieht sich ebenfalls vollkommen stetig.

4. Der zweite Hauptsatz der mechanischen Wärmetheorie.

Nachdem die Wärme als innere Energie eines Wärmeträgers aufzufassen ist, muß mit deren Umsetzung in äußere Arbeit stets eine Verminderung dieser inneren Energie, also eine Temperaturerniedrigung, des Wärmeträgers verbunden sein. Die Umwandlung der Wärme in äußere Arbeit auf Kosten dieser inneren Energie spielt sich somit stets zwischen zwei Temperaturgrenzen ab, ähnlich wie die Umsetzung potentieller Energie eines Körpers in äußere Arbeit an das Vorhandensein eines Höhenunterschiedes, die Leistung elektrischer Energie an das Bestehen eines Potentialunterschiedes gebunden ist.

Die betreffenden Arbeitswerte lassen sich stets als das Produkt zweier Größen ausdrücken: Für ein von der Höhe H herabfallendes Gewicht G durch das Produkt $G \cdot H$, für eine Elektrizitätsmenge C vom Potential V durch das Produkt $C \cdot V$.

Entropie und Temperaturgefälle.

In Rücksicht auf diese Analogien gewinnt die Auffassung einer Wärmemenge Q als Produkt aus dem Entropiewert Q/T und der Temperatur T, also die Beziehung

$$Q = \frac{Q}{T} \cdot T ,$$

die seither nur aus Gründen einer geeigneten zeichnerischen Darstellung der Wärme benutzt wurde, erweiterte Bedeutung. Die Temperaturhöhe T entspricht der Niveauhöhe H, bzw. dem Potential V, während der Ausdruck Q/T eine dem Körpergewicht bzw. der Elektrizitätsmenge analoge Bedeutung gewinnt und deshalb auch als Wärmegewicht bezeichnet werden kann. Vom physikalischen Standpunkt aus

Wärmegewicht.

ist jedoch die Bezeichnung Wärmegewicht für den Wert Q/T insofern irreführend und daher ungeeignet, als das Gewicht eines Körpers eine von seiner Höhenlage unabhängige Größe darstellt, während das Wärmegewicht für ein und dieselbe Wärmemenge Q mit der Temperaturhöhe sich ändert, und zwar umgekehrt proportional mit der absoluten Temperatur.

Soll nun mittels eines Wärmeträgers von beschränkter Wärmeaufnahmefähigkeit fortdauernd mechanische Arbeit verrichtet werden, so fordert dies nicht nur einen beständigen Ersatz der in Arbeit umgesetzten Wärme, sondern einen dauernden Wärmezufluß nach und Abfluß von dem Wärmeträger. Im Vorhergehenden ist bereits nachgewiesen, daß die Verwandlung eines Teiles des Wärmeinhaltes eines Körpers in äußere Arbeit eine Temperaturabnahme des Wärmeträgers erfordert, deren Größe der geleisteten Arbeit proportional ist. Die vom Wärmeträger bei der oberen Temperaturgrenze aufgenommene Wärme kann also nur teilweise in äußere Arbeit umgesetzt werden, und zwar abhängig von dem bestehenden bzw. gewählten Temperaturgefälle. Um nun den Wärmeträger zu gleich großer erneuter Wärmeausnutzung bei dem verfügbaren Temperaturgefälle verwenden zu können, muß offenbar der nicht ausgenützte Teil der zugeführten Wärme bei der unteren Temperaturgrenze abgeleitet und außerdem der Wärmeträger in seinen Anfangszustand zurückgeführt werden.

Zur Arbeitsleistung durch Wärmeumsetzung sind somit drei Körper nötig: ein die Wärme entwickelnder, bzw. zuführender Körper, ein die Wärme aufnehmender und Arbeit leistender Wärmeträger und ein den nicht ausnützbaren Teil der Wärme wieder aufnehmender Körper. Für Dampfmaschinen sind dies: das Brennmaterial, der Dampf und das Kühlwasser oder die Atmosphäre; für Gasmaschinen: das Brennmaterial für die Wärmezufuhr, Luft als Wärmeträger und die Atmosphäre

sowie das Kühlwasser zur Aufnahme der nicht ausgenützten Wärme. Bei der Wärmeausnützung in der Dampfmaschine wie überhaupt in den Wärmekraftmaschinen handelt es sich also immer um einen Wärmeübergang von einer höheren Temperaturgrenze auf eine tiefere.

Allgemein betrachtet sind aber mit Wärmeübergängen nicht immer Arbeitsleistungen verbunden, vielmehr erfolgen solche zwischen zwei Körpern von verschiedener Temperatur unmittelbar und so lange von selbst, bis kein Temperaturgefälle mehr zwischen beiden vorhanden ist, d. h. bis ein Temperaturausgleich stattgefunden hat. Solche

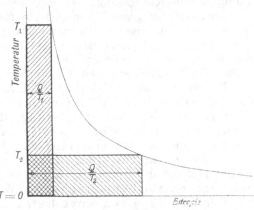

Fig. 20. Wärmeübergang von hoher auf niedrige Temperatur ohne Arbeitsleistung.

Wärmeübergänge ohne Arbeitsleistung sind in der Wärmeleitung und Strahlung gegeben, wie sie unsere Heizeinrichtungen aufweisen. Da in diesem Falle die Wärmemenge Q vor und nach dem Übergang dieselbe geblieben ist, die Temperaturhöhe aber von T_1 auf T_2 abgenommen hat, so ist ein solcher Wärmeübergang, Fig. 20, in einer entsprechenden Vergrößerung des Entropiewertes Q/T_1 auf Q/T_2 ausgedrückt.

Vom wärmetechnischen Standpunkt aus ist im Zusammenhang mit den Aufgaben der Arbeitserzeugung der einfache Wärmeübergang als Verlust zu betrachten, da die Temperaturabnahme des Wärmeträgers nicht durch Leistung äußerer Arbeit hervorgerufen ist. Als Verlustquelle ist auch die Wärmeerzeugung aus der mechanischen Arbeit der Reibung und des Stoßes zu bezeichnen. Auch die Wirbelungsarbeiten in strömenden Flüssigkeiten oder Gasen und Dämpfen setzen sich in Verlustwärmen um. Als nützliche Wärmeerzeugung tritt dagegen die bei der adiabatischen Kompression entwickelte Wärme auf, weil die aufgewandte Verdichtungsarbeit in der Expansionsarbeit des Wärmeträgers wieder zurückgewonnen wird. Mit Hilfe adiabatischer Kompression läßt sich also gewissermaßen Wärme von einem kälteren Körper auf einen wärmeren Körper übertragen, ein Vorgang, der erfahrungsgemäß nie von selbst vor sich gehen kann, wie dies mit der umgekehrten Wärmewanderung von wärmeren zu kälteren Körpern stets der Fall ist.

Eine vom technischen Standpunkt aus nützliche Umsetzung von Arbeit in Wärme ist auch in den Verbrennungsvorgängen gegeben, bei denen die als potentielles Arbeitsvermögen aufzufassende chemische Energie der zur Verbrennung gebrachten Körper in Verbindung mit dem Sauerstoff der Verbrennungsluft in die kinetische Energie der Wärme umgesetzt wird. Dagegen bildet die durch elektrische Energie in Leitungen hervorgerufene Erwärmung einen Arbeitsverlust, während die Wärmeentwicklung beim Abbremsen einer Kraftmaschine als Begleiterscheinung der in den Bremsbacken absichtlich hervorgerufenen Reibungsarbeit vom Standpunkt der Wärmeausnützung nicht weiter in Frage kommt.

Die Überführung von Wärme in nutzbare Arbeit läßt sich, wie oben abgeleitet, nie vollständig erreichen, sondern nur innerhalb bestimmter Temperaturgrenzen, denn die vollkommene Umwandlung von Wärme in mechanische Arbeit würde

Wärmeübergang ohne Arbeitsleistung.

Umsetzung von Arbeit in Wärme und umgekehrt.

als unterste Temperaturgrenze die absolute Temperatur Null voraussetzen, die
weder praktisch verfügbar, noch bis jetzt künstlich herzustellen ist.

Für unsere Wärmekraftmaschinen tritt als unterste Temperaturgrenze ent-
weder die Temperatur der atmosphärischen Luft oder des Kühlwassers oder jene
Temperatur des Wärmeträgers auf, die der praktisch erreichbaren niedrigsten
Arbeitsspannung entspricht, also bei Wasserdampf die Temperatur des gesättigten
Dampfes von Kondensatorspannung, beispielsweise 45° für 0,1 Atm. abs.

Die Ausnutzung von Wärmemengen, für die kein Temperaturgefälle vorhanden
ist, wie beispielsweise der Wärmeinhalt der Atmosphäre und des Meeres, die einen
ungeheuren Energievorrat darstellen, kommt solange praktisch nicht in Frage, als
die Erzeugung der erforderlichen tiefern Temperaturgrenze selbst wieder mit
Aufwand mechanischer Arbeit verknüpft ist.

Zweiter Hauptsatz.

Die vorstehenden Überlegungen führen zu dem Schluß: Erfolgt der Übergang einer bestimmten Wärmemenge von einer höheren auf eine niedere
Temperatur ohne Arbeitsleistung, dann findet keine Änderung des
Energiewertes der Wärme statt. Soll jedoch Wärme in Arbeit verwandelt werden, so vollzieht sich diese Umwandlung ebenfalls bei
einem Übergang von einer oberen auf eine untere Temperaturgrenze,
wobei jedoch die ursprünglich vorhandene Wärmemenge um ein der
geleisteten Arbeit entsprechendes Wärmeäquivalent sich vermindert.

Der Übergang von einer tiefen auf eine höhere Temperatur kann
nur durch Arbeitsaufwand, also Erhöhung des Wärmeinhaltes des
Wärmeträgers erreicht werden.

Diese Erkenntnis bildet den Inhalt des zweiten Hauptsatzes der mechanischen
Wärmetheorie.

Kreisprozeß für größtmög-liche Wärme-ausnützung.

Da jeder Wärmeträger von bestimmtem Wärmeaufnahmevermögen nur einen
Teil der aufgenommenen Wärme in Arbeit umzusetzen vermag, so ergibt sich für die
Erzielung einer beliebig großen Arbeitsmenge, wie schon erwähnt, die Notwendigkeit
der Wiederholung des Vorganges der Wärmeaufnahme und Wärmeumwandlung
mittels des Wärmeträgers. Zu diesem Zweck ist es nötig, denselben stets wieder in
seinen für die Wärmeaufnahme günstigen Anfangszustand zurückzuführen. Der
Wärmeträger hat also beständig einen Kreisprozeß zu vollführen, der sich aus Zustandsänderungen des ersteren zusammensetzen muß, die entweder äquivalente
Umsetzung von Wärme in mechanische Arbeit oder von mechanischer Arbeit in
Wärme darstellen unter grundsätzlichem Ausschluß jedweden Wärmeüberganges
durch Leitung und Strahlung. Der verlustlose Kreisprozeß kann also nur aus Isothermen und Adiabaten bestehen.

Soll nun hierbei die größtmögliche Wärmeumsetzung in mechanische Arbeit
erfolgen, so müssen nach den vorhergehenden Überlegungen folgende Bedingungen
erfüllt werden:

1. Für die ganze zugeführte Wärmemenge muß das gleiche größtmögliche
Temperaturgefälle geschaffen werden, die Wärme ist also bei konstanter höchster
Temperatur zuzuführen.

2. Die Wärmeableitung muß bei niedrigster erreichbarer Temperatur stattfinden zur Erzielung eines gleichbleibenden größten Temperaturgefälles für die ganze
in Arbeit umgesetzte Wärmemenge.

3. Der Wärmeübergang von der hohen auf die tiefe Temperatur darf nur
unter Arbeitsleistung auf Kosten des inneren Arbeitsvermögens des Dampfes, also
nur adiabatisch erfolgen, weil jede unmittelbar übertragene Wärmemenge für die
Arbeitsverrichtung ganz oder teilweise verloren wäre.

4. Der Wärmeübergang von der tiefen auf die hohe Temperatur muß umgekehrt durch Arbeitsaufwand zum Zwecke entsprechender Erhöhung des inneren Arbeitsvermögens erfolgen, also durch adiabatische Kompression des Wärmeträgers.
Bei Erhöhung der Temperatur des Wärmeträgers durch einfache Erwärmung
würde der Nachteil entstehen, daß Wärme nicht bei höchster Temperatur zuge-

führt, also nicht bei konstant größtem Temperaturgefälle ausnützbar wird, sondern bei allmählich steigender Temperatur, im Mittel also bei einem kleineren Temperaturgefälle als verfügbar.

Der mit dem Wärmeträger zu vollziehende Kreisprozeß setzt sich somit aus folgenden einzelnen Vorgängen zusammen:

Ausgehend von einem Anfangszustand des Wärmeträgers, der der höchsten Temperatur des Arbeitsprozesses entspricht, wird ihm Wärme ohne Änderung seiner Temperatur, also isothermisch zugeführt, wobei er sich ausdehnt und eine der zugeführten Wärme äquivalente Arbeit leistet; nach Unterbrechung der Wärmezufuhr erfolgt der Wärmeübergang von einer oberen Temperaturgrenze zur unteren unter Verrichtung adiabatischer Expansionsarbeit, also auf Kosten der inneren Energie des Wärmeträgers. Nach Erreichung der untersten Temperaturgrenze wird unter Aufrechterhaltung dieser letzteren der nicht in mechanische Arbeit umgesetzte Teil der zugeführten Wärme isothermisch abgeleitet, wobei das Volumen des Wärmeträgers sich verkleinert und eine entsprechende äußere Kompressionsarbeit aufgewendet werden muß; hierauf erfolgt die Erhöhung der Temperatur des Wärmeträgers auf die Anfangstemperatur mittels adiabatischer Kompression.

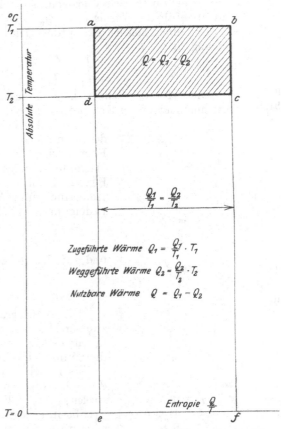

Fig. 21. Umkehrbarer Kreisprozeß aus Isothermen und Adiabaten.

Ein solcher Kreisprozeß kann auch in umgekehrter Richtung durchlaufen werden, wobei mechanische Arbeit in Wärme umgesetzt und von einer niederen auf eine höhere Temperatur gehoben wird; er wird deshalb auch als umkehrbarer Kreisprozeß bezeichnet[1]). Das Entropiediagramm Fig. 21 veranschaulicht diesen Arbeitsvorgang.

Der Flächeninhalt des Rechteckes $abfe = Q_1/T_1 \cdot T_1$ stellt die dem Wärmeträger vom Zustande a und der Temperatur T_1 isothermisch zugeführte Wärmemenge Q_1 dar. Steht zur Durchführung des Kreisprozesses das Temperaturgefälle von T_1 nach T_2 zur Verfügung, so ist nach früherem die Überführung der Wärme auf die tiefere Temperatur T_2 durch adiabatische Expansion, also ohne Wärmeaufnahme oder -abgabe, in der Vertikalen bc ausgedrückt.

Die zur Rückführung des Wärmeträgers auf seinen Anfangszustand isothermisch abzuleitende nicht in Arbeit umgesetzte Wärme Q_2 ist durch das Rechteck

---

[1]) Im Gegensatz zu den umkehrbaren Kreisprozessen stehen die nicht umkehrbaren, die nicht umkehrbare Zustandsänderungen enthalten, wie beispielsweise die Umwandlung mechanischer Arbeit in Reibungswärme oder der Wärmeübergang bei Drosselung von einem höheren auf einen niederen Druck und andere Vorgänge wie solche in der Dampfmaschine als Verlustquellen in Erscheinung treten.

$c\,d\,e\,f = Q_2/T_2 \cdot T_2$ dargestellt, indem der in d sich anschließende adiabatische Kompressionsvorgang durch die Vertikale $d\,a$ im Diagramm sich darstellen muß.

Da durch Rückkehr auf den Anfangszustand keine Änderung der inneren Energie des Wärmeträgers nach Durchlaufen des Kreisprozesses eingetreten ist, und alle Wärmeübergänge unter äquivalenter Arbeitsleistung oder äquivalentem Arbeitsverbrauch sich vollzogen, so muß der Unterschied zwischen zugeführter und abgeführter Wärme $Q_1 - Q_2 = Q$ in äußere Arbeit umgesetzt worden sein.

Für einen solchen Kreisprozeß leitet sich aus dem Entropiediagramm die Bedingung ab:

$$\frac{Q_1}{T_1} = \frac{Q_2}{T_2} \qquad \text{oder} \qquad \frac{Q_1}{T_1} - \frac{Q_2}{T_2} = 0.$$

Beliebiger umkehrbarer Kreisprozeß.

Diese für den Sonderfall eines aus zwei Isothermen und zwei Adiabaten sich zusammensetzenden Kreisprozesses gefundene Beziehung läßt sich verallgemeinern und auf jeden beliebigen umkehrbaren Kreisprozeß anwenden, wenn dieser in Teilprozesse der behandelten besonderen Form zerlegt gedacht wird. Die Zerlegung des Entropiediagrammes eines beliebigen umkehrbaren Kreisprozesses, Fig. 22, in unendlich kleine Entropiediagramme, die von Isothermen und Adiabaten begrenzt werden, führt auf die Bedingung

$$\frac{dQ_1}{T_1} = \frac{dQ_2}{T_2} \qquad \text{oder} \qquad \frac{dQ_1}{T_1} - \frac{dQ_2}{T_2} = 0$$

und auf den ganzen Kreisprozeß bezogen

$$\int \frac{dQ}{T} = 0.$$

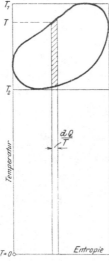

Fig. 22. Beliebiger umkehrbarer Kreisprozeß.

Mathematische Form des II. Hauptsatzes.

Dieses Integral ist als der mathematische Ausdruck des zweiten Hauptsatzes der mechanischen Wärmetheorie aufzufassen; es sagt aus, daß für einen umkehrbaren Kreisprozeß die Summe der Entropieänderungen gleich Null ist.

Es ist leicht einzusehen, daß von allen Kreisprozessen, die sich zwischen den Temperaturgrenzen T_1 und T_2 abspielen, der in Fig. 21 dargestellte den größten Arbeitswert besitzt, denn alle übrigen in den gleichen äußeren Temperaturgrenzen sich abspielenden Arbeitsvorgänge können nur Diagramme ergeben, die dem Rechtecke zwischen T_1 und T_2 des Entropiediagrammes einbeschrieben sind, also einer kleineren äußeren Arbeitsleistung entsprechen.

Der von Adiabaten und Isothermen begrenzte Arbeitsvorgang eines beliebigen Wärmeträgers liefert somit den Größtwert der Arbeit, der innerhalb eines gegebenen Temperaturgefälles theoretisch erzielt werden kann. Er wird nach

Carnotscher Kreisprozeß.

seinem Entdecker Sadi Carnot als Carnotscher Kreisprozeß bezeichnet[1]). Für die theoretische Untersuchung und wirtschaftliche Beurteilung der Wärmekraftmaschinen besitzt der Carnotsche Kreisprozeß grundlegende Bedeutung, da er den Höchstwert der theoretischen Ausnützbarkeit einer gegebenen Wärmemenge innerhalb eines zur Verfügung stehenden Temperaturgefälles bestimmt.

Die nach dem Carnotprozeß nutzbare Wärmemenge $Q = Q_1 - Q_2$ läßt sich unter Bezugnahme auf das Entropiediagramm oder unter Berücksichtigung der Beziehung $\frac{Q_1}{T_1} = \frac{Q_2}{T_2}$ des zweiten Hauptsatzes ausdrücken durch die Gleichung

$$Q = \frac{Q_1}{T_1}(T_1 - T_2) = Q_1\left(1 - \frac{T_2}{T_1}\right),$$

[1]) Carnot, Reflexions sur la puissance motrice du feu. Paris 1824. Abdruck in Ostwalds Klassikern Nr. 24.

wonach das Verhältnis der nutzbaren zur zugeführten Wärme, der sogenannte thermische Wirkungsgrad des Carnotprozesses, sich ergibt zu:

$$\eta = \frac{Q}{Q_1} = 1 - \frac{T_2}{T_1}.$$

Aus diesen Beziehungen folgt, daß der in Nutzarbeit umsetzbare Wärmebetrag Q
einer verfügbaren Wärmemenge Q_1 nur abhängt von der Größe der absoluten
Temperaturen T_1 und T_2 und
um so größer wird, je größer
T_1 und je kleiner T_2.

Die hieraus hervorgehende
Abhängigkeit der Wärmeausnützung vom Temperaturgefälle
veranschaulicht das Temperatur-Entropiediagramm Fig. 23
für eine zugeführte Wärmemenge Q_1. Je nach der Temperaturhöhe, bei der die Wärmeaufnahme erfolgt, ergeben sich
Entropiewerte Q_1/T, die durch
eine Hyperbel von der Gleichung
$Q_1/T \cdot T = Q_1$ begrenzt werden.
Darnach läßt das Diagramm
auch deutlich die Größe der
nicht in Arbeit umsetzbaren
Verlustwärme $Q_2 = Q_1/T_1 \cdot T_2$
erkennen; diese wird für eine
gegebene untere Temperaturgrenze (hier 1,0 bezw. 0,1 Atm.
vorausgesetzt) um so kleiner,
je kleiner Q_1/T_1 sich ergibt,
also je höher die Temperatur
T_1 der zugeführten Wärme gewählt werden konnte.

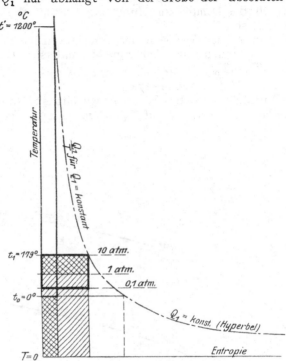

Fig. 23. Abhängigkeit der Wärmeausnützung vom
Temperaturgefälle.

Würde als untere Tem-
peraturgrenze $T_2 = T_0 = 273$, also $t_2 = 0^0$ und als Höchsttemperatur T_1 die
im Feuerungsraum eines Dampfkessels herrschende Temperatur der Verbrennungsluft von rund $1200^0 + 273 = T'$ angenommen werden können, so würde

die nutzbare Wärme in dem über T_0 gelegenen Rechteck vom Inhalte $\dfrac{Q_1}{T'} \cdot (T' - T_0)$

und die Verlustwärme Q_2 in dem doppelt schraffierten Rechteck unterhalb T_0
dargestellt sein[1].

Beim Dampfmaschinenbetrieb kommt jedoch der Wärmeinhalt der Heizgase erst als Dampfwärme also bei wesentlich niedrigerer Höchsttemperatur zur
Wirkung; beispielsweise ergibt sich für Sattdampf von 10 Atm. abs. eine absolute
obere Grenztemperatur von nur $T_1 = 179^0 + 273 = 452$, während die untere Grenztemperatur T_2 bei Auspuffmaschinen $99^0 + 273 = 372$, bei Kondensationsmaschinen von 0,1 Atm. Kondensatorspannung etwa $45^0 + 273 = 318$ beträgt.

---

[1] Da die Wärmeaufnahme der Verbrennungsluft im Feuerungsraum des Dampfkessels
(oder auch in der Verbrennungskraftmaschine) nicht wie hier angenommen, bei unveränderlicher
Höchsttemperatur, sondern bei steigender Temperatur vor sich geht, so ist eine grundlegende Forderung des Carnotschen Prozesses, die isothermische Wärmeaufnahme, nicht erfüllt,
und der Wärmeinhalt der Heizgase kann im Temperatur-Entropiediagramm nicht durch ein
Rechteck von der Höhe T' dargestellt werden, sondern wird veranschaulicht durch eine Fläche
deren Ordinaten eine logarithmische Linie zwischen den Temperaturhöhen T_0 und T' begrenzt,
ähnlich wie die Fläche der Flüssigkeitswärme bei Dampf zwischen T_2 und T_1.

Die Verlustwärme Q_2 unterhalb der Temperatur T_2 des Auspuffdampfes vergrößert sich infolgedessen in dem Maße, wie der Entropiewert $\frac{Q_1}{T_1}$ des Wärmeinhaltes Q_1 des Arbeitsdampfes größer ist, als die Entropie $\frac{Q_1}{T'}$ der Heizgaswärme.

Der ziffernmäßige Vergleich der nutzbaren Wärme mit der zugeführten bei unmittelbarer Ausnützung der Heizgaswärme oder bei ihrer mittelbaren Ausnützung durch die Dampfwärme führt auf folgende thermische Wirkungsgrade des Carnotprozesses.

Bei Zufuhr der Wärme in der Temperaturhöhe der Heizgase von $t' = 1200^0$, also $T' = 1473$ und unter Annahme der untersten Temperaturgrenze von $t = 0^0$ wird $\eta' = \dfrac{T' - T_0}{T'} = \dfrac{1200}{1200 + 273} = 0{,}815$ [1]).

Bei Zufuhr der gleichen Wärmemenge mittels Sattdampf von 10 Atm. erniedrigt sich die Höchsttemperatur auf $T_1 = 179^0 + 273 = 452$.

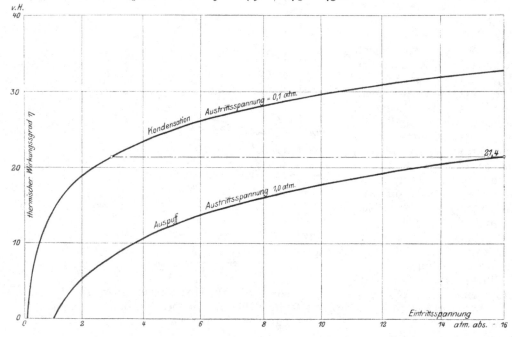

Fig. 24. Wärmewirkungsgrad des Carnotschen Kreisprozesses $\eta = 1 - \dfrac{T_2}{T_1}$ bei Austrittstemperaturen $t_2 = 99^0$ bezw. 45^0 (Auspuff- und Kondensationsbetrieb), bezogen auf die Dampfeintrittsspannung.

Für Auspuffbetrieb, für den $t_2 = 99^0$ angenommen werden kann, wird alsdann

$$\eta_a = \frac{179 - 99}{452} = 0{,}177$$

und für Kondensationsbetrieb mit 0,1 Atm. Gegendruck und $t_2 = 45^0$ ergibt sich

$$\eta_k = \frac{179 - 45}{452} = 0{,}296.$$

Der Vergleich von η_a mit η_k läßt die wärmetheoretische und damit auch wirtschaftliche Überlegenheit des Kondensationsbetriebes über den Auspuffbetrieb erkennen.

---

[1]) Diese Wirkungsgradziffer hat nach Anm. 1, S. 25 weder theoretische noch praktische Bedeutung.

Für Dampf als Wärmeträger ist die mit dem Kondensationsbetrieb ermöglichte Vergrößerung des Temperaturgefälles durch Erniedrigung der untersten Temperaturgrenze auch noch deshalb von besonderer praktischer Bedeutung, weil eine gleiche Steigerung des Temperaturgefälles durch Erhöhung der oberen Temperaturgrenze bei Sattdampf nicht nur einen geringeren thermischen Wirkungsgrad von im vorliegenden Beispiel nur 0,265, sondern auch wesentlich höhere Dampfspannungen (30 Atm.) bedingen würde. Eine Vergrößerung des Temperaturgefälles um nur 21⁰ durch Erhöhung der Dampftemperatur von 179⁰ auf 200⁰ führt bereits auf eine Drucksteigerung von 10 auf 16 Atm.; die Wärmeausnützung für Auspuffbetrieb nimmt dabei von 0,177 auf 0,214 zu, Fig. 24. Wird dagegen die untere Druckgrenze auf Kondensatorspannung, also nur etwa um 0,9 Atm. tiefer gerückt, so vergrößert sich das Temperaturgefälle um 54⁰ und die Wärmeausnützung wird für 10 Atm. Eintrittsspannung auf 0,296, für 16 Atm. auf 0,328 gesteigert.

Aus diesen Werten der Wärmeausnützung ist andererseits auch zu erkennen, daß erhöhte Eintrittsspannung für die Auspuffmaschine relativ größere wirtschaftliche Bedeutung besitzt wie für die Kondensationsmaschine. Ferner geht aus beiden Vergleichskurven für Auspuff- und Kondensationsbetrieb Fig. 24 hervor, daß mit einer Kondensationsmaschine von 2,7 Atm. Anfangsdruck theoretisch die gleiche Wärmeausnützung von 21,4 v.H. erreicht wird wie mit einer Auspuffmaschine von 16 Atm. Eintrittsspannung.

Allgemein betrachtet lassen diese Feststellungen bereits erkennen, daß die wärmetechnische Bedeutung weiterer Steigerung der Dampfspannung mit der Höhe des Gegendruckes wächst.

B. Theoretische Arbeitsvorgänge.

1. Die geschlossene Dampfmaschine.

Bei keiner unserer heutigen Wärmekraftmaschinen wird der Carnotsche Kreisprozeß tatsächlich durchgeführt, und zwar schon deshalb nicht, weil bei ihnen die periodische Zu- und Abführung der Wärme mit einer steten Erneuerung des Wärmeträgers verbunden ist. Bei der Dampfmaschine verläßt der Arbeitsdampf nach Durchlaufen des Kreisprozesses den Cylinder und wird durch frischen Kesseldampf ersetzt; bei der als Öl- oder Gasmaschine ausgebildeten Luftmaschine wird nach jedem Kreislauf die verbrauchte Luft ausgestoßen und frische Verbrennungsluft angesaugt.

Der Carnotsche Kreisprozeß dagegen verlangt nach jedem Kreislauf nicht die Erneuerung des Wärmeträgers, sondern nur die erneute Zufuhr von Wärme, so daß also der Wärmeträger in der Maschine verbleibt unter entsprechender Änderung seines Zustandes während des Kreislaufes.

Geschlossene
Dampf-
maschine. Die praktische Verwirklichung des Carnotprozesses setzt beim Dampfbetrieb eine sogenannte geschlossene Dampfmaschine voraus, bei der der Dampfcylinder zur Vermeidung von Wärmeübergängen durch Leitung und Strahlung aus einem wärmeundurchlässigen Material zu bestehen hätte und der Spielraum zwischen Kolben und Cylinderdeckel am Hubende nur so groß zu sein brauchte, daß er den Wärmeträger in Form einer entsprechend geringen Wassermenge aufzunehmen vermag, so daß ein eigentlicher schädlicher Raum nicht vorhanden wäre.

Der Arbeitsvorgang der nach dem Carnotprozeß arbeitenden geschlossenen Dampfmaschine ist für gesättigten Dampf nachfolgend beschrieben und in den Fig. 25 und 26 durch das Druckvolum- und Temperatur-Entropiediagramm für 1 kg Dampf dargestellt.

Die Wassermenge von der Sättigungstemperatur t_1 und der Anfangsspannung p_1 des Dampfes und einem Wärmeinhalt gleich der Flüssigkeitswärme q_1 bezogen auf 1 kg Wasser würde dem Anfangszustand 1 des Wärmeträgers entsprechen. Ausgehend von diesem erfolgt bei isothermischer Wärmezufuhr (etwa durch elektrische Heizung) die Verdampfung des Wassers bei unveränderlicher Sättigungstemperatur t_1 unter Volumvergrößerung des Wärmeträgers und entsprechender Leistung äußerer Arbeit. Nach vollständiger Verdampfung, die beim Zustand 2 des Wärmeträgers eingetreten ist, wird die Wärmezufuhr unterbrochen und die weitere Volumvergrößerung unter adiabatischer Arbeitsleistung und Expansion bis auf den Gegendruck p_2 herab entsprechend dem Expansionsendpunkt 3 beider Diagramme bewirkt. Das Entropiediagramm läßt beim Vergleich der Adiabate mit der oberen Grenzkurve (Sättigungslinie) deutlich erkennen, daß mit dem adiabatischen Übergang vom gesättigten Zustand 2 auf den Zustand 3 des Gegendruckes eine teilweise Kondensation des Dampfes eintritt. Vom Endpunkt 3 aus findet die isothermische Wärmeableitung nach außen statt an einen Kühlkörper von der Sättigungstemperatur t_2 und der Spannung p_2 des Dampfes, und zwar unter beständiger Kondensation von Dampf bis zum Punkte 4, von dem aus durch adiabatische Kompression der Anfangszustand 1 des Wärmeträgers wieder erreicht wird.

Die Diagramme Fig. 25 und 26 sind für Druckgrenzen von 10,0 und 1,0 Atm. und für 1 kg arbeitende Dampfmenge gezeichnet. Die Berechnung der Wärmeänderungen liefert hierbei folgendes:

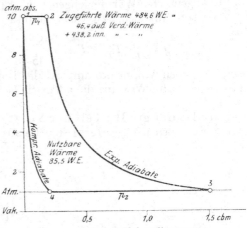

Fig. 25. Druck-Volumdiagramm.

Die während der isothermischen Wärmezufuhr und Expansion von 1 bis 2 für 1 kg Dampf aufgenommene Verdampfungswärme beträgt 484,6 WE, von denen 46,4 WE infolge der Volumzunahme in Nutzarbeit verwandelt werden, während 438,2 WE infolge Änderung des Aggregatzustandes zur Überwindung der Kohäsionsarbeit verschwinden [1]. Während der adiabatischen Expansion von 2 nach 3 werden durch Ausnützung des Temperaturgefälles von $T_1 = 451,9$ auf $T_2 = 372,1$ 82,5 WE in Arbeit umgewandelt unter Verminderung der spezifischen Dampfmenge von $x_2 = 1,0$ auf $x_3 = 0,877$, so daß die gesamte isothermische und adiabatische Expansionsarbeit $46,4 + 82,5 = 128,9$ WE äquivalent ist. Durch isothermische Wärmeentziehung bei 1 Atm. zwischen den Punkten 3 und 4 vermindert sich die spezifische Dampfmenge auf $x_4 = 0,137$ und es werden daher $(0,877 - 0,137)\ 539,7 = 399,1$ WE abgeführt (Verdampfungswärme des Dampfes von 1,0 Atm. Spannung $= 539,7$ WE), von denen 369,3 WE zwecks Dampfkondensation abzuleiten sind, während 29,8 WE durch isothermische Kompressionsarbeit aufgezehrt werden. Die Rückführung des Dampfes vom Zustand des Punktes 4 auf den Anfangszustand in Punkt 1 durch adiabatische Kompression benötigt eine Kompressionsarbeit von rund 13,6 WE, wobei sich die spezifische Dampfmenge von 0,137 auf 0,0 vermindert. Die gesamte Kompressionsarbeit verbraucht somit $29,8 + 13,6 = 43,4$ WE.

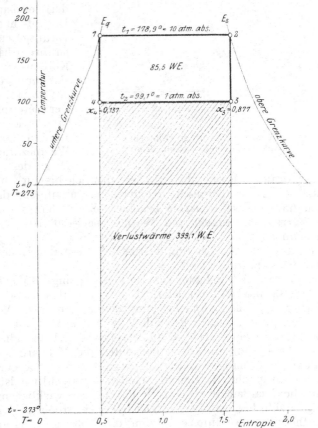

Fig. 26. Temperatur-Entropiediagramm.

Fig. 25 und 26. Carnot-Prozeß der geschlossenen Dampfmaschine ohne schädlichen Raum.

[1] Die Zahlenwerte entsprechen den Mollierschen Tabellen und Diagrammen v. J. 1906.

Das Wärmeäquivalent der nutzbaren Arbeitsleistung berechnet sich daher zu
128,9 — 43,4 = 85,5 WE in Übereinstimmung mit dem Unterschiede der zugeführten und abgeführten Wärmemengen von 484,6 — 399,1 = 85,5 WE und desgleichen mit dem aus dem zweiten Hauptsatze abgeleiteten Wärmewert der
Nutzarbeit

$$Q = \frac{Q_1}{T_1}(T_1 - T_2) = \frac{484,6}{452} \cdot 80 = 85,5 \text{ WE.}$$

Von dieser nutzbaren Wärme kommt auf die isothermischen Arbeiten der Betrag
von 46,4 — 29,8 = 16,6 WE, auf die adiabatischen dagegen der Betrag von 82,5 —
13,6 = 68,9 WE.

   Es wird also der größte Teil der Nutzarbeit durch die adiabatische
Expansion des Dampfes geleistet. Hieraus erklärt sich die Bedeutung der
Expansion für eine möglichst wirtschaftliche Ausnützung des Dampfes.

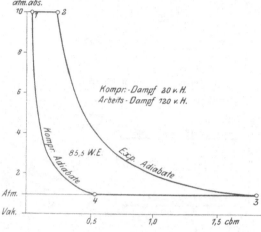

Fig. 27. Carnotprozeß der geschlossenen Dampfmaschine mit schädlichem Raum.

   Zur Durchführung des theoretischen Kreisprozesses nach
Carnot ist es nicht nötig, vom
Wasser als Anfangszustand des
Wärmeträgers auszugehen, sondern es kann auch ein beliebiges
Dampf- und Wassergemisch dabei
vorausgesetzt werden. Der sogenannte schädliche Raum zwischen
Kolben- und Cylinderdeckel ist
alsdann größer wie vorher und
mit Dampf und Wasser ausgefüllt.
Der Kreisprozeß (Fig. 27) würde
nach wie vor so durchgeführt
werden, daß die isothermische
Wärmezufuhr bis zur Verdampfung des vorhandenen Wassers

erfolgt, worauf sich die adiabatische Expansion bis zur untersten Spannung und
bei letzterer die isothermische Kompression anschließt; die adiabatische Kompression hat in dem Punkt zu beginnen, bis zu dem der nicht in Arbeit umgesetzte Betrag der zugeführten Wärme abgeleitet ist, wobei ein Dampf- und
Wassergemisch übrig bleibt, dessen adiabatische Kompression wieder auf das
Dampf-Wassergemisch des Anfangszustandes von der Höchstspannung und Temperatur zurückführt.

   Die nutzbare Arbeitsleistung der zur Verdampfung des Wassers zugeführten Wärme
bleibt dieselbe und berechnet sich für 1 kg verdampftes Wasser wie vorher zu 85,5 WE.

   Fig. 27 zeigt die im Druckvolumdiagramm durch die Vergrößerung der arbeitenden Dampfmenge sich ergebende Abweichung von Fig. 25; der expandierende
Dampf erfordert ein größeres Cylindervolumen und die adiabatische Kompression
größeren Arbeitsaufwand, der aber durch die Mehrarbeit der größeren expandierenden Dampfmenge wieder aufgewogen wird. Da ein gewisser schädlicher
Raum bei ausgeführten Dampfmaschinen unvermeidlich ist, so schließt sich der
theoretische Diagrammverlauf nach Fig. 27 dem wirklichen bereits besser an als
derjenige nach Fig. 25. Der Vergleich beider Arbeitsvorgänge zeigt ferner, daß
für die theoretische Dampfausnützung die Größe des schädlichen Raumes belanglos ist und der thermische Wirkungsgrad durch ihn nicht verändert wird.

   Bei der seitherigen Durchführung des Carnotschen Kreisprozesses mittels
Dampf als Wärmeträger wurde die Wärmezuführung nur bis zur Bildung trocken
gesättigten Dampfes aus dem anfänglich vorhandenen Wasser von der Dampf-

temperatur bewirkt. Eine weitere Wärmezuführung würde bei gleichbleibendem Druck vom Dampf nicht mehr isothermisch aufgenommen werden, sondern seine Überhitzung bedingen, so daß die Wärmeaufnahme nicht mehr bei konstanter Höchsttemperatur, sondern bei steigender Temperatur erfolgte. Die Voraussetzung des Carnotschen Prozesses für die Wärmezufuhr ist also während der Überhitzung nicht gegeben, wenn die Dampfspannung konstant bleibt. Dagegen würde eine Fortsetzung isothermischer Wärmeaufnahme nach beendeter Verdampfung bei anschließender Dampfexpansion unter Druckabnahme möglich sein, womit bereits eine mäßige Überhitzung des Dampfes über seine dabei abnehmende Sättigungstemperatur verbunden wäre.

Alle diese Arbeitsvorgänge, die sich auf die Wärmezufuhr im Sinne des Carnotschen Kreisprozesses stützen, unterscheiden sich noch wesentlich von den betreffenden Vorgängen in der Dampfmaschine. Der grundsätzliche Unterschied besteht darin, daß nicht die Wärme als solche, sondern der Wärmeträger selbst zu- und abgeleitet wird und die eigentliche Wärmezuführung nicht im Dampfcylinder, sondern im Kessel, und die Wärmeentziehung erst in der Atmosphäre oder im Kondensator erfolgt. Einen weiteren wichtigen Unterschied bedingt noch der Umstand, daß der Arbeitsdampf nicht aus Wasser von der Sättigungstemperatur und der Höchstspannung, sondern aus Wasser niedrigerer Temperatur und in der Regel von Atmosphärenspannung erzeugt werden muß. Dadurch ergeben sich theoretische Abweichungen weniger in der Dampfwirkung als in der Wärmeausnützung, die den wärmetechnischen Nutzeffekt der wirklichen Maschine nachteilig beeinflussen.

Bevor die wärmetechnischen Untersuchungen auf die tatsächliche Dampfwirkung in der ausgeführten Maschine ausgedehnt werden, ist es nicht ohne theoretisches und praktisches Interesse, eine vergleichsweise Untersuchung darüber einzuschalten, auf welche Ausführungs- und Betriebsverhältnisse die Übertragung des Carnotschen Kreisprozesses auf Luft als Wärmeträger führt.

Theoretischer Vergleich des Dampf- und Luftbetriebes.

Während bei gesättigtem Dampf die Temperaturgrenzen des Carnotschen Prozesses durch die mit den Sättigungstemperaturen in gesetzmäßigem Zusammenhange stehenden Dampfspannungen bestimmt werden, kann für Luft die Temperatur unabhängig vom Druck gewählt werden und wäre es möglich, von beliebig hohen Temperaturen der isothermischen Wärmezufuhr auszugehen.

Freilich ist alsdann die untere Temperatur durch die bei der adiabatischen Expansion zwischen gegebenen Druckgrenzen sich von selbst einstellende Endexpansionstemperatur bestimmt.

Luftmaschine.

Wird beispielsweise der Carnotsche Prozeß für eine Luftmaschine in denselben Durckgrenzen von 10,0 Atm. und 1 Atm. durchgeführt, die der Auspuffdampfmaschine entsprechen, für die die Diagramme Fig. 25 bis 27 gezeichnet sind, so kann die obere oder untere Temperatur noch frei gewählt werden. Soll die isothermische Wärmeableitung bei einer Temperatur von 10^0 der umgebenden Luft erfolgen, um Wärmeverluste durch Wärmeübertragung ohne Arbeitsleistung zu vermeiden, so ergibt sich für die adiabatische Expansion von 10 Atm. auf 1,0 Atm., daß die Temperatur bei Beginn der adiabatischen Expansion 203^0 betragen muß. Bei dieser Höchsttemperatur hätte alsdann die isothermische Wärmezufuhr zu erfolgen. Fig. 28a und b gibt den Verlauf des Carnotprozesses für Luft zwischen den angenommenen Druck- und Temperaturgrenzen im Druckvolum- und Temperatur-Entropiediagramm.

Verglichen mit dem für Dampf als Wärmeträger sich ergebenden Diagramm Fig. 25 zeigt es wesentliche Abweichungen theoretischer und praktischer Natur, wie aus nachfolgenden Vergleichsbetrachtungen hervorgeht.

In der Dampfmaschine liefert, wie oben abgeleitet, die adiabatishce Expansion den größten Teil der Nutzarbeit und die Isothermen haben an ihr nur geringen Anteil, in der Luftmaschine dagegen wird die adiabatische Expansionsarbeit durch

die adiabatische Kompressionsarbeit aufgezehrt, da beide als ·entgegengesetzte Änderungen der inneren Energie der Luft zwischen gleichen Temperaturgrenzen,

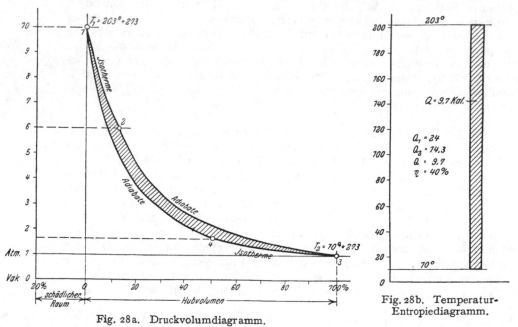

Fig. 28a. Druckvolumdiagramm.

Fig. 28b. Temperatur-Entropiediagramm.

Fig. 28a und b. Carnotprozeß für Luft zwischen 10 und 1 Atm.

infolge des unveränderten Aggregatzustandes der Luft, sich aufheben; die mit bedeutender Arbeitsleistung verbundene adiabatische Expansion geht somit für die Nutzleistung vollständig verloren. Nur der Unterschied zwischen der isothermischen Expansions- und Kompressionsarbeit wird als äußere Arbeit nutzbar, deren Größe in den schraffierten Flächen der Fig. 28a und b gekennzeichnet ist und verhältnismäßig klein ausfällt.

Dagegen berechnet sich der thermische Wirkungsgrad zu

$$\eta = \frac{203 - 10}{203 + 273} = 0{,}405,$$

also wesentlich größer als für Dampf in denselben Druckgrenzen.

Andererseits zeigt der Vergleich der Ausführungsvolumen des Dampf- und Luftcylinders, daß bei gleichem Hubvolumen für Luft ein verhältnismäßig großer schädlicher Raum als Verdichtungsraum nötig wird, während er für Dampf auf das konstruktiv kleinst erreichbare Maß eingerichtet werden kann.

Für die praktische Bewertung des theoretischen Unterschiedes im Verlauf des Carnotprozesses für Luft und Dampf mögen

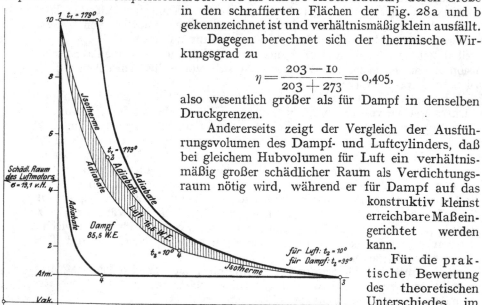

Fig. 29. Carnotprozeß für Dampf und Luft in gleichen Druckgrenzen und bei gleicher Eintrittstemperatur.

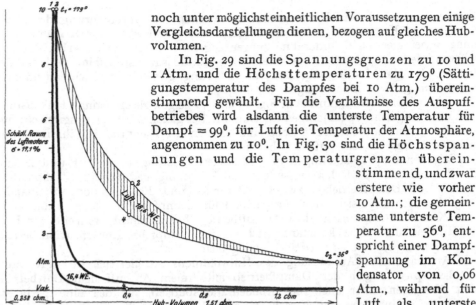

Fig. 30.   Carnotprozeß für Dampf und Luft in gleichen Temperaturgrenzen und für gleiche Eintrittsspannung.

noch unter möglichst einheitlichen Voraussetzungen einige Vergleichsdarstellungen dienen, bezogen auf gleiches Hubvolumen.

In Fig. 29 sind die Spannungsgrenzen zu 10 und 1 Atm. und die Höchsttemperaturen zu 179° (Sättigungstemperatur des Dampfes bei 10 Atm.) übereinstimmend gewählt. Für die Verhältnisse des Auspuffbetriebes wird alsdann die unterste Temperatur für Dampf = 99°, für Luft die Temperatur der Atmosphäre, angenommen zu 10°. In Fig. 30 sind die Höchstspannungen und die Temperaturgrenzen übereinstimmend, und zwar erstere wie vorher 10 Atm.; die gemeinsame unterste Temperatur zu 36°, entspricht einer Dampfspannung im Kondensator von 0,06 Atm., während für Luft als unterste Druckgrenze die Atmosphärenspannung

Gleiche Druckgrenzen für Dampf- und Luftbetrieb.

Gleiche Temperaturgrenzen.

beibehalten ist. Der Vergleich dieser Diagramme zeigt Eigenschaften der Luft als Arbeitsmittel gegenüber denen des Dampfes bei Auspuff- und Kondensationsbetrieb, die nicht nur theoretisch interessant sind, sondern sich auch entscheidend für den praktischen Wert oder Unwert der einzelnen Arbeitsprozesse erweisen.

Der Dampfbetrieb ergibt bei Auspuff Fig. 29 für 1 kg arbeitendes Dampfgewicht bei dem angenommenen Hubvolumen von 1,51 cbm eine Nutzleistung von 85,5 WE, wobei sich der thermische Wirkungsgrad zu $\eta = 0{,}177$ berechnet. Der Kondensationsbetrieb Fig. 30 führt wohl auf eine bedeutende Zunahme der Wärmeausnützung, die sich zu $\eta = 0{,}316$ berechnet, aber bei gleichem Hubvolumen auf eine erheblich geringere Arbeitsleistung von nur 16,4 WE, d. i. etwa $^1/_5$ derjenigen des Auspuffbetriebes. Die Ursache dieser geringen Leistung äußerer Arbeit für gleiches Hubvolumen ist in der Verminderung des arbeitenden Dampfgewichtes gegeben, das mit dem steigenden Expansionsgrad sich von 1,0 auf 0,08 kg verkleinerte. Der wärmetheoretisch ungünstigere Auspuffbetrieb besitzt also im Vergleich

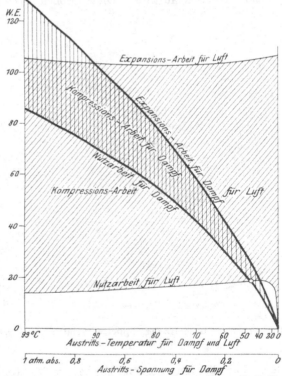

Fig. 31. Arbeitsaufwand und indicierte Nutzarbeit für Dampf und Luft in gegebenem Hubvolumen und für gleiches Temperaturgefälle (also auch gleiche thermische Ausnützung).

3*

zum Kondensationsbetrieb den praktischen Vorzug, bei Durchführung des reinen Carnotschen Kreisprozesses für die heute in der Regel verwendeten Dampfspannungen bei gleichen Cylinderabmessungen ungefähr die fünffache Arbeitsleistung während jedes Kolbenhubes zu liefern. Die Kondensationsmaschine verlangt also für gleiche Maschinenleistung und zur Sicherung günstigerer Wärmeausnützung wesentlich größere Abmessungen.

Die beiden Luftdiagramme in Fig. 29 und 30 zeigen gleich geringe Hubleistung und zwar ungefähr $^1/_5$ derjenigen des Dampfes bei gleichen Spannungsgrenzen; nur bei Kondensation weist für gleiche Hubvolumen der Dampfbetrieb ähnlich kleine Arbeitsleistung wie der Luftbetrieb auf.

Vergleich der Dampf- und Luftarbeit.

Werden die Veränderungen der indicierten Leistungen bei Luft und Dampf für die betrachtete Höchsttemperatur und Spannung und für alle Temperaturgefälle des Dampfbetriebes zwischen Auspuff- und Kondensation miteinander verglichen, so zeigt sich nach Fig. 31, daß für Dampf die nutzbare Hubleistung vom Kondensations- nach dem Auspuffbetrieb hin zunimmt, während für Luft die Hubleistung nahezu konstant gleich der für Dampf bei Kondensationsbetrieb mit ungefähr 0,1 Atm. Austrittsspannung bleibt.

An rationeller Ausnützung des Hubvolumens ist hiernach bei gleichen Höchstspannungen der Dampfbetrieb mit freiem Auspuff dem Luftbetrieb weit überlegen; aber auch bei Kondensationsbetrieb, für den eine geringere theoretische Hubarbeit sich berechnet als für Luft, zeigt die nähere Betrachtung eine praktisch günstigere Ausnützung.

Nutzarbeit der Luftmaschine.

Die in Fig. 32 für Luft gegebene Darstellung der nutzbaren Arbeit als Unterschied der Expansions- und Kompressionsarbeiten läßt deutlich erkennen, daß die indicierte Nutzleistung als kleiner Unterschied großer Expansions- und Kompressionsarbeiten auftritt. Diese großen Arbeiten können nun innerhalb der Luftmaschine so große mechanische Verluste bedingen, daß sie von der indicierten Arbeit unter Umständen nicht mehr überwunden werden. Es ist alsdann ein Betrieb, sowie eine Nutzleistung der Luftmaschine auf Grundlage des Carnotprozesses ausgeschlossen. Fig. 33 zeigt, daß bei 15 v. H. Verlustarbeit, bezogen auf die tatsächlichen Expansions- und Kompressionsleistungen, nur noch wenige Prozent von Nutzarbeit verfügbar bleiben, so daß letztere bei geringer Vergrößerung der inneren Reibungsarbeiten zu deren Überwindung nicht mehr ausreicht, wie dies das Diagramm für 20 v. H. Verlustarbeit bereits zeigt. Bei Dampf dagegen ergeben sich für Auspuff, sowie für Kon-

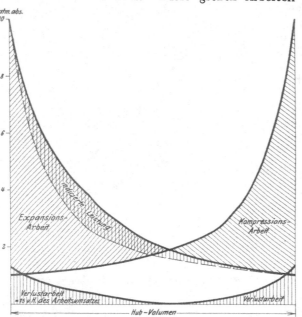

Fig. 32. Arbeitsumsatz der doppeltwirkenden Luftmaschine für den Carnotprozeß Fig. 30.

densation die Kompressionsarbeiten im Vergleich zu den Expansionsarbeiten so gering, daß der mechanische Wirkungsgrad durch sie nicht empfindlich beeinträchtigt und stets der größte Teil der Expansionsarbeit auch als tatsächliche Nutzleistung verwendbar wird.

Diese theoretischen Feststellungen erklären bereits zur Genüge, weshalb der Luftbetrieb unter den Spannungs- und Temperaturverhältnissen des Dampfbetriebes zu praktisch brauchbaren Ergebnissen nicht führen konnte.

Gleich ungünstige Verhältnisse ergeben sich für Luft hinsichtlich der praktischen Ausnützbarkeit der indicierten Lei-

Rationeller Wärmemotor.

stung bei Durchführung des Carnotschen Kreisprozesses mit hohen Temperatur- und Druckgefällen behufs Steigerung des thermischen Wirkungsgrades, wie solches mit dem rationellen Wärmemotor von R. Diesel angestrebt wurde. Durch Steigerung der Eintrittstemperatur auf 800° bei 0° Austrittstemperatur erhöht sich der thermische Wirkungsgrad rechnerisch auf $\eta = \dfrac{800-0}{800+273} = 0,74$. Da

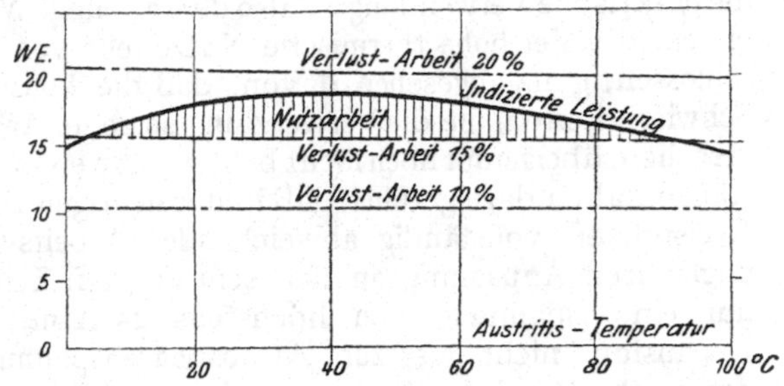

Fig. 33. Vergleich der indicierten Leistungen der Luftmaschine mit ihren inneren Reibungsarbeiten bei verschiedenen Austrittstemperaturen.

nun bei Luft zur Ausnützung des hohen Temperaturgefälles von 800° ein Druckgefälle von 250 Atm. erforderlich ist, ergeben sich als innere Arbeitsleistungen der Maschine große adiabatische Expansions- und Kompressionsarbeiten, deren Unterschied nur eine geringe indicierte Leistung entstehen läßt. Den theoretischen Diagrammverlauf für den Carnotschen Kreisprozeß des rationellen Wärmemotors zeigt Fig. 34. Für 1 kg Luft berechnet sich die isothermisch zugeführte Wärme zu

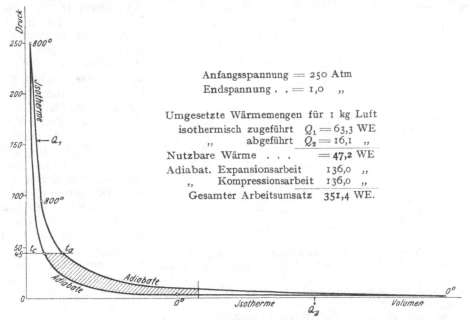

Anfangsspannung = 250 Atm
Endspannung . . = 1,0 „

Umgesetzte Wärmemengen für 1 kg Luft
isothermisch zugeführt $Q_1 = 63,3$ WE
„   abgeführt $Q_2 = 16,1$ „
Nutzbare Wärme . . . = **47,2** WE
Adiabat. Expansionsarbeit 136,0 „
„   Kompressionsarbeit 136,0 „
Gesamter Arbeitsumsatz 351,4 WE.

Fig. 34. Druck-Volumdiagramm des rationellen Wärmemotors von Diesel.

$Q_1 = 63,3$ WE, die isothermisch abgeführte zu $Q_2 = 16,1$ WE, und die der indicierten Leistung entsprechende nutzbare Wärme zu $Q = Q_1 - Q_2 = 47,2$ WE. Die adiabatischen Expansions- und Kompressionsarbeiten bestimmen sich zu je 136 WE, also zusammen als getrennt auftretende innere Arbeitsleistungen zu 272 WE.

Wenn eine solche Maschine im Viertakt arbeitet, kommen die positiven und negativen Arbeitsleistungen getrennt zur Wirkung, so daß der innere Reibungswiderstand von der Summe der Expansions- und Kompressionsarbeiten abhängig wird; letztere betragen 272 + 79,4 = 351,4 WE. Einen inneren Reibungswiderstand des Motors von nur 20 v. H. vorausgesetzt, würde zu dessen Überwindung schon 351,4 · 0,20 = 70,2 WE erfordern, während nur 47,2 WE als indicierte Leistung zur Verfügung stehen. Für die praktische Verwendung ist also der rationelle Wärmemotor bei den Betriebsverhält-nissen, die der hohe thermische Nutzeffekt von 0,74 verlangt, vollkommen ausge-schlossen, ganz abgesehen davon, daß die konstruktiven und betriebstechnischen Schwierigkeiten, die die Verwendung so hoher Arbeitsdrücke und -temperaturen ver-ursachen, überhaupt noch nicht beherrscht werden können. Die vorbezeichneten Übel-

Diesel-maschine. stände haben dazu geführt, daß in der heutigen Dieselmaschine ein vom Carnotschen Kreisprozeß vollständig abweichender Arbeitsvorgang durchgeführt wird, unter ungefährer Anpassung an den schraffierten Teil des Diagramms, Fig. 34, indem nur eine Spannung von höchstens 45 Atm. zugelassen und die adiabatische Expansion nicht bis zur Atmosphärenspannung ausgedehnt wird. An Stelle der isothermischen Wärmeaufnahme des rationellen Wärmemotors tritt somit in der ausgeführten Dieselmaschine Wärmezufuhr bei konstantem Druck und steigender Temperatur.

Durch diese Abänderung wird ein Arbeitsdiagramm erzielt, dessen thermischer Wirkungsgrad nur noch 35 bis 40 v. H. beträgt, dessen mechanischer Nutzeffekt je-doch praktischen Anforderungen entspricht und erfahrungsgemäß 75 bis 80 v. H. und darüber erreicht. Dem tatsächlichen Expansions- und Kompressionsverlauf der ausgeführten Dieselmaschinen entspricht ein theoretisches Druckvolumdiagramm, wie es in Fig. 35 gekennzeichnet ist.

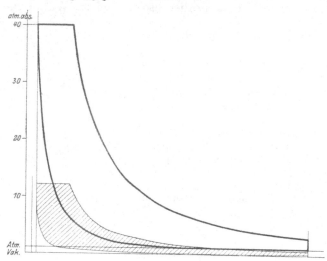

Fig. 35. Theoretisches Druckvolumdiagramm einer Diesel-maschine im Vergleich mit dem einer Kolbendampfmaschine.

Diese verminderte Wärmeausnützung des Dieselmotors ist immer noch doppelt so groß wie diejenige mittels der Dampfmaschine, für die sich im praktischen Be-trieb nur eine Ausnützung des Brennmaterials von 20 v. H., in vielen Fällen nur von 10 v. H. heraus-stellt. Wenn trotzdem die praktische Anwen-dung der Dampfmaschine als Wärmemotor neben der Dieselmaschine bestehen bleibt, so ist der Grund hierfür in dem Umstand zu suchen, daß der wich-tige wärmetheoretische Nutzeffekt für die prak-tische und wirtschaftliche Bedeutung einer Wärmekraftmaschine nicht allein aus-schlaggebend ist.

Insoweit die Frage der Wirtschaftlichkeit des Maschinenbetriebes von den wärmetheoretischen Arbeitsverhältnissen abhängt, muß zugunsten der Dampf-maschine auf die billige Erzeugung des Dampfes mittels billiger Kohle oder anderer fester Brennmaterialien hingewiesen werden, während die Dieselmaschine an die Verwendung der nur in beschränkter Menge vorhandenen und infolgedessen teureren flüssigen Brennstoffe gebunden ist und daher hauptsächlich dann in Betracht kommt, wenn die durch den Wegfall der Kessel ermöglichte Verein-fachung der Kraftanlage und die Art des Betriebs ihre Anwendung besonders begünstigt.

2. Die offene Dampfmaschine mit vollständiger Expansion und Kompression: Theoretisch vollkommene Maschine.

Die Unmöglichkeit wärmeundurchlässige Cylinder auszuführen, schließt die praktische Durchführung des Carnotschen Kreisprozesses in geschlossenen Cylindern aus. Es hat sich außerdem als notwendig erwiesen, die Erzeugung des Dampfes außerhalb des Cylinders in besonderen Kesseln, sowie seine nach der Arbeitsleistung erforderliche Kondensation gleichfalls außerhalb des Cylinders in besonderen Kondensatoren vorzunehmen. Diese Arbeitsweise bedingt mit jedem Kolbenhub eine Erneuerung der arbeitenden Dampfmenge, zu welchem Zwecke der Dampfcylinder abwechselnd mit dem Dampfkessel und der Atmosphäre oder dem Kondensator verbunden wird.

Infolgedessen ändert sich während einer Arbeitsperiode auch das im Cylinder wirksame Dampfgewicht im Gegensatz zur geschlossenen Maschine, bei der das Gewicht des Wärmeträgers während des Kolbenhin- und -rückganges unverändert bleibt.

Offner Arbeitsprozeß

Im Vergleich mit der geschlossenen Maschine tritt somit an Stelle der Wärmeaufnahme die Einströmung und an Stelle der Dampfkondensation innerhalb des Cylinders die Ausströmung des Arbeitsdampfes. Im Beharrungszustand des Arbeitsprozesses sind daher die Ein- und Austrittsdampfmengen stets einander gleich und das während der Kompression noch vorhandene Wasser- und Dampfgewicht wird somit wesentlich kleiner als das während der Expansion wirksame. Bei gleichem schädlichen Raum ist infolgedessen auch die adiabatische Kompressionsarbeit der offenen Dampfmaschine kleiner als die der geschlossenen Maschine.

Entropie-diagramm.

Bei Darstellung der Dampfwirkung in der offenen Maschine mittels des Entropiediagrammes tritt eine Unklarheit desselben empfindlich in die Erscheinung, darin bestehend, daß das Diagramm Änderungen des Wärmeinhaltes des Wärmeträgers nicht unterscheiden läßt von Veränderungen der arbeitenden Menge desselben.

Die Zustandsänderungen werden im Entropiediagramm daher nur für solche Arbeitsvorgänge richtig wiedergegeben, bei denen die arbeitende Dampfmenge innerhalb des Cylinders sich nicht ändert, wie beispielsweise während der adiabatischen Expansion und Kompression. Die Grenzkurven E_q und E_s beziehen sich auf die gesamte, während der Expansion arbeitende Dampfmenge. Die während des Eintrittes stattfindende Zunahme der Dampfmenge und ihre während des Austrittes erfolgende Verminderung erscheint im Diagramm als Verdampfung bzw. Kondensation des Wärmeträgers. Eine Darstellung der wirklichen Zustandsänderung des Dampf- und Wassergemisches während dieser Perioden verlangt eine Ergänzung des Diagrammes für die Flüssigkeitsentropiewerte des seiner Menge nach sich verändernden Wärmeträgers, wie im weiter unten behandelten Diagramm, Fig. 38, veranschaulicht wird.

Ähnlich wie für die Expansion ergibt sich auch für die Kompression die eingeschlossene Dampf- und Wassermenge unverändert, nur ist sie während der letzteren Arbeitsperiode kleiner als während der ersteren. Die Entropielinien der Flüssigkeits- und Verdampfungswärmen für die Kompressionsdampfmenge lassen sich aus den Grenzkurven des Arbeitsdampfes durch proportionale Teilung der Entropiewerte im Verhältnis der Kompressions- und Frischdampfmenge aufzeichnen. In Fig. 36 sind für gesättigten und in Fig. 37 für überhitzten Dampf diese Teilungslinien N_c und E_c von der Flüssigkeitslinie E_q des Arbeitsdampfes aus (diese als untere Grenzkurve des Kompressionsdampfes angenommen) eingetragen; sie bilden die Nullinie und obere Grenzkurve eines besonderen Entropiediagrammes der Kompressionsdampfmenge, das die Besonderheit aufweist, daß seine Nullinie, d. h. Ordinatenachse, eine flache Kurve darstellt. Die Adiabate der Kompressionsdampfmenge verläuft daher nicht vertikal, sondern äquidistant zur Nullinie N_c. Fig. 36 zeigt diesen Verlauf der Kompressionsadiabate für gesättigten Dampf. Wird der Dampf während der Kompression überhitzt, so bleibt zwar auch für das Überhitzungsgebiet die Äquidistanz der Kompressionslinie für N_c bestehen, so daß sie bis zur Ordinate t_1^0, der Überhitzungstemperatur des Eintrittsdampfes durchzuführen wäre. Die Rücksicht auf eine zusammenhängende Darstellung des Kompressionsvorganges mit den übrigen Perioden der Dampfverteilung zwingt jedoch dazu, den im Überhitzungsgebiet liegenden Teil der Kompressionsadiabate so zu veranschaulichen, als ob die durch Kompression erzeugte Überhitzungswärme nicht eine Temperaturerhöhung, sondern eine der Volumzunahme entsprechende Entropievergrößerung des gesättigten

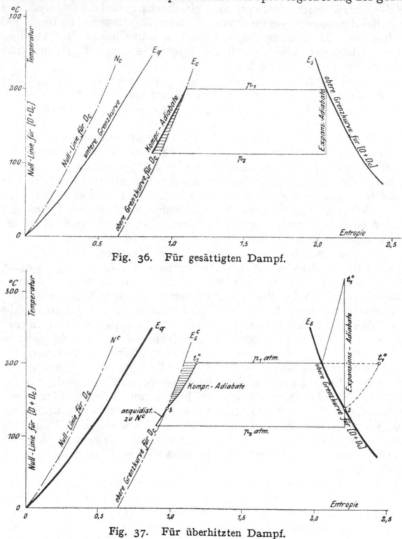

Fig. 36. Für gesättigten Dampf.

Fig. 37. Für überhitzten Dampf.

Fig. 36 und 37. Verlauf der Kompressionsadiabate im Temperatur-Entropiediagramm.

Dampfes hervorgerufen hätte. Im Entropiediagramm für überhitzten Dampf, Fig. 37, verläuft daher die Kompressionsadiabate nur anfänglich und nur so lange äquidistant zu N_c, als der Kompressionsdampf gesättigt bleibt, also bis zum Schnittpunkt s mit der oberen Grenzkurve für D_c. Beim Übergang ins Überhitzungsgebiet ist, wie vorausgehend bemerkt, der Einfluß der Überhitzung durch Entropiewerte veranschaulicht, die sich aus der Volumvergrößerung ableiten, die der Kompressionsdampf erfahren haben würde, wenn die auf die Überhitzung entfallende Kompressionswärme zu einer Nachverdampfung, also Vermehrung der Kompressionsdampfmenge hätte verwendet werden können.

Diese Darstellung entspricht also · nicht der tatsächlichen Zustandsänderung des Kompressionsdampfes, sondern sie läßt nur den Wärmebetrag des Gesamtwärmeinhaltes des überhitzten Arbeitsdampfes erkennen, der auf Kosten der Kompressionswärme zu setzen ist. Im Temperatur-Entropiediagramm ist eine richtige Veranschaulichung der Überhitzung während der Kompression nur durch Aufzeichnung eines besonderen Entropiediagrammes für die Kompressionsdampfmenge allein möglich, wobei jedoch eine übersichtliche Darstellung der Wärmeänderungen im gesamten Kreisprozeß sich nicht erreichen läßt.

Ergänztes Entropie- diagramm.

Wie aus Obigem hervorgeht, erfordert eine zuverlässige Wiedergabe der Wärmeaufnahme und -abgabe während der Ein- und Austrittsperiode eine Er- gänzung des Entropiediagrammes zur Darstellung der mit der Veränderung der arbeitenden Dampfmenge zusammenhängenden Veränderung der Flüssigkeits- wärme. Das Entropiediagramm a, c, d, b, Fig. 38, der Zustandsänderungen des Eintrittsdampfes ist noch zu ergänzen durch das ihm zugehörige Entropiedia- gramm $a'\ c'\ d'\ b'$ der Änderungen seiner Flüssigkeitswärme. Für die Kompressions- dampfmenge ergibt sich $a'\ b'$ als die der Dampfadiabate $a\ b$ entsprechende Null- linie, so daß zwischen beiden Linien die konstante Entropie des Kompressionsdampfes für die adiabatische Kompression gemessen wird. Ebenso wird für die adiabatische Expansion der gesamten Arbeitsdampfmenge zwischen den Linien $c\ d$ und $c'\ d'$ deren konstanter Entropiewert gemessen.

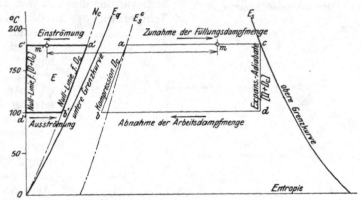

Fig. 38. Entropiediagramm mit Ergänzungsdiagramm zur Kennzeichnung der Veränderung der Flüssigkeitswärme.

Der Entropiewert für eine Dampfmenge m der Einströmperiode setzt sich zusammen aus dem Entropiewert $a\ a'$ des Kompressionsdampfes, der Entropie $a\ m$ der Verdampfungswärme und der Entropie $a'\ m'$ der Flüssigkeitswärme der betreffenden Eintrittsdampfmenge, wobei $a'\ m'$ die Flüssigkeitsentropie $a'\ c'$ der Füllungsdampfmenge so unterteilt, wie die Entropie $a\ m$ die Verdampfungs- entropie $a\ c$ der Füllungsdampfmenge.

Für die Feststellung des Wärmeinhaltes einer während der Austrittsperiode im Cylinder an beliebiger Stelle noch vorhandenen Dampfmenge wäre die Entropie- linie $b\ d$ und $b'\ d'$ in gleicher Weise zu unterteilen wie für den Eintrittsdampf gekennzeichnet.

Der Unterschied des von Adiabaten und Isothermen begrenzten Arbeitsvor- gangs der offenen Dampfmaschine mit schädlichem Raum, Fig. 39 und 40, gegenüber dem Carnotprozeß, Fig. 27 der geschlossenen Maschine mit schädlichem Raum, kennzeichnet sich im Entropiediagramm, Fig. 40, in der Abweichung der Kompressionsadiabate von der Vertikalen des Carnotprozesses. Durch die Ver- ringerung der eingeschlossenen Kompressionsdampfmenge tritt eine Verringerung der Kompressionsarbeit und damit eine Vergrößerung der Hubleistung der Ma- schine ein. Der Arbeitszuwachs wird im Entropiediagramm, Fig. 40, im Inhalt der doppelt schraffierten Dreieckfläche und im Druckvolumdiagramm, Fig. 39, in dem steileren Verlauf der Kompressionskurve ersichtlich. Der Vergrößerung der Hub-

Unterschied von offener und geschlossener Maschine.

arbeit der offenen Dampfmaschine gegenüber der geschlossenen entspricht jedoch nicht etwa eine Vergrößerung der Wärmeausnützung, sondern die vermehrte Leistung ist, infolge der Abweichung vom Carnotprozeß, auch von erhöhtem Wärmeverbrauch begleitet, wie sich aus folgendem erklärt. Die in der geschlossenen Dampfmaschine lediglich durch adiabatische Kompression des Arbeitsdampfes herbeigeführte Höchsttemperatur des Arbeitsvorganges erfolgt in der offenen Dampfmaschine durch Erwärmung des Speisewassers bei zunehmender Temperatur. Während daher beim Carnotprozeß nur die Verdampfungswärme zugeführt wird, vergrößert sich die Wärmezufuhr bei der offenen Maschine um den Betrag der Flüssigkeitswärme, die von der Höhe der Temperatur des in den Kessel gespeisten Wassers abhängig ist; letztere ist im Entropiediagramm Fig. 40, unter Voraussetzung der Vorwärmung des Speisewassers durch den Abdampf, gleich der Temperatur des Auspuffdampfes angenommen, während für Vergleichsrechnungen die Wärmeaufnahme meist auf eine Speisewassertemperatur von 0^0 bezogen wird.

Der in Fig. 39 und 40 dargestellte Arbeitsvorgang der offenen Maschine mit schädlichem Raum schließt eine Kompressionsdampfmenge von 20 v.H. der Frischdampfmenge ein, übereinstimmend mit der in Fig. 27 für den Kompressionsdampf der ge-

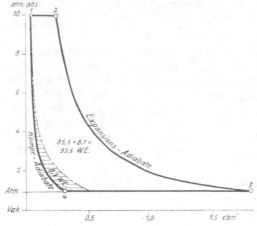

Fig. 39. Druck-Volumdiagramm.

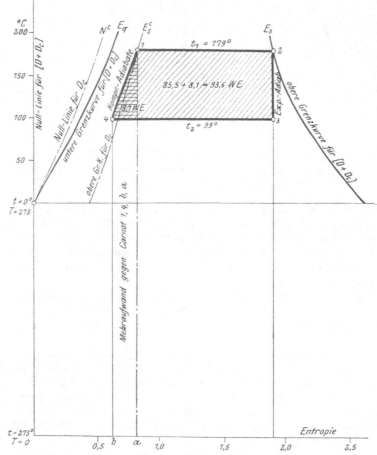

Fig. 40. Temperatur-Entropiediagramm.
Fig. 39 und 40. Theoretischer Arbeitsvorgang der offenen Dampfmaschine mit schädlichem Raum.

schlossenen Maschine gemachten Annahme. Trotz dieser äußeren Gleichheit besteht jedoch der Unterschied, daß im letzteren Falle der schädliche Raum noch

die der Arbeitsdampfmenge entsprechende Wassermenge enthält, während der Inhalt des schädlichen Raumes der offenen Dampfmaschine nur die nach dem Austritt des Frischdampfes im Cylinder zurückbleibende Dampfmenge aufweist, wobei die spezifische Dampfmenge bei Beginn der Kompression gleich der am Ende der Expansion anzunehmen ist.

Den Unterschied in der Dampfwirkung der offenen und geschlossenen Maschine **ohne schädlichen Raum** für Grenzspannungen von 10,0 und 1,0 Atm. lassen Fig. 41 und 42 im Vergleich mit den Fig. 25 und 26 erkennen. Die Hubarbeit der offenen Maschine wird um die Kompressionsarbeit des Carnotprozesses größer. Diese Mehrarbeit wird aber auch hier bezahlt mit der der Flüssigkeitswärme entsprechenden größeren Wärmeaufnahme des Dampfes bei seiner Bildung aus Wasser von 0° oder der Austrittstemperatur statt aus Wasser von der Sättigungstemperatur des Eintrittsdampfes.

Wie auf S. 29 für 10 Atm. Eintritts- und 1 Atm. Austrittsspannung ermittelt, verlangt die dem Carnotprozeß folgende geschlossene Dampfmaschine für eine nutzbare Wärmemenge von 85,5 WE eine Gesamtwärmezufuhr von 484,6 WE für 1 kg arbeitenden Dampf; die offene Dampfmaschine dagegen benötigt 484,6 + 181,5 = 666,1 WE, wenn das Speisewasser von 0° auf die Sättigungstemperatur erwärmt werden muß oder wenigstens 484,6 + 82,5 = 567,1 WE, wenn der Auspuffdampf zur Erwärmung des Speisewassers auf 99° verwertet wird.

Dieser größeren Wärme-

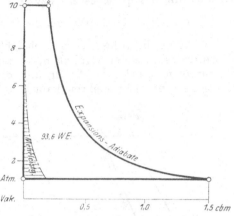

Fig. 41. Druck-Volumdiagramm.

Offene Maschine ohne schädlichen Raum des Cylinders.

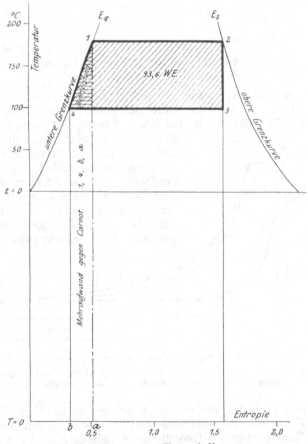

Fig. 42. Temperatur-Entropiediagramm.
Fig. 41 und 42. Theoretischer Arbeitsvorgang der offenen Dampfmaschine ohne schädlichen Raum.

zufuhr entspricht in der offenen Dampfmaschine eine durch Fortfall der Kompressionsarbeit erzielte Vergrößerung der Hubleistung von 8,1 WE, so daß die geleistete Arbeit 85,5 + 8,1 = 93,6 WE äquivalent ist. Der Wärmewirkungsgrad beträgt somit $\eta = \dfrac{93,6}{666,1} = 14,0$ v. H. ohne Vorwärmung des Speisewassers, bzw. $\eta_1 = \dfrac{93,6}{567,1} = 16,5$ v. H. mit Vorwärmung, während der Carnotprozeß eine thermische Ausnützung von $\eta_0 = \dfrac{85,5}{484,6} = 17,7$ ermöglicht.

Werden die beiden vorausgehend betrachteten Arbeitsprozesse der offenen Maschine miteinander verglichen, so zeigt sich, daß die Nutzarbeit der Frischdampfmenge durch die Mitwirkung der Dampfmenge des schädlichen Raumes eine Änderung nicht erfahren kann, da die adiabatischen Expansions- und Kompressionsarbeiten der Dampfmenge des schädlichen Raumes zwischen Ein- und Austrittsdruck einander gleich sind und in ihrer Gesamtwirkung innerhalb eines Kreisprozesses sich aufheben müssen, wie dies im Entropiediagramm Fig. 43 unmittelbar noch veranschaulicht ist.

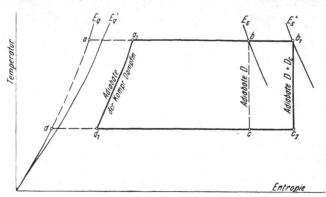

Fig. 43. Temperatur-Entropiediagramm.

Stellen E_q und E_s die Grenzkurven der Frischdampfmenge dar und bc deren Expansionsadiabate, dann entspricht das Diagramm $a\,b\,c\,d$ dem Arbeitsprozeß der offenen Maschine ohne schädlichen Raum. Ist ein schädlicher Raum vorhanden, der bei Beginn des Prozesses mit Dampf der Eintrittsspannung ausgefüllt ist, so vergrößert sich die arbeitende Dampfmenge entsprechend und die Grenzkurven schieben sich nach $E_q{'}$ und $E_s{'}$, wobei der Abstand bb_1 den Entropiewert der Gesamtwärme des Dampfes im schädlichen Raum darstellt. Wird letztere Entropie von a nach a_1 angetragen, so ist nach früherem in der Äquidistanten $a_1\,d_1$ zur Nullinie $a\,d$ die Kompressionsadiabate des im schädlichen Raume verbleibenden Dampfes gegeben. Das nunmehr zwischen den beiden Adiabaten $a_1\,d_1$ und $b_1\,c_1$ verlaufende Diagramm der offenen Dampfmaschine für die ganze Arbeitsdampfmenge $(D + D_c)$ bleibt also inhaltlich übereinstimmend mit dem Diagramm $a\,b\,c\,d$ der Frischdampfmenge.

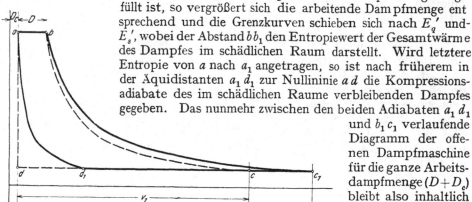

Fig. 44. Druckvolumdiagramm.

Fig. 43 und 44. Vergleich des theoretischen Arbeitsvorganges der offenen Dampfmaschine mit und ohne schädlichen Raum.

Einfluß des schädlichen Raumes auf die Dampfarbeit.

Es folgt daraus, daß auch bei der offenen Maschine die Größe der im Cylinder zurückbleibenden Kompressionsdampfmenge und damit zusammenhängend die Größe des schädlichen Raumes für die theoretische Arbeitsleistung der zugeführten Dampfmenge vollkommen gleichgültig ist.

Wie das Druckvolumdiagramm Fig. 44 zeigt, bewirkt der Fortfall des schädlichen Raumes und die damit verbundene Beschränkung der Expansionsdampfmenge auf die zugeführte Frischdampfmenge eine Verkleinerung des Cylindervolumens von V_2 auf V_1 ohne Änderung der indizierten Dampfarbeit.

Aus der Gleichheit der Diagrammflächen der theoretischen Arbeitsvorgänge mit und ohne schädlichen Raum leitet sich die Berechtigung ab, für die Vergleichsbetrachtungen mit den Diagrammen ausgeführter Maschinen, solange es sich nur um die Arbeitsfähigkeit und Wärmeausnützung und nicht um die vergleichende Verfolgung der Zustandsänderungen handelt, statt eines den wirklichen Arbeitsvolumen des Dampfes im Cylinder mit schädlichem Raum nachgebildeten theo-

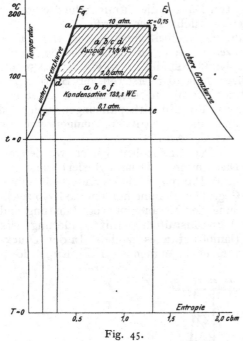

Fig. 45.

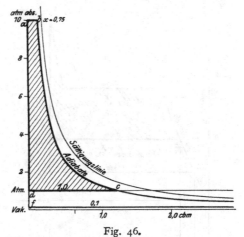

Fig. 46.

I. Für nassen Dampf.

retischen Arbeitsvorganges den einfacheren Arbeitsvorgang einer Maschine ohne schädlichen Raum zu verwenden.

Da die Voraussetzung einer geschlossenen Dampfmaschine, wie sie der Carnotprozeß verlangt, praktisch nicht in Frage kommt und die Dampfwirkung ausgeführter Maschinen sich unmittelbar an den

Theoretisch vollkommene Maschine.

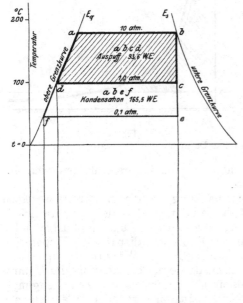

Fig. 47.

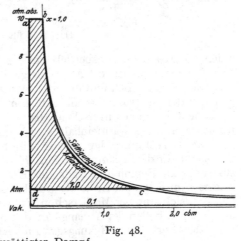

Fig. 48.

II. Für trocken gesättigten Dampf.

Fig. 45 bis 50. Druckvolum- und Entropiediagramme der Vergleichsprozesse der theoretisch vollkommenen Maschine bei Betrieb mit nassem, trocken gesättigtem und überhitztem Dampf.

theoretischen Arbeitsvorgang der offenen Dampfmaschine anschließt, so kann der letztere mit Recht als der Arbeitsvorgang der theoretisch vollkommenen Maschine bezeichnet werden. Hierzu kommt auch noch, daß für den nunmehr fast ausschließlich verwendeten überhitzten Dampf die Carnotsche Bedingung der Wärmezufuhr bei konstanter Temperatur nicht mehr zutrifft.

In Rücksicht auf die Bedeutung, die der Arbeitsvorgang der theoretisch vollkommenen Maschine als Vergleichsprozeß in den wärmetheoretischen Untersuchungen ausgeführter Dampfmaschinen besitzt, sind in den Fig. 45 bis 50 die Temperatur-Entropie- und Druckvolumdiagramme der ersteren für Betrieb mit nassem, trocken gesättigtem und überhitztem Dampf nebeneinander gestellt und

Vergleichs-prozesse für verschiedenen Dampfzustand.

zwar für Eintrittsspannungen von 10,0 Atm. und Austrittsspannungen von 1,0 bzw. 0,1 Atm.

Der Einfachheit halber wurden die Diagramme für Dampfcylinder ohne schädlichen Raum gezeichnet, da es sich in ihrer Gegenüberstellung nur um die Kennzeichnung der Veränderung der Leistung und Wärmeausnützung mit Änderung des Dampfzustandes handelt. In den Druckvolumdiagrammen sind die Expansions-

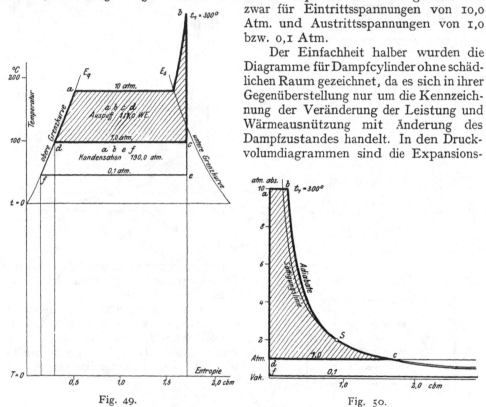

Fig. 49.   Fig. 50.

III. Für überhitzten Dampf.

linien für Kondensationsbetrieb zur Vermeidung großer Diagrammlängen nicht bis zum Gegendruck von 0,1 Atm. fortgeführt.

Die nähere Betrachtung der Wärmeumsetzung in diesen Arbeitsprozessen läßt aus den Entropiediagrammen unmittelbar erkennen, daß die geleistete Arbeit äquivalent ist dem Unterschied des Wärmeinhaltes des ein- und des austretenden Dampfes, d. i. des Wärmeinhaltes zu Beginn und Ende der adiabatischen Expansion.

Theoretisch ausnutzbare Wärme.

Die Berechnung der theoretisch ausnützbaren Wärme W_{th} gestaltet sich somit für die vollkommene Maschine einfach, da sie nur die Kenntnis des Dampfzustandes zu Beginn und Ende der Expansion notwendig macht. Die Erzeugungswärme i_1 und die am Ende der adiabatischen Expansion vorhandene Wärmemenge i_2 lassen sich aus der Mollierschen Entropietafel ohne weiteres ablesen oder mittels der Dampftabellen des Anhangs in der nachfolgend angegebenen Weise berechnen. Auch der thermische Wirkungsgrad η bestimmt sich sehr einfach aus der Beziehung

$$\eta = \frac{i_1 - i_2}{i_1},$$

wenn der Dampf aus Wasser von 0^0 erzeugt wurde, und aus der Beziehung

$$\eta' = \frac{i_1 - i_2}{i_1 - q_2},$$

wenn eine Vorwärmung des Speisewassers auf $t_2{}^0$, der eine zurückgewonnene Wärmemenge q_2 entspricht, möglich war.

Rechnungs-
beispiel.

Für die drei ın den Diagrammen Fig. 45 bis 50 hervorgehobenen Arbeitsprozesse der theoretisch vollkommenen Dampfmaschine mögen nachfolgend die ein- und ausgeleiteten Dampfwärmen sowie dıe thermischen Wirkungsgrade für Auspuff- und Kondensationsbetrieb berechnet werden.

Aus der Mollierschen Dampftabelle sind unmıttelbar zu entnehmen:

	Für den Eintrittsdampf von 10 Atm.	Für den Austrittsdampf von 1 Atm.
Flüssigkeitswärme	$q_1 = 181,5$	$q_2 = 99,6$
Verdampfungswärme	$r_1 = 484,6$	$r_2 = 539,7$
Flüssigkeitsentropie.	$s_1 = 0,5099$	$s_2 = 0,3111$
Verdampfungsentropie	$\frac{r_1}{T_1} = 1,0723$	$\frac{r_2}{T_2} = 1,4504$

Mittels dieser Tabellenwerte berechnen sich die Erzeugungswärmen i_1 und Entropiewerte s_1 des eintretenden Frischdampfes für die drei Diagrammè zu:

Arbeitsprozeß	I	II	III
Zustand des Eintrittsdampfes .	naß	trocken	überhitzt
Spezifische Dampfmenge x_1 . . .	0,75	1,0	—
Überhitzungstemperatur t .	—	—	300^0
Erzeugungswärme i_1 . .	$q_1 + x_1 r_1 =$ $181,5 + 0,75 \cdot 484,6$ $= 544,9$	$q_1 + r_1 =$ $181,5 + 484,6 = 666,1$	$q_1 + r_1 + c_p{}^m \cdot (t_1 - t_s)$ $= 666,1 + 0,53\,(300 - 179)$ $= 730,2$
Entropie . . .	$s_1 + x_1 \frac{r_1}{T_1}$ $0,5099 + 0,75 \cdot 1,0723$ $= 1,312 = s_1{}'$	$s_1 + \frac{r_1}{T_1} =$ $= 0,5099 + 1,0723$ $= 1,582 = s_1{}''$	$s_1{}'' + \int_{t_2}^{t_1} c_p{}^m \frac{dT}{T} =$ $1,582 + 0,126 = 1,708 = s_1{}'''$

Die im austretenden Dampf noch enthaltene Wärme i_2 am Ende der adiabatischen Expansion bestimmt sich aus der Unveränderlichkeit der Entropie während der Expansion. Für Diagramm I, Fig. 45, berechnet sich hiernach die spezifische Dampfmenge x_2 des Austrittsdampfes aus der Forderung, daß die Entropie $s_1{}' = 1,312$ der Gesamtwärme des Frischdampfes während der adiabatischen Expansion auf die Austrittsspannung konstant bleibt. Die Entropie des bei 1,0 Atm. noch dampfförmig bleibenden Teiles des Arbeitsdampfes ist somit ausgedrückt durch den Unterschied von $s_1 - s_2 = 1,312 - 0,3111 = 1,0009$, der in seiner Beziehung zur Entropie $\frac{r_2}{T_2}$ der Verdampfungswärme des Austrittsdampfes die spezifische Dampfmenge $x_1 = \frac{1,0009}{1,4504} = 0,69$ liefert.

Entsprechend findet sich für Diagramm II, Fig. 47, $x_2 = \dfrac{1,5822 - 0,3111}{1,4504} = 0,877$ und für

Diagramm III, Fig. 49, $x_3 = \dfrac{1,708 - 0,3111}{1,4504} = 0,963$.

Der Wärmeinhalt von 1 kg Dampf am Ende der Expansion berechnet sich hiernach aus
$i_2 = q_2 + x\, r_2$

$$\text{zu } i_2 = 99,6 + 0,69 \cdot 539,7 = 472,0 \text{ für Diagramm I.}$$
$$= 99,6 + 0,877 \cdot 539,7 = 573,6 \quad ,, \qquad ,, \quad \text{II.}$$
$$= 99,6 + 0,963 \cdot 539,7 = 619,4 \quad ,, \qquad ,, \quad \text{III.}$$

Der Unterschied $(i_1 - i_2)$ entspricht der in Arbeit umgesetzten Wärme. Für die Diagramme I—III sind diese Arbeitsgrößen, sowie die sich ergebenden Wirkungsgradziffern in nachfolgender Tabelle zusammengestellt.

	I	II	III
Auspuff:			
In Arbeit umgesetzte Wärme $(i_1 - i_2)$	$544,6 - 472,8 = 71,8$	$666,1 - 572,5 = 93,6$	$731,0 - 620,0 = 111,0$
Wärmewirkungsgrad bez. auf Speisewasser von 0^0 $\eta = \dfrac{i_1 - i_2}{i_1}$	$\dfrac{71,8}{544,6} = \mathbf{13,2}$	$\dfrac{93,6}{666,1} = \mathbf{14,05}$	$\dfrac{111,0}{731,0} = \mathbf{15,2}$
von 99^0 (Betrieb mit Vorwärmung) $\eta' = \dfrac{i_1 - i_2}{i_1 - q_2}$	$\dfrac{71,8}{544,6 - 99,6} = 16,1$	$\dfrac{93,6}{666,1 - 99,6} = 16,5$	$\dfrac{111,0}{731,0 - 99,6} = 17,6$
Kondensation:			
$i_1 - i_2$	$544,6 - 415,3 = 129,3$	$666,1 - 500,6 = 165,5$	$731,0 - 541,0 = 190,0$
$\eta = \dfrac{i_1 - i_2}{i_1}$	$\dfrac{129,3}{544,6} = \mathbf{23,8}$	$\dfrac{165,5}{666,1} = \mathbf{24,8}$	$\dfrac{190,0}{731,0} = \mathbf{26,0}$
$\eta' = \dfrac{i_1 - i_2}{i_1 - q_2}$	$\dfrac{129,3}{544,6 - 45,7} = 25,9$	$\dfrac{165,5}{666,1 - 45,7} = 26,7$	$\dfrac{190,0}{731 - 45,7} = 27,7$

Aus vorstehender Rechnung kann gefolgert werden: Mit zunehmendem Wärmeinhalt des Frischdampfes nimmt bei gleichbleibendem Druckgefälle auch der thermische Wirkungsgrad zu, sowohl ohne wie mit Ausnützung eines Teils des Abdampfes zur Vorwärmung des Speisewassers, die ihrerseits den Wirkungsgrad merklich verbessert.

Wärmewirkungsgrad der theoretisch vollkommenen Maschine.

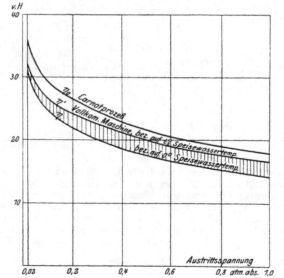

Fig. 51, bezogen auf die Austrittsspannung für 10 Atm. Eintrittsspannung.

In den Diagrammen Fig. 51 bis 53 ist die Wärmeausnützung der theoretisch vollkommenen Dampfmaschine für die praktisch wichtigsten Ein- und Austrittsspannungen mit und ohne Berücksichtigung der Rückgewinnung eines Teiles der Abdampfwärme veranschaulicht. Nach Fig. 51 ist die Erhöhung des Wärmewirkungsgrades durch Vorwärmung des Kesselspeisewassers auf die Temperatur des Auspuffdampfes für Auspuffmaschinen am größten und nimmt mit zunehmendem Vakuum ab wegen der mit der Kondensatorspannung sich vermindernden Temperatur des Austrittsdampfes. Die vergleichsweise Eintragung des Wirkungsgrades η_0 des Carnotprozesses, Fig. 52, zeigt noch, daß die Vorwärmung des Speisewassers bei Auspuffmaschinen eine stärkere Annäherung des thermischen Wirkungsgrades η' an den der geschlossenen Maschine η_0 im Gefolge hat als bei Kondensationsmaschinen. Für den Kondensationsbetrieb erweist sich von besonderer praktischer Bedeutung die rasche Zunahme des Wirkungsgrades mit verminderter Austrittsspannung, Fig. 51. Hieraus erklärt sich das namentlich im Dampfturbinenbetrieb herrschende Bestreben, die Dampfökonomie durch weitgehende Erniedrigung des Kondensatordruckes zu steigern. Bei Kolbendampfmaschinen kann der Vorteil hohen Vakuums wegen der zu seiner Ausnützung erforderlichen unverhältnismäßig großen Hubvolumen nicht in gleich weitgehendem Maße ausgenützt werden. Als Grenze des praktisch durchführbaren niedrigsten

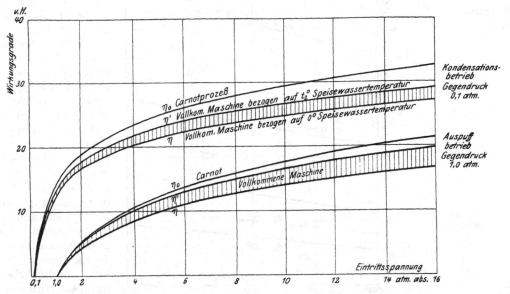

Fig. 52, bezogen auf die Eintrittsspannung für Auspuff und Kondensation.

Druckes kann eine Kondensatorspannung von 0,04 Atm. entsprechend 28,8° Dampftemperatur angesehen werden, für welche sich theoretisch ein Wärmewirkungsgrad von 28,7 v.H. bei 10 Atm., von 31,9 v.H. bei 20 Atm. und von 37,8 v.H. bei 80 Atm. Eintrittsspannung erzielen läßt.

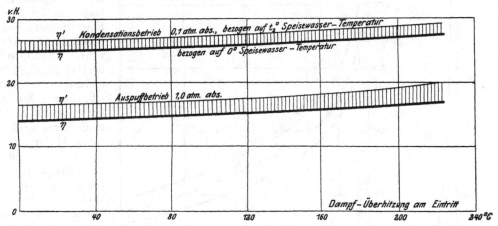

Fig. 53, bezogen auf die Eintritts-Überhitzung für 10 Atm. Eintrittsspannung.

Fig. 51 bis 53. Wärmewirkungsgrad der vollkommenen Maschine und des Carnotprozesses.

Was den Einfluß der Überhitzung auf den Wärmewirkungsgrad der vollkommenen Maschine angeht, so zeigt das Diagramm Fig. 53 nur eine geringe Zunahme desselben mit der Dampftemperatur.

Der theoretische Wert der Überhitzung tritt hiernach bedeutend zurück gegenüber dem wärmetechnischen Einfluß zunehmender Eintritts- oder verminderter Austrittsspannung.

Gegendruck-Dampf-maschine.

Hohe Eintritts-spannung.

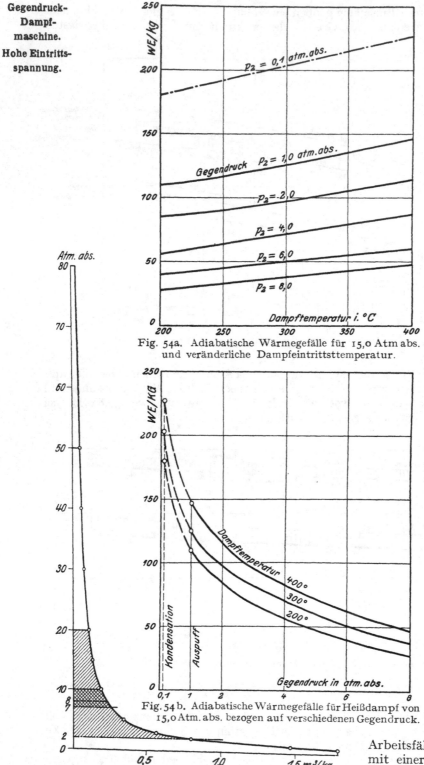

Fig. 54a. Adiabatische Wärmegefälle für 15,0 Atm abs. und veränderliche Dampfeintrittstemperatur.

Fig. 54b. Adiabatische Wärmegefälle für Heißdampf von 15,0 Atm. abs. bezogen auf verschiedenen Gegendruck.

Fig. 55. Theoretische Arbeitsfähigkeit des Dampfes bei Hoch- und Niederdruck.

Dieser Umstand hat in neuerer Zeit die Erhöhung der Eintrittsspannung auf 30—60 Atm. zur Folge, indem bedeutsame wirtschaftliche Vorteile durch Vereinigung der Arbeitsleistung in der Dampfkraftmaschine mit der Ausnutzung der Abdampfwärme zu Koch-, Trocken- und Heizzwecken sich erzielen lassen. Es wird in diesem Falle die Austrittsspannung durch die im angeschlossenen Wärmebetrieb erforderlichen Dampfspannungen und Temperaturen festgelegt. Für die Arbeitsleistung steht alsdann nur das oberhalb des Druck- und Temperaturgebietes der Heiz- oder Trockenanlage ausnutzbare Wärmegefälle zur Verfügung, dessen Größe bei gegebenem Gegendruck nur noch von der Höhe der Eintrittsspannung und -temperatur abhängig wird. Unabhängig von der Dampfmenge besteht hiernach ein ganz bestimmter Zusammenhang zwischen Maschinenleistung und verfügbarer Abwärme.

Bei unveränderter Eintrittsspannung vermindert sich das theoretisch verfügbare (adiabatische) Wärmegefälle mit zunehmendem Gegendruck in dem durch die Diagramme Fig. 54a und b gekennzeichnetem Grade, wobei gleichzeitig die Steigerung der Arbeitsfähigkeit zu ersehen ist, die mit einer Erhöhung der Dampfeintrittstemperatur bei gleichem Gegendruck sich einstellt.

Die aus Fig. 54b bei zunehmendem Gegendruck ersichtliche starke Verminderung der Arbeitsleistung einer gegebenen Dampfmenge kann durch zunehmende **Erhöhung des Eintrittsdruckes** vermieden werden u. z. wird gleiche Leistung annähernd erzielt, wenn das Verhältnis p_1/p_2 zwischen Ein- und Austrittsspannung dasselbe bleibt. Sollte also beispielsweise die Maschinenleistung zwischen 20 und 2 Atm. auch bei 8 Atm. Gegendruck erreicht werden, so wäre eine Eintrittsspannung von 80 Atm. erforderlich. Welch unwillkommen große Druckänderungen im Triebwerk dabei beherrscht werden müssen, veranschaulicht deutlich Fig. 55.

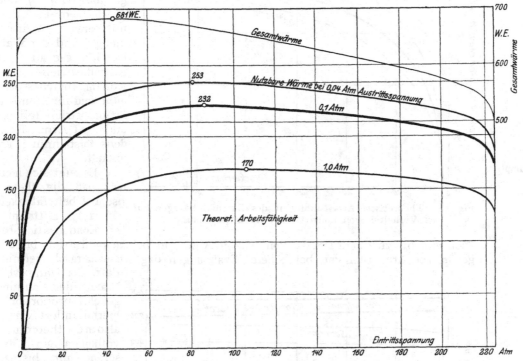

Fig. 56. Gesamtwärme und theoretische Arbeitsfähigkeit von 1 kg Sattdampf bei Eintrittsspannungen bis zum kritischen Druck.

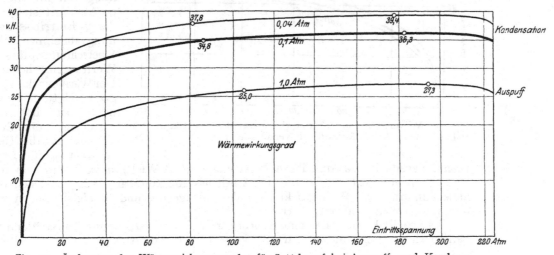

Fig. 57. Änderung des Wärmewirkungsgrades für Sattdampf bei Auspuff- und Kondensationsbetrieb und bei Eintrittsspannungen bis zum kritischen Druck.

4*

Theoretische Grenze der Dampf-ausnützung bei hohen Eintritts-spannungen.

Um ein Urteil über die theoretische Ausnützungsfähigkeit des Dampfes bei Steigerung der Eintrittsspannung bis zum kritischen Druck zu gewinnen, sind für Sattdampfbe-trieb in den beiden Diagrammen, Fig. 56 und 57, mit Hilfe der von Prof. Schüle ent-worfenen Entropiedia-gramme, Fig. 9 und 10, die theoretisch aus-nützbaren Wärme-mengen und der Wär-mewirkungsgrad für Auspuffbetrieb mit 1,0 Atm. Austrittsspan-nung und für Konden-sationsbetrieb mit 0,1 und 0,04 Atm. Kon-densatorspannung er-mittelt.

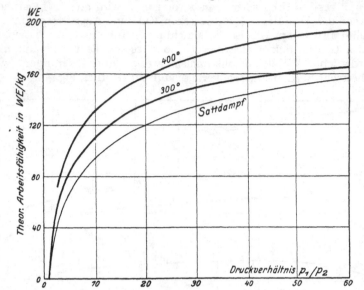

Sattdampf.

Fig. 58. Theoretische Arbeitsfähigkeit des Dampfes bezogen auf das Verhältnis von Eintritts- zur Austrittsspannung.

Es zeigt sich hier-bei, daß die theore-tische Arbeitsfähigkeit von 1 kg Sattdampf bei Kondensationsbe-trieb nur bis zu einem Drucke von etwa 80 Atm. und bei Auspuffbetrieb bis un-gefähr 100 Atm. zunimmt, bei höheren Spannungen dagegen sich rasch vermin-dert. Der Dampfver-brauch, der sich um-gekehrt proportional hiermit ändert, würde also in der theoretisch vollkommenen Ma-schine nur bis zu einer Dampfspan-nung von im Mittel 90 Atm. mit steigen-der Eintrittsspan-nung abnehmen, bei Überschreitung dieses Wertes sich erhöhen. Der Wärmewirkungs-grad zeigt dagegen noch bei höheren Spannungen eine Zu-nahme, da die Ge-samtwärme für 1 kg

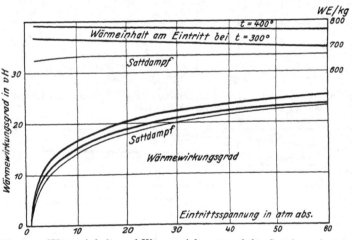

Fig. 59. Wärmeinhalt und Wärmewirkungsgrad für Sattdampf und Heißdampf bei Auspuffbetrieb und verschiedener Eintrittsspannung.

Dampf bereits bei 40 Atm. ihren Maximalwert (681 WE)[1] erreicht und von da ab rascher abnimmt als die für die Arbeitsleistung nutzbare Wärme. Doch ist diese Zunahme des Wärmewirkungsgrades sehr gering und beträgt zwischen 80 und 180 Atm. nur etwa 1,5 v. H.

Es erhellt hieraus, daß eine Steigerung der Eintrittsspannung bei Sattdampf-betrieb theoretisch nur bis auf Drucke von 80 bis 90 Atm. Bedeutung besitzt.

---

[1] Nach den neueren Feststellungen von Prof. Knoblauch bereits bei 29 Atm. (666,8 WE/kg) (siehe Tabellen im Anhang).

Durch Anwendung überhitzten Dampfes kann das Wärmegefälle nicht un-wesentlich vergrößert werden wie die Darstellung Fig. 58 der theoretischen Arbeits-fähigkeit von Sattdampf und Heißdampf bezogen auf das Verhältnis zwischen Ein- und Austrittsspannung p_1/p_2 vergleichsweise zeigt. Die Kurven sind auf Grundlage der Knoblauchschen Wärme-Entropietafel berechnet und mit großer Annäherung für Eintrittsspannungen bis zu $p_1 = 100$ Atm. zutreffend. Bei 1,0 Atm. Gegendruck geben die Abszissenwerte unmittelbar auch die absoluten Eintritts-spannungen an. Fig. 59 kennzeichnet in Abhängigkeit vom Eintrittsdruck den Wärme-inhalt des eintretenden Dampfes und den Wärmewirkungsgrad für Auspuffbetrieb.

Die wachsende Bedeu-tung hoher Eintrittsspannung mit zunehmendem Gegendruck erhellt besonders deutlich aus Fig. 60. Aus diesem Dia-gramm geht ohne weiteres hervor, daß es beispielsweise nur dann einen Sinn hat, bei Dampfkraftmaschinen hohe Austrittsspannungen zuzu-lassen, wenn die Eintritts-spannungen zu 30 Atm. und darüber gewählt werden. Diese Steigerung des Dampf-druckes findet ihre praktische Grenze naturgemäß darin, daß der durch sie erreichbaren höheren Wärmeausnützung als nachteilige Begleiterschei-nungen vermehrte Dichtungs-schwierigkeiten, große Mate-rialstärken und geringere Be-triebssicherheit der Kessel- und Maschinenanlagen gegen-über stehen.

Aus der Größe der für 1 kg Dampf bei den verschie-denen Kreisprozessen als nutz-bar ermittelten Wärmemenge läßt sich unmittelbar der theoretische Wärme- und Dampfverbrauch in der Maschine für eine be-stimmte Leistung ableiten.

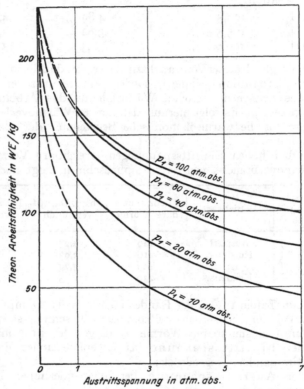

Fig. 60.   Adiabatisches Wärmegefälle von Hochdruck-dampf bei veränderlichem Gegendruck.

Als Bezugsgröße für die ziffernmäßige Angabe des Wärme- und Dampfver-brauches dient aus praktischen Gründen die Stunden-Pferdestärke, d. i. die auf eine Stunde bezogene Leistung einer Pferdestärke von 75 mkg in der Sekunde $= 3600.75 = 270\,000$ mkg. In Wärmeeinheiten ausgedrückt, wird somit eine Stun-den-Pferdestärke gemessen in $\dfrac{270\,000}{427} = 632{,}3$ WE. Ergibt sich nun die theo-retisch ausnützbare Wärmemenge für 1 kg Dampf zu $(i_1 - i_2) = i$ WE, so be-rechnet sich der Dampfverbrauch zu $D = \dfrac{632{,}3}{i}$ kg für die Pferdestärke und Stunde.

Der Wärmeverbrauch W folgt aus dem Dampfverbrauch durch dessen Multi-plikation mit der Erzeugungswärme i_1 des zugeführten Dampfes; es wird sonach

$$W = D \cdot i_1.$$

Für die drei Kreisprozesse der Diagramme Fig. 45 bis 50 ergeben sich folgende Werte des Dampf- und Wärmeverbrauches bei Auspuff- und Kondensationsbetrieb:

Diagr.	theor. nutzb. Wärme i	theor. Dampfverbrauch D	theor. Wärmeverbrauch W

a) Auspuff:

I	71,8 WE/kg	8,80 kg	$8{,}80 \cdot 544{,}6 = 4790$ WE
II	93,6 ,,	6,75 ,,	$6{,}75 \cdot 666{,}1 = 4500$,,
III	111,0 ,,	5,70 ,,	$5{,}70 \cdot 731{,}0 = 4160$,,

b) Kondensation:

I	129,3 ,,	4,89 ,,	$4{,}89 \cdot 544{,}6 = 2660$,,
II	165,5 ,,	3,82 ,,	$3{,}82 \cdot 666{,}1 = 2545$,,
III	190,0 ,,	3,33 ,,	$3{,}32 \cdot 730{,}2 = 2435$,,

Der Vergleich dieser Verbrauchsziffern ergibt, daß Dampf- und Wärmeverbrauch sich nicht proportional ändern, sondern ersterer rascher abnimmt als letzterer infolge des verschieden großen Wärmeinhaltes des Arbeitsdampfes bei den drei Arbeitsprozessen. Es folgt hieraus, daß nur der Wärmeverbrauch eine einwandfreie Grundlage für die wärmeökonomische Beurteilung der einzelnen Arbeitsprozesse abgeben kann.

Die bei hohen Eintrittsspannungen erreichbare Verminderung des Dampf- und Wärmeverbrauchs von Sattdampfmaschinen zeigt nachfolgende Tabelle:

Eintritts-spannung Atm. abs.	Betriebsart	Theor. nutz-bare Wärme	Theor. Dampf-verbrauch	Theor. Wärme-verbrauch	Wärme-wirkungsgrad
40 . . . . {	Auspuff	149	4,25	2900	**22,9**
	Kondens.	216	2,93	2000	**32,8**
100 . . . . {	Auspuff	169	3,74	2440	**25,9**
	Kondens.	230	2,75	1800	**35,2**

In den Tafeln 13—14 des Bandes III wurde der Dampf- und Wärmeverbrauch (D bzw. W) der theoretisch vollkommenen Maschine, sowie der Betrag der für 1 kg Dampf ausnutzbaren Wärme (i) dargestellt in Abhängigkeit von

1. der Eintrittsspannung bei unveränderlicher Eintrittstemperatur und übereinstimmendem Gegendruck;

2. der Austrittsspannung bei unveränderlicher Eintrittsspannung und Temperatur;

3. der Dampftemperatur am Eintritt bei verschiedenen Ein- und Austrittsspannungen.

Die Kurven zeigen den oben bei Betrachtung des thermischen Wirkungsgrades gekennzeichneten Verlauf. Es sei daher nur noch auf die unter 3 genannten Kurvenbilder der Tafel 14, sowie auf Fig. 61 besonders hingewiesen im Hinblick auf die Bedeutung der Dampfüberhitzung im modernen Dampfmaschinenbetrieb. Zunehmende Überhitzung bewirkt auch eine Zunahme der theoretischen Arbeitsfähigkeit des Dampfes in der vollkommenen Maschine und damit eine Verminderung des Dampf- und Wärmeverbrauchs für eine bestimmte Arbeitsleistung. Der Einfluß der Überhitzung auf den Dampf- und Wärmeverbrauch ist relativ um so größer, je geringer das Druckgefälle in der Maschine gewählt ist; er nimmt also mit steigender Eintrittsspannung und mit zunehmendem Vakuum ab. Auch ist die Wärmeersparnis bei Auspuffbetrieb größer wie bei Kondensation. Beispielsweise beträgt bei Überhitzung auf 350° im Vergleich zum Sattdampfbetrieb die Verminderung des Wärmeverbrauchs für 12 Atm. Eintrittsspannung und freien Auspuff 11,1 v. H., für 0,1 Atm. Kondensatordruck dagegen nur 6,5 v. H.

Für die wärmetechnische Beurteilung ausgeführter Dampfmaschinen hat der Dampf- und Wärmeverbrauch der vollkommenen Maschine und die auf 1 kg Dampf bezogene nutzbare Wärmemenge weit größere praktische Bedeutung als der thermische Wirkungsgrad, da die betreffenden Werte eine bequeme Vergleichsbasis für den gemessenen tatsächlichen Dampf- und Wärmeverbrauch abgeben. Gleichzeitig ist aber auch in der Wärmeausnützung der vollkommenen offenen Dampfmaschine die theoretische Grenze gekennzeichnet, der sich die ausgeführten Maschinen

bei den entsprechenden Betriebsbedingungen je nach der Güte ihrer Ausführung in stärkerem oder geringerem Maße nähern, ohne jedoch wegen der unvermeidlichen Wärmeverluste diese Grenze erreichen zu können.

Das Verhältnis des Dampf- und Wärmeverbrauchs (D bzw. W) der theoretisch vollkommenen zu dem der ausgeführten Maschine, oder mit anderen Worten: das Verhältnis der praktisch erreichten zur theoretisch möglichen Wärme-

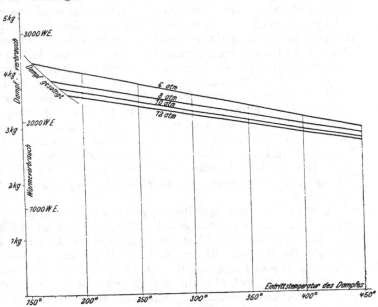

Fig. 61. Dampf- und Wärmeverbrauch mit steigender Dampftemperatur für verschiedene Eintrittsspannungen und 0,1 Atm. Kondensatorspannung.

ausnützung i bildet offenbar ein Maß für die Güte der Maschine in wärmetechnischer Beziehung; es läßt erkennen, welcher Teil der Leistungsfähigkeit der vollkommenen Maschine in Wirklichkeit nutzbar gemacht ist. Dieses als Gütegrad zu bezeichnende Verhältnis

Gütegrad.

$$\varphi_0 = \frac{D}{D_i} = \frac{W}{W_i} = \frac{W_n}{i}$$

bildet daher den ziffernmäßigen Ausdruck für den Grad wärmetechnischer Vollkommenheit ausgeführter Maschinen. In vorstehenden Quotienten bedeuten D_i und W_i den Dampf- bzw. Wärmeverbrauch und W_n die in der indizierten Leistung nutzbar gemachte Wärme der ausgeführten Maschine.

Die praktische Anwendung des Gütegrades wird dadurch wesentlich erleichtert, daß, wie auf S. 40 bis 44 auseinandergesetzt, die zu seiner Feststellung nötige theoretisch nutzbare Wärme i mittels des Mollierschen Entropiediagramms ohne Aufzeichnung theoretischer Dampfdiagramme bestimmt werden kann, so daß ohne zeitraubende Rechnung und Diagrammuntersuchungen Dampfverbrauchsergebnisse untersuchter Maschinen wärmetheoretisch bequem und rasch miteinander verglichen werden können.

Die nachfolgenden wärmetheoretischen Studien über die Dampfwirkung und die in Band III enthaltenen eingehenden Darstellungen und Untersuchungen der Diagramme ausgeführter Maschinen dienen hauptsächlich zur Feststellung der Ursachen der Änderungen des Gütegrades verschieden konstruierter und betriebener Dampfmaschinen und damit zur Gewinnung von Anhaltspunkten für die Vorausberechnung des tatsächlichen Dampfverbrauchs auszuführender Maschinen.

3. Die offene Dampfmaschine mit unvollständiger Expansion:
Theoretisch unvollkommene Maschine.

Unter den in der Dampfmaschine auftretenden Abweichungen von der Dampfwirkung der theoretisch vollkommenen Maschine beansprucht die unvollständige Expansion besonderes Interesse, insofern sie aus der Eigenart der Kolbendampfmaschine dadurch sich ergibt, daß die Expansionsfähigkeit des Dampfes im Cylinder durch das Kolbenhubvolumen begrenzt ist. Infolgedessen hängt die Endexpansionsspannung von der Cylinderfüllung ab, während der Gegendruck im Cylinder durch die Austrittsverhältnisse, je nachdem Gegendruck-, Auspuff- oder Kondensationsbetrieb vorliegt, bestimmt wird.

Unvollständige Expansion. Nur bei einem einzigen Füllungsgrade fällt bei gegebenen Ein- und Austrittsspannungen die Endexpansionsspannung mit dem Gegendruck zusammen, während die normale Dampfverteilung ausgeführter Maschinen meist einen Spannungsabfall am Ende der Expansion beim Übergang zum Gegendruck aufweist, also größerer Füllung entspricht (vgl. III, 53). Dieser plötzliche Spannungsübergang verursacht einen Arbeits- bzw. Wärmeverlust, der bei Cylindern mit atmosphärischer oder höherer Austrittsspannung im allgemeinen geringer als bei Kondensationsbetrieb sich ergibt[1]).

Der Verlust durch unvollständige Expansion ist somit ein von Füllungsgröße, Expansionsverlauf und Druckgefälle abhängiger Wert und besitzt für eine bestimmte Maschine eine von der Belastung abhängige, wechselnde Größe. Für die Zulassung eines Druckabfalles am Ende der Expansion vor dem Hubwechsel sprechen wirtschaftliche und konstruktive Rücksichten.

Wirtschaftliche Gründe deshalb, weil die Expansionsarbeit unterhalb eines gewissen Expansionsdruckes p_ε nicht mehr ausreicht, die innere Reibungsarbeit der Maschine zu überwinden.

Entspricht beispielsweise dem mittleren Reibungswiderstand der Maschine ein konstanter Dampfdruck p_r, so würde sich für ein Dampfdiagramm, Fig. 62, der Endexpansionsdruck zu $p_\varepsilon = p_r + p_2$ bestimmen, wenn p_2 die Austrittsspannung bezeichnet. Die Expansion müßte beim Volumen v_ε' abgebrochen werden, weil eine Fortsetzung der Expansion unter den Druck p_ε nicht nur eine Nutzarbeit ausschließt, sondern sogar einen zunehmenden Verlust an effektiver Arbeit bedingt, wie er näherungsweise durch die schraffierte Fläche dargestellt wird, wenn die vereinfachende Annahme gleichmäßiger Verteilung der Reibungsarbeit über den ganzen Kolbenhub gemacht wird.

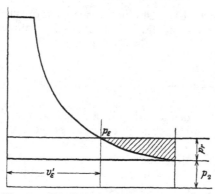

Fig. 62. Einfluß der inneren Reibungsarbeit der Maschine auf den Enddruck der Expansion.

Konstruktive Rücksichten machen sich für Einführung eines Druckabfalles am Ende der Expansion, selbst über den Betrag des Reibungsdruckes hinaus, namentlich bei Kondensationsmaschinen geltend, weil sich dadurch eine bedeutende Verkleinerung des Kolbenhubvolumens, Fig. 63, und der Längenabmessungen der Maschine und damit eine billigere Ausführung ergibt.

Im Entropiediagramm Fig. 64 wird der Wärmeverlust durch unvollständige Expansion bei Auspuff- und Kondensationsbetrieb durch die schraffierten Ab-

---

[1]) Nur bei Auspuff- und Gegendruckmaschinen können kleine Füllungen bei der Expansion sogar eine Unterschreitung der Austrittsspannung verursachen, während welcher der Gegendruck nicht mehr unmittelbar überwunden werden kann. Das Diagramm weist in diesem Falle in der Nähe des Hubwechsels eine Schleife auf, die eine Widerstandsarbeit umschließt.

schnitte gekennzeichnet, um welche die gleichem Spannungsabfall von 1,5 auf 1,0 bzw. 0,6 auf 0,1 Atm. abs. entsprechenden Entropielinien konstanten Volumens die ursprünglichen Diagrammflächen verkleinern. Die Eintragung dieser Kurven in das Entropiediagramm erfolgt von der dem jeweiligen Enddrucke p_ε entsprechenden Temperaturhöhe der Expansionsadiabate aus und ihr Verlauf ergibt sich aus der mit dem Spannungs- und Temperaturabfall zusammenhängenden Verminderung der Dampfmenge und damit der Entropie.

Die Größe des mit der unvollständigen Expansion verbundenen Verlustes sei im Interesse der Einfachheit zunächst für eine Dampfmaschine ohne schädlichen Raum

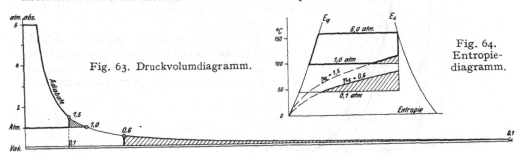

Fig. 63. Druckvolumdiagramm.

Fig. 64. Entropie-diagramm.

Fig. 63 und 64. Verlust durch unvollständige Expansion für Auspuff- und Kondensationsbetrieb bei gleicher Größe des Druckunterschieds am Expansionsende.

ermittelt, bei der also die zugeführte Dampfmenge identisch ist mit der während der Expansion im Cylinder arbeitenden Dampfmenge.

Das Wärmeäquivalent Q der Arbeitsleistung der vollkommenen Maschine zwischen der Eintrittsspannung p_1 und dem Gegendruck p_2 ist ausgedrückt durch $Q = (i_1 - i_2')$ WE, und kann unmittelbar aus der Adiabate des Mollierdiagramms zwischen den bezeichneten Arbeitsdrücken bestimmt werden.

Das Wärmeäquivalent Q_ε der Arbeitsleistung der unvollkommenen Maschine für die gleichen Ein- und Austrittsspannungen p_1 und p_2, aber für einen Endexpansionsdruck $p_\varepsilon > p_2$ läßt sich ebenfalls mittels der Molliertafel berechnen wie folgt: Die bei unvollständiger Expansion geleistete Arbeit setzt sich zusammen aus der adiabatischen Expansionsarbeit von p_1 auf p_ε, entsprechend dem Wärmeumsatz von $(i_1 - i_\varepsilon')$ WE, und der Volldruckarbeit zwischen den Spannungen p_ε und p_2, deren Wärmeäquivalent sich ausdrückt zu $A (p_\varepsilon - p_2) v_\varepsilon'$ WE, wenn v_ε' das auf 1 kg Arbeitsdampf bezogene adiabatische Endexpansionsvolumen von der spezifischen Dampfmenge x_ε bedeutet (x_ε kann ebenfalls aus der Molliertafel abgelesen werden).

Das Volumen v_ε' berechnet sich alsdann aus dem der Dampftabelle des Anhanges zu entnehmenden spezifischen Dampfvolumen v_ε des Dampfdruckes p_ε mittels der Beziehung

$$v_\varepsilon' = x_\varepsilon \cdot v_\varepsilon .$$

Der Arbeitsvorgang der unvollkommenen Maschine ergibt somit eine Wärmeausnützung

$$Q_\varepsilon = [i_1 - i_\varepsilon' + A (p_\varepsilon - p_2) v_\varepsilon'] ,$$

während der Verlust durch unvollständige Expansion sich ermittelt aus

$$Q_v = Q - Q_\varepsilon .$$

wobei Q die von der theoretisch vollkommenen Maschine ausgenützte Wärme bedeutet.

Nachdem die theoretische Dampfwirkung mit vollständiger adiabatischer Expansion auf die Austrittsspannung als die der theoretisch vollkommenen Maschine entsprechende bezeichnet wurde, soll analog die theoretisch unvoll-

Theoretisch unvollkommene Maschine.

kommene Maschine durch den Arbeitsvorgang mit unvollständiger Expansion gekennzeichnet sein[1]).

Einfluß des schädlichen Raumes.

Unter Berücksichtigung des schädlichen Raumes vergrößert sich der vorstehend ermittelte Verlust Q_v durch unvollständige Expansion im Verhältnis der Arbeits- zur Frischdampfmenge. Die Fig. 65 und 66 zeigen den Unterschied im Verlauf des Druck-volumen- und Temperatur-Entropiediagramms eines mit 2,5 Atm. Eintrittsspannung arbeitenden Niederdruckcylinders mit und ohne schädlichen Raum.

Mit schädlichem Raum vergrößert sich die Arbeitsdampfmenge und dementsprechend auch der Verlust durch unvollständige Expansion für einen bestimmten Endexpansionsdruck um

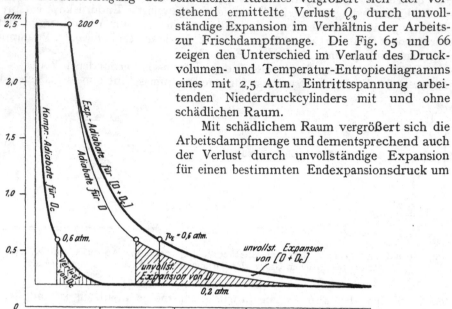

Fig. 65. Druck-Volumdiagramm.

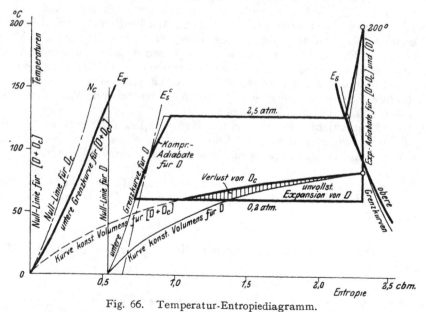

Fig. 66. Temperatur-Entropiediagramm.

Fig. 65 und 66. Verluste durch unvollständige Expansion in der theoretisch unvollkommenen Maschine ohne und mit schädlichem Raum.

---

[1]) Von der in der Literatur gelegentlich verwendeten Bezeichnung „verlustlose Maschine" wird hier Abstand genommen, da tatsächlich auch bei der Kolbenmaschine die Größe des Verlustes durch unvollständige Expansion veränderlich gewählt werden kann, und da — besonders im Vergleich mit der Dampfturbine — die Einführung des Begriffes „verlustlos" leicht zu einer für die Kolbenmaschine zu günstigen Beurteilung ihres Arbeitsvorganges verführt.

den Betrag der Expansionsarbeit der Kompressionsdampfmenge vom Endexpansionsdruck auf die Austrittsspannung.

Der durch die Kompressionsdampfmenge des schädlichen Raumes hervorgerufene Mehrverlust der unvollständigen Expansion ist in Fig. 65 für 0,6 Atm. Endexpansionsdruck durch Schraffur hervorgehoben und mit „Verlust von D_c" bezeichnet. Im Entropiediagramm Fig. 66 entspricht der Arbeitsmehrverlust dem schraffierten Flächenstück zwischen den Kurven konstanten Volumens der Arbeitsvorgänge mit und ohne schädlichen Raum. Zum Unterschied von der vollkommenen Maschine, bei der der schädliche Raum ohne jeden Einfluß auf die Wärmeausnützung bleibt, wird in der unvollkommenen Maschine der Verlust durch unvollständige Expansion mit zunehmendem schädlichen Raum vergrößert, so daß mit Rücksicht hierauf eine möglichste Geringhaltung des schädlichen Raumes wünschenswert erscheint.

Für die angenäherte Wärmebilanz einer Maschine, für die die Größe der Kompressionsdampfmenge nicht bekannt ist, pflegt der Verlust durch unvollständige Expansion lediglich auf die Frischdampfmenge bezogen zu werden, wodurch aber nach vorstehendem der betreffende Verlust sich stets zu klein ergibt. Bei wärmetechnischen Untersuchungen, bei denen eine genaue Einzelbestimmung sämtlicher Verluste angestrebt wird, ist daher auch die Ermittelung der Kompressionsdampfmenge und ihres Einflusses auf den Verlust durch unvollständige Expansion geboten.

Den Einfluß verschiedener Endexpansionsspannungen, also verschiedener Expansionsgrade bei gleicher Eintrittsspannung auf die Größe der in Arbeit umsetzbaren Wärmemengen für Auspuff- und Kondensationsmaschinen lassen die Fig. 67 bis 70 überblicken. Die Diagramme sind für Anfangsdrücke von 16 bis 6 Atm. **Einfluß der Endexpansionsspannung.**

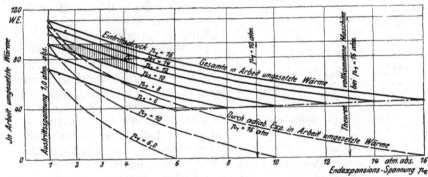

Fig. 67. Ausnutzbare Wärme.

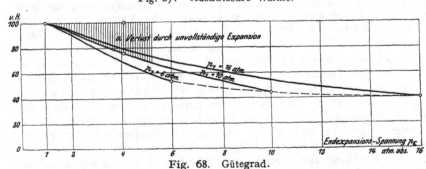

Fig. 68. Gütegrad.

Fig. 67 und 68. Für Auspuffbetrieb (1,0 Atm, Austrittsspannung).

aufgezeichnet, und zwar Fig. 67 und 68 für Auspuff mit 1 Atm. abs. Gegendruck und Fig. 69 und 70 für Kondensation mit 0,1 Atm. abs. Gegendruck. Die Ordinaten stellen die ausnützbaren Wärmen, die Abscissen die Endexpansionsspannungen dar.

Die zu den Abscissen 1,0 bzw. 0,1 am Anfang der Diagramme Fig. 67 und 69 gehörigen Ordinaten entsprechen den ausnützbaren Wärmemengen der vollkommenen
Maschine, also dem Betrieb mit vollständiger adiabatischer Expansion auf die
Austrittsspannung. Die ausgezogenen Linien beziehen sich auf die Wärmewerte
der unvollkommenen Maschine. Mit Erhöhung der Endexpansionsspannung über

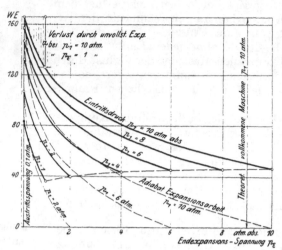

Fig. 69. Ausnützbare Wärme.

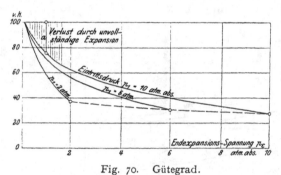

Fig. 70. Gütegrad.

Fig. 69 und 70. Für Kondensationsbetrieb (0,1 Atm.
Austrittsspannung).

Fig. 67 bis 70. Ausnützbare Wärme und Gütegrad der theoretisch unvollkommenen Maschine bei
verschiedenen Endexpansionsspannungen.

die Austrittsspannung, d. i. Verkleinerung des Expansionsgrades,
nimmt die durch adiabatische Expansion ausnützbare Wärme Q_ε
$= (i_1 - i_\varepsilon')$, die im Diagramm durch
gestrichelte Linien für 16, 10 und 6
Atm. besonders angegeben ist, rasch
ab, während die mit dem Spannungs-
abfall von p_ε auf p_2 sich ergebende
Volldruckarbeit $L_0 = (p_\varepsilon - p_2) v_\varepsilon'$
und somit die äquivalente Wärme-
menge $Q_0 = A L_0$ zunimmt. Die
Summe beider liefert die bei unvollständiger Expansion ausnutzbare
Wärme $Q' = Q_\varepsilon + Q_0$. Bei den für
normale Dampfdiagramme ausge-
führter Maschinen angewendeten
niedrigen Endexpansionsspannungen überwiegt die Arbeitsleistung
der adiabatischen Expansion stets
beträchtlich die Volldruckarbeit des
Spannungsabfalles (s. Fig. 67 für
Enddrucke unter 3,0 Atm. und Fig.
69 für Enddrucke unter 1,0 Atm.).

In den Fig. 68 und 70 ist die Abnahme der Wärmeausnützung mit
zunehmendem Endexpansionsdruck
also abnehmendem Expansionsgrad
noch in Form der Gütegradkurven
bezogen auf die Wärmeausnützung
der theoretisch vollkommenen Maschine veranschaulicht. Der Vergleich der Diagramme zeigt für
Kondensationsbetrieb eine raschere
Zunahme des Verlustes durch unvollständige Expansion als für Auspuffbetrieb. Beispielsweise ergibt die
Kondensationsmaschine schon bei 1,0 Atm. Endexpansionsspannung und 0,9 Atm.
Spannungsabfall dieselbe Verminderung des Gütegrades wie die Auspuffmaschine
bei 4,3 Atm. Enddruck und 3,3 Atm. Druckabfall Fig. 68. Da somit für den gleichen
wärmetheoretischen Verlust bei Kondensationsbetrieb schon ein Bruchteil des
Spannungsabfalles für Auspuff genügt, so ergibt sich hieraus, daß bei Kondensationsmaschinen kleiner Endexpansionsdruck, also möglichst weitgehende Expansion des
Dampfes anzustreben ist, während bei Auspuffbetrieb selten ein so großer Spannungsverlust beim Übergang zur Austrittsperiode sich ergibt, daß eine empfindliche Beeinträchtigung des Nutzeffekts dadurch entsteht. Ökonomisch arbeitende
Großdampfmaschinen zeigen daher auch weitgehende Expansion, während bei
Dampfmaschinen kleinerer Leistung der Verminderung des Verlustes durch unvollständige Expansion im allgemeinen nicht die gleiche Aufmerksamkeit geschenkt
wird im Interesse möglichst weitgehender Ausnützung des Kolbenhubvolumens.

In den vorgenannten Fig. 67 bis 70
sind die Kurven der Wärmeausnützung
zur besseren Kennzeichnung ihrer Gesetzmäßigkeit bis zur Dampfwirkung der
ohne Expansion arbeitenden Volldruckma-
schine (Endexpansionsdruck = Eintrittsspannung) aufgezeichnet; für die normale
Dampfverteilung in der Dampfmaschine
haben jedoch nur die Expansionsgrade
mit niederen Enddrücken praktische Bedeutung. Es sind daher in den Fig. 71 und
72 noch die Kurven der nutzbaren Wärme
und der Gütegrade für praktisch wichtige
Endexpansions- und Gegendrücke für eine
Eintrittsspannung von 10,0 Atm. zusammengestellt. Der Einfluß des Endexpan-
sionsdrucks wird in diesem Diagramm
besonders deutlich.

Wird berücksichtigt, daß die Kondensatorspannung meist nicht kleiner als
0,1 Atm., der Gegendruck bei Auspuffbetrieb zu 1,0 Atm. abs. angenommen werden kann, so läßt sich der Einfluß unvollständiger Expansion für Spannungsabfälle
von 0,5 und 1,0 Atm., also für Endexpan-
sionsdrücke von 0,6 und 1,1 Atm. bei
Kondensation und von 1,5 und 2,0 Atm.
bei Auspuff mit Hilfe der Kurven des
thermischen Wirkungsgrades η sehr gut
beurteilen, wenn, wie in der Darstellung
Fig. 73 für Eintrittsspannungen bis 16,0
Atm. geschehen, die Wirkungsgradkurven
für vollständige Expansion auf die Austrittsspannung hinzugezeichnet werden.
Für Kondensation ist außerdem noch vergleichsweise die nach dem Carnotprozeß
sich ergebende Wärmewirkungsgradskurve
dargestellt. Die Aufzeichnung läßt erkennen, daß für gleichen Spannungsabfall
der Arbeitsverlust durch unvollständige
Expansion bei Kondensationsbetrieb die
4- bis 5fache Größe desjenigen der Auspuffmaschine besitzt.

Die Beeinträchtigung des thermischen Wirkungsgrades durch unvollständige Expansion ist der Dampfwirkung
in der Kolbendampfmaschine infolge des
begrenzten Hubvolumens eigen, während
in der Dampfturbine die Ausdehnungs-
fähigkeit des Dampfes unbehindert ist
und deshalb die Expansion sich stets dem
Arbeitsvorgang der vollkommenen Maschine anpaßt.

Einen Überblick über die Veränderung
des auf die Pferdestärke bezogenen

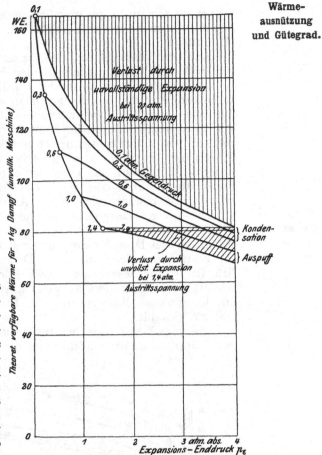

Fig. 71. In der unvollkommenen Maschine
ausnützbare Wärme bei 10 Atm. Eintrittsspannung und verschiedenem Gegendruck.

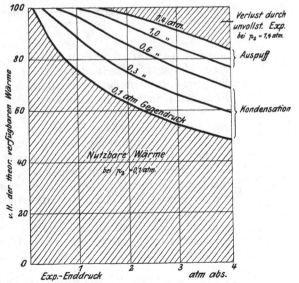

Fig. 72. Gütegrad der unvollkommenen Maschine.

Wärmeverbrauchs der unvollkommenen Maschine bei verschiedenen Ein- und
Austrittsspannungen im Vergleich zu der vollkommenen Maschine ermöglicht
III. Tafel 13.

Aus dem Umstand, daß der Verlust durch unvollständige Expansion nur von
der Größe des Dampfcylinders und dem Expansionsgrad, d. i. von den Ausführungsabmessungen und der Belastung der Maschine abhängt, wird die Berechtigung
abgeleitet, auch die theoretische Dampfwirkung in der Maschine als durch die Aus-
führungs- und Betriebsverhältnisse bedingt anzunehmen und als theoretischen
Vergleichsprozeß eine solche Dampfverteilung zu wählen, die dem tatsächlich
vorhandenen Expansionsgrad sich anpaßt. Das wirkliche Dampfdiagramm wäre
danach mit einem theoretischen Arbeitsvorgang zu vergleichen, dem ein Expansionsgrad entspricht, der entweder durch den Eintritts- und den tatsächlichen
Endexpansionsdruck oder durch das Verhältnis des Eintrittsvolumens zum wirklichen Endexpansionsvolumen des Arbeitsdampfes gegeben ist.

**Vergleichs-
prozesse der
„verlustlosen"
Maschine.**
Diese Vergleichsprozesse der theoretisch unvollkommenen Maschine, auch als
Vergleichsprozesse der verlustlosen Maschine bezeichnet, sind für Einzelunter-
suchungen der Dampfwirkung in einer bestimmten Maschine geeignet und dienen
zur Feststellung der Wärme- und Dampfverluste im Cylinderinnern. Aus diesen
Gründen wurde beispielsweise auch in den Diagrammuntersuchungen des 1. Abschnittes des III. Bandes als Vergleichsprozeß der Arbeitsvorgang der theoretisch
unvollkommenen Maschine mit den Endexpansionsspannungen der Indikatordiagramme gewählt.

Die vom Verein deutscher Ingenieure aufgestellten Normen zur Untersuchung
von Dampfmaschinen empfehlen für die Kritik des Dampfdiagramms ausgeführter

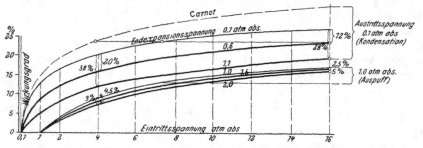

Fig. 73. Wärmewirkungsgrad η der unvollkommenen Maschine für Auspuff und Kondensation
bei verschiedenen Endexpansionsspannungen.

Maschinen den oben bezeichneten Vergleichsprozeß der verlustlosen Maschine, dessen
Expansionsgrad durch das Verhältnis des auf die Eintrittsspannung bezogenen
Füllungsvolumens des Arbeitsdampfes einschließlich schädlichen Raum zu seinem
Endexpansionsvolumen (Hubvolumen + schädlicher Raum) bestimmt ist[1].

Für eine einheitliche wärmetechnische Vergleichsuntersuchung ausgeführter
Maschinen muß jedoch der Arbeitsvorgang der unvollkommenen Maschine in den
beiden vorgenannten Formen als ungeeignet bezeichnet werden, da er als grundlegender theoretischer Vergleichsprozeß den wesentlichen Nachteil besitzt, daß
er für gleiche Ein- und Austrittsspannungen bei verschiedenen Füllungsgraden
nicht nur dementsprechend verschiedenen Diagrammverlauf zeigt, sondern auch
auf verschiedene Größen der ausnützbaren Wärmemengen führt.

Beim Arbeitsprozeß der theoretisch vollkommenen Maschine dagegen ergibt
sich innerhalb bestimmter Druckgrenzen nur eine ganz bestimmte Dampfwirkung
und eine unveränderliche nutzbare Wärmemenge, so daß für die Beurteilung der
wirklichen Dampfausnützung auch unveränderliche Vergleichswerte vorliegen.

---

[1] E. Meyer. Die Beurteilung der Dampfmaschinendiagramme. Z. d. V. d. Ing. 1899,
S. 154, 1900 S. 599.

Ein solcher theoretischer Vergleichsprozeß, der unabhängig von den Konstruktionsverhältnissen und der Belastung der zu vergleichenden Wärmekraftmaschinen ist und der günstigsten Dampfausnützung entspricht, besitzt nicht nur Bedeutung für die Dampfmaschine, sondern auch für die Dampfturbine, so daß er ein einheitliches Maß für den vergleichenden Gütegrad dieser beiden Maschinenarten bildet.

Vom allgemeinen wärmetechnischen Standpunkt aus ist daher nur der Arbeitsvorgang der theoretisch vollkommenen Maschine mit vollständiger Expansion innerhalb der Druckgrenzen der ausgeführten Maschine als zweckmäßiger Vergleichsprozeß zu betrachten.

Zweckmäßigster Vergleichsprozeß.

Dieser auch in englischen Fachkreisen[1]) von jeher vertretene Standpunkt erscheint nicht nur als der einfachere, sondern in Anbetracht der Ungenauigkeit, die andernfalls der Bestimmung des Expansionsgrades mit Hilfe der Endexpansionsspannung oder des schädlichen Raumes stets anhaftet, auch als der wissenschaftlich einwandfreieste.

Im Interesse klarer Erkenntnis der Dampfwirkung und ihrer Abhängigkeit von den Konstruktions- und Betriebsverhältnissen der Maschine ist es allerdings gelegen, wenn der aus dem Arbeitsprozeß der theoretisch vollkommenen Maschine sich ableitende Gütegrad φ_0 noch durch Angabe des Arbeitsverlustes der unvollständigen Expansion ergänzt wird.

4. Die offene Dampfmaschine mit unvollständiger Kompression.

Zur Beurteilung des Einflusses der unvollständigen Kompression wird am zweckmäßigsten wieder vom Arbeitsprozeß der theoretisch vollkommenen Maschine mit schädlichem Raum ausgegangen, wie er in Fig. 74 und 75 durch die Druckvolum- und Entropiediagramme *a b c d* dargestellt ist. Bei dem theoretisch vollkommenen Prozeß hat der schädliche Raum die Größe *f b* entsprechend dem auf die Eintrittsspannung bezogenen Volumen der Kompressionsdampfmenge D_c.

Ist der schädliche Raum in Wirklichkeit größer, $\sigma = f\,h$, so hat am Ende des Kolbenhubes die Kompressionsdampfmenge im schädlichen Raum nur die Spannung *i* erreicht, so daß zur weiteren Kompression auf den Eintrittsdruck die Füllungsdampfmenge *b h* verwendet werden muß, deren Volldruckarbeit sich somit um die Kompressionsarbeit der Adiabate *i b* vermindert. Da die letztere Kompressionsarbeit in der nachfolgenden adiabatischen Expansion der ganzen arbeitenden Dampfmenge *f c* zurückgewonnen wird, so bleibt als Verlust die in beiden Diagrammen Fig. 74 und 75 durch die schraffierten Flächen *b i h* gekennzeichnete Arbeit.

Der Verlust durch unvollständige Kompression ist von dem Inhalte des schädlichen Raumes und den Ein- und Austrittsspannungen abhängig und wird um so geringer, je kleiner der schädliche Raum ausgeführt werden kann. Bei einer bestimmten Größe des schädlichen Raumes bedingt eine Verkleinerung der Kompressionsdampfmenge zwar eine Vergrößerung des Kompressionsverlustes, aber nach früherem gleichzeitig auch eine Verringerung des Anteiles des Kompressionsdampfes an dem Endexpansionsverlust. Es steht also einer Vergrößerung des Verlustes durch unvollständige Kompression eine Verkleinerung des Verlustes durch unvollständige Expansion gegenüber.

Im Vergleich mit einer Dampfverteilung, in der die Kompression im schädlichen Raum bis zur Eintrittsspannung durchgeführt wird, beruht der praktische Vorteil verminderter Kompression noch darin, daß bei gleichem Füllungsvolumen *h c* des Arbeitsdampfes die Hubarbeit sich vergrößert und somit eine weitergehende Ausnützung eines gegebenen Kolbenhubvolumens im Sinne erhöhter Arbeitsleistung der Maschine möglich ist.

Vorteile verminderter Kompression.

---

[1]) Institution of Civil Engineers, 1898. Abdruck in Z. d. V. d. Ing. 1900, S. 540,

Die Veränderung, die die Wärmeausnützung des Dampfes bei unvollständiger Expansion unter Annahme konstanter Hubarbeit und veränderlicher Kompression erleidet, möge nachfolgend an Hand der Diagramme Fig. 76 bis 79 für Auspuff- und Kondensationsbetrieb näher gekennzeichnet werden. Das Diagramm Fig. 76 bezieht sich auf einen Dampfcylinder gegebener Größe, mit 8 v. H. schädlichem Raum und Auspuffbetrieb bei 10,0 Atm. Eintrittsspannung. Bei unvollständiger Expansion und ohne Kompression in den schädlichen Raum entspreche der verlangten Hubarbeit das Diagramm *a b c d e*; durch Ausfüllung des schädlichen Raumes mittels Frischdampf geht dabei eine Arbeit verloren, die durch die schraffierte Fläche *e i a* gekennzeichnet ist. Vollständiger Kompression auf die Eintrittsspannung entspricht für dieselbe Hubarbeit das Diagramm *a f g d h a* mit wesentlich größerer Verlustfläche der unvollständigen Expansion, wie bei der vorher bezeichneten Dampfverteilung, jedoch ohne Arbeitsverlust auf der Kompressionsseite.

Bei Annahme einer Kompression *k l m* in den schädlichen Raum auf 6,0 Atm. Enddruck verlegt sich die Expansionslinie für dieselbe Hubarbeit zwischen die beiden Adiabaten *b c* und *f g*, unter entsprechender Änderung des Verlustes durch unvollständige Expansion.

Auspuff-betrieb.

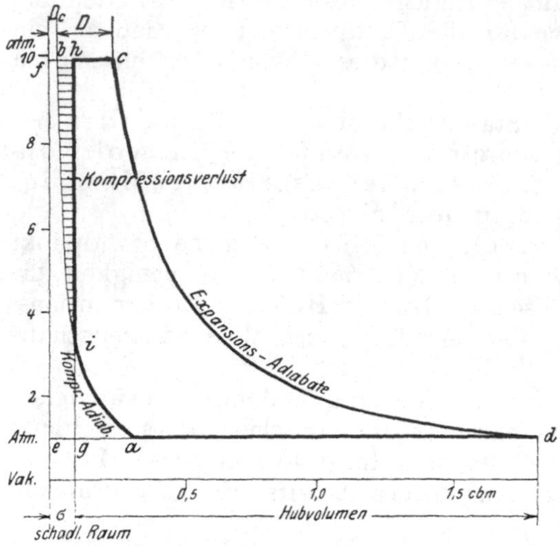

Fig. 74.   Druck-Volumdiagramm.

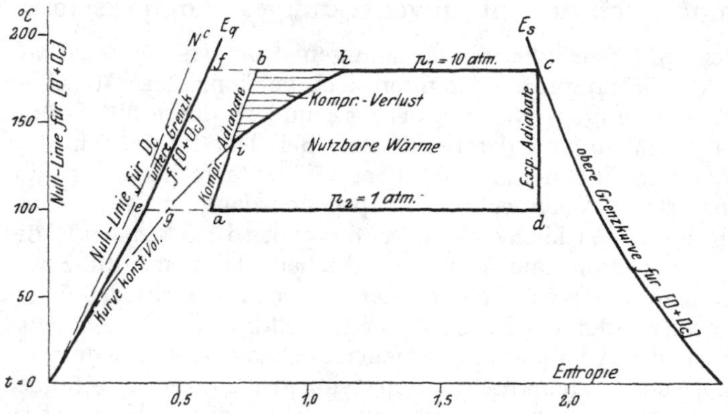

Fig. 75.   Entropiediagramm.

Fig. 74 und 75.   Verlust durch unvollständige Kompression in der theoretisch vollkommenen Maschine.

Die rechnerische Untersuchung der drei Dampfdiagramme der Fig. 76 liefert die in folgender Tabelle zusammengestellten Verhältniszahlen für die in Arbeit umgesetzten Wärmemengen und Verlustwärmen durch unvollständige Expansion und Kompression, bezogen auf die Ausnützung der vollkommenen Maschine. Umgekehrt proportional der nutzbaren Wärme wäre der Wärme- bzw. Dampfaufwand für gleiche Hubarbeit anzunehmen.

	Verlust durch unvollst. Kompr.	Verlust durch unvollst. Exp.	Nutzbare Wärme (Gütegrad)
Ohne Kompression	12,1 v. H.	4,1 v. H.	83,8 v. H.
Kompression auf 6 Atm.	2,1 „	6,1 „	91,8 „
„ Eintrittsspannung . .	0,0 „	10,7 „	89,3 „

Ein Bild der relativen Veränderung der Verluste durch unvollständige Expansion und Kompression für Endkompressionsspannungen zwischen 0 und 10 Atm.

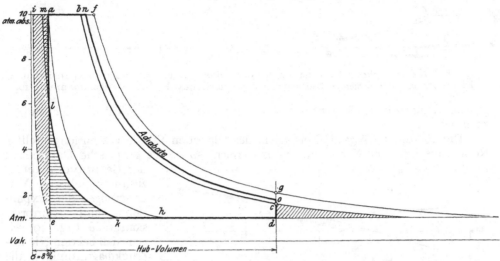

Fig. 76. Eincylinder-Auspuffmaschine mit unvollständiger Expansion und Kompression bei verschiedenen Endkompressionsspannungen und gleichbleibender Hubarbeit.

liefert die graphische Darstellung Fig. 77, aus der zu ersehen ist, daß die zur Erzielung einer bestimmten Hubleistung günstigste Dampfverteilung nicht einer Kompression bis zur Eintrittsspannung entspricht. Die in das Diagramm eingezeichnete Kurve des Gesamtverlustes für gleiche Hubarbeit zeigt ihr Minimum bei etwa 6,0 Atm. Endkompressionsspannung.

Auch für andere Größen des schädlichen Raumes ergeben sich für Austrittsspannungen $\geq$ 1 Atm. ähnlich ver-

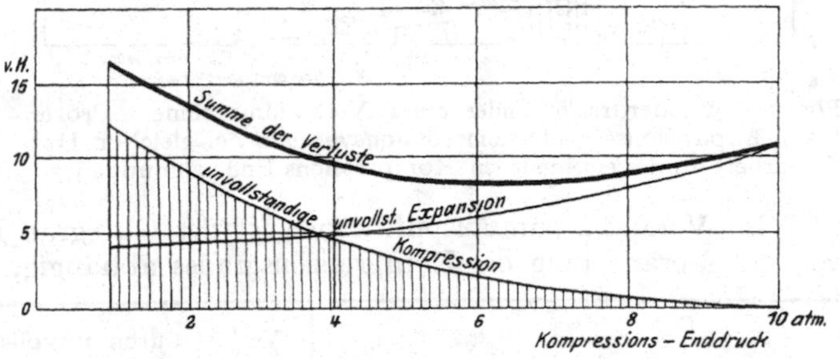

Fig. 77. Eincylindermaschine mit Auspuff. Prozentuale Größe der Expansions- und Kompressionsverluste bei gleicher Hubarbeit und verschiedenen Endkompressionsspannungen.

laufende Kurven des Gesamtverlustes, so daß allgemein für Auspuffmaschinen und für Hochdruckcylinder von Verbundmaschinen mit einer der theoretisch unvollkommenen Maschine entsprechenden Dampfwirkung das wirtschaftlich günstige Füllungsvolumen nicht demjenigen bei vollständiger Kompression bis zur Eintrittsspannung, sondern einem Kompressionsenddruck entspricht, der ungefähr als mittlerer Druck zwischen Ein- und Austrittsspannung angenommen werden kann und dessen genauer Wert durch graphische Untersuchung, wie vorstehend gezeigt, sich ermitteln läßt.

Die gleichen Untersuchungen sind in den Fig. 78 und 79 für den Kondensationsbetrieb durchgeführt.

Fig. 78 zeigt das Druckvolumdiagramm eines Niederdruckcylinders gegebener Größe mit 8 v. H. schädlichem Raum für Kondensationsbetrieb und 2 Atm. Eintrittsspannung.

Konden-sationsbetrieb.

Auch in dieser Darstellung ist die Dampfverteilung für gleiche Hubarbeit und verschiedene Kompressionsgrade veranschaulicht. Wenn ohne Kompression in den schädlichen Raum der Diagrammverlauf nach a b c d e erfolgt, so ändert sich bei vollständiger Kompression bis zur Eintrittsspannung das Diagramm nach *afgdha* ab und bei Annahme einer kleineren Kompression *klm* kommt für die

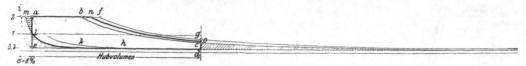

Fig. 78. Niederdruckcylinder einer Verbundmaschine mit unvollständiger Expansion und Kompression bei gleicher Hubleistung und verschiedenen Endkompressionsspannungen.

gleiche Hubarbeit die Expansionslinie wieder zwischen die Adiabaten *bc* und *fg* zu liegen.

Die für das vorliegende Beispiel in der folgenden Tabelle zusammengestellten Rechnungswerte der Nutz- und Verlustwärmen, sowie die graphische Darstellung der Gesamtverluste für zusammengehörige Veränderungen der Expansions- und Kompressionsgrade Fig. 79 zeigen, daß bei den Niederdruckdiagrammen die Verluste durch unvollständige Expansion diejenigen durch unvollständige Kompression weit überwiegen und bei gleicher Hubarbeit mit Steigerung der Kompression derart zunehmen, daß der Gesamtverlust bei kleiner Kompression am geringsten

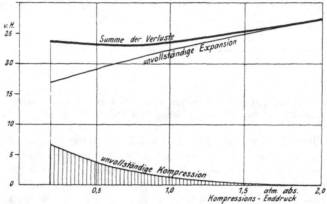

Fig. 79. Niederdruckcylinder einer Verbundmaschine. Prozentuale Expansions- und Kompressionsverluste bei gleicher Hubarbeit und verschiedenen Kompressions-Endspannungen.

ist. Im Vergleich zum Auspuffbetrieb ist der Gütegrad in viel geringerem Maße von der Veränderung des Kompressionsgrades abhängig.

	Verlust durch unvollständige		Nutzbare Wärme (Gütegrad)
	Kompression	Expansion	
Ohne Kompression . . . . v. H.	7,1	16,4	74,5
Kompression auf 1 Atm. . . . . ,, ,,	1,4	22,2	76,4
,, ,, Eintrittsspannung ,, ,,	0,0	27,2	72,8

Für die theoretisch unvollkommene Maschine wird somit die adiabatische Kompression bis zur Eintrittsspannung sowohl für Auspuff- wie für Kondensationsbetrieb wärmetechnisch unwirtschaftlich.

Die im Indikatordiagramm bisweilen zu beobachtende Überschreitung der Eintrittsspannung durch die Kompressionslinie bei zu frühem Kompressionsbeginn ist nicht nur aus vorbezeichneten Gründen zu vermeiden, sondern auch deshalb nicht günstig, weil die über die Eintrittsspannung hinausgehende Kompressionsarbeit die Hubleistung des Cylinders vermindert, da sie bei dem mit Beginn der Füllung erfolgenden Spannungsausgleich verloren geht (III, 43, HD-Diagramm), statt durch Expansionsarbeit wieder zurückgewonnen werden zu können.

Kompression bei Gleichstrommaschinen.

Diesem Übelstande muß namentlich bei den sogenannten Gleichstrommaschinen durch besondere konstruktive Mittel abgeholfen werden. Während nämlich bei normalen Dampfmaschinen der Kompressionsgrad durch entsprechende Einstellung der Steuerung verschiedenen Austrittsspannungen ohne Änderung des schädlichen

Raumes angepaßt werden kann, ist bei den vom Kolben gesteuerten Auslaß-
schlitzen der Gleichstrommaschine der Kompressionsgrad unveränderlich. Seine
Anpassung an wechselnde Austrittsspannungen erfordert somit eine Veränderung
des schädlichen Raumes. Die Gleichstrommaschine wird daher gegen einen
Wechsel der Austrittsspannung empfindlich; verschlechtert sich z. B. bei Kondensationsbetrieb das Vakuum über jenen Wert, von welchem aus der bestehende

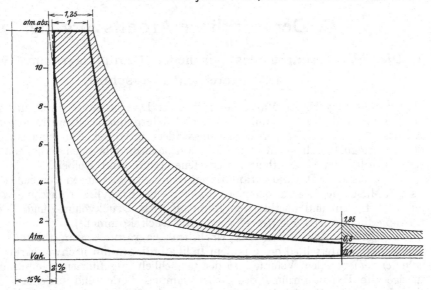

Fig. 80. Druck-Volumdiagramm einer Gleichstrommaschine bei Auspuff- und
Kondensationsbetrieb.

Kompressionsgrad die Eintrittsspannung liefert, so ist Überkompression unvermeidlich, wenn nicht gleichzeitig eine entsprechende Vergrößerung des Verdichtungs-
raumes herbeigeführt wird.

Die bedeutende Änderung der Größe des schädlichen Raumes, welche ein Übergang vom Kondensations- zum Auspuffbetrieb erforderlich macht, zeigen die aufeinander gezeichneten Dampfdiagramme der Fig. 80. Zur Erzielung einer Kompressionsendspannung gleich der Eintrittsspannung ist bei 0,1 Atm. Gegendruck
ein schädlicher Raum von 2 v.H., bei Auspuff ein solcher von 15 v.H. vorzusehen.
Dabei ergibt sich für den Auspuffbetrieb der Nachteil, daß die indizierte Leistung
als Unterschied großer Expansions- und Kompressionsarbeiten entsteht, zum
Nachteil des mechanischen Wirkungsgrades.

Die dargestellten Dampfdiagramme der Gleichstrommaschine lassen auch
gleichzeitig erkennen, daß für gleiche Hubleistung der theoretische Dampfverbrauch für Auspuffbetrieb sich 25 v.H. größer als der für Kondensationsbetrieb
ergibt.

C. Der wirkliche Arbeitsvorgang.

1. Die Abweichungen des wirklichen Dampfdiagramms von dem der theoretischen Maschine.

In der ausgeführten Maschine erfährt der Dampf außer durch unvollständige Expansion und Kompression eine noch weitergehende Beeinträchtigung seiner Arbeitsfähigkeit infolge der Drosselungswiderstände der Ein- und Auslaßorgane, des Wärmeaustausches mit den nicht wärmeundurchlässigen Cylinderwandungen, sowie infolge der Undichtheiten der Steuerorgane und Kolben.

Das wirkliche Dampfdiagramm zeigt daher Abweichungen von dem der theoretischen Maschine, wie sie beispielsweise für eine Eincylindermaschine bei Betrieb mit gesättigtem und überhitztem Dampf in den Druckvolum- und Temperatur-Entropiediagrammen Fig. 81—84 zum Ausdruck kommen[1]).

Eintritts-verlust. Die größte Abweichung des wirklichen Diagrammes vom theoretischen zeigt sich in dem Unterschied des aus dem Indikatordiagramm nachweisbaren Füllungsvolumens $a\,i$ von dem Volumen $a\,b$ der tatsächlich zugeführten Dampfmenge, demzufolge die Expansionslinie des Arbeitsdampfes bedeutend unterhalb der Adiabate $b\,c\,n$ der Eintrittsdampfmenge bezw. des Eintrittsdampfvolumens verläuft. Diese Verminderung des zugeführten Dampfvolumens auf ein kleineres Arbeitsdampfvolumen ist in dem sogenannten Eintrittsverlust begründet, der hauptsächlich dadurch entsteht, daß die Cylinderwandungen nicht, wie für die theoretische Maschine angenommen, wärmeundurchlässig sind. Dem eintretenden Dampfe entziehen die durch die vorhergehende Austrittsperiode abgekühlten Cylinderwandungen einen größeren Teil seiner Wärme, wodurch er teilweise kondensiert oder sich abkühlt. Außer durch Wärmeabgabe an die Wandungen wird die Größe des Eintrittsverlustes auch durch Undichtigkeiten des Kolbens und der Steuerorgane bedingt. Infolge verminderter Füllungsdampfmenge führt die anschließende Expansion des Arbeitsdampfes auch auf ein kleineres Endexpansionsvolumen als dem theoretischen Arbeitsdiagramm entspricht.

Die im wirklichen Diagrammverlauf sich ergebenden und durch Schraffur hervorgehobenen weiteren Abweichungen von der theoretischen Grundform eines Arbeitsdiagrammes für die in die Erscheinung tretende Füllungsdampfmenge $a\,i$ sind relativ gering gegenüber dem nachteiligen Einfluß der Eintrittsverluste und entstehen dadurch, daß infolge der Durchgangswiderstände des Dampfes in den Steuerkanälen die einzelnen Arbeitsperioden sich nicht so scharf voneinander trennen wie beim theoretischen Diagramm und daß infolge der Wärmeleitfähigkeit der Cylinderwände und der Undichtheiten auch Expansions- und Kompressionslinien nicht genau den Adiabaten folgen. Die Eintrittslinie $a\,2$, Fig. 81 und 82, weicht von der Isotherme $a\,i$ ab infolge von Druckänderungen im Dampfeinlaßraum und von Druckverlusten, die

---

[1]) Die Maßstäbe zusammengehöriger Druckvolum- und Temperatur-Entropiediagramme sind in allen folgenden Textfiguren stets auf 1 kg arbeitendes Dampfgewicht bezogen und so gewählt, daß gleichen Flächen gleiche Arbeitswerte entsprechen. Betreffs Umzeichnung der Indikatordiagramme sei auf Fig. 85 und auf den Abschnitt Entropiediagramme in Bd. III, S. 189 verwiesen.

beim Durchgang durch die Einlaßsteuerung auftreten. Auch in der Auslaßsteuerung sind Durchgangswiderstände zu überwinden, welche die Erhöhung der Austrittsspannung über den Atmosphärendruck verursachen; durch das allmähliche Schließen der Steuerkanäle entsteht außerdem die vor Beginn der Kompression bei *e* zu beobachtende Drosselung. Die mit der unvollständigen Expansion und Kompression verbundenen Arbeitsverluste wurden im vorausgehenden Kapitel bereits näher erörtert.

Die Expansionslinie verläuft meist oberhalb der Adiabate des Arbeitsdampfes infolge Wärmerückströmung aus der während der Eintrittsperiode erwärmten Cylinderwand an den Dampf. Die Abweichungen sind bei Sattdampf, Fig. 81 und 82, meist größer wie bei Heißdampf, Fig. 83 und 84. Der Verlauf sämtlicher Diagrammlinien wird noch dauernd beeinflußt durch Undichtheiten des Kolbens und der Steuerorgane, und zwar im Sinn einer Vergrößerung der Hubarbeit, wenn nach Beendigung der Füllung durch Undichtheiten Hochdruckdampf in den arbeitenden Cylinderraum tritt, und im Sinne einer Verkleinerung der Hubarbeit, wenn Arbeitsdampf nach der Auslaßseite übertreten kann, ohne Arbeit geleistet zu haben.

Wärmerückströmung.

Was die Übertragung des Druckvolum- in ein Entropiediagramm angeht, so sei noch auf Fig. 85 hingewiesen, welche das Indikatordiagramm einer Sattdampfmaschine und das entsprechende Entropiediagramm so zueinanderliegend zeigt, daß die zusammengehörigen Punkte beider Diagramme sich durch Vermittlung der Temperaturdruckkurve bestimmen lassen.

Druckvolum- und Entropiediagramm.

2. Die Wechselwirkung zwischen Dampf und Wandung.
Eintrittskondensation.

Durch die in Bd. III enthaltenen zahlreichen Diagramme ausgeführter Dampfmaschinen wird deutlich belegt, daß unter den verschiedenen Einflüssen, die die Abweichungen des wirklichen Dampfdiagramms vom theoretischen Arbeitsvorgang bedingen, dem durch Wechselwirkung zwischen Dampf und Cylinderwandung sowie Durchlässigkeit der Steuerorgane und Kolben hervorgerufenen Eintrittsverlust die überwiegende Bedeutung zukommt[1]).

Die wärmetheoretische Entwicklung der Dampfmaschine, ausgehend von ihrer grundlegenden Ausbildung durch Watt bis zu ihrer heutigen Vervollkommnung, stützt sich grundsätzlich auf die immer weiter getriebene Beschränkung des Eintrittsverlustes. Erst nachdem diese wichtigste Aufgabe praktisch zweckmäßige Lösungen gefunden hatte, konnte auch die Verwendung hoher Dampfspannungen und entsprechend gesteigerter Temperaturgefälle von wirtschaftlichem Erfolge begleitet sein.

Obwohl die Mittel und Wege, die den nachteiligen Einfluß des Wärmeaustausches zwischen Arbeitsdampf und Cylinderwandung vermindern, aus rein praktischen Beobachtungen empirisch abgeleitet wurden, hat es doch auch nicht an experimentellen Untersuchungen über das Wärmespiel zwischen Cylinderwandung und Dampf gefehlt. Diese Untersuchungen haben die fraglichen Vorgänge insoweit geklärt, daß sie sowohl einen Einblick in die wirklichen Zustandsänderungen des Dampfes in der Maschine gewähren als auch die Maßnahmen zur Beschränkung der Eintrittskondensation klar erkennen lassen. Eine ausführliche Wiedergabe und Erörterung dieser Versuche erscheint um so wertvoller, als ihre Ergebnisse die relativen Änderungen der Eintrittskondensation bei verschiedenen Betriebsbedingungen verfolgen lassen. Der Umfang dieser Erhebungen ist aber noch nicht ausreichend, um auf ihrer Grundlage bereits allgemein eine genaue rechnerische Ermittlung des Betrages der Eintrittskondensation zu ermöglichen.

Wärmespiel zwischen Dampf und Wandung.

---

[1]) Bei Beurteilung der Größe des Eintrittsverlustes aus den Diagrammen des Bd. III ist zu beachten, daß der theoretische Arbeitsvorgang nicht für die Gesamtdampfmenge, sondern nur für die Frischdampfmenge eingezeichnet wurde im Gegensatz zu der Darstellung in Fig. 81 bis 84.

a. Betrieb mit gesättigtem Dampf.

Da die theoretische Voraussetzung wärmeundurchlässiger Dampfcylinder praktisch nicht erreichbar, vielmehr das zur Verwendung kommende Gußmaterial sehr

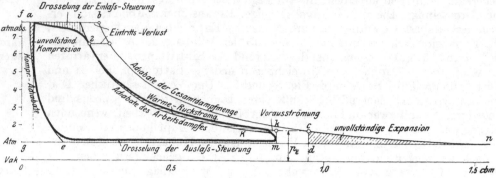

Fig. 81.   Druck-Volumdiagramm.

gut wärmeleitend ist, bedingt die Zustandsänderung des Dampfes während des Arbeitsvorganges im Cylinder ein Wärmespiel zwischen Dampf und Wandung, dessen Verlauf bei Betrieb mit gesättigtem oder feuchtem Dampf durch folgende Überlegung gekennzeichnet wird.

Während der Auspuffperiode bewirkt die niedere Temperatur des Auspuffdampfes eine anhaltende Wärmeentziehung aus der Cylinderwandung, die erst durch die darauf folgende Kompression des im Cylinder zurückbleibenden Dampfes und durch Rückgabe von Kompressionswärme an die Wandung unterbrochen wird; die bei der Kompression entwickelte Wärmemenge ist jedoch zu gering, als daß sie die Wärmeabgabe der Cylinderwand während des Dampfaustritts in erwähnenswertem Betrage aufheben könnte. Während der Füllungsperiode trifft

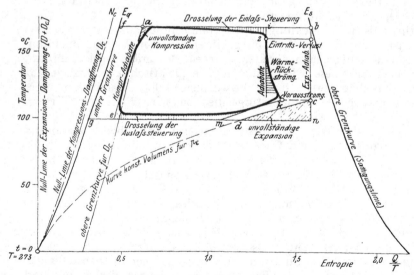

Fig. 82.   Temperatur-Entropiediagramm.

Fig. 81 und 82.   Diagramme einer Eincylinder-Auspuffmaschine bei Betrieb mit gesättigtem
Dampf im Vergleich zur theoretisch vollkommenen Maschine.

daher der eintretende Sattdampf hoher Temperatur auf Cylinderwandungen niederer Temperatur und schlägt sich auf diesen nieder.

Hirn[1]) und Bryan Donkin[2]) haben mittels kleiner, an einen Dampfcylinder angeschlossener Glascylinder beobachtet, daß mit dem Dampfeintritt auch sofort der Dampfniederschlag stattfindet; auf der Glasfläche bildete sich ein fein ver-

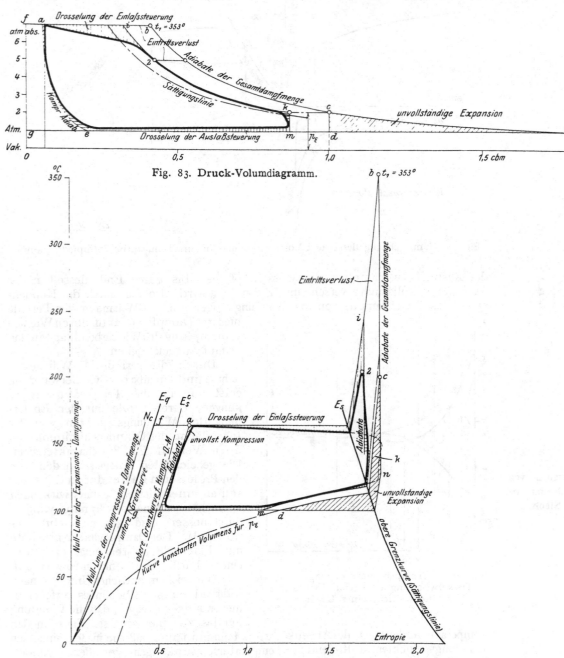

Fig. 83. **Druck-Volumdiagramm.**

Fig. 84. Temperatur-Entropiediagramm.

Fig. 83 und 84. Diagramme einer Eincylindermaschine mit Auspuff bei Betrieb mit überhitztem Dampf im Vergleich zur theoretisch vollkommenen Maschine.

---

[1]) Bull. de la Soc. Ind. de Mulhouse 1877.
[2]) Min. Proc. Inst. Civ. Eng. Vol. 115, 1893; Engineering, Juni 1893. Revue universelle des Mines 1893, S. 276.

teilter Flüssigkeitsnebel, in dem Wassertropfen verschiedener Größe erkennbar waren. Mit sinkender Dampftemperatur gegen Ende der Expansion und während

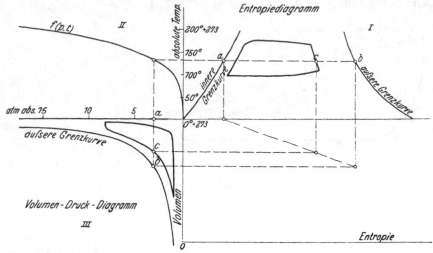

Fig. 85. Umzeichnung des Druck-Volumdiagramms in ein Temperatur-Entropiediagramm.

des Auspuffs verdampften die Wassertröpfchen, bis gegen Ende desselben der feine Nebel vollständig verschwunden war. Es wird also die durch die Kondensation des Frischdampfes von der Wandung aufgenommene Wärme in der Periode niederer Dampftemperatur durch Wiederverdampfung des Wasserbeschlags an den Dampf zurückgegeben.

Durch die periodische Wärmeaufnahme und -abgabe der Cylinderwandung entstehen in ihr Temperaturschwankungen, deren Größe mit der Entfernung der Wandungsschichten von der Innenfläche des Cylinders abnimmt und deren Verlauf Fig. 86 charakterisiert. Die gezeichneten Kurven wurden von den Professoren Callendar und Nicolson an einer kleinen, einfachwirkenden Versuchsmaschine von 267 mm Cylinderdurchmesser und 305 mm Hub gewonnen [1]). Der Dampfcylinder arbeitete mit Flachschiebersteuerung und wies einen schädlichen Raum von 10 v. H. auf.

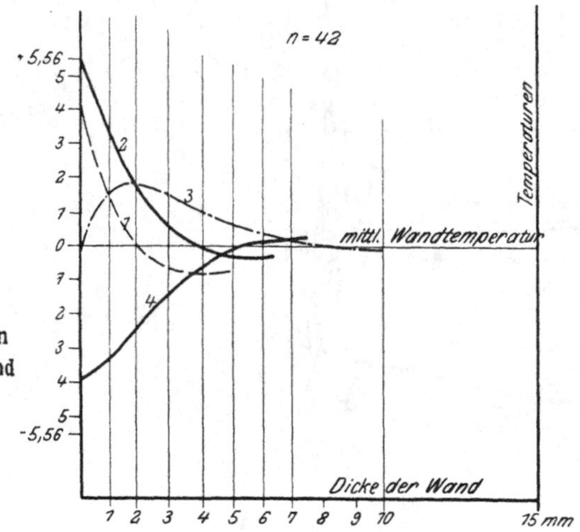

Versuche von Callendar und Nicolson.

Fig. 86. Temperaturschwingungen in der Deckelwandung einer einfachwirkenden Maschine während einer Umdrehung.

Die bei 42 minutlichen Umdrehungen während eines Kolbenhubes aufgenommenen Kurven zeigen, daß die Wandung nur bis zu einer gewissen Tiefe an den Temperaturänderungen des Arbeitsdampfes teilnimmt und daß die in den einzelnen Wandungsschichten auftretenden Temperaturschwankungen von der Cylinderinnenfläche nach außen abnehmen und bei einer sogenannten mittleren Wandungstemperatur im äußeren Teile der Wand verschwinden.

Kurve 2 gibt das Bild der während einer bestimmten Füllung auftretenden Temperaturverteilung, Kurve 4 einer solchen während der Austrittsperiode; Kurve 1

---

[1]) Proc. Inst. Civ. Eng. 131. S. 147, 209, 239 und Z. d. V. d. Ing. 1899, S. 774.

entspricht der Kompressions- bzw. Voreinströmungsperiode, Kurve 3 einem Zeitpunkt der Expansionsperiode, der bereits im Gebiet der Wärmerückströmung an den Dampf gelegen ist.

Die Cylinderwand weist also teilweise einen veränderlichen und teilweise einen konstanten Wärmezustand auf, ersteren in Form eines Wärmespiels zwischen bestimmten Temperaturgrenzen, letzteren gegeben durch die sich einstellende mittlere Wandungstemperatur. In beiden Wandungsbereichen findet ein dauernder

Mittlere Wandungs-temperatur.

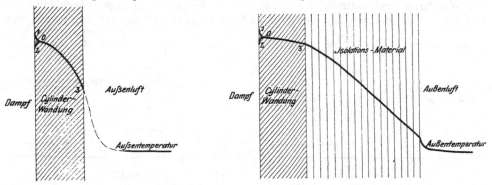

Fig. 87. Ohne Isolation.   Fig. 88. Mit Isolation.
Fig. 87 und 88. Temperaturabfall in der Cylinderwandung.

Wärmeverlust statt. Die mit dem Temperaturwechsel der innersten Wandungsschicht verbundene Wärmeabgabe an den Dampf geht größtenteils an den Auspuffdampf verloren, während mit der Aufrechterhaltung der mittleren Temperatur der äußeren Wandungsschicht eine Wärmewanderung nach außen an die Umgebung des Cylinders verbunden ist. Die Größe dieses Leitungs- und Strahlungsverlustes hängt davon ab, ob der Cylinder mit Wärmeschutzmitteln umgeben ist oder nicht. Von der mittleren Wandungstemperatur ausgehend, bedingt dieser Wärmeverlust einen Temperaturabfall nach außen, der bei nicht isolierten Cylindern vornehmlich in der Wandung selbst, Fig. 87, bei isolierten Cylindern dagegen hauptsächlich erst im Umhüllungsmaterial auftritt, Fig. 88.

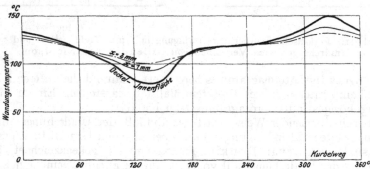

Fig. 89. Temperaturschwingungen an der Deckelinnenfläche, sowie in 1 und 2 mm Tiefe bei 26,9 minutlichen Umdrehungen. Die Schwingung der Oberflächentemperatur Versuchen von Duchesne entnommen; die Kurven der Wandungstemperaturen berechnet.

Die periodischen Temperaturschwankungen treten nur innerhalb einer geringen Wandungsschicht auf. Beispielsweise zeigen die in Fig. 89 für die Zeit einer Umdrehung dargestellten Temperaturkurven für 3 im Abstand von je 1 mm zueinander gelegene Wandungsschichten, daß in einer Eindringungstiefe von 2 mm bei der geringen Umdrehungszahl von 26,9 in der Minute nur noch Temperaturschwankungen von 32⁰ bestehen, bei einem Temperaturunterschied von 70⁰ an der Wandungsinnenfläche und einem Temperaturgefälle des Arbeitsdampfes von 108⁰.

In den bereits oben angeführten Versuchen von Callendar und Nicolson, Fig. 90 bis 92, ergaben sich für ein Temperaturgefälle des Arbeitsdampfes von 55⁰ C in 1 mm Eindringungstiefe des Cylinderdeckels nur noch Temperaturausschläge von 3,3⁰ C bei 46 Umdrehungen, von 2,2⁰ C bei 73,4 Umdrehungen, während bei 100 Umdrehungen die fast gleiche Temperaturschwingung von nur 2,4⁰ C bereits in ¹/₄ mm Abstand von der Deckelinnenfläche auftrat. Die oberen Diagramme der Figuren 90 bis 92 zeigen den thermo-elektrisch gemessenen Verlauf der Wandungstemperaturen in den genannten Eindringungstiefen vergleichsweise mit den Temperaturen des Arbeitsdampfes (als Sattdampftemperaturen aus den

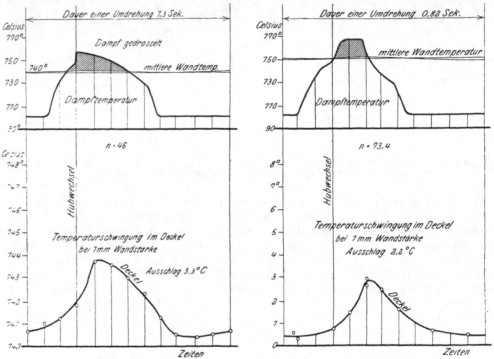

Fig. 90.   Fig. 91.
Fig. 90 und 91. Periodische Temperaturschwingung in 1 mm Tiefe bei 46 und 73,4 minutl. Umdrehungen nach Versuchen von Callendar und Nicolson.

Spannungen des Indikatordiagrammes berechnet), während die unteren Diagramme dieselben Temperaturen in vergrößertem Maßstab darstellen. Ein zu diesen Versuchen zugehöriges Indikatordiagramm zeigt Fig. 93.

In übereinstimmender Weise wird der Einfluß der Umdrehungszahl auf die Schwingungsweite und Eindringungstiefe der periodischen Temperaturschwankungen durch Versuche von Bryan Donkin, Fig. 94 und 95, gekennzeichnet, bei denen die Erhöhung der Umdrehungszahl von 17,5 auf 34 ebenfalls eine erhebliche Verminderung des Temperaturausschlags und eine Verringerung der Eindringungstiefe der periodischen Temperaturschwankungen von 14 auf 9 mm hervorrief.

Zeit des Wärmespiels. Es wird durch alle Versuche bestätigt, daß die durch höhere Umdrehungszahl der Maschine entstehende Verringerung der Zeit für das Wärmespiel auch eine Verringerung der Temperaturschwankungen und der Wärmebewegung innerhalb der Wandung zur Folge hat. Durch theoretische Erwägungen[1] ist gefunden, daß die Eindringungstiefe umgekehrt proportional der Wurzel aus der Umdrehungszahl angenommen werden darf. Bei gleicher Temperaturschwankung an der Innenfläche

---

[1] Kirsch, Die Bewegung der Wärme in den Cylinderwandungen der Dampfmaschine. Leipzig 1886, S. 8, und Z. d. V. d. Ing. 1886, S. 707. 1891, S. 957.

treten somit die gleichen Temperaturschwingungen, die bei n Umdrehungen in der

Eindringungstiefe x auftreten, bei n_1 Umdrehungen in der Tiefe $x_1 = x \sqrt{\dfrac{n}{n_1}}$ auf.

Für die theoretische Bedeutung und praktische Verwertung der gemachten Beobachtungen ist es wesentlich, daß selbst bei den niedrigen Umdrehungszahlen, auf die die vorliegenden Versuche wegen der Schwierigkeit der Temperaturmessung beschränkt bleiben mußten, die Schwingungen der Wandungstemperatur nur sehr geringe Größe aufweisen im Vergleich zu denen der Dampftemperatur, wie die Kurvenbilder Fig. 90 bis 92[1]) erkennen lassen.

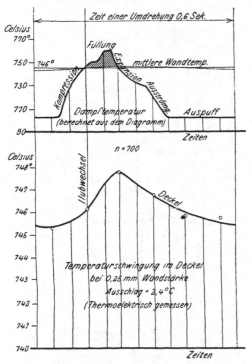

Nach Messungen von Callendar und Nicolson, Duchesne und Nägel[2]) ist diese Tatsache darauf zurückzuführen, daß an der Wechselwirkung zwischen Dampf und Wandung nicht die gesamte Dampfmasse, sondern nur die der Wandung zunächst liegenden Dampfschichten teilnehmen, deren Temperaturen nicht mit den aus den Druckänderungen des Indikatordiagrammes berechneten Sättigungstemperaturen übereinstimmen. Bei den mit Auspuffbetrieb ausgeführten Ver-

Dampftemperaturschwingung in Nähe der Wandung.

Fig. 92. Temperaturschwingung in der Wandung des Cylinderdeckels in $^1/_4$ mm Tiefe bei $n = 100$ minutlichen Umdrehungen. Versuche Callendar und Nicolson.

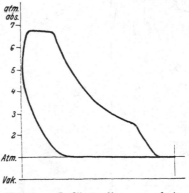

Fig. 93. Indikatordiagramm bei $n = 73,4$.

suchen der erstgenannten Beobachter wurden zeitweise in der Nähe des Deckels Dampftemperaturen festgestellt, Fig. 96, die einer Überhitzung entsprachen und deren Mittelwert über der gemessenen mittleren Wandungstemperatur lag. Ein am Kolben befestigtes und von der Kolbenfläche etwa 75 mm entfernt stehendes Platinthermometer ergab dagegen eine fast vollständige Übereinstimmung der beobachteten Temperaturen mit den aus dem Druck-Volumdiagramm berechneten Sattdampftemperaturen, Fig. 97; nur gegen Ende der Kompression war auch bei diesem Thermometer eine Überhitzung nachweisbar. In den mit Kondensationsbetrieb ausgeführten Versuchen von Duchesne[3]), Fig. 98, wurde eine Dampfüberhitzung in Nähe der Deckelwandung nicht nur während der Kompression, sondern bereits während der zweiten Hälfte der Ausströmperiode experimentell festgestellt. Es hängt dies damit zusammen, daß die Wandungstemperaturen während der Expan-

---

[1]) Bei Beurteilung des Verlaufes dieser Temperaturdiagramme ist zu berücksichtigen, daß die ganzen Temperaturhöhen nicht dargestellt sind und der Temperaturmaßstab verhältnismäßig groß gewählt worden ist.

[2]) Z. d. V. d. Ing. 1913 S. 1074.   [3]) Revue de Mecanique Juli 1899.

sions-, Austritts- und Kompressionsperiode höher verlaufen als die gleichzeitig herrschenden mittleren Dampftemperaturen, wie dies in den Diagrammen Fig. 98 und 99 deutlich zum Ausdruck kommt.

In neuester Zeit ist es Prof. Dr. Ing. Nägel in Dresden gelungen, die Dampfüberhitzung in nächster Nähe der Deckelfläche genauer nachzuweisen und den

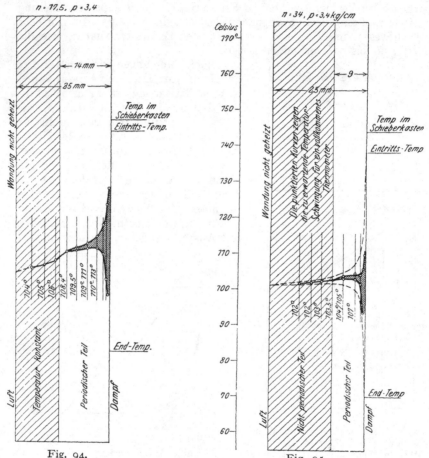

Fig. 94.   Fig. 95.

Fig. 94 und 95. Temperaturschwingung in der Cylinderwandung bei verschiedenen Umdrehungen nach Versuchen von Bryan Donkin.

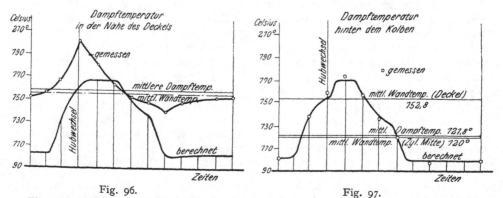

Fig. 96.   Fig. 97.

Fig. 96 und 97. Dampftemperatur im Innern des Cylinders nach Messungen von Callendar und Nicolson.

ganzen Verlauf der Temperaturschwingung durch photographische Aufnahme der Ausschläge eines Saitengalvanometers festzustellen. Die Versuche wurden an einem Gleichstromzylinder Fig. 100 von 450 mm Durchmesser und 650 mm Hub

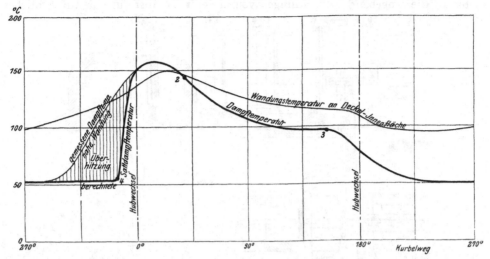

Fig. 98.   Dampftemperatur in Nähe des Cylinderdeckels im Vergleich zur Wandungs-
temperaturschwingung. (Versuche von Duchesne.)

ausgeführt[1]). Die Wiedergabe eines Zeitdiagramms der Dampftemperatur nahe der Deckelfläche Fig. 101, zeigt, daß am Kompressionsende vorübergehend weit höhere Temperaturen auftreten können, als von den seitherigen Beobachtern durch Einzelmessungen Fig. 96 bis 99, festgestellt wurden. Beim Betrieb mit Sattdampf von 10 Atm. (Sättigungstemperatur 179°) wurden beispielsweise Kom-

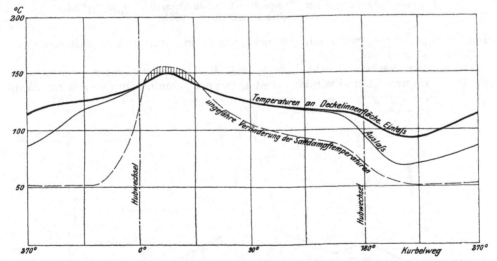

Fig. 99.   Wandungstemperaturen in Nähe der Einlaß und der Auslaßsteuerung im Vergleich zur Veränderung der Sattdampftemperaturen.

pressionsendtemperaturen von über 500° beobachtet. Diese bedeutende Er-höhung der Dampftemperatur über die Wandungstemperatur erklärt sich wohl hauptsächlich daraus, daß der Dampf im schädlichen Raum in nächster Nähe der Wandung schon vor Beginn der Kompression hoch über die Sättigungstemperatur

[1]) Z. d. V. d. Ing. 1913, S. 1074.

des Auspuffdampfes überhitzt war und nun durch Aufnahme der Kompressionswärme die beobachtete bedeutende Überhitzung erfahren konnte. Hierzu möge
noch darauf hingewiesen werden, daß wegen der Ausstrahlung der Dampfthermo-
meter an die umgebenden Wandungen von niederer Temperatur, die tatsächlichen

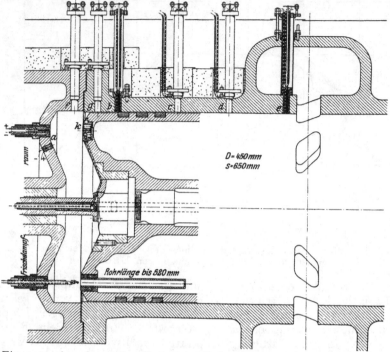

Fig. 100. Anordnung der Temperatur-Meßstellen am Gleichstromcylinder
der Versuchsmaschine Prof. Nägels.

Dampftemperaturen wahrscheinlich noch höher sind als die am Saitengalvano-
meter beobachteten.

Aus allen Versuchen geht hervor, daß die Dampftemperatur, solange eine
größere Dampfmenge im Cylinder arbeitet, von der Wandung nur in den der Wan-

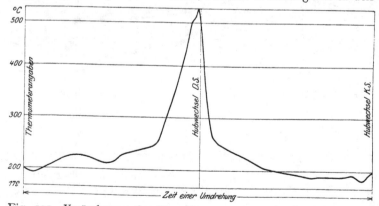

Fig. 101. Veränderung der Dampftemperatur an der Deckelfläche des
Gleichstromcylinders Fig. 100.

dung zunächst liegenden Schichten beeinflußt wird. Die dem Drucke nach homogene
Dampfmasse weist somit hinsichtlich der Temperaturverteilung bedeutende Verschiedenheiten auf, da bei der durch die Wandung eingeleiteten Dampfüberhitzung

infolge der geringeren Wärmeleitfähigkeit überhitzten Dampfes ein Temperaturausgleich in der gesamten Dampfmasse nicht sofort eintritt.

Die Erhöhung der Dampftemperaturen in Nähe der Cylinderwandung bietet
nleichzeitig die Erklärung dafür, daß die mittleren Wandungstemperaturen
gicht, wie erwartet werden könnte, mit den aus dem Indikatordiagramm
berechneten mittleren Sattdampf-
temperaturen zusammenfallen,
sondern ganz erheblich über diesen
gelegen sind. Diese an kleinen Ex-
perimentalmaschinen gemachte Beobachtung findet auch für Maschinen
größerer Leistung ihre experimentelle
Bestätigung und bildet ein für die Ermittlung der Eintrittskondensation
wesentliches Ergebnis.

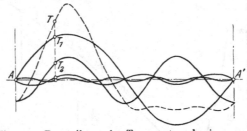

Fig. 102. Darstellung der Temperaturschwingung
T durch 4 sinusförmige Schwingungen.

Da die Größe der vom Frisch-
dampf an die Wandung übertragenen
Wärmemenge naturgemäß in unmittelbarem Zusammenhang mit der in der Cy-
linderwandung auftretenden Temperaturschwankung steht, kann bei Kenntnis der
Wärme- und Temperaturleitfähigkeit der Wandung der Wärmeübergang aus der
Temperaturschwingung rechnerisch bestimmt werden.

Die rechnerische Ermittlung erfolgt meist in der Weise, daß die Temperaturschwingung T, Fig. 102, nach dem Verfahren von Fourier in Einzelschwingungen
T_1, T_2 usw. von sinusförmigem Charakter zerlegt wird, deren Summation ($T_1 + T_2$
$+ \ldots$) die Gesamtschwingung T liefert[1]). Für jede dieser Temperaturschwingungen lassen sich nun rechnerisch unter Einführung der Wärmeleitfähigkeit und

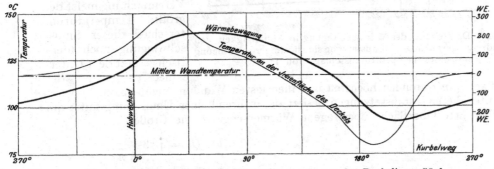

Fig. 103. Temperaturschwingung und Wärmebewegung an der Deckelinnenfläche.

spezif. Wärme des Cylindermaterials die zugehörigen Einzelwärmeschwingungen
berechnen, deren entsprechende Zusammenstellung als resultierende Kurve die
Gesamtwärmeschwingung in der betrachteten Wandungsschicht ergibt. Fig. 103
kennzeichnet den Verlauf einer zusammengehörigen Temperatur- und Wärme-
schwingung für Deckelinnenfläche. Die gesamte, während einer Umdrehung an
die Wandung abgehende, bzw. von der Wandung an den Dampf zurückfließende
Wärme entspricht dem Unterschied der höchsten und tiefsten Kuppe der
Wärmewelle.

Die Wärmeströmung und -rückströmung verspätet sich gegenüber der Tem-
peraturströmung infolge des Umstandes, daß die Richtung der Wärmebewegung
von dem Temperaturunterschied zwischen Wand und Cylinderinnerem abhängt.
Die Wärmewelle Fig. 103 zeigt einen wesentlich stetigeren Verlauf wie die Temperatur-
welle und erfährt mit dem Eindringen in die Wandung eine noch stärkere Abflachung

---

[1]) Kirsch, a. a. O.

und Abrundung, infolge der mit der Wandungstiefe sich abschwächenden Temperaturschwingungen (s. Fig. 89).

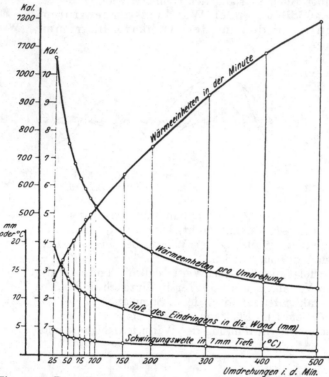

Fig. 104. Darstellung der Wärmebewegung in Abhängigkeit von
der Umdrehungszahl unter Voraussetzung sinusförmiger Schwingung
und eines Temperaturausschlags von 11,2°.

Da für die Ausmitt-
lung der an die Wan-
dung übertragenen Wär-
me nicht die Kenntnis
des Verlaufs der Wär-
mekurve, sondern nur
des größten Ausschlages
der an der Innenfläche
auftretenden Wärme-
schwingung notwendig
ist, erweist es sich in
Rücksicht auf den regel-
mäßigen Verlauf der
Wärmewellen für die
praktische Anwendung
als ausreichend, nur die
bei der Zerlegung Fig.
102 sich ergebende
größte Sinusschwingung
in die Rechnung einzu-
führen und lediglich
deren Wärmeübertra-
gung zu ermitteln. Da-
bei wird zur weiteren
Vereinfachung meist der
größte Temperaturun-
terschied dieser Sinus-
schwingung noch iden-
tisch gesetzt dem Unter-
schied τ der an der
Innenfläche auftretenden höchsten und niedrigsten Wandungstemperatur.

Unter diesen Voraussetzungen besitzt die während einer Umdrehung auf 1 qm
dampfberührte Oberfläche übertragene Wärmemenge Q_1 die Größe

$$Q_1 = 4{,}78 \cdot \frac{\tau}{\sqrt{n}},$$

wenn für Gußeisen die Leitfähigkeit
der Wärme zu 11, die der Temperatur zu 13 angenommen wird. Vergleichsrechnungen zeigen, daß die
nach dieser einfachen Formel berechneten Wärmebeträge selbst bei sehr
unregelmäßigem Temperaturverlauf
an der Innenfläche nicht wesentlich
von den Ergebnissen der genaueren
Rechnung abweichen, so daß die gemachten Vereinfachungen für die
praktischen Bedürfnisse als zulässig
zu erachten sind.

Die in der Formel auftretende
Größe $\frac{1}{\sqrt{n}}$ berücksichtigt den Einfluß
der Zeitdauer einer Umdrehung also

Fig. 105. Periodische Temperaturschwingung
in der Wand als Grundlage der Wärmebewegung Fig. 104.

einer Schwingungsperiode auf die Fortpflanzung der Wärme. Zu näherer Verdeutlichung deren Einflusses wurden in Fig. 104 die übertragenen Wärmebeträge in Abhängigkeit von der Umdrehungszahl zusammen mit den Rechnungswerten für Eindringungstiefe und Schwingungsweite in 1 mm Wandungstiefe graphisch dargestellt[1]). Die angegebenen Zahlenwerte beziehen sich auf die in Fig. 105 dargestellte Temperaturverteilung in der Wandung (größter Schwingungsausschlag $\tau = 11{,}2^0$). Die Kurven Fig. 104 sind naturgemäß wegen der Proportionalität der Wärmeübertragung zu τ bei proportionaler Änderung des Ordinatenmaßstabes auch für jeden anderen Schwingungsausschlag gültig.

Zur Kennzeichnung der Größe der Temperaturverteilung und Wärmebewegung in der Cylinderwandung seien aus den Ergebnissen der Versuche von Callendar und Nicolson folgende Beobachtungs- und Rechnungswerte angeführt[2]):

Minutl. Umdrehung	Temperaturausschl.	Wärmeaufnahme Q_1, bezogen auf 1 qm Cylinderfl. und eine Umdrehung	Größte Dampftemperatur (Sättigungst.)	Mittlere Wandungstemperatur	Kondensationsfeld K in Grad-Sek. für eine Schwingung	Verhältnisziffer $\dfrac{Q_1}{K}$
43,8	4,2	6,0	165,0	151,7	2,34	2,56
47,7	4,0	5,5	166,1	158,8	2,11	2,60
70,4	3,7	4,2	168,3	154,4	1,47	2,86
70,4	3,7	4,2	168,3	154,4	1,45	2,89
73,4	3,8	4,2	162,2	149,4	1,41	2,98
81,7	3,3	3,5	166,1	152,2	1,29	1,71
97,0	3,4	3,4	165,0	151,7	1,06	3,21
100,0	2,8	2,7	158,8	146,1	0,83	3,25
102,0	2,5	2.4	159,4	146,7	0,81	2,96

Diese Zahlenwerte lassen die mit zunehmender Umdrehungszahl sich ergebende gesetzmäßige Abnahme des Temperaturausschlages an der Innenfläche des Deckels und ein dementsprechende Verminderung der Niederschlagsverluste Q_1 erkennen.

Eine für die Berechnung der Wärmeaufnahme wichtige Größe ist in der Verhältnisziffer Q_1/K der letzten Spalte ausgedrückt, die sich aus folgenden Erwägungen ableitet:

Wird angenommen, daß die Niederschlagsmenge des gesättigten Dampfes nur von dem augenblicklichen Temperaturunterschied zwischen Dampf und Wandung abhängig und diesem proportional sei, so läßt sich die Eintrittskondensation während einer Umdrehung berechnen aus dem durchschnittlichen Überschuß der Dampftemperaturen über die mittlere Wandungstemperatur und aus der Zeit, während der die Dampftemperatur über die Wandungstemperatur sich erhöht. Als Maß für die Größe der Eintrittskondensation ergibt sich hiernach das Produkt aus Temperaturüberschuß und Zeit, das in den Fig. 90 bis 92 und 99 durch die zwischen den Kurven der Dampftemperaturen und der mittleren Wandungstemperatur schraffierte Fläche $\int(t_d - t_w)\,dt$ veranschaulicht ist, die nach Grashof als Kondensationsfeld K bezeichnet werden möge. Bei Vergleich der Größe des Kondensationsfeldes mit der an die Wandung übergeführten Wärme Q_1 zeigt sich nun, daß das Verhältnis Q_1/K mit der Umdrehungszahl nahezu linear zunimmt, Fig. 106.

Innerhalb der Umdrehungen der Versuchsmaschinen von 43,8 bis 102 in der Minute nahm Q_1/K von 2,56 auf 3,15 zu, so daß für Umdrehungszahlen von $n = 100$ bis 150 als mittlerer Verhältniswert $Q_1/K = 3{,}6$ angenommen werden kann.

Kondensationsfeld.

---

[1]) Bantlin, Z. d. V. d. Ing. 1899, S. 809.
[2]) Z. d. V. d. Ing. 1899, S. 810.

Dieser bereits von Grashof angegebene Wert ermöglicht aus der Messung der mittleren Wandungstemperatur die Bestimmung der Wärmeübertragung zwischen Dampf und Wandung.

Leider ist es jedoch nicht möglich, diesen Ziffernwert zur Vorausberechnung der Wärmeaustauschverluste von Maschinen abweichender Konstruktion und anderer Betriebsverhältnisse zu benützen, da die berechneten Zahlenwerte nur für die bei der Versuchsmaschine vorliegenden Verhältnisse hinsichtlich Zustand, Verteilung und Beströmung der schädlichen Flächen Gültigkeit besitzen. Mangels einer genauen Kenntnis der Größe der Einzeleinflüsse ist die Aufstellung einer allgemein gültigen Formel für den Wärmeaustausch noch nicht möglich[1]).

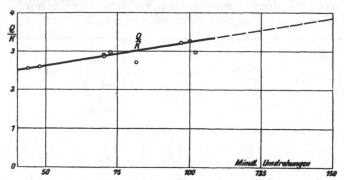

Da die Versuchsmaschine infolge ihrer Kleinheit recht ungünstige Verhältnisse der schädlichen Räume aufweist, so können bei zweckmäßig konstruierten Maschinen wesentlich geringere prozentuale Austauschverluste erwartet werden.

Fig. 106. Verhältnis der an die Wandung übergegangenen Wärme Q_1 zum Kondensationsfeld, bezogen auf die Umdrehungszahl.

Aus der Größe der auf 1 qm Wandungsfläche übertragenen Wärme berechnet sich die auf der dampfberührten Innenfläche F des Cylinders niedergeschlagene Dampfmenge zu $F\dfrac{Q_1}{r}$ kg (r Verdampfungswärme des eintretenden Dampfes).

Diese Formel besitzt aber auch nur beschränkte Gültigkeit, da der Dampfniederschlag nicht nur von der Größe der Niederschlagsfläche, sondern auch von ihrer Verteilung und den Strömungsverhältnissen des Dampfes abhängig ist. Beispielsweise wird die Wärmeableitung beim Dampfeintritt durch die dabei auftretende Wirbelung begünstigt, während die beim Dampfaustritt vorherrschende Ruhe im Cylinderraum die Wechselwirkung zwischen Dampf und Wandung nicht befördert.

Anteil der Dampfkanäle am Wärmeaustausch.   Großen Anteil am Wärmeaustausch zwischen Dampf und Wandung nehmen die Oberflächen langer, abwechselnd vom Ein- und Austrittsdampf durchströmter Dampfkanäle, da in ihnen große Temperaturunterschiede bei hohen Strömungsgeschwindigkeiten des Dampfes wirksam werden und die Wärmeübertragung außerdem durch die Rauhheit der Kanalwandungen noch begünstigt wird. Die schädliche Wirkung dieser Flächen kann beschränkt werden durch Anordnung getrennter Ein- und Auslaßkanäle von möglichst geringer Länge und durch saubere Bearbeitung der vom eintretenden Dampf berührten Flächen.

Die günstige Wirkung dieser Maßnahmen zeigen die in Fig. 99 dargestellten Temperaturmessungen von Duchesne an einem Corliß-Sattdampfcylinder, bei dem während der Austrittsperiode die Wandungstemperatur am Einlaßkanal nicht auf die des Auslaßkanals sich erniedrigte. Wenn andererseits während der Eintrittsperiode im Auslaßkanal eine Hebung der Wandungstemperatur auf die gleiche Höhe wie im Einlaßkanal sich zeigt, so ist dies bei dem bestehenden Sattdampfbetrieb darin begründet, daß der Wärmeaustausch auch an den nichtbeströmten Wandungen unter der Wirkung der Spannungsänderungen durch Dampfniederschlag oder Nachverdampfen sich vollzieht. Bei Betrieb mit dem

---

[1]) Heinrich, Z. d. V. d. Ing. 1912, S. 1195.

schlecht wärmeleitenden überhitzten Dampf fällt diese Erscheinung fort und bleibt die Wärmeübertragung außer vom Temperaturunterschied hauptsächlich von der Dampfströmung abhängig.

Als besonders wirksam hinsichtlich der Verminderung der schädlichen Wirkung der Dampfkanäle hat sich der Einbau der Steuerorgane im Cylinderdeckel erwiesen, der deshalb im neueren Dampfmaschinenbau allgemeinere Anwendung findet, trotzdem die Zugänglichkeit des Kolbens wesentlich erschwert wird.

Um auch die durch Cylinderdeckel und Kolben gebildeten schädlichen Wärmeaustauschflächen möglichst klein zu erhalten, sind dieselben eben auszuführen. Es sind also einschalige Kolben mit hohem Rand für die Dichtungsringe und hoher Nabe (z. B. II, 78—80) wärmetechnisch ungeeignet; ebenso sollen Kolbenmuttern nicht weit über den Kolben vorstehen, um auch die entsprechende, häufig nicht bearbeitete Aussparung im Cylinderdeckel möglichst klein zu erhalten.

Anteil von Deckelfläche und Kolben.

Die cylindrischen Mantelflächen eingesetzter Cylinderdeckel und die zugehörigen Cylinderinnenflächen (beispielsweise die Ausführung des hinteren Deckels des Dampfcylinders II, 50) bilden eine besonders bei Sattdampfmaschinen nachteilige Vergrößerung der schädlichen Flächen, wenn sie nicht gegen Dampfzutritt durch eine Paßleiste gedeckt werden. Auch die cylindrischen Mantelflächen des Kolbens bis zum ersten Dichtungsring sind durch kleine Entfernung der Dichtungsringe vom Kolbenrand möglichst zu verringern.

Bei dem schlecht leitenden überhitzten Dampf ist der nachteilige Einfluß dieser Flächen stark vermindert.

Gegenüber den dauernd wirksamen Oberflächen des schädlichen Raumes wie sie in den Oberflächen der Cylinderdeckel und Böden, des Kolbens und der Steuerkanäle sich ergeben, ist die bei der Kolbenbewegung freigelegte Innenfläche des Cylinders von verhältnismäßig geringem Einfluß auf den Wärmeaustausch.

Anteil der Cylinderlauffläche.

Auch für diese lassen sich in analoger Weise wie für die Deckeloberfläche die Temperatur- und Wärmebewegungen längs der Lauffläche des Cylinders verfolgen und rechnerische Unterlagen zur Bestimmung der Niederschlagsverluste erlangen. Zu diesem Zwecke ist die Cylinderlauffläche in ringförmige Stücke zu zerlegen, deren mittlere Temperaturschwankung experimentell aufgenommen wird.

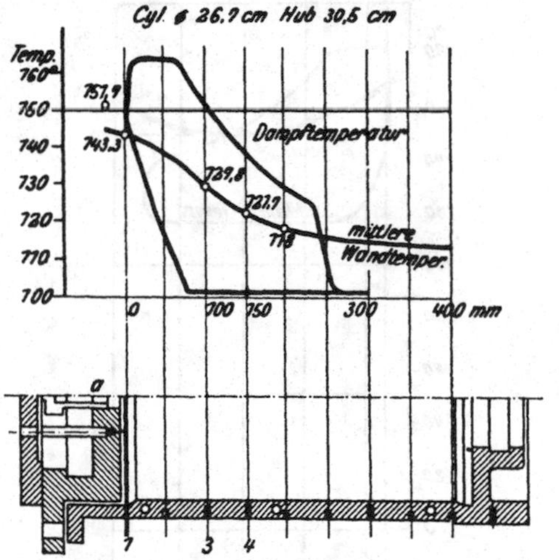

Für die von Callendar und Nicolson untersuchte einfachwirkende Maschine ergaben Messungen längs der Lauffläche, Fig. 107, eine allmähliche Abnahme der mittleren Wandungstemperatur von Deckelseite nach Kurbelseite, derzufolge auch eine Wärmeströmung längs des Cylinders nach der Kreuzkopfführung hin stattfinden mußte, wie dies für den Temperatur- und Wärmeverlauf bei einfachwirkenden Maschinen naturgemäß erscheint.

Einfachwirkender Versuchscylinder.

Fig. 107. Verlauf der mittleren Wandungstemperatur längs der Lauffläche für einfach wirkende Maschine.

Fig. 108 gibt die in den Bohrungen 1, 3 und 4 am Cylinder beobachteten periodischen Temperaturschwingungen in 1 mm Abstand von der Innenfläche im Vergleich zu den Schwingungen im Deckel wieder.

Die geringe Größe der zu 3 und 4 gehörigen Kondensationsfelder läßt erkennen, daß die während der Expansion auftretende Kondensation an der Cylinderwand von untergeordneter Bedeutung ist im Vergleich zu den während des Dampf-

**Doppeltwir-
kende Ver-
suchscylinder.**
**Versuche von
Mellanby.**

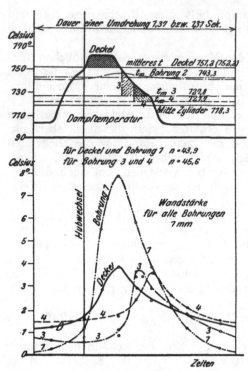

Fig. 108. Temperaturschwingungen an verschiedenen Stellen der Cylinderlauffläche in
1 mm Tiefe.

eintritts an den Wandflächen des schädlichen Raumes auftretenden Niederschlägen [1]).

Bei doppeltwirkenden Maschinen ist der Dampfniederschlag an der
Cylinderlauffläche noch geringer, da
durch deren beiderseitige Erwärmung
der Temperaturverlauf sich annähernd
symmetrisch zur Cylindermitte einstellt
und Dampfniederschlag nur zu Beginn
der Expansion auftritt. Fig. 109 und
110 kennzeichnen die Änderungen der
mittleren Wandungstemperaturen längs
der Cylinderlauffläche für die nicht geheizten Hoch- und Niederdruckcylinder
einer liegenden Verbundmaschine [2]), deren
Hochdruckdiagramm in Fig. 111 wiedergegeben ist. Fig. 112 und 113 geben
den Verlauf der aus dem Indikatordiagramm berechneten Sattdampftempera-
turschwingungen im Vergleich zur mittleren Wandungstemperatur der zugehörigen Cylinderdeckel. Es wird aus ihnen
ersichtlich, daß die mittlere Wandungstemperatur im Niederdruckcylinder der
mittleren Dampftemperatur relativ näher
liegt und von der Eintrittstemperatur
mehr abweicht als im Hochdruckcylinder.

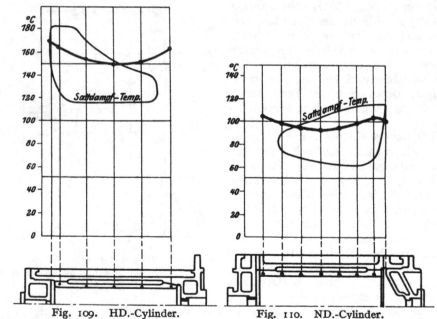

Fig. 109. HD.-Cylinder.   Fig. 110. ND.-Cylinder.

Fig. 109 und 110. Verlauf der mittleren Wandungstemperatur längs der nicht geheizten
Cylinderlaufflächen einer doppeltwirkenden Verbundmaschine. (Versuche von Mellanby.)

---

[1]) Vgl. Zusammenstellung 4, Z. d. V. d. Ing. 1899, S. 811.
[2]) Mellanby, Steam Jacketing, Proc. Inst. Mech. Ing. London 1905, Juni, S. 541.

Da außerdem die Eintrittsperiode im Niederdruckcylinder größer ist wie im Hochdruckcylinder, so ergibt sich auch für jenen das Kondensationsfeld und damit die Eintrittskon-
densation größer wie für
diesen.

Bei den Versuchen
von Prof. Nägel[1] an
der doppeltwirkenden
Gleichstrommaschine
des Maschinenbaulabo-
ratoriums der Tech-
nischen Hochschule in
Dresden wurden in der
Nähe des Cylindermittel-
stücks die in Fig. 114
dargestellten Wandungs-
temperaturen beobach-
tet. Von der Genauig-
keit der Temperatur-

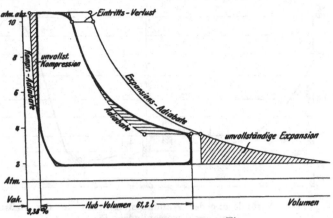

Fig. 111. HD.-Diagramm zu Fig. 109.

messungen geben die Sprünge in der Temperaturkurve an den durch Schraffur
angedeuteten Stellen einen drastischen Beweis, da sie die plötzlichen Temperaturänderungen kennzeich-
nen, die beim Vorbei-
gleiten der Kolbenringe
an der Meßstelle ent-
stehen.

Die Eintrittskonden-
sation erweist sich nach
vorstehendem abhängig
einerseits vom Unter-
schied der Dampf- und
Wandungstemperatur, so-
wie von der absoluten
Höhe der letzteren, ande-
rerseits von der Größe der
an der Innenfläche des
Cylinders auftretenden
Temperaturschwankung.
Die größte Eintrittskon-
densation würde dann
erfolgen, wenn die mitt-
lere Wandungstemperatur
mit der mittleren Dampf-
temperatur zusammen-
fiele, ein Fall, der nur
bei sehr langsam gehen-
den Maschinen angenähert
erreicht werden könnte.
Je höher die Wandungs-
temperatur über der mitt-
leren Dampftemperatur
liegt, um so kleiner wird
das Kondensationsfeld,

Zusammen-
fassung.

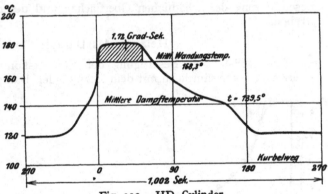

Fig. 112. HD.-Cylinder.

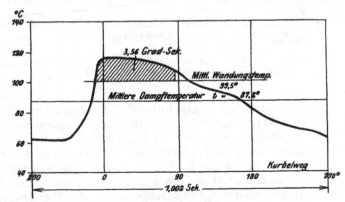

Fig. 113. ND.-Cylinder.

Fig. 112 und 113. Dampftemperaturschwingung im Vergleich
zur mittleren Deckeltemperatur und Kondensationsfeld zu
Fig. 109 bis 111.

[1] Z. d. V. d. Ing. 1913, S. 1074.

also um so geringer die Eintrittskondensation. Auch der nachteilige Einfluß der an der Innenfläche des Cylinders auftretenden Temperaturschwankung läßt sich durch

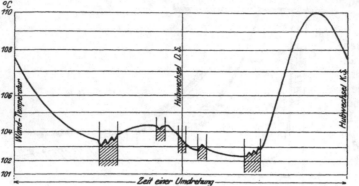

Fig. 114.   Veränderung der Wandungstemperatur an der Meßstelle *d* des Gleichstromcylinders Fig. 100.

**Mittel zur Be-
schränkung der
Eintrittskon-
densation.**

Verkleinerung ihrer Zeitdauer, d. i. durch Erhöhung der Umdrehungs- zahl wesentlich ver- mindern.

Nach vorste- hendem bieten sich für Sattdampfma- schinen im wesent- lichen zwei betriebs- technische Mittel zur Beschränkung der Eintrittsver- luste: die Er- höhung der mitt- leren Wandungstemperatur und die Verminderung der Zeitdauer des periodischen Wärmespiels in der Cylinderwandung. Außerdem ist auf kon- struktivem Wege die Verminderung der Kondensationsverluste durch möglichste Beschränkung der schädlichen Oberflächen und deren blanke Bearbeitung anzu- streben.

Heizung des Dampfcylinders.

Eine vollständige Beseitigung der Eintrittskondensation ist offenbar dann zu erzielen, wenn sämtliche mit dem eintretenden Dampf in Berührung kommenden

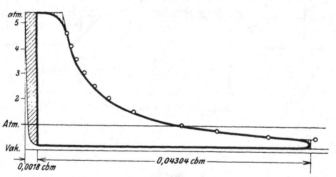

Fig. 115.   Heizung des Cylinderdeckels, Mantels, Kolbens und der Schiebergehäuse durch Kesseldampf von 9 Atm.

Oberflächen dauernd eine Temperatur besitzen, die größer oder mindestens gleich der Dampftempera- tur ist. Bei vollkommener Dichtheit der Steuerorgane und Kolben müßte dann der Eintrittsverlust ver- schwinden und die Expan- sion müßte, wenn Wärme- strömung aus der Wandung vermieden werden könnte, adiabatischenLinien folgen.

Eine derartige Er- höhung der Wandungstem- peratur kann durch künst-

**Heizung durch
Hochdruck-
dampf.**

liche Heizung der Deckel und Wände des Dampfcylinders erreicht werden.   In dieser Weise wurde z. B. für eine mit 30 minutlichen Umdrehungen arbeitende Ver- suchsmaschine der Universität Lüttich[1]) durch Heizung der Cylinderwände, der Deckel, der Schiebergehäuse und des Kolbens mittels hochgespannten Dampfes er- reicht, daß, wie das Indikatordiagramm Fig. 115 zeigt, eine Eintrittskondensation nicht mehr auftrat und die indicierte Dampfmenge mit der durch Kondensatmessung ermittelten Arbeitsdampfmenge vollständig übereinstimmte. Fig. 116 kennzeichnet für diesen Versuch die Veränderung der an der Innenfläche des Cylinders auf- tretenden Wandungstemperaturen im Vergleich zu den aus dem Indikatordiagramm

---

[1]) Inst. Mech. Engin. 1905, Juni, S. 603.

abgeleiteten Dampftemperaturen[1]). Die mittlere Wandungstemperatur liegt etwa 20⁰ über der Höchsttemperatur des Dampfes im Cylinderinnern, so daß ein Wärme-übergang von außen nach innen stattfindet, ähnlich wie bei dem mit Gas geheizten Versuchscylinder Fig. 117, bei dem der Temperaturabfall in der Wandung ebenfalls die Wärmewanderung von außen nach innen erkennen läßt. Die bei nicht geheizten Cylindern auftretende periodische Temperaturschwingung wurde in der geheizten Cylinderwand nicht beobachtet, so daß das Wärmespiel zwischen Dampf und Wan-dung, wenn auch nicht vollkommen beseitigt, so doch derart eingeschränkt erscheint, daß nur dünne Schichten überhitzten Dampfes daran teilnehmen. Die in der Nähe der Cylinderwandung durch thermoelektrische Einzelmessungen beobachteten Dampf-temperaturen, Fig. 116, lassen erkennen, daß die Überhitzung der der Wandung zunächst liegenden Dampfschichten ganz erheblich größer ist wie bei dem früher betrachteten Betrieb ohne Heizung, Fig. 98.

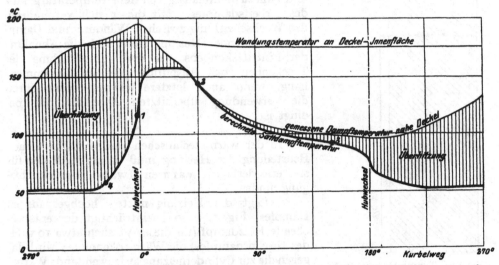

Fig. 116. Veränderung der Dampf- und Wandungstemperaturen bei Heizung mit hoch-gespanntem Dampf.

Fig. 115 und 116. Eincylinder-Kondensationsmaschine $\frac{304}{600}$; $n = 30$.

Versuche von Duchesne.

Die Überhitzung nimmt naturgemäß mit Abnahme der Dampfmenge während der Ausströmung zu, ist aber bereits während der Expansion bemerkbar.

Die Beseitigung des Wärmespiels zwischen Dampf und Wandung durch die bei geheizter Cylinderwand sich bildende Schicht überhitzten Dampfes hat zur Folge, daß die Expansionslinie in ihrem ganzen Verlauf mit der Adiabate zusammen-fällt. Die bei einer derartigen Dampfwirkung im Cylinderinnern auftretenden Wärmeverluste erstrecken sich nur noch auf unvollständige Kompression und Ex-pansion, sowie in geringem Maße auf die Drosselungsverluste der Ein- und Aus-laßsteuerung.

Ein ähnlicher Diagrammverlauf wie Fig. 115 wird bei Lokomobilen mit in die Rauchkammer eingebauten Cylindern erzielt, deren mittlere Wandungstemperatur durch die Rauchgase eine bedeutende Erhöhung erfährt. Das Entropiediagramm, Fig. 118, eines mit überhitztem Dampf betriebenen und in die Rauchkammer ein-gebauten Niederdruckcylinders der Tandemmaschine einer Lokomobile zeigt Expansions- und Kompressionslinien, die nahezu adiabatisch verlaufen.

Heizung durch Rauchgase.

---

[1]) Revue de Mécanique 1906, S. 30, und Proc. Inst. Mech. Eng. 1905, S. 572.

Versuche von Bryan Donkin mit Gasheizung.

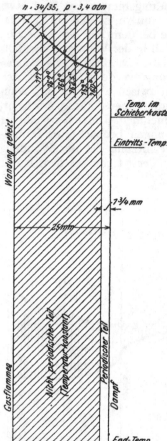

Fig. 117. Temperaturgefälle in der Cylinderwandung bei deren äußererHeizung durch Gas (Bryan Donkin).

Wärmeaufwand der Heizung.

Die ersten eingehenden Versuche über den Einfluß gesteigerter Wandungstemperatur auf Verminderung der Eintrittsverluste wurden von Bryan Donkin an einer kleinen Eincylindermaschine von 125,4 Cylinderdurchm. und 203,2 Kolbenhub ausgeführt, auf die sich bereits die Fig. 94, 95 und 117 beziehen. Die Cylinderwandung wurde dabei mittels Gasheizung auf verschiedene Temperatur gebracht.

Die Versuchsergebnisse Fig. 119 bei verschiedenen Wandungstemperaturen zeigen, daß mit zunehmender Erwärmung der Wand die Eindringungstiefe der Dampfwärme abnimmt und zwar proportional der Zunahme der Wandungstemperatur und nahezu unabhängig von dem Temperaturgefälle des Arbeitsdampfes. Mit dieser sich vermindernden Wechselwirkung zwischen Wandung und Dampf bei zunehmender Heizung steht auch die Abnahme der Eintrittskondensation und die Zunahme der Trockenheit des Auspuffdampfes im Zusammenhang, wenn auch letztere teilweise schon durch die Verwendung überhitzten Arbeitsdampfes bedingt ist.

In der wärmetechnischen und wirtschaftlichen Beurteilung der Heizung muß naturgemäß der für sie erforderliche Wärmeaufwand Berücksichtigung finden.

Erfolgt die Heizung mittels hochgespannten Dampfes, Fig. 115, so beeinträchtigt der entsprechende Heizdampf (für diesen Versuch etwa 10 v. H. des Gesamtdampfes) die Wärmeökonomie; wird dagegen die zur Cylinderheizung aufzuwendende Wärme aus den Abgasen des Kessels bezogen, Fig. 118, so ist eine Beeinflussung der Wärmeökonomie des Dampfes damit nicht verknüpft.

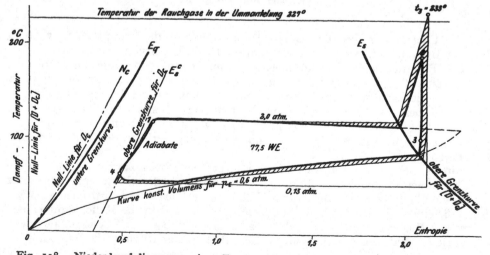

Fig. 118. Niederdruckdiagramm einer Tandemlokomobile mit Lagerung des Cylinders in der Rauchkammer.

Bei normaler Cylinderheizung durch Dampf von der Spannung und Temperatur des Eintrittsdampfes wird während der Füllungsperiode eine Erhöhung der mittleren Wandungstemperatur auf die Dampftemperatur meist nicht erreicht, wie Fig. 120a, den Versuchen von Duchesne entnommen, zeigt, so daß auch die Eintrittskondensation nicht vollständig verschwindet. Im Gegensatz zum Betrieb ohne Heizung aber findet nunmehr die Gesamtkondensation ausschließlich während der Füllungsperiode statt und die Wärmerückströmung setzt bereits zu Beginn der Expansion

ein, um gegen Ende der Expansion die Cylinderwände durch Nachverdampfen vollständig zu trocknen. Diese Beobachtung wird auch bestätigt durch den in Fig. 120b gekennzeichneten Verlauf der mittleren Wandungstemperaturen längs der Cylinderlauffläche, die bereits vor Beendigung der Füllungsperiode die dem Indikatordiagramm entsprechenden Dampftemperaturen überschreiten. Nach Fig. 120a beginnt jedoch eine Überhitzung der in Wandungsnähe befindlichen Dampfschichten nicht schon wie bei Fig. 116 mit der Expansionsperiode, sondern erst nach Überschreiten des Hubwechsels während der Ausströmungs- und Kompressionsperiode. Der Kurvenverlauf liegt zwischen dem Betrieb ohne Heizung und dem bei Heizung durch hochgespannten Dampf.

Einen wertvollen Einblick in die Wirkungsweise der Mantelheizung gewährt noch die den Versuchsergebnissen von Duchesne entsprechende Darstellung Fig. 120c, aus der zu ersehen ist, wie die ohne Heizung wahrnehmbare Anpassung der Wandungstemperaturen an die Dampftemperaturschwingung durch Heizung allmählich verloren geht und bei Heizung mit hochgespanntem Dampf vollständig verschwindet.

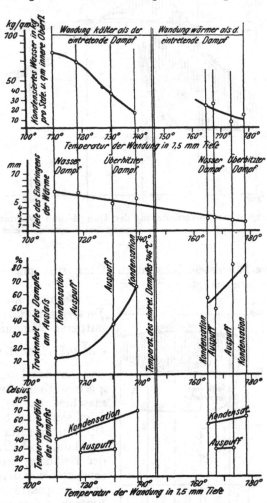

Fig. 119. Einfluß der Wandungstemperaturen auf Eintrittskondensation, Eindringungstiefe der Wärme und Dampffeuchtigkeit bei Auspuff und Kondensation für gesättigten und schwach überhitzten Dampf.

b. Betrieb mit überhitztem Dampf.

Bei Betrieb mit überhitztem Dampf ist wegen dessen schlechter Wärmeleitfähigkeit die Wärmeabgabe an die Cylinderwand (wenn diese trocken) wesentlich geringer als bei gesättigtem Dampf. Der den Eintrittsverlust bedingende Wärmeübergang an die Wandung vollzieht sich zunächst unter Verminderung der Dampftemperatur, bis die Sättigungstemperatur eingetreten ist, worauf bei weiterer Wärmeabgabe der Dampf wieder teilweise kondensiert. Soll Dampfkondensation während der Füllung vermieden werden, so ist ein solcher Grad der Überhitzung anzuwenden, daß die mittlere Wandungstemperatur die Sättigungstemperatur des Frischdampfes überschreitet. Hierzu ist erfahrungsgemäß eine verhältnismäßig hohe Überhitzung notwendig, die von der Größe der Maschine und ihren Betriebs-

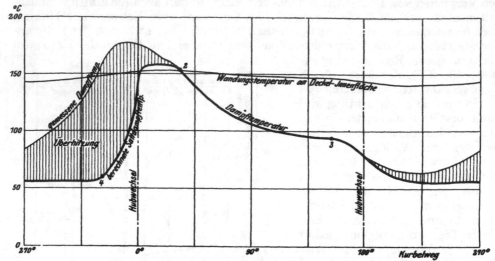

Fig. 120a.   Veränderung der Dampf- und Wandungstemperaturen in Nähe des Cylinderdeckels bei normaler Heizung (Duchesne).

verhältnissen hinsichtlich Dampfspannung, Expansionsgrad und Umdrehungszahl abhängt.

Mittlere Wandungstemperaturen.

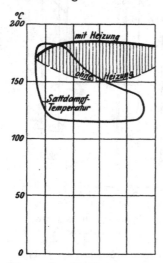

Fig. 120b.   Verlauf der mittleren Wandungstemperatur eines doppeltwirkenden Dampfcylinders bei Heizung durch Arbeitsdampf (Versuch von Mellanby, vgl. Fig. 109).

Beobachtungen über die bei verschieden hoher Temperatur des überhitzten Dampfes auftretenden mittleren Wandungstemperaturen sind in Fig. 121 für eine 45 PS Eincylindermaschine $\frac{250}{400}$, $n = 150$ (Kurve I)[1] und für den Hochdruckcylinder von 272 mm Dm. und 498 mm Kolbenhub einer 150 PS Dreifachexpansionsmaschine bei $n = 135$ (Kurve II)[2] dargestellt. Es zeigt sich, daß bei geringer Überhitzung die mittlere Deckeltemperatur nahezu die gleiche Höhe wie bei Sattdampf behält, um dann plötzlich fast linear mit der Heißdampftemperatur aufzusteigen, wie dies besonders bei Kurve II zutrifft. Sie erreicht die Sättigungstemperatur des Frischdampfes im Cylinder der Einfachexpansionsmaschine bei 310°, im Hochdruckcylinder der Dreifachexpansionsmaschine infolge der wesentlich größeren Cylinderfüllung bei 260°. Künstliche Erhöhung der Wandungstemperatur durch Heizung kann eine wärmetechnische Bedeutung höchstens bis zu diesen Dampftemperaturen besitzen. Ihre wirtschaftliche Grenze wird jedoch wegen der mit ihr verbundenen Verluste bereits früher erreicht.

Eine genaue Verfolgung der Veränderung der Wandungstemperatur an der Cylinderlauf-

---

[1] S. Bd. III, S. 24, Versuche von Prof. Seemann.
[2] Mitt. üb. Forschungsarb. Berlin 1906, Heft 30, S. 60. (Versuche von F. Richter, Charlottenburg.)

fläche gestatten Versuche[1]) an dem für Einfachexpansion betriebenen Hochdruckcylinder einer Tandemlokomobile von 125 mm Durchmesser und 280 mm Kolbenhub, bei 210 minutlichen Umdrehungen. An den aus Fig. 122 ersichtlichen Meßstellen wurden die Wandungstemperaturen thermoelektrisch ermittelt.

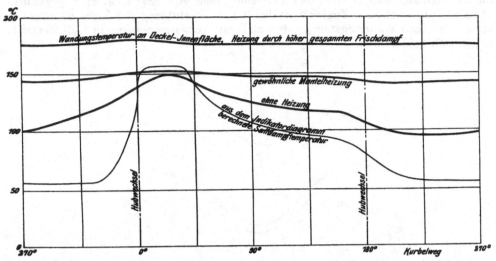

Fig. 120c. Mittlere Wandungstemperaturen bei Betrieb mit und ohne Heizung.

Der beobachtete Temperaturverlauf ist in den Diagrammen Fig. 123b, d und f für Dampfeintrittstemperaturen von 217, 295 und 376⁰ zugleich mit den aus den

Indikatordiagrammen Fig. 123a, c und e berechneten Sättigungstemperaturen des Arbeitsdampfes eingetragen.   Vergleichsweise sind außerdem die theoretischen Expansionslinien(Adiabaten)für den wirklichen Dampfverbrauch eingezeichnet. Bei 376⁰ Dampftemperatur stellten sich über den Sättigungstemperaturen gelegene mittlere Wandungstemperaturen ein, während diese bei 217⁰ und 295⁰ Eintrittstemperatur unter jenen liegen. Die Wandungstemperatur   durchschneidet   die   Sätti

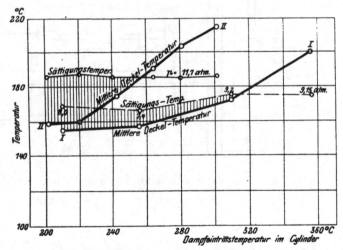

Fig. 121. Mittlere Deckeltemperatur im Vergleich zur Sättigungstemperatur des Frischdampfes bei verschiedener Dampfeintrittstemperatur und verschiedenem Temperaturgefälle im Cylinder.

gungstemperaturen des Arbeitsdampfes beim Betrieb mit Dampf von 330⁰ Eintrittstemperatur. Die Wandungstemperaturen am Cylinderende liegen fast genau auf der Kurve I der Fig. 121.

―――――――――

[1]) Im Laboratorium für Wärmekraftmaschinen der Techn. Hochschule, Trondhjem (Professor Dr. Ing. Watzinger).

Während bei 217⁰ Dampftemperatur die höchste Wandtemperatur von 163⁰
an der Meßstelle 2, Fig. 122, beobachtet wurde und die Meßstellen 1 und 5
zwischen Cylinder und Auslaßkanalgehäuse tiefere Temperaturen (153⁰) aufweisen,
steigt mit zunehmender Überhitzung letztere Wandungstemperatur rascher an wie
die am Cylinder und erreicht bei 376⁰ eine Höhe von 220⁰ bzw. 214⁰ gegenüber
etwa 200⁰ in Punkt 2. Zugleich ist bei hoher Überhitzung der Temperaturunterschied zwischen Wandungstemperatur und Sättigungstemperatur in Cylindermitte
wesentlich größer.

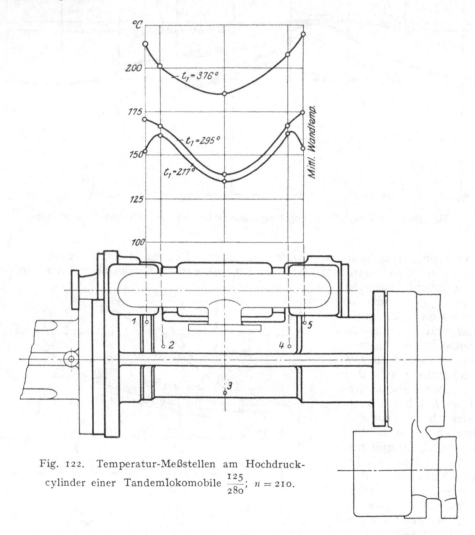

Fig. 122. Temperatur-Meßstellen am Hochdruckcylinder einer Tandemlokomobile $\frac{125}{280}$; $n = 210$.

Die Veränderung der Wandungstemperatur an der Cylinderlauffläche der
Einfachexpansionsmaschine I der Fig. 121 während eines Kolbenhubs veranschaulicht Fig. 124 für verschiedene Temperaturen t_1 des überhitzten Frischdampfes[1]).
Der Temperaturverlauf kommt jedoch bei diesen Feststellungen infolge des Einflusses großer Kolbenreibung nicht so charakteristisch zum Ausdruck, wie bei den
Versuchen am Hochdruckcylinder der Tandemlokomobile. Während die Wandungstemperaturen sowohl in Fig. 122 wie in Fig. 124 eine bedeutende Zunahme

---

[1]) S. Bd. III, S. 24, Versuche von Prof. Seemann.

mit steigender Dampftemperatur zeigen, wurde bei den Versuchen von Prof. Nägel an dem wesentlich größeren Gleichstromcylinder Fig. 100 bei 10 v. H.

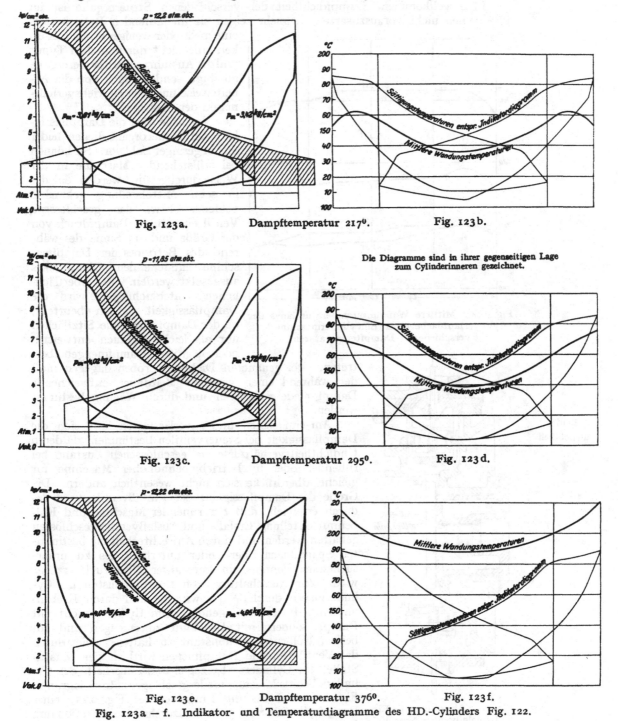

Fig. 123a. Dampftemperatur 217⁰. Fig. 123b.

Die Diagramme sind in ihrer gegenseitigen Lage zum Cylinderinneren gezeichnet.

Fig. 123c. Dampftemperatur 295⁰. Fig. 123d.

Fig. 123e. Dampftemperatur 376⁰. Fig. 123f.

Fig. 123a — f. Indikator- und Temperaturdiagramme des HD.-Cylinders Fig. 122.

Cylinderfüllung für Stelle *b* die höchste Mitteltemperatur der Wandung bei Sattdampfbetrieb beobachtet und bei Überhitzung, selbst bis 350⁰, nicht wieder erreicht.

3. Die Dampflässigkeit der Steuerorgane.

Eine vollkommene Dampfdichtheit der verschiedenen Steuerorgane ist im allgemeinen nicht vorauszusetzen, vielmehr zeigen sie im laufenden Betrieb stets eine mehr oder weniger große Lässigkeit, die nicht nur von dem Typus und der Ausführung der Steuerorgane abhängt, sondern auch von der Arbeitsweise und den Betriebsverhältnissen der Maschine.

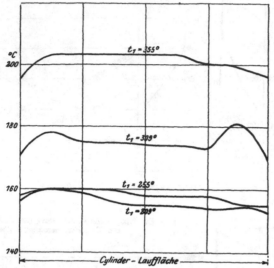

Fig. 124. Mittlere Wandungstemperatur längs der Cylinderlauffläche einer Eincylindermaschine bei verschiedenen Dampftemperaturen.

Versuche über die Dampflässigkeit der Steuerorgane liegen leider nur in geringer Zahl vor. Sie können bei stillstehender Maschine in der Weise durchgeführt werden, daß der in seine Mittelstellung gebrachte Schieber bzw. das geschlossene Ventil einseitigem Dampfdruck von der Größe und im Sinne des während des Betriebes der Dampfmaschine entstehenden Überdruckes ausgesetzt werden. Bei oberflächlichen Untersuchungen wird die Dampflässigkeit danach beurteilt, ob der Dampf durch die Sitzflächen nur als leichter Hauch entweicht, oder ob größere Dampfmengen übertreten. Bei genaueren Dichtheitsproben dagegen muß der während einer gewissen Zeitdauer entweichende Dampf niedergeschlagen und durch Wägung bestimmt werden.

Ventil-undichtheit.

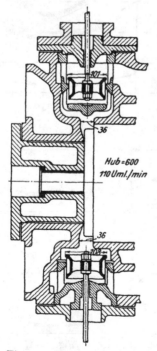

Fig. 125. Anordnung der Ein- und Auslaßventile eines Versuchsdampfcylinders von 300 mm Durchmesser. 600 Hub.

Am einfachsten und zuverlässigsten läßt sich die Dampflässigkeit bei Steuerventilen bestimmen, da deren Undichtheitsverhältnisse im geschlossenen Zustand bei ruhender oder in Betrieb befindlicher Maschine für gleiche Überdrücke sich nicht wesentlich ändern. Die Größe der Dampflässigkeit der Einlaßventile wird dadurch ermittelt, daß bei ruhender Maschine und Kolbenmittelstellung Einlaß- und Auslaßventile geschlossen gehalten werden und durch Aufrechterhaltung bestimmter Spannungen ober- oder unterhalb des zu untersuchenden Ventiles ein konstanter Überdruck erzeugt wird. Zur Ausschaltung von Dampfverlusten im Cylinderinnern durch Wärmewirkung und durch Kolbenundichtheit ist der Gegendruck im Cylinder nicht mit Dampf, sondern mit Druckluft zu erzeugen und auf beiden Kolbenseiten konstant zu halten. Die durch das Ventil tretende Dampfmenge wird an der tiefsten Stelle des Cylinders abgezogen und außerhalb des Cylinders behufs Messung niedergeschlagen. Im Diagramm Fig. 126 sind für die Einlaßventile, Fig. 125, eines Dampfcylinders von 300 mm Durchmesser und 600 mm Kolbenhub die Dampflässigkeitsverluste in Abhängigkeit vom Gegendruck im Cylinderinnern für verschiedene Dampfspannungen über dem Ventil und geheiztem bzw.

nicht geheiztem Cylinder veranschaulicht. Der Dichtheitszustand der Einlaßventile beider Cylinderseiten zeigte sich sehr verschieden, und da das auf der Deckelseite des Cylinders befindliche Ventil die geringeren Lässigkeitsverluste aufwies, so wurde nur dieses eingehend bei 7 und 9 Atm. oberhalb des Ventiles und verschiedenen Unterdrücken untersucht.

Den Versuchsergebnissen zufolge erfährt der Undichtheitsverlust eine mit dem Überdruck stark zunehmende Steigerung, die wahrscheinlich dadurch erzeugt wird, daß die zwischen den Sitzflächen vorhandene Ölschicht bei größeren Überdrücken vom Dampf mit fortgerissen wird und sich dadurch die die Undichtheit verursachenden Zwischenräume vergrößern. Fehlende Heizung der im laufenden Betrieb geheizten Dampfcylinder beeinflußt die Dampfverluste ungünstig. Da das dampfdichte Einschleifen des Ventiles bei vollständig angewärmtem Cylinder stattfindet, so muß angenommen werden, daß bei Ausschaltung der Mantelheizung eine die Dichtheit der Sitzkörper schädigende Formänderung der Sitzkörper und des Ventilgehäuses eintritt. Auch der bei Sattdampf auf den Sitzflächen entstehende Dampfniederschlag kann zur Erhöhung der Undichtheitsverluste merklich beitragen.

Aus den Undichtheitsverlusten des mit konstantem Dampfdruck belasteten ruhenden Einlaßventiles lassen sich die für den Betriebszustand der Maschine zu gewärtigenden Undichtheitsverluste, wie nachfolgend in den Fig. 127 und 128 für kleine und große Leistungen des Versuchscylinders gezeigt, ermitteln.

In beiden Diagrammen sind die durch Indicierung aufgenommenen Druckschwankungen im Ventilkasten und die Diagramme der Dampfverteilung auf die Zeitdauer einer Umdrehung

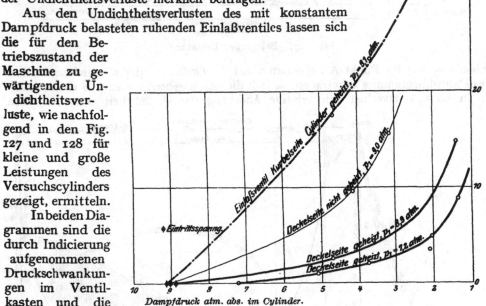

Fig. 126. Dampflässigkeit der Einlaßventile des Hochdruckcylinders Fig. 125, bezogen auf verschiedene Gegendrücke im Cylinder bei gleicher Eintrittsspannung über dem Ventil.

bezogen aufgetragen. Ferner sind an die Ordinatenachse unter Beibehaltung des Maßstabes für die Dampfdrücke die für Eintrittsspannungen von 8 bzw. 8,5 Atm. und verschiedene Gegendrücke gefundenen Lässigkeitsverluste als Abscissen eingetragen. Die jeweiligen Dampfüberdrücke auf das Einlaßventil werden durch den Vertikalabstand zusammengehöriger Punkte der Drucklinie des Ventilkastens und des Dampfdiagrammes gemessen.

Für den beliebigen Punkt A der Dampfverteilung ergibt sich somit in AD der Ventilüberdruck und in der Strecke a der zugehörige stündliche Dampfverlust durch Undichtheit des Einlaßventiles, dem der augenblickliche Lässigkeitsverlust proportional zu setzen ist. Für sämtliche Punkte des Dampfdia-

grammes findet sich somit die Größe des Undichtheitsverlustes in der zugehörigen Abscissenlänge der Lässigkeitskurve. Wird letztere von der Abscissen-

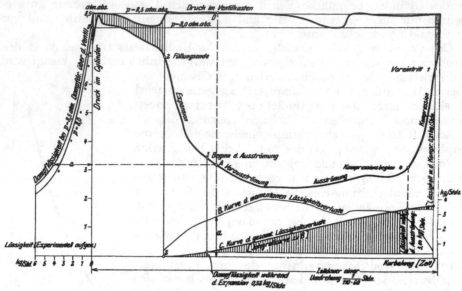

Fig. 127. Bei großer Belastung.

achse aus, wie für Punkt A angedeutet, auf die Ordinaten der sämtlichen Punkte
des Dampfdiagrammes angetragen, so läßt die sich ergebende Kurve *B* der momen-
tanen Lässigkeitsverluste die relative Änderung der Undichtheit erkennen. Die

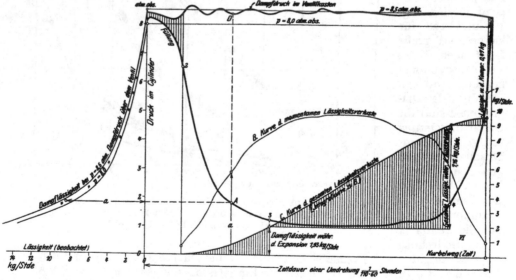

Fig. 128. Bei kleiner Belastung.

Fig. 127 und 128. Dampflässigkeit des Einlaßventils der HD.-Deckelseite der Verbundmaschine $\frac{300 \cdot 450}{600}$; $n = 110$.

Integralkurve zu *B* liefert alsdann in den jeweiligen Ordinaten ein **Maß** für die
Gesamtgröße des Undichtheitsverlustes vom Füllungsende bis zur betrachteten
Kolbenstellung. In der Darstellung sind die stündlichen Gewichtsmengen der Ver-

lustbeträge für die Arbeitsperioden: Expansion, Ausströmung und Kompression durch die Endvertikalen der schraffierten Flächen getrennt angegeben.

Die bei weitem größten Verluste gehören naturgemäß der Ausströmperiode an, auf die Form der Indikatordiagramme sind diese jedoch ohne Einfluß. Die Dampflässigkeit während der Expansion erreicht nur bei kleineren Belastungen eine merkliche Größe und kommt auch im Indikatordiagramm durch Erhöhung der Expansionslinie zum Ausdruck; während der Kompression ist sie stets nur gering.

Der Gesamtbetrag der Undichtheitsverluste der Einlaßventile beider Cylinderseiten berechnet sich unter Berücksichtigung des größeren Verlustwertes der Kurbelseite für den untersuchten Cylinder zu etwa 3 v. H. bei größeren und über 10 v. H. bei kleineren Belastungen bezogen auf den Gesamtdampfverbrauch. Dieser Unterschied macht begreiflch, daß Lässigkeitsverluste auch in den abgenommenen In-

Draufsicht mit Gleitflächen
des Expansionsschiebers.   Grundschieberspiegel.

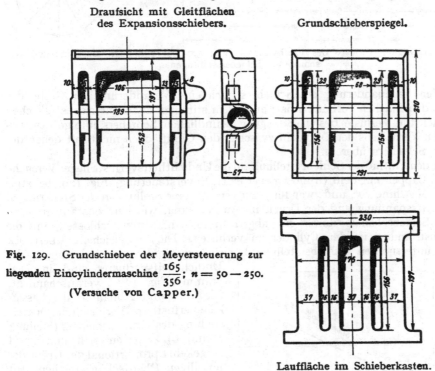

Fig. 129. Grundschieber der Meyersteuerung zur liegenden Eincylindermaschine $\frac{165}{356}$; $n = 50 - 250$. (Versuche von Capper.)

Laufläche im Schieberkasten.

dikatordiagrammen hauptsächlich bei kleineren Belastungen deutlich bemerkbar werden.

Da vorstehende Erhebungen zeigen, daß die Undichtheit der Steuerventile nicht vernachlässigbar erscheint, ihre jeweilige Größe aber durch einfache Mittel und Wege sich bestimmen läßt, so sollten bei genauen wärmetheoretischen Untersuchungen von Dampfmaschinen die Lässigkeitsverluste der Ein- und Auslaßventile stets experimentell festgestellt werden. Nur besonders sorgfältig eingeschliffene Ventile, die unter ganz gleichmäßigen Betriebsbedingungen arbeiten, lassen eine solche Dichtheit erzielen, daß ihr Undichtheitsverlust vernachläsigt werden kann. Starke Schwankungen der Belastung und dadurch hervorgerufene Änderungen der Dampftemperatur bei Betrieb mit überhitztem Dampf verursachen leicht derartige Formänderungen der Ventile und Sitzkörper, daß empfindliche Lässigkeitsverluste entstehen.

Bei Schiebersteuerungen ist die zuverlässige Bestimmung der tatsächlichen Lässigkeitsverluste schwieriger. Die am ruhenden Schieber in seiner Mittellage festgestellte Größe der Undichtheiten für verschiedene Überdrücke lassen sich

Undichtheit von Flachschiebern.

nämlich nicht in gleich einfacher Weise wie beim Ventil zur Ermittlung der Un-
dichtheitsgröße während des Betriebes der Steuerung benützen, weil nach Abschluß
des Steuerkanals nicht nur der Dampfüberdruck sich ändert, sondern mit der noch

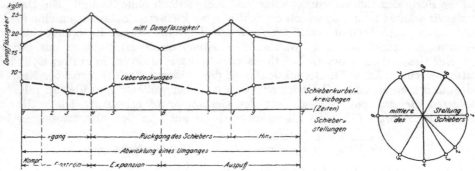

Fig. 130. Lässigkeitsverluste des Flachschiebers Fig. 129 bei ruhender Maschine und verschiedenen Schieberstellungen.

erfolgenden Lagenänderung des Schiebers auch eine Veränderung der Größe der
abdichtenden Flächen verbunden ist; außerdem stimmen auch unter sonst gleichen
Umständen die Verluste des in Bewegung befindlichen Schiebers infolge des verschiedenen Verhaltens der Ölschicht zwischen den Gleitflächen nicht mit denen des
ruhenden Schiebers überein.

Über den Einfluß der Schieberstellung auf die Undichtheitsverluste liegen Versuche
von Prof. Capper mit dem Grundschieber einer Meyersteuerung, Fig. 129, bei stillstehender Maschine vor, und zwar für neun verschiedene Stellungen der Steuerung[1]).
Die Eintrittsspannung und der Druck im Auspuffkanal wurden konstant erhalten
und die Schieberkanäle durch gut abgedichtete Einlagen verschlossen, um die
Dampfeinströmung in den Cylinder zu verhüten. Die bei gleichem Überdruck
für die untersuchten Schieberstellungen sich ergebenden Veränderungen des

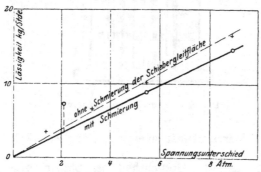

Fig. 131. Einfluß der Schmierung auf die Dampflässigkeit bei ruhender Maschine. Schieber in
Mittelstellung.

Undichtheitsverlustes sind in Diagramm Fig. 130 veranschaulicht.
Die Zu- und Abnahme der Lässigkeitsverluste im Vergleich zur Mittelstellung des Grundschiebers (Stellung
1 und 6) erweisen sich annähernd
umgekehrt proportional der Größe der
jeweiligen Überdeckungsflächen. Mit
zunehmender Überdeckung des Steuerkanals wird die Dampflässigkeit geringer. Die Lässigkeit bei der Mittelstellung des ruhenden Schiebers bezogen auf den Dampfüberdruck zeigt
Fig. 131.

Diese Feststellungen geben noch
keinen zutreffenden Anhalt über die

**Undichtheit
des bewegten
Schiebers.**

wahre Größe der Undichtheitsverluste. Ein solcher ist vielmehr nur durch Messungen
an der bewegten Steuerung zu gewinnen. Um dabei die Undichtheitsverluste
unabhängig vom Dampfverbrauch der Maschine messen zu können, darf keine
zur Arbeitsleistung nötige Dampfzufuhr erfolgen, muß also die Maschine von außen
angetrieben und der Dampfeintritt in den Cylinder verhindert werden. Hierfür
bieten sich zwei Möglichkeiten: Entweder der Einbau eines besonderen Grundschiebers mit so großen äußeren Überdeckungen, daß der Dampfkanal des Schieber-

[1]) Z. d. V. d. Ing. 1906, S. 1186.

spiegels während des ganzen Hubes des Grundschiebers nicht geöffnet wird, oder der Abschluß der Cylinderkanäle durch gut abgedichtete Einlagen[1]). In beiden Fällen wird der Lässigkeitsverlust durch Niederschlag des in den Auspuff ent-

weichenden Dampfes be-
stimmt. Insofern bei diesen
Erhebungen mit dem be-
wegten Schieber die Steuerkanäle geschlossen werden
müssen, wird auch hierbei
eine vollständige Anpassung
der Undichtheitserschei-
nungen an die wirklichen
Verhältnisse offenbar nicht
erzielt.

Die an der gleichen
Eincylindermaschine, mit
dem Grundschieber Fig. 129
ausgeführten Versuche mit
bewegter Steuerung wur-
den unter Absperrung der
Dampfkanäle durchgeführt,
und zwar bei verschiedenen
Eintrittsspannungen mit
und ohne Schmierung der
Schiebergleitflächen und
für Umdrehungen der Ma-
schine von 50 bis 250 in

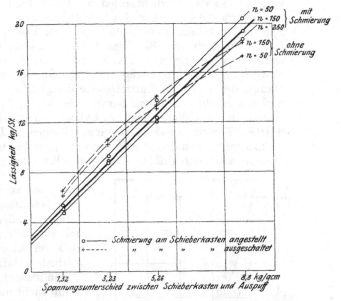

Fig. 132. Dampflässigkeit des Meyerschiebers Fig. 129 bei bewegter Steuerung mit und ohne Schmierung.

der Minute. Cylindermantel und Deckel waren durch Frischdampf geheizt. Die Versuchsergebnisse sind in Fig. 132 wiedergegeben.

Die Dampflässigkeit in der bewegten Schiebersteuerung ist größer als in der ruhenden und nimmt bei zunehmender Umdrehungzahl mit Schmierung in geringem Maße ab.

Die stündliche Lässigkeit nimmt mit dem
Spannungsunterschied stetig zu und erweist
sich für den ruhenden und bewegten Schieber
bei Schmierung der Schiebergleitflächen (ausgezogene Linien) merklich geringer als ohne
Schmierung, infolge des Einflusses der abdichtenden Wirkung der zwischen den Gleitflächen befindlichen Ölschicht.

Einen wesentlichen Einfluß auf die Größe
der Undichtheitsverluste übt auch die Höhe der
Cylinderwandungstemperatur aus, Fig. 133,
übereinstimmend mit den bei Ventilen festgestellten Verhältnissen. Der Vergleich der mit
50 minutlichen Umdrehungen aufgetretenen
Lässigkeit bei Heizung von Cylinderdeckel und
Mantel mit der für Deckelheizung allein sich
ergebenden Undichtheit zeigt, daß die Mantelheizung die Schieberundichtheit vermindert.

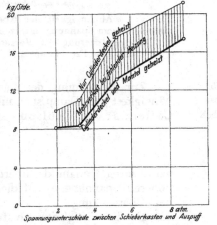

Fig. 133. Einfluß der Mantelheizung auf die Dampflässigkeit; $n = 50$.

Diese Beobachtungen sind wohl geeignet, eine gewisse Aufklärung über die die Schieberundichtheit verursachenden Einflüsse zu gewähren. Solange der Schieber sich in Ruhe befindet, werden Lässigkeitsverluste nur durch ungenügende Berührung

---

[1]) Zur Kritik dieser Methoden vgl Z. d. V. d. Ing. 1906, S. 1109—1113.

7*

der Gleitflächen infolge Unebenheiten und Fehlerstellen entstehen, während bei vollständig aufeinander passenden Flächen die zwischen den Gleitflächen haftende Ölschicht die Adhäsion erhöht und eine vollkommen dichte Flächenberührung herstellt, so daß Undichtheiten nicht auftreten.

Durch die Bewegung des Schiebers kommen einzelne Teile der Schieber- und Spiegelgleitflächen abwechselnd mit dem Ein- und Austrittsdampf in Berührung unter entsprechender Bloßlegung der Ölschichte gegenüber Dampf von hoher oder niederer Spannung und Temperatur. Die hierdurch entstehende abwechselnde Erwärmung und Abkühlung der Schiebergleitflächen ruft zwischen ihnen und dem Dampf der Ein- und Austrittsseite die gleichen Erscheinungen der Kondensation und des Nachverdampfens hervor wie die Wechselwirkung zwischen dem Arbeits- dampf und den Wandungen im Cylinderinnern. Diese Vorgänge bewirken, daß die mittlere Temperatur der Schiebergleitflächen niedriger wie die Temperatur des Ein- trittsdampfes sich ergibt und zwischen Schieber und Schieberspiegel außer Öl auch Dampfwasser sich aufhält, das auf der Eintrittsseite entsteht und auf der Austritts-

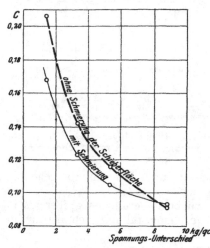

Fig. 134. Abhängigkeit des Koeffi- zienten C vom Spannungsunterschied f. d. Meyersteuerung der Versuchs- maschine Prof. Cappers.

seite wieder verdunstet. Wird nun berücksich- tigt, daß nach Versuchen von Prof. Callendar und Nicolson die Lässigkeit für Wasser er- heblich größer wie für Dampf ist, so findet da- mit vor allem auch die Erfahrung ihre Erklärung, daß bei kleinen Maschinen die Undichtheits- verluste relativ größer werden als bei großen Ausführungen. Die Schieberundichtheit muß somit nicht nur auf Spaltverluste, sondern nicht minder auf Kondensationserscheinungen zurück- geführt werden. Damit wird aber auch verständ- lich, daß mit der Erwärmung des Schieberspiegels durch Mantelheizung des Cylinders oder durch überhitzten Dampf infolge Verminderung der Kondensation auch eine Verkleinerung der Läs- sigkeitsverluste herbeigeführt wird. In diesem Zusammenhang steht auch zum Teil die Ab- nahme der Dampflässigkeit mit Zunahme der Umlaufszahl durch die Verkürzung der Zeit- dauer für das Zustandekommen der Kondensa- tion und Wiederverdampfung auf den bloßge- legten Flächen.

Formel für die Schieber- undichtheit.

Zur Berechnung der Lässigkeitsverluste L von Flachschiebern in ihrer Ab- hängigkeit von Dampfspannung, Überdeckung und Schiebergröße haben die Prof. Callendar und Nicolson aus ihren Versuchsergebnissen folgende Formel abgeleitet

$$L = C \cdot \frac{u}{e} (p_1 - p_2),$$

worin u den Umfang der überdeckten Öffnung bezeichnet, längs der Dampf von der höheren Spannung p_1 auf die niedere Spannung p_2 entweichen kann, e die Breite der Überdeckung.

Da die Lässigkeitsverluste bei Schiebern weder dem Spannungsverlust propor- tional, noch der Breite der Überdeckung umgekehrt proportional sich ergeben, so kann der Koeffizient C in obiger Formel auch nicht konstant werden; er besitzt vielmehr eine mit wachsendem Spannungsunterschied abnehmende Größe, wie Fig. 134 für die Versuche von Prof. Capper an der Meyersteuerung zeigt.

Für die oben bei Behandlung der Eintrittskondensation mehrfach angeführten Versuche Callendars und Nicolsons, deren Versuchsmaschine außergewöhnlich große Lässigkeitsverluste aufwies, bietet sich die Möglichkeit, die experimentell bestimmten Lässigkeitsverluste mit den aus Gesamteintrittsverlust und Eintrittskondensation berechneten zu vergleichen. Der Gesamtverlust wurde dabei als Unterschied der gemessenen und indicierten Dampfmenge bestimmt, die Eintrittskondensation dagegen aus dem Temperaturschwingungsdiagramm des Arbeitsdampfes und der mittleren Wandungstemperatur berechnet. In nachfolgender Zahlentafel der in Frage kommenden Versuchswerte lassen die Zeilen 10 und 11 die gute Übereinstimmung des berechneten mit dem gemessenen Lässigkeitsverlust einer Umdrehung erkennen. Der auf die PS_i und Stunde bezogene Lässigkeitsverlust ergibt im vorliegenden Fall Werte, die im Mittel das $2^1/_2$ fache des Nutzdampfverbrauchs der Maschine betragen, wie aus dem Vergleich der Zeile 5 mit 12 hervorgeht. Diese ungewöhnliche Größe der Lässigkeitsverluste ist in der Kleinheit der Maschinendimensionen und relativ großen Schieberabmessungen, der niederen Umdrehungszahl während der Versuche sowie dem Fehlen der Cylinderheizung begründet.

Tabelle 4. Liegende Eincylindermaschine $\dfrac{165}{356}$; $n_{normal} = 250$
(Versuche von Callendar und Nicolson).

Mittlere Umdrehungszahl	46,7			74		97	
1. Versuchsnummer	19	18	20a	17a	16	20c	17b
2. Mittlere Eintrittsspannung kg/qcm	6,2	6,4	6,6	6,9	6,4	6,6	6,7
3. Mittlere minutliche Umdrehungen	43,8	45,7	47,7	70,4	73,4	81,7	97
4. Indicierte Leistung . PS_i	4,40	4,28	4,71	6,92	6,57	7,60	8,68
5. Dampfverbrauch für die PS_i/Std. . . . . . . kg	42,5	37,0	41,0	30,5	31,5	28,5	26,1
6. Gesamte Dampfmenge für 1 Umdrehung . . . kg	0,0646	0,0652	0,0673	0,0497	0,0470	0,0454	0,0389
7. Indicierte Dampfmenge bei Füllungsende . . . . . kg	0,0136	0,0141	0,0151	0,0145	0,0135	0,0140	0,0130
8. Eintrittsverlust (Unterschied von 6 und 7) . . .	0,0510	0,0511	0,0522	0,0352	0,0335	0,0314	0,0259
9. Aus Schwingungsdiagramm berechnete Kondensation	0,0067	0,0064	0,0062	0,0042	0,0040	0,0036	0,0030
10. Dampflässigkeit als Unterschied von Zeile 8 und 9	0,0443	0,0447	0,0460	0,0310	0,0295	0,0278	0,0229
11. Dampflässigkeit gemessen	0,0456	0,0443	0,0449	0,0316	0,0285	0,0262	0,0224
12. Dampfverbrauch für die PS_i/Std. nach Abzug der Lässigkeitsverluste . . kg	12,4	13,3	13,6	11,0	12,4	12,4	11,0

Einen wertvollen Beleg dafür, daß das Vorhandensein von Wasser im Dampf die Lässigkeitsverluste bedeutend vergrößert, bilden auch Versuche von Captain Sankey[1]) mit dem oberen Kolbenschieber einer Willansmaschine, Fig. 135, die sowohl mit ruhenden als auch bewegten Schiebern, im letzteren Falle bei Umdrehungszahlen von 20 bis 500, durchgeführt wurden. Die auf die Zeiteinheit bezogenen Lässigkeitsverluste erwiesen sich als nahezu unabhängig von der Umdrehungszahl, wie dies auch aus den Ergebnissen der Capperschen Versuche, Fig. 132, hervorgeht.

Ein ohne Dichtungsringe mit einem Spiel von 0,125 mm in seine Büchse eingesetzter Kolbenschieber von 66 mm Durchmesser zeigte bei Verwendung sehr feuchten Dampfes erheblich größere Lässigkeit wie bei Verwendung trockenen Dampfes, Fig. 136. Die bedeutende Vergrößerung der Lässigkeitsverluste wasser-

Undichtheit von Kolbenschiebern.

—————

1) Proc. Inst. Mech. Eng. London 1905, März bis Mai, S. 276.

haltigen Dampfes im Vergleich zu trockenem Dampf bei gleichem Schieberspiel
ist in dem größeren spezifischen Gewicht des entweichenden Wasservolumens gegen-

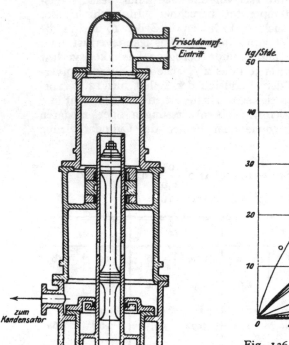

Fig. 135. Kolbensteuerung der Willansmaschine.

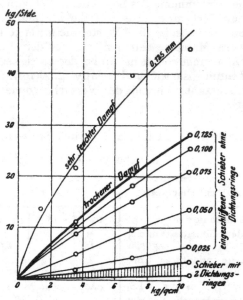

Fig. 136. Lässigkeitsverluste eines Kolbenschiebers mit und ohne Dichtungsringe bei
verschieden großem Schieberspiel. Versuche
von Sankey.

über demjenigen des entweichenden Dampfvolumens begründet. Bei Einpressung
von Wasser allein in den Druckraum des Schieberkastens vergrößerten sich die
Undichtheitsverluste auf das 8 bis 16fache der Verluste bei trockenem Dampf.

Die Veränderung der Lässigkeitsverluste des ohne Dichtungsringe arbeitenden
Kolbenschiebers mit seinem Spielraum in der Büchse zeigt Fig. 137, sie läßt erkennen, daß der Undichtheitsverlust mit
dem Dampfüberdruck zunimmt, wie auch
bei den früher erwähnten Versuchen mit
Flachschiebern schon nachgewiesen wurde.
Die mit zunehmendem Spielraum sich ergebende relative Verkleinerung der Lässigkeit dürfte im Einfluß der Kontraktions-
erscheinungen begründet sein.

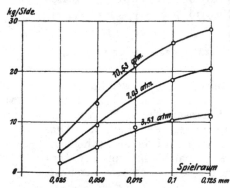

Fig. 137. Einfluß des Schieberspiels auf die
Dampflässigkeit eines Willans-Kolbenschiebers
bei verschiedenen Dampfüberdrücken.

Auch bei diesen Versuchen wurde beobachtet, daß eine ausgiebige Schmierung
die Lässigkeitsverluste wesentlich vermindert, indem mit Schmierung die Verluste
bei 0,1 mm Spielraum nicht größer wurden als die mit 0,05 mm Spiel ohne
Schmierung.

Das dampfdichte Arbeiten eines Kolbenschiebers in seinem Gehäuse setzt ein
sorgfältiges Einschleifen beider unter dem Druck und der Temperatur des Arbeitsdampfes voraus. Die nicht übereinstimmende Ausdehnung des cylindrischen Schie-

bers und des mit dem Dampfcylinder einseitig verbundenen Gehäuses führt dazu, daß bei abweichenden Dampfverhältnissen oder in kaltem Zustand der Maschine Dichtheit des Schiebers nicht besteht. Es zeigt sich daher auch ein für Heißdampfbetrieb dampfdicht eingeschliffener Kolbenschieber für den Betrieb mit gesättigtem Dampf stets mehr oder weniger undicht.

Größere Unabhängigkeit der Schieberdichtheit von den Ausdehnungsverhältnissen läßt sich durch Anwendung besonderer Dichtungsringe erreichen.

Für eine solche Ausführung der Kolbenschieber mit Dichtungsringen wurden bei den Versuchen an der Willansmaschine sehr geringe Lässigkeitsverluste, Fig. 136, festgestellt. Der mit zwei Dichtungsringen ausgeführte Kolbenschieber besaß denselben Durchmesser wie der oben erwähnte einfache Versuchsschieber ohne Ringe. Je nach dem Durchmesser des zwischen den Dichtungsringen befindlichen Paßringes und je nach der gegenseitigen Lage und Größe der Ringfugen schwankten die Lässigkeitsverluste in den durch Schraffur hervorgehobenen Grenzen. Dichtungsringe erweisen sich bei Kolbenschiebern auch deshalb von Vorteil, weil ein größeres Spiel zwischen Kolbenkörper und Gehäusebüchse gegeben werden kann und dennoch die Verluste am kleinsten werden.

Da die Kolbenschieber mit Dichtungsringen den praktischen Anforderungen auf Dichtheit sowohl bei gesättigtem als auch bei überhitztem Dampf vollkommen zu entsprechen vermögen, so fanden sie auch allgemeinere Anwendung beispielsweise bei den Präzisionsdampfmaschinen von van den Kerchove in Gent und der Sächsischen Maschinenfabrik in Chemnitz, sowie bei den Wolfschen Satt- und Heißdampf-Lokomobilmaschinen. Für eine zweckentsprechende Ausführung der Dichtungsringe ist, besonders bei kleinen Schieberabmessungen die Erzielung gleichmäßiger Anpressung am Schieberumfang wichtig. Die günstigsten Dichtheitsverhältnisse stellen sich zwar stets erst nach längerem Einlaufen ein, können aber alsdann bei zuverlässiger Schmierung dauernd aufrecht erhalten werden.

4. Die Dampflässigkeit des Kolbens.

Die Lässigkeit des Dampfkolbens kann sehr empfindliche Größe annehmen, je nach dem Zustand der Dichtungsringe oder der Cylindergleitfläche. Wird ein bestimmter Mittelwert des Kolbenspiels im Cylinder angenommen, so kann mit Hilfe der aus dem Dampfdiagramm sich ableitenden Kolbenüberdrücke die übertretende Dampfmenge für jede Kolbenstellung berechnet und aus deren graphischer Darstellung der Gesamtundichtigkeitsverlust bestimmt werden.

Welche Dampfmengen bei 1 m Umfangslänge und 0,1 mm Spalt zwischen Kolben und Cylinderbohrung bei einer Einfachexpansionsmaschine von 10 Atm. Eintrittspannung und bei den Hoch- und Niederdruckcylindern einer Zweifachexpansionsmaschine bei Auspuff- und Kondensationsbetrieb durch Undichtigkeit verloren gehen, zeigt folgende Tabelle:

Stündlicher Kolben-Undichtigkeitsverlust für Eincylinder- und Verbundmaschine bei 1 m Umfang des großen Kolbens, 0,1 mm Spiel am Umfang und 10 Atm. Eintrittsspannung.

Betriebsweise	Einfach-Expansion	Zweifach-Expansion $\frac{V_z}{V_h} = 2,7$			Expansionsgrad
		HD	ND	Gesamtverlust	
Auspuff . . . kg	308	229	125	177	7 : 1
Kondensation „	272	203	88	145	12 : 1

In der wesentlich größeren Kolbenundichtheit der Einfachexpansionsmaschine im Vergleich mit einer Zweifachexpansionsmaschine unter gleichen Ausführungsverhältnissen hinsichtlich des Dichtheitszustandes der Ko ben besteht ein grundsätzlicher Nachteil der Einfachexpansion gegenüber der Zweifachexpansion, der auch dazu geführt hat, daß Corliß und mit ihm maßgebende englische und französische Dampfmaschinenfirmen, welche lange Zeit die Eincylinder-Großdampfmaschine der Zweifachexpansionsmaschine gegenüber bevorzugten, sich genötigt sahen, erstere aufzugeben. Wenn auch der Dampfverbrauch von Eincylindermaschinen mit

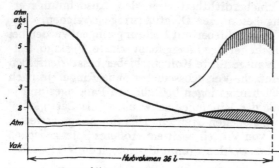

denen gleichleistungsfähiger Zweifachexpansions-Dampfmaschinen übereinstimmend sich erreichen ließ, so wurde doch nach kurzer Betriebszeit durch die auftretende Kolbenundichtheit die Dampfökonomie in den meisten Fällen in empfindlichster Weise verschlechtert. Die heutige Gleichstromdampfmaschine ist dem gleichen Nachteil unterworfen; bei ihrer Ausbildung mit langem Kolben erhöht besonders die mit der Zeit eintretende Formänderung des langen Cylinders die Undichtheit.

Fig. 138. Dampfdiagramm einer Eincylindermaschine $\frac{275}{450}$; n = 72 bei undichtem Kolben.

Den Einfluß bedeutender Kolbenundichtheit auf den Verlauf des Dampfdiagramms zeigt in sehr augenfälliger Weise das Indikatordiagramm Fig. 138 einer liegenden Eincylinder-Dampfmaschine, bei der bei Beginn der Austrittsperiode eine so bedeutende Erhöhung des Gegendruckes im Cylinder durch die von der Einströmseite des Kolbens überströmende Dampfmenge höherer Spannung erfolgte, daß die Austrittsspannung wesentlich über den Endexpansionsdruck sich erhob.

D. Die Einfachexpansion.

Nachfolgend sollen an ausgeführten Einfachexpansionsmaschinen die Veränderungen der Dampfwirkung und -ausnützung untersucht werden in ihrer Abhängigkeit von den durch Spannung und Temperaturgefälle, Füllungsgrad, Cylinderheizung und Umdrehungszahl der Maschinen gegebenen Betriebsbedingungen. Zu diesen Erhebungen würden vornehmlich Versuche an einzelnen Dampfmaschinen unter entsprechend veränderten Betriebsbedingungen nötig sein. Die Fachliteratur hat jedoch nur wenige derartige Untersuchungen aufzuweisen. Dagegen stehen Versuche unter den verschiedenen in Betracht kommenden Betriebsverhältnissen an ausgeführten Maschinen abweichender Konstruktion und Größe zahlreich zur Verfügung.

Vergleichs-prozeß.

Zur wissenschaftlichen Beurteilung und Verwertung solcher unter abweichenden Versuchsbedingungen gewonnenen Ergebnisse ist alsdann eine einheitliche Vergleichsgrundlage erforderlich. In wärmetechnischer Beziehung eignet sich als solche die Dampfwirkung der theoretisch vollkommenen Maschine, indem deren Diagrammverlauf, verglichen mit dem wirklichen Dampfdiagramm, Anhaltspunkte für den wärmetechnischen Wert gewisser Einzeleinflüsse bietet, und deren Wärmeausnützung, verglichen mit der tatsächlichen, als Gütegrad, den zuverlässigsten ziffernmäßigen Ausdruck für den Grad wärmetechnischer Vollkommenheit einer Maschine gewinnen läßt.

1. Betrieb mit gesättigtem Dampf ohne Heizung.
a. Einfluß von Füllung, Spannung und Temperaturgefälle.

Einfluß der Füllung.

Bei den vorausgehend angeführten Versuchen von Callendar und Nicolson wurde auch der günstige Einfluß zunehmender Füllung auf die Wechselwirkung zwischen Dampf und Wandung festgestellt, indem eine Vergrößerung der Füllung von 20 auf 50 v. H. eine Steigerung der mittleren Wandungstemperatur um etwa 11^0 und damit eine Verminderung der Wärmeabgabe des Dampfes an die Wandung zur Folge hatte. Während nun mit Vergrößerung der Füllung der Eintrittsverlust sich vermindert und der Dampfverbrauch günstig beeinflußt wird, wächst mit ihr der Verlust durch unvollständige Expansion, wodurch sich die Dampfausnützung wieder verschlechtert.

Tabelle 5.

Versuche von Isherwood an der Maschine des U. S. S. Michigan über den Einfluß der Füllung auf den Dampfverbrauch nicht geheizter Maschinen.

Versuchsnummer	1	2	3	4	5	6	7
Füllung in v. H. des Hubs .	9	17	25	20	44	70	92
Dampfspannung . Atm. abs.	2,55	2,48	2,48	2,48	2,21	2,10	2,45
Kondensatorspg. . „ ,,	0,19	0,14	0,14	0,14	0,115	0,12	0,12
Minutl. Umdrehungen . . .	14,1	11,2	13,9	13,7	17,3	15,6	20,6
Dampfverbrauch für die PS$_i$/Std. . . . . . . kg	18,5	16,4	15,4	15,5	14,6	15,1	17,0
Gütegrad . . . . . . v. H.	35,6	37,1	39,4	39,3	40,9	40,8	34,4

Als interessantes Beispiel für die Gesamtwirkung dieser beiden wichtigsten Faktoren der Dampfökonomie müssen die klassischen, an einer langsam laufenden

Versuche von Isherwood.

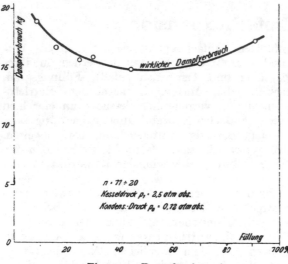

Fig. 139. Dampfverbrauch.

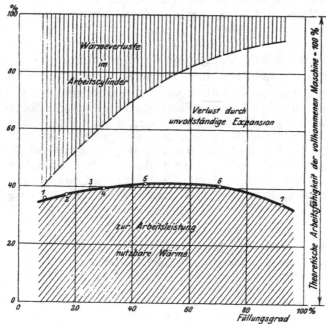

Fig. 140. Prozentuale Wärmeverteilung.

Fig. 139 und 140. Versuche von Isherwood. Niederdruckdampfmaschine $\dfrac{915}{2400}$; $n = 11$ bis 20.

Versuche von Isherwood. Niederdruckmaschine im großen Stile durchgeführten Versuche von Isherwood[1]) bezeichnet werden, die wegen der langen Versuchsdauer von je 73 Stunden und der Sorgfalt ihrer Beobachtungen auch große Zuverlässigkeit besitzen. Die Versuche wurden mit Füllungsgraden von 9 bis 92 v.H. unter möglichst unveränderter Ein- und Austrittsspannung und mit 11 bis 20 Umdrehungen in der Minute durchgeführt (s. Tabelle 5).

Obwohl die niedrige Betriebsdampfspannung dieser Versuche von 2,5 Atm. abs. im heutigen Dampfmaschinenbetrieb nur für die Niederdruckcylinder von Mehrfachexpansionsmaschinen in Frage kommt, so zeigt doch die mit dem Füllungsgrad sich ergebende Veränderung des Dampfverbrauches in Fig. 139 den auch für Hochdruckdampfmaschinen sich einstellenden typischen Verlauf, wonach der geringste Dampfverbrauch nicht bei der kleinsten, sondern bei jenen Füllungen auftritt, für die die Summe der Verluste durch Eintrittskondensation und unvollständige Expansion am kleinsten wird. Dieser Zusammenhang läßt sich für die einzelnen Versuche sehr deutlich in Fig. 140 erkennen, in der die in Arbeit umgesetzten, sowie die beim Eintritt in den Cylinder und durch unvollständige Expansion verlorenen Wärmemengen auf die theoretisch ausnützbare Wärme des Arbeitsdampfes bezogen sind. Die Kurve der nutzbaren Wärme stellt gleichzeitig die Veränderung des Gütegrades dar, der im vorliegenden Falle nur gering (im Mittel 40 v. H.) und wenig verschieden trotz großer Füllungsänderungen sich ergibt. Die geringe Höhe des Gütegrades ist teils in mangelnder Heizung, teils in unvollständiger Expansion begründet.

Versuche von Delafond. Der Einfluß der Ein- und Austrittsspannung auf die Größe der wirtschaftlich günstigsten Füllung und auf die Wärmeausnützung wurde eingehend zuerst durch

[1]) Isherwood, Researches in Experimental Steam Engine 1861.

die im Jahre 1884 von Delafond[1]) für Schneider in Creuzot ausgeführten um-
fassenden Versuche an einer liegenden Corlißmaschine, deren Cylinder mit Heizmantel versehen war, aufgeklärt; das betreffende Beobachtungsmaterial ist in III,
S. 11, Tab. A und S. 32 und 33, Tab. C ausführlich wiedergegeben.

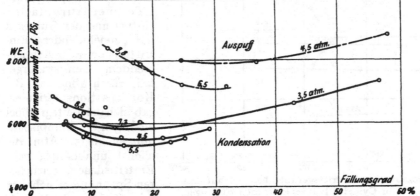

Fig. 141. Wärmeverbrauch in Abhängigkeit von Füllung und Eintrittsspannung.

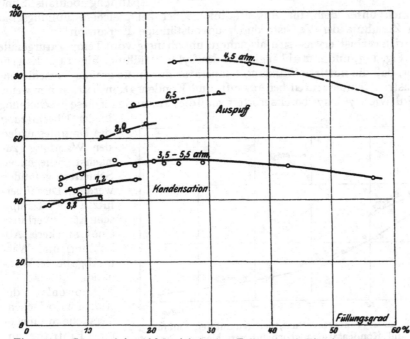

Fig. 142. Gütegrad in Abhängigkeit von Füllung und Eintrittsspannung.

Fig. 141 und 142. Versuche von Delafond. Eincylinder-Corlißmaschine $\frac{550}{1100}$; $n = 60$.
Betrieb ohne Heizung.

Die Versuche erstreckten sich auf den Betrieb mit Auspuff und Kondensation
bei Dampfeintrittsspannungen von 3,5 bis 8,8 Atm. In Fig. 141 ist der Wärmeverbrauch, in Fig. 142 der auf die theoretisch vollkommene Maschine bezogene Gütegrad,
beide in Abhängigkeit von der Füllung dargestellt und zwar für verschiedene Eintrittsspannungen und Belastungen der Maschine bei ausgeschaltetem Heizmantel.

Der charakteristische Verlauf der Kurven beider Diagramme entspricht den Ergebnissen der Isherwoodschen Versuche, nur sind infolge der höheren Eintritts-

---

[1]) Annales des Mines, Paris 1884, tome IV, S. 197 bis 258.

spannungen die günstigsten Füllungen besonders bei Kondensationsbetrieb kleiner. Bemerkenswert ist, daß die günstigste prozentuale Wärmeausnützung bei Auspuffbetrieb und niedrigster Eintrittsspannung, also bei geringstem Temperaturgefälle eintrat und der Gütegrad mit zunehmender Eintrittsspannung und zunehmendem Temperaturgefälle rasch abnahm. Bei Kondensationsbetrieb ergab sich der Gütegrad bei niedrigen Dampfspannungen bis 5,5 Atm. zunächst unabhängig vom Eintrittsdruck, bei höheren Spannungen nahm er mit zunehmender Dampfspannung ebenfalls ab und

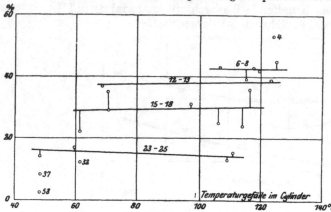

Fig. 143. Prozentualer Eintrittsverlust, bezogen auf das Temperaturgefälle im Cylinder bei verschiedenen Füllungen. (Die den Kurven beigeschriebenen Ziffern bezeichnen die Füllungsgröße.)

blieb wesentlich unter dem für Auspuff, infolge der bei gleichem Füllungsgrad bedeutenden Zunahme der Verluste durch unvollständige Expansion.

Der Eintrittsverlust erwies sich als nahezu unabhängig vom Temperaturgefälle im Cylinder, Fig. 143, und nur abhängig von der Cylinderfüllung, Fig. 144. Es geht daraus hervor, daß die mittlere Wandungstemperatur durch die großen Verschiedenheiten der Austrittstemperaturen bei Auspuff- und Kondensationsbetrieb nur wenig beeinflußt wird. Wie S. 74 bis 79 bereits erörtert, muß die Erklärung für diese Erscheinung in der Überhitzung des Dampfes in den der Wandung zunächst liegenden Schichten gefunden werden. Diese überhitzte Dampfschicht verhütet eine stärkere Abkühlung und Wärmeabgabe der Wandung.

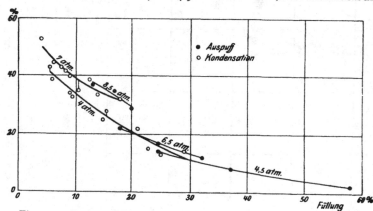

Fig. 144. Prozentualer Eintrittsverlust, bezogen auf den Füllungsgrad bei Auspuff- und Kondensationsbetrieb für verschiedene Eintrittsspannungen.

Sowohl die Isherwoodschen Versuche mit niederer Eintrittsspannung als diejenigen Delafonds mit hoher Eintrittsspannung zeigen für den Betrieb mit nicht geheizten Cylindern einen übereinstimmend ungünstigen Verlauf des Gütegrades, der bei kleinen Füllungen auf den nachteiligen Einfluß der Eintrittskondensation, bei den großen Füllungen auf den Verlust durch unvollständige Expansion zurückzuführen ist.

Die Verminderung dieser beiden Verluste bildet die Hauptaufgabe bei der Verbesserung der Wärmeausnützung des Dampfes in der Dampfmaschine. Da der Verlust durch unvollständige Expansion durch Wahl kleiner Füllung und entsprechend großer Cylinder ohne weiteres zu beseitigen ist, so bleibt noch die Vermeidung der Eintrittskondensation als wichtigste wärmetechnische Verbesserung der Dampfwirkung bestehen.

b. Einfluß der Umdrehungszahl.

Die geschichtliche Entwicklung der Dampfmaschine zeigt eine allmähliche Steigerung der Umdrehungszahl von 10- bis 30 minutlichen Umdrehungen der Wattschen Maschinen auf 120 bis 150 der heutigen normalen Dampfmaschinentypen, neben denen auch sogenannte Schnelläufer mit wesentlich höheren Umdrehungszahlen gebaut werden, deren konstruktive Entwicklung und ausgedehnte Anwendung namentlich in Amerika und England einen günstigen Boden gefunden hat.

Die Wahl der Umdrehungszahl wird nicht durch wärmetechnische Gesichtspunkte sondern durch konstruktive und betriebstechnische Rücksichten bestimmt. Insbesondere sind eigentliche Schnelläufer hauptsächlich aus der Forderung der direkten Kupplung von Dampfmaschinen mit elektrischen Maschinen oder raschlaufenden Pumpen entstanden, bisweilen auch unter dem Gesichtspunkte weitgehender Raum- und Gewichtsverminderung, wie bei Hilfsmaschinen für Schiffe, bei denen 500 bis 800 minutliche Umdrehungen zur Verwendung kommen.

Die Erhöhung der Umdrehungszahl begünstigt, wie früher erörtert, in gewissen Grenzen die Wirtschaftlichkeit des Maschinenbetriebs durch Verminderung des Wärmespiels zwischen Dampf und Wandung, andererseits wirkt sie aber wärmetheoretisch dadurch nachteilig, daß die Widerstände in den Steuerungskanälen zunehmen und die Drosselungsverluste während der Ein- und Auslaßperiode wachsen. Werden jedoch die Steuerungsabmessungen der hohen Umdrehungszahl entsprechend groß gewählt, so ergeben sich meist auch größere schädliche Räume und dementsprechend wieder größere Eintrittsverluste unter sonst gleichen Verhältnissen. Vergleichsversuche mit verschiedener Umdrehungszahl an ein und derselben Maschine zeigen daher wärmetechnische Veränderungen, die unter Berücksichtigung vorbezeichneter Zusammenhänge beurteilt werden müssen.

Sehr lehrreich für die Verfolgung der Dampfwirkung bei großen Geschwindigkeitsunterschieden der Versuchsmaschine sind die Beobachtungen Prof. Nicolsons an einem liegenden Schnelläufer mit einfacher Schiebersteuerung [1].

Tabelle 6.

Versuch	Minutl. Umdr.	Indic. Leistung	Stdl. Dampf-Verbr. für die PSᵢ	Nutzbare Wärme		Verlust durch unvoll. Exp.		Sonstige Wärmeverl.		Bemerkungen
				WE	v. H.	WE	v. H.	WE	v. H.	
1	60	20,4	24,6	25,7	= 30,6	21,2	= 25,2	37,1	= 44,2	Eintr.-Sp. = 8,0 Atm.
2	200	67,6	15,5	40,7	= 48,5	16,0	= 19,0	27,3	= 32,5	Theor. Arb.-Fähigk.
										d. Dampfes = 84 WE
3	300	86,2	14,9	42,4	= 50,5	15,5	= 18,5	26,1	= 31,1	

Die Indikatordiagramme dieser Versuche, bei denen die Steuerung auf ein und denselben Füllungsgrad eingestellt blieb, sind mit den adiabatischen Vergleichskurven der während eines Kolbenhubes zugeführten Dampfmengen in den Fig. 145 bis 147 wiedergegeben. Sie zeigen mit Erhöhung der minutlichen Umdrehungszahl von 60 auf 300 eine Erhöhung des Gütegrades von 30,6 auf 50,5 v. H. und damit eine Verminderung des stündlichen Dampfverbrauches von 24,6 auf 14,9 kg/PSᵢ.

Trotz Einstellung der Steuerung auf gleich große Füllung ergaben die drei Versuche in der Form und Größe der Indikatordiagramme merkliche Abweichungen mit Steigerung der Umdrehungszahl. Die Drosselungsverluste beim Eintritt und der Gegendruck beim Austritt des Dampfes nahmen zu, die Füllungsdampfmenge und die Hubarbeit daher ab, so daß die mittleren Dampfdrücke von 4,64 auf 4,28 bzw. 3,72 kg/qcm sich verminderten und die Gesamtleistung nicht proportional mit der Umdrehungszahl sich erhöhte. Die Verkleinerung der arbeitenden Dampfmenge hatte auch eine Verminderung der Endexpansionsspannung und des Verlustes durch unvollständige Expansion zur Folge. Mit Zunahme der Umdrehungszahl

---

[1] Power, European Edition 1904 E, S. 34.

von 60 auf 200 verminderten sich die übrigen Wärmeverluste der Arbeitsdampfmenge von 44,2 auf 32,5 v. H., die weitere Steigerung auf 300 minutliche Umdrehungen bewirkte nur noch eine kleine Verminderung des Wärmeverlustes um
1,4 v. H.

Es folgt hieraus, daß die Steigerung der Umdrehungszahl über eine gewisse
Grenze hinaus eine nennenswerte Verbesserung der Dampfökonomie nicht mehr
im Gefolge hat.

Da der ungewöhnlich große Dampfverbrauch dieser Versuchsmaschine durch
große Eintrittsverluste hervorgerufen ist, erscheint es wichtig, zu untersuchen,

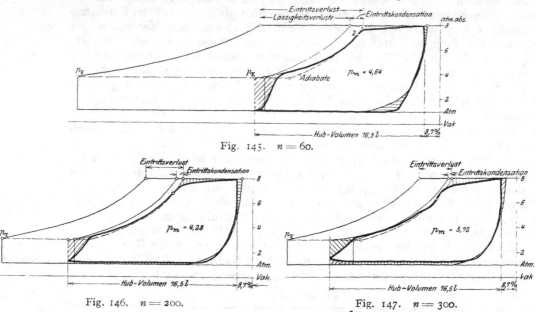

Fig. 145. $n = 60$.

Fig. 146. $n = 200$. Fig. 147. $n = 300$.

Fig. 145 bis 147. Indikatordiagramme der Schiebermaschine $\dfrac{267}{305}$; $n = 250$ normal, bei verschiedenen Umdrehungszahlen (Nicolson).

welchen Anteil an diesen Verlusten die Eintrittskondensation und die Undichtheit
der Steuerorgane und des Kolbens haben. Zur Bestimmung der Eintrittskondensation wurden bei den drei Versuchen die mittleren Cylinderwandungstemperaturen
beobachtet und an den Hubenden übereinstimmend zu 161^0 auf der Deckelseite
und zu 154^0 auf der Kurbelseite gefunden. Die niedrigere Höhe des letzteren Wertes
erklärt sich aus der Wärmeleitung nach dem Maschinenrahmen.

Die nach früheren Darlegungen S. 80 erfolgte rechnerische Ermittlung der
Größe der Eintrittskondensation führt auf die in folgender Tabelle zusammengestellten Eintrittsverluste.

Tabelle 7.

Umdrehungszahl	Gesamt-Dampfverbrauch kg/Std.	Eintrittsverlust im Diagramm kg/Std.	Eintrittskonden-sation (berechn.) kg/Std.	Lässigkeitsverluste Unterschied von Spalte 3 und 4 kg/Std.
60	503	317	47	270
200	1044	376	37	339
300	1251	454	28	426

Aus dieser Zusammenstellung geht hervor, daß der relativ ungewöhnlich hohe
Eintrittsverlust nur zum geringen Teil auf die Eintrittskondensation, hauptsächlich
auf Lässigkeit zurückzuführen ist.

Tabelle 8.

Liegende Eincylindermaschine $\frac{165}{356}$; $n = 50$ bis 250. Betrieb ohne Mantelheizung.

Versuche von David S. Capper, London.

Mittlere minutl. Umdrehungszahl		50				100		
Versuchsnummer	AA_1	BB_1	CC_1	DD_1	AA_2	BB_2	CC_2	DD_2
Minutl. Umdrehungen	51,4	53,0	51,2	54,5	105,5	101,3	98,3	105,3
Dampfdruck im Schieberkasten . kg/qcm	2,64	3,94	6,99	10,09	2,51	3,92	6,35	9,80
Expansions-Enddruck . "	1,34	2,25	3,52	4,64	1,27	2,04	3,16	4,36
Indicierte Leistung . PS_i	1,55	3,59	7,34	11,67	3,04	6,59	12,52	21,79
Dampfverbrauch für die PS_i/Std. . kg	36,90	25,29	16,66	15,25	30,79	20,83	16,39	13,33
Wärmeverbrauch für die PS_i/Std. WE	20160	13890	10350	8550	16820	11430	8990	7440
Theoretisch verfügbare Wärme . WE	39,5	55,1	81,7	93,7	37,0	54,9	74,6	93,0
Wärmeverteilung in v. H. der theoretisch verfügbaren Wärme der vollkommenen Maschine.								
Theoretisch verfügbare Wärme . v.H.	100	100	100	100	100	100	100	100
Nutzbare Wärme . "	43,4	45,4	46,5	44,3	55,5	55,3	51,7	51,0
Verlust durch unvollständige Expansion "	3,5	15,1	23,0	27,5	3,0	17,5	20,9	25,7
" Lässigkeit "	9,6	9,0	9,9	11,0	6,0	6,2	6,3	6,4
" Wärmeverlust im Cylinder "	43,5	30,5	20,6	17,2	35,5	21,0	21,1	16,9

Mittlere minutl. Umdrehungszahl		150				200			250	
Versuchsnummer	AA_3	BB_3	CC_3	DD_3	BB_4	CC_4	DD_4	AA_5	BB_5	CC_5
Minutl. Umdrehungen	152,0	155,6	151,0	143,4	197,8	186,7	185,5	245,7	262,3	249,9
Dampfdruck im Schieberkasten . kg/qcm	2,58	3,87	6,90	9,70	3,87	6,23	8,84	2,60	3,81	6,15
Expansions-Enddruck . "	1,27	1,83	3,02	4,22	1,76	2,81	3,73	1,20	1,69	2,53
Indicierte Leistung . PS_i	4,16	9,25	20,07	29,48	11,55	22,51	29,48	7,06	15,22	27,62
Dampfverbrauch für die PS_i/Std. . kg	27,93	19,61	14,06	12,52	17,91	13,97	12,34	22,56	16,82	13,65
Wärmeverbrauch für die PS_i/Std. WE	15300	10790	7800	7000	9860	7740	6880	12330	9280	7500
Theoretisch verfügbare Wärme . . WE	38,2	54,2	78,2	92,8	54,2	74,4	88,9	38,6	53,6	73,4
Wärmeverteilung in v. H. der theoretisch verfügbaren Wärme der vollkommenen Maschine.										
Theoretisch verfügbare Wärme . . v.H.	100	100	100	100	100	100	100	100	100	100
Nutzbare Wärme . . . v. H.	59,3	59,5	57,5	54,4	65,1	60,9	57,6	72,8	70,1	63,2
Verlust durch unvollständige Expansion "	2,9	9,0	18,9	24,9	8,1	18,4	23,0	2,1	7,7	15,3
" Lässigkeit "	4,7	4,5	4,9	5,0	4,0	4,1	5,0	3,5	3,2	3,2
" Wärmeverlust im Cylinder "	33,1	27,0	18,7	15,7	22,8	16,6	14,4	21,6	19,0	18,3

Bei stillstehender Maschine wurde ein Lässigkeitsverlust von 136 kg/Std. nachgewiesen. Es ergab sich also auch hier, wie bei den oben mitgeteilten Versuchen Fig. 131 und 132 ein geringerer Verlust bei ruhender Steuerung.

Ähnliche Ergebnisse wie diese Versuche lieferten die im Londoner Ingenieurlaboratorium ausgeführten Versuche von Professor Capper[1]) an einer mit Meyersteuerung arbeitenden kleinen Eincylinder-Auspuffmaschine von 165 mm Cylinderdurchmesser und 356 mm Kolbenhub. Die Versuche wurden bei 50 bis 250 minutlichen Umdrehungen und Dampfeintrittsspannungen von 2 bis 10 Atm. abs. bei unveränderter Füllung ausgeführt. Die

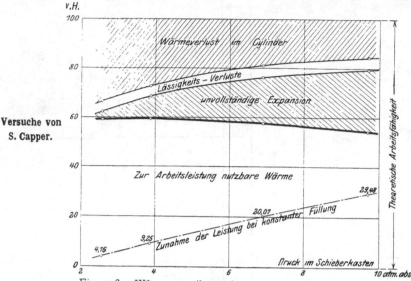

Versuche von S. Capper.

Fig. 148. Wärmeverteilung, bezogen auf die Eintrittsspannung bei konstanter Füllung. $n = 150$.

Beobachtungen über Lässigkeit der Steuerung dieser Maschine wurden bereits oben eingehend erörtert (S. 98). Die wichtigsten Versuchsergebnisse und Rechnungswerte

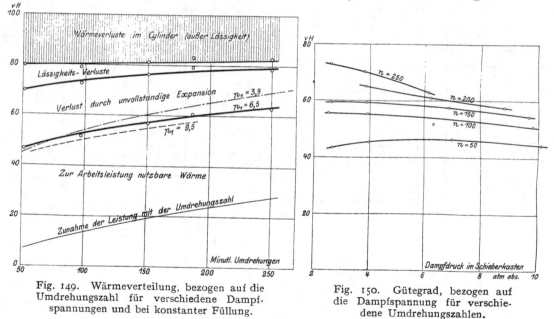

Fig. 149. Wärmeverteilung, bezogen auf die Umdrehungszahl für verschiedene Dampfspannungen und bei konstanter Füllung.

Fig. 150. Gütegrad, bezogen auf die Dampfspannung für verschiedene Umdrehungszahlen.

Fig. 149—154. Versuche von Capper an einer Eincylinder-Auspuffmaschine $\frac{165}{356}$; $n = 50 — 250$.

sind in Tab. 8 enthalten und zur besseren Übersicht in den Diagrammen Fig. 148 bis 154 nach verschiedenen Gesichtspunkten graphisch veranschaulicht. Die auf die

[1]) Proc. Inst. Mech. Eng. London 1905, März, Mai, S. 171 bis 337 und Z. d. V. d. Ing. 1906, S. 1066.

theoretisch vollkommene Maschine bezogene Wärmeausnützung nimmt mit wachsender Eintrittsspannung ab, Fig. 148, und mit wachsender Umdrehungszahl ziemlich rasch zu, Fig. 149. Die Trennung der Lässigkeitsverluste von den übrigen Verlusten wurde hier nicht durch Berechnung der Eintrittskondensation, sondern durch die oben erörterte Messung der Dampflässigkeit festgestellt. Die experimentell bei verschie-

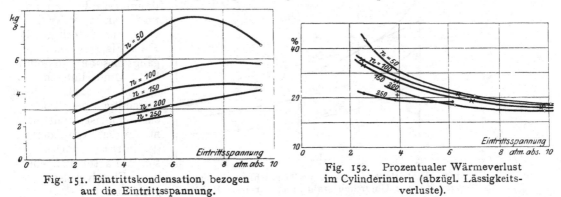

Fig. 151. Eintrittskondensation, bezogen auf die Eintrittsspannung.

Fig. 152. Prozentualer Wärmeverlust im Cylinderinnern (abzügl. Lässigkeitsverluste).

denen minutlichen Umdrehungen ermittelten Lässigkeitsverluste[1]) erwiesen sich relativ geringer als bei der Versuchsmaschine von Prof. Nicolson, trotz kleinerer Maschinenabmessungen. Die Eintrittskondensation nimmt mit Erhöhung der Umdrehungszahl ab, Fig. 154, und mit der Dampfspannung bei den untersuchten Umdrehungszahlen von 100—250 zu, Fig. 151; nur bei 50 minutlichen Umdrehungen nimmt oberhalb 7 Atm. die Eintrittskondensation wieder ab. Die im Cylinderinnern auftretenden Wärmeverluste vermindern sich sowohl mit zunehmender Eintrittsspannung als auch mit zunehmender Umdrehungszahl, wie aus den Darstellungen Fig. 152 bzw. 154 erhellt, während die Verluste durch unvollständige Expansion mit wachsender Dampfspannung sich vergrößern Fig. 148. Die Indikatordiagramme, Fig. 153, lassen sehr deutlich die mit der Erhöhung der Eintrittsspannung sich

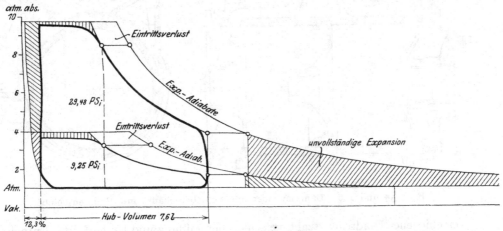

Fig. 153. Indikatordiagramme bei konstanter Füllung und verschiedener Eintrittsspannung; $n = 150$ minutl. Umdrehungen.

ergebende Vergrößerung des Verlustes durch unvollständige Expansion erkennen, die auch vornehmlich die Abnahme des Gütegrades zur Folge hat, Fig. 150.

Werden sämtliche Verluste hinsichtlich ihrer Veränderlichkeit mit zunehmender Umdrehungszahl bei gleichem Füllungsgrad untersucht, so ergibt sich, daß bei

---

[1]) Z. d. V. d. Ing. 1906, S. 1109, 1184, 1227.

gleichbleibender Eintrittsspannung nicht nur die Verluste durch Undichtheit und Eintrittskondensation, Fig. 154, sondern auch die Wärmeverluste im Cylinderinnern, Fig. 152, sowie die Verluste durch unvollständige Expansion abnehmen, Fig. 149, so

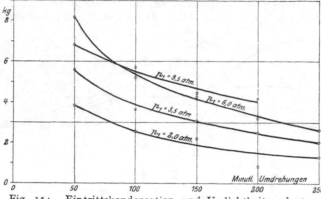

daß die Wärmeausnützung mit steigender Umdrehungszahl zunimmt, und zwar steigt der Gütegrad im vorliegenden Falle, Fig. 150, beim Übergang von 50 auf 250 minutliche Umdrehungen von 47 auf 63 v. H. Diese Steigerung der Wärmeökonomie ist somit nicht nur in der Verminderung der Eintrittskondensation, sondern aller maßgebenden Einzelverluste begründet.

Fig. 154. Eintrittskondensation und Undichtheitsverluste, bezogen auf die Umdrehungszahl in kg für 1000 Hübe.

Versuche an einer Lokomotivmaschine.

An Versuchen mit Dampfmaschinen höherer Leistung seien solche von Ch. D. Young an einer 1904 erbauten amerikanischen Zwillingslokomotive für Schnellzugsbetrieb der Pennsylvania Railroad Company mitgeteilt, die auf deren Versuchsstand in Altoona Pa. im Jahre 1910 ausgeführt wurden [1]). Die mit entlastetem Flachschieber, Fig. 155 und 156, und Stephensonsteuerung arbeitende Maschine von 525 mm Dm. und 660 mm Hub wurde bei

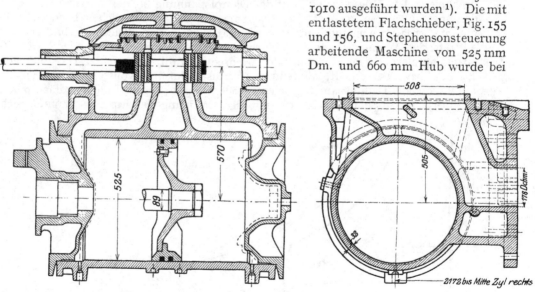

Fig. 155.   Fig. 156.

Fig. 155 und 156. Dampfcylinder und Schiebergehäuse mit Rahmenschieber.

verschiedener Umdrehungszahl, verschiedener Füllung und bei laufender Entnahme von Indikatordiagrammen sorgfältig auf Dampfverbrauch durch Speisewassermessung untersucht.

Aus der graphischen Darstellung der Versuchsergebnisse, Fig. 157 und 158, ist zu ersehen, daß mit steigender Umdrehungszahl der Dampfverbrauch infolge der Verminderung der Verluste durch Wärmeaustausch und Undichtheiten bis

---

[1]) Versuche von Ch. D. Young, Penns. Railroad Comp. Report 5, Tests on an E 2 a Locomotive, 1910.

200 Umdrehungen rasch abnahm, während über letztere Umdrehungszahl hinaus, infolge Zunahme der Drosselungsverluste am Ein- und Austritt, nur noch eine geringe Abnahme sich einstellte.

Im Gebiete kleiner Füllungen bis ungefähr 30 v. H. beeinflußte, infolge großer Wärmeaustauschflächen der langen Dampfkanäle, eine Vergrößerung des Füllungsgrades den Dampfverbrauch günstig; die Begründung hierfür darf darin gefunden werden, daß bei der Auspuffmaschine die Zunahme des Verlustes

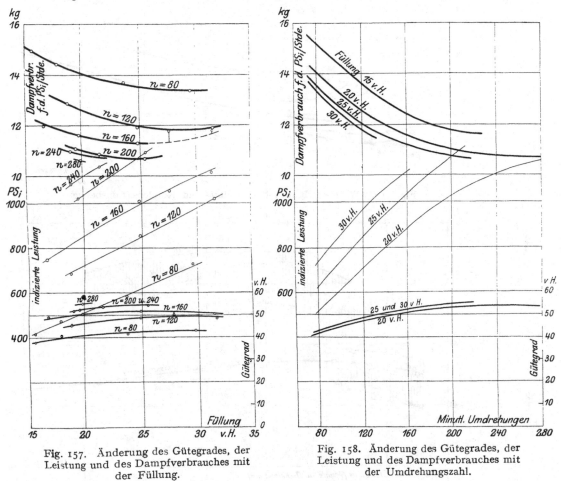

Fig. 157. Änderung des Gütegrades, der Leistung und des Dampfverbrauches mit der Füllung.

Fig. 158. Änderung des Gütegrades, der Leistung und des Dampfverbrauches mit der Umdrehungszahl.

Fig. 155—158. Versuche an einer Schnellzugslokomotive $\frac{525}{660}$; $n = 80 - 240$ der Penns. Railroad-Comp.

durch unvollständige Expansion nur gering ist im Verhältnis zu der durch die Erhöhung der Cylinderwandungstemperatur und Hubleistung herbeigeführten Verminderung der Wärmeverluste im Cylinderinnern. Erst bei Füllungen über 30 v. H. und hohen Umdrehungszahlen stieg der Dampfverbrauch. Die bezüglichen Änderungen kommen auch in den Gütegradkurven zum Ausdruck.

Da die Versuchsergebnisse an dieser Schnellzugsdampfmaschine großer Leistung hinsichtlich des relativen Einflusses der Umdrehungszahl auf den Dampfverbrauch im wesentlichen übereinstimmen mit den Ergebnissen an kleinen Eincylindermaschinen, so darf wohl allgemein ein gleiches Verhalten von Eincylinderdampfmaschinen bei Änderung der Umdrehungszahl angenommen werden, nur bei kleinen schädlichen Oberflächen vermindert sich auch der Einfluß der Umdrehungszahl.

8*

2. Betrieb mit gesättigtem Dampf mit Heizung.

Heizung mit Hochdruckdampf.

Die künstliche Erhöhung der Cylinderwandungstemperatur durch Ummantelung des Dampfcylinders und Heizung mittels Hochdruckdampf bildet ein ebenso einfaches wie wirksames Mittel zur Beschränkung der Eintrittskondensation

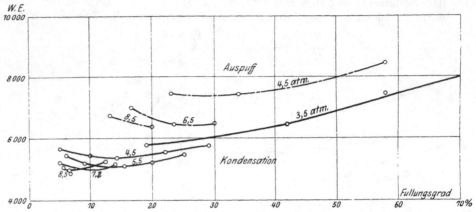

Fig. 159.   Wärmeverbrauch bei Auspuff- und Kondensationsbetrieb.

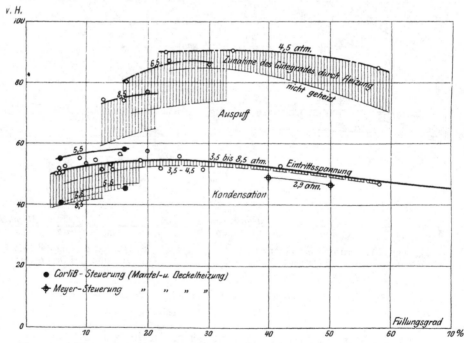

Fig. 160.   Gütegrad bei Auspuff- und Kondensationsbetrieb. Gütegradkurven ohne Heizung aus Fig. 142 vergleichsweise gestrichelt eingezeichnet.

Fig. 159 bis 160.   Eincylinder-Corlißmaschine $\frac{550}{1100}$; $n = 60$; Versuche von Delafond bei Heizung des Dampfmantels.   Dampfspannung und Füllungsgrad verändert.

und erfahrungsgemäß auch zur Verminderung der Lässigkeitsverluste. Die Mantelheizung wird bei Sattdampfmaschinen und bei Maschinen mit mäßiger Überhitzung allgemein verwendet; nur bei Kleinmotoren wird im Interesse der Billigkeit von der Cylinderheizung meist abgesehen.

Der wärmetechnische Vorteil der Mantelheizung beruht auf der Erfahrung, daß der zur Erzielung und Aufrechterhaltung hoher Wandungstemperatur erforderliche Aufwand an Heizdampf wesentlich kleiner ist wie die durch die erhöhte Wandungstemperatur herbeigeführte Verminderung des Eintrittskondensationsverlustes. Nach den früheren Betrachtungen über das Wärmespiel zwischen Dampf und Cylinderwand findet vorgenannte Erscheinung ihre Erklärung darin, daß einerseits infolge der geringen spez. Wärme des Gußeisens (0,11 WE/kg) zur Temperaturerhöhung der Wandung an sich nur ein verhältnismäßig geringer Wärmeaufwand nötig ist und andererseits die erhöhte Wandungstemperatur während der Dampfexpansion schon frühzeitig eine Überhitzung der die Cylinderwand berührenden Dampfschichten bewirkt und dadurch das Wechselspiel zwischen Dampf und Wandung abschwächt.

Die auf die Eincylindermaschine bezüglichen Versuchstabellen 1 bis 10 des III. Bandes lassen in den Dampfverbrauchsangaben (Spalte 23) und im Gütegrad (Spalte 28) fast ausnahmslos für die Maschinen mit geheizten Cylindern günstigere Werte erkennen als für diejenigen ohne Heizung.

Über den absoluten Wert der Heizung lassen aber die bezeichneten Tabellen durch den Vergleich der Versuchsergebnisse von Maschinen verschiedener Konstruktion und Herkunft einen ziffernmäßigen Anhalt natürlich nicht gewinnen. Ein solcher würde sich erst durch Vergleichsversuche an Maschinen genau übereinstimmender Größe und Konstruktion, deren Dampfcylinder mit und ohne Heizmantel ausgeführt sind, gewinnen lassen.

Untersuchungen dieser Art liegen aber überhaupt nicht vor; vielmehr konnte der Einfluß der Cylinderheizung nur an Dampfmaschinen, deren Cylinder entweder am Mantel allein oder am Mantel und den Deckeln mit Heizräumen versehen sind, dadurch festgestellt werden, daß sie mit und ohne Heizung betrieben wurden.

Derartige vergleichende Untersuchungen an Eincylindermaschinen seien nachfolgend näher besprochen.

a. Einfluß von Füllung, Spannung und Temperaturgefälle.

Unter den mit und ohne Heizung des Cylindermantels ausgeführten Vergleichsversuchen beanspruchen besonderes Interesse die im vorigen Kapitel bereits angezogenen Versuche Delafonds S. 107 an einer Eincylinder-Corlißmaschine[1]), deren Ergebnisse Bd. III, S. 10 und S. 32 bis 34 ausführlich enthält. Die Versuche sind für weitgehende Belastungsänderungen, verschiedene Eintrittsspannungen und für Auspuff und Kondensation durchgeführt. Einen Überblick über den Umfang der mit Mantelheizung ausgeführten Versuche und deren

Versuche von Delafond.

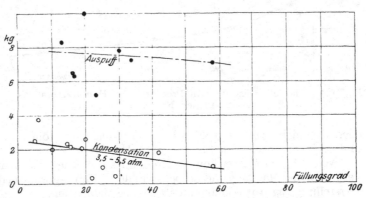

Fig. 161. Dampfersparnis in kg für 1 kg Heizdampf bei Auspuff und Kondensation.

Ergebnisse gewähren die Darstellungen Fig. 159 und 160 des Wärmeverbrauches und des Gütegrades in Abhängigkeit von der Füllung. In Fig. 160 sind vergleichs-

---

[1]) Annales des Mines 1884, VI, S. 197 bis 288.

weise in dünnen Linien auch die Gütegrade, die sich für Betrieb ohne Heizung ergaben, eingetragen; für den Vergleich mit dem Wärmeverbrauch der nicht geheizten Maschine sei auf Fig. 141, S. 107 hingewiesen.

Die Heizung ruft eine Steigerung des Gütegrades hervor, die besonders bei
Auspuffbetrieb bei allen untersuchten Eintrittsspannungen in fast gleich hohem
Grade in Erscheinung
tritt, während sie bei
Kondensationsbetrieb
mit sinkender Dampf-
spannung für normale
und größere Füllungen
rasch abnimmt, so daß
die Wärmeausnützung
innerhalb der Anfangs-
drücke von 3,5 bis 8,5
Atm. bei geheiztem
Cylindermantel nahezu
unabhängig von der Ein-
trittsspannung bleibt,
wie Fig. 160 zeigt. Die
in letzterem Diagramm
eingezeichneten Güte-

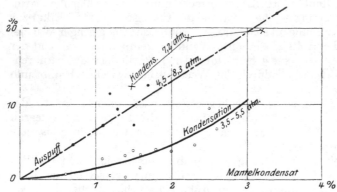

Fig. 162. Prozentuale Wärmeersparnis durch Heizung, bezogen
auf den proz. Wärmeaufwand im Heizmantel.

gradkurven für Betrieb ohne Heizung lassen deutlich erkennen, daß ein ausgesprochener Vorteil in der Anwendung der Mantelheizung bei Kondensationsbetrieb
nur für hohe Eintrittsspannungen und kleine Füllungen besteht. Bei Kondensation
betrug die Größe der Dampfersparnis im Vergleich zum Aufwand an Heizdampf
nur das 1- bis 3fache, während für Auspuff die Verminderung des Dampfverbrauches das 7-
fache der Heiz-
dampfmenge aus-
machte, Fig. 161
und 162.

Die erzielte
Wärmeersparnis
durch Heizung be-
läuft sich bei mitt-
leren Dampfein-
trittsspannungen
je nach der Fül-
lungsgröße auf 4
bis 10 v. H. des
Wärmeverbrau-

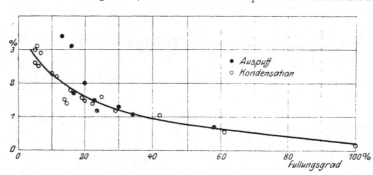

Fig. 163. Mantelkondensation in Prozenten des Dampfverbrauchs bezogen auf den Füllungsgrad.

ches der nicht geheizten Maschine und steigt bei höheren Eintrittsspannungen
und kleineren Füllungen bis auf 20 v. H., Fig. 162.

Wird die im Mantel kondensierende Dampfmenge verglichen mit dem Dampfverbrauch der Maschine und bezogen auf den Füllungsgrad, so läßt die entsprechende
Darstellung Fig. 163 erkennen, daß die Heizdampfmenge mit zunehmender Füllung
abnimmt und zwar nahezu in gleichem Verhältnis für Auspuff und Kondensation.

Die Heizung bewirkt nicht nur eine Verminderung des Dampfverbrauches,
sondern auch eine Verschiebung der wirtschaftlich günstigsten Füllungen in dem
Sinne, daß der günstigste Dampfverbrauch bei geringeren Füllungen wie bei Betrieb
ohne Heizung erreicht wird. Diese Verschiebung kommt deutlich in den beiden
Kurvenbildern des Bandes III, S. 34, zum Ausdruck.

Versuche von Prof. Dörfel. Für Kondensationsbetrieb bilden eine Ergänzung und Bestätigung dieser Versuchsergebnisse die in Bd. III, S. 36 bis 39 mitgeteilten Versuche von Prof. Dörfel

an einer Eincylinder-Corlißmaschine[1]), deren Cylindermantel von einer Abzweigung der Frischdampfleitung aus geheizt wurde, während Cylinderdeckel und Schiebergehäuse nur mit Wärmeschutzmitteln umhüllt waren.

Die Untersuchungen, die die Ermittlung des Einflusses veränderlicher Kompression und die Feststellung der Wirksamkeit der Heizung auf den Dampfverbrauch bezweckten, ergaben ähnlich den Delafondschen Versuchen innerhalb der Füllungsgrenzen von 10 bis 20 v. H. fast konstanten Dampfverbrauch mit und ohne Heizung, nur mit dem Unterschied eines im letzteren Falle 7 bis 10 v. H. größeren Wertes.

Die Menge des im Heizmantel niedergeschlagenen Dampfes betrug bis 5,4 v. H. des Dampfverbrauches; in den vorher betrachteten Versuchen nur 2 bis 3 v. H. Anscheinend wurde das Mantelkondensat auch durch den Feuchtigkeitsgehalt des Kesseldampfes beeinflußt, da in den Versuchen, bei denen zwei Kessel in Betrieb sich befanden, stets ein geringerer Prozentsatz an Mantelkondensat festgestellt wurde als bei Betrieb mit einem Kessel (s. Versuchstab. Bd. III, S. 36 und 37).

Die Hinzufügung der Deckelheizung läßt in Rücksicht auf den bedeutenden Anteil, den die Deckeloberfläche an der Wechselwirkung zwischen Dampf und Wandung nimmt, eine erhebliche Steigerung der Wärmeersparnis erwarten. Es wurden daher in nachstehender Tab. 9 diesbezügliche Vergleichsversuche an Corliß- und Flachschiebermaschinen zusammengestellt, die sämtlich bei Kondensationsbetrieb ausgeführt wurden. Unter diesen zeigt die Corlißmaschine von Berger, André & Co. in Thann hinsichtlich Bauart, Maschinenleistung, Steuerung und Eintrittsspannung gewisse Übereinstimmung mit den vorhergehenden Versuchsmaschinen, so daß ihre Versuchsergebnisse mit denen Delafonds und Dörfels in erster Linie zu vergleichen wären. Die Versuche wurden bei 5,8 und 15,5 v. H. Cylinderfüllung ausgeführt. Bei normaler Füllung von 15,5 v. H. und 5,4 Atm. Eintrittsspannung bewirkte die Heizung des Cylindermantels und Deckels eine Dampfersparnis von 22,5 v. H., d. i. das Doppelte der bei den vorbetrachteten Maschinen festgestellten Ersparnis durch Mantelheizung allein. Bei geringerer Füllung von 5,8 v. H. verminderte sich der Dampfverbrauch um 30,4 v. H.

Die Gütegrade dieser Corlißmaschine, die in Fig. 160 vergleichsweise eingetragen wurden, sind bei Betrieb ohne Heizung etwas geringer und mit Heizung 5 v. H. höher wie für die Versuche Delafonds festgestellt. In der Steigerung des Gütegrades kommt der günstige Einfluß der Deckelheizung zum Ausdruck, die die Eintrittsverluste namentlich bei der niedrigen Umdrehungszahl von 50 in der Minute aufs wirksamste beschränkt. Die große Wärmeersparnis von 30 v. H. bei kleiner Belastung[2]) ist eine Folge der bei geringer Füllung sich ergebenden ungünstigen Wärmeausnützung im nicht geheizten Cylinder. Durch Hinzufügung der Deckelheizung vergrößerte sich die 2 bis 3 v. H. betragende Heizdampfmenge der vorhergehenden Versuche auf 3,54 bis 4,8 v. H. Die Ersparnis an Frischdampf, die sich für 1 kg Heizdampf zu 7,5 bis 9 kg berechnet, entspricht der von Delafond für einfache Mantelheizung und hohe Eintrittsspannung erreichten.

Zur Kennzeichnung des Diagrammverlaufs der mit und ohne Heizung durchgeführten Vergleichsversuche dieser Maschine sind in Fig. 164 und 165 die Indikatordiagramme der Deckelseite für beide Betriebsweisen wiedergegeben, die erkennen lassen, daß bei Umzeichnung der vorliegenden Diagramme kleiner und großer Füllung unter Aufhebung der kleinen Füllungsunterschiede, der Verlauf der Expansionslinien für beide Betriebsweisen sich nicht wesentlich unterscheidet.

Die in Tab. 9 noch enthaltenen Versuche an einer 500 pferdigen Corlißmaschine führen bei ungefähr derselben Eintrittsspannung wie vorher, jedoch geringerer Gesamtexpansion (4,2 v. H.) auf eine Wärmeersparnis von nur 2,5 v. H. bei Heizung

Deckelheizung.

Versuch von Longridge.

---

[1]) Z. d. V. d. Ing. 1889, S. 1065.
[2]) Der Versuch mit kleiner Belastung wurde bei ungenügend vorgewärmter Maschine nach langem Stillstand ausgeführt.

Tabelle 9.

Eincylindermaschinen mit Kondensation.

Versuche mit und ohne Heizung des Cylindermantels und beider Deckel.

	Liegende Maschine mit Corliß-steuerung $\frac{610}{1220}$; $n=50$ von Berger, André & Co., Thann i. Els. Schädl. Raum $\sigma=2{,}48$ v. H.				Zwei liegende Maschinen mit Corlißsteuerung $\frac{636}{1220}$; $n=65$. Versuche von Longridge			Liegende Maschine mit Meyer-Flachschieber-steuerung mit entlasteten Schiebern $\frac{762}{1067}$; $n=53$ von Bertram, Leith Walk Foundry, Edinburgh. Schädl.Raum $\sigma=6{,}67$v.H.		
Heizung	ohne H.	mit H.	ohne H.	mit H.	ohne H.	mit H.	Deckel allein	ohne H.	mit H.	mit H.
Dampfdruck vor der Maschine . kg/qcm	5,52	5,55	5,40	5,46	5,22	5,29	5,29	3,47	3,21	4,74
Eintrittsspannung im Cylinder . kg/qcm	5,02	5,12	4,82	5,07	—	—	—	2,94	2,92	4,11
Gegendruck im Cylinder kg/qcm	0,21	0,19	0,20	0,19	—	—	—	0,15	0,14	0,11
Gegendruck im Kondensator . kg/qcm	0,14	0,13	(0,15)	0,15	—	—	—	—	—	—
Minutl. Umdrehungen	49,92	50,36	—	50,12	65,0	65,1	65,0	52,5	49,8	52,8
Füllung, bez. auf die Eintrittsspg. . v. H.	5,8	5,8	15,5	15,5	4,2	4,2	4 2	25,0	35,0	15,0
Expansions-Enddruck kg/qcm	0,48	0,53	0,84	0,85	—	—	—	0,98	0,99	0,87
Indicierte Leistung PS$_i$	82.2	101,7	130,3	160,9	513,0	493,0	498,0	178,1	179,1	195,1
Dampfverbrauch für die PS$_i$/Std. . . . kg	12,19	8,50	10,97	8,54	8,82	8,60	8.72	12,51	12,35	10,76
Mantelkondensat für die PS$_i$/Std. . . . kg	—	0,41	—	0,30	—	0,28	0,08	—	0,39	0,36
Mantelkondensat für die PS$_i$/Std. . . . v. H.	—	4,80	—	3,54	—	3,3	0,9	—	3,2	3,4
Dampfersparnis durch Heizung . v. H.	—	30,4	—	22,5	—	2,5	1,3	—	1,1	—
Für 1 kg Heizdampf erzielte Dampfersparnis . . . . . kg	—	9,0	—	7,5	—	0,7	1,3	—	0,36	—

Wärmeverteilung für 1 kg Dampf in Hundertstel der verfügbaren Wärme.

Theoret. ausnutzbare Wärme WE	134,0	136,0	130,7	131,0	—	—	—	114,0	113,8	136,0
Ausgenutzte Wärme (Gütegrad) . v. H.	38,7	54,7	44,1	56,5	—	—	—	44,4	45,0	43,3
Verlust d. Heizung „	—	4,8	—	3,5	—	—	—	—	3,2	3,4
Verlust durch unvolls. Expansion . v. H.	6,3	9,0	15,8	18,0	—	—	—	28,0	29,0	25,4
Verlust durch Eintrittsdrosselung . v. H.	3,1	2,6	3,4	2,8	—	—	—	7,0	3,6	4,4
Verlust durch Austrittsdrosselung . v. H.	9,0	7,9	5,5	4,8	—	—	—	—	—	—
Wärmeverlust im Cylinder . . . . v. H.	42,9	21,0	31,2	14,4	—	—	—	20,6	19,2	23,5
Quelle	Bull. de la Soc. Ind. de Mulhouse 1878, S. 910 bis 931. Proc. Inst. Mech. Eng. First Report 1889, S. 721, Nr. 19.				Engin. Boiler and Employers Liability Insurance Co., Chief Engineers Report 1889. Report 1892, S. 423, Nr. 37.			Engineer 1877, S. 129 bis 131 u. 136. Report 1889, S. 722, Nr. 20.		

der Deckel und Mäntel im Vergleich zum Betrieb ohne Heizung. Dabei bewirkt die Heizung der Cylinderdeckel allein eine Dampfersparnis von 1,3 v. H., also ungefähr die Hälfte der Gesamtersparnis.

Bei den niedrigen Eintrittsspannungen der in Tab. 9 in der letzten Spalte enthaltenen Versuche von E. Fletcher an einer mit Doppelschiebersteuerung arbeitenden Maschine sinkt die Dampfersparnis durch die Heizung auf 1,1 v. H. des Dampfverbrauches herab, doch ist diese Ersparnis noch höher als der für Mantelheizung allein für gleiche Dampfspannungen und große Cylinderfüllung aus den Versuchen von Delafond sich ergebende Wert. Die in Fig. 160 eingetragenen Gütegrade (Kurve für 2,9 Atm.) zeigen unter Bezugnahme auf die wirkliche Cylinderfüllung und die Eintrittsspannung übereinstimmende Gesetzmäßigkeit mit den Versuchen Delafonds, bei einer wohl in der abweichenden Steuerung begründeten etwas schlechteren Gesamtwärmeausnützung.

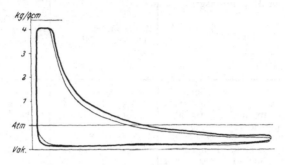

Fig. 164. Kleine Füllung.

Die beiden letzteren Versuchsgruppen kennzeichnen deutlich die rasche Abnahme der Wirkung der Cylinder- und Deckelheizung für Kondensationsmaschinen bei niedriger Eintrittsspannung und großer Füllung. Dieses Ergebnis ist von wesentlicher Bedeutung für die Beurteilung der Wertigkeit der Heizung von Niederdruckcylindern der Mehrfachexpansionsmaschinen, auf die später noch zurückzukommen ist.

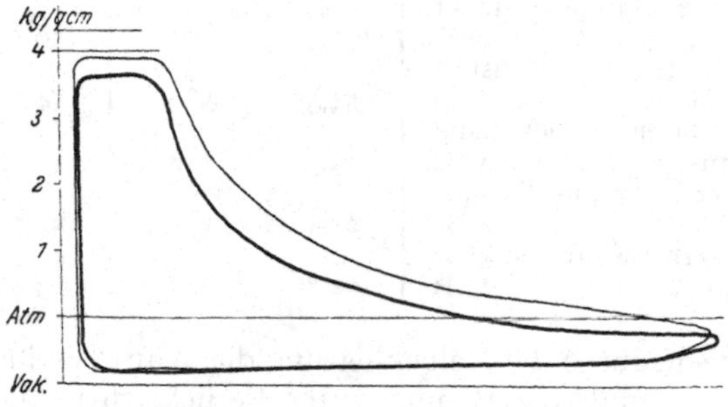

Den seitherigen Vergleichsversuchen an den mit Mantel- und Deckelheizung versehenen Maschinen verschiedener Größe und Konstruktion ist das Ergebnis erhöhter Wärmeersparnis gegenüber den ohne Deckelheizung arbeitenden Maschinen gemeinsam; auch ist für diese älteren Maschinen, die sämtlich mit niedrigen Umdrehungszahlen betrieben wurden, bei den normalen Füllungen die Wärmeersparnis verhältnismäßig hoch.

Fig. 165. Große Füllung.

Fig. 164 und 165. Eincylinder-Corlißmaschine $\frac{610}{1220}$; $n = 50$. Diagrammverlauf bei Betrieb mit und ohne Heizung.

Der günstige Effekt der Deckelheizung ließ erwarten, daß sich auch durch Heizung des Kolbens eine weitere Dampfersparnis verwirklichen lasse. Versuche und Beobachtungen hierfür liegen an der oben angeführten, mit Deckel- und Mantelheizung ausgerüsteten Corlißmaschine von Berger-André vor und sind in Tab. 10 wiedergegeben.

Kolbenheizung.

Die Versuche beziehen sich auf verschiedenen Expansionsgrad und Betrieb mit Heizung beider Deckel und sämtlicher Mäntel, sowie des Kolbens.

Der Einfluß der Kolbenheizung hat sich so geringfügig gezeigt, daß er in Rücksicht auf die nicht ganz übereinstimmenden Betriebsbedingungen der Vergleichsversuche in den Dampfverbrauchsziffern überhaupt nicht deutlich zum Ausdruck kommt. Aus der Wärmebilanz kann jedoch gefolgert werden, daß bei größeren

Tabelle 10.
Versuche über Kolbenheizung an der liegenden Corlißmaschine
$$\frac{610}{1220}: n = 50,$$
von Berger, André & Co., Thann i. Els.
(Bulletin de la Société industrielle de Mulhouse, 1878, S. 910 bis 931.)

Mittlerer Expansionsgrad .	12		6,2		6,0	
Heizungsanordnung	Mantel u. Deckel	Sämtliche Mäntel	Mantel u. Deckel	Sämtliche Mäntel	Mantel u. Deckel	Sämtliche Mäntel
Versuchsnummer	1	2	3	4	5	6
Eintrittsspannung im Schieber- kasten . . . . Atm. abs.	5,55	5,54	5,45	5,45	5,45	5,47
Austrittsspannung Atm. abs.	0,13	0,16	0,16	0,16	0,20	0,21
Endexpansionsspannung Atm. abs.	0,58	0,55	0,88	0,88	0,88	1,08
Minutliche Umdrehungen . .	50,36	50,41	49,97	51,24	49,96	50,20
Expansionsgrad bez. auf 5,5 Atm. abs.	12,10	11,8	6,23	6,23	6,05	5,85
Indicierte Leistung . . PS_i	101,7	105,1	159,3	136,1	160,9	163,6
Dampfverbr. f. d. PS_i/Std. kg	8,48	8,30	8,90	8,30	8,50	8,69
Kondensation in Mantel und beiden Deckeln . v. H.	4,8	3,35	3,37	3,89	3,56	3,38
Kondensat im Kolben „	—	1,23	—	1,10	—	0,88
Für 1 kg Dampf nutzbare Wärme . . . . . . WE	137	130,8	130	129,2	123	122
Davon zur Arbeitsleistung ausgenützt . . . . v. H.	54,5	58,5	54,7	59,0	60,6	59,7
Verlust durch unvollständige Expansion . . . . v. H.	15,3	11,5	20,8	20,5	17,5	22,2
Wärmeverluste im Cylinder v. H.	25,4	25,4	21,1	15,4	18,4	13,8
Wärmeverluste für den Heiz- dampf . . . . . v. H.	4,8	4,6	3,4	5,1	3,5	4,3

Füllungen durch die Kolbenheizung die Wärmeverluste im Cylinder eine Verminderung um rund 5 v. H. und unter Berücksichtigung des erhöhten Heizaufwandes
nur etwa um 3,8 v. H. erfahren. Bei kleinen Füllungen und dementsprechend

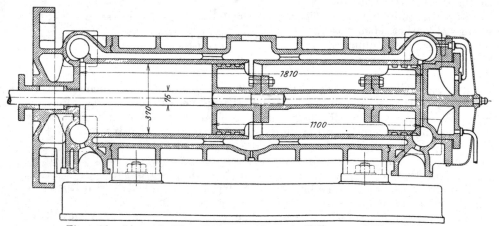

Fig. 166. Liegende Eincylindermaschine mit Kolben- und Mantel-Heizung.

großem Expansionsgrad konnte eine Wärmeersparnis nicht festgestellt werden. Wird nun beachtet, daß für die gleiche Maschine unter sonst unveränderten Bedingungen die Deckel- und Mantelheizung allein eine Wärmeersparnis von 22 v. H. zur Folge hatte, so kann der Kolbenheizung nur eine geringe wärmetechnische Bedeutung zugesprochen werden.

Trotzdem wurde ihr noch zeitweise Interesse zugewandt. So suchte die Firma Cockerill in Seraing auf eigenartige Weise die Kolbenheizung durch Zweiteilung des Kolbens und der Cylinderlaufbüchse zu erzielen unter Verbindung des Kolbeninnenraumes mit dem Dampfmantel, wie Fig. 166 zeigt[1]). Tab. 11 gibt einen Überblick über die mit dieser Cylinder- und Kolbenkonstruktion bei verschiedenen Eintrittsspannungen und Füllungen erzielten Versuchsergebnisse mit Auspuffbetrieb.

Tabelle 11.

Liegende Eincylindermaschine mit Auspuff $\frac{370}{700}$: $n = 82$ mit Heizung
von Mantel und Kolben.

	Konstante Eintrittsspannung. Zunehmende Füllung			Abnehmende Spannung. Normale Füllung		
Eintrittsspannung Atm. abs.	11,88	11,71	11,86	9,87	6,53	5,12
Füllung in v. H. des Kolben- hubs	5,6	8,1	15,9	14,2	22,1	26,1
Indicierte Leistung . . PS$_i$	41,3	58,9	103,5	77,0	61,7	51,0
Dampfverbrauch für die PS$_i$	10,16	9,44	8,67	8,90	10,75	11,97
Heizdampf aus Mantel und Kolben . . . . . kg/PS$_i$	0,23	0,17	0,17	0,21	0,18	0,12
Heizdampf aus Mantel und Kolben . . . . . . v. H.	8,6	9,9	6,9	8,7	7,5	4,3
Gütegrad . . . . „	62,3	67,1	72,9	76,6	77,4	79,4

Versuchsdauer je 6 Stunden.

Bei den Versuchen mit hoher Eintrittsspannung von nahezu 12 Atm. wurde eine größte prozentuale Wärmeausnützung von 72,9 v. H. bei einer Heizdampfmenge für Cylindermantel und Kolben von 6,9 v. H. erreicht. Obwohl der Heizbedarf größer als bei Einfachexpansionsmaschinen mit normaler Cylinderheizung sich ergab, so zeigt doch der Gütegrad keine Erhöhung über jene Werte, die ohne Kolbenheizung schon erreicht worden sind. Bei den Versuchen mit abnehmender Dampfspannung konnte zwar im Gebiet normaler Füllungen der Gütegrad auf 79,4 v. H. gehoben werden bei einer Heizdampfmenge von nur 4,3 v. H., doch wird auch diese günstigere Wärmeausnützung bei normalen Dampfmaschinen vollkommener Konstruktion erreicht (s. Bd. III, Tab. 2 Versuche 32 und 34). Der mit Kolbenheizung erzielte Dampfverbrauch kennzeichnet annähernd die Grenze der Wärmeausnützung, die bei Auspuffbetrieb und Eincylinder-Sattdampfmaschinen durch Verwertung aller Heizmöglichkeiten erzielt werden kann. (Vgl. die Dampfverbrauchs- und Gütegradziffern von Eincylinder-Auspuffmaschinen in Bd. III, Tab. 1 bis 4.)

Bei Kondensationsbetrieb ergab die gleiche Maschine bei einer Eintrittsspannung von 9,9 Atm. und 93,5 PS$_i$ Leistung einen Dampfverbrauch von 6,8 kg[2]), entsprechend einem Gütegrade von 65,6 v. H. Diese Dampfausnützung ist im Vergleich zum Dampfverbrauch und Gütegrad normaler Kondensationsmaschinen mit hoher Eintrittsspannung bemerkenswert günstig (s. Bd. III, Taf. 7 bis 9), so daß hieraus die hohe wärmetechnische Bedeutung allseitiger Heizung für mit Kondensation arbeitende Einfachexpansionsmaschinen wohl hervorgeht. Doch ergeben sich für Dampfcylinder und Kolben derartige konstruktive Weitläufigkeiten und so kostspielige Herstellung, daß die praktische Einführung solcher Sonderkonstruktionen sich nicht rechtfertigt.

---

[1]) Hubert, La Machine à piston chauffé, Revue univ. des mines 1905, tome IX, 4 serie, p. 1.
[2]) Proc. of the Inst. of Mech. Eng. London 1906, Juni, S. 570.

b. Einfluß der Umdrehungszahl.

Wie früher bereits gezeigt, sind bei kleiner Hubzahl des Kolbens infolge der größeren Eindringungstiefe der Temperaturschwankungen in die Cylinderwände die Verluste durch Eintrittskondensation größer als bei raschlaufenden Maschinen; es läßt sich daher bei kleiner Umdrehungszahl mittels Heizung eine weitergehende Verminderung der schädlichen Wechselwirkung zwischen Dampf und Wandung herbeiführen als bei großer.

Einen Anhalt für die Beurteilung des Einflusses der Umdrehungszahl auf die Wertigkeit der Heizung gewähren die in Tab. 12 wiedergegebenen Versuche von Prof. Capper[1]) an der bereits auf S. 111 herangezogenen kleinen Eincylinder-Auspuffmaschine des Londoner Ingenieurlaboratoriums. Die Untersuchungen beziehen sich auf den Einfluß der Heizung bei Änderung der Eintrittsspannung und der Umdrehungszahl.

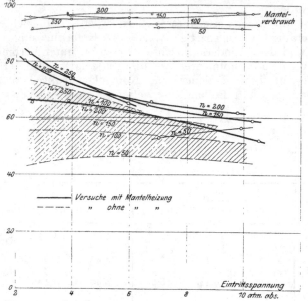

Versuche von Prof. Capper.

Fig. 167. Gütegrad mit und ohne Heizung bei verschiedenen Umdrehungszahlen, bezogen auf die Eintrittsspannung.

Fig. 167 zeigt die mit Eintrittsspannung und Umdrehungszahl auftretende Veränderung des Gütegrades bei Betrieb mit und ohne Heizung. Die Wärmeausnützung zwischen 100 und 250 Umdrehungen ist bei geheiztem Cylinder in viel geringerem Maße von der Umdrehungszahl abhängig als bei nicht geheiztem und nimmt mit abnehmender Spannung zu. Die Eintrittskondensation, die ohne Heizung

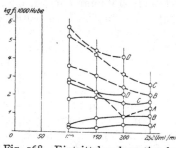

Fig. 168. Eintrittskondensation bezogen auf die Umdrehungszahl.
    — — — — ohne Heizung
         mit Heizung
Zunehmende Dampfspannung A—D.

Fig. 169. Wärmeverteilung bei 6,8 Atm. Eintrittsspannung und konstanter Füllung, bezogen auf die Umdrehungszahl.

Fig. 167—169. Eincylindermaschine mit Auspuff. Versuche von Prof. Capper.

[1]) Z. d. V. d. Ing. 1906, S. 1066, Bericht von Prof. Bantlin.

Tabelle 12.

Liegende Eincylindermaschine mit Auspuff $\dfrac{165,1}{355,6}$; $n = 50$ bis 250.

Versuche von Prof. Capper.

2. Betrieb mit gesättigtem Dampf mit Heizung.

Betrieb mit Mantelheizung bei verschiedenen Umdrehungszahlen und Dampfeintrittsspannungen.

Mittlere minutl. Umdrehungszahl	50		100				150			200				250		
Versuchsbezeichnung	C_1	D_1	A_2	B_2	C_2	D_2	B_3	C_3	D_3	A_4	B_4	C_4	D_4	A_5	B_5	C_5
Min. Umdrehungen	52,4	56,5	97,2	99,4	104,5	101,9	151,7	155,3	143,9	203,0	203,5	200,0	194,2	261,4	240,0	251,0
Dampfdruck im Schieberkasten . . . kg/qcm	7,01	9,91	2,60	3,87	6,94	10,53	3,99	6,60	10,30	2,33	3,82	6,75	9,79	2,50	3,97	5,94
Expansionsenddruck „	3,45	4,50	1,05	1,72	3,16	4,43	1,72	2,81	4,43	1,11	1,62	2,81	3,87	1,20	1,72	2,46
Indicierte Leistung PS$_i$	7,59	12,11	2,09	5,95	14,03	22,75	9,52	19,90	31,57	4,51	11,08	25,60	38,63	6,86	14,87	27,19
Gesamtdampfverbrauch pro PS$_i$/Std.	15,10	12,00	25,10	17,50	13,50	12,70	15,33	13,05	11,22	23,60	15,21	12,46	11,20	21,76	15,33	13,48
Wärmeverbrauch für die PS$_i$/Std. . . . WE	8320	7720	13690	9510	7470	7050	8140	7240	6270	12800	8480	6890	6290	11820	8430	7420
Theoretisch verfügbare Wärme . . . . WE	79,0	93,2	38,5	54,1	78,3	95,2	55,8	76,8	95,5	33,3	54,0	77,2	92,5	37,0	55,8	72,0
Gütegrad . . v. H.	53,0	56,5	65,5	66,1	59,8	52,3	73,9	64,2	58,0	80,5	71,9	65,6	61,7	82,5	73,9	65,1
Verlust durch unvollständige Expansion v. H.	19,3	25,2	2,4	7,0	18,2	22,7	6,7	16,3	24,0	1,0	6,7	15,9	22,2	1,2	6,1	12,7
Verlust durch Mantelheizung . . . v. H.	10,4	5,6	12,8	12,7	10,0	10,8	5,6	0,9	4,8	8,0	4,8	4,7	4,2	6,3	7,3	6,9
Verlust durch Lässigkeit v. H.	12,0	12,7	11,1	7,9	7,0	6,8	5,7	4,9	5,4	4,7	4,8	4,1	4,2	3,6	3,7	3,2
Wärmeverlust im Cylinder . . . . . v. H.	5,3	0	10,2	6,3	5,0	7,4	8,1	8,7	0,8	5,8	0,8	9,7	7,7	6,4	9,0	12,1

bei verschiedenen Umdrehungszahlen und konstanter Dampfspannung bedeutende Unterschiede aufweist, Fig. 168 (gestrichelte Linien), erhält durch die Cylinderheizung von der Kolbengeschwindigkeit unabhängige, fast unveränderliche Größe, nur mit steigender Dampfspannung zunehmend. Die in Fig. 169 ersichtliche Abnahme des prozentualen Wärmeaufwandes der Heizung ist auch ein Beleg dafür, daß sich deren Wirksamkeit mit steigender Umdrehungszahl vermindert. Die Zunahme der prozentualen Wärmeverluste im Cylinder ist hauptsächlich in der Zunahme der Drosselungsverluste der Ein- und Auslaßsteuerung begründet.

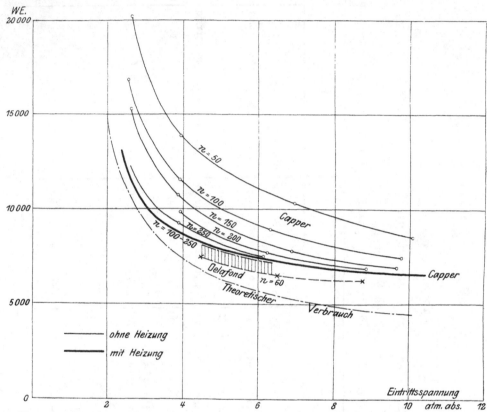

Fig. 170. Wärmeverbrauch mit und ohne Mantelheizung in den Versuchen von Capper und von Delafond, bezogen auf die Eintrittsspannung.

Versuche von Capper und Delafond.

Von allgemeinerem Interesse hinsichtlich der Beurteilung des Einflusses veränderlicher Umdrehungszahl auf den Wärmeverbrauch bei Betrieb mit und ohne Heizung für unveränderte Füllung und verschiedene Eintrittsspannungen sind die Diagramme Fig. 170 und 171.

Bei Betrieb ohne Mantelheizung und Eintrittsspannungen zwischen 3 und 10 Atm. abs., Fig. 170, nimmt mit zunehmender Umdrehungszahl der Wärmeverbrauch in starkem Maße ab, wie die betreffenden Kurven für 50—250 Umdrehungen erkennen lassen. Bei Betrieb mit Mantelheizung, Fig. 171, dagegen sind die Unterschiede im Wärmeverbrauch bei 100—250 Umdrehungen so gering, daß die Versuchswerte ausreichend genau durch eine einzige mittlere Wärmeverbrauchskurve wiedergegeben werden können, von der nur diejenige für 50 Umdrehungen merklich abweicht. Wird nun diese Kurve für 100—250 Umdrehungen in Fig. 170 übertragen (kräftig ausgezogene Linie), so ist deutlich zu ersehen, daß der Wärmeverbrauch der nicht geheizten Maschine mit zunehmender Umdrehungszahl dem der geheizten Maschine sich nähert, daß also in beiden Fällen nahezu übereinstimmende Temperaturverhältnisse in der Cylinderwandung bestehen. Bei 250 Umdrehungen ist eine Wärmeersparnis durch Heizung fast nicht mehr vorhanden, ebenso bei 200 Umdrehungen für höhere Eintrittsspannung. In den Darstellungen Fig. 170 und 171 wurden vergleichsweise noch die von Delafond an der langsamlaufenden 160 pferdigen Corlißmaschine in Creuzot bei Auspuffbetrieb ermittelten Wärmeverbrauchsziffern übertragen, die eine übereinstimmende Gesetzmäßigkeit deutlich erkennen lassen; nur sind die Ergebnisse an der letzteren Versuchsmaschine wesentlich günstiger als für die kleine Schiebermaschine Prof. Cappers infolge der größeren Leistungseinheit, der guten Dichtheit der Steuerorgane und der geringen Größe der schädlichen Räume. Das unterschiedliche Verhalten beider Maschinen ist sehr deutlich in Fig. 170 darin ausgesprochen, daß der Wärmeverbrauch der geheizten Schiebermaschine bei 100—250 Umdrehungen übereinstimmt mit dem Wärmeverbrauch der Corlißmaschine bei Betrieb ohne Heizung und nur 60 Umdrehungen. Die Corlißmaschine arbeitet also

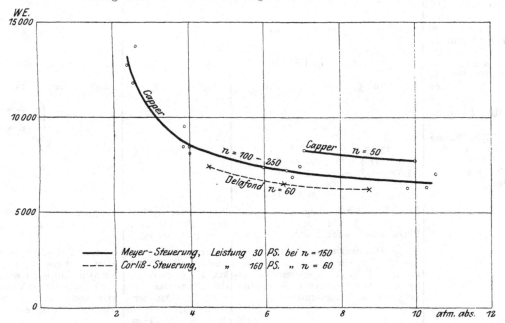

Fig. 171. Wärmeverbrauch mit Mantelheizung in den Versuchen von Capper und Delafond.

an sich wesentlich wirtschaftlicher, und es ist daher verständlich, daß für sie die Verminderung des Wärmeverbrauches durch Heizung, die in Fig. 170 durch Schraffur hervorgehoben ist, geringer sich ergeben hat wie für die Schiebermaschine bei gleich niedriger Umdrehungszahl. Aus diesen Ergebnissen folgt auch allgemein, daß für eine an sich günstig arbeitende Maschine mit Heizung die Steigerung der Umdrehungszahl nur eine geringe Erhöhung der Wirtschaftlichkeit der Dampfwirkung noch erreichen lassen kann.

c. Heizung durch ruhenden, strömenden und durch höher gespannten Dampf.

Die Cylinderheizung erfolgt entweder mittels ruhenden Frischdampfes durch Anschluß der Dampfzuleitung an den geschlossenen Cylindermantel oder mittels strömenden Arbeitsdampfes, indem der Frischdampf vor Eintritt in den Cylinder erst durch dessen Heizmantel geleitet wird.

Bei den seither betrachteten Vergleichsversuchen erfolgte die Heizung stets mittels ruhenden Dampfes, da nur bei der für diese Heizungsart notwendigen Anwen-

Ruhender Heizdampf.

Tabelle 13.

Heizungsart	I Lieg. Eincylindermaschine $\frac{304}{600}$; $n=30$ mit Kondensation		II Lieg. Eincylindermaschine $\frac{392}{784}$; $n=78$ mit Auspuff		III Schiffsmaschine $\frac{866}{762}$; $n=40-68$ mit Kondensation (Versuche Emery 1875)		
	nicht geheizt	Mantel, beide Deckel, Schieber, Kolben	Kessel-dampf	höh. gesp Dampf	ohne Heizg.	gedr. Dampf	Kesseldampf
	1	2	3	4	5	6	7
Dampfspannung im Kessel . . . . Atm. abs.	—	—	4,95	4,98	6,0	6,0	6,0
Dampfspannung im Heizmantel . . Atm. abs.	—	9,0 [$t_s = 176°$]	4,37	14,13		1,92	5,92
Eintrittsspannung im Cylinder . . Atm. abs.	5,06	5,36	—	—	1,90	1,92	1,98
Gegendruck im Cylinder	0,135	0,12					
Endexpansionsspannung Atm. abs.	0,73	0,50	—	—	—	—	—
Indicierte Leistung PSi	zirka 10 PS		25,7	25,9	90,2	97,9	102,9
Dampfverbrauch für die PSi/Std. . . . . kg	10,15	6,18*	10,66	8,89	20,01	16,96	15,81
Dampfersparnis in v. H.	—	[39,0]*	—	16,5		15,2	{ 21,0 (i.Vgl.m.Rub.5) / 6,8 (i.Vgl.m.Rub.6)
Theoret. verfügb. Wärme für 1 kg Dampf WE	131,5	137 8					
Nutzbare Wärme . „	62,3 = 47,4 v. H.	102,2 = 74,2 v. H.					
Unvollst. Expansion „	25,3 = 19,3 „	15,0 = 10.9 „					
Wärmeverluste im Cylinder . . . . . WE	43,9 = 33,3 „	20,6 = 15,0 „					
Quelle	Proc. Inst. Mech. Eng. 1905, Juni, S. 574. 587. Versuchsmaschine der Univers. Lüttich		Engineering 1888, S. 222. Report 1892, S. 421, Nr. 35.		Engineering 1876, Bd. 11, S. 124.		

*) Dampfverbrauch ohne Verbrauch im Heizmantel. Die angegebene Ersparnis kennzeichnet daher nur die Verbesserung des Arbeitsvorgangs im Cylinderinnern.

Der Heizdampf wird einem in den Hauptkessel eingebauten Hochdruckkessel entnommen. Das Heizkondensat wird in den Kessel zurückgespeist, sein Wärmewert ist also nicht in Rechnung gezogen.

Der im Cylinder arbeitende Dampf ist von rund 6,0 auf 1,9 Atm. gedrosselt, während der Heizdampf bei Versuch 6 gedrosselt, bei 7 mit voller Spannung arbeitet.

Strömender Heizdampf.

dung geschlossener Heizmäntel deren Ausschaltung durch Unterbrechung der Heizdampfzufuhr sich verwirklichen läßt. Mit Dampfcylindern, deren Mantelheizung durch strömenden Dampf erfolgt, lassen sich Vergleichsversuche ohne Mantelheizung nicht ausführen. Was die wirtschaftliche Bedeutung dieser letzteren Heizungsmethode angeht, so haben die mit ihr durchgeführten Versuche ihre praktische Gleichwertigkeit mit der Heizung durch ruhenden Dampf ergeben, wie dies aus den Tab. 1 bis 4 des Bd. III ersichtlich wird, in deren Spalten 31 sich nähere Angaben über die Heizungsart der betreffenden Versuchsmaschinen finden. Als Vorteil der Heizung durch strömenden Dampf wird dessen gesteigerte Heizwirkung betrachtet, die mit der beständigen Dampfströmung im Mantel verknüpft ist; außerdem ist die Ansammlung von Luft und Wasser im Mantel, durch die andernfalls dessen Heizwirkung vollständig aufgehoben werden kann, zuverlässig vermieden.

Hochgespannter Heizdampf.

Mantelheizung durch Dampf höherer Spannung als der des Arbeitsdampfes steigert die mittlere Wandungstemperatur und beschränkt die schädliche Wechselwirkung zwischen Dampf und Wandung, so daß die Eintrittskondensation und meist auch der Undichtheitsverlust der Steuerorgane und Kolben sich vermindert.

Bei der kleinen Versuchsmaschine I, Tab. 13, von der ein Dampfdiagramm bereits früher in Fig. 115 wiedergegeben wurde, ergab die Heizung des Mantels, beider Deckel, des Schiebergehäuses und des Kolbens durch Dampf von 9 Atm. bei einer Eintrittsspannung von 5,3 Atm. eine Verminderung der Wärmeverluste auf 15 v. H. gegenüber denjenigen von 33,3 v. H. des Betriebes ohne Heizung, wobei der Dampfverbrauch sich von 10,15 auf 6,18 kg verminderte, wenn der mit der Heizung verbundene Wärmeaufwand von ungefähr 10 v. H. der theoretisch nutzbaren Wärme nicht berücksichtigt wird. Ein ähnliches Ergebnis zeigt Maschine II, Tab. 13, bei der der Heizdampf in einem besonderen, im Hauptkessel eingebauten kleinen Hochdruckkessel erzeugt und das Heizkondensat in den Kessel zurückgespeist wurde. Bei 4,98 Atm. Spannung des Arbeitsdampfes und 14,13 Atm. im Heizmantel betrug die Ersparnis gegenüber normaler Heizung 16,5 v. H. ohne Berücksichtigung des höheren Wärmeverbrauches der Heizung.

Die wärmetechnische und wirtschaftliche Bedeutung der Heizung durch höher gespannten Dampf wird jedoch nicht allein durch die den früheren Erwägungen über Eintrittskondensation (S. 86) nach selbstverständliche Verbesserung der Wärmeausnützung im Cylinder bestimmt, sondern ist vom Mehraufwand an Wärme und von den zur Erzeugung des Heizdampfes erforderlichen besonderen Einrichtungen abhängig. Für die angezogenen Versuche mit den Maschinen I und II der Tab. 13 ist daher tatsächlich der Wärmegewinn bei Heizung mit hochgespanntem Dampf geringer als angegeben.

Versuche an der mehrfach erwähnten Corlißmaschine von Schneider in Creuzot ergaben bei Heizung durch Kesseldampf von 8 Atm. bei 5 Atm. Eintrittsspannung im Cylinder unter Berücksichtigung des Mantelverbrauches keinen Gewinn gegenüber der unmittelbaren Verwendung des Arbeitsdampfes zur Heizung.

Eine merkliche Ersparnis wurde für sehr geringe Eintrittsspannungen bei Versuchen von Emery an einer Schiffsmaschine (Versuchsmaschine III in Tab. 13) nachgewiesen. Die Maschine arbeitete mit gedrosseltem Dampf von 1,9 bis 1,98 Atm. im Cylinder bei 6 Atm. Kesselspannung. Die Heizung des Cylinders durch Dampf von voller Spannung bewirkte gegenüber dem Betrieb ohne Heizung eine Dampfersparnis von 21 v. H. und gegenüber dem Betrieb mit Heizung durch gedrosselten Dampf noch eine solche von 6,8 v. H.

In der Praxis findet hochgespannter Heizdampf selten Verwendung, namentlich dann nicht, wenn dessen Erzeugung einen besonderen Kessel notwendig macht, da in diesem Falle die mit der besonderen Erzeugung hochgespannten Dampfes verbundenen Wärmeverluste den wärmetechnischen Vorteil der Heizung meist aufzehren. Dagegen findet Dampf höherer Spannung bisweilen Verwertung für die Heizung der Niederdruckcylinder von Verbundmaschinen, bei denen Hochdruckdampf zu diesem Zwecke ohne weiteres verfügbar ist. Der wirtschaftliche Wert dieser Heizung wird bei Behandlung der Mehrfachexpansionsmaschinen eingehend besprochen werden. Zur Kennzeichnung der dabei auftretenden Veränderung der mittleren Wandungstemperaturen und der Dampftemperatur gegenüber Betrieb ohne Heizung diene Fig. 172.

Eine besonders wirksame Art der Frischdampfheizung wird in der Lokomobilmaschine erreicht durch Anordnung des Dampfcylinders im Dome des Dampfkessels. Die mit dieser Heizung verbundenen Wärmeverluste sind geringer als bei normalen Dampfmaschinen, da das Mantelkondensat in den Kessel zurückfällt, so daß nur die Verdampfungswärme des Heizdampfes verbraucht wird und dessen Flüssigkeitswärme dem Kessel erhalten bleibt.

Wegen der Unmöglichkeit, die so zur Wirkung kommende Heizdampfmenge zu messen, kann der Dampf- und Wärmeverbrauch der Lokomobilmaschinen stets nur abzüglich des Wärmeaufwandes für die Heizung angegeben werden. Die betreffenden Verbrauchsziffern, wie solche auch in den Versuchstab. 4 und 6 des

Eincylinder-Sattdampf-Lokomobile.

Bd. III zusammengestellt sind, erscbeinen also gegenüber denjenigen stationärer Maschinen zu günstig. Andererseits berechnen sich Kohlenverbrauch und Kesselwirkungsgrad zu ungünstig, da die für Heizung aufgewendete Verdampfungswärme bei der Bestimmung der an den Kessel übertragenen Wärme sich nicht in Rechnung stellen läßt.

Zur Erzielung kleinerer Cylinderabmessungen und geringen Gewichtes der auf dem Kessel montierten Maschine ist es üblich, das Arbeitsvolumen des Cylinders durch Anwendung hoher Umdrehungszahlen und hoher Dampfspannungen weitergehend auszunützen als in standfesten Anlagen. Während die Betriebsdampfspannung kleiner stationärer Dampfmaschinen selten über 8 Atm. beträgt, arbeiten Lokomobilen gleicher Leistung in der Regel mit 10 bis 12 Atm. Das zur Ausnützung gelangende Wärmegefälle ist daher in der Lokomobile größer als bei gewöhnlichen Dampfmaschinen gleicher Leistung, wie auch in Bd. III, Taf. 9, aus der Lage der Versuchspunkte beider Maschinengattungen für Einfachexpansion und Auspuffbetrieb hervorgeht; mit Ausnahme der Versuche 31 und 33 an zwei 700 PS-Kerchovemaschinen gehören alle hohen Wärmegefälle Lokomobilen an.

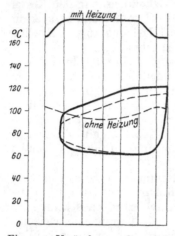

Fig. 172. Veränderung der mittleren Wandungstemperaturen und der Temperaturen des Arbeitsdampfes eines mit Hochdruckdampf geheizten Niederdruckcylinders.

Eingehende in Bd. III, S. 14—17, veranschaulichte Vergleichsversuche von Heilmann an einer 30 PS-Lokomobile mit Auspuffbetrieb und Ridersteuerung geben einen wertvollen Einblick in das Verhalten kleiner Sattdampflokomobilen unter wechselnden Betriebsbedingungen. Die Versuche zeigen nach III, Fig. D, S. 17, mit wachsendem Endexpansionsdruck eine Zunahme des Gütegrades, mit zunehmender Eintrittsspannung dagegen eine Abnahme desselben, wie dies in Rücksicht auf die zu erwartende Änderung der Eintrittsverluste zu gewärtigen ist. Die vergleichende Darstellung der Diagramme C und D läßt aber weiter erkennen, daß bei zunehmender Endexpansionsspannung trotz Steigerung des theoretischen Dampfverbrauches, der wirkliche Dampfverbrauch eine geringere Veränderlichkeit namentlich bei den hohen Dampfspannungen aufweist, daß also der Zunahme der Endexpansionsverluste eine entsprechende Abnahme der Wärmeverluste im Cylinderinnern gegenübersteht.

Wert der Heizung. Kurz zusammenfassend ergeben sich aus dem vorher behandelten Versuchsmaterial zur Beurteilung des Wertes der Heizung folgende Schlußfolgerungen:

Die durch Heizung bei Eincylindermaschinen zu erzielende Wärmeerparnis erscheint bei Auspuffbetrieb günstiger wie bei Kondensation und wird um so größer, je geringer die Umdrehungszahl und Cylinderfüllung der Maschine. Bei Kondensation ist die Wärmeersparnis durch Heizung geringer als bei Auspuff und von der Eintrittsspannung derart abhängig, daß sie bei geringen Dampfspannungen und besonders im Gebiet größerer Füllungen sich schnell vermindert und fast verschwindet. Mit wachsender Umdrehungszahl nimmt der wärmetechnische Wert der Mantelheizung rasch ab; ebenso dürfte die Wirksamkeit der Deckelheizung, die bei niederen Umdrehungszahlen der Wertigkeit der Mantelheizung nahekommt, mit zunehmender Umdrehungszahl rasch abnehmen.

d. Einfluß der Kompression.

Nach den früheren theoretischen Untersuchungen des Arbeitsprozesses in der vollkommenen offenen Maschine hat sich bereits ergeben (S. 44), daß die indicierte Leistung einer bestimmten zugeführten Dampfmenge unabhängig ist von der Größe der im Cylinder verbleibenden Kompressionsdampfmenge, und damit zusammenhängend, daß die Größe des schädlichen Raumes auf die theoretische Wärmeausnützung ohne Einfluß ist. In der theoretisch unvollkommenen Maschine wird dagegen wegen der unvollkommenen Expansion die Wärmeausnützung und Hubleistung der Maschine von den Kompressionsverhältnissen abhängig. In einem gegebenen Cylinder sind je nach der Größe des schädlichen Raumes und des Kompressionsgrades zur Erzielung gleicher Hubleistung verschieden große Dampf- und Wärmemengen aufzuwenden. Diese Verschiedenheit erweist sich nach früheren theoretischen Erörterungen (S. 65) derart, daß in der Eincylinderauspuffmaschine eine etwa in der Mitte zwischen Ein- und Austrittsspannung liegende Endkompressionsspannung am wirtschaftlichsten sich ergibt und sowohl hohe wie geringe Kompression eine Steigerung des Dampfverbrauches für die Arbeitseinheit verursachen. Für Niederdruckcylinder mit Kondensationsbetrieb wird dagegen die Anwendung geringer Kompressionsgrade wirtschaftlicher, da hierbei die Kompressionsverluste im Vergleich zu den Verlusten durch unvollständige Expansion nur sehr geringen Einfluß auf die Gesamtwärmeausnützung ausüben (S. 66).

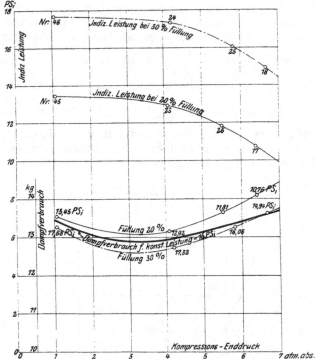

Fig. 173. Dampfverbrauch und Leistung, bezogen auf die Endkompressionsspannung.

Fig. 173 bis 175. Auspuffbetrieb ohne Mantelheizung.

Fig. 173 bis 177. Liegende Eincylindermaschine $\frac{180}{400}$; $n = 100$. Versuche über den Einfluß der Kompression.

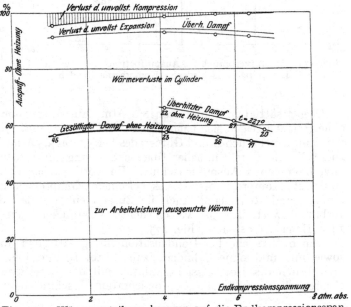

Fig. 174. Wärmeverteilung, bezogen auf die Endkompressionsspannung bei 20 v. H. Füllung für Betrieb mit gesättigtem und überhitztem Dampf.

9*

Inwieweit das Verhalten ausgeführter Dampfmaschinen hinsichtlich des Einflusses des Kompressionsgrades auf Dampf- und Wärmeverbrauch den theoretischen Erhebungen sich anpaßt, möge an Hand von Versuchen an einer kleinen liegenden Eincylindermaschine $\frac{180}{400}$; $n = 100$ des Maschinenbaulaboratoriums der technischen Hochschule in Dresden[1]), sowie von Versuchen an der wiederholt angeführten Laboratoriumsmaschine $\frac{304}{600}$; $n = 50$ der Universität Lüttich[2]) näher verfolgt werden.

Die erstere Versuchsmaschine ist mit einem durch Frischdampf heizbaren Dampfmantel versehen und wird durch vier Corlißschieber gesteuert, bei einem schädlichen Raum von 4,5 v. H.; letztere besitzt einen ausschaltbaren Dampfmantel und arbeitet mit für Ein- und Auslaß getrennten Flachschiebern bei einem schädlichen Raum von 6,6 v. H.

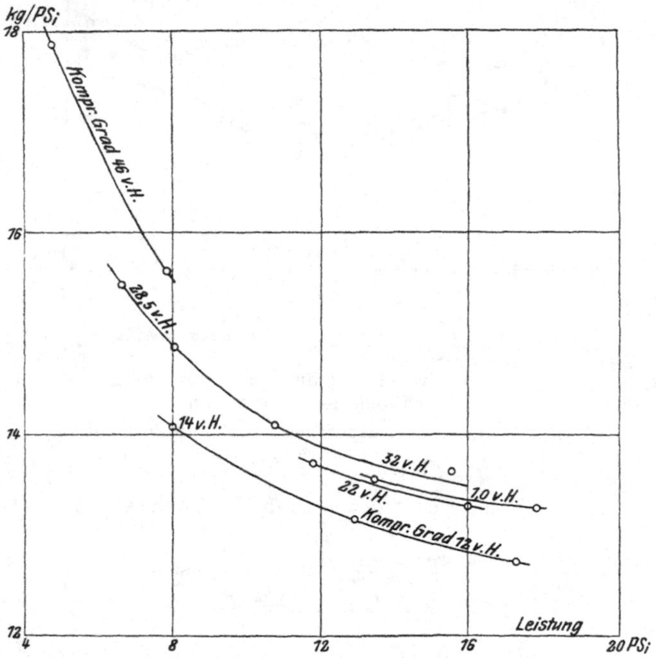

Beide Versuchsreihen sind mit gesättigtem und überhitztem Dampf bei Auspuff- und Kondensationsbetrieb durchgeführt; die Dresdener Versuche außerdem mit geheiztem und nicht geheiztem Dampfmantel.

Die in den Tab. 14 bis 16 zusammengestellten Ergebnisse der Dresdener Versuchsmaschine zeigen, daß trotz der mäßigen Größe des schädlichen Raumes Hubleistung und Dampfverbrauch durch den Kompressionsgrad merklich beeinflußt wurden.

Fig. 175. Dampfverbrauch bei Auspuffbetrieb, bezogen auf die Leistung bei verschiedenen Kompressionsgraden.

Bei gesättigtem Dampf von 8,0 Atm. Eintrittsspannung und Auspuffbetrieb ohne Heizung zeigen sich nach Tab. 14 und Fig. 173 und 174 die günstigsten Werte des Dampfverbrauches und Gütegrades bei 3,2 bis 3,5 Atm. Endkompressionsdruck. Dieses Ergebnis steht in naher Übereinstimmung mit dem Verhalten der theoretisch unvollkommenen Auspuffmaschine. Im vorliegenden Fall wird der theoretisch günstigste Kompressionsenddruck bei einem Kompressionsgrad von 12 bis 14 v. H. erreicht und steht damit auch im Zusammenhang, daß die günstigsten Dampfverbrauchswerte für die verschiedenen Leistungen beim Kompressionsgrad von 14 v. H. sich einstellten, Fig. 175.

Auch Versuche bei Kondensation mit gesättigtem und überhitztem Dampf, sowie mit und ohne Cylinderheizung, Tab. 15 und Fig. 176 und 177, stimmen hinsichtlich des Kompressionseinflusses mit den betreffenden Ableitungen für die theoretisch unvollkommene Kondensationsmaschine dahingehend überein, daß

---

[1]) Klemperer, Mitt. üb. Forschungsarb. Berlin 1905, Heft 24, S. 1 bis 28.
[2]) Dwelshauvers-Déry, Revue universelle des mines 1898, Bd. 44, S. 47.

Tabelle 14.

Liegende Eincylinder-Corlißmaschine $\frac{180}{400}$; $n = 100$.

Versuche von Dr. Klemperer mit verschiedenem Kompressionsgrad und verschiedenen Füllungen.

Betrieb mit Auspuff und gesättigtem Dampf ohne Mantelheizung.

Füllung . . . . v.H.	11			13,5	18	20				30			
Versuchsnummer	31	33	32	34	35	45	23	26	17	46	24	25	18
Kompressionsgrad . . . . . v.H.	14	28,5	46	28,5	46	1	12	22	32	1	12	22	32
Eintrittsspannung . . . kg/qcm	8,01	8,02	8,01	8,02	8,02	8,02	7,99	8,02	7,98	8,02	8,01	8,00	7,99
Gegendruck hinter der Maschine kg/qcm	1,05	1,05	1,05	1,05	1,05	1,07	1,05	1,05	1,05	1,07	1,05	1,05	1,05
Expansions-Enddruck . . . "	1,25	1,27	1,45	1,45	1,72	1,72	1,80	1,90	1,90	2,34	2,34	2,42	2,50
Kompressions-Enddruck . . . "	4,14	5,71	7,24	5,85	7,48	—	4,11	5,51	6,41	—	4,21	5,83	6,69
Mittlerer indicierter Druck "	1,62	1,37	0,96	1,62	1,57	2,75	2,62	2,41	2,18	3,61	3,51	3,26	3,04
Umdrehungen in der Minute	102,3	102,6	102,4	102,6	102,7	101,44	101,98	101,33	102,11	101,20	102,07	101,87	101,47
Indicierte Leistung . . . PS_i	8,02	6,79	4,75	8,03	7,80	13,45	12,92	11,81	10,76	17,68	17,32	16,06	14,94
Dampfverbrauch für die PS_i/Std.. kg	14,09	15,50	17,87	14,86	15,61	13,55	13,18	13,70	14,10	13,28	12,73	13,28	13,62
Kompressions-Dampfmenge in v.H.	17,2	30,8	58,4	28,5	41,5	2,5	10,3	17,4	25,3	1,9	7,9	13,3	18,9
Frischdampfmenge													
Theoretisch verfügbare Wärme = 100 % . . . . WE	82,5	82,5	82,5	82,5	82,5	82,2	82,4	82,5	82,4	82,2	82,5	82,5	82,5
Nutzbare Wärme . . . . v.H.	54,4	49,4	43,0	51,5	49,0	56,7	58,2	55,9	54,5	58,0	60,2	57,7	56,3
Verlust durch unvollständige Expansion*) . v.H.	0,8	1,0	3,6	3,2	5,4	3,9	5,5	7,3	7,8	10,3	11,0	12,5	14,3
Verlust durch unvollständige Kompression . v.H.	2,1	0,8	0,2	0,7	0,1	4,7	1,3	0,6	0,4	3,6	0,8	0,4	0,2
Wärmeverlust im Cylinder . v.H.	42,7	48,8	53,2	44,6	45,5	34,7	35,0	36,2	37,3	28,1	28,0	29,4	29,2

*) Unter Berücksichtigung des Anteils der Kompressionsdampfmenge.

Tabelle 15.

Liegende Eincylinder-Corlißmaschine $\frac{180}{400}$; $n = 100$.

Versuche von Dr. Klemperer.

Betrieb mit Kondensation und gesättigtem Dampf mit und ohne Mantelheizung.

	Ohne Mantelheizung								Mit Mantelheizung							
Füllung . . . . v. H.	12	12	12	12	23	23	23	23	12	12	12	12	23	23	23	23
Versuchsnummer . . .	10	16	8	2	12	14	6	4	9	15	7	1	11	13	5	3
Kompression . . . v. H.	8,5	20	30	50	8,5	20	30	50	8,5	20	30	50	8,5	20	30	50
Eintrittsspannung kg/qcm	6,96	7,02	6,97	6,86	6,99	7,00	7,00	7,00	6,99	7,06	6,96	6,96	7,00	7,04	7,02	7,07
Gegendruck hinter der Maschine . . . kg/qcm	0,183	0,182	0,180	0,184	0,184	0,181	0,180	0,184	0,182	0,183	0,176	0,184	0,186	0,182	0,180	0,184
Expansions-Enddr. „	1,22	1,12	1,24	1,22	1,70	1,70	1,75	1,82	1,10	1,13	1,21	1,38	1,63	1,63	1,68	1,75
Kompressions-Enddr. „	1,31	2,25	2,71	3,82	1,53	2,59	3,19	4,65	1,21	2,11	2,58	4,13	1,38	2,40	3,03	4,83
Mittlerer indicierter Druck kg/qcm	2,21	2,14	2,11	1,83	3,19	3,09	3,14	2,84	2,32	2,29	2,26	2,00	3,32	3,26	3,29	3,01
Min. Umdrehungen . .	102,1	102,1	102,2	102,0	101,9	101,6	102,0	101,7	102,0	101,7	102,0	100,7	101,8	101,4	102,0	100,7
Indicierte Leistung . PS_i	10,92	10,57	10,43	9,02	15,70	15,21	15,51	13,95	11,45	11,26	11,14	9,74	16,36	15,97	16,23	14,62
Dampfverbrauch für die PS_i/Std. . . . . kg	11,80	11,81	12,14	12,70	11,44	11,56	11,46	11,88	10,28	10,38	10,59	11,15	10,35	10,43	10,35	10,82
Kompressionsdampfmenge in v. H. Frischdampfmenge	3,9	7,4	9,9	19,9	3,3	6,8	9,4	15,8	4,4	7,2	9,3	18,1	3,6	5,5	7,1	14,3
Mantelkondensat in v. H.	—	—	—	—	—	—	—	—	10,8	11,7	10,5	10,5	7,1	7,5	7,2	7,5
Gesamtkondensat . . .																
Wärmeverteilung für 1 kg Dampf.																
Theoretisch verfügbare Wärme = 100 v. H. WE	134,9	135,5	135,5	134,2	135,0	135,7	135,9	135,0	135,0	135,1	136,0	134,8	134,2	135,1	135,3	135,2
Nutzbare Wärme . v. H.	39,7	39,5	38,4	37,1	40,8	40,3	40,6	39,4	45,5	45,1	43,9	42,1	45,5	44,8	45,1	43,2
Verlust durch unvollständige Expansion . v. H.	25,1	23,1	27,4	29,0	33,0	33,5	35,3	38,2	20,4	21,9	24,2	28,3	29,0	29,5	31,0	33,7
Verlust durch unvollständige Kompression v. H.	2,7	2,0	1,8	1,2	1,8	1,4	1,1	0,5	3,4	2,3	1,8	0,9	2,3	1,3	1,0	0,3
Verlust durch Mantelheizung . . . v. H.	—	—	—	—	—	—	—	—	10,8	11,7	10,5	10,5	7,1	7,5	7,2	7,5
Wärmeverlust im Cylinder . . . . . v. H.	32,5	35,4	32,4	32,7	24,4	24,8	23,0	21,9	19,9	18,8	19,6	18,2	16,1	16,9	15,7	15,3

Tabelle 16.

Versuche mit verschiedenem Kompressionsgrad bei Betrieb mit überhitztem Dampf ohne Mantelheizung.

	Liegende Maschine $\frac{180}{400}$; $n = 100.$ Versuche von Klemperer Auspuff			Liegende Maschine $\frac{304}{600}$; $n = 47.$ Versuche von Dwelshauvers-Déry. Kondensation		
Füllung . . . . . . v. H.	20			6,5		
Versuchsnummer	22	27	20	12	4	2
Kompression . . . . v. H.	12	22	32	10	40	60
Eintrittsspannung . kg/qcm	8,00	8,02	7,97	5,55	5,54	5,59
Dampftemperatur . . . °C	221,0	222,9	220,2	197,0	200,0	197,0
Gegendruck . . . . kg/qcm	1,05	1,06	1,05	0,127	0,170	0,228
Exp.-Enddruck . . „	1,65	1,68	1,88	0,87	0,90	0,92
Kompr.-Enddruck . „	4,09	5,95	6,75	0,56	1,56	2,36
Mittlerer indic. Druck „	2,57	2,29	2,15	—	—	—
Umdrehungen in d. Min. .	101,6	101,9	101,1	46,91	47,00	46,97
Indic. Leistung . . . . PSi	12,62	11,28	10,51	14,0	13,9	12,4
Dampfverbrauch f. PSi/Std kg	11,05	11,58	12,13	10,92	11,13	12,81
Kompr.-Dampfmenge in v.H. der Frischdampfmenge . .	12,2	21.0	32,2	3,2	12,3	21,9
Theor. verfügb. Wärme WE	89,0	89,0	88,1	144,0	135,8	126,8
Nutzbare Wärme . . v.H.	65,3	61,4	58,5	40.1	41,8	38,9
Verlust durch unvollst. Expansion . . . . „	4,3	4,7	7,5	23,7	21,8	20,6
Verlust durch unvollst. Kompression . . . . „	1,5	0,1	—	5,0	4,1	2,1
Wärmeverlust im Cylinder „	29,9	33,8	33,0	31,2	32,3	38,34

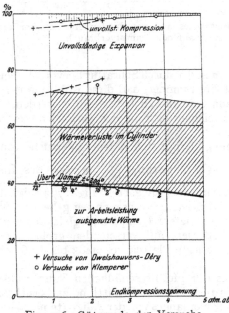

Fig. 176. Gütegrade der Versuche ohne Mantelheizung.

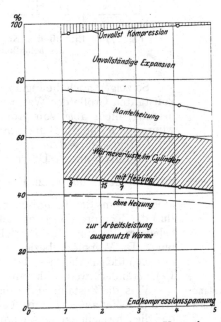

Fig. 177. Gütegrade der Versuche mit Mantelheizung.

Fig. 176 und 177. Kondensationsbetrieb für 12 v. H. Füllung mit und ohne Mantelheizung.

die günstigsten Dampfverbrauchsziffern und Gütegrade niedriger Kompressionsendspannung entsprechen.

Aus dieser Übereinstimmung ist zu erkennen, daß der Einfluß des Kompressionsgrades auf die tatsächliche Wärmeausnützung nur wenig beeinträchtigt wird durch
die Kondensations- und Lässigkeitsverluste und daß die günstigste Kompressionsendspannung nicht von der Wechselwirkung zwischen Dampf und Cylinderwand
während der Kompression abhängt, sondern im wesentlichen nur durch den mit
der unvollständigen Expansion zusammenhängenden Arbeitsverlust der Kompressionsdampfmenge bedingt ist.

Diese Folgerung wird auch bestätigt durch den übereinstimmenden gesetzmäßigen Verlauf der Gütegradkurven für die Versuche mit gesättigtem und überhitztem Dampf, wie er sich in der auf den Kompressionsenddruck bezogenen Darstellung Fig. 174 erkennen läßt.

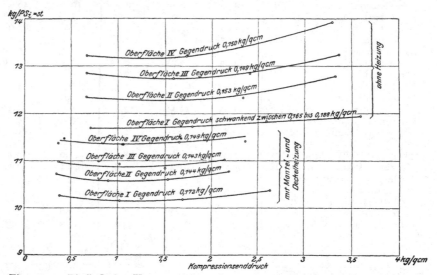

Fig. 177a. Einfluß des Kompressionsgrades und verschieden großer Oberflächen
des schädlichen Raumes auf den Dampfverbrauch.

So zeigen auch die Fig. 176 und 177 in der durch Schraffur hervorgehobenen, fast
konstanten Größe der Wärmeverluste im Cylinder, daß diese wohl von der Mantelheizung, nicht aber vom Kompressionsgrad merklich beeinflußt werden. Der Gewinn durch die Mantelheizung kennzeichnet sich in der parallelen Verschiebung
der Gütegradkurven in Fig. 177.

In vollkommener Übereinstimmung hiermit stehen neuere Versuche von Heinrich an der Kuhnschen Eincylinder-Ventilmaschine $\frac{250}{760}$; $n = 92$ des Ingenieurlaboratoriums der Technischen Hochschule in Stuttgart[1]). Fig. 177a zeigt den Einfluß des Kompressionsenddruckes auf den Dampfverbrauch bei geheizter und nicht
geheizter Maschine für Betrieb mit gesättigtem Dampf und gleichbleibender Füllung. Die Versuche beziehen sich außerdem auf verschieden große Oberflächen
des schädlichen Raumes, die durch eingelegte Platten von 4483 bis 8336 qcm (I bis
IV) verändert werden konnten.

**Dampfzustand
im schädlichen
Raum.**
Was die Zustandsänderungen des Dampfes im schädlichen Raum während der
Kompression angeht, so ist bei deren rechnerischer Ermittlung zu berücksichtigen,
daß die Abweichungen des Kompressionsvorganges von der Adiabate nicht nur durch

_____

[1]) Mitt. über Forschungsarbeiten, Heft 146. Berlin 1914.

Wechselwirkung zwischen Dampf und Wandung, sondern auch durch Lässigkeitsverluste an Kolben und Steuerorganen bedingt werden.

Aus der durch die Druckvolum- und Temperatur-Entropiediagramme Fig. 178
und 179 veranschaulichten Dampf- und Wärmeverteilung des Versuches 3 von
Dr. Klemperer bei Kon-
densationsbetrieb[1]) sind im
Verlauf der Expansionslinie
erhebliche Lässigkeitsverluste der Einlaßsteuerung
zu erkennen. Es ist daher
auch nicht angängig, die aus
den beiden Diagrammen ab-
zuleitenden Veränderungen
der Kompressionsdampf-
menge lediglich aus der Kom-

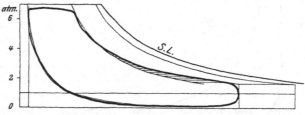

Fig. 178. Druckvolum-Diagramm.

pressionsarbeit und aus der Wechselwirkung zwischen Dampf und Wandung erklären zu wollen.

Noch stärker wurden durch Lässigkeitsverluste die mit geringer Dampfüberhitzung ohne Mantelheizung durchgeführten Versuche von Dwelshauvers-Déry[2])
beeinträchtigt. Ihre in Tab. 16 angegebenen wichtigsten Ergebnisse sind in Fig. 176
übertragen. Sie zeigen übereinstimmend mit den Ergebnissen des Kondensationsbetriebes bei der Dresdener Versuchsmaschine und mit dem Verhalten der theoretisch
unvollkommenen
Maschine eine Ab-
nahme des Güte-
grades mit zuneh-
mendem Kompres-
sionsenddruck.

Die Zustands-
änderungen des
Kompressions-
dampfes weisen
aber ungewöhnlich
große Abweichun-
gen von denen der
adiabatischen Kom-
pression auf, die
sich nicht durch die
Wechselwirkung
zwischen Dampf
und Wandung er-
klären lassen. Eine
ungezwungene Er-
klärung finden sie
jedoch in der Kol-

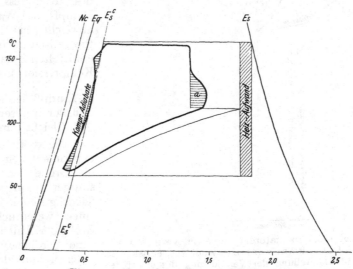

Fig. 179. Temperatur-Entropie-Diagramm.

Fig. 178 und 179. Versuch 3 von Klemperer, bei Kondensationsbetrieb und hoher Kompression (mit Mantelheizung).

benundichtheit unter Berücksichtigung der tatsächlich auftretenden Überdrücke
am Kolben, die im Indikatordiagramm Fig. 180 durch Übereinanderlegen der
gleichzeitig auftretenden Expansions- und Kompressionsdrücke beider Kolbenseiten
sich ermitteln. Vom Kompressionsbeginn ab nimmt infolge hohen Dampfdruckes
auf der arbeitenden Kolbenseite die Kompressionsdampfmenge zu bis zum Druckausgleich beider Kolbenseiten im Punkt a, über den hinaus umgekehrt Kompressionsdampf nach der Gegenseite des Kolbens übertritt und seine Gewichtsmenge

[1]) Klemperer, Mitt. üb. Forschungsarbeiten. Berlin 1905, Heft 24, S. 1—24.
[2]) Revue universelle des mines 1898, S. 44.

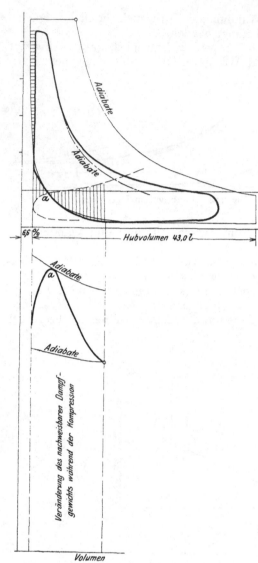

Fig. 180. Indikatordiagramm zu Versuch 4 von Prof. Dwelshauvers-Déry mit Vergleichskurven und Darstellung der Veränderung des sichtbare Dampfgewichts während der Kompression im Vergleich zur adiabat. Kompression.

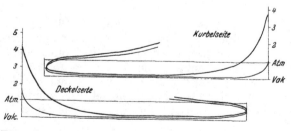

Fig. 181. Verlauf der Kompressionslinien bei verschiedenem Kompressionsgrad in Versuchen von Prof. Dörfel.

sich wieder vermindert, wie in dem unteren Teil des Diagrammes Fig. 180 veranschaulicht.

Eine Bestätigung finden die Ergebnisse der vorstehend betrachteten kleinen Versuchsmaschinen noch in Versuchen von Prof. Dörfel an einer 140pferdigen Eincylinder-Kondensationsmaschine (III, 36 bis 39), bei denen ebenfalls eine merkliche Beeinflussung des Dampf- und Wärmeverbrauchs durch Veränderung der Kompressionsdampfmenge nicht festgestellt werden konnte; es lassen dies die Ergebnisse der mit kleiner und großer Kompression, Fig. 181, ausgeführten Versuche in der graphischen Darstellung des Dampfverbrauches auf S. 39 des Bd. III erkennen.

Allgemein kann aus vorstehenden praktischen Ergebnissen gefolgert werden, daß der wirkliche Einfluß des Kompressionsgrades auf den Dampf- und Wärmeverbrauch wenig abweicht von dem S. 64 und 66 für die theoretisch unvollkommene Maschine ermittelten Zusammenhang zwischen Kompression und Gütegrad.

e. Einfluß des schädlichen Raumes und der inneren Steuerungsorgane. Gleichstromdampfwirkung.

Die vorausgehend angeführten experimentellen Feststellungen über die Größe der Eintrittsverluste bestätigen naturgemäß, daß die Oberflächengröße des schädlichen Raumes einen wesentlichen Anteil an der Größe der Eintrittskondensation hat. Eine Verkleinerung der schädlichen Flächen muß daher auch eine Verminderung der Wärmeverluste im Cylinderinnern zur Folge haben. Einen deutlichen Beleg hierfür bilden die Zusammenstellungen von Versuchen auf Taf. 9, Bd. III. Die Diagramme zeigen für Einfachexpansionsmaschinen mit Kondensation einen ausgesprochenen Unterschied im Wärmeverbrauch der mit großen schädlichen Räumen und Kühlflächen der Steuerorgane arbeitenden Doppelschieber- und Ventilmaschinen im

Vergleich mit den kleine schädliche Räume aufweisenden Corlißmaschinen. Der Unterschied im Mehrverbrauch an Wärme beider Maschinengattungen über den der theoretisch vollkommenen Maschine wächst bei großem Wärmegefälle bis auf 50 v. H.

Jene Steuerungsanordnungen, bei denen die Flächen des schädlichen Raumes sowohl vom ein- als auch vom ausströmenden Dampf bestrichen werden, steigern ganz besonders die nachteilige Wechselwirkung zwischen Dampf und Wandung. Es ist daher verständlich, daß unter sonst gleichen Bedingungen Steuerungen mit getrennten Ein- und Auslaßorganen, wie beispielsweise Corliß- und Ventilsteuerungen weniger nachteilig sich erweisen, als Schiebersteuerungen mit je einem für Dampfein- und -Auslaß dienenden Steuerkanal jeder Cylinderseite. Da die Corlißschieber noch den Vorteil kleinsten schädlichen Raumes gewähren, so erscheinen sie vom wärmetechnischen Standpunkt aus als besonders zweckmäßige Steuerorgane.

Bei Auspuffbetrieb zeigen nach Fig. 182 Schiebermaschinen mit getrennten Ein- und Auslaßkanälen bei den günstigsten Versuchsergebnissen 10 bis 12 v. H. geringeren Wärmeverbrauch als solche mit für Ein- und Auslaß zugleich verwendeten Steuerkanälen. Nur bei Lokomobilen wird infolge der mit dem Einbau der Dampfcylinder in den Dampfdom verbundenen intensiven Heizung von Cylinder, Kanalwänden und Steuergehäusen der Einfluß der inneren Steuerorgane auf den Dampfverbrauch nahezu aufgehoben.

Über den Einfluß der Größe der schädlichen Oberflächen auf Dampfverbrauch und Gütegrad führte E. Heinrich an der bereits auf S. 136 angeführten Laboratoriumsmaschine eingehende Versuche in der Weise durch[1]), daß gelochte Platten auf die Innenseite des Cylinderdeckels aufgesetzt wurden. Der Dampfverbrauch

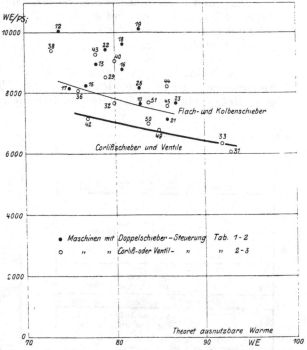

Fig. 182. Wärmeverbrauch von liegenden Eincylindermaschinen (vgl. III, Tab. 1—3).

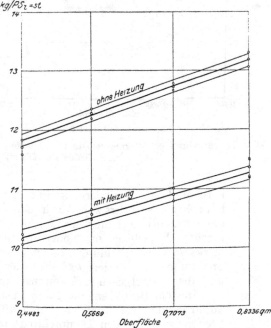

Fig. 182a. Zunahme des Dampfverbrauchs mit wachsender Größe der schädlichen Oberflächen.

----
[1]) Mitt. üb. Forschungsarbeiten. Berlin 1914, Heft 146.

stieg bei Betrieb ohne und mit Heizung, wie Fig. 182a zeigt, linear mit Zunahme der Größe der schädlichen Flächen, infolge Erhöhung der Eintrittsverluste.
Fig. 182b und c veranschaulichen die tatsächliche Veränderung der letzteren und
lassen auch erkennen, daß mit der Eintrittskondensation auch das Nachverdampfen
zunimmt und dementsprechend der Gütegrad, wenn auch nur in geringem Maße,
günstig beeinflußt wird.

**Gleichstrom-
Dampf-
wirkung**
Das Bestreben, die Wärmeverluste im Cylinderinnern durch weitgehende
Beschränkung der abkühlenden Flächen des schädlichen Raumes und durch wirk-
same Heizung bei möglichst geringem Heizdampfaufwand auf das praktisch erreich-

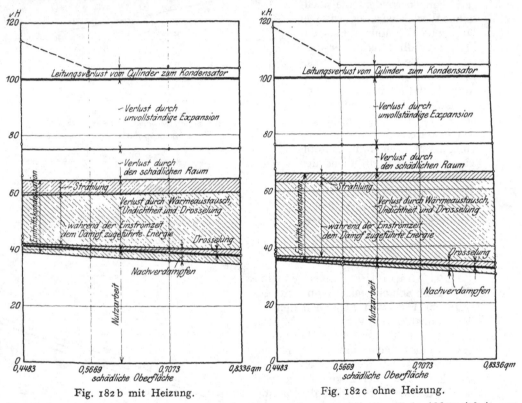

Fig. 182b mit Heizung.   Fig. 182c ohne Heizung.

Fig. 182b und c. Wärmeverluste bei gleichem Kompressionsgrad von 12 v. H. in Abhängigkeit von
der Größe der Oberflächen im schädlichen Raum.

bare Maß zu vermindern, kommt in der neuerdings entwickelten Gleichstrommaschine besonders zum Ausdruck. Prof. Dr. Ing. Stumpf in Charlottenburg hat
das Verdienst, auf die wärmetechnischen Vorteile der schon vor Jahrzehnten gemachten Vorschläge zur Konstruktion von Gleichstrommaschinen von neuem aufmerksam gemacht und die Technik für jene Durchbildung der Dampfcylinder und
Steuerungen interessiert zu haben, der die Anwendung eines langen Dampfkolbens
und die weitestgehende Trennung von Dampfein- und -auslaß zugrunde liegt.

In dem Bestreben, die Dampfzuströmung möglichst entfernt von der Dampfausströmung am Cylinder durchzuführen, sind beim Gleichstromcylinder die
Steuerorgane für den Dampfeintritt in die Cylinderdeckel und der Dampfaustritt
in die Cylindermitte gelegt, wobei die Auslaßkanäle ohne besonderes Steuerorgan
durch den Kolben selbst in der Nähe des Hubwechsels geöffnet und geschlossen
werden, Fig. 183. Der Kolben muß zu diesem Zwecke eine Länge nahezu gleich

dem Kolbenhub erhalten, so daß auch die Dampfcylinderlänge entsprechend sich vergrößert. Die Dampfausströmung erfolgt bei dieser Ausbildung der Gleichstrommaschine nur während einer kurzen Zeit vor und nach dem Hubwechsel und örtlich entfernt von der Einströmung des Arbeitsdampfes, so daß der Dampf im Gleichstrom durch den Cylinder geführt erscheint, im Gegensatz zur üblichen Abströmung des Dampfes in der Nähe der Einlaßorgane und Cylinderdeckel bei der normalen Anordnung der Auslaßorgane.

Durch den zeitlich kurzen Dampfaustritt wird auch die für die Verminderung der Eintrittsverluste wichtige Deckelheizung nicht durch empfindliche Wärmeabgabe an den austretenden Dampf beeinträchtigt. Ungünstig wirkt bei langem Kolben jedoch der Umstand, daß der Kolbenkörper während des größten Teiles des Kolbenhubes mit Dampf von Kondensatorspannung in Berührung steht, und daß die jeweils auf der Ausströmseite befindliche Kolbenfläche während der in ihrer Nähe erfolgenden Ausströmung eine starke Abkühlung erfährt.

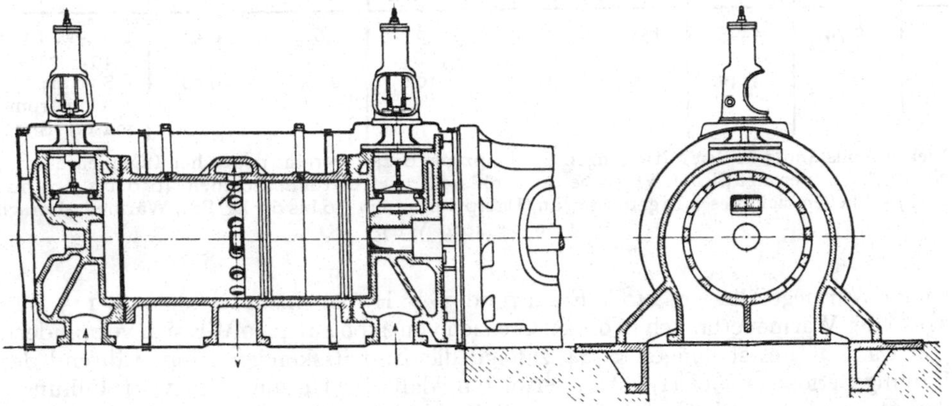

Fig. 183. Cylinder einer Gleichstromdampfmaschine, System Prof. Stumpf.

Statt mit langem Kolben läßt sich die Gleichstromwirkung auch mit normalem Kolben erreichen, wobei nur in der Cylindermitte an Stelle der Schlitzsteuerung durch den Kolben ein für beide Kolbenseiten gemeinsames und von außen gesteuertes Auslaßorgan angeordnet wird. Die Kompression kann hierbei bis auf 50 v. H. erniedrigt werden. Die schädlichen Flächen der Auslaßkanäle und des Auslaßorgans sind zwar nahezu während der Hälfte eines jeden Kolbenhubes noch mit dem Cylinderinnern in Verbindung; während der Kompressions- und der Füllungsperiode kommen sie aber weder mit dem Kompressions- noch mit dem Eintrittsdampf in Berührung.

In Tab. 18 sind Versuchsergebnisse mitgeteilt, die sich auf Gleichstrommaschinen, Bauart Prof. Stumpf, mit Deckelheizung durch strömenden Dampf beziehen, wobei der Deckel, s. Fig. 185, den Kompressionsraum bis zur äußersten Stellung des Kolbenringes umgreift. Die Versuche beziehen sich auf einen mittleren Arbeitsdruck von 2,53 kg/qcm und Leistungen von 55,9 und 186 PSi. Zum Vergleich sind Versuche mit Corlißmaschinen heranzuziehen, Bd. III, Tab. 7, Nr. 7 bis 15, die mittlere Arbeitsdrücke von 2,14 bis 3,38 kg/qcm und Leistungen von 86,6 bis 304,6 PSi aufweisen. Die graphische Darstellung Fig. 184 läßt deutlich eine gesetzmäßige Übereinstimmung der in beiden Maschinengattungen erzielten Wärmeausnützung erkennen, so daß eine ausgesprochene Überlegenheit der Gleichstrommaschine über die normale Corlißmaschine bei Sattdampfbetrieb nicht gefolgert werden kann.

Der Gütegrad der Corliß- und Gleichstrommaschinen nimmt mit zunehmendem Wärmegefälle infolge der mit der Erhöhung des Vakuums verbundenen Zunahme der Endexpansionsverluste allmählich ab und vermindert sich von 64 v. H. bei

Gleichstrommaschinen mit Sattdampfbetrieb.

Tabelle 18.

Gleichstrommaschinen, Bauart Prof. Stumpf.

Betrieb mit Kondensation und Deckelheizung. Gesättigter Dampf.

Kondensationsbetrieb.

Nr.	Abmessungen mm		Minutl. Um- drehungen	Drucke in Atm. abs.		Druck im Konden- sator p_c	Mittl. Arbeits- druck	Leistung PS_i
	Hub	Cylinder- durchm.		Eintritt	Gegendr. im Cyl. p_0			
1	500	350	103,6	11,0	0,16	0,12	2,54	55,9
2	600	450	178,0	10,8	—	0,07	2,52	186,0

Nr.	Dampf- verbr. f. d. PS_i/Std.	Wärme- verbr. f. d. PS_i/Std.	In Arbeit umges. Wärme für 1 kg Dampf in WE			Gütegrad bez. auf vollk. Maschine φ_0		Quelle
			vollk. Maschine		wirkl.			
			bez. auf p_0	bez. auf p_c	Maschine	bez. auf p_0	bez. auf p_c	
1	6,74	4495	155,5	165,5	94	0,605	0,57	B.R.-V. 1911, 192, 2470
2	6,20	4140	166,5	176,5	102	0,615	0,58	Stumpf, Gleichstrom- masch. S. 56.

Vier unvollständig in den Mitteilungen des Leipziger Bezirksvereins deutscher Ingenieure 1910, Nr. 8, S. 11, veröffentlichte Versuche an größeren Gleichstrommaschinen (650 bis 850 mm Hub) schließen sich diesen Ergebnissen an (Dampfverbrauch 6,6 bis 6,1 kg/PS_i, Wärmeverbrauch 4420 bis 4070 WE).

einem Wärmegefälle von 140 WE auf rund 58 v. H. bei einem Gefälle von 175 WE, wobei der Wärmeverbrauch in diesen Grenzen von 4500 auf 4200 WE sich vermindert.

Da den Feststellungen S. 84 zufolge die Eintrittskondensation während der Füllungsperiode andauert, ist zu erwarten, daß die Heizung der vom Füllungsdampf berührten Wandungsteile des Cylinderumfangs eine weitere Verbesserung

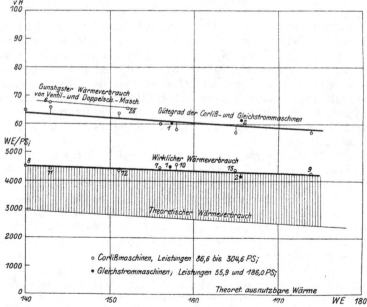

Fig. 184. Wärmeverbrauch und Gütegrad von Eincylinder-Corliß- und von Gleichstrom-Ventilmaschinen bei Betrieb mit normaler Leistung, gesättigtem Dampf und Kondensation. Vgl. Band III, Tab. 7, Nr. 7—12 und 15.

der Wärmeausnützung erzielen läßt, weshalb bisweilen die Cylinderenden von Satt-
dampfgleichstrommaschinen noch von angegossenen Ringräumen, Fig. 185, die
der Heizdampf durchströmt, umgeben werden.

Über diesbezügliche Vergleichsversuche an Gleichstrommaschinen mit und ohne
solche ringförmige Heizräume liegen leider nur unvollständige Veröffentlichungen
an einer von Gebr. Sulzer in Winterthur[1])

Mantelheizung von Gleichstromcylindern.

gebauten Maschine von 600 mm Cylinderdurchmesser und 800 mm Hub vor, die
nicht ausreichen, um allgemeine Schlußfolgerungen über den wärmetechnischen Wert
dieser Mantelheizung zuzulassen. Fig. 186
zeigt für diese Versuchsmaschine, auf den
mittleren Arbeitsdruck im Cylinder, also
auf die Leistung bezogen, die Dampfverbrauchskurven bei Deckelheizung allein
und bei Betrieb mit Deckel- und Mantelheizung. Bemerkenswert ist für diese

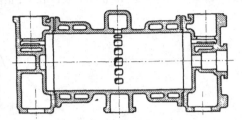

Fig. 185. Gleichstromcylinder mit Heizmänteln für Sattdampfbetrieb.

Versuche nicht nur die starke Abnahme des Dampfverbrauchs mit sinkender
Leistung, sondern außerdem die Tatsache, daß die Ergebnisse günstiger sind
wie diejenigen der Versuche 1 und 2 der Tab. 18, trotz niedrigerer Eintrittsspannung. Dieses Verhalten der angezogenen Versuchsmaschinen läßt sich durch
ihre größere Maschinenleistung und vorzügliche Dichtheit von Kolben und Steuer

organen allein nicht erklären; vielmehr dürfte der Grund des günstigeren Dampfverbrauchs und Gütegrades
in dem Umstande zu finden sein,
daß der Dampfverbrauch der von
Gebr. Sulzer ausgeführten Gleichstrommaschine durch Kondensatwägung, der der Vergleichsmaschinen
jedoch durch Speisewasserwägung bestimmt wurde.

Aus den Gütegraden ohne und
mit Mantelheizung ließe sich zugunsten der letzteren eine Ersparnis
bis 11 v. H. ableiten, indem für normale Belastung eine Verminderung
der Wärmeverluste durch Wechselwirkung, Drosselung und Undichtheit bis auf 5 v. H. (s. Fig. 186)
eintrat, während ohne Mantelheizung die Verluste noch 16 v. H. betrugen. Diese überraschend große
Wirkung des nur kurzen Heizmantels
ist jedoch unwahrscheinlich. Die Ursache des großen Unterschiedes in
den Wärmeverlusten dürfte hauptsächlich darin zu finden sein, daß
ein Teil des Mantelkondensats in die
Frischdampfleitung zurückfiel und
beim Dampfverbrauch des Betriebs

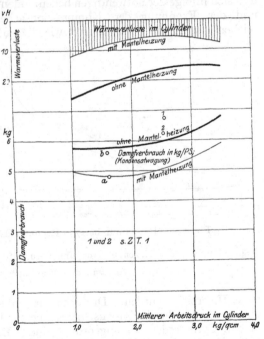

Fig. 186. Lieg. Gleichstrommaschinen $\frac{600}{800}$; $n \simeq 150$.
Einfluß der Mantelheizung auf die Wärmeausnützung
bei verschiedener Leistung.

mit Heizmantel nicht mitgerechnet, sondern der Leitungskondensation zur Last
gelegt wurde. Dies Bedenken wird gerechtfertigt durch Versuche an einer an-

---

[1]) Stumpf, Die Gleichstrommaschine, 1911, S. 16 bis 21. (S. bes. Fig. 16 und 22.)

deren Maschine gleicher Größe und Anordnung[1]), bei der für einen mittleren
Arbeitsdruck von 1,6 Atm. bei Kondensatwägung ein Dampfverbrauch von 4,82 kg
(übereinstimmend mit den Sulzerschen Versuchen), bei Speisewasserwägung dagegen ein solcher von 5,62 kg sich ergab. Der Unterschied betrug 15,8 v. H.
Diese Feststellungen sind in Fig. 186 durch die Punkte *a* und *b* vergleichsweise eingetragen. Wird nun auch für die Sulzermaschine der Unterschied zwischen

Speisewasser- und Kon-
densatwägung wesent-
lich geringer angenom-
men, so darf doch der
Einfluß der Mantelung
des Cylinderendes nur
auf einen Bruchteil des
aus den Versuchskurven
ersichtlichen Wertes ge-
schätzt werden.

**Auspuff-
betrieb.**

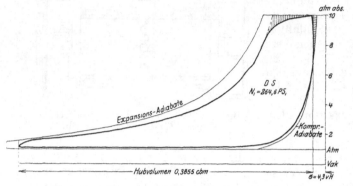

Fig. 187.   Diagramm bei 500 PS$_i$ der Maschine.

Für Auspuff lie-
gen Versuche an Gleich-
strommaschinen bei Be-
trieb mit gesättigtem
Dampf nicht vor. Es
ist jedoch anzunehmen,

daß sich infolge der notwendigen bedeutenden Vergrößerung des schädlichen Raumes
und der Erhöhung der Kompressionsarbeit keine Wärmeverbrauchsziffern erreichen lassen, die geringer sind wie die guter Eincylinderauspuffmaschinen.

Unter letzteren
seien die mit niedri-
ger Eintrittsspan-
nung gewonnenen
Versuchsergebnisse
III. Tab. 3 Nr. 42
und 52 an Ventilma-
schinen der Maschi-
nenfabrik Augsburg
hervorgehoben und
außerdem die inter-
essanten Ergebnisse
an Kerchovemaschi-
nen, III. Tab. 2 Nr.
31 und 33, bei denen
für ein Wärmegefälle
von etwa 92 WE
Gütegrade von 72 bis

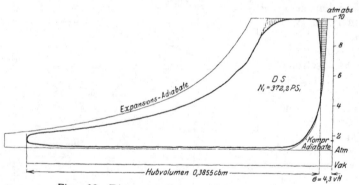

Fig. 188.   Diagramm bei 750 PS$_i$ der Maschine.

Fig. 187 und 188.   Liegende Eincylinder-Auspuffmaschine, $\dfrac{700}{1000}$,

$n = 108$ von van den Kerchove.

74 v. H. erzielt wurden.   Die Steuerung dieser letzteren 500—700 pferdigen Maschinen erfolgt durch Kolbenschieber, die zur Erzielung kleinen schädlichen Raumes
in den Cylinderdeckeln angeordnet sind.   Die Indikatordiagramme Fig. 187 und
188 zeigen infolge wirksamer Heizung der Deckel und Mäntel mäßige Eintrittskondensation und geringe sonstige innere Wärmeverluste.

Werden diese günstigsten Betriebsergebnisse von Auspuffmaschinen bei
normaler Belastung und Eintrittsspannungen von 8 bis 11 Atm. mit den Versuchen
an Corliß- und Gleichstrommaschinen mit Kondensationsbetrieb vereinigt, Fig. 189,
so zeigt der Gütegrad für beide Betriebsweisen die gleiche lineare Abhängigkeit
von der theoretisch ausnützbaren Wärme.   Die Abnahme des Gütegrades mit zu-

[1]) Z. d. V. d. Ing. 1911, S. 1704. Tab. 1.

nehmendem Wärmegefälle ist in der Zunahme der Verluste durch unvollständige Expansion und nicht in einer Verschlechterung der Wärmeausnützung im Cylinder begründet, wie folgender Abschnitt erweisen wird.

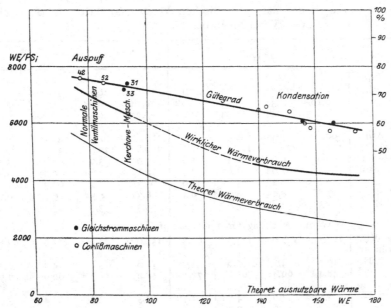

Fig. 189. Günstigster Wärmeverbrauch von Eincylinder-Sattdampfmaschinen bei Auspuff und Kondensation.

f. Einfluß der Austrittsspannung.

Zur Beurteilung der praktischen und wirtschaftlichen Bedeutung der Austrittsspannung bei Sattdampfbetrieb liegen einerseits Versuchsreihen an einzelnen Maschinen mit verschiedenem Gegendruck vor, andererseits bei gleichem Gegendruck ein reiches Versuchsmaterial an Maschinen verschiedener Größe und Ausführung, aus dem die Tab. 1 bis 4 und 7 bis 9, Bd. III gewonnen sind.

Unter den Vergleichsversuchen an Eincylindermaschinen mit und ohne Kondensation verdienen die in nachfolgender Tab. 19 zusammengestellten Versuche von Professor Eberle[1]) am Hochdruckcylinder der liegenden Verbundmaschine mit Ventilsteuerung der dampftechnischen Versuchsanstalt des Bayrischen Revisionsvereins in München besonders hervorgehoben zu werden. Der Abdampf wurde in einem Oberflächenkondensator niedergeschlagen, dessen Spannung durch Lufteintritt auf jede beliebige Höhe eingestellt werden konnte. Der Cylinder war mit Mantelheizung durch Frischdampf versehen. Die Versuche, welche bei 40 und 60 PS$_e$ Belastung und Kondensatordrucken von 65, 45 und 30 cm Luftleere, sowie für Auspuffbetrieb durchgeführt wurden, besitzen infolge vorzüglicher Dichtheit der Steuerorgane und Kolben hohen Vergleichswert.

Fig. 190 stellt die vom Kondensatordruck abhängige Veränderung des Dampfverbrauches dar, deren Gesetzmäßigkeit für beide Belastungen übereinstimmt. Der wirkliche Dampfverbrauch nimmt mit der Kondensatorspannung weniger rasch ab als der Verbrauch der theoretisch vollkommenen Maschine. Die Gütegradkurven Fig. 191 und 192 zeigen, daß mit der Verminderung der Austrittsspannung die Wärmeausnützung von etwa 70 v. H. des Auspuffbetriebes auf etwa 47 v. H. bei 0,1 Atm. Kondensatordruck abnimmt. Diese bedeutende Abnahme des Güte-

Versuche mit verschiedener Austrittsspannung an derselben Maschine.

---

[1]) Z. d. Bayr. Rev.-Ver. 1907, S. 87, und Z. d. V. d. Ing. 1907, S. 2005.

Tabelle 19.

Liegende Eincylindermaschine $\frac{225}{600}$; $n = 120$ der Maschinenfabrik Augsburg.

Versuche von Prof. Eberle in der dampftechnischen Versuchsanstalt des Bayrischen Rev.-Vereins, München.

Belastung . . . . . . PS$_e$	40				60			
Dampfspannung vor der Maschine . . . Atm. abs.	10,1	10,1	10,1	10,1	10,1	10,1	10,1	10,1
Druck im Kondens. „	0,10	0,38	0,58	1,02	0,14	0,38	0,59	1,0
Gegendruck i. Cylinder „	0,195	0,45	0,645	1,06	0,27	0,43	0,69	1,7
Vak. im Kondensator v. H. der abs. Atm.	90	62	42	0	86	62	41	0
Minutliche Umdrehungen .	122,8	123,1	122,7	122,0	120,8	120,7	120,8	120,4
Wirklicher Expansionsgrad	6,6	6,6	6,3	5,4	3,9	3,9	3,5	3,1
Endexpansionsdr. Atm. abs.	1,57	1,62	1,67	1,95	2,52	2,64	2,85	3,24
Leistung . . . . . . PS$_i$	46,2	44,2	43,7	44,0	65,3	65,7	66,3	66,7
Dampfverbrauch f. d. PS$_i$ kg	7,88	8,25	8,74	9,41	8,37	8,55	9,25	9,93
Mantelkondensat in v. H. .	4,5	4,9	4,6	4,5	3,3	3,3	3,4	3,0
Wärmeverteilung für 1 kg Dampf.								
Ges. verfügbare Wärme WE.	166,1	127,0	113,8	93,3	157,0	127,0	112,9	93,8
Wärmeverlust von Cylinder bis Kondensator . v. H.	10,7	4,1	3,6	1,0	11,8	3,1	4,2	1,8
Nutzbare Wärme . . „	48,4	60,4	65,6	72,1	48,2	58,3	60,6	67,9
Wärmeaufwand d. Heizung v. H.	4,5	4,9	4,6	4,5	3,3	3,3	3,4	3,0
Unvollst. Expansion „	21,2	13,6	9,0	5,2	20,3	24,4	19,1	15,7
Wärmeverlust i. Cylinder „	15,2	17,0	19,2	17,2	10,4	10,9	12,7	11,6

grades wird, wie die beiden Figuren deutlich erkennen lassen, hervorgerufen durch Druckverluste zwischen Cylinder und Kondensator, sowie durch Steigerung der Arbeitsverluste durch unvollständige Expansion.

Im vorliegenden Falle muß die mit abnehmendem Kondensatordruck sich einstellende bedeutende Zunahme der Drosselungsverluste der Auslaßsteuerung auf die großen austretenden Volumen des Niederdruckdampfes zurückgeführt werden, für die die Austrittskanäle des Hochdruckcylinders nicht bemessen waren. Wird der Gütegrad unter Ausschaltung dieses Austrittsverlustes nur auf das Druckgefälle zwischen Eintritts- und Austrittsspannung im Cylinder bezogen, so erhöht er sich auf die Werte der Kurven a a in beiden Diagrammen, die einen Unterschied von 16 bis 24 v. H. zwischen den Gütegraden des Auspuff- und Kondensationsbetriebes aufweisen. Der mit dem Vakuum zunehmende Verlust durch unvollständige Expansion besitzt bei den Versuchen mit der

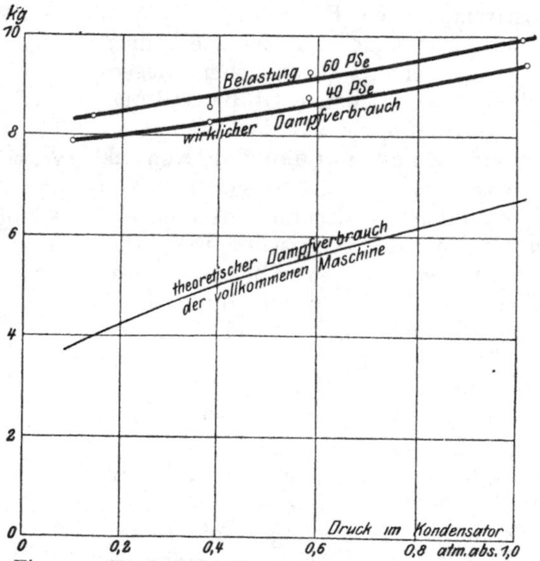

Fig. 190. Einfluß der Kondensatorspannung auf den theoret. und wirklichen Dampfverbrauch bei Sattdampfbetrieb mit 10 Atm. Eintrittsspannung.

Fig. 190—192.

Liegende Eincylindermaschine $\frac{225}{600}$; $n = 120$.

größten Belastung größere Werte als bei denjenigen mit der kleinen Belastung, dagegen sind bei ersteren die Wärmeverluste im Cylinder kleiner als bei letzteren, so daß der Verlauf der Gütegradkurven für beide Belastungen nur wenig voneinander abweicht.

Es ist bemerkenswert, daß die Wärmeverluste im Cylinder durch Eintrittskondensation, Lässigkeit, unvollständige Kompression wenig veränderlich sich erweisen und nur die Widerstände der Auslaßsteuerung und der Auspuffleitung mit abnehmender Kondensatorspannung zunehmen.

Die Kurven bb, die in den Diagrammen 191 und 192 die Wärmeverluste im Cylinder und Heizmantel begrenzen, stellen gleichzeitig die Veränderung des Gütegrades dar, bezogen auf die mit unvollständiger Expansion arbeitende theoretisch unvollkommene Maschine. Die geringe Änderung dieses Gütegrades bb bei beiden Belastungen für Auspuff und Kondensation zeigt, daß die Erniedrigung der Austrittsspannungen und Temperaturen nur eine der erhöhten Arbeitsfähigkeit des Dampfes proportionale Zunahme des Verlustes durch Eintrittskondensation und der Undichtheiten zur Folge hatte, obwohl in den vorliegenden Versuchen die Verminderung der Kondensatorspannung (wegen der gleichbleibenden Belastung) auch von einer

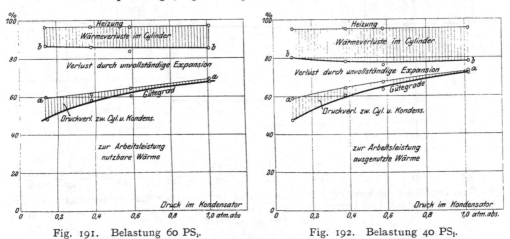

Fig. 191. Belastung 60 PS₁.   Fig. 192. Belastung 40 PS₁.

Fig. 191 und 192. Änderung der Wärmeverteilung mit dem Kondensatordruck, bezogen auf die theoretisch vollkommene Maschine.

Abnahme der Füllung begleitet sein mußte. Wird außerdem beachtet, daß der Dampfaufwand für die Cylinderheizung bei gleichbleibender Belastung für alle Austrittsspannungen nahezu unveränderte Größe aufweist, so liegt in diesem Ergebnis ein wertvoller Beleg für die bereits bei der Behandlung der Wechselwirkung zwischen Dampf und Wandung erkannte Tatsache, daß für die Eintrittskondensation nur Unterschiede zwischen mittlerer Temperatur der Wandung und des eintretenden Dampfes maßgebend sind, während die Temperatur des austretenden Dampfes das Wärmespiel im Cylinderinnern nur mittelbar und in geringem Maße beeinflußt [1].

Diese aus den Vergleichsversuchen an einer einzelnen Maschine gezogene Folgerung findet volle Bestätigung in Versuchsergebnissen mit verschiedenen Eincylindermaschinen, die mit veränderlichem Gegendruck und Eintrittsspannungen von etwa 7,0 Atm. arbeiteten.

Versuche an verschiedenen Maschinen.

Das Diagramm Fig. 193 dieser Versuche zeigt in Übereinstimmung mit den vorhergehenden Versuchen, Fig. 191 und 192, nur geringe Unterschiede der Wärmeverluste im Cylinderinnern für Auspuff und Kondensation, wobei deren prozentuale

---

[1] Es hängt dies wohl auch damit zusammen, daß der Dampfeintritt von starker Wirbelung begleitet ist, die den Wärmeaustausch entsprechend erhöht, während beim Dampfaustritt ein ruhiger Strömungsverlauf im Cylinderinnern anzunehmen ist.

Größe sich bei Kondensationsbetrieb etwas vermindert. Die Verluste im Cylinderinnern zusammen mit den im umgekehrten Sinn sich ändernden Verlusten durch
unvollständige Expansion ergeben einen mit dem Gegendruck schwach wachsenden Gütegrad. Die bei gleichen Versuchsbedingungen bestehende Streuung der
Versuchspunkte ist in Abweichungen der Bauart, Größe und Ausführung der verglichenen Maschinen begründet.

Der Gütegradskurve Fig. 193 entsprechen die Kurven *a a* der beiden vorhergehenden Diagramme, da bei ersterer die Versuchspunkte auf die Austrittsspannung im Cylinder und nicht auf die Kondensatorspannung bezogen sind.

Vorstehende Versuche an verschiedenen Maschinen zeigen zwar im Verlauf
der Gütegradkurven eine relative Verschlechterung der Wärmeausnützung für
abnehmende Austrittsspannung, der tatsächliche Dampf- und Wärmeverbrauch

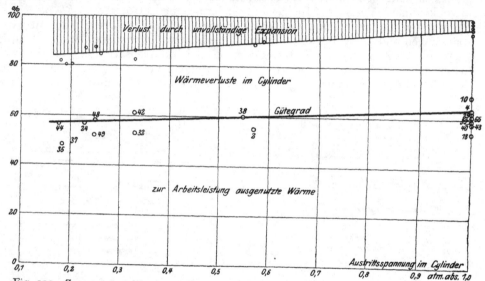

Fig. 193. Zusammenstellung von Versuchen an verschiedenen Eincylindermaschinen. Einfluß der Austrittsspannung auf die Wärmeverteilung bei 7 Atm. Eintrittsspannung.
(III. Tab. 1—3 und 7—9.)

dagegen ergibt sich für Kondensationsbetrieb dennoch wesentlich unter dem des
Auspuffbetriebes.

Wärmever-
brauch bei
Auspuff und
Kondensation.

Der für die allgemeine Beurteilung des wirtschaftlichen Wertes der Kondensation maßgebende Unterschied des Dampf- und Wärmeverbrauches im Vergleich mit Auspuff ist aus den Versuchstabellen und Diagrammtafeln des Bd. III zu
entnehmen, in denen die Ergebnisse zahlreicher Versuche mit Eincylindermaschinen
wiedergegeben sind. Insbesondere ist auf die graphische Darstellung der Taf. 2 hinzuweisen, auf der die mit dem Füllungsgrad sich ergebende Änderung des Dampf-
und Wärmeverbrauchs ausgeführter Maschinen, sowie der Gütegradkurven für
Kondensations- und Auspuffbetrieb vergleichsweise eingetragen sind, und zwar als
die den günstigsten Versuchswerten entsprechenden Grenzkurven für eine
mittlere Eintrittsspannung von 7,5 Atm. und niedrigste Austrittsspannung im
Cylinder von 0,25 Atm. bei Kondensation und von 1,0 Atm. bei Auspuff.

Die Diagramme auf Taf. 2 lassen folgendes erkennen: Während sich für
die angegebenen Druckgrenzen der theoretische Wärmeverbrauch der vollkommenen Maschine von 5120 WE bei Auspuff auf 3280 WE bei Kondensation, also um 36 v. H. vermindert, sinkt der tatsächliche Wärmeverbrauch
ausgeführter Maschinen für die den eingetragenen Kurven zu entnehmenden
günstigsten Wärmeverbrauchsziffern von 6940 WE bei Auspuffbetrieb auf

5240 WE bei Kondensation, entsprechend einer tatsächlichen Wärmeersparnis von nur 25 v. H. Die hierin zum Ausdruck kommende Verschlechterung des Gütegrades des Kondensationsbetriebes hängt jedoch, wie oben gezeigt, nicht mit einer relativen Erhöhung der Wärmeverluste im Cylinderinnern gegenüber dem Auspuffbetrieb zusammen, sondern ist in einem größeren Verluste durch unvollständige Expansion begründet. Es zeigen dies deutlich die auf Taf. 2 dargestellten, auf die unvollkommene Maschine bezogenen Gütegrade beider Betriebsweisen, die bei gleichem Füllungsgrad, infolge des Fortfalles des Einflusses der unvollständigen Expansion, bis etwa 16 v. H. Füllung für Kondensation günstigere Werte als für Auspuffbetrieb aufweisen.

Die tatsächliche Wärmeausnützung der Eincylindermaschine bei normaler Leistung und Sattdampfbetrieb erhöht sich für Kondensation nicht über 60 v. H., für Auspuff nicht über 74 v. H. der theoretischen; für die meisten ausgeführten Maschinen liegt der Gütegrad unterhalb dieser Werte.

3. Betrieb mit überhitztem Dampf.

a. Auspuff- und Gegendruckbetrieb.

Theoretische Arbeitsleistung und Wärmeausnützung.

Das größere Wärme- und Temperaturgefälle des überhitzten Dampfes oberhalb der Austrittstemperatur gegenüber demjenigen gesättigten Dampfes hat eine Erhöhung der theoretischen Arbeitsleistung und damit eine Verminderung des theoretischen Dampf- und Wärmeverbrauches für die PS_i-Std. zur Folge, deren Größe für verschiedene Ein- und Austrittsspannungen, bezogen auf die Dampftemperatur, aus den Darstellungen der Taf. 14 des III. Bandes zu entnehmen ist. Diesen Ermittlungen zufolge kann die theoretische Mehrleistung für gleiche Überhitzungstemperatur im Vergleich mit der Ausnützung bei Sattdampfbetrieb für Dampfspannungen von 6 bis 12 Atm. nahezu gleich angenommen werden; sie nimmt daher relativ zum adiabatischen Wärmegefälle des Sattdampfbetriebes mit zunehmender Dampfspannung ab, indem die Mehrleistung bei Auspuffbetrieb und niederen Eintrittsspannungen am größten wird.

Tatsächliche Wärmeausnützung.

Die Veränderungen der tatsächlichen Wärmeausnützung von mit überhitztem Dampf betriebenen Einfachexpansionsmaschinen verschiedener Konstruktion und Herkunft zeigt Tab. 20 und Fig. 194 in den gleichfalls auf die Dampftemperatur bezogenen Wärmeverbrauchs- und Gütegradkurven. In Übereinstimmung mit den theoretischen Wärmeverbrauchskurven, III, Taf. 14, nimmt auch der tatsächliche Wärmeverbrauch mit der Überhitzung ab, jedoch mit dem Unterschied, daß die Abnahme bei den doppeltwirkenden Maschinen bei niederer Überhitzungstemperatur rascher als bei höherer vor sich geht. Damit im Zusammenhange steht

Tabelle 20.

Liegende Eincylindermaschinen bei Betrieb mit überhitztem Dampf.

Betrieb	Ventilmaschine $\frac{240,5}{750}$; $n = 95$ von Gebrüder Sulzer					
	Auspuff			Kondensation		
Dampfspannung vor der Maschine . . . kg/qcm	10,0	[10,0]	10,0	12,0		10,0
Dampftemperatur vor der Maschine . . . . . ⁰C	179	260	340	187	250	345
Indic. Leistung . . . PS₁	53,0	53,0	53,2	53	53	53,2
Speisewasserverbrauch für die PS₁/Std.	12,87	8,94	7,43	10,57	8,72	6,52
Wärmeverbr. f. d. PS₁/Std.	8500	6355	5573	7055	6150	4905
Gütegrad . . . . v. H.	52,7	68,0	71,6	—	—	—

Z. d. V. d. Ing. 1905, S. 1257

D. Die Einfachexpansion.

Tabelle 20 (Fortsetzung).

Betrieb	Auspuff				Kondensation			
Versuchsnummer	17	18	19	20	28	9	10	15
Dampfspannung vor der Maschine . . . kg/qcm	6,60	7,70	8,26	9,56	1,81	1,96	2,05	2,23
Dampftemperatur vor der Maschine . . . . . °C	210	253	281	313	133	176	185	217
Indic. Leistung . . . PS_i	62,64	67,23	76,24	95,78	22,28	22,98	24,81	27,10
Speisewasserverbrauch f. d. PS_i/Std.	13,2	10,67	9,44	8,47	13,89	12,44	12,14	11,08
Wärmeverbr. f. d. PS_i/Std.	8963	7451	6716	6147	9028	8336	8187	7636
Gütegrad . . . . v. H.	58,9	63,6	66,9	66,5	48,1	49,5	49,8	50,6

Maschine mit Zweikammer-Kolbenschiebersteuerung $\frac{350}{350}$; $n = 210$ der Prager Maschinenbau-A.-G. vorm. Ruston & Co. Versuche von Prof. Dörfel

Z. d. V. d. Ing. 1899, S. 656

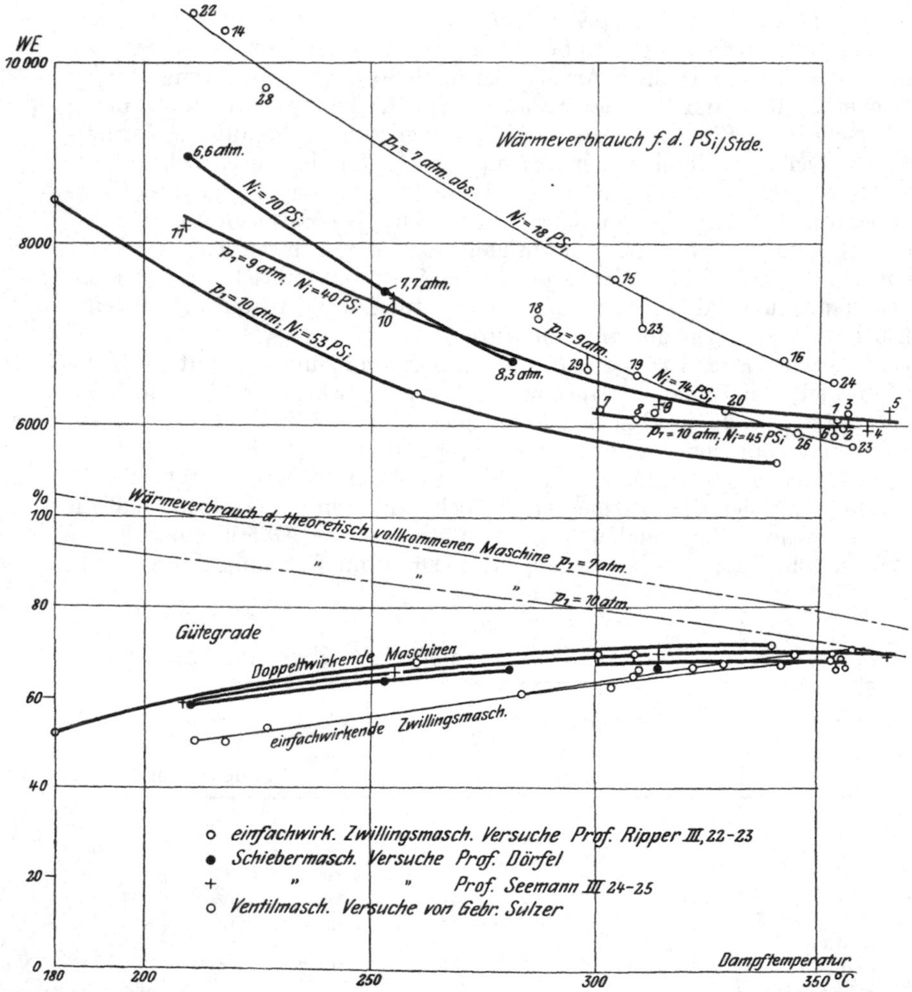

Fig. 194. Einfluß der Dampfüberhitzung auf den Wärmeverbrauch und Gütegrad von nicht geheizten Eincylinder-Auspuffmaschinen. (Vgl. Tab. 13 und III. S. 22—25.)

auch das anfängliche Anwachsen des Gütegrades der einzelnen Maschinen, während er sich bei hoher Überhitzung auf eine fast konstante Größe einstellt. Von dieser Veränderung der Wärmeausnützung zeigt sich die einfachwirkende Zwillingsmaschine nur insofern verschieden, als ihr höherer Wärmeverbrauch mit zunehmender Überhitzung gleichmäßig ab- und ihr niedrigerer Gütegrad gleichmäßig zunimmt bis zu den bei 350⁰ erreichten Verhältnissen der doppeltwirkenden Versuchsmaschinen.

Letztere Tatsache und der Umstand, daß die Gütegradkurven der doppeltwirkenden Maschinen verschiedener Konstruktion nur wenig voneinander abweichen, berechtigt zu dem Schluß, daß mit Anwendung der Überhitzung, namentlich bei hoher Dampftemperatur, der Einfluß der Konstruktion der Maschine und der Art der Steuerung fast verschwindet.

Die geringe Änderung des Gütegrades bei hohen Dampftemperaturen erklärt sich dadurch, daß bei letzteren, namentlich wenn die Frischdampftemperatur so hoch gewählt ist, daß die Expansion vollständig im Überhitzungsgebiet verläuft, nur noch eine geringe Wechselwirkung zwischen Dampf und Wandung stattfindet. Eine Überhitzung über diese Grenze hinaus erzeugt alsdann nur noch eine der geringen Zunahme des adiabatischen Wärmegefälles entsprechende geringe Verbesserung der Dampfökonomie.

Hinsichtlich des Einflusses der Höhe der Überhitzung auf den Verlauf der Expansionslinie sei auf die Diagramme der Schmidtschen Heißdampfmaschine, III, 22, sowie auf die Diagramme S. 93 Fig. 123 a, c, e des Hochdruckcylinders einer Tandemlokomobile hingewiesen; die in die Erscheinung tretenden Unterschiede im Expansionsverlauf werden später näher untersucht. Es sei noch erwähnt, daß bei Anwendung hoch überhitzten Dampfes die Cylinderwandungstemperatur die Sättigungstemperatur des Dampfes überschreitet, wie die in der Versuchstabelle III, 24 und S. 91 Fig. 121 wiedergegebenen Messungen von Prof. Seemann an einer Eincylinder-Heißdampfmaschine mit Auspuff, sowie die Messungen Fig. 123 b, d, f am vorgenannten Hochdruckcylinder einer Tandemlokomobile erkennen lassen. Es wird dadurch bestätigt, daß bei sehr hohen Überhitzungstemperaturen Dampfniederschlag im Cylinderinnern während des ganzen Arbeitsvorganges nicht mehr auftritt.

Die Zunahme der Dampfausnützung mit der Überhitzung lassen die Versuche mit vorbezeichneten Maschinen sehr deutlich in den Indikator- und Wärmeverbrauchsdiagrammen III, 23 sowie in der Verminderung der Eintrittsverluste in den drei in Fig. 123 a, c, e wiedergegebenen Druckvolumdiagrammen erkennen. Bei vergleichender Beurteilung derselben ist jedoch zu berücksichtigen, daß die untersuchten Heißdampfmaschinen für Betrieb mit überhitztem Dampf gebaut wurden und daher infolge Fehlens des Dampfmantels namentlich bei Sattdampfbetrieb ungünstiger arbeiten mußten, als wenn sie für Sattdampfbetrieb konstruiert worden wären. Für Heißdampfmaschinen, deren Steuerung wie im Falle der Eincylinder-Heißdampfmaschine III, 24 durch Kolbenschieber ohne Dichtungsringe erfolgt, kommt noch hinzu, daß diese einfachen Steuerorgane bei Betrieb mit gesättigtem Dampf bedeutende Lässigkeitsverluste aufweisen, die zusammen mit der stärkeren Eintrittskondensation eine derartige Vergrößerung des Eintrittsverlustes zur Folge haben, daß der Wärmeverbrauch erheblich ungünstiger werden muß, als er in einer für Betrieb mit gesättigtem Dampf ausgebildeten Maschine sich ergeben würde. Es folgt daraus, daß Vergleichsversuche mit gesättigtem und überhitztem Dampf an ein und derselben Maschine nicht zu einwandfreien Schlüssen über den tatsächlichen Wert der Überhitzung führen können. Es wurde daher auch davon abgesehen, aus diesen Versuchen die prozentuale Größe der Wärmeersparnis durch Überhitzung ziffernmäßig auszudrücken.

Aus Vorstehendem erhellt, daß das verschiedenartige wärmetechnische Verhalten von gesättigtem und überhitztem Dampf eine abweichende konstruktive Behandlung der Sattdampf- und Heißdampfmaschinen hinsichtlich Cylinderaus-

Vergleichs-Versuche an Sattdampf- und Heißdampfmaschinen.

bildung, Steuerung, Kolben- und Stopfbüchsendichtung, sowie hinsichtlich Anwendung der Cylinderheizung verlangt. Die Sattdampfmaschine bedingt bei mäßigen Umdrehungszahlen zur Erzielung wirtschaftlichen Betriebes vor allem die Cylinderheizung und eine Steuerung mit kleinem schädlichen Raum zur Verminderung der Eintrittskondensation. Demgegenüber bedarf die Heißdampfmaschine weder eines Heizmantels, noch ist sie besonders empfindlich gegen größere Abkühlungsflächen des schädlichen Raumes.

Es kann somit nur durch vergleichende Untersuchung richtig durchgebildeter Heißdampf- und Sattdampfmaschinen der Wert der Überhitzung zuverlässig festgestellt werden.

Soweit Versuchsmaterial an Auspuff-Dampfmaschinen beider Betriebsarten vorliegt, wurde es in den Tabellen 1 bis 6 des Bd. III zusammengestellt und auf Taf. 1 desselben Bandes graphisch veranschaulicht. Der auf Taf. 1 auf die Dampftemperatur bezogene Dampf- und Wärmeverbrauch, sowie der Gütegrad der Versuchsergebnisse bei Betrieb mit überhitztem Dampf, zeigen wegen der Verschiedenheiten der Eintrittsspannungen, Füllungen und Leistungen eine so unregelmäßige Lage der Versuchspunkte, daß sie nicht zu stetigen Kurven zusammengefaßt werden konnten. Aus ihrer Lage ist nur zu entnehmen, daß die am meisten zur Verwendung kommenden Eintrittstemperaturen 260 bis 350° betragen. Ein deutlicheres Bild läßt sich gewinnen, wenn nur die Versuche bei normaler Belastung berücksichtigt werden, wie dies auf Taf. 11 Bd. III geschehen ist.

Eine befriedigende Gesetzmäßigkeit in den Versuchsergebnissen bei Sattdampf- und Heißdampfbetrieb konnte jedoch erst dadurch zum Ausdruck gebracht werden, daß Wärmeverbrauch und Gütegrad, der bei normaler Leistung der Versuchsmaschinen auf die theoretisch ausnützbare Wärme der vollkommenen Dampfmaschine bezogen wurde, wie dies auf den Tafeln 9 und 10 des Bd. III geschehen ist.

Theoretisch ausnützbare Wärme als Bezugsgröße. Die theoretisch ausnützbare Wärme als Bezugsgröße hat den Vorteil, daß in ihr nicht nur die Überhitzungstemperatur, sondern auch die Höhe der Ein- und Austrittsspannung Berücksichtigung findet, so daß eine besondere Bezugnahme auf die Druckgrenzen des Arbeitsdampfes entbehrlich wird. Die den einzelnen Versuchen zugehörigen Werte des theoretischen Wärmeverbrauchs lassen sich alsdann in diesen Diagrammen mit befriedigender Annäherung ebenfalls durch eine Kurve wiedergeben, mit Hilfe der sich die entsprechenden Werte des wirklichen Dampfverbrauches relativ besser beurteilen lassen. Zur Veranschaulichung der Gesetzmäßigkeit des letzteren sind auf den Taf. 9 und 10 die Versuchspunkte durch Kurven begrenzt, welche das Gebiet des günstigsten Wärmeverbrauchs und Gütegrades kennzeichnen. Bei Vergleich dieser Grenzkurven der beiden Tafeln tritt ein charakteristischer Unterschied in der Wärmeausnützung darin hervor, daß Gütegrad und Wärmeverbrauch bei Heißdampf geringere Veränderungen bei Verschiedenheit des Wärmegefälles aufweisen als bei Sattdampf.

Größe und Ausbildung der Maschinen kommt zwar in der Streuung der Versuchspunkte gegenüber den Grenzkurven zum Ausdruck, doch mindert die Überhitzung auch den Einfluß der Konstruktionsverhältnisse.

Werden die Ergebnisse der Taf. 9 bis 11, Bd. III, mit denen der Fig. 194 verglichen, so ergibt sich für die konstruktiv und werkstättentechnisch gut ausgeführten Sattdampf- und Heißdampfmaschinen der ersteren Versuche eine wesentlich geringere Erhöhung der Wärmeausnützung durch Überhitzung als bei den letzteren Vergleichsversuchen mit und ohne Überhitzung an ein und derselben Maschine. Dieses Ergebnis hängt damit zusammen, daß der relative Wert der Überhitzung naturgemäß abhängig ist von der wärmetechnischen Vollkommenheit der Sattdampfmaschine, auf deren Dampfverbrauch Bezug genommen wird.

Allgemein betrachtet ist es daher nicht möglich, für Eincylindermaschinen zuverlässigen Anhalt zu gewinnen über die Größe der prozentualen Wärmeersparnis durch Überhitzung bei einfacher Umstellung des Betriebes mittels Sattdampf auf solchen mittels Heißdampf. Dagegen läßt die nahe Übereinstimmung der Wärmeverbrauchsziffern verschieden konstruierter Heißdampfmaschinen ihren Wärmeverbrauch mit größerer Annäherung vorausbestimmen, als dies für Sattdampfmaschinen möglich ist, deren wärmetechnisches Verhalten durch ihre konstruktive Ausbildung stark beeinflußt wird.

Mit wachsender Überhitzung verlieren die zur Beschränkung des Wärmespiels zwischen Cylinderwandung und Dampf anwendbaren Mittel wie kleine schädliche Flächen, Heizung und Steigerung der Umdrehungszahl an praktischer Bedeutung, weil bei dem schlechtleitenden Heißdampf größere Wärmemengen von der Cylinderwandung weder aufgenommen noch von ihr an den Dampf abgegeben werden.

Besonders guten Einblick in diese Verhältnisse gibt eine mit dem Hochdruckcylinder der liegenden Verbunddampfmaschine des Laboratoriums für Wärmekraftmaschinen der Techn. Hochschule, Trondhjem durchgeführten Versuchsreihe. Der Cylinder wurde entsprechend der Dampfwirkung einer Einfachexpansionsmaschine mit Hochdruckdampf konstanter Spannung, aber verschiedener Dampftemperatur und bei verschiedenem Gegendruck betrieben. Der Dampfkolben hat 265 mm Durchmesser und 500 mm Hub; die Umdrehungszahl der Maschine beträgt 120 in der Minute. Zum Zwecke der Klarstellung des Einflusses der Kanaloberflächen auf die Wärmevorgänge wurde die Steuerung des Cylinders Fig. 195 — je ein Kolbenschieber mit Dichtungsringen für Ein- und Auslaß — so angeordnet, daß auf der Deckelseite ganz kurze Kanäle, auf der Kurbelseite lange Kanäle entstanden. Mittels beiderseitig durchgeführter Kolbenstange wurden möglichst übereinstimmende innere Deckeloberflächen für beide Cylinderseiten zu erreichen gesucht. Es ergab sich für die Deckelseite ein schädlicher Raum von 8 v. H., für die Kurbelseite von 21,2 v. H. Die Oberflächen der Kanäle und des Cylinderbodens bzw. Deckels betrugen auf der

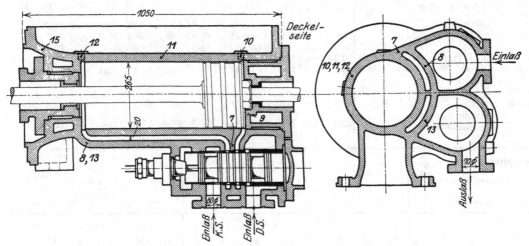

Fig. 195. Hochdruckcylinder der Verbundmaschine des Maschinenbau-Laboratoriums der Techn. Hochschule in Trondhjem.

Deckelseite 1930 qcm, auf der Kurbelseite 8600 qcm bei einem Hubvolumen von rund 25 l. Die Dampfzuführung zum Gehäuse des Einlaßkolbenschiebers erfolgte für beide Zylinderseiten getrennt und ermöglichte durch Einbau von Meßdüsen (mit vorgeschalteten Ausgleichbehältern) in beiden Dampfzuleitungen die getrennte Feststellung des Dampfverbrauches jeder Cylinderseite.

Die Versuche erstreckten sich auf Betrieb mit Sattdampf und Heißdampf von 250° und 300° C bei gleichbleibender Eintrittsspannung von 13 Atm. abs., der Gegendruck wurde geändert zwischen 3,6 und 0,65 Atm. abs. In der Tabelle 21

Versuche am Hochdruckcylinder $\frac{265}{500}$ · $n = 120$ einer liegenden Verbunddampf- bei gleichbleibender Eintrittspannung und bei verschie-

Dampftemperatur								
Mittlerer Gegendruck atm. abs.	3,6							
Versuchsnummer	48		49		50		55	
Druck im Aufnehmer . . . . . . Atm. abs.	3,64		3,64		3 64		3,64	
D = Deckelseite / K = Kurbelseite } des Cylinders	D	K	D	K	D	K	D	K
Dampfdruck vor d. Maschine . . . . . Atm. abs.	12,02	12,03	12 28	12 25	12,43	12,39	12,67	12,58
Dampftemperatur vor d. Maschine . . . . °C	192,9	192,9	193 9	194,6	190,9	191,9	189,4	189 4
Indicierte Leistung . . . . PS$_i$	31,3	27,4	26,0	23,4	18,1	18,15	15,1	15,6
Dampfverbrauch f. d. PS$_i$/Std. . . . . kg	18,7	20,9	20,4	23,0	25,5	27,2	28,9	30,3
Wärmeverbrauch f. d. PS$_i$/Std.. . . . . . 1000 WE	12,55	14,02	13,7	15 48	17,1	18,25	19,35	20,3
Theoretisch verfügbare Wärme für 1 kg Dampf (Adiabatische Expansionswärme) WE	53	53	54	53,5	54	53,6	54,2	54,2
Gütegrad = $\frac{\text{Ausgenützte Wärme}}{\text{Adiab. Expans.-Wärme}}$ . . . . v. H.	63,8	57,0	57,5	51,5	46,0	43,3	40,4	38,5

Dampftemperatur	250°											
Mittlerer Gegendruck atm. abs.	3,6								2,6			
Versuchsnummer	56		63		64		71		57		62	
Druck im Aufnehmer . . . . Atm. abs.	3,69		3,66		3,70		3,68		2,67		2,67	
D = Deckelseite / K = Kurbelseite } des Cylinders	D	K	D	K	D	K	D	K	D	K	D	K
Dampfdruck vor Maschine . . Atm. abs.	12,73	12,73	12,76	12,75	12,87	12,83	12,78	12,73	12,85	12,77	12,76	12,68
Dampftemperatur vor Maschine °C	256	257,5	258,5	260,5	252,5	256,5	249.5	259,5	255,5	257,9	259	263
Indicierte Leistung . . . . . PS$_i$	26,2	22,8	21,4	18,6	14,0	14,3	8,46	10,9	30,7	28,3	27,7	26,0
Dampfverbrauch f. d. PS$_i$/Std. kg	14,15	16,0	14,35	16,65	16,72	17,95	21,0	20,2	11,78	13,9	11,55	13,80
Wärmeverbrauch f. d. PS$_i$/Std. 1000 WE	10,0	11,3	10,15	11,8	11 78	12,68	14,75	14.3	8,31	9,82	8,17	9,78
Theoretisch verfügbare Wärme f. 1 kg Dampf (Adiabatische Expansionswärme) . . . . . WE	60,5	61,1	61,0	61,0	59,2	61,0	60,5	61,5	74,5	74,5	74,9	75,3
Gütegrad = $\frac{\text{Ausgenützte Wärme}}{\text{Adiab. Expans.-Wärme}}$ · v. H.	73,8	64,5	72,2	61,5	64,0	57,8	50,2	51,0	72,2	61,0	73,2	60,8

Dampftemperatur	300°													
Mittlerer Gegendruck atm. abs.	3,6								2,6					
Versuchsnummer	86		85		84		83		72		77		82	
Druck im Aufnehmer Atm. abs.	3,68		3,68		3,68		3,66		2,67		2,67		2,67	
D = Deckelseite / K = Kurbelseite } des Cylinders	D	K	D	K	D	K	D	K	D	K	D	K	D	K
Dampfdruck vor Maschine . . . . Atm. abs.	12,71	12,85	12,92	13,01	12,97	13,01	13 09	13,00	12,78	12,81	12,96	12,95	13,03	12,99
Dampftemperatur vor Maschine . . . . °C	314,5	317	307,5	315	302	312	295.2	310	311	311	307,5	310,5	295	310
Indicierte Leistung . PS$_i$	34,6	29,9	29,6	24,9	23,2	20,2	14 3	14,2	37,1	32.9	29.18	26,6	17,6	19,4
Dampfverbrauch f. d. Ps$_i$/Std. . . . kg	12,25	11,95	11,92	12,3	12,45	12,85	14,3	14,0	10,1	10,8	9,6	10,7	10,5	11,45
Wärmeverbrauch f. d. PS$_i$/Std. . . . 1000 WE	9,04	8,82	8,75	9,05	9,08	9,45	10,4	10,27	7,41	7,94	7,06	7,85	7,62	8,41
Theoret. verfügb. Wärme f. 1 kg Dampf (Adiabatische Expansionswärme) . . WE	68,5	69.3	70,7	69,9	68,2	69,4	68,7	69,0	84,3	84.3	86,8	84,3	81,1	84.7
Gütegrad = $\frac{\text{Ausgen. Warme}}{\text{Ad. Exp.-Warme}}$ v. H.	75,4	76,4	75,0	73,75	74,5	71,0	64,3	65,5	74,2	69,5	75,9	70,2	74,3	65,2

21.

maschine des Laboratoriums für Wärmekraftmaschinen der Techn. Hochschule Trondhjem denen Werten für Dampftemperatur, Gegendruck und Belastung.

Gesättigter Dampf

	2,6						1,6						
44		47		51		54		45		46		52		53
2,62		2,62		2,62		2,62		1,615		1,63		1,62		1,62
D	K	D	K	D	K	D	K	D	K	D	K	D	K	D	K
---	---	---	---	---	---	---	---	---	---	---	---	---	---	---	---
12,31	12,22	12,50	12,34	12,77	12,60	12,89	12,74	12,37	12,05	12,57	12,29	12,82	12,56	12 86	12,63
189,9	189,9	190,9	191,9	189,4	189,4	189,6	189,4	190,4	190,6	190,9	191,9	189,2	188,4	188,9	189,4
—		—		—		—		35,1	33,2	29,4	29,9	22,7	26,1	15,58	22.2
15,75	17,8	15,35	18,7	16,8	19,85	28,2	22,4	13,54	17,9	13,25	17,4	13,3	17,5	14,6	17,6
10.55	11,9	10,28	12,55	11,25	13,28	18,85	15,0	9,06	12,0	8,88	11,6	8,9	11,78	9,77	11,75
67,6	67,2	68,0	68,2	69,0	68,8	69,0	69,0	87,8	86,5	87,5	86,6	87,8	86,0	89,5	88,2
59,3	52,6	60,6	49,7	54,5	46,3	32,5	40,9	53,2	41,0	54,2	41,8	54,2	41,8	48,4	40,8

250⁰

	2,6				1,6						0,65							
65		70		58		61		66		69		59		60		67		68
2,66		2,67		1,66		1,66		1,66		1,66		0,652		0,652		0,642		0,642
D	K	D	K	D	K	D	K	D	K	D	K	D	K	D	K	D	K	D	K
---	---	---	---	---	---	---	---	---	---	---	---	---	---	---	---	---	---	---	---
12,69	12,60	12,84	12.75	12,50	12,38	12,61	12,47	12,75	12,60	12,94	12,80	12,63	12,45	12,70	12,56	12,85	12,65	12,80	12,61
252	259	248	261	256,3	258	256,5	261,5	255	265,5	248,5	262,5	257,5	259,5	254,5	257,5	252,5	263.5	249	263
18,9	20,3	10,7	15,8	38,7	35,75	31,7	31,0	21,45	25,2	11,65	21,0	45,7	40,8	37,0	36,2	26,6	29,9	20,2	27,3
12,25	14,45	15,25	15,7	10,45	12,7	10,2	12,45	10,35	12,7	11,2	12,55	9,13	11,8	8,74	11,6	8,47	11,75	8,55	11,6
8,62	10,2	10,7	11,13	7,38	8,97	7,2	8,84	7,3	9,02	7,85	8,84	6,45	8,35	6,15	8,2	5,95	8,35	6,0	8,21
73,8	75,0	73,8	75,9	93,2	92,0	93,2	92,0	92,7	93,3	95,1	94,6	127,4	128	127,6	128,4	128	130	127	129.3
69,8	58,4	56,2	53,1	64,9	54,11	66,5	55,3	66,0	53,3	59,4	53,2	54,3	41,8	56,8	42,4	58,4	41,4	58,3	42,1

300⁰

	1,6						1,6						
73		76		78		81		74		75		79		80
1,66		1,66		1,66		1,67		0,652		0,647		0,652		0,647
D	K	D	K	D	K	D	K	D	K	D	K	D	K	D	K
---	---	---	---	---	---	---	---	---	---	---	---	---	---	---	---
12.39	12,36	12,76	12 71	13,08	12,99	12,93	12,83	12,57	12 52	12,90	12,80	13,03	12,90	12 96	12,82
314	317	307,5	311	301	307,5	293,5	309	314	316,8	311	314,8	301	311	296,5	310,5
39,0	35,9	34,3	32,8	25,4	27,8	15,5	22,0	47,2	42,0	41,1	38,8	31,5	33,1	22,4	28,6
8,67	9,75	8,40	9,67	8,48	9,92	8,62	10,3	7,75	9,38	7,60	9,28	7,30	9,42	7,21	9,35
6.39	7,19	6,15	7,08	6,18	7,27	6,25	7,55	5,7	6,9	5,66	6,82	5.32	6,92	5,24	6,85
101,2	100.5	100,8	101,1	101,2	103,3	99.6	101,3	138,5	139,0	138,4	138,0	136.8	138,4	136,0	138,4
72,1	64,6	74,8	64,6	73,8	61,5	73,7	60,5	58,9	48,5	60,1	49,4	63,4	48,5	64,4	48,8

sind die Versuche nach sinkender Austrittsspannung und zunehmender Maschinenleistung geordnet.

Die Diagramme Fig. 196a bis c kennzeichnen den Wärmeverbrauch für die
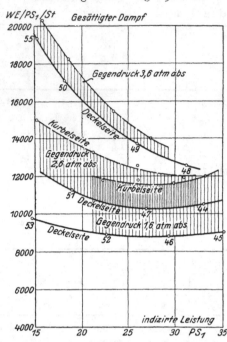
Fig. 196a. Bei Betrieb mit Sattdampf.
Fig. 196a—c. Veränderung des Wärmever-
brauchs mit der Leistung bei konstanter
Dampftemperatur und verschiedenem
Gegendruck.

PS$_i$/Std. abhängig von der indicierten Leistung für die 3 untersuchten Temperaturgebiete. In den Diagrammen ist der Verbrauch der Deckelseite als ausgezogene
Linie, der der Kurbelseite als gestrichelte
Linie eingetragen. Der Unterschied im
Wärmeverbrauch beider Cylinderseiten ist
für jeden Gegendruck durch Schraffur hervorgehoben. An den Kurven der Deckelseite sind die Versuchsnummern der Tab. 21
angegeben. Der größte Unterschied im
Wärmeverbrauch der Kurbel- und Deckelseite tritt bei Sattdampfbetrieb und nie-
drigem Gegendruck auf. Mit zunehmender
Dampftemperatur wird der Unterschied
wesentlich geringer und verschwindet bei
hoher Dampftemperatur und hohem Gegendruck (Fig. 196c) nahezu vollständig.

Aus der Aufzeichnung Fig. 197 ist für
gleichbleibende Dampftemperatur und Belastung die Erhöhung des Wärmeverbrauches
mit zunehmendem Gegendruck (wegen Abnahme des theoretischen Wärmegefälles),
sowie die Verminderung des Unterschiedes
im Wärmeverbrauch beider Cylinderseiten
mit steigendem Gegendruck und zunehmender Dampftemperatur deutlich ersichtlich.

Um die Ursachen des Unterschiedes
im Wärmeverbrauch beider Cylinderseiten
näher zu kennzeichnen, wurde in Tab. 22 die Wärmeverteilung für Deckel- und
Kurbelseite bei Sattdampf- und Heißdampfbetrieb für die Versuche mit 1,6 Atm.

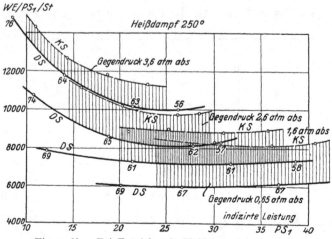
Fig. 196b. Bei Betrieb mit Heißdampf von 250° C.

Gegendruck zusammen-
gestellt und in Fig. 198a
bis c graphisch veran-
schaulicht, abhängig von
der indicierten Leistung
jeder Cylinderseite. Zur
Erleichterung der Beur-
teilung sind diese Dia-
gramme ergänzt durch
zugehörige Druckvolum-
diagramme für Satt-
dampf in Fig. 199 und
für Heißdampf von
300° C in Fig. 200; der
Vollständigkeit wegen
enthalten diese Dia-
gramme noch die Ex-
pansionslinien der ver-
lustlosen Maschine.

Aus den vorbezeichneten Darstellungen und den Tabellenwerten 22 geht deutlich
hervor, daß der Einfluß des größeren schädlichen Raumes der Kurbelseite bei den

drei Betriebsweisen hauptsächlich in einer Vergrößerung der Verluste durch unvollständige Expansion und Kompression zum Ausdruck kommt. Die Wärmeverluste durch Wechselwirkung zwischen Dampf und Wandung einschließlich der Dampflässigkeit nehmen mit zunehmender Dampftemperatur ab und zeigen außerdem abnehmenden Unterschied im Verhalten beider Cylinderseiten bis zum vollständigen Verschwinden desselben bei hohem Gegendruck (Fig. 196c und 197).

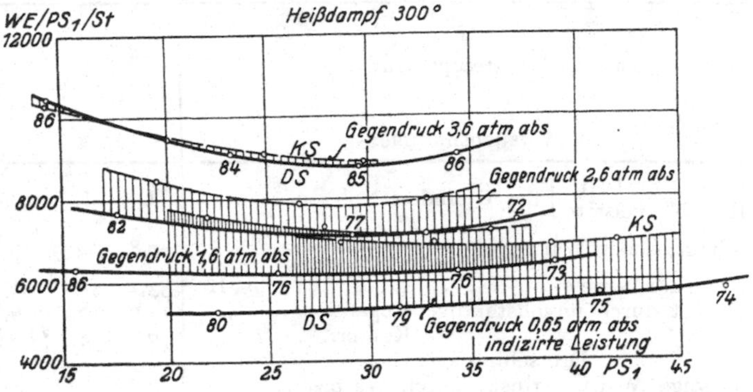

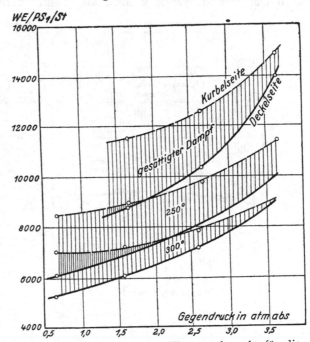

Fig. 196c. Bei Betrieb mit Heißdampf von 300°.

Im Verlauf der Indikatordiagramme Fig. 199 und 200 zeigt sich der Einfluß der größeren Eintrittsverluste der Kurbelseite auch in einer Zunahme der Wärmerückströmung während der Expansion, die erst bei 300° Dampftemperatur nahezu verschwindet. Bei letzterer Temperatur des Heißdampfes verursachten die verhältnismäßig großen Abkühlungsflächen des Schieberkastens und der Steuerkanäle einen solchen Temperaturverlust des Eintrittsdampfes, daß bei normaler Belastung der Maschine zu Beginn der Expansion der Dampf nur noch trocken gesättigt blieb und bei kleineren Belastungen die Expansion auf beiden Cylinderseiten unterhalb der Sättigungslinie verlief.

Tabelle 23 enthält das Ergebnis von Messungen der Wandungstemperaturen des Cylinders bei Frischdampftemperaturen zwischen 240 und 270°, wechselndem Gegendruck und verschiedener Leistung. Die Lage der Meßpunkte 7 bis 15 ist aus Fig. 195 ersichtlich. Die Versuche sind wie in Tabelle 1 nach sinkendem Gegendruck und abnehmender Leistung geordnet.

Es zeigt sich, daß durchweg die Wandungstemperatur ihre höchsten Werte am Einlaßkanal der Deckelseite (Meßstelle 7) erreicht, während die Deckeltemperatur einige Grade niedriger liegt. Die Wandungstemperatur nimmt

Fig. 197. Veränderung des Wärmeverbrauchs für die PS$_i$/Std. mit dem Gegendruck bei verschiedener Dampftemperatur und konstanter Leistung von 25 PS$_i$.

mit sinkendem Gegendruck ab und liegt nur bei hohem Gegendruck bei allen Belastungen über der Sättigungstemperatur, während sie bei kleinem Gegendruck nur bei größter Füllung am Eintrittskanal der Deckelseite die Sättigungstemperatur erreicht.

Tabelle

Wärmeverteilung für Deckel- und Kurbelseite bei Sattdampf und
verschiedener

Dampftemperatur		Gesättigter Dampf							
Versuchsnummer		45		46		52		53	
D = Deckelseite } des Cylinders . . . . K = Kurbelseite }		D	K	D	K	D	K	D	K
Adiabatisches Wärmegefälle . . . . WE		87,8	86,5	87,5	86,6	87,8	86	89,5	88,2
Nutzbare Wärme . . . . v.H.		53,2	41,0	54,2	41,8	54,2	41,8	48,4	40,8
Verlust durch unvollständige Expansion . „		14,9	18,4	9,6	15,9	3,6	10,6	0,5	9,8
„ „ „ Kompr.. . . „		0,8	4,0	0,8	4,3	1,4	5,9	2,0	6,5
„ „ Drosselung . . . . „		2,7	4,4	2,4	3,6	2,7	2,1	2,9	2,6
Sonstige Wärmeverluste durch Wärmeaustausch und Undichtheiten . . . . „		28,4	32,2	33,0	34,4	38,1	39,6	46,2	40,3

Besonders zu beachten ist die bedeutende Abnahme der Wandungstemperatur
am Auslaßkanal (Meßstelle 13) mit der Abnahme des Gegendruckes, wobei jedoch
die Temperatur bei allen Belastungen wesentlich über der Sättigungstemperatur
des Austrittsdampfes liegt, so daß am Auslaßkanal nur eine geringe Wechselwirkung
zwischen Dampf und Wandung stattfinden kann. Verhältnismäßig hoch erweist

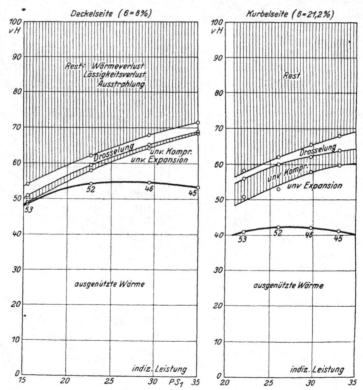

Fig. 198a. Bei Betrieb mit Sattdampf.

Fig. 198a—c. Wärmeverteilung auf der Deckel- und Kurbelseite des Cylinders Fig. 195
bei gleichen Belastungsänderungen und 1,6 Atm abs. Gegendruck. Schädlicher Raum
$\sigma_d = 8$ v.H. und $\sigma_k = 21{,}2$ v.H, des Kolbenhubvolumens.

22.

Heißdampf von 12 bis 13 Atm. abs., 1,6 Atm. abs. Gegendruck und Leistung.

Heißdampf															
250°								300°							
58		61		66		69		73		76		78		81	
D	K	D	K	D	K	D	K	D	K	D	K	D	K	D	K
93,2	92,0	93,2	92	92,7	93,3	95,1	94,6	101,2	100,5	100,8	101,1	101,2	103,3	99,6	101,3
64,9	54,1	66,5	55,3	66,0	53,3	59,4	53,2	72,1	64,6	74,8	64,6	73,8	61,5	73,7	60,5
11,7	15 0	8,3	10,0	2,0	6.2	0,0	5,3	10,2	7,7	5,2	6,3	1,4	5,6	0,0	4,0
0,7	4,7	0,8	6,1	1,0	6,5	2,0	8,3	1,3	5,1	1,3	6,3	1,3	7,0	2,5	8,9
3,0	1,5	3,1	3,3	2,8	3,2	4,2	3,0	3 6	3,8	2,4	3,6	3,0	2,7	2,5	1,8
19,7	24,7	21,3	25,3	28,2	30,8	34,4	30,2	12,8	18,8	16.2	19,2	20.5	23,2	21,3	24,8

sich die Temperatur am Rahmenflansch (15), die auf eine bedeutende Wärmewanderung vom Cylinder zum Rahmen schließen läßt. Die im Vergleich zu den Messungen am Hochdruckcylinder der Tandem-Lokomobile hohen Temperaturen längs der Lauffläche des Cylinders (11) sind zum Teil auf die Erwärmung des Cylinders durch den angegossenen Einlaßkanal, teils auch auf größere Kolbenreibung zurückzuführen.

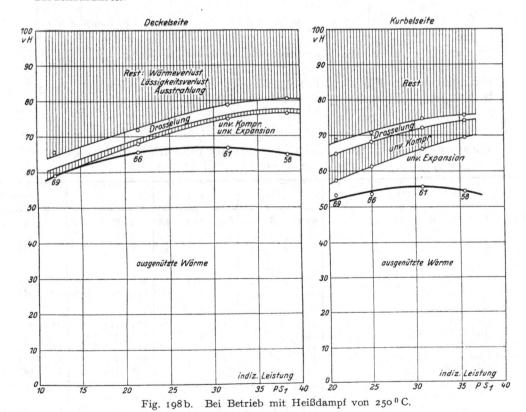

Fig. 198b. Bei Betrieb mit Heißdampf von 250° C.

Die aus den Darstellungen Fig. 198a bis c sowie Fig. 199 und 200 abzuleitenden Folgerungen sind durch die Diagramme Fig. 201 verdeutlicht, die die Wärme-

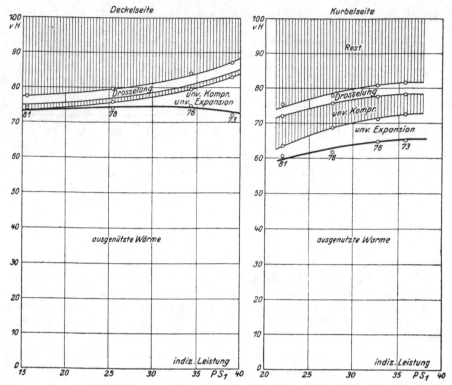

Fig. 198c.   Bei Betrieb mit Heißdampf von 300⁰ C.

verteilung auf der Kurbel- und Deckelseite bei einer mittleren Leistung von 25 PS_i
bezogen auf die Dampftemperatur darstellt. Bei gleichbleibender Leistung nehmen

Tabelle 23.

Wandungstemperaturen des Cylinders bei verschiedenem Gegendruck und verschiedener Belastung.

Gegendruck atm. abs.		3,52			2,51			1,50			0,537		
Indicierte Leistung . . . . . PS_i		50,9	27,8	19,1	63,1	40,4	24,8	76,7	50,1	29,4	70,8	49,8	29,0
Dampfdruck vor dem Cylinder atm. abs.		10,8	11,0	10,7	10,7	11,1	10,8	10,8	10,9	10,9	10,4	10,7	11,1
Sättigungstemperatur . . . . ⁰C		182	183	182	182	183	182	182	183	183	181	182	183
Dampftemperatur:													
vor dem Schieber DS . . . ,,		253	248	245	255	249	237	257	248	233	267	258	237
,, ,, ,, KS . . . ,,		270	265	259	272	268	259	275	702	258	273	268	253
Mittl. Wandtemperatur:													
im Cylinderdeckel t_9 . . . ,,		189	188	184	183	178	175	179	174	165	175	167	156
über Indikator DS t_{10} . . ,,		179	178	175	171	170	165	170	165	158	165	158	152
Cylindermitte t_{11} . . . . ,,		179	179	176	174	171	165	172	168	161	168	164	156
über Indikator KS t_{12} . . ,,		179	178	175	174	172	166	174	169	161	170	164	154
am Rahmenflansch t_{15} . . ,,		158	158	156	153	152	149	151	149	145	149	147	138
am Eintrittskanal DS t_7 . . ,,		191	190	184	185	183	177	186	181	172	182	176	164
am Eintrittskanal KS t_8 . ,,		184	181	177	178	175	168	178	172	172	172	167	154
am Austrittskanal KS t_{13} . ,,		177	177	174	172	169	165	170	165	158	164	158	148

mit steigender Temperatur die Verluste durch unvollständige Expansion infolge steileren Verlaufes der Expansionslinie ab, während gleichzeitig die Kompressionsverluste etwas zunehmen. Auch die Wärmeverluste durch Wärmeaustausch zwischen Dampf und Wandung und Lässigkeit werden mit steigender Temperatur geringer und ergeben sich außerdem auf der Deckelseite bei dem durchgeführten Sattdampf- und Heißdampfbetrieb um 15 bis 20 v. H. kleiner wie auf der Kurbelseite.

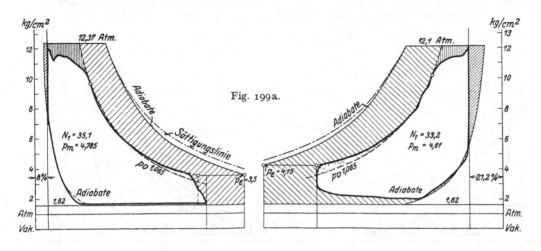

Fig. 199a.

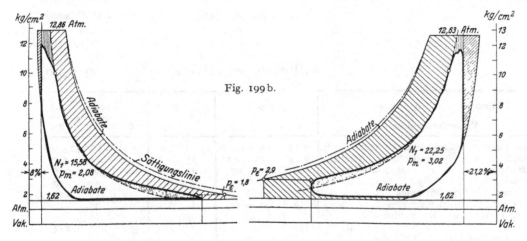

Fig. 199b.

Fig. 199a und b. Sattdampfbetrieb bei großer und kleiner Füllung.

Fig. 199 und 200. Indikatordiagramme des Dampfcylinders Fig. 195. $\frac{265}{500}$; $n = 120$

Die Form des Anstiegs des Gütegrades für das ganze untersuchte Temperaturgebiet läßt noch erkennen, daß bei weiterer Erhöhung der Dampftemperaturen auch noch erhöhter Wärmegewinn sich erzielen läßt.

Diesen Versuchen an einer verhältnismäßig kleinen Maschine mögen umfassende Erhebungen an einer 2500pferdigen Schnellzug-Heißdampf-Lokomotive gegenüber - gestellt werden, die vornehmlich bezweckten, den Einfluß der Umdrehungszahl[1] auf den Dampfverbrauch zu ermitteln.

Einfluß der Umdrehungszahl.

[1] Versuche von Ch. D. Young, Pennsylv. Railroad Comp. Report 19, Mai 1912. Tesst of a class K 29 locomotive.

Gutermuth, Dampfmaschinen. I.   11

Die Konstruktion des Cylinders und die Anordnung der einfachen Kolbenschiebersteuerung ist aus Fig. 202 zu ersehen. Die schädlichen Räume betrugen
im Mittel 15 v. H. Die Versuche wurden mit minutlichen Umdrehungszahlen
von 100 bis 360 (Zuggeschwindigkeiten bis rund 130 km/Std.) und mit Füllungen
von 20 bis 46 v. H. des Hubvolumens durchgeführt. Die Dampfeintrittstemperatur
betrug im Mittel 300°. Die Versuchsergebnisse, deren ziffernmäßige Zusammenstellung Tab. 24 enthält, sind in Fig. 203a und b, bezogen auf die Cylinderfüllungen,
graphisch veranschaulicht. Letztere Darstellung läßt unmittelbar folgendes erkennen:

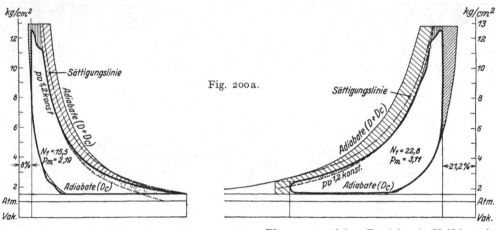

Fig. 200a und b.   Betrieb mit Heißdampf

Tabelle

$$\text{Zwillingslokomotive } 2 \times \frac{690}{710} \, n = 100 - 360$$

Minutliche Umdrehungen		100			120		160		
Versuchsnummer		1	2	3	4	5	6	7	8
Dampfspannung im Schieberkasten Atm. Überdr.		13,75	13,82	13,78	13,72	13,67	13,41	13,36	13,50
Dampfspannung im Auspuffrohr . . Atm. abs.		1,13	1,16	1,15	1,35	1,23	1,46	1,49	1,57
Dampftemperatur im Zuleitungstohr °C		279	292	271	304	289	308	305	318
Dampftemperatur im Auspuffrohr . ,,		120	135	124	138	125	135	142	159
Überhitzung des Frischdampfes . . ,,		85	98	78	111	96	116	113	125
Überhitzung des Auspuffdampfes. . ,,		18	33	22	31	21	25	31	47
Wandungstemperatur im Schieber-kasten. . . . . ,,		239	265	233	277	252	273	278	292
Wandungstemperatur im Cylinder-mantel . . . . ,,		120	132	121	143	136	150	147	168
Füllung in v. H. des Hub-Volumens v. H.		18,4	20,2	20,8	28,1	28,6	31,1	31,6	33,1
Indicierte Leistung beider Maschinen-seiten . . . . PSi		945	956	963	1405	1405	1812	1785	1786
Dampfverbrauch f. d. PSi/Std. . kg		9,60	9,24	9,60	8,62	8,85	8,44	8,26	8,08
Wärmeverbrauch f. d. PSi/Std. . . . WE		6880	6795	6845	6300	6400	6190	6040	5965
Theoret. ausnutzbare Wärme bei Exp. auf 1 kg/qcm abs. . . . . . . ,,		121	123	120	126	122	125,5	125	127,5
Theoret. ausnutzbare Wärme bei Exp. auf beobachteten Druck im Aus-puffrohr . . . . ,,		116	116	114	114,5	113	111	109	110
Gütegrad, bezogen auf 1 kg/qcm Aus-trittsdruck . . . . v. H.		54,4	55,7	55,0	58,2	58,7	59,8	61,3	61,4
Gütegrad, bezogen auf beobachteten Druck im Auspuffrohr . . . . ,,		56,8	59,0	57,8	64,1	63,3	67,6	70,3	71,2

Die Versuche sind für jede Umdrehungs-

Ein Einfluß der Umdrehungszahl auf Dampfverbrauch und Gütegrad der Heißdampfmaschine besteht nur bei den niederen Umdrehungszahlen unter $n = 160$. Bei höheren Umdrehungszahlen von 160 bis 360, die durch verschiedene Punktbezeichnung unterschieden sind, liegen die Gütegrade auf einer gemeinsamen Kurve, die bei etwa 25 v. H. Füllung ihre günstigsten Werte aufweist und bei höheren Füllungen, infolge der Zunahme der Verluste durch unvollständige Expansion, langsam abfällt. Für Umdrehungszahlen über 160 kommt also der Einfluß der Umdrehungszahl in den Gütegradziffern nicht mehr zum Ausdruck. Diese Erscheinung findet ihre Erklärung in dem Umstand, daß die mit der Steigerung der

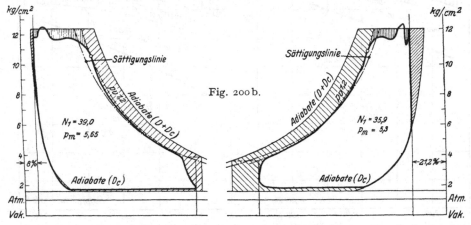

Fig. 200b.

von 300° bei großer und kleiner Füllung.

24.

der Pennsylvania Railroad Company.

180				200	240					280			320		360
9	10	11	12	13	14	15	16	17	18	19	20	21	22	23	24
12,96	12,76	12,19	12,72	11,58	13,30	13,10	13,02	12,42	11,60	13,46	13,01	12,80	13,09	12,79	11,82
2,05	2,13	2,05	2,13	2,10	1,64	1,97	1,91	2,27	2,37	1,28	2,34	2,07	1,85	2,12	1,99
326	329	316	319	322	312	330	328	337	316	284	325	320	317	325	288
170	174	163	165	171	152	170	167	185	172	122	167	166	160	174	140
136	139	128	129	136	121	137	136	149	130	92	133	131	126	134	101
50	52	43	44	50	39	50	49	61	48	16	43	46	43	44	21
302	302	287	289	294	282	303	293	309	292	259	283	281	281	294	233
196	214	183	187	195	152	195	186	194	193	119	164	167	166	188	135
41,1	42,5	44,7	46,0	45,2	25,0	36,1	36,1	43,4	46,2	21,9	36,6	37,2	31,8	38,3	34,1
2272	2298	2332	2403	2340	1980	2313	2381	2597	2458	1762	2374	2390	2273	2542	2243
8,66	8,75	9,29	9,29	9,34	8,04	8,40	7,90	8,89	9,92	7,72	8,21	8,56	7,68	8,53	8,80
6435	6520	6860	6865	6925	5910	6260	5880	6660	7330	(5565)	6100	6330	5665	6335	6370
127	127,5	123,5	124	123	125,5	129	129,5	128	122	121,5	127	125,5	126	126,5	117
98,5	98	95	98	93,5	106	102	103,5	95	87,5	112	93	96,5	101,5	97	90
57,5	56,7	55,2	53,6	55,1	62,7	58,4	61,9	55,6	52,3	67,5	60,6	58,9	65,4	58,7	61,5
74,2	73,8	71,7	69,5	72,5	74,3	73,8	77,4	75,0	72,0	73,2	82,8	76,0	81,2	76,5	79,9

zahl nach steigender Füllung angeordnet.

Umdrehungszahl zusammenhängende Verminderung der Wärmeverluste erhöhten Drosselungsverlusten in den Steuerorganen und in der Auspuffleitung (Blasrohr) gegenübersteht. Nachdem Fig. 203a die Gütegradkurven auf eine theoretische

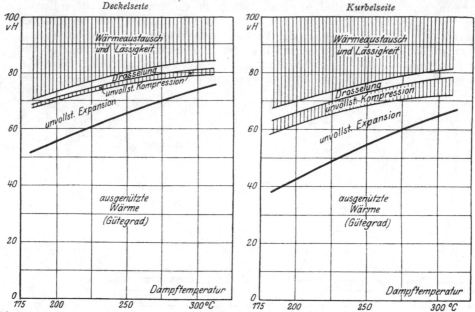

Fig. 201. Wärmeverteilung im Dampfcylinder Fig. 195 bei verschiedener Dampftemperatur gleicher Leistung von 25 PSi und einem Gegendruck von 1,6 Atm abs.

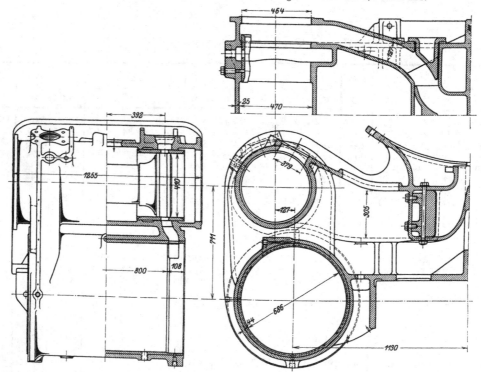

Fig. 202. Cylinder der Zwillings-Heißdampf-Lokomotive $2 \times \dfrac{690}{710}$ der Pennsylvania Railroad Comp., Altoona.

Dampfexpansion auf 1 kg/qcm abs. Austrittsdruck, also unter Einschluß des Blasrohrwiderstandes, bezogen dargestellt, ist vergleichsweise in Fig. 203b der Gütegrad unter Ausschaltung der Blasrohrverluste, d. h. bezogen auf den tatsächlichen Druck im Auspuffrohr veranschaulicht.

Für Umdrehungszahlen zwischen 180 bis 360 liegt der Gütegrad statt wie vorher zwischen 54 und 62 v. H. nunmehr zwischen 70 und 80 v. H und darüber; der günstigste Füllungsgrad verschiebt sich auf 30 bis 35 v. H. Bei kleineren Umdrehungs-

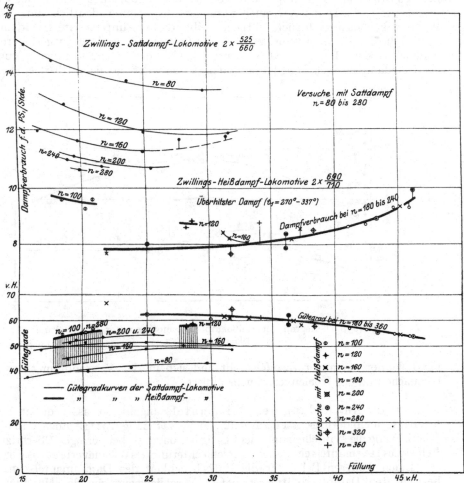

Fig. 203 a. Dampfverbrauch und Gütegrad der Schnellzugs-Heißdampf-Lokomotive Fig. 202 bei verschiedenen Umdrehungen und Cylinderfüllungen im Vergleich mit Versuchsergebnissen (Fig. 157) einer Sattdampf-Lokomotive. Die Gütegrade beziehen sich auf eine theoretische Expansion von Eintrittsspannung auf 1 kg/qcm abs. Austrittsdruck.

zahlen tritt wieder eine bedeutende Verminderung der Wärmeausnützung ein und zwar größer als bei Bezugnahme des Gütegrades auf eine Austrittsspannung von 1 kg/qcm abs. Die zerstreute Lage der Versuchswerte in beiden Diagrammen ist in Verschiedenheiten der Dampfeintrittstemperaturen und z. T. wohl auch in zu kurzen Versuchszeiten für die Speisewassermessung (1 bis 2 Stunden) begründet. Beachtenswert ist die Überhitzung des Auspuffdampfes um 40 bis 50°, derzufolge der Expansionsvorgang im Überhitzungsgebiet verläuft. Die mittlere Wandungstemperatur des Cylinders wurde etwa 100 bis 130° niedriger als die Temperatur der Schieberkastenwandung festgestellt.

In der größeren Unabhängigkeit der Dampfausnützung von der Umdrehungs-zahl liegt eine ausgesprochene Überlegenheit des Heißdampfes gegenüber dem Satt-dampf, für den die S. 114 angeführte Schnellzugslokomotive noch bis 280 Um-drehungen eine dauernde Zunahme des Gütegrades und entsprechende Vermin-derung des Dampfverbrauches aufwies. Des besseren Vergleiches wegen sind in Fig. 203a auch die Versuchsergebnisse der Sattdampflokomotive eingetragen. Da-nach erweist sich Heißdampf bei allen Leistungen und Umdrehungszahlen wesent-lich günstiger als Sattdampf und kommt der Unterschied beider Betriebsarten hauptsächlich im Dampfverbrauch zugunsten des ersteren deutlich zum Ausdruck. Wenn dabei auch zu berücksichtigen bleibt, daß die untersuchte Heißdampfloko-motive die doppelte Leistung der Sattdampflokomotive und relativ geringere schäd-liche Oberflächen besaß, so ist der Unterschied in der Wärmeausnützung zugunsten des Heißdampfes doch so bedeutend, daß dessen wirtschaftliche Überlegenheit auch

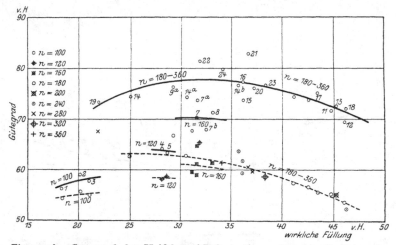

Fig. 203b. Gütegrad der Heißdampf-Lokomotive unter Ausschaltung des Blasrohrverlustes.

bei Lokomotiven außer Zweifel steht und sich in der Verminderung der Kessel-heizfläche und des Kohlenverbrauchs äußert.

**Mantel-
heizung.**   Was die Anwendung des Heizmantels angeht, so lassen die an nicht ge-heizten Eincylindermaschinen ausgeführten Versuche Fig. 194 erkennen, daß bei hoher Überhitzung die Mantelheizung nicht nötig ist, dagegen bei geringer Überhitzung das Fehlen des Heizmantels eine rasche Verschlechterung des Wärmeverbrauchs verursacht.

Einen weiteren Beleg für die Entbehrlichkeit des Dampfmantels unter vor-bezeichneten Dampfverhältnissen liefern Vergleichsversuche der Maschinenfabrik Augsburg, deren Beobachtungs- und Rechnungswerte Bd. III, Tab. 5, Versuch Nr. 21 und 22 enthält. Die beiden unter fast genau übereinstimmenden Ver-suchsbedingungen mit festgestellter Expansion bei einer Dampftemperatur von 328⁰ durchgeführten Untersuchungen ergaben mit Heizung einen Wärmeverbrauch von 5470 WE, ohne Heizung einen solchen von 5360 WE; die Mantelheizung rief so-mit eine Vergrößerung des Wärmeverbrauchs um rund 2 v. H. hervor, der Güte-grad verminderte sich entsprechend von 74 auf 72 v. H. Diese Verschlechterung der Dampfausnützung durch Heizung beweist, daß bei hoher Überhitzung der Heizdampf durch Leitung und Strahlung mehr ausnutzbare Wärme abgibt bzw. verliert, als der Arbeitsdampf im Cylinder aufnimmt.

Der praktische Standpunkt, mit höherer Überhitzung betriebene Eincylinder-auspuffmaschinen ohne Mantelheizung auszuführen, erscheint somit vollkommen berechtigt.

Für den Betrieb mit überhitztem Dampf erweist sich auch die Lokomobilmaschine sehr geeignet, da die kleinen Cylinderabmessungen und die einfache
Steuerungskonstruktion hohe Dampftemperaturen ohne Betriebsschwierigkeiten gestatten. Die Überhitzer werden meist ohne Regeleinrichtungen für die Dampftemperatur in der Rauchkammer der Lokomobile angeordnet, wodurch bei großen Belastungen eine höhere Dampfüberhitzung als bei kleinen eintritt. Dieser Umstand
hat einen weitergehenden Ausgleich der Wärmeverbrauchsziffern mittlerer und
höherer Belastungen wie bei Sattdampflokomobilen zur Folge. Vgl. III. Tab. 6,
Nr. 31 bis 37.

Bei den Eincylinder-Heißdampflokomobilen, welche fast ausschließlich mit
Eintrittsspannungen von 11 bis 13 Atm. abs. und daher mit größerem Wärmegefälle als standfeste Maschinen gleicher Leistung in der Regel arbeiten, steht
infolge geringer Wärmeverluste im Cylinderinnern die Verminderung des wirklichen Wärmeverbrauchs im unmittelbaren Zusammenhange mit der Abnahme

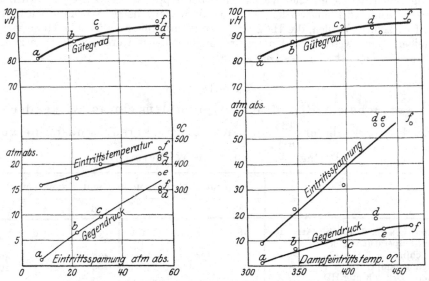

Fig. 204. Gütegrad des HD-Cylinders der W. Schmidt'schen Hochdruck-Dampfmaschine bei steigendem Eintritts- und Gegendruck.

des theoretischen. Dies kommt sehr deutlich auf III, Taf. 12 bei den Wärmeverbrauchskurven von Lokomobilen und standfesten Maschinen in Abhängigkeit von
der in der vollkommenen Maschine ausnützbaren Wärme, zum Ausdruck.
Aus den Gütegradkurven ist ferner zu erkennen, daß mit der Erhöhung der
Arbeitsspannung in der Lokomobile auch größere Verluste durch unvollständige
Expansion entstehen, während die Wärmeverluste im Cylinderinnern durchschnittlich geringer als bei standfesten Maschinen sich ergeben.

Im Vergleich zu Sattdampfbetrieb zeigen die Heißdampflokomobilen eine
Verminderung des Wärmeverbrauches um etwa 16 v. H. bei nahezu gleichen
Gütegraden für beide Betriebsweisen (Taf. 12). Wenn dabei die Kohlenersparnis
im Vergleich mit Sattdampfbetrieb einen höheren Wert bis auf 20 v. H. aufweist,
so erklärt sich dies wohl weniger aus dem Umstand, daß bei Heißdampf ein Wärmeaufwand für Cylinderheizung fortfällt, als aus einem höheren Kesselwirkungsgrad.
Ferner zeigen die Diagramme, daß der Gütegrad bei Heißdampf weniger vom
Wärmegefälle abhängt als bei Sattdampf, der die größte Wärmeausnützung von etwa
70 v. H. nur bei hohem Wärmegefälle, also hohen Dampfspannungen erreichen läßt.

Aus dem Vergleich der Versuchswerte der Tab. 4 und 6 mit denjenigen der
Tab. 1 bis 3 und 5 ist auch zu entnehmen, daß die Maschinengröße die Wärme-

ausnützung bei Lokomobilen viel weniger beeinflußt als bei normalen Dampfmaschinen.

Besondere Bedeutung gewinnt Hochdruckdampf mit hoher Überhitzung bei gesteigertem Gegendruck, infolge der damit zunehmenden mittleren Wandungstemperatur und abnehmendem Wärmeaustausch zwischen Dampf und Cylinderwandung zugunsten bedeutender Erhöhung des Gütegrades. Einen deutlichen Beleg hierfür liefern die in Tab. 25 und den beiden Diagrammen, Fig. 204, zusammengestellten Versuchsergebnisse mit dem einfachwirkenden Hochdruckcylinder der beiden ersten von Dr. Ing. Wilhelm Schmidt ausgeführten Hochdruckdampfmaschinen[1]). Bei einer Steigerung der Dampfspannung von 8,5 auf 55,5 Atm. abs. und zunehmendem Druckgefälle im Hochdruckcylinder von 7,38 Atm. auf 40,17 Atm. erhöhte sich dessen Gütegrad von 81,3 v. H. auf 95,4 v. H., woraus gefolgert werden kann, daß bei hohen Dampfspannungen und Temperaturen die Verluste durch Wärmeaustausch fast verschwinden. Nachdem diese günstigen wärmetheoretischen Verhältnisse bei doppeltwirkenden Cylindern in noch höherem Grade wirksam werden, kann bei diesen aus betriebstechnischen Gründen darauf verzichtet werden, die Heißdampftemperatur über die übliche Höhe von 350^0 zu steigern ohne wesentliche Unterschreitung der bei weiterer Temperaturzunahme erreichbaren Höchstwerte des Gütegrades.

Tabelle 25.

Versuche mit Hochdruckdampf an dem einfachwirkenden Hochdruckzylinder $\frac{135}{400}$ der vierstufigen Versuchsmaschine von Dr. Ing. W. Schmidt in Wilhelmshöhe.

		Steigende Eintrittsspannung und Dampftemperatur					
		a	b	c	d	e	f
Dampfdruck vor d. Masch.	Atm. abs.	8,5	22,3	31,5	55,0	55,0	55,5
Dampftemperatur vor der Maschine	^{0}C	314	346	396	427	435	465
Sättigungstemperatur . .	,,	172	216	236	269	269	269
Mittlerer Druck hinter HD-Cylinder	Atm. abs.	1,12	6,5	9,6	14,5	18,0	15,33
Druckgefälle		7,38	15,8	21,9	40,5	37,0	40,17
Austrittstemperatur hinter HD-Cylinder	^{0}C	130	218	250	260	300	298
Minutl. Umdrehungen . .		145,6	147,2	147,2	147,0	147,8	146,58
Ind. Leistung im HD-Cyl..	PS_i	53,3	14,35	20,3	42,2	35,2	43,2
Dampfverbrauch für HD-Cylinder	kg/PS_i	7,53	10,45	9,50	8,38	9,77	7,84
Adiabat. Wärmegefälle im HD-Cylinder für 1 kg Dampf	WE/kg	103,0	70,5	72,5	83,5	73,0	84,5
Gütegrad, bez. auf vollk. Maschine	v. H.	81,3	87,5	93,7	93,0	91,0	95,4

Quelle: Z. d. V. d. Ing. 1921, S. 716 bis 718, Z.-T. 2, 3; 1923, S. 1151, Z.-T. 2 bis 5.

b. Kondensationsbetrieb.

Versuche mit verschiedener Überhitzung.

Unter den Vergleichsversuchen über den wärmetechnischen Wert der Überhitzung bei Kondensationsbetrieb an ein und derselben Maschine sind zunächst solche an einer 50pferdigen Ventilmaschine von Gebr. Sulzer (ohne Mantelheizung, Eintrittsspannung 10 Atm.) anzuführen, deren Ergebnisse in Tab. 20 zusammenge-

---

[1]) Z. d. V. d. Ing. 1921, S. 716 und 1923, S. 1151.

stellt sind[1]). Ein Vergleich dieser Versuche mit denjenigen an derselben Maschine für Auspuffbetrieb und gleiche Eintrittsspannung, Fig. 194, läßt entnehmen, daß

bei Betrieb mit überhitztem Dampf der Unterschied im Wärmeverbrauch für Auspuff und Kondensation kleiner ist als bei Betrieb mit gesättigtem Dampf und die prozentuale Wärmeersparnis für Auspuff wesentlich größer wie für Kondensation.

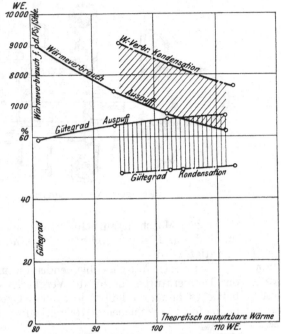

Dieser Unterschied in der tatsächlichen Arbeitsweise gesättigten und überhitzten Dampfes stimmt mit dem theoretischen Verhalten der vollkommenen Maschine für beide Betriebsarten überein und ist darin begründet, daß die Erweiterung des Temperaturgefälles durch Überhitzung die adiabatische Expansionswärme relativ um so mehr vergrößert, je geringer das ursprüngliche Druck- bzw. Temperatur gefälle bei Sattdampfbetrieb war.

Was die Arbeitsverluste beider Betriebsarten angeht, so ist der Unterschied im Gütegrad bei Aus-

Fig. 205. Wärmeverbrauch und Gütegrade, bezogen auf die theoretisch ausnutzbare Wärme.

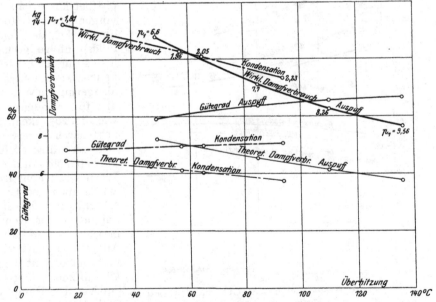

Fig. 206. Dampfverbrauch und Gütegrad, bezogen auf die Eintrittsüberhitzung.

Fig. 205 und 206. Liegende Eincylindermaschine $\frac{320}{350}$; $n = 210$ mit Zweikammersteuerung.

Versuche von Prof. Dörfel mit Auspuff und Kondensation bei gleichem Temperaturgefälle, verschiedener Überhitzung und verschiedenen Eintrittsspannungen.

---

[1]) Z. d. V. d. Ing. 1905, S. 1237.

puff und Kondensation hauptsächlich durch die unvollständige Expansion begründet, während die Eintrittsverluste, wie aus den Erörterungen auf S. 146 hervorgeht, bei gleicher Eintrittsspannung unge-fähr dieselbe Größe aufweisen. Die Erweiterung des Temperatur-gefälles nach unten im Konden-sationsbetrieb ist also nicht von einer entsprechenden Vergröße-rung der Wärmeverluste im Cylin-derinneren begleitet, da sowohl bei Auspuff wie bei Kondensation die mittlere Wandungstempera-tur wesentlich über der Sätti-gungstemperatur der Austritts-spannung gelegen ist. Dieser Um-stand verursacht das überein-stimmende Verhalten der theo-retisch vollkommenen und der

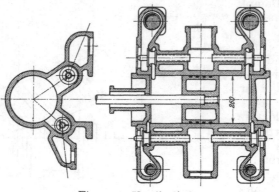

Fig. 207. Ventilcylinder.

wirklichen Maschine hinsichtlich der Wirksamkeit der Überhitzung, das weiterhin durch die in Fig. 205 und 206 veranschaulichten Versuchsergebnisse Prof. Dörfels bestätigt wird[1]).

Versuche von Prof. Dörfel an ein und derselben Maschine. Bei diesen mit gleichbleibender Füllung ausgeführten Versuchen wurde jeweils das Temperaturgefälle für die Vergleichsversuche des Auspuff- und Kondensations-betriebes annähernd übereinstimmend gewählt, während die Eintrittsspannungen demzufolge verschiedene Größe erhielten, und zwar bei Auspuffbetrieb 6,6 bis 9,56 Atm., bei Kondensationsbetrieb 1,81 bis 2,23 Atm. zunehmend mit der Überhitzung. Für Aus-puffbetrieb ergab sich, unter vorgenannter Voraussetzung hinsichtlich des Temperaturge-fälles, infolge geringeren Ver-lustes durch unvollständige Ex-pansion, ein höherer Gütegrad, also geringerer Wärmeverbrauch als für Kondensationsbetrieb, wie Fig. 205 erkennen läßt. Be-achtenswerterweise aber erwies sich der Gütegrad für Auspuff-betrieb nicht nur dem absoluten Werte nach günstiger, sondern zeigte auch mit Erhöhung der Überhitzung eine stärkere Zu-nahme als für Kondensations-betrieb, die in der rascheren Abnahme des wirklichen Dampf-verbrauchs mit zunehmender Überhitzung, Fig. 206, sich äußert. Die Dampfwirkung im Cylinderinnern wird somit bei Auspuffbetrieb durch zuneh-mende Dampftemperatur gün-stiger beeinflußt wie bei Kon-

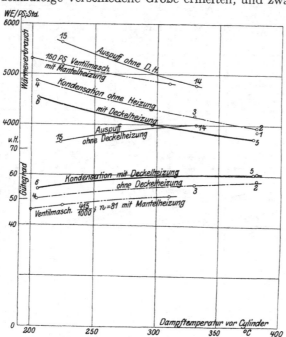

Fig. 208. Wärmeverbrauch und Gütegrad bei Betrieb mit und ohne Deckelheizung, bezogen auf die Dampf-eintrittstemperatur. (Tab. 26.)
Fig. 207 und 208. Lokomobilmaschine mit Ventilsteue-rung. $\frac{260}{350}$; $n = 190$.

1) Z. d. V. d. Ing. 1899, S. 656. Versuche 9, 10, 15, 17 bis 20 und 28.

densation. Dieses Ergebnis deutet darauf hin, daß bei gleichbleibender Füllung der Wärmeaustausch nicht nur vom Temperaturgefälle, sondern auch von der Dampfspannung und dem Dampfzustand abhängig wird.

Nachdem die geringe Wärmeleitfähigkeit des Heißdampfes die Aufrechterhaltung hoher Wandungstemperatur und Verkleinerung der Eintrittsverluste im Gefolge hat, verliert die Cylinderheizung mit steigender Überhitzung an wärmetechnischer Bedeutung und wirtschaftlichem Wert. Der praktische Nachweis hierfür wird durch Versuchsergebnisse der Maschinenfabrik Augsburg[1]) an einer mit Mantelheizung durch Frischdampf arbeitenden 120 pferdigen Ventilmaschine geliefert (gestrichelte Kurven in Fig. 208), die im Vergleich zu den Versuchen an der 50 pferdigen Dörfelmaschine erkennen lassen, daß bei Sattdampfbetrieb durch die Mantel heizung eine erhebliche Verminderung des Wärmeverbrauchs eintritt, während ihr Einfluß schon bei geringer Überhitzung verschwindet. *(Mantelheizung.)*

In einem scheinbaren Gegensatz hierzu zeigen die in Tab. 26 und Fig. 208 mitgeteilten Versuche von Prof. Graßmann an einem mit kleinen schädlichen Räumen (2,94 v. H.) arbeitenden Ventilcylinder Fig. 207 bei Deckelheizung nach Fig. 218 eine mit der Temperatur abnehmende aber selbst bei 380° noch nachweisbare Verbesserung des Dampfverbrauchs und Gütegrades, die nur durch geringen Wärmeaufwand der Heizung mittels strömenden Dampfes zu erklären ist. Die günstige Wirkung der Deckelheizung mit Heißdampf macht wahrscheinlich, daß bei nicht geheiztem Deckel die Wandungstemperatur im untersuchten Temperaturbereich unter der Sättigungstemperatur des Frischdampfes gelegen ist. Die Dampfverbrauchsziffern sind nach Fig. 208 für beide Betriebsweisen niedriger, die Gütegrade höher als die entsprechenden Werte der oben genannten mit Mantelheizung betriebenen 120 pferdigen Ventilmaschine, als Folge größeren nutzbaren Wärmegefälles, relativ geringerer Größe und günstigerer Oberflächengestaltung der schädlichen Räume, kleinerer Verluste durch unvollständige Expansion und höherer Umdrehungszahl. *(Deckelheizung.)*

Der Vergleich der mitgeteilten Versuche mit Auspuff und Kondensation läßt erkennen, daß in Übereinstimmung mit dem theoretischen Verhalten der wärmetechnische Gewinn durch Überhitzung im Kondensationsbetrieb geringer ist wie im Auspuffbetrieb, und es mag zum Teil auf dieser Erfahrung beruhen, daß bis vor kurzem verhältnismäßig wenig Eincylinder-Kondensationsmaschinen mit Überhitzung betrieben wurden, wie aus der geringen Zahl von Versuchen an Heißdampfmaschinen dieser Art in Tab. 10 des Bandes III hervorgeht. Der Hauptgrund für diese Tatsache ist darin zu suchen, daß der Kondensationsbetrieb überhaupt bis in die neuere Zeit herein vornehmlich nur im Zusammenhang mit Mehrfachexpansion angewandt wurde, die durch kleinere Verluste der unvollständigen Expansion und Erweiterung des Druckgefälles gegenüber der normalen Einfachexpansionsmaschine wesentlich höhere Dampfausnützung ermöglichten.

Erst durch Ausbildung des Gleichstromdampfcylinders hat in neuerer Zeit der Kondensationsbetrieb auch für die Eincylindermaschine eine derartige wärmetechnische Vervollkommnung erfahren, daß letztere auch für Leistungen bis zu 1000 PS und darüber mit wirtschaftlichem Vorteil Verwendung findet.

4. Gleichstrom-Dampfmaschine.

Das Wesen der Gleichstromdampfmaschine ist bereits im Abschnitt 2e S. 140, der über den Einfluß des schädlichen Raumes und der inneren Steuerorgane

[1]) Bd. III, Tab. 9, Nr. 45; Tab. 10, Nr. 10 und 11.

Tabelle 26. Eincylinder-Ventilmaschine mit langem Kolben und gesteuerten Auslaß-Ventilen $\frac{260}{350}$; $n = 190$; $N_i = 50$ PS; Fig. 207 (Vierventil-Cylinder). Versuche von Prof. Graßmann.

	Kondensation						Auspuff	
	Hohe Kompr.	Mäßige Kompression					Kleine Kompression	
		Deckel nicht geheizt			Deckel geheizt		Deckel nicht geheizt	
Versuchsnummer	1	4	3	2	6	5	15	14
Eintrittsspannung . . Atm. abs.	13,38	13,17	12,83	12,82	12,75	12,93	12,68	12,70
Eintrittstemperatur vor Cylinderdeckel °C	—	—	—	—	205,2	378,4	—	—
im Ventilkasten . °C	380,6	204,4	330,4	380,6	197,5	377,7	224,8	331.9
Endexpansionsspannung . . . . Atm. abs.	1,14	—	—	—	1,30	0,88	—	1,70
Gegendruck i. Cylinder ″ ″	0,22	—	—	—	0,17	0,11	—	1,09
Austrittsspannung . . ″ ″	0,107	0,119	0,112	0,114	0,116	0,103	1,017	1,029
Austrittstemperatur . °C	84,8	satt	satt	85,3	satt	83,9	satt	satt
Minutliche Umdrehungen	189,7	188,8	191,1	188,8	190,7	190,1	194,3	190,1
Indic. Leistung . . . PS$_i$	49,40	48,22	—	48,54	50,18	49,98	49,54	49,93
Dampfverbrauch f. d. PS$_i$/Std. . . . . . kg	5,00	7,19	15,62	5,11	6,70	4,86	8,15	6,40
Wärmeverbrauch f. d. PS$_i$/Std. . . . . . WE	3858	4867	4178	3942	4542	3742	5620	4776
Gütegrad bezogen auf das Wärmegefälle bis zur Austrittsspannung . . . . . . v. H.	58,3	50,4	56,0	58,0	54,5	60,4	73,0	79,1

Tabelle 27. Eincylinder-Gleichstrom-Ventilmaschinen $\frac{260}{350}$; $n = 190$; $N_i = 50$. (Fig. 216 bis 218.) Versuche von Prof. Graßmann.

	Kondensation								Auspuff	
	Auslaßventile durch Schrauben auf den Sitz gepreßt. Schädlicher Raum σ = 3,49 v. H.			Auslaßventilnester ausgegossen. Schädlicher Raum σ = 2,61 v. H.					Schädlich. Raum σ = 15,33 v. H.	
	Deckel nicht geheizt			Deckel nicht geheizt		Deckel geheizt			Deckel geheizt	
Versuchsnummer	8	7	7a	10	9	13	12	11	17	16
Eintrittsspannung . . Atm. abs.	12,50	12,76	12,81	12,54	12,78	12,66	12,65	13,08	12,70	12,65
Eintrittstemperatur vor Cylinderdeckel °C	—	—	—	—	—	207,2	320,3	388,3	225,3	332,1
im Ventilkasten . °C	199,5	386,6	388,2	202,4	387,8	195,7	312,0	367,7	215,2	322,8
Endexpansionsspannung . . . . Atm. abs.	—	1,41	—	—	—	1,59	—	1,30	—	2,42
Gegendruck i. Cylinder ″ ″	—	0,18	—	—	—	0,16	—	0,16	—	1,02
Austrittsspannung . . ″ ″	0,152	0,156	0,132	0,152	0,137	0,152	0,154	0,154	1,017	1,017
Austrittstemperatur . °C	satt	94,3	87,8	satt	85,9	satt	satt	85,1	satt	111,6
Minutliche Umdrehungen	189,8	190,5	190,3	191,4	189,5	191,6	188,1	190,9	191,5	192,4
Indic. Leistung . . . PS$_i$	52,19	50,94	51,56	51,08	50,10	52,77	51,08	50,61	50,44	50,41
Dampfverbrauch f. d. PS$_i$/Std. . . . . . kg	7,68	5,13	5,10	7,68	5,20	7,39	5,60	5,07	8,92	7,11
Wärmeverbrauch f. d. PS$_i$/Std. . . . . . WE	5182	3972	3950	5196	4030	5020	4146	3930	6150	5310
Gütegrad . . . . . . v. H.	50,2	60,1	58,7	50,0	58,2	51,9	59,8	60,2	66,4	71,0

Fig. 216.   Fig. 217.   Fig. 218.

Tabelle 22 und 23 sind so angeordnet, daß untereinander stehende Versuche gleichen Betriebsverhältnissen angehören.

handelt, eingehend erörtert und ihr Verhalten bei Sattdampfbetrieb im Vergleich
zu normalen Einfachexpansionsmaschinen
durch Versuchsergebnisse gekennzeichnet.

Bei Betrieb mit überhitztem Dampf
und Kondensation liegen Versuche an
Gleichstrommaschinen verschiedener Konstruktion und unter verschiedenen Betriebsbedingungen vor. Tab. 28 enthält
Beobachtungen an einer Gleichstromver-
suchsmaschine mit normalem Kolben,
Fig. 209[1]), bei Betrieb ohne Deckelheizung.

Die Versuche 1 bis 4 wurden mit
Heißdampf von 12 bis 15 Atm. Kessel-
überdruck und 90 v. H. Vakuum im Kon-

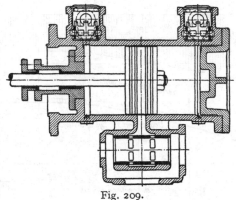

Fig. 209.
Gleichstromcylinder mit normalem Kolben.

densator ausgeführt bei einer Endexpansionsspannung von 0,9 Atm. abs. und
einem Kompressionsgrad von 60 v. H. entsprechend einem mittleren Arbeitsdruck
von 3,1 kg/qcm.

Tabelle 28.

Gleichstrom-Versuchsmaschine ohne Deckelheizung mit normalem
Kolben. $\frac{340}{400}$; $n = 242$; Leistung 100 PS$_i$.

R. Wolf, Maschinenfabrik Magdeburg-Buckau. Versuche von K. Heilmann.
Betrieb mit überhitztem Dampf und Kondensation.

Nr.	Drucke in Atm. abs.		Dampf-temperaturen		Minutl. Um-drehungen	Leistung PS$_i$	Dampf-verbr. f. d. PS$_i$/Std.	Wärme-verbr. f. d. PS$_i$/Std.	Nutz-leistung	Mech. Wirkungs-grad
	vor der Maschine	im Kondens.	Eintritt	Austritt						
Verschiedene Überhitzung.										
1	13	0,11	200	51	242,0	90,40	7,50	5300	80,55	89,4
2	13	0,12	273	50	242,4	90,57	5,77	4115	80,60	89,0
3	16	0,10	387	48	244,5	118,95	4,32	3340	110,83	93,3
4	16	0,10	442	55	245,6	119,30	4,08	3275	110,65	93,5
Verschiedene Belastung.										
5	16	0,10	358	44	248,6	75,25	4,43	3360	64,19	85,5
6	16	0,10	375	47	246,6	109,80	4,33	3322	100,32	91,5
7	16	0,10	375	47	244,4	120,25	4,35	3338	110,83	92,0
8	16	0,10	358	50	242,9	132,86	4,50	3415	124,86	94,0
9	16	0,12	376	51	250,3	144,79	4,47	3435	137,50	95,0

Fig. 210 kennzeichnet den Einfluß der Dampftemperatur auf Wärmeverbrauch
und Gütegrad, sowie auf die Verteilung der inneren Wärmeverluste und der Verluste durch unvollständige Expansion.

Aus dem Verlauf der Gütegradskurve ist zu entnehmen, daß bei fehlender
Deckelheizung der größte Einfluß der Überhitzung auf die Wärmeausnützung bei
Dampftemperaturen zwischen 200⁰ und 300⁰ besteht, während bei den höheren
Temperaturen bis 387⁰ der Gütegrad nur noch langsam sich vergrößert, um von dieser
Temperatur aus, bei der der Dampf den Cylinder trocken verläßt, konstant zu

---

[1]) Z. d. V. d. Ing. 1911, S. 991 K. Heilmann: Die Wärmeausnützung der heutigen
Kolbendampfmaschine.

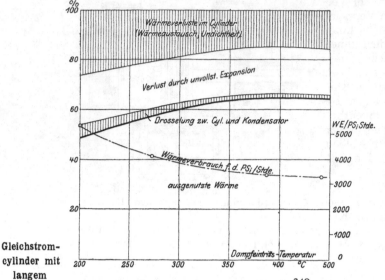

Gleichstrom-cylinder mit langem Kolben.

Fig. 210. Liegende Gleichstrommaschine $\frac{340}{400}$; $n = 242$ mit normalem Kolben ohne Deckelheizung von R. Wolf. Wärmeverteilung bei verschiedener Überhitzung.

bleiben. Dies Ergebnis stimmt überein mit den in Fig. 194 mitgeteilten und auf S. 149 besprochenen Versuchen. Bemerkenswert sind die geringen Drosselungsverluste zwischen Cylinder und Kondensator, trotzdem der Dampf nicht durch Schlitze am Cylinderumfang, sondern durch einen Auslaßschieber entweichen mußte; ihre Verminderung mit steigender Überhitzung hängt mit der Abnahme der Dampfmenge und -dichte bei steigender Dampftemperatur zusammen.

Durch Anwendung der Deckelheizung mit strömendem Dampf erhöht sich die Wärmeausnützung namentlich bei geringerer Überhitzung, wie der Verlauf

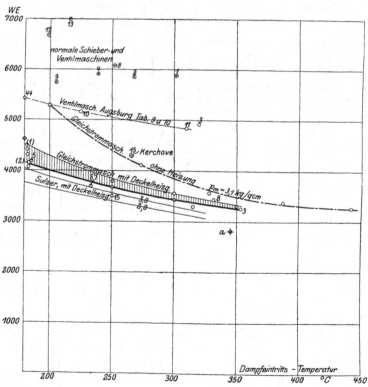

Fig. 211. Wärmeverbrauch von Gleichstrommaschinen mit und ohne Deckelheizung, bezogen auf die Dampfeintrittstemperatur.

der in Fig. 211 graphisch veranschaulichten Versuchsergebnisse an Gleichstrommaschinen der Bauart Prof. Stumpf erkennen läßt.

Bei normaler Belastung liegt der Wärmeverbrauch dieser Gleichstrommaschinen mit Deckelheizung in dem durch Schraffur angedeuteten Gebiete, dessen
untere Begrenzung durch die Versuche von Burmeister og Wain an einer kleinen
Maschine mit einem mittleren Arbeitsdruck von 2,5 Atm. gebildet wird. In die
Figur sind außerdem Versuche an einer Gleichstrommaschine mit Deckelheizung
von Gebr. Sulzer eingetragen bei 2,0 und 3,0 kg/qcm mittleren Arbeitsdruck; der
Dampfverbrauch wurde durch Kondensatwägung bestimmt. Diese Versuche zeigen
noch günstigere Ergebnisse, die außer der höheren Luftleere im Kondensator, vorzüglicher Dichtheit der Steuerorgane und Kolben zuzuschreiben sind. Es ist bemer-

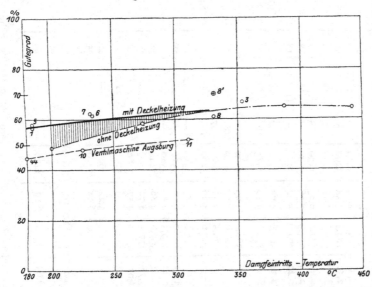

Fig. 212. Gütegrad von Gleichstrommaschinen mit und ohne Deckelheizung, bezogen auf
die Dampfeintrittstemperatur.

kenswert, daß die Dampfverbrauchsmessungen an Sulzer Gleichstrommaschinen
verschiedener Größe der Tab. 29 Nr. 14 bis 20, die in Fig. 211 nicht eingetragen sind,
sich völlig mit den Ergebnissen obiger Maschine decken.

Die auf das ganze Gefälle zwischen Eintritts- und Kondensatorspannung bezogenen Gütegrade, Fig. 212, der geheizten Gleichstrommaschine zeigen mit zunehmender Dampftemperatur eine allmähliche Zunahme von 57,5 v. H. bei Sattdampfbetrieb auf 63 v. H. bei Heißdampf von 340°; bei höheren Dampftemperaturen verschwindet der Einfluß der Deckelheizung, indem die Gütegradkurve in diejenige für die nicht geheizte Maschine übergeht.

Ist einerseits der gleichartige, flach ansteigende Verlauf der Gütegradkurven
der Gleichstrommaschine mit Deckelheizung und der Ventilmaschine mit Mantelheizung bei steigender Dampftemperatur auf den günstigen Einfluß zunehmender
Überhitzung zurückzuführen, so darf andrerseits ihre verschiedene Höhenlage zugunsten der Deckelheizung gewertet werden, bei der im vorliegenden Falle ein um
12 v. H. höherer Gütegrad sich ergab. Diese Überlegenheit der Deckelheizung
erweisen auch die Versuchsergebnisse Tab. 29 Nr. 21 und 22 an einer Kerchovemaschine, deren Gütegrade denen der Gleichstromcylinder mit langem Kolben nahe
kommen und beispielsweise von denen der Gleichstrommsachine Nr. 8 und 9 sich
überhaupt nicht unterscheiden.

Die zu letzteren Versuchsergebnissen gehörigen Indikatordiagramme beider
Cylinderseiten sind in Fig. 213 wiedergegeben. Sie zeigen, daß bei einer Dampftem-

**Vergleich mit
normalen Ein-
cylinder-
maschinen.**

Tabelle 29.

Gleichstrommaschinen mit Deckelheizung (Bauart Prof. Stumpf).
Betrieb mit überhitztem Dampf und Kondensation.

Nr.	Abmessungen mm Hub	Cyl.-Dm.	Minutl. Umdrehungen	Drucke Eintritt p_1	Gegendruck i. Cyl. p_o	Kondensator p_c	Dampftemp. vor Eintritt i. d. Cylinder	am Einlaßventil	Mittl. Arbeitsdruck p_m	Leistung PS$_i$	Dampfverbrauch kg/PS$_i$	Wärmeverbrauch WE	In Arbeit umges. Wärme vollk. Masch. p_o	p_c	wirkl. Masch.	Gütegrade φ_o bez. auf p_o	p_c	Quelle
1	600	450	179	10,93	—	0,062	352	—	1,58	116,0	4,12	3120	—	220	153,5	—	0,70	Stumpf, Die Gleichstrommasch. S. 56 u. Z. d. V. d. Ing. 1911, S. 1700
2			175	10,9	—	0,064	354	—	2,04	149,0	4,24	3220	—	219,5	149,2	—	0,68	
3			176,5	10,87	—	0,067	353	—	2,52	184,5	4,34	3290	—	218,5	146	—	0,67	
4			173,5	10,83	—	0,076	353	—	3,03	222,0	4,40	3330	—	214	144	—	0,674	
5	600	510	145	12,0	—	0,085	—	190	2,40	187,0	6,25	(4190)	—	(177)	101,2	—	(0,57)*	Mitt. d. Erst. Brünner Masch.-Fbr.-Ges. Versuche von Prof. Niethammer
6	700	580	139	12,5	—	0,082	—	231	2,14	234,9	5,38	(3720)	—	(188)	118	—	(0,626)*	
7	900	720	128	11,33	—	0,061	—	233	2,29	461,0	5,34	(3700)	—	(193,5)	118	—	(0,614)*	
8	1000	640	124,7	13,57	0,132	0,072	303	—	2,24	367,6	4,73	3460	192	210,5	133,8	0,697	0,635	Elsäss. Masch.-Ges.
9			121	13,6	0,145	0,075	331	—	3,09	503,1	4,65	3475	196	216	132	0,70	0,61	
10	1000	650	131	11,1	0,11	—	251	—	2,00	386,0	4,95	3500	180,5	—	128	0,71	—	Ehrhardt u. Sehmer
11			,,	13,5	0,11	—	230	—		523,0	4,70	3250	181	—	134,5	0,744	—	Z. d. V. d. Ing. 1911, S. 1685
12			,,	11,9	0,09	—	295	—		79,5	4,49	3260	197,5	—	141	0,714	—	
13			,,	8,7	0,185	—	406	—		100,6	4,20	3290	191,5	—	150	0,784	—	
14	600	550	165	10,0	—	0,05	264	—	2,68	267,0	4,84	3450	—	202	131	—	0,65	Mitgeteilt von Gebr. Sulzer in Winterthur.
15			,,	9,9	—	0,05	269	—	3,25	323,0	4,91	3510	—	203	128,6	—	0,63	
16	725	600	150	13,1	—	0,04	297	—	2,38	309,5	4,58	3340	—	225	138	—	0,62	
17			,,	13,4	—	0,06	261	—	3,12	397,6	4,86	3440	—	204	130	—	0,64	
18	800	675	142	12,3	—	0,07	288	—	2,78	477,5	4,72	3420	—	204	134	—	0,66	
19	900	750	134	13,0	—	0,05	271	—	1,91	431,5	4,57	3260	—	212	138	—	0,65	
20	1200	1100	109,5	12,6	—	0,05	282,6	—	3,00	1632,8	4,56	3290	—	211	138,5	—	0,66	
21	Bauart m. norm. Kolben	Kerchove-Maschine!		11,7	0,144	—	259	—	—	151,8	5,22	3690	174,5	—	121	0,695	—	Z. d. V. d. Ing. 1911, S. 1685
22				6,43	0,161	—	265	—	—	121,0	6,01	4310	153	—	105	0,69	—	

Betrieb mit überhitztem Dampf und Auspuff.

Nr.	Abmessungen mm Hub	Cyl.-Dm.	Minutl. Umdrehungen	Drucke Eintritt p_1	Gegendruck i. Cyl. p_o	Kondensator p_c	Dampftemp. vor Eintritt i. d. Cylinder	am Einlaßventil	Mittl. Arbeitsdruck p_m	Leistung PS$_i$	Dampfverbrauch kg/PS$_i$	Wärmeverbrauch WE	In Arbeit umges. Wärme vollk. Masch. p_o	p_c	wirkl. Masch.	Gütegrade φ_o bez. auf p_o	p_c	Quelle
23	500	415	183,7	13,0	—	1,00	275	—	2,65	143,8	6,19	4440	—	—	102	—	0,884	M.-A.-G. Badenia, Weinheim, Mitt. Prof. Stumpf

Eine Reihe unvollständig in den Mitt. des Leipz. Bez.-Ver. d. Ing. und in Z. 1911, S. 936 veröffentlichter Versuche an größeren Maschinen (650 bis 1200 mm Hub) stimmen mit den Ergebnissen im Mittel überein und sind in Fig. 204 mit eingetragen.

* In diesen Werten ist der Wärmeaufwand für die Deckelheizung (etwa 3 v. H.) nicht enthalten.

peratur von 331⁰ am Absperrventil die Expansionslinien ungefähr mit der Sättigungslinie zusammenfallen. Es besteht also auch bei dieser Temperaturhöhe im vorliegenden Falle eine bedeutende Wärmeabgabe an die Cylinderwandung während der Füllungsperiode, die auch eine merkliche Rückströmung während der Expansion zur Folge hat. Die Wärmeverluste im Cylinder betragen 11,6 v.H., der Verlust durch unvollständige Expansion 18,9 v.H. der theoretisch ausnutzbaren Wärme.

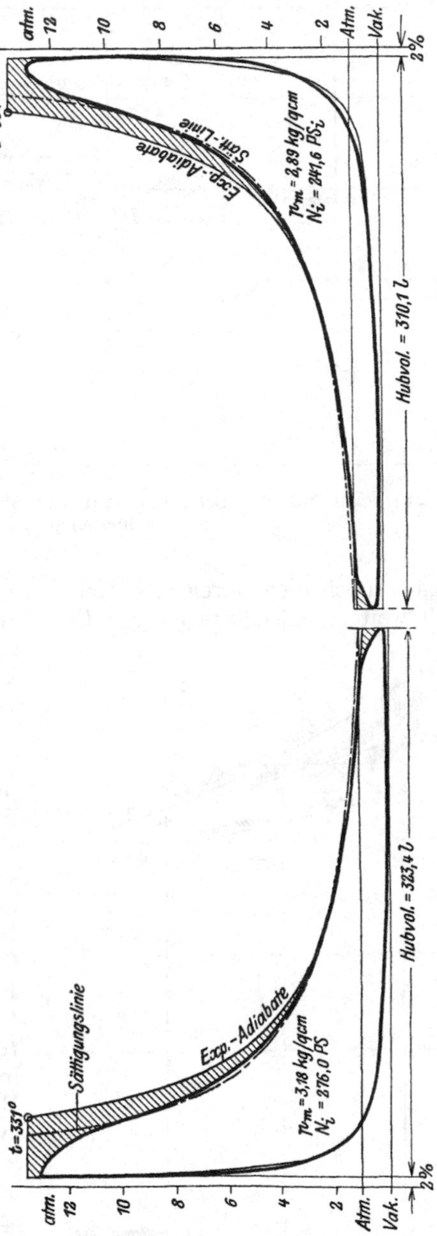

Über den Einfluß der Belastung auf den Wärmeverbrauch von Gleichstrommaschinen gibt die Darstellung Fig. 214 interessanten Aufschluß, wobei Versuchsergebnisse mit und ohne Deckelheizung und für Dampftemperaturen über 300⁰ zusammengestellt sind.

Im Vergleich mit der normalen Belastung, der ein mittlerer Arbeitsdruck von 2,5 bis 3,0 Atm. angehört, nimmt der Wärmeverbrauch mit Verkleinerung der Belastung etwas ab, und zwar ist diese Abnahme stärker bei den mit Deckelheizung versehenen Gleichstrommaschinen mit langem Kolben als bei der Versuchsmaschine Fig. 209 und 210, da bei dieser mit abnehmender Füllung die Eintrittstemperatur sank.

Bei den größeren Füllungen verliert im vorliegenden Überhitzungsgebiete die Deckelheizung ihre wirtschaftliche Bedeutung, wie aus der Annäherung der Wärmeverbrauchskurven der geheizten und nicht geheizten Maschinen mit zunehmendem Arbeitsdruck hervorgeht (oberste Kurve der Versuche mit Kondensation in Fig. 214). Diese Beobachtung wird auch bestätigt durch die Einzelergebnisse mit Gleichstrommaschinen verschiedener Ausführung.

Für die Feststellung der Wirkung der Mantelheizung neben der der Deckelheizung auf den Wärmeverbrauch liegen nur Versuche an der bereits früher erwähnten Maschine von Gebr. Sulzer vor, deren Ergebnisse, Fig. 215, aber hinsichtlich ihrer relativen Bewertung dadurch eine Einschränkung erfahren, daß bei der Dampfverbrauchsbestimmung durch Kondensatwägung das Deckelkondensat nicht ermittelt werden konnte. Die Mantelheizung ist bei Sattdampf am wirksamsten; mit steigender Überhitzung nimmt ihre Wirkung ab und bei hohen Arbeitsdrucken und hohen Temperaturen (im vorliegenden Falle 300⁰) wird sie ganz entbehrlich, wodurch bewiesen wird, daß auch bei der Sattdampf-Gleichstrommaschine eine intensive Wechselwirkung zwischen Dampf und Wandung auf

Fig. 213. Indikatordiagramme der liegenden Gleichstrommaschine $\frac{640}{1000}$; $n = 121$. Tab. 29 Nr. 9.

Einfluß der Belastung.

Mantelheizung.

eine längere Hubstrecke hinaus stattfindet. Aus diesen Verhältnissen erklärt sich auch, daß die Versuche mit geringer Belastung bei Betrieb mit überhitztem Dampf selbst bei 325⁰ Dampftemperatur die Grenze der Dampfersparnis durch Mantel-

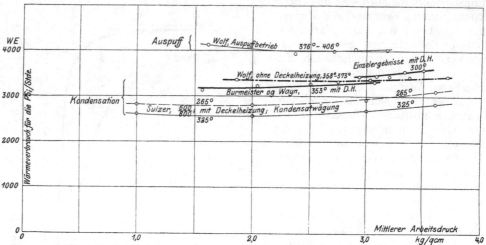

Fig. 214. Einfluß der Belastung auf den Wärmeverbrauch von Gleichstrommaschinen bei verschiedenen Eintrittstemperaturen.

heizung noch nicht erreicht hatten. Bei wirklichem Heißdampfbetrieb ist jedoch nach weiteren Erfahrungen von Gebr. Sulzer an einer größeren Zahl von Gleich-

Vergleichsver-suche über Gleichstrom und Wechsel-strom.

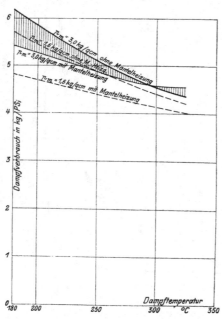

Fig. 215. Einfluß der Mantelheizung auf den Dampfverbrauch bei großer und kleiner Belastung, bezogen auf die Dampftemperatur.

stromcylindern der durch Mantelheizung zu erzielende Gewinn so gering oder sogar negativ, daß auf den Mantel verzichtet wird.

Eine gewisse Aufklärung über den Anteil der Deckelheizung und der Kompressionshöhe am wärmewirtschaftlichen Ergebnis der Gleichstrommaschine gewähren Vergleichsversuche von Prof. Graßmann an zwei von der Firma Heinrich Lanz in Mannheim gebauten 50 pferdigen Maschinen. Beide Maschinen von gleichem Hub und Cylinderdurchmesser waren mit langem Kolben ausgeführt und wurden mit gleicher Umdrehungszahl und gleicher Dampfver-teilung bei 12 Atm. Überdruck und 3,2 Atm. mittlerem indicierten Drucke betrieben. Bei der einen Maschine besaß der Dampf-cylinder vier seitlich angeordnete Ein- und Auslaß-Steuerventile, Fig. 207; der schäd-liche Raum war durch geringes Kolben-spiel auf 2,94 v. H. des Kolbenhubvolu-mens vermindert. Die zweite Maschine wurde mit drei verschiedenen Dampfcylin-dern betrieben, bei denen aber stets ein vom Kolben gesteuerter Schlitzauslaß in der Cylindermitte vorhanden war, während die Füllungsperiode durch seitlich angeordnete Einlaßventile gesteuert wurde (Fig. 216 bis 218). In Fig. 216 ist der schädliche Raum ($\sigma = 3{,}49$) größer wie bei dem erst-genannten Vierventilcylinder, da trotz der Auslaßschlitze auch Auslaßventile und die zugehörigen Ventilräume noch vorhanden waren; nur wurden bei den Versuchen diese Ventile mittels Schrauben durch Aufpressen auf ihren Sitz außer Betrieb gesetzt. In Fig. 217 (Versuch 9 bis 13 Tab. 27) ist der schädliche Raum durch Ausgießen der Auslaßventilräume auf einen kleinsten Wert vermindert ($\sigma = 2{,}61$), der etwas geringer ist als der des Vierventilcylinders, aber, infolge der Kleinheit der Maschine, größer als bei dem Stumpfschen Gleichstromcylinder. Durch Einbau eines anderen Kolbens mit großem schädlichen Raum ($\sigma = 15{,}33$) wurde der gleiche Cylinder für Auspuffbetrieb eingerichtet, Fig. 218 (Versuch 16 und 17, Tab. 27). Letztere Figur läßt noch die Deckelausbildung für die mit Deckelheizung ausgeführten Versuche beider Lokomobilmaschinen erkennen.

Die Versuchsergebnisse der Tab. 26 und 27 sind in Fig. 219 veranschaulicht. Letzteres Diagramm läßt im Vergleich zu demjenigen Fig. 208 der früher mitgeteilten Versuche für Kondensationsbetrieb deutlich erkennen, daß die Deckelheizung beim normalen Ventilcylinder, Fig. 207, größeren Einfluß äußert als beim Gleichstromcylinder, bei dem die Wärmeverbrauchskurven für Betrieb mit und ohne Deckelheizung nahe zusammenrücken. Es folgt daraus, das beim Gleichstromcylinder auch ohne Heizung eine höhere mittlere Deckeltemperatur sich einstellt als beim Wechselstromcylinder. Bemerkenswerterweise wurde bei beiden Dampfcylindern eine Wärmeersparnis durch Heizung noch bis zu den höchsten Dampftemperaturen festgestellt.

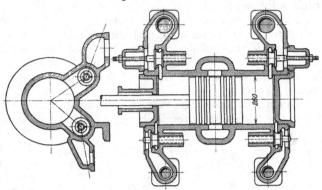

Fig. 216. Auslaßventile durch Schrauben auf ihren Sitz gepreßt. Schädl. Raum $\sigma = 3{,}49$ v. H. (Tab. 23. Versuche 7, 7a und 8 mit Kondensation.)

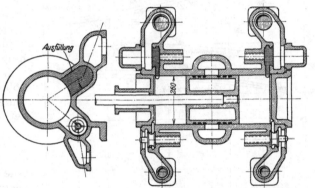

Fig. 217. Auslaßventilnester ausgegossen. Schädl. Raum $= 2{,}61$ v. H. (Tab. 23. Versuche 9—13 mit Kondensation.)

Kondensation.

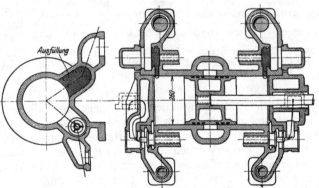

Fig. 218. Auslaßventilnester ausgegossen. Schädl. Raum $= 15{,}33$ v. H. (Tab. 23, Versuche 16 u. 17 mit Auspuff.)

Fig. 216—218. Gleichstromcylinder mit verschieden großem schädlichen Raum und verschiedener Kolbenausbildung für Kondensations- und Auspuffbetrieb der Versuchsmaschine von Heinr. Lanz, Mannheim. Versuche von Prof. Graßmann.

Der Vergleich der Wärmeverbrauchsziffern des Gleichstrom- und Wechselstromcylinders mit Kondensation bei gleicher Leistung und ungefähr gleichem Gegendruck zeigt zwar bei einzelnen Versuchen eine Überlegenheit der Wechselstrommaschine, die aber nur darin begründet ist, daß die Gleichstrommaschine bei meist
niedrigerer Eintrittsspannung und mit schlechterem Vakuum im Kondensator, also
geringerem Wärmegefälle arbeitete. Die Gütegrade beider Maschinen ohne Deckelheizung decken sich (s. Tab. 26 und 27 und Punkte 2, 3, 4 bzw. 9 und 10 Fig. 219),
während mit Heizung der Gütegrad der Wechselstrommaschine bei kleiner Überhitzung (Versuch 5 und 6 bzw. 11—13) sich günstiger stellte.

Einen Einblick in die Wärmeverteilung beider Cylinderarten gewährt Tab. 30,
in der die wichtigsten Vergleichsversuche nebeneinander gestellt sind. Bei allen
Versuchen ist der Druck- bzw.
Wärmeverlust zwischen Cylinder und Kondensator für den
Gleichstromcylinder geringer
wie für den Wechselstromcylinder, infolge reichlicher Querschnitte der Auslaßschlitze.
Der Verlust durch unvollständige Expansion ist dagegen bei
Gleichstrom größer, indem die
höhere Kompression zur Erzielung derselben Leistung größere
Cylinderfüllungen und damit
höhere Endexpansionsspan-
nungen bedingt. Die Wärmeverluste im Cylinderinnern sind
für beide Maschinen wenig verschieden, doch ergeben sie sich
bei Kondensationsbetrieb anscheinend etwas kleiner für
Gleichstrom, wenn der Anteil
der Kompressionsdampfmenge
an der unvollständigen Expansion nicht in die Wärmeverluste einbezogen wird. Diese
Tatsache wird bestätigt durch
die Dampfdiagramme Fig. 220a
und b der Versuche 1 und 7,
indem die wirkliche Expansionslinie beim Wechselstrom-

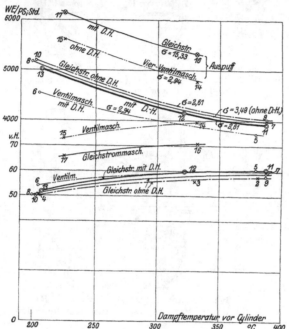

Fig. 219. Wärmeverbrauch und Gütegrad der Vierventilmaschine $\frac{260}{350}$; $n = 190$ Fig. 207, bei konstanter Leistung
von 50 PS$_i$, verschiedenen Dampftemperaturen und Betrieb mit und ohne Deckelheizung im Vergleich zur Ventilmaschine mit Gleichstromcylinder Fig. 207.

cylinder der Sättigungslinie näher liegt und diese früher schneidet als beim
Gleichstromcylinder. Daß bei gleicher Leistung die kleinere Kompression min-
destens im Gebiet mäßiger Überhitzung günstiger ist, zeigt nach Fig. 219 nicht
nur die Lage des Versuchspunktes 6 gegenüber 13, sondern auch der etwas bessere
Wärmeverbrauch des nicht geheizten Gleichstromcylinders, Fig. 216, mit offenen
Auslaßventilnestern ($\sigma = 3{,}49$), (Versuch 7 und 8), im Vergleich mit dem des
Cylinders nach Bauart Fig. 217 mit verkleinertem schädlichen Raum von 2,61 v. H.
und erhöhter Kompression. (Versuch 9 und 10.)

Auspuff.
Die unterschiedliche Wirkung mäßiger und hoher Kompression wird
naturgemäß am fühlbarsten bei Auspuffbetrieb, Fig. 220c und d, bei dem der Gleichstromcylinder bei gleicher Leistung eine so bedeutende Vergrößerung der Verluste
durch unvollständige Expansion verursacht, daß sich der höhere Wärmeverbrauch
und geringere Gütegrad der Versuche 16 und 17, Tab. 27, gegen 14 und 15, Tab. 26,
schon rein theoretisch erklärt. Die rechnungsmäßigen Wärmeverluste im Cylinder-

Tabelle 30. Wärmeverteilung für die wichtigsten Vergleichsversuche zwischen den Wechselstrom- und Gleichstromcylindern (W bzw. G) der Tab. 26 und 27.

Versuchsnummer	Kondensation						Auspuff	
	Deckel nicht geheizt		Deckel geheizt				D. nicht geheizt	Deckel geheizt
	W.	G.	W.	G.	W.	G.	W.	G.
	1	7	6	13	5	11	14	16
Theoret. verf. Wärme .... WE	217,0	205,0	173,0	165,0	215,0	207,2	125,0	125,2
Nutzbare Wärme ...... ,,	126,4	123,2	94,4	85,6	130,0	124,7	98,9	88,9
Verlust zw. Cyl. u. Kond. ... ,,	23,0	6,0	10,7	1,0	1,5	1,0	1,5	0,2
Verlust durch unv. Expans.								
Frischdampf allein .. ,,	28,2	39,0	34,9	42,6	38,0	40,6	3,8	9,1
Kompressionsdampf . ,,	4,3	8,1	} 33,0	} 35,8	} 46,0	} 40,9	0,6	6,2
Sonstige Wärmeverluste ... ,,	35,3	28,7					20,2	20,8

Wärmeverteilung in v. H. der theoret. verfügbaren Wärme.

Versuchsnummer	1	7	6	13	5	11	14	16
Nutzbare Wärme ..... v. H.	53,8	60,1	54,5	51,9	60,4	60,2	79,1	71,0
Verlust zw. Cyl. u. Kond. . ,,	10,6	2,9	6,2	0,6	0,7	0,5	1,2	0,2
Verlust durch unv. Expans.								
Frischdampf allein . ,,	13,0	19,0	20,2	25,8	17,6	19,6	3,0	7,3
Kompressionsdampf . ,,	2,0	4,0	} 19,1	} 21,7	} 21,3	} 19,7	0,5	4,9
Sonstige Wärmeverluste .. ,,	16,1	14,0					16,2	16,6

innern, Tab. 30, sind ungefähr gleich groß. Der Unterschied im relativen Verlauf der Sättigungs- und Expansionslinie tritt jedoch noch stärker in Erscheinung wie bei den Diagrammen Fig. 220a und b; doch ist hierbei zu beachten, daß die arbeitende Dampfmenge des Gleichstromcylinders info'ge des großen schädlichen Raumes etwa 55 v. H. größer ist als die des mit ihm verglichenen Wechselstromcylinders.

Die Gleichstrommaschine mit ihrem frühen Kompressionsbeginn und ihrer großen Kompressionsarbeit weist zur Erzielung günstigster Wärmeausnützung größere Gesamtexpansion und infolgedessen größeres Kolbenhubvolumen und geringere Hubleistung als die normale Vierventilmaschine auf. Dem wärmetechnischen Nachteil geringer Hubarbeit wird dabei durch niedrige Kondensatorspannung zu begegnen gesucht.

Bei Beurteilung des Wärmeverbrauchs und der Wärmeverteilung der in Rede stehenden Gleichstrom- und Wechselstromcylinder ist zu beachten, daß bei diesen weder die zweckmäßigsten Konstruktions-, noch die günstigsten Betriebsverhältnisse vorlagen. Infolge kleiner Cylinderabmessungen und der dadurch sich ergebenden verhältnismäßig großen Abkühlungsflächen der schädlichen Räume, sowie infolge geringerer Gesamtexpansion und höherer Austrittsspannungen sind daher die Wärmeverbrauchs- und Gütegradziffern der von Prof. Graßmann untersuchten Lokomobilmaschinen ungünstiger als die an Stumpf-Maschinen gewonnenen; ihr charakteristischer Verlauf stimmt jedoch mit jenem der Stumpf-Maschinen überein.

Nachdem günstigste Wärmeausnützung unter allen Umständen an kleine schädliche Räume und Oberflächen gebunden ist, um sowohl den nachteiligen Wärmeaustausch zwischen Wandung und Dampf einzuschränken, als auch die Kompressionsarbeit möglichst zu verkleinern und nachdem zur Erzielung kleinster Verluste durch unvollständige Expansion und Kompression, letztere nicht über die Eintrittsspannung getrieben werden darf, so können diese Bedingungen beim Gleichstromcylinder mit Schlitzauslaß infolge des ihm eigenen hohen Kompressionsgrades

Vergleich zwischen Gleich- und Wechselstromcylinder.

nur bei Kondensationsbetrieb erfüllt werden, während Auspuffbetrieb große schädliche Räume erfordert, um mit der Kompressionsendspannung die Eintrittsspannung nicht zu überschreiten. Bei Auspuffbetrieb muß daher stets große Kompressionsarbeit in den Kauf genommen werden, durch welche die mit einer bestimmten

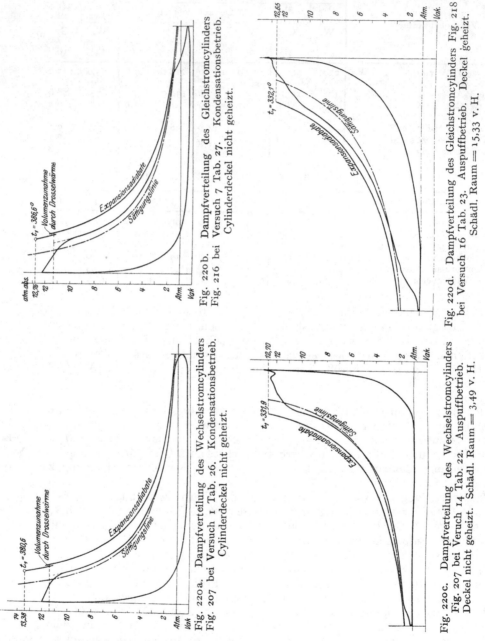

Fig. 220a.   Dampfverteilung des Wechselstromcylinders Fig. 207 bei Versuch 1 Tab. 26. Kondensationsbetrieb. Cylinderdeckel nicht geheizt.

Fig. 220b.   Dampfverteilung des Gleichstromcylinders Fig. 216 bei Versuch 7 Tab. 27. Kondensationsbetrieb. Cylinderdeckel nicht geheizt.

Fig. 220c.   Dampfverteilung des Wechselstromcylinders Fig. 207 bei Veruch 14 Tab. 22. Auspuffbetrieb. Deckel nicht geheizt.   Schädl. Raum = 3,49 v. H.

Fig. 220d.   Dampfverteilung des Gleichstromcylinders Fig. 218 bei Versuch 16 Tab. 23. Auspuffbetrieb. Deckel geheizt. Schädl. Raum = 15,33 v. H.

Füllung erreichbare Hubarbeit empfindlich beeinträchtigt wird. Der wesentlich höhere Gütegrad der Versuche bei Auspuff Nr. 14 und 15 Tab. 26 mit dem normalen Ventilcylinder gegenüber den Versuchen Nr. 16 und 17 Tab. 27 mit dem Gleichstromcylinder und die fast gleichen Gütegrade beider Cylinder bei Kondensation, infolge gleicher Kompressionsverhältnisse, finden hierin ihre Erklärung.

Die bei Gleichstromcylinder durch den Schlitzauslaß und Steuerung durch den Kolben sich ergebende frühzeitige Kompression erweist sich wärmetechnisch besonders bedeutsam, weil durch sie die Wärmeverluste infolge Wärmerückwanderung aus den Cylinderwandungen in den abziehenden Austrittsdampf in dem Maße verkleinert werden, als die Ausströmzeit verkürzt ist. Dieser Vorteil läßt sich naturgemäß beim Wechselstromcylinder in gleich hohem Grade ausnützen durch entsprechend frühzeitigen Schluß des Auslaßorgans.

Die Dampfführung im Cylinder nach dem sogenannten Gleich- oder Wechselstrom hat somit auf die Verbesserung des inneren Arbeitsvorganges weit geringeren Einfluß als die durch das Gleichstromprinzip mit Schlitzauslaß erzielbaren kleinen schädlichen Räume und Flächen, sowie die Vermeidung von Wärmeverlusten während des Kolbenrückganges durch den Fortfall einer langen Ausströmperiode. Der Vorteil der Deckelheizung wird für beide Ausführungsarten der Dampfcylinder von gleicher Bedeutung. Diese Folgerungen werden noch besonders belegt durch den Verlauf der Expansionslinien bei den Diagrammen Fig. 220a—d im Vergleich zu dem der Sättigungslinien.

Wenn die Gleichstrom-Eincylindermaschine in neuerer Zeit für Kondensationsbetrieb eine weite Verbreitung gefunden hat, so ist nach vorstehenden Feststellungen die Begründung dafür weniger in einer wärmetechnischen Überlegenheit über die Einfachexpansionsmaschine mit Dampfein- und Auslaßorganen und kurzem Kolben, als hauptsächlich in der Vereinfachung der äußeren Steuerung und in dem Umstande zu suchen, daß die großen Austrittsquerschnitte der Cylinderschlitze eine kurze Austrittsperiode zulassen auch bei sehr hohem Vakuum, während in der Vierventilmaschine im allgemeinen die beschränkten Querschnitte der Auslaßventile einen genügend raschen Spannungsabfall auf die Kondensatorspannung erschweren.

Die Gleichstrommaschine stellt hohe Anforderungen an die werkstatttechnische Herstellung, indem ein wirtschaftlicher Maschinenbetrieb, bei den auf der arbeitenden Kolbenseite größtenteils herrschenden großen Überdrücken über die Ausströmseite, dauernd vollkommen dichte Einlaß-Steuerorgane und vollkommen dichten Kolben voraussetzt. Für sehr hohe Überhitzungstemperaturen ist die Gleichstrommaschine nicht geeignet, infolge der nachteiligen Dehnungen und Formänderungen, die die großen Temperaturunterschiede zwischen den Cylinderenden und der Cylindermitte hervorrufen und die eine gleichmäßige Abdichtung des langen Kolbens erschweren. Der Umstand, daß Kolbenundichtheiten infolge der bei Einfachexpansionsmaschinen auftretenden großen Druckunterschiede zwischen beiden Kolbenseiten wesentlich größere Dampfverluste bedingen als bei Zweifachexpansionsmaschinen, ist ein Nachteil, der im Laufe des Betriebes bei zunehmender Kolbenundichtheit immer empfindlicher zuungunsten der Dampfökonomie sich geltend machen muß. Dieser Umstand hat auch dazu geführt, daß selbst Corliß die von ihm bei großen Maschinenleistungen lange Zeit bevorzugte Einfachexpansion schließlich aufgeben mußte zugunsten der Mehrfachexpansion.

In Rücksicht darauf, daß die langen Gleichstromcylinder bei Heißdampf großen Formänderungen ausgesetzt sind, kommen für Gleichstrommaschinen mittlerer und großer Einheiten selten höhere Temperaturen als etwa 280° zur Anwendung.

Für Auspuffbetrieb ist die Gleichstrommaschine wegen der großen schädlichen Räume und dadurch bedingten hohen Kompressionsarbeiten nicht geeignet. Auch sind die Versuche, die Gleichstrommaschine für Zwischendampfentnahme einzurichten, nicht gelungen.

5. Verlauf der Expansions- und Kompressionslinie.
a. Exponenten der Expansions-Polytrope.
In den vorstehenden Untersuchungen wurde bereits mehrfach auf die Veränderung hingewiesen, die der Verlauf der Expansionslinie im Vergleich mit der Expansionsadiabate der gesamten Arbeitsdampfmenge eines Kolbenhubes unter

dem Einfluß der Wechselwirkung zwischen Dampf und Cylinderwand, sowie der Dampflässigkeit von Steuerorganen und Kolben erleidet. Die Abweichungen der wirklichen Expansionslinie von der Adiabate lassen im Druckvolumdiagramm einen gewissen Schluß auf die Wärmevorgänge im Cylinderinnern zu und beeinflussen auch wegen des bedeutenden Anteils der Expansion an der Hubarbeit die Größe der Diagrammfläche. Der Verlauf der Expansionslinie in seiner Abhängigkeit von den Betriebsverhältnissen der Dampfmaschine bildet daher einen wichtigen Teil der Untersuchung der Indikatordiagramme.

Vergleichskurven.
Die Beurteilung des wirklichen Expansionsverlaufes wird erleichtert durch Vergleichskurven, die bestimmte theoretische Zustandsänderungen der arbeitenden Dampfmenge kennzeichnen. In den bisherigen wärmetheoretischen Untersuchungen kam als Vergleichskurve hauptsächlich die Adiabate in Betracht, oberhalb welcher die tatsächliche Expansionslinie in der Regel sich erhebt, infolge der Wärmenachströmung von den Zylinderwänden.

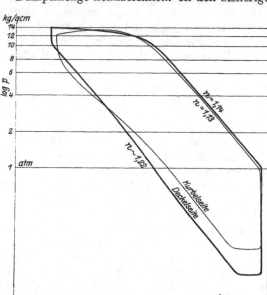

Fig. 221. Logarithmische Aufzeichnung der Indikatordiagramme Fig. 213 einer Gleichstrommaschine für Betrieb mit überhitztem Dampf.

Für die wärmetechnische Beurteilung des Expansionsverlaufs eignet sich als Vergleichskurve bei Betrieb mit gesättigtem Dampf besonders die Kurve konstanter Dampfmenge, weil sie zeigt, ob die Expansion von einer Vergrößerung oder Verkleinerung der arbeitenden Dampfmenge begleitet ist, so daß aus den Volumenunterschieden für gleiche Spannung die Veränderung der spezifischen Dampfmenge während der Expansion berechnet werden kann. Die Kurve konstanter Dampfmenge wurde daher in sämtlichen Sattdampfdiagrammen im I. Abschnitt des Bd. III als wichtigste Vergleichskurve Cc, ausgehend von dem Füllungsendvolumen, eingetragen und die Größe der spezifischen Dampfmenge x_1 und x_2 zu Beginn und Ende der Expansion zahlenmäßig angegeben. Bei dieser vergleichenden Bestimmung der spezifischen Dampfmenge ist natürlich Voraussetzung, daß durch Undichtheiten der Steuerorgane oder des Kolbens Dampf in den untersuchten Cylinderraum weder eindringen noch entweichen konnte. Die Genauigkeit der Rechnung wird außerdem durch die Unsicherheit in der Bestimmung der Kompressionsdampfmenge beeinflußt.

Bei Betrieb mit überhitztem Dampf tritt an Stelle der Kurve konstanter Dampfmenge die Sättigungslinie, deren Eintragung erkennen läßt, inwieweit die Expansion im Überhitzungs- und Sattdampfgebiet sich vollzieht. Der Übergang vom überhitzten in den gesättigten Zustand des expandierenden Dampfes wird alsdann durch den Schnittpunkt der Sättigungslinie mit der wirklichen Expansionslinie gekennzeichnet. Bei Betrieb mit gesättigtem Dampf ist meist eine Vergrößerung, bei überhitztem Dampf eine Verkleinerung der spezifischen Dampfmenge während der Expansion zu beobachten.

Polytrope.
Für die Zwecke des Diagrammentwurfs ist der tatsächliche Expansionsverlauf durch polytropische Kurven wiederzugeben, deren Gesetzmäßigkeit für die verschiedenen Betriebsverhältnisse des Dampfes nachfolgend ermittelt werden möge.

Unter der Annahme, daß der Verlauf der wirklichen Expansionslinie durch die analytische Beziehung $p\,v^n =$ konst. sich ausdrücken läßt, können die Exponenten

n für verschiedene Betriebsverhältnisse des Dampfes aus den Dampfdiagrammen ausgeführter Maschinen berechnet werden, wenn für zwei beliebige Punkte 1 und 2 der Expansionslinie, bei denen der expandierende Dampf die abs. Drücke p_1 bzw. p_2 und die Volumen v_1 bzw. v_2 aufweist, die Beziehung benützt wird

$$p_1 \, v_1{}^n = p_2 \, v_2{}^n,$$

woraus der Exponent n sich bestimmt zu

$$n = \frac{\lg p_1 - \lg p_2}{\lg v_2 - \lg v_1}.$$

Der Exponent n für den Verlauf einer Expansionslinie ist bei dichten Steuerorganen in der Regel annähernd konstant. Von seinen etwaigen Veränderungen läßt sich jedoch in sehr einfacher Weise ein Bild gewinnen, wenn das Druckvolumdiagramm im logarithmischen Maßstab der Drucke und Volumen derart umgezeichnet wird, daß die Abscissen die Werte $\lg v$ und die Ordinaten die Werte $\lg p$ darstellen. Für zwei beliebige Punkte 1 und 2 der Expansionslinie gibt dann ihr Vertikalabstand die Größe $\lg p_1 - \lg p_2$ und ihr Horizontalabstand die Größe $\lg v_2 - \lg v_1$, so daß der Exponent $n = \dfrac{\lg p_1 - \lg p_2}{\lg v_2 - \lg v_1}$ die Tangente des Neigungswinkels der Expansionslinie zwischen den betrachteten Punkten ausdrückt, an dessen Veränderung für verschiedene Druckintervalle der Expansionslinie somit die Veränderung von n unmittelbar zu erkennen ist.

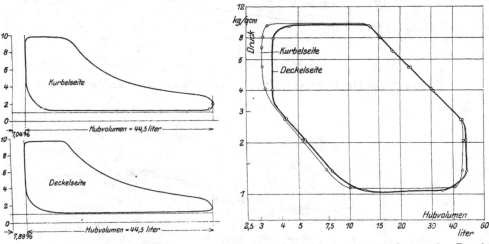

Fig. 222. Indikatordiagramme.   Fig. 223. Logarithmische Aufzeichnung der Druck-
volumdiagramme Fig. 222.

Fig. 222 und 223. Expansions- und Kompressionsverlauf in den Dampfdiagrammen der
liegenden Corlißmaschine $\dfrac{305}{610}$; $n = 120$.

Fig. 221 stellt die logarithmischen Diagramme einer Eincylinder-Gleichstrommaschine dar, deren Druck-Volumdiagramme in Fig. 213 wiedergegeben sind. Der gerade Verlauf der Expansionslinien, der auf der Deckelseite dem Exponenten $n = 1{,}14$, auf der Kurbelseite $n = 1{,}13$ entspricht, kennzeichnet somit eine ganz gleichartige Zustandsänderung für die Expansionspolytrope.

Da es für die Aufzeichnung von Dampfdiagrammen ausreichend erscheint, den mittleren Expansionsexponenten n für den Verlauf der Polytrope $p v^n$ innerhalb des Dampfzustandes am Anfang und Ende der Expansion bei verschiedenen Expansionsgraden zu kennen, so seien im folgenden die Änderungen des Exponenten in seiner Abhängigkeit von Füllungsgrad, Eintrittsspannung und Umdrehungszahl für den Betrieb mit gesättigtem und überhitztem Dampf an Hand von Indikatordiagrammen ermittelt.

Exponenten der Polytrope.

Zur Erlangung von Vergleichsdiagrammen sind von Clayton[1]) Indizierungen an einer nicht geheizten 100 PS Eincylinder-Corliß-Maschine $\frac{305}{610}$; $n = 120$ des

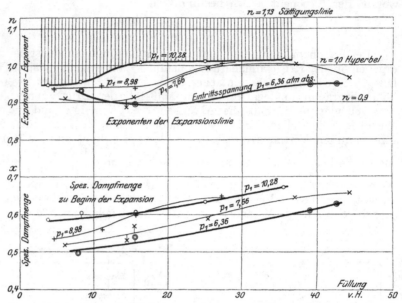

Fig. 224. Gesättigter Dampf. Umdrehungszahl konstant, Eintrittsspannungen verschieden.

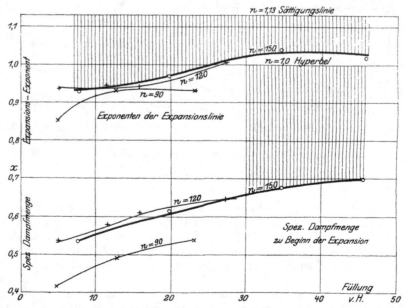

Fig. 225. Gesättigter Dampf. Eintrittsspannung konstant, Umdrehungszahl verschieden.

---

[1]) Proc. of the Am. Inst. Mech. Eng. 1912, S. 541—52.

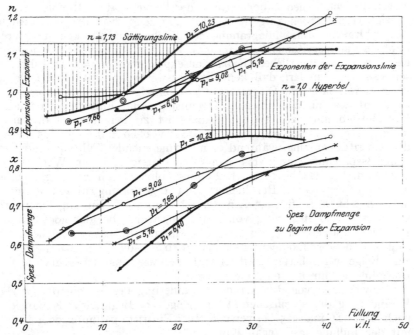

Fig. 226. Überhitzter Dampf. Umdrehungszahl konstant, Eintrittsspannung verschieden.

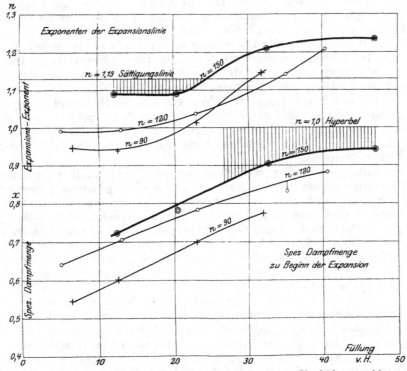

Fig. 227. Überhitzter Dampf. Eintrittsspannung konstant, Umdrehungszahl verschieden.

Fig. 224—227. Lieg. Corlißmaschine $\frac{305}{610}$; $n = 120$. Betrieb mit Auspuff, ohne Heizung. Veränderung der Exponenten n der Expansionspolytrope $p v^n =$ Konst.

maschinentechnischen Laboratoriums der Universität in Illinois bei verschiedenen Betriebsverhältnissen ausgeführt. Fig. 222 zeigt zwei der in Betracht kommenden zahlreichen Dampfdiagramme der Kurbel- und Deckelseite, deren Umzeichnung in das logarithmische Diagramm Fig. 223 auf einen für beide Cylinderseiten gleichen, unveränderlichen Expansionsexponenten $n = 1,02$ führt, woraus geschlossen werden darf, daß keine nennenswerte Undichtheit die Dampfexpansion

Gesättigter Dampf.

beeinflußte. Sämtliche Diagramme Claytons zeigen eine Erhöhung des Expansionsexponenten n mit zunehmender Dampfspannung, Füllung und Umdrehungszahl. Für Betrieb mit gesättigtem Dampf ist zu bemerken, daß bei kleinen Füllungen, Fig. 224, der Exponent n sich zwischen 0,9 und 0,95 bewegt, je nach der Eintrittsspannung, während er mit zunehmender Füllung besonders bei hoher Eintrittsspannung rasch bis nahezu 1,0 steigt; dieser Wert ergibt sich für 10,0 Atm. bereits bei 15 v. H. Füllung, ohne durch Füllungsvergrößerung sich weiter zu verändern. Bei kleiner Eintrittsspannung nimmt n nur langsam zu und erreicht z. B. für 6,3 Atm. erst bei 40 v. H. Füllung einen größten Wert von 0,95. Eine Steigerung von n auf 1,03 wurde bei der höchsten Umdrehungszahl von 150 erreicht, Fig. 225, während die niedrige minutliche Umdrehungszahl $n = 90$ den Exponenten n bis auf 0,85—0,93 verringern ließ; es ist dies eine Folge vergrößerter Eintrittsverluste, wie aus der Kurve der spezifischen Dampfmenge für $n = 90$ zu ersehen.

Abweichend von der Art der Veränderung des Exponenten n zeigt sich die Veränderung der spezifischen Dampfmenge bei Beginn der Expansion, indem sie nach Fig. 224 und 225 bei verschiedener Eintrittsspannung oder Umdrehungszahl mit der Füllung fast linear zunimmt.

Überhitzter Dampf.

Bei Betrieb mit mäßig überhitztem Dampf zeigen nach Fig. 226 und 227 die Expansionsexponenten eine raschere Zunahme mit der Füllung; dabei weichen ihre Werte bei Eintrittsspannungen zwischen 5,16 bis 9,02 im Gebiete normaler Füllung nur wenig von 1,0 ab, entsprechen also der Hyperbel als Expansionslinie. Bei Erhöhung der Umdrehungszahl auf 150 ergibt sich nach Fig. 227 für 25 v. H. Füllung die Sättigungslinie als Expansionsverlauf. Die spezifischen Dampfmengen wachsen bei der an sich mäßigen Überhitzung des Frischdampfes mit der Füllung bedeutend rascher an als bei Sattdampf.

Geheizte Eincylindermaschinen.

Die auf S. 139 angeführten Versuche von E. Heinrich[1]) ergaben bei Vergrößerung der schädlichen Flächen auf nahezu den doppelten Wert der normalen, eine Verkleinerung des Expansionsexponenten von 0,98 und 1,0 auf 0,88, infolge der aus Fig. 182b und c ersichtlichen größeren Eintrittskondensation und des stärkeren Nachverdampfens.

Tab. 31 und Fig. 228 kennzeichnen den Einfluß veränderter Ein- und Austrittsspannung auf den Exponentwert n einer geheizten Eincylindermaschine. Auch hier zeigt sich bei konstanter Eintrittsspannung und Leistung für Auspuffbetrieb eine Zunahme von n mit zunehmender Füllung und entsprechender Erhöhung des Gegendrucks; dagegen bleibt bei Kondensation in dem untersuchten Belastungsbereich die Erniedrigung der Austrittsspannung ohne wesentlichen Einfluß auf den Wert n. Aus Fig. 228 ist ferner zu entnehmen, daß die Überhitzung des Dampfes eine für alle Füllungsgrade gleiche Vergrößerung des Exponenten n bewirkt.

Versuchsmaterial Bd. III.

Die aus vorstehenden Untersuchungen sich ergebende Annäherung der Expansionslinie von Sattdampfmaschinen an die Hyperbel im Gebiet der normalen und großen Füllungen zeigen auch die im ersten Abschnitt des Bd. III wiedergegebenen Diagramme von Sattdampfmaschinen. Es ist beispielsweise ein Zusammenfallen der wirklichen Expansionslinie mit der Hyperbel zu beobachten in den Diagrammen von Eincylinder-Auspuffmaschinen auf S. 9, Maschine A, S. 12

---

[1]) Mitt. über Forschungsarbeiten, Heft 146; Berlin 1914.

Tabelle 31.

Liegende Eincylindermaschine $\frac{225}{600}$; $n = 120$ der M.-F. Augsburg.

Versuche des Bayr. Rev.-Vereins.

Exponenten n der Expansionslinien für Sattdampfbetrieb bei verschiedener Leistung und Austrittsspannung.

Eintrittsspannung 10,1 Atm. abs.

Kondensator-spannung	Mantel und hinterer Deckel geheizt			
	Leistung 45 PS		Leistung 66 PS	
Atm. abs.	Füllung v. H.	n	Füllung v. H.	n
0,10	15	1,00	25	1,03
0,38	15	0,98	25,6	1,00
0,58	16	1,00	28,6	1,01
1,01	18,5	1,04	30,2	1,02

bis 19; bei Eincylindermaschinen mit Kondensation bei sämtlichen Diagrammen auf S. 31, ebenso S. 38 und 39 bei normaler Belastung und geheizter Maschine.

Das eingehende vergleichende Studium dieser Diagramme ist vorzüglich geeignet, einen Einblick in die Veränderlichkeit des Verlaufes der Expansionslinie unter dem Einfluß von Füllungsgrad und Belastung zu gewähren und ermöglicht rascher eine klare und sachgemäße Beurteilung als textliche Erläuterungen. Die Diagramme zeigen in Übereinstimmung mit den vorher angeführten Feststellungen, daß bei Sattdampfmaschinen im Gebiete normaler und größerer Belastung die Expansionslinie fast genau mit der Hyperbel zusammenfällt. Nur bei sehr vollkommenen Maschinen liegt die Expansionslinie normaler Füllung etwas unter der Hyperbel, der Adiabate sich annähernd. Bei kleinen Füllungen ist dagegen ausnahmslos eine Erhebung über die Hyperbel zu beobachten, d. h. eine Verminderung des Exponenten n unter den Wert 1. Auch hierfür geben die Indikatordiagramme des Bd. III zahlreiche Belege, unter denen besonders auf die S. 15 wiedergegebenen Diagramme einer Eincylinderlokomobile mit Auspuff hingewiesen sei. Die häufig zu beobachtende stärkere Erhebung der Expansionslinie bei kleineren Füllungen ist weniger auf die Zunahme des Wärmeaustausches zwischen Dampf und Wandung während der Expansion als auf erhöhte Undichtheitsverluste der Steuerorgane zurückzuführen.

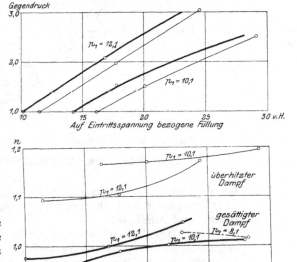

Fig. 228. Lieg. Eincylindermaschine $\frac{225}{600}$; $n = 120$.

Exponenten der Expansionslinie, bezogen auf die Füllung bei konstanter Leistung und mit der Füllung zunehmendem Gegendruck.

Durch intensive Cylinderheizung mittels höher gespannten Dampfes läßt sich eine Annäherung der Expansionslinie an die Sattdampfadiabate, wie sie beispielsweise aus Fig. 115 S. 86 und Fig. 118 S. 88 zu ersehen ist, erreichen.

Bei Betrieb mit überhitztem Dampf kommt die Hyperbel als Vergleichskurve nicht mehr in Betracht, da die wirklichen Expansionslinien einen rascheren Abfall wie die Hyperbel und, bei höherer Überhitzung, auch wie die Kurve konstanter Dampfmenge aufweisen, Fig. 226 und 227.

Eine weitere Bestätigung der Abhängigkeit des Exponentenwertes vom Füllungsgrad bieten die an einer Eincylinder-Kondensationsmaschine ausgeführten Versuche Prof. Dörfels, III, 36 bis 39, insbesondere die Versuche 23 und 24 auf S. 39.

In diesen Diagrammen wurde von einer von Prof. Dörfel vorgeschlagenen Darstellung des polytropischen Charakters der Expansionslinien durch Eintragung der sogenannten Charakteristik Gebrauch gemacht, deren Vorzug hauptsächlich darin besteht, daß sie bei Einzeichnung in Originaldiagramme den Verlauf

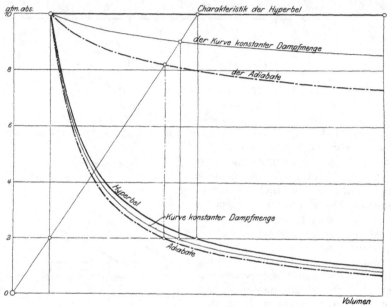

Fig. 229.   Aufzeichnung der Charakteristik für verschiedene Expansionskurven.

der wirklichen Expansionslinie nicht beeinträchtigt. Fig. 229 zeigt die Lage dieser Charakteristiken im Druckvolumdiagramm für Hyperbel, Kurve konstanter Dampfmenge und Adiabate.

Der Hyperbel entspricht eine durch den Anfangspunkt der Expansion gezogene Horizontale als Charakteristik. Volumänderungen, die Exponenten der Polytrope < 1 bedingen, entsprechen Abweichungen der Charakteristik nach oben, während Polytropen mit Exponenten > 1 Abweichungen nach unten ergeben. Die Adiabate, die unter den angezogenen theoretischen Kurven für Dampf die kleinsten Volumänderungen aufweist, zeigt daher die stärkste Abweichung der Charakteristik von der Horizontalen nach unten, während die Kurve konstanter Dampfmenge zwischen Hyperbel- und Adiabaten-Charakteristik gelegen ist.

In dem vorliegenden Werke wurde bei der Diagrammuntersuchung von der vorbezeichneten Charakteristik kein allgemeiner Gebrauch gemacht, da die Einzeichnung der Vergleichsexpansionskurven für die unmittelbare Erkennung des tatsächlichen Expansionsverlaufes anschaulicher wirkt.

Abweichung von der Polytrope durch Lässigkeit. Nachdem das periodische Wärmespiel zwischen Dampf und Wandung bei geheiztem und ungeheiztem Cylinder einen nahezu polytropischen Charakter der Expansionslinie herbeiführt, sind Abweichungen der letzteren von einer Polytrope $pv^n =$ konst. fast stets durch Undichtheiten hervorgerufen. Derartige Abweichungen bilden daher ein sehr bequemes Mittel zum Nachweis vorhandener Lässigkeit,

wenn die Expansionskurve auf Logarithmenmaßstab übertragen wird. Hierbei
können noch Undichtheiten erkannt werden, die im Druck-Volumdiagramm nicht
mehr deutlich in Erscheinung treten.

So zeigt beispielsweise das Diagramm, Fig. 230, einer Eincylinder-
Corlißmaschine $\frac{366}{915}$ bei der Umzeich-

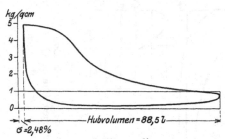

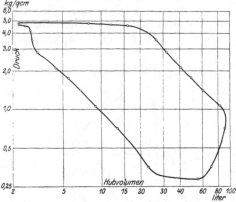

Fig. 230. Indikatordiagramm.

Fig. 231. Logarithmische Aufzeichnung des
Diagramms Fig. 230.

Fig. 230 und 231 Dampfdiagramm einer Eincylinder-Corlißmaschine mit Kondensation.

nung in das logarithmische Diagramm, Fig. 231, Abweichungen vom polytropischen Charakter zu Beginn der Expansion und Ende der Kompression im Sinne
einer Verkleinerung der vorhandenen Dampfmenge durch Kolben- oder Auslaß-
schieber-Lässigkeit. Die Dampfvermehrung am Ende der Expansion und zu Beginn der Kompression deutet andrerseits auf Undichtheit der Einlaßschieber. Tatsächlich konnte auch an der
Maschine das Vorhandensein
dieser Schieber- und Kolben-
Undichtheiten nachgewiesen
werden. In gleicher Weise
läßt das logarithmische Diagramm Fig. 232 einer mit
böherer Eintrittsspannung ar-
heitenden Auspuffmaschine
durch die zu Beginn und Ende
der Expansion und Beginn der
Kompression auftretenden Abweichungen von der Polytrope
mit konstantem Exponenten
auf Lässigkeit der Auslaß- und
Einlaßorgane schließen.

Bei Maschinenuntersuchun-
gen bildet daher die Umzeichnung eines Indikatordiagramms
in vorbezeichneter Weise ein

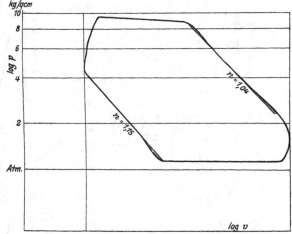

Fig. 232.
Logarithmisches Diagramm einer Auspuffmaschine.

wertvolles Mittel, Undichtheiten rasch ausfindig zu machen und durch deren früh-
zeitiges Beheben die Genauigkeit der Ergebnisse zu erhöhen. Um bei dieser Aufzeichnung den richtigen Verlauf der logarithmischen Kurven zu erhalten, ist es
wichtig, sowohl die genaue Größe des schädlichen Raumes wie des Atmosphären-
druckes in die zugehörigen Rechnungen einzuführen.

b. Exponenten der Kompressions-Polytrope.

Die Untersuchung der Zustandsänderung des Dampfes während der Kompression unter Benützung von Vergleichskurven oder durch Bestimmung des Kompressionsexponenten ist nicht mit gleichem Erfolge ausführbar wie für die Expan-

sion, da der Verlauf der Kompressionslinie durch Ungenauigkeiten der Indicierung stark beeinflußt und ihre Untersuchung durch die meist ungenügende Kenntnis der Größe der schädlichen Räume und des bei Kompressionsbeginn herrschenden Dampfzustandes erschwert wird. Auch wird der Kompressionsvorgang wegen der geringen Größe der eingeschlossenen Dampfmenge bei Undichtheiten des Kolbens und der Steuerorgane viel stärker verändert wie der Expansionsvorgang.

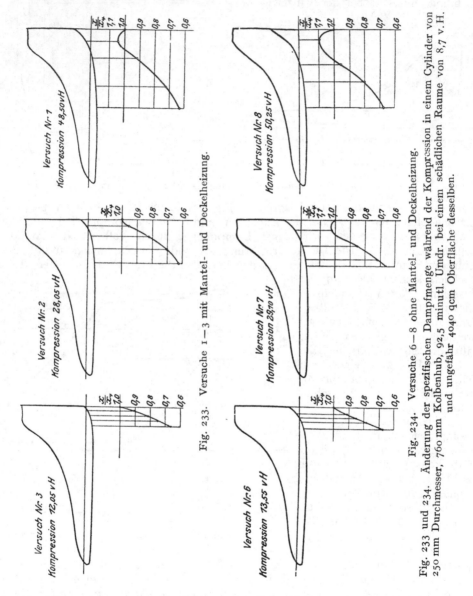

Fig. 233. Versuche 1—3 mit Mantel- und Deckelheizung.

Fig. 234. Versuche 6—8 ohne Mantel- und Deckelheizung.

Fig. 233 und 234. Änderung der spezifischen Dampfmenge während der Kompression in einem Cylinder von 250 mm Durchmesser, 760 mm Kolbenhub, 92,5 minutl. Umdr. bei einem schädlichen Raume von 8,7 v.H. und ungefähr 4040 qcm Oberfläche desselben.

Im allgemeinen steigt die Kompressionslinie rascher wie die Expansionslinie fällt, infolge der durch die Wandungswärme herbeigeführten Überhitzung, (s. S. 77), wie Fig. 232 in dem höheren Kompressionsexponenten von 1,15 gegenüber dem Expansionsexponenten von 1,04 und Fig. 221 in den entsprechenden mittleren Exponenten 1,22 und 1,14 erkennen läßt. Für das Diagramm der Kurbelseite Fig. 221 bezieht sich übrigens der Exponent nur auf den unteren Teil der Kompressionslinie, während oberhalb Atmosphärenspannung der Kompressionsverlauf

sich derart ändert, daß mit wachsendem Drucke eine auf Lässigkeitsverluste zurück-
zuführende Abnahme der Kompressionsdampfmenge angenommen werden muß.

Mittels des logarithmischen Diagramms Fig. 232 läßt sich auch leicht das
Kompressionsanfangsvolumen der Polytrope bestimmen, indem dieses von der Verlängerung der Kompressionsgeraden auf der Linie der Austrittsspannung abgeschnitten wird.

Bei Versuchen von Heinrich[1]) über den Einfluß der Kompression auf den Arbeitsprozeß einer mit Sattdampf von 8,0 Atm. abs. Eintrittsspannung arbeitenden
langhübigen Maschine von 250 mm Cylinder-Durchmesser und 760 mm Hub, wurde
bei konstanter Leistung von ungefähr 45 PS$_i$, 92,5 minutlichen Umdrehungen und
0,15 Atm Kondensatordruck eine Abnahme der mittleren Kompressionsexponenten
mit zunehmendem Kompressionsgrad festgestellt. Fig. 233 und 234. Es verminderte sich zwischen 12 und 50 v. H. Kompressionsgrad der Exponent n von 1,39

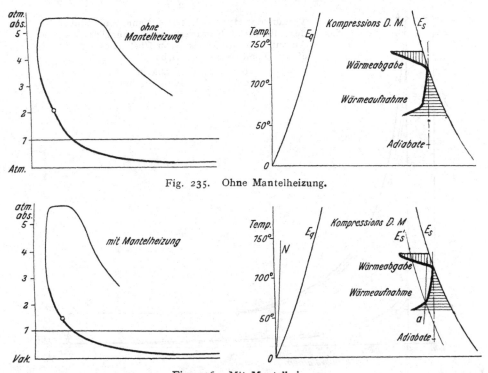

Fig. 235. Ohne Mantelheizung.

Fig. 236. Mit Mantelheizung.

Fig. 235 und 236. Liegende 140 PS Eincylinder-Corlißmaschine mit Kondensation. Verlauf
der Kompressionslinie im Druck-Volumen- und Temperatur-Entropiediagramm.

auf 1,25 bei Heizung des Cylinders und von 1,36 auf 1,28 ohne Heizung. Zwischen
diesen Kompressionsgraden weist der Verlauf der Kompressionslinien anfänglich
stets eine Zunahme, vor Kompressionsende dagegen bei Kompressionsgraden über
25 v. H. eine Abnahme der indicierten Dampfmenge auf. Dabei ergibt der Betrieb
mit oder ohne Mantel- und Deckelheizung nur einen geringen Unterschied im Kompressionsverlauf und in der relativen Veränderung der spezifischen Dampfmenge.
Mit diesen Feststellungen stimmen auch solche Prof. Dörfels an einer 140pferdigen
Eincylinder-Corlißmaschine, deren Dampfdiagramme in III, 37 bis 39 wiedergegeben
sind, gut überein, wie die eingetragenen Charakteristiken der Kompressionsdampfmenge, sowie die Übertragung zweier Kompressionslinien in die Temperaturentropie-
diagramme Fig. 235 und 236, ersehen lassen. Auch bei dieser größeren Versuchs-

---

[1]) Mitt. über Forschungsarbeiten, Heft 146, S. 28; Berlin 1914.

maschine verursachte der Betrieb mit oder ohne Mantelheizung keine merklichen Unterschiede in der Zustandsänderung des Kompressionsdampfes.

Hinsichtlich der Feststellung dieser Zustandsänderungen ist allgemein darauf hinzuweisen, daß großen Verschiedenheiten derselben doch nur kleine Änderungen im Kompressionsverlauf entsprechen, wie dies aus einer vergleichsweisen Darstellung Fig. 237 der Hyperbel, der Kurve konstanter Dampfmenge und der Sattdampfadiabate für ein und dasselbe Anfangskompressionsvolumen des Auspuffdampfes, bei 8 v.H. schädlicher Raum, hervorgeht.

Wird weiter berücksichtigt, daß für irgendeine Stelle des Kompressionsvorganges ausgeführter Maschinen weder Dampfzustand noch Dampfmenge zuverlässig

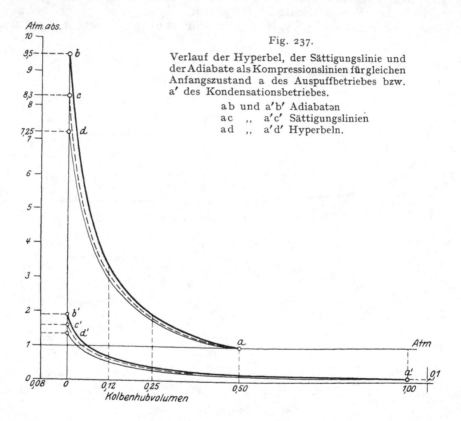

Fig. 237.

Verlauf der Hyperbel, der Sättigungslinie und der Adiabate als Kompressionslinien für gleichen Anfangszustand a des Auspuffbetriebes bzw. a′ des Kondensationsbetriebes.

a b und a′ b′ Adiabaten
a c ,, a′ c′ Sättigungslinien
a d ,, a′ d′ Hyperbeln.

angegeben werden können, da zu deren Feststellung einfache experimentelle Mittel fehlen, so ist eine einwandfreie Analyse der Kompressionslinien von Indikatordiagrammen meist nicht durchführbar und kann aus den Indikatordiagrammen nur die relative Änderung von Druck und Volumen des Dampfes abgeleitet werden.

Um über den mutmaßlichen Zustand des Kompressionsdampfes in einem gegebenen Falle einen gewissen Anhalt zu gewinnen, möge noch auf Überlegungen hingewiesen werden, die sich an Hand des Entropiediagramms, Fig. 238, ergeben, das die Veränderungen des Dampfzustandes für ein und dieselbe Kompressionslinie der vorerwähnten Versuchsmaschine Heinrichs, bei verschiedenen Annahmen über den Dampfzustand im Kompressionsbeginn, veranschaulicht.

In der verlustlosen Maschine mit vollständiger oder unvollständiger Expansion würde der Dampfzustand am Anfang der Kompression dem Endzustand a der adiabatischen Expansion des Eintrittsdampfes, der während der ganzen Austrittsperiode unverändert bleibt, entsprechen. In der ausgeführten Maschine dagegen wird die

Wärmerückströmung aus den Cylinderwandungen den Wärmeinhalt des Auspuffdampfes über den am Ende der adiabatischen Expansion steigern, etwa auf den Zustand b, der sich aus dem Gütegrad ableiten läßt.

Wird von diesem Dampfzustand b ausgehend die Kompressionslinie des Indikatordiagramms in das Entropiediagramm übertragen, so zeigt sich, daß die Kompression unter Wärmezuströmung verläuft und Überhitzungstemperaturen entstehen, welche die beobachtete mittlere Wandungstemperatur überschreiten.

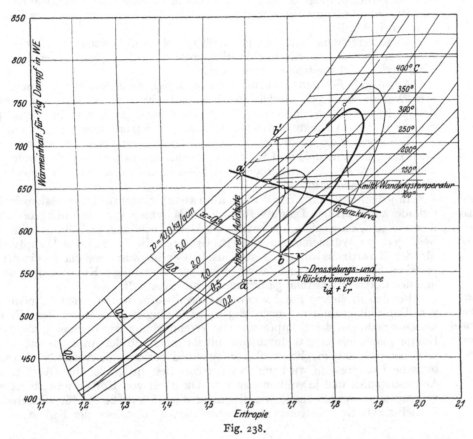

Fig. 238.

Wiedergabe ein und derselben Kompressionslinie des Druckvolumdiagramms im Entropiediagramm bei verschiedenen Annahmen über den Anfangszustand des Dampfes.

An anderen Versuchsmaschinen sind von Duchesne, Fig. 98 und Prof. Nägel,
Fig. 101, Anfangs- und Endtemperaturen des Kompressionsdampfes in nächster
Nähe der Cylinderwandung gemessen worden, die weit über den in Fig. 238 sich
aussprechenden Werten gelegen sind. Wäre beispeilsweise die Anfangstemperatur
des Kompressionsdampfes in Fig. 238 der mittleren Wandungstemperatur gleich-
zusetzen, so würde die Einzeichnung der betreffenden Entropielinie, wie leicht zu
erkennen, auf Endtemperaturen führen, die gut mit den in Fig. 101 dargestellten
Höchsttemperaturen der Beobachtungen Prof. Nägels übereinstimmen.

Es kann nun nicht angenommen werden, daß solch hohe in der Nähe der Wandung gemessene Temperaturen der im gleichen Zeitpunkt in der gesamten Kompressionsdampfmenge herrschenden Temperatur entsprechen, vielmehr ist es wahrscheinlich, daß ein Wärmeübergang von den an der Wandung befindlichen nach den
inneren Dampfschichten stattfindet, eine Annahme, welche durch die in Fig. 96

13*

und 97 dargestellten Beobachtungen von Callendar auch experimentell erwiesen erscheint.

Dieser nicht homogene Zustand der Dampfmasse schließt somit auch eine genaue Bestimmung der Kompressionsdampfmenge aus. Angenähert ist jedoch ein Anhalt über ihre Größe und wirkliche Zustandsänderung dadurch zu gewinnen, daß der mutmaßliche Anfangszustand b im Entropiediagramm Fig. 238 abgeleitet wird aus dem Endzustand a der adiabatischen Expansion des Arbeitsdampfes, vermehrt um die Verlustwärmen i_d und i_r, welche durch die Drosselung während des Dampfeintritts und durch die Rückströmung aus den Cylinderwandungen vom Dampf aufgenommen wurden.

Diese Berechnungsweise ist jedenfalls den rein willkürlichen Annahmen, daß der Dampf zu Beginn oder zu Ende der Kompression trocken gesättigt sei oder daß eine Überhitzung nicht auftrete, vorzuziehen.

Aus dem in Fig. 238 für ein und dieselbe Kompressionslinie bei nassem und trocknem Auspuffdampf gekennzeichneten Verlauf der Entropiekurven ist zu entnehmen, daß die Zustandsänderungen während der Kompression um so mehr von denjenigen der zugehörigen Adiabate abweichen, je nasser der Auspuffdampf angenommen wird.

Die gegen Kompressionsende bei den angezogenen Versuchen auftretende Verkleinerung der Entropie und Kompressionsendtemperatur läßt sich sowohl aus Undichtheiten des Kolbens oder der Auslaßorgane, als auch durch Wärmeabgabe an die Cylinderwand erklären.

Einfluß der Kompression auf den Dampfverbrauch.

In jedem Falle kann der Wärmeaustausch zwischen Kompressionsdampf und Cylinderwand auf den Dampfverbrauch der Maschine nur von untergeordneter Bedeutung sein, da es sich, namentlich bei kleinen schädlichen Räumen, nur um das Spiel geringer Wärmemengen handelt. Größeren Einfluß auf den Dampfverbrauch übt der Kompressionsgrad aus, insofern er im Zusammenhang mit der Kompressionsdampfmenge den Verlust durch unvollständige Kompression bestimmt und den durch unvollständige Expansion mit beeinflußt.

Ersatz der wirklichen Kompressionslinie durch Adiabate.

Bei den in diesem Band vorgenommenen wärmetheoretischen Untersuchungen von Dampfdiagrammen wurde wegen der geringen Bedeutung des Wärmeaustausches während der Kompression zur Vereinfachung der Rechnung die wirkliche Kompressionslinie ersetzt durch eine mit ihr innerhalb der Anfangs- und Endkompressionsspannung möglichst übereinstimmend verlaufende Adiabate. Diese adiabatische Kompression wird um so mehr zutreffen, je größer die Überhitzung des Arbeitsdampfes und je vollkommener die Dichtheit von Kolben und Steuerorganen vorausgesetzt werden kann, wie dies namentlich bei größeren, für wirtschaftlichen Betrieb sorgfältig konstruierten und ausgeführten Maschinen der Fall ist.

E. Die Mehrfachexpansion.

Die seither behandelten wärmetechnischen Mittel der Mantel- und Deckelheizung sowie der Dampfüberhitzung ohne wesentliche Änderung des Expansionsgrades innerhalb des Cylinders lassen noch nicht die praktisch weitestgehende Ausnützung des theoretischen Arbeitsvermögens des Dampfes erreichen, da der während der Füllungsperiode entstehende ausschlaggebende Wärmeverlust von dem mit der Gesamtexpansion des Dampfes zusammenhängenden Temperatur- und Druckgefälle abhängt und mit zunehmender Eintrittsspannung wächst. Den Grundgedanken der Mehrfachexpansion, der zur wichtigsten Vervollkommnung der Dampfmaschine geführt hat, bildet daher die Verteilung des Arbeitsvermögens des Dampfes auf zwei oder mehrere Cylinder zwecks Erhöhung der Dampfökonomie durch Verminderung des Temperatur- und Druckgefälles zwischen dem Ein- und Austrittszustand des Arbeitsdampfes in den Cylindern.

Die Mehrfachexpansions-Dampfmaschine erhält demzufolge zwei oder mehrere Dampfcylinder mit derart aufeinander folgendem vergrößertem Hubvolumen, daß in ihnen die Gesamtexpansion des Arbeitsdampfes stufenweise sich vollziehen kann.

1. Verlauf der Druckvolumdiagramme und theoretische Vergleichsprozesse.

Wird das Arbeitsdiagramm einer Einfachexpansionsmaschine ohne schädlichen Raum[1]) mit dem Kolbenhubvolumen V_n beispielsweise in drei Stufen unterteilt, Fig. 239, so ergeben sich in den Größen V_h, V_m, und V_n die Kolbenhubvolumen dreier Cylinder, des Hoch-, Mittel- und des Niederdruckcylinders, in denen der Dampf nacheinander zur Expansion kommt.

Bei dieser im Sinne der Mehrfachexpansion ausgeführten Unterteilung des Einfachexpansionsdiagrammes tritt an Stelle der Arbeitsleistung eines einzigen Cylinders vom Rauminhalte V_n die gleichgroße Arbeit dreier Cylinder, von denen der mit kleinster Eintrittsspannung arbeitende größte Cylinder das Kolbenhubvolumen V_n der Eincylindermaschine besitzt, während die mit höherer Spannung arbeitenden Cylinder die Hubvolumen V_h bzw. V_m erhalten.

Zwischen den einzelnen Cylindern werden in der Regel zur vorübergehenden Aufnahme des übertretenden Dampfes noch sogenannte Aufnehmer (Receiver) eingeschaltet.

Durch die stufenweise Expansion wird das ganze verfügbare Temperaturgefälle des Arbeitsdampfes auf die einzelnen Cylinder verteilt, ihr Füllungsgrad vergrößert und infolgedessen die mittlere Wandungstemperatur in den einzelnen Cylindern relativ zur Dampfeintrittstemperatur erhöht. Da mit den Expansionsstufen gleichzeitig eine Verkleinerung der Dampfüberdrücke innerhalb der Cylinder verbunden ist, vermindern sich auch die Undichtheitsverluste an Kolben und Steuerorganen. Wird nun berücksichtigt, daß die Abkühlungsflächen und schädlichen Räume des Hochdruckcylinders der Mehrfachexpansionsmaschine für den Eintrittsdampf wesentlich kleiner und die Cylinderfüllungen größer werden als diejenigen einer gleichwertigen Eincylindermaschine, und daß die vom Austrittsdampf

---

[1]) Die Expansionslinie ist dabei für Sattdampf als Hyperbel, für Heißdampf als Polytrope entsprechend der Gleichung $p v^n =$ Konst. anzunehmen, wobei $n = 1,1$ bis $1,33$ zunehmend mit der Temperatur des Eintrittsdampfes zu wählen ist.

des Hoch- bzw. Mitteldruckcylinders durch die Wärmerückströmung aus den Wandungen oder durch Undichtheiten aufgenommene Wärme in den folgenden Cylindern noch zur Wirkung kommt, und daß der Austrittsdampf dem Niederdruckcylinder mit seiner niederen mittleren Wandungstemperatur weniger Wärme entzieht als dem gleichgroßen Einfachexpansionscylinder mit seiner wesentlich höheren mittleren Wandungstemperatur, so ist wohl verständlich, daß bei Mehrfachexpansion verglichen mit der Einfachexpansion die Gesamtwärmeverluste gleicher zugeführter Dampfmengen sich wesentlich verkleinern.

Die Verbesserung zeigt sich somit darin, daß die einer bestimmten Dampfmaschinenleistung entsprechende Arbeitsdampfmenge bei Einfachexpansion die Zuführung einer größeren Dampfmenge V_w erfordert als bei Mehrfachexpansion, bei der infolge der Verminderung der Gesamtwärmeverluste die zuzuführende Dampfmenge $V_w' < V_w$ wird, also der Dampfverbrauch sich entsprechend vermindert, die Dampfökonomie sich erhöht.

Die Verteilung der Gesamtexpansion auf zwei oder mehrere Cylinder läßt auch die Ausnützung höherer Gesamtwärmegefälle des Arbeitsdampfes durch Steigerung der Eintritts- und Verkleinerung der Endexpansions- und Austrittsspannung zu.

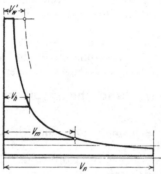

Fig. 239. Unterteilung des theoretischen Diagramms der Einfachexpansionsmaschine in 3 Stufen.

In welchem Grade die bezeichneten Vorteile geteilter Expansion durch die beim Dampfübertritt von einem zum andern Cylinder auftretenden Wärme- und Drosselungsverluste in Steuerkanälen und Leitungen beeinträchtigt werden, wird bei eingehender Behandlung der Indikatordiagramme ausgeführter Mehrfachexpansionsmaschinen erörtert werden.

Die Abweichungen der wirklichen Indikatordiagramme der einzelnen Cylinder von der theoretischen Dampfverteilung der vollkommenen Maschine sind durch gleiche Ursachen veranlaßt wie bei der Einfachexpansionsmaschine, durch Wärmeverluste während des Dampfein- und -austritts, durch Wechselwirkung zwischen Dampf und Wandung, durch Drosselung des ein- und austretenden Dampfes, durch Leitung und Strahlung, sowie durch den Einfluß des schädlichen Raumes.

Einfluß der schädlichen Cylinderräume.

Durch die unvermeidlichen schädlichen Räume in den einzelnen Cylindern tritt gegenüber der Dampfwirkung, Fig. 239, in Cylindern ohne schädlichen Raum eine Vergrößerung der in ihnen arbeitenden Dampfmenge um die Kompressionsdampfmenge ein. Hierbei wird nach früherem bei adiabatischer Expansion die Arbeitsleistung der Füllungsdampfmenge nicht verändert, wenn der Einfluß des schädlichen Raumes durch Kompression bis auf die Eintrittsspannung ausgeglichen wird.

Fig. 240 entspricht in der dargestellten Gesamtexpansion und Kompression gleicher theoretischer Ausnützung der in Fig. 239 wirksam gedachten Füllungsdampfmenge und zwar in einer Eincylindermaschine mit adiabatischer Kompression der im Cylinder zurückbleibenden Dampfmenge vom Kompressionsendvolumen = dem schädlichen Raum σ_h. Wird nun dieses Diagramm für stufenweise Expansion unterteilt, so ergeben sich für die einzelnen Cylinder die Hubvolumen V_h, V_m und V_n, während die Arbeitsvolumen des in ihnen expandierenden Dampfes sich um die zugehörigen schädlichen Räume σ_h, σ_m und σ_n vergrößern. Die Füllungsvolumen im Mittel- und Niederdruckcylinder entsprechen den Übertrittsvolumen V_m' und V_n', die sich für die betreffende Austritts- und Aufnehmerspannung als Unterschied der nachweisbaren Expansions- und Kompressionsdampfmengen und naturgemäß den Übertrittsvolumen des Diagramms, Fig. 239 gleich ergeben.

Der theoretische Diagrammverlauf bedingt somit für den angenommenen schädlichen Raum σ_h des Hochdruckcylinders ganz bestimmte Größen der schädlichen Räume σ_m und σ_n des Mittel- und Niederdruckcylinders, die aus Diagramm Fig. 240 zu entnehmen wären.

Bei wärmeundurchlässigen Cylindern würde die Größe dieser schädlichen Räume für die theoretische Wärmeausnützung der zugeführten Dampfmenge belanglos sein. Da aber in Wirklichkeit mit der Größe der Abkühlungsflächen der schädlichen Räume die Dampfeintrittsverluste wachsen, so liegt ein wärmetechnisches Bedürfnis vor, die schädlichen Räume der einzelnen Cylinder so klein als konstruktiv möglich zu machen. Tatsächlich lassen sich diese nun bei den Cylindern der Dreifachexpansionsmaschinen im allgemeinen wesentlich kleiner erreichen, als sie dem Diagramm Fig. 240 entsprechen. Für die kleineren schädlichen Räume σ_m und σ_n der Fig. 241 ändert sich alsdann das Gesamtdiagramm der Dreifachexpansionsmaschine unter Beibehaltung der adiabatischen Expansion und Kompression im Mittel- und Niederdruckcylinder in der in Fig. 241 durch stark ausgezogene Linien dargestellten Weise. Die dünneren Linien entsprechen der Diagrammform Fig. 240.

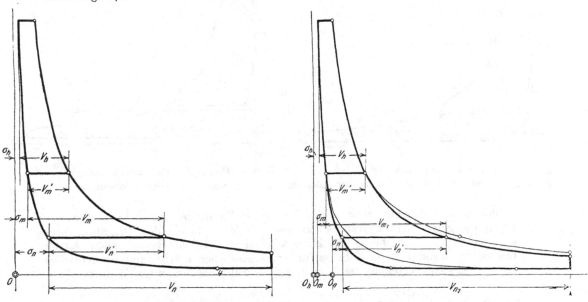

Fig. 240. Für gleiche Kompressionsdampfmenge in allen Cylindern.

Fig. 241. Für verschiedene Kompressionsdampfmengen in den Cylindern.

Fig. 240 und 241. Theoretische Druck-Volumdiagramme der Mehrfachexpansions-Dampfmaschine unter Berücksichtigung der schädlichen Räume der einzelnen Cylinder bei Kompression bis auf die Eintrittsspannungen.

Die indicierte Leistung bleibt dabei unverändert gleich derjenigen der Eincylindermaschine, während die Hubvolumen der größeren Cylinder infolge der mit der Verkleinerung der Kompressionsdampfmenge verbundenen Verkleinerung der arbeitenden Dampfmengen sich auf die Werte V_{m1} und V_{n1} vermindern; die Füllungsvolumen V_m' und V_n' behalten dieselbe Größe wie in Fig. 239 die Endexpansionsvolumen V_h bzw. V_m.

Die Verschiedenheit der Kompressions- und Arbeitsdampfmengen in den einzelnen Cylindern hat nun zur Folge, daß einer genauen wärmetheoretischen Untersuchung der Zustandsänderungen des Dampfes in der Mehrfachexpansionsmaschine nicht das Diagramm Fig. 240 der Eincylindermaschine als Vergleichsdiagramm, sondern ein nach Fig. 241 zusammengesetztes zugrunde zu legen ist.

Von dieser getrennten Behandlung der Dampfwirkung in den einzelnen Cylindern ist jedoch in Anbetracht der damit verbundenen Weitläufigkeit nur bei besonders eingehenden und sorgfältigen wissenschaftlichen Untersuchungen Gebrauch zu machen. In allen den Fällen, in denen es sich nicht um genaue Ermittlung der Zustandsänderung des Dampfes in den einzelnen Cylindern und um übersichtliche

Darstellung der Verteilung der Wärmeverluste handelt, sondern in denen lediglich
die tatsächliche Wärmeausnützung der zugeführten Dampfmenge im Vergleich zur
theoretisch möglichen Ausnützung beurteilt werden soll, ist dagegen im Interesse
der Einfachheit der Vergleich mit dem Einfachexpansionsdiagramm der theoretisch

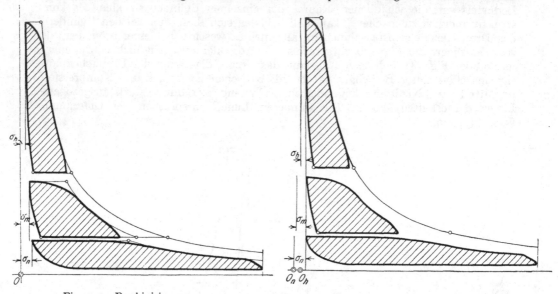

Fig. 242. Rankinisierung.   Fig. 243. Unzweckmäßige Zusammenlegung.
Fig. 242 und 243. Zusammenlegung der Indikatordiagramme von Dreifachexpansionsmaschinen.

vollkommenen Maschine ohne schädlichen Raum für die bei jedem Hub zugeführte
Dampfmenge V_w' Fig. 239 zu bevorzugen, wie dies auch in den Diagrammuntersuchungen des 1. Abschnitts Bd. III geschehen ist. In den betreffenden Darstellungen bieten somit die durch Schraffur hervorgehobenen Flächen nur ein der Größe,
nicht aber der Verteilung nach zutreffendes Bild der gesamten Wärmeverluste.

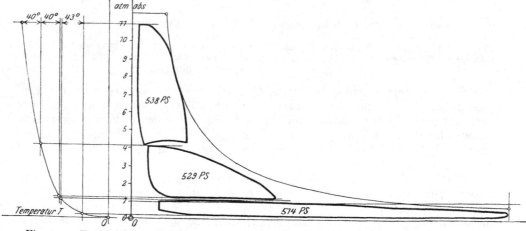

Fig. 244.   Rankinisiertes Diagramm einer Dreifachexpansionsmaschine zur Kennzeichnung der
Verteilung des Temperaturgefälles auf die verschiedenen Cylinder bei Betrieb mit gesättigtem
Dampf.

**Rankini-
sierung.**   Die wirklichen Indikatordiagramme werden bei dieser vereinfachenden Darstellung in einheitlichem Volum- und Druckmaßstab so untereinandergelegt, Fig. 242,

daß die vertikalen Begrenzungslinien der schädlichen Räume jedes Cylinders in der durch O gehenden Linie zusammenfallen, im Unterschied von der unzweckmäßigen Zusammenlegung Fig. 243, bei der die Kolbenhubvolumen einschließlich der schädlichen Räume von einer gemeinsamen Nullachse aus gemessen werden. Die Zusammenlegung der Einzeldiagramme von Mehrfachexpansionsmaschinen nach Fig. 242 ist von Rankine zuerst vorgeschlagen worden.

Fig. 244 zeigt die Rankinisierung der Indikatordiagramme einer mit Sattdampf betriebenen größeren Schiffsmaschine, bei der gleichzeitig durch Einzeichnung eines Druck-Temperaturdiagramms die Verteilung des Temperaturgefälles auf die 3 Arbeitscylinder veranschaulicht ist.

Neben der zweckentsprechenden Zusammenstellung der Indikatordiagramme von Mehrfachexpansionsmaschinen nach Rankine findet in der technischen Literatur auch die Darstellung, Fig. 243, gelegentlich Verwendung, in der die einzelnen Diagramme so an eine gemeinsame Achse herangerückt werden, daß die dem Füllungsbeginn entsprechenden Diagrammpunkte senkrecht übereinander liegen und die den schädlichen Räumen zugehörigen Vertikalen auseinanderrücken. Bei dieser Darstellung geht jedoch der Zusammenhang mit dem theoretischen Diagramm Fig. 241 noch mehr verloren, als bei der Rankinisierung. Diese unzweckmäßige Zusammenlegung hat daher nur Berechtigung, wenn die schädlichen Räume nicht bekannt und besondere wärmetheoretische Untersuchungen nicht beabsichtigt sind.

Aus vorstehenden Erörterungen erhellt, daß für Mehrfachexpansionsmaschinen zur Verfolgung der wirklichen Zustandsänderungen des Dampfes das **Vergleichsdiagramm** Fig. 241, in dem die Kompressionslinien der einzelnen Cylinder in der Höhe der Aufnehmerspannungen aneinander anschließen, als das wissenschaftlich **einwandfreieste und zweckdienlichste** betrachtet werden muß.

Beispiel einer Rankinisierung

Als Beispiel einer solchen Rankinisierung mögen die Druckvolum- und Temperatur-Entropiediagramme Fig. 245 und 246 einer mit hoch überhitztem Dampf arbeitenden Verbundmaschine dienen.

Im vorliegenden Falle war der Dampf nicht nur am Hochdruckcylinder, sondern auch am Eintritt in den Niederdruckcylinder noch überhitzt; es ist somit bei beiden Cylindern der Dampfzustand unmittelbar durch die beobachteten Eintrittsspannungen und Temperaturen bestimmt. Für den Vergleichsprozeß ist die der Maschine wirklich zugeführte Füllungsdampfmenge und deren adiabatische Expansion im Hoch- und Niederdruckcylinder unter getrennter Einbeziehung der Dampfmenge des schädlichen Raumes jeden Cylinders zugrunde gelegt; ferner ist als Übertrittsspannung zwischen Hoch- und Niederdruckcylinder die mittlere beobachtete Aufnehmerspannung eingeführt, so daß die Spannungsverluste des Überganges auf die Gütegrade beider Cylinder verteilt erscheinen.

Die Größe und Verteilung der Wärmeverluste leitet sich aus den Abweichungen der Indikatordiagramme der einzelnen Cylinder von den zugehörigen Vergleichsdiagrammen des theoretisch vollkommenen Arbeitsprozesses ab. Entsprechend der bei Behandlung der Eincylinderdiagramme Fig. 81 bis 84 erörterten Verteilung der Verluste kennzeichnen die senkrecht schraffierten Flächen den Drosselungsverlust der Einlaß- und der Auslaßsteuerung, während die Verluste durch unvollständige Kompression und Voreinströmung aus dem Flächenunterschied zwischen den wirklichen und theoretischen Kompressionslinien sich ergeben. Die Eintrittsverluste verursachen auch hier noch die größten Abweichungen vom Vergleichsprozeß. Der Verlust durch unvollständige Expansion im Hochdruckcylinder (schräg schraffierte Dreiecksfläche zwischen p_i^H und Aufnehmerspannung) ist für die vorliegende Füllung nur gering und wäre überhaupt durch größeren Hochdruckcylinder oder kleinere Niederdruckcylinderfüllung zu vermeiden gewesen; im Niederdruckcylinder bleibt der Spannungsabfall aus den gleichen Gründen wie für die Einfachexpansionsmaschine angegeben, bestehen. Die betreffenden Verlustflächen kommen besonders deutlich in den zugehörigen Entropiediagrammen Fig. 246 zum Ausdruck.

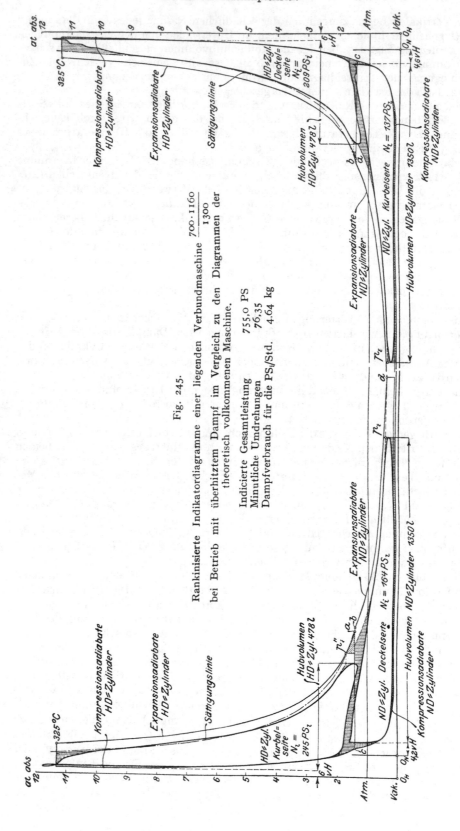

Fig. 245.

Rankinisierte Indikatordiagramme einer liegenden Verbundmaschine $\frac{700 \cdot 1160}{1300}$

bei Betrieb mit überhitztem Dampf im Vergleich zu den Diagrammen der
theoretisch vollkommenen Maschine.

Indicierte Gesamtleistung   755,0 PS
Minutliche Umdrehungen   76,35
Dampfverbrauch für die PSi/Std.   4,64 kg

Bei Mehrfachexpansions-Dampfmaschinen, deren **Eintrittsdampf gesättigt oder nur gering überhitzt** ist, ergibt sich für die Aufzeichnung der Mittel- und Niederdruckdiagramme der theoretisch vollkommenen Maschine eine Schwierigkeit dadurch, daß der Feuchtigkeitsgrad des Austrittsdampfes des Hoch- und Mitteldruckcylinders experimentell nicht zuverlässig festgestellt werden kann. Zur angenäherten Bestimmung dieses Dampfzustandes kann für die Zweifach-Expansionsmaschine von folgender Überlegung Gebrauch gemacht werden.

Adiabatischer Expansion im Hochdruckcylinder würde für die Austrittsspannung der Dampfzustand a, Fig. 247, entsprechen. Die spezifische Dampfmenge und damit auch der tatsächliche Wärmeinhalt des Dampfes ist jedoch in der Regel größer, da im Be-

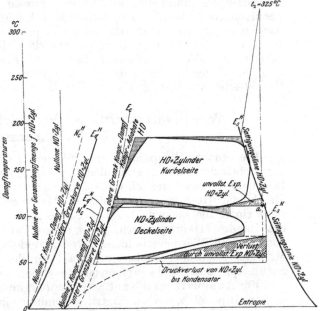

Fig. 246. Entropiediagramm zu Fig. 245.

harrungszustand der Maschine die während der Kompression und Füllung an die Wandung übergegangene Wärme durch Rückströmung während der Expansion und Ausströmung dem arbeitenden Dampf wieder zugeführt, zum geringen Teil aber nur in Arbeit umgesetzt wird. Außerdem nimmt der in den Niederdruckcylinder übertretende Dampf noch die dem Arbeitsverlust durch unvollständige Expansion im Hochdruckcylinder entsprechende Wärme, sowie den Wärmebetrag, der der Dampflässigkeit der Steuerorgane und des Kolbens der Hochdruckseite entspricht, auf.

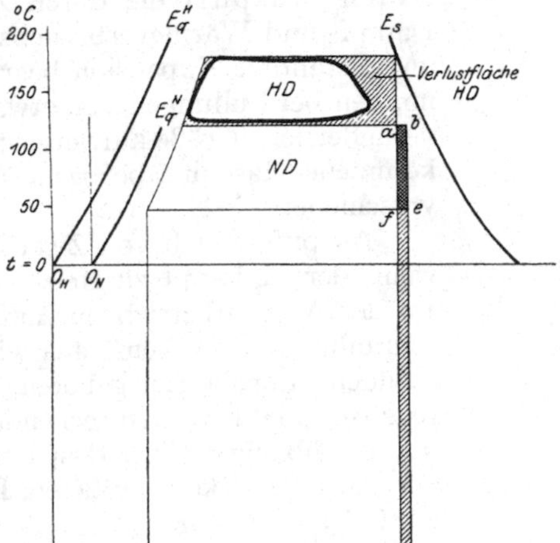

Der im Hochdruckcylinder nicht in Arbeit umgesetzte Teil der theoretisch ausnützbaren Wärme abzüglich der Leitungs- und Strahlungsverluste wird somit an den in den Niederdruckcylinder übertretenden Dampf abgegeben und zu dessen Trocknung oder Überhitzung verwendet, so daß gegenüber dem bei adiabatischer Expansion des Hochdruckcylinderdampfes sich ergebenden Endexpansionsvolumen das theoretische Eintrittsvolumen für den Niederdruckcylinder sich vergrößert.

Da am Hochdruckcylinder die Leitungs- und Strahlungsverluste des Arbeitsdampfes

Fig. 247. Entropiediagramm zur Ermittlung des Dampfzustandes am Eintritt in den Niederdruckcylinder.

nach außen im allgemeinen vernachlässigbar erscheinen, so kann für das theoretische Niederdruckdiagramm der Wärmeinhalt des Eintrittsdampfes gegenüber demjenigen des Hochdruckaustrittsdampfes um den Gesamtbetrag der Wärmeverluste des Hochdruckcylinders erhöht werden.

Im Entropiediagramm Fig. 247 findet diese Änderung des Dampfzustandes beim Übertritt vom Hoch- in den Niederdruckcylinder ihren Ausdruck dadurch, daß die Fläche des adiabatischer Expansion entsprechenden Wärmeinhaltes des Niederdruckdampfes zunächst vergrößert wird um die Fläche *a b c d* der Wärmeverluste des Hochdruckcylinders. Die noch zu berücksichtigende Wärmeänderung durch den Aufnehmer kann entweder eine weitere Vermehrung des Wärmeinhaltes des Dampfes oder eine Verminderung desselben bewirken, je nachdem er geheizt oder nicht geheizt wird. Von der Wärme *abcd* wird *abef* im Niederdruckcylinder ausnützbar und der Gütegrad des Niederdruckcylinders ist auf das um *abef* vergrößerte theoretische Arbeitsdiagramm zu beziehen.

2. Wärmewirtschaftlicher Vergleich von Mehrfach- und Einfachexpansion.

Die erhöhte Dampfökonomie, auf welche sich die wirtschaftliche Bedeutung der Mehrfachexpansion gegenüber der Einfachexpansion stützt, wird am besten belegt durch den Vergleich des Wärmeverbrauchs, der sich im Mittel bei beiden Maschinengattungen an ausgeführten Maschinen ergeben hat. Um in dieser Hinsicht einen allgemeinen Überblick zu gewinnen, sei auf die Tabellen und Tafeln des Bandes III hingewiesen, unter denen Taf. 3 bis 11 im relativen Verlauf der Dampf- und Wärmeverbrauchskurven ausgeführter Maschinen mit Einfach- und Mehrfachexpansion den besten Anhalt für den wärmetechnischen Vergleich bei Sattdampf- und Heißdampfbetrieb gewähren.

Auspuff. Für Auspuffbetrieb mit Sattdampf ergibt nach Taf. 3, Bd. III die Einfachexpansion bei 7,5 Atm. Eintrittsspannung einen günstigsten Wärmeverbrauch von 6940 WE, während die Zweifachexpansion unter Erhöhung der Eintrittsspannung auf 8,5 Atm. auf einen günstigsten Wärmeverbrauch von 6380 WE führt, der bereits bei wesentlich kleinerer Füllung bezogen auf das Niederdruckcylindervolumen erreicht wird. Der auf Taf. 3 durchgeführte Vergleich der Wärme-, Dampfverbrauch- und Gütegradkurven beider Maschinenarten läßt erkennen, daß für freien Auspuff die durch Zweifachexpansion zu erzielende Verminderung des Dampf- und Wärmeverbrauchs wesentlich in der Verkleinerung der Verluste durch unvollständige Expansion begründet ist, während die Wärmeverluste im Cylinderinneren bei Füllungen von etwa 12 bis 22 v. H. bei beiden Maschinengattungen unveränderliche Größe aufweisen; daher zeigt sich auch der auf die theoretisch unvollkommene Maschine bezogene Gütegrad φ für die genannten Füllungsgrade wenig verschieden.

Auspuffbetrieb von Zweifachexpansionsmaschinen kommt heute nur in Frage wenn der Abdampf zu Heiz- oder Fabrikationszwecken Verwendung finden kann. Ist der Auspuffbetrieb nur auf den Heizungsbedarf in den Wintermonaten zu beschränken, so erscheint aus wirtschaftlichen Gründen für die Sommermonate der Kondensationsbetrieb geboten. Für Betrieb mit höherem Gegendruck als Atmosphärenspannung bei entsprechender Abdampfverwertung, ist die Zweifachexpansion bei den üblichen Eintrittsspannungen nicht geeignet, da alsdann auch der Vorteil der Anwendbarkeit größeren Expansionsgrades gegenüber der Einfachexpansion fortfällt.

Zweifachexpansionsmaschinen bei Auspuffbetrieb anwenden zu wollen, hat daher wirtschaftlich und praktisch nur in besonderen Fällen Berechtigung und findet diese Tatsache auch in der seltenen Anwendung dieser Maschinengattung und in der geringen Anzahl vorliegender Versuche an solchen Maschinen entsprechend Ausdruck. (S. noch III, Tab. 11 und 12.)

Kondensation. Anders stellen sich die Verhältnisse bei Kondensationsbetrieb. Für diesen zeigt die Zweifachexpansion eine Verminderung des günstigsten Wärmeverbrauchs von 5240 WE bei 7,5 Atm. Eintritts- und 0,25 Atm. Kondensatorspannung der Einfachexpansionsmaschine auf 3910 WE bei 8,5 Atm. bzw. 0,20 Atm. der Zweifachexpansionsmaschinen. Diesem Unterschied entspricht eine Wärmeersparnis von rund 25 v. H. einesteils infolge relativ besserer Ausnützung des Dampfes und andernteils infolge Vergrößerung des Druckgefälles und damit der Gesamtexpansion. Der die relative Wärmeausnützung beider Maschinen kennzeichnende Gütegrad erhöht sich von 62 v. H. der Einfachexpansion auf 76 v. H. der Zweifachexpansion womit allein unter sonst gleichen Verhältnissen eine Wärmeersparnis von mehr als 20 v. H. verbunden ist. Durch den weiteren Umstand, daß die Zweifachexpansion durch Steigerung der Eintrittsspannung und Erniedrigung der Kondensatorspannung höheres Druck- und Temperaturgefälle erreichen läßt, liefert sie die weitere Verbesserung des Wärmeverbrauches, deren Betrag aus dem Vergleich der theoretischen Wärmeverbrauchsziffern hervorgeht. Für 1 PS_i/Std. berechnet sich der theoretische Wärmeverbrauch für das bezeichnete mittlere Druckgefälle der Einfachexpansion zu 3280 WE und für das vergrößerte Druckgefälle der Zweifachexpansion zu 3140 WE, also 4,3 v. H. weniger. Zusammen mit der bereits festgestellten Wärmeersparnis von 20 v. H. beträgt also der Gesamtnutzen rund 25 v. H.

Da die vorstehend nachgewiesene Erhöhung des Gütegrades allein auf Rechnung der stufenweisen Expansion zu setzen ist, so wird deren hohe wirtschaftliche Bedeutung für Kondensationsbetrieb dadurch genügend gekennzeichnet. Der Vergleich der Verluste durch unvollständige Expansion in Taf. 2 und 4 des Bd. III läßt außerdem erkennen, daß ein gewisser Anteil an der Erhöhung des Gütegrades auf die erreichbare Verminderung der Endexpansionsspannung zurückzuführen ist.

Geringere Unterschiede weist der Vergleich mit den Ergebnissen großer Eincylindermaschinen besonderer Konstruktion mit kleinen schädlichen Räumen und Deckelheizung, vgl. S. 120 und 144, sowie mit den neueren Gleichstromdampfmaschinen, S. 173 bis 176 auf, durch deren Entwicklung die wärmetechnische Über egenheit der Zweifachexpansion wesentlich eingeschränkt wird.

Dreifachexpansion ermöglicht die Ausnützung eines noch höheren Gesamtgefälles durch weitere Steigerung der Eintrittsspannung und weitere Verminderung des Kondensatordruckes, also durch Erhöhung des Gesamtexpansionsgrades des Arbeitsdampfes über den der normalen Zweifachexpansionsmaschine hinaus. Für 12 Atm. Eintrittsspannung und 0,15 Atm. Gegendruck zeigen die Diagramme Taf. 5 und 6 einen geringsten Wärmeverbrauch ausgeführter Dreifachexpansionsmaschinen von 3270 WE, also gegenüber einem Wärmeverbrauch von 3910 WE der mit einem mittleren Druckgefälle von 8,5 Atm. auf 0,2 Atm. arbeitenden Verbundmaschinen eine weitere Dampfersparnis von 16,4 v. H. Dieser Gewinn beruht jedoch im Vergleich mit der Zweifachexpansionswirkung hauptsächlich auf der Erhöhung des Wärmegefälles durch Vergrößerung der Eintrittsspannung und des Vakuums, das den theoretischen Wä meverbrauch von 3140 auf 2630 WE, also ebenfalls um 16 v. H. vermindert. Dabei ist zu beachten, daß die günstigste Wärmeausnützung auch noch bei sehr kleinen Füllungen und in weitgehender Unabhängigkeit von deren Änderung erzielt wird.

Zur Ausnützung hoher Druckgefälle ist im allgemeinen die Dreifachexpansion besser als die Zweifachexpansion geeignet, weil bei ersterer die Temperaturunterschiede in den einzelnen Cylindern trotz höheren Gesamtgefälles kleiner als bei der letzteren werden; doch verliert dieser Umstand bei Anwendung überhitzten Dampfes seine praktische Bedeutung.

Dreifach- und Vierfachexpansion kommt überwiegend nur bei Schiffsmaschinen zur Anwendung, bei denen die Verteilung der Leistung auf drei und mehr Cylinder, die zur Erzielung gleichmäßigen Maschinenganges erforderlich ist, weitgehender Unterteilung des Gesamtgefälles ohne baulichen Mehraufwand entgegenkommt. Im Bau ortsfester Dampfmaschinen ist die Anwendung der Dreifachexpansion nahezu verschwunden.

Die vorerwähnten praktischen Ergebnisse der Dampfausnützung sollen einstweilen nur einen allgemeinen Anhalt für die wirtschaftliche Bewertung der Ein-

und Mehrfachexpansion gewähren. Da nun die konstruktive und technische Ausbildung ökonomisch arbeitender Mehrfachexpansionsmaschinen auf die eingehendere

Fig. 248. Leistung = 205 PS$_i$.

Kenntnis des Anteils sich stützen muß, den die verschiedenen Einflüsse nehmen, aus deren Gesamtwirkung sich die tatsächliche Dampfausnützung zusammensetzt, so soll in den nachfolgenden Kapiteln die Einzelwirkung dieser Einflüsse auf den Dampf- und Wärmeverbrauch der Mehrfachexpansionsmaschinen getrennt behandelt werden.

3. Mit Sattdampf betriebene Mehrfachexpansionsmaschinen ohne Heizung. Einfluß von Füllung, Spannungsgefälle und Umdrehungszahl.

Als Beispiel des Diagrammverlaufs einer nicht geheizten Sattdampf-Verbundmaschine bei verschiedener Füllung seien die Diagramme Fig. 248 und 249 einer amerikanischen Gitterschiebermaschine $\frac{382 \cdot 813}{812}$; $n = 150$, angeführt, bei der die Steuerschieber im Cylinderdeckel angeordnet waren. Die schädlichen Räume waren daher gering und betrugen 3,7 v.H. im HD- und 2,9 v.H. im Niederdruckcylinder. Die Versuchsergebnisse enthält Tab. 28.

Die Trennung von Ein- und Auslaß und die geringe Größe und günstige Gestaltung der schädlichen Oberflächen bewirkt im HD-Cylinder einen günstigen Verlauf der Expansionslinien und verhältnismäßig geringe Größe des Eintrittsverlustes.

Im ND-Cylinder dagegen sind die Eintrittsverluste (wie der Vergleich der arbeitenden Dampfmengen bei HD-Cylinder-Austritt und ND-Eintritt, sowie die starke Rückströmung während der Expansion erkennen läßt) verhältnismäßig bedeutend und zeigen, daß die sehr weitgetriebene Expansion bei kleiner Cy-

linderfüllung und fehlender Heizung nicht ausgenützt werden kann. Der Verlust durch unvollständige Expansion besitzt dagegen naturgemäß nur sehr geringe Größe, die bei Eincylinder-Kondensationsmaschinen im wirtschaftlichen Betrieb niemals erreicht werden könnte.

Der Betrieb ohne Mantelheizung wird in der Regel bei Schiffsmaschinen mit mehrfacher Expansion angewendet, indem die hierbei üblichen großen Cylinderfüllungen und die sich ergebenden geringen Temperaturgefälle der einzelnen Cylinder eine geringe Wechselwirkung zwischen Dampf und Wandung verursachen und dadurch die Heizung entbehrlich machen. Die Dampfmäntel dienen alsdann nur zum Anwärmen der Cylinder, werden aber nach Inbetriebsetzung der Maschine ausgeschaltet.

Das Beispiel einer Dreifach - Expansionsmaschine ohne Mantelheizung und mit hohem Gütegrad infolge großer Füllungen der einzelnen Cylinder liefern die Dampfdiagramme Fig. 250 einer 800 PS-Schiffsmaschine[1]), deren HD-Cylinder mittels Kolbenschieber und deren

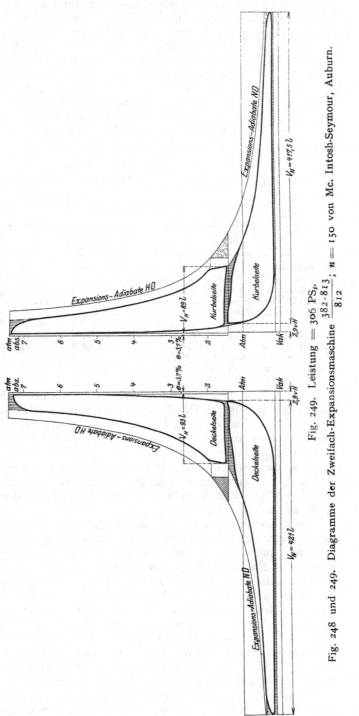

Fig. 248 und 249. Diagramme der Zweifach-Expansionsmaschine $\frac{382 \cdot 813}{812}$; $n = 150$ von Mc. Intosh-Seymour, Auburn.

Fig. 249. Leistung = 306 PS$_i$.

Schiffsmaschinen.

---

[1]) Versuche von Prof. Watzinger an einer Schiffsmaschine der A.-G. Trondhjems mek. Verksted in Trondhjem. Schiffbau 1919 S. 299 ff.

MD- und ND-Cylinder mittels Kanal-Flachschieber gesteuert werden. Der Dampfverbrauch wurde auf der Fahrt durch Kondensatwägung bestimmt, außerdem
einschließlich desjenigen der Hilfsmaschinen durch Speisewasserwägung. Die wichtigsten Versuchsergebnisse und Beobachtungen sind in Tab. 33 zusammengestellt.
Zur Beurteilung der Dampf- und Arbeitsverteilung auf die einzelnen Cylinder
sind die Dampfdiagramme Fig. 250 auf gleiche Hublänge bezogen und ihre Ordinaten so gezeichnet, daß sie die tatsächlichen Kolbendrücke (Produkt aus Kolbenfläche und spez. Dampfspannung) darstellen. Außerdem sind für die aus der
Kondensatwägung bestimmten Füllungsdampfmengen bzw. Füllungsvolumen die
Expansionsadiabaten und für die Dampfmengen der schädlichen Räume die Kom-
pressionsadiabaten eingezeichnet; ferner enthalten die Diagramme noch die Hyperbeln
für die zu Expansionsbeginn wirklich vorhandene Arbeitsdampfmenge, behufs
Vergleich mit der tatsächlichen Expansionslinie.

Tabelle 32.

Versuche an einer liegenden Verbundmaschine ohne Cylinderheizung
$\dfrac{382 \cdot 813}{812}$; $n = 150$ von Mc. Intosh and Seymour, Auburn, N.Y. U.S.A.

Belastung	KW.	127,5	197,6	272,0
Eintrittsspannung . . . . Atm. abs.		7,68	7,66	7,60
Austrittsspannung (im Abdampfrohr) . . „ „		0,14	0,14	0,14
Spez. Dampfmenge am Eintritt . . . . . „ „		98,8	97,0	97,4
Minutl. Umdrehungen		152,37	150,92	148,76
Indiz. Leistung HD . . . . PS$_i$		104,0	157,6	
„ „ ND . . . . „		101,4	148,2	
Indiz. Gesamtleistung . . . . PS$_i$		205,4	305,8	424,0
Dampfverbrauch für die PS$_i$/Std. . . . . . . kg		7,04	6,73	6,99
Wärmeverbrauch für die PS$_i$/Std. . . . . . WE		4610	4330	4515
Gütegrad, bez. auf die vollk. Maschine . . . v. H.		62,3	66,4	63,7

Aus diesen theoretischen Vergleichskurven leitet sich zunächst der Gütegrad
von 81,6 v. H. für den HD-Cylinder und von 80 v. H. für den MD-Cylinder ab;
für den ND-Cylinder vermindert sich der Gütegrad auf 53,1 v. H., infolge großen
Druckverlustes zwischen Cylinder und Kondensator und bedeutenden Verlustes
durch unvollständige Expansion.

Für das zwischen Eintritts- und Kondensatorspannung ausnützbare Wärmegefälle des Arbeitsdampfes beträgt der Gütegrad der ganzen Maschine 67,6 v.H.,
der als ein günstiger Mittelwert für Schiffsmaschinen der vorliegenden Leistungsgröße angesehen werden kann.

Alle Dampfdiagramme zeigen ziemlich übereinstimmenden Verlauf der Expansionslinien mit den Hyperbeln; die Abweichungen auf der Deckelseite des MD-
Cylinders und der Kurbelseite des ND-Cylinders sind vermutlich durch Undichtigkeiten der Einlaßsteuerseite verursacht.

Da beim Schiffsbetrieb der für Hilfsmaschinen erforderliche Betriebsdampf
den Kesseln der Hauptmaschinen entnommen wird, läßt sich in der Regel für
letztere allein die Speisewassermessung nicht durchführen und kann deshalb
meist nur der Gesamtspeisewasser- oder Kohlenverbrauch ermittelt werden, wie
dies auch bei den in Bd. III S. 167—187 mitgeteilten Versuchen an größeren
Schiffsmaschinen geschehen ist. Der Vergleichsmöglichkeit halber sind daher
auch in Tab. 33 außer dem Gewicht des Dampfkondensates der Maschine noch
der Speisewasser- und Kohlenverbrauch angeführt.

Einfluß der Umdrehungs-zahl.

Über die Abhängigkeit der Wärmeverluste von der Umdrehungszahl bei
verschiedener Belastung liegen eingehende Untersuchungen von Willans[1]) an einer

[1]) Willans, On Steam Engine Trials. Proc. Inst. Civ. Eng. Vol. 114, Session 1892 bis 93,
Part IV. S. 4 bis 169.

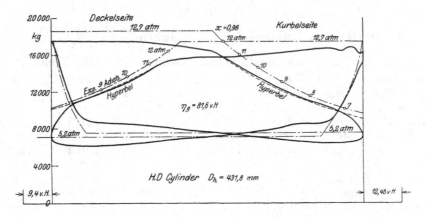

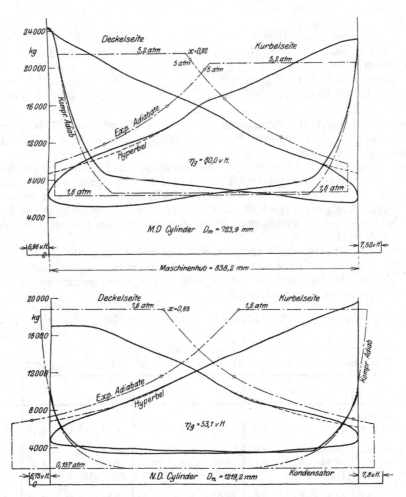

Fig. 250. Dampfdiagramme der 800pferdigen Dreifachexpansions-Schiffs-maschine $\dfrac{432 \cdot 724 \cdot 1219}{838}$; $n = 92$ (s. Tab. 33) bei 798 PS$_i$ mit den Vergleichs-diagrammen der verlustlosen Maschine. Die Punkte der Expansionsadiabaten kennzeichnen die Dampfspannungen in Atm.

Tabelle 33.

Stehende Dreifachexpansions-Schiffsmaschine $\dfrac{432 \cdot 724 \cdot 1219}{838}$; $n = 92$

(D/S Kong-Gudröd der Nordenfjeldske Dampkibs-Selskab, Trondhjem).

Dampfspannung im Kessel	Atm. abs.	12,93	11,92
Spec. Dampfmenge am Eintritt	v. H.	96	96
Kondensatorspannung	Atm. abs.	0,157	0,170
Mittl. Umdrehungen i. d. M.		91,6	90,6
Indizierte Leistung der Hauptmaschine.			
HD	PS_i	236,2	217,5
MD	,,	267,9	257,7
ND	,,	293'9	249,1
Gesamt	,,	798,0	723,3
Speisewasserverbrauch	kg/Stde.	5480	4866
Kondensat d. Hauptmasch.	,,	4746	—
Verbrauch d. Hilfsmasch.	,,	734	—
Kohlenverbrauch	,,	739	611
Heizwert der Kohle	WE	6466	7015
Dampfverbrauch f. d. PS_i/Stde.	kg	**5.95**	—
Kohlenverbrauch ,, ,, ...	,,	0,926	0,845
Wärmeverbrauch f. d. PS_i/Stde. . . .	WE	3865	—
Gütegrad	,,	0,67	5930

stehenden Tandem-Verbunddampfmaschine seiner Bauart vor, Tab. 34 und 35. Die Regelung auf verschiedene Belastung erfolgte durch Dampfdrosselung bei gleichbleibender Füllung.

Willans-maschine.   Die Veränderung der Eintrittsverluste in beiden Cylindern mit der Umdrehungs-zahl zeigen die beiden Diagramme Fig. 251 und 252, in denen die dem HD- und ND-Cylinder zugeführten. sowie die in den Indikatordiagrammen nachweisbaren Eintrittsdampfmengen dargestellt sind und zwar für verschiedene Umdrehungs-zahlen bei gleichem Expansionsgrad unter Bezugnahme auf den mittleren Arbeits-druck der Maschine.

Die durch Schraffur hervorgehobenen Flächen kennzeichnen in den einzelnen Ordinaten den durch Kondensation und Lässigkeit entstandenen Eintrittsverlust, dessen absolute Größe zwar mit der Umdrehungszahl zu-, relativ zur stündlichen Arbeitsdampfmenge aber abnimmt.

Stehende einfachwirkende Zweicylindermaschine Willans $\dfrac{216 \cdot 356}{152}$; $n = 100$ bis 400.

Tabelle 34.
Expansionsgrad 5 (wirkl. Füllung HD 58 v. H.; ND 45 v. H.).

Minutl. Umdrehungen . .	100			200			300			400		
Dampfdruck im Schieber-kasten . . . Atm. abs.	2,94	6,31	8,41	2,80	6,31	9,11	2.79	6.29	9,48	2,99	6,33	9,46
Austrittsspannung Atm. abs.	0,06	0,05	0,06	0,07	0,07	0,08	0,07	0,10	0,13	0,07	0,12	0,15
Indic. Gesamtleistung PS_i	2,94	6,72	9,16	5,34	13,5	20,2	7,72	19,8	31,4	11,0	26,0	40,8
Gesamt-Dampfverbr. kg	35,4	60,4	80,6	56,8	114,0	154,0	75,6	156,0	228,0	99,2	200,4	304,0
Dampfverbr. f. d. PS_i/Std. kg	12,1	8,96	8,81	10.68	8,47	7,63	9,81	7,88	7,28	9,06	7,73	7,46
Gütegrad, bez. auf d. voll-kommene M. . . v. H.	38,4	42,5	41,5	45,0	47,0	49,4	49,6	54,1	56,0	52,9	57,2	56,1
Eintrittsverlust in v. H. der Frischd.-M. . . . . HD	32,1	20,9	18,7	25,5	17,9	11,9	16,6	12.2	10,5	11,5	8,9	10,6
ND	58,7	50,8	51,2	48.2	44,0	38,1	40,2	33.6	29,2	31,7	30,1	28,5

Tabelle 35.

Expansionsgrad 15 (wirkl. Füllung HD 18 v. H.; ND 45 v. H.).

Minutl. Umdrehungen . . .	200		300		400	
Dampfdruck im Schieber-kasten . . . . Atm. abs.	5.63	11.5	6,55	11,6	6.53	9,8
Dampfdruck am Austritt Atm. abs.	0,06	0,06	0,05	0,07	0,06	0,09
Indic. Gesamtleistung . PS_i	6.08	13.64	10.8	20,2	13.38	29.8
Gesamt-Dampfverbrauch kg/Std.	58,5	102,2	85,5	137,0	102,8	177,6
Dampfverbrauch f. d. PS_i/Std. kg	9,61	7,50	7,93	6.79	7,70	6,36
Gütegrad, bez. auf d. vollk. Maschine . . . . . v. H.	41,4	46,0	47,6	51,8	50,0	56,2
Eintrittsverlust in v. H. der Frischd.-M. . . . . . HD	51,5	42,4	38,3	36,2	39,9	30,8
ND	56,3	48,4	49,1	42,9	43,9	36,2

Der Gütegrad nimmt daher bei steigender Umdrehungszahl zu, Fig. 253 und der Dampfverbrauch für die PS_i und Std. ab. Wäre der Dampfverbrauch unabhängig von der Umdrehungszahl und beispielsweise dem bei $n = 400$ entsprechend, so müßten die Dampfverbrauchskurven in Fig. 251 bei den kleineren Umdrehungszahlen durch die auf den Endordinaten markierten Kreise hindurchgehen; tatsächlich liegen jedoch bei abnehmender Umdrehungszahl die Dampfverbrauchslinien höher, und zwar beim kleinsten mittleren Arbeitsdruck von etwa 0,65 Atm. bei 300, 200 und 100 Umdrehungen um 10, 24 und 40 v. H. höher,

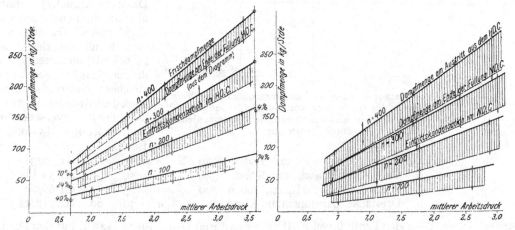

Fig. 251. Hochdruckcylinder. Füllung 58 v. H.   Fig. 252. Niederdruckcylinder. Füllung 45 v. H.

Fig. 251 und 252. Stehende einfachwirkende Tandemmaschine von Willans. Gesamtdampfverbrauch und im Cylinder am Füllungsende nachweisbare Dampfmenge für Expansionsgrad 5 (Tabelle 34 u. 35).

während beim größten mittleren Arbeitsdruck von 3,6 Atm. diese Unterschiede sich für die gleichen Umdrehungszahlen auf 0, 4 und 14 v. H. vermindert haben.

Die hiernach sich berechnenden Eintrittsverluste können ungefähr proportional der Quadratwurzel aus der Umdrehungszahl gesetzt werden. Es ist beachtenswert, daß die gleiche Beziehung zur Umdrehungszahl bei der theoretischen Erörterung der Wechselwirkung zwischen Dampf und Cylinderwandung hinsichtlich der Schwingungsweite und Eindringungstiefe der an der Innenoberfläche der Cylinderwandungen auftretenden Temperaturschwankungen festgestellt wurde (vgl. S. 80).

14*

Für den Niederdruckcylinder, Fig. 252, ergibt sich beim Vergleich mit dem Hochdruckcylinder-Diagramm Fig. 251 ein größerer Eintrittsverlust infolge des Umstandes, daß letzterer den Aufnehmerverlust mit einschließt und die kleinere Füllung sowie das hohe Vakuum die Wärmeverluste steigern.

Versuche von Capper.

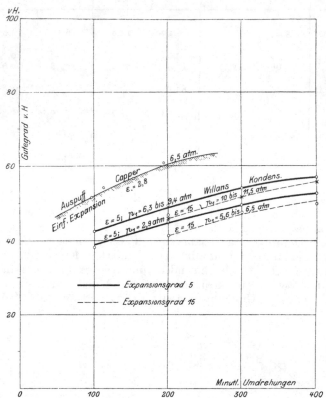

Fig. 253.   Versuche an einer Tandemmaschine von Willans. Abhängigkeit des Gütegrades von der Umdrehungszahl bei verschiedener Füllung und Regulierung der Maschinenleistung durch Drosselung.

In Fig. 253 sind vergleichsweise die Gütegrade für die von Capper untersuchte Auspuff-Einfachexpansionsmaschine (s. Fig. 149) eingetragen, deren höhere Lage auf die bei Auspuffbetrieb sich ergebenden geringen Verluste durch unvollständige Expansion zurückzuführen ist. Der Verlauf der Gütegradskurve in bezug auf die Umdrehungszahl ist ähnlich demjenigen der Willansmaschine trotzdem bei ersteren die Regelung der Belastung durch Füllungsänderung erfolgte.

Weitere, an kleinen Maschinen ausgeführte Versuche über den Einfluß der Umdrehungszahl auf den Dampfverbrauch[1]) haben übereinstimmend mit den Ergebnissen Willans stets eine Erhöhung des Gütegrades mit zunehmender Umdrehungszahl ergeben. Den gleichen Nachweis liefern auch die folgenden Versuchsmaschinen verschiedener Konstruktion und Größe des Bd. III.

Lieg. Eincylindermasch. mit Kond.   20 PS $n = 32$ u. 45   III 30/31
  ,,   Verb.-Corlißmasch. mit Kond.   300 ,, $n = 50$,, 70   III 54 bis 57
  ,,   oberird. Wasserhaltgsm. 400 u. 700 ,, $n = 5$,, 9   III 66/67
  ,,   Dreifachexpansionsm. m. Kond. 200 ,, $n = 30$,, 60   III 128/129.

Lokomotivmaschine großer Leistung.

Über den Einfluß von Füllungsgrad und Umdrehungszahl auf den Dampfverbrauch von Zweifachexpansionsmaschinen großer Leistung liegen noch wertvolle Versuche an einer Viercylinder-Verbundlokomotive der American Lokomotive Co. in Schenectady vor, deren Ergebnisse in den Fig. 254 und 255 veranschaulicht sind. Die Versuche wurden während der Ausstellung in St. Louis 1904 an einer von der New-York Central and Hudson-River Railroad Comp. ausgestellten Schnellzugslokomotive auf dem später nach Altoona verbrachten Lokomotivversuchsstand der Pennsylvania Railroad Comp. ausgeführt[2]). Die Hochdruckcylinder hatten 394 mm, die Niederdruckcylinder 660 mm Durchmesser bei 660 mm Hub.

[1]) Peabody, Transactions Americ. Soc. Mech. Eng. Vol. 7 (1885), S. 328. Denton and Jakobus, Transact. Americ. Soc. Mech. Eng. Vol. 10, S. 722.
[2]) Versuchsbericht in Locomotive Tests on Exhibits, St. Louis 1904, First Edition Philadelphia 1905, S. 615—686.

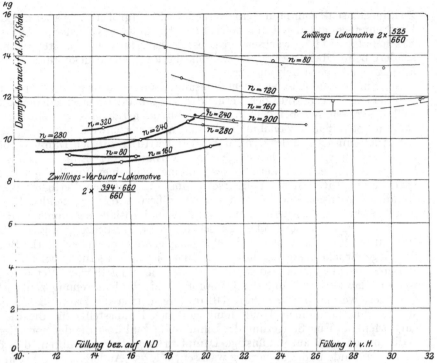

Fig. 254. Dampfverbrauch bezogen auf die Füllung.

Fig. 254 und 255. Zwillings-Verbundloko-
motive $2 \times \dfrac{394 \cdot 660}{660}$. Darstellung des
Dampfverbrauchs im Vergleich zum Ver-
brauch einer Zwillings-Einfachexpansions-
Lokomotive gleicher Leistung. Betrieb mit
Sattdampf.

Die Lokomotive stimmt hinsichtlich Gewicht und allgemeiner Abmessungen ziemlich genau mit der S. 114
angeführten Zwillingslokomotive überein und gehört der gleichen Dienstklasse
an. Des Vergleiches wegen wurden in
den Fig. 254 und 255 die Ergebnisse
der Einfachexpansions-Lokomotivma-
schine mit denen der Verbund-Loko-
motivmaschine in demselben Diagramm
nebeneinander dargestellt. Es zeigt sich
nun besonders bei Bezugnahme auf die
Umdrehungszahl ein ausgesprochener
Unterschied im Verhalten der Verbundmaschine gegenüber dem der Einfachexpansionsmaschine. Während bei
letzterer die Steigerung der Umdrehungszahl von einer raschen Abnahme des Dampfverbrauches begleitet
ist, ist der Dampfverbrauch der Verbundmaschine bei kleinen Umdrehungen
zwar wesentlich kleiner als derjenige der

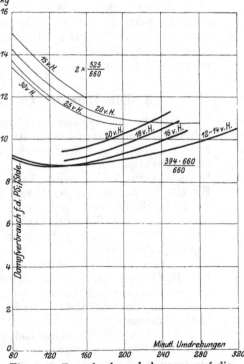

Fig. 255. Dampfverbrauch bezogen auf die
Umdrehungszahl.

Zwillingsmaschine und nur wenig veränderlich, vergrößert sich aber mit den höheren Umdrehungen auf den Dampfverbrauch der Einfachexpansion. Ursachen dieser Erscheinung sind die wachsenden Drosselungsverluste in den Steuerkanälen insbesondere beim Übergang vom Hochdruck- in den Niederdruckcylinder und der rasch ansteigende Gegendruck im letzteren.

Es muß in zu knappen Steuerungsabmessungen mitbegründet erachtet werden, daß der günstige Einfluß der Verbundwirkung bei den verschiedenen untersuchten Füllungsgraden nur bei den kleinen Umdrehungszahlen sich deutlich ausspricht, während er mit ihrer Zunahme mehr und mehr verschwindet.

Einfluß der Füllung.

Auch hinsichtlich des Einflusses der Füllung auf den Dampfverbrauch zeigt die Zweifachexpansion das umgekehrte Verhalten der Einfachexpansion, indem bei ersterer, die Vergrößerung der Füllung von einer Erhöhung des Dampfverbrauches begleitet ist als Folgeerscheinung zunehmenden Verlustes durch unvollständige Expansion und der mit der Vergrößerung der arbeitenden Dampfmengen gesteigerten Drosselungsverluste in den Ein- und Auslaßsteuerungen beider Cylinder.

Schlußfolgerungen.

Wenn es auch nicht zulässig erscheint, diese Versuchsergebnisse einer Lokomotive auf ortsfeste Maschinen, bei denen beispielsweise eine gleichstarke Beeinflussung des Gegendruckes, wie sie durch das Blasrohr hervorgerufen wird, fortfällt, ohne weiteres zu übertragen, so kann doch aus den angeführten Versuchen gefolgert werden, daß zur Erhöhung der Dampfökonomie die Umdrehungszahl nicht beliebig gesteigert werden darf, sondern daß im allgemeinen die Dampfökonomie am günstigsten für die normale Umdrehungszahl sich herausstellt, für die die Steuerung entworfen ist. Eine Steigerung der Umdrehungszahl über die der normalen Betriebsbedingungen muß auf ungünstige Dampfwirkung dadurch führen, daß die Durchflußwiderstände in der Steuerung wachsen, III, 75. Andererseits führt ausreichende Bemessung der Steuerungsquerschnitte für hohe Umdrehungszahlen auf größere Oberflächen der Steuerorgane und -kanäle, die die wärmetechnischen Verluste ebenfalls vermehren.

Für die praktische Wahl der Umdrehungszahl treten die wärmetechnischen Gesichtspunkte gegenüber den konstruktiven, betriebstechnischen und wirtschaftlichen Rücksichten zurück. Raschlaufende Dampfmaschinen werden vornehmlich ihrer kleinen Abmessungen, geringen Raumbeanspruchung und geringen Anlagekosten wegen ausgeführt.

4. Die Heizung der Mehrfachexpansionsmaschinen.

Allgemeine Gesichtspunkte.

Bei Mehrfachexpansionsmaschinen kommt die Heizung nicht nur für die Dampfcylinder, sondern auch für die Aufnehmer in Betracht und zwar in verschiedenartiger Verbindung, indem sowohl sämtliche Räume, durch die der Arbeitsdampf strömt, geheizt werden können, als auch nur ein Teil derselben. Dabei kann zur Heizung entweder die ganze Arbeitsdampfmenge benützt werden, indem sie vor Eintritt in das Innere der Cylinder deren Heizmäntel durchströmt, oder besonderer Heizdampf, der unabhängig vom Arbeitsdampf den Mänteln zugeführt wird; auch hinsichtlich Spannung und Temperatur des Heizdampfes sind noch Verschiedenheiten möglich, je nachdem erstere gleich oder größer wie für den Arbeitsdampf gewählt werden.

Zweckmäßigste Heizungsart.

Das vorliegende Versuchsmaterial an ausgeführten Maschinen zeigt, daß eine für alle Größen- und Betriebsverhältnisse der Dampfmaschine zweckmäßigste Art der Heizung nicht besteht, indem bei Mehrfachexpansionsmaschinen ähnlicher Ausführung und Größe bei verschiedener Art der Heizung sich doch die gleiche Dampfökonomie e zielen ließ.

In sämtlichen Versuchstabellen des Bd. III ist in Spalte 31 die bei den einzelnen Versuchen angewendete Heizungsart angegeben, soweit sie aus dem Quellenmaterial zu entnehmen war. Dabei entspricht die Angabe Heizung mit Frischdampf der vom Arbeitsdampf getrennten Zuführung des Heizdampfes

aus der Frischdampfleitung, während unter Heizung mit Arbeitsdampf diejenige verstanden ist, bei welcher der dem Cylinder zugeführte Dampf vor der
Füllungsperiode erst den Heizmantel durchströmt. Diese letztere Heizung erfolgt somit mittels strömendem Dampf, während die erstere als mit ruhendem
Dampf erfolgend bezeichnet werden kann.

Bei den Mehrfachexpansionsmaschinen, deren Arbeitsräume mit ruhendem
Dampf geheizt werden, ergibt sich die Möglichkeit, durch teilweise oder vollständige
Ausschaltung der einzelnen Heizmäntel Vergleichsversuche über die Wirksamkeit
der Heizung bei abweichenden Betriebsverhältnissen der Maschine, also verschiedener Dampfverteilung in den Cylindern anzustellen. Freilich ist auch hierbei
der Vergleich insofern nicht einwandfrei, als durch einfache Ausschaltung des
Heizmantels das Verhalten der Dampfcylinderwandungen doch nicht völlig übereinstimmend mit dem ungemantelter Cylinder sich ergeben kann. Wird der
Arbeitsdampf selbst zur Heizung verwendet, so lassen sich im allgemeinen an ein
und derselben Maschine Vergleichsuntersuchungen mit ausgeschalteten Dampfmänteln überhaupt nicht anstellen.

a. Mantel- und Deckelheizung bei Betrieb mit gesättigtem Dampf.

Für Sattdampfmaschinen liegt interessantes älteres Versuchsmaterial vor,
das sich allerdings teilweise auf Maschinenanordnungen bezieht, die heute nicht mehr
ausgeführt werden; doch erhalten die Versuchsergebnisse insofern allgemeine Bedeutung, als sie in Übereinstimmung mit den Folgerungen stehen, die in der theoretischen Behandlung der Frage der Mantelheizung sich ergeben haben.

Unter diesem älteren Versuchsmaterial seien die in Tab. 36 zusammengestellten
Versuchsergebnisse an Balancierdampfmaschinen Woolfscher Bauart von

Ältere
Versuche.

Mantel-
heizung.

Tabelle 36.
Balancier-Verbundmaschinen mit Kondensation.
Versuche mit und ohne Mantelheizung durch ruhenden Dampf.

Abmessungen { Hochdruckseite / Niederdruckseite	Gesättigter Dampf						Überhitzter Dampf	
	1. Dchm. Hub 736,6·1654 / 1206,5·2440		2. Dchm. Hub 622·1041 / 965·1676		3. Dchm. Hub 520·1250 / 890·1830			
Heizung	ohne	mit	ohne	mit	ohne	mit	ohne	mit
Eintrittsspannung . . Atm. abs.	4,33	4,13	6,16	5,99	7,34	7,30	7,16	7,27
Eintrittstemperatur . . . . ⁰C	146	144	160	158	166	166	207	211
Expansionsgrad, bezogen auf Hub- Volumen	11,7	14,0	7,8	9,6				
Minutliche Umdrehungen . . .	14,8	15,8	34,5	34,0	31,6	31,6	31,7	31,8
Indicierte Gesamtleistung . . .	163,6	169,7	270,7	270,7	284,2	291,4	259,4	296,0
Dampfverbrauch f. d. PS$_i$/Std. kg	8,15	7,48	8,65	7,88	8,88	8,15	7,61	6,89
Wärmeverbrauch f. d. PS$_i$/Std. WE	5350	4905	5710	5200	5880	5400	5205	4740
Mantelkondensat in v. H. . . .		7,2		7,7				
Dampfersparnis d. Heizung v. H.		8,6		8,7		8,2		9,5
Dampfersparnis für 1 kg Heiz- dampf . . . . kg		1,24		1,26				
Wärmeersparnis durch Über- hitzung . . . . . . v. H.							11,5	14,1
Quelle	Report 1892, Versuch 42. S. 427 bis 432; 456 bis 459. Taf. 69 u. 70		Inst. of Civil Eng. Vol. 70, 1882 u. Report 1889. Vers. 31		Bull. de la Soc. Ind. de Mulh. 1893, S. 122 bis 126.			

Report = Berichte einer von der Inst. of Mech. Engineers, London, eingesetzten Kommission
zur Prüfung der Wertigkeit der Cylinderheizung.

160 bis 300 PS Leistung hervorgehoben. Bei diesen langsamgehenden Maschinen (15 bis 34 minutliche Umdrehungen) waren nur die Cylindermäntel durch ruhenden Dampf geheizt. Sie zeigen infolge der mit den großen Cylinderabmessungen verbundenen starken Ausstrahlung einen größeren Heizdampfverbrauch als die Eincylindermaschinen mit normaler Umdrehungszahl. Bei einem mittleren Heizdampfaufwand von 7,5 v. H. des gesamten Dampfverbrauches betrug die Wärmeersparnis nur 8,5 v. H. des Dampfverbrauches der ungeheizten Maschine, und für 1 kg Heizdampf ergab sich eine mittlere Ersparnis an Arbeitsdampf von nur 1,25 kg.

Vergleichsversuche an zwei **normalen** Zweifachexpansionsmaschinen kleiner Leistung mit und ohne Heizmantelwirkung enthält Tab. 37.

Tabelle 37.

Liegende Zweifachexpansionsmaschinen mit Kondensation
Versuche mit Mantel- und Deckelheizung an beiden Cylindern.

Heizung	Verbundmaschine $\dfrac{213 \cdot 400}{559}$; $n = 95$ HD Cyl.-Ventilsteuerg., ND Cyl.-Meyerschieber, Cylindermäntel u. beide hinteren Deckel durch ruhend. Dampf geheizt		Tandemmaschine $\dfrac{305 \cdot 508}{686}$; $n = 80$ HD Cyl.-Meyersteuerung, Cylindermäntel, vorderer Deckel HD und hinterer Deckel ND durch Arbeitsdampf geheizt					
	ohne	mit	ohne	mit	ohne	mit	ohne	mit
	1.		2.		3.		4.	
Eintrittsspannung Atm. abs.	5,16	5,33	4,30	4,33	4,28	4,30	5,16	5,35
Austrittsspannung Atm. abs.	0,20	0,18	0,15	0,12	0,17	0,13	0,17	0,16
Expansionsgrad	7,3	9,3	8,8	9,9	5,0	5,6	7,1	7,9
Minutl. Umdrehungen . .	93,7	96,1	78,1	81,1	80,6	79,9	79,7	79,9
Indic. Leistung HD . PS_1	18,7	16,8	27,9	27,4	33,4	34,4	35,9	37,5
Indic. Leistung ND . ,,	25,4	29,4	15,6	17,5	22,5	27,1	20,1	26,0
Gesamtleistung . . . ,,	44,1	45,7	43,5	44,9	55,9	61,5	56,0	63,5
Dampfverbrauch für die PS_1/Std. . . . . . kg	9,41	8,72	9,81	8,94	10,22	8,95	9,48	8,53
Mantelkondensat in v. H.	—	12,3	—	15,6	—	8,1	—	12,2
Dampfersparnis . . ,,	—	7,3	—	8,9	—	12,4	—	8,9
Dampfersparnis für 1 kg Heizdampf . . . . ,,	—	0,64	—	0,62	—	1,75	—	0,80
Gütegrad . . . v. H.	55,5	57,9	52,4	54,6	52,0	55,6	53,0	56,9
Quelle	Engineering 1888, S. 473 und Report 1892, Versuch 46, S. 442, 460 und Taf. 73		Report 1894, Versuch 61, S. 581 bis 591 u. Taf. 137, 145/46. Versuche von Bryan Donkin					

Mantel- und Deckelheizung.

Bei beiden Versuchsmaschinen war außer den Mänteln auch ein Teil der Cylinderdeckel geheizt, so daß der Heizaufwand im Mittel auf 12 v. H. sich erhöhte gegen 7,5 v. H. der vorhergehenden Versuche. Trotzdem ergab sich mit Ausnahme eines Versuches die Dampfersparnis nicht größer als bei den vorher betrachteten Balanciermaschinen. Die größere Dampfersparnis der Versuchsgruppe 3 war eine Folge der bei geringem Expansionsgrad eintretenden relativ geringen Wechselwirkung zwischen Dampf und Wandung und des besseren Vakuums gegenüber demjenigen bei Betrieb ohne Heizung. Der höhere Gütegrad der Versuchsgruppe 1 dürfte in geringerem Undichtheitsverlust der Ventilsteuerung des Hochdruckcylinders der Verbundmaschine gegenüber der Meyersteuerung der Tandemmaschine begründet sein.

150 PS Verbundmaschine.

Besseren Aufschluß über den Wert der Deckelheizung als die betrachteten Versuchsmaschinen geben Versuche Prof. Mellanbys[1]) an einer 150 pferdigen

---

[1]) Mellanby, Inst. of Mech. Engineers 1905, Juni, S. 519 bis 561.

Verbundmaschine, die bei verschiedenen Belastungen mit veränderter Heizungs-art betrieben wurde, Tab. 38. Die Versuchsmaschine $\frac{292 \cdot 508}{914}$; $n = 60$ besitzt am Hochdruckcylinder Corlißsteuerung, am Niederdruckcylinder Flachschieber-steuerung mit Meyers Expansionsplatten. Der Heizdampf wurde für sämtliche Mäntel der Frischdampfleitung ohne Druckverminderungsventile entnommen, und die einzelnen Mäntel wurden unabhängig voneinander entwässert. Den unter-suchten Belastungen entsprachen bei gleichen Ein- und Austrittsspannungen Füllungsgrade zwischen 8,1 und 25,5 v. H.

Die Wärmeverteilung in Abhängigkeit von der Belastung für den Betrieb ohne und mit Heizung sämtlicher Deckel und Mäntel zeigt die graphische Darstellung Fig. 256 und 257. Hiernach ergibt sich die Dampfersparnis durch Heizung am größten bei geringen Belastungen und abnehmend mit Zunahme der letzteren. Aus der Dar-stellung der Gütegradskurven ist zu entnehmen, daß bei geheizten Dampfmänteln bereits kleinen Füllungen günstigere Wärmeausnützung angehört wie bei Betrieb ohne Heizung. Infolge dieser Lagenverschiebung höherer Gütegrade, die auch für Eincylindermaschinen festgestellt wurde, ist die Wirksamkeit der Heizung deutlicher aus dem Vergleich der günstigsten Dampfverbrauchsziffern als aus der bei gleichem Füllungs- bzw. Expansionsgrad erreichten Dampfausnützung zu ent-

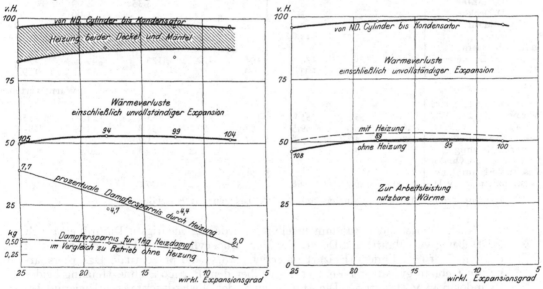

Fig. 256 mit Heizung.   Fig. 257 ohne Heizung.
Fig. 256 und 257. Dampfverbrauch bei verschiedenem Füllungsgrad und verschiedener Heizung. (Versuche von Mellanby.)

nehmen. Es sind daher nachstehend für die jeweils günstigsten Expansions-grade die Dampfverbrauchsziffern und die Werte der Dampfersparnis der mit ver-schiedener Heizung durchgeführten Versuche einander gegenübergestellt:

	Günstigster Expansions-grad	Dampf-verbrauch f. d. PS$_i$/Std.	Dampfersparnis gegen Betrieb ohne Heizung	
			v. H. des Dampf-verbrauchs a	kg für 1 kg Heizdampf
a) Ohne Heizung	11 bis 17	8,08 bis 8,13	—	—
b) HD beide Deckel	11 „ 14	7,90 „ 7,95	2,22	0,82
c) HD Deckel und Mantel (D + M)	11 „ 15	7,72 „ 7,76	4,55	0,67
d) ND beide Deckel allein	9,5 „ 15	7,76 „ 7,81	3,95	—
e) HD (D + M) + ND Deckel . .	14 „ 19	7,56 „ 7,61	6,42	0,93
f) HD + ND beide Deckel + Mäntel	13,4 „ 19	7,70 „ 7,75	4,69	0,44

Tabelle

Liegende Verbundmaschine $\dfrac{292 \cdot 508}{914}$; $n = 60$.   Versuche

Versuchsnummer . . .	108	109	105	88	89	90	93	94
Expansionsgrad (bez. a. Hubvol.) v. H.	25,0			18,0				
Heizung	ohne	HD D	HD[D+M] ND[D+M]	ohne	HD D	HD[D+M]	HD[D+M] +ND D	HD[D+M] +ND[D+M]
Dampfeintrittsspannung Atm. abs.	11,68	11,68	11,60	11,32	11,47	11,60	11,47	11,47
Aufnehmerspann. ,,	1,28	1,17		1,59	1,55	1,50	1,76	1,83
Gegendr. i. ND-Cyl. ,.	0,218	0,218			0,193	0,193	0,190	0,190
Kondensatorspannung Atm. abs.	0,174	0,174	0,173	0,173	0,173	0,173	0,176	0,173
Min. Umdrehungen . . .	59,1	59,4	58,5	58,7	59,1	58,4	59,9	59,5
Indicierte Leistung PS_i	82,2	79,2	93,4	98,5	100,5	100,5	108,7	109,7
Dampfverbrauch für die PS_i/Std. . . . . kg	8,83	8,99	8,2	8,09	8,11	7,94	7,57	7,71
Mantelkondensat HD-Deckel v. H.		4,21	2,72		3,29	3,41	2,15	1,93
,, HD-Mantel ..			3,02			3,35	3,09	2,79
,, ND-Deckel ..			3,72				1,66	2,20
,, ND-Mantel ..			4,43				—	3,22
,, gesamt . . ,,		4,21	13,89		3,29	6,76	6,90	19,14
Wandungstemperatur HD-Deckel ^{0}C	162	171	174	164	172	173	169	170
,, ND-Deckel ^{0}C	89	86	163	96	96	96	152	159

Wärmeverteilung

Theoretisch verfügbare Wärme . . . . WE	155,5	155,5	155,6	154,7	155,2	155,6	154,9	155,2
Gütegrad . . . . v.H.	46,0	45,3	49,5	50,5	50,3	51,2	53,9	52,9
Druck-Verl. z. Kond. ,,	4,4	4,2	3,8	2,0	2,0	1,9	1,5	1,6
Verl. durch Heizung ,,		4,2	13,9		3,3	6,8	6,9	10,1
Wärmeverlust i. Cylinder einschl. Verl. durch unvollst. Expansion v. H.	49,6	46,3	32,8	47,5	44,4	40,1	37,7	35,4

Die Heizung erfolgte bei allen Cylindermänteln und -Deckeln mit Frischdampf.

Nach vorstehender Zusammenstellung wurde der niedrigste Dampfverbrauch bei Heizung von Mantel und Deckel des Hochdruckcylinders und der beiden Deckel des Niederdruckcylinders (Heizart e) erzielt, wobei die prozentuale Dampfersparnis im Gebiete günstiger Füllungen gegenüber dem Betrieb a ohne Heizung beider Cylinder 6,42 v. H. betrug. Die Hinzufügung der Niederdruckmantelheizung bei Versuch f bewirkte eine Verminderung der Wärmeausnützung um etwa 2 v. H., die wohl auf Strahlungsverluste der Niederdruckmantelheizung und Wärmerückströmung an den Abdampf zu rechnen ist. Die Heizung der Mäntel und Deckel beider Cylinder (Versuch f) zeigte sich ungefähr gleichwertig der Deckel- und Mantelheizung des Hochdruckcylinders allein (Versuch c), wobei allerdings zu beachten ist, daß bei ersterem Versuch die günstigste Dampfausnützung bei wesentlich kleineren Füllungen erreicht wurde. Da die Deckelheizung des Niederdruckcylinders allein (d) sich günstiger erwies als die Deckelheizung des Hochdruckcylinders (b), (die bei Belastungen unterhalb des günstigsten Füllungsgrades sogar höheren Dampfverbrauch zur Folge hatte als bei Betrieb ohne Heizung), so erklärt sich die fast gleiche Wirkung der Heizarten c und f durch großen Wärmeverlust der mit hochgespanntem Frischdampf versorgten Niederdruckmantelheizung. Aus dem Vergleich der beiden letzteren Versuchsgruppen ist noch die eigentümliche Erscheinung hervorzuheben, daß die Heizung des Niederdruckcylinders den Heizbedarf des Hochdruckmantels und -deckels vermindert.

38.

von Mellanby über die Wirksamkeit der Heizung.

95	96	97	98	99	100	101	102	103	104
		12,3					8,1		
ohne	HD D	HD[D+M]	HD[D+M]+ND D	HD[D+M]+ND[D+M]	ohne	HD D	HD[D+M]	HD[D+M]+ND D	HD[D+M]+ND[D+M]
11,24	11,24	11,24	11,60	11,47	11,32	11,52	11,10	11,32	
1,86	1,80	1,77	2,07	2,20	2,34	2,34	2,24	2,46	
0,190	0,190	0,190	0,204	0,204	0,204	0,204	0,218	0,218	
0,173	0,173	0,173	0,172	0,172	0,173	0,173	0,182	0,182	0,173
60,1	60,1	61,0	58,6	58,6	59,7	59,5	58,4	59,2	59,7
121,9	119,9	121,9	124,9	130,0	153,2	150,2	145,1	153,2	161,3
8,14	8,00	7,74	7,69	7,78	8,16	8,22	8,26	8,20	8,00
	2,67	2,21	1,83	1,71		1,77	1,55	1,70	1,62
		2,26	2,01	1,71			1,85	1,30	1,23
			4,17	4,85				3,97	2,67
				3,91					3,80
	2,67	4,47	7,91	12,18		1,77	3,40	6.97	9,32
168	172	172	172	172	173	176	173	174	175
99	98	99	153	154	106	106	105	—	—

für 1 kg Dampf.

95	96	97	98	99	100	101	102	103	104
154,5	154,5	154,5	155,7	155,0	154,7	155,1	152,9	153,2	154,0
50,3	51,1	52,9	52,8	52,5	50,0	49,5	50,1	50,4	51,3
1,8	1,7	1,7	3,0	3,0	3.2	3,2	3,2	3,1	3,0
	2,7	4,5	7,9	12,2		1,8	3,4	7,0	9,3
47,9	44,5	40,9	36,3	37,3	46,8	45,5	43,3	39,5	36,4

Diese auf ein großes Versuchsbereich ausgedehnten Beobachtungen an einer 150 PS Versuchsmaschine würden für die praktische Verwertung der einzelnen Heizmäntel auch eine allgemeinere Bedeutung beanspruchen können, wenn die im Gütegrad sich ausdrückende Wärmeausnützung der Maschine nicht als ungünstig bezeichnet werden müßte, indem sie sogar erheblich hinter der Wirtschaftlichkeit der beiden kleineren Maschinen in Tab. 37 zurücksteht. Als Ursache dieser ungenügenden Dampfökonomie müssen die verhältnismäßig großen Kondensations- und insbesondere Undichtheitsverluste betrachtet werden.

Letztere haben sich beispielsweise bei einer Maschinenleistung von 121,9 PS des Versuches 97 Tab. 38 zu 341 kg/Std., d. i. $\frac{341}{121,9} = 2,8$ kg/PS$_i$, entsprechend 36 v. H. des Dampfverbrauches für die PS$_i$/Std. ergeben.

Eine wertvolle Ergänzung der Versuche bildet die experimentelle Bestimmung der mittleren Wandungstemperaturen im Deckel beider Dampfcylinder, Tab. 38, indem sie einen erneuten Nachweis dafür liefern, daß die mit zunehmender Belastung sich erhöhenden Wandungstemperaturen auch die Wärmeverluste im Cylinderinnern und den Heizbedarf vermindern.

Abweichend von diesem, für die Anwendung hochgespannten Heizdampfes im ND-Cylindermantel ungünstigen Ergebnisse zeigen sich Versuche von Bryan

Mantelheizung bei Dreifach-Expansion.

Tabelle 39.

Versuche an stehenden Dreifach-Expansions-Pumpmaschinen mit Kondensation.

Anordnung der Heizung	I. Versuche von Bryan Donkin $\frac{381 \cdot 550 \cdot 914}{610}$; n = 60.											II. Versuche von Davey und Bryan $\frac{457 \cdot 775 \cdot 1295}{914}$; n = 23	
	Frischdampf im HD-Mantel, gedrosselter Frischdampf in MD- und ND-Mänteln							Versuche mit Frischdampf in allen Mänteln					
	Ohne H.	1 Mantel geheizt			2 Mäntel geheizt			Alle Mäntel geheizt				ohne Heizung	m. vollst. Heizung
		HD	MD	ND	HD+ND	HD+MD	MD+ND						
Versuchsnummer.	d	i	j	k	f	g	h	e	c	b	a		
Eintrittsspanng. HD Atm. abs.	9,5	9,5	8,9	9,4	9,5	9,4	9,0	9,7	9,46	11,2	11,3	10,14	10,14
Kondensatorspannung ,,	0,065	0,063	0,056	0,055	0,065	0,057	0,053	0,058	0,062	0,058	0,050	(0,21[1])	(0,14[1])
Druck im HD-Mantel	—	9,3	—	—	9,3	9,2	—	9,4	9,2	10,9	11,0	—	10,07
,, ,, MD- ,,	—	—	6,2	—	6,3	—	6,2	6,3	9,2	10,9	11,0	—	2,97
,, ,, ND- ,,	—	—	—	1,63	—	1,63	1,78	1,78	9,2	10,9	11,0	—	1,39
Expansionsgrad	8,8	9,0	9,1	9,2	8,8	9,1	9,1	9,3	12,0	14,8	13,4	22	30
Minutliche Umdrehungen	52,74	54,33	53,83	64,17	54,34	61,15	60,58	63,42	59,76	58,82	60,77	23,0	22,9
Indicierte Leistung im HD PSi	58,8	60,4	53,2	67,2	56,8	64,9	59,3	65,9	58,8	65,5	71,2	—	—
,, ,, MD ,,	73,2	73,7	76,0	84,0	83,4	78,1	79,4	84,0	65,1	65,4	72,8	—	—
,, ,, ND ,,	40,7	43,2	39,7	64,4	42,8	60,8	61,8	65,8	57,7	56,5	64,6	—	—
,, ,, gesamt ,,	172,7	177,4	168,9	215,6	183,0	203,8	200,5	215,7	181,6	187,4	208,7	141,4	139,4
Dampfverbrauch für die PSi/-Std.	7,66	7,57	7,50	7,16	7,43	7,12	7,23	6,86	6,76	6,51	6,29	7,69	6,90
Mantelkondensat HD in v. H. des Dampfverbrauchs	—	1,65	—	—	1,64	1,52	—	1,61	1,59	2,79	1,35	—	5,24
Mantelkondensat MD in v. H.	—	—	3,10	—	2,44	—	2,29	2,61	3,08	3,36	3,13	—	3,42
Mantelkondensat ND in v. H.	—	—	—	3,18	—	3,18	3,08	2,61	5,44	5,91	5,73	—	2,45
Mantelkondensat insgesamt in v. H.	—	1,65	3,10	3,18	4,08	4,70	5,37	6,83	10,11	12,06	10,21	11,11	11,11
Dampfersparnis gegen d in v. H.	—	1,2	2,2	6,5	3,0	7,1	5,7	10,5	11,8	—	—	10,3	10,3
,, ,, für 1 kg Heizdampf kg	—	0,74	0,71	2,05	0,74	1,61	1,07	1,54	1,17	—	—	0,93	0,93
Gütegrad bezogen auf Kondensatorspannung . v. H.	47,0	47,4	47,6	49,0	48,5	49,8	48,9	51,2	53,0	52,6	53,3	—	—
Gütegrad bezogen auf Gegendruck im ND-Cylinder v. H.	57,4	—	—	—	—	—	—	—	61,5	—	—	55,5	57,5

Report 1894. Nr. 57, S. 536 bis 551 und Tafel 136, 138, 139.

Report 1892, Nr. 43, S. 432 b. 437; 456 b. 459 u. Tafel 70 u. 72.

---

1) Gegendruck im Cylinder.

Donkin[1]) an einer stehenden Dreifachexpansionsmaschine, deren Cylindermäntel mit Dampf verschieden hoher Spannung gespeist wurden.

Die untersuchte, von der Hydraulic Engineering Co. in Chester erbaute Maschine der Wapping-Pumpstation der London-Hydraulic-Power Co. ist mit Hochdruck-Kolbenpumpen direkt gekuppelt. Die Steuerung sämtlicher Cylinder erfolgt durch Flachschieber, am Hochdruckcylinder mit von Hand verstellbarer Meyersteuerung. Die Einsatzbüchsen der Cylinder wurden vom Heizdampf, der von der Hauptdampfleitung unter Einschaltung von Druckreglern abgeleitet wurde, umspült, während Böden und Deckel der Cylinder nicht geheizt wurden. Der Heizmantel des ersten Aufnehmers stand mit dem des Hochdruckcylinders in Verbindung, während zur Heizung des zweiten Aufnehmers Manteldampf des Mittel- und Niederdruckcylinders diente. Die schädlichen Räume betrugen 12,3 v. H. im HD-, 8 v. H. im MD- und 6,3 v. H. im ND-Cylinder.

Die in Tab. 39 mitgeteilten Versuche zerfallen in Versuche ohne Heizung und in solche mit Heizung einzelner oder sämtlicher Cylinder. Bei den Versuchen mit Heizung einzelner Cylinder wurde der Manteldampf am Mittel- und Niederdruckcylinder so weit gedrosselt, daß seine Sättigungstemperatur noch etwa 20⁰ über der Eintrittstemperatur im Cylinder lag, während bei Heizung sämtlicher Cylinder vergleichsweise Versuche mit Manteldampf sowohl von voller als von gedrosselter Dampfspannung ausgeführt wurden. Die Versuche mit gedrosseltem Heizdampf sind mit annähernd gleichen Ein- und Austrittsspannungen und gleichem Expansionsgrad durchgeführt, während bei Heizung sämtlicher Cylinder auch Versuche mit nicht gedrosseltem Heizdampf bei höheren Eintrittsspannungen und größeren Expansionsgraden vorliegen.

Die günstigsten Dampfverbrauchsziffern wurden bei Heizung sämtlicher Cylinder mit ungedrosseltem Frischdampf erreicht, Versuche a bis c, doch ergab sich der Gütegrad auch bei gedrosseltem Heizdampf, Versuch e, nicht wesentlich ungünstiger. Die Dampfersparnis gegenüber Betrieb ohne Heizung betrug 11,8 bzw. 10,5 v. H. in naher Übereinstimmung mit der Summe der bei Heizung der einzelnen Mäntel erzielten Dampfersparnis ($i + j + k = 9{,}9$ v. H.). Die Heizung des Niederdruckcylinders, Versuch k, erwies sich am wirksamsten, der Anteil der Hochdruckcylinderheizung am gesamten Mantelkondensat am geringsten.

Versuche von Davey und Bryan an einer ähnlich gebauten Maschine von größeren Abmessungen, aber wesentlich geringerer Umdrehungszahl und kleinerer Gesamtleistung (vgl. Tab. 39, Versuchsreihe II) führten bei Heizung sämtlicher Mäntel mittels Dampf von der Eintrittsspannung nur auf eine geringe Verbesserung des Gütegrades; die Dampfverbrauchsziffern zeigen zwar mit und ohne Heizung größeren Unterschied, doch ist dieser teilweise bedingt durch die Verschiedenheit des Gegendruckes im Niederdruckcylinder.

Die bei Heizung mit hochgespanntem Dampf erzielte Verbesserung der Dampfausnützung wird naturgemäß auch beeinflußt durch die absolute Höhe des Gütegrades. Bei der geringen Wärmeausnützung von 57 bis 61 v. H. der oben angeführten Versuchsmaschinen konnte ein stärkerer Einfluß der Heizung sich geltend machen als bei Maschinen mit vollkommener Wärmeausnützung. Bei normalen Betriebsmaschinen mit Dreifachexpansion, deren Gütegrade nach Bd. III, Tab. 29 auf 61 bis 76 v. H. sich erhöhen, beeinflußt die Heizung den Dampfverbrauch wesentlich geringer. Dies zeigen z. B. deutlich die von Prof. Lorenz ausgeführten Versuche an einer liegenden Dreifachexpansionsmaschine von 600 PS[2]), bei der der Dampfverbrauch von 5,67 kg ohne Heizung nur auf 5,45 mit Heizung sich verminderte bei einer Zunahme des Gütegrades von 72,5 auf 75 v. H. Die mit Arbeitsdampf erfolgte Heizung sämtlicher Mäntel führte also eine Wärmeersparnis von nur 4 v. H. herbei.

Versuche mit veränderter Heizung.

---

[1]) Inst. of Mech. Eng., London 1894, S. 536 bis 551, Nr. 51.
[2]) Z. d. V. d. Ing. 1901, S. 649 und Bd. III, S. 132 und Tab. 28, 9 und 10.

Ruhender und strömender Heißdampf.

Welchen Wert die Heizungsart für die Wärmeökonomie besitzt, je nachdem ruhender Frischdampf oder strömender Arbeitsdampf in den Mantel eingeleitet wird, möge noch aus folgender Übersicht, Tab. 40, über Heizungsart und Heizdampfverbrauch verschiedener Dreifachexpansionsmaschinen hervorgehen.

Tabelle 40.

Verteilung der Mantelkondensate bei liegenden Dreifachexpansionsmaschinen.

Nr.	Masch.-Leistung PS	Art der Heizung					Mantelkondensate					
		HD	MD	ND	Aufn. I	Aufn. II	HD	Aufn. I	MD	Aufn. II	ND	im ganzen
1	200	Arb.D.	Fr.D.	Fr.D.	Fr.D.	Fr.D.	2,5	6,1			9,2	**17,8**
2	600	Fr.D.	Fr.D.	Aufn. I D.	Fr.D.	Fr.D.	s. MD	2,0	HD+MD=7,0	3,85	1,87	**14,7**
3	200	Arb.D.	Fr.D.	Arb.D.	Fr.D.	nicht	2,39	6,93	—		[3,89]	**13,2**
4	800	Fr.D.	Fr.D.	Arb.D.	Fr.D.	nicht	3,9	5,8	—		[2,60]	**12,3**
5	550	Arb.D.	Fr.D.	Arb.D.	Fr.D.	nicht	3,86	6,06	—		1,99	**11,9**
6	200	Arb.D.	Arb.D.	Arb.D.	nicht	nicht	4,13	—	6,61		3,85	**14,5**

Nr.	Entwässerung Aufn. I	Theoret. Wärmegefälle	Gütegrad, bezog. auf Gegendr. im Cyl.	Versuchseinzelheiten in Bd. III Seite
1	2,5	170	0,66	126
2	1,03	163	0,71	132
3	3,37	165	0,72	139
4	1,7	151	0,76	Tab. 28 Nr. 19
5	2,85	162	0,73	130
6	—	164	0,74	128

Zusammenfassung.

Die Zusammenstellung läßt erkennen, daß weder im Gesamtmantelverbrauch noch im Gütegrad ein ausgesprochener Vorzug der einen Heizungsart der anderen gegenüber besteht, so daß hiernach die Verwendung ruhenden oder strömenden Heizmanteldampfes als gleichwertig für die Dampfökonomie von Dreifachexpansionsmaschinen erachtet werden kann.

In den einzelnen Cylindern wirken die beiden Heizungsarten allerdings verschieden, wie die Indikatordiagramme und Entropiediagramme des Bd. III für die untersuchten Maschinen leicht verfolgen lassen. Beim Mittel- und Niederdruckcylinder steht der günstigen Wirkung der Frischdampfheizung auf Verminderung der Eintrittskondensation im Vergleich zur Heizung durch Arbeitsdampf der Nachteil größerer Strahlungsverluste nach außen und Undichtheitsverluste an den Dichtungsstellen der Mäntel und Heizröhren gegenüber; auch besteht bei ruhendem Frischdampf die Gefahr ungenügender Entwässerung der Heizmäntel, während beim beständigen Durchströmen des Arbeitsdampfes durch den Mantelraum größere, die Heizwirkung beeinträchtigende Wasseransammlungen ausgeschlossen sind.

Sattdampflokomobile.

Eine sehr wirksame Heizung bei geringem Wärmeaufwand wird bei Sattdampf-Lokomobilmaschinen durch Einbau der Dampfcylinder in den Dampfdom erzielt. Dabei werden Hochdruckcylinder und Aufnehmer vom Kesseldampf umspült, während der Niederdruckcylinder von einem mit dem Aufnehmer zusammenhängenden besonderen Dampfmantel umgeben ist. (S. Skizze in III, 77.) Der Wärmeaufwand der Heizung besteht hier nur in der Verdampfungswärme des Heizdampfes, da sein Kondensat unmittelbar in den Kessel zurückfällt, seine Flüssigkeitswärme also wiedergewonnen wird.

Gegenüber der Eincylinder-Auspufflokomobile, deren mittlerer Wärmeverbrauch nach III, Tab. 4, etwa 7300 WE für die PS_i/Std. beträgt, ermöglicht die Verbundanordnung eine Verminderung des Wärmeverbrauchs auf 5630 WE und bei Kondensationsbetrieb auf 4000 WE. Der Kohlenverbrauch sinkt von rund 1,25 kg/PS_i/Std. auf 1,05 bzw. 0,78 kg. Eingehende Versuchsberichte enthält Bd. III im 1. Abschnitt S. 76 bis 83 und in den Tab. 4, 6, 12 und 21.

In den Wärme- und Dampfverbrauchszahlen ist wiederum der Heizdampf nicht einbegriffen, der nach Versuchen zu etwa 6 v. H. des Dampfverbrauches für die Verbundlokomobile und zu etwa 4 v. H. für die Eincylinderlokomobile angenommen werden kann; der größere Wert bei Verbundbetrieb erklärt sich aus der hinzukommenden Aufnehmerheizung.

Tab. 21 Bd. III zeigt übereinstimmend mit den früheren Feststellungen bei der Eincylinderlokomobile, daß die Maschinengröße die Wärmeausnützung geringer beeinflußt als bei den ortsfesten Dampfmaschinen. Der Vergleich der Versuchsergebnisse an einer 50pferdigen Lokomobile (III, 76) mit einer 290pferdigen der gleichen Erbauerin (III, 81) läßt dies deutlich erkennen. Andererseits sind die auf Taf. 12, Bd. III, gegebenen Vergleichskurven des günstigsten Wärmeverbrauchs von Lokomobile und ortsfester Maschine von der Tatsache aus zu beurteilen, daß die günstigsten Ergebnisse bei letzteren meist nur mit Maschinen großer Leistung erreicht worden sind. Die Dampf- und Wärmeverbrauchsziffern gleicher Leistung beider Maschinengruppen sind aus den Versuchstabellen des Bd. III zu entnehmen, wobei jedoch noch zu berücksichtigen ist, daß die Versuche bei verschieden hohen Eintrittsspannungen durchgeführt sind und die zugehörigen theoretisch ausnützbaren Wärmemengen daher nicht mehr übereinstimmen.

Bei größeren Maschinenabmessungen macht sich für die Mehrfachexpansion die bereits bei Einfachexpansion nachgewiesene Abnahme der Wirkung der Mantelheizung noch mehr geltend, indem die Heizung größerer Cylinder sich überhaupt nicht mehr vorteilhaft erweist.

Heizung bei Großdampfmaschinen.

Einen Beleg hierfür liefern Versuche mit und ohne Heizung an einer 19000-pferdigen Dreifachexpansionsmaschine des Kreuzers Argonaut [1]), Tab. 41, die im Auftrage des englischen Marineamtes ausgeführt wurden. Die Untersuchungen erstreckten sich auf drei verschiedene Belastungen (Füllungen des Hochdruckcylinders von 28,5, 53 und 71 v. H.) unter abwechselnder Veränderung der Heizung derart, daß sämtliche Mäntel oder nur der Mantel des Niederdruckcylinders oder dieser zusammen mit demjenigen des Mitteldruckcylinders geheizt wurden. Bei allen Füllungen wurde der günstigste Dampfverbrauch bei Betrieb ohne Heizung erzielt, Fig. 258; die Hinzufügung der Mantelheizung führte einen Verlust herbei, der sich mit zunehmender Füllung vergrößerte und bei großen Füllungen eine wesentliche Verschlechterung des Dampfverbrauchs zur Folge hatte. Bei großen Schiffsmaschinen wird daher von der Mantelheizung meist nur zum Anwärmen der Cylinder, nicht aber im laufenden Betrieb Gebrauch gemacht.

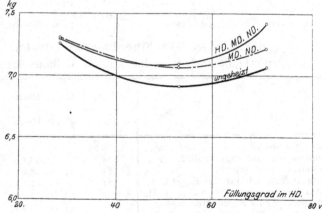

Fig. 258. Dampfverbrauch einer 19000 PS-Schiffsmaschine unter verschiedenen Heizungsbedingungen.

---

[1]) Wilda, Schiffsmaschinenbau, Hannover 1901, S. 82.

Tabelle 41.

Versuche an einer 19000 PS-Schiffsmaschine mit und ohne Heizung.

Füllung HD ...	0,71			0,53			0,285		
Art der Heizung	HD MD ND	ND	ungeheizt	HD MD ND	MD ND	ungeheizt	HD MD ND	MD ND	ungeheizt
Eintrittsdruck Atm. abs.	16,73	17,08	16,59	17,36	16,45	16,23	11,67	11,74	11,88
Indic. Leistung PS_i	19296	19126	19015	12795	14465	13967	3882	3893	3818
Dampfverbrauch f. d. PS_i/Std. kg	7,42	7,22	7,06	7,08	7,06	6,91	7,29	7,30	7.25
Verlust bei Heizung v. H.	5,1	2,2	—	1,1	0,8	—	0,5	0,7	—

Einfluß der Umdrehungszahl.

Durch die Umdrehungszahl wird die Wirksamkeit der Heizung bei Mehrfachexpansionsmaschinen in derselben Weise wie bei Eincylindermaschinen beeinflußt, indem die Dampfersparnis mit zunehmender Umdrehungszahl abnimmt. Die bei sämtlichen vorhergehenden Versuchen mit langsamgehenden Maschinen festgestellten Ersparnisziffern müssen daher als Höchstwerte angesehen werden. Als Beispiel geringer Dampfersparnis durch Heizung bei hoher Umdrehungszahl sind in Tab. 42, Versuchsergebnisse an einer liegenden Verbundmaschine $\frac{240 \cdot 360}{255}$:

$n = 300$ mitgeteilt, die bei Kondensationsbetrieb eine Dampfersparnis von nur 5,57 v. H., bei Auspuff von 3,93 v. H. aufweist. In gleichem Maße verminderte sich aber auch der Heizdampfverbrauch, und die für 1 kg Heizdampf erzielte Dampfersparnis führte ungefähr auf dieselben Werte, wie bei den größeren langsamgehenden Maschinen.

Tabelle 42.

Liegende Verbundmaschine $\frac{240 \cdot 360}{255}$; $n = 300$, System Armington,

der Elsäss. Maschinenbau-Gesellschaft Mülhausen.

Bulletin de la Société Industr. de Mulhouse 1890, S. 105, Nr. 3.

	Betrieb mit Auspuff		Betrieb mit Kondensation	
	ohne Heizung	mit Heizung	ohne Heizung	mit Heizung
Kesselspannung .... Atm. abs.	9,25	9,25	8,90	8,81
Minutliche Umdrehungszahl	298,3	298,5	302,1	302,1
Indicierte Leistung ..... PS_i	84,7	85,6	84,0	84,1
Dampfverbrauch für die PS_i/Std. kg	11,76	11,30	10,22	9,65
Mantelverbrauch ..... v. H.	—	4,70	—	3,94
Dampfersparnis durch Heizung „	—	3,93	—	5,57
„ für 1 kg Heizdampf . kg	—	0,87	—	1,45

200 PS-Dreifachexpansionsmaschine.

Vergleichsversuche von Prof. Dr. Stodola an einer Dreifachexpansionsmaschine von Gebr. Sulzer im Wasserwerk St. Gallen zeigen bei einer Herabsetzung der Umdrehungszahl von 60,4 auf 30,6 unter gleichzeitiger Vergrößerung des Expansionsgrades von 30 auf 37 eine Erhöhung des Dampfverbrauches von 5,17 auf 5,72 kg, entsprechend einer Abnahme des Gütegrades um rund 10 v. H. (vgl. Diagramme III, 129). Diese Verschlechterung der Wärmeausnützung hängt mit einer bedeutenden Verminderung der indicierten Dampfmenge in allen Cylindern, besonders im Hochdruckcylinder, zusammen, während der gesamte Heizdampfverbrauch mit 14,8 v. H. hinter dem bei normaler Umdrehungszahl zurückblieb, indem der Mantelverbrauch des Hochdruckcylinders zu-, derjenige des Mittel- und Niederdruckcylinders dagegen abnahm.

Tabelle 43.

Liegende Corliß-Verbundmaschine $\dfrac{610 \cdot 1219}{1219}$ mit Luftkompressor

der Nordberg Manufacturing Co., Milwaukee (erbaut 1908).

Cylinderverhältnis 1:4,0; Schädl. Räume $\sigma_H = 3{,}66$ v. H.; $\sigma_N = 4{,}69$ v. H.

Röhrenaufnehmer mit Heizung durch ruh. Frischdampf. Cylinder nicht gemantelt.

Versuche mit verschiedener Umdrehungszahl bei ungefähr gleicher Hubleistung.

Versuchnummer	1	2	3	4
Minutliche Umdrehungen	74,9	58,1	40,6	25,4
Dampfspannungen				
vor Eintritt HD . . . Atm.abs.	11,3	11,0	11,5	11,7
Aufnehmer . . . . . . ,,	1,37	1,37	1,47	1,52
Gegendruck ND . . . ,,	0,144	0,156	0,340	0,310
Kondensator . . . . . ,,	0,144	0,156	0,277	0,228
Ende der Expansion . . ,,	0,58	0,505	0,57	0,53
Expansionsgrad	17,5	19,0	17,5	22,0
Mittl.Dampfdruck,bez.auf ND kg/qcm	1,79	1,71	1,81	1,53
Indizierte Leistung . . . . . PS$_i$	855,5	632,0	428,0	246,0
Dampfverbrauch f. d. PS$_i$/Std. . kg	5,79	5,91	6,39	6,61
Wärmeverbrauch f. d. PS$_i$/Std. . WE	3590	3670	3960	4100
Wärmeverteilung für 1 kg Dampf				
Theoretisch ausnutzbare Wärme WE	159,0	157,0	141,0	146,6
Ausgenutzte Wärme (Gütegrad) v. H.	68,5	68,1	70,2	65,3
Verlust ND zum Kondens. . . ,,	0,0	0,0	4,6	5,5
Verlust unvollst. Expansion . . ,,	10,7	9,1	2,3	2,9
Sonstige Wärmeverluste (einschl. Heizungsaufwand i. Aufnehmer) ,,	20,7	22,8	22,9	26,3

Tab. 43 enthält Versuche an der 800 pferdigen Corliß-Verbunddampfmaschine eines amerikanischen Verbundluftkompressors; die Versuchsergebnisse beziehen sich auf vier verschiedene Umdrehungszahlen zwischen 74,9 und 25,4 in der Minute bei ungefähr gleicher Hubleistung. Die Cylinder waren nicht gemantelt, dagegen wurde der Röhrenaufnehmer durch ruhenden Frischdampf geheizt. Gegenüber der vorgenannten Wasserwerksmaschine zeigt die Antriebsmaschine des Luftkompressors nur 3 v. H. Verminderung des Gütegrades bei einer Abnahme der minutlichen Umdrehungszahl von 75 auf 25 und Vergrößerung des Expansionsgrades von 17,5 auf 22,0. Die der geringen Abnahme des Gütegrades nicht entsprechende größere Zunahme des Dampfverbrauches mit abnehmender Umdrehungszahl muß hauptsächlich auf die Erhöhung der Kondensatorspannung zurückgeführt werden. Wie die Zusammenstellung der Wärmeverteilung in Tab. 43 erkennen läßt, kommt der Einfluß der Umdrehungszahl am deutlichsten in den inneren Wärmeverlusten der Cylinder einschließlich des Heizaufwandes im Aufnehmer zum Ausdruck. Der mit abnehmender Umdrehungszahl sich ergebenden Steigerung dieser Wärmeverluste im Cylinderinnern steht die Abnahme des Verlustes durch unvollständige Expansion gegenüber.

800 PS-Verbundmaschine.

b. Mantelheizung bei Betrieb mit überhitztem Dampf.

Bei Anwendung überhitzten Dampfes zur Mantelheizung ist deren Wirksamkeit wesentlich verschieden, je nachdem ruhender oder strömender Heizdampf Verwendung findet. Ruhender Heizdampf ist durch Wärmeabgabe nach innen und außen einer Temperaturerniedrigung unter die des Eintrittsdampfes unterworfen, so daß seine Heizwirkung wesentlich beeinträchtigt wird. Bei strömendem Dampf dagegen bleibt die Temperatur im Heizmantel immer höher wie die Eintrittstemperatur im Cylinderinnern.

Die Wirkung überhitzten Dampfes in Heizmänteln läßt sich an ein und derselben Maschine durch Vergleichsversuche mit und ohne Heizung nur bei ruhendem
Heizdampf feststellen. In dieser Beziehung sind die in III, 85 bis 91 ausführlich mitgeteilten Versuche von Schröter und Vinçotte an einer liegenden
250 PS - Tandemmaschine von Van den Kerchove von besonderer Bedeutung. Die Untersuchungen, die bei vorzüglich dichten Kolben und
Steuerorganen durchge-führt werden konnten, erstreckten sich auf verschiedene Belastungen und Eintrittsüberhitzun-gen mit und ohne Mantelheizung des Hochdruck-cylinders.

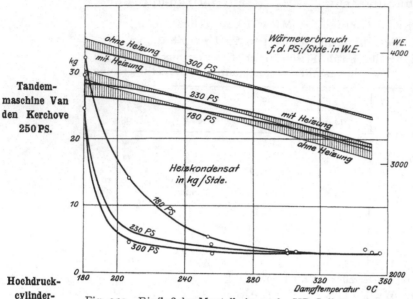

Tandem-maschine Van den Kerchove 250 PS.

Hochdruck-cylinder-heizung.

Fig. 259. Einfluß der Mantelheizung des HD-Cylinders auf den
Wärme- und Heizdampfverbrauch bei verschiedener Dampftemperatur.

Die wichtigsten Ver-
suchsergebnisse bei beiden
Betriebsarten hinsichtlich
Wärme- und Heizdampf-
verbrauch sind für Belastungen
von 180, 230 und 300 PS$_i$
in den Fig. 259 und 260 zusammengestellt. Bei Betrieb
mit gesättigtem Dampf zeigt
der Anteil des Mantels am
Gesamtdampfverbrauch die
in früheren Versuchen schon
festgestellte Abnahme der
Heizdampfwirkung mit zu-
nehmender Belastung.

Bei zunehmender Über-
hitzung vermindert sich die
im Mantel niedergeschlagene
Dampfmenge namentlich bei
höheren Belastungen so
außerordentlich schnell, daß
der Heizaufwand bereits bei
220° nurmehr einen Bruch-
teil des Heizaufwandes für
Sattdampfbetrieb beträgt.
Mit steigender Überhitzung
nähern sich nach Fig. 260 die
Kondensatmengen im Heiz-
mantel allmählich einem konstanten Wert für alle Be-
lastungen der Maschine. ent-

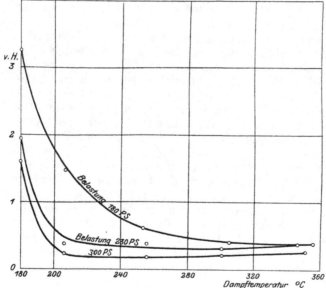

Fig. 260. Heizdampf in v. H. des Dampfverbrauchs.
Fig. 259 bis 261. Versuche von Vinçotte an einer liegen-
den Tandemmaschine $\dfrac{325 \cdot 550}{850}$; $n = 127$ von Van den
Kerchove. ND-Cylindermantel bei allen Versuchen geheizt.

sprechend 0,2 bis 0,4 v. H. des Dampfverbrauches. Dieser Betrag erscheint bei
Überhitzungstemperaturen über 300° als eine von der Höhe der Belastung und

Überhitzung unabhängige Größe und ist zum Teil wahrscheinlich noch auf die unvermeidlichen Undichtheiten des Kondenstopfes, sowie auf Wärmeverluste der Kondensleitung zurückzuführen. Obwohl der Heizdampfaufwand erst von 300⁰ an unveränderliche Größe bei allen Belastungen besitzt, so wird doch die Grenze des wärmetechnischen Wertes des Mantels, wie die Darstellung der Wärmeverbrauchsziffern mit und ohne Heizung in den oberen Kurven der Fig. 259 erkennen läßt, bereits bei einer Dampfeintrittstemperatur von etwa 250⁰ erreicht. In der Nähe dieser Dampftemperatur schneiden sich die Wärmeverbrauchskurven mit und ohne Mantelheizung derart, daß bei niederen Temperaturen der Wärmeverbrauch mit Heizung, bei höheren Temperaturen der Wärmeverbrauch ohne Heizung sich kleiner herausstellt.

Diese durch eingehende Vergleichsversuche an einer besonders wirtschaftlich arbeitenden Maschine gewonnenen Ergebnisse finden auch in Einzelbeobachtungen und Versuchen an anderen Dampfmaschinen ihre Bestätigung. Sie rechtfertigen den Standpunkt der ausführenden Praxis, Verbundmaschinen für Betrieb mit überhitztem Dampf von höherer Temperatur als 250⁰ ohne Heizmantel am Hochdruckcylinder auszuführen oder den Heizmantel lediglich für das Anwärmen der Cylinder zu verwenden, im laufenden Betrieb aber auszuschalten.

Während über die Grenze der Zweckmäßigkeit des Heizmantels am Hochdruckcylinder bei Betrieb mit überhitztem Dampf kein Zweifel besteht, ist die Frage der Notwendigkeit oder Entbehrlichkeit der Mantelheizung am **Niederdruckcylinder** schwerer zu entscheiden, da hierfür maßgebende, einwandfreie Versuche nur in geringer Anzahl vorliegen.

In den bisher mitgeteilten Versuchen mit Sattdampfbetrieb zeigt sich zwar die Niederdruckmantelheizung überwiegend als wirtschaftlich günstig, doch war für einen gewissen Wärmeaufwand der Heizung die Dampfersparnis meist wesentlich geringer als im Hochdruckcylinder. Es steht diese Beobachtung in Übereinstimmung mit dem Verhalten der Eincylindermaschinen, bei denen ebenfalls eine Abnahme der Wirksamkeit der Heizung mit abnehmendem Druckgefälle und zunehmender Füllung festgestellt wurde.

Bei Betrieb mit überhitztem Dampf, der den Hochdruckcylinder häufig noch in diesem Zustande verläßt, bleibt die Wirksamkeit des Niederdruckmantels hinter derjenigen bei Sattdampfbetrieb zurück.

Niederdruck-cylinder-heizung.

Tabelle 44.
Versuche über Mantelheizung am Niederdruckcylinder.

Abmessungen der Maschine	$\dfrac{676 \cdot 1051}{1350}$; $n = 66$ HD-Cylinder geheizt		$\dfrac{2 \times 270 \cdot 500}{450}$; $n = 140$ HD-Cylinder einfachwirkend in Zwillingsanordnung, nicht geheizt	
ND-Cylinder	nicht geheizt	geheizt durch ruhend. Kesseld.	nicht geheizt	geheizt durch ruhenden ND-Dampf
Dampfspannung vor HD . Atm. abs.	7,59	7,53	8,65	8,62
Dampf-Temperatur vor HD . . ⁰C	243	235	362,4	358,2
Indic. Leistung . . . . HD	308,3	275,5	46,4	41,4
,, ,, ... ND	280,3	306,2	26,7	31,5
,, ,, ... gesamt	588,6	581,7	73,1	72,9
Dampfverbrauch f. d. PS$_i$/Std. . . kg	5,48	5,64	4,84	5,11
Wärmeverbrauch f. d. WE	3799	3877	3632	3823
Wärmeverlust durch Mantelheiz. v. H.		2,1		5,2
Literaturquelle:	Bayr. Rev.-Ver., Jahresbericht 1893;		Gutermuth, Z. d. V. d. Ing. 1896, S. 646.	

Die in Tab. 44[1]) mitgeteilten Vergleichsversuche mit und ohne Heizung des Niederdruckcylindermantels durch **ruhenden** Dampf zeigen bei Dampfüberhitzung

---

[1]) Berner, Die Anwendung überhitzten Dampfes bei der Kolbenmaschine. Z. d. V. d. Ing. 1905, S. 1390, Tab. 19, Vers. 5 bis 8.

von 70^0 bis 185^0 vor dem Hochdruckcylinder nicht nur keine Wärmeersparnis, sondern sogar einen Wärmeverlust von 2,1 bzw. 5,2 v. H. Es ist also in beiden Fällen der Aufwand für die Mantelheizung größer als die Verbesserung der Wärmeausnützung im Cylinderinnern.

Bei Heizung durch strömenden Dampf läßt sich dessen Wirksamkeit nicht aus der Größe des Mantelkondensats beurteilen, da dieses auch die im Hochdruckcylinder entstandene Feuchtigkeit enthält. Immerhin läßt auch hier die rasche Abnahme der Kondensatmengen, Fig. 261, auf eine rasche Verminderung der Wirksamkeit der ND-Mantelheizung und selbst auf ihre Entbehrlichkeit mit zunehmender Frischdampftemperatur schließen.

c. Aufnehmerheizung bei Betrieb mit gesättigtem und mäßig überhitztem Dampf.

Wenn nach den vorliegenden Versuchen für Betrieb mit überhitztem Dampf der Wirksamkeit der Niederdruckmantelheizung hoher wärmetechnischer Wert nicht beigelegt werden kann, so hat dies seinen Grund sowohl in der Kleinheit der Heizfläche im Vergleich zum Rauminhalt des Cylinders, als namentlich in der nutzlosen Wärmeübertragung an den Austrittsdampf und in großen Leitungs- und Strahlungsverlusten des Mantels nach außen. Günstigere Verhältnisse für die Wärmeausnützung des Niederdruckdampfes scheinen daher sich erreichen zu lassen, wenn an Stelle der Niederdruckmantelheizung die Heizung des Aufnehmers gesetzt wird, durch die eine, geringen Wärmeaustausch mit der Cylinderwandung verursachende Trocknung oder Überhitzung des Arbeitsdampfes erreicht wird, während die Mantelheizung nur durch Erhöhung der Wandungstemperatur wirksam wird.

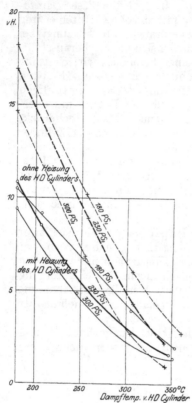

Aufnehmerheizung bei Sattdampfbetrieb.

Fig. 261. Kondensatmengen des ND-Cylindermantels bei geheiztem und nicht geheiztem HD-Cylinder, bezogen auf die Eintrittstemperatur im HD-Cylinder.

Aufklärung über die Wirksamkeit der Aufnehmerheizung geben zunächst Untersuchungen an zwei mit Sattdampf betriebenen liegenden Dampfmaschinen, mit denen Versuchsreihen bei konstantem Expansionsgrad und fast unveränderter Leistung, jedoch verschiedener Heizung von Dampfcylinder und Aufnehmer durchgeführt wurden. Die Versuche gewinnen dadurch an Vergleichswert, daß Steuerorgane und Kolben beider Versuchsmaschinen als vorzüglich dicht sich erwiesen und die Ergebnisse somit durch Lässigkeitsverluste nicht beeinträchtigt erscheinen. Es sind dies Versuche an einer 130 pferdigen Verbundmaschine mit Ventilsteuerung der Maschinenfabrik Augsburg und Versuche an einer 600 pferdigen Verbundmaschine mit Corlißsteuerung von Dujardin in Lille. Bei ersterer wurde der Aufnehmer nur durch einen äußeren Mantel, bei letzterer durch im Innern angeordnete Röhren geheizt.

130 PS Verbund-Ventilmaschine.

Eine ausführliche Wiedergabe der mit der Augsburger Ventilmaschine erhaltenen Versuchsbeobachtungen und Diagramme findet sich in Bd. III, S. 50 bis 52. Obige Tab. 45 faßt nur die für die Beurteilung der Aufnehmerheizung wichtigsten Versuchsergebnisse zusammen.

Der Hochdruckcylinder wurde durch strömenden Dampf, der Niederdruckcylinder und der Aufnehmermantel durch ruhenden Frischdampf geheizt. Die schädlichen Räume be rugen $\sigma_H = 4,3$ v. H., $\sigma_N = 3,1$ v. H. Für die Ve gleichsversuche fanden zwei Aufnehmer Verwendung, von denen der eine, bei 2,2 fachem HD-Cylindervolumen, mit Heizmantel, der andere dagegen bei 1,1 fachem HD-Cylindervolumen nur mit Wärmeschutzmaterial umgeben war. Der ungemantelte Aufnehmer konnte durch Blindflansch ausgeschaltet werden.

Tabelle 45.

Liegende Verbundmaschine $\dfrac{370 \cdot 610}{950}$; $n = 72$ der M.-F. Augsburg.
Versuche von Prof. Dr. Schröter.

Anordnung der Heizung ..	HD allein	HD u. Aufnehmer		HD, Aufnehmer und ND		
		Aufn.-Vol. = 3,3 HD	Aufn.-Vol. = 2,2 HD	Aufn.-Vol. = 3,3 HD	Aufn.-Vol. = 2,2 HD	Aufn.-Vol. = 1,1 HD
Versuchsnummer	d	c	e	a	b	f
Eintrittsspannung . kg/qcm	6,69	6,83	6,82	6,71	6,77	6,83
Druck im Kondensator „	0,083	0.086	[0,080]	0,083	0,082	[0,080]
Gegendruck im ND-C. „	0,187	0,154	0,141	0,140	0,132	0,130
Expansionsgrad	12,12	11.92	12,23	12,29	12,34	12,23
Expansions-Endspannung kg/qcm	0,40	0,42	0,41	0,48	0,48	0,45
Indicierte Leistung . . . PS$_i$	116,3	123,5	121,6	131,2	132,9	132,6
Dampfverbrauch für die PS$_i$/Std. . . . . . . kg	7,12	6,81	6,85	6,68	6.44	6,50
Heizdampfverbrauch für die PS$_i$/Std. . . . . . kg	0,188	0,315	0,322	0,704	0.740	0,695
Dampfersparnis in v. H. gegen d	—	4,36	3,90	6,24	9.57	8,70
Dampfersparnis für 1 kg Heizdampf . . . . . . kg	—	2,45	2.00	0,86	1,23	1,22
Nutzbare Wärme . . . v. H.	56,9	59,5	58,4	60,6	62,8	61.6
Verlust durch unvollständige Expansion . . . . v. H.	3,9	6,1	6,9	8,5	9,1	8,5
Verlust zwischen ND und Kondensator . . . . . v. H.	14,4	10,5	9,8	8,6	7.4	8,0
Verlust durch Heizung „	2,6	4,6	4,7	10,5	11,5	10.7
Wärmeverlust im Cylinder „	22,2	19,3	20,2	11,8	9,2	11.2

Die Vergleichsversuche über die Wirkung der Heizung am Niederdruckcylinder oder Aufnehmer (Versuch a, b, f gegenüber c, e) ergaben für 1 kg Heizdampf des Niederdruckmantels eine mittlere Dampfersparnis von 1,1 kg, für 1 kg Heizdampf des Aufnehmers dagegen eine solche von 2,2 kg. Die mit der Aufnehmerheizung zusammenhängende Zustandsänderung des Arbeitsdampfes wird aus den Diagrammen III, S. 51, erkenntlich, in denen die spezifische Dampfmenge von Beginn des Austritts aus dem Hochdruckcylinder bis Füllungsende im Niederdruckcylinder um 3 bzw. 5 v. H. sich erhöhte.

Diesem günstigen Verhalten des mit Heizmantel versehenen Aufnehmers stehen nun die Versuchsergebnisse von Prof. Witz gegenüber, bei denen Heizung des Röhrenaufnehmers mit Frischdampf die Dampfökonomie verschlechterte.

Diese Versuche beziehen sich auf eine liegende Corlißverbundmaschine $\dfrac{660 \cdot 1150}{1350}$; $n = 65$ Tab. 46, deren Aufnehmer mit 37 Heizröhren von 50 mm Durchmesser und einer wirksamen Oberfläche von 24,5 qm versehen war. Der zur Heizung dienende Kesseldampf umgab die Röhren, während der Arbeitsdampf sie durchströmte. An beiden Cylindern konnten nur die Mäntel durch ruhenden Frischdampf, nicht aber die Cylinderdeckel geheizt werden.

600 PS Corliß-Verbundmaschine.

Bei Heizung sämtlicher Mäntel betrug die Kondensatmenge im Hochdruckcylinder 1,75 v. H., im Niederdruckcylinder 2,12 v. H. und im Aufnehmer etwa 8,3 v. H. des Gesamtdampfverbrauches. Es überwog also auch hier der Einfluß der Aufnehmerheizung, die eine erhebliche Steigerung der Niederdruckarbeit zur Folge

Tabelle 46.

Liegende Verbundmaschine $\dfrac{660 \cdot 1150}{1350}$; $n = 65$ mit Corlißsteuerung von Dujardin & Co., Lille.

Versuche von Prof. Witz, Lille 1893. (Bull. de la Soc. Industr. du Nord de la France.)

Hoch- und Niederdruckcylinder mit Mantelheizung durch Frischdampf.

Anordnung der Heizung	Ohne Heizung	Aufnehmerröhren geheizt	HD u. Aufnehmerröhren geheizt		HD- u. ND geheizt		HD- u. ND u. Aufnehmerröhren geheizt	
			Lufthahn am HD-Mantel offen	Lufthahn am HD-Mantel geschlossen	Aufnehmer gut isoliert	Aufnehmer mit Dampfmantel versehen	Lufthähne an beiden Cylindermänteln geöffn.	Lufthähne geschlossen
Versuchsnummer	8	7	6	5	4	3	2	1
Eintrittsspannung Atm. abs.	7,00	6,96	7,01	6,95	7,03	7,01	7,07	7,03
Kondensatorspannung " kg/qcm	0,124	0,125	0,132	0,108	0,145	0,159	0,151	0,127
Exp.-Endspannung "	0,39	0,40	0,44	0,44	0,38	—	0,44	0,50
Minutl. Umdrehungen . .	65,48	65,59	64,93	64,82	64,60	64,39	64,60	64,57
Indic. Leistung im HD PS_i	332,7 = 60,5 %	295,9 = 53,2 %	297,9 = 54,8 %	288,4 = 53,1 %	311,7 = 56,4 %	317,9 = 56,7 %	281,0 = 51,3 %	279,0 = 51,8 %
" " ND "	217,6 = 39,5 "	260,7 = 46,8 "	245,8 = 45,2 "	255,0 = 46,9 "	240,9 = 43,6 "	242,4 = 43,3 "	266,9 = 48,7 "	259,7 = 48,2 "
" " insgesamt	550,3	556,6	543,7	543,4	552,6	560,3	547,9	538,7
Dampfverbr. f. d. PS_i/Std. kg	6,547	6,614	6,450	6,450	6,181	6,067	6,302	6,509
Wärmeverbr. " " WE	4335	4390	4265	4265	4095	4020	4170	4315
Heizkondensat f. d. PS_i/Std.								
HD . . . . . v. H.	—	—	1,75	1,75	1,75	—	1,75	1,75
Aufnehmer . . "	—	9,08	8,34	—	—	—	8,32	—
ND . . . . . "	—	—	—	—	3,56	—	2,12	—
Gesamt . . . "	—	9,08	10,09	9,53	5,31	5,27	12,19	10,48
Dampfersparnis dch. Heizung: in v. H. des Dampfverbr. ohne Heizung . .	—	— 0,95	1,48	1,48	5,60	7,34	3,75	0,58
in kg für 1 kg Heizdampf .	—	— 0,11	0,15	0,16	1,12	1,50	0,32	0,06

Wärmeverteilung für 1 kg Frischdampf in WE und v. H.

	WE = v. H.	WE = v. H.	WE = v. H.	WE = v. H.	WE = v. H.	WE = v. H.	WE = v. H.	WE = v. H.
Theor. verfügb. Wärme . .	146,9 = 100,0	146,8 = 100,0	144,9 = 100,0	150,6 = 100,0	142,6 = 100,0	139,8 = 100,0	141,2 = 100,0	146,2 = 100,0
Nutzbare Wärme	96,7 = 65,9	95,6 = 65,2	98,1 = 67,7	98,1 = 65,2	102,2 = 71,8	104,1 = 74,6	100,2 = 71,0	97,1 = 66,4
Verlust durch Heizung . .	—	13,3 = 9,1	14,6 = 10,1	14,3 = 9,5	7,6 = 5,3	7,4 = 5,3	17,1 = 12,1	15,3 = 10,5
" " unvollst. Exp.	13,5 = 9,1	14,3 = 9,7	14,5 = 10,0	38,2 = 25,3	10,0 = 6,9	28,3 = 20,1	11,2 = 7,9	18,2 = 12,4
Wärmeverl. i. Cylinder einschl. Verl. zum Kondensator . .	36,7 = 25,0	23,6 = 16,0	17,7 = 12,2		22,8 = 16,0		12,7 = 9,0	15,6 = 10,7

hatte. Trotz dieser Erhöhung der Hubleistung des Niederdruckcylinders zeigen die Versuche 3 und 4 bei Heizung der Cylindermäntel allein den wirtschaftlichsten Betrieb, obwohl hierbei größere Wärmeverluste im Cylinderinnern (16 v. H. gegenüber 9 v. H. bei hinzugefügter Aufnehmerheizung) auftraten.

Die Aufnehmerheizung verursachte somit bei dieser Corlißverbundmaschine einen Dampfverlust.

Weiteren Aufschluß über die Aufnehmerwirkung gewähren die in Fig. 262 dargestellten Versuchsergebnisse an einer liegenden 100pferdigen Dreifachexpansionsmaschine $\frac{230 \cdot 406 \cdot 610}{760}$; $n = 90$, die mit 10 Atm. Eintrittsspannung arbeitete[1]. Sämtliche Cylinder besaßen Corlißsteuerung und waren mit Deckel- und Mantelheizung ausgerüstet, die Aufnehmer waren ummantelt und mit kupfernen Heizröhren versehen. Die Heizung erfolgte am Hochdruckcylinder durch ungedrosselten, am Mittel- und Niederdruckcylinder durch gedrosselten Frischdampf. Der geringste Wärmeverbrauch wurde erreicht, wenn nur die Deckel und Mäntel sämtlicher Cylinder geheizt waren ohne gleichzeitige Heizung der Aufnehmermäntel.

Überhaupt zeigte sich die Wirkung der

Dreifach-
expansions-
maschine
100 PS.

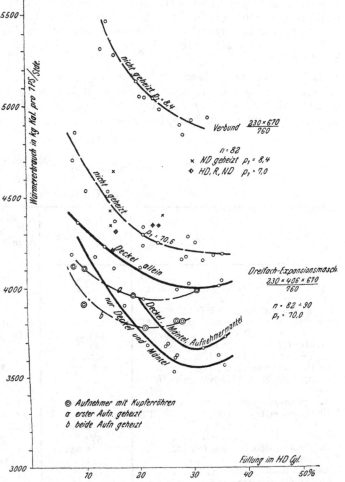

Fig. 262. Wärmeverbrauch einer Dreifachexpansionsmaschine $\frac{230 \cdot 406 \cdot 610}{760}$; $n = 90$ unter verschiedenen Heizungsbedingungen bezogen auf die Cylinderfüllung.

Heizung an den Aufnehmern unvollkommener als an den Dampfcylindern, wie aus dem Vergleich der Wärmeverbrauchskurven a und b bei Heizung der Aufnehmer allein mit denjenigen der Deckel- und Mantelheizung hervorgeht. Nur bei Füllungen im HD-Cylinder unter 20 v. H. erwies sich eine intensive Röhrenheizung beider Aufnehmer der Cylinderdeckel- und Mantelheizung überlegen. Der Anteil der Deckelheizung allein an der Verbesserung des Wärmeverbrauches gegenüber der ungeheizten Maschine ist aus den Kurven Fig. 262 ebenfalls klar zu ersehen.

---

[1] Peabody, Thermodynamics of the Steam Engine, New-York 1901, S. 389—396 (Versuchsmaschine des Massachusetts Inst. of Technology in Boston).

Bei Ausschaltung des Mitteldruckcylinders und Betrieb der übrigen beiden Cylinder als Zweifachexpansionsmaschine ergab sich bei geringerer Frischdampfspannung und Heizung des Niederdruckcylinders allein, sowie bei Heizung der Mäntel beider Cylinder und des Aufnehmers ein Wärmeverbrauch annähernd gleich dem der nicht geheizten Dreicylindermaschine. Die bei verschiedenen Füllungsgraden und unter verschiedenen Heizungsbedingungen erhaltenen Beobachtungspunkte liegen jedoch so unregelmäßig, daß sie in Kurven nicht zusammengefaßt werden konnten. (Siehe Punkte $\times$ und $\blacklozenge$ in Fig. 262.)

Corliß-Ver-bundmaschine 570 PS.   Auch die hierher gehörigen Versuche von Barrus[1]) an einer liegenden Corlißverbundmaschine $\frac{408 \cdot 1018}{1219}$; $n = 80$ von C. and G. Cooper and Co. in den Atlantic Mills in Providence führen auf keinen ausgesprochenen Vorteil starker Aufnehmerheizung. Die Hoch- und Niederdruckcylinder, deren Inhalte das ungewöhnlich große Verhältnis von $1 : 6{,}29$ aufweisen, sowie der mit Röhren versehene Aufnehmer wurden mit ruhendem Dampf geheizt.

Tabelle 47.

Corlißverbundmaschine $\dfrac{408 \cdot 1018}{1219}$; $n = 80$

von C. and G. Cooper and Co.

	1. Ohne Heizung	2. Mit Heizung der Aufnehmerröhren allein	3. Mit Heizung von HD- und ND-Mantel und Aufnehmer
Versuchsdauer . . . . Std.	4	4	4
Dampfdruck vor der Maschine Atm. abs.	13,09	13,11	12,92
„ im Aufnehmer . . „	1,93	1,935	1,94
„ Gegendruck im ND-C. „	0,086	0,065	0,065
Dampftemperatur vor der Maschine °C	212	214	212,5
„ vor ND-C. . . . . . „	117	138	137,5
Überhitzung vor der Maschine . . „	21	23	22,0
„ vor ND-C. . . . . . „	gesätt.	19,5	19,0
Minutl. Umdrehungen	80,07	80,23	80,13
Füllung in v. H. des Hubvolumens HD .	28,5	27,8	24,4
„ „ „ „ ND .	24,8	28,1	27,3
Endexpansionsspannung p_ε Atm. abs.	0,38	0,382	0,382
Indicierte Leistung HD . . . . . PS$_i$	307,7 = 53,5 v. H.	277,0 = 48,4 v. H	276,7 = 48,3 v. H.
„ „ ND . . . . . „	267,1 = 46,5 „	296,0 = 51,6 „	297,6 = 51,7 „
„ „ gesamt . . . „	574,8	573,0	574,3
Dampfverbrauch für die PS$_i$/Std. . . kg	5,041	5,008	5,092
Wärmeverbrauch „ „ „ . WE	3443	3429	3478
Heizungs-Kondensate . . . . . v. H.	—	10,3	13,5
Aufnehmer-Entwässerung . . . „	3,7	—	—

Wärmeverteilung für 1 kg Dampf in WE und v. H.	WE	v. H.	WE	v. H.	WE	v. H.
Gesamte theoretisch ausnutzbare Wärme	183,2	100,0	191,8	100,0	190,2	100,0
Ausgenutzte Wärme	125,4	68,5	126,1	65,8	124,2	65,4
Heizungsaufwand	—	—	19,7	10,3	25,7	13,5
Verlust durch unvollständige Expansion	19,0	10,4	22,7	11,8	21,0	11,0
Wärmeverluste in den Cylindern . . .	38,8	21,1	23,3	12,1	19,3	10,1

Die in Tab. 47 zusammengestellten Vergleichsversuche mit und ohne Heizung wurden bei gleicher Eintrittsspannung und Temperatur, sowie gleicher Endexpansionsspannung ausgeführt, wobei der Betrieb ohne Heizung etwas höhere Kondensatorspannung als mit Heizung ergab. Die Wirkung des Aufnehmers, dessen Heizaufwand rund 10 v. H. des Gesamtdampfverbrauches betrug, äußerte sich zwar in

---

[1]) Engineering Record 1902 Bd. 46, S. 436.

einer Überhitzung des Aufnehmerdampfes um 19⁰ und einer Vergrößerung der Niederdruckleistung von 46,5 v. H. auf 51,6 v. H.; die Gesamtwärmeersparnis berechnete sich aber nur auf 0,4 v. H., so daß auch hiernach die intensive Aufnehmerheizung praktisch bedeutungslos erscheint.

Zum gleichen Ergebnis führen Versuche von Prof. Marks[1]) an einer stehenden 2000pferdigen Verbundmaschine $\frac{710 \cdot 1470}{1220}$ $n = 118,5$, deren Cylinder mit je 4 Gitterschiebern arbeiteten und bei der die Heizung in der Weise erfolgte, daß der Heizdampf vor Eintritt in die Aufnehmerröhren Mantel, Boden und Deckel des Hochdruckcylinders durchströmte, so daß die Heizung des Hochdruckcylinders und Aufnehmers nur gemeinsam ausgeschaltet werden konnte. Die in III, 106 unter A eingetragenen Vergleichsversuche 1 und 2 beziehen sich somit auf Betrieb mit und ohne Heizung des Aufnehmers einschließlich des Hochdruckcylinders.

Auch hier bewirkte die Aufnehmerheizung mit einer Überhitzung von 19,7⁰ des Niederdruckdampfes und einer Vergrößerung der Niederdruckarbeit von 51 v. H.

Stehende Schieber-Verbundmaschine 2000PS.

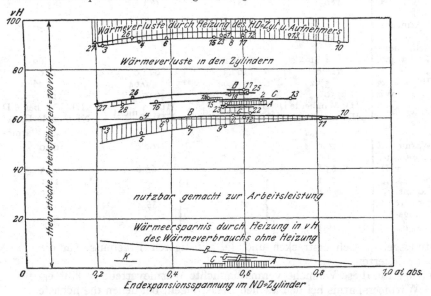

Fig. 263. Graphische Darstellung der Wärmebilanz für die Versuche an stehenden Großdampfmaschinen, Bd. III, 104—107. Prozentuale Wärmeausnutzung bei Betrieb mit und ohne Heizung in Abhängigkeit von der Endexpansionsspannung (Belastung).

auf 57 v. H. der Gesamtleistung nur eine praktisch belanglose Wärmeersparnis von 0,6 v. H. unter gleichzeitiger Verschlechterung des Gesamtgütegrades, so daß auch die geringe Verbesserung im Wärmeaufwand nur auf das günstigere Vakuum und die etwas größere Gesamtexpansion bei Betrieb mit Heizung zurückzuführen ist.

Das übereinstimmende Ergebnis der mitgeteilten Versuche von Witz, Barrus und Marks an Maschinen verschiedener Größe und Bauart zeigt, daß Röhrenaufnehmer für mäßige Überhitzung des in den Niederdruckcylinder übertretenden Dampfes eine Wärmeersparnis in der Maschine nicht erzielen lassen.

Eine merkliche Wärmeersparnis scheint jedoch bei Überhitzung des Niederdruckdampfes auf wenigstens 30⁰ bis 50⁰ erzielt werden zu können, wie Versuche an stehenden Maschinen gleicher Bauart der obigen von Prof. Marks untersuchten, erkennen lassen. Von solchen in III, 104 bis 107 wiedergegebenen Versuchen seien hier die an einer 1000pferdigen Maschine (B) hervorgehoben, da sie auf ein

Wärmeersparnis bei Überhitzung des Aufnehmerdampfes.

[1]) Transactions of the American Society of Mech. Eng., Vol. XXV. New York 1904, Nr 1030, S. 451 bis 454.

	Gesättigter Dampf			
Maschinen-Abmessungen (Baujahr)	$\dfrac{229\cdot508}{762}$; $n=103$ (1903)	$\dfrac{356\cdot762}{914}$; $n=51$ (1908)	$\dfrac{432\cdot864}{914}$; $n=120$ (1905)	$\dfrac{584\cdot1270}{1219}$; $n=72$ (1909)
Cylinderverhältnis	1 : 5,00	1 : 4,60	1 : 4,00	1 : 4,72
Schädliche Räume	$\sigma_H=4{,}75$; $\sigma_N=4{,}52$			$\sigma_H=4{,}02$; $\sigma_N=3{,}67$
Dampfspannungen vor Eintritt HD Atm.abs.	11,8	10,5	11,0	11,0
Gegendruck ND ,,	0,15	—	—	0,24
Kondensator . . ,,	0,074	(0,06)	0,130	0,131
Dampfeintrittstempe- ratur . . . . . ^{0}C	186	181	183	183
Expansionsenddruck Atm.abs.	0,55	—	—	0,56
Expansionsgrad	23,8	20,0	16,7	23,8
Mittl. Arbeitsdruck, bez. auf ND . . kg/qcm	1,81	1,81	2,16	1,69
Indic. Leistung . . . PS$_i$	126,9	169,3	612,0	818,0
Dampfverbr. f.d.PS$_i$/Std. kg	5,52	5,94	6,04	5,26
Wärmeverbr. ,, ,, WE	3750	3955	4030	3510
Heizung der Cylinder . .	HD: M u. beide D ND: nicht	HD:} ND:}M u. beide D	HD: } ND: } nicht	HD: M u. beide D ND: beide D
				Wärme-
Theor.ausnutzb.WärmeWE	179,6	181,0	162,0	162,0
Ausgenutzte Wärme (Güte- grad) . . . . . v.H.	63,8	58,9	64,8	74,3
Verlust ND z. Kondens. ,,	11,1			11,1
,, unvollst. Expans. ,,	8,8	}	}	4,5

Sonstige Wärmeverluste
  (einschl. Heizungs-
  aufwand) . . . . ,,
	16,3	} 41,1	} 35,2	10,1

größeres Belastungsgebiet sich erstrecken und die günstigsten Ergebnisse für die Aufnehmerheizung lieferten.

Die in Fig. 263 für diese Versuche veranschaulichte Wärmeverteilung läßt erkennen, daß die Wärmeersparnis bei den kleinen Belastungen, bei denen die höchste Zwischenüberhitzung erreicht wurde, am größten war.

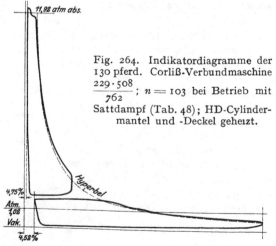

Fig. 264. Indikatordiagramme der 130 pferd. Corliß-Verbundmaschine $\dfrac{229\cdot508}{762}$; $n=103$ bei Betrieb mit Sattdampf (Tab. 48); HD-Cylindermantel und -Deckel geheizt.

Bei den in Bd. III außerdem noch angeführten, mit überhitztem Frischdampf betriebenen Versuchsmaschinen bleibt die Wärmeersparnis durch Aufnehmerheizung wieder hinter der der vorher behandelten Maschinen zurück, sobald die nicht geheizte Maschine eine an sich günstige Dampfwirkung aufweist (s. Maschinen C bis G in Fig. 263).

Die Anwendung des Röhrenaufnehmers bei Verbundmaschinen ist im amerikanischen Dampfmaschinenbau für Betrieb mit gesättigtem oder mäßig überhitztem Dampf sehr verbreitet, jedoch weniger aus wärmetechnischen als

48.

Nordberg Manufacturing Co., Milwaukee.
ruhenden Frischdampf. Dampf bei Eintritt ND schwach überhitzt.

Gesättigter Dampf		Überhitzter Dampf		
$\dfrac{610\cdot1270}{1219}$; $n=93$ bzw. 97		$\dfrac{381\cdot813}{914}$; $n=112$	$\dfrac{664\cdot1372}{1219}$; $n=99$	$\dfrac{787\cdot1676}{1219}$; $n=90$
(1905)		(1906)	(1905)	(1906)
1 : 4,34		1 : 4,55	1 : 4,20	1 : 4,54
		$\sigma_H=5,0$; $\sigma_N=6,4$	$\sigma_H=3,55$; $\sigma_N=6,36$	
11,2	11,2	10,9	11,2	11,3
—	—	0,19	0,18	—
(0,100)	(0,100)	0,143	0,082	0,156
184	240	225	240	239
—	—	—	0,54	—
22,2	19,5	16,0	15,0	23,2
2,02	1,99	1,99	2,04	1,77
1298,0	1313,0	439,0	1630,0	1841,0
5,55	4,90	5,16	4,82	5,19
3705	3415	3565	3360	3625
HD: } nicht ND: }		HD: } nicht ND: }	HD: } nicht ND: }	HD: nicht ND: beide D
verteilung:				
169,6	180,0	165,6	186,0	167,5
67,3	71,7	74,0	70,6	72,8
		4,9	12,9	
		8,1	6,2	
32,7	28,3			27,2
		13,0	10,3	

aus betriebstechnischen Gründen. Durch intensive Heizung des Aufnehmerdampfes soll vermieden werden, daß der Eintrittsdampf des Niederdruckcylinders größere Wassermengen mit sich führt und Wasserschläge verursacht, wie sie leicht bei den allgemein üblichen vom Sitz sich nicht abhebenden Corliß- und Gitterschiebern auftreten können. Um auch den wärmetechnischen Nutz-

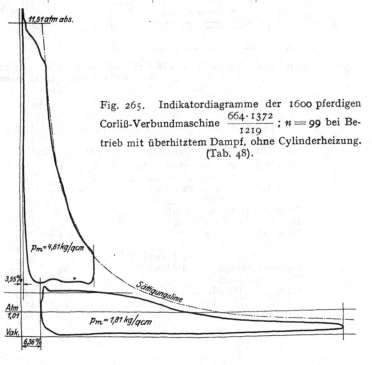

Fig. 265. Indikatordiagramme der 1600 pferdigen Corliß-Verbundmaschine $\dfrac{664\cdot1372}{1219}$; $n=99$ bei Betrieb mit überhitztem Dampf, ohne Cylinderheizung. (Tab. 48).

Amerikanische Corliß-Verbundmaschinen mit Röhrenaufnehmer.

effekt günstig zu beeinflussen, wird bei größeren Anlagen in der Regel das Aufnehmerkondensat in den Dampfkessel zurückgepumpt.

Tab. 48 zeigt die Wärmeausnützung amerikanischer, aus der gleichen Werkstätte hervorgegangener Corliß-Verbundmaschinen verschieden großer Leistung mit Röhrenaufnehmer und Betrieb mit gesättigtem und überhitztem Dampf; die HD- und ND-Dampfcylinder waren teils mit, teils ohne Heizung betrieben.

Zur Kennzeichnung der bei diesen Maschinen durchgeführten Dampf- und Leistungsverteilung auf beide Cylinder sind in den Fig. 264 und 265 die Indikatordiagramme einer 130 pferdigen Sattdampfmaschine und einer 1600 pferdigen mit überhitztem Dampf betriebenen Großdampfmaschine dargestellt. Die durch die Aufnehmerheizung begünstigte große Gesamtexpansion, im Zusammenhang mit dem großen Spannungsabfall des HD-Cylinderdampfes während des Voraustritts führt auf die großen Cylinderverhältnisse amerikanischer Zweifachexpansions-Dampfmaschinen. Die Verluste durch unvollständige Expansion sind, wie die Diagramme zeigen, infolge großer Expansionsgrade (15 bis 23,8) und kleiner Endexpansionsspannungen nur gering. Die vom Expansionsgrad und der Maschinengröße abhängigen Wärmeverluste im Cylinderinnern vermindern sich bei den großen Maschinen bis auf 10 v. H. der theoretisch ausnutzbaren Wärme.

Ein ausgesprochener Unterschied in der Wirkung der verschiedenen Heizungsarten ist bei den vorliegenden Versuchsmaschinen nicht festzustellen. Die günstigen Gütegrade, die im Mittel für Sattdampfbetrieb 65,8 und für mäßige Überhitzung 72,2 v. H. betragen, stimmen mit denen belgischer Corlißdampfmaschi-

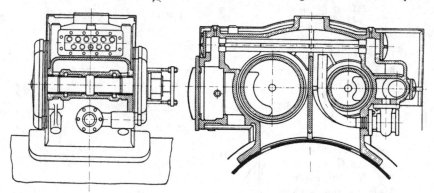

Fig. 266. Verbundlokomobile mit Zwischenüberhitzung durch Röhrenaufnehmer im Dampfdom (Gebr. Lutz, A.-G., Darmstadt).

Tabelle 49.

Versuche an einer Verbund-Auspufflokomobile $\dfrac{215 \cdot 350}{350}$; $n = 180$

im Maschinenbaulaboratorium der Technischen Hochschule Darmstadt.

Dampfspannung im Kessel	Atm. abs.	11,9	12,0	11,6	11,6
„ im Aufnehmer	„ „	2,17	2,55	3,02	3,42
Dampftemp. vor d. Aufnehmer	„ „	122	127	133	137
„ hinter	„ „	148	149	148	149
Dampfüberhitzung vor ND	°C	26	22	15	12
Minutliche Umdrehungen		181,5	180,5	179,0	178,6
Indicierte Leistung HD	PS_i	22,3	27,8	33,4	36,1
„ „ ND	„	13,4	20,1	29,5	35,8
„ „ der Maschine	„	35,7	47,9	62,9	71,9
Dampfverbrauch f. d. PS_i/Std.	kg	9,92	9,15	8,66	8,49
Wärmeverbrauch	„ WE	6790	6250	5890	5760
Gütegrad HD allein	v. H.	54,5	59,3	69,9	68,7
„ ND allein	„	58,1	63,0	69,6	71,9
Mittl. Deckeltemperatur HD	°C	173	170	171	172
„ „ ND	„	144	142	132	133

nen der Tab. 19 Bd. III überein, bei denen an Stelle der Aufnehmerheizung Mantelheizung beider Cylinder mit Frischdampf angewendet wurde. Es geht daraus hervor, daß eine günstige Wärmeausnützung weniger von der Art der Heizung, als von der Verminderung der schädlichen Oberflächen und der Trennung der inneren Steuerorgane für Ein- und Auslaß abhängt.

Bei Sattdampflokomobilen mit Anordnung der Dampfcylinder im Dom läßt sich eine wirksame Aufnehmerheizung mit geringem Wärmeaufwand dadurch erzielen, daß, wie Fig. 266 zeigt, der Aufnehmer als ein im Dampfdom verlegtes Rohrsystem ausgebildet wird. Tab. 49 enthält einige Versuchsergebnisse an einer solchen Lokomobile mit Auspuffbetrieb für 60 PS und einem Röhrenaufnehmer von 0,554 qm Heizfläche.

Durch die Frischdampfheizung der Aufnehmerröhren wurde bei allen Belastungen der Aufnehmerdampf auf nahezu gleiche Dampftemperatur überhitzt, da bei steigender Belastung mit zunehmender Dampfmenge die Überhitzung abnehmen mußte. In den Diagrammen Fig. 267 und 268 kennzeichnet a den Dampfzustand am Austritt aus dem HD-Cylinder und die Strecke ab die durch

Lokomobile mit Röhrenaufnehmer.

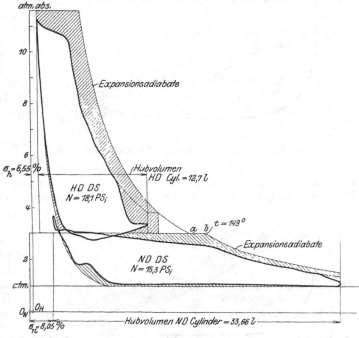

Fig. 267.

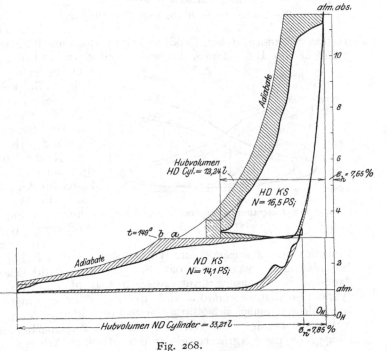

Fig. 268.

Fig. 267 und 268. Diagramm zu Versuch III an der Verbund-Auspuff-Lokomobile $\frac{215 \cdot 350}{350}$; $n = 180$.

Aufnahme der Überhitzungswärme eintretende Volumvergrößerung. Bemerkenswert ist die Erhöhung des Gütegrades beider Cylinder mit zunehmender Leistung; die damit zusammenhängende Verminderung des Wärmeverbrauchs muß somit hauptsächlich durch Abnahme der Eintrittsverluste hervorgerufen sein, da andererseits der Endexpansionsverlust mit vergrößerter Füllung wächst.

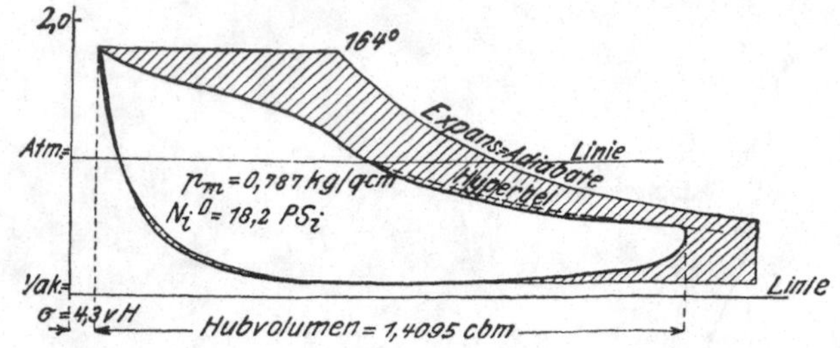

Wertigkeit der Aufnehmerheizung.

Fig. 269a.   Versuch 3, geringe Überhitzung.

Die aus den angeführten Versuchen abzuleitende geringe Wertigkeit der Aufnehmerheizung läßt sich auch theoretisch folgern aus dem Vergleich der vom Heizdampf im Aufnehmer abgegebenen mit der im Niederdruckcylinder ausnützbaren Wärme. Für die Aufnehmerheizung wird ein Teil des Frischdampfes der normalen Arbeitsleistung im Hoch- und Niederdruckcylinder entzogen und dazu benützt, die Arbeitsfähigkeit des Niederdruckdampfes zu vergrößern. Da der Wärmeübergang am Aufnehmer von Dampf höherer Spannung und Temperatur auf solchen niederer Spannung erfolgt, ist er stets mit einem Arbeits-

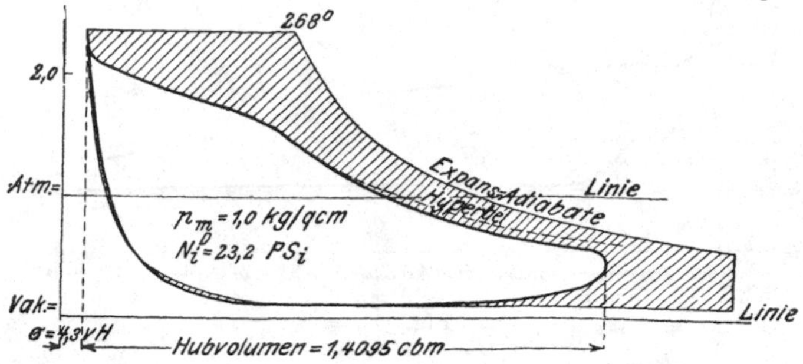

Fig. 269b.   Versuch 16, hohe Überhitzung.

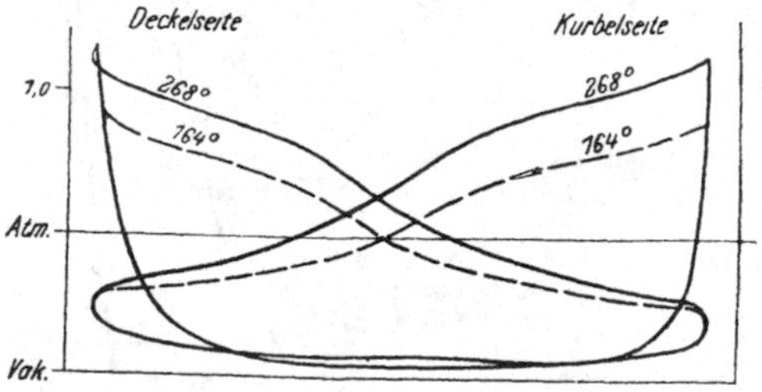

verlust verbunden, dessen Größe sich theoretisch aus dem Unterschiede der Arbeitsfähigkeit des Heizdampfes in beiden Cylindern und der durch die Wärmeübertragung erfolgenden Vergrößerung der Arbeitsfähigkeit des Niederdruckdampfes ableiten läßt. Die Rechnung zeigt, daß die theoretische Arbeitsfähigkeit des Heizdampfes fast doppelt so groß ist wie der theoretische Arbeitszuwachs im Niederdruckcylinder[1]). Werden nun noch die erhöhten Strahlungsverluste am Aufnehmer berücksichtigt, so kann die Wirtschaftlichkeit der Aufnehmerheizung aus der Leistungsvergrößerung des Niederdruckcylinders allein nicht gefolgert werden, vielmehr

Fig. 269c. Diagrammverlauf bei verschiedener Überhitzung.

kann sich eine ausgesprochene Wärmeersparnis und Erhöhung des Gütegrades der Maschine nur daraus erklären, daß durch Trocknung und Überhitzung des Aufnehmerdampfes die Wechselwirkung zwischen Dampf und Wandung im Niederdruckcylinder so weit beschränkt wird, daß die Wärmeverluste des Arbeitsdampfes im Niederdruckcylinder sich stärker vermindern als der Verbrauch an Heizdampf im Aufnehmer beträgt. Die Wirksamkeit der Aufnehmerheizung ist somit davon abhängig, ob die Vergrößerung der theoretischen Arbeitsleistung des Niederdruckcylinders von einer Steigerung des auf die Niederdruckarbeit allein bezogenen Gütegrades begleitet ist.

[1]) Mitt. über Forschungsarbeiten, Heft 92, S. 5 bis 12.

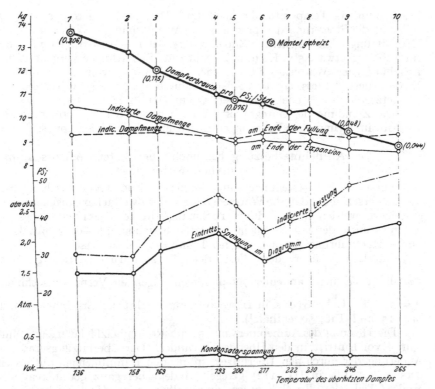

Fig. 269d. Änderung des Dampfverbrauchs und der indicierten Dampfmengen bei gleichzeitiger
Steigerung von Leistung, Dampfdruck und -temperatur.

Ältere Versuche von Prof. Dörfel[1]) an einer Niederdruck-Corlißdampf-
maschine $\frac{452}{900}$; $n = 74$ erweisen eine derartige Zunahme.

Diese Versuche
wurden bei gleicher
Füllung und an-
nähernd gleicher
Endexpansions-
spannung, aber
wechselnden Ein-
trittsdrucken von
1,5 bis 2,0 Atm. und
mit steigender Über-
hitzung bei zuneh-
mender Belastung
ausgeführt. Dia-
gramme bei ver-
schiedenen Tempe-
raturen zeigen Fig.
269a—e.

Die wichtigsten
Versuchsbeobach-
tungen sind in Dia-
gramm Fig. 269d,

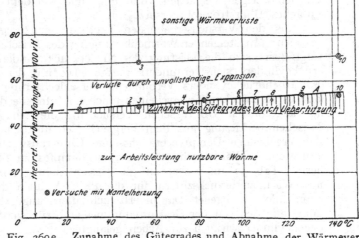

Fig. 269e. Zunahme des Gütegrades und Abnahme der Wärmeverluste im Cylinder mit steigender Überhitzung.

Fig. 269a bis e. Versuche von Prof. Dörfel an einer Niederdruck-
Eincylindermaschine $\frac{452}{900}$; $n = 74$.

[1]) Z. d. V. d. Ing. 1899 S. 1518.

bezogen auf die Temperatur des überhitzten Dampfes, eingetragen. Fig. 269 e kennzeichnet die Steigerung der prozentualen Ausnutzung der Wärme mit zunehmender Überhitzung. Die ersichtliche Zunahme des Gütegrades beträgt für je 50° Temperaturerhöhung etwa 2,5 v. H. (durch senkrechte Schraffur hervorgehoben). Da diese Erhöhung der Wärmeausnützung sich unabhängig von der Mantelheizung des Niederdruckcylinders ergab, so ist hierdurch der geringe wärmetechnische Wert der letzteren bei Betrieb mit überhitztem Dampf erneut bewiesen.

Die Zunahme des Gütegrades setzte sich aus der Verminderung der Wärmeverluste im Cylinder und derjenigen durch unvollständige Expansion zusammen.

d. Aufnehmerheizung bei hoch überhitztem Arbeitsdampf (Zwischenüberhitzung).

Vorstehende Feststellungen an einer Niederdruckdampfmaschine lassen es als möglich erscheinen, daß die Wärmeökonomie der Zweifachexpansionsmaschinen noch gesteigert werden könnte durch nochmalige hohe Überhitzung des Aufnehmerdampfes entweder mittels hochüberhitzten Frischdampfes oder mittels Rauchgase, durch Rückführung des arbeitenden Dampfes in den Kessel.

700 PS Heißdampf-Verbundmaschine. Aufklärung über den Wert der Zwischenüberhitzung mit Dampf gewähren Versuche an einer 700 pferdigen liegenden Verbundmaschine $\frac{700 \cdot 1160}{1300}$; $n = 75$ von Gebr. Stork in Hengelo, deren wichtigste Ergebnisse Bd. III, S. 112 bis 115 und Tab. 50 enthält[1]).

Die Heizung des Aufnehmers mit 52 qm Röhrenheizfäche erfolgte durch Frischdampf vor Eintritt in den Hochdruckcylinder. Der Überhitzungsgrad wurde durch Änderung der durch den Überhitzer strömenden Dampfmengen mittels eines Schiebers S (s. Abb. in III, 112) geregelt, indem bei ganz geöffnetem Schieber der größte Teil des Frischdampfes unmittelbar zum Hochdruckcylinder strömte und nur ein kleiner durch die Heizröhren streichender Teil eine geringe Zwischenüberhitzung bewirkte, während bei geschlossenem Schieber die ganze Frischdampfmenge durch die Heizröhren strömte und eine bedeutende Überhitzung des Aufnehmerdampfes herbeiführen ließ. Teilweise Eröffnung des Schiebers S ermöglichte geringere Überhitzung des Niederdruckdampfes. Ohne Zwischenüberhitzung wurde nur ein Versuch mit verschieden hoher Überhitzung des Frischdampfes ausgeführt, der den übrigen Versuchen vorausging und bei dem der Aufnehmer durch ein einfaches Überströmrohr ersetzt wurde.

Aus den Versuchsergebnissen Tab. 50 seien folgende Einzelheiten hervorgehoben: Mit steigender Wärmeübertragung des Frischdampfes an den Aufnehmer vergrößerte sich die Leistung des Niederdruckcylinders, während die des Hochdruckcylinders sich vermindern mußte. Die mit der starken Leistungsabnahme des Hochdruckcylinders verbundene Verschlechterung seiner Wärmeausnützung läßt es als zweckmäßig erscheinen (auch im Interesse des Vergleichs mit den vorher angeführten Dörfelschen Versuchen), die wirtschaftliche Bedeutung der Zwischenüberhitzung aus dem Vergleich der für den Niederdruckcylinder allein sich ergebenden Dampfverbrauchs- und Gütegradswerte mit den am Aufnehmer auftretenden Wärmeverlusten des Frischdampfes zu beurteilen. Es wurden daher in Tab. 50 außer den auf die Gesamtleistung bezogenen Dampfverbrauchs- und Wärmeverbrauchsziffern für die PSi/Std. auch die auf die Niederdruckleistung allein bezogenen Dampfverbrauchsziffern angegeben, wobei für die Berechnung nur der Teil der Gesamtdampfmenge berücksichtigt wurde, der im Niederdruckcylinder wirklich zur Arbeit gelangte.

Die Abnahme des Dampfverbrauches im Niederdruckcylinder mit zunehmender Eintrittsüberhitzung kommt in Rücksicht auf die unvermeidlichen Verschiedenheiten der Ein- und Austrittsspannung am deutlichsten zum Ausdruck bei Dar-

[1]) Vgl. auch Mitt. über Forschungsarbeiten, Heft 92, S. 17 bis 44.

Tabelle 50.

Liegende Verbundmaschine $\frac{700 \cdot 1160}{1300}$; $n=75$ von Gebr. Stork, Hengelo.

	Ohne	Mit Zwischenüberhitzung									
		Überhitzter Dampf t ∞ 330° — Frischdampfspannung 11,5 Atm. abs.						8,5 Atm.	Überhitzter Dampf t ∞ 390° — 11,8 Atm. abs.		
Versuchsnummer	1	2	3	4	5	6	7	8	9	10	11
Einstellung des Schiebers S am Zwischenüberhitzer	offen	offen	offen	offen, Ventil a abgesperrt	offen	7/10 geschlossen	geschlossen	7/10 geschlossen	offen	offen	7/10 geschlossen
Dampfspannungen											
am Aufnehmer HD-Seite Atm. abs.	11,47	11,08	11,63	11,63	11,45	11,73	11,79	8,53	11,83	11,82	11,82
am Aufnehmer ND-Seite "	1,452	1,364	1,504	1,263	1,445	1,406	1,611	1,339	1,333	1,332	1,459
niedrigste Spannung im ND-C. "	0,193	0,174	0,174	0,166	0,186	0,185	0,180	0,165	0,167	0,168	0,165
im Kondensator . . . "	0,115	0,110	0,110	0,100	0,121	0,120	0,124	0,100	0,098	0,107	0,107
Endexpansionsspannung ND "	0,476	0,458	0,441	0,445	0,497	0,467	0,503	0,450	0,434	0,422	0,439
Dampftemperaturen: °C											
vor Hauptabsperrventil . . .	330	335	333	337	321	327	334	352	389	384	387
hinter Aufnehmer "	319	299	315	313	(300)	296	243	309	377	365	350
am Einlaßventil HD-D "			300	298	280	269	225	(290)	356	343	322
am Auslaßstutzen HD "			123	121	113	116	117	129	155	149	148
am Austritt aus Aufnehmer "			(163)	169	(162)	178	207	179	180	178	194
vor Eintritt ND . . "	115	156	156	156	152	160	201	171	173	170	188
am Auslaßstutzen ND "		48,6	50	46,4	50	50	50,6	46	46,5	48	48
Überhitzung:											
vor Hauptabsperrventil "	145	152	147	151	135	141	147	180	203	198	201
Eintritt HD . . . . . . "	134	118	114	112	94	83	39	116	170	157	136
Eintritt ND . . . . . . "		50	45	51	43	52	89	60	66	93	79
Minutliche Umdrehungen . .	76,3	72,1	72,3	71,4	71,8	71,9	71,2	70,9	71,8	71,5	71,6
Leistung: im HD-C. . . . PS$_i$	449 = 59,7 v. H.	397 = 57 v. H.	406,1 = 56,5 v. H.	356,5 = 55 v. H.	372 = 55 v. H.	375,1 = 56,1 v. H.	301,0 = 46,2 v. H.	377,6 = 54,5 v. H.	393,0 = 58 v. H.	383,6 = 57,7 v. H.	371,2 = 54,7 v. H.
im ND-C. . . . . . "	304 = 40,3 v. H.	300 = 43 v. H.	312,4 = 43,5 v. H.	292,8 = 45 v. H.	306 = 45 v. H.	294,3 = 43,9 v. H.	349,4 = 53,8 v. H.	311,1 = 45,5 v. H.	284,3 = 42 v. H.	280,9 = 42,3 v. H.	307,1 = 45,3 v. H.
Gesamtleistung	753,0	697,0	718,5	649,3	678,0	669,4	650,4	688,7	677,3	664,5	678,3
Gesamtdampfverbrauch:											
in der Stunde . . . . . . kg	3492,0	3245,0	3329,0	3201,6	3388,5	3249,5	3351,2	3740,7	3003,0	2953,0	3020,0
f. d. PS$_i$/Std. der Gesamtleistung "	4,64	4,66	4,64	4,93	5,00	5,00	5,75	4,72	4,435	4,443	4,46
f. d. PS$_i$/Std. der ND-Leistung allein "	11,506	10,816	10,40	10,73	10,87	10,82	10,37	10,338	10,434	10,513	9,79
Wärmeverbrauch für die PS$_i$/Std. und Gesamtleistung . WE	3469	3481	3461	3688	3695	3720	4285	3573	3437	3434	3452
Frischdampfkondensat im Aufnehmer . . . . . v. H.			2,4	1,86	1,8	2,0	1,0	1,0	1,22	0,0	0,42

stellung des Dampfverbrauches in Abhängigkeit von der ausnützbaren Wärme der auf gleiche Druck- und Temperaturgrenzen bezogenen theoretisch vollkommenen Maschine Fig. 270a.

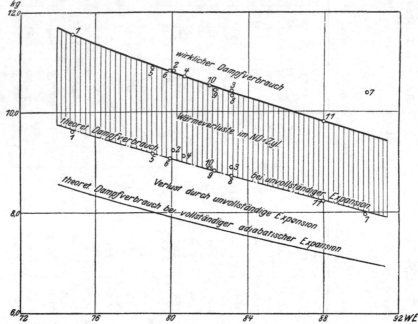

Fig. 270a. Auf die Niederdruckleistung allein bezogener Dampfverbrauch in Abhängigkeit von der theoretisch im ND-Cylinder ausnutzbaren Wärme bei steigender Zwischenüberhitzung.

Die wirklichen Dampfverbrauchskurven und die Kurven des theoretischen Verbrauchs mit und ohne Berücksichtigung des Verlustes durch unvollständige Expansion zeigen übereinstimmenden Verlauf.

Wird die Wärmeausnützung im Niederdruckcylinder in der gleichen Abhängigkeit dargestellt, so zeigt Fig. 270b, daß der Gütegrad des Niederdruckcylinders

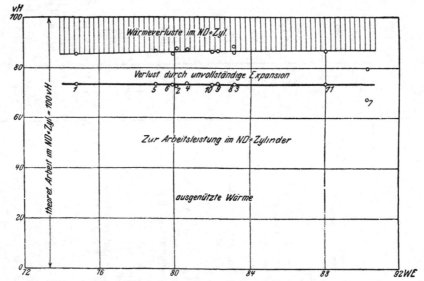

Fig. 270b. Gütegrad des ND-Cylinders bei steigender Zwischenüberhitzung bezogen auf die theoretisch ausnutzbare Wärme.

nahezu unveränderte Größe besitzt, indem die mit der Zwischenüberhitzung verbundene geringfügige Verminderung der Eintrittsverluste durch Erhöhung des Verlustes durch unvollständige Expansion ausgeglichen wird. Die Zunahme des letzteren bei nahezu gleichbleibender Leistung ist zurückzuführen auf die Erhöhung des Wärmewertes des austretenden Dampfes infolge der Zwischenüberhitzung. Bei annähernd gleicher Hubleistung besitzt die Wärmeausnützung des Niederdruckcylinders bei steigender Zwischenüberhitzung nahezu unveränderte Größe.

Der scheinbare Widerspruch dieser Beobachtung mit der von Prof. Dörfel an einer kleinen Maschine festgestellten Zunahme des Gütegrades beruht auf dem Einfluß der Maschinengröße und der absoluten Höhe des Gütegrades. Große wirtschaftlich arbeitende Maschinen erfahren durch die Zwischenüberhitzung naturgemäß eine viel geringere Verbesserung wie kleine unwirtschaftlich arbeitende Maschinen. Bei einer 20 pferdigen Niederdruckmaschine, deren Gütegrade für die gleichen Temperaturgrenzen zwischen 46 und 50 v. H. liegen, ist eine stärkere Beeinflussung der Wärmeverluste im Cylinder möglich, als beim 300 pferdigen Niederdruckcylinder einer Dampfmaschine mit 73,5 v. H. Gütegrad.

Zur Veranschaulichung der Verteilung der Wärmeverluste im HD- und ND-Cylinder wurde in den Diagrammen Fig. 269 bis 272 für zwei verschiedene Versuche der der adiabatischen Expansion und Kompression entsprechende theoretische Arbeitsvorgang für die wirkliche Arbeits- und Kompressionsdampfmenge eingezeichnet.

Die größeren Druckschwankungen im Aufnehmer bei Versuch 1, Fig. 271 a und b, werden durch den geringen Rauminhalt des an Stelle des Überhitzers eingebauten Überströmrohres bedingt.

Die Zwischenüberhitzung erfolgte bei der Versuchsreihe, Tab. 50, durch hochüberhitzten Frischdampf, der vor Eintritt in den Hochdruckcylinder den Aufnehmer durchströmte und hierdurch eine gewisse Temperaturerniedrigung erfuhr. Insoweit die Temperatur des vom Kessel gelieferten überhitzten Dampfes wesentlich höher ist als dem Hochdruckcylinder aus betriebstechnischen Gründen zuträglich, liegt in einer derartigen Ausnutzung der überschüssigen Überhitzungswärme des Frischdampfes zur Leistungssteigerung des Niederdruckcylinders die Möglichkeit einer Erhöhung der Wärmeökonomie, auch wenn eine wesentliche Verbesserung des Gütegrades im ND-Cylinder nicht erzielt wird. Die Versuche 9—11, Tab. 50, mit absichtlich erhöhten Frischdampftemperaturen von 384 bis 389° C führten mittels vorbezeichneter Aufnehmerheizung auf einen Wärmeverbrauch von 3440 WE für die PS_i/Std., gegenüber einem solchen von 3640 WE bei 330° Eintrittstemperatur am Hochdruckcylinder. Es wurde also eine Wärmeersparnis von $\dfrac{3640 - 3440}{3640} = 5{,}5$ v. H. erzielt.

Besteht die Möglichkeit einer unmittelbaren Ausnutzung der Frischdampftemperatur im Hochdruckcylinder, dann muß die Verminderung der Eintrittstemperatur durch Wärmeüberführung an den Aufnehmerdampf stets von einem Verluste begleitet sein; es wurde deshalb bei den Versuchen mit niedriger Eintrittstemperatur der Aufnehmer nur durch ruhenden Dampf (von Höchsttemperatur) geheizt, um eine Senkung der Arbeitstemperatur des Hochdruckcylinders möglichst zu verhüten.

In gleicher Weise wurde die Zwischenüberhitzung durchgeführt bei Versuchen des Bayerischen Revisionsvereins an einer liegenden Verbundmaschine $\dfrac{683 \cdot 1200}{1700}$;

$n = 65{,}6$ von Gebr. Sulzer[1]), deren wichtigste Ergebnisse Tab. 51 enthält. Die Versuche ergaben ohne Zwischenüberhitzung nach Abzug des Bedarfes der Mantelheizung eine mittlere Wärmeausnützung im Niederdruckcylinder von 73,8 v. H., mit Zwischenüberhitzung von 40° eine solche von 73,2—74,6 v. H. Trotz dieser

---

[1]) Mitt. über Forsch.-Arb. V. d. I. Heft 92, S. 54.

16*

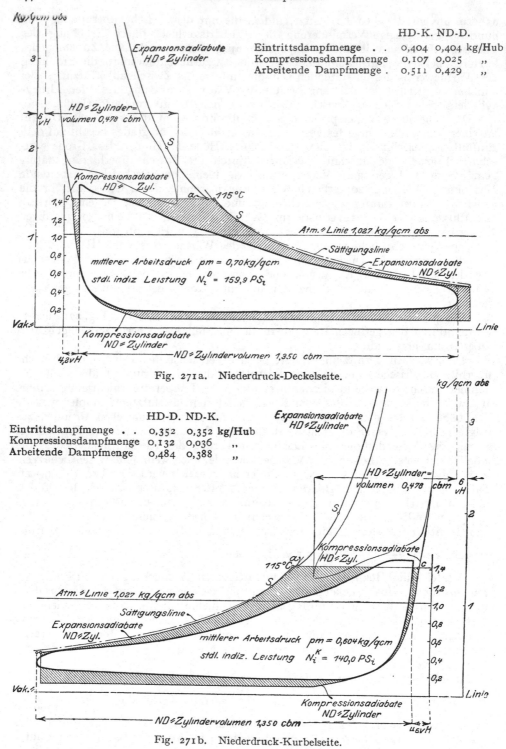

$Kg/qcm\ obs$

HD-K. ND-D.

Eintrittsdampfmenge . .	0,404	0,404 kg/Hub
Kompressionsdampfmenge	0,107	0,025 ,,
Arbeitende Dampfmenge .	0,511	0,429 ,,

Expansionsadiabate HD=Zylinder

HD=Zylinder-volumen 0,478 cbm

Kompressionsadiabate HD= Zyl.

a — 115°C

Atm.=Linie 1,027 kg/qcm abs

Sättigungslinie

mittlerer Arbeitsdruck pm = 0,70 kg/qcm

Expansionsadiabate ND=Zyl.

stdl. indiz. Leistung N_i^D = 159,9 PS_i

Vak.

Linie

Kompressionsadiabate ND= Zylinder

4,8 vH

ND=Zylindervolumen 1,350 cbm

Fig. 271 a.   Niederdruck-Deckelseite.

HD-D. ND-K.

Eintrittsdampfmenge . .	0,352	0,352 kg/Hub
Kompressionsdampfmenge	0,132	0,036 ,,
Arbeitende Dampfmenge	0,484	0,388 ,,

kg/qcm abs

Expansionsadiabate HD=Zylinder

HD=Zylinder-volumen 0,478 cbm

Kompressionsadiabate HD=Zyl.

115°C a

Atm.=Linie 1,027 kg/qcm abs

Sättigungslinie

Expansionsadiabate ND=Zyl.

mittlerer Arbeitsdruck pm = 0,604 kg/qcm

stdl. indiz. Leistung N_i^K = 140,0 PS_i

Vak.

Linie

Kompressionsadiabate ND=Zylinder

ND=Zylindervolumen 1,350 cbm

$u_6 vH$

Fig. 271 b.   Niederdruck-Kurbelseite.

Fig. 271 a und 271 b.
Versuch 1 ohne Zwischenüberhitzung.
Leistung im ND-Cylind. N_i = 229,9 PS_i, Uml./Min. n = 76,3, Dampfverbrauch für ND-Leistung allein
D_i^N = 11,506 kg PS_i, Dampfverbrauch für Gesamtleistung D_i = 4,64 kg/PS_r.

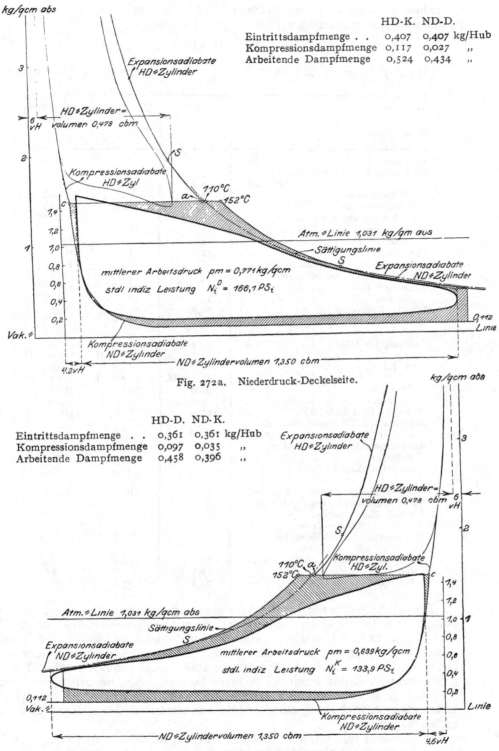

HD-K. ND-D.

	HD-K.	ND-D.	
Eintrittsdampfmenge . .	0,407	0,407	kg/Hub
Kompressionsdampfmenge	0,117	0,027	,,
Arbeitende Dampfmenge	0,524	0,434	,,

Fig. 272a. Niederdruck-Deckelseite.

HD-D. ND-K.

	HD-D.	ND-K.	
Eintrittsdampfmenge . .	0,361	0,361	kg/Hub
Kompressionsdampfmenge	0,097	0,035	,,
Arbeitende Dampfmenge	0,458	0,396	,,

Fig. 272b. Niederdruck-Kurbelseite.
Fig. 272a und 272b.
Versuch 5. Normale geringe Zwischenüberhitzung.
Leistung im ND-Cylind. N_i = 300,0 PS$_i$, Uml./Min. n = 71, 8, Dampfverbrauch für ND-Leistung allein-
D_i^N = 10,87 kg/PS., Dampfverbrauch für Gesamtleistung D_i = 5,00 kg/PS$_i$.

Gleichheit der Gütegradziffern stellte sich der Wärmeverbrauch der Maschine mit Zwischenüberhitzung um 2,4 v. H. höher als ohne solche.

Tabelle 51.

Liegende Tandem-Maschine $\dfrac{683 \cdot 1200}{1700}$; $n = 65,6$ von Gebr. Sulzer.

Versuche	Ohne	Mit Zwischenüberhitzung	
Versuchsnummer	III	I	II
Versuchsdauer . . . . Std.	8	8	8
Dampfdruck vor der Maschine Atm. abs.	9,9	9,9	9,9
im Aufnehmer . . . . . „	1,13	1,21	1,16
Gegendruck im ND-Cyl. „	0,14	0,14	0,14
im Kondensator . . . . „	0,035	0,038	0,037
Dampftemperatur v. d. Maschine °C	353	353	353
Eintritt HD-C. . . . . . „	351	346	346
Austritt HD-C. . . . . . „	111	108	108
Austritt aus Aufnehmer . . „	116	152	153
Überhitzung vor der Maschine . „	175	175	175
Eintritt HD . . . . „	173	168	168
Eintritt ND . . . . „	13	47	50
Minutl. Umdrehungen	65,7	65,6	65,6
Endexpansionsspannung ND Atm. abs.	0,36	—	0,37
Leistung im HD-C. . . . . PS$_i$	490,9 = 61,6 v. H.	458,1 = 58,6 v. H.	467,2 = 58,9 v. H.
im ND-C. . . . . „	306,0 = 38,4 v. H.	323,9 = 41,4 v. H.	326,0 = 41,1 v. H.
Gesamtleistung . . . . . . „	796,9	782,0	793,2
Dampfverbrauch für die PS$_i$/Std. kg	4,39	4,53	4,56
Wärmeverbrauch für die PS$_i$/Std. WE	3325	3430	3378
Frischdampf-Kondensat im Aufnehmer . . . . v. H.	—	3,25	3,22
Aufnehmerdampf-Kondensat im Aufnehmer . . . . „	0,09	0,06	0,03
im ND-Cylindermantel . . „	1,21	0,31	0,22
Vom ND-Dampf aufgen. Wärme WE		19,7	20,2
Vom Frischdampf abgegeb. Wärme durch Kondensation . . . . „		19,3	19,1
an Überhitzungswärme . . . „		3,7	3,7
Wärmeabgabe durch Strahlung „		3,3	2,6
Gütegrade: gesamt . . . . v. H.	75,1	72,7	73,9
für HD-C. allein . . . . . „	76,3	75,6	75,7
für ND-C. allein . . . . . „	73,8	73,2	74,6

Die bei den bisher mitgeteilten Versuchen angestrebte mäßige Überhitzung des Dampfes vor Eintritt in den ND-Cylinder von etwa 50° erwies sich — wie die Beispiele Fig. 272a und b zeigen — nicht als ausreichend, um die Eintrittskondensation im ND-Cylinder zu verhüten; die mittlere Cylinderwandungstemperatur blieb noch unterhalb der Sättigungstemperatur des Aufnehmerdampfes. Dies Ergebnis steht im Einklang mit den früheren Feststellungen, wonach durch Heizung oder geringe Überhitzung des Arbeitsdampfes die Wärmeverluste im Cylinderinneren bei großer Füllung weniger beeinflußt werden als bei kleiner Füllung und großer Expansion.

Hohe Zwischen-überhitzung.

Von besonderem Interesse sind daher neuere in Tab. 52 wiedergegebene Versuche der Schmidtschen Heißdampfgesellschaft mit hoher Zwischenüberhitzung

[1]) Z. V. d. I. 1921, S. 716.

bei gleichzeitig weitgetriebener Expansion im ND-Cylinder. Die untersuchte 100 PS Zweifachexpansionsmaschine wies ein Cylinderverhältnis auf von 1 : 5,8, demzufolge selbst niedrige Aufnehmerspannung bei gleichzeitig niedriger Kondensatorspannung große Expansion im ND-Cylinder ergab. Die Überhitzung des Niederdruckdampfes um 110—115°, die die mittlere Wandungstemperatur des ND-Cylinders über die Sättigungstemperatur des eintretenden Dampfes erhob, erhöhte den Gütegrad des ND-Cylinders auf 80—85 v. H., bezogen auf das adiabatische Wärmegefälle zwischen Eintrittszustand und Kondensatorspannung, als Folge sowohl verminderter innerer Wärmeverluste beim Dampfein- und -austritt, als auch außerordentlich geringer Verluste durch unvollständige Expansion bei der erreichten weitgehenden Gesamtexpansion. Fig. 273 zeigt die Dampfverteilung im Hoch- und Niederdruckcylinder beim Versuch mit einem Gütegrad von 85,0 v. H.

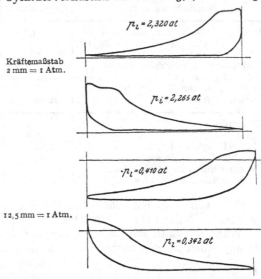

Kräftemaßstab
2 mm = 1 Atm.

$p_i = 2,320\,at$

$p_i = 2,265\,at$

12,5 mm = 1 Atm.

$p_i = 0,410\,at$

$p_i = 0,342\,at$

Fig. 273. 100 PS-Heißdampf-Tandemmaschine $\dfrac{285\cdot 680}{600}$; $n = 150$ mit Zwischenüberhitzung. W. Schmidtsche Heißdampfmaschinen-Gesellschaft.

Da Versuchsergebnisse ohne Zwischenüberhitzung mit der vorgenannten Versuchsmaschine nicht vorliegen, so kann zwar nicht festgestellt werden, welchen Anteil die Zwischenüberhitzung an sich an der Verbesserung des Gütegrades nimmt.

Tabelle 52.

Liegende Tandemmaschine $\dfrac{285\cdot 680}{600}$; $n = 145$ der Schmidtschen Heißdampfgesellschaft (ausgeführt von der Hannoverschen Maschinenbau A.-G.). (Abbildung der Maschine Z. V. d. I. 1921, S. 714.

Versuche mit weitgetriebener Expansion im ND-Cylinder bei hoher Zwischenüberhitzung. Belastung unverändert. Kondensatorspannung zunehmend.

Versuchstag 1921	9. März	25. Februar	2. März	2. April
Dampfdruck vor d. HD-Cyl. Atm. abs.	8,5	8,5	9,0	9,3
„ vor d. ND-Cyl. „ „	0,95	1,10	1,25	1,35
Endexpansionsdruck im ND-Cyl. . . . . „ „	0,19	0,20	0,24	0,28
Gegendruck im ND-Cyl. . „ „	0,08	0,14	0,16	0,18
im Kondensator . . . . . „ „	0,058	0,118	0,140	0,151
Dampftemperaturen				
Eintritt HD-Cyl. . . . . . . °C	319	314	327	304
Austritt HD-Cyl. . . . . . . „	129	130	145	130
Eintritt ND-Cyl. . . . . . . „	212	212	220	218
Überhitzung				
Eintritt HD-Zyl. . . . . . . „	147	142	153	130
Eintritt ND-Cyl. . . . . . . „	114	110	115	110
Minutliche Umdrehungen	146,0	145,6	145,2	145,6
Indicierte Leistung HD-Cyl. . PS$_i$	50,2	53,3	51,6	52,3
„ „ ND-Cyl. . „	52,0	49,0	51,0	50,1
Gesamtleistung . . . . : . . . „	102,2	102,3	102,6	102,4

Tabelle 52 (Fortsetzung).

Versuchstag 1921		9. März	25. Februar	2. März	2. April
Dampfverbrauch, bez. auf Ges.-Leist.		**3,63**	**3,93**	**3,97**	**4,06**
bez. auf HD-Leistung . . kg/PS$_i$		7,37	7,53	7,90	7,96
,, ,, ND- ,, . . ,,		7,12	8,20	8,00	8,31
Wärmeverbrauch d. Zwischenüberhitz.					
für 1 kg Dampf . . . . WE/kg		40	39	37	40,8
Wärmeverbrauch f. d. PS$_i$/St.					
(einschl. Aufw. f. Zw.-Überh.) WE		**2820**	**3050**	**3090**	**3135**
Gütegrade:					
gesamt . . . . v. H.		**80,0**	**83,0**	**84,0**	**84,3**
für HD-Cyl. allein . . . . ,,		78,0	81,3	78,5	82,3
,, ND-Cyl. allein . . . . ,,		80,0	81,3	85,0	81,8
Verlust durch unvollständige					
Expansion im ND-Cyl. . ,,		7,7	1,7	3,4	2,4

doch bietet in dieser Hinsicht bereits das Verhalten der Einfachexpansionsmaschinen genügenden Anhalt für die Beurteilung.

Während somit die üblichen Verbund-Dampfmaschinen durch Zwischenüberhitzung einen nennenswerten Gewinn im ND-Cylinder nicht erzielen lassen, wie die vorhergehenden Versuche lehren, liegen für ihn die Verhältnisse günstiger bei kleiner Füllung und dementsprechend weitgehender Expansion. Da diese Voraussetzungen bei zunehmender Aufnehmerspannung im ND-Cylinder sich ganz naturgemäß einstellen, so ist es verständlich, daß mit der modernen Steigerung des Betriebsdampfdruckes im Sinne der Ausnützung von Hochdruckdampf auch die Zwischenüberhitzung erhöhtes Interesse gewinnt.

Besonders klar läßt sich die zunehmende Bedeutung der Zwischenüberhitzung mit der Steigerung der Betriebsdampfspannung schon allgemein erkennen aus dem Diagramm der adiabatischen Wärmegefälle, Fig. 274, für verschieden hohe Anfangsdrücke und gleiche Temperatur des Heißdampfes. Bei Hochdruckdampf über 50 Atm. und Expansion auf Atmosphären- oder Kondensatorspannung zeigt sich nämlich der im Überhitzungsgebiet liegende Teil des Wärmegefälles wesentlich geringer wie der im Naßdampf liegende. Beispielsweise vollzieht sich bei 10 Atm., 400° Eintrittstemperatur und Auspuffbetrieb die adiabatische Expansion ganz im Überhitzungsgebiet, bei 100 Atm. Anfangsspannung dagegen tritt bei 27,5 Atm. Expansionsdruck schon der Sättigungszustand ein, wobei 78 WE im Überhitzungsgebiet umgesetzt werden können, während die weitere Expansion auf 1 Atm. im Naßdampfgebiet allein eine Umsetzung von 133 WE ermöglicht; bei Kondensationsbetrieb wächst letzterer Anteil auf 200 bzw. 218 WE.

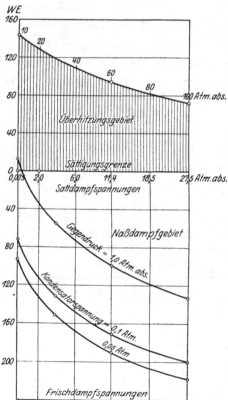

Fig. 274. Adiabatische Wärmegefälle bei verschiedenen Ein- und Austrittsspannungen von 400 grädigem Frischdampf.

Es erklärt sich damit ohne weiteres der auf die indizierte Leistung bezogene hohe Gütegrad von 81,7 v. H. einer Viercylinder-Hochdruckmaschine der Schmidtschen Heißdampfgesellschaft, Bd. III, S. 216, erzielt durch Zwischenüberhitzung vor den beiden letzten Cylindern vermittels gesättigten Frischdampfes von 55,0 Atm. Wird bei diesen in der Tabelle Bd. III, S. 216 zusammengestellten und im Entropiediagramm, Fig. 275, veranschaulichten Versuchsergebnissen die Summe der nutzbaren Wärmegefälle der einzelnen Cylinder im Betrage von 271,5 WE in Beziehung gesetzt zum jeweiligen adiabatischen Wärmegefälle von 295 WE der Einfachexpansion zwischen dem Dampfzustand vor dem Hochdruckcylinder und im Kondensator, so berechnet sich ein Gütegrad von 92 v. H. Diese Versuchsmaschine ist besonders ausgezeichnet durch ungewöhnlich große Cylinderverhältnisse, die in folgenden Zahlen ausgedrückt sind:

HD : MD I : MD II : ND
= 1 : 3,38 : 14,33 : 87,0.

Ein derartig großer Gesamtexpansionsgrad läßt zwar sehr geringen Verlust durch unvollständige Expansion erzielen, wie die Indikatordiagramme Fig. 273 erkennen lassen, gleichzeitig wird aber der mittlere Dampfdruck in dem großen Niederdruckcylinder so gering ($p_m = 0,336$ bzw. 0,343 Atm), daß unter Berücksichtigung der mechanischen Verluste, eine verhältnismäßig zu geringe Nutzarbeit übrigbleibt. Für praktische Bedürfnisse können daher kaum je solche Ausführungsverhältnisse zur Anwendung kommen, so daß auch eine gleich hohe Ausnützung der Aufnehmerheizung allgemein nicht erstrebenswert erscheint.

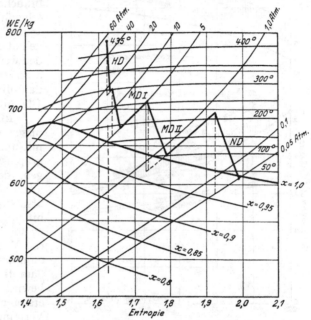

Fig. 275. Entropiediagramm der Schmidtschen vierstufigen Heißdampf-Hochdruckmaschine mit mehrfacher Zwischenüberhitzung.

An Stelle der Heizung durch Frischdampf kann die Überhitzung des Aufnehmerdampfes auch durch Rauchgase erfolgen. Da der Heizdampfaufwand fortfällt, ist mit dieser Überhitzungsart auch eine Verminderung des Dampf- und Wärmeverbrauchs der Maschine, somit eine Erhöhung des Gütegrades verbunden. Die so erzielte Wärmeersparnis zieht aber bei ortsfesten Anlagen im allgemeinen doch nicht eine gleiche Kohlenersparnis nach sich, da ein Teil der vom Aufnehmerdampf aufgenommenen Rauchgaswärme in der Leitung vom Zwischenüberhitzer zur Maschine wieder verloren geht und der übrig bleibende Teil infolge des geringen Druckgefälles im Niederdruckcylinder durch die Expansion nur wenig ausgenützt werden kann, im Gegensatz zu der dem Hochdruckcylinder zugeführten Überhitzungswärme, der das ganze Druckgefälle von der Eintritts- bis zur Kondensatorspannung zur Verfügung steht. Die Anwendung eines besonders geheizten Zwischenüberhitzers bei ortsfesten Dampfmaschinen läßt daher zwar den Dampf- und Wärmeverbrauch der Maschine vermindern, führt aber erfahrungsgemäß sogar auf eine Erhöhung des Brennstoffaufwandes[1]), so daß für Anlagen mit getrennten Kesseln und Maschinen der Rauchgas-Zwischenüberhitzung ein praktischer Wert nicht zugesprochen

---

[1]) Z. d. V. d. Ing. 1905. S. 1473.

werden kann. Berechtigte Anwendung kann sie nur bei Lokomobilen finden, da durch den Zusammenbau von Kessel und Maschine die Leitungsverluste fast verschwinden und die Abgase des Kessels zur Zwischenüberhitzung dadurch nutzbar gemacht werden können, daß der als Rohrsystem ausgebildete Aufnehmer einfach hinter dem Frischdampfüberhitzer in die Rauchkammer eingebaut wird.

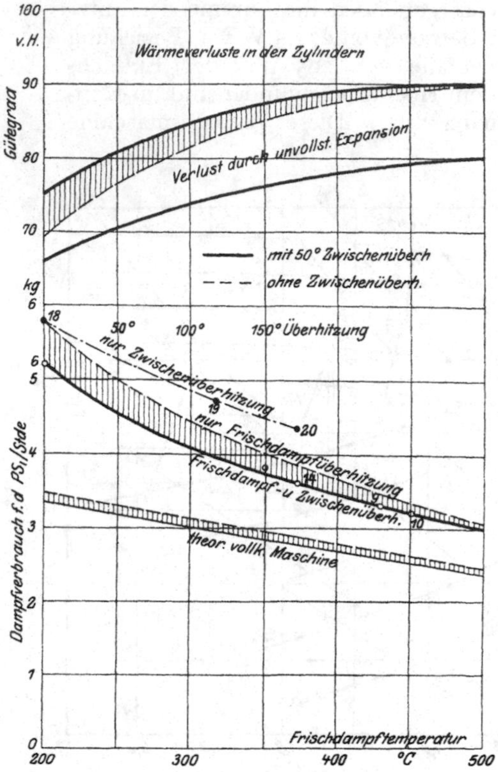

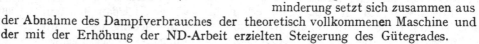

Da jedoch auch hierbei die Überhitzung nicht kostenlos erfolgt, sondern ein Teil des Kohlenverbrauches als Aufwand für die Zwischenüberhitzung zu rechnen ist[1]), so muß ihr praktischer Vorteil vornehmlich in der Möglichkeit gefunden werden, eine bestimmte Wärmeausnützung bei geringerer Frischdampftemperatur als bei einfacher Überhitzung zu erreichen.

In Fig. 276 sind Versuchsergebnisse an Wolfschen Lokomobilen[2]) mit und ohne Zwischenüberhitzung graphisch veranschaulicht, die zeigen, daß die Zwischenüberhitzung allein höheren Dampfverbrauch verursacht, wie die Frischdampfüberhitzung, ein Ergebnis, das auch ohne weiteres in Anbetracht des geringeren Wärmegefälles des Aufnehmerdampfes zu erwarten ist. Frischdampf- und Zwischenüberhitzung bewirkte dagegen im Vergleich mit ersterer allein eine ausgesprochene Verminderung des Dampfverbrauches, die jedoch, wie die Schraffur im Diagramm Fig. 273 erkennen läßt, mit steigender Frischdampfüberhitzung abnimmt. Diese Verminderung setzt sich zusammen aus der Abnahme des Dampfverbrauches der theoretisch vollkommenen Maschine und der mit der Erhöhung der ND-Arbeit erzielten Steigerung des Gütegrades.

Fig. 276. Dampfverbrauch und Gütegrad einer Verbundlokomobile $\dfrac{200 \cdot 400}{400}$; $n = 240$ bei Betrieb mit und ohne Zwischenüberüberhitzung. (Versuche von Heilmann.)

5. Mit überhitztem Dampf betriebene Mehrfachexpansionsmaschinen.

a. Einfluß der Dampftemperatur auf den Wärmeverbrauch bei konstanter Belastung.

Nachdem in den vorhergehenden Abschnitten der Einfluß der Heizung auf den Wärmeverbrauch von Mehrfachexpansionsdampfmaschinen auch bei Betrieb mit überhitztem Dampf klargelegt wurde, läßt sich nunmehr für sie auch der wärmetechnische Wert verschieden hoher Überhitzung bestimmen. Zu diesem Zwecke mögen zunächst Vergleichsversuche mit veränderlicher Überhitzung an ein und derselben Maschine dienen und hierauf an Hand der Tabellen und Tafeln des Bd. III Versuche an verschiedenen Maschinen bei normaler Belastung und normalen Betriebsverhältnissen herangezogen werden.

---

[1]) Mitteilungen über Forschungsarbeiten Heft 92, S. 68.
[2]) Z. d. V. d. Ing. 1911, S. 926.

Zahlreiche Vergleichsversuche der ersteren Art enthält der erste Abschnitt des Bd. III, aus dem Fig. 277a und b einige wichtigere Versuchsreihen graphisch wiedergeben. Unter diesen Versuchen sind die an einer liegenden Tandemmaschine von Van den Kerchove für Betrieb mit gesättigtem und überhitztem Dampf bis 400⁰ Temperatur hervorzuheben; ihr Dampfverbrauch wurde durch Kondensat-wägung ermittelt.

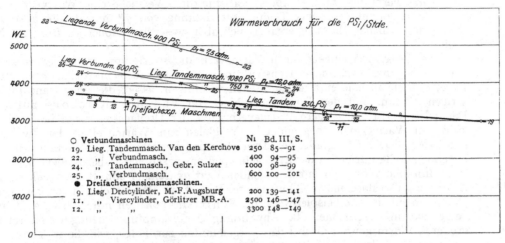

Fig. 277a.

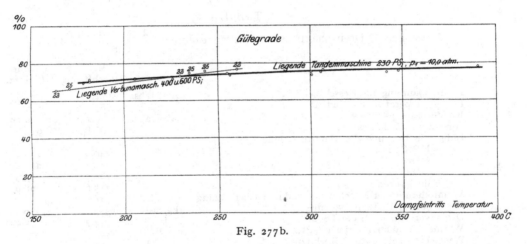

Fig. 277b.

Fig. 277a und b. Einfluß der Dampftemperatur auf Wärmeverbrauch und Gütegrad von Mehrfachexpansionsmaschinen.

Die Versuche zeigen eine mit steigender Überhitzung sich vermindernde Zunahme des Gütegrades, und zwar von 71,5 v. H. bei 200⁰ auf 76 v. H. bei 300⁰ und auf 78 v. H. bei 400⁰. Der Wärmeverbrauch nimmt fast linear mit zunehmender Dampftemperatur ab, und zwar von 3650 bei 200⁰ auf 2950 WE bei 400⁰ Temperatur des überhitzten Dampfes. Die Abnahme beträgt somit auf 100⁰ Temperaturzunahme 350 WE oder rund 10 v. H., so daß einer Temperatursteigerung um 10⁰ eine Wärmeersparnis von 1 v. H. entspricht.

Annähernd gleiche Abnahme ergab eine von Prof. Schröter untersuchte 1000pferdige Tandemmaschine von Gebr. Sulzer bei großer Belastung, während bei geringerer Belastung die Abnahme des Wärmeverbrauches mit erhöhter Dampf-temperatur sich verminderte.

Abweichend von diesen Ergebnissen sind zwei vom Bayrischen Revisionsverein ausgeführte Versuchsreihen an liegenden Verbundventilmaschinen von 400 und 600 PS Leistung, die mit wesentlich niedrigeren Eintrittsspannungen im Hochdruckcylinder und höheren Gegendrücken im Niederdruckcylinder arbeiteten. Der vom Verhalten der Tandemmaschine wenig unterschiedene Gütegrad der beiden Verbundmaschinen nahm mit steigender Überhitzung wohl stärker zu und demzufolge der Wärmeverbrauch rascher ab, so daß für diese Versuche eine Wärmeersparnis von 1 v. H. bereits bei einer Temperaturerhöhung von 7° eintrat, die absoluten Werte des Wärmeverbrauchs ergaben sich aber wesentlich höher als für jene Maschine.

Die in Fig. 277a eingetragenen Wärmeverbrauchswerte von Dreifachexpansionsmaschinen ganz verschiedener Konstruktion und Größe haben eine solche gegenseitige Lage, daß sie in eine einzige Kurve sich vereinigen lassen, die einen ganz gleichartigen Verlauf mit der Tandemmaschine von Van den Kerchove aufweist. Der 4 bis 5 v. H. günstigere Wärmeverbrauch der Dreifachexpansion ist in deren größerem Wärmegefälle begründet im Vergleich zum Wärmegefälle der Zweifachexpansion. Die Gütegrade der Dreifachexpansionsmaschinen stimmen im vorliegenden Falle mit denen der Zweifachexpanionsmaschinen nahezu überein.

Sämtliche Versuche gehören liegenden Ventilmaschinen zum Betrieb elektrischer Zentralen, also Maschinen vollkommenster Bauart, an. Bei Maschinen von geringerer Vollkommenheit, wie beispielsweise bei Schiffsmaschinen mit Schiebersteuerung hat im allgemeinen die Anwendung der Dampfüberhitzung einen relativ größeren Wärmegewinn als bei den vorgenannten zur Folge, wie die in Tabelle 53 zusammengestellten Vergleichsversuche erkennen lassen.

Tabelle 53.

Stehende Dreifachexpansion-Schiffsmaschine $\dfrac{432 \cdot 724 \cdot 1219}{838}$, $n = 89$.

		Mit Überhitzung	Ohne Überhitzung
Dampfspannung im Kessel	Atm. abs.	12,82	12,93
Dampftemperatur am Eintritt	°C.	287	190
Kondensatorspannung	Atm. abs.	0,158	0,157
Minutliche Umlaufzahl		88,83	91,60
Indicierte Leistung der Hauptmaschine			
HD-Cylinder	PS_i	246,8	236,2
MD- ,,	,,	239,1	267,9
ND- ,,	,,	229,7	293,9
im ganzen	,,	715,6	798,0
Verminderung der Maschinenleist. durch Überhitzung	v. H.	10,6	—
Kondensat der Hauptmaschine	kg/Std.	3355	4746
Dampfverbrauch für die PS_i-Std.	kg	4,71	5,95
Wärmeverbrauch für die PS_i-Std.	WE	3400	3865
Wärmeersparnis durch Überhitzung	v. H.	12	—
Gütegrade: HD-Cylinder	,,	83,1	81,6
MD- ,,	,,	81,1	80,0
ND- ,,	,,	60,4	53,1
im ganzen	,,	74,8	67,6

Die Versuche wurden an der auf S. 208 besprochenen für Sattdampfbetrieb gebauten Maschine des Dampfers „Kong Gudröd" auf der Fahrt ausgeführt, nachdem der Kessel durch einen Schmidt-Überhitzer ergänzt worden war; die Maschine selbst blieb unverändert. Der Einfluß des Heißdampfbetriebes im Vergleich mit dem Sattdampfbetrieb bei gleichen Druckgrenzen in der Maschine äußerte sich in einer Wärmeersparnis von etwa 12 v. H.

Die Verschiedenheit der Dampfverteilung beider Betriebsweisen zeigt Fig. 278a im Vergleich zu Fig. 250, sowie die Zusammenstellung der Gütegrade in Tabelle 53. Die größte Erhöhung des Gütegrades weist der ND-Cylinder auf, wesentlich verursacht durch den kleineren Verlust durch unvollständige Expansion und den geringeren Druckverlust zum Kondensator infolge verminderter Dampfmenge und Dampf-dichte.

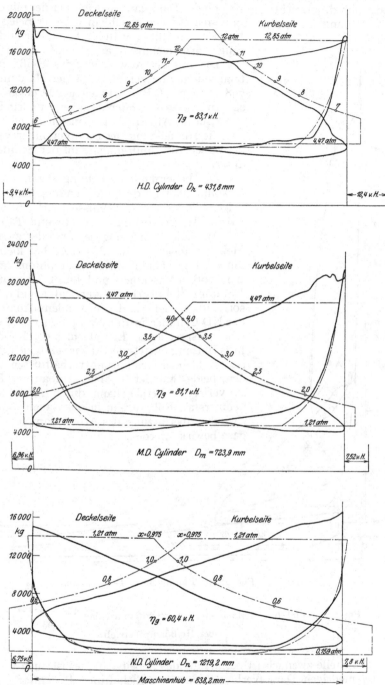

Fig. 278a. Dampfdiagramme des HD-, MD- und ND-Cylinders und Vergleichsdiagramme der verlustlosen Maschine.

Die größere mit dem Heißdampfbetrieb erreichte relative Zunahme des Gesamt-gütegrades dieser Schiffsmaschine von 67,6 auf 74,8 v. H. im Vergleich mit den Ventildampfmaschinen, Fig. 277a, erklärt sich durch den Umstand, daß erstere bei

Sattdampf ohne Heizung und mit feuchtem Dampf arbeitete, also unter ungünstigeren Betriebsbedingungen wie die angeführten Vergleichsmaschinen. Es ist aber außerdem die erreichte Steigerung der Dampfausnutzung bei der mit einfacher Schiebersteuerung arbeitenden Schiffsmaschine zugleich ein weiterer Beleg dafür, daß bei höherer Überhitzung die Art und Ausbildung der Steuerung wärmetechnisch an Bedeutung verliert.

Die mit der Anwendung des Heißdampfes eingetretene bedeutende Verringerung der Maschinenleistung von 798,0 auf 713,6 PS_i bei gleichen Druckgrenzen und gleichen mittleren Cylinderfüllungen ist darin begründet, daß der raschere Abfall der Expansionslinien Fig. 278b nicht nur die Hubleistung der Dampfcylinder vermindert, sondern auch die Umdrehungszahl der Schiffsschraube herabsetzt.

Die bedeutende Erhöhung der Dampfökonomie im Lokomobilbetrieb durch Anwendung überhitzten Dampfes zeigen die Versuchsergebnisse an Heißdampflokomobilen III, 118 bis 123, Taf. 12 und Tab. 26.

Was die Anordnung der Cylinder zwecks wirksamer Heizung angeht, so werden diese bei kleinen Leistungseinheiten gewöhnlich in den Dampfdom verlegt, während bei großen Maschinen und hoher Überhitzung auf den Dampfmantel überhaupt verzichtet und der Cylinder nur sorgfältig isoliert wird. Bei Tandemlokomobilen läßt sich der ND-Cylinder in den Dampfdom, der HD-Cylinder in eine entsprechende Erweiterung der Rauchkammer behufs Heizung mittels der Abgase einbauen, III, 122. Auch ist bei kleinen Ausführungsverhältnissen versucht worden, beide Cylinder in einen Aufbau der Rauchkammer zu verlegen. Ferner kann durch Ausbildung des Aufnehmers als Rohrsystem in der Rauchkammer noch eine Zwischenüberhitzung des Arbeitsdampfes durch die Abgase bewirkt werden.

Heißdampflokomobilen.

Lokomobile R. Wolf.

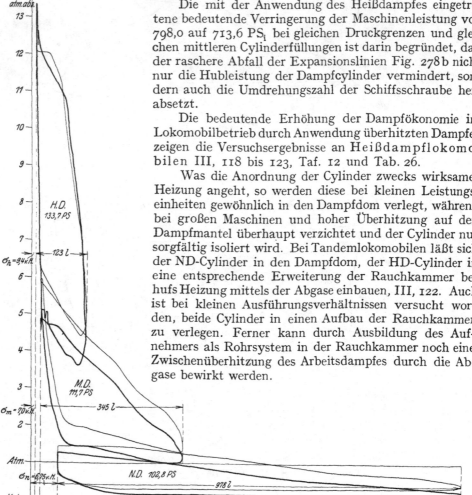

Fig. 278 b. Rankinisierte Diagramme.

Fig. 278a und b. Dreifachexpansions-Schiffsmaschine $\dfrac{432 \cdot 724 \cdot 1219}{838}$ $n = 88,83$ bei Heißdampfbetrieb.

Lokomobile Heinr. Lanz.

An Stelle zweifacher Überhitzung des Arbeitsdampfes ist auch versucht worden, gleich niedrigen Dampfverbrauch unter Beibehaltung der einfachen Überhitzung durch Steigerung der Dampfspannung und Überhitzungstemperatur zu erzielen. Einer derart betriebenen Verbundlokomobile von Heinr. Lanz in Mannheim entsprechen beispielsweise die Diagramme Fig. 279a und b, die bei 16,0 Atm. Spannung und 391° Temperatur des Eintrittsdampfes genommen sind. Der Dampf expandierte dabei im Hochdruckcylinder vollständig im Überhitzungsgebiet und trat noch mit 80⁰ Überhitzung in den Aufnehmer über, so daß naturgemäß eine weitere Zwischenüberhitzung überflüssig und praktisch wertlos erscheinen mußte. Der auf den Unterschied von Kessel- und Kondensatorspannung bezogene Gütegrad beträgt 62,6 v. H.

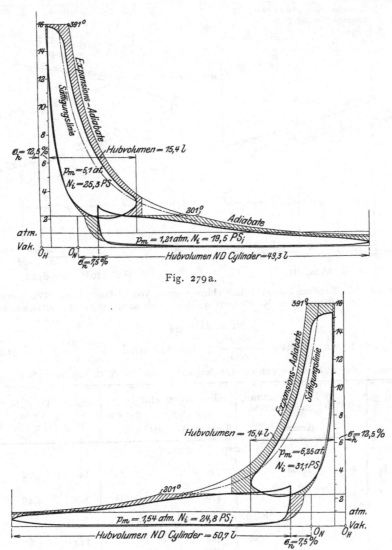

Fig. 279a.

Fig. 279b.

Fig. 279a und b. Diagramme einer mit hoher Dampfüberhitzung arbeitenden 100 PS. Lokomobil-Verbundmaschine mit Ventilsteuerung.

Ausführlichere Versuche über den Einfluß hoher Dampfüberhitzung auf den Dampf und Wärmeverbrauch liegen für Auspuff- und Kondensationsbetrieb an 100 pferdigen Wolfschen Lokomobilmaschinen[1]) mit 16,0 Atm. Kesselspannung und 350⁰ bis 478⁰ Dampftemperatur vor.

Die Dampfcylinder sind nur für Heißdampfbetrieb konstruiert; es kommt deshalb für die wirtschaftliche Bewertung dieser Versuchsmaschinen nur das Temperaturgebiet über 300⁰ in Betracht.

---

[1]) Z d. V. d. Ing. 1911, S. 921.

Die wichtigsten Versuchsergebnisse enthalten Tab. 54 und die Diagramme Fig. 280a und b; letztere lassen die relative Änderung des Dampf- und Wärmeverbrauchs, sowie des Gütegrades mit der Dampftemperatur erkennen.

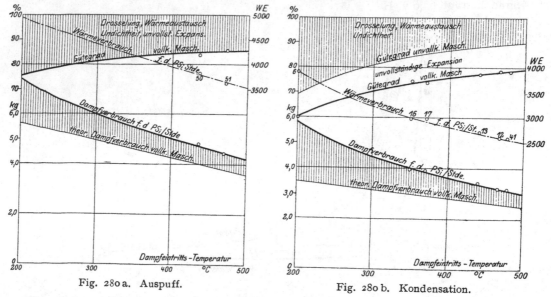

Fig. 280a. Auspuff.   Fig. 280b. Kondensation.

Fig. 280a und b.   Tandem-Lokomobilmaschine von R. Wolf. Dampf- und Wärmeverbrauch und Gütegrad bei Auspuff und Kondensation für verschiedene Dampfeintrittstemperaturen.

Tabelle 54.

Tandemmaschinen $\dfrac{200 \cdot 400}{400}$; $n = 242$ und $\dfrac{230 \cdot 460}{460}$; $n = 212$.

(Die Versuchsnummern beziehen sich auf den Originalbericht Z. d. V. d. Ing. 1911, S. 924 bis 925.)

Abmessungen	Versuchsnummer	Minutl. Umdr.	Dampfspannung in Atm. abs.		Dampftemperaturen			Indic. Leistung PS$_i$	Dampfverbr. kg/PS$_i$	Wärmeverbr. WE PS
			Kessel	Kondensator	HD-Cyl. Eintritt	Austritt	ND-Cyl. Eintritt			
Auspuffbetrieb										
$\dfrac{200 \cdot 400}{400}$	50	241,1	16,04	—	436	—	274	142,4	4,78	3820
,,	51	241,1	16,1	—	470	—	298	144,1	4,45	3625
Kondensationsbetrieb										
,,	6	236,2	15,97	0,10	200 (ges.)	—	—	114,0	5,81	3900
$\dfrac{230 \cdot 460}{460}$	16	212,1	16,3	0,10	350	170	—	151,8	3,97	2990
,,	17	211,6	16,2	0,10	370	195	—	175,8	3,92	2995
$\dfrac{200 \cdot 400}{400}$	13	241,4	16,0	0,09	441	247	—	144,7	3,39	2715
,,	12	243,4	16,0	0,08	467	271	—	143,7	3,20	2605
,,	41	242,8	16,0	0,09	478	—	271	144,9	3,19	2610

Fig. 280c gibt die rankinisierten Indikatordiagramme für 465° Eintrittstemperatur des Dampfes, wobei die Expansion sowohl im HD- wie im ND-Cylinder im Überhitzungsgebiete verläuft.

Fig. 281 bis 283 zeigen den Einfluß der Frischdampftemperatur auf die Wärmeverteilung in den einzelnen Cylindern und in der gesamten Maschine, bezogen auf die theoretisch ausnutzbare Wärme. Der Gütegrad der ganzen Maschine nimmt mit wachsender Überhitzung rasch zu bis zu einer Eintrittstemperatur von

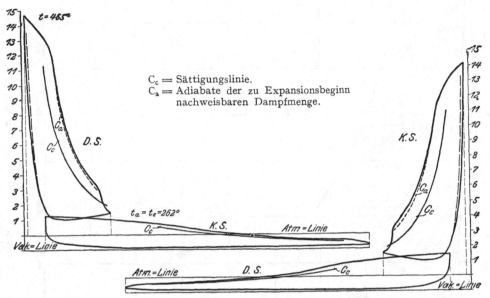

Fig. 280 c. Rankinisirte Indikatordiagramme für Versuch 12 der Tab. 54.

etwa 400°, wobei der Dampf den ND-Cylinder in trocken gesättigtem Zustand verläßt; darüber hinaus nimmt der Gütegrad nur noch langsam zu.

Was die Verluste in den einzelnen Cylindern angeht, so überwiegen im HD-Cylinder diejenigen durch Wärmeaustausch Fig. 281; sie betragen bei Sattdampf rund 19 v. H. und verringern sich mit steigender Überhitzung auf 10 v. H., wobei der kleinste Verlust bereits bei einer Temperatur unter 350° erreicht wird. Unter den vorliegenden Expansionsverhältnissen verläßt der Dampf den Hochdruckcylinder trocken gesättigt bereits bei einer Eintrittstemperatur von 310°. Mit zunehmender Dampftemperatur und dadurch sich vermindernder Dampfdichte nehmen die Drosselungsverluste der Eintrittsperiode ab, während der Verlust durch unvollkommene Expansion durch die Dampftemperatur wenig beeinflußt wird. Die Wärmeausnützung im HD-Cylinder erreicht bei der Dampftemperatur von etwa 350° einen Höchstwert von etwa 85 v. H.

Im ND-Cylinder dagegen wächst nach Fig. 282 die Wärmeausnützung mit der Frischdampftemperatur, da bei der vorliegenden Gesamtexpansion der Dampf erst bei 400° Eintrittstemperatur den ND-Cylinder in trocken gesättigtem Zustand verläßt. Unter den Verlusten des ND-Cylinders überwiegt der Verlust durch unvollkommene Expansion, der 25 bis 28 v. H. des im ND-Cylinder verfügbaren Wärmegefälles der Ausnützung entzieht. Die Verluste durch Wärmeaustausch und Undichtigkeit sind bedeutend geringer wie im HD-Cylinder, nehmen aber wie bei diesem mit zunehmender Dampftemperatur ab und betragen bei Sattdampf rund 16 v. H., bei 300° und 400° Dampftemperatur 10 bzw. 6,5 v. H. Auch der zwischen ND-Cylinder und Kondensator auftretende Spannungsverlust vermindert sich mit steigender Dampftemperatur infolge abnehmender Dampfdichte.

Werden die Wärmeverluste auf die ganze Maschine bezogen Fig. 283, so überwiegt der Verlust durch unvollständige Expansion, der sich mit zunehmender Dampftemperatur zwischen 18,0 und 15,5 v. H. bewegt; der Verlust beim Übertritt in den Kondensator nimmt von 8 auf 4 v. H. ab und der Verlust durch Undichtheit und Wärmeaustausch wird kleiner als das Mittel aus den entsprechenden Verlusten der einzelnen Cylinder, indem die Wärmeverluste des HD-Cylinders eine

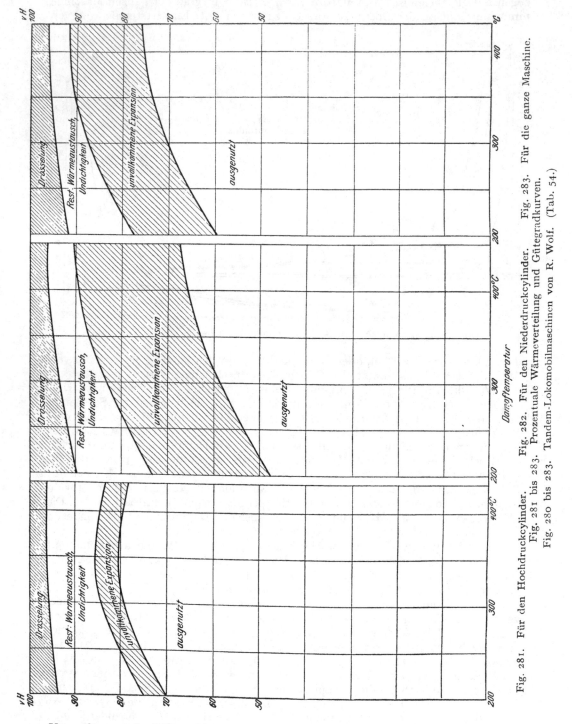

Fig. 281. Für den Hochdruckcylinder.   Fig. 282. Für den Niederdruckcylinder.   Fig. 283.   Für die ganze Maschine.
Fig. 281 bis 283.   Prozentuale Wärmeverteilung und Gütegradkurven.
Fig. 280 bis 283.   Tandem-Lokomobilmaschinen von R. Wolf. (Tab. 54.)

Vergrößerung des Wärmeinhalts und damit der Arbeitsfähigkeit des Niederdruckdampfes herbeiführen.

Nicht uninteressant ist noch ein in den Diagrammen Fig. 284 und 285 durchgeführter Vergleich der Versuchsergebnisse an einer für hohe Dampfspannung und
Überhitzung gebauten Tandemlokomobilmaschine mit den Versuchen an der mit
gleichen Dampftemperaturen, aber mit 6 Atm. niedrigerer Dampfspannung arbeitenden Van den Kerchovemaschine, III, S. 85 bis 87 und Fig. 277a. Die Versuche

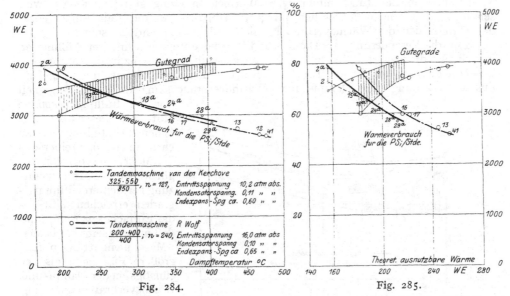

Fig. 284.   Fig. 285.

Fig. 284 und 285. Vergleich der Ergebnisse zweier Tandemmaschinen hinsichtlich Wärme
verbrauch und Gütegrad, bezogen auf die Dampfeintrittstemperatur und auf die theoretisch
ausnutzbare Wärme.

stimmen hinsichtlich Endexpansions- und Kondensatorspannung beider Maschinen
annähernd überein (s. Bemerkung in Fig. 284), weichen jedoch hinsichtlich der
Heizung voneinander ab. Bei der Kerchovemaschine ist der ND-Cylinder allein
durch Aufnehmerdampf geheizt, unter Ausschaltung der Deckel- und Mantelheizung des HD-Cylinders, bei der Wolfschen Lokomobilmaschine sind beide Cylinder von Rauchgasen umgeben.

Wird der Wärmeverbrauch und Gütegrad auf die theoretisch verfügbaren
Wärmegefälle bezogen, Fig. 285, so zeigt sich eine bedeutende Überlegenheit der
Kerchovemaschine, indem der Gütegrad für ein nutzbares Wärmegefälle von 180
bis 220 WE bei der Lokomobilmaschine 60 bis 75 v. H., bei der Kerchovemaschine 75 bis 80 v. H. beträgt. Die Verbesserung des Wärmeverbrauchs der
Kerchovemaschine durch Heizung des HD-Cylindermantels und Deckels bei
niederiger Überhitzung ist in Fig. 285 noch durch eine gestrichelte Linie angedeutet.

Günstig beeinflußt wurden die Ergebnisse der Kerchovemaschine durch die
mit ihrer höheren Leistung zusammenhängende Verminderung der Wärmeverluste
und durch den Umstand, daß bei ihr der Dampfverbrauch durch Kondensatwägung,
bei der Lokomobile dagegen durch Speisewasserwägung bestimmt wurde. Hinsichtlich der Ergebnisse der Lokomobile möge noch darauf hingewiesen werden, daß
durch spätere Versuche an einer wesentlich verbesserten Cylinderkonstruktion
auch wesentlich günstigere Ergebnisse erzielt wurden.

b. Einfluß der Belastung auf den Dampfverbrauch bei konstanter Dampftemperatur.

Die Dampfausnützung bei verschiedener Belastung einer Dampfmaschine
ist vornehmlich abhängig von der Veränderung der Eintritts- und Endexpansions-

verluste. Ersterer nimmt zu mit Verkleinerung der Füllung, letzterer mit deren
Vergrößerung. Aus diesem gegensätzlichen Verhalten der beiden Einflüsse bei
Änderung der Belastung erklärt sich die Erfahrungstatsache, daß der günstigste
Dampf- und Wärmeverbrauch bei einer ganz bestimmten sogenannten Normalfüllung erzielt wird, während unterhalb oder oberhalb dieses Füllungsgrades und der
entsprechenden Belastung ungünstigere Wärmeausnützung stattfindet. Bei wirtschaftlich arbeitenden Maschinen pflegt allerdings in weiten Belastungsgrenzen
der Unterschied des Wärmeverbrauchs nicht sehr bedeutend zu sein.

Für die Veränderung des Dampf- und Wärmeverbrauches mit der Füllung er-
mittelt sich für Ein- und Mehrfachexpansionsmaschinen eine ganz übereinstimmende
Gesetzmäßigkeit, wie die auf Taf. 6 des Bd. III für Sattdampfmaschinen gegebene
Zusammenstellung der Dampf- und Wärmeverbrauchskurven in Abhängigkeit

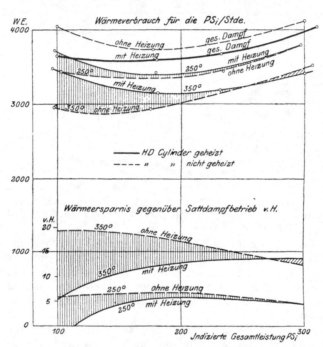

von der Füllung erkennen
läßt. Aus dieser übersichtlichen Darstellung ist zu
entnehmen, daß einerseits
die Mehrfachexpansion die
günstigste Wärmeausnüt-
zung bei kleineren Füllungsgraden erreichen läßt als
die Einfachexpansion, und
daß andererseits bei beiden
Maschinengattungen für
größere Füllungen als der
günstigsten der Dampf- und
Wärmeverbrauch nur wenig
zunimmt, also die Wärme-
ökonomie sich nur wenig
verschlechtert.

Bei Betrieb mit über-
hitztem Dampf bleibt zwar
der charakteristische Verlauf der Dampf- und Wär-
meverbrauchskurven un-
verändert, doch scheint die
der günstigsten Füllung entsprechende Leistung mit der
Überhitzung je nach der
Maschinenbauart sowohl zu-
als auch abzunehmen. In
ersterem Sinne mögen als
Beleg die eingehenden, auf

Fig. 286. Liegende Tandemmaschine $\dfrac{325 \cdot 550}{850}$ $n = 127$ von
Van den Kerchove. Einfluß der Belastung auf den Wärmeverbrauch bei Betrieb mit gesättigtem und auf 250 bzw. 350°
überhitztem Dampf.

ein zweites Belastungs- und Temperaturbereich sich erstreckenden Versuche von
Vinçotte an der mehrfach erwähnten liegenden 250 pferdigen Tandemmaschine von
Van den Kerchove dienen, deren Ergebnisse in Abhängigkeit von der Leistung
in Bd. III, S. 88 und in Fig. 286 dargestellt sind.

250 PS
Tandem-
Maschine.

Der Verlauf der Wärmeverbrauchskurven für gleiche Temperaturen des Eintrittsdampfes und für veränderliche Belastung zeigt wesentliche Unterschiede, je
nachdem der Hochdruckcylinder geheizt war oder nicht, und zwar ergab überhitzter Dampf verschiedener Temperatur fast bei allen Versuchen einen geringeren Wärmeverbrauch mit ungeheiztem Hochdruckcylinder als mit geheiztem, wobei in der Nähe der normalen Belastung jedoch nur geringe Unterschiede sich
einstellten. Die mit gesättigtem Dampf durchgeführten Versuche dagegen zeigten
die normale Veränderung des Wärmeverbrauchs in ausgesprochener Weise zugunsten
der Heizung. Beim Vergleich der für gleiche Dampftemperaturen ermittelten Wärme-

verbrauchskurven ist eine Zunahme der dem günstigsten Wärmeverbrauch entsprechenden Leistung mit der Überhitzung zu bemerken.

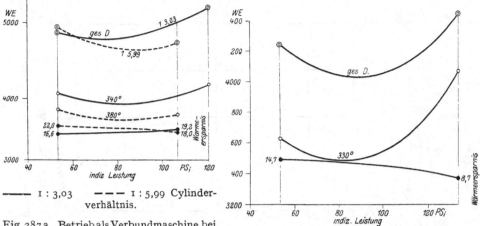

—————— 1 : 3,03   ― ― ― 1 : 5,99 Cylinderverhältnis.

Fig. 287a. Betrieb als Verbundmaschine bei
Ausschaltung des NII- bzw. MII-Cylinders.   Fig. 287b. Betrieb als Dreifachexpansionsmaschine.

Fig. 287a und b. Liegende Dreicylindermaschine $\dfrac{240 \cdot 400}{750}$; $\dfrac{520}{900}$; $n=95$. Wärmeverbrauch bei gesättigtem und überhitztem Dampf und Wärmeersparnis durch Überhitzung bezogen auf die Belastung.

Der entgegengesetzte Zusammenhang von Überhitzung und Leistung zeigte sich bei Versuchen Fig. 287a und b, an einer als Zweifachexpansionsmaschine betriebenen Dreicylindermaschine von Gebr. Sulzer. Die Versuche besitzen eine gewisse Eigenart dadurch, daß Mitteldruck- und Niederdruckcylinder je als Niederdruckcylinder für Zweifachexpansionswirkung des Dampfes betrieben wurden, womit eine Änderung des Volumverhältnisses der arbeitenden Cylinder von 1:3,03 auf 1:5,99 verbunden war.

Der große ND-Cylinder führte bei gesättigtem Dampf auf eine mit der Belastung zunehmende Verminderung des Wärmeverbrauchs, im Vergleich zum Betrieb mit kleinem Cylinder, infolge Abnahme des Verlustes durch unvollständige Expansion. Bei überhitztem Dampf ergab sich kein wesentlicher Unterschied im Verlauf der Wärmeverbrauchskurven, wenn die Verschiedenheit der Frischdampftemperaturen von 340° und 380° berücksichtigt wird.

Die in Fig. 287a veranschaulichte prozentuale Wärmeersparnis durch Überhitzung im Vergleich zum Sattdampfbetrieb, nimmt bei kleinem Cylinderverhältnis mit der Belastung zu, bei großem Cylinderverhältnis ab; die letztere Veränderung stellte sich auch bei der mit Dreifachexpansion betriebenen Maschine (Cylinderverhältnis 1:3,03:5,99) ein.

**120 PS
Dreifach-
Expansions-
maschine.**

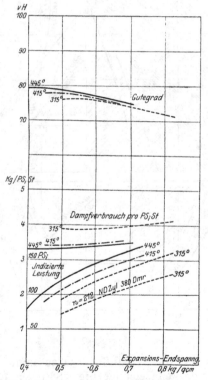

Fig. 288. Versuche mit einer Tandem-
Lokomobilmaschine $\dfrac{200 \cdot 400}{400}$; $n=242$.
Veränderung des Dampfverbrauchs und Gütegrades mit der Belastung und Dampftemperatur.

Es kann aus diesen Ergebnissen gefolgert werden, daß der Wert großer Cylinderverhältnisse mit großer Überhitzung abnimmt.

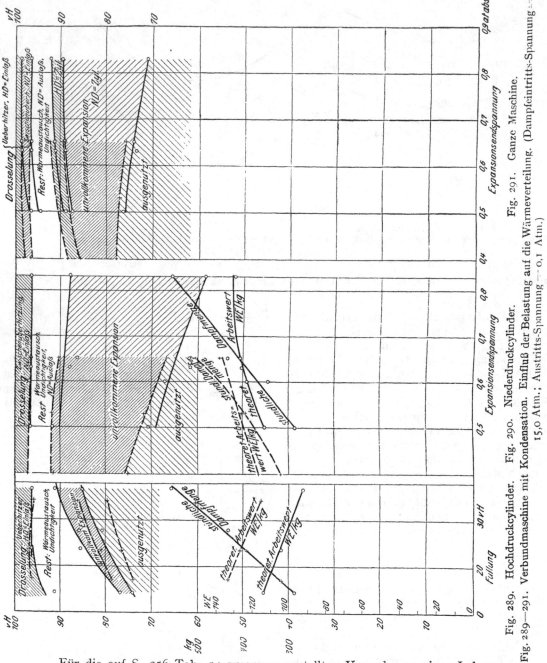

Fig. 289. Hochdruckcylinder. Fig. 290. Niederdruckcylinder. Fig. 291. Ganze Maschine.

Fig. 289—291. Verbundmaschine mit Kondensation. Einfluß der Belastung auf die Wärmeverteilung. (Dampfeintritts-Spannung = 15,0 Atm.; Austritts-Spannung = 0,1 Atm.)

Für die auf S. 256 Tab. 54 zusammengestellten Versuche an einer Lokomobilmaschine kennzeichnet Fig. 288[1]) den Einfluß der Belastung auf den Dampf- und Wärmeverbrauch durch Bezugnahme auf die Endexpansionsspannung. Die Versuchskurven sind für mittlere Dampftemperaturen von 315°, 415° und 445° eingetragen. Bei den geringeren Temperaturen arbeitet der ND-Cylinder mit einer

---

[1]) Z. V. d. I. 1911, S. 987, Fig. 15.

durch Rauchgase bewirkten Zwischenüberhitzung von im Mittel 70⁰ bzw. 40⁰. Be-
achtenswert ist der in den unteren Kurven zum Ausdruck kommende Einfluß der
Dampftemperatur und Zwischenüberhitzung auf die Größe der Leistung bei gleicher
Endexpansionsspannung. Der günstigste Dampfverbrauch wird bei um so geringeren
Belastungen erreicht, je höher die Überhitzung ist. Hieraus und aus dem steileren
Verlauf der Expansionslinie bei höherer Temperatur folgt wiederum, daß hohe Überhitzung eine weitergehende Expansion begünstigt (vgl. Fig. 287a und b.). Für
je 0,1 Atm. höheren Endexpansionsdruck erhöht sich der Dampfverbrauch über den
günstigsten um 2 bis 2,3 v. H. bei Eintrittstemperaturen über 300⁰.

Fig. 289 bis 291 geben für die gleichen Versuche eine Übersicht über die Wärmeverteilung in HD- und ND-Cylinder und in der ganzen Maschine bezogen auf Füllung
bzw. Endexpansionsspannung. Die ausgezogenen Linien beziehen sich auf eine Versuchsreihe, bei der die Eintrittstemperatur mit der Belastung von 304⁰ auf 334⁰ stieg
und die Zwischenüberhitzung von 90⁰ auf 63⁰ abnahm. Die gestrichelten Linien
gehören zu einer Versuchsreihe mit 400 bis 430⁰ Eintrittstemperatur und 60⁰ bis
30⁰ Zwischenüberhitzung. Letztere ist am größten bei kleiner Belastung und geringerer Temperatur vor HD-Cylindereintritt. Übereinstimmend mit früheren Feststellungen erhöht sich nach Fig. 289 die Wärmeausnützung im HD-Cylinder mit zunehmender Füllung, indem der Wärmeverlust durch Wechselwirkung von Dampf und
Wandung von 13 v. H. bei $^1/_5$ Füllung auf 5 v. H. bei $^1/_3$ Füllung sich vermindert als
Folge der Zunahme der arbeitenden Dampfmenge und Abnahme des Druck- und
Temperaturgefälles. Die Verminderung des Wärmeverlustes ist bemerkenswerterweise bei hoher Überhitzung (415⁰) geringer als bei 315⁰. Beim ND-Cylinder Fig.
291 ist der innere Wärmeverlust (Rest) geringer als beim HD-Cylinder und um so
kleiner, je höher die Überhitzung ist. Für die gesamte Maschine, Fig. 291, überwiegt
der Verlust durch unvollständige Expansion, während sämtliche übrigen Verluste
zusammen im Mittel etwa 9 v. H. betragen, abnehmend mit zunehmender Belastung.

Hinsichtlich der Versuchsergebnisse an Heißdampflokomobilen sei außer auf
die S. 255 bis 259 und die in Bd. III S. 76 bis 83 wiedergegebenen Versuchsberichte noch auf die eingehenden Mitteilungen in der Z. d. V. d. Ing. 1905,
S. 189 und 1147, 1906, S. 313, 1908, S. 1472 und 1590, 1921, S. 1045, sowie auf
Heft 92 der Mitteilungen über Forschungsarbeiten verwiesen.

Diese Berichte, aus denen die in den letzten Jahren erreichte weitgehende
wärmetechnische Verbesserung der deutschen Lokomobilen, insbesondere der führenden Lokomobilfabriken Heinrich Lanz und R. Wolf, hervorgeht, zeigen für die verschiedenen Leistungsgrößen und Betriebsverhältnisse so niedrigen Dampf- und Kohlenverbrauch für die effektive Leistung, wie bei Dampfmaschinenanlagen gleicher
Leistung und unter gleichen Druck- und Temperaturgrenzen mit getrennten Kesseln
nur in Ausnahmefällen mittels besonderer wärmetechnischer Maßnahmen erreicht
wurde.

c. Einfluß der Austrittsspannung auf die Wärmeausnützung.

Zur Kennzeichnung des Einflusses der Austrittsspannung auf den Dampfverbrauch von Mehrfachexpansionsmaschinen mögen zunächst Versuche von Prof.
Eberle an der Verbundmaschine $\frac{225 \cdot 300}{600}$; $n = 120$ der dampftechnischen Ver-

**Versuche an
einer Zwei-
fachexpan-
sionsmaschine.**

suchsanstalt des Bayrischen Revisionsvereins herangezogen werden. Entsprechende
Versuchsergebnisse mit der als Einfachexpansionsmaschine betriebenen Hochdruckseite sind bereits S. 146 mitgeteilt. Die an der Verbundmaschine mit gesättigtem
Dampf ausgeführten Untersuchungen Tab. 55 fanden bei gleichbleibender Leistung
und durch Lufteintritt in den Kondensator verändertem Vakuum statt. Der
Hochdruckcylinder wurde durch Frischdampf, der Niederdruckcylinder durch auf
4 Atm. gedrosselten Dampf geheizt.

Die Abhängigkeit des Dampfverbrauches vom Kondensatordruck stimmt mit der beim Eincylinderbetrieb S. 146 festgestellten Gesetzmäßigkeit überein. Mit zunehmendem Vakuum nimmt der wirkliche Dampfverbrauch viel langsamer ab als der theoretische, so daß der Gütegrad sich wesentlich verschlechtert. Die Ursache dieser ungünstigen Wärmeausnützung ist nicht in einer Erhöhung der Wärmeverluste, sondern in einer Zunahme der Druckverluste zwischen Cylinder und Kondensator, Fig. 292 und 293, und einer Zunahme der Verluste durch unvollständige Expansion begründet. Es ist damit ein weiterer Beleg dafür gegeben, daß die Wechselwirkung zwischen Dampf und Wandung auch in der Verbundmaschine durch Erniedrigung der Kondensatorspannung nicht beeinflußt wird, obwohl sie eine Verkleinerung der Hochdruckcylinderfüllung im Gefolge hat.

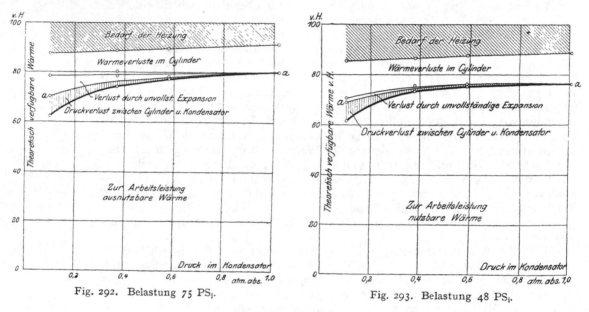

Fig. 292. Belastung 75 PS$_i$.   Fig. 293. Belastung 48 PS$_i$.

Fig. 292 und 293. Verbundmaschine $\dfrac{225 \cdot 300}{600}$; $n = 120$ Einfluß des Gegendruckes auf die Wärmeverteilung.

Tabelle 55.

Verbundmaschine $\dfrac{225 \cdot 300}{600}$; $n = 120$.   Einfluß des Gegendrucks.

Versuche des Bayrischen Revisions-Vereins.

Belastung . . . . . PS$_i$	48				75			
Dampfspannung vor der Maschine . . Atm. abs.	10,1	10,1	10,1	10,1	10,1	10,1	10,1	10,1
Dampfspannung im Aufnehmer . . Atm. abs.	1,21	1,53	1,86	2,30	1,87	2,25	2,46	2,98
Vakuum in v. H. des Luftdrucks	91	62	41	—	90	63	42	—
Gegendruck im Kondensator . . . Atm. abs.	0,10	0,38	0,59	1,01	0,10	0,37	0,58	1,02
Gegendruck im ND-Cyl. Atm. abs.	0,165	0,405	0,60	—	0,165	0,445	0,61	—
Expansionsgrad	26,2	20,5	17,8	13,7	14,8	12,4	11,2	9,0
Expansionsenddruck Atm. abs.	0,36	[0,47]	0,60	1,01	0,61	[0,79]	0,89	1,08

Tabelle 55 (Fortsetzung).

Belastung . . . . . PS$_i$	48				75			
Indicierte Leistung								
im HD-Cyl. . . . PS$_i$	24,0	25,9	26,8	29,9	33,2	34,4	36,2	37,5
im ND-Cyl. . . . ,,	23,4	22,1	22,5	18,6	38,0	38,0	36,4	34,0
gesamt . . . . . . ,,	47,4	48,0	49,3	48,5	71,2	72,7	72,6	71,5
Dampfverbrauch								
f. d. PS$_i$/Std. . . . kg	6,16	6,96	7,47	8,88	6,12	6,68	7,26	8,44
Mantelkondensat								
HD-Cyl. v. H.	6,2	6,1	5,6	5,3	4,8	4,4	4,2	3,8
,, ND-Cyl. ,,	8,5	7,4	6,5	5,8	7,6	6,8	6,1	5,1
,, gesamt . ,,	14,7	13,5	12,1	11,1	12,4	11,2	10,3	8,9

Wärmeverteilung in v. H. der theoretisch verfügbaren Wärme.

Theoretisch verfügbare								
Wärme = 100 v. H. WE	165,6	123,3	112,2	93,6	165,6	127,5	112,7	93,6
Nutzbare Wärme . v. H.	61,9	73,7	75,4	76,1	62,4	74,2	77,2	80,1
Aufwand der Heizung v. H.	14,7	13,5	12,1	11,1	12,4	11,2	10,3	8,9
Verlust durch unvollstän-								
dige Expansion . v. H.	1,4	0,7	—	—	8,7	1,7	0,4	0,1
Verlust zwischen ND-Cy-linder und Kondensator								
v. H.	7,5	1,5	0,7	—	7,7	4,2	1,3	—
Wärmeverlust in den Cy-								
lindern . . . . . v. H.	14,5	[10,6]	11,8	12,8	8,8	[8,7]	10,8	10,9

Der Mantelbedarf beider Cylinder nimmt mit abnehmender Austrittsspannung zu, und zwar je nach der Belastung von 11,1 bzw. 8,9 v. H. bei Auspuffbetrieb auf 14,7 bzw. 12,4 v. H. bei 0,1 Atm. Kondensatorspannung; hierbei ist die Vergröße-rung des Mantelkondensats im Hochdruckcylinder durch die mit zunehmendem Vakuum abnehmende Füllung bedingt. Bemerkenswert ist, daß die Verbund-maschine größeren Verbrauch an Heizdampf aufweist als der als Eincylinder arbeitende Hochdruckcylinder, Fig. 191 und 192, S. 147.

Auch bei den Versuchen Prof. Josses, Tab. 56 und 57, an einer Dreifachex-pansionsmaschine des Laboratoriums der Technischen Hochschule Charlottenburg[1]) zeigt sich nur eine geringe Beeinflussung der Wärmeverluste durch die Kondensator-spannung. Die Versuche wurden bei konstanter Leistung, Umdrehungszahl und Eintrittsspannung mit veränderter Kondensatorspannung, sowie bei Heizung der Mittel- und Niederdruckcylindermäntel durch auf 4 Atm. gedrosselten Frischdampf durchgeführt. Die schädlichen Räume des Hoch- und Mitteldruckcylinders betrugen 8,84, des Niederdruckcylinders 8,79 v. H. Die Füllung der beiden größeren Cylin-der blieb während der mit gesättigtem und überhitztem Dampf ausgeführten Ver-suche unverändert, wobei die Aufnehmerspannungen mit steigendem Konden-satordruck ebenfalls zunahmen.

Die wichtigsten Ergebnisse sind in den Fig. 294 bis 297, auf die Kondensator-span nung bezogen, graphisch zusammengestellt, wobei sich zeigt, daß auch in diesen Versuchen der Einfluß des Vakuums auf den wirklichen Dampfverbrauch viel geringer ist als bei der theoretisch vollkommenen Maschine. Für überhitzten Dampf zeigt sich eine lineare Abnahme des Dampfverbrauches mit dem Vakuum, während er bei Sattdampfbetrieb und Kondensatorspannungen unter 0,2 Atm. fast unver-ändert bleibt. Die Ursache hierfür liegt hauptsächlich in der aus Fig. 295 und 296 er-sichtlichen mit dem Vakuum sich erhöhenden Zunahme des Druckverlustes zwischen Niederdruckcylinder und Kondensator infolge Volumzunahme des austretenden Dampfes bei gleichbleibendem Durchtrittsquerschnitt der Auslaßsteuerung und der Ab-dampfleitung. Aus dem Diagramm ist zu entnehmen, daß die Wärmeverluste in den Cylindern mit zunehmendem Vakuum nicht nur nicht zunehmen, sondern sogar

Versuche von Prof. Josse an einer Dreifach-expansions-maschine.

[1]) Josse, Neuere Wärmekraftmaschinen, 1905, S. 38—66.

Tabelle 56 und 57. Stehende Dreifachexpansionsmaschine $\frac{270\cdot430\cdot675}{500}$; $n = 145$. Versuche von Prof. Josse.

Tabelle 56. Betrieb mit gesättigtem Dampf.

Konstante Belastung und veränderliche Kondensatorspannung.

Vakuum . . . . v. H.	94		89				81		69	
Versuchs-Nummer	5a	5b	1b	12c	14b	12a	15a	19b	16a	18a
Dampfspannung vor HD-Cyl. . . Atm. abs.	12,13	12,24	12,20	12,47	12,32	12,29	12,22	12,23	12,27	12,20
Vakuum in v. H. des Luftdrucks . .	94,3	94,2	89,7	88,9	88,6	88,3	82,2	80,8	69,1	68,9
Gegendruck im Kondensator . . Atm. abs.	**0,059**	**0,060**	**0,106**	**0,114**	**0,118**	**0,121**	**0,184**	**0,198**	**0,320**	**0,321**
ND-Cyl.	0,159	0,167	0,204	0,196	0,207	0,196	0,245	0,259	0,354	0,365
Indicierte Leistung im HD-Cyl. . PS$_i$	64,4	64,4	63,9	65,5	65,9	66,1	64,2	66,8	68,2	67,6
" MD- "	55,6	56,2	55,1	53,9	53,1	52,9	52,5	51,9	52,8	54,0
" ND- "	57,0	58,4	56,1	57,0	57,2	54,6	57,2	56,6	57,4	57,7
" gesamt	177,0	179,0	175,1	176,4	176,2	173,6	173,9	175,3	178,4	179,3
Dampfverbrauch für die PS$_i$/Std. . . kg	**6,32**	**6,26**	**6,31**	**6,29**	**6,25**	**6,36**	**6,35**	**6,35**	**6,61**	**6,66**
Wärmeverbrauch " " . . WE	4194	4155	4188	4177	4149	4197	4215	4215	4388	4420
Wärmerückgewinn bei Rückspeisung des Kondensats	107	113	—	165	180	143	264	248	357	366
Effektiver Wärmeverbrauch	4087	4042	—	4012	3969	4054	3951	3967	4031	4054
Mantelkondensat im HD-Cyl. . . v. H.	2,66	2,72	2,62	2,46	2,47	2,52	2,54	2,44	2,37	2,35
" MD- "	6,23	6,32	6,21	7,00	6,42	7,42	6,38	6,30	6,21	6,19
" ND- "	6,73	6,94	5,80	6,75	6,96	6,82	6,85	6,74	6,53	6,60
" gesamt	**15,67**	**15,98**	**14,63**	**16,21**	**15,85**	**16,76**	**15,77**	**15,48**	**15,11**	**15,14**

Wärmeverteilung in v. H. der theoretisch verfügbaren Wärme.

	94		89				81		69	
Theoretisch verfügbare Wärme = 100 v. H. WE/kg	187,0	186,4	171,1	169,6	168,0	167,6	155,5	153,5	139,0	138,9
Nutzbare Wärme . . . . . v. H.	**53,5**	**54,3**	**58,6**	**59,4**	**60,3**	**59,4**	**64,3**	**65,1**	**68,9**	**68,5**
Wärmeverbrauch der Heizung	15,7	16,0	14,6	16,2	15,8	16,8	15,8	15,5	15,1	15,1
Verlust zw. Cyl. u. Kond.	12,5	12,6	9,4	7,6	7,9	6,9	4,6	4,7	2,1	2,3
Wärmeverlust in den Cylindern einschl. unvollst. Exp.	18,3	17,1	17,4	16,8	16,0	16,9	15,3	14,7	13,9	14,1

Tabelle 57. Betrieb mit überhitztem Dampf von 250° C.
Konstante Belastung und veränderliche Kondensatorspannung

Versuchsnummer	22 b	24 a	28 a	23 b	26 a	26 b	25 b	29 a
Dampfspannung v. HD-Cyl.								
Atm. abs.	12,1	12,18	12,04	12,18	12,13	12,13	12,21	12,16
Dampftemperatur v. HD-C. °C	250,3	250,6	249,5	250,9	249,9	249,7	251,3	250,6
Vakuum in v. H. des Luftdrucks	92,4	88,4	84,1	79,8	77,0	76,4	68,6	67,4
Gegendruck im Kondensator								
Atm. abs.	0,079	0,119	0,165	0,208	0,238	0,243	0,324	0,338
Gegendruck im ND-Cyl. ,,	0,173	0,188	0,229	0,263	0,291	0,287	0,361	0,368
Indic. Leistung im HD-C. PS$_i$	69,1	68,6	69,7	71,0	70,4	69,9	72,6	70,3
,, ,, ,, MD C. ,,	55,0	54,8	53,0	56,2	55,0	54,8	57,4	53,0
,, ,, ,, ND-C. ,,	50,8	53,6	53,4	51,6	53,6	54,7	53,8	52,1
,, ,, gesamt ,,	174,9	177,0	176,1	178,8	179,0	179,4	183,8	175,4
Dampfverbrauch für die PS$_i$/Std. . . . . . . kg	5,38	5,44	5,49	5,55	5,66	5,63	5,72	5,71
Wärmeverbrauch für die PS$_i$/Std. . . . . . . WE	3733	3775	3807	3852	3926	2905	3971	3962
Wärmerückgewinn bei Rückspeisung des Kondensats WE	129	138	122	276	296	287	348	338
Effektiver Wärmeverbrauch ,,	3604	3637	3785	3576	3630	3618	3523	3624
Mantelkondensat i. HD-C. v. H.	0,25	0,31	0,30	0,36	0,38	0,41	0,38	0,28
,, ,, MD-C. ,,	4,01	4,08	4,07	4,00	3,94	3,96	3,72	3,80
,, ,, ND-C. ,,	6,49	6,72	6,10	5,20	6,49	6,26	5,40	5,30
,, gesamt ,,	10,75	11,11	10,47	9,56	10,81	10,63	9,50	9,38
Wärmeverteilung in v. H. der theoretisch verfügbaren Wärme.								
Theoretisch verfügbare Wärme = 100% . . . . . WE/kg	192,1	181,0	170,1	164,0	159,6	159,0	150,0	148,6
Nutzbare Wärme . . v. H.	61,2	64,3	67,6	69,5	70,0	70,7	73,7	74,5
Wärmeverbrauch der Heizung v. H.	10,7	11,1	10,5	9,6	10,8	10,6	9,5	9,4
Verlust zwischen Cylinder und Kondensator . . . v. H.	10,2	6,8	5,3	4,0	3,9	3,3	2,4	1,9
Verlust in den Cylindern einschl. unvollst. Expansion v. H.	17,8	17,9	16,6	16,9	15,3	15,4	14,4	14,2

eine Abnahme erfahren, wenn berücksichtigt wird, daß die Verluste durch unvollständige Expansion mit zunehmendem Vakuum sich vergrößern. Bei überhitztem Dampf, Fig. 296, behalten die Wärmeverluste im Cylinder einschließlich des Verlustes durch unvollständige Expansion annähernd dieselbe Größe wie bei Sattdampfbetrieb, während sich der Bedarf der Mantelheizung und die Druckverluste zwischen Cylinder und Kondensator vermindern.

Die beiden angezogenen Versuchsreihen lassen in den Fig. 295 und 296 übereinstimmend erkennen, daß gesteigertes Vakuum zunehmende Vergrößerung der Austrittsverluste dadurch im Gefolge hat, daß der Unterschied zwischen Austrittsspannung im Cylinder und Kondensatorspannung sich vergrößert. Um den wechselnden Einfluß dieser Verluste auszuschalten, ist es für das vergleichende Studium der Vorgänge innerhalb des Cylinders zweckmäßig, den Gütegrad auf den Gegendruck im Cylinder, wie dies auch in den Tabellen des Bd. III geschehen ist, und nicht auf die Kondensatorspannung zu beziehen.

Da der unter Ausschaltung des Druckverlustes zwischen Cylinder und Kondensator sich ergebende Gütegrad nahezu konstant wird, ist es leicht, bei Kenntnis des Dampfverbrauches für eine bestimmte Austrittsspannung die Veränderung des wirklichen Dampfverbrauches mit Veränderung des Gegendruckes im Niederdruckcylinder zu bestimmen und hierdurch auf zuverlässiger Grundlage Umrechnungen für verschiedene Austrittsspannungen, die bei Garantieversuchen nicht selten notwendig werden, vorzunehmen.

Wird der zur Dampferzeugung erforderliche Wärmeaufwand von 0° Speisewassertemperatur aus gerechnet, so zeigen die Diagramme Fig. 294 bis 297, daß trotz bedeutender Abnahme des Gütegrades mit Vergrößerung des Wärmegefälles

Änderung
des Dampfverbrauchs
mit der
Austrittsspannung
bei gleicher
Leistung.

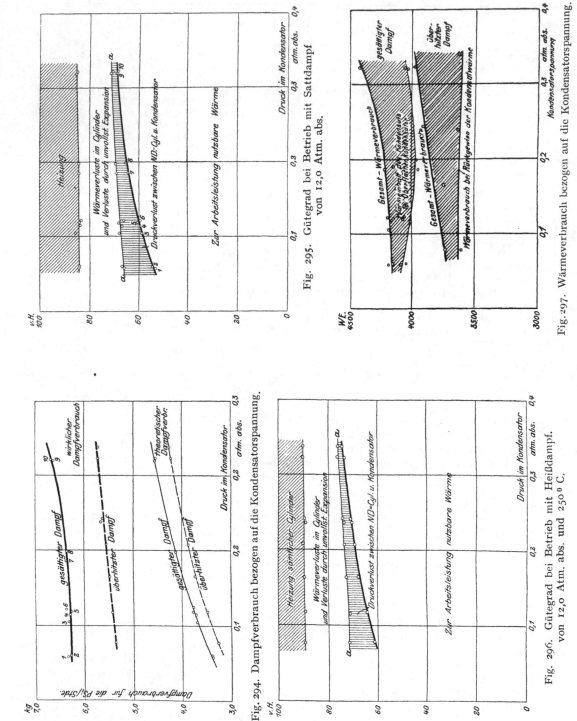

Fig. 295. Gütegrad bei Betrieb mit Sattdampf von 12,0 Atm. abs.

Fig. 297. Wärmeverbrauch bezogen auf die Kondensatorspannung.

$$\text{Stehende Dreifachexpansionsmaschine } \frac{270 \cdot 430 \cdot 675}{500} : n = 145.$$

Fig. 294. Dampfverbrauch bezogen auf die Kondensatorspannung.

Fig. 296. Gütegrad bei Betrieb mit Heißdampf. von 12,0 Atm. abs. und 250° C.

Fig. 294 bis 297.

zwischen Eintrittsspannung und Kondensatordruck der günstigste Wärmeverbrauch bei höchstem Vakuum sich einstellt. Wird jedoch der verminderte Wärmeaufwand in Rechnung gezogen, der für die Dampferzeugung bei Verwendung des im Kondensator kondensierten Arbeitsdampfes zur Kesselspeisung sich ergibt, so beeinflußt dieser Wärmegewinn die Wärmeausnützung derart, daß der geringste Wärmeverbrauch nicht mehr bei niedrigster Kondensatorspannung eintritt, sondern im vorliegenden Fall beispielsweise für Sattdampfbetrieb bei 0,2 Atm. Kondensatordruck.

Bei überhitztem Dampf nimmt zwar der Wärmeverbrauch und die Wärmeausnützung mit steigender Kondensatorspannung linear zu, bei Rückgewinn der Kondensatwärme erweisen sich jedoch alle untersuchten Kondensatorspannungen als annähernd gleichwertig.

Tabelle 58.

$$\text{Liegende Lokomobil-Tandemmaschine } \frac{200 \cdot 400}{400}; \quad n = 242.$$

Einfluß des Vakuums auf den Dampfverbrauch bei hoher Eintrittsüberhitzung.

Eintritts-spannung Atm. abs.	Vakuum %	Dampftemperatur		Indic. Leistung	Dampf-verbrauch kg/PS$_i$	Wärme-verbrauch WE/PS$_i$
		Eintritt HD	Eintritt ND			
16,1	0	470	298	144,1	4,45	3625
16,0	70	472	290	146,4	3,46	2875
16,0	75	475	283	144,8	3,37	2760
16,0	80	478	283	144,1	3,24	2685
16,1	85	473	274	144,0	3,23	2640
16,0	91	478	271	144,9	3,19	2610

Wird die aus den vorgenannten Ergebnissen an ein und derselben Versuchsmaschine ermittelte Abhängigkeit des Wärmeverbrauchs und Gütegrades vom Gegendruck im ND-Cylinder verglichen mit der auf Taf. 8 Bd. III festgestellten Veränderung beider für eine große Zahl von Sattdampfmaschinen bei normaler Belastung, so zeigt sich eine ganz übereinstimmende Gesetzmäßigkeit; besonders hervorzuheben ist die bei letzteren Diagrammen sowohl wie in den Fig. 295 und 296 zum Ausdruck kommende geringe Veränderlichkeit der Wärmeverluste im Cylinder bei verschiedenen Kondensatorspannungen.

In voller Übereinstimmung hiermit stehen Versuche von Heilmann über den Einfluß des Vakuums auf den Dampfverbrauch einer 150 pferdigen Lokomobil-Tandemmaschine bei einer Eintrittsspannung von

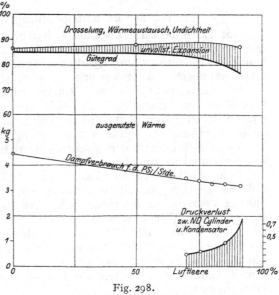

Fig. 298.

$$\text{Liegende Tandemmaschine } \frac{200 \cdot 400}{400}; \quad n = 242.$$

Einfluß des Vakuums auf die Wärmeverteilung bei hoher Eintrittsüberhitzung.

150 PS-Lokomobil-Tandemmaschine mit hoher Überhitzung.

16,0 Atm. abs. (Tab. 58). Bei einer Leistung von 144,0 bis 146,1 PS$_i$ vollzog sich in beiden Cylindern der gesamte Expansionsvorgang im Überhitzungsgebiet. Auch bei diesen Versuchen ist, wie Fig. 298 zeigt, eine Abnahme des Gütegrades mit Zunahme des Vakuums über 70 v. H. zu beobachten, verursacht durch die Zunahme der Verluste durch unvollständige Expansion und der Drosselverluste zwischen

ND-Cylinder und Kondensator. Für die Größe der letzteren ist die Steigerung des Druckverlustes von 0,02 auf 0,07 Atm. maßgebend bei einer Erhöhung des Vakuums von 70 auf 90 v. H. Die Verluste durch Wärmeaustausch und Undichtheit nehmen, wie bei früher ausgeführten Versuchen schon festgestellt, mit zunehmendem Vakuum etwas ab.

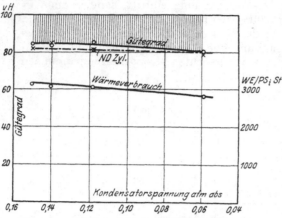

Fig. 299. W. Schmidtsche Heißdampf-Tandem-maschine $\frac{285 \cdot 680}{600}$; $n = 145$ Gütegrad und Wärmeverbrauch bei gleichbleibender Belastung von 102 PS$_i$ und abnehmender Kondensatorspannung.

Die auf S. 247 mitgeteilten Versuche der Schmidtschen Heißdampf-Gesellschaft an einer mit 9,0 Atm. Eintrittsspannung, weitgehender Expansion im ND-Cylinder und Zwischenüberhitzung arbeitenden Verbundmaschine zeigen nach Fig. 299 in völliger Übereinstimmung mit vorstehenden Ergebnissen nur eine sehr geringe Veränderung des (auf das Wärmegefälle bis Kondensatorspannung bezogenen) Gütegrades bei Kondensatordrücken zwischen 0,06 und 0,15 Atm. Der Druckverlust zwischen Cylinder und Kondensator betrug nur 0,02 Atm. unabhängig vom Kondensatordruck. Eine Verbesserung der Luftleere im Kondensator um 1 v. H. verringerte den Wärmeverbrauch um ungefähr 1,2 v. H.

d. Einfluß der Eintrittsspannung auf die Wärmeausnützung.

Auf Taf. 8 des Bd. III befindet sich noch die Darstellung der Wärmeverbrauchs- und Gütegradkurven von Verbund-Sattdampfmaschinen in Abhängigkeit von der Eintrittsspannung am Hochdruckcylinder, wobei die Versuchspunkte für Austrittsspannungen von 0,1, 0,2 und 1,0 Atm. abs. zu Kurven zusammengefaßt sind.

Die Kurven des wirklichen Wärmeverbrauches zeigen in ihrem charakteristischen Verlauf nur eine geringfügige Abweichung von den theoretischen Kurven, hervorgerufen durch geringe Abnahme des Gütegrades mit steigender Eintrittsspannung infolge Zunahme des Verlustes durch unvollständige Expansion. Die prozentualen Wärmeverluste im Cylinder erweisen sich nicht nur vom Gegendruck, sondern auch von der Eintrittsspannung unabhängig.

Demnach kann für wirtschaftlich arbeitende Maschinen angenommen werden, daß bei gleichen Austrittsspannungen eine Veränderung der Eintrittsspannung eine der Veränderung des theoretischen Wärmeverbrauches proportionale Änderung des wirklichen Wärmeverbrauches bedingt.

200 PS Dreifach-expansions-maschine.

Einen weiteren Beleg hierfür bieten die in Bd. III, S. 139 bis 141 ausführlich behandelten Versuche der Maschinenfabrik Augsburg an einer liegenden Dreifachexpansionsmaschine mit gesättigtem und überhitztem Dampf von 7 bzw. 11 Atm. Eintrittsspannung. Nachstehende Tab. 59 enthält die hier in Frage kommenden Versuchswerte.

Tabelle 59.

Liegende Dreifachexpansionsmaschine $\frac{280 \cdot 450 \cdot 700}{1000}$; $n = 70$.

Versuchsnummer	Gesättigter Dampf		Überhitzter Dampf	
Versuchsnummer	3 u. 4	7 u. 8	1 u. 2	5 u. 6
Eintrittsspannung	6,89	11,28	6,97	11,03
Gegendruck	0,112	0,120	0,097	0,103
Dampftemperatur	167,5	184,2	240,0	259,3
Wärmeverbrauch f. d. PS	3790,0	3525,0	3577,0	3340,0
Gütegrad	74,0	73,0	74,6	73,0

Die Erhöhung der Eintrittsspannung verursachte sowohl bei gesättigtem wie auch bei überhitztem Dampf nur eine geringe Veränderung des Gütegrades, so daß die Verminderung des tatsächlichen Wärmeverbrauches wesentlich in der mit zunehmender Eintrittsspannung erfolgenden Abnahme des theoretischen Wärmeverbrauches begründet ist. Die wirtschaftliche Bedeutung erhöhter Eintrittsspannung liegt somit vornehmlich in der Vergrößerung der ausnützbaren Wärmemenge, wozu sich der praktische Vorteil gesellt, daß die Hubarbeit sich vergrößert und das Arbeitsvolumen des Cylinders besser ausgenützt wird. So konnte beispielsweise in der Augsburger Maschine durch Erhöhung der Eintrittsspannung von 7,0 auf 11,0 Atm. abs. die indicierte Leistung bei Betrieb mit gesättigtem und überhitztem Dampf, gleicher Endexpansionsspannung und Umdrehungszahl, um 40 PS gesteigert werden. Eine derartige Verbesserung der Leistung einer Dampfmaschine setzt jedoch dichte Steuerorgane und Kolben voraus, da andernfalls die erhöhte Dampfspannung eine ungünstigere Wärmeausnützung im Gefolge hat, wie dies z. B. bei der Heißdampfmaschine Bd. III, S. 113, deren Hochdruckcylinder größere Undichtheiten aufwies, der Fall ist. Der Erhöhung des Dampfdruckes von 7,8 auf 11,0 Atm. entsprach eine Verschlechterung des Gütegrades des HD-Cylinders von 67,4 auf 62,7 v. H. und eine Erhöhung des Dampfverbrauches von 4,72 auf 5,0 kg. Dieses vorteilhaftere Verhalten der niederen Eintrittsspannung im vorliegenden Falle durch geringere Wechselwirkung zwischen Cylinderwand und Dampf vornehmlich erklären zu wollen, wäre nicht stichhaltig, weil der Unterschied im Temperaturgefälle beider Betriebsarten an sich relativ gering ist. Solche Fälle, bei denen der wirtschaftlichere Betrieb kleinerer Eintrittsspannung entspricht, bilden jedoch Ausnahmen, da eine so vollkommene Dichtheit der Steuerorgane und Kolben sich erzielen läßt, daß der Einfluß der Eintrittsspannung in naturgemäßer Weise zur Geltung kommt; die Wärmeverluste im Cylinderinnern werden alsdann nahezu unabhängig von der Eintrittsspannung, wie dies die Versuchsmaschinen verschiedener Größen und Leistungen auf Taf. 8 zeigen.

Höhere Eintrittsspannungen, die denen der stationären Dreifachexpansionsmaschinen entsprechen, kommen beim Lokomobilbetrieb bereits für Ein- und Zweifachexpansion zur Verwendung und zwar bis 16,0 Atm. bei Verbund- und Tandemanordnung der Cylinder. Die günstige Wärmeausnützung ist bei diesen Maschinen in hoher Überhitzung und Umdrehungszahl, sowie kleinen Abmessungen der Dampfcylinder und Steuerorgane begründet.

Die höchsten Arbeitsspannungen weist der Schiffsbetrieb auf, bei welchem behufs weitgehender Leistungssteigerung von Kessel und Maschinen schon seit langem Dampfdrücke bis zu 20 Atm. zur Anwendung kommen.

Die in neuester Zeit, insbesondere vom Begründer der Heißdampfmaschine Dr. Ing. W. Schmidt in Wilhelmshöhe verfolgten Bestrebungen, für die Dampfmaschine das Gebiet wesentlich höherer Dampfspannungen zu erschließen, haben bereits in den ersten Versuchsmaschinen zu beachtenswerten Ergebnissen geführt[1]).

Schmidtsche Hochdruck-Dampfmaschine.

Über die wirtschaftliche Bedeutung des Hochdruckdampfes für die Kolbendampfmaschine läßt sich jedoch noch kein endgültiges Urteil gewinnen. Die theoretische Ausnützung des Höchstdruckdampfes ist auf S. 50ff. ausführlich gekennzeichnet. Praktisch bedeutsam dürfte der Hochdruckdampf besonders bei solchen Anlagen werden, bei denen sich aus der in der Fabrikation benötigten Dampfmenge durch Anwendung hohen Druckes ausreichende, der erforderlichen Arbeitsleistung entsprechende Energiemengen gewinnen lassen.

Für Kolbenmaschinen besteht bis jetzt außer der 250 PS Versuchsanlage der Schmidtschen Heißdampfgesellschaft, deren wesentliche Versuchsergebnisse[1]) schon auf S. 168 Tab. 25 und Bd. 188 zusammengestellt bzw. veranschaulicht

---

[1]) Hartmann, Z. V. d. I. 1921, S. 663ff., 1923, S. 1145; Josse, Z. V. d. I. 1924, S. 65.

sind, nur noch eine 700 PS Hochdruckanlage in den Werkstätten der Firma
A. Borsig zum Betrieb eines Luftkompressors.

Hervorzuheben ist aus den Schmidt'schen Versuchen, daß bei Heißdampf bis
zu 55,0 Atm. und Temperaturen von 427 und 465°, Gütegrade im einfach wirkenden Hochdruckcylinder von 93 bis 95 v. H. erzielt wurden. Mit der Viercylinder-
hochdruckmaschine konnte bei derselben Eintrittsspannung und zweimaliger
Stufenüberhitzung der stündliche Wärmeverbrauch auf 2070 WE/PS$_i$ (Tabelle
Bd. III, 188) vermindert werden.

e. Einfluß des Kompressionsgrades auf die Wärmeausnützung.

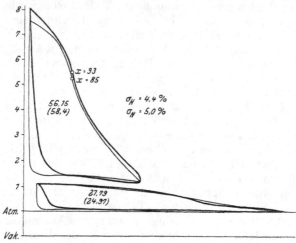

Fig. 300. Bei normalem, kleinem schädlichen Raum.

**100 PS
Verbund-
maschine.**

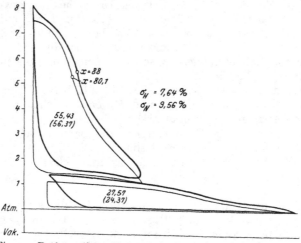

Fig. 301. Bei künstlicher Vergrößerung des schädlichen Raumes.

Fig. 300 und 301. Liegende Verbundmaschine $\frac{300 \cdot 450}{600}$; $n = 106$.
Veränderung des Diagrammverlaufs durch Änderung des Kompressionsgrades und der Größe des schädlichen Raumes (Tab. 60).

Eine Veränderung des
Kompressionsgrades oder
der Größe des schädlichen
Raumes beeinflußt den
Diagrammverlauf von Ver-
bundmaschinen weniger wie
bei Eincylindermaschinen,
da die Kompressionsarbei-
ten in den Hoch- und Niederdruckcylindern der ersteren
relativ kleiner als in letzteren sich ergeben.

Von einer ausführliche-
ren Behandlung des Ein-
flusses des Kompressions-
grades bei Mehrfachexpan-
sion kann abgesehen wer-
den, da sich die bei Ein-
fachexpansion gewonnenen
Ergebnisse auch auf jene
sinngemäß übertragen las-
sen. Ergänzend sei nur kurz
auf einige Versuche mit Auspuff an der liegenden Ver-
bundventilmaschine des
Maschinenlaboratoriums
der technischen Hochschule
Darmstadt hingewiesen. Bei
den betreffenden Versuchen
wurde sowohl der Kom-
pressionsgrad, als auch der
schädliche Raum, letzterer
durch besondere Plattenbei-
lagen der Cylinderdeckel,
verändert. Bei Betrieb mit
und ohne Kompression und
mit verschieden großem
schädlichen Raum gewon-
nene Dampfdiagramme des
Sattdampfbetriebes zeigen
die Fig. 300 und 301,
während Tab. 60 die bei
den Versuchen aufgetretenen Veränderungen des Dampfverbrauchs erkennen läßt.

---

[1]) Z. V. d. I. 1921, S. 1046.

Tabelle 60.

Liegende Verbundmaschine mit Auspuff $\dfrac{300 \cdot 450}{600}$; $n = 106$

von G. Kuhn, Stuttgart-Berg.

Einfluß des Kompressionsgrades und der Größe des schädlichen Raumes auf den Dampfverbrauch bei annähernd gleicher Belastung.

	Kleine schädl. Räume $\sigma_H = 4{,}4$ v. H. $\sigma_N = 5{,}0$ "				Große schädl. Räume $\sigma_H = 7{,}64$ v. H. $\sigma_N = 9{,}56$ "			
	HD ohne Kompr.	ND ohne Kompr.	HD hohe Kompr.	ND hohe Kompr.	HD ohne Kompr.	ND ohne Kompr.	HD hohe Kompr.	ND hohe Kompr.
Füllung . . . . v. H.	38	53	38	53	35	53	39,5	53
Kompression . . . . . . "	2	1	13	5,8	2	1	13,5	9,5
Eintrittsspannung . . Atm. abs.	8,6	—	9,0	—	8,5	—	9,0	—
Gegendruck hinter der Maschine . . . . . "	—	1,0	—	1,0	—	1,0	—	1,0
Kompr.-Endspannung "	2,8	1,3	8,2	2,1	2,8	1,3	8,5	2,3
Mittl. indic. Druck . "	1,859		1,739		1,805		1,865	
Minutl. Umdrehungen	106,3		106,2		106,6		105,6	
Indic. Leistung . . . . . PS$_i$	58,4	24,97	56,15	21,79	56,37	34,37	55,43	27,57
" " insgesamt . "	83,37		77,94		90,74		83,00	
Kompr. Dampfmenge v. H. der ges. Dampfmenge . . . v. H.	5,18	4,9	13,7	12,8	7,4	10,2	19,7	20,8
Dampfverbr. f. d. PS$_i$/Std. . kg	10,40		10,18		10,86		10,05	
Mantelverbrauch . . . . v. H.	4,1		4,8		3,7		3,9	
Aufnehmer-Entwässerung "	1,2		1,4		1,0		1,4	
Gütegrad	69,2		69,4		67,0		70,5	

Bei hoher Kompression hat sich zwar der Dampfverbrauch ohne Rücksicht auf die Größe des schädlichen Raumes günstiger als ohne Kompression ergeben, doch war die Zunahme des Gütegrades bei großem schädlichen Raum merklicher als bei kleinem.

Die Steigerung der Kompression mußte sich bei den vorliegenden Versuchen schon aus theoretischen Gründen vorteilhaft erweisen, indem bei beiden Betriebsarten der Endexpansionsdruck fast mit der Atmosphärenspannung zusammenfiel und daher die mit zunehmender Kompressionsdampfmenge bedingte theoretische Vergrößerung der Verluste durch unvollständige Expansion nicht wirksam werden konnte.

Bei den Vergleichsdiagrammen Fig. 300 und 301 für den Betrieb mit und ohne Kompression ist noch auf die im Hubwechsel verminderte Eintrittsspannung der Hochdruckdiagramme ohne Kompression hinzuweisen. Diese Erniedrigung des Anfangsdruckes im Diagramm ist bedingt durch den erforderlichen Aufwand an Beschleunigungs- und Geschwindigkeitsdruckhöhe für die während der Voreinströmung in den schädlichen Raum stürzende Frischdampfmenge.

Im Gegensatz zu vorstehenden Ergebnissen verursachte die Erhöhung der Kompression im Hochdruckcylinder der 300pferdigen Verbundkondensationsmaschine Bd. III, S. 58 und 59, keine Erhöhung des Gütegrades bzw. der Wärmeausnützung φ. Der stündliche Wärmeverbrauch für die PS$_i$ änderte sich lediglich entsprechend den adiabatischen Wärmegefällen von 129 bzw. 138 WE, die sich aus den Druckgefällen von 8,0 auf 0,255 Atm. abs. bzw. 9,0 auf 0,2 Atm. abs. der beiden Versuche ergeben.

300 PS Verbundmaschine.

Auch bei den in Tab. 61 und Fig. 303a und b wiedergegebenen Versuchen, deren Kompressionsbeginn zwischen 20 und 75 v. H. des Kolbenhubes vor Hubwechsel geändert wurde, ist ein nennenswerter Einfluß des Kompressionsgrades auf Dampfverbrauch oder Gütegrad nicht festzustellen.

6. Vergleich der Zweifachexpansions- und Gleichstrom-Eincylinderdampfmaschine. Wechselstrom- und Gleichstromwirkung im ND-Cylinder.

Für den Vergleich der Zweifachexpansionsmaschine mit der Gleichstrommaschine mögen die Diagramme Fig. 302a und b dienen, die die Gütegradskurven zweier Tandemmaschinen und zweier Gleichstrommaschinen mit normalem und langem Kolben enthalten, sowohl bezogen auf die Eintrittsdampftemperatur als auf das theoretisch ausnützbare Wärmegefälle. Die Wärmeausnützung der Gleichstrommaschine erweist sich danach wesentlich niedriger als die der beiden Tandem-

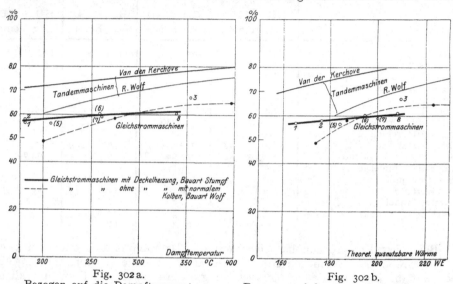

Fig. 302 a.
Bezogen auf die Dampftemperatur.

Fig. 302 b.
Bezogen auf das theoretische Wärmegefälle

Fig. 302 a und b. Vergleich des Wärmeverbrauches und Gütegrades von Gleichstrommaschinen mit dem von Tandemmaschinen.

maschinen; ferner zeigt sich die Gleichstrommaschine mit normalem Kolben und ohne Deckelheizung nur bei Dampftemperaturen unter 300° und nutzbaren Wärmegefällen unter 200 WE ungünstiger wie die Gleichstrommaschine mit langem Kolben und Deckelheizung. Interessant ist noch der unterschiedliche Verlauf der Gütegradskurven der Stumpfschen Gleichstrom- und der Kerchovemaschine verglichen mit dem der Wolfschen Tandem- und der Gleichstrommaschine mit normalem Kolben; er läßt den bestimmenden Einfluß der Heizung auf die Änderung des Gütegrades deutlich erkennen. Außerdem ist zu bemerken, daß in beiden Fällen die Wärmeausnützung der Zweifachexpansionsmaschine diejenige der Gleichstrommaschine bedeutend überragt.

Zweifachexpansions- u. Gleichstrommaschine.

Aus diesen Vergleichsversuchen kann geschlossen werden, daß eine wärmetechnische Überlegenheit der Gleichstrommaschine über die Verbundmaschine jedenfalls nicht besteht, sondern daß unter gleichen Betriebsbedingungen hinsichtlich Dampfzustand für Ein- und Austritt der Wärmeverbrauch der Zweifachexpansionsmaschine stets günstiger sich gestalten läßt wie für die Gleichstrommaschine mit Einfachexpansion. Der Grund hierfür liegt allein in den größeren Verlusten durch unvollständige Expansion. Wird andererseits die Deckelheizung sowie die Verlegung der Ausströmung in die Cylindermitte auch bei den Niederdruckcylindern der Verbundmaschine durchgeführt, also die Wechselstrom- in die Gleichstromdampfwirkung verwandelt, so wird eine weitere Steigerung der Dampfökonomie der Zweifachexpansion erzielt, die von der Gleichstrommaschine mit Einfachexpansion nie erreicht werden kann. Außerdem behält aber dann die Zweifachexpansionsmaschine mit Gleichstromwirkung im ND-Cylinder auch die Vorteile größerer Anpassungsfähigkeit an veränderliche Leistungen und Betriebsverhältnisse, sowie geringer Kolben- und Stopfbüchsen-Undichtheitsverluste infolge der geringeren in den einzelnen Cylindern bestehenden Überdrücke.

Der Nachweis hierfür ist geliefert durch neuere, unter Kontrolle Prof. Dörfels ausgeführte Vergleichsversuche der Firma R. Wolf an einer Heißdampfverbundmaschine $\dfrac{300 \cdot 600}{500}$; $n = 220$, deren Niederdruckseite bei einem Teil der Untersuchungen als Gleichstromdampfcylinder mit langem Kolben und beim zweiten Teil der Versuche mit kurzem Kolben ausgebildet war; in letzterem Falle wurde der Auslaß durch einen hinter den Schlitzen angeordneten Kolbenschieber gesteuert. Auch bei dem Gleichstromcylinder mit langem Kolben war zum Studium des Einflusses veränderlicher Kompression außer den Schlitzen in der Cylindermitte an beiden Cylinderenden noch je ein steuerbares Auslaßorgan angeordnet. Als Hochdruckcylinder diente ein normaler Wechselstromcylinder mit Kolbenschiebersteuerung und sehr kurzen Steuerkanälen. Die Ergebnisse sämtlicher mit gleicher Eintrittsspannung und Temperatur (15,1 Atm. und rund 340⁰) ausgeführten Vergleichsversuche, bei

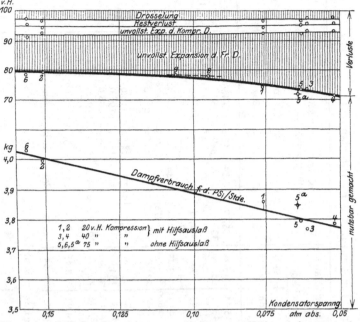

Fig. 303 a. ND-Cylinder mit langem Kolben und Hilfsauslaß. Versuche mit verschiedener Kompression und verschiedenem Vakuum bei konstanter Leistung von 308 PS.

300 PS Heißdampf-Verbundmaschine mit Gleichstrom-ND-Cylinder.

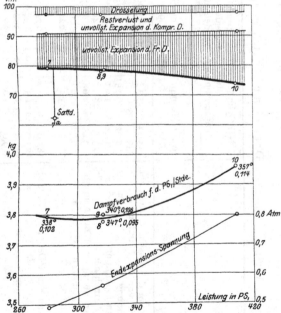

Fig. 303 b. ND-Cylinder mit kurzem Kolben. Versuche mit verschiedener Leistung.

Fig. 303 a und b. Liegende Lokomobil-Tandemmaschine $\dfrac{300 \cdot 600}{500}$; $n = 220$.

Versuche mit gleicher Dampfspannung und Temperatur.

18*

Tabelle 61.

Verbund-Lokomobilmaschine mit Gleichstrom-ND-Cylindern $\frac{300 \cdot 600}{500}$; $n = 220$ von R. Wolf, Magdeburg-Buckau.

Versuche von Prof. Doerfel mit konstanter Spannung und Temperatur des Eintrittsdampfes.

	ND-Cylinder mit langem Kolben und Hilfsauslaß-steuerung an den Cylinderenden. Kompression und Kondensatorspannung verschieden							ND-Cylinder mit kurzem Kolben, Auslaßsteuerung hinter den Schlitzen					
	1	2	3	4	5	6	5a¹)	7	8	9	10	8a²)	7a³)
	20 v. H. Kompr.		40 v.H. Kompr.		75 v. H. Kompression								
Vakuum . . . . v. H.	92,6	85,2	94,1	95,0	94,0	85,0	93,8	90,2	90,6	90,0	89,0	89,2	89,5
Dampfspannung vor der Maschine Atm. abs.	15,12	15,13	15,17	15,20	15,21	15,14	15,12	15,29	15,34	15,34	14,94	15,34	14,53⁴)
Dampftemperatur vor der Maschine . . °C	339	340	341	344	342	343	350	338	347	340	355	340	200
Kondensatorspannung . . . . Atm. abs.	0,075	0,151	0,061	0,052	0,063	0,157	0,065	0,102	0,095	0,106	0,114	0,113	0,116
Mittlere Aufnehmerspannung	1,68	1,93	1,72	1,98⁵)	2,12	2,83	2,01	1,71	2,05	—	3,11	—	—
Temperatur im Aufnehmer . . . . . °C	123	128	127	140	143	167	148	123	134	—	179	—	—
End-Expansionsspannung im HD-C. Atm. abs.	3,41	3,68	3,36	3,57	3,63	4,04	3,45	2,84	3,49	—	5,32	—	—
End-Expansionsspannung im ND-C. " "	0,625	0,665	0,608	0,620	0,631	0,800	0,600	0,475	0,545	0,56	0,78	—	—
Minutl. Umdrehungen	223,7	223,1	224,0	222,1	221,4	218,8	221,8	229,0	227,1	227,4	224,0	227,5	226,7
Indizierte Leistung des HD-Cyl. . PS$_i$/Std.	185,6	187,4	182,4	174,2	168,5	160,8	177,0	165,7	182,3	183,2	210,6	182,3	153,3
" " " " ND- " . . . "	123,0	121,5	126,3	134,0	140,6	145,3	134,6	114,0	134,9	135,4	198,0	130,8	130,7
" " " der Maschine . . "	308,6	308,9	308,7	308,2	309,1	306,1	311,6	279,7	317,2	318,6	408,6	313,1	284,0
Effektiv-Leistung . . . . . . PS$_e$/Std.	289,0	288,0	289,0	290,0	289,0	287,0	290,8	265,0	302,0	302,4	391,0	298,0	267,0
Mechanischer Wirkungsgrad . . . v. H.	93,8	93,3	93,8	94,0	93,5	93,7	93,5	94,7	95,2	94,9	95,7	95,2	94,0
Dampfverbrauch für die PS$_i$/Std. . . kg	3,86	3,96	3,77	3,785	3,795	4,03	3,85	3,79	3,78	3,80	3,905	3,93	5,72
Wärmeverbrauch " " " bez. auf 0° Speisewasser-Temperatur . . WE	2890	2965	2830	2845	2850	3030	2905	2830	2850	2840	3000	2937	3820

Wärmeverteilung in v. H. der verfügbaren Wärme.

HD-Cylinder:

	1	2	3	4	5	6	5a¹)	7	8	9	10	8a²)	7a³)
Theoret. Leistungsfähigkeit = 100 v.H. WE	113,5	108,2	113,6	107,7	105,0	92,4	108,1	112,9	107,0	—	89,3	—	—
Nutzbar gemacht . . . . . . v. H.	86,9	89,4	87,2	88,0	86,6	89,2	86,4	87,5	89,8	—	92,1	—	—
Drosselungsverlust . . . . . "	2,4	2,3	2,3	2,2	2,3	3,2	2,5	2,0	2,3	—	2,6	—	—
Unvollk. Expans. d. Frischdampfes "	2,2	2,5	2,6	2,0	1,7	0,7	2,1	0,9	1,5	—	1,7	—	—
Unvollk. Expans. d. Kompr.-Dampfes "	0,6	0,7	0,8	0,6	0,6	0,2	0,6	0,6	0,6	—	0,6	—	—
Restverlust . . . . "	7,9	5,1	7,1	7,2	8,8	6,7	8,3	9,0	5,7	—	3,0	—	—

			Einheit									
ND-Cylinder:												
Theoret. Arbeitsfähigkeit = 100 v. H.	WE	110,6	93,4	117,0	129,7	125,7	110,5	123,7	101,6	108,6	128,0
Nutzbar gemacht	v. H.	59,2	67,3	58,7	56,1	60,2	67,4	57,4	66,8	65,3	60,5
Drosselung	″	3,0	3,6	1,9	2,2	1,7	2,3	2,1	2,9	2,4	1,6
Unvollk. Expans. d. Frischdampfes	″	34,3	23,7	35,8	37,8	33,5	23,7	33,8	23,0	24,2	29,2
Unvollk. Expans. d. Kompr.-Dampfes	″	3,0	3,7	3,6	3,8	4,7	7,0	6,0	4,5	5,2	0,6
Restverlust	″	0,5	1,7	0,0	0,1	—0,1	—0,4	0,7	2,8	2,9	2,7
Maschine:												
Theoret. Arbeitsfähigkeit = 100 v. H.	WE	220,6	200,0	227,4	234,0	227,2	199,8	228,1	211,5	213,7	215,5
Nutzbar gemacht	v. H.	74,4	79,9	73,8	71,6	73,3	78,5	72,1	78,8	78,2	73,8
Drosselung	″	2,7	3,0	2,2	2,2	2,0	2,8	2,3	2,5	2,4	—
Unvollk. Expans. d. Frischdampfes	″	18,3	12,5	19,8	21,8	19,4	12,9	23,0	11,5	13,1	18,5
Unvollk. Expans. d. Kompr.-Dampfes	″	1,8	2,1	2,2	2,4	2,9	4,0	3,6	2,7	2,8	3,6
Restverlust	″	2,8	2,5	2,0	2,0	2,4	1,8	2,6	4,5	2,5	2,1

(Zusätzliche, überwiegend mit — gekennzeichnete Sattdampf-Vergleichsspalten mit den Werten: 78,5 } 21,5; 75,9 } 24,1; 62,2; 37,8.)

¹) Schädlicher Raum im ND-Cylinder von 7,03 auf 11,63 v. H. vergrößert. — ²) Ohne Auslaßschieber am ND-Cylinder. — ³) Versuch mit Sattdampf und Deckelheizung am ND-Cylinder. — ⁴) Aus dem Diagramm. — ⁵) ND-Cylinderfüllung verkleinert, Kompression im HD-Cylinder erhöht.

denen nur Versuch 7a Sattdampfbetrieb und Heizung der ND-Cylinderdeckel aufweist, sind in Tab. 61 zusammengestellt.

Die Versuche mit langem Kolben des Niederdruckcylinders sind bei gleichbleibender Leistung mit wechselnder Kondensatorspannung und mit 20, 40 und 75 v. H. Kompression, diejenigen mit kurzem Kolben bei zunehmender Leistung und nahezu unverändertem Kondensatordruck und Kompressionsgrad ausgeführt.

Die beiden Versuchsreihen lieferten fast übereinstimmende Gütegrade, deren Veränderung vornehmlich nur abhängig wurde von der Größe der Verluste durch unvollständige Kompression, während die Verluste durch Drosselung und Wärmeaustausch bei den untersuchten Betriebsverhältnissen mit gleicher bzw. steigender Belastung nahezu unverändert blieben, wie aus Tab. 61 zu entnehmen und die beiden Diagramme Fig. 303a und b deutlich veranschaulichen.

Auch bei Vergrößerung des schädlichen Raumes im ND-Cylinder, zur Vermeidung zu hoher Kompressionsendspannung bei 75 v. H. Kompression, war die geringe Verschlechterung der Wärmeausnützung und Erhöhung des Wärmeverbrauchs nur durch gesteigerten Verlust der unvollständigen Expansion des Frisch- und Kompressionsdampfes bedingt, wie aus den betreffenden Zahlenwerten der Versuche 5 und 5a hervorgeht. Der Vergleichsversuch 7a mit Sattdampf ergab die zu erwartende Verminderung des Gütegrades infolge erhöhten Wärmeaustausches zwischen Cylinderwandung und Dampf.

Die Wärmeausnützung innerhalb beider Dampfcylinder zeigt nach Fig. 304 und 305, daß die Verluste auf der HD-Seite wesentlich zurücktreten gegenüber denjenigen auf der ND-Seite und die Veränderung beider mit der zunehmenden Leistung bzw. Füllung insofern gegensätzlich sich einstellte, als der Gütegrad des HD-Cylinders zu- und der des ND-Cylinders abnahm und zwar dadurch, daß in jenem die Verluste durch Drosselung und unvollkommene Expansion nahezu unverändert blieben, während der Verlust durch Wärmeaustausch merklich abnahm, in diesem dagegen der Verlust durch unvollständige Expansion des Arbeitsdampfes zunahm bei einer vollkommenen Unveränderlichkeit der Summe aller übrigen Verluste.

Der geringe Unterschied in den Wärmeverbrauchsziffern und den Restverlusten beider Versuchsreihen mit kurzem und langem Kolben läßt erkennen, daß bei den hier vorliegenden Dampfspannungen und -temperaturen beide Anordnungen als gleichwertig anzusehen sind, so daß lediglich praktische Gründe über die eine oder andere Konstruktionsform entscheiden.

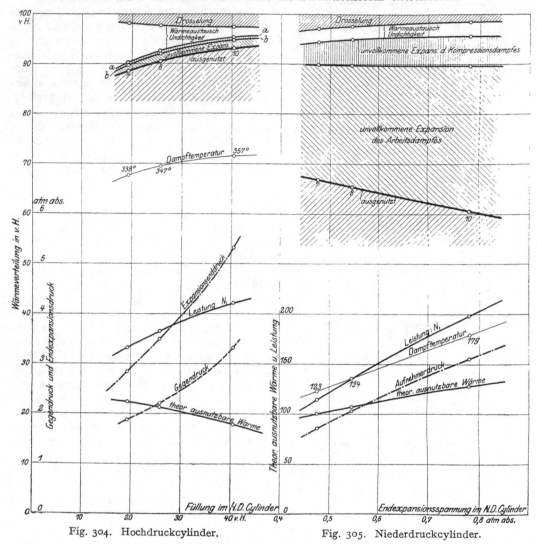

Fig. 304. Hochdruckcylinder.   Fig. 305. Niederdruckcylinder.

Fig. 304 und 305. Liegende Verbundmaschine $\frac{300 \cdot 600}{500}$; $n = 220$ Verteilung der Wärmeverluste auf HD- und ND-Cylinder. Versuche mit kurzem ND-Kolben, bezogen auf Füllung bzw. Endexpansionsspannung.

Heißdampf-Verbundloko-mobile mit Gleichstrom-ND-Cylinder. 300 PS.

Für die fabrikationsmäßige Herstellung solcher Heißdampf-Lokomobil-maschinen hat die ausführende Maschinenfabrik den langen ND-Kolben wegen der dadurch sich ergebenden einfacheren Steuerung gewählt. Zur Anpassung des Auslasses an Auspuff- und Kondensationsbetrieb wird dabei der ND-Einlaß-Schieber noch mit einem Hilfsschieber versehen, der eine Verzögerung des Kompressionsbeginns ermöglicht.

Die Wirkungsweise des Dampfes in einer derart gebauten Lokomobile unter den Verhältnissen des Kondensations- und Auspuffbetriebes veranschaulichen die bei der Untersuchung einer 300 pferdigen Lokomobile von Prof. Watzinger gewonnenen Indikatordiagramme Fig. 306 bis 309 und die in Tab. 62 zusammenge-

Tabelle 62.

R. Wolfsche Verbund-Lokomobile $\dfrac{280 \cdot 560}{500}$, $n = 210$.

Schädlicher Raum $\sigma_H = 13{,}6$ v. H., $\sigma_N = 6{,}9$ v. H.

		Kondensation		Auspuff
Versuchsnummer		1.	2.	3.
Dampfeintrittsspannung . . . . Atm. abs.		15,0	15,1	15,0
Dampfeintrittstemperatur . . . . °C		345	358	370
Kondensatorspannung . . . . Atm. abs.		0,063	0,078	1,02
Minutliche Umdrehungen		211,46	210,50	208,63
Mittlere indic. Leistungen PS$_i$				
HD . . . . ,,		159,8	177,0	149,2
ND . . . . ,,		129,8	161,0	112,4
gesamt . . . . ,,		288,9	338,0	261,6
Dampfverbrauch f. d. PS$_i$/Stde . . . . kg		3,90	4,05	5,36
Wärmeverbrauch f. d. PS$_i$/Stde, bez. auf 0°				
Speisewasser . . . . WE		2936	3073	4100
Wärmeverteilung.				
Theoret. verfügbare Wärmemenge (100 v. H.) WE		227,0	—	139,6
Nutzbar gemacht . . . . v. H.		**71,5**	—	**84,7**
Verlust durch unvollst. Expansion im ND-Cyl. ,,		18,8	—	0,7
Sonstige Wärmeverluste . . . . ,,		9,7	—	14,6

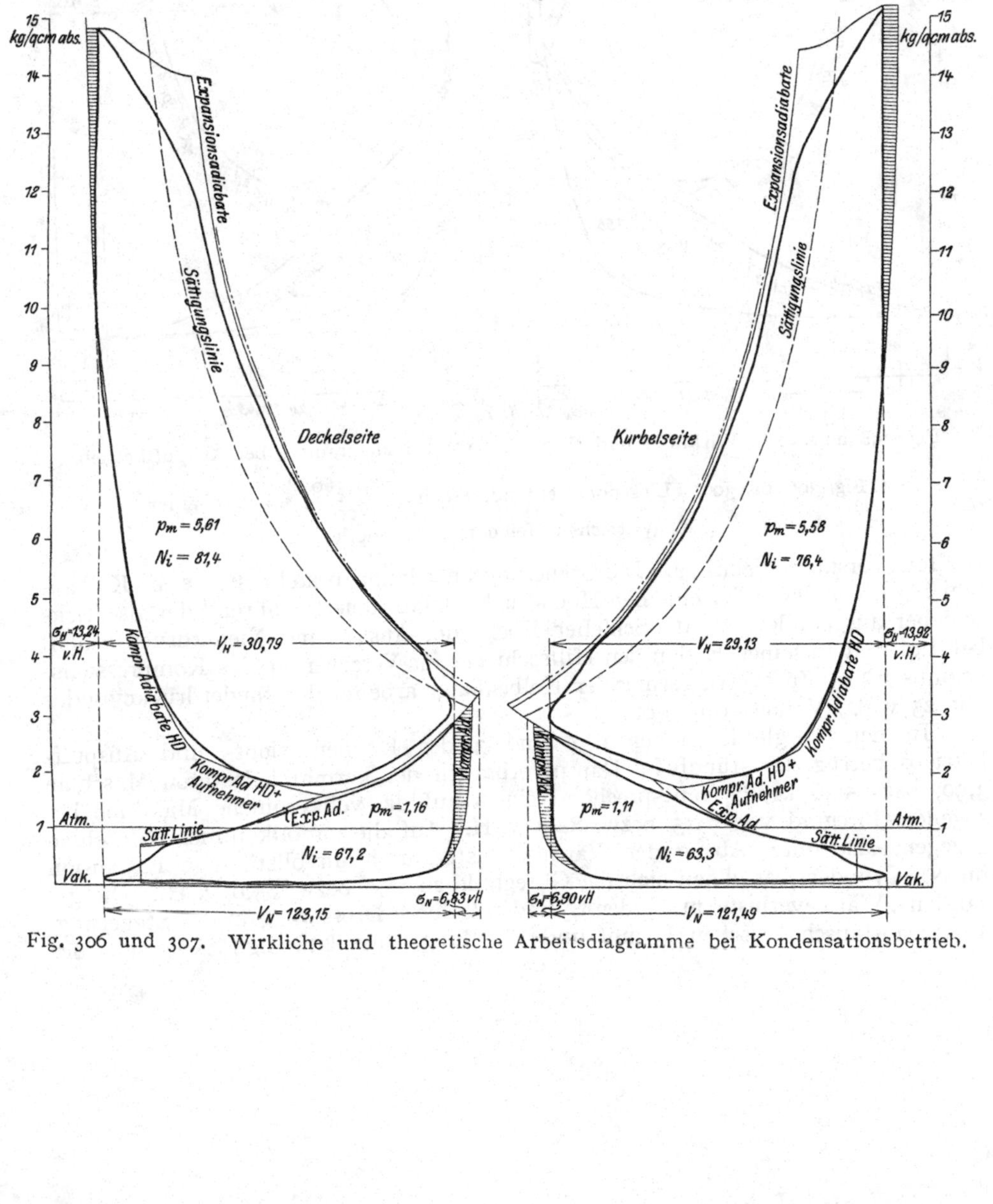

Fig. 306 und 307. Wirkliche und theoretische Arbeitsdiagramme bei Kondensationsbetrieb.

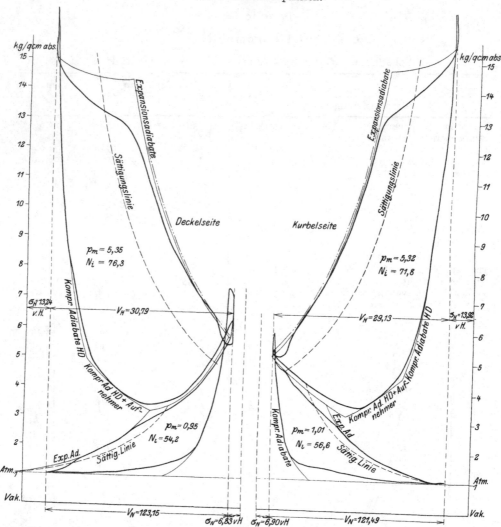

Fig. 308 und 309. Wirkliche und theoretische Arbeitsdiagramme bei Auspuffbetrieb.

Fig. 306 bis 309. Liegende Verbundmaschine $\dfrac{280 \cdot 560}{500}$; $n = 210$ einer
R. Wolfschen Heißdampflokomobile.

stellten Versuchsergebnisse. Die Steuerungsanordnung besteht aus zwei Kolbenschiebern, von denen der eine den Hochdruck-Einlaß steuert, während der als Trick-
schieber ausgebildete zweite Schieber Hochdruck-Auslaß und Niederdruck-Einlaß
betätigt und an seinen Enden den Hilfsschieber für Verzögerung des Kompressionsbeginns trägt. Zur Verringerung der Kolbenlänge arbeitet der Niederdruckcylinder
mit 25 v. H. Vorausströmung.

In den Vergleichsversuchen 1 und 3 des Kondensations- und Auspuff-
betriebs betrug der stündliche Dampfverbrauch der normal belasteten Maschine
3,90, bzw. 5,36 kg/PS$_i$, entsprechend einem auf die vollkommene Maschine bezogenen Gütegrad von 71,5 bezw. 84,7 v. H. Auf die unvollkommene Maschine
bezogen, also unter Abzug der Wärmeverluste durch unvollständige Expansion
im ND-Cylinder, berechnen sich die Gütegrade zu 88,0 bezw. 85,0 v. H.. Die gesamten „Wärmeverluste in beiden Cylindern" durch Drosselung in der Steuerung,
Wärmeaustausch zwischen Dampf und Wandung, unvollständige Expansion des

6. Vergleich der Zweifachexpansions- und Gleichstrom-Eincylinderdampfmaschine. 281

Kompressionsdampfes im HD-Cylinder und unvollständige Kompression sind für beide Betriebsarten wenig verschieden und betragen 20,7 WE bei Kondensation, 20,3 WE bei Auspuff.

Zur Kennzeichnung der Verteilung dieser Wärmeverluste auf HD und ND-Cylinder wurden in den Druckvolumdiagrammen Fig. 306 bis 309 die den Kompressions- und Expansionsdampfmengen entsprechenden theoretischen Arbeitsdiagramme eingetragen. Um außerdem den Überströmvorgang vom HD- zum ND-Cylinder deutlich zu machen, sind die zusammengehörigen Indikatordiagramme für gleiche Hublänge gezeichnet. Für den Vergleich der Arbeits- und Verlustflächen wären daher die ND-Diagramme im Verhältnis der Hubvolumen beider Cylinder (1 : 4,0 für Deckelseite und 1 : 4,18 für Kurbelseite) zu vergrößern.

Die Verteilung der Verluste auf Hoch- und Niederdruckcylinder für Versuch 1 und 3 zeigt Tabelle 63.

Verteilung der Wärmeverluste auf HD- und ND-Cylinder.

Tabelle 63.

Verteilung der Wärmeverluste bei Kondensation und Auspuff in WE/kg Frischdampf und in Prozenten der theoretisch verfügbaren Wärme jeden Cylinders.

	Kondensation				Auspuff			
	HD		ND		HD		ND	
	WE	v. H.	WE	v. H.	WE	v. H.	WE	v. H.
Theoretisch verfügbare Wärme . .	101,4	100,0	129,1	100,0	76,1	100	64,0	100
Nutzbare Wärme	89,3	88,1	72,9	56,5	67,4	88,6	50,8	79,4
Unvollständ. Expansion des Frischdampfes	1,0	1,0	44,1	34,2	0,3	0,4	1,2	1,9
des Kompressionsdampfes . .	0,3	0,3	3,3	2,5				
Schleife am Ende der Expansion .					0,2	0,2		
Unvollständ. Kompression . . .	1,7	1,7	4,5	3,5				
Schleife am Ende der Kompression					0,1	0,1	1,5	2,4
Drosselung Eintritt	3,8	3,7	2,9	2,2	3,6	4,7	3,7	5,7
Drosselung Austritt	1,3	1,3	1,4	1,1	1,2	1,6	6,8	10,6
Wärmeaustausch während der Expansion und Kompression . . .	4,0	3,9	—	—	3,5	4,4	—	—

Im HD-Cylinder werden bei beiden Betriebsweisen etwa 88 v. H. der ausnützbaren Wärme in Arbeit umgesetzt; der größte Teil der Verluste entfällt auf Drosselung bei Ein- und Austritt, sowie bei Kondensationsbetrieb auf die unvollkommene Kompression, wogegen die durch Wärmeaustausch (und Lässigkeit) bedingten Wärmeverluste, infolge der hohen Dampfüberhitzung (s. die Sättigungslinien in den HD-Diagrammen), nur etwa 4 v. H. betragen.

Im ND-Cylinder bildet bei Kondensationsbetrieb die unvollständige Expansion und Kompression den ausschlaggebenden Wärmeverlust, während bei Auspuffbetrieb erstere verschwindet und an Stelle letzterer bei gleicher Schieberdeckung eine Überkompression zu beobachten ist, die bei der vorliegenden Belastung besonders auf der Deckelseite zur Schleifenbildung führte. Die Drosselverluste der Einlaßsteuerung sind bei beiden Betriebsweisen nur gering, dagegen führen bei Auspuffbetrieb die kleinen Durchlaßquerschnitte des mit dem ND-Einlaßschieber vereinigten Hilfsauslaßschiebers verhältnismäßig bedeutende Druckverluste herbei.

Verluste durch Wärmeaustausch und Lässigkeit sind in den ND-Diagrammen nicht nachweisbar. Die der arbeitenden Dampfmenge entsprechende Adiabate fällt nahezu mit der wirklichen Expansionslinie zusammen, indem weder ein merklicher Eintrittsverlust noch eine merkliche Wärmerückströmung während der Expansion auftrat. Es ist also unter den vorliegenden Arbeitsverhältnissen im ND-Cylinder eine weitgehende Annäherung an den Arbeitsvorgang der verlustlosen Maschine erreicht, die außer auf die Anwendung des Gleichstromprinzips in Verbindung mit kleinen schädlichen Oberflächen der Einlaßsteuerung besonders auf den überhitzten Dampfzustand während der Expansion, die großen Cylinderfüllungen und das geringe Gesamtdruckgefälle zurückzuführen ist.[1]

Vorstehend angeführte Versuche mit Verbund-Heißdampflokomobilen zeigen einen beachtenswerten Fortschritt in der Wärmeausnützung beider Dampfcylinder gegenüber den auf S. 255 mitgeteilten Versuchen der gleichen Firma an einer Tandemmaschine mit Wechselstromcylinder für Hoch- und Niederdruckseite. Die Ursache hierfür liegt in der günstigeren Gestaltung der schädlichen Flächen beider Cylinder, und zwar am Hochdruckcylinder durch Teilung des Schiebers und Ausführung ganz kurzer Anschlußkanäle, am Niederdruckcylinder durch Trennung von Ein- und Auslaß unter Anwendung des Gleichstromprinzips.

Infolge dieser Verbesserungen stieg der Gütegrad für gleiche Betriebsverhältnisse des Dampfes von etwa 73 v. H. auf 78 v. H. und erreichte den der Kerchovemaschine bei gleichem theoretischen Wärmegefälle von 200 WE, trotz größerer Verluste durch unvollständige Expansion und höherer Eintrittsspannungen (vgl. Fig. I A. 249/50).

Gegenüber der Gleichstrom-Eincylindermaschine läßt somit die Zweifachexpansionsmaschine noch eine bedeutende Wärmeersparnis erzielen, die einerseits in der größeren Gesamtexpansion der Verbundanordnung und der damit verringerten unvollständigen Expansion, andererseits in der durch Teilung des Temperaturgefälles und durch große Füllungen beider Cylinder verursachten Beschränkung der Wärmeverluste im Cylinderinnern und Undichtheit begründet ist; letztere Verluste durch Wärmeaustausch und Undichtheit können, wie die vorliegenden Versuche zeigen, im Niederdruckcylinder nahezu zum Verschwinden gebracht werden.

Durch die mit der vorstehend betrachteten Verbundmaschine erzielte Dampfausnützung ist somit die Überlegenheit der Zweifachexpansion über die Gleichstrom-Einfachexpansion von neuem belegt.

7. Der Verlauf der Expansions- und Kompressionslinien.

a. Exponenten der Expansionslinie.

Polytrope.

Werden die Expansionslinien der Dampfdiagramme der Mehrfachexpansionsmaschinen wie die der Eincylindermaschinen durch polytropische Kurven wiederzugeben versucht, so zeigt sich deren Exponent ebenfalls von der Größe der Füllung und dem Dampfzustand abhängig.

Für Sattdampfmaschinen mit oder ohne Zylinderheizung liegt der Exponent bei normalen und größeren Füllungen nahe bei 1,0, bei kleinen Füllungen wird er infolge der stärkeren Wechselwirkung mit der Wandung meist kleiner. Bei Betrieb mit überhitztem Dampf fällt die Expansionslinie stets steiler ab als bei Sattdampf, die Exponenten erhalten größere Werte, und zur Erzielung gleicher Hubleistung werden größere Füllungen erforderlich.

Einfluß der Dampftemperatur.

Der raschere Abfall der Expansionslinie ist hauptsächlich in dem verschiedenen Verlauf der Adiabate für gesättigten und überhitzten Dampf begründet. Werden nämlich die Adiabaten als polytropische Kurven aufgefaßt, so ergibt sich für den ganzen Verlauf der Adiabate im Sattdampfgebiet der Exponent der Polytrope mit großer Annäherung zu $n = 1,135$ und im Überhitzungsgebiet annähernd zu $n = 1,30$ bis 1,33.

---

[1] Beim Vergleich mit den Versuchen der Tab. 61 (insbesondere mit Versuch 5) ist zu berücksichtigen, daß in letzterer Tabelle der Restverlust auch noch die Verluste durch unvollständige Kompression enthält, während diese in Tab. 63 getrennt aufgeführt sind (3,5 v. H. bei Kondensationsbetrieb). Wenn auch diese Verluste infolge geringer Größe des schädlichen Raumes kleiner sind wie nach Tab. 63, so würden doch die Versuche 1 bis 6 der Tab. 61 unter Berücksichtigung der unvollständigen Kompresson negative Restverluste ergeben, so daß die Werte der Gütegrade etwas zu günstig erscheinen.

Geht bei mäßig überhitztem Dampf die Adiabate während der Expansion in das Sättigungsgebiet über, so verändert sich auch der Exponent n während der Expansion, indem er von den für den Überhitzungszustand gültigen Werten allmählich in den für Sattdampf übergeht.

Werden die theoretischen Expansionslinien für Dampf von verschiedener Überhitzungstemperatur im Interesse vereinfachter Darstellung durch Polytropen für die gleichen Anfangs- und Endvolumen der adiabatischen Expansion ersetzt, so ergeben sich je nach dem Grade der Überhitzung des Arbeitsdampfes Polytropen als theoretische Expansionslinien, deren Exponenten zwischen denen der Adiabaten trocken gesättigten und überhitzten Dampfes, d. i. zwischen $n = 1,135$ und $1,33$ liegen.

Der Vergleich der wirklichen Expansionslinien mit diesen Polytropen adiabatischer Expansionsvorgänge zeigt nun die bemerkenswerte Tatsache, daß die für erstere berechneten Exponenten bei gleicher Füllung mit zunehmender Dampftemperatur eine ähnliche Veränderung aufweisen wie die theoretischen Exponenten, nur mit dem Unterschied, daß sie um einen mehr oder weniger konstanten Betrag kleiner bleiben.

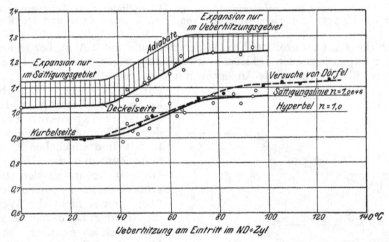

Fig. 310. Exponenten der Expansionslinien auf Kurbel- und Deckelseite des ND-Cylinders einer 700pferd. Verbundmaschine im Vergleich zu den Adiabatenexponenten bei zunehmender Überhitzung.

700 PS Verbundmaschine.

Fig. 310 zeigt die Expansionsexponenten des mit verschiedener Überhitzung arbeitenden Niederdruckcylinders einer 700 PS-Verbundmaschine, und zwar für beide Cylinderseiten getrennt; zugehörige Indikatordiagramme sind auf S. 244 und 245 wiedergegeben. Sämtliche Exponenten gelten für gleiches Druckgefälle von Beginn bis Ende der Expansion von 0,8 auf 0,5 Atm. abs.

Für die Deckelseite zeigen die Exponenten der Polytrope mit steigender Überhitzung eine Annäherung an diejenigen der Adiabate. Auf der Kurbelseite ist dagegen infolge Lässigkeitsverluste eine solche Annäherung an die Adiabate nicht vorhanden; vielmehr sind sämtliche Exponenten dieser Seite erheblich niedriger und überschreiten nicht den der Sättigungslinie.

Niederdruckmaschine.

Die von Prof. Dörfel an einer kleinen Niederdruckmaschine als Mittelwerte für beide Cylinderseiten für konstantes Volumverhältnis ermittelten Exponentwerte[1]) schließen sich der oben erwähnten Gesetzmäßigkeit an. Die Abweichung von der theoretischen Kurve erklärt sich daraus, daß die Dörfelschen Werte sich auf ein anderes Druckintervall beziehen als die für die größere Maschine berechneten theoretischen Exponenten.

---

[1]) Z. d. V. d. Ing. 1899, S. 1518.

Fig. 311 zeigt die Abhängigkeit der mittleren Expansionsexponenten des Hochdruckcylinders einer Tandemmaschine von Van den Kerchove.

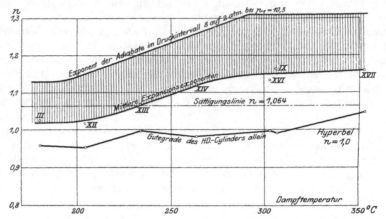

Fig. 311. Mittlere Expansionsexponenten im HD-Cylinder einer Tandemmaschine
Van den Kerchove nach Versuchen von Prof. Dr. Schröter und Dr. Koob.

**Tandem-
maschine.**

Auch diese auf ein größeres Druckintervall von 8 auf 2 Atm. bezogenen Exponenten der Expansionslinien des Hochdruckcylinders zeigen, bezogen auf die Dampf-temperatur, übereinstimmende Änderung mit den theoretischen Werten; nur tritt mit steigender Überhitzung keine Annäherung an die adiabatische Expansion ein, indem der Größenunterschied der theoretischen und wirklichen Exponenten trotz Zunahme der Gütegrade des Hochdruckcylinders sich etwas vergrößert. Der Expansionsexponent überschreitet nicht den Wert 1,15; die Annäherung an die Adiabate ist also merklich geringer wie in den Niederdruckdiagrammen Fig. 310.

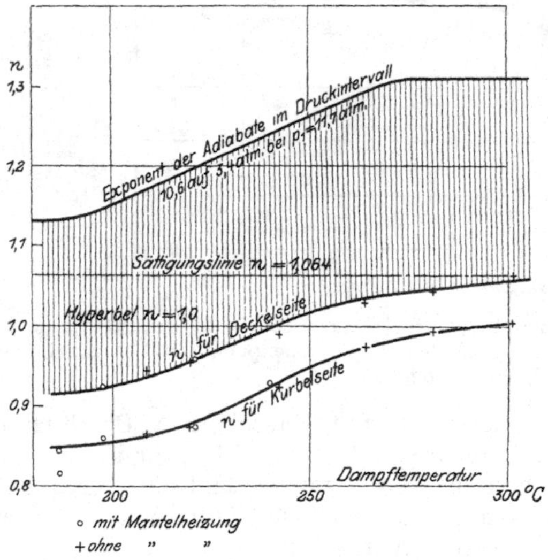

Ganz erheblich ungünstigere Ziffernwerte der Exponenten infolge großer schädlicher Räume lieferten Versuche am Hochdruckcylinder einer Dreifachexpansionsmaschine der Charlottenburger Hochschule[1] Fig. 312; bei dieser berechneten sich nicht nur für Deckel- und Kurbelseite ebenfalls verschiedene Werte des Expansionsexponenten (zurückzuführen auf größere Wärmeverluste der Kurbelseite), sondern sie blieben bei allen Überhitzungstemperaturen unterhalb derjenigen der Sättigungslinie. Eigentümlicherweise ergaben mit und ohne Heizung des Hochdruckcylindermantels die Expansionslinien keinen Unterschied der Exponenten. Die niedrigen Exponentwerte sind in den wärmetechnischen Nachteilen großer schädlicher Räume des Hochdruckcylinders begründet. Mit dem ungün-

**HD-Cylinder
einer Dreifach-
Expansions-
maschine.**

Fig. 312. Stehende Dreifachexpansionsmaschine
$$\frac{270 \cdot 430 \cdot 675}{500}; \quad n = 145.$$

Exponenten der Expansionslinie des HD-Cylinders
bei Betrieb mit und ohne Mantelheizung, bezogen
auf die Dampfeintrittstemperatur.

1) Z. d. V. d. Ing. 1904, S. 707 und Mitt. über Forschungsarb. Berlin 1906 Heft 30 S. 71.

stigen Verlauf der Expansionslinien hängt auch die geringe Wirtschaftlichkeit der untersuchten Maschine zusammen.

Zur Kennzeichnung des Einflusses **steigender Belastung** bei verschieden hoher Überhitzung sind in Fig. 313 die HD-Expansionsexponenten der 250pferdigen Tandemmaschine von Van den Kerchove und einer 1000pferdigen Tandemmaschine von Gebr. Sulzer mit denjenigen der vorausgehend behandelten Dreifach-

Einfluß der Füllung.

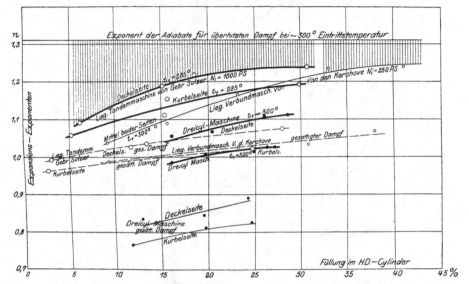

Fig. 313. Expansions-Exponenten bei verschiedener Dampfüberhitzung, bezogen auf die Füllung.

expansionsmaschine zusammengestellt. Die Darstellung zeigt eine recht befriedigende Gesetzmäßigkeit der Expansionsexponenten für die wirtschaftlich arbeitenden Maschinen, eine Ausnahme bilden nur wiederum die Hochdruckdiagramme der oben erwähnten Charlottenburger Dreicylindermaschine, deren Expansionsexponenten bei 300° Überhitzung nicht höher liegen wie für alle übrigen Maschinen für gesättigten Dampf. Entsprechend niedriger liegen die Werte für gesättigten Dampf.

Bemerkenswert ist der Umstand, daß die Exponenten für die Kurbelseite stets kleiner sich ergeben als für die Deckelseite, wahrscheinlich begründet in größerer Wärmeableitung nach dem Maschinenrahmen.

Für die auf S. 279 behandelte 300pferdige Verbundmaschine zeigt die Kurbelseite des Hochdruckcylinders die in Fig. 314a ersichtliche Zunahme der Exponentwerte im Gebiete größerer Füllungen, deren Zahlenwerte gut mit denen der Sulzermaschine Fig. 313 übereinstimmen.

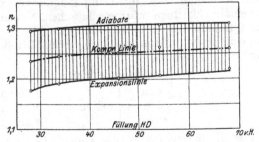

Fig. 314a. Exponenten der HD-Kurbelseite der liegenden Verbundmaschine $\frac{280 \cdot 560}{500}$; $n = 210$.

In welch vollkommener Weise die Expansionslinien dieser Maschine durch Polytropen mit konstantem Exponent wiedergegeben werden, läßt im logarithmischen Diagramm Fig. 314b der fast geradlinige Verlauf der Expansionskurven verschiedener Füllungsgrade; erkennen. In dieser Abbildung sind für die Normalleistung bei Auspuff und Kondensation die Druckvolumdiagramme Fig. 307 und 309 der

HD-Kurbelseite im ganzen Verlauf logarithmisch umgezeichnet. Aus der gleichzeitigen Eintragung der Adiabaten ist die Annäherung der wirklichen Expansionslinien an diese deutlich ersichtlich.

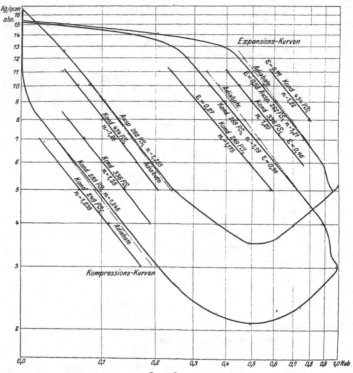

Fig. 314 b. Liegende Verbundmaschine $\dfrac{280 \cdot 560}{500}$; $n = 210$. Logarithmisches Diagramm der HD-Expansions- und Kompressionslinien bei verschiedener HD-Cylinderfüllung und Dampftemperaturen von 340° bis 370°.

Da naturgemäß der Expansionsexponent mit dem Gütegrad der Dampfwirkung in den Dampfcylindern zusammenhängt, so können allgemein zutreffende Expansionsexponenten nur für Dampfdiagramme angegeben werden, die Maschinen von ungefähr gleichem wärmetechnischen Nutzeffekt angehören. Für die Hochdruckdiagramme solcher Zweifachexpansionsmaschinen haben sich bei Eintrittsspannungen über 9 Atm. etwa folgende Mittelwerte der Expansionsexponenten ergeben[1]):

Dampftemperaturen	200	250	300	350
kleine	1,00	1,05	1,10	1,14
normale } Leistung	1,05	1,10	1,14	1,17
große	1,10	1,15	1,18	1,20

Unter Berücksichtigung des Umstandes, daß die Exponenten der wirklichen Expansionslinien bei gleicher Leistung von denjenigen adiabatischer Dampfwirkung um nahezu konstante Größen sich unterscheiden, läßt sich für eine bestimmte Maschine die Änderung dieser Exponenten mit der Überhitzung ziemlich genau vorausbestimmen, sobald der Exponent der Polytrope für einen bestimmten Zustand bekannt ist. Die theoretischen Exponenten für ein bestimmtes Druckintervall werden dabei durch Ermittlung der Grenztemperaturen bestimmt, für die der Dampf zu Beginn, bzw. am Ende der Expansion in trocken gesättigtem Zustand

[1]) Berner, Z. d. V. d. Ing. 1905, S. 1523.

sich befindet. Die Exponenten im Sättigungsgebiet entsprechen den Werten 1,12 bis 1,13, im Überhitzungsgebiet den Werten 1,31 bis 1,33.

Der maßgebende Einfluß gesättigten oder überhitzten Dampfzustandes auf den Verlauf der Expansionslinien tritt auch bei einer vergleichenden Betrachtung der Indikatordiagramme des ersten Abschnitts des Bd. III deutlich in Erscheinung, aus welchem auf folgende Beispiele hingewiesen sei: S. 25, 27, 46, 89, 95, 103 (größere Belastungen), 109, 115 (Versuch XII und XIII), 117, 119, 121, 123, 141, 145, 147, 149, 151, 156 Schmidtmotoren S. 157, 159, 160.

Bei eingehender Untersuchung der Diagramme in Bd. III fallen insbesondere bei den Hochdruckdiagrammen der Verbundmaschinen die verhältnismäßig großen Erhebungen der Expansionslinien über die Hyperbel auf, namentlich gegen Ende der Expansion, wie beispielsweise auf S. 44, 49, 53, 55, 56 usf. Ungewöhnlich große Erhebungen weisen einzelne Diagramme der Ventilmaschine S. 61 auf; ebenso die mit einfacher Kolbenschiebersteuerung am Hochdruckcylinder arbeitende Maschine S. 68 und die gleichartige größere Maschine S. 69; auch die mit Flachschiebersteuerungen arbeitenden Lokomobilen S. 76 bis 79. Derartige, bei Sattdampfmaschinen im HD-Cylinder häufig auftretende Abweichungen der Expansionslinie von der Hyperbel sind nun nicht etwa eine Folge ungewöhnlich starken Nachverdampfens durch Wärmerückströmung aus der Wandung, sondern hauptsächlich auf Lässigkeitsverluste der Einlaßsteuerungen zurückzuführen, die während der Perioden größeren Druckunterschieds zwischen Arbeits- und Frischdampf, also gegen Ende der Expansion, besonders anwachsen.

Die unmittelbare Folge des durch Überhitzung sich ändernden Verlaufes der Expansionslinie im Vergleich mit Sattdampfbetrieb ist eine Vergrößerung der zur

Füllung bei Betrieb mit Satt- oder Heißdampf.

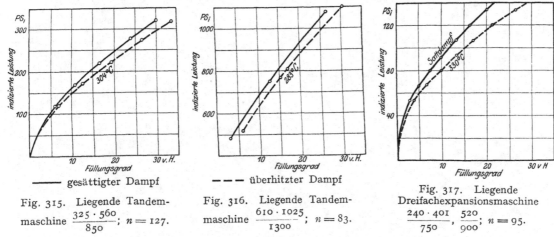

——— gesättigter Dampf   - - - überhitzter Dampf

Fig. 315. Liegende Tandem-maschine $\dfrac{325 \cdot 560}{850}$; $n = 127$.

Fig. 316. Liegende Tandem-maschine $\dfrac{610 \cdot 1025}{1300}$; $n = 83$.

Fig. 317. Liegende Dreifachexpansionsmaschine $\dfrac{240 \cdot 401}{750}$, $\dfrac{520}{900}$; $n = 95$.

Fig. 315 bis 317. Einfluß der Dampfüberhitzung auf den Füllungsgrad im HD-Cylinder von Mehrfachexpansionsmaschinen bei verschiedener Leistung.

Erzielung gleicher Leistung notwendigen Cylinderfüllung, deren Größenänderung von der Höhe der Überhitzung abhängig ist. Gute Beispiele hierfür bieten die Diagramme Fig. 315 bis 317 von Zweifach- und Dreifachexpansionsmaschinen[1]. Der Unterschied in der Hochdruckcylinderfüllung ist für die Dreifachexpansionsmaschine verhältnismäßig am größten.

Auch die Verteilung der Leistung auf die einzelnen Cylinder ändert sich mit der Dampfüberhitzung, indem bei gleichbleibender Gesamtleistung die Dampfarbeit bei Frischdampfüberhitzung im Hochdruckcylinder, bei Zwischenüberhitzung im Niederdruckcylinder zunimmt. Diese Leistungsverschiebung wird aus sämtlichen Tabellen von Vergleichsversuchen mit gesättigtem und überhitztem Dampf in

---

[1] Berner, Die Anwendung des überhitzten Dampfes. Z. d. V. d. Ing. 1905, S. 1523.

Bd. III ersichtlich. Bei der in den Berliner Elektrizitätswerken aufgestellten 3000 pferdigen Dreifachexpansionsmaschine der Görlitzer Maschinenbauanstalt betrug die Mehrleistung des Hochdruckcylinders bei starker Überhitzung gegenüber Sattdampfbetrieb 16 bis 18 v. H.

b. Exponenten der Kompressionslinie.

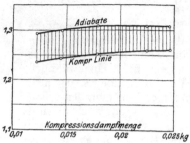

Fig. 318. Liegende Verbundmaschine $\frac{280 \cdot 560}{500}$; $n = 210$. Exponenten der Kompressionslinie bezogen auf die Kompressionsdampfmenge.

Wird die Kompressionslinie als Polytrope behandelt, so ergeben die Aufzeichnungen Fig. 314a und b, in Übereinstimmung mit den Feststellungen bei Einfachexpansionsmaschinen, größere Exponentwerte wie die Expansionslinien der zugehörigen Dampfdiagramme. Fig. 314b läßt außerdem die Zunahme des Exponenten und dessen Annäherung an die (strichpunktiert eingezeichnete) Adiabate mit wachsender Cylinderleistung erkennen. Diese Zunahme läßt sich auch, wie ihre Darstellung in Fig. 318 zeigt, in der mit der Erhöhung der Aufnehmerspannung verbundenen Vergrößerung der arbeitenden Kompressionsdampfmenge begründen.

F. Die Verwendung des Abdampfes und Aufnehmerdampfes für Heizzwecke[1].

1. Verwertung der Abdampfwärme von Einfachexpansionsmaschinen bei Betrieb mit Auspuff, Kondensation und erhöhtem Gegendruck.

Ähnlich wie der Gedanke der wärmetechnischen Ausnützbarkeit der Gichtgase eine neue Entwicklungsperiode der Gasmaschine veranlaßte und die Wärmewirtschaft der Hüttenbetriebe bedeutend erhöhte, so erhielt der Dampfmaschinenbau bedeutsame Anregung zur Anwendung des Hochdruckdampfes und wurde die Wärmewirtschaft der Dampfbetriebe wesentlich gesteigert durch die neuzeitliche allgemeine

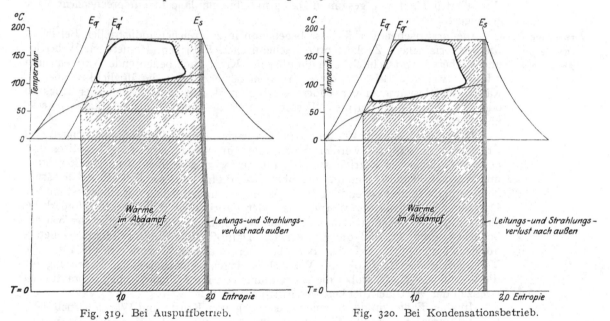

Fig. 319. Bei Auspuffbetrieb.   Fig. 320. Bei Kondensationsbetrieb.

Fig. 319 und 320. Darstellung der im Abdampf verfügbaren Wärme von Einfachexpansionsmaschinen.

Verfolgung des Gedankens der Abdampf- und Zwischendampfverwertung. Bis in das letzte Jahrzehnt waren die Bestrebungen zur Vervollkommnung der Dampfmaschine vornehmlich beherrscht durch die Forderung geringsten Dampfverbrauches der Maschine an sich. Durch Vereinigung des Wärmebedarfs für Heizungs-, Koch- und Trockenzwecke industrieller Anlagen mit dem Wärmeverbrauch der für sie die-

---

[1] Heilmann, Grundlagen für die Beurteilung der Heizungskraftmaschinen, Sparsame Wärmewirtschaft, Heft 2, Verlag des V. d. I. 1920. Gebr. Sulzer, Abdampf- und Zwischendampfverwertung. Schneider, Die Abwärmeverwertung im Kraftmaschinenbetrieb, 4. Aufl. Julius Springer, Berlin 1923.

nenden Dampfmaschinenbetriebe ergeben sich nun neue Gesichtspunkte für die Anpassung der Konstruktions- und Betriebsverhältnisse der Dampfmaschine an die Forderung weitestgehender Ausnützung des Wärmeinhalts des Arbeitsdampfes zwecks geringsten Dampfverbrauchs nicht nur der Dampfmaschinenanlage, sondern des mit ihr zusammenhängenden industriellen Betriebes überhaupt. Wirtschaftlich ungünstig arbeitende Maschinen können hierbei durch die Ausnützung der Abdampfwärme einer wärmetechnisch vollkommenen Dampfmaschine überlegen sich erweisen, wenn der letzteren Abdampf so niedrige Temperatur besitzt, daß er in der Fabrikation nicht weiter verwendet werden kann.

Aus den vorhergehenden Kapiteln ist klar geworden, daß nur ein geringer Teil der im Kessel aufgenommenen Wärme in der Dampfmaschine zur Ausnützung gelangt und der größte Teil des Wärmeinhaltes des Arbeitsdampfes noch an die Atmosphäre oder das Kühlwasser der Kondensation abgegeben und weiterer Ausnützung entzogen wird. Eine Auspuffmaschine nützt im günstigsten Falle nur 8 bis 10 v. H., eine Kondensationsmaschine 12 bis 18 v. H. der zugeführten Wärme aus, so daß in jedem kg Abdampf noch mindestens 80 v. H., d. i. 560 bis 620 WE unausgenützt bleiben. Besteht die Möglichkeit diese in Fig. 319 und 320 durch Schraffur dargestellte Verlustwärme noch für Fabrikationszwecke nutzbar zu machen, so wird die Wirtschaftlichkeit der gesamten Dampfmaschinenanlage in entsprechendem Maße gesteigert.

Verwendungs-art der Abwärme.   Die praktischen Verhältnisse liegen nun in zahlreichen industriellen Betrieben, wie Papierfabriken, Zuckerfabriken, chemischen Fabriken, Brauereien, Webereien und Färbereien tatsächlich so, daß außer der Kraft auch bedeutende Wärmemengen erfordert werden. Bei allen diesen Anlagen besteht daher die Möglichkeit, die Abwärme der Maschine zu verwenden, sei es zum Heizen und Kochen oder Trocknen oder zur Erzeugung warmen Wassers für Reinigungs- und Fabrikationszwecke und dergleichen.

Hinsichtlich des Kraft- und Wärmebedarfs industrieller Betriebe können drei Gruppen unterschieden werden: Solche die nur Maschinenleistung benötigen und bei denen daher der Betrieb am vorteilhaftesten mit billigen Wasserkräften statt mit Wärmekraftmaschinen durchgeführt wird, da im letzteren Falle die Abfallwärme keine unmittelbare Verwendung finden kann; solche bei denen mit einer bestimmten Dampfmenge sowohl der Wärmebedarf der Fabrikation als auch die erforderliche Energie geliefert werden kann und schließlich solche Betriebe bei denen der Wärmebedarf so groß ist, daß die erforderliche Dampfmenge die zur Energieerzeugung nötige überwiegt[1]). Bei den Betrieben der mittleren Gruppe ist die rationelle Vereinigung des Energie- und Wärmebedarfs von entscheidender Bedeutung für die Wärmewirtschaft, wobei die Anwendung von Hochdruckdampf die praktischen Grenzen der Wirtschaftlichkeit wesentlich erweitert.

In allen Fällen, in denen eine Vereinigung von Kraft- und Wärmebetrieb möglich ist, erweist sich die Dampfmaschine auch den mit günstigerer Wärmeausnützung arbeitenden Verbrennungskraftmaschinen weit überlegen, da dann keine besondere Kesselanlage für niedrig gespannten Heizdampf notwendig wird.

Die bezeichnete Ausnützung des Abdampfes hat im allgemeinen eine Beeinträchtigung der Wärmeökonomie in der Maschine dadurch im Gefolge, daß zur Erzielung entsprechender Heizwirkung der Dampf den Cylinder mit höherem Druck und höherer Temperatur als den normalen Betriebsverhältnissen entsprechen würde, verläßt, wobei in den meisten Fällen auf die Anwendung der Kondensation verzichtet werden muß. Der Heizbetrieb mittels Auspuffdampf von atmosphärischer oder höherer Spannung wird daher nur so lange wirtschaftlich sein können, als die Kosten des Mehrdampfverbrauches der Maschine geringer sind, wie die Kosten besonders erzeugten Heizdampfes; in beiden Fällen unter Be-

---

[1]) Siehe Tabelle bei Gerbel, Kraft- und Wärmewirtschaft in der Industrie. Z. Dampfk. Vers.-Ges. 1907, S. 102.

rücksichtigung veränderter Anlagekosten für die Maschine bzw. der Kesselanlage.

Tritt beispielsweise der Dampf mit 12,0 Atm. abs. und einer Temperatur von
300° entsprechend einem Wärmeinhalt von 727 WE in die Maschine und hat der zu
Heizzwecken zu verwendende Abdampf eine Spannung von 2,0 Atm. abs., so verläßt
er bei einem Gütegrad $\varphi = 0,89$ den Cylinder mit einem Wärmeinhalt von 647 WE,
da die in Arbeit umgesetzte Wärme 80 WE beträgt. Der stündliche Dampfverbrauch
der Maschine berechnet sich hiernach zu 632 : 80 = 8 kg/PS$_i$, so daß bei einer Maschinenleistung von 125 PS$_i$ 1000 kg Heizdampf mit einem Wärmeinhalt von 647 000 WE
gewonnen werden. Der Mehraufwand von 80 WE zur Erzielung der nötigen Arbeitsfähigkeit des Dampfes gegenüber seinem Zustand als Abdampf, bedingt somit nur
eine Erhöhung des Brennmaterialaufwandes von 80 : 647 = 0,12 desjenigen zur Erzeugung des Niederdruckdampfes von 2,0 Atm. abs. unter Annahme gleichen Kessel-
wirkungsgrades für die Erzeugung des Nieder- oder Hochdruckdampfes. Die gleiche
Leistung in einer Kondensationsmaschine mit 12,0 Atm. abs. Eintrittsdampf-
spannung und 300° würde bei 70 v. H. Gütegrad einen stündlichen Dampfverbrauch
von 4,6 kg/PS$_i$ d. i. einen Wärmeverbrauch von 3350 WE/PS$_i$ verursachen, entsprechend einem Brennmaterialaufwand für 125 PS$_i$ Maschinenleistung von nahezu
65 v. H. desjenigen zur Erzeugung des Heizdampfes allein. Trotz der beim Gegendruckbetrieb eintretenden Erhöhung des stündlichen Dampfverbrauches von 4,6 auf
8,0 kg/PS$_i$ vermindert sich somit der Brennstoffaufwand bei Vereinigung des
Kraft- und Heizbetriebes im Verhältnis von 1,12 : 1,65 d. i. auf 70 v. H.

Da die Maschinenleistung von dem Wärmegefälle zwischen Ein- und Austritts-
spannung abhängt, läßt sich aus einer bestimmten Dampfmenge eine um so größere
Arbeit gewinnen, je größer das Wärmegefälle durch Erhöhung der Eintritts-
und Verminderung der Austrittsspannung gewählt werden kann, worüber die
Diagramme Fig. 52, 54 und 60 bereits näheren Aufschluß geben. Aus diesen
Figuren geht der bedeutende Einfluß einer Senkung der Austrittsspannung auf die
Erhöhung der Arbeitsleistung besonders deutlich hervor. In allen Fällen, in denen
nur eine bestimmte Wärmemenge unabhängig von einer bestimmten Temperaturhöhe
benötigt wird, ist es daher am wirtschaftlichsten, mit der niedrigsten Austrittsspannung und -Temperatur zu arbeiten, die bei Verwendung der Abwärme in der
Fabrikation zulässig ist.

Während beispielsweise unter bestimmten Betriebsverhältnissen bei 3 Atm.
Gegendruck die im Abdampf verfügbare Wärme 667 WE/kg beträgt, ist sie bei
1,0 Atm. Gegendruck nur etwa 4,5 v. H. kleiner (636 WE/kg), während die für 1 kg
Dampf erzielbare Leistung sich um nahezu 30 v. H. erhöht.

Es ist bei niedriger Spannung des Auspuffdampfes allerdings zu beachten,
daß dieser einen größeren Raum einnimmt als höher gespannter Dampf und
daß die Fortleitung einer bestimmten Wärmemenge daher weitere Rohrleitungen
benötigt.

Wenn die Verwendung des Abdampfes eine bestimmte Temperatur voraussetzt
(wie dies bei Kochapparaten der chemischen Industrie häufig der Fall ist), muß der
Druck des Abdampfes an der Verwendungsstelle so gewählt werden, daß seine Sättigungstemperatur mit der verlangten Heiztemperatur übereinstimmt. Die Veränderung der Sättigungstemperatur ist bei niedrigen Drücken verhältnismäßig groß und
beträgt beispielsweise zwischen 1,0 und 3 Atm. Überdruck rund 23°.

Sind die Austrittsspannungen aus Betriebsrücksichten festgelegt, so kann bei
einer gegebenen Abdampfmenge die Leistung nur noch durch Veränderung der Eintrittsspannung und Temperatur beeinflußt werden. Für eine bestimmte Leistung
ist bei vorgeschriebener Eintrittstemperatur auch die Eintrittsspannung festgelegt,
wenn der Gütegrad der Maschine bekannt ist.

Im Zusammenhang mit Niederdruckdampfheizungen und Kochapparaten
kommen Auspuffspannungen von 0,1 bis 3,0 Atm. Überdruck zur Verwendung,
während der Betrieb von Fernheizleitungen und bestimmten Kochapparaten der

Beispiel.

Höhe des
Gegendruckes.

chemischen Industrie, letztere aus Rücksicht auf die im betreffenden Prozesse notwendigen Temperaturen, Gegendrücke für die Dampfmaschine bis zu 6 Atm. und mehr benötigt.

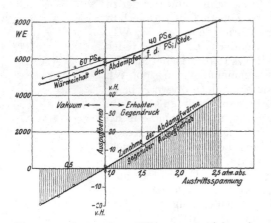

Fig. 321. Ausnutzbare Wärme und Abdampfwärme.

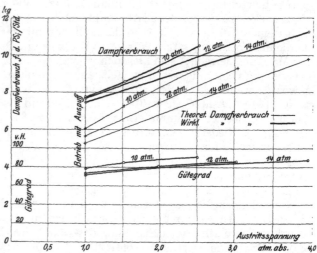

Fig. 323. Abhängigkeit des Dampfverbrauches und Gütegrades
von der Austrittsspannung bei überhitztem Dampf.

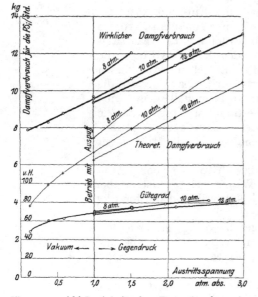

Fig. 322. Abhängigkeit des Dampfverbrauches
und Gütegrades von der Austrittsspannung bei
gesättigtem Dampf.

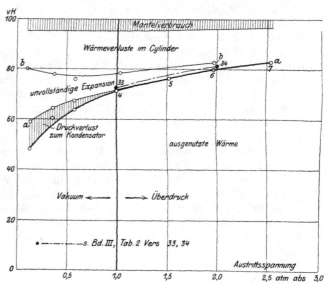

Fig. 324. Wärmeverteilung für 1 kg Dampf bei Sattdampfbetrieb bezogen auf die Austrittsspannung.

Fig. 321—324. Versuche von Prof. Eberle an der Versuchsmaschine $\frac{225 \cdot 300}{600}$; $n = 120$.

Dient die Abdampfwärme lediglich zur Warmwasserbereitung wie beispielsweise in Badeanstalten, Schlachthöfen, Brauereien, so ist noch Kondensationsbetrieb mit vermindertem Vakuum möglich. Es wird dann in die Auspuffleitung vor den Hauptkondensator ein kleinerer Oberflächenkondensator, in dem sich ein Teil des Arbeitsdampfes zur Warmwassererzeugung niederschlägt, eingeschaltet. Bei niedriger Warmwassertemperatur wird hierbei das Vakuum des Maschinenbetriebes nur wenig verschlechtert werden. Zur Erzielung höherer Wassertemperaturen ist

dagegen eine Verschlechterung des Vakuums nicht zu vermeiden und durch Ein-
saugen von Luft in die Abdampfleitung oder durch Drosselung des Abdampfes herbeizuführen.

Zahlenwerte über die Veränderung der Wärmeausnützung und des Dampfverbrauchs bei Abschwächung des Vakuums wurden für Betrieb mit gesättigtem und
überhitztem Dampf bereits auf S. 145 bis 148 mitgeteilt. Über den Einfluß höherer
Austrittsspannungen liegt dagegen nur spärliches Versuchsmaterial vor, unter dem
die eingehenden Versuche des Bayrischen Revisionsvereins an der Münchener Versuchsmaschine, die sich an die oben mitgeteilten Versuche über die Abschwächung
des Vakuums anschließen, das meiste Interesse beanspruchen[1]).

Die wichtigsten Versuchsergebnisse bei Leistungen von 40 und 60 PS$_i$ sind in den
Fig. 321 bis 324 zusammengestellt. Die Erhöhung des Gegendrucks von 1,0 auf
2,5 Atm. abs bewirkt eine aus Fig. 321 zu entnehmende lineare Zunahme der Abdampfwärme und eine in den Fig. 322 und 323 sich kennzeichnende lineare Zunahme
des Dampfverbrauches, die jedoch geringer als die Zunahme des theoretischen Verbrauchs sich ergibt; daher auch die eintretende Steigerung des Gütegrades. Die durch
Linie *a a* Fig. 324 gekennzeichnete rasche Zunahme der Gesamtwärmeausnützung
ist, wie auch bereits S. 146 für Kondensationsbetrieb nachgewiesen wurde, hauptsächlich in der Abnahme der Verluste durch unvollständige Expansion begründet.

Bei Betrieb mit überhitztem Dampf ist der austretende Dampf bei sämtlichen
Versuchen noch schwach überhitzt.

In Fig. 324 ist auch aus Bd. III, Tab. 2 für die Versuche 33 und 34 mit einer
durch 4 Kolbenschieber gesteuerten 700pferdigen Eincylinderdampfmaschine die
Gütegradskurve eingetragen, deren Verlauf mit dem der Gütegradskurve der Münchener Versuchsreihe nahezu übereinstimmt; nur sind die absoluten Werte infolge der größeren Maschinenleistung etwas höher.

Die letzteren Versuchen mit 2 Atm. Gegendruck zugehörigen Diagramme Fig. 325
und 326, sowie die Diagramme Fig. 187 und 188 der gleichen Maschine bei Auspuffbetrieb, sind ihres mustergiltigen Verlaufs wegen von besonderem Interesse. Die
Erhöhung des Gegendruckes von 1 auf 2 Atm. bei gleichbleibender Leistung bewirkte
eine Steigerung des auf die vollkommene Maschine bezogenen Gütegrades von 72 auf
81 v. H., wobei sich der Dampfverbrauch des Sattdampfbetriebs von 9,30 auf 11,50 kg,
also um 23,6 v. H. erhöhte. Die für eine Pferdestärke verfügbare Abdampfwärme
nahm hierdurch zu um ungefähr 1380 WE = 26,3 v. H. des Wärmeinhaltes des Abdampfes des normalen Auspuffbetriebes. Aus dieser mit dem Dampfverbrauch
der Gegendruckmaschine nahezu proportionalen Änderung der Abdampfwärme folgt,
daß bei gleicher Maschinenleistung, zunehmendem Abwärmebedarf in einfacher
Weise durch Erhöhung des Gegendrucks und umgekehrt entsprochen werden kann.
Diese Regelart setzt aber voraus, daß die mit dem Gegendruck sich ändernde Ab-
dampftemperatur für die Abwärmeverwertung zugelassen werden kann.

Weiterhin sei auf die früher mitgeteilten Versuche an der Trondhjemer Versuchsmaschine hingewiesen, die gestatten den Einfluß der Austrittsspannung für
Drucke zwischen 0,5 und 3,6 Atm. abs und Dampf-Temperaturen des Sättigungszustandes bis 300° zu verfolgen. Die an dieser Maschine gewonnenen Diagramme
Fig. 199 und 200 seien ergänzt durch Fig. 327 und 328, die die Abhängigkeit des
Dampfverbrauchs f. d. PS$_i$/Stde von Dampftemperatur und Gegendruck bei unveränderter Belastung und Eintrittsspannung von 12 Atm zeigen. Die Indikatordiagramme Fig. 329 und 330 kennzeichnen die Dampfverteilung bei gesättigtem
und überhitztem Dampf bei gleichen Druckgrenzen, die Diagramme Fig. 331 und 332
den Einfluß des Gegendruckes auf den Diagrammverlauf bei gleicher Eintrittsspannung und Temperatur. Von besonderem Interesse ist schließlich noch die
Kennzeichnung der Größe der aus einer gleichbleibenden Dampfmenge zu erzielen-
den Leistung bei Veränderung von Dampftemperatur, Eintrittsspannung und Gegen-

---

[1]) Z. d. Bayr. Rev.-Ver. 1907, S. 97.

Dampfver-
brauch bei
erhöhtem
Gegendruck.

Regulierung
des Maschinen-
betriebs bei zu-
nehmendem
Abwärmebe-
darf.

druck Fig. 333—335. Bei Kenntnis des Heizdampfbedarfs ist es mit Hilfe solcher Diagramme möglich, die verschiedenen Größen so gegeneinander abzupassen, daß die günstigste Ausnutzung erzielt wird.

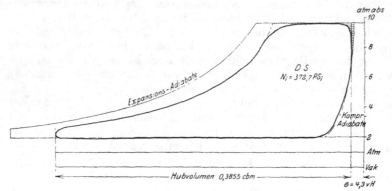

Fig. 325. Gegendruck 2 Atm. abs.

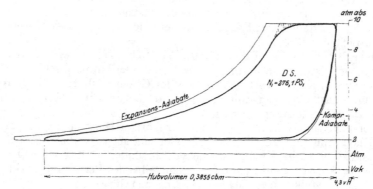

Fig. 326. Gegendruck 2,0 Atm. abs.

Fig. 325 und 326. Liegende Eincylindermaschine $\frac{700}{1000}$; $n = 108$. Diagramme bei gleichem Gegendruck und verschiedener Leistung.

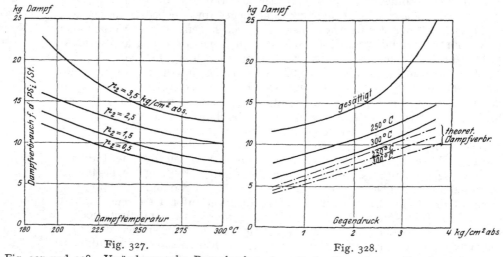

Fig. 327.   Fig. 328.

Fig. 327 und 328. Veränderung des Dampfverbrauchs mit der Dampftemperatur bzw. dem Gegendruck bei konstanter Eintrittsspannung und Belastung.

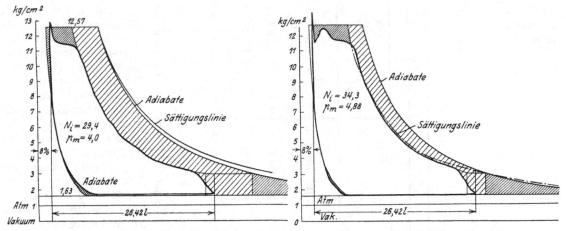

Fig. 329. Bei Sattdampfbetrieb.   Fig. 330. Bei Heißdampfbetrieb.

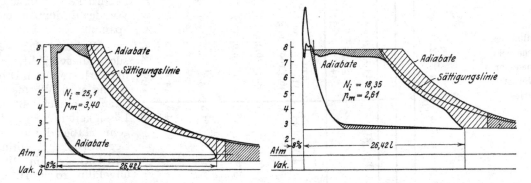

Fig. 331.
Bei Heißdampfbetrieb und 0,65 Atm.
Gegendruck.

Fig. 332.
Bei Heißdampfbetrieb und 2,6 Atm.
Gegendruck.

Fig. 329—332. Diagrammverlauf bei Sattdampf- und Heißdampfbetrieb und verschiedenem Gegendruck.

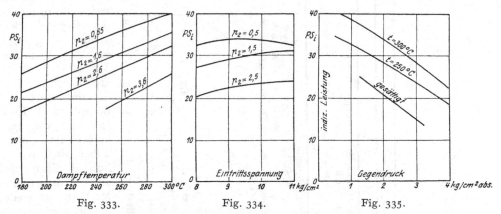

Fig. 333.   Fig. 334.   Fig. 335.

Fig. 333—335. Änderung der Maschinenleistung mit der Dampftemperatur, Eintritts-
und Austrittsspannung bei gleichbleibender Dampfmenge.

Fig. 327—335. Versuche mit der Laboratoriumsmaschine der Technischen Hochschule
Trondhjem.

Gegendruck-Lokomobile von R. Wolf.

Einfluß des Gegendruckes auf die inneren Wärmeverluste.

Tabelle 59.

Gegendruck-Lokomobile $\frac{300}{500}$; $n = 220$.

	16,1	16,1	16,1	16,1	16,1	16,1	16,1	16,1	16,1	13,1	13,1
Kesselspannung Atm. abs.											
Gegendruck Atm. abs.	3,0	3,0	2,0	2,0	2,0	1,0	1,0	1,0	1,0	1,0	1,0
Indicierte Leistung PS$_i$/St.	154,2	191,8	138,1	178,4	215,6	124,1	176,0	213,8	252,9	123,4	186,2
Endexpansionsdruck Atm. abs.	4,45	5,32	3,47	3,89	5,00	2,44	3,02	3,64	4,24	2,50	3,48
Eintrittstemperatur °C	361	366	345	357	371	344	362	362	364	341	358
Dampfverbrauch für die PS$_i$/St.-kg	7,93	7,93	6,90	6,82	6,82	6,01	6,05	6,31	6,31	6,28	6,39
Theor. verfügbare Wärme (WE / v.H.)	96,9 / 100,0	95,8 / 100,0	111,1 / 100	113,1 / 100	115,6 / 100	136,3 / 100	142,1 / 100	142,2 / 100	144,6 / 100	130,2 / 100	131,9 / 100
Ausnutzbare Wärme (Gütegrad) (WE / v.H.)	79,9 / 83,1	79,9 / 83,7	91,7 / 83,4	93,0 / 82,6	92,6 / 80,2	105,4 / 76,3	104,5 / 73,6	106,0 / 74,5	100,4 / 70,3	100,8 / 77,5	97,5 / 74,3
Verlust durch unvollständige Expansion (WE / v.H.)	2,9 / 3,0	5,2 / 5,5	4,8 / 4,3	6,7 / 5,9	7,3 / 6,3	11,1 / 8,0	15,7 / 11,0	19,9 / 14,0	24,3 / 17,0	11,0 / 8,5	19,2 / 14,4
Verlust durch unv. Expansion des Kompressionsdampfes (WE / v.H.)	1,3 / 1,3	1,8 / 1,8	2,4 / 2,2	2,2 / 2,0	1,8 / 1,6	3,7 / 2,7	4,5 / 3,1	4,4 / 3,1	5,4 / 2,6	4,4 / 3,3	2,9 / 2,1
Verlust durch Drosselung im Überhitzer und in der Einlaßsteuerung (WE / v.H.)	7,0 / 7,3	4,9 / 5,1	5,0 / 4,5	5,3 / 4,7	5,6 / 4,8	4,2 / 3,1	6,1 / 4,3	3,5 / 2,5	4,8 / 3,3	5,6 / 4,3	3,9 / 3,8
Wärmeaustausch u. Lässigkeit (Restverlust) (WE / v.H.)	5,1 / 5,3	3,7 / 3,9	7,2 / 6,5	5,9 / 4,8	8,3 / 7,1	11,9 / 8,7	11,3 / 8,0	8,4 / 5,9	9,6 / 6,7	8,4 / 6,4	6,3 / 4,7

Tabelle 59 enthält Versuche von Heilmann an einer Eincylinder-Gegendruck-Lokomobile von R. Wolf[1]) bei Austrittsspannungen von 3, 2 und 1 Atm. abs. und 16 Atm. abs. Kesselspannung, sowie für 1 Atm. Gegendruck bei 13 Atm. abs. Kesselspannung. Die Tabelle, sowie ihre graphische Darstellung, Fig. 336a—d gibt eine Übersicht über die Wärmeverteilung bei den verschiedenen Gegendrücken, abhängig von der Endexpansionsspannung.

Wie aus den Versuchen hervorgeht, sind die Verluste durch Drosselung und Wärmeaustausch einschließlich Lässigkeit nur in geringem Maße durch den Gegendruck beeinflußt und betragen im Mittel ungefähr 10 v. H. der adiabatischen Expansionswärme; jedoch ist ihre Abnahme mit zunehmender Belastung und Endexpansionsspannung unverkennbar. Die mit Erhöhung des Gegendruckes zusammenhängende naturgemäße Abnahme der Verluste durch unvollständige Expansion, die getrennt für die Frischdampf- und Kompressionsdampfmenge angegeben ist, begründet daher auch hauptsächlich die Steigerung des auf die unvollkommene Maschine bezogenen Gütegrades φ mit zunehmender Austrittsspan-

[1]) Sparsame Wärmewirtschaft, Heft 2. S. 46.

nung, während der auf die vollkommene Maschine bezogene Gütegrad φ_0 abnimmt.

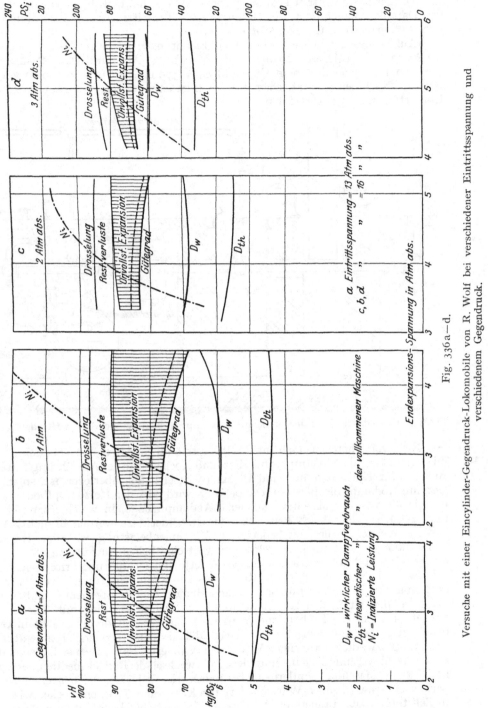

Fig. 336 a—d.

Versuche mit einer Eincylinder-Gegendruck-Lokomobile von R. Wolf bei verschiedener Eintrittsspannung und verschiedenem Gegendruck.

Bei gleichbleibendem Gegendruck ist der Dampfverbrauch zwischen halber und voller Belastung, Fig. 336 a—d, nur in geringem Maße von der Leistung abhängig, da die der Lokomobile eigentümliche Erhöhung der Dampftemperatur mit zunehmender Belastung die Zunahme der Endexpansionsverluste in einem gewissen Grade ausgleicht.

Die geringere Eintrittsspannung von 13 Atm. erhöhte wohl bei gleicher Leistung den Dampfverbrauch im Vergleich mit 16 Atm. Eintrittsdruck, jedoch ohne wesentliche Änderung der Gütegrade φ und φ_0.

Auf Grund der heute vorliegenden Erfahrungen kann für Gegendrucke über der Atmosphäre bei Dampfspannungen von 12 bis 15 Atm. und Dampftemperaturen von 300 bis 350⁰ mit einem Gütegrad $\varphi_0 = 0,75$ bis 0,85 bzw. $\varphi = 0,90$ gerechnet werden. Nach den Schmidtschen Versuchen ist letzterer Gütegrad auch bei höheren Eintrittsspannungen erreichbar.

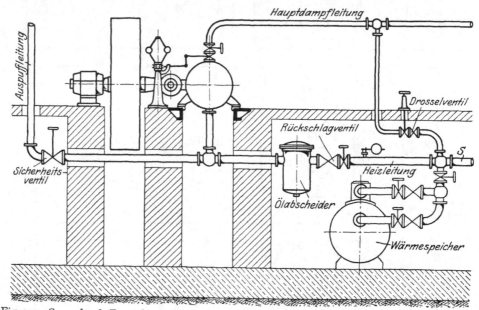

Fig. 337. Gegendruck-Dampfmaschine mit Wärmespeicher für veränderlichen Heizdampfbedarf.

Maschinenleistung und Abwärmebedarf.

Nach vorstehendem erscheint es selbstverständlich, daß die Gegendruckmaschine mit Verwertung des Abdampfes für Heiz- und Kochzwecke der Ausführung getrennter Anlagen für Krafterzeugung und Heizung wirtschaftlich überlegen ist, solange der gesamte Abdampf für diese Zwecke benötigt wird oder der Heizdampfbedarf größer ist wie die von der Maschine gelieferte Abdampfmenge, in welch letzterem Falle nur der Mehrbedarf durch Frischdampfzusatz gedeckt zu werden braucht. In den weitaus meisten Fällen ist jedoch die Maschinenbelastung wie der Heizbedarf Schwankungen unterworfen, welche zur wirtschaftlichen Ausnützung des Dampfes als Energie- und Wärmeträger auch veränderte Betriebsführung erfordern. So beispielsweise bei Verwendung des Abdampfes zur Raumbeheizung, deren Wärmebedarf von der Jahreszeit und den veränderlichen Tagestemperaturen abhängt. In diesen Fällen ist in den Sommermonaten die Dampfmaschine mit Kondensation zu betreiben, in der Herbst- und Winterzeit dagegen mit derart erhöhtem Gegendruck, daß der Abdampf die dem Heizbedürfnis entsprechende Temperatur und Spannung bzw. die erforderliche Wärmemenge liefert. Es ergeben sich also dadurch auch bei unveränderlichem Energiebedarf wechselnde Betriebsbedingungen nicht nur für die Maschine, sondern auch für den Kessel[1]. Desgleichen erschwert ein periodisch schwankender Wärmebedarf für Koch- und Trockenzwecke, wie er sich in Zellstoffabriken, Brauereien u. a. ergibt, die wirtschaftliche Vereinigung mit dem Dampfverbrauch der Betriebsmaschine, wenn nicht, wie Fig. 337 zeigt, in die Ab-

---

[1] S. Heilmann a. a. O. S. 72—75.

dampfleitung ein Wärmespeicher mit dem Zwecke eingebaut wird, überschüssige Dampfwärme aufzuspeichern und diese in den Perioden größeren Wärmebedarfs wieder abzugeben, so daß wieder ein nahezu gleichmäßiger Maschinen- und Kesselbetrieb sich erreichen läßt.

Einer vorübergehend großen Steigerung des Wärmebedarfs über den mittleren kann von der Frischdampfleitung aus entsprochen werden durch ihre Verbindung mit der Abdampf- bzw. Heizdampfleitung unter Einschaltung eines Drosselventils.

Aus dem Vorhergehenden ist für die Gegendruckmaschine zu folgern, daß der mittlere Abwärmebedarf übereinstimmen soll mit dem Wärmeinhalt des Auspuffdampfes bei der bestehenden Maschinenleistung und dem verlangten Gegendruck.

Wenn dieser Ausgleich bei einer vorhandenen Maschinenanlage nicht besteht, so kann er nachträglich durch Änderung der Betriebsdampfspannung insofern erreicht werden, als bei einer Erhöhung derselben der Dampfverbrauch der Maschine und damit die Abdampfwärme verringert, bei einer Erniedrigung der ersteren letztere vergrößert werden kann.

Die Erhöhung der Dampfspannung erscheint von besonderer wirtschaftlicher Bedeutung bei Maschinenanlagen, die Abdampf von hoher Spannung also hoher Abwärmetemperatur zu liefern haben, da der Mehraufwand an Wärme im Kessel gegenüber der Erzeugungswärme des Abdampfes nur dem Wärmeäquivalent der indicierten Maschinenleistung entspricht, wobei nur noch der Gütegrad der Dampfausnützung in der Maschine zu berücksichtigen bleibt. Da letzterer bei Hochdruckdampf und hohen Gegendrücken nur wenig sich verändert und zu $\varphi = 0{,}90$ angenommen werden kann, so läßt sich ein zuverlässiger Anhalt über die erzielbare Dampfleistung mit

Hoher Gegendruck und unveränderlicher Wärmebedarf.

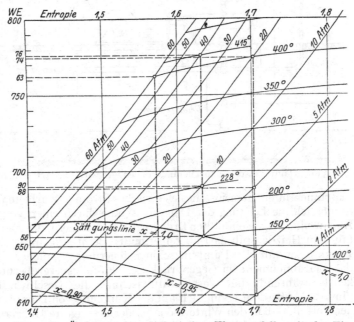

Fig. 338. Änderung der adiabatischen Wärmegefälle mit der Eintrittsspannung, der Eintrittstemperatur oder dem Gegendruck.

wachsender Eintrittsspannung unmittelbar aus dem Mollierschen Wärme-Entropiediagramm Fig. 338 ableiten.

Soll beispielsweise ein Gegendruck von 5,0 Atm. abs. aufrecht erhalten werden und die Höchsttemperatur des Betriebsdampfes 400° C nicht überschreiten, so wächst die adiabatische Expansionswärme bei einer Drucksteigerung von 20 auf 60 Atm. von 86 auf 133 WE., wobei allerdings der Wärmeinhalt des Abdampfes von 690 auf 630 WE./kg sich verringert. Soll jedoch der Wärmeinhalt eines kg Auspuffdampf von 5,0 Atm. unverändert bleiben, etwa entsprechend trocken gesättigtem Zustand, so bedingt die Drucksteigerung auch eine Zunahme der Überhitzung und zwar im vorliegenden Fall bei 10 Atm. Eintrittsdruck 240° C, bei 40 Atm. 420° C Dampftemperatur; die adiabatische Expansionswärme wächst dabei von 43 auf 120 WE./kg. Hiernach würde beispielsweise mit einer stündlich benötigten Heizdampfmenge von 1000 kg und 5,0 Atm. abs. eine indicierte Maschinenleistung von 64 PS$_i$

bzw. 170 PS$_i$ vorausgehend erzielt werden können, unter Annahme eines gleichen Gütegrades in beiden Fällen von $\varphi = 0{,}90$.

Es besteht also zwischen der Maschinenleistung und dem Heizdampfverbrauch eine weitgehende wirtschaftliche Anpassungsfähigkeit, sobald der Betrieb mit Hochdruckdampf ins Auge gefaßt wird.

Veränderlicher Wärmebedarf.   Bei veränderlichem Abwärmebedarf ist die Anpassung des Dampfverbrauchs der Dampfmaschine an die jeweils erforderliche Abdampfmenge am vollkommensten zu erreichen, wenn noch eine andere Kraftquelle, beispielsweise eine Wasserkraftanlage vorhanden ist, sei es daß beide Kraftmaschinen auf eine gemeinsame Transmission, Fig. 339, oder durch Kupplung mit Dynamo-

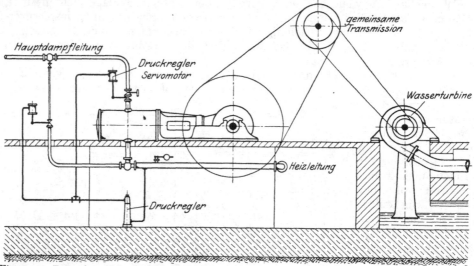

Fig. 339. Dampfmaschine für veränderlichen Abwärmebedarf gekuppelt mit Wasserturbine.

maschinen in ein gemeinsames elektrisches Stromnetz arbeiten. In beiden Fällen ist es möglich die Leistung der Dampfmaschine durch einen von der Spannung in der Abdampfleitung beeinflußten Druckregler so zu ändern, daß stets ihr Dampfverbrauch mit dem Heizdampfbedarf übereinstimmt. Beim Transmissionsbetrieb hat dabei der Druckregler mit der Dampfmaschinensteuerung in solcher Verbindung zu stehen, daß bei abnehmendem Gegendruck eine Füllungsvergrößerung eintritt und umgekehrt, während die Wasserkraftmaschine die Geschwindigkeitsregelung übernimmt. Außerdem ergibt sich mit der Kupplung von Dampf- und Wasserkraft noch der Vorteil, daß in den Wintermonaten der gesteigerte Heizdampfbedarf gleichzeitig auf eine erhöhte Leistung der Dampfmaschine führt, die entweder dazu dienen kann, die meist durch Wassermangel sich ergebende Leistungsabnahme der Wasserkraft in willkommener Weise zu ergänzen oder die in den Abendstunden auftretenden Spitzenbelastungen des Kraftwerks zu übernehmen.

Beim Arbeiten beider Kraftmaschinen auf ein elektrisches Leitungsnetz hat der Druckregler die Aufgabe bei erhöhtem oder vermindertem Gegendruck den elektrischen Widerstand der Dampfmaschine so zu verkleinern bzw. zu vergrößern, daß ihr Geschwindigkeitsregler zu einer solchen Füllungsänderung veranlaßt wird, bei der der normale Gegendruck wieder entsteht.

2. Zwischendampfentnahme aus den Aufnehmern von Mehrfachexpansionsmaschinen.

Handelt es sich um Heizdampfversorgung aus reinen Dampfkraftanlagen, bei denen der Energiebedarf größere Dampfmengen benötigt als für Heizzwecke verbraucht werden, dann sind an Stelle von Einfachexpansionsmaschinen, Zweifachexpansionsmaschinen zu verwenden, deren Aufnehmerspannung so gewählt wird, daß der benötigte Heizdampf aus dem Aufnehmer bezogen werden kann. Den Zusammenhang einer solchen Entnahmemaschine mit der Heizdampfleitung zeigt Fig. 340.

Der Betrieb solcher Verbunddampfmaschinen mit Zwischendampfentnahme läßt sich durch Regeleinrichtungen so beeinflussen, daß die Dampfverteilung sich

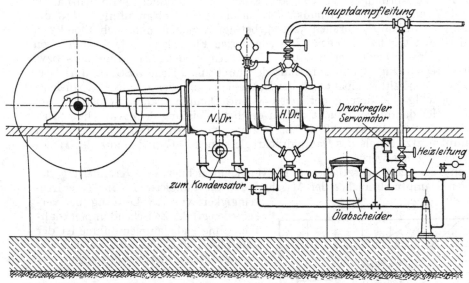

Fig. 340. Zweifachexpansionsmaschine mit Zwischendampfentnahme.

in weiten Grenzen dem wechselnden Heizdampf- und Kraftbedarf selbsttätig anpaßt, wobei gewöhnlich die Aufnehmer- bzw. Heizdampfspannung unverändert erhalten werden muß. Hierin liegt eine Überlegenheit der Maschine mit Zwischendampfentnahme gegenüber der Gegendruckmaschine, bei der der Maschinenbetrieb für eine bestimmte Leistung und die benötigte meist auch veränderliche Abdampfmenge nicht gleichzeitig wirtschaftlich vorteilhaft einander angepaßt werden können.

Die von Gebr. Sulzer mitgeteilte Darstellung Fig. 341 gibt ein anschauliches Bild der weitgehenden Anpassungsfähigkeit der Verbundmaschine an wechselnde Leistung und Dampfentnahme, sowie der mit beiden sich ändernden Füllungen im Hoch- und Niederdruckcylinder einer normal 600 pferdigen Verbunddampfmaschine, die mit Heißdampf von 13,0 Atm. abs. Eintritts- und 3,0 Atm. abs. Aufnehmerspannung arbeitet, und bei der eine

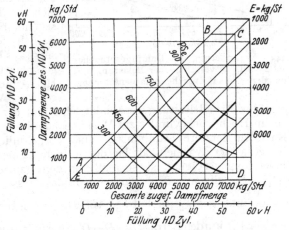

600 PS Verbund-Dampfmaschine für 6000 kg/Std. Zwischendampfentnahme.

Fig. 341. Diagramm zur Ermittlung der HD- und und ND-Cylinderfüllung einer Verbundmaschine von 600 PS_e normal bei Veränderung der Leistung und Zwischendampfentnahme E.

Dampfentnahme bis zu 6000 kg/Std. in Betracht gezogen ist. In diesem Diagramm zeigen die Abscissen der Leistungskurven die Zunahme des stündlichen Gesamtdampfverbrauches bei steigender Dampfentnahme und deren Ordinaten die vom Kondensator stündlich aufzunehmende Dampfmenge. Gleichzeitig kennzeichnen sich in diesen Dampfmengen auch die Füllungsgrade des Hoch- und Niederdruckcylinders.

Mit Hilfe der unter 45° eingezeichneten Linien verschieden großer Dampfentnahme $E = 0$ bis 6000 kg/Stde lassen sich die Fragen nach Dampfverbrauch und Füllungsgrad in beiden Cylindern für beliebige Leistung und Dampfentnahme innerhalb der vorliegenden Grenzen ohne weiteres beantworten. Beispielsweise ergibt sich für die Normalleistung von 600 PS$_i$ und eine stündliche Dampfentnahme von 4000 kg durch den Schnittpunkt der zugehörigen Diagrammlinien, daß der stündliche Gesamtdampfverbrauch 5200 kg beträgt, von dem nur noch 1200 kg in den Niederdruckcylinder gelangen. Die zugehörige Füllung im HD-Cylinder von 37 v. H. und im ND-Cylinder von 9 v. H. werden vom Geschwindigkeits- bzw. Dampfdruckregler eingestellt. Innerhalb der durch die Fläche $ABCDE$ umschriebenen Betriebsverhältnisse paßt sich der Betriebszustand der Zweifachexpansionsmaschine beliebiger Änderung der Leistung und Dampfentnahme selbsttätig an. Wird mehr Heizdampf verbraucht als bei der betr. Leistung dem Aufnehmer entnommen werden darf[1]), so muß die im letzteren verfügbare Dampfmenge durch Frischdampfzusatz mittels des Dampfdruckreglers am ND-Cylinder aus der Hochdruckleitung ergänzt werden.

Die in Fig. 342 wiedergegebenen Kurven kennzeichnen die Veränderung des stündlichen Dampfverbrauches der Maschine für die indicierte PS in seiner Ab-

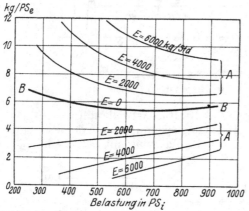

Fig. 342. Veränderung des Dampfverbrauches für die PS$_i$/Std. bei verschiedener Belastung und verschieden großer Zwischendampfentnahme.

hängigkeit von der Leistung bei verschieden großer Zwischendampfentnahme. Ohne Heizdampfentnahme ist der Dampfverbrauch durch die Kurve $E = 0$ dargestellt. Die darüber liegenden Kurven geben die Werte des stündlichen Dampfverbrauches für die PS$_i$ einschließlich der Dampfentnahmemengen, während die unteren Kurven über den Dampfverbrauch der Maschine allein bei verschiedener Dampfentnahme Aufschluß geben. Ihre Ermittlung stützt sich auf die Überlegung, daß bei Zwischendampfentnahme der Dampfverbrauch der Maschine sich zusammensetzt aus einer im Kondensator niedergeschlagenen Dampfmenge D_1, die im Hoch- und Niederdruckcylinder mit der ganzen Arbeitsfähigkeit des Kesseldampfes zur Arbeitsleistung verwendet wird und der Entnahmedampfmenge D_2, die nur im Hochdruckcylinder zur Wirkung kommt.

Nachdem letztere Dampfmenge aber vornehmlich zur Wärmeabgabe dient, und ihr gesamter Wärmeinhalt bei der Aufnehmerspannung daher nicht mehr zur Arbeitsleistung verfügbar ist, so muß von dem ganzen Aufwand an Kesseldampf $D = D_1 + D_2$, die auf den Wärmeinhalt des Kesseldampfes umgerechnete Entnahmedampfmenge D'_2 im Betrage von $D_2 \dfrac{\lambda_2}{\lambda_1}$ von der Gesamtdampfmenge D abgezogen werden, um den Betrag $D_0 = D - D'_2$ zu erhalten, um welchen die auf den Kesseldruck bezogene Entnahmedampfmenge D'_2 zu vergrößern war, behufs gleichzeitiger Ausnützung der gesamten Dampfmenge $D = D_0 + D'_2$ zur Arbeitsleistung in dem im

---

[1]) Die Entnahmemenge ist dadurch begrenzt, daß dem ND-Cylinder mindestens soviel Dampf zugeführt werden muß, daß seine Lauffläche so von Dampf und dem in ihm enthaltenen Öl bespült bleibt, daß ein Trockenlaufen des Kolbens vermieden ist; im vorliegenden Fall entspricht die Höhenlage der Linie DE dieser mit etwa 400 kg/Std. angenommenen Dampfmenge.

HD- und ND-Cylinder gegebenen Umfange. In der Formel für D'_2 bedeutet λ_1 den Wärmeinhalt des Kesseldampfes, λ_2 denjenigen des Aufnehmer-bzw. Entnahmedampfes.

Der Grad der Wirtschaftlichkeit für den Betrieb der Verbundmaschine mit Zwischendampfentnahme ist schwieriger festzustellen wie bei der Eincylindermaschine, da die Verschiedenheit des Dampfverbrauches beider Cylinder noch durch Maschinenbelastung, Höhe der Aufnehmerspannung und Größe der Zwischendampfentnahme abweichend beeinflußt wird.

Was den Einfluß der Zwischendampfentnahme auf den Diagrammverlauf angeht, so möge derselbe an Hand zweier Diagramme Fig. 343 und 344 näher beleuchtet werden. Das erstere zeigt die rankinisierten Diagramme einer Verbundmaschine bei normalem Betrieb, das letztere diejenigen bei gleicher Leistung, aber Entnahme von 73,5 v. H. der gesamten Dampfmenge aus dem Aufnehmer.

Bei einer Zwischendampfentnahme von 73,5 v. H. = 527,8 kg arbeitet der HD-Cylinder mit einer stündlichen Dampfmenge von 718 kg, während der ND-Cylinder nur noch eine Dampfmenge von 190,2 kg erhält. Diese große Verschiedenheit in der arbeitenden Dampfmenge beider Cylinder hat zur Folge, daß die Leistung des HD-Cylinders, trotz der auf 4,0 Atm. abs. erhöhten Aufnehmerspannung, weit über die des normalen Betriebszustandes hinausgeht, die des Niederdruckcylinders dagegen entsprechend sich verkleinert. Der ungleichen Dampf- und Arbeitsverteilung wären naturgemäß die Cylindergrößen anzupassen und könnte daher in Rücksicht auf die Zwischendampfentnahme ein Cylinderverhältnis von etwa 1:1,5 gewählt werden statt des für normale Dampf- und Arbeitsverteilung ausgeführten Verhältnisses von 1:2,9.

Der infolge zu großen ND-Cylinders sich ergebende hohe Expansionsgrad des Niederdruckdampfes verursacht bedeutende Zunahme der inneren Wärmeverluste,

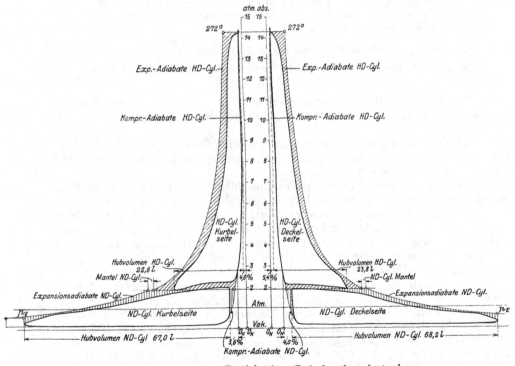

Fig. 343. Bei normalem Betrieb ohne Zwischendampfentnahme.

Indicierte Gesamtleistung . .   86,6 PS₁   Minutliche Umdrehungen . . 121,8
    HD-Cylinder . . .   47,3 „   Dampfverbrauch f. d. PS /Std.   5,03 kg
    ND-Cylinder . . .   39,3 „

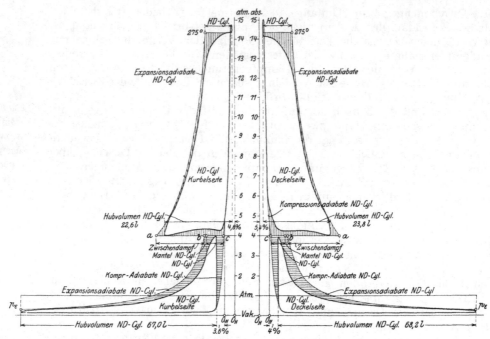

Fig. 344. Bei gleicher Leistung und 73,5 v. H. Zwischendampfentnahme.

Indicierte Gesamtleistung . .	$85,3$ PS$_i$	Minutliche Umdrehungen . .	$120,2$
HD-Cylinder . . .	$63,7$,,	Dampfverbrauch f. d. PS$_i$/Std.	$8,42$ kg.
ND-Cylinder . . .	$21,6$,,		

Fig. 343 und 344. Indikatordiagramme der Verbundmaschine $\frac{225 \cdot 380}{600}$; $n = 120$.

bei Betrieb mit überhitztem Dampf ohne und mit Zwischendampfentnahme.

die von 27 v. H. des normalen Betriebes auf 46 v. H. wachsen, bei gleichzeitigem Ansteigen der spezifischen Dampfmengen während der Expansion von 57 auf 90 v. H.

Fig. 345 und 346 zeigen Diagramme für Sattdampfbetrieb bei 67 PS$_i$ Leistung und 2,55 Atm. Aufnehmerspannung mit einer Zwischendampfentnahme von 45,8 und 77,7 v. H. des Gesamtdampfverbrauches.

Der mit der kleinen Niederdruckcylinderfüllung entstehende bedeutende Wärmeaustausch zwischen Dampf und Wandung führt auf eine sehr flach verlaufende Expansionslinie, deren polytroper Verlauf nach der Zustandsgleichung $p \cdot v^n =$ konst. sich ausdrückt durch den Exponenten $n = 0,74$. Auch der hohe Mantelverbrauch von 20 v. H. der im Niederdruckcylinder arbeitenden Dampfmenge ist auf die relativ zu letzterer unverhältnismäßig groß erscheinenden inneren Abkühlungsflächen des ND-Cylinders zurückzuführen.

Wenn nun auch der für Zwischendampfentnahme zu groß bemessene Niederdruckcylinder die Dampfausnützung ungünstig beeinflußt, so erscheint es doch nicht uninteressant, die Ergebnisse einer Versuchsreihe mit dieser Maschine bei Betrieb mit gesättigtem Dampf für unveränderliche Leistung von 48 PS$_i$ und wechselnde Dampfentnahme noch besonders zu vergleichen. Sie lassen trotz des ungünstigen Verhaltens des ND-Cylinders die große wirtschaftliche Bedeutung der Zwischendampfentnahme klar hervortreten.

Das Diagramm Fig. 347 bringt zum Ausdruck, daß mit zunehmender Dampfentnahme der Gütegrad des ND-Cylinders abnimmt, während die Wärmeausnützung des HD-Cylinders durch die für ihn eintretende Mehrbelastung sich erhöht.

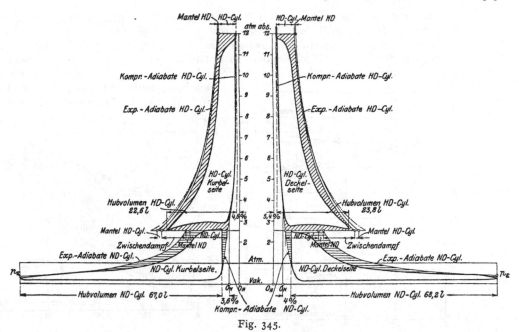

Fig. 345.

Gesamte indicierte Leistung . . . 66,7 PS$_i$	Minutliche Umdrehungen 121,7
HD-Cylinder . . . . 38,5 ,,	Dampfverbrauch für die PS$_i$/Std. 8,11 kg
ND-Cylinder . . . . 28,2 ,,	Zwischendampfentnahme . . . . 45,8 v. H.

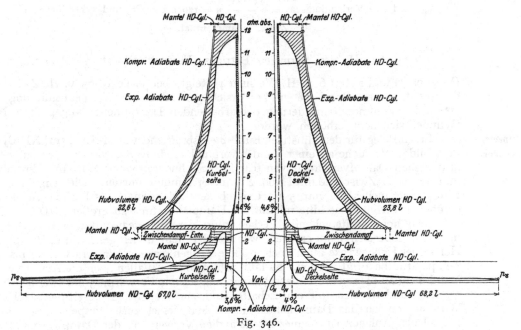

Fig. 346.

Gesamte indicierte Leistung . . . 67,0 PS$_i$	Minutliche Umdrehungen 120,7
HD-Cylinder . . . . 54,3 ,,	Dampfverbrauch für die PS$_i$/Std. 10,68 kg
ND-Cylinder . . . . 12,7 ,,	Zwischendampfentnahme . . . . 77,7 v. H.

Fig. 345 und 346. Indikatordiagramme der Verbundmaschine $\dfrac{225 \cdot 380}{600}$; $n = 120$

bei Sattdampfbetrieb und 45,8 bezw. 77,7 v. H. Zwischendampfentnahme.

In Fig. 348 ist die mit wachsender Zwischendampfentnahme eintretende Steigerung der zugeführten Wärme sowie die dem Aufnehmer entnommene Wärme bezogen auf die Größe der Zwischendampfentnahme dargestellt. Der Wärmeverbrauch durch den Maschinenbetrieb entspricht alsdann dem durch Schraffur hervorgehobenen Unterschied der beiden Wärmekurven, der mit zunehmender Zwischendampfentnahme sich derart vermindert, daß die Wärmeausnützung von

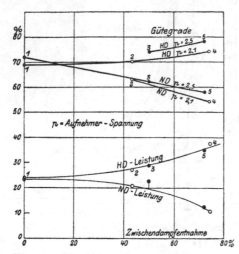

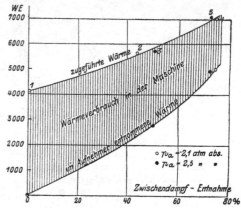

Fig. 347. Veränderung der Gütegrade von HD- und ND-Cylinder mit der Zwischendampfentnahme.

Fig. 348. Wärmeverbrauch f. d. PS$_i$/ Std. und die im Aufnehmer entzogene Wärme, bezogen auf die Zwischendampfentnahme.

Fig. 347 und 348 Verbundmaschine $\dfrac{225 \cdot 380}{600}$; $n = 120$ bei 48 PS$_i$ und veränderlicher Zwischendampfentnahme.

$\dfrac{632,3}{4105} = 15,4$ v. H. des normalen Betriebs (Versuch 1) auf $\dfrac{632,3}{2960} = 21,4$ v. H. (Versuch 3) und auf 31,6 v. H. (Versuch 4) steigt, bei 50 bezw. 75 v. H. Zwischendampfentnahme. Dabei ist zu berücksichtigen, daß die Wärmeausnützung bei einem der Volumenverminderung der arbeitenden Dampfmenge angepaßten ND-Cylinder sich noch erhöhen würde.

Verkleinerter ND-Cylinder.   Einen Beleg für den günstigen Einfluß entsprechend verkleinerten ND-Cylinders bilden Versuche an einer Tandemverbundmaschine von 300 PS$_i$, die auf einen stündlichen Dampfverbrauch von 6,47 kg/PS$_i$ ohne und von 6,76 kg mit Entnahme von 27 v. H. Zwischendampf von 2 Atm. Spannung führten. Die Zunahme des Dampfverbrauches um nur 5 v. H. ist bedeutend geringer als bei der vorher angeführten Verbundmaschine mit für die Dampfentnahme zu großem ND-Cylinder.

Eine noch weitergehende Verbesserung der Wärmeausnützung der Dampfmaschine läßt sich dann erzielen, wenn außer dem höher gespannten Dampf für Heiz- oder Kochzwecke auch noch größere Mengen warmen Wassers von 40 bis 50° Temperatur benötigt werden. Es läßt sich in solchen Fällen noch die Abwärme des Maschinendampfes von Kondensatorspannung durch Vorwärmer, die zwischen ND-Cylinder und Kondensator eingeschaltet sind, zur Warmwasserbereitung benützen. Wird auch noch das Dampfkondensat in den Kessel zurückgespeist, so gelingt bei solchen Anlagen eine nahezu vollständige Verwertung der Dampfwärme. Beispiele für derartige Betriebe geben Prof. Eberle in seinen Aufsätzen über neuzeitliche Dampfanlagen in der Z. d. V. d. Ing. und des Bayrischen Dampfkessel-Revisionsvereins, sowie Hottinger in seinem in der Zeitschrift des Vereins deutscher Ingenieure erschienenen Bericht über Ausführungen der Firma Gebr. Sulzer.[1]

---

[1] Z. d. V. d. Ing. 1912, S. 11.

Aus letzterer Veröffentlichung seien Versuche an der 1000- bis 1600pferdigen Dampfanlage einer Spinnerei und Weberei wiedergegeben. Die Anlage besteht aus zwei Tandemmaschinen, $\dfrac{480 \cdot 640}{1300}$; $n = 107$, deren Cylinderverhältnis 1:1,79 den Betriebsverhältnissen der Zwischendampfentnahme angepaßt ist. Der Zwischendampf verläßt den Aufnehmer mit 1 bis 2 Atm. Überdruck.

Tabelle 60.

Versuch	1	2	3
Zwischendampfentnahme in v. H. der zugeführten Dampfmenge . . . . v.H.	24,7	77,2	75,5
Dampfspannung vor HD-Cylinder . . Atm. abs.	13,0	13,4	13,5
Dampftemperatur vor HD-Cylindermantel . . °C	282	276	268
Mittlerer Anfangsdruck in der Leitung für Zwischendampfentnahme . . . . Atm. abs.	3,0	3,0	2,0
Dampftemperatur des entnommenen Zwischendampfes . . . . °C	141	136	123
Minutliche Umdrehungen	107,4	107,6	108,2
Indicierte Leistung:			
beider HD-Cylinder . . . . PSi	908,0	981,6	1001,0
beider ND-Cylinder . . . . ,,	617,4	213,8	200,8
Gesamtleistung Ni . . . . ,,	1525,4	1195,4	1201,8
Dampfmenge in kg/Std.:			
der Maschine zugeführt . . . . kg	9571,3	10505,0	9403,0
aus Zwischendampfleitungen und ND-Cylindermänteln entzogen . . . . kg	107,5	129,5	160,0
Zwischendampfentnahme . . . . ,,	2366,8	8109,5	7098,5
Dampfverbrauch für 1 PSi/Std. einschließlich Dampfentnahme bezogen auf den der Maschine insgesamt zugeführten Dampf . . . . . . kg	6,27	8,78	7,82
Dampfverbrauch für 1 PSi/Std. bei Abzug von 90 v. H. der Zwischendampfentnahme bezogen auf die oben angegebenen Anfangsdrucke und Überhitzungen . . . . kg	4,88	2,69	2,51
Wärmeverteilung.			
Wärmewert des dem HD-Cylinder zugeführten Dampfes . . . . WE	720	717	712
Wärmewert des abgeführten Zwischendampfes . .	656	653	649
Bei 12 Atm. Überdruck und 275° C Dampftemperatur wäre der Wärmeverbrauch einer normalen Verbundmaschine mit Kondensator ohne Zwischendampfentnahme mit einem Cylinderverh. 1:2,75 in WE/Std. = 5,1·716·Ni WE/Std.	5 570 000	4 365 000	4 389 000
Der Wärmewert des entnommenen Zwischendampfes beträgt . . . . WE/Std.	1 553 000	5 296 000	4 607 000
Gesamter Wärmebedarf bei getrenntem Betrieb	7 123 000	9 661 000	8 996 000
Bei der vorgenommenen Zwischendampfentnahme hat er betragen . . . . WE/Std.	6 891 000	7 532 000	6 695 000
Die Wärmeersparnis beträgt somit . . . . v. H.	3,3	22,0	25,6

Die Versuchsergebnisse sind in Tab. 60 und Fig. 349 zusammengestellt. Letzteres Diagramm kennzeichnet den Einfluß der Zwischendampfentnahme auf den Dampfverbrauch bei verschiedener Zwischendampfspannung. Der günstigste Verbrauch wird dabei mit kleinster Aufnehmerspannung erreicht. Die Wärmeersparnis gegenüber der normalen Maschine und unmittelbar aus den Kesseln entnommenem Heizdampf, Fig. 350, berechnet sich für 50 v. H. Zwischendampfentnahme zu 14 bis 18 v. H. zunehmend mit abnehmendem Aufnehmerdruck. Bei 100 v. H. Zwischendampfentnahme, also Auspuffbetrieb des Hochdruckcylinders, erhöht sich der Wärmegewinn auf 28 bis 32 v. H.

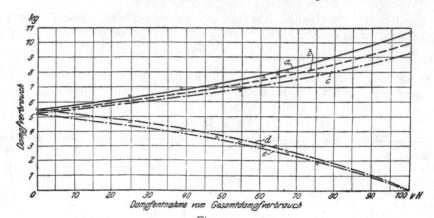

Fig. 349.

Curve a Dampfverbr. einschl. Zwischendampf b. Aufnehmerspannung 3,0 Atm. abs.
  „   b   2,5 „
  „   c   2,0 „
  „   d Dampfverbr. abzüglich   „   „   „   3,0 „
  „   e   2,0 „

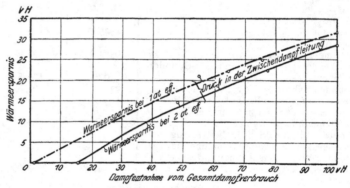

Fig. 350. Wärmeersparnis bei Zwischendampfentnahme im Vergleich zum Verbrauch einer normalen Maschine und Erzeugung des Heizdampfes in besonderem Kessel.

Fig. 349 und 350. Dampfverbrauch f. d. PS_i/Std. und Wärmeersparnis einer Tandemmaschine $\dfrac{480 \cdot 640}{1300}$; $n = 107$ bei 13,0 Atm. Eintrittsdruck, 275^0 Dampftemperatur bei veränderlicher Zwischendampfentnahme und verschiedener Aufnehmerspannung.

Die für eine Aufnehmerspannung von 2,0 Atm. Überdruck gültigen Diagramme Fig. 351 u, 352 zeigen infolge des kleinen Cylinderverhältnisses auch bei großer Zwischendampfentnahme noch sehr günstige Wärmeausnützung im Niederdruckcylinder und dementsprechend auch geringen Unterschied der wirklichen und theoretischen Arbeitsdiagramme.

Im Verfolg der vorausgegangenen Feststellungen und Betrachtungen ergibt sich auch als naturgemäß die Zwischendampfentnahme aus den einzelnen Aufnehmern von Mehrfachexpansionsdampfmaschinen, wenn die Aufnehmerspannungen und Temperaturen den im Fabrikbetrieb etwa bestehenden unterschiedlichen Heizbedürfnissen angepaßt werden.

Gütegrad bei Zwischendampfentnahme.

Bei Vorausberechnung des Dampfverbrauchs und günstigsten Cylinderverhältnisses für Maschinen mit Zwischendampfentnahme erscheint es geboten, jeden Arbeitscylinder hinsichtlich seines wärmetechnischen Verhaltens getrennt zu be-

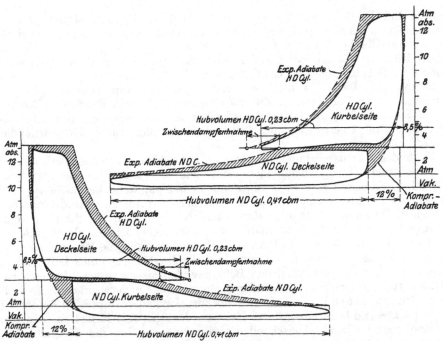

Fig. 351. Versuch 1. Stündliche Zwischendampfentnahme 2366,8 kg = 24,7 v. H.
Leistung 1525,4 PSi; Dampftemperatur 282,1°, Vacuum 62,68 cm.

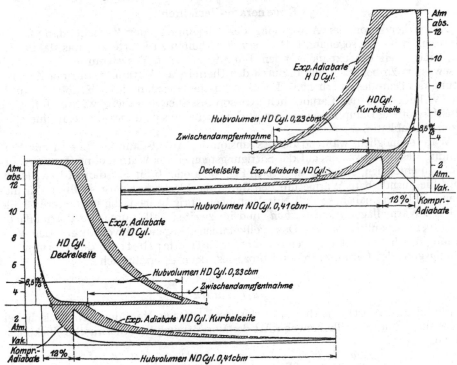

Fig. 352. Versuch 2. Stündliche Zwischendampfentnahme 8109,5 kg = 77,2 v. H.
Leistung 1195,4 PSi; Dampftemperatur 276°.

Fig. 351 und 352. Liegende Tandemmaschine $\dfrac{480 \cdot 640}{1300}$; $n = 107$.

Dampfdiagramme bei 2 Atm. Überdruck Aufnehmerspannung.

trachten und die Höhe des ihm angemessenen Gütegrades festzustellen, wofür die vorausgehenden Kapitel genügend praktischen Anhalt liefern. Bei Expansion des Dampfes im Überhitzungsgebiet können Gütegrade $\varphi_0 = 0,75 - 0,85$ unabhängig von der Höhe der Spannungen und der Größe des Spannungsgefälles erzielt werden, während im Sattdampfgebiete die Gütegrade zwischen $0,60 - 0,70$ sich bewegen. Dieses unterschiedliche Verhalten von Heiß- und Sattdampf begründet auch den wärmetechnischen Vorteil hoher Zwischenüberhitzung, wie er durch die Ergebnisse an den Schmidtschen Hochdruckdampfmaschinen nachgewiesen werden konnte, selbst wenn die Überhitzung des Niederdruckdampfes durch Hochdruckdampf erfolgt.

Nach den vorausgehenden Erhebungen kann ohne Zwischenüberhitzung für die Niederdruckseite im allgemeinen bei veränderlicher Zwischendampfentnahme ein mittlerer Gütegrad $\varphi_0 = 0,60$ angenommen werden, wenn berücksichtigt wird, daß bei verminderter Dampfentnahme die Wärmeverluste im Cylinderinnern ab-, die Verluste durch unvollständige Expansion aber zunehmen und die umgekehrten Vorgänge bei erhöhter Dampfentnahme den entsprechenden Ausgleich liefern.

Bei stark schwankender Entnahme, insbesondere wenn die Maschine zeitweise auch ohne solche zu arbeiten hat, ist die Aufrechterhaltung eines befriedigenden Gütegrades unter den verschiedenen Betriebsverhältnissen ausgeschlossen. Es ist alsdann vorteilhaft eine normale Kondensationsmaschine zu verwenden, die Zwischendampfentnahme auf 50 bis 60 v. H. des Hochdruckcylinderdampfes zu beschränken und vorübergehend benötigte größere Heizdampfmengen dem Kessel zu entnehmen. Nur eine gleichbleibende Zwischendampfentnahme gewährt die Möglichkeit der Anpassung der Cylindergrößen an dauernd günstigste Dampfverteilung.

3. Regenerativ-Verfahren.

Abweichend von der Anwendung des Abdampfes oder Zwischendampfes zu Heizzwecken ist das sogenannte Regenerativverfahren zu beurteilen, das darauf beruht, einen Teil der expandierenden Dampfmenge zur Vorwärmung des Kesselspeisewassers zu benützen, um dadurch den thermischen Wirkungsgrad der Arbeitsleistung des Dampfes zu erhöhen. Der theoretische Grenzfall dieser Erhöhung würde dem Wirkungsgrad des Carnotschen Kreisprozesses entsprechen, während für die verlustlose offene Dampfmaschine der Wirkungsgrad aus dem Clausius-Rankineschen Prozeß sich ableitet.

Wäre es möglich, während der Expansion des Arbeitsdampfes diesem zur Vorwärmung des Speisewassers auf die Sättigungstemperatur Wärme ohne Temperaturverlust zu entziehen, so würde sich nach Fig. 352a oder b für Sattdampf bzw. Heißdampf die ausnützbare Wärme um den durch die Fläche bce dargestellten Wärmebetrag verkleinert haben so daß Nutzleistungen übrig bleiben, die im ersteren Falle durch die Wärmefläche $abed = abcd'$ und im zweiten Falle durch die Wärmefläche $abb'ed$ veranschaulicht sind. Das vollkommene Regenerativverfahren der Vorwärmung durch Arbeitsdampf liefert daher für Sattdampfbetrieb den thermischen Wirkungsgrad des Carnotschen Kreisprozesses, denn es ergibt sich

$$\eta_{th} = \frac{abed}{abfh} = \frac{abcd'}{abfh}.$$

Für Heißdampfbetrieb der verlustlosen offenen Maschine erhöht sich bei der gekennzeichneten vollkommenen Art der Vorwärmung der thermische Wirkungsgrad von

$$\eta' = \frac{abb'ed}{dabb'fg} \quad \text{auf} \quad \eta'_{th} = \frac{abb'ed}{dabb'\,eig} = \frac{abb'cd'}{abb'fh}.$$

In den beiden Diagrammen Fig. 352a und b sind die der ausgenützten Wärme entsprechenden Flächen schräg, die der aufgewendeten Wärme zugehörigen Flächen senkrecht schraffiert.

Im wirklichen Betrieb der Kolbendampfmaschine ist naturgemäß nur eine stufenweise Wärmeabgabe an das Speisewasser durch Dampfentnahme zwischen den Arbeitscylindern möglich; aber auch diese bewirkt bereits eine merkliche Verbesse-

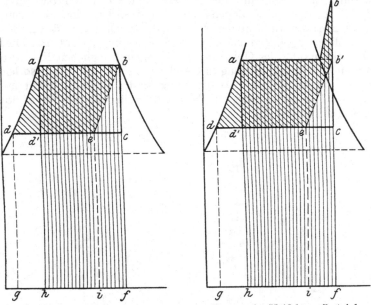

Fig. 352a. Sattdampfbetrieb. Fig. 352b. Heißdampfbetrieb.
Fig. 352a und b. Theoretische Wärmeausnützung des Dampfes bei stufenweiser Vorwärmung.

rung der thermischen Ausnützung Fig. 352c[1]) kennzeichnet beispielsweise die theoretische Ersparnis bei verschiedener Stufenzahl und läßt erkennen, daß 3—4 Stufen genügen, um der thermischen Verbesserung des Grenzfalles nahe zu kommen. In beiden Fällen ist angenommen, daß das Kondensat der Maschine als Speisewasser benützt wird.

Die stufenweise Speisewasservorwärmung mittels Aufnehmerdampf von Mehrfachexpansionsmaschinen wird seit zwei Jahrzehnten in Amerika mit Erfolg angewendet, während sie in Europa erst in der neuesten Zeit in Verbindung mit den Bestrebungen zur Ausnützung hoher Eintrittsspannung Beachtung gefunden hat.

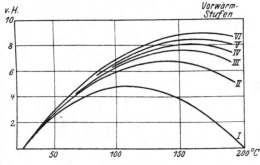

Fig. 352c. Theoretische Wärmeersparnis bei verschiedener Stufenzahl und Temperaturhöhe der Vorwärmung.

4. Entölung des Abdampfes.

Die Rücksicht auf möglichste Ölfreiheit des zu fabrikatorischen oder Heizzwecken verwendeten Abdampfes oder Zwischendampfes hat veranlaßt, besondere Aufmerksamkeit der Kolbenschmierung zuzuwenden. Diese erfolgte früher allgemein mittels des Dampfes dadurch, daß Schmieröl unmittelbar in den Innenraum des Cylinders oder dem Dampfstrom in der Zuleitung zu den Steuerorganen unter Druck zugeführt wurde. Erstere Methode leidet an dem Übelstand ungenügender Verteilung auf die Kolbenlauffläche bei großem Ölverbrauch und bei letzterer ist wohl zuverlässige Kolbenschmierung erreicht, verhältnismäßig große Ölmengen bleiben

---

1) Z. V. d. I. 1923, S. 1155 W. G. Noack: Hochdruck und Hochüberhitzung.

aber noch im Abdampf enthalten. In beiden Fällen ergibt sich daher auch großer Ölverbrauch und damit die Notwendigkeit umständlicher Einrichtungen für eine wirksame Entölung des Abdampfes. Zur Erleichterung der letzteren Aufgabe wird daher neuerdings die Schmierung der Kolben- und Schieberlaufflächen selbst vorgenommen. Diese sogenannte Zonenschmierung erfordert eine Steuerung der Ölzufuhr mit 1—2 Atm. Druck in der Weise, daß das Öl nur in den Zeiten austritt, in denen der Kolben oder das Steuerorgan die Schmierstelle durchläuft. Die hierdurch erzielbare Einschränkung des Ölverbrauchs auf kleinstmöglichen Betrag erleichtert dementsprechend auch die Entölung des Abdampfes. Da das Öl um so leichter ausgeschieden wird, je feuchter der Dampf ist, so sind die Entöler nicht an der Entnahmestelle der Dampfmaschine, sondern unmittelbar an der Verwendungsstelle des Abdampfes einzubauen.

G. Die Berechnung der Dampfmaschine.

Die Berechnung der im Cylinderdurchmesser und Kolbenhub gegebenen grundlegenden Ausführungsabmessungen einer neu zu entwerfenden Dampfmaschine hat von demjenigen Dampfdiagramm auszugehen, das aus wirtschaftlichen oder betriebstechnischen Gründen als bestimmend für die praktischen Anforderungen an die auszuführende Maschine zu betrachten ist. Als erster Schritt ergibt sich daher die Aufzeichnung der Dampfverteilung in möglichster Annäherung an den anzustrebenden bzw. zu erwartenden Diagrammverlauf.

Je nach dem beabsichtigten Maschinentypus dürften zur Zeit etwa folgende mittlere Ein- und Austrittsspannungen in Betracht kommen:

	Eintrittsspannung	Austrittsspannung	
		Auspuff	Kondensation
Einfachexpansion	8,0 bis 12,0 Atm. abs.	1,0 Atm.	0,25 bis 0,10 Atm.
Zweifachexpansion	10,0 bis 15,0 ,,	,, 1,0 ,,	0,10 ,,
Dreifachexpansion	12,0 bis 18,0 ,,	,,	0,10 ,,

Bei Betrieb mit überhitztem Dampf, der heute für die meisten Kolbendampfmaschinen nur noch in Frage kommt, ist auch die Temperatur zu berücksichtigen, mit der der Dampf, nach Abzug der Wärmeverluste in der Zuleitung, voraussichtlich in den Dampfcylinder eintritt.

Für die Größe des schädlichen Raumes in seiner Abhängigkeit von der zu verwendenden Steuerung können für erste Diagrammaufzeichnungen folgende Werte zugrunde gelegt werden:

Für Flachschiebersteuerungen	5 bis 8 v. H. des Kolbenhubvolumens,	
,, Kolbenschiebersteuerungen	5 ,, 10 ,, ,, ,,	
,, Ventilsteuerungen	4 ,, 8 ,, ,, ,,	
,, Corlißsteuerungen	3 ,, 5 ,, ,, ,,	

wobei die größeren Werte für kleinere Dampfcylinder und umgekehrt zu verwenden sind. Für Gleichstromcylinder sind bei Kondensationsbetrieb durch Anordnung der inneren Steuerorgane im Cylinderdeckel 2 bis 3 v. H. anzustreben, bei Auspuff- oder Gegendruckbetrieb dagegen 15 v. H. und mehr schädlicher Raum erforderlich.

1. Einfachexpansionsmaschine.

Ausgehend von der Füllung v_1 oder Endexpansionsspannung p_ε Fig. 353 bzw. 354, wird die Expansionslinie für Sattdampfmaschinen als Hyperbel, für überhitzten Dampf als Polytrope aufgezeichnet, entsprechend den Ermittlungen S. 184 ff. Über die zweckmäßige Größe des Endexpansionsdruckes sind auf S. 60 nähere Mitteilungen gemacht, auch kann zu seiner Wahl das Tabellenmaterial am Ende von Bd. III herangezogen werden.

Der durch die veränderliche Spannung im Schieberkasten sowie durch Drosselungswiderstand der Steuerung hervorgerufene allmähliche Übergang der Füllungslinie in die Expansionslinie wird seinem mutmaßlichen Verlaufe nach freihändig eingezeichnet und später mittels des Steuerungsentwurfes korrigiert, wobei die durch die Massenwirkung des Dampfes in der Zuleitung entstehende Druckänderung im Steuergehäuse zu berücksichtigen ist. Für den Übergang von der Expansions- in die Gegendrucklinie ist eine gewisse Vorausströmung vorzusehen. Insoweit der Kompressionsgrad nicht schon durch die Steuerungskonstruktion festgelegt ist,

wird er für Auspuff- und Kondensationsbetrieb verschieden gewählt. Bei Auspuffbetrieb soll die Kompressionsendspannung die halbe Eintrittsspannung nicht wesentlich überschreiten, da nach den Ermittlungen S. 65 diese Kompression wirtschaftlich am vorteilhaftesten sich erweist. Bei Kondensationsbetrieb kann die Kompression bei einer beliebigen Kolbenstellung beginnen und daher am besten im Zusammenhang mit der Auslaßsteuerung gewählt werden, da die niedere Kondensatorspannung, bei der gewöhnlichen Größe der schädlichen Räume, eine Kompression
bis zur Eintrittsspannung doch ausschließt, so daß der Diagrammverlauf durch
den Kompressionsgrad nicht wesentlich beeinflußt wird. Nur bei kleinen schädlichen Räumen und Beginn der Kompression unmittelbar nach beendetem Voraustritt (Schlitzsteuerung am Kolbenhubende oder entsprechend gesteuertes Auslaßorgan) gelingt es, bis zur Eintrittsspannung zu komprimieren.

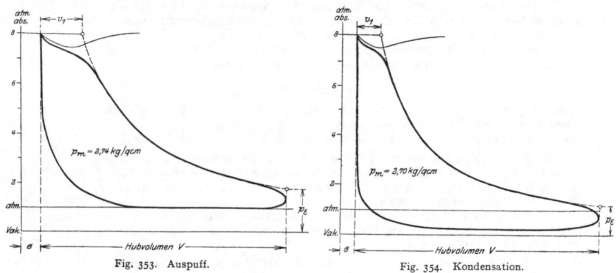

Fig. 353. Auspuff.   Fig. 354. Kondensation.

Fig. 353 und 354. Druckvolumdiagramme für Einfachexpansionsmaschinen.

Hubarbeit und Maschinen-leistung. Das so aufgezeichnete Diagramm stellt die Hubarbeit des Dampfkolbens dar
und dient als Grundlage für die Berechnung des Kolbenhubvolumens, von
dessen Größe Cylinderdurchmesser und Kolbenhub abhängen.

Die mittlere Höhe der Diagrammfläche liefert im Kräftemaßstab (kg/qcm) gemessen die Größe des mittleren Dampfdruckes p_m, mit Hilfe dessen sich die Hubarbeit berechnet zu

$$F \cdot p_m \cdot s \text{ mkg,}$$

wenn F die Kolbenfläche in qcm, s den Kolbenhub in m bezeichnet.

Zur einfachen und raschen Bestimmung des mittleren Dampfdruckes p_m ohne
Aufzeichnung des Dampfdiagramms sei auf die Kurven III, Taf. 15 bis 17 und den
zugehörigen Text III, 225 verwiesen.

Für eine doppeltwirkende Dampfmaschine, deren minutliche Umdrehungszahl n
beträgt, würde sich somit die sekundliche Leistung bestimmen zu:

$$L_i = \frac{2\,F \cdot s \cdot p_m \cdot n}{60} \text{ mkg,}$$

oder in Pferdestärken

$$N_i = \frac{L_i}{75}.$$

Kolbenhub-volumen. Aus dieser Grundgleichung kann zunächst das Hubvolumen $F \cdot s$ des Dampfkolbens berechnet werden; es ergibt sich zu

$$F \cdot s = \frac{60 \cdot 75 \cdot N_i}{2\,p_m \cdot n} \quad \ldots \ldots \ldots \ldots \quad (1)$$

Dieses Hubvolumen ist grundlegend für die Abmessungen der Maschine, insofern ihre Konstruktionseinzelheiten abhängig werden vom Kolbendurchmesser D und Kolbenhub s. Abgesehen von der mit der Leistung sich verändernden absoluten Größe der beiden grundlegenden Dimensionen unterscheiden sich außerdem auch die Ausführungen von Dampfmaschinen gleicher Leistung durch eine weitgehende Verschiedenheit des Verhältnisses s/D.

Ausgehend von dem Verhältnis $s/D = 1$, haben wir es bei Maschinen, bei denen $s/D < 1$ wird, mit sogenannten kurzhübigen, bei $s/D > 1$ mit langhübigen Maschinen zu tun.

Kurz-und lang-
hübige Ma-
schinen.

Statt vom Hubvolumen $F \cdot s$ wird nicht selten auch vom Produkt $F \cdot c_m$ zur Berechnung von Kolbendurchmesser und Hub ausgegangen, wobei $c_m = \dfrac{2 \cdot s \cdot n}{60}$ die mittlere sekundliche Kolbengeschwindigkeit bedeutet. Aus der sekundlichen Leistung des Dampfes

$$F \cdot p_m \cdot c_m = 75\,N_i,$$

ermittelt sich alsdann

$$F \cdot c_m = \frac{75\,N_i}{p_m}. \quad \ldots \ldots \ldots \ldots \quad (2)$$

Die Bestimmung der beiden für die Berechnung und Konstruktion einer Dampfmaschine maßgebenden Größen D und s aus den Gleichungen (1) oder (2) stützt sich nun auf die Annahme entweder des Hubes s oder der mittleren Kolbengeschwindigkeit c_m.

Zu einer gewissen Gepflogenheit in der Praxis ist die Wahl von c_m für die Berechnung in Rücksicht darauf geworden, daß die Kolbengeschwindigkeit maßgebend für den Gang der Maschine und für die Größe wärmetechnischer Verluste betrachtet werden kann. In ersterer Hinsicht soll die Kolbengeschwindigkeit so gewählt werden, daß die von ihr abhängige Massenwirkung des Triebwerkes keinen unruhigen Gang der Maschine verursacht und in letzterer Beziehung ist zu berücksichtigen, daß die Dampfökonomie bei kleinen Kolbengeschwindigkeiten mehr als bei großen durch Kolbenundichtheiten und Wärmeverluste beeinträchtigt wird. Außerdem ergibt sich aus Konstruktionsgründen eine naturgemäße Steigerung der Kolbengeschwindigkeit mit der Leistung, da mit letzterer das Bedürfnis nach Verkleinerung des Kolbenquerschnitts wächst.

Aus diesen Gesichtspunkten heraus sind namentlich in früherer Zeit Beziehungen für die zweckmäßige Größe der mittleren Kolbengeschwindigkeit aufgestellt worden unter Bezugnahme auf Größe und Leistung der Maschine, sowie auf die Arbeitspressungen des Dampfes. Hierhin gehören beispielsweise folgende Formeln für c_m:

$$c_m = \beta \sqrt{p \cdot s} \qquad \text{mit } \beta = 0{,}9 \quad \text{für mittelschnellen Gang,}$$
$$\text{(Hrabák)} \qquad\qquad\qquad 1{,}1 \quad \text{,,} \quad \text{schnellen} \qquad \text{,,}$$
$$\qquad\qquad\qquad\qquad\qquad 1{,}25 \quad \text{,,} \quad \text{sehr schnellen} \qquad \text{,,}$$

$$c_m = \alpha\,(10 + \sqrt{N}) \quad \text{mit } \alpha = 0{,}05 \quad \text{für sehr langsamen Gang,}$$
$$\text{(G. Schmidt)} \qquad\qquad\qquad 0{,}09 \quad \text{,,} \quad \text{normalen} \qquad \text{,,}$$
$$\qquad\qquad\qquad\qquad 0{,}13 \text{ bis } 0{,}20 \quad \text{für sehr raschen} \quad \text{,,}$$

Diese Formeln sind für den heutigen Dampfmaschinenbau bedeutungslos geworden, da werkstättentechnisch und konstruktiv die Aufgabe der Herstellung dampfdichter Kolben sowohl für große wie für kleine Cylinderdurchmesser in praktisch befriedigender Weise gelöst ist und infolge der Anwendung hoher Dampfspannungen eine stoßfreie Aufnahme der Massenwirkung des Triebwerkes auch bei großen Kolbengeschwindigkeiten möglich geworden ist.

Wahl des Kolbenhubes. Vom konstruktiven Standpunkte aus wertvoller erscheint daher die Wahl des Kolbenhubes s der Maschine, der im Zusammenhang mit dem Kolbendurchmesser sofort die Größenverhältnisse und wichtigsten Abmessungen der Maschine beurteilen läßt. Der Kolbenhub bestimmt bei liegenden Maschinen ihre Längenausdehnung, bei stehenden ihre Bauhöhe; der Kolbendurchmesser und damit die Kolbenfläche bestimmt die Belastung des Triebwerkes, also seine Festigkeitsdimensionen und seine Abnützungsverhältnisse. Liegende Dampfmaschinen gestatten im allgemeinen die Wahl größeren Hubes als stehende, deren Standfestigkeit mit der Größe des Hubes naturgemäß abnimmt.

Einen wertvollen Anhalt für die Wahl der absoluten oder relativen Größe der beiden grundlegenden Abmessungen bietet die Zusammenstellung ausgeführter, nach Hubgrößen geordneter Maschinen in den Tabellen des Bd. III.

Rechnungsbeispiel. Zur Kennzeichnung des Rechnungsganges bei Bestimmung des Kolben- bzw. Cylinderdurchmessers und Kolbenhubes diene folgendes Beispiel:

Es ist eine liegende Eincylindermaschine mit Auspuffbetrieb für eine Leistung von 100 PS zu berechnen; die Eintrittsspannung soll 8 Atm., die minutliche Umdrehungszahl = 120 betragen.

Das für die günstigste Dampfwirkung aufzuzeichnende Dampfdiagramm Fig. 353 liefert einen mittleren Dampfdruck $p_m = 2{,}74$ Atm., das Hubvolumen des Kolbens berechnet sich alsdann zu

$$F \cdot s = \frac{60 \cdot 75 \cdot 100}{2 \cdot 2{,}74 \cdot 120} = 684 \text{ qcm} \cdot m$$

Wird nun der Hub gewählt zu $s = $ 0,4 0,5 0,6 m, so findet sich
die Kolbenfläche zu $\qquad F = 1710$ 1368 1140 qcm
der Kolbendurchmesser zu $\quad D = $ 47,0 42,0 38,0 cm.

Bei liegender Anordnung der Dampfmaschine würde etwa der Hub 0,6 m mit 380 mm Cylinderdurchmesser, bei stehender Anordnung der Hub von 0,4 m mit 470 mm Cylinderdurchmesser gewählt werden.

Für Dampfmaschinenfabriken ist naturgemäß die Wahl dieser wichtigsten Ausführungsdimensionen sehr häufig von Rücksichten auf vorhandene Maschinen- oder Rahmenmodelle abhängig geworden, während bei Neukonstruktionen grundsätzlich zur Vereinheitlichung und Verbilligung der Herstellung weitergehende Gesichtspunkte im Zusammenhang mit dem der Fabrikation zugrunde gelegten Dampfmaschinentypus maßgebend werden, darin bestehend, daß Kolbenhub und Cylinderdurchmesser bestimmten Größenverhältnissen unterzuordnen und so zu wählen sind, daß die ein weites Leistungsgebiet beherrschenden Ausführungsgrößen der Dampfmaschinen eine möglichst geringe Zahl von Rahmen- und Cylindermodellen erfordern; auch eine weitgehende Vereinheitlichung der Triebwerks- und Steuerteile ist anzustreben. Am zweckmäßigsten wird dabei von einer gewissen Gesetzmäßigkeit in der Kolbenhubveränderung ausgegangen, indem die Hubgröße selbst durch stufenweise Zunahme vom kleinen Hub der kleinsten Maschinenleistung zum großen Hub der größten in Betracht gezogenen Leistung im Sinne mehr oder weniger linearer Steigerung festgelegt wird.

2. Mehrfachexpansionsmaschine.

Die vorläufige Ermittlung der mutmaßlichen Indikatordiagramme von Mehrfachexpansionsmaschinen ist zwar umständlicher wie für Einfachexpansionsmaschinen, doch kann sie auf verhältnismäßig einfache und zuverlässige Weise durchgeführt werden und wäre dabei im wesentlichen wie folgt zu verfahren:

Ermittlung der Druckstufen. Zunächst sind die Druckstufen, innerhalb deren die einzelnen Cylinder zu arbeiten haben, zu ermitteln. Zu diesem Zweck genügt die Aufzeichnung des theoretischen Arbeitdiagrammes des Füllungsdampfvolumens v_1 für unvollständige Expansion in einem Cylinder ohne schädlichen Raum innerhalb der in Frage kommenden Ein- und Austrittsspannungen p_1 und p_2, Fig. 355a.

Die Unterteilung dieses Einfachexpansionsdiagrammes je nach der anzustrebenden Arbeits- oder Temperaturverteilung in den einzelnen Arbeitscylindern ergibt deren Druckstufen, und zwar beispielsweise für eine Zweiteilung nach Fig. 355a die Stufe $p_1 - p_r$ im Hochdruckcylinder und $p_r - p_2$ im Niederdruckcylinder.

Hieran schließt sich die Aufzeichnung der genaueren Diagramme unter Berücksichtigung des Einflusses der schädlichen Räume der einzelnen Dampfcylinder, sowie der Veränderung des Dampfzustandes beim Übertritt von einem Cylinder zum andern. Die relative Größe der schädlichen Räume σ_h und σ_n muß dabei als annähernd bekannt vorausgesetzt bzw. abhängig von den in Betracht kommenden inneren Steuerorganen gewählt werden.

Die Veränderung, die der Diagramm-verlauf Fig. 355a unter Rücksichtnahme auf die Größe der auszuführenden schädlichen Räume erfährt, zeigt Fig. 355b. Das durch die Unterteilung entstandene Hochdruckdiagramm wird durch die Kompressionslinie ergänzt, die dem Dampfe des schädlichen Raumes entspricht. Das Hochdruckcylindervolumen ist in Fig. 355b

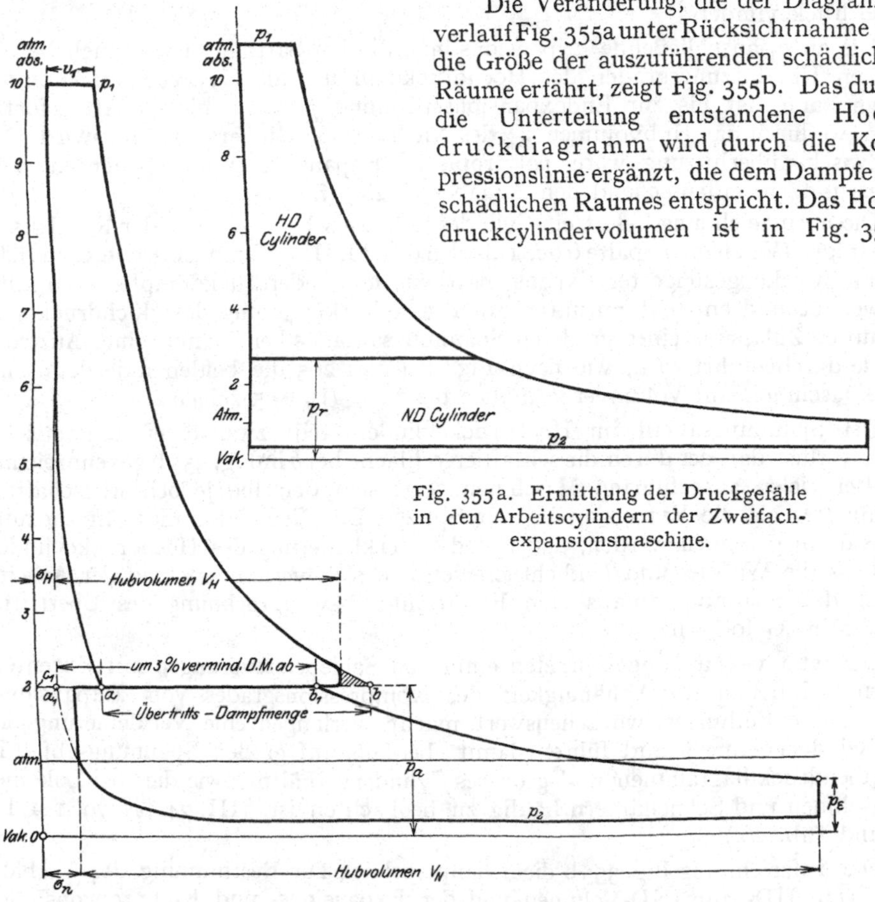

Hochdruck-Diagramm.

Fig. 355a. Ermittlung der Druckgefälle in den Arbeitscylindern der Zweifachexpansionsmaschine.

Fig. 355b. Druckvolumdiagramm für Zweifachexpansion unter Berücksichtigung der schädlichen Räume beider Cylinder.

etwas kleiner gewählt als für eine vollständige Expansion bis zur Aufnehmerspannung p_a nötig gewesen wäre. Der Kompressionsgrad ist so zu wählen, daß der Kompressionsenddruck bei allen Belastungen und den dabei sich einstellenden verschieden hohen Aufnehmerspannungen die Eintrittsspannung nicht überschreitet.

Die Ermittlung des Niederdruckdiagramms stützt sich auf die Austritts-dampfmenge $a\,b$ des Hochdruckcylinders, Fig. 355b. Diese erfährt jedoch bei ihrem Übertritt in den Niederdruckcylinder Zustandsänderungen, verursacht einesteils durch Wärmerückströmung aus den Hochdruckcylinder-Wandungen und durch Aufnahme des Wärmewertes der unvollständigen Expansion, andernteils durch Wärmeaufnahme oder -Abgabe im Aufnehmer und im Niederdruckcylinder, je nachdem diese geheizt sind oder nicht. Der Gesamteinfluß dieser wärmetechnischen Verhältnisse äußert sich in der relativen Größe des Füllungsvolumens $a_1\,b_1$ des

Niederdruck-Diagramm.

Niederdruckcylinders im Vergleich zur Übertrittsdampfmenge ab, indem sich ergeben kann $a_1 b_1 \gtreqless ab$. Einen Anhalt über letztbezeichnete Verschiedenheiten geben die Diagramme der Mehrfachexpansionsmaschinen des Bd. III, sowie die hierher gehörigen Untersuchungen des wärmetheoretischen Teils dieses Bd. I. Der Füllungsendpunkt b_1 des Niederdruckdiagramms bestimmt sich aus dem Füllungsvolumen $a_1 b_1$ zuzüglich der im schädlichen Raum des Niederdruckcylinders zurückgebliebenen Dampfmenge, deren Kompressions-Endvolumen $a_1 c_1$ in der Höhe der Eintrittsspannung p_a in der Regel kleiner wird wie der schädliche Raum σ_n des Niederdruckcylinders.

Die an b_1 anschließende Expansionslinie, die bei Sattdampf wie auch bei den üblichen Überhitzungsgraden des Hochdruckdampfes, als Hyperbel angenommen werden kann, ist bis zur Endexpansionsspannung $p_\varepsilon = 0,6$ bis $0,8$ Atm. fortzusetzen, wodurch das Hubvolumen V_n des Niederdruckcylinders begrenzt wird. Nur bei Zwischenüberhitzung wäre polytropische Expansion mit Exponenten $n > 1$ vorauszusetzen, entsprechend den Angaben S. 283 ff.

Diese Aufzeichnung liefert ein Cylinderverhältnis V_n/V_h, das in der Regel 2,5 bis 3,0 beträgt. (Vgl. hierzu Spalte 6 der Tabellen des Bd. III.) Ein noch größeres Verhältnis zum Zwecke gesteigerter Expansionsarbeit des Niederdruckdampfes wird selten angewendet und entsteht mitunter, wenn eine Verkleinerung des Hochdruckcylinders unter Zulassung eines größeren Spannungsabfalles bei Beginn seiner Austrittsperiode durchgeführt wird, wie nach Fig. 264 und 265 die beiden amerikanischen Corlißmaschinen mit Volumverhältnissen bis zu $V_n/V_h = 5$ zeigen.

Der Spannungsabfall im Hochdruckcylinder stellt zwar einen theoretischen Arbeitsverlust dar, der durch die schraffierte Fläche bei b in Fig. 355 b gekennzeichnet ist. Bei vielen ausgeführten Maschinen zeigt sich derselbe jedoch wirtschaftlich vorteilhafter als die Expansion bis zur Spitze. Der Grund für diese Erscheinung dürfte darin gefunden werden, daß mit der Verkleinerung des Hochdruckcylindervolumens die Wärme- und Undichtheitsverluste sich vermindern und der Arbeitsverlust des Spannungsabfalls eine Erwärmung bzw. Trocknung des Übertrittsdampfes im Gefolge hat.

Die jetzt vielfach angewendeten einfachen Schiebersteuerungen mit Exzenterreglern, bei denen die Abhängigkeit des Kompressionsgrades vom Expansionsgrad größere Füllungen wünschenswert macht, verlangen eine Verkleinerung des HD-Cylindervolumens und führen damit ebenfalls auf großen Spannungsabfall in den Hochdruckdiagrammen und größeres Cylinderverhältnis, wie dies bei Lokomobilmaschinen und Schnelläufern häufig zu beobachten ist. (III, 74 bis 79, 121 bis 123 und Tab. 26.)

Die Aufzeichnung Fig. 355 b dient hauptsächlich zur Bestimmung des Verhältnisses vom HD- zum ND-Volumen und der Expansions- und Kompressionslinien beider Cylinder. Die endgültige Diagrammform für beide Cylinder ist dagegen durch vorstehende Aufzeichnung noch nicht festgelegt, da unveränderlicher Druck im Aufnehmer dem tatsächlichen Druckverlauf zwischen Hoch- und Niederdruckcylinder nicht entspricht.

Diagramm-form der Woolf-Maschine.

Die angenommene Trennungslinie konstanten Druckes zwischen Hoch- und Niederdruckdiagramm hat einen Aufnehmer von sehr großem (theoretisch betrachtet von unendlich großem) Inhalte zur Voraussetzung. Die beschränkte Größe des wirklichen Aufnehmers führt auf veränderliche Spannungen während des Dampfübertrittes, wie dies beispielsweise Fig. 357 für eine Woolfsche Maschine mit Kurbeln unter 180°, bei der der Aufnehmer nur aus dem Überströmrohr gebildet ist, zeigt. Da die Austrittsperiode des Hochdruckcylinders der Woolfschen Maschine zeitlich mit der Eintrittsperiode des Niederdruckcylinders zusammenfällt, somit der Vorgang des Dampfübertrittes mit einer Vergrößerung des arbeitenden Volumens verknüpft ist, muß der Dampfdruck während der Überströmung von *a* nach *b* abnehmen. Als Beispiel solcher Arbeitsverhältnisse einer ausgeführten Zweifachexpansionsmaschine möge auf die Diagramme Fig. 306 bis 309 hingewiesen werden. Zur formalen Erläuterung des Diagramms Fig. 356a wäre noch darauf hinzuweisen, daß die Abscissen bezogen auf das HD-Diagramm dem **Hubvolumen des HD-Kolbens**, bezogen auf das ND-Diagramm dagegen dem **Hubvolumen des ND-Kolbens** entsprechen.

Bei Verbundmaschinen mit Kurbeln unter 90°, Fig. 356b ist die unmittelbare Überströmung vom Hochdruck- in den Niederdruckcylinder nicht ausführbar, da bei Beginn der Ausströmung am Hubende des Hochdruckkolbens der Niederdruck-

Diagrammform der Verbundmaschine.

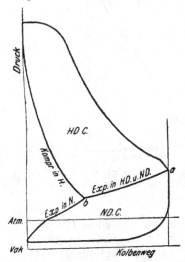

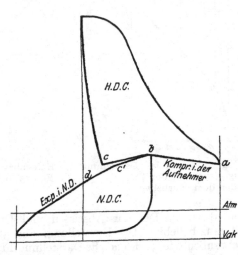

Fig. 356a. Woolf-Maschine mit Kurbeln unter 180°.

Fig. 356b. Verbundmaschine mit Kurbeln unter 90°.

kolben in seiner Hubmitte sich befindet und der übertretende Dampf daher zunächst vom Aufnehmer aufgenommen werden muß, bis die Niederdruckkurbel nach einer Viertelumdrehung in ihrem Totpunkt angelangt ist und die Einströmung in den Niederdruckcylinder beginnen kann. Die Austrittsperiode *ac* des Hochdruckdiagrammes weist daher anfänglich eine Kompression des Dampfes während der Diagrammstrecke *ab* auf, die mit der nachfolgenden Eintrittsperiode des Niederdruckcylinders in eine Expansion übergeht, während welcher im Teil *bc* bzw. *bc'* die drei Arbeitsräume des HD, Aufnehmers und ND und im Teil *c'd* des Aufnehmers und ND allein in Verbindung stehen.

Um die Druckänderungen des Dampfes beim Übertritt vom Hochdruckcylinder in den Aufnehmer und Niederdruckcylinder aus den Volumänderungen der miteinander in Verbindung kommenden Arbeitsräume des Dampfes zu bestimmen, wird der Einfachheit wegen als Expansions- und Kompressionsgesetz die Beziehung

$$p\,v = \text{konst.}$$

angenommen.

Die aufeinanderfolgenden Volumänderungen des Dampfes während seines Übertrittes von einem Cylinder zum andern lassen sich nun durch das sogenannte **Kolbenwegdiagramm** in sehr übersichtlicher Weise veranschaulichen und soll deshalb auch dessen Aufzeichnung und Verwendung nachfolgend ausführlicher erörtert werden.

Bei der graphischen Darstellung der Veränderungen des arbeitenden Dampfvolumens während des Dampfübertrittes handelt es sich um eine geeignete Aneinanderreihung der mit den zusammengehörigen Kurbel- und Kolbenstellungen beider Cylinder sich ergebenden Änderungen der Kolbenhubvolumen im Zusammenhang mit dem konstanten Aufnehmervolumen.

Kolbenwegdiagramm.

Hierzu dienen die Kolbenweglinien der Diagramme Fig. 357a und b. In beiden Diagrammen drücken die Abscissen die den Kolbenhubvolumen proportionalen Kolbenwege aus, während als Ordinaten in Fig. 357a die zugehörigen Kurbelwege, in Fig. 357b die zugehörigen Kolbenwege zur Aufzeichnung der sogenannten Kol-

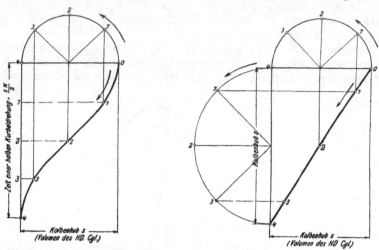

Fig. 357 a und b. Darstellung der Kolbenbewegung in Abhängigkeit
Fig. 357a von der Zeit   Fig. 357b von dem Kolbenweg.
oder dem Kurbelweg.

benweglinien dienen.   Der für Abscissen und Ordinaten zu wählende Längenmaßstab ist ganz beliebig. Die Darstellung, Fig. 357a, ergibt als Kolbenweglinie stets eine Schraubenlinie, während die Darstellung Fig. 357b Kolbenweglinien liefert, die entweder als Gerade, oder Kreise, oder elliptische Kurven erscheinen, je nachdem die als Ordinaten eingetragenen Kolbenwege auf die eigene bzw. um 180° versetzte Antriebskurbel oder auf eine zu dieser unter 90° oder unter einem beliebigen größeren Winkel versetzte zweite Kurbel der Mehrfachexpansionsmaschine bezogen werden.

Die Diagramme der Volumänderungen des Arbeitsdampfes für Zweifachexpansionsmaschinen mit Kurbeln unter 0°, 90° und 120° sind in den Fig. 357c bis f vergleichsweise dargestellt.

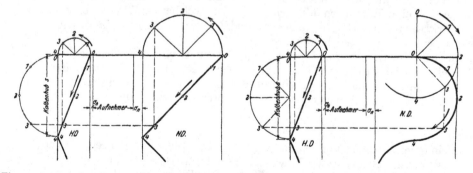

Fig. 357 c und d.   Darstellung der Kolbenbewegung einer Verbundmaschine bezogen auf
die Bewegung des HD-Kolbens
Fig. 357 c bei Tandemmaschinen und bei Kurbeln unter 180°.   Fig. 357 d bei Kurbeln unter 90°.

Der relative Unterschied der Hubvolumen V_h und V_n des Hoch- bzw. Niederdruckkolbens ist in der Weise berücksichtigt, daß unter Annahme gleicher Cylinderquerschnitte der Kolbenhub des Niederdruckcylinders und dessen zugehöriger

Kurbelkreis im Verhältnis V_n/V_h größer wie der des Hochdruckcylinders eingezeichnet ist.

Zwischen die Diagramme der die Veränderung der Kolbenhubvolumen dar-
stellenden Kolbenweglinien des Hoch- und Niederdruckcylinders sind die schädlichen
Räume σ_h und σ_n beider Cylinder, sowie der Aufnehmerinhalt im Maßstab der

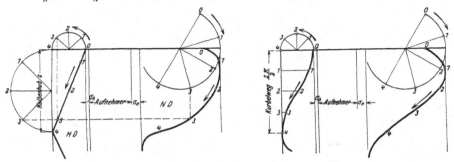

Fig. 357e und f.   Darstellung der Kolbenbewegung einer Verbundmaschine mit Kurbeln
unter 120°, bezogen auf
Fig. 357e den Kolbenweg des HD-Cylinders.   Fig. 357f den Kurbelweg.

Cylindervolumen eingetragen. Die Kolbenweglinien beider Cylinder sind so zueinander zu legen, daß sie von irgend einer durchlaufenden Horizontalen des Diagrammes
stets in zusammengehörigen Stellungen der Hoch- und Niederdruckkolben ge-
schnitten werden. Die in einer Horizontalen liegenden Punkte der Kolbenweglinien
müssen daher auch zusammengehörigen Lagen der Hoch- und Niederdruckkurbeln
entsprechen, also bei Woolfschen Maschinen der Versetzung um 0° und 180°, bei
Verbundmaschinen in der Regel der Versetzung um 90°, seltener einem größeren
Winkel.

Im nachfolgenden sollen nun mit Hilfe der Kolbenwegdiagramme die mutmaßlichen Dampfdiagramme einer Woolfschen Maschine mit hintereinanderliegendem
Hoch- und Niederdruckcylinder (Tandemmaschine), einer Verbundmaschine mit
unter 90° versetzten Kurbeln und einer Dreifachexpansionsmaschine mit Kurbeln
unter 120° ausgemittelt werden.

Bei der Zweifachexpansionsmaschine wird von dem vorläufigen Diagramm
Fig. 355a ausgegangen, bei dem der Aufnehmer mit unendlich großem Volumen angenommen und die Stellung der Antriebskurbeln beider Maschinenseiten nicht
berücksichtigt war. Dieses vorläufige Diagramm enthält bereits die für die genaue
Aufzeichnung der HD- und ND-Diagramme maßgebenden Expansions- und Kompressionslinien, so daß mittels der Kolbenwegdiagramme nur noch der Verlauf
der Dampfübertrittslinien an beiden Cylindern festzustellen ist.

Für die Tandemdampfmaschine ist das Kolbenwegdiagramm Fig. 358 so
aufgezeichnet, daß in der Anfangsstellung beide Kolben im Hubwechsel sich befinden
und die Abscissen, sowie die Ordinaten den Kolbenwegen entsprechen, so daß sich
die Kolbenweglinien beider Cylinder als Gerade ergeben.

Die Volumänderungen des Arbeitsdampfes auf seinem Wege durch beide Cylinder
einschließlich des Aufnehmers sind im Kolbenwegdiagramm durch Schraffur hervorgehoben. Sie kennzeichnen sich am Hochdruckcylinder zunächst durch die Füllungs-
und Expansionsperiode des Arbeitsdampfes einschließlich der im schädlichen Raum
enthaltenen Dampfmenge, für die im Dampfdiagramm des Vorentwurfs die Füllungs-
und Expansionslinien gezeichnet sind.

Bei Beginn der Vorausströmung in Punkt 3 tritt der Hochdruckdampf in den
Aufnehmer über, wodurch sich ein um den Aufnehmerraum vergrößertes Arbeitsdampfvolumen ergibt. Der Ausgleich zwischen der Endexpansionsspannung p_3 und
dem Aufnehmerdruck führt in der Regel auf einen Druckabfall, dessen Größe von

**Tandem-
Dampf-
maschine.**

der Aufnehmerspannung abhängt, die ihrerseits vom Füllungsgrad des Niederdruckcylinders beeinflußt wird. Im vorliegenden Fall ist eine Ausgleichspannung p'
angenommen, die nur um 0,2 Atm. tiefer liegt als der für den Hubwechsel des
Hochdruckkolbens sich ergebende Endexpansionsdruck.   Die im Aufnehmer bei

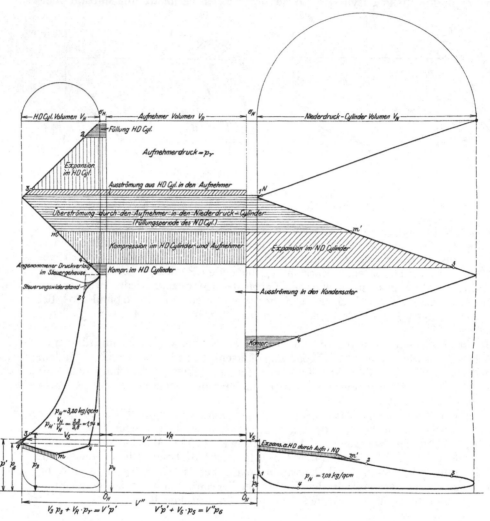

Fig. 358. Kolbenweg- und Druckvolum-Diagramm einer Tandem-Dampfmaschine.

Beginn der Überströmung in Punkt 3 vorauszusetzende Aufnehmerspannung p_r
läßt sich hiernach rechnerisch bestimmen; sie ist ihrerseits auch maßgebend für
die ND-Cylinderfüllung.

Während des Voraustrittes im Hochdruckcylinder beginnt kurz vor dem Hubwechsel noch der Übertritt des Dampfes in den Niederdruckcylinder im Punkt 1^N,
wobei bis zum Hubwechsel ein weiterer Ausgleich auf die Spannung p_6 zwischen
der im Hochdruckcylinder und Aufnehmer herrschenden Spannung mit der
Spannung p_5 im schädlichen Raum des Niederdruckcylinders erfolgt. Nach dem
Hubwechsel expandiert der Dampf aus den drei in Verbindung stehenden Räumen
gemeinsam bis zum Ende der Füllungsperiode des Niederdruckcylinders in m', wobei
die Druckabnahme wieder angenähert aus dem Expansionsgesetz $pv =$ konst. bestimmt werden kann. Das theoretische Füllungsende m' kennzeichnet sich durch

den Schnittpunkt der Aufnehmerdrucklinie mit der vorher festgestellten Expansionslinie des Arbeitsdampfes im ND-Cylinder.

Nach Unterbrechung des Dampfeintrittes in den Niederdruckcylinder wird von dem mit m' korrespondierenden Punkt m des Hochdruckdiagrammes aus der Auspuffdampf des Hochdruckcylinders nur noch in den Aufnehmer komprimiert. Diese Kompression erfolgt bis zu dem oben bereits näher gekennzeichneten Druck $p_4 = p_r$, worauf die Absperrung des Hochdruckcylinders vom Aufnehmer und damit die Kompression des Hochdruckdampfes stattfindet, während im Aufnehmer der Druck p_r konstant bleibt bis zum Beginn des Voraustrittes der zweiten Hochdruckkolbenseite.

Bei Feststellung des wirklichen Füllungsendpunktes 2 im ND-Diagramm ist hinsichtlich der Größe der Spannung p_2 zu berücksichtigen, daß zwischen ND-Cylinderinnerem und HD-Cylinder bzw. Aufnehmer ein den Widerständen der Hochdruckauslaß- und Niederdruckeinlaßsteuerung bzw. dieser letzteren allein entsprechender Spannungsabfall bestehen muß.

Die gleichen Dampfdiagramme ergeben sich, wenn Hoch- und Niederdruckcylinder statt hintereinander nebeneinander mit Kurbeln unter 180⁰ angeordnet sind; ein Unterschied in der Dampfwirkung besteht dabei nur insofern, als bei Tandemanordnung der Arbeitsdampf einer Kolbenseite des Hochdruckcylinders auf die entgegengesetzte Kolbenseite des ND-Cylinders übertritt, während bei 180⁰ Kurbelversetzung die gleichen Kolbenseiten zusammenarbeiten.

Im Interesse der Einfachheit der Darstellung wurde der Einfluß der endlichen Schubstangenlänge auf die Kolbenbewegung und auf die Veränderung der Arbeitsvolumen des Dampfes absichtlich unberücksichtigt gelassen, da dieser für die Ausmittlung der Dampfdiagramme belanglos ist.

Für Verbundmaschinen mit Kurbeln unter 90⁰ werden, unter Bezugnahme der Bewegung beider Kolben auf die des Hochdruckkolbens ohne Berücksichtigung der endlichen Schubstangenlängen die Volumänderungen am Niederdruckcylinder durch schräge Geraden, am Hochdruckcylinder durch Halbkreise wiedergegeben.

Verbundmaschine.

Ausgehend von den durch das vorläufige Diagramm Fig. 355 b festgestellten Expansions- und Kompressionslinien des Hoch- und Niederdruckdiagramms, bewirkt die veränderte Kurbelstellung im Vergleich zur Tandemanordnung einen abweichenden Verlauf der Übertrittslinien, Fig. 359. Der aus dem Hochdruckcylinder ausströmende Dampf kann beim Hubwechsel nicht unmittelbar in den Niederdruckcylinder übertreten, da der Niederdruckkolben alsdann in seiner Hubmitte steht; der Dampf wird daher zunächst in den Aufnehmer komprimiert bis zum Beginn des Dampfeintritts am Niederdruckcylinder im Punkt r, in dem ein kleiner Spannungsabfall infolge des Druckausgleichs zwischen Aufnehmer und schädlichem Raum des Niederdruckcylinders eintritt. Der weitere Verlauf des Dampfübertrittes führt auf eine allmähliche Spannungsabnahme in dem Maße, als das freiwerdende Hubvolumen des Niederdruckkolbens zu- und das bei gleichem Kurbeldrehwinkel vom Hochdruckkolben verdrängte abnimmt. Mit Beginn der Kompression im Hochdruckcylinder im Punkt 4, der sich als Schnittpunkt der Übertrittslinie mit der durch das Diagramm Fig. 355 b festgestellten Kompressionslinie kennzeichnet, hört die Dampfüberströmung von der betrachteten Hochdruckkolbenseite aus auf und Dampf strömt nur noch aus dem Aufnehmer in den Niederdruckcylinder bis zum Füllungsende ein. Das Ende dieser Einströmung wird theoretisch wieder durch den Schnittpunkt der Überströmlinie mit der durch Fig. 355 b gegebenen Expansionslinie des Niederdruckdiagramms bestimmt. Der wirkliche Füllungsendpunkt liegt jedoch um den Betrag des durch die Steuerungswiderstände bedingten Spannungsabfalles tiefer auf der Expansionslinie.

In den meisten Fällen spielt sich die Überströmung nicht ganz in dieser einfachen Weise ab, sondern es erfolgt in der Regel noch während der Eintrittsperiode des ND-Cylinders der Voraustritt 3′ des Hochdruckdampfes von der Gegenseite des Hochdruckkolbens aus, der eine Druckerhöhung von o nach d bedingt. Die

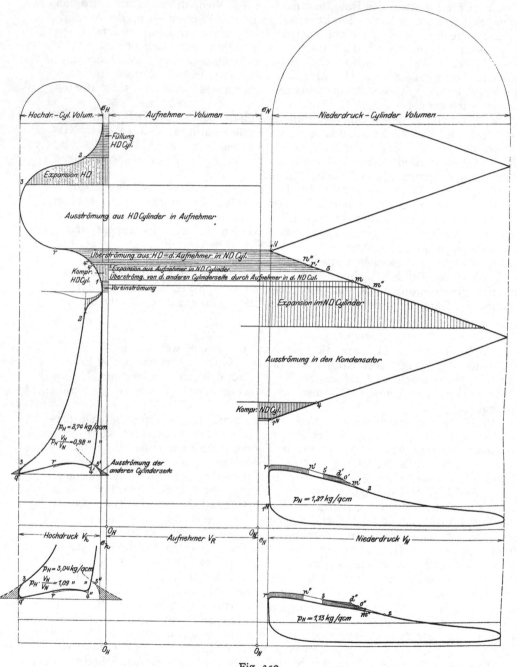

Fig. 359.
Kurbelweg- und Druckvolum-Diagramm einer Verbundmaschine mit Kurbeln unter 90°.

Drosselungsverluste der Steuerung verlegen den wirklichen Füllungsendpunkt etwa nach 2.

  Werden die Diagramme der Verbundmaschine mit Kurbeln unter 90° mit denjenigen der Tandemmaschine verglichen, so zeigt sich, daß die endliche Größe des

Aufnehmers im ersteren Fall die Hochdruckleistung verkleinert, im letzteren vergrößert, wie aus den mittleren Pressungen der einzelnen Diagramme hervorgeht, welche die Diagramme Fig. 358 und 359 für übereinstimmende Druckgrenzen und gleiche zugeführte Dampfmenge ergeben. Um gleiche Arbeitsverteilung in beiden Cylindern zu erzielen, ist daher bei der Verbundmaschine die Austrittsspannung im Hochdruckcylinder durch Vergrößerung der Niederdruckfüllung zu erniedrigen.

Für die Verbundmaschine sind die für gleiche Hoch und Niederdruckarbeit abgeänderten Dampfdiagramme in dem unteren Teil der Fig. 366 veranschaulicht. Diese Diagrammausmittlung gilt sowohl für voreilende wie für nacheilende Niederdruckkurbel; es sind nur stets die Wegdiagramme beider Kolben so aneinander zu legen, daß die Auslaßseite des Hochdruckcylinders mit der Einlaßseite des Niederdruckcylinders in naturgemäßen Zusammenhang gebracht werden kann.

Die endliche Schubstangenlänge verursacht nur einen geringen Unterschied in der relativen Änderung der Arbeitsvolumen des Dampfes, sodaß er für den Verlauf der Dampfdiagramme praktisch ohne Belang bleibt.

Nachdem die mutmaßlichen Dampfdiagramme ausgemittelt und die gewünschte Verteilung der Dampfarbeit auf Hoch- und Niederdruckcylinder durchgeführt worden ist, lassen sich die mittleren Arbeitsdrücke p_h und p_n beider Cylinder bestimmen.

Zur Berechnung der Arbeits- oder Hubvolumen der Hoch- und Niederdruckcylinder von Verbund- und Tandemmaschinen wird am einfachsten von dem Dampfcylinder der Einfachexpansionsmaschine, dessen Arbeitsvolumen gleich dem des Niederdruckcylinders der Zweifachexpansionsmaschine anzunehmen ist, ausgegangen. Es sind zu diesem Zwecke die mittleren Arbeitsdrücke beider Cylinder auf das Niederdruckvolumen zu beziehen, so daß sich ergibt

Hubvolumen beider Cylinder.

$$p_m = p_h \cdot \frac{V_h}{V_n} + p_n.$$

Die gesamte Dampfarbeit in PS läßt sich alsdann ausdrücken durch

$$N_i = \frac{2\,F_n \cdot s \cdot p_m \cdot n}{60 \cdot 75},$$

woraus das Arbeits-Volumen des Niederdruckcylinders sich berechnet zu

$$V_n = F_n \cdot s = \frac{60 \cdot 75 \cdot N_i}{2 \cdot p_m \cdot n}.$$

Hierin ist die für die Arbeitsleistung maßgebende mittlere Kolbenfläche F_n in qcm und der Hub s in m einzusetzen.

Durch geeignete Wahl des Kolbenhubes findet sich aus vorstehender Gleichung die mittlere Kolbenfläche F_n des Niederdruckcylinders und aus $F_n \dfrac{V_h}{V_n} = F_h$ die des Hochdruckcylinders.

Die Ausführungsgröße beider Kolbenflächen verlangt noch die Berücksichtigung der Kolbenstangenquerschnitte.

Beispiel. Für eine 200 pferdige Zweifachexpansionsmaschine mit 120 minutlichen Umdrehungen sollen die Cylinderdurchmesser und der Kolbenhub berechnet werden unter der Annahme, daß die vorliegenden Diagramme Fig. 366 der verlangten Dampfverteilung entsprechen.

Rechnungsbeispiel.

Aus den Diagrammen berechnet sich das Cylinderverhältnis $\dfrac{V_h}{V_n} = \dfrac{1}{2,8}$, der mittlere Dampfdruck im Hochdruckcylinder zu $p_h = 3,04$, im Niederdruckcylinder zu $p_n = 1,13$ und unter Berücksichtigung des Cylinderverhältnisses $\dfrac{V_h}{V_n} = \dfrac{1}{2,8}$ ergibt sich der mittlere, auf den Niederdruckcylinder bezogene Gesamtarbeitsdruck

$$p_m = \frac{3,04}{2,8} + 1,13 = 2,22 \text{ kg/qcm}.$$

Für eine indicierte Leistung von $N_i = 200$ PS$_i$ bei $n = 120$ minutlichen Umdrehungen ist

$$F_n \cdot s = \frac{60 \cdot 75 \cdot 200}{2 \cdot 2,22 \cdot 120} = 1465 \quad (F_n \text{ in qcm, } s \text{ in m}).$$

Werden für verschieden große Kolbenhübe s die zugehörigen Kolbenquerschnitte und -durchmesser berechnet, so ergeben sich die nachfolgenden Werte, aus denen die für die Ausführung passenden nach den bei der Eincylindermaschine S. 244 erörterten Grundsätzen zu wählen sind.

$s =$	0,5	0,6	0,7	0,8	m
$F_n =$	2930	2440	2095	1830	qcm
$D_n =$	62	56	52	49	cm
$F_h =$	1046	872	784	654	qcm
$D_h =$	37	33,5	31	29	cm
$c =$	2 0	2,4	2,8	3,2	m/Sek.

Für die liegende Anordnung würde die Hubgröße 0,7 m in Frage kommen, für die stehende der Kolbenhub von 0,5 m. Die vorstehenden Rechnungswerte für Kolbenfläche und -Durchmesser sind für die Ausführung unter entsprechender Berücksichtigung der Kolbenstangenquerschnitte zu vergrößern. Die Kolbengeschwindigkeiten berechnen sich für alle in Vergleich gezogenen Ausführungen verhältnismäßig klein und befinden sich innerhalb der praktisch zulässigen Grenzen, so daß ihre absolute Größe für die Beurteilung der die Cylinderabmessungen bestimmenden Werte des Kolbendurchmessers und Kolbenhubes belanglos erscheint.

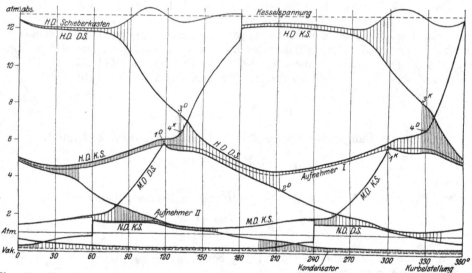

Fig. 360. Druckverlauf in den Arbeitscylindern und Aufnehmern einer 800 PS Dreifachexpansionsmaschine $\frac{432 \cdot 724 \cdot 1219}{838}$; $n = 92$ mit Kurbeln unter 120° bezogen auf die Abwicklung des Kurbelkreises, zur Kennzeichnung des Zusammenhanges der Spannungsänderungen in den einzelnen Cylindern und zur Veranschaulichung der Übertrittsverluste.

Dreifach-expansions-maschine. Zur anschaulichen Verfolgung des Dampfweges in einer Dreifachexpansions-Dampfmaschine mit Kurbeln unter 120° kann das auf die Zeit bezogene Strömungs-bild Fig. 360 dienen, aus dem das Zusammenarbeiten der oberen und unteren Cylinder-seiten einer Schiffsmaschine erhellt, bei der HD-, MD- und ND-Kurbel in der ge-meinsamen Drehrichtung aufeinander folgen. Die Darstellung läßt die bei der Überströmung auftretenden Druckverluste sowie die Spannungsschwankungen in den Dampfräumen unmittelbar erkennen. Bei der bezeichneten Kurbelversetzung beginnt die Füllung auf MD—DS[1] bereits, bevor HD—DS öffnet, so daß zunächst Dampfübertritt von der HD—KS[1] erfolgt, der bis zum Kompressionsbeginn 4^k an-

---

[1]) DS = Deckelseite, KS = Kurbelseite.

dauert. Inzwischen hat die Überströmung von der HD—DS in 3^D begonnen bis zum Abschluß des MD-Cylinders in 2^D, worauf sich die Kompression in den Aufnehmer I anschließt. Ähnliches ergibt sich auch für den Dampfeintritt in den ND-Cylinder, so daß an der Dampflieferung beide MD-Cylinderseiten sich beteiligen.

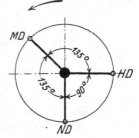

Bei der Kurbelversetzung unter 120° muß somit im Kolbenwegdiagramm die Dampfverteilung beider Cylinderseiten berücksichtigt werden. Einfacher gestaltet sich der Zusammenhang der Dampfverteilung mit dem Kolbenwegdiagramm, wenn der MD-Cylinder dem HD-Cylinder soweit nacheilt, daß seine Steuerung erst nach Beginn der Ausströmung im HD-Cylinder öffnet, wie dies beispielsweise der Fall ist, wenn HD-, ND- und MD-Kurbel in ihrer gemeinsamen Drehrichtung aufeinander folgen, indem hierbei im allgemeinen nur die oberen bzw. nur die unteren Cylinderseiten zusammenarbeiten. Diesem Falle entspricht beispielsweise die Kurbelanordnung Fig. 361a,

Fig. 361a.

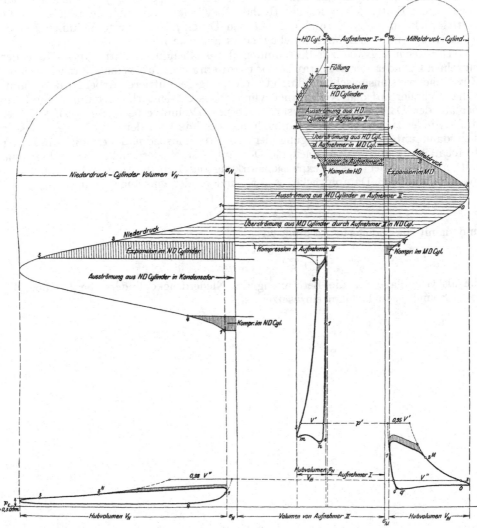

Fig. 361b. Kolbenweg- und Druckvolum-Diagramm einer Dreifachexpansions-Dampfmaschine mit Kurbelversetzung nach Fig. 361a.

deren Kolbenwegdiagramme Fig. 361 b für eine Kurbelversetzung von 90° zwischen
HD und ND und von 135° zwischen ND und MD sowie zwischen MD und HD
aufgezeichnet sind.

Der aus dem Hochdruckcylinder austretende Arbeitsdampf wird alsdann zunächst in den ersten Aufnehmer komprimiert; kurz bevor der Hochdruckkolben
$1/4$ seines Hubes zurückgelegt hat, beginnt die Einströmung im Mitteldruckcylinder,
die bis Füllungsende unmittelbar aus dem Hochdruckcylinder erfolgt und eine abfallende Eintrittslinie liefert. Nachdem die Austrittsdampfmenge des Hochdruckcylinders übergetreten ist, erfolgt deren Expansion im Mitteldruckcylinder bis
zum Beginn der Ausströmung; während letzterer tritt der Arbeitsdampf zunächst
in den zweiten Aufnehmer und nach eingetretenem Hubwechsel des Niederdruckkolbens in den Niederdruckcylinder über.

In Fig. 361 b ist die Kolbenweglinie des Niederdruckcylinders, links vom Mittel-
druckcylinder angeschlossen, um die Volumänderung der Arbeitsdampfmenge auf
der Niederdruckseite bequem verfolgen zu können. Für die Veränderung des
Dampfzustandes während des Übertritts ist ein Verlust von 5 bzw. 8 v. H. der
Übertrittsdampfmengen angenommen. Das auf die Spannung p' reduzierte Volu-
men V' des Eintrittsdampfes des Hochdruckcylinders verminderte sich daher im
Mitteldruck auf $0,95\,V'$ und das auf den Druck p'' reduzierte Volumen V'' des
Übertrittsdampfes des Mitteldruckcylinders auf $0,92\,V''$.

Der Rechnungsweg zur Bestimmung der Kolbenquerschnitte und -Hübe der
einzelnen Cylinder der Dreifachexpansionsmaschinen erfolgt ähnlich wie bei
Zweifachexpansionsmaschinen durch Umrechnung der mittleren Arbeitsdrücke sämtlicher Cylinder auf den Niederdruckcylinder, aus dessen Arbeitsvolumen mit Hilfe
der aus den Dampfdiagrammen sich ergebenden Volumverhältnisse $V_h : V_m : V_n$ der
drei Cylinder zueinander deren Hubvolumen bestimmt werden; aus letzteren lassen
sich dann unter Berücksichtigung der Konstruktionsbedingungen die Größe der
Kolbenflächen und Hübe ableiten. Der auf den Niederdruckcylinder bezogene
mittlere Druck der Gesamtexpansionswirkung des Arbeitsdampfes bestimmt sich
aus den mittleren Dampfdrücken p_h, p_m und p_n der einzelnen Cylinder zu

$$p_i = p_h \frac{V_h}{V_n} + p_m \frac{V_m}{V_n} + p_n$$

und damit die indicierte Leistung zu

$$L_i = \frac{20\,000\,V_n \cdot p_i \cdot n}{60 \cdot 75}\ \text{PS},$$

die als Grundlage für die Berechnung des Niederdruckcylinders dient, wobei V_n
in cbm und p_i in kg/qcm einzusetzen ist.

Zweiter Abschnitt.

Konstruktiver Teil.

A. Die ruhenden Teile der Maschine.

1. Dampfcylinder.

Der Dampfcylinder ist an sich ein verhältnismäßig einfacher Maschinenteil; doch kann er durch Vereinigung mit den für Unterbringung der Steuerorgane erforderlichen Kammern, Dampfleitungsanschlüssen, Paß- und Unterstützungsflächen, Angüssen für Armaturen und dergleichen auch zu einem sehr komplizierten Gußstück werden. In der folgenden Behandlung wird die Formgebung und Ausführung des Dampfcylinders hauptsächlich hinsichtlich der konstruktiven Verwirklichung wärmetechnischer Forderungen behandelt werden, ohne zunächst auf die mit der Verwendung bestimmter Steuerorgane zusammenhängende besondere Ausgestaltung der Cylinder einzugehen, deren Behandlung gemeinsam mit der der inneren Steuerorgane erfolgt.

Als Material für Dampfcylinder dient ausschließlich zähes Gußeisen, dessen **Material.** Zusammensetzung so gewählt werden muß, daß vor allen Dingen in der Lauffläche vollkommen gleichmäßig dichter Guß erzielt wird. Es ist daher gewöhnliches Gießereiroheisen, das leicht Blasen hervorruft, nicht verwendbar, sondern es muß ein feineres Korn durch Mischung von grauem Gußeisen mit 20 bis 25 v. H. Schmiedeisen und Spiegeleisen erzielt werden. Außerdem wird meist $^1/_3$ bis $^1/_4$ des Gußmaterials aus feinem Brucheisen und verlorenen Köpfen gebildet. Die genaue Zusammensetzung, da sie von der Qualität, dem Mangan- und Siliciumgehalt des verwendeten Roheisens abhängig wird, ist Erfahrungssache der Gießereien. Bei großen, starkwandigen Cylindern wird der Schmiedeisenzuschlag höher bemessen wie bei kleineren Ausführungen. Für Cylinderguß sehr geeignet ist das durch seine Reinheit und Homogenität sich auszeichnende schottische Gießereiroheisen; ebenso besitzt Amerika infolge seines Reichtums an hochprozentigen Eisenerzen vorzügliches Gußmaterial.

Die Cylinder werden in Sand, sehr häufig auch in Lehm eingeformt und stehend, mit großem verlorenem Kopf gegossen. Ihre Bearbeitung soll in der Lage erfolgen, in der sie im Betrieb zur Verwendung kommen; d. h. Cylinder liegender Maschinen sind liegend, stehender Maschinen stehend auszubohren; nur in Werkstätten, für die sich die Anschaffung der kostspieligen stehenden Bohrmaschinen nicht lohnt, werden auch die Cylinder stehender Dampfmaschinen liegend bearbeitet.

Die Lauffläche des Cylinders Fig. 362 muß gegenüber den cylindrischen Anschlußflächen um 5 bis 10 mm, je nach dem Cylinderdurchmesser hervortreten und spiegelblank gedreht werden, um geringe Kolbenreibung zu ermöglichen. Da die Lauffläche dem Verschleiß unterworfen ist und im Laufe der Zeit unrund wird, so muß ihrer Länge

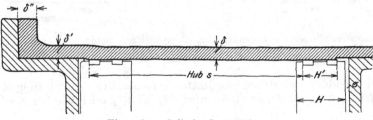

Fig. 362. Cylinder-Lauffläche.

nach die Wandstärke δ des Cylinders größer als in den der Abnützung nicht ausgesetzten Teilen δ′ des Cylinders gewählt werden. Um Gratbildungen zu verhüten,
muß die Lauffläche des Kolbens diejenige des Cylinders etwas überschleifen, jedoch
nicht so weit, daß der Dampf am Kolbenhubende die Kolbenringe radial zusammenpressen und ein Schlagen der Kolbenringe verursachen könnte, wozu bei hohen Dampf-

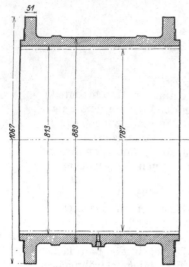

Fig. 363. Einfacher Rohrcylinder der
Erie City Iron Works, Erie, U.S.A.
Steuergehäuse in den Cylinderdeckeln.

spannungen 2 bis 3 mm Überschleifen schon genügen kann. Die Länge der Lauffläche ist somit
nur um wenige Millimeter kleiner als $s + H'$,
wenn H' die Breite der Kolbengleitfläche bedeutet.
Der Übergang von der Lauffläche zu dem erweiterten Teile erfolgt entweder mittels einfacher Abrundung oder zweckmäßiger mittels konischen
Überganges.

a. Dampfcylinder ohne Heizmantel.

Die Ausbildung des Cylinders als einfaches
Rohr, wie sie Fig. 363 zeigt, ist nur dann möglich, wenn Ein- und Auslaß-Steuerorgane in den
Cylinderdeckeln untergebracht sind. Verhältnismäßig einfach gestaltet sich auch der Gleichstrom-Cylinder, Fig. 364, bei dem ein wulst-
förmiger Auslaßraum um die in der Cylindermitte
angeordneten Auslaßschlitze angegossen ist. Die
freie Ausdehnung des Cylinders wird durch die
seitlichen Füße nicht beeinträchtigt.

In der Regel werden die Cylinder mit angegossenen Steuergehäusen ausgeführt und in
dieser Durchbildung ohne Heizmantel sowohl
für Sattdampf- wie für Heißdampfmaschinen verwendet. Bei Betrieb mit gesättigtem Dampf finden Dampfcylinder ohne Mantel nur bei kleinen Maschinen und in

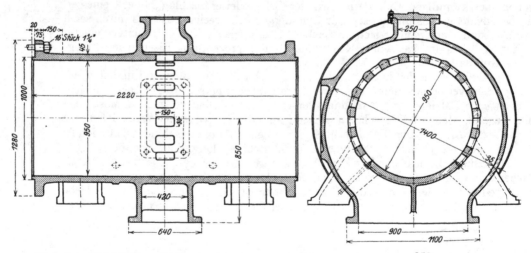

Fig. 364. Gleichstromcylinder der liegenden Einfachexpansionsmaschine $\dfrac{950}{1100}$; $n = 110$
von Ehrhart und Sehmer, Saarbrücken.

solchen Fällen Verwendung, bei denen möglichste Einfachheit der Ausführung ohne
Rücksicht auf Wirtschaftlichkeit angestrebt wird (II, 46, 6)[1] oder wie bei Nieder-

---

[1] II, 46, 6 = Band II, Seite 46, Fig. 6.

druckcylindern von Großdampfmaschinen, bei denen der Heizmantel wegen der
für die arbeitende Dampfmenge relativ kleinen Cylinderheizfläche nutzlos erscheint
und entbehrlich wird (II, 45, 5 und II, 54, 6). Aus gleichen Gründen werden auch
die Cylinder größerer Schiffsmaschinen meist
ohne Dampfmantel ausgeführt, wie die Beispiele III, 167 bis 183 und die folgenden Fig.
365 und 366 zeigen.

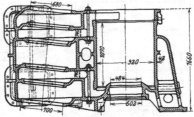

Bei Betrieb mit überhitztem Dampf ist,
wie im theoretischen Teil dieses Bandes nachgewiesen, der Heizmantel mindestens am Hochdruckcylinder entbehrlich und bei hoher Überhitzung sogar schädlich; es sei denn, seine
Anordnung diene lediglich zum Zwecke des
Anheizens. Der Fortfall des Mantels vereinfacht nicht nur die Formgebung des Cylinders,
sondern vermindert auch die Gußspannungen,

Fig. 365. Hochdruckcylinder einer
Schiffsmaschine ohne Heizmantel.

die besonders bei Betrieb mit überhitztem Dampf, infolge vergrößerter Formänderungen des Cylinders, dessen Haltbarkeit mehr beeinträchtigen wie bei Sattdampf-

betrieb. Beim Zusammengießen
des Cylinders mit Steuergehäusen und dergleichen sind
komplizierte Gußformen und
einseitige Materialverteilung, sowie Materialanhäufung durch
Angüsse sorgfältig zu vermeiden.

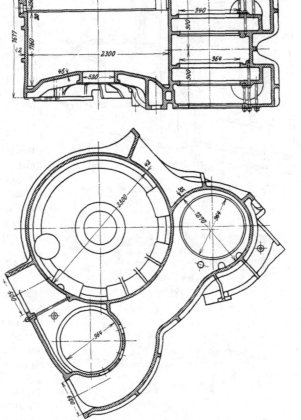

Ein charakteristisches Beispiel einfacher Konstruktion
eines Heißdampfcylinders bietet
II, 59, 5; der Cylinder ist als
Rohr ohne jeden Anguß durchgeführt. Die Dampfzuführung
zu den Ventilgehäusen erfolgt
nicht durch angegossene Kanäle,
sondern durch schmiedeiserne,
an die Gehäuseflanschen ge-
schraubte Rohre. Eine gleichartige Ausbildung zeigen die
Hochdruckcylinder II, 58, 3
und 4 einer 500- und einer
900 pferdigen Verbundmaschine
für Betrieb mit überhitztem
Dampf; beim kleineren Dampfcylinder ist der die beiden Ventilgehäuse verbindende Frisch-
dampfkanal zwar angegossen,
jedoch getrennt von der Cylinderwand. Weitere Beispiele
zeigen II, Taf. 2 für eine liegende Eincylinder-Schiebermas-
chine, Taf. 24 für eine stehende
Dreifachexpansionsmaschine,
bei der sämtliche Cylinder ohne
Mäntel ausgeführt sind.

Fig. 366. Niederdruckcylinder einer Schiffsmaschine
ohne Heizmantel.

Bei kleineren Abmessungen sind Angüsse weniger leicht zu umgehen; es
muß alsdann bei diesen auf Durchführung möglichst gleicher Wandstärken zur Er-

zielung gleichmäßiger Abkühlung des Gusses und damit zur Vermeidung nachteiliger Gußspannungen besonders Wert gelegt werden. Beispiele hierfür bieten
der Cylinder eines kleinen stehenden
Schnelläufers, Fig. 367, mit angegossenem Steuer- und Absperrven-
tilgehäuse, Führungsauge für die
Spindel des Absperrventils und
Auslaßkanal, ferner der Hochdruckcylinder einer liegenden Tandemlokomobile II, 48, 10 mit um den
Cylinder herumgeführtem, angegossenem Auslaßkanal und der
stehende Ventilcylinder II, 63, 11.

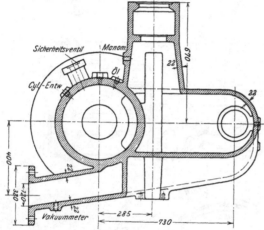

Um den die Kolbengleitfläche
bildenden Teil des Cylinders frei
vom Einfluß einseitiger Angüsse
zu erhalten, kann der ganze Cylinder dreiteilig konstruiert werden,
wie der für hochüberhitzten Dampf
dienende Dampfcylinder II, 62, 9
und die folgenden Fig. 368 a und b
zeigen. Die Lauffläche des Cylinders ist als Büchse ausgeführt,
über deren beide Enden sich cylindrische Gußstücke schieben, an die
erst die Ventilgehäuse angegossen
sind; Laufbüchse und Cylinder-
stücke sind miteinander verschraubt, wobei noch durch radiales
und axiales Spiel der Büchse deren
unabhängige Ausdehnung ermöglicht werden kann. Die Flanschen
werden entweder dampfdicht aufeinander geschliffen oder ein hitze-
beständiges Dichtungsmaterial
(Klingerit) zwischen die Auflageflächen gelegt.

Fig. 367. Cylinder ohne Heizmantel für einen
stehenden Schnelläufer.

b. Dampfcylinder mit Heizmantel.

Die meisten Dampfcylinder
standfester Betriebsmaschinen
weisen Dampfmäntel auf; sei es
bei Betrieb mit gesättigtem oder
nur mäßig überhitztem Dampf, bei
dem der Fortfall der Cylinderheizung
einen wirtschaftlichen Nachteil in
der Dampfausnützung bedeuten
würde, sei es, daß auch bei hoch
überhitztem Dampf die Anordnung
eines Heizmantels zur Anwärmung
des Cylinders vor Inbetriebsetzung
als zweckmäßig erachtet wird.

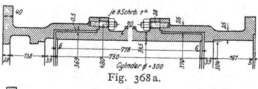

Fig. 368 a.

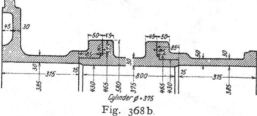

Fig. 368 b.

Fig. 368 a und b. Cylinder ohne Heizmantel.
Lauffläche als besondere Büchse ausgeführt.

Form und Ausführung zu heizender Dampfcylinder wird verschieden, je
nachdem die Kolbenlauffläche in den den Heizmantel bildenden äußeren Cylinder
eingegossen oder als besonderer Cylinder eingesetzt wird.

Innencylinder und Heizmantel zusammengegossen. Die Cylinder mit angegossenem Heizmantel sind schwieriger zu formen und zu gießen, dagegen einfacher zu bearbeiten und besitzen den Vorzug vollständiger Dichtheit zwischen Arbeitsraum des Dampfes und Heizmantelraum. Sie werden seltener als die Cylinder mit eingesetzten Büchsen verwendet, trotzdem diese an den Paßflächen durch die bei wechselnden Betriebsbedingungen sich ergebenden Formänderungen des Cylinders leicht undicht werden können. Die radiale Abmessung des Mantels ist in Rücksicht auf die Ausführbarkeit des Gußkerns nicht zu klein zu bemessen und beträgt je nach der Größe des Cylinders 40 bis 75 mm. Zur Beseitigung des Kernes nach dem Guß müssen am Cylindermantel mehrere Kernlöcher von 80 bis 200 mm Weite angebracht werden.

Der Heizmantel wird entweder in der ganzen Cylinderlänge, oder nur in der Länge der Kolbengleitfläche durchgeführt. Letztere Ausbildung zeigen die Fig. 369 bis 371.

Erhöhte Heizwirkung ermöglichen die der ganzen Cylinderlänge nach durchgeführten Heizmäntel Fig. 372—375, deren Kernlöcher sich an den Stirnenden der Cylinder anbringen lassen und zwar entweder als kreisförmige Öffnungen von 30 bis 50 mm Durchmesser, die durch eingeschraubte Eisenoder Metallputzen geschlossen werden, oder als ovale Öffnungen zwischen den für die Flanschenverschraubung dienenden Stegen. Die Abdichtung des Mantelraumes kann in letzterem Falle durch dampfdichtes Aufschleifen der Flanschenfläche des Deckels auf die des Cylinders erzielt werden. Im Ringraum zwischen Mantel und Cylinder sind Rippen nicht nur der Ausführungsschwierigkeiten wegen, sondern zur Sicherung gleichmäßiger Formänderungen des die Kolbenfläche bildenden inneren Cylinders zu vermeiden.

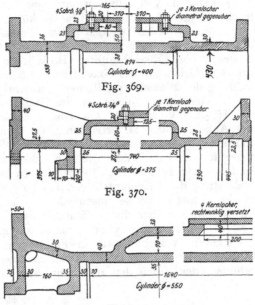

Fig. 369.

Fig. 370.

Fig. 371.

Fig. 369 bis 371. Cylinder mit angegossenem Dampfmantel in Länge der Kolbenlauffläche.

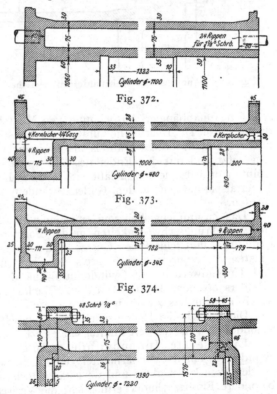

Fig. 372.

Fig. 373.

Fig. 374.

Fig. 375. Steuergehäuse in den Deckeln untergebracht.

Fig. 372 bis 375. Cylinder mit in der ganzen Cylinderlänge angegossenem Heizmantel.

Bei großen Cylinderdimensionen kann das Auftreten nachteiliger Gußspannungen durch geeignete Unterteilung des Gußkörpers, wie beispielsweise in Fig. 375 und II, 62, 10, vermieden werden. Bei diesen Ausführungen sind Laufbüchse und Mantel als angußfreie Cylinder in einem Stück gegossen und die Steuergehäuse in den beiden angeschraubten Deckeln untergebracht. Der Mantelheizraum ist mit dem Heizraum des einen Deckels in unmittelbarer Verbindung und die Abdichtung der Flanschenpaßflächen mit Klingerit bewirkt.

In eigenartiger Weise ist der Heizmantel bei dem Corlißcylinder III, 29 und II, 53, 3 konstruiert, um eine unabhängige Längenausdehnung von Innen- und Außencylinder zu erreichen. Die Schiebergehäuse der einen Cylinderseite sind mit dem Außenmantel, die der anderen Seite mit dem Laufcylinder zusammengegossen und beide Teile mittels außenliegender Flanschen derart verschraubt, daß der Innencylinder axial sich frei ausdehnen kann. Die schwierige innere und äußere Abdichtung des Heizmantels verlangt zwar sehr sorgfältige Werkstättenarbeit, die an die Schiebergehäuse anschließenden langen Cylinderenden ermöglichen aber andererseits die Erreichung dichten Gusses der Schiebergleitflächen.

Auch Gleichstromcylinder für Sattdampfbetrieb werden an ihren Enden mit Heizmänteln versehen, wie in Fig. 185 S. 143 veranschaulicht; durch radiale Zwischenwände in den Heizräumen ist eine möglichst wirksame Umspülung der Cylinderenden durch den Heizdampf angestrebt.

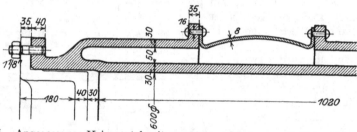

Fig. 376. Angegossener Heizmantel mit zwischengenietetem zweiteiligen Blechzylinder.

Eine unabhängige Ausdehnung von Mantel und Innencylinder gewährt auch die von Prof. Dr. Doerfel herrührende Cylinderkonstruktion Fig. 376, bei der der mittlere Teil des Außenmantels als zweiteiliger tonnenförmiger Stahlblechcylinder eingesetzt und mit den Enden des Außenmantels beiderseitig vernietet ist. Die gewölbte Form des letzteren läßt eine gewisse Längenänderung zu, ohne gefährliche Materialspannungen in den Gußeisenwänden des anschließenden Mantels hervorzurufen.

Das Zusammengießen von Innencylinder und Cylindermantel führt nicht nur auf Ausführungsschwierigkeiten in der Formerei und Gießerei, die das Gelingen spannungs- und fehlerfreien Gusses gefährden, sondern es spricht auch noch zu ungunsten des angegossenen Mantels der Umstand, daß ungewöhnlicher Verschleiß und Unrundwerden der Cylinderlauffläche die Erneuerung des ganzen Dampfcylinders bedingen kann, wenn durch Nachdrehen der Lauffläche die Wandstärke des Innencylinders zu dünn werden sollte.

Diese Nachteile lassen sich dadurch beseitigen, daß der innere Cylinder als besondere Büchse in den Mantel eingesetzt wird.

Cylinder-Einsätze.

Eingesetzte Innencylinder. Durch Einsetzen eines besonderen Innencylinders in einen Cylindermantel vereinfacht sich nicht nur der Guß, sondern es werden auch konstruktiv und werkstättentechnisch wichtige Vorteile erreicht. Der besondere Einsatzcylinder ermöglicht die Verwertung eines und desselben Mantelmodells für Dampfcylinder von verschieden weiter Bohrung bis zu Unterschieden von 50 mm und mehr; ferner kann das Gußmaterial von einer für die Cylinderfläche besonders geeigneten Zusammensetzung und Dichte gewählt werden. Diesen Vorteilen steht der Nachteil kostspieliger Ausführung und die Schwierigkeit gegenüber, die Büchsen so dampfdicht einzusetzen, daß sie sich im Betrieb nicht lockern und eine dauernde dampfdichte Trennung zwischen Cylinderinnerem und Mantelraum gewährleisten.

Der lichte Abstand zwischen Einsatzcylinder und Mantel ist wesentlich kleiner ausführbar (bis zu 20 mm herunter), als wenn beide zusammengegossen werden. Die als einfache Rohre gebildeten Einsatzcylinder sind in der Regel an beiden Enden

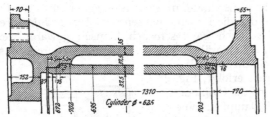

Fig. 377. Cylinder mit eingesetzter Laufbüchse, an einem Ende durch Kupferringe, am anderen durch Asbestschnur abgedichtet.

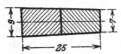

Fig. 378. Querschnitt kupferner Dichtungs-ringe.

mittels 50 bis 80 mm langen, 3 bis 5 mm radial vorstehenden cylindrischen Paß-flächen in den Cylindermantel eingesetzt und zwar entweder unter Anwendung besonderer Dichtungsmittel oder durch Einpassen der Laufbüchse unter Schrumpf.

Bei Anwendung besonderer Dichtungsmittel wird der Einsatzcylinder so in den äußeren Cylinder geschoben, daß die cylindrischen Paßflächen beider sich berühren, wobei behufs bequemen Einpassens des ersteren die Paßflächen an beiden Cylinder-enden etwas abweichende Durchmesser erhalten, wie beispielsweise in Fig. 377. Zur Abdichtung des Mantelraumes an beiden Seiten der Büchse werden schmale Dichtungsringe aus Kupfer oder weichem Eisen in trapezförmige Ringnuten ein-gestemmt. Für Cylinder von 500 mm Durchmesser und mehr eignen sich Ab-messungen der Kupferringe, wie sie Fig. 378 im eingestemmten Zustande zeigt; vor dem Stemmen haben sie rechteckigen Querschnitt. Wegen der im dampfwarmen

Abdichtung.

Zustand des Cylinders sich ergebenden größeren Ausdehnung des Kupfers im Vergleich zum Guß-eisen dürfen zur Vermei-dung gefährlicher radialer Pressungen im umgeben-den Gußmantel nur dünne Stemmringe angewendet werden.

Die Wandungsteile des Cylindermantels und der Büchse, die den durch das Verstemmen hervor-gerufenen radialen Druck

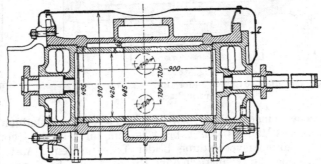

Fig. 379. Cylinder mit eingesetzter, an beiden Enden zugänglicher Laufbüchse.

aufzunehmen haben, müssen daher auch entsprechend stark gehalten werden, wobei auf eine allmähliche Überführung der normalen Wanddicke in diese Verstärkungen Wert zu legen ist.

Die Abdichtung des Einsatzcylinders mittels Stemmringen an beiden Enden ist nur selten ausgeführt; sie setzt auch die beiderseitige Zugänglichkeit des Cylinder-mantels voraus, Fig. 379. Meist ist der Dampfcylinder an dem einen Ende mit angegossenem Boden ausgeführt, Fig. 377, so daß die Abdichtung der Einsatzbüchse mittels Kupferring nur auf der offenen Cylinderseite erfolgen kann, während das andere Ende durch eine ringförmige Auflagefläche und eingelegte Hanf- und Asbestschnur abgedichtet wird. Der Verwendung besonderer Abdichtungsmittel haftet der Nachteil an, daß sie entweder unter dem Einfluß der Dampfnässe und Temperatur im Laufe der Zeit verderben, wie beispielsweise Hanf und Asbest, oder daß, wie bei Kupferringen, infolge der mit Betrieb und Stillstand der Maschine auftretenden Erwärmung und Abkühlung eine Lockerung der Ringe entsteht; in solchen Fällen ist eine Undichtheit des Heizmantels die notwendige Folge.

Schwindver-
bindung.

Aus diesen Gründen wird namentlich für überhitzten Dampf die Schwindverbindung zwischen Mantel und Einsatzcylinder in Anwendung gebracht. Bei Cylindern von kleinem Durchmesser werden die Einsatzbüchsen mittels Schraubenpressen eingedrückt, wobei die Paßflächen auch ganz schwach konisch gewählt werden können, (Niederdruckcylinder II, 48, 9), während das Einziehen größerer Einsatzcylinder entweder mittels hydraulischen Druckes oder durch Erwärmung des Mantels erfolgt, Fig. 380 und 381. Im letzteren Falle wird der Cylindermantel im Trockenofen oder durch Dampf auf eine Temperatur von 100 bis 130° gebracht, so daß eine

lineare Ausdehnung von $\frac{1}{1000}$ bis $\frac{1}{800}$ eintritt. In

diesen erwärmten Mantel wird der Einsatzcylinder, dessen cylindrische Paßflächen den zugehörigen Paßflächen des erwärmten Mantels gerade ent-

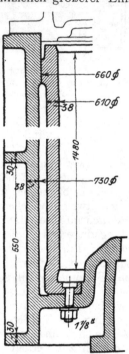

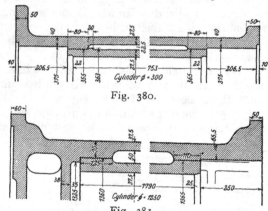

Fig. 380.

Fig. 381.

Fig. 380 und 381. Cylinder mit warm eingesetzter Laufbüchse.

Fig. 382. Befestigung der Einsatzbüchse eines stehenden Dampfcylinders.

sprechen, eingeschoben. Die nach eingetretener Abkühlung sich ergebende Schrumpfung des Mantels von 1 bis 1,25 mm für 1 m des Cylinderdurchmessers erzeugt eine Spannungsverbindung beider Teile mit einer Materialzug- und -Druckbeanspruchung, die rechnerisch ohne Rücksicht auf die Formänderung des inneren Cylinders zu 1600 bis 2500 kg sich ergeben würde. In Rücksicht darauf, daß der Durchmesser der Laufbüchse unter dem Einfluß der Schrumpfkräfte sich verkleinert, ergeben sich auch geringere Materialbeanspruchungen; es empfiehlt sich daher bei größeren Ausführungen auch das größere Schrumpfmaß zu verwenden, um ein Losrütteln des Einsatzcylinders durch den Reibungswiderstand des hin- und hergehenden Kolbens zu verhüten. Eine Lockerung der Einsatzcylinder wird auch durch Eindrehen kleiner Nuten und Bestreichen der Paßflächen mit Schwefelsäure zu verhindern gesucht. Die Dichtheit hydraulisch oder warm eingezogener Büchsen noch durch eingestemmte Kupferringe erhöhen zu wollen, ist verfehlt, da durch das Eintreiben der Dichtungsringe die Schrumpfwirkung teilweise wieder aufgehoben wird.

Die Einsatzbüchsen sind nicht nur radial abzudichten, sondern auch axial so zu befestigen, daß eine Längsverschiebung oder ein Hin- und Herschlagen durch eintretende Lockerung ausgeschlossen ist. Bei großen Cylindern stehender Maschinen (besonders Schiffsmaschinen) wird daher häufig die Laufbüchse am Cylinderboden verschraubt, so daß noch freie Längenausdehnung des Innencylinders unabhängig von der des Cylindermantels erhalten bleibt, Fig. 382. Bei liegenden Maschinen ist diese einseitige Befestigung seltener angewendet.

Da im allgemeinen die Relativverschiebung zwischen Einsatzcylinder und Mantel wegen geringer Verschiedenheit der Wandungstemperaturen gering ist, wird in den meisten Fällen die Büchse zwischen axialen Paßflächen des Cylindermantels und

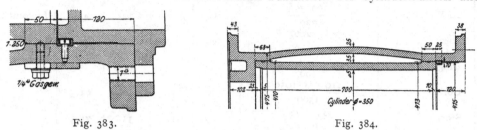

Fig. 383.   Fig. 384.

Fig. 383 und 384. Sicherung der axialen Lage der Cylinderlaufbüchse durch eingelegten mehrteiligen Ring.

Deckels gegen Längsverschiebung gesichert, wie dies II, 61, 8 und 64, 13 erkennen lassen, wobei nicht selten ein zwischen Deckel und Büchse eingesetzter Paßring die Einpassung erleichtert, II, 195, 27. Die Übereinstimmung der Büchsenlänge mit dem Abstand der Anlageflächen des Cylinderbodens und Deckels setzt metallische Auflagerung der Deckelflanschen voraus; ist diese nicht gegeben, wie bei Anwendung elastischer Dichtungsmittel, so läßt sich die axiale Lage der Büchse durch Einlegen eines mehrteiligen Ringes, Fig. 383 und 384, sichern.

Die gewölbte Form des Cylindermantels in Fig. 384 soll das Auftreten gefährlicher Materialspannungen im Mantel bei größerer Längenänderung der Büchse verhindern, ähnlich der Ausbildung des Mantels nach Fig. 376.

c. Cylinderwandstärke.

Zur Berechnung der Wandstärke wird der Dampfcylinder als ein unter innerem Drucke stehendes Rohr betrachtet, dessen Material nur tangential auf Zug beansprucht wird, während von den Radialspannungen wegen der relativ geringen Gußdicke im Vergleich zum Cylinderdurchmesser abgesehen wird.

Bezeichnet p den inneren Dampfüberdruck, D den Durchmesser der Bohrung, l die Länge und δ die Wandstärke des Cylinders, so bestimmen sich die Zugbeanspruchungen k_1 und k_2 im Längs- und Querschnitt des Cylinders aus den beiden Beziehungen

$$D \cdot l \cdot p = 2 \cdot \delta \cdot l \cdot k_1 \quad \text{und} \quad \frac{D^2 \cdot \pi}{4} \cdot p = D \cdot \pi \cdot \delta \cdot k_2.$$

Da hieraus die Beanspruchung im Längsschnitt mit

$$k_1 = \frac{D}{2\delta} \cdot p$$

sich doppelt so groß ergibt als die Spannung k_2 im Cylinderquerschnitt, so ist erstere für die Bestimmung der Materialstärke maßgebend. Nachstehende Tab. 66, die für Dampfcylinder verschiedener Größe und Ausführung die rechnungsmäßigen Beanspruchungen k_1 enthält, zeigt, daß die aus dem höchsten Betriebsdampfdruck berechneten Materialspannungen im Mittel 60 bis 80 kg/qcm betragen. Die Kleinheit dieser Werte und ihre verhältnismäßig großen Unterschiede sind darin begründet, daß Festigkeitsrücksichten allein die Wandstärke nicht bestimmen, sondern daß letztere noch abhängt von Rücksichten auf den Guß, die Bearbeitung des Cylinders

22*

A. Die ruhenden Teile der Maschine.

Tabelle 66. Beanspruchung der Cylinderwandungen.

Nr.	Firma	Abmessungen der Maschine	Cylinder-durchm. D mm	Dampf-druck p kg/qcm	Wand-stärke δ mm	$k_1 = \dfrac{p\,D}{2\,\delta}$ kg/qcm	
		I. Cylinder ohne Dampfmantel.					
	Hochdruckcylinder. Liegende Maschinen.						
1	R. Wolf . . .	$\dfrac{160 \cdot 300}{320}$	160	12	22	**44,0**	Lokomobile
2	Soest	$2 \cdot \dfrac{200}{320}$	200	10	22,5	**44,5**	} Kleine Schnelläufer
3	Dingler	$\dfrac{250}{400}$	250	10	22,5	**55,5**	
4	Görlitz	$\dfrac{410 \cdot 675 \cdot 1050}{1300}$	410	12	40	**61,5**	
5	Stork	$\dfrac{530 \cdot 875}{1000}$	530	10	35	**75,5**	
6	Gutehoffnungs-hütte	$\dfrac{600}{1050}$	600	10	32	**94,0**	
7	Stork	$\dfrac{700 \cdot 1160}{1300}$	700	10	37,5	**93,5**	
8	Starke & Hoff-mann	$\dfrac{300 \cdot 540}{600}$	300	10	35	**43,0**	} Dreiteilige Cylinder
9	Gritzner . . .	$\dfrac{375 \cdot 600}{700}$	375	10	30	**63,0**	
	Stehende Maschinen.						
10	Swiderski . . .	$\dfrac{400 \cdot 600}{300}$	400	10	40	**50,0**	
11	Swiderski . . .	$\dfrac{700 \cdot 1130}{700}$	700	10	48	**73,0**	
	Niederdruckcylinder. Liegende Maschinen.						
12	Stork	$\dfrac{700 \cdot 1160}{1300}$	1160	3	35	**50,0**	
13	Ehrhardt & Sehmer . . .	$\dfrac{1250 \cdot 1900}{1500}$	1900	3	45	**63,5**	Walzenzugs-maschine
	Stehende Maschinen.						
14	Swiderski . . .	$\dfrac{400 \cdot 600}{300}$	600	3	50	**18,0**	
15	Nürnberg . . .	$\dfrac{775 \cdot 1240 \cdot 1800}{1100}$	1800	2	50	**36,0**	Durch Rippen versteift
	Schiffsmaschinen.						
16	Blohm & Voß .	$\dfrac{930 \cdot 1430 \cdot 2320}{1000}$	930	14	45	**145,0**	} Durch Rip-pen versteift
17	Blohm & Voß .	$\dfrac{930 \cdot 1430 \cdot 2320}{1000}$	1430	6	42	**105,0**	
18	Blohm & Voß .	$\dfrac{930 \cdot 1430 \cdot 2320}{1000}$	2320	2,5	42	**70,0**	
19	Vulkan . . .	$\dfrac{920 \cdot 1430 \cdot 2240}{1000}$	920	14	45	**145,0**	} Durch Rip-pen versteift
20	Vulkan . . .	$\dfrac{920 \cdot 1430 \cdot 2240}{1000}$	1430	6	42	**105,0**	
21	Vulkan . . .	$\dfrac{920 \cdot 1430 \cdot 2240}{1000}$	2240	2,5	42	**67,0**	

Tabelle 66 (Fortsetzung).

Nr.	Firma	Abmessungen der Maschine	Cylinderdurchm. D mm	Dampfdruck p kg/qcm	Wandstärke δ mm	$k_1 = \dfrac{p\,D}{2\,\delta}$ kg/qcm
		II. Cylinder mit angegossenem Dampfmantel.				
		Hochdruckcylinder. Liegende Maschinen.				
22	Escher, Wyß & Co.	$\dfrac{345}{700}$	345	9	21	74,0
23	Union	$\dfrac{375}{650}$	375	10	27,5	68,0
24	Schüchtermann & Kremer . .	$\dfrac{400 \cdot 650}{800}$	400	10	24	83,0
25	Borsig	$\dfrac{425}{800}$	425	10	38	56,0
26	Germania . . .	$\dfrac{480}{900}$	480	10	28	86,0
27	Els. M.-A.-G. .	$\dfrac{550 \cdot 950}{1400}$	550	10	35	75,0
28	Thiriau	$\dfrac{560}{1320}$	560	10	35	80,0
		Stehende Maschinen.				
29	Dresden . . .	$\dfrac{525 \cdot 865}{525}$	525	10	32	82,0
30	Nürnberg . . .	$\dfrac{550 \cdot 860}{550}$	550	10	32,5	84,5
		Niederdruckcylinder. Liegende Maschinen.				
31	Humboldt . .	$\dfrac{700 \cdot 1000}{1000}$	1000	3	35	43,0
32	Eßlingen . . .	$\dfrac{450 \cdot 700 \cdot 1100}{1200}$	1100	2	35	31,5
33	Kerchove . . .	$\dfrac{700 \cdot 1220}{1100}$	1220	3	36	51,0
		Stehende Maschinen.				
34	Nürnberg . .	$\dfrac{500 \cdot 750}{500}$	750	3	30	37,5
35	Dresden . . .	$\dfrac{525 \cdot 865}{525}$	865	3	32	40,5
36	Gebr. Sulzer .	$\dfrac{275 \cdot 400}{300}$	400	3	20	30,0
		III. Cylinder mit eingesetzter Laufbüchse.				
		Hochdruckcylinder, Liegende Maschinen.				
37	Görlitz	$\dfrac{300 \cdot 480 \cdot 750}{700}$	300	12	27,5	65,0
38	Recke	$\dfrac{350}{600}$	350	10	25,0	71,0
39	Siegen . . .	$\dfrac{350}{550}$	350	10	25	71,0
40	Raupach . . .	$\dfrac{425 \cdot 670}{800}$	425	10	30	66,0
41	Soest	$\dfrac{625 \cdot 950}{1100}$	625	10	27,5	65,5
42	Ehrhardt & Sehmer . . .	$\dfrac{1250 \cdot 1900}{1500}$	1250	8	37,5	134,0

Tabelle 66 (Fortsetzung).

Nr.	Firma	Abmessungen der Maschine	Cylinder-durchm. D mm	Dampf-druck p kg/qcm	Wand-stärke δ mm	$k_1 = \dfrac{p\,D}{2\,\delta}$ kg/qcm
	Hochdruckcylinder. Stehende Maschinen.					
43	Gebr. Sulzer .	$\dfrac{275 \cdot 400}{300}$	275	10	19	72,5
44	Möller	$\dfrac{540 \cdot 860}{550}$	540	10	26	104,0
45	Kuhn	$\dfrac{610 \cdot 975}{800}$	610	10	28	117,0
	Niederdruckcylinder.					
46	Görlitz	$\dfrac{300 \cdot 480 \cdot 750}{700}$	480	4	30	32,0
47	Kuhn	$\dfrac{610 \cdot 975}{800}$	975	3	28	105,0

und den durch den Kolben entstehenden Verschleiß der Cylinderinnenfläche. Aus diesen praktischen Gründen sind geringere Wandstärken als 18 bis 20 mm praktisch nicht zulässig. Für kleine Dampfcylinder berechnen sich daher nur geringe Material-spannungen. Als obere praktische Grenze der Wandstärken dürften 50 mm be-trachtet werden. Führt die Rechnung auf größere Werte, so ist die Widerstands-fähigkeit der Cylinderwand durch Außenrippen zu erhöhen. Beispiele hierfür zeigen sämtliche Schiffsmaschinencylinder, III, 167 bis 186, ferner II, 54, 6, sowie die Dampfzylinder der Tab. 66 Nr. 15, 16, 19 und 20.

Infolge des Umstandes, daß die Cylinderwandstärke von Einflüssen mitbestimmt wird, die der Berechnung nicht zugänglich sind, ist es naheliegend, sie abhängig vom Cylinderdurchmesser empirisch auf Grund von Erfahrungswerten festzulegen. Viele Dampfmaschinenfabriken pflegen daher derartige Beziehungen aus ihren eigenen Erfahrungen abzuleiten. Allgemeiner bekannt sind folgende Beziehungen für die Cylinderwandstärke:

$$\delta = \frac{D}{40} + 1{,}5 \text{ cm} \quad \text{für liegend gegossene Cylinder,}$$

$$\delta = \frac{D}{50} + 1{,}3 \text{ cm} \quad \text{für stehend gegossene Cylinder.}$$

Der Vergleich mit ausgeführten Mehrfachexpansionsmaschinen lehrt jedoch, daß diese Formeln für Hochdruckcylinder stets zu kleine Werte liefern, während sie für Niederdruckcylinder besser zutreffen. Es erscheint daher ratsam, die empirisch gewählte Cylinderwandstärke stets nach der Materialbeanspruchung $K_1 = \dfrac{D\,p}{2\,\delta}$ da-hingehend zu prüfen, daß sie den Wert 60 bis 80 kg/qcm nicht überschreitet.

Bei Dampfcylindern mit Heizmantel sind vorstehende Rechnungsangaben in erster Linie maßgebend für den dem Verschleiß unterworfenen Innencylinder. Die Wandstärke des Außenmantels wird in der Regel der des Arbeitscylinders gleich genommen oder nur wenig dünner.

Besondere rechnerische Untersuchung und sorgfältige Formgebung verlangt der Gleichstromzylinder in dem die Auslaßschlitze enthaltenden mittleren Querschnitt zur Vermeidung einer Schwächung des Zylinders gegen die Quer- und Längsbeanspruchung. Um in den Stegen die zulässige Materialbeanspruchung nicht zu überschreiten wird die Zylinderwandstärke innerhalb des Wulstes größer ausgeführt als der übrige Zylindermantel oder von den Zylinderenden nach der Mitte zunehmend gewählt. Zur möglichsten Vermeidung von Gußspannungen in den Stegen sind die Schlitze nicht eckig sondern kreisrund oder elliptisch auszuführen, weil dadurch ein allmählicher Übergang von den Stegen in den vollen Zylindermantel erreicht wird.

Vor der Inbetriebnahme ist der Arbeits- und Mantelraum des Dampfcylinders einer Kaltdruckprobe mit Wasser von einer Pressung von mindestens 5 Atm. über dem Betriebsdruck zu unterwerfen.

d. Cylinderdeckel.

An beiden Enden der Lauffläche wird die Bohrung des Cylinders erweitert, damit der Kolben ohne Gratbildung überschleifen kann und das Aus- und Einbringen des Kolbens erleichtert wird; aus letzterem Grunde wird auch der Übergang in die Erweiterung konisch ausgeführt. Der den Cylinderraum abschließende äußere Deckel ist in diese Erweiterung zentrisch eingepaßt und mittels Flanschen verschraubt. Die Lage der Deckelinnenfläche ist dabei so gewählt, daß sie von der Kolbenoberfläche im Hubwechsel noch etwa 5 mm entfernt bleibt. Der diesem Abstand von Kolben und Deckel entsprechende Spielraum bildet einen Teil des sogenannten schädlichen Raumes.

Der Deckel wird als Hohlkörper, Fig. 385, oder als eine außen verrippte Wand, Fig. 386, ausgebildet, wie auch II, 42 bis 64 in verschiedenen Beispielen zeigt.

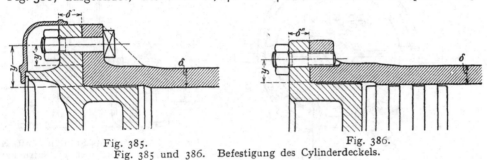

Fig. 385.   Fig. 386.
Fig. 385 und 386. Befestigung des Cylinderdeckels.

Die Dicke δ'' des auf Abscheeren und Biegung beanspruchten Deckelflansches wird empirisch zu etwa $1{,}3\,\delta$ gewählt, wobei der Biegungshebelarm y der Verschraubung so klein als konstruktiv möglich anzunehmen ist. Die weitestgehende Verkleinerung von y läßt sich durch Anwendung von Stiftschrauben erreichen, wie Fig. 386 zeigt. Ein Übelstand der Stiftschrauben besteht jedoch darin, daß bei häufigerem Abnehmen und Wiederaufsetzen des Deckels die Schraubengewinde verletzt werden können; Kopfschrauben sind daher vorzuziehen, da diese erst nach dem Aufsetzen des Deckels eingeschoben zu werden brauchen, doch ergeben sich alsdann größere Biegungshebelarme y, Fig. 385. In diesem Falle erscheint es besonders angemessen, die Biegungslänge y der Deckelflansche durch Aufsetzen einer kreisförmigen Rippe auf y' zu vermindern.

Zur Zentrierung des Deckels genügt eine 10 bis 15 mm lange cylindrische Paßfläche, die entweder mit der Ausbohrung des Cylinderendes korrespondieren oder als in den Cylinderflansch eingreifender Rand ausgeführt werden kann. Tief in den Cylinder eingeschobene Deckelkörper ihrer ganzen Höhe nach zentrisch genau einzupassen ist nicht nur schwierig für die Ausführung, sondern überflüssig. Aus wärmetechnischen Gründen ist es jedoch besonders bei Sattdampfmaschinen zweckmäßig, eine schmale Paßfläche am inneren Deckelende, Fig. 389, anzuordnen.

Besondere Sorgfalt ist auf die Abdichtung der Deckelflanschen zu verwenden. Sie kann metallisch erfolgen durch Aufeinanderschleifen der zusammengehörigen Flanschenflächen des Deckels und Cylinders, wobei die Schleiffläche nur etwa 10 bis 15 mm breit angenommen zu werden braucht. Für diesen Zweck besonders konstruierte Schleifmaschinen ermöglichen die Anwendung der metallischen Abdichtung nicht nur bei kleinen Cylinderabmessungen, sondern auch für große Ausführungen (II, 61, 8). Immerhin wird für große Cylinderabmessungen diese voll-

kommenste Abdichtung schwierig und kostspielig, so daß im allgemeinen das einfache
Abdrehen der ebenen Flanschen und die Anwendung besonderer Dichtungsmittel
vorgezogen wird. Letztere bestehen in Ringen aus Kupfer und Kupferdrahtgeflecht,
oder aus elastischem Material, wie Hartgummi, Kautschuk, Asbest, das zur Erhöhung der Widerstandsfähigkeit mit Metalleinlagen versehen wird. Die Brauchbarkeit der zahlreichen, im Handel befindlichen Dichtungsmaterialien hängt von
ihrer Widerstandsfähigkiet gegenüber dem Druck und der Temperatur des arbeitenden Dampfes ab. Für überhitzten Dampf hat in neuerer Zeit neben Metall- und
Asbestringen Klingerit, aus Asbest und Mennige gepreßte Platten, besondere Verbreitung gefunden.

Der Deckel ist als eine durch Rippen versteifte Wand oder als Hohlkörper
in Gußeisen oder Stahlguß ausgebildet und dient meist noch zur Aufnahme von
Stopfbüchsen oder Führungsbüchsen für
die Kolbenstange. Während als Material
bei Betriebsmaschinen fast ausschließlich

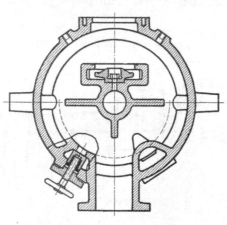

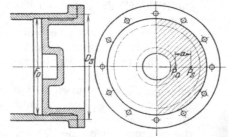

Fig. 388. Deckel aus Stahlguß mit Kolben-
stangenführung für den Hochdruckzylinder
einer stehenden Schiffsmaschine.

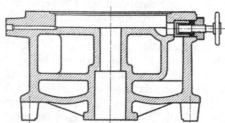

Fig. 387. Deckel eines Gleichstrom-Dampf-
cylinders mit Zuschaltraum für Auspuffbetrieb.

Fig. 389. Verteilung des Deckeldruckes.

Gußeisen verwendet wird, wird bei Schiffsmaschinen Stahlguß der Gewichtsersparnis
wegen bevorzugt. Normale Deckelkonstruktionen mit und ohne Stopfbüchse
enthalten die Cylinderzeichnungen II, 42 bis 64, sowie Taf. 1 bis 16 in zahlreichen Beispielen. Besonders komplizierte Deckelformen ergeben sich für Gleichstromcylinder, indem für diese nicht nur die Dampfzuführung und die Einlaß-
Steuerventile im Deckelraum sich befinden, sondern, wie Fig. 387 zeigt, die
Cylinderdeckel auch in der Regel noch Erweiterungräume für den Auspuffbetrieb
und Gehäuse für die Zuschalteventile enthalten müssen. Fig. 388 zeigt den ungewöhnlich dünnwandigen Deckel des Hochdruckcylinders einer kleinen stehenden
Schiffsmaschine; außer der mittleren Aussparung für Kolbenmutter und Stange ist
noch ein Anguß für das Sicherheitsventil vorhanden.

Berechnung   Die Cylinderdeckel haben dem Überdruck des Dampfes über die Atmosphäre
des Cylinder-   zu widerstehen und erleiden besonders bei großen Hochdruckcylindern bedeutende
deckels.

Beanspruchungen. Für die Berechnung der Festigkeitsabmessungen der Deckel ist von der Erfahrung auszugehen, daß ihr Bruch stets in einem Durchmesser erfolgt, bei vorhandenen Stopfbüchseneinsätzen deren Umfang folgend. Fig. 389. Die Materialbeanspruchung im Bruchquerschnitt leitet sich aus der Wirkung eines Kräftepaares ab, das auf jeder Deckelhälfte dadurch entsteht, daß der Druckmittelpunkt P_d des Dampfdruckes $\frac{1}{2}P$ nicht zusammenfällt mit dem Druckmittelpunkt des gleich großen Widerstandes $P_s = \frac{1}{2}P$ der Flanschenverschraubung. Hat der Druckmittelpunkt P_o des Dampfdruckes den Abstand b, der der Verschraubung den Abstand c von dem den Bruchquerschnitt kennzeichnenden Durchmesser und bezeichnet $a = c - b$ den Abstand beider Druckmittelpunkte, so drückt sich die Beziehung zwischen dem äußeren Biegungsmoment und dem inneren Spannungsmoment aus durch

$$\frac{P}{2} \cdot a = \frac{J}{e} k_b,$$

wobei das Trägheitsmoment J rechnerisch oder graphisch für den zu berechnenden Diagonalquerschnitt zu bestimmen ist; Versteifungsrippen sowie Angüsse für Kolbenstangenführungen oder Stopfbüchseneinsätze können, da sie versteifend wirken, zur Vereinfachung der Rechnung unberücksichtigt gelassen werden.

Cylinderboden.

Der Deckel oder Boden des mit dem Rahmen zu verbindenden Cylinderendes wird entweder besonders aufgeschraubt oder mit dem Cylinder zusammengegossen. Ist der Cylinderboden mit dem Mantel zusammengegossen, so muß für die Bohrspindel eine genügend große zentrale Öffnung gelassen werden, die später zum

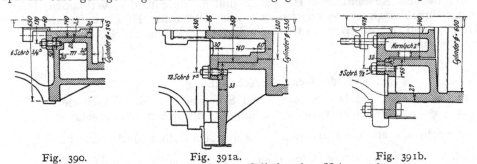

Fig. 390.
Cylinder mit Heizmantel. Fig. 391a. Fig. 391b.
Cylinder ohne Heizmantel.
Fig. 390 und 391. Anschlüsse des Bodens am Cylinder mit Stopfbüchseneinsatz.

Einsetzen der Kolbenstangen-Stopfbüchsen dient. Fig. 390 und 391 zeigen drei voneinander abweichende Bodenanschlüsse an den Cylindermantel samt Stopfbüchseneinsätze. Ein besonders eingesetzter Deckel kann durch Zwischenklemmen seiner Flansche zwischen die beiden Flanschen des Cylinders und der Rundführung, wie in II, 46,6, oder durch gemeinsame Verschraubung befestigt werden, wie Fig. 392 zeigt. Hierbei müssen die 3 Flanschen so verbunden werden, daß der Dichtungsdruck am Deckel unabhängig vom Schraubenanzug zur Befestigung des Cylinders an der Rundführung erzeugt wird. Bei größeren Cylindern sind eingeklemmte Deckel zu vermeiden, da ihre zuverlässige Verschraubung und genaue Zentrierung erschwert ist.

Bei Tandemmaschinen mit vorne liegendem Hochdruckcylinder ist Wert darauf zu legen, den Hochdruckkolben durch den Niederdruckcylinder nach hinten herausziehen zu können. Es erfordert dieses einen gleichfalls nach hinten herauszunehmenden Boden des Niederdruckcylinders, dessen Flanschenverschraubung im Innern des Cylinders liegt, ähnlich wie der als Hohlkörper ausgebildete Boden Fig. 393 mit von außen zugänglichen Befestigungsschrauben. Auch bei Fig 394 eines von innen eingebrachten Deckels ist die Verschraubung von außen zugänglich, wobei die Gegenflansche von einem zweiteiligen Ring gebildet wird. Der äußere Hohlraum des Deckels ist mit Isolationsmaterial ausgefüllt und durch einen Ring a abgeschlossen.

Die Verschraubung der von innen eingesetzten Cylinderböden erleidet keine Beanspruchung durch den Dampfdruck und kann daher verhältnismäßig leicht gewählt
werden. Die schmalen Dichtungsflächen der Deckel werden am besten aufgeschliffen. Bei der Tandem-Gleichstrommaschine von II, Taf. 2c ist der mittlere
Deckel mit dem Hochdruckzylinder zusammengegossen.

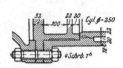

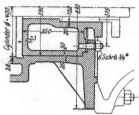

Fig. 392. Mit Cylinder- und   Fig. 393 HD-Cylinder.   Fig. .394 ND-Cylinder.
Rahmenflansch verschraub-
ter vorderer Cylinderdeckel   Fig. 393 und 394. Von innen eingesetzte vordere
für kleine Maschinen.   Deckel der Cylinder von Tandemmaschinen.

Da hohle Deckel geheizt werden, namentlich bei großen Dampfcylindern, so
wird der Heizraum des Deckels in der Regel unmittelbar an den Mantelheizraum
angeschlossen; seltener werden beide Heizräume durch in Angüsse eingebohrte
Kanäle, wie an den Ausführungen II, 328, 2 und 3, miteinander verbunden;
Ausführungen unabhängiger Deckelheizräume mit getrennter Heizdampfzufuhr
zeigen II, 53, 4 und 328, 4. Bei Gleichstromzylindern erhalten die Deckel stets
Frischdampfheizung, Fig. 387.

e. Cylinderdeckel-Verschraubung.

Die zur Befestigung des Deckels dienenden Schrauben erleiden im Betriebszustand der Maschine eine kleinste Beanspruchung P_s, die sich zusammensetzt aus
dem auf eine Schraube entfallenden Anteil $\dfrac{P}{i}$ des auf dem Cylinderdeckel lastenden
Dampfdruckes P und der Pressung P_d jeder Schraube zwischen Deckel und Cylinderflansch, die zur Sicherung des dampfdichten Zustandes beider nötig ist.

Für den Betriebszustand kann also zunächst gesetzt werden

$$P_s = \frac{P}{i} + P_d,$$

wenn i die Anzahl der Schrauben bedeutet.

Diese Anspannung kann bei metallischer Abdichtung annähernd auch gleich
der Beanspruchung der Schraube in unbelastetem Zustand des Deckels gesetzt
werden, wobei also der Dichtungsdruck P_d zwischen den Flanschen sich auf den
Druck P_s erhöht. Bei Verwendung elastischen Dichtungsmaterials tritt eine Lagenänderung der Flanschen im belasteten Zustand des Deckels gegenüber dem unbelasteten ein infolge der Streckung der Schrauben unter Verminderung des ohne
Deckelbelastung vorhandenen Dichtungsdruckes.

Soll nun die Lagenänderung der elastisch gedichteten Flanschen unter dem
Einfluß des Deckeldruckes eine Beanspruchung des Bolzens ergeben, die wieder
durch die Beziehung

$$P_s = \frac{P}{i} + P_d$$

ausgedrückt ist, so ist es zweckmäßig, den Dichtungsdruck $P_d = \dfrac{1}{2} \dfrac{P}{i}$ zu wählen.
Die Schraubenbeanspruchung des unbelasteten Deckels geht alsdann auf $P_s = \dfrac{P}{i}$

zurück und bildet den Dichtungsdruck, der somit doppelt so groß ausfällt als unter Dampfdruck, während im letzteren Fall die Bolzenbelastung auf $P_s = \dfrac{3}{2}\dfrac{P}{i}$ steigt.

Da nun in der Regel die Schraubenbolzen unter Belastung eine größere Streckung erfahren, als der relativen Lagenänderung der Flanschenflächen mit und ohne Belastung entspricht, so ist zur Sicherung der Abdichtung nötig, den Deckelschrauben im unbelasteten Zustand des Deckels eine stärkere Anspannung zu erteilen, als der Betriebsdruck allein hervorruft. Wird nun der Einfachheit halber die Berechnung der Schrauben auf den Deckeldruck P gestützt, so darf somit nur eine geringe Materialbeanspruchung eingeführt werden. Die auf den Betriebsdruck $\dfrac{P}{i} = \dfrac{2}{3} P_s$ bezogene rechnungsmäßige Materialbeanspruchung wird deshalb nur zu $K_z = 300 \text{ kg/qcm}$ angenommen. Es wird alsdann $\dfrac{P}{i} = \dfrac{d_i^2 \pi}{4} \cdot K_z$, worin d_i den Kerndurchmesser der Schrauben bedeutet.

Die wirkliche Zugbeanspruchung ist somit nicht nur um den auf den Dichtungsdruck $P_d = \frac{1}{2} P_i$ entfallenden Betrag höher, sondern sie vergrößert sich auch noch zeitweise bei dem im Betrieb erforderlichen Nachziehen der Deckelschrauben durch die hierdurch hervorgerufenen Verdrehungsbeanspruchungen.

Für die rechnerische Bestimmung des zweckmäßigen Bolzendurchmessers kommen außer diesen mehr theoretischen Erwägungen auch noch praktische Rücksichten in Betracht, die mit der mehr oder minder sorgfältigen Bearbeitung der Flanschenflächen und der Beschaffenheit des Dichtungsmaterials zusammenhängen, sowie mit dem Umstande, daß Dampfcylinderdeckel häufig abgenommen, die Verschraubungen also oft gelöst und wieder angezogen werden müssen. Die Schrauben sollen deshalb so bemessen sein, daß der Arbeiter sie einerseits beim Anziehen mit dem üblichen Schraubenschlüssel nicht abwürgen kann, daß er aber andererseits auch nicht das Gefühl für die Grenze der zulässigen Beanspruchung verliert.

Die Bolzendurchmesser sollen daher zwischen $\frac{7}{8}''$ und $1\frac{1}{4}''$ gewählt werden, wenn nicht außergewöhnliche Konstruktionsverhältnisse Abweichungen bedingen.

Zur empirischen Ermittlung des Bolzendurchmessers können folgende vom Verbande der Dampfkesselüberwachungsvereine aufgestellte Formeln benützt werden:

$$d^{\text{cm}} = 0{,}045 \sqrt{\frac{P}{i}} + 0{,}5$$

bei sorgfältiger Bearbeitung der Flanschen und weichem Dichtungsmaterial,

$$d^{\text{cm}} = 0{,}055 \sqrt{\frac{P}{i}} + 0{,}5$$

bei weniger guter Ausführung und härterem Dichtungsmaterial.

Die Schraubenzahl i kann abhängig vom Cylinderdurchmesser gewählt werden zu

$$i = 4 + \frac{D^{\text{cm}}}{8},$$

wobei darauf Rücksicht zu nehmen ist, daß der gegenseitige Abstand e der Schrauben nicht größer ausfällt, als ihrem Wirkungsbereich zur Erzeugung gleichmäßiger Verteilung des Dichtungsdruckes entspricht. Mit zunehmender Schraubenstärke kann der Abstand e zunehmen von $e = 10$ bis 16 cm.

Die Deckelverschraubung muß im Interesse leichten Abnehmens des Deckels ohne Störung der Deckelisolierung gelöst werden können. Letztere ist daher am zweckmäßigsten innerhalb der Verschraubung in einem durch kreisförmige Rippen gebildeten Raum einzubetten und durch eine Blechverschalung zu verdecken, wie Fig. 385 zeigt. Zur Verkleidung der Schrauben genügt ein in letztgenannter Figur eingezeichneter leichter Gußring, oder eine das ganze Cylinderende verkleidende Gußhaube, die in der Mitte des Deckels durch eine Schraube gehalten werden kann, II, 52, 2.

2. Rahmen für liegende Maschinen.

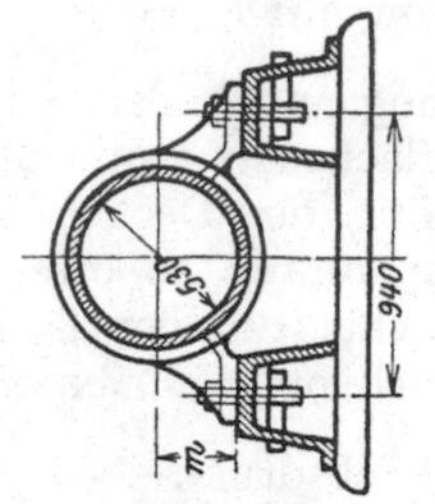

Der Maschinenrahmen hat die Aufgabe zu erfüllen, die natürliche Unterstützung für alle ruhenden Maschinenteile, wie Dampfcylinder, Kreuzkopfführung und Kurbellager zu bilden und sie zu einem geschlossenen Ganzen derart zu vereinigen, daß er die durch den Dampfdruck hervorgerufenen Reaktionskräfte des Dampfcylinders und Kurbellagers als innere Kräfte der Maschine aufnimmt, ohne das Fundament in Mitleidenschaft zu ziehen. Nur die nicht ausgeglichene Massenwirkung des Triebwerkes und die mit der Nutzarbeit zusammenhängende Kraftleistung nach außen darf auf den Rahmen zurückwirken, wenn nicht der Nutzleistung entsprechende äußere Kräfte überhaupt fortfallen, wie dies beim Antrieb unmittelbar gekuppelter Dynamomaschinen oder rotierender Arbeitsmaschinen der Fall ist.

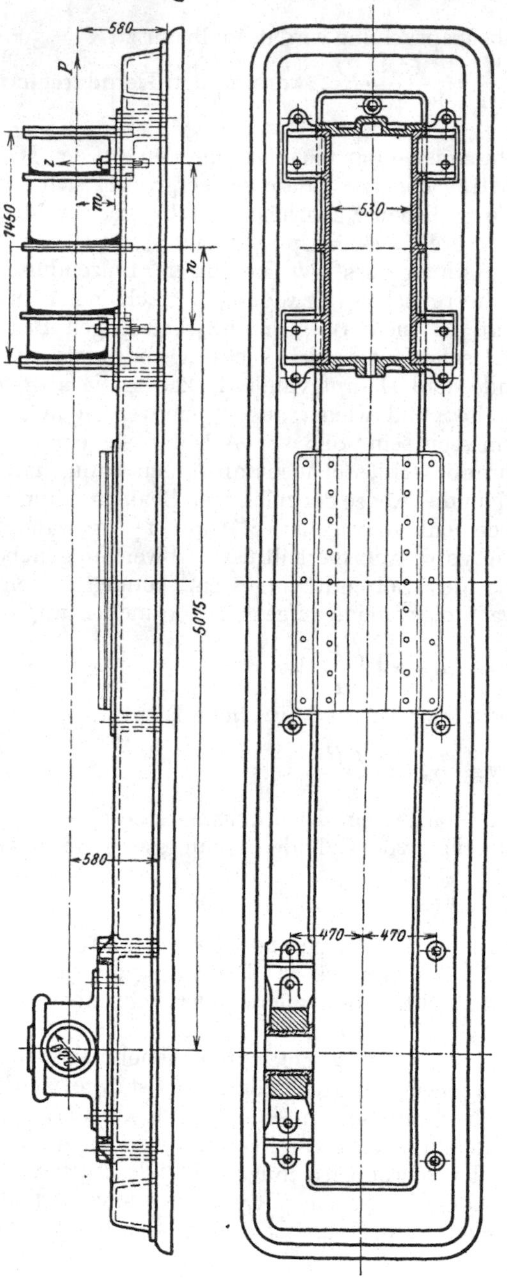

Bei den älteren Dampfmaschinenkonstruktionen ist der sogenannte Grundrahmen verwendet, der als durchlaufender geradliniger Gußträger auf dem Fundament aufliegt und auf den die ruhenden Maschinenteile einseitig aufgeschraubt sind. Dieser Aufbau der Dampfmaschine ist jedoch mit grundsätzlichen Fehlern behaftet, die nachfolgend eingehend zu behandeln sind. Erst Corliß, der Altmeister des modernen Dampfmaschinenbaues, gab in den 50er Jahren des vorigen Jahrhunderts mit seinem Bajonettrahmen der Dampfmaschine jene naturgemäße Grundform, die sie in ihrer weiteren Entwicklung dauernd beibehalten hat.

Die normale Form des Grundrahmens, Fig. 395, weist zwei gußeiserne Längsträger von I oder ∩ Querschnitt auf, die symmetrisch zur Mittelachse der Maschine liegend an den Enden durch Querträger zu einem geschlossenen rechteckigen Rahmen vereinigt sind. An der Oberfläche des Rahmens an passenden Stellen angebrachte Arbeitsflächen dienen zur Auflagerung der ruhenden Maschinenteile, unter denen die Befestigung des Dampfcylinders und des Kurbellagers infolge der an beiden in der

Grundrahmen

Fig. 395. Grundrahmen älterer Bauart.

Maschinenachse wirkenden Reaktionskräfte P des Dampfdruckes besonderer Rücksichtnahme bedarf.

Der die ruhenden Maschinenteile einseitig verbindende Grundrahmen besitzt den grundsätzlichen Mangel unrichtiger Kraftleitung zwischen Dampfcylinder und Kurbellager, und zwar deshalb, weil die sich gegenseitig ausgleichenden, in der Horizontalebene der Maschinenachse wirkenden Cylinderdeckel- und Lagerdrücke nicht in dieser Ebene, sondern durch den unterhalb liegenden Grundrahmen übertragen werden, so daß dieser wechselnde Kippmomente aufzunehmen hat, die ihn vom Fundament abzuheben suchen und dadurch nicht selten Rahmenbrüche hervorrufen.

Der vom Arbeitsdampf hervorgerufene Reaktionsdruck P auf die Cylinderdeckel beansprucht die Cylinderverschraubung einerseits auf Schub mit der Kraft P, andererseits auf Biegung mit dem Momente $P \cdot m$, das von dem Momente $Z \cdot n$ der Befestigungsschrauben aufgenommen werden muß.

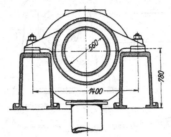

Fig. 396. Cylinderbefestigung am Grundrahmen einer Groß-Gasmaschine (Gebr. Körting).

Da die Kraft P während eines Kolbenhubes nicht nur ihre Größe, sondern in der Nähe des Hubwechsels auch ihre Richtung umkehrt, entsteht ein innerhalb jeder Maschinenumdrehung wechselndes Kippmoment am Dampfcylinder und Kurbellager, das die Verschraubung beider mit dem Rahmen dauernd zu lockern

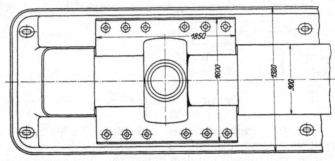

sucht. Es ist daher um so schwieriger, eine zuverlässige Schraubenverbindung zu erreichen, je größer die Entfernung m der Auflageflächen von der Cylindermitte gewählt ist. Die in Fig. 395 angegebenen Cylinderbefestigungsschrauben mit Keilen sollen eine eingetretene Lockerung der Verschraubung durch einfaches Nachtreiben der Keile rasch beheben lassen. Die gleiche Maßnahme würde natürlich auch für die Lagerverschraubung in Betracht kommen.

Am Dampfcylinder läßt sich das Kippmoment $P \cdot m$ dadurch beseitigen, daß die Auflagefläche der Cylinderfüße in die Horizontalebene der Cylinderachse verlegt wird. Dieser vollkommenere Anschluß des Cylinders an den Rahmen, der die Verschraubung vom Kippmoment der Cylinderdeckeldrücke P entlastet und nur noch deren Schubwirkung bestehen läßt, ist allerdings bei Dampfmaschinen selten zur Ausführung gekommen, wurde jedoch beim Bau von Großgasmaschinen mit Vorteil verwendet. Fig. 396 zeigt beispielsweise die Cylinderlagerung eines Körtingschen Zweitaktmotors mit Anordnung der Verschraubung in Cylindermitte, um freie Ausdehnung des Cylinders nach beiden Seiten zu ermöglichen.

Was die noch bestehende Schubwirkung der Deckelkräfte P angeht, so ist es nicht angängig, diese durch die Befestigungsschrauben des Cylinders und Lagers aufnehmen zu lassen, da eine Verschraubung im allgemeinen nicht auf Abscheren, sondern nur auf Zug beansprucht werden soll. Es werden deshalb zur Aufnahme der Schubwirkung halb in den Cylinderfuß, halb in den Rahmen eingelegte Keile oder am Rahmen vorspringende Nasen, zwischen denen die Cylinder- oder Lagerfüße eingekeilt werden, angewendet. Auch hierbei ist den elastischen Dehnungen des Cylinders infolge der Wärme- und Kräftewirkungen Rechnung zu tragen und dafür zu sorgen, daß seine freie Ausdehnung in der Längsrichtung möglich ist. Der früher vielfach übliche Einbau des Cylinders in den Rahmen ist daher aus letzterem Grunde zu verwerfen.

Ausnahmsweise werden auch aus Walzeisen hergestellte Rahmen von kastenförmigem Querschnitt verwendet, namentlich bei sehr langhübigen Maschinen größerer Leistung, wie beispielsweise den Antriebsmaschinen oberirdischer Wasserhaltungen. Für normale Betriebsmaschinen dagegen haben schmiedeeiserne Rahmen nur bei älteren Ausführungen ausnahmsweise Anwendung gefunden.

Bajonetrahmen.

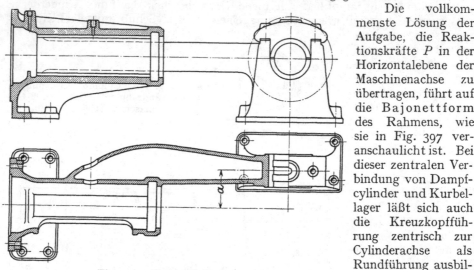

Fig. 397.   Bajonettrahmen.

Die vollkommenste Lösung der Aufgabe, die Reaktionskräfte P in der Horizontalebene der Maschinenachse zu übertragen, führt auf die Bajonettform des Rahmens, wie sie in Fig. 397 veranschaulicht ist. Bei dieser zentralen Verbindung von Dampfcylinder und Kurbellager läßt sich auch die Kreuzkopfführrung zentrisch zur Cylinderachse als Rundführung ausbilden, wodurch sich im Bajonettrahmen ein Gußstück ergibt, das eine einheitliche Verbindung von Kurbellager, Kreuzkopfführung und Flansch für den Dampfcylinderanschluß darstellt. Zur Verbindung des Rahmens mit dem Fundament dient einerseits der Lagerkörper, andererseits ein am Ende der Rundführung angegossener breiter Fuß. Zwischen den beiden Unterstützungen kann der Rahmen frei schwebend angeordnet oder bei größerer freier Länge nochmals durch einen dritten Fuß unterstützt werden (II, 4, 1).

Der einseitige Anschluß des Cylinders gewährt den Vorteil freier Ausdehnungsmöglichkeit desselben in axialer Richtung. Bei kleinen Maschinen kann der Cylinder frei hängen (II, Taf. 2), bei großen Abmessungen wird er zur Entlastung der Verschraubung am Rahmen und zur Verminderung der Durchbiegung durch das Eigengewicht in der Mitte oder am Ende unterstützt (II, Taf. 1, 3 bis

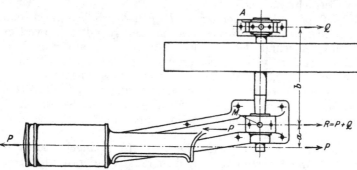

Fig. 398.   Wirkung des Triebwerkdruckes auf die Wellenlagerung.

7, 9 bis 15). Der zur Auflagerung dienende Cylinderfuß darf aber nicht mit dem Fundament oder der Fundamentplatte fest verschraubt werden, um die durch die Deckeldrücke und Erwärmung entstehende Längenänderung des Cylinders nicht zu hindern.

Durch den Bajonettrahmen ist das beim Grundrahmen in der Vertikalebene der Maschine am Dampfcylinder und Kurbellager vorhandene Kippmoment vermieden; nur in horizontaler Richtung bleibt ein Drehmoment zwischen beiden bestehen, Fig. 397, da der Hebelarm a als Entfernung der Cylinderachse und

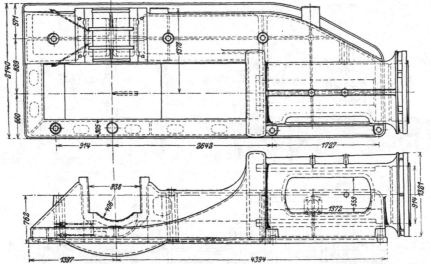

Fig. 399. Bajonettrahmen für 1067 mm Kolbenhub der Erie City Iron Works, Erie Pa.

Lagermitte nicht beseitigt werden kann. Die Rahmenquerschnitte am Anschluß des Kurbellagers und der Rundführung sind daher auf Biegung für dieses Drehmoment $P \cdot a$ zu berechnen. Außerdem verursacht dieses Kräftepaar in der Horizontalebene um den Lagermittelpunkt M, Fig. 398, eine Drehung des ganzen Rahmens, die erst durch das am anderen Ende der Kurbelwelle anzuordnende

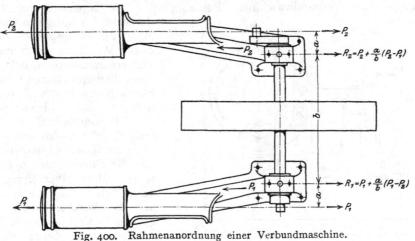

Fig. 400. Rahmenanordnung einer Verbundmaschine.

Lager A aufgehoben werden kann. Der Auflagerdruck Q in diesem Gegenlager erzeugt in der Kurbellagermitte ein Drehmoment $Q \cdot b$, das dem Drehmoment $P \cdot a$ gleich und entgegengesetzt gerichtet ist. Von der sich ergebenden Reaktion $R = P + Q$ im Kurbellager wird nur die Kraft P in den Rahmen übertragen, da angenommen werden kann, daß die Reaktion Q von der Lagerverschraubung unmittelbar aufgenommen wird. Diese Voraussetzung gilt ganz besonders für die zur Verstärkung der Kurbellagerbefestigung um die Kurbel herum geschlossen ausgeführten Rahmen nach Fig. 399.

Das vom Bajonettrahmen vollständig getrennte äußere Lager der Schwungradwelle erscheint als ein unbequemer Bestandteil der Eincylinder- und Tandemmaschinen wegen der Vergrößerung des Raumbedarfs der Maschine und wegen der

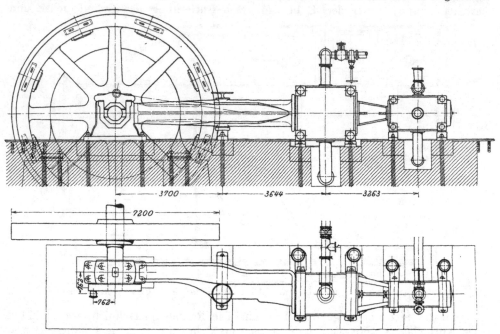

Fig. 401 a.   Tandem-Dampfmaschine amerikanischer Konstruktion mit Corliß-Bajonettrahmen.

erforderlichen besonderen Einstellungsarbeiten bei Aufstellung der Maschine. Bei
Zwillings- oder Verbundmaschinen, Fig. 400, wird das Gegenlager unmittelbar
durch das Kurbellager der zweiten
Maschinenseite gebildet. Auch bei
dieser Maschinenanordnung darf
angenommen werden, daß von den
Kurbellagerreaktionen R_1 und R_2
nur die Kräfte P_1 bzw. P_2 die Rahmenquerschnitte beanspruchen.

Die Darstellung Fig. 401 a
einer Corlißdampfmaschine zeigt
in der zur Horizontalebene durch
die Maschinenachse symmetrischen Materialverteilung der
Kreuzkopfführung und des Balkens die charakteristische Formgebung des Corlißschen Bajonettrahmens. Der Querschnitt des
Bajonetts, Fig. 401 b, ist **I** förmig,
die Führungsflächen des Kreuzkopfes sind dachförmig gestaltet.

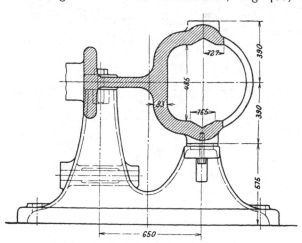

Fig. 401 b. Corlißsche Kreuzkopfführung.

Der Rahmen wird einerseits vom Lagerkörper, andererseits mittels der Flanschenverbindung des Dampfcylinders von diesem getragen; die in der Rahmenmitte
angeordnete Unterstützung dient zur Verhütung nachteiliger Durchbiegung durch
das eigene Gewicht und seitlicher, durch wechselnden Kreuzkopfdruck entstehender
Schwingungen.

2. Rahmen für liegende Maschinen.

Hinsichtlich der Auflagerung des Rahmens auf dem Fundament ist zu bemerken, daß sie nur einseitig am Kurbellager erfolgt, während das andere Ende des Bajonettrahmens mittelbar durch den Dampfcylinder gestützt wird. Diese Corlißsche Rahmenkonstruktion ist selbst auf große Maschineneinheiten übertragen worden, wie Fig. 402 einer 1000-

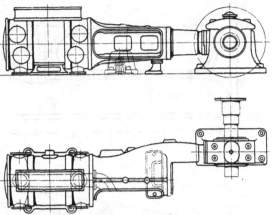

pferdigen Eincylindermaschine zeigt, bei der wegen Ausführungsschwierigkeiten der Rahmen nicht aus einem Stück mit dem Lagerkörper gegossen, sondern mit diesem symmetrisch zur Maschinenachse verschraubt wurde.

Die Benützung des Dampfcylinders als Stütze für den Rahmenkörper muß vom konstruktiven Standpunkt aus grundsätzlich verurteilt werden, da nur der Rahmen eine feste Verbindung mit dem Fundament verträgt, während die der Ausdehnung unterworfenen Maschinenteile, wie namentlich der Dampfcylinder, beweglich gelagert

Fig. 402. Corlißrahmen einer 1000 PS$_i$ Eincylinder-Dampfmaschine von Farcot.

werden müssen und daher nicht geeignet sind, die Standfestigkeit der Maschine zu sichern. Der Maschinenrahmen ist daher unabhängig von den Dampfcylindern mit dem Fundament zu verschrauben, wodurch Unterstützungsarten des Bajonettrahmens sich ergeben, wie sie in II, 4, 1 bis 9, 6 dargestellt sind; unter diesen zeigt Fig. 1 eine einwandfreie, mustergültige Ausgestaltung des freischwebenden Bajonettrahmens mit cylindrischer Führung und naturgemäßer Unterstützung an den beiden Enden sowie in der Mitte des Balkens einer langhübigen Maschine.

Bei Großdampfmaschinen rufen die großen Deckelkräfte sehr ungünstige Biegungsbeanspruchungen der Bajonettbalken hervor und führen daher auf große

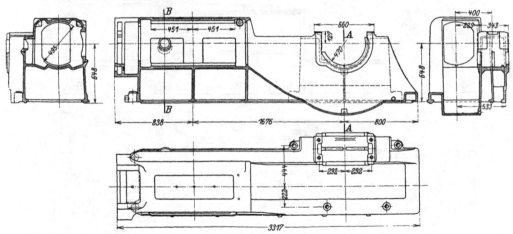

Fig. 403. Ganz aufliegender Rahmen amerikanischer Bauart.

Querschnitte derselben. Da die Breite der Balken durch die Kurbellagerlänge begrenzt ist, läßt sich in diesen Fällen die erforderliche Widerstandsfähigkeit nur durch möglichst große Balkenhöhe erreichen, indem diese bis zur Auflagerfläche der Lagerkörper heruntergezogen wird. Ausführungen solcher Art zeigen die Rahmen II, 5 bis 9, sowie die Fig. 403 bis 407. Eine solche Auflagerung und Befestigung

des Rahmens auf dem Fundament wirkt auch durch den Reibungswiderstand an
der Auflagfläche des Balkens entlastend für seinen der Biegung unterworfenen Anschlußquerschnitt an der Rundführung. Das gleiche gilt hinsichtlich der Rückwirkung der Fundamentverschraubung an der Rundführung auf den Anschlußquerschnitt

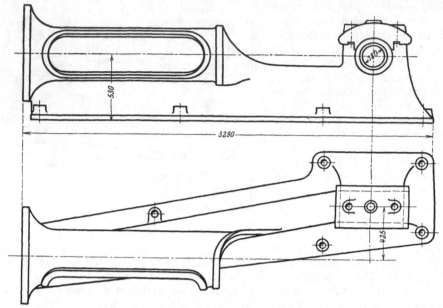

Fig. 404. Rahmen mit durchgehender Auflagerung für liegende Maschinen der Maschinenfabrik G. Kuhn, Stuttgart-Berg.

des Balkens; es erscheint daher beispielsweise bei größeren Walzenzugsmaschinen
angebracht, den Rahmen auch an der Rundführung mit dem Fundament zu ver-

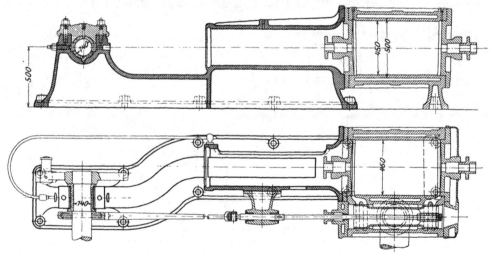

Fig. 405. Ganz aufliegender Rahmen.

ankern, wie dies bei der Ausführung II, 6 bis 8 und in besonders wirksamer Weise
bei II, 9, sowie bei Fig. 403 geschehen ist.

Die einfachste Formgebung des Balkens mit einer der ganzen Rahmenlänge
nach durchgeführten mehrfachen Verankerung kommt in der Form des Bajonettrahmens, Fig. 404, der Maschinenfabrik Kuhn zum Ausdruck, wie dies beim

Vergleich mit dem Rahmen Fig. 405 besonders ersichtlich wird. Als unzweckmäßig muß die freischwebende Rundführung der Rahmenkonstruktion Fig. 406

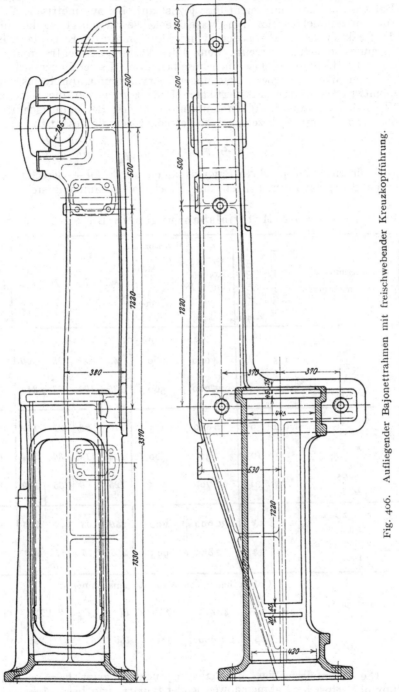

Fig. 406. Aufliegender Bajonettrahmen mit freischwebender Kreuzkopfführung.

bezeichnet werden, wenn sie auch damit sich begründen läßt, daß die einseitige
Gewichtswirkung der Kreuzkopfführung durch ihre Verbindung mit dem Cylinder
verschwindet und bei dem ersichtlich langen Hub die Cylinderdeckeldrücke relativ

Materialbeanspruchung der Rahmen.

klein und damit die Biegungsmomente auf den Bajonettbalken verhältnismäßig gering ausfallen.

Mit der Auflagerung des die Rundführung und das Kurbellager verbindenden Balkens auf dem Fundament Fig. 407 ist auf eine symmetrische Materialverteilung zur Horizontalebene durch die Maschinenachse verzichtet, so daß die Übertragung der Reaktionskräfte P von den Cylinderdeckeln auf die Kurbellager ein vertikales Biegungsmoment $P \cdot v$ erzeugt, wenn v den Abstand der neutralen Faser des Rahmenquerschnittes von der Maschinenachse bedeutet. Es vereinigen sich daher in solchen Rahmenbalken 3 Zugbeanspruchungen, hervorgerufen durch das horizontale Drehmoment $P \cdot a$, durch das vertikale Moment $P \cdot v$ und die reine Zugwirkung P. Wird das horizontale Widerstandsmoment des Balkenquerschnittes F mit W_h, das vertikale mit W_v bezeichnet, so berechnet sich die Gesamtzugbeanspruchung zu:

$$k_{max} = k_h + k_v + k = \frac{P \cdot a}{W_h} + \frac{P \cdot v}{W_v} + \frac{P}{F}.$$

Für einige ausgeführte Bajonettbalken wurde diese Berechnung durchgeführt und die Ergebnisse in beistehender Tabelle 67 zusammengestellt.

Tabelle 67. Größte Materialspannungen in Bajonett- und Gabelrahmen.

Laufende Nr.	Abmessungen der Maschinen	Minutl. Umdrehungszahl	Überdruck kg/qcm	Größte Kolbenkraft P kg	Horizontalabstand von Mitte Lager bis Mitte Rahmen mm	k_h	k_v	k	k_{max}	Fundamentschrauben Anzahl	Fundamentschrauben Dchm. in Zoll engl.	Abbildung Bd. II Seite	Abbildung Bd. II Fig.
	Bajonettrahmen:												
1	$\frac{260}{520}$	135	7,5	4000	260	53	72	15	**140**	8	$1\frac{1}{8}$	—	—
2	$\frac{600}{1200}$	100	9	25000	560	135	105	73	**313**	5	$2\frac{3}{4}$	—	—
3	$\frac{340 \cdot 560}{600}$	160	9	6800	375	110	28	21	**159**	8	$1\frac{3}{4}$	5	2
4	$\frac{400 \cdot 650}{800}$	115	10	10300	400	130	118	36	**284**	6	$1\frac{7}{8}$	6	3
5	$\frac{550 \cdot 950}{1400}$	75	10	18700	535	125	0	35	**160**	8	2	4	1
6	$\frac{550 \cdot 850 \cdot 2 \times 950}{1300}$	81	13	30600	750	250	63	42	**355**	8	$2\frac{1}{2}$	7	4
7	$\frac{820 \cdot 1250 \cdot 2 \times 1475}{1500}$	83	12	62800	995	236	75	41	**352**	7	$3\frac{1}{2}$	8	5
	Gabelrahmen von Walzenzugsmaschinen:												
8	$\frac{625 \cdot 900}{1100}$	100	10	42400	780	111	8	9	**128**	14	$2\frac{1}{4}$	10	7
9	$\frac{1200 \cdot 1800}{1500}$	80	9,5	140600	780	186	65	41	**292**	15	$3\frac{1}{2}$	12	9

Die rechnungsmäßige Materialbeanspruchung zeigt hiernach gute Übereinstimmung selbst bei Rahmen abweichender Bauart, wie beispielsweise 3 und 5 bzw. 6 und 7. Die tatsächlichen Beanspruchungen werden durch die Entlastung, die die Fundamentverschraubungen hinsichtlich der Biegungsbeanspruchungen hervorrufen, wesentlich geringer sich ergeben, so daß sie unter Umständen nur wenig von der reinen Zugbeanspruchung K abweichen können. Denn das Biegungsmoment $P \cdot v$ kann in seiner Wirkung auf den Balkenquerschnitt durch die Verankerungen des Lagers und der Kreuzkopfführung aufgehoben werden. Aber auch das Drehmoment $P \cdot a$ kann nur eine geringe Wirkung auf den Balkenquerschnitt äußern, wenn ihm das Gleichgewicht gehalten wird durch das Reibungsmoment M_r der durch die Verankerungen hervorgerufenen Auflagerdrücke zwischen Rahmenunterfläche und Fundament, wenn also $P \cdot a \leqq M_r$.

Rechnerisch läßt sich dieses Reibungsmoment M_r wegen der Unsicherheit des Reibungskoeffizienten μ wohl nicht zuverlässig ermitteln. Für die am Lager und an der Rundführung verteilt angeordneten Fundamentanker wäre das Reibungsmoment auf den Schwerpunkt S der Ankerkräfte Z zu beziehen. Bezeichnet x die

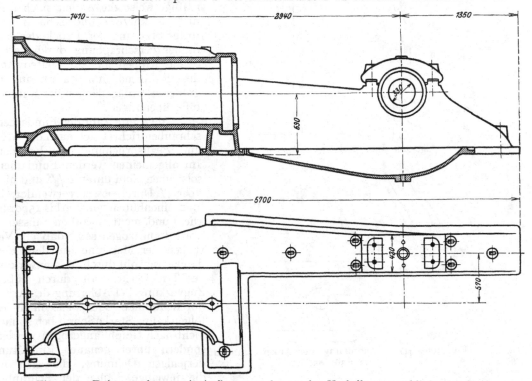

Fig. 407. Bajonettrahmen mit Auflagerung des an das Kurbellager anschließenden Rahmenteils und Tragfüßen der Rundführung unterhalb des Anschlußflansches für den Dampfcylinder.

Abstände der Mitte der einzelnen Schrauben vom Schwerpunkt S in der Ebene der Auflagerfläche des Rahmens, so würde gesetzt werden können:

$$M_r = \mu \, \Sigma \, (Z \, x) \geqq P \cdot a.$$

Zu der rein statischen Wirkung der durch das Triebwerk vermittelten Reaktionskräfte auf den Rahmen kommen noch die dynamischen Wirkungen der mit der Umdrehungszahl und der Dampfverteilung sich ändernden Richtung und Größe dieser Kräfte, sowie der Einfluß der elastischen Formänderungen des Materials, durch die oft unvermeidliche Erschütterungen und Schwingungen hervorgerufen werden, deren Berücksichtigung sich der Berechnung meist entzieht.

Zur Sicherung einer möglichst gleichmäßigen Verteilung der Zugwirkung der Fundamentanker auf die Auflagefläche des Rahmens und damit Vergrößerung des Reibungswiderstandes ist es wichtig, die Anker nicht auf seitlich am Rahmen angegossene Augen, Fig. 408, wirken zu lassen, sondern möglichst durch die ganze Höhe der Balken hindurchzuziehen, Fig. 409 und 410. Es wird hierdurch nicht nur der Wirkungsbereich des Ankerzuges auf die Auflagefläche vergrößert, sondern auch eine günstigere Beanspruchung des Rahmenmaterials erreicht, gegenüber der konzentrierten Materialbeanspruchung in den knappen Anschlußquerschnitten seitlich am Rahmen angegossener Augen.

Die beliebte Ausführung, das Ankerauge im Innern des Rahmens als Gußcylinder bis auf die Auflagefläche durchzuführen, hat den Nachteil, daß nur die verhältnismäßig kleine Auflagefläche des Auges den Schraubendruck aufnimmt. Zu einer günstigen Verteilung des Ankerzuges besser geeignet erscheint daher die Behandlung des Rahmenfußes nach Fig. 411, übereinstimmend mit den Lagerfüßen der Rahmen II, 6, 3 und 10, 7. Auch bei den die ganze Rahmenhöhe durch-

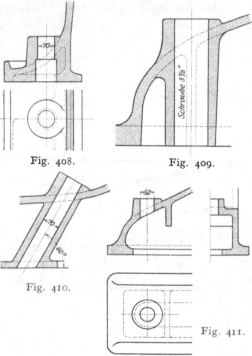

Fig. 408.   Fig. 409.

Fig. 410.

Fig. 411.

Fig. 408—411.   Anordnung der Ankerschrauben am Rahmen.

ziehenden Ankern werden zweckmäßigerweise die Augen nach innen nur als kurze cylindrische Ansätze fortgesetzt und der Druck der Fundamentverschraubung durch verbindende Rippen auf die Seitenwände des Rahmens und damit auf die größeren Auflageflächen der Rahmenfüße übertragen.

Größe und Zahl der Fundamentschrauben richtet sich nach der Größe und Beanspruchung des Rahmens. Im allgemeinen werden Fundamentschrauben nicht unter $1\frac{1}{2}''$ und nicht über $3''$ Durchmesser verwendet, bei Maschinenhüben von 500 bis 1500 mm. Die Fundamentschrauben müssen so kräftig angezogen sein, daß ein Verrücken der Maschine auf dem Fundament sowohl durch Massenwirkung des Triebwerkes, als durch äußere Zugwirkung bei Ableitung der Arbeit durch Riemen oder Seile nicht erfolgen kann. Starke Schrauben können nicht nach Gefühl angezogen werden, sondern unter genauer Einhaltung derjenigen Dehnung, die sich für die jeweilige Länge der Schrauben berechnet, wenn eine Beanspruchung von 2000 bis 2500 kg/qcm als zulässig erachtet wird.

Bei größeren Maschinen ist es üblich, zur Verminderung der Erzitterungen und Beseitigung von Eigenschwingungen den ganzen Rahmen inwendig mit Backsteinen auszumauern oder mit Zement auszugießen. Um ein gleichmäßiges Aufliegen des Rahmens zu erreichen, werden Blei- oder Eisenblechunterlagen verwendet. Betriebsmaschinen werden nicht selten 2 bis 5 cm in das Fundament eingebettet, Walzenzugsmaschinen bis zu 15 cm, nachdem das Innere des Rahmens ganz oder teilweise mit Beton ausgefüllt worden ist.

Rahmen für Walzenzug-maschinen. Für Walzenzugmaschinen werden im Vergleich zu Transmissionsdampfmaschinen Rahmen nötig, die sich durch besonders große Widerstandsfähigkeit und Standfestigkeit auszeichnen, um sie zur Aufnahme der Stoßwirkungen, denen diese Betriebsmaschinen von seiten der Walzenstraßen ausgesetzt sind, geeignet zu machen. Beispiele hierfür sind in den Fig. 6 und 10 des Bd. II gegeben. Im Vergleich zu den Maßverhältnissen des Kurbellagers und der Kreuzkopfführung sind die Höhe und Breite des Rahmens und des Lagerkörpers II, 9, 6 besonders reichlich gewählt. Zur Aufnahme der vom Walzvorgang zurückwirkenden Stoßkräfte und

Verhinderung einer Verschiebung des Rahmens auf dem Fundament dienen noch die unterhalb der Auflagefläche des Lagers vorstehenden schrägen, in das Fundament eingreifenden Gußflächen.

Desgleichen weist II, 13, 10 widerstandsfähige, durchlaufende Rahmenbalken, sowie eine kräftig verankerte Rundführung auf, die sogar noch in ihrer Mitte durch einen Wulst verstärkt und durch zwei hochgezogene Fundamentanker besonders gefaßt ist. Auch bei diesem Rahmen greifen die Lagerkörper durch tief gerückte Auflageflächen in das Fundament derart ein, daß eine horizontale Verschiebung desselben unmöglich wird.

Wie bereits früher bemerkt, bedingt der einfache Bajonettrahmen noch ein von **Gabelrahmen.** ihm getrenntes Außenlager für die Kurbel- oder Schwungradwelle. Dieses, mit dem Maschinenrahmen in keinen Zusammenhang zu bringende Lager macht eine in

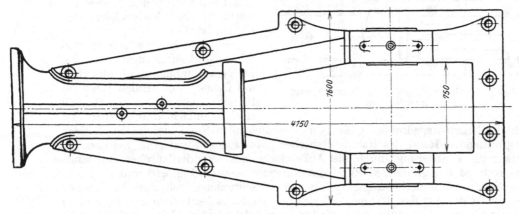

Fig. 412. Gabelrahmen einer liegenden Tandemmaschine.

sich geschlossene Dampfmaschinenkonstruktion unmöglich; eine solche wird jedoch erreicht, wenn die beiden zur Unterstützung der Welle dienenden Lager mit der Kreuzkopfführung zu einem Gußstück vereinigt werden, wie dies im sogenannten Gabelrahmen der Fall ist. An Stelle der Kurbelwelle tritt alsdann die gekröpfte Welle, deren beide Lager in der Regel symmetrisch zur Maschinenachse angeordnet werden. Die Grundrißform eines solchen Gabelrahmens zeigt Fig. 412. Für die Beanspruchung und Bemessung des die beiden Lager miteinander verbindenden Balkens gelten dieselben Erwägungen, die für die einfachen Bajonettrahmen angestellt wurden, mit dem Unterschied, daß infolge der Verteilung des Triebwerksdruckes auf beide Lager die anschließenden Rahmenkörper nur halb so große Reaktionskräfte aufzunehmen haben.

Der Gabelrahmen hat den Vorteil, daß die Maschine ein geschlossenes Ganzes bildet und in fertig adjustiertem Zustand versendet und aufgestellt werden kann. Diese Vereinfachung in der Maschinenanordnung ist jedoch nur möglich bei kleinen Abmessungen und so leichtem Schwungrad, daß es fliegend auf die Schwungradwelle außerhalb der Lager gesetzt werden kann. Schwere Schwungräder verlangen zur Entlastung der Kröpfung wieder ein besonderes Außenlager, so daß sich alsdann drei Lager ergeben. Es war dieses beispielsweise unerläßlich bei der Walzenzugsmaschine II, 12, 9, deren Gabelrahmen außerdem solche Abmessungen besitzt, daß er aus drei Stücken zusammengesetzt werden mußte.

Die Gabelrahmen finden vielfach für kleine, raschlaufende Maschinen Verwendung, bei denen es, wie Fig. 413 zeigt, auch möglich wird, den Lageranschluß einfach durch eine geschlossene konische Erweiterung der Rundführung zu erzielen. Zum vollkommenen Abdecken des Triebwerkes und der gekröpften Welle kann alsdann noch eine zweite, zwischen den Lagern befestigte cylindrische Schutzhaube angebracht werden, die gleichzeitig das vom Triebwerk abgeschleuderte Öl auffängt.

Namentlich für Gleichstrommaschinen erweist sich der Gabelrahmen vorteilhaft, wegen der gleichmäßigen Verteilung der sehr großen Triebwerksdrücke auf beide Lager unter Ausschaltung eines nach außen wirksamen Drehmomentes am Rahmen.

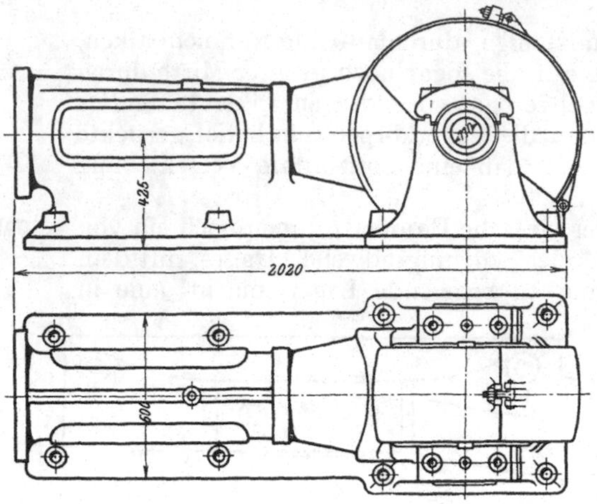

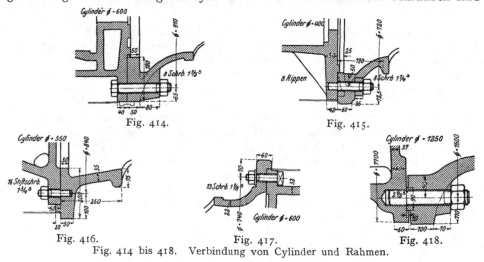

Fig. 413. Gabelrahmen eines kleinen liegenden Schnelläufers.

a. Rahmenausbildung für Cylinderanschluß.

Die axiale Verbindung des Dampfcylinders mit dem Rahmen mittels einer zur Rundführung zentrischen Anschlußflansche gewährt den Vorteil, daß das genaue Anpassen des Cylinders leicht und einfach wird.

Fig. 414 bis 418 zeigen verschiedene Ausführungsformen des zur Verschraubung und Zentrierung des Cylinders dienenden Rahmenflansches. Der zentrische Anschluß erfolgt einfach durch einen am Cylinderflansch angedrehten 5 bis 15 mm vorstehenden Rand, der genau in einen entsprechenden Rand des Rahmenflansches paßt, Fig. 414 und 415. Seltener geschieht die Zentrierung durch die Außenfläche des Cylinderflansches und einen entsprechend übergreifenden Rand des Rahmenflansches, Fig. 416 und 417.

Die zur Cylinderbefestigung dienende Verschraubung soll nur die Deckelreaktionskräfte auf den Rahmen übertragen, als Flanschenverbindung aber nicht gleichzeitig zur Abdichtung des Cylinders verwendet werden. Die Schrauben sind

Fig. 414.   Fig. 415.

Fig. 416.   Fig. 417.   Fig. 418.

Fig. 414 bis 418. Verbindung von Cylinder und Rahmen.

daher auch nur als einfache Befestigungsschrauben für den größten Deckeldruck P_{max} zu berechnen, wobei eine Beanspruchung von $k = 600$ kg/qcm zugelassen werden kann. Es ist zu setzen:

$$P_{max} = i \frac{\pi d_1^2}{4} \cdot 600,$$

wenn d_1 den Kerndurchmesser der Schrauben und i deren Zahl bedeutet.

Da es sich nicht um eine dichte Flanschenverbindung handelt, kann die Schraubenzahl i kleiner als für die Cylinderdeckelverschraubung gewählt werden. Der Schrauben-

durchmesser soll zwischen $^7/_8''$ und $2''$ sich ergeben, zunehmend mit dem Cylinderdurchmesser und den Arbeitspressungen des Dampfes. Die Cylinderverschraubung
gleichzeitig zur Abdichtung des Vorderdeckels heranzuziehen, wie dies beispielsweise bei der Auspuffmaschine Bd. II, Taf. 2 geschehen, ist nur bei kleinen Maschinen
zulässig. In letzterem Falle ist der kurze Dichtungsrand des Cylinderbodens durch
die Befestigungsflanschen des Cylinders und Rahmens auf den entsprechenden
Dichtungsflansch des Cylinders gepreßt.

Weniger zu empfehlen ist das Zwischenklemmen eines breiten Bodenflansches
zwischen den Flansch des Cylindermantels und des Rahmens, wie bei der liegenden
Tandem-Walzenzugsmaschine Bd. II, Taf. 8 ausgeführt. Die Verbindungsschrauben
werden zu lang und erschweren dadurch die Abdichtung infolge dauernden Streckens
der Bolzen, die im vorliegenden Fall nicht nur mit dem Dampfüberdruck einer
Kolbenseite über den der andern, sondern mit dem ganzen Dampfüberdruck über
die Atmosphäre belastet sind. Übereinstimmend liegen die Verhältnisse für die
Verschraubung des Niederdruckcylinders am Rahmen der Dreifachexpansionsmaschine Bd. II, Taf. 15.

Für die Flanschenverbindung kommen entweder Kopf- oder Stiftschrauben
zur Verwendung, je nach dem für deren Unterbringung verfügbaren Platz.
·Die Auflagefläche der Außenmutter am Rahmen wird meist durch einen angegossenen Nocken gebildet, Fig. 414 und 418, seltener zur Vereinfachung der Form-
arbeit in den Rahmen-
flansch eingefräst, Fig.
415 und 417, wobei in
ersterem Falle die Mut-
tern durch dicke Unter=
lagringe für das Anfassen
mit dem Schrauben-
schlüssel freigelegt sind.
Die Flanschen mit Stift-
schrauben zu verbinden,
die durchgängig im Rah-
menflansch befestigt

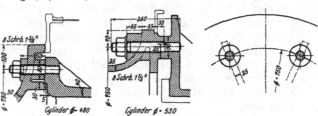

Fig. 419   Fig. 420
Fig. 419 und 420. Anschluß von Cylinder und Rahmen bei
Heißdampfmaschinen.

sind, wie in Fig. 416, ist unzweckmäßig, da die unter der Isolierung liegenden
Schraubenköpfe nicht nachgezogen werden können; derartig angebrachte Stiftschrauben finden sich bisweilen an dem unteren Teile eines Rahmenflansches,
wenn etwa infolge Angießens eines Fußes normale Schrauben nicht zugänglich gemacht werden können.

Die bei der normalen Flanschenverbindung von Cylinder und Rahmen vorhandene Berührung beider Auflageflächen führt auf eine unbehinderte Übertragung
der Cylinderwärme auf den Rahmen und die Rundführung. Eine solche Erwärmung
der Gleitbahn ist nicht nur in Rücksicht auf deren Schmierung unerwünscht, sondern hindert auch durch die auftretende Formänderung namentlich bei Heißdampfmaschinen ein störungsfreies Gleiten der Kreuzkopfschlitten.

Zur möglichsten Verminderung dieser Wärmeleitung ist es daher üblich geworden, die Auflageflächen zwischen Rahmen- und Cylinderflansch bei größeren
Maschinen auf die Schraubenunterstützungsflächen zu beschränken. Es werden
zu diesem Zwecke an beiden Flanschen zur Aufnahme der Schraubenbolzen kreisförmige Augen angegossen oder mehr oder weniger hohe Ringe zwischen beide
Flanschenflächen gebracht, die diese in verhältnismäßig großem Abstand voneinander
halten, wie dies an dem Rahmen Bd. II, Taf. 6 zu erkennen ist. Der Zentrierrand
ist entweder besonders angebracht oder sogar an diesen vorstehenden Augen ein-
gedreht, wie II, 58, 3 und 4 zeigen.

Die äußere Ausbildung des Flansches und sein Anschluß an die Kreuzkopfführung ist, wie die Fig. 419 und 420 und II, 4 bis 13 erkennen lassen, nur
geringen Änderungen unterworfen.

Rahmen-
anschluß bei
Heißdampf-
cylindern.

Bei Verbundmaschinen wird aus Fabrikationsrücksichten gleiche Form und Größe des Rahmenflansches für beide Maschinenseiten angestrebt, wie die Ausführungen II, Taf. 11 und 15 zeigen. Nur am Niederdruckcylinder werden unter Umständen um den Rahmenflansch noch besondere Deckringe gelegt zum Übergang auf den größeren Durchmesser des Isoliermantels, wie beispielsweise bei den Verbundmaschinen II, Fig. 12 und 14.

b. Kreuzkopfführung.

Rundführung. Bei Bajonettrahmen wird der Kreuzkopf stets in einer sogenannten Rundführung zentrisch zur Cylinderachse mit oberen und unteren, zur horizontalen Mittelebene symmetrisch liegenden cylindrischen Gleitflächen geführt. Die Zugänglichkeit zum Kreuzkopf ermöglicht eine in der Rundführung dem Balkenanschluß gegenüber liegende lange und genügend breite Öffnung, die zur Versteifung der oberen Gleitbahn gewöhnlich durch einen kräftigen Wulst begrenzt wird. Bei Gabelrahmen werden meist auf beiden Seiten der Rundführung Durchbrechungen angebracht. Die aus dem unbearbeiteten Teile des Gußkörpers etwa um 10 mm hervortretenden Gleitflächen des Kreuzkopfes sind von solcher Länge zu wählen, daß die Kreuzkopfschlitten an beiden Hubenden um einige Millimeter überschleifen.

An die Enden der unteren Gleitbahn schließen sich Ölfänger an, durch die eine laufende Schmierung des überschleifenden unteren Schlittens bewirkt wird, während der obere Schlitten durch besondere, auf die obere Gleitbahn aufgesetzte Schmiereinrichtungen mit Öl versorgt werden muß.

Corliß'sche Schlittenführung. Beispiele für die Ausbildung der Rundführung liefern II, 4, 1 bis 13, 10. An Stelle der Rundführung findet sich bei amerikanischen Dampfmaschinen noch häufig die von Corliß verwendete Schlittenführung mit zueinander geneigten ebenen Führungsflächen, die eine genauere Geradführung des Kreuzkopfes ermöglichen soll, Fig. 401 b. Im deutschen Maschinenbau hat dieselbe keinen Eingang gefunden.

Linealführung. Dagegen findet neben der Rundführung für Sonderkonstruktionen die sogenannte Linealführung häufig Anwendung. Bei dieser Geradführung wird der Kreuzkopf nur einseitig mit einem ebenen Schlitten geführt, der gegen Abheben von der Gleitbahn durch zwei seitlich über den Gleitschuh greifende und festgeschraubte Lineale gesichert ist. Der Vorzug der Linealführung liegt in der bequemen Nachstellbarkeit der Lineale mittels dünner Blechbeilagen und der guten Zugänglichkeit des oben ganz freiliegenden Triebwerks.

Die Linealführung ist mehrfach bei kleinen Maschinen mit gekröpfter Welle, besonders bei Lokomobilen, in Anwendung gekommen. Aber auch für große Ausführungsverhältnisse wird sie mit Vorteil benützt, so beispielsweise bei der liegenden Dreifachexpansionsmaschine II, Taf. 16 mit 4 dicht nebeneinander angeordneten Dampfcylindern, da hierbei die geschlossene Rundführung die Zugänglichkeit von Kreuzkopf und Kolbenstangenstopfbüchsen sehr erschwert hätte.

3. Kurbelwellenlager

Verbindung mit dem Rahmen. Das Hauptlager der Kurbelwelle wird im Interesse einfacher Werkstätten- und Aufstellungsarbeiten mit dem Rahmen zu einem Gußstück vereinigt und gemeinschaftlich mit diesem so bearbeitet, daß Cylinder- bezw. Kreuzkopfführungs- und Lagerachse sich genau senkrecht schneiden. Auf einem durchlaufenden Grundrahmen besonders aufgeschraubte Lager mit horizontalen Paßflächen (Fig. 395, S. 348) werden überhaupt nicht mehr ausgeführt. Bei großen Ausführungsverhältnissen kommt es dagegen vor, daß das als besonderes Gußstück ausgeführte Lager mit dem Rahmenbalken seitlich verschraubt, verkeilt oder durch Schrumpfverbindung vereinigt wird (II, 12 und 13), wenn für die Bearbeitung des ganzen Rahmens nicht hinreichend große Arbeitsmaschinen zur Verfügung stehen oder Transportrücksichten seine Teilung verlangen.

Die nachfolgende konstruktive Behandlung der Kurbelwellenlager stützt sich auf die Kenntnis der Abmessungen des Wellenhalses, deren rechnerische Ermittlung Gegenstand des nächsten Abschnittes über Triebwerke bildet.

a. Lagerkörper.

Die Form des Lagerkörpers hängt einerseits mit der äußeren Gestaltung der Lagerschalen und deren Nachstellvorrichtungen, andererseits mit der Größe, Art und Richtung der Kräftewirkungen, die das Lager aufzunehmen hat, zusammen, wobei auch die Verbindung mit dem Rahmenbalken wesentlichen Einfluß nimmt.

Für den Einbau der Lagerschalen ist der nach oben offene Lagerkörper mit Arbeitsflächen versehen, die sich der äußeren Form der Lagerschalen mit ihren Nachstellvorrichtungen anzupassen haben.

Die Lagerschalen werden drei- und vierteilig mit horizontalen Lagerfugen ausgeführt, und entweder einseitig oder doppelseitig nachstellbar eingerichtet. Die häufigste Anwendung findet das vierschalige Lager mit zweiseitiger Nachstellung, wie in II, 34, 4 bis 35, 7 dargestellt. Die unterste Lagerschale hat meist cylindrische Außenform, mit der sie ihrer ganzen Fläche nach oder auch mit Unterbrechungen auf der zugehörigen Fläche des Lagerkörpers aufliegt; in gleicher Weise ist die obere Lagerschale in den Lagerdeckel eingebettet. Die seitlichen Schalen haben eine von der Nachstellvorrichtung abhängige Außenform, je nachdem die Nachstellung durch einen senkrecht beweglichen Keil oder eine horizontal gelagerte Druckschraube bewirkt wird.

Bei der Formgebung des Lagerkörpers und der Bemessung der Wandstärken ist dafür zu sorgen, daß die nach Fig. 398, S. 350 am Lager wirksame Reaktionskraft R durch Schub- und Biegungsquerschnitte von ausreichender Widerstandsfähigkeit aufgenommen wird. Ferner ist zu berücksichtigen, daß unbeabsichtigte Wasserschläge im Cylinder am Hubende des Kolbens ungewöhnlich hohe Beanspruchung des Lagerkörpers verursachen können. Die Widerstandsfähigkeit des Gußmaterials wird auch noch ungünstig beeinflußt durch die mit den wechselnden Triebwerkskräften in Richtung und Größe sich ändernde Lagerbeanspruchung. Plötzliche Querschnittsübergänge, scharfe Ecken, sowie ungleiche Materialverteilung sind daher auch hier möglichst zu vermeiden. Die schädliche Wirkung letztbezeichneter Fehler ist an einem Lagerbruch zu erkennen, über den v. Bach eine eingehende Studie[1]) angestellt hat.

Als gefährlicher Querschnitt des Lagerkörpers ist der in Fig. 421 eingezeichnete schräge Querschnitt anzusehen, in dem die von der Welle aus wirksame Resultante P (in Fig. 398 mit R bezeichnet) ein Biegungsmoment $P\,(a+c)$, sowie Schubkräfte P_s und Zugkräfte P_n hervorruft.

Wird angenommen, daß die Spannungsverteilung über den Querschnitt linear erfolgt, so berechnet sich die Biegungsspannung K_b aus dem (am einfachsten graphisch zu ermittelnden) Widerstandsmoment W zu $K_b = \dfrac{P\cdot(a+c)}{W}$ und die größte Zugbeanspruchung des Querschnittes wird

$$K = \frac{P\,(a+c)}{W} + \frac{P_n}{F}.$$

Diese Beziehung liefert wesentlich geringere Materialspannungen als in Wirklichkeit auftreten, da die Bedingung einer linearen Verteilung der Spannung über den Querschnitt nicht erfüllt ist, sondern an den Stellen scharfer Übergänge eine Steigerung der spezifischen Beanspruchung auf ein Vielfaches des berechneten Wertes eintreten kann.

An solchen Ecken, wie derjenigen der Lageraussparung, ist die Spannungszunahme vom Krümmungsradius des Übergangs abhängig; sie kann unter der Annahme, daß die Querschnittsflächen bei der Formänderung eben bleiben, mit-

----

[1]) Z. d. V. d. Ing. 1901, S. 1567.

tels der für gekrümmte Körper gültigen Formeln berechnet werden. Hinsichtlich der hier in Frage kommenden rechnerischen Behandlung sei auf die experimentellen und rechnerischen Untersuchungen solcher Aufgaben von Dr. Ing. Preuss[1]) hingewiesen.

Die Vergrößerung der Widerstandsfähigkeit auf Biegung wird durch möglichst flache Übergänge ungünstig beanspruchter Ecken und durch große horizontale

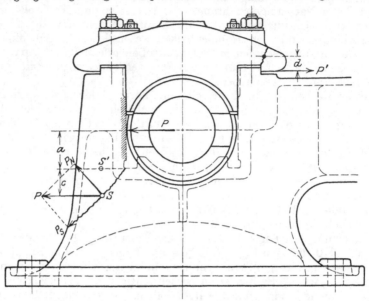

Fig. 421. Beanspruchung eines Kurbelwellenlagers.
Bruch trat bei einer rechnungsmäßigen Biegungsbeanspruchung von $K_b = 730$ kg/qcm ein, während die Bruchfestigkeit des Materials rund 2400 kg/qcm beträgt.

Konstruktionshöhe des Lagerkörpers erreicht. In wirksamster Weise ergibt sich diese Verstärkung, wenn der Rahmenkörper auf beiden Seiten des Lagers durchgeführt ist, wie beispielsweise bei den Lageranordnungen von Walzenzugsmaschinen II,13, 10 sowie II, 35, 6 und 7; aus gleichem Grunde erweist sich die Verlängerung des Rahmens über den Lagerkörper hinaus, wie II, 32, 2 und 34, 4 zeigen, sehr zweckmäßig.

b. Lagerdeckel.

Der Lagerdeckel hat die Aufgabe, das Lager nach oben abzuschließen, eine seitliche Verschiebung der oberen Lagerschale zu verhüten, sowie die nach oben oder seitwärts wirkenden Triebwerkskräfte aufzunehmen und auf den Lagerkörper zu übertragen. Er legt sich mit seiner Unterseite mittels Arbeitsflächen auf die Lagerschale auf und übergreift entweder beiderseitig mit kräftigen Nasen den Lagerkörper oder setzt sich zwischen die Paßflächen des Lagerkörpers so ein, daß er horizontale Schubwirkungen der Triebwerkskräfte auf den Lagerkörper überträgt. Seinen gefährlichen Querschnitt besitzt er in der senkrechten Mittelebene des Lagers und wird daher als Hohlgußkörper ausgeführt.

Der übergreifende Deckel (II, 32 bis 35) bildet bei liegenden Maschinen die Regel, da er die Widerstandsfähigkeit des ganzen Lagerkörpers erhöht, wenn die übergreifenden Nasen so kräftig gehalten werden, daß ihr Biegungswiderstand eine gewisse Teilwirkung der horizontalen Lagerreaktionen aufzunehmen imstande ist. Gleichzeitig wird aber der Deckel auch in den zur Aufnahme der Lagerschalen dienenden Ausschnitt des Lagerkörpers mittels senkrechter Arbeitsflächen eingepaßt,

[1]) Z. d. V. d. Ing. 1912 S. 1780 und 1913 S. 664.

die entweder der ganzen Länge der Lagerschalen nach durchgeführt sind oder auf die beiden Seitenwände des Lagerkörpers beschränkt bleiben. Für schräge Lager, sowie für Lager stehender Maschinen, bei denen nur Kräfte in Richtung der Deckelverschraubung aufzunehmen sind, ist das Übergreifen des Deckels aus Festigkeitsgründen entbehrlich (II, 36 und 37).

Die Verbindung des Lagerdeckels mit dem Lagerkörper erfolgt durch Verschraubung, und zwar werden meist auf jeder Seite des Lagers zwei Schrauben angeordnet, die durch die vorgenannte Deckeleinpassung gegen Schub- und Biegungskräfte entlastet sind, so daß sie nur die normal nach oben gerichteten Komponenten der Schubstangenkräfte, sowie die Normalkomponenten des Seil- oder Riemenzuges aufzunehmen haben. Die Schraubenbeanspruchungen gegenüber diesen Kräften können zu 500 bis 600 kg/qcm gewählt werden. In Rücksicht auf die Handhabung der Schrauben beim Anziehen kommen für Lagerbohrungen von 200 bis 500 mm nur Gewindedurchmesser zwischen $1^1/_8''$ bis $2^3/_4''$ zur Ausführung. Der Abstand der Schrauben in der Ebene des Wellenquerschnittes ist zur Verminderung des von der Schraube auf den Deckel ausgeübten Biegungsmomentes so klein wie möglich zu halten.

Die Deckelschrauben können mittels eckigen Kopfes in eine entsprechende Aussparung des Lagerkörpers eingelegt werden, II, 32, 2; 33, 3 und 34, 4. Bei kleinen und mittleren Maschinen mit ruhigem Gang können Stiftschrauben Verwendung finden, II, 32, 1; 34, 5; 37, 10 und 11. Bei größeren und durch Stoßkräfte beanspruchten Maschinen dagegen sind Stiftschrauben zu vermeiden, da das Gußeisengewinde leicht ausgeschlagen wird. In solchen Fällen können die Schraubenbolzen im Lagerkörper durch Keile gehalten werden, II, 35, 7; 36, 8 und 9; 12, 9; 28, 7. Bei der Ausführung II, 13, 10 und 35, 6 wird die Deckelschraube von der oberen Verlängerung der Fundamentschraube gebildet.

Die Lagerschalen werden in der Regel aus Gußeisen mit Weißmetalleinguß und bei großen Abmessungen zur Verkleinerung der Gußstärken aus Stahlguß hergestellt. Als Weißmetallegierung dient eine Mischung von Kupfer, Antimon und Zinn. Die übliche Stärke der Lagerschalen für verschiedene Bohrungen zeigt anschließende Tabelle, in der auch die mit dem Lagerdurchmesser zunehmenden Wandstärken des Lagerkörpers eingetragen sind.

	Lagerdurchm. d mm	Stärke der Gußeisenschale mm	Dicke des Weißmetalls mm	Wandstärke des Lagerkörpers mm
Gußeisen-Schalen	205	35	8	40
	210	40	8	45
	220	45	10	50
	330	55	10	55
	350	65	10	60—100
Stahlguß-Schalen	500	60	15	85—125

Die Dicke gußeiserner Lagerschalen einschließlich Weißmetallausguß liegt zwischen 40 und 75 mm und beträgt somit etwa 0,2 des Lagerdurchmessers; bei Stahlgußschalen vermindert sich die Dicke auf etwa 0,12 der Wellenstärke. Der Weißmetallausguß beträgt nicht unter 8 mm bei kleineren, nicht über 16 mm bei großen Lagern. Die Wandstärken des Lagerkörpers unter den Schalen sind im Mittel wenig von denen der Lagerschalen verschieden, nur bei Walzenzugsmaschinen werden größere Wandstärken durchgeführt. Zur Befestigung des eingegossenen Weißmetalls dienen auf der inneren Schalenfläche ausgebildete Längsnuten oder Vertiefungen von schwalbenschwanzförmigem Querschnitt, die zwar nicht bearbeitet, aber zwecks besserer Haftung des Weißmetalls vor dem Einguß mit Salzsäure gebeizt werden.

Um ein Anziehen der Deckelschrauben zu ermöglichen, ohne das freie Spiel der Welle in den Lagerschalen zu beeinträchtigen, befinden sich zwischen der

Deckellagerschale und den am Lagerkörper eingebetteten Schalen Beilagen, die entweder aus verschieden starken Messingblechen von 0,1 bis 0,5 mm Dicke, oder aus einem metallnen oder schmiedeeisernen Zwischenstück von ⊢⊣ Querschnitt bestehen. Bei eintretendem Verschleiß wird eine Vergrößerung des Spiels zwischen Schalen und Welle durch Wegnahme von Blechen oder durch Abfeilen der Zwischenstücke beseitigt.

Bezüglich des Verhaltens der Lagerschalen gegenüber der Welle im Betrieb ist darauf hinzuweisen, daß sie besonders durch die während einer Umdrehung in Größe und Richtung sich verändernden Auflagerdrücke ihre Form leicht dahingehend verändern, daß an den Trennungsfugen die Schalen sich gegen die Welle pressen und dadurch deren Anfressen begünstigen. Zur Vermeidung dieses Übelstandes ist es daher zweckmäßig, die Lagerschalen an ihren Stoßfugen reichlich auszusparen und diese Aussparungen als Ölbehälter zu verwenden.

c. Lagerschalen.

Die durch die Reibung der Welle im Lager hervorgerufene Abnützung der Lagerschalen verursacht ein Wellenspiel, das durch Nachstellbarkeit der Lagerschalen in Richtung des übertragenen Druckes zur Sicherung ruhigen und stoßfreien Ganges der Maschine wieder beseitigt werden muß. Wird das Lager vornehmlich nur in einer Richtung beansprucht, so läßt sich die Nachstellung mittels des Lagerdeckels unmittelbar dadurch bewirken, daß er in der mittleren, resultierenden Druckrichtung nachstellbar angeordnet und die Lagerschalen zweiteilig mit senkrecht zur Druckrichtung liegender Teilfuge ausgeführt werden.

Die Kurbelwellenlager stehender Maschinen werden auf diese einfache Art nachgestellt (II, 37, 10 und 11), da nicht nur Wellen- und Schwungradgewicht, sondern auch die Triebwerkskräfte vornehmlich in senkrechter Richtung wirken und die Abnützung der Lagerschalen somit auch wesentlich in dieser Richtung auftritt.

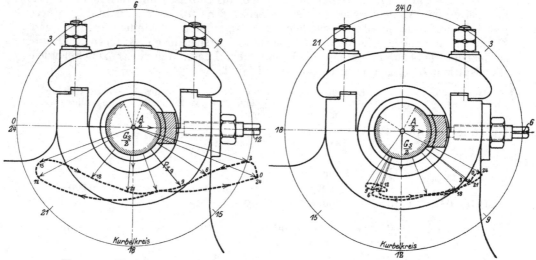

Fig. 422. Hochdruckseite.   Fig. 423. Niederdruckseite.
Fig. 422 und 423. Druckverteilung in den Kurbelwellenlagern
einer Verbundmaschine $\frac{300 \cdot 450}{600}$; $n = 110$.

Bei liegenden Maschinen werden die Lagerschalen nicht nur in senkrechter Richtung durch das Wellen- und Schwungradgewicht beansprucht, sondern durch die Triebwerksdrücke in horizontaler und durch den Seil- oder Riemenzug in schräger Richtung.

Fig. 422 und 423[1]) zeigen beispielsweise die Druckverteilung in den Kurbellagern einer liegenden Verbundmaschine, bei der die Arbeit durch horizontallaufende Riemen

[1]) Prof. Linke, Vorlesungsblätter.

nach außen übertragen wird. Der Riemenzug $A = 1480$ kg und das Schwungradgewicht $G_s = 3700$ kg werden zu gleichen Teilen von beiden Lagern aufgenommen. Dazu treten die Reaktionen der durch das Triebwerk übertragenen Kräfte, deren Höchstwert für jede Maschinenseite 6000 kg beträgt. Die unveränderlichen Kräfte $\dfrac{G_s}{2}$ und $\dfrac{A}{2}$ bilden mit den Reaktionen der Stangendrücke zusammen die resultierenden Lagerdrücke, die in den Darstellungen beider Lager in radialer Richtung von der Schalenoberfläche aus angetragen sind. Die an der Lagerdruckkurve an den einzelnen Druckrichtungen eingeschriebenen Ziffern beziehen sich auf die im Kurbelkreis übereinstimmend zu bezeichnenden Kurbelstellungen, bei einer Einteilung des Kurbelkreises in 24 gleiche Teile. Durch Schraffur ist am Zapfenumfang das Gebiet der Zapfenlauffläche gekennzeichnet, das während einer Umdrehung auf Druck beansprucht wird, wenn stets gleichmäßige Druckverteilung vorausgesetzt wird. Im vorliegenden Falle wäre die Anwendung eines zweiteiligen Lagers nicht angängig, da bei jedweder Trennungsrichtung der Schalen noch Druck in den Teilfugen auftreten würde. Es ist deshalb durch Dreiteilung der Lagerschalen eine horizontale Nachstellung mittels der Druckschraube und eine vertikale mittels des Lagerdeckels durchgeführt.

Bei kleinem Druckgebiet an der Zapfenlauffläche kann durch Anwendung eines schrägen Lagers auch bei liegenden Maschinen der Vorteil, mit nur zwei Lagerschalen auszukommen, ausgenützt werden. Sie wird daher in Sonderfällen bevorzugt und beispielsweise bei Lokomobilen zur Vereinfachung der Konstruktion allgemeiner verwendet (II, 36, 9). Mit dem Rahmen zusammengegossen werden dagegen Schräglager wegen ihrer schwierigeren Bearbeitung nur ausnahmsweise, wie z. B. bei der liegenden Walzenzugsmaschine II, 12, 9 und 36, 8.

Normale liegende Maschinen weisen ausschließlich solche Kurbellager auf, die außer der vertikalen Nachstellung durch den Lagerdeckel auch eine horizontale Nachstellung ausführen lassen. Diese Bedingung führt auf die Anwendung drei- oder vierteiliger Lagerschalen, je nachdem mit der Nachstellung eine Horizontalverschiebung des Wellenmittels zulässig erachtet wird oder nicht.

Bei dreiteiligen Lagerschalen kann die horizontale Nachstellung des Lagers nur einseitig erfolgen, so daß das Wellenmittel entweder nach außen oder nach innen sich verschiebt, je nachdem die Nachstellvorrichtung innen oder außen angeordnet ist. Vierteilige Lagerschalen lassen dagegen eine Nachstellung der Schalen zu beiden Seiten der Welle zu, ohne letztere zu verschieben. Da die vielfache Unterteilung der Lagerschalen umständliche und kostspielige Paßarbeiten bedingt und ein beiderseitig richtiges Nachziehen für eine unveränderte Wellenlage ungewöhnlich geschickte und gewissenhafte Bedienung verlangt, so ist es begreiflich, daß von vielen Firmen die einseitige horizontale Nachstellbarkeit der Lagerschalen als ausreichend betrachtet wird oder daß größere einseitige Verschiebungen durch Beilagen hinter der vierten Schale zu vermeiden gesucht werden. Die Verstellung der beweglichen mittleren Lagerschalen erfolgt entweder durch horizontale Druckschrauben oder durch vertikal verstellbare Zug- oder Druckkeile.

Die einseitige Lagernachstellung mittels Druckschrauben ist bei Maschinen mittlerer Größe am meisten verbreitet, infolge der einfachen Konstruktion und bequemen Bedienung, sowie des Umstandes, daß die Unterbringung der Schrauben die Formgebung des Lagerkörpers günstig beeinflußt. Fig. 424 bis 426 geben drei typische Ausbildungsformen der Kurbellager mit durch je zwei Druckschrauben einseitig verstellbaren Lagerschalen wieder.

Fig. 424 zeigt die einfachste Anordnung der Druckschraube, indem das Muttergewinde unmittelbar in den Lagerkörper eingeschnitten ist, während bei Fig. 425 und 426 besondere Bronzemuttern vorhanden sind, die sich gegen Paßflächen des Lagerkörpers stützen. Die Schraube legt sich mit ihren Stellflächen entweder unmittelbar gegen die Lagerschale, wenn diese aus Stahl hergestellt ist, oder durch Vermittlung einer Stahlplatte bei gußeisernen Lagerschalen. Das Gewinde in den

Nachstellung der Lagerschalen.

Schraubennachstellung.

Gußkörper des Lagers selbst einzuschneiden, Fig. 424, hat den Nachteil, daß die
mit jeder Umdrehung auftretenden Stoßwirkungen des Triebwerkes das Gußgewinde

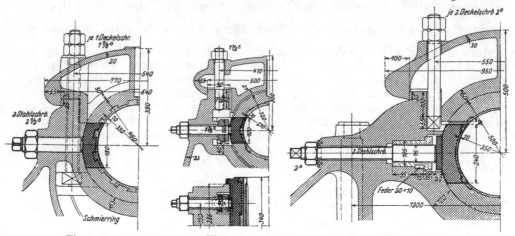

Fig. 424.   Fig. 425.   Fig. 426.
Fig. 424 bis 426.   Lager mit einseitiger Schraubennachstellung.

im Laufe der Zeit zerstören. Die aus dem Lagerkörper herausragenden Druckschrauben werden durch besondere Muttern gegen Lösen gesichert.

Weitere Beispiele von durch Druckschrauben nachstellbaren Lagern weisen
II, 32, 1 und 2 sowie 33, 3 auf. Bei Fig. 32, 2 sind die Lagerschalen nur dreiteilig
ausgeführt. Die zweiseitige Nachstellung durch Druckschrauben läßt sich dann
leicht durchführen, wenn das Kurbellager überhöht ausgeführt werden kann, wie
dies bei kleinen Maschinenabmessungen möglich ist, Fig. 427.

Der Einfachheit der Schraubennachstellung steht der Nachteil gegenüber,
daß bei den in der Regel nötigen zwei Druckschrauben für jede Schale eine gleichmäßige Nachstellung der Lagerschalen sehr
schwierig ist und diese daher der Gefahr des
Schiefziehens ausgesetzt sind.

**Keil-
Nachstellung.**

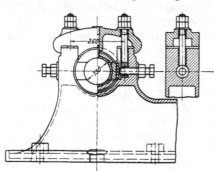

Fig. 427.   Lager mit doppelter Schraubennachstellung für kleine Maschine.

Die Nachstellung durch Zug- oder
Druckkeil ermöglicht eine Verstellung vom
Deckel aus und gibt hierdurch die bequeme
Möglichkeit beiderseitiger Nachstellung der
Lagerschalen auch bei den oberhalb der
Maschinenachse an den Lagerkörper anschlie-
ßenden Gußrahmen.

Die Nachstellung erfolgt durch Verschiebung von keilförmigen Beilagen mittels Zug-
oder Druckschrauben, die durch den Deckel
hindurchgeführt werden. Der Keil gewährt
eine gleichmäßige Nachstellung auf der ganzen
Breite der Lagerschale bei großen Auflageflächen und geringem spezifischen Druck,
so daß auch für die beweglichen Lagerschalen Gußeisen verwendet werden kann.
Der aus Gußeisen oder Stahlguß hergestellte Keil erhält eine Neigung von 1 : 8
bis 1 : 10; größere Keilneigung ist aus Rücksicht auf die Schraubenbeanspruchung
nicht zweckmäßig.

Die Stellschrauben des Keils werden durch die Komponente $R \cdot \operatorname{tg} \alpha$ der Resultierenden R, Fig. 398, S. 272, auf Zug oder Druck beansprucht, wenn α den Keil-
neigungswinkel bezeichnet. Diese Kraft ist in voller Größe vom Gewinde aufzunehmen,
weil angenommen werden muß, daß die entlastende Wirkung der Keilreibung durch
die mit jeder Umdrehung entstehenden Druckwechsel aufgehoben wird.

Die konstruktive Durchbildung der Keilnachstellung führt auf mannigfache Verschiedenheiten, je nachdem die Schraube ziehend oder drückend den Keil nach unten oder oben zu verschieben hat und je nachdem das Verstellgewinde im Keil selbst oder in einer besonderen Mutter eingeschnitten ist. Im ersteren Falle ist für die Keilverschiebung die Schraube drehbar, jedoch nicht verschiebbar einzurichten, im letzteren dagegen ändern beide ihre Höhenlage. Die folgenden Figuren zeigen verschiedene Ausführungsbeispiele. Auf den Druckkeil Fig. 428 wirkt die in einer feststehenden Stahlmutter bewegliche Druckschraube, die durch eine oberhalb des Deckels befindliche Gegenmutter gesichert wird.

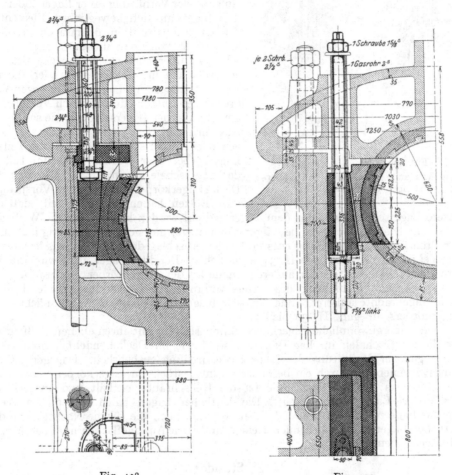

Fig. 428.   Fig. 429.

Fig. 428 und 429. Lager mit Keilnachstellung für Walzenzugsmaschinen.

Bei Fig. 429 ist die Stellschraube durch den Keil hindurchgeführt, nach einer im Lagerkörper befestigten gegen Verdrehen geschützten Bronzemutter. Indem der Keil sich auf einen Bund der Schraubenspindel stützt, wird er beim Verdrehen der letzteren zwecks Nachstellens der Lagerschale angehoben. Auch hierbei läßt sich die Keilschraube durch eine oberhalb des Deckels aufgesetzte Gegenmutter durch Vermittlung einer Hülse gegen Zurückschrauben sichern.

In beiden Fällen ist die Keilnachstellung vom Lagerdeckel unabhängig, während dieser Vorteil beispielsweise bei dem Zugkeil des Lagers II, 34, 4 und Fig. 430 nicht gegeben ist, so daß mit einer Veränderung der Deckellage auch die Muttern der Keilschrauben nachgezogen werden müssen. Statt des im Lagerkörper der Fig. 428

durch Verschneidung befestigten Widerlagers der Keilschraube ist beim Lager Fig. 431 und II, 34, 5 das Widerlager auf dem Lagerkörper mittels der Deckelschrauben befestigt.

Um das Kurbellager als eine in sich ruhende starre Unterstützung der Kurbelwelle trotz der verstellbaren Lagerschalen zu erhalten, ist es noch nötig, die Lagerschalen vor Verdrehen durch den Reibungswiderstand der Welle zu sichern. Hierzu genügen jedoch nicht die das Verdrehen verhindernden Nachstellvorrichtungen, denn die Aufgabe der Verhütung einer Lagenänderung darf nicht an sich beweglichen Elementen der Lagerkonstruktion übertragen werden, sondern ist von den ruhenden Lagerschalen selbst zu übernehmen. Es werden deshalb entweder die im Lagerkörper oder die im Deckel festliegenden Lagerschalen gegen Verdrehen geschützt. Hierzu dienen Vorsprünge am Umfang der Lagerschalen, wie solche die Ausführungen II, 36, 8 und 9 und 37, 10 zeigen, oder cylindrische Bolzen, die zum Teil im Lagerkörper oder Deckel und zum Teil in der Lagerschale sitzen, II, 34, 5 und 37, 11. Die im Lagerkörper eingreifenden Vorsprünge oder Bolzen haben den Nachteil, daß die untere Lagerschale nicht aus dem Lager gedreht werden kann, ohne die Welle anzuheben. Diesen Übelstand beseitigen Vorsprünge, die sich nur einseitig im Sinne der Drehrichtung gegen einen entsprechenden Anschlag des Lagerkörpers legen, wie dies bei den Konstruktionen II, 34, 4 geschehen. Bei dem Lager 35, 5 wird die untere Lagerschale mittels der äußeren Bunde an den Lagerkörper geschraubt.

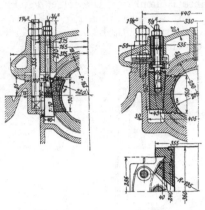

Fig. 430.   Fig. 431.
Fig. 430 und 431. Lager mit beiderseitiger Keilnachstellung.

Die Längsverschiebung des Lagers verhindern entweder innere oder beiderseitig angebrachte äußere Bunde, die sich an genau abgedrehte Arbeitsflächen des Lagerkörpers anlegen, II, 32 bis 37.

Die außergewöhnliche Lagerkonstruktion II, 35, 6 mit ihren ebenen Paßflächen für die Lagerschalen im Lagerkörper sowohl wie im Deckel macht weitere Vorkehrungen zur Verhütung der Lagerschalendrehung entbehrlich. Dagegen ist die Längsverschiebung durch ein besonderes Einlagestück im Lagerkörper verhindert, das einerseits das Muttergewinde für die Keilschraube enthält und andererseits in die obere Lagerschale eingreift. Die sämtlichen Lagerschalen sind mit der Welle um das Lagermittel horizontal drehbar, weshalb auch die für die Nachstellung der seitlichen Lagerschalen dienenden Keile cylindrische Auflageflächen am Lagerkörper erhalten haben.

4. Ständer.

Die symmetrisch zur Maschinenachse als kastenförmige Gußkörper oder Säulen angeordneten Ständer der stehenden Dampfmaschinen haben wie die Rahmen der liegenden Dampfmaschinen den Zweck einer stabilen Aufstellung der Maschine und einer solchen Verbindung von Dampfcylinder und Kurbellager, daß die durch die Kraftleitung mittels des Triebwerkes hervorgerufenen inneren Kräfte auch innerhalb der Maschine aufgenommen und nur die der Nutzleistung entsprechenden Triebwerkskräfte nach außen abgeleitet werden.

Bei diesem Zusammenschluß von Dampfcylinder, Ständer und Kurbellager samt Grundrahmen geschieht die Ausbildung des Ständeraufbaues auf zwei grundsätzlich voneinander verschiedene Arten. Entweder wird zur oberen Vereinigung der beiden symmetrisch zur Maschinenachse anzuordnenden Ständerteile der Dampfcylinder verwendet, so daß er einen wesentlichen Bestandteil des Ständeraufbaues bildet, oder die beiden Ständerteile werden mittels einer gemeinsamen Krone zu einem starren Ganzen vereinigt und auf sie der Dampfcylinder frei und zentrisch aufgesetzt. Die letztere Konstruktion ist die vollkommenere, da sie nicht nur einen naturgemäßen stabilen Aufbau der Dampfmaschine ergibt, sondern auch den axialen Anschluß von Cylinder und Kreuzkopfführung erleichtert. Die erstere Anordnung dagegen erscheint einfacher und führt auf geringeres Gewicht der ruhenden Ständermassen, weshalb sie auch besonders bei Schiffsmaschinen allgemeiner verwendet wird.

In Anbetracht der verhältnismäßig kleinen Unterstützungsfläche des die Ständerfüße verbindenden Grundrahmens ist für die konstruktive Durchbildung der Ständer die Forderung größtmöglicher Stabilität maßgebend. Erleichtert wird die Erfüllung dieser Bedingung durch Wahl kleinen, die Ständerhöhe bestimmenden Kolben- und Kreuzkopfhubes.

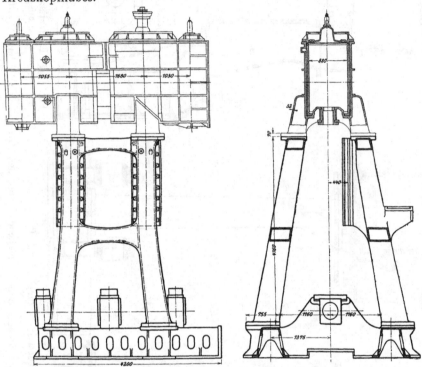

Fig. 432. Ständer teilweise zusammengegossen.

Den Aufbau stehender Verbundschiffsmaschinen ohne Ständerkrone zeigen die Fig. 432 bis 434 für einseitige bzw. zweiseitige Linealführung des Kreuzkopfes.

Bei Fig. 432 sind zur Erhöhung der Stabilität die benachbarten Ständerteile des Hoch- und Niederdruckcylinders durch Querverbindungen zusammengegossen, während bei Fig. 433 schmiedeeiserne Verbindungsstangen ober- und unterhalb der Kreuzkopfführungen demselben Zweck dienen.

In Fig. 434 ist eine Ständerseite als Kondensator ausgebildet und in entsprechender Weise mit dem Grundrahmen verbunden. Der an diesen Ständerteil anschließende Cylinderfuß dient als Auspuffrohr.

Derartige durch den Cylinder verbundene geteilte Ständer sind wegen ihrer getrennten Paßflächen umständlich zu montieren; doch ermöglichen sie gute Zugänglichkeit des Triebwerkes, der Cylinderstopfbüchse und der Lager. Ähnlichen Anschluß der Ständer an den Dampfcylinder zeigen die Ausführungen von Landmaschinen II, Taf. 18, Fig. 1 und Taf. 23, Fig. 7.

Für besonders große Ausführungsverhältnisse ist die unmittelbare Verbindung von Gußständer und Säule mit dem Dampfcylinder bei der stehenden Dreifach-

Gußeisen-Ständer ohne Krone.

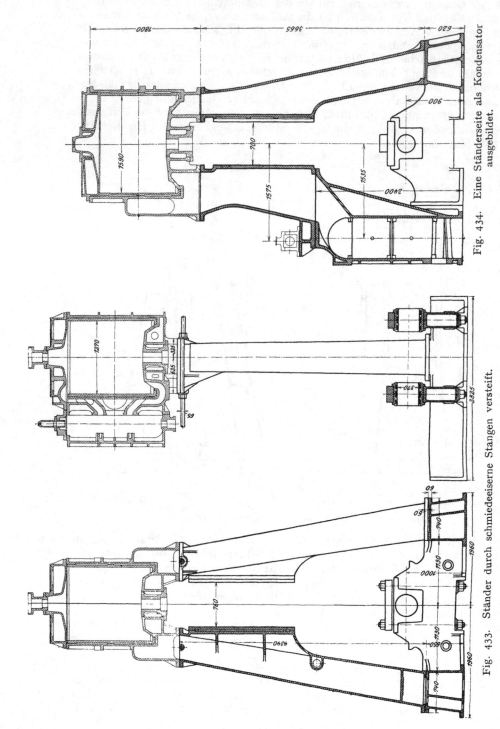

Fig. 434. Eine Ständerseite als Kondensator
ausgebildet.

Fig. 433. Ständer durch schmiedeeiserne Stangen versteift.

Fig. 432 bis 434. Gußeiserne Ständer ohne verbindendes Kopfstück (Krone) von Verbund-Schiffsmaschinen.

expansionsmaschine von 3000 PS des Bd. II, 24 bis 27, zur Verwendung gekommen. Diese Ständerausbildung bezweckt im vorliegenden Falle hauptsächlich die bequeme Zugänglichkeit der im unteren Cylinderdeckel eingebauten Ein- und Auslaßventile.

Die bei Schiffsmaschinen behufs Gewichtsverminderung häufig übliche ausschließliche Verwendung schmiedeeiserner Säulen an Stelle gußeiserner Ständer hat für Landdampfmaschinen wegen ungenügender Stabilität und Begünstigung von Vibrationen keine Berechtigung.

Eine wesentliche Verbesserung der mehrteiligen Ständerkonstruktion wird erzielt, wenn die oberen Ständerenden nicht durch den Cylinder, sondern durch eine beson-

Ständer mit Krone.

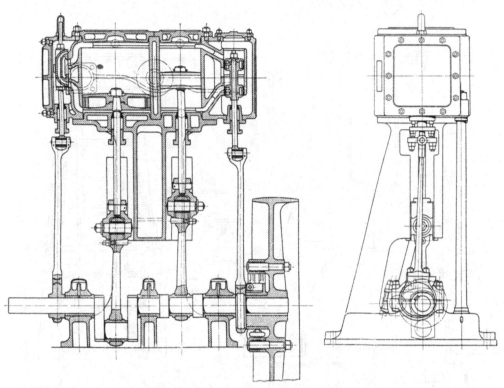

Fig. 435. Stehende Verbundmaschine mit gußeisernem gemeinsamem Ständer und zwei senkrechten, an den Cylindern befestigten Säulen.

dere Deckplatte vereinigt werden, wie dies bei den stehenden Maschinen des Bd. II, Taf. 22 und S. 28 und 29 geschehen. In diesem Falle wird der Ständeraufbau zur geschlossenen Konstruktion, auf die die Wärmedehnungen des Cylinders keinen Einfluß mehr nehmen. Nur für kleine Ausführungen konstruktiv zulässig erscheint die Anordnung Fig. 435, bei der der einseitige Ständer mit den unteren Deckeln des Hoch- und Niederdruckcylinders zusammengegossen ist und zwei mit den Cylindern verbundene Säulen zur weiteren Stütze der letzteren dienen.

Die naturgemäße Form des Ständers entwickelt sich aus denselben Gesichtspunkten, die für die Ausbildung des Rahmens liegender Maschinen geltend gemacht werden mußten. Ständer und Grundplatte haben den an sich geschlossenen Aufbau der Maschine zu ·bilden, der mit dem Fundament fest verbunden werden kann, während der Dampfcylinder so anzuschließen ist, daß er sich unter dem Einfluß der Dampfwärme frei ausdehnen kann, ohne den Ständer zu beeinflussen.

Zu diesem Zwecke wird ein zum Dampfcylinder zentrischer Ständerkopf ausgebildet, der entweder mit beiden Ständerfüßen oder nur mit einem zusammen-

gegossen ist, wobei in letzterem Falle die zweite Unterstützung des Ständers durch
Gußeisen- oder Schmiedeisensäulen erfolgt.

Grundformen.   Für den normalen Aufbau stehender Maschinen mit oben liegenden Dampfcylindern kommen drei Ausführungsformen in Betracht, und zwar die Ausführung
mit ganz geschlossenem Ständer, mit offenem Gußständer in A-Form und mit

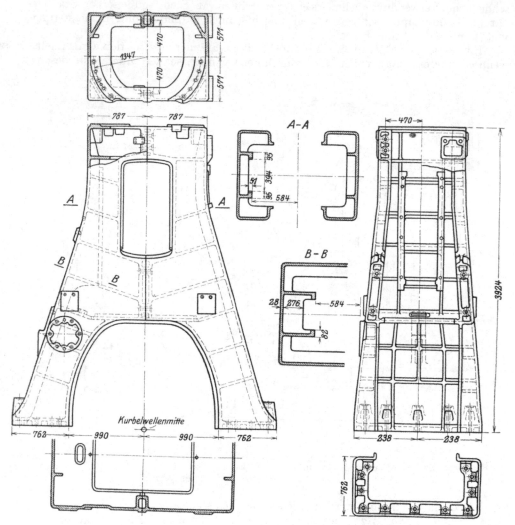

Fig. 436. Ständer der Niederdruckseite einer stehenden Verbunddampfmaschine
$\left(\text{ND-Cylinder } \frac{1321}{1057}\right)$ von Mc. Intosh & Seymour Co., Auburn N. Y.

einseitigem Gußständer und gußeisernen oder schmiedeeisernen Säulen; die letzteren
beiden Ausführungsweisen entsprechen der in Deutschland üblichen normalen
Ständerform.

Die Ständer und Säulen haben die infolge der Dampfwirkung entstehenden
und mit dem Kolbenhub ihre Richtung wechselnden Cylinderdeckeldrücke symmetrisch zur Cylinderachse auf die Grundplatte zu übertragen, wobei sie als innere
Gegenkräfte zur Lagerreaktion der Triebwerksdrücke wirksam werden.

Geschlossene   Mit cylindrischer Kreuzkopfführung versehene Gußständer in A-Form haben
A-Ständer.   bei der Verbundmaschine II, Taf. 21 Verwendung gefunden, wobei zur Erhöhung

der Stabilität die Verschraubung der Ständerfüße an hochgezogenen Arbeitsflächen des Grundrahmens erfolgt; aus gleichem Grunde sind die Ständer beider Dampfcylinder in der Mitte ihrer Rundführungen nochmals miteinander verschraubt.

Fig. 436 gibt einen großen gußeisernen A-Ständer amerikanischer Bauart, bestehend aus zwei symmetrischen, in der vertikalen Mittelebene getrennten Teilen, die durch Innenflanschen miteinander verschraubt sind. Die vielfache Verrippung der Ständerwände dient einerseits zu deren Versteifung, andererseits verhindert sie das Vibrieren und Dröhnen der Ständer im Betrieb. Zur Aufnahme der einseitigen Linealführung des Kreuzkopfes dienen in geeignetem Abstand an der einen Ständerwand angegossene Stützwände, wie sie aus den Schnitten A und B ersichtlich sind.

Ein Beispiel jener das Triebwerk vollständig umschließenden Ständer, die vornehmlich für Schnelläufer Verwendung gefunden haben, kennzeichnet Fig. 437

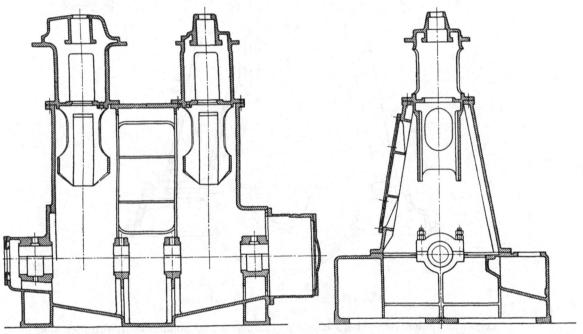

Fig. 437. Geschlossener Ständer einer raschlaufenden Verbundmaschine englischer Bauart.

in einer englischen Ausführung. Die mit den oberen Ständerflanschen verschraubten Kreuzkopfführungen sind mit laternenförmigen Aufsätzen zusammengegossen, die oben von den Zylinderböden abgeschlossen werden. Seitliche Öffnungen in den Laternen ermöglichen die Zugänglichkeit zu den unteren Zylinderstopfbüchsen und abnehmbare Deckel an den Ständern die erforderliche Zugänglichkeit zu dem im Ständerinneren arbeitenden Triebwerk.

Dem Vorteil billiger Bearbeitung und einfacher Aufstellung vorstehend gekennzeichneter Ständer steht der Nachteil verhältnismäßig großen Gewichtes und geringerer Zugänglichkeit des Triebwerkes gegenüber, weshalb im allgemeinen der in Fig. 438 dargestellte einseitige Gußständer mit Säule und einseitiger Kreuzkopfführung bevorzugt wird.

Die zum Cylinderanschluß dienende, in Form eines Wulstes ausgebildete Ständerkrone stützt sich einerseits auf einen mit ihr zusammengegossenen Ständerfuß, andererseits auf eine oder zwei Säulen, die mit ihr und der Grundplatte verschraubt oder verkeilt werden.

Ständer mit Säule.

Normale Ausführungsbeispiele derartiger Ständer zeigen Fig. 438, II, 17 und 22, sowie Taf. 20, 24 und 26, die auch verschiedene Befestigungsweisen der schmiedeeisernen oder gußeisernen Säulen an ihren oberen und unteren Enden erkennen lassen.

Die Vereinigung von Ständer mit Krone und Grundplatte zu einem gemeinsamen Gußstück, ähnlich der allgemeinen Durchbildung liegender Maschinen, bei denen Cylinderbefestigungsflansch, Rundführung und Kurbelwellenlager zusammen-

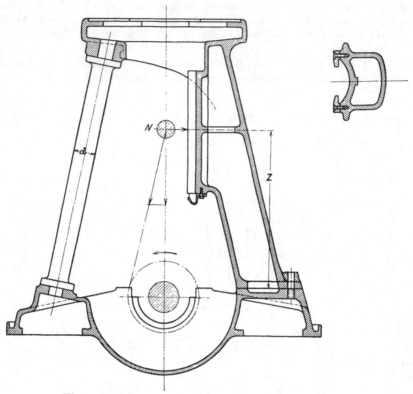

Fig. 438. Ständer mit Säulenverbindung.

gegossen werden, ist nur bei kleinen Ausführungen und Sonderkonstruktionen stehender Dampfmaschinen zu finden, wie beispielsweise für Lentzmaschinen, II, 20, für die dieser Zusammenschluß bei Maschinen bis zu 700 mm Kolbenhub durchgeführt wird.

Säulenverbindung. Besondere Aufmerksamkeit ist der Verbindung der Säule mit der Ständerkrone und Grundplatte insofern zu widmen, als die mit dem Kolbenhubwechsel zusammenhängenden entgegengesetzten Kräftewirkungen wechselnde Längenänderungen von Ständer und Säule bewirken und auf Lockerung der Verbindungsstellen hinwirken, so daß der Ständer mit jeder Umdrehung der Maschine sich verlängert und verkürzt. Zu diesen ständigen Vertikalbewegungen kommen noch Horizontalbewegungen des Ständers durch Kippmomente hinzu, die von den veränderlichen Normaldrucken im Kreuzkopfschlitten um die Außenkanten der Ständerauflageflächen erzeugt werden.

Beanspruchung der Säule. Wird der Normaldruck auf den Kreuzkopfschlitten mit N und die senkrechte Entfernung des Kreuzkopfzapfenmittels von der Ständerauflagefläche mit z bezeichnet, so entsteht ein Kippmoment

$$M = N \cdot z,$$

das aufgenommen werden muß durch ein entgegengesetzt wirkendes Drehmoment der Säule um die gleiche Kippkante der Auflagefläche des Ständers bezw. um den

Schwerpunkt der Auflagerverschraubung. Werden die aus der Zerlegung des Zylinderdeckeldruckes in die Unterstützungsrichtungen des Ständers und der Säulen sich ergebenden Komponenten mit Z_1 und wird mit Z_2 die in der Säule wirkende Zugkraft bezeichnet, deren Momentwirkung um die Kippkante der Ständerauflagefläche $= M$ ist, so ergibt sich eine rechnerische Zugbeanspruchung der Säule von

$$Z_0 = Z_1 + Z_2,$$

deren Größe jedoch verschieden mit der Kreuzkopf- bezw. Kolbenstellung ausfällt.

Da nun bei dieser Zugwirkung die Verbindung der Säule an ihren beiden Enden sich nicht lockern darf, so muß die Anspannung Z der Säule im Ruhezustand $> \max Z_0$ genommen werden.

Die Säulenbefestigung ist also als Spannungsverbindung zu behandeln; es ist dafür zu sorgen, daß beim Einbau der Säule die Ständerkrone für die Säulenverschraubung oder -Verkeilung einen Widerstand $Z > Z_0$ erzeugt. Die hierzu nötige Durchbiegung der Krone hängt von der Größe ihres Anschlußquerschnittes am Ständer, also von der zugestandenen Biegungsbeanspruchung am Ständerkopf ab. Das ursprüngliche Spiel zwischen den Paßflächen der unbelasteten Säule und der Krone ist gleich der Summe der Längenänderungen der ersteren und der Durchbiegung der letzteren zu machen.

Da die zusammengesetzte Wirkung der veränderlichen Zug- und Druckkräfte Z_1 und Z_2 Längenänderungen von Ständer und Säule verursachen und die Drehmomente M auf ein Kippen des Ständers hinwirken, so sind bei stehenden Maschinen dauernde Schwingungen des ganzen Aufbaues zu gewärtigen, die um so stärker in die Erscheinung treten, je größere Formänderungen zugelassen werden. Zur Sicherung ruhigen Maschinenganges sind daher die Materialbeanspruchungen möglichst niedrig zu wählen, und zwar für Säulen aus Schmiedeeisen oder Stahl nur 200 bis 300 kg, für Ständer und gußeiserne Säulen nicht über 50 bis 100 kg; auch ist der Ständerfuß kräftig mit dem Grundrahmen zu verschrauben.

Zur Erhöhung der Stabilität und Vermeidung von Schwingungen des Ständers kann auch noch dadurch beigetragen werden, daß statt einer Säule zwei symmetrisch zur Mittelebene des Ständers stehende Säulen ausgeführt werden, wie dies bei dem Ständer II, 22 und 23 der Fall. Eine solche Verteilung der Säulen hat außerdem den Vorteil bequemer Zugänglichkeit und leichteren Ein- und Ausbaues der Schubstange und des Kreuzkopfes. Die seltener angewendeten gußeisernen Säulen führen wegen der auszuführenden hohlen Form und der geringeren zulässigen Materialbeanspruchung auf große Durchmesser und plumpe Verhältnisse, so daß sie das Aussehen der Maschine sehr beeinträchtigen.

Die Ständer von Verbund- und Mehrcylindermaschinen werden übereinstimmend ausgebildet; nur der Durchmesser der Ständerkronen wird in Rücksicht auf die abweichenden Durchmesser der einzelnen Cylinder, in der Regel auch verschieden groß, wie beispielsweise bei der Dreifachexpansionsmaschine II, 23. Der Flanschenanschluß verschieden großer Dampfcylinder läßt sich aber auch so gestalten, daß gleiche Ständerkronen ausgeführt werden können, wie dies die Konstruktionen II, Taf. 21, ferner die Lentzmaschine II, 21 zeigen. Bei letzterer dient die Austragung unterhalb des zur Cylinderbefestigung dienenden Flansches zur Unterstützung der Cylinderisolierung und deren Verschalung.

Besonders wertvoll für die Stabilität stehender Mehrcylindermaschinen ist die gegenseitige Abstützung der Ständer und ihre Versteifung durch Verschraubung der Ständerkronen, zu der bei größeren Konstruktionshöhen auch noch Zwischenverbindungen in etwa halber Höhe des Ständers hinzukommen, wie an den Ausführungen II, 23 und 27 zu erkennen.

Cylinderanschluß. Für den Anschluß des Cylinders besitzt die Ständerkrone centrische Paßflächen, mit denen ersterer so verschraubt wird, daß eine axiale Übertragung der Deckeldrücke auf die Ständer erfolgt. Zur Erzielung glatter Außenformen und ruhigen Aussehens der Ständer werden die Befestigungsschrauben

Cylinderanschluß.

meist innerhalb des Wulstes eingesetzt oder als Stiftschrauben ausgeführt, II, 20 und 22, nur selten werden sie sichtbar, wie nach II, Taf. 21 angeordnet.

Bei Heißdampfcylindern erfolgt ähnlich wie bei liegenden Maschinen die Auflagerung des Cylinders am Zentrierflansch, bisweilen nur an den Augen der einzelnen Befestigungsschrauben, II, Taf. 20, um die Wärmeleitung in den Ständer hintanzuhalten.

Kreuzkopf-
führung.   Kreuzkopfführung. Bei den A-förmigen Ständern ergibt sich die zweiseitige, cylindrische Führung des Kreuzkopfes als naturgemäß, da ihre centrische Bearbeitung zum Cylinderanschlußflansch auch sofort die zum Cylinder axiale Führung sichert.

Bei den einseitigen Ständern mit Säule wird dagegen auch der Kreuzkopf nur einseitig geführt, wobei die Gleitbahn entweder cylindrisch oder eben ausgebildet werden kann. Die cylindrische Gleitbahn hat den Vorteil, daß sie sich centrisch zur Cylinderachse und zum Anschlußflansch bearbeiten läßt, II, 17. Dennoch werden im allgemeinen die ebenen Gleitbahnen wegen bequemerer Bearbeitung und leichterer Paßarbeit vorgezogen. Die einseitigen Schlitten der Kreuzköpfe müssen aber noch durch übergreifende, am Ständer festgeschraubte Lineale gegen Abheben von der Gleitbahn geschützt werden. Behufs ihrer genauen Anpassung an die Dicke des Kreuzkopfschlittens und um ihren Abstand dem eintretenden Verschleiß der Gleitflächen anpassen zu können, sind die Lineale durch dünne Blechunterlagen einstellbar gemacht, II, 22, 24, 27, 28, und 29.

Grundplatte.   Die Grundplatte. Hinsichtlich der Ausbildung der Grundplatte kann auf die Fig. II, 17 bis 29 und die Taf. 18 bis 27 verwiesen werden. Sie ist stets mit den Lagerkörpern der Kurbelwelle vereinigt und mit Arbeitsflächen für die Auflagerung der Ständer und Säulen versehen. Bei großen Mehrfachexpansionsmaschinen besteht die Grundplatte meist aus mehreren Teilen, deren Abmessungen sich nach der Größe der verfügbaren Arbeitsmaschinen richten oder durch Transportrücksichten bedingt werden.

Die Grundplatte wird auf Biegung beansprucht, indem der Reaktionsdruck des Triebwerkes am Lager den an den Ständerauflageflächen wirksamen Komponenten des Dampfcylinderdeckeldruckes das Gleichgewicht zu halten hat. Der den gefährlichen Querschnitt enthaltende Lagerkörper wird infolgedessen sehr hoch ausgeführt, während der anschließende Rahmen verhältnismäßig niedrig gewählt werden kann und zwar entweder mit einer zur Auflagefläche des Grundrahmens parallelen oder geneigten Oberfläche. Zur Erleichterung der Bearbeitung der horizontalen Arbeitsflächen ist zu empfehlen, die letzteren möglichst in eine einzige Ebene zu legen, wie dies beispielsweise beim Rahmen II, 23 für die Flächen der Lagerfuge und die Auflageflächen des Ständers geschehen ist.

Die Befestigung der Grundplatte erfolgt durch Fundamentschrauben, für deren Anordnung die gleichen Grundsätze gelten, die für die Rahmen liegender Maschinen entwickelt wurden. Die Schrauben sind in der Mittelebene der Lager anzuordnen und die Rahmen so hoch zu fassen, daß eine möglichst gleichmäßige Übertragung des Schraubenzuges auf die Auflagefläche am Fundament erzielt wird.

B. Mechanik des Kurbeltriebes.

1. Kraftleitung im Triebwerk.

Die vom Kolben der Dampfmaschine auf die Kolbenstange übertragenen Kräfte ermitteln sich aus dem Unterschied der zu beiden Seiten des Kolbens wirksamen Dampfdrücke. Beim Hingang des Kolbens steht dessen Deckelseite unter der Wirkung der Spannungsänderungen der Füllungs- und Expansionsperiode, während er auf der Kurbelseite den Spannungsänderungen der Austritts- und Kompressionsperiode ausgesetzt ist.

Stellen nun A und B Fig. 439 die auf beiden Cylinderseiten gleichzeitig abgenommenen Indikatordiagramme dar, deren zusammengehörige Kurvenzüge durch

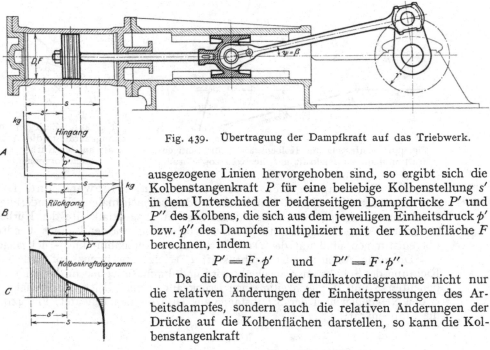

Fig. 439. Übertragung der Dampfkraft auf das Triebwerk.

ausgezogene Linien hervorgehoben sind, so ergibt sich die Kolbenstangenkraft P für eine beliebige Kolbenstellung s' in dem Unterschied der beiderseitigen Dampfdrücke P' und P'' des Kolbens, die sich aus dem jeweiligen Einheitsdruck p' bzw. p'' des Dampfes multipliziert mit der Kolbenfläche F berechnen, indem

$$P' = F \cdot p' \quad \text{und} \quad P'' = F \cdot p''.$$

Da die Ordinaten der Indikatordiagramme nicht nur die relativen Änderungen der Einheitspressungen des Arbeitsdampfes, sondern auch die relativen Änderungen der Drücke auf die Kolbenflächen darstellen, so kann die Kolbenstangenkraft

$$P = P' - P''$$

in ihren Veränderungen während des Kolbenhinganges auch dargestellt werden durch ein auf den Kolbenweg bezogenes Kolbenkraftdiagramm C, das mit dem Unterschiede der Ordinaten der zusammengehörigen Linienzüge beider Indikatordiagramme A und B aufgezeichnet ist, wobei die im Sinn der Kolbenbewegung wirkenden Kolbenkräfte nach oben, die entgegengesetzt gerichteten als Widerstände nach unten angetragen sind.

In gleicher Weise ergibt sich das Kolbenkraft- oder Überdruckdiagramm für den Kolbenrückgang, das mit demjenigen des Kolbenhinganges übereinstimmt, wenn Dampfverteilung und Kolbenfläche auf beiden Kolbenseiten gleich gewählt sind und von dem Einfluß der endlichen Schubstangenlänge abgesehen wird.

Die Arbeitsleistung der Maschine während einer Umdrehung wird in den beiden Überdruckdiagrammen ebenso wie in den Indikatordiagrammen als Unterschied der positiven und negativen Arbeitsflächen dargestellt. Im Überdruckdiagramm entsprechen die positiven Arbeitsflächen der Füllungs- und dem größten Teil der Expansionsperiode, während die negativen Arbeitsflächen dadurch entstehen, daß die Kompressionsdrucke P'' der einen Kolbenseite die gleichzeitig wirksamen Expansionsdrucke P' der anderen Kolbenseite überwiegen.

Die Kolbenstangenkraft wird, Fig. 439, nach dem geradlinig bewegten Kreuzkopf und von diesem durch die Schubstange auf die Kurbel übertragen, wobei eine Änderung der übertragenen Arbeit nicht eintritt, wenn von den mechanischen Verlusten im Triebwerk abgesehen wird. Durch diese Übertragung mittels des Kurbelgetriebes wird die an den Kolben abgegebene Dampfarbeit zur Überwindung der an der Welle angreifenden äußeren Widerstände, d. i. zur Erzeugung mechanischer oder elektrischer Energie, nutzbar gemacht.

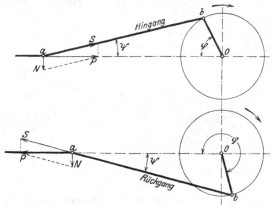

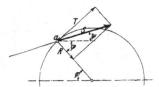

Fig. 440. Zerlegung der Kolbenkraft in die Stangenkraft und die Normalkraft auf die Kreuzkopfführung.

Fig. 441. Zerlegung der Stangenkraft in die Umfangskraft an der Kurbel und die Radialkomponente.

Kraftleitung im Triebwerk.

Die Übertragung der Kolbendrücke an Triebwerk und Kurbel. Die geradlinig wirkenden Kolbendrücke werden bei mehrmaliger Veränderung ihrer Größe und Richtung mittels der Schubstange in Tangentialkräfte der Kurbel umgewandelt, deren Arbeitsleistung am Kurbelumfang während einer Umdrehung übereinstimmen muß mit der Dampfarbeit eines Kolbenhin- und -rückganges.

Die erste Ableitung der Kolbenkraft P erfolgt am Kreuzkopf, indem sie in Richtung der Schubstange abgelenkt wird und durch Zerlegung in die beiden Komponenten S und N gleichzeitig einen Druck auf dessen Gleitbahn erzeugt. Wenn ψ den Neigungswinkel der Schubstange zur Horizontalen bedeutet, Fig. 440, wird die Stangenkraft

$$S = \frac{P}{\cos \psi}$$

und der Normaldruck auf den Kreuzkopfschlitten

$$N = P \operatorname{tg} \psi,$$

wobei der Überdruck P während eines Kolbenhubes sich entsprechend dem Verlauf des Kolbenkraftdiagrammes Fig. 439 C ändert. Nur die Stangenkräfte S werden nach der Kurbel weitergeleitet; die Normalkräfte N dagegen erzeugen in der Gleitbahn des Kreuzkopfschlittens Reibungswiderstände, deren Verlustarbeit die Nutzarbeit der Kolbenkräfte vermindert. An der Kurbel findet eine weitere Zerlegung der übertragenen Kraft S statt, und zwar in tangentialer Richtung des Umfangswiderstandes und in radialer Richtung des Kurbelarmes, Fig. 441, da nur am Kurbelumfang und an der Welle Kräfte aufgenommen werden können. Abhängig vom augenblicklichen Drehwinkel φ der Kurbel zerlegt sich somit die Stangenkraft S in die Tangentialkraft

$$T = S \sin(\varphi + \psi) = \frac{P}{\cos\psi} \sin(\varphi + \psi)$$

und in eine vom Kurbelarm aufzunehmende Radialkraft

$$R = S \cos(\varphi + \psi).$$

Von diesen beiden Komponenten wird die Kraft T für die Arbeitsleistung nutzbar, während die Radialkomponente R nur Reibungswiderstände im Kurbellager erzeugt, gleichfalls auf Kosten der Nutzarbeit der Kolbenkräfte.

Wird zunächst von den mit der Kraftleitung verbundenen Reibungsverlusten abgesehen, so hat die Übertragung der nutzbaren Kolbenüberdrucke P nach der

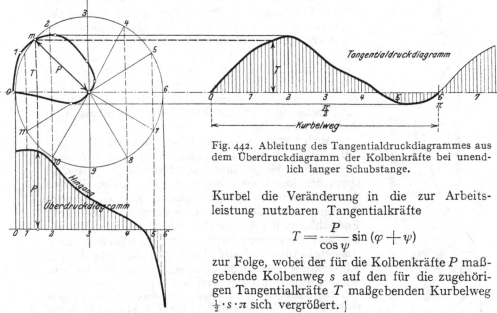

Fig. 442. Ableitung des Tangentialdruckdiagrammes aus dem Überdruckdiagramm der Kolbenkräfte bei unendlich langer Schubstange.

Kurbel die Veränderung in die zur Arbeitsleistung nutzbaren Tangentialkräfte

$$T = \frac{P}{\cos\psi} \sin(\varphi + \psi)$$

zur Folge, wobei der für die Kolbenkräfte P maßgebende Kolbenweg s auf den für die zugehörigen Tangentialkräfte T maßgebenden Kurbelweg $\frac{1}{2} \cdot s \cdot \pi$ sich vergrößert. |

Die mit der Kolbenkraft und Kurbelstellung sich ergebende Veränderung der Tangentialkräfte läßt sich am besten durch das auf den Kurbelweg bezogene Tangentialdruckdiagramm veranschaulichen, dessen Flächeninhalt gleichzeitig die Arbeitsleistung am Kurbelumfang darstellt; da letztere gleich derjenigen der Kolbenkräfte sein muß, so hat der Flächeninhalt des Tangentialdruckdiagramms mit dem Inhalt der Kolbenüberdruck- bzw. der Indikatordiagramme übereinzustimmen, gleiche Kräfte- und Längenmaßstäbe sämtlicher Arbeitsdiagramme vorausgesetzt.

Tangentialdruckdiagramm.

Für überschlägliche Berechnungen wird in der Regel die Schubstange als unendlich lang angenommen, so daß der Neigungswinkel $\psi = 0$ wird. Es wird alsdann die Schubstangenkraft $S = P$ und die Tangentialkräfte ermitteln sich aus der Beziehung

$$T = P \sin\varphi.$$

Dieser einfache Zusammenhang zwischen Kurbelumfangskraft und Kolbenkraft führt auf eine sehr einfache zeichnerische Ermittlung des Tangentialdruckdiagrammes Fig. 442.

Über oder unter dem Diagramm der Kolbenkräfte P wird für den angenommenen Kolbenhub der Kurbelkreis beschrieben, in dem für unendlich lange Schubstange die Kurbelstellung für eine beliebige Kolbenstellung senkrecht über letzteren zu liegen kommt. Werden nun die Kolbenkräfte P auf den Richtungen der zugehörigen

Kurbelstellungen vom Mittelpunkt des Kurbelkreises aus aufgetragen und zwar positive Kräfte in Richtung der Kurbel, negative auf ihre rückwärtige Verlängerung,

so ergibt sich das in Fig. 442 gezeichnete polare Überdruckdiagramm, dessen Ordinaten die Tangentialdrucke darstellen, deren Übertragung auf die Abwicklung des zugehörigen Kurbelweges das Tangentialdruckdiagramm liefert. Wird für den Kurbelradius die Länge 1 angenommen, dann wird der dem Kolbenweg entsprechende Kurbelweg $= \pi$.

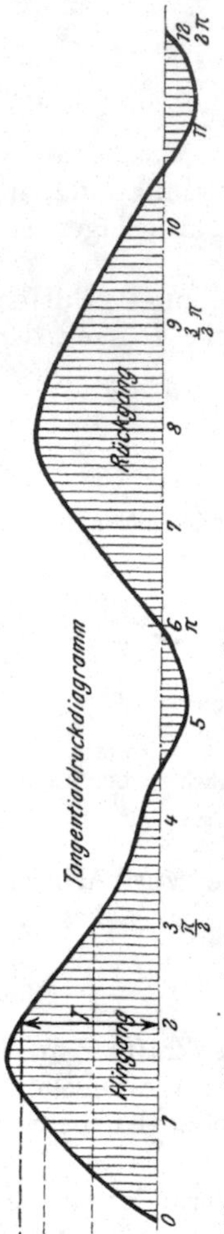

Bei Gleichheit des Überdruckdiagrammes für Kolbenhin- und -rückgang wiederholt sich auch der Verlauf der Kurbelkräfte der ersten Hälfte der Umdrehung in der zweiten; es genügt somit die Aufzeichnung des halben Tangentialdruckdiagrammes zur Erkennung des Verlaufes der Kurbelkräfte während einer Umdrehung. Wird dagegen die endliche Stangenlänge berücksichtigt, so werden für Kolbenhin- und -rückgang die Tangentialdruckdiagramme nicht kongruent, auch bei gleichen Überdruckdiagrammen beider Kolbenseiten. Es wird somit in diesem Falle die Ermittlung der Kraftänderungen an der Kurbel für die ganze Umdrehung notwendig.

Auch hierfür wird am besten vom polaren Überdruckdiagramm Fig. 443 ausgegangen, das für beide Kolbenseiten bei gleicher Dampfverteilung annähernd symmetrischen Verlauf aufweist. Durch den Einfluß der veränderlichen Schubstangenrichtung entsprechen die Tangentialkräfte nun nicht mehr den Ordinaten der Endpunkte m der Kräfte P, sondern den Strecken $n\,o$, die von Parallelen durch m zur jeweiligen Schubstangenrichtung auf der durch den Mittelpunkt des Kurbelkreises gezogenen Senkrechten auf die Kolbenschubrichtung abgeschnitten werden.

Die Richtigkeit vorstehender Konstruktion der Tangentialkräfte kann mit Zuhilfenahme der Fig. 444 aus folgender Betrachtung abgeleitet werden:

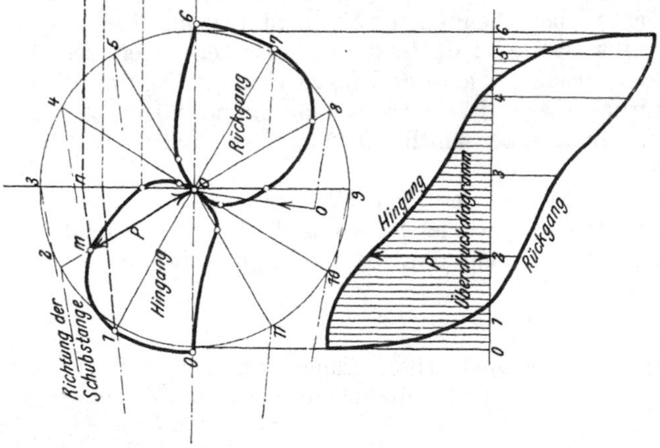

Wird die Schubstangenbewegung als eine Aufeinanderfolge von Drehbewegungen um Momentancentren aufgefaßt, so ergeben sich die augenblicklichen Drehpunkte im Schnittpunkt der Normalen auf die Kreuzkopfgleitbahn und der Richtung des Kurbelradius (in der Figur mit Pol bezeichnet). Die Übertragung der Kraftwirkung P auf die Tangentialwirkung T der Kurbel erscheint somit als eine Umsetzung der Kraft im Verhältnis ihrer Hebelarme um den Pol. Es muß somit sein

$$P \cdot x = T \cdot y,$$

wonach

$$P : T = y : x.$$

Fig. 443. Tangentialdruckdiagramm und Überdruckdiagramm unter Berücksichtigung des Einflusses der Schubstangenlänge.

Aus der Figur ist aber zu erkennen, daß $y : x = O\,b : O\,c$. Die Parallele zu $b\,c$ durch den Endpunkt m der auf den Kurbelradius aufgetragenen Kraft P schneidet somit auf der zur Kreuzkopfbahn senkrechten Mittellinie des Kurbelkreises im Punkte n die Tangentialkraft T ab, denn es wird wieder

$$P : T = O\,b : O\,c = y : x = O\,m : O\,n.$$

Die so gefundenen Tangentialkräfte T (gleich den Strecken $n\,o$) liefern auf die zugehörigen Kurbelwege aufgetragen ein Tangentialdruckdiagramm Fig. 443, das für beide Kurbeldrehungshälften abweichenden Verlauf zeigt, während der Flächeninhalt beider Diagrammteile übereinstimmen muß, wenn von gleicher Dampfverteilung auf beiden Kolbenseiten ausgegangen war. Die im linearen und polaren Überdruckdiagramm für den Kolbenrückgang in entgegengesetzter Richtung eingetragenen Kräfte P führen auf gleichgerichtete Kräfte T des Tangentialdruckdiagrammes, mit Ausnahme der den überschüssigen Kompressionsarbeiten entsprechenden Umfangskräfte. Behufs Ermittlung der Kolbenkraft P für eine be-

stimmte Kurbelstellung unter Berücksichtigung des Einflusses der endlichen Schubstangenlänge ist dem Umstande Rechnung zu tragen, daß die zugehörige Kolbenstellung durch Bogenprojektion des Kurbelzapfenmittelpunktes auf die Kolbenschubrichtung mittels eines Kreises vom Radius $\varrho =$ der Schubstangenlänge sich ergibt.

Bei der seitherigen Betrachtung der Kraftleitung vom Kolben zur Kurbel ergeben sich nur solche Veränderungen in der Übertragung, die sich aus dem kinematischen Zusammenhang des Kurbeltriebwerkes ableiten, ohne Rücksicht

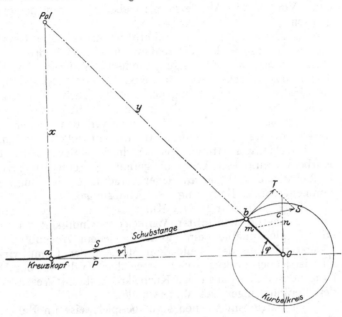

Fig. 444. Darstellung des augenblicklichen Drehpunktes (Pol) der Schubstangenbewegung.

auf die dynamischen Einflüsse der bewegten Triebwerksmassen und der zur Überwindung der Reibungswiderstände aufzuwendenden Kräfte. Tatsächlich wird durch letztere eine Verkleinerung der übertragenen Kräfte und durch die Gewichts- und Massenwirkung des Triebwerks eine Verschiebung in der Kräftewirkung hervorgerufen.

Da durch den Einfluß der Reibungswiderstände des Triebwerkes die Kraftübertragung sich nicht wesentlich ändert, so mögen dieselben einstweilen vernachlässigt und deren Berücksichtigung der Behandlung der mechanischen Verluste der Dampfmaschine vorbehalten werden. Dagegen erscheint es von grundsätzlicher Wichtigkeit, die Kraftleitung zur Kurbel unter Berücksichtigung der Gewichts- und Massenwirkung des Triebwerkes eingehender zu verfolgen.

Gewichtswirkung des Triebwerkes. Bei liegenden Maschinen fällt der Einfluß der Gewichte jener bewegten Teile, die horizontal geführt sind, wie Kolben, Kolbenstange und Kreuzkopf, heraus, während das Gewicht der Schubstange, infolge ihrer schwingenden Bewegung, entsprechend der Auflagerreaktion ihres Gewichtes am Kurbelzapfen, in dem Betrage $G_s\,\dfrac{a}{L}$ an der Kurbel zur Wirkung kommt, wenn L die Länge der Schubstange und a den Abstand ihres Schwerpunktes von der Kreuzkopfzapfenmitte bezeichnet. Für praktische Zwecke kann jedoch dieser Teil des Schubstangengewichtes wegen seiner Kleinheit im Vergleich mit den aus der Dampfwirkung resultierenden Kurbelumfangskräften vernachlässigt werden.

Gewichtswirkung des Triebwerkes.

Bei stehenden Maschinen kommt das Gewicht sämtlicher auf- und niedergehenden Triebwerksteile in Betracht, die sich in ihrer Wirkung auf die Kurbel bei Kolbenniedergang zur Kolbenkraft addieren, bei Kolbenaufgang dagegen von dieser subtrahieren. Die an die Kurbel übertragenen Dampfarbeiten erfahren somit bei Abwärtsgang des Triebwerkes eine Vergrößerung, bei Aufwärtsgang eine Verkleinerung, ohne jedoch während einer Umdrehung die gesamte vom Dampf geleistete Nutzarbeit zu verändern.

Diese ungleiche Arbeitsweise beider Hubhälften kann durch entsprechende Vergrößerung des Füllungsgrades auf der unteren Kolbenseite ausgeglichen werden. Von diesem Ausgleich wird aber meist nur bei großen Maschinen Gebrauch gemacht.

Massenwirkung des Triebwerkes. Massenwirkung des Triebwerkes. Die Überführung der geradlinigen hin- und hergehenden Kolbenbewegung in eine drehende Bewegung der Kurbelwelle bedingt eine derartige periodische Änderung der Lage und Geschwindigkeit der Triebwerksmassen, daß Massenkräfte entstehen, die zum Teil eine Vergrößerung, zum Teil eine Verkleinerung der auf die Kurbe wirksamen Kolbenkräfte hervorrufen. Die Ausmittlung dieser Massenkräfte erfordert die genaue Kenntnis der Geschwindigkeits- und Beschleunigungsverhältnisse der einzelnen Teile des Triebwerkes, die deshalb nachfolgend kurz entwickelt werden.

Im Triebwerk treten drei verschiedene Bewegungsarten auf: die Drehung der Kurbel um eine feste Achse, die geradlinige Schwingung von Kreuzkopf, Kolben und Kolbenstange und die aus einer geradlinigen Schwingung und einer Drehung zusammengesetzte Bewegung der Schubstange.

Einfluß der Kurbeldrehung. Kurbeldrehung. Die Kurbeldrehung hat aus betriebstechnischen Gründen mit annähernd konstanter Winkelgeschwindigkeit zu erfolgen. Sie würde vollständig gleichmäßig sein, wenn in jedem Augenblick das Moment des Nutzwiderstandes an der Welle dem Moment der Dampfwirkung gleich sein könnte. Dies ist jedoch praktisch nicht erreichbar, da die mit der Dampfwirkung zusammenhängenden Änderungen der Kurbelkräfte ihrem Wesen nach verschieden sind von den Veränderungen des Widerstandes.

Bei Betriebsmaschinen kann beispielsweise im Beharrungszustand das Widerstandsmoment an der Kurbelwelle als konstant angenommen werden, während das aus der veränderlichen Kolbenkraft sich ableitende Drehmoment, wie Fig. 442 bzw. 443 zeigt, bedeutende Schwankungen aufweist.

Da nun die Überwindung eines unveränderlichen Widerstandes an der Kurbelwelle mit gleichbleibender Geschwindigkeit auch die Wirkung einer unveränderlichen Tangentialkraft voraussetzt, so muß in der Dampfmaschine dafür gesorgt werden, daß die in veränderlichen Kolbenkräften sich äußernde Dampfarbeit auf ihrem Wege zur Abgabestelle an der Welle mit konstanter Umfangskraft ausgeleitet wird.

In diesem Sinne wirkt bereits die Kraftleitung im Triebwerk unter dem Einfluß der Massenwirkung von Kolben, Kolbenstange, Kreuzkopf und Schubstange.

Ein weitgehender Ausgleich für die in die Kurbelwelle eingeleiteten Drehmomente wird bei Mehrcylindermaschinen erreicht durch Verteilung der Arbeit auf mehrere Triebwerke mit derart zueinander versetzten Kurbeln, daß die großen Tangentialkräfte der einen Kurbel ausgleichend zusammenwirken mit den kleinen Umfangskräften der anderen und umgekehrt.

Die auch mittels der Arbeitsteilung auf mehrere Kurbeln und der Massenwirkung des Triebwerkes nicht genügend zu behebende Verschiedenheit der Drehmomente wird schließlich an der Welle selbst beseitigt durch das zwischen der Kurbel und der Arbeitsaustrittsstelle eingeschaltete und mit der Welle fest verbundene Schwungrad, dem wirksamsten Kraftausgleichsmittel.

Der Einfachheit halber wird in den folgenden Untersuchungen die Winkelgeschwindigkeit ω als konstant angenommen. Tatsächlich arbeiten auch die Betriebsmaschinen für Werkstätten und Kraftwerke mit sehr geringen Geschwindigkeitsschwankungen. Nur in bestimmten Fällen, z. B. bei Schiffsmaschinen, Förder-

und Walzenzugsmaschinen, ist die Veränderlichkeit von ω größer, teils wegen fehlender Schwungmassen, teils wegen großer Unregelmäßigkeiten des Widerstandes.

a. Bewegungsverhältnisse des Triebwerkes.

Da die Kurbelbewegung bestimmend ist für die Bewegungsverhältnisse des Triebwerkes, so ist auch von dieser auszugehen.

Unter Annahme konstanter Winkelgeschwindigkeit ω findet sich für die Kurbe vom Radius r die konstante Kurbelgeschwindigkeit

$$v = r\omega$$

und die radiale Beschleunigung des Kurbelzapfens

$$b_r = \omega^2 r = \frac{v^2}{r}.$$

Trotz unveränderlicher Winkelgeschwindigkeit der Kurbel treten bei den übrigen Triebwerksteilen bedeutende Geschwindigkeitsänderungen auf, die entsprechende

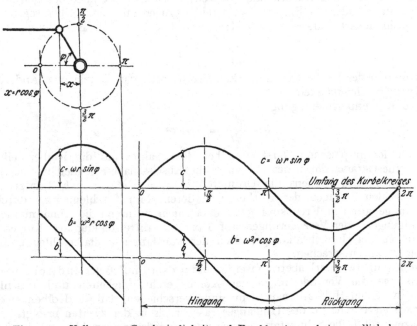

Fig. 445. Kolbenweg, Geschwindigkeit und Beschleunigung bei unendlich langer Schubstange (Kurbelschleife).

Massenwirkungen im Gefolge haben und die Kraftübertragung vom Kolben zur Kurbel beeinflussen.

Bei der nachfolgenden Ermittlung der Massenwirkung des Triebwerks erweist es sich als zweckmäßig, die Untersuchung der geradlinig hin- und hergehenden Teile, wie Kolben, Kolbenstange und Kreuzkopf getrennt von der Untersuchung der gleichzeitig in schwingender Bewegung befindlichen Schubstange zu behandeln.

b. Massenwirkung von Kolben, Kolbenstange und Kreuzkopf.

Bei Ableitung der Bewegung der hin- und hergehenden Teile aus der Kurbelbewegung sei zunächst von der endlichen Länge der Schubstange abgesehen, wodurch die Bewegungsübertragung vom Kolben und Kreuzkopf zur Kurbel übereinstimmen würde mit der des sogenannten Kurbelschleifengetriebes, das vereinzelt bei untergeordneten Maschinen Anwendung findet.

Für eine von der Totlage ausgehende, beliebige Kurbeldrehung φ, Fig. 445, bestimmt sich die Entfernung des Kreuzkopfes von der Hubmitte zu

Massenwirkung ohne Rücksicht auf Schubstangenlänge.

$$x = r \cos \psi$$

und vom Hubwechsel o zu

$$r - x = r\,(\mathrm{I} - \cos \varphi).$$

Die Kolbengeschwindigkeit in dieser Stellung drückt sich aus durch

$$c = \frac{dx}{dt} = r \sin \varphi \cdot \frac{d\varphi}{dt}.$$

Darin bezeichnet $\frac{d\varphi}{dt}$ die Winkeländerung in der Zeit dt, also die Winkelge-schwindigkeit ω, die, wie oben näher erörtert, als konstant angenommen sei.

Nachdem die Kolbengeschwindigkeit

$$c = r \omega \sin \varphi = v \sin \varphi$$

proportional dem Sinus des Kurbeldrehwinkels sich ergibt, läßt sie sich auch zeich-nerisch sehr einfach darstellen und zwar entweder als Sinuslinie, bezogen auf den Kurbelumfang, oder als Ellipse bzw. Kreis, bezogen auf den Kolbenweg.

Die einfachste Darstellung als Kreis ergibt sich aus der Beziehung

$$\frac{c}{\omega} = r \sin \varphi;$$

die Ordinaten des Kurbelkreises drücken also unmittelbar die relativen Änderungen der Kurbelgeschwindigkeit aus.

Die Kolbenbeschleunigung

$$b = \frac{dc}{dt} = \omega^2 r \cos \varphi$$

liefert in der graphischen Darstellung bei Bezugnahme auf die Kolbenstellungen $r \cos \varphi$ eine Gerade, die in der Hubmitte die Abscissenachse schneidet und in den Endstellungen des Kolbens die Ordinaten $b_{max} = \pm\,\omega^2\cdot r = \pm\,b_r$ besitzt, d. h. in den beiden Totlagen der Kurbel wird deren Radialbeschleunigung durch die Schubstange auf den Kreuzkopf ganz übertragen, während die Abnahme der Be-schleunigungen oder Verzögerungen auf o bis zur Mittelstellung des Kolbens den Änderungen der Horizontalkomponenten der konstanten Radialbeschleunigung des Kurbelzapfens entsprechen.

Einfluß der endlichen Schubstangenlänge.   Im normalen Kurbelbetrieb werden unter dem Einfluß der endlichen Schub-stangenlänge die Veränderungen der Kolbengeschwindigkeiten und Beschleuni-gungen in beiden Hubhälften in dem Sinne verschieden, daß die Kolbenbewegung in der ersten Hubhälfte des Hinganges rascher als in der zweiten erfolgt.

Bezeichnet L die Schubstangenlänge und x wiederum den Abstand des Kreuz-kopfzapfens von seiner Mittelstellung, so wird nach Fig. 446 die Entfernung des Kreuzkopfmittels von der Kurbelwellenmitte

und da

$$x + L = r \cos \varphi + L \cos \psi$$

$$\mathrm{r} \sin \varphi = L \sin \psi,$$

so folgt

$$x = r \cos \varphi - L + L \sqrt{\mathrm{I} - \left(\frac{r}{L}\right)^2 \sin^2 \varphi}$$

$$= r \cos \varphi - \frac{\mathrm{I}}{2}\frac{r}{L} r \sin^2 \varphi \left[\mathrm{I} + \frac{\mathrm{I}}{4}\left(\frac{r}{L}\right)^2 \sin^2 \varphi + \ldots\right].$$

Bei den in der praktischen Ausführung üblichen Werten für $\frac{r}{L} = \mathrm{I}:4$ bis $\mathrm{I}:6$ genügt in Rücksicht auf die starke Konvergenz der Reihe die Berücksichtigung des ersten Klammergliedes, so daß die Strecke x dargestellt wird durch

$$x = r \cos \varphi - \frac{\mathrm{I}}{2}\left(\frac{r}{L}\right) r \sin^2 \varphi.$$

Der Einfluß der endlichen Stangenlänge kommt somit in dem Zusatzgliede

$$-\frac{1}{2}\left(\frac{r}{L}\right)r\sin^2\varphi$$

zum Ausdruck, das bereits erkennen läßt, daß die Kolbenwege für gleiche Drehwinkel φ auf der ersten Hubhälfte größer sind als bei unendlich langer Schubstange.

Die Kolbengeschwindigkeit berechnet sich zu

$$c=\frac{dx}{dt}=r\,\omega\left(\sin\varphi+\frac{1}{2}\,\frac{r}{L}\sin 2\,\varphi\right).$$

Bezogen auf die Abwicklung des Kurbelkreises als Abscisse, Fig. 446, wird somit die Kolbengeschwindigkeit dargestellt als Summe zweier Sinuslinien, von denen die einfache Sinuslinie $r\,\omega\sin\varphi$ den Geschwindigkeitsänderungen bei unendlich langer Schub-

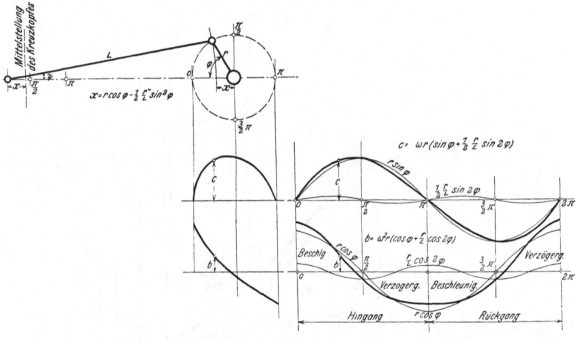

Fig. 446. Kolbenweg, Geschwindigkeit und Beschleunigung im normalen Kurbelgetriebe.

stange, Fig. 445, entspricht, während die doppelte Sinuslinie $\frac{1}{2}\,r\,\omega\,\frac{r}{L}\sin 2\,\varphi$ mit der größten Amplitude $\frac{1}{2}\left(\frac{r}{L}\right)\cdot\omega r$ den Einfluß der endlichen Stangenlänge kennzeichnet. Da die genaue Aufzeichnung der beiden Sinuslinien nur geringen Zeitaufwand erfordert, erweist sich diese Darstellung der Kolbengeschwindigkeit als bequem und zweckmäßig; auch ist sie zur Umzeichnung der Geschwindigkeitskurve bezogen auf die Kolbenstellung mit Vorteil zu benützen.

In letzterer Darstellung wird aus dem Geschwindigkeitskreis, Fig. 445, der sich für unendlich lange Schubstange ergeben hat, eine elliptische Kurve, Fig. 446, deren größte Ordinate entsprechend der größten Kolbengeschwindigkeit schon vor der Hubmitte sich einstellt.

Obwohl die Kolbengeschwindigkeit einer Umdrehung zwischen Null und einem Größtwert sich verändert, wird für praktische Rechnungen häufig die **mittlere** Kolbengeschwindigkeit c_m benützt, die sich aus der Annahme einer konstanten Kolbengeschwindigkeit bei gleicher minutlicher Umdrehungszahl n ableitet,

Mittlere Kolbengeschwindigkeit.

25*

$$c_m = \frac{2\,s\,n}{60} = \frac{s \cdot n}{30}.$$

Da die mittlere Kolbengeschwindigkeit vielfach als eine für die Beurteilung der Betriebsverhältnisse der Maschine charakteristische Größe betrachtet wird, wurde sie auch in den Versuchstabellen des Bd. III für sämtliche Maschinen angegeben.

Aus der Beziehung für die tatsächlichen Kolbengeschwindigkeiten leitet sich die Beschleunigung ab zu

$$b = \frac{dc}{dt} = \omega r \cos \varphi \, \frac{d\varphi}{dt} + \omega r \left(\frac{r}{L}\right) \cos 2\varphi \, \frac{d\varphi}{dt} = \omega^2 r \left(\cos \varphi + \frac{r}{L} \cos 2\varphi \right).$$

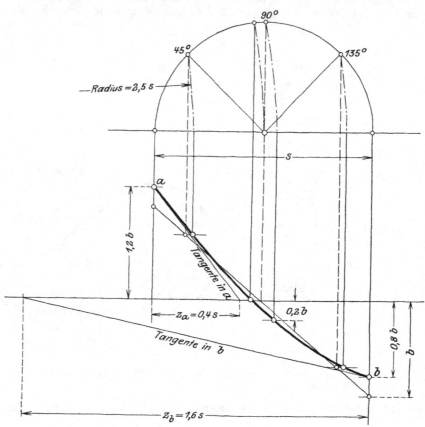

Fig. 447. Aufzeichnung der Massendrucklinie, bezogen auf den Kolbenweg für $\dfrac{r}{L} = \dfrac{1}{5}$.

Auf den abgewickelten Kurbelkreis bezogen, ist der Verlauf der Beschleunigungen durch eine Kurve dargestellt (untere Diagrammlinien der Fig. 446), die sich aus zwei Kosinuslinien zusammensetzt. Davon hat die dem Zusatzglied entsprechende wieder doppelt soviel Perioden als die andere, dagegen eine $\left(\dfrac{r}{L}\right)$ mal kleinere Amplitude. Diese einfache Trennung der Beschleunigungskurve in einen Teil, der den Beschleunigungen bei unendlich langer Schubstange entspricht und einen zweiten Teil, der den Einfluß der endlichen Länge der Schubstange berücksichtigt, erweist sich für die späteren Untersuchungen des Massenausgleiches mehrkurbeliger Maschinen als besonders geeignet.

Aus dem Verlauf der Geschwindigkeits- und Beschleunigungskurven ist zu bemerken, daß der Einfluß der endlichen Stangenlänge in den Beschleunigungen wesentlich stärker zur Geltung kommt, als in den Geschwindigkeiten, indem für das Fehlerglied die Kosinuslinie doppelte Amplitudenhöhe der Sinuslinie besitzt.

Mit Hilfe der Kosinuskurven, die leicht aufzuzeichnen sind, läßt sich auch die auf den Kolbenweg bezogene Beschleunigungskurve ermitteln. Diese wird eine Parabel, deren Ordinaten-Endpunkte in den beiden Totlagen sich zu

$$\omega^2 r \left(\mathbf{1} + \frac{r}{L}\right) \quad \text{und} \quad \omega^2 r \left(\mathbf{1} - \frac{r}{L}\right)$$

ergeben. Es wird also im Vergleich mit unendlich langer Schubstange bei Kolbenhingang zu Beginn des Hubes die Beschleunigung vergrößert und am Ende des Hubes die Verzögerung verkleinert und zwar je um das $\frac{r}{L}$ fache der früheren Beschleunigung $b = \omega^2 r$. Demzufolge verschiebt sich der Nullpunkt der Beschleunigung in die erste Hubhälfte, und zwar in die Kolbenstellung, in der die Kolbengeschwindigkeit ihren größten Wert erreicht. In der Mittelstellung der Kurbel besitzt die Beschleunigungskurve die Ordinate $\omega^2 r \cdot \left(\frac{r}{L}\right)$.

Mit Hilfe der in den Totlagen auftretenden Beschleunigungen und der zugehörigen Tangenten läßt sich die auf den Kolbenweg bezogene Beschleunigungskurve als Parabel aufzeichnen, Fig. 447. Die beiden Endtangenten bestimmen sich durch die rechnerisch leicht abzuleitenden Abstände ihrer Schnittpunkte mit der Nullinie von den Totlagen:

$$z_a = \frac{\left(\mathbf{1} + \frac{r}{L}\right)^2}{\mathbf{1} + 4\left(\frac{r}{L}\right)} r \quad \text{bzw.} \quad z_b = \frac{\left(\mathbf{1} - \frac{r}{L}\right)^2}{\mathbf{1} - 4\left(\frac{r}{L}\right)} r.$$

Für $\left(\frac{r}{L}\right) = \frac{\mathbf{1}}{5}$ wird $z_a = \frac{4}{5} r$ und $z_b = \frac{16}{5} r$.

Da die Beschleunigungskräfte P_b für eine gegebene Masse M den Beschleunigungen b direkt proportional werden, indem

$$P_b = M \cdot b,$$

so stellen die Beschleunigungskurven gleichzeitig den Verlauf der Massenkräfte dar, die die hin- und hergehenden Massen des Kolbens, der Kolbenstange und des Kreuzkopfes bei ihren Geschwindigkeitsänderungen hervorrufen.

c. Massenwirkung der Schubstange.

Die Schubstange führt neben der hin- und hergehenden eine schwingende Bewegung aus, da der am Kreuzkopf wirkende Schubstangenkopf an der Kolbenbewegung, der an der Kurbel angreifende an der Kurbeldrehung teilnimmt und die verbindende Stange die beiden Bewegungen vermittelt. Für die einzelnen Massenpunkte der Stange ergeben sich somit in Größe und Richtung voneinander abweichende Beschleunigungen, deren Horizontal- und Vertikalkomponenten zu bestimmen und zusammenzufassen wären, um die Gesamtmassenwirkung der Schubstange zu erhalten.

Für die rechnerische Behandlung der vorstehenden Aufgabe erweist sich am einfachsten der Ersatz der Schubstangenmasse m_s durch drei Massen m_1, m_2 und m_3, die im Kreuzkopfzapfen, Kurbelzapfen und im Stangenschwerpunkt vereinigt gedacht sind, und deren Größe so gewählt wird, daß sie die statischen und dynamischen Wirkungen der Stangenmasse ersetzen. Zu diesem Zwecke müssen sie folgende Bedingungen erfüllen:

Zerlegung der Schubstangenmasse.

1. Die Summe der Massen muß gleich der gesamten Stangenmasse sein, also
$$m_s = m_1 + m_2 + m_3.$$

2. Der Schwerpunkt der Einzelmassen muß mit dem Schwerpunkt S der Schubstange zusammenfallen, also $m_1 a = m_2 b$, wenn a und b die Entfernungen der Massen m_1, bzw. m_2 vom Schwerpunkt S bedeuten, so daß $a + b = L$.

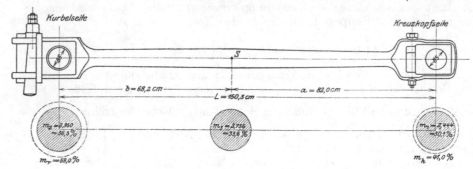

Fig. 448.   Liegende Verbundmaschine $\dfrac{300 \cdot 450}{600}$; $n = 110$.

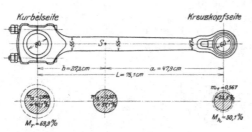

Fig. 449.   Liegender Verbundkompressor $\dfrac{275 \cdot 220}{200}$; $n = 200$.

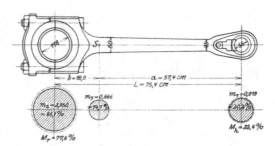

Fig. 450.   Liegende Eincylindermaschine mit gekröpfter Welle $\dfrac{250}{300}$; $n = 200$.

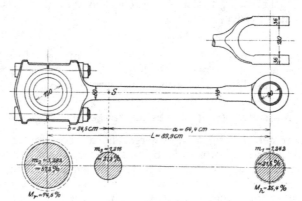

Fig. 451.   Stehende Verbundmaschine $\dfrac{250 \cdot 400}{300}$; $n = 200$.

Fig. 448 bis 451.   Massenverteilung in Schubstangen.

3. Die Summe der auf den Schwerpunkt S bezogenen Trägheitsmomente der Einzelmassen muß dem Trägheitsmoment der Schubstange gleich sein, also $m_1 a^2 + m_2 b^2 = J_s$. Aus diesen Bedingungen folgt für die Größe der Ersatzmassen:

$$m_1 = \frac{J_s}{a \cdot L}\,; \quad m_2 = m_1 \cdot \frac{a}{b} \qquad \text{und} \qquad m_3 = M - (m_1 + m_2).$$

Die im Kreuzkopfzapfen konzentrierte Masse m_1 folgt der Bewegung des Kreuzkopfes und ist den übrigen hin- und hergehenden Teilen zuzuzählen, während die an der Kurbel wirksame Masse m_2 lediglich rotiert und für die Massenwirkung des Triebwerkes in horizontaler Richtung nicht in Betracht kommt. Nur die Wirkung der Masse m_3 bedarf noch einer besonderen Berücksichtigung. Da deren Angriffspunkt S auf einer elliptischen Kurve sich bewegt, nimmt die Masse m_3 sowohl an der hin- und hergehenden, wie an der rotierenden Bewegung teil. Die genauere dynamische Untersuchung[1]) zeigt, daß die auf die beiden Bewegungen entfallenden Teile der Masse m_3 in den verschiedenen Kurbelstellungen sich verschieden ergeben, woraus hervorgeht, daß der Ersatz der Schubstange durch zwei unveränderliche Massen im Kurbel und Kreuzkopfzapfen theoretisch unmöglich ist.

Um nun ein Bild über die Massenverteilung und insbesondere über die Größe der im Schwerpunkt anzunehmenden Masse m_3 zu gewinnen, wurden für mehrere Schubstangen verschiedener Konstruktion und Größe, Schwerpunkt und Trägheitsmoment experimentell bestimmt und die Werte m_1, m_2 und m_3 daraus berechnet. Die Zeichnungen der untersuchten Schubstangen, sowie die Versuchs- und Rechnungsergebnisse sind in den Fig. 448 bis 453 zusammengestellt.

Bei der mit ungefähr gleich schweren Köpfen an beiden Enden versehenen Schubstange einer mit Stirnkurbel arbeitenden liegenden Maschine, Fig. 448, ergibt sich die Schwerpunktslage annähernd in der Mitte. Die drei Massen m_1, m_2 und m_3 zeigen nur geringe Verschiedenheit: 30,1, 36,3 und 33,6 v. H. der Schubstangenmasse. Bei den für gekröpfte Wellen liegender oder stehender Maschinen dienenden Schubstangen Fig. 449 bis 451 ist in der Regel das Gewicht des Kopfes auf der Kurbelseite erheblich größer als auf der Kreuzkopfseite. Infolgedessen wächst der Teilbetrag m_2 der rotierenden Massen erheblich, während m_1 abnimmt. Die Ersatzmasse m_3 im Schwerpunkt ist bei diesen Stangen meist wenig von der Masse m_1 im Kreuzkopfzapfen verschieden. Sie wird nur dann merklich größer, wenn das Stangengewicht, wie in Fig 449, noch einen größeren Anteil an der Gesamtmasse besitzt.

Je näher der Schwerpunkt am Kurbelzapfen gelegen ist, um so geringer ist der Anteil der Masse m_3 an den Beschleunigungen der hin- und hergehenden Getriebeteile. Für praktische Feststellungen erscheint es daher nicht notwendig, diesen Anteil nach seiner veränderlichen Größe für die verschiedenen Kurbelstellungen genau auszumitteln, sondern es genügt vollständig, die Rechnung dadurch zu vereinfachen, daß ein konstanter Teilbetrag von m_3 der Masse m_1 am Kreuzkopf beigefügt wird.

Um über die Größe dieses Anteils der Schwerpunktmasse m_3 an den hin- und hergehenden Massen einen Anhalt zu gewinnen, wurden in Fig. 452 die Ersatzmassen in ihrer prozentualen Größe bezogen auf den Schwerpunkt S vergleichsweise eingetragen, einerseits für die richtige Verteilung der Masse m_s auf 3 Einzelmassen m_1, m_2 und m_3, andrerseits unter der Annahme der Verteilung auf nur 2 Massen nach gleicher Gewichts- bzw. Trägheitswirkung.

Bei Ersatz der Schwerpunktmasse m_3 durch zwei Massen gleicher Trägheitswirkung in den Köpfen wird die Masse m_1 vergrößert um den Wert $m_3\left(\frac{b}{L}\right)^2$, während bei ihrem Ersatz durch zwei Massen gleicher Gewichtswirkung die Vergrößerung von m_1 um den Betrag $m_s\frac{b}{L}$ auf den Betrag $m_s\frac{b}{L}$ führt, dessen Koordinatenendpunkt auf der Geraden liegt, die die statische Verteilung des Schubstangengewichtes auf die Kreuzkopf- und Kurbelzapfen kennzeichnet. Die wahre Größe der hin- und hergehenden Massen liegt nun mit wechselnden Werten zwischen den Massen, die sich bei Vermehrung der Masse m_1 um die Beträge $m_3\left(\frac{b}{L}\right)^2$ bzw.

[1]) Wittenbaur, Z. d. V. d. Ing. 1905, S. 471.

$m_3 \dfrac{b}{L}$ ergeben, also in dem in Fig. 453 für die untersuchten Schubstangen durch Schraffur hervorgehobenen Gebiet unterhalb der die Verteilung für gleiche Gewichtswirkung kennzeichnenden Diagonale des Diagramms. Die Abweichung von

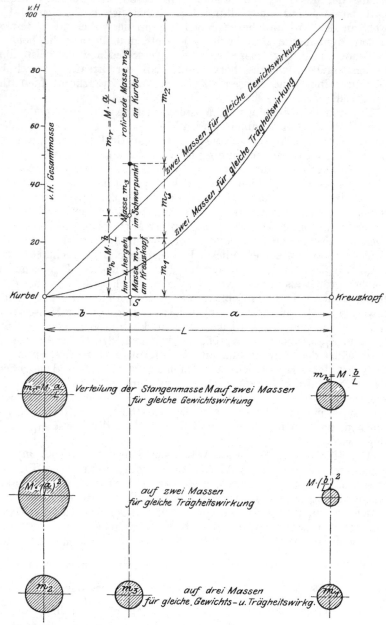

Fig. 452. Verteilung der Stangenmasse einer Schubstange unter verschiedenen Näherungsannahmen im Vergleich zu der theoretisch richtigen Verteilung.

Vereinfachte Massenverteilung.

letzterer ist um so geringer, je näher der Schubstangenschwerpunkt S dem Kurbelzapfen liegt. Es erscheint daher für praktische Bedürfnisse gerechtfertigt und durchaus ausreichend, auf den Ersatz der Schubstangenmasse durch drei Massen zu verzichten und die Massenverteilung auf Kreuzkopf und Kurbelzapfen lediglich entsprechend den zugehörigen Auflagerreaktionen des ganzen Stangengewichtes durchzuführen. Der Anteil der Schubstange an den gesamten hin- und hergehenden Massen berechnet sich hiernach etwas größer als er sich tatsächlich ergibt; die Abweichung wird jedoch um so geringer, je näher der Stangenschwerpunkt am Kurbelzapfen liegt oder je kleiner die Stangenmasse im Verhältnis zur Masse der Köpfe ist.

Diese vereinfachte Annahme der statischen Gewichtsverteilung auf Kreuzkopf- und Kurbelzapfen als Grundlage für die Berechnung der hin- und hergehenden und rotierenden Schubstangenmassen ist um so mehr gerechtfertigt, als damit nicht nur eine weitläufige Untersuchung der Bewegung des Schubstangenschwerpunktes

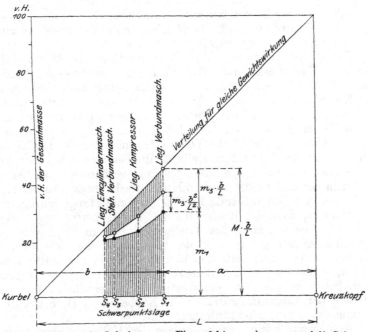

Fig. 453. Massenverteilung der Schubstangen Fig. 448 bis 451, bezogen auf die Schwerpunktslage.

entbehrlich wird, sondern weil auch der tatsächliche Fehler nur klein ist im Vergleich mit den sonst üblichen Annahmen von $^1/_2$ oder $^2/_3$ der Stangenmasse als hin- und hergehende Masse.

d. Gesamte hin- und hergehende Massen.[1])

Unter dieser Voraussetzung setzen sich die gesamten hin- und hergehenden Massen zusammen aus der Masse m_k von Kolben, Kolbenstange und Kreuzkopf und der Masse $m_s \dfrac{b}{L}$ des auf den Kreuzkopfzapfen entfallenden Betrages der Schubstangenmasse. Es wird also

$$m_h = m_k + m_s \cdot \frac{b}{L}$$

und deren Massenwirkung $P_h = m_h \cdot b$ bestimmt sich zu

$$P_h = m_h \omega^2 r \left[\cos \varphi + \left(\frac{r}{L} \right) \cos 2\varphi \right].$$

e. Rotierende Massen.

Die im Kurbelzapfen vereinigt zu denkenden rotierenden Massen setzen sich zusammen aus dem von der Schubstange herrührenden Betrag $m_s \left(\dfrac{a}{L} \right)$ und der

---

[1]) Angaben über die Gewichte der Triebwerksteile s. S. 425.

auf den Kurbelzapfen zu beziehenden Kurbelmasse m_0; bezeichnet r den Kurbel-radius und s' den Schwerpunktsabstand der Kurbel vom Wellenmittel, dann ist die reduzierte Kurbelmasse

$$m_0' = m_0 \left(\frac{s'}{r}\right).$$

Die gesamten rotierenden Massen sind alsdann ausgedrückt durch

$$m_r = m_s \left(\frac{a}{L}\right) + m_0\left(\frac{s'}{r}\right).$$

Die durch sie hervorgerufene unveränderliche radiale Beschleunigungskraft $P_r = m_r \omega^2 r$ wird von Kurbel und Lager in radialer Richtung aufgenommen, ohne die Arbeitsübertragung beeinflussen zu können.

Äußerung der Massen-wirkung des Triebwerkes auf Kreuzkopf- und Kurbelzapfen.

Die Massenwirkung der Triebwerksteile äußert sich auf die Kraft-leitung im Triebwerk derart, daß die für die zunehmenden Geschwindigkeiten der ersten Hubhälfte erforderlichen Beschleunigungskräfte sich von den Wirkungen der Kolbenkraft abziehen, während die bei den abnehmenden Geschwindigkeiten der zweiten Hubhälfte entstehenden Verzögerungskräfte sich zu den Wirkungen der Kolbenkräfte addieren. Die Übertragung der Dampfdrücke vom Kolben zur Kurbel ist somit innerhalb des Triebwerkes mit folgender Kraftänderung verbunden: Am Kreuzkopfzapfen sind die Kolbenkräfte bereits um den Betrag der Massendrucke von Kolben, Kolbenstange und Kreuzkopf vermindert oder vermehrt, je nachdem er sich in der ersten oder zweiten Hubhälfte befindet. An der Kurbel ist noch der in gleicher Art sich äußernde Einfluß der Schubstange hinzugetreten. Da nun die Kraftwirkungen an der Kurbel für die Arbeitsübertragung maßgebend sind, wird auch die Massenwirkung des Triebwerkes zweckmäßigerweise auf diese bezogen.

Äußerung der Massen-wirkung auf Arbeits-verteilung.

Eine Änderung der aus der Dampfwirkung sich ableitenden Größe der Maschinenarbeit kann naturgemäß durch die Massenkräfte nicht hervorgerufen werden, sondern nur eine Veränderung in der Arbeitsverteilung während einer Umdrehung, worüber am einfachsten und übersichtlichsten die graphische Er-mittlung der Tangentialkräfte an der Kurbel unter Berücksichtigung der Massen-wirkung des Triebwerkes Aufschluß gibt.

Werden zu diesem Zwecke die aus den Kolbendrücken allein sich ergebenden Tangentialkräfte der Kurbel getrennt aufgezeichnet von den als Kosinuslinien sich ergebenden Tangentialkräften der Massenwirkungen, wobei der Einfluß der endlichen Schubstangenlänge noch besonders dargestellt werden kann, so läßt sich hierdurch die Bedeutung der einzelnen Kraftwirkungen für das resultierende Tangential-druckdiagramm übersichtlich erkennen und beurteilen.

Schwungmasse für Arbeits-ausgleich.

Wie die Fig. 454 bis 457 erweisen, reicht weder die ausgleichende Wirkung der Triebwerksmassen noch die Arbeitsverteilung auf mehrere Kurbelgetriebe aus, die Drehmomente an der Kurbelwelle in Übereinstimmung mit dem bei Betriebs-maschinen im Beharrungszustand bestehenden nahezu unveränderlichen Wider-standsmoment an der Welle zu bringen. Dieser Ausgleich wird erst durch eine auf der Welle angeordnete Schwungmasse in Form des Schwungrades erreicht.

f. Berechnung des Schwungrades.

Nachdem für den Beharrungszustand einer Dampfmaschine, ohne Rücksicht auf Verlustarbeiten durch Reibung, die eingeleitete Dampfarbeit in der Arbeit der Tangentialkräfte sich wiederfindet und diese der konstanten Widerstandsarbeit gleich sein muß, so wird der mittlere Umfangsdruck des Widerstandes an der Kurbel durch die Höhe P_t des Rechtecks von dem Inhalt und der Basis des Tangential-druckdiagrammes gemessen. Letzterer kann aber auch aus dem mittleren Druck P_m des Indikatordiagrammes unmittelbar berechnet werden, da ohne Berück-sichtigung der Reibungswiderstände im Triebwerk

$$P_m \cdot 2s = P_t \cdot s \cdot \pi,$$

woraus

$$P_t = P_m \frac{2}{\pi}.$$

Wird diese mittlere Widerstandshöhe P_t in das Tangentialkraftdiagramm Fig. 454 eingetragen, dann zeigt sich, daß während eines Teiles der Kurbeldrehung die Dampfarbeit die Widerstandsarbeit überwiegt, abwechselnd mit Perioden des umgekehrten Zustandes, wobei die positiven und negativen Arbeiten nach Ablauf der Umdrehung sich aufheben, wie für den Beharrungszustand notwendig ist.

Solange die Dampfarbeit den Widerstand überwiegt, wird die Energie der bewegten Massen durch Geschwindigkeitserhöhung vergrößert, für die Periode

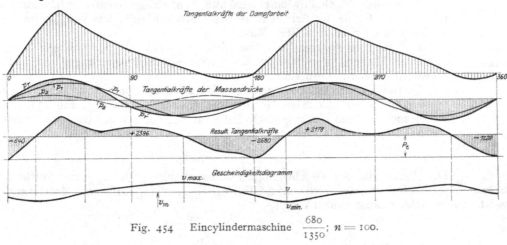

Fig. 454　Eincylindermaschine $\frac{680}{1350}$; $n = 100$.

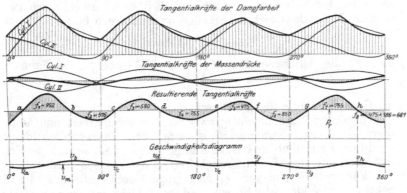

Fig. 455.　Zwillingsmaschine $\frac{540}{1050}$; $n = 100$.

Fig. 454 und 455. Tangentialkräfte der Dampfarbeit und der Massendrücke, resultierende Tangentialdrücke und Geschwindigkeitsschwankungen für eine 500 PS-Maschine bei Einfachexpansion.

der größeren Widerstandsarbeit dagegen muß die eingeleitete Dampfarbeit ergänzt werden durch Arbeitsabgabe von seiten des Triebwerkes und der rotierenden Massen, deren Energie und Geschwindigkeit sich dadurch vermindern. Die mit Energieaufnahme oder Abgabe zusammenhängenden Geschwindigkeitsänderungen der bewegten Massen können somit aus der Veränderung der Überschußarbeiten genau berechnet werden. Mathematisch finden sich die Geschwindigkeitsänderungen ausgedrückt im Verlauf der Integralkurve der Überschußflächen, da letztere den Beschleunigungen proportional und die Geschwindigkeiten aus den Beschleunigungen durch deren Integration sich ergeben.

Es sei zunächst die Schwungmasse M am Kurbelradius r wirksam gedacht; wird alsdann, Fig. 455, von einer Umfangsgeschwindigkeit v_a der Kurbelstellung a, in der Drehkräfte und Widerstand gleiche Größe besitzen, ausgegangen, so bewirkt der von a bis b vorhandene Überschuß A der Dampfarbeit eine Steigerung der lebendigen Energie der Massen M von der Geschwindigkeit v_a auf v_b:

$$A = \tfrac{1}{2} M (v_b{}^2 - v_a{}^2).$$

Von b aus tritt eine Verminderung der lebendigen Energie der Massen ein, da die Dampfkräfte hinter den Widerstandskräften zurückbleiben, die Geschwindigkeit verkleinert sich bis Punkt c, von dem aus bis d wieder eine Beschleunigung, hierauf eine Verzögerung der Massen eintritt usf. bis zur Erreichung der ursprünglichen Geschwindigkeit v_a im Punkt a bei Beginn der neuen Umdrehung.

Die Größe der Geschwindigkeitsschwankung hängt nach vorstehendem nicht nur von der Größe der Arbeitsüberschüsse, sondern außerdem von der im Kurbelzapfen konzentriert gedachten Masse M ab.

Berechnung der Schwungmasse. Für alle ausgeführten Dampfmaschinen ist möglichst gleichmäßiger Gang, also möglichst kleiner Unterschied in den unvermeidlichen Änderungen der Kurbelgeschwindigkeit Grundforderung.

Betriebsrücksichten bedingen die während einer Umdrehung praktisch zulässigen größten und kleinsten Geschwindigkeiten v_{max} und v_{min}, Fig. 454, im Vergleich zur mittleren Umfangsgeschwindigkeit v_m, die sich aus der vorgeschriebenen Umdrehungszahl berechnet zu

$$v_m = \frac{2 \cdot r \cdot \pi \cdot n}{60}.$$

Gleichförmigkeitsgrad. Das Verhältnis der Geschwindigkeitsschwankung $v_{max} - v_{min}$ zur mittleren Geschwindigkeit v_m wird als Gleichförmigkeitsgrad des Maschinenganges bezeichnet, ausgedrückt durch

$$\delta_s = \frac{v_{max} - v_{min}}{v_m}.$$

Wird die mittlere Umfangsgeschwindigkeit der Kurbel, deren genauer Wert als mittlere Höhe des Geschwindigkeitsdiagrammes sich bestimmt, annähernd gesetzt

$$v_m = \tfrac{1}{2} (v_{max} + v_{min}).$$

so geht die Beziehung $A = M \left(\dfrac{v_{max}^2 - v_{min}^2}{2} \right)$ über in die Form

$$A = M v_m{}^2 \delta_s,$$

als Grundgleichung für die Berechnung der Schwungmasse M.

In diesem Zusammenhang zwischen Überschußarbeit und Änderung der lebendigen Kraft der Schwungmasse ist A aus dem Tangentialkraftdiagramm bekannt, v_m durch Kolbenhub und Umdrehungszahl gegeben, so daß die Schwungmasse M nur noch von dem Gleichförmigkeitsgrad δ_s abhängig wird.

Für große Werte von δ_s, also große Geschwindigkeitsunterschiede wird die Schwungmasse klein, das Schwungrad somit leicht, während umgekehrt kleine Werte von δ_s für sehr gleichmäßigen Gang der Maschinen schwere Schwungräder bedingen.

Der Gleichförmigkeitsgrad δ_s schwankt zwischen $\frac{1}{20}$ und $\frac{1}{300}$ und wird gemäß den Anforderungen des Betriebs, für den die Dampfmaschine zu dienen hat, etwa nach folgender Aufstellung gewählt[1]:

Für Pumpen und Schneidwerke	1 : 20 bis 1 : 30
„ Werkstättentriebwerke	1 : 35 bis 1 : 40
„ Webstühle und Papiermaschinen	1 : 40
„ Getreidemühlen	1 : 50
„ Spinnmaschinen f. niedrige Garnnummern	1 : 60
„ „ „ hohe „	1 : 100
„ Dynamomaschinen für Lichtbetrieb (ohne Akkumulatoren)	1 : 150
„ Drehstrommaschinen	1 : 300

---

[1] Nach Hütte, 23. Aufl., Bd. I, S. 946.

Die für den Kurbelarm r berechnete Schwungmasse M wird im allgemeinen unausführbar groß; es muß deshalb ihre Verlegung in einen größeren Abstand R erfolgen, der ein Vielfaches des Kurbelradius r beträgt.

Ist die im Abstande R angebrachte Schwungmasse M_0 und ihre Umfangsgeschwindigkeit V_m, so muß unter der Voraussetzung, daß ihre Massenwirkung diejenige von M an der Kurbel ersetzen, soll, sein

$$M v_m{}^2 = M_0 V_m{}^2,$$

woraus sich ableitet

$$M r^2 = M_0 R^2$$

oder

$$M_0 = M \left(\frac{r}{R}\right)^2.$$

Es vermindert sich hiernach für das im Mittel angewandte Verhältnis $\frac{r}{R} = \frac{1}{5}$ die auszuführende Schwungmasse auf $M_0 = \frac{1}{25} M$.

Der Rechnungswert M_0 drückt die Größe der Kranzmasse für ein ohne Arme ausgebildetes Schwungrad aus. Durch den Anteil der Arme an der Trägheitswirkung ist es möglich, das Kranzgewicht entsprechend zu vermindern. Wenn M_1 die Masse des auszuführenden Schwungringes unter Berücksichtigung der Masse der Arme ist, und im Mittel die Armmasse $M_2 \sim \frac{1}{3} M_1$ angenommen wird, so berechnet sich das Trägheitsmoment der Arme zu

$$\tfrac{1}{3} M_2 R^2 = \tfrac{1}{9} M_1 R^2.$$

Es kann also gesetzt werden

$$M_0 R^2 = M_1 R^2 + \tfrac{1}{9} M_1 R^2 = \tfrac{10}{9} M_1 R^2.$$

Masse des Schwungkranzes.

Das auszuführende Gewicht G_1 des Schwungkranzes bestimmt sich somit aus der an der Kurbel wirksamen Masse M zu

$$G_1 = 0,9 \, M \cdot g \cdot \left(\frac{r}{R}\right)^2.$$

Kranzgewicht.

Zu diesem Kranzgewicht G_1 ist noch das Armgewicht von ungefähr $\frac{1}{3} G_1$ hinzuzufügen um das Konstruktionsgewicht des Schwungrades zu erhalten.

Gewicht des Schwungrades.

Besonders sorgfältige Berechnung des Schwungrades verlangen die Dampfmaschinen mit hohem Gleichförmigkeitsgrad, wie solche namentlich für den elektrischen Betrieb Verwendung finden. Es ist hierbei interessant, den Einfluß festzustellen, den Maschinentypus und Umdrehungszahl auf das Schwungradgewicht nehmen.

Vergleichsweise sind daher im nachfolgenden die Schwungradgewichte der Eincylinder- und Zwillings-, sowie Verbund- und Tandemmaschine für eine Leistung von 500 PSi und 50 bis 200 minutlichen Umdrehungen berechnet und zusammengestellt.

Schwungradgewichte verschiedener Maschinentypen.

Die von den Indikatordiagrammen ausgehenden zeichnerischen Ermittlungen Fig. 454 bis 457 enthalten die Drehkraftkurven der Kolben- und Massenkräfte, die resultierenden Tangentialdruckdiagramme und die daraus sich ableitenden Geschwindigkeitskurven. Die Darstellungen wurden für die verschiedenen Ausführungsbeispiele maßstäblich so gewählt, daß gleichen Arbeiten auch gleiche Diagrammflächen entsprechen.

Bei Einfachexpansionswirkung des Dampfes und 100 minutlichen Umdrehungen ergeben sich bei der angenommenen Leistung von 500 PSi folgende Hauptabmessungen:

Für die Eincylindermaschine 680 mm Cylinderdurchmesser, 1350 mm Kolbenhub, das Gewicht der hin- und hergehenden Massen zu 1050 kg.

Für die Zwillingsmaschine mit Kurbeln unter 90°: 540 mm Cylinderdurchmesser 1050 mm Kolbenhub; das Gewicht der hin- und hergehenden Massen einer Maschinenseite zu 675 kg.

Einfachexpansion.

Die graphische Ermittlung der Kraftleitung zur Kurbel liefert für die Zwillings-maschine mit unter 90° versetzten Kurbeln Drehkraftkurven, Fig. 455, mit wesent-lich geringeren Schwankungen der Umfangskräfte als die Eincylindermaschine, Fig. 454, auch ist bemerkenswert, daß bei der Zwillingsmaschine der Einfluß der Triebwerksmassen fast wegfällt, indem die entsprechenden Umfangskräfte beider Kurbelseiten sich nahezu aufheben.

Der Vergleich der resultierenden Tangentialdruckdiagramme für die Eincylinder- und Zwillingsmaschine läßt erkennen, daß während einer Umdrehung bei der Ein-cylindermaschine nur je zwei Schwankungen ober- und unterhalb des mittleren Widerstandes auftreten, während bei der Zwillingsmaschine je 4 positive und nega-tive Abweichungen entstehen, die nicht in ihren Einzelbeträgen, sondern in ihrer aufeinanderfolgenden Gesamtwirkung den jeweils größten Arbeitsüberschuß auf der Seite der Dampfwirkung oder des Widerstandes ergeben. Es ist deshalb in letzterem Falle nötig, den größten Arbeitsüberschuß aus den algebraischen Summen der positiven und negativen Überschußflächen f festzustellen, wie folgt:

$$
\begin{aligned}
f_1 &= && 992 \text{ qmm} \\
f_1 + f_2 &= 992 - 516 = && 476 \\
\Sigma_1^3 f &= 476 + 590 = && \mathbf{1066} \\
\Sigma_1^4 f &= 1066 - 755 = && 311 \\
\Sigma_1^5 f &= 311 + 475 = && 786 \\
\Sigma_1^6 f &= 786 - 890 = && -104 \\
\Sigma_1^7 f &= -104 + 765 = && 661
\end{aligned}
$$

Den größten Arbeitsüberschuß liefert somit die Summe der drei ersten Beträge der Abweichungen von der mittleren Wellenleistung, und dem entsprechend wird der größte Geschwindigkeitsunterschied zwischen v_a und v_d auftreten, während die übrigen Geschwindigkeitsschwankungen entsprechend den kleineren Unterschieden der maßgebenden Arbeitsflächen kleinere Werte liefern, wie dies auch in den Geschwindigkeitskurven zum Ausdruck kommt. Im vorliegenden Fall würde sich demnach der ungünstigste Gleichförmigkeitsgrad ausdrücken durch

$$ \delta_s = \frac{v_d - v_a}{v_m}. $$

Zweifach-expansion. Für die Zweifachexpansionswirkung des Dampfes erhalten die Dampf-cylinder bei Tandem- oder Verbundanordnung der Maschine folgende Abmessungen:

HD-Cyl. = 500 mm Durchm.
ND-Cyl. = 860 mm Durchm.
Kolbenhub = 1000 mm,

während die Gewichte der hin- und hergehenden Triebwerksteile betragen:

für die Tandemmaschine . . . . 2100 kg
für die Verbundmaschine HD-Seite 1100 kg ⎫
                           ND-Seite 1480 kg ⎬ 2580 kg.

Bei derselben Umdrehungszahl wie für die Einfachexpansionsmaschine sind für die Tandemmaschine die Überschußflächen des resultierenden Tangentialkraft-diagrammes, Fig. 456, fast übereinstimmend mit denjenigen der Eincylindermaschine, während die Verbundmaschine, Fig. 457, bedeutend größere Überschußflächen als die Zwillingsdampfmaschine und dementsprechend auch geringeren Gleichförmig-keitsgrad als diese bei gleichen Schwungmassen aufweist. Die Ursache liegt in der abweichenden Dampfverteilung der Hoch- und Niederdruckseite der Verbund-maschine.

Von besonderem praktischen Interesse ist noch der Vergleich der Verbund- mit der Tandemanordnung rücksichtlich ihres Gleichförmigkeitsgrades bei ver-schiedener Umdrehungszahl.

In den Diagrammen Fig. 456 und 457 beider Maschinengattungen sind die Massendrucklinien des Triebwerks für 50, 100, 150 und 200 minutliche Umdrehungen eingezeichnet, mit der Drehkraftlinie der Kolbenkräfte zusammengesetzt und zu den so erhaltenen Überschußarbeiten die Geschwindigkeitsänderungen ermittelt.

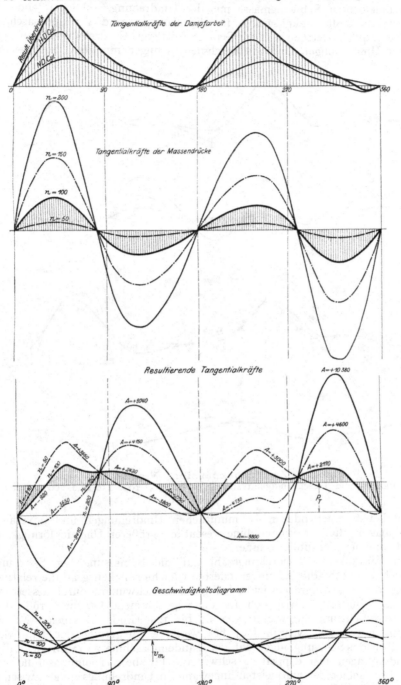

Fig. 456. Zweifachexpansion. Tandemmaschine.
Tangentialkräfte und Geschwindigkeitsdiagramm bei 50, 100, 150 und 200 minutl. Umdr.

Hierbei kommt nun ein wesentlicher Unterschied der Verbund- und Tandemmaschine darin zum Ausdruck, daß bei ersterer die Geschwindigkeitskurven zwischen

50 und 150 Umdrehungen nur geringe Abweichungen zeigen, während bei letzterer die Geschwindigkeitsschwankungen bedeutend zunehmen. Werden nun die hiernach bei gleichbleibender Schwungmasse mit der Umdrehungszahl eintretenden Änderungen des Gleichförmigkeitsgrades für die Tandem- und Verbundmaschine verglichen, Fig. 458, so zeigen sich im Gebiete mittlerer Umdrehungszahlen von etwa 80 bis 120 Umdrehungen für beide Maschinengattungen nur geringe Abweichungen,

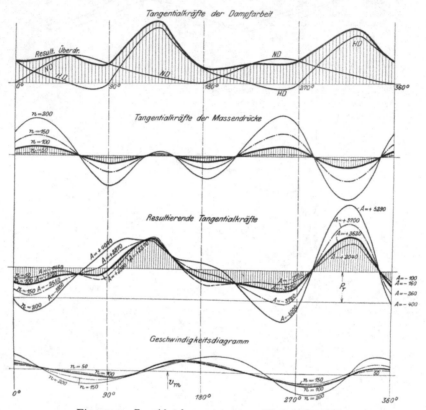

Fig. 457. Zweifachexpansion. Verbundmaschine.
Tangentialkraft- und Geschwindigkeitsdiagramm bei 50, 100, 150 und 200 minutl. Umdr.

während bei weniger oder mehr minutlichen Umdrehungen und unveränderten Schwungmassen die Tandemmaschine wesentlich größeren Ungleichförmigkeitsgrad aufweist wie die Verbundmaschine.

Den Einfluß der Umdrehungszahl auf die Bemessung der Schwungräder zeigt noch Fig. 459, die für unveränderten Gleichförmigkeitsgrad die relative Veränderung der Schwungradgewichte bei gleichen Schwungraddurchmessern veranschaulicht. Hiernach zeigen sich für die angenommene Leistungsgröße der Maschinen die Schwungradgewichte von 80 bis 125 Umdr. für beide Maschinengattungen nur wenig verschieden; bei weiterer Steigerung der Umdrehungen nimmt aber das Schwungradgewicht der Tandemmaschine so rasch zu, daß es bei 200 Umdrehungen fast doppelt so schwer wie für die Verbundmaschine ausfällt.

In dem Gebiet der am meisten angewandten Umdrehungszahlen zwischen 100 und 130 in der Minute führen somit gleiche Anordnungen für denselben Gleichförmigkeitsgrad des Maschinenganges auf ungefähr gleiche Schwungmassen und erklärt sich damit zum Teil auch die häufige Verwendung der weniger Raum wie Verbundmaschinen beanspruchenden und billigeren Tandemdampfmaschinen in unseren Elektrizitätswerken.

Anmerkung: Brauchbare Näherungswerte für das Schwungradgewicht ohne Aufzeichnung des Tangentialdruckdiagramms ergeben sich (nach Hütte, 21. Aufl., Band I, S. 999) mit der Formel $G = \frac{c}{\delta_s} \cdot \frac{N}{n V^2}$, wenn $N =$ Nutzleistung in PS, $V =$ mittlere Umfangsgeschwindigkeit des Schwungringes in m/Sek. und c eine Konstante, die gesetzt werden kann:

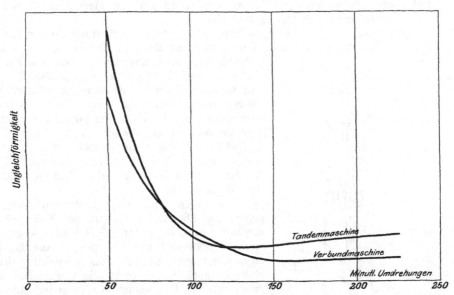

Fig. 458. Einfluß der Umdrehungszahl auf den Ungleichförmigkeitsgrad von Zweifach-expansionsmaschinen bei gleichbleibender Schwungmasse.

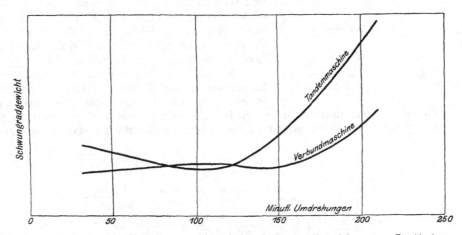

Fig. 459. Einfluß der Umdrehungszahl auf das Schwungradgewicht von Zweifachexpansionsmaschinen bei konstantem Ungleichförmigkeitsgrad und gleichem Schwerpunktskreis des Schwungradkranzes.

bei Eincylindermaschinen und Tandemverbundmaschinen . . . . $c = 7000$
bei Verbundmaschinen mit Kurbeln unter 90⁰ oder 110⁰ . . . . $= 2500 \div 4000$
bei Dreicylindermaschinen . . . . $= 1400$

Vgl. hierzu auch Mayer, Z. d. V. d. Ing. 1889, S. 113; Tolle, Regelung der Kraftmaschinen, Berlin 1909, S. 87 bis 90.

Zur Schwungradberechnung mit Hilfe des Massenwuchtdiagramms vergl. F. Wittenbauer: Die graphische Ermittlung des Schwungrades als Beitrag zur graphischen Dynamik; Z. d. V. d. I., 1905, S. 471.

2. Massenausgleich.

a. Größe der Massendrücke und deren Momente in verschiedenen Maschinenanordnungen.

Die im vorstehenden Abschnitt behandelte Massenwirkung des Triebwerks hat noch hinsichtlich ihrer Reaktionswirkung auf den Maschinenrahmen Folgen, die einer näheren Erörterung bedürfen.

Ruhende Maschine.   Wird der in einer beliebigen Stellung befindliche Kolben der r u h e n d e n Dampfmaschine durch Dampf einseitig belastet, so ist klar, daß der Kolbendruck durch das ruhende Triebwerk unverändert auf die Kurbelwelle und damit auf das Lager übertragen wird. Die hierdurch auf das Lager in Richtung der Maschinenachse ausgeübte Schubwirkung wird aufgehoben durch den in entgegengesetzter Richtung wirkenden gleich großen Cylinderdeckeldruck, der durch die Verbindung des Cylinders mit dem Rahmen sich auf diesen letzteren und damit auf das Kurbellager überträgt. Die inneren Kräfte im Triebwerk und im Rahmen halten sich das Gleichgewicht.

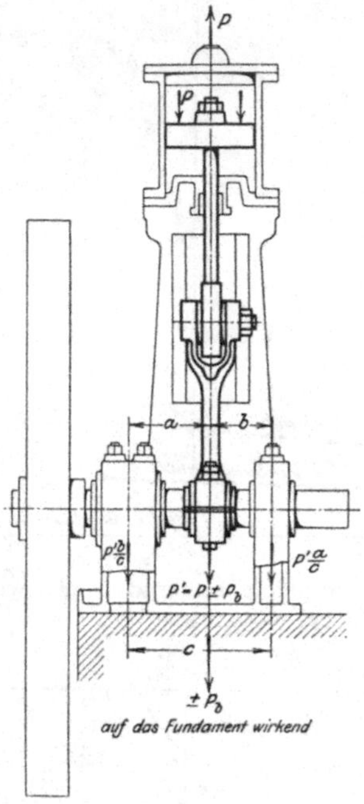

Bewegte Maschine.   Bei der in B e t r i e b befindlichen Maschine dagegen, Fig. 460 und 461, wird der Kolbendruck um die Beschleunigungskräfte $\pm P_b$ des bewegten Triebwerkes verkleinert bzw. vergrößert auf das Kurbellager übertragen, so daß dessen Reaktionsdruck im Rahmen auch nicht mehr dem mit dem Kolbendruck übereinstimmenden Cylinderdeckeldruck das Gleichgewicht halten kann. Innerhalb des Maschinenrahmens wirken somit in der Ebene der Cylinder- und Wellenachse der Dampfdruck P auf den Cylinderdeckel und die Reaktion $P \pm P_b$ auf die Kurbelwellenlager. Nur in der Nähe der Kolbenhubmitte, wenn die Beschleunigungskräfte durch Null hindurchgehen, herrscht vorübergehend Gleichgewicht.

Die nicht ausgeglichenen Massenkräfte $\pm P_b$ suchen daher den Rahmen auf seiner Unterlage in entgegengesetzter Richtung der Triebwerksbewegung zu verschieben und bei Mehrkurbelmaschinen mit zueinander versetzten Kurbeln das ganze Maschinenaggregat zu verdrehen, so daß die Fundamentverschraubung

Fig. 460. Reaktionskräfte am Ständer stehender Maschinen.

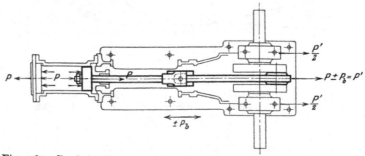

Fig. 461. Reaktionskräfte innerhalb des Rahmens liegender Maschinen.

diese Verschiebung bzw. Verdrehung aufzunehmen und durch Übertragung auf das schwere unbewegliche Fundament zu verhindern hat.

Ist eine kräftige und wirksame Fundierung der Maschine nicht möglich, so wird der Einfluß der Massenkräfte dadurch störend, daß der Maschinenrahmen durch die freien Beschleunigungskräfte $\pm P_b$ in Schwingungen versetzt wird, deren Größe von der Rahmenmasse und der Zeitdauer der Wirkung der Beschleunigungskräfte, also der Umdrehungszahl, abhängt. Solche Schwingungserscheinungen treten daher vor allen Dingen bei den Schiffsmaschinen, Lokomotiven und Lokomobilen auf.

Bei Schiffen wirken diese nicht ausgeglichenen Schubkräfte und Drehmomente des Maschinenrahmens besonders ungünstig, da sie sich auf den Schiffskörper übertragen und außer Lockerungen an den Verbindungsstellen desselben auch nach-

teilige, für den Aufenthalt an Bord sehr unangenehme Erschütterungen des ganzen Schiffes hervorrufen[1]).

Bei Lokomotiven hängt das sogenannte Schlingern, Stampfen und Zucken derselben mit den nicht ausgeglichenen Massenkräften zusammen.

Die Beseitigung dieser störenden Kräfte setzt die Ausschaltung der Massenwirkung des Triebwerkes auf den Rahmen voraus, wie dies durch ein an einer um 180° versetzten Kurbel angreifendes, in derselben Bewegungsebene entgegengesetzt arbeitendes Triebwerk mit gleichen Massen erreicht werden kann.

Dieser Weg ist beispielsweise betreten bei der stehenden Dreifachexpansionsmaschine II, Taf. 25. Bei jedem der 3 Dampfcylinder sind mit dem an einer mittle-

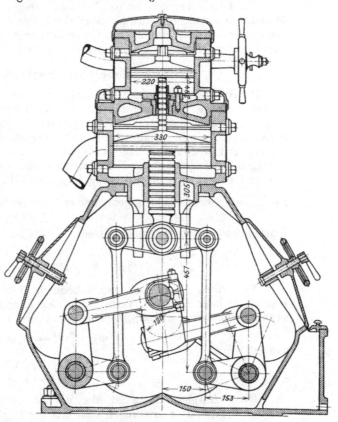

Fig. 462. Tandem-Dampfmaschine der Maschinenfabrik A. Mertz Basel, mit symmetrisch geteiltem Triebwerk zur Entlastung der Kurbelwelle von Triebwerks- und Massendruck.

ren Kröpfung angreifenden normalen Triebwerk entgegengesetzt sich bewegende Triebwerke verbunden, die an um 180° versetzten symmetrischen Kröpfungen wirken und mittels Traverse und hohler Kolbenstange nach einem zum Kolben des normalen Triebwerks gegenläufigen Kolben führen, so daß je zwei Dampfkolben in jedem der drei Dampfcylinder entgegengesetzt arbeiten.

Hierher gehört auch die schnellaufende Dampfmaschine Fig. 462 mit ihrer eigenartigen Triebwerkskonstruktion. Durch symmetrische Kraftübertragung vom Kreuzkopf zur Kurbel, mittels Einschaltung zweier Winkelhebel, Verdoppelung der Schubstange und der Kröpfung, wird das Kurbellager von der Massenwirkung des Triebwerks entlastet; nur die Lager der beiden Winkelhebel haben je die halbe Massenwirkung aufzunehmen. Bei dieser symmetrischen Kraftleitung

---

[1]) Schlick, Vibration bei Dampfmaschinen, Z. d. V. d. Ing. 1894, S. 1091. Berling, Schiffsschwingungen, Z. d. V. d. Ing. 1899, S. 981 und 1900, S. 292, 492.

wird außerdem erreicht, daß die Kurbelwelle auch vom Triebwerksdruck entlastet wird, indem Kröpfung und Kurbelwelle nur das die Dampfarbeit übertragende Drehmoment aufzunehmen haben.

Die mit vorbezeichneten beiden Konstruktionen gekennzeichnete komplizierte Ausbildung der Dampfmaschine zur Erzielung des Massenausgleichs im Triebwerk kann jedoch eine allgemeine praktische Bedeutung nicht beanspruchen, da sie
nicht nur kostspielig, sondern vor allen Dingen empfindlich im Betrieb, sowie
schwierig und teuer in der Unterhaltung wird.

Die Praxis begnügt sich daher mit weniger vollkommenen, aber einfacheren
Mitteln zum Ausgleich der Massenwirkung des Triebwerks, welche aus folgenden
rechnerischen und graphischen Untersuchungen der rotierenden und der hin- und
hergehenden Massen abgeleitet werden mögen.

b. Rotierende Triebwerksmassen.

Der Ausgleich derjenigen Teilbeträge der Triebwerksmassen, die mit dem Kurbelzapfen rotierend anzunehmen sind, ist in vollkommener Weise dadurch möglich,
daß der Kurbel diametral entgegengesetzt Ausgleichsmassen angeordnet werden,
deren statische und dynamische Wirkung derjenigen der Kurbelmassen gleich sind,
II, 115, 4; 116, 6; 117, 7; 119, 14. Werden diese Ausgleichsmassen m_a auf der rückwärtigen Verlängerung des Kurbelarmes in der Entfernung r angeordnet, so erhalten sie die Größe der bereits vorher S. 394 ermittelten Massen m_r, die sich aus dem
Anteil $m_s \dfrac{a}{L}$ der Schubstangenmasse m_s und der auf den Kurbelzapfen reduzierten
Kurbelmasse $m_0 \dfrac{s'}{r}$ zusammensetzen

$$m_a = m_r = \left[m_s \left(\frac{a}{L} \right) + m_0 \frac{s'}{r} \right].$$

Wird diese Ausgleichsmasse unbequem groß für ihre Unterbringung an der
Kurbel, so kann sie durch Verlegung in den Kranz des Schwungrades entsprechend
verkleinert werden auf m_R, welcher Wert sich berechnet aus

$$m_R \cdot \omega^2 \cdot R = m_r \omega^2 r,$$

wonach wird

$$m_R = m_r \left(\frac{r}{R} \right).$$

Diese Ausgleichmasse ist also am Schwungradkranz entweder der Kurbel
diametral gegenüber anzufügen oder auf der Kurbelseite vom Kranzmaterial weg-
zunehmen.

c. Ausgleich der hin- und hergehenden Triebwerksmassen.

Auch die Massenwirkung der geradlinig hin- und herbewegten Masse des Trieb-
werks $m_h = m_k + m_s \cdot \left(\dfrac{b}{L} \right)$ (s. S. 391) läßt sich in ihrer Bewegungsrichtung ausgleichen durch eine in der rückwärtigen Verlängerung der Kurbel angreifende
rotierende Masse m_h', wie aus folgender Überlegung sich ergibt.

**Ausgleich
durch
eine rotierende
Masse.**

Die Beschleunigung der Triebwerksmassen in ihrer Schubrichtung hat sich bei
Vernachlässigung der endlichen Schubstangenlänge ergeben zu

$$b = \omega^2 r \cdot \cos \varphi,$$

wonach die entsprechenden Beschleunigungskräfte sich bestimmen zu

$$P_h = m_h \cdot b.$$

Die gleichen Beschleunigungskräfte in der Schubrichtung des Triebwerkes würden
mittels einer am Kurbelzapfen rotierenden Masse m_h hervorgerufen werden, indem deren Fliehkraft

$$C_h = m_h \cdot \omega^2 \cdot r$$

eine Komponente C_h' in der Schubrichtung des Triebwerkes liefern würde,

$$C_h' = m_h \cdot \omega^2 r \cos \varphi = m_h \cdot b = P_h.$$

Die Massenwirkung der hin- und hergehenden Teile des Triebwerkes m_h kann demnach ersetzt werden durch eine gleich große rotierende, im Kurbelzapfen konzentrierte Masse.

Diese Masse läßt sich aber sehr einfach ausgleichen durch eine im Abstande r diametral gegenüberliegende Masse

$$m_h' = m_h.$$

Indem hiernach für die hin- und hergehenden Triebwerksteile der Massenausgleich in derselben Weise wie für die rotierenden Massen sich durchführen läßt, wird für das gesamte Triebwerk die Ausgleichsmasse am Kurbelradius

$$M_a = m_a + m_h'$$

oder am Radius R des Schwungkranzes

$$M_a' = M_a \left(\frac{r}{R} \right).$$

Bei Verlegung der Ausgleichswirkung in den Schwungkranz kann wie beim Ausgleich der rotierenden Triebwerksmassen die als Gegengewicht anzuordnende Masse M_a' auch dadurch wirksam gemacht werden, daß sie nicht zur bestehenden Kranzmasse hinzugefügt wird, sondern daß diametral gegenüber, also in der Verlängerung des Kurbelradius das Kranzgewicht durch Aussparen einer Masse M_a' vermindert wird..

Von den Beschleunigungskräften der hin- und hergehenden Teile, wie sie sich mit Rücksicht auf die endliche Schubstangenlänge (s. S. 388) in der Beziehung ausdrücken:

$$m_h \omega^2 \cdot r \left(\cos \varphi + \frac{r}{L} \cos 2\varphi \right),$$

werden durch die rotierenden Massen nur die Beträge $m_h \omega^2 r \cos \varphi$ ausgeglichen, so daß also noch in der Schubrichtung des Triebwerkes störende Massenwirkungen zweiter Ordnung auf den Rahmen bestehen bleiben in der Größe

$$m_h \omega^2 r \frac{r}{L} \cos 2\varphi.$$

Eine nähere Überlegung der Wirkung der rotierenden Ausgleichsmassen in Beziehung auf das Triebwerk und den Maschinenrahmen zeigt weiterhin folgendes:

Die tatsächlich rotierenden Massen m_a an der Kurbel werden durch eine gleich große Masse auf der Gegenseite der Kurbel vollkommen ausgeglichen, so daß weder Kurbellager noch Rahmen in irgendeiner Richtung von der Wirkung dieser beiden Massen beeinflußt werden. Anders ist es dagegen mit der Ersatzmasse einer Kurbel für die hin- und hergehenden Triebwerksteile, deren Massenwirkung nur in der Schubrichtung durch erstere ersetzt werden soll, da sie in senkrechter Richtung keinerlei Massenwirkungen äußern und ihre Gewichtswirkung vom Rahmen aufgenommen wird. Die Fliehkräfte der Ausgleichsmasse m_h' liefern aber nicht nur wirksame Komponenten in der Schubrichtung des Triebwerkes, sondern auch senkrecht dazu in der Größe

$$C_v' = m_h' \omega^2 r \cdot \sin \varphi$$

für die jedoch Gegenwirkungen in den bewegten Teilen fehlen.

Die Folge davon ist ein Freiwerden der senkrecht zur Schubrichtung sich äußernden Beschleunigungskräfte der Ausgleichsmasse m_h' der hin- und hergehenden Triebwerksteile. Es erscheint somit die Massenwirkung der letzteren nicht aufgehoben, sondern nur in die zur Schubrichtung senkrechte Richtung verlegt.

Bei liegenden Dampfmaschinen werden daher durch die Ausgleichsmassen während einer Umdrehung abwechselnd senkrecht nach unten gerichtete Druckkräfte in den Rahmen und nach oben gerichtete in den Lagerdeckel entstehen.

Bei stehenden Maschinen wirken dieselben Komponenten in horizontaler Richtung auf das Lager und den Grundrahmen, den sie somit hin- und herzuschieben suchen.

Wird nun berücksichtigt, daß die Anordnung rotierender Ausgleichsmassen auf der Gegenseite des Kurbelarmes, wegen der hierfür sich ergebenden großen Gewichte und Abmessungen praktisch ausgeschlossen ist, so daß entsprechend reduzierte Massen im Kranz des Schwungrades untergebracht werden müssen, so verursacht diese Verlegung der Ausgleichmassen aus der Bewegungsebene des Triebwerks in die Schwungradebene einen neuen Übelstand, bestehend in dem Drehmoment der Massenkräfte P'' an der Kurbel und dem Schwungrad von der Größe

$$P'' \cdot x,$$

wenn x den Abstand der Kurbelzapfenmitte von der Schwungradmitte bezeichnet. Dieses in seiner Richtung sich periodisch mit jeder Umdrehung ändernde Drehmoment muß von den Kurbelwellenlagern aufgenommen werden.

Ohne rotierende Ausgleichsmassen würde die Massenwirkung des Triebwerks nur mit dem Hebelarm e der Entfernung von Kurbelzapfen und Kurbellager wirken, und es wäre von den Kurbelwellenlagern nur das Drehmoment $P'' \cdot e$ aufzunehmen.

Es ergibt sich hieraus, daß die Konstruktionsverhältnisse der Dampfmaschine es nicht ermöglichen, den Massenausgleich für das Triebwerk den theoretischen Forderungen entsprechend so zu gestalten, daß die Stabilität der Maschinenaufstellung sich erhöht, und erklärt sich damit auch die praktische Gepflogenheit, von der Anwendung rotierender Ausgleichsmassen für die hin- und hergehenden Triebwerksteile im allgemeinen abzusehen. Nur bei Lokomotiven finden sie ausnahmslos Anwendung, wobei durch Unterbringung der Ausgleichsmassen in den Treibrädern, an deren Nabe gleichzeitig die Kurbelzapfen befestigt sind, möglich ist, den Hebelarm des Drehmomentes $P'' \cdot x$ sehr klein zu halten; außerdem werden die Triebwerksteile in den kleinstmöglichen Abmessungen und Gewichten ausgeführt.

d. Einfluß der Triebwerksmassenwirkung bei Mehrkurbelmaschinen auf die Stabilität der Maschinenaufstellung.

Bei der Mehrkurbelmaschine gelten für den Massenausgleich der einzelnen Triebwerke zunächst dieselben Erwägungen wie für Eincylindermaschinen; für jedes Triebwerk können durch Gegengewicht an der Kurbel oder am Schwungrad die Massenwirkungen ausgeglichen werden. Es liegt dabei aber nahe, bei der an sich meist notwendig werdenden Verlegung der Ausgleichsmassen aus der Bewegungsebene des Triebwerks die Massenwirkungen der einzelnen Triebwerke zum gegenseitigen Ausgleich zu benutzen. Beispielsweise ist bei der Zweicylindermaschine mit Kurbeln unter 180⁰ oder bei Dreicylinderanordnung mit 2 zur mittleren Kurbel um 180⁰ versetzten und symmetrisch liegenden Kurbeln ein Massenausgleich insoweit erreicht, als die entgegengesetzt arbeitenden Triebwerke auf den gegenseitigen Ausgleich wirkende Massenkräfte hervorrufen. Der so erzielbare Ausgleich ist aber insofern für die Stabilität der Maschine nicht genügend, als die Ausgleichsmassen in verschiedenen Ebenen wirken und daher noch Drehmomente in der Ebene der Cylinderachsen bestehen lassen, die die Stabilität nachteilig beeinflussen.

Besondere Bedeutung erlangen diese Drehmomente bei den mehrkurbeligen Schiffsmaschinen mit versetzten Kurbeln in Rücksicht auf die Forderung erschütterungsfreien Ganges solcher Maschinen. Bei den einfacheren Landdampfmaschinen läßt sich auch ohne ängstliche Berücksichtigung der Massenwirkung der Triebwerksteile ein schwingungsfreier Maschinengang durch kräftige Rahmen und Ständer, wirksame Versteifungen und gute Verankerung mit einem schweren Fundament erreichen. Nichtsdestoweniger würde es verfehlt sein, bei Wahl der Maschinenanordnung und der Umdrehungszahl, Ausbildung des Triebwerkes und Aufstellung der Maschine die theoretischen Rücksichten auf den Massenausgleich außer acht zu lassen. Hinsichtlich der Massenwirkung der Triebwerke mehrkurbeliger Dampfmaschinen sei daher nachstehend das Wichtigste besprochen.

Zweikurbelmaschinen.

Diese Anordnung kommt als Zwillings- oder Verbundmaschine mit Kurbeln unter 180⁰ oder 90⁰, seltener 110⁰ in Betracht. Der Einfachheit halber seien die Gewichte der Triebwerksteile für beide Maschinenseiten gleich angenommen. Ist a der Abstand der Cylinderachsen Fig. 463, so ist außer den seitherigen Untersuchungen über die Massenwirkung des Triebwerks von besonderem Interesse das Drehmoment $P \cdot a$ der nicht ausgeglichenen Massenkräfte der Triebwerke. Zur bequemen Bestimmung dieser Drehmomente werden am einfachsten die auf den Kurbelweg bezogenen Massenkräfte in den bereits S. 387 gekennzeichneten beiden Kosinuslinien für unendlich

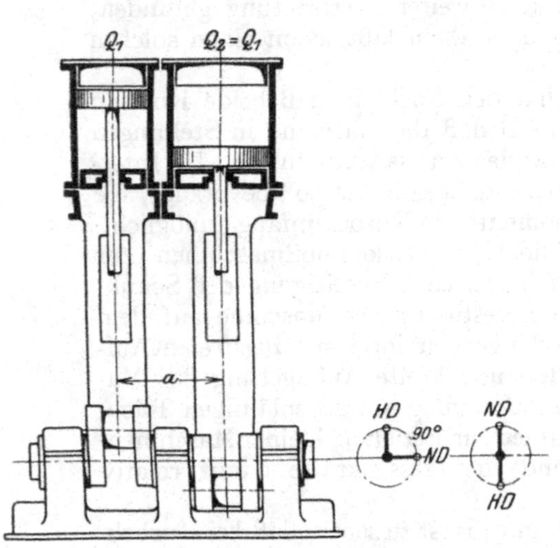

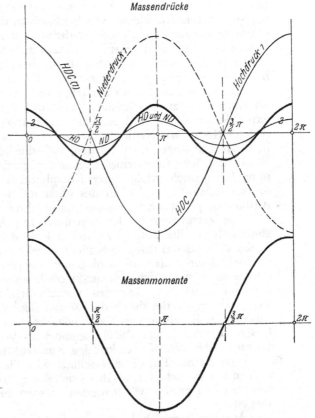

Fig. 463. Zweikurbelmaschine.

Fig. 464. Massenkräfte und Massenmomente der Zweikurbelmaschine mit Kurbeln unter 180⁰.

lange Schubstangen und für das die endliche Länge der Schubstange berücksichtigende Fehlerglied dargestellt.

Fig. 464 zeigt die Massenkräfte und die während einer Umdrehung erfolgende Veränderung ihrer Drehmomente $P \cdot a$ in der Ebene der Cylinderachsen.

Bei Kurbeln unter 180⁰ sind die von der unendlich langen Stange herrührenden Massenwirkungen der Triebwerke beider Cylinder (Massenkräfte erster Ordnung) einander gleich und entgegengesetzt gerichtet, wie der Verlauf der Kosinuslinien für HD- und ND-Seite erkennen läßt. Sie heben sich also zahlenmäßig auf und üben demzufolge ein Drehmoment auf den Maschinenrahmen oder -Ständer aus, das sich abhängig von dem Abstand a proportional den Massenkräften ergibt. Die Massenkräfte zweiter Ordnung wirken in gleichem Sinne und kommen somit als freie Massenkräfte in der durch die kräftig ausgezogene Linie der oberen Figur dargestellten Größe zur Wirkung. Infolge ihrer gleichen Kraftrichtung können sie keine Drehmomente hervorrufen. Es werden somit bei der Kurbelversetzung unter 180⁰ die Drehmomente lediglich von den Massenwirkungen erster Ordnung bestimmt, während freie Massenkräfte nur durch den Einfluß der endlichen Stangenlänge auftreten.

Bei größerem Gewichte des ND-Kolbens würde der Mehrbetrag der Massenkräfte erster Ordnung unausgeglichen bleiben; eine Änderung der Drehmomente würde aber damit nicht verbunden sein.

Bei Kurbeln unter 90⁰ gleichen sich im Gegensatz hierzu die Massenkräfte zweiter Ordnung vollständig aus, während sich die Kräfte erster Ordnung zu sehr großen Kraftunterschieden summieren, die vom Grundrahmen bzw. den Lagerdeckeln und der Welle aufzunehmen sind. Die Drehmomente auf Rahmen und Ständer, die sowohl von den Kräften erster wie zweiter Ordnung hervorgerufen werden, sind dagegen wesentlich kleiner wie bei Kurbeln unter 180⁰, da die Massenkräfte erster Ordnung während der Periode, in der sie sich addieren, gleichgerichtet sind und Drehmomente daher nicht erzeugen, so daß auf zwei Hubhälften nur Drehmomente der Massenkräfte zweiter Ordnung übrig bleiben. (Vgl. die Darstellung der Drehmomente in Fig. 465 unten, getrennt für die Kräfte erster und zweiter Ordnung.)

Dem Gedanken, durch möglichste Verkleinerung des Cylinderabstands a die Drehmomente zu beschränken, verdankt der Aufbau einer vertikalen Zweifachexpansionsmaschine mit Kurbeln unter 180⁰, II Taf, 20a seine Entstehung, bei der der Hoch- und Niederdruckcylinder übereinander und mit so geringem Abstand ihrer Achsen angeordnet wurden, daß die beiden Schubstangenköpfe bis auf die Breite des Kröpfungsarmes aneinander genähert werden konnten. Diese Anordnung hat jedoch infolge ihrer Komplikation keine weitere Verbreitung gefunden; die schlechte Zugänglichkeit des unteren Cylinders allein läßt schon einen solchen Aufbau als praktisch unzweckmäßig erachten.

Die Versetzung der Kurbeln unter 180⁰ hat den Nachteil, daß beide Kurbeln gleichzeitig in die Totlage zu stehen kommen, so daß die Maschine in Stellungen in der Nähe des Hubwechsels nicht angeht und das Anlassen erschwert. Im Interesse leichteren Anlaufens wird daher die Kurbelstellung unter 90⁰ bevorzugt, die im allgemeinen ja auch gleichmäßigere Drehmomente am Kurbelumfang ermöglicht. Kurbeln unter 180⁰ kommen vornehmlich noch bei Lokomobilmaschinen zur Verwendung, da die durch den Massenausgleich erreichte Beseitigung der Schubwirkung in Richtung der Maschinenachse die Befestigung der Maschine auf dem Kessel erleichtert; nur die Massenmomente verlangen zu ihrer störungsfreien Aufnahme durch den Kessel kräftige Konstruktion und breite Auflagerung des Maschinenrahmens. Für diese Maschinen wird die Anordnung mit gegenläufigen Triebwerken um so wichtiger, als ihre Umdrehungszahlen zur Erzielung kleiner Maschinenabmessungen groß gewählt werden müssen und die Massenkräfte damit relativ steigen.

Aus dem Vergleich der Diagramme Fig. 464 und 465 ist zu sehen, daß bei Kurbeln unter 180⁰ kleine Massenkräfte sich ergeben, jedoch große Drehmomente, bei Kurbeln unter 90⁰ dagegen das umgekehrte Verhältnis sich einstellt. In dem Bestreben, die Vorteile beider Kurbelstellungen zu vereinigen und leichteres Anlaufen der Maschine zu sichern, werden häufig die Kurbeln unter 110⁰ angeordnet, da dann, wie Fig. 466 erkennen läßt, die freien Massenkräfte wesentlich verkleinert werden, während die Momente ungefähr dieselbe Größe wie bei 90⁰ Kurbelversetzung beibehalten.

Dreikurbelmaschinen.

Betriebs-Dampfmaschinen mit drei Kurbelgetrieben kommen nur in stehender Anordnung vor, II Taf. 23 bis 25 und III, 171 und 176, während bei liegender Anordnung drei Dampfcylinder stets auf zwei Kurbeln verteilt werden; nur ausnahmsweise bei liegenden Walzenzugsmaschinen sind drei Cylinderachsen mit drei Kurbeln ausgebildet worden.

Der Einfachheit halber seien zunächst die Triebwerksgewichte Q einander gleich angenommen, gleiche Cylinderabstände a vorausgesetzt und die Kurbeln unter 120⁰ zueinander versetzt gedacht, Fig. 467.

Unter diesen Voraussetzungen gleichen sich, wie Diagramm Fig. 468 zeigt, die Massenkräfte erster und zweiter Ordnung vollständig aus. Die Massendruckmomente dagegen besitzen bedeutende Größe. Im Gegensatz zur Zweikurbelmaschine für 180⁰ wie für 90⁰ Kurbelstellung ist die Dreikurbelmaschine in zwei Kurbelstellungen vollkommen ausbalanciert, und zwar in den Totlagen der mittleren Kurbel, in der sowohl die Massenkräfte wie deren Drehmomente sich gleichzeitig ausgleichen.

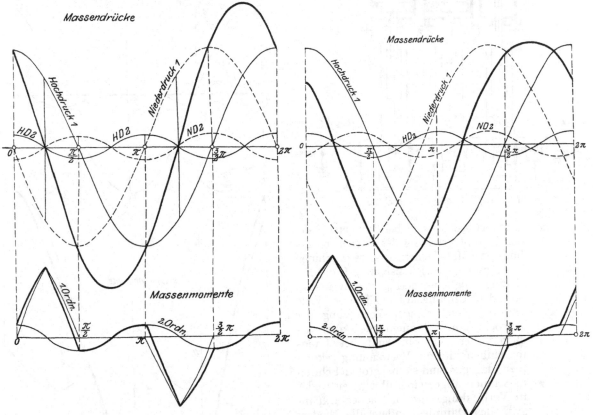

Fig. 465. Massenkräfte und Massenmomente der Zwei- Fig. 466. Massenkräfte und Massenmomente der Zweikurbelmaschine bei Kurbeln unter 90⁰. kurbelmaschine bei Kurbeln unter 110⁰.

Werden die drei Kurbeln so zueinander angeordnet, daß die beiden äußeren um 180⁰ zur mittleren versetzt sind, und wird außerdem das mittlere Triebwerk doppelt so schwer wie das der äußeren Cylinder ausgeführt, so entspricht die Anordnung zwei gekuppelten Verbundmaschinen mit Kurbeln unter 180⁰ und die Massenkräfte erster Ordnung, sowie deren Drehmomente heben sich in allen Kurbelstellungen auf. Diese Anordnung besitzt jedoch wegen der ungünstigen Verteilung der Drehkräfte an der Kurbel und der Schwierigkeit des Anlassens der Maschine bei gleichzeitiger Totlage sämtlicher Kurbeln keine praktische Bedeutung.

Vierkurbelmaschinen.

Die Vierkurbelmaschine, Fig. 469, mit außergewöhnlicher Anordnung der Kurbeln unter 90⁰, gleiches Triebwerksgewicht und gleiche Cylinderabstände vorausgesetzt, verhält sich, wie Fig. 470 zeigt, hinsichtlich des Massenausgleichs und der Kippmomente wie die Dreikurbelmaschine. Die Massenkräfte erster und zweiter

Ordnung heben sich auf, während die Kippmomente sehr große Schwankungen aufweisen; auch bestehen zwei Kurbelstellungen, bei denen sowohl die Massenkräfte wie die Kippmomente verschwinden.

Die vorstehend gemachte Voraussetzung gleicher Triebwerksmassen und gleicher Cylinderabstände ist aus konstruktiven Gründen im allgemeinen nicht zu erreichen;

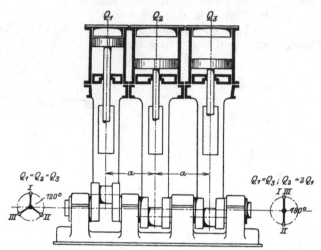

Fig. 467. Dreikurbelmaschine.

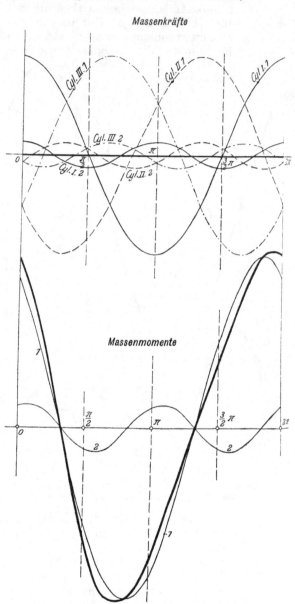

Fig. 468. Massenkräfte und Massenmomente bei Dreikurbelmaschinen mit Kurbeln unter 120° unter Annahme gleicher Triebwerksmassen und gleicher Cylinderabstände (Fig. 467).

auch erweist es sich bei der verschiedenen Dampfverteilung der einzelnen Cylinder der Mehrfachexpansionsmaschinen zweckmäßig, in Rücksicht auf die Erzielung möglichst geringer Schwankungen der Umfangskräfte an der Welle von der gleichmäßigen Versetzung der Kurbeln um 90° zueinander abzuweichen. Vier Kurbeln sind bei Landmaschinen nie zur Verwendung gekommen, dagegen sind sie bei großen Schiffsmaschinen allgemeiner üblich, entweder in Verbindung mit dreifacher Expansion des Dampfes, indem die Niederdruckdampfarbeit auf zwei geich große Niederdruckcylinder verteilt wird, oder mit vierfacher Expansion und dementsprechend vier verschieden großen Cylindern, wie die Beispiele von Schiffsmaschinen II, 183 bis 187 für Leistungen über 3000 PS erkennen lassen.

Um einen ruhigen und erschütterungsfreien Gang der Schiffsmaschinen zu sichern, ergibt sich die wichtige Aufgabe, eine möglichst gleichmäßige Arbeitsverteilung an der Welle zu vereinigen mit der Forderung vollkommensten Massenausgleichs in Rücksicht der Massenkräfte und der Kippmomente.

Zur Ermittlung der für den Massenausgleich normaler Vierkurbelmaschinen mit voneinander abweichenden Kurbelwinkeln und Triebwerksmassen günstigsten

Konstruktionsverhältnisse sind der Behandlung der Aufgabe die allgemeinen Bedingungen für den Massenausgleich mehrkurbeliger Maschinen zugrunde zu legen, die sich auf die Gesetze der Dynamik über das Gleichgewicht von Kräften und Drehmomenten stützen.

Sollen weder Rahmen noch Ständer freien Massenkräften und freien Kippmomenten ausgesetzt sein zur Vermeidung der Übertragung von Stößen und Schwingungen auf den Schiffskörper, so müssen die Resultierende der Massendrücke und deren resultierendes Drehmoment in der Ebene der Cylinderachsen in jeder Kurbelstellung verschwinden.

Auf diesen inneren Ausgleich der Triebwerksmassenwirkung von Mehrkurbelmaschinen ohne Zuhilfenahme weiterer Ausgleichsmassen wurde zuerst von Otto Schlick[1]) hingewiesen, und der neue Schiffsmaschinenbau folgt ausnahmslos diesen grundsätzlichen Anregungen.

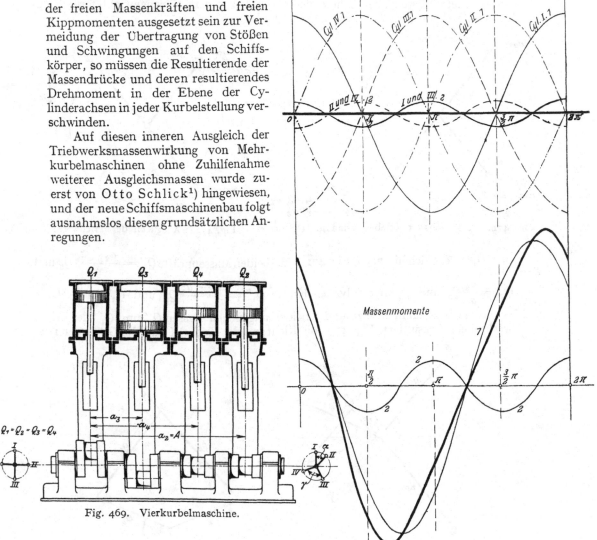

Fig. 469. Vierkurbelmaschine.

[1]) Schlick, Einfluß des Aufstellungsortes der Dampfmaschine auf die Vibrationserscheinungen bei Dampfmaschinen, Z. d. V. d. Ing. 1894, S. 1091.

Lorenz, Dynamik der Kurbelgetriebe, Leipzig 1901 (Referat Z. d. V. d. Ing. 1901. S. 1289).

Derselbe, Massenwirkungen am Kurbelgetriebe, Z. d. V. d. Ing. 1897, S. 998, 1899, S. 83.

Fränzel, Das Taylorsche Verfahren zur Ausbalancierung von Schiffsmaschinen Z. d. V. d. Ing. 1898, S. 907.

Knoller, Z. d. V. d. Ing. 1897, S. 1371.

Riedler, Z. d. V. d. Ing. 1898, S. 1053 und 1313.

Fig. 470. Massenkräfte und Massenmomente bei Vierkurbelmaschinen mit Kurbeln unter 90° (Fig. 469 Kurbelschema links), unter Annahme gleicher Triebwerksmassen und gleicher Zylinderabstände.

Ausgleich der Massenkräfte und Momente I. Ordnung.

Theoretischen Betrachtungen sei die Vierkurbelmaschine Fig. 469 mit den Massenkräften $Q_1 Q_2 Q_3 Q_4$ der Triebwerke und den korrespondierenden Triebwerksabständen $a_2 a_3$ und a_4 zugrunde gelegt; dabei seien die Massendrucke Q_3 und Q_4 der mittleren Triebwerke und der Kurbelwinkel γ als gegeben vorausgesetzt.

Es lassen sich nun die Massenwirkungen erster Ordnung der beiden Triebwerke III und IV durch in den Triebwerksebenen I und II diametral entgegengesetzt angeordnete Massen ausgleichen, deren Größe aus dem Gleichgewicht ihrer Kippmomente Qa sich ableitet, Fig. 471 und 472.

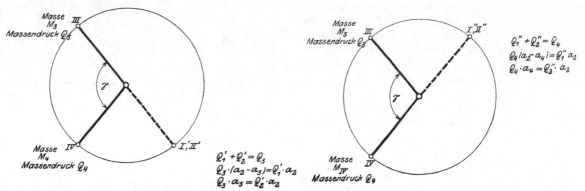

Fig. 471. Ausgleich der Triebwerksmasse III.

Fig. 472. Ausgleich der Triebwerksmasse IV.

Q_3 zerlegt sich hiernach, Fig. 471, in die beiden Massenkräfte $Q_1' = \frac{a_2 - a_3}{a_2} Q_3$ und $Q_2' = \frac{a_3}{a_2} Q_3$ und Q_4 in die beiden Kräfte $Q_1'' = \frac{a_2 - a_4}{a_2} Q_4$ und $Q_2'' = \frac{a_4}{a_2} Q_4$.

Aus der Zusammensetzung der beiden ungleichen Massen Q_1' und Q_1'' der Triebwerksebene I resultiert, Fig. 473, die Richtung der Kurbel I und die Größe der not-

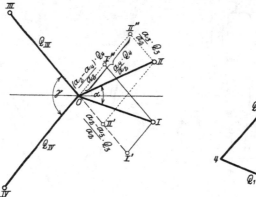

Fig. 473. Ermittlung der Kurbelstellungen I und II.

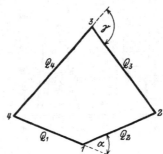

Fig. 474. Polygon der Massenkräfte I. Ordnung.

wendigen Ausgleichsmasse Q_1; in gleicher Weise wird durch Zusammensetzen von Q_2' und Q_2'' die Richtung der Kurbel II und die Größe der Ausgleichsmasse Q_2 gefunden.

Da die Richtungen der Fliehkräfte der an der Kurbel vereinigt zu denkenden Triebwerksmassen mit den Kurbelrichtungen zusammenfallen und da Fliehkraft und Massen proportional sind, so folgt für den statischen Ausgleich der Massendrücke, daß sowohl die auf die Kurbelrichtung bezogenen Massenkräfte Q_1 bis Q_4 als auch ihre auf die Kurbelrichtung aufgetragenen Drehmomente $Q \cdot a$ je zu einem geschlossenen Polygon sich vereinigen lassen müssen, wie dies in den Fig. 474 und

475 geschehen. Das Polygon Fig. 474 enthält die zwischen den Kurbellagen I, II und III, IV auszuführenden Kurbelwinkel γ und α als Außenwinkel; analytisch ausgedrückt entspricht es den Ausdrücken

$$\Sigma Q \sin \delta = 0$$
$$\Sigma Q \cos \delta = 0,$$

wenn mit δ die Neigungswinkel der Kurbeln gegen eine beliebige Anfangsrichtung bezeichnet werden.

Bei der Zusammenfassung der Massenmomente zu einem geschlossenen Polygon wird als Drehpunkt am einfachsten der Schnittpunkt der Cylinderachse I mit der Kurbelwelle gewählt, wodurch die Momentwirkung von Q_1 verschwindet und

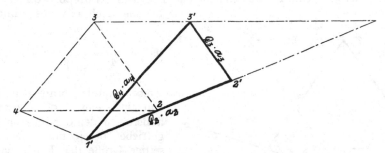

Fig. 475. Polygon der Massenmomente I. Ordnung.

das vierseitige Polygon in ein Dreieck übergeht. Diese Annahme ist dann zulässig, wenn die Summe der Momente zum Verschwinden kommt.

Das Momentpolygon Fig. 475 wird dadurch erhalten, daß die Seite $Q_2 a_2 = \mathrm{r}'2'$ parallel der Kurbelrichtung II, die Seite $Q_3 a_3 = 2'3'$ parallel der Kurbelrichtung III und die Seite $Q_4 a_4 = \mathrm{r}'3'$ parallel der Kurbelrichtung IV gewählt werden.

Der analytische Ausdruck für die Gleichgewichtsbedingungen der Drehmomente nach zwei zueinander senkrechten Richtungen ist:

$$\Sigma Q\, a \sin \delta = 0$$
$$\Sigma Q\, a \cos \delta = 0.$$

Die Darstellung zeigt, in wie einfacher Weise Kurbelwinkel und auszuführende Massen bestimmt werden können, wenn zunächst nur der Ausgleich der Massenkräfte erster Ordnung angestrebt wird. Es ist außerdem zu erkennen, daß die Annahme eines Kurbelwinkels und zweier Triebwerksmassen genügt, um die übrigen Triebwerksmassen und Kurbelstellungen zu finden.

Da für den Massenausgleich die mittleren Cylinder III und IV stets größere Massen wie die äußeren Cylinder I und II erhalten, empfiehlt es sich, die größeren Cylinder nach innen zu legen, bei Dreifachexpansionsmaschinen also die beiden Niederdruckcylinder, bei Vierfachexpansionsmaschinen den zweiten Mitteldruck- und den Niederdruckcylinder (s. III, 183 und 186). Hierbei werden in der Regel die Triebwerksgewichte der beiden mittleren Cylinder gleichgroß ausgeführt. In Rücksicht darauf, daß diese Anordnung allgemeinere praktische Bedeutung beanspruchen kann, möge die rechnerische und graphische Verfolgung des Massenausgleichs unter Berücksichtigung auch der Kräfte zweiter Ordnung auf diesen Fall der Vierkurbelmaschine beschränkt werden[1].

Werden die Triebwerksgewichte III und IV gleich groß, so führt der Massenausgleich auch auf die Gleichheit der Triebwerksgewichte I und II des Hochdruck- und ersten Mitteldruckcylinders.

Symmetrische Vierkurbelmaschine.

---

[1] Für außergewöhnliche Anordnungen s. Lorenz, Dynamik der Kurbelgetriebe, Leipzig 1901.

Das Kräftevlereck Fig. 474 geht dann in ein symmetrisches Polygon Fig. 476 über, das sich aus zwei gleichschenkligen Dreiecken 1, 2, 4 und 2, 3, 4 zusammensetzt. Aus dem Polygon ist abzulesen

$$Q_1 \cos \frac{\alpha}{2} = Q_2 \cos \frac{\alpha}{2} = Q_3 \cos \frac{\gamma}{2} = Q_4 \cos \frac{\gamma}{2}.$$

Das Momentenpolygon entspricht dem Dreieck 1 2' 3'. Der Schluß des Momentenpolygons erfordert, wie sich durch einfache Rechnung zeigen läßt, ein bestimmtes Symmetrieverhältnis zwischen den Getriebeabständen $\dfrac{a_2 - a_4}{a_2} = \dfrac{a_3}{a_2}$, d. h. die dritte Triebwerksebene muß von der ersten ebensoweit entfernt sein, wie die zweite von der vierten. Im Zusammenhang mit dem Kräftepolygon ergibt sich hieraus auch ein bestimmtes Ver-

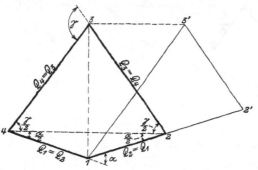

hältnis $\dfrac{a}{A} = \dfrac{\operatorname{tg} \dfrac{\alpha}{2}}{\operatorname{tg} \dfrac{\gamma}{2}}$ zwischen den Getriebeabständen und den Kurbelwinkeln, wenn A den Abstand der äußeren, a den der inneren Kurbelgetriebe bezeichnet. Die gegenseitige Größe der Kurbelwinkel ist somit von den Abständen der Triebwerksebenen abhängig.

Fig. 476. Massenpolygone der symmetrischen Vierkurbelmaschine.

In den bisherigen Überlegungen über den Massenausgleich wurden nur die Massenkräfte erster Ordnung berücksichtigt und die Bedingungsgleichungen erhalten:

$$\begin{aligned} \Sigma Q \cos \delta &= 0 \quad \text{und} \quad & \Sigma Q\,a \cos \delta &= 0 \\ \Sigma Q \sin \delta &= 0 \quad & \Sigma Q\,a \sin \delta &= 0 \end{aligned} \Bigg\}\ \text{I},$$

Ausgleich der Momentkräfte zweiter Ordnung.

deren Lösung am einfachsten graphisch mittels der Kräfte- und Momentenpolygone erfolgt. Es wurde nun bereits oben erkannt, daß für den Massenausgleich der Einfluß der endlichen Schubstangenlänge nicht vernachlässigbar wird, namentlich nicht bei raschlaufenden Maschinen. Es muß somit für einen vollkommenen Massenausgleich angestrebt werden, auch das in der Gleichung der Massenkräfte der einzelnen Triebwerke

$$M \omega^2 r \left[\cos \varphi + \left(\frac{r}{L} \right) \cos 2 \varphi \right]$$

auftretende zweite Glied

$$M \omega^2 r \frac{r}{L} \cos 2 \varphi$$

in seinen Kraft- und Momentwirkungen zum Verschwinden zu bringen. In Rücksicht auf die Gleichartigkeit der beiden Klammerglieder erster und zweiter Ordnung folgen für den Ausgleich dieser Massenwirkungen zweiter Ordnung ähnliche Bedingungsgleichungen hinsichtlich der Massendrücke und Massendruckmomente, wie für die Massenwirkungen erster Ordnung.

$$\begin{aligned} \Sigma Q \cos 2 \delta &= 0 \quad & \Sigma Q\,a \cos 2 \delta &= 0 \\ \Sigma Q \sin 2 \delta &= 0 \quad & \Sigma Q\,a \sin 2 \delta &= 0 \end{aligned} \Bigg\}\ \text{II},$$

d. h. es müssen auch die mit den doppelten Winkeln gebildeten Kräfte- und Momentenpolygone geschlossene Figuren sein.

Für die Aufzeichnung des mit den doppelten Winkeln zu zeichnenden Kräftepolygons sei wieder von den Kräften $Q_3 = Q_4$ ausgegangen. Es ergeben sich dann
durch Eintragung der Winkel 2α und 2γ in der aus Fig. 477 ersichtlichen Weise
die Größen Q_1 und Q_2 als Seiten eines gleichschenkeligen Drei-
ecks mit der Grundlinie 2 4 des mit den Seiten Q_3 und Q_4
gezeichneten Dreiecks.

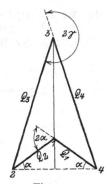

Fig. 477.
Polygon der Massen-
kräfte II. O.

Die aus diesem Kräftepolygon zu entnehmende Größe
$Q_1 = Q_2$ stimmt nun im allgemeinen nicht überein mit der
aus dem Kräftepolygon erster Ordnung sich ergebenden Kraft-
größe. Es ist also der Ausgleich der Kräfte zweiter Ordnung
nicht ohne weiteres aus den Bedingungsgleichungen der Kräfte
erster Ordnung gegeben, sondern es kommen neue Bedingungsgleichungen für den Kraftausgleich hinzu. Aus Fig. 477 ist ab-
zulesen, daß $Q_1 \cos \alpha = Q_2 \cos \alpha = Q_3 \cos \gamma = Q_4 \cos \gamma$. Diese
Gleichung kann aber nur dann gleichzeitig mit der für die
Kräfte erster Ordnung gefundenen, entsprechenden Gleichung
für die halben Winkel erfüllt sein, wenn die Kurbelwinkel
selbst in einem ganz bestimmten Verhältnis zueinander stehen,
das sich unter Zuhilfenahme der trigonometrischen Beziehung

$$\cos \alpha = 2 \cos^2 \frac{\alpha}{2} - 1 \text{ ergibt zu}$$

$$\cos \frac{\alpha}{2} \cdot \cos \frac{\gamma}{2} = \tfrac{1}{2}.$$

Der Massenausgleich der Momente zweiter Ordnung führt auf ein anderes
Verhältnis der Cylinderabstände $\frac{a}{A}$, wie sich durch eine nähere Untersuchung
nachweisen läßt, ist also unvereinbar mit dem Massenausgleich erster Ordnung.

Es ist somit für Vierkurbelmaschinen der Massenausgleich nur für die Massendrücke und -Momente erster Ordnung, sowie für die Massendrücke zweiter Ordnung
möglich, während auf den Ausgleich der Momente zweiter Ordnung verzichtet
werden muß.

Die praktische Verwertung der gefundenen Beziehungen zur Berechnung der
symmetrischen Vierkurbelmaschine gestaltet sich nunmehr sehr einfach. Zunächst
werden die durch die Konstruktion bestimmten Triebwerksabstände A und a der
beiden äußeren und der inneren Cylinder ermittelt und aus den beiden Bedingungen

**Berechnung
des Massen-
ausgleichs.**

$$\frac{\operatorname{tg} \frac{\alpha}{2}}{\operatorname{tg} \frac{\gamma}{2}} = \frac{a}{A}$$

und

$$\cos \frac{\alpha}{2} \cdot \cos \frac{\gamma}{2} = \tfrac{1}{2}$$

die Größe der Kurbelwinkel α und γ berechnet. Diese Werte sind für verschiedene
Verhältnisse $\frac{a}{A}$ zwischen 0,3 und 0,5 in Fig. 478 graphisch dargestellt. Zur Verdeutlichung der Bezeichnungen wurde in dieser Figur auch die Anordnung der Cylinderachsen sowie der Kurbelwinkel eingetragen. Mit Zunahme des Abstandes a der
beiden inneren Cylinder III und IV vermindert sich der Unterschied der Winkel-
größen α und γ, von denen der erstere stets kleiner, der zweite größer als 90^0 ist.
Mit Kenntnis der Winkel liefert die Aufzeichnung des einfachen Kräftepolygons
Fig. 476 oder die Rechnung das Kraftverhältnis

$$\left(\frac{Q_{1,2}}{Q_{3,4}} \right).$$

Das Diagramm Fig. 478, das auch die Veränderung dieses Verhältnisses der Triebwerksmassen veranschaulicht, läßt erkennen, daß innerhalb des Verhältnisses der Achsenabstände $\frac{a}{A} = 0{,}3$ bis $0{,}5$ die Triebwerksmassen der inneren Cylinder die $1{,}4$ bis $1{,}7$fache Größe derjenigen der äußeren Cylinder erhalten.

Mit Benützung der Fig. 478 erledigt sich somit die Feststellung der Kurbelwinkel und der Massenverteilung für den möglichst vollkommenen Massenausgleich

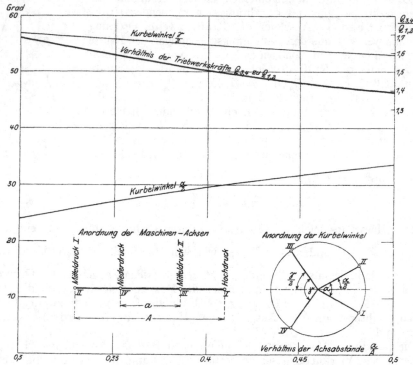

Fig. 478. Kurbelwinkel α und γ und Verhältnis der Triebwerksmassen der Innen- und Außencylinder für den Massenausgleich der symmetrischen Vierkurbelmaschine.

der hin- und hergehenden Triebwerke einer symmetrischen Vierkurbelmaschine ohne weitere Rechnung. Die Größe des nicht ausgeglichenen Massendruckmomentes zweiter Ordnung bestimmt sich als resultierendes Moment des für die doppelten Kurbelwinkel gezeichneten Momentenpolygons.

Ausgleich der rotierenden Massen

Der Ausgleich der rotierenden Massen kann durch Gegengewichte erfolgen, die entweder in jedem Triebwerk an den Kröpfungen oder einfacher nur an den beiden äußeren Kurbeln I und II unter bestimmten Winkeln β_1 und β_2 angeordnet werden. Werden die Größen der letztgenannten Gegengewichte mit B_1 und B_2 bezeichnet, so ist der Ausgleich dann vorhanden, wenn die Summe der Komponenten der rotierenden Massen- und Massendruckmomente in zwei zueinander senkrechten Ebenen verschwindet.

$$\Sigma R \cos \delta + B_1 \cos \beta_1 + B_2 \cos \beta_2 = 0$$
$$\Sigma R \sin \delta + B_1 \sin \beta_1 + B_2 \sin \beta_2 = 0$$
$$\Sigma R a \cos \delta + B_2 a_2 \cos \beta_2 = 0$$
$$\Sigma R a \sin \delta + B_2 a_2 \sin \beta_2 = 0.$$

Darin bezeichnet R die Massenkräfte der einzelnen an den verschiedenen Kurbeln auftretenden rotierenden Massen, δ die gegen eine beliebige Richtung gemessenen

Neigungswinkel der Hauptkurbeln, β_1 und β_2 die gegen dieselbe Richtung gemessenen Neigungswinkel der Ebenen, in denen die Ausgleichsmassen B_1 und B_2 zur Wirkung gelangen.

Bei größeren Maschinen können auch durch die Massenwirkungen der nicht ausgeglichenen Steuerungsteile störende Nebenwirkungen hervorgerufen werden; diese sind am zweckmäßigsten durch Massenausgleich der Steuerungsgetriebe in sich zu beseitigen, wobei nur die Massenkräfte erster Ordnung in Betracht kommen, da das Verhältnis der Excentrität zur Länge der Excenterstange sehr klein ist.

Wird im Hauptgetriebe auf den Ausgleich zweiter Ordnung verzichtet, so können die Steuerungsteile auch zum Ausgleich der hin- und hergehenden Triebwerksmassen herangezogen werden, wobei die Schiebergewichte im Verhältnis der Excentrizität zum Kurbelradius in die Rechnung einzuführen sind. Durch Ausnützung der Steuerungsmassen läßt sich alsdann nicht selten eine beträchtliche Gewichtsverminderung der Hauptgetriebe erreichen. In gleicher Weise wären auch gebotenenfalls die Antriebsgestänge der Kondensatorluftpumpen für den Massenausgleich nutzbar zu machen.

3. Stöße im Kurbeltriebwerk.

Im Kurbel- und Kreuzkopfzapfen, sowie im Wellenlager können bei plötzlichem Druckwechsel schädliche Stöße dadurch entstehen, daß die in Richtung der eingeleiteten Zug- oder Druckkräfte bestehende relative Ruhelage von Zapfen und Lagerschalen aufgehoben wird und die Zapfen auf der entgegengesetzten Seite der Lagerschalen zur Berührung kommen, wobei sie mit einer gewissen Relativgeschwindigkeit ihre neue Auflagefläche treffen und dementsprechende Stoßwirkung hervorrufen.

Dieser stoßweise Wechsel der Berührungsflächen ist möglich wegen des unerläßlichen Spiels zwischen Zapfen und Lagerschalen zur Aufnahme des eine metallische Berührung beider verhindernden Schmieröls zwecks Verhütung des Heißlaufens der Zapfen.

Der unvermeidliche Druckwechsel in der Kraftleitung des Triebwerks tritt entweder im Hubwechsel des Kolbens oder schon vor dem Hubwechsel auf, seltener nach demselben.

Tritt in der Kolbenkraft eine Richtungsänderung ein, so entsteht zunächst eine Trennung am Kreuzkopfzapfen, indem der Kreuzkopf samt Kolbenstange und Kolben durch den entgegengesetzten Dampfdruck verzögert wird, während die Schubstange und Kurbel mit der vom Schwungrad geregelten Geschwindigkeit sich unabhängig weiterbewegen, bis das Zapfenspiel durchlaufen und die entgegengesetzte Flächenberührung im Zapfenlager eingetreten ist. Hierauf findet am Kurbelzapfen ein ähnlicher Vorgang statt, und schließlich macht sich dieser Wechsel der Kraftübertragungsrichtung auch auf das Wellenlager geltend, in dem gleichfalls unter dem Einfluß der verzögerten Triebwerksmassen und der entgegengesetzten Dampfwirkung eine gewisse Verschiebung in der Auflagerung der Welle sich ergibt.

Stoßvorgang.

Um den Stoßvorgang näher zu verfolgen, ist daher aus dem Verlauf der Triebwerkskräfte der Druckwechsel und die hierauf sich einstellende Kraftänderung festzustellen, sowie die Relativbewegung der in Betracht kommenden Triebwerksteile und die während dieser Bewegung frei gewordene Massenwirkung zu bestimmen.

Für die nachfolgenden analytischen und graphischen Untersuchungen des Stoßvorganges sei wieder von einer konstanten Winkelgeschwindigkeit ω der Kurbel vom Radius r ausgegangen. Unter dieser Voraussetzung steht die Bewegung des Kreuzkopfzapfens in seiner Schubrichtung bei normaler Kraftübertragung unter dem Einfluß der Beschleunigung

$$b_3 = r\omega^2 \left(\cos\varphi + \frac{r}{L} \cos 2\varphi \right),$$

die sich unter Bezugnahme auf die Zeit für die Kurbeldrehungswinkel φ als Summe zweier Kosinuslinien, Fig. 446, darstellt.

Die Zapfengeschwindigkeit

$$c_3 = r\omega \left(\sin\varphi + \tfrac{1}{2}\frac{r}{L}\sin 2\varphi \right)$$

entspricht der Integralkurve der Beschleunigungslinie und der Zapfenweg

$$s_3 = r \left(\cos\varphi - \tfrac{1}{2}\frac{r}{L}\sin^2\varphi \right)$$

der Integralkurve der Geschwindigkeitslinie.

Unter diesem durch das Schwungrad geregelten Bewegungsvorgang steht das Triebwerk so lange, wie während eines Hubes die Richtung der Triebwerkskraft unverändert bleibt. Bei auftretendem Druckwechsel entsteht jedoch eine Störung dieser Triebwerksbewegung infolge des Einflusses der Zapfenspielräume, deren Durchlaufen von rein dynamischen Wirkungen der vorübergehend voneinander frei gewordenen Triebwerksteile abhängt.

Die während des Druckwechsels auf die freien Gestängemassen m_1 und m_2 wirksam werdenden Dampfdrücke werden im Kolbendruckdiagramm, Fig. 479, gemessen durch die unterhalb der Linie der Beschleunigungskräfte des gesamten Triebwerkes sich fortsetzenden Dampfgegendrücke.

Die Kolbendrucklinie kennzeichnet aber auch gleichzeitig den Verlauf der Beschleunigungen $b_1 = \dfrac{P}{m_1}$ frei beweglicher Triebwerksmassen m_1 (Kolben, Kolbenstangen und Kreuzkopf), wenn sie allein dem Dampfdruck P ausgesetzt wären im Vergleich mit denjenigen Beschleunigungen b_3, die der Kurbelantrieb ihnen erteilt. Einschließlich der Schubstangenmasse m_2 liefern dieselben Kolbendrücke natürlich entsprechend kleinere Beschleunigungen $b_2 = \dfrac{P}{m_1 + m_2}$. Hinter dem Druckwechselpunkt a bewegen sich somit die frei gewordenen Triebwerksmassen m_1 von Kolben, Kolbenstange und Kreuzkopf unter dem Einfluß der Beschleunigung b_1, während die Schubstange der Beschleunigung b_3 unterworfen bleibt und mit den aus der Kurbelbewegung sich ableitenden Geschwindigkeiten c_3 sich weiterbewegt.

Die im Augenblicke t_0 des Druckwechsels vorhandene Geschwindigkeit c_0 der Triebwerksteile m_1 vermindert sich infolge der starken Abnahme von b_1 schneller als die Geschwindigkeit c_3 der Schubstange. Der Unterschied beider Geschwindigkeiten entspricht dem Verhältnis der von der Nullinie aus schraffierten Flächen der Kurve b_1 und der Kurve b_3. Die Geschwindigkeitskurve c_1 wird also als Integralkurve für b_1 von t_0 aus erhalten, Fig. 480. In gleicher Weise ist die Wegkurve s_1 als Integralkurve aus der Geschwindigkeitskurve abzuleiten, Fig. 481.

Die Relativbewegung des Kreuzkopfzapfens zu seiner Lagerschale während des Durchlaufens des Spielraumes σ_1 entspricht den Vertikalabständen der beiden Wegkurven s_1 und s_3; in dem Augenblicke t_1, in welchem der Abstand $s_3 - s_1$ gleich dem Spielraum σ_1 zwischen Kreuzkopfzapfen und Lagerschalen geworden ist, tritt der Stoß ein. Dieser Punkt findet sich in der graphischen Darstellung Fig. 481 als Schnittpunkt der Wegkurve s_1 mit der um σ_1 nach abwärts geschobenen Kurve s'_3. Die zum Durchlaufen des Spielraumes erforderliche Zeit $(t_1 - t_0)$ entspricht dem Unterschied der zugehörigen Abscissen, die relative Geschwindigkeit w_1 der Differenz der beiden Geschwindigkeitslinien c_1 und c_3 und die Beschleunigung b_I beim Aufeinandertreffen der Differenz der Beschleunigungen b_1 und b_3.

Wird die im Zeitmomente dt entstehende Beschleunigungsabnahme mit z bezeichnet, so daß gesetzt werden kann

$$z = \frac{db_1}{dt} - \frac{db_3}{dt},$$

so ist die relative Beschleunigung während des Durchlaufens des Spielraumes $b = z\,t$, die relative Geschwindigkeit

$$w = \frac{z}{2}\,t^2.$$

und der Weg

$$\sigma = \frac{z}{6}\,t^3.$$

Für $\sigma = \sigma_I$ ergibt sich die Zeit $(t_1 - t_0)$ zum Durchlaufen des Spielraumes zu

$$t_1 - t_0 = \sqrt[3]{\frac{6\,\sigma_I}{z}}.$$

Damit wird

$$w_1 = \sqrt[3]{4{,}5\,\sigma_I{}^2 \cdot z}$$

und

$$b_1 = \sqrt[3]{6\,\sigma_I \cdot z^2}.$$

Der Spielraum 6_I wird durch die konstruktive Ausführung bedingt und die relative Geschwindigkeit, welche ausgedrückt ist durch die Beziehung

$$z = \frac{d\,b_1}{d\,t} - \frac{d\,b_3}{d\,t},$$

also dem Unterschied der Tangentenwinkel beider Beschleunigungskurven b_1 und b_3 in Fig. 479 entspricht, wird gemessen durch die Tangente des Neigungswinkels der beiden Beschleunigungskurven[1]).

Ein Beispiel für die Größe der auftretenden Stoßkräfte an einer ausgeführten Großdampfmaschine zeigt Fig. 482, in der für eine 1 500 pferdige Tandemmaschine die zusammengesetzte Kolbenkraft des Hoch- und Niederdruckcylinders und die Massendrucklinie für ein hin- und hergehendes Triebwerksgewicht von 7900 kg bezogen auf die Zeit aufgezeichnet sind.

Die Tangente des Neigungswinkels bestimmt sich für den Hingang zu

$$z = \operatorname{tg}\alpha = 2{,}32.$$

---

[1]) Stribeck, Z. d. V. d. Ing. 1893, S. 12.

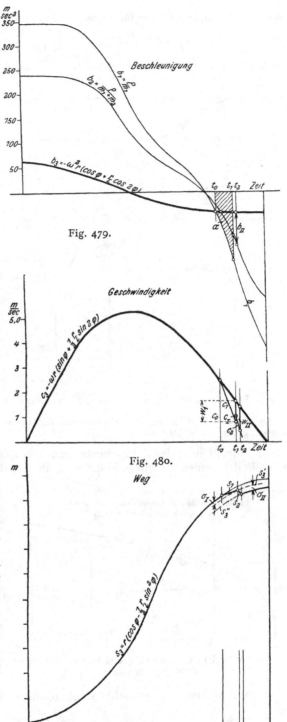

Fig. 479.

Fig. 480.

Fig. 481.

Fig. 479—481. Darstellung des Stoßvorgangs im Kreuzkopf- und Kurbelzapfen nach Beschleunigung, Geschwindigkeit und Weg der stoßenden Teile.

27*

und damit berechnet sich die für einen Zapfenspielraum σ_I auftretende Stoßkraft zu

$$\frac{1}{g}\ 7900\ \sqrt[3]{6\cdot(2,32)^2}\cdot\sqrt[3]{\sigma_I}\ \text{kg} = 2575\ \sqrt[3]{\sigma_I}\ \text{kg}.$$

Die Abhängigkeit der Stoßkräfte von der Größe der Zapfenspielräume zeigt Diagramm Fig. 483.

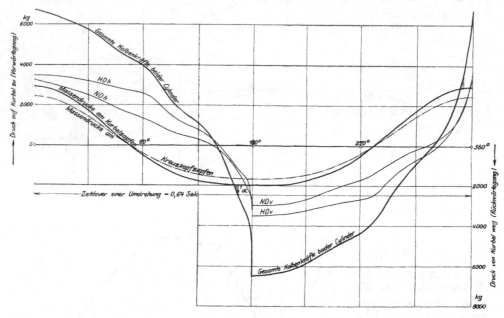

Fig. 482. Ermittlung der Stoßkräfte im Triebwerk einer 1500 pferdigen Tandemdampfmaschine.

Aus diesen Darstellungen ist zu erkennen, daß geringes Zapfenspiel wesentlich zur Verminderung der Stoßkräfte beiträgt.

Im Augenblicke des Zusammentreffens von Kreuzkopfzapfen und -Lager tritt an Stelle der beiden Geschwindigkeiten c_1 und c_3 die gemeinschaftliche Geschwin-

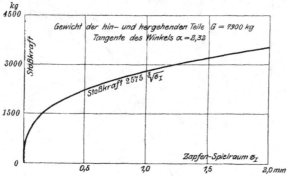

Fig. 483. Größe der Stoßkräfte Fig. 482 bei verschiedenem Zapfenspielraum.

digkeit c_I, Fig. 480, die sich unter Berücksichtigung der aufeinandertreffenden Massen m_1 und m_2 berechnet zu

$$c_I = \frac{m_1 c_1 + m_2 c_3}{m_1 + m_2}.$$

Nach Eintritt der gemeinsamen Stoßgeschwindigkeit c_I ist auch die Schubstangenmasse m_2 dem verzögernden Einfluß des Dampfdruckes unterworfen und ist deshalb für die gemeinsame weitere Bewegung der hin- und hergehen-

den Triebwerksmassen einschließlich Schubstange die Beschleunigung

$$b_2 = \frac{P}{m_1 + m_2}.$$

maßgebend, während die Horizontalbeschleunigung der Kurbel mit b_3 bestehen bleibt.

Der Beschleunigungskurve b_2 entspricht in Fig. 480 die von dem Punkte der Stoßgeschwindigkeit c_I ausgehende Geschwindigkeitskurve c_2 und die Wegkurve s_2 in Fig. 481, die sich unmittelbar an den Endpunkt der Wegkurve s_1 anschließt.

Der Schnittpunkt der Wegkurven s_2 mit der um die Strecke σ_{II} von $s_3{}'$ verschobenen Wegkurve $s_3{}''$ ergibt den Zeitpunkt t_2 der neuen Berührung des Schubstangenlagers und Kurbelzapfens, nach dem die Kurbelgeschwindigkeit c_3 wieder maßgebend für die Triebwerksbewegung bis an das Hubende wird, da die Massenwirkung des Schwungrades diejenige des Triebwerkes bedeutend überwiegt. Der Kolbenweg vermindert sich bis zum Hubwechsel um die Summe der Spielräume $(\sigma_I + \sigma_{II})$ gegenüber dem theoretischen Hub $2\,r$.

Es zeigt sich, daß die relative Geschwindigkeit am Kurbelzapfen nicht in gleich einfacher Weise wie für den Kreuzkopfzapfen unmittelbar durch die Tangente des Neigungswinkels der Beschleunigungskurven b_2 und b_3 gemessen werden kann. Doch gilt dies nur für den hier angenommenen Fall, daß der Druckwechselpunkt der beiden Beschleunigungskurven b_2 und b_3 bereits überschritten ist, wenn die Trennung des Kurbelzapfens eintritt. Wird jedoch angenommen, daß der Spielraum σ_I am Kreuzkopf so klein sei, daß der Kreuzkopfstoß schon vor dem Druckwechselpunkt $b_2\,b_3$ erfolgt, dann trennt sich der Kurbelzapfen nicht in demselben Augenblick von der Schubstange, sondern erst im Druckwechselpunkt $b_2\,b_3$.

Eine nähere Untersuchung dieses praktischen Falles von allgemeiner Bedeutung führt noch zu folgenden Betrachtungen:

In der vergrößerten Darstellung des Druckwechselgebiets der Beschleunigungs-, Geschwindigkeits- und Wegdiagramme für Kreuzkopf und Schubstange Fig. 484 entspricht der Zeit t_0 der Druckwechsel am Kreuzkopf und der Zeit $t_1{}'$ der Augenblick des Stoßes nach Durchlaufen des Spielraumes am Kreuzkopfzapfen.

Die Geschwindigkeit der Schubstange ist nach dem Stoße auf den Wert c_I vermindert. Die auf die Schubstange wirkende Verzögerung des Dampfdruckes hat dabei die am Kurbelzapfen wirkende Verzögerung in der Schubrichtung noch nicht erreicht; infolgedessen tritt beim Durchlaufen des Spielraumes eine Verminderung der relativen Geschwindigkeit ein, entsprechend der in der schraffierten Fläche unter b_2 gekennzeichneten

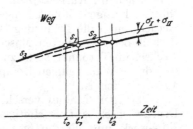

Fig. 484. Stoßvorgang im Kreuzkopf- und Kurbelzapfen bei geringem Zapfenspiel im Kreuzkopf.

Stoßvorgang bei sehr kleinem Zapfenspiel.

Verzögerungsarbeit im Vergleich mit der zur Verzögerungslinie b_3 gehörigen Fläche, bis zu dem Augenblick, in dem die Beschleunigungsdifferenz zu Null geworden ist, d. h. der Druckwechsel von b_2 und b_3 erreicht ist. Von da ab nimmt die Geschwindigkeit der Schubstange rascher ab wie die der Kurbel und ihr in der Schubrichtung zurückgelegter Weg wird kleiner. Die Kurbel eilt voraus, während sie den Spielraum σ_{II} im Schubstangenlager durchläuft bis zum Schnittpunkt der Wegkurven s_2 mit der um $(\sigma_I + \sigma_{II})$ verschobenen Wegkurve des Kurbelzapfens im Zeitmoment $t_2{}'$ des Stoßes.

Die Heftigkeit des Stoßes ist nun offenbar um so geringer, je näher er dem Druckwechselpunkt liegt; im Druckwechsel selbst ist die Beschleunigungsdifferenz

Null, die relative Geschwindigkeit erreicht ihren Minimalwert, der Stoß ist also am schwächsten.

Würde es möglich sein, den Kreuzkopfzapfen ohne Spiel in das Schubstangenlager einzupassen, dann wäre bei ihm ein Stoß ausgeschlossen und erst bei dem dem Schnittpunkt der Kurven b_2 und b_3 entsprechenden Druckwechsel würde ein Loslösen des Kurbelzapfens von seiner Lagerschale eintreten. Diese Annahme ist aber für praktische Fälle nicht zulässig und wäre nur für das ohne Kreuzkopf arbeitende Kurbelschleifengetriebe anwendbar.

Ein Blick auf die Figur lehrt, daß bei geringem Spiel des Kreuzkopfzapfens die relativen Beschleunigungen und Geschwindigkeiten b bzw. w im allgemeinen kleiner sich ergeben als unter sonst gleichen Voraussetzungen bei einem solchen Spielraum, daß der Stoß im Kreuzkopfzapfen erst nach dem Druckwechselpunkt der Beschleunigungslinie b_2 und b_3 erfolgt.

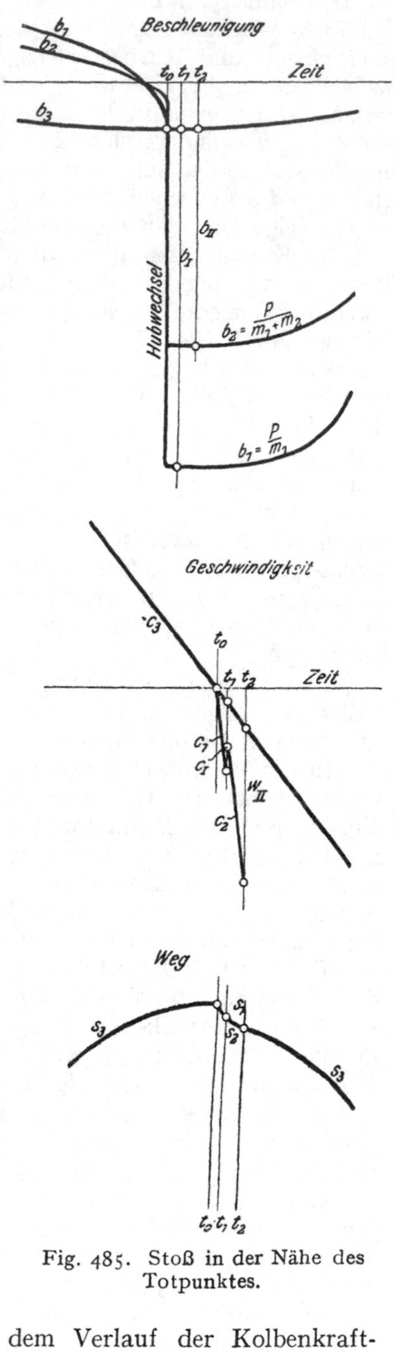

Stoß bei fehlender Kompression. Am ungünstigsten werden die Stoßwirkungen bei fehlender Dampfkompression, wodurch der Druckwechsel mit dem Kolbenhubwechsel zusammenfällt, wie in Fig. 485 angenommen ist. In diesem Falle entstehen infolge des im Hubwechsel beginnenden Dampfeintritts sehr große Beschleunigungskräfte, entsprechend der plötzlichen Spannungssteigerung von der Austritts- zur Eintrittsspannung; dadurch ergeben sich auch große Relativgeschwindigkeiten w_{II} für den Augenblick des Stoßes sowohl im Kreuzkopf- wie namentlich im Kurbelzapfen. Die dadurch bedingten heftigen Stoßwirkungen im Triebwerk werden durch die Erfahrung bestätigt, und ist deshalb bei ausgeführten Maschinen der Druckwechsel im Totpunkt stets zu vermeiden, wie dies durch Wahl zeitigen Kompressionsbeginnes auch möglich ist.

Beobachtungen an einer Gasmaschine. Über den Einfluß verschiedener Lage des Druckwechsels auf die Heftigkeit der Stöße im Triebwerk und Erschütterungen des Fundaments liegen Beobachtungen an einer liegenden Oechelhäuser-Zwillingsgasmaschine von 710 mm Durchmesser und 950 mm Hub bei 125 minutlichen Umdrehungen bei Leistungen von 800 und 1450 PSi vor.[1]

Fig. 486 bis 489 kennzeichnet die auf den Kolbenweg bezogene Lage der Druckwechselpunkte bei 800 und 1450 PS., bestimmt aus dem Verlauf der Kolbenkraft- und Massendrucklinien für den normal angetriebenen Vorderkolben und den durch das Umführungsgestänge geführten Hinterkolben. Die Druckwechsel sind in den Figuren als Stoßdiagramme hervorgehoben und mit römischen Ziffern nummeriert.

Fig. 485. Stoß in der Nähe des Totpunktes.

[1] Forschungsarbeiten, Berlin 1912, Heft 118. Döhne: Über Druckwechsel und Stöße bei Maschinen mit Kurbelbetrieb.

Am Vorderkolben treten hiernach bei beiden Belastungen zwei Druckwechsel im Gestänge auf, desgleichen am Hinterkolben bei 800 PS., dagegen bei 1450 PS vier Druckwechsel. Die bei großer Belastung in Nähe des Totpunktes bei beiden Kolben

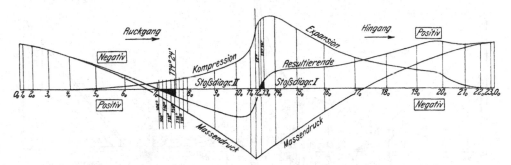

Fig. 486. Vorderkolben. Gewicht der hin- und hergehenden Massen = 3700 kg.

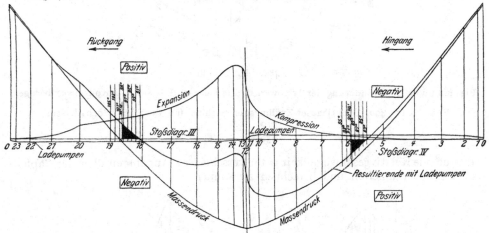

Fig. 487. Hinterkolben. Gewicht der hin- und hergehenden Massen = 7190 kg.
Fig. 486 und 487. Veränderung der Triebwerkskräfte bei 800 PSₑ auf den Kolbenweg bezogen.

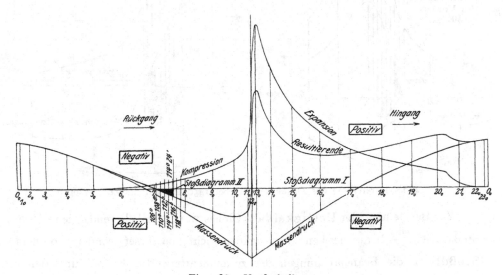

Fig. 488. Vorderkolben.

auftretenden Druckwechsel I und III sind in den Fig. 490 auf die Zeit bezogen herausgezeichnet, um die Geschwindigkeitslinien c_2 und c_3 und die im Stoßpunkte

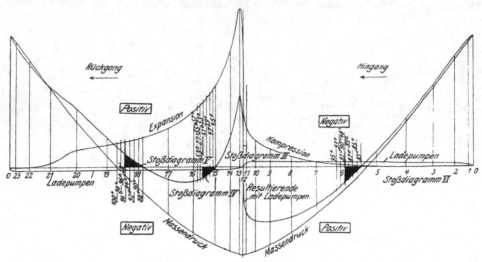

Fig. 489. Hinterkolben.

Fig. 488 und 489. Veränderung der Triebwerkskräfte bei 1450 PS$_e$ auf den Kolbenweg bezogen.

Fig. 486 bis 490. Oechelhäuser-Zwillingsgasmaschine für 1500 PS$_e$ Höchstleistung.

$$\frac{710}{950}; \; n = 125.$$

auftretende Relativgeschwindigkeit w für verschiedene Annahmen über das Zapfenspiel genauer ableiten und berechnen zu können.

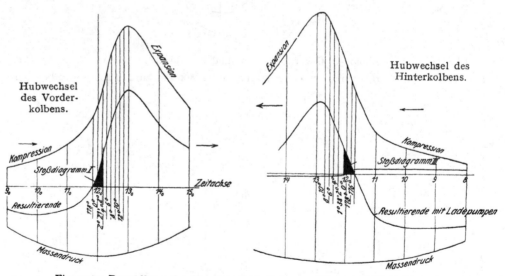

Fig. 490. Darstellung des Druckwechsels bei 1450 PS$_e$ auf die Zeit bezogen.

Zur Beurteilung der Heftigkeit des Stoßes wäre es naheliegend, die relative Stoßarbeit $\frac{m\,w^2}{2}$ heranzuziehen, doch werden nicht von dieser, sondern von dem Stoßdruck die Beanspruchungen der zusammentreffenden Körper und damit die Heftigkeit des Stoßes bestimmt. Es ist daher notwendig, sich über die Größe des Stoßdruckes Klarheit zu verschaffen.

Wird die größte Formänderung in Richtung der Stoßkraft mit δ bezeichnet **Stoßdruck.** und die Annahme gemacht, daß Formänderung und Stoßkraft proportional sind, also $\delta = a\,P$, so ist bei gleichmäßig von o bis P anwachsender Stoßkraft die relative Stoßarbeit

$$\tfrac{1}{2}\, m w^2 = \tfrac{1}{2}\, P\,\delta = \tfrac{1}{2}\, a\,P^2,$$

mithin ist die Stoßkraft

$$P = \frac{1}{\sqrt{a}}\, w \sqrt{m} = a' \cdot w \cdot \sqrt{m},$$

wobei a' abhängig ist von den Einflüssen der Dehnbarkeit, Gestalt und Abmessung der stoßenden Teile und ihrer gegenseitigen Lage im Augenblick des Zusammentreffens.

Da die Bedingungen für die elastischen Formänderungen der am Stoß teilnehmenden Massen von Kolben, Kolbenstange, Kreuzkopf, Schubstange und Kurbelzapfen in allen Lagen der Kurbel fast dieselben sind, dürfte auch die Dehnbarkeit der zusammenstoßenden Teile in den verschiedenen Kurbelstellungen nicht wesentlich voneinander abweichen, so daß a' für die gleiche Maschine als unveränderlich angesehen werden kann[1]).

Unter dieser Voraussetzung ergibt sich die Stoßkraft unmittelbar proportional der relativen Stoßgeschwindigkeit. Diese eignet sich daher bei ein und demselben Gestänge als Vergleichsmaßstab der Stoßheftigkeit bei Druckwechseln in verschiedenen Kurbelstellungen.

Döhne schlägt nun vor, um einen für den Ingenieur brauchbaren Maßstab für die Heftigkeit des Stoßes zu gewinnen, die Einwirkung der Stoßkraft auf den Kurbelzapfen der Maschine zugrunde zu legen, da dieser ein sowohl die Größenverhältnisse eines Kurbeltriebs wie die Bauart der Maschine kennzeichnender Maschinenteil ist, dessen elastisches Verhalten einer gewissen Stoßenergie gegenüber einen Rückschluß auf die Formänderung der übrigen Triebwerksteile zuläßt. Die infolge der Stoßwirkungen entstehenden Beanspruchungen können mithin als Vergleichsmaßstab für die „Zulässigkeit" eines Stoßes gemacht werden.

Beim Auftreffen der unelastischen Masse M von Kolben, Kolbenstange, Kreuzkopf und Schubstange auf den in einer feststehenden unelastischen Kurbel eingespannten elastischen Kurbelzapfen wird die Energie $\dfrac{M}{2}\, w^2$ durch die inneren, allmählich und gleichmäßig anwachsenden Kräfte des Zapfens aufgenommen. Hierbei treten folgende **größten** Beanspruchungen[2]) auf:

$$\text{Die Biegungsspannung} \qquad \sigma = 3{,}46\, w \sqrt{E}\ \sqrt{\frac{M}{V}},$$

$$\text{der Stoßdruck} \qquad P = \sigma\, \frac{W}{\varrho \cdot l},$$

$$\text{der spezifische Lagerdruck}\quad p = \frac{P}{d\,l},$$

wobei $E =$ Elastizitätsmodul in kg/qcm,

d und l die Zapfenabmessungen, $V = \dfrac{d^2\,\pi}{4}\, l$ das Zapfenvolumen,

$W =$ Widerstandsmoment in cm³,

σ eine nach Art der Belastung und der Einspannung (Stirnkurbel bzw. gekröpfte Kurbelwelle) sich richtende Konstante.

---

[1]) Tatsächlich erreicht a' in Rücksicht auf die geringere Durchbiegung des Kurbelarmes in den Totlagen in diesen höhere Werte als für Zwischenstellungen, in denen die Durchbiegung des Kurbelarmes den Stoßdruck vermindert.

[2]) Nach Döhne, Forschungsarbeiten, Heft 118, S. 16.

Da hierbei die elastischen Veränderungen von Gestänge, Kurbel und Welle
und das zwischen Lagerschalen und Zapfen befindliche Ölpolster unberücksichtigt
gelassen werden und nur die Verbiegung des Kurbelzapfens in Betracht gezogen
sind, ergeben sich natürlich zu ungünstige Werte.

Für die oben mitgeteilten Gasmaschinendiagramme sind die betreffenden
Werte für ein Lagerspiel von 0,1 bis 0,4 mm berechnet und in Fig. 491 ver-
anschaulicht, unter Bezugnahme auf die Zeit bzw. den Kurbeldrehungswinkel vom
Beginn des Druckwechsels bis zum Stoß.

Ein Vergleich der Diagramme bei voller und halber Belastung, Fig. 491, zeigt,
daß bei halber Leistung sämtliche Druckwechsel unter erheblich günstigeren Bedingungen stattfinden als bei Vollast; bei dieser führen die Druckwechsel im

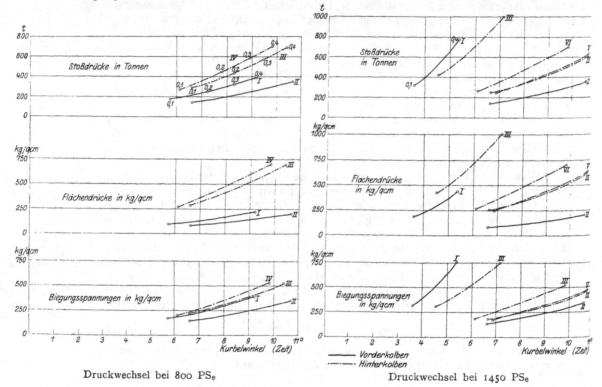

Druckwechsel bei 800 PS$_e$ Druckwechsel bei 1450 PS$_e$

Fig. 491. Oechelhäuser Zwillingsgasmaschine $\dfrac{710}{950}$; $n = 125$; 1500 PS$_e$.

Stoßdrücke, Flächendrücke und Biegungsspannungen an den Kurbelzapfen bei 0,1 bis
0,4 mm Lagerspiel für die aus Fig. 486 bis 489 ersichtlichen Stoßpunkte.

hinteren Totpunkt des Vorderkolbens und im vorderen Totpunkt des Hinterkolbens
die weitaus ungünstigsten Stoßverhältnisse herbei.

Ein Vergleich der erhaltenen Werte mit den Diagrammen zeigt, daß die gefähr-
lichsten Stöße mit denjenigen Druckwechseln verbunden sind, welche unmittelbar
vor den Totpunkten auftreten, und der sanfteste Stoß bei Druckwechseln, welche in
großer Entfernung von den Totpunkten stattfinden. Andererseits aber zeigen auch
die in Hubmitte auftretenden Druckwechsel IV, Fig. 487, und VI, Fig. 489, die unter
gleichen Bedingungen verlaufen, verhältnismäßig große Stoßdrücke und -bean-
spruchungen, während der kurz nach Überschreiten der Totlage auftretende
Druckwechsel I, Fig. 490, nur einem geringen Stoße entspricht. Es ergibt sich
hieraus, daß es nicht allgemein angängig ist, für Maschinen mit Kurbeltrieb
die Härte und Gefährlichkeit eines Stoßes nach der mehr oder weniger großen
Entfernung des Druckwechsels von den Totlagen zu beurteilen, wenn dies auch

für normale Betriebsdampfmaschinen als zulässig erachtet werden kann, sondern daß es der gekennzeichneten Untersuchung jedes Einzelfalles bedarf.

Die Betriebsbeobachtungen hatten folgendes Ergebnis:

1. Bei einem normalen Gesamtlagerspiel von rund 0,2 mm (je 0,1 mm am Kreuzkopf- und Kurbelzapfen) lief die Maschine bei allen Belastungen bis 1500 PS. ruhig und stoßfrei.

2. Mit einem Gesamtlagerspiel von über 0,2 mm bis 0,3 mm ging die Maschine bei Belastungen bis rund 1000 PS. ruhig. Bei Leistungen über 1000 PS. machte sich jedoch, mit steigender Belastung anwachsend, ein Stoßen und Klopfen der seitlichen Kreuzkopf- und Kurbelzapfenlager im vorderen Totpunkt der zum Hinterkolben gehörigen Kurbeln bemerkbar. Bei Belastungen über 1250 bis 1500 PS. und einem Gesamtlagerspiel von rund 0,25 mm trat ein starkes Knacken und Erzittern der seitlichen Schub- und Umführungsstangen, sowie Stoßen der Lager sowohl seitlich als auch in der Mitte ein.

3. Bei einem Gesamtlagerspiel von 0,4 mm und bei Belastungen über 1000 PS. entstanden heftige Erschütterungen im mittleren Triebwerk. Gleichzeitig steigerten sich die Stöße im vorderen Totpunkt des seitlichen Gestänges ins Unerträgliche, so daß ein längerer Betrieb unmöglich wurde. Dagegen wurden bei Belastungen unter 1000 PS. selbst bei großem Lagerspiel in den mittleren Gestängen nur geringe Stöße beobachtet.

Werden diese Beobachtungen mit den berechneten Diagrammen, Fig. 491 verglichen, so ergibt sich, daß die Stöße und Erschütterungen sowie die Abnutzung des Weißmetalls der Lagerschalen an den Kreuzkopf- und Kurbelzapfenlagern sowohl beim seitlichen wie beim mittleren Triebwerk sich noch in zulässigen Grenzen hielten, solange die durch einen Druckwechsel hervorgerufenen Biegungsspannungen am Kurbelzapfen nicht die Größe von etwa 500 kg/qcm überschritten.

Die Maschine arbeitete um so ruhiger und betriebssicherer, je mehr dieser Wert unterschritten war. Bei seiner Überschreitung aber waren die Stöße dort am heftigsten, wo hohe Spannungen mit hohen Flächenpressungen zusammentrafen. Dies war bei den seitlichen Gestängen der Fall, bei welchen einer Stoßspannung von 500 kg/qcm schon ein spec. Flächendruck von etwa 670 kg/qcm entspricht, während am mittleren Kurbelzapfen bei derselben Stoßspannung nur ein Flächendruck von etwa 280 kg/qcm vorhanden ist.

Die rechnungsmäßigen Beanspruchungsziffern würden genügen, um eine Zerstörung der Maschine herbeizuführen, wenn nicht der Lagerspielraum durch das Schmieröl ausgefüllt würde, das die freie fortschreitende Bewegung hemmt und den Stoß dämpft. Erfahrungsgemäß kann selbst in ungünstigen Fällen das Triebwerk durch eine Druckschmierung der Lager zu ruhigem, gefahrlosem Gang gebracht werden, während andererseits ein verhältnismäßig harmloser Druckwechsel zu großen Schäden Veranlassung geben kann, wenn das Ölpolster aus irgendeinem Grunde fehlt oder unvollkommen wirkt.

Einfluß des Schmieröls.

4. Gewichte der Triebwerksteile.

Zur vorläufigen Ermittlung der Gewichte G, der hin und hergehenden Triebwerksteile kann nach Professor Grassmann, Karlsruhe[1]), folgende empirische Formel verwendet werden: $G = a F + e N_i/n$.

Für die Beizahlen a und e sind nachstehende Werte einzusetzen:

Eincylinder M.	Tandem M.	Zweikurbelige Verbund M.	Dreikurbelige Verb. M.
$a =$ 0,08	0,1—0,12	0,06	0,05
$e =$ 300	360	$\frac{1}{2} \cdot 280 = 140$	$\frac{1}{3} \cdot 240 = 80$

Triebwerke von Lokomotiven sind 20 bis 30 v. H., von Schiffsmaschinen bis 50 v. H. derjenigen ortsfester Maschinen, leichter.

---

[1]) Anleitung zur Berechnung einer Dampfmaschine v. Prof. R. Grassmann, 3. Auflage 1912, S. 28.

C. Die Triebwerksteile.

1. Kolben.

Der Kolben hat die Aufgabe, den im Dampfcylinder zur Wirkung gelangenden, auf ihm lastenden Dampfdruck aufzunehmen und auf die Kolbenstange zu übertragen. Der Kolbenkörper wird hierdurch auf Schub und Biegung beansprucht. Außerdem muß der Kolben an seinem Umfange gegenüber der Cylindergleitfläche gut abdichten, um Dampfübertritt von der arbeitenden Kolbenseite auf die Austrittsseite zu verhüten.

Die Kolben werden in der Regel aus Gußeisen oder Stahlguß, selten aus Schmiedeeisen hergestellt, wobei das verwendete Material die Formgebung des Kolbens nicht unwesentlich beeinflußt. Gußeisen ist zur Aufnahme der Biegungsbeanspruchungen nur in geschlossenen Hohlformen widerstandsfähig genug. Kolben aus Stahlguß müssen dagegen in Rücksicht auf Ermöglichung zuverlässigen Gusses offene Form erhalten, um die Erkennung gefährlicher und daher unzulässiger Blasen im Gußkörper auf der Außen- und Innenseite zu erleichtern. Schmiedeeisen findet nur ausnahmsweise Verwendung, und zwar als massive Körper, beispielsweise für Hochdruckkolben stehender Maschinen im Interesse des Gewichts- und Massenausgleichs der Gußkolben der größeren Mittel- oder Niederdruckcylinder (II, 78, 18). Stahlguß und gepreßter Flußstahl dagegen wird bevorzugt, wenn Gewichtsverminderung anzustreben ist (II, 78, 20 bis 81, 28). Die Darstellungen auf S. 72 bis 81 des Bd. II gestatten einen Überblick über die wichtigsten Kolbenkonstruktionen aus Gußeisen und Gußstahl für liegende und stehende Maschinen.

a. Berechnung der Kolben.

Der auf den Kolbenkörper wirkende Dampfdruck ruft eine Durchbiegung des Kolbens hervor, die von seiner Abstützung auf der Kolbenstange nach dem Umfange zunimmt und dort ihren Höchstbetrag erreicht.

Diese Durchbiegung ist nun nicht nur wegen der Bruchgefahr, sondern auch wegen der Forderung gleichmäßigen Gleitens der Kolbenumfangsfläche an der Cylinderfläche möglichst klein zu halten, weil andernfalls einseitiges Anliegen und Ecken des Kolbens und damit Anfressen der Cylinderwand zu gewärtigen sein würde.

Einfache Scheibe. Über die Durchbiegung und Beanspruchung des Kolbenkörpers hat Staatsrat v. Bach wichtige Versuche[1]) angestellt, auf die in den nachfolgenden Betrachtungen hauptsächlich Bezug genommen ist. Aufschluß über Art und Größe der Durchbiegung einer einfachen Scheibe gibt Fig. 492, in der die Durchbiegungen der Kolbenscheibe bei Überdrücken von 3,0 und 5,1 Atm. in vergrößertem Maßstab veranschaulicht sind. Der gefährliche Querschnitt liegt in einem Durchmesser, da auf diesen der Dampfdruck $\frac{P}{2}$ je einer Scheibenhälfte biegend wirkt.

Wird im Interesse einfacher Rechnung der Dampfdruck $\frac{P}{2}$ im Schwerpunkt S jeder Scheibenhälfte vereinigt gedacht und seine Auflagerreaktion im Schwerpunkt S_1

---

[1]) v. Bach, Forschungsarbeiten, Berlin 1906, Heft 31, S. 11, Fig. 12 und 13.
Pfleiderer, Z. d. V. d. Ing. 1910, S. 317 und Forschungsarbeiten 1910, Heft 97. Theoretische Berechnungen auf Grund der Bachschen Versuche.

der halben konischen Stützfläche der Kolbenstange wirksam angenommen, so hat der auf einen Durchmesser bezogene Bruchquerschnitt das Biegungsmoment

$$M_b = \tfrac{1}{2} P \cdot a$$

aufzunehmen. Aus der Biegungsformel

$$M_b = \frac{J}{e} K_b$$

läßt sich hiernach für einen beliebigen Überdruck die im Durchmesserquerschnitt auftretende Höchstbeanspruchung berechnen. Die Kolbenscheibe Fig. 492 wurde bei einem spezifischen Drucke von 6,2 Atm. zum Bruch gebracht, entsprechend einer rechnerischen Biegungsbeanspruchung von rund 1000 kg/qcm. Dieser rechnerischen Beanspruchung gegenüber ist festzustellen, daß Biegungsversuche an Probestäben, die aus der gebrochenen Scheibe herausgehobelt waren, eine Bruchfestigkeit von 2650 kg/qcm ergaben. Es ist daraus zu schließen, daß die tatsächlichen Materialspannungen in den Bruchquerschnitten wesentlich höher gewesen sein müssen als die rechnungsmäßigen. Der Bruch der Scheibe erfolgte nicht mitten durch die Nabe, sondern wegen deren größerer Dicke in der in Fig. 492 angedeuteten Linie.

Die einfache Scheibe ist wegen ihrer geringen Widerstandsfähigkeit als Kolbenform unbrauchbar. Gußeiserne Dampfkolben werden daher stets als Hohlformen ausgeführt, um mit kleinstem Materialaufwand große Widerstandsfähigkeit auf Biegung zu sichern. Die damit sich ergebende größere Höhe am Kolbenumfang ist wichtig für die Unterbringung der unentbehrlichen Dichtungsringe (II, 72 bis 77, 1 bis 17). Auch die bei Stahl

Durchbiegung der Scheibe in mm.

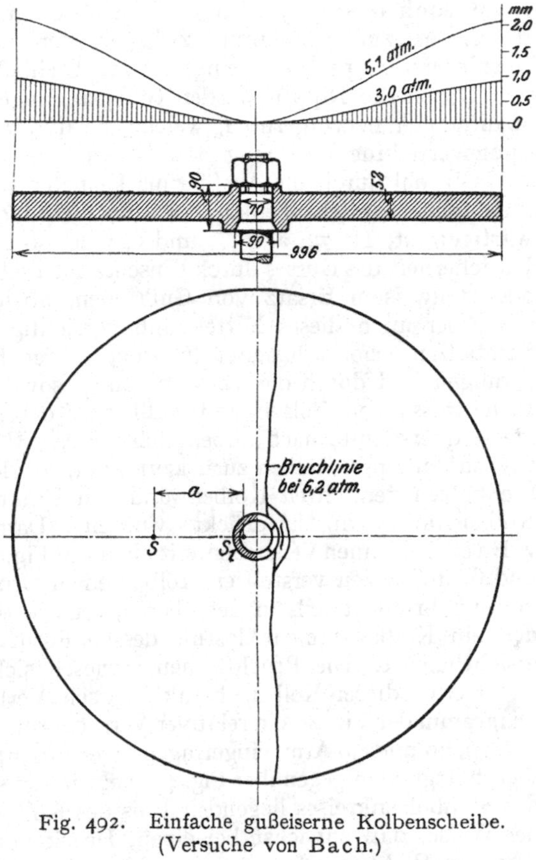

Fig. 492. Einfache gußeiserne Kolbenscheibe.
(Versuche von Bach.)

Scheibenkolben.

zur Verwendung kommende Scheibenform wird durch große Nabenhöhe und hohe, zur Aufnahme der Dichtungsringe dienende Außencylinder versteift (II, 78 bis 81).

Scheibenförmige Kolben aus Stahlguß oder gepreßtem Flußstahl können einigermaßen zuverlässig in gleicher Weise berechnet werden, wie die Scheibe Fig. 492. Das Trägheitsmoment J des Mittelquerschnittes, bezogen auf die im Querschnitt liegende Biegungsnullachse wird dabei am einfachsten graphisch ausgemittelt. Als zulässige Biegungsbeanspruchungen können für die Niederdruckkolben stehender Betriebsmaschinen Spannungen von etwa 100 kg/qcm angesehen werden, wie sich aus der Nachrechnung ausgeführter Stahlgußkolben in II, 389 ergibt. Zahlreiche Konstrukteure suchen derartige Scheibenkolben vollständig zu vermeiden, da Brüche häufiger auftreten wie an geschlossenen gußeisernen Kolben. Die Ursache hierfür dürfte in geringerer Gleichmäßigkeit des Stahlgußmaterials überhaupt und in Gußspannungen der Nabenanschlußquerschnitte begründet sein.

Für Lokomotivkolben werden bei Verwendung gepreßten Flußstahls wesentlich höhere Spannungen zugelassen wie bei Stahlguß; für die in II, 80, 25 bis 27 wiedergegebenen Kolben berechnen sich z. B. die Spannungen zu ungefähr 250 kg/qcm. Bei Beurteilung dieser Ziffern ist jedoch zu berücksichtigen, daß der Lokomotivbetrieb zu weitgehender Gewichtsverminderung der Triebwerksteile zwingt und daher wesentlich höhere Materialbeanspruchung zugelassen werden muß als bei normalen Betriebsmaschinen üblich. Diese Erhöhung wird praktisch dadurch möglich, daß infolge weitgehender Normalisierung der Konstruktionseinzelheiten die Auswechselung beschädigter oder reparaturbedürftiger Teile leichter und rascher erfolgen kann als bei Betriebsmaschinen.

Gußeiserne Kolben. Geschlossene gußeiserne Kolben erschweren die rechnerische Behandlung durch die zur Versteifung zwischen den beiden Flächenwänden eingegossenen Verbindungsrippen oder eingezogenen Stehbolzen.

Durch die Rippen werden Gußspannungen, durch die Bolzen lokale Materialspannungen hervorgerufen, welche die durch den Dampfdruck entstehende Spannungsverteilung nachteilig beeinflussen.

Obwohl durch die Ausführung kleinerer Wandstärken der Rippen im Vergleich mit denen des Kolbenkörpers eine Verminderung der Gußspannungen zu gewärtigen ist, II, 72, 2; 73 4 und 6, u. a., so wird doch bei größeren Kolben dieser Unsicherheit des Gusses durch Einschrauben schmiedeeiserner Stehbolzen, als ganzem oder teilweisem Ersatz von Gußrippen, abzuhelfen gesucht (II, 77, 15 und 17).

Aber auch dieses Mittel muß vorsichtig angewendet werden, da die für die Stehbolzen erforderlichen Anbohrungen der Kolbenwände örtliche Schwächungen bedingen und durch die Verschraubung, sowie durch die ungleichen Ausdehnungsverhältnisse von Bolzen und Gußkörper der gefährliche Querschnitt vom Durchmesserquerschnitt nach außen sich verlegen kann. Auf diesen Umstand sind Betriebsunfälle mit Kolben zurückzuführen, bei denen infolge Wasserschlags die durch Stehbolzen versteiften Kolbenwände im Umkreis der Stehbolzen konzentrisch zur Kolbenstange durchgedrückt wurden. Damit übereinstimmend erhielt auch v. Bach bei seinen Versuchen mit einem in Fig. 493 wiedergegebenen, durch 6 Rippen und 6 Stehbolzen versteiften Kolben einen Bruch, der durch 2 Rippen und 3 Stehbolzenbohrungen teils in der oberen, teils in der unteren Wand hindurchging und der ein Kolbensegment losriß, dessen Form aus Schnitt und Grundriß Fig. 493 ersichtlich ist. Die Bruchflächen erwiesen sich an allen Stellen gesund.

Der für diesen Kolben charakteristische Verlauf der Durchbiegungen ist im oberen Diagramm der Fig. 493 in relativer Vergrößerung zum Kolbenmaßstab für Überdrücke von 10, 20 und 30 Atm. eingetragen. Der wesentlichste Unterschied des Verlaufes der Durchbiegungen gegenüber Fig. 492 liegt in der stärkeren Durchbiegung des innerhalb des Stehbolzenkreises liegenden Teils des Kolbens. Der Kolbenbruch vollzog sich in der Weise, daß zunächst bei einem Druck von 36,5 Atm. sämtliche 6 Rippen in schräger Richtung durchrissen, während die Stirnflächen hierauf erst bei einem Druck von 40 Atm. zum Bruch kamen. Ein Vergleich dieser Bruchbelastung von 40 Atm. des geschlossenen Kolbens, dessen mittlere Wandstärke der Stirnflächen nur 22 mm betrugen, mit der Bruchbelastung von 6,2 Atm. der 52 mm starken einfachen Kolbenscheibe gleichen Durchmessers, Fig. 492, zeigt deutlich die durch Anwendung der Hohlform gesteigerte Widerstandsfähigkeit des Kolbens.

Festigkeitsberechnung. Die Berechnung der Festigkeitsabmessungen der hohlen gußeisernen Kolben kann unter Vernachlässigung der Versteifung durch Rippen oder Stehbolzen und durch die Nabe auf den einfachen Rechteckquerschnitt, der in II, 388 gestrichelt hervorgehoben ist, beschränkt werden. Dieser besitzt, unter Beibehaltung der dort angegebenen Bezeichnungen, ein Widerstandsmoment von der Größe

$$\frac{J}{e} = \frac{1}{6H}\left[DH^3 - (D - 2v)H_0^3\right]$$

Die Biegungsbeanspruchung berechnet sich aus

$$\tfrac{1}{2} P_{max} \cdot a = \frac{J}{e} K_{b1},$$

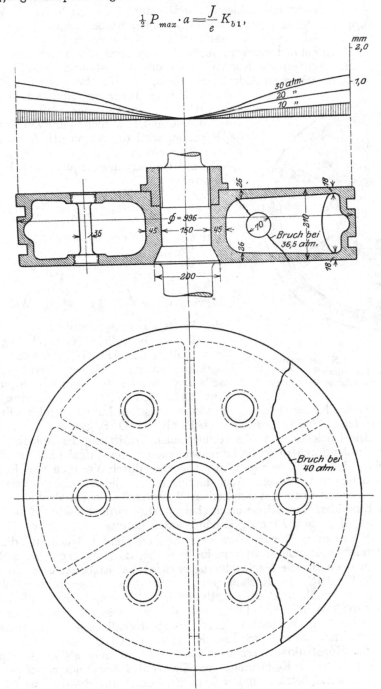

Fig. 493.
Geschlossener gußeiserner Kolben. (Versuche von v. Bach.)

worin P_{max} den größten Kolbendruck auf die Kolbenfläche bezeichnet. Auf dieser Grundlage wurden ausgeführte Kolben nachgerechnet und die Rechnungsergebnisse in II, 389 zusammengestellt. Die größten Biegungsbeanspruchungen bis zu 91 kg/qcm ergeben hiernach Kolben stehender Maschinen; bei liegenden Maschinen dagegen steigen die rechnungsmäßigen Materialspannungen nur bis zu 75, meist nicht über 50 kg/qcm. Die geringere Beanspruchung der Kolben liegender Maschinen ist darin begründet, daß sie aus Rücksichten der schwierigeren Dichthaltung mit größerer Höhe H ausgeführt werden wie die Kolben stehender Maschinen.

Eine rechnerische Kontrolle über die Widerstandsfähigkeit der Kolbenwandstärke läßt sich noch dadurch gewinnen, daß die Beanspruchung eines zwischen zwei Rippen liegenden Kreisausschnittes berechnet wird unter der Annahme, daß er als eingespannte Platte behandelt werden kann. Zur Vereinfachung der Rechnung wird der Ausschnitt als kreisförmige Platte vom Durchmesser d_k betrachtet, II, 388 und Fig. 494. Das auf den Durchmesserquerschnitt biegend wirkende Moment

$$M_{b2} = \frac{d_k^3 \, p}{24} = \frac{J_2}{e} \cdot K_{b2}$$

ruft eine spezifische Beanspruchung

$$K_{b2} = \frac{d_k^2}{4\,w^2} \cdot p$$

hervor, wenn $\dfrac{J}{e} = \tfrac{1}{6} d_k \cdot w^2$ als Widerstandsmoment der Platte eingeführt wird.

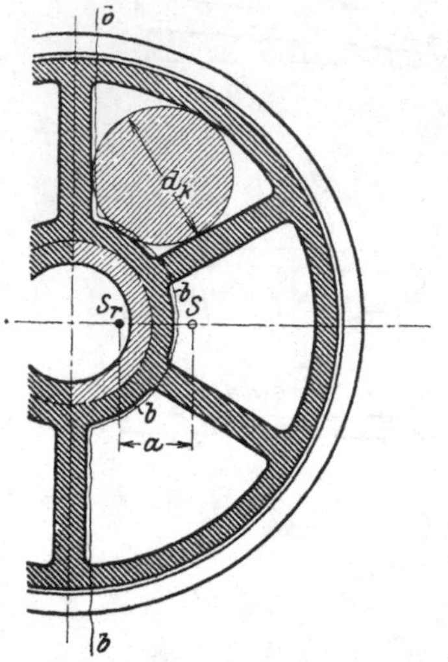

Fig. 494. Näherungsweise Berechnung der Stirnwände eines geschlossenen Kolbens.

Die diesbezügliche Nachrechnung der gußeisernen Kolben der Tab. II, 389 weist größere Beanspruchungen und stärkere Verschiedenheiten derselben auf, wie für den Durchmesserquerschnitt. Daraus dürfte sich auch die Beobachtung erklären, daß gußeiserne Kolben häufiger nach konzentrischen Linien cc (obere Figur in II, 388) verlaufende Brüche aufweisen (s. Bach a. a. O. S. 37).

Materialspannungen in der Kolbenwand. Die Unsicherheit in der rechnerischen Ermittlung der Kolbenbeanspruchungen wird außer durch theoretische Schwierigkeiten der Aufgabe auch noch dadurch vermehrt, daß durch Fehler in der Gießerei, durch Verlegen von Kernen ungleiche Wandstärken entstehen. Auch hierfür liefern die Bachschen Versuche an einem Niederdruckkolben mit ungleichen Wandstärken einen deutlichen Beleg, indem das Einreißen einer Rippe bereits bei 5,5 Atm. auftrat, während die Stirnfläche erst bei 10 Atm. zum Bruch gebracht werden konnte.

Wenn es auch nach dem vorstehenden nicht möglich ist, die wirklich auftretenden Spannungen zu berechnen, so besitzen die angegebenen Näherungsverfahren doch für die Nachrechnung entworfener Kolbenkonstruktionen Bedeutung durch Vergleich der Rechnungswerte mit denen ausgeführter Kolben der Tab. II, 389. Annähernde Übereinstimmung mit diesen Werten läßt bei guter werkstättentechnischer Ausbildung des Kolbens ausreichende Widerstandsfähigkeit erwarten. Die Kolbenberechnung geht deshalb zweckmäßigerweise nicht der Konstruktion voraus, sondern ist erst auf Grund des Entwurfs anzustellen. Für die Konstruktionsverhältnisse des Kolbens mag als Ausgangspunkt gewählt werden, daß die Kolbenhöhe von Ein- und Zweicylindermaschinen ungefähr $^1/_4$ der Hublänge beträgt und daß in Rücksicht auf die Gießerei (Kernbefestigung usw.) Wandstärken zwischen 18 bis 25 mm Verwendung finden. Größere Wandstärken finden sich nur für Kolben über 1200 bis 1500 mm Durchmesser. Anhaltspunkte für die Wahl der Wandstärken bietet Tab. II, 389, Spalte 7. Die Nabe ist bei konischen Paßflächen der Kolbenstange als Rohr auf inneren Druck zu berechnen, der sich als Radialkomponente der Belastung der konischen Sitzflächen durch den Dampfdruck auf die Kolbenfläche bzw. durch den Druck der Kolbenmutter ergibt. Im Interesse des Ausgleiches von Gußspannungen wird die Wandstärke der Nabe allmählich in die Wandstärke der Kolbenwand übergeführt.

b. Kolbenausführung.

Geschlossener Kolbenkörper. Die Hohlräume dieser Kolben sind zwecks Entfernung der Gußkerne durch Öffnungen in den Wänden des Kolbens zugänglich zu machen und nach der Reinigung des Kolbeninnern sorgfältig zu verschließen. Eine Lockerung dieser Kernverschlüsse muß ausgeschlossen sein, da sie andernfalls in den Cylinder fallen und dessen Zerstörung herbeiführen können; auch müssen sie so dicht eingesetzt werden, daß Öl in das Kolbeninnere nicht eindringen kann, um einem Zerspringen des Kolbens durch den Druck sich bildender Gase vorzubeugen. Als sehr verbreitete Befestigung dient das Einschrauben von Verschlußstücken mit Gewinde und dessen Sicherung durch Schräubchen, die am Gewindeumfang halb in der Schraube, halb in der Gußwand sitzen und vernietet werden, II, 72, 1 u. 3; 73, 4 u. 6; 78, 19. Bei konisch eingeschliffenen Kernverschlüssen Fig. II, 72, 2; 74, 8; 75, 12 besteht die Gefahr des Losrüttelns in höherem Maße, ebenso bei den nur durch Stifte gehaltenen, cylindrisch eingesetzten Pfropfen.

Die zuverlässigsten Kernlöcherverschlüsse werden erreicht, wenn die zur Versteifung dienenden schmiedeeisernen Stehbolzen als solche benützt werden, da ihre beiderseitige Vernietung ein Lösen ausschließt.

Geteilte Kolben. Die bei geschlossenen Kolben mit den Kernverschlüssen verbundene Vermehrung der Einzelteile, ihre unsichere bzw. umständliche Befestigung, sowie die Unmöglichkeit einer Kontrolle der Gußwandstärken in bezug auf ihre Gleichmäßigkeit, bilden die Gründe zur Ausführung zweiteiliger Kolbenkörper, die namentlich früher aus Gießereirücksichten bevorzugt wurden. Die Konstruktion eines solchen Kolbens zeigt Fig. 495. Der Deckel legt sich centrisch auf die Kolbennabe und auf einzelne, mit dem Kolbenboden zusammengegossene Augen, durch die die Verbindungsschrauben für Boden und Deckel gezogen sind. Unzweckmäßigerweise ist zur Deckelbefestigung auch die Kolbenmutter herangezogen, wodurch der Nachteil entsteht, daß ein Abnehmen des Deckels auch ein Lösen der Kolbenmutter verlangt. Durch den Druck der letzteren kommt der Kolbendeckel in seinem äußeren Umfang auch leicht ins Klaffen, so daß die Kolbenringe ihre genaue Führung verlieren und Dampf und Öl ins Kolbeninnere eintreten können.

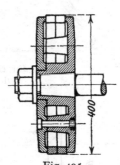

Fig. 495.
Geteilter Kolben veralteter Konstruktion.

Eine einwandfreie Lösung der Konstruktion eines zweiteiligen Kolbens zeigt II, 73, 7. Der Kolben ist senkrecht zur Stangenachse in zwei symmetrische Hälften geteilt, die mit centrierten und aufgeschliffenen Rändern am äußeren Umfang dampfdicht aufeinandergesetzt und durch vernietete Bolzen zusammengehalten werden. In den so gebildeten, geschlossenen Kolbenkörper ist die Kolbenstange in üblicher Weise eingezogen und durch die Kolbenmutter befestigt. Die Konstruktion ist teurer als der gewöhnliche geschlossene Kolben, vermeidet aber Gußspannungen und die durch Kernversetzung möglichen Fehler.

Mehrteilig werden meist die langen Kolben der Gleichstrommaschinen ausgeführt, wie die Konstruktionen Fig. 496 bis 498 zeigen. Fig. 496 stellt einen zweiteiligen Kolben eines Gleichstrom-Lokomotivcylinders dar. Die hohlkugelförmigen Kopfenden bilden den für Auspuffbetrieb nötigen schädlichen Raum; der Außenmantel des Kolbens ist als Stahlrohr ausgeführt. Eine geringe Exzentrizität von Cylinder und Kolbenaxe soll das Einpassen des Kolbens erleichtern und sein Festklemmen bei eintretender geringer Formänderung von Cylinder und Kolben hintanhalten. Die gleiche Art der Zusammensetzung weist Fig. 497 auf; sein Mantel ist jedoch aus Gußeisen und mit eingegossenen Weißmetall-Tragringen ausgeführt. Fig. 498 stellt einen Kolben für 950 mm Cylinderdurchmesser und

1200 mm Hub dar, bei dem zwei nach innen offene Kolbenkörper durch schmiedeeiserne Rohrcylinder am äußeren Umfange und an der Nabe miteinander verbunden sind; auf der Unterseite des Kolbens sind Tragschuhe aus Messing zur Abstützung des Kolbengewichtes im Cylinder aufgenietet.

c. Die Abdichtung des Kolbenumfangs.

Neben der Befestigung des Kolbens auf der Kolbenstange wird die Abdichtung
des Kolbens gegen die Cylinderwandung zur wichtigsten Konstruktionsaufgabe.

Zum Abdichten werden stets besondere Dichtungsringe aus einer
zähen Gußeisenlegierung verwendet, die in entsprechende Nuten
des Kolbenumfanges eingelegt sind
und gegen die Cylinderwandung
gepreßt werden. Es ist dadurch
möglich, den Durchmesser des
Kolbenkörpers etwas kleiner wie
die Cylinderbohrung auszuführen
und die Gefahr des Klemmens
oder Anfressens genau passender
Kolben zu beseitigen.

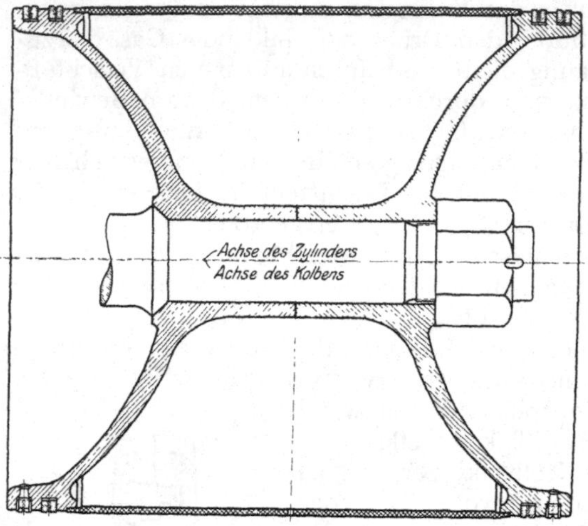

Selbstspannende Kolben-
ringe. Die einfachste Kolbendichtung wird durch die nach außen
federnden, selbstspannenden gußeisernen Ringe von kleinem Querschnitt erreicht, wie sie zuerst
von Ramsbottom angewendet
wurden.

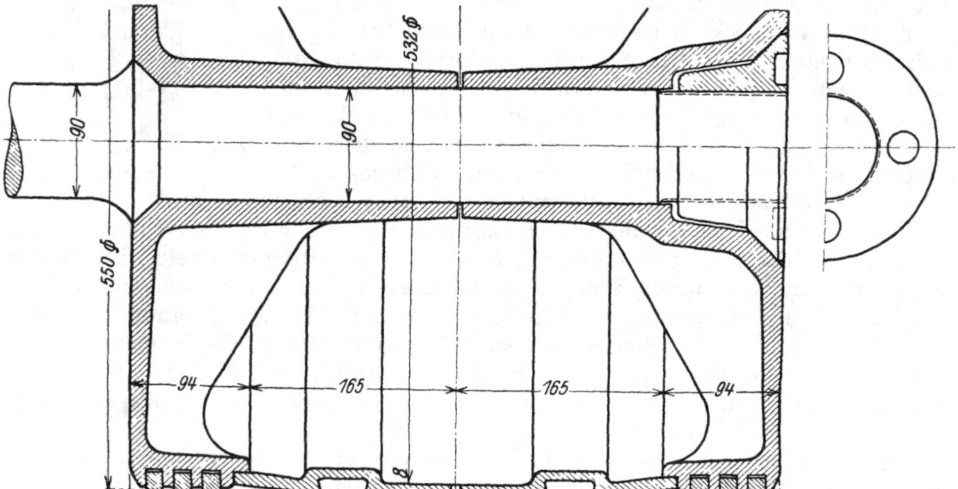

**Selbst-
spannende
Kolbenringe.**

Fig. 496. Kolben für einen Gleichstromlokomotiv-
Cylinder.

Fig. 497. Kolben einer Gleichstrommaschine $\frac{550}{600}$; $n = 120$.

Diese aus zähem, dichtem Gußeisen hergestellten Kolbenringe werden von gußeisernen Hohlcylindern abgestochen, deren Umfang um einen für die Anspannung
erforderlichen Ausschnitt f größer als derjenige der Cylinderlauffläche gewählt wird.

Der Durchmesser D_1 der unbearbeiteten gußeisernen Trommel ist alsdann noch um einen für die Bearbeitung zu gebenden Zuschlag von $y = 3$ bis 6 mm größer anzunehmen, so daß

$$D_1 = D + \frac{f}{D\pi} + y,$$

wenn D den Durchmesser der Cylinderlaufffläche bedeutet.

Die Bearbeitung der vom Hohlcylinder in der erforderlichen Breite abgestochenen Ringe erfolgt in der Weise, daß nach rohem Abdrehen der Innen- und Außenflächen ein Stück $f \cong \dfrac{D}{20}$ ausgeschnitten wird, worauf das genaue Abdrehen des mittels eines Stahlbandes zusammengezogenen Ringes auf seiner Außenfläche

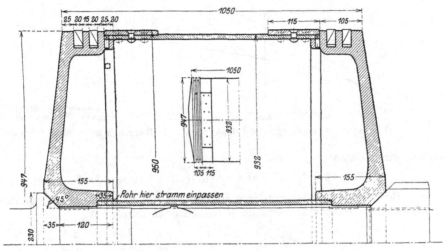

Fig. 498. Kolben einer Gleichstrom-Eincylindermaschine $\dfrac{950}{1200}$; n = 130 von Ehrhardt und Sehmer, Saarbrücken.

auf den Cylinderdurchmesser D und auf seiner Innenfläche auf den der Ringdicke h entsprechenden Durchmesser erfolgt.

Es ist zu empfehlen, das Abdrehen des Rohgußringes vor dem Schlitzen und Zusammenziehen nicht zu unterlassen, um Spannungsverschiedenheiten, die am Ringumfang infolge verschiedenen Verhaltens der Rohgußhaut und des weicheren Materials des Ringquerschnittes sich einstellen können, zu vermeiden.

Die Ringe müssen in die geschliffenen Kolbennuten so eingepaßt werden, daß sie ohne merkliches Spiel auch unter der Dampfwärme leicht drehbar bleiben. Hochdruckkolbenringe für überhitzten Dampf sind daher in Rücksicht auf die auftretende stärkere Ausdehnung loser einzupassen als Niederdruckkolbenringe für Sattdampf. In Fig. 499 sind die Höhen- und Breitenabmessungen h und b, sowie die Federung f bewährter Kolbenringe ausgeführter Maschinen in Abhängigkeit vom Cylinderdurchmesser graphisch veranschaulicht.

Mit der beschriebenen einfachen Herstellung der Kolbenringe werden aber noch nicht alle Bedingungen gut dichtender und arbeitender Kolbenringe erfüllt. Hierzu gehört genaues Anliegen an der Cylinderinnenfläche mit gleicher Flächen-pressung. Letztere Eigenschaft besitzen jedoch Ringe von gleicher Dicke im allgemeinen nicht, wie aus folgender rechnerischen Feststellung des Zusammenhanges von Ringdicke und Federdruck hervorgeht.

Es sei angenommen, der geschlitzte Ring liege im Cylinder mit überall gleicher Flächenpressung an, so daß auf seinem ganzen Umfang der radiale Flächendruck

28*

p laste, Fig. 500[1]), dann entsteht in dem beliebigen, unter ψ gegen die Nullachse geneigten Querschnitte B eine Normalkraft

$$N = -\,p\,b\,r_m \int \sin(\varphi - \psi)\,d\varphi$$

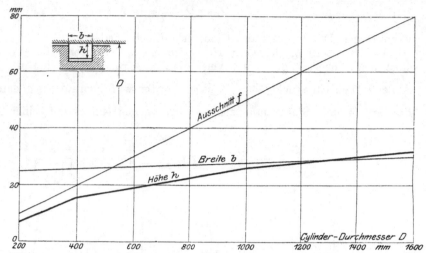

Fig. 499. Abmessungen selbstspannender Kolbenringe ausgeführter Maschinen.

und ein Moment

$$M = p\,b\,r_m\,d\varphi \cdot a = p\,b\,r_m^2 \int \sin(\varphi - \psi)\,d\varphi = p\,b\,r_m^2\,(1 + \cos\psi).$$

Bezeichnet r_{1m} den mittleren Halbmesser des Kolbenringes in spannungslosem Zustand, so ist das Moment auch ausgedrückt durch

$$M = J\,E\left(\frac{1}{r_{1m}} - \frac{1}{r_m}\right) = \frac{b\,h^3}{12}\,E\left(\frac{1}{r_{1m}} - \frac{1}{r_m}\right).$$

Hieraus folgt nach einfacher Umformung der spezifische Anpressungsdruck zu

$$p = \frac{h^3\,E\left(\dfrac{1}{r_{1m}} - \dfrac{1}{r_m}\right)}{12\,r_m^2\,(1 + \cos\psi)} = \text{Konst.}\,\frac{h^3}{1 + \cos\psi}.$$

Ungleich dicke Kolbenringe.

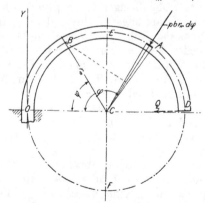

Fig. 500.   Spannungszustand eines federnden Kolbenringes für konstante Flächenpressung.

Die Gleichung zeigt, daß p nur dann einen konstanten Wert besitzt, wenn die radialen Höhen h veränderlich gemacht werden und zwar proportional mit dem Ausdruck

$$\sqrt[3]{1 + \cos\psi}.$$

Die Ringdicke h würde ihren Größtwert in dem dem Ausschnitte gegenüberliegenden Mittelquerschnitte A erhalten und nach dem Schlitze hin allmählich abnehmen bis auf Null. Der Ring konstanter Anpressung würde die radialen Höhen

$$h = \text{Konst.}\,\sqrt[3]{1 + \cos\psi}$$

erhalten und durch sie seine innere Begrenzungslinie bestimmen.   Die geringen

1) Z. d. V. d. Ing. 1901, S. 234.

Querschnittshöhen in der Nähe des Schlitzes machen einen solchen Ring wegen mangelnder Führung praktisch unbrauchbar, so daß aus technischen Gründen nur eine angenäherte Form des Ringes in Betracht kommt, darin bestehend, daß die innere Begrenzung des Ringes ebenfalls als Kreis hergestellt wird, jedoch excentrisch zur Außenfläche derart, daß die kleinste Querschnittshöhe am Schlitz nicht unter 0,5 bis 0,7 der größten Querschnittshöhe beträgt. Solche Ringe, bei denen nur die Unterschiede der Flächenpressungen gegenüber den Ringen mit konstanter Dicke verkleinert, aber nicht beseitigt sind, indem auch bei ihnen der Anpressungsdruck nach dem Schlitze hin zunimmt, wurden früher häufig verwendet. Nach den heute vorliegenden Erfahrungen besitzen diese Ringe nur noch für kleine Durchmesser praktische Bedeutung. Ganz abgesehen von den unnötig hohen Herstellungskosten führen sie nämlich im Betrieb dadurch zu Unzuträglichkeiten, daß sie im Kolben vor Verdrehen geschützt werden müssen, weil beim Wandern die Ringe infolge ihrer ungleich hohen Querschnitte leicht festklemmen würden. Festgestellte Ringe aber federn weniger zuverlässig und führen auf einseitige Abnützung. Außerdem wird die Verminderung der Ringdicke als Verschmälerung der Führungsflächen in den Nuten nachteilig hinsichtlich der Aufnahme der Massenwirkungen zwischen Ring und Kolben und führt leicht zu raschem Verschleiß der schwächeren Ring stellen. Schließlich ist auch der nach den Ringenden zunehmende Spielraum in den mit konstanter Tiefe ausgedrehten Kolbennuten unwillkommen, da er ein Schlagen der Ringe erleichtert. Diese nachteiligen Eigenschaften im Zusammenhang mit der ungenügenden Anpassung an die theoretische Ringform machen erklärlich, daß derartig excentrisch ausgedrehte Ringe zur Kolbenliderung heute selten verwendet werden.

Statt ihrer werden die einfacher herzustellenden Ringe mit k o n s t a n t e r radialer Dicke vorgezogen. Sie erzeugen zwar ungleichen Flächendruck, der von der Schlitzfuge nach der Ringmitte zu abnimmt; der davon zu befürchtende Nachteil ungleicher Abnützung wird jedoch teilweise dadurch ausgeglichen, daß die Kolbenringe in ihren Nuten nicht festliegen, sondern wandern können. Während des Maschinenbetriebes bewegen sich die Ringe schraubenförmig auf der Cylinderfläche. Durch diese dauernde Lagenänderung wird die Cylinder- und Ringabnützung gleichmäßiger, wenn letztere naturgemäß auch nach dem Schlitz hin zunimmt. Es lassen sich aber auch gleich starke Ringe so ausbilden, daß sie auf dem ganzen Umfange konstanten Druck ausüben[1]). Dies ist dann der Fall, wenn der Ring im spannungslosen Zustand nicht die Kreisform erhält, sondern die Form, die erst nach dem Zusammendrücken in die Kreisform übergeht. Es muß also der offene Rohgußring die Form besitzen, die ihm durch Zusammenziehen die Kreisform verleiht. Die dem spannungslosen Ring zu gebende Form läßt sich dadurch ermitteln, daß ein geschlitzter Kreisring durch gleichmäßig verteilte Innenkräfte so weit auseinandergezogen wird, wie der Federung f des Ringes entspricht. Es kann nun angenommen werden, daß die bei dieser Formänderung des Ringes auftretenden Materialspannungen übereinstimmen mit den Materialspannungen, die entstehen, wenn ein gleich dicker, spannungsloser Ring von der vorbezeichneten aufgebogenen Form durch Zusammendrücken mittels gleichmäßig verteilter Außenkräfte in die Kreisform gebracht wird.

Die nach außen gezogene Form eines kreisrunden Ringes von gleicher Dicke läßt sich in der Werkstatt durch einfaches Aufbiegen eines solchen Ringes unmittelbar herstellen und als Grundform des Rohgußmodells benützen, wodurch eine zuverlässige Ausführung ermöglicht ist, ohne weitläufige Berechnungen nötig zu haben.

Nach dem Schlitzen und Zusammenpressen wird der Ring zuerst außen, dann innen abgedreht und geschliffen und sorgfältig in die Kolbennuten eingepaßt. Gegenüber den im spannungslosen Zustand kreisförmigen Ringen vereinfacht sich die

Kolbenringe von konstanter Dicke.

---

[1]) Es ist das Verdienst Direktor R e i n h a r d t s, zuerst darauf hingewiesen zu haben. Z. d. V. d. Ing. 1901 S. 232.

Bearbeitung durch das Wegfallen des erstmaligen Abdrehens. Um Verschiedenheiten in der Ausdehnung des Ringes und des Cylinders auszugleichen, werden an der Schnittfläche 1 bis 2 mm abgefeilt.

Überstreifen der Kolbenringe.

Selbstspannende Kolbenringe werden durch entsprechend weites Öffnen über den Kolben gestreift oder ohne diese weitgehende Formänderung über einen Kolbenkörper gezogen, dessen äußerer Durchmesser dem inneren Ringdurchmesser angepaßt ist. Das Überstreifen bedingt ein Auseinanderziehen des Ringes, und eine dadurch hervorgerufene Steigerung der Spannungen weit über die Betriebsspannungen hinaus und zwar wächst der Unterschied mit der Zunahme der radialen Höhe h im Verhältnis zum Durchmesser. Starken Einfluß auf die Größe der Beanspruchung übt der Winkel γ aus, unter dem die den Ring auseinanderziehende Kraft Q den Durchmesser C schneidet,

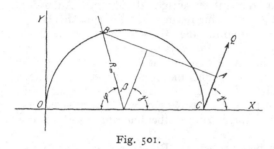

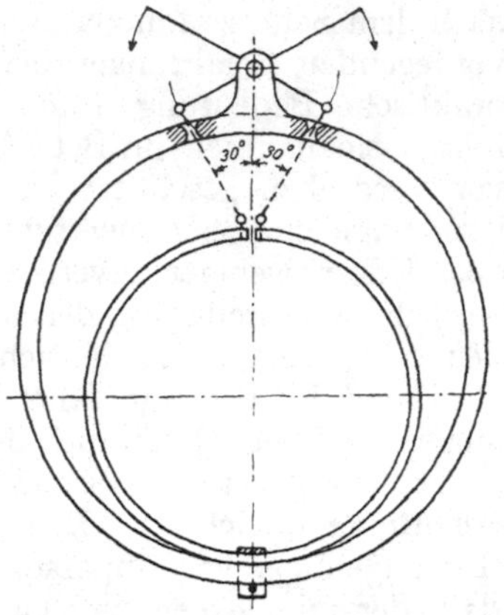

Fig. 502. Vorrichtung zum Aufbiegen der Kolbenringe.

Fig. 501.

Fig. 501. Der günstigste Wert von γ liegt zwischen 0^0 und 30^0, doch läßt sich derselbe beim Überstreifen von Hand kaum einhalten. Es empfiehlt sich deshalb, beim Aufspannen eine Vorrichtung zu benutzen, wie sie Fig. 502 andeutet.

Um einen Begriff von den beim Überstreifen auftretenden Höchstspannungen zu geben, sind in den Fig. 503a und b die in der x- und y-Achse Fig. 502 auftretenden Spannungen S_x und S_y für $\gamma = 0$ zusammengestellt, in Fig. 503a bezogen auf das Verhältnis $\dfrac{D}{h}$ des Kolbendurchmessers zur Ringhöhe, in Fig. 503b bezogen auf die im Betrieb auftretende Beanspruchung des Ringes[1].

Die Überstreifspannungen überschreiten die Betriebsspannungen, insoweit sie über den Linien A B in Fig. 503a gelegen sind. Bei Beurteilung der Beanspruchungen ist zu beachten, daß diese sich auf $\gamma = 0$ beziehen. Jedoch bleibt S_x für Winkel von $\gamma = 0$ bis 30^0 nahezu unverändert, während S_y mit zunehmendem Winkel sehr rasch abnimmt und bei 30^0 nur noch 57 v. H. des Wertes bei 0^0 beträgt.

Mit der Festlegung des Größtwertes dieser Spannungen, der bei zähem Gußeisen etwa bei 1400 kg/qcm liegen dürfte, wird die Grenze gezogen, bis zu der überstreifende Ringe verwendbar sind. Je kleiner der Cylinderdurchmesser um so kleiner muß die Höhe h ausgeführt werden, deren kleinster Wert durch die Rücksicht auf ausreichende seitliche Führung in den Kolbennuten bestimmt ist.

Die Massenwirkung zwischen Kolben und Ring bewirkt nämlich bei zu kleiner Ringhöhe und dementsprechend schmalen Berührungsflächen ein rasches Ausschlagen der letzteren und damit ein Ecken des Ringes und Riefenbildung im Cylinder. Der hinsichtlich Massenwirkung vorteilhafte Querschnitt würde also größere radiale Höhe und kleinere Breite der Gleitfläche bedingen, wie etwa die Kolbenringe II, 74, 8, wobei aber auf die Eigenschaft der Selbstspannung zu verzichten ist und auch das Überstreifen unmöglich wird. Wird für die üblichen Umdrehungszahlen die geringste zulässige Höhe zu 10 mm angenommen, so ergibt

[1] Reinhardt, Selbstspannende Kolbenringe, Z. d. V. d. Ing. 1901, S. 376, Tab. V.

sich nach Fig. 503a für den als zulässig erachteten Grenzwert der Überstreifs-spannung von 1400 kg/qcm das Verhältnis $\frac{D}{h} = 30$, also der Kleinstdurchmesser, für den übergestreifte Ringe verwendet werden können, zu ungefähr 300 mm.

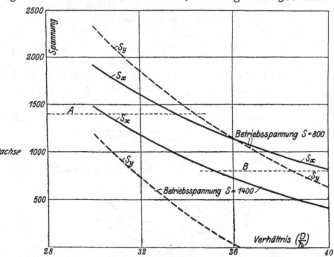

Fig. 503a bezogen auf das Verhältnis $\frac{D}{h}$ für Betriebsspannungen von 800 und 1400 kg/qcm.

Größere Ringe können immer so bemessen werden, daß beim Überstreifen keine unzulässigen Spannungen auftreten.

Die obere Grenze für die Anwendung selbstspannender Ringe wird dadurch gezogen, daß mit wachsendem Durchmesser der von dem Verhältnis $\frac{h}{r_m}$ beeinflußte Anpressungsdruck p geringer wird und daß bei sehr großen Ringen infolge Ungleichheit des Materials ein bestimmter Anpressungsdruck nicht mit genügender Sicherheit erreicht werden kann. Die obere Grenze der Anwendungsfähigkeit von selbstspannenden Kolbenringen dürfte bei 1200 bis 1500 mm gegeben sein. Doch werden bei so großen Kolbendurchmessern schon sehr häufig Ringe mit besonderen Spannfedern vorgezogen.

Bei kleinen Cylindern, bei denen übergestreifte Ringe nicht angewendet werden können, werden die selbstspannenden Ringe in die durch Paß- und Deckelringe gebildeten Kolbennuten eingelegt. Bei stehenden Maschinen haben eingelegte Ringe noch den Vorteil, daß sie ohne Herausziehen des Kolbens ausgewechselt werden können.

Einige Beispiele für die Konstruktion der zum Einlegen der Kolbenringe am Kolbenumfang erforderlichen ringförmigen Einsätze bieten die Darstellungen II, 75, 11 u. 12; 76, 14; 77, 16 u. 17. Die Kolbennuten werden durch Zwischenstücke

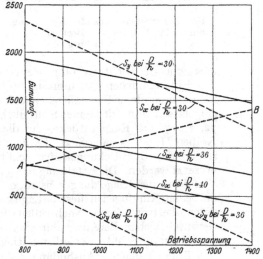

Fig. 503b bezogen auf die Betriebsspannung bei $\frac{D}{h} = 30; 36$ und 40.

Fig. 503a und b. Beanspruchungen der Querschnitte selbstspannender Kolbenringe von konstanter Dicke beim Überstreifen.

gebildet, deren Form und Unterteilung sich sehr verschieden gestalten läßt, wie die Kolbenkonstruktionen II, 75 bis 77 zeigen. Um große Ringe und Zwischenstücke vom Kolben leicht abziehen zu können, erhalten sie Anbohrungen mit Gewinde zum Einsetzen von Bolzen. Das Überstreifen der Ringe in einen besonderen Deckel bei stehenden Maschinen wie in der Kolbenkonstruktion II, 77, 15, hat ebenfalls den Zweck, das Herausnehmen der Ringe zu erleichtern. Der Deckelring wird nicht breiter ausgeführt, wie zu seiner Verschraubung mit dem Kolbenkörper notwendig; dabei kann das Muttergewinde der Befestigungsschrauben bei Stahlgußkolben unmittelbar im Kolbenkörper selbst eingeschnitten werden, II, 77, 17, bei gußeisernen Kolben dagegen sind besondere Metall- und Schmiedeeisenmuttern erforderlich, die durch Stifte, II, 74 und 75, 8 bis 12 und 77, 16, oder durch entsprechende Paßflächen am Kolbenkörper, II, 77, 15, gegen Verdrehen zu sichern sind. Die Anordnung der Metallmuttern auf der Gegenseite der Kolben für durch den Kolbenkörper hindurchgeführte Deckelschrauben hat den Vorteil einfacher Ausführung, da sie nicht eingeschraubt, sondern nur in Löcher eingepaßt zu werden brauchen. Die Schrauben selbst verlangen noch besondere Sicherung, die am besten durch einen konzentrisch zum Kolbenumfang eingelegten schmiedeeisernen Ring erfolgt, der mit entsprechenden Ausschnitten die einzelnen Schraubenköpfe umgreift und selbst mit gesicherten kleinen Schrauben am Kolbenkörper befestigt ist, II, 77, 16.

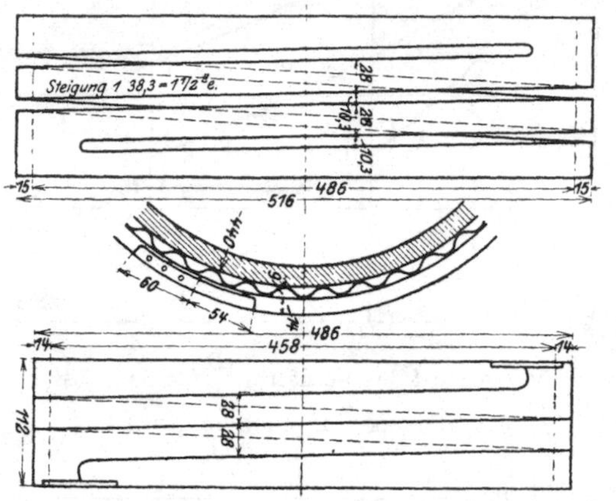

Fig. 504. Selbstspannender Kolbenring. Duisburger M.-A.-G., vorm. Bechem & Keetmann, Duisburg.

Verschluß der Ringspalten.

Eine nicht zu vernachlässigende Einzelheit gespaltener Kolbenringe bildet der Verschluß der Ringspalten zur Verhütung des Dampfübertrittes. Zu diesem Zweck wird entweder der Schlitz schräg ausgeführt oder die beiden Enden werden überplattet, II, 79, 23 und 80, 25. Bei sorgfältiger Überplattung ist eine ausreichende Dichtheit ohne weitere Schutzmittel möglich.

Eine einfachere Ausführung ergibt dagegen der schräge Schlitz unter Zuhilfenahme besonderer Deckplättchen über dem Spalt. Letztere werden in die Ringenden eingelassen und mit kleinen Schräubchen an dem einen Ringende befestigt, II, 73, 7; 72, 3; 75, 12. Einlagestücke, die die Ringenden beiderseitig abdecken, zeigen die Kolben II, 76, 13 und 78, 21. Es liegt der Gedanke nahe, daß bei mehreren Kolbenringen die Überdeckungen der Schlitze entbehrlich werden, wenn sie zueinander versetzt werden. Die Erfahrung hat jedoch gezeigt, daß infolge des ungleich schnellen Wanderns der Ringe die gegenseitige Lage nicht beibehalten bleibt, so daß zeitweise die beiden Ringfugen in dieselbe Lage kommen und Dampf von einer Kolbenseite zur anderen übertreten kann. Nach außen wird das Durchblasen des Dampfes als zischendes Geräusch hörbar. Bei Anwendung von mehr als zwei Dichtungsringen brauchen naturgemäß nur die Schlitze der äußeren Ringe nach der Dampfseite zu abgedeckt zu werden.

Eine eigenartige Ausbildung des selbstspannenden Kolbenringes als mehrfache Spirale zeigt Fig. 504 in ungespanntem und gespanntem Zustand. Der untergelegte gewellte Ring dient nicht zur Erhöhung des Anpressungsdruckes, sondern lediglich zur Zentrierung gegen den Kolbenkörper und zum Zwecke, den Dichtungsring zur Stützung des Kolbens zu benützen.

In vereinzelten Fällen wird zur Erhöhung des Dichtungsdruckes der Ringe der Dampfdruck herangezogen durch absichtliche Dampfzufuhr hinter die Kolbenringe mittels kleiner Anbohrungen am Kolbenkörper, wie sie die Fig. II, 73, 6 und 74, 8 erkennen lassen.

In der eigenartigen Kolbenkonstruktion II, 80, 27 besitzen die äußeren Kolbenringe eine rings umlaufende Nut, von der radiale Bohrungen nach dem Raum hinter dem Kolbenring gehen; durch dieselben soll Dampf geführt werden, der durch seinen Ölgehalt die Schmierung der Ringe in ihren Nuten ermöglicht. Eine Erhöhung des Anpressungsdruckes ist dabei nicht beabsichtigt, da der durch die Ringöffnung tretende Dampf stark gedrosselt wird. Die Kolbenringe sind außerdem im Schlitz festgestellt und zueinander so versetzt, daß die Anwendung besonderer Spaltverschlüsse entfällt.

Die früher sehr verbreitete Anwendung mehrteiliger Kolbenringe, deren Anpressung an die Cylindergleitfläche durch besondere Federn herbeigeführt wird, ist bei deutschen Ausführungen fast verschwunden, seit es gelungen ist, den federnden Kolbenring zweckentsprechend herzustellen; nur von amerikanischen Maschinenfabriken werden sie noch bevorzugt. Die Besprechung dieser Kolbenkonstruktionen sei daher auf einige typische Beispiele beschränkt.

Mehrteilige Kolbenringe.

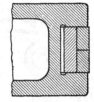

Fig. 505 zeigt eine lange Zeit angewendete Kolbenliderung. Zwei nebeneinander liegende, nicht federnde Dichtungsringe werden durch einen offenen, federnden Ring nach außen gepreßt. Die Konstruktion ist ungeeignet für hohe Umdrehungen, da die Massenwirkung der meist sehr breit ausgeführten Dichtungsringe gegeneinander und gegen

Fig. 505. Kolbendichtung durch geteilte Ringe und dahinter liegenden federnden Ring.

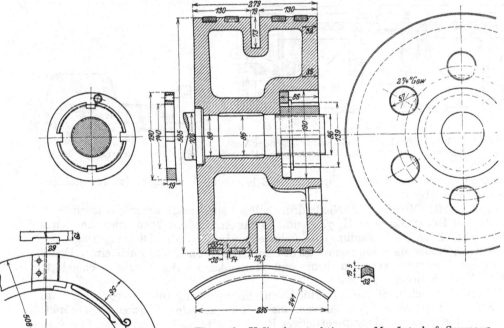

Fig. 506. Kolbenkonstruktion von Mc. Intosh & Seymour, Auburn.

die Kolbennut starken Verschleiß der letzteren und der Ringe zur Folge hat. In neuerer Zeit ist diese Liderungskonstruktion zur Abdichtung von Kolbenschiebern mit Erfolg angewendet worden. (Van den Kerchove.)

Größeres Interesse beansprucht der dreiteilige Dichtungsring der amerikanischen Kolbenkonstruktion Fig. 506, bei der noch besondere Tragringe aus Weißmetall in Ringnuten des Kolbenkörpers eingegossen sind. Die übereinander greifenden Seg-

mente des Dichtungsringes haben relativ große Höhe; sie werden durch Blattfedern mit etwa $^1/_{10}$ Atm. Flächendruck an die Cylinderwand gepreßt. Eine ähnliche Ausbildung des Kolbens mit einem dreiteiligen Dichtungsringe zeigt die Ausführung II, 76, 13 und 79, 24 der Firma Borsig. Ein einziger derartiger Dichtungsring hat sich selbst für Hochdruckkolben als ausreichend erwiesen. Die untergelegten
kleinen Blattfedern werden so bemessen, daß sie einen Anpressungsdruck von
etwa $^1/_{10}$ bis $^1/_4$ Atm. hervorrufen. Hierher gehört auch die amerikanische Kolbenkonstruktion Fig. 507 a mit einstellbarem Kolbenumfang und zehnteiligem Dichtungsring. Der den Dichtungsring und die Weißmetalltragringe enthaltende Ringkörper,

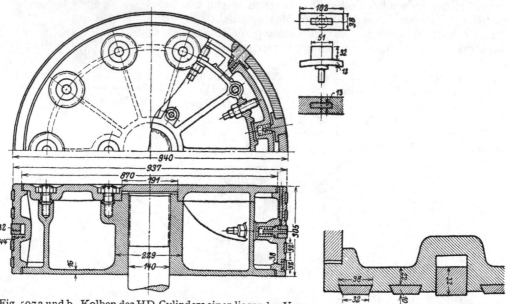

Fig. 507 a und b. Kolben des HD-Cylinders einer liegenden Ven-
til-Verbundmaschine der Erie City Iron Works, Erie, Pa., U.S.A.   Fig. 507 b. Mehrteiliger Ring.

Fig. 507 b, wird durch radial angeordnete Schraubenbolzen gegen den Innenkörper
des Kolbens abgestützt.

Für große Mittel- und Niederdruckkolben sind nach amerikanischen Vor-
bildern die Konstruktionen II, 74, 9 und 10 zur Anwendung gekommen, bei denen
durch winkelförmige Ausbildung der nebeneinander liegenden Dichtungsringe versucht wird, außer dem Anpressungsdruck in radialer Richtung auch einen Druck
in axialer Richtung zwischen Ring und Kolbenkörper durch schräg eingelegte
Schlauchfedern hervorzurufen.

Von zahlreichen Sonderkonstruktionen, die noch angeführt werden könnten,
blieben die meisten auf die Anwendung seitens einzelner Firmen beschränkt.
Der Grund der Verwendung mehrteiliger Ringe dürfte auch darin zu suchen sein,
daß sie bei großen Cylindern die Erzielung gleichmäßigen Dichtungsdruckes und
ihre Auswechselbarkeit erleichtern im Vergleich mit einteiligen Ringen.

d. Verbindung von Kolben und Kolbenstange.

Die Befestigung des Kolbens auf der Kolbenstange ist als Spannungsverbindung
derart auszuführen, daß die abwechselnd in entgegengesetzter Richtung wirkenden
Kolbenkräfte auf die Kolbenstange ohne Relativverschiebung von Kolben und Stange
übertragen werden. Auch muß der Kolben auf der Stange centrisch festsitzen,
so daß eine Lockerung in radialer Richtung ausgeschlossen ist, wodurch auch gleichzeitig die erforderliche Dichtheit der Verbindung gegen den Dampfübertritt von
einer Kolbenseite zur andern gewährleistet ist.

Die Befestigung des Kolbens erfolgt fast allgemein mittels Verschraubung, seltener und nur bei kleinen Kolben durch Vernietung.

Die Darstellungen Fig. 508 bis 516 sollen die üblichen Befestigungsarten kennzeichnen, wobei durch einheitlichen Maßstab in der Zeichnung die Größenverhältnisse der einzelnen Ausführungen zum Ausdruck gebracht sind.

Die als naturgemäß erscheinende Kolbenbefestigung mittels schlankem Konus bis zu 10 v. H. Neigung ist nur für kleinere Maschinen geeignet. Bei sorgfältigem Aufpassen der konischen Paßflächen von Kolben und Stange läßt sich ein sehr guter Sitz des Kolbens erzielen; doch leidet die Verbindung an dem Übelstand, daß im

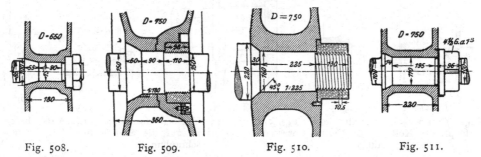

Fig. 508. Fig. 509. Fig. 510. Fig. 511.

Fig. 508 bis 511. Kolbenbefestigung mit kurzem Steilkonus und anschließendem cylindrischen oder schwach konischen Teil.

Betrieb der Kolben sich allmählich auf dem Konus weiterschiebt und die Verbindung mit der Kolbenmutter aufhebt. Durch diese Verschiebung entsteht eine sehr starke Beanspruchung der Nabe infolge der bei dem schlanken Konus auftretenden großen Normalkomponenten der Kolbenkraft, auch kann sich der Stangenkonus so einfressen, daß ein Lösen der Verbindung ohne Zerstörung des Kolbens fast unmöglich wird.

In den meisten Fällen namentlich für große Abmessungen wird der kurze konische Bund mit anschließendem cylindrischen oder schwach konischen Teil bevorzugt Fig. 508 bis 511. Der kurze Konus ermöglicht gute Centrierung und zuverlässige Spannungsverbindung, bei der eine nachträgliche Verschiebung des Kolbens auf der Stange ausgeschlossen ist. Eine notwendig werdende Lösung der Verbindung bietet keine Schwierigkeiten. Um einen zuverlässigen Sitz des Kolbens zu erreichen, muß der an den konischen Bund anschließende cylindrische Teil der Stange in die Kolbennabe eingeschliffen werden. Die Schwierigkeit des genau cylindrischen Einpassens der Kolbenstange führt dazu, den als Widerlager dienenden Konus durch geringere Neigung auch zur Sicherung der centrischen Befestigung des Kolbens heranzuziehen, Fig. 508. Noch zuverlässiger ist es, an den kurzen konischen Bund statt des cylindrischen einen schwach konischen Teil von 0,5 bis 1 v. H. Neigung anzuschließen, Fig. 509 und 510, der jedoch sehr sorgfältiges Einschleifen verlangt.

Der Bund wird entweder aus der Stange herausgedreht oder aufgeschweißt. Bei Tandemmaschinen mit ungeteilter durchgehender Kolbenstange ist es jedoch nicht immer möglich, den Bund mit der Stange aus einem Stück herzustellen in Rücksicht auf das Aufbringen des vorderen Kolbens und der Mutter, II, Taf. 8. In solchen Fällen wird der konische Bund des hinteren Kolbens als besonderer Stahlring, der sich gegen eine schmale Schulter der Kolbenstange legt, aufgeschoben, Fig. 516. Es wird auf diese Weise eine für die gußeiserne Kolbennabe nötige große Druckfläche geschaffen, während zur weiteren Übertragung der Kolbenkraft vom Stahlkonus auf die Stange eine durch einen schmalen Stangenrand gebildete Stützfläche genügt. Die Konstruktion wird kostspielig und kommt deshalb nur bei größeren Maschinen zur Anwendung (II, 76, 34 und 77, 15).

Ein sehr fester Kolbensitz bei cylindrischer Ausdrehung der Nabe wird durch Aufpressen des Kolbens auf die Stange erreicht. Zur Sicherung der Kolbenlage genügt ein cylindrischer Bund oder eine einfache Eindrehung der Stange Fig. 512 bis 515; außerdem wird der Kolben noch durch kräftige Muttern (besonders bei durchgehenden Kolbenstangen) oder durch einfaches Vernieten des Kolbenstangenendes gehalten. Hydraulisch aufgepreßte Kolben sind in Deutschland seltener, meist nur bei Lokomotiven (II, 80, 26) in Gebrauch, dagegen im Ausland, besonders in Belgien, sehr verbreitet. Sie gewähren bei guter Werkstattausführung einen sichern

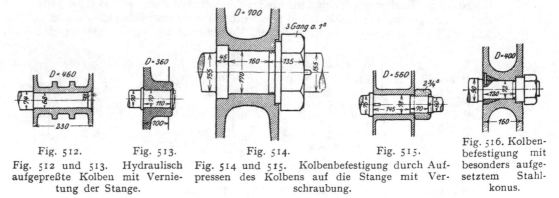

Fig. 512.   Fig. 513.   Fig. 514.   Fig. 515.

Fig. 516. Kolbenbefestigung mit besonders aufgesetztem Stahlkonus.

Fig. 512 und 513. Hydraulisch aufgepreßte Kolben mit Vernietung der Stange.   Fig. 514 und 515. Kolbenbefestigung durch Aufpressen des Kolbens auf die Stange mit Verschraubung.

Kolbensitz, machen aber ein Wiederabnehmen des Kolbens von der Stange unmöglich.

Berechnung der Kolbenstangenverbindung. Für die Berechnung der Einzelheiten der Kolbenstangenverbindung kommen hauptsächlich die Druckflächen in den Bunden und die Abmessungen der Verschraubung in Betracht. Als Grundlage für die Beurteilung der Beanspruchung beider dient naturgemäß die größte auftretende Kolbenkraft, da die Anspannung der Kolbenverschraubung dieser mindestens gleich sein muß, nachdem es sich bei der Kolbenbefestigung um eine Spannungsverbindung zwischen Kolbenmutter und Stangenbund handelt. Je nach der Richtung der Kolbenkraft wird der Stangenbund belastet und die Mutter entlastet und umgekehrt, wobei die Stange entweder auf Druck oder auf Zug beansprucht ist.

Grundbedingung für die Kolbenverbindung ist nun, daß die durch den Kraftwechsel hervorgerufenen Änderungen in den Flächendrucken am Bund bzw. der Mutter eine Lockerung der Spannungsverbindung nicht herbeiführen dürfen. Da die wirklichen, durch die Verschraubung erzeugten Anspannungen der Stange und Sitzflächen durch Rechnung sich nicht ermitteln lassen, ihre unterste Grenze aber in den größten auftretenden Kolbenkräften finden, so darf auch die den letzteren entsprechende Beanspruchung ausgeführter erprobter Konstruktionen als naturgemäße Rechnungsgrundlage für die Bestimmung brauchbarer Abmessungen neuer Konstruktionen verwendet werden. Bezeichnet f die Projektion der Druckfläche senkrecht zur Stangenachse, so berechnet sich der durch die Kolbenkraft P_{max} hervorgerufene größte spezifische Flächendruck zu

$$p_s = \frac{P_{max}}{f}.$$

In der über ausgeführte Kolben zusammengestellten Tabelle II, 389 sind in Spalte 12 diese Werte p_s für verschiedene Stangenbefestigungen angegeben. Bei flachem Konus steigt der Flächendruck bis zu 500 kg/qcm, während bei den konischen Bunden Auflagedrücke von nur 200 bis 300 kg/qcm sich berechnen.

Die wirklichen aus der Spannungsverbindung sich ergebenden Pressungen dürften sich wesentlich höher ergeben, da die zulässigen Flächendrücke für ruhenden Druck zu 1000 kg/qcm und mehr angenommen werden können.

Kolbenschraube. Im Gewinde der Kolbenstangenverschraubung darf natürlich nicht ein gleich hoher Flächendruck zur Anwendung kommen als an den Anlageflächen der Bunde, da die Kolbenmutter unter dem Einfluß der Gewindepressung angezogen und unter Umständen zeitweise auch noch nachgezogen werden muß. So hohe Flächenpressungen würden aber nicht nur das Anziehen der Mutter erschweren, sondern auch das Gewinde zerstören.

Bezeichnet d_a den äußeren, d_i den inneren Schraubendurchmesser, n die Anzahl der Gewindegänge, so ergibt sich der rechnungsmäßige Flächendruck zu

$$p = \frac{P_{max}}{\frac{\pi}{4}(d_a{}^2 - d_i{}^2)\,n},$$

der nicht mehr als 120 kg/qcm betragen soll.

Die wünschenswerte Verkleinerung der Gewindepressung unter Anwendung normaler Mutterhöhen wird durch Ausführung feineren Gewindes als der Normalschraubentabelle entspricht, erreicht. Dies hat auch den Vorzug, daß die durch das Gewinde bedingte Verschwächung der Stange geringer wird. Zu starke Eindrehung ist besonders bei durchgehenden Stangen sehr unwillkommen, da dieselben nur mit dem Kerndurchmesser weitergeführt werden können. Aus Fabrikationsrücksichten wird meist für eine größere Anzahl verschiedener Durchmesser das gleiche Gewinde zur Ausführung gebracht.

Für die Kolbenverschraubung kommen außer dem Whitworthgewinde, Trapez- und seltener Flachgewinde zur Verwendung. Das Trapezgewinde hat mit dem Whitworthgewinde den Vorteil größeren Anschlußquerschnittes der Gewindegänge an den Schraubenkern, bzw. an das Material der Mutter gemein, außerdem aber letzterem gegenüber den Vorteil der Aufnahme des Schraubendruckes in der Achsenrichtung, also ohne Radialkomponente, wie solche bei den Dreiecksgewinden in der Mutter nach außen wirken und dadurch zur Lockerung der Verschraubung leicht beitragen. Das Flachgewinde teilt letzteren Vorzug mit dem Trapezgewinde, gibt aber eine weniger gute Ausnützung der Mutterhöhe, da bei gleicher Anschlußhöhe des Gewindeprofils nur die halbe Zahl von Gewindegängen sich anbringen läßt und dementsprechend höherer Flächendruck sich einstellt.

Ebenso wie der Kolben gegen die Stange ist auch die Kolbenmutter gegen Verdrehen zu sichern. Diese Sicherung erfolgt entweder vermittels kleiner Schrauben oder zahnförmig ausgeschnittenem Mutterrand, in den kleine, in den Kolbenkörper eingeschraubte Stifte eingreifen, oder vermittels Keilen oder Splinten, die am vorderen Mutterende durch die Stange oder durch die Mutter selbst gesteckt werden. Die verschiedenen Sicherungsarten sind aus den Kolbendarstellungen des Bd. II zu entnehmen.

2. Kolbenstange.

Für die Ausführung der Kolbenstange und deren Abmessung ist nicht nur die durch den Kolbendruck hervorgerufene Längsbeanspruchung auf Zug und Druck maßgebend, sondern auch die Aufgabe, die ihr hinsichtlich der axialen Führung des Kolbens unter Umständen übertragen wird. Es ist deshalb wichtig, die Frage der Kolbenführung der rechnerischen Ermittlung der Kolbenstangenstärken vorausgehend zu erörtern.

Bei stehenden Maschinen kann der von der Kolbenstange gestützte Kolben infolge der axialen Führung der Kolbenstange und des Fortfalls einseitiger Gewichtswirkungen frei im Cylinder sich bewegend angeordnet werden. Nur bei stehenden Schiffsmaschinen wird wegen der Pendelungen des Schiffs die axiale Führung des Kolbens durch Verlängerung der Kolbenstange nach oben und Führung derselben im Cylinderdeckel gesichert, um ein einseitiges Anliegen an die Cylinderlauffläche zu verhüten. Bei liegenden Maschinen dagegen wirkt das Kolbengewicht senkrecht zur Kolbenstange und ist daher entweder von dieser oder von der Cylindergleitfläche zu tragen. Im letzteren Falle wird der Kolben als sogenannter Trag-

Kolbenführung.

kolben ausgebildet, der mit einem Teile seines Umfanges auf der Cylinderinnenfläche aufliegt. Damit ein ganz bestimmter Teil des Kolbenumfangs dabei zum Aufliegen kommt, erhält der zuerst auf den Durchmesserkreis abgedrehte Kolben eine zweite, zur ersten excentrische Abdrehung, II, 72, 1 unten, die genau der Cylinderbohrung entspricht und für die die Mittelpunktsverschiebung so gewählt wird, daß die Auflagefläche einem Centriwinkel von 90^0 bis 120^0 entspricht, während im übrigen zwischen Cylinderbohrung und Kolben ein Zwischenraum bleibt, der im oberen Teil 2 bis 6 mm betragen kann. Da der der Kolbenbewegung entgegengerichtete Reibungswiderstand an der unteren Kolbengleitfläche ein Kippmoment erzeugt, das ein Ecken des Kolbens und ein einseitiges Arbeiten von Kanten des Kolbenumfanges an der Cylinderfläche hervorrufen kann, so ist es rätlich, eine beiderseitige Führung der Kolbenstange in den Cylinderdeckeln durchzuführen.

Tragkolben. Der vom Kolbengewicht G_k und einem gewissen Anteil des Stangengewichts hervorgerufene Flächendruck darf zur Vermeidung eines empfindlichen Verschleißes der Cylindergleitfläche nur geringe Werte annehmen, und zwar nicht über 1 bis 1,5 kg/qcm.

Die Anwendung der Tragkolben ist nur dort zulässig, wo eine ausreichende Schmierung der Gleitflächen durch Einspritzen des Öls in den Dampf erzielt werden kann, d. h. bei Sattdampfmaschinen und Maschinen mit mäßiger Überhitzung. **Frei schwebende Kolben.** Bei Heißdampfmaschinen dagegen muß der Kolben im Cylinder frei schwebend sich bewegen, so daß nur die Dichtungsringe am Cylinder anliegen. Infolge der bei Heißdampf an sich beeinträchtigten Schmierfähigkeit des Öls sollte nicht auch noch beim Kolben der Zutritt des Öls zu den zu schmierenden Gleitflächen durch seine Gewichtswirkung erschwert werden.

Der frei schwebende Kolben setzt die auf beiden Seiten durch den Cylinder gehende und in Führungen gestützte Kolbenstange voraus. Da die Durchbiegung der Kolbenstange von der Sitzstelle des Kolbens bis zu den außerhalb des Cylinders liegenden Stützpunkten am Kreuzkopf und der hinteren Führung abnimmt, so ergibt sich hieraus, daß während der Kolbenbewegung die Achse der Kolbenstangenstopfbüchsen in ihrer Höhenlage der elastischen Linie der durchgebogenen Kolbenstange sich anpassen muß, also in senkrechter Richtung entsprechend nachgiebig sein muß, um ein Klemmen der Kolbenstange bzw. raschen einseitigen Verschleiß der Stopfbüchsen zu vermeiden.

Bearbeitung der Kolbenstangen. Die Notwendigkeit, nachgiebige Stopfbüchsen einzubauen, läßt sich umgehen durch eine besondere Bearbeitung der Kolbenstange, die von Collmann vorgeschlagen und zuerst von der Görlitzer Maschinenbau-A.-G. allgemeiner angewendet worden ist. Der Vorschlag geht dahin, der Kolbenstange in unbelastetem Zustand eine nach oben gekrümmte Form zu geben mit einer größten Durchbiegung ihrer elastischen Linie, wie sie im belasteten Zustand durch das Kolben- und Stangengewicht hervorgerufen wird, so daß unter deren Belastung die Stange im Betriebszustand in die gerade Form übergeht. Die Bearbeitung erfolgt daher in der Weise, daß die rohe, schon mit geeigneter Krümmung hergestellte Stange zunächst an beiden Enden für die Einpassung in Kreuzkopf und Führungsschlitten, sowie an der Sitzfläche des Kolbens abgedreht und auf einer Spezialdrehbank mit umlaufendem Stichelgehäuse so eingespannt wird, daß die Krümmung in die Vertikalebene nach oben fällt. Hierauf wird die Stange an der Sitzstelle des Kolbens durch ein mittels Bügel aufgehängtes Gewicht von etwa $^2/_3$ des Kolbengewichtes belastet und in durchgebogenem ruhendem Zustand mittels eines rotierenden Stahles abgedreht. Derartig bearbeitete Stangen nehmen in der Maschine in eingebautem Zustand unter der Kolbenlast die genau gerade Form an; eine Änderung der Achslage der Stopfbüchsen im Cylinder findet somit im Betriebe nicht statt, so daß festgelagerte Stopfbüchsen Verwendung finden können.

Infolge des Einflusses, den die Durchbiegung der Kolbenstange auf ihr Verhalten in der Stopfbüchse und auf das Arbeiten des Kolbens im Cylinder besitzt, ist

es naturgemäß, schon aus diesen Gründen möglichst geringe Durchbiegung anzustreben und dementsprechend kräftige Kolbenstangen auszuführen. Die Durchbiegung hat aber noch den weiteren Nachteil der Erzeugung eines ungünstigen
Kraftmoments für die auf Knickung wirkende Kolbenkraft.

Der Berechnung der Kolbenstangenstärke aus der größten Kolbenkraft P_{max}
wird meist die Eulersche Knickungsformel

$$P = \pi^2 \cdot \frac{J E}{\mathfrak{S} l^2}$$

zugrunde gelegt, worin $\mathfrak{S}$ den sogenannten Sicherheitskoeffizienten und l die Stangenlänge von Kolbenmitte bis Kreuzkopf bedeutet. Dabei ist angenommen, daß beide
Befestigungen nicht als feste Einspannungen aufzufassen sind. Das Trägheitsmoment
des Kreisquerschnittes ist mit

$$J = \frac{\pi d^4}{64}$$

einzusetzen, während der Elastizitätsmodul zu $E = 2\,200\,000$ angenommen werden
kann.

Bei der Nachrechnung ausgeführter Stangen nach obiger Knickungsformel
ergeben sich die überraschend großen Sicherheitswerte $S = 15$ bis 25. In Wirklichkeit ist die Sicherheit wesentlich geringer, da infolge der gleichzeitigen Durchbiegung der Stange unter der Gewichtswirkung des Kolbens der Kraftangriff unter
ungünstigeren Bedingungen erfolgt, wie in dem angenommenen Knickfall[1]). Es zeigt
sich jedoch, daß die Eulersche Formel der Berechnung zugrunde gelegt werden
kann, wenn für l bei Eincylindermaschinen mit durchgehender Kolbenstange die
Entfernung von Kreuzkopf bis hintere Führung und bei Tandemmaschinen die
Entfernung von Kreuzkopf bis mittlere Stangenführung in die Rechnung eingeführt wird. Hierbei ergeben sich für die Knicksicherheit Werte $\mathfrak{S} = 4$ bis 6 also
Ziffern, die mit den bei den übrigen Maschinenteilen angewendeten Sicherheitskoeffizienten übereinstimmen[1]).

Da in praktischen Fällen die genaue Berechnung der Knickbeanspruchung
außer der Kenntnis der Knicklänge l auch bereits den Stangendurchmesser d
voraussetzt, so ist es zur Vereinfachung des Rechnungsvorganges wünschenswert,
möglichst zutreffende Annahmen hinsichtlich der wahrscheinlichen Kolbenstangenstärke machen zu können. Für die vorläufige Festlegung der Stangendicke bei
normalen Maschinentypen und den üblichen Dampfspannungen können folgende Angaben dienen. Für Eincylindermaschinen und Hochdruckcylinder von Verbundmaschinen mit dem Cylinderdurchmesser D kann der Stangendurchmesser d gewählt
werden zu

$$d \cong \frac{D}{6}.$$

Die Stange des ND-Cylinders erhält die gleiche Stärke wie die des HD-Cylinders.
Bei Tandemmaschinen ist die vordere Kolbenstange stärker auszuführen, in Rücksicht auf die wesentlich größere Knicklänge zwischen beiden Kolben und die Belastung des vorderen Kolbens durch den gesamten Dampfdruck.

Je nachdem der HD- oder ND-Cylinder vorne angeordnet ist, kann für die
vordere Stange gewählt werden

$$d_H = \frac{D_H}{4,5} \quad \text{bezw.} \quad d_N = \frac{D_N}{7}.$$

Bei nach hinten durchgeführter Stange sei darauf hingewiesen, daß ihre rückwärtige Verlängerung nur dann zum Tragen des Kolbens sich eignet, wenn sie
nicht wesentlich schwächer als der auf Zerknicken beanspruchte Stangenteil be-

---

[1]) Vgl. Mies, Die Knicksicherheit von Kolbenstangen, Dinglers Polyt. Journal 1912, S. 273.

messen und in einer besonderen von der Stopfbüchse unabhängigen Gleitbahn geführt wird, II, Tafel 8 bis 10, 17.

Eine Vereinfachung solcher Führungen bilden dicht vor der Stopfbüchse angeordnete, nachstellbare cylindrische Lager, in denen die Kolbenstange selbst unmittelbar gleitet; II, Taf. 12. Langhübige Tandemmaschinen werden mit einstellbaren Zwischenlagern versehen, wie solche bei den Konstruktionen II, 81, 29 u. 30 und Taf. 15 u. 17 angewendet sind. Derartige Zwischenlager werden bei großen Heißdampfmaschinen, in Rücksicht auf Erzielung zuverlässiger Kolben- und Stopfbüchsendichtheit ganz allgemein notwendig.

Die durch die Kolbenkraft hervorgerufenen Zug- und Druckbeanspruchungen in der Stange erreichen selten höhere Werte wie 250 bis 300 kg/qcm.

3. Stopfbüchsen.

Zweck. Die Kolbenstange muß an der Stelle, an der sie die Cylinderdeckel durchdringt, so abgedichtet werden, daß ein Dampfübertritt vom Cylinderinnern nach der Atmosphäre ausgeschlossen ist; auch umgekehrt muß bei Niederdruckcylindern der Lufteintritt durch die Stopfbüchsen verhütet werden, da dieser eine Verschlechterung der Luftleere im Kondensator zur Folge haben würde.

Die dauernd zuverlässige Abdichtung der beweglichen Kolbenstange stellt nicht nur gewisse Forderungen an die Konstruktion und Ausführung der Stopfbüchse, sondern hängt auch von dem Zustand der Oberfläche und der Art der Führung der abzudichtenden Stange ab. Unbefriedigendes Verhalten von Stopfbüchsen ist in vielen Fällen allein dadurch verursacht, daß auf der Stangenoberfläche sich Längsriefen gebildet haben oder die Achslage der Stopfbüchsen sich der Durchbiegung oder Lagenänderung der Stange nicht anpassen konnte.

Von einer praktisch zweckmäßigen Stopfbüchse wird außer ihrer Dichtheit noch verlangt, daß sie nur geringen Bewegungswiderstand für die Stange verursacht, weil damit nicht nur geringer Arbeitsverlust sondern auch ein geringer Verschleiß der Stangenoberfläche und des Liderungsmaterials und dementsprechend lange Betriebsfähigkeit der Stopfbüchse erreicht wird.

Es liegt daher im Interesse störungsfreien Betriebs und der Kraftersparnis, möglichst glatte Stangen zu verwenden und abgenützte Stangen rechtzeitig nachzudrehen. Einen Fortschritt bezeichnet in dieser Richtung die Verwendung gezogener und geschliffener Kolbenstangen, deren harte Oberflächen nur geringe Abnützung im Betrieb erfahren. Gezogene Stangen sind auch billiger wie gedrehte, jedoch nur in geringen Stärken ausführbar.

Die bei liegenden Maschinen mit der Durchbiegung der Kolbenstange durch Eigengewicht und Kolbenlast zusammenhängende periodische Verlegung der Höhenlage ihrer Achse innerhalb der Stopfbüchsen verlangt eine besondere Durchbildung der letzteren. Bei stehenden Dampfmaschinen, bei denen die Durchbiegung der Kolbenstange fortfällt, ergeben sich für die Kolbenstangenstopfbüchsen wesentlich einfachere Konstruktionsbedingungen und sie verhalten sich auch günstiger hinsichtlich Dichtheit, Abnützung und Lebensdauer als horizontale Stopfbüchsen.

Für die konstruktiv und betriebstechnisch richtige Ausbildung der Stopfbüchsen ist von Wichtigkeit, daß sie nur zur Abdichtung und nicht auch gleichzeitig zur Führung der Kolbenstange verwendet werden, da die mit letzterer Aufgabe entstehende unvermeidliche einseitige Abnützung des Führungs- und Dichtungsmaterials dauernd Veranlassung zu Undichtheiten gibt.

Die wichtigsten Bestandteile einer Stopfbüchse sind: Grundring, Liderungsraum mit Packung und Stopfbüchsenbrille, Fig. 517.

Grundring. Der aus Messing oder Bronze bestehende Grundring oder die Grundbüchse wird in die abzudichtende Wand eingesetzt und hat die Aufgabe, nach der Dampfseite hin den Liderungsraum abzuschließen; letzterer dient zur Aufnahme des Dichtungsmaterials, das durch die Stopfbüchsenbrille, die den Packungsraum nach außen abschließt, festgehalten wird; zu diesem Abschluß dient auch häufig eine Überwurfmutter, Fig. 518.

Das Stopfbüchsengehäuse kann mit der abzudichtenden Wandung zusammengegossen, Fig. 517, oder in dieselbe eingesetzt sein, Fig. 518 und 519.

Die Ausbildung der Stopfbüchse ist sehr mannigfaltig geworden, namentlich seit an die Stelle der früher festgelagerten Stopfbüchsen mit weichem Dichtungsmaterial in den letzten beiden Jahrzehnten die Metallstopfbüchse mit beweglichen,

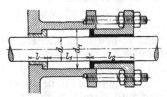

Fig. 517. Normale Stopfbüchse
für Weichpackung.

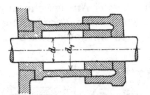

Fig. 518. Stopfbüchse mit
Überwurfmutter.

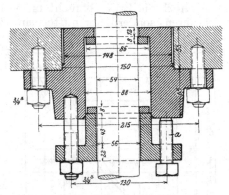

Fig. 519. Stopfbüchse einer kleinen stehenden
Maschine von Gebr. Sulzer.

der Kolbenstange sich anpassenden Liderungsringen getreten ist. Diese jetzt hauptsächlich zur Anwendung kommenden Metallstopfbüchsen sind nicht nur vielgestaltig durchgebildet worden, sondern verlangen auch derartig genaue und sorgfältige Werkstättenarbeit, daß sie sich zu Gegenständen der Spezialfabrikation entwickelt haben.

In der grundsätzlichen Verschiedenheit der Ausführung sind daher bewegliche und unbewegliche Stopfbüchsen zu unterscheiden.

a. Unbewegliche Stopfbüchsen.

Die unbeweglichen Stopfbüchsen, bestehend aus den obengenannten drei Hauptteilen, stellen die einfachste Ausbildung der Stopfbüchse dar. Die Abdichtung erfolgt durch Zusammenpressung des Dichtungsmaterials mittels der Stopfbüchsenbrille.

Die in den Handbüchern angegebenen Ausführungsgrößen der Grundbüchse

$$l = \frac{d}{2} \text{ für stehende Maschinen,}$$

$$l = d \text{ für liegende Maschinen}$$

kennzeichnen die ältere Auffassung, daß die Grundbüchse die Kolbenstange zu tragen habe. Da letzteres unzulässig ist, werden richtiger nunmehr nur kurze Grundbüchsen oder einfache, die Stange dicht umschließende Ringe ausgeführt, Fig. 519, die mit Spiel gegen das Gehäuse eingesetzt, auch zugleich eine gewisse Seitenbeweglichkeit der Stange zulassen.

Der Liderungsraum wird mit sogenannter Weichpackung oder mit Metallringen ausgefüllt; seine Größe kann bei kleinen Stangendurchmessern für beide Packungsarten übereinstimmend gewählt werden, während bei großen Stangendurchmessern die Weichpackungen einen größeren Hohlraum benötigen. Für

die praktischen Ausführungsverhältnisse des Packungsraumes gibt nachstehende
Darstellung Fig. 520[1]) einigen Anhalt.

Länge l_1 und Durchmesser d_1 des Packungsraumes werden ungefähr gleich groß
ausgeführt. Fig. 517. Die Brillenhöhe l_2 soll nicht größer gewählt werden, als der
wünschenswerten Nachstellbarkeit entspricht; hierzu genügt für Weichpackungen
$l_2 = \dfrac{l_1}{2}$, während Metallpackungen einer Nachstellung überhaupt nicht bedürfen. Bei
ihnen können daher sehr kurze Brillen die Stopfbüchsen abschließen. Größere Höhe
der Brille findet bei Metallpackungen nur dann Anwendung, wenn sie auch zum
Einschieben der einzelnen Dichtungsringe verwendet werden muß.

Stopfbüchsen-brille.
　　　　　Auch die Brille braucht nicht ihrer ganzen Länge nach die Kolbenstange zu
berühren, sondern nur mittels eines kurzen Randes der metallischen Einsatzbüchse
(vgl. Fig. 519). Das Nachziehen der Brille muß
genau axial erfolgen, um einseitiges Anpressen
der Packung und damit auch ein Schiefziehen
der Kolbenstangen zu vermeiden. Eine solche
fehlerhafte Handhabung der Brille tritt besonders leicht bei zwei Anzugsschrauben ein, weniger bei dreien. Zur Vermeidung des Schiefziehens werden mitunter besondere Führungs-

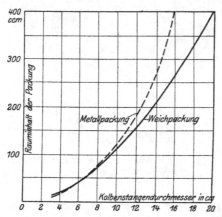

Fig. 520. Größe des Packungsraumes unbeweglicher Stopfbüchsen mit Weich- oder
Metallpackung bezogen auf den Stangendurchmesser.

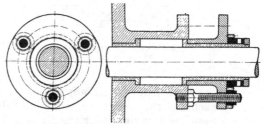

Fig. 521. Stopfbüchse mit Nachstellung der Brille
mittels Stirnrädergetriebe.

rippen für die Brillen an den Cylinderdeckel angegossen. Ein zentrisches Anziehen
gewährleisten die als Überwurfmuttern ausgebildeten Stopfbüchsenbrillen, Fig. 518.

Die in Fig. 519 noch angegebenen Stellschrauben bezwecken eine Sicherung der
Stopfbüchsenbrille in jeder Lage, ohne die Anzugskraft der Anzugsschrauben auf
die Packung wirken lassen zu müssen.

Gleichmäßiges Nachziehen größerer Stopfbüchsenbrillen wird erreicht mittels
eines zur Stange centrischen Zahnkranzes, in den die verzahnten Muttern der einzelnen Stellschrauben eingreifen, Fig. 521, so daß beim Verdrehen dieses Zahnkranzes alle Stellschrauben gleichzeitig und um gleich viel angezogen werden.
Besonders bei den Stopfbüchsen stehender Dampfmaschinen (Schiffsmaschinen)
ist diese Einrichtung unentbehrlich geworden, da ohne sie infolge der schwierigen
Zugänglichkeit der Stopfbüchsen ein gleichmäßiges Nachziehen ihrer Packungen
meistens unmöglich sein würde.

Weichpackungen.

Als Dichtungsmittel für niedere Dampfspannungen und Temperaturen dient
Material pflanzlichen Ursprungs, wie Hanf, Baumwolle, Gummi u. dgl. Diese sogenannten Weichpackungen werden jedoch nur noch bei kleineren Maschinen
mit geringer Kolbengeschwindigkeit und für Sattdampfbetrieb verwendet. Hanf

---

[1]) W. Lynen, Die Stopfbüchsen der Dampfmaschinen, Z. d. Bayr. Rev.-Vereins 1904,
S. 215.

ist bis 7 Atm., Baumwolle bis 10 Atm. (bei Schiffsmaschinen nur bis 4 Atm. zugelassen) verwendbar.

Hanf wird in langen Strähnen zu möglichst gleichmäßigen Zöpfen geflochten und mit Talg getränkt in die Stopfbüchse eingelegt; Baumwolle und Asbest dagegen werden wegen ihrer kurzen Fasern zu dicken Fäden versponnen, und diese zu Schnüren von der Dicke des Packungsraumes geflochten; zur Erzielung einer gewissen Elastizität der Schnüre dienen noch besonders eingelegte Gummikerne.

Für überhitzten Dampf sind Packungen aus organischen Stoffen unbrauchbar, da sie durch die hohe Temperatur zersetzt werden und zerfallen. Es wird daher die mineralische Asbestfaser, zur Erhöhung ihrer Widerstandsfähigkeit mit Messing- oder Bleidrähten verflochten, verwendet.

Eigenartige Ausbildung zeigen die von der Marine hauptsächlich verwendeten sogenannten Tucks- und Blockpackungen, bei denen die Packungsschnur nicht durch Flechten gebildet wird, sondern durch gewickeltes Asbesttuch oder durch mit Gummi aufeinandergeklebte lampendochtartige Bänder, die durch ein gummiertes steifes Gewebe zusammengehalten werden. Auch hierbei finden Gummikerne zur Erhöhung der Elastizität der Packung Verwendung. Diese Packungen haben bei großer Anpassungsfähigkeit an Stange und Liderungsraum größere Lebensdauer (bis zu einem Jahr) wie die einfachen Zöpfe und Schnüre, die meist schon nach 8 oder 14 Tagen ausgewechselt werden müssen.

Die Schnüre werden bei kleineren Stangen gleichmäßig in Spiralwindungen um die Stange gelegt, für größere Stangen werden sie als schräg überplattete Ringe und mit versetzten Teilfugen in die Büchse eingelegt.

Während runde Schnüre bei spiralförmigem Einlegen einen Kanal bilden, der bei weniger elastischen Packungen den Dampf durchströmen läßt, bilden die aufeinanderliegenden Ringe eine Art Labyrinthdichtung.

Sämtliche Weichpackungen müssen vor dem Einbringen gut mit warmem Fett getränkt werden, zur Verminderung der Reibung zwischen Packung und Stange und Aufrechterhaltung der nötigen Geschmeidigkeit während des Betriebs. Trockene oder schlecht gefettete Packung verliert ihre Elastizität, wird hart und brüchig, veranlaßt Riefenbildung an der Stange und erhöht den Ölverbrauch der Stopfbüchse. Für niedrige Dampftemperaturen genügt es, die Packungsschnur einige Zeit in geschmolzenen Rinder- oder Hammeltalg zu legen. Für höhere Temperaturen sind hochsiedende Fette zu verwenden, die für diese Zwecke von verschiedenen Fabriken besonders hergestellt werden (Burgmann-Fett, Calmon Imperial Pasta, Zschunke-Monopolfett u. a.). Der Schmierstoff muß, um eine möglichst innige Verbindung mit den Fasern einzugehen, vor Herstellung der Schnüre in die Fasern eingewalkt werden.

Talkum wird in Form besonderer Fettkerne in schlauchartig geflochtene Zöpfe eingefüllt und bildet eine verhältnismäßig billige Packung. Für hohe Temperaturen ist Asbestfaser mit Graphit oder Talkumgraphit besonders geeignet, durch dessen Hinzufügung nicht nur die Reibung vermindert, sondern auch ein frühes Ankleben an den Stopfbüchsenwandungen verhütet wird. Hoher Fettgehalt der Packung verhütet die sonst leicht eintretende Ölvergeudung an den Stopfbüchsen. Genügender Fettgehalt und ökonomische Schmierung der Stopfbüchse ist an einem dauernden leichten Fettüberzug der Kolbenstange zu erkennen. Bei Trockenwerden der Stange ist Auswechslung der Packung erforderlich.

Elastizität und Anpassungsfähigkeit bildet einen wesentlichen Vorzug der Weichpackung, dem sie ihre frühere allgemeine Verwendung zu danken hat; bei hitzebeständigem Material und sorgfältiger Ausführung ist sie auch für hohe Dampftemperaturen geeignet. Die Weichpackung besitzt auch eine gewisse Nachgiebigkeit gegen Veränderung der Stangenlage während des Betriebs. Auch ist sie noch für die Abdichtung von Stangen, deren Oberfläche im Betrieb durch die Abnützung gelitten hat, verwendbar. Ihre Nachteile liegen in geringer Lebensdauer, ständiger Wartung und zunehmendem Kraftverbrauch infolge Zunahme des Anpressungsdrucks durch das mit der Zeit erforderliche Nachziehen der Packung.

29*

Der Versuch, die mit weichem Dichtungsmaterial arbeitenden Stopfbüchsen widerstandsfähiger und dauerhafter zu machen, hat dazu geführt, Liderungen herzustellen, die als Übergang zu den Metallpackungen sich ergeben. So wird versucht, durch Einspinnen von Draht oder Umspinnen des Packungsmaterials mit Drahtgewebe die Widerstandsfähigkeit zu erhöhen (Bismarckpackung von Zschunke) oder unmittelbar Drahtgeflechte aus Kompositionsmetall herzustellen, die meist eine Asbesteinlage mit Drahtkern erhalten (Panzerpackung von Calmon). Zu diesen nachgiebigen Metallpackungen gehören auch Weißmetallspäne, mit denen der Stopfbüchsenhohlraum ausgestopft wird, die jedoch den Nachteil besitzen, daß ein Herausnehmen der Packung fast unmöglich ist; dasselbe gilt hinsichtlich der in Graphit getränkten papierdünnen Metallringe. Schließlich können dieser Gruppe auch die mit Graphit gefüllten Bleiringe der Huhnschen Packung zugezählt werden, Fig. 522, die auf der Innenseite kleine Schlitze oder Löcher

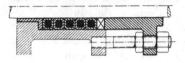

Fig. 522. Bleiringe mit Graphitfüllung von Huhn.

besitzen zum Austritt des als Schmiermaterial verwendeten amerikanischen Flockengraphits. Diese Packungen von ursprünglich kreisförmigem Querschnitt werden geteilt oder ganz, je nach der Möglichkeit des Einbringens, um die Stange gelegt und durch die Brille einzeln derart nachgezogen, daß die Kreisform in die Rechteckform übergeht. Beim Nachziehen der Brille wird der zur Schmierung dienende Graphit aus den Ringen an die Stange gepreßt. Bei Niederdruckcylindern besteht allerdings die Gefahr des Leersaugens der Ringe durch das Vakuum. Aus diesem Grunde werden die Ringe auch ganz geschlossen ausgeführt, so daß die Graphitfüllung nur zur Erhöhung der Nachgiebigkeit der Packung dient. Gebrauchte Ringe können wieder mit Graphit gefüllt und weiter verwendet werden. Die Huhnsche Packung hat sich auch für überhitzten Dampf bei gut geführten Kolbenstangen bewährt.

Metallpackungen.

Das Grundprinzip der Stopfbüchsen mit Metallpackungen besteht in der ausschließlichen Verwendung von Metall- oder Gußeisenringen als Liderungsmaterial zur Erzielung einer hitzebeständigen, dauerhaften, keine laufende Wartung erfordernden Abdichtung der Kolbenstange. Infolge der geringen Nachgiebigkeit des Liderungsmaterials verlangen diese Stopfbüchsen jedoch genau cylindrisch geschliffene Kolbenstangen und geschliffene oder sauber abgedrehte Packungsringe.

Bei der Konstruktion der Stopfbüchsen, dem Einbau des Packungsmaterials und ihrer Behandlung im Betrieb ist zu berücksichtigen, daß, zur Verminderung der Reibung, die rein metallische Berührung zwischen Stange und Dichtungsringen durch zuverlässige Ölzufuhr vermieden werden muß. Der Ausdehnung des Liderungsmaterials ist Rechnung zu tragen und für die Abführung der Reibungswärme, die durch das Gehäuse, die Kolbenstange und das abfließende Schmieröl erfolgt, ist noch besonders dadurch zu sorgen, daß die Stopfbüchse durch Abrücken des Packungsraumes vom Cylinderdeckel möglichst kühl liegend angeordnet wird. Die axiale Ausdehnung der Metallpackung wird durch vorgelegte weiche Packungsringe ermöglicht, die gleichzeitig den Packungsdruck auf die Stange elastisch machen. Statt der häufig zu erneuernden Packungsringe werden auch Spiralfedern vorgelegt.

Hinsichtlich der konstruktiven Durchbildung sind Stopfbüchsen mit feststehendem und beweglichem Liderungsraum zu unterscheiden, wobei die ersteren vornehmlich für stehende Maschinen Verwendung finden, während bewegliche Stopfbüchsen für die stets mehr oder weniger große Durchbiegung aufweisenden Kolbenstangen liegender Maschinen nötig sind. Nur die durch die vorher erwähnte Werkstättenbearbeitung im Betrieb in eine gerade Achse sich einstellenden Kolbenstangen liegender Maschinen lassen ebenfalls die Verwendung unbeweglicher Stopfbüchsen zu.

Die einfachste Ausbildung der Metallpackung zeigt die Howaldt-Stopfbüchse, Fig. 523. Zweiteilige, kegelförmige Ringe sind mit ihren konischen Außen- und Innenflächen so aufeinandergelegt, daß das eine Ringsystem die Stange, das andere die Innenwand der Stopfbüchsenbohrung berührt. Beim Anziehen der Brille, vor der ein weicher Packungsring eingeschoben ist, werden die Ringe durch die keilförmige Wirkung ihrer Paßflächen teils an die Kolbenstange, teils an die Gehäusewand gepreßt. Die an der Stange anliegenden Innenringe bestehen aus Weißmetall, die Außenringe aus Messing oder Gußeisen und sind mit 1,5 bis 6 mm weiten Teilfugen zueinander versetzt. Die Ringzahl richtet sich nach dem Dampfdruck. Bei niedrigen Pressungen der ND-Dampfcylinder genügen bereits 2 bis 3 Ringlagen, während für die Hochdruckcylinder 4 bis 6 Ringlagen zur Verwendung gelangen. Fig. 523 läßt die Stopfbüchsenabmessungen für eine 50 mm starke Stange erkennen,

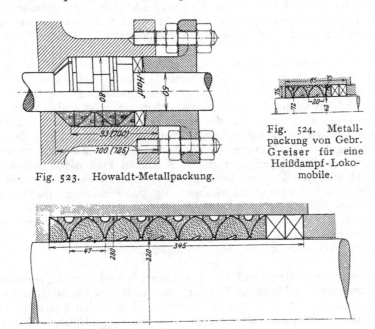

Fig. 523. Howaldt-Metallpackung.

Fig. 524. Metallpackung von Gebr. Greiser für eine Heißdampf-Lokomobile.

Fig. 525. Metallpackung von Gebr. Greiser für Walzenzugsmaschine.

wobei die eingeschriebenen Werte auf 6 Atm., die Klammerwerte auf 11 Atm. Dampfdruck sich beziehen.

Von den zahlreichen im Anschluß an die Howaldtpackung entstandenen Metallpackungen möge die von Gebr. Greiser in Hannover ausgeführte Linsenpackung erwähnt werden. An Stelle der kegelförmigen sind kugelförmige Paßflächen der Ringe gewählt, wie die beiden Ausführungen Fig. 524 für eine Heißdampflokomobile und Fig. 525 für eine Walzenzugsmaschine erkennen lassen. Die an der Stange anliegenden Ringe bestehen aus einer weicheren Legierung wie die Außenringe, um ein Zusammenbrennen der Packung zu verhindern. Die Halbierung der Ringe und ein gewisses Spiel in den Teilfugen gestattet die erforderliche Beweglichkeit und Anpassungsfähigkeit an die Stange. Zur Sicherung der Schmierung sind Ölnuten im spitzen Winkel zur Auswärtsbewegung der Stange angeordnet, woduch das im Cylinderinnern aus dem Dampf sich niederschlagende Öl in den Nuten zurückgehalten wird zur Aufrechterhaltung reichlicher Schmierung auf der Stange.

Das wichtigste Packungsmaterial bilden Legierungen aus Antimon, Zinn, Zink und Blei. Ihre nach Druck und Temperatur des Dampfes zu wählende Zusammensetzung bildet den Gegenstand besonderer Erfahrung und Studien der ausführenden Spezialfabriken. Allen für die Stangendichtung verwendeten Weich-

Metalllegierungen.

metallen gemeinsam ist der hohe Bleigehalt, der der Packung die erforderliche
Weichheit und eine gewisse Schmierfähigkeit verleiht.

Übliche Zusammensetzungen sind:

Für Lokomotivstopfbüchsen der preußischen Staatsbahn: 15 Teile Antimon,
20 Teile Zinn, 65 Teile Blei.

Für Howaldt-Stopfbüchsen für Sattdampf: 8 bis 2 Teile Antimon, 12 bis 18
Teile Zinn, 80 Teile Blei.

Für Heißdampf empfiehlt sich Zinn wegen seines niedrigen Schmelzpunktes
(230°) wegzulassen und die Legierung aus Blei (326°) und Antimon (432°) allein
zu bilden. Das Stopfbüchsenmaterial Schmidtscher Heißdampfmaschinen ist beispielsweise aus 20 Teilen Antimon und 80 Teilen Blei zusammengesetzt.

Es möge hierbei darauf hingewiesen werden, daß der Schmelzpunkt der Legierungen stets niedriger als der niedrigste Schmelzpunkt ihrer Bestandteile sich
ergibt. Für die Höhe des Schmelzpunktes ist nicht allein die Zusammensetzung
der Legierung, sondern auch der Grad der Homogenität der Mischung maßgebend.

Neben den Blei-Antimonlegierungen kommt auch Messing, hartes Kupfer und
Gußeisen zur Verwendung, die sehr hohe Schmelztemperaturen und größere Widerstandsfähigkeit besitzen, aber wegen ihrer sehr geringen Bildsamkeit nur bei tadel-
loser Ausführung und Erhaltung der Berührungsflächen zuverlässig abdichten.

Wird durch zu große Reibungswärme der Schmelzpunkt des Packungsmaterials
überschritten, so schmelzen die Weißmetallringe zusammen und laufen aus. Solche
nachteilige Erwärmungen werden hervorgerufen außer durch zu hohe Dampftemperaturen durch zu starkes Nachziehen oder durch Klemmen infolge ungenügender
Ausdehnungsmöglichkeit. Die Unmöglichkeit der zuverlässigen Verhütung solcher
Vorkommnisse, die stets Betriebsunterbrechungen der Dampfmaschine im Gefolge
haben, und die Schwierigkeit, hochschmelzende Weichmetalle herzustellen, verursachten lange Zeit die schwerwiegendsten Bedenken gegen die Einführung des
überhitzten Dampfes; sie waren auch die Veranlassung, daß die ersten Heißdampfmaschinen zur Vermeidung der Stopfbüchsen einfachwirkend ausgeführt
wurden.

Was das Verhalten der Metallpackungen im Betrieb und ihre Lebensdauer
angeht, so sind namentlich in der ersten Zeit der Inbetriebnahme die Stopfbüchsen
mit besonderer Sorgfalt zu beobachten, weil sie erst allmählich den Betriebs- und
Temperaturverhältnissen angepaßt werden müssen, um jahrelange Betriebsfähigkeit
unter Ausschaltung besonderer Unterhaltungsarbeiten zu sichern. Infolge der hohen
Anforderungen, die die Metallstopfbüchse sowohl hinsichtlich Sorgfalt der Ausführung als auch verständnisvoller Wartung stellt, sind die praktischen Erfahrungen
mit ihr im allgemeinen sehr verschieden. Ihre ursprüngliche Verwendung beschränkte
sich nur auf solche Betriebe, bei denen häufigeres Neuverpacken der Stopfbüchsen
zu große Betriebsstörungen verursachte, wie bei den in ununterbrochenem Tag-
und Nachtdienste stehenden Betriebsmaschinen von Spinnereien und Webereien,
vereinzelt auch von Elektrizitätswerken und besonders bei Schiffsmaschinen.

Erst mit der allgemeinen Anwendung überhitzten Dampfes wurde die Metallstopfbüchse zu einer Lebensfrage des Dampfmaschinenbetriebs und zahlreiche
Konstruktionen entwickelten sich aus den Bedingungen für ihre Vervollkommnung.

Von den Hauptforderungen, denen eine praktisch einwandfreie Metallstopfbüchse entsprechen muß, ist bei den vorgenannten Konstruktionen namentlich
die der vollkommenen Anpassungsfähigkeit an seitliche Bewegungen der Kolbenstange und der dauernden Betriebsfähigkeit ohne laufende Wartung noch nicht erfüllt.

b. Bewegliche Stopfbüchsen.

Die zwanglose Anpassung der Stopfbüchse an eine Lagenänderung der Stangenachse infolge Durchbiegens oder Krummziehens der Stange verlangt eine Verschieb-
barkeit der Packung in beliebiger radialer Richtung und eine Einstellbarkeit in

die der Durchbiegung entsprechende Ablenkung der Stangenachse. Der Stopfbüchseneinsatz muß daher so gelagert werden, daß er sich seitlich verschieben und gleichzeitig in engen Grenzen beliebig verdrehen kann, wie dies beispielsweise die Ausführungsform Fig. 526 ermöglicht. Die Stopfbüchse bildet einen zweiteiligen Körper,
der zwischen zwei Ebenen senkrecht zur Stangenachse verschiebbar und zwischen
zwei kugeligen Ringflächen drehbar gelagert wird. Die beiden Ebenen gestatten
die Querbeweglichkeit, während eine Veränderung in der Achsrichtung durch die
beiden Kugelflächen ermöglicht wird, deren Mittelpunkte M und M_1 auf der
Stangenachse liegen und voneinander getrennt oder zusammenfallend angenommen
werden können. Die gleiche Stopfbüchsenkonstruktion für eine Kolbenstange
größeren Durchmessers zeigt Fig. 527. Der aus Stahl hergestellte zweiteilige

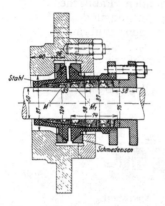

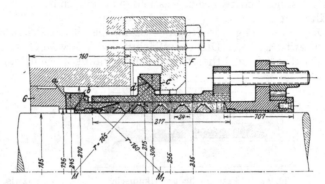

Fig. 526. Bewegliche Stopfbüchse.

Fig. 527. Stopfbüchse von L. Ziegler, Berlin.

Stopfbüchsenkörper besitzt wieder zwei Kugelflächen, jedoch von verschiedenem
Durchmesser, die sich dampfdicht gegen die Hohlkugelflächen zweier schmiedeeiserner Ringe abstützen, die ihrerseits zwischen entsprechenden Flächen des
Bodens und Deckels des Stopfbüchseneinsatzes dampfdicht eingeschliffen sind.
Der Grundring G ist in die Deckelbohrung eingepreßt. Hinter Weißmetallringen
von dreieckigem Querschnitt und einer dem Stangendurchmesser genau entsprechenden Bohrung liegen Gummiasbestringe, die die ersteren auseinanderhalten
und sie gegen die Packungswand abstützen. Diese Weichpackung ermöglicht die
freie Ausdehnung der Metallringe und deren federndes Anliegen an die Stange unter
dem durch die Stopfbüchsenbrille erzeugten Dichtungsdruck.

Die Verwendung weichen Packungsmaterials zur Ausgleichung des Anpressungsdruckes der Dichtungsringe macht das Verhalten der Stopfbüchsen im Betrieb noch
abhängig von der Bedienung durch den Maschinisten. Eine solche Wartung wird
entbehrlich, wenn der Dichtungsdruck durch Federn erzeugt wird, wie dies beispielsweise bei der Stopfbüchse Schmidtscher Heißdampfmaschinen II, 66, 5, geschieht. Bei dieser wird der Dichtungsdruck durch eine gegen direkte Berührung
mit dem Dampf geschützte Spiralfeder von rechteckigem Querschnitt erzeugt und
mittels einer gußeisernen Grundbüchse auf die Dichtungsringe übertragen, während
sich diese gegen eine im Stopfbüchsenkörper eingesetzte gußeiserne Büchse stützen.
Die Labyrinthnuten in der Grundbüchse sollen eine Drosselung des Dampfes bewirken und die für den Ölaufenthalt dienenden halbkreisförmigen Eindrehungen
der Dichtungsringe die Schmierung erleichtern. Zur Erhöhung des Dichtungsdruckes
trägt gleichzeitig der auf die innere Ringfläche der Grundbüchse wirkende Dampfdruck bei.

Die Spannfeder muß unter Berücksichtigung des mitwirkenden veränderlichen
Dampfdruckes so gewählt werden, daß bei einer vorübergehenden Erhöhung des

Reibungswiderstandes der Stange die Packung sich nicht lockert. Für den Fall
einer axialen Bewegung der Packung soll das zwischen den einzelnen Windungen
der Feder auf 1 bis 2 mm beschränkte Spiel ein Zerschlagen der Dichtungsringe
verhüten. Die Aussparung eines Ringraumes am Stopfbüchsenkörper soll Luftkühlung
und damit raschere Abführung der Reibungswärme ermöglichen, eine Einrichtung,
die sich besonders bei Cylinderstopfbüchsen von Heißdampflokomotiven gut bewährt hat.

Die Einstellbarkeit der Stopfbüchse für die veränderliche Lage der Kolbenstange
wird ähnlich wie bei den früher behandelten Konstruktionen mittels ebenen und
kugelförmigen Paßflächen der Stopfbüchsenkörper bewirkt. Die Kugelflächen haben
gemeinsamen Mittelpunkt und ermöglichen somit eine Verdrehung ohne Querverschiebung der Stopfbüchse.   Diese dampfdicht aufzuschleifenden Paßflächen
bilden einen sehr empfindlichen und wichtigen Teil der Konstruktion und sind
daher aufs peinlichste gegen Beschädigung zu schützen und vor dem Einbringen
sorgfältig zu ölen.

Die Befestigung der Stopfbüchse mittels des Außendeckels muß so erfolgen,
daß sie zwischen den Dichtungsflächen leicht beweglich bleibt. Die an letzteren
zu befürchtende Undichtheit wird dadurch praktisch belanglos gemacht, daß zwischen

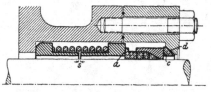

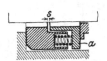

Fig. 528. Bewegliche amerikanische   Fig. 529. Abstützung
          Metallpackung.   zwischen Dichtungs-
                                             ring und Grundring.

den inneren Dichtungsflächen *a, b* und den äußeren *c, d* ein großer Ringraum gelassen wird, in dem der vom Cylinder aus übertretende Dampf durch äußere Abkühlung kondensiert und entspannt wird, so daß durch die äußeren Dichtungsflächen
Dampf nicht mehr austritt. Es ist somit durch die Hintereinanderschaltung der
Dichtungsflächen die Wirkung einer Labyrinthdichtung erreicht.

Bei der mit der vorigen verwandten Konstruktion, Fig. 528, geht diese vorteilhafte Sicherung der Dichtheit verloren, indem außer den beiden ebenen Gleitflächen
a und *c* nur die äußere Kugelfläche *d* ausgeführt ist, während die innere Kugelfläche *b* durch die Querbeweglichkeit der konzentrischen Spiralfeder ersetzt wird,
die sich gegen zwei Büchsen abstützt und dabei gleichzeitig die Anpressung der
konischen Weißmetalldichtung bewirkt.

Diese bemerkenswert einfache amerikanische Konstruktion der Comp. des
Garnitures Metalliques Américaines in Lille eignet sich besonders für Kolbenstangen
von Lokomotiven und kleineren Dampfmaschinen. Bei hohen Dampfspannungen
müssen aber zwei derartige Packungen hintereinandergeschaltet werden (II, 67, 6)[1]),
wobei zur Verminderung der Konstruktionslänge eine Anzahl kleiner Spiralfedern
an Stelle der zur Stange konzentrischen Feder angewendet werden. Die Gefahr der
Mitnahme der Packung durch die Stange ist bei diesen Konstruktionen insofern
größer wie bei der Schmidtschen Stopfbüchse, als die Federn der Einwirkung des
Dampfes mehr ausgesetzt sind und infolgedessen nach längerer Betriebsdauer an
Spannung verlieren. Auch hier dient zur Hemmung einer Rückwärtsbewegung der
Packung ein etwa 1 mm großes Spiel *s* der Centrierungsbüchsen. In gleicher Weise
wird bei Anwendung mehrerer Federn nach Fig. 529 der abdichtende Ring *a* mit
einem gleich geringen Spiel *s* vom Grundring entfernt ausgeführt.

---

[1]) Die in II, 67, 6 gezeichnete Grundbüchse muß gegenüber der Stange Spiel haben und im
Stopfbüchseneinsatz fest anliegen, also umgekehrt wie in der Figur angegeben.

Die seither behandelten Metallstopfbüchsen weisen konische Dichtungsringe auf, die vermittels eines auf sie ausgeübten Axialdruckes auf die Stange gepreßt werden. Hierbei hängt der Dichtungsdruck nicht nur von dieser Axialkraft, sondern auch von dem Zustand der Packung hinsichtlich Erwärmung, sowie besonders von der Beschaffenheit und Wirkung der konischen Druckübertragungsflächen ab, so daß die Stärke der radialen Anpressung veränderlich und stets kleiner als die theoretische Komponente des Axialdruckes sich ergibt. Es ist daher das Bestreben erklärlich, den Druck auf die Stange nicht auf dem Umwege eines axialen Druckes, sondern unmittelbar durch radiale Kraftwirkung zu erzeugen, wie dies durch federnde Dichtungsringe oder durch besondere radial wirkende Federn erreicht werden kann.

Fig. 530 zeigt in einer Konstruktion der Crimmitschauer Maschinenfabrik drei nebeneinander liegende, einteilig schräg geschlitzte Metallringe, die durch je einen gußeisernen federnden Ring gegen die Stange gepreßt werden. Für Sattdampf bestehen die Dichtungsringe aus Weißmetall, für Heißdampf aus Gußeisen, mehr-

Dichtungs-ringe mit radialer Anpressung.

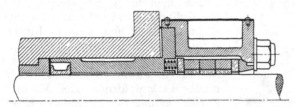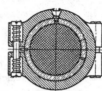

Fig. 530. Bewegliche Metallstopfbüchse der Crimmit-schauer Maschinenfabrik.

teilig mit versetzten Fugen um die Stange gelegt und durch Haltstifte gegen Verdrehen gesichert. Sie liegen zwischen dampfdicht aufgeschliffenen einteiligen Ringen, die die Querbeweglichkeit der Stopfbüchse gestatten.

Eine Ablenkung der Stange aus ihrer Achse nimmt die Stopfbüchse an ihrem äußeren Ende wieder durch eine Kugelfläche auf, während die als Stütze dienenden Spiralfedern die Nachgiebigkeit am inneren Ende der Packung ermöglichen. Diese bewirken zugleich ein axiales Zusammendrücken der Ringe, deren Paßflächen dampfdicht aufeinandergeschliffen werden müssen. Nachteilig wirkt der Umstand, daß der die Ringe umgebende Raum von hochgespanntem Dampf erfüllt ist, der ihre radiale Anpressung vermehrt und hierdurch leicht unzulässig hohe Abnützung bei größeren Dampfspannungen hervorruft.

Zum Zwecke der Drosselung des Dampfes in diesem Ringraum wird daher vor der Stopfbüchse ein einteiliger gußeiserner, genau auf die Stange passender Ring vorgelegt. Die außerdem zwischen diesem Ring und der Stopfbüchse vorhandene gußeiserne Büchse kann zwar zur weiteren Drosselung übertretenden Dampfes dienen, bezweckt aber nur die Ausfüllung der Cylinderbohrung, um die Stopfbüchse vom heißen Cylinderdeckel abzurücken. Die Schmierung erfolgt durch Zuführung von Drucköl zum mittleren Dichtungsring.

Da die Wirksamkeit der Dichtung leicht von ungenügender Dichtheit der Seitenflächen der Ringe beeinträchtigt wird, so werden auch ähnlich wie II, 67, 6 zwei Stopfbüchsen hintereinander angeordnet, wobei die hintere Stopfbüchse eine wirksame Druckverminderung für die vordere erzeugen muß.

Labyrinth-dichtung.

Dieser Weg der Erhöhung der Dampfdichtheit durch Hintereinanderschaltung mehrerer Stopfbüchsen kann dazu benutzt werden, die Abdichtung nur dadurch zu bewirken, daß die einzelnen Packungsringe in dampfdicht zueinander abgesperrten Kammern eingebaut werden. Es wird hierdurch eine Art Labyrinth geschaffen, das von Kammer zu Kammer eine allmähliche Entspannung des Dampfes herbeiführt, während die Dichtung gegen die Stange innerhalb dieser Kammern durch Spannringe erzielt wird, die unter radialem Druck stehen.

Eine derartige Ausführung zeigt die Stopfbüchse von Tilgner und Kauert in Dortmund, Fig. 531. Die Packungen jeder Kammer bestehen aus Ringen von Gußeisen oder Weißmetall, die durch konzentrische federnde Ringe zusammengehalten werden. Die Kammern werden von Winkelringen gebildet, die mittels Rändern und Eindrehungen sich centrisch gegeneinander abstützen und durch einen federnden geschlitzten Ring derart getragen werden, daß ihr Eigengewicht nicht auf der Welle ruht. Die Einstellung erfolgt so, daß das aus den einzelnen Kammern gebildete Stopfbüchsenaggregat nur an der Drehbewegung um die Kugelflächen a und b des Grundringes und Stopfbüchsendeckels teilnehmen kann, während die in den Kammern eingelegten Dichtungsringe der Querverschiebung der Stange folgen. Die Abdichtung der Stopfbüchse gegen den Cylinder muß wieder durch dampfdichtes Aufschleifen der Kugelflächen a und b erzielt werden.

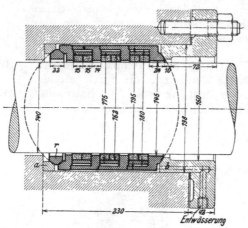

Fig. 531. Bewegliche Metallstopfbüchse für niedrigen Druck und Vakuum.

Die in Fig. 531 wiedergegebene Stopfbüchsenform eignet sich nur für niederen Dampfdruck oder Vakuum. Zur Entlastung des geschlitzten Kegelringes r ist die am vorderen Stopfbüchsendeckel eingeschliffene Kugelfläche so angeordnet, daß der Atmosphärendruck nur auf eine möglichst kleine Ringfläche zur Wirkung kommt.

Für hohe Dampfspannungen wird zur Entlastung der Stopfbüchse und Entspannung des Dampfes eine zweite Labyrinthstopfbüchse innen vorgelegt. Fig. 532 zeigt eine solche Ausführung für liegende Heißdampfmaschinen mit Dampftemperaturen bis 350° und 14 Atm. Eintrittsspannung. Um die Weißmetallpackung

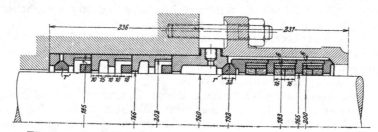

Fig. 532. Bewegliche Metallstopfbüchse für Druck bis 15 Atm.

möglichst kühl halten zu können, ist der im vorhergehenden behandelte Stopfbüchsenteil außerhalb der Deckelbohrung angeordnet, während die innere Packung aus Gußeisenringen gebildete Dampfkammern erhält, die durch gußeiserne federnde Ringe gegen die Stange abgedichtet sind, zum Zwecke, den Dampf wirksam zu drosseln und auf eine das Weißmetall nicht mehr schädigende Spannung und Temperatur zurückzuführen. Die gußeisernen Dichtungsringe bestehen aus zwei oder drei Ringsegmenten, deren Stoßfugen durch winkelförmige Segmente axial und radial überdeckt werden.

Die Anpressung der Ringe erfolgt durch den in die Kammern eintretenden Dampfdruck, sowie durch 2 oder 3 Schlauchfedern, die in Aussparungen des Ringsegments sich einlegen. Fig. 533. Die Anordnung besitzt den Vorteil, daß ohne Anwendung von Haltstiften oder Schrauben die Federn und die mit diesen direkt durch bügelförmige Blechstreifen verbundenen Segmente, die zur Abdeckung der

Fugen der Dichtungsringe dienen, sich nicht verdrehen können. Der innere Teil der Stopfbüchse vermag lediglich Querverschiebungen der Stange zu folgen, da die festgelagerten, die Kammern bildenden Winkelringe an einer Ablenkung der Stangenachse nicht teilnehmen können. Der federnde Stützring r soll ein Verspannen oder Verziehen der Packungsteile verhindern.

Fig. 534 zeigt die gleiche Stopfbüchsenkonstruktion für eine stehende Schiffsmaschine mit Sattdampfbetrieb und 12 Atm. Eintrittsspannung. Da bei stehenden Maschinen nur mit Querverschiebungen der Stange zu rechnen ist, wird in der Stopfbüchsenausbildung auch nur diesen Rechnung getragen. Fünf hintereinander geschalteten Weißmetallpackungen ist ein gußeiserner Dichtungsring vorgelagert,

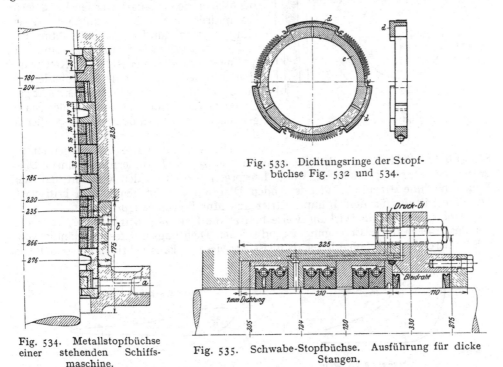

Fig. 533. Dichtungsringe der Stopfbüchse Fig. 532 und 534.

Fig. 534. Metallstopfbüchse einer stehenden Schiffsmaschine.

Fig. 535. Schwabe-Stopfbüchse. Ausführung für dicke Stangen.

der sich infolge des großen Hohlraumes hinter dem Ringe gleichzeitig für die Entwässerung der Stopfbüchse an ihrem unteren Ende eignet. Die Schmierung erfolgt von außen ohne Anbohrung des vorhandenen Cylinderdeckels. Bei neuen Maschinen wird die Schmierzufuhr zweckmäßiger so ausgebildet, daß das Schmiermaterial unterhalb der dem Cylinderboden zunächst liegenden Packung der Kolbenstange zugeführt wird, da das Öl durch die Schwere und den Dampfüberdruck nach unten hinreichend verteilt wird.

Nah verwandt mit den zuletzt behandelten Konstruktionen ist die sehr verbreitete Stopfbüchse von Schwabe. Ihre ältere, hauptsächlich für kleinere Stangendurchmesser geeignete Bauart zeigen die Fig. II, 66, 2 bis 4, während Fig. 535 die neuere, nur für Stangen von über 10 cm Durchmesser angewandte Konstruktion veranschaulicht.

Die Schwabe-Stopfbüchse besteht aus einer Anzahl hintereinander geschalteter Kammern zur Aufnahme von je einem oder zwei dreiteiligen, schräg geschlitzten Gußeisenringen, die dampfdicht gegen beide Seitenwandungen der Kammer auf die Kolbenstange aufgeschliffen sind. Der Anpressungsdruck wird durch eine in eine umlaufende Nut eingelegte Schlauchfeder bewirkt Fig. 536. Besondere Abdichtung der Schnittfugen findet nicht statt. Dagegen wird durch möglichst große Radial-

Schwabe-
Pröll-
Stopfbüchse.

höhe der Ringe eine zuverlässige Abdichtung an den Seitenwandungen zu erreichen gesucht. Die aus einteiligen gußeisernen Winkelringen gebildeten Kammern sind genau passend in den Stopfbüchsenraum eingesetzt. Gute Abdichtung erfordert sorgfältige Schmierung der Gleitflächen durch Einpressen von Drucköl, das der zweiten inneren Kammer zugeführt wird. Die am äußeren Ende der Stopfbüchse angeordnete Weichpackung hat nicht, wie bei den früheren Konstruktionen, den Zweck einer elastischen Druckwirkung auf die Dichtungsringe, sondern dient nur als Abdichtungsmittel gegen Dampf oder Luft oder Eindringen von Staub. Die Stopfbüchsen größerer Bauart werden bei kleinen Dampfdrücken und bei Vakuum mit zwei Ringeinsätzen, für Drucke bis 7 Atm. mit 3, bis 12 Atm. 3 bis 4, über 12 Atm. mit 4 Ringeinsätzen ausgerüstet. Die Konstruktion läßt lediglich radiale Lagenänderung der Kolbenstange zu; sie ist aber nicht geeignet für Richtungsänderungen der Stangenachse, welche bei den meisten größeren liegenden Maschinen vorkommen.

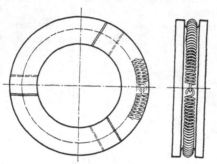

Fig. 536. Dichtungsringe der Schwabe-Stopfbüchse.

Die Wirkungsweise einer derartigen Stopfbüchse läßt der durch Indicierung der einzelnen Kammern gewonnene Diagrammsatz Fig. 537 erkennen, wobei hervorgehoben zu werden verdient, daß die Druckabnahme der aufeinander folgenden Diagramme sehr genau dem kritischen Druckverhältnis für den Dampfaustritt aus Mündungen entspricht.

Lentz-Stopfbüchse.   Übereinstimmende Wirkungsweise besitzt die Lentz-Stopfbüchse, II, 66, 1, bei der aber auf die Erzeugung irgendwelchen Dichtungsdruckes vollständig verzichtet wird, und die infolge dieser als zulässig erwiesenen konstruktiven Vereinfachung

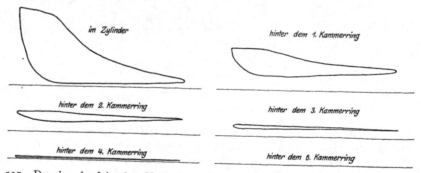

im Zylinder   hinter dem 1. Kammerring

hinter dem 2. Kammerring   hinter dem 3. Kammerring

hinter dem 4. Kammerring   hinter dem 5. Kammerring

Fig. 537. Druckverlauf in den Kammern einer Schwabe-Stopfbüchse verglichen mit der Dampfverteilung im Cylinder.

eine sehr beachtenswerte Lösung der vorliegenden Aufgabe darstellt. Die Lentz-Stopfbüchse wird aus einer Anzahl hintereinanderliegender Kammern gebildet, in die je ein einteiliger Gußeisenring derart eingelegt wird, daß er mit ganz geringem Spiel von den Seitenwandungen der Kammer umschlossen wird. Die geschlossenen Ringe sind sauber auf den genauen Stangendurchmesser abgedreht, mit kleinstmöglichem, für eine reibungsfreie Bewegung der Kolbenstange zulässigem Spiel. Die Kammern dagegen sind dampfdicht aufeinander geschliffen und bilden eine zusammenhängende Büchse, die den Ringraum der Stopfbüchse ausfüllt und mittels Kupferdraht nach außen abgedichtet ist. Ähnlich der Schwabe-Stopfbüchse nimmt auch hier der Dampfdruck in den einzelnen Kammern nach außen ab, wobei allerdings infolge der Dampfexpansion im Cylinder in der dem Cylinderinnern zunächst liegenden Kammer vorübergehend höherer Dampfdruck herrscht als innerhalb des

Cylinders. Das Niederschlagswasser und durchgetretener Dampf wird vom äußeren Stopfbüchsenende aus durch ein Röhrchen ins Freie oder in den Kondensator abgeführt. Der Dampfverbrauch der Stopfbüchse ist im Verhältnis zum Gesamtdampfverbrauch verschwindend klein. Durch den Fortfall jedweden Anpressungsdruckes der geschlossenen Ringe auf die Kolbenstange ist die Abnützung beider gering, der Schmierölverbrauch klein. Dei Schmierzufuhr erfolgt durch Druckpumpe in die innerste Kammer.

Die Lentz-Stopfbüchse hat, trotz hoher Herstellungskosten, infolge ihrer außerordentlichen Einfachheit große Verbreitung bei stehenden Maschinen gefunden. Bei liegenden Maschinen wirkt der Umstand störend, daß durch das Aufliegen der Ringe auf der Stange eine einseitige Abnützung zu gewärtigen ist, die im Laufe der Zeit die Labyrinthwirkung beinträchtigt. Doch sind in der neueren Zeit auch zahlreiche liegende Maschinen mit derartigen Stopfbüchsen ausgerüstet worden.

Schließlich sei noch auf eine Stopfbüchse amerikanischen Ursprungs mit kurzer Baulänge hingewiesen, die besonders für die Abdichtung der Kolbenstangen von Großdampfmaschinen geeignet erscheint und sowohl für stehende wie für liegende Maschinen mit ausgesprochenem Erfolg angewendet wird, II, 67, 7. Der Dichtungsdruck wird unmittelbar vom Dampfdruck selbst hervorgerufen. Die Dichtung besteht aus zwei rechteckigen Blöcken aus Weißmetall in Bronzehülsen, die zwischen Führungssegmenten aus Bronze verschiebbar angeordnet sind. Jede Packung liegt in einem Winkelring aus Bronze und wird radial durch kleine Spiralfedern mit ganz geringem Druck zusammengehalten. Ebenso wirken axial kleine Spiralfedern, die sich gegen einen Führungsring aus Bronze stützen und die Packung gegen eine Kugelfläche im Stopfbüchsendeckel anpressen. Beachtenswert ist die bedeutende Querverschieblichkeit um 16 bis 18 mm. Die Packung eignet sich für Vakuum und Dampfdruck bis 8 Atm.

Wird der Druck von 8 Atm. überschritten, so wird leicht der vom Dampfdruck hervorgerufene Anpressungsdruck zu groß und die Abnützung der Kolbenstange zu stark. Zur Beseitigung dieses Übelstandes ist die Vorschaltung einer zweiten Packung notwendig, und zwar empfiehlt sich in Rücksicht auf die Abnützung nicht die gleiche Blockpackung vorzuschalten, sondern irgendeine der früher behandelten, in geringem Maße vom Dampfdruck beeinflußten Dichtungen. Meist wird hierzu die Packung II, 67, 6 bzw. Fig. 528 verwendet. Eine solche Vereinigung zeigt Fig. II, 67, 8. Auch hier ist das Mitnehmen der Packung durch die Stange durch kleines Spiel zwischen Winkelring und Stützring (vgl. Fig. 529) von etwa $1/_2$ mm zu verhüten.

Amerika-
nische Stopf-
büchse.

4. Kreuzkopf.

a. Verbindung von Kolbenstange und Kreuzkopf.

Das vordere Ende der Kolbenstange wird cylindrisch oder konisch in die Kreuzkopfnabe eingesetzt und mit ihr verschraubt oder verkeilt. Das bei Schiffsmaschinen häufig durchgeführte Anschweißen der Kolbenstange an den Kreuzkopfkörper ist im Landdampfmaschinenbau nur ausnahmsweise zur Anwendung gekommen. Ein Beispiel für eine derartige Ausbildung bietet der Kreuzkopf einer 3000 PS stehenden Dampfmaschine II, 103, 15.

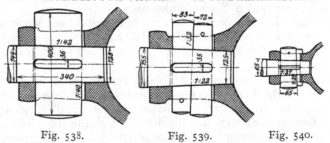

Fig. 538.   Fig. 539.   Fig. 540.

Fig. 538 bis 540. Keilverbindung zwischen Kreuzkopf und Kolbenstange mit konischem Stangeneinsatz.

Am meisten wird die Keilverbindung ausgeführt, deren konstruktive Behandlung die typischen Anordnungen Fig. 538 bis 540 kennzeichnen. Der konische Stangeneinsatz hat den Vorteil, daß die beim Einschlagen des Keils entstehende Spannungsverbindung zwischen Konus und Nabe einen festen Sitz beider sichert und gleichzeitig eine gewisse Entlastung des Keils ergibt. Die Lösung der Verbindung kann daher auch meist nur mittels besonderer Demontierungskeile, Fig. 541, bewirkt werden. Als Neigung des Konus kommt etwa 1 : 25 zur Anwendung; sehr selten finden sich steilere, häufig jedoch flachere Konen.

Das umständliche Einpassen der Konen einerseits und die Schwierigkeit des Lösens der Verbindung andererseits beseitigen cylindrische Paßflächen der Stange

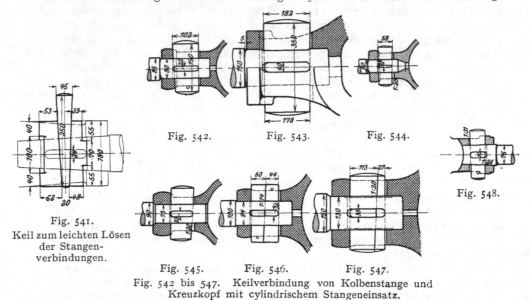

Fig. 542.   Fig. 543.   Fig. 544.

Fig. 541.
Keil zum leichten Lösen
der Stangen-
verbindungen.

Fig. 548.

Fig. 545.   Fig. 546.   Fig. 547.
Fig. 542 bis 547. Keilverbindung von Kolbenstange und
Kreuzkopf mit cylindrischem Stangeneinsatz.

und Nabe, Fig. 542 bis 547. Die Verkeilung kommt dabei am Stangenende in verschiedener Weise zur Wirkung und zwar entweder dadurch, daß das Stirnende der Stange gegen den Boden der Nabe gedrückt oder der Bund des Stangenabsatzes gegen die äußere Nabenfläche gezogen wird.

Die cylindrische Nabe kann durch den Fortfall der bei konischem Stangenende auftretenden Radialspannungen auch schwächer bemessen werden; sie erfordert aber sehr genaues Einpassen der Stange in die Nabenbohrung, um ein Schlottrigwerden der Verbindung zu verhüten. Die Beanspruchungen im Nabenquerschnitt werden niedrig gehalten und berechnen sich meist nicht höher als 150 kg/qcm. Entscheidend für die Nabenstärke sind auch nicht die Zug- oder Druckbeanspruchungen des ganzen Nabenquerschnittes, sondern hauptsächlich die am Keilloch aufzunehmenden Flächenpressungen.

Die mit dem Keilloch in der Stange entstehende Verschwächung bedingt bei kleinem Stangendurchmesser eine Verstärkung des Stangenendes, Fig. 548, um sowohl ausreichenden Zugquerschnitt als auch genügend große Keilauflagefläche zu schaffen.

Für den Befestigungskeil ist bestes Stahlmaterial zu verwenden, da seine Auflageflächen hohe Flächenpressungen aufzunehmen haben. Er wird entweder ein- oder zweiteilig ausgeführt mit Neigungen der Keilflächen von 1 : 20 bis 1 : 30. Der Keilanzug wird stets nur an der einen Kante des Keils durchgeführt und die mit gleicher Neigung auszuführende Auflagefläche des Keillochs in die Stange verlegt. Zweiteilige Keile, Fig. 546 und 547, ermöglichen die Keilbahn in ihre gegenseitige Berührungsfläche zu legen, so daß die äußeren Kanten der Keile parallel laufen und auch die Keillöcher mit parallelen Auflagekanten durchgestoßen und bearbeitet werden können.

Der Keil muß in der Nabe und Stange so genau passend eingesetzt werden, daß er in den Auflageflächen gleichmäßig trägt und ungünstige Schub- und Biegungsbeanspruchungen vermieden sind.

Die Berechnung der Keilverbindung wird durch den Umstand wesentlich erschwert, daß sie ähnlich wie die Kolbenbefestigung eine Spannungsverbindung darstellt, bei der die Stangenkräfte Ent- oder Belastungen des ruhenden Spannungszustandes herbeiführen, dessen tatsächliche Materialbeanspruchungen nicht genau festzustellen sind. Wenn trotzdem im folgenden lediglich mit den Kolbenkräften gerechnet wird, so geschieht dies nur, um eine einfache naturgemäße Rechnungsgrundlage zu besitzen, unter Berücksichtigung des Umstandes, daß die tatsächlichen Anspannungen wohl größer, aber nicht kleiner werden.

Unter der Annahme, daß der Keil so sorgfältig eingepaßt ist, daß seine Stützflächen gleichmäßig tragen, Fig. 549 berechnet sich die spezifische Pressung zwischen Keil und Stange zu

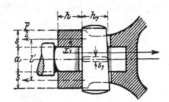

Fig. 549. Beanspruchung der Keilverbindung zwischen Kreuzkopf und Kolbenstange.

$$p_s = \frac{P_{max}}{a\,s_1},$$

zwischen Keil und Nabe zu

$$p_s' = \frac{P_{max}}{2\,s\,s_1}.$$

Beide Flächendrucke können gleich groß genommen werden; meist wird aber p_s' kleiner wie p_s, da die Auflageflächen in der Kreuzkopfnabe in der Regel größer sich ergeben wie in der Stange, namentlich wenn die Kreuzkopfnabe noch durch einen Bund verstärkt wird, gegen den sich der Keil legt. Die Verkeilung wird bei liegenden Maschinen in die Horizontalebene durch die Stangenachse gelegt; nur bei Lokomotiven werden die Keile behufs besserer Zugänglichkeit schräg eingezogen (II, 109, 110).

Als zulässige spezifische Pressungen gelten 800 bis 900 kg/qcm, doch werden ausnahmsweise bei solchen Maschinen, bei denen stoßartige Beanspruchungen nicht zu befürchten sind, auch höhere Werte bis zu 1200 kg/qcm zugelassen. (Vgl. Nachrechnungen ausgeführter Stangenverkeilungen in den Tabellen II, 381, Sp. 20 und 383 und 385, Sp. 17.)

Die Übertragung der Stangenkraft auf die Nabe erfolgt unter Biegungsbeanspruchungen des Keils, die die Rechnungsgrundlage für die Ermittlung der Keilhöhe liefern. Bei cylindrisch eingesetzter Stange hat der Keil bei Hin- und Rückgang des Kreuzkopfes die Stangenkräfte auf diesen zu übertragen, während bei konischem Stangenende Druckwirkungen in der Kolbenstange unter Entlastung der Keilverbindung unmittelbar übertragen werden.

Die rechnerische Bestimmung der Biegungsbeanspruchung auf der Anlagefläche a kann von der Annahme ausgehen, daß der Keil gleichmäßig mit dem spezifischen Drucke p_s belastet sei, während die Reaktionskräfte der Nabe symmetrisch zur Stangenachse in dem aus Fig. 549 ersichtlichen Abstande l' angreifen. Das Biegungsmoment auf den Mittelquerschnitt beträgt demnach

$$M_b = \frac{P}{2}\,x = \frac{1}{6}\,s_1\,h_1{}^2 \cdot k_b.$$

Mit $k_b = 700 - 900$ kg/qcm als zulässige Beanspruchungen kann aus dieser Beziehung unter Annahme der Keildicke s_1 die Keilhöhe ermittelt werden. Bei konisch eingesetzter Stange dürfen diese Zahlenwerte überschritten werden in Rücksicht auf die aus der Spannungsverbindung sich ergebende Entlastung des Keils (vgl. II, 381, 383 und 385, Sp. 16). Die außer der Biegungsspannung im Keil und in der Nabe noch auftretenden Schubwirkungen lassen sich leicht durch entsprechende

**Ver-
schraubung.** Keilhöhen so niedrig halten, daß sie nicht über 500 bis 600 kg/qcm betragen. Ihre bei ausgeführten Kreuzköpfen sich ergebenden Zahlenwerte k_s sind in den Kreuzkopftabellen II, 381, Sp. 17, 383 und 385, Sp. 18 eingetragen.

Konstruktiv vollkommener und betriebstechnisch einwandfreier ist die Befestigung der Stange durch Verschraubung, die leider nur deswegen seltener als die Keilverbindung zur Ausführung kommt, weil sie wesentlich teurer wird.

Bei Kreuzköpfen kleiner Maschinen wird das mit Gewinde versehene Kolbenstangenende einfach in die Kreuzkopfnabe eingeschraubt und durch Gegenmutter gesichert, Fig. 550, oder es erfolgt der Kreuzkopfanschluß ohne Nabengewinde zwischen zwei Muttern der Kolbenstange (II, 108, 24 und III, 31, 102, 14). Die größte Verbreitung unter den für die Vereinigung von Kolbenstange und Kreuzkopf benützten Schraubenverbindungen besitzt die Konstruktion Fig. II, 100, 10; 101, 12 mit einseitig oder beiderseitig aufgeschnittener Nabe und eingelegter Stange. Zum

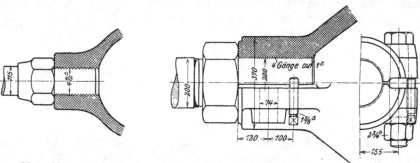

Fig. 550. Ohne Klemmverbindung.   Fig. 551. Mit Klemmverbindung.
Fig. 550 und 551. Verschraubung von Kreuzkopfnabe und Kolbenstange.

Einführen der Stange in das Nabengewinde wird die Nabe mittels kleiner Druckschrauben aufgepreßt, Fig. 551, und für den Zusammenschluß beider Teile durch die seitlichen Verbindungsschrauben zusammengezogen und auf das Stangengewinde geklemmt. Zur weiteren Sicherung gegen Lockerung der Verbindung sitzt noch eine Gegenmutter auf der Stange hinter der Nabe.

Die die Klemmpressung in der Nabe erzeugenden Schrauben müssen sehr kräftige Querschnitte erhalten, wie die Kreuzkopfkonstruktionen II, 100, 10; 101, 12 erkennen lassen. Eine ungefähre Rechnungsgrundlage für die Bestimmung der kleinsten Gewindedurchmesser würden die auf die Stangenhälfte wirkenden Radialkomponenten der von der Kolbenkraft erzeugten Gewindepressungen am Stangenende ergeben. Die Verschraubung der Kolbenstange mit dem Kreuzkopf ist hauptsächlich bei großen Ausführungen zu bevorzugen und hat namentlich bei Hüttenwerksmaschinen allgemeine Aufnahme gefunden.

b. Kreuzkopfkörper.

Die Zug- und Druckwirkung der Kolbenstange wird von der Nabe des Kreuzkopfes aus durch dessen Körper nach seinem Zapfen geleitet, um von diesem durch die Schubstange nach der Kurbel übertragen zu werden. Die Ablenkung der Kolbenkraft in der Schubstange, Fig. 440, S. 299, hat zur Folge, daß der Kreuzkopfkörper nicht nur Kraftwirkungen in seiner Bewegungsrichtung, sondern auch senkrecht dazu aufzunehmen hat und infolgedessen noch mit seitlichen Führungsschlitten, den Gleitschuhen, verbunden werden muß. Der Kreuzkopf dient daher nicht nur als Lager des Kreuzkopfzapfens, sondern auch als Führungskörper zur Aufnahme der Normalkomponenten der Schubstangenkraft auf die Kreuzkopfführung, deren Ausbildung für die Formgebung der Kreuzkopfschlitten maßgebend wird.

Je nach der Konstruktion des mit dem Kreuzkopf arbeitenden Schubstangenkopfs wird der Kreuzkopf in geschlossener oder offener Form (gegabelt) ausgebildet, wobei eine große Mannigfaltigkeit in der weiteren Formgebung möglich ist, wie die zahlreichen Konstruktionen II, 96 bis 110 sowie Fig. 552 erkennen lassen.

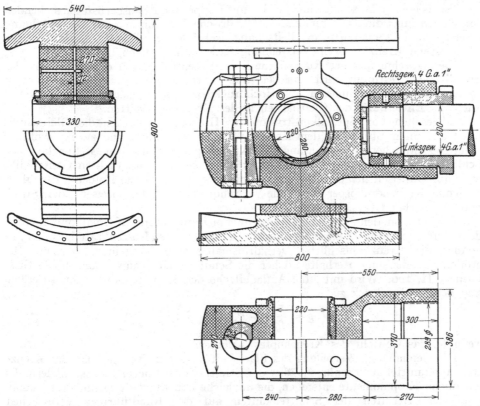

Fig. 552. Geschlossener Kreuzkopf aus Stahlguß. Öffnungen für Lagerschalen und Keil kreisförmig; Kolbenstangenende eingeschraubt und mit Gegenmutter gesichert.

Berechnung der Kreuzkopfkörper. Die in der Längsrichtung der Kolbenstange in den Kreuzkopf eintretende Kolbenkraft ist auf den senkrecht zur Kolbenstangenachse liegenden Kreuzkopfzapfen zu verteilen Fig. 553. Die hierdurch bedingte Kraftleitung führt auf ziemlich verwickelte Beanspruchungen des Kreuzkopfkörpers, die denjenigen in den Schubstangenköpfen, infolge deren übereinstimmender Kraftleitung vom Zapfen auf den Stangenschaft, gleichartig werden. Wegen Übereinstimmung der maßgebenden Gesichts-

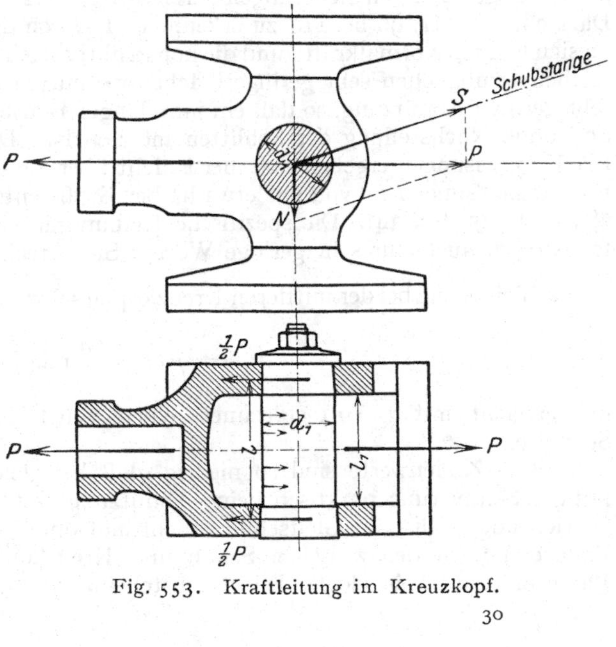

Kreuzkopf-körper.

Fig. 553. Kraftleitung im Kreuzkopf.

punkte kann daher Berechnung und Konstruktion des Kreuzkopfkörpers gemeinsam mit der der Schubstangenköpfe behandelt werden und sei deshalb auf
das Kapitel Schubstangen, S. 476, verwiesen.

Gleitschuhe.   Bei liegenden Maschinen und bei den mit Doppelständer ausgerüsteten stehenden
Maschinen führt die meist verwendete cylindrische Rundführung auf die Anordnung
zweier, ebenfalls cylindrischer Gleitschuhe, wobei sowohl die offene, als auch die
geschlossene Kreuzkopfform Verwendung finden kann, II, 96 bis 101, 108.

Der Durchmesser der Rundführung, der wesentlich durch den Ausschlag der
Schubstange bestimmt wird und bei Eincylinder- und Verbundmaschinen meist
wenig von dem Durchmesser des Hochdruckcylinders abweicht, bestimmt somit
auch die Entfernung der Gleitflächen beider Kreuzkopfschlitten.

Abgesehen von Spezialkonstruktionen (II, 102, 14) werden die Gleitschuhe
nicht aus einem Stück mit dem Kreuzkopfkörper ausgeführt, und zwar sowohl im
Interesse einfacherer Bearbeitung des Kreuzkopfs und der Nachstellbarkeit der
Schlitten, wie in Rücksicht darauf, daß die nur gering beanspruchten Gleitschuhe
stets aus Gußeisen hergestellt werden können, während der die Kolbenkräfte übertragende Kreuzkopfkörper meist die Verwendung von Schmiedeeisen oder Stahlmaterial verlangt.

Da die von den Gleitschuhen aufzunehmenden größten Normalkomponenten
der Schubstangenkräfte meist weniger als $^1/_{10}$ der größten Kolbenkraft betragen, so
können die Kreuzkopfschlitten verhältnismäßig leicht ausgeführt werden. Bei
größeren Abmessungen erhalten daher die Schuhe auch dünnwandige, hohle Gußformen, II, 100. Wird mit f die Auflagefläche der Schlitten bezeichnet, so ergibt
sich der Flächendruck zu

$$p = \frac{1}{f}\left(\frac{1}{10}\,P_{max} + G_k\right),$$

wenn G_k das Gewicht des Kreuzkopfes bedeutet.

Die gleichmäßige Verteilung des Flächendruckes setzt voraus, daß das Kreuzkopfzapfenmittel auch senkrecht über der Schlittenmitte angeordnet ist, andernfalls
schädliche Kippmomente entstehen, die ungleiche Druckverteilung und Abnützung,
sowie ein Arbeiten der Schlittenkanten auf der Rundführung verursachen
würden. Auch gegen Schiefstellen sollen die Gleitschuhe gesichert werden, da
auch hierdurch Ecken und einseitiger Verschleiß herbeigeführt werden kann. Die
hierfür angewendeten Sicherungen durch Stifte, Verschraubungen u. dgl. sind aus den
Darstellungen II, 96 bis 110 zu erkennen. Die von den Schlitten aufzunehmenden,
an sich kleinen Normalkräfte und die konstruktiv leichte Unterbringung großer Gleitflächen ermöglichen sehr geringe Flächenpressungen an den Schlitten und dadurch
sehr geringe Abnützung, so daß ein jahrelanger Betrieb ohne schädlichen Verschleiß
und ohne Nachstellung der Schlitten möglich ist. Die rechnungsmäßigen größten
Flächenpressungen ergeben sich meist nicht über 1,0 bis 1,5 kg/qcm, denen mittlere
Flächenpressungen p_m von nur etwa halber Größe entsprechen (Tab. II, 381, Sp. 19;
383 und 385, Sp. 14). Die spezifische Reibungsarbeit der Gleitschuhe erreicht infolgedessen auch nur sehr geringe Werte. Sie berechnet sich für die Sekunde und

1 qcm Gleitfläche bei der mittleren Kreuzkopfgeschwindigkeit von $c_m = \dfrac{sn}{30}$ m/Sek. zu

$$A = \mu \cdot p_m \cdot \frac{sn}{30}\,\text{mkg}$$

und erreicht, mit $\mu = 0,1$ gerechnet, Werte von höchstens 0,3 bis 0,4 mkg in der
Sekunde.

Diese Zahlenwerte sind so niedrig, daß bei gleichmäßiger Auflage und sorgfältiger Schmierung praktisch keine Abnützung eintritt. Es sind daher Nachstellvorrichtungen für die Gleitschuhe nicht notwendig. Nur zur Erleichterung der
Paßarbeiten werden zwischen Schuh und Kreuzkopfkörper dünne Messing- oder
Papierblättchen eingelegt. Die Nachstelleinrichtung der Kreuzkopfkonstruktion

II, 96, 2 hat ebenfalls weniger den Zweck, einem späteren Verschleiß Rechnung zu tragen, als die Paßarbeiten zu erleichtern. Der geringe Flächendruck gestattet auch, Gußeisen auf Gußeisen gleiten zu lassen. Nur wenn in Rücksicht auf Aufstellungsschwierigkeiten und Formänderungen durch Erwärmung der Führungen ein einseitiges Arbeiten oder Klemmen der Gleitschuhe zu befürchten ist, werden sie mit Weißmetall ausgegossen. II, 98, 6; 99, 8; 104, 17 und 18; 100, 10; 101, 12.

Sehr wichtig für die Erhaltung der Gleitflächen und für einen ruhigen Gang des Kreuzkopfes ist die zuverlässige und reichliche Schmierung beider Schlitten.

Bei liegenden Maschinen ist der Normaldruck der Triebwerkskräfte vornehmlich auf den unteren Gleitschuh gerichtet, so daß dieser auch die zuverlässigste Schmierung erhalten muß. Zu diesem Zweck werden an beiden Enden der unteren Führungsfläche Ölbehälter angeordnet, aus denen der Schlitten beim Überschleifen Öl durch Adhäsion mitnimmt und über die Gleitflächen verteilt. Außerdem wird durch Ölkanäle im Schuh und Nuten auf der Schlittenfläche für eine wirksame Ölverteilung gesorgt. Dem oberen Schlitten wird durch besondere, auf der oberen Rundführung sitzende Schmiergefäße Öl zugeführt, das auf der Schlittenfläche durch zweckentsprechende Nuten zurückgehalten und an zu raschem Ablaufen gehindert wird. Bei stehenden Maschinen muß am unteren Führungsende ein Ölbehälter an die Gleitflächen sich anschließen, aus dem der Kreuzkopfschlitten beim Überschleifen mittels eines an ihm befestigten Metallkammes II, 104, 16; 105, 19 Öl entnimmt und an der Gleitfläche in die Höhe führt. Gleichzeitig muß von der oberen Führungskante aus Öl durch ein Schmiergefäß dauernd zugeführt werden. Auch sind an der Laufflächе des Schlittens die Schmiernuten so anzubringen, daß der freie Ablauf des Öls durch ihre Form und Richtung erschwert ist (s. II, 104, 17; 106, 21; 107, 23).

5. Schubstange.

a. Berechnung des Stangenschaftes.

Der Schubstangenkörper setzt sich aus den beiden Stangenköpfen und dem sie verbindenden Schaft zusammen. Infolge der abweichenden Größe und Lagerung der Kreuzkopf- und Kurbelzapfen und ihrer verschiedenen Beanspruchungsart erhalten auch die beiden Stangenköpfe in der Regel voneinander abweichende Ausbildung.

Als Material der Schubstangen dient fast ausschließlich Stahl, nur selten noch Schmiedeeisen.

Der Stangenschaft erhält entweder kreisförmigen oder rechteckigen, mitunter auch I-Querschnitt. Für Maschinen mittlerer Leistung und normale Umdrehungsgeschwindigkeiten bildet der Kreisquerschnitt für den Schaft wegen seiner einfachen Bearbeitung die Regel. Bei größeren Ausführungsverhältnissen und für rasch laufende Maschinen dagegen ermöglicht der Rechteck- oder I-Querschnitt eine rationellere Ausnützung des Materials durch Ausbildung größerer Biegungshöhen des Schaftquerschnitts in der Schwingungsebene der Schubstange. Die Anwendung ringförmigen Querschnitts zur Verminderung der Stangenmasse kommt, da die Hohlform des Schaftes durch Ausbohren erzeugt werden muß, wohl nur da in Frage, wo die Kosten der Herstellung nicht ins Gewicht fallen oder bei Sonderkonstruktionen außergewöhnlich raschlaufender Dampfmaschinen. Die Formgebung des Schafts in seiner Achsenrichtung wird durch die Schubstangenköpfe, an die sich die Stange naturgemäß mit entsprechenden Übergangsquerschnitten anschließen soll, beeinflußt. So bedingt der Umstand, daß der Kopf der Kurbelseite namentlich bei gekröpften Wellen meist schwerer und größer wird als an der Kreuzkopfseite, zunehmenden Querschnitt vom letzteren zum ersteren. Bei einer Drehform des Schaftes schneiden dann meist die ebenen Stirnflächen des großen Stangenkopfes auf größere Länge in die Drehform der zunehmenden Anschlußquerschnitte ein, so daß Stangen mit Kreisquerschnitt am Kreuzkopfende in teilweise rechteckige Form am Kurbelende übergehen (z. B. II, 84, 2; 85, 3; 86, 6; 91, 15 und 16).

Stangenschaft.

30*

Seltener wird die Stange so ausgebildet, daß ihre Querschnitte von den Köpfen nach der Mitte, entsprechend der Körperform gleicher Festigkeit auf Zerknicken, allmählich zunehmen, II, 84, 1.

Die Stangenlänge L von Mitte Kurbelzapfen bis Mitte Kreuzkopfzapfen beträgt meist das Fünffache des Kurbelradius r, doch finden sich Abweichungen nach oben und unten. Bei stehenden Maschinen wird im Interesse einer Verminderung der Konstruktionshöhe die Stange häufig kürzer ausgeführt und zwar für ein Verhältnis $L : r = 4,5$ bei Landmaschinen bis ausnahmsweise $L : r = 4$ bei Schiffsmaschinen in Rücksicht auf den in der Höhe beschränkten Raum. Bei kleineren Maschinen wird dagegen zwecks besserer Zugänglichkeit der Triebwerksteile und der Cylinderstopfbüchse die Stangenlänge häufig größer gewählt, bis $L : r = 6$. Die Vergrößerung des Längenverhältnisses hat übrigens auch den Vorteil einer Verminderung des Druckes auf die Kreuzkopfschlitten und der von diesem Druck abhängigen Reibungsarbeit.

Knickbeanspruchung. Durch die aus der Kolbenkraft P sich ableitende Schubstangenkraft S wird der Stangenschaft auf Zug, Druck und Knickung beansprucht; außerdem durch Massenkräfte auf Biegung infolge der schwingenden Bewegung der Schubstange in der Triebwerksebene. Die ungünstige Beanspruchung der Schubstange auf Knickung bedingt den größten Querschnitt in der Schaftmitte, während an den Anschlußstellen der Köpfe die reinen Zugquerschnitte ausgeführt werden können. Die durch die Massenwirkung auftretenden Biegungsbeanspruchungen erweisen sich in den meisten Fällen vernachlässigbar. Aus den Nachrechnungen ausgeführter Schubstangen in Band II, Tab. 2 bis 6, Sp. 7 geht hervor, daß die kleinsten Querschnitte des Schafts an den Anschlußstellen der Stangenköpfe wesentlich kleinere Materialbeanspruchungen auf Zug und Druck erfahren, als für die wechselnde Belastung der Schubstange zulässig wäre. Als mittlerer Rechnungswert können etwa 300 kg/qcm angenommen werden. Maßgebend für die Festigkeitsabmessungen der Stange wird der für die Stangenmitte sich berechnende Knickquerschnitt unter Zugrundelegung der Knickformel für nicht eingespannte Stäbe:

$$\alpha \cdot S_{max} = \pi^2 \frac{JE}{L^2}.$$

Der Elastizitätsmodul E ist darin für Flußstahl mit 2200000, für Flußeisen mit 2150000 und J als das kleinste Trägheitsmoment des Mittelquerschnitts, dessen Wert für die üblichen Stangenquerschnittsformen aus II, 372 zu entnehmen ist, einzuführen.

Die Rechnungsgrundlage ist nun insofern unsicher, als die genannte Zahl für ruhende statische Belastung gilt, während bei der Schubstange ein fortwährender Wechsel der Beanspruchungsgröße und -Richtung auftritt. Zug und Druck folgen dabei so rasch aufeinander, daß eine Formänderung, wie sie die Gleichung für eine konstant wirkende Maximalkraft voraussetzt, kaum auftreten kann. Hieraus erklärt sich auch die große Verschiedenheit des Sicherheitskoeffizienten ausgeführter Schubstangen, die sich nach Sp. 13 der Tab. 2 des Bd. II, 372 bis 375 in den Grenzen $\alpha = 4,5$ bis 80 bewegen. In der Literatur wird bisweilen versucht, einen Zusammenhang zwischen der Größe α und der Kolbengeschwindigkeit zu bilden, ausgehend von der theoretischen Erwägung, daß Formänderungen um so weniger leicht entstehen werden, je rascher die Maschine läuft, so daß mit zunehmender Kolbengeschwindigkeit geringere Knicksicherheiten zugelassen werden dürfen. Diese Folgerung ist jedoch insofern nicht einwandfrei, als mit dem Anwachsen der durch erhöhte Trägheitswirkung bedingten zusätzlichen Biegungsbeanspruchungen auch die Beanspruchung auf Zerknicken sich erhöht. Aus den in obiger Tabelle enthaltenen Nachrechnungen für praktisch bewährte Ausführungen maßgebender Firmen läßt sich auch ein derartiger Zusammenhang mit der Kolbengeschwindigkeit nicht folgern.

Im allgemeinen zeigen Ausführungen ein und derselben Firma ziemlich übereinstimmende Werte der Sicherheitskoeffizienten, so z. B. für

Gebr. Sulzer bei liegenden Tandemmaschinen . . . . . . Mittelwerte $\alpha = 13{,}5$
    bei stehenden Verbundmaschinen . . . .   ,, $\alpha = 16$
    bei stehenden Dreifachexpansionsmaschinen . . . . . .   ,, $\alpha = 11$
Maschinenfabrik Kuhn bei liegenden Tandemmaschinen . .   ,, $\alpha = 17$
    bei liegenden Verbundmaschinen . . . .   ,, $\alpha = 17$
    bei stehenden Dreifachexpansionsmaschinen . . . . . .   ,, $\alpha = 19$
Görlitzer Maschinenbauanstalt bei liegenden Dreifachexpan-
sionsmaschinen . . . .   ,, $\alpha = 20$
    bei stehenden Verbundmaschinen . . . .   ,, $\alpha = 25$

Stehende Maschinen weisen meist etwas höhere Sicherheitskoeffizienten auf als liegende, weil die Knicklänge L nicht selten geringer als bei letzteren für sonst gleiche Verhältnisse gewählt wird und weil namentlich bei gekröpften Wellen die mit diesen arbeitenden Schubstangenköpfe große Abmessungen annehmen und damit rückwirkend auch die anschließenden Stangen reichlicher bemessen werden als aus Festigkeitsrücksichten erforderlich.

Außergewöhnlich niedrige Knicksicherheit berechnet sich für Schubstangen von Walzenzugsmaschinen; der Grund hierfür dürfte wohl darin liegen, daß bei ihnen die Stangendimensionen nicht für die höchsten, nur vorübergehend und für kurze Zeit auftretenden Kolbendrücke, sondern für die mittleren Kraftwirkungen gewählt sind. Noch kleinere Werte besitzen die nach den preußischen Normalien ausgeführten Lokomotivschubstangen, II, 90 und 91. Es erklärt sich diese höhere Beanspruchung nur durch die Hochwertigkeit des bei den Lokomotiven zur Verwendung kommenden Materials der Schubstangen und deren sorgfältige Ausführung.

Bei raschlaufenden Maschinen werden auch die durch die Trägheitskräfte der Stange hervorgerufenen Biegungsbeanspruchungen nicht vernachlässigbar und sind daher besonders zu ermitteln.

Eine diesbezügliche Berechnung setzt die genaue Kenntnis der Massenverteilung der Schubstange voraus, deren Ermittlung wegen der sehr verschiedenen

Beanspruchung durch Massenwirkung.

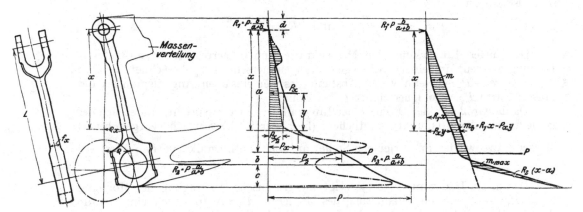

Fig. 554. Massenverteilung der Schubstange einer stehenden Maschine und Biegungsmomente ihrer Massenkräfte bei größtem Ausschlag.

Querschnittsformen am besten graphisch erfolgt. Zu diesem Zwecke wird die Stange in schmale Streifen von gleicher Breite dx zerlegt, deren Rauminhalt ermittelt und als Ordinaten über der Mittellinie der Schubstange an den zugehörigen Stellen aufgetragen, so daß die Verbindungslinie der Ordinatenendpunkte die Kurve der Massenverteilung darstellt.

Fig. 554 zeigt diese Massenverteilungslinie für die Schubstange einer stehenden Maschine. Bezeichnet f_x die Größe eines beliebigen Querschnitts durch die Schubstange, x den Vertikalabstand des Querschnittsschwerpunktes vom Mittelpunkt des Kreuzkopfzapfens, dx den Abstand zweier aufeinander folgender Querschnitte und dm die zwischen den beiden Querschnitten liegende Stangenmasse, so ist

$$dm = \frac{\gamma}{g} f_x \cdot dx.$$

Wird nun berücksichtigt, daß die in senkrechter Richtung zur Maschinenachse auftretenden Massenbeschleunigungen dem Abstande ϱ_x des Massenelementes dm proportional sind, so beträgt in der gezeichneten Stellung des größten Ausschlags der Schubstange die senkrecht zur Maschinenachse auftretende größte Beschleunigungskraft

$$P_x = dm \cdot \omega^2 \cdot \varrho_x.$$

Das Diagramm dieser Beschleunigungskräfte, das ihre Verteilung über die Vertikalprojektion der Stange veranschaulicht, kann gewonnen werden durch Auftragen der Produkte aus den Ordinaten der Massenverteilungslinie und den zugehörigen Abständen ϱ_x als Ordinaten zu den Abscissen x (strichpunktierte Linie der mittleren Figur).

Die Summe sämtlicher Massenkräfte ergibt sich aus

$$P = \omega^2 \frac{\gamma}{g} \int_{-d}^{a+b+c} f_x \cdot \varrho_x \cdot dx$$

und wird durch die ausgezogene (Integral-)Linie des mittleren Diagramms Fig. 554 veranschaulicht.

Der gemeinsame Angriffspunkt sämtlicher Massenkräfte liegt an derjenigen Stelle, an der in der Integralkurve der Wert $\frac{P}{2}$ auftritt, weil für diesen Punkt die Belastungen beider Stangenseiten gleich groß sind. Die Entfernung dieses Punktes von Kreuzkopfzapfen sei a und vom Kurbelzapfen b, die Zapfenreaktionen bestimmen sich alsdann zu

$$R_1 = P \cdot \frac{b}{a+b} \quad \text{und} \quad R_2 = P \cdot \frac{a}{a+b}.$$

Das unter Einwirkung der Massenkräfte und Lagerreaktionen auftretende Biegungsmoment in einem beliebigen Stangenquerschnitt f_x berechnet sich zu $M_b = R_1 x - P_x \cdot y$ wenn y den Abstand des gemeinsamen Angriffspunktes der Massenkräfte P_x vom Querschnitt f_x bezeichnet.

Da die Größe P_x der Ordinate der Integralkurve in x entspricht, findet sich der gemeinsame Angriffspunkt sämtlicher (hier durch Schraffur hervorgehobener) Massenkräfte wieder an derjenigen Stelle, an der die Integralkurve den Wert $\frac{P_x}{2}$ besitzt.

Das dritte Diagramm Fig. 554 zeigt die graphische Auftragung der Momente $M_b = R_1 x - P_x y$. Die Veränderung des Momentes $R_1 x$ wird durch eine Gerade dargestellt, die durch das Kreuzkopfzapfenmittel hindurchgeht; die Momentenlinie $P_x y$ ist punktweise für die einzelnen Stangenquerschnitte x zu ermitteln. Für das Kurbelzapfenmittel ergibt sich $P_x y = Pb = R_1 (a+b)$ also $M_b = 0$. Nach Überschreitung des Kurbelzapfens erreicht das Moment der Massenwirkungen den Wert $M_b = R_1 x + R_2 (x-a) - P_x y$, dessen Veränderung durch die Ordinaten der schraffierten Fläche gekennzeichnet ist.

Das größte Moment tritt im vorliegenden Falle in der Mitte des Schubstangenkopfes auf. Die ungünstigste Beanspruchung der Schubstange durch Massenwirkung ist jedoch aus dem Zusammenhang mit dem Widerstandsmomente der Stangenquerschnitte zu ermitteln und ergibt sich infolgedessen innerhalb des Schaftes.

Die Anwendung der vorstehenden graphischen Methode zur Ermittlung des Einflusses der Massenwirkung auf die Beanspruchung der Schubstange hat den Vorteil, daß sie zunächst ohne Rücksicht auf einen bestimmten Maßstab durchgeführt werden kann; sie setzt nur die Kenntnis der äußeren Form der Schubstange und des Längenverhältnisses $\dfrac{r}{L}$ voraus.

Zur rechnerischen Auswertung der Aufzeichnung ist die wirkliche Stangenlänge L, das Stangengewicht G_s und die Winkelgeschwindigkeit $\omega = \pi \dfrac{n}{30}$ in der Weise einzuführen, daß mittels der ersteren der Längenmaßstab und mittels der letzteren beiden der Kräftemaßstab der Integralkurven festgelegt wird, da die Massenkräfte $P = \dfrac{\gamma}{g}\,\omega^2 \cdot \varrho$, wenn ϱ die im ersten Diagramm eingetragene Entfernung des gemeinsamen Angriffspunktes sämtlicher Massenkräfte von der Stangenachse bezeichnet. Aus P folgen R_1 und R_2 und aus $R_1 a$ der Maßstab der Momentenkurve.

Die den Diagrammen Fig. 554 zugrunde liegende Stange einer stehenden Maschine hat eine Länge von $L = 2000$ mm und ein Gewicht von $G_s = 705$ kg; der Kreisquerschnitt des Schaftes an der durch das Moment M beanspruchten Stelle hat 110 mm Durchmesser. Für eine minutliche Umdrehungszahl von $n = 125$ berechnet sich

$$P = \frac{705}{9{,}81} \cdot \frac{\pi^2 \cdot 125^2}{30^2} \cdot 0{,}39 = 4820 \ \text{kg},$$
$$R_1 = 400 \ \text{kg}, \quad R_1 \cdot a = 270 \ \text{mkg},$$
$$M = 224 \ \text{mkg}.$$

Mit $M = \dfrac{J}{e} K_b$ ergibt sich $K_b = \dfrac{224 \cdot 32}{\pi \cdot 11^3} = 172$ kg/qcm.

Die durch Massenwirkung allein hervorgerufene Materialbeanspruchung bei der immerhin nicht hohen Umdrehungszahl von $n = 125$ erreicht somit schon einen nicht mehr vernachlässigbaren Wert, der zu den von der Kolbenkraft hervorgerufenen Zug- und Druckbeanspruchungen sich addiert und außerdem die Knicksicherheit vermindert. Da die Massenkräfte mit dem Quadrate der Umdrehungszahl wachsen, so würde für dieselbe Schubstange bei Steigerung der Umdrehungszahl auf 200 in der Minute eine Erhöhung der Materialbeanspruchung auf 440 kg/qcm und bei 250 minutlichen Umdrehungen auf 685 kg/qcm eintreten, das sind Werte, die im Zusammenhang mit der Zug- und Druckbeanspruchung durch die Kolbenkraft als unzulässig hoch bezeichnet werden müßten.

Für schnellaufende Maschinen läßt sich die Verminderung der durch Massenwirkung hervorgerufenen Materialbeanspruchung der Schubstange durch Anwendung des rechteckigen Schaftquerschnittes erreichen, indem die Rechteckhöhe in die Ebene der Massenwirkung gelegt wird.

b. Berechnung der Triebwerkszapfen.

Ehe in eine nähere Erörterung über die Formgebung und Bemessung der Schubstangenköpfe eingetreten werde, sei über die Berechnung der für sie maßgebenden Triebwerkszapfen folgendes vorausgeschickt:

Kreuzkopf- und Kurbelzapfen sind für die Übertragung der Kolbenkräfte widerstandsfähig zu dimensionieren und ihre Laufflächen so groß zu wählen, daß geringe Auflagerdrücke entstehen zur Vermeidung empfindlichen Verschleißes und Sicherung langer Betriebsfähigkeit. Die Zapfenberechnung ist daher sowohl auf Festigkeit als auf Abnützung durchzuführen.

Der Festigkeitsberechnung sind die größten auftretenden Kolbenkräfte P_{max} zugrunde zu legen unter der größtzulässigen Biegungsbeanspruchung. Bedeutet d den Zapfendurchmesser, l dessen Länge und k_b die zulässige Biegungsbeanspruchung, so gilt für den Kurbelzapfen

Berechnung auf Festigkeit.

$$\frac{1}{2} P_{max} l = \frac{\pi}{32} d^3 \cdot k_b.$$

Für den auf der Kreuzkopfseite in der Regel vorhandenen G a b e l z a p f e n sei mit der ungünstigen Annahme gerechnet, daß er in den Lagern frei aufruhe mit einem Abstand l der Stützpunkte. Bei einer Zapfenlänge l_1 bestimmt sich alsdann der Zapfendurchmesser d_1 aus der Beziehung

$$\frac{P_{max}}{2}\left(\frac{l}{2} - \frac{l_1}{4}\right) = \frac{\pi}{32} d_1{}^3 k_b.$$

Infolge des Wechsels der Kolbenkraft nach Größe und Richtung innerhalb der Höchstwerte $\pm P_{max}$ während des Hin- und Rückganges des Triebwerkes ist die zulässige Biegungsbeanspruchung nur halb so groß zu wählen wie für ruhende Belastung, also zwischen 200 und 300 kg/qcm. Die tatsächlichen Beanspruchungen bleiben meist unter diesen Werten, da die außerdem auszuführende und nachfolgend behandelte Berechnung auf A b n ü t z u n g meist auf stärkere Zapfen führt als die Festigkeitsrechnung.

Berechnung auf Abnützung.
Die Berechnung der Zapfenabmessungen in Rücksicht auf die Abnützung der Zapfenlauffläche stützt sich auf die Tatsache, daß der Verschleiß der Lauffläche um so geringer und damit die Lebensdauer des Zapfens um so größer sich ergibt, je geringer der Auflagerdruck für die Flächeneinheit gewählt wird.

Unter der für eingelaufene Zapfen wohl näherungsweise zutreffenden Annahme einer gleichmäßigen Verteilung des Kolbendrucks P über die ganze Zapfenlauffläche $d \cdot l$ berechnet sich der Druck p auf die Flächeneinheit aus der allgemeinen Beziehung

$$P = p l d.$$

Aus der größten Kolbenkraft P_{max} bestimmt sich somit die größte Flächenpressung zu

$$p_{max} = \frac{P_{max}}{l \cdot d}$$

und aus der mittleren P_m die mittlere Flächenpressung zu

$$p = \frac{P_m}{l \cdot d}.$$

Unter Annahme eines bestimmten Längenverhältnisses $\frac{l}{d}$ und der zulässigen Flächenpressungen lassen sich die Zapfenabmessungen aus diesen Beziehungen ableiten.

Über die zulässigen Flächenpressungen geben die Nachrechnungen an den Kurbel- und Kreuzkopfzapfen ausgeführter Dampfmaschinen II, 373, Tab 1 nähere Auskunft. Im Mittel ergeben sich aus den dort gefundenen Rechnungswerten

für Kurbelzapfen $P_{max} = 60$— 70 kg $p = 25$—30 kg/qcm
  „ Kröpfungen $= 40$— 45 „ $= 20$—25 „
  „ Kreuzkopfzapfen $= 80$—100 „ $= 40$—50 „

Zur Beurteilung der Zweckmäßigkeit der ermittelten Zapfenverhältnisse dient die an der Lauffläche sich entwickelnde Reibungsarbeit, die zur Vermeidung praktisch empfindlichen Verschleißes einen gewissen Wert nicht überschreiten soll.

Spezifische Reibungsarbeit.
Als Maß für die Abnützungsgefahr kann die vom mittleren Flächendruck p abhängige, sekundliche spezifische Reibungsarbeit $A = p \cdot \mu \cdot v$ für den qcm Zapfenlauffläche betrachtet werden.

Darin bedeutet μ den Reibungskoeffizienten der Zapfenlauffläche und v die Umfangsgeschwindigkeit des Zapfens vom Durchmesser d.

Am K u r b e l z a p f e n ist der Weg der Reibungskraft während einer Umdrehung durch den Zapfenumfang gegeben, so daß

$$v = \frac{d\pi n}{60} = \omega \cdot \frac{d}{2}$$

wird, wenn ω die Winkelgeschwindigkeit des Zapfens bedeutet.

Es wird alsdann $A = p \cdot \mu \cdot \omega \cdot \dfrac{d}{2}$.

Am Kreuzkopfzapfen ist der Reibungsweg wesentlich geringer, da er nur dem während einer Umdrehung entstehenden Ausschlagwinkel 2β der Schubstange entspricht, der während eines Hin- und Rückgangs des Kreuzkopfes zweimal durchlaufen wird, so daß die mittlere Geschwindigkeit des Reibungswiderstandes

$$\frac{4\beta}{360^0} \cdot \frac{d\pi n}{60} = \frac{\beta}{90^0} \cdot \omega \cdot \frac{d}{2}$$

beträgt.

Die Reibungsarbeit am Kreuzkopfzapfen erhält somit den Wert

$$A' = p \cdot \mu \left(\frac{\beta}{90^0}\right) \cdot \omega \frac{d}{2}.$$

Der Ausdruck $\dfrac{\beta}{90^0} = \dfrac{4\beta}{360^0}$ hängt von dem Verhältnis des Kurbelradius r zur Länge L der Schubstange ab. Zur Erleichterung der Rechnung ist in folgender Tabelle der Wert des Quotienten $\dfrac{\beta}{90^0}$ für die praktisch in Frage kommenden Verhältnisse $\dfrac{r}{L}$ angegeben.

$\dfrac{r}{L} =$	$1 : 4{,}0$	$1 : 4{,}5$	$1 : 5$	$1 : 6$
$\beta =$	$14^0 30'$	$12^0 49'$	$11^0 41'$	$9^0 40'$
$\dfrac{\beta}{90^0} =$	$0{,}161$	$0{,}142$	$0{,}129$	$0{,}107$

Die Reibungsarbeiten des Kreuzkopfzapfens betragen also nur $1/6$ bis $1/9$ derjenigen am Kurbelzapfen bei gleichen Abmessungen.

Wird in den Beziehungen für die Reibungsarbeit der Flächendruck p durch die Größe $\dfrac{P}{d \cdot l}$ ersetzt, so findet sich:

für den Kurbelzapfen $\qquad A = \dfrac{P}{2\,l} \cdot \mu \cdot \omega$ und

für den Kreuzkopfzapfen $\qquad A' = \dfrac{\beta}{90} \cdot \dfrac{P}{2\,l} \cdot \mu \cdot \omega.$

Die sekundliche Reibungsarbeit für den qcm Lauffläche erscheint also hiernach außer von dem Reibungskoeffizienten und der Winkelgeschwindigkeit des Kurbelzapfens nur abhängig von der Zapfenlänge. Je kürzer der Zapfen bei einer bestimmten Größe der Lauffläche gewählt wird, um so größer wird die Reibungsarbeit. Es ist deshalb wünschenswert, verhältnismäßig lange Zapfen auszuführen, wie dies am Kreuzkopf leicht zu verwirklichen ist. Beim Kurbelzapfen steht jedoch der Ausführung großer Zapfenlängen der Nachteil vergrößerter Biegungsbeanspruchung für Zapfen und Kurbelwelle entgegen. Diese Verhältnisse werden bei der Kurbel eingehender behandelt werden.

Da mit der Winkelgeschwindigkeit (also der Umdrehungszahl) die Reibungsarbeit proportional wächst, muß bei raschlaufenden Maschinen die Flächenpressung kleiner wie bei langsamgehenden Maschinen gehalten werden. Bei Benützung der nachstehenden Zahlenwerte für spez. Pressung und Reibungsarbeit ist vor allem zu beachten, daß die Anwendung hoher Flächenpressung vorzügliche Werkstättenausführung voraussetzt. Es läßt sich nämlich durch die werkstättentechnische Ausführung und die Sorgfalt der Schmierung der Reibungskoeffizient μ in sehr starkem Maße beeinflussen, so daß er weit unter die im folgenden benützte Ziffer 0,1 heruntergehen kann.

Praktisch erprobte Triebwerkszapfen ausgeführter Maschinen weisen für die verschiedenen Maschinentypen folgende Reibungsarbeiten auf, die aus den Tab. I des Bd. II, 372 usf. abgeleitet sind.

	Kreuzkopfzapfen	Kurbelzapfen
Längenverhältnis $l : d$	1,2 — 1,8	1,0 — 1,2
Reibungsarbeit A		
für lieg. Eincyl.- u. Verbundmaschinen .	0,2 — 0,3 cmkg	1,1 — 1,8 cmkg
für Tandemmaschinen	0,2 — 0,3 ,,	2,2 — 3,5 ,,
für stehende Maschinen	0,2 — 0,3 ,,	2,6 — 6,0 ,,
für Walzenzugsmaschinen	0,6 — 0,8 ,,	4,5 — 6,2 ,,

Die großen Reibungsarbeiten der Kurbelzapfen stehender Dampfmaschinen sowie Walzenzugsmaschinen werden durch die großen Zapfendurchmesser gekröpfter Wellen bedingt.

Als Zapfenmaterial dient Stahl von hoher Qualität; besonders vorteilhaft zur Verminderung der Abnützung erweist sich das Härten der Laufflächen namentlich für Kurbelzapfen, weil dadurch der Verschleiß nur auf die Lagerschalen beschränkt bleibt.

Lagerschalen.

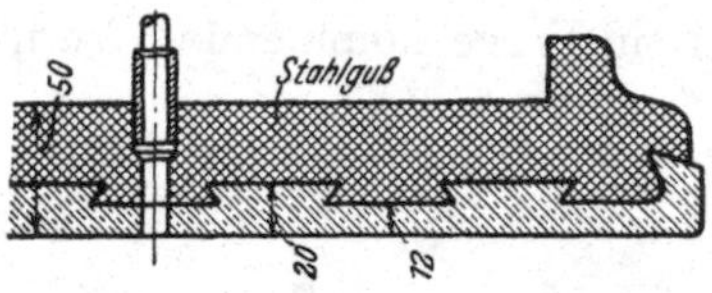

Fig. 555. Lagerschale aus Stahl mit Weißmetallfutter.

Die bedeutende Verschiedenheit der Reibungsarbeiten an Kurbel- und Kreuzkopfzapfen bedingt auch die Verwendung verschiedenen Materials für deren Lagerschalen. Als Material der Lagerschalen dient bei kleinen Ausführungen hauptsächlich Rotguß oder Phosphorbronze, während bei großen Maschinen ausnahmslos Stahlgußschalen mit Weißmetallausguß, Fig. 555, verwendet werden. Das weiche Weißmetall gewährt dabei den Vorteil einer Verminderung des Reibungskoeffizienten im Vergleich mit demjenigen harter Rotgußschalen, außerdem läßt sich bei eingetretener Abnützung der Ausguß der Lagerschale leicht und billig erneuern. Die Stärke des Ausgusses beträgt bei großen Maschinen etwa 12 mm und geht bei kleineren bis zu 6 mm herunter; zu seiner Befestigung sind in der Lagerschale 5 bis 8 mm tiefe schwalbenschwanzförmige Aussparungen vorzusehen. Die mit dem Weißmetall in Berührung kommenden Flächen der Lagerschalen sind zur Sicherung ausreichender Haftung vor dem Einguß zu verzinnen.

Hinsichtlich der Behandlung der Laufflächen der Lagerschalen ist hauptsächlich dafür zu sorgen, daß eine möglichst gleichmäßige und zuverlässige Ölverteilung gesichert ist, da andernfalls gefährliche Erwärmungen auftreten können, durch die ein Verziehen der Lagerschalen und Festklemmen der Zapfen erfolgen kann. Dieses Festklemmen entsteht dadurch, daß die heißlaufenden Lagerschalen an den Stoßfugen nach dem Zapfen zu sich krümmen, erhöhten Reibungswiderstand und damit verstärkte Wärmeentwicklung verursachen. Zur Verhütung dieser Gefahr erhalten die Lagerschalen in den Stoßfugen besonders große Aussparungen, die so ausgebildet werden, daß sie gleichzeitig als Sammelrinnen für das Schmieröl dienen. Der gleiche Zweck läßt sich auch durch Abflachen der Zapfen selbst erreichen, wie dies z. B. bei den großen Zapfen II, 100, 9 und 10 geschehen ist. Besondere Sorgfalt ist überhaupt der Anordnung der Schmiernuten in der Lagerschale zu widmen.

Beim Kurbelzapfen liegender Maschinen erfolgt die Ölzufuhr von einer centralen Bohrung des Zapfens aus durch radiale, nach der Zapfenoberfläche führende Kanäle. Das aus diesen durch Centrifugalwirkung austretende Öl wird durch geeignete Schmiernuten der Lagerschalen über die ganze Zapfenoberfläche verteilt.

Bei den Lagerschalen der Kreuzkopfzapfen, bei denen die Zufuhr ebenfalls meist in der oberen Stoßfuge der Lagerschalen erfolgt, verlaufen die Ölnuten symmetrisch zur Eintrittsstelle, da hierbei infolge der schwingenden Bewegung des Zapfens die Ölverteilung am gleichmäßigsten sich ermöglichen läßt.

Bei den Schubstangenlagern kann das Öl in der Mitte der oberen Lagerschale eingeführt werden, so daß in beiden Lagerschalenhälften symmetrisch ausgebildete Schmiernuten sich ergeben, wobei die größeren Ölrinnen an den Stoßfugen in Wegfall kommen.

Über die Zuführung des Öles zum Kurbel- und Kreuzkopfzapfen geben die Konstruktionstafeln II, 96 bis 117 an zahlreichen Beispielen Aufschluß.

c. Ausbildung der Schubstangenköpfe.

Geschlossener Kopf.

Die Ausbildung beider Schubstangenenden mit geschlossenen Köpfen ergibt die einfachste Konstruktion der Schubstange; sie ist namentlich bei liegenden Maschinen in der Regel verwendet. Die an den Schaft angeschmiedeten Köpfe werden äußerlich soviel wie möglich als Drehkörper behandelt und erhalten sorgfältig bearbeitete Aussparungen, in die die Lagerschalen mit ihren Nachstellvorrichtungen genau einpassen.

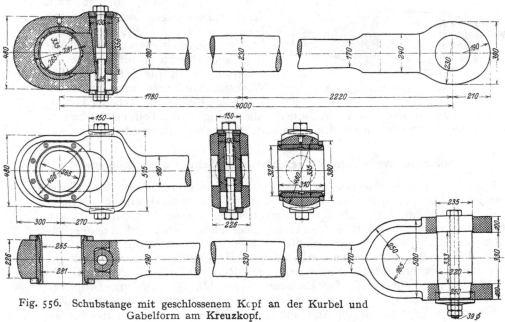

Fig. 556. Schubstange mit geschlossenem Kopf an der Kurbel und Gabelform am Kreuzkopf.

Wie die Darstellungen II, 376 bis 378 zeigen, sind beide Lagerschalen dabei entweder mit ebenen oder cylindrischen Paßflächen ausgeführt oder es erhält nur die feststehende Lagerschale allein cylindrische Anlagefläche. **Formgebung und Bearbeitung.**

Da die äußere Kopfform sowie deren Übergang in den Schaft wesentlich durch die Gestalt der Lagerschalen bedingt wird, muß sich die ebene Begrenzung der letzteren als die unzweckmäßigste erweisen, während die cylindrische Außenform der Lagerschalen auch für die Ausbildung des Schubstangenkopfes die günstigsten Übergangsquerschnitte und Formen ermöglicht.

Mustergültig erweist sich in dieser Beziehung auch der Schubstangenkopf Fig. 556, bei dem die Lagerschalen- sowie Keilöffnungen kreisförmig gebildet sind, um möglichst allmähliche Querschnittsübergänge zu erhalten.

Der geschlossene Schubstangenkopf für die Kurbelseite verwendet, besitzt den Nachteil, daß der Kurbelzapfen ohne vorstehenden Rand ausgeführt und die axiale Führung der Lagerschalen durch einen auf das Zapfenende besonders aufgeschraubten Bund bewirkt werden muß.

In dem Bestreben, auch für Kurbelzapfen mit angedrehten äußeren Führungsbunden sowie für gekröpfte Wellen den Schubstangenköpfen die Form der geschlossenen zu geben, sind die zusammengesetzten Schubstangenlager II, 85, 4; 90, 13 und 91, 16 entstanden. Die häufigste Verwendung finden diese komplizierten und kostspieligen Konstruktionen gegenwärtig nur noch bei Viercylinder-Lokomotiven für das innen liegende Triebwerk wegen der sehr geringen Breite der Schubstangenköpfe. Fig. 557.

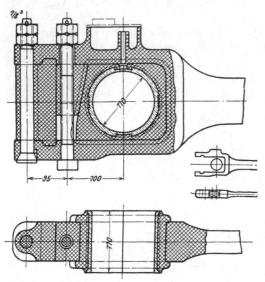

Ein besonderer Vorzug dieser zusammengesetzten Köpfe kann darin gefunden werden, daß die Materialbeanspruchung der einzelnen Teile genau bestimmbar ist, so daß auch deren Abmessungen sich zuverlässig berechnen lassen. Bei sorgfältiger Werkstättenarbeit hat sich diese Kopfform auch bewährt; die genaue Bearbeitung der Köpfe setzt besondere Werkzeugmaschinen und in deren Herstellung erfahrene Arbeiter voraus.

Fig. 557. Lokomotiv-Schubstangenkopf.

Bei Landdampfmaschinen wird in den Fällen, welche eine Teilung des Schubstangenkopfes erfordern, meist der sogenannte Marinekopf verwendet.

Die Spannungsverteilung in geschlossenen Schubstangenköpfen.

Um die Festigkeitsabmessungen geschlossener Schubstangenköpfe zuverlässig berechnen zu können, ist es nötig, die mit der komplizierten Kraftleitung innerhalb des Kopfes zusammenhängende Spannungsverteilung genauer festzustellen; diese Untersuchungen sind in Bd. II, Taf. 54 eingehender durchgeführt und in dem erklärenden Text II, 370 ausführlich erläutert. Hier möge nur darauf hingewiesen werden, daß bei den angestellten Untersuchungen die durch die inneren Kräfte in Querschnitt I hervorgerufenen Normalkräfte mit Rücksicht auf ihre geringe Größe im Interesse der Einfachheit der Rechnung vernachlässigt wurden. Diese beeinflussen den Mittelquerschnitt I nur wenig, vergrößern jedoch (hauptsächlich bei den runden Köpfen) die im Anschlußquerschnitt an die Stange auftretenden Momente und Beanspruchungen.

Aus der Momentenverteilung läßt sich eine sehr einfache Näherungsrechnung für die wichtigsten Querschnitte ableiten. Bei den geschlossenen Köpfen findet eine solche Verteilung der Biegungsbeanspruchung statt, daß eine wesentliche Entlastung des Mittelquerschnittes des Hauptbügels eintritt. Die Entlastung ist am geringsten bei den Bügeln Fig. 558 bis 560, die mit verhältnismäßig geringen Übergängen an den Querbügel anschließen. Je allmählicher der Übergang erfolgt, Fig. 561 und 562, um so größer wird der Anteil der Seitenbügel an der Aufnahme der Biegungsmomente; bei diesen hauptsächlich auf der Kreuzkopfseite angewandten Kopfformen erreicht das auf die Seitenbügel übertragene Moment fast die Größe des Moments im Mittelquerschnitt, so daß beide Querschnitte annähernd gleich stark auszubilden sind. Diese Erkenntnis ist für die Bemessung der Stangenköpfe wichtig, da bei den seither üblichen Berechnungen von der Annahme ausgegangen wird, daß der Querbügel als einfacher, auf Biegung beanspruchter, an den Enden eingespannter, gerader Balken betrachtet werden kann und die Seitenbügel lediglich auf Zug beansprucht seien. Es werden hierdurch die Beanspruchungen im Mittelquerschnitt überschätzt, die in den Seitenbügeln wesentlich unterschätzt. Die übliche Berech-

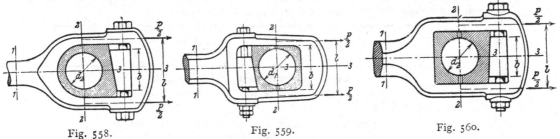

Fig. 558.   Fig. 559.   Fig. 560.

Fig. 558 bis 560. Schubstangenköpfe mit eckigem Übergang vom Querbügel zu den Seitenbügeln.

nung hat eine gewisse Berechtigung für die geschlossenen Köpfe der Form Fig. 558 bis 560 da hier die auf die Seitenbügel übertragenen Momente sehr gering sind; für stärker gekrümmte Bügelformen ist dagegen folgende einfache Näherungsrechnung zu empfehlen:

Für die vorliegende Kopfform wird derjenige Querschnitt ermittelt, in dem das resultierende Biegungsmoment zu Null wird. Es ist dann, Fig. 561b, das

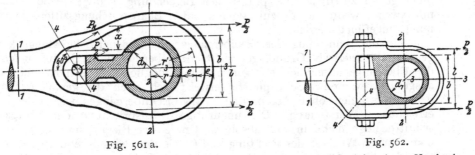

Fig. 561a.   Fig. 562.

Fig. 561a und 562. Geschlossene Schubstangenköpfe mit halbkreisförmigem Kopfende.

auf den Mittelquerschnitt I übertragene Moment annähernd $\frac{P}{2}a$, das auf die Seitenbügel kommende $\frac{P}{2}b$, wobei $a+b=c$ dem Abstand des Angriffes der äußeren

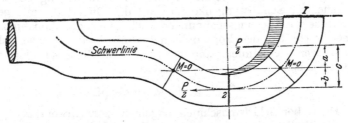

Fig. 561b. Vereinfachte Berechnung des geschlossenen Schubstangenkopfes.

Kraft an der Lagerschale oder Keilauflage von der im Seitenbügel hervorgerufenen Zugkraft entspricht. Die Abweichungen dieser Rechnungsergebnisse

von den ausführlicheren Berechnungen sind leicht zu verfolgen und nicht so bedeutend, daß sie auch bei nicht vollkommen genauer Feststellung der Lage des
Nullmomentes zu wesentlich falschen Schätzungen führen würden.

Als Anhaltspunkt für die Wahl der unter Zugrundelegung dieses Rechnungsganges bei größter Kolbenkraft zulässigen Beanspruchungen in den Mittelquer-
schnitten des Quer- und Seitenbügels können folgende Mittelwerte aus Nachrechnungen ausgeführter Schubstangenköpfe benutzt werden.

Kopfform	Schmiede- oder Flußeisen	Stahl
Größte Außenspannung in Querschnitt I.		
Fig. 558 bis 560 . . . . . . kg/qcm	800	1000
,, 561 und 562 . . . . . ,,	400	550
Größte Innenspannung in Querschnitt III, bzw. II.		
Fig. 558 bis 560 . . . . . . kg/qcm	200	230
,, 561 und 562 . . . . . . ,,	730	750

Die der vorliegenden Rechnungsweise zugrunde liegende Auffassung der
Schwerpunktlinie als elastischen Linie des Schubstangenkopfes und Annahme
linearer Spannungsverteilung in den untersuchten Querschnitten trifft natürlich
nur angenähert zu. Die ermittelte Spannungsverteilung dürfte daher den Beanspruchungen nur in den Querschnitten entsprechen, in denen der Krümmungshalbmesser der Schwerlinie nicht zu klein im Verhältnis zu den Querschnitt-
abmessungen ist, während sie für die stärker gekrümmten Übergangsquerschnitte
nicht genau zutrifft. Zur praktischen Berechnung genügt jedoch diese Rechnungsweise, wenn die als zulässig erkannten Beanspruchungsziffern in die Rechnung eingeführt werden.

Für die Bemessung der Eckübergänge geschlossener Schubstangenköpfe sind
genauere rechnerische Grundlagen nicht anzugeben; doch ist darauf zu achten, daß
die Übergänge allmählich erfolgen und mit möglichst großen Krümmungsradien
ausgeführt werden. Sehr günstig erweist sich auch die genauere Einpassung
der Lagerschalen ohne Aussparung in den Eckübergängen wegen der hierdurch
erreichbaren Versteifung. Die ungünstige Beanspruchung der Übergangsquerschnitte liegt nicht in der absoluten Größe der Biegungsmomente, sondern in
dem starken Wechsel der Richtung und Größe der Beanspruchungen in nahe bei-
einander liegenden Querschnitten. Die Spannungsverteilung über diese Querschnitte erfolgt nicht, wie angenommen, linear, sondern unter Erhöhung der
Innenspannungen bei gleichzeitiger (geringerer) Abnahme der Außenspannungen
durch Verlegung der elastischen Linie nach innen. Die Abweichung ist um so
größer, je plötzlicher die Richtungsänderung am Krümmungsübergang erfolgt,
und mit je geringerem Krümmungshalbmesser die Ecken abgerundet sind.

Zur annähernden Kennzeichnung der Veränderung wurden in den auf Taf. 54
untersuchten Schubstangenköpfen für die Bügelteile mit gekrümmter Schwerpunktlinie die Biegungsspannungen auch unter der Annahme berechnet, daß die
Querschnitte bei der Formänderung eben bleiben. Die sich dabei ergebenden
Erhöhungen der Innenspannungen sind in Taf. 54 durch Strichpunktierung
hervorgehoben.

Marinekopf.

**Herstellung
und
Bearbeitung.**
Diese bei Schiffsmaschinen allgemein zur Anwendung gebrachte Kopfform
der an Wellenkröpfungen angreifenden Schubstangen hat, trotz großer Herstellungskosten, infolge der Möglichkeit einer zuverlässigen Berechnung ihrer
Abmessungen, auch bei Landdampfmaschinen eine weite Verbreitung gefunden,
sowohl bei den meist mit gekröpfter Welle ausgeführten stehenden (II, 86, 6 u. 89, 12),
als auch bei den mit Kurbeln arbeitenden Maschinen (II, 84, 2).

Bezüglich der Herstellung der Marineköpfe ist zu bemerken, daß sie in einem Stück mit der Stange geschmiedet werden und ihre Teilung erst erfolgt, nachdem der Kopf auf sein Außenmaß genau abgedreht ist, die Seitenflächen gehobelt, die Öffnung für die Lagerschalen und die Löcher für die Verbindungsschrauben beider Kopfhälften gebohrt sind. Die Bolzen der letztgenannten Schrauben müssen aus besonders zähem Stahl, Feinkorn- oder Schmiedeeisen hergestellt werden. Ihr Querschnitt, der durch die halbe Kolbenkraft auf Zug beansprucht wird, ist so zu wählen, daß die Materialbeanspruchung nicht über 500 kg/qcm beträgt; es ist zweckmäßig, mit der Spannung wesentlich unter diesem Werte zu bleiben, wie auch die ausgeführten Schubstangenköpfe II, 380 für die in der Tabelle berechneten Querschnitte 2,2 zeigen. Dabei ist zu berücksichtigen, daß die Schraubenbolzen mit Spannung eingesetzt werden müssen, so daß die Betriebsbeanspruchungen höher sind, als die Rechnung ergibt.

Die beiden Schrauben sind zur Erzielung kleiner Biegungsmomente im Bügel der abnehmbaren Kopfhälfte, möglichst nahe an den Zapfen heranzulegen und greifen daher meist in die Lagerschalen ein, gleichzeitig letztere am Verdrehen hindernd.

Die Schraubenbolzen werden entweder auf der ganzen Länge oder an einzelnen Stellen genau passend in die Kopfhälften und Schalen eingeschliffen, um eine seitliche Verschiebung dieser Teile zueinander zu verhüten. Werden die Bolzen in Absätzen eingepaßt, so muß die mittlere Paßfläche beide Schalen berühren (II, 86, 6; 84, 2); auch ist auf allmähliche Überführung des Bolzenquerschnittes in den Kernquerschnitt der Schraube Wert zu legen.

Da die Teilung der Schalen senkrecht zur Achsenrichtung erfolgt, haben die Bolzen auch die Fliehkraftwirkung des Bügels aufzunehmen, durch die sie jedoch nur einer verhältnismäßig geringen und allgemein vernachlässigbaren Schubbeanspruchung ausgesetzt sind. Es lohnt daher nicht, diese Schubbeanspruchung durch Ausführung centrischer Überschneidungen der Kopfhälften beseitigen zu wollen

Die Bolzen werden an ihren meist runden Köpfen zur Verhinderung ihrer Drehung beim Anziehen mit besonders eingesteckten Nasen versehen; außerdem sind die Muttern, die bei stehenden Maschinen nach innen, bei liegenden meist nach außen gelegt werden, gegen Lösen noch besonders zu sichern. Hierzu dient meist eine seitlich angeordnete Kopfschraube von mindestens $1/_2''$ Gewinde, die in eine Nute der Mutter eingreift. Seltener finden Gegenmuttern Anwendung.

Die genaue Einstellung der Lagerschalen gegenüber der Zapfenlauffläche erfolgt mittels Beilagen zwischen den Lagerschalen derart, daß die beiden Kopfhälften durch die Verbindungsschrauben fest zusammengezogen werden können. Um bei eintretendem Verschleiß der Lagerschalen eine rasche Nachstellung zu ermöglichen, werden die Beilagen aus mehreren Paßstücken verschiedener Stärke etwa zwischen 0,1 und 2 mm gemacht, so daß durch einfaches Fortnehmen einzelner Zwischenlagen die Lagerschalen auf die Zapfen wieder gepaßt werden können. Die Beilagen sind nicht nur in der Schalenbreite, sondern über die Paßflächen der Köpfe hinweg zu führen, um stets ein gleichmäßiges Anziehen der Schraubenbolzen ohne Biegungswirkungen zu sichern. Die Form der Beilagen ist so zu wählen, daß sie, ohne den Schubstangenkopf auseinander nehmen zu müssen, durch bloßes Lüften der Bolzen seitlich herausgezogen werden können; damit sie jedoch während des Betriebes nicht herausfallen, werden sie durch zwei im Stangenkopf befestigte kurze Stifte gehalten (II, 87, 7 und 8).

Eine nicht selten bei Schiffsmaschinen verwendete eigenartige Ausbildung des Marinekopfes besteht noch darin, daß die Lagerschalen in der ganzen Breite des Schubstangenkopfes durchgeführt werden und die Vereinigung mit dem Stangenschaft mittels einer flanschenförmigen Ausbildung desselben und eines auf die Lagerschalen sich auflegenden kräftigen Kopfstückes erfolgt. Die Verbindungsschrauben werden alsdann durch die 4 Teile genau passend hindurchgezogen, wobei noch durch einen zur Stangenachse centrischen Schaftflanschansatz die axiale Anordnung der sämtlichen Teile gesichert wird.

Für Lokomotiven mit innerhalb des Rahmens liegendem Triebwerk findet die in II, 90, 14 dargestellte, mit dem Marinekopf verwandte Konstruktion Verwendung. Das flanschenförmig gebildete Stangenende besitzt Anschlußflächen für die eine Hälfte der eckigen Lagerschalen. Beide Lagerschalen werden von einem Stahlbügel umfaßt, der mittels angeschmiedeter und in Bohrungen der Flansche des Schaftes genau passender Bolzen durch Mutter und Gegenmutter festgehalten wird.

Bisweilen wird, an Stelle der hier gemachten Annahme, daß der Stangendruck sich gleichmäßig über die senkrecht zur Stangenachse sich ergebende Projektionsfläche des Zapfens verteile, angenommen, daß bei dem eingelaufenen Zapfen die radialen Drucke am Zapfenumfang gleiche Größe besitzen; unter dieser Annahme sind die Komponenten des Zapfendruckes in Richtung der Stange in Summe gleich der Stangenkraft; die Komponenten quer zur Stangenrichtung heben sich in ihrer Wirkung nach außen auf, rufen jedoch eine stärkere Belastung des Mittel-

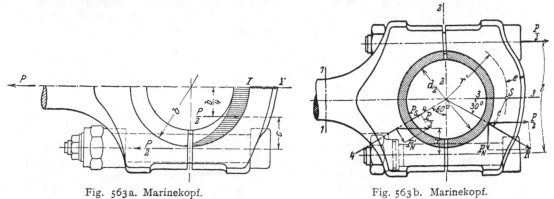

Fig. 563a. Marinekopf.   Fig. 563b. Marinekopf.

querschnittes hervor, indem nach Fig. 563b an Stelle des Momentes der Kraft $\frac{P}{2}$ das Moment $R \cdot c$ um den Schwerpunkt S in Rechnung zu setzen wäre.

Diese Berechnungsweise würde in der Nachrechnung ausgeführter Stangenköpfe auf kleinere Beanspruchungen führen, als die im Text angegebene (vgl. II, 380, Spalte 10). Auf diese Annahme sei hier nur hingewiesen; die im Text benützte Annahme vereinfacht wesentlich den Rechnungsgang, insbesondere bei geschlossenen Köpfen.

Gabelförmiger Schubstangenkopf.

Gabelkopf.   Der Gabelkopf kommt nur auf der Kreuzkopfseite zur Anwendung und dient meist als Träger des Kreuzkopfzapfens, während sich die Lagerschalen im Kreuzkopfkörper befinden. Nur bei Schiffsmaschinen findet sich bisweilen auch die umgekehrte Ausführung, namentlich wenn der Kreuzkopfzapfen in einen an die Kolbenstange angeschmiedeten Kreuzkopfkörper fest eingesetzt ist; die Zapfenlager befinden sich alsdann beiderseits in der Schubstangengabel (II, 103). Die häufigste Anwendung findet der Gabelkopf bei den Schubstangen stehender Maschinen (II, 88, 9; 89, 12) wegen bequemer und einfacher Formgebung der mit einseitiger Linealführung arbeitenden Kreuzköpfe.

Der Gabelzapfen ist so fest einzusetzen, daß eine Lockerung und ein Verdrehen unter dem Einflusse der hin- und hergehenden Kräfte ausgeschlossen ist. Er wird daher in den Stangenaugen fast ausnahmslos konisch eingesetzt, übereinstimmend mit den Befestigungsarten in offenen Kreuzköpfen, so daß sich für beide Triebwerksteile die gleichen Konstruktionsmaßnahmen ergeben.

Werden die beiden Stützflächen des Kreuzkopfzapfens cylindrisch ausgeführt, so erfolgt dessen Befestigung entweder durch Keile (II, 89, 11) oder durch eine Klemmverbindung mittels Spaltung der Gabelnaben und Anwendung von Klemmschrauben (II, 84, 1 und 99, 7).

Diese Zapfenbefestigung ist jedoch nur für kleine Ausführungen zu empfehlen, während für große Kraftwirkungen die konisch eingesetzten Zapfen vorzuziehen sind, da sie zugleich eine Absteifung der Gabelform ergeben (II, 84, 2; 88, 9 und 10; 89, 12).

Die Neigung der konischen Tragflächen beträgt etwa 1 : 20. Zur Verhütung der axialen Verschiebung des Zapfens dient entweder eine Sicherungsschraube mit Mutter und Unterlagscheibe am schmalen Zapfenende, oder eine Druckscheibe am breiteren Zapfenende; noch besser ist es, beide Sicherungsmittel gleichzeitig anzuwenden, weil dadurch Biegungsbeanspruchungen in den Gabelarmen durch einseitiges Anziehen des Zapfens mittels der Sicherungsschraube verhütet werden können. Diese Konstruktionsrücksichten gelten sowohl für die Schubstangen wie für die mit offenen Gabeln ausgebildeten Kreuzköpfe. Dagegen wird die beiderseitige Zapfensicherung bei den als geschlossene Drehkörper hergestellten Kreuzköpfen entbehrlich, da diese größere Widerstandsfähigkeit gegen Verbiegen besitzen, als offene Gabeln (II, 100, 9 und 10). Die Konen der Zapfenenden sind in die Nabenbohrungen passend einzuschleifen; außerdem ist durch Feder und Nut die Verdrehung des Zapfens zu hindern.

Berechnung der Schubstangengabel.

Werden die Zapfenenden mit den Augen der Gabeln durch konische Paßflächen und Verschraubung fest verbunden, so zerlegen sich Fig. 564a die Auflagerreaktionen

Geradlinige Gabelarme.

$\dfrac{P}{2}$ in Zug- oder Druckwirkungen S in Richtung der Gabelarme und in Schubkräfte H in Richtung der Achse des Zapfens, der letztere unmittelbar aufnimmt.

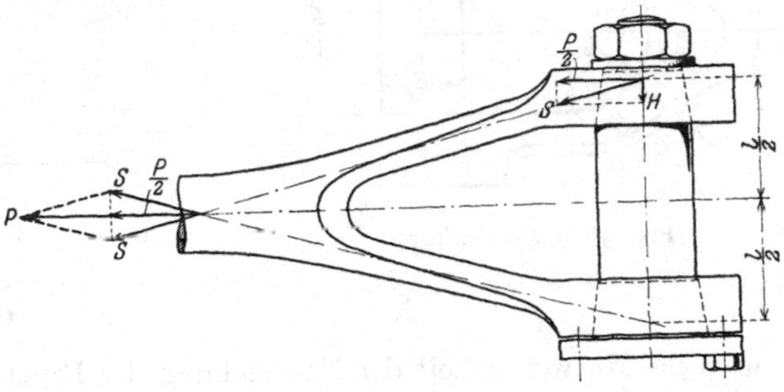

Fig. 564a. Gabelkopf mit geraden Armen.

Muß jedoch angenommen werden, daß die Gabelarme in Richtung der Zapfenachse nicht genügend starr verbunden sind, so haben die Arme auch die Biegungsmomente der Komponenten H aufzunehmen, deren Größe sich berechnet aus

$$\frac{P}{2} \cdot \frac{l}{2} = H \cdot h,$$

wonach

$$H = \frac{P}{4} \frac{l}{h},$$

wenn h den Abstand der Zapfenachse vom Schnittpunkt der Kraftrichtungen S bedeutet.

Die Beanspruchung der Gabelarme setzt sich dann für die einzelnen Querschnitte zusammen aus der Zug- oder Druckwirkung $S = \sqrt{\left(\dfrac{P}{2}\right)^2 + H^2}$ und der Momentenwirkung $H \cdot x = M_x$, wenn mit x der Abstand des Schwerpunktes des betreffenden Querschnitts von der Zapfenachse bezeichnet wird.

Die hiernach sich berechnenden Zugspannungen $k_z = \dfrac{S}{f}$ und $k_b = \dfrac{M_x}{W_x}$, wenn W_x das Widerstandsmoment des zu berechnenden Querschnitts der Gabelarme bedeutet, ergeben eine größte Zugspannung $k = k_z + k_b$.

Kreisförmige Gabel.

Die kreisförmig gebildete Gabel Fig. 564b führt auf ähnliche Rechnung für die Bestimmung der Übergangsquerschnitte zum Stangenschaft der Schubstange.

Offene Kreuzköpfe weisen den gleichen gabelförmigen Übergang von den Zapfenlagern zur Kolbenstangennabe auf, ihre Querschnitte sind daher übereinstimmend mit derjenigen der Schubstangengabel zu berechnen.

In sehr wirksamer Weise ermöglicht der Kreuzkopf die Versteifung der Gabelform durch Ausbildung eines kastenförmigen Kreuzkopfkörpers mit rechteckigem oder Kreisquerschnitt II, 98, 5 und 6; 99, 7 und 8; 101, 12.

Zur Versteifung der Gabelarme können beim Kreuzkopf auch die Führungsschlitten verwendet werden, indem sie beiderseitig mit ersteren verschraubt werden, wie die Konstruktionen II, 100, 9 und 10; 101, 11 zeigen.

Nachstelleinrichtungen von Schubstange und Kreuzkopf.

Die Ausführungsform der Schubstangenköpfe sowie der Kreuzköpfe wird nicht nur bedingt durch die Rücksicht auf bequemen Ein- und Ausbau, sondern auch

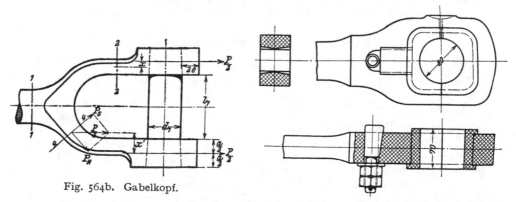

Fig. 564b. Gabelkopf.

Fig. 565. Schubstangenkopf mit Keilnachstellung der inneren Lagerschale.

durch die Notwendigkeit der Nachstellung der Lagerschalen bei deren Abnützung während des Betriebes.

Die Nachstellvorrichtungen in sämtlichen Triebwerksteilen, einschließlich dem Kurbellager, sind dabei so zu wählen, daß mit der Verstellung der Lagerschalen der einzelnen Triebwerkszapfen das Schwingungsmittel des Kolbens und damit das Spiel zwischen Kolben und Cylinderdeckel in den Hubwechseln unverändert bleibt, um die Gefahr eines Deckelbruches zu vermeiden.

Beiderseitige Nachstellbarkeit des Kurbellagers.

Ist beispielsweise das Kurbellager auf beiden Seiten nachstellbar, so daß eine Verschiebung des Wellenmittels durch die Nachstellung nicht eintritt, so darf auch die Schubstangenlänge durch die Nachstellung der Lager am Kurbel- und Kreuzkopfzapfen nicht verändert werden, die Verschiebung beider Lagermitten hat also im gleichen Sinne zu erfolgen.

In dieser Weise wirken die Keilverstellungen beider Köpfe sämtlicher in II, 85 bis 87 und 90 und 91 dargestellten Schubstangen. Bei Marineköpfen und gabelförmigen Enden der Schubstange II, 88 und 89 muß die Nachstellung der Kreuzkopflagerschalen eine der Schubstangenverschiebung entgegengesetzte Bewegung des Kreuzkopfes hervorrufen, II, 96, 1 und 2; 105, 19.

Einseitige Nachstellbarkeit des Kurbellagers.

Ist das Kurbellager nur einseitig von außen nachstellbar, wie dies bei liegenden Maschinen häufig der Fall, so muß der damit verknüpften einseitigen Verschiebung des Kolbenschwingungsmittels durch eine Verkürzung der Schubstange begegnet werden. Eine Verlängerung der Schubstange durch die Nachstellvorrichtung im Kurbelzapfenlager und Kreuzkopflager verlangen dagegen die stehenden Maschinen, weil bei diesen durch den Verschleiß der unteren Kurbelwellenlagerschale der Kolben

heruntergezogen wird. Hierfür geeignete Kreuzkopfkonstruktionen zeigen II, 103, 15; 105, 19 und 108, 24.

Als Nachstellvorrichtung dient entweder die Druckschraube oder der Keil. Erstere findet weniger bei Schubstangenköpfen als bei Kreuzköpfen Verwendung, II, 96, 2; 97, 4; 103, 15; 106, 20 und 21; 107, 22 und 108, 24. Am meisten verwendet wird der durch eine Stellschraube bewegte Keil, der noch durch eine besondere Sicherungsschraube in seiner Lage gehalten werden kann; auch die Stellschraube selbst wird noch durch Gegenmuttern gesichert, Fig. 565.

Statt eines durchgehenden Schraubenbolzens können auch zwei Kopfschrauben mit Rechts- und Linksgewinde angewendet werden, II, 97, 3, von denen die obere zum Nachziehen, die untere zum Sichern des Keiles dient.

Die zur Aufnahme und Übertragung der Kolbenkraft notwendige Auflagefläche des Keils wird durch die zulässige Größe der spezifischen Pressung bestimmt, die für die größte Kolbenkraft 300 bis 500 kg/qcm betragen darf (II, 376 bis 378).

Die Keilneigung wird durch die Größe der für die Lagerschalen erforderlichen Nachstellung von höchstens 6 bis 10 mm im Zusammenhang mit dem verfügbaren Verstellungsweg des Keils bestimmt. Die Beanspruchung des Keils und der Stellschraube ergibt sich aus der Zerlegung der Kolbenkraft P in die Normalkomponente R auf die Keilneigung und in die Komponente S parallel zur Schraubenachse.

Es wird alsdann $R = \dfrac{P_{max}}{\cos \alpha}$ und $S = P_{max} \cdot \operatorname{tg} \alpha$, wenn α den Neigungswinkel der Keilbahn bezeichnet. Wird der Reibungswinkel ϱ für den Reibungswiderstand zwischen Lagerschale und Keil berücksichtigt, dann wird die in der Stellschraube zur Wirkung kommende Größe der Komponente

$$ S = P_{max} \operatorname{tg} (\alpha - \varrho), $$

für die die Schraubenstärke zu berechnen ist unter Annahme einer Materialspannung von $K_z = 400 - 600$ kg/qcm. Die Ausführungen zeigen Neigungen von $1/6$ bis $1/10$.

Die Schalennachstellung durch Druckschrauben wird vornehmlich bei Kreuzköpfen durchgeführt, für die sich günstigere Konstruktionsverhältnisse erzielen lassen als bei Keilnachstellung.

Zur besseren Verteilung des Druckwiderstandes der Schraube auf die Lagerschale ist entweder die Schraubendruckfläche über den Kernquerschnitt zu vergrößern oder eine Stahlplatte zwischen Schraube und Rotgußlagerschale zu legen, II, 106, 20 und 21.

In Anbetracht der ungünstigen Beanspruchung, die die Druckschraube durch beständigen Kraftwechsel im Triebwerk erfährt, ist es notwendig, die Gewindedruckflächen der Stellschraube mit möglichst kleinen Auflagepressungen p zu belasten, was vor allem dadurch sich erreichen läßt, daß die Zahl der Gewindegänge durch die Verkleinerung der Ganghöhe gegenüber den Normaltabellen für Whitworth-Gewinde vergrößert wird.

Wird angenommen, daß i Gewindegänge an der Aufnahme der Kolbenkraft gleichmäßig beteiligt sind, so wird

$$ P_{max} = i \cdot (d_a{}^2 - d_i{}^2) \cdot \frac{\pi}{4} \cdot p, $$

wenn mit d_a und d_i der äußere bzw. innere Schraubendurchmesser bezeichnet wird. Als spezifischer Druck sind 100 bis 120 kg/qcm zulässig. Statt des gewöhnlichen dreieckigen Schraubengewindes wird sehr häufig Trapez- oder Rechteckgewinde verwendet, das durch den Fortfall von nach außen gerichteten Kraftkomponenten in den Gewinden eine größere Sicherheit gegen Lockerung gewährt.

6. Kurbel.

Grundlegend für die Konstruktionsverhältnisse der Kurbel sind die Abmessungen des Kurbelzapfens, der Durchmesser des Wellenhalses und der Kurbelradius. Der Wellenhals seinerseits wird in seiner Stärke wieder beeinflußt sowohl durch das vom Kurbelzapfendruck auf ihn ausgeübte Biegungsmoment, wie durch den Wellendurchmesser im anschließenden Lager; letzterer ist außer von den zu übertragenden Verdrehungsmomenten der Kurbelkräfte und der Reaktion des Schwungradgewichtes hauptsächlich von der Größe des Biegungsmomentes abhängig, das der Kurbelzapfendruck auf den Wellenquerschnitt in der Kurbellagermitte ausübt. Kurbel- und Wellenabmessungen stehen daher in einer gewissen Abhängigkeit voneinander; beide werden vermindert, wenn der Abstand des Kurbelzapfenmittels vom Wellenlagermittel so gering wie möglich gemacht wird, wenn also der Kurbelarm möglichst geringe Breite und der Kurbelzapfen möglichst geringe Länge erhält.

Berechnung des Kurbelzapfens.   Der Kurbelzapfen ist in seinen Festigkeits- und Abnützungsabmessungen durch die Triebwerksdrücke bestimmt, über deren Größe und Veränderung S. 395 näheren Aufschluß gibt.

Zur Erzielung kleinster Ausführungsdimensionen wird der Kurbelzapfen aus vorzüglichem Stahlmaterial, am besten aus Tiegelgußstahl, hergestellt, so daß verhältnismäßig hohe Beanspruchungen rücksichtlich Festigkeit und Abnützung zugelassen werden dürfen. Über die Berechnung der Kurbelzapfen gibt II, 386 und 387 Auskunft. Aus der daselbst gegebenen Zusammenstellung über die Materialbeanspruchung von Kurbelzapfen ist zu entnehmen, daß die Biegungsbeanspruchung nicht den Wert $K_b =$ 400 bis 500 kg/qcm überschreiten soll, wenn der größte Triebwerksdruck in die Rechnung eingeführt wird. Außerdem ist aber die Projektion der Zapfenfläche so zu bemessen, daß der auf den mittleren Triebwerksdruck bezogene Flächendruck 50 bis 60 kg nicht übersteigt. Diese verhältnismäßig hohe spezifische Pressung ist zulässig, weil durch die Drehbewegung der Kurbel die Abkühlung des Kurbelzapfens begünstigt wird. Die sekundliche Reibungsarbeit beträgt 2 bis 2,8 mkg für den qcm Zapfenfläche.

Zur Befestigung des Kurbelzapfens im Kurbelarm dient eine einseitige konische oder cylindrische Verlängerung, mittels der er durch Schrumpf, Keil oder beides festgehalten wird, s. II, 114 bis 115. Der von der Stirn- oder Rückseite der Kurbel einzusetzende Konus erhält eine Neigung von 1:16 bis 1:25 und wird durch einen kräftigen Keil festgezogen (II, 114, 1). Eine vollkommenere Befestigung gewährt die Schrumpfverbindung durch Einziehen eines cylindrischen Zapfenendes in die angewärmte Kurbel (II, 115, 3 und 4), oder durch Einpressen des Zapfens mittels hydraulischer oder mechanischer Pressen. Als Schrumpfmaß ist $\lambda = 0,0004$ bis 0,0005 zu wählen, entsprechend Beanspruchungen von $k = E \cdot \lambda = 800$ bis 1000 kg/qcm. Bei der amerikanischen Kurbelkonstruktion, Fig. 566, ist der in den Kurbelarm eingeschraubte Kurbelzapfen nur auf Festigkeit mit kleinstmöglichem Durchmesser und kleinstmöglicher Länge dimensioniert und seine Lauffläche durch einen aufgeschobenen hohlen Ringzapfen auf die für geringe Abnützung erforderliche Größe erweitert. Die Zapfenlänge und das Biegungsmoment der Kurbelkraft lassen sich hierdurch außergewöhnlich klein halten.

Kurbelauge.   Das den Zapfen umgebende Kurbelauge muß kräftig bemessen werden, um ein Springen des Kurbelmaterials durch die Tangential- und Radialspannungen, die die Schwindverbindung hervorruft, zu vermeiden. Die Dicke des Auges wird daher mindestens gleich dem halben Zapfendurchmesser und dessen Länge L ungefähr gleich dem Durchmesser des Kurbelzapfens, bei Keilbefestigung noch größer gewählt.

Kurbelnabe.   Die Befestigung der Kurbel auf der Kurbelwelle erfolgt ausschließlich durch Aufschrumpfen mittels hydraulischen Druckes oder, wie meistens der Fall, durch warmes Aufziehen. Als Schrumpfmaß wird 0,0004 gewählt, entsprechend mittleren Zugspannungen von 800 kg/qcm in der Kurbelnabe. Die Pressung zwischen Kurbelnabe und Welle muß so groß sein, daß der durch sie hervorgerufene Reibungswiderstand allein ausreicht, die Momente der Triebwerkskräfte bzw. deren

Leistung auf die Welle zu übertragen. Nur zur Sicherung wird daher am Wellen-
umfang halb in die Welle und halb in die Kurbel ein kreisförmiger oder recht-
eckiger Keil von sehr schwachem Anzug eingetrieben. Es wird dadurch der Neigung zu einer tangentialen Verschiebung der Kurbel auf der Welle und damit
einer Lockerung der Schwindverbindung wirksam begegnet.

Das Aufziehen der Kurbel erfordert sehr sorgfältige Ausführung der Paßflächen und genaue Einhaltung der dem Schwindmaß entsprechenden Verschie-

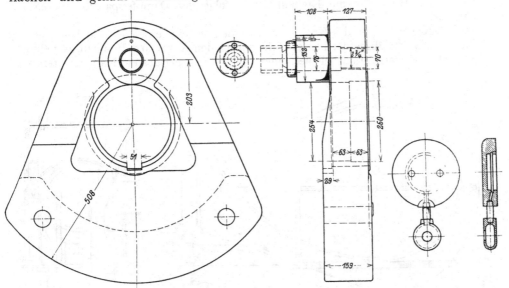

Fig. 566. Kurbel mit Ausgleichmasse, kurzem Kurbelzapfen und aufgezogener Zapfenlauffläche.
The Ball Engine Co., Erie, Pa.

denheit ihrer Durchmesser. Bei guter Schulung der Werkstatt für solche Arbeiten
kann die Nabenlänge wesentlich kleiner gemacht werden, als in der Regel angegeben wird. Als praktisch bewährtes Maß ist $L_1 = 0,8\, D_1$ und als unterste Grenze
$L_1 = 0,6\, D_1$ zu betrachten. Zur Begrenzung der Kurbellage beim Aufziehen auf

die Welle wird der Durchmesser D_1 am
Wellenende um einige Millimeter kleiner
gedreht als der Durchmesser D im Lager;
die Anordnung eines besonderen Bundes
zwischen Kurbel und Lagerhals ist entbehrlich.

Die bedeutenden, durch das Aufpressen auf die Nabe entstehenden Materialspannungen machen große Naben-
durchmesser D_2 erforderlich von etwa
1,8 der Nabenbohrung D_1.

Außer den Nabenabmessungen am
Kurbelzapfen und an der Welle ist für
die Ermittlung der wesentlichen Ausführungsdimensionen der Kurbel noch der
Armquerschnitt von Wichtigkeit. Der

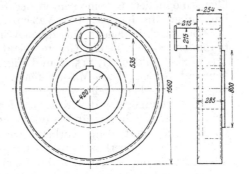

Kurbelarm.

Fig. 567. Gußeiserne Kurbelscheibe mit
Gegengewicht.
The Vilter Manufacturing Co., Milwaukee.

Kurbelarm wird meist mit rechteckigem Querschnitt ausgeführt, II, 114, 115
und 386, 387. Die an sich günstige Form der Kurbelscheibe, Fig. 567, ist nur
bei Gußeisen und nur für kleinere Maschinen anwendbar.

Der Kurbelarm erleidet bei der Kraft- und Arbeitsübertragung Biegungs-,
Zug- und Torsionsbeanspruchungen, deren Größe sowohl für die Totlage wie für

die 90⁰ Stellung nachzurechnen ist; die hierfür erforderlichen analytischen Beziehungen sind in II, 386 bis 387 zusammengestellt. An gleicher Stelle findet sich eine Zahlentafel über die Ergebnisse von Nachrechnungen ausgeführter Kurbeln, die zeigt, daß als ideelle Höchstspannungen bei Flußstahl 300 bis 400 kg/qcm, bei Flußeisen und Stahlguß 200 bis 250 kg/qcm zugelassen werden. Die höheren Werte der Zahlentafel finden ihre Erklärung darin, daß für die 90⁰ Stellung die Rechnung noch für die größte Kolbenkraft P_{max} durchgeführt wurde, während tatsächlich in der Hubmitte die Kolbenkräfte infolge der Dampfexpansion wesentlich kleiner sind.

Kurbel-konstruktion.
Die Konstruktion der Kurbel hat lediglich auf eine einfache und leicht zu bearbeitende Verbindung der beiden Naben durch den Kurbelarm Bedacht zu nehmen. Ein gutes Konstruktionsbeispiel einer Kurbel mit geringsten Nabenbreiten und

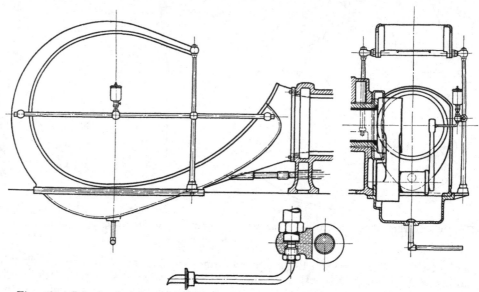

Fig. 568. Schmiereinrichtung für Kurbelzapfen und Schutzvorrichtung an der Kurbel.

kleinstmöglichen Kippmomenten der Kurbelzapfendrücke gegenüber dem Wellenhals bildet die Kurbel einer Walzenzugsmaschine, II, 115, 4.

Bei rasch laufenden Maschinen werden an der Kurbel zum Ausgleich der rotierenden Massen häufig Gegengewichte angeordnet, die entweder ein Stück mit der Kurbel bilden, II, 115, 4 und Fig. 566, oder durch Schrauben an der Kurbel befestigt werden. Diese Massen können, da sie nur Fliehkräfte aufzunehmen haben, aus Gußeisen hergestellt werden.

Schmierung des Kurbel-zapfens.
Die Schmierung des Kurbelzapfens erfolgt stets zentral von einem an der benachbarten Schutzgeländersäule befestigten Tropföler Fig. 568 aus, der das Öl in einen mit dem Kurbelzapfen verbundenen hohlen Arm tropfen läßt. Durch Centrifugalwirkung wird alsdann das Öl mittels entsprechender Anbohrungen des Kurbelzapfens an dessen Lauffläche geführt. Zum Schutz gegen Verspritzen des Öls wird die Kurbel meist mit einer Blechverschalung oder eisernen Schutzwand umgeben, die am Rahmen der Rundführung befestigt werden kann, wie dies ebenfalls aus Fig. 568 ersichtlich.

7. Dampfmaschinenwelle.

Die vom Triebwerk aufgenommene Arbeit der Kolbenkräfte wird durch die Kurbel- oder Schwungradwelle nach außen geleitet; diese ist dabei sowohl veränderlichen Torsions- wie Biegungsbeanspruchungen ausgesetzt.

Über die konstruktive Ausführung der Dampfmaschinenwellen geben die Darstellungen II, 116 bis 120 und die Tafeln 1 bis 27 Aufschluß. Aus denselben ist zu ersehen, daß die Wellen entweder an ihren Enden Kurbeln tragen oder mit Kröpfungen ausgebildet werden. Kurbelwellen werden stets aus einem Stück, gekröpfte Wellen dagegen bei großen Abmessungen in der Regel aus mehreren Teilen hergestellt. Als Material kommt ausschließlich geschmiedeter Flußstahl zur Verwendung.

a. Berechnung auf Verdrehung.

Auf Verdrehung werden diejenigen Wellenstücke beansprucht, die zwischen den Stellen der Welle liegen, an denen die Triebwerkskräfte ein- und ausgeleitet werden. Zwischen Kurbel oder Kröpfung und der zur Erzeugung gleichmäßiger Umfangskräfte dienenden Schwungmasse ergeben sich dabei veränderliche Torsionsmomente, deren Verlauf aus dem Tangentialdruckdiagramm der Kolbenkräfte und Triebwerksmassenwirkung (S. 395) zu entnehmen ist. Unter dem Einfluß der Schwungmasse erfolgt die Weiterleitung der Arbeit der Kolbenkräfte mit gleichbleibendem Drehmoment $M_d = T_m \cdot r$, wenn T_m die mittlere Tangentialkraft am Radius r bezeichnet nach Abzug der Reibungsverluste im gesamten Triebwerk. Die Arbeitsgleichung $\dfrac{T_m \cdot 2 r \pi \cdot n}{60 \cdot 75} = N_e$ läßt aus der Nutzleistung N_e das mittlere Drehmoment M_d an der Welle berechnen zu $M_d = T_m \cdot r = 716{,}2 \dfrac{N_e}{n}$.

Torsionsbeanspruchung.

Dieses Drehmoment ruft eine mittlere Drehungsspannung der Welle von $k_d = \dfrac{M_d}{W_e}$ hervor, wenn $W_e = \dfrac{\pi}{16} d^3$ das polare Widerstandsmoment des Wellenquerschnittes bedeutet.

Für das zwischen Kurbel oder Kröpfung und Schwungmasse befindliche Wellenstück ergeben sich jedoch infolge der veränderlichen Größe der Tangentialkräfte vorübergehend größere Drehmomente, deren Höchstwert M_{max} der größten auftretenden Tangentialkraft T_{max} entspricht. Es ist deshalb für diesen Wellenteil das größte Drehmoment

$$M_{d\,max} = T_{max} \cdot r$$

der Ermittlung der Torsionsspannung bzw. der Berechnung des Wellenquerschnittes zugrunde zu legen.

b. Berechnung auf Biegung.

Den überwiegenden Einfluß auf die Bemessung der Welle nehmen jedoch die Biegungsbeanspruchungen, die die Triebwerkskräfte im Zusammenhang mit den Lagerreaktionen und dem Schwungrad- oder Dynamogewicht, sowie dem Seil- oder Riemenzug bei Transmissionsbetrieb auf die Welle ausüben. Die dabei auszuführenden Berechnungen gestalten sich bei der normalen Kurbelwelle noch einfach, bei den gekröpften Wellen dagegen verhältnismäßig weitläufig und umständlich.

Normale Kurbelwelle.

Für die in zwei Lagern unterstützte Kurbelwelle erfolgt die Ermittlung der Biegungsbeanspruchungen am einfachsten dadurch, daß die Biegungsmomente der Triebwerkskräfte und der Gewichtswirkungen von Schwungrad und Welle getrennt ermittelt und ihre Gesamtwirkung durch entsprechende Zusammensetzung bestimmt werden.

Kurbelwelle der Eincylindermaschine.

Es sei z. B. die in Fig. 569 dargestellte Kurbelwelle einer Eincylindermaschine zu berechnen, bei der das Schwungrad zwischen den beiden Lagern I und II im Abstande c vom Außenlager auf der Welle sitzt.

Für die Ermittlung der Abmessungen des Endzapfens II der Kurbelwelle ist nur die Lagerreaktion maßgebend, für den Wellenhals I dagegen kommen außer seiner Lagerreaktion noch Biegungs- und Torsionsmomente der Triebwerkskräfte in Betracht und der Wellenquerschnitt III an der Schwungradnabe wird außer

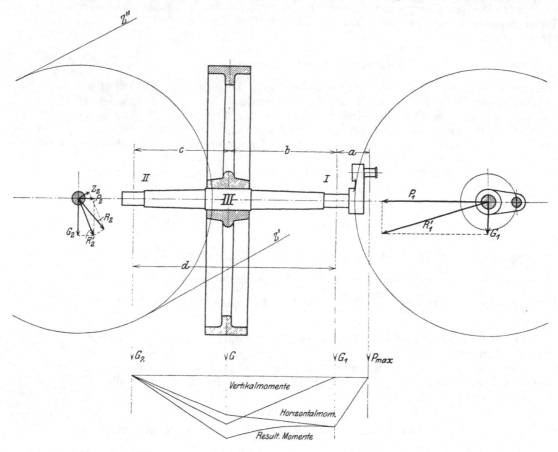

Fig. 569. Kräftewirkung an der Schwungradwelle einer Eincylindermaschine.

auf Verdrehung durch Biegungsmomente, die durch die Triebwerkskräfte und das Schwungradgewicht entstehen, beansprucht.

Das im Querschnitt I des Wellenhalses auftretende Biegungsmoment erreicht seinen Höchstwert $M_b = P_{max} \cdot a$ in der Ebene der Wellen- und Cylinderachse, wenn P_{max} die größte Kolbenkraft der Füllungsperiode bedeutet. Im Querschnitt III dagegen werden durch das Eigengewicht von Welle und Schwungrad einerseits und durch die Triebwerkskräfte und den Riemenzug andererseits Biegungsmomente hervorgerufen, die in verschiedenen Ebenen wirken und zu einem resultierenden Moment $M_3 = R_2 \cdot c$ zusammengefaßt werden können, wenn mit R_2 die am Wellenzapfen II sich ergebende Resultante der Lagerreaktionen der genannten Kräftewirkungen bezeichnet wird.

Im Wellenquerschnitt III erzeugt die Kolbenkraft P_{max} ein Biegungsmoment $P_{max} \dfrac{a}{d} \cdot c$ in der Horizontalebene, das Schwungradgewicht G einschließlich der auf die Schwungradmittelebene bezogenen Gewichtswirkung der Welle ein Moment $G \dfrac{c}{d} \cdot b$, in der senkrechten und der Riemenzug Z ein Moment $Z \dfrac{c}{d} b$ in der zur Wagrechten geneigten Ebene Z_2. Darin ist $Z \eqsim 3\,P_t$ als Resultierende der beiden Riemenspannungen Z' und Z'' für die Umfangskraft $P_t = 716{,}2\,\dfrac{N_e}{n} \cdot \dfrac{1}{R}$ einzuführen.

Für die Querschnitte I und III sind die zugehörigen Biegungsmomente M_b zusammenzufassen mit dem Verdrehungsmoment $M_{d\,max}$ zu ideellen Biegungsmomenten

$$M_{max} = 0{.}35\,M_b + 0{,}65\,\sqrt{M_b{}^2 + (\alpha\,M_{d\,max})^2},$$

worin $\alpha = \dfrac{k_b}{1{,}3\,k_d}$ das sogenannte Anstrengungsverhältnis bedeutet und im vorliegenden Falle für Stahl ungefähr $= 1$ angenommen werden kann.

Die Durchmesser d der Kurbelwelle berechnen sich nach Vorstehendem für die auf Biegung und Verdrehung beanspruchten Stellen aus

$$M_{max} = \frac{\pi}{32}\,d^3\,k_b,$$

wobei die zulässige Biegungsspannung nicht über 500 kg/qcm anzunehmen ist.

Die Wellen von Verbund- oder Zwillingsmaschinen unterscheiden sich von den Kurbelwellen der Eincylindermaschinen nur dadurch, daß beide Wellenenden Biegungsmomenten der Triebwerkskräfte der zugehörigen Maschinenseite ausgesetzt sind, im Querschnitt III Biegungsmomente der Kolbenkräfte beider Maschinenseiten wirksam werden und die ganze Welle auf Verdrehung beansprucht wird.

Die vorstehend gekennzeichnete Berechnung auf Festigkeit ist nur für Wellen von Maschinen kleiner Leistung ausreichend, bei denen die Bemessung für mäßige Materialbeanspruchung möglich wird. Bei Wellen größerer Maschinen dagegen reicht diese Berechnungsweise allein nicht aus, namentlich wenn zur Erzielung bequemer Abmessungen größtmögliche Materialbeanspruchungen zugelassen werden sollen. Es entsteht dann die Gefahr empfindlicher Durchbiegungen, die ein gleichmäßiges Aufliegen der Welle in den Lagern erschweren und ungleiche Druckverteilung in den Lagerschalen bedingen, so daß verstärkte Abnützung und Heißlaufen der Welle sich einstellen muß. Um solchen Vorkommnissen zu begegnen, ist deshalb die Welle nicht nur auf Festigkeit, sondern auch auf Durchbiegung zu berechnen. Die unvermeidliche Durchbiegung muß so gering gewählt werden, daß durch entsprechendes Ausschaben und Nacharbeiten der Lagerschalen eine gleichmäßige Auflagerung der Wellenzapfen noch möglich wird.

Sitzt auf der Welle an Stelle des Schwungrades der Anker einer direkt gekuppelten Dynamomaschine, so muß auf einen geringen Biegungspfeil der ganzen Welle in Rücksicht auf die Aufrechterhaltung eines möglichst gleichmäßigen Luftspaltes zwischen Anker und Magneten besonderer Wert gelegt werden.

Für Wellen mit veränderlichem Trägheitsmoment erweist es sich als zweckmäßig, die Berechnung auf die einer einseitig eingespannten Welle zurückzuführen, da die Tangente an die elastische Linie einer zweimal gelagerten Welle an jeder beliebigen Stelle als Einspannungstangente einer einseitig eingespannten Welle betrachtet werden kann, wenn das an der betreffenden Stelle wirkende Biegungsmoment als Einspannmoment eingeführt wird.

Für eine einseitig eingespannte Welle von konstantem Querschnitt und Trägheitsmoment, Fig. 570, kann die Durchbiegung aus der Gleichung der elastischen Linie

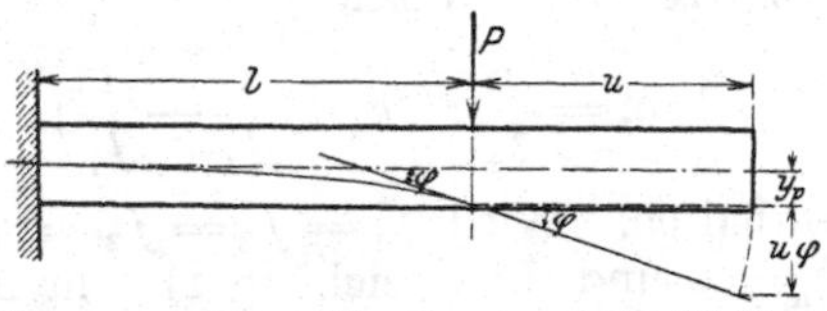

Fig. 570. Einseitig eingespannte Welle mit unveränderlichem Querschnitt.

$M = J\,E\,\dfrac{d_2\,y}{d\,x^2}$ durch zweimalige Integration für eine beliebige Stelle der Welle be-

Kurbelwelle von Verbund- und Zwillingsmaschinen.

Durchbiegung.

Welle mit konstantem Querschnitt.

stimmt werden. Die einmalige Integration ergibt die Tangente des Neigungswinkels der elastischen Linie $\operatorname{tg} \varphi = \dfrac{dy}{dx} = \dfrac{1}{JE}\displaystyle\int M\,dx$.

Eine Kraft P im Abstand l von der Einspannstelle ruft eine Durchbiegung im Angriffspunkt der Kraft hervor von $y_p = \dfrac{P}{JE}\cdot\dfrac{l^3}{3}$, während die Neigung der elastischen Linie an derselben Stelle sich bestimmt zu $\varphi = \dfrac{P}{JE}\cdot\dfrac{l^2}{2}$. An einem um u vom Angriffspunkte der Kraft entfernten Wellenquerschnitt beträgt die Durchbiegung $y_p' = y_p + u\cdot\varphi = \dfrac{P}{JE} l^2\left(\dfrac{l}{3}+\dfrac{u}{2}\right)$.

Welle mit veränderlichem Querschnitt.

Bei einer Welle mit verschiedenen Durchmessern, Fig. 571, kann die Durchbiegung y_u am Wellenende zusammengesetzt gedacht werden aus den Verschiebungen, die das Wellenende infolge der verschiedenen Durchbiegung der einzelnen Absätze erfährt, wobei für die Berechnung der Durchbiegung der einzelnen Wellenabsätze jeweils alle anderen als starr angenommen werden. So ergibt sich z. B. (mit den Bezeichnungen der Figur) der Anteil y_a des Wellenteils a an der Gesamtdurchbiegung als die Durchbiegung einer

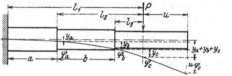

Fig. 571. Einseitig eingespannte Welle mit veränderlichem Querschnitt.

einseitig eingespannte Welle vom konstanten Trägheitsmoment J_1, die durch die Einzelkraft P im Abstand a von der Einspannstelle und das Moment Pl_2 belastet ist, wobei ein unbelastetes Stück von der Länge $l_2 + u$ überragt. Der Anteil y_b des Absatzes b erscheint als Durchbiegung einer einseitig eingespannten Welle vom Trägheitsmoment J_2, die durch die Kraft P im Abstand b von der Einspannstelle und das Moment Pl_3 beansprucht ist, wobei ein unbelastetes Stück $l_3 + u$ überragt usf.

Werden alle so erhaltenen Einzeldurchbiegungen addiert und in geeigneter Weise zusammengestellt, so ergibt sich für den allgemeinen Fall einer Welle mit n Absätzen, bei der ein unbelastetes Stück u über den Angriffspunkt der Kraft überragt, für die Enddurchbiegung y die Gleichung:

$$y = \frac{P}{E}\left[k_1 l_1^2\left(\frac{l_1}{3}+\frac{u}{2}\right) - k_2 l_2^2\left(\frac{l_2}{3}+\frac{u}{2}\right) - \ldots - k_n l_n^2\left(\frac{l_n}{3}+\frac{u}{2}\right)\right] = \ldots$$

$$= \frac{P}{E}\left(\frac{1}{3}\varSigma k l^3 + \frac{u}{2}\varSigma k l^2\right) \quad \ldots \ldots \ldots \ldots \ldots \quad 1)$$

worin zu setzen sind

$$\varSigma k l^3 = k_1 l_1^3 - k_2 l_2^3 - k_3 l_3^3 - \ldots$$
$$\varSigma k l^2 = k_1 l_1^2 - k_2 l_2^2 - k_3 l_3^3 - \ldots$$

und die Koeffizienten $k_1\ k_2\ k_3\ldots k_n$ die Trägheitsmomente je zweier anstoßenden Absätze in der Form:

$$k_1 = \frac{1}{J_1};\quad k_2 = \frac{1}{J_1}-\frac{1}{J_2};\quad k_3 = \frac{1}{J_2}-\frac{1}{J_3};\quad \ldots\ k_n = \frac{1}{J_{n-1}}-\frac{1}{J_n}$$

enthalten. Wird $J_1 = J_2 = J_3 = \ldots = J_n$, so werden die Koeffizienten $k_2,\ k_3,\ k_n = 0$ und die Gleichung 1) geht in die oben abgeleitete Form

$$y = \frac{P}{EJ_1} l_1^2\left(\frac{l_1}{3}+\frac{u}{2}\right)$$

für eine Welle mit konstantem Trägheitsmoment über.

In der Gleichung 1) bedeutet also das erste Glied die Durchbiegung der untersuchten Welle mit konstantem Trägheitsmoment, während die übrigen Glieder den Einfluß der Absätze darstellen. Wie aus der Bedeutung der Koeffizienten k hervorgeht, sind diese Glieder positiv, wenn der zugehörige Absatz ein kleineres Trägheitsmoment als der vorhergehende Absatz aufweist, im anderen Falle negativ.

Auch die Neigung der Tangente an die elastische Linie am Ende der Welle setzt sich aus den Anteilen der einzelnen Wellenstücke gleichen Durchmessers zusammen. Der Anteil des Absatzes a ergibt sich wieder als die Neigung einer einseitig eingespannten Welle vom konstanten Trägheitsmoment J_1, die durch die Einzelkraft P und das Moment $P l_2$ belastet ist; das überragende Stück $l_2 + u$ bleibt bei dieser Durchbiegung gerade und daher ohne Einfluß auf den Neigungswinkel. Durch Addition der einzelnen Neigungen ergibt sich die Neigung φ am Wellenende übereinstimmend mit der Neigung am Angriffspunkte der Kraft P zu

$$\varphi = \frac{P}{E}\left(k_1 \frac{l_1^2}{2} - k_2 \frac{l_2^2}{2} - k_3 \frac{l_3^2}{2} - \ldots k_n \frac{l_n^2}{2}\right) = \frac{P}{2E} \Sigma k l^2.$$

Ebenso wie bei der Durchbiegung y gibt auch hier das erste Glied die Neigung an, die die Endtangente der elastischen Linie bei einem durchweg konstanten Trägheitsmoment J_1 der untersuchten Welle hat $\left(\varphi_1 = \frac{P}{2E}\frac{l_1^2}{J_1}\right)$, während die übrigen Glieder den Einfluß der Absätze enthalten.

Muß einer der Absätze als starr angenommen werden infolge Anschluß eines Konstruktionsteils mit großem Trägheitsmoment, wie beispielsweise der Arme der Wellenkröpfung, so ist nur das betreffende Trägheitsmoment unendlich groß zu setzen, wodurch sein reziproker Wert im Koeffizienten k verschwindet.

Wirkt statt einer Einzelkraft P ein Moment M in einer durch die Wellenachse gehenden Ebene, so ergibt sich die Enddurchbiegung unter Benutzung der entsprechenden Gleichungen der Biegungslehre zu:

$$y' = \frac{M}{E}\left[k_1 l_1\left(\frac{l_1}{2}+u\right) - k_2 l_2\left(\frac{l_2}{2}+u\right) - k_3 l_3\left(\frac{l_3}{2}+u\right)\ldots\right]$$
$$= \frac{M}{E}\left[\frac{1}{2}\Sigma k l^2 + u \Sigma k l\right].$$

Ebenso findet sich für die Endneigung

$$\varphi' = \frac{M}{E}\left[k_1 l_1 - k_2 l_1 - k_3 l_3 - \ldots\right] = \frac{M}{E}\Sigma k l.$$

Treten Kräfte und Momente gleichzeitig auf, so ergibt sich ihr gemeinsamer Einfluß durch Summierung ihrer Einzelwirkungen.

Nach vorstehenden Beziehungen erscheinen die Durchbiegungen und Neigungswinkel von Wellen veränderlichen Trägheitsmomentes ausgedrückt durch die Verbiegung der Welle konstanten Querschnitts und Berücksichtigung des Einflusses der Querschnittsänderungen durch Zusatzglieder, die abhängig sind von der Verschiedenheit der Trägheitsmomente, von der Länge der versteiften bzw. verschwächten Wellenstücke, sowie von ihrer Lage gegenüber Kraftangriff und Durchbiegungsstelle. Die Änderung des Trägheitsmomentes könnte somit auch durch eine gedachte Verlängerung oder Verkürzung der Welle konstanten Querschnittes berücksichtigt werden, je nachdem eine Verschwächung oder eine Verstärkung eingetreten ist. Doch ist hierbei zu beachten, daß bei Berechnung des Neigungswinkels eine andere Längenänderung $\left[k\left(\frac{b}{l}\right)^2\right]$ als bei Berechnung der Durchbiegungen $\left[k\left(\frac{b}{l}\right)^3\right]$ auszuführen wäre.

An Hand dieser Berechnungsmethode ist beispielsweise die in II, Taf. 55 dargestellte Dampfmaschinenwelle einer 3000 pferdigen Mehrfachexpansionsmaschine untersucht. Die Diagramme dieser Tafel zeigen in Abhängigkeit vom Kurbeldrehwinkel den Verlauf der an der Kurbel angreifenden Stangenkräfte, die wirklichen, sowie die auf die Flächeneinheit bezogenen Lagerpressungen, die Tangenten der in den Lagern auftretenden Neigungswinkel, sowie die Materialspannungen an verschiedenen Stellen der Welle.

Die Auftragung macht ersichtlich, daß trotz niedriger Materialspannung (meist unter 400 kg/qcm), in den Hauptlagern dennoch empfindliche Durchbiegungen auftreten können, da die Tangenten der Neigungswinkel in der ungünstigsten Lage Größtwerte $\varphi = 0{,}001$ erreichten.

Die spezifischen Lagerpressungen besitzen die bei guter Schmierung als normal anzusehenden Höchstwerte von 16 bis 18 kg/qcm.

Einfach gekröpfte Welle.

Eincylinder- oder Tandemmaschinen ermöglichen durch Ausbildung von Gabelrahmen die Anwendung gekröpfter Wellen mit nur 2 Lagern, wobei die Schwungräder fliegend angeordnet werden (II, 117, 7). Die Lagerdrücke und Momente

Kraftverteilung an der Welle.

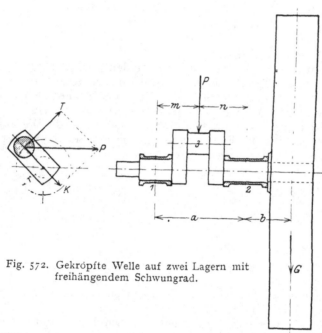

Fig. 572. Gekröpfte Welle auf zwei Lagern mit freihängendem Schwungrad.

werden auch hier, Fig. 572, wie bei der Kurbelwelle durch die Schubstangenkraft P, das Schwungradgewicht G und den Riemenzug S bedingt. Im Querschnitt 3 der Kurbelzapfenmitte wirken beispielsweise Momente der drei vorbezeichneten Kräfte gleichzeitig und zwar in der Größe $P \dfrac{n}{a} \cdot m$ für die veränderliche Schubstangenkraft, $G \dfrac{b}{a} \cdot m$ für das Schwungradgewicht und $S \dfrac{b}{a} \cdot m$ für den Riemenzug. Das resultierende Biegungsmoment ist unter Berücksichtigung der Neigung der betreffenden Momentebenen zueinander zu bestimmen.

Biegungs- und Torsionsbeanspruchung.

Für die Beanspruchung der Querschnitte des Wellenhalses 2 kommt außer den Biegungsmomenten durch Schwungradgewicht und Triebwerksdruck auch noch das Drehmoment $M_{dmax} = T_{max} \cdot r$ der veränderlichen Kurbelumfangskräfte T in Betracht.

Der Durchmesser dieses Wellenquerschnittes ist somit auch aus einem ideellen Biegungsmoment zu berechnen, das sich aus den vorstehend bezeichneten Biegungs- und Torsionsmomenten in gleicher Weise zusammensetzt wie für den Querschnitt 3 der Kurbelwelle S. 489 angegeben. In der Regel werden die Durchmesser der Lagerhälse und der Kröpfung (Querschnitte 1, 2, 3) gleich groß gemacht und für das größte auftretende Biegungsmoment dimensioniert.

Durchbiegung.

Von ganz besonderer Bedeutung für die Bemessung gekröpfter Wellen wird neben der Berechnung auf Festigkeit die Berücksichtigung der Durchbiegung, die unter sonst gleichen Verhältnissen größer als bei Kurbelwellen sich ergibt. Für den einzuschlagenden Rechnungsweg kann in gleicher Weise wie bei den Kurbelwellen von der einseitig eingespannten Welle ausgegangen werden, in welche durch die Kröpfung ein elastisches Glied eingeschaltet erscheint. Der Einfluß der Kröpfung äußert sich sowohl in der Kröpfungsebene als senkrecht zu dieser stets in einer Vergrößerung der Durchbiegung im Vergleich mit der einfachen Welle; auch ist er naturgemäß verschieden mit den relativen Abmessungen der Kröpfungsarme und der Welle.

Sehr kurze Kröpfungsarme, wie sie beispielsweise stehende Schnelläufer besitzen, lassen sich leicht so kräftig ausführen, daß ihr Einfluß auf die Gesamtdurchbiegung nicht bemerkbar wird. Bei langen Kröpfungsarmen dagegen ist deren schwächender Einfluß nicht vernachlässigbar[1]); nur ist bei der rechnerischen Untersuchung der Durchbiegung durch die Kröpfung zu berücksichtigen, daß die Kröpfungsarme nicht in ihrer ganzen Länge an der Formänderung teilnehmen, indem an den Anschlußstellen von Welle und Kurbelzapfen gewissermaßen eine gegenseitige Versteifung durch Materialanhäufung erreicht wird. Diese Versteifung des Wellenschaftes und des Zapfens kann nach Versuchen[2]) zu etwa $1/3$ der Kurbelarmbreite, die Versteifung der Kurbelarme zu $1/4$ des Wellen- bzw. Zapfenradius angenommen werden. Sie wird bei der Bestimmung der Formänderung des Wellenschaftes und des Zapfens dadurch berücksichtigt, daß die versteiften Stücke verkürzt gedacht werden.

Da auch die Stärke des Kurbelzapfens Einfluß auf die Durchbiegung der Welle hat, so ist er möglichst kurz und kräftig auszubilden. Doch muß nach den vorliegenden Erfahrungen das Verhältnis von Länge und Durchmesser des Zapfens $\frac{l}{d}$ 0,8 bis 1,0 bleiben, um ein Ecken und Klemmen zu vermeiden. Es empfiehlt sich das kleinste Trägheitsmoment J_p des Kröpfungsquerschnittes nicht kleiner auszuführen als das Trägheitsmoment des angrenzenden Wellenschaftes. Es kann dann das größere Trägheitsmoment J_s so gewählt werden, daß die Durchbiegung und die Neigungswinkel der Welle für Kräfte, die in der zur Kröpfung senkrechten Ebene wirken, ungefähr gleiche Größe besitzen wie für die in der Kröpfungsebene wirkenden Kräfte. Diese Forderung ist erfüllt für

$$\frac{1}{J_p} = \frac{1}{J_s} \cdot 0{,}78 \left(\frac{J_s}{J_p}+1\right)^3).$$

Bei den meisten Belastungsfällen kann diese Bedingung genau, bei manchen nur angenähert erfüllt werden. Löst man die Bedingungsgleichung auf, so ergibt sich $J_p \simeq 3{,}5\,J_s$. Wird J_p gleich dem Trägheitsmoment des angrenzenden Schaftquerschnittes gewählt, so wird die Kurbelarmhöhe $h \simeq {}^3/_4\,d$ und die Kurbelarmbreite $i = 2\,h$, wenn mit d der Durchmesser des an den Kurbelarm angrenzenden Schaftquerschnittes bezeichnet wird. In der Tat finden sich bei einer Reihe moderner gekröpfter Wellen diese Beziehungen erfüllt. Nach dieser Regel ausgeführte Kröpfungen vereinfachen die Berechnung der Welle insofern, als auf die Nachrechnung für Kräftewirkungen senkrecht zur Kröpfungsebene verzichtet werden kann.

Mehrfach gelagerte Welle.

Bei drei- und mehrfach gelagerten Wellen müssen zur Ausmittlung der Lagerpressungen und Materialspannungen die elastischen Formänderungen der Welle berücksichtigt werden. An den Zwischenlagern ist dabei die Welle als eingespannter auf Biegung beanspruchter Balken zu behandeln und zwar mit einer der elastischen Formänderung entsprechenden Neigung der Achse an der Einspannstelle.

Die an den Lagerstellen im Mittelquerschnitt wirksamen Auflagerkräfte und Spannungsmomente lassen sich nach der Clapeyronschen Methode der Ableitung

Einfluß der Kröpfungsarme.

Mehrfach gelagerte glatte Welle.

[1]) Doktorarbeit von Gompertz, Berechnung gekröpfter Wellen. Techn. Hochschule Darmstadt 1905.
[2]) Z. d. V. d. Ing. 1909, S. 295.
[3]) Nachgewiesen in der Doktorarbeit von Gompertz S. 75.

der Lagerreaktionen aus dem Verlauf der elastischen Linie ermitteln. Werden auf diesem Wege für mehrfach gelagerte glatte Wellen konstanten Durchmessers die Auflagerreaktionen unter der Voraussetzung berechnet, daß sämtliche Lagermitten in einer gemeinsamen Horizontalebene liegen, so ergeben sich bei den in den in den Fig. 573 bis 579 veranschaulichten Belastungsarten die nachfolgend zusammengestellten, allgemein gültigen Rechnungswerte:

Größe der Auflagerreaktionen.

Auflager-reaktionen.

Die in eckigen Klammern beigefügten Werte der Reaktionen beziehen sich auf gleiche Lagerabstände ($a = b = g = h$) und auf die Mittellage der äußeren Kräfte P zwischen den Lagern ($c = d$ bzw. $e = f$).

Welle in 2 Lagern.
Fig. 573.

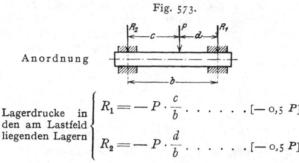

Anordnung

Lagerdrucke in den am Lastfeld liegenden Lagern

$$R_1 = -P \cdot \frac{c}{b} \quad \ldots \ldots \quad [-0{,}5\,P]$$

$$R_2 = -P \cdot \frac{d}{b} \quad \ldots \ldots \quad [-0{,}5\,P]$$

Dreifach gelagerte Welle.

Fig. 574. Kraft P zwischen zwei   Fig. 575. Kraft P außerhalb der
Lagern   Lager

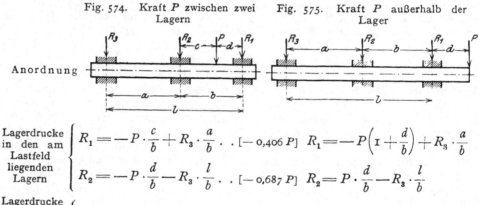

Anordnung

Lagerdrucke in den am Lastfeld liegenden Lager

$$R_1 = -P \cdot \frac{c}{b} + R_3 \cdot \frac{a}{b} \quad . . \quad [-0{,}406\,P] \qquad R_1 = -P\left(1 + \frac{d}{b}\right) + R_3 \cdot \frac{a}{b}$$

$$R_2 = -P \cdot \frac{d}{b} - R_3 \cdot \frac{l}{b} \quad . . \quad [-0{,}687\,P] \qquad R_2 = P \cdot \frac{d}{b} - R_3 \cdot \frac{l}{b}$$

Lagerdrucke in den äußeren von dem Lastangriff entfernten Lagern

$$R_3 = P \cdot \frac{cd}{ba} \cdot \frac{(c + 2d)}{N_3} \quad . . \quad [+0{,}093\,P] \qquad R_3 = -P\,\frac{d(b+d)(b+2d)}{a[2\,l(b+d)+bd]}$$

$$N_3 = 2(a + b).$$

Vierfach gelagerte Welle.
Fig. 576. Kraft P zwischen zwei äußeren Lagern.

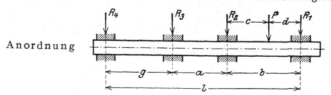

Anordnung

Lagerdrucke in den am Lastfeld liegenden Lagern

$$R_1 = -P \cdot \frac{c}{b} - R_4 \frac{2\,g\,(a+g)}{a\,b} \quad \ldots \ldots \ldots \quad [-0{,}400\,P]$$

$$R_2 = -P \cdot \frac{d}{b} + R_4 \cdot \frac{g}{a} \cdot \left[\frac{2\,l}{b} + \frac{a+2\,g}{a}\right] \quad \ldots \quad [-0{,}725\,P]$$

Lagerdrucke in den äußeren von dem Lastangriff entfernten Lagern

$$R_3 = \qquad -R_4 \frac{(a+g)\,(a+2\,g)}{a^2} \quad \ldots \ldots \quad [+0{,}150\,P]$$

$$R_4 = -P \cdot \frac{c\,d}{b\,g} \cdot \frac{(c+2\,d)\cdot a}{N_4} \quad \ldots \ldots \ldots \quad [-0{,}025\,P]$$

$$N_4 = 2^2\,(a+b)\,(a+g) - a^2.$$

Fig. 577. Kraft P zwischen zwei inneren Lagern.

Anordnung

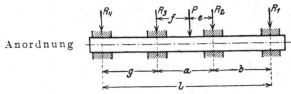

Lagerdrucke in den am Lastfeld liegenden Lagern

$$R_2 = -P \cdot \frac{f}{a} - R_1 \cdot \frac{a+b}{a} + R_4 \cdot \frac{g}{a} \quad \ldots \ldots \ldots \quad [-0{,}575\,P]$$

$$R_3 = -P \cdot \frac{e}{a} + R_1 \cdot \frac{b}{a} - R_4 \cdot \frac{a+g}{a} \quad \ldots \ldots \ldots \quad [-0{,}575\,P]$$

Lagerdrucke in den äußeren von dem Lastangriff entfernten Lagern

$$R_1 = +P \cdot \frac{e\,f}{a\,b} \cdot \frac{2\,g\,(e+2\,f)+3\,a\,f}{N_4} \quad \ldots \ldots \ldots \quad [+0{,}075\,P]$$

$$R_4 = -P \cdot \frac{e\,f}{a\,g} \cdot \frac{2\,b\,(2\,e+f)+3\,u\,e}{N_4} \quad \ldots \ldots \ldots \quad [+0{,}075\,P]$$

$$N_4 = 2^2\,(a+b)\,(a+g) - a^2.$$

Fünffach gelagerte Welle.

Fig. 578. Kraft P zwischen zwei äußeren Lagern.

Anordnung

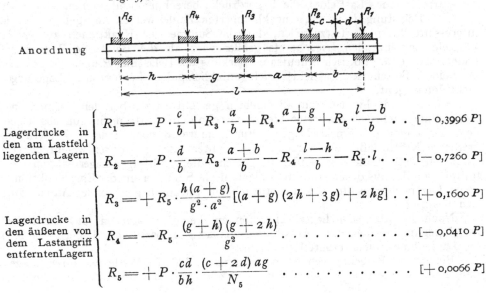

Lagerdrucke in den am Lastfeld liegenden Lagern

$$R_1 = -P \cdot \frac{c}{b} + R_3 \cdot \frac{a}{b} + R_4 \cdot \frac{a+g}{b} + R_5 \cdot \frac{l-b}{b} \quad \ldots \quad [-0{,}3996\,P]$$

$$R_2 = -P \cdot \frac{d}{b} - R_3 \cdot \frac{a+b}{b} - R_4 \cdot \frac{l-h}{b} - R_5 \cdot l \quad \ldots \quad [-0{,}7260\,P]$$

Lagerdrucke in den äußeren von dem Lastangriff entfernten Lagern

$$R_3 = +R_5 \cdot \frac{h\,(a+g)}{g^2 \cdot a^2}[(a+g)\,(2\,h+3\,g)+2\,h\,g] \quad \ldots \quad [+0{,}1600\,P]$$

$$R_4 = -R_5 \cdot \frac{(g+h)\,(g+2\,h)}{g^2} \quad \ldots \ldots \ldots \ldots \quad [-0{,}0410\,P]$$

$$R_5 = +P \cdot \frac{c\,d}{b\,h} \cdot \frac{(c+2\,d)\,a\,g}{N_5} \quad \ldots \ldots \ldots \ldots \quad [+0{,}0066\,P]$$

Fünffach gelagerte Welle.

Fig. 579.   Kraft P zwischen zwei inneren Lagern.

Anordnung

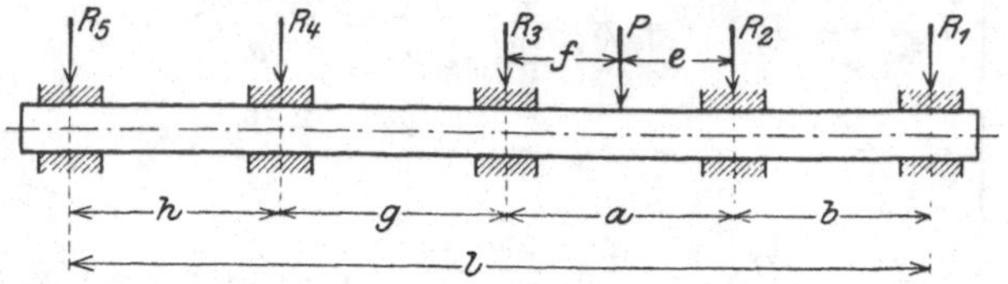

Lagerdrucke in den am Lastfeld liegenden Lagern

$$R_2 = -P \cdot \frac{f}{a} - R_1 \cdot \frac{a-b}{a} + R_4 \cdot \frac{g}{a} + R_5 \cdot \frac{g+h}{a} \qquad . \quad [-2{,}0755\,P]$$

$$R_3 = -P \cdot \frac{e}{a} + R_1 \cdot \frac{b}{a} - R_4 \cdot \frac{a+g}{a} - R_5 \cdot \frac{l-b}{a} \quad . \quad . \quad [+0{,}1563\,P]$$

Lagerdrucke in den äußeren von dem Lastangriff entfernten Lagern

$$R_1 = \frac{1}{N_1} \cdot \left[R_5 \cdot \frac{h}{2g} \cdot N_5 + R_5 \cdot a(a+2b)(g+h) \right.$$
$$\left. + P \cdot ef(3b+2e+f) \right] \quad \ldots \quad \ldots \quad [+0{,}8253\,P]$$

$$R_4 = -R_5 \cdot \frac{(g+h)(g+2h)}{g^2} \quad \ldots \quad \ldots \quad [+0{,}1125\,P]$$

$$R_5 = -\frac{ef}{ah} \cdot \frac{g\,[(f+2e) \cdot 2b + 3ae]}{N_5} P \quad \ldots \quad \ldots \quad [-0{,}0187\,P]$$

$$N_5 = 2^3 \cdot (a+b)(a+g)(g+h) - 2\,[a^2(g+h) + g^2(a+b)].$$

$$N_1 = (a+b)(a+2b) \cdot b.$$

Um die Wirkung einer bestimmten Belastung eines Wellenteils auf die sämtlichen Lagerstellen angenähert beurteilen zu können, sind für den nicht ungewöhnlichen Fall gleicher Lagerentfernungen und des Angriffes der äußeren Kräfte in der Mitte je eines Lastfeldes, die Lagerdrücke berechnet und in Bruchteilen der äußeren Belastung P in den eingeklammerten Zahlenwerten angegeben. Es ist interessant, hiernach festzustellen, daß die Summe der Reaktionen zweier das Lastfeld begrenzenden Lager stets größer wird als die Belastung P, und daß andererseits eine praktisch bedeutsame Wirkung der Belastung P über die nächsten zu beiden Seiten des Lastfeldes sich anschließenden Felder und Lagerungen nicht hinausgeht.

Es erscheint hiernach im allgemeinen gerechtfertigt, bei der rechnerischen Behandlung mehrfach gelagerter Wellen nur die dem Kraftangriff zunächstliegenden vier Lager zu berücksichtigen. Für mehrere in verschiedenen Feldern angreifende Kräfte läßt sich die rechnerische Untersuchung dadurch wesentlich vereinfachen, daß für die einzelnen Kräfte getrennt die zugehörigen Lagerreaktionen ermittelt werden, aus denen sich durch algebraische Summierung der Einzelreaktionen jeden Lagers der resultierende Lagerdruck mit praktisch genügender Annäherung sich bestimmt.

Nach Kenntnis der Lagerkräfte können die Wellenstärken und elastischen Durchbiegungen, sowie unter Annahme der zulässigen spezifischen Lagerpressungen die Lagerabmessungen ermittelt werden.

Bei diesen Berechnungen ist vorausgesetzt, daß die Welle auf ihrer ganzen Länge unveränderten Querschnitt besitze, eine Annahme, von der für die vorläufige Ausmittlung gekröpfter Wellen meist ausgegangen wird, da sie rasch ein Urteil über die wahrscheinlichen Abmessungen der Welle gewinnen läßt.

Eine genaue Berücksichtigung der Kröpfungen und der veränderlichen Wellenquerschnitte kann in gleicher Weise wie für die zweifach gelagerte Welle durchgeführt werden, doch möge hinsichtlich der hierzu erforderlichen weitläufigen Rechnungen auf die bezüglichen Veröffentlichungen, die die vorliegende Aufgabe eingehend behandeln, verwiesen werden[1]).

In der Gompertzschen Arbeit ist durch geschickte Teilung und Gliederung der Aufgabe, unter Benützung des gleichen Gedankenganges wie für die zweifach gelagerten Wellen, ein Rechnungsweg eingeschlagen, der eine durchsichtige und bequeme Berechnung der technisch wichtigen Einzelheiten auch dieser komplizierten Wellen ermöglicht.

Für die praktisch hauptsächlich interessierenden Auflagerreaktionen und Neigungswinkel der elastischen Linie liefert dieses Verfahren Endgleichungen, in die nur bestimmte, mit den Einzelabmessungen der Wellenteile zusammenhängende Hilfswerte einzusetzen sind, um die absoluten Werte der bezeichneten Größen zu erhalten.

Zu diesem Zwecke wird die n fach gelagerte Welle in $(n + 1)$ Einzelwellen zerlegt, von denen jede sich berechnen läßt, wenn die an den Schnittstellen aufeinander übertragenen inneren und die diesen das Gleichgewicht haltenden äußeren Kräfte und Momente bekannt sind. Diese äußeren Kräfte und Momente lassen sich nun aus Gleichungen ermitteln, die die Formänderungen und den Spannungszustand der Welle wiedergeben.

An den in den Lagern gedachten Schnittstellen ist der Zusammenhang zweier benachbarten Wellenstücke eindeutig durch die Festsetzung bestimmt, daß beide an der Schnittstelle

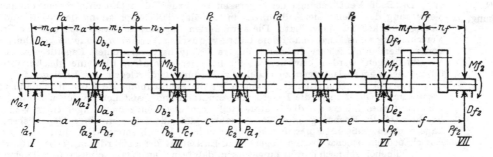

Fig. 580. Kräfteverteilung einer mehrfach gekröpften Welle.

eine gemeinsame Tangente ihrer elastischen Linie besitzen, und daß die rechts und links von der Schnittstelle an den Einzelwellen anzubringenden Kräfte und Momente einander das Gleichgewicht halten. Aus der paarweisen Gleichsetzung der Neigungswinkel an den Schnittstellen ergeben sich die Bedingungsgleichungen für die unbekannten Schnittmomente. Mit Hilfe der letzteren lassen sich alsdann auch die Auflagerreaktionen bestimmen, da diese als Funktionen der Schnittmomente sich ergeben.

Aus der Darstellung der Kräfteverteilung einer mehrfach gekröpften Welle, Fig. 580, in der auch die übersichtlichen Bezeichnungen für die Kräfte, Momente, Neigungswinkel, Reaktionen, Lagerabstände usw. eingeschrieben sind, ist zu erkennen, daß die resultierenden Lagerdrücke sich zusammensetzen aus den Reaktionen der in den benachbarten Feldern wirkenden Einzelkräfte und Schnittmomente. Beispielsweise setzt sich der resultierende Lagerdruck R_I aus zwei Teilen zusammen. Ein Teil P_{a1} rührt von der Einzelkraft P_a her, der andere D_{a1} von den beiden Schnittmomenten M_{a1} und M_{a2}, die der Einfachheit wegen mit M_I und M_{II} bezeichnet werden mögen. $P_{a1} = P_a \dfrac{n_a}{a} =$ der Reaktion einer von der Kraft P_a belasteten zweimal gelagerten Welle von der Länge a; D_{a1} ermittelt sich als Reaktion einer von den beiden Momenten M_I und M_{II} belasteten zweimal gelagerten Welle $= \dfrac{M_{II} - M_I}{a}$ gleich der Summe dieser beiden Einzelreaktionen, also unter Berücksichtigung der Vorzeichen:

$$R_I = P_{a1} + \frac{M_{II} - M_I}{a},$$

[1]) Doktorarbeit von Dipl.-Ing. Gompertz, Darmstadt: „Über abgesetzte und gekröpfte Wellen". Dr. Ing. Max Ensslin: Mehrfach gelagerte Kurbelwellen. Stuttgart 1902.

ebenso ergibt sich:

$$R_{II} = P_{a2} \dotplus P_{b1} \dotplus \frac{M_I}{a} - \frac{M_{II}(a+b)}{ab} + \frac{M_{III}}{b}$$

$$R_{III} = P_{b2} \dotplus P_{c1} \dotplus \frac{M_{II}}{b} - \frac{M_{II}(b+c)}{bc} + \frac{M_{IV}}{c}$$

$$R_{VII} = P_{f2} \dotplus \frac{M_{VI} - M_{VII}}{f}.$$

Aus diesen Gleichungen, deren Zahl mit der Zahl der Schnittmomente übereinstimmt, lassen sich somit letztere berechnen. Zu beachten ist, daß die beiden Schnittmomente M_I und M_{VII} in den Außenlagern als bekannt vorausgesetzt werden können. Wenn an den Wellenenden äußere Kräfte durch fliegende Schwungräder oder durch Kurbelantrieb nicht mehr zur Wirkung kommen, so wird $M_I = M_{VII} = 0$.

Wie aus den vorhergehenden Feststellungen für mehrfach gelagerte glatte Wellen konstanten Durchmessers hervorgeht, genügt es für die praktischen Bedürfnisse als allgemeinen Fall die vierfach gelagerte Welle zu betrachten, da die aus den äußeren Kräften sich ableitenden Schnittmomente und Lagerdrücke über die dem Kraftfeld benachbarten Felder hinaus meist so klein werden, daß sie vernachlässigt werden dürfen.

Bei einer siebenfach gelagerten Welle würden daher die Reaktions- und Momentenwirkungen der in den einzelnen Feldern wirkenden äußeren Kräfte nur innerhalb des zugehörigen und der beiden benachbarten Felder verfolgt werden brauchen.

Bisher war bei der Entwicklung der Gleichungen für die Schnittmomente und Lagerreaktionen mehrfach gelagerter Wellen vorausgesetzt worden, daß sämtliche Lagerstellen auf einer Geraden liegen. Werden eine oder mehrere Lagerstellen senkrecht zur Wellenachse verschoben, so ergeben sich für die oben entwickelten Gleichungen nur einige Zusätze.

Lager-
verschiebung.
Durch die Verschiebung eines Lagers senkrecht zur Wellenachse entsteht eine entsprechende Verbiegung der Welle, die Änderungen in der Materialbeanspruchung der Welle und in den Auflagerdrücken zur Folge hat. Die veränderten Lagerkräfte lassen sich aus der Größe der Verschiebung eines Lagers nach dem Clapeyronschen Verfahren genau so berechnen, wie im vorhergehenden Abschnitt die durch äußere Kräfte hervorgerufenen Lagerdrücke. Derartige Verschiebungen werden bisweilen absichtlich hervorgerufen, um eine gleichmäßigere Verteilung der Lagerbelastungen zu erzielen z. B. durch Höherlegen der Endlager.

Aus den so ermittelten Gleichungen für die Schnittmomente kann man dann nach den vorstehenden Gleichungen die Lagerdrücke ermitteln und feststellen, welchen Einfluß die Verschiebung eines Lagers auf die Kräfteverteilung über die einzelnen Lager einer Welle ausübt. Ergibt z. B. die Rechnung unter der Annahme, daß alle Lager in einer Höhe liegen, für ein Lager eine zu große Lagerpressung, so kann durch die Verschiebung, d. i. durch entsprechendes Ausschaben eines benachbarten Lagers, eine Entlastung des gefährdeten herbeigeführt werden.

Schließlich sei noch darauf hingewiesen, daß beim Durchgang eines reinen Drehmomentes durch eine Kröpfung die entstehende Formänderung derselben Lagerdrücke senkrecht zur Kröpfungsebene erzeugt, die sich in ähnlicher Weise wie die durch eine Verschiebung eines Lagers hervorgerufenen berechnen lassen.

Rechnungs-
beispiele.
Um über die Beanspruchungen ausgeführter Dampfmaschinenwellen ein Urteil zu gewinnen, wurden eine Reihe solcher durchgerechnet und die Rechnungsergebnisse in II, Taf. 55 bis 59 graphisch zusammengestellt. Hiernach entstehen während einer Umdrehung die größten Druckschwankungen, wie sich auch erwarten läßt, in den neben den Kröpfungen liegenden Lagern, während die Außenlager, in deren Nähe meist die Gewichte der Schwungräder oder Dynamoanker wirken, fast unveränderliche Belastung aufweisen.

Die Materialbeanspruchung gekröpfter Wellen wird allgemein niedrig gewählt, Spannungen von 500 kg/qcm werden selten erreicht, meist liegen sie zwischen 300 bis 400 kg/qcm. Diese geringe Beanspruchung ist bedingt durch das Bestreben, die Durchbiegungen und die Neigungswinkel der elastischen Linie in den Lagern möglichst klein zu gestalten.

Allerdings gibt die Größe des Neigungswinkels allein für die Beanspruchung des Lagers keinen sicheren Anhalt, da bei gleichem Neigungswinkel der elastischen Linie ein langes Lager größere Schwierigkeiten bereitet als ein kurzes. Als entscheidendes Maß für die zulässige Formänderung der Welle ist daher ihre Durchbiegung am Lagerende zu wählen, d. i. das Produkt aus halber Lagerlänge und Neigungswinkel. Bei den mehrfach gelagerten Wellen schwankt diese Durchbiegung zwischen 0,18 bis 0,25 mm; bei den zweifach gelagerten wurden sogar Werte bis zu 0,5 mm ermittelt.

c. Ausführung gekröpfter Wellen und Wellenkupplungen.

Die rechnerische Feststellung der Ausführungsdimensionen gekröpfter Wellen hinsichtlich Festigkeit und Formänderung setzt sowohl vorzügliche Beschaffenheit des Materials als auch sorgfältigste Herstellung und Bearbeitung der Welle voraus. In letzterer Hinsicht werden aber bei der Ausführung der Kröpfung leicht Mängel erzeugt, wie häufig auftretende Brüche beweisen. Bei kleinen Kröpfungen entsteht beispielsweise eine Schwächung derselben grundsätzlich dadurch, daß sie durch Aussägen eines Stückes a, Fig. 581, aus einer entsprechenden Verbreiterung A des Wellenschmiedestückes gebildet wird. Da durch ein solches Abtrennen die Längsfasern der Welle gewissermaßen durchschnitten werden, so ist damit auch die Widerstandsfähigkeit der Kröpfung nachteilig beeinflußt. Dieser Nachteil läßt sich zwar dadurch vermeiden, daß die Kröpfung durch entsprechende Biegung einer geraden Welle erzeugt wird.

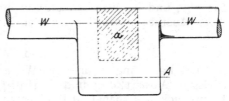

Fig. 581. Herstellung der Kröpfung bei kleinen Wellenabmessungen.

es entstehen aber andererseits bei diesem Herstellungsverfahren so beträchtliche Biegungsspannungen, daß es überhaupt nur für kleine Wellendurchmesser in Betracht kommen kann. Andererseits geben schwere gekröpfte Wellen bei dem heute ausschließlich verwandten Flußeisen oder Flußstahl leicht zu Materialfehlern durch Lungerbildung, besonders in den Kröpfungen, Veranlassung. Bei großen Ausführungsdimensionen werden deshalb häufig die gekröpften Wellen aus ihren einzelnen Teilen, Welle, Arm und Kurbelzapfen, mittels Schrumpfverbindung zusammengesetzt. Durch eine solche Herstellung läßt sich die erforderliche Homogenität des Materials in den einzelnen Teilen sichern. Ist bei kleinem Kurbelradius in den Kröpfungsarmen nicht genügend Platz, um

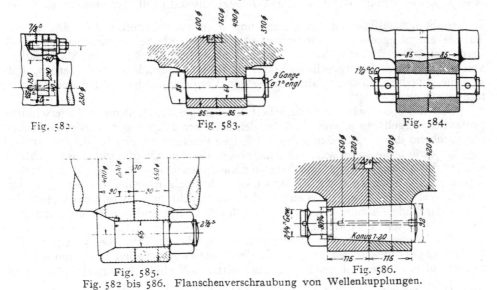

Fig. 582.　　Fig. 583.　　Fig. 584.

Fig. 585.　　Fig. 586.
Fig. 582 bis 586. Flanschenverschraubung von Wellenkupplungen.

Kurbelzapfen und Welle einzusetzen, so können die Kröpfungsarme mit dem Kurbelzapfen aus einem Stück geschmiedet und nur die beiden Wellenenden in die Arme eingesetzt werden.

Außer der Notwendigkeit der Zusammensetzung einer Maschinenwelle an ihren Kröpfungen besteht nicht selten das Bedürfnis, bei größerer Wellenlänge auch die Welle selbst zu unterteilen. Die Kupplung derartiger Wellenstücke untereinander erfolgt alsdann mittels Flanschenverschraubung, Fig. 582 bis 586, wobei

die Kupplungsflanschen entweder an die zu verbindenden Wellenenden angeschweißt
oder angestaucht sind und mittels cylindrischer Zentrierflächen axial aufeinander
passen. Die Schraubenbolzen sind zur Übertragung des Torsionsmoments genügend
kräftig auf Abscherung zu dimensionieren und in ihre Flanschenlöcher genau einzuschleifen. Die Paßflächen des Schraubenschaftes können dabei entweder cylindrisch oder konisch gewählt werden, wie dies in den verschiedenen Ausführungsarten der Fig. 582 bis 586 zum Ausdruck kommt. Um Brüche von Kupplungs-
schrauben sofort erkennen zu lassen, können sie ihrer Länge nach angebohrt,
Fig. 586, und in dieser Anbohrung mit farbiger Flüssigkeit gefüllt werden, durch
deren Ausfließen ein eingetretener Bruch sich anzeigt.

d. Wellenlager.

Die Lagerlänge l für einen Wellenzapfen vom Durchmesser d wird durch die
zulässige Abnützung und Reibungsarbeit bestimmt, deren Größe von dem
Lagerdruck R abhängt, der seinerseits aus dem auf das Lager entfallenden Teil
der Kolbenkräfte, des Eigengewichtes von Schwungrad und Dynamo, des Seil-
oder Riemenzuges, der Zahnraddrücke u. dgl. resultiert. Als Maß für die Abnützung dient der Flächendruck $p = \dfrac{R}{l \cdot d}$.

**Flächendruck
und Reibungs-
arbeit.**

Durch die mit dem veränderlichen Triebwerksdruck sich ergebenden veränderlichen Drücke in den Kurbellagern wird deren Schmierung erleichtert, so daß größere
spezifische Lagerpressungen zulässig sind ($p = 16$ bis 22 kg/qcm) als bei den Außenlagern, für die die spezifische Pressung $p = 6$ bis 8 kg/qcm nicht überschreiten soll.

Für die Abnützung des Lagers sind nicht die größten, sondern die mittleren Flächenpressungen bestimmend, da von ihnen die spezifische Reibungsarbeit A abhängt. Diese beträgt auf die Sekunde und 1 qcm Druckfläche bezogen
$A = p_m \mu \cdot \omega \cdot \dfrac{d}{2}$ mkg, wobei ω die Winkelgeschwindigkeit der Maschine, μ den
Lagerreibungskoeffizienten bezeichnet und d in m einzusetzen ist. Die in der
Tabelle eingetragenen Rechnungswerte der Lagerreibung wurden mit $\mu = 0{,}1$
berechnet. Der wirkliche Reibungskoeffizient ist geringer, aber in Abhängigkeit
von Schmierung, Lagergeschwindigkeit und Flächendruck so veränderlich, daß
sich die gewählte Ziffer zur Erreichung von Vergleichszahlen als bequemer Rechnungswert rechtfertigt.

Was die spezifische Reibungsarbeit für den Quadratzentimeter Lagerschalen-
projektion angeht, so schwankt sie bei den einzelnen Lagern der gekröpften Wellen
entsprechend den verschieden hohen zulässigen Flächenpressungen. In den Kurbellagern beträgt die spezifische Reibungsarbeit für den Quadratzentimeter Druckfläche 1 bis $1{,}6$ mkg (der größere Wert für Maschinen über 2000 PS), in den Außenlagern dagegen nur etwa $0{,}5$ bis $0{,}75$ mkg. Für Walzenzugsmaschinen sind zwar
höhere Werte berechnet; diese entsprechen aber nicht den Mittelwerten einer Be-
harrungsperiode, sondern nur vorübergehend auftretenden Mittelwerten der
Periode höchster Geschwindigkeit.

Die Rücksicht auf die zulässigen Reibungsarbeiten führt bei Vergleich zahlreicher Lagerabmessungen von verschiedenen Maschinengrößen und Umdrehungszahlen auf ein nahezu übereinstimmendes mittleres Verhältnis zwischen Lagerlänge
und Durchmesser $\dfrac{l}{d} = 1{,}7$ bis $1{,}8$ sowohl für Gabel- wie für Bajonettrahmen.

Schmierung.

Es darf nicht unerwähnt bleiben, daß auch bei den nach vorstehenden Angaben
berechneten Lagern Heißlaufen der Wellenzapfen eintreten kann, und zwar
verursacht durch ungenaue Montage und demzufolge ungleiche Druckverteilung
über die Lauffläche, oder durch fehlerhafte Wartung, vernachlässigte Schmierung,
Verunreinigung durch Staub u. dgl.; auch elastische Formänderungen der Welle
können unzulässig hohe einseitige Lagerpressungen hervorrufen.

Die zur Verminderung der Reibung und zur Fortführung der Reibungswärme notwendige Schmierung des Lagers erfolgt durch konsistente oder flüssige Schmiermittel. Flüssiges Öl wird durch Tropföler und im Deckel eingebohrte Kanäle zugeführt, die an der Innenfläche der entsprechend angebohrten Lagerschalen ausmünden und von hier aus das Öl auf die Welle führen, Fig. 587.

Meist erfolgt die Ölzufuhr an zwei Stellen der oberen Lagerschale, die auch besondere Schmiernuten zur geeigneten Ölverteilung auf dem Zapfen enthält. Diese von den Öleintrittsstellen ausgehenden Verteilungskanäle sind untereinander zu verbinden und um die Zapfenoberfläche so herumzuführen und zu begrenzen, daß an den Endkanten der Lagerschalen kein Ölaustritt möglich ist. Das von der

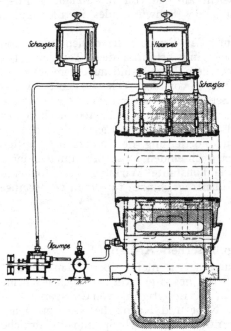

oberen Schale abfließende Öl gelangt in die zwischen den Lagerschalen befindlichen Aussparungen, von denen aus durch zickzackförmige oder gebogene Kanäle der unteren Lagerschale das Öl wieder möglichst gleichmäßig auf die untere Zapfenlauffläche verteilt wird. Auf dieser eigentlichen Tragfläche des Zapfens ist die richtige Ölverteilung besonders wichtig. Das verbrauchte Öl läuft entweder an den Rändern der Lagerschalen ab und wird nach Fig. 587 wieder zur Ölpumpe zurückgeführt oder wird in einer Nute in der Mitte der

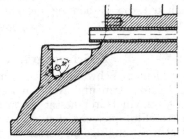

Fig. 587. Kurbellager mit Ölumlauf mittels Ölpumpe. Wellendurchmesser 410 mm.

Fig. 588.
Lagerfuß mit Ölauffangrinne.

unteren Lagerschale gesammelt und mittels einer Anbohrung mit anschließendem Ablaufkanal und Ölauffangrinne nach dem Ölsammelbehälter abgeführt, Fig. 588. Die Anordnung einer Ölumlaufpumpe ermöglicht reichliche Schmierung und genügende Wärmeabfuhr. In Fig. 587 wird die Ölpumpe von der Kurbelwelle durch Riemen angetrieben und saugt das vom Lager ablaufende Öl an, um es wieder in den über dem Lagerdeckel angeordneten Öltopf zurückzuheben, an dem es durch die Tropföler den Lagerschalen zufließt. Ein in den letzteren Ölbehälter eingehängtes feinmaschiges Metallsieb bewirkt die für die Wiederverwendung des Öls erforderliche Reinigung. Nicht nur im Interesse der Sauberkeit, sondern auch um eine Zerstörung des Fundamentes durch das Öl zu vermeiden, ist überhaupt für eine rationelle Abfuhr gebrauchten und für ein Sammeln des verspritzten Öles am Rahmen der Maschine selbst zu sorgen.

Ringschmierung für die Hauptwellenlager ist bei Maschinen mittlerer Größe und hohen Umdrehungszahlen mit Erfolg verwendet (II, 37, 11), seltener bei großen Maschineneinheiten (II, 32, 2; 33, 3). Bei stark belasteten Kurbel- und Schwungradlagern ist Umlaufschmierung mit besonderen Ölpumpen vorzuziehen. Hauptwellenlager von Walzenzugsmaschinen weisen außer den Einrichtungen zur Ölschmierung noch Aussparungen in den Lagerdeckeln auf, durch die gebotenenfalls bei Gefahr des Heißlaufens Fett in größeren Mengen zugeführt werden kann, II, 35, 6 und 7.

8. Schwungrad.

Die im Interesse möglichst gleichmäßigen Ganges der Dampfmaschine auf der Kurbelwelle anzuordnende Schwungmasse wird konstruktiv in Form des Schwungrades ausgebildet, weil es dadurch möglich ist, die erforderliche Massenwirkung bei Aufwand kleinster Konstruktionsgewichte zu erzielen. Es bildet deshalb der Schwungkranz die eigentliche Energiemasse, deren Gewicht für eine bestimmte Energiegröße um so kleiner werden kann, je größer der Durchmesser des Kranzes genommen wird.

Die praktische Grenze für den Schwungringdurchmesser wird beeinflußt durch die Größenverhältnisse der Dampfmaschine und maßgebend bestimmt durch die zulässige Umfangsgeschwindigkeit in Rücksicht auf die von ihr abhängige Fliehkraftwirkung, die die Materialbeanspruchung des Schwungrades in allen seinen Teilen hauptsächlich bedingt.

Zur Verbindung des Schwungringes mit der Kurbelwelle dienen Nabe und Arme. Im Beharrungszustand der Drehbewegung erfahren diese Teile eine Beanspruchung durch die Fliehkräfte der rotierenden Massen und außerdem während jeder Umdrehung durch jene Kraftwanderungen von der Welle in den Schwungring und umgekehrt, die durch die vom Schwungring aufzunehmenden oder abzugebenden Arbeitsüberschüsse behufs gleichmäßiger Arbeitsabgabe nach außen bedingt oder durch plötzliche Widerstandsänderungen hervorgerufen werden.

Dient das Schwungrad gleichzeitig zur Fortleitung der Nutzarbeit mittels Riemen- oder Seiltrieb, dann kommt zu den wechselnden Beanspruchungen durch die veränderliche Triebwerksarbeit noch die konstante Wirkung des Momentes der Umfangskraft P, die die Nutzleistung N überträgt, hinzu, für deren gegenseitige Abhängigkeit die Beziehung besteht

$$PR = 716{,}2 \, \frac{N_e}{n} \, .$$

a. Schwungräder mit gußeisernen Armen.

Bei kleinen Schwungrädern, deren Durchmesser nicht über 2,0 m beträgt, können Kranz, Arm und Nabe aus einem Stück gegossen werden, doch erscheint es bei 1,5—2,0 m Durchmesser schon geboten, zur Beseitigung von Gußspannungen in den Anschlußquerschnitten der Arme an Nabe und Kranz die Nabe mit einer diametralen Sprengfuge zu versehen, die nach dem Guß durch Spaltung gefährliche Gußspannungen beseitigen läßt. Durch Zwischenlagen am durchgesägten Spalt und Schwindverbindung werden die Nabenhälften wieder verbunden.

Das Beispiel eines ohne Sprengfuge gegossenen Schwungrades, das gleichzeitig als Riemenscheibe dient, zeigt II, Taf. 2. Bei einer derartigen Ausführung sind zur möglichsten Verminderung der Gußspannungen allmähliche Übergänge an den Anschlußstellen von Nabe und Kranz besonders wichtig. In der Regel werden aber Schwungräder schon von 1.5 m Durchmesser an zweiteilig gegossen und die beiden Radhälften durch Verschraubung oder Schwindverbindung an Nabe und Kranz wieder vereinigt. Die Trennung wird dabei entweder in der Mitte der Arme oder zwischen ihnen ausgeführt.

Zwei in den Armen geteilte Schwungräder sind II, 124, 1 und 2 veranschaulicht; das kleinere von 1,8 m Durchmesser weist an Nabe und Kranz Schraubenverbindung, das größere von 3,0 m Durchmesser Schwindverbindung auf, wobei außerdem noch die Arme miteinander verschraubt sind.

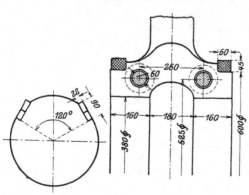

Fig. 589. Verbindung der Nabenhälften durch Verschraubung und Schrumpfringe; Anordnung der Nabenkeile.

Die Armteilung bei größeren Ausführungsverhältnissen zeigen die Seilschwung-
räder II, 126, 6 und 127, 7 von 5,0 m bzw. 6,0 m Durchmesser. Ihre Naben sind
durch Schrauben und Schwindringe verbunden Fig. 589; auf gleiche Art der
Kranz des breiten Rades, während das schmälere Schwungrad eine durch Fig. 592
in größerem Maßstabe veranschaulichte Verkeilung aufweist, die mittels in die
Kranzkörper eingelegter schmiedeiserner Platten die beiden Kranzhälften zu-
sammenhält.

Bei Rädern über 2,0 m Durchmesser findet in der Regel die Trennung zwischen den Armen statt; wobei die Nabenhälften stets mit Schwindringen und gleichzeitiger Verschraubung in der durch Fig. 589 gekennzeichneten Art vereinigt werden.

Die Abmessungen der Schwindringe und Schraubenbolzen werden hierbei so
gewählt, daß beide Verbindungselemente einzeln imstande sind, den auf die Nabenhälften entfallenden Teil der Fliehkraftwirkung der Schwungmassen mit ausreichender Sicherheit aufzunehmen, d. h. ohne Lockerung der Spannungsverbindung.
Letztere ist deshalb mit größerer Materialanspannung auszuführen, als sich aus
der Fliehkraftwirkung des Rades allein berechnet. Unter der Voraussetzung, daß
die senkrecht zur Teilebene wirkenden Komponenten der Fliehkräfte von Schwungkranz und Armen sich gleichmäßig auf Nabe und Kranz verteilen, hat die Naben-
verbindung die Hälfte der Fliehkraftwirkung aufzunehmen, d. i. $\frac{1}{2} C_n$, wenn die
Summe der auf die Trennungsebene des Rades bezogenen Normalkomponenten der
Fliehkräfte einer Radhälfte mit C_n bezeichnet wird.

Die von dieser Kraftwirkung abhängige rechnungsmäßige Materialbeanspruchung
in den aus Schmiedeisen bzw. Stahl bestehenden Verbindungselementen darf zu
rund 300 kg/qcm angenommen werden, unter Berücksichtigung des Umstandes
daß die Erzeugung ausreichender Spannungsverbindung die tatsächliche Materialspannung doch auf etwa den doppelten Wert erhöht.

Die Kranzverbindung ist je nach der Querschnittform und der Abmessungen
des Kranzes verschiedenartig gestaltet. Handelt es sich um einen Schwungring
von rechteckigem Querschnitt und geringer Kranzbreite, so besteht die einfachste
Verbindung in der durch Fig. 590 und 591 veranschaulichten Verkeilung. An den
Stoßstellen der Kranzhälften werden die beiden Kranzkörper mittels schmiedeiserner
Einlagestücke von kreisförmigem oder rechteckigem Querschnitt und Keilen zusammengezogen. Bei großer Radbreite, wie beispielsweise der des Seilschwungrades Fig. 592, wird die Verkeilung an jeder Stoßstelle zweckmäßigerweise doppelt
ausgeführt.

Die Keilverbindung hat den Vorteil, derart angeordnet werden zu können,
daß an jeder Stoßstelle die resultierende Zugkraft in einem Punkt S_v angreift, der
entweder mit dem Schwerpunkt S_k des Kranzquerschnittes zusammenfällt oder
wenigstens diesem sehr nahe liegt, so daß die Druckverteilung in den Stoßflächen
eine möglichst gleichmäßige wird.

Häufiger wird aber bei Schwungrädern für Riemen- und Seiltrieb statt der an
sich unvollkommenen Keilverbindung mehrfache Verschraubung angewendet, die
sich in naturgemäßer und einheitlicher Weise auf die ganze Radbreite verteilen
läßt, wie dies die Kranzverbindungen Fig. 593 bis 595 zeigen, die den in II,
124, 2. 125, 4 und 127, 7 dargestellten Schwungrädern angehören.

Für die sachliche Bewertung der vorerwähnten Kranzverbindungen muß wieder
die Forderung maßgebend erachtet werden, daß das Angriffsmittel S_v der durch die
verbindenden Elemente hervorgerufenen Zugkräfte möglichst zusammenfällt mit
dem Schwerpunkt des Kranzquerschnittes S_k oder wenigstens diesem möglichst
nahe rückt. Dieser Forderung entsprechen die letztbezeichneten Kranzverbindungen
weniger gut wie die Verkeilungen, nach Fig. 590 bis 592. Diese Schwierigkeit
der Verschraubung führt daher in einzelnen Fällen zur gleichzeitigen Anwendung
der Schwindverbindung, wie in der Ausführung Fig. 596 des Schwungrades II, 127, 7
geschehen, bei der ohne diese, wegen des ungünstigen Radprofils, die beiden

**Kranz-
verbindung.**

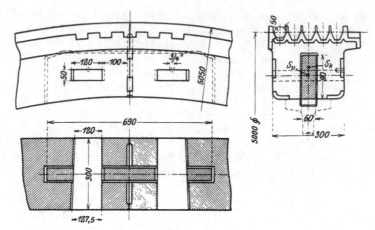

Fig. 590.

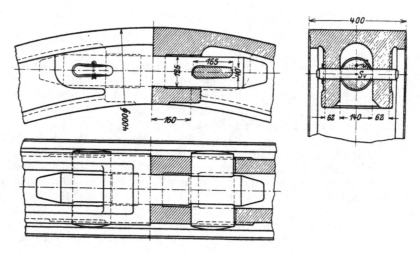

Fig. 591.

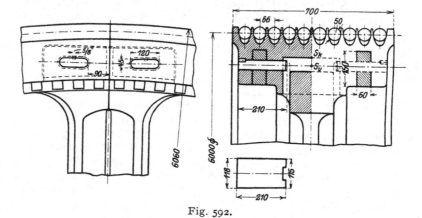

Fig. 592.

Fig. 590—592. Kranzverbindung durch Verkeilung.

Schwerpunkte S_v und S_k bei reiner Verschraubung noch weiter auseinander gerückt wären.

Bei den schweren Schwungrädern von Walzenzugsmaschinen, die bei verhältnismäßig hohen minutlichen Umdrehungen ungewöhnlich großen Fliehkraftwirkungen in den Kranzverbindungen zu widerstehen haben, sind letztere so zu kon-

Schwungräder von Walzenzugsmaschinen

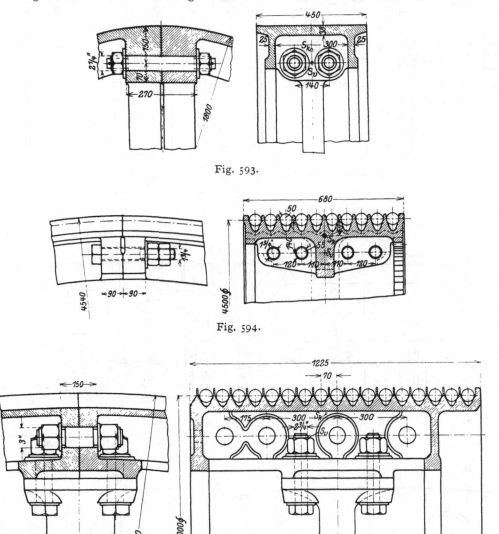

Fig. 593.

Fig. 594.

Fig. 595.

Fig. 593—595. Kranzverbindung durch Verschraubung.

struieren, daß die Resultante der in der Spannungsverbindung wirkenden Zugkräfte in einem Punkt S_v des Kranzquerschnittes angreift, der nicht nur mit dem Schwerpunkt S_k des letzteren zusammenfällt, sondern noch etwas nach außen gerückt ist, um unter allen Umständen der Gefahr des Klaffens der Stoßstelle am äußeren Umfange des Rades zu begegnen.

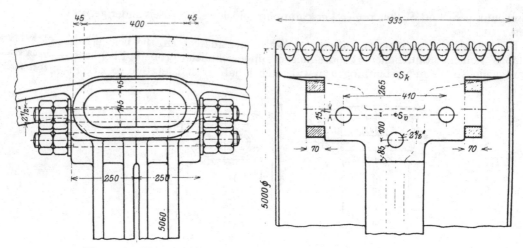

Fig. 596. Kranzverbindung mittels Schrauben und Schrumpfringen.

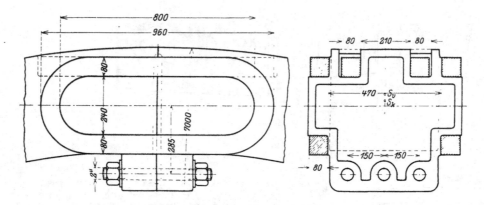

Fig. 597. Verbindung durch Schrumpfringe.

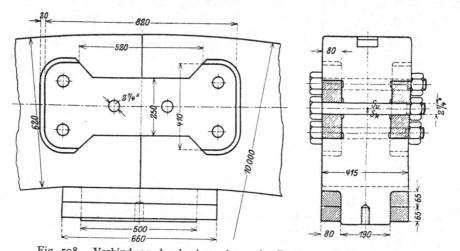

Fig. 598. Verbindung durch eingeschrumpfte Platten und Verschraubung.

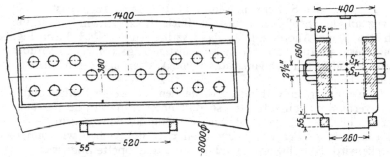

Fig. 599. Verbindung durch Laschen und Verschraubung.

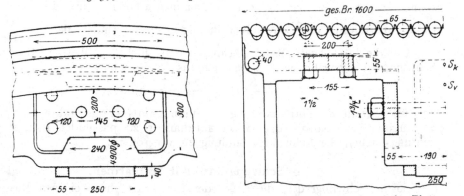

Fig. 600. Kranzverbindung eines Seilschwungrades durch eingeschrumpfte Platten.

Fig. 597—600. Kranzverbindung von Massenschwungrädern für Walzenzugsmaschinen.

Diese Bedingungen lassen am leichtesten die Schwindverbindungen erfüllen, weil sie sogar am äußeren Radumfang angeordnet werden können, wie dies bei der Ausführung Fig. 597 des Schwungrades II, 131, 14 beispielsweise geschehen. Die Schwindringe sind bei dieser Kranzverbindung auf beiden Seiten des Schwungringes auf vorstehende Angüsse aufgezogen, am äußeren Umfang dagegen aus Sicherheitsgründen in den Kranzkörper eingelassen, um vorstehende Teile zu vermeiden. Auf der Innenseite wird der Kranz mittels vorstehender Flanschen noch durch eine kräftige Verschraubung zusammengehalten, die hauptsächlich nur angeordnet ist, um das Aufziehen der Schrumpfringe zu erleichtern. Der Kraftmittelpunkt S_v liegt oberhalb S_k. Statt der ovalen Schwindringe der vorhergehenden Kranzverbindung weist die Konstruktion Fig. 598 des Schwungrades II, 130, 13 zwei seitlich in den Kranzkörper schwalbenschwanzförmig eingepaßte Platten auf, die wieder durch Einbringen im warmen Zustande die zu vereinigenden Kranzteile zur Aufnahme der Zentrifugalwirkung in der erforderlichen Spannung halten. An Stelle eingeschrumpfter Platten können auch kräftige Platten Fig. 599 und II, 130, 12 verwendet werden, welche ohne Schrumpf durch eine ausreichend große Zahl genau passend eingesetzter Schraubenbolzen mit den Kranzteilen verbunden sind. Eine derartige Verbindung vermeidet die Abhängigkeit der Ausführung von der Zuverlässigkeit der Arbeiter in der Einhaltung genauer und richtiger Schwindmaße.

Da die die Kranzverbindung bildenden schmiedeeisernen Einlagen, Fig. 598 und 599, symmetrisch zur Schwerpunktsachse sich anordnen lassen, unterliegt es auch keinen Schwierigkeiten das Kraftmittel S_v mit S_k zusammenfallen zu lassen oder wie in Fig. 598 etwas oberhalb des Schwerpunktes des Kranzquerschnittes anzuordnen. Die am inneren Umfang noch vorgesehenen Schwindringe dienen sowohl zur Montage des Rades, als auch zur Erhöhung der Sicherheit der Verbindung, nachdem die seitlichen Einlageplatten für die Aufnahme der Gesamtfliehkraftwirkung zu bemessen sind.

Auch bei den Seilschwungrädern II, 128, 9 und 129, 11 ist der mehrfach geteilte Kranz an den Stoßstellen ausschließlich durch Schwindverbindungen zusammengehalten, deren Anordnung für das letztbezeichnete Rad durch Fig. 600 noch deutlicher veranschaulicht ist; eine so günstige Lage von S_v gegenüber S_k wie bei den vorher angeführten Schwungrädern von Walzenzugsmaschinen ist dabei allerdings nicht mehr erzielt.

Die zur Schwindverbindung dienenden Ringe oder Einlageplatten sind als Spannungsverbindung auszubilden, so daß unter dem Einfluß der äußeren Kräfte, die hauptsächlich durch die Zentrifugalwirkung des Schwungringes gegeben sind, noch ein genügend großer Druck zwischen den Stoßflächen wirksam bleibt. Zu dem Zwecke wird die Schwindverbindung auf die doppelte Zugwirkung C_n berechnet, die sich aus der Fliehkraft einer Schwungringhälfte ergibt, wobei eine höchste Materialspannung von $K_z = 1000$ kg/qcm angenommen werden kann. Es wäre also der Gesamtquerschnitt der Schwindverbindungen so zu wählen, daß $f = \dfrac{2 C_n}{1000}$ wird.

Um die bezeichnete Materialbeanspruchung nicht zu überschreiten, muß ein Schwindmaß λ gewählt werden, das sich aus der Beziehung ermittelt

$$\lambda = \frac{K_z}{E} = \frac{1000}{2\,000\,000} = 0,0005.$$

In Rücksicht auf die Formänderung des Gußmaterials ist das praktisch zu wählende Schwindmaß auf 0,0007—0,0008 der aufeinander zu passenden Längen der Berührungsflächen der Schwindverbindung zu vergrößern.

b. Schwungräder mit Stahlarmen.

Zusammengesetzte Schwungräder.
Solche Schwungräder, die außer der Fliehkraft ihrer eigenen Massen noch starken Energie- und Kraftwechseln durch sehr veränderlichen Widerstand oder große Unregelmäßigkeit der Triebwerksdrücke ausgesetzt sind, verlangen ein auf Biegung besonders widerstandsfähiges Armsystem. Statt der gußeisernen Arme finden alsdann schmiedeiserne bzw. solche aus geschmiedetem Stahl ausschließlich Verwendung, so daß nunmehr Nabe, Arm und Schwungring vollständig getrennt herzustellen und in geeigneter Weise zu einem widerstandsfähigen Ganzen zu verbinden sind.

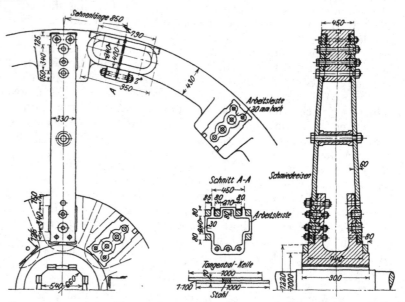

Fig. 601. Zusammengesetztes Massenschwungrad von 7,0 m äußeren Dchm. mit Stahlarmen für eine Walzenzugsmaschine (40 Tonnen).

Derart zusammengesetzte Schwungräderkonstruktionen, wie sie in II, 128 bis 131 veranschaulicht sind, werden vornehmlich für Walzenzugsmaschinen unerläßlich; aber auch bei großen Betriebsdampfmaschinen erscheint es geraten, schmiedeiserne Arme zu wählen, ähnlich wie für Großgasmaschinen mit ihren freilich weit empfindlicheren Kraftwechseln im Triebwerk; von der Durchbildung solcher Massenschwungräder liefern die Darstellungen II, 128, 10 und 129, 11 zwei interessante Konstruktionsbeispiele.

Die Verbindung der Stahlarme mit Nabe und Kranz erfolgt derart, daß die Armenden in Aussparungen von Nabe und Kranz genau passend eingelegt und außerdem verschraubt werden, Fig. 601. Das genaue Einlegen der Arme hat an ihren Seitenflächen parallel zur Armmittellinie zu erfolgen, wodurch die Befestigungsschrauben von Tangentialkräften entlastet sind. Die Schrauben haben alsdann nur die Fliehkräfte der anschließenden Schwungringsegmente aufzunehmen; zu ihrer Entlastung werden mitunter eingesetzte Stahlbüchsen Fig. 602 verwendet, die in ihren Ringquerschnitten die Schubkräfte vollkommen aufnehmen lassen.

Die getrennte Herstellung von Nabe, Arm und Kranz führt dazu, daß die Nabe aus einem Stück gegossen werden kann, während der Kranz namentlich bei sehr schweren Schwungmassen aus einer größeren Zahl von Segmenten zusammengesetzt werden muß. Es wird dadurch der Guß erleichtert und dessen größere Homogenität gesichert: dagegen wird die Bearbeitung umständlich und kostspielig. In einzelnen Fällen findet auch wohl noch dabei eine Teilung der Nabe statt wie dies beispielsweise bei dem Schwungrad II, 129, 11 geschehen.

Zusammengesetzte Schwungräder, bei denen auch die Arme noch aus Gußeisen

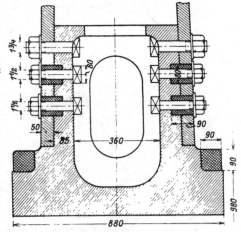

Fig. 602. Befestigung der Stahlarme von Massenschwungrädern in der Nabe.

hergestellt sind, finden sich für größere Betriebsmaschinen nur bei Seiltrieben mit möglichst gleich bleibenden Umfangskräften. Ein derartiges Seilschwungrad mit doppeltem Armsystem und zwei miteinander verschraubten Schwungkränzen zeigt II, 127, 8; Fig. 595 gibt die an jedem Arm sich wiederholende Verschraubung mit den Kranzsegmenten wieder.

c. Festigkeitsberechnung.

Das Schwungrad ist in seinen Teilen verhältnismäßig komplizierten Beanspruchungen unterworfen, verursacht nicht nur durch den Riemen- oder Seilzug, wenn das Schwungrad zur Arbeitsübertragung dient, sondern hauptsächlich durch die von der eigenen Massenwirkung herrührenden Kräfte. Bei der Drehbewegung des Schwungrades werden infolge zentripetaler und tangentialer Beschleunigungen Massenkräfte erzeugt, die Materialspannungen bewirken können, die allein schon bestimmend für die Ausführungsverhältnisse des Schwungrades werden. Ausschließlich zentripetale Beschleunigungskräfte treten im normalen Betriebe reiner Massenschwungräder bei konstanter Winkelgeschwindigkeit auf.

Dazu kommen bei Änderungen der Winkelgeschwindigkeit durch ungleichmäßige Arbeitsübertragung oder durch Stöße tangentiale Beschleunigungen, deren Einfluß aber meist gegenüber den Wirkungen der Fliehkräfte gering ist und die nur bei Walzenzugsmaschinen und anderen mit großen und plötzlichen Kraftwechseln arbeitenden Betriebsdampfmaschinen zu berücksichtigen sind. Die

folgende Untersuchung beschränke sich daher auf die Bestimmung der Spannungen
in Kranz und Armen bei gleichförmiger Drehbewegung[1]).

**Frei
rotierender
Schwungring.**

In einem frei rotierenden kreisförmigen Ringe, Fig. 603, mit einer Umfangsgeschwindigkeit in der Schwerpunktsfaser gleich v, entsteht unter der Voraussetzung, daß seine Höhe im Vergleich zum Krümmungsradius gering ist, in radialen
Querschnitten die gleichmäßig verteilte Zugspannung $\sigma_k = \dfrac{\gamma}{g}\,v^2$; diese wird also nur
abhängig von der Materialdichte γ und der Umfangsgeschwindigkeit v, dagegen
unabhängig von Form und Größe des Kranzquerschnitts.

Dieser idealen gleichmäßigen Beanspruchung würde der Schwungradkranz
unterworfen sein, wenn er ohne Armbefestigung radial freibeweglich auf die Arm-

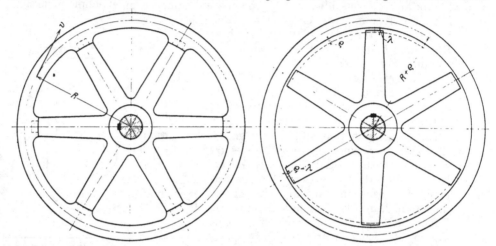

Fig. 603. Schwungring ohne Armbefestigung.   Fig. 604. Radiale Veränderung von Schwungring und Armkreuz durch Zentrifugalwirkung.

enden aufgelegt und nur durch entsprechende Führungsflächen bei der Drehung
tangential mitgenommen würde. Eine derartige Konstruktion des Schwungrades ist aber praktisch leider nicht angängig, da durch ungleichmäßige
Materialverteilung leicht nachteilige Radialbewegungen des Kranzes entstehen
können, die auf die Dauer die Betriebssicherheit der Konstruktion in Frage stellen.
Die ausgeführten Schwungräder weisen daher stets eine feste Verbindung des Kranzes mit den Armen auf. In diesen Fällen wird die Spannungsverteilung im Kranz
durch die Zugkräfte beeinflußt, die von den Armen auf ihn übertragen werden. Diese
Zugkräfte Z kommen unter folgenden Bedingungen zustande:

Das Armkreuz werde längs der Innenfläche des Kranzes von diesem abgeschnitten gedacht, Fig. 604. Rotieren in diesem Zustande Kranz und Arme unabhängig voneinander mit der gleichen Winkelgeschwindigkeit ω, so vergrößert sich
infolge der Fliehkraftwirkung der Kranzmasse der Schwerpunktsradius R des
Kranzes und annähernd auch der Radius der inneren Kranzfaser um

$$\varrho = \frac{\sigma_k}{E_k}\,R = \frac{\gamma}{g\,E_k}\,R^3\,\omega^2,$$

wenn E_k den Elastizitätsmodul des Kranzmaterials bezeichnet, während sich die
Arme infolge der Fliehkräfte ihrer Massen um die noch zu bestimmende Strecke λ

[1]) Mies, Die Dehnung verjüngter Schwungradarme. Dinglers Polyt. Journal, 1910,
Heft 23; der Spannungszustand von Schwungrädern bei gleichförmiger Rotation. Dinglers
Polyt. Journal, 1910, Heft 44 und 45 und 1911, Heft 31 und 32: Der Spannungszustand von
Schwungrädern bei beschleunigter Rotation. Ferner: Tolle, Die Regelung der Kraftmaschinen.
3. Auflage. S. 282 ff. 1921.

verlängern. Die geringe Ausdehnung der Nabe bleibe unberücksichtigt. Da λ stets kleiner ist als ϱ, so klaffen die Schnittfugen um die Strecke $\varrho - \lambda$, wie Fig. 604 andeutet.

In Wirklichkeit müssen nun zur Vermeidung der Schnittfugen an den entsprechenden Anschlußquerschnitten von Arm und Kranz solche Zugspannungen Z, Fig. 605, auftreten, daß unter ihrem Einfluß der Kranz an den Armstellen um die Strecken ϱ_z radial nach innen gebogen wird und die Arme um die Strecken λ_z verlängert werden. Es muß also zwischen den durch die Drehung und den durch die Zugkräfte Z hervorgerufenen Längenänderungen die Beziehung bestehen

$$\varrho_z + \lambda_z = \varrho - \lambda = Z(\alpha + \beta) \text{ mit } \varrho_z = \alpha Z \text{ und } \lambda_z = \beta \cdot Z.$$

Die Zugkraft Z kann also nach Berechnung der Formänderungen ϱ und λ von Kranz und Armen als bekannt angenommen werden.

Die Spannungen und Formänderungen in Kranz und Armen setzen sich aus solchen zusammen, die durch die Fliehkraftwirkung und solchen, die durch die Zugkräfte Z verursacht werden. Die einzelnen Anteile werden nachfolgend getrennt,

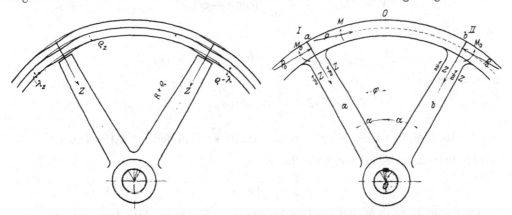

Fig. 605. Formänderung des Kranzes durch Armanschluß.

Fig. 606. Kräfte- und Momentenwirkung in Kranz und Armquerschnitten.

zum Teil mit Hilfe der als bekannt zu betrachtenden Zugkraft Z bestimmt und schließlich mit Berücksichtigung des Richtungssinnes zusammengefügt.

Für den Gang der Berechnung ergibt sich also die Reihenfolge:
Bestimmung der Formänderungen ϱ und λ bzw. ϱ_z und λ_z an Kranz und Armen; Entwicklung des Ausdrucks für die Zugkraft Z und hieraus Berechnung der Materialspannungen.

Die Einbiegungen ϱ_z des Kranzes an den Armstellen.

Aus dem Kranze werde durch Schnitte in zwei benachbarten Armmittelebenen ein Segment mit dem Zentriwinkel 2α herausgeschnitten, Fig. 606. Alle derartigen Segmente befinden sich der Symmetrie wegen durch die Kräfte Z in demselben Spannungs- und Formänderungszustande. Die in den Schnittflächen I und II auftretenden entsprechenden Spannungen müssen gleich groß und symmetrisch zur Mittelachse O des Segmentes gerichtet sein. Sie lassen sich zu einer Normalkraft P_0 und einem Moment M_0 zusammenfassen. Eine Schubkraft kann der Symmetrie halber nicht vorhanden sein. Radial nach innen gerichtet wirkt noch in jeder Schnittfläche die halbe Armzugkraft $Z/2$. Zur Bestimmung der radialen Durchbiegungen ϱ_z der Enden des Segments ist die Kenntnis von P_0 und M_0 nötig.

P_0 findet sich aus dem Gleichgewicht der am Segment angreifenden Kräfte, für welches die Gleichung gilt

$$P_0 \cdot \sin \alpha = \frac{1}{2} Z \cdot \cos \alpha,$$

woraus
$$P_0 = \frac{1}{2} Z \cdot \operatorname{ctg} \alpha \ldots \ldots \ldots \ldots (1)$$

Zur Bestimmung von M_0 steht die Formänderungsbedingung zur Verfügung, daß die Änderung $\Delta\alpha$ des Winkels α bei der Verbiegung des Kranzes gleich Null sein muß. Diese Bedingung lautet

$$\Delta\alpha = \int_0^\alpha \frac{M}{E_k J_k} \cdot R\,d\varphi = 0,$$

wenn M das in beliebigem, um den Winkel φ zur Symmetrieachse MO geneigten Querschnitt Fig. 606 herrschende Biegungsmoment, und J_k das Trägheitsmoment des Kranzquerschnitts bedeuten.

Das Moment M findet sich aus der Gleichgewichtsbedingung

$$M = M_0 + P_0 \cdot R\,[1 - \cos(\alpha - \varphi)] - \frac{1}{2} Z \cdot R \sin(\alpha - \varphi)$$

mit Hilfe der Gleichung 1 zu

$$M = M_0 + \frac{1}{2} ZR \frac{1}{\sin\alpha} (\cos\alpha - \cos\varphi) \quad \ldots \ldots \quad (2)$$

Die Formänderungsbedingung lautet jetzt

$$0 = \frac{R}{E_k J_k} \left[M_0 \alpha + \frac{1}{2} ZR \frac{1}{\sin\alpha} (\cos\alpha \cdot \alpha - \sin\alpha) \right],$$

woraus sich findet

$$M_0 = \frac{1}{2} ZR \left(\frac{1}{\alpha} - \cot g\,\alpha \right).$$

Die Einbiegung ϱ_z ist der Weg, den die Kräfte $\frac{1}{2} Z$ in den Schnittflächen bei der Verbiegung zurücklegen, wobei sie eine Arbeit

$$A = \frac{1}{2} \cdot \frac{1}{2} Z \cdot \varrho_z \quad \ldots \ldots \ldots \ldots \quad (3)$$

leisten. Da weder P_0 noch M_0 bei der Durchbiegung des Segments Arbeit verrichten, ist A auch die Größe der Formänderungsarbeit in jeder Segmenthälfte vom Zentriwinkel α.

In beliebigem, um den Winkel φ gegen die Symmetrieachse MO geneigtem Querschnitt herrscht das Biegungsmoment M, die Normalkraft P und die Schubkraft S, Fig. 606. Bei Vernachlässigung der geringen Wirkung der Schubkraft auf die Formänderungsarbeit ergibt sich für letztere der Ausdruck

$$A = \frac{1}{2} \int^\alpha \frac{M^2}{E_k J_k} R\,d\varphi + \frac{1}{2} \int_0^\alpha \frac{P^2}{E_k F_k} R\,d\varphi \quad \ldots \ldots \quad (4)$$

wenn mit F_k die Querschnittsfläche des Kranzes bezeichnet wird. M ergibt sich aus Gleichung 2 und P findet sich aus der Gleichgewichtsbedingung

$$P = P_0 \cos(\alpha - \varphi) + \frac{1}{2} Z \sin(\alpha - \varphi)$$

mit Hilfe der Gleichung 1. Demnach wird

$$M = \frac{1}{2} ZR \left[\frac{1}{\alpha} - \frac{\cos\varphi}{\sin\alpha} \right]$$

$$P = \frac{1}{2} Z \frac{\cos\varphi}{\sin\alpha},$$

womit Gleichung 4 in die Form übergeht

$$A = \frac{Z^2}{4} \left[\frac{R^3}{E_k J_k} m + \frac{R}{E_k F_k} n \right] \quad \ldots \ldots \ldots \quad (5)$$

mit
$$m = \frac{4}{4 \sin \alpha}\left(\cos \alpha + \frac{\alpha}{\sin \alpha}\right) - \frac{1}{2\alpha}$$

und
$$n = \frac{1}{4 \sin \alpha}\left(\cos \alpha + \frac{\alpha}{\sin \alpha}\right).$$

Durch Gleichsetzung der Werte für A nach den Gleichungen 3 und 5 findet sich für die Einbiegung

$$\varrho_z = a \cdot Z = Z\left[\frac{R^3}{E_k J_k} m + \frac{R}{E_k F_k} n\right].$$

Bei der numerischen Ausrechnung kann man die Werte für m und n der Tab. 68 entnehmen, die für die üblichen Winkel α, d. h. für die üblichen Armzahlen berechnet ist.

Tabelle 68.

Arm-zahl	α''	m	n	$\operatorname{ctg}\alpha$	$\frac{1}{\sin \alpha}$	$\frac{1}{\sin \alpha} - \frac{1}{\alpha}$	$\frac{1}{\alpha} - \operatorname{ctg}\alpha$	$\dfrac{\frac{\cos \alpha}{\sin \alpha}}{\alpha} - \cos \alpha$	$\dfrac{1}{1 - \frac{\sin \alpha}{\alpha}}$
6	30°	0.0016806	0.9566	1.7321	2.0000	0.0901	0,1778	9.7	22.2
8	22° 30′	0.0006906	1.2739	2.4142	2.6131	0.0666	0,1323	18.2	39.2
10	18°	0.0001094	1.5919	2.0777	3.2360	0.0528	0,1055	29.2	61.3

Die Verlängerungen λ und λ_z der Arme. Die Verlängerungen, welche die Arme durch die Fliehkraft ihrer eigenen Masse und die Zugkraft Z erleiden, sind verschieden, je nachdem die Arme prismatisch oder verjüngt sind. Bedeuten

f den Querschnitt eines prismatischen Armes,
l die Armlänge, zwischen Nabe und Kranz gemessen,
r_n den Halbmesser der Nabe,
γ_a das spezifische Gewicht des Armmaterials,
E_a den Elastizitätsmodul des Armmaterials,

so gelten für prismatische Arme die Formeln:

$$\lambda = \frac{\gamma_a}{g E_a} w^2 l^2 \left(\frac{l}{3} + \frac{r_n}{2}\right)\ ^{[1]}$$

$$\lambda_z = Z \cdot \frac{l}{E_a f} = \beta Z.$$

Die zwischen Arm und Kranz wirkende Zugkraft Z. Mit Hilfe der berechneten Werte für ϱ und λ sowie für α und β ermittelt sich die Armkraft Z

zu
$$Z = \frac{\gamma}{g} v^2 F_k \frac{1 - \frac{\gamma_a}{\gamma}\frac{E_a}{E_k}\left(\frac{r_1}{R}\right)^3}{\frac{F_k}{F_1} m + n + \frac{E_k}{E_a}\frac{F_k}{f_i}\frac{l}{R}}.$$

Nennt man die im frei rotierenden Schwungring entstehende Zugkraft Z_k und bedenkt, daß

$$Z_k = \frac{\gamma}{g} v^2 \cdot F_k = \sigma_k F_k,$$

so ergibt sich

$$Z = Z_k \frac{1 - \frac{\gamma_a}{\gamma}\frac{E_a}{E_k}\left(\frac{r_1}{R}\right)^3}{\frac{F_k}{F_1} m + n + \frac{E_k}{E_a}\frac{F_k}{f_i}\frac{l}{R}}.$$

Im besonderen findet sich für Räder mit dem gleichen Kranz- und Armmaterial

$$Z = Z_k \frac{1 - \left(\frac{r_1}{R}\right)^3}{\frac{F_k}{F_1} m + n + \frac{F_k}{f_i}\frac{l}{R}}.$$

---

[1] Ableitung dieser Formel s. Tolle, Die Regelung der Kraftmaschinen, 1921, S. 301.

Verlängerung der Arme.

Die Spannungen im Schwungkranz setzen sich aus zwei Teilen zusammen.
Zu der durch die Drehung im freien Kranz hervorgerufenen in allen Querschnitten
gleichen und gleichmäßig verteilten Zugspannung σ_k, kommen noch die Spannungen
hinzu, die durch die Zugkraft Z bei der Verbiegung des Kranzes erzeugt werden.
Diese sind in verschiedenen Querschnitten verschieden, wiederholen sich aber in den
zwischen zwei benachbarten Armen liegenden Kranzsegmenten periodisch, Fig. 606.
In einem um den Winkel φ gegen die Symmetrieachse des Segmentes geneigten
Querschnitt sind dies, abgesehen von den zu vernachlässigenden Schubspannungen,
die Normalspannungen σ_2 und σ_3, die durch die Normalkraft P und das Biegungsmoment M erzeugt werden. Die Werte für P und M sind S. 512 ermittelt, so daß
sich für die Spannungen findet

$$\sigma_2 = -\frac{P}{F} = -\frac{Z}{2}\cdot\frac{1}{F}\frac{\cos\varphi}{\sin\alpha}$$

$$\sigma_3 = \pm\frac{M}{W} = \pm\frac{Z}{2}\frac{R}{W}\left(\frac{1}{\alpha} - \frac{\cos\varphi}{\sin\alpha}\right),$$

wenn W das entsprechende Widerstandsmoment des Kranzquerschnitts bedeutet.
Das Minuszeichen vor dem Ausdruck für σ_2 deutet an, daß dieselbe eine Druckspannung ist, während die Spannung σ_3 je nach ihrer Lage zur neutralen Faser eine
Zug- oder Druckspannung sein wird. Für die Gesamtspannung im Kranze findet
sich nun

$$\sigma = \sigma_k + \sigma_2 + \sigma_3.$$

Die gefährlichen Spannungen sind stets Zugspannungen. Sie nehmen extreme
Werte für $\varphi = \alpha$ und $\varphi = o$ an, d. h. in den Querschnitten an den Armen und mitten zwischen den Armen. Dabei ruft das Moment M an den Armstellen die größte
Zugspannung in der inneren Kranzfaser, für die das Widerstandsmoment W_i gelte,
hervor, während es mitten zwischen zwei Armen die größte Zugspannung in der
äußeren Kranzfaser erzeugt, für die das Widerstandsmoment mit W_a bezeichnet
sei. An diesen beiden Stellen, die durch die Indizes a und i gekennzeichnet werden,
entstehen die Spannungen

$$\sigma_{2a} = -\frac{Z}{2}\frac{\cot\alpha}{F} \qquad\qquad \sigma_{3a} = \frac{Z}{2}\frac{R}{W_i}\left(\frac{1}{\alpha} - \cot\alpha\right)$$

bzw.

$$\sigma_{2i} = -\frac{Z}{2}\frac{1}{F}\frac{1}{\sin\alpha} \qquad\qquad \sigma_{3i} = \frac{Z}{2}\frac{R}{W_a}\left(\frac{1}{\sin\alpha} - \frac{1}{\alpha}\right).$$

Die Nachrechnung an ausgeführten Rädern ergibt, daß die Spannung an den
Armstellen meist größer ist als die mitten zwischen zwei Armen. Mit Rücksicht
auf gute Ausnutzung der Festigkeit des Kranzmaterials könnte man zu erreichen
suchen, daß beide Spannungen gleich groß sind. Das ist der Fall, wenn

$$\sigma_{2a} + \sigma_{3a} = \sigma_{2i} + \sigma_{3i}.$$

Die Spannungen in den Armen. Sowohl die vom Kranz auf die Arme
übertragenen Kräfte Z als auch die Fliehkräfte der Armmassen rufen in den Armen
Zugspannungen hervor, von denen die ersteren bei prismatischen Armen in jedem
Armquerschnitt gleich groß sind, bei verjüngten Armen nach innen abnehmen, während die letzteren am äußeren Armende gleich Null, am inneren Armende am größten
sind. Die größte Gesamtspannung entsteht bei den schwachen Verjüngungen, die
bei Schwungradarmen üblich sind, wohl immer im inneren Armquerschnitt. Wird
die Größe dieses Querschnittes mit f_i und die durch die Zugkraft Z in diesem
Querschnitt hervorgerufene Spannung mit σ_z bezeichnet, so ist

$$\sigma_z = \frac{Z}{f_i}.$$

Die auf den inneren Armquerschnitt wirkende Fliehkraft C ist, wenn
M die Masse des Armes und
ϱ den Abstand seines Schwerpunktes von der Drehachse bedeuten,

$$C = M \cdot \varrho \cdot \omega^2,$$

und die durch sie im inneren Armquerschnitt f_i entstehende Spannung bestimmt
sich zu

$$\sigma_c = \frac{M \varrho}{f_i}\, \omega^2,$$

sodaß die Gesamtspannung σ_i im inneren Armquerschnitt demnach wird

$$\sigma_i = \sigma_z + \sigma_c.$$

Die Berechnung der Kranzverbindungen muß sich darauf stützen, daß
die Verbindung die von der Fliehkraft und Durchbiegung des Kranzes herrührende
Zugbeanspruchung aufzunehmen hat, zu der bei Riemen- und Seilscheiben noch
die größte im ziehenden Trum auftretende Kraft hinzutritt. Bei den als Span-
nungskonstruktionen ausgebildeten Kranzverbindungen ist dabei durch die Anspannung von Schraube oder Keil bzw. den Schrumpf des Schrumpfringes ein so
hoher Dichtungsdruck zwischen den Schnittflächen des Kranzes zu erzeugen, daß
durch die im Betrieb auftretende Entlastung keine Lockerung der Verbindung
eintritt.

Der zu erzeugende Dichtungsdruck und die ihm entsprechende Anspannung
müssen also erheblich über der durch die Betriebskräfte hervorgerufenen Beanspruchung liegen. Wenn diese zur Vereinfachung der Rechnung zugrunde gelegt wird,
sind kleine Materialspannungen einzuführen.

Verhältnismäßig schwierig ist der Einfluß der Kranzverbindungen auf die
Beanspruchung des Rades durch die Fliehkräfte zu bestimmen.

Die Verbindungskonstruktionen der einzelnen Kranzsegmente beeinflussen den
Spannungszustand des Kranzes in zweifacher Weise, indem sie einerseits durch ihre
im Vergleich zu den übrigen Kranzteilen größeren Massen zusätzliche Fliehkräfte
erzeugen, und andererseits das Formänderungsgesetz für den Kranz an der Ver-
bindungsstelle beeinflussen. Ersterer Einfluß ist verschieden, je nachdem die Trennung des Kranzes in den Armmittelebenen oder zwischen zwei Armen liegt. Bei
Teilung im Arm, ändert sich der Spannungszustand nicht, wenn alle Arme,
auch diejenigen, an deren Enden die Fliehkraft einer Verbindungskonstruktion
angreift, gleiche Verlängerung erleiden. Wenn

C_v die Fliehkraft der Kranzverbindung,
f den Querschnitt der ungeteilten,
f_0 den Querschnitt der geteilten Arme

bedeuten, ist das der Fall, wenn

$$\frac{C_v}{f_0 E}\, l + \frac{Z}{f_0 E}\, l = \frac{Z}{f E}\, l$$

oder

$$f_0 = f\left(1 + \frac{C_v}{Z}\right).$$

Bei Teilung zwischen den Armen ist die genaue Rechnung ziemlich umständlich, weil der Spannungs- und Deformationszustand des geteilten Kranzfeldes wesentlich verschieden wird von den benachbarten ungeteilten Feldern zwischen zwei
Armen. Bei Massenschwungrädern wird eine Erhöhung der Sicherheit der Kranzverbindung dadurch zu erreichen gesucht, daß ihre Teilfuge an diejenige Stelle in
die Nähe der Arme verlegt wird, in der das Biegungsmoment zu Null sich ergibt.
Bd. II, 129, 11 bis 131, 14.

**Kranz-
verbindungen.**

9. Arbeitsverluste der Dampfmaschine.

a. Mechanischer Wirkungsgrad.

Mechanischer Wirkungsgrad.

Die Übertragung der indizierten Dampfarbeit an die Ableitstelle der Dampfmaschinenwelle ist mit Arbeitsverlusten im Triebwerk verbunden, die durch die Reibungswiderstände in Stopfbüchsen, Führungen und Lagern, den Arbeitsbedarf der Steuerung und der Kondensationseinrichtung, sowie die Ventilationsarbeit des Schwungrades verursacht werden. Der Gesamtbetrag dieser Verluste kann aus dem Unterschied der an der Kurbelwelle abgegebenen effektiven oder Nutzleistung und der indizierten Maschinenleistung bestimmt werden, während die Ermittlung der Einzelverluste mit so weitläufigen Untersuchungen verknüpft ist, daß im allgemeinen auf ihre Feststellung verzichtet wird. Das Verhältnis zwischen effektiver und indizierter Leistung $\eta = \dfrac{N_e}{N_i}$ wird als mechanischer Wirkungsgrad bezeichnet.

Die indizierte Dampfarbeit ist durch Abnahme von Indikatordiagrammen leicht zu bestimmen. Die Nutzleistung dagegen kann nicht in allen Fällen zuverlässig ermittelt werden. Ihre genaue Messung ist nur bei kleineren Maschinen durch Bremsen möglich, bei großen Maschineneinheiten aber wegen der hierzu erforderlichen kostspieligen Bremseinrichtungen praktisch meist nicht durchführbar. Nur bei Antrieb von Dynamomaschinen läßt sich die Nutzarbeit auch bei Großdampfmaschinen aus der elektrischen Leistung einfach und zuverlässig feststellen. In der Schwierigkeit und Umständlichkeit der experimentellen Bestimmung der Nutzleistung ist der Mangel an eingehenden diesbezüglichen Versuchen zur Ermittlung des mechanischen Wirkungsgrades begründet.

Umfassenderes Versuchsmaterial liegt nur für Lokomobilen vor, bei denen der experimentelle Nachweis der effektiven Leistung neben der Ermittlung der indizierten allgemein durch Abbremsen jeder einzelnen Maschine auf dem Versuchsstand der Fabrik geführt wird, wobei auch gleichzeitig die regelmäßige Feststellung des Dampf- und Kohlenverbrauches erfolgt. An stationären Dampfmaschinen gemachte Erhebungen über Größe und Veränderung des mechanischen Wirkungsgrades und der Reibungsarbeit liegt nur weniges Material vor, das in den Diagrammen Fig. 607 bis 610 verwertet ist.

Corliß-Maschinen.

Fig. 607 zeigt die Wirkungsgrade von zwei älteren Kondensationsmaschinen mit Corliß-Steuerung bei Eintrittsspannungen unter 6 Atm., sowie der Hochdruckseite einer Verbundmaschine bei Betrieb mit Auspuff und Kondensation und abgekuppeltem ND-Cylinder; der betreffende HD-Cylinder ist mittels vier Flachschiebern gesteuert und arbeitet mit 8,0 Atm. Eintrittsspannung. Aus der Darstellung der Verlustleistungen ist zu ersehen, daß bei den untersuchten Eincylindermaschinen (die größere Corlißmaschine ausgenommen) die Reibungsarbeit mit zunehmender Belastung zunimmt, wahrscheinlich infolge der mit der Vergrößerung der Füllung zunehmenden Belastung der Kurbellager.

Gleichstrom-Maschinen.

Das gleiche Verhalten ist auch bei den in Fig. 608 gekennzeichneten fünf Gleichstrommaschinen zu beobachten, bei denen die Wirkungsgradpunkte trotz Verschiedenheit der Maschinenabmessungen (Hübe von 600 bis 1000 mm) auf einer mit dem mittleren Arbeitsdruck ansteigenden Kurve liegen. Die Übertragung der Wirkungsgradkurve der Gleichstrommaschinen in das Diagramm Fig. 607 zeigt, daß die größere Corlißmaschine höheren und die Flachschiebermaschine bei Auspuffbetrieb fast gleich günstigen Wirkungsgrad ergab. Die Stumpfsche Heißdampf-Auspufflokomobile, Fig. 608, zeigt infolge der Erhöhung der Kompressionsarbeit, besonders wegen der für Auspuffbetrieb unerläßlichen Vergrößerung des schädlichen Raumes, etwas größere aber bei zunehmender Leistung gleich bleibende Reibungsverluste.

In Fig. 608 sind vergleichsweise noch die Wirkungsgrade und Verlustarbeiten einer Gleichstrom-Eincylinder-Lokomobilmaschine mit kurzem Kolben von R. Wolf eingetragen, bei der die Reibungsarbeit mit steigender Belastung abnimmt. Diese Erscheinung wird bei Lokomobilen häufiger beobachtet und dürfte in dem Umstand seine Erklärung finden, daß die Reibungsverhältnisse in den Kurbellagern auch von der Kesseldehnung durch die Dampfwärme beeinflußt werden.

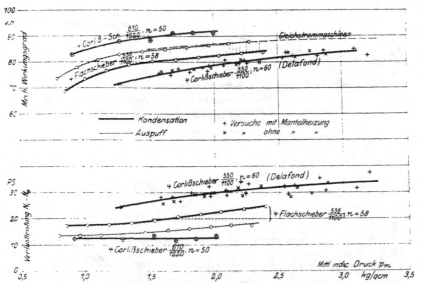

Fig. 607. Mechanischer Wirkungsgrad von Eincylindermaschinen mit Kondensation und Auspuff. (Luftpumpe hängt an der Maschine.)

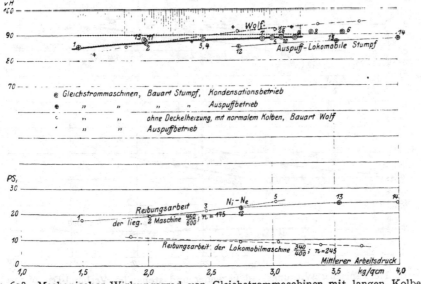

Fig. 608. Mechanischer Wirkungsgrad von Gleichstrommaschinen mit langen Kolben, verglichen mit solchen mit normalem Kolben und Auslaßsteuerung.

Fig. 609 enthält Versuche an Ventilmaschinen neuerer Bauart. Die meisten Versuchspunkte entstammen zehn liegenden Tandemmaschinen verschiedener Größe, deren Wirkungsgrade durch jene einer 1000 pferdigen liegenden Tandemmaschine von Gebr. Sulzer bzw. zweier stehenden Ventilmaschinen nach oben begrenzt werden. Für die Sulzermaschine ergab sich eine von der Belastung unabhängige, unveränderliche Reibungsarbeit.

Ventilmaschinen.

Werden die Wirkungsgradkurven der Gleichstrommaschinen Fig. 608 auch in Fig. 609 eingetragen, so ist die Tatsache deutlich zu erkennen, daß die Tandemmaschinen wesentlich geringere mechanische Verluste besitzen als die Eincylindermaschinen u. z. gleichbleibend 7 v. H. weniger. Dieses günstige Verhalten der Tandemanordnung erklärt sich aus der bedeutenden Verminderung der Triebwerks-

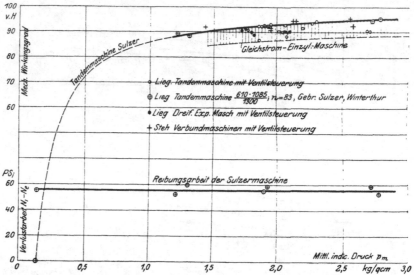

Fig. 609. Mechanischer Wirkungsgrad liegender Tandem- und stehender Verbund-Dampfmaschinen mit Ventilsteuerung.

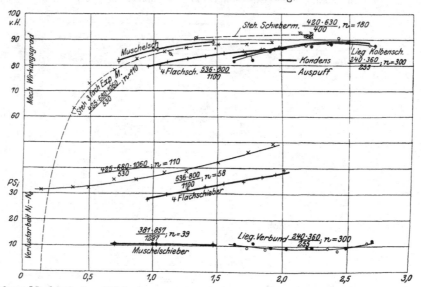

Fig. 610. Mechanischer Wirkungsgrad liegender und stehender Verbund-Dampfmaschinen mit Schiebersteuerung.

drücke im Vergleich mit der Eincylindermaschine gleicher Leistung. Auch wird bei der Gleichstrommaschine die Verminderung des Kraftbedarfes der Steuerung infolge Wegfall der Auslaßorgane wieder aufgehoben durch die größere Reibungsarbeit des langen Kolbens.

Schieber-maschinen. In Fig. 610 sind von zwei liegenden und zwei stehenden Verbundschiebermaschinen Kurven über Wirkungsgrad und Reibungsarbeit dargestellt, deren

Verlauf weniger gleichartig und günstig sich zeigt, als derjenige der Wirkungsgradkurven, Fig. 609, für Ventilmaschinen.   Die Reibungsarbeiten nehmen teils mit
der Belastung zu, teils erweisen sie sich von letzterer unabhängig; auch ergaben
sich für die liegende schnellaufende Verbundmaschine keine wesentlichen Unterschiede in den Verlustarbeiten des Auspuff- und Kondensationsbetriebes.

Über die mechanischen Verluste von Lokomobilmaschinen geben die Diagramme Fig. 611 bis 616 Aufschluß.   Bei normalen Heißdampf-Eincylinder-Loko-

**Lokomobil-
maschinen.**

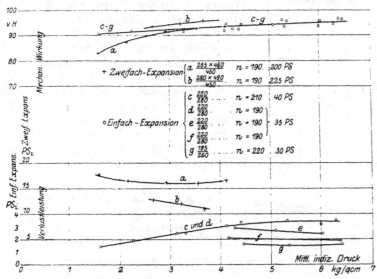

Fig. 611. Mechanische Wirkungsgrade und Verlustarbeiten von Heißdampflokomobilen mit Flach- und Kolbenschiebersteuerung.

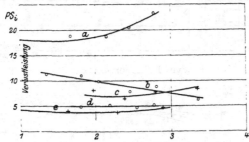

Fig. 612. Reibungsarbeiten von Lokomobil-Verbundmaschinen mit Kolben- und
Flachschiebersteuerung.

Kolbenschieber a) $\dfrac{286 \cdot 541}{579}\, n = 156$ b) $\dfrac{240 \cdot 451}{480}\, n = 170$ c) $\dfrac{190 \cdot 355}{380}\, n = 190$

Flachschieber d) $\dfrac{245 \cdot 390}{410}\, n = 150$ e) $\dfrac{200 \cdot 320}{350}\, n = 160$

mobilen mit Kolbenschiebersteuerung, Fig. 611, kann im allgemeinen die Reibungsarbeit als unabhängig von der Belastung, also als konstant namentlich innerhalb
der Normal- und Maximalleistung angesehen werden.   Dasselbe gilt auch für
Verbund-Heißdampf-Lokomobilen, Fig. 612.   Unter diesen Versuchsmaschinen
verschiedener Größe mit Kolben- bzw. Flachschiebersteuerung zeigt nur eine
Maschine abnehmende Reibungsarbeit mit steigender Belastung, während bei den
übrigen die Reibungsarbeit entweder zunimmt oder fast konstant bleibt.

Beim Vergleich von Versuchsergebnissen an Sattdampf- und Heißdampflokomobilen mit Schieber- und Ventilsteuerung konnte kein ausgesprochener
Einfluß weder des Dampfzustandes noch der Steuerungsart auf die Reibungs-

arbeit nachgewiesen werden, doch ist im Mittel eine Zunahme des mittleren
Reibungsdruckes mit der Belastung unverkennbar.

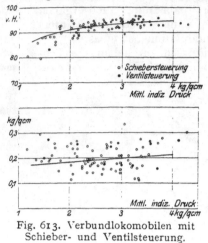

      Die den verschiedenen Versuchsmaschinen
entsprechenden zahlreichen Versuchspunkte
weisen jedoch gegenüber den die mittleren
Veränderungen kennzeichnenden Kurvenzügen
zum Teil bedeutende Abweichungen auf.
Werden die aus den Diagrammen Fig. 611 bis
615 ermittelten Kurven der mechanischen
Wirkungsgrade und der mittleren Reibungs-
drücke für Lokomobilen mit Einfach- und
Zweifachexpansionsmaschinen vergleichsweise
zusammengestellt, Fig. 616, so zeigen sie
einen befriedigend gesetzmäßigen Verlauf;
aus ihrer relativen Lage geht hervor, daß die
Verbundlokomobile die günstigsten mechanischen Wirkungsgrade besitzt, während die
eincylindrige Lokomobilmaschine die größten
Reibungsarbeiten verursacht.

Fig. 613. Verbundlokomobilen mit
Schieber- und Ventilsteuerung.

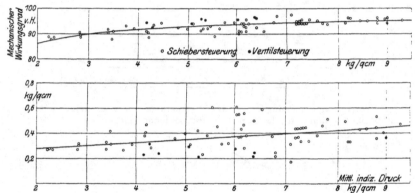

Fig. 614. Eincylinder-Lokomobilen.

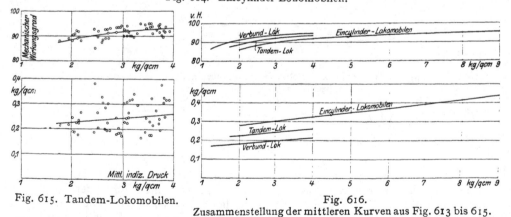

Fig. 615. Tandem-Lokomobilen.   Fig. 616.
Zusammenstellung der mittleren Kurven aus Fig. 613 bis 615.

Fig. 613 bis 616. Mechanische Wirkungsgrade und mittlere Reibungsdrucke von Sattdampf-
und Heißdampf-Lokomobilen verschiedener Konstruktion und Größe bezogen auf den
mittleren indizierten Druck.

    Die vorstehend wiedergegebenen Diagramme über die inneren Arbeitsverluste
der maßgebenden Systeme ortsfester Dampfmaschinen und Lokomobilen lassen

erkennen, daß allgemein gültige Beziehungen über die Größe der mechanischen Verluste von Dampfmaschinen zu ihren Nutzleistungen sich zwar noch nicht aufstellen lassen, daß aber gut ausgeführte Maschinen verschiedener Größe und Leistung eine befriedigende Übereinstimmung in der Veränderung des mechanischen Wirkungsgrades mit der Belastung bzw. dem mittleren Dampfdrucke zeigen.

Große Zweifachexpansionsmaschinen mit Ventilsteuerung und Verbund-Heißdampflokomobilen lassen bei ihrer Größtleistung Wirkungsgrade bis zu 96 v. H. erreichen; höhere Werte, wie solche bisweilen für Lokomobilen angegeben werden, sind unwahrscheinlich und weisen auf fehlerhafte Bestimmung der indizierten Leistung hin.

Eincylindermaschinen ergeben im allgemeinen niedrigere mechanische Wirkungsgrade als Zweifachexpansionsmaschinen, da bei ersteren die größeren Kolbendrücke eine Erhöhung der Triebwerksdrücke und damit vornehmlich eine Steigerung der Reibungsarbeit des Kurbellagers zur Folge haben. Dies gilt besonders für Gleichstrom-Eincylindermaschinen, sowie für Höchstdruckdampfmaschinen, bei denen zurzeit mit 90 bis 91 v. H. Wirkungsgrad die Grenze in der Beschränkung der Reibungsverluste erreicht erscheint. Was den Zusammenhang der Reibungsarbeiten mit der Belastung angeht, so zeigt er bei Eincylindermaschinen meist eine Zunahme der Verlustarbeiten mit der Leistung, unabhängig davon, ob die Maschinen mit Flachschiebern, Corlißschiebern oder Ventilen gesteuert werden; bei guten Verbund-Zweifachexpansionsmaschinen dagegen kann die Reibungsarbeit nahezu unabhängig von der Belastung angenommen werden.

Das abweichende Verhalten der einzelnen Dampfmaschinen hinsichtlich der relativen Größe der Verlustarbeiten findet seine Erklärung in dem Umstande, daß die inneren Widerstände in erster Linie nicht von der Nutzleistung, sondern von den Triebwerksdrücken abhängen, und diese wiederum bedingt sind durch den Arbeitsaustausch zu beiden Seiten des Kolbens. $\quad$ **Arbeits-austausch.**

Aus den Kolbendruckdiagrammen Fig. 617a bis d ist zu erkennen, daß die indizierte Dampfarbeit während eines Kolbenhubes sich zusammensetzt aus einer positiven Dampfarbeit N_1 und einer negativen Gegendampfarbeit N_2, indem $N_i = N_1 - N_2$ wird, wobei zunächst die Arbeit N_1 vom Kolben ins Schwungrad und hierauf die Arbeit N_2 vom Schwungrad durch das Triebwerk hindurch an den Kolben zur Überwindung der Gegendampfarbeit zurückgeleitet wird.

Die mechanischen Verluste im Triebwerk werden also nicht von N_i abhängig, sondern von den Arbeiten N_1 und N_2, und ihren zugehörigen Triebwerksdrücken, da diese getrennt vom Triebwerk aufgenommen werden. Bei einer Maschine ohne nennenswerte Kompression Fig. 617a, also $N_2 \cong 0$, würde somit $N_1 = N_i$ und die Reibungsarbeit auch unmittelbar ausgedrückt mittels des mechanischen Wirkungsgrades in der Beziehung $N_r = \varrho \cdot N_i = (1 - \eta) N_i$. Entsteht jedoch die indizierte Leistung N_i als Unterschied zweier entgegengesetzter Arbeitsgrößen N_1 und N_2 Fig. 617b bis d, so bestimmt sich die Reibungsarbeit zu $N_r' = \varrho (N_1 + N_2) > \varrho N_i = (1 - \eta') N_i$, woraus folgt, daß $\eta' < \eta$ werden muß. Diese Verschlechterung des Wirkungsgrades muß offenbar mit Verkleinerung der Nutzleistung zunehmen. Aus diesem Zusammenhang erklärt sich auch, daß Auspuff- und Gleichstrommaschinen infolge ihrer größeren Kompressionsarbeiten meist größere Reibungsverluste aufweisen als normale Kondensationsmaschinen. Einen charakteristischen Beleg hierfür liefert die Gegenüberstellung der indizierten Leistungen des Hoch- und Niederdruckcylinders einer Verbundmaschine, bei welcher sich für Kondensations- und Auspuffbetrieb die in der Tabelle 69 enthaltene Verteilung der nutzbaren und verlorenen Arbeiten ergab.

Während die indizierte Leistung bei Kondensation 99,5 v. H. der Summe der Dampf- und Gegendampfarbeit betrug, erreicht sie bei Auspuff nur 85,8 v. H. Die mechanischen Verluste berechnen sich bei letzterem Betriebe doppelt so groß als bei ersterem, einerseits infolge der dem Arbeitsaustausch entsprechenden größeren Summe der Triebwerksarbeiten, andererseits wegen der erhöhten Triebwerksdrücke der Niederdruckseite. Außerdem mag der große Unterschied

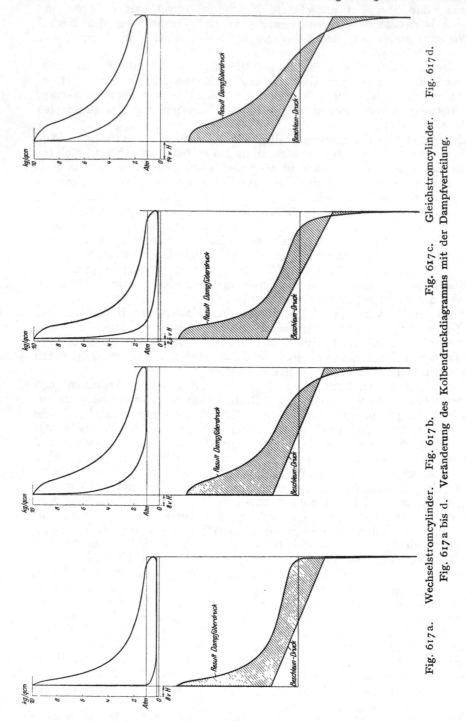

Fig. 617a. Wechselstromcylinder. Fig. 617b. Fig. 617c. Gleichstromcylinder. Fig. 617d.

Fig. 617a bis d. Veränderung des Kolbendruckdiagramms mit der Dampfverteilung.

in den Reibungswiderständen auch in dem Umstand begründet sein, daß bei den vorliegenden Versuchen die für Kondensation gebaute Maschine für Auspuffbetrieb nicht genügend eingelaufen war.

Da hiernach der mechanische Wirkungsgrad außer von den Reibungsdrücken im Triebwerk auch von der Dampfverteilung beeinflußt wird, so ist einleuchtend, daß eine einfache Abhängigkeit der Reibungsarbeiten von der Leistung einer Dampfmaschine sich nicht ausdrücken läßt.

Tabelle 69.

Arbeitsaustausch und mechanische Verluste einer

Lokomobil-Verbundmaschine $\dfrac{280 \cdot 560}{500}$; $n = 210$.

	Kondensation	Auspuff
HD-Cylinder, positive Arbeit . . PS$_i$	158,3	157,0
negative ,, . . ,,	0,7	8,9
ND-Cylinder, positive Arbeit . . ,,	130,5	128,7
negative ,, . . ,,	0,0	17,9
Gesamter Arbeitsaustausch . . . . ,,	289,5	302,5
Indizierte Leistung . . . . ,,	288,1	258,9
,, bezogen auf Arbeitsaustausch v. H.	99,5	85,8
Mechanische Verluste . . . . . PS$_i$	11,5	22,3
,, ,, bezogen auf die indizierte Leistung v. H. .	4,0	9,0

b. Leerlaufarbeit.

Nicht nur die Reibungsarbeit der belasteten Maschine, sondern auch die Größe der indizierten Leerlaufarbeit der Maschine wird von Füllung, Dampfspannung und Umdrehungszahl beeinflußt, indem es nicht gleichgültig ist, ob die Leerlaufdiagramme ohne Dampfdrosselung bei entsprechend kleiner Füllung oder bei stark gedrosseltem Dampf und entsprechend vergrößerter Füllung genommen werden; dazu kommt noch der Einfluß der Umdrehungszahl auf die Reibungsverhältnisse und Massenwirkung des Triebwerkes.

Die Leerlaufarbeit ist somit für eine bestimmte Maschine keine eindeutig feststehende Größe; auch setzt ihre zuverlässige Ermittlung voraus, daß die Maschine vor der Indizierung auch ohne Belastung eingelaufen war und im Beharrungszustande sich befand.

Die in vorstehend bezeichneten Ursachen begründete große Veränderlichkeit der Leerlaufarbeit mit der Dampfspannung, Umdrehungszahl und Füllung zeigen Vergleichsversuche an einer 40 pferdigen Eincylindermaschine[1]) des Maschinenbaulaboratoriums der Techn. Hochschule zu Dresden. Die Maschine, deren Kolbenhub 680 mm und Cylinderdurchmesser 320 mm beträgt, arbeitete mit Ridersteuerung; ihre Umdrehungszahl konnte zwischen 25 und 150 verändert werden.

Die in Fig. 618 veranschaulichte Veränderung der Leerlaufarbeit mit der Umdrehungszahl und Eintrittsspannung zeigt, daß der Reibungsverlust mit der Umdrehungszahl, aber nicht proportional mit dieser zunimmt; bei den einzelnen Geschwindigkeiten stellt sich ein kleinster Wert für die inneren Widerstände mit einer bestimmten Eintrittsspannung ein, bei deren Überschreitung oder Unterschreitung die Leerlaufarbeit zunimmt. Noch ausgeprägter zeigen die gleiche Erscheinung Versuche von Prof. Thurston an einer Straight-Line-Maschine bei 274 minutlichen Umdrehungen (gestrichelte Kurve des Diagramms Fig. 618).

Über die Ursache dieser Veränderlichkeit der Leerlaufarbeit mit der Eintrittsspannung und Dampfverteilung geben die folgenden Erhebungen Aufschluß.

Eincylindermaschine.

---

[1]) Gesell: Die Leerlaufarbeit der Dampfmaschinen. Doktorarbeit Dresden. Pforzheim 1904.

Fig. 619 zeigt die Kolbendruckdiagramme und den Arbeitsaustausch für die Kurbel-
und Deckelseite der Versuchsmaschine im Leerlauf bei 125 minutlichen Umdrehungen und 3 verschiedenen Füllungsgraden und dementsprechend geänderten

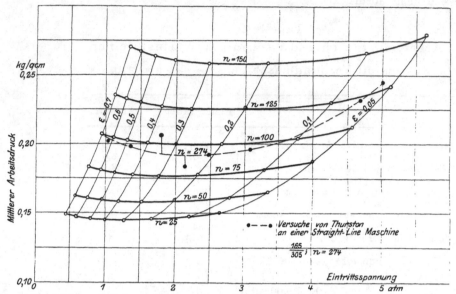

Fig. 618. Mittlerer indizierter Druck der Leerlaufdiagramme bei verschiedenen Eintrittsspannungen und Umdrehungszahlen einer 40 pferdigen Versuchsmaschine.

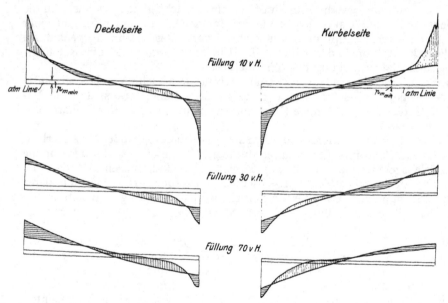

Fig. 619. Arbeitsaustausch bei Leerlauf obiger Eincylindermaschine für drei verschiedene
Füllungen bei 125 minutl. Umdr.

Eintrittsspannungen. Da im Beharrungszustand der leerlaufenden Maschine unter
Berücksichtigung des Leerlaufwiderstandes die Summe der positiven und negativen
Arbeitsflächen gleich Null ist, wurde in den Figuren die Beschleunigungsdrucklinie
des Triebwerks parallel zur Ordinatenachse so weit verschoben, bis die positiven

und negativen Überschußflächen sich ausglichen. Die Ordinatenhöhe $p_{m\,min}$, um die die Verschiebung zu erfolgen hat, entspricht alsdann der Reibungsarbeit, während die durch Schraffur hervorgehobenen Flächen den vermehrten Arbeitsaustausch darstellen, demzufolge die innnere Reibungsarbeit sich erhöht. Die Diagramme lassen erkennen, daß bei der hohen und der niederen Eintrittsspannung ein größerer Arbeitsaustausch stattfand als bei der mittleren.

Auch Leerlaufdiagramme wie die an einer 800 pferdigen Verbund-Ventilmaschine bei 2,2 Atm. Eintrittsspannung gewonnenen, Fig. 620, führen für die Hoch- und Niederdruckseite auf eine bedeutende Unter- und Überschreitung der Massendruckklinie durch die Kolbendrücke, so daß wieder ein größerer Arbeitsumsatz in der Maschine erfolgen mußte als der eigentlichen Leerlaufarbeit entspricht.

Verbundmaschine.

Da nun, allgemein betrachtet, bei belasteter Maschine die Abweichungen zwischen Triebwerkskräften und Widerstand geringer sein können als bei Leerlauf, so ergibt sich auch die Möglichkeit, daß die Verlustarbeit bei belasteter Maschine

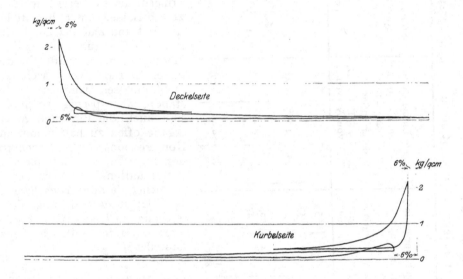

Fig. 620. Leerlaufdiagramme einer 800 pferdigen Verbundmaschine $\dfrac{700 \cdot 1160}{1300}$; $n = 72$.

kleiner als die Leerlaufarbeit wird, wenn nicht die größeren Eintrittsspannungen und Füllungen die Reibungsarbeit vergrößern.

Aus den vorstehenden Feststellungen ist ersichtlich, daß eine Berechnung der Nutzleistung der Maschine aus der indizierten Leistung und der Leerlaufarbeit sowohl auf eine Überschätzung wie auf eine Unterschätzung derselben führen kann, je nachdem die tatsächlichen Verlustarbeiten mit der Belastungszunahme sich verändern.

Das in die Normen für Leistungsversuche an Dampfmaschinen von seiten des Vereins deutscher Ingenieure aufgenommene Übereinkommen, bei solchen Maschinen, bei denen eine experimentelle Bestimmung der Nutzleistung nicht durchgeführt werden kann, diese einfach als Unterschied der indizierten Dampfarbeit bei Belastung und bei Leerlauf anzunehmen, darf daher nur als Annäherung betrachtet werden, die von der Wirklichkeit empfindlich abweichen kann.

Mit der Annahme $N_e = N_i - N_l$, wenn N_l die Leerlaufarbeit bezeichnet, wird nur für normale Ventil-Verbunddampfmaschinen mit unveränderlicher Kompression in den einzelnen Cylindern eine ziemlich zutreffende Bewertung der Nutzleistung gewonnen; für Verbundmaschinen mit Schiebersteuerung und für

Tabelle 70.

Verteilung der Reibungsverluste auf Triebwerk und Steuerung nach Versuchen von Thurston.

Bestimmung der Leerlaufarbeit durch Auslaufversuche.

	I. Liegende Eincyl.-Masch. (Straight-Line-engine) $s=305$ mm, $D=151$ mm, $n=230$, $N_i=20$ PS Schieber entlastet			Schieber nicht entlastet			II. Liegende Eincyl.-Masch. $s=457$ mm, $D=303$ mm, $n=190$, $N_i=100$ PS Schieber entlastet			III. Straßenlokomobile $s=254$ mm, $D=177$ mm, $n=200$, $N_i=20$ PS			IV. Niederdr.-Kond.-Masch. $s=508$ mm, $D=534$ mm, $n=206$, $N_i=100$ PS		
	PS	v.H. von N_i	v.H. von N_l	PS	v.H. von N_i	v.H. von N_l	PS	v.H. von N_i	v.H. von N_l	PS	v.H. von N_i	v.H. von N_l	PS	v.H. von N_i	v.H. von N_l
Kurbelwellenlager	0,849	4,2	**47,1**	0,849	4,2	**35,4**	3,7	3,7	**41,6**	0,68	3,4	**35,6**	3,3	3,3	**46,3**
Kolben und Stange	0,593	3,0	**32,9**	0,593	3,0	**25,0**				0,27	1,35	**14,1**	1,48	1,48	**20,8**
Kolbenringe	0,123	0,6	**6,8**	0,123	0,6	**5,1**	4,35	4,35	**49,1**						
Kurbelzapfen	0,098	0,5	**5,4**	0,098	0,5	**4,1**				0,255	1,3	**13,4**			
Kreuzkopf	0,046	0,2	**2,5**	0,631	3,2	**26,4**									
Schieber und Stange	0,095	0,5	**5,3**	0,095	0,5	**4,0**	0,83	0,83	**9,3**				1,47	1,47	**20,6**
Exzenter										0,41	2,05	**21,5**			
Kulisse und Exzenter															
Luftpumpe										0,165	0,82	**8,64**	0,88	0,88	**12,3**
Insgesamt N_2	1,804	**9,0**	100	2,389	**12,0**	100	8,88	**8,88**	100	1,91	**9,57**	100	7,13	**7,13**	100
Mechan. Wirkungsgrad		91,0			88,0			91,1			90,4			92,3	

Eincylindermaschinen ergeben sich dagegen mehr oder weniger große Abweichungen.

Es möge schließlich noch darauf hingewiesen werden, daß eine von der Dampfwirkung unabhängige Bestimmung der Leerlaufarbeit sich durch Auslaufversuche erreichen ließe. Zur Durchführung solcher würde es nötig sein, die Dampfmaschine von der Dampfseite oder von der Kurbelwelle aus durch eingeleitete Arbeit auf ihre normale Umdrehungszahl zu bringen und sie hierauf sich selbst zu überlassen unter Feststellung der Zeit und Zahl der Umdrehungen, die bis zum Stillstand der Maschine benötigt wird. Während dieses Leerlaufs der Maschine ist nicht nur der Dampfzutritt vollständig abzusperren, sondern es sind auch die Ein- und Auslaßorgane offen zu halten, um auch Kompressions- und Nachexpansionsarbeiten von Luft möglichst auszuschalten. Die aus der allmählichen Verminderung der lebendigen Kraft des Schwungrades zu berechnende Leerlaufarbeit würde deren unterste praktische Grenze darstellen[1]).

c. Verteilung der inneren Reibungsarbeiten auf Triebwerk und Steuerung.

Über die Verteilung der Reibungsarbeiten auf Triebwerk und Steuerung der Dampfmaschine liegen experimentelle Erhebungen an neueren Maschinen nicht vor und müssen daher die älteren Versuche von Thurston vornehmlich zur Beurteilung der fraglichen Verhältnisse herangezogen werden. Bei diesen Versuchen wurden zur Feststellung der Verteilung der gesamten Reibungsarbeit auf die einzelnen Triebwerksteile einzelne Versuchsdampfmaschinen von einer Transmission aus mittels eines Riemens, in den ein Dynamometer einge-

---

[1]) Prof. Dr.-Ing. Gramberg: Technische Messungen 3. Aufl. 1914, S. 240ff.

schaltet war, angetrieben. Nach Messung der gesamten Verlustarbeit für den Antrieb der leerlaufenden Maschine wurde ein Getriebeteil nach dem anderen weggenommen und aus den Unterschieden des Arbeitsaufwandes auf die Reibungsarbeit der einzelnen Teile geschlossen. Außerdem wurde auch für die belastete Maschine durch Indizieren und Bremsen die Reibungsarbeit ermittelt, so daß im Zusammenhang mit der obigen Messung des Leerlaufwiderstandes auch die zusätzliche Reibung festgestellt werden konnte.

Zur Untersuchung gelangte eine 20 pferdige Straight-Line-Maschine mit Drosselregelung, eine 100 pferdige Eincylindermaschine mit selbsttätiger Expansionsschiebersteuerung, eine 20 pferdige fahrbare Lokomobile mit Kulissensteuerung und der von der Hochdruckseite angetriebene ND-Cylinder einer Verbundmaschine mit Kondensation.

Die Versuchsergebnisse sind in Tabelle 70 wiedergegeben.

Den Hauptanteil an den Reibungsverlusten hat das Kurbelwellenlager mit 35 bis 47 v. H. der gesamten Leerlaufarbeit und etwa 4 v. H. der normalen Nutzleistung.

Besonderes Interesse besitzt die Durchführung der Versuche an der Straight-Line-Maschine mit und ohne Schieberentlastung. Bei nicht entlastetem Schieber beträgt der Kraftbedarf der Steuerung 25 v. H. der gesamten Leerlaufarbeit, bei sorgfältiger Schieberentlastung dagegen nur 2,5 v. H. Es geht hieraus, wie auch schon aus den früheren Betrachtungen, die hohe Bedeutung der Schieberentlastung zur Verminderung der mechanischen Verluste hervor. Verhältnismäßig gering erweisen sich die Verluste in Kurbel- und Kreuzkopfzapfen, während die für Kolben und Stange angegebenen Werte beträchtliche Größe erreichen. Im heutigen Dampfmaschinenbau wird der Kraftverbrauch von Kolben und Stange durch Führung der Kolbenstange zu beiden Seiten des Kolbens, Anwendung geringer Flächenpressungen bei den Kolbenringen und durch bewegliche Stopfbüchsen mit Metalliderung wesentlich vermindert.

d. Luftwiderstand von Schwungrädern.

Bei Dampfmaschinen mit großen Schwungrädern nimmt auch der Luftwiderstand der letzteren wesentlich teil am Gesamtarbeitsverlust. Dieser Widerstand kann so beträchtlich werden, daß eine Verschalung des Schwungrades zur Verminderung seines Luftwiderstandes wohl angebracht erscheint. Über den Einfluß einer solchen Verschalung sind in neuerer Zeit am Schwungrad, der Versuchsdampfmaschine des Ingenieurlaboratoriums der Technischen Hochschule Stuttgart[1]) Versuche ausgeführt worden und zwar durch Feststellung der indizierten Leerlaufarbeiten mit und ohne Verschalung des Schwungrades für Umdrehungen von 90 bis 130 in der Minute. Die Versuchsergebnisse sind in Tabelle 71 zusammengestellt. Der Leistungsgewinn betrug hiernach 1,63 bis 4,42 PS_i zunehmend mit der Umdrehungszahl.

Tabelle 71.

Minutl. Umdrehungen	n	90,9	11,3	130,2
Leerlaufleistung bei verschalten Schwungradarmen	PS_i	5,08	6,41	7,88
Leerlaufleistung bei freien Schwungradarmen im Mittel	PS_i	6,71	9,19	12,30
Leistungsgewinn durch die Verschalung L	PS_i	1,63	2,78	4,42

Nach den Versuchsergebnissen läßt sich die Abhängigkeit der Luftwiderstandsarbeit L_w von den Ausführungsabmessungen des Schwungrades und der

---

[1]) Zeitschr. d. Ver. deutsch. Ing. 1913, S. 1950.

Umdrehungszahl allgemein ausdrücken durch die folgenden Beziehungen:

$$L_w = 2\left(\frac{n}{100}\right)^3 \text{ oder auch}$$

$$L_w = 1,9\left(\frac{n}{100}\right)^3 \cdot \frac{\gamma}{g}\, b\, m\, r^4 \text{ oder}$$

$$L_w = 1,9\left(\frac{u}{100}\right)^3 D^2$$

wenn bedeutet: $\gamma =$ spezifisches Gewicht der Luft in kg cbm, $g = 9,81$ m Sek.², $m =$ Zahl der Schwungradarme, $b =$ Breite und $r =$ äußerer Durchmesser der Schwungradarme, $D =$ innerer Durchmesser des Schwungrades in m, $u =$ zugehörige Umfangsgeschwindigkeit.

D. Steuerungen.

I. Die inneren Steuerorgane.

Zur Regelung des Dampfein- und Austrittes am Dampfcylinder dienen innere Steuerorgane, die in besonderen Steuergehäusen beweglich eingebaut sind und abwechselnd die Verbindung des Cylinderinnern mit der Dampfzu- oder Ableitung derart herstellen, daß die der beabsichtigten Dampfverteilung entsprechende Füllungs- und Austrittsperiode eintritt. Die hierzu erforderliche periodische Bewegung der inneren Steuerorgane wird durch einen äußeren von der Maschine angetriebenen Mechanismus, die äußere Steuerung bewirkt.

Als innere Steuerorgane kommen sowohl Schieber wie Ventile zur Anwendung, deren konstruktive und betriebstechnische Eigentümlichkeiten im Nachfolgenden eingehender betrachtet seien.

Die Wahl des inneren Steuerorgans wird davon abhängig, ob die Regelung der vier Dampfverteilungspunkte 1 bis 4 des

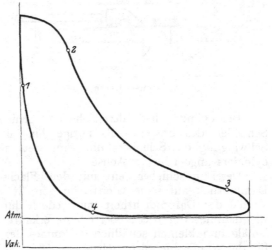

Fig. 621. Die wichtigsten Punkte der Dampfverteilung eines Expansionsdiagramms.

Dampfdiagramms Fig. 621 von einem einzigen Schieber übernommen oder auf mehrere Dampfein- und Auslaßorgane verteilt werden soll. Im Zusammenhang damit ergibt sich auch die Konstruktion der Steuergehäuse, sowie die Anordnung der anschließenden Dampfein- und Austrittskanäle des Cylinders verschieden.

1. Nichtentlastete Schieber.

Das einfachste Steuerorgan ist die Schieberplatte, die auf den ebenen Schieberspiegel dampfdicht aufgeschliffen wird.

Fig. 622 zeigt einen Einlaßschieber in einer beliebigen Abschlußlage. Wird der gleiche Schieber für den Dampfauslaß verwendet, so ist der Schieberspiegel, wie Fig. 623 zeigt, vom Cylindermantel getrennt anzuordnen, derart, daß der im Cylinder herrschende Dampfüberdruck den Schieber dampfdicht auf seine Gleitfläche pressen kann.

Ein doppeltwirkender Dampfcylinder benötigt für jede Kolbenseite je ein Ein- und Auslaßorgan, so daß 4 Schieber erforderlich werden. Die Einlaßschiebergehäuse werden am Cylinder in der

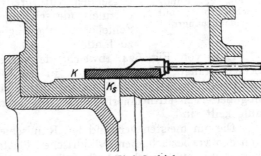

Fig. 622. Einlaßschieber.

Regel oben, die Auslaßschiebergehäuse, in Rücksicht auf eine naturgemäße Abführung des entstehenden Dampfkondensats oder vom Dampfe mitgeführten Wassers, unten angeordnet.

Diese einfachsten Schieber gestatten kurze Steuerkanäle am Cylinder und damit bequeme Dampfwege und geringste Druckverluste zwischen Steuergehäuse und Cylinderinnerem. Unbequem wird dagegen die Bearbeitung der ebenen Schieber-

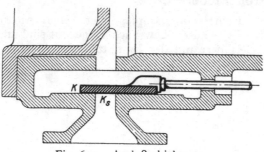

gleitflächen, namentlich auf der Auslaßseite; auch führt die Notwendigkeit des Antriebs von 4 getrennten Steuerorganen zu einer weitläufigen äußeren Steuerungskonstruktion.

Einfachere Bearbeitung und übereinstimmende Form der Schiebergehäuse ergibt die Ausbildung der getrennten Ein- und Auslaßschieber mit cylindrischer Gleitfläche in Form der sogenannten Rund- oder Corliß-Schieber.

Fig. 623. Auslaßschieber.

Bei cylindrischer Gleitfläche des Schiebers wird die für das Eröffnen und Schließen des Steuerkanals nötige hin- und hergehende Bewegung zu einer Schwingung des Schiebers um seine stets senkrecht zur Mittellinie des Dampfcylinders angeordneten Achse.

Rund- oder Corliß-Schieber. Der Rundschieber teilt mit dem Flachschieber die Eigenschaft, durch den Dampfdruck auf seine Gleitfläche gepreßt zu werden; der dadurch erreichte Vorteil der Dampfdichtheit muß jedoch durch den Nachteil großen Bewegungswiderstandes durch Schieberreibung erkauft werden. Der Vorteil kurzer Steuerkanäle und kleinen schädlichen Raumes der ebenen Plattenschieber bleibt auch für die Rundschieber bestehen.

Zur Übertragung der von der äußeren Steuerung einzuleitenden schwingenden Bewegung dient die zentrisch zur Gehäuseachse angeordnete Schieberstange, die so mit dem Schieber zu verbinden ist, daß ihre Schwingung tangential auf die

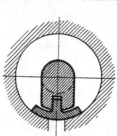

Schieberplatte übertragen wird, ohne deren radiale Beweglichkeit zwecks dampfdichten Aufliegens auf dem Schieberspiegel zu behindern.

Je nach der Art der Verbindung des cylindrischen Schiebers mit der Schieberstange wird der Querschnitt des Schieberkörpers verschieden.

Die einfachste Form des Rundschiebers bildet die cylindrische Platte, Fig. 624, mit einer auf ihrem Rücken angegossenen Längsrippe, über deren parallel bearbeiteten Seitenflächen die Schieberstange mit einer genau passenden Nute greift, um die von der äußeren Steuerung einzuleitende schwingende Bewegung der Stange auf den Schieber zu übertragen, ohne dessen radiale Beweglichkeit zu hindern.

Fig. 624. Rundschieberplatte mit Stangenangriff.

Eine von Fig. 624 abweichende Verbindung von loser Schieberplatte und Schieberstange zeigt II, 223, 3 in dem Ein- und Auslaßschieber einer Verbundmaschine. Die cylindrischen Platten sind an ihren Enden radial beweglich in gußeisernen Mitnehmern geführt, die ihrerseits auf den runden Schieberstangen aufgekeilt sind.

Die am meisten verwendeten Rundschieberkonstruktionen unterscheiden sich von den vorbezeichneten cylindrischen Platten dadurch, daß sie als kräftige Gußkörper mit cylindrischer Auflagefläche ausgebildet sind, die sich an ihren Enden oder ihrer Länge nach um rechteckig geformte Schieberstangen legen, durch die

ihre Mitnahme in tangentialer Richtung bewirkt wird, Fig. 625. Die Schieber-
spiegelfläche im Gehäuse ist selbstredend nur so groß auszuführen wie dem Schieberausschlag entspricht; darüber hinaus treten Schieberumfang und Gehäusewand
gegeneinander zurück.

Die Konstruktion des Auslaßschiebers weicht von der des Einlaßschiebers insofern ab, als er das
einen Teil des schädlichen Raumes
des Dampfcylinders bildende Schiebergehäuse größtenteils ausfüllen

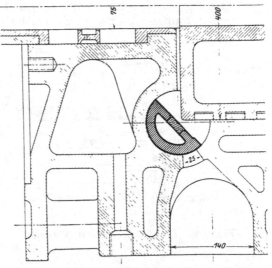

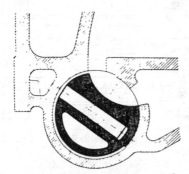

Fig. 625. Rundschieber für
Dampfauslaß.

Fig. 626. Auslaß-Corlißschieber mit in das Cylinderinnere einschneidendem Gehäuseraum.

muß, um den schädlichen Raum so klein als möglich zu halten, Fig. 625. Er
gibt deshalb den Gehäuseraum nur so weit frei, als für den Übertritt des Auspuffdampfes vom Cylinderanschlußkanal nach dem eigentlichen Steuerkanal nötig
ist. Siehe auch die Querschnitte der Auslaßschieber, II, 222 bis 225.

Zur möglichsten Verkleinerung des schädlichen Raumes ist auch versucht
worden, den Auslaßschieber so in den Cylinder einzubauen, Fig. 626, daß der freie
Gehäuseraum in das Cylinderinnere fällt. Dies bedingt jedoch, daß der Schieber-

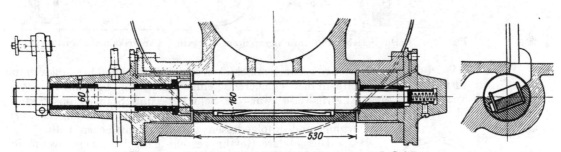

Fig. 627. Corliß-Schieber mit Schieberstange und Gehäuse.

körper während seiner Steuerbewegung in das Cylinderinnere schwingt, so daß der
Kolben bei einer Störung in der Steuerbewegung gegen den Schieber stößt und
Zertrümmerungen von Schieber und Cylinder im Gefolge haben kann.

Um ein Abheben der Schieberkörper vom Schieberspiegel bei zu hohen Kom-
pressionsdrücken zu vermeiden, ist die Cylinderform an den Schieberenden nicht
nur auf die Gleitfläche beschränkt, sondern ganz durchgeführt und in entsprechende
Bohrungen des Gehäuses eingepaßt; ferner sind die Schieberstangen an einem
Schieberende oder an beiden in cylindrischen Büchsen des Gehäuses zentrisch
geführt, Fig. 627 und II, 222 bis 226.

34*

Da Schieber und Stange bei der Einleitung der Drehbewegung auf Torsion beansprucht werden, so sind die Querschnitte beider Teile so kräftig zu wählen, daß ein Verwinden des Schiebers durch dessen Reibungswiderstand ausgeschlossen wird. Diesen Rücksichten entspricht die Versteifung der Schieberkörper durch Querrippen, II, 222, 1 und 226, 9 und die Hinzufügung von Stehbolzen zwischen den Führungswänden der Schieber für die Stange, Fig. 628 und II, 225, 6.

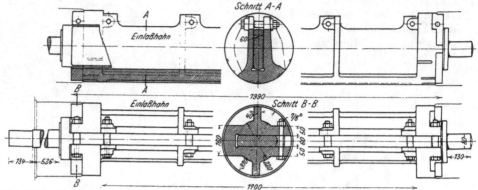

Fig. 628.   Corliß-Schieber mit Versteifung durch Rippen und Stehbolzen. (Amerikanische Ausführung).

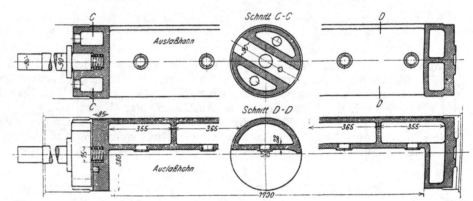

Fig. 629.   Corliß-Schieber mit einseitigem Stangenangriff. (Amerikanische Ausführung).

Wird die Schieberstange nicht dem Schieber entlang durchgeführt, sondern nur an der Stopfbüchsenseite in das Schieberende eingelassen, Fig. 629 und II, 225, 5, so vereinfacht diese Angriffsweise zwar die Schieber- und Stangenkonstruktion, erhöht jedoch die Gefahr, daß der Schieber durch die Torsionswirkung sich verwindet und infolgedessen auf den Gleitflächen frißt.

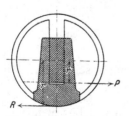

Fig. 630.   Schieber-
stangenangriff.

Die letztere Gefahr besteht ganz besonders, wenn sich der Angriffshebel r', Fig. 630, des als Mitnehmer wirkenden Teils der Schieberstange wesentlich kleiner als der Hebelarm r des am Schieberumfang wirksamen Reibungswiderstandes R ergibt. Es entsteht alsdann im Schieber ein Kippmoment $= R(r - r')$, demzufolge die Endkanten seiner Gleitfläche durch Ecken des Schiebers sich in den Schieberspiegel einarbeiten. Der rechteckige Teil der Stangen soll deshalb möglichst bis an die Führungsflächen der Schieber hinaus durchgeführt werden.

Als Beispiele von Schieberkonstruktionen, bei denen eine große Steifigkeit des Schieberkörpers zur Vermeidung der Verwindung bei einseitigem Stangenangriff angestrebt ist, sind noch die amerikanischen Ausführungen von Ein- und Auslaß-schiebern, Fig. 631 und 632 a, b hervorzuheben.

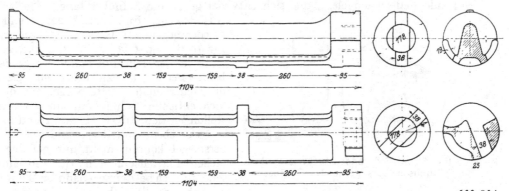

Fig. 631. Ein- und Auslaßschieber des Niederdruckcylinders einer Verbundmaschine $\frac{533 \cdot 914}{914}$.

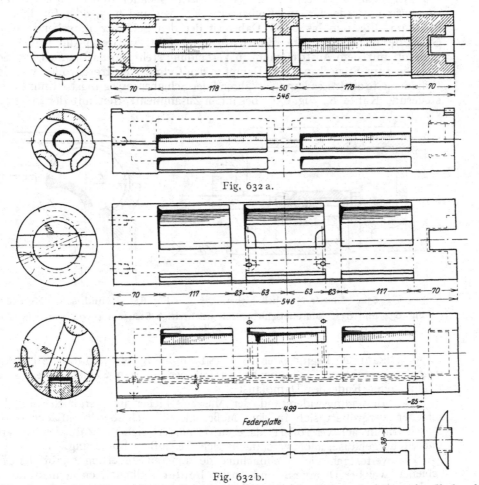

Fig. 632 a.

Fig. 632 b.

Fig. 632 a und b. Ein- und Auslaßschieber des Hochdruckcylinders einer liegenden Verbund-maschine $\frac{405 \cdot 813}{762}$.

Fig. 631 und 632 a, b. Rundschieber der Nordberg Mfg. Co. in Milwaukee.

Um das Aufliegen des Schiebers auf dem den Schieberspiegel bildenden Teil des cylindrischen Gehäuses zu sichern, werden in den Schieberkörper radial wirkende Federn eingelegt, die sich entweder gegen die Schieberstange, wie bei den Ausführungen Fig. 627, II, 222, 1 und 223, 3, oder gegen das Gehäuse stützen wie in Fig. 632b und 633, II, 224, 4 und 225, 5.

Um der Durchbiegung des Schiebers bei großer Länge zu begegnen, erhalten die Steuerkanäle breite Stege, auf die der nicht entlastete Schieber in seinen Abschlußstellungen sich stützt, II, 222, 1 und 224, 4.

Der ebene und der cylindrische Schieberspiegel kommt nicht nur bei den einfachen Plattenschiebern zur Anwendung, sondern auch bei den sogenannten Muschelschiebern, die sich in ihrer Arbeitsweise

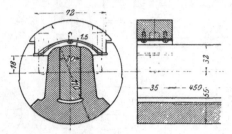

Muschelschieber.

Fig. 633. Federnde Abstützung eines Rundschiebers gegen das Gehäuse.

von den vorher behandelten Flach- und Rundschiebern dadurch unterscheiden, daß ein Steuerorgan sowohl den Dampfeintritt als auch den Dampfaustritt steuert, und zwar entweder für eine Kolbenseite, Fig. 634 und 635, oder für die beiden gemeinsam, Fig. 636 bis 638. Dabei ist der den Schieber umgebende Raum, die Schieberkammer, vom Eintrittsdampf erfüllt, während die Schiebermuschel dauernd mit dem Austrittsraum in Verbindung steht, so daß je nach der Schieberstellung zum Steuerkanal der Dampf in den Cylinder eintreten oder von derselben Cylinderseite austreten kann. Während der Schieberbewegung bestimmt die äußere steuernde Kante K, Fig. 636, bei ihrem Zusammentreffen mit der äußeren Schie-

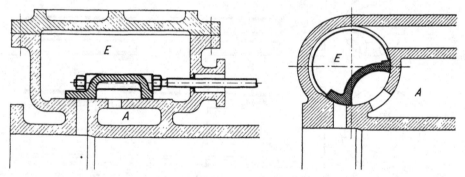

Fig. 634. Ebener Muschelschieber.   Fig. 635. Cylindrischer Muschelschieber.
Fig. 634 und 635. Muschelschieber für gleichzeitige Steuerung von Ein- und Auslaß einer Cylinderseite.

berspiegelkante K_s Beginn oder Ende des Dampfeintritts; die innere Steuerkante K' dagegen bei ihrem Zusammentreffen mit der inneren Schieberspiegelkante K_s' Beginn oder Ende des Dampfaustritts.

Der Bewegungswiderstand der Muschelschieber im Vergleich zum Plattenschieber vergrößert sich in dem Maße, als die Schieberdruckfläche durch den Muschelraum sich vergrößert; dagegen vermindert sich die Zahl der Steuerorgane und Steuergehäuse, auch vereinfacht sich die äußere Steuerung.

Die weitestgehende Vereinfachung der inneren Steuerung ergibt der Muschelschieber, welcher Dampfein- und Auslaß beider Kolbenseiten gemeinsam steuert, in dem alsdann für den Dampfcylinder nur ein einziges inneres Steuerorgan mit einem Steuergehäuse nötig wird. Dieser Schieber bildet einen symmetrischen muschelförmigen Gußkörper mit ebener, Fig. 636, oder cylindrischer Gleitfläche, Fig. 637 und 638. Auf dem Schieberspiegel münden die Steuerkanäle beider Cylinder-

seiten, die das Cylinderinnere abwechselnd mit dem Eintrittsraum E der Schieberkammer und mit dem an die Schiebermuschel anschließenden Austrittsraum A,
und zwar für beide Kolbenseiten getrennt verbinden.

Die Steuerkanäle werden entweder kurz und geradlinig oder lang und kurvenförmig gestaltet, je nachdem kleine schädliche Räume, Fig. 634 und 635, oder ein
beide Cylinderseiten gemeinsam steuernder Muschelschieber, Fig. 636 bis 638,
angestrebt wird.

Zur Übertragung der äußeren Steuerbewegung auf den Schieber dient eine
durch das Schiebergehäuse dampfdicht geführte Schieberstange, die derart mit
dem Schieber verbunden wird, II, 162, 3 und
163, 5, daß er sich senkrecht zur Gleitfläche ihrer
Abnützung entsprechend verschieben kann, während er in der Bewegungsrichtung ohne Spiel mit-

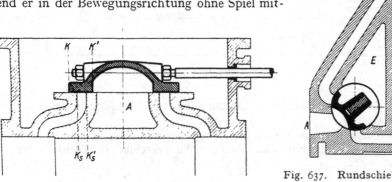

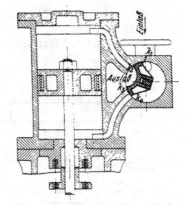

Fig. 637. Rundschieber am unteren
Cylinderende angeordnet.

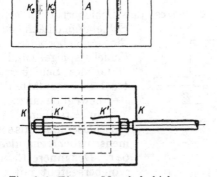

Fig. 636. Ebener Muschelschieber.

Fig. 638. Rundschieber in der
Cylindermitte angeordnet.

Fig. 636 bis 638. Muschelschieber für gleichzeitige Steuerung der Dampfverteilung beider
Cylinderseiten.

genommen wird. Am vollkommensten erfüllt diese Forderung ein mit der Schieberstange aus einem Stück geschmiedeter viereckiger Rahmen, Fig. 639 und II,
161, 1 und 2, der den Schieber so umfaßt, daß die senkrecht zur Schieberschubrichtung vorhandenen Paßflächen ohne Spiel an sauber bearbeiteten Führungsflächen des Schiebers sich anlegen, so daß die Mitnahme des Schiebers bei freier
Beweglichkeit senkrecht zum Schieberspiegel erfolgt.

Als grundsätzlicher Nachteil des Flach- und Rundschiebers muß der große
Bewegungswiderstand bezeichnet werden, der durch die Reibung hervorgerufen
wird, die der auf dem Schieber lastende Dampfdruck erzeugt. Für große Aus-

führungsabmessungen ergeben sich dadurch große Arbeitsverluste und starker Verschleiß sowohl der inneren Steuerorgane wie der Gelenkzapfen des äußeren Steuerungsmechanismus und Beeinträchtigung der Genauigkeit der Steuerbewegung;

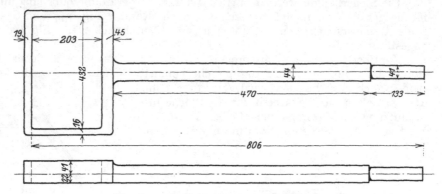

Fig. 639. Schieberstange und Mitnehmer.

auch die Regulierfähigkeit der Steuerung leidet empfindlich unter dem Einfluß der Schieberreibung.

Aus diesem Grunde werden die Steuerschieber häufig teilweise oder vollkommen entlastet ausgeführt, eine Aufgabe, für die verschiedene konstruktive Lösungen bestehen.

2. Entlastete Schieber.

Verhältnismäßig einfache konstruktive Mittel führen auf die vollständige Entlastung.

Bei dem Plattenschieber genügt es, den Schieberrücken genau parallel zur Schiebergleitfläche zu bearbeiten und die Schieberplatte zwischen dem Schieberspiegel und einer im Abstand des Schieberrückens befestigten Führungsplatte dampfdicht, aber frei beweglich anzuordnen.

Rahmen-schieber.

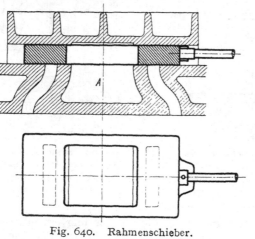

Fig. 640. Rahmenschieber.

In derselben Weise läßt sich der Muschelschieber als sogenannter Rahmenschieber behandeln, Fig. 640 und 641. Der innere Raum des Rahmenschiebers steht mit dem Dampfauslaß A in Verbindung, während der Frischdampf den Schieber umgibt.

Diese Entlastungsart führt jedoch bei den hohen Temperaturen hochgespannten oder überhitzten Dampfes auf praktische Schwierigkeiten dadurch, daß durch Verziehen des Rahmenschiebers oder der Gegenplatte Klemmungen entstehen infolge des zur Vermeidung von Dampfverlusten nicht über $1/_{10}$ mm zu wählenden geringen Spiels des Schiebers zwischen den parallelen Gleitflächen. Als empfehlenswertes Mittel zur Sicherung dauernden Aufliegens der oberen Führungsplatte auf dem Schieber und der Vermeidung des Klemmens erscheint die Anwendung federnder Druckschrauben, oder Blattfedern, Fig. 642, die ihr Widerlager in der Gehäusewand oder am Schieberkastendeckel finden.

Entlastete Platten- und Rahmenschieber sind im amerikanischen Dampfmaschinenbau vielfach verwendet, im deutschen Maschinenbau haben sie jedoch
wenig Nachahmung gefunden.

Beim einfachen Muschelschieber wird nicht selten nur eine teilweise Entlastung ausgeführt derart, daß der Schieber noch einem gewissen, die Dichtheit
sichernden Dampfüberdruck ausgesetzt bleibt. Zu diesem Zwecke wird ein Teil
der Schieberrückenfläche durch Dichtungsringe der Einwirkung des Hochdruckdampfes entzogen. Eine diesbezügliche Entlastungseinrichtung zeigt der Muschelschieber Fig. 643, bei dem jedoch statt eines Dichtungsringes, gerade Dichtungs-
leisten angewandt sind, die durch Blattfedern an die Schieberkastendeckelfläche
gepreßt werden. Weitere Beispiele entlasteter Schieber geben die Darstellungen
II, 161, 2 und 165, 8; in beiden Fällen ist ein Teil des Schieberrückens durch

Teilweise Entlastung.

einen cylindrischen Dichtungsring der Druckwirkung des
Hochdruckdampfes entzogen. Weniger bei stationären
Dampfmaschinen als bei Schiffsmaschinen hat die teilweise Entlastung namentlich bei großen Niederdruckschiebern häufige Anwendung gefunden. Die hierbei
ausgeführten oft recht umständlichen, einstellbaren Ent-

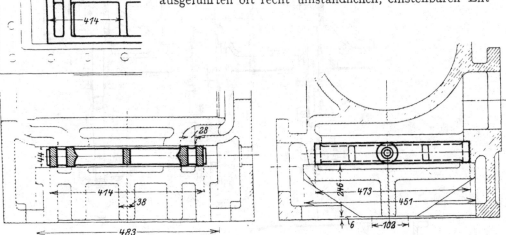

Fig. 641. Rahmenschieber mit Entlastungsplatte der The Russell Engine Co.,
Massillon, Ohio. (Doppelte Ein- und Ausströmung.)

lastungseinrichtungen kommen für den Bau stationärer Dampfmaschinen nicht
in Betracht.

Der moderne Dampfmaschinenbau verwendet zur Entlastung im allgemeinen
den Kolbenschieber, der sich aus dem ebenen Schieber dadurch entwickelt, daß
dessen Profil als Axialquerschnitt eines Rotationskörpers gewählt wird, dessen
Achse nicht wie beim Rundschieber senkrecht, sondern parallel zur Schieberschubrichtung liegt und meist mit der Schieberstangenachse zusammenfällt. Der Dampfdruck auf den Schieberkörper kann dadurch sowohl in radialer wie in axialer Richtung vollkommen aufgehoben werden.

Fig. 644 bis 646 zeigt die Konstruktion von Kolbenschiebern als getrennte
Ein- und Auslaßorgane der Van den Kerchove-Maschinen. Diese Kolbenschieber
lassen sich auch paarweise zu je einem für beide Cylinderseiten gemeinsamen Ein-
oder Auslaßschieber verbinden. Für den Schieberstangenangriff dienen Naben, die
mit den Schieberkörpern durch radiale Rippen verbunden werden. Die Schieberspiegel werden zur Erleichterung der Paßarbeiten und der genauen Ausführung der
Steuerkanäle in Form besonderer Büchsen in die Schiebergehäuse der Dampfcylinder
eingesetzt und zwar entweder kalt eingepreßt oder warm eingezogen, Fig. 645 und
646. Der Anschlußkanal des Schiebergehäuses an den Cylinder ist um die Büchse

**Kolben-
schieber.**

exzentrisch so herumzuführen, daß von der äußeren Mantellinie der Büchse aus
die für den Dampfdurchtritt wirksamen Querschnitte nach dem Cylinder zu sich
vergrößern, II, 42, 2; 44, 4 und 47, 8.

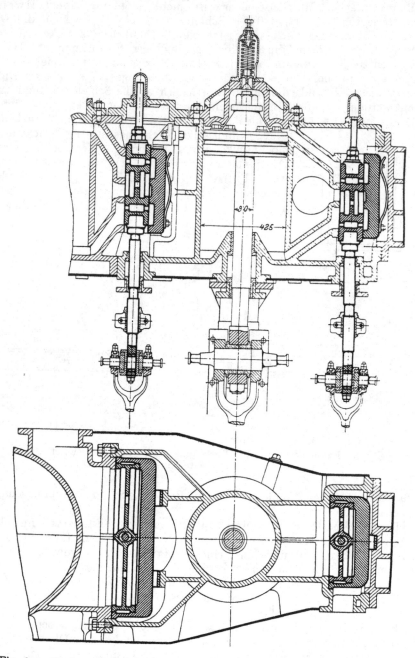

Fig. 642. Rahmenschieber. Entlastungsplatte durch Blattfedern angepreßt
und unten am Gehäuse geführt. Doppelte Ein- und Ausströmung.

Normaler Kol-
benschieber.   Der Längsschnitt des normalen Muschelschiebers führt bei seiner Rotation
um eine Achse parallel der Schubrichtung auf den normalen Kolbenschieber
als ein für beide Cylinderseiten gemeinsames Steuerorgan, wobei zur Erzielung

kleiner Schieberlängen auf kurze Steuerkanäle verzichtet wird, II, 170, 14. Kleine schädliche Räume durch kurze Kanäle verlangen geteilte Kolbenschieber, die durch eine Schieberstange oder ein Rohr, Fig. 647, miteinander verbunden sind.

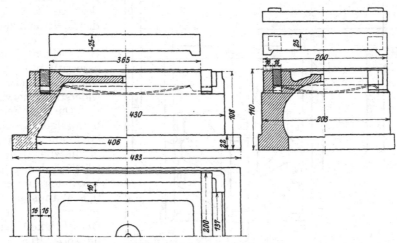

Fig. 643. Muschelschieber mit teilweiser Enstlastung der Pennsylvania Railroad Co., Altoona.

Da der Dampf am Umfang des Kolbenschiebers auf umständlicheren Wegen als beim Flach- oder Rundschieber ein- und austritt, so entstehen auch größere

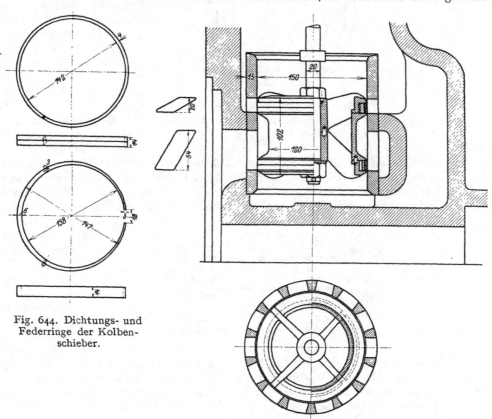

Fig. 644. Dichtungs- und Federringe der Kolbenschieber.

Fig. 645. Einlaßschieber. Van den Kerchove, Gent.

Spannungsverluste in der Steuerung als bei letzteren. Der Bewegungswiderstand des Schiebers ist dagegen vom Dampfdruck unabhängig geworden und bei verti-kaler Anordnung nur beeinflußt durch den Anhaftwiderstand der unter Schmierung arbeiten-den Gleitflächen, abgesehen von Gewichts- und Massenwirkung. Bei horizontal bewegten Schie-bern ruft nur das Eigengewicht einen entsprechenden Reibungs-widerstand hervor.

Führungs-büchsen der Kolben-schieber.

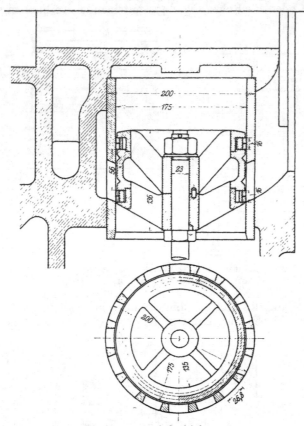

Fig. 646. Auslaßschieber.

Fig. 644 bis 646. Kolbenschieber der Van den Kerchove-Maschinen.

Die bei den Kolbenschie-bern allgemein zur Anwendung kommenden Führungsbüchsen, in die die Steuerkanäle einge-fräst werden, erhalten, um ein Verziehen zu verhindern, kräf-tige Wandstärken von 15 bis 30 mm; zur Vermeidung von Undichtigkeitsverlusten müssen sie sorgfältig in das Gehäuse eingeschliffen oder eingepreßt werden, wobei noch zur Ver-hütung einer axialen Verschie-bung vorstehende Ränder am Ende der Büchse dienen, mit denen sie zwischen Gehäuse und Schieberkastendeckel fest-geklemmt oder durch Halte-schrauben, II, 188, 17; 192, 22; 196, 28 und 198, 31, im Gehäuse gesichert werden. Beim Befesti-gen der Büchsen ist stets für die Möglichkeit freier Längs-dehnung zu sorgen und diese nicht wie bei II, 189, 19, durch Einklemmen der Büchse zwischen Gehäuse- und Deckelrand zu verhindern. Die Abdichtung der Büchsen gegen den Steuerkanal und Auspuffraum kann außer durch Schwindverbindung dadurch bewirkt werden, daß die Büchsen am äußeren Umfang etwa 5 mm breite Absätze erhalten, die sich auf entsprechend vorstehende

Ränder der Gehäuse metallisch oder durch Asbestzwischenlagen auflegen, II, 189, 18; 195, 27; 197, 29; 198, 31.

Ausreichende Dichtheit des Kolben-schiebers verlangt dessen sorgfältiges

Fig. 647. Rohrförmiger Kolbenschieber.

Einschleifen mit geringem Spiel in seine Laufbüchsen. Die Verminderung dieses Spiels auf das zur Vermeidung merklicher Undichtigkeitsverluste erforderliche Maß von nur etwa 0,1 mm wird jedoch dadurch erschwert, daß die Formänderung von Schieber und Gehäuse durch wechselnde Dampftemperaturen und Gußspannungen bei so kleinem Spielraum leicht zu Klemmungen des Schiebers Veranlassung geben, so daß von vornherein ein größeres Spiel für ihn vorgesehen werden muß. Die Gleitflächen von Büchse und Schieber sollen voneinander getrennt geschliffen werden; nur bei kleinen Dimensionen ist das Ineinanderschleifen beider zulässig. II, 194 und 195 zeigen solche einfache Kolbenschieber.

Zur Beschränkung der Undichtigkeitsverluste kann neben dem den steuernden Teil des Kolbenschiebers bildenden Cylinder noch ein die Dampfzuströmung steuernder Ring hinzugefügt werden, II, 198, 31, der als Sicherheitsüberdeckung dient und die Verbindung zwischen Dampfzuleitung und Schiebergehäuse erst kurz vor Eröffnung des Steuerkanals herstellt und kurz nach dessen Schluß auch wieder absperrt. Es wird dadurch eine doppelte Abdichtung zwischen Dampfzuleitung und Cylinderinnerem bewirkt.

Um für Betrieb mit überhitztem Dampf möglichst geringe Formänderung des Kolbenschiebers zu gewährleisten, wird er bisweilen nur als einfacher Cylinder gegossen und die Schieberstangenbefestigung mittels besonders eingeschraubter Naben bewirkt, II, 195, 27.

Schieber-ausbildung.

Bei überhitztem Dampf von veränderlicher Temperatur behält jedoch der eingeschliffene Schieber den Nachteil, bei hoher Temperatur zu Klemmungen zu

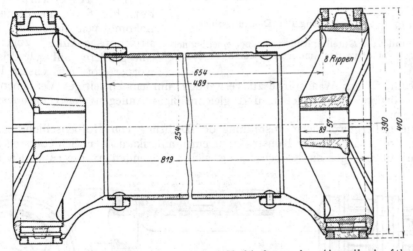

Fig. 648. Schieberhälften mit schmiedeisernem Verbindungsrohr. (Amerik. Ausführung.)

neigen und bei niedriger Temperatur zu großes Spiel zu verursachen[1]. Deshalb wird er auch nur noch bei sehr kleinen Abmessungen verwendet.

Den Schwierigkeiten der Formänderung und dem dadurch bedingten Nachteil der Undichtigkeit kann beim Kolbenschieber durch Anwendung von Dichtungsringen begegnet werden, weshalb namentlich große Schieber stets mit solchen versehen werden.

Der steuernde Teil des Kolbenschiebers wird entweder mit selbstspannenden Kolbenringen von kleinem Querschnitt versehen, II, 188, 17; 190, 20, oder er wird selbst als selbstspannender Kolbenring ausgeführt, II, 189, 18. In letzterem Falle ergibt sich der Vorteil, daß der steuernde Teil des Schiebers auch seiner ganzen Fläche nach am Schieberspiegel aufliegt und abdichtet, während bei Anwendung kleinerer Ringe der steuernde Kolbenkörper wieder mit Spiel in der Büchse gleitet und in gewissen Schieberstellungen die Undichtigkeit begünstigt. Um die beim Überziehen der Dichtungsringe entstehenden Spannungen zu vermeiden, wird der Schieber häufig mehrteilig ausgeführt, so daß die Ringe eingelegt werden können. Fig. 648 und 649.

Kolben-schieber mit Dichtungs-ringen.

---

[1] Vgl. die Versuche über Kolbenschieberundichtigkeit in Bd. I S. 100.

Die zur Verminderung dieses Übelstandes häufig angewendeten breiten Dichtungsringe, II, 192, 22; 196, 28, sind nur bei langsam gehenden Maschinen zu empfehlen, da sie bei raschem Gang durch die Massenwirkung einen schnellen Verschleiß ihrer Führungsflächen verursachen und in ihren Nuten schlotterig werden.

Beim Einpassen der Dichtungsringe für die Kolbenschieber ist zu beachten, daß sie im Gegensatz zu den Dichtungsringen von Dampfkolben nur ein geringes radiales Spiel erhalten dürfen, um ein Schlagen der Ringe zu vermeiden, das dadurch entstehen kann, daß beim Überschleifen der Steuerkanäle der auf sie wirksame Dampfdruck im Cylinderinnern ein Abheben der Ringe von der Gleitfläche hervorruft. Die Dichtungsringe der Dampfkolben sind einer solchen radialen Dampfpressung von außen nicht ausgesetzt.

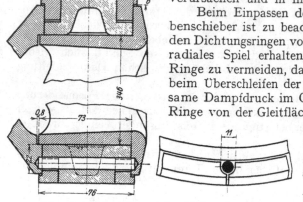

Heißdampf-schieber.

Fig. 649. Ausbildung der Dichtungsringe.

Fig. 648 und 649. Geteilter Kolbenschieber einer Schnellzugslokomotive der American Locomotive Co.

Dem Heißdampfschieber, Fig. 650, amerikanischer Lokomotiven liegt der Konstruktionsgedanke zugrunde, eine größere Zahl cylindrischer Körper von einfachster Form und gleichmäßiger Wandstärke zu verwenden, um ein einseitiges Verziehen des Schieberkörpers auszuschließen und gleichmäßiges Anliegen der Dichtungsringe zu sichern.

Eine außergewöhnliche Ausbildung der Dichtung von Kolbenschiebern zeigt II, 197, 30 in der älteren Konstruktion einer amerikanischen Schiebersteuerung mit von außen gegen die Kolbenschieber sich anlehnenden, in die ruhenden Füh-

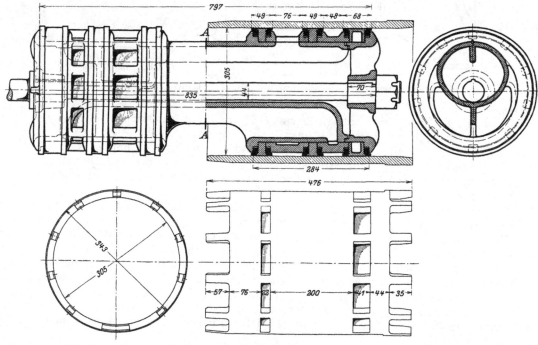

Fig. 650. Geteilter Heißdampf-Kolbenschieber der Baldwin Locomotive Works, Philadelphia.

rungsbüchsen eingesetzten Dichtungsringen. Durch axiale Nachstellbarkeit der Büchsen und durch die Nachstelleinrichtungen an den Dichtungsringen in tangentialer Richtung soll einem Schlagen der letzteren vorgebeugt und dampfdichtes Arbeiten der Ringe ermöglicht werden.

Als besondere Schieberkonstruktion ist noch der rotierende Schieber hervorzuheben. Er läßt sich entlastet ausführen und besitzt den hin- und hergehenden oder schwingenden Schiebern gegenüber den Vorteil des Fortfalls der Massenwirkung, so daß er für beliebig hohe Umdrehungszahlen vorzüglich geeignet erscheint.

Fig. 651 zeigt einen rotierenden Schieber mit konischem Schieberspiegel. Für den Dampfein- und Austritt enthält der Schieberkörper Kanäle, die wegen der unerläßlichen Entlastung symmetrisch ausmünden und für die Zwecke der Steuerung parallel zur Schieberachse geführt sind. Die über das obere Schieberende gesteckte feststehende Haube kann von außen zur Veränderung der Eintrittsperioden des Dampfes verschieden eingestellt werden.

Die praktischen Schwierigkeiten des Einpassens konischer Gleitflächen und die Gefahr des Klemmens derselben beseitigt der cylindrische rotierende Schieber. Fig. 652 zeigt einen solchen für eine Tandem-Verbund-Dampfmaschine. Auch bei diesem Schieber sind alle Öffnungen des Schieberkörpers zwecks vollständiger Entlastung symmetrisch angeordnet und der Dampfeintritt erfolgt durch den inneren Hohlcylinder, dessen Durchtrittsöffnungen noch mittels eines zweiten feststehenden, regulierbaren Schiebers gesteuert werden. Mit ähnlichen rotierenden cylindrischen Schiebern arbeiten die beiden Cylinder der in II, Taf. 19 dargestellten schnellaufenden stehenden Zwillings-Tandem-Dampfmaschine. Bei der Drehung der Schieber kommen deren Schlitze periodisch mit den Ein- und Austrittkanälen des Schieberspiegels zur Deckung.

Obwohl der rotierende Schieber, vom theoretischen Standpunkt aus, ein ideales

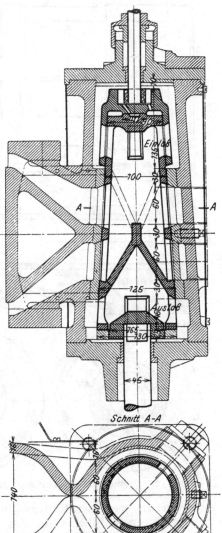

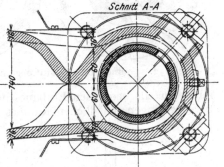

Fig. 651. Konischer Rotationsschieber für Eincylindermaschinen. Einlaß- und Auslaßschlitz um 90° versetzt. Regelung des Dampfeintritts durch Kappe mit Schlitzen.

Steuerorgan darstellt, konnte er dennoch eine praktische Bedeutung durch den Umstand nicht gewinnen, daß es nicht gelingt, den Schieber dampfdicht arbeiten zu lassen. Bei cylindrischem Schieberkörper verhindert das erforderliche Spiel zwischen diesem und dem Gehäuse ausreichende Dichtheit, und bei konischer Schieberform besteht dauernd die Gefahr des Festklemmens beim Einstellen der Gleitflächen auf genügende Dichtheit. Für Betrieb mit überhitztem Dampf ist der rotierende Schieber der unvermeidlichen Formänderungen wegen ganz ausgeschlossen.

Auch sogenannte Drehschieber in Form von ebenen kreisförmigen Scheiben mit radialen Schlitzen, Fig. 653, sind als Steuerschieber verwendet worden, wegen

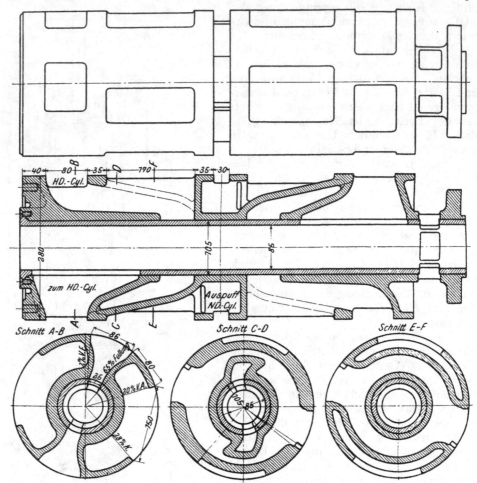

Fig. 652. Cylindrischer Rotationsschieber für eine Zwillings-Tandem-Dampfmaschine.

ihres Vorteils bequemen Einbaues in die Dampfcylinderdeckel und dadurch erzielbaren geringen schädlichen Raumes. Die Schwierigkeit des wirksamen Schmierens der Gleitflächen hat die praktische Verwendbarkeit dieser an sich einfachen und von französischen Konstrukteuren wiederholt versuchten Steuerorgane unmöglich gemacht.

3. Schiebergehäuse und Steuerkanäle.

Die Schiebergehäuse sind so auszubilden, daß sie ein leichtes Ein- und Ausbringen des Steuerorgans, eine zuverlässige, billige Bearbeitung und bequeme Besichtigung des Schieberspiegels, sowie eine genaue Kontrolle der Steuerungseinstellung ermöglichen. Bei kleinen und mäßigen Ausführungsdimensionen werden

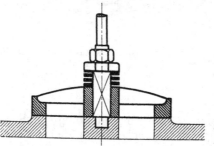

Fig. 653.   Ebener Drehschieber.

die Schiebergehäuse an den Cylinder gegossen, bei großen Ausführungen angeschraubt.

Für Platten-, Rahmen- und Flachschieber ergibt sich als naturgemäß die meist rechteckige Kastenform des Schiebergehäuses, die für die Zugänglichkeit des Schieberspiegels oberhalb des letzteren offengehalten ist und durch einen besonderen Deckel abgeschlossen wird, Fig. 634, 641 und 642.

Der Schieberkasten bildet in der Regel den Eintrittsraum für den Arbeitsdampf, während für dessen Austritt aus dem Cylinder besondere Kanäle angegossen sind. Angeschraubte Schieberkästen, II, 42, 1 und 163, 5, erleichtern bei zurückspringender Flanschenfläche gegenüber dem Schieberspiegel dessen Bearbeitung, haben aber den Nachteil, daß die Flanschenverschraubung und Dichtungsfläche unter den Isolationsmantel zu liegen kommt und schlecht zugänglich wird. Bei großen Zylinderdimensionen vereinfacht der angeschraubte Schieberkasten das Zylindergußstück, wie das Beispiel des Niederdruckcylinders II, 45, 5 und 165, 8 zeigt.

Das Innere des Dampfcylinders und Schieberkastens verbinden angegossene Steuerkanäle, die auf dem ebenen Schieberspiegel ausmünden, der seinerseits im Interesse kleiner schädlicher Räume möglichst nahe an die Cylinderwand zu legen ist. Die Form der Steuerkanäle beeinflußt sowohl die Größe der schädlichen Räume als auch die Ausbildung der Schieber. Gekrümmte lange Kanäle ermöglichen kurze Schieber und kleine Schieberkasten, während senkrecht zum Cylindermantel geführte kurze Kanäle große oder geteilte Schieberkasten bedingen, Fig. 638 bzw. 634. Die Wandungen der Schieberkanäle bleiben unbearbeitet, nur die in die Kanalkanten des Schieberspiegels auslaufenden Wandungsflächen werden 10 bis 30 mm breit eben gestoßen oder gefräst. Die Gußwandstärken am Schieberspiegel sind so zu wählen, daß nach eingetretenem Verschleiß ein Nachhobeln oder Fräsen der Gleitfläche ohne empfindliche Schwächung des Gusses möglich ist.

Der Schieberkasten wird durch einen gußeisernen Deckel dampfdicht abgeschlossen, für dessen Querschnittsform und Dimensionierung der auf die Deckelfläche lastende Dampfdruck maßgebend ist.

Die Verschraubung der Schieberkastenflanschen ist nach denselben Grundsätzen durchzuführen, wie für die Cylinderflanschenverschraubung angegeben; auch sind im Interesse der Einheitlichkeit die gleichen Bolzendurchmesser zu wählen.

Die Abdichtung der Deckelflanschen erfolgt fast ausnahmslos mittels elastischer und hitzebeständiger Dichtungsmaterialien. Nur selten werden bei kleinen Schieberkästen die Flanschenflächen aufeinander geschliffen und ohne Dichtungsmaterial nur mit einer Ölschicht aufeinander geschraubt. Der Deckel des Schieberkastens, II, 163, 5, ist am leichtesten zu bearbeiten, da ein Durchhobeln der Flanschenflächen in einer einzigen Bearbeitungsrichtung möglich ist; bei Deckelformen wie Fig. 654 fällt dieser Vorteil fort, doch erleichtert der vorstehende Innenrand des Deckels die Montage bei den seitlich angeordneten Schieberkästen liegender und stehender Maschinen, da er nach dem Aufsetzen und vor Einbringen der Schrauben nicht abrutscht.

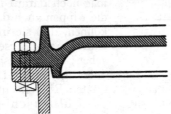

Fig. 654. Schieberkastendeckel mit Innenrippen.

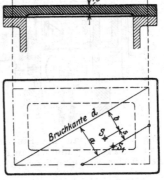

Fig. 655. Beanspruchung des Schieberkastendeckels.

Bei der Berechnung der Schieberkastendeckel ist von der Erfahrung auszugehen, daß der Bruch viereckiger Platten in der Diagonale erfolgt, Fig. 655. Die Materialbeanspruchung in diesem Bruchquerschnitt d bestimmt sich alsdann aus dem Unterschied der Biegungsmomente des Dampfdruckes $\frac{P}{2}$ auf die Deckelhälfte und der

Schraubenkräfte derselben Deckelhälfte, die ebenfalls $\frac{P}{2}$ gesetzt werden können.

Hat der Druckmittelpunkt des Dampfdruckes den Abstand b von der Diagonale und derjenige der Schraubenkräfte den Abstand a und bezeichnet s den Abstand beider Druckmittelpunkte, so kann das resultierende Biegungsmoment ausgedrückt werden durch:

$$\frac{P}{2} \cdot (a - b) = \frac{P}{2} \cdot s.$$

Wird der Rechnung eine ebene, gleich dicke Platte von der Wandstärke δ zugrunde gelegt und die Länge der Bruchkante mit l bezeichnet, so bestimmt sich die Biegungsbeanspruchung aus der Beziehung

$$\frac{1}{2} P \cdot s = \frac{1}{6} l \delta^2 k_b.$$

Als zulässige Beanspruchung kann für Zug 150 bis 200 kg, für Druck 600 kg/qcm angenommen werden, doch würde es nicht zweckmäßig sein, Deckel nur in dieser Plattenform auszuführen. Vielmehr werden sie stets durch Rippen, die entweder nach innen oder außen gelegt werden, versteift. Erst durch Anbringung dieser Versteifungsrippen erlangt der Deckel die praktisch erforderliche Festigkeit und Sicherheit sowohl für den Dampfdruck, als auch für die besondere Behandlung in der Werkstatt und beim Transport. In Rücksicht darauf, daß Gußeisen zur Aufnahme von Druckspannungen besser geeignet ist als von Zugspannungen, empfiehlt es sich, die Versteifungsrippen innen anzuordnen, um die neutrale Achse näher den gezogenen als den gedrückten Fasern zu bringen, Fig. 654. Würden die Rippen nach außen gelegt, so würden die von der neutralen Achse entfernteren äußeren Fasern der Rippen für das Gußeisen ungeeignet große Zugbeanspruchungen aufzunehmen haben, während die gedrückten Fasern nur geringe Beanspruchung erlitten. Außenrippen dürfen daher wegen dieser ungünstigen Spannungsverteilung nur mit geringer Höhe ausgeführt werden, während nach innen gelegte Versteifungsrippen eine günstigere Materialausnützung gewähren und daher auch höher gewählt werden. Es mag noch darauf hingewiesen werden, daß die Rippen auch dadurch nachteilig wirken können, daß sie infolge großer Materialanhäufung zu porösen Stellen im Guß Anlaß geben; erfahrungsgemäß laufen die Bruchlinien gerippter Deckel meist den aufgesetzten Rippen entlang[1].

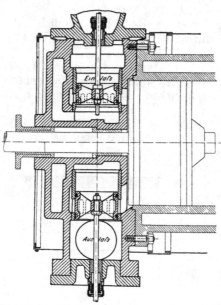

Fig. 656. Einbau der Ein- und Auslaßschieber Fig. 645 und 646 in den Cylinderdeckel der Van den Kerchove-Maschinen.

Kolbenschiebergehäuse.

Kolbenschiebergehäuse. Das Schiebergehäuse erhält für Kolbenschieber ebenfalls cylindrische Form und wird mit dem Dampfcylinder zusammengegossen, seltener angeschraubt. Die das Cylinderinnere mit der Schieberkammer verbindenden Steuerkanäle sind um das Gehäuse zentrisch oder exzentrisch derart herumgeführt, daß für die Dampfzu- und Abströmung die Kanalquerschnitte nach dem Dampfcylinder zu sich allmählich erweitern (II, 42, 2; 44, 4; 47, 8). Die hier-

---

[1] C. Bach, Maschinenelemente.

durch entstehenden schädlichen Räume können durch Einbau der Kolbenschieber in die Cylinderdeckel auf ein Mindestmaß gebracht werden, Fig. 656.

Da auf eine bequeme Zugänglichkeit des Innenraumes des Schiebergehäuses, ähnlich derjenigen des Schieberkastens für Flachschieber verzichtet werden muß und die Bearbeitung steuernder Kanten im Gehäuseinneren großen Schwierigkeiten begegnet, wird in der Regel der Schieberspiegel als besondere Einsatzbüchse ausgeführt und dampfdicht mittels genauer Paßflächen in das Gehäuse eingesetzt (II, 188 bis 198).

Nur ausnahmsweise ist bei vertikal bewegten Schiebern in Anbetracht ihres geringen Verschleißes das Einsetzen besonderer Büchsen unterlassen, namentlich aus Gründen der Einfachheit und Billigkeit der Konstruktion, wozu die Ausbildung marktfähiger Maschinen wohl Veranlassung geben kann, II, 170, 15 und 16. Zur letzteren Kategorie ist auch die Verbundmaschine zu rechnen, deren Hoch- und Niederdruckcylinder nach Fig. 657 mit den Gehäusen der beiden Kolben-schieber aus einem Stück gegossen und letztere ohne besondere Füh-rungsbüchsen eingebaut sind.

Zur bequemen Einstellung des Schiebers für die verlangten Dampf-verteilungsmomente ist es zweck-mäßig, seitlich am Schiebergehäuse gegenüber den steuernden Kanten der Einsatzbüchsen Schauöffnun-gen anzuordnen, die durch kleine Deckel für den Betriebszustand der Maschine abgeschlossen sind (II, 171, 18. Schnitt G H).

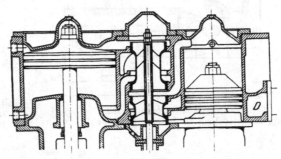

Fig. 657. Kolbenschieber einer Verbundmaschine englischer Bauart. (Belliss & Morcom, Birmingham.)

Die das Schiebergehäuse ab-schließenden kreisförmigen Deckel werden zentrisch eingesetzt, wenigstens dann, wenn sie noch Stopfbüchsen und Führungen für die durch sie hindurchgehenden Schieberstangen enthalten. Hinsichtlich ihrer Konstruktion und Berechnung ist auf das über Dampfcylinderdeckel Gesagte zu verweisen. Die Flanschenver-schraubung wird auch hier möglichst übereinstimmend mit derjenigen des be-nachbarten Cylinderdeckels gewählt.

Rundschiebergehäuse. Die quer zur Dampfcylinderachse liegenden Rund-schieber werden von cylindrischen Gehäusen umgeben, die stets mit dem Dampf-cylinder oder deren Deckel zusammengegossen sind. Zur Verkleinerung des schädlichen Raumes sind die Gehäuse möglichst nahe an den Dampfcylinder-mantel zu rücken, in welchem Bestreben die Gehäusecylinder mitunter den Dampf-cylindermantel durchschneiden, Fig. 626; kleine schädliche Räume ermöglicht auch die Anordnung der Gehäuse in den Cylinderdeckeln (Fig. 658a und b).

Für die Einlaßseite besitzt der den Gehäuseraum und das Dampfcylinder-innere verbindende Kanal die steuernde Kante, während für die Auslaßseite ein zweiter, den Gehäuseraum mit der Auspuffleitung verbindender Kanal als Steuer-kanal für den Auslaßschieber zu dienen hat, damit der Steuerschieber im geschlos-senen Zustand stets unter Dampfüberdruck steht und dampfdicht aufliegt. Die Gehäusedeckel enthalten Führungen und Stopfbüchsen für die Schieberstangen Fig. 627. Die in den Gehäusedeckeln des hinteren Schieberendes eingesetzten und auf die Schieberstange wirkenden Druckfedern bezwecken das Anliegen des Schieberstangenbundes an der vorderen Stangenführung oder Stopfbüchse behufs dampfdichten Abschlusses nach außen. Bei Niederdruckschiebern müssen diese Federn auch den Überdruck der äußeren Luft auf den Schieberstangenquerschnitt aufnehmen. Als Bunde werden mit Vorteil auf die Schieberstange fest aufgezogene gußeiserne Ringe verwendet, Fig. 627 und II, 222, 1. Eine besondere Stopfbüchse mit Liderungsmaterial wird alsdann für die Schieberstange entbehrlich. Zur Sicherung

35*

eines dampfdichten Auflagers des Stangenbundes im vorderen Gehäusedeckel und
zur Vermeidung empfindlichen Verschleißes der betreffenden Auflagerflächen ist aber
für deren zuverlässige Schmierung zu
sorgen; die erforderlichen Ölzufüh-
rungskanäle zeigen die Darstellungen
in II, 222 bis 227. Der vordere Ge-

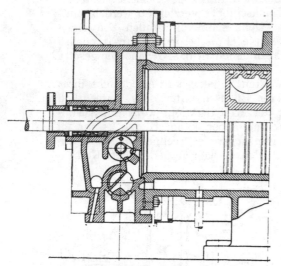

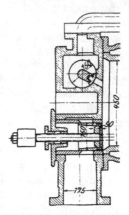

Fig. 658a. Coriiß-Schieberanordnung
der Maschinenfabrik in Thirian (Belgien).

Fig. 658b. Einlaß-Rund-
schieber und Auslaß-
Kolbenschieber im Cy-
linderdeckel.

häusedeckel ist in der Regel mit einer doppelten Schieberstangenführung und
Zwischenkammer ausgeführt, aus der der durch Undichtigkeit etwa übertretende
Dampf durch angeschlossene Röhrchen nach dem Auspuffrohr geleitet wird. In
den Führungsbüchsen eingedrehte Rillen mit entsprechender Ölzufuhr erleichtern
die Abdichtung der Schieberstangen (II, 222, 1).

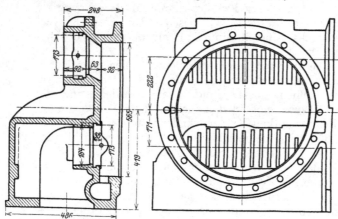

Fig. 659. - Cylinderdeckel mit Schieberspiegeln für Ein- und
Auslaßgitterschieber.

Bilden die Schieber-
gehäuse mit dem stets
stehend gegossenen Cy-
linder ein zusammen-
hängendes Gußstück, so
ist damit zu rechnen, daß
der Guß der oberen Ge-
häuse weicher als der der
unteren ausfällt, so daß
sich im Betrieb die Ge-
häusespiegel verschieden
abnützen. Zur Vermei-
dung dieses Nachteiles
werden die Schieber in
die Deckel gelegt, II,
54, 6, wobei auch gleich-
zeitig der schädliche
Raum kleiner als bei An-
schluß der Gehäuse seitwärts der Cylinder sich ergibt. Diesen Vorteilen gegenüber
steht jedoch der Nachteil, daß ein Nachsehen des Cylinderinneren und Kolbens
ein teilweises Auseinandernehmen der Steuerung bedingt. Durch die Konstruktion III, 10 läßt sich zwar letzterer Übelstand beseitigen, doch führt sie auf eine
erhöhte Zahl der Gußstücke und vermehrte Bearbeitung.

Zur Ausbildung der Schiebergehäuse in den Cylinderdeckeln geben
besondere Veranlassung die Gitterschieber, wie solche häufig bei amerikanischen

Dampfmaschinen Anwendung gefunden haben. Fig. 659 zeigt den Deckel eines solchen Dampfcylinders der Firma Mc. Intosh, Seymour u. Co. in Auburn für Ein- und Auslaßgitterschieber mit je 13 Spalten.

4. Ventile.

Vom Schieber in Form und Bewegungsart grundsätzlich verschieden ist das Ventil, das als Steuerorgan für Dampfmaschinen seither stets mit zwei oder vier Sitzen zur Anwendung gekommen ist. Hinsichtlich der Steuerbewegung ergibt sich der wesentliche Unterschied vom Schieber dadurch, daß das Ventil nicht über seine Abschlußlage hinaus bewegt werden kann.

Die Grundform des allgemein verwendeten Steuerventils für Dampfmaschinen ist das Rohrventil, Fig. 660; während das früher häufig angewendete Glockenventil, Fig. 661, fast ganz verlassen ist.

Doppelsitz-ventile.

Bei beiden Ventiltypen sind in der Regel die Sitzflächen von verschiedener Größe und so zueinander gelegt, daß die Ventile über die Sitzkörper geschoben und zum gleichzeitigen Aufliegen auf den beiden Sitzen gebracht werden können.

Beim Glockenventil ist daher der kleinere Sitz oben, beim Rohrventil unten angeordnet, ausgehend von der normalen Anordnung verti-

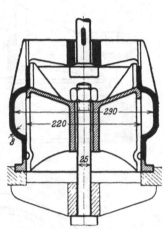

Fig. 660. Rohrventil.   Fig. 661. Glockenventil.

kaler, nach oben sich öffnender Ventile. Die unnatürliche Anordnung hängender Ventile ist zu vermeiden; auch horizontal oder geneigt liegende Steuerventile sind wegen einseitiger Gewichtswirkung selten angewendet. Glockenventile weisen nur die älteren langsam gehenden Dampfmaschinen auf; während sie im normalen Dampfmaschinenbau eine Verwendung überhaupt nicht mehr finden. Mit Steigerung der Umdrehungzahl der Betriebsdampfmaschinen fand das bei gleichem Durchflußquerschnitt wesentlich leichtere Rohrventil ausschließliche Aufnahme, auch begünstigt dadurch, daß der Einbau des letzteren im Zusammenhang mit dem Sitzkörper konstruktiv bequemer als bei ersterem sich ergibt.

Beide Ventile stehen im geschlossenen Zustand unter dem auf die beiden Sitzflächen f_s wirkenden Dampfüberdruck f_s $(p_1 — p_2)$, mit dem sie auf ihre Sitze drücken und dadurch einen dampfdichten Schluß gewährleisten. Im geöffneten Zustand erscheinen dagegen die Ventile entlastet, insoweit sie innerhalb und außerhalb des Ventilkörpers von Dampf gleicher Spannung umgeben sind. Während des Durchtritts des Dampfes durch die Eröffnungsquerschnitte der Sitze bleibt aber doch noch, wegen der zur Erzeugung der Durchflußgeschwindigkeit erforderlichen Druckhöhe, ein gewisser Überdruck auf den Ventilkörper im geöffneten Zustand des Ventils wirksam, der während des Ventilschlusses sich steigert und im Sinne des letzteren wirkt, so daß das Ventil durch den Dampf gewissermaßen auf seinen Sitz gezogen wird.

Da im normalen Dampfmaschinenbau ausschließlich Rohrventile zur Anwendung gelangen, so möge im Folgenden noch auf deren Einzelausbildung näher eingegangen werden.

Rohrventile.   Die Ventile werden in der Regel aus dichtem, zähem Gußeisen mit möglichst geringen Wandstärken hergestellt und auf Gußeisensitze aufgeschliffen; bei sehr großen Dimensionen haben mitunter auch Gußstahlventile Verwendung gefunden.

Zur Abdichtung dienen Ringflächen von geringer Breite, die entweder konisch oder eben ausgebildet werden. Bei konischen Dichtungsflächen sollen die Kegelspitzen beider zusammenfallen, um bei eintretender Formänderung durch die Ausdehnung eine übereinstimmende Änderung in der Lage der Dichtungsflächen für Ventil und Sitzkörper zu ermöglichen (II, 240, 3; 242, 5 und 258, 8). Wird die Kegelspitze in die Höhe der unteren Sitzfläche verlegt, so kann letztere eben ausgeführt werden (II, 251, 1).

Beide Sitzflächen eben zu machen (Fig. 662 und II, 254, 4; 260, 10) erfordert besonders sorgfältiges Einschleifen unter Dampf und derartigen Einbau von Ventil und Sitzkörper, daß die Ausdehnung nicht durch die Formänderung des Gehäuses einseitig beeinflußt wird. Die ebenen Sitze haben den Vorteil, daß beide Dichtungsflächen stets gleichmäßig aufliegen können, auch wenn eine Lagenänderung der Achse des Ventils gegenüber derjenigen des Sitzkörpers eingetreten sein sollte. Bei konischen Sitzflächen, die durch ihre Keilwirkung die Dichtheit erhöhen, ist in Rücksicht auf das Vorerwähnte eine gewisse Beweglichkeit des Ventils gegenüber der Spindel, besonders aber auch eine gute Führung des Ventils vorzusehen. Diese Ventilführung wird entweder mittels des unteren

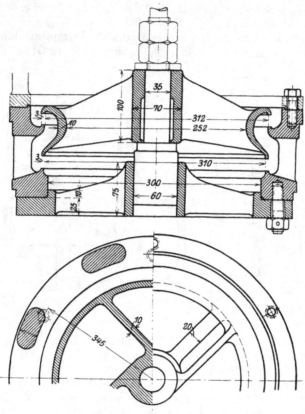

Fig. 662.
Rohrventil mit ebenen Sitzflächen.

Spindelendes Fig. 662 oder durch geeignete Ausbildung der Ventilnabe als Führungscylinder Fig. 663 und 664 oder durch Führungsrippen am äußeren Umfang des Ventils Fig. 670 bewirkt. Große Ventile erhalten wohl auch eine Führung an der Nabe und durch Außenrippen zugleich, II, 253, 3.

Weniger zur Erhöhung der Dichtheit als zur Erzielung eines sanften Aufsetzens des Ventils nach dem erfolgten Abschluß der Durchtrittsquerschnitte werden bisweilen an die Sitzflächen des Ventils noch kurze cylindrische Überdeckungsränder angesetzt, die in die beiden Sitzöffnungen eingeschliffen sind (II, 256, 6). Der besondere Wert dieser Überdeckungen in Rücksicht auf den äußeren Steuerungsmechanismus wird später bei der Behandlung der äußeren Steuerungen erörtert werden.

Hinsichtlich der Verbindung von Ventil und Spindel ist darauf hinzuweisen, daß beim Anheben des Ventils der Dampfüberdruck auf die Sitzflächen, sowie die Massenwirkung des Ventils von der Befestigungsschraube oder von dem Spindelkopf, je nachdem die Mutter unterhalb oder oberhalb des Ventilkörpers angeordnet wird, aufzunehmen ist; da andererseits im Augenblick des Aufsetzens des Ventils dessen Massenwirkung auch auf die Spindel zurückwirkt, so ist in jedem Falle dafür zu sorgen, daß sowohl der Spindelkopf oder Bund als auch das Schraubengewinde diesen axialen Massenwirkungen gegenüber sich widerstandsfähig erweisen, und daß namentlich durch eine große Mutterhöhe eine genügende Zahl tragfähiger Gewindegänge vorhanden ist (Fig. 662).

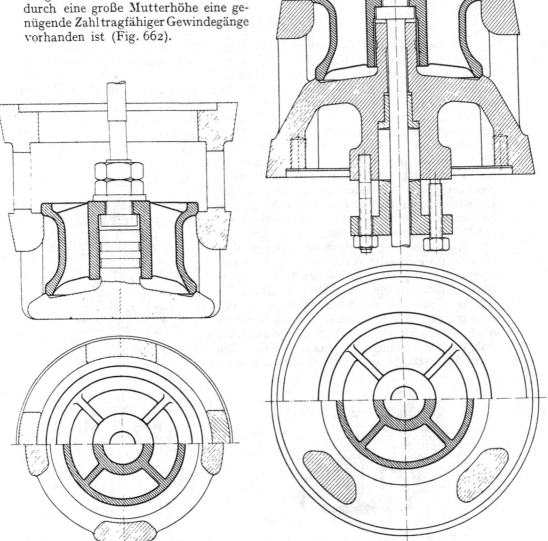

Fig. 663. Normales Einlaß-Ventil.

Fig. 664. Normales Auslaß-Ventil.

Zur Sicherung geringster Formänderung des Ventils durch Dampfüberdruck und Dampftemperatur ist dessen Konstruktionshöhe möglichst klein zu halten. Diese Forderung führt auch auf kleinen Ventilhub und behufs Erzielung ausreichenden Durchflußquerschnittes auf großen Ventildurchmesser (Fig. 662). Um kleinen Ventilhub auch bei den Steuerventilen großer Dampfcylinder zu erreichen, werden an Stelle der Doppelsitzventile viersitzige Ventile ausgeführt, und zwar in der Verbindung zweier untereinander angeordneter Rohrventile von verschiedenem Durchmesser. Werden die beiden Rohrventile zu einem gemeinsamen Gußstück ver-

Viersitzige Ventile.

einigt, wie dies die Ausführungen II, 245, 246, 262 zeigen, so setzt dies sehr homo-
genes Gußmaterial für Ventil und Sitzkörper und sehr sorgfältiges Einschleifen
beider, sowie niedrige Dampftemperatur voraus. Für hohe Dampftemperatur ist
die getrennte Ausführung der beiden auf einer Spindel sitzenden Rohrventile vorzuziehen, wobei durch Spannfedern das eine der beiden Doppelsitzventile kraftschlüssig auf seine zugehörigen Sitzflächen gepreßt wird, während das andere Doppelsitzventil fest mit der Spindel verbunden bleibt (II, 252 und 253).

5. Ventilsitzkörper.

Ventilsitz-
körper.

    Die Doppelsitzventile werden in der Regel nicht unmittelbar in die Ventil-
gehäuse der Dampfcylinder eingebaut, sondern in sogenannte Ventilkörbe, die
ihrerseits mit konischen oder cylindrischen Paßflächen dampfdicht im Cylinder
sitzen (II, 239, 2; 242 bis 246; 251 bis 257). Der Zweck dieser Ventilkörbe besteht
darin, Ventil und Sitzflächen unabhängig von den Formänderungen des Cylinders
und seiner Ventilgehäuse zu machen; auch kann für die Sitzkörper ein vom Cylinderguß abweichendes und für sie besonders geeignetes Gußmaterial verwendet werden.
Fig. 663 zeigt die normale Form und den üblichen Einbau des Ventilkorbes für
ein Einlaßventil, Fig. 664 für ein Auslaßventil.
Der Ventilkorb des Auslaßventils bildet meist
gleichzeitig den Gehäusedeckel, während der des
Einlaßventils vom Gehäusedeckel unabhängig ausgeführt und durch diesen in der Regel mittels
der Deckelverschraubung festgezogen wird.

    Einen von der Anwendung normaler Ven-
tilkörbe abweichenden Ventileinbau zeigt die Ausführung II, 254 und Fig. 665 des Einlaßventiles
eines Heißdampfcylinders. Der Ventilkorb besitzt nur einen vorstehenden Rand, mittels dessen
er in das umgebende Gehäuse dampfdicht eingesetzt und durch vier durch den Gehäusedeckel
geführte Druckschrauben gehalten wird. Die
Form des Sitzkörpers gestattet eine vom Gehäuse

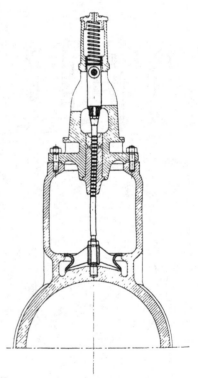

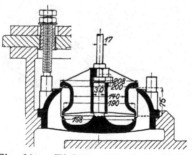

Fig. 665.   Einlaßventilkorb für Heißdampfbetrieb.

Fig. 666.   Einlaßventil ohne Sitzkorb.

unabhängige gleichmäßige Ausdehnung desselben und läßt ihn für Betrieb mit überhitztem Dampf besonders zweckmäßig erscheinen. Die gleichmäßige Ausdehnung
von Ventil und Sitz in axialer Richtung ist besonders dadurch angestrebt, daß beide
Teile möglichst gleiche Wandstärke und gleiche Höhe erhalten, und daß sowohl der
Sitzkörper wie das Ventil übereinstimmend auf der einen Seite dem Frischdampf,
auf der anderen Seite dem hinsichtlich Druck und Temperatur veränderlichen
Cylinderdampf ausgesetzt sind. Beim Ventileinbau Fig. 666 und II, 261, 12 ist
der Ventilkorb ganz fortgefallen und sind die Sitzflächen unmittelbar mit den

Gehäusewänden vereinigt. Dieser einfachste und billigste Ventileinbau setzt vorzüglichen Cylinderguß und ruhiges Aufsetzen der Ventile auf ihre Sitze durch die äußere Steuerung voraus, um einen Verschleiß der Sitzflächen möglichst hintanzuhalten. Dauernde Dichtheit hängt bei diesem Ventileinbau jedenfalls mehr vom zufälligen Verhalten des Cylindergusses ab, als von konstruktiven Maßnahmen. In letzterer Hinsicht ist die in Fig. 667 dargestellte Ventilausbildung Prof. Stumpfs bemerkenswert. Der Ventilkorb ist bei diesem Ventil ersetzt durch eine Tasse, auf die sich der untere Dichtungsring des Rohrventils aufsetzt,

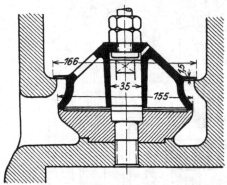

Fig. 667. Stumpfs Doppelsitzventil für Heißdampf.

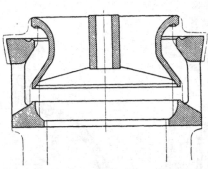

Fig. 668. Entlastetes Rohrventil mit dem Korbe aus einem Guß.

während der obere dünnwandige Dichtungsring seinen Sitz unmittelbar im Ventilgehäuse findet. Durch geringe Ventilhöhe und durch Federung des oberen Ringes soll die Dichtheit des Ventils sowohl im kalten wie im warmen Zustand erreicht werden, indem angenommen wird, daß der dünne Ventilring genügend nachgibt, um geringe Dehnungsunterschiede auszugleichen.

Von den vorstehend behandelten Doppelsitzventilen wesentlich verschieden zeigt sich ein von Lentz vielfach angewendetes Steuerventil, das vollständig entlastet und durch Zusammengießen mit dem Sitzkörper aus gleichem Gußmaterial mit dem letzteren hergestellt ist. Da behufs vollständiger Entlastung die beiden Dichtungsflächen übereinstimmende Abmessungen erhalten müssen, so sind Ventil und Sitz in der durch die Punktierung in Fig. 668 gezeichneten Weise zusammengegossen. Durch nachträgliches Herausdrehen der verbindenden Ringe erhält das Ventil seine freie Beweglichkeit.

Fig. 669.
Lentz'sches Auslaßventil für abnormale Strömungsrichtung des Dampfes.

Teilweise Entlastung bei einer der gewöhnlichen Strömungsrichtung des Dampfes entgegengesetzten Strömung durch das Ventil, wie solche bei Auslassventilen von Lentz'maschinen Anwendung gefunden hat (II, 261,11), ermöglicht die in Fig. 669 gekennzeichnete Ausführung des Rohrventils, bei dem der untere Sitz in der üblichen Weise am Ventilkorb, der obere kleinere Sitz dagegen auf einem Ring sich befindet, der mit dem Ventil bei *a* zusammengegossen war und nach dem Ausdrehen der Verbindungswand nach oben verschoben und auf den Ventilkorb aufgelagert wird.

6. Ventilgehäuse.

Da die Ventilsteuerung die Anwendung getrennter Steuerorgane für Ein- und Auslaß bedingt, so wird für doppeltwirkende Dampfcylinder der Einbau von vier Ventilen erforderlich, wobei die zugehörigen Ventilgehäuse in sehr verschiedener Weise an den Cylinder angeschlossen werden können.

Ventilgehäuse.

Die älteste Gehäusekonstruktion für horizontale Cylinder zeigt Fig. 670. Die zu einer Cylinderseite gehörigen Ein- und Auslaßventile sind axial übereinander mittels besonderer Sitzkörper in ein Gehäuse eingesetzt, das mittels eines seitlichen Stutzens an das Cylinderende so angeschlossen ist, daß der Kolbenspielraum mit dem Gehäuseraum zwischen den beiden Ventilen in Verbindung steht. Bei geöffnetem Einlaßventil tritt alsdann der

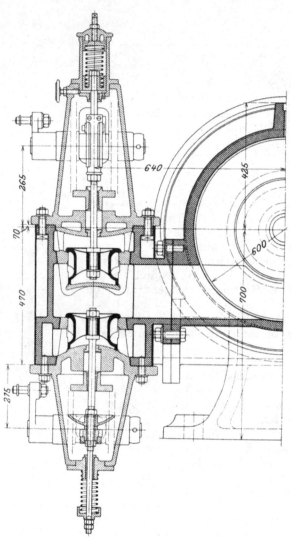

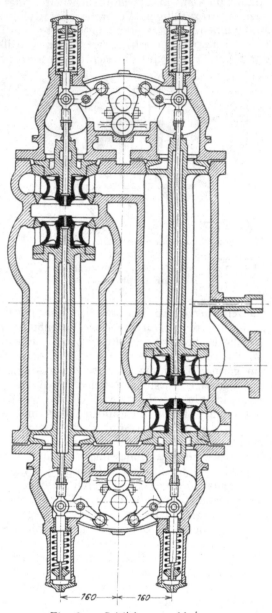

Fig. 670. Seitlich angeschraubtes Ventilgehäuse eines liegenden Dampfcylinders.

Fig. 671. Seitlich angeschlossene Ventilgehäuse eines stehenden Dampfcylinders.

Dampf durch denselben Verbindungsstutzen in den Cylinder ein, durch den er während der Austrittsperiode den Cylinder verläßt, um durch das Auslaßventil zu entweichen. Der oberhalb des Einlaßventils befindliche Gehäuseraum ist an die Dampfzuleitung, der unterhalb des Auslaßventils befindliche an die Auspuffleitung angeschlossen. Dieselbe Art der Unterbringung der beiden Steuerventile einer Cy-

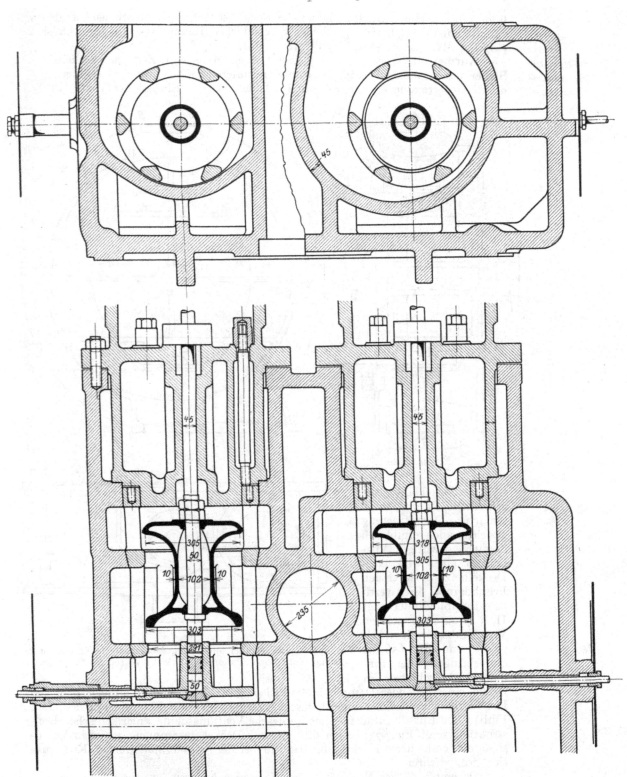

Fig. 672. Ausbildung der Ventilgehäuse im Cylinderdeckel des liegenden Hochdruckcylinders
der Verbundmaschine II, Taf. 17a Allis Chalmers and Co., Milwaukee.

linderseite in einem Gehäuse bildet die Regel bei stehenden Maschinen, bei denen die Gehäuse zur Erzielung kleinerer schädlicher Räume stets angegossen sind (Fig. 671; II, 63, 12 und 64, 13; Taf. 18, 2; Taf. 21, 5).

Steuerventile im Cylinderdeckel. Wärmetechnischer Vorteile wegen werden in neuerer Zeit mit Vorliebe die Steuerventile in den Cylinderdeckeln untergebracht und die Ventilgehäuse durch Unterteilung der Deckelräume gebildet. Dieser Einbau der Ventile in die

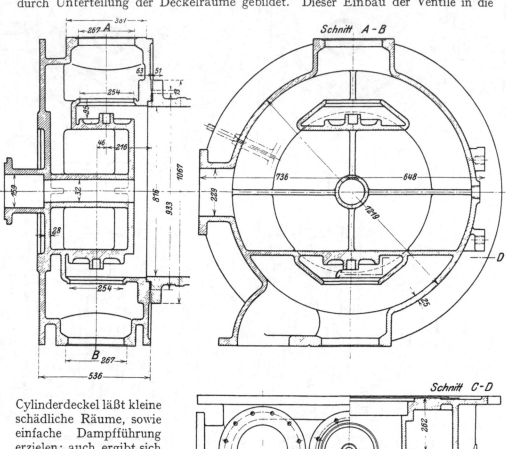

Cylinderdeckel läßt kleine schädliche Räume, sowie einfache Dampfführung erzielen; auch ergibt sich damit gleichzeitig die Möglichkeit einer wirksamen Deckelheizung durch den Frischdampf. Für vertikale Dampfcylinder zeigt II, Taf. 22 einen solchen Ventileinbau, während II, 62, 10 und Fig. 656 die Unterbringung der Ein- und Auslaßschieber im

Fig. 673. Cylinderdeckel mit eingegossenen Sitzen für Ein- und Auslaßventil ohne Sitzkörper. Erie City Iron Works, Erie.

Deckel eines liegenden Dampfcylinders wiedergibt; desgleichen die Fig. 672 für den Hochdruckcylinder einer amerikanischen Zwillings-Verbunddampfmaschine. Den Einbau der Einlaßventile für eine Lentzsche Ventilmaschine amerikanischer Konstruktion zeigt Fig. 673, wobei die mit dem Deckel zusammengegossenen Ventilsitze ein einfacheres Deckelgußstück wie bei der vorher angeführten Konstruktion ermöglichten.

Als empfindlicher Nachteil dieser Ventilanordnungen ist geltend zu machen, daß das Abnehmen eines Cylinderdeckels behufs Besichtigung des Cylinderinneren

oder des Kolbens, ein Auseinandernehmen der äußeren Steuerung bedingt, so daß
nach Wiederaufsetzen des Deckels die Steuerungen des Ein- und Auslaßventils neu
einreguliert werden müssen; dieser Nachteil wird besonders empfindlich bei komplizierten Lenker- und Kulissensteuerungen.

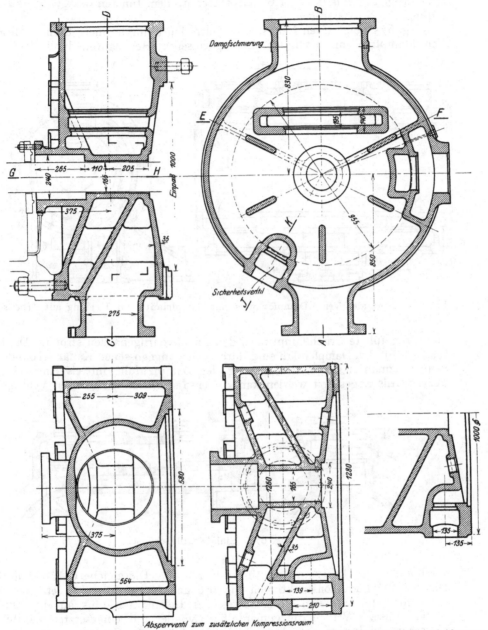

Fig. 674. Deckel für Gleichstromcylinder mit Gehäuseräumen für Einlaßventil und Absperrventil des zusätzlichen Kompressionsraumes für Auspuffbetrieb.

Bei den Gleichstromdampfmaschinen ist die Unterbringung der Einlaßventile
in den Deckeln von grundsätzlicher Bedeutung, desgleichen die Verwendung des
Deckelraumes als Heizraum, zur Erzielung einer wirksamen Deckelheizung mittels
Frischdampf (Fig. 674).

Weitaus am häufigsten sind bei horizontalen Dampfzylindern die Ventilgehäuse an den Cylinderenden angegossen, so daß die Cylinderdeckel und Böden frei von Steuerteilen werden. Dabei sitzen die Ventilgehäuse für den Dampfeinlaß am oberen, für den Dampfauslaß am unteren Cylindermantel; letztere Anordnung behufs selbsttätigen Abflusses der Kondenswasser aus dem Inneren des Cylinders zur Verhütung der Wasserschläge.

Fig. 675 zeigt einen Längs- und Querschnitt durch einen normalen liegenden Ventildampfmaschinencylinder mit angegossenem Heizmantel, durch den der von

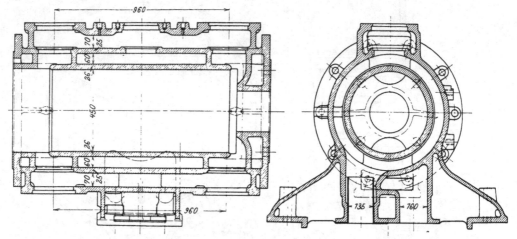

Fig. 675. Normaler Ventil-Dampfcylinder mit Dampfmantel für Heizung mit Arbeitsdampf.

unten zugeführte Frischdampf nach den Einlaßventilgehäusen strömt. Die beiden Gehäuse für den Dampfeinlaß sind durch einen angegossenen Kanal verbunden, der vom Heizmantel zur Unterbrechung der Dampfzufuhr mittels eines einfachen Tellerventils abgesperrt werden kann; ebenso schließen die unteren Ventilgehäuse

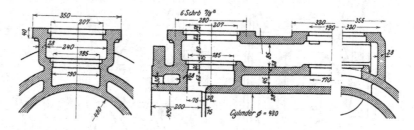

Fig. 676. Einlaßventil-Gehäuse.

durch einen Querkanal an den Auslaßstutzen an. Die gleiche Gehäuseanordnung zeigen die Cylinderkonstruktionen Fig. 676 und II, 57, 1 und 2, letztere nur mit dem Unterschiede freien Anschlusses des Heizmantelraums an die Eintritts-ventilgehäuse. Werden die gemantelten Cylinder mit eingesetzten Laufbüchsen ausgeführt, so ändern sich dadurch die Anschlüsse der Gehäuse an den Cylinder-mantel meistens nicht, wie dies aus dem Vergleich der vorher bezeichneten Konstruktionen mit denen II, 80, 6 und 7 und Fig. 677 hervorgeht.

Alle mit dem Mantel und den Cylinderflanschen zusammengegossenen Gehäuse haben den grundsätzlichen Fehler, daß ihre Form durch den Einfluß der Dampf-wärme sehr ungleichartig verändert wird und eine dauernde Dichtheit der ein-zusetzenden Ventilkörbe sich nicht erreichen läßt.

Dieses Zusammengießen von Gehäuse und Cylinder in der vorbezeichneten Art erweist sich daher namentlich für den Betrieb mit überhitztem Dampf ganz unzulässig, auch wenn zur Sicherung spannungsfreien Gusses gleichmäßige Stärke der Wandungen durchgeführt und Anhäufung von Gußmassen ver-mieden werden.

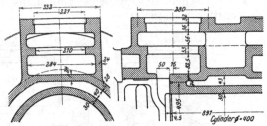

Eine wesentliche Verbesserung des Gehäuseanschlusses zeigt Fig. 678 durch Loslösung der Gehäuse-wand von der Cylinderflansche und Fig. 679 durch Verbindung des Heizmantels und Ventilgehäuses mittels eines bogenförmigen Kanals.

Fig. 677. Einlaßventilgehäuse bei liegendem Dampfcylinder mit Einsatzcylinder.

Bei der Formgebung, Fig. 680 und 681, ist eine gleichmäßige radiale und axiale Formänderung, in Übereinstimmung mit dem dampfdicht eingepaßten Ventilsitz-

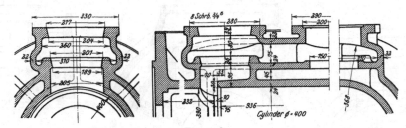

Fig. 678.

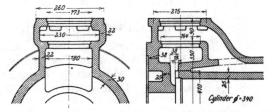

Fig. 679. Einlaßventilgehäuse für Heißdampfcylinder.

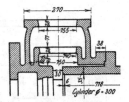

Fig. 680.

körper zu erwarten. Aus gleichen Gründen sitzen die Ventilgehäuse, Fig. 682 bis 684, sowie diejenigen der Dampfcylinder, II, 61, 8 und 62, 9, frei auf dem Cylindermantel.

Bei der Konstruktion II, 62, 9 sind die Ventilgehäuse sogar unabhängig vom Cylin-dermantel, mit einem besonderen, über die Laufbüchse geschobenen Gußstück zusammen-gegossen.

Für die Heißdampfcylinder ist es wichtig, die Gehäuse samt den anschließenden Dampf-ein- und Austrittsstutzen so zu gießen, daß sie sich unabhängig vom Cylinder vollkommen gleichmäßig ausdehnen können, um die Dicht-heit der Ventilkörbe und der Ventile zu sichern. Es fallen deshalb auch die Verbin-dungskanäle zwischen den Ventilgehäusen fort und die Dampfzu- und Ableitung wird für jedes Gehäuse getrennt bewirkt, wie dies

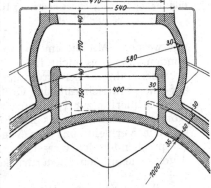

Fig. 681.

aus den Darstellungen der Ventildampfcylinder, II, 59 und 61, sowie 62, 9 zu
erkennen ist. Fig. 685 zeigt ein auf den Cylinder aufgeschraubtes Gehäuse,
das zwischen seinem Befestigungsflansch den ebenfalls nur einseitig befestigten
Ventilkorb festhält.

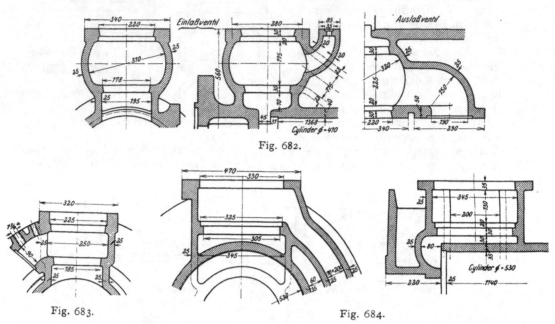

Fig. 682.

Fig. 683.   Fig. 684.

**Diffusor-
ventile.**

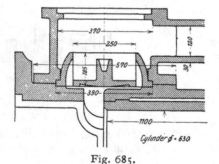

Fig. 685.

Fig. 678 bis 685. Beispiele für die Ausbildung der Ventilgehäuse liegender Heißdampfcylinder.

7. Diffusorsteuerorgane[1]).

Nachfolgend seien noch die in neuerer
Zeit vom Verfasser in Vorschlag gebrachten
und zur praktischen Anwendung gekommenen
Steuerorgane mit Diffusorwirkung gekennzeichnet.

Für den heute vornehmlich maßgebenden
Heißdampfbetrieb befriedigen die Doppelsitzventile hinsichtlich der Forderung dauernder
Dichtheit erfahrungsgemäß nicht, auch nicht
bei Anwendung der angeführten Sonderkonstruktionen von Ventilsitzkörpern und noch
viel weniger ohne Anwendung solcher. Die
vorliegende Schwierigkeit kann grundsätzlich
nur durch das einsitzige Steuerventil besei-
tigt werden. Mit diesem ist aber zunächst der Nachteil großen Überdruckes verbunden, wenn es nicht im Eröffnungsmoment entsprechend entlastet und nicht
auch der während der Strömung durch das geöffnete Ventil entstehende Überdruck
auf eine praktisch zulässige Größe vermindert wird.

Die hierfür zur Verfügung stehenden Wege sind zweierlei Art: Steigerung des
Kompressionsdruckes bis zur Eintrittsspannung vor der Eröffnung, und weitestgehende Verkleinerung des Ventildurchmessers. Der erstere Weg setzt die Wahl
entsprechenden Kompressionsgrades voraus und läßt sich sowohl in den Hoch-
druck- wie in den Niederdruckcylindern von Mehrfach-Expansionsmaschinen er-

---

[1]) Vom Verfasser auf Grund von Pumpenventiluntersuchungen seines früheren Assistenten
Dipl.-Ing. Emil Schrenk entwickelte Steuerorgane.

reichen, und selbst bei Einfach-Expansionsmaschinen mit Kondensation ist bei Ausführung kleinen schädlichen Raumes und Beginn der Kompression im Kolbenhubwechsel die Forderung genügenden hohen Endkompressionsdruckes zu erfüllen.

Der zweite Weg der weitestgehenden Verkleinerung des Ventildurchmessers läßt sich nur dadurch beschreiten, daß ungewöhnlich große Durchflußgeschwindigkeiten bis zu den sogenannten kritischen Geschwindigkeiten im Ventil angewendet werden. Bei Heißdampf kommen hiefür Geschwindigkeiten bis zu 560 m, bei Sattdampf bis zu 450 m/sec in Betracht. Es ergibt sich damit der kleinst erreichbare Ventildurchmesser und damit auch der kleinstmögliche Ventilhub.

Da nun der mit so hohen Durchflußgeschwindigkeiten entstehende Spannungsabfall während der Ein- und Austrittsperiode schon wegen der damit verbundenen Verminderung der Arbeitsfähigkeit des Dampfes unzulässig wäre, so ist der bezeichnete Weg nur gangbar, wenn sich die aus den hohen Geschwindigkeiten resultierenden Druckverluste beseitigen lassen. Das Mittel hiefür ist die Ausbildung des Ventilsitzes als Diffusor zur Wiederumsetzung der kinetischen Energie des strömenden Dampfes in potentielle, so daß die Spannung im Austrittsraum hinter dem Ventil nahezu auf die Spannung vor dem Ventil sich wieder erhöhen läßt und die Durchtrittsverluste denjenigen normaler Doppelsitzventile wieder gleich oder selbst kleiner werden.

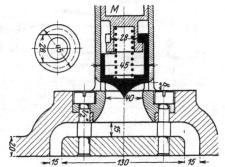

Fig. 686. Diffusor-Einlaßventil einer 100 PS-Heißdampfmaschine.

Die konstruktive Anordnung eines Diffusor-Einlaßventils nebst Sitzkörper für eine 100 pferdige Heißdampfmaschine zeigt Fig. 686. Der Durchmesser des einsitzigen kegelförmigen Ventils beträgt 45 mm, des engsten Teils des Sitzes zugleich des Diffusors 40 mm und der Ventilhub für größte Füllung 8 mm. Das Ventil ist im vorliegenden Fall im Cylinderdeckel angeordnet und die Erweiterung des Diffusors als Ringkanal an den Ventilsitz angeschlossen. Die als schädliche Räume aufzufassenden Hohlräume unterhalb des Ventils bis zur Innenwand des Cylinderdeckels betragen 1,7% des Kolbenhubvolumens.

Den Einbau der Ein- und Auslaßdiffusorventile für eine 25 pferdige Sattdampflokomobile stellt Fig. 687 dar. Die Sitzkörper beider Ventile sind als Hohlkegel in Düsenform ausgebildet und münden senkrecht in den Anschlußkanal des Cylinders.

Der Umstand, daß der Diffusorkegel des Einlaßventils vom Frischdampfraum umgeben ist, hat noch den Vorteil einer Heizung des bei der Expansion in der Düse sich abkühlenden und im Diffusor sich wieder verdichtenden Eintrittsdampfes und damit einer weiteren Trocknung und Aufrechterhaltung seiner Überhitzungstemperatur.

Das Auslaßventil erfordert in Rücksicht auf die Strömungsverhältnisse der Vorausströmung einen größeren Durchmesser als das Einlaßventil. Um den Eröffnungswiderstand bei Beginn der Vorausströmung auf das praktisch zulässige Maß zu vermindern und um andererseits während der Füllungs- und Expansionsperiode ausreichenden Dichtungsdruck wirksam werden zu lassen, ist das Auslaßventil noch mit einem, eine teilweise Entlastung bewirkenden Kolben verbunden.

Der Vorteil kleinstmöglicher Abmessungen der inneren Steuerorgane durch Anwendung des Diffusors läßt sich auch bei dem vollständig entlasteten Kolbenschieber erreichen, und zwar in der durch Fig. 688 bis 690 gekennzeichneten Weise. Der Schieberdurchmesser ist wieder nur für den kritischen Durchflußquerschnitt bemessen und der Diffusor in Fig. 688 und 689 für den Dampfeintritt als Ringkanal mit allmählicher Erweiterung innerhalb der den Schieber umgebenden

Büchse ausgeführt. Dient derselbe Schieber gleichzeitig für die Steuerung des
Auslasses wie in Fig. 689, so kann die Schieberbüchse auf der Austrittsseite des

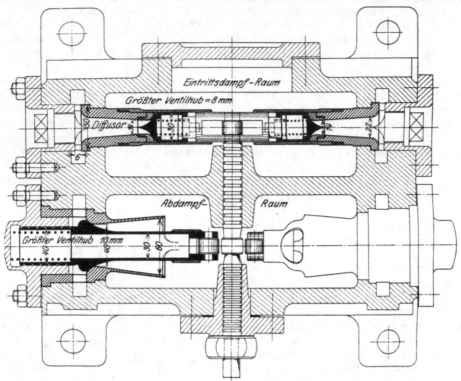

Fig. 687. Anordnung der Diffusor-Ein- und Auslaßventile für eine 25 PS-Sattdampf-
lokomobile.

Schiebers ebenfalls als Diffusor durch kegelförmige Erweiterung des an den Füh-
rungscylindern anschließenden Teiles ausgebildet werden. Dabei ist es gleichzeitig
erforderlich für den Abdampf einen beson-
deren Kanal in der Schieberbüchse vorzusehen.

Für größere Ausführungsverhältnisse

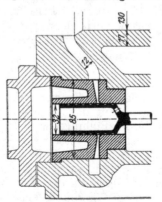

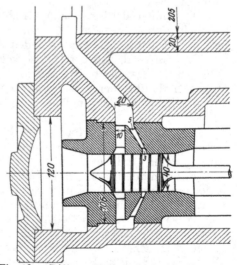

Fig. 688. Diffusor-Einlaß-Kolben-
schieber einer 25 PS-Dampfmaschine.

Fig. 689. Diffusor-Kolbenschieber für Dampf-
ein- und Auslaß einer 50 PS-Dampfmaschine.

kann der Diffusor statt in die Büchse in den Innenraum des Schiebers verlegt werden, wie Fig. 690 zeigt. Der Eintrittsdampf durchströmt den ringförmigen Diffusorkanal des Schiebers, um aus diesem in den Anschlußkanal des Cylinders überzutreten. Der äußere Durchmesser und der Hub des Kolbenschiebers werden wieder abhängig vom kleinstmöglichen Querschnitt f_1 des Diffusor-Einlaßkanals, der sich innerhalb des Schiebers bis zur Übertrittsstelle am Zylinderanschlußkanal auf

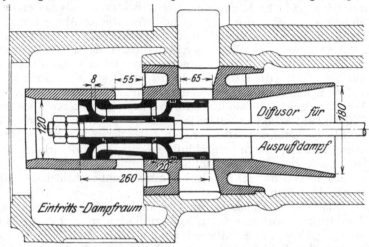

Fig. 690. Kolbenschieber mit Einlaß-Diffusor im Schieberkörper und Auslaß-Diffusor in der Schieberbüchse eines 300 PS-Dampfcylinders.

den Querschnitt f_2 erweitert. Auch dieser Diffusorschieber steuert nicht nur den Dampfeinlaß, sondern auch den Dampfaustritt mittels der Außenkante des rechten Schieberendes, wobei die Büchse auf der Austrittsseite als Diffusor mit entsprechender konischer Erweiterung ausgeführt ist.

8. Vergleich der verschiedenen inneren Steuerorgane.

Für die Wahl der inneren Steuerorgane kommen vornehmlich konstruktive und betriebstechnische Gesichtspunkte in Betracht, da sie auf die Konstruktion des Dampfcylinders und der äußeren Steuerung, sowie auf die Betriebsführung der Maschine und ihre Wirtschaftlichkeit bestimmenden Einfluß üben.

In konstruktiver Hinsicht wäre über ihre Eigenschaften folgendes zu bemerken:

Konstruktive Unterschiede.

Flach-, Kolben- und Rundschieber sind die einfachsten inneren Steuerorgane zur Beherrschung der 4 Dampfverteilungspunkte beider Kolbenseiten. Werden im Interesse günstigster Dampfverteilung und vollkommenster Regelfähigkeit für beide Kolbenseiten getrennte Ein- und Auslaßorgane verwendet, dann muß eine entsprechende Vermehrung der äußeren Steuerungsteile in Kauf genommen werden. Dabei ist für die Ausbildung des äußeren Steuerungsantriebs der Umstand wesentlich, daß Gleitflächen und Schubrichtung der Flach- und Kolbenschieber in der Regel zur Cylinderachse parallel sind, während beim Rundschieber die Gleitfläche senkrecht zur Cylinderachse zu liegen kommt. Die Antriebsebene des Steuerungsmechanismus kann daher bei letzterem ohne Schwierigkeit stets in die Mittelebene des Steuerexzenters gelegt werden, unter gleichzeitiger Einhaltung kleinster schädlicher Räume im Cylinder; bei Flach- und Kolbenschiebern dagegen führt die anzustrebende Verlegung des Schiebergriffs in die Antriebsebene der Steuerexzenter häufig auf ungünstig großen Abstand des Schieberspiegels vom Cylinder und damit auf lange Steuerkanäle und große schädliche Räume.

Die Ein- und Auslaßrundschieber (Corlißschieber) für getrennt angeordnete Ein- und Auslaßkanäle werden nur bei Sattdampfmaschinen verwendet, die hohen Anforderungen auf Regelfähigkeit und Dampfverbrauch zu entsprechen haben. Sie ermöglichen vollkommene Anpassung an beliebige Dampfverteilung, kleinsten schädlichen Raum und Verminderung der Eintrittskondensation.

Mit den Rundschiebern teilen die Ventile die mit der Trennung von Ein- und Auslaß sich ergebenden Vorteile hinsichtlich Regelung und Dampfverbrauch; nur der schädliche Raum wird wesentlich größer als bei ersteren. Für die äußere Steuerung ergibt sich noch eine wesentliche Abweichung von derjenigen für Rundschieber dadurch, daß in der Regel eine besondere parallel zur Cylinderachse geführte Steuerwelle die Steuermechanismen der 4 Ventile betätigt.

Zugunsten der Diffusor-Steuerorgane ist in konstruktiver Hinsicht geltend zu machen, daß sie die theoretisch kleinstmöglichen Abmessungen ergeben und dadurch nicht nur sehr leichte innere Steuerorgane ermöglichen, sondern auch eine wesentliche Verkleinerung der schädlichen Räume und der Steuergehäuse erreichen lassen. Die Diffusorventile können infolge ihres kleinen Durchflußquerschnitts als einfache Tellerventile ausgeführt werden. Einen besonderen Vorteil gewährt dabei die zentrale Dampfführung durch Ausschluß einseitiger Kraftwirkungen auf das Ventil, im Gegensatz zum üblichen Doppelsitzventil.

Betriebstechnische Unterschiede. In betriebstechnischer Hinsicht unterscheiden sich die einzelnen Steuerorgane in folgendem:

Flach- und Rundschieber sind nicht entlastet, stehen unter dem Überdruck des Dampfes auf ihre Gleitfläche und sichern dadurch größtmögliche Dichtheit bei sorgfältig aufgeschliffenen und geschmierten Schieberspiegeln; andererseits erzeugt der Schieberdruck einen bei großen Ausführungsabmessungen empfindlichen Bewegungswiderstand. Aus letzterem Grunde werden diese nicht entlasteten Schieber nur noch bei niedrigen Dampfspannungen verwendet, wie sie namentlich in den Mittel- und Niederdruckcylindern der Mehrfach-Expansionsmaschinen auftreten. Bei Einfachexpansionswirkung und Kondensation lassen sie sich über 8,0 Atm. Betriebsdruck hinaus mangels zuverlässiger Schmierung infolge zu großen Flächendrucks zwischen den Gleitflächen nicht mehr verwenden. Frei von diesem Übelstand ist der vom Dampfdruck vollständig entlastete Kolbenschieber, bei dem jedoch die Erzielung vollkommener Dichtung besondere Konstruktionsmaßnahmen und Ausführungsrücksichten erfordert. Bei kleinen Abmessungen, sowie bei Betrieb mit Sattdampf von mäßiger Spannung lassen sich Kolbenschieber ohne Spannringe dampfdicht einschleifen; bei großen dagegen werden Dichtungsringe unerläßlich.

Das als Ein- und Auslaßorgan in Betracht kommende Doppelsitzventil ist im geschlossenen Zustand nur teilweise entlastet, da der Dampfüberdruck noch auf die schmalen Sitzflächen wirkt; geöffnet ist es jedoch bis auf den Einfluß der Strömung vollkommen entlastet und besitzt den Schiebern gegenüber den Vorzug wesentlich geringeren Gewichtes und damit auch kleinerer Massenwirkung. Der Antriebsmechanismus läßt sich daher für Ventile wesentlich leichter konstruieren als für Schieber.

Ein besonderer Vorzug der Ventile ist noch darin gegeben, daß sie sich besser für den Betrieb mit überhitztem Dampf eignen infolge des Fortfalles gleitender Bewegung von unter Dampfdruck befindlichen Flächen, wie dies bei Flach- und Rundschiebern der Fall ist. Der vollständig entlastete Kolbenschieber dagegen läßt sich auch für Heißdampfbetrieb mit Vorteil verwenden.

Für Dampfmaschinen mit hoher Umdrehungszahl eignen sich die Ventile wegen der mit ihrem Abschluß verbundenen Stoßwirkung weniger als die Schieber, deren Hub nicht durch den Kanalabschluß begrenzt wird, sondern beliebig über letzteren hinaus sich erstrecken kann.

Hinsichtlich der Durchgangswiderstände zeigen sich die einzelnen Steuerungsorgane insofern verschieden, als in den Steuerkanälen und Eröffnungsquerschnitten der Rund-, Platten- und Muschelschieber einfachere Strömungsvorgänge sich einstellen als bei den Kolbenschiebern und Ventilen, bei denen der ein- oder austretende Dampf von kreisförmigen Durchflußquerschnitten in rechteckige überzugehen hat und umgekehrt. Bei den erstgenannten Steuerorganen mit ihren geradlinigen Einströmkanten und ihrer Parallelbewegung der Dampfteilchen innerhalb der Steuerkanäle ergeben sich daher kleinere Kontraktions- und Durchflußwiderstände als bei den Steuerorganen mit kreisförmigen Steuerkanten, worüber bei dem Kapitel über Berechnung der Kanalquerschnitte nähere Angaben gemacht werden.

Bei Verwendung der Diffusor-Steuerorgane wird nicht nur kleinster Bewegungswiderstand erreicht, sondern auch erhöhte Dichtheit infolge der Kleinheit der Dichtungsflächen. Letzterer Vorteil macht sich besonders für Heißdampfbetrieb bei Diffusorventilen dadurch geltend, daß sie nur eine Sitzfläche benötigen im Gegensatz zu den üblichen Doppelsitzventilen. Die Kleinheit der Diffusor-Steuerorgane und ihr kleiner Steuerhub führt auch auf entsprechend leichte äußere Steuerungsmechanismen und große Empfindlichkeit der Regelung.

II. Die Abmessungen der inneren Steuerorgane und ihre Berechnung.

1. Theoretische und praktische Erwägungen.

Die Aufgabe der Dampfmaschinensteuerungen besteht darin, die für eine bestimmte Arbeitsleistung erforderliche Arbeitsdampfmenge am Cylinder so ein- und auszulassen, daß eine verlangte, wirtschaftlich zweckmäßige, Dampfverteilung und Diagrammform erreicht wird. Da nun der Verlauf der Ein- und Austrittslinien des Dampfdiagramms hauptsächlich durch die Durchtrittsgeschwindigkeiten und -Widerstände des Dampfes innerhalb der Steuerorgane bedingt wird, so folgt, daß die Bestimmung der wichtigsten Abmessungen der inneren Steuerorgane und ihrer Bewegungsverhältnisse für einen gewissen Füllungsgrad von der Größe der erforderlichen Eröffnungsquerschnitte für Ein- und Austritt des Dampfes auszugehen hat.

Die Gepflogenheit, bei der Berechnung und Durchbildung einer Steuerung von dem konstanten Querschnitt der Steuerkanäle auszugehen, muß als grundsätzlich falsch bezeichnet werden.

Das theoretische Grundgesetz für die Eröffnungs- und Schlußbewegung irgend eines Steuerorganes kann aus der Annahme abgeleitet werden, daß die eintretende oder hinauszuschiebende Dampfmenge vom augenblicklichen Hubvolumen des Kolbens abhängt, und daß die dabei sich ergebende Durchflußgeschwindigkeit des Dampfes in der Steuerung konstant sein soll, entsprechend einer als zulässig erachteten Größe der Geschwindigkeitsdruckhöhe, die als Spannungs- oder Drosselungsverlust zwischen Steuergehäuse und Dampfcylinderinnerem in die Erscheinung tritt.

Theoretische Grundlagen.

Unter dieser Voraussetzung kann gesetzt werden

$$Fc = fw_k \quad \cdots \cdots \cdots \cdots \quad (1)$$

wenn F den Kolbenquerschnitt, c die augenblickliche Kolbengeschwindigkeit, f den nutzbaren Eröffnungsquerschnitt im Steuerkanal und w_k eine hypothetische, gleichbleibende Durchfluß- oder Ausflußgeschwindigkeit des Dampfes im Querschnitt f bedeutet.

Der nutzbare Eröffnungsquerschnitt

$$f = \frac{F}{w_k} c$$

ergibt sich hiernach proportional der Kolbengeschwindigkeit c, die zur Kurbelgeschwindigkeit v und dem Kurbeldrehungswinkel φ bei Vernachlässigung des Einflusses endlicher Schubstangenlänge in der Beziehung steht:

$$c = v \sin \varphi.$$

Das Diagramm der Kolbengeschwindigkeiten c, Fig. 691, als Kreis vom Radius v der Kurbelgeschwindigkeit über dem Kolbenwege beschrieben, ist somit auch als

Diagramm der theoretisch erforderlichen Kanaleröffnungen $f = \dfrac{F}{w_k} v \sin \varphi = f_{max} \sin \varphi$

für die zugehörigen Kolbenstellungen x aufzufassen, wobei $f_{max} = \dfrac{F}{w_k} \cdot v$ wird.

Da nun die Eröffnungsquerschnitte proportional den Verschiebungen der Steuerschieber oder Erhebungen der Ven-
tile sich ergeben, so folgt, daß deren
Steuerbewegung zwangläufig mittels

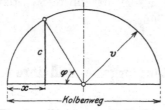

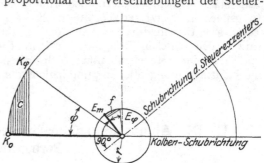

Fig. 691. Diagramm der Kolbengeschwindigkeiten.

Fig. 692. Zusammenhang zwischen Kurbel- und
Exzenterstellung in Rücksicht auf die Schubrichtungen des Kolbens und Steuerexzenters.

eines Exzenters erfolgen kann, Fig. 692, das in der Kurbeltotlage um 90° zu seiner
Schubrichtung aufgekeilt ist.

Für die Volldruckdampfwirkung in einem Cylinder, Fig. 693, wären demnach
zur Erzielung konstanter Ein- und Austrittsgeschwindigkeit des Dampfes und damit
konstanter Druckverluste $\varDelta p_e$ und $\varDelta p_a$, die Steuerorgane während der Ein- und
Austrittsperiode den Ordinaten im Halbkreise entsprechend ausschließlich durch
ein wie vorbezeichnet aufgekeiltes Exzenter zu bewegen.

Theoretisches Bewegungsgesetz. Für eine mit Expansion arbeitende Dampfmaschine mit der Füllung s_1, Fig, 694,
müßte der Dampfeintrittskanal der Veränderung der Ordinaten f_e bis zur Kolben-
stellung 2 entsprechend geöffnet und bei dieser Kolbenstellung mit unendlich großer

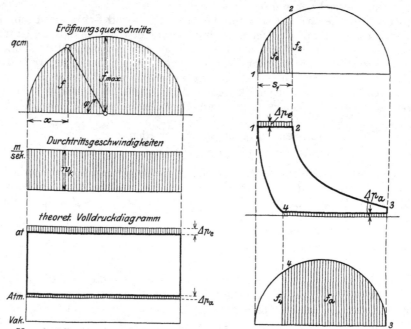

Kanaleröffnungsquerschnitte und Druckverluste bei konstanter Dampfein-
und -austrittsgeschwindigkeit.
Fig. 693. für Volldruckdampfwirkung   Fig. 694. Expansionsdampfwirkung

Geschwindigkeit abgesperrt werden. Technisch ist letztere Bedingung nicht zu erfüllen, da die Steuerorgane während des Kanalabschlusses nur mit endlicher Geschwindigkeit bewegt werden können. Für den Dampfaustritt gelten die gleichen Gesichtspunkte wie für den Dampfeintritt, so daß die Eröffnungsquerschnitte verändert werden müßten mit den Ordinaten f_a vom Hubwechsel bis zum Beginn der Kompression in der Kolbenstellung 4, bei der der Kanalabschluß wieder mit unendlich großer Geschwindigkeit zu erfolgen hätte.

Die praktische Lösung eines möglichst vollkommenen Antriebes der inneren Steuerorgane für Dampfein- und Auslaß ist somit darin gegeben, daß die eigentliche Eröffnungsperiode nach dem Sinusgesetz, die Schlußbewegung des Steuerorgans dagegen mit möglichst großer Geschwindigkeit erfolgt. Ausgeführte Einlaßsteuerungen liefern Diagramme der Kanaleröffnungen, Fig. 695, bei denen die wirklichen Abschlußlinien von der dem theoretischen Abschluß entsprechenden Senkrechten mehr oder weniger stark abweichen; je geringer diese Abweichung, desto vollkommener erscheint kinematisch die betreffende Steuerung. Von dieser Auffassung aus sind zahllose Konstruktionen unserer Steuerungsmechanismen entwickelt worden, die unter dem Namen der Präzisionssteuerungen bekannt sind.

In dem Diagramm 695 ist der charakteristische Verlauf der Kanaleröffnung für verschiedene Einlaßsteuerungen bei einer Füllungsperiode s_1 bezogen auf den Kolbenweg gekennzeichnet. Die Kurve 1 a 2' entspricht dem Exzenterantrieb des einfachen Muschelschiebers, o b 2' demjenigen der Doppelschiebersteuerung und o c 2' den Präzisionssteuerungen. Der relative Verlauf der Abschlußlinien zur Senkrechten bietet somit einen wichtigen Anhalt für die Beurteilung des Vollkommenheitsgrades des betrachteten Steuerungsantriebes hinsichtlich seiner Anpassung an die theoretische Forderung unendlich raschen Abschlusses.

Da die wirklichen Kanaleröffnungen meist mehr oder weniger vom Sinusgesetz abweichen und vor dem Abschlußmoment 2 infolge des allmählichen Abschlusses der Steuerkanäle stets wesentlich kleiner als theoretisch nach dem Sinusgesetz sich ergeben, so berechnen sich für die tatsächlichen Eröffnungsquerschnitte f veränderliche Durchflußgeschwindigkeiten

$$w' = \frac{F}{f}\,c,$$

deren Änderung in w_a, w_b, w_c Fig. 695 für verschiedene Öffnungs- und Schlußbewegungen a, b, c des inneren Steuerorgans bei gleichem Füllungsendpunkt 2' veranschaulicht.

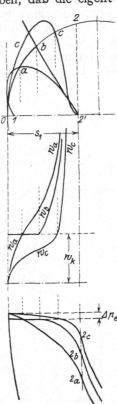

Fig. 695. Zusammenhang zwischen Dampfeintrittslinie und Änderung der Kanalquerschnitte, sowie der Dampfgeschwindigkeit bezogen auf den Kolbenweg.

Mit dem allmählichen Abschluß der Steuerorgane wächst somit die rechnungsmäßige Geschwindigkeit w' rasch an, um im Augenblicke des Abschlusses bis auf den Wert unendlich zu steigen, wobei das Anwachsen naturgemäß um so früher erfolgt, je schleichender das Steuerorgan schließt. Mit der zunehmenden Durchflußgeschwindigkeit des Dampfes muß aber auch der Spannungsunterschied zwischen Steuergehäuse und Cylinderinnerem wachsen, so daß also schon während der Füllungsperiode ein zunehmender Spannungsabfall im Cylinder eintritt, den sogenannten Drosselungsverlust der Eintrittsperiode verursachend. Da die Geschwindigkeitskurve w' somit die Art und Weise des Öffnens und Schließens des Steuerkanals kennzeichnet und dadurch maßgebend wird für den Verlauf der Eintrittslinie des Dampfdiagramms, so kann sie als Charakteristik der betreffenden Steuerbewegung und damit auch der Steuerung bezeichnet werden.

Hinsichtlich des Verlaufes der Eintrittslinien im Diagramm Fig. 695 ist noch darauf hinzuweisen, daß der Dampfdruck im Schieber- oder Ventilkasten konstant angenommen ist, eine Voraussetzung, die in Wirklichkeit jedoch nicht besteht, wie aus folgender Überlegung hervorgeht: Die periodische Dampfeinströmung ruft Druckschwankungen im Einlaßraum hervor, deren Verlauf von der Größe und Anordnung des letzteren am Cylinder und von der Dampfmasse im Zuleitungsrohre, sowie vom Füllungsgrad und der Umdrehungszahl der Maschine abhängt. Die dabei auftretenden Spannungsschwankungen werden nicht unbeträchtlich, wie aus den in Fig. 703 bis 708 dargestellten Druckaufnahmen an der Einströmseite verschieden gesteuerter Dampfcylinder ausgeführter Maschinen hervorgeht.

Spannungs-schwankungen im Einlaß-raum.

Der Verlauf der Eintrittslinie des Dampfdiagrammes ist somit nicht nur von der Eröffnungsbewegung des inneren Steuerorgans, sondern auch von den Spannungsschwankungen im Einlaßraum abhängig, die ihrerseits aus der Massenwirkung und dem Reibungswiderstand des Dampfes in der Zuleitung abzuleiten sind.

Wirklicher Verlauf der Eintrittslinie.

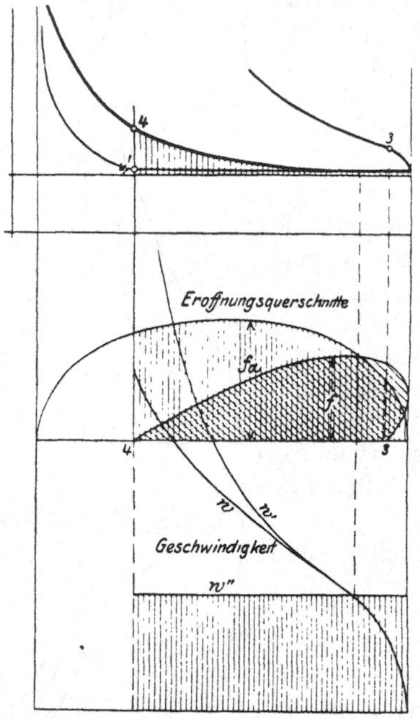

Fig. 696. Eröffnungsquerschnitte. Dampfgeschwindigkeiten und Diagrammverlauf für Dampfaustritt bei Exzenterantrieb.

Wirklicher Verlauf der Austrittslinie.

Bei Ausmittlung des mutmaßlichen Verlaufs der Eintrittslinie des Dampfdiagrammes aus den Geschwindigkeiten w' ist nun ferner zu berücksichtigen, daß die Beziehung $Fc = f w'$ nur für unveränderliche Spannung und Dichte des Dampfes der Füllungsperiode Gültigkeit hat, also auch nur für konstanten Drosselungsverlust, konstante Spannung im Steuergehäuse und konstante Durchflußgeschwindigkeit $w' = w_k$ des Dampfes durch die Eröffnungsquerschnitte der Steuerorgane.

Alle diese Voraussetzungen treffen aber nach den vorausgegangenen Betrachtungen in Wirklichkeit nicht zu. Die in der Steuerkammer infolge der Massenwirkung des Dampfes der Zuleitung auftretenden wellenförmigen Druckschwankungen verursachen während der Füllungsperiode eine Abnahme der Eintrittsspannung und da außerdem die dauernde Zunahme der Eintrittsgeschwindigkeiten einen wachsenden Drosselungsverlust bewirkt, so nimmt aus beiden Gründen die Eintrittsspannung im Cylinder bis zum Füllungsabschluß merklich ab.

Ähnliche Abweichungen der wirklichen Strömungsverhältnisse des Dampfes gegenüber den hypothetischen konstanter Durchflußgeschwindigkeit und konstanter Dampfdichte ergeben sich auch für die Austrittsperiode, indem einerseits der Auspuffraum an sich schon Druckschwankungen unterworfen sein kann, wie dies beispielsweise im Aufnehmer von Mehrfach-Expansionsmaschinen der Fall ist, und andererseits die tatsächlichen Kanaleröffnungen f weder dem Sinusgesetz sich anpassen, Fig. 696, noch ihr Abschluß plötzlich erfolgt, wie die theoretischen Querschnitte f_a für konstante Durchflußgeschwindigkeit w'' dies verlangen. Ausgehend vom Hubwechsel der Austrittsperiode nehmen die rechnerischen Durchtrittsgeschwindigkeiten w' ebenfalls wieder zu bis zum Wert unendlich im Abschlußmoment 4. Die Austrittsspannung bleibt deshalb auch nicht konstant bis 4' des Dampfdiagramms, sondern steigt bis zum Kompressionsbeginn im Punkt 4 allmählich an. Verschwindenden Einfluß auf den Vorgang der Ausströmung hat die Kolbenbewegung während der sogenannten Vorausströmung, die im Punkte 3 beginnend bis zum Hubwechsel, lediglich unter dem Einfluß des Dampfüberdruckes im Zylinder über die Spannung im Auspuffraum

Voraus-strömung.

erfolgt. Da die unabhängig vom Kolbenbewegungsgesetz sich vollziehende Vorausströmung für einen zweckmäßigen Übergang der Expansionsperiode in die Ausschubperiode maßgebend ist, so wird dieselbe im nachfolgenden Abschnitt noch einer eingehenderen Betrachtung unterzogen werden.

2. Rechnerische Untersuchung der Ein- und Austrittslinie des Dampfdiagramms.

Um den Vorgang des Dampfeintritts in den Cylinder rechnerisch zu verfolgen, ist davon auszugehen, daß bei abfallender Eintrittslinie die Ausfüllung des Kolbenhubvolumens nicht nur durch Nachströmen von Frischdampf, sondern gleichzeitig durch Expansion des bereits vorhandenen Füllungsdampfes bewirkt wird. Dabei können die aus der Formel $w'f = Fc$ sich berechnenden Eintrittsgeschwindigkeiten w' nur so lange auftreten, als die entsprechenden Geschwindigkeitsdruckhöhen Δp während der Füllungsperiode den mit der gleichzeitigen Expansion des Füllungsdampfes sich ergebenden Druckunterschied zwischen Steuergehäuse und Cylinderinnerem nicht überschreiten.

Eintrittslinie.

Nach dem Vorhergehenden setzt sich der Verlauf der Eintrittslinie aus zwei Vorgängen zusammen:

    1. aus der mit der Kolbenbewegung entstehenden Expansion der im Cylinder bereits vorhandenen Dampfmenge,

    2. aus dem Zuströmen frischen Dampfes durch die Einlaßsteuerung unter dem Einfluß des jeweiligen Überdruckes des Dampfes im Steuergehäuse über den Druck im Cylinderinnern.

Wird demnach, wie in Fig. 697 veranschaulicht, für eine Kolbenverschiebung dx in der Zeit dt die Druckverminderung infolge Expansion mit dp_2 und die Druckzunahme infolge Zuströmen frischen Dampfes mit dp_1 bezeichnet, so ergibt sich eine Gesamtdruckänderung

$$dp = dp_2 - dp_1.$$

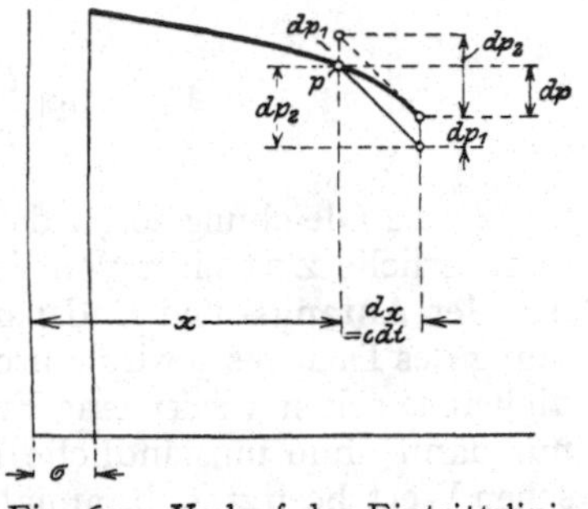

Zum Zwecke einer vereinfachten rechnerischen Ermittlung von dp_2 und dp_1 sei von der Annahme ausgegangen, daß die Drucksteigerung dp_1 bei unveränderter Kolbenstellung x eintrete und der Spannungsabfall dp_2 durch Expansion von derselben Kolbenstellung und vom Drucke p ausgehe.

Fig. 697. Verlauf der Eintrittslinie.

Ist f_n der in der Zeit dt nutzbare Eröffnungsquerschnitt der Steuerung, w die dem Druckgefälle dp zwischen dem Einlaßraum und Cylinderinnern entsprechende wirkliche Dampfgeschwindigkeit, so vergrößert sich die im Cylinder befindliche Dampfmenge $xF\gamma$ in der Zeit dt um den Betrag $\gamma f_n w\, dt$. Der Druck p im Cylinderinnern ändert sich proportional der Änderung der Dampfmenge und es ergibt sich

$$\frac{dp_1}{p} = \frac{\gamma f_n w\, dt}{\gamma F x} = \frac{f_n w\, dt}{F x}.$$

Wird an Stelle der Zeit dt die in dieser Zeit auftretende Änderung des Hubvolumens $dx = c\, dt$ eingeführt, worin c die jeweilige Kolbengeschwindigkeit bedeutet, so wird

$$dp_1 = p \frac{f_n w}{F \cdot c} \cdot \frac{dx}{x} = p \frac{\alpha f w}{F c} \frac{dx}{x},$$

worin $\alpha = \dfrac{f_n}{f}$ ausdrückt, welcher Bruchteil der tatsächlichen Eröffnungsquerschnitte f der Steuerorgane vom Dampf bei seinem Durchfluß nutzbar wird. Wenn nach früherem der in letzterer Formel enthaltene Ausdruck $\dfrac{F \cdot c}{t} = w'$ gesetzt wird, so kann auch geschrieben werden

$$d p_1 = \alpha p \, \frac{w}{w'} \cdot \frac{d x}{x} \, .$$

Die gleichzeitig stattfindende Expansion der im Cylinder befindlichen Dampfmenge ruft eine Druckänderung $d p_2$ hervor, die sich unter Annahme der Expansion nach der Hyperbel aus dem ursprünglichen Drucke p und dem Dampfvolumen $F\,x$ berechnet zu

$$d p_2 = p \, \frac{d x}{x} = p \, \frac{c\,d t}{x} \, .$$

Der Spannungsabfall $d p$ bestimmt sich somit in seiner Abhängigkeit vom Kolbenweg zu

$$d p = d p_2 - d p_1 = p \, \frac{d x}{x} \left(1 - \alpha \, \frac{w}{w'} \right)$$

und in seiner Abhängigkeit von der Zeit zu

$$d p = p \, \frac{c\,d t}{x} \left(1 - \alpha \, \frac{w}{w'} \right).$$

Durch Integration der letzteren Gleichung in der Form

$$\frac{d p}{p} = \frac{d x}{x} - \alpha \, \frac{w f}{F} \, \frac{d t}{x} = \frac{d x}{x} - f_n w \frac{d t}{F x}$$

ergibt sich für das Druckverhältnis $\dfrac{p_0}{p}$ der Ausdruck

$$\ln \left(\frac{p_0}{p} \right) = \ln \left(\frac{x}{x_0} \right) - \frac{\alpha}{F} \int_{t_0}^{t} \frac{f w}{x} \, d t \, .$$

Diese Gleichung zeigt, daß die zu einem bestimmten Druckabfall von p_0 bis p erforderliche Zeit nicht von der absoluten Größe, sondern nur von dem Verhältnis der Anfangs- und Endspannungen p_0 und p abhängt. Die analytische Bestimmung des Druckes p wird durch den Umstand erschwert, daß die Dampfgeschwindigkeit w selbst wieder eine Funktion von p und x ist. Die Beziehung kann daher nur dann ohne umständliche Rechnung verwendet werden, wenn w seinen kritischen Wert besitzt, d. h. annähernd konstant bleibt und das Verhältnis des Druckes im Cylinder zu dem in der Zuleitung das kritische Druckverhältnis erreicht oder unterschritten hat.

Auf graphischem Wege kann die Einströmlinie unter Zuhilfenahme der aus obigen Gleichungen für die einzelnen Kolbenstellungen sich ergebenden Tangentenrichtungen $\dfrac{d p}{d x}$ und $\dfrac{d p}{d t}$ be-

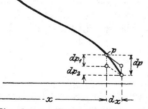

Austrittslinie.

Fig. 698a. Verlauf der Voraustrittslinie.

stimmt werden[1]). Doch ist auch dieser Weg für die praktische Verwendung zu umständlich und wird daher später, S. 51 ff., ein vereinfachtes angenähertes Verfahren zur Ermittlung der Eintrittslinie angegeben werden.

Für die Dampfausströmung lassen sich ähnliche Beziehungen über die Druckänderungen wie für die Einströmung aufstellen, und zwar wird für die Periode des Vorausströmens, Fig. 698a

$$d p = d p_1 + d p_2$$

und für die eigentliche Ausschubperiode, Fig. 698b

$$d p = d p_2 - d p_1 \, .$$

---

[1]) S. Z. d. V. d. Ing. 1905, S. 697 und 1913, sowie Z. 1906, S. 1900 und 1934.

In beiden Gleichungen bedeutet dp_1 den Spannungsabfall durch die während der Zeit dt ausströmende Dampfmenge bei Stillstand des Kolbens in der Stellung x und dp_2 bedeutet für die Vorausströmung die durch Expansion während des Kolbenwegs dx entstehende Druckverminderung, und für die Ausschubperiode die während eines gleichen Kolbenwegs dx durch Kompression allein eintretende Druckerhöhung. Auch für die Ausströmlinie führt die genaue Ausmittlung ihres Verlaufs vom Beginn der Vorausströmung bis zum Beginn der Kompression auf gleich umständliche analytische oder graphische Verfahren wie für die Eintrittslinie.

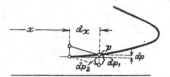

Fig. 698 b.
Verlauf der Austrittslinie während der Ausschubperiode.

Die vorstehenden theoretischen Überlegungen eignen sich zwar nicht zu einer praktisch bequemen Berechnung und Aufzeichnung des Verlaufs der Ein- und Austrittslinien, sie bieten aber ein wertvolles Hilfsmittel zur vergleichenden Untersuchung von Indikatordiagrammen ausgeführter Maschinen zwecks Feststellung des Zusammenhangs zwischen den Drosselungsverlusten der Ein- und Austrittsperiode und den tatsächlichen Eröffnungsquerschnitten der Ein- und Auslaßorgane.

3. Durchtrittswiderstände der inneren Steuerorgane.

Nachfolgend mögen daher Untersuchungen näher besprochen werden, die in diesem Sinne an ausgeführten, mit verschiedenen Steuerungen arbeitenden Maschinen durchgeführt wurden, und zwar an einer einfachen Kolbenschiebersteuerung, Fig. 699, an einer Guhrauer-Flachschiebersteuerung, Fig. 700, an einer Rundschiebersteuerung, Fig. 701, und einer Ventilsteuerung, Fig. 702.

Der in der Ein- und Auslaßsteuerung auftretende Spannungsverlust wurde durch Indizierung der Räume unmittelbar vor und hinter den Steuerorganen festgestellt. Für die Einlaßseite der untersuchten Steuerungen sind die erhaltenen Drucklinien in den Diagrammen Fig. 703 bis 707 auf die Zeit bezogen, so übereinander gezeichnet, daß die Spannungsverluste der Steuerorgane in den durch Schraffur hervorgehobenen Ordinaten Δp zum Ausdruck kommen.

Diese Werte Δp setzen sich zusammen aus den für die wirklichen Durchflußgeschwindigkeiten w_0 aufzuwendenden Überdrücken $\Delta p_0 = \dfrac{w_0^2}{2g}\gamma$ und den im Steuerorgan und Kanal durch Kontraktion, Richtungswechsel und Reibung auftretenden Druckverlusten $\Delta p_0' = \xi\,\dfrac{w_0^2}{2g}\gamma$, so daß gesetzt werden kann:

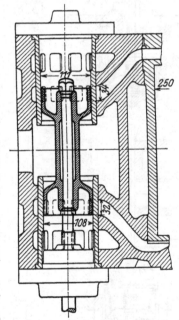

Fig. 699. Kolbenschieber des Hochdruckcylinders eines 100 PS-Schnelläufers $\dfrac{250\cdot400}{300}$; $n = 200$.

$$\Delta p = \Delta p_0 + \Delta p_0' = (1 + \xi)\frac{w_0^2}{2g}\gamma.$$

Da jedoch der Anteil dieser Verluste an den Druckunterschieden Δp für die verschiedenen Steuerorgane sich nicht einwandfrei und allgemein gültig angeben läßt, mögen der Einfachheit halber die Spannungsverluste Δp als Überdrücke aufgefaßt werden zur Erzeugung einer Durchtrittsgeschwindigkeit w, die den Einfluß der Durchflußwiderstände mit enthält,

so daß zu setzen ist $\Delta p = \dfrac{w^2}{2\,g}\,\gamma$.

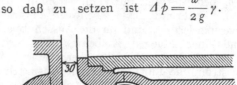
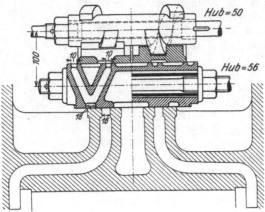

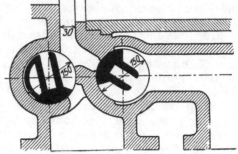

Fig. 700. Guhrauer-Steuerung eines 40 PS-Schnell-
läufers $\dfrac{250}{300}$; $n = 200$.

Fig. 701. Ein- und Auslaßsteuerung des
Niederdruckcylinders einer 100 PS-Verbundmaschine $\dfrac{300 \cdot 450}{600}$; $n = 110$.

Die betreffenden Durchtrittsgeschwindigkeiten w werden alsdann berechnet

aus der Gleichung $w = \sqrt{\dfrac{2\,g}{\gamma}\,\Delta p}$, worin $\gamma =$ spez. Gewicht des Dampfes vom

mittleren Drosselungsdruck in kg/cbm bedeutet und
Δp in kg/qm einzusetzen ist.

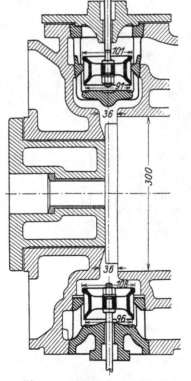

Fig. 702. Ventilein- und Auslaßsteuerung des Hochdruckcylinders einer 100 PS-Verbundma-
schine $\dfrac{300 \cdot 450}{600}$; $n = 100$.

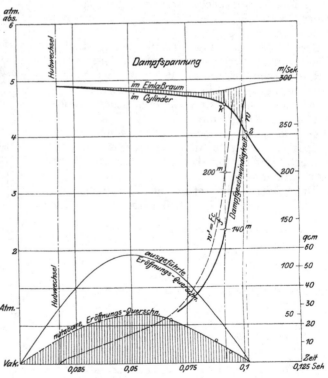

Fig. 703. Eintrittslinie, Eröffnungsquerschnitte und
Durchströmgeschwindigkeiten der Steuerung Fig. 699.

Bei der Beurteilung und weiteren Verwendung dieser Geschwindigkeiten w ist wegen der bei ihrer Berechnung gemachten Voraussetzung zu berücksichtigen, daß sie stets größer sind als die tatsächlichen Durchflußgeschwindigkeiten w_0. Wenn nun auch die Geschwindigkeiten w und diejenigen w' als reine Rechnungswerte erscheinen, so darf nicht übersehen werden, daß erstere aus physikalischen Zusammenhängen, letztere aus mechanischen, die Strömungsvorgänge bestimmenden Verhältnissen, abgeleitet sind.

Das verschiedene Verhalten der inneren Steuerorgane hinsichtlich ihrer Durchtrittsverluste findet nun darin seinen Ausdruck, daß die Dampfgeschwindigkeiten w rechnerisch auf nutzbare Durchflußquerschnitte f_n führen, deren Verhältnis zu den tatsächlich vorhandenen Durchflußquerschnitten f ein Maß für die Ausnützung der letzteren bei den betreffenden Steuerorganen abgibt.

Vorstehende Betrachtungen gewinnen erst für den letzten Teil der Füllungsperiode besondere Bedeutung: es sind deshalb für diesen in den Fig. 703 bis 707 der untersuchten Steuerungen die aus den Drosselungsverlusten berechneten Durchtrittsgeschwindigkeiten w in ihrem Verlaufe

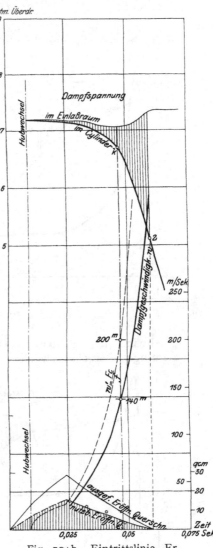

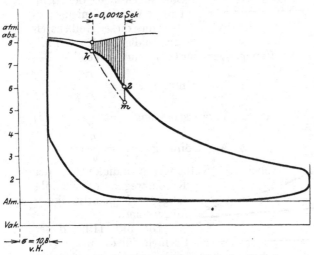

Fig. 704a. Verlauf der Eintrittslinie im Druckvolumdiagramm der Guhrauer-Flachschiebersteuerung Fig. 700.

Fig. 704b. Eintrittslinie, Eröffnungsquerschnitte und Durchtrittsgeschwindigkeiten der Steuerung Fig. 700.

graphisch dargestellt, gleichzeitig mit den aus der Beziehung $w' = \dfrac{Fc}{f}$ für die ganze Füllungsperiode abgeleiteten Geschwindigkeitskurven (der Charakteristiken).

Da zur Bestimmung der nutzbaren Durchflußquerschnitte f_n der Steuerorgane, die während der Füllungsperiode gleichzeitig stattfindende Dampfexpansion mit zu berücksichtigen ist, so hat die Berechnung der Werte f_n aus der Gleichung für die Eintrittslinie zu erfolgen, die nach früher lautet:

$$dp = p \frac{c\,dt}{x}\left(1 - \alpha\,\frac{w}{w'}\right).$$

Wird hieraus die Gleichung für die Subtangente abgeleitet, so ergibt sich allgemein für die Ein- und Ausströmlinien

$$b = p\,\frac{dt}{dp} = \frac{x}{c\left(1 \mp \alpha\,\dfrac{w}{w'}\right)} = \frac{F\,x}{F\,c \mp f_n w},$$

wenn es sich um die Darstellung des Dampfdiagramms im Druck-Zeitdiagramm handelt; im Druck-Volumdiagramm dagegen ist die Subtangente

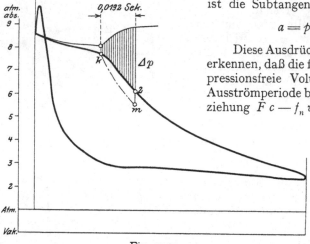

$$a = p\,\frac{dx}{dp} = \frac{F\,x\,c}{F\,c \mp f_n w}.$$

Diese Ausdrücke für die Subtangente lassen erkennen, daß die für die expansions- oder kompressionsfreie Volumänderung der Ein- bzw. Ausströmperiode bestehende theoretische Beziehung $F\,c - f_n w = 0$ nur dann erfüllt wird, wenn die Subtangente unendlich groß ist, d. h. wenn die Diagrammlinie horizontal verläuft.

Für jede beliebige Kolbenstellung x kann nun mit Hilfe der zugehörigen Subtangente b der Ein- bzw. Austrittslinien und der für diese Kolbenstellung maßgebenden Dampf-

Fig. 705 a.

geschwindigkeit w der nutzbare Eröffnungsquerschnitt f_n aus folgenden Beziehungen berechnet werden:

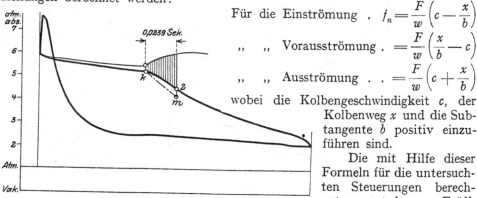

Für die Einströmung . $f_n = \dfrac{F}{w}\left(c - \dfrac{x}{b}\right)$

„   „   Vorausströmung . $= \dfrac{F}{w}\left(\dfrac{x}{b} - c\right)$

„   „   Ausströmung . . $= \dfrac{F}{w}\left(c + \dfrac{x}{b}\right)$

wobei die Kolbengeschwindigkeit c, der Kolbenweg x und die Subtangente b positiv einzuführen sind.

Die mit Hilfe dieser Formeln für die untersuchten Steuerungen berechneten nutzbaren Eröffnungsquerschnitte sind in den Fig. 703 bis 707 durch Schraffur hervorgehoben. Werden mit diesen be-

Fig. 705 b.

Fig. 705 a und b. Indikatordiagramme der Ventilsteuerung Fig. 702 und Verlauf der Dampfspannungen im Ventilgehäuse, während des Dampfeintritts bei verschiedener Eintrittsspannung.

rechneten Werten f_n die tatsächlichen Eröffnungsquerschnitte f, die ebenfalls in die betreffenden Diagramme eingetragen sind, verglichen, so zeigt sich an dem Unterschiede beider, daß der Grad der Ausnützung je nach dem Steuerorgan verschieden ist. Wird das Verhältnis des nutzbaren zum ausgeführten Eröffnungsquerschnitt $\alpha = \dfrac{f_n}{f}$ als Durchtrittskoeffizient bezeichnet, so kommt in diesem Koeffizienten der Einfluß der Kontraktion und Richtungswechsel im Steuerorgan, sowie der Reibung in den Steuerkanälen zum Ausdruck.

Die nähere Betrachtung der Strömungsverhältnisse des Dampfes in den untersuchten Steuerorganen ergibt ohne weiteres, daß der Flach- und Corlißschieber
dem Dampf den störungsfreiesten Durchtritt ermöglicht, während der Kolbenschieber und das für Präzisionssteuerungen
häufig verwendete Doppelsitzventil die
Dampfströmung dadurch besonders ungünstig
beeinflußt, daß die Durchtrittsquerschnitte
für den Dampf auf einem Cylinder sich befinden, demzufolge der Dampf radial nach
unendlich vielen Richtungen durchzuströmen
hat, während er hinter den Eröffnungsquerschnitten nur nach der einen Richtung des
Anschlußkanals zum Dampfcylinder bzw.
des Auslaßstutzens abgelenkt werden muß.

Dieser verschiedenartigen Dampfströ-

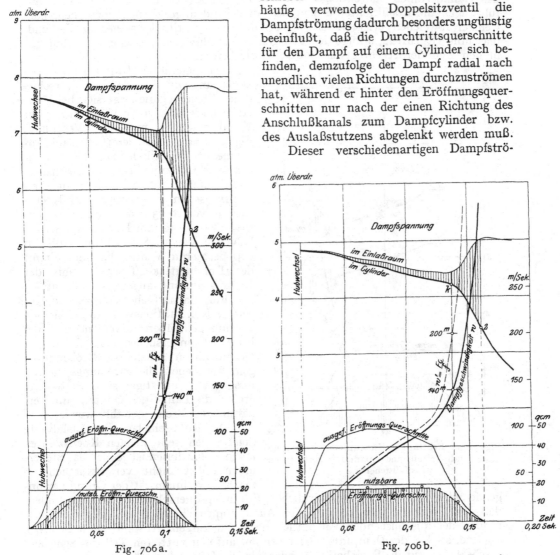

Fig. 706a.　　　　　　Fig. 706b.

Fig. 706a und b.　Verlauf der Eintrittslinie, der Eröffnungsquerschnitte und Dampfgeschwindigkeiten, bezogen auf die Zeit für die Ventilsteuerung Fig. 702.

mung innerhalb der Steuerorgane und Kanäle entsprechen auch die aus den experimentellen und rechnerischen Erhebungen gewonnenen Mittelwerte der Durchtrittskoeffizienten α, die sich für die untersuchten Steuerungen wie folgt ergeben haben:

Durchtritts-
Koeffizienten.

einfache Kolbenschiebersteuerung	Dampfspannung 5 Atm.	$\alpha = 0{,}45$
Guhrauer Flachschiebersteuerung	,,　　　　　7 Atm.	$= 0{,}55$
Corliß-Schiebersteuerung, Einlaß	,,　　　3 bis 4 Atm.	$= 0{,}55$
Ventilsteuerung Einlaß	,,　　　　　5 Atm.	$= 0{,}38$
,,　　　　,,	,,　　　　　7,5 Atm.	$= 0{,}42$
,,　　　Auslaß	,,　　　3 bis 4 Atm.	$= 0{,}39$

Die ungünstigen Eigenschaften der Doppelsitzventile hinsichtlich der Strömungsverhältnisse für den Dampf kennzeichnen sich in den niederen Durchtrittskoeffizienten für Ein- und Auslaß. Je nach der Lage des Steuerventils zu dem in das Cylinderinnere führenden Anschlußkanal werden übrigens bei anderen Ausführungen die Koeffizienten α von den vorstehend angegebenen noch mehr oder weniger abweichen; beispielsweise werden die Steuerventile der stehenden Verbundmaschine II, Taf. 22, infolge der den ganzen Ventilumfang freilegenden Öffnungen in den Cylinderdeckeln etwas höhere Werte liefern.

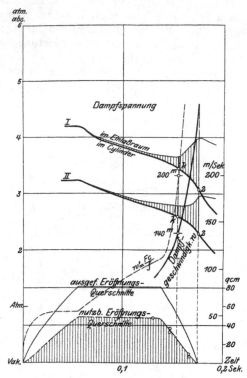

Fig. 707. Eröffnungsquerschnitte, Durchflußgeschwindigkeiten und Spannungsverluste der Einlaßsteuerung.

Bei genauerer Untersuchung der Durchgangswiderstände der verschiedenen Steuerorgane zeigt sich bei Ventilen noch eine große Veränderung der Koeffizienten α mit dem Ventilhub, Fig. 709, und zwar derart, daß mit zunehmender Ventilerhebung die Durchgangsverluste zunehmen, der Koeffizient α also abnimmt. So vermindert sich beispielsweise am Einlaßventil der Koeffizient α von 0,75 für 2 mm Hub auf $\alpha = 0,33$ bei 12 mm Hub und am Auslaßventil von 0,48 bei 1 mm Hub auf 0,31 bei 12 mm Ventilhub. Auch nimmt der Durchtrittskoeffizient α mit der Dampfspannung augenscheinlich ab.

Für Flachschieber ergaben sich geringere Kontraktionsverluste bei kleinen Eröffnungen, übereinstimmend mit den bei Ausströmversuchen aus rechteckigen Querschnitten gemachten Beobachtungen, bei denen die Strömungsverhältnisse um so günstiger sich zeigten, je größer die Länge der Öffnung im Verhältnis zur Breite gewählt wurde.

Der Rundschieber der Auslaßseite lieferte den sehr kleinen Koeffizienten $\alpha = 0,3$; für diesen ist jedoch das Steuerorgan selbst nicht verantwortlich zu machen, vielmehr ist der Grund der ungenügenden Ausnützung der wirklichen Eröffnungsquerschnitte darin zu finden, daß der Übergang vom rechteckigen Ausströmquerschnitt des Schiebers in den runden der anschließenden Auspuffleitung in zu kurzem Abstand vom Schieber erfolgte, so daß der Dampfdurchtritt sich nur auf den mittleren Teil des Schiebers beschränkte und die Schieberkanalenden für die Dampfdurchströmung nur ungenügend ausgenützt wurden. Es erscheint daher zur Verminderung der Austrittswiderstände wichtig, den Auslaßschieber kurz und die Überführung in eine runde Auspuffleitung möglichst lang zu machen, wenn sich nicht unmittelbar ein eckiger Anschluß an den Kondensator oder freier Auspuff ermöglichen läßt.

Grundlagen zur Berechnung von Einlaßsteuerungen.   Um aus den vorstehenden Erhebungen einfache Grundlagen für die rechnerische Ausmittelung neuer Steuerungen und für die Aufzeichnung des zu erwartenden Dampfdiagramms zu gewinnen, seien die Kurven der rechnerischen Dampfgeschwindigkeiten w und w' zu Hilfe genommen. Während die Dampfgeschwindigkeiten w aus den als Geschwindigkeitsdruckhöhen betrachteten Unterschieden Δp der Dampfspannungen vor und hinter dem Steuerorgan berechnet sind, stellen

die Werte $w' = \dfrac{F \cdot c}{f}$ die Geschwindigkeiten dar, die beim Durchfluß des Dampfes durch den Kanalquerschnitt f ohne Durchtrittsverlust auftreten würden, wenn das Kolbenhubvolumen Fc vom eintretenden Dampf bei konstantem Druck, also

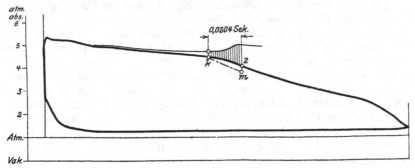

Fig. 708a.   Diagrammverlauf bei 5,0 Atm. mittlerer Aufnehmerspannung.

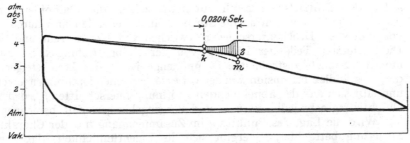

Fig. 708b. Diagrammverlauf bei 4,0 Atm. mittlerer Aufnehmerspannung.

Fig. 707 und 708 a, b.   Spannungs- und Geschwindigkeitsänderungen des Eintrittsdampfes bei der Rundschiebersteuerung Fig. 701.

ohne Dampfexpansion, ausgefüllt würde.   Da aber bei zunehmender Geschwindigkeitsdruckhöhe die Expansion unvermeidlich ist und durch sie eine teilweise Ausfüllung des frei werdenden Hubvolumens herbeigeführt wird und da namentlich gegen Hubende die rechnungsgemäß stark anwachsenden Geschwindigkeiten w' Druckhöhen entsprechen, die die verfügbaren Geschwindigkeitsdruckhöhen Δp mehr und mehr überschreiten, so ergeben sich die aus dem Drosselverlust Δp berechneten Durchtrittsgeschwindigkeiten w des Dampfes

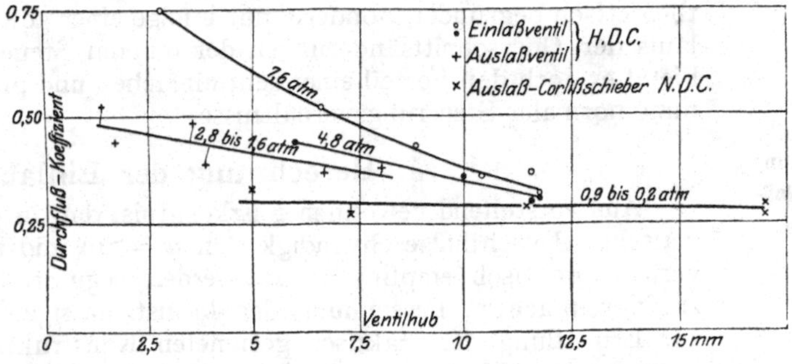

Fig. 709.   Durchflußkoeffizient der Steuerventile Fig. 702 und Corliß-Schieber Fig. 701 bezogen auf Ventil- bzw. Eröffnungshub.

kleiner, als w'.   Es möge hier nochmals betont werden, daß auch die Werte w nicht wirkliche Durchtrittsgeschwindigkeiten darstellen, sondern auch nur hypothetischer Natur sind, indem sie aus dem gesamten, alle Durchflußwiderstände enthaltenden Drosselverlust Δp berechnet sind.

Die beiden Geschwindigkeitskurven zeigen anfänglich, solange die Durchtrittsgeschwindigkeiten w und die zugehörigen Druckhöhen Δp klein sind, nur wenig abweichenden Verlauf; erst gegen Schluß des Steuerkanals wachsen die

Werte $\dfrac{Fc}{f} = w'$ rasch an, bis zu dem Werte unendlich im Abschlußmoment $f = 0$, während die Geschwindigkeiten w infolge der mit der Dampfexpansion entstehenden Begrenzung der Geschwindigkeitsdruckhöhe weniger rasch und nur bis zu Höchstgeschwindigkeiten, die meist unter 300 m/Sek. liegen, ansteigen.

Der Zeitpunkt, von dem ab die Expansion die Einströmlinie merklich beeinflußt, kommt in den Eintrittslinien der Dampfdiagramme ziemlich scharf zum Ausdruck, und zwar übereinstimmend für alle untersuchten Steuerorgane an einer Stelle k, Fig. 704a, bei der die aus dem Drosselungsverlust berechnete Dampfgeschwindigkeit w annähernd die Größe 140 m/Sek. besitzt. Während bis zu diesem Punkte k die Druckverluste in der Steuerung nur ganz allmählich zunehmen, und die Eintrittslinie sich dementsprechend nur wenig senkt, zeigt sich von diesem Punkte ab ein rasches Abfallen der Eintrittslinie mit allmählichem Übergang in die Expansionslinie.

Rechnungsweg zur Ermittlung der Eröffnungsquerschnitte der Einlaßseite.

Das übereinstimmende Verhalten der verschiedenen untersuchten Steuerungen hinsichtlich jener Durchflußgeschwindigkeit, von der ausgehend der Spannungsabfall der Eintrittslinie rasch zunimmt, zeigen die Dampfdiagramme Fig. 703 bis 707 sehr klar an den an die Stellen k anschließenden und durch Schraffur hervorgehobenen Druckunterschieden zwischen Cylinderinnerem und Steuergehäuse. Die im letzten Teile der Füllung von der Kolbenstellung k bis zum Abschlußmoment 2 noch zuströmende Dampfmenge ist in der Drucksteigerung $m\,2$ über die selbständige Expansion $k\,m$ der bei k vorhandenen Dampfmenge veranschaulicht und läßt sich aus den abnehmenden Eröffnungsquerschnitten f_n, den zunehmenden Durchtrittsgeschwindigkeiten w und der zugehörigen Zeit berechnen.

Wird die Lage des Punktes k im Zusammenhang mit der Charakteristik w' der Steuerung betrachtet, so ergibt sich die Eigentümlichkeit, daß die zugehörigen Ordinaten für sämtliche untersuchten Steuerungen annähernd der gleichen rechnerischen Dampfgeschwindigkeit $w' = 200$ m/Sek. entsprechen. Hierbei ist zu beachten daß der Wert $w' = 200$ m nicht eine wirklich auftretende Geschwindigkeit, sondern nur eine Rechnungsgröße darstellt, mittels der der Maßstab für die Ordinaten der Charakteristik sich bestimmt und mit deren Hilfe sich die auszuführenden Durchtrittsquerschnitte des Dampfes in den Steuerorganen berechnen lassen, da der Wert f_k gleichzeitig den Maßstab für die Ordinaten der Eröffnungskurven der Steuerorgane festlegt. Selbst wenn dieser Zusammenhang nicht theoretisch begründet, sondern nur infolge einer gewissen Gleichartigkeit des Verlaufs der Querschnittsänderungen der inneren Steuerorgane zulässig erschiene, so bietet er doch den Vorteil einer sehr einfachen und praktisch ausreichenden Berechnung normaler Steuerungsverhältnisse.

Berechnung der Einlaßorgane.

4. Berechnung der Einlaßorgane.

Aus vorstehend gewonnener Erkenntnis, daß in der Einlaßsteuerung bei rechnerischen Durchflußgeschwindigkeiten $w = 140$ und $w' = 200$ m, der Drosselungsverlust praktisch empfindlich zu werden beginnt, läßt sich ein bequemer Weg zur vereinfachten Berechnung der kleinstzulässigen Durchtrittsquerschnitte und zur Ermittlung der praktisch geeigneten Konstruktionsabmessungen der Einlaßsteuerorgane ableiten.

Bevor die maßgebenden Abmessungen der Einlaßsteuerorgane berechnet werden können, muß ein Entwurf der Schieber- oder Ventilerhebungsdiagramme vorliegen, aus denen die relative Veränderung der Durchtrittsquerschnitte für den Dampf während der Füllungsperiode hervorgeht. Mit Hilfe dieser Steuerungsdiagramme läßt sich alsdann in beliebigem Maßstab die Kurve der Geschwindigkeiten $w' = F \cdot c/f$ als Charakteristik der Steuerung aufzeichnen, deren Verlauf die relative Änderung der Werte w' kennzeichnet.

Da die wichtigste Aufgabe einer Steuerung in der Erzielung wärmetechnisch und praktisch geeigneter Dampfverteilung besteht und die Durchflußquerschnitte der Einlaßsteuerung den Verlauf der Eintrittslinie im Dampfdiagramm bedingen, so ist dieser als Grundlage zur Ermittlung der Ausführungsdimensionen der Einlaßsteuerung zu wählen. Es ist deshalb für die betrachtete Füllungsperiode jene Kolbenstellung k festzulegen, bei der ein Spannungsverlust auftreten darf, der durch eine Geschwindigkeitsdruckhöhe von 140 m/Sek. gemessen wird, und von dem ab ein rasches Anwachsen der Drosselungsverluste zugelassen werden soll. Da dieser Kolbenstellung k eine rechnerische Geschwindigkeit $w' = 200$ m/Sek. angehören soll, so ist mit diesem Werte auch der Maßstab für die Ordinaten der Charakteristik w' gewonnen.

Mit diesen Annahmen läßt sich der tatsächliche Eröffnungsquerschnitt für die Kolbenstellung k berechnen zu $f_k = \dfrac{F \cdot c}{200}$, ein Rechnungswert, mit dem der Maßstab für den Entwurf der Schieber- oder Ventilerhebungsdiagramme und damit für die wichtigsten Ausführungsdimensionen der inneren Steuerorgane festliegt; freilich auch nur zunächst in Rücksicht auf den betrachteten Füllungsgrad.

Behufs Ermittlung eines möglichst zutreffenden Verlaufs der Eintrittslinie sind nun noch bestimmte Annahmen über den im Steuergehäuse zu gewärtigenden

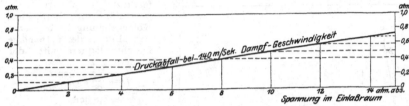

Fig. 710.   Geschwindigkeitsdruckhöhe in Atm. für 140 m/Sek. Dampfgeschwindigkeit bei
verschiedener Dampfspannung.

Verlauf der Druckschwankungen, die der periodische Eintritt des Dampfes erzeugt, zu machen. Alsdann läßt sich die Eintrittsspannung bei der Kolbenstellung k, durch Abzug der Geschwindigkeitsdruckhöhe für 140 m Durchtrittsgeschwindigkeit von der im Steuergehäuse vorhandenen Spannung, bestimmen. Zur raschen Ermittlung dieser Geschwindigkeitsdruckhöhen für verschiedene Eintrittsspannungen möge Fig. 710 dienen. Der weitere Übergang der Eintrittslinie in die Expansionslinie setzt noch die Ermittlung des Druckes 2 am Füllungsende voraus. Hierzu ist nur die Berechnung der Druckerhöhung $m\,2$ über die Expansionslinie km Fig. 704a erforderlich, welche die Dampfmenge bewirkt, die noch unter dem Einfluß der bis zum Füllungsende zunehmenden Überdrücke $\varDelta p$ und der abnehmenden Durchflußquerschnitte f_n in den Dampfcylinder eintreten kann.

Ein Beispiel möge den Rechnungsvorgang zur Ermittlung der auszuführenden Eröffnungsquerschnitte und der wichtigsten Steuerungsdimensionen ersichtlich machen.

Beispiel.

Rechnungs-
beispiel einer
Einlaß-
steuerung.

Für eine liegende Dampfmaschine von 250 mm Cylinderdurchmesser und 300 mm Hub, Umdrehungszahl $n = 200$, ist eine Ridersteuerung zu berechnen und zu dimensionieren. Bei Ausmittlung der Steuerungsverhältnisse wird von der normalen Füllung im Dampfdiagramm ausgegangen und für diese das Schieberdiagramm in einem beliebigen Maßstab aufgezeichnet. Fig. 711 zeigt ein solches für eine Füllung, deren Ende der Kolben- und Kurbelstellung 2 entspricht. Die durch Grund- und Expansionsschieber erzeugten Kanaleröffnungen sind im Schieberdiagramm durch Schraffur hervorgehoben. Wird der Schieberkreis gleichzeitig als Kolbengeschwindigkeitskreis aufgefaßt, so kennzeichnen die Ordinaten, bezogen auf die Kolbenschubrichtung, die Veränderung der Kolbengeschwindigkeit c mit der Kurbelstellung. Die Kurbelgeschwindigkeit v ergibt sich zu

$$v = c_{max} = \frac{s\,\pi\,n}{60} = \frac{0{,}3\,\pi \cdot 200}{60} = 3{,}14 \text{ m.}$$

Nachdem die relativen Änderungen von f und c aus dem Schieberdiagramm bekannt sind, kann die Charakteristik w' ebenfalls gezeichnet werden, da deren Ordinaten für die ein-

37*

zelnen Kolbenstellungen als vierte Proportionale zwischen den veränderlichen Strecken f, c und einer konstanten Strecke, die der Kolbenfläche F zu entsprechen hätte, sich konstruieren lassen. Für die Ordinaten der so gefundenen Dampfgeschwindigkeitskurve oder Charakteristik w' und für die Kanaleröffnungen f des Schieberdiagramms sind nur noch die Maßstäbe festzustellen.

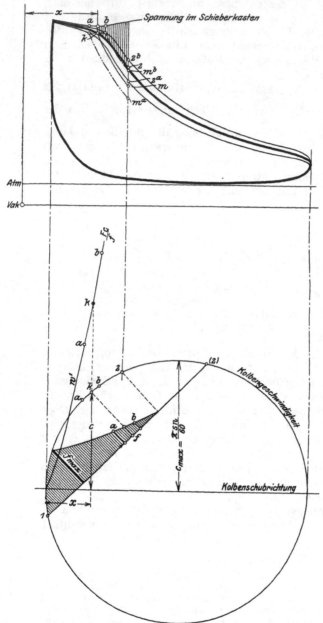

Diese ergeben sich aus der Wahl des Diagrammpunktes k, von dem aus die rasche Zunahme der Drosselungsverluste unter Berücksichtigung der anzustrebenden Diagrammform zugestanden werden soll. Da für diese Kolbenstellung k nach obigem die rechnungsmäßige Durchflußgeschwindigkeit w' zu 200 m angenommen werden kann, so entspricht dieser Geschwindigkeit die der Kolbenstellung k zugehörige Ordinate der Charakteristik, wodurch wieder der Ordinatenmaßstab für die w'-Kurve festliegt.

Für die betrachtete Kolbenstellung berechnet sich alsdann der notwendige Durchtrittsquerschnitt der Steuerung zu

$$f = \frac{Fc}{200} = \frac{490,8 \cdot 2,36}{200}$$
$$= 5,8 \text{ qcm,}$$

aus welchem der größte Eröffnungsquerschnitt f_{max} sich ableitet aus dem Verhältnis der den Größen f_{max} und f entsprechenden Strecken 11,9 und 3,1 cm des Schieberdiagramms Fig. 711 zu

$$f_{max} = \frac{11,9}{3,1} \cdot 5,8 = 22,3 \text{ qcm.}$$

Mittels dieser absoluten Werte der Kanaleröffnungsquerschnitte ist bei Wahl einer bestimmten Kanalbreite b auch der Maßstab für die korrespondierenden Strecken des Schieberdiagramms gefunden, da infolge der Beziehung $f = b\, e'$ die linearen Eröffnungen e' proportional mit den Eröffnungsquerschnitten f sich ändern. An Hand der Steuerungsdiagramme für Grund- und Expansionsschieber ergeben sich alsdann die Grundschieberüberdeckung a, die Radien der Steuerexzenter für beide Schieber, sowie die Ausführungsdimensionen des Expansionsschiebers.

Fig. 711. Schieberdiagramm der Einlaßsteuerung und Verlauf der Eintrittslinie im Indikatordiagramm einer Dampfmaschine mit Ridersteuerung.

Die so ermittelten Steuerungsverhältnisse sind nun einerseits hinsichtlich ihrer konstruktiven Brauchbarkeit, andererseits darauf zu prüfen, ob das sich ergebende Dampfdiagramm einen zweckmäßigen Übergang der Eintrittslinie in die Expansionslinie aufweist und auf die angenommene Expansionslinie führt.

Sollten vorstehende Berechnungen konstruktiv unbequeme Schieberabmessungen ergeben haben, so würde die anzustrebende Verkleinerung der Schieberdimensionen durch einen allmählicheren Übergang der Eintritts- in die Expansionslinie erreicht werden können, wobei jedoch die Expansionslinie tiefer rückt, wenn derselbe Füllungsabschlußmoment beibehalten wird. Eine solche Vergrößerung der Drosselungsverluste führt auf die Wahl einer früheren Kolbenstellung a, bei der die Durchflußgeschwindigkeit $w = 140$ m und $w' = 200$ m betragen darf. Die bei a vorhandene Dampfmenge expandiert alsdann auf einen Druck m^a am Ende der Füllung, der sich durch die noch eintretende Frischdampfmenge auf 2^a erhöht. Im Vergleich mit der aus den vorhergehenden Annahmen für gleichen Füllungsgrad entwickelten Diagrammform vergrößert sich der Gesamtspannungsabfall, die an die Füllungsperiode sich anschließende Expansionslinie rückt tiefer, die Hubarbeit verkleinert sich und der Übergang der Füllungslinie in die Expansionslinie verläuft flacher.

Die Kanaleröffnungen in der Kolbenstellung a bestimmen sich zu

$$f = \frac{490,8 \cdot 2,18}{200} = 5,36 \text{ qcm}$$

und der größte Eröffnungsquerschnitt zu

$$f_{max} = \frac{11,9}{4,5} \cdot 5,36 = 14,2 \text{ qcm.}$$

Gegenüber dem früher gefundenen Wert für den größten Durchflußquerschnitt des Dampfes vermindern sich die Konstruktionsabmessungen der Steuerung im Verhältnis von $22,3 : 14,2$.

Sollte die stärker abfallende Eintrittslinie mit ihrem allmählicheren Übergang in die Expansionslinie die Regulierfähigkeit zu sehr beeinträchtigen, so daß eine Abänderung der Steuerung zugunsten eines kürzeren Überganges der betreffenden Diagrammlinien erforderlich erscheint, so muß der Beginn der Drosselung weiter gegen das Füllungsende etwa nach b gerückt werden. Die Expansion der bis zur Kolbenstellung b vorhandenen Dampfmenge führt alsdann auf den Druck m^b am Ende der Füllung, der durch die Füllungsdampfmenge gesteigert wird auf 2^b; die Expansionslinie der Arbeitsdampfmenge rückt dadurch über diejenige durch Punkt 2 gezogene hinaus und die Hubarbeit vergrößert sich für das gleiche Füllungshubvolumen.

Der Durchtrittsquerschnitt in der Steuerung bei der Kolbenstellung b bestimmt sich zu

$$f = \frac{Fc}{200} = \frac{490,8 \cdot 2,52}{200} = 6,18 \text{ qcm;}$$

ferner wird

$$f_{max} = \frac{11,9}{2,2} \cdot 6,18 = 33,4 \text{ qcm.}$$

Die Steuerungsabmessungen vergrößern sich somit im Verhältnis der größten Durchtrittsquerschnitte $22,0 : 33,4$ und im Vergleich mit der Ausführung für ungünstigen Diagrammverlauf ergibt sich ein Verhältnis von $14,2:33,4$. Der Unterschied in den letzten beiden Steuerungen ist demnach für die gleiche Maschine und dieselbe Füllung so groß, daß die eine Steuerung $\frac{33,4}{14,2} = 2,35$ fach größere Ausführungsdimensionen aufweisen würde wie die andere. Eine endgültige Wahl der für die Ausführung zugrunde zu legenden Schieberdimensionen und Steuerexzentergrößen ist natürlich erst zu treffen, wenn ähnliche Untersuchungen noch für andere, im gegebenen Fall wichtige Füllungen angestellt worden sind, um schließlich günstige Konstruktionsverhältnisse der Steuerung zur Erzielung solcher Dampfdiagramme zu schaffen, die bei den hauptsächlich in Frage kommenden Leistungen eine zuverlässige und rasche Einwirkung des Reglers ermöglichen.

5. Berechnung der Auslaßorgane.

Die Dimensionierung der Auslaßsteuerung wird von den beiden wesentlich von einander verschiedenen Vorgängen der Periode der Vorausströmung und der Ausschubperiode beeinflußt; während der ersteren stürzt der Dampf unabhängig von der Kolbenbewegung mit einer durch den Überdruck der Endexpansionsspannung über die Austrittsspannung bedingten Geschwindigkeit aus dem Cylinder, während der Ausschubperiode dagegen wird der Dampf durch den Kolben aus dem Cylinder geschoben und die Ausströmgeschwindigkeit unmittelbar von der Kolbengeschwindigkeit abhängig.

Bei der auf S. 570 vorausgegangenen rechnerischen Untersuchung der Austrittslinien ist bereits hervorgehoben, daß die während der genannten beiden Arbeitsperioden auftretende Druckänderung sich aus zwei Vorgängen zusammensetzen läßt, deren genaue Verfolgung jedoch auf Berechnungen und Untersuchungen führt, die für die vorliegenden praktischen Bedürfnisse als zu weitläufig und umständlich erscheinen. Der Einfachheit halber möge daher folgende Behandlung Platz greifen.

Der Beginn der Vorausströmung soll so gewählt werden, daß der Druckabfall von der Endexpansions- auf die Austrittsspannung möglichst bis zum Hubwechsel erreicht wird, Fig. 712a. Dies setzt voraus, daß die Eröffnungsquerschnitte
des Auslaßorganes genügen, um während der Zeit t_3 des Voraustritts bei dem
Druckabfall entsprechenden Geschwindigkeiten eine Dampfmenge austreten zu
lassen, die dem Unterschied zwischen der am Ende der Expansion vorhandenen und
der nach erfolgtem Abfall auf die Austrittsspannung im Cylinder verbleibenden
Dampfmenge entspricht.

Nach der Theorie des Dampfausflusses wird für bestimmte Ausströmquerschnitte die Größe des Vorausströmwinkels bzw. die Zeit der Vorausströmung vom
Druckverhältnis zwischen Endexpansions- und Austrittsspannung p_3/p_a abhängig
und mit der Umlaufzahl n der Maschine zu- oder abnehmen müssen. Bei hohen

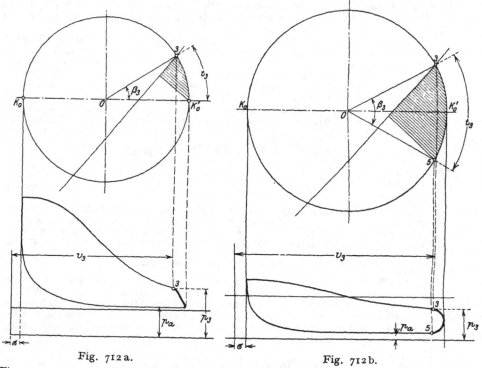

Fig. 712a.   Fig. 712b.

Fig. 712a und b. Vorausströmverhältnisse für Auspuff- (a) und Kondensationsbetrieb (b).

Umlaufzahlen oder Endexpansionsspannungen, die ein Vielfaches der Austrittsspannung betragen, wie dies bei Kondensationsbetrieb im allgemeinen zutrifft,
kann es erforderlich werden, den Übergang auf die Austrittsspannung noch auf
einen Teil des Kolbenrückweges sich erstrecken zu lassen, Fig. 712b, so daß erst
im Punkt 5 das Hinausschieben des Dampfes durch den Kolben beginnt.

Allgemein betrachtet sind daher für den Spannungsabfall auf die Austrittsspannung Voraustrittswinkel β_3 zu wählen, die nicht stets vom Beginn des Austritts gerade bis zum Hubwechsel, sondern auch weiter sich erstrecken können.

Für die Ausmittlung des Druckverlaufs während der Vorausströmung kann
von folgender Überlegung Gebrauch gemacht werden: Entweicht der Dampf bei
einem im Cylinder eingeschlossenen Volumen V und dem Drucke p_3 durch den
Querschnitt f_a, so ist die für eine bestimmte Druckverminderung notwendige
Zeit dem Volumen V direkt und dem Querschnitt f_a umgekehrt proportional.

Infolgedessen wird die für den Dampfausfluß innerhalb zweier beliebiger Druckgrenzen erforderliche Zeit dem Verhältnis $\dfrac{V}{f_a}$ proportional sein. Um also die für eine gewisse Druckänderung nötige Überströmzeit zu bestimmen, kann von der Überströmzeit eines bestimmten Dampfvolumens V bei einem gegebenen Austrittsquerschnitt q ausgegangen werden. Die in Fig. 713 aufgezeichneten Kurven sollen die hierzu nötigen Grundlagen bieten.

Sie stellen als Funktion der Zeit den Verlauf des Dampfdruckes in einem Dampfcylinder vom Inhalt $V = 1{,}0$ cbm bei einem mittleren Ausströmquerschnitt $q = 1{,}0$ qcm dar. Die Hauptkurve kennzeichnet mit Ausnahme ihres unteren Endes die mit zunehmender Ausströmzeit eintretende Spannungserniedrigung im

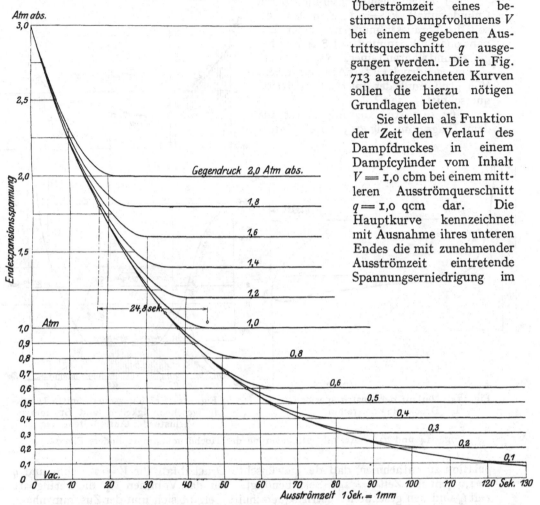

Fig. 713. Zusammenhang zwischen Endexpansionsspannung, Gegendruck und Ausströmzeit für die Periode der Vorausströmung bei 1 cbm Cylindervolumen und 1 qcm mittleren Ausströmquerschnitt.

Cylinder für eine Kondensatorspannung $= 0{,}1$ Atm. Bis zur Spannung des Dampfes im Cylinder auf $\dfrac{0{,}1}{0{,}5774} = 0{,}173$ Atm. herab erfolgt der Dampfaustritt mit dem jeweiligen kritischen Druck und mit konstanter kritischer Geschwindigkeit. Die anschließenden Kurvenzweige dienen zur Ermittlung der Ausströmzeiten bei höheren Gegendrücken. Sämtliche Kurven sind für kleine Druckintervalle jeweils mit den entsprechenden Mittelwerten von p, v und w gerechnet, unter v die zugehörigen spez. Dampfvolumen verstanden.

Im Interesse einer einheitlichen Darstellung mußten bezüglich des Dampfzustandes noch gewisse vereinfachende Annahmen gemacht werden, und zwar wurde der Dampf im Cylinder als trocken gesättigt angenommen und adiabatische

Expansion vorausgesetzt. Die Berechnung erhält hierdurch den Charakter einer Näherungsrechnung, die aber in Rücksicht auf die spätere Einführung der Ausflußkoeffizienten als zulässig zu erachten ist.

Die Anwendung der Kurven sei an folgendem Beispiel erläutert:

Bei einer Auspuffmaschine, deren Cylinderinhalt $V_3 = 0,12$ cbm beträgt, soll die Vorausströmung mit einer Expansions-Endspannung $= 1,8$ Atm. beginnen und während einer Zeit $t_3 = 0,1$ Sek. einen Gegendruck $= 1,02$ Atm. erreichen. Wie groß muß der mittlere Austrittsquerschnitt f_a sein?

Für $1,02$ Atm. Gegendruck ist aus dem Diagramm Fig. 713 durch Inter-

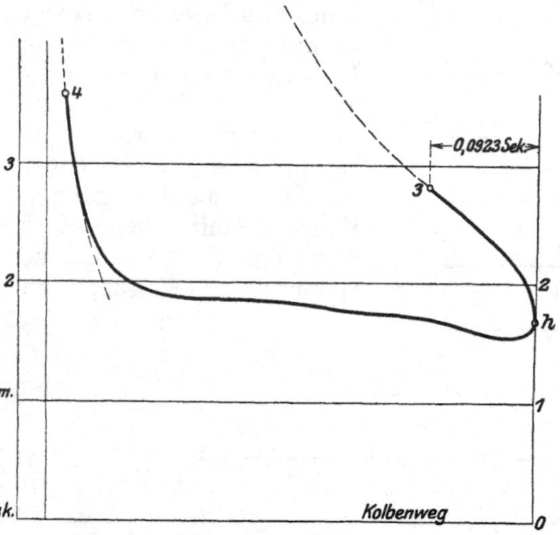

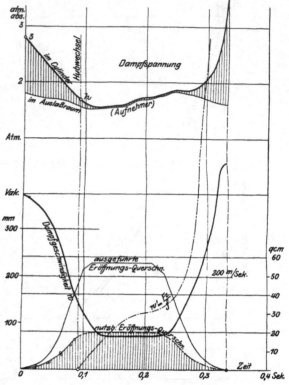

Fig. 714. Verlauf der Austrittsperiode im Druckvolumdiagramm.

Fig. 715. Eröffnungsquerschnitte, Durchflußgeschwindigkeiten und Spannungsverluste der Auslaß-Steuerung.

Fig. 714 und 715. Auslaßventilsteuerung des Hochdruckdampfcylinders Fig. 702.

polation zu entnehmen, daß der gewünschte Druckabfall für $V = 1,0$ cbm und $q = 1,0$ qcm die Zeit $t = 24,8$ Sek. benötigt. Für das Volumen V_3, die verfügbare Zeit t_3 und den gesuchten Austrittsquerschnitt f_a ergibt sich nun der Zusammenhang

$$\frac{t}{t_3} = \frac{V}{V_3} \cdot \frac{f_a}{q},$$

woraus der mittlere Austrittsquerschnitt sich berechnet zu

$$f_a = V_3 \frac{t}{t_3} = 0,12 \frac{24,8}{0,1} = 29,8 \text{ qcm.}$$

Für die Ausführung würde dieser Querschnitt nach Maßgabe des „Ausflußkoeffizienten" entsprechend zu vergrößern sein.

Ausschubperiode. Während der Ausschubperiode kann, solange keine empfindliche Drosselung stattfindet, der Durchgangswiderstand des Dampfes in der Steuerung abhängig von der Kolbengeschwindigkeit c und den nutzbaren Kanaleröffnungsquerschnitten f_n angenommen werden, da alsdann nur diese beiden Einflüsse die Durchtrittsgeschwindigkeit w und damit die Größe des Gegendruckes Δp bestimmen. Es ist

$$w = \frac{F \cdot c}{f_n} = \frac{F \cdot c}{\alpha f_a}$$

und

$$\Delta p = \frac{w^2}{2g} \cdot \gamma,$$

wenn γ das Gewicht eines cbm Auspuffdampf in kg bedeutet und Δp nur kleine Beträge annimmt.

Infolge der niederen Auspuffspannung kann die Durchflußgeschwindigkeit durch die Auslaßorgane verhältnismäßig hoch gewählt werden, ohne unzulässig große Drosselungsverluste gewärtigen zu müssen. Beispielsweise ergeben Dampfgeschwindigkeiten $w = 100$ m, Geschwindigkeitsdruckhöhen, bzw. Drosselungsverluste Δp von 300 kg/qm = 0,03 Atm. bei atmosphärischem Gegendruck und von nur 0,00336 Atm. bei einem Kondensatordruck von 0,1 Atm. Für $w = 200$ m mittlerer Geschwindigkeit beträgt der Überdruck $\Delta p = 0,12$ Atm.

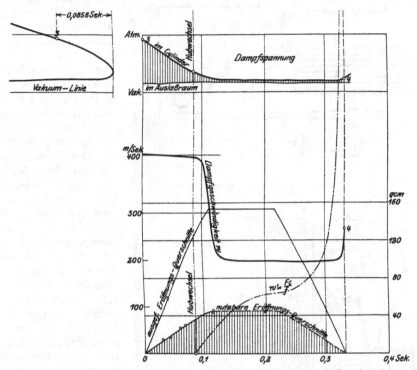

Fig. 716. Eröffnungsquerschnitte, Dampfgeschwindigkeiten und Druckverluste der Niederdruck-Auslaß-Steuerung Fig. 701.

bzw. 0,0135 Atm. Diese geringen Druckverluste lassen erkennen, daß die nutzbaren Auslaßquerschnitte f_n der Ausschubperiode bei Auspuff- und Kondensationsbetrieb unbedenklich für 200 m Dampfgeschwindigkeit bemessen werden dürfen.

Wird in der Charakteristik w' der Auslaßsteuerung die Kolbenstellung k' gewählt, von der ausgehend bis zum Kanalabschluß eine Erhöhung der rechnungsmäßigen Geschwindigkeit w' über 200 m zugelassen wird, so ist damit der Maßstab für die Ordinaten der Charakteristik gegeben und in der Größe $f_a = \frac{1}{\alpha} f_n$ auch der Maßstab für die tatsächlichen Eröffnungsquerschnitte f_a der Ausschubperiode, die aus dem Zusammenhang $f_a = \frac{F \cdot c}{200}$ sich berechnen. Da auch aus der rechnerischen Untersuchung der Vorausströmung ein Diagrammmaßstab für die

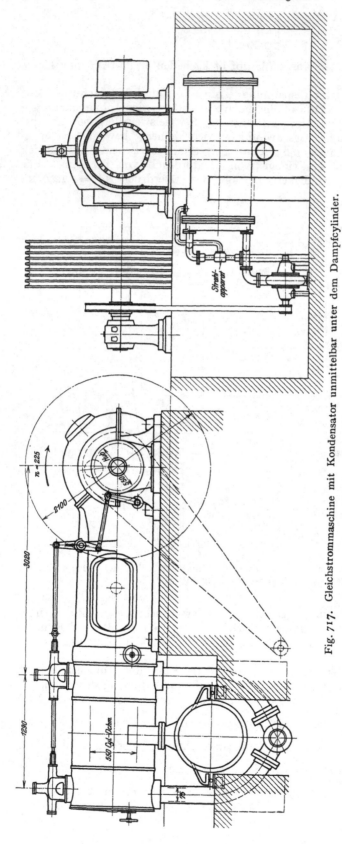

Fig. 717. Gleichstrommaschine mit Kondensator unmittelbar unter dem Dampfcylinder.

auszuführenden Eröffnungsquerschnitte sich ergab, so würde zunächst der größere von beiden Maßstäben den Ausführungsdimensionen der Steuerung zugrunde zu legen sein. Bei großer Verschiedenheit beider Maßstäbe ist durch geeignete Abänderung der Zeit t_3 der Vorausströmung oder durch Verlegung des Punktes k' eine Übereinstimmung beider Maßstäbe herzustellen.

Ähnlich dem Übergang der Dampfeintrittslinie in die Expansionslinie ergibt sich am Ende der Austrittsperiode infolge allmählichen Schlusses der Ausströmquerschnitte eine Dampfdrosselung, die ein Anwachsen des Gegendrucks im Cylinderinneren und allmähliches Anpassen an die nach Kanalschluß entstehende Kompressionslinie im Gefolge hat. Die niedrige Austrittsspannung des Kondensationsbetriebes führt dabei nur auf eine geringe Steigerung des Gegendruckes im Abschlußmoment; bei höheren Austrittsspannungen dagegen, wie beispielsweise im Hochdruckcylinder-Diagramm Fig. 712 kann vor Abschluß des Auslaßkanals bei der Kolbenstellung 4 infolge der Dampfdrosselung eine bedeutende Steigerung der Dampfspannungen im Cylinder über diejenigen im Aufnehmer eintreten.

Die rechnerische Ermittlung der Drosselspannung 4 würde ganz ähnlich der für den Füllungsendpunkt 2 zu erfolgen haben.

Ergibt sich in einem Indikatordiagramm Δp_0 als Unterschied zwischen dem Gegendruck im Cylinder und der atmosphärischen Spannung oder dem Kondensatordruck bei Auspuff- bzw. Kondensationsbetrieb, so darf nicht übersehen werden, daß in diesem Spannungsunterschied nicht nur die Durchgangswiderstände Δp der Steuerung, sondern auch die Widerstände der Auspuffleitung enthalten sind; da letztere nicht selten die Geschwindigkeitsdruckhöhen des Steuerungsdurchgangs wesentlich überwiegen, so muß im Interesse einer richtigen Beurteilung der Steuerungswiderstände der häufig gemachte Fehler vermieden werden, die hinter der Steuerung auftretenden Verluste dieser selbst zur Last zu legen.

In dieser Beziehung wird besonders bei Kondensationsbetrieb oft dadurch gefehlt, daß durch weitläufigen Rohranschluß des Kondensators an den Auspuffstutzen der Dampfmaschine große Widerstände durch Rohrreibung, Richtungswechsel und Ventileinbauten erzeugt werden. Diese Nebenwiderstände können namentlich während der Vorausströmung, infolge der mit ihr verbundenen hohen Dampfgeschwindigkeiten sehr beträchtlich werden; wobei noch der Umstand nachteilig wirkt, daß in der kurzen Zeit der Vorausströmung die große überströmende Dampfmenge nicht rasch genug kondensieren kann. Die Erzielung günstiger Ausströmvorgänge setzt daher nicht nur ausreichend große Eröffnungsquerschnitte in der Steuerung voraus, sondern gleich wichtig ist es, den Kondensator- bzw. Auspuffraum so nahe als irgend möglich an den Auspuffstutzen des Dampfcylinders heranzurücken und die Verbindungsleitungen mit möglichst weiten Querschnitten auszuführen, wie dies beispielsweise mit der Kondensatoranordnung der Gleichstromdampfmaschine Fig. 717 geschehen.

Die vorbezeichneten Rechnungswege für die Steuerungsausmittlung eignen sich vornehmlich zur technischen Beurteilung ausgeführter Steuerungen und zur theoretischen Untersuchung und Bewertung vorliegender Steuerungskonstruktionen.

6. Berechnung der Steuerorgane mit Diffusorwirkung.

Bei Anwendung von inneren Steuerorganen mit Diffusor bleibt der Berechnungsweg zur Bestimmung der Eröffnungsquerschnitte in den Steuerkanälen grundsätzlich bestehen, es ändern sich nur die in die Rechnung einzusetzenden Dampfgeschwindigkeiten. Dabei ist zu berücksichtigen, daß bei dem einsitzigen Diffusorventil sowohl, wie beim Kolbenschieber mit Diffusor Strömungsverluste durch Kontraktion und Richtungswechsel in Fortfall kommen.

Der Strömungskoeffizient $\alpha = \dfrac{f_n}{f}$ (s. S. 575) kann bei dem einsitzigen Ventil sowohl, wie beim Kolbenschieber mit Diffusor nahezu $= 1{,}0$ gesetzt werden.

Die Formel $f = \dfrac{F}{w} \cdot c$, welche früher der Berechnung der Eröffnungsquerschnitte zugrunde gelegt wurde, muß in Rücksicht auf die einzuführende kritische Dampfgeschwindigkeit w_k abgeändert werden unter Berücksichtigung des Umstandes, daß mit der Steigerung der Geschwindigkeit die Dampfdichte bedeutend ab- und das spezifische Dampfvolumen entsprechend zunimmt. Der kritischen Geschwindigkeit w_k entspricht bekanntlich eine Spannungsabnahme auf $p_k = \varepsilon \cdot p = 0{,}5774\,p$ bei Sattdampf und $0{,}543\,p$ bei Heißdampf. Dementsprechend ergeben sich die Expansions-Volumen näherungsweise zu $v_k = \dfrac{V}{0{,}5774}$ bezw. $\dfrac{V}{0{,}543}$ oder allgemein zu $v_k = \dfrac{V}{\varepsilon}$. Die Formel für die Bestimmung des kritischen oder kleinsten Querschnittes des Diffusors bezw. Steuerkanals ändert sich alsdann in $f = \dfrac{F}{\varepsilon \cdot w_k} \cdot c$.

Wird nun wieder für eine bestimmte Füllung Fig. 704a die Kolbenstellung k angenommen, von der aus bis zum Kanalabschluß der unvermeidliche merkliche Spannungsverlust eintreten darf, so würde sich der bei k erforderliche Eröffnungsquerschnitt f_e bestimmen aus der Beziehung $f_e = \dfrac{F \cdot c_e}{\varepsilon \cdot w_k} = \dfrac{F \cdot c}{256}$ bei Sattdampf und $\dfrac{F \cdot c}{300}$ bei Heißdampf.

Wird $\varepsilon \cdot w_k = w_0$ gesetzt, so erscheint es für die Rechnung am bequemsten $w_0 = 256$ bezw. 300 als größte Durchflußgeschwindigkeit des Dampfes im Zustand der Eintrittsspannung zur Berechnung des kleinstzulässigen Durchflußquerschnittes f_e einzuführen.

7. Vorläufige Berechnung der Steuerkanäle.

Für vorläufige Entwürfe von Steuerungen neuer Dampfmaschinen, ist die im Vorhergehenden behandelte Ausmittlung der Ein- und Auslaßsteuerung, solange nicht die endgültigen Ausführungsdimensionen festgestellt werden sollen, weniger geeignet.

In solchen Fällen genügt es für die Bestimmung der ungefähren Steuerungsverhältnisse, statt von den veränderlichen Eröffnungsquerschnitten auszugehen, bei Schiebern die ungefähre Größe der Steuerkanalquerschnitte, oder bei Ventilen deren Umfangsquerschnitt zu berechnen.

Die Größe dieser empirisch aus der Erfahrung abgeleiteten Konstruktionsquerschnitte wird in der Regel in Beziehung gebracht zur Kolbenfläche F und der mittleren Kolbengeschwindigkeit c_m, unter Annahme einer als mittlere Strömungsgeschwindigkeit des Dampfes in den Kanal- oder Ventilquerschnitten erscheinenden Erfahrungszahl u, die jedoch mit den wirklich auftretenden Dampfgeschwindigkeiten nichts zu tun hat.

Der Kanalquerschnitt berechnet sich alsdann aus

$$f_e = \frac{F \cdot c_m}{u}, \quad \text{worin} \quad c_m = \frac{s \cdot n}{30}.$$

Für u werden in der Literatur von den verschiedenen Autoren stark voneinander abweichende Werte angegeben, so daß die Einheitlichkeit einer Rechnungsgrundlage fehlt. Nachfolgend mögen die Angaben verschiedener Quellen über die Größe der zu wählenden Geschwindigkeit u zusammengestellt sein:

Radinger: $u = 30$ m/Sek. für Schiebermaschinen und Füllungen größer als 30 v.H. Für kleinere Füllungen sind größere Werte zulässig. Die Auslaßquerschnitte sind 50 v.H. größer auszuführen.

Dörfel: $u = 40$ m/Sek. für Eintrittsspannungen von 5 Atm.
$u = 30$ bis 25 m/Sek. für Eintrittsspannungen von 8 bis 10 Atm.

Weiss: $u = 25 + 8\,D$ (D in m), also zunehmend mit der Größe der Maschine.

Bauer: $u = 25$ bis 30 HD-Cyl. $\left.\vphantom{\begin{matrix}1\\1\\1\end{matrix}}\right\}$
$u = 30$ bis 36 MD-Cyl. von Schiffsmaschinen.
$u = 36$ bis 42 ND-Cyl.
$u = 20$ bis 34 für den Auslaß.

Leist: $u = 25$ bis 55 ,,   zunehmend mit Abnahme der Eintrittsspannung.
$u = 18$ bis 40 ,,   für Auslaß.

Hütte: $u = 18$ bis 28 ,,   für Sattdampf.
(23. Aufl.) $u = 28$ bis 50 ,,   für überhitztem Dampf.

Die große Verschiedenheit und damit bestehende Unsicherheit in der Wahl der Erfahrungszahl u erklärt sich allein schon aus dem Umstand, daß die Dimensionen der inneren Steuerorgane nicht von obiger Beziehung für f_e abhängig gemacht werden können, in der c_m die nur an 2 Punkten des Kolbenwegs auftretende mittlere Kolbengeschwindigkeit bedeutet, also eine Rechnungsgröße darstellt, die keine dauernde Bedeutung für die Steuerbewegung besitzt; u ist als konstante mittlere Dampfgeschwindigkeit innerhalb der unveränderlichen Kanalquerschnitte aufzufassen, während in Wirklichkeit der Dampf in den Kanälen mit dauernd sich verändernder Geschwindigkeit strömt; dazu kommt noch, daß der konstante Kanalquerschnitt f_e vom Dampf gar nicht vollständig ausgenutzt werden kann, infolge der veränderlichen und kleineren Kanaleröffnungen, die die Form des Dampfstrahles bedingen[1]).

Bei sorgfältiger Ausmittlung einer Steuerung sind die maßgebenden Steuerungsdimensionen nur auf Grund der in den vorhergehenden Abschnitten entwickelten Berechnungsart, also nicht aus den Kanalquerschnitten, sondern aus den Eröffnungsquerschnitten abzuleiten. Die aus der Steuerungsuntersuchung mittels der Schieber- oder Ventilerhebungsdiagramme berechneten größten Eröffnungsquerschnitte sind kleinste Werte für die Querschnitte der Steuerkanäle und Übertrittsräume am Cylinder. Dabei kann es bei der konstruktiven Ausgestaltung der letzteren vorkommen, daß bei kleinen Dampfcylindern aus Gießereirücksichten die Kanalquerschnitte größer gemacht werden müssen als die Eröffnungsquerschnitte verlangen; bei großen Ausführungen dagegen kann zur Verkleinerung der schädlichen Räume das Umgekehrte eintreten, so daß der konstante Kanalquerschnitt kleiner gewählt wird als der rechnungsmäßige größte Durchflußquerschnitt im Steuerorgan, namentlich wenn letzterer auf praktisch unwichtige Betriebs- bzw. Füllungsverhältnisse sich bezieht.

III. Äußerer Steuerungsantrieb.

Die Aufgabe der äußeren Steuerung besteht darin, die inneren Steuerorgane so zu betätigen, daß die der beabsichtigten Dampfverteilung entsprechenden Eröffnungsperioden des Dampfein- und Austritts entstehen. Unter der Voraussetzung unveränderlichen Durchgangsverlustes durch die Steuerorgane wäre nach dem auf S. 565 abgeleiteten Bewegungsgesetz die Eröffnung der Steuerkanäle proportional mit der Kolbengeschwindigkeit und deren Schluß mit unendlich großer Geschwindigkeit zu bewirken.

Aufgabe der äußeren Steuerung.

Die ausgeführten Steuerungen entsprechen dieser theoretischen Forderung, schon wegen der praktischen Unmöglichkeit unendlich rascher Schlußbewegung, nur angenähert, sie weisen aber auch in den meisten Fällen Abweichungen von der sinusförmigen Eröffnungsbewegung auf.

Der Vergleich der durch einen bestimmten Steuermechanismus erzeugten tatsächlichen Bewegung des inneren Steuerorgans mit der theoretisch geforderten bildet daher eine wichtige Grundlage für die technische Beurteilung einer Steuerung hinsichtlich des Vollkommenheitsgrades ihrer Arbeitsweise.

Die praktisch in Betracht kommenden äußeren Steuerungsmechanismen trennen sich in zwei voneinander grundsätzlich verschiedene Systeme: die Ausklinksteuerungen und die zwangläufigen Steuerungen.

Steuerungssysteme.

1. Das Wesen der Ausklinksteuerungen.

Die größte Annäherung an das vorgenannte theoretische Bewegungsgesetz ermöglichen die Steuerungen mit Ausklinkmechanismen dadurch, daß bei ihnen das innere Steuerorgan während der Eröffnungsperiode möglichst nach dem Sinusgesetz durch Kurbel- oder Exzenterantrieb bewegt, hierauf vom Antriebsmechanismus losgelöst und durch eine besondere Schlußkraft in seine Anfangslage zurückgeworfen wird. Dieser Steuerungstypus hat seine grundsätzliche Ausgestaltung zuerst für Rundschieber in der Corliß-Steuerung (s. S. 610) und hiervon abgeleitet für Ventile in der Sulzer-Steuerung (s. S. 620) gefunden, und zwar ausschließlich nur für Dampfeinlaßorgane.

Zur Veranschaulichung dieser Steuerungsweise mögen die auf die Zeit bezogenen typischen Kanaleröffnungs- bzw. Ventilerhebungsdiagramme dienen, wie solche in

Bewegungsverhältnisse der Ausklinksteuerungen.

---

[1]) Vgl. Schüle, Z. d. V. d. Ing. 1905.

den Fig. 718 für eine Rundschieber- und eine Ventilausklinksteuerung dargestellt sind.

Die Eröffnung kann in beiden Fällen nach dem Sinusgesetz erfolgen; der Schluß dagegen weicht nicht nur von der unendlich großen Abschlußgeschwindigkeit entsprechenden Senkrechten 2'2 ab, sondern verläuft auch für Schieber und Ventil insofern verschieden, als bei ersterem während der Schlußbewegung die dabei erforderliche Verzögerung der Masse hinter den wirklichen Kanalabschluß 2 verlegt werden kann, während sie beim Ventil vor diesem eintreten muß.

Da nun das leichtere Ventil größere Abschlußgeschwindigkeiten erreichen und seine Massenwirkung sich rascher verzögern läßt als der schwere Rundschieber, so

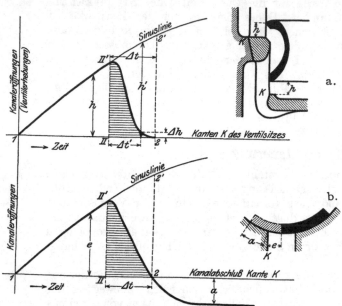

Fig. 718. Kanaleröffnungs-Diagramme von Ventil- und Schiebersteuerungen.

muß wie Fig. 718 veranschaulicht, innerhalb einer für die Schlußbewegung in beiden Fällen zugestandenen Zeit Δt beim Ventil die Abschlußgeschwindigkeit so viel größer als beim Schieber gewählt werden, daß unmittelbar vor dem Kanalschluß noch ein kleiner Spalt Δh mit solcher Verzögerung zurückgelegt werden kann, wie für ein stoßfreies, ruhiges Aufsetzen des Ventiles nötig ist.

Der vorbezeichnete grundsätzliche Unterschied zwischen der Steuerbewegung von Schieber und Ventil hat außerdem zur

Folge, daß bei ersterem die Eröffnungs- und Abschlußgeschwindigkeiten beliebig gewählt werden können, während sie bei letzterem begrenzt werden müssen, weil das Ventil im Augenblick des Anhebens eine durch die endliche Geschwindigkeit des Antriebmechanismus bedingte Stoßwirkung auf die äußere Steuerung erzeugt und beim Aufsetzen eine gleiche Rückwirkung und einen Stoß auf den Sitz hervorruft.

Die mit dem Übergang aus der Ruhe in die Bewegung und umgekehrt verbundenen Kräftewechsel am Ventil und im Steuerungsmechanismus verursachen nicht nur leicht Brüche im Steuergestänge und frühzeitige Zerstörung der Ventilsitze, sondern bewirken auch raschen Verschleiß und toten Gang der Lager- und Gelenkzapfen, sowie Lockerung der Verbindung von Ventil und Spindel. Diese Übelstände lassen sich nur dadurch beseitigen oder vermindern, daß das Anheben und vor allen Dingen das Aufsetzen des Ventils mit kleinsterreichbaren Geschwindigkeiten bewirkt wird. Als größte sekundliche Anhub- und Aufschlaggeschwindigkeit eines Steuerventils darf nicht über 150—200 mm/Sek. zugelassen werden, abnehmend mit zunehmender Größe des Ventils. Die davon verschiedene größte mittlere Geschwindigkeit der Schlußbewegung dagegen kann 0,5—1,0 m Sek. betragen, wenn vor dem Aufsetzen für ausreichende Bremswirkung der an der Ventilbewegung teilnehmenden Massen gesorgt ist. Auch die Rundschieber erfordern bei Ausklinksteuerungen Bremsmittel zur Aufnahme ihrer beträchtlichen Massenwirkung während der selbsttätigen Schlußbewegung. Mit dem inneren Steuerorgan verbundene Luft- oder Ölpuffer bilden daher einen integrierenden Bestandteil aller Ausklinksteuerungen sowohl für Ventile wie für Schieber.

Bei den Ventilsteuerungen trägt das Ventilgehäuse einen Bremscylinder Fig. 719, in welchem ein auf der Ventilstange sitzender Kolben luftdicht so zur Wirkung gebracht wird, daß er bei Ventilschluß das unter ihm befindliche Luftkissen komprimiert. Die zur selbsttätigen Schlußbewegung des Ventils erforderliche Beschleunigungskraft wird durch eine auf den Kolben sich stützende Schraubenfeder bewirkt. Durch Veränderung der Federspannung einerseits und durch Einstellen des Kompressionswiderstandes mittels eines Regulierventilchens R andrerseits läßt sich sowohl die gewünschte Schlußgeschwindigkeit als auch eine ausreichende wirksame

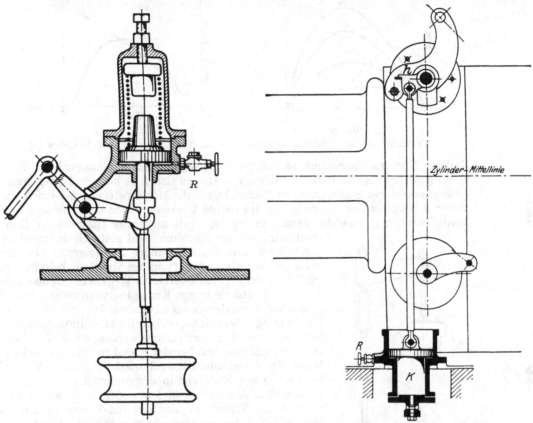

Fig. 719. Federgehäuse mit Luftbremse für Ventilsteuerung.

Fig. 720. Luftbremse für Rundschieber-Ausklinksteuerung.

Bremsung erzielen. Näheres über die Ausführung von Luft- und Ölpuffern ist im Kapitel: Ventilausklinksteuerungen S. 627 zu finden.

Bei den Rundschiebersteuerungen hängt der Bremskolben an einem auf der Schieberachse befestigten Außenhebel h Fig. 720. Wegen der bei Schiebern erforderlichen großen Beschleunigungskräfte werden diese im allgemeinen nicht durch Federn erzeugt, sondern durch den Überdruck der Atmosphäre auf eine unter der Wirkung expandierender Luft stehende Teilfläche des Bremskolbens K, der zu diesem Zwecke als Differentialkolben ausgebildet ist. Die kleinere Kolbenfläche steht im zugehörigen Zylinderraum unter dem Einfluß der bei der Eröffnungsbewegung des Schiebers eintretenden Druckerniedrigung der expandierenden Luft, die größere Ringfläche dagegen wird für die Bremswirkung durch Kompression angesaugter Luft benützt. Auch hierbei kann durch Einstellen eines Hilfsventilchens R die Schluß- und Bremskraft geregelt werden. Unter Annahme bestimmter in Fig. 718 gekennzeichneter

Abschlußbedingungen und unter Berücksichtigung der an der Abschlußbewegung teilnehmenden Massen der Steuerorgane lassen sich die Abmessungen der Federn bzw. der Luft- und Bremscylinder leicht berechnen. Konstruktive Einzelheiten und Rechnungsunterlagen sind im Kapitel Rundschieber-Ausklinksteuerungen S. 619 enthalten.

2. Das Wesen der zwangläufigen Steuerungen.

**Bewegungs-
verhältnisse
der zwang-
läufigen
Steuerungen.**

Bei den zwangläufigen Steuerungen befindet sich das innere Steuerorgan während der ganzen Kanaleröffnungsperiode in dauerndem Zusammenhang mit dem

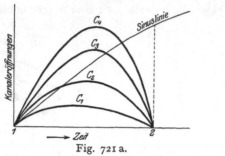 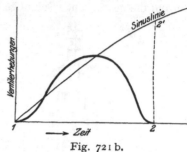

Fig. 721 a.   Fig. 721 b.

Veränderung der Eröffnungsquerschnitte bei Schiebern (a) und Ventilen (b).

äußeren Steuermechanismus, so daß dessen Bewegungsverhältnisse auch für die Abschlußgeschwindigkeit maßgebend werden. Da es sich nun bei den Bewegungsverhältnissen solcher Steuerungen in Rücksicht auf die Massenwirkung der inneren und äußeren Steuerorgane offenbar nur um stetige Übergänge von der Öffnungs- in die Schlußbewegung handeln kann, so ergeben sich an Stelle theoretischer Kanal-

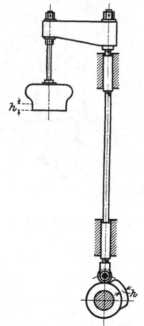

eröffnung nach der Sinuslinie und plötzlichem Schluß, Bewegungsvorgänge für das innere Steuerorgan, wie sie in verschiedener Abweichung von der Sinuslinie beispielsweise im Diagramm Fig. 721a durch die Wegkurven C_1 bis C_4 oder durch die Ventilerhebungs-Kurve Fig. 721b veranschaulicht sind. Diese Steuerbewegungen wiederholen sich nun mit jeder Umdrehung in dem Sinne, daß die Kanaleröffnungskurven C stets von 1 nach 2 durchlaufen werden; es muß daher in der Zeit, während welcher der Kanal geschlossen zu halten ist, der Steuermechanismus auch wieder von 2 nach 1 zurückkehren. Diese Rückkehr in die Anfangslage ist auf zwei verschiedene Arten möglich. Entweder bleibt der zur Übertragung der Steuerbewegung auf das innere Steuerorgan dienende Teil des Steuermechanismus nach Abschluß des Kanals bis zur Wiedereröffnung in Ruhe, oder er führt eine Leerschwingung aus, die ihn in seine Anfangslage des Eröffnungsbeginns zurückführt. Die ersteren Steuerungen benützen als Antriebselemente **Daumen**, die letzteren **Exzenter** oder **Kurbeln**.

3. Daumenantrieb.

**Daumen als
Antriebs-
element.**

Fig. 722a.   Schema einer
Daumensteuerung.

Bei der **Daumensteuerung** wird das innere Steuerorgan von einer auf der Steuerwelle aufgekeilten unrunden Scheibe aus bewegt, Fig. 722a, deren radiale Höhen sich entsprechend der notwendigen Eröffnungsbewegung für allmählichen Übergang der Hubgeschwindigkeiten ändern.

Während einer Umdrehung der Daumenwelle wird das Übertragungsgestänge und damit das innere Steuerorgan nur so lange betätigt, als der Daumen mit seiner An-

und Ablauffläche auf die Rolle wirkt, d. i. also während des Eröffnungswinkels a Fig. 722b; innerhalb des Drehwinkels 360 — a bleibt Übertragungsgestänge und inneres Steuerorgan in Ruhe. Eine derartige Bewegungsübertragung hat also den Vorteil, daß das Gestänge nur die dem Steuerhub entsprechenden Bewegungen ohne Leerhübe ausführt. Die kraftschlüssige Verbindung zwischen innerem Steuerorgan und äußerem Steuerme-chanismus liegt hierbei zwischen Daumen und Rolle.

Die einfache Daumensteuerung spielte im älteren Ventildampfmaschinenbau zur Betätigung der Einlaß-ventile eine große Rolle. Fig. 723a und b zeigt die An-ordnung einer solchen für selbsttätige Veränderung der Füllung durch einen Muffenregler. Auf die beiden Einlaß-ventile E_1 E_2 wirken je ein Steuerdaumen D_1 bzw. D_2, die durch eine Hülse miteinander verbunden sind und von dem an der Muffe R angreifenden Regler gleich-zeitig verstellt werden können. Zur Übertragung der Steuerbewegung der Daumen auf die Ventile dient je ein Winkelhebel, dessen einer Arm mittels einer an seinem Ende gelagerten Kugel sich gegen die zugehörige Daumen-oberfläche legt. Zum Zwecke der Füllungsänderung sind die Daumen in der Längsrichtung, ausgehend von einer

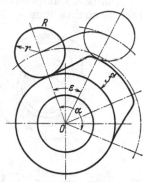

Fig. 722b. Darstellung der Relativbewegung von Rolle und Daumen.

cylindrischen Nabenoberfläche für Leerlauf der Steuerung, mit allmählich zunehmen-der Höhe und in tangentialer Richtung zunehmender Breite ausgeführt, entsprechend der mit wachsender Füllung erforderlichen länger andauernden und zunehmenden Ven-tilerhebung. Die quer zum Anschlag der Winkelhebel zu vollziehende Verschiebung der Steuerdaumen verursacht verhältnismäßig großen Verstellwiderstand und be-einträchtigt dadurch die Empfindlichkeit der Regelung nicht unbeträchtlich. Für Präzisionsdampfmaschinen ist daher diese Art der Daumensteuerung vollkommen aufgegeben.

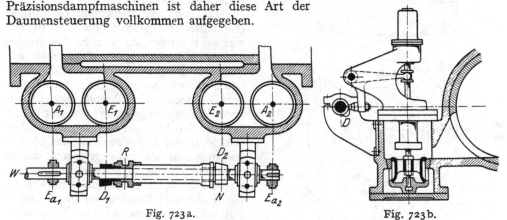

Fig. 723a.   Fig. 723b.
Daumensteuerung der Einlassventile älterer Ventilmaschinen.

Ausgedehnte Anwendung haben dagegen die Daumen bei den Umsteuerungen von Fördermaschinen gefunden. Sie werden bei diesen in Form von Nocken V und R, Fig. 724, für Vor- und Rückwärtsgang der Maschine mit auf der Steuerwelle verschiebbaren Stahlhülsen zusammengegossen, die zum Zwecke leichter Beweglichkeit auf der Steuerwelle mit Führungsflanschen verschraubt sind. Die Ventilhebel legen sich mittels drehbarer am Hebelende gelagerter, gehärteter Stahlkugeln gegen die Nocken.

Im amerikanischen Dampfmaschinenbau verwendeten namhafte Firmen die Daumensteuerung zum Antrieb kurzhübiger Gitterschieber. Heute findet sie nur noch für Auslaßventile und vereinzelt auch bei den Einlaßventilen der mit un-veränderlicher Füllung arbeitenden Niederdruckcylinder von Mehrfach-Expansions-maschinen Anwendung.

Fig. 725 zeigt die Ausmittlung der Daumenform für die Auslaßventile eines Niederdruckcylinders abgeleitet aus den Niederdruck-Dampfdiagrammen, deren Länge, der Einfachheit der Darstellung wegen, auf den Durchmesser der Daumennabe bezogen ist.

Aus den Dampfverteilungspunkten 3 und 4 beider Kolbenseiten ergeben sich unter Berücksichtigung der endlichen Schubstangenlänge die Eröffnungswinkel β_d und β_k der Deckel- und Kurbelseite, innerhalb deren Anheben und Aufsetzen der Auslaßventile durch die Steuerdaumen zu erfolgen hat.

Wesentlich für die Ausmittlung der Daumenform sind die zur Daumenhöhe h gehörigen An- und Ablaufkurven, deren zugehörige Drehwinkel ε_1 bzw. ε_2 so zu wählen sind, daß praktisch zweckmäßige Beschleu-

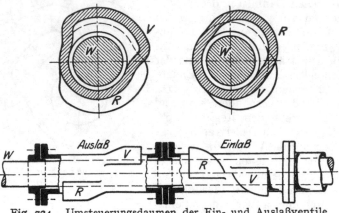

Fig. 724. Umsteuerungsdaumen der Ein- und Auslaßventile einer Fördermaschine.

nigungs- und Verzögerungsverhältnisse zur Erzielung stoßfreien Ganges der Steuerung sich ergeben. Stoßfreier Gang verlangt dauernde Berührung zwischen Daumen und Rolle, deren kraftschlüssiger Zusammenhang aber nur bei ausreichender Größe der das Anpressen der Rolle sichernden Federkräfte besteht.

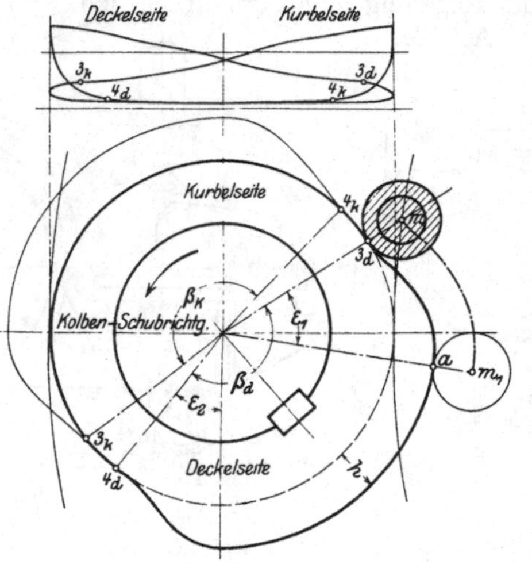

Da stets die Bewegung der ersten Hubhälfte beschleunigt, die der zweiten verzögert erfolgt, so werden bei Beginn der Anhubbewegung vom Daumen aus Beschleunigungskräfte in das an die Rolle anschließende Steuergestänge und in das Ventil eingeleitet, während gegen Hubende Verzögerungskräfte von der Rolle aus auf den Daumen wirksam zu machen sind, d. h. der Federdruck auf das Steuergestänge muß alsdann so groß sein, daß er letzterem jene negativen Beschleunigungen erteilen kann, die die dauernde Berührung von Rolle und Daumen verlangt. Die in Betracht kommenden Beschleunigungs- und Verzögerungskräfte hängen von der Hubhöhe der Rolle und der zu ihrer Zurücklegung verfügbaren Zeit, sowie von der Formgebung der An- und Ablaufkurven

Fig. 725. Steuerdaumen eines Niederdruck-Dampfcylinders.

des Daumens ab, für deren Wahl von bestimmten Annahmen über Größe und Änderung der Beschleunigungen und Verzögerungen auszugehen ist.

Die Anhubzeit bestimmt sich aus dem Winkel ε_1, Fig. 725, und der Umdrehungszahl; je kleiner der erstere angenommen wird, um so größer werden unter sonst gleichen Umständen die auftretenden Massenkräfte. Einen unteren Grenzwert des Winkels ε_1 liefert die größtzulässige Steigung der Hubkurve, die bei normalen Umdrehungszahlen und radialer Rollenführung zu maximal 45^0 gewählt werden kann. Bei steileren Übergangskurven wird die für die Hubbewegung wirksame

Tangentialkomponente am Rollenhebel immer kleiner, dagegen die den Lagerwiderstand des Rollenhebels erhöhende Radialkomponente immer größer. Hohe Umlaufzahlen benötigen daher einen flachen Übergang, wie ein solcher beispielsweise bei der
Niederdrucksteuerung einer Sulzerschen Dampfmaschine, II, Taf. 50, angewendet ist.

Wird nach Fig. 726 a angenommen, daß während der ersten Anhubhälfte die Beschleunigung, während der zweiten Hubhäfte die Verzögerung konstant und der
ersteren gleich sei, so zeigt die Geschwindigkeitskurve lineare Zu- und Abnahme
während des ganzen Rollenhubes, und die Wegkurve setzt sich aus zwei quadra-
tischen Parabeln mit einem Wende-
punkte in der Hubmitte zusammen.
Die bei dieser Formgebung auftretende
plötzliche Änderung der Beschleunigung am Anfang, in der Mitte und
am Ende der An- und Ablaufkurven
muß wegen der daraus folgenden plötzlichen Drucksprünge als besonders ungünstig bezeichnet werden. Zweckmäßiger ist daher eine allmähliche
Überführung von der Beschleuni-
gungs- in die Verzögerungsperiode,
wie beispielsweise in Fig. 726 b angenommen, wobei sowohl die Ge-
schwindigkeits- wie die Wegkurven
parabelartigen Charakter erhalten.
In diesem Falle würden die Massenkräfte am Hubanfang und -ende verschwinden.

Bei vollkommen stetigem Verlauf der Anhubskurve nach einer
Sinuslinie, Fig. 726 c, verläuft auch
die Geschwindigkeits- und Beschleunigungskurve sinusförmig; die Anfangsbeschleunigung und Endverzögerung wird am größten und die
Beschleunigung in der Hubmitte Null.
Der Vergleich der drei für gleiche
mittlere Geschwindigkeit c_m entwor-
fenen Diagramme zeigt nun, daß ge-

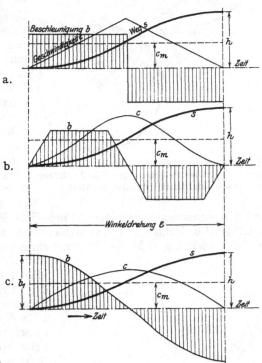

Fig. 726. Veränderung der Daumen-Anhub-
kurve mit Änderung der Beschleunigungsverhältnisse der Rollenbewegung.

ringe Verschiedenheiten in der Formgebung der An- und Ablaufkurven große
Verschiedenheit im Verlauf der Beschleunigungskurven und damit der Kraftwirkungen im Steuergestänge verursachen. Aus dieser Erscheinung folgt aber auch
daß allein schon geringe Abweichungen zwischen Ausführung und theoretischer,
Form oder Fehler in der Einstellung zwischen Rolle und Daumen bedeutende Veränderungen in der Kraftwirkung und empfindliche Störung in der Bewegungsübertragung hervorrufen können. Die Daumensteuerungen verlangen daher sehr
sorgfältige Werkstättenarbeit und .Einstellung.

Ein übersichtliches Bild über die bei ausgeführten Daumenantrieben im Steuergestänge auftretenden Beschleunigungs- und Verzögerungskräfte gibt beispielsweise
deren graphische Ausmittlung für die Einlaß- und Auslaßsteuerung des Niederdruckcylinders einer Zweifachexpansionsmaschine in Bd. II, Taf. 50.

4. Exzenterantrieb.

Der Antrieb zwangläufiger Schieber- und Ventilsteuerungen erfolgt meistens
mittels Exzenter oder Kurbeln. Die Kanaleröffnungen werden alsdann stets abgeleitet von den Bewegungen der Exzentermittelpunkte während der Eröffnungs-

Exzenter
als Antriebs-
element.

38*

winkel a, a', a'' ..., wobei der Radius des Steuerexzenters für die verschiedenen Füllungsgrade unverändert bleiben oder veränderlich gemacht werden kann. Bei

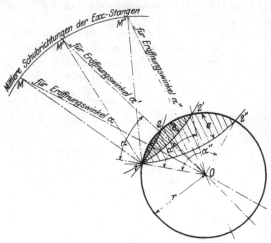

unveränderlichem Exzenterradius r, Fig. 727, also fest aufgekeiltem Exzenter, verlangt die Einstellung der Steuerung für zunehmende Füllung eine Verlegung des Exzenterstangenauges M auf einem um die Stellung 1 des Exzenters beschriebenen Kreis $M\,M''$ vom Radius der Exzenterstangenlänge l. Der Punkt 1 entspricht dabei dem für alle Füllungen gleichen Eröffnungsmoment des inneren Steuerorgans und die Verbindungslinien $O\,M$, $O\,M'$ ... erscheinen als die den zugehörigen Füllungen entsprechenden Schubrichtungen des Exzenterstangenauges M, dessen Verschiebungen entweder unmittelbar oder durch Zwischenmechanismen geeignet übersetzt auf das innere Steuerorgan zu übertragen sind.

Fig. 727. Schema des Exzenterantriebs für zwangläufige Steuerungen bei Änderung der Schubrichtung eines unveränderlichen Steuer-Exzenters.

Wird der Steuerungsantrieb für veränderliche Füllung durch Veränderung der Exzentrizität, also durch ein verstellbares Exzenter, bewirkt, Fig. 728, so kann die Schubrichtung $O\,M$ des Exzenterstangenauges M für alle Füllungsgrade aufrecht erhalten werden. Dem bei allen Füllungsgraden übereinstimmenden Eröffnungsmoment des inneren Steuerorgans, der der gezeichneten Lage M des Exzenterstangenauges entsprechen möge, gehören alsdann die Schnittpunkte 1, 1', 1'' ... der Exzenterkreise mit dem Schwingungsbogen vom Radius l der Exzenterstangenlänge an, indem letzterer aus den einzelnen Exzenterkreisen die für die verschiedenen Füllungen in Betracht kommenden Eröffnungswinkel a, a', a'' ... ausschneidet. Die Verstellung des Antriebexzenters hat im vorliegenden Falle somit auf dem Kreisbogen 1, 1', 1'' ... im jeweiligen Eröffnungsmoment des inneren Steuerorgans zu erfolgen.

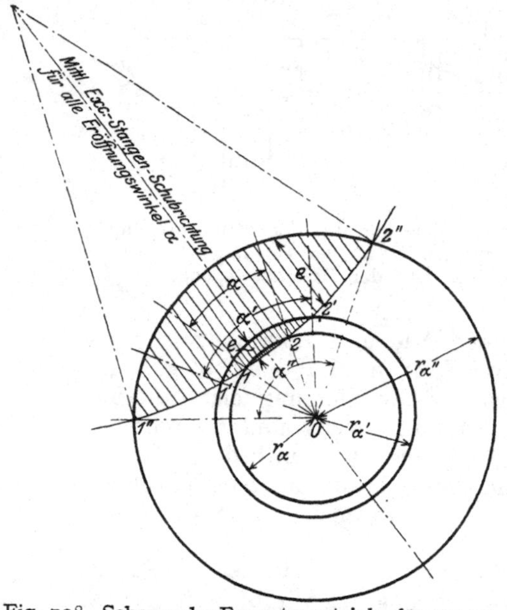

Aus dem relativen Unterschied der, verschiedenen Öffnungswinkeln zugehörigen, nutzbaren Verschiebungswege e ist zu erkennen, daß ganz allgemein die vom Exzenter eingeleiteten Eröffnungs- und Schlußbewegungen um so schleichender erfolgen, je kleiner die Füllung gewählt wird und daß demnach die Abweichungen vom theoretischen Bewegungsgesetz mit Verkleinerung der Füllung immer größer werden, wie Fig. 727 und 728 deutlich erkennen lassen. Dieser Nachteil ist somit sämtlichen zwangläufigen Steuerungen mit Exzenterantrieb eigen.

Fig. 728. Schema des Exzenterantriebs für zwangläufige Steuerungen bei Änderung der Größe und Lage des Steuerexzenters und unveränderlicher Schubrichtung.

Was nun die außerhalb der Eröffnungswinkel α eintretenden Verschiebungen
der Ableitpunkte M, M', M'' angeht, so lassen sich diese nur bei Schiebern, nicht
aber bei Ventilen auf das innere Steuerorgan übertragen, weil erstere noch über den

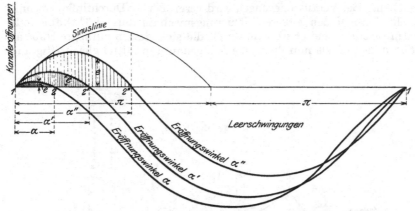

Fig. 729. Veränderung der Kanaleröffnungen für verschiedene Füllungen
bei den zwangläufigen Steuerungen mittels Exzenterantrieb, verglichen
mit den theoretischen Eröffnungen nach der Sinuslinie.

Kanalabschluß hinaus bewegt werden können, letztere dagegen nicht und daher
innerhalb dieser Arbeitsperiode nur Leerschwingungen des äußeren Steuermechanismus gestatten. Neben den nutzbaren Ausschlägen des Übertragungsmechanismus
innerhalb der Eröffnungswinkel α müssen somit während
der unwirksamen Drehung 360 — α stets entsprechend
große Leerschwingungen in den Kauf genommen werden,
wie sie vergleichsweise Fig. 729 für die Steuerungsart,
Fig. 727 veranschaulicht. Demzufolge können, kinematisch gesprochen, bei zwangläufigen Steuerungen mit
Exzenterantrieb wohl Schieber kettenschlüssig, Ventile dagegen nur kraftschlüssig mit der äußeren
Steuerung verbunden werden.

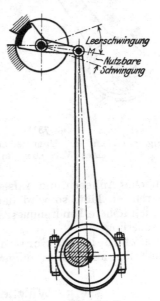

Den diesen Erfordernissen entsprechenden Zusammenhang von Exzenter und innerem Steuerorgan zeigen
für unmittelbaren Antrieb von Rundschieber und Ventil
die Fig. 730 und 731.

In die Kategorie dieser zwangläufigen Steuerungen
mit Exzenterantrieb gehören sowohl die einfachen
Schiebersteuerungen, wie die Flachregler-, Ku-
lissen- und Lenkersteuerungen, sowie alle im engeren
Sinne als zwangläufig bezeichneten Präzisionssteuerungen.

Wenn bei den letzteren Steuerungen, von deren
zahlreichen Ausbildungen die wichtigsten später noch
behandelt werden, sehr häufig der Exzenterkreis nicht
als unmittelbar maßgebende Ableitkurve erscheint, sondern an dessen Stelle die geschlossene Bahn irgendeines
Punktes des Übertragungsmechanismus zwischen Ex-
zenter und innerem Steuerorgan tritt, so kann diese konstruktive Maßnahme, infolge
des mechanischen Zusammenhangs zwischen der Bahn eines solchen Ableitpunktes
und der eingeleiteten Kreisbewegung des Steuerexzenters, an der oben gekennzeichneten Veränderung der Kanaleröffnungsweiten e mit den Eröffnungswinkeln α
nichts ändern, so daß für alle zwangläufigen Steuerungen die Tatsache bestehen bleibt,

Fig. 730. Unmittelbarer
Exzenterantrieb für Rund-
schieber.

daß ausnahmslos mit Verkleinerung der Füllung die Eröffnungs- und Schlußbewegung immer schleichender wird.

Dieser Nachteil läßt sich bei Schiebersteuerungen am Schieber selbst durch Ausbildung mehrfacher Durchtrittsquerschnitte mittels Kanal- oder Gitterschieber beheben. Bei Ventilsteuerungen wird vergrößerter Durchflußquerschnitt dadurch erreicht, daß in den äußeren Steuerungsmechanismus Wälzhebel oder Schwingdaumen eingeschaltet werden, durch die sich dessen nutzbare Hübe am Ventil vergrößern lassen. Da nun durch die letztgenannten Mittel gleichzeitig auch

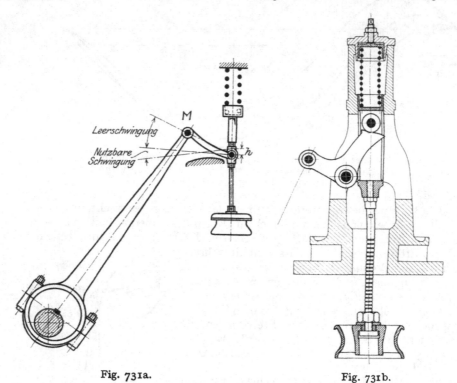

Fig. 731a.   Fig. 731b.

Fig. 731 a und b.   Unmittelbarer Exzenterantrieb für Ventile unter Vermittlung eines Wälzhebels (a) oder eines Schwinghebels mit Rolle (b).

allmähliches Anheben und Aufsetzen der Steuerventile mit mechanischer Sicherheit sich erreichen läßt, so wird dadurch auch die zwangläufige Ventilsteuerung für wesentlich höhere Umdrehungszahlen der Ventilmaschinen geeigneter, als die Ausklinksteuerung.

Wälzhebel oder Schwingdaumen gehören daher zu den wesentlichen Bestandteilen aller zwangläufigen Ventilsteuerungen.

5. Wälzhebel und Schwingdaumen.

Den Einfluß der Wälzhebel bei zwangläufigen Steuerungen auf die vom Antriebsmechanismus eingeleitete Hubbewegung des Ventils kennzeichnet Fig. 732. Wird im Zeitdiagramm die auf das Ventil zu übertragende Bahn des Angriffpunktes der äußeren Steuerung durch die Kurve *a b c d e* dargestellt und ist die Strecke *a b c* für die Ventilbewegung nutzbar zu machen, so bewirken eingeschaltete Wälzhebel eine Abänderung der Eröffnungsquerschnitte im Sinne der durch senkrechte Schraffur hervorgehobenen Hubkurve, die in den dem geschlossenen Ventil entsprechenden Punkten *a* und *c* tangential anläuft und den Ventilhub von

h_e' auf h_e vergrößert. Dem Kurvenzweig $c\,d\,e$ entspricht die Leerschwingung der äußeren Steuerung.

Es sei zunächst der einfache Fall des als Wälzhebel W_1 ausgebildeten Ventilhebels, der sich auf eine feste Unterlage W_2 stützt, angenommen, Fig. 733. Am Auge Z_1 greift der Steuermechanismus an, am Auge Z_2 hängt das Ventil. Ist B der augenblickliche Berührungs- und Drehpunkt des Hebels und ds der Weg des Steuer-

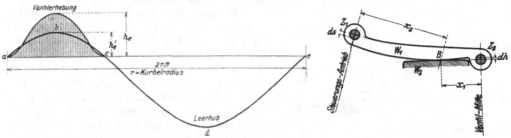

Fig. 732. Änderung der Ventilerhebung durch Einschaltung von Wälzhebeln verglichen mit der Anhubbewegung des Steuermechanismus.

Fig. 733. Wälzhebel mit fester ebener Führungsbahn.

gestänges, dh der des Ventils, dann ist für die augenblickliche Übertragung Punkt B Pol der Bewegung, demzufolge $\dfrac{ds}{x_2} = \dfrac{dh}{x_1}$ oder der Ventilhub $dh = \dfrac{x_1}{x_2}\,ds$. Durch Verlegung des Berührungspunktes B läßt sich somit das Übersetzungsverhältnis zwischen Stangen- und Ventilbewegung beliebig verändern. Je näher der Drehpunkt B an die Ventilspindel rückt, desto kleiner, je näher er an den Angriffspunkt der Exzenterstange rückt, desto größer werden Ventilhübe und -Geschwindigkeiten im Vergleich zur eingeleiteten Bewegung des Steuerungsmechanismus.

Um eine Anhubgeschwindigkeit Null des Ventils bei einer beliebigen eingeleiteten Geschwindigkeit c_e zu erhalten, ist somit nur nötig, $x_1 = 0$, d. h. den Berührungspunkt B in die Achse der Ventilspindel zu legen, bei der weiteren Anhubbewegung der Stange S rückt alsdann der Berührungspunkt B nach links bis in jene Lagen, bei denen $x_2 < x_1$ und damit der Ventilhub und die Ventilgeschwindigkeit größer werden wie der eingeleitete Hub bzw. die eingeleitete Geschwindigkeit. Beim Rückgang der Ventilstange treten die umgekehrten Erscheinungen auf, indem das Umsetzungsverhältnis für den Ventilhub allmählich sich verkleinert, bis wieder auf den Wert Null im Moment des Aufsetzens des Ventils. Die Lage des Wendepunktes der Ventilerhebungskurve Fig. 732, und damit die Größe der auftretenden Beschleunigung und Kräftewirkung ist wesentlich abhängig von dem Abstande k, Fig.

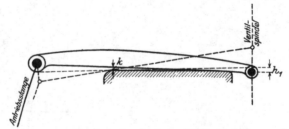

Fig. 734. Wälzhebel mit fester Führungsbahn und geradem Wälzhebel; Stellung im Augenblicke der Ventileröffnung.

734, den der Wälzhebel während der Ventilerhebung h_1 vom Anhub bis zur Erreichung des Wendepunktes zurücklegt. Wäre $k = 0$, so würde das Ventil sofort mit der größten Geschwindigkeit angehoben, je größer k, um so allmählicher erfolgt der Anhub, um so schleichender sind die Ventileröffnungen. Um ein Klatschen des Hebels zu vermeiden, ist das Klaffen k zunehmend mit der Umdrehungszahl zu 3 bis 8 mm zu wählen. Im Interesse geringsten Verschleißes der sich berührenden Flächen von Hebel und Unterlage ist ferner die Forderung zu erfüllen, daß beide sich aufeinander abwickeln, ohne zu gleiten.

Wälzhebel mit beweglichem Drehpunkt und fester Führungsplatte nach Fig. 733 bewegen sich gleitfrei aufeinander, wenn letztere eine kreisförmige Wälzkurve erhält Fig. 735, deren Krümmungsradius doppelt so groß gewählt ist wie derjenige der Wälzkurven des Hebels; die vom Angriffspunkt des Wälzhebels an der Ventilspindel beschriebene Hypozykloide bildet alsdann eine Gerade, die mit der Achse der Ventilspindel zusammenfällt.

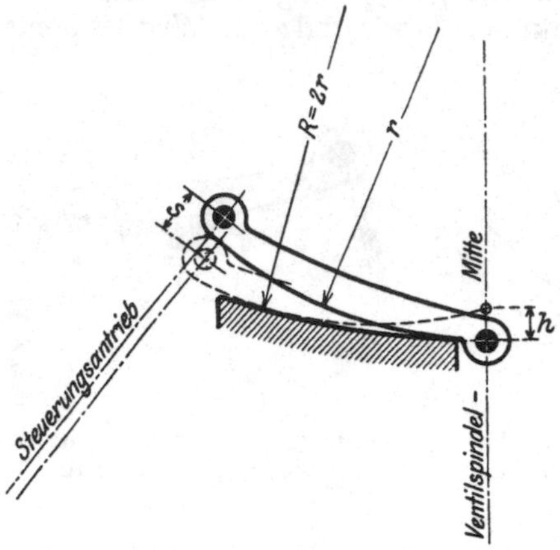

Beispiele für den Wälzhebel mit fester Führungsbahn bieten II, 251, 270, 274, 37 und Taf. 47, 48 und 49. Die feste Führungsbahn besteht meist aus einer in der Ventilhaube besonders aufgesetzten, durch Unterlagen oder Stellschrauben einstellbaren Platte. Als Nachteil dieser einfachen Anordnung ist anzusehen, daß die Ventilspindel die Führung des beweglichen Hebels übernehmen muß, so daß geringes Spiel in den Gelenkzapfen leicht einseitiges Arbeiten und Ecken des Wälzhebels zur Folge hat. Seitliche Führungsflächen in den Ständerschlitzen machen zwar diesen Übelstand weniger empfindlich, beheben aber nicht den grundsätzlichen Fehler ungenügender Lagerung des Wälzhebels.

Fig. 735. Wälzhebel mit fester kreisförmiger Führungsbahn.

Wälzhebel mit festen Drehpunkten.

Diesen Nachteil beseitigt die Ausbildung zweier beweglicher Wälzhebel, von denen jeder für sich einen festen Drehpunkt besitzt; der eine Hebel ist mit dem Ventil, der andere mit dem Steuerexzenter bzw. dem Antriebsmechanismus verbunden.

Beispiele für diese verbreitetste Art der Wälzhebelanordnung zeigen II, 252 bis 258, 264, 15 bis 19, 272 und Taf. 45 bis 49.

Wälzhebelformen.

Mannigfaltige Formen dieser prinzipiell übereinstimmenden Wälzhebel mit festen Drehpunkten ergeben sich je nach ihrer Verbindung mit der Ventilspindel, der Bewegungsrichtung des antreibenden Gestänges und der konstruktiven Unterbringung der Drehzapfen.

Gerade Wälzhebel können ausgeführt werden, wenn der Antrieb nahezu senkrecht zu ihren Berührungsflächen erfolgt, wie die einarmigen Wälzhebel, Fig. 734 und II, 252, 2, 264, 15, 16, 18 zeigen, während bei schräggerichtetem Stangenantrieb der zugehörige Hebel zu biegen ist, II,

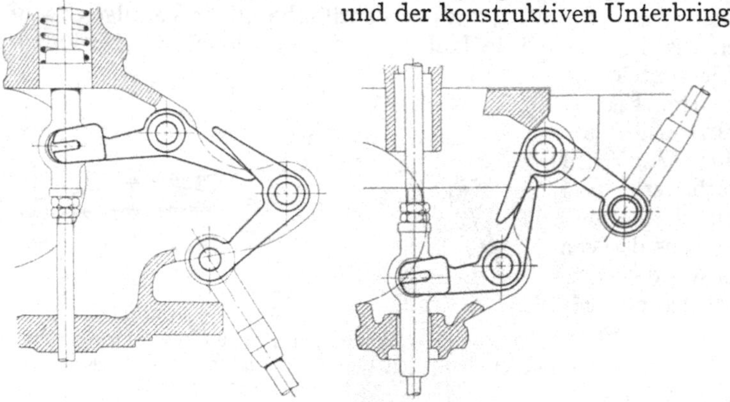

Fig. 736 und 737. Winkelförmige Wälzhebel für Ein- und Auslaßventile.

253/254. Der angetriebene Hebel muß mit der Spindel durch ein Gelenk verbunden werden, das die Übertragung der bogenförmigen Bewegung des Hebelendes auf die geradlinig bewegte Spindel ermöglicht, II, 252 bis 255, 264, 15 bis 18. Werden die Wälzhebel als Winkelhebel ausgebildet, dann entstehen Formen der in Fig. 736 und 737 und II, 256, 257, 264, 19 gekennzeichneten Art.

Beispiele für den Einbau der Wälzhebel im Ventilantrieb von Niederdrucksteuerungen zeigen Fig. 738 und Fig. 739. In Fig. 738 greifen die Wälzhebel an der Ventilspindel an, und zwar ein Hebel mit fester Führungsplatte für den Einlaß, zwei bewegliche Wälzhebel für den Auslaß. Der Ventilantrieb wird von dem Bügel des für Ein- und Auslaß gemeinsamen Exzenters durch Lenkstangen abgeleitet, wobei der Exzenterbügel im Angriffspunkte der Auslaßsteuerung durch eine

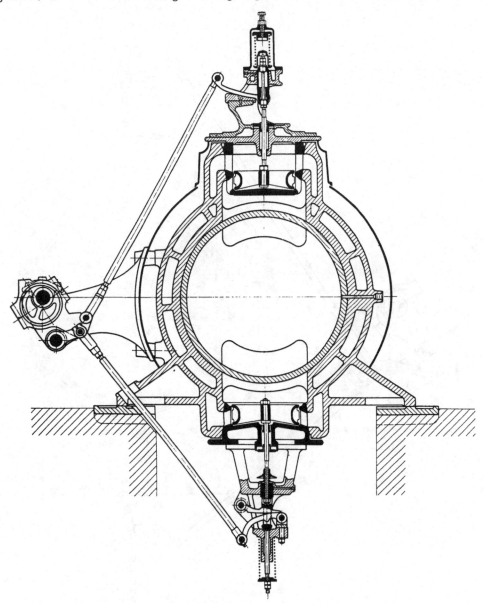

Fig. 738. Wälzhebelanordnung an den Ein- und Auslaßventil-Ständern eines Niederdruckzylinders.

Schwinge geführt wird. Bei sehr großen Maschinen, Fig. 739 und II, Taf. 45, werden die Wälzhebel bisweilen zwecks leichterer Zugänglichkeit in die Nähe der Steuerwelle gelegt, wobei freilich der Nachteil in den Kauf genommen werden muß, daß das lange Steuergestänge an den durch die Wälzhebel verursachten großen Beschleunigungsänderungen teilnimmt und verstärkte Massenwirkungen auf die Ventilspindel sich übertragen und von den Ventilbelastungsfedern aufgenommen werden müssen.

Bei der normalen Anordnung der Wälzkurven in der Nähe der Ventilspindel liegen der Drehpunkt des Antriebhebels und der Angriffspunkt der äußeren Steuerung

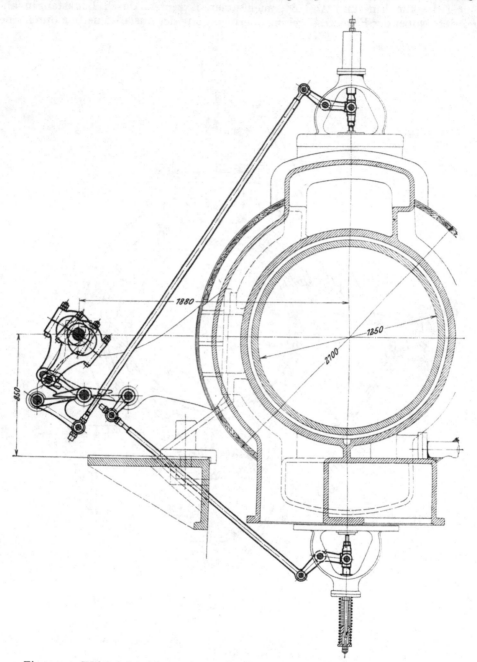

Fig. 739. Wälzhebelanordnung in unmittelbarer Nähe der Steuerexzenter für die Ein- und Auslaßventile des Niederdruckzylinders einer Verbundmaschine mit niedriger Umdrehungszahl.

entweder auf derselben Seite der Ventilspindel, wie in den Ausführungen II, 252 bis 264, 2, 4, bis 7, 15, 16, oder auf verschiedenen Seiten, wobei die Ventilspindel den Wälzhebel umgreift, II, 253 bis 264, 3, 8, und 17, 18.

In beiden Fällen ist anzustreben, daß der Berührpunkt beider Wälzhebel bei geschlossenem Ventil so nahe wie möglich an die Spindelachse herangerückt wird, um eine möglichst kleine Ventilgeschwindigkeit bei Eröffnung und Abschluß zu erreichen. Wird der antreibende Hebel durch die Spindel hindurchgeführt, so läßt sich der Berührungspunkt in die Spindel selbst verlegen und die Anhubsgeschwindigkeit zu Null machen, II, 253, 3.

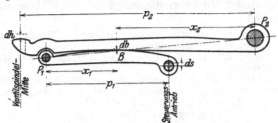

Liegt der Antriebshebel auf einer Seite der Ventilspindel, so wird das Ventil gleichfalls mit der Geschwindigkeit Null angehoben, wenn die Berührung beider Wälzhebel bei geschlossenem Ventil in den Drehpunkt des ersteren verlegt wird, II, 255, 5, 264, 15 und 16.

Die Größe des durch Einschaltung zweier Wälzhebel bewirkten Übersetzungsverhältnisses zwischen Antrieb und Ventil ergibt sich unter Bezugnahme auf Fig. 740 aus folgender Überlegung:

Fig. 740. Ermittlung des Übersetzungsverhältnisses zweier Wälzhebel mit festen Drehpunkten.

Für eine kleine gemeinschaftliche Bewegung db des Berührungspunktes B erhebt sich das Ventil um $dh = \dfrac{p_2}{x_2} db$, während der Angriffspunkt der äußeren Steuerung den Weg $ds = \dfrac{p_1}{x_1} db$ zurücklegt. Das Übersetzungsverhältnis ist somit:

$$\frac{dh}{ds} = \frac{p_2}{x_2} \frac{x_1}{p_1}.$$

Hierbei ist vorausgesetzt, daß der Berührungspunkt B auf der Verbindungslinie der Drehpunkte P_1 und P_2 liegt, entsprechend der Bedingung für richtiges Abwälzen.

Die Wälzkurven werden im allgemeinen für die Anhubbewegung flach verlaufend gewählt, damit ihre Berührungspunkte sich rasch von der Ventilspindel entfernen zwecks zunehmender Vergrößerung der vom Steuerantrieb eingeleiteten Hubhöhen. Nach Erreichung des gewünschten Ventilhubs können durch entsprechende Krümmung der Wälzkurven größere Ventilüberhebungen vermieden werden, II, 264, 17. Ob bei dieser verschiedenen Formgebung ein dauerndes Abwälzen der sich berührenden Hebelflächen möglich ist, hängt davon ab, inwieweit es gelingt, die Berührungspunkte der Wälzkurven auf der Verbindungslinie der Hebeldrehpunkte P_1 und P_2 während der Anhubbewegung verlaufen zu lassen.

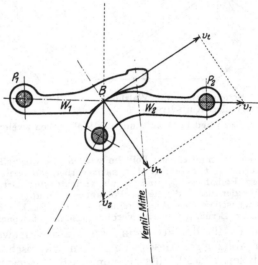

Fig. 741. Geschwindigkeitsdiagramme für den Berührungspunkt zweier nicht gleitender Wälzhebel.

Ein zweckmäßiges Arbeiten der Wälzhebel verlangt ein Abrollen ihrer Berührungsflächen ohne Gleiten. Dies ist dann der Fall, wenn an der Berührungsstelle B beide Kurven, Fig. 741, in Richtung ihrer gemeinsamen Tangente dieselbe Geschwindigkeit v_t und außerdem zur Vermeidung des Abhebens der Wälzhebel die gleiche normale Geschwindigkeit v_n besitzen.

Unter dieser Voraussetzung muß aber auch die resultierende Geschwindigkeit v_1 gemeinschaftlich sein und ihre Richtung mit der Verbindungslinie der Drehpunkte $P_1\ P_2$ der Wälzhebel zusammenfallen, da in dieser bei richtigem Abwälzen der Berührungspunkt B sich bewegen muß, andernfalls die Wälzhebelflächen aufeinander gleiten.

Je mehr die Bewegung des Berührungspunktes B von der Geraden $P_1\ P_2$ abweicht, desto stärker wird das Gleiten, dessen Größe durch den Unterschied der tangentialen Geschwindigkeiten beider Wälzhebel im Berührungspunkt gemessen wird.

Die Bedingung, daß der Berührungspunkt der beiden Wälzkurven auf der Verbindungslinie der beiden Hebeldrehpunkte wandern muß, wenn ein Abwälzen der Hebelflächen ohne Gleiten erfolgen soll, ist aus Überlegungen abzuleiten, auf die sich auch die Verzahnungstheorie stützt[1]).

Die beiden Wälzkurven lassen sich als Polbahnen eines Kurbeltriebes Fig. 742a auffassen, bei dem dem festgehaltenen Glied a die Polbahn Q_1 für die Bewegung von b und dem festgehaltenen Glied b die Polbahn Q_2 für die Bewegung von a entspricht. Die Polbahnen stellen dabei stets die Lagenänderung der Schnittpunkte B der jeweiligen Richtungen c und d dar. Wird das Glied d, die Verbindungslinie der Drehpunkte P_1 und P_2,

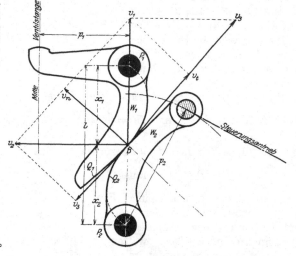

Fig. 742a. Schema eines die Wälzhebel
ersetzenden Kurbeltriebes.

. Fig. 742b. Verwandlung des Kurbeltriebes
zum Wälzhebelpaar.

Fig. 742a und b. Ermittlung der Wälzkurven zweier nicht gleitender Wälzhebel.

festgehalten, so muß es zur Polbahn werden, da die Schnittpunkte von c und d stets auf ihr wandern. Auf ihr liegen aber nach Vorhergehendem gleichzeitig die Berührungspunkte der beiden Polbahnen Q_1 und Q_2 als geometrischer Ort der Schnittpunkte der Glieder c und d. Werden daher die beiden Polbahnen Q_1 und Q_2 als Wälzkurven gewählt, so besitzen sie die Eigenschaft, bei ihrer Drehung um die Punkte P_1 und P_2 sich aufeinander abzuwälzen unter Berührung in der Verbindungslinie letztgenannter Drehpunkte.

Um die für die Verfolgung der Wälzhebelbewegung maßgebenden und voneinander abhängigen Geschwindigkeiten graphisch zu ermitteln, ist von der Geschwindigkeit v_1 des Berührungspunktes B, Fig. 742b, dessen Bahn mit der Verbindungslinie der Hebeldrehpunkte P_1 und P_2 zusammenfällt, als Resultierende der Tangentialgeschwindigkeit v_t und Normalgeschwindigkeit v_n auszugehen. Andererseits läßt sich v_1 auch auffassen als Resultierende der als bekannt vorauszusetzenden tangentialen Antriebsgeschwindigkeit v_2 des Wälzhebels W_2 und einer Komponente v_3 in Richtung der Berührungstangente im Punkt B. Wird nun die Geschwindigkeit v_2 ihrerseits noch zerlegt in die Normalgeschwindigkeit v_n und die Tangentialkomponente $v_3{'}$, so setzt sich letztere mit der entgegengesetzt gerichteten Geschwindigkeit v_3 zur Tangentialgeschwindigkeit v_t des Berührungspunktes B zusammen.

---

[1]) Nach Prof. Wilh. Hartmann: Die Maschinengetriebe, Deutsche Verlagsanstalt 1913. I. Bd. S. 250.

Aus dem vorstehenden ergeben sich die allgemeinen Grundlagen für die Ausmittlung der Wälzhebel.

Ist die Bewegung des Angriffspunktes der äußeren Steuerung gegeben und soll eine bestimmte Ventilerhebungskurve erzielt werden, so ist die Bewegung des Berührpunktes B der beiden Wälzkurven für jede Ventillage bestimmt, da er auf der Verbindungslinie der beiden Hebeldrehpunkte wandert und seine Abstände x_1 und x_2 nach Fig. 742 b durch die Beziehungen

$$x_1 + x_2 = l \quad \text{und} \quad \frac{x_1}{x_2} = \frac{dh}{ds} \cdot \frac{p_1}{p_2}$$

sich ergeben, wenn dh auf die Ventilbewegung und ds auf die vom Steuergestänge eingeleitete Bewegung sich bezieht.

Umgekehrt läßt sich auch das Übersetzungsverhältnis $\frac{dh}{ds}$ für jede Ventilstellung aus der zeichnerischen Untersuchung angenommener Wälzhebel bestimmen, welcher Weg als der an sich einfachere und bequemere zur Ermittlung eines geeigneten Zusammenhanges zwischen Antriebs- und Ventilbewegung in der Regel eingeschlagen wird.

Da der Berührungspunkt der Wälzhebel bei Aufwärtsgang des Ventils sich immer in einer Richtung bewegt, nimmt das Übersetzungsverhältnis für die Erhebungen h in Abhängigkeit von s mit steigendem h immer zu. Hierdurch werden nun bei nahezu allen Wälzhebelsteuerungen, um ausreichenden Ventilhub bei kleineren und mittleren Füllungen zu erzielen, bedeutende Überhebungen des Ventils über den für große Füllungen notwendigen Hub herbeigeführt. wie in den Darstellungen der Ventilerhebungen II. Taf. 46 bis 49 beim Vergleich mit den von der äußeren Steuerung eingeleiteten Bewegungen zu erkennen ist. Diese Überhebungen lassen sich vermeiden, wenn die Wälzhebel an den den großen Ventilhüben entsprechenden Berührungsstellen stark gekrümmt werden und wenn in dieser Gegend auf das Abwälzen verzichtet und ein teilweises Gleiten der Wälzkurven zugelassen wird. Die einem solchen Gleiten entsprechende Abnützung kann durch Anordnung einer Rolle am Ende des einen Wälzhebels auch noch beseitigt werden. Ein Beispiel hierfür gibt die neue Radovanowitsch-Steuerung, II, Taf. 48, und II, 264, 19.

Wird nur auf allmähliches Anheben und Aufsetzen der Steuerventile Wert gelegt, so läßt sich dieser Zweck in einfacherer Weise als durch Wälzhebel mittels Schwingdaumen erreichen.

Die Schwingdaumen bilden geradlinig. oder kreisförmig schwingende Führungsflächen, die mittels einer Rolle das Steuerventil in ähnlicher Weise betätigen wie die früher behandelten Steuerdaumen. Infolge der schwingenden Bewegung des Daumens an Stelle der rotierenden ist nur eine Hubkurve vorhanden, die sowohl für den Anlauf als auch für den Ablauf der Rolle dient. Durch Verlegung des Schwingdaumens in unmittelbare Nähe der Ventilspindel oder Anordnung der Rolle auf dieser lassen sich die an der Ventilbewegung teilnehmenden Massen auf einen kleinstmöglichen Betrag vermindern und die Beschleunigungsdrücke durch mäßig gespannte Federn leicht beherrschen.

Die Krümmung der Rollkurve ist so zu wählen, daß die Bewegung der äußeren Steuerung nur allmählich auf das Ventil übertragen wird und daß im Augenblick der Eröffnung und des Abschlusses die Geschwindigkeit Null ist. Letztere Bedingung ist erfüllt, wenn beim Anheben und Aufsetzen des Ventils Rolle und Rollkurve eine gemeinsame Tangente besitzen, d. h. die Verbindungslinie der Krümmungsmittelpunkte beider durch ihren augenblicklichen Berührungspunkt geht, Fig. 743. Je geringer der Unterschied beider Krümmungsradien ausgeführt ist, um so rascher erfolgt die Eröffnung, um so größer werden aber auch die Anfangsbeschleunigungen. Hinsichtlich der Ausmittelung der Form der Rollkurve in Abhängigkeit von der veränderlich anzunehmenden Ventilbeschleunigung sei auf die Zeitdiagramme Fig. 726 der An- und Ablaufkurven von Steuerdaumen verwiesen.

Konstruktion der Schwingdaumen.

Die Anordnung von Schwingdaumen und Rolle erfolgt meist so, daß die Rolle entweder unmittelbar auf der Ventilspindel oder auf einem mit ihr verbundenen Hebel sitzt. Die Lagerung der Rolle in der Spindel führt zwar auf größte Einfachheit der Bewegungsübertragung, gleichzeitig aber auf Inanspruchnahme der Spindelführung durch die Normalkomponente S

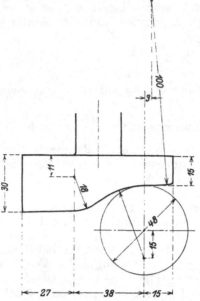

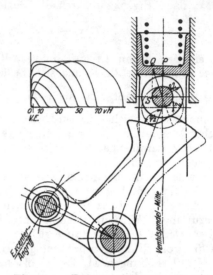

Fig. 743. Relative Lage der Krümmungs-mittelpunkte der Rolle und Wälzkurve für stoßfreien Anhub.

Fig. 744. Beanspruchung der Ventil-spindelführung durch den Antriebs-daumen bei der Lentz-Steuerung.

des Daumendruckes Q, Fig. 744a, die verhältnismäßig große Führungskörper erforderlich macht, II, 260 und 261. Wird dagegen zwischen Ventilspindel und Rolle ein Doppelhebel eingeschaltet, II, 265, 22, so entfällt der Seitendruck auf die Spindel und die Seitenkomponenten des Rolldruckes werden vom Hebeldrehpunkt aufgenommen.

Größe des An-triebsexzenters und der Ventil-erhebung.
Was die Wahl der Exzentrizität des Steuerexzenters im Vergleich mit der Ventilerhebung angeht, so wird im allgemeinen möglichst kleine Exzentrizität angestrebt, um die Getriebeabmessungen an der Steuerwelle zu verkleinern. Da aber großer Daumenweg im Interesse genauer Formgebung der Anhub- und Ablaufkurven liegt, so wird in der Regel der Exzenterhub auf den Daumen vergrößert übertragen.

Dieser Zweck läßt sich entweder durch Einschaltung eines ungleicharmigen Hebels erreichen, an dessen kurzem Arm das Exzenter angreift, während am längeren der Daumen sitzt, Fig. 744a, oder durch Schräglage der mittleren Exzenterstangenrichtung zum Schwingungsbogen des Exzenterstangenauges am Daumenhebel.

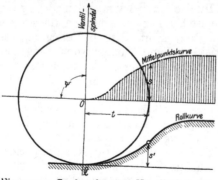

Fig. 745. Senkrecht zur Ventilerhebung bewegte Rollkurve. Rolle an der Ventil-spindel.

Die Größe des Ventilhubes ist dabei nicht nur abhängig von der radialen Höhe der Anhubkurve, sondern naturgemäß auch vom Winkel zwischen der Bewegungsrichtung der Rollkurve und derjenigen der Rolle.

Wird zunächst eine Führung der Rollkurve senkrecht zur Verschiebungsrichtung der Rolle bzw. des Ventils nach Fig. 745 angenommen, also Winkel $\psi = 90^0$, so sind die Ventilerhebungen s für eine Verschiebung t nicht gleich den senkrechten Abständen s' der zugehörigen Rollkurvenpunkte von der Bewegungsrichtung des Berührungspunktes Q der Rollkurve und Rolle, sondern die Eröffnungshübe ergeben sich als Abstände s der Mittelpunktskurve der Rolle von der durch den Mittelpunkt O gezogenen Parallelen zur Bewegungsrichtung der Rollkurve; die Mittelpunktskurve entsteht durch Abrollen der Wälzrolle auf der ruhenden Rollkurve.

Bei Neigung der Bewegungsrichtung der Rollkurve zu derjenigen der Rolle bzw. Ventilspindel, Fig. 746a, wird die Ventilerhebung gegenüber der rechtwinkligen Ableitung vergrößert, wenn der Triebwinkel stumpf, verkleinert, wenn er spitz ist. Beispielsweise wird die größte Ventileröffnung mit dem stumpfen Triebwinkel ψ_1 in der Zeit t_1, mit dem spitzen Winkel ψ_2 aber erst nach der größeren Zeit t_2 erreicht.

Den Unterschied der Ventilerhebungen zugunsten des stumpfen Triebwinkels zeigt noch besonders deutlich Fig. 746b in den wesentlich rascheren Ventilerhebungen s_1 bei der Verschiebung t der Rollkurve. Der stumpfe Triebwinkel vermindert also die Drosselung und ist daher hauptsächlich bei Einlaßsteuerungen

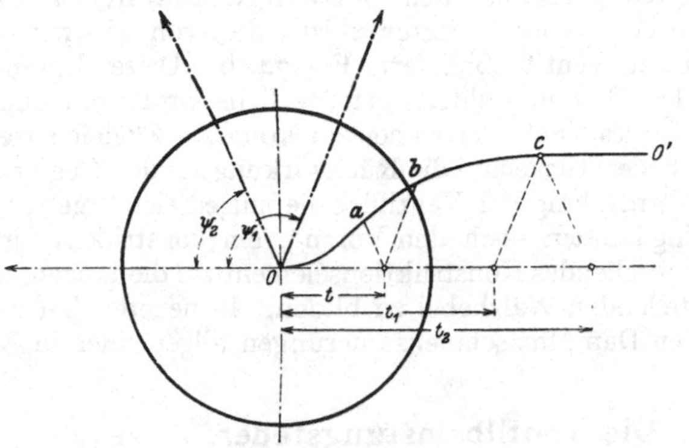

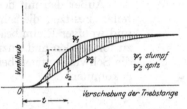

Fig. 746a. Einfluß des Neigungswinkels ψ der Rollenkurvenbahn zur Ventilspindel auf die Ventilerhebungen.

Fig. 746b. Unterschied der Ventilerhebungen bei spitzem und stumpfem Triebwinkel ψ.

der mit kleinen Füllungen arbeitenden Eincylinder-Kondensationsmaschinen zu bevorzugen.

Die Grenze der zulässigen Neigung ist bei stumpfen Winkeln durch die Gefahr der Selbstsperrung im Getriebe gegeben, die bei prismatischer Führung der Rolle infolge der ungünstigeren Aufnahme der Seitendrucke früher eintreten wird, wie bei Schwingenführung, bei der die Tangentialkomponenten wirksame Drehmomente um den Drehzapfen erzeugen.

Die praktische Anwendungsfähigkeit solcher Schwingdaumen, bei denen eine nach Fig. 746b gesteigerte Raschheit in der Ventileröffnung erzielt werden kann, ist an die Bedingung geknüpft, daß die erforderlichen großen Beschleunigungskräfte als Federkräfte auch ohne Schwierigkeit angebracht werden können und daß die durch letztere hervorgerufene dauernde Belastung der äußeren Steuerung nicht unverhältnismäßig große Abnützung verursacht.

Über die Beschleunigungskräfte und Ventilwiderstände sind daher beim Neuentwurf genaue Erhebungen anzustellen, bei denen die in II, 354 bis 357 erörterten Gesichtspunkte zu berücksichtigen sind. Beispiele hierfür bieten die Untersuchungen verschiedener Rollkurvensteuerungen, II, Taf. 51.

Die Größe der Beschleunigungskräfte kann ungefähr proportional der Zeit vom Eröffnungsaugenblick bis zur Erreichung des Wendepunktes in der Hubkurve gesetzt werden, wobei diese Zeit von der Umdrehungszahl, dem Triebwinkel und der Exzentrizität, sowie von der anfänglichen Rollkurvenkrümmung abhängig wird; je mehr letztere sich der Rollenkrümmung nähert, um so größer sind die erforderlichen Beschleunigungskräfte. Für normale Umdrehungszahlen von 100 bis 130 in der Min. sollte der Unterschied beider Krümmungsradien nicht kleiner als

5 bis 10 mm gewählt werden; der Lentzsche Schwingdaumen Fig. 744a weist nur 2 mm Unterschied zwischen dem Radius der Rolle und Rollkurve auf. Durch Aufzeichnung der Diagramme der Ventilwiderstände ist die Zulässigkeit der gewählten Verhältnisse für Rolle und Rollkurve zu prüfen. Höhere Umdrehungszahlen bedingen größere Unterschiede der Krümmungsradien, also allmählichere Eröffnung.

Es ist wünschenswert, die beiden Hauptkrümmungsbogen der Rollkurve nicht nur in gemeinsamer Tangente aneinander anzuschließen, sondern den Übergang durch eine sinusförmige Kurve mit allmählichem Anwachsen und Abnehmen der Krümmungsradien herbeizuführen, um ungleichmäßiges Anheben zu verhüten. Dieser allmähliche Übergang wird bei ausgeführten Steuerungen nicht selten erst durch Nacharbeiten und Probieren erzielt.

Vergleich von Wälzhebeln mit Schwingdaumen. Infolge des Umstandes, daß die Wälzhebel zur Sicherung einer genügend lang andauernden ausreichenden Ventileröffnung große Ventilüberhebungen verlangen, sind sie im Nachteil gegenüber den Schwingdaumen, bei denen die größte Ventilerhebung durch die Rast begrenzt ist, die von einer bestimmten Füllungsgröße ab konstanten Ventilhub liefert, Fig. 744b. Diese Begrenzung des Ventilhubs auf die für den Dampfdurchtritt erforderliche Größe hat den Vorteil, kleinste Konstruktionshöhe des Ventils erreichen zu können. Zugleich werden die das Gestänge belastenden Federdrücke und die Rückwirkung auf den Regler geringer.

Außer den mit der Vermeidung der Ventilüberhebungen sich ergebenden Vorteilen besitzen die Schwingdaumen noch den Vorzug, ein konstruktiv einfacheres und weniger Raum beanspruchendes Konstruktionselement als die langen, schwierig zu formenden und einzustellenden Wälzhebel zu bilden. In neuerer Zeit sind daher die Schwingdaumen bei den Dampfmaschinensteuerungen allgemeiner in Aufnahme gekommen.

6. Die Ventilbelastungsfeder.

Kraftschluß. Es liegt in der Arbeitsweise der Wälzhebel und Schwingdaumen begründet, daß ihr Zusammenhang nur kraftschlüssig sein kann. Da nun, wie bereits früher erörtert, der äußere Steuerungsantrieb ebenfalls kraftschlüssigen Zusammenhang mit dem Ventil bedingt, so ist ganz natürlich, daß bei Verwendung von Wälzhebeln oder Rollen und Rollkurven mit diesen der unerläßliche Kraftschluß des äußeren Steuerungsmechanismus vereinigt wird.

Spannung der Belastungsfeder. Die Belastungsfeder der Ventilspindel, die zur Erzeugung dieses Kraftschlusses Verwendung findet, hat also eine solche Spannungsverbindung herzustellen, daß deren statischer Druck an den Berührungsflächen der Wälzhebel oder Schwingdaumen durch auf Entlastung wirkende Beschleunigungskräfte des Steuerungsmechanismus nie überschritten werden kann.

Die Berechnung der Ventilbelastungsfedern ist eingehend erläutert in II, 353 bis 357; sie stützt sich in erster Linie auf die Ventilbeschleunigung, die durch graphische Differentiation und gleichzeitige rechnerische Kontrolle (s. II, 355 und 356) aus den auf die Zeit bezogenen Weg- und Geschwindigkeitskurven des Ventils abgeleitet wird. Die Größe der Federkraft ist jedoch nicht nur abhängig von der Massenwirkung und dem Eigengewicht der Ventilspindel und den anschließenden Steuerteilen bis zur Stelle des Kraftschlusses, sondern außerdem von der Reibung in der Stopfbüchse und in den Führungen der Ventilspindel, sowie von dem auf der Ventilspindel lastenden Über- oder Unterdruck des Dampfes, je nachdem dessen Arbeitsspannung über oder unter der Atmosphärenspannung liegt. Der Reibungswiderstand, der stets der Ventilbewegung entgegenwirkt und von der Ausführung und Instandhaltung der Stopfbüchse abhängt, besitzt jedoch für die neuerdings meist angewandten packungslosen Stopfbüchsen, II, S. 260 und 261, nur geringe Größe.

Zu den dynamischen Widerständen der Bewegung tritt im Anhubmoment vorübergehend der Dampfüberdruck auf die Ventilsitzflächen und für das geöffnete Ventil noch ein auf Ventilschluß wirkender, durch den Spannungsverlust der Einströmung bedingter Überdruck ΔP. Dieser wächst mit abnehmendem Ventilhub und läßt sich angenähert berechnen aus dem Druckunterschied vor und hinter dem Ventil bezogen auf die nicht entlasteten Sitzflächen $f_s{}'$, Fig. 747, so daß gesetzt werden kann:

$$\Delta P = f_s \cdot \Delta p = f_s \cdot (p_1 - p).$$

Sämtliche die Steuerbewegung beeinflussenden Kräfte liefern für die Ventilerhebung die aus II, 358, 5 ersichtliche Gesamtwirkung, derzufolge bei Beginn der Eröffnung bedeutende auf Ventilschluß wirkende und den Kraftschluß sichernde Kräfte auftreten; während der Ventilbewegung nehmen diese aber derart ab, daß die unter Kraftschluß stehenden Steuerteile sich trennen würden, wenn nicht die Belastungsfeder derart angespannt würde, daß sie in jeder Ventilstellung die auf Öffnen des Ventils wirkenden Kräfte überwindet. Der im Diagramm II, 358 durch Schraffur hervorgehobene Unterschied der Federspannung und resultierenden Gegenkräfte kennzeichnet die Veränderung des auf den äußeren Mechanismus wirkenden Steuerungswiderstandes. Dieser Widerstand wird nur bei Eröffnung und Abschluß des Ventils beträchtlich, während er im Gebiet der größeren Ventilhübe bei richtiger Federeinstellung nur geringe Größe besitzt.

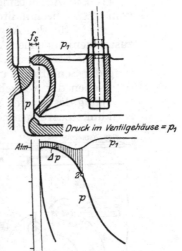

Die hier gekennzeichnete Veränderung der Steuerungswiderstände ist charakteristisch für alle zwangläufigen Ventilsteuerungen, da den in Betracht kommenden Antriebsmechanismen verschiedenster Konstruktion doch ganz gleichartige Ventilbewegungen zugrunde liegen.

Die Form der resultierenden Kräftekurve läßt es wünschenswert erscheinen, Federn mit geringer Vorspannung und mit dem Ventilhube rasch zunehmendem Widerstand zu verwenden, um auf diese Weise größere Federkräfte nur in der Nähe des Ventilhubwechsels wirksam zu erhalten, bei dem sie zur Überwindung der Massenwirkung des Ventils und der mit ihm zusammenhängenden Steuerteile nötig sind; in der Nähe der Ventilschluß-

Fig. 747. Druckverhältnisse am offenen Einlaßventil.

lage sind dagegen nur kleine Federkräfte erforderlich, da der durch den Drosselverlust entstehende Überdruck an sich schon schließend wirkt.

Solche Federn sind mit geringer Windungszahl auszuführen, bauen sich also kurz; auch wird die Gestängebeanspruchung sowie der Rückdruck auf den Regler gering. Wenn trotzdem in der Praxis meistens Federn mit großer Vorspannung, großer Länge und damit geringer Spannungsänderung angewendet werden, so ist dies darin begründet, daß kurze Federn wegen der großen Spannungswechsel ihre Elastizität rascher verlieren und schlaff werden. Aus letzterem Grunde erscheint es auch zweckmäßig, die größte Beanspruchung des Federmaterials geringer zu wählen, als bei ruhender Belastung zulässig wäre, indem der Wert von 3000 kg/qcm nicht überschritten werden sollte.

Der Antriebsmechanismus hat also das Ventil stets unter Federdruck anzuheben, der so groß gewählt werden muß, daß beim Rückgang der Steuerung das Ventil mit der der Niedergangsbewegung entsprechenden Beschleunigung bis zum Aufsetzen folgen kann. Nach Ventilschluß erhöht alsdann die Federkraft nur den Dichtungsdruck für das Ventil, während der vom Federdruck befreite äußere Steuerungsmechanismus unabhängig vom Ventil noch beliebige Bewegungen als Leerschwingung ausführen kann, Fig. 731. Bei letzterer dem einseitigen Federdruck nicht mehr ausgesetzten Bewegung des Steuerungsmechanismus entsteht in dessen Gelenken in der Regel Druckwechsel, wenn er nicht durch die Gewichtswirkung der bewegten Teile oder durch Hilfsfedern beseitigt wird.

IV. Ausklinksteuerungen für Rundschieber.

Der kinematische Aufbau der Steuerungsmechanismen ist dem S. 566 abgeleiteten theoretischen Bewegungsgesetz zufolge so zu bewirken, daß die Eröffnungsquerschnitte proportional mit der Kolbengeschwindigkeit sich ändern und der Steuerkanal mit unendlich großer Geschwindigkeit abgeschlossen wird.

Allgemeines über Ausklinksteuerungen für Rundschieber.

Diese Forderung erfüllen die Ausklinksteuerungen am vollkommensten, da ihr Steuerungsmechanismus sich so ausbilden läßt, daß das innere Steuerorgan möglichst dem theoretischen Eröffnungsgesetz gemäß anhebt, während kurz vor Ende der Füllung der mechanische Zusammenhang zwischen Antriebsmechanismus und innerem Steuerorgan unterbrochen und letzteres unabhängig vom ersteren durch eine gespannte Feder in seine Schlußlage zurückgeworfen wird.

Als wesentliche Teile der Ausklinksteuerungen ergeben sich folgende Einzelheiten:

1. Ein Antriebsmechanismus zur Erzeugung der Steuerbewegung einer meist vom Regler beeinflußten Klinke (Mitnehmer),

2. ein für den Angriff der Klinke dienender und mit dem inneren Steuerorgan zusammenhängender Anschlag,

3. die bereits im vorhergehenden Kapitel S. 591 angeführte Vorrichtung zur Lieferung der Schlußkraft und Bremswirkung für das innere Steuerorgan.

Neben der weitgehenden praktischen Anpassung der Eröffnungs- und Schlußbewegung des inneren Steuerorgans an das theoretische Bewegungsgesetz haben die Ausklinksteuerungen noch den großen Vorteil geringen Verstellwiderstandes für die Einwirkung des Reglers zwecks selbsttätiger Füllungsänderung, da letzterer nur geringe Lagenänderungen einer Klinke auszuführen hat. Die Ausklinksteuerungen haben daher als sogenannte Präzisionssteuerungen für die Einlaßorgane ausgedehnte Anwendung gefunden. Für die Auslaßorgane, deren Eröffnungsdauer sich nicht mit der Maschinenleistung ändern braucht, kommen sie dagegen wegen zu großer Komplikation nicht in Betracht.

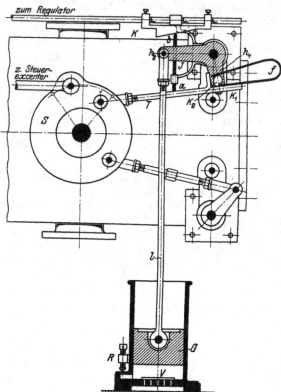

Fig. 748. Älteste Corliß-Steuerung.

Der Antriebsmechanismus für Rundschiebersteuerungen betätigt die Klinke entweder so, daß sie unveränderliche Schwingungen ausführt oder in vom Regler veränderlichen geschlossenen kurvenförmigen Bahnen sich bewegt. Das Ausklinken wird dadurch bewirkt, daß im ersteren Falle der Regler im geeigneten Augenblick die Berührung der Klinke mit der Anschlagfläche unterbricht und im zweiten Falle die Klinkenbahn aus der Bahn der Kante der Anschlagfläche heraustritt.

Die Ausklinksteuerungen mit

Ausklinksteuerungen mit schwingender Klinke.

schwingender Klinke verdanken Corliss ihre Entstehung und sind in folgenden grundlegenden Anordnungen von ihm und seinen zahlreichen Lizenznehmern in allen auswärtigen Industriestaaten ausgeführt worden.

Von historischer Bedeutung ist die Steuerung Fig. 748 aus dem Jahre 1852. Die vier Steuerschieber erhalten ihren Antrieb mittels Hebel und Verbindungsstangen von einer am Cylinder drehbar gelagerten Steuerscheibe S, die von einem Exzenter in schwingende Bewegung gesetzt wird. Für die Steuerung des Dampfeinlasses ist diese Antriebsscheibe mit jedem Einlaßschieber, mittels eines auf dessen Achse sitzenden Winkelhebels h_1, h_2 und der Stange T so verbunden, daß sie den Schieber so lange im Sinne der Eröffnung des Einlaßkanals verdreht als der Größe der Füllung entspricht.

Zu diesem Zwecke trägt die mittels der Blattfeder f lose am Schieberhebel h_1 hängende Lenkstange T an ihrem Ende den Mitnehmer k_1, der sich gegen den daumenförmigen Anschlag k_2 legt. Bei einer Linksdrehung der Steuerscheibe S wird somit der Hebel h_1 durch die Klinkenstange T mitgenommen und der Schieber geöffnet. Bei dieser Eröffnungsbewegung erhält nun die Stange T gleichzeitig eine Bewegung senkrecht zu ihrer Achse durch einen bei a an sie anliegenden verschiebbaren Stift J, dessen oberes Ende b gegen den vom Regler verstellbaren Keil K sich stützt. Durch die Seitwärtsbewegung der Lenkstange kommt je nach der Lage des Keiles K und damit des Stiftes J die Klinke früher oder später außer Eingriff, der Winkelhebel h_1 h_2 und damit der Schieber wird vom Antriebsmechanismus unabhängig und kann durch eine äußere Kraft in seine Anfangs- bzw. Schlußlage zurückgeworfen werden. Den Impuls für diese Rückwärtsbewegung liefert die Gewichtswirkung eines entsprechend schweren, in einem Cylinder luftdicht sich bewegenden Kolbens G, der durch die Stange l mit dem Schieberhebel h_2 verbunden ist. Der Cylinderraum unterhalb dieses Kolbens ist als Luftpuffer ausgebildet, indem ein Saugventil V beim Kolbenaufgang Luft eintreten und ein Regelventil R den Kompressionsdruck beim plötzlichen Niedergang des Kolbens einstellen läßt.

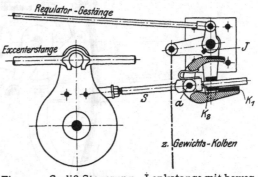

Fig. 749. Corliß-Steuerung. Lenkstange mit beweglichem Mitnehmer. Regleranschlag auf der Schieberachse drehbar.

Diese älteste Corliß-Steuerung hat folgende Nachteile:

Beim Ausklinken wird die ganze Lenkstange frei und hat nur durch die Feder Halt und Führung, außerdem ist die Anordnung des Reglereingriffes weitläufig und schwerfällig. Ungenügend erwies sich auch sehr bald die durch bloße Gewichtswirkung erzeugte Schlußkraft, namentlich mit zunehmender Umdrehungszahl der Dampfmaschine und entsprechender Steigerung der Abschlußgeschwindigkeiten der Schieber. Da das Kolbengewicht während des Schieberschlusses sowohl den Schieber wie sich selbst zu bewegen und außerdem die Schieber- und Stopfbüchsenreibung zu überwinden hat, wird für die Schlußbewegung nur eine Beschleunigung erreicht, die einen geringen Bruchteil der Erdbeschleunigung ausmacht. Von einer Annäherung an die praktische Forderung raschen Abschlusses kann also keinenfalls die Rede sein.

Den Nachteil des Ausklinkens der ganzen Lenkstange beseitigte Corliß durch ihre Abänderung nach Fig. 749. Der Mitnehmer ist mit der Stange S nicht mehr fest, sondern durch ein Gelenk a verbunden, um das er sich beim Ausklinken dreht, während die Lenkstange selbst in einer am Schieberhebel angebrachten Hülse geführt wird. Außerdem ist der Stift J des Reglerstellzeuges um die Schieberspindel drehbar angeordnet. Die Steuerungseinzelheiten gruppieren sich also mehr um die Schieberspindel herum und benutzen den Gehäusedeckel als einzige Lagerung. Diese Corlißsche Ausführung ist vorbildlich für die meisten später üblich gewordenen Ausklinksteuerungen für Rundschieber.

Um größere Beschleunigung für die Abschlußbewegung des Schiebers zu erhalten, versuchte Corliß statt der Gewichtskolben eine Blattfeder zu benutzen.
Den betreffenden Steuerungsantrieb, der zum Unterschied von sonstigen Anordnungen am Rahmen angebracht ist, zeigt Fig. 750. Auch hier wird nicht der
Antrieb selbst ausgelöst, sondern nur der auf der Schwinge h_1 drehbar aufgehängte
Mitnehmer k_1; eine hornartige Fortsetzung desselben läuft bei der Ausklinkung
auf eine vom Regulator verstellbare Rolle auf. Die Schwinge trägt an ihrem unteren
kurzen Hebelarm die Blattfeder für die Schlußbewegung des Schiebers, dessen
Massenwirkung durch den Luftpuffer B, der gleichzeitig als Führung für die Ein-
laßstange T dient, aufgenommen wird.

Diese Konstruktion erscheint im Vergleich mit der vorigen noch recht weitläufig und schwerfällig, namentlich infolge der großen Blattfedern. Schließlich
wurde von Corliß die Feder verlassen und als Schlußkraft der Atmosphärendruck

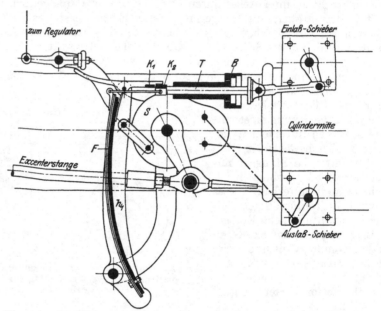

Fig. 750. Corliß-Steuerung. Anordnung der Steuerscheibe am Rahmen;
Erzeugung der Schlußkraft durch Blattfeder.

angewandt, durch Ausbildung eines Kolbens, der, in einem Cylinder luftdicht eingesetzt, während der Eröffnungsperiode des Schiebers unter sich ein Vakuum erzeugt,
unter dessen Einfluß eine rasche Schlußbewegung des Schiebers möglich wird. Ein
solcher sogenannter Lufttopf ist bei der in Fig. 751 dargestellten Steuerungskonstruktion angewendet, deren Mechanismus sich durch sehr gedrängten Zusammenbau aller
Steuerungseinzelheiten auszeichnet. Die Klinke befindet sich an einem um den festen
Drehpunkt p schwingenden Doppelhebel $h_1 h_2$, der vom Exzenter angetrieben wird.
Der Anschlag sitzt an einer mit dem Lufttopfkolben K verbundenen Stange S, während der Kolben seinerseits mittels kurzer Lenkstange l am Schieberhebel h_s hängt.
Wird beim Arbeiten der Steuerung während des Klinkeneingriffs der Kolben K angehoben, so hebt dieser auch den Schieberhebel für die Kanaleröffnung. Nach erfolgter
Ausklinkung drückt die Atmosphäre den Kolben herunter und zieht den Schieberhebel h_s mit. Die ringförmige Erweiterung des Lufttopfkolbens dient als Pufferkolben. Art und Änderung der Ausklinkung durch den Regler ist aus der Figur
ersichtlich.

Wird die Klinke an einem zentrisch um die Schieberachse drehbaren Antriebshebel angebracht und die Schieberschlußkraft durch einen Luftkolben erzeugt, so

entstehen Ausklinksteuerungen, die von der Reynolds-Steuerung Fig. 752 und II,
230, 1, ihren Ausgang genommen haben und bis in die neueste Zeit in Amerika

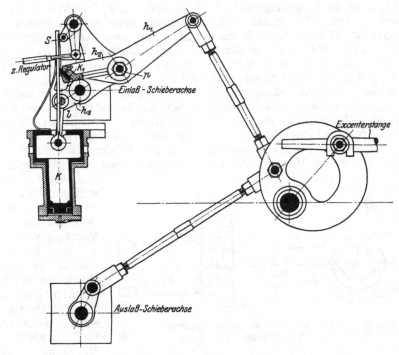

Fig. 751. Rundschiebersteuerung von Corliß. Schlußkraft erzeugt durch Luftkatarakt;
Ausklinkmechanismus am Gehäusedeckel gelagert.

gebaut wurden. Alle Abänderungen späterer Konstruktionen beziehen sich auf den
die Ausklinkung bewirkenden Teil des Mechanismus. Es liegt nahe, wie auch Corliß
tat, zur Ausklinkung die Klinke auf Rollen
oder Daumen, die vom Regler verstellt werden,
auflaufen zu lassen. Solche Steuerungen sind
in II, 230, 2 und 231, 3 dargestellt. Bei II,
230, 2, ist auf das aus dem Deckel herausragende
Ende der Schieberspindel der eigentliche Schieberhebel, Fig. 753, aufgeklemmt, der auf der
einen Seite den schwalbenschwanzförmig eingesetzten und mit Schraube befestigten Klinken-
anschlag (passiven Mitnehmer) trägt, während
an den Zapfen der anderen Hebelseite der
Lufttopf angeschlossen ist. Auf der verlängerten Nabe dieses Hebels schwingt frei der von
der äußeren Steuerung angetriebene Hebel, an
dem die Klinke drehbar aufgehängt ist. Ein
kräftiger Bügel dieses Hebels legt sich mit einer
runden Aussparung über den Zapfen der Luft-
topfstange, um den Kolben des Lufttopfes nieder-
zudrücken, wenn er im Betrieb hängen bleiben
und den Schieberabschluß nicht selbsttätig be-

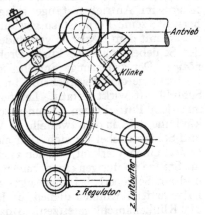

Fig. 752. Steuerung von Reynolds.
Aktive Klinke auf dem Antriebshebel
drehbar gelagert; desgleichen der Re-
guliernocken für Ausklinkung.

wirken sollte. Neben der Klinke befindet sich ein blattförmiger Ansatz mit derart
abgeschrägten Endflächen, daß er leicht auf die Rolle auflaufen und die Klinke

ausrücken kann. Die Rolle *r* ist an einer auf dem Gehäusedeckel gelagerten Scheibe angebracht, die vom Regler verdreht werden kann.

Zum Unterschied von dieser Anordnung der Klinke, die den Anschlag vor sich herdrückt, zieht die Steuerungsausbildung II, 231, 3 den letzteren nach. Klinke und Ausrücker dieses Mechanismus sind auf einem gemeinsamen Bolzen befestigt und hängen zu beiden Seiten der von der Steuerung angetriebenen Schwinge; die Klinke sitzt außen über dem auf das Spindelende aufgekeilten Schieberhebel. Dadurch wird es möglich, auch die Schwinge auf dem Gehäusedeckel zu lagern und auf ihn die Antriebskräfte zur Entlastung der Schieberspindel zu übertragen. Der Ausrücker ist eine gekrümmte Zunge, die auf einem Nocken aufläuft, der sich an einer vom Regler am Gehäusedeckel drehbaren Scheibe befindet. An dieser Scheibe ist noch ein Sicherheitsanschlag zwecks selbsttätigen Abstellens der Maschine im Falle eines Bruchs im Reglerantrieb, indem bei unterster Reglerstellung der Sicherheitsanschlag den Ausrücker so verstellt, daß die Klinke außer Eingriff bleibt. Da beim Abstellen der Maschine der Regler ebenfalls seine unterste Lage annimmt und den Sicherheitsanschlag in dieselbe Stelle rückt, wird auch ein Wiederanspringen der Maschine verhütet.

Ein Nachteil der bisher besprochenen Mechanismen besteht in der Abnützung des vom Regler festgehaltenen Anschlags, auf dem der Ausrücker schleift. Diesen Übelstand beseitigen

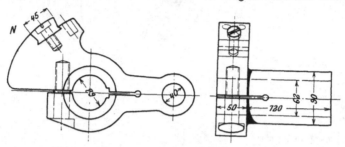

Fig. 753. Auf die Schieberachse zu klemmender Mitnehmer der Ausklinksteuerung II, 230, 2.

jene Ausklinkmechanismen, bei denen sich der Anschlag mit der Klinke bewegt und so gelenkt wird, daß er erst während der gemeinsamen Bewegung von einem, vom Regler einstellbaren Punkt aus eine kleine Drehung erfährt, die das Ausrücken der Klinke bewirkt.

Steuerung von Inglis-Spencer. In dieser Weise arbeitet die früher viel verwendete Inglis-Spencer-Steuerung Fig. 754a und b, indem der für das Ausklinken dienende und zwischen den Blattfedern im Antriebsgestänge gelagerte Daumen, mit diesem Gestänge hin- und hergeht; seine Form ist so gewählt und seine Drehachse mittels Hebel und Lenkstange mit dem Regler so verbunden, daß er vor dem erwünschten Abschlußmoment des Schiebers nur eine kurze Drehung zum Ausrücken der beiden Mitnehmer benötigt. Der zweiarmige Schieberhebel wird an seinem unteren Arme von der Antriebsstange der Steuerscheibe, an seinem oberen von einer Lenkstange, an der die Schlußkraft wirkt, erfaßt. Letztere wird von einer Spiralfeder hervorgerufen, die mit dem Pufferkolben in einem cylindrischen Gehäuse angeordnet ist. Die Ausklinkung geht in dem zweiteiligen Antriebsgestänge Fig. 754b zwischen Steuerscheibe und Schieberhebel vor sich. Der eine mit der Steuerscheibe verbundene Stangenteil besitzt einen Vierkant, auf den zwei Blattfedern aufgeschraubt sind, zwischen denen die Stange im übrigen einen runden Schaft bildet, über den der als Hülse ausgebildete und am Schieberhebel angelenkte zweite Stangenteil geschoben ist. Als Träger der hakenartigen Klinken dienen die Blattfedern, während an dem hohlen Stangenteil die Klinkenanschläge sitzen, so daß die Federn ziehend Hülse und Schieberhebel mitnehmen. Mit dem Gestänge geht ein drehbarer, mit dem Reglerstellzeug verbundener Daumen hin und her. Werden die Blattfedern vom Daumen, dessen Lage von der Reglerstellung abhängt, so weit auseinandergedrückt, daß die Klinken die Anschlagflächen nicht mehr fassen, so schnellt, von der Feder im Puffergehäuse gezogen, der hohle Stangenteil und damit gleichzeitig der Einlaßschieber in seine Anfangslage zurück.

Die Inglis-Spencer-Steuerung hat den Nachteil der ersten Corliß-Steuerung, Fig. 748, darin bestehend, daß die Antriebsstange ausgeklinkt wird; auch ist es

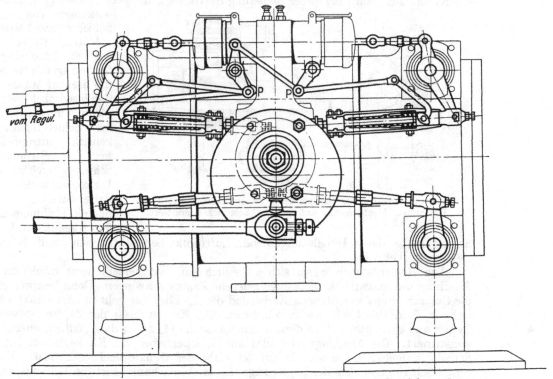

Fig. 754a. Steuerung von Inglis und Spencer. Ausklinkung im Antriebsgestänge; Schieberschluß mittels Feder.

unzweckmäßig, die bei der Öffnungsbewegung erforderliche Kraft durch Blattfedern zu übertragen.

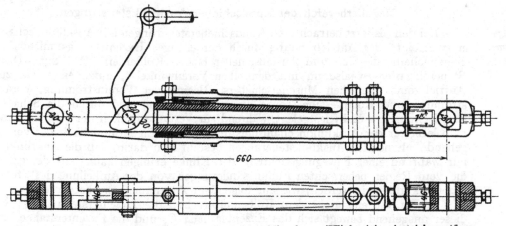

Fig. 754b. Anordnung der aktiven und passiven Mitnehmer (Klinken) im Antriebsgestänge.

Die Steuerung Fig. 755 zeigt das vorstehend angewendete Prinzip des Ausklinkens auf jene Steuerungsform übertragen, bei der der Ausrückmechanismus jedes Einlaßschiebers um seinen Gehäusedeckel angeordnet ist. Mit der Klinke K_1 schwingt der an ihr drehbare Daumen, der so gelenkt ist, daß er sich gegen die Klinke dreht; dabei stützt er sich auf eine mit dem Antriebshebel schwingende Platte ab und hebt die Klinke aus. Auch bei dieser Steuerung ist Wert darauf gelegt, einseitige Kräftewirkungen von der Schieberspindel fernzuhalten. Daher ist der die Anschlagfläche tragende Hebel frei drehbar auf dem Gehäusedeckel gelagert und mit einer auf die Schieberspindel konisch aufgepreßten zweiarmigen Schwinge durch kurze Lenker verbunden, so daß er auf die Spindel nur ein Drehmoment übertragen kann. Der

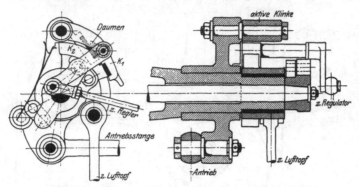

Fig. 755. Ausklinkung mittels eines an der Klinke drehbaren Daumens. Mechanismus auf dem Gehäusedeckel montiert.

an der Nabe dieses Hebels angreifende Lufttopfkolben stützt sich ebenfalls am Gehäusedeckel ab.

Die Reglerdaumen lassen sich schließlich ganz vermeiden, wenn Klinke und Anschlag um exzentrisch zueinander gelegene Zapfen schwingen. Dann beschreiben die Spitzen beider exzentrische Kreise und die Ausklinkung geht in dem Punkt vor sich, in dem sich beide Kreise schneiden. Die Exzentrizität der Zapfen ist vom Regler aus einstellbar. Nach diesem Prinzip ist die II, 232, 5 dargestellte Steuerung konstruiert. Die Anschlagfläche sitzt am Schieberhebel, die Klinke ist an einer Scheibe aufgehängt, die um ein auf der Nabe des Gehäusedeckels drehbares Exzenter schwingt, an dem der Regler angreift. Mit einer hammerartigen Verlängerung liegt sie, durch eine Feder angedrückt, auf einem Anschlag auf. Wird die Anschlagfläche nach der Ausklinkung vom Kolben des Lufttopfes zurückgezogen, so kann die Klinke ausweichen. Ebenso wird sie durch einen Sicherheitsanschlag a ausgeklinkt, wenn der Regler in tiefster Stellung steht.

Regulierbereich der Rundschieber-Ausklinksteuerungen.

Steuerungsantrieb durch ein Exzenter. Bei den bis jetzt betrachteten Rundschiebersteuerungen mit Ausklinkmechanismus erfolgte der Antrieb häufig durch ein einziges Exzenter, das mittels der Steuerscheibe die Ein- und Auslaßschieber beider Kolbenseiten betätigt. Dieses Steuerexzenter ist alsdann mit demselben Voreilwinkel δ, aufzukeilen wie zum Antrieb eines einfachen Muschelschiebers. Beginn der Voreinströmung, Vorausströmung und Kompression, sowie die größte Füllung sind durch die Schieberüberdeckungen a und i festgelegt, während zur Veränderlichkeit der Füllung unterhalb letzterer der Ausklinkmechanismus dient. Eine Eigentümlichkeit der vorausgehend behandelten Ausklinksteuerungen besteht nun darin, daß die Ausklinkung nur während einer Bewegungsrichtung der Klinke erfolgen kann und demgemäß die vom Regler beherrschten Füllungsänderungen von der Aufkeilung des Steuerexzenters abhängig werden, wie aus folgendem Zusammenhang hervorgeht.

In Fig. 756 entspricht dem Kolbenhubwechsel die Exzenterstellung E_v; von dieser ausgehend bewegt sich das Exzenter nach E_o und die Exzenterstange bzw. Steuerscheibe schwingt im Sinne der Schubrichtung $\hat{O}E_o$. Da von E_o aus die Schubrichtung der Exzenterstange wieder umkehrt, so kann eine Füllungsänderung mittels des Ausklinkmechanismus nur während eines Kurbel- und Exzenterdrehwinkels $90^{0} - \delta$ erfolgen. Hat in der der Exzenterstellung E_o entsprechenden Stellung der Steuerscheibe und der Schieberhebel die Ausklinkung noch nicht stattgefunden, so schwingt auch der Schieber mit der Steuerscheibe zurück und schließt bei der Exzenterstellung E_2 erst ab. Die Steuerung erzeugt alsdann jene größte Füllung, die dem Aufkeilwinkel δ des Steuerexzenters und der äußeren Über-deckung a angehört. Von der Exzenter-stellung E_0 bis E_2 kann also ein Ausklinken nicht mehr erfolgen und damit auch keine Füllungsänderung, die nur möglich ist zwischen E_1 und E_0 oder vom Kolbenhub-wechsel aus gerechnet zwischen E_v und E_0. Diese auf etwa 40 bis 45 v. H. des Kolben-hubs beschränkte Füllungsänderung ist den Ausklinkmechanismen mit einseitig wirken-den aktiven Mitnehmern ganz allgemein eigen, sobald das Steuerexzenter Aus- und Einlaß gemeinschaftlich steuert.

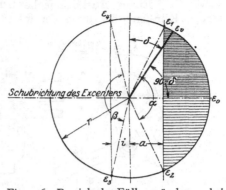

Fig. 756. Bereich der Füllungsänderung bei einfachem Ausklinkmechanismus und ge-meinsamem Steuerexzenter für Ein- und Auslaß.

Unter solchen Verhältnissen ermöglicht also die Ausklinksteuerung eine vom Regler zu beeinflussende Füllungsänderung nur innerhalb des Drehwinkels $90^0 - \delta$, daran anschließend erfolgt dann ohne Übergang der Dampfeintritt zwischen den Exzenter-stellungen E_0 und E_2, so daß in der Füllungsänderung ein Sprung auftritt von der Periode veränderlicher Füllung während der Kurbeldrehung $90^0 - \delta$ auf die größte, dem Drehwinkel $\alpha - \gamma$ entsprechende Füllung. Dieser Sprung läßt sich vermeiden durch Anwendung getrennter Ein- und Auslaßexzenter, weil als-dann die Aufkeilwinkel beider unabhängig voneinander gewählt werden können, so daß durch Annahme eines negativen Aufkeilwinkels δ für das Einlaßexzenter die Füllungsänderung durch Ausklinken nunmehr innerhalb einer Kurbeldrehung $90^0 + \delta$ möglich wird. Soll dagegen ein einziges Steuerexzenter beibehalten werden, so gibt es zur Erzielung einer Veränderlichkeit der Füllung über den Winkel $90^0 - \delta$, d. h. über die Exzenterstellung E_0 hinaus zwei Wege:

1. Ausbildung des Klinkenmechanismus derart, daß der Mitnehmer auch bei seinem Rückgang ausklinken kann.

2. Vereinigung zweier auf den Ausklink-mechanismus wirkender Bewegungen.

Die Ausbildung eines Mitnehmers mit Rückwärtsausklinkung zeigt II, 231, 4. Es sind zwei vom Regler gemeinsam verstellte Daumen vorhanden, von denen der eine den bei Vorwärtsgang der Klinke wirksamen Nocken für die Füllungen innerhalb des Winkels $90^0 - \delta$ trägt und der andere einen Anschlag besitzt, gegen den die rückwärts bewegte Klinke mittels eines in ihrem hohlen Zapfen gelagerten Stif-tes stößt, der alsdann die Klinke ausrückt.

Bei Fig. 757 wird durch ein besonderes

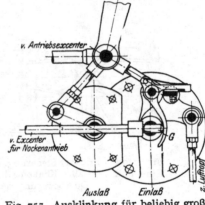

Fig. 757. Ausklinkung für beliebig große Füllung durch Wirkung eines zweiten Exzenters auf den aktiven Mitnehmer.

Exzenter ein Anschlagstift angetrieben, gegen den sich zum Zwecke des Ausklinkens ein nach unten hängendes Horn des Mit-nehmers legt. In den Antrieb des Stiftes G ist eine Schwinge geschaltet, deren Dreh-punkt vom Regler seitlich verschoben werden kann, so daß der Anschlagstift seine Schwingungen näher oder entfernter vom Horn ausführt. Treffen Horn und An-schlag sich entgegenkommend aufeinander, so wird bei der Eröffnungsbewegung des Schiebers ausgeklinkt, bei der Schlußbewegung, wenn sie sich nacheilen.

**Ausklink-
mechanismus
mit kurven-
förmiger Bahn
der Klinke.**

Die Anwendung zweier an der Klinke unmittelbar zusammenwirkender Exzenterbewegungen führt auf die zweite Gattung von Ausklinksteuerungen mit einer vom Regler veränderlichen geschlossenen kurvenförmigen Bahn der Klinke.

Einen Ausklinkmechanismus dieser Art, bei dem die Veränderlichkeit der Klinkenbahn durch Vereinigung eines festen Exzenters mit dem beweglichen Exzenter eines Flachreglers erzielt wird, zeigt Fig. 758. Sämtliche drehbaren Steuerteile sind auf der langen Nabe des Gehäusedeckels gelagert. Die Anschlagfläche ist fest an einem rahmenförmigen Teil g, der mit einem weiten und einem engen Auge um die Nabe schwingt. Das vor-

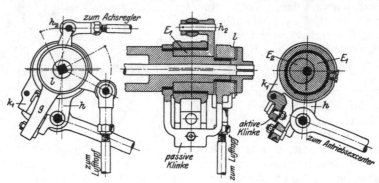

Fig. 758. Steuerung von Berger-André. Ausklinkung durch Verlegung des aktiven Mitnehmers mittels Flachregler und veränderlichem Exzenter.

dere enge Auge dient als Angriff für den Lufttopfkolben und ist außerdem auf seiner Vorderfläche bei l mittels Feder und Nut mit einer auf der Schieberspindel sitzenden Scheibe gekuppelt, durch die die Bewegung des von der Klinke mitgenommenen Anschlags auf den Schieber unter Vermeidung einseitiger Kraftwirkung auf die Spindel übertragen wird.

Innerhalb des Rahmens g ist auf einer exzentrischen Gehäusenabe E_2 ein bewegliches Exzenter E_1 gelagert, das im vorliegenden Fall durch Verbindung mit einem Flachregler in regelmäßige, mit der Füllung sich ändernde Schwingungen versetzt wird. Über diesem Exzenter schwingt der vom Steuerexzenter betätigte Antriebshebel h mit der Klinke k_1. Diese Klinke steht also unter dem Einfluß zweier Exzenterbewegungen und beschreibt flache geschlossene Kurven, die für verschiedenzeitiges Ausklinken dadurch veränderlich gemacht sind, daß das Exzenter E_1 durch den Achsregler veränderliche Schwingungen erfährt.

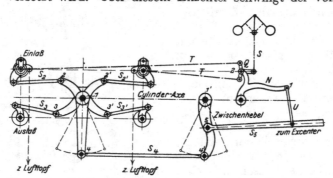

Fig. 759a. Frickart-Steuerung. Antrieb durch ein Exzenter für Ein- und Auslaß. Klinkenbahn kombiniert aus Längs- und Querbewegung der Exzenterstange.

Auf dem gleichen Prinzip der Vereinigung zweier Exzenterbewegungen an der Klinke, von der die eine statt durch einen Achsregler durch einen gewöhnlichen Geschwindigkeitsregler beeinflußt wird, beruht die Frikart-Steuerung, II, 232, 6.

**Frikart-
Steuerung.**

Auf dem einen Arm eines um die Gehäusebüchse schwingenden, vom Steuerexzenter angetriebenen Hebels ist die Klinke drehbar und schwingt um ihre Achse durch Aufnahme einer zweiten Exzenterbewegung, die von dem Steuerexzenter in einer um 90° verlegten Schubrichtung abgeleitet wird. Diese zweite Exzenterbewegung wird einfach durch Übertragung der Seitenschwingung der Exzenterstange mittels eines Winkelhebels QN und der Lenkstange U gewonnen, Fig. 759a. Die beiden Bewegungen kombinieren sich am Mitnehmer so, daß dessen Ausklink-

kante eine geschlossene Kurve beschreibt, die mehr oder weniger in die zur Schieberstange konzentrische Bahn der Anschlagfläche eingreift, Fig. 759 b. Beim Schnitt
beider Bahnen findet die Ausklinkung statt. Durch den Regler, der mit dem zur
Übertragung der zweiten Exzenterbewegung dienenden Gestänge in unmittelbarer
Verbindung steht, werden die Schwingungen des Mitnehmers so verlegt, daß dessen
Kante bei großen Füllungen fast ganz innerhalb
der Kreisbahn der Ausklinkkante der Anschlagfläche sich bewegt und dieselbe mit ihrem äußeren
Bogen, den sie auf dem Rückgang des Schiebers

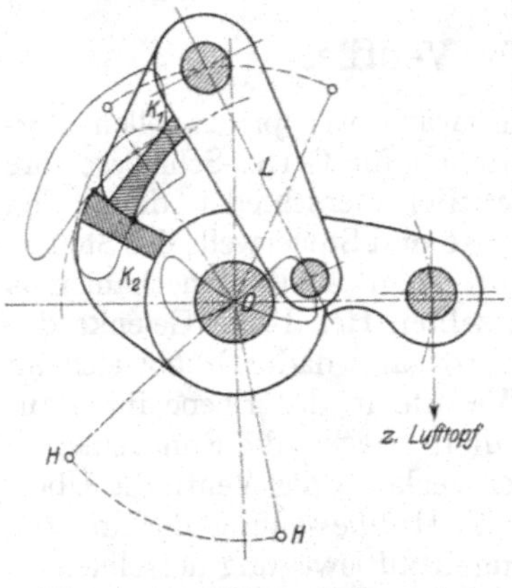

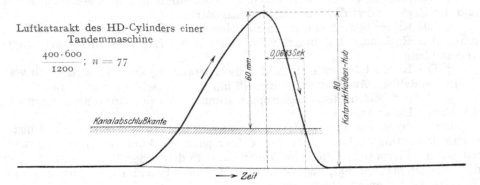

Fig. 759b. Klinkenbahnen bei
größter und Null-Füllung.

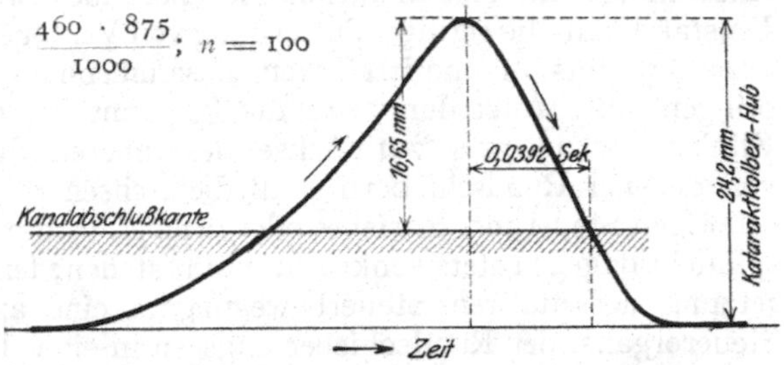

Fig. 760a. Zum HD-Cylinder einer Verbundmaschine
gehörig.

beschreibt, schneidet, während sie bei kleinen Füllungen fast ganz außerhalb des Kreises der Ausklinkkante rückt und diese mit dem inneren Bogen ihrer Bahn schneidet.

Als wesentliches Element des äußeren Mechanismus der Ausklinksteuerungen
für Rundschieber erscheint noch der die Schlußbewegung der Schieber bewirkende
Luftkatarakt, Fig. 720, dessen Konstruktion in II, 236, 12—15 an einigen Beispielen gekennzeichnet ist. Die Größe des die Arbeit der Schlußbewegung eines
Schiebers leistenden Kolbens ist nach Messungen im Betrieb so zu wählen, daß
unter dem Einfluß eines Überdrucks der Atmosphäre von etwa 0,8 Atm. über die
Luftverdünnung unter dem Kolben und unter Berücksichtigung der Reibungs-

Luftkatarakt.

Luftkatarakt des HD-Cylinders einer
Tandemmaschine

$$\frac{400 \cdot 600}{1200}; \; n = 77$$

Fig. 760a und b. Kolbenhubdiagramme der Luftkatarakte von Corliß-Steuerungen.

widerstände noch eine mittlere Beschleunigung der Schlußbewegung von 20 bis
25 m/Sek. erzeugt werden kann. Bei den für Rundschieber-Ausklinksteuerungen
üblichen Umdrehungszahlen der Dampfmaschinen von 60—100 in der Minute
ergibt sich alsdann jene Schlußbewegung, die für Einlaßschieber in Rücksicht auf
ruhigen stoßfreien Gang der Steuerorgane üblich geworden ist.

Die tatsächlichen Bewegungen der Kataraktkolben zeigen die beiden auf die
Zeit bezogenen Kolbenhubdiagramme Fig. 760a und b, die an den Luftkatarakten

der Hochdruckcylinder-Corliß-Steuerungen von Zweifach-Expansionsmaschinen abgenommen sind. Der zum Bremsen dienende Luftkolben erhält im allgemeinen den
doppelten Durchmesser, also den dreifachen Querschnitt des die Schlußkraft erzeugenden Kataraktkolbens.

V. Ausklinksteuerungen für Ventile.

Konstruktiver Unterschied von Corliß- und Ventilausklinksteuerungen.

Die Ausklinkmechanismen für die Ventile sind zwar ihrer prinzipiellen Wirkung und Ausbildung nach übereinstimmend mit denen für Corliß-Schieber; ihre
Anordnung und Konstruktion ist aber doch wesentlich verschieden durch den
Umstand, daß die geringe Entfernung von Ventilgehäuse und Steuerwelle das Steuerexzenter stets in unmittelbaren Zusammenhang mit dem Ausklinkmechanismus
bringen läßt. Außerdem wird die Lagerung der einzelnen Hebel und Gelenke des
Klinkenmechanismus zur Achse des inneren Steuerorgans dadurch abweichend
von der bei Rundschiebern, daß die Achsen der Ventile in der Ebene ihres zugehörigen Steuerungsantriebes oder in einer dazu parallelen liegen, die Rundschieber-
spindeln dagegen stets senkrecht zu ihr stehen; ferner verlangt das Ventil die Übersetzung der äußeren Steuerbewegung in eine axiale Hubbewegung des inneren
Steuerorgans, der Rundschieber dagegen in eine Tangentialbewegung desselben.

Da die Steuerungsantriebe der einzelnen Ventile unabhängig voneinander
angeordnet sind, so kann durch entsprechende Aufkeilung der Einlaßexzenter das
Ausklinken der Mitnehmer für beliebige Füllungen in einfacherer Weise veränderlich
gemacht werden, wie bei Rundschiebersteuerungen mit nur einem sämtliche Schieber
eines Cylinders antreibenden Exzenter.

Bei der konstruktiven Ausgestaltung der Ausklinkmechanismen von Ventilmaschinen im Vergleich mit denjenigen von Rundschiebermaschinen tritt an Stelle
des mit der Schieberspindel fest verbundenen Schieberhebels der an der Ventilspindel angreifende und quer zu ihr gelagerte, meist doppelarmige Ventilhebel.
Mit diesem ist entweder unmittelbar oder durch Gestänge der Anschlag für die
Klinke verbunden.

Hinsichtlich der Arbeitsweise des von der Exzenterstange betätigten Mitnehmers sind drei Gruppen von Klinkenmechanismen zu unterscheiden:

Arten der Klinkenmechanismen für Ventilmaschinen.

1. Die Klinke bewegt sich in einer unveränderlichen geschlossenen Kurve
und der Regler ändert die Lage der Anschlagfläche.

2. Die Klinke bewegt sich in einer geschlossenen Kurve, deren Lage und Form
durch den Reglerangriff geändert wird, während die Lage des Anschlages unverändert bleibt.

3. Die Klinke führt eine einfache Schwingbewegung aus und wird durch vom
Regler verstellbare Auslöser außer Eingriff mit ihrer Anschlagfläche gebracht.

Die letzten beiden Steuerungsgruppen stimmen mit den Ausklinkmechanismen
der Rundschieber überein.

Der erstgenannte Typus ist von besonderem technischen Interesse und historischer Bedeutung dadurch geworden, daß er jener Ausklinksteuerung entspricht,
mit der die Firma Gebr. Sulzer in Winterthur dem deutschen Dampfmaschinenbau
den Anstoß gegeben hat, die Corlißsche Idee der Präzisionssteuerung auf
Ventilmaschinen zu übertragen.

Alte Sulzer-Ventilsteuerung.

Diese alte Sulzer-Steuerung, Fig. 761, möge daher in erster Linie kurz betrachtet werden.

Am Arm h_2 des Ventilhebels greift drehbar die Stange T an, an deren unterem
Ende der passive Mitnehmer k_2 sitzt; über die obere cylindrische Verlängerung
dieser Mitnehmerstange T schiebt sich ein das Exzenterstangenauge tragender
Kulissenstein e. Innerhalb der gabelförmig gestalteten Exzenterstange S ist bei
K_1 der aktive Mitnehmer befestigt, dessen innere steuernde Kante, infolge der vorbezeichneten Führung des Stangenendes e, die elliptische Bahn B beschreibt, die

in ihrer kleinen Achse durch die Anschlagfläche des Mitnehmers k_2 durchschnitten wird (s. Seitenfigur). Trifft daher die Klinke k_1 auf ihrer Bahn in Punkt 1 die Klinke k_2, so wird von diesem Augenblick an letztere mitgenommen und das Ventil angehoben; nachdem die Stange T durch die Hebel h_2 und h_3 nahezu parallel zu sich selbst geführt wird, weicht die steuernde Kante von k_2 nahezu in der Linie I aus bis zum Schnittpunkt 2 mit der Bahn B des aktiven Mitnehmers. Bei der Weiterbewegung des letzteren wird der passive Mitnehmer frei und das Ventil unter dem Einfluß seiner Belastungsfeder auf seinen Sitz geworfen.

Durch Verschieben der Klinke k_2 von seiten des Reglerhebels h_3 in Richtung der kleinen Achse der Ellipse B in das Innere der Ellipse, beispielsweise nach II,

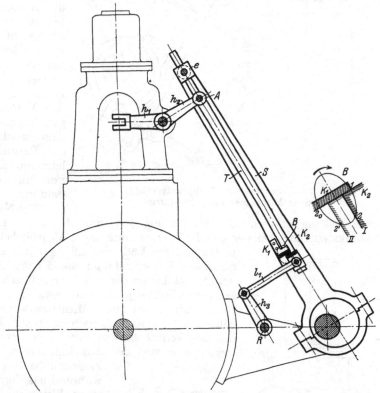

Fig. 761. Schema der alten Sulzer-Steuerung. Aktive Klinke an der Exzenterstange; passive Klinke an beweglicher Stange vom Regler verstellt.

kann die Zeit der Berührung beider Mitnehmer vergrößert, durch ein Zurückverschieben nach außen verkleinert, also dementsprechend größere oder kleinere Füllung erreicht werden. Bei der Stellung 1 der Klinke k_2 oder ganz außerhalb der Ellipse würde das Ventil überhaupt nicht geöffnet und bei der Stellung 2_0 der Klinke k_2 oder darüber hinaus würde volle Füllung gegeben sein.

Der beschriebene Ausklinkmechanismus ermöglicht konstantes Voröffnen für alle Füllungen, da die Angriffslage des Mitnehmers bei allen Stellungen der Anschlagplatte immer die gleiche bleibt, wobei vorausgesetzt werden muß, daß die Klinke in einer Cylinderfläche berührt, deren Achse durch den Drehpunkt A der Stange T hindurchgeht.

Die Anhubbewegung des Ventils erfolgt bei dieser elliptischen Bahn des Mitnehmers in Übereinstimmung mit dem S. 566 abgeleiteten theoretischen Bewegungsgesetz der inneren Steuerorgane. Es ergibt sich aber damit der praktische Nachteil großer Aufschlaggeschwindigkeit der Klinke, deren Stoßwirkung sich dadurch besonders ungünstig gestaltet, daß nicht nur das Ventil, sondern auch der Ventilhebel und die Klinkenstange T plötzlich bewegt werden muß.

Diese Ventil-Ausklinksteuerung ist daher nur für langsam gehende Dampfmaschinen mit Umdrehungszahlen bis etwa 60 in der Minute zweckmäßig verwendbar.

Bei der Trappensteuerung, Fig. 762 und II, 239, 1, bei der die Klinke im Exzenterring liegt, ist durch Lagenänderung der elliptischen Klinkenbahn die Aufschlaggeschwindigkeit zu verkleinern gesucht; es besteht aber noch derselbe Übelstand der Teilnahme großer Gestängemassen an der Ventilbewegung. Demgegenüber ist der Vorteil einer nahezu geradlinigen Führung der Anschlagplatte in Richtung der Berührungsfläche der letzteren mit der Klinke von untergeordneter Bedeutung.

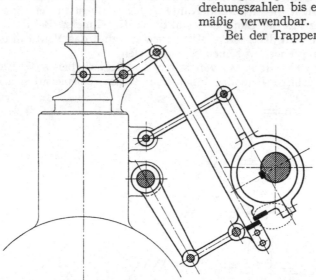

Fig. 762. Schema der Trappensteuerung.
Aktiver Mitnehmer am Exzenterring.

Der Nachteil zu großer Massenwirkung ist vermieden bei der Fig. 763 und II, 239, 2, gekennzeichneten Ausklinksteuerung, bei der das Ende eines einarmigen Ventilhebels die Anschlagplatte und das Ende der mittels einer kurzen Schwinge geführten Exzenterstange die Klinke trägt. Angriffspunkt und Länge der schräg zur Exzenterstangenachse gelagerten Schwinge sind so gewählt, daß als Bahn der steuernden Kante des Mitnehmers die Hälfte einer Ellipse mit schrägen Achsen entsteht. Durch Verschieben des Ventilhebels k_2 mittels des Stellhebels h_2 vom Regler aus wird der Ausklinkmoment 2 veränderlich zwischen Null- und Vollfüllung, während das Voreinströmen konstant bleibt für alle Füllungen. Das Anheben des Ventils erfolgt stets mit kleiner Geschwindigkeit, indem vorher der Mitnehmer k_1 sich in einer zur Anschlagfläche nahezu parallelen Bewegung unter den Ventilhebel k_2 schiebt und hierauf mit ansteigender Geschwindigkeit das Öffnen des Ventils bewirkt. An der Schlußbewegung des freifallenden Ventils mit Ventilspindel nimmt nur noch der Hebel k_2 teil. Da der Ventilwiderstand als Resultierende der Endauflagerdrücke des Klinkenhebels auftritt, wird der Abnützungsdruck zwischen den

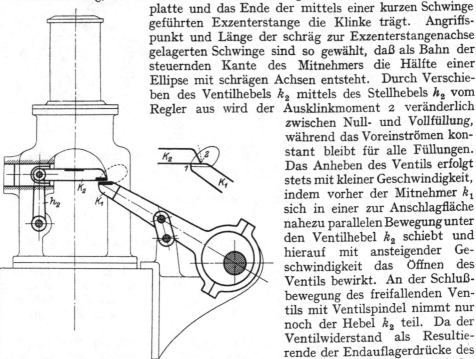

Fig. 763. Gutermuth-Steuerung. Aktiver Mitnehmer
fest mit dem Exzenterstangenende verbunden.

Mitnehmern und in den Zapfen der Exzenterstangenstütze nur gering. Wird der Ventilhebel geradlinig geführt, so daß der Hebel h_2 nicht als Stütze dient, so ist außerdem ein Rückdruck auf den Regler bei jedweder Hebelstellung vermieden.

Eine Bewegung des Ventilhebels k_2 durch den Reibungswiderstand zwischen den Mitnehmerflächen ist durch den entgegengesetzt wirkenden und unter allen Umständen größeren Reibungswiderstand am Angriff der Ventilstange aufgehoben. Diese Steuerung mit ihrer direkten Einwirkung der Exzenterstange auf den Ventilhebel eignet sich hauptsächlich für solche Fälle, bei denen die Anordnung der Steuerwelle kurze Exzenterstangen ermöglicht wie beispielsweise bei stehenden Ventildampfzylindern, Fig. 764.

Bei den an zweiter Stelle hervorgehobenen Mechanismen erfolgt das Ausklinken durch kinematische Umkehr der Relativbewegungen beider Mitnehmer und unter Einfluß des Reglers auf die aktive Klinke.

Einfluß des Reglers auf die Klinke.

Eine Steuerung dieser Art zeigt II, 244, 7. Die Klinke sitzt am kurzen Hebelarm eines auf dem Exzenterstangenende drehbaren Doppelhebels; die Exzenterstange ist mittels einer Schwinge geführt, während der lange Arm des doppelarmigen Klinkenhebels mit dem Regler verbunden ist. Je nach der Reglerstellung ergibt sich eine Lagenänderung der elliptischen Bahn der steuernden Kante des Mitnehmers gegenüber der Anschlagfläche des Ventilhebels.

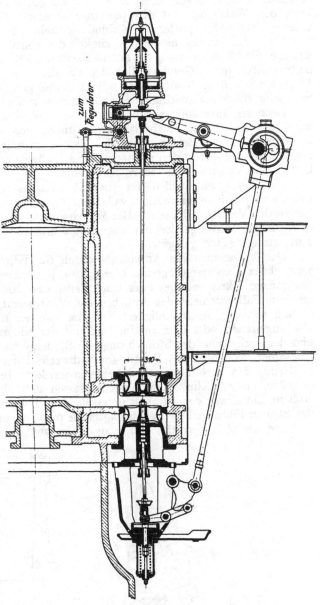

Fig. 764. Gutermuth-Steuerung für den Hochdruckzylinder einer von der Gutehoffnungshütte gebauten 3000-pferd. Verbundmaschine.

In ähnlicher Weise arbeitet die Sulzer-Steuerung, II, 245, 8, nur mit dem Unterschiede, daß die Klinke keine elliptischen, sondern herzförmige Bahnen beschreibt von der in der Nebenfigur II, 246, 9, gekennzeichneten Lage zur Anschlagfläche. Die Herzform der Klinkenbahn bezweckt ein allmähliches Anheben des Ventils unter Vermeidung des den elliptischen Bahnen eigenen verhältnismäßig großen Leerhubes des Steuerungsantriebes. Bei der letzteren für gesteigerte minut-

Vervollkommnete Sulzersteuerung.

liche Umdrehungen bestimmten Sulzer-Ausklinksteuerung ist der Anschlag mit
Klinke fern vom Ventilhebel in die Nähe des Steuerexzenters verlegt unter Beibehaltung des die herzförmige Bahn der Klinke bewirkenden Mechanismus. Zwischen
Anschlag und Ventilstange ist aber noch ein auf einer einstellbaren Unterlage arbeitender Wälzhebel mit Kuppelstange eingeschaltet, die ihrerseits mit einem
federbelasteten Luftpuffer in Verbind.ing steht. Durch Einschaltung des Wälzhebels soll die Niedergangsgeschwindigkeit des Ventils beherrscht werden, ohne auf
letzteres die Massenwirkung des anschließenden Gestänges zu übertragen, das mit verhältnismäßig großer Geschwindigkeit die Schlußbewegung des Wälzhebels ausführt.
Erst nach Schluß des Ventils wird während eines gewissen Leerhubes *a b* der äußeren
Steuerung die Massenwirkung der äußeren Steuerteile vom Luftpuffer aufgenommen.

Letztere Ausklinksteuerung mit ihrem komplizierten Übertragungsmechanismus hat nur für die Ausführungsverhältnisse von großen Dampfmaschinen Berechtigung, zwecks Beherrschung der Massenwirkung ihrer entsprechend schweren
Steuerteile und Verhinderung nachteiliger Stoßwirkungen auf das verhältnismäßig
leichte und empfindliche innere Steuerorgan.

**Freifallende
aktive Klinke.** Am häufigsten werden die Ausklinkmechanismen nach der dritten Art mit
freifallender Klinke ausgeführt, wobei der Anschlag am Ventilhebel oder unmittelbar an der Ventilspindel sitzt. Der Mitnehmer ist an einer auf der Ventilhebelachse
beweglichen Schwinge drehbar angeordnet und meist am Angriffspunkt der Exzenterstange selbst gelagert.

Das Mitnehmen des Anschlages durch die Klinke erfolgt vom oberen Hubwechsel der Exzenterstange aus oder später, je nachdem die Ausklinkung innerhalb
des ganzen Exzenterhubes oder eines Teiles desselben verändert werden soll. Im
ersteren Fall geschieht das Anheben des Ventils entgegen der theoretischen Forderung mit der Geschwindigkeit Null, im zweiten mit größerer Geschwindigkeit,
also angenähert oder übereinstimmend mit der theoretischen Eröffnungsbewegung
und dementsprechender Stoßwirkung im Steuergestänge. Der theoretische Fehler
langsamen Anhebens des Ventils im Hubwechsel des Exzenters kann durch Vergrößerung des Voröffnens etwas behoben werden. Je nach der Größe der Berührungsflächen von Klinke und Anschlag lassen sich Mechanismen mit kleinem und
großem Einfallweg der Klinken unterscheiden; bei ersteren nimmt namentlich mit
den kleinen Füllungen die Berührungsfläche rasch ab und damit deren Verschleiß zu.

Die Darstellungen II, 242, 5 und Fig. 765 veranschaulichen zwei einfache

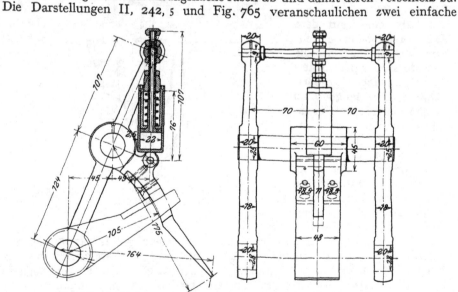

Fig. 765. Klinke und Anschlaghebel zur Collmann-Steuerung
mit Bremse zur Verhütung des Flatterns der Klinke.

zu den Steuerungen mit kleinem Einfallweg der Klinken gehörige Typen. Bei der Collmann-Steuerung erfolgt die Ausklinkung durch einen daumenförmigen, drehbaren Anschlag, der vom Regler eingestellt wird. Der Eingriff der Klinke kann durch Gewichtswirkung allein, besser aber unter Mitwirkung einer Feder, erzielt werden; letztere läßt sich auch noch mit einer Ölbremse, Fig. 765, verbinden, um bei großer Umdrehungszahl das Flattern der Klinke hintanzuhalten.

Steuerung von Collmann.

Der Baviersche Ausklinkmechanismus, Fig. 766, unterscheidet sich von dem vorhergehenden dadurch, daß der Anschlag unmittelbar an der Ventilspindel sitzt, während der Mitnehmer am Doppelhebel hängt und wieder durch einen vom Regler verstellbaren Daumen ausgelöst wird. Der Daumen kann auch unmittelbar auf der Achse des Doppelhebels $h_1 h_2$ drehbar angeordnet werden. Dieser Ausklinkmechanismus hat den Vorteil, daß keine außerhalb der Spindelachse liegenden Konstruktionselemente an der Niedergangsbewegung des Ventils teilnehmen.

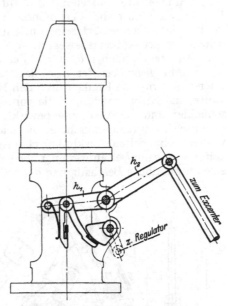

Fig. 766. Steuerung von Bavier.

Ausklinkmechanismen mit größerem Einfallweg des Mitnehmers bedingen auch große Relativbewegung des letzteren während des Ausklinkens, die durch entsprechende Ausbildung des Reglerangriffs sich erreichen läßt.

Bei der Steuerung Fig. 767 besteht der Anschlag aus einer auf einem kleinen Doppelhebel h_4 beweglichen Rolle; letzterer Hebel ist auf dem Ventilhebel h_2 gelagert und steht mit dem Reglerstellzeug in Verbindung. Während der Eröffnungsbewegung des Ventilhebels $h_1 h_2$ wird der Doppelhebel h_4 um seinen mittleren Drehpunkt so bewegt, daß er die Klinke allmählich außer Eingriff mit der Anschlagfläche des Ventilhebels bringt, und zwar früher oder später je nach der Stellung des Reglerhebels h_5.

Steuerung von Marx.

Eine gleichfalls von der Schwinge des Mitnehmers abgeleitete Bewegung der Anschlagrolle zeigt Fig. 768. Der die Rolle tragende Hebel ist auf einem vom Regler verstellbaren exzentrischen Zapfen gelagert und wird von der Schwinge des Exzenterantriebes, auf der gleichzeitig die Klinke drehbar gelagert ist, durch eine Lenkstange bewegt.

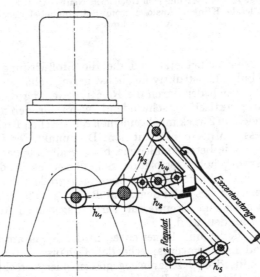

Fig. 767. Steuerung von Marx.

Bei dem Klinkenmechanismus Fig. 769 werden dem zur Kinkenverstellung dienenden Daumen durch das bewegliche Exzenter eines Flachreglers Schwingungen von veränderlicher Größe erteilt. Die Ausklinkung wird eingeleitet, wenn der durch ein festes Exzenter bewegte Anschlaghebel des aktiven Mitnehmers auf den Daumen trifft.

Unmittelbare Einstellung des Mitnehmers durch den Regler zeigt II, 243, 6; hierbei muß aber die Verbindung zwischen ersterem und dem Reglerstellzeug kraftschlüssig ausgeführt sein, um ein Ausweichen der Klinke gegenüber dem Anschlag bei der Aufwärtsbewegung des Antriebsgestänges zu ermöglichen.

Der Ventilanhub erfolgt auf der Strecke ab, II, Taf. 52, ohne Verschiebung der Klinke gegenüber der Anschlagfläche des Ventilhebels; erst bei weiterem Abwärtsgang wird die Klinke durch den Reglerangriff verschoben, so daß die Klinkenkante eine Kurve beschreibt, die von b aus die Kreisbahn des Ventilhebelendes in c schneidet und die Auslösung bewirkt.

Für Ventildampfmaschinen normaler Größe und Umdrehungszahl können die vorher behandelten Ausklinkmechanismen, deren Mitnehmer Relativgeschwindigkeiten ≤ 150 mm/sek aufweisen, unbedenklich verwendet werden, da erfahrungsgemäß eine empfindliche Beschädigung der Mitnehmerflächen durch Auftreffen der Klinken mit vorgenannten Geschwindigkeiten nicht entsteht, wenn diese aus Stahl

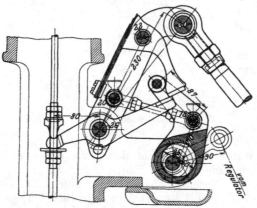

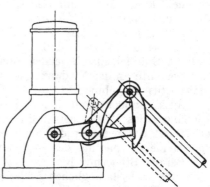

Fig. 768. Steuerung von Hochwald-Neuhaus. Freifallende Klinke; Auslöser vom Schwinghebel der Klinke aus bewegt.

Fig. 769. Steuerung von Prof. Stumpf. Bewegung des Mitnehmers durch festes Exzenter, des Auslösers durch bewegliches Exzenter eines Flachreglers.

glashart eingesetzt und die die Stoßwirkung bedingenden Massen von Ventil bis Klinke konstruktiv möglichst gering gehalten werden.

Auch der durch die Relativbewegung der Klinken zu gewärtigende Verschleiß ist praktisch verschwindend, wenn für deren Flächenberührung gesorgt wird, zu welchem Zweck im allgemeinen die Anschlagfläche cylindrisch nach einem Kreisbogen, dessen Mittelpunkt mit dem Drehpunkt der Klinke zusammenfällt, zu formen ist.

Wie bereits einleitend bei der allgemeinen Betrachtung der äußeren Steuerung hervorgehoben, erfolgt der Schluß des Ventils, der mit wesentlich größerer Geschwindigkeit (theoretisch mit unendlich großer), als das Eröffnen vor sich zu gehen hat ausnahmslos unter dem Einfluß einer auf die Ventilspindel wirkenden Schraubenfeder, mit der eine Bremse zur Verhütung harten Auftreffens des Ventils auf seinen Sitz verbunden wird.

Feder und Puffer sitzen in der Regel am äußeren Ende der Ventilspindel und sind in einem entsprechenden Gehäuse untergebracht, das stets mit dem Ventilgehäusedeckel zusammengegossen oder verschraubt ist.

Die verschiedene konstruktive Behandlung der Ventilständer mit Feder- und Puffergehäusen zeigen die Darstellungen II S. 240 bis 246.

Das obere Ende der Ventilspindel trägt einen in das Federgehäuse luftdicht eingepaßten Kolben, auf den sich auch gleichzeitig die Schraubenfeder stützen kann; häufiger drückt die Feder auf die Ventilspindel mittels einer besonderen Haube, die über das Spindelende gehängt ist. Die Federspannung kann vom oberen Gehäusedeckel aus durch besondere Stellschrauben reguliert werden.

Die Berechnung und Dimensionierung der Ventilbelastungsfeder stützt sich auf die Bedingung, daß sie die Druckkräfte liefern muß, die zur kraftschlüssigen Verbindung des Steuergestänges mit dem Ventil während der Eröffnungsperiode nötig sind und daß sie außerdem die für rechtzeitigen Ventilschluß erforderlichen und von der anzustrebenden Niedergangsbewegung abzuleitenden Beschleunigungskräfte zu erzeugen hat. Hierzu kommen noch die Reibungswiderstände der Ventilspindel und die Gegenkraft des Pufferkolbens. Über die graphische und rechnerische Ermittlung dieser statischen und dynamischen Kräftewirkungen an der Ventilspindel gibt II, 353 ff. nähere Auskunft.

Berechnung der Ventilbelastungsfeder.

Der Pufferkolben wirkt durch Kompression der bei seinem Aufgang während des Anhebens des Ventils angesaugten Luft; der Kompressionsdruck ist durch Drosselventilchen einstellbar. Hinsichtlich der Wirksamkeit dieser Luftpuffer ist zu bemerken, daß eine ausreichende Kompressionswirkung bei den großen Ventilhüben großer Dampfcylinderfüllungen stets sich erzielen läßt, daß dagegen bei kleinen Ventilhüben die Pufferwirkung mangels fehlenden Kompressionsdruckes versagt; es entsteht sogar häufig infolge ungenügender Saugwirkung Unterdruck im Bremsraum, wodurch die Stoßwirkung der niedergehenden Massen sich erhöht. Diesem Übelstande abzuhelfen, wird das Ventil mit Überdeckung ausgeführt, wie in II, 256, 6 ein Beispiel zeigt; es wird dadurch bei kleinen Ventileröffnungen ein um die konstante Überdeckung stets größerer Ventilhub möglich, zur Sicherung ausreichender Kompressionsluftmenge für ein weiches Aufsetzen des Ventils.

Luftpuffer.

Bei der Sulzerschen Ventilsteuerung, II, 246, 9, ist der Schwierigkeit der Vermeidung harten Aufsetzens bei kleinen Ventilhüben dadurch begegnet, daß die mittels der oberen Gehäusefeder kraftschlüssig arbeitenden Wälzhebel die Aufschlaggeschwindigkeit für alle Füllungen kinematisch festlegen, und daß andererseits das Steuergestänge große Wege beschreibt, um dessen Massenwirkung durch einen normalen Luftpufferkolben aufnehmen zu können.

Bei raschlaufenden Maschinen werden statt der Luftpuffer Ölpuffer ausgebildet, wie solche in den Darstellungen II, 242 bis 244 veranschaulicht sind. Das Federgehäuse ist ganz mit Öl gefüllt und der Kolben an seinem Umfang durch nach oben spitz auslaufende Bohrungen II, 242 so durchbrochen, daß er beim Aufgang das Öl von oben nach unten ohne Widerstand übertreten läßt, während bei Niedergang die Übertrittsöffnungen durch Vorbeistreichen an Gehäusekanten allmählich sich schließen und dadurch eine sehr wirksame Drosselung und rasche Steigerung des Gegendruckes ermöglichen.

Ölpuffer.

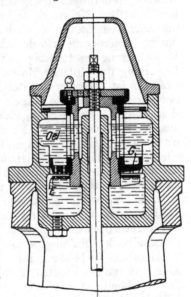

Fig. 770. Ölpuffer nach Hochwald-Neuhaus.

Um zu verhüten, daß die sichere Schlußbewegung des Ventils durch Absperren des Ölübertritts gegen Kolbenhubende verhindert wird, bleiben die Räume über und unter dem Kolben auch nach Ventilschluß durch die spitzen Verlängerungen der Bohrungen in Verbindung.

Zum Zwecke der Einstellbarkeit dieser Durchtrittsöffnungen sind in dem Ölpuffer von Hochwald-Neuhaus, Fig. 770, Schlitze im Kolbenboden vorgesehen, die beim Niedergang des Kolbens durch ein Plattenventil abgeschlossen werden. Je nach der Lage der von außen zu verdrehenden Ventilplatte V gegenüber den Schlitzen im Kolbenboden läßt sich der Durchtrittsquerschnitt in weiten Grenzen verändern. Der Ölaustritt an der Spindel wird durch Verlängerung der Spindelführung über den Ölspiegel verhindert.

40*

Die Ölpuffer sind empfindlich und unzuverlässig in ihrer Wirkung, weil einerseits unvermeidliche Temperaturänderungen und die Aufnahme von Luft die Viskosität des Öles beeinflussen und andererseits die Veränderung des Ventilhubes wechselnde Ölverdrängung und damit veränderliche Pufferwirkung verursacht.

Als größte Umdrehungszahl von Ventil-Ausklinksteuerungen kann etwa 150 in der Minute angesehen werden, da die Aufrechterhaltung unveränderlicher Abschlußbewegung der Einlaßventile auf große praktische Schwierigkeiten führt, indem es einerseits nicht gelingt, dauernd gleichmäßige Luft- oder Ölpufferwirkung zu erzielen und andererseits auch auf konstante Stopfbüchsenwiderstände an der Ventilspindel nicht zu rechnen ist, so daß sehr veränderliche Aufschlaggeschwindigkeiten eintreten. Es ist daher erklärlich, daß Ventil-Ausklinksteuerungen im allgemeinen nur für mäßige Umdrehungszahlen von 60 bis 100 in der Minute Anwendung gefunden haben. Die gleiche Begrenzung der Umdrehungszahl gilt für Ausklinksteuerungen bei Rundschiebern, bei denen die große Masse der Schieber einer hohen Schlußgeschwindigkeit hinderlich wird. Nur in Verbindung mit Kolbenschiebern nach Fig. 656 läßt sich die Ausklinksteuerung auch für höhere Umdrehungszahlen bis 300 i. d. Min. noch verwenden.

Der wichtigste Vorzug der Ausklinksteuerungen besteht in der leichten Einwirkung des Reglers auf die zu verstellende Klinke, namentlich innerhalb derjenigen Arbeitsperiode des äußeren Steuerungsmechanismus, in welcher seine Verbindung mit dem inneren Steuerorgan unterbrochen und nur eine Verstellung der unbelasteten Klinke vorzunehmen ist.

VI. Zwangläufige Steuerungen für Schieber.

Zur Gattung der zwangläufigen Steuerungen gehören weitaus die meisten Arten äußerer Steuerungen des gesamten Dampfmaschinenbaues sowohl für Schieber wie für Ventile. Neben dem bereits behandelten Daumenantrieb kommt dabei nur noch der Exzenter- oder Kurbelantrieb in Betracht, da mit ihm die für innere Steuerorgane erforderliche hin- und hergehende Bewegung in der einfachsten Weise, streng gesetzmäßig, zuverlässig und ruhig erzielt wird und in konstruktiver Beziehung nur einfache Maschinenelemente zur Anwendung kommen. Das Steuerexzenter ist entweder auf der Kurbelwelle oder auf einer von dieser angetriebenen besonderen Steuerwelle aufgekeilt, so daß beide mit gleicher Winkelgeschwindigkeit sich drehen. Bei der folgenden Behandlung der zwangläufigen Steuerungen sei ausgegangen vom reinen Exzenterantrieb für die Dampfein- und auslaßseite bei unveränderlicher Dampffüllungs- bzw. Austrittsperiode, um daran anschließend alle jene konstruktiven Mittel und besonders jene Übertragungsmechanismen zwischen Antriebsexzenter und innerem Steuerorgan zu behandeln, die zur Erzielung einer für veränderliche Füllung und leichte Regulierung geeigneten Steuerung dienen.

Die konstruktiv einfachste Lösung der zwangläufigen Steuerung ermöglicht der Schieber als inneres Steuerorgan, da er mit dem Antriebsexzenter unmittelbar kettenschlüssig verbunden werden kann, während das Ventil, infolge seiner außerhalb der Füllungsperiode aufrecht zu erhaltenden Ruhelage, eine kraftschlüssige Verbindung mit dem Exzenter voraussetzt, die eine umständlichere Konstruktion des Übertragungsgestänges bedingt. Um die aus dem Exzenterantrieb sich ergebenden Eröffnungs- und Schließvorgänge am Steuerkanal zu verfolgen, sei zunächst der Plattenschieber als Dampfeinlaßorgan angenommen.

1. Exzenterantrieb für unveränderliche Dampfverteilung.
a. Steuerexzenter für Dampfeinlaß.

Der Plattenschieber, Fig. 771, ist in seiner Mittelstellung entsprechend der Mittelstellung E_m des Antriebsexzenters gezeichnet, wobei er den Steuerkanal beiderseitig überdeckt. Er wird somit vom Exzenter so hin und her bewegt, daß die steuernde Kante k nach links und rechts um die Exzentrizität r sich verschiebt.

Bei dieser Verschiebung wird in dem Augenblick, in dem die äußere Schieberkante k die Steuerkante k_s des Schieberspiegels trifft, der Steuerkanal entweder geöffnet

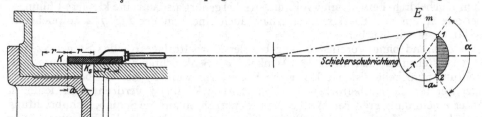

Fig. 771. Antrieb des Plattenschiebers mit äußerer Kante für Dampfeinlaß steuernd.
(Außeneinströmung.)

oder geschlossen, je nachdem der Schieber in seiner Rechts- oder Linksbewegung begriffen ist. Dieser Schieberlage entsprechen symmetrisch zur Schieberschubrichtung gelegene Exzenterstellungen 1 und 2, deren gemeinsame Projektion auf diese Schieberschubrichtung um die Einlaßüberdeckung a des Schiebers von der Exzentermitte entfernt ist. Der Einfachheit der Darstellung halber, sei bei Ableitung der Schieber- aus der Exzenterstellung unendlich lange Exzenterstange vorausgesetzt.

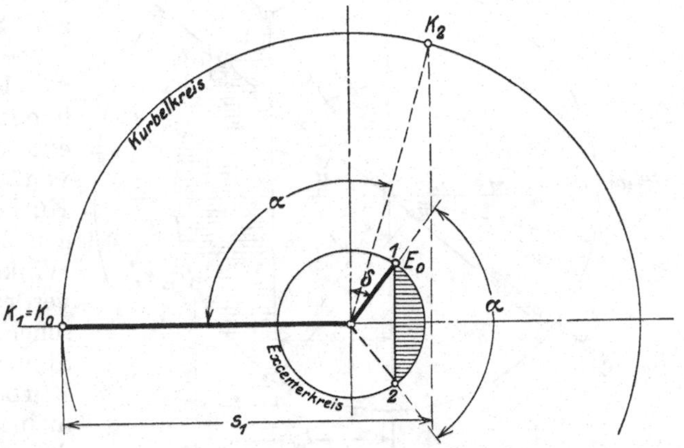

Wird die Drehrichtung des Exzenters im Sinne der Bewegung des Uhrzeigers angenommen, so beginnt die Kanaleröffnung bei der Exzenterstellung 1 und endet bei 2; dabei nehmen während der Drehung von 1 bis zur Exzentertotlage die Eröffnungsquerschnitte zu, von dieser bis 2 wieder ab.

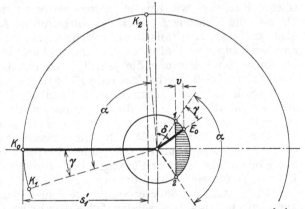

Fig. 772. Relative Lage von Kurbel und Steuerexzenter für Beginn der Einströmung im Kolbenhubwechsel.

Somit entspricht die Exzenterlage 1 dem Beginn des Dampfeintritts und 2 dem Ende der Füllung und der Drehungswinkel α des Steuerexzenters, innerhalb welcher der Eintrittskanal offen gehalten wird, liegt symmetrisch zur Schieberschubrichtung.

Da Steuerexzenter und Kurbel gleiche Winkelgeschwindigkeiten besitzen, so ist durch den Winkel α auch die zugehörige Kurbeldrehung gegeben, innerhalb deren der Dampfeintritt erfolgt. Fig. 772 zeigt die zu den Exzenterstellungen 1 und 2 gehörigen Kur-

Fig. 773. Relative Lage von Kurbel und Steuerexzenter bei sogenanntem Voreinströmen des Dampfes vor dem Hubwechsel.

belstellungen K_1 und K_2 für den Fall, daß der Dampfeintritt im Hubwechsel beginnt; die Füllungsperiode erstreckt sich alsdann auf den Kolbenweg s_1. Fig. 773 kennzeichnet den allgemeinen Fall des Beginns des Dampfeintritts vor dem Hubwechsel, entsprechend der sogenannten Voreinströmung während eines Voröffnungswinkels γ; dem Kurbeldreh- bezw. Kanaleröffnungswinkel gehört alsdann eine kleinere Füllungsperiode $s_1{}'$ an und das Exzenter erhält auch eine von der Fig. 772 abweichende Relativlage zur Kurbel.

Während ohne Voreinströmung bei der Kurbeltotlage K_0 das Steuerexzenter in $\mathrm{1}$ zu stehen hat und unter dem Winkel δ zur Senkrechten auf die Schieberschubrichtung aufzukeilen ist, ist bei einem Voreinströmwinkel γ der Kurbel das Steuerexzenter für die Kurbeltotlage um den gleichen Winkel γ verdreht und demnach unter einem um γ größeren Winkel δ zur Senkrechten auf die Schieberschubrichtung aufzukeilen. Hierdurch entsteht im Kurbeltotpunkt bereits die Eröffnung v, so daß vor dem Hubwechsel des Kolbens schon Frischdampf zur Ausfüllung des schädlichen Raumes eintreten kann. Der in der Kurbeltotlage sich ergebende Winkel δ des Steuerexzenters E_0 mit der Senkrechten zur Schieberschubrichtung wird Voreilwinkel genannt.

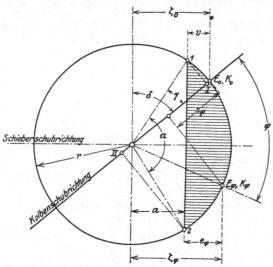

Fig. 774. Ableitung der zusammengehörigen Kolben- und Schieberstellung aus dem gleichzeitig als Kurbelkreis dienenden Exzenterkreis, unendliche Schub- und Exzenterstange vorausgesetzt.

Infolge des festen Zusammenhangs zwischen Kurbel und Steuerexzenter finden sich für beliebige, von der Totlage aus gerechnete Kurbeldrehungen φ die zugehörigen Exzenterlagen um den gleichen Winkel von der Stellung E_0 aus verdreht. Die Richtung E_0 erscheint somit als Anfangslage des Steuerexzenters für die von der Kurbeltotlage aus betrachteten gemeinsamen Kurbel- und Exzenterdrehungen.

Wird daher der Exzenterkreis gleichzeitig als Kurbelkreis und die Richtung E_0 als die der Totlage entsprechende Kurbelrichtung K_0 aufgefaßt, Fig. 774, so wird für einen Drehwinkel φ die betreffende Richtung E_φ, K_φ sowohl Exzenter- wie Kurbelstellung relativ zu deren Anfangslagen ausdrücken. Da nun die Richtung E_0 auch der Kurbeltotlage K_0 entsprechen soll, so kann sie gleichzeitig als Kolbenschubrichtung aufgefaßt werden, auf der, unter Vernachlässigung des Einflusses endlicher Schubstangenlänge, die Projektion einer beliebigen Kurbelstellung die jeweilige relative Kolbenstellung ergibt. Beispielsweise liefert für eine Kurbeldrehung φ Fig. 774, die Projektion der Exzenterstellung E_φ auf die Schieberschubrichtung die Ablenkung ζ_φ des Schiebers aus seiner Mittellage, gleichzeitig wird durch die Projektion von K_φ auf die Kolbenschubrichtung die zugehörige Kolbenstellung und der ihr entsprechende Kolbenweg s_φ bestimmt.

Schieberdiagramm. Der Exzenterkreis läßt sich somit unmittelbar zur graphischen Darstellung der Schieberverschiebungen und damit der Kanaleröffnungen sowie der zugehörigen Kolbenstellungen der Füllungsperiode benützen, so daß er sich als einfachste Grundlage für ein Schieberdiagramm eignet.

Dient statt der äußeren die innere Schieberkante zur Steuerung, Fig. 775, so kommen die entgegengesetzten Schieberausschläge für die Kanaleröffnungen in Betracht. Für die gleiche Drehrichtung und für dieselben Kurbellagen ergeben sich alsdann um 180° versetzte Exzenterstellungen zur Erzielung der gleichen Kanaleröffnungen; die Aufkeilung des Steuerexzenters gegenüber der Kurbel ist hierfür derart abzuändern, daß das Exzenter nunmehr bei gleichem Voreilwinkel zur

Senkrechten auf die Schieberschubrichtung der Kurbel um $90^0 - \delta$ nacheilt, während bei der äußeren steuernden Kante Fig. 771 das Exzenter um $90^0 + \delta$ der Kurbel vorauseilt, Fig. 773.

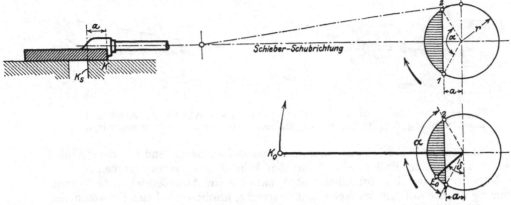

Fig. 775. Antrieb des Plattenschiebers mit innerer Kante steuernd für Dampfeinlaß (Innen-Einströmung).

Nachdem der Kreis des Schieberdiagramms nicht nur als Exzenterkreis aufzufassen ist, sondern auch als Kurbelkreis, in dem die Kurbelstellungen mit den Exzenterstellungen zusammenfallen, so läßt sich durch Drehung des Diagramms in der Weise, daß die Kolbenschubrichtung in die Horizontale fällt, aus den Kurbelstellungen 1 und 2 des Beginnes und Endes der Füllungsperiode auch deren Zusammenhang mit der Eintrittslinie des Indikatordiagramms in der üblichen Weise darstellen, Fig. 776. Die Punkte 1 und 2 des Schieberkreises als Exzenterstellungen liegen symmetrisch zur Schieberschubrichtung und ihre Radien schließen den Kanaleröffnungswinkel α ein. Da 1 vor dem Totpunkt K_0 liegt, so findet Voreinströmen während des Winkels γ statt, und im Indikatordiagramm liegt der korrespondierende Punkt 1 der Eintrittslinie, auch vor dem Hubwechsel auf der Ordinate der Kolbenstellung I. Die Kurbelstellung 2 entspricht einer Kolbenstellung II, die in dem gezeichneten Falle einem Füllungsgrad von $56^0/_0$ angehören würde.

b. Steuerexzenter für Dampfauslaß.

Soll der Plattenschieber als Auslaßschieber gesteuert werden, Fig. 777, so tritt an Stelle der Einlaßüberdeckung a die Auslaßüberdeckung i, so daß für die Darstellung der Auslaßöffnungen ganz ähnliche Schieberdiagramme wie für den Dampfeinlaß sich ergeben. Von besonderer Wichtigkeit sind wieder diejenigen beiden Exzenterstellungen 3 und 4 im horizontalen Abstand i von der Mittelstellung, bei denen die steuernden Kanten k und k_s des Schiebers bzw. des Schieberspiegels sich decken und somit der Auslaßkanal entweder geöffnet oder geschlossen wird.

Die Radien der Exzenterlagen 3 und 4 schließen einen Winkel β ein, Fig. 778, der wieder von der Schieberschubrichtung halbiert wird und die Kurbeldrehung der Dampfaustrittsperiode umfaßt, weil während dieses Drehwinkels der Auslaß-

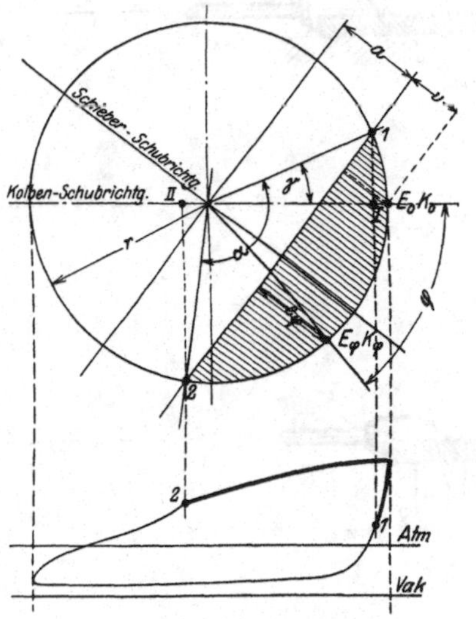

Fig. 776. Zusammenhang zwischen Schieber und Dampfdiagramm für die Dampfeintrittsperiode.

Auslaß-Steuerung.

kanal offen gehalten wird. Je nachdem nun die linke oder rechte Schieberkante
steuernd sein soll, Fig. 778 bzw. 779, ergeben sich wieder verschiedene Lagen des

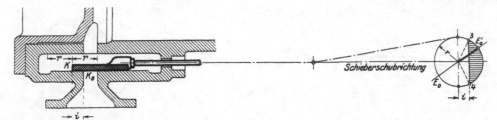

Fig. 777. Anordnung des Plattenschiebergehäuses am Cylinder für Auslaß und
Zusammenhang der Stellungen des Schiebers mit denen des Steuerexzenters.

Steuerexzenters zur Kurbel und zwar im ersteren Fall nacheilend mit dem Winkel
$90 - \delta'$, im zweiten Fall voreilend um den Winkel $90 + \delta'$ zur Kurbel.

Von der Größe des Aufkeilwinkels δ' hängt beim Auslaßschieber die Vorausströmung ab, die auf den Winkel γ' sich erstreckt, ähnlich wie beim Einlaßschieber
der Aufkeilwinkel δ den Voreinströmungswinkel γ beeinflußt und umgekehrt.

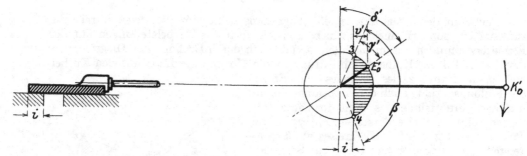

Fig. 778. Äußere Kante des Plattenschiebers steuernd.

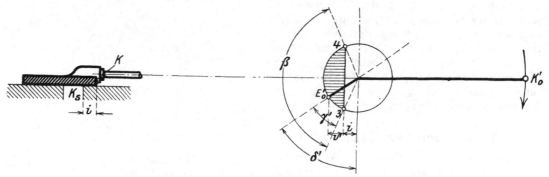

Fig. 779. Innere Kante des Plattenschiebers steuernd.

Fig. 778 und 779. Lage des Steuerexzenters zur Kurbel für Dampfauslaß.

Fig. 780 zeigt den Zusammenhang zwischen dem Schieberdiagramm eines
Auslaßschiebers und der zugehörigen Austrittsperiode der Indikatordiagramme für
Auspuff- und Kondensationsbetrieb.

Nachdem im Vorhergehenden die Exzenterlage stets in Bezug auf die Kurbelstellung gekennzeichnet wurde, so muß darauf aufmerksam gemacht werden, daß
die angegebenen Winkel zwischen Kurbel und Exzenter nur unter der Voraussetzung

zutreffen, daß Kolben und Schieberschubrichtung parallel laufen, wie dies für den normalen Fall der Steuerungsanordnung mit dem zur Cylinderachse parallelen Schieberspiegel entspricht.

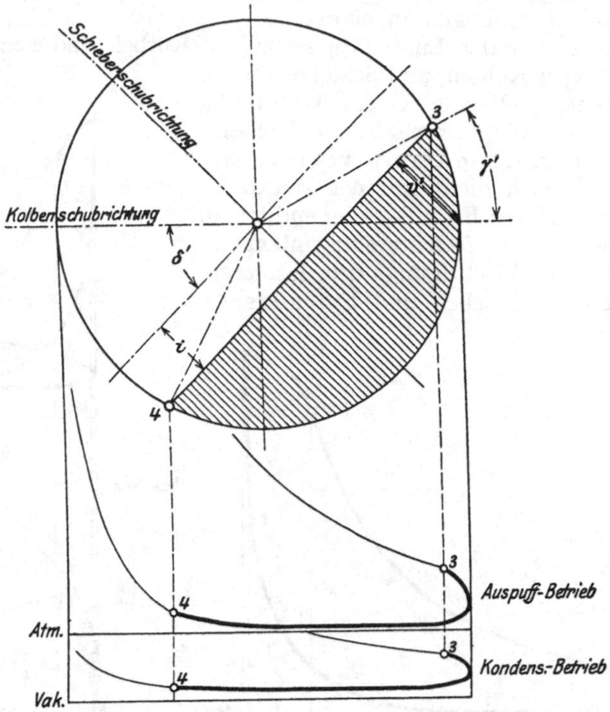

Bei einem zur Cylinderachse schräg liegenden Schieberspiegel, Fig. 781a, würde daher unter sonst gleichen Steuerungsverhältnissen, also bei gleichem Aufkeilwinkel δ zur Senkrechten auf die Schieberschubrichtung der Winkel zwischen Kurbel und Exzenter Fig. 781b nicht zu $90 + \delta$, sondern zu $90 + \delta_0 = 90 - \beta + \delta$ sich ergeben.

Es lassen sich jetzt auch die Schieberdiagramme der Ein- und Auslaßsteuerungen für ein gegebenes Dampfdiagramm, Fig. 782, ermitteln. Zu diesem Zwecke ist es nur nötig, in dem Kurbelkreis, dessen Durchmesser gleich der Länge des Indikatordiagramms gewählt wird, die den vier Dampfverteilungspunkten 1 bis 4 entsprechenden Kurbelstellungen zu bestimmen. Die Verbindungslinie der Kurbelstellungen 1 und 2 gibt die

Schieberdiagramm für ein gegebenes Dampfdiagramm.

Fig. 780. Zusammenhang zwischen Auslaß-Schieberdiagramm und Austrittslinien der Dampfdiagramme von Auspuff- bzw. Kondensationsmaschinen.

charakteristische Richtung 1, 2 im Einlaßschieberdiagramm und die Verbindungslinie 3, 4 die charakteristische Richtung 3, 4 im Auslaßschieberdiagramm; mit den Entfernungen dieser beiden Geraden von der Exzentermitte sind gleichzeitig die relativen Größen der Überdeckungen a und i im Ver-

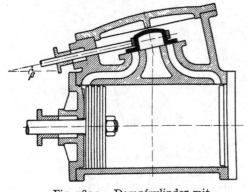

Fig. 781a. Dampfzylinder mit schrägem Schieberantrieb.

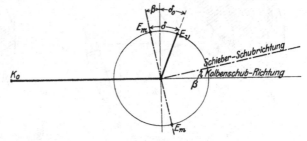

Fig. 781b. Aufkeilung des Exzenters zur Kurbel bei schrägem Schieberantrieb.

gleich zu den Eröffnungsweiten der Ein- und Auslaßkanäle und mit ihren Richtungen die Aufkeilwinkel δ und δ' der Ein- und Auslaßexzenter festgelegt.

Das so gewonnene Schieberdiagramm gilt zunächst für die Dampfverteilung einer Kolbenseite; es ist aber bei Vernachlässigung des Einflusses endlicher

Schub- und Exzenterstangenlängen unverändert maßgebend auch für die gleiche Dampfverteilung der zweiten Kolbenseite, für welche die entsprechenden Dampfverteilungspunkte um 180⁰ verdrehten Kurbelstellungen und symmetrisch liegenden Kolbenstellungen angehören.

Diese aus der Linearprojektion der Kurbel- und Exzenterstellungen auf ihre zugehörigen Kolben- und Schieberschubrichtungen folgende Übereinstimmung der Schieberdiagramme beider Kolbenseiten für gleiche Dampfverteilung stimmt jedoch nicht mit der Wirklichkeit, infolge des Einflusses der endlichen Schub- und Exzenterstangenlängen. Unter Berücksichtigung der letzteren müßten die Kurbel- und Exzenterstel-

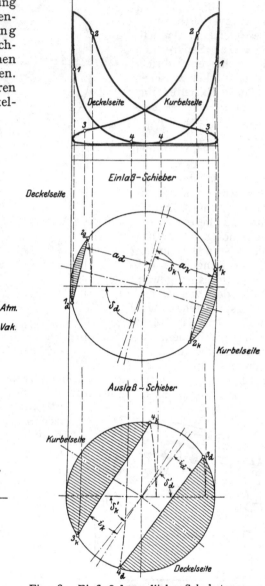

Fig. 783. Einfluß der endlichen Schubstangenlänge auf Schieberüberdeckungen und Aufkeilwinkel der Exzenter bei gleicher Dampfverteilung auf beiden Kolbenseiten.

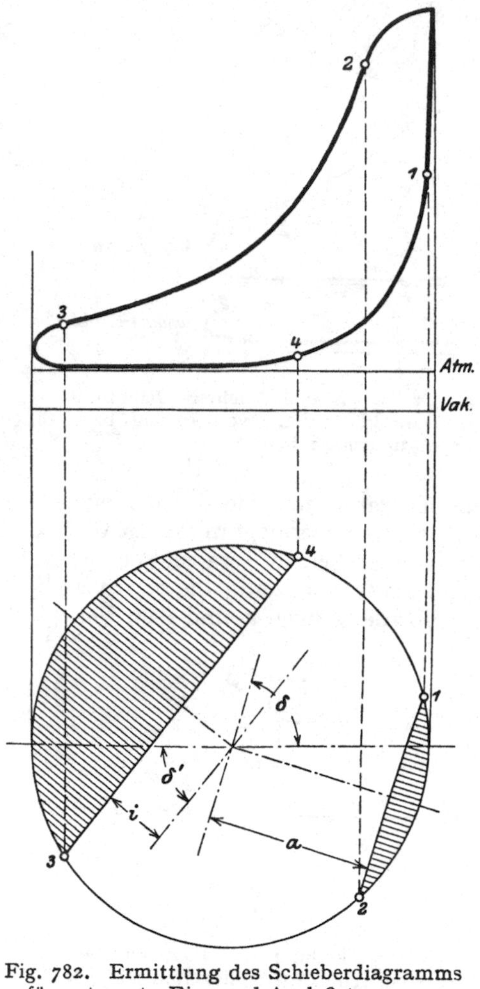

Fig. 782. Ermittlung des Schieberdiagramms für getrennte Ein- und Auslaßsteuerung.

lungen aus den den Dampfverteilungsmomenten 1—4 entsprechenden Kolbenstellungen durch Bogenprojektion bestimmt werden, und zwar mittels Kreisbogen, deren Radien der Schubstangenlänge entsprechen. Außerdem würde die richtige

Schieberstellung in der Schieberschubrichtung mittels Kreisbogen vom Radius der Exzenterstangenlänge aus der jeweiligen Exzenterlage gefunden werden.

Den überwiegenden Einfluß auf die für beide Kolbenseiten sich ergebenden Verschiedenheiten der Schieberdiagramme hat die Länge L der Schubstange, deren Verhältnis zum Kurbelradius sich zwischen 4,5:1 bis 6:1 bewegt. Für die Exzenterstange schwankt das Verhältnis ihrer Länge l zur Exzentrizität r je nach der Größe der Maschine zwischen 10:1 bis 30:1 und darüber; die durch die Bogenprojektion mittels der Exzenterstangenlänge sich ergebende Abweichung der Schieberstellung von der der Linearprojektion ist daher verhältnismäßig klein und wird in der Regel der Einfachheit halber vernachlässigt.

In Fig. 783 sind für gleiche Dampfdiagramme der Kurbel- und Deckelseite eines Dampfcylinders die Schieberdiagramme für getrennte Ein- und Auslaßsteuerorgane beider Kolbenseiten unter Berücksichtigung der endlichen Schubstangenlänge und unter Vernachlässigung der Exzenterstangenlänge ermittelt. Symmetrischen Kolbenstellungen entsprechen unsymmetrische Kurbellagen, da der ersten Hubhälfte auf der Deckelseite kleinere Kurbeldrehungen als der zweiten Hubhälfte auf der Kurbelseite angehören. Aus der unsymmetrischen Lage der Punkte 1_d, 1_k bzw. 2_d, 2_k für die Einlaßschieber und der Punkte 3_d, 3_k bzw. 4_d, 4_k für die Auslaßschieber ergeben sich für beide Kolbenseiten voneinander abweichende Aufkeilwinkel δ_d und δ_k der Einlaßexzenter, sowie δ_d' und δ_k' der Auslaßexzenter; desgleichen werden die Überdeckungen a_d, a_k und i_d, i_k verschieden groß. Für gleiche Dampfverteilung auf beiden Kolbenseiten erfordern also die 4 Schieber für Ein- und Auslaß je ein besonderes Steuerexzenter.

Die Grundidee des getrennten Antriebs von 4 Steuerorganen für unveränderliche Ein- und Austrittsperioden findet ihre häufigste Anwendung bei Mittel- und Niederdruckcylindern der Mehrfachexpansionsmaschinen.

c. Gemeinsames Antriebsexzenter für Dampfein- bzw. Auslaß beider Cylinderseiten.

Eine wesentliche Vereinfachung der äußeren Steuerung läßt sich durch Antrieb der beiden Einlaß- bzw. Auslaßschieber mit je einem Steuerexzenter erzielen. Es führt dies meist zur Vereinigung der beiden Ein- oder Auslaßschieber zu je einem Steuerorgan in der Form von Kolbenschiebern.

Fig. 784 zeigt einen solchen Schieber, dessen äußere Kanten K mit den Schieberspiegelkanten K_s zusammen arbeiten zur Steuerung des Dampfeinlasses der Kurbel- und Deckelseite des Dampfcylinders. Seine Steuerungsdiagramme,

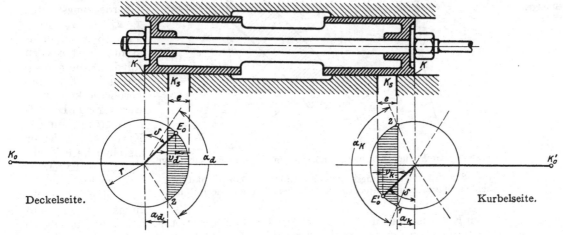

Deckelseite.

Kurbelseite.

Fig. 784. Kolbenschieber für gleichzeitige Steuerung des Einlasses beider Cylinderseiten.

die in Fig. 784 für das gemeinsame Antriebsexzenter vom Radius r und Aufkeilwinkel δ, unter Berücksichtigung der endlichen Schubstangenlänge für gleiche Füllung auf beiden Cylinderseiten gezeichnet sind, lassen sich natürlich auch in einem Schieber- kreis, Fig. 785a, vereini- gen, da die eine Hälfte des Schieberhubes steuernd für die Deckelseite, die andere für die Kurbelseite wirksam ist.

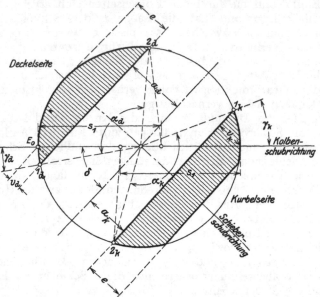

Für gleiche Füllungs- perioden ergeben sich als- dann infolge der Verschie- denheit der Kanaleröff- nungs- oder Eintrittswin- kel α_d und α_k der Deckel- und Kurbelseite auch ver- schieden große Über- deckungen a_d und a_k. Der Umstand, daß die Gera- den 1, 2 senkrecht zur Schieberschubrichtung stehen und daher auch zueinander parallel sein

Fig. 785a. Mit Rücksicht auf die Länge der Schubstange und ohne Rücksicht auf diejenige der Exzenterstange.

müssen, bedingt für gleiche Füllungsgrade nicht nur verschieden große Überdeckungen des Schiebers, sondern auch verschiedene Voröffnungswinkel $\gamma_d \gamma_k$, und ungleiche lineare Voröffnungen v_d und v_k, sowie eine voneinander abweichende Art der Eröff-

Müllersches Schieberdia- gramm. Berücksichti- gung end- licher Exzen- ter- und Schub- stangenlängen.

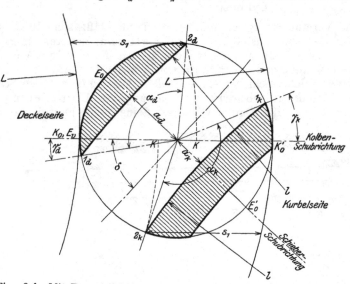

nung der beiderseiti- gen Kanäle.

Wird noch die endliche Länge l der Exzenterstange be- rücksichtigt, so treten im Schieberdiagramm Fig. 785b an Stelle gerader und paralleler Überdeckungskanten $1_d\ 2_d$ und $1_k\ 2_k$ der Fig. 785a äquidi- stante Kreisbogen mit dem Krümmungs- radius l. Die Schie- berüberdeckungen a werden für die Deckel- seite größer, für die Kurbelseite kleiner als ohne Berücksich- tigung der Exzenter- stangenlänge.

Fig. 785b. Mit Berücksichtigung der Schub- und Exzenterstangenlänge.

Fig. 785a u. b. Steuerungsdiagramme eines den Dampfeinlaß auf beiden Cylinderseiten steuernden Schiebers für gleiche Füllung.

Die gleichen Fül- lungswegen s_1 auf beiden Kolbenseiten entsprechenden Kurbelstellungen 2_d und 2_k können statt durch Bogenprojektion der Kolbenstellungen K und K' auf den Schieberkreis auch mit

Hilfe der an letzteren in den Totlagen tangierenden Kreise vom Radius $L =$ der Schubstangenlänge gefunden werden, von denen die Kurbelstellungen 2_d und 2_k um die gleichen Füllungswege $s_d = s_k = s_1$ entfernt sind.

Sind die beiden Überdeckungen des Einlaßschiebers gleich groß ausgeführt, so läßt sich Füllungsgleichheit zu beiden Kolbenseiten noch nachträglich dadurch

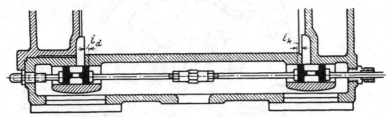

Fig. 786a. Mittels entlasteter Rahmenschieber.

erzielen, daß das Schiebermittel gegenüber dem Schieberspiegelmittel um die Strecke $^1/_2\,(a_d - a_k)$ so verschoben wird, daß für die Kurbelseite die kleinere und für die Deckelseite die größere Überdeckung entsteht.

Die durch ein gemeinsames Steuerexzenter betätigten Auslaßschieber beider Cylinderseiten Fig. 786a können ebenfalls für gleiche oder verschieden große Überdeckungen i_d, i_k ausgeführt werden, je nachdem die Ausströmperiode auf beiden Seiten des Kolbens etwas voneinander abweichen darf oder übereinstimmen soll. Für gleiche Ausströmperiode s_2 Fig. 786b wird die Überdeckung i für die Kurbelseite größer als für die Deckelseite, und da die Richtungen 3, 4 für beide Seiten parallel werden müssen, so ergibt sich danach verschieden große Vorausströmung für Kolbenhin- und -rückgang. Ist letzteres nicht angängig oder zulässig und sollte beispielsweise die Vorausströmung während gleicher Zeiten, also gleicher Kurbeldrehung $\gamma'_k = \gamma'_d$ stattfinden, so würde beispielsweise die Überdeckung für die Deckel-

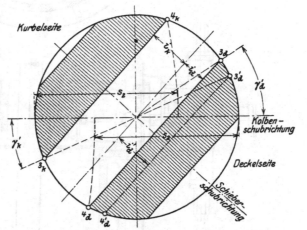

Fig. 786b. Steuerungsdiagramm bei Berücksichtigung endlicher Schubstangenlänge.

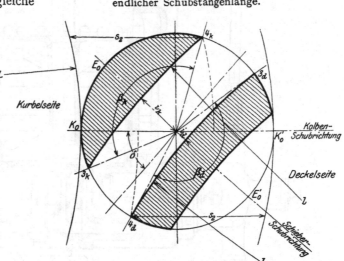

Fig. 786c. Steuerungsdiagramm bei Berücksichtigung endlicher Schubstangen- und Exzenterstangenlänge.

Fig. 786a bis c. Gleichzeitige Steuerung des Dampfauslasses beider Cylinderseiten für gleiche Ausschubperioden s_2.

Auslaß beider Cylinderseiten durch ein Exzenter gesteuert.

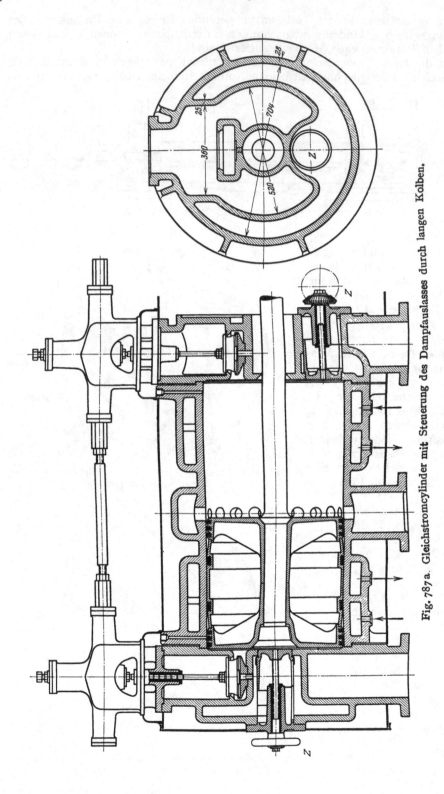

Fig. 787a. Gleichstromcylinder mit Steuerung des Dampfauslasses durch langen Kolben.

seite auf i'_d vergrößert und eine Verkleinerung der Ausströmperiode in den Kauf genommen werden müssen, wodurch also auf der Deckelseite größere Kompression als auf der Kurbelseite entstehen würde.

Wird nicht nur, wie in Fig. 786b geschehen, die Länge der Schubstange, sondern auch diejenige der Exzenterstange berücksichtigt, so ändert sich das Schieberdiagramm nach Fig. 786c, wonach der Unterschied der Auslaßüberdeckungen i_d und i_k für gleiche Ausschubperioden s_2 sich noch vergrößert.

Die Steuerungen mit getrennten Ein- und Auslaßschiebern haben in neuerer Zeit besondere Verbreitung bei Heißdampfbetrieb gefunden, da sie das dampfdichte Einschleifen und Arbeiten in den feststehenden und gleicher Temperatur ausgesetzten Gehäusen oder Büchsen der Ein- bzw. Auslaßseite erleichtern. Außerdem vermindern getrennte innere Steuerorgane für Ein- und Auslaß die Wechselwirkung zwischen Dampf- und Cylinderwandung und erhöhen dadurch den wärmetheoretischen Nutzeffekt, wie aus den Feststellungen des wärmetheoretischen Teils dieses Bandes hervorgeht.

Hierher gehört auch die Auslaß-Steuerung des Gleichstromdampfcylinders, wenn der Dampfaustritt durch Schlitze in der Cylindermitte erfolgt, die durch den Dampfkolben selbst gesteuert werden. In diesem Fall dient der Kolben als Schieber Fig. 787a und die Kurbel vertritt die Stelle des Exzenters, so daß im Schieberdiagramm Kolben- und Schieber-Schubrichtung zusammenfallen.

Eröffnung und Abschluß der Auslaßschlitze findet bei jedem Kolbenhub jeweils in der Nähe der Hubwechsel statt, und zwar für die Deckelseite des Cylinders innerhalb des Kanaleröffnungswinkels β_d und für die Kurbelseite innerhalb β_k, Fig. 787b. Unter dem Einfluß der endlichen Stangenlängen ergibt sich dabei für die Deckelseite ein größerer Eröffnungswinkel wie für die Kurbelseite. Die Länge des in Fig. 787a in einer Endstellung gezeichneten Kolbens beträgt $s - c$, wenn s den Kolbenhub und c die Schlitzlänge in Richtung der Cylinderachse bezeichnet.

Die Größe c schwankt zwischen 10

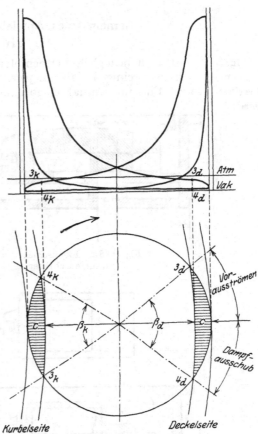

Fig. 787b. Diagramm der Auslaßsteuerung mittels des Kolbens.

und 25 % der Hublänge. Die Wahl größerer Werte für c hat den Vorteil, daß Kolben- und Cylinderlänge sich verringern und Kanaleröffnungswinkel und Zeit für den Dampfaustritt sich vergrößern. Die Eröffnungswinkel β dieser Dampfkolbensteuerung und die entsprechenden Zeiten dieser Kurbeldrehwinkel sind zur Hälfte für den Spannungsabfall auf die Austrittsspannung, d. i. für die sogenannte Vorausströmung wirksam anzunehmen, während in den zweiten Hälften dieser Austrittsperioden nach dem Kolbenhubwechsel nur noch einfaches Ausschieben von Abdampf stattfinden soll. Durch die großen Schlitzquerschnitte lassen sich diese Forderungen leicht erfüllen. Unter gewissen Umständen ist sogar die Größe der Schlitzquerschnitte einzuschränken, um zu raschen Druckabfall vor Kolbenhubende zu vermeiden.

Eigenartig für diese Auslaßsteuerung ist der frühe Kompressionsbeginn, der selbst bei Kondensationsbetrieb eine Kompression des Dampfes im schädlichen Raum bis zur Eintrittsspannung ermöglicht, wenn die schädlichen Räume genügend klein ausgeführt werden ($\sigma \cong 2^0/_0$). Bei Auspuffbetrieb dagegen verlangt diese Dampfkolbensteuerung große schädliche Räume (ungefähr $15^0/_0$), um eine unzulässig hohe Kompression über die Eintrittsspannung zu verhüten. Diese Vergrößerung der schädlichen Räume wird durch Anordnung besonderer Erweiterungsräume in den Cylinderdeckeln bewirkt, die durch Zuschaltventile Z mit dem Cylinderinnenraum zu verbinden sind, Fig. 787a.

Der Dampfkolben als Auslaßsteuerorgan hat für Gleichstromcylinder von Einfachexpansionsmaschinen sowohl wie für Niederdruckcylinder von Verbundmaschinen in neuerer Zeit vielfach Verwendung gefunden.

d. Gemeinsames Antriebsexzenter für Dampfein- und Auslaß einer Cylinderseite.

Schieber für Dampfein- und Auslaß je einer Cylinderseite. Die ursprünglich betrachteten 4 getrennt arbeitenden Schieber lassen sich auch so vereinigen, daß auf jeder Cylinderseite für Ein- und Auslaß ein gemeinsamer Ein- und Auslaßschieber, in Form eines Rahmen-, Muschel- oder Kolbenschiebers verwendet wird, dessen äußere Kante den Dampfeintritt und dessen innere Kante den Dampfaustritt steuert oder umgekehrt, Fig. 788a u. b. Durch den von einem solchen Schieber gesteuerten Kanal strömt somit abwechselnd der Ein- und Austrittsdampf. Die für die Dampfeintrittsseite nötige Überdeckung a des Schiebers werde der Einfachheit halber als Einlaß- und die Überdeckung i der Austrittsseite als Auslaßüberdeckung bezeichnet. Bei einem Antriebsexzenter vom Radius r finden sich nach dem Vorhergehenden die Eröffnungs- und Schlußmomente 1 bis 4 für Dampfein- und Austritt durch die Schnittpunkte der auf die Schieberschubrichtung stets senkrechten Überdeckungslinien a und i mit dem Exzenterkreis. Wird noch die der Kurbeltotlage entsprechende Exzenterstellung E_v eingetragen, so ist durch sie auch die Kolbenschubrichtung gekennzeichnet, mittels der die Füllungs- und Austrittsperioden des Dampfdiagramms sich ergeben.

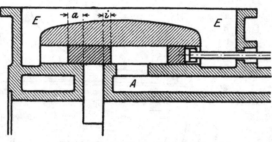

Fig. 788a. Flachschieber als Rahmenschieber.

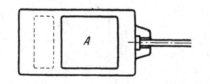

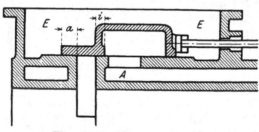

Fig. 788b. Flachschieber als Muschelschieber.

Fig. 788a und b. Flachschieber für Ein- und Auslaßsteuerung einer Cylinderseite.

Behufs übersichtlicher Darstellung des aus dem Schieberdiagramm abzuleitenden Dampfdiagramms ist ersteres in Fig. 789 mit in die Horizontale gedrehter Kolbenschubrichtung wiedergegeben. Ohne Berücksichtigung der endlichen Schubstangenlänge bestimmen sich die den vier wichtigsten Dampfverteilungspunkten entsprechenden Kolbenstellungen I bis IV durch Linearprojektion der Kurbel- bezw. Exzenterstellungen 1 bis 4 auf die Kolbenschubrichtung.

Auch für diese mittels eines Schiebers bewirkte Steuerung des Dampfein- und Auslasses einer Cylinderseite ergibt sich, infolge des Parallelismus der Richtungen 1, 2 und 3, 4, eine Abhängigkeit der Dampfverteilungspunkte 1 bis 4 insoweit von einander als nach Wahl dreier Punkte der Dampfverteilung der vierte festliegt.

Wahl der Dampfverteilungspunkte.

Was die hieraus folgende beschränkte Wahl der Dampfverteilungspunkte angeht, so wird im allgemeinen der Füllungsendpunkt 2 feststehen, da er die Hubleistung vornehmlich bestimmt; der Beginn der Einströmung in Punkt 1 ist dagegen kleinen Verschiebungen zugänglich. Auf der Ausströmseite wird bei Auspuffbetrieb meist der Kompressionsgrad durch Wahl des Punktes 4 wesentlich sein, während in der Lage des Punktes 3 für die Vorausströmung mehr oder weniger große Verschiebungen zulässig erscheinen; bei Kondensationsbetrieb ist das Umgekehrte der Fall, indem die Vorausströmung ausreichend groß gewählt werden muß, um den bis zum Hubwechsel anzustrebenden Spannungsabfall auf die Austrittsspannung durch raschen Übertritt einer verhältnismäßig großen Dampfmenge in den Kondensator zu ermöglichen, während der Kompressionsgrad große Veränderungen zuläßt, ohne das Dampfdiagramm empfindlich zu beeinflussen.

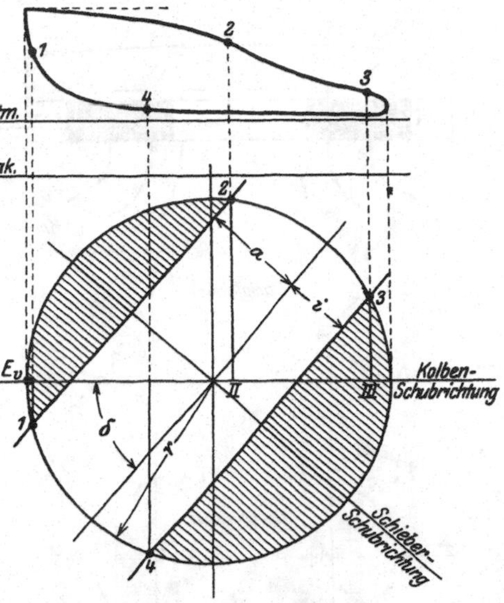

Fig. 789. Ableitung des Dampfdiagramms aus dem Schieberdiagramm eines Aus- und Einlaß steuernden Muschelschiebers.

e. Gemeinsames Antriebsexzenter für Dampfein- und Auslaß beider Cylinderseiten.

Steuerung beider Cylinderseiten durch einen Schieber.

Die Steuerung eines Dampfcylinders mittels eines einzigen inneren Steuerorgans und dementsprechend auch eines einzigen Antriebsexzenters kann bei Vereinigung zweier Plattenschieber zum sogenannten Rahmenschieber, Fig. 790, oder zum Muschelschieber, Fig. 791, erfolgen, wobei jede Schieberhälfte Ein- und Auslaß je einer Cylinderseite steuert.

Relativ zu den Steuerkanälen der beiden Cylinderseiten bewegen sich alsdann die beiden Schieberhälften ganz gleichartig, Fig. 790, nur mit dem Unterschied, daß die Eröffnungs- und Abschlußmomente für Dampfein- und Austritt stets um 180^0 Kurbeldrehung versetzt sind, in Übereinstimmung mit der jeweiligen Verlegung der Dampfverteilungsmomente beider Cylinderseiten um 180^0.

Für gleiche äußere und innere Überdeckungen a und i der beiden Schieberhälften und unter Berücksichtigung der endlichen Schubstangenlänge ergeben sich für beide Kolbenseiten die in Fig. 792 dargestellten Schieber- und Dampfdiagramme. Die Voreinströmung, der Füllungs- und Kompressionsgrad sind auf der Deckelseite größer, die Vorausströmung kleiner wie auf der Kurbelseite. Symmetrische Dampfverteilung auf beiden Kolbenseiten läßt sich, infolge des gleichen Aufkeilwinkels und der Parallelität sämtlicher Verbindungslinien 1, 2 und 3, 4 in beiden Diagrammen, nur für je 2 Dampfverteilungsmomente erreichen, unter denen für Auspuffbetrieb die Füllung und Kompression, für Kondensationsbetrieb die Füllung und Vorausströmung als die wichtigsten erscheinen.

Mit dem Rahmenschieber stimmt der normale Muschelschieber, Fig. 636 bis 638, und Fig. 791 in der Steuerungsweise beider Cylinderseiten vollständig überein, wenn die gleiche Lage der steuernden Kanten für Ein- und Auslaß relativ zu den Steuerkanälen und das gleiche Steuerexzenter angenommen wird.

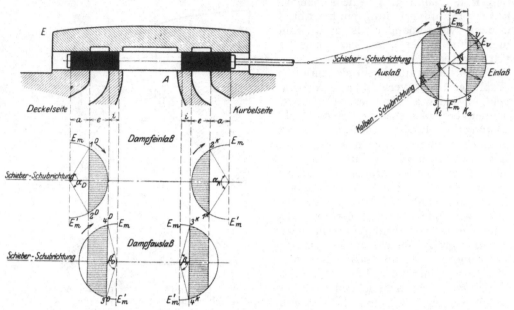

Fig. 790. Rahmenschieber für Steuerung von Dampfein- und Auslaß
beider Cylinderseiten.

Hinsichtlich der erzielbaren Dampfverteilung ist also auch für diesen nichts Neues zu bemerken, indem auch er mit den vorher besprochenen Schiebern und Schieberplatten mit je 2 steuernden Kanten die Eigenschaft teilt, daß für jede Cylinderseite nur 3 Dampfverteilungsmomente des Dampfdiagramms frei gewählt werden können und der 4. Punkt durch das Schieberdiagramm bestimmt wird.

Diese Eigenschaft der mit einem Exzenter angetriebenen Muschelschieber wird besonders empfindlich bei kleinen Füllungs- und großen Expansionsgraden, weil das Schieberdiagramm alsdann auch auf hohe Kompressionsgrade führt, die na-

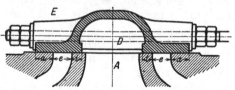

Fig. 791. Muschelschieber für Steuerung von Dampfein- und Auslaß beider Cylinderseiten.

mentlich bei Auspuffmaschinen nur bei entsprechend hohen Eintrittsspannungen zulässig werden. Die bei kleiner Füllung und Auspuffbetrieb sich ergebende Dampfverteilung läßt das obere Dampfdiagramm der Fig. 793 erkennen. Bei Kondensationsbetrieb dagegen wird, wie das untere Diagramm zeigt, auch bei niederen Eintrittsspannungen die mit kleiner Füllung unvermeidliche große Kompression praktisch unbedenklich, weil infolge der geringen Kondensatorspannung eine Überschreitung der Eintrittsspannung nicht zu gewärtigen ist.

Der einfache Muschelschieber hat daher für kleine Füllungen und Auspuffbetrieb von jeher bei den mit hohen Eintrittsspannungen arbeitenden Maschinen, wie beispielsweise bei Lokomotiven, Lokomobilmaschinen und Schnelläufern ausgedehnte Anwendung gefunden.

Über den Zusammenhang zwischen Expansions- und Kompressionsgrad bei verschiedenem Aufkeilwinkel δ des Steuerexzenters unter der Voraussetzung eines konstanten Voröffnungswinkels von 10⁰ für den Dampfeintritt und von 20⁰ für den Dampfaustritt gibt folgende Tabelle Aufschluß. Der Einfluß der endlichen Schub- und Exzenterstangenlänge ist dabei nicht berücksichtigt, so daß die Zahlen der Tabelle als für beide Cylinderseiten gültige Mittelwerte aufzufassen sind:

Aufkeilwinkel δ des Exzenters	20^0	30^0	40^0	50^0	60^0	70^0	
Füllung vH.	93	82	67	50	32,6	18	bei 10⁰ Voröffnungswinkel für Dampfeinlaß
Kompression vH.	3	11,3	24,5	40,5	58,5	74,6	bei 20⁰ Voröffnungswinkel für Dampfauslaß

f. Schieberdiagramme.

Der im Vorausgehenden betretene Weg, mittels des Exzenterkreises den Zu- sammenhang zwischen Exzenterdrehung und Schieberverschiebung, sowie zwischen

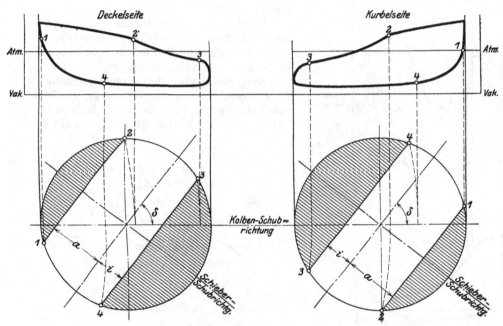

Fig. 792. Dampfverteilung auf beiden Kolbenseiten bei Steuerung durch symmetrischen Rahmen- oder Muschelschieber.

Kolbenstellung und zugehöriger Kanaleröffnung darzustellen, wurde zuerst von Prof. Müller in Stuttgart eingeschlagen, und wird deshalb auch die betreffende Darstellung das Müllersche Schieberdiagramm genannt.

Eine hiervon abweichende graphische Darstellung der Schieberbewegung wurde von Prof. Dr. Zeuner[1]) entwickelt, ausgehend von der analytischen Ableitung der Ablenkungen ζ des Schiebers aus seiner Mittellage unter Berücksichtigung der endlichen Exzenterstangenlänge und bezogen auf die Kurbeldrehungen. Die all- gemeine Gleichung der Schieberverschiebungen ζ aus der Schiebermittellage für eine beliebige Exzenter- und Kurbeldrehung φ ergibt sich zu

$$\zeta_\varphi = r \sin(\delta + \varphi) + \frac{r^2}{2l}[\cos^2 \delta - \cos^2(\delta + \varphi)].$$

Müllersches Schieber- diagramm. Zeuners Schieber- diagramm.

[1]) Die Schiebersteuerungen von Prof. Dr. Gustav Zeuner. 4. Auflage 1874.

41*

Wird nun in dieser Gleichung der zweite Summand infolge der Kleinheit der Exzentrizität r im Vergleich zur Exzenterstangenlänge l vernachlässigt, d. h. der Einfluß der letzteren auf die Schieberverschiebung nicht berücksichtigt, so bleibt für die Schieberverschiebungen nur noch der Ausdruck

$$\zeta_\varphi = r \sin(\delta + \varphi)$$

als Polargleichung zweier sich berührender Kreise vom Durchmesser r, unter der Voraussetzung, daß der Pol im Berührungspunkt liegt, Fig. 794a, und die gemeinsame Richtung ihrer Durchmesser OE_v im $\angle \delta$ zur Senkrechten auf die Schieberschubrichtung geneigt ist, übereinstimmend mit der Lage des Exzenters bei der Kurbeltotlage, die in Wirklichkeit in K_0 zu denken wäre.

Wird von der endlichen Länge der Exzenterstange von vornherein abgesehen, so lassen sich die Zeunerschen Schieberkreise auch geometrisch wie folgt ableiten.

Ausgehend von der Exzenterstellung E_v Fig. 795 bei der Kurbeltotlage, ergibt sich zunächst die zugehörige Schieberablenkung aus der Mittellage zu $\zeta_0 = r \sin \delta$

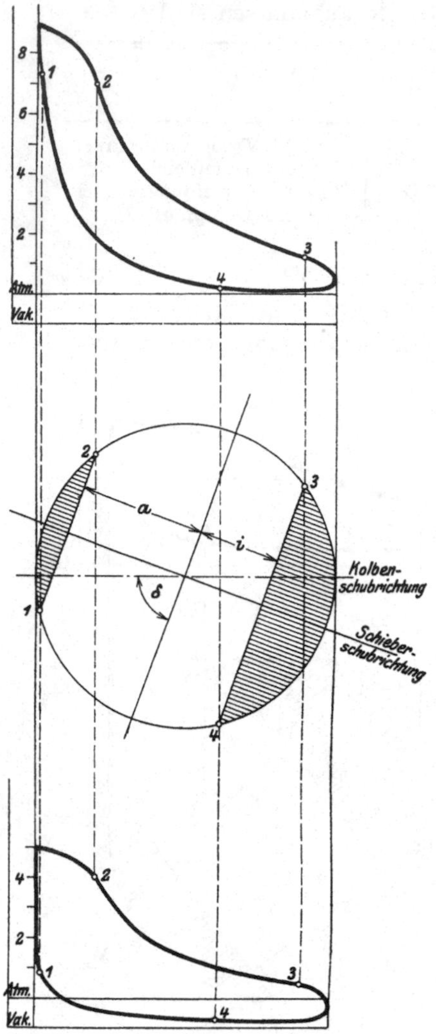

Fig. 793. Dampfverteilung bei Auspuff- und Kondensationsbetrieb mittels einfachen Muschelschiebers bei kleiner Füllung.

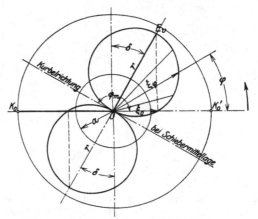

Fig. 794a. Zeunersche Schieberkreise.

als Kathete eines rechtwinkligen Dreiecks mit der Hypotenuse r. Nach der Kurbeldrehung φ nimmt das Exzenter die Stellung E_φ ein, und die zugehörige Schieberverschiebung $\zeta_\varphi = r \sin(\delta + \varphi)$ erscheint gleichfalls als Kathete eines rechtwinkligen Dreiecks mit der Hypotenuse r. Die Schieberverschiebungen bestimmen sich also stets als dem Winkel $\delta + \varphi$ gegenüberliegende Katheten eines rechtwinkligen Dreiecks im Halbkreis vom Durchmesser r. Dieser Zusammenhang und der Umstand, daß in der Kurbeltotlage die Schieberablenkung der Exzenterstellung E_v zu entsprechen hat, führt gleichfalls auf die oben angegebene Größe und Lage der Zeunerschen Schieberkreise zur Ermittlung der Ablenkungen des Schiebers aus seiner Mittellage, bezogen auf die Kurbelstellung.

Wie aus der Lage der Schieberkreise, Fig. 794a, zur Kolbenschubrichtung zu erkennen ist, wird die Schieberverschiebung ζ_0 für die Kurbeltotlage als Radiusvektor auf der Kurbelrichtung K_0' gemessen, die der tatsächlichen Kurbelstellung K_0 entgegengesetzt ist; ferner ist im Zeunerschen Schieberdiagramm die Drehrichtung der Radienvektoren entgegengesetzt derjenigen der Kurbel anzunehmen, um für bestimmte Kurbeldrehungen φ die Größe der Schieberablenkung ζ als Radiusvektor der Schieberkreise zu erhalten Fig. 794b.

Wird nun um den Koordinatenanfangspunkt O noch der Kurbelkreis geschlagen,

so können auch die korrespondierenden Kolbenstellungen I bis IV mit oder ohne Berücksichtigung der endlichen Schubstangenlänge leicht graphisch ermittelt werden.

Die Tangente an die beiden Schieberkreise gibt die Kur-

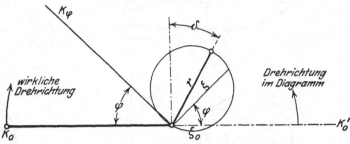

Fig. 794b. Lage des Zeuner'schen Schieberkreises zur Kurbel.

belrichtung an, bei der der Schieber zum Schieberspiegel in seiner Mittellage steht; die Ablenkungen des Schiebers nach der einen Seite werden alsdann durch den oberen Schieberkreis, nach der anderen durch den unteren Schieberkreis bestimmt. Der beiderseitige größte Schieberausschlag r tritt bei den Kurbeldrehungen $90^0 - \delta$ und $270^c - \delta$ ein. Da die Kanaleröffnungen aus den Schieberablenkungen sich unter Abzug der konstanten Überdeckungen a bzw. i ergeben, so schneiden die Überdeckungskreise vom Radius a bzw. i die Kanaleröffnungen auf den Radienvektoren der Schieberkreise ab, wie besonders deutlich in Fig. 796a veranschaulicht ist.

In Fig. 796a ist das Zeunersche Diagramm für eine einfache Schiebersteuerung, von der der Radius r des Steuerexzenters und dessen Aufkeilwinkel δ, sowie die Ein- und Auslaß-Überdeckungen a und i des Schiebers und die Kanalweite e bekannt sind, entworfen. Im Zeunerschen Diagramm ist die horizontale Kolbenschubrichtung auch als Schieberschubrichtung zu denken, zu der die beiden Polarkreise vom Durchmesser r mit ihren durch den Berührungspunkt gehenden Durchmessern E_v E_v' so gelegt sind, daß letztere den Winkel δ mit der Senkrechten auf die Schieberschubrichtung einschließen.

Da am Steuerkanal einer Cylinderseite der Dampfeinlaß während der einen Schieberhubhälfte und der Auslaß während der anderen gesteuert wird und die beiden Polarkreise die Ablenkungen des Schiebers für je eine dieser Hubhälften bestimmen, so kann der obere Schieberkreis für die Einlaßperiode (Eintrittskreis), der untere für die Auslaßperiode (Austrittskreis) einer Cylinderseite maßgebend angenommen werden. Beginn

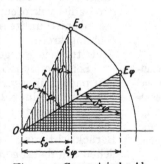

Fig. 795. Geometrische Ableitung der Zeunerschen Schieberkreise.

und Ende der Füllung sind durch die Schnittpunkte des Überdeckungskreises a mit dem Eintrittskreis gekennzeichnet; sie bestimmen die Kurbelrichtungen 1, 2 innerhalb deren der Dampfeintritt erfolgt. Ebenso bestimmen die Schnittpunkte des Überdeckungskreises i mit dem Austrittskreis die Kurbelrichtungen 3, 4 für Beginn und Ende der Austrittsperiode. Das der betreffenden Schiebersteuerung zugehörige Dampfdiagramm eines ND-Cylinders ist unter Berücksichtigung endlicher Schubstangenlänge aus den für die Dampfverteilung maßgebenden Punkten 1 bis 4 der Schieberdiagramme ergänzend dargestellt. Außerdem ist vergleichsweise noch das Müllersche Schieberdiagramm, Fig. 796b, für dieselben Steuerungsverhältnisse hinzugefügt.

Das Zeunersche Schieberdiagramm läßt auch eine vereinfachte Darstellung durch Benutzung nur eines einzigen Polarkreises für Ein- und Austrittsseite zu,

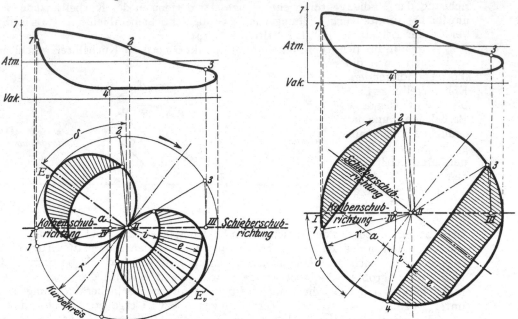

Fig. 796a nach Zeuner.   Fig. 796b nach Müller.
Vergleichsweise Darstellung der Schieberverschiebungen.

Fig. 797, indem zufolge der Symmetrielage der Polarkreise beispielsweise der Eintrittskreis auch die Kurbelrichtungen 3, 4 der Austrittsperiode ermitteln läßt, und zwar als

Berücksichtigung der endlichen Schubstangenlänge in Zeuners Diagramm.

rückwärtige Verlängerungen der Radienvektoren, die durch die Schnittpunkte des Überdeckungskreises i mit dem Eintrittskreis gezogen werden.

Sehr bequem lassen sich nun nach früherem außerdem die den einzelnen Dampfverteilungsmomenten entsprechenden Kolbenwege unter Berücksichtigung der endlichen Schubstangenlänge veranschaulichen, durch Einzeichnung der Berührungskreise vom Radius $\varrho = L$ der Schubstangenlänge an den Kurbelkreis in den Totpunkten K_0 und K_0', Fig. 797. Der Füllungsweg entspricht alsdann wieder dem Horizontalabstand der Kurbelstellung 2 vom Berührungskreis K_0 und die

Fig. 797. Benützung eines Zeunerschen Schieberkreises zur Ermittlung der Dampfverteilung einer Cylinderseite.

Kompressionsperiode ist im vorliegenden Falle durch den Kolbenweg s_4, sowie die Ausschubstrecke durch s_4' bestimmt.

Diese Darstellung gewinnt besondere Bedeutung für den Fall, daß für beide Cylinderseiten entweder ein gemeinsames Steuerexzenter oder zwei getrennte Exzenter mit verschiedenem r und δ angewendet sind. Es lassen sich wie Fig. 798 zeigt, im Zusammenhang mit dem Kurbelkreis leicht die verschiedenen Überdeckungen a und i für die Steuerschieber beider Cylinderseiten ermitteln, wenn bestimmte Bedingungen für die Dampfverteilung auf beiden Kolbenseiten einzuhalten sind. Diagramm Fig. 798 ist beispielsweise für gleiche Füllung und gleiche Kompression auf beiden Kolbenseiten entworfen unter Annahme eines gemeinsamen Steuerexzenters.

Vergleich des Müllerschen mit dem Zeunerschen Diagramm.

Hinsichtlich der Gebrauchsfähigkeit des Müllerschen und Zeunerschen Schieberdiagramms ist zu bemerken, daß die Müllersche Darstellung den Vorzug besitzt, die Schieberstellungen unmittelbar aus den Exzenterstellungen ableiten und gewissermaßen in der Schieberschubrichtung selbst veranschaulichen zu lassen, während die Zeunerschen Polarkreise lediglich auf den veränderlichen Kurbelrichtungen die Größe der Schieberablenkungen aus der Mittellage als Radienvektoren abschneiden. Dabei besitzt das Zeunersche Diagramm im Gegensatz zum Müllerschen Schieberkreis noch die Eigentümlichkeit, daß, ausgehend von der der Kurbeltotlage K_0 entsprechenden Exzenterstellung E_v, Fig. 794, die Lage der Kurbel in K_0' und deren Drehrichtung der tatsächlichen gerade entgegengesetzt anzunehmen sind.

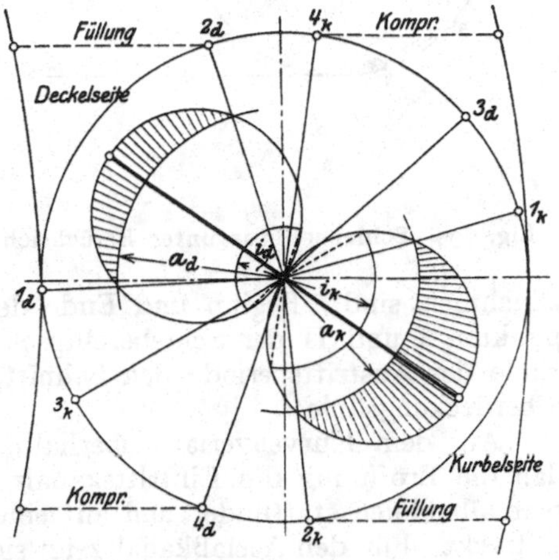

Soll im Diagramm die wirkliche Drehrichtung der Kurbel beibehalten werden, so ist die Lage der Polarkreise so zu ändern, daß die Exzenterrichtung OE_v zur Senkrechten auf die Kurbelrichtung OK_0 um den $\sphericalangle\,\delta$ nicht voreilt, sondern nacheilt, wie Fig. 796 a zeigt.

Für die graphische Ausmittlung und den Entwurf von Steuerungen erweist sich aber doch das Zeunersche Diagramm dem Müllerschen namentlich bei den Schiebersteuerungen für veränderliche Füllung überlegen, weil es die Verfolgung des Einflusses abgeänderter Steuerungsverhältnisse dadurch erleichtert, daß Kurbelkreis und Kolbenschubrichtung und damit die Darstellung der Kurbel- und Kolbenbewegung unverändert bleibt, so daß die mit den Änderungen gewisser Steuerungseinzelheiten zusammenhängenden Veränderungen des Dampfdiagramms stets leicht und rasch festgestellt und übersehen werden können. Dieser Vorteil geht bei der Benützung des Müllerschen Diagramms verloren, weil bei diesem mit Änderung der Lage und Größe des Steuerexzenters auch die Kolbenschubrichtung sich ändert und damit die vergleichsweise Darstellung der Veränderung der Dampfdiagramme sehr erschwert wird.

Neben diesen beiden am häufigsten zur Anwendung kommenden Schieberdiagrammen möge noch auf einige Darstellungsweisen hingewiesen werden, die zwar für die erste Ausmittlung von Steuerungen nicht in Frage kommen, dagegen wohl geeignet sind, einen klaren Einblick in gewisse, für die praktische Bewertung wichtige Einzelheiten ausgeführter oder auszuführender Steuerungen zu vermitteln. Hierher gehören die Schieberellipse und das Sinoidendiagramm.

Schieberellipse.

Werden die beiderseitigen Schieberausschläge aus der Mittellage als Ordinaten über den zugehörigen Kolbenstellungen ober- bzw. unterhalb der Kolbenschubrichtung aufgetragen, Fig. 799, so wird die Lagenänderung des Schiebers, bei Vernachlässigung des Einflusses der endlichen Länge der Schub- und Exzenterstange, durch eine schräg liegende Ellipse (strichpunktiert) gekennzeichnet, die in eine

Fig. 798. Zeuners Diagramm für gleiche Füllung und Kompression auf beiden Cylinderseiten, bei Berücksichtigung der endlichen Schubstangenlänge.

ellipsenähnliche Kurve übergeht, wenn die endlichen Stangenlängen berücksichtigt werden. Durch Eintragung der Überdeckungen a und i als Parallele zur Kolbenschubrichtung werden auf den Ordinaten die Kanaleröffnungen abgeschnitten, die infolge konstanter Kanalbreite den Eröffnungsquerschnitten proportional an-

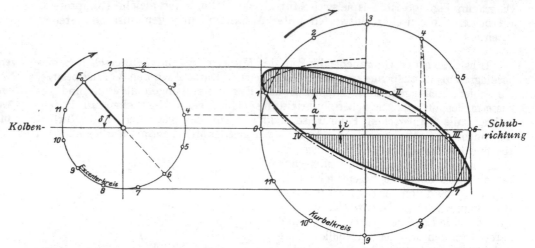

Fig. 799. Schieberellipse unter Berücksichtigung der endlichen Länge der Schubstange.

zunehmen sind. Beginn und Ende der Eintrittsperiode entspricht den Schnittpunkten I und II der Schieberellipse mit der Überdeckungslinie a, Beginn und Ende der Austrittsperiode den Schnittpunkten III und IV der Ellipse mit der Überdeckungslinie i.

Aus dem Kurvenverlauf oberhalb der Überdeckungslinie a ist zu erkennen, daß die Eröffnung des Eintrittskanals sehr rasch erfolgt, der Abschluß dagegen sehr allmählich stattfindet und auf einen verhältnismäßig langen Kolbenweg sich erstreckt. Für den Auslaßkanal zeigt sich außer größeren Eröffnungsquerschnitten auch ein etwas günstigerer Schluß als für den Einlaß.

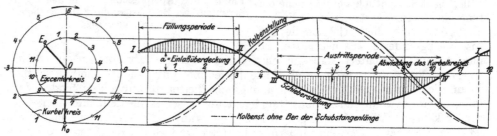

Fig. 800. Sinoidendiagramme für Schieber- und Kolbenstellung.

Der Vorteil dieser Darstellung besteht darin, daß die Kanaleröffnungen im unmittelbaren Zusammenhang mit den zugehörigen Kolbenstellungen veranschaulicht sind und dadurch auch das unterschiedliche Verhalten der Steuerung im Vergleich mit den durch die Sinuslinie gekennzeichneten theoretischen Änderungen der Kanaleröffnungen (punktierte Kurve) sich gut beurteilen läßt.

Sinoiden-diagramm.
Im Sinoidendiagramm, Fig. 800, sind Kolben- und Schieberbewegung bzw. Kanaleröffnung in Abhängigkeit von der Zeit bzw. dem Kurbelwege veranschaulicht. Diese Darstellung ermöglicht, weil auf die Zeit bezogen, eine noch leichtere Beurteilung, sowie einfachere graphische Ermittlung der Eröffnungs- und Abschlußgeschwindigkeiten und Beschleunigungen des Steuerorgans, als die Schieberellipse.

Wenn es sich jedoch weniger um eine übersichtliche Darstellung der Bewegungsverhältnisse der Schieber, als um die Ermittlung der Öffnungs- und Schließ-
geschwindigkeiten des Schie-
bers in bestimmten Stellungen handelt, so lassen sich
diese genügend genau und
einfacher aus dem Müller-
schen oder Zeunerschen Diagramm ermitteln.

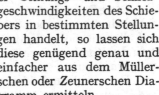
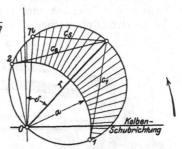

Fig. 801 im Müllerschen Diagramm.   Fig. 802 im Zeunerschen Diagramm.
Fig. 801 und 802. Ermittlung der Schiebergeschwindigkeiten.

Bei Exzenterantrieb wird die Schiebergeschwindigkeit für irgendeine Exzenterstellung E, Fig. 801, ausgedrückt durch die Ordinate c_s, wenn der Radius r des
Exzenterkreises als Maß für die Umfangsgeschwindigkeit v_e des Exzenters
angenommen wird. Für die Exzenterstellungen 1 und 2 des Beginns und Endes
der Eintrittsperiode können daher die entsprechenden einander gleichen Schiebergeschwindigkeiten gemessen werden in den Strecken $c_1 = c_2$. Unter Voraussetzung
des gleichen Maßstabes $r = v_e$ für die Umfangsgeschwindigkeit des Exzenters wird
im Zeunerschen Schieberkreis, Fig. 802, für eine beliebige, dem Radiusvektor $O p$
zugehörige Schieberstellung die Schiebergeschwindigkeit in der Sehne c_s ausgedrückt
und für die Eröffnung und den Abschluß des Eintrittskanals durch die Sehnen $c_1 = c_2$.

g. Mehrfache Eröffnung des Eintrittskanals.

Wird der Ein- und Auslaß gemeinsam steuernde Schieber mit Exzenterantrieb
für kleine Füllungen angewendet, so muß mit zwei Nachteilen gerechnet werden,
die aus den Diagrammen,
Fig. 793, ohne weiteres abzuleiten sind:

Mit Verkleinerung des
Füllungswinkels α Fig. 803,
nehmen die Abweichungen
vom theoretischen Bewegungsgesetz, das in den Ordinaten c
sich ausspricht, im Sinne schleichender Eröffnung und schleichenden Schlusses immer mehr
zu, wie aus dem Vergleich der
Änderungen der Kanaleröffnungen e mit den Änderungen
der Ordinaten c hervorgeht.
Außerdem führt die für kleine
Füllungen sich ergebende steile
Richtung der Überdeckungslinie a, bei der mit ihr parallelen

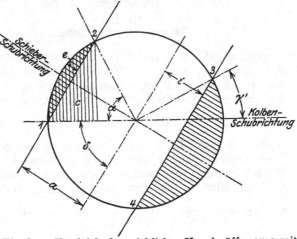

Fig. 803. Vergleich der wirklichen Kanaleröffnungen mit
dem theoretischen Eröffnungsgesetz bei kleiner Füllung.

Überdeckungslinie i, auf große Kompression, die um so größer wird, je kleiner der Vorausströmungswinkel γ' zu wählen ist.

Diese Eigentümlichkeit schränkt, wie bereits auf S. 644 erörtert, die Anwendungsfähigkeit des einfachen Schiebers als gemeinsames Steuerorgan für Ein- und Auslaß auf die mit hoher Eintrittsspannung arbeitenden Dampfcylinder bzw. auf Eincylinder-Kondensationsmaschinen und auf ND-Cylinder von Mehrfach-Expansionsmaschinen ein.

Trickscher Kanalschieber.

Der Übelstand kleiner Kanaleröffnungen läßt sich nun vermindern oder beseitigen durch veränderte Schieberkonstruktion, darin bestehend, daß die durch die lineare Verschiebung des Schiebers entstehende kleine Kanaleröffnung vervielfacht wird. Genügt eine Verdoppelung der Durchtrittsquerschnitte, so ist dies durch den Trickschen Kanalschieber zu erreichen, Fig. 804 a bis c.

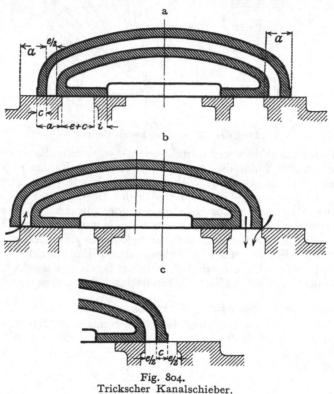

Fig. 804.
Trickscher Kanalschieber.

In den äußeren Überdeckungen a des normalen Muschelschiebers mündet ein in den Schieber eingegossener Kanal von der Öffnungsweite $\frac{e}{2}$ aus, dessen Wirkungsweise darin besteht, daß mit der normalen Eröffnung des Einlaßkanals auf der einen Schieberseite, Fig. 804 b, gleichzeitig auch von der Gegenseite des Schiebers her durch den Schieberkanal Dampf eintreten kann.

Wird die Exzentrizität des Steuerexzenters $r = a + \frac{e}{2}$ gewählt, so verdoppeln sich während der ganzen Füllungsperiode die durch die Schieberverschiebung entstehenden Eröffnungsquerschnitte. Im Schieberdiagramm läßt sich diese Vergrößerung der Durchflußquerschnitte durch Verdoppelung der jeweiligen Öffnungsweiten veranschaulichen, Fig. 805. Der Schieberspiegelkanal muß mindestens die Weite $e_0 = e + c$ erhalten, wenn die größte Eröffnungsweite des Schiebers nutzbar werden soll.

Für den Fall, daß die Exzentrizität $r > a + \frac{e}{2}$ ausgeführt wird, Fig. 806, ergibt sich der Vorteil, daß nicht, wie vorher, der Eintrittsquerschnitt e nur vorübergehend bei der Kurbelstellung φ wirksam wird, sondern schon bei einem kleineren Winkel erreicht wird und während eines gewissen Drehwinkels erhalten bleibt. Bei Vergrößerung der Kanalweite e_0 über den Wert $e + c$ hinaus auf den Wert $e_0 \gtreqless r - a + \frac{e}{2} + c$ läßt sich sogar die dem größten Schieberausschlag r entsprechende Kanaleröffnung $r - a + \frac{e}{2}$ noch ausnützen.

In den Fig. 805 und 806 sind unterhalb der Schieberdiagramme noch die Kanaleröffnungen bezogen auf die Kolbenstellungen veranschaulicht und die dem Sinusgesetz entsprechenden theoretischen Kanaleröffnungen (Ellipse $b\,c$) vergleichsweise
eingezeichnet. Während beim einfachen Schieber ohne Kanal die Verengung der
Durchflußquerschnitte im Vergleich mit den theoretisch erforderlichen schon bei
den Kolbenstellungen b beginnt, tritt sie beim Kanalschieber erst bei den Kolbenstellungen c ein. Konstruktive Ausführungen von Kanalflachschiebern zeigen die
Fig. II, 161 bis 164 und von Kanalrundschiebern II, 225 6,; 226 9. Um ausreichende Dichtheit des Schiebers gegenüber dem Kanal zu erhalten, ist die Steg-
breite c mindestens 10 bis 12 mm breit zu machen. Besonders schwierig ist die
Dichtheit dieses Steges bei den Kolbenschie-
bern zu erreichen, da seine geringe Breite
die Unterbringung eines Dichtungsringes
im allgemeinen ausschließt (II, 170).

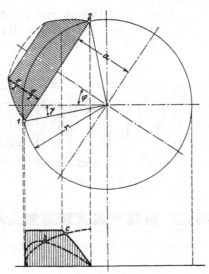

Fig. 805. Exzentrizität $r = a + \dfrac{e}{2}$. Fig. 806. Exzentrizität $r > a + \dfrac{e}{2}$.

Fig. 805 und 806. Steuerungsdiagramme des Kanalschiebers.

Penn-Schieber.

Letzteren Nachteil beseitigt der Penn-Schieber mit doppelter Eröffnung.
Dieser Schieber, II, 165, 8, stellt gewissermaßen die Vereinigung zweier ineinander
angeordneter Muschelschieber dar, so daß für jede Cylinderseite doppelte Ein-
und Auslaßsteuerkanten entstehen. Der Schieberspiegel besitzt dementsprechend
auch je 2 Kanäle, die zu einem gemeinsamen Cylinderanschlußkanal für Ein-
und Austritt sich vereinigen. Der Auspuffraum der Schiebermuschel ist für den
Zutritt des Frischdampfes nach der zweiten Einlaßsteuerkante entsprechend
durchbrochen.

Das Schieberdiagramm des Penn-Schiebers stimmt für den Dampfeinlaß mit
dem des Kanalschiebers überein; die Auslaßseite dagegen unterscheidet sich dadurch, daß bei ersterem ebenfalls doppelte Eröffnungen sich einstellen, während der
letztere diesen Vorteil nicht besitzt.

Der Vorteil des Penn-Schiebers besteht nicht nur in der Verdoppelung der
Ein- und Auslaßöffnungen, sondern außerdem in großen Dichtungsflächen für
die Schieberüberdeckungen, wodurch auch bei Kolbenschiebern die Anordnung von Dichtungsringen möglich wird, wie dies die Ausführung II, 171 erkennen läßt.

Die konstruktive Ausbildung des Penn-Schiebers mit der Arbeitsweise des Trickschen Kanalschiebers vereinigt der II, 169, 13 dargestellte, für Heißdampfbetrieb dienende Kolbenschieber von Wilh. Schmidt. Für den Dampfauslaß weist dieser Schieber nur die einfachen Kanaleröffnungen auf. Seine Betriebsfähigkeit bei den hohen Dampftemperaturen ist dadurch zu sichern gesucht, daß der äußere Cylinder des Schiebers unabhängig vom Schieberkörper und in diesem radial frei beweglich ausgebildet ist.

Durch konstruktive Vereinigung eines Kanals mit dem Pennschen Schieber läßt sich eine Verdreifachung des Dampfeintritts erzielen, wie dies der Schieber II, 164, 7, sowie der Hochwald-Schieber II, 166, 9 zeigt. Bei letzterem ist durch geeignete Ausgestaltung des Schiebers und Schieberspiegels auch für den Auslaß eine Verdreifachung der Kanaleröffnungen erzielt, verbunden mit der Möglichkeit eines kurz andauernden Druckausgleiches beider Kolbenseiten vor Beginn der Austrittsperiode der einen Kolbenseite und nach eingetretener Kompression auf der anderen.

Für sogenannte Präzisionssteuerungen ist eine sehr weitgehende Vervielfachung der Ein- oder Austrittsquerschnitte, mittels der sogenannten Gitterschieber, Fig. 807 durchgeführt. Der vorliegende Schieber besitzt beispielsweise 13 gleich-

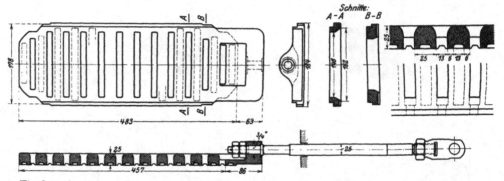

Fig. 807. Amerikanischer Gitterschieber mit 13facher Kanaleröffnung für Dampfein- oder Auslaß.

zeitig steuernde Kanten, die mit ebensoviel Steuerkanten eines als Rost ausgeführten Schieberspiegels zusammen arbeiten, so daß eine Verdreizehnfachung des Eröffnungsquerschnittes eines Kanals erreicht wird. Der Vorzug dieser Schieber besteht in der Erzielung großer Durchtrittsquerschnitte bei kleinen Schieberhüben.

h. Mehrfache Eröffnung des Austrittskanals.

In Rücksicht auf das verhältnismäßig große Dampfvolumen, das während der Vorausströmung den Cylinder zu verlassen hat, ist eine rasche Vergrößerung der Auslaßquerschnitte bei Beginn der Austrittsperiode, zur sicheren Erreichung der Austrittsspannung in der Nähe des Kolbenhubwechsels der Ausschubperiode von besonderer Bedeutung. Es besteht somit auch das Bedürfnis einer mehrfachen Eröffnung des Austrittskanals, ähnlich wie für die Einlaßseite; bei hohen Endexpansionsspannungen kann die Vervielfachung der Auslaßquerschnitte sogar ungleich wichtiger werden als die Vervielfachung der Einlaßquerschnitte.

Mit einer derartigen Verbesserung der Ausströmverhältnisse wird nicht selten noch eine zweite für Kondensationsbetrieb auftretende Aufgabe zu lösen gesucht, bestehend in der Erhöhung des Kompressionsenddruckes, der bei normalen Auslaßsteuerungen infolge des niederen Kondensatordruckes meist nur geringe Höhe erreicht, und selbst bei ND-Cylindern von Mehrfach-Expansionsmaschinen in der Regel unter der Eintrittsspannung bleibt. Zur künstlichen Steigerung des Endkompressionsdruckes wird unmittelbar vor Beginn der Vorausströmung die Überströmung des Dampfes der Expansionsseite auf die Kompressionsseite eingeführt. Der dadurch sich einstellende Druckausgleich auf beiden Kolbenseiten führt auf eine wirksame Steigerung der Kompressionsanfangsspannung, so daß die anschließende Kompression wesentlich höher verläuft.

Eine dementsprechende Schieberausbildung für doppelte Ausströmung und Dampfüberströmung, wie sie zuerst von Zivilingenieur Weiß angegeben worden ist, zeigt Fig. 808. Für die Dampfeintrittsseite kann der Schieber hinsichtlich seiner äußeren Überdeckungen normal ausgebildet sein, dagegen sind die inneren Überdeckungen beider Schieberseiten als Stege einer besonderen, im Schieberhohlraum untergebrachten Muschel ausgeführt, die in der Schiebermittelstellung den Auspuffraum vom Cylinderinneren absperrt. Andererseits werden bei dieser Mittelstellung die nach den beiden Cylinderenden führenden Steuerkanäle vom Schieber nicht vollständig abgedeckt, sondern beiderseits ein Spalt σ, der kleiner wie die

Weißscher Schieber.

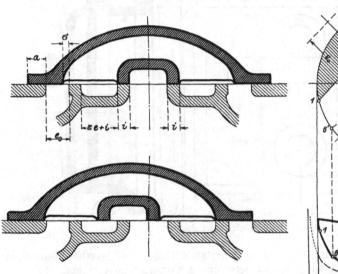
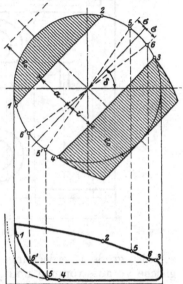

Fig. 808. Weißscher Schieber für doppelte Eröffnung des Auslaßkanals und Überströmung.

Fig. 809. Schieber- und Dampfdiagramm für Weißschen Schieber.

innere Überdeckung i sein muß, an den inneren Schieberkanten frei gelassen, so daß während einer Gesamtverschiebung 2σ vor und hinter der Schiebermittellage die Dampfüberströmung erfolgen kann. Der doppelte Ausströmquerschnitt wird nach der Verschiebung i an den beiden Stegen der inneren Schiebermuschel freigemacht. Das Schieber- und zugehörige Dampfdiagramm ist in Fig. 809 dargestellt. Die während der Verschiebung 2σ erfolgende Dampfüberströmung hat auf der Kompressionsseite eine Steigerung des Dampfdruckes von der Kondensatorspannung auf den Druck p_6, als Ausgleichdruck zwischen Endexpansions- und Kondensatorspannung zur Folge. Während ohne Druckausgleich die Kompression nach der gestrichelten Linie verlaufen und am Hubende nur eine geringe Drucksteigerung eingetreten wäre, erhebt sich mit dem Druckausgleich die Kompression auf p_1.

Der Weißsche Schieber leidet ähnlich wie der Kanalschieber an dem Übelstand schmaler Dichtungsflächen der Stege i, und außerdem ergeben sich auch die Dichtungsflächen der äußeren Schiebermuschel schmäler als beim gewöhnlichen Schieber.

Diesen Nachteil vermeidet der in Fig. 810 dargestellte Hochwald-Schieber, bei dem die innere kleine Schiebermuschel beseitigt und statt ihrer 2 Auslaßkanäle

Hochwald-Schieber.

mit breiten Überdeckungsflächen angeordnet sind. Diese Ausbildung hat auch den Vorteil, daß doppelte Ausströmung entsteht und daß für beide Kolbenseiten ver-

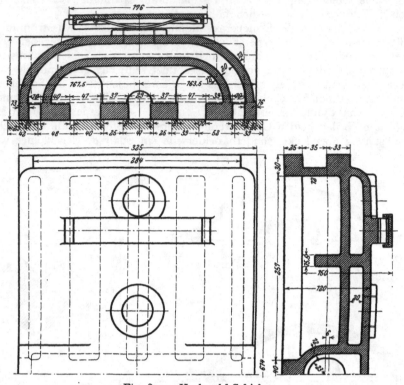

Fig. 810. Hochwald-Schieber.

schieden große Überdeckungen i und Spaltweiten σ ausgeführt werden können, um gleiche Vorausströmung und gleiche Überströmverhältnisse zu erzielen.

Hierher gehört auch der in II, 166 dargestellte Hochwald-Schieber, bei dem neben dreifacher Einströmung auch dreifache Ausströmung nebst Überströmung durchgeführt ist.

2. Exzenterantrieb für veränderliche Dampfverteilung.

Der bis jetzt behandelte Steuerungsantrieb mittels eines auf die Kurbel- oder Steuerwelle aufgekeilten und mit dem inneren Steuerorgan zwangläufig verbundenen Exzenters läßt nur unveränderliche Ein- und Ausströmperiode erreichen. Diese einfachste Steuerung für unveränderliche Füllung findet daher nur Verwendung bei solchen Dampfmaschinen, bei denen die Dampfarbeit mittels der sogenannten Drosselregelung, d. i. durch Veränderung der Eintrittsspannung der veränderlichen Belastung angepaßt wird, Fig. 811, wie dies beispielsweise bei den zum Antrieb von Hebezeugen, kleinen Pumpen dienenden Eincylinder- oder Zwillingsmaschinen, sowie bei älteren Fördermaschinen u. a. der Fall ist. Auch bei Mehrfach-Expansionsmaschinen kann der einfache, durch ein fest aufgekeiltes Exzenter angetriebene Schieber zur Steuerung der Mittel- und Niederdruckcylinder verwandt werden, da deren Expansions- und Kompressionsgrad auch bei wechselnder Arbeitsleistung der Maschine unverändert bleibt.

Leistungsänderung durch Dampfdrosselung.   Der bei der Dampfdrosselung, Fig. 811, von Einfach-Expansionsmaschinen geleistete Verzicht auf die zwischen der Eintrittsspannung p_1 und der Drosselspannung p_1' verfügbare Expansionsarbeit L' ist bei Dampfmaschinen, an die die

Forderung größtmöglicher Dampfausnützung gestellt wird, aus wärmewirtschaftlichen Gründen ausgeschlossen. Bei allen normalen Betriebsdampfmaschinen erfolgt deshalb zur Erzielung wirtschaftlicher Dampfausnützung die Anpassung der
Arbeitsleistung an den veränderlichen Widerstand durch Veränderung der Dampf-
füllung bei gleichbleibender Eintrittsspannung. Eine solche Füllungsänderung kann
aber auch mit ein und demselben Schieber erreicht werden, wenn, wie aus den vorhergehenden Untersuchungen der einfachen Schiebersteuerung hervorgeht, Exzentrizität und Aufkeilwinkel des Steuerexzenters entsprechend abgeändert werden.

**Müllersches
Schieber-
diagramm für
veränderliche
Füllung.**

    Wird beispielsweise als inneres Steuerorgan ein Flach-, Rund- oder Kolbenschieber
mit der Einlaßüberdeckung a als gegeben vorausgesetzt, so lassen sich nach den
frühern Betrachtungen
über die Einlaßsteuerun-
gen für beliebige durch
die Kurbeldrehungen α_m,
α_n und $\alpha_0 = \mathrm{o}$ gekennzeichnete Dampfeintritts-
winkel die zugehörigen
Steuerexzenter unter Be-
nützung des Müllerschen
bzw. Zeunerschen Schie-
berkreises, wie in Fig. 812
und 813 angegeben, er-
mitteln.

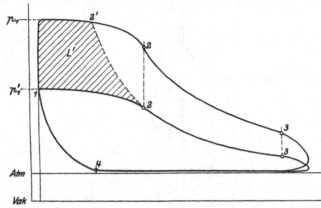

    Ausgehend von der
Mittellage der steuernden
Kante K und der zuge-
hörigen Mittelstellung des

Fig. 811. Veränderung der Dampfverteilung bei Drosselregelung.

steuernden Exzenters sind die Dampfeintrittswinkel α_m, α_n und α_0 gegenüber
der Schieberschubrichtung so zu legen, daß sie durch diese halbiert werden; die
Schnittpunkte der beiden Schenkel mit der im Abstand a vom Exzentermittelpunkt O senkrecht zur Schieberschubrichtung gezogenen Steuerkante K_s stellen
alsdann je 2 Punkte der dem Eintrittswinkel entsprechenden Schieberkreise
dar. Der große Eintrittswinkel α_m führt auf eine Exzentrizität r_m des steuernden
Exzenters, der mittlere Winkel α_n auf eine Exzentrizität r_n und der Winkel $\alpha_0 = \mathrm{o}$,
also die Nullfüllung, führt auf die Exzentrizität r_0. Die Aufkeilwinkel δ_m, δ_n
und δ_0 richten sich nach der Größe der linearen Voreröffnungen v bzw. der
Voreröffnungswinkel γ_m, γ_n und $\gamma_0 = \mathrm{o}$. Die Nullfüllung wird erreicht, wenn
$r_0 \leqq a$ und $\delta_0 = 90^{\mathrm{o}}$, weil bei dieser Größe und Lage des Steuerexzenters eine
Eröffnung des Steuerkanals ausgeschlossen ist.

    Behufs Änderung des Füllungsgrades muß also Exzentrizität und Auf-
keilwinkel des Steuerexzenters in der aus den Schieberdiagrammen zu entnehmenden Art geändert werden.

**Zeuners-
Schieber
diagramm für
veränderliche
Füllung.**

    Eine vereinfachte und übersichtlichere Ermittlung der Steuerexzenter für ver-
schiedene Füllungen ermöglicht das Zeunersche Schieberdiagramm, Fig. 813. Für
dieses sind als bekannt vorauszusetzen der Kurbelkreis mit seinen charakteristischen Kurbelstellungen für Beginn (1) und Ende der Füllungen m, n und o;
die Kurbelrichtung 1 der ersten beiden Füllungen ist durch die Voröffnungswinkel
γ_m und γ_n gegeben; ferner ist der Überdeckungskreis vom Radius a bekannt. Die
Kurbelrichtungen für Füllungsanfang und Ende schneiden den Überdeckungskreis a
in jenen Punkten, durch die der der jeweiligen Füllung zugehörige Schieberkreis hindurchgehen muß. Da außer diesen Schnittpunkten noch der Mittelpunkt o dem Zeunerschen Schieberkreise angehören und durch 3 Punkte stets
ein Kreis bestimmt ist, so ermitteln sich für die Füllungswinkel α_m und α_n
die Zeunerschen Schieberkreise hinsichtlich Lage und Größe wie in den Fig. 813
angegeben.

In Fig. 814a sind die Zeunerschen Schieberkreise für 3 verschiedene Füllungsgrade $\varepsilon_m = 0{,}70$, $\varepsilon_p = 0{,}50$, $\varepsilon_q = 0{,}05$ in einem Diagramm vereinigt.

Die aus unseren früheren Betrachtungen über die Eigenschaften des einfachen Schiebers mit Exzenterantrieb bereits gefolgerte Eigentümlichkeit der empfindlichen Verkleinerung der Kanaleröffnungen und des schleichenden Schlusses bei Verkleinerung der Füllung kommt in diesen Schieberdiagrammen für verschie-

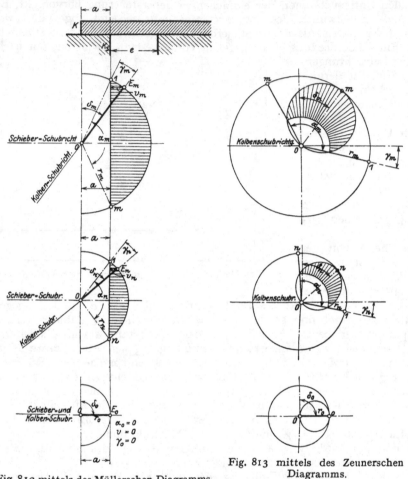

Fig. 812 mittels des Müllerschen Diagramms.

Fig. 813 mittels des Zeunerschen Diagramms.

Fig. 812 und 813. Ausmittlung der Steuerexzenter für verschiedene Füllungen bei konstanter Eintritts-Überdeckung des Schiebers.

dene Füllungen sehr deutlich zum Ausdruck, namentlich im unteren Teil der Fig. 814a, bei dem die Kanaleröffnungen aus den Schieberkreisen übertragen und auf den Kolbenweg bezogen dargestellt sind. Vergleichsweise sind auch die dem theoretischen Bewegungsgesetz der Steuerorgane entsprechenden Kanaleröffnungen in willkürlichem Maßstab eingezeichnet, wodurch die mit Verkleinerung der Füllung zunehmende Abweichung der Kanaleröffnungen von den theoretischen Querschnitten deutlich in Erscheinung tritt.

a. Verstellbares Exzenter.

Verstellkurve.
Das Zeunersche Schieberdiagramm, Fig. 814a, läßt nun unmittelbar erkennen, daß zur Veränderung der Füllung zwischen den Kurbelstellungen 2_m und 1 unter Beibehaltung des Schiebers mit der äußeren Überdeckung a der Mittelpunkt des

Antriebsexzenters auf der Verbindungslinie $m\,p\,q\,o$ der Exzentermittelpunkte zu verschieben ist. Diese Verstellkurve kann sowohl geradlinig als gekrümmt verlaufend gewählt werden, je nach der außer der Füllungsänderung gleich-zeitig noch zugelassenen oder geforderten Änderung in der Größe des Voröffnens bei den einzelnen Füllungen. Beispiels-weise würde für halbe Fül-lung eine geradlinige Verschie-bung I des Exzenters nach Fig. 814b auf ein Steuerexzenter vom Radius r_I und Aufkeilwinkel δ_I führen, während die kurvenför-mige Bahn II des Exzentermit-telpunktes einen Radius r_{II} und Aufkeilwinkel δ_{II} liefert, wobei sich für den Dampfeintritt sowohl der Voröffnungswinkel γ, wie die Kanaleröffnungen in der aus dem Diagramm erkennbaren Weise vergrößern.

Fig. 814c zeigt noch ver-gleichsweise die Müllerschen Schieberkreise für dieselbe Ver-stellkurve $m\,p\,q\,o$ der Fig. 814a, wobei die für halbe Füllung sich ergebenden Kanaleröffnungen ebenfalls durch Schraffur her-vorgehoben sind.

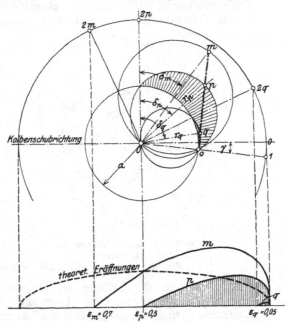

Fig. 814a. Zeuners Schieberdiagramm für veränderliche Füllung mittels eines und desselben Einlaßschiebers.

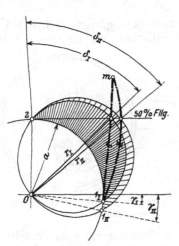

Fig. 814b. Einfluß veränderter Ver-stellkurve bei gleichem Füllungs-grad auf Voröffnung und Eintritts-querschnitte.

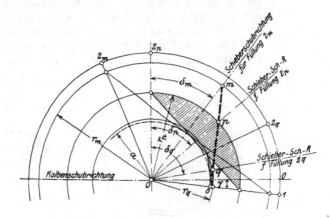

Fig. 814c. Müllersches Diagramm für veränderliche Füllung mittels ein und desselben Einlaßschiebers.

Die geradlinige Verstellung wird entweder senk-recht zur Verschiebungsrichtung des Steuerexzen-ters, Fig. 815 oder tangierend an den Überdeckungs-kreis a, Fig. 816 gewählt. Im ersteren Falle bleibt für alle Füllungsgrade das lineare Voröffnen v un-verändert, während der Voröffnungswinkel γ und damit die Zeit des Vorein-strömens mit zunehmender Füllung abnimmt, im letzteren Falle dagegen bleibt Vor-öffnungswinkel und Voreinströmzeit unverändert und das lineare Voröffnen nimmt mit der Füllung zu.

Die Wahl der Verstellkurve hängt außer von Rücksichten auf die Dampfverteilung bei den maßgebenden Füllungen besonders noch von Rücksichten auf
die Ausgestaltung der zur Verschiebung des Exzenters erforderlichen Konstruktionseinzelheiten ab[1]). Eine zweckmäßige Verstellkurve für normale Bedürfnisse
in der Dampfverteilung innerhalb kleinster und größter Füllung ergibt sich da-

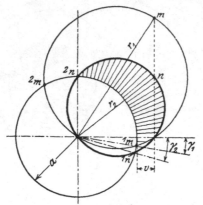
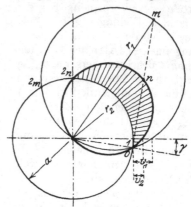

Fig. 815. Mit unverändertem   Fig. 816. Mit gleichbleibendem Veröffnungs-
    linearen Voreilen.   winkel und veränderlichem Voreilen.
      Fig. 815 und 816.   Geradlinige Verstellung des Steuerexzenters.

durch, daß von der Exzenterlage für normale Füllung und zugehöriger Voreinströmung ausgegangen wird. Unterhalb der normalen Füllung kann die Voreinströmung meist kleiner gewählt werden, zurückgehend bis auf Null für die kleinste
Füllung, wobei es möglich ist, wirkliche Nullfüllung zu erzielen; andererseits darf
für zunehmende Füllungen auch die Voreinströmung zunehmen, da der Kompressionsgrad abnimmt. Die Verstellkurve läßt sich als mehr oder weniger stark
gekrümmter Kreisbogen ausführen, je nachdem die Lage des Krümmungsmittelpunktes aus konstruktiven Gründen gewählt wird.

Die geradlinige Verschiebung des Steuerexzenters Fig. 817 a führt auf konstruktiv unbequeme Linealführungen. Die Annäherung an die Gerade durch

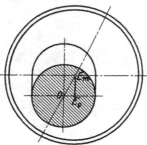
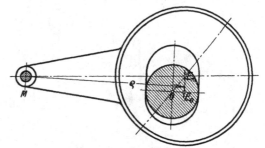

Fig. 817a. Gradlinige Exzenter-   Fig. 817 b. Schwachgekrümmte kreisförmige
        verstellung.   Exzenterverstellung.

einen Kreisbogen von großem Radius, Fig. 817 b, ist konstruktiv wohl einfach, setzt
aber voraus, daß der von der Wellenmitte weit abliegende Drehpunkt M an einem
Schwungradarm oder an einer entsprechend großen Scheibe angeordnet werden
kann. Praktisch genügende Annäherung an die gerade Verstellkurve wird auch
bereits bei wesentlich kleineren Krümmungsradien erreicht. Der sehr kleine
Krümmungsradius Fig. 817 c ermöglicht eine konstruktiv bequeme Unterbringung
des Krümmungsmittelpunktes M durch Ausbildung eines zweiten auf die Steuerwelle aufgekeilten Exzenters, um das das eigentliche Steuerexzenter zu verstellen

---

[1]) S. Abschnitt Exzenter-Regler.

ist. Mit der starken Krümmung muß aber eine starke Abnahme der Voreinströmung bei zunehmender Füllung in den Kauf genommen werden. Wird nach
Fig. 817 d das zweite auf der Steuerwelle sitzende Exzenter B selbst noch drehbar gemacht um einen an der Welle befestigten Zapfen Z und wird das Steuerexzenter am
Auge P verschiebbar in der Richtung der Verstellkurve angeordnet, entweder durch
eine Geradführung oder einen Lenker PQ, so kann wieder eine nahezu geradlinige
Verstellkurve erreicht werden, indem das unveränderliche Dreieck PME_m durch
die Lenker PQ und ZM geführt wird.

  Zum Zwecke der Verstellung von Hand wird das Exzenter mit einer auf der
Welle aufgekeilten Scheibe verstell-
bar verschraubt. Derartig nur im
Stillstand der Maschine verstellbare Exzenter werden nicht selten
für den Steuerungsantrieb von Nie-

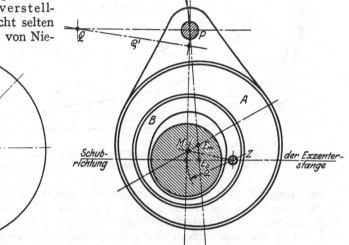

Fig. 817 c. Starkgekrümmte Verstellkurve
durch Verstellung des Steuerexzenters
auf festem Innenexzenter (Dörfel-Proell).

Fig. 817 d. Schwachgekrümmte Verstellkurve
durch Verstellung des Innenexzenters und Führung
des Außenexzenters.

derdruck- und Mitteldruckcylindern von Mehrfach-Expansionsmaschinen gewählt,
um nachträglich die für den Maschinenbetrieb günstigste Füllung einstellen zu können.

  Die selbsttätige Einstellung der Füllung auf veränderte Belastung verlangt die Verbindung des zu verstellenden Exzenters mit einem Regler, der
imstande ist, das Steuerexzenter in der einem bestimmten Füllungsgrad zugehörigen
Stellung festzuhalten und bei Belastungsänderung in die der neuen Füllung entsprechende Stellung zu verschieben. Die hierzu geeigneten sogenannten Exzenter-
Flach- oder Achsregler werden im Kapitel Geschwindigkeitsregler näher behandelt.

  Werden mit dem verstellbaren Exzenter nur die Einlaßorgane beider
Cylinderseiten in Verbindung gebracht
und die Auslaßorgane durch ein besonderes Exzenter gesteuert, so bleibt
die Dampfverteilung auf der Ausströmseite bei den verschiedenen Füllungen
unverändert und für verschiedene Belastungen wären Dampfdiagramme nach
Fig. 818 a zu erwarten. Wenn mit
solchen Exzenterreglersteuerungen ausgeführte Maschinen trotzdem Indikatordiagramme nach Fig. 818 b mit veränderlichen Kompressionslinien zeigen, so
erklärt sich diese Abweichung naturgemäß

Verstellbares
Exzenter nur
auf Dampfein-
laß wirkend.

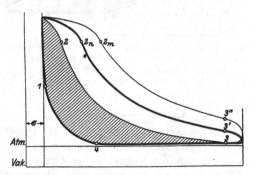

Fig. 818 a. Theoretische Veränderung der
Dampfverteilung mit der Füllung, bei Regelung des Einlaßschiebers.

42*

aus der Erhöhung der mittleren Wandungstemperatur bei zunehmender Füllung, wodurch bei gleichem Kompressionsgrad die Kompressionslinien etwas höher verlaufen.

Verstellbares Exzenter auf Dampfein- und Auslaß wirkend.

Wird dagegen mit dem verstellbaren Steuerexzenter der normale Ein- und Auslaß steuernde Rahmen- oder Muschelschieber Fig. 790 bezw. 791 verbunden, so macht sich bei den verschiedenen Belastungen die bereits erläuterte Abhängigkeit der vier Dampfverteilungspunkte noch in dem Sinne geltend, daß kleine Füllungen große Kompression ergeben und umgekehrt wie auf S. 644 näher erläutert. Es tritt daher mit der Änderung der Dampfverteilung auf der Einströmseite Fig. 818c gleichzeitig eine solche Änderung auf der Ausströmseite ein, daß die Diagramme der kleinen Füllungen innerhalb der Diagramme der größeren Füllungen verlaufen.

Besondere Eigenschaften des Zeunerschen Diagramms.

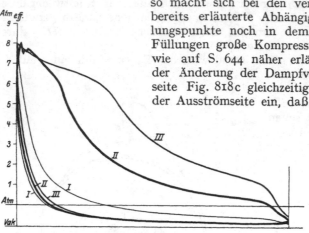

Fig. 818b. Indikatordiagramme einer nur auf den Dampfeinlaß wirkenden Exzenterreglersteuerúng.

Es möge nun in folgendem der für die Ermittlung der Verstellkurve unter Berücksichtigung bestimmter Steuerungsforderungen einzuschlagende zeichnerische Weg erörtert werden, ohne zunächst auf den konstruktiven Zusammenhang mit dem Achsregler näher einzugehen. Für diesen Zweck eignet sich am besten das Zeunersche Schieberdiagramm, weil bei ihm wohl die Schieberkreise mit der Exzenterverstellung ihre Lage und Größe ändern, Kolbenschubrichtung und Kurbellagen dagegen unverändert bleiben, so daß auf jeder Kurbelrichtung die mit der Exzenterverstellung sich ergebenden relativen Schieberverschiebungen sofort erkannt und die entsprechenden Änderungen der Dampfverteilung leicht ermittelt und miteinander verglichen werden können.

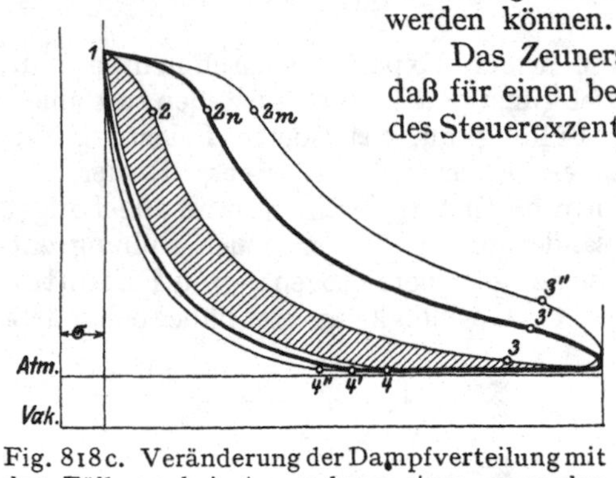

Das Zeunersche Schieberdiagramm, Fig. 819, zeigt, daß für einen bestimmten Füllungsgrad Lage und Größe des Steuerexzenters abhängig ist von der Größe der Überdeckung a, dem Füllungswinkel φ und dem Voröffnungswinkel γ, da durch die Schnittpunkte 1 und 2 beider Schenkel des Kanaleröffnungswinkels $\alpha = \varphi + \gamma$ mit dem Überdeckungskreis und durch den Mittelpunkt O des Koordinatensystems der Zeunersche Schieberkreis bestimmt ist. Der Endpunkt E des Durchmessers OE des Schieberkreises gibt die Lage des Exzentermittelpunktes für die Kurbeltotlage und damit Größe der Exzentrizität r und des Aufkeilwinkels δ für den Füllungswinkel φ.

Fig. 818c. Veränderung der Dampfverteilung mit der Füllung bei Anwendung eines normalen Muschelschiebers für Ein- und Auslaß, angetrieben durch einen Exzenterregler.

Aus der Fig. 819 folgt außerdem, daß der Exzentermittelpunkt E sich auch ergibt als Schnittpunkt der an die Punkte 1 und 2 des Überdeckungskreises gezogenen Tangenten. Die Tangente an den Überdeckungskreis im Punkt 1 ist dabei aufzufassen als geometrischer Ort aller Mittelpunkte der einem konstanten Voröffnungswinkel γ angehörigen Steuerexzenter, und ebenso bildet die Tangente an den Punkt 2 den geometrischen Ort aller Mittelpunkte von Exzentern für den konstanten Füllungswinkel φ, also für den entsprechenden konstanten Füllungs-

grad. Für die beiden, dem Kanaleröffnungswinkel α entsprechenden Kurbelrichtungen 1 und 2 bestimmt sich somit das zu einer bestimmten Eintrittsüberdeckung
a gehörige Steuerexzenter E durch den Schnittpunkt der beiden an den Überdeckungskreis gezogenen Tangenten $1\,E$ und $2\,E$. Wird der Überdeckungskreis
gleichzeitig als Kurbelkreis aufgefaßt, so stellen die Punkte 1 und 2 auch die
Kurbellagen für Beginn und Ende der Füllung dar.

Aus früheren Betrachtungen im Zusammenhang mit den Fig. 801 und 802
ist ferner zu entnehmen, daß die Strecken $E\,1$ und $E\,2$ Fig. 819 die Eröff-
nungs- bzw. Abschlußge-
schwindigkeiten des Schiebers im Maßstab des Schie-
berkreisdurchmessers gleich
der Tangentialgeschwindigkeit des Exzentermittel-
punktes darstellen.

Diese Zusammenhänge
erleichtern wesentlich die
Ausmittlung der praktisch
zweckmäßigsten Verstell-
kurven für gegebene Fül-
lungsgrenzen, wenn, wie
meist der Fall, die Steuerungsverhältnisse für normale Füllung vorgeschrie-
ben sind.

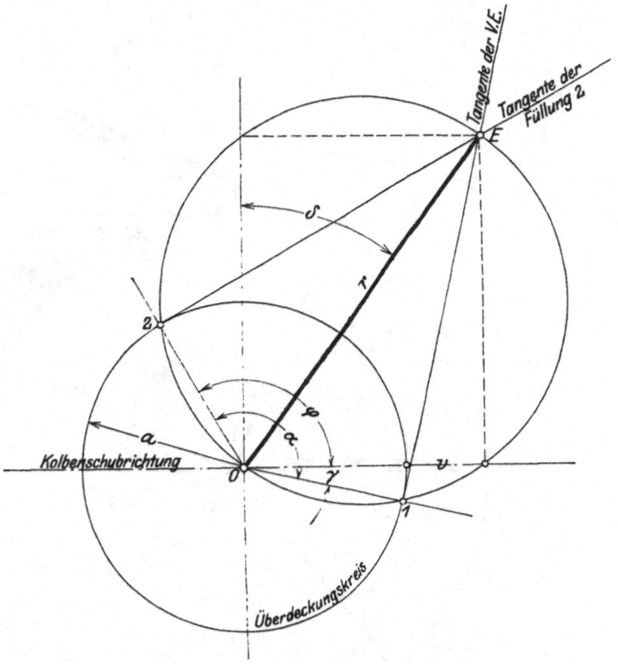

Fig. 820 zeigt den Weg,
der für eine geeignete Wahl
der Verstellkurve einge-
schlagen werden kann,
wenn eine Füllungsände-
rung von Null bis zur Kurbelstellung 2_m erreicht werden soll. Für die normale
Füllung 2_n sei das Exzenter r_n, δ_n als zweckentsprechend vorausgesetzt;

**Ermittlung
der Verstell-
kurve.**

Fig. 819. Ermittlung des Zeunerschen Schieberkreises aus der
Schieberüberdeckung und den Kurbelrichtungen für Beginn
und Ende der Füllung.

im zugehörigen Schieberkreis kennzeichnet der Endpunkt n des Durchmessers r_n
die Lage des Exzentermittelpunktes zur Kolben- bzw. Schieberschubrichtung.

Soll nun das Steuerexzenter für die der Kurbelrichtung 2_m entsprechende
größte Füllung ermittelt werden, so ist nach dem Vorausgegangenen die
Tangente im Punkte 2_m an den Überdeckungskreis der geometrische Ort für
den Mittelpunkt des gesuchten Exzenters. Ein zweiter geometrischer Ort findet
sich aus der Bedingung für das Voröffnen. Soll der Voröffnungswinkel γ_n der
normalen Füllung auch für die größere Füllung beibehalten werden, so ist die
Tangente in 1 der zweite geometrische Ort des Exzentermittels und der Schnittpunkt m' der gesuchte Exzentermittelpunkt; kann dagegen das lineare Voröffnen
im Kolbenhubwechsel gleich 0 angenommen werden, so bildet die Senkrechte auf
die Kolbenschubrichtung in deren Schnittpunkt mit dem Überdeckungskreis a
den betreffenden geometrischen Ort, und die Lage des Exzentermittelpunktes würde
durch den Schnittpunkt m gegeben sein. Für den Fall konstanten linearen Voröffnens v würde sich der Exzentermittelpunkt m'' auf der Senkrechten durch den
Endpunkt e des linearen Voröffnens v ergeben.

Je nach den Bedürfnissen der Dampfverteilung hinsichtlich des Voröffnens
innerhalb der kleinsten und größten Füllung lassen sich nun Verstellkurven wählen,
die, ausgehend von der Exzenterstellung n für normale Füllung, entweder gerad-

linig oder gekrümmt zu den Exzenterstellungen für Null- und größte Füllung überführen.

Die gezeichnete Verstellkurve *m n o* würde für alle, von der normalen abweichenden Füllungen, kleineres lineares Voröffnen verursachen, als für diese mit der Größe *v* gegeben ist.

In den beiden Fig. 821 und 822 sind die Schieberkreise und Dampfdiagramme für zwei geradlinige Verstellkurven gezeichnet, von denen die eine als Senkrechte

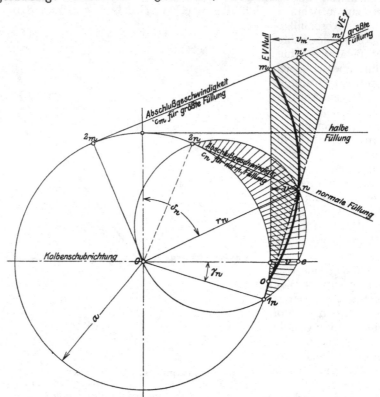

Fig. 820. Ausmittlung der Verstellkurve für veränderliche Füllung bei gegebener Normalfüllung.

im Punkt o auf die Kolbenschubrichtung konstantes lineares Voröffnen, und die andere als Tangente im Punkt o an den Überdeckungskreis konstanten Voröffnungswinkel γ für alle Füllungsgrade liefert. Bei konstantem linearen Voröffnen, Fig. 821, läßt sich die Nullfüllung nicht erreichen; vielmehr entspricht im vorliegenden Fall die kleinste Füllung 2_0 mit dem Füllungswinkel φ_0 noch einer verhältnismäßig großen Leistung, die unter den Dampfdiagrammen durch die schraffierte Fläche hervorgehoben ist. Bei konstantem Voröffnungswinkel dagegen, Fig. 822, kann die Nullfüllung mit einem Exzenter vom Radius $r = a$ und einem Aufkeilwinkel $\delta_0 = 90 + \gamma$ erzielt werden.

Das Dampfdiagramm der Nullfüllung, das noch unter dem Einfluß des Dampfes im schädlichen Raum entsteht, ist in Fig. 820 ebenfalls durch Schraffur hervorgehoben.

b. Kanalabschlußgeschwindigkeiten.

Abschlußgeschwindigkeiten bei verschiedenen Füllungen.

Werden unter der Voraussetzung gleich bleibender Umdrehungszahl die Exzenterradien als Maß für die Umfangsgeschwindigkeiten der Mittelpunkte der Steuerexzenter angenommen, so stellen nach S. 649 in Fig. 821 u. 822 die Strecken $2_m m$, $2_p p \ldots$ der Tangenten an die Kurbelpunkte 2_m, $2_p \ldots$ die Abschlußgeschwindigkeiten des Steuerschiebers dar; dieselben nehmen somit mit wachsender Füllung zu und ergeben sich für die kleinen Füllungen verhältnismäßig klein, wodurch sich der früher bereits hervorgehobene Nachteil des schleichenden Kanalschlusses genauer kenn-

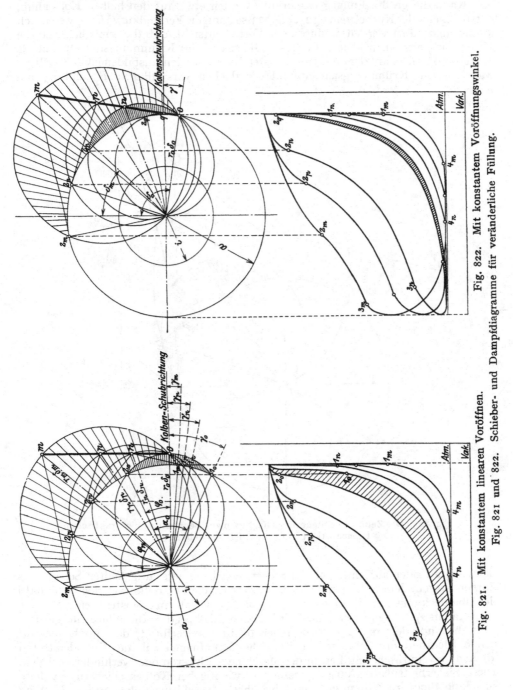

Fig. 822. Mit konstantem Voröffnungswinkel.

Fig. 821. Mit konstantem linearen Voröffnen.

Fig. 821 und 822. Schieber- und Dampfdiagramme für veränderliche Füllung.

zeichnet. Der schleichende Kanalschluß und die kleinen Eröffnungen bei den kleinen Füllungsgraden drängen dazu, in diesen Fällen als inneres Steuerorgan den Kanalschieber zu verwenden. Wenn trotzdem in neuerer Zeit der einfache Schieber wieder bevorzugt wird, so ist dies wesentlich in dem Umstande begründet, daß letzterer größere Dichtheit gewährleistet im Vergleich mit der durch den Kanal unterbrochenen Dichtungsfläche der Einlaßüberdeckung des Kanalschiebers.

Kann die größte Füllung beschränkt werden etwa auf den halben Kolbenhub, entsprechend der Kurbelstellung 2_q, Fig. 823, so kann die Verstellkurve $E_0 E_q$ wesentlich kürzer ausgeführt werden, wodurch der Vorteil entsteht, daß die ermöglichte starke Krümmung auf einen kleinen Radius ϱ_q führt und der Krümmungsmittelpunkt als Mittelpunkt eines auf der Steuerwelle festen Exzenters sich ausbilden läßt, Fig. 817c, während der Krümmungsmittelpunkt der flachen Verstellkurve E_p und $E_p{}'$ am

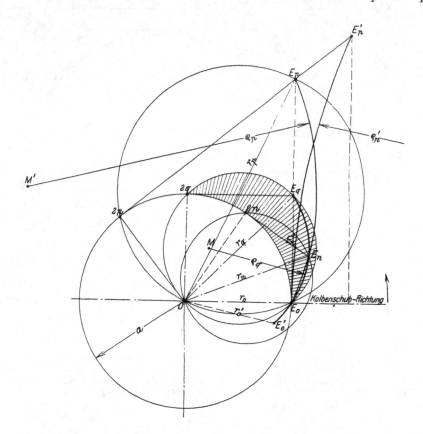

Fig. 823. Das Zeunersche Steuerungsdiagramm zur Beurteilung der praktischen Brauchbarkeit verschiedener Verstellkurven.

Schwungrad oder auf einer auf die Steuerwelle besonders aufgekeilten Scheibe als Zapfen ausgebildet werden muß, Fig. 817b. Werden die Verstellkurven noch innerhalb des Überdeckungskreises fortgesetzt, etwa bis $E_0{}'$, so daß ein kleinstes Steuerexzenter vom Radius $r_0{}' < a$ entsteht, dann wird erreicht, daß bei der Nullfüllung eine gewisse Sicherheitsüberdeckung $a - r_0{}'$ bestehen bleibt, die verhütet, daß durch ungenügende Dichtheit des Schiebers noch solche Dampfmengen in den Cylinder treten können, die ein rasches Stillsetzen der Maschine erschweren oder verhindern würden. Diese Sicherheitsüberdeckung ist besonders wichtig bei Kolbenschiebern, da diese schwierig dicht zu halten sind und bei ihrem verhältnismäßig großen Umfang starken Dampfübertritt ermöglichen können. Bei stark gekrümmten Verstellkurven ist zu berücksichtigen, daß das lineare Voröffnen sehr veränderlich wird, ober- und unterhalb der normalen Füllung meistens sich verkleinernd. Eine nach außen gekrümmte Verstellkurve führt bei den kleinen Füllungsgraden auf kleine Eintrittsquerschnitte, während sich für größere Füllungen große Voreinströmung ergibt.

Als Sonderfall wäre noch die zum Wellenmittel konzentrische Verstellkurve und die nach dem Wellenmittel zu gerichtete Gerade zu erwähnen. Eistere entspricht konstanter Exzentrizität und veränderlichem Aufkeilwinkel des Steuerexzenters, letztere konstantem Aufkeilwinkel und veränderlicher Exzentrizität.

Die konzentrische Verstellkurve, Fig. 824, ermöglicht alle Füllungsgrade bei konstanter Abschlußgeschwindigkeit des Steuerkanals, da die Sehnen $c_2{}^m = c_2{}^n = c_2{}^o$, doch ergibt sich von der Exzenterstellung q ab bei den größeren Füllungen negatives lineares Voröffnen und damit verspätetes Eröffnen des Eintrittskanals, während andererseits mit Verkleinerung der Füllungen der Voröffnungswinkel γ beständig zunimmt. Die **radiale Verstellgerade,** Fig. 825, ergibt für die Füllungen oberhalb der Normalen starkes Anwachsen der Exzentrizitäten und des linearen Voröffnens, so daß schon halbe Füllung auf praktisch ungeeignete

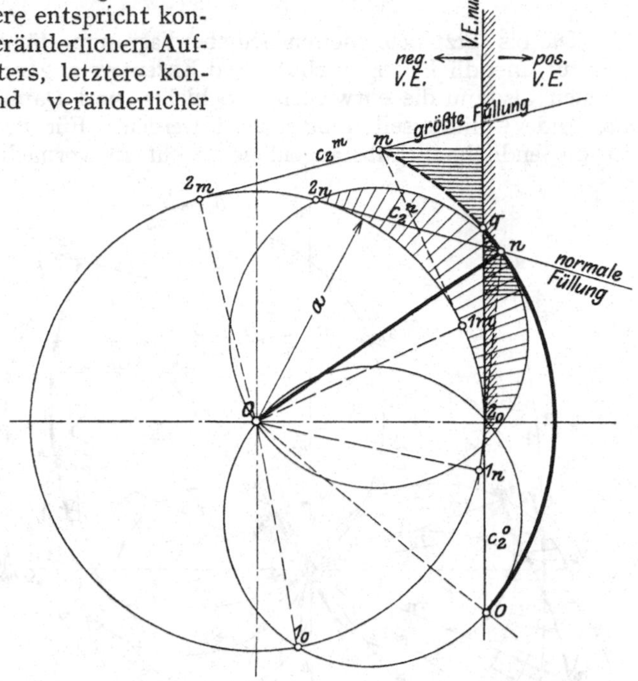

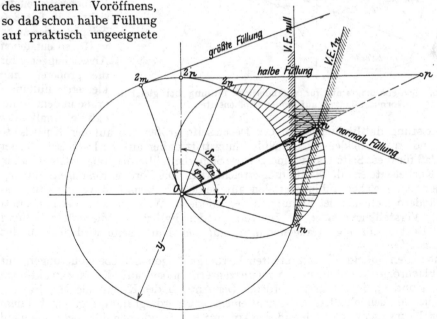

Konzentrische Verstellkurve.

Radiale Verstellkurve.

Fig. 824. Schieberdiagramm für zum Wellenmittel konzentrische Verstellung des Steuerexzenters.

Fig. 825. Schieberdiagramm für radiale Verstellung des Steuerexzenters.

Exzenterlagen und -Radien führt. Bei den kleineren Füllungen entsteht unterhalb der Exzentrizität $o\,q$ verspätetes Eröffnen, also negatives Voröffnen, und die Kanaleröffnungen werden unzulässig klein. Beide Arten der Exzenterverstellung haben daher keine praktische Bedeutung.

Einfluß der endlichen Länge der Schub- und Exzenterstange

Die bis jetzt behandelten Schieberdiagramme für veränderliche Füllung gelten nur für unendlich lange Schub- und Exzenterstangen; unter dieser Voraussetzung können alsdann die entwickelten Schieber- und Dampfdiagramme als maßgebend für beide Cylinderseiten betrachtet werden. Für genaue Steuerungsausmittlung ist die endliche Schubstangenlänge nicht zu vernachlässigen, deren Einfluß bekanntlich darin besteht, daß von den Hubwechseln aus gerechnet gleiche Kolbenwege ungleichen Kurbeldrehungen für Hin- und Rückgang entsprechen; nach Fig. 785 a und b bedingen übereinstimmende Füllungsgrade für beide Kolbenseiten größere Schieberüberdeckung auf der Deckel- als auf der Kurbelseite.

Füllungsunterschiede auf beiden Kolbenseiten.

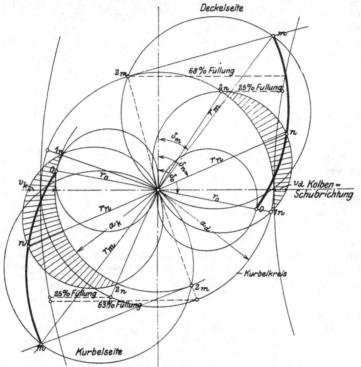

Fig. 826. Schieberdiagramm für veränderliche Füllung bei gleichen Normalfüllungen auf beiden Kolbenseiten.

Wird nun Füllungsgleichheit für die normale Arbeitsleistung auf beiden Kolbenseiten eingerichtet, in Fig. 826 beispielsweise zu 25 v. H., so entstehen Abweichungen für die größeren und kleineren Füllungsgrade in dem Sinne, daß oberhalb der Normalleistung die Füllungen auf der Deckelseite größer als auf der Kurbelseite werden und unterhalb kleiner. Die Nullfüllung tritt daher auf der Deckelseite früher ein, so daß für diese Seite bereits eine gewisse Sicherheitsüberdeckung entsteht, wenn auf der Kurbelseite erst die Nullfüllung erreicht wird. Die Voreinströmungen v_d und v_k, die schon bei gleichen Füllungsgraden auf beiden Kolbenseiten verschieden ausfallen, ändern sich mit der Füllung in verschiedener Weise je nach der Form und Lage der Verstellkurve m, n, o. Im vorliegenden Fall ist für die größte Füllung auf der Deckelseite $v_d = o$ angenommen; auf der Kurbelseite wird alsdann das Voröffnen $v_k' = a_d - a_k$.

Unter den in Bd. II dargestellten hierhergehörigen Schiebersteuerungen mit durch Flachregler verstellbaren Steuerexzentern, möge auf die Konstruktionen S. 170, 14 und 15, hingewiesen werden. Der Antrieb des Kanalschiebers, Fig. 14, eines stehenden Schnelläufers, entspricht einem Schieberdiagramm, Fig. 827, bei dem die Verstellkurve schwach nach außen gekrümmt ist; die kleinen Füllungen fallen auf beiden Seiten des Kolbens sehr verschieden aus und die Nullfüllungen weisen ver-

schieden große Sicherheitsüberdeckungen auf. Bei dem einer stehenden Dampfmaschine angehörigen Kanalschieber, II, 170, 15, ist die Verstellkurve des Steuerexzenters, Fig. 828, geradlinig und so gewählt, daß die größeren Füllungen auf beiden
Kolbenseiten nur wenig verschieden werden; es entstehen alsdann größere Abweichungen bei den kleineren Füllungen in dem Sinne, daß die Füllungen auf der
oberen Kolbenseite kleiner werden als auf der unteren und damit auch die Nullfüllung oben früher als unten eintritt, wie dies auch bei der Verstellkurve, Fig. 826, für
die Deckelseite sich ergibt.

Die Wahl kleinerer Füllungen auf der Deckelseite läßt bei stehenden Maschinen
dem Einfluß der Gewichtswirkung des Triebwerks bei der Kraftleitung innerhalb
desselben zweckmäßig Rechnung tragen.

Die vorstehend behandelten Steuerungsantriebe mit verstellbarem Exzenter für
veränderliche Füllung liefern natürlich für Rundschieber die gleichen Steuerungs-

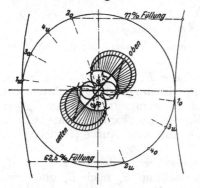

Fig. 827. Schieberdiagramm der
Daevel-Steuerung II, 170, 14.

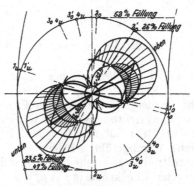

Fig. 828. Schieberdiagramm des
Kanalschiebers II, 170, 15.

verhältnisse wie für Flach- und Kolbenschieber. Bei getrennten Ein- und Auslaßorganen der Rundschiebersteuerungen ergibt sich nur der Nachteil großer Reibungswiderstände und Massenwirkung, die außerdem großen Veränderungen während einer
Umdrehung unterworfen sind. Dem Exzenter- oder Flachregler wird dadurch die
Aufrechterhaltung einer bestimmten Exzenterlage sehr erschwert, so daß dauernde
Schwankungen des Füllungsgrades entstehen und ein gleichförmiger Gang der Maschine unmöglich wird. Aus diesen Gründen läßt sich die Flachreglersteuerung für
nicht entlastete Schieber bei Eintrittsspannungen über 8,0 Atm. nicht mehr mit Vorteil verwenden.

Die Steuerungen mit durch Flachregler verstellbaren Exzentern in Verbindung
mit entlasteten Schiebern haben besonders im amerikanischen Dampfmaschinenbau
eine mannigfaltige Entwicklung und ausgedehnte Anwendung gefunden. Im deutschen Maschinenbau hat sich Professor Dr. Doerfel um die Verwendung dieser
Steuerungsart bei Rundschiebern besonders verdient gemacht und in den letzten
Jahrzehnten ist durch Lentz der Steuerungsantrieb mittels verstellbarer Exzenter
auch bei Ventilmaschinen allgemein üblich geworden.

3. Umsteuerung mit verstellbarem Exzenter.

Der Schieberantrieb mittels verstellbaren Exzenters ermöglicht außer der im
vorhergehenden Kapitel behandelten Anpassung an veränderliche Belastung auch
die Erzielung der Bewegungsumkehr der Maschine. Die bis jetzt vorausgesetzte
Verstellbarkeit des Steuerexzenters oberhalb der Schieberschubrichtung braucht nur
unterhalb der letzteren fortgesetzt zu werden, um die gleiche Dampfverteilung
bei der gleichen Kolben- und Schieberbewegung für die umgekehrte Bewegungsrichtung der Maschine zu erzeugen. Diese Folgerung ergibt sich aus der für eine

Unmittelbare
und mittelbare
Verstellung.

bestimmte Drehrichtung der Maschinenwelle erforderlichen relativen Lage des Steuerexzenters zur Kurbel. Bei Außeneinströmung des Dampfes im Schieber muß das Antriebsexzenter auf der Kurbel- oder Steuerwelle so aufgekeilt sein, daß es um den Winkel δ zur Senkrechten auf die Schieberschubrichtung der Kurbel vor-

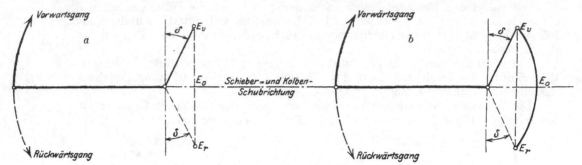

Fig. 829. Lage der Steuerexzenter zur Kurbel für Vor- und Rückwärtsgang der Maschine.

auseilt Fig. 829. Wenn daher das Exzenter die Lage E_v hat, so steuert es im Sinne der Rechtsdrehung der Maschine; soll nun die umgekehrte Drehrichtung erreicht werden, so braucht das Exzenter nur in die symmetrische Lage E_r zur Schieberschubrichtung verstellt werden. Diese Verstellung kann unmittelbar oder mittelbar auf einer Geraden, Fig. 829a oder auf einer Kurve (Kreisbogen), Fig. 829b durchgeführt werden.

Unmittelbar geschieht diese Verstellung der Steuerexzenter durch deren geradlinige oder kreisförmige Verlegung aus der Stellung E_v nach E_r und umgekehrt. Über die konstruktive Ausbildung solcher Umsteuerexzenter sei kurz folgendes bemerkt.

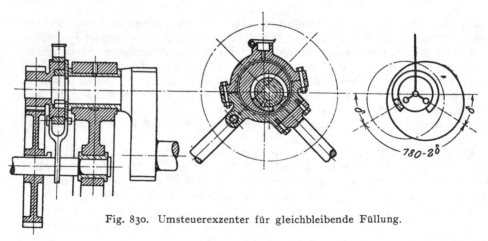

Fig. 830. Umsteuerexzenter für gleichbleibende Füllung.

Verdrehbares Umsteuer- Exzenter.

Verdrehen des Exzenters. Fig. 830. Das Steuerexzenter sitzt lose auf der Kurbelwelle und hat einen konzentrisch zur Welle angeordneten und mit zwei radialen Anschlagflächen versehenen Mitnehmer, der die Welle nur so weit umgreift, daß ein Verlegen des Exzenters aus der Stellung E_v in E_r durch Verdrehen desselben um den Winkel $180 - 2\,\delta$ möglich ist.

Auf der Kurbelwelle ist ebenfalls ein Mitnehmer befestigt, der das lose Steuerexzenter nur in der jeweiligen Drehrichtung mitnehmen kann. Zu diesem Zwecke sind auch dessen beide Anschlagflächen so gelegt, daß das Exzenter um den Winkel $180 - 2\,\delta$ umgelegt werden kann, wie dies seine Überführung von der Vorwärts- in die Rückwärtslage erfordert.

Die gezeichnete Umsteuerung gehört einer Schiffshilfsmaschine an, die von einem Exzenter aus die Schieber zweier schrägliegender Dampfcylinder für gleiche und unveränderliche Füllung steuert. Das Umlegen des Steuerexzenters kann mittels eines Rädervorgeleges sowohl im Stillstand als während des Betriebs der Maschine geschehen, im letzteren Falle durch rasches Andrehen des auf der Achse des großen Zahnrades sitzenden Handrades mit einer größeren Tangentialgeschwindigkeit, als es bei der Maschinenbewegung bereits besitzt. Durch die alsdann sofort einsetzende Verlangsamung des Maschinenganges bis zum Stillstand wird die Umsteuerung von Hand leicht durchführbar.

Geradlinige Verschiebung des Exzenters. Die Verstellung kann während des Stillstandes der Maschine von Hand erfolgen mittels Stellschrauben, die auf einer festen Scheibe der Kurbelwelle montiert sind und in entsprechende Muttern des Exzenters eingreifen. Auch während des Betriebes ist mechanisch oder hydraulisch, wie beispielsweise nach Fig. 831, durch zwei in entgegengesetzter Richtung wirksame Kolben die Verstellung des Exzenters zu erreichen. Ein auf der Welle festsitzendes Führungsstück enthält Druckwassercylinder, in denen die mit dem Steuerexzenter verbundenen Kolben geführt werden. Das von der Kurbelwelle aus zugeführte Druckwasser wirkt abwechselnd auf diese Kolben, je nachdem das Exzenter in seine für Vorwärts- oder Rückwärtsgang erforderliche Lage rücken soll. Diese Umsteuerung hat sich jedoch praktisch nicht bewährt, einerseits wegen der erforderlichen Druckwasseranlage und der umständlichen Konstruktion, andererseits wegen zu großer Empfindlichkeit im Betriebe durch die unvermeidlichen Undichtheiten und wegen des unsymmetrischen Angriffs der Druckwasserkolben gegenüber ihren Führungsflächen, der leicht ein Ecken des Exzenters verursacht.

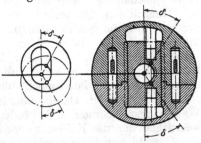

Fig. 831. Umsteuerexzenter mit hydraulischer Verstellung für gerade Verstellkurve und veränderliche Füllung.

Die vorbezeichneten beiden Umsteuerungen kommen nur für unveränderliche Füllungen bei Vorwärts- und Rückwärtsgang und daher nur für untergeordnete Dampfmaschinen von kleinen Leistungen in Betracht.

Wird nun bei der Verschiebung des Exzenters die Einrichtung getroffen, daß es auf der Verstellkurve $E_v E_o E_r$ Fig. 829 auch in den einzelnen Zwischenlagen festgehalten werden kann, so ist klar, daß in beiden Bewegungsrichtungen eine den Ausführungen des vorhergehenden Kapitels entsprechende Dampfverteilung für veränderliche Füllung erzielt wird.

Wirkt das Umsteuerexzenter gleichzeitig auf Dampfein- und -auslaß beider Kolbenseiten, wie beispielsweise in Verbindung mit dem einfachen Muschelschieber, so führen Veränderungen in den Füllungsgraden für beide Bewegungsrichtungen auf die früher festgestellte gegenseitige Abhängigkeit von Expansion und Kompression; eine erneute Ausmittlung der Schieber- und Dampfdiagramme erübrigt sich deshalb. Solche Umsteuerungen teilen somit hinsichtlich der erzielbaren Dampfverteilung alle Vor- und Nachteile, die dem einfachen Muschelschieber bei Verwendung für veränderliche Füllung eigen sind.

Die Umsteuerung durch unmittelbare Verstellung des Exzenters erweist sich jedoch vom praktischen Standpunkt höchst ungeeignet, da die während des Maschinenganges auszuführende Verschiebung des Exzenters auf umständliche und praktisch unzweckmäßige Konstruktionseinzelheiten führt.

Bei den tatsächlich zur Verwendung kommenden Umsteuerungen für veränderliche Füllung werden daher auf die Steuerwelle aufgekeilte Exzenter in Verbindung mit von Hand während des Maschinenganges leicht zu verstellenden Übertragungsmechanismen zur Betätigung der inneren Steuerorgane benutzt. Durch diese Mechanismen werden veränderliche Steuerexzenter mittelbar erzeugt und die gleichen Schieberbewegungen hervorgerufen, wie durch unmittelbares Verschieben eines losen Steuerexzenters in einer bestimmten Verstellkurve $E_v E_o E_r$. Diese Umsteuerungsmechanismen stellen in der Form der Kulissen- und der Lenkersteuerungen zwei Steuerungsgruppen dar, die auch für die Präzisionssteuerungen der Dampfmaschinen grundlegend sich erweisen.

Die meisten Kulissensteuerungen setzen die Bewegungen zweier Exzenter oder Kurbeln mit verschiedener Aufkeilung durch Vermittlung der Kulisse zu einer einheitlichen Bewegung in der Schieberschubrichtung zusammen, wobei mit der Lage des Kulissensteins zur Kulisse die Bewegungsrichtung und der Füllungsgrad der Maschine sich ändern läßt.

Bei den Lenkersteuerungen dagegen findet nur ein Exzenter, dessen Stange in gleichbleibender oder veränderlicher Richtung geführt wird, Verwendung, und die Schieberbewegung wird von der geschlossenen, gleichbleibenden oder veränderlichen Bahn eines geeignet gelegenen Punktes der Exzenterstange oder des Lenkermechanismus abgeleitet.

Hinsichtlich der technischen Bedeutung beider Umsteuerungen ist zu bemerken, daß die Kulissensteuerungen ihr Hauptanwendungsgebiet bei den Lokomotiven gefunden haben, deren Maschinen nur in Ausnahmefällen mit Lenkersteuerungen konstruiert werden. Die Lenkersteuerungen dagegen eignen sich aus konstruktiven Gründen vornehmlich für Schiffsmaschinen und beherrschen dieses Anwendungsgebiet fast ausschließlich.

Bei stationären Dampfmaschinen werden Umsteuerungen nur für Reversier-Walzenzugsmaschinen und Fördermaschinen verwendet und für diese kommen wesentlich nur die Kulissensteuerungen in Betracht.

Obwohl nun für normale Betriebsdampfmaschinen Umsteuerungen überhaupt keine Rolle spielen, so besitzen die Umsteuermechanismen für erstere doch besondere Bedeutung, weil sie vom kinematischen Standpunkt aus betrachtet die Grundlage für die verschiedenen Typen der zwangläufigen Präzisionssteuerungen bilden und außerdem ihre konstruktive Ausbildung allgemeines Interesse beansprucht.

Anwendungsgebiete der Umsteuerungen. *(marginal note)*

4. Kulissenumsteuerungen mit zwei Exzentern
(Stephenson, Gooch, Allan).

Die Kulissensteuerungen haben ihren Ausgang von jenen Anordnungen genommen, bei denen auf der Kurbelwelle je ein Vorwärts- und ein Rückwärtsexzenter, in der Regel von gleicher Größe und gleichem Voreilwinkel, aufgekeilt ist. Die Enden der zugehörigen Exzenterstangen verbindet ein Schleifbogen, die sogenannte Kulisse, die den Kulissenstein aufnimmt, dessen Bewegung auf die Schieberstange unmittelbar oder mittels einer Schubstange übertragen wird.

Die konstruktive Ausbildung des Steuerungsmechanismus erfolgt nun derart, daß veränderte Füllung bzw. Umsteuerung bewirkt wird:

1. durch Verstellen der Kulisse (Stephenson, Fig. 832),
2. durch Verstellen des Kulissensteins (Gooch, Fig. 833);
3. durch Verstellen von Kulisse und Kulissenstein (Allan, Fig. 834).

Arten der Kulissensteuerungen mit zwei Exzentern. *(marginal note)*

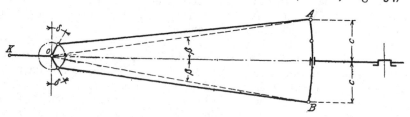

Fig. 832. Schema der Stephenson-Steuerung.

Bei diesen Kulissensteuerungen gestaltet sich die Wirksamkeit der beiden mit dem Winkel δ für große Füllung fest aufgekeilten gleich großen Exzenter E_v

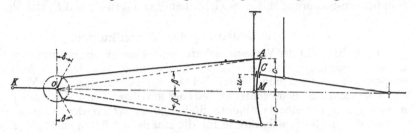

Fig. 833. Schema der Gooch-Steuerung.

und E_r, Fig. 835, in der Bewegungsrichtung des Schiebers verschieden, je nachdem der Mechanismus das eine der beiden Exzenter ganz ausschaltet oder nur

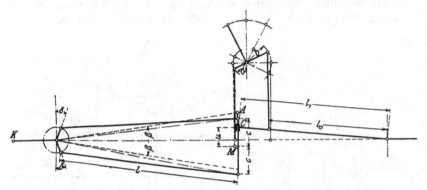

Fig. 834. Schema der Allan-Steuerung.

teilweise zur Wirkung kommen läßt. Wird eines der beiden Exzenter bei der Bewegungsübertragung auf den Kulissenstein ganz ausgeschaltet, dann wird von diesem aus der Schieber nur mit dem Vorwärts- oder Rückwärtsexzenter allein gesteuert, und zwar für die der Exzenterstellung E_v oder E_r entsprechende große Füllung. Kommen beide Exzenter zur Hälfte ihrer Größe gemeinsam am Kulissenstein zur Wirkung, so entsteht eine kombinierte Bewegung an letzterem und damit am Schieber, bei der die entgegengesetzten Steuerungstendenzen beider Exzenter sich aufheben und die Maschine zum Stillstand kommt. Werden aber die beiden Exzenterbewegungen so kombiniert, daß der Einfluß des Vorwärtsexzenters den des Rückwärtsexzenters überwiegt oder umgekehrt, so entstehen Schieberbewegungen für Füllungen zwischen Null und größter Füllung bei Vor- bzw. Rückwärtsgang, die von Steuerexzentern ausgehend zu erachten sind, deren Lagen den Verstellkurven Fig. 835 entsprechen: Der verschiedenartige Verlauf der Verstellkurven zwischen den für die größte Füllung jeweils maßgebenden Exzentern E_1 und E_2 ergibt sich abhängig von der Eigenart der Kulissensteuerung.

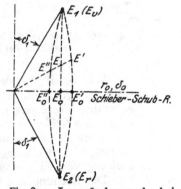

Fig. 835. Lagenänderung der bei den verschiedenen Kulissensteuerungen am Kulissenstein wirksam erscheinenden Steuerexzenter für Bewegungsumkehr und veränderliche Füllung.

Dabei sind in Fig. 835 die Exzenter E_1 und E_2 nicht aufzufassen als die auf die Kurbelwelle wirklich aufgekeilten Steuerexzenter E_v und E_r, sondern allgemein als

die bei Vor- bzw. Rückwärtsgang der Maschine durch den Einfluß des Kulissenmecha-
nismus am Kulissenstein wirksam erscheinenden Steuerexzenter, die nur bei der
Stephenson-Steuerung mit den wirklichen Exzentern E_v und E_r sich decken.

a. Ableitung der Verstellkurven.

In Anbetracht der Verwandtschaft dieser Umsteuerungen mit den vorherbehandelten Steuerungen mit verstellbarem Exzenter, besteht die Aufgabe bei ihrer
graphischen Untersuchung wesentlich in der Bestimmung der Verstellkurven für
die scheinbaren Steuerexzenter, die aus der jeweiligen Einstellung des Umsteuerungs-
mechanismus für eine bestimmte Steinlage innerhalb der Kulisse sich ableiten,
da mit diesen die Schieberkreise für die einzelnen Füllungen gegeben sind und die
Veränderung der Dampfverteilung nach früherem verfolgt und beurteilt werden
kann.

Allgemeine Ableitung der Verstellkurven.

Im Interesse der Einfachheit der Untersuchung werde die Voraussetzung
gemacht, daß die Exzenterstangen unendlich lang sind und sämtliche Kulissenpunkte geradlinig schwingen, während sie tatsächlich je nach der Aufhängung des
Steuergestänges flache Kreisbogen oder Schleifen beschreiben.

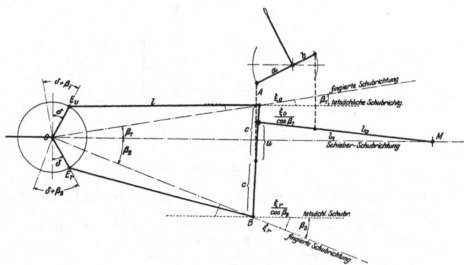

Fig. 836. Allgemeines Schema der Kulissensteuerungen zur Verfolgung des Zusammenhanges
zwischen der Bewegung der Steuerexzenter und des Kulissensteins.

Wie bereits bei der allgemeinen Betrachtung über die Kulissensteuerung erwähnt, werden durch den Mechanismus die von beiden Steuerexzentern ausgehenden Bewegungen zu einer resultierenden Bewegung des Kulissensteins und
damit des Schiebers zusammengesetzt.

Ganz allgemein läßt sich nun für die 3 vorgenannten Umsteuerungen die Bewegung des Kulissensteins aus derjenigen beider Steuerexzenter bei beliebiger
Stellung von Kulisse und Stein aus Fig. 836 ableiten.

Die Drehung des Vorwärtsexzenters E_v bewirkt lediglich Verschiebungen des
Kulissenendpunktes A, die in ihren Ablenkungen aus der Mittelstellung in der
Richtung AO durch die Strecken

$$\zeta_v' = r \sin (\delta + \beta_1 + \varphi)$$

gegeben sind, weil der Voreilwinkel des Vorwärtsexzenters auf die Schubrichtung
AO bezogen die Größe $\delta + \beta_1$ besitzt; $\varphi \doteq$ Kurbeldrehwinkel.

Die tatsächliche Schubrichtung des Punktes A ist aber der Voraussetzung
gemäß parallel der Schieberschubrichtung OM anzunehmen, so daß die wirklichen

Verschiebungen des oberen Kulissenauges sich bestimmen zu

$$\zeta_v = \frac{\zeta_v'}{\cos \beta_1} = \frac{r}{\cos \beta_1} \sin (\delta + \beta_1 + \varphi).$$

Es erscheint somit das mit dem Vorwärtsexzenter verbundene Kulissenauge angetrieben von einem Exzenter E_1, dessen Radius $r_1 = \dfrac{r}{\cos \beta_1}$ und dessen Voreilwinkel $\delta_1 = \delta + \beta_1$ beträgt.

Für das vom Rückwärtsexzenter angetriebene untere Kulissenauge ergibt sich in gleicher Weise die Bewegung in der tatsächlichen Schubrichtung abhängig von einem scheinbaren Exzenter E_2 vom Radius $r_2 = \dfrac{r}{\cos \beta_2}$ und dem Voreilwinkel $\delta_2 = \delta + \beta_2$.

Beide Kulissenendpunkte A und B werden somit in einer zur Schieberschubrichtung parallelen Richtung bewegt durch ein Vorwärtsexzenter E_1 und ein Rückwärtsexzenter E_2, deren Exzentrizität und Aufkeilwinkel sich in der durch Fig. 837 veranschaulichten Weise ermittelt.

Aus der Bewegung der Kulissenendpunkte kann diejenige des Kulissensteines abgeleitet werden entsprechend der Überlegung, daß bei der gezeichneten Steinstellung in der oberen Hälfte der Kulisse die Verschiebungen des Exzenters E_1 im Verhältnis von $(u + c) : 2 c$ auf den Stein übertragen werden, während die Verschiebungen des Rückwärtsexzenters E_2 sich im Verhältnis von $(c - u) : 2 c$ übertragen. Bei einer Steinstellung in der unteren Kulissenhälfte kehren sich die angegebenen Beziehungen einfach um.

Das resultierende steuernde Exzenter E findet sich somit als Diagonale eines Parallelogramms, dessen beide Seiten E_1' bezw. E_2' auf den Richtungen E_1 und E_2 die Größe $\dfrac{c+u}{2c} r_1$ bzw. $\dfrac{c-u}{2c} r_2$ erhalten.

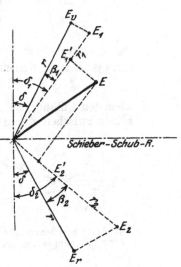

Fig. 837. Ermittlung des steuernden Exzenters für eine beliebige Stellung des Kulissensteins.

In übereinstimmender Weise lassen sich bei den drei angeführten Kulissensteuerungen für eine beliebige Kulissen- und Steinstellung die zugehörigen steuernden Exzenter ermitteln. Für die Mittelstellung von Kulisse und Stein liegen bei den drei Steuerungstypen die scheinbaren Schubrichtungen der Kulissenpunkte A und B symmetrisch zur Schieberschubrichtung, so daß $\beta_1 = \beta_2 = \beta$ wird; da nun die Aufkeilwinkel δ der Vorwärts- und Rückwärtsexzenter E_v bzw. E_r in der Regel ebenfalls einander gleich werden, so ergeben sich auch die Exzenter E_1 und E_2 gleich groß und ebenfalls symmetrisch zur Schieberschubrichtung mit Exzentrizitäten $r_m = \dfrac{r}{\cos \beta}$ und Aufkeilwinkel $\delta + \beta$, Fig. 838 bis 840. Auf den Kulissenstein werden in seiner Mittellage die Verschiebungen der Kulissenenden nur halb so groß übertragen, so daß für die drei Kulissensteuerungen das der kleinsten bezw. Nullfüllung zugehörige, resultierende Exzenter E_0 als die übereinstimmende Diagonale eines aus den halben Exzentrizitäten E_1 und E_2 gebildeten Parallelogramms erscheint.

Für die übrigen beliebig großen Füllungen ändern sich bei der Stephensonschen und Allanschen Steuerung die Winkel β mit der Kulissenlage; bei der Goochschen Steuerung dagegen bleiben die Winkel β für Vorwärts- und Rückwärtsexzenter bei allen Steinlagen konstant.

Bei gleichen Werten von r und δ der aufgekeilten Exzenter E_v und E_r ergeben sich daher für die drei Umsteuerungen Abweichungen der Verstellkurven, auch Zentrallinien genannt, wie sie durch die Fig. 838 bis 840 gekennzeichnet sind. Die Stephensonsche Kulissensteuerung ergibt eine stark nach außen gekrümmte Verstellkurve, die Allansche eine etwas weniger stark nach außen gekrümmte und die Goochsche Steuerung eine Gerade.

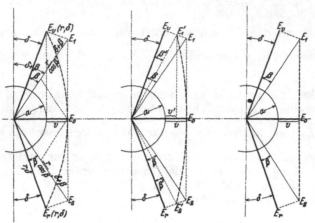

Fig. 838 (Stephenson).   Fig. 839 (Allan).   Fig. 840 (Gooch).

Fig. 838 bis 840. Verstellkurven der drei Kulissensteuerungen
bei offenen Exzenterstangen.

Wird die äußere Überdeckung a des Schiebers gerade so gewählt, daß bei der Stephenson-Steuerung die größte Füllung ein Voröffnen $= 0$ besitzt, so wird letzteres mit Verkleinerung der Füllung immer größer bis auf den Wert v bei der kleinsten Füllung; bei Allan ändert sich bei gleicher Schieberüberdeckung das Voröffnen zwischen v' und v und bei Gooch bleibt es für alle Füllungen konstant $= v$.

Durch Kreuzung der Exzenterstangen bei gleicher Anfangsstellung beider Exzenter Fig. 841 ändern sich Exzentrizität und Aufkeilwinkel der scheinbaren Vorwärts- und Rückwärtsexzenter E_1 bzw. E_2 in

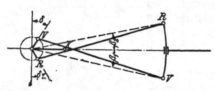

Fig. 841. Stephensonsche Kulissensteuerung mit gekreuzten Exzenterstangen.

$$\frac{r}{\cos\beta_1},\ \delta - \beta_1 \quad \text{bzw.} \quad \frac{r}{\cos\beta_2},\ \delta - \beta_2\ .$$

Die Verstellkurven erhalten alsdann eine nach innen gerichtete Krümmung wie Fig. 842 bis 844 zeigen. Bei gleicher Überdeckung a des Schiebers vermindert sich somit die lineare Voröffnung mit abnehmender Füllung bei der Stephensonschen und Allanschen Steuerung, im Gegensatz zum Verhalten offener Stangen, während sie bei Gooch wieder konstant bleibt.

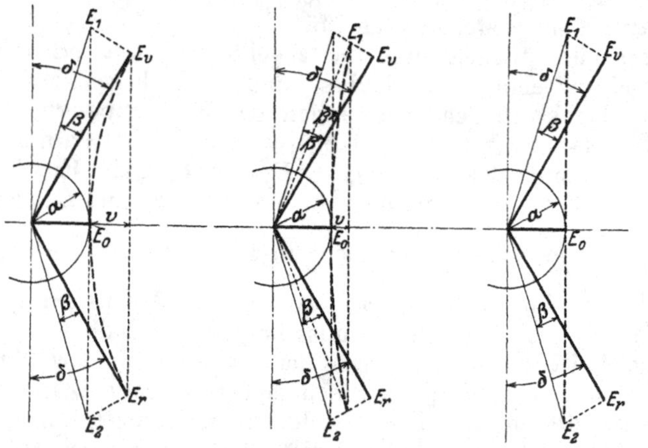

b. Aufhängung der Steuerteile.

Bisher war vorausgesetzt, daß sämtliche Kulissenpunkte geradlinig und parallel zur Schieberschubrichtung sich bewegen, während sie in Wirklichkeit infolge der Aufhängung und der endlichen Längen von Kulisse und Gestänge Kreisbogen oder Schleifen beschreiben, die eine Re-

Fig. 842 (Stephenson).   Fig. 843 (Allan).   Fig. 844 (Gooch).

Fig. 842 bis 844. Verstellkurven der drei Kulissensteuerungen
bei gekreuzten Stangen.

lativverschiebung von Kulisse und Stein zur Folge haben. Dieses Würgen oder Springen der Kulisse oder des Steines ist mit Rücksicht auf die sich erhöhende Abnutzung und den dadurch sich einstellenden Totgang der Steuerung mög-
lichst zu vermindern.

Eine geradlinige Führung der Kulisse ist nur bei der Goochschen Steuerung verhältnismäßig leicht zu erreichen; bei den beiden anderen Steuerungen kann dagegen nur eine Annäherung an gerade Führung durch möglichst
lange Hängeschienen oder Stützstangen
erzielt werden. Deren Angriffspunkt
liegt am besten in der Kulissenmitte,

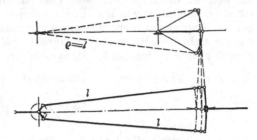

Fig. 845. Stephenson.

um die Abweichungen auf die beiden Kulissenhälften gleichmäßig zu verteilen, Fig. 845 bis 847 und II, 216, 2, 217, 4 und 5. Wird der Rückwärtsgang nur selten benutzt, dann ist es vorteilhaft die Hängeschienen an den Zapfen der Vorwärtsexzenterstange oder in deren Nähe an der
Kulisse anfassen zu lassen; II, 218, 6. Diese
Forderung wird um so wichtiger, je näher die
Umsteuerwelle an die Maschinenachse herangerückt werden muß. Den Angriffspunkt seitlich
der Kulissenmittel-
linie anzunehmen,
würde ein dauerndes
Würgen der Kulisse
am Kulissenstein ver-
ursachen. Die Lage
des Drehpunktes der
Hängeschienen oder

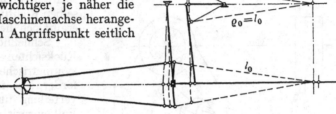

Fig. 846. Gooch.

Stützen ist so zu treffen, daß diese in ihrer Mittellage senkrecht zur Schieberschubrichtung stehen. Dabei sind die Umsteuerwellen so anzuordnen und die zugehörigen Umsteuerhebel so lang zu wählen, daß die Verlegung des Gestänges beim
Verstellen parallelogrammartig erfolgt. Der Aufhängepunkt der Kulissen-Hänge-
stange wäre somit parallel mit der Bahn des Aufhängepunktes der Kulisse zu
führen, also stets auf
einem Kreisbogen,
dessen Radius gleich
der Exzenterstangen-
länge ist, Fig. 845 und
847, während die
Hängeschiene für die
Schieberschubstange
der Gooch- oder Allan-
Steuerung so zu führen
wäre, daß ihr oberer
Aufhängepunkt auf
einem Kreisbogen vom
Radius $\varrho_0 = l_0$ des
Teilbetrages der Schie-

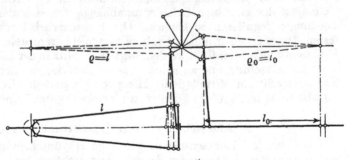

Fig. 847. Allan.

Fig. 845 bis 847. Aufhängung der Kulissensteuerungen.

berschubstangenlänge l_1, sich bewegt, Fig. 846 und 847. Diese Bedingungen führen
aber stets auf unbequeme große Längen der Umsteuerhebel und bei der Allan-
Steuerung sogar auf zwei Umsteuerwellen, die mittels besonderen Gestänges untereinander zu verbinden wären, um von einem Handsteuerhebel aus gleichzeitig betätigt werden zu können.

43*

Konstruktive Gründe verlangen aber im allgemeinen verhältnismäßig kurze Steuerhebel zur Aufhängung des Steuergestänges, wie in den Fig. 845 bis 847 angedeutet,
bei welchen die auszuführenden Drehpunkte der Steuerhebel der Kulisse nahege-
rückt angenommen wurden. Es ist dabei Wert darauf zu legen, daß der Drehpunkt
bei der Stephenson-Steuerung auf der Exzenterseite, bei der Goochschen Steuerung
auf die Schieberseite zu liegen kommt, während bei Allan der Drehpunkt naturgemäß zwischen den beiden Hängeschienen für Kulisse und Schieberstange anzu-

ordnen ist. Für letztere Steuerung ist das Hebelverhältnis $\frac{b}{a}$ Fig. 834 so zu wählen,
daß

$$\frac{b}{a} = \frac{l_0}{l}\left(1 + \sqrt{1 + \frac{l}{l_1}}\right)$$

sich ergibt, wenn die Lage des Schieberschwingungsmittels bei allen Stein- und
Kulissenstellungen sich nicht ändern soll[1].

Für die Stephensonsche Kulisse zeigen stehende Maschinen häufig die entgegengesetzte Lage der Umsteuerwelle, Fig. 855, weil sie an den Dampfcylindern eine
günstige Lagerung findet. Die Hängeschienen der Kulisse und der Schieberschubstange der Goochschen Steuerung sollen prinzipiell auf derselben Seite der Schieberschubrichtung liegen, damit Stein und Kulisse die durch die Bogenführung verursachten Vertikalbewegungen nach der-
selben Richtung ausführen. Bei Allan
ergibt sich diese Anordnung von allein.

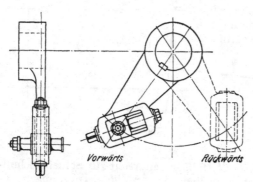

Fig. 848. Umsteuerhebel mit verstellbarem Aufhängepunkt der Hängestange.

Schließlich können räumliche
Rücksichten eine Aufhängung mit unsymmetrischen Hebelausschlägen erfordern; es ist alsdann die Dampfverteilung für den gebräuchlichsten
Fall einzurichten und Fehler der übrigen Einstellungen sind in den Kauf
zu nehmen.

Zur raschen und zuverlässigen
Ausmittlung der Aufhängung leistet
in solchen Fällen ein in jeder Richtung veränderbares Modell der betreffenden Steuerung die besten
Dienste. Bei Mehrfachexpansionsmaschinen ist es vielfach wünschenswert, die
Füllungen der einzelnen Cylinder unabhängig voneinander verstellen und so die
Leistungen regulieren zu können. Der Umsteuerhebel erhält alsdann anstatt des
festen Auges einen in einem Schlitze verschiebbaren Stein. Fig. 848. Sollen beide
Drehrichtungen beeinflußt werden, liegt der Schlitz in der Längsrichtung des Hebels;
läuft die Maschine nur ausnahmsweise rückwärts, so wird der Schlitz für diesen
Fall senkrecht zur Mittellage der Hängeschiene gestellt. Der Rückwärtsgang arbei-
tet also stets mit größter Füllung, wodurch ein gutes Manövrieren gesichert bleibt.

c. Abweichungen von der normalen Anordnung.

Bei den drei Kulissensteuerungen kann es wünschenswert werden, gewisse Abweichungen von der normalen Anordnung absichtlich herbeizuführen, um Unregelmäßigkeiten in der Dampfverteilung zu beseitigen, die die Form der Verstellkurve,
die endliche Länge der Schubstange oder besondere räumliche Verhältnisse der
Steuerungsanordnung verursachen. Solche Abweichungen können aber dann in der
Regel nur für eine Drehrichtung der Maschine günstige Veränderungen in der Dampfverteilung hervorrufen, während sie gleichzeitig in der anderen Drehrichtung größere
Unregelmäßigkeiten erzeugen.

---

[1] Dr. Gustav Zeuner, Die Schiebersteuerungen. 4. Aufl. 1874, S. 125.

Ist die Verstellkurve gekrümmt und wird die Umsteuerung nur selten benutzt, so kann zur Erzielung einer geringeren Veränderung des linearen Voröffnens der Voreilwinkel beider Exzenter verschieden gemacht werden. Ist γ der Winkel, um den beide Exzenter einer Stephensonschen Steuerung um die Schieberschubrichtung ver-

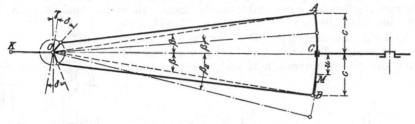

Fig. 849. Schema der Steuerung mit um den $\sphericalangle\gamma$ gedrehten Exzentern.

dreht erscheinen, Fig. 849, so wird auch die Verstellkurve um den gleichen Winkel γ verdreht, Fig. 850, und entsprechend geringere Veränderung des linearen Voröffnens für den Vorwärtsgang erreicht, freilich auf Kosten des Rückwärtsganges.

Der Einfluß der endlichen Schubstangenlänge, der sich in größerer Füllung auf der Deckelseite äußert, läßt sich dadurch verringern, daß bei äußerer Einströmung der Schieber nach der Deckelseite, bei innerer Einströmung nach der Kurbelseite verschoben eingestellt wird. Diese Maßnahme hat aber eine Verschiedenheit des linearen Voröffnens für beide Kolbenseiten zur Folge. Ein zweites Mittel, diese Unterschiede zu verkleinern, bietet die Art der Aufhängung der Kulisse oder des Angriffs der Exzenterstangen. Liegt der Angriffspunkt der Hängeschienen außerhalb der Kulissenmitte auf der Exzenterseite, so erscheint der Schieber nach der Deckelseite verschoben, also für äußere Einströmung günstig. Greifen die Exzenterstangen seitlich der Kulissenmittellinie an, Fig. 851, so erfährt der Schieber eine Verschiebung nach der Kurbelseite, mithin für innere Einströmung vorteilhaft.

d. Form und Konstruktion der Kulissen.

Bezüglich der Form der Kulissen ist darauf hinzuweisen, daß die Bedingung konstanten Schwingungsmittels des Schiebers bei allen Füllungen bestimmte Krümmungsradien der Kulissen fordert. Die Stephenronsche Kulisse ist mit einem mittleren Krümmungssadius gleich der Exzenterstangenlänge auszuführen, während die Goochsche Kulisse nach einem Radius gleich der Schieberschubstangenlänge zu krümmen

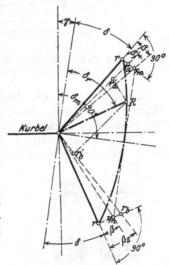

Fig. 850. Lagenänderung der Verstellkurve durch Verdrehen der Steuerexzenter.
Fig. 849 und 850. Stephenson-Steuerung mit unsymmetrisch aufgekeilten Exzentern zur Erzielung geringer Veränderung des linearen Voröffnens für Vorwärtsgang.

ist[1]). Hinsichtlich der Konstruktion sind drei verschiedene Ausführungen der Kulissen zu unterscheiden: die Schlitz-, die Stangen- und Taschenkulisse.

Die Schlitzkulisse umfaßt den Stein in der durch Fig. 851 für eine Stephenson-Steuerung gezeigten Art. Um ein vollständiges Auslegen des Kulissensteines bis in die Achsen der Exzenterangriffspunkte zu ermöglichen, sind letztere nach der Innenseite der Kulisse verschoben. Stein und Lager der Vorwärtsexzenterstange

Schlitzkulisse.

¹) Dr. G. Zeuner, Die Schiebersteuerungen, 4. Aufl., S. 70 und 107.

sind nachstellbar und sämtliche Stangen gegabelt. Fig. 852 und II, 217,5 ist zu einer
Allanschen Lokomotivsteuerung gehörig; bei dieser geraden Schlitzkulisse ist infolge des Exzenterstangenangriffs in der Kulissenmittellinie eine vollständige Ausnützung der Kulissenhöhe nicht möglich.

Stangenkulisse.   Die Stangen- oder Klotzkulisse wird vom Stein umfaßt, der hierdurch
leichter zum Nachstellen eingerichtet werden kann. Derartige Ausbildungen zeigen
Fig. 853 für eine Allansche, Fig. 854 und II, 218, 6 für
Stephensonsche Steuerungen. Bei der Stangenkulisse
Fig. 854 läßt sich der Stein vollständig auslegen; die
Gabelung der Schieberstange fällt fort, dagegen ist das

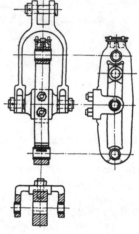

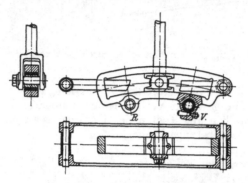

Fig. 851. Schlitzkulisse für die Stephensonsche
Steuerung der stehenden Schiffsmaschine Fig. 795.

Fig. 852. Schlitzkulisse einer
Allanschen Umsteuerung.

Auseinandernehmen der Kulisse umständlich. Die Exzenterangriffspunkte der
beiden anderen in der Ausführung sehr einfachen Klotzkulissen hindern wieder
das vollständige Auslegen des Kulissensteines.

Taschen-   Die Taschenkulisse II, 217, 4 einer Allan-Steuerung besteht aus zwei glei-
kulisse.   chen U-förmigen Spuren oder Schilden mit innen geführtem Stein; die Schieberschub-

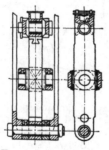

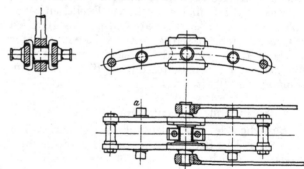

Fig. 853. Klotzkulisse
einer Allan-Steuerung.

Fig. 854. Stangenkulisse einer Stephenson-Steuerung.

stange ist nicht gegabelt, während die Exzenterstangen die Kulisse außen umfassen
und so eine volle Ausnützung ihrer Länge ermöglichen, ein Vorteil, der verhältnismäßig komplizierte und kostspielige Ausführung der Kulisse erfordert. Die
Laufflächen liegen gegen Eindringen von Schmutz und Staub geschützt; es eignet
sich daher diese Kulisse besonders für Lokomotivsteuerungen.

e. Verbindung der Exzenter mit Kulisse.

Exzenter.   Da die beiden Steuerexzenter nebeneinander auf die Kurbelwelle aufzukeilen
sind, arbeiten die Exzenterstangen in zwei verschiedenen Ebenen und greifen somit
einseitig an der Kulisse an. Bei Maschinen, deren Rückwärtsgang nur selten auf-

tritt, werden daher zweckmäßigerweise die Vorwärtsexzenterstangen in die Kulissen-mittelebene gelegt; die Rückwärtsstange muß alsdann gegabelt oder gekröpft wer-den. Wenn beide Drehrichtungen gleich häufig vorkommen, wird die Abweichung der Exzentermittelebenen auf beide Seiten der Kulisse gleichmäßig verteilt.

Bei ganz großen Maschinen sind auch drei Exzenter verwandt worden; das mitt-lere für die eine Drehrichtung, die beiden äußeren für die entgegengesetzte. Es ist dadurch wohl ein symmetrischer Antrieb zu der durch Schieberstange und Kulisse gelegten Steuerungsmittelebene erreicht; er setzt aber sehr genaue Einhaltung der Stangenlängen und genau gleiche Aufkeilwinkel der äußeren Exzenter voraus, da die geringste Abweichung wieder eine einseitige Beanspruchung der Kulisse herbei-führt. Für alle Fälle ist eine gute Führung der Schieberstange und eine breite Auf-hängung des ganzen Gestänges mittels langer Naben und Hebelaugen unerläßlich.

f. Kritik der drei Kulissensteuerungen.

Von den behandelten drei Kulissensteuerungen ist die Stephensonsche die älteste; die von Gooch und Allan können als Abarten der ersteren betrach-tet werden. Die äußerlich zu erkennenden Unterschiede liegen in der Form der Kulisse und in der Art wie die Umsteuerung erfolgt. Demzufolge ergibt sich eine verschieden große Veränderlichkeit des Winkels β, die bei Stephenson am größten, bei Allan weniger groß und bei Gooch gleich Null ist. Je mehr aber der Winkel β veränderlich ist, um so größer fällt die Scheitelhöhe der Verstellkurve aus, d. h. um so mehr ändert sich auch das lineare Voröffnen, das für eine zweckentsprechende Dampfwirkung umsteuerbarer Maschinen von besonderem Einfluß wird.

Voröffnen.

Im allgemeinen wird die Unveränderlichkeit des Voröffnungswinkels γ an-gestrebt, doch ist dies bei Umsteuerungen mit einem einfachen Schieber überhaupt nicht zu erreichen; nur das lineare Voröffnen läßt sich konstant machen. Bei Gooch bleibt letzteres für alle Füllungsgrade unverändert, bei Allan ändert es sich nur wenig. Die Stephenson-Steuerung dagegen zeigt eine so bedeutende Veränderlich-keit des linearen Voröffnens, daß ihre Verwendung für Maschinen, die bis zu klein-sten Füllungsgraden expandieren sollen, in Frage gestellt ist; besonders gilt dies für gekreuzte Stangen, da bei diesen das lineare Voröffnen mit der Füllung ab-nimmt und sogar negativ werden kann. Eine solche Steuerung ist für große Expan-sionsgrade unbrauchbar und wird daher nur ausgeführt für Maschinen, die mit großer Füllung arbeiten.

Die Allansche Steuerung ist für Lokomotiven durchweg mit gekreuzten Stan-gen ausgeführt; der Grund hierfür liegt darin, daß bei höherer Geschwindigkeit die Enddrücke in den schädlichen Räumen der Cylinder steigen. Da aber bei höherer Geschwindigkeit mit kleineren Füllungen gefahren wird, so ist es nicht zweckmäßig, diesen Gegendruck durch Verwendung von offenen Stangen mit zunehmenden linearen Voröffnungen noch zu erhöhen.

Gemeinsame Eigenschaft.

Den drei Steuerungen gemeinsam ist die Eigenschaft der einfachen Schieber-steuerungen, daß bei zunehmender Expansion auch Vorausströmen und Kompression wachsen, während die Schieberwege und die Kanalöffnungen immer kleiner werden, so daß das Öffnen und Schließen der Kanäle zunehmend schleichender erfolgt. Hierbei zeigt sich noch der von der Gestalt der Verstellkurve abhängige Unter-schied, daß bei gekreuzten Stangen die Schieberwege verhältnismäßig schneller als bei offenen abnehmen.

Konstruktive Unterschiede.

Stephenson.

Von konstruktivem Standpunkt in bezug auf Anordnung und Anzahl der Teile, zeichnet sich die Stephenson-Steuerung durch große Einfachheit und Über-sichtlichkeit aus. Sie erfordert in der Längsrichtung wenig Raum, bei verhältnis-mäßig langen Exzenterstangen, die für die Gestaltung der Verstellkurven von gün-stigem Einfluß sind. Selbst bei ganz kurzen Maschinen fallen die Stangen noch so lang aus, daß ihr Einfluß auf das für unendlich lange Stangen gültige Kreis-Schieberdiagramm vernachlässigt werden kann. Bei sachgemäßer Konstruktion ist die Abnützung in den Gelenken und der Kulisse sehr gering; die Zugänglichkeit und das Nachstellen sind bequem. Diese Vorzüge machen die Stephenson-Steuerung besonders geeignet für Maschinen, die einen Dauerbetrieb aufrecht zu erhalten haben, wie dies in erhöhtem Maße bei den großen Ozeandampfern der Fall ist. Sie hat sich gerade auf Schiffen, selbst bei den größten Anlagen, am besten bewährt und wird hier infolge ihrer Einfachheit von den später zu besprechenden umständlicheren

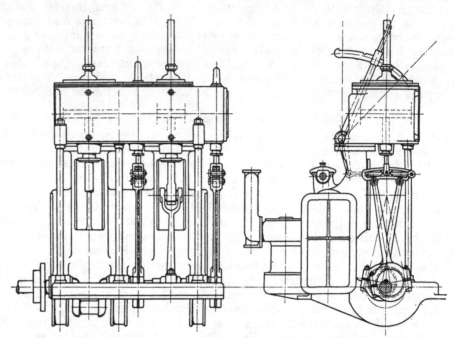

Fig. 855. Stehende Schiffsmaschine mit Stephensonscher Umsteuerung.

Lenkersteuerungen wohl nie verdrängt werden. Die prinzipiellen Nachteile dieser Steuerung bei kleinen Füllungen kommen deshalb bei den Schiffsmaschinen weniger in Betracht, weil bei diesen die Steuerung meist mit voll ausgelegter Kulisse arbeitet, und die Expansion überhaupt nur in engen Grenzen selten mehr wie 25 v. H. unter der größten Füllung verstellt zu werden braucht.

Für Lokomotiven gelangt die Stephenson-Steuerung vielfach in England und Amerika zur Anwendung, in Deutschland nur für kleinere Ausführungen. Mit Dampf betriebene Hebezeuge, deren Antriebsmaschinen meist mit Vollfüllung arbeiten, weisen ebenfalls diese Umsteuerung, wegen ihrer Unempfindlichkeit, auf. Da beim Umsteuern Kulisse und Exzenterstangen gehoben oder gesenkt werden müssen, ist deren Gewichtswirkung am Steuergestänge durch Gegengewichte auszugleichen. Die Verstellkräfte, die außer von den Reibungswiderständen, hauptsächlich von der Massenwirkung der zu bewegenden Steuerteile abhängen, werden daher noch verhältnismäßig groß.

Gooch.   Die Gooch-Steuerung zeigt im Vergleich mit der vorher betrachteten Umsteuerung ein nicht so einfaches Triebwerk und erfordert in der Längsrichtung bedeutend mehr Raum. Die Exzenterstangen fallen viel kürzer aus, wodurch zwar nicht die Gestalt der Verstellkurven wohl aber die Dampfverteilung und das Arbeiten des Gestänges in unerwünschter Weise beeinflußt wird. Der größte Vorteil dieser Steuerung liegt in dem unveränderlichen linearen Voreilen, auch steht sie in bezug auf Abnützung und Nachstellbarkeit der Stephenson-Steuerung kaum nach. Die Kräfte zum Umsteuern sind sehr gering, da nur die Schieberschubstange verstellt wird; bei liegender Anordnung wird auch diese ausbalanciert. Die Goochsche Bauart findet besonders da vorteilhafte Verwendung wo die Umsteuerung

fortwährend benutzt und von Hand aus betätigt wird. Sie ist vielfach an Fördermaschinen meist in Verbindung mit Ventilsteuerung verwendet. Bei Lokomotiven
ist sie besonders in Österreich und Frankreich häufig zu finden.

Die Steuerung von Allan ist in dem Bestreben entstanden, aus Herstellungs-
rücksichten an Stelle der gekrümmten eine gerade Kulisse zu schaffen, ein Grund,
der seit langem nicht mehr stichhaltig ist. Das Triebwerk ist sehr kompliziert
und erfordert ebenso große Längenausdehnung wie die Gooch-Steuerung; sie besitzt aber einige Vorzüge, namentlich der Stephenson-Steuerung gegenüber. Das
Umsteuern kann sehr rasch erfolgen, da Kulisse und Kulissenstein mit Schieberschubstange gleichzeitig und entgegengesetzt verstellt werden; es ergibt sich damit
geringe Veränderlichkeit des Winkels β und geringe Unregelmäßigkeit in der Dampfverteilung, besonders im Voröffnen. Umfangreiche Verwendung hat sie nur bei
Lokomotiven gefunden; doch ist sie bei diesen durch die später zu behandelnde
Heusinger-Steuerung fast verdrängt.

5. Kulissen-Umsteuerungen mit nur einem Exzenter.

a. Heusinger-v. Waldegg-Steuerung[1]).

Diese Steuerung unterscheidet sich gleich anderen Abarten der vorher behandelten Kulissensteuerungen von letzteren dadurch, daß der Steuermechanismus nicht
betätigt wird von zwei in der Kurbeltotlage symmetrisch zur Schieberschubrichtung
auf die Kurbel- oder Steuerwelle aufgekeilten
Vor- und Rückwärtsexzentern, sondern von
zwei Exzentern, von denen das eine in der
Schieberschubrichtung, das andere senkrecht
dazu angeordnet ist. In den ersteren Fällen
erfolgte die Veränderung der Größe und Lage
der maßgebenden Steuerexzenter nach dem
Schema Fig. 856a, im letzteren Falle wird die
gleiche Veränderung nach dem Schema 856b
erreicht. Hierdurch ist es praktisch möglich,
die Steuerbewegung des einen Exzenters unmittelbar von der Kurbel abzuleiten, so daß
tatsächlich nur ein besonderes Steuerexzenter
nötig wird. Das Zusammenarbeiten von Kurbel
und Exzenter führt dabei auf das Schema einer
Umsteuerung, wie durch Fig. 857 dargestellt
ist, indem durch Hebelübersetzung die von der
Kurbel abgeleitete Steuerbewegung des Kreuzkopfes auf die eines Exzenters vom Radius r_0
verkleinert wird und die Steuerbewegung des
senkrecht zur Schubrichtung aufgekeilten Exzenters durch Einschaltung einer Kulisse eine
für veränderliche Füllung und für Umkehr der
Maschinenbewegung geeignete Größen- und
Lagenänderung erfährt.

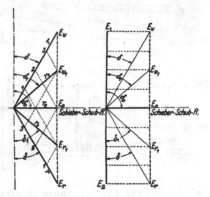

Fig. 856a.　　　Fig. 856b.
Bei symmetrisch　Bei Ersatz eines
zur Schieber-　　Exzenters (E_o)
schubrichtung　durch die Kurbel
wirksamen Vor-　und Anordnung
und Rückwärts-　des zweiten Ex-
exzentern　　zenters (E_1) senk-
E_v u. E_r.　　recht zu
　　　　　ersterem.

Fig. 856a und b. Schema der Ableitung der resultierenden Exzenter von
Kulissensteuerungen.

Bei der Heusinger-v. Waldegg-Steuerung, Fig. 857 und 858, liefert die Kurbel
ein Steuerexzenter vom Aufkeilwinkel $\delta_0 = 90^0$, indem die Bewegung des Kreuzkopfes G_1 in einer auf r_0 verminderten Größe durch Einschaltung eines doppelarmigen Übersetzungshebels DEF auf die Schieberstange übertragen wird. Das
zweite zur Schieberschubrichtung senkrecht stehende Exzenter mit dem Aufkeilwinkel $\delta = 0^0$ wirkt auf eine Kulisse BC, deren Schwingungen die Schieberschub-

---

[1]) Die Priorität dieses Steuerungstypus scheint dem Werkmeister Walschaert der
belgischen Staatsbahnen zu gebühren, dem schon vor der ersten Ausführung der Heusinger-
Steuerung ein belgisches Patent auf die gleiche Steuerungsart erteilt wurde.

stange durch veränderte Steinstellung in verschiedener Größe auf den Angriffspunkt E überträgt, woselbst sie mit den konstanten Verschiebungen der vom
Kreuzkopf abgeleiteten Bewegung des Punktes E zur maßgebenden Schieberbewegung bei D kombiniert werden.

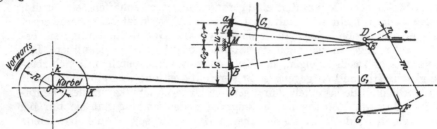

Fig. 857. Schema der Heusinger-v. Waldegg-Steuerung.

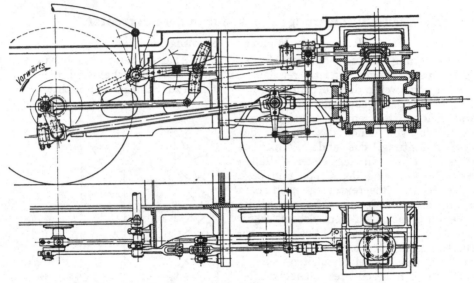

Fig. 858. Heusinger-Steuerung einer Lokomotivmaschine.

Auch das Exzenter wird meist nicht als solches, sondern als Kurbel vom
Radius r ausgeführt, zu welchem Zwecke in der Regel an die Maschinenkurbel eine
Gegenkurbel angeschlossen wird, wie dies Fig. 858 einer Lokomotivsteuerung zeigt.

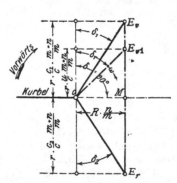

Die Zentrallinie der steuernden Exzenter, Fig.
859, für Vor- und Rückwärtsgang entwickelt sich
nach Vorstehendem aus dem von der Kurbel abgeleiteten Exzenter $r_0 = R\,\dfrac{n}{m}$ mit dem Aufkeilwinkel $\delta_0 = 90^0$ und einem veränderlichen Exzenter mit dem Aufkeilwinkel $\delta = 0^0$; letzteres erhält
seine verschieden großen Radien mit der Veränderung der Entfernung u des Kulissensteines von der
Schwingungsmitte M der Kulisse. Nach Fig. 857
bestimmt sich der Ausschlag des Kulissensteines zu
$r\,\dfrac{u}{c}$, und da dieser noch am Übersetzungshebel DEF
im Verhältnis von $\dfrac{m+n}{m}$ auf die Schieberstange
übertragen wird, so bestimmt sich die maßgebende

Fig. 859. Ermittlung der Zentrallinie für die Heusinger-Steuerung.

Exzentrizität zu $r \dfrac{u}{c} \dfrac{m+n}{m}$. Allgemein wäre letztere Beziehung zu schreiben

$r \dfrac{u}{c} \dfrac{m \pm n}{m}$, je nachdem am Übersetzungshebel die Schieberstange innen oder außen angreift und dementsprechend der Schieber für Innen- oder Außeneinströmung konstruiert ist. Damit in der Kurbeltotlage bei allen Füllungen das lineare Voröffnen konstant bleibt, muß die Krümmung der Kulisse mit einem Radius gleich der Schieberschubstangenlänge erfolgen. Sie verändert dann bei ihrer Mittelstellung, die bei der Kurbeltotlage eintritt, ihre Stellung nicht, gleichviel in welche Lage der Kulissenstein gerückt wird.

Die Heusinger-Steuerung hat hauptsächlich bei Lokomotiven allgemeine Verbreitung gefunden[1]); auch bei Schiffsmaschinen ist sie häufiger ausgeführt. Sie gestattet die Anordnung der Schieberkasten auf bzw. vor den Cylindern und ermöglicht dadurch gedrängte Maschinenanordnung.

Da alle Steuerungsteile in einer Ebene liegen, treten seitliche Beanspruchungen des Gestänges und der Kulisse nicht mehr auf. Die Kulisse selbst kann gut gelagert werden und bietet so dem ganzen Gestänge eine solide Führung. Die Konstruktion einer Taschenkulisse für die Heusinger-Steuerung einer Schnellzugslokomotive zeigt II, 216, 2.

Die Führung der Schieberschubstange erfolgt wie bei der Gooch-Steuerung durch eine möglichst lange Hängestange oder geradlinig, wie dies in Fig. 858 der Fall, indem der Umsteuerhebel eine drehbare Hülse enthält, in der die verlängerte Schieberschubstange gleitet. Hierdurch ist das Würgen des Kulissensteines ein Minimum geworden.

Die Füllungen beider Cylinderseiten fallen für die mittlere Kolbenlage ganz gleich aus und bleiben auch für die übrigen Kolbenstellungen annähernd gleich; es ist nur darauf zu achten, daß die Kuppelstange GF nicht zu kurz wird und daß die vertikalen Ausschläge des Punktes F sich möglichst gleichmäßig auf die durch G zur Cylinderachse gezogene Parallele verteilen.

Bei belgischen Lokomotiven ist vielfach die Umsteuerung von Belpaire angewendet, die sich von der Heusinger-v. Waldegg-Steuerung nur dadurch unterscheidet, daß das besondere Steuerexenter oder die statt seiner angewendete Gegenkurbel konstruktiv auch noch ausgeschaltet wird, und zwar durch Ableitung der betreffenden Steuerbewegung von der unter 90^0 versetzten Kurbel der zweiten Maschinenseite. Prinzipiell bietet die Steuerung somit nichts Neues; sie ist nur vielteiliger geworden. Da die ersetzte Exenterbewegung für die eine Kurbel vor- und für die andere Kurbel nacheilt, so tritt die Notwendigkeit auf, die beiden Schieberschubstangen entweder nach entgegengesetzten Seiten auszulegen oder durch Einschalten von entsprechenden Hebeln die Bewegung umzukehren.

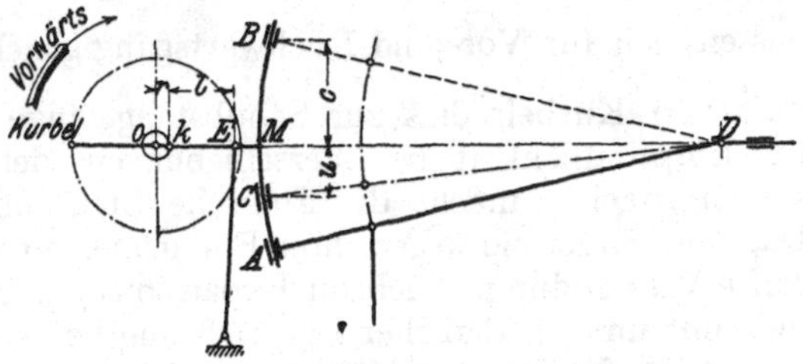

b. Finksche Steuerung.

Die Finksche Steuerung, Fig. 860 bis 862, ist die eigenartigste und einfachste aller Umsteuerungen für veränderliche Füllung. Das Diagramm der Verstellgeraden,

Fig. 860. Steuerungsschema der Finkschen Steuerung.

Finksche Steuerung.

Fig. 862, ist nicht wesentlich unterschieden von dem der Heusinger-Steuerung, seine Entstehung jedoch insofern abweichend und vereinfacht dadurch, daß auch die Kurbel aus dem Steuermechanismus ausgeschaltet und überhaupt nur ein ein-

---

[1]) Über die Aufzeichnung der Steuerung gibt ein Aufsatz von Westrén-Doll, Glasers Annalen 1910, S. 89 ff. näheren Aufschluß.

ziges Steuerexzenter angewendet ist, das der Kurbel gegenübersteht, also den
Aufkeilwinkel $\delta_0 = 90^0$ aufweist. Exzenterring und Kulisse sind zu einem Konstruktionselement vereinigt, das im Punkte E, dem Exzenterstangenauge, mittels
einer Schwinge unterstützt wird. Der Krümmungsradius der Kulisse ist gleich
der Länge der Schieberschubstange, so daß das lineare Voröffnen bei allen Stein-
stellungen unverändert bleibt.

Bei der Drehung des Steuerexzenters treten an der Kulisse zwei Bewegungen
auf, die sich zur Stein- bzw. Schieberbewegung kombinieren. Zunächst wirkt das
Steuerexzenter unmittelbar auf die Schieberschubstange mit einem Voreilwinkel
$\delta_0 = 90^0$ und der konstanten Exzentrizität r; gleichzeitig wirkt dasselbe Exzenter
an einem Winkelhebel KMB und ruft eine schwingende Bewegung der Kulisse um
den Angriffspunkt E der Schwinge hervor. Wenn angenommen wird, daß der Stütz-
punkt E mit der Kulissenmitte M zusammenfällt, erfährt der an dieser Schwingung

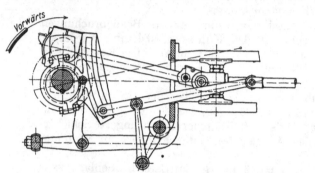

Fig. 861. Konstruktive Ausführung für die Antriebsmaschine einer Dampfwinde.

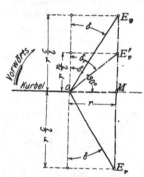

Fig. 862. Diagramm der
Verstellgeraden der Steuerexzentermittelpunkte.

Fig. 860 bis 862. Finksche Kulissensteuerung.

teilnehmende Kulissenstein verschieden große Ausschläge je nach seiner Entfernung u von der Kulissenmitte, indem er durch ein Exzenter von der Größe $r\dfrac{u}{l}$
mit einem Aufkeilwinkel $\delta = 0^0$ bewegt erscheint. An der Schieberschubstange
kombinieren sich somit die Bewegungen zweier Exzenter r, $\delta_0 = 90^0$ und $r\dfrac{u}{l}$, $\delta = 0^0$,
Fig. 862, so daß sich die gleiche geradlinige Verstellung der maßgebenden Steuer-
exzenter ergibt wie für die Heusinger-Steuerung. Die Füllungen auf beiden Kolbenseiten lassen sich für Vor- und Rückwärtsgang gleich gestalten, wenn $\dfrac{r}{l}$ gleich dem
Verhältnis von Kurbelradius zur Schubstangelänge gewählt wird.

Ihre Empfindlichkeit bei Verschiebungen der Kurbelwelle gegenüber der
Schieberstangenachse macht die Finksche Steuerung für Lokomotiven ungeeignet. Dagegen findet sie wegen ihrer Einfachheit und Billigkeit für Hilfsmaschinen
vorteilhafte Verwendung. Auch für Expansionsschiebersteuerungen von stationären
Maschinen mit unveränderlicher Drehrichtung hat sie in der Weise Anwendung gefunden, daß die Kulisse zur Hälfte ausgeführt und der Kulissenstein vom Regler
mittels der Schieberschubstange verschoben wird.

Die Finksche Kulissensteuerung stellt nicht nur die einfachste Konstruktion
von Kulissensteuerungen dar, sondern sie bildet auch vom kinematischen Standpunkt
aus betrachtet den Übergang zu den folgenden Lenkersteuerungen, bei denen prinzipiell ebenfalls eine Kulisse oder ein diese ersetzender drehbarer Lenker dazu dient,
die in zwei lineare Verschiebungen zerlegbare Drehbewegung eines Exzenters zur
veränderlichen Schieberbewegung zu kombinieren.

6. Lenkerumsteuerungen.

Von den Kulissensteuerungen im Aufbau und in der Anwendung stellen sich die Lenkersteuerungen äußerlich recht verschieden dar. Ihre theoretische Arbeitsweise stimmt aber mit derjenigen der Kulissensteuerungen vollkommen überein, da bei ihnen die Veränderung der Füllung auch durch Mechanismen erfolgt, die eine solche Veränderbarkeit des Steuerexzenters erzielen, wie durch die Verstellgeraden der Fig. 856b der Heusinger Steuerung und der Fig. 862 der Finkschen Steuerung bereits gekennzeichnet. In Übereinstimmung mit letzterem Steuerungsprinzip ist bei den Lenkersteuerungen nur noch ein Steuerexzenter ausgeführt oder selbst dieses noch durch die Maschinenkurbel ersetzt.

Das Wesen dieser von einem einzigen Exzenter betätigten Lenkersteuerungen ist abzuleiten aus der Tatsache, daß die Bewegung in der Schieberschubrichtung auch betrachtet werden kann als zusammengesetzt aus der gleichzeitigen Wirksamkeit

Wesen der Lenker-Steuerungen.

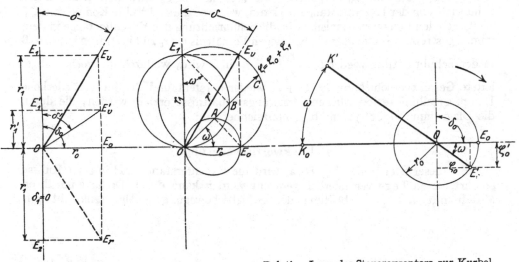

a. Diagramm der b. Zeuners c. Relative Lage des Steuerexzenters zur Kurbel,
Verstellgeraden. Diagramm. wenn Kolben und Schieberschubrichtung parallel.

Fig. 863 a bis c. Zerlegung des Steuerexzenters in zwei aufeinander senkrecht
stehende Exzenter.

zweier aufeinander senkrechter stehender Exzenter, deren Größe als Komponenten des für die Steuerbewegung maßgebenden Exzenters erscheinen.

Nach Fig. 863a kann die Wirkung des Exzenters E_v bzw. E_v' ersetzt werden durch das Zusammenwirken der Exzenter E_0 und E_1 bzw. E_0 und E_1'. Eine Veränderung des Exzenters E_1 zwischen $\pm r_1$, also zwischen den Lagen E_1 und E_2 führt alsdann bei gleichzeitigem Einfluß des unveränderlichen Exzenters E_0 auf die für veränderliche Füllung und Bewegungsumkehr der Maschine erforderliche Verstellung des maßgebenden Steuerexzenters im Sinne der Verstellgeraden E_v, E_r. Nach früherem wird bei solchen Steuerungen mit geradliniger Verschiebung des Exzenters senkrecht zur Schieberschubrichtung unveränderliches lineares Voröffnen bei allen Füllungsgraden erreicht.

Auf analytischem Wege leitet sich der vorbezeichnete Zusammenhang aus der Polargleichung der Zeunerschen Schieberkreise Fig. 863b ab, die in ihren Radienvektoren ζ die Schieberverschiebungen aus der Mittellage ausdrücken durch die Beziehung:

$$OC = \zeta = r \sin(\delta + \omega) = r \sin \delta \cos \omega + r \cos \delta \sin \omega$$
$$= r_0 \cos \omega + r_1 \sin \omega = OA + OB = \zeta_0 + \zeta_1 .$$

An Stelle des Schieberkreises vom Radius r und dem Aufkeilwinkel δ treten die beiden Schieberkreise r_0, $\delta_0 = 90^0$ und r_1, $\delta_1 = 0$, deren beide Radienvektoren eines beliebigen Drehwinkels ω addiert, die Größe des Radienvektors des Schieberkreises r, δ für denselben Drehwinkel ergeben. Bei sämtlichen Lenkersteuerungen entspricht nun die unveränderliche Exzenterkomponente r_0, δ_0 jeweils dem ausgeführten Steuerexzenter, während die Wirksamkeit der um 90^0 verdrehten und veränderlich zu machenden Exzenterkomponenten r_1, δ_1 durch den Lenkermechanismus ebenfalls aus dem aufgekeilten Exzenter abgeleitet wird. Zur allgemeinen Begründung letzterer Möglichkeit der Verwendung nur eines einzigen unter 0^0 oder 180^0 zur Kurbel aufgekeilten Exzenters sei noch folgendes angeführt:

Wird die Drehung des Exzentermittelpunktes in zwei Bewegungskomponenten parallel und senkrecht zur Schubrichtung der Exzenterstange zerlegt, die ihrerseits gegeben sei durch die Richtung $O E_0$ des Steuerexzenters bei der Kurbeltotlage Fig. 863c, so ermitteln sich die beiden Komponenten für eine beliebige Exzenterdrehung ω zu $\zeta_0 = r_0 \cos \omega$ und $\zeta_0' = r_0 \sin \omega$. Die Verschiebung ζ_0 wird unmittelbar in der Schubrichtung der Exzenterstange wirksam, während die senkrechte Komponente ζ_0' erst durch den Lenkermechanismus in die Schubrichtung der Exzenterstange in dem vom angestrebten Füllungsgrad abhängigen Verhältnis $r_1 : r_0$ zu übertragen ist, so daß in der Schubrichtung wieder $\zeta_1 = \dfrac{r_1}{r_0} \zeta_0' = r_1 \sin \omega$ wird, wodurch die vorher abgeleitete Gesamtverschiebung $\zeta = \zeta_0 + \zeta_1$ wieder entsteht und die für veränderliche Dampfverteilung erforderlichen Steuerungsverhältnisse erzielt werden, die durch die Diagramme Fig. 863a und b gekennzeichnet sind.

a. Hackworth-Steuerung.

Hackworth-Steuerung.

Bei dieser Steuerung, Fig. 864a, wird die Exzenterstange EP in einer Kulisse geführt, deren Lage veränderlich gemacht werden kann durch Drehung um ihren Mittelpunkt K. Die Ableitung der Schieberbewegung erfolgt senkrecht zur

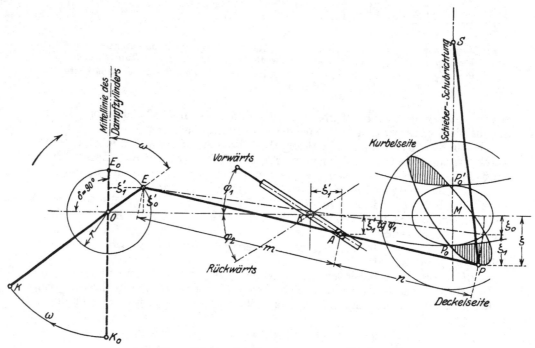

Fig. 864a. Schema der Umsteuerung von Hackworth.

Mittellage OM der Kulisse von einem Punkt P der verlängerten Exzenterstange aus.

Die elliptischen Bahnen des schwingenden Punktes P einer auf vorbezeichnete Art geführten Exzenterstange resultieren aus der Kombination zweier Exzenterbewegungen, von denen die eine gegeben ist durch das Exzenter r, $\delta = 90^0$, während die zweite Bewegung hervorgerufen erscheint durch ein gleiches Steuerexzenter, das aber zur Richtung OM nunmehr mit $\delta = 0^0$ aufgekeilt anzunehmen ist. Die Größe der von letzterem Exzenter übertragenen Schwingungen läßt sich veränderlich machen durch verschiedene Neigung der Ku·lissenbahn, indem der jeweilig größte Schwingungsausschlag sich bestimmt zu $r\, tg\, \varphi\, \dfrac{m+n}{m}$ wenn φ den Neigungswinkel der Geradführung zur Senkrechten OM auf die Schieberschubrichtung bedeutet.

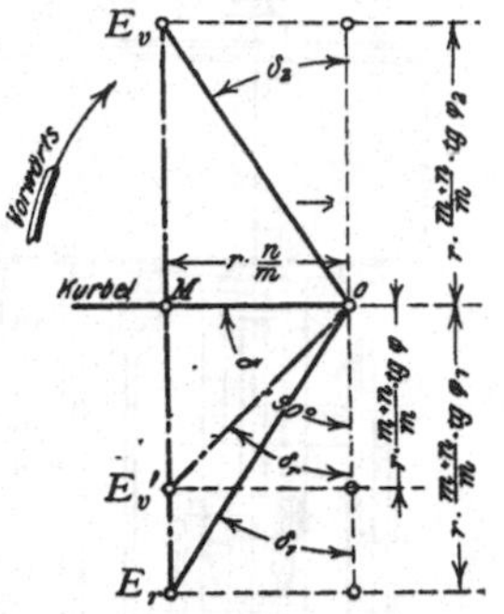

Es ergibt sich somit in dem für die Lenkersteuerungen allgemein gültigen Schema der Verstellgeraden der Steuerexzentermittelpunkte, Fig. 864b, das konstante Exzenter zu $r\,\dfrac{n}{m}$, $\delta = 90^0$ und das veränderliche Exzenter zu $r\, tg\, \varphi\, \dfrac{m+n}{m}$;

Fig. 864b. Verstellgerade der Exzentermittelpunkte der Hackworth-Steuerung

$\delta = 0^0$, wobei φ veränderlich ist zwischen o und φ_1 bezw. φ_2. Wenn die Kurbel in einem Totpunkt steht, sollen Mitte Kulissenstein und Mitte Kulissen- bezw. Umsteuerwelle sich decken und Schieberstange mit Schieberschubstange in die Schieberschubrichtung fallen. In den beiden Totlagen der Kurbel bewegt sich alsdann bei allen Kulissenlagen das Exzenterstangenende P für die Cylinderkurbel- und Deckelseite durch die Punkte P_0 bezw. $P_0{}'$, so daß für alle Füllungen des Vor- und Rückwärtsganges gleiches lineares Voröffnen besteht.

Die Hackworth-Steuerung ist durch die gerade Kulisse gekennzeichnet; es ist dabei für die Veränderung der Schieberbewegung gleichgültig, ob ihre Ableitung von der Exzenterstange vor oder hinter der Kulisse erfolgt. Der Unterschied dieser beiden Anordnungen macht sich nur darin geltend, daß bei außen liegender Kulisse die Auflagerdrücke in ihr wirksamer und die Beanspruchungen der Exzenterstange viel geringer ausfallen als bei innen liegender Kulisse. Demgegenüber gebraucht die letztere Anordnung weniger Raum und ist ihre konstruktive Durchführung meist bequemer.

Die nur noch selten ausgeführte gerade Kulisse verursacht gewisse Unregelmäßigkeiten in der Dampfverteilung, die bei einer Bogenkulisse vermieden werden können, wenn die konvexe Seite ihrer Krümmung für äußere Einströmung und Vorwärtsgang nach der Kurbelwelle zu gerichtet wird.

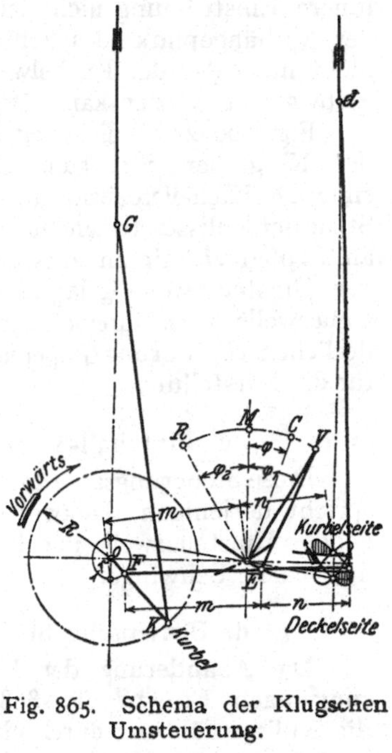

b. Klugsche Steuerung.

Diese Umsteuerung, Fig. 865, unterscheidet sich von der Hackworth-Steuerung mit innenliegender Umsteuerwelle nur dadurch, daß die Kulisse durch einen Schwinghebel ersetzt ist. Die hierbei leicht zu erzielende Nachstellbarkeit der Gelenkzapfen hat für den Betrieb den Vorteil, einem Schlottrigwerden der Steuerung infolge Abnützung stets rasch mittels Nachstellvorrichtungen oder Erneuerung

Fig. 865. Schema der Klugschen Umsteuerung.

Klugsche Steuerung

der Büchsen begegnen zu können. Dagegen läßt sich die Gleichmäßigkeit der Dampfverteilung infolge der begrenzten Länge des Schwinghebels besonders für

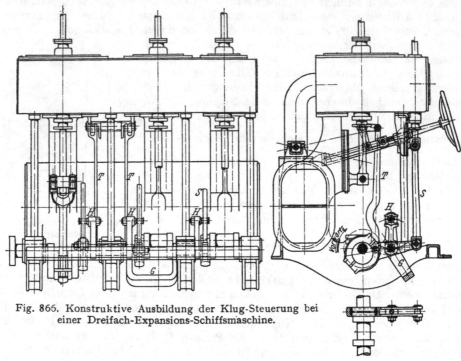

Fig. 866. Konstruktive Ausbildung der Klug-Steuerung bei einer Dreifach-Expansions-Schiffsmaschine.

innere Einströmung nicht leicht erzielen, da der Aufhängepunkt des Schwinghebels meist nicht nach der der Kurbelwelle zugewandten Seite gelegt werden kann.

Fig. 866 zeigt die dreifache Anwendung der Klugschen Steuerung für die Cylinder einer Dreifach-Expansionsmaschine. Die an Stelle der Kulissen tretenden Schwingen hängen an Zapfen H, die an entsprechenden Armen der Umsteuerwelle gelagert sind. Die Umsteuerwelle wird ihrerseits infolge der erforderlichen Umführung G sperrig und unbequem für die Herstellung.

c. Marshall-Steuerung.

Marshall-Steuerung.

Diese Steuerungsanordnung, Fig. 867, entspricht derjenigen Hackworths mit außenliegender Umsteuerwelle und Ersatz der Kulisse durch eine Schwinge.

d. Brownsche Steuerung.

Brownsche Steuerung.

Die Abänderung der Hackworth-Steuerung nach Brown, Fig. 868a und b, zeigt die Kulissenführung durch einen Conchoiden-Lenker ersetzt, der eine gedrängtere Anordnung des Steuerungsmechanismus dadurch ermöglicht, daß der Schieberschubstangenangriff

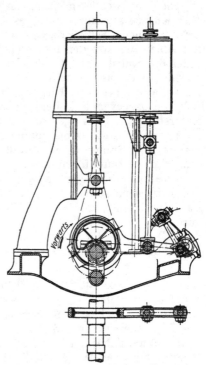

Fig. 867. Marshall-Steuerung einer Schiffsmaschine.

am Conchoidenlenker in unmittelbarer Nähe der Umsteuerwelle zu liegen kommt. Die Steuerung ist sowohl mit außen- wie mit innenliegender Umsteuerwelle mehr-

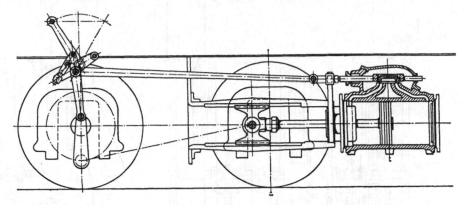

Fig. 868 a. Brownsche Umsteuerung mit Conchoidenlenker.

fach für Lokomotiven ausgeführt, wobei der Antrieb der Exzenterstange außer von einem Exzenter oder einer Gegenkurbel gelegentlich auch von einem Punkt der Kurbelschubstange aus erfolgt.

Eine andere Umsteuerung von Brown, die bei Schiffsmaschinen mit Erfolg zur Ausführung gelangt ist, zeigen die Fig. 868 c und d. Der Antrieb der Stange *DEF* erfolgt nicht unmittel-bar vom Exzenter aus, sondern von einem Punkt der Exzenterstange, deren Ende durch eine Schwinge *H* geführt ist. Die Steuerung kann wieder mit innen- und außenliegender Umsteuer-welle durchgebildet werden und läßt übereinstimmende Dampfverteilung für Vor- und Rückwärtsgang unter der Bedingung erreichen, daß die

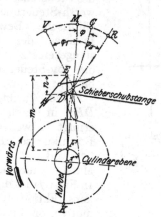

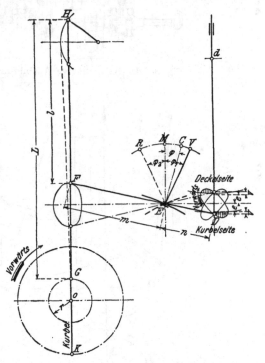

Fig. 868 b. Schema der Brown-Steuerung mit Conchoidenlenker.

Fig. 868 c. Schema der Brown-Steuerung mit Kulissenführung.

Schwinge, die die Exzenterstange führt, so gewählt ist, daß die gemeinschaftliche Tangente an den Kreisbogen dieser Schwinge und an den Kreisbogen des Hebels *EF* durch den Mittelpunkt o der Kurbelwelle geht.

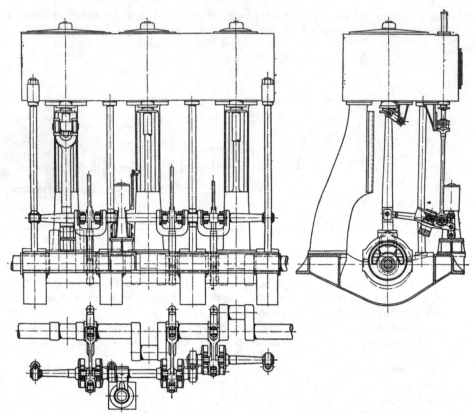

Fig. 868 d. Konstruktive Ausbildung der Brown-Steuerung mit Kulissenführung.

e. Joy-Steuerung.

Wird die Kreisbewegung des Steuerexzenters der Hackworth-Steuerung durch die elliptische Bewegung eines Punktes der Kurbelschubstange ersetzt, dann entsteht die Joy-Steuerung. Fig. 869 bis 872.

Die Führung des Lenkers DEF im Punkte E, Fig. 869, erfolgt entweder durch eine Bogenkulisse, Fig. 871 und 872, oder wie bei Klug und Marshall durch eine Schwinge. In Fig. 871 ist die Steuerungskonstruktion für eine Lokomotive, in Fig. 872 für eine stehende Schiffsmaschine veranschaulicht.

Der Umstand, daß bei der Joy-Steuerung das Exzenter gänzlich in Fortfall kommt,

Joy-Steuerung.

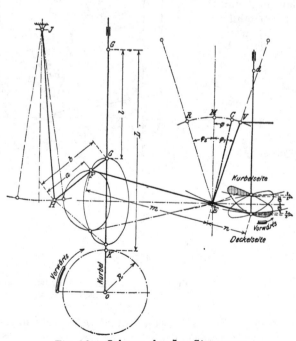

Fig. 869. Schema der Joy-Steuerung.

bietet den Vorteil, daß bei mehrcylindrischen Maschinen die Dampfcylinder so nahe gerückt werden können als ihre äußeren Konstruktionsmaße ohne Rücksicht auf die Anordnung der Schiebergehäuse erlauben, und daß infolgedessen auch die gekröpfte Welle die geringstmögliche Länge erhält. Andererseits legt aber diese Steuerungsanordnung durch ihre Abhängigkeit vom Kurbeltriebwerk dem Konstrukteur empfindliche Beschränkungen auf.

Bei mehrcylindrischen Maschinen werden die Exzentrizitäten für alle Cylinder gleich groß gewählt und ihre Aufkeilwinkel den Kurbeln entsprechend versetzt. Die

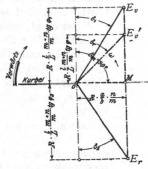

Fig. 870. Verstellgerade des Schieberdiagramms der Joy-Steuerung.

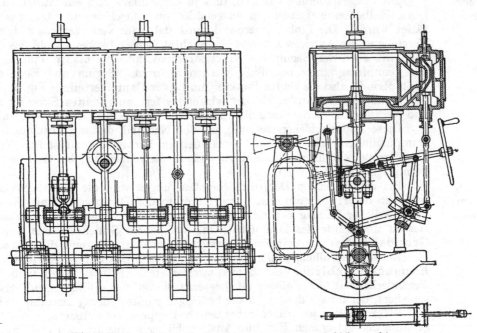

Fig. 871. Anordnung der Joy-Steuerung für eine Lokomotive.

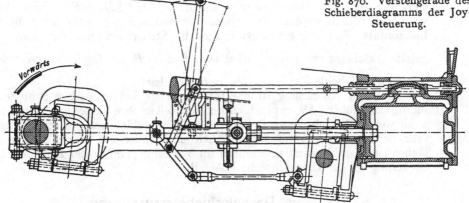

Fig. 872. Anordnung der Joy-Steuerung für eine Schiffsmaschine.

44*

Umsteuerwelle kommt damit bei den einzelnen Cylindern für äußere Einströmung innen und für innere Einströmung außen zu liegen; dazu kommt noch erschwerend, daß für diese beiden Fälle die entsprechenden Umsteuerwellen nach verschiedenen Seiten ausgelegt werden müssen.

Bei kleinen Maschinen greift der Lenker *FED* unmittelbar an der Kurbelschubstange an. Der Punkt *F* ist alsdann tunlichst nahe an die Kurbel heranzuschieben, um die horizontalen Ausschläge im Verhältnis zu den vertikalen nicht zu klein zu bekommen. Die Schrägstellungen des Lenkers in den Außenlagen, sowie der Umstand, daß die Kurbelschubstange am Kreuzkopfende gerade geführt wird, ergeben eine ungleichmäßige Dampfverteilung, die zwar durch Einstellen des Schiebers auf ungleiches lineares Voröffnen für beide Kolbenseiten etwas verbessert, aber nicht vollständig ausgeglichen werden kann.

Bei größeren Maschinen wird ein besonderer Hebel *HFG*, Fig. 869, eingeschaltet, der an dem einen Ende an einer möglichst langen Schwinge aufgehängt ist. Die Abmessungen dieses Hebels sind so zu wählen, daß der Punkt *G* gerade geführt erscheint, wenn der der Exzenterstange entsprechende Lenker *FED* um *E* als Fixpunkt gedreht wird. Hierdurch werden die vertikalen Ausschläge des Lenkers auf diejenigen in horizontaler Richtung gebracht, so daß die Steuerbewegung der Stange *FD* abgeleitet erscheint von einer Kurbel vom Radius $R\dfrac{a}{b}$. Die Dampfverteilung wird nunmehr auf beide Zylinderseiten ziemlich gleich.

In dieser Anordnung ist die Joy-Steuerung bei englischen Schiffsmaschinen häufig ausgeführt. Als empfindlichster Nachteil ist ihre Vielteiligkeit zu bezeichnen; auch wenn alle Gelenke als Cylinderpaare ausgebildet sind, erweist sie sich nicht sehr betriebssicher, wenig übersichtlich und unbequem in der Bedienung. Bei stehenden Maschinen ist sie insofern im Vorteil gegenüber der Klug und Marshall-Steuerung als die Umsteuerwelle höher liegt.

7. Doppelschiebersteuerungen.

Getrennte Ein- und Auslaß- schieber.
Bei den im vorletzten Kapitel behandelten Steuerungen ergab sich bereits eine Doppelschiebersteuerung dadurch, daß je ein Einlaß- und ein Auslaßschieber für beide Kolbenseiten gemeinsam ausgebildet und durch je ein Steuerexzenter betätigt wurde. Die Einlaßsteuerung konnte dabei für veränderliche Füllung durch Verstellung des Antriebsexzenters eingerichtet werden, wobei sowohl das Füllungsende wie auch der Beginn des Voreinströmens, also die beiden Punkte 1 und 2 des Dampfdiagramms beeinflußt werden konnten. Beginn und Ende der Ausströmperiode, also die beiden Punkte 3 und 4 der Dampfverteilung Fig. 621, wurden durch ein auf den Auslaßschieber wirkendes fest aufgekeiltes Exzenter gesteuert und veränderten daher auch ihre Lage bei Veränderung der Füllung nicht.

Diese Doppelschiebersteuerung hat den Nachteil, daß die Anschlußkanäle des Dampfcylinders mit zwei Schieberräumen in Verbindung zu stehen haben und daher große schädliche Räume verursachen, die namentlich bei Sattdampfbetrieb vermieden werden müssen.

Grund- und Expansions- schieber.
Bei den folgenden Doppelschiebersteuerungen wird die Wirkungsweise beider Schieber derart getrennt, daß jene 3 Punkte der Dampfverteilung, die auch bei veränderlicher Füllung sich nicht zu ändern brauchen, Beginn der Voreinströmung, Beginn und Ende des Dampfaustritts, von einem Schieber, dem sogenannten Grundschieber unveränderlich gesteuert werden, während die Steuerung des veränderlichen Füllungsendes, also des Punktes 2 der Dampfverteilung, dem als Expansionsschieber bezeichneten zweiten Steuerorgan zu regeln verbleibt. Die Veränderlichkeit der Füllung ist begrenzt durch den Füllungsgrad des Grundschiebers, der infolge dessen für die benötigte größte Füllung auszubilden ist.

Während bei der früher behandelten Doppelschiebersteuerung die Schiebergehäuse der getrennten Ein- und Auslaßschieber gewissermaßen nebeneinander angeordnet sind, indem der Dampf durch den Einlaßschieber unmittelbar in den Cylinder strömt und der Austrittsdampf lediglich durch den Auslaßschieber entweicht, liegen die Steuergehäuse des Grund- und Expansionsschiebers hintereinander, so daß der durch den Expansionsschieber eintretende Dampf auch durch den Grundschieber strömen muß. Dabei sind noch zwei in der Konstruktion und Arbeitsweise wesentlich verschiedene Anordnungen zu unterscheiden: Expansions- und Grundschieber bewegen sich entweder in getrennten Steuerkammern oder unmittelbar auf- oder ineinander.

Der letztere Steuerungstypus hat in der Meyer- und Rider-Steuerung bei Sattdampfbetrieb seine größte Verbreitung gefunden; bei Heißdampf dagegen bewähren sich die auf- oder ineinander gleitenden Schieber nicht. In der neueren Zeit hat daher infolge der allgemeinen Anwendung des überhitzten Dampfes die Zweikammersteuerung größere Bedeutung gewonnen.

Im Anschluß an die Schiebersteuerungen des vorletzten Kapitels mögen zunächst die Zweikammersteuerungen der vorstehend bezeichneten Art behandelt werden. Bei diesen ist noch eine Verschiedenheit in der Ausbildung dadurch möglich, daß der Expansionsschieber entweder nur einen Eintrittskanal des Grundschiebergehäuses zu steuern hat, von dem aus der Dampf nach beiden Seiten des Grundschiebers treten kann, oder daß er auf jeder Seite des Grundschiebers einen besonderen Eintrittskanal steuert, wobei die Gehäuseräume der beiden Einströmseiten des Grundschiebers dampfdicht voneinander zu trennen sind. Die vom Expansionsschieber gesteuerten Kanäle seien in der Folge der Kürze halber als Expansionskanäle bezeichnet.

Zweikammer-steuerung.

Bei der graphischen Untersuchung dieser Doppelschiebersteuerungen bietet die Aufstellung des Schieberdiagramms für den Grundschieber nichts Neues und kann daher für diesen auf die frühere Behandlung des einfachen Muschelschiebers für Ein- und Auslaß verwiesen werden. Zum Zwecke einer möglichst weitgehenden Veränderlichkeit der Füllung mittels der Doppelschiebersteuerung ist es wichtig, den Füllungsgrad des Grundschiebers möglichst groß einzurichten. In der Regel macht dies auch keine Schwierigkeiten, da die normalen Verhältnisse der Vorausströmung und Kompression sowie die übliche Voreinströmung von selbst meist auf Füllungsgrade zwischen 60 bis 80 v. H. führen. Es gibt somit nur der Expansionsschieber Veranlassung zur Ausmittlung besonderer Schieberdiagramme, auf die im nachfolgenden ausführlicher eingegangen sei.

a. Zweikammersteuerungen mit einem Expansionskanal.

Bei dieser Steuerung ist der Eintrittsdampfraum des Grundschiebers mit dem Expansionsschieberraum durch einen Kanal verbunden, der vom Expansionsschieber nur während der Füllungsperioden beider Kolbenseiten offen gehalten werden darf. Nach Abschluß des Expansionskanals bei z_m (Dampfdiagramm Fig. 874) expandiert somit der Arbeitsdampf im Dampfcylinder und im Eintrittsdampfraum des Grundschiebers gemeinsam, bis auch der letztere den Einlaßkanal zum Cylinder bei z_d absperrt, worauf die Expansion im Cylinder allein erfolgt.

Um veränderliche Füllung zu erreichen, läßt sich hierbei die Steuerung des Expansionsschiebers auf zwei Arten bewirken und zwar entweder durch ein verstellbares Steuerexzenter in Verbindung mit einem Schieber mit konstanter Überdeckung oder durch ein fest aufgekeiltes Steuerexzenter zwangläufig verbunden mit einem Schieber, dessen Überdeckungen veränderlich gemacht werden.

Expansionsschieber mit verstellbarem Steuerexzenter.

Die Arbeitsweise eines Schiebers mit konstanter Überdeckung im Zusammenhang mit einem verstellbaren Exzenter, dessen Radius und Aufkeilwinkel geändert wird, ist bereits im Kapitel 2 dieses Abschnittes S. 654 ff. eingehend erörtert. Im vorliegenden Fall handelt es sich daher um die Ermittlung der Verstellkurve des Expansionsexzenters zur Erzielung veränderlicher Füllungsendpunkte z.

Expansions-schieber unveränderlich, Exzenter verstellbar.

Ausgehend vom Überdeckungskreis vom Radius gleich der konstanten Überdeckung y des Expansionsschiebers, Fig. 873, läßt sich in diesem, als Kurbelkreis gedacht, der der größten Füllung entsprechende Kurbeldrehwinkel φ_m eintragen; die rückwärtige Verlängerung der Richtung (2_d) führt auf die dem Füllungsende der anderen Kolbenseite entsprechende Kurbelstellung (2_k). Arbeitet der Grundschieber mit einem Voröffnungswinkel γ, so folgt daß der Expansionskanal innerhalb des Kurbeldrehwinkels β zu öffnen ist d. h. nicht vor der Kolbenstellung 2_k und nicht nach der Kurbelrichtung (1).

Soll absolute Nullfüllung erreicht, d. h. auch Voreinströmung ausgeschlossen werden, so muß der Schieberkreis vom Durchmesser der Expansionsschieber-Überdeckung $r = y$ vor die Kurbelstellung γ gelegt werden, weil alsdann bei Beginn des Voröffnens von seiten des Grundschiebers der Expansionsschieber bereits eine gewisse Sicherheitsüberdeckung σ besitzt und dadurch Dampfeintritt in den Cylinder durch Schieberundichtheit hintangehalten ist.

Bei Ermittlung des Schieberkreises für die größte Füllung 2_m ist zu berücksichtigen, daß die Tangente an den Überdeckungskreis im Punkt (2_m) als geometrischer Ort

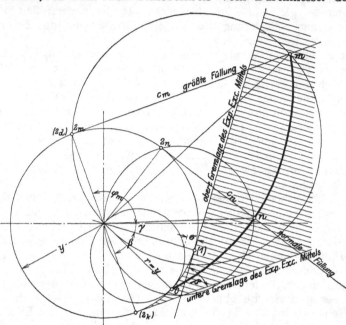

Fig. 873. Ausmittlung der Verstellkurve des Expansionsexzenters für eine Zweikammersteuerung mit unveränderlichem Expansionsschieber und gemeinsamem Expansionskanal.

für den Exzentermittelpunkt m zu betrachten ist, der schließlich so gewählt wird, daß ein genügend großes lineares Voröffnen in der Kurbeltotlage entsteht, womöglich größer als dasjenige des Grundschiebers. Ebenso läßt sich für die normale Füllung 2_n durch die Tangente an den Überdeckungskreis die Lage des Expansionsexzenters n so ermitteln, daß möglichst große Eröffnungsquerschnitte sich ergeben und der Exzentermittelpunkt auf eine stetig verlaufende Verstellkurve $m\,n\,o$ fällt. Die Verstellkurve kommt somit in den Winkelraum β zu liegen, der von den beiden Tangenten in (1) und (2_k) an den Überdeckungskreis gebildet wird.

Die Darstellung läßt deutlich erkennen, daß auch diese Expansionsschiebersteuerung den Nachteil besitzt, daß mit Verkleinerung der Füllung schleichender Schluß des Steuerkanals in den Kauf genommen werden muß, wie dies früher schon für die einfache Schiebersteuerung nachgewiesen.

Abschluß-geschwindig-keiten.

Die Abschlußgeschwindigkeiten werden durch die Strecken $c_m, c_n \ldots$ innerhalb der einzelnen Schieberkreise gemessen, wobei die relative Längenänderung dieser Sehnen auch die relative Änderung der wirklichen Abschlußgeschwindigkeiten ausdrückt. Die Durchmesser der einzelnen Schieberkreise bilden das Maß für die Tangentialgeschwindigkeiten der Exzentermittelpunkte.

Konstruktive Ausführungen.

II, Taf. 18, Fig. 1 zeigt die konstruktive Ausführung einer solchen Zweikammersteuerung, bei der der Expansionsschieber als Kolbenschieber verbunden mit einem durch einen Flachregler verstellbaren Steuerexzenter ausgebildet ist. Der Grundschieber besitzt Inneneinströmung vom Ringraum des Schiebers aus; der Auspuffdampf des unteren Cylinderraumes entweicht durch den Hohlraum des Schiebers nach oben.

Die Zweikammersteuerung mit einem Expansionskanal hat den Nachteil, daß nach Füllungsschluß durch den Expansionsschieber bei allen Füllungsgraden, die unter dem des Grund-schiebers liegen, der im Gehäuseraum zwischen Grund- und Expansionsschieber befind-liche Dampf so lange an der Expansion des Dampfes im Zylinder teilnimmt, bis auch der Grundschieber den Dampfeintritt abge-sperrt hat. Vor Be-ginn jeder Füllungsperiode hat daher der Frischdampf erst den letztbezeichneten Gehäuseraum wieder auf die Eintrittsspannung aufzufüllen. Dieser wärmetech-nische Nachteil wird wesentlich vermindert, wenn die beiden Ein-strömseiten des Grundschiebers voneinander dampfdicht ge-trennte Expansionskanäle er-halten wie dies bei der Doerfel-schen Zweikammersteuerung II, 198, 31 geschehen (s. S. 697).

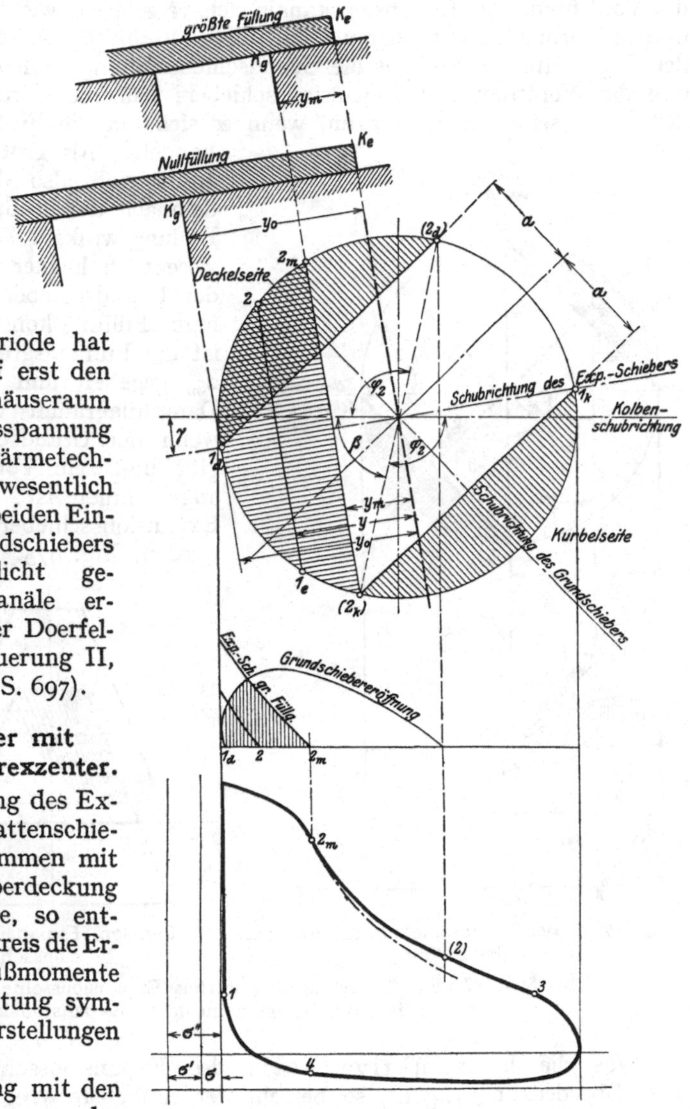

Expansionsschieber mit aufgekeiltem Steuerexzenter.

Wird zur Steuerung des Ex-pansionskanals ein Plattenschie-ber, Fig. 874, angenommen mit der symmetrischen Überdeckung y in seiner Mittellage, so ent-sprechen im Exzenterkreis die Er-öffnungs- und Schlußmomente zur Schieberschubrichtung sym-metrischen Exzenterstellungen 1_e, 2.

Im Zusammenhang mit den Steuerungsverhältnissen des Grundschiebers unter Berücksich-tigung des Umstandes, daß der Expansionsschieber den Dampf-eintritt für beide Cylinderseiten nur mittels eines Steuerkanales regelt, ergeben sich Einschränkungen hinsichtlich der praktisch erreichbaren Füllungen, die aus dem Schieberdiagramm sich ableiten lassen.

Wird der gezeichnete Schieberkreis zunächst als für den Grundschieber maß-gebend aufgefaßt und die Steuerkanten 1_d, 2_d bzw. 1_k, 2_k für die Eintrittsüber-deckungen a der Deckel- und Kurbelseite eingezeichnet, so kennzeichnet der Fül-

Fig. 874. Zweikammersteuerung mit gemeinsamem Expansionskanal
bei Grundschiebersteuerung für größere Füllung als $\frac{1}{2}$.

Expansions-schieber-Über-deckung ver-änderlich, Steuerexzenter fest.

lungswinkel φ_2 die Kurbellage 2_d für den größten Füllungsgrad des Grundschiebers. Soll nun der Expansionsschieber veränderliche Füllung liefern, von Nullfüllung ausgehend, so ist zunächst die Schubrichtung des Expansionsschiebers festgelegt durch die dem Voröffnungswinkel γ entsprechende Kurbelstellung 1_d der absoluten Nullfüllung. Alle Senkrechten auf diese Schieberschubrichtung schneiden beiderseitig den Schieberkreis in Punkten 1_e und 2, die dem Beginn und Ende der Eröffnung des Expansionskanales entsprechen. Da nun mit zunehmender Füllung auch die Voröffnung des Expansionskanals sich vergrößert, wie Fig. 874 erkennen läßt, und da vermieden werden muß, daß dieses Voröffnen schon eintritt, während auf der Gegenseite des Kolbens die Grundschieberfüllung noch wirksam ist, so erhellt, daß das Voröffnen des Expansionsschiebers frühestens im Füllungsendpunkt 2_k der Kurbelseite beginnen kann, wenn es sich um die Füllungen der Deckelseite

handelt. Als größter Voröffnungswinkel ergibt sich also der Winkel β, so daß demnach der größte Füllungsgrad einem Füllungswinkel $\varphi = \beta - \gamma$ entspricht, der wesentlich kleiner ausfällt als 90^0, wenn der Grundschieber für eine größere als halbe Füllung konstruiert ist. In Fig. 874 ist die Füllungsgrenze durch den Punkt 2_m gegeben und in dem gezeichneten Dampfdiagramm veranschaulicht. Nur wenn der Grundschieber halbe Füllung gibt und sein Voröffnungswinkel $\gamma = 0$ angenommen ist, kann auch mit dem Expansionsschieber halbe Füllung erreicht werden, Fig. 875.

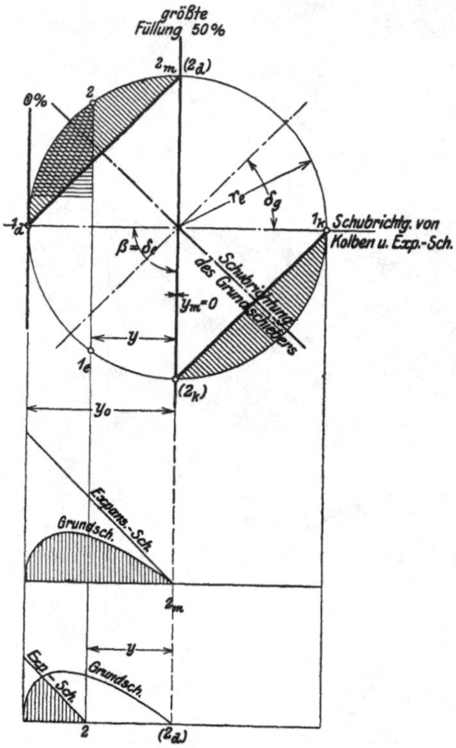

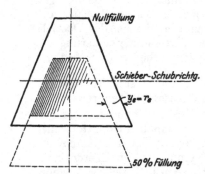

Fig. 875. Bei Grundschiebersteuerung für halbe Füllung.

Fig. 876. Expansionskanal mit Expansionsschieberplatte.

Fig. 874 bis 876. Zweikammersteuerung mittels Expansionsschieber mit veränderlicher Überdeckung bei gemeinsamem Expansionskanal.

Konstruktive Ausführung.   Was die konstruktive Form des Expansionsschiebers für veränderliche Überdeckung angeht, so besteht der einfachste Weg zur Erzielung dieser Veränderlichkeit in der Anwendung eines trapezförmigen Kanals, dessen parallele Seiten zur Schieberschubrichtung parallel gelegt sind. Die schrägen Seiten bilden die steuernden Kanten, so daß der Schieber ebenfalls trapezförmig gestaltet wird, Fig. 876. Durch Verstellen des Schiebers senkrecht zur Schubrichtung läßt sich eine beliebige Überdeckung y zwischen dem größten Wert r_e und 0 erzielen. Wird die Trapezform auf einen Cylinder aufgewickelt, so ergibt sich der Expansionsschieber als Kolbenschieber mit schraubenförmig verlaufenden Steuerkanten. Durch Verdrehen des Kolbenschiebers wird alsdann die Überdeckung und damit der Füllungsgrad geändert.

b. Zweikammersteuerungen mit zwei Expansionskanälen.

Der Einlaß des Dampfes am Grundschieber mittels zweier getrennter Räume, für die je ein besonderer Expansionskanal angeordnet ist, wie die Ausführungen II, 194, 195 und 198 zeigen, ermöglicht eine freiere Wahl der Steuerungsverhältnisse des Expansionsschiebers nicht nur hinsichtlich der Füllungsgrenzen, sondern auch dahingehend, daß auch bei den kleinen Füllungen der schleichende Kanalschluß vermieden wird. Ferner lassen sich die Übertrittsräume vom Expansionsschieber zum Grundschieber verhältnismäßig klein ausführen, so daß nur noch eine entsprechend kleine Frischdampfmenge des Grundschiebergehäuses an der Expansion des Arbeitsdampfes im Cylinder bis zum Füllungsende des Grundschiebers teilnimmt.

Die Untersuchung dieser Doppelschiebersteuerung kann, ebenso wie die vorher betrachtete, auf die Behandlung des Expansionsschiebers beschränkt werden, da die Grundschiebersteuerung für die erforderliche größte Füllung auszuführen ist, und dessen Dampfverteilungsmomente für Voreinströmung, Vorausströmung und Kompression für alle übrigen durch den Expansionsschieber geregelten Füllungsgrade unverändert bleiben.

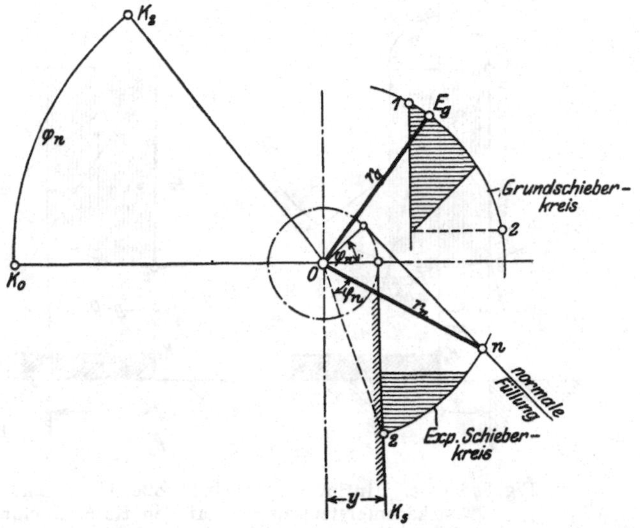

Im Vergleich mit der vorher behandelten Zweikammersteuerung mit einem einzigen Expansionskanal ergibt sich für die Steuerung des Expansionsschiebers der Unterschied, daß der Expansionskanal unmittelbar nach dem Abschlußmoment (2_d) des Grundschiebers bereits offen gehalten werden kann, während im ersteren Fall die Eröffnung erst nach dem Abschlußmoment (2_k) der zweiten Kolbenseite beginnen durfte. Es steht also nunmehr für die Expansionsschiebersteuerung ein um 180° größerer Winkel für die Öffnungs- und Schlußperiode des Expansionskanals zur Verfügung.

Fig. 877. Zweikammersteuerung mit getrennten Einlaßräumen. Ausmittlung der Expansionsexzenterstellung für normale Füllung.

Dieser Vorteil größerer Freiheit in der Wahl der Expansionsschieberverhältnisse ist vor allen Dingen in dem Sinne auszunützen, daß im Hinblick auf die theoretische Forderung unendlich großer Abschlußgeschwindigkeit des Einlaßschiebers am Füllungsende eine möglichst große, praktisch erreichbare Abschlußgeschwindigkeit des Expansionsschiebers angestrebt wird. Wird wieder der Einfachheit halber ein Plattenschieber angenommen, der in seiner Mittellage, Fig. 877, bei Steuerung der normalen Füllung, die der Kurbeldrehung φ_n entsprechen möge, die Überdeckung y besitzt, so findet sich nach früherem in der Tangente an den Überdeckungskreis senkrecht zur Schieberschubrichtung der geometrische Ort aller Expansionsexzentermittelpunkte für den betreffenden Füllungsgrad. Je nach der gewählten Lage des Exzentermittelpunktes 2 auf dieser Tangente ergibt sich alsdann die Exzentrizität r_n; durch Zurückdrehen des Expansionsexzenters um den Füllungswinkel φ_n aus der Abschlußlage 2 ergibt sich die der Kurbeltotlage entsprechende Lage n, und der Winkel dieser Richtung r_n mit der Senkrechten auf die Schieberschubrichtung bildet alsdann den Aufkeilwinkel δ_n. Im Müllerschen Schieberkreis vom Radius r_n wird die Abschlußgeschwindigkeit c_n in der mit der Steuerkante K_s zusammenfallenden Ordinate des Punktes 2 gemessen. Die Größe r_n liefert das Maß für die Tangentialgeschwindigkeit des Exzentermittelpunktes.

Im Expansionsschieberkreis wird für eine beliebige Exzenterstellung während des Kanalabschlusses im horizontalen Abstand der Exzenterlage von der Steuerkante K_s die Kanaleröffnung und in der zugehörigen Ordinate die Geschwindigkeit des Schiebers gemessen. Die größte Abschlußgeschwindigkeit, $c_e = v_e$ gleich der Umfangsgeschwindigkeit des Exzentermittelpunktes wird erreicht, wenn der Schieber gerade in seiner Schiebermittelstellung den Kanal schließt, wenn also die

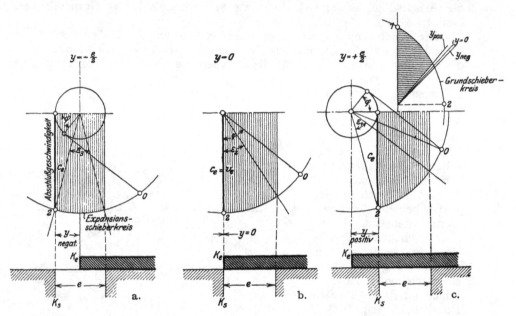

Fig. 878 a—c. Einfluß verschieden großer Überdeckung des Expansionsschiebers bei Zweikammersteuerungen auf den Kanalabschluß bei normaler Füllung.

Überdeckung $y = 0$ gemacht wird, Fig. 878 b. Um für das Schließen des Kanals den kleinsten Abschlußwinkel ε_3, d. i. die geringste Abschlußzeit und somit die größte mittlere Schlußgeschwindigkeit zu erreichen, ist die Öffnungsweite e des Expansionskanals symmetrisch zur Mittelstellung der steuernden Kante des Schiebers zu legen, Fig. 878 a, also gewissermaßen negative Überdeckung $y = -\frac{1}{2} e$ zu geben.

Daß im übrigen die Wahl der Überdeckung y zwischen $-\frac{e}{2}$ und $+\frac{e}{2}$ nur einen geringen Einfluß auf die Raschheit des Kanalabschlusses besitzt, zeigen die in den Grundschieberkreis der Fig. 878 c eingezeichneten Kanalabschlußkurven.

Was nun die Mittel zur Füllungsänderung angeht, so kommt wieder, wie bei den seither betrachteten Steuerungen, konstante Schieberüberdeckung mit verstellbarem Exzenter oder die Änderung der Schieberüberdeckung bei konstantem Steuerexzenter zur Anwendung. In beiden Fällen kann für die Steuerungsausmittlung nach den vorausgegangenen Überlegungen so vorgegangen werden, daß zunächst die Größenverhältnisse des Expansionsschiebers und Steuerexzenters für die normale Füllung mit Rücksicht auf die Erzielung hoher Abschlußgeschwindigkeiten gewählt werden. Von letzterem Ziel wäre nur dann abzuweichen, wenn die Anpassung der Steuerungsverhältnisse an bestimmte Füllungsgrenzen oder konstruktive Rücksichten dies erforderte.

Expansionsschieber mit verstellbarem Steuerexzenter.

Es sei von der Annahme ausgegangen, daß für die normale Füllung die größtmögliche Abschlußgeschwindigkeit des wirksamen Steuerexzenters ausgenützt wird,
also der Kanalabschluß in der Schieber- und Exzentermittelstellung erfolge, dann
bestimmt sich die der Kurbeltotlage zugehörige Lage n_e des Expansionsexzenters um
den Füllungswinkel φ_n von seiner Mittelstellung zurückgedreht, Fig. 879. Soll
die Abschlußgeschwindigkeit für alle Füllungsgrade dieselbe bleiben, so würde nur
nötig sein, die Exzentrizität konstant zu lassen und das Exzenter entsprechend dem
jeweiligen Füllungswinkel φ von seiner Mittelstellung zurückzudrehen, um seine der
Kurbeltotlage zugehörige Stellung zu erhalten.

Für die größte vom Grundschieber begrenzte Füllung würde sich im Kurbeltotpunkt das Expansionsexzenter von seiner Mittellage um den Füllungswinkel φ_m
des Grundschiebers zurückgedreht finden und für die absolute Nullfüllung würde
das Expansionsexzenter in der Kurbeltotlage um den Voröffnungswinkel γ über
seine Mittelstellung hin-
ausgedreht sein. Durch
die Füllungswinkel, aus-
gehend von der Exzen-
termittellage, sind somit
die den Kurbeltotlagen
entsprechenden Exzen-
terrichtungen für die
größte, normale und
Nullfüllung bestimmt,
auf denen die Exzenter-
mittelpunkte zu liegen
haben.

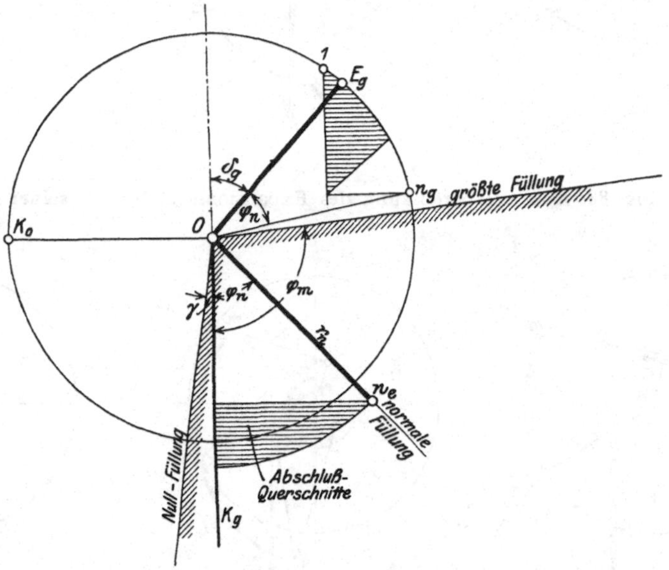

Für konstante Ab-
schlußgeschwindigkeit
des Expansionsschiebers
wird nach vorstehendem
die Verstellkurve des
Exzentermittelpunktes
ein Kreis vom Radius r_n
um das Wellenmittel o,
Fig. 880a. Das Exzenter
wäre also nur einfach
auf der Kurbel- oder
Steuerwelle zu verdrehen. Leider wird die praktische Anwendung dieser einfachsten
Verstellung dadurch sehr erschwert, daß der Verstellwinkel $\varphi_m + \gamma$ zwischen
kleinster und größter Füllung meist so groß ausfällt, daß die Übertragung des
Reglerausschlages auf das Steuerexzenter nicht mehr günstig und zuverlässig
genug sich ergibt; nur für kleine Füllungsbereiche läßt sich daher diese Verstellung
brauchbar gestalten.

Durch Verlegung des Drehungsmittelpunktes M außerhalb des Wellenmittels,
Fig. 880b, läßt sich der Verdrehungswinkel ψ kleiner erzielen als der den Füllungsgrenzen entsprechende Kurbeldrehungswinkel $\varphi_m + \gamma$; gleichzeitig werden durch
eine solche Lage von M, bei der die Steuerexzenter für die kleinen Füllungen sich
vergrößern, auch die Abschlußgeschwindigkeiten des Expansionsschiebers für die
kleinen Füllungen vergrößert, wodurch die Drosselungsverluste während des Dampfeintritts sich vermindern und günstiger verlaufende Dampfeintrittslinien entstehen.
Der Drehpunkt M läßt sich durch ein auf die Welle aufgekeiltes Exzenter, dessen
Mittelpunkt in M liegt, konstruktiv leicht ausbilden. Diese exzentrisch gelegte
Verstellkurve hat besonders bei den von Prof. Doerfel ausgeführten Zweikammersteuerungen, II, 198, häufige Verwendung gefunden. Die geradlinige Verstellung

Fig. 879. Allgemeines Steuerungsschema für die Zweikammersteuerung mit verstellbarem Expansionsexzenter bei größter
Abschlußgeschwindigkeit für alle Füllungen.

Verstellkurven
des Expan-
sionsexzenters.

Fig. 880c führt auf Vergrößerung der Steuerexzenter sowohl nach der Seite der kleinen als der großen Füllungen. Die damit zusammenhängende Vergrößerung der Abschlußgeschwindigkeiten läßt sich aber meist nicht ausnützen, weil in der Regel die Exzentrizitäten und Schieberhübe konstruktiv unzweckmäßig groß ausfallen, es sei denn in der Anwendung auf kleine Füllungsbereiche.

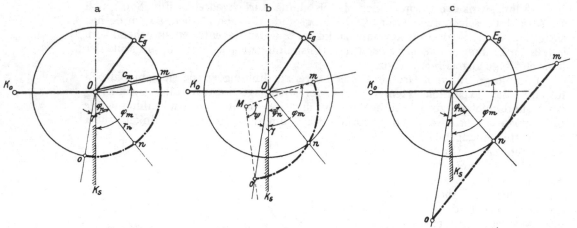

Fig. 880 a—c. Überdeckung des Expansionsschiebers in seiner Mittellage = o.

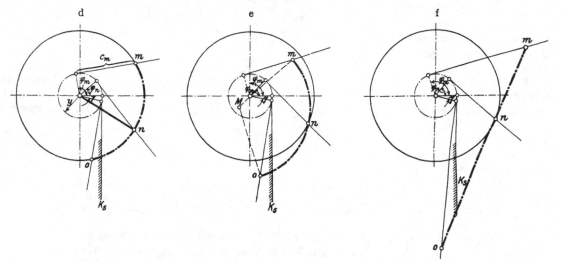

Fig. 880 d—f. Überdeckung des Expansionsschiebers in seiner Mittellage = y.

Fig. 880 a—f. Kreisförmige und geradlinige Verstellung des Expansionsexzenters von Zweikammersteuerungen mit getrenntem Einlaß auf beiden Seiten des Grundschiebers.

Die Einführung einer Überdeckung y für die Schiebermittelstellung führt auf wesentlich dieselben Eigenschaften der um den Wellenmittelpunkt oder um einen außerhalb liegenden Punkt M als Kreisbogen beschriebenen Verstellkurven bzw. der geradlinigen Verstellung. Bei der positiven Überdeckung y werden für dieselben Steuerexzenter die Abschlußgeschwindigkeiten etwas kleiner, und bei der negativen Überdeckung für den symmetrisch zur Mittelstellung der Steuerkante angeordneten Expansionskanal am größten, die Abschlußzeiten am kleinsten.

Die Fig. 880 d—f zeigen die Veränderung der Exzenterlagen bei positiver Überdeckung y des Expansionsschiebers für kreisförmige Verdrehung des Steuerexzenters um das Wellenmittel, sowie um einen außerhalb liegenden Punkt M

und für die geradlinige Verschiebung. Die Tangenten an die Überdeckungskreise in den in Betracht gezogenen Füllungsendpunkten liefern nach früher in den Schnittpunkten mit den Verstellkurven die Mittelpunkte der Steuerexzenter für den betreffenden Füllungsgrad. Die relative Veränderung der Abschlußgeschwindigkeiten für die einzelnen Steuerexzenter und Füllungen kann wieder beurteilt werden aus den relativen Größen der Radien der Steuerexzenter bzw. der Strecken der an den Überdeckungskreis gezogenen Tangenten bis zur Verstellkurve gemessen. Ungünstig gestalten sich bei a die Verstellwinkel bzw. bei c die Länge der Verstellgeraden.

Expansionsschieber mit aufgekeiltem Steuerexzenter.

Im Vergleich mit der bereits besprochenen gleichartigen Steuerung des Expansionsschiebers der Zweikammersteuerung mit einem Expansionskanal ergibt sich auch hier der Vorteil, daß der Eröffnungs- und Schlußbewegung des Schiebers für beide Expansionskanäle je ein um 180° größerer Kurbeldrehwinkel zur Verfügung steht als im erstgenannten Fall. Die Steuerverhältnisse des Expansionsschiebers können daher für beide Cylinderseiten unabhängig voneinander gewählt werden.

Wird die größte Abschlußgeschwindigkeit, die der Exzentermittelstellung entspricht, wieder für die Normalfüllung gewählt, Fig. 881, und entspricht dieser der Kurbeldrehwinkel φ_n, so ergibt sich die Exzenterstellung für die Kurbeltotlage um φ_n zurückgedreht mit dem Aufkeilwinkel δ_e. Soll absolute Nullfüllung erreicht werden, so ist die steuernde Kante des Expansionsschiebers bei der Kurbelstellung K_g und zugehöriger Exzenterstellung o um die Strecke y_0 vorzuschieben, um den Kanalabschluß zu ermöglichen; um schließlich die dem Füllungswinkel φ_m des Grundschiebers entsprechende größte Füllung zu erreichen, ist die Steuerkante des Schiebers um y_m zurückzuholen gegenüber ihrer Stellung für normale

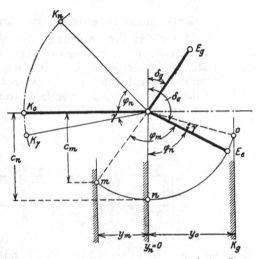

Fig. 881. Zweikammersteuerung mit festen Steuerexzentern. Steuerungsdiagramm für den Expansionsschieber mit veränderlicher Überdeckung und getrenntem Einlaß für jede Cylinderseite.

Füllung, damit erst nach der Kurbeldrehung φ_m die steuernden Kanten des Expansionsschiebers und seines Schieberspiegels sich treffen.

Für die äußersten Füllungsgrenzen muß daher im vorliegenden Fall die steuernde Kante des Expansionsschiebers um den Betrag $y_0 + y_m$ verschoben werden. Die Abschlußgeschwindigkeiten des Schiebers bei der normalen und der maximalen Füllung werden wieder gemessen in den Ordinaten c_n und c_m, wenn der Radius des Schieberkreises als Maß für die Tangentialgeschwindigkeit des Exzentermittelpunktes dient. Wie Fig. 881 zeigt, führte die Annahme der größten Abschlußgeschwindigkeit bei normaler Füllung auf kleine Abschlußgeschwindigkeit in der Nähe der Nullfüllung, während für die Gegend der größten Füllung noch verhältnismäßig große Abschlußgeschwindigkeiten entstehen. Sollte für die Betriebsverhältnisse der Dampfmaschine und Steuerung es wichtiger sein, bei den kleinen Füllungen größere Abschlußgeschwindigkeiten zu erhalten, um bessere Regulierfähigkeit durch schärfere Trennung der einzelnen Füllungsgrade zu sichern, während andererseits bei den im normalen Maschinenbetrieb seltener auftretenden großen

Füllungen der Kanalabschluß schleichender zugelassen werden kann, so würde dies nur eine Vergrößerung des Aufkeilwinkels δ_e bedingen.

Es besteht also rücksichtlich der für einen günstigen Verlauf der Eintrittslinie wichtigen Abschlußgeschwindigkeit eine gewisse Anpassungsfähigkeit der Steuerverhältnisse an die Betriebsbedingungen der Maschine, doch werden die Abschlußgeschwindigkeiten bei den verschiedenen Füllungen in stärkerem Maße voneinander abhängig als bei den Steuerungen mit verstellbarem Exzenter, da bei letzteren nicht nur die Möglichkeit besteht, für alle Füllungsgrade dieselbe Abschlußgeschwindigkeit aufrecht zu erhalten, sondern, wenn nötig, diese für gewisse Füllungsgrade beliebig zu vergrößern durch entsprechende Vergrößerung der Exzentrizität des Steuerexzenters.

Konstruktion des Expansionsschiebers. Die konstruktive Ausbildung der veränderlichen Überdeckung führt entweder auf den zweiteiligen, durch links- und rechtsgängige Schrauben verstellbaren Expansionsschieber oder auf die Trapezform von Plattenschiebern, wie an dem Beispiel II, 193, 24 zu ersehen ist; die letztere Grundform, cylindrisch ausgeführt, liefert den Kolbenschieber mit schraubenförmigen steuernden Kanten, wie solche in den Darstellungen II, 193, 25 und 194 und 195 veranschaulicht sind.

c. Einkammersteuerungen mit auf- oder ineinander gleitenden Schiebern.

Bei diesen Steuerungen gleiten nicht Grund- und Expansionsschieber getrennt auf feststehenden Schieberspiegeln, sondern nur der Grundschieber auf seinem festliegenden Schieberspiegel des Dampfcylinders, während der Expansionsschieber unmittelbar auf dem Rücken des Grundschiebers sich bewegt. Das Schiebergehäuse ist dadurch wesentlich vereinfacht, und die als schädliche Räume wirkenden Übertrittsräume innerhalb des Grundschiebers können auf ein kleinstes Maß gebracht

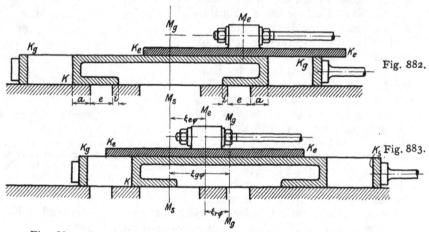

Fig. 882. Grundschieber in seiner Mittelstellung zum Schieberspiegel.
Fig. 883. Relativlage der Schiebermittel zum Grundschieberspiegelmittel bei einer Kurbeldrehung φ.
Fig. 882 und 883. Grund- und Expansionsschieberanordnung der Doppelschiebersteuerung.

werden gegenüber den Übertrittsräumen zwischen Expansions- und Grundschieberspiegel bei Ausbildung zweier Dampfkammern der vorher behandelten Steuerungen.

Die grundsätzliche Anordnung und Arbeitsweise beider Schieber zeigen die Fig. 882 und 883. Der normale Grundschieber für den festen Schieberspiegel ist mit seiner Einlaß- und Auslaß-Überdeckung a und i für die größte erforderliche Füllung gewählt und legt für alle Füllungsgrade die Größe der Vorein- und Vorausströmung, sowie den Kompressionsbeginn fest. An die den Einlaß steuernden und die Überdeckungen a bestimmenden beiderseitigen Kanten K des Grundschiebers sind besondere Einlaß-

kanäle angefügt, die am Schieberrücken ausmünden und dort vom Expansionsschieber geöffnet und geschlossen werden, wobei diesem nur die Aufgabe zufällt,
den Füllungsendpunkt zu steuern.

Auch bei der hier in Betracht kommenden Relativbewegung der beiden Schieber
auf- oder ineinander lassen sich die Füllungsänderungen wie bei den Zweikammersteuerungen durch Änderung der Schieberüberdeckung oder der Exzenterverstellung
erzielen.

Da der Expansionsschieber nur den Füllungsabschluß der Dampfverteilung zu
regeln hat, so ist für die Steuerungsuntersuchung nur die relative Lage der steuernden Kanten K_e des Expansionsschiebers gegenüber den korrespondierenden Kanten K_g des Grundschieberrückens maßgebend, da deren Zusammentreffen die
Eröffnungs- und Schlußmomente für den Dampfeintritt der Füllungsperioden
beider Cylinderseiten bestimmen. Die Ausmittlung des Expansionsschieberdia-
gramms stützt sich somit auf die Verfolgung der Relativbewegung des Expansionsschiebers zum Grundschieber.

Es sei zu diesem Zwecke von der in Fig. 884 angenommenen Größe und Lage
der beiden steuernden Exzenter E_g und E_e bei der Kurbeltotlage ausgegangen,

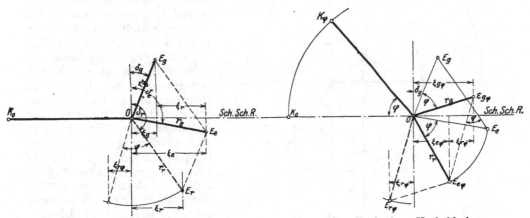

Fig. 884. Bei der Kurbeltotlage.   Fig. 885. Nach einer Kurbeldrehung φ.

Fig. 884 und 885. Anordnung der Steuerexzenter für Doppelschiebersteuerungen mit auf-
einandergleitenden Schiebern.

und unter der vereinfachenden Annahme unendlich langer Schub- und Exzenterstangen in der Folge wieder nur eine Schieberseite betrachtet, da unter der gemachten Voraussetzung die Steuerungsvorgänge für beide Cylinderseiten nach je
180° Kurbeldrehung, identisch verlaufen.

Die senkrechten Projektionen der Exzenterstellungen auf die Schieberschubrichtung ergeben die zugehörigen Ablenkungen der Schieber aus ihrer Mittellage
zum feststehenden Schieberspiegel. In der Kurbeltotlage sind somit der Grundschieber um die Strecke ζ_g und der Expansionsschieber um die Strecke ζ_e aus
ihrer Mittellage zum Schieberspiegel entfernt. Die relative Verschiebung ζ_r
der beiden Schieber zueinander wird in dem Unterschied der beiden absoluten
Verschiebungen $\zeta_e - \zeta_g = \zeta_r$ gemessen. Bei einer Kurbeldrehung φ, Fig. 885,
drehen sich beide Exzenter um denselben Winkel φ, und die Relativverschiebung
wird wieder bestimmt durch $\zeta_{r\varphi} = \zeta_{e\varphi} - \zeta_{g\varphi}$. Wenn dabei ζ_r positiv und $\zeta_{r\varphi}$
etwa negativ sich ergibt, so spricht dieser Unterschied nur aus, daß im ersteren
Fall das Expansionsschiebermittel sich noch rechts vom Grundschiebermittel befindet, während es im letzteren Fall bereits nach links gewandert ist. Fig. 884 und 885
läßt nun weiter erkennen, daß die Relativverschiebung ζ_r sich einfach ermittelt
als die Projektion der Verbindungslinie der beiden Exzentermittelpunkte E_g und E_e

auf die Schieberschubrichtung. Da nun diese Verbindungslinie infolge des festen Zusammenhangs beider Exzenter und der Kurbel die Kurbeldrehungen mitmacht, so ändert sie, ausgehend von der Anfangslage $E_g E_e$, ihre Richtung mit dem Drehwinkel φ; die Richtung $E_{g\varphi} E_{e\varphi}$ schließt somit mit der Richtung $E_g E_e$ den Winkel φ ein.

Relativ-exzenter. Wird daher die Verbindungslinie $E_g E_e$ parallel mit sich selbst nach dem Wellenmittel o verschoben, so kann sie in ihrer Größe r_r und dem sich ergebenden Voreilwinkel δ_r als Relativexzenter aufgefaßt werden, das, mit der Kurbel sich drehend, in seinen Projektionen auf die Schieberschubrichtung unmittelbar die Relativverschiebungen ζ_r des Expansionsschiebers zum Grundschieber feststellt.

Diese Betrachtungsweise der Expansionsschieberbewegung läßt die Einzelbewegung der beiden ausgeführten Steuerexzenter ausschalten, da die Wirksamkeit des Expansionsschiebers sich einfach aus seiner relativen Bewegung zum Grundschieber ableitet, die ihrerseits auch so vor sich gehend gedacht werden kann, als ob der Grundschieber feststünde und der Expansionsschieber von einem Exzenter vom Radius r_r und mit dem Aufkeilwinkel δ_r gesteuert würde. Die relative Mittellage beider Schieber, bei der die Schiebermitten M_g und M_e zusammenfallen, tritt nach jener Kurbel- und Exzenterverdrehung ein, bei der das Relativexzenter senkrecht zur Schieberschubrichtung steht. Dabei stehen aber die Schieber nicht auch gleichzeitig über dem Schieberspiegelmittel M_s; vielmehr tritt für jeden Schieber diese Mittellage stets bei voneinander abweichenden Kurbelstellungen ein. Fig. 882 zeigt beispielsweise den Grundschieber in seiner Mittellage, wobei das Expansionsmittel M_e stets rechts oder links von M_g bezw. M_s abweicht.

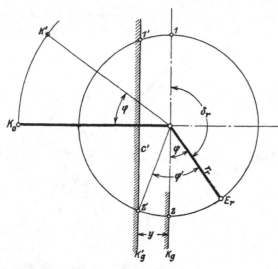

Fig. 886. Diagramm des Relativexzenters. Veränderung der Abschlußgeschwindigkeit mit der Füllung.

Wird für die Mittelstellung des Expansionsschiebers zum Grundschieber eine Überdeckung $y = 0$ angenommen, Fig. 886, so erfolgt der Abschluß des Expansionskanals mit der größten Relativgeschwindigkeit gleich der Tangentialgeschwindigkeit des Relativexzenters, und die Füllungsperiode entspricht einer Kurbeldrehung φ, wenn in der Kurbeltotlage K_0 das Relativexzenter in E_r steht. Unter Voraussetzung einer negativen Überdeckung y würden die Steuerkanten K_g und K_e sich erst nach der Kurbeldrehung φ' in $2'$ treffen, der Füllungsgrad würde dementsprechend größer sein und die Abschlußgeschwindigkeit des Expansionsschiebers sich verkleinert haben im Verhältnis der Länge c' zu r_r, da, wie früher schon erwähnt, im Müllerschen Schieberkreis die Ordinaten der Exzenterstellungen die zugehörigen Schiebergeschwindigkeiten darstellen, im Maßstab der Exzentrizität r_r als Tangentialgeschwindigkeit v_r des Exzentermittelpunktes gemessen.

Hinsichtlich der Wahl der Größe und Lage des Expansionsexzenters sei in nachfolgender Fig. 887 noch auf den Zusammenhang zwischen Expansions- und Relativexzenter bei gegebenem Grundexzenter hingewiesen. Wird durch Verdrehen des Expansionsexzenters um den Wellenmittelpunkt o der Aufkeilwinkel δ_e geändert, so daß das Exzentermittel nacheinander in die Lagen I_e, II_e, III_e

gelangt, so liegen die Endpunkte der zugehörigen Relativexzenter I_r, II_r, III_r auf einem Kreisbogen vom Radius r_e, beschrieben um den Mittelpunkt E_g', der der

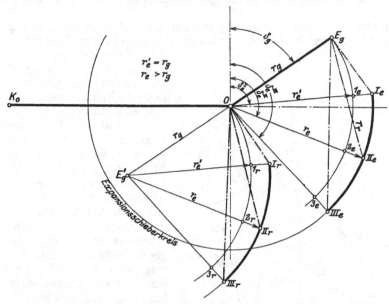

Fig. 887. Veränderung der Lage des Relativexzenters mit der Lage des Expansionsexzenters.

zum Wellenmittel o symmetrischen Lage des Grundexzenters E_g entspricht. Bei einer Verkleinerung von r_e auf r_e' würde die gleiche Verdrehung des Expansionsexzenters auch die Endpunkte des Relativexzenters auf einem Kreisbogen um E_g' mit dem kleineren Radius r_e' ergeben; eine Vergrößerung von r_e würde eine entsprechende Vergrößerung der Relativexzenter im Gefolge haben.

Größtmögliche Abschlußgeschwindigkeit am Expansionskanal.

Mit Hilfe dieses Zusammenhanges zwischen Expansions- und Relativexzenter mögen nachfolgend die Erfordernisse hinsichtlich der relativen Lage von Grund- und Expansionsexzenter abgeleitet werden, die auf größtmögliche Abschlußgeschwindigkeit für eine bestimmte Füllung führen, da möglichst rascher Abschluß des Expansionskanals aus theoretischen und praktischen Gründen anzustreben ist.

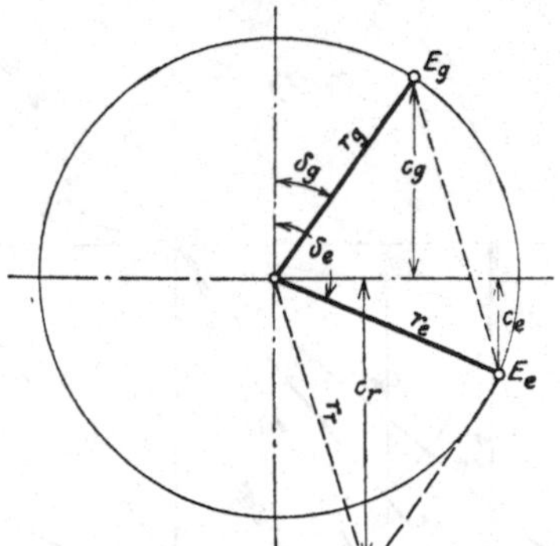

Wird von einer beliebigen Aufkeilung δ_g und δ_e der Steuerexzenter, deren Radien der Einfachheit halber einander gleich angenommen sei, ausgegangen, Fig. 888, so werden die Veränderungen der absoluten Schiebergeschwindigkeiten durch die Ordinaten c_g und c_e im Schieberkreis gemessen; wenn dessen Radius als Maß für die Tangentialgeschwindigkeit v_e der Steuerexzenter angenommen wird, wobei zu setzen ist $v_g = v_e = \dfrac{r\pi n}{30}$, da $r_g = r_e$ angenommen ist.

Die Relativgeschwindigkeit c_r der beiden Schieber zueinander wird ausgedrückt durch die allgemeine Beziehung $c_r = c_g - c_e$, solange beide Geschwindigkeiten gleich gerichtet sind; bei entgegengesetzter Bewegung wird $c_r = c_g + c_e$, wie beispielsweise in der gezeichneten Stellung E_g und E_e der beiden

Fig. 888. Einfluß der Lage des Expansionsexzenters auf die Abschlußgeschwindigkeit am Expansionskanal.

Steuerexzenter der Fig. 888 der Fall ist. Da nun, wie ohne weiteres zu erkennen, die Werte c_r auch gemessen werden als die Ordinaten des Relativexzenters E_r, so geben diese auch die Änderungen der Relativgeschwindigkeit beider Steuerschieber zueinander an.

Soll nun für eine bestimmte Füllung größtmögliche Abschlußgeschwindigkeit am Expansionskanal erzielt werden, so muß für den betreffenden Kurbeldreh-

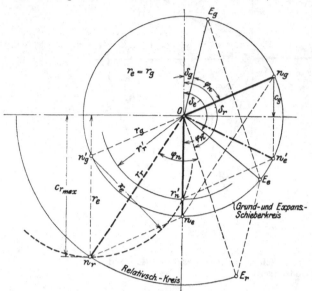

winkel die Relativgeschwindigkeit $c_r = c_g + c_e$ am größten werden. Die Geschwindigkeit c_g des Grundschiebers läßt sich nun ohne weiteres nicht ändern, da dessen Steuerungsverhältnisse festliegen; c_g ist daher für das Füllungsende gegeben. Die Geschwindigkeit c_e des Expansionsschiebers dagegen läßt sich durch veränderte Aufkeilung des Expansionsexzenters bis zur Tangentialgeschwindigkeit des letzteren vergrößern, welcher Wert bei der Expansionsexzenter-Mittellage erreicht wird. Die Relativgeschwindigkeit c_r für den Abschluß des Expansionskanals wird somit am größten, wenn in diesem Augenblick der Expansionsschieber durch seine Mittel-

Fig. 889. Aufkeilung des Expansionsexzenters für größte Abschlußgeschwindigkeit des Expansionskanals bei normaler Füllung.

lage geht, sein Steuerexzenter also senkrecht zur Schieberschubrichtung steht. Unter dieser Voraussetzung und unter der Annahme eines Füllungswinkels φ_n, Fig.

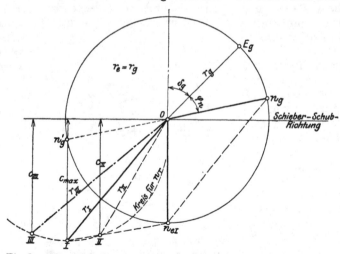

889, befindet sich im Moment des Abschlusses des Expansionskanals das Grundexzenter in n_g, während das Expansionsexzenter die Lage n_e senkrecht zur Schieberschubrichtung angenommen haben muß; das Relativexzenter erhält alsdann die Lage n_r mit dem Radius r_r. Der fiktive Aufkeilwinkel δ_r für die Kurbeltotlage bestimmt sich aus der um φ_n zurückgedrehten Lage E_r des Relativexzenters.

Die Veränderungen, die die Relativgeschwindigkeit c_r bei einer ab-

Fig. 890. Vergleich der Abschlußgeschwindigkeiten bei verschiedener Aufkeilung des Expansionsexzenters.

weichenden Aufkeilung des Expansionsexzenters erleidet, lassen sich ebenfalls aus dem Diagramm Fig. 889 beurteilen. Wenn beispielsweise das Expansionsexzenter um das Wellenmittel gedreht wird, bewegt sich das Relativexzenter gleichfalls auf einem Kreisbogen vom Radius r_e um einen Mittelpunkt n_g', der zum Wellenmittel o um den Radius r_g auf der rückwärtigen Verlängerung der Richtung n_g des Grundexzenters verschoben ist. Aus dieser Ergänzung des Diagramms ist nach Fig. 890 zu erkennen, daß bei einer Vergrößerung des Aufkeilwinkels δ_e des Expansionsexzenters wohl noch größere Relativexzenter möglich werden, beispielsweise $r_{III} > r_I$, die Relativgeschwindigkeiten für den Kanalabschluß jedoch stets kleiner ausfallen als der für die Mittelstellung des Expansionsexzenters sich ergebende Wert c_{max}.

Schluß-
folgerung.

Aus vorstehendem Ergebnis muß die allgemein gültige Folgerung hervorgehoben werden, daß bei Doppelschiebersteuerungen die größtmögliche Abschlußgeschwindigkeit am Expansionskanal für einen bestimmten Füllungsgrad erreicht wird, wenn im Abschlußmoment nicht das Relativexzenter, sondern das Expansionsexzenter durch seine Mittellage geht. Von einer derartigen Aufkeilung des Expansionsexzenters ist erst abzuweichen, wenn die Rücksicht auf die mit der Steuerung anzustrebende Dampfverteilung bei anderen Füllungsgraden dies notwendig macht. Beispielsweise kann die Forderung weit auseinander liegender Füllungsgrenzen ein kleineres als das theoretisch günstigste Relativexzenter bedingen.

Expansionsschieber mit verstellbarem Steuerexzenter.

Bei Füllungsänderung durch Verstellung des Expansionsexzenters mittels eines Exzenterreglers wird zweckmäßigerweise von der Aufzeichnung des Schieberdiagramms Fig. 891 für die normale Füllung ausgegangen. Die Bewegungsverhältnisse beider Schieber sollen dabei für die Normalfüllung so gewählt werden, daß der Abschluß des Expansionskanals mit größtmöglicher Geschwindigkeit erfolgt, daß also das Expansionsexzenter beim Füllungswinkel φ_n durch seine Mittellage geht. Hiermit ist die Lage E_r des Relativexzenters festgelegt, wenn die relative Größe des Expansionsexzenters zum Grundschieberexzenter angenommen wird. In der Fig. 891 ist $r_e = r_g$ gewählt. Mittels des Kurbeldrehungswinkels φ_n der Normalfüllung ermittelt sich alsdann der Abstand y der steuernden Kante des Expansionskanals von der des Expansionsschiebers bei dessen relativer Mittelstellung zum Grundschieber. Soll eine Füllungsänderung zwischen größter und Nullfüllung, also zwischen den Kurbeldrehwinkeln φ_m und $-\gamma$ erzielt werden, so liegen die zugehörigen Relativexzentermittel auf den den Drehwinkeln φ_m und $-\gamma$ entsprechenden Tangenten in den Punkten m und o des Kreises vom Radius y.

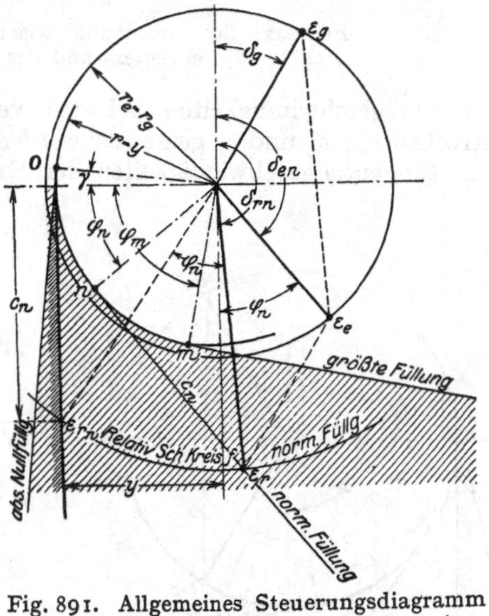

Fig. 891. Allgemeines Steuerungsdiagramm für Ausmittlung der Relativexzenter einer Doppelschiebersteuerung mit veränderlichem Expansions-Exzenter.

Der Übergang zu den einzelnen Füllungen ist von der Verstellkurve abhängig.

Verstellkurve
des Expan-
sionsexzenters.

Wird das Expansionsexzentermittel auf irgendeiner Kurve verstellt, Fig. 892, so verschiebt sich nach früherem auch das Relativexzentermittel auf der gleichen Kurve, die aber um die Länge r_g zur Richtung des Grundexzenters parallel verschoben ist. Für die Arbeitsweise der Steuerung ist die verschobene Kurve der Relativexzentermittel maßgebend, während die Verstellkurve des Expansionsexzenters die konstruktive Anordnung des letzteren beeinflußt. Es ist deshalb erforderlich, die zu wählende Form und Lage der Verstellkurve auf ihre Zweckmäßigkeit nach den beiden genannten Richtungen zu verfolgen.

45*

Für die Beurteilung des praktischen Wertes der in Betracht kommenden Ver-
stellungsarten, Fig. 893 bis 896, sind maßgebend ihre mehr oder weniger bequeme konstruktive Durchführbarkeit, die Größe der Verstellwinkel ψ des Expansionsexzenters bzw. die Verschiebungslänge bei geradliniger Verstellung und die

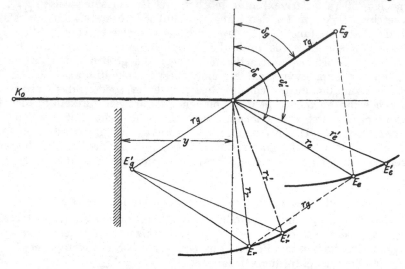

Fig. 892. Zusammenhang zwischen den Verstellkurven des Relativexzenters und des Expansionsexzenters.

Abschlußgeschwindigkeiten bei den verschiedenen Füllungsgraden, die in den
Strecken c_m, c_n und c_o gemessen werden, bezogen auf die Exzenterradien als Maß
der Tangentialgeschwindigkeiten der Exzentermittelpunkte.

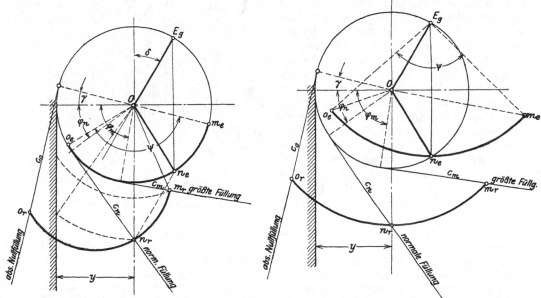

Fig. 893. Verdrehung des Expansions-   Fig. 894. Verdrehung des Expansionsexzenters um
exzenters um das Wellenmittel.   das Grundexzenter-Mittel.

Die einfachste Verstellung des Expansionsexzenters durch Verdrehen auf
der Kurbel- oder Steuerwelle, Fig. 893, ergibt große Verschiedenheiten in

den Abschlußgeschwindigkeiten c_m, c_n, c_o. Wird das Expansionsexzenter zentrisch zum Mittelpunkt des Grundexzenters verstellt, Fig. 894, so werden die Abschlußgeschwindigkeiten für alle Füllungsgrade konstant $c_m = c_n = c_o$. Die geradlinige Verstellung, Fig. 895, ist praktisch ungeeignet wegen großer Verstellungslänge für das Expansionsexzenter und großer Unterschiede in den Abschlußgeschwindigkeiten. Am vorteilhaftesten ist die Verstellung des Expansionsexzenters nach Fig. 896 in einem Kreisbogen von großem Radius ϱ. Die üblichen Füllungsgrenzen lassen sich alsdann bei kleinem Verstellungswinkel ψ erzielen, und die Abschlußgeschwindigkeiten werden bei den einzelnen Füllungsgraden verhältnismäßig groß und wenig verschieden.

Der Vergleich vorstehender Schieberdiagramme läßt wertvolle Anhaltspunkte gewinnen zur Ausmittlung der zweckmäßigsten Verstellung des Expansionsexzenters für einen gegebenen Fall, hinsichtlich der bei den wichtigsten Füllungen auftretenden Abschlußgeschwindigkeiten und der maßgebenden Konstruktionsgrößen für Schieber und Exzenter.

Bezüglich der konstruktiven Durchbildung dieser Steuerungen sei auf die Ausführungen mit Kolbenschiebern in II, 196 und 197 verwiesen; auch Fig. 897 stellt den Querschnitt durch Schieber und Schiebergehäuse einer solchen Doppelschiebersteuerung dar, wobei der Expansionsschieber von einer exzentrisch angreifenden Schieberstange bewegt wird.

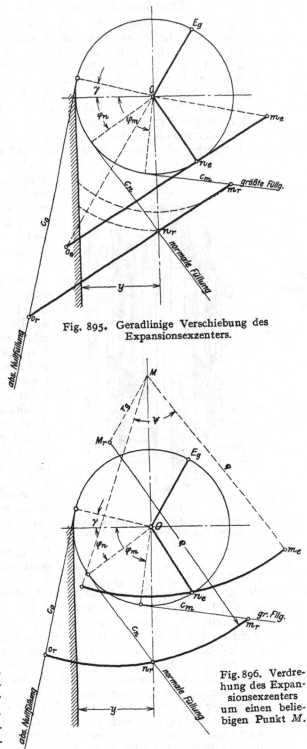

Fig. 895. Geradlinige Verschiebung des Expansionsexzenters.

Fig. 896. Verdrehung des Expansionsexzenters um einen beliebigen Punkt M.

Fig. 893—896. Die praktisch in Betracht kommenden Verstellkurven des Expansions- und Relativexzenters von Doppelschiebersteuerungen.

Expansionsschieber mit aufgekeiltem Steuerexzenter.

Soll der Füllungsgrad dadurch verändert werden, daß der Expansionsschieber in seiner Mittellage den Expansionskanal verschieden überdeckt, indem der Abstand y der Steuerkanten K_e und K_g, Fig. 882, entweder positiv oder negativ eingestellt wird, so haben auf die Größe des Expansionsexzenters und dessen Aufkeilwinkel sowohl die Normalfüllung als auch die gleichzeitig angestrebten äußersten Füllungsgrenzen wesentlichen Einfluß; außerdem wird auch die mit den einzelnen Füllungen sich verändernde Abschlußgeschwindigkeit bestimmend für die Wahl des Expansionsexzenters.

In der nachfolgenden Untersuchung sei der Einfluß verschieden großer Abschlußgeschwindigkeiten des Expansionsschiebers bei der Normalfüllung auf die erreichbare größte Füllung und deren Abschlußgeschwindigkeit festgestellt und zwar für Normalfüllungen von 10 v. H., wie sie beispielsweise für eine Eincylinder-Kondensationsmaschine und von 30 v. H. für den HD-Cylinder einer Verbundmaschine in Betracht kommen.

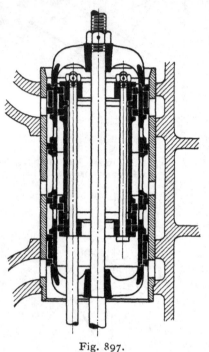

Grund- und Expansionsexzenter gleich groß.

Fig. 897.
Kolbenschieber-Steuerung mit Verstellung des Expansionsschiebers durch Exzenterregler.

Fig. 898 zeigt das unter Annahme gleicher Größe der Grund- und Expansionsexzenter aufgezeichnete Schieberdiagramm für 10 v. H. Normalfüllung und verschiedene Aufkeilung des Expansionsexzenters. Soll die größte Abschlußgeschwindigkeit, die mittels der beiden Steuerexzenter möglich ist, bei dieser Füllung erzielt werden, so muß im Kanalabschlußmoment der Expansionsschieber seine Mittelstellung durchlaufen. Stellt daher I_g die Lage des Grundexzenters bei 10 v. H. Füllung dar, so ist für das Expansionsexzenter die Mittellage I_e anzunehmen und das Relativexzenter erhält die gezeichnete Lage und Größe I_r. Da in I_r die steuernden Kanten K_g des Grundschiebers und K_e des Expansionsschiebers zusammenfallen müssen, so ist letztere bei ihrer relativen Mittelstellung noch um die Strecke y_1 von K_g entfernt anzuordnen. Die Kanaleröffnungsweiten werden in den bei I_r durch Schraffur hervorgehobenen Strecken und die Abschlußgeschwindigkeit in der Ordinate c_I gemessen.

Für die Kurbeltotlage ergibt sich ein Aufkeilwinkel δ_{eI} des Expansionsexzenters E_e. Bei Änderung des Aufkeilwinkels für E_e durch Drehung des Expansionsexzenters um das Wellenmittel O, wandert auch das Relativexzenter auf einem Kreisbogen vom Radius r_e, dessen Mittelpunkt I_g' auf der rückwärtigen Verlängerung der Richtung I_g vom Wellenmittel aus um den Radius r_g des Grundexzenters verschoben ist (in Fig. 898 bezeichnet als Verstellungskreis für 10 v. H. Füllung).

Neben der betrachteten Aufkeilung δ_e des Expansionsexzenters für die größtmögliche Abschlußgeschwindigkeit im Expansionskanal sei zunächst noch jene Aufkeilung hervorgehoben, bei der am Ende der Normalfüllung das Relativexzenter in seiner Mittellage sich befindet, so daß der Kanalabschluß bei der diesem Relativexzenter entsprechenden Höchstgeschwindigkeit erreicht wird. Das Relativexzenter nimmt dabei die Größe O III_r an, bestimmt durch den Schnittpunkt des Verstellungskreises für 10 v. H. Füllung mit der Mittellage des Exzenters. Wie das Schieberdiagramm zeigt, ergibt sich unter diesen Verhältnissen ein wesentlich kleineres Relativexzenter wie vorher, und dementsprechend wird auch die größte Abschlußgeschwindigkeit c_{III} bedeutend kleiner, im vorliegenden Fall ungefähr nur $^1/_3$ der vorher erreichten Höchstgeschwindigkeit c_I. Die Eröffnungsweiten werden in den bei III_r durch Schraffur bezeichneten Strecken gemessen.

Zwischen diesen beiden charakteristischen Stellungen des Relativexzenters liegend ist noch jene Stellung II_r hervorzuheben, bei der der Kanalabschluß für die Normalfüllung hinter der Mittelstellung des Relativexzenters im Abstand $e/2$ erfolgt, so daß die Mitte des Kanals mit größter Relativgeschwindigkeit, und die ganze Kanalweite e mit der bei der zugehörigen Relativexzentrizität r_{II} erzielbaren kleinsten Schlußzeit durchlaufen wird.

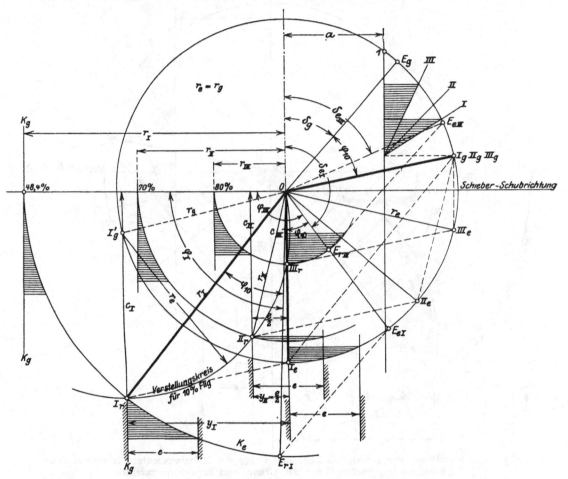

Fig. 898. Relativschieberdiagramm für eine Doppelschiebersteuerung mit veränderlicher Expansionsschieber-Überdeckung und konstantem Expansionsexzenter $(r_e = r_g)$. Änderung des Kanalabschlusses für 10 v. H. Füllung bei verschiedener Aufkeilung des Expansionsexzenters.

Der Unterschied in den Abschlußverhältnissen dieser drei Steuerungsarten des Expansionskanals läßt sich im Schieberdiagramm klar ersichtlich machen durch vergleichsweise Nebeneinanderstellung der zugehörigen Kanalabschluß-kurven, wie dies durch Auftragen der vom Expansionsschieber erzeugten Kanaleröffnungen auf die gleichzeitig am Schieberspiegel entstehenden Kanal-eröffnungen des Grundschiebers möglich ist. Die letzteren werden im Grund-schieberkreis vom Füllungsbeginn 1 aus durch die horizontalen Abstände der Grundexzenterstellungen von der Überdeckungskante a gemessen. Durch Ein-tragung der den korrespondierenden Stellungen der Relativexzenter I_r, II_r, III_r

zugehörigen Eröffnungen des Expansionskanals ergeben sich alsdann die den drei
betrachteten Expansionsexzentern entsprechenden Abschlußkurven *I, II, III*,
unter denen die Kurve *I* den raschesten Kanalabschluß aufweist.

Für die Wahl des auszuführenden Expansionsexzenters ist nun nicht allein der
zweckmäßigste Verlauf der Abschlußkurve und damit die Abschlußgeschwindigkeit
maßgebend, sondern es kommen außerdem noch Konstruktionsrücksichten und die
größten Füllungsgrade in Betracht, die sich bei verschiedener Aufkeilung δ_e erreichen lassen. In dieser Hinsicht erscheint das große Relativexzenter I_r mit

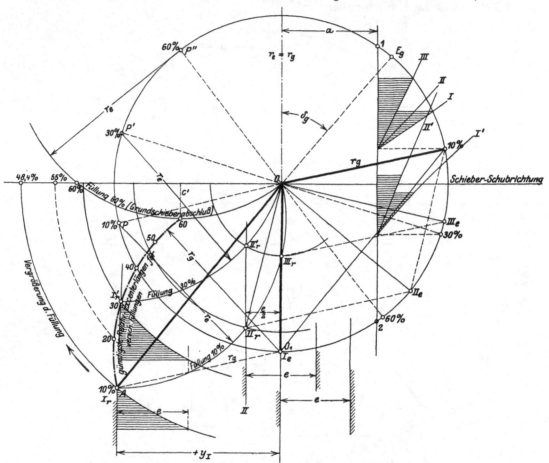

Fig. 899. Ermittlung der günstigsten Lage und Größe der Relativexzenter für verschiedene
Füllungen bei gleicher Größe der Grund- und Expansionsexzenter.

seiner günstigsten Abschlußkurve im Nachteil gegenüber dem kleinen III_r. Die
größte Füllung beim Relativexzenter I_r wird erreicht, wenn die steuernde Kante
K_g des Grundschiebers von der Mittelstellung der Expansionsschieberkante K_e
um r_I abgerückt wird; der zugehörige Füllungswinkel φ_I, von der der Kurbeltotlage
zugehörigen Exzenterstellung E_{rI} aus gerechnet, entspricht einer Füllung von
48,4 v. H. Beim kleineren Relativexzenter r_{III} dagegen ergibt sich ein größter Füllungsgrad von 80 v. H, entsprechend dem Füllungswinkel φ_{III}, der von der Stellung
E_{rIII} des Relativexzenters bei der Kurbeltotlage aus zu rechnen ist.

Werden nun übereinstimmend mit dem Diagramm Fig. 898 die mit verschiedener Größe der Normalfüllungen sich ergebenden relativen Veränderungen
der Steuerungsverhältnisse verfolgt, so lassen sich diese in sehr übersichtlicher
Weise durch das Steuerungsdiagramm Fig. 899 veranschaulichen. In demselben

ist zunächst aus Fig. 898 der für 10 v. H. Normalfüllung sich ergebende Verstellungskreis der Relativexzenter mit deren besonderen Stellungen I_r, II_r und III_r übertragen, sowie die diesen Relativexzentern zugehörigen Kanalabschlußkurven I, II und III.

Für eine Normalfüllung von 30 v. H. liegen die Relativexzenter auf einem Kreis vom Radius r_e, dessen Mittelpunkt P' der Grundexzenterstellung bei 30 v. H. diametral gegenüberliegt. Der absolut größten Abschlußgeschwindigkeit entspricht ein Relativexzenter I_r', dessen Mittelpunkt mit dem Schnittpunkt des Füllungskreises für 30 v. H. mit einem um I_e beschriebenen Kreis vom Radius r_g zusammenfällt. Letzterer Kreis ist, wie leicht zu erkennen, der geometrische Ort für die Stellung der günstigsten Relativexzenter aller Füllungsgrade im jeweiligen Abschlußmoment. Wird als erforderliche größte Füllung 60 v. H. angenommen, so liegt der Füllungskreis der Relativexzenter zentrisch zum Punkt P'', der um 180^0 verdrehten Grundexzenterstellung für 60 v. H. Der Schnittpunkt des letzteren Kreises mit dem Kreis für günstigste Relativexzenter entspricht alsdann der Lage und Größe jenes Relativexzenters, das für 60 v. H. die größte Abschlußgeschwindigkeit ermöglicht, die jedoch nur den Wert c' annimmt. Aus der relativen Lage dieses Füllungskreises für 60 v. H. zur Schieberschubrichtung ist außerdem abzuleiten, daß die Forderung größtmöglicher Abschlußgeschwindigkeit bei 10 v. H. Normalfüllung nur eine größte Füllung von 48,4 v. H. erreichen läßt, während das günstigste Relativexzenter der Normalfüllung von 30 v. H. auf eine größte Füllung von mehr als 60 v. H. führt. Da der Füllungskreis für 30 v. H. die Mittellage der Expansionsexzenter nicht mehr schneidet, so folgt, daß bei der vorliegenden Aufkeilung des Grundexzenters und gleicher Größe der Exzenterradien eine Aufkeilung des Expansionsexzenters, bei der für 30 v. H. Füllung das Relativexzenter durch seine Mittellage geht, nicht möglich ist. Für letztere Füllung lassen sich daher auch nur Abschlußkurven I' und II' für die beiden Relativzenter I_r' und II_r' zeichnen.

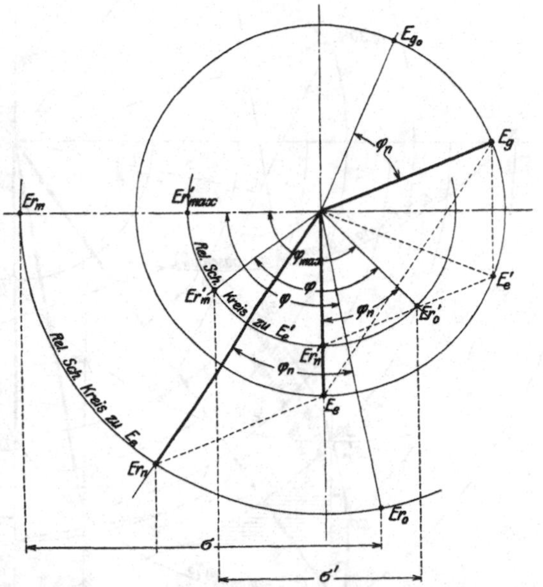

Beim Vergleich der Steuerungsverhältnisse für beide Füllungsgrade ist zu erkennen, daß die Abschlußkurven für 10 v. H. Füllung stets günstiger verlaufen als für 30 v. H., daß

Fig. 900. Zusammenhang zwischen Größe des Relativexzenters, der Abschlußgeschwindigkeit und der Verschiebung der Steuerkanten des Expansionsschiebers.

dagegen im letzteren Fall größere Maximalfüllungen als im ersteren sich erreichen lassen. Die endgültige Wahl des der Ausführung zugrunde zu legenden Aufkeilwinkels δ_e des Expansionsexzenters muß also von den praktischen Bedürfnissen hinsichtlich der größten Füllung und den Rücksichten auf die Kanalabschlußkurven, die die Drosselungsverluste während des Dampfeintritts bedingen, abhängig gemacht werden.

Außerdem kommen noch konstruktive Rücksichten in Betracht, bestehend in dem Einfluß der Gesamtverschiebung der Steuerkanten $K_e K_e'$ für bestimmte Füllungsgrenzen auf die Konstruktionslängen des Grund- und Expansionsschiebers. Wird beispielsweise das Relativschieberdiagramm Fig. 900 ermittelt unter der Voraussetzung größtmöglicher Abschlußgeschwindigkeit für die normale Füllung, die einem Füllungswinkel φ_n entsprechen möge, so ergibt sich für gleichgroße

Grund- und Expansionsexzenter die Lage des Relativexzenters für das Füllungsende in E_{r_n} und für den Kolbenhubwechsel in E_{r_0}; die größte Füllung entspricht
einem Kanalabschluß bei der Stellung des Relativexzenters in E_{r_m}. Der Exzenter-
drehwinkel φ wird größter Füllungswinkel, innerhalb dessen die Expansion veränderlich zu machen ist. Die zugehörige Kantenverschiebung wird in der Strecke
σ gemessen, da bei Nullfüllung die Expansionsschieberkante K_e, die Steuerkante
K_g des Grundschiebers schon bei der Stellung E_{r_0} des Relativexzenters treffen muß,

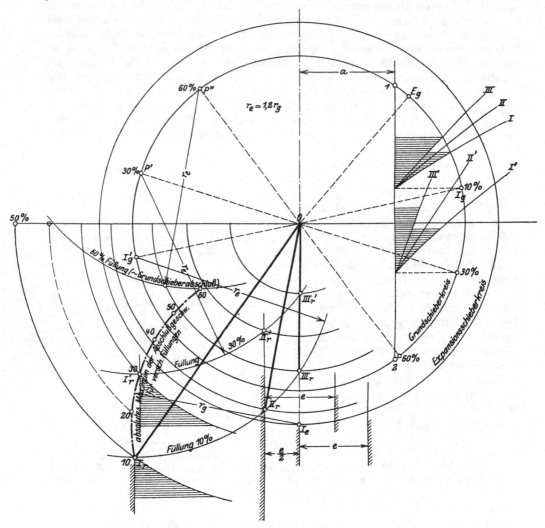

Fig. 901. Ermittlung der günstigsten Lage und Größe der Relativexzenter für verschiedene
Füllungen, wenn Expansionsexzenter größer als Grundexzenter.

während für die größte Füllung die Steuerkante K_e erst nach einer Relativverschiebung σ mit der Steuerkante K_g zusammenfallen darf.

Wird darauf verzichtet, die mit den beiden fest aufgekeilten Steuerexzentern erreichbare größte Abschlußgeschwindigkeit für das Ende der Normalfüllung
auszunützen und statt dessen ein solches Relativexzenter gewählt, das beim Abschluß des Expansionskanals durch seine Mittellage geht, so erhält dieses bei entsprechender Änderung der Aufkeilung des Expansionsexzenters die Größe und
Lage E_{r_n}' für das Ende der Normalfüllung; der Kurbeltotlage entspricht alsdann

die Lage E_{r_0}' des Relativexzenters und dem Füllungswinkel φ die Lage E_{r_m}'. Die für die gleichen Füllungsgrenzen nötige Verschiebung der steuernden Kanten $K_e K_e'$ des Expansionsschiebers beträgt nunmehr aber bloß σ', und dabei ergibt sich noch der Vorteil einer möglichen Vergrößerung des Füllungswinkels bis zur Exzenterstellung $E_{r_{max}}'$. Diese beiden Vorteile erklären genügend die Gepflogenheit, auf die größtmögliche Abschlußgeschwindigkeit am Expansionskanal zu verzichten behufs Erreichung geringerer Verschiebungsgrößen für den Expansionsschieber, kleinerer Dimensionen beider Steuerschieber und Erweiterung der Füllungsgrenzen.

Expansionsexzenter größer als Grundexzenter.

Zur Vergrößerung der Relativgeschwindigkeit beider Steuerschieber erhält nicht selten das Expansionsexzenter einen größeren Radius als das Grundexzenter, wobei jedoch die Abmessungen der Exzenterscheiben und Ringe beider Steuerexzenter im Interesse der Einfachheit und billigen Herstellung übereinstimmend gelassen werden. Der Unterschied in den Exzentrizitäten beträgt dann allerdings meist nicht über 10 v. H. Um jedoch in der nachfolgenden graphischen Untersuchung den Einfluß größeren Expansionsexzenters deutlicher werden zu lassen, sei im Diagramm Fig. 901 $r_e = 1{,}2\, r_g$ angenommen. Der Einfluß veränderlicher Aufkeilung des Expansionsexzenters auf die Veränderung des Relativexzenters ist wieder, wie im vorhergehenden Falle, in dem Verstellkreis vom Radius r_e um den Mittelpunkt I'_g ausgedrückt.

Es sind nun auch in diesem Schieberdiagramm die Relativexzenter ermittelt für die größte Abschlußgeschwindigkeit am Expansionskanal bei 10 und 30 v. H. Füllung und für den Fall, daß im Abschlußmoment das Relativexzenter durch seine Mittellage geht. Wie der Vergleich der Fig. 899 und 901 erkennen läßt, sind die Steuerungsverhältnisse für den zweiten Fall wesentlich günstiger geworden, indem bei gleichem Füllungswinkel die Abschlußgeschwindigkeit $O\,III_r$ bedeutend größer wurde wie früher. Die Abschlußkurven I bis III verlaufen steiler wie diejenigen des Diagramms, Fig. 899, und ihr Unterschied verringert sich.

Es erscheint daher gerechtfertigt, den Radius r_e des Expansionsexzenters zu vergrößern und den Aufkeilwinkel δ_e in der Nähe von 90° zu wählen, wobei für die Normalfüllung das Relativexzenter in die Nähe seiner großen Abschlußgeschwindigkeiten entsprechenden Mittellage rückt, so daß im allgemeinen auf die Erzielung größerer Relativexzentrizitäten verzichtet werden kann. Die Annahme der Mittellage des Relativexzenters bei der Normalfüllung gewährt den Vorteil großer Füllungswinkel φ_m, unter Vermeidung großer Relativschieberwege, die lange Grundschieber und unerwünscht lange Schiebergehäuse ergeben würden.

Konstruktion des Expansionsschiebers.

Unter den Steuerungskonstruktionen mit veränderlicher Überdeckung des Expansionsschiebers haben besonders die Doppelschiebersteuerungen von Meyer und Rider große praktische Bedeutung erlangt. Die zwischen beiden Steuerungsarten liegende Guhrauer-Steuerung hat heute mehr didaktisches als praktisches Interesse.

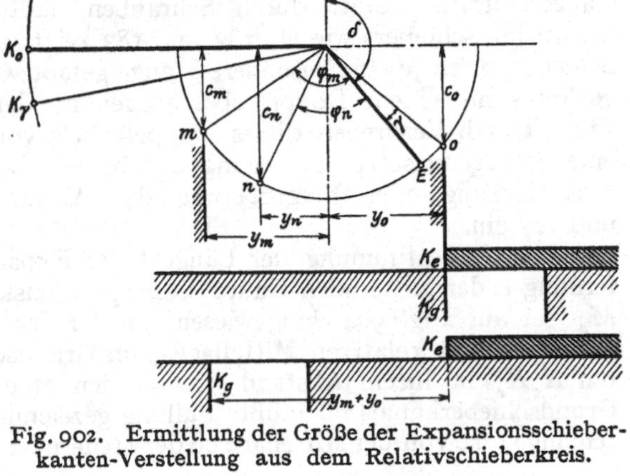

Fig. 902. Ermittlung der Größe der Expansionsschieberkanten-Verstellung aus dem Relativschieberkreis.

Meyer-Steuerung.

Das Schieberdiagramm Fig. 902 einer Doppelschiebersteuerung habe ein Relativexzenter r_r mit dem Voreilwinkel δ_r ergeben; der Füllungswinkel für die normale Füllung sei φ_n, für die größte Füllung φ_m, der Voröffnungswinkel des Grundschiebers γ. Für die Füllungsgrenzen von absoluter Nullfüllung bis größter Füllung, der Kurbeldrehung $[\varphi_m + \gamma]$ entsprechend, ist alsdann eine Verstellung der Steuerkanten des Expansionsschiebers von der Größe $y_0 + y_m$ erforderlich, d. h. wenn für die Nullfüllung die Expansions- und Grundschieberkanten K_e und K_g bei der Stellung o des Relativexzenters eben zusammenfallen, müssen sie bei der gleichen Exzenterstellung für die Maximalfüllung noch um die Strecke $y_0 + y_m$ voneinander entfernt sein.

**Meyer-
Steuerung.** Bei der Meyerschen Steuerung wird diese Kantenverschiebung dadurch erreicht, Fig. 903, daß der Expansionsschieber aus zwei getrennten Platten hergestellt wird, die mittels links- und rechtsgängiger Schraube der Schieberstange miteinander verbunden und durch Verdrehen dieser Schrauben einander genähert oder voneinander entfernt werden.

Die konstruktiven Einzelheiten des Schraubenangriffs an den Schieberplatten lassen in verschiedenartiger Durchbildung die Darstellungen des Bandes II, S. 178 bis 183 erkennen. Die Verwendung flachgängiger Schrauben mit geringer Steigung,

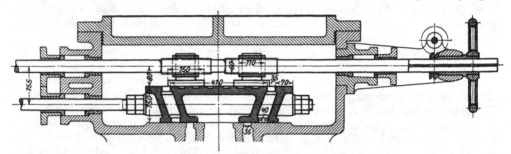

Fig. 903. Meyer-Steuerung mit Handregelung.

wie die Ausführungen II, S. 178 bis 179 zeigen, eignet sich nur für die Verstellung der Schieberplatte von Hand, mittels eines Handrades, Fig. 903, das am Schieberkasten drehbar gelagert wird und durch dessen Nabe das vierkantige Ende der Schieberstange derart hindurchgeführt ist, daß sie ihre hin- und hergehende Bewegung unbehindert ausführen kann, während eine Drehung des Handrades auch eine solche der Schieberstange und damit die erwünschte Verstellung der Expansionsschieberplatten bewirkt.

Die selbsttätige Einstellung der Expansionsschieber von seiten des Reglers verlangt Schraubengewinde von sehr großer Steigung, um bei einem kleinen Verstellwinkel des Reglerstellzeuges an der Schieberstange, die erforderliche Verschiebung $y_0 + y_m$ bewirken zu können. Derartige Verstellschrauben führen bei Kolbenschiebern auf die II, 180 und 181 dargestellten Formen des Schieberstangenangriffs. Statt durch Schrauben, läßt sich die Verstellung der beiden Expansionsschieber, wie II, 182 und 183 zeigt, auch dadurch bewirken, daß beide Schieber durch je eine besondere Stange gefaßt werden, die außerhalb des Schiebergehäuses an einem Doppelhebel angreifen, der auf dem Exzenterstangenauge sitzt. Durch Verdrehen dieses Doppelhebels von seiten des Reglers tritt wieder eine entgegengesetzte Bewegung der beiden Expansionsschieber im Sinne einer Verkleinerung oder Vergrößerung des Abstandes der steuernden Kanten K_g und K_e ein.

**Expansions-
schieberlänge.** Behufs Bestimmung der Länge l der Expansionsschieberplatte und der Entfernung L der steuernden Kante des Expansionskanals von der Grundschiebermitte M_g sei auf Fig. 904 hingewiesen, in der die beiden Expansionsschieberplatten $S_e S_e'$ in ihrer relativen Mittellage zum Grundschieber und die steuernden Kanten $K_e K_e'$ in ihrem Abstand y_m von den steuernden Kanten K_g und K_g' des Grundschieberkanals für größte Füllung gezeichnet sind. Zur Ermittlung der Plattenlänge l ist von der Mittellage oo der steuernden Kante K_e bei Nullfüllung auszu-

gehen. Die Kante K_e bewegt sich von oo aus noch um r_r nach außen, so daß sie bis K_e'' ausschlägt. Soll nun bei dieser Außenlage des Expansionsschiebers an seiner rückwärtigen Kante Dampfeintritt in den Grundschieber noch verhindert werden, so muß seine Länge l gemacht werden $l = r_r + y_0 + e$. Aus Gründen der Dichtheit wird noch eine Sicher-
heitsüberdeckung von 5 bis 10 mm an der rückwärtigen Schieberkante angefügt. Die Entfernung L der Steuerkante des Expansionskanals von der Schiebermitte ermittelt sich aus der Bedingung, daß für die größte Füllung der Expansionsschieber von der Länge l so weit zurückgeschoben sein muß, daß

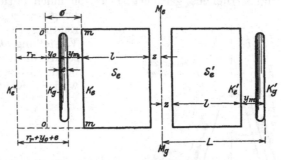

Fig. 904. Ermittlung der Plattenlänge der Meyerschen Expansionsschieber.

seine Steuerkante K_e von K_g um die negative Überdeckung y_m entfernt ist. Unter Hinzufügung eines gewissen Sicherheitsabstandes z des Expansionsschiebers von dessen Mitte M_e findet sich alsdann der Abstand $L = l + y_m + z$.

Guhrauer-Steuerung.

Bei dieser nur für Expansions-Flachschieber in Betracht kommenden Ver-
stellungsart, Fig. 905 und II, 183, 9, sitzt auf der Schieberstange ein cylindrischer Keil, dessen symmetrisch angeordnete Keilflächen mit Flächen gleicher Neigung der beiden Expansionsschieberplatten korrespondieren. Durch Verdrehen der Schieber-

Guhrauer-Steuerung.

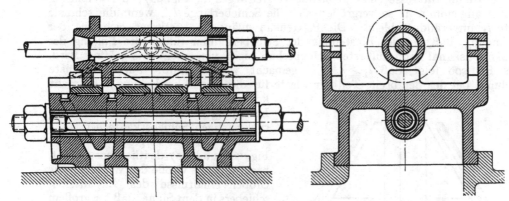

Fig. 905. Guhrauer-Steuerung.

stange, mit der der Keil fest verbunden ist, werden die Platten voneinander entfernt oder ihre gegenseitige Annäherung ermöglicht. Der Keil wird nur für den Schluß des Expansionskanals wirksam; die Eröffnungsbewegung der beiden Platten geschieht mittels besonderer Mitnehmer, die von der Schieberstange aus die beiden Schieberplatten an ihren äußeren Enden umgreifen.

Rider-Steuerung.

Den Übergang von den Meyerschen Expansions-Schieberplatten zum Rider-
Expansionsschieber bildet eine Ausführung, wie sie in II, 184, 10 gegeben ist Der Expansionsschieber dieser Steuerung besteht aus einer trapezförmigen Platte mit mehreren schräg hintereinander und für beide Cylinderseiten symmetrisch angeordneten Kanälen. Durch Verschieben dieser Platte senkrecht zur Schieber-

Ebener Rider-Schieber.

schubrichtung mittels einer auf der Schieberstange sitzenden Nase werden wieder die Steuerkanten des Expansionsschiebers den entsprechenden Steuerkanten des Grundschieberrückens genähert oder von ihnen entfernt. Die Kantenverschiebung $\sigma = y_m + y_0$ in der Schieberschubrichtung, Fig. 906, wird erreicht durch eine Verstellung h des Expansionsschiebers senkrecht zur Schieberschubrichtung, wobei die Größe dieser Verstellung abhängig wird vom Kantenwinkel α, indem $\mathrm{tg}\,\alpha = h/\sigma$.

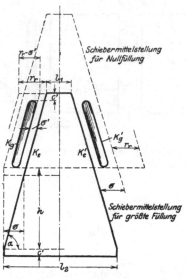

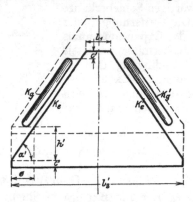

Fig. 906.   Fig. 907.

Fig. 906 und 907. Abhängigkeit der Form des Rider-Schiebers vom Verstellweg h bzw. h'.

Wird im Interesse eines kleineren Verstellweges h', Fig. 907, der Winkel α' spitzer angenommen, so vergrößert sich die Schieberlänge l_2', wenn die schmale Seite l_1 unverändert bleibt. Die Plattenkantenlänge l_1 bestimmt sich aus der Bedingung, daß bei der Einstellung der Schieberkanten für größte Füllung der Expansionskanal beim äußersten Schieberhub nicht von rückwärts geöffnet wird. Aus Fig. 906 folgt, daß $l_1 \geqq r_r - \sigma'$ gemacht werden muß. Für die kleinste Füllung, bei der der breite Teil der Platte für die Kanalüberdeckung in Betracht kommt, besteht nicht die Gefahr der Eröffnung des Expansionskanals von der rückwärtigen Schieberkante her.

Wie aus dem Vergleich der beiden Fig. 906 und 907 deutlich hervorgeht, beeinflußt die Größe des Winkels α die Größenverhältnisse des Expansionsschiebers in dem Sinne, daß bei großem Winkel α die Schieberlänge l_2 klein, der Verstellweg h für die Regulatoreinwirkung dagegen groß ausfällt; umgekehrt läßt sich durch kleinen Winkel α ein kleiner Verstellweg h' des Reglers erreichen, während andererseits die Konstruktionslänge l_2' des Schiebers sich vergrößert. Da nun kleine Verstellwege des Expansionsschiebers für die Füllungsänderungen im Interesse einer leichten und bequemen Einwirkung des Reglers gelegen sind, so ist ein kleiner Neigungswinkel α der Trapezform anzustreben. Die damit sich ergebende

Fig. 908. Riderschieber mit dreifacher Unterteilung des Expansionskanals.

große Schieberlänge wird aber dann besonders bei großen Kanallängen konstruktiv sehr unbequem. In solchen Fällen läßt sich durch Unterteilung des Expansionskanals nach Fig. 908 eine weitgehende Kürzung des Schiebers von der Länge l_2 auf l_2' erreichen.

Diese Ausführung des Schiebers führt aber auf konstruktiv unbequeme Breiten B und besitzt außerdem den Nachteil, daß die freistehenden Steuerkanten sich leicht verziehen und der Schieber dauernd undicht wird. Beide Mängel lassen sich beheben durch Ausführung des Expansionsschiebers als Platte mit Schlitzen, die die steuernden Kanten enthalten, wie beispielsweise die Ausbildung der Expansionsschieber II, 184, 10 und 193, 24 zeigt.

Die Schlitze im Expansionsschieber sind so anzuordnen, daß die Expansionskanäle im Grundschieber nicht nur spätestens mit Beginn der Voreinströmung geöffnet, sondern deren Querschnitte während der Schieberbewegung möglichst vollkommen ausgenützt werden. Dies bedingt nach Fig. 909b die Summe der Schlitzweite

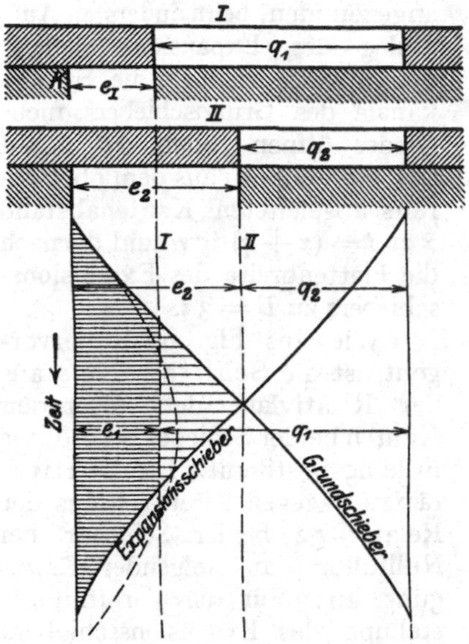

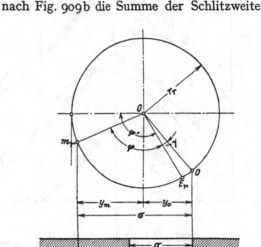

Fig. 909a. Darstellung der Grund- und Expansionsschieber-Eröffnungsquerschnitte für zwei verschiedene Kanalweiten e und Schlitzweiten q.

Fig. 909b. Ausmittlung der kleinsten Schlitzweiten im Rider-Expansionsschieber.

q und der Breite e des Expansionskanals mindestens gleich der größten Verschiebung $\sigma = y_0 + y_m$ zu machen, uch mau bei größter Füllung noch rechtzeitiges Eröffnen zu erzielen. Dabei ist es am vorteilhaftesten für die Ausnützung der Kanalquerschnitte, wenn $q = e = \sigma/2$ gewählt wird, wie aus der auf die Zeit bezogenen graphischen Darstellung 909a der Eröffnungsbewegung des Grund- und Expansionsschiebers hervorgeht.

Für eine Dreiteilung des Steuerkanals, Fig. 910, ermitteln sich die wichtigsten Konstruktionsmaße einer Expansionsschieberplatte in folgender Weise:

Unter Annahme des Neigungswinkels α wird zunächst der Kanal I aufgezeichnet, dessen Steuerkante K_g bestimmend ist für die Lage der zugehörigen Expansionsschieberkante K_e, die für die Lage der Kurbel bei Beginn der Voreinströmung (o), Fig. 909b, und für große Füllung, also im Abstand $\sigma = y_0 + y_m$ von K_g angenommen ist; soll bei dieser Relativlage beider Schieber der Dampfeintritt eben beginnen, so ergibt sich als Grenzlage der Kante K_e'' des Schlitzes I deren Zusammenfallen mit der Kante K_g'' des Expansionskanals. Die Schlitzweite ist somit zu machen $q = y_0 + y_m - e$. Um nun die gegenseitige Lage der Kanäle festzustellen, die durch den Abstand zweier benachbarter Schlitzkanten bestimmt ist, ist zu berücksichtigen, daß der Expansionsschieber, ausgehend von dem Zusammenfallen der steuernden Kanten K_e und K_g für die absolute Nullfüllung während seines anschließenden Hubes $y_0 + r_r$ die Expansionskanäle mittels der nicht steuernden Kanten K_e'' der Schlitze nicht öffnen darf, solange der Grundschieber den Schieberspiegelkanal noch offen hält. Soll mit dem Expansionsschieber der größtmögliche Füllungswinkel φ', Fig. 909b, erreicht werden, bei dem die Verschiebung aus der Mittellage gleich r_r wird, so darf beim größten Ausschlag des Expansionsschiebers die Schlitzkante K_e'' mit der nicht steuernden Kante K_g'' des Grundschiebers wohl zusammenfallen, aber nicht über sie hinausrücken; demzufolge ergibt sich der kleinste Abstand $x = r_r + y_0 + e$. Ist der Grundschieberfüllungswinkel $\varphi < \varphi'$, so läßt sich auch der Abstand x verkleinern auf $x = y_m + y_0 + e$. Der Abstand der steuernden Schlitzkanten ergibt sich zu $x + q$.

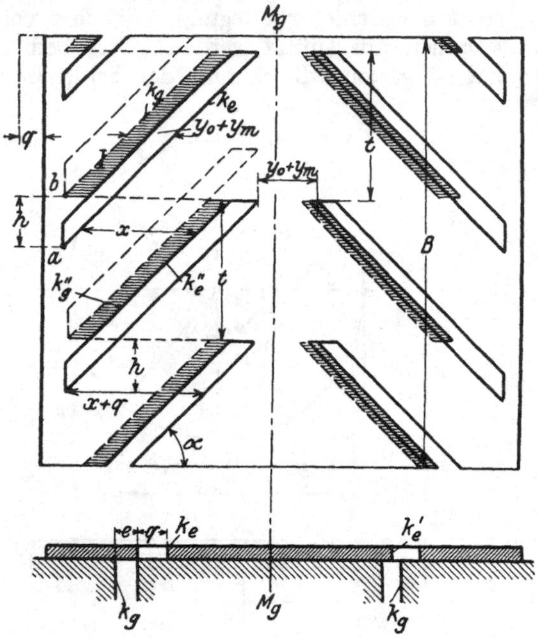

Fig. 910. Ausmittlung der Relativlage der Schlitze im Rider-Schieber. Schieberstellung bei Voreinströmung für größte Füllung.

Wenn, wie für Nullfüllung angenommen, beim äußersten Ausschlag des Expansionsschiebers, dessen Kanalschlitze die Steuerkanäle des Grundschiebers nicht wieder öffnen sollen, so ergibt sich die Teilung t aus dem oben bereits abgeleiteten Kantenabstand x zu $t = (x + q)\,\mathrm{tg}\,\alpha$ und danach die Plattenbreite des Expansionsschiebers zu $B = 3\,t$.

Wie aus Fig. 909b hervorgeht, ist die Schlitzweite q aus der Relativlage der steuernden Kanten beider Schieber bei größter Füllung bestimmt. Die Schlitzlänge dagegen leitet sich aus der Relativlage beider Schieber bei Nullfüllung aus folgender Erwägung ab: Für die Voröffnungsstellung des Expansionsschiebers bei absoluter Nullfüllung rückt der unterste Punkt a der Steuerkante des Expansionsschieberschlitzes nach Punkt b der Steuerkante des Grundschieberrückens, über die hinaus der anschließende Ausschlag des Expansionsschiebers in seiner Schubrichtung erfolgt. Eine größere Schlitzlänge als durch den Punkt a begrenzt, ist daher entbehrlich.

Werden die so entwickelten steuernden Kanten des Rider-Schiebers, wie in Fig. 906 bis 908 und 910 veranschaulicht, für beide Cylinderseiten symmetrisch ausgeführt, so entstehen für letztere durch den Einfluß der endlichen Schubstangenlänge Füllungsunterschiede. Durch unsymmetrische Ausbildung des Rider-Schiebers mittels verschiedener Neigungswinkel α der Steuerkanten beider Schieberseiten läßt sich diese Füllungsungleichheit für bestimmte Füllungsgrade beseitigen und für die übrigen Füllungen auf ein praktisch nicht empfindliches Maß vermindern. Fig. 911 zeigt die Ermittlung des Neigungswinkels der die Kurbelseite des Dampfcylinders steuernden Kanalkante, unter Annahme eines Neigungswinkels $\alpha = 45°$ der Kanalkante für die Deckelseite und unter gleichzeitiger Voraussetzung gleich großer Grund- und Relativexzenter.

Für die Deckelseite erfordert eine Füllungsänderung von absolut Null bis 50 v. H. eine Verschiebung um die Strecke h_d. Die den übrigen Füllungsgraden entsprechenden Verschiebungen h_d, h_d', $h_d'' \ldots$ der Trapezplatte finden sich mittels des Schieberdiagramms wie auf S. 712 ff. erörtert durch Einführung der Füllungskreise $r_1, r_2 \ldots$, wobei die Kolbenstellungen unter Berücksichtigung der endlichen Schubstangenlänge mittels Bogenprojektion bestimmt sind.

Werden nun die Rider-Schieberdeckungen, welche sich für gleiche Füllungen der Kurbelseite ergeben, auf den zugehörigen Richtungen $x, y, z \ldots$ abgetragen, so liefern die betreffenden Endpunkte eine gekrümmte Kanalkante, an welche die auszuführende gerade Steuerkante tangential so zu legen ist, daß der Ausgleich im Gebiete der Füllungen des normalen Betriebes eintritt.

In der Darstellung, Fig. 911, ist die gerade Steuerkante der Kurbelseite so gelegt, daß sie zwischen 8 und 20 v. H. übereinstimmende Füllungen mit der Deckelseite liefert; soll diese Steuerkante auch die absolute Nullfüllung für die Kurbelseite ermöglichen, so ist die für die Deckelseite erforderliche Verschiebung h_d um den Betrag c zu vergrößern, die größte Füllung von 50 % wird dagegen schon bei einer um d kleineren Verschiebung erreicht.

Für eine größere Füllung des Grundschiebers bleibt der Expansionskanal geöffnet und der Füllungsabschluß erfolgt nur durch den Grundschieber.

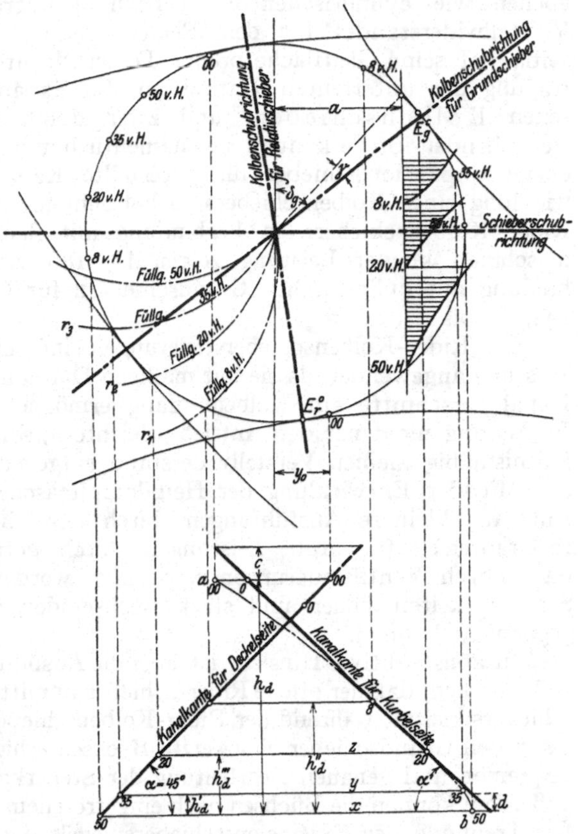

Die vorstehend entwickelten ebenen Expansionsschieberplatten führen nun, namentlich für Steuerungen großer Dampfmaschinen, auf so große Abmessungen, daß sie wegen unzulässig großer Druckflächen und unbequemer Verhältnisse der Schieberkästen konstruktiv nicht anwendbar erscheinen.

Fig. 911. Richtung der Expansionsschieberkanten für Füllungsausgleich auf beiden Cylinderseiten.

Offener cylindrischer Rider-Schieber.

Die hieraus sich ergebenden konstruktiven und betriebstechnischen Schwierigkeiten lassen sich beseitigen, wenn statt der ebenen Form des Expansionsschiebers die cylindrische gewählt wird, wodurch der **offene cylindrische Rider-Expansionsschieber** entsteht.

Ausgehend von der trapezförmigen Platte für je einen Steuerkanal auf beiden Seiten des Grundschiebers ergeben sich Ausführungsformen des Rider-Schiebers, wie sie II, 184 und 185, 11 bis 13 dargestellt sind. Der Grundschieber arbeitet auf einem ebenen Schieberspiegel, während sein Rücken für den Expansionsschieber zu einem cylindrischen Schieberspiegel ausgebildet ist. Die schrägen steuernden Kanten der Expansionsschieberplatte verlaufen infolge ihrer Aufwicklung auf einen Cylinder schraubenförmig, und ihre Verstellung läßt sich nunmehr durch einfache Verdrehung des Schiebers von der Schieberstange aus bewirken. Der für die größte Verstellung erforderliche Drehwinkel soll dabei nicht über 60 bis 80° betragen, um bei den kleinen Hülsenhüben des Reglers genügend großen Angriffshebelarm an der Schieberstange für das Reglerstellzeug innerhalb des Drehwinkels zu sichern. Rider-Schieber und Schieberstange sind so miteinander zu verbinden, daß ein spiel- und stoßfreies Mitnehmen in der Schubrichtung erfolgt, radial aber eine freie Einstellmöglichkeit des Schiebers gegenüber seiner Gleitfläche auf dem Grundschieberrücken unabhängig von der Schieberstangenführung besteht.

Die offene Trapezform des Rider-Schiebers besitzt jedoch sowohl in der ebenen wie cylindrischen Form noch den grundsätzlichen Übelstand großen Verstellwiderstandes für den Regler, da der Dampfdruck den Schieber einseitig auf seine Gleitfläche preßt. Dieser Nachteil wird beseitigt durch die Übertragung der unterteilten Trapezform des Expansionsschiebers auf den geschlossenen **Kolbenschieber**, und zwar durch dessen Ausbildung sowohl mit freistehenden Steuerkanten, als namentlich mit Schlitzen. Der oben abgeleitete ebene Expansionsschieber für unterteilte Kanäle ist also nur einfach als Abwicklung eines Kolbenschiebers zu betrachten. Entsprechende Ausführungen von Rider-Kolbenschiebern in Verbindung mit flachen Grundschiebern für Dampfmaschinen kleiner Leistung zeigen II, 186 und 187, 14 bis 16, und in Verbindung mit cylindrischen Grundschiebern für Großdampfmaschinen II, 188 bis 192, 17 bis 23.

Rider-Kolben-schieber.

Die Rider-Kolbenschiebersteuerungen sind selbst für Dampfmaschinen größter Leistung angewendet, da sie mit mäßigen Durchmessern der Kolben doch reichliche Kanalquerschnitte am Kolbenumfang ermöglichen und durch ihre vollständige Entlastung nicht nur den Antrieb erleichtern, sondern auch dem Regler einen verhältnismäßig kleinen Verstellwiderstand entgegensetzen.

Mit der Entwicklung der Heißdampfmaschinen ist jedoch die Rider-Steuerung für kleinere Ausführungen durch den einfachen Schieber mit Exzenterreglerantrieb, für große Leistungen durch getrennte Ein- und Auslaßschieber oder durch Ventilsteuerungen verdrängt worden, um den betriebstechnischen Schwierigkeiten hoher und stark wechselnder Dampftemperaturen leichter begegnen zu können.

Konstruktion der Rider-Schieber.

In konstruktiver Hinsicht ist über die Ausbildung der Rider-Steuerungen noch zu bemerken, daß der offene Rider-Schieber unmittelbar auf dem Rücken des Grundschiebers gleitet, während der Rider-Kolbenschieber als Gleitflächen fast ausnahmslos in den Grundschieber eingesetzte Büchsen erhält. Es hat dies den Vorteil einer bequemen und genauen Bearbeitung der Steuerkanten der Expansionskanäle, und außerdem können die Büchsen nach eingetretenem Verschleiß ausgewechselt werden. Die Trennung des Expansionsschieberspiegels vom Gußkörper des Grundschiebers ist aber auch deshalb wichtig, weil die cylindrische Büchse infolge ihrer gleichmäßigen Form und Materialverteilung nachteilige Formänderungen durch die Dampfwärme nicht erfährt und die unvermeidlichen Formänderungen eines komplizierten Grundschiebers sich nur wenig auf die Büchse übertragen können. Um letztere Möglichkeit weiter zu vermindern, werden die Büchsen verhältnismäßig dickwandig ausgeführt, wie die meisten Beispiele der in II, 187 bis 197 gegebenen Schieberdarstellungen zeigen.

Das dampfdichte Befestigen der Büchsen wird mittels Schwindverbindung durch Einziehen der kalten Büchse in den angewärmten Grundschieber erreicht, wobei auch hinsichtlich der Paßflächen zwischen Büchse und Grundschieber noch für die Möglichkeit der freien und unabhängigen Ausdehnung beider Gußkörper in axialer Richtung zu sorgen ist. Da der Rider-Schieber wegen seiner schraubenförmigen Steuerkanäle die Anwendung von Dichtungsringen ausschließt, so muß er im dampfwarmen Zustand sehr sorgfältig auf den Durchmesser seiner Büchse eingeschliffen werden. Um einen die Dampfdichtheit beeinträchtigenden Spielraum zwischen Schieber und Büchse zu vermeiden, muß das Einschleifen beider Teile auf ihre genauen Stichmaße getrennt voneinander geschehen. Ein dauernd dichtes Arbeiten des Rider-Kolbenschiebers verlangt seine Ausführung mittels Schlitzen. Frei stehende Steuerkanten finden deshalb nur selten Ver-

wendung, wie beispielsweise in der Durchbildung II, 192, 22, bei der die Schieberenden zur Verhütung des Verziehens durch innere ringförmige Gußrippen noch
versteift sind.

Bei der Kolbenschieberkonstruktion Fig. 912 enthält an Stelle der üblichen
Büchsen der Grundschieberkörper selbst die schraubenförmigen Kanäle für den
Rider-Schieber; für die Bearbeitung sind letztere da-
durch zugänglich gemacht, daß die steuernden Kanten
des Grundschiebers und der Übertrittsraum zu den Kanälen des Expansionsschiebers durch aufgeschliffene
unabhängige Ringe gebildet werden, die cylindrisch
aufgeschraubte Hauben zusammenhalten, die gleichzeitig auch für den Angriff der Schieberstange dienen.
Dieselbe Konstruktion weist auch der Kolbenschieber
II, 189, 19 auf.

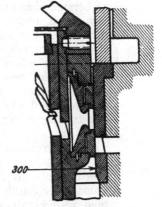

Sind Grund- und Expansionsschieber als Kolbenschieber ausgebildet, so werden sie in der Regel zentrisch
zueinander angeordnet, II, 188 bis 192, selten exzentrisch,
II, 190. In letzterem Falle erfolgt der Schieberstangenangriff am Rider-Schieber axial, am Grundschieber
dagegen exzentrisch. Bei zentrisch ineinander bewegten
Kolben wird meist der axiale Angriff ihrer Schieberstangen durch Ausbildung hohler Grundschieberstangen
durchgeführt, II, 188 und 189, 191 und 192. Ein
seitlicher Stangenangriff am Grundschieber erscheint

Fig. 912.
Rider-Kolbenschieber ohne
Büchse im Grundschieber.

jedoch nicht unzulässig, da das am Schieber entstehende Kippmoment durch dessen
große Führungsflächen und große Konstruktionslänge ohne Nachteil aufgenommen
werden kann.

8. Schiebergestänge und Steuerexzenter.

Die Getriebeteile der Steuerungen im allgemeinen, wie die der Schiebersteuerungen im besonderen gehören zu jenen Maschinenelementen, deren Abmessungen
sich nicht in erster Linie auf Festigkeitsrechnungen stützen, sondern bei denen die
Rücksicht auf Abnützung einerseits und auf werkstattechnisch zweckmäßige
Formgebung andererseits ausschlaggebend wird. Es ist dies darin begründet, daß im allgemeinen die Bewegungswiderstände der inneren Steuerungsorgane rechnerisch auf so kleine Festigkeitsdimensionen der äußeren Steuerteile
führen, daß allein schon Material und Formgebung, sowie Herstellung und Handhabung stärkere Dimensionen verlangen.

Den wichtigsten Faktor für die Bestimmung der Ausführungsgrößen aller
gleitenden Teile bildet die Abnützung in Zapfen, Führungen und Stopfbüchsen,
deren nachteilige Wirkung durch Verhinderung des Auftretens empfindlichen Spiels
zwischen den Gleitflächen hintangehalten werden muß, um die Genauigkeit der
Steuerbewegung dauernd aufrecht zu erhalten und unruhigen, stoßenden Gang
des Antriebsgestänges zu verhüten. Bei kleinen Schieberwiderständen ist es leicht
möglich, genügend große Abnützungsflächen in Zapfen und Führungen auszubilden, sowie durch Härtung der Zapfen und Büchsen den Verschleiß auf ein praktisch zulässiges Maß zu beschränken (II, 201, 205). Bei größeren Steuerungsdimensionen werden auch für die Steuerungsgelenke Nachstellvorrichtungen unerläßlich
(II, 202, 2 und 3; 206, 207, 210 bis 213).

Der Umstand, daß auf Festigkeitsdimensionen nicht ängstlich Rücksicht zu
nehmen ist, sondern nur reichliche Abnützungsflächen zu schaffen sind, ermöglicht
eine gewisse Freiheit in der konstruktiven Entwicklung und Durchbildung der
äußeren Steuerteile in Form und Größe, die deren Vereinheitlichung für gleiche

Maschinentypen erleichtert und eine billige fabrikationsmäßige Herstellung begünstigt.

Für normale Ausführungen von Dampfmaschinen sind daher Schieberhub und Exzenter auf möglichst wenig Größen zu beschränken und die Durchmesser und Längen der Gelenkzapfen möglichst übereinstimmend zu wählen, so daß diese häufig sich wiederholenden Elemente normalisiert werden können. Bei Doppelschiebersteuerungen werden die Gelenkzapfen der Grund- und Expansionsschieber meist gleich, obschon der letztere in der Regel geringeren Bewegungswiderstand aufzunehmen hat wie der erstere, II, 207, 8; auch die Steuerexzenter werden mit gleichem Durchmesser ausgeführt, wenn auch das Expansionsexzenter meist größere Exzentrizität erhält wie das Grundexzenter. Ist der Bewegungswiderstand des Grundschiebers wesentlich größer als der des Expansionsschiebers, dann kann bei gleichem Durchmesser in Rücksicht auf die Abnützung die Lauffläche des ersteren breiter als die des letzteren gewählt werden wie im Beispiel II, 212, 13, bei dem die Verbreiterung außerdem noch durch den einseitigen Angriff der Exzenterstange geboten ist.

Im Interesse der Anpassungsfähigkeit an abweichende Konstruktionsbedürfnisse kann es auch gelegen sein, eine weitergehende Unterteilung normalisierter Steuerungsteile zu bewirken, als sonst zweckmäßig, wie beispielsweise die Ausführung einer durch Abschrauben auswechselbaren Gabellagerung für den Gelenkzapfen des Exzenterangriffs, so daß verschiedene Antriebsexzenter mit der gleichen Schieberstangenführung verbunden werden können, II, 201. In der Regel ist jedoch die Gabelung an der Exzenterstange angeschmiedet, wie die übrigen Beispiele II, 202 bis 213 zeigen.

Beanspruchungen in Gelenkzapfen und Exzentern.

Eine Übersicht über die wichtigsten Ausführungsdimensionen von Steuergestängen ausgeführter Maschinen und über die in Gelenkzapfen und Exzentern auftretenden Flächenpressungen, sowie über die Reibungsarbeiten der Steuerexzenter geben die Tab. II, 362 bis 367 für entlastete und nicht entlastete Schieber liegender und stehender Maschinen. Es sind hierbei die durch Schieberreibung, sowie durch Gewichtswirkung, Massenkräfte und Dampfüberdruck auf die Schieberstange hervorgerufenen spezifischen Flächendrücke, entsprechend den II, 362 bis 363 näher bezeichneten Annahmen, einzeln angegeben. Danach sind die Beanspruchungen auf Abnützung durchschnittlich sehr gering und bei stehenden Maschinen infolge der Gewichtswirkung des Gestänges höher als bei liegenden Maschinen. Die Drücke im Gelenkzapfen betragen bei liegenden Maschinen 2 bis 10 kg/qcm, bei stehenden Maschinen 8 bis 16 kg/qcm.

Exzenterreibung.

Für die Exzenterlauffläche ist infolge ihres großen Umfanges weniger der Flächendruck, der im allgemeinen nur 0,5 bis 1,0 kg/qcm beträgt, als die zulässige Reibungsarbeit und äquivalente Wärmeentwicklung wichtig. Den Nachrechnungen an ausgeführten Maschinen zufolge beträgt die Reibungsarbeit, unter Annahme eines Reibungskoeffizienten von 0,1, bei liegenden Maschinen etwa 0,08 mkg/qcm in der Sekunde, bei stehenden Maschinen 0,1 bis 0,3 mkg/qcm. Ausnahmsweise können jedoch, wie für die Beispiele II, 363 und 365, 12, 24 und 35 berechnet, auch höhere Werte erreicht werden, doch zeigt die Erfahrung, daß diese nur bei Ausfütterung der Lauffläche mit Weißmetall und zuverlässiger Schmierung ein Heißlaufen der Exzenter dauernd vermeiden lassen.

In der Regel erhält der Exzenterring den Metallausguß, wie bei den Ausführungen II, 210 bis 213, sowie bei Fig. 913; das Aufbringen eines Weißmetallbelages auf das Exzenter nach II, 213, 15 ist, weil unbequemer für die Herstellung, seltener. Zum genauen Aufpassen des Exzenterringes auf die Lauffläche des Exzenters dienen Zwischenlagen an den Flanschen der Ringhälften

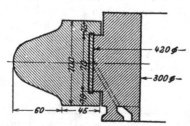

Fig. 913. Querschnitt durch Exzenterring, Nabe und Ölring mit Ölkanal.

Fig. 914, die aus Messingsblechen von etwa 0,1 mm Dicke bestehen können, Fig. 915.

Bezüglich geeigneter Ölzufuhr zur Exzenterlauffläche sei auf die Darstellungen II, 211 bis 213 hingewiesen. II, 211, 12 und 212,13 zeigen die für horizontal arbeitende Exzenter übliche Anordnung der Ölkanäle, die in besondere, zum Aufsetzen der Schmiergefäße dienende Angüsse am Exzenterring auslaufen. In Fig. 916 sitzt an der oberen Mantellinie der Exzenterlauffläche ein Ölauffanggefäß, dessen längliche Form die Ölauf-

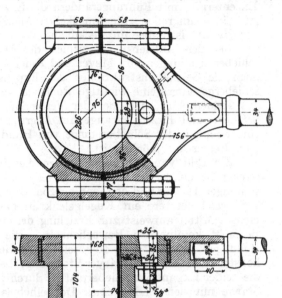

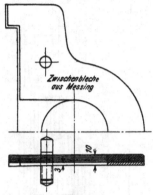

Fig. 914. Steuerung mit lösbarer Verkeilung zur Veränderung des Aufkeilwinkels.

Fig. 915. Beilagen zwischen den Flanschen der Exzenter-
ringe.

nahme von einem feststehenden Tropföler aus ermöglicht. Bei der Exzenterkon-
struktion Fig. 913 wird von einem feststehenden Tropföler die Schmierung da-

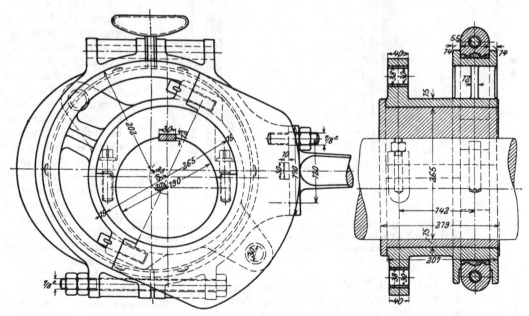

Fig. 916. Steuerexzenter für Verbindung mit Flachregler; Gegengewichtsmasse.

durch erreicht, daß das Öl in eine zur Welle konzentrische Nute der Exzenternabe tropft und von dieser aus durch Fliehkraftwirkung mittels einer nach dem Exzenterumfang führenden Bohrung auf die Lauffläche gelangt. Um das Öl auf der Lauffläche möglichst lange zurückzuhalten, soll der Exzenterring mit Führungsrändern die Exzenterlauffläche umgreifen; die umgekehrte Anordnung der Fig. 916 ist daher unzweckmäßig.

Bei den Antriebsmechanismen der Doppelschiebersteuerungen von Meyer und Rider spielen noch die Gelenkkonstruktionen des Expansionsschiebergestänges eine wichtige Rolle, da diese so auszubilden sind, daß bei der Verbindung von Schieber und Exzenterstange am Angriffszapfen eine Drehung der Schieberstange von Hand oder vom Regler aus möglich ist.

Ein Bild von der mannigfachen Ausbildung solcher Expansionsschiebergestänge geben die Darstellungen II, 202 und 203, 207 bis 209, sowie Fig. 917, welch letztere ein Kugelgelenk als das einfachste Mittel aufweist zur Erzielung der hier in Betracht kommenden Beweglichkeit. Die Darstellungen II, 204 und 205 zeigen die Gelenkkonstruktion für eine Meyer-Steuerung, bei der die beiden Expansionsschieberplatten durch je eine Stange mit den Enden eines Doppelhebels verbunden sind, der, auf dem Exzenterstangenzapfen sitzend, vom Regler aus verdreht wird.

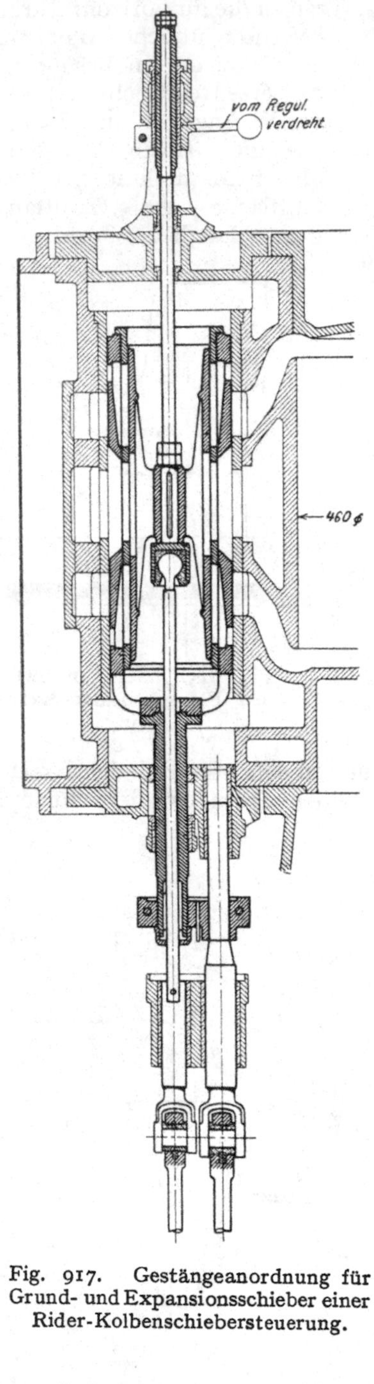

Einrichtungen zur Entlastung der Gewichts- und Massenwirkung.

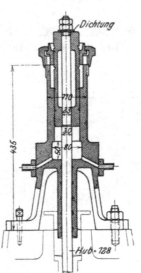

Bei großen Ausführungsdimensionen der inneren Steuerorgane wird der Überlastung der Antriebsexzenter und Zapfen nicht nur durch entlastete Schieber begegnet, sondern es können auch noch besondere Einrichtungen zur Ausschaltung der Massenwirkung der hin- und hergehenden Steuerteile und bei stehender Anordnung der Maschine außerdem zur Aufhebung der Gewichtswirkung getroffen werden. Derartige Einrichtungen haben besonders im Schiffsmaschinenbau, bei dem außergewöhnlich große Schieberabmessungen auftreten, Eingang gefunden.

Fig. 917. Gestängeanordnung für Grund- und Expansionsschieber einer Rider-Kolbenschiebersteuerung.

Fig. 918. Ausgleichkolben zur Aufnahme des Schiebergewichts.

Bei vertikal arbeitenden Kolbenschiebern mit Inneneinströmung läßt sich deren Gewichtswirkung durch Vergrößerung des Durchmessers der oberen Schieberhälfte aufnehmen; andernfalls ist ein besonderer Hilfsdampfcylinder, dessen Kolben auf der nach oben verlängerten Schieberstange sitzt, zu verwenden, Fig. 918 und II, Taf. 20. Bei Flachschiebern ist nur auf letzterem Wege der Gewichtsausgleich zu erreichen.

Die zur Aufnahme des Eigengewichts dienende Dampfwirkung auf einen Kolben hat Joy auch zur Aufhebung der Massenwirkung benützt, Fig. 919a und b. Der Hilfscylinder ist doppeltwirkend und die Dampfeinströmung erfolgt in der Cylindermitte durch Schlitze, die vom Kolben gesteuert werden. Aus den Diagrammen Fig. 919b geht einerseits die Dampfverteilung der oberen und unteren Kolbenseite hervor, andererseits veranschaulichen sie den sich ergebenden Ausgleich zwischen den Kolbendrücken und den Gewichts- und Massenwirkungen des inneren Steuerorgans samt Steuergestänges. Solche Entlastungseinrichtungen haben jedoch den Nachteil, daß ihre Wirksamkeit keine unver-

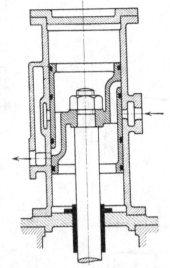

Fig. 919a. Ausgleichkolben nach Joy für Eigengewicht und Massenwirkung der bewegten Steuerteile.

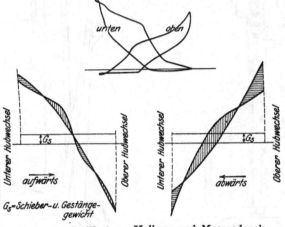

Fig. 919b. Indikator-, Kolben- und Massendruck-
diagramme.

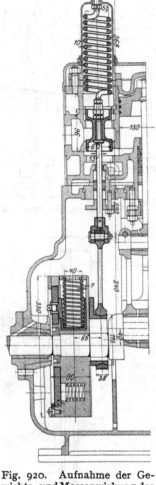

Fig. 920. Aufnahme der Gewichts- und Massenwirkung des Schiebers und Gestänges durch Feder bei einem Schnelläufer $\frac{130}{80}$; $n = 1000$.

änderliche ist, sondern von der Dampfspannung und den durch Zufälligkeiten oder durch Nachstellen des Steuergestänges sich ändernden Drosselungsverhältnissen der Cylinderschlitze abhängig ist. Sie erfüllen deshalb nur bei sorgfältigster Wartung ihre Aufgabe und bedürfen regelmäßiger Kontrolle durch Indizierung des Ausgleichcylinders.

Bei kleineren Maschinen läßt sich eine Entlastung des Steuerexzenters von der Gewichts- und Massenwirkung der hin- und hergehenden Steuerteile in einfacherer Weise durch Federn erzielen, deren Spannung bei der Zusammenpressung (unter

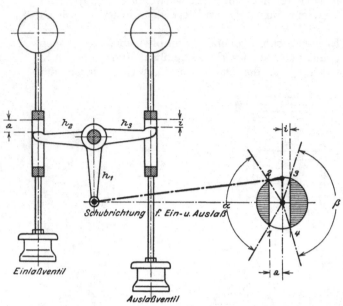

Fig. 921 a. Schema des Steuerungsantriebs.

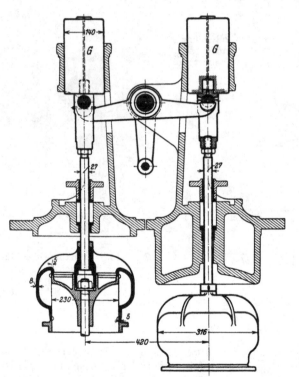

Fig. 921 b. Konstruktive Anordnung des Steuerungsantriebs; innere Steuerorgane als Glockenventile.

Fig. 921 a und b. Zusammenhang zwischen Antriebshebel und
Steuerventilen bei Exzenterantrieb.

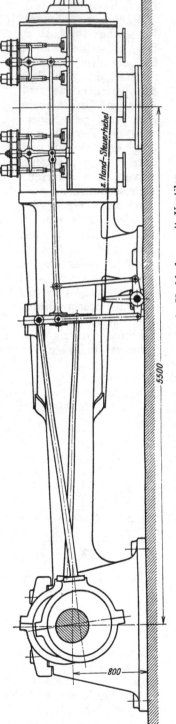

Fig. 921 c. Allansche Kulissensteuerung in Verbindung mit Ventilen.

Übergang von Zug und Druck) entsprechend den auszugleichenden Gestängekräften sich ändert. Die Ausführung einer solchen Entlastung zeigt Fig. 920 für kleine Schnelläufer. Die Berechnung der Federn kann bei normalen Umdrehungen und geringen Schieberhüben rein statisch erfolgen; bei großen Hüben und hohen Umdrehungszahlen wären dagegen die Eigenschwingungen zu berücksichtigen.

VII. Zwangläufige Steuerungen für Ventile.

I. Steuerungsantrieb für unveränderliche Dampfverteilung.

Sämtliche Antriebsmechanismen der Schiebersteuerungen für Dampf-Ein- und Austritt, für konstante oder veränderliche Füllung finden auch für Ventilsteuerungen Anwendung bei entsprechender konstruktiver Umgestaltung.

Der bei Schiebern häufig benutzte unmittelbare und zugleich einfachste Antrieb durch ein einziges auf der Kurbelwelle sitzendes Exzenter führt bei der Übertragung auf Ventildampfcylinder wegen der erforderlichen kraftschlüssigen Verbindung mit dem inneren Steuerorgan zunächst dazu, daß die Steuerventile jeder Cylinderseite von diesem Exzenter aus mittels eines eingeschalteten Winkelhebels h_1 h_2 h_3, Fig. 921a, betätigt werden. Die Anordnung der Ventile und Ventilkasten und die Verbindung der Ventilhebel untereinander ist dabei so zu denken, wie bei dem Dampfcylinder der Fig. 921 c und d veranschaulicht.

Antrieb der 4 Steuerventile durch ein Exzenter.

Mit dem Hebelarm h_1 Fig. 921a ist das Steuerexzenter bzw. der äußere Steuerungsmechanismus verbunden, während der die Ein- und Auslaßventile betätigende doppelarmige Hebel h_2, h_3 mit den Ventilspindeln nur in losem Zusammenhang steht. In der gezeichneten Hebel- und Exzentermittelstellung würden sämtliche Ventile beider Cylinderseiten aufsitzen und die Anschlagflächen der Stangen der Ein- und Auslaßventile um die Strecken a bzw. i von den Anschlagflächen der Ventilhebel entfernt sein, entsprechend den Überdeckungen a und i des einfachen Muschelschiebers

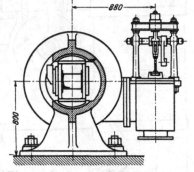

Fig. 921d. Anordnung der Ventilgehäuse der Allanschen Kulissensteuerung Fig. 921 c.

für einen Eröffnungswinkel α der Einlaß-, und einen Eröffnungswinkel β der Auslaßseite. Die Ventilerhebung ist dabei durch die Hebelbewegung mechanisch bedingt; der Ventilniedergang dagegen hängt nur kraftschlüssig mit der Hebelbewegung dadurch zusammen, daß entsprechend große Belastungsgewichte G, Fig. 921b, mit den Ventilspindeln verbunden sind.

Auch bei einer Anordnung der Steuerventile Fig. 922, bei der ihre Anhubhebel ganz voneinander getrennte Lage erhalten, können die Ventile von einem einzigen Steuerexzenter aus betätigt werden, ähnlich wie die vier Rundschieber einer Corliß-Steuerung, indem die Anhubhebel der Ein- und Auslaßventile mit einer vom Exzenter angetriebenen Steuerscheibe verbunden werden.

Die bei einfachem Exzenterantrieb für die Schiebersteuerung festgestellte Abhängigkeit der vier Dampfverteilungsmomente besteht für das Ventil in gleichem Maße; desgleichen der Nachteil der schleichenden Eröffnung und des schleichenden Schlusses der Dampfeinlaßorgane bei kleinen Füllungen. Auch die Geschwindigkeiten des inneren Steuerorgans im Augenblick des Öffnens und Schließens des Dampfdurchtritts ergeben sich übereinstimmend mit den bei der Schiebersteuerung S. 649 gemachten Feststellungen, wonach deren relative Größe, verglichen mit der Umfangsgeschwindigkeit des Exzentermittelpunktes, gemessen wird in der Größe der Senkrechten von den Exzenterstellungen 1, 2 oder 3, 4 auf die Exzenterschubrichtung, verglichen mit dem Radius des Exzenterkreises, Fig. 921a.

Da diese Anhub- und Abschlußgeschwindigkeiten plötzliche Übergänge des
Ventils und der Belastungsgewichte von der Ruhe in die Bewegung und umgekehrt,
und damit empfindliche Stoßwirkungen verursachen, so ist dafür zu sorgen, daß
erstere die zulässige Größe von 100 bis 150 mm in der Sekunde nicht überschreiten;
andernfalls sind die Belastungsgewichte durch Federn zu ersetzen und ist bei Ventilschluß für eine geeignete Aufnahme der Massenwirkung des Ventils vor seinem
Auftreffen auf den Sitz zu sorgen, da ein mit jeder Umdrehung der Maschine sich
wiederholendes starkes Hämmern des Ventils auf seinen Sitz im Laufe des Betriebs

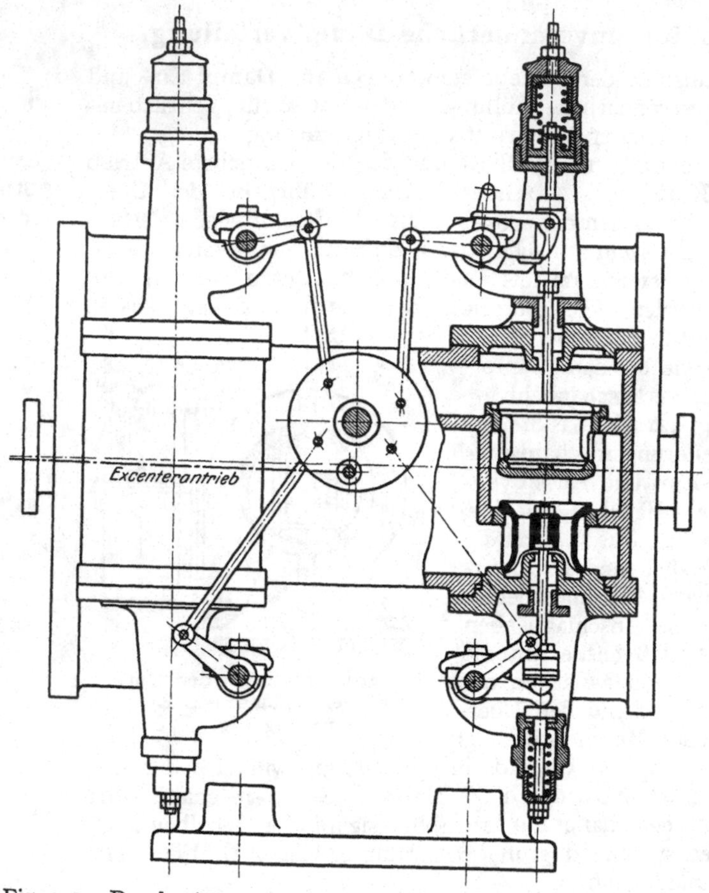

Fig. 922.   Durch ein gemeinsames Steuerexzenter betätigte Ventilsteuerung für Dampf-Ein- und Auslaß.

eine Zerstörung bei-
der im Gefolge haben
müßte.

Diese   Gefahr
kann für beliebige
Niedergangsge-
schwindigkeiten des
Ventils beseitigt wer-
den durch dessen
Verbindung mit einer
Luft- oder Ölbremse
in der Weise, daß,
wie am Einlaßventil-
ständer Fig. 922 an-
gedeutet und an den
Ventilständerkon-
struktionen II, 239
bis 245 genauer zu
erkennen ist, ein auf
der Ventilspindel sit-
zender Kolben luft-
dicht in einem cylin-
drischen Teil des
Federgehäuses sich
bewegt. Beim An-
heben des Ventils
wird unterhalb des
Kolbens   entweder
Luft von außen an-
gesaugt, oder es tritt
Öl durch Schlitze aus
dem Raum oberhalb
des Kolbens über;
beim Kolbenniеder-
gang wirkt als dann

entweder die Kompression der eingeschlossenen Luft oder das durch einen gedrosselten Kanal nach oben wieder übertretende Öl gegen Hubende so stark brem-
send, daß das Ventil nur noch mit einer praktisch unbedenklichen Geschwindigkeit auf seinem Sitz ankommt.

Das andere sehr häufig verwendete Mittel zur Vermeidung plötzlichen Überganges von der Bewegung in die Ruhe ist in den Wälzhebeln und Rollkurven mit
Rollen gegeben, die im vorausgehenden Kapitel ausführlich behandelt wurden,
bei deren Anwendung gleichzeitig der Vorteil erreicht wird, daß auch das Anheben des Ventils, also der Übergang von der Ruhe in die Bewegung, allmählich
erfolgt.

2. Steuerungsantrieb mittels besonderer Steuerwelle.

Ventilsteuerungen mit besonderer Steuerwelle.

In der Regel erhalten bei Ventilsteuerungen die Ein- und Auslaßventile ihre eigenen Antriebsexzenter, die alsdann auf einer besonderen am Cylinder gelagerten Steuerwelle sitzen, Fig. 923 und II, Taf. 1, 3, 6, 7, 10, 12—17, 22. Diese Steuerwelle wird bei liegenden Maschinen parallel zur Cylinderachse, bei stehenden senkrecht zu letzterer angeordnet und von der Kurbelwelle aus durch Kegel oder Hyperbelräder angetrieben, von denen letztere wegen ihres stoßfreien Zahneingriffes und ruhigen Ganges den Vorzug verdienen, II, Taf. 17 und 22.

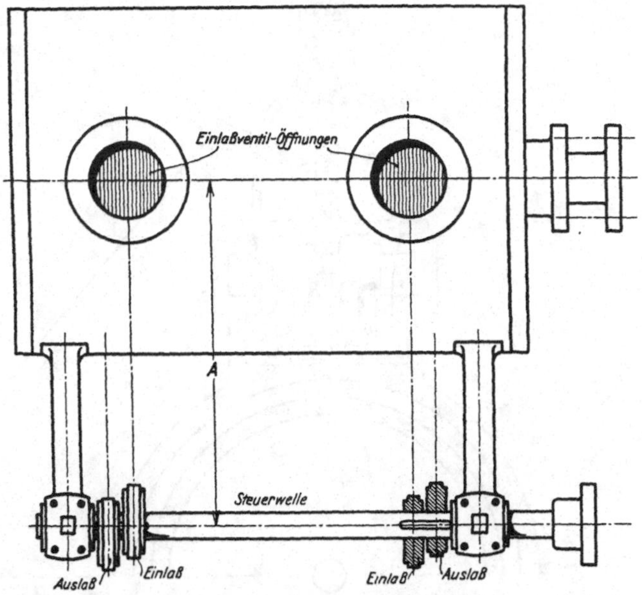

Fig. 923. Anordnung der Steuerwelle parallel zur Cylinderachse bei Ventilsteuerungen.

Je nach der relativen Lage der Ein- und Auslaßventile zueinander bezw. der Art des äußeren Steuerungsantriebs, ergeben sich alsdann zwei oder mehr parallele Antriebsebenen für die zu den 4 Abschlußorganen gehörigen Steuermechanismen. Die Steuerung der Ventil-Dampfmaschine erhält dadurch ein von der Schieber-Dampfmaschine wesentlich verschiedenes Aussehen. Da jedoch in beiden Fällen prinzipiell dieselben Steuerungsmechanismen, wie sie in den vorausgehenden Kapiteln des einfachen Exzenterantriebs bezw. der Kulissen- und Lenkersteuerungen behandelt sind, zur Anwendung kommen, so besteht auch kein wesentlicher Unterschied in den Eröffnungsbewegungen der Schieber und Ventile.

Einlaßsteuerung für konstante Füllung.

Wird zunächst auf der Dampfeinlaßseite von einer Steuerung für konstante Füllung ausgegangen, so ist die unmittelbare Verbindung von Einlaßexzenter und Ventil auf die durch Fig. 924a gekennzeichnete Art und Weise möglich; die Bewegungen beider stehen alsdann in dem Zusammenhang, daß für eine Füllung, die dem Kurbelwinkel α zwischen Anfang und Ende des Dampfeintritts entspricht, die Exzenterstellungen 1 und 2 für Beginn und Ende der Eröffnung symmetrisch zur mittleren Schubrichtung des Exzenters stehen. Im Abstand l der Exzenterstangenlänge von diesen Punkten 1 und 2 findet sich alsdann auf dem Schwingungsbogen des Ventilhebels h_1 die der Schlußlage des Ventils zugehörige Lage P_v des Exzenterstangenauges. In Fig. 924a und b entspricht die hervorgehobene Exzenter- und Ventillage dem Voröffnen v im Kolbenhubwechsel.

Von der Exzenterbewegung wird zur Erzeugung des Ventilhubs nur die Drehung 1 E_0 2 auf das Ventil übertragen, während die übrige Exzenterdrehung 2 E_0' 1 eine Leerschwingung des Hebels h_2 im Schlitz der Ventilspindel bedingt. Die absolute Größe der Ventilerhebungen wird also abhängig von dem in der Exzenterschubrichtung gemessenen Abstand der Punkte des Exzenterkreisbogens 1 E_0 2 von dem mit der Exzenterstangenlänge l beschriebenen Schwingungsbogen 1, 2. Gleichzeitig liefern nach den früheren Feststellungen, S. 649, Fig. 801, die Senkrechten c_1 und c_2 der Exzenterpunkte 1 und 2, auf die Exzenterschubrichtung ein Maß für die Öffnungs- und Schlußgeschwindigkeiten des Ventils, bezogen auf den Radius r als Umfangsgeschwindigkeit eines unmittelbar an der Ventilspindel angreifenden Steuerexzenters mit der Exzentrizität $r\dfrac{h_2}{h_1}$.

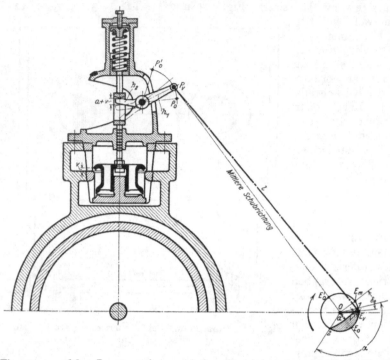

Fig. 924a und b.   Zusammenhang zwischen Steuerexzenter und Einlaß-Ventil für unveränderliche Füllung.

Durch Einschaltung von Wälzhebeln oder Schwingdaumen nach Fig. 731 a und b an Stelle des Ventilhebels $h_1\,h_2$ können die Eröffnungs- und Schlußgeschwindig-

Auslaßsteue-rung für kon-stante Aus-trittsperiode.

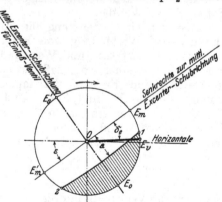

Fig. 924 b.   Steuerungsdiagramm der Ventil-steuerung Fig. 924 a.

keiten auf beliebig kleine Werte bis herab auf Null vermindert werden.

Für die Steuerung des Auslaß ven-til ergibt sich ein ganz gleicher Zusammen-hang zwischen Auslaßexzenter- und Ven-tilstellung, ausgehend von dem durch die Dampfverteilung vorgeschriebenen konstanten Eröffnungswinkel β, Fig. 925 a und b. Letzterer muß wieder symmetrisch zur mittleren Schubrichtung des Auslaß-exzenters liegen, weil die Eröffnungs- und Schlußmomente ein und dieselbe Stellung des Ventilhebels bedingen. Der Ventilhub entspricht dem größten Eröffnungsweg $O E_0' - i$; auch hierbei entsteht wieder eine Leerschwingung des Ventilhebels während der Exzenterdrehung $360^0 - \beta$.

Für den vorstehend gekennzeichneten zwangläufigen Antrieb der Steuerventile durch je ein Exzenter kann also ähnlich wie bei der Schiebersteuerung aus dem Exzenterkreis unmittelbar das Steuerungsdiagramm entwickelt werden; die Punkte 1 und 2 der Dampfeintrittsperiode entsprechen gleicher Bogenprojektion auf die mittlere Exzenterstangenrichtung im Abstand der Einlaßüberdeckung *a* vom Schwingungsmittel, und die Punkte 3 und 4 der Austrittsperiode gleicher Bogenprojektion im Abstand der Auslaßüberdeckung *i*. Die Überdeckungsgrößen treten dabei als Teile der Gestängeleerhübe auf.

Anordnung von 4 Steuerexzentern.

Die verschiedene Schubrichtung und Aufkeilung der so ermittelten Steuerexzenter führt auf getrennte Ein- und Auslaßexzenter für beide Cylinderseiten. In der Regel werden die beiden Einlaß- und die beiden Auslaßexzenter je unter 180° gegeneinander aufgekeilt, also mit den Voreilwinkeln δ_e und $\delta_e + 180°$ bzw. δ_a und $\delta_a + 180°$. Soll für beide Cylinderseiten symmetrische Lage der Dampfverteilungspunkte erzielt werden, so ergeben sich freilich in Rücksicht auf den Einfluß der endlichen Schubstangenlänge nicht diametral gegenüberliegende Auf-

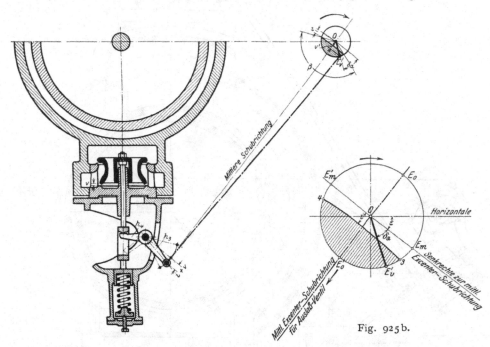

Fig. 925 b.

Fig. 925 a u. b. Zusammenhang zwischen Steuerexzenter und Auslaßventil.

keilwinkel. In dieser Beziehung ist auf die entsprechenden Ermittlungen bei den Schiebersteuerungen zu verweisen.

Fig. 926 zeigt die Ein- und Auslaßsteuerung einer Seite eines Niederdruckcylinders, bei dem die Übertragung beider Exzenterbewegungen auf die Steuerventile durch in der Nähe der Steuerwelle gelagerte Wälzhebel erfolgt. Letztere Anordnung hat zwar den Vorteil, daß auch das Steuergestänge verzögerte Anhub- und Schlußbewegungen erfährt, andererseits entsteht aber der Nachteil, daß die Gestängemassenwirkung auch auf das Ventil sich überträgt.

Gemeinsames Steuerexzenter für Ein- und Auslaß.

Statt jedes Ventil mit einem besonderen Steuerexzenter zu betätigen, wird nicht selten Ein- und Auslaß je einer Cylinderseite gleichzeitig von einem Exzenter aus gesteuert so daß für einen Dampfcylinder nur zwei Antriebsexzenter notwendig werden. Jedes Exzenter arbeitet alsdann nach zwei Schubrichtungen; in der einen mittels normaler Exzenterstange, in der anderen dagegen wird die elliptische Bahn eines geeignet gelegenen Ableitpunktes des Exzenterringes mittels Lenkstange übertragen. Eine derartige Exzenterverbindung mit der Ein- und Auslaßseite eines Niederdruckcylinders zeigt Fig. 927, wobei wieder am Ventilständer eingeschaltete Wälzhebel die Steuerbewegung stoßfrei auf die Ventilspindeln übertragen. Im Gegensatz zur vorhergehenden Wälzhebelanordnung wird bei dieser die Ventilbewegung von der Massenwirkung des Steuergestänges entlastet. Weitere Konstruktionsbeispiele für gleichzeitige Betätigung je eines Ein- und Auslaßventils durch ein Exzenter zeigen die Darstellungen II, 266 bis 272. Bei den Ausführun-

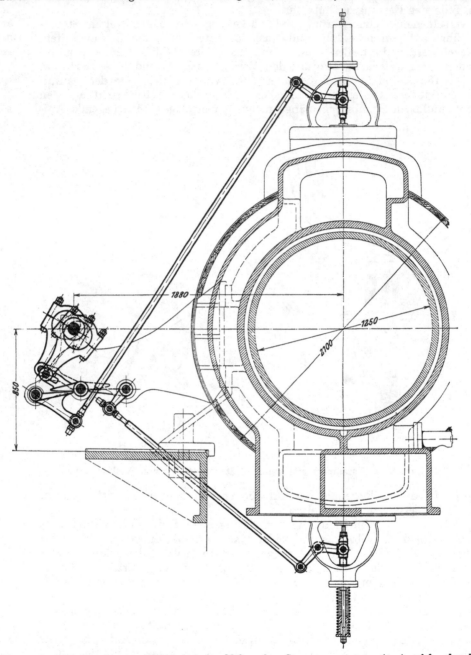

Fig. 926. ND-Steuerung. Wälzhebel in Nähe des Steuerexzenters mit Antrieb durch kurze Exzenterstangen. Getrennte Exzenter für Ein- und Auslaß.

gen II, 266, 23 und 24, sowie 267, 25 und 272, 34 wird die Bewegung des Einlaßventiles von der Exzenterstange, des Auslaßventiles von einem Punkte des Exzenterbügels abgeleitet; bei den Ausführungen II, 268, 27 und 28; 269, 29 findet die umgekehrte Ableitung statt.

Werden beide Einlaßventile durch ein gemeinsames Exzenter etwa unter Zwischenschaltung eines Doppelhebels wie in Fig. 921 betätigt, so ergeben sich für gleiche Überdeckungen verschiedene Füllungen beider Cylinderseiten infolge des Einflusses der endlichen Schubstangenlänge. Füllungsausgleich verlangt als-

Ein Exzenter für die Einlaßsteuerung beider Cylinderseiten.

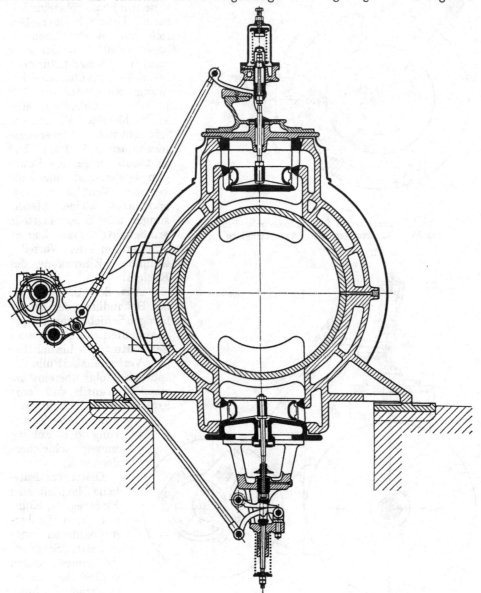

Fig. 927. ND-Steuerung. Antrieb durch gemeinsames Exzenter. Einlaßseite: Wälzhebel mit fester Führungsbahn. Auslaßseite: Wälzhebel mit festen Drehpunkten.

dann verschiedene Überdeckungswege a_k und a_d an beiden Ventilspindeln, so daß die Ventilhübe verschiedene Größe erhalten, in Übereinstimmung mit den Eröffnungsquerschnitten beim einfachen Schieber nach Fig. 785a und b.

3. Steuerungsantrieb für veränderliche Dampfverteilung.

Alle bei den Schiebern behandelten Typen zwangläufiger Steuerungen für veränderliche Füllung finden in entsprechender konstruktiver Umgestaltung auch bei Ventilen Verwendung. Die Eigentümlichkeiten dieser Steuerungstypen hinsichtlich der durch sie zu erreichenden Bewegungsart des inneren Steuerungsorgans bleiben naturgemäß für Schieber und Ventile im wesentlichen übereinstimmend. Unterschiede ergeben sich nur in der kinematischen Lösung und der konstruktiven Ausgestaltung der betreffenden Antriebsmechanismen wieder dadurch, daß bei den Ventilen nur eine kraftschlüssige Verbindung mit dem äußeren Steuerungsmechanismus bestehen darf und daß der geringe Bewegungswiderstand und die geringe Ventilmasse entsprechend kleine Abmessungen aller Steuerungsteile ermöglicht; dazu kommt außerdem der Vorteil leichterer Einwirkung des Reglers.

Aus den S. 656 ff. bei der Behandlung der zwangläufigen Schiebersteuerungen angestellten vergleichenden Betrachtungen hinsichtlich ihres Verhaltens bei Füllungsänderung folgt übereinstimmend für Ventile, daß deren Eröffnungs- und Schlußbewegung mit Verkleinerung der Füllung immer schleichender wird.

Dieser grundsätzliche Nachteil aller Flachregler-, Kulissen- und Lenkermechanismen konnte bei den Schiebersteuerungen durch veränderte Konstruktion des inneren Steuerorgans, wie beispielsweise durch Anwendung von Kanal- und Gitterschiebern, be-

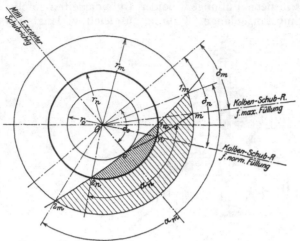

Fig. 928. Exzenterkreise für veränderliche Füllung bei Ventilsteuerungen mit Exzenterreglern.

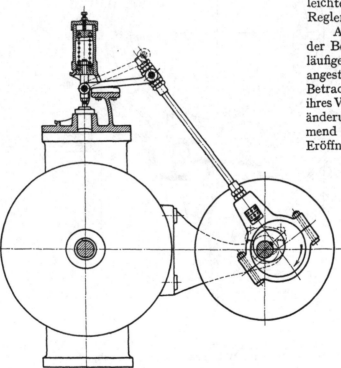

Fig. 929. Ventilsteuerung mit Wälzhebel und Exzenterregler (Pröll).

hoben werden. Bei den Ventilsteuerungen wird er durch Einschaltung von Wälzhebeln oder Schwingdaumen beseitigt oder weniger empfindlich gemacht. Ohne solche Übersetzungsmittel arbeiten ausnahmsweise nur langsam gehende Ventilmaschinen, wie beispielsweise die Kulissensteuerung, Fig. 921 älterer Fördermaschinen.

Da nach Füllungsabschluß das Ventil in Ruhe verharrt, die äußere Steuerung aber während jeder Umdrehung der Maschinenwelle durch den Exzenterantrieb in dauernder Bewegung sich befindet, so nehmen die Leerschwingungen aller dieser Steuermechanismen mit abnehmender Füllung relativ zum nutzbaren Hub zu.

a. Steuerungen mit verstellbarem Exzenter.

Füllungsänderung mittels Exzenter- oder Flachregler wird bei Ventilen durch dieselbe Verschiebung des Exzentermittelpunktes auf einer geraden oder gekrümmten Verstellkurve $m\,n\,o$ Fig. 928, wie bei Schiebern, erzielt. An dem Zusammenhang zwischen Füllungsgrad, Exzentrizität und Aufkeilwinkel, wie er aus den Betrachtungen auf S. 656 ff. bekannt ist, ändert sich daher nichts.

Unter Bezugnahme auf die als bekannt vorauszusetzende Exzenterstangen-Schubrichtung ergeben sich die relativen Veränderungen der Ventilerhebungen für eine größte und mittlere Füllung durch die schraffierten Abschnitte der Exzenterkreise vom Radius r_m und r_n, unterhalb des Schwingbogens 1_m, 2_m, der mit der Exzenterstangenlänge l im Abstand der äußeren Überdeckung $a = r_0$ vom Exzentermittelpunkt O beschrieben ist. Zur Erzielung entsprechender Hubvergrößerung bei allmählichem Anheben und Aufsetzen des Steuerventils werden die Ausschläge des Exzenterstangenauges auf das Ventil durch Schwingdaumen und Rolle oder durch Wälzhebel, wie Fig. 929 veranschaulicht, übertragen.

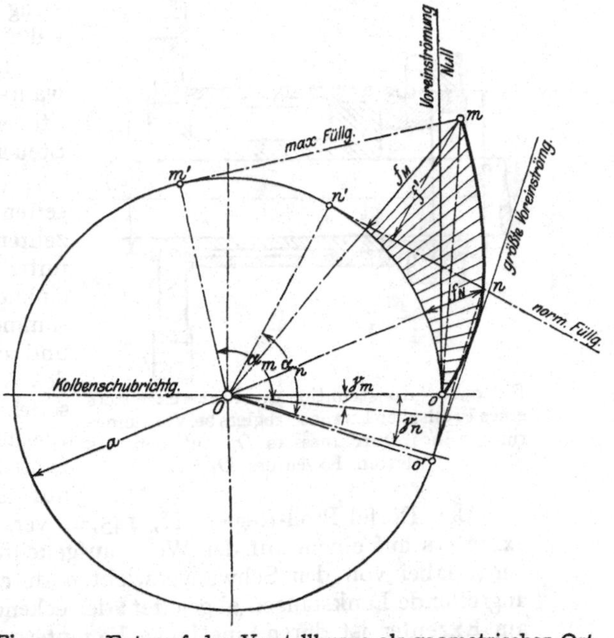

Form und Lage der Verstellkurve ist nach früheren Betrachtungen, S. 662 und Fig. 930, so zu wählen, daß sie zwischen die an die Punkte o und o' des Überdeckungskreises

Fig. 930. Entwurf der Verstellkurve als geometrischer Ort der Exzentermittelpunkte zur Füllungsänderung.

gezogenen Tangenten fällt, innerhalb welcher für die maßgebenden Füllungsgrenzen der Beginn des Eröffnens eintreten soll. Eine an den Überdeckungskreis tangierende Gerade als Verstellkurve würde unveränderlichem Voröffnungswinkel für alle Füllungen entsprechen, wie z. B. bei der Lentz-Steuerung der Fall; kreisförmige Verstellkurven, wie solche bei den Steuerungen von Pröll, Doerfel, Recke, Stumpf u. a. verwendet werden, liefern veränderliche Voröffnungswinkel. Beispielsweise entspricht bei der Verstellkurve, Fig. 930, der größten Füllung ein Voröffnungswinkel γ_m, der normalen Füllung ein solcher γ_n. Innerhalb der Schieberkreise für die bezeichneten Füllungen stellen die Strecken f_m und f_n diejenigen Exzenterstangenverschiebungen dar, die für die größten Ventileröffnungen beider Füllungsgrade nutzbar werden. Demgemäß kennzeichnet auch im Diagramm die radiale Schraffur zwischen Überdeckungskreis und Verstellkurve die Veränderung jener Teilbeträge f_m, f_n ... der Exzenterstangenausschläge, die für die größten Ventilhübe bei den verschiedenen Füllungen maßgebend werden.

Flachregler zwischen den Exzentern auf der Steuerwelle.

Bei liegenden Maschinen sitzt der Flachregler meist auf der Steuerwelle zwischen den beiden mit ihm zusammenhängenden und von ihm zu verstellenden Einlaßexzentern. Diese Anordnung wurde zuerst von Pröll mit Wälzhebelübertragung zur Anwendung gebracht, Fig. 929, und ist gegenwärtig mit Rollkurvenübertragung besonders in der Lentz-Steuerung sehr verbreitet, II, Taf. 7, 12 und 51. Bei Ausbildung des Achsreglergehäuses als Beharrungsmasse kann die Exzenterverschiebung unmittelbar von den verlängerten Naben des Gehäuses abgeleitet werden. Lentz verwendet Geradführung des Exzenters, die nach II, 151, 10 dadurch erzielt wird, daß ein rechteckiges Gleitstück auf der Welle aufgekeilt ist, auf dem das Exzenter durch Bolzen des Gehäusearmes mittels Gleitstein verschoben wird. Bei der im Kolbenhubwechsel bzw. Kurbeltotpunkt senkrechten Lage des Verstellschlitzes zur mittleren Verschiebungsrichtung der Exzenterstange üben Rückdruckkräfte keine verschiebende Wirkung auf den Regler aus. In den übrigen Kurbel- und Exzenterlagen während einer Umdrehung erzeugt jedoch der Steuerungsrückdruck in der Verstellungsrichtung Komponenten, deren verschiebende Wirkung auf das Exzenter vom Regler aufzunehmen ist.

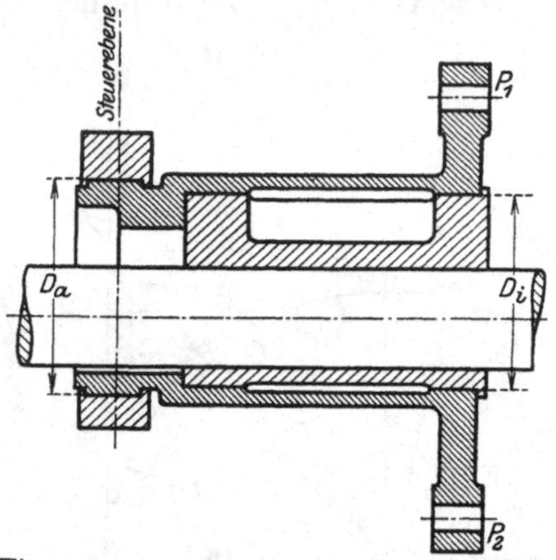

Fig. 931. Konstruktion des Steuerexzenters eines Pröllschen Exzenterreglers bei Verkleinerung seines Durchmessers D_a auf den des festen Exzenters D_i.

Die Veränderung dieser Komponenten während einer Umdrehung ist für eine Steuerseite in der Untersuchung der Lentz-Steuerung, II, Taf. 51, gekennzeichnet.

Füllungsausgleich auf beiden Cylinderseiten wird dadurch erzielt, daß die Exzentersteine nicht unter 180°, sondern unter einem etwas kleineren Winkel gegeneinander aufgekeilt werden. Ihr fester Zusammenhang mit der Beharrungsmasse und die hierdurch entstehende Gleichheit des Winkelausschlages auf beiden Cylinderseiten bedingt außerdem für gleiche Ventilerhebungen eine Vergrößerung der Exzentrizitäten und des Verschiebungsweges auf der Deckelseite.

Der Dörfel-Pröll-Regler, II, 145, 4, verstellt durch Verdrehen des Antriebsexzenters auf einem auf der Welle aufgekeilten festen Exzenter. Die Verdrehung wird dabei von den Schwunggewichten durch seitlich am beweglichen Exzenter angreifende Lenkstangen abgeleitet; der eckenden Wirkung des Lenkstangenangriffs am Exzenter ist durch eine lange Exzenternabe zu begegnen gesucht. Die Rückdruckkräfte der Steuerung rufen ein selbstsperrendes Moment am Exzenter hervor und vermindern dadurch ihre störende Wirkung auf den Regler. Diese Selbstsperrung wird noch vergrößert, wenn, wie in Fig. 931 veranschaulicht, die Tragfläche des festen Exzenters seitwärts der Steuerebene ausgebildet und der Durchmesser D_a des Steuerexzenters annähernd auf den Durchmesser D_i des festen Exzenters verkleinert wird. Die Lenkstangen des Reglers greifen an den Punkten P_1 und P_2 des Steuerexzenters an. Der Füllungsausgleich wird hier nach ähnlichen Gesichtspunkten wie bei der Lentz-Steuerung erzielt.

Einseitige Lagerung des Flachreglers auf der Steuerwelle.

Wird der Regler nicht zwischen den Steuerwellenlagern des Cylinders, sondern außerhalb dieser angeordnet (Doerfel), so erfolgt die Übertragung der Verstellbewegung auf die Steuerexzenter beider Cylinderseiten mittels einer die Steuerwelle umgreifenden Röhre R Fig. 932, die einerseits mit den Exzentern, andererseits mit den Schwunggewichten des Reglers gekuppelt ist. Die Verstellbewegung wird durch Mitnehmerkurbeln K auf die Einlaßexzenter übertragen, deren kreisförmige Verstellung auf den mit der Welle festverbundenen Grundexzentern erfolgt. Dabei ist das Grundexzenter der Kurbelseite mit dem auf der Steuerwelle aufgekeilten

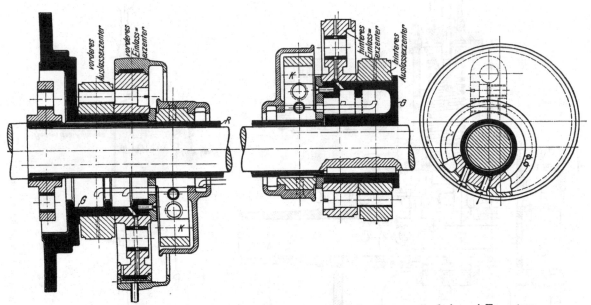

Fig. 932a. Einseitige Anordnung des Exzenterreglers auf der Steuerwelle bei zwei Exzentern nach Prof. Dr. Doerfel.

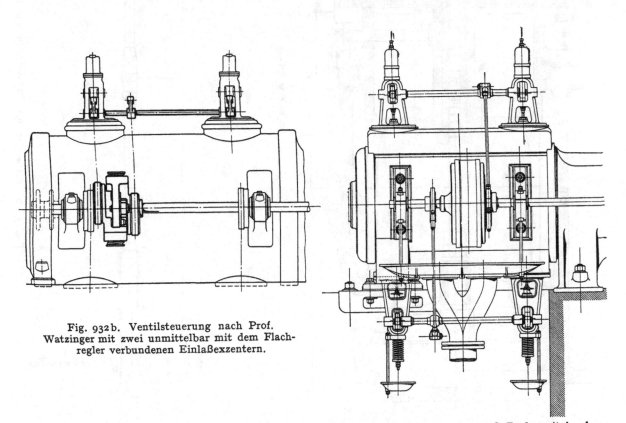

Fig. 932b. Ventilsteuerung nach Prof. Watzinger mit zwei unmittelbar mit dem Flachregler verbundenen Einlaßexzentern.

Fig. 933. Ventilsteuerung von O. Recke mit je einem Ein- und Auslaß-Steuerexzenter; ersteres vom Flachregler betätigt.

47*

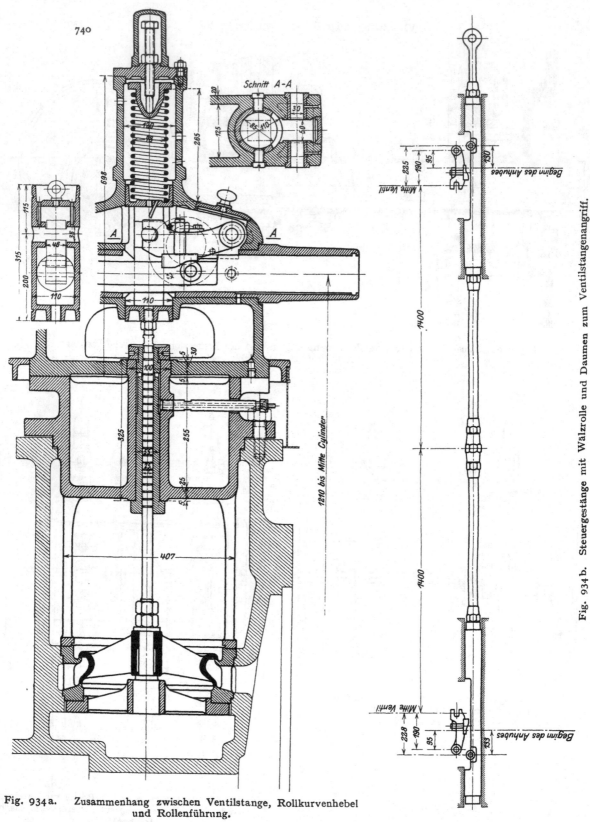

Schnitt A-A

1810 bis Mitte Cylinder

Mitte Ventil

Beginn des Anhubes

Mitte Ventil

Beginn des Anhubes

Fig. 934b. Steuergestänge mit Wälzrolle und Daumen zum Ventilstangenangriff.

Fig. 934a.   Zusammenhang zwischen Ventilstange, Rollkurvenhebel
und Rollenführung.

Fig. 934a—d. Stumpfsche Ventilsteuerung für Gleichstrommaschinen.

Gehäuse verschraubt, das der Deckelseite auf die Welle selbst aufgekeilt oder bei größeren Maschinen in Rücksicht auf die Wärmedehnung des Cylinders, mittels Nut und Feder verschiebbar angeordnet und durch einen Hals mit Bunden am äußeren Wellenlager gehalten. Wird auf dem Grundexzenter auch das Auslaßexzenter drehbar angeordnet und durch Bolzen mit dem Einlaßexzenter verbunden, wie beispielsweise bei der Hochdruckcylinder-Steuerung Fig. 932, so wird dadurch bei zunehmender Füllung durch Verkleinerung der Kompression die durch Erhöhung der Aufnehmerspannung häufig bedingte Überkompression und Schleifenbildung vermieden. Die Auslaßexzenter sind dabei der Eintrittsspannung entsprechend einstellbar und können durch Lösung der Kupplung auch für unveränderliche Kompression festgestellt werden.

Um bei der für beide Cylinderseiten gleichen Verdrehung der Stellröhre durch den Regler die für Füllungsausgleich erforderlichen größeren Verdrehungswinkel des Steuerexzenters auf der Kurbelseite gegenüber der Deckelseite zu erhalten, werden Länge und Aufkeilung der Mitnehmerkurbel auf beiden Cylinderseiten verschieden gewählt.

Konstruktiv einfacher gestaltet sich die Steuerungsanordnung Fig. 932b[1]), bei der die umständliche Übertragung Fig. 932a von dem einseitig auf der Steuerwelle sitzenden Flachregler nach dem in größerem Abstand befindlichen zweiten Einlaßexzenter vermieden ist. Die beiden Steuerexzenter sind unmittelbar mit dem Flachregler zusammengebaut und das ganze Aggregat ist auf der Steuerwelle derart angeordnet, daß von dem einen Exzenter aus der unmittelbare Antrieb des Einlaßventils der einen Cylinderseite erreicht wird, während das Einlaßventil der anderen Cylinderseite vom zweiten Exzenter aus vermittels einer an den Ventilgehäuse

Steuerung von Watzinger.

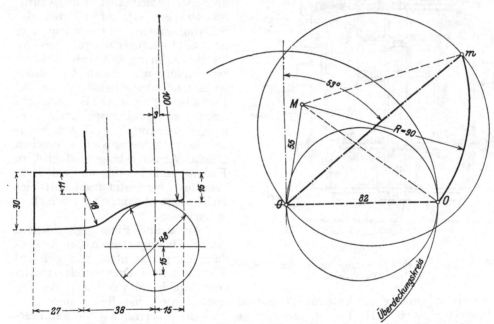

Fig. 934c. Maßverhältnisse der Rolle und Rollkurve.　　Fig. 934d. Verstellkurve des mit einem Flachregler verbundenen Steuerexzenters.

ständern gelagerten Zwischenwelle betätigt wird. Die Anordnung zeichnet sich nicht nur durch größere Einfachheit aus, sondern erhöht auch die Empfindlichkeit des Reglers und erleichtert die Unterbringung von Einrichtungen am Regler zur Veränderung der Umdrehungszahl.

---

[1]) Nach Professor Dr.-Ing. Watzinger.

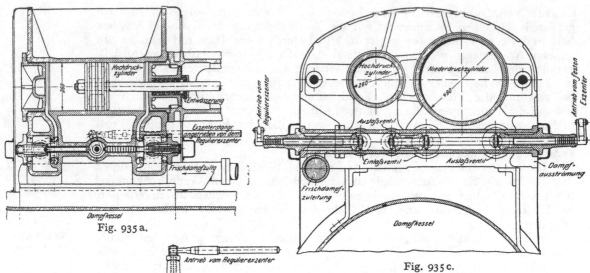

Fig. 935 a.

Fig. 935 c.

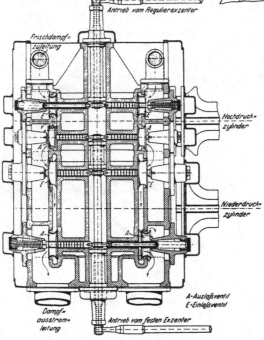

**Flachregler
mit einem Ein-
laßexzenter für
beide Cylinder-
seiten.**

Fig. 935 b.

Fig. 935 a—c. Lentz-Steuerung für eine Lokomobil-
Verbund-Dampfmaschine.

Die Anwendung eines Exzenters
für den Antrieb beider Einlaßventile,
Fig. 933, ergibt eine bauliche Vereinfachung an der Steuerwelle, verlangt
aber eine gemeinsame in den Ventil-
ständern gelagerte Antriebswelle der
Schwingdaumen. Bei dieser Lagerung
ist auch der Längenänderung des Cylinders Rechnung zu tragen. Die Exzenterstange wird durch die Steuer-
widerstände abwechselnd auf Zug und
Druck beansprucht. Die Daumenform
einer von Recke ausgeführten derartigen Steuerung zeigt II, 262. Symmetrische Schwingdaumen ergeben
gleiche Ventilerhebung und größere
Füllung auf Deckel- wie auf Kurbelseite, übereinstimmend mit einfachem Exzenterantrieb von Schiebersteuerungen.

Annähernde Füllungsgleichheit in
weiten Füllungsgrenzen bei Anwendung eines Exzenters läßt sich auf
Vorschlag Prof. Dr. Doerfels dadurch
erreichen, daß das Verhältnis der Ex-
zenterstangenlänge zur Exzentrizität ebenso gewählt wird, wie die Schubstangenlänge zur Kurbel, II, Taf. 51 und 273, 35, und die Übertragung der Exzenterbewegung auf den Schwingdaumenhebel mittels einer Kuppelstange erfolgt, die
seitwärts des Exzenterstangenauges angreift.

**Stumpfsche
Steuerung.**

Die Anwendung eines einzelnen Exzenters für beide Einlaßseiten bildet die
Regel bei Anordnung des Exzenterreglers auf der Kurbelwelle, wobei zum Füllungsausgleich verschiedene Roll- oder Wälzkurven dienen können.

Hierher gehört die Stumpfsche Steuerung für Gleichstrommaschinen, deren
Antriebsexzenter in den Ventilhauben prismatisch geführte Rollen bewegt, die auf
die Rollkurven der Ventilhebel arbeiten, Fig. 934a und b. Zur Vergrößerung

der Steuerbewegung gegenüber dem Exzenterhub ist eine ungleicharmige Schwinge eingeschaltet. II, Taf. 2a. Die der Steuerung zugehörige Verstellkurve des Exzentermittels zeigt Fig. 934d.

Auch die Lentzsche Steuerung wird sehr häufig von einem auf der Kurbelwelle sitzenden Exzenterregler mit nur einem Steuerextenter betätigt, wie dies beispielsweise Fig. 935a—c für eine Verbund-Lokomobilmaschine veranschaulicht. Die beiden in einer Achse angeordneten Hochdruck-Einlaßventile Fig. 935a werden mittels eines gemeinsamen Schwingdaumens vom Flachregler angetrieben. Die in gleicher Weise angeordneten Hochdruck-Auslaßventile, wie die Steuerventile des Niederdruckcylinders erhalten ihren Antrieb von einem besonderen festaufgekeilten Exzenter durch Vermittlung von Schwingdaumen, die auf einer gemeinsamen Antriebsachse sitzen. In derselben Weise erfolgt die Hochdruckeinlaß-Steuerung der Dreifachexpansionsmaschine, II, Taf. 24.

Sämtliche vorstehend behandelten Flachregler-Steuerungen übertragen die Exzenterbewegung auf das Ventil vermittels Rollkurven und Rolle. Der besseren Übersicht halber seien daher die betreffenden Übersetzungsmittel in ihrer verschiedenen konstruktiven Gestaltung nachfolgend verglichen, wobei den Untersuchungen die gleiche Verstellkurve zugrunde gelegt sei.

Bei der Lentzschen Steuerung, II, 260/261, deren Rollkurvenhebel Fig. 936a wiedergibt, ist auf die Vorteile des stumpfen Winkels zwischen der Bewegungsrichtung der Rollkurve und der Rolle verzichtet und ein spitzer Winkel ψ benützt, um das Zapfenlager des Schwingdaumens neben der Ventilspindel für einen bequemen Angriff der Exzenterstange anordnen zu können.

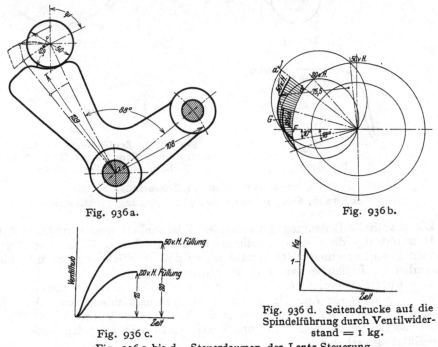

Fig. 936a.

Fig. 936b.

Fig. 936c.

Fig. 936d. Seitendrucke auf die Spindelführung durch Ventilwiderstand = 1 kg.

Fig. 936a bis d. Steuerdaumen der Lentz-Steuerung.

Schwingdaumen, Steuerungsdiagramm und Eröffnungsquerschnitte bei 20 und 50% Füllung.

Durch Verlegung des Daumendrehpunktes in die Achse der Ventilspindel, wie bei der Recke-Steuerung, II, 262/263 und Taf. 51b geschehen, läßt sich der rechtwinklige Triebwinkel mit seiner rascheren Eröffnung erzielen, doch bedingt die umständliche Umführung der Ventilspindel eine nachteilige Vergrößerung der mit dem Ventil sich bewegenden Massen. Die Lagerung des Daumens seitwärts der Ventil-

Schwing-
daumen und
Rollenhebel
nach Pröll-
Schwabe.

spindel für stumpfwinkligen Antrieb erhöht die Gefahr der Selbstsperrung in der
Gleitführung der Rolle und Ventilspindel. Letzteren Nachteil vermeidet unter
Beibehaltung des stumpfen Triebwinkels ψ die von Pröll und Schwabe herrührende
Bauart Fig. 937a bis d, bei der die an der Ventilspindel angreifende Rolle auf einer
seitwärts der Spindel gelagerten Schwinge sitzt. Die Exzenterstange wird dabei auf
Druck beansprucht. Unter Voraussetzung gleicher Antriebsexzenter und überein-
stimmender Bemessung der Rollkurven mit denen in Fig. 936 ergeben sich, wie die
Steuerungsdiagramme Fig. 937b und die Ventilerhebungen Fig. 937d erkennen
lassen, wesentlich raschere Eröffnung wie bei Lentz.

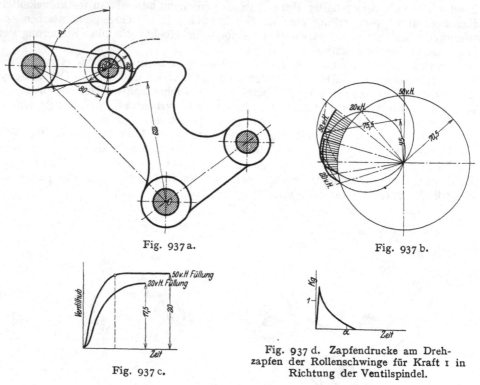

Fig. 937a.

Fig. 937b.

Fig. 937c.

Fig. 937d. Zapfendrucke am Drehzapfen der Rollenschwinge für Kraft 1 in
Richtung der Ventilspindel.

Fig. 937a bis d. Neue Pröll-Steuerung.
Schwingdaumen, Steuerungsdiagramm und Eröffnungsquerschnitte.

Die praktische Bedeutung des stumpfen Triebwinkels wird vermindert durch
den Umstand, daß die raschere Eröffnung auch eine stärkere Zunahme der erforderlichen Beschleunigungskräfte verursacht, so daß in Rücksicht auf diese unter
Umständen die Rollkurve flacher zu formen ist.

Schwing-
daumen mit
Übertragungs-
hebel.

Dörfel-
Steuerung.

Die Collmannsche Anordnung Fig. 938 stellt eine der ältesten und
gleichzeitig günstigsten Ausbildungsformen des Schwingdaumens dar. Der Triebwinkel ψ liegt bei dieser Konstruktion in der Nähe von 90°. Durch Einschaltung
eines Winkelhebels zwischen Rolle und Ventilspindel wird der Seitendruck auf die
Spindelführung verhütet.

Bei der Dörfelschen Übertragung des Nutzhubes der Exzenterstange auf
das Einlaßventil Fig. 939, sind am Schwingdaumen zwei Rollkurven vorgesehen,
von denen die innere die Eröffnungsbewegung, die äußere die Abschlußbewegung
übernimmt. Hierdurch wird ein Hängenbleiben des Ventils verhindert und dessen
zwangläufiger Schluß ohne Anwendung einer Feder bewirkt. Zur Erleichterung der
Einstellung und Sicherung des Ventilabschlusses ist zwischen Ventil und Mitnehmer-
bund der Spindel durch Einschalten einer kurzen Feder eine Spannungsverbindung

hergestellt, die nach Aufsetzen des Ventils noch eine kleine unabhängige Bewegung der Spindel gestattet.

Um gleichzeitiges Aufliegen beider Rollkurven zu erzielen, ist die Ablaufkurve als Umhüllende der verschiedenen Lagen der Schließrolle für die Hubbewegung der Öffnungsrolle auszuführen. Die gegenseitige Abhängigkeit beider Rollenbewegungen bedingt zur Erzielung einer stetigen Rollkurve für die Schließrolle, daß der Krümmungsradius der Öffnungskurve größer gewählt wird als der Durchmesser der zugehörigen Rolle. Durch Verkleinerung des Durchmessers der Schließrolle wird der Übergang der Schließkurve allmählicher gestaltet.

Die flachere Krümmung der Anlaufkurve bedingt einen lang-

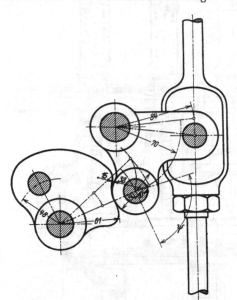

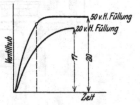

Fig. 938a. Übertragung der Rollenbewegung durch Winkelhebel nach Collmann.

Fig. 938b. Eröffnungsquerschnitte zweier Füllungen.

sameren Anhub der Rolle als in Fig. 938; es wird daher unter Voraussetzung gleichen Triebwinkels und gleicher Übersetzung am Zwischenhebel der Vorteil der Paarschlüssigkeit durch schleichende Ventileröffnung, namentlich bei den kleinen Füllungen, erkauft.

Die Rollenübertragung mit Triebwerkswinkeln von 90° weist die Lentz-Ventilsteuerung auf in ihrer Anwendung bei Lokomotiven und Lokomobilen, wie eine

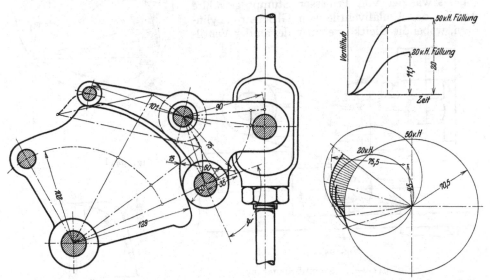

Fig. 939.   Übertragung der Rollenbewegung durch Winkelhebel mit zwangläufigem Abschluß des Ventils durch besondere Rolle nach Prof. Dr. Dörfel.

solche in Fig. 940 dargestellt ist. Die Rollkurven befinden sich an der durch die Kulissensteuerung angetriebenen Stange, die Rollen R an den Ventilspindeln.

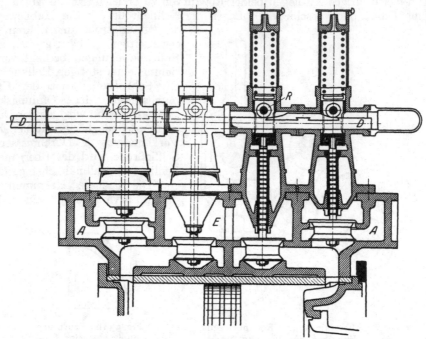

Fig. 940 Lentz-Steuerung für einen Lokomotivcylinder. Geradliniger Antrieb der Rollkurvenstange, Rollen an den Ventilspindeln gelagert.

Beispiele für die umgekehrte Anordnung, bei der die Rollkurve an der Ventilspindel oder am Ventilhebel sitzt und die Rolle vom Exzenter bewegt wird, bieten der Antrieb des Einlaßventils, II, 265, 21, mit auf einer Schwinge geführter Wälzrolle, sowie der von Professor Stumpf gewählte Antrieb der Einlaßventile von Gleichstromcylindern, wobei die Gleitkurve entweder an der Ventil-

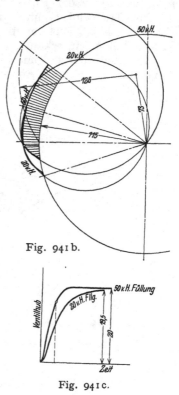

Fig. 941 b.

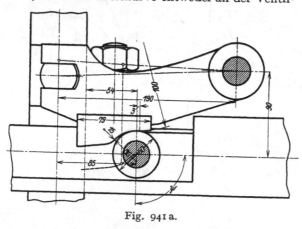

Fig. 941 a.

Fig. 941 a—c. Stumpf-Steuerung.
Schwingdaumen, Steuerungsdiagramm und Eröffnungsquerschnitte für 20 und 50 % Füllung.

Fig. 941 c.

spindel befestigt ist oder an einer Schwinge sitzt, wie Fig. 934a und Fig. 941a zeigt, während die die Rolle tragende Antriebsstange im Ventilgehäuse gerade geführt wird. Die für die Ausführungsverhältnisse der Fig. 941a sich ergebenden Steuerungs-diagramme und die auf die Zeit bezogenen Ventilerhebungen für Füllungen von 20 und 50 v. H. sind in Fig. 941b und c veranschaulicht.

Ältere Anordnungen von Schwingdaumen mit vom Exzenter betätigter Rollen-schwinge stellen die Fig. 942 und 943 dar. Sie gewähren den Vorteil einer freieren Wahl des Übersetzungsverhältnisses zwischen Exzenterhub und Schwingdaumen-bewegung.

Die Einfachheit des äußeren Steuerungsmechanismus, die geringe Massen-wirkung der äußeren und inneren Steuerorgane, sowie die Vervollkommnung der

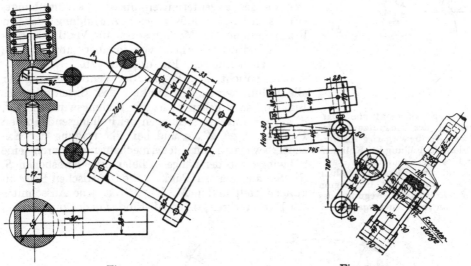

Fig. 942.   Fig. 943.

Fig. 942 u. 943. Daumen- und Rollenhebel nach Pröll-Schwabe.

Exzenterregler hat den Exzenterregler-Ventilsteuerungen hauptsächlich bei rasch-laufenden Maschinen in neuerer Zeit eine außerordentliche Verbreitung gegeben. Ihnen gegenüber haben die nachfolgend behandelten Ventilsteuerungs-Systeme mit Muffenreglern an Bedeutung verloren.

b. Steuerung mittels schwingenden Daumens.

Eine eigenartige Steuerung für veränderliche Füllung mittels eines auf der Steuerwelle schwingenden und durch einen Muffenregler verstellbaren Antriebs-daumens ist in der Steuerung von Zwonizek, II, 274, 38 gegeben.

Bei dieser trägt der durch Schwinge geführte Exzenterbügel eine Rollkurve, von der aus die Ventilbewegung sich ableitet. Durch Verlegung des Drehpunktes der Schwinge wird die Füllung geändert. Die Gestängekräfte werden, solange sich die Rolle am konzentrischen Teile des Bügels befindet, senkrecht zur Berührungs-fläche zwischen Rolle und Scheibenumfang übertragen, so daß ihre Richtungs-linie durch den Exzentermittelpunkt geht und eine Rückwirkung auf den Regler nicht eintritt; eine solche ist jedoch während des Auf- und Ablaufs der Rolle vor-handen. Ähnlich wie bei den Steuerungen mit rotierendem Daumen Fig. 723—726 sind auch bei dieser Steuerung Leerschwingungen der äußeren Steuerteile während der Ventilruhelage vermieden.

c. Lenker- und Kulissensteuerungen.

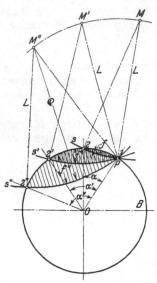

Fig. 944. Schematische Darstellung der Ausnützung der Exzenterbewegung für veränderliche Füllung bei Kulissen- und Lenkersteuerungen, ausgehend von der Exzenterstellung P als Ableitpunkt bei Beginn der Eröffnungsbewegung des inneren Steuerorgans.

Die für den Antrieb von Schiebern bereits behandelten Kulissen- und Lenkersteuerungen mit nur einem auf die Steuerwelle aufgekeilten Exzenter sind kinematisch ohne weiteres übertragbar auf die Betätigung der Steuerventile. Es ergeben sich dabei naturgemäß konstruktive Unterschiede sowohl aus der Verlegung der Antriebsebenen gegenüber der Cylinderachse als auch durch die Notwendigkeit der Einschaltung von Wälzhebeln. Ausgehend von der Überlegung, daß die zwangläufige Bewegung des inneren Steuerorgans für Öffnen und Schließen mit der dem jeweiligen Füllungswinkel entsprechenden Drehbewegung des Exzentermittelpunktes zusammenhängt, läßt sich die grundsätzliche Ausbildung der in Frage kommenden Mechanismen für Ventilsteuerungen auf drei äußerlich voneinander abweichende Typen zurückführen, Fig. 944 bis 946.

Entspricht dem Beginn der Ventileröffnung für alle Füllungsgrade der Punkt 1 des Exzenterkreises Fig. 944, so ergeben sich für Füllungswinkel α, α', α''... die Exzenterstellungen bei Füllungsende in den Punkten 2, 2', 2''... und bei Übertragung der Exzenterbewegung im Steuermechanismus durch eine Schwinge von der Länge L, liefern die Kreisbogen S, S', S'' aus den zu Punkt 1 konzentrischen Schwingungsmittelpunkten M, M', M''... jene Ausschnitte am Exzenterkreis, deren Abstände f in der zugehörigen

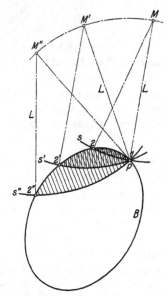

Fig 945. Schema der Antriebsbewegung einer Lenkersteuerung mit unveränderlicher Bahn des Ableitpunktes P und veränderlicher Lage des Schwingungsmittelpunktes M der Lenkstange L.

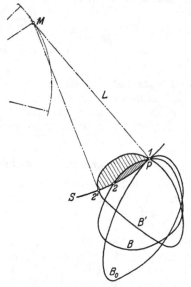

Fig. 946. Schema der veränderlichen Bahnen des Ableitpunktes P einer Lenker- oder Kulissensteuerung mit unveränderlicher Lage des Schwingungsmittelpunktes M des Lenkers L für Anfang und Ende der Eröffnungsperiode.

Schubrichtung der Schwingungsmittel M gemessen, für die relative Veränderung der Kanaleröffnungen innerhalb der einzelnen Füllungen maßgebend werden.

Bahn der Ableitpunkte im allgemeinen.

Für die grundsätzliche Arbeitsweise des Steuerexzenters gegenüber dem inneren Steuerorgan ist es nun gleichgültig, ob der Übertragungsmechanismus seine Bewegung von der unveränderlichen Kreisbahn des Exzentermittelpunktes, Fig. 944, oder von der elliptischen Bahn eines Punktes P der Exzenterstange bzw. des Exzenterringes, Fig. 945 ableitet, oder von einem geeigneten Punkt P des Steuermechanismus selbst, dessen Bahn durch Kulissen- oder Lenkerverstellung sich verändern läßt, Fig. 946. In allen diesen Fällen beschreiben die Ableitpunkte P geschlossene, mit der Kreisbahn des Exzentermittelpunktes korrespondierende, ellipsenähnliche Bahnen, von denen durch die Lenkstange L je nach ihrer vom Regler bewirkten relativen Einstellung zur Bahn B kleinere oder größere Strecken abgeschnitten und auf das zu steuernde Ventil übertragen werden. Die schematischen Darstellungen Fig. 944 bis 946 kennzeichnen ganz allgemein die übereinstimmende Art der Ausnützung der Exzenterbewegung bei den zwangläufigen Ventilsteuerungen, derzufolge mit der Verkleinerung der Eröffnungsperiode eine ungünstige Verminderung der Ventilhübe und schleichendes Öffnen und Schließen entsteht, wie dies auch für alle auf verstellbare Exzenter zurückführbaren Schiebersteuerungsantriebe bereits nachgewiesen ist.

Bei der Anwendung derselben Steuerungsmechanismen für den Dampfauslaß ist wegen der hierfür in Betracht kommenden großen und unveränderlichen Eröffnungsperioden mit dem Nachteile schleichenden Öffnens und Schließens des Steuerkanals weniger zu rechnen.

Elsner-Steuerung.

Lenkersteuerungen mit unveränderlicher Bahn des Ableitpunktes.

Die einfachste Lenkersteuerung, bei der dem Schema Fig. 944 entsprechend, der Exzentermittelpunkt unmittelbar als Leitpunkt P dient, dessen Bahn der Exzenterkreis darstellt, ist in der Elsner-Steuerung, II, Taf. 49, II, 270, 30 und Fig. 947 a—c gegeben. An Stelle eines auf der Steuerwelle aufgekeilten Exzenters ist eine entsprechende Kurbel vom Radius r ausgebildet, die mittels Kulissenstein und Kulisse in der Schubrichtung der Stange S die für die Ventilbewegung maßgebende Verschiebung bewirkt; ihre Größe und ihr zugehöriger Füllungswinkel α wird vom Stellzeug s und t des Reglers aus durch Verdrehen der in der Scheibe K ausgesparten Kulisse verschieden groß gestaltet. Die Stange S umgreift mittels einer kreisförmigen Erweiterung K' die Scheibe K, deren Bewegung sie in ihrer eigenen Verschiebungsrichtung SS aufnimmt und auf das Ventil mittels Wälzhebel, beispielsweise nach Fig. 929, überträgt.

Die in Fig. 947 b gekennzeichnete Arbeitsweise der Elsner-Steuerung ist vom Schema Fig. 944 nur insoweit abweichend, als der drehbare Lenker L durch eine um Punkt 1 drehbare gerade Kulisse ersetzt ist.

Die Drehung der Steuerkurbel vom Radius r bewirkt eine Parallelverschiebung der Kulisse zu ihrer durch die Reglereinstellung bestehenden jeweiligen Achsrichtung C_o, C, oder C', wobei je nach dem Winkel φ_o, φ, φ' ... die Gesamtverschiebung der Stange S verschieden groß, und zwar $= \dfrac{2\,r}{\sin\varphi}$ sich ergibt. Dabei werden für die Ventilbewegung nur jene Bogenstrecken 1, 2 bzw. 1, 2' usf. des Steuerkurbelkreises nutzbar, die, ausgehend von der Steuerkurbelstellung 1 für konstantes Voröffnen, von den veränderlichen Kulissenachsen C_o, C, C' ... abgeschnitten werden; die Centriwinkel α, α' ... der zusammengehörigen Schnittpunkte 1, 2 bzw. 1, 2' ... entsprechen wieder den Eröffnungswinkeln der Einlaßperioden. Die Nullfüllung entsteht, wenn die Kulissenachse im Punkt 1 tangential an den Steuerkurbelkreis in die Richtung C_o gedreht ist.

Die Höhen f der nutzbaren Kreisabschnitte, die mit verschiedenen Kulissenrichtungen sich ergeben, stellen für die einzelnen Füllungsperioden die relativen

Änderungen der Ventilerhebungen und der Durchflußquerschnitte dar; sie werden in die Schubrichtung der Stange S im Verhältnis $\dfrac{1}{\sin \varphi}$ proportional vergrößert übertragen und liefern in dieser letzteren Richtung die Verschiebungen, welche,

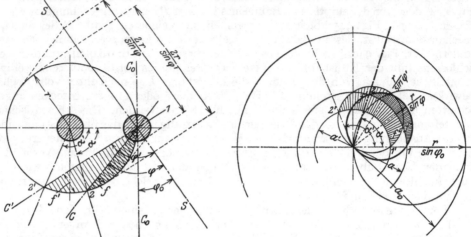

Fig. 947 b. Kreisbewegung der Steuerkurbel als Bahn des Ableitpunktes.

Fig. 947 c. Zeunersches Steuerungs-diagramm für die Darstellung der Verschiebungen in der Exzenterstangen-Schubrichtung.

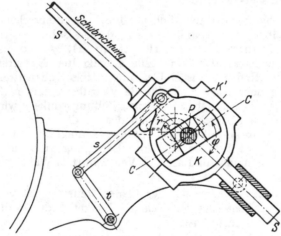

Fig. 947 a.   Schema der Steuerung.

Fig. El 947 a—c.   Elsner-Steuerung.

durch Wälzhebel übertragen, für die tatsächlichen Ventilerhebungen maßgebend werden.

Da die Steuerstellung 1 allen Füllungsgraden angehört, so arbeitet die Steuerung mit konstantem Voröffnungswinkel; außerdem zeigt sich der Vorteil, daß sich die Verschiebungshöhen f, f'... in die Stangenrichtung S infolge des Übersetzungsverhältnisses $\dfrac{1}{\sin \varphi}$ mit Verkleinerung der Füllung vergrößert übertragen.

Wie das Zeunersche Diagramm, Fig. 947 c für die Verschiebungen in der Stangen-richtung S noch erkennen läßt, wachsen sowohl die Durchmesser der Steuerkreise von $\dfrac{r}{\sin \varphi'}$, auf $\dfrac{r}{\sin \varphi_0}$, wie auch die Überdeckungen von a' auf a_0; das Voröffnen der Einfachheit halber für alle Füllungen $= o$ angenommen.

Konstruktive Abarten der Elsner-Steuerung weisen noch die Darstellungen II, 271, 31 und 32 auf.

Steuerungen mit umlegbarem Lenker.

Die mit der Elsner-Steuerung verwandten Typen zwangläufiger Ventilsteuerungen nach dem Schema Fig. 945 mit umlegbarem Lenker L zeigen große Mannigfaltigkeit in der konstruktiven Durchbildung, ohne daß durch diese verschiedenartigen Ausführungen wesentliche Unterschiede in der Betätigung der inneren Steuerorgane und in der Regulierfähigkeit der Steuerungen ermöglicht wären. Bei diesen Steuerungen wird meist die bei unveränderlicher geradliniger oder bogenförmiger Führung des Exzenterstangenauges C Fig. 948 entstehende elliptische Bahn B eines konstruktiv geeignet gelegenen Punktes P des Exzenterringes zur Ableitung der Ventilbewegung benützt. Ihr grundlegender Aufbau ist in der

Widnmann-Steuerung

gegeben. Entspricht dem Eröffnungsmoment für alle Füllungen die Stellung I des Zapfens P Fig. 948 so muß die Verlegung des Endpunktes M der Lenkstange L auf einem Kreisbogen um I erfolgen und das Steuergestänge mittels einer Schwinge angeschlossen sein, wie Fig. 949 und II, 269, 29, veranschaulichen. Bei der Lage M_0 des Lenkstangenauges Fig. 948 würde die Nullfüllung sich ergeben, während M etwa der normalen und M' der größten Füllung angehören könnte.

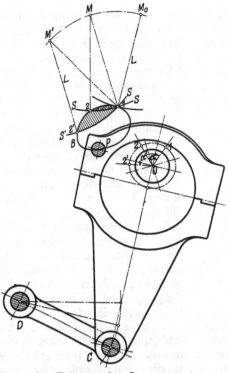

Fig. 948. Führung des Steuerexzenters zur Erzeugung einer unveränderlichen Bahn des Ableitpunktes P des Exzenterringes.

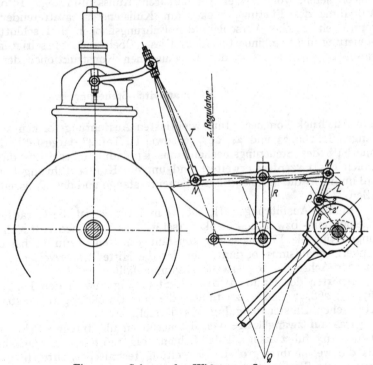

Fig. 949. Schema der Widnmann-Steuerung.
Bedingung für Rückdruckfreiheit in Stellung des Beginns der Einströmung.

Steuerungen
von Recke
und Höffner.

Zu den Lenkermechanismen mit unveränderlicher Bahn des Ableitpunktes gehören ferner die Steuerungen von Recke und Höffner, II, Taf. 47. Zu den dort gegebenen Erläuterungen ist nur ergänzend zu bemerken, daß bei der Ausmittlung der Steuerungsschemen auf die möglichste Verminderung der Steuerungsrückdrucke nach dem Reglergestänge Bedacht zu nehmen ist. Wegen der mit der Füllung und während einer Umdrehung sich verändernden relativen Lage der Steuergestänge ist nur bei bestimmten Steuerungslagen der Reglerangriff rückdruckfrei und wird für diesen Zustand in erster Linie die Steuerungslage im Augenblick der Ventileröffnung bei normaler Füllung gewählt.

Bei der Widnmann-Steuerung beispielsweise ist die Bedingung der Rückdruckfreiheit am Reglergestänge erfüllt, wenn die Resultierende aus den Zapfendrücken P und N, Fig. 949, in die Richtung der vom Regler beeinflußten Stütze R fällt. Zu diesem Zwecke müssen die Richtungen des Lenkers L und der Stange T in der Stützrichtung R sich schneiden, eine Bedingung, die nur bei einzelnen Lagen des Lenkermechanismus sich erfüllen läßt (s. II, Taf. 46) und daher für den den größten Widerstand verursachenden Anhub des Ventils eingerichtet wird, der bei konstantem Voröffnen zwar für alle Füllungen immer der gleichen Exzenterstellung, nicht aber gleicher Stellung des Lenkermechanismus entspricht. Es besteht deshalb im allgemeinen auch nicht bei allen Füllungen vollständige Rückdruckfreiheit beim Anheben des Ventils. Letztbezeichnete Bedingung erfüllen dagegen die II, Taf. 47 näher untersuchten Steuerungen von Recke und Höffner.

Lenkersteue-
rungen mit
veränderlicher
Bahn des
Ableitpunktes.

Der zweite Typus der Lenkersteuerungen mit veränderlicher Bahn des Ableitpunktes nach dem Schema Fig. 946 besitzt seinen grundlegenden Mechanismus in der Hackworth-Schiebersteuerung, Fig. 864. Ihre unmittelbare Übertragung auf Ventile erfolgte durch Hartung unter Beibehaltung der geradlinigen Führung der Exzenterstange. Die konstruktive Einfachheit dieser Steuerung litt an dem Übelstand der außerhalb der Schwingungsebene der Exzenterstange angeordneten, vom Regler verstellbaren Kulissenführung. Infolge des mit der Aufnahme des Führungsdruckes am Kulissenstein auftretenden Kippmomentes konnte ein rascher Verschleiß der Führungsflächen und schlotteriger Gang der Steuerung nicht verhindert werden. Dieser Übelstand ist beseitigt in den Steuerungsumbildungen, wie sie in den verschiedenen Konstruktionen der

Radovanovitch-Steuerung

zum Ausdruck kommen. Ihre wichtigsten Ausführungsformen sind in den Abbildungen II, 266, 23 und 24; 267, 26 sowie II, Taf. 48 dargestellt. Ein Kippmoment innerhalb des Steuerungsmechanismus ist dadurch beseitigt, daß der Führungszapfen des Exzenters erweitert und um die Kulissenführung herumgelegt ist, so daß nunmehr die Mittelebene der Exzenterstange und der Kulissenbahn zusammenfallen.

In den Ausführungen II, 266, 24 und 267, 26 ist die Geradführung durch Parallelogramm- bzw. Ellipsenlenker ersetzt. Das Voröffnen läßt sich bei diesen Steuerungen für alle Füllungsgrade konstant erhalten, wenn es bei der Stellung des Lenkermechanismus beginnt, bei der die Mitte des erweiterten Exzenterzapfens mit der Achse der Reglerwelle zusammenfällt.

Abarten der Radovanovitch-Steuerung sind in den Lenkersteuerungen II, 267, 25; 268, 27 und 28 zu finden, die eine Umbildung der ersteren nach Art der Klugschen Umsteuerung Fig. 865 darstellen.

Kulissen-
steuerungen.

Das auf zwangläufige Ventilsteuerungen übertragene Prinzip der Kulissensteuerung führt auch auf das Schema Fig. 946 mit veränderlicher Ableitbahn B. Als die wegen ihrer großen Verbreitung technisch wichtigste und historisch bedeutsamste Steuerung dieser Art ist die

Collmann-Steuerung

hervorzuheben, mit deren erstmaligem Auftreten im Jahre 1878 die Einführung der zwangläufigen Präzisions-Steuerungen überhaupt zusammenhängt.

Der Collmannsche Steuerungsmechanismus, Fig. 950, II, Taf. 49, und II, 272, 34, ist besonders mit der Finkschen Kulissensteuerung insoweit auch konstruktiv verwandt, als Steuerexzenter und Kulisse zu einem Element vereinigt sind. Die Kulisse wird hier durch die cylindrische Verlängerung E der Exzenterstange gebildet, über die der Kulissenstein sich verschiebt.

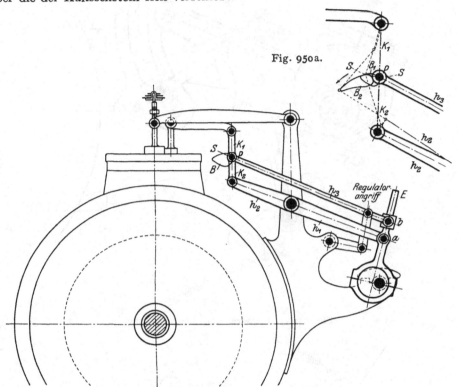

Fig. 950a.

Fig. 950. Schema der Collmann-Steuerung.

Die Vereinigung der unveränderlichen Längsverschiebung der Exzenterstange bei a mit der senkrecht zu dieser erfolgenden, mit seiner Lage veränderlichen Schwingung des Kulissensteines b erfolgt durch Vermittlung des Doppelhebels $h_1 h_2$ und der Stange h_3 am Kniegelenk $K_1 K_2$ zur geschlossenen Bahn B des Punktes P, deren Form und Lage sich mit der Stellung des Kulissensteines b ändert. Das Gelenk K_1 wirkt als Lenker mit nicht verstellbarem Aufhängepunkt, dessen Bewegung durch Vermittlung der Wälzhebel auf das Ventil übertragen wird. Der Innenlage des Kulissensteines entsprechen die großen, der Außenlage die kleinen Füllungen.

Unter den Kulissensteuerungen ist noch die vielfach angewendete

Kuchenbecker-Steuerung

Fig. 951, hervorzuheben. Im Gegensatz zum Mechanismus der Collmann-Steuerung wird bei ihr die Längsverschiebung der Exzenterstange mittels Kulisse und Kulissenstein veränderlich, und der senkrecht dazu gerichtete Ausschlag eines Exzenterstangenpunktes R unveränderlich durch die Stangen T bzw. S auf den Zapfen P übertragen, dessen Bahn mit der Steinstellung sich in Form und Lage so verändert, daß die Lenkstange L je nach der erforderlichen Füllung verschieden große, für die Ventilhübe maßgebende Kurvenstrecken abschneidet Fig. 951 b.

Kurve A und Steinstellung A entspricht der Nullfüllung, Kurve und Steinstellung B der maximalen und C bzw. M der normalen Füllung. Die für die bezeichneten Ableitkurven des Punktes P durch Vermittlung der Wälzhebel sich ergebenden Ventilerhebungen sind in Fig. 951 c veranschaulicht.

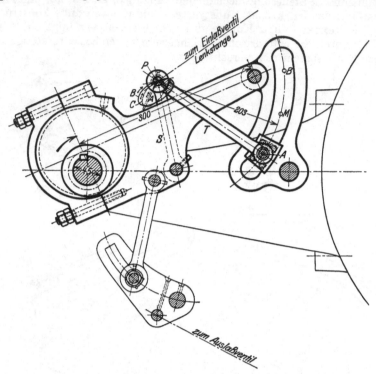

Fig. 951 a. Konstruktion der Steuerung.

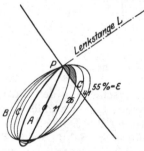

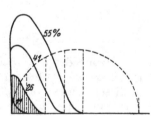

Fig. 951 b. Ableitbahnen des   Fig. 951 c.   Ventilerhebungs-
Punktes P.   diagramme.

Fig. 951 a—c. Kuchenbecker-Steuerung eines Hochdruckcylinders 350 Durchmesser
600 Kolbenhub n = 110.

Zum. Unterschied von der normalen kraftschlüssigen Arbeitsweise der Wälzhebel ist bei der Kuchenbecker-Steuerung noch ein kettenschlüssiger Rückgang erreicht durch Ausbildung einer Nase am Ventilhebel, gegen die der Wälzhebel bei seinem Rückgang mittels entsprechender Berührungsfläche schleift, so daß nicht nur die unveränderliche Schlußgeschwindigkeit gesichert, sondern auch ein Hängenbleiben des Ventils durch außergewöhnlichen Stopfbüchsenwiderstand unter allen Umständen ausgeschlossen ist. Ausbildung und Anordnung solcher Wälzhebel mit kettenschüssigem Rückgang zeigen die Darstellungen II, 256 und 257 für die Hochdruck-Ein- und -Auslaßseite einer stehenden Verbundmaschine.

E. Regler.

Die Regelung bezweckt eine rasche und zuverlässige Anpassung der Arbeitsleistung der Maschine an den veränderlichen Widerstand, eine Aufgabe, die bei
Kraft- und Arbeitsmaschinen sich nicht übereinstimmend lösen läßt. Bei ersteren
verlangt diese Anpassung eine Veränderung der Hubleistung unter möglichster
Einhaltung unveränderter Umdrehungszahl, bei letzteren dagegen umgekehrt
die Aufrechterhaltung der Hubleistung bei verschiedener Umdrehungszahl;
dazu kommt, daß die Einhaltung gleicher Umdrehungszahl vom Regler sich selbsttätig erreichen läßt, ihre Veränderung dagegen von außen eingestellt werden muß.
Mit den Kraftmaschinen sind deshalb stets selbsttätig arbeitende Geschwindigkeitsregler, mit den Arbeitsmaschinen dagegen von Hand oder durch Druckregler verstellbare sogenannte Leistungsregler verbunden.

Für die mit Abdampfausnutzung bei Gegendruck oder mit Zwischendampfentnahme arbeitenden Maschinen sind neben den Geschwindigkeitsreglern noch besondere Regelungseinrichtungen in Form von Dampfdruckreglern erforderlich, die
bei wechselnder Dampfentnahme den Dampfdruck am Austritt der Maschine oder
im Aufnehmer unveränderlich erhalten. Hierbei ergeben sich verschiedene Anordnungen, je nachdem die Leistung der Maschine bei normaler Geschwindigkeitsregelung der Belastung anzupassen ist oder ihr Dampfverbrauch jeweils nur der für
Heizzwecke benötigten Dampfmenge entsprechen soll.

I. Geschwindigkeitsregler.

1. Allgemeines über den Zusammenhang von Regler und Steuerung.

Die selbsttätig arbeitenden Geschwindigkeitsregler der Dampfmaschinen
regeln die Leistung durch Veränderung des Füllungsgrades oder der Eintrittsspannung bei möglichst kleiner Änderung der Winkelgeschwindigkeit der Kurbelwelle sowohl während des Belastungsüberganges als auch nach dessen Vollzug,
gegenüber der Winkelgeschwindigkeit des vorherigen Beharrungszustandes.

Zur Regelung dienen sogenannte Fliehkraftregler, deren Arbeitsweise darin
besteht, daß die bei einem Belastungswechsel auftretenden Geschwindigkeitsänderungen der Kurbel- und damit der Reglerwelle dazu benützt werden, in exzentrisch
zur Reglerachse angeordneten Schwungmassen überschüssige Fliehkräfte zu erzeugen,
deren Arbeitsvermögen ausreicht, Regler und Steuerung zu verstellen. Im Beharrungszustand steht die Fliehkraft der umlaufenden Massen des Reglers in stabilem
Gleichgewicht mit dem durch Belastungsgewichte oder Federwirkung erzeugten
Widerstand der beweglichen Reglerteile. Die Verbindung zwischen Regler und
äußerer Steuerung erfolgt entweder durch eine längs der Reglerspindel verschiebbare Hülse oder Muffe (Muffenregler) oder durch solchen Zusammenbau der Reglerschwungmassen und des Steuerexzenters, daß letzteres je nach Lage der Schwunggewichte mit verschiedener Exzentrizität und Winkelstellung zur Wirkung gelangt
(Exzenterregler).

Der Muffenregler wird auf eigener, meist senkrechter Reglerwelle angeordnet,
die von der Maschinenwelle durch Riemen, Ketten oder Räder mit bestimmter
Übersetzung angetrieben wird. Der Regler wird dabei in einem besonderen
Steuerbocke gelagert Fig. 952, II. 138 und 139 und Tafeln. Der Exzenterregler

wird auf der Kurbel- oder Steuerwelle angeordnet II, Taf. 2, 7, 11 usw. und besitzt in der Regel die Umlaufzahl der Maschine.

Bisweilen werden außer der Änderung der Fliehkraft auch die bei einer Belastungsänderung auftretenden tangentialen Trägheitskräfte der Reglermassen für die Verstellung nutzbar gemacht, in welchem Falle auch von Beharrungsreglern gesprochen wird. Es setzt dies jedoch voraus, daß es möglich ist, diese Massen so anzuordnen, daß sie im Sinne der von dem Fliehkraftüberschuß bestimmten Verstellbewegung des Reglers und der Steuerung zur Wirkung gelangen, eine Anordnung, die nur bei Exzenterreglern ohne konstruktive Weitläufigkeiten zu erreichen ist.

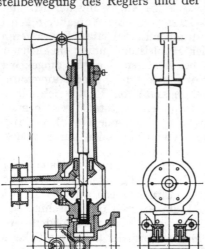

Fig. 952.   Lagerung der Spindel und des Rädervorgeleges eines Muffenreglers im Steuerbock.

Vom Regler nicht beeinflußt sind die schon früher behandelten dauernden, mit jeder Umdrehung sich wiederholenden, aus dem Unterschied der Tangentialkräfte des Triebwerks und der Belastungswiderstände hervorgehenden Geschwindigkeitsschwankungen, deren Größe durch die Massenwirkung des Schwungrades geregelt und durch diese auf den zulässigen Ungleichförmigkeitsgrad δ_s des Maschinenganges eingeschränkt wird.

Der Regler beherrscht sowohl die Geschwindigkeitsschwankungen während einer Belastungsänderung als auch die mit den einzelnen Belastungen verbundenen Abweichungen der Umfangsgeschwindigkeiten voneinander. Außerdem dämpft er die durch die Rückwirkung der Steuerung verursachten Pendelungen von Regler- und Stellzeugmassen.

Je rascher der Regler die Maschinenleistung den unvermeidlichen Belastungsschwankungen anpaßt und je geringer die bei diesen Übergängen auftretenden Geschwindigkeitsänderungen sich ergeben, desto vollkommener ist die Regelung. Ohne Einstellen der Steuerung mittels eines Reglers würde die Maschinengeschwindigkeit bei einer Entlastung dauernd zunehmen — die Maschine würde durchgehen —, bei einer Vergrößerung des Widerstandes würde umgekehrt die Geschwindigkeit abnehmen bis zum Stillstand der Maschine. Die Schnelligkeit der Zunahme oder Abnahme der Maschinen- und Reglergeschwindigkeit ist dabei von den bewegten Massen der Maschine abhängig, die bei einer Belastungsänderung je nach dem Unterschied der vorhandenen Dampfarbeit und der eingetretenen Belastung beschleunigt oder verzögert werden.

Die vollkommenste Regelung würde einem solchen Machinengange entsprechen, bei dem weder die verschiedenen Zustände noch die Übergänge der Belastung eine Änderung der Winkelgeschwindigkeit der Kurbel aufweisen. Da verschiedener Belastung auch verschiedene Stellung der Steuerung und des Reglers angehört, so würde der vorerwähnte ideelle Maschinengang einen sogenannten astatischen Regler bedingen, der bei gleichbleibender Geschwindigkeit in allen seinen Lagen im Gleichgewicht sich befindet. Ein solcher Regler ist jedoch bei Ausbildung als reiner Fliehkraftregler praktisch nicht anwendbar und besitzt daher nur theoretisches Interesse, da er vermöge seiner unausgesprochenen Gleichgewichtslagen eine selbsttätige Einstellung auf eine der augenblicklichen Belastung entsprechende Steuerstellung ausschließt, wie aus folgender Betrachtung noch näher hervorgeht.

Nimmt beispielsweise die Belastung der Maschine zu, so verkleinert sich zunächst die Kurbelgeschwindigkeit und damit auch die Umdrehungszahl des Reglers. Da letzterer aber nur bei unveränderter Umdrehungszahl in seinen verschiedenen Stellungen im Gleichgewicht zu halten ist, so geht er sofort in seine innerste Lage über, in der er die größte Maschinenleistung veranlaßt; entspricht der tatsächliche Widerstand aber nicht dieser großen Leistungssteigerung, so wächst die Kurbelgeschwindigkeit über die ursprünglich normale und der Regler schlägt nun in seine äußerste Lage aus; hierbei wird die Steuerung auf Nullfüllung gebracht und ein so rascher Abfall der Maschinengeschwindigkeit bewirkt, daß der Regler abermals in seine innerste Lage übergeht usf. Die mit einer solchen Arbeitsweise des Reglers zusammenhängenden plötzlichen Arbeits- und Geschwindigkeitsänderungen würden ein dauerndes Pendeln des Reglers zwischen seinen beiden Endlagen bedingen, so daß die Erzielung eines neuen Beharrungszustandes der Maschine ausgeschlossen wäre.

Die Astasie eines Reglers ist also praktisch nicht verwertbar, wenn nicht eine Stabilisierung durch andere Mittel, z. B. Ausnutzung der Trägheitswirkung[1]) der Reglermassen gelingt, vielmehr muß allgemein als Grundlage der Regelungsmöglichkeit ein solcher Gleichgewichtszustand des Reglers betrachtet werden, bei dem verschiedenen Reglerstellungen und zugehörigen Steuerungslagen und Belastungen auch verschiedene Geschwindigkeiten der Maschine angehören. Mit einem derartigen stabilen Regler wird alsdann erreicht, daß bei abnehmender Belastung und dadurch eintretendem Arbeitsüberschuß die zunehmende Geschwindigkeit und die damit nach außen verlegten Schwungmassen des Reglers die Steuerung selbsttätig auf kleinere Füllung einstellen. Umgekehrt wird bei zunehmendem Widerstand die bei sich vermindernder Maschinengeschwindigkeit eintretende Verlegung der Reglerschwunggewichte nach innen zur Einstellung einer größeren Füllung verwendbar.

Stabiler Regler.

a. Das statische Verhalten des Reglers.

Aus dem Zusammenhang von Umdrehungszahl und Leistung ergibt sich, daß abnehmender Belastung zunehmende Umdrehungszahl angehört und umgekehrt. Zur Erzielung möglichst großer Stabilität des Reglers wäre ein großer Unterschied zwischen den Kurbelgeschwindigkeiten und Umdrehungszahlen der kleinsten und größten Belastung zu wählen; dem steht aber das Bedürfnis nach kleinen Geschwindigkeitsunterschieden in Rücksicht auf die Gleichmäßigkeit des Maschinenganges gegenüber.

Das in Fig. 953 dargestellte Diagramm veranschaulicht allgemein die mit Belastungsänderungen eintretenden Änderungen der Umdrehungszahl bzw. der Winkelgeschwindigkeit der Kurbelwelle, und zwar ausgehend von einer Arbeitsperiode mit der Leistung B_1 und der Winkelgeschwindigkeit ω_1, für eine höhere Belastung B_2 mit kleinerer Winkelgeschwindigkeit ω_2 und für eine niedere Belastung B_3 mit größerem ω_3.

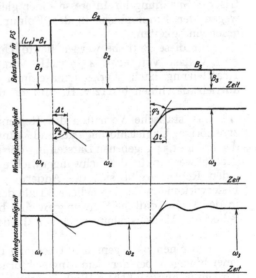

Fig. 953. Zusammenhang zwischen Belastungs- und Geschwindigkeitsänderungen.

Wird von der praktischen Voraussetzung ausgegangen, daß der für Belastungsänderungen zulässige Unterschied der Winkelgeschwindigkeit mit der absoluten Größe der letzteren zu- und abnehmen wird, so erscheint es naturgemäß, das Verhältnis des Geschwindigkeitsunterschieds zur mittleren Geschwindigkeit

---

[1]) Die praktisch mögliche Annäherung der Regelung an astatischen Charakter durch Ausnutzung der Beharrungswirkung der Reglermasse wird später erörtert.

als Maß dieser Geschwindigkeitsänderungen zu wählen. Diese Verhältnisgröße $(\omega_1 - \omega_2)/\omega_m$ für die Belastungszunahme von B_1 auf B_2 oder $(\omega_3 - \omega_2)/\omega_m$ für die Belastungsabnahme von B_2 auf B_3 wird als Ungleichförmigkeitsgrad δ_r der Regelung für den betreffenden Belastungsunterschied $B_1\,B_2$ bzw. $B_2\,B_3$ bezeichnet. Infolge der meist nur kleinen zulässigen Geschwindigkeitsschwankungen kann die mittlere Winkelgeschwindigkeit angenähert gesetzt werden $\omega_m = \frac{1}{2}\,(\omega_1 + \omega_2)$ oder $= \frac{1}{2}\,(\omega_2 + \omega_3)$.

Da nach vorstehendem der Ungleichförmigkeitsgrad je nach den Belastungsunterschieden verschieden groß sich ergibt, sind stets die Belastungsgrenzen, für die er zu gelten hat, näher zu bezeichnen. Wird im folgenden der Begriff Ungleichförmigkeitsgrad des Reglers ohne besondere Bezugnahme angewendet, so ist darunter derjenige für den Geschwindigkeitsunterschied zwischen innerster und äußerster Reglerlage, also der zwischen Größtleistung und Leerlauf der Maschine sich ergebende, verstanden.

Zur praktischen Bewertung der absoluten Größe des Ungleichförmigkeitsgrades δ_r ist allgemein zu bemerken, daß der Regler um so zuverlässiger arbeiten wird, je größer δ_r gewählt werden darf, da bei kleinem Ungleichförmigkeitsgrad, also kleinem Geschwindigkeitsunterschied, die Tätigkeit des Reglers durch Nebeneinflüsse leicht Störungen erleidet. Es liegt daher im Interesse guter Regelbarkeit einer Dampfmaschine, den Ungleichförmigkeitsgrad nicht kleiner zu wählen, als in Rücksicht auf die von ihr betriebenen Arbeitsmaschinen zulässig erscheint.

Für Leistungsschwankungen in Nähe der normalen Füllung wird im allgemeinen ein möglichst kleiner Unterschied der Umdrehungszahlen angestrebt werden. Für die äußeren Füllungsgrenzen zwischen Leerlauf und Höchstleistung sind dagegen größere Abweichungen von der mittleren Geschwindigkeit zulässig. Betriebsmaschinen in elektrischen Zentralen und Spinnereien verlangen kleinen Ungleichförmigkeitsgrad, im ersteren Fall zur Erleichterung der Aufrechterhaltung konstanter elektrischer Spannung im Interesse einer gleichmäßigen Beleuchtung, im zweiten Fall wegen der Empfindlichkeit des Spinnprozesses gegen Änderungen der Arbeitsgeschwindigkeiten.

Für diese Betriebe werden heute Ungleichförmigkeitsgrade zwischen Leerlauf und Vollast von etwa 4—7 v. H. vorgeschrieben, während Wellenantriebe zur Kraftleitung nach Werkzeugmaschinen bis 10 v. H., Kompressor- und Pumpenantriebsmaschinen bis 12 v. H. und darüber zulassen.

Das statische Verhalten des Reglers und der den verschiedenen Reglerlagen zugehörige Ungleichförmigkeitsgrad kann sehr anschaulich beurteilt werden aus der in Fig. 954 gegebenen Darstellung der Fliehkräfte C bezogen auf die Entfernung r der Schwerpunkte der Schwunggewichte von der Reglerachse oder Spindel. Für jeden Regler ergibt sich die Änderung der Fliehkraft, die den Gewichts- und Federwirkungen der beweglichen Teile des Reglers das Gleichgewicht zu halten hat, in der Weise, daß die Schwunggewichte bei den verschiedenen Belastungen und zugehörigen Hülsenstellungen in verschiedenem Abstand von der Spindel zu liegen kommen.

Um einen naturgemäßen Übergang des Reglers in seine verschiedenen Gleichgewichtslagen bei der dem Ungleichförmigkeitsgrad δ_r entsprechenden Änderung der Umdrehungszahl bzw. Winkelgeschwindigkeit zu erhalten, muß daher mit letzteren stets eine solche Lagenänderung der Schwunggewichte gegenüber der Reglerspindel verbunden sein, daß die Außenlagen der Schwunggewichte der größeren, die inneren Lagen der kleineren Winkelgeschwindigkeit entsprechen, da mit einer Steigerung der Geschwindigkeit ein Bestreben zu radialer Bewegung der umlaufenden Massen nach außen besteht zur selbsttätigen Einstellung in die größerer Geschwindigkeit entsprechende Gleichgewichtslage, während bei einer Geschwindigkeitsabnahme ebenso selbsttätig die Einstellung der Schwunggewichte in ihre der Spindel näherliegenden Gleichgewichtslagen erfolgen kann.

Diesem mechanischen Zusammenhang zufolge ergibt sich ganz allgemein die Lagenänderung der Schwunggewichte gegenüber der Reglerspindel oder Drehachse bei einer Steigerung der Winkelgeschwindigkeit von ω_1 auf ω_2 derart, wie durch Fig. 954 gekennzeichnet, wonach die Schwunggewichte G von der inneren Lage im Abstand r_1 auf irgendeiner Bahn in die Außenlage im Abstand r_2 von der Spindel übergehen. Die Fliehkräfte ändern sich dabei vom Wert $C_1 = M\omega_1^2 r_1$ in $C_2 = M\omega_2^2 r_2$. Werden diese Fliehkräfte beim Muffenregler für die verschiedenen Abstände r der Schwunggewichte von der Spindel als Ordinaten in das durch Fig. 954 veranschau-

lichte Koordinatensystem eingetragen, so ergibt sich eine Kurve, die als Charakteristik für das statische Verhalten eines solchen Reglers dienen kann.

Auch für Exzenterregler mit Schwungpendel, Fig. 955, ergibt sich eine entsprechende Charakteristik, wenn die Momente der Fliehkräfte um den Drehpunkt O des Schwungpendels, als Ordinaten im Ab-

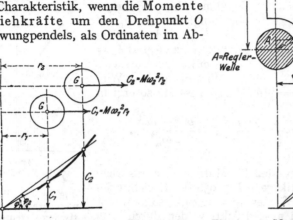

Fig. 954. Fliehkraftkurve eines stabilen Muffenreglers.

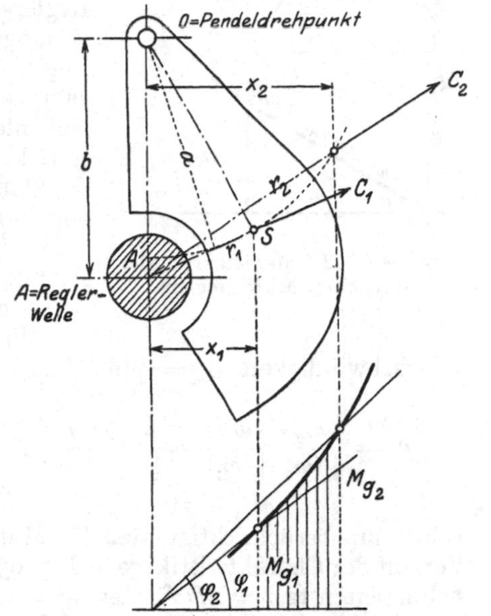

Fig. 955. Momentenkurve der Fliehkräfte eines stabilen Exzenterreglers.

stand des Pendelschwerpunktes von der Verbindungslinie OA der Wellenmitte mit dem Pendeldrehpunkt angetragen werden.

Wenn nämlich das Moment der Fliehkraft $M_g = C \cdot a = M\omega^2 r a$ ersetzt wird durch den Ausdruck $M_g = M\omega^2 b \cdot x$, weil $r a = b x$, so zeigt sich für M_g die gleiche lineare Abhängigkeit vom Abstand x, wie beim Muffenregler für die Fliehkräfte C vom Abstand r von der Spindel.

Bei Exzenterreglern, bei denen die Schwunggewichte sich radial verstellen, so daß die Richtung der Fliehkräfte sich nicht ändert, kann wieder die Fliehkraftkurve selbst zur Beurteilung der Stabilität benutzt werden.

Die in den Fig. 954 und 955 vom Schnittpunkt der Reglerspindel bzw. der Verbindungslinie OA mit der Abcissenachse nach den Endpunkten der Ordinaten C_1 und C_2 bzw. M_{g1} und M_{g2} gezogenen Strahlen bilden mit der Abcissenachse Winkel φ_1 und φ_2, deren trigonometrische Tangenten sich für den Muffenregler ausdrücken durch $\operatorname{tg}\varphi_1 = C_1/r_1 = M\omega_1^2$, und $\operatorname{tg}\varphi_2 = C_2/r_2 = M\omega_2^2$, bzw. für den Exzenterregler durch $Mb\omega_1^2$ und $Mb\omega_2^2$, wobei M die konstante Masse der Schwunggewichte bedeutet. Die Größe der Winkel φ ist also ein Maß für die Winkelgeschwindigkeit ω, indem allgemein gesetzt werden kann $\operatorname{tg}\varphi = M\omega^2$ für den Muffenregler bzw. $Mb\omega^2$ für den Exzenterregler.

Ein besonderer Fall der Charakteristik ergibt sich in der durch den Koordinatenanfangspunkt gehenden Geraden C, Fig. 956, bzw. der Geraden M_g in Fig. 957, für die bei allen Lagen der Schwunggewichte der Winkel φ und somit die Winkelgeschwindigkeit ω konstant bleibt. Dieser Fall entspricht dem astatischen Regler, dessen Fliehkräfte C bzw. Momente M_g sich lediglich mit dem Abstande x des Schwunggewichtes von der Nullachse proportional ändern. Da für die einzelnen Stellungen des astatischen Reglers Geschwindigkeitsunterschiede sich nicht ergeben, so ist die Astasie ausgedrückt durch den Ungleichförmigkeitsgrad $\delta_r = 0$.

Diese Reglerwirkung entspricht zwar einem ideellen Maschinengang mit konstanter Umdrehungszahl bei jeder Belastung, sie läßt sich aber, wie früher erläutert, praktisch nicht verwerten.

Stabiler Regler.

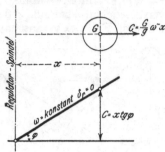

Fig. 956.   Fliehkraftkurve des astatischen Muffenreglers.

Ungleichförmigkeitsgrad und Charakteristik.

Der normale und selbsttätige Zusammenhang von Regler- und Steuerstellung verlangt den **stabilen Regler**, bei dem der Übergang von den Innen- zu den Außenlagen der Schwunggewichte eine bestimmte Zunahme der Winkelgeschwindigkeit von ω_1 auf ω_2 bedingt und den Ungleichförmigkeitsgrad $\delta_r = (\omega_2 - \omega_1)/\omega_m$ verursacht.

Wird die mittlere Winkelgeschwindigkeit $\omega_m = \frac{1}{2}(\omega_1 + \omega_2)$ gesetzt, so ergiebt sich:

$$\delta_r = \frac{\omega_2 - \omega_1}{\frac{1}{2}(\omega_2 + \omega_1)} = \frac{\omega_2{}^2 - \omega_1{}^2}{\frac{1}{2}(\omega_2 + \omega_1)^2} = \frac{\omega_2{}^2 - \omega_1{}^2}{2\,\omega_m{}^2}.$$

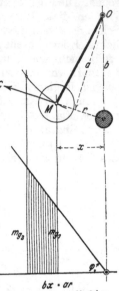

$$M_g = C \cdot q \quad M \omega^2 r \cdot a = M \omega^2 b x$$

Fig. 957.   Fliehkraftmomentkurve des astatischen Exzenterreglers.

Wird nun berücksichtigt, daß für Muffenregler aus dem Verlauf der Charakteristik nach Fig. 958 die Beziehungen sich ableiten $\operatorname{tg}\varphi = M\omega^2$ oder $\omega^2 = \operatorname{tg}\varphi/M$, so kann der Ungleichförmigkeitsgrad ausgedrückt werden durch

$$\delta_r = \frac{\operatorname{tg}\varphi_2 - \operatorname{tg}\varphi_1}{2\operatorname{tg}\varphi_m} = \frac{C_2 - C_1{}'}{2\,C_m} = \frac{c}{2\,C_m}.$$

Für den Exzenterregler tritt an Stelle der Masse M das Produkt $M \cdot b$, an Stelle der Fliehkraft C das Fliehkraftmoment M_g.

Die Größen C_m und $c = C_2 - C_1{}'$ werden auf der Ordinate C_2 der Fig. 958 gemessen. Aus dem relativen Verhältnis dieser beiden Werte läßt sich somit der Ungleichförmigkeitsgrad beurteilen; auch kann für einen vorgeschriebenen Wert von δ_r, der zwischen den beiden Schwunggewichtslagen im Abstand r_1 und r_2 von der Reglerspindel erreicht werden soll, der Verlauf der Charakteristik festgelegt werden, da, ausgehend von einem bestimmten C_m, die relative Größe c aus der Beziehung $c = 2\,C_m\,\delta_r$ sich ableitet, wodurch die Richtungen φ_1 und φ_2 und damit auch die Winkelgeschwindigkeiten ω_1 und ω_2 ermittelt sind.

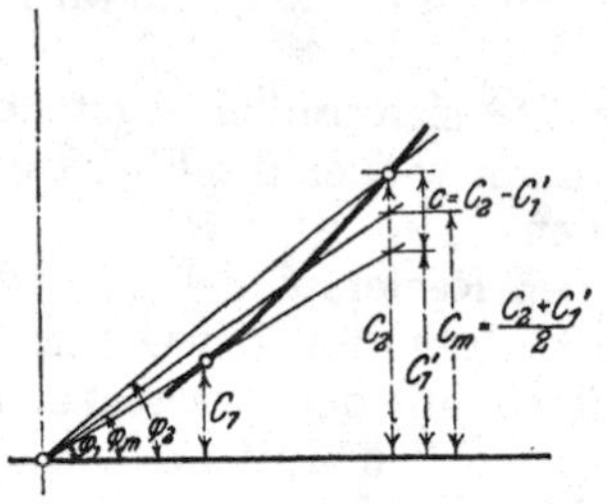

Fig. 958.   Ermittlung des Ungleichförmigkeitsgrades aus der Charakteristik.

Die Charakteristik eines Reglers läßt sich auch in seiner Ruhelage experimentell dadurch ermitteln, daß das stabile Gleichgewicht innerhalb der einzelnen Reglerlagen durch äußere Kräfte C erzeugt wird, die im Schwerpunkt der Schwungmassen radial und senkrecht zur Spindel angreifen. Dabei hat die Spindellage keinen Einfluß auf die Größe der Kräfte C; dieser entsteht erst, wenn die Radialkräfte C als Fliehkräfte, also durch Drehung der Schwungmassen um die Spindel erzeugt werden. Die Entfernung r der Reglerachse vom Schwerpunkt der Schwunggewichte ist alsdann maßgebend für die Winkelgeschwindigkeit ω, da in der Beziehung $C = M\omega^2 r$ die Größe M als gegeben, C durch die im ruhenden Regler ermittelte Charakteristik als bekannt vorauszusetzen ist, so daß die Winkelgeschwindigkeiten für das statische Gleichgewicht des Reglers in seinen verschiedenen Lagen nur abhängig werden von den Schwungradien r. Werden daher durch Parallelverschiebung der Spindel um die Entfernung a oder b zu beiden Seiten einer Mittellage xx, Fig. 959, die Schwungradien vergrößert bzw. verkleinert, so werden damit die Winkelgeschwindigkeiten ω_1 und ω_2 zur Erzeugung der Fliehkräfte C_1 und C_2 im ersten Falle erniedrigt und im zweiten erhöht.

Die graphische Darstellung Fig. 959 veranschaulicht ohne weiteres die Wirkung der Verlegung der Spindelachse durch die von letzterer abhängige Änderung der Winkel φ und damit der Änderung jener Größe c, deren Verhältnis zu C_m den Ungleichförmigkeitsgrad in der Beziehung $\delta_r = c/2\,C_m$ liefert.

Spindellage und Charakteristik.

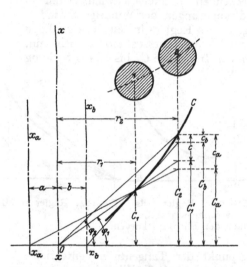

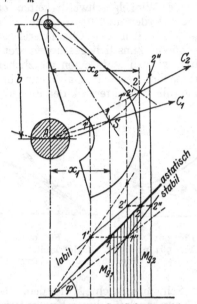

Fig. 959. Verlegung der Spindelachse gegenüber dem Schwunggewicht beim **Muffenregler**.

Fig. 960. Verlegung des Schwerpunktes der Schwungmasse gegenüber der Reglerwelle beim **Exzenterregler**.

Fig. 959 und 960. Änderung des Stabilitätsgrades eines Reglers durch Änderung des Abstandes der Reglerwelle vom Schwerpunkt der Schwungmassen.

Ausgehend von der Spindellage xx gehört dieser ein Wert c und eine Größe $C_m = \tfrac{1}{2}(C_2 + C_1')$ an, entsprechend einem Ungleichförmigkeitsgrad $\delta_r = c/2\,C_m$. Wird nun die Spindel um den Abstand a weiter vom Schwerpunkt der Schwunggewichte entfernt, so vergrößert sich der Wert c auf c_a, während $C_m' = \tfrac{1}{2}(C_2 + C_a)$ im Vergleich zu C_m sich verkleinert, so daß der Ungleichförmigkeitsgrad $\delta_r' = c_a/2\,C_m'$ größer als δ_r sich ergibt. Wird umgekehrt die Spindel um die Strecke b näher an den Schwerpunkt der Schwunggewichte gerückt, so verkleinert sich der Wert c_b unter c und vergrößert sich C_m'' über C_m, der Ungleichförmigkeitsgrad $\delta_r'' = c_b/2\,C_m''$ wird kleiner als δ_r.

Hiernach läßt sich bei ein und derselben Charakteristik C, also bei ein und demselben Reglerschema der Ungleichförmigkeitsgrad durch eine einfache Verlegung der Spindelachse gegenüber dem Schwerpunkt der Schwunggewichte beliebig vergrößern oder verkleinern.

Beim Exzenterregler ist Größe und Verlauf des Ungleichförmigkeitsgrades bei gegebener Spannung und Anordnung der Feder abhängig von der Lage des Pendels zur Wellenmitte. Die relative Verlegung des Wellenmittelpunktes A, Fig. 960, auf einem Kreisbogen um den Pendeldrehpunkt 0 verändert die Stabilität des Reglers derart, daß sie, für gleiche Spannungsänderung der Feder, mit der Entfernung zwischen Wellenmitte und Pendelschwerpunkt abnimmt in ähnlicher Weise wie beim Muffenregler mit der Annäherung der Spindelachse an die Schwunggewichte.

Deshalb stellt sich auch bei einem astatischen Verlauf der Momentenkurve Fig. 960 für den Abstand $A\,1$ von Wellenachse A und Schwerpunkt S bei der Verkleinerung des Abstandes auf $A\,1'$ labiler und bei der Vergrößerung auf $A\,1''$ stabiler Charakter des Reglers ein.

Kritik einiger Fliehkraftskurven.

Inwieweit aus dem Verlauf der Charakteristiken die Reglereigenschaften sich erkennen lassen, möge noch aus der Kritik einiger Fliehkraftkurven C verschiedener Form und Lage zur Reglerachse, Fig. 961 bis 964, erhellen.

Zwei praktisch unbrauchbare Charakteristiken stellen Fig. 961 und 962 dar, da den Außenlagen der Schwunggewichte kleinere Winkel φ und somit auch kleinere Winkelgeschwindigkeiten ω entsprechen als den Innenlagen, nachdem gesetzt werden muß $\operatorname{tg}\varphi = M\omega^2$. Ein solcher Regler müßte in die Gleichgewichtslagen, die den der Charakteristik entsprechenden Winkelgeschwindigkeiten ω zugehören, künstlich geschoben werden, und Änderungen der Winkelgeschwindig-

Labiler Gleichgewichtszustand.

keiten würden stets einen plötzlichen Übergang des Reglers in seine oberste Lage verursachen; es würde also nur ein **labiler** Gleichgewichtszustand möglich sein. Auch die Charakteristik der Fig. 963 ist von der Innenlage C_1 bis zu der Stellung

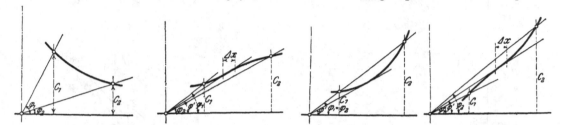

Fig. 961.   Fig. 962.   Fig. 963. Regler teils   Fig. 964. Regler stabil.
Fig. 961 und 962. Regler labil.   labil, teils stabil.
              Fig. 961 bis 964. Verschiedene Formen der Fliehkraftkurven.

der Schwunggewichte, die dem Berührungspunkt der Tangente φ' entspricht, labil, weil auch für diesen Kurventeil der Winkel φ und damit die Winkelgeschwindigkeit ω mit der Bewegung der Kugeln nach außen abnimmt. Vom Berührungspunkt der Tangente ab bis zur Außenlage C_2 wäre dagegen der Regler stabil und praktisch verwendbar.

Stabiler Gleichgewichtszustand.

Die Kurve Fig. 964 hat zwischen den Grenzlagen des Reglers im wesentlichen **stabilen** Charakter; infolge ihres Wendepunktes ist sie jedoch auf einer gewissen Strecke $\varDelta x$ astatisch. Diese vorübergehende Astasie eines stabilen Reglers ist für jene Füllungsverhältnisse einer Dampfmaschine zulässig, die für die laufende Regelung nicht in Betracht kommen, beispielsweise für die unterste Lage, wenn der Regler beim Anlassen einer Maschine möglichst rasch in seine normale Lage übergehen soll. Jedenfalls darf der astatische Punkt nicht in jene Stellungen des Reglers gelegt werden, in denen letzterer zuverlässig zu regeln hat, also namentlich nicht in die Nähe der normalen Füllung.

Günstigste Fliehkraftkurve.

Als günstigste Form der Fliehkraftkurve scheint sich die gerade Linie Fig. 965a zu ergeben, da sich für sie bei ausreichendem Ungleichförmigkeitsgrad für alle Belastungsübergänge der kleinste Ungleichförmigkeitsgrad im gesamten Belastungsgebiet verwirklichen läßt, während eine gekrümmte Form auch bei Vermeidung der Astasie in den Innenlagen, größere Geschwindigkeitszunahmen für Leerlauf im Gefolge hat.

Es ist hierbei jedoch zu beachten, daß sich die Leistungsänderung der Maschine nicht gleichmäßig über die dem Reglerausschlag entsprechende Charakteristik verteilt, sondern daß die Leistung in den Außenlagen wesentlich rascher wie in den Innenlagen, etwa nach Fig. 965b, abnimmt. Bei geradliniger Charakteristik zeigen beide Arten der Belastungsänderung zwischen Leerlauf und halber Belastung der Maschine wesentlich kleineren Ungleichförmigkeitsgrad als für die Leistungen von halber bis Vollast[1]). Das Bedürfnis gleichmäßigeren Verhaltens des Reglers bei Leistungsänderungen führt daher nach Fig. 965b auf eine über den linearen Verlauf 1, 2' ansteigende Charakteristik 1, 2. Durch letztere wird für das Gebiet bc der kleinen Leistungen der für den Ungleichförmigkeitsgrad in der Beziehung $\delta_r = c_2/2\,C_m$ maßgebende Abschnitt c_2 größer als der Abschnitt c_2' der linearen Charakteristik.

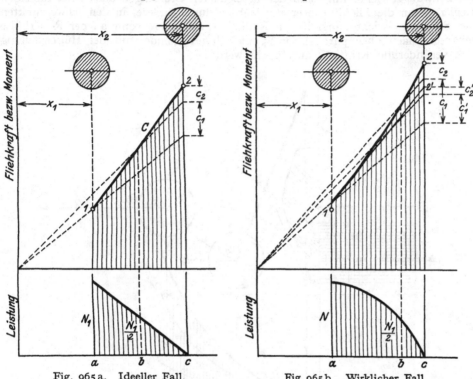

Fig. 965a. Ideeller Fall. Charakteristik und Belastungsänderung linear.

Fig. 965b. Wirklicher Fall. Charakteristik und Belastungsänderung kurvenförmig.

Fig. 965a und b. Einfluß der Art der Belastungsänderung auf die Form der Fliehkraft-Charakteristik stabiler Regler.

Vorstehende Betrachtungen lassen die Kurve der Fliehkräfte in der auf die Spindellage bezogenen Darstellung[2]) für den Muffenregler und in entsprechender Weise die Kurve der Fliehkraftmomente bezogen auf die Verbindungslinie von Reglerwellenmitte zum Pendeldrehpunkt für den Exzenterregler, als ein ebenso einfaches wie wertvolles Hilfsmittel zur Beurteilung der statischen Eigenschaften eines Reglers und zur Festlegung seines günstigsten Wirkungsbereiches erkennen. Die Fläche unterhalb der Charakteristik stellt dabei das in den Fliehkräften latente innere Arbeitsvermögen des Reglers dar.

Inneres Arbeitsvermögen.

b. Das innere Arbeitsvermögen des Reglers.

Mit der Kenntnis der Veränderung der Fliehkräfte C und des Weges ihres Angriffspunktes in der Kraftrichtung ist zugleich auch die Arbeit A gegeben, die

Arbeitsvermögen und Energie.

[1]) Vgl. hierzu Pröll, Z. d. V. d. Ing. 1913, S. 1294, Abb. 22.
[2]) G. Herrmann, Graph. Unters. der Zentrif.-Reg. Z. d. V. d. Ing. 1886, S. 253. — W. Lynen, Berechnung der Zentrif.-Reg. Berlin 1895, S. 3. — M. Tolle, Beiträge zur Beurteilung der Zentrif.-Reg. Z. d. V. d. Ing. 1895, S. 735. — M. Tolle, Die Regelung der Kraftmaschinen. 3. Aufl., Berlin 1921, S. 743 ff.

die Fliehkräfte beim Übergang von der inneren in die äußere Grenzlage leisten[1]).

Für Muffenregler Fig. 966 ist sie ausgedrückt durch die Beziehung $A_1 = \int\limits_{r_1}^{r_2} C\, dr$, da

der differentielle Weg der jeweiligen Fliehkraft C gemessen wird durch die zugehörige differentielle Änderung dr des radialen Abstandes ihres Angriffspunktes von der Reglerspindel. Die gleiche Arbeitsgröße ergibt sich für die Verschiebung der Schwunggewichte innerhalb der bezeichneten Grenzlagen auch beim ruhenden Regler, wenn die Fliehkräfte ersetzt werden durch äußere, in den Schwerpunkten der Schwunggewichte angreifende Radialkräfte C oder wenn an der Reglerhülse senkrecht nach oben parallel zur Spindelachse wirkende, mit der Hülsenstellung sich verändernde Kräfte E angebracht werden.

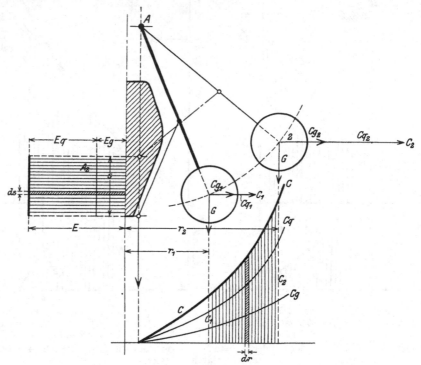

Fig. 966. Darstellung des inneren Arbeitsvermögens beim Muffenregler.

Hülsenkraft oder Muffendruck. Diese zur Überführung des ruhenden Reglers in seine verschiedenen Gleichgewichtslagen auszuübenden Hülsenkräfte E sind also gleich und entgegengesetzt gerichtet den von den Reglerinnenkräften erzeugten Muffendrücken. Da letztere für die verschiedenen Reglerstellungen durch Auswägen experimentell leicht zu ermitteln sind und im Zusammenhang mit ihrem zugehörigen Hülsenweg ebenfalls das Arbeitsvermögen des Reglers bestimmen, so bilden sie ein bequemes Maß für das Wirkungsvermögen eines Reglers. Im praktischen Sprachgebrauch wird die Hülsenkraft bzw. der Muffendruck auch als Energie des Reglers bezeichnet. Die Arbeit des Muffendruckes innerhalb des Hülsenweges s, der der Bahn der Schwunggewichte zwischen ihren Endlagen zugehört, wird ausgedrückt durch die Beziehung

$$A_2 = \int\limits_{o}^{s} E\, ds.$$

---

[1]) Da der Reglertypus für die obigen Betrachtungen keine Rolle spielt, so ist nur beispielsweise in der Darstellung Fig. 966 die normale Pendelaufhängung der Schwunggewichte eines Gewichtsreglers gewählt.

Da die beiden Arbeiten A_1 und A_2 den gleichen Lagenänderungen der inneren Reglerkräfte zwischen den betrachteten Schwunggewichtsstellungen entsprechen, drücken sie das dem Gleichgewichtszustand des Reglers entsprechende innere Arbeitsvermögen des Reglers aus und müssen einander gleich sein, so daß sich ergibt $A_1 = A_2$ oder

$$\int_{r_1}^{r_2} C\, dr = \int_{0}^{s} E\, ds.$$

Das innere Arbeitsvermögen eines Reglers ist somit sehr einfach graphisch ermittelt aus der Fläche unterhalb der auf die horizontale Verschiebung der Schwunggewichtsschwerpunkte bezogenen Fliehkräfte C oder aus der Fläche unterhalb der auf die Hülsenstellungen bezogenen Muffendrücke E[1]).

Diese Muffendrücke setzen sich in den verschiedenen Gleichgewichtslagen des Reglers zusammen aus den Rückwirkungen der einzelnen Innenkräfte des Reglers auf die Hülse, wie sie in den Schwung-, Belastungs- und Gestängegewichten, Federspannungen und dergleichen wirksam werden, so daß gesetzt werden kann $E = E_g + E_q + E_f + \ldots\ldots$, wenn E_g die dem Schwunggewicht G, E_q dem Belastungsgewicht Q, E_f der Federspannung F entsprechende Hülsenkraft bedeutet. Für die in II, Taf. 34 bis 41 untersuchten Reglertypen sind auch die Teilbeträge der Muffendrücke neben den gesamten Hülsenkräften graphisch veranschaulicht.

Zusammensetzung der Muffendrücke oder Hülsenkräfte.

Die relativen Veränderungen der Flieh- und Hülsenkräfte sind innerhalb eines jeden Reglerschemas naturgemäß nur abhängig von der relativen Größe der maßgebenden Gewichts- und Federwirkungen der Reglerteile, so daß die den Verlauf der Flieh- und Hülsenkräfte veranschaulichenden Diagramme unabhängig von der Ausführungsgröße der Regler zu bewerten sind.

Wird noch die Relativlage der Reglerspindel zu den Schwunggewichten berücksichtigt, so ist nach früher mit dieser auch der jeweilige Ungleichförmigkeitsgrad für bestimmte Lagenänderungen des Reglers aus den zugehörigen Richtungen φ gegeben, und umgekehrt kann für einen verlangten Ungleichförmigkeitsgrad die relative Lage der Spindel zum Schwerpunkt der Schwunggewichte festgelegt werden.

Die Frage nach dem für einen bestimmten Anwendungsfall geeignetsten Regler läßt sich hiermit insoweit lösen, als der vorgeschriebene Ungleichförmigkeitsgrad δ_r des Maschinenganges den Verlauf der Fliehkraftskurve C relativ zur Reglerspindel bedingt und infolgedessen Reglertypus und Relativverhältnisse der Reglerinnenkräfte so zu wählen sind, daß deren Gleichgewichtsbedingungen die vorgeschriebene Charakteristik C liefern.

Der Ungleichförmigkeitsgrad δ_r und die von ihm abhängige Form der Fliehkraftskurve legt somit das Reglerschema fest, während die absoluten Ausführungsabmessungen des Reglers für eine Dampfmaschine bestimmter Leistung und Steuerungsart naturgemäß von den zur Verstellung der Steuerung erforderlichen Kräften sowie von dem für den Ausgleich der Rückdruckpendelungen erforderlichen Trägheitsmoment der Reglermassen, abhängig zu machen sind.

Für Exzenterregler ist zunächst die Feststellung wichtig, daß die Größe der Fliehkräfte nur abhängig ist von der Schwungmasse und ihrer Schwerpunktslage, dagegen unabhängig von ihrer Verteilung, während bei Muffenreglern mit senkrechter Spindel für alle Reglerstellungen der Trägheitsschwerpunkt nur für die Kugelform der gesamten Schwungmasse mit dem Massenschwerpunkt zusammenfällt.

Trägheits- und Massenschwerpunkt der Schwungmassen von Exzenterreglern.

---

[1]) Das innere Arbeitsvermögen als Maß der Ausnutzung und Wirkung der Innenkräfte des Reglers hat nicht die Bedeutung einer äußeren Arbeit, sondern kennzeichnet den Gleichgewichtszustand zwischen Innenkräften, Fliehkräften und Muffendruck. Eine äußere Arbeit leistet der Regler erst bei einer Störung des Gleichgewichtszustandes durch Änderung der Umlaufzahl, indem die dabei auftretende Vergrößerung oder Verkleinerung der Fliehkraft einen Muffendruck wirksam macht, der nicht durch die Innenkräfte aufgehoben wird, sondern als äußere Kraftwirkung die gebotene Lagenänderung von Regler und Steuerung hervorruft. Auf diese Verstelltätigkeit wäre der Begriff eines äußeren Arbeitsvermögens des Reglers zu beziehen.

Für das im allgemeinen keulenförmige Schwunggewicht der Exzenterregler ergibt sich unter Bezugnahme auf Fig. 967a folgende Ableitung der resultierenden Fliehkraft: Auf ein Massenteilchen dm der Schwungmasse M wirkt die Fliehkraft $dm\,\omega^2 r$
mit den Komponenten $\omega^2 x\,dm$ und $\omega^2 y\,dm$. Davon verschwinden für die Gesamtmasse
die Komponenten $\omega^2 \int y\,dm$ in Richtung der Y-Achse, wenn die X-Achse durch die
Wellenmitte und den Schwerpunkt S des Schwungkörpers gelegt wird. Desgleichen
wird für eine durch den Schwerpunkt gehende Y-Achse $\omega^2 \int (x-a)\,dm = 0$, so daß für
die auf die Wellenmitte bezogene Summe der Fliehkräfte in der Richtung der X-Achse
sich ergibt

$$\omega^2 \int x\,dm = \omega^2 \int a\,dm = a\,\omega^2 M,$$

das ist aber der Wert der Fliehkraft der Gesamtmasse bezogen
auf die Wellenachse.

Die Darstellung des inne-
ren Arbeitsvermögens für Exzenterregler ergibt sich nach
Fig. 967b durch Abwicklung
der Kreisbahn $S_m S_o$ des
Schwunggewichtsschwerpunk-
tes auf der Abszissenachse des
Diagramms und Auftragung der
Tangentialkomponenten C' der

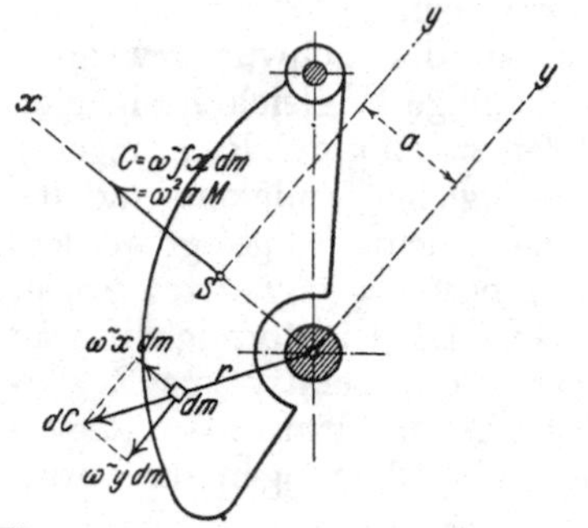

**Inneres
Arbeitsver-
mögen der
Exzenterregler.**

Fig. 967 a. Resultierende Fliehkraft
für keulenförmige Gewichte der
Exzenterregler.

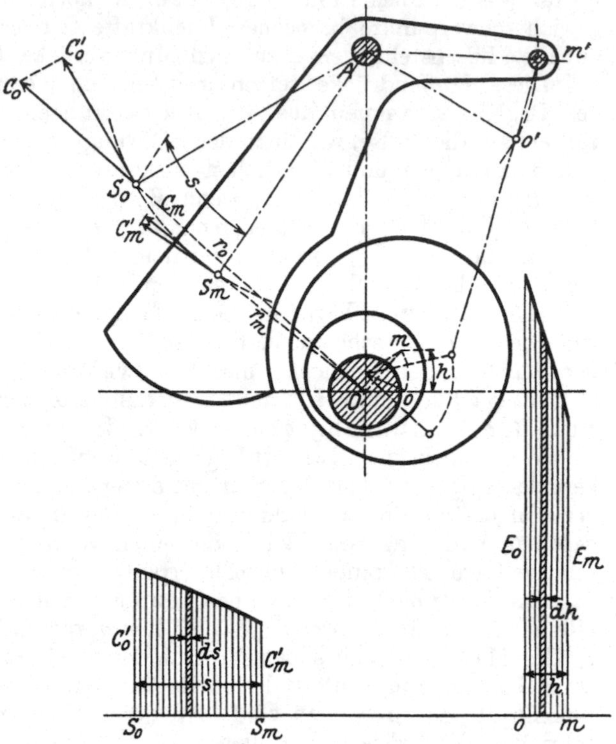

Fig. 967 b. Darstellung des inneren Arbeitsvermögens
beim Exzenterregler (Flachregler).

Fliehkräfte als Ordinaten.   Das Arbeitsvermögen wird alsdann ausgedrückt
durch die Beziehung $A = \int\limits_0^s C'\,ds$. Die Übertragung der Wirkung der Fliehkräfte
auf den kleineren Verstellweg $m\,o$ der Verstellkurve des Steuerexzenters führt
auf eine wesentliche Steigerung der entsprechenden Innenkräfte E, die bezogen
auf die Abwicklung $m\,o$ der Verstellkurve durch die Kurve $E_m E_o$ begrenzt
werden. Auch für dieses Diagramm gilt die Beziehung $A = \int\limits_0^h E\,dh$.

Diese auf den beweglichen Exzentermittelpunkt bezogenen Innenkräfte E des
Exzenterreglers sind zu vergleichen mit den Hülsenkräften E des Muffenreglers, sowohl hinsichtlich ihrer statischen wie dynamischen Bedeutung. Sie sind für den in
Betrieb befindlichen Regler nur Rechnungsgrößen, welche einen rechnerischen Anhalt gewähren über das Verhalten des Reglers bei Überwindung gewisser, an der
Hülse oder in der Verstellkurve wirksamer Verstellwiderstände W oder gegenüber dem Einfluß von Rückdruckkräften. Der übliche Begriff des Unempfind-

lichkeitsgrades ε steht damit im Zusammenhang, indem dieser in Beziehung gesetzt werden kann zu dem Verhältnis W/E.

c. Die dynamischen Vorgänge beim Belastungsübergang.

Durch den Verlauf der Charakteristik und die ihr zugehörigen Geschwindigkeitsverhältnisse werden die statischen Eigenschaften des Reglers in dem Sinne festgelegt, daß durch sie die Umdrehungszahlen des Reglers im Beharrungszustand der Maschine bei den einzelnen Belastungen bestimmt sind. Der Übergang von einer Belastung zu einer anderen ist von einer Störung des jeweiligen Beharrungszustandes begleitet, die durch die Einwirkung des Reglers auf die Steuerung in möglichst kurzer Zeit und mit geringsten Schwankungen der Umlaufzahl überwunden werden soll.

Bei Verfolgung der mit einer Belastungsänderung sich einstellenden Reglertätigkeit ist zunächst der Zusammenhang zwischen Maschinenleistung und Reglerstellung ins Auge zu fassen. Einer bestimmten Stellung des Reglers gehört eine bestimmte Arbeitsleistung der Maschine an, und zwar entspricht der Innenlage die

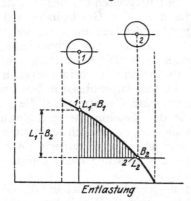

Fig. 968 a. Arbeitsüberschuß bei Belastungsabnahme.

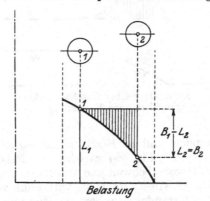

Fig. 968 b. Überschüssige Widerstandsarbeit bei Belastungszunahme.

größte, der Außenlage die kleinste Maschinenleistung. Im Beharrungszustand sind die Dampfleistung der Maschine L_1 und die Widerstandsarbeit B_1 bezogen auf die gleiche Stelle in der Maschine, z. B. die Kurbelwelle, einander gleich. Bei Störung des Beharrungszustandes, etwa durch Verminderung der Widerstandsarbeit B_1 auf B_2, Fig. 968a, tritt ein Arbeitsüberschuß von der Größe $L_1 - B_2$ auf, der die Triebwerksmassen beschleunigt, und zwar mit abnehmender Beschleunigungskraft, da die Überschußarbeit bis zur Einstellung des Reglers in die Lage B_2 allmählich auf Null sinkt. Bei einer Vermehrung des Widerstandes von B_2 auf B_1 tritt umgekehrt eine Verzögerung der Maschinen- und Reglerbewegung ein, Fig. 968b, die ebenfalls auf Null abnimmt bis zur Erreichung des neuen Beharrungszustandes bei der Maschinenleistung L_1.

Die während des Belastungsüberganges auftretenden Geschwindigkeitsänderungen entsprechen nicht unmittelbar den Umlaufzahlen des statischen Gleichgewichts der dabei durchlaufenen Reglerstellungen und rufen dadurch Änderungen der Fliehkräfte hervor, die zur Verstellung der Steuerung nutzbar werden. Werden beispielsweise die Vorgänge einer Belastungsabnahme, Fig. 968a, näher verfolgt, so verursacht zunächst der Arbeitsüberschuß eine Winkelbeschleunigung der in Bewegung befindlichen Maschinenteile samt Regler und den von der Maschine angetriebenen Massen, die sich ausdrücken läßt durch die Beziehung

$$\frac{d\omega}{dt} = \frac{(L_1 - B_2)}{J_s},$$

wenn J_s das Trägheitsmoment der umlaufenden Teile der Maschine und der von ihr angetriebenen Massen und $L_1 - B_2$ die Belastungsänderung bezeichnet.

Anlaufzeit der Maschine.

Die Zeitdauer der Beschleunigung der Maschine wird zweckmäßigerweise durch die Anlaufzeit $T = \dfrac{J\omega^2}{75\,N}$ gemessen, das heißt die Zeit, in der die Maschine bei größter Füllung bzw. Leistung N vom Stillstand aus die normale Winkelgeschwindigkeit ω erreichen würde.

Bei einer auftretenden Belastungsänderung $L - B = \lambda N$ ist dann die Winkelbeschleunigung

$$\frac{d\omega}{dt} = \frac{\omega}{T} \cdot \lambda = \operatorname{tg}\psi$$

mit ψ als Neigungswinkel der ansteigenden Kurve der Winkelgeschwindigkeit im Zeitdiagramme, Fig. 969. Der Anstieg der Geschwindigkeitskurve ω wird so lange unverändert bleiben, wie der Belastungsunterschied $(B_1 - B_2)$ der gleiche bleibt, d. h. so lange der Regler nicht eingreift[1].

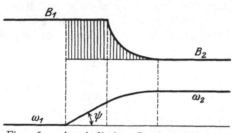

Fig. 969. Aperiodischer Geschwindigkeitsübergang bei einer Entlastung.

Mit Eingreifen des Reglers tritt eine Krümmung der Geschwindigkeitskurve gegenüber der Neigung ψ ein, indem die Leistung der Maschine sich verändert und infolgedessen das beschleunigende Moment während des Überganges abnimmt.

In dem Augenblicke, in dem Dampfleistung und Belastung auf die gleiche Stelle der Maschine bezogen gleich geworden sind, ist die höchste Umdrehungszahl erreicht und der Beschleunigungszustand beendet. Die schraffierte Fläche im Zeitdiagramm Fig. 969 zwischen der Belastungs- und Leistungskurve kennzeichnet dann die vom Schwungrad aufgenommene Arbeit.

Aperiodische Regelung.

Die günstigste Regelung wird dann vorliegen, wenn bei Erreichung des Gleichgewichtszustandes zwischen Belastung und Leistung auch die Umdrehungszahl dem betreffenden Belastungszustande entspricht. In diesem Falle vollzieht sich der Übergang ohne Umdrehungsschwankungen, aperiodisch, wie in Fig. 969 angenommen.

Grenzwert des Ungleichförmigkeitsgrades.

Ein solcher Übergang ist im praktischen Betrieb erreichbar, und es kann durch mathematische Untersuchungen des Regelvorganges nachgewiesen werden[2], daß er dann erzielt wird, wenn der Ungleichförmigkeitsgrad des Betriebs einen gewissen Kleinstwert, den sogenannten „Grenzwert des Ungleichförmigkeitsgrades" überschreitet.

Für diesen Grenzwert besteht der mathematische Ausdruck

$$\delta_g = \sqrt{\frac{2}{T}\frac{Ka}{C_m}}$$

in welchem bezeichnet:

$T =$ die Anlaufzeit der Maschine (einschl. der von ihr angetriebenen Schwungmassen),

$a =$ den radiellen Ausschlag des Schwunggewichtschwerpunkts,

$C_m =$ die Fliehkraft des Reglers in Mittelstellung der Schwunggewichte bei der dieser Stellung zugehörigen Umdrehungszahl,

$K = \dfrac{\text{Verstellkraft}}{\text{Reglergeschwindigkeit}}$ (bezogen auf den Reglerausschlag a).

---

[1] Diese Periode verläuft im allgemeinen in relativ wesentlich kürzerer Zeit als Fig. 969 im Vergleich mit der Übergangsperiode der Leistungskurve B_1 auf B_2 veranschaulicht.

[2] Diese Vorgänge sind eingehend in Abschnitt 7 des Buches: Der Regelvorgang bei Kraftmaschinen von Watzinger und Hanssen S. 62ff. behandelt.

Letztere Größe ist, wie später näher erörtert wird, abhängig von der Größe der Eigenwiderstände des Reglers und der Rückwirkung der Steuerung, und vermindert sich mit Abnahme der Eigenreibung und Zunahme der Rückdruckpendelungen.

Im übrigen vermindert sich der Grenzwert mit Vergrößerung der Anlaufzeit der Maschine (also ihrer Schwungmasse), mit Vergrößerung der Fliehkraft des Reglers und Verkleinerung des Schwunggewichtsausschlages. Entscheidenden Einfluß üben jedoch vor allem die Reibungswiderstände im Regler aus.

Bei einer bestimmten Belastungsänderung ergibt sich je nach der Größe des Ungleichförmig-keitsgrades ein ver-schiedener Geschwin-digkeitsübergang, Fig. 970 a. Für Un-gleichförmigkeits-grade $\delta > \delta_g$ erfolgt der Regelvorgang stets aperiodisch, für kleinere Ungleichför-migkeitsgrade ist der Übergang von vor-übergehenden Schwankungen der Umdrehungszahl (ge-dämpften Schwin-gungen) begleitet, die mit abnehmendem Ungleichförmigkeits-grad zunehmen. Für

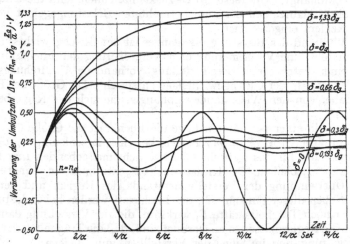

Fig. 970a. Geschwindigkeitsübergang für eine Entlastung bei ver-schiedenem Ungleichförmigkeitsgrad.

$\delta = 0$, den astatischen Regler, gehen die Schwankungen der Umlaufzahl in gleich-mäßige ungedämpfte Pendelungen über. Für $\delta < 0$, den labilen Regler, würden die von der Belastungsänderung eingeleiteten Schwingungen allmählich zunehmen.

Als günstigster Ungleichförmigkeitsgrad des Betriebes kann etwa $\delta = 0,6$ bis $0,8\,\delta_g$ angesehen werden, da die hierbei auftretenden vorübergehenden Schwan-kungen nur geringe Größe aufweisen. Es ist Aufgabe der Reglerkonstruktion, durch geeignete Wahl der Abmessungen und Begrenzung der Eigenwiderstände des Reglers diese günstigsten Werte im Betrieb zu ermöglichen.

Als allgemeines Beispiel eines Regelvorganges mit einem Ungleichförmigkeits-grad kleiner als δ_g seien die experimentellen Erhebungen, Fig. 970b, an einem Exzenter-regler angeführt. Bei plötzlicher Entlastung der Maschine von $B_1 = L_1$ auf die neue Belastung B_2 (siehe Belastungskurve) tritt zunächst eine Steigerung der Umdrehungs-zahl ein, deren zeitlicher Verlauf durch die Massenwirkung des Schwungrades bestimmt wird. Diese Zunahme dauert so lange an, bis infolge der mit der Regler-verstellung entstehenden Änderung der Füllung und Maschinenleistung der Arbeits-überschuß $L_1 - B_2$, der durch die senkrechten Abstände zwischen Belastungs- und Leistungskurve dargestellt ist, in a_1 zu Null wird.

Die Umdrehungszahl der Maschine hat in a'_1 einen höheren Wert erreicht, als dem Gleichgewichtszustande zwischen Dampfleistung und Belastung B_2 entspricht. Es setzt sich infolgedessen die Reglerbewegung im Sinne einer Verminderung der Maschinenleistung fort, so daß sich die Umdrehungszahl der Maschine vermindert. Hierbei wird ein vorübergehender Gleichgewichtszustand b_1 zwischen Reglerstellung und Umdrehungszahl durchschritten, der aber nicht bestehen bleiben kann, weil nicht gleichzeitig Gleichgewichtszustand zwischen Belastung und Dampfleistung vorliegt; letzterer tritt erst in a_2 durch die mit der Verkleinerung der Umdrehungszahl zu-sammenhängende Füllungsvergrößerung ein. Würde in diesem Augenblicke auch die Umdrehungszahl dem neuen Belastungszustand entsprechen, so wäre damit der

Regelvorgang eines Exzenter-reglers.

Regelvorgang beendet. Da jedoch im vorliegenden Falle die Umdrehungszahl u'_2 kleiner ist, schließt sich noch eine weitere Schwingung an, die über b_2 den Regler in den neuen Gleichgewichtszustand $L_2 = B_2$ überführt.

Das Gleichgewicht der Innenkräfte des Reglers im Beharrungszustande wird gekennzeichnet durch die Größe der Fliehkräfte, abhängig von dem Ausschlage des Reglers in radialer Richtung. Diese Kräfte, die in Fig. 970 b horizontal eingezeichnet sind, entsprechen im stabilen Gleichgewichte des Reglers einer schräg ansteigenden Kurve, deren Neigung, wie früher gezeigt, von der Größe des Ungleichförmigkeitsgrades abhängt. Um diese Größe zu kennzeichnen, sind die astatischen C-Kurven für die Umlaufzahlen der zum betrachteten Belastungsgebiet gehörigen Endlagen des Reglers eingezeichnet.

Während des Belastungsüberganges ist der Gleichgewichtszustand gestört, und es entsteht eine Verkleinerung oder Vergrößerung der Fliehkräfte, je nachdem die bei einer betrachteten Reglerstellung vorhandene Umdrehungszahl kleiner oder größer ist, als der Gleichgewichtslage entspricht. Die Größe der Fliehkraftänderung ist dabei von den Widerständen abhängig, die sich der Reglerbewegung entgegenstellen.

Verstellkraft. Hat in einer bestimmten Lage die Fliehkraft die Größe $C = m r \omega^2$, so wächst diese um die Größe $P_c = m r 2 \omega d \omega$ bei einer Beschleunigung der Maschinenwelle, während die für das statische Gleichgewicht maßgebenden Innenkräfte des Reglers unverändert bleiben. Der Kraftzuwachs P_c ist somit als Verstellkraft verfügbar zur Überwindung der Verstellwiderstände des Reglers und der Steuerung.

Neben dieser Zunahme P_c der Fliehkraft werden bei Belastungsänderungen im Regler noch Trägheitskräfte P_t wirksam, die zur Verstellung dann nutzbar werden, wenn die Reglermassen so angeordnet sind, daß die Trägheitskräfte eine Komponente in Richtung und im Sinne der Verstellbewegung liefern.

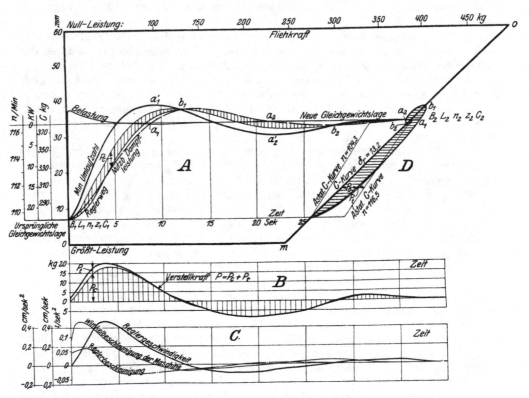

Fig. 970 b. Regelvorgang eines Exzenterreglers bei Belastungsabnahme.

Eine derartige Ausnutzung der Trägheitskräfte ist bei Exzenterreglern zu erzielen, bei Muffenreglern dagegen nicht, da die Trägheitskräfte der pendelförmig aufgehängten Schwungmassen nicht in der Ebene der Fliehkräfte, sondern senkrecht zu diesen wirken. Ihr Einfluß hemmt daher im allgemeinen die Verstellbewegung der Muffenregler.

Nachdem die Verstellkräfte $(P_e + P_t)$ zur Überwindung der inneren Reibungs- und Massenwiderstände von Regler und Steuerung dienen, so kann gesetzt werden

$$P_e + P_t = P + m \frac{d^2z}{dt^2},$$

wenn P den Reibungswiderstand und $m \frac{d^2z}{dt^2}$ den Massenwiderstand der bewegten Regler- und Steuerungsteile bezogen auf den Weg z, etwa des Pendelschwerpunktes bedeutet.

Aus zahlreichen experimentellen Untersuchungen[1]) geht hervor, daß infolge der relativ geringen Geschwindigkeit der Reglerbewegung die Massenwiderstände $m \frac{d^2z}{dt^2}$ im Vergleich zu den Kräften P verschwindende Größe besitzen, so daß im Interesse der Vereinfachung der Untersuchung berechtigt erscheint, die Beschleunigungskräfte zu vernachlässigen. Die Verstellkräfte dienen daher fast ausschließlich zur Überwindung der Reibungswiderstände. Diese Reibungswiderstände ergeben sich annähernd proportional der Verstellgeschwindigkeit der Reglermasse, sodaß gesetzt werden kann $P = K \frac{dz}{dt}$[1]). Sie wirken also ähnlich wie eine Flüssigkeitsbremse auf den Regelvorgang sowohl bei Exzenterreglern wie bei Muffenreglern[2]). Es ist daher für die richtige Beurteilung des Regelvorganges notwendig, die Wirkung dieser Kräfte eingehender zu verfolgen.

d. Störungen des Reglergleichgewichts durch rückwirkende Kräfte.

Je nach dem Zusammenhang des Reglerstellzeuges mit dem Steuerungsmechanismus und der Arbeitsweise des letzteren ergeben sich mehr oder weniger empfindliche periodische, mit jedem Maschinenumlauf sich wiederholende Rückwirkungen der Steuerung auf den Regler, durch welche das einer bestimmten Füllung zugehörige Reglergleichgewicht in solcher Weise gestört wird, daß beim Muffenregler ein dauerndes Hüpfen, beim Exzenterregler ein stetes Pendeln um seine jeweilige Gleichgewichtslage eintritt.

Für den Muffenregler wird eine allgemeine Behandlung der rückwirkenden Kräfte infolge der Mannigfaltigkeit der von ihm beeinflußten Steuerungssysteme wertlos; die hierher gehörigen Feststellungen erfordern vielmehr jeweils eine eingehende Untersuchung der betreffenden Steuerung.

Anders liegen die Verhältnisse bei dem heute allgemeiner angewendeten Exzenterregler mit verstellbarem Exzenter. Für diesen Regler lassen sich allgemein gültige Erhebungen über die in Betracht kommenden störenden Rückdruckkräfte der inneren und äußeren Steuerungsteile anstellen, und sei dies daher nachfolgend unternommen.

Durch die unmittelbare Verbindung von Regler und Steuerung werden in ersterem dauernd Kräfte wirksam, die von den Massen- und Reibungswiderständen der äußeren Steuerung und des Reglerantriebs herrühren. Insoweit diese rückwirkenden Kräfte Komponenten in der Verstellrichtung besitzen, rufen sie durch wechselnde Beschleunigungen und Verzögerungen der Reglermassen Bewegungen des Reglers hervor, die sich in einfacheren Fällen mathematisch, in umständlicheren Fällen am übersichtlichsten zeichnerisch ausmitteln lassen.

---

[1]) Watzinger und Hanssen, Der Regelvorgang bei Kraftmaschinen. Berlin 1923.
[2]) Gutermuth, Über Kraftmaschinenregelung. Z. d. V. d. Ing. 1914, S. 445, Abb. 20.

Diese Ausmittelung der Rückdruckkräfte möge an dem Beispiele der Schiebersteuerung einer stehenden Maschine veranschaulicht werden. Als Verstellkurve
sei eine beliebig gekrümmte Kurve vorausgesetzt, für welche in Fig. 971a die
Tangente in der Stellung E des Exzenters bei der oberen Totlage der Kurbel angegeben ist. Außer-
dem enthalten die
Fig. 971a und b Dia-
gramme der Ge-
wichts- und Massen-
wirkung von Schieber
und Steuerteilen, so-
wie der Reibungs-
widerstände von
Schieber, Stopfbüch-
sen und Führungen.

Allgemein be-
trachtet ruft eine in
der Schubrichtung
der Exzenterstange
wirkende konstante

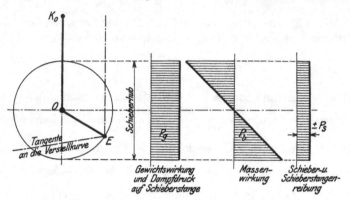

Fig. 971a bezogen auf den Schieberhub.

Widerstandskraft P, Fig. 972, in der Tangente der Verstellkurve mit dem Drehungswinkel φ der Kurbel bzw. des Exzenters veränderliche Komponenten P' hervor,
die sich ermitteln aus der Beziehung

$$P' = P \sin (\varphi - \alpha) = P \sin \psi ,$$

wenn die Tangente an die Verstellkurve den Winkel $(\delta + \alpha) = \varepsilon$ mit der Richtung
des Exzenterradius bildet. Die Komponente wird zu Null für die Winkeldrehung α

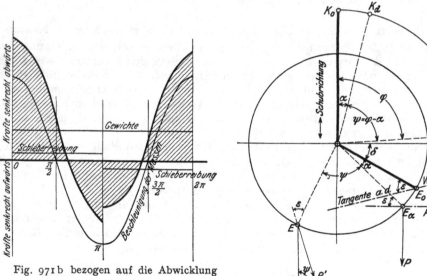

Fig. 971b bezogen auf die Abwicklung
des Exzenterkreises.

Fig. 971a und b. Die auf das Steuerexzenter wirksamen Gewichts-, Massen-
und Reibungskräfte.

Fig. 972. Ermittlung der Komponenten der rückwirkenden Kräfte einer Exzenterregler-Steuerung in
Richtung der Verstellkurve.

aus der Kurbeltotlage, bei der die Tangente der Verstellkurve senkrecht zur Schieberschubrichtung steht, und erreicht ihre Höchstwerte für die Kurbeldrehungen $(\pi/2 + \alpha)$
und $(\frac{3}{2}\pi + \alpha)$ aus der Totlage. Eine konstante Gestängekraft liefert also eine Sinuslinie als Rückdruckkurve, wenn der Einfluß der endlichen Länge der Exzenter-

stange vernachlässigt wird. Bei veränderlichen Widerständen ergeben sich entsprechende Abweichungen von der Sinuslinie.

Die Gewichtswirkung P_g von Schieber und Exzenter erzeugt in der Verstell- **Schieber- und**
richtung des Exzenters bei stehenden Maschinen, Fig. 973a, Kraftänderungen von **Gestängege-**
der Größe $P_g' = P_g \sin (\varphi - \alpha) = P_g \sin \psi$ und bei liegenden Maschinen, Fig. 973b, **wicht.**
von der Größe $P_g' = P_g \cos \psi$. Für letztere kommt nur das Gewicht von Exzenter
und Bügel in Betracht.

Eine Entlastung des Reglers gegenüber der Gewichtswirkung von Schieber und
Steuergestänge kann bei stehenden Maschinen mittels besonderer dem Eintrittsdampf-
druck ausgesetzter Ausgleichkolben, II, Taf. 20, oder beispielsweise bei Kolbenschiebern mit Inneneinströmung durch Vergrößerung des Schieberdurchmessers
für die obere Zylinderseite erreicht werden.

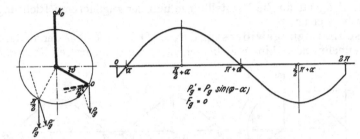

Fig. 973a bei stehenden Maschinen.

Fig. 973b bei liegenden Maschinen.
Fig. 973a und b.   Rückdruckkräfte durch Gewichtswirkung.

Ähnliche sinusartige Kraftwechsel wie die Gewichtswirkung bei stehenden
Maschinen erzeugt einseitiger Dampfdruck auf die Schieberspindel bei stehenden
und liegenden Maschinen. Ihre Ausschaltung ist daher mit den gleichen vorbezeichneten Mitteln zu erzielen.

Die durch Gewichtswirkung und Dampfdruck in der Verstellrichtung des Steuerexzenters entstehenden Kraftwechsel und Schwingungen gleichen sich während
einer Umdrehung aus und geben daher auch im Beharrungszustand zu einseitiger
Verschiebung des Steuerexzenters keine Veranlassung.

Für die als konstant angenommene Reibung P_s des Schiebers und der Schieber- **Schieber- und**
stange ergibt sich die gleiche Beziehung für die Komponente P_s' in der Verstellrich- **Stopfbüchsen-**
tung wie für die Gewichtswirkung; es ist dabei nur dem Umstande Rechnung zu **reibung.**
tragen, daß die Rei-
bungskräfte P_s mit
dem Auf- und Nie-
dergang des Schie-
bers sich umkehren.
Es wird deshalb
$P_s' = \pm P_s \sin$
$(\varphi - \alpha)$. Die betreffenden Sinus-
linien, Fig. 974, wei-
sen infolge des Rich-

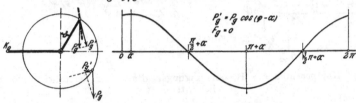

Fig. 974. Komponenten der Rückdruckkräfte durch Schieberreibung.

tungswechsels der Reibungskräfte bei Bewegungsumkehr des Schiebers Drucksprünge in den Hubwechselpunkten $\varphi = \pi/2 - \delta$ und $\frac{3}{2}\pi - \delta$ auf.

Während einer Umdrehung suchen diese Rückdrucke eine einseitige Verschiebung des Exzenters hervorzurufen mit einer mittleren Kraft P_{sm}, die sich aus der
von der Rückdruckkurve umschlossenen Fläche F_s mittels der Beziehung ergibt

$$P'_{sm} = F_s / 2\pi .$$

Mit $\varphi - \alpha = \psi$ und $\delta + \alpha = \varepsilon$ ist $F_s = 2 \int\limits_{\frac{\pi}{2} - \varepsilon}^{\psi = \frac{3}{2}\pi - \varepsilon} P_s \sin \psi \, d\psi = 4\, P_s \sin \varepsilon$ und die

mittlere rückwirkende Kraft $P'_{sm} = \dfrac{2}{\pi} P_s \sin \varepsilon$, wobei ε nach Fig. 972 den Winkel
zwischen der Tangente an die Verstellkurve und der zugehörigen Richtung des Ex-
zenterradius bezeichnet.

Massenwir-
kung der Ge-
stänge.
Der Beschleunigungswiderstand $P_b = M r \omega^2 \sin (\delta + \varphi)$ der an der Schieberbewegung teilnehmenden hin- und hergehenden Gestängemassen M von Schieber,

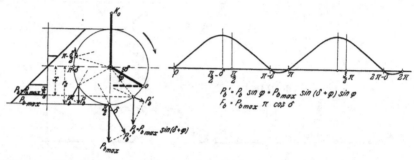

Fig. 975. Komponenten der Beschleunigungskräfte in der Verstellrichtung des
Exzenters.

Schieberstange mit Führungskörper und Exzenterstange, Fig. 975, erreicht seinen
Höchstwert $M\omega^2 r$ bei der Bewegungsumkehr des Schiebergestänges nach den
Drehungswinkeln $\varphi = \pi/2 - \delta$ und $\frac{3}{2}\pi - \delta$ und wird Null für $\varphi = \pi - \delta$ und
$2\pi - \delta$.

Auch für den Beschleunigungswiderstand drückt sich die Komponente in Richtung der Verstellkurve aus durch

$$P_b' = P_b \sin (\varphi - \alpha) = M\omega^2 r \sin (\delta + \varphi)) \sin (\varphi - \alpha) = M\omega^2 r \sin (\psi + \varepsilon) \sin \psi .$$

Wie Fig. 975 zeigt, sind diese Komponenten der Beschleunigungskräfte im wesentlichen gleichgerichtet und verursachen daher eine einseitige mittlere Verschiebungs-
kraft P_{bm}, deren Größe sich berechnet zu

$$P_{bm} = \frac{F_b}{2\pi} = \frac{1}{2\pi} \int\limits_0^{2\pi} M\omega^2 r \sin (\psi + \varepsilon) \sin \psi \, d\psi$$

$$= M \frac{\omega^2 r}{2\pi} \int\limits_0^{2\pi} (\cos \varepsilon \sin^2 \psi + \sin \varepsilon \sin \psi \cos \psi) \, d\psi$$

$$= M\omega^2 r \cos \varepsilon .$$

Die senkrecht zur Schubrichtung wirkenden Massenkräfte der Exzenterstange Fig. 976, liefern nur bei großen Abmessungen und hoher Umlaufzahl merkliche Beträge zu den Rückdrucken, die sich bei $\alpha = 0$ berechnen
zu $P_t' = P_t \cos \varphi = P_{t\max} \cos (\delta + \psi) \cos \varphi$. Für eine beliebige Neigung α der

Tangentenrichtung der Verstellkurve ist $P_t' = P_{t\,\mathrm{max}} \cos (\psi + \varepsilon) \cos \psi$. In der Regel sind jedoch die Kräfte wegen des kleinen seitlichen Ausschlages der Exzenterstange so gering, daß ihre Berücksichtigung entfällt.

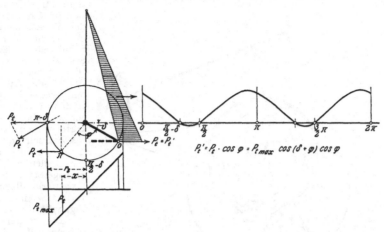

Fig. 976. Komponenten der senkrecht zur Schubrichtung wirkenden Massenkräfte der Exzenterstange.

Die an der Drehung teilnehmenden Massen M_e des Exzenters und Exzenterbügels rufen infolge ihrer Fliehkraft $C_e = M_e \omega^2 \varrho$ ihre eigene Verschiebung auf der Verstellkurve hervor, und zwar nach Fig. 977 mit einer Kraft $C_e' = C_e \cos \gamma$, wenn γ den Winkel der Verstellrichtung mit der Fliehkraft und ϱ den Abstand des Exzenterschwerpunktes S von der Wellenmitte bedeutet.

Fliehkräfte des Exzenters und -Bügels.

Mit $x = \varrho \cos \gamma$ ist

$$C_e' = M_e \omega^2 x .$$

Für eine bestimmte Gleichgewichtslage des Exzenters ist die Komponente C_e' eine unveränderliche, im Sinne der Füllungsvergrößerung wirkende Kraft, deren statischer Ausgleich durch die Reglerinnenkräfte unmittelbar möglich ist.

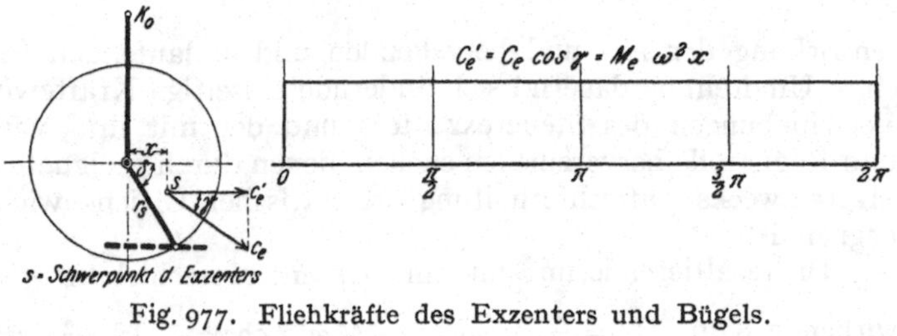

Die Fliehkraftwirkung des Exzenters und Bügels kann, wie in der Reglerkonstruktion II, 154 geschehen, durch eine Ausgleichmasse

Fig. 977. Fliehkräfte des Exzenters und Bügels.

durch welche $\varrho = 0$ wird, wirkungslos gemacht werden, doch ist der vollkommene Ausgleich wegen der Verlegung des Exzentermittelpunktes auf der Verstellkurve nur für eine bestimmte Füllung erreichbar.

Wird, wie bei II, 142 und 143 geschehen, das Exzenter mit dem Schwunggewicht vereinigt, dann ist die Ausgleichmasse entbehrlich.

Weiterhin wäre noch in Betracht zu ziehen, daß Gewicht, Massenwirkung und Reibung des Schiebers zwischen Exzenter und Exzenterbügel Reibungswiderstände erzeugen, welche ebenfalls Rückdruckkräfte in der Verstellrichtung verursachen, deren Größe jedoch im allgemeinen vernachlässigbar erscheint. Nur bei großen Ausführungsverhältnissen wäre auch diese Exzenterreibung in nachfolgender Weise zu berücksichtigen.

Exzenterreibung.

Die in Richtung der Exzenterstange sich äußernde Schieberreibung, Gewichts- und Massenwirkung P, Fig. 978a, ruft am Exzenterumfang Reibungswiderstände $R_e = \mu P$ hervor, deren Größe und Richtung während einer Umdrehung sich nach Fig. 978b verändert. Diese an den

Angriffsstellen der Rückdruckkräfte P am Exzenterumfang wirkenden Tangentialkräfte R_e der Eigenreibung sind stets der Drehrichtung des Exzenters entgegengesetzt und bedingen in der Exzentermitte gleichgroße, parallele Reaktionskräfte R', welche sich in Komponenten in der Verstellrichtung und in solche durch den Schnittpunkt der beiden Stützrichtungen OA und $O'A'$ gehende zerlegen. Bei Ausmittlung der Reibungskräfte R_e ist zu beachten, daß die Richtung der Schieberwiderstandskräfte während eines Hubes wechselt und dementsprechend auch ihre Angriffsstellen auf die entgegengesetzte Seite der Exzenterlauffläche sich verlegt, wie im Diagramm, Fig. 978 b, ausgedrückt ist.

Die in der Verstellrichtung des Exzenters wirkenden Komponenten R' des Reibungswiderstandes R_e wirken bei fast allen Exzenterstellungen auf Verkleinerung der Füllung, wie Fig. 978 c kennzeichnet.

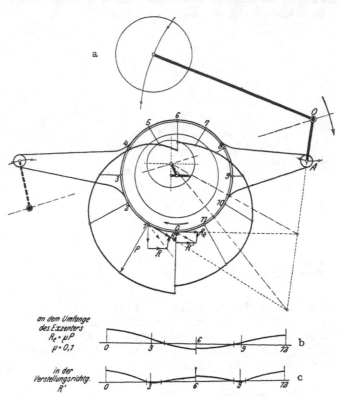

Mittlere rückwirkende Kraft.

Fig 978 a — c. Die durch Schieberreibung, Gewichts- und Massenwirkung hervorgerufene Exzenterreibung und ihre Rückwirkung in der Verstellrichtung.

Aus vorstehenden Untersuchungen über den Einfluß der im Steuerungsantrieb wirksamen inneren Kräfte auf den Regler folgt, daß durch Schieberreibung und Massenwirkung der hin- und hergehenden und umlaufenden Steuerungsteile während einer Umdrehung dauernd sich ändernde einseitige Kräftewirkungen entstehen, die Verschiebungen des Steuerexzenters und der mit ihm verbundenen Steuerungs- und Reglerteile hervorzurufen suchen, denen durch geeignete Wahl der Reglerinnenkräfte zwecks Aufrechterhaltung des statischen Gleichgewichtes des Reglers zu begegnen ist.

Die resultierende, im Sinne einer Exzenterverschiebung wirksame, mittlere rückwirkende Kraft $P_m = \dfrac{2}{\pi} P_s \sin \varepsilon + M\omega^2 r \cos \varepsilon + M_e \omega^2 x$ ist abhängig von der für eine bestimmte Füllung erforderlichen Exzenterlage und Verschiebungsrichtung auf der Verstellkurve. Die Ausdrücke $\sin \varepsilon$ und $r \cos \varepsilon$ können nach Fig. 979 als Katheten in rechtwinkligen Dreiecken dargestellt werden und die Abstände x der Fliehkraft des Exzenters ergeben sich nach Fig. 980 als Projektion der Schwerpunktsabstände OS auf die in den Koordinatenanfang 0 verschobenen Richtungen der Verstellkurve.

Die zuverlässige Berechnung der in den Regler übertragenen Rückdrucke wird dadurch erschwert, daß im allgemeinen nur die Gewichtswirkung P_g und Massenwirkung P_b der äußeren Steuerung rechnerisch genau ermittelt werden können, die Reibungwiderstände der Steuerorgane, Stopfbüchsen und Führungen dagegen nicht, da diese außer von der Konstruktion auch von den Betriebsverhältnissen der

Maschine, d. i. vom Zustand der Packungen, der Schmierung, Erwärmung u. dgl., abhängig sind und demzufolge unkontrollierbaren Schwankungen unterliegen. Es empfiehlt sich daher, die letzteren Widerstände durch Anwendung entlasteter Steuerorgane und entlasteter Abdichtungen in den Stopfbüchsen auf geringe Werte zu beschränken. Die Dichtungsringe von Kolbenschiebern dürfen daher auch nur mit mäßiger Spannung eingesetzt werden. Die Abdichtung der Schieber- und Ventilstangen kann nahezu reibungslos durch Führung in langen Büchsen mit Labyrinthnuten und geeigneter Ölzufuhr erfolgen. II, 260—261.

Nach dem Vorausgehenden lassen sich die durch den Steuerungsrückdruck in den Regler übertragenen Kräfte trennen in solche, die eine einseitige Verschiebung, und in solche, die eine Pendelung hervorrufen. Die ersteren, als mittlere rück-

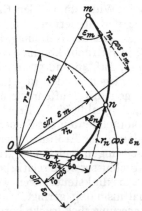

Fig. 979. Ermittlung der in der Verstellrichtung wirksamen mittleren rückwirkenden Komponenten der Schieberreibung und Massenbeschleunigung bei beliebiger Form der Verstellkurve.

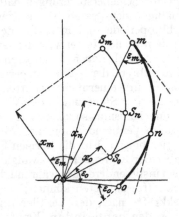

Fig. 980. Ermittlung des Radius x der durch die Fliehkraft des Exzenters entstehenden mittleren rückwirkenden Komponenten in der Verstellrichtung.

Ausgleich der mittleren Rückdruckkräfte.

wirkende Kräfte wirksam, lassen sich innerhalb des Reglers, statisch ausgleichen, während die letzteren als pendelnde rückwirkende Kräfte Schwingungen um die Gleichgewichtslage hervorrufen. Die mittleren Rückdrucke werden bei Reglern mit großer Innenreibung auch noch von dieser beeinflußt.

Um den Regler bei den dem geforderten Ungleichförmigkeitsgrad entsprechenden Umdrehungszahlen jeweils im Gleichgewicht zu erhalten, müssen die bei den einzelnen Stellungen der Schwunggewichte und der Hülse auftretenden Fliehkraftmomente M_g mit den Momentwirkungen M_i und M_r der inneren Reglerkräfte bzw. der Rückdruckkräfte sich ausgleichen. Es muß also sein

$$M_g = M_i + M_r .$$

Diese Bedingung gilt nicht nur für Exzenterregler, sondern auch für Muffenregler. Bei letzteren sind die mittleren Rückdruckkräfte meist so gering im Verhältnis zu den Regler-Innenkräften, daß durch eine geringe Änderung dieser (z. B. Spannungsänderung der Feder) die Einregelung auf die erwünschte Umlaufzahl erreicht werden kann. Beim Exzenterregler dagegen müssen die weit größeren mittleren Rückdruckkräfte, z. B. die einseitige Fliehkraft des Steuerexzenters, bereits bei Aufstellung der Gleichgewichtsbedingungen für den Regler berücksichtigt werden. Insoweit der Steuerrückdruck, wie früher gezeigt, auch von Reibungswiderständen abhängig wird, ist die Größe M_r nicht unveränderlich, sondern von den Betriebsverhältnissen beeinflußt. Diese weniger bedeutsamen störenden Nebenwirkungen lassen sich jedoch nachträglich bzw. auf dem Prüfstand durch Einstellung der Feder ausgleichen, unter Aufrechterhaltung der geforderten Werte für Umdrehungszahl und Ungleich-förmigkeitsgrad.

Die bisweilen angewandte Ausgleichung der mittleren Rückdrucke durch Gegen-gewichte an der Hülse des Muffenreglers oder durch ein am Exzenter angeordnetes Gegengewicht beim Exzenterregler ist im allgemeinen nicht zu empfehlen, da die hierdurch bedingte Vergrößerung der wirksamen Massen nicht nur eine Zunahme der Beschleunigungs- und Verzögerungskräfte verursacht, sondern auch die Reibungs-widerstände erhöht und damit die Empfindlichkeit der Regelung beeinträchtigt. Beim Exzenterregler ist zudem der Massenausgleich nur für e i n e Exzenterlage möglich.

Rückwirkende Kräfte der Ventilsteuerungen. Die rückwirkenden Kräfte bei V e n t i l s t e u e r u n g e n unterscheiden sich von denjenigen der Schiebersteuerungen dadurch, daß sie zwar wesentlich kleiner aber ungleichmäßiger sich gestalten. Sie trennen sich in Widerstände der Eröffnungs- und Abschlußperiode und in solche der Leerhübe der Steuerung, für welche im wesentlichen nur die Massenwirkung des Gestänges und die Reibungswiderstände in Gelenken und Führungen der äußeren Steuerung in Betracht kommen. Die Rück-druckkräfte während der Eröffnungsperiode, die in II, Taf. 48 und 51 an einigen Bei-spielen von Ventilsteuerungen ermittelt sind, überwiegen in der Regel diejenigen des Leerhubes der Steuerung. Bei Ventilsteuerungen mit Muffenreglern wird der Steuerungsmechanismus so konstruiert, daß der im Augenblicke der Eröffnung herr-schende größte Ventilwiderstand keine Rückdrückkomponenten des Steuergestänges in den Regler liefert. Für die übrigen Steuerungslagen der Eröffnungsperiode wird dadurch aber der Regler bei den zwangläufigen Steuerungen meist nicht „rückdruck-frei", indem insbesondere auch während des Ventilabschlusses noch relativ bedeutende Rückdruckkräfte auftreten können; nur bei den Ausklinksteuerungen werden die Rückdruckkräfte nach der Ventileröffnung verhältnismäßig gering.

Pendelnde rückwirkende Kräfte. Die von den p e n d e l n d e n K r ä f t e n des Steuerungsrückdrucks hervorgerufe-nen schwingenden Bewegungen des Reglers sind von der Trägheitswirkung der Regler-massen und den Reibungswiderständen im Regler abhängig. Wird zunächst von den letzteren abgesehen, so berechnet sich aus der Momentwirkung M_r der pendelnden rückwirkenden Kräfte die wechselnde Beschleunigung und Verzögerung der Regler-massen zu

$$\frac{d\omega_r}{dt} = \frac{M_r}{J_r},$$

wenn mit J_r das auf den Pendeldrehpunkt bezogene Trägheitsmoment der Regler-masse bezeichnet wird.

Aus der Beschleunigungskurve berechnet sich die periodische Änderung der Winkelgeschwindigkeit zu $\omega_r = \frac{1}{J_r}\int M_r dt + C_1$ und der Winkelausschlag des Pendels zu

$$\alpha = \int \omega_r dt + C_2,$$

wobei die Integrationskonstanten C_1 und C_2 gleich den mittleren Diagrammhöhen der Geschwindigkeits- und Wegkurven sind. Für ein allgemein gültiges Beispiel sind in Fig. 981 die pendelnden Rückdruckkräfte sowie Geschwindigkeit und Weg des Reglers aufgezeichnet. Für bestimmte Reglerverhältnisse sind in II, Taf. 42 und 43 die Pendelbewegungen ermittelt und graphisch veranschaulicht.

Durch Reibungswiderstände im Regler werden diese Kraftwirkungen vermin-dert und können ganz zum Verschwinden gebracht werden, wenn diese Reibungs-widerstände größer werden wie die größten auftretenden Rückdruckkräfte $\pm P_r$. Dieser Fall[1]), der bei ausgeführten Reglern an sich nur selten nachweisbar ist, muß durch die Reglerbauart vermieden werden, da die Empfindlichkeit des Reglers da-durch zu sehr beeinträchtigt würde.

---

[1]) Siehe A. W a t z i n g e r und H a n s s e n, Der Regelvorgang bei Kraftmaschinen. Julius Springer, Berlin 1923. S. 23—26.

Bei Reglern mit geringer Eigenreibung sind die wirklich auftretenden Schwingungsausschläge nur wenig kleiner wie die aus obiger Gleichung ohne Rücksicht auf die Reibung berechneten Werte.

Aus dem Angeführten geht hervor, daß die in Fig. 981 wiedergegebenen Kurven der Reglerbewegung und Umdrehungszahl nur Mittelwerte darstellen, während der wirkliche Verlauf durch mehr oder minder große Pendelungen um diese Mittellagen charakterisiert wird. Fig. 982 zeigt am Beispiel eines kleinen Lokomobilreglers die wirklich auftretenden, praktisch zulässigen Reglerschwingungen.

Bei Muffenreglern mit Zahnradantrieb der Reglerwelle machen sich bisweilen neben den Steuerungsrückdrucken auch noch durch die Verzahnung hervorgerufene Zuckungen des Reglers bemerkbar, wie beispielsweise die Diagramme Fig. 983 von Versuchen mit dem Gewichtsmuffenregler einer Kuchenbeckerventilsteuerung[1]) zeigen. Im Beharrungszustande stellten sich periodische Zuckungen des Reglers ein, die

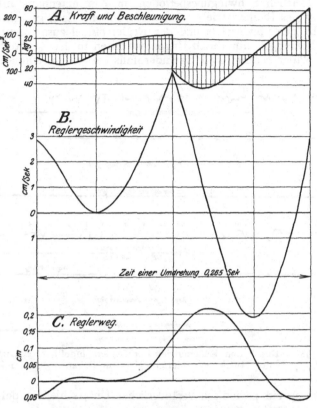

Fig. 981. Rückdruckkräfte, Reglergeschwindigkeit und Reglerpendelung bei reibungsfreiem Regler. (Exzenterregler.)

Einfluß des Zahnradantriebes.

von der Umlaufzahl der Kurbelwelle unabhängig waren und auch nicht aus dem Verlauf der Rückdruckkräfte, sondern nur aus dem Spiel der Zähne des Regler- und Steuerwellenantriebs abgeleitet werden konnten. Gegenüber diesem Einfluß des Reglerantriebs erwies sich die Rückwirkung der freibeweglichen Steuerung bei

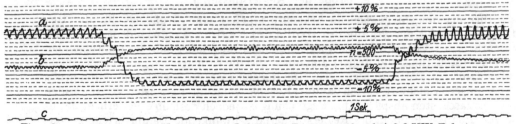

Fig. 982. Aufgenommene Kurven eines Lokomobil-Exzenterreglers bei 8,8 KW Belastungsänderung und $n = 220$.

a Bewegung des Pendelschwerpunktes; b Umdrehungszahl.

feststehendem Regler von untergeordneter Bedeutung. Anderseits sprach sich bei freibeweglichem Regler und festgehaltener Steuerung in dem entsprechenden Schau-

---

[1]) Gutermuth, Z. d. V. d. Ing. 1914, S. 444.

bild der Hülsenbewegung Fig. 983c der mit Fig. 983a veranschaulichte Einfluß des
Reglerantriebs in übereinstimmender Weise aus, indem nach 11 Kurbelumdrehungen
die gleichen Schwingungsperioden im Zusammenhang mit der Übersetzung von
11:15 des Reglergetriebes sich wiederholten. Es folgt daraus, daß die mit dem An-
triebe der Steuerwelle und der Reglerspindel zusammenhängenden Schwingungserscheinungen nur durch Ungenauigkeiten in der Zahnteilung oder der Aufkeilung
der Räder bedingt sind, da andernfalls bei ganz gleichmäßigem Verhalten der Ver-

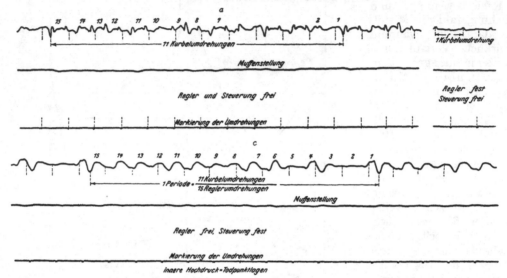

Fig. 983. Durch den Räderantrieb der Reglerspindel hervorgerufene pendelnde Bewegungen
der Hülse eines Muffenreglers im Beharrungszustand der Maschine.

zahnung ein periodisch veränderlicher Unterschied in der Bewegungsübertragung
nicht auftreten würde.

Für die Verstellbewegung eines Reglers sind diese Pendelungen dadurch von
ausschlaggebender Bedeutung, daß sie den Regler vollständig empfindlich machen,
so daß die Verstellbewegung solcher Regler, wie aus allen vorliegenden Erhebungen
hervorgeht, unmittelbar mit der Belastungsänderung eintritt. Die in Richtung der
Verstellbewegung wirkenden Rückdruckkräfte unterstützen somit die Verstellkräfte
und beschleunigen den Übergang in die neue Gleichgewichtslage[1]).

e. Größe der Reglermassen[2]).

Die aus obigem gewonnene Erkenntnis liefert eine Grundlage für die Beurteilung und Berechnung der Größe der Reglermassen, indem der Regler
wesentlich den Charakter einer Ausgleichseinrichtung innerhalb des schwingenden
Systems (Steuerung und Regler) annimmt, die die Aufgabe hat, die Pendelungen
auf ein zulässiges Maß zu begrenzen. Die Regelungsaufgabe wird wohl durch große
Pendelungen erleichtert, da sich dann der Regelvorgang unter kleinsten Widerständen
also am raschesten abspielt. Ihre Begrenzung ist jedoch deshalb erforderlich, damit
nicht durch das Pendeln des Reglers dauernd schwankende Dampfverteilung verursacht wird. Bei großen Pendelungen tritt auch die Gefahr des Schlagens des
Reglers, besonders in den Außenlagen auf.

---

[1]) Ein Gebiet der „Unempfindlichkeit" ist tatsächlich bei solchen Reglern nicht vorhanden. Selbst für den seltenen Fall, daß die inneren Reibungswiderstände die Größe der
Rückdruckkräfte erreichen oder überschreiten, wird bei dem Auftreten einer Verstellkraft
durch die einseitige Verlegung sofort ein Teil der Rückdruckkräfte frei.

[2]) Vgl. hierzu Watzinger-Hanssen, Regelvorgang, S. 56—61.

Die Festlegung der zulässigen Werte kann nur bei genauer Durchrechnung jedes Einzelfalles erfolgen. Als Anhaltspunkt möge dienen, daß in den meisten Fällen Pendelungen bis zu ± 5 bis 8 v. H. des gesamten Reglerausschlages keine unzulässigen Störungen bedingen.

Die Dämpfung schwingender Bewegung erfolgt durch die Trägheitswirkung der Reglermassen und die im Regler vorhandenen Reibungswiderstände. Bisweilen werden auch Ölbremsen oder Reibungswiderstände absichtlich eingeschaltet (II, 143, 2). Ausführungsbeispiele von Ölbremsen zeigen Fig. 984 und 985.

Dämpfung der Reglerpendelungen.

Insofern jede Vergrößerung der Reibung den Verstellwiderstand erhöht, machen auch Reibungs- oder Ölbremsen die Regelung unempfindlicher und dienen daher nur als Notbehelf, um bei zu klein bemessenen Reglern deren Pendelungen zu beschränken. Sie können andererseits nicht entbehrt werden, wenn die Rückdruckpendelungen so groß sind, daß ihre Dämpfung durch die Reglermasse allein auf unverhältnismäßig große Reglergewichte führen würde. In solchen Fällen erscheint es geboten, die äußere Steuerung bzw. die Art der Über-

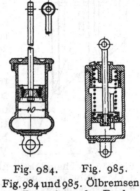

tragung in den Regler so abzuändern, daß geringere Rückdruckkräfte entstehen. Wenn Reibungs- oder Ölbremsen nicht vermieden werden können, hat ihre Einfügung so zu erfolgen, daß die Pendelungen des Reglers nur gedämpft, aber nicht völlig aufgehoben werden[1]).

In je weitergehendem Maße es möglich ist, die Dämpfung der Pendelungen lediglich durch Trägheit der Reglermassen und nicht durch Reibung zu erzielen, um so empfindlicher wird die Regelung. Daraus ergibt sich die Forderung, den Regler mit ausreichend großem Trägheitsmoment und geringst möglicher Eigenreibung auszuführen. Selbst bei so großen Rückdruckpendelungen, daß die Massendämpfung innerhalb des Reglers nicht ausreicht, ist es zweckmäßig, ein Reglerschema mit geringer Eigenreibung anzuwenden und die notwendige Dämpfung mit solchen künstlichen Mitteln vorzunehmen, deren

Fig. 984.   Fig. 985.
Fig. 984 und 985. Ölbremsen zur Dämpfung der Reglerpendelungen.

Reibungswiderstände genau eingestellt werden können. Gleichzeitig wird hierdurch ein Teil der Abnützung von den Reglerteilen in die Bremseinrichtung verlegt.

Zur Erzielung geringer Eigenreibung im Regler sind stark belastete Zapfen möglichst zu vermeiden und überhaupt ihre Zahl aufs äußerste zu vermindern. Belastete Gelenke sollen zur Verminderung der Reibungsarbeit möglichst kleine Zapfendurchmesser erhalten und nicht mit größeren Durchmessern ausgeführt werden, als sie nach ihrer Lagerung und den Zapfendrücken aus Festigkeitsrücksichten erfordern.

Verminderung der Eigenreibung.

Um geringe Eigenreibung des Reglers zu sichern, ist sorgfältige Schmierung belasteter Zapfen wesentlich. Die Schmierung ist bei Zapfen mit großem Ausschlagsweg leichter zu erreichen als bei solchen mit geringer Verdrehung, welche (wie dies häufig bei den Befestigungszapfen von Federn der Fall ist) meist umständliche Druckschmierung erfordern. Alle Reglerzapfen und die zugehörigen Stahlbüchsen, auch entlastete Gelenke werden zweckmäßigerweise aus gehärtetem Material hergestellt. Einseitig belastete Gelenke können mit Vorteil abgerundete Schneiden erhalten, deren Abrundung mit einem Radius von 1 bis 3 mm erfolgt. Die Schneiden und zugehörigen Auflagerplatten bestehen aus gehärtetem Stahl, eignen sich jedoch wegen ihrer kostspieligen Herstellung nur für große Reglerausführungen. Eine weitgehende Verminderung der Gelenkzapfenreibung läßt auch die Verwendung von Kugellagern erzielen, die jedoch wegen ihrer Empfindlichkeit gegen Stoßkräfte nur bei stoßfreiem Reglerantrieb in Frage kommen. Prismatische Geradführungen sind ungünstig, da in ihnen leicht durch einseitige Gewichts- oder exzentrische Kräftewirkung Klemmungen entstehen, die nur durch lange Führungsflächen hintangehalten werden können.

---

[1]) Vergl. Stodola, Dampf- und Gasturbinen. 5. Aufl. 1922, S. 540.

f. Verstellwiderstand.

Die bei der Verstellbewegung des Reglers auftretenden Steuerungs- und Eigenwiderstände ergeben sich ungefähr den Verstellgeschwindigkeiten proportional und in
ihrer Größe im wesentlichen abhängig von den Rückdruckpen-
delungen und der Eigenreibung des Reglers. Nur in vereinzelten Fällen, wie z. B. bei der Querverschiebung des Expansionsschiebers von Doppelschiebersteuerungen auf dem Rücken des
Grundschiebers, dürfte sich bisweilen ein größerer Verstellwiderstand der Steuerung selbst geltend machen, wenn der
Expansionsschieber nicht gegen den Dampfdruck entlastet ist.
Aber auch hier beeinflußt der Bewegungswiderstand des Schiebers, der sich unter Einführung eines Reibungskoeffizienten
$\mu = 0,1$ angenähert berechnen läßt, nur zum geringen Teil die
Reglerstellkraft und wird vielmehr vornehmlich vom Steuerexzenter überwunden. Es liegt dies darin begründet, daß
der Expansionsschieber vom Steuerexzenter aus in seiner
Schubrichtung mit Geschwindigkeiten bewegt wird, die die
Geschwindigkeit der senkrecht zur Schubrichtung wirkenden
Verstellung wesentlich übersteigen, so daß während der letzteren das Antriebsexzenter den größten Teil der Schieberreibung überwinden muß. Wird daher angenommen, daß die
sekundlichen Reibungsarbeiten in beiden Bewegungsrichtungen
den Geschwindigkeiten der betreffenden Bewegungen proportional sind, so läßt sich nach Fig. 986 die Verteilung des Reibungswiderstandes aus dem Parallelogramm der Hub- und
Verstellgeschwindigkeit v_s bzw. v_v des Expansionsschiebers

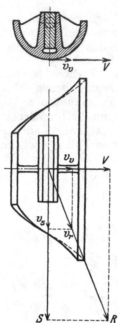

Fig. 986. Abhängigkeit
des Verstellwiderstandes
des Rider-Schiebers vom
Gesamtreibungs-Wider-
stand und der Geschwin-
digkeit der Schieber- und
der Verstellbewegung.

ableiten, indem in der resultierenden Geschwindigkeitsrichtung
v_r der gesamte Reibungswiderstand R überwunden wird und
somit in der Verstellrichtung V der Reibungsbetrag im Verhältnis V/R kleiner in die Rechnung einzusetzen ist. Da in
der relativen Mittellage von Grund- und Expansionsschieber
ihre Relativgeschwindigkeit am größten ist, so wird in dieser
auch die Verstellung am leichtesten vor
sich gehen.

Der Größtwert der durch Zusammenwirken der Rückdruckkräfte und
Innenreibung auftretenden Verstellwiderstände darf im Vergleich zu den
Fliehkräften des Reglers gewisse Höchstwerte nicht überschreiten, die am besten
durch Berechnung des Grenzwertes des
Ungleichförmigkeitsgrades kontrolliert
werden[1]).

Regler mit geringer Eigenreibung
und Dämpfung der Pendelungen durch
die Reglermasse allein ergaben bei geringen Verstellwiderständen beim Belastungsübergang auch kleine Umdrehungsschwankungen, also auch genügend niedrige Werte von δ_g. Regler

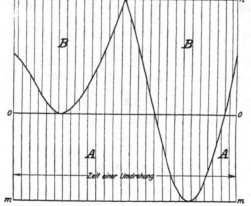

Fig. 987. Größtwert der mittleren Geschwindigkeit bei Verstellung gegen Größtfül ung und
gegen Nullfüllung, entsprechend $P = R \pm Z$.

---

[1]) Die zur Berechnung von δ_g erforderliche Bestimmung des Verhältnisses K zwischen
Verstellkraft und Reglergeschwindigkeit erfolgt am einfachsten in der Weise, daß aus den
pendelnden Rückdruckkräften die Geschwindigkeitskurve (ohne Reibung) ab geleitet wird.
Ist dabei der größte Geschwindigkeitsunterschied bei Verstellung gegen Größtfüllung gegeben
durch den Abstand v_{max} in Fig. 987, so ist der Mittelwert von $K = 2\,R/v_{max}$, wenn R die Eigenreibung des Reglers bezeichnet. Siehe Watzinger-Hanssen, Regelvorgang S. 31.

mit großer Innenreibung führen bei kleinen Verstellwiderständen leicht auf einen ungünstig großen Wert von δ_g. Es ist alsdann erforderlich, das innere Arbeitsvermögen des Reglers gegenüber dem aus der Massendämpfung berechneten Werte zu vergrößern. Wie aus dem Aufbau der Formel für δ_g, S. 768, hervorgeht, kann diese Vergrößerung des Arbeitsvermögens nur durch eine Steigerung der mittleren Fliehkraft C_m erzielt werden, da eine Vergrößerung von a die Regelung verschlechtert. Die Fliehkraft $C_m = m\,\omega^2\,r$ läßt sich gemäß der Formel auf dreifache Weise vergrößern: Durch Verlegung des Massenschwerpunktes nach außen, die natürlich konstruktiv begrenzt ist, durch Vergrößerung der Reglermassen, die aber durch weitere Schwächung der Reglerpendelungen ungünstig wirkt und schließlich durch Erhöhung der Umdrehungszahl. Letztere wirkungsvollste Steigerung ist jedoch nur bei Muffenreglern möglich, deren Umdrehungszahl verschieden von der Maschine gewählt werden kann, während bei Exzenterreglern, wegen deren unmittelbaren Verbindung mit der Maschinen- oder Steuerwelle diese Möglichkeit wegfällt.

g. Äußeres Arbeitsvermögen bei rückdruckfreiem Regler.

Für den Grenzfall des rückdruckfreien Reglers, bei dem ausschließlich die Reglermassen zur Erzeugung der Verstellkräfte dienen, ist folgende Überlegung anzustellen:

Während bei dem durch die Rückdrucke der Steuerung in eine schwingende Bewegung versetzten Regler die Verstellung der Reglermassen stets, und zwar auch bei Vorhandensein verhältnismäßig großer Reibungswiderstände, unmittelbar nach Eintritt der Belastungsänderung beginnt, wird bei dem völlig rückdruckfreien Regler die Verstellbewegung erst dann eintreten, Fig. 988, wenn der Zuwachs der Fliehkraft so groß geworden ist, daß er eine Verstellkraft im Regler hervorruft, die imstande ist, die gesamten Verstellwiderstände von Regler und Steuerung zu überwinden. Die hierbei auftretende Änderung der Umlaufzahl $\Delta\omega$ ist abhängig von dem Größenverhältnis der Innenkräfte des Reglers zu den durch Reibungs- und Massenkräfte an der Reglerhülse wirksamen Verstellwiderständen W oder den auf den Angriffspunkt der Fliehkraft bezogenen Widerständen W'. Bei Bezugnahme der Widerstände auf den Fliehkraftweg wird eine Verstellung des Reglers dann eintreten,

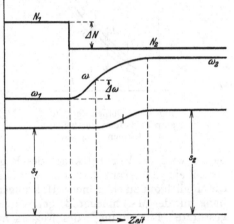

Fig. 988. Reglerweg und Änderung der Winkelgeschwindigkeit mit einer Belastungsabnahme bei rückdruckfreiem Regler.

wenn die durch Zu- oder Abnehmen $\Delta\omega$ der Winkelgeschwindigkeit hervorgerufene Änderung ΔC der Fliehkraft die Größe der Widerstände erreicht hat, d. h. wenn

$$W' = \pm\,\Delta C.$$

Dabei erhöht oder vermindert sich die Fliehkraft bei gleichbleibender Muffenstellung von dem ursprünglichen Werte $C = M\omega^2 r$ um den Wert $M\,r\,(\omega + \Delta\omega)^2$. Der Kraftzuwachs ΔC verhält sich also zu der ursprünglichen Fliehkraft C wie:

$$\frac{\Delta C}{C} = \frac{(\omega + \Delta\omega)^2 - \omega^2}{\omega^2} = \frac{2\,\Delta\omega}{\omega} = 2\,\varepsilon.$$

Durch Aufnahme des Widerstandes W' ist also im Betrieb eine Änderung der Umdrehungszahl um $\pm\,\varepsilon$ zu erwarten. Das Verhältnis $\varepsilon = \Delta\omega/\omega$ wird als Unempfindlichkeitsgrad bezeichnet. In Fig. 989 begrenzen die beiden im Abstand $\pm\,\Delta C$ gezeichneten Kurven C' und C'' jene Fliehkräfte, die in den einzelnen Reglerstellungen über- oder unterschritten werden müssen, wenn eine Bewegung

Unempfindlichkeitsgrad.

des Reglers eintreten soll. Bei Zugrundelegung eines bestimmten Reglerschemas,
Fig. 990, und Bezugnahme der Widerstände auf die Bewegung der Muffe, tritt an
Stelle des Widerstandes W' die Größe $W = W' \, dr/dh$ und an Stelle der Fliehkraft C
die Hülsenkraft $E = C \cdot dr/dh$, wenn dr/dh das Übersetzungsverhältnis im Regler
zwischen den Angriffspunkten der Kräfte C und E darstellt. Da nach dem Prinzip
der virtuelllen Verschiebungen zu setzen ist:

$$C \, dr = E \, dh$$

und $$\Delta C \, dr = \Delta E \, dh,$$

wenn die gleichzeitigen Verschiebungswege in der Richtung der Flieh- bzw. Hülsenkraft mit dr und dh bezeichnet werden,

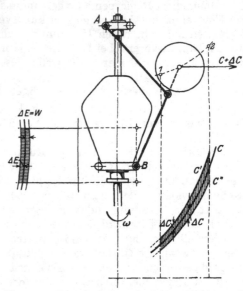

so wird auch $\Delta C/C = \Delta E/E = 2\,\varepsilon$ und
die Verstellbewegung tritt ein, wenn
$\Delta E = W$ geworden ist.

Aus praktischen Gründen wird in der
Regel für fertige Muffenregler der auf die
Hülsenstellung bezogene Widerstand W
angegeben, bei dessen Überwindung im
rückdruckfreien Regler sich der Muffendruck E um 2 v. H. ändert. Die Größe

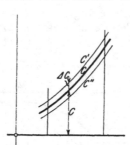

Fig. 989. Gebiet der Un-
empfindlichkeit des rück-
druckfreien Reglers.

Fig. 990. Zusammenhang zwischen Fliehkraft-
zuwachs ΔC und Verstellkraft $\Delta E = W$ bei
gegebenem Reglerschema.

Verstellkraft. $0{,}02\,E$ wird als Verstellkraft des Reglers bezeichnet. Dieser Kraftänderung entspricht eine Änderung der Umlaufzahl um 1 v. H. Es soll durch eine solche Angabe
die Möglichkeit zu einer mehr erfahrungsmäßigen Auswahl des Reglers im Zusammenhang mit der Maschinengröße geboten werden. Die auf den Unempfindlichkeitsgrad
gestützte ,,Berechnung" des Reglers hat jedoch nur geringe Bedeutung, da eine
vollständige Ausschaltung von Rückdruckkräften nicht im Interesse empfindlicher
Regelung liegt; dazu kommt, daß beispielsweise die Massenkräfte sich überhaupt
nicht ausschalten lassen.

h. Ausnutzung der Beharrungswirkung der Reglermassen für die Verstellung.

Eine wesentliche Erhöhung der Empfindlichkeit des Reglers bei kleinstmöglichen
Schwungmassen läßt sich erreichen, wenn ein Teil der bei der Regelung auftretenden
Verstellkräfte durch die Beharrungswirkung der Reglermassen überwunden wird[1].
Dies setzt voraus, daß die Beharrungskräfte im gleichen Sinne wirken wie die Flieh-
kräfte. Diese Wirkungsweise kann beim Exzenterregler erreicht werden, da der
Ausschlag der Gewichte in ihrer Drehungsebene erfolgt, während beim Muffenregler,
bei dem die Beharrungskräfte der Schwunggewichte senkrecht zu den Fliehkräften
wirken, jene für die Verstellung nicht ausgenutzt werden können. Für den Exzenterregler ergibt sich folgender allgemeiner Zusammenhang zwischen Fliehkraft- und
Beharrungswirkung.

---

[1] Stodola, Das Siemens'sche Regulierprinzip und die amerikanischen Inertieregulatoren.
Z. d. V. d. Ing. 1899.

Rotiert eine beliebig geformte Masse M mit dem Schwerpunkt S um die Welle A, Fig. 991, so wirkt auf das Massenteilchen dm bei einer Änderung $d\omega$ der Winkelgeschwindigkeit die Trägheitskraft $r\,dm\,\dfrac{d\omega}{dt} = p\,r\,dm$ senkrecht zur Fliehkraft.

Wird diese Trägheitskraft zerlegt in Komponenten senkrecht zur Verbindungslinie AS und senkrecht zur Richtung ϱ, so bestimmen sich aus der Ähnlichkeit der schraffierten Dreiecke die beiden Komponenten

zu $T_0 = a\,dm\,\dfrac{d\omega}{dt}$ und $T = \varrho\,dm\,\dfrac{d\omega}{dt}$ mit

der Momentwirkung $\dfrac{d\omega}{dt}\,\varrho^2\,dm$. Bei der

Integration über die gesamte Masse M ergibt sich aus den Kräften T_0 eine Einzelkraft senkrecht zur Fliehkraft von der

Größe $=\displaystyle\int \dfrac{d\omega}{dt}\,a\,dm = a\,M\,\dfrac{d\omega}{dt}$ und aus den

Kräften T ein resultierendes Moment um den Schwerpunkt, von der Größe

$\dfrac{d\omega}{dt}\displaystyle\int \varrho^2\,dm = J_p\,\dfrac{d\omega}{dt}$, wenn J_p das polare

Trägheitsmoment um den Schwerpunkt S der Masse M bezeichnet.

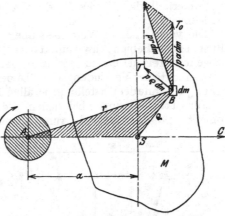

Fig. 991. Beharrungskräfte eines Massenelementes.

Werden nun diese Trägheitskräfte im Zusammenhang mit der Regleraufgabe betrachtet, so ergibt sich ihre Wirkung im Regler verschieden je nach der Anordnung der Masse M des Schwungpendels und dessen Schwerpunktes S zu seinem Drehpunkt O, Fig. 992a, und zur Wellenmitte, wobei auch die Drehrichtung des Reglers noch maßgebend wird. Solange sich bei der angenommenen Rechtsdrehung der Reglerwelle der Schwerpunkt S bei-

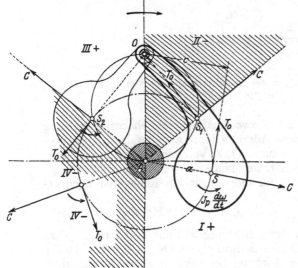

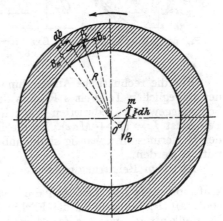

Fig. 992a. Veränderlichkeit der Trägheitswirkung der Schwunggewichte je nach Lage ihres Schwerpunktes,

Fig. 992b. Trägheitsring.

spielsweise auf dem Kreise vom Radius a in dem mit I bezeichneten Winkelraum befindet, wirkt sowohl die Einzelkraft T_0 (am Hebelarme c) wie auch das Moment $J_p\dfrac{d\omega}{dt}$ im gleichen Sinne wie die Fliehkraft, unterstützt also die Verstellbewegung des Reglers. Die Momentwirkung der Einzelkraft wird negativ, wenn der Schwerpunkt auf

dem Kreis a in den Winkelraum II rückt, während die positive Wirkung von $J_p \dfrac{d\omega}{dt}$
bestehen bleibt. Auch im letzteren Falle ist eine befriedigende Ausnutzung der
Trägheitswirkung möglich, wenn das polare Trägheitsmoment des Pendels im Verhältnis zur Pendelmasse groß ist. Bei nacheilendem Pendel, Schwerpunkt im Bereich
III oder IV, wirkt $J_p \dfrac{d\omega}{dt}$ dem Moment der Fliehkraft entgegen, während die Einzelkraft innerhalb des Winkels III die Verstellbewegung unterstützt, im Winkel IV ihr
entgegenwirkt.

Die vorbezeichnete Verschiedenheit der Trägheitswirkung der Schwungmassen
läßt sich für beliebige Schwerpunktslagen auch zu dem in Fig. 992a zwischen A und O
gezogenen Kreis in Beziehung bringen. Bei allen Schwerpunktslagen S außerhalb dieses
Kreises rechts der Verbindungslinie OA oder innerhalb des Kreises links der Linie OA
wirkt T_0 im Sinne der Verstellung, bei allen übrigen Lagen der letzteren entgegengesetzt.

Für Trägheitsringe, bei denen die Einzelkraft verschwindet, übt nur das
Moment $J_p\, d\omega/dt$ eine Beharrungswirkung aus, Fig. 992b.

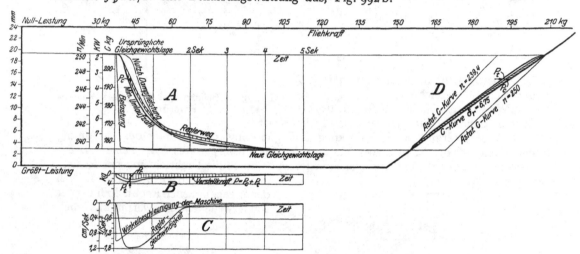

Fig. 993. Regelvorgang eines Exzenterreglers bei Belastungszunahme von 2,4 kW auf
8,6 kW; $n = 250$.

Für die rechnerische Ausmittlung ist es zweckmäßig, die Beharrungswirkung
der beweglichen Teile eines Reglers durch Addition ihrer auf den Drehpunkt des
Schwunggewichtes reduzierten Trägheitsmomente J_r zu vereinigen. Für das einfache
Pendel ist $J_r = (J_p + M\,a\,c)$. Da die Beharrungsmomente von der jeweiligen Lage
der Reglermassen abhängig sind, muß J_r für die wichtigsten Reglerstellungen ermittelt werden.

Verstellkraft durch Behar-rungswirkung. Aus dem Beharrungsmomente $J_r \dfrac{d\omega}{dt} = P_t \cdot \varrho_0$ mit ϱ_0 als Hebelarm des Fliehkraftmomentes berechnet sich die von der Beharrungswirkung herrührende Ver-
stellkraft P_t bezogen auf die Fliehkraft des Schwunggewichts. Die Größe dieser
Verstellkraft ist, wie aus der Momentengleichung hervorgeht, einerseits abhängig
von der Anordnung und Größe der Reglermassen und damit von der Konstruktion des Reglers, andererseits von der Winkelbeschleunigung der Maschine, die ihrerseits von der Größe der Belastungsänderung und der bewegten Maschinenmasse bedingt wird. Je kleiner die umlaufende Masse der Maschine (und der von ihr angetriebenen Arbeitsmaschine oder Wellenleitung) ist, d. h. je größeren Ungleichförmigkeitsgrad das Schwungrad der Maschine aufweist, um so größer ist die Nutz-
barmachung der Beharrungswirkung der Reglermasse. Diese ist somit abhängig
von dem Verhältnis J_r/J_s der nutzbaren Trägheitswirkung der Reglermasse zur

Trägheitswirkung der Maschine. Bei Maschinen mit sehr großen Schwungrädern ist demzufolge eine bedeutendere Wirkung der Beharrungskräfte nicht zu erwarten, wenn nicht etwa der Regler außergewöhnlich geringe Eigenreibung aufweist. Wenn trotzdem die Regler solcher Maschinen häufig mit besonderen Trägheitsringen ausgerüstet werden, so geschieht dies nur, um die dämpfende Masse des Reglers zum Ausgleich der Pendelungen der rückwirkenden Kräfte zu vermehren, ohne das Arbeitsvermögen des Reglers und die Federinnenkräfte vergrößern zu müssen.

Die größte Beharrungskraft P_t tritt bei Beginn der Belastungsänderung ein, da in diesem Augenblick die Beschleunigung der Maschine am größten wird und abnimmt mit Abnahme des Belastungsunterschiedes. Im Gegensatz zur Fliehkraftänderung P_c, die im Augenblicke des Belastungswechsels Null ist und erst mit der allmäh-

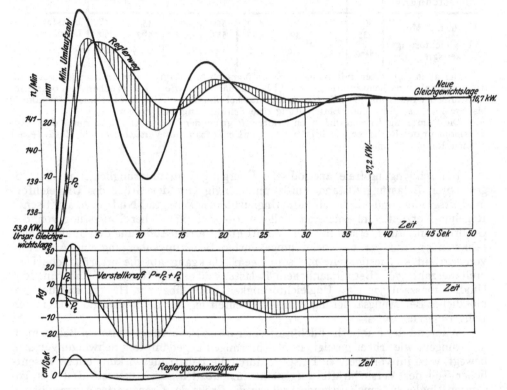

Fig. 994. Regelvorgang eines Exzenterreglers bei Entlastung von 53,9 auf 37,2 kW; $n = 138$.

lichen Änderung der Umdrehungszahl wirksam wird, stellt also die Beharrungswirkung sofort eine Verstellkraft zur Verfügung, die geeignet ist, die Verstellbewegung wirksam zu beschleunigen.

Als Beispiel hierfür diene der Regelvorgang Fig. 993 [1]), eines Reglers mit geringer Eigenreibung, bei dem ein wesentlicher Teil der Verstellkräfte durch die Beharrungswirkung P_t gedeckt wird, wodurch sich naturgemäß die zur Verstellung erforderliche Änderung der Umlaufzahl auf sehr geringe, in der Figur durch Schraffur hervorgehobene Größen vermindert. Im Gegensatz hierzu erweist sich die Beharrungswirkung ziemlich wertlos, wenn der Regler mit größerer Eigenreibung behaftet ist, Fig. 994 [2]) und infolgedessen bedeutende Verstellkräfte benötigt.

Da die Beharrungskräfte ihrer absoluten Größe nach in allen Fällen nur gering sind, ist ihre Ausnutzung nur dann von Einfluß auf die Empfindlichkeit der

Beispiele von Regelvorgängen.

---

[1]) Aus Watzinger-Hanssen, S. 49, Fig. 56.
[2]) S. 48, Fig. 54.

Regelung, wenn Regler und Steuerung geringe Verstellkräfte benötigen, was vor
allen Dingen geringe Eigenreibung des ersteren voraussetzt. In solchen Fällen wird
die Empfindlichkeit außerordentlich gesteigert, wie aus den Versuchsergebnissen
Tab. 72 eines Reglers, Fig. 1084, mit sehr geringer Eigenreibung hervorgeht.

Tabelle 72.

Versuche von Bohn & Kähler A. G. Kiel am Einpendelregler Fig. 1084
bei unverändertem Pendelgewicht, aber verschiedenen Federn.

Feder	1		2		3				
Versuchs-bezeichnung	a	b	c	d	e	f	g	h	
Umdr. i. d. Min. {	800	570	500	430	550	505	455	318	belastet
	835	570	505	436	554	512	467	350	Leerlauf
Ungleichförmig-keitsgrad δ_r .	4,25	0	1,0	1,5	0,75	1,5	2,75	10,0	v. H.

Bei allen Versuchen mit Ausnahme von Versuch b erfolgten die Änderungen der Umdrehungszahl ohne Schwankungen sowohl bei allmählicher wie bei plötzlicher Aus- oder Einschaltung der Belastung. Bei Versuch b trat nur bei plötzlicher Abschaltung eine Schwankung
bis 572 und bei plötzlicher Einschaltung eine Schwankung bis 563 auf.

Die Dämpfung der rückwirkenden Kräfte erfolgt bei den Versuchen a bis g durch das Trägheitsmoment des Reglerpendels, bei der niedrigen Umlaufzahl des Versuches h unter Zusatz einer
kleinen Reibungsbremse.

Der schwingungsfreie aperiodische Übergang vom ursprünglichen in den angestrebten Belastungszustand wurde unabhängig von der Größe des Ungleichförmigkeitsgrades und bis herab zum Ungleichförmigkeitsgrad Null, d. h. astatischer
Regelung, erzielt. Im letzteren Falle wurde bei plötzlicher Entlastung von der
Größtleistung auf Leerlauf nur eine vorübergehende Änderung der Umdrehungszahl von 570 auf 572, und beim umgekehrten Belastungsübergang eine Änderung
von 570 auf 563 festgestellt mit sofortigem Rückgang auf die ursprüngliche Umdrehungszahl 570. Bei allmählichem Belastungsübergang trat keine Änderung der
Umdrehungszahl 570 ein. Ungleichförmigkeitsgrade über 1 v. H. ergaben auch bei
plötzlicher Belastungsänderung keine Überschreitung der Geschwindigkeit des neuen
Beharrungszustandes.

Während der astatische Fliehkraftregler ohne Beharrungsmasse bei Belastungsänderungen, wie früher gezeigt, in gleichförmigen ungedämpften Schwingungen sich
bewegt, wird im vorliegenden Beispiele durch die Beharrungswirkung ein so wesentlicher Teil der Verstellkräfte aufgenommen, daß der damit ersetzte Teil des gesamten Ungleichförmigkeitsgrades nahezu die Größe des Grenzwertes δ_g erreicht.

Vergrößerung des Ungleich-förmigkeits-grades durch Beharrungs-massen. Die von der Beharrungskraft bewirkte Vergrößerung des Ungleichförmigkeitsgrades δ_b berechnet sich mit den früher benutzten Bezeichnungen zu:

$$\delta_b = \frac{J_r}{2\,\varrho} \cdot \frac{\omega}{T} \cdot \frac{1}{C_m},$$

so daß durch Fliehkraft nur noch der Betrag $(\delta_r - \delta_b)$ zu decken ist. δ_b dürfte im
allgemeinen den Wert von $+4$ v. H. nicht überschreiten und wird meist kleiner
sein, bis herab zu negativen Werten bei ungünstiger Anordnung der Trägheitsmasse.

Aus Vorstehendem geht hervor, daß der Einbau besonderer Trägheitsmassen,
wie sie häufig in Form von Trägheitsringen (II, 151, 10) und Trägheitsscheiben
(II, 148, 7) erfolgt, nur dann eine Erhöhung der Empfindlichkeit der Regelung erreichen läßt, wenn nicht durch sie die Reibungswiderstände des Reglers vergrößert
werden. Trägheitsringe, die sich auf der Reglerwelle in Gleitlagern abstützen, rufen
durch ihre Gewichtswirkung nicht selten so große Reibung hervor, daß die von der
Beharrungskraft gelieferte Verstellkraft aufgezehrt wird. Eine Vergrößerung der
Empfindlichkeit erfordert in solchen Fällen die Anwendung von Kugellagern.

Wie bereits bemerkt, läßt sich die Wirksamkeit von Beharrungsmassen nur bei Exzenterreglern zur Erhöhung ihrer Empfindlichkeit praktisch verwerten. Bei Muffenreglern dagegen wirkt die Trägheit der Reglermassen unter allen Umständen hemmend, da durch sie namentlich in den Rotationsebenen der Gelenke häufig Klemmungen in diesen hervorgerufen werden, welche die inneren Reibungswiderstände auch in den Führungen vergrößern.

i. Veränderung der Umlaufzahl.

Während der normale Geschwindigkeitsregler für eine bestimmte Umdrehungszahl entworfen wird, von der seine Geschwindigkeit in den Innen- und Außenlagen nur um wenige Hundertteile abweicht, wird bisweilen die betriebstechnische Forderung gestellt, daß die mittlere Umdrehungszahl eines Reglers und damit auch der Maschine in gewissen Grenzen während des Betriebes verändert werden kann.

Beim Antrieb von Drehstromgeneratoren, die parallel mit anderen elektrischen Generatoren betrieben werden, kann beispielsweise die zur Parallelschaltung eines leerlaufenden mit einem belasteten Aggregat erforderliche Einstellung gleicher Generatorspannung nur durch Regelung der Umdrehungszahl erzielt werden, indem die einzuschaltende leerlaufende Dampfdynamo auf die gleiche Spannung und Umdrehungszahl der belasteten zu bringen ist. Die Erfüllung dieser Bedingung verlangt eine Erniedrigung der Umdrehungszahl der unbelasteten Maschine.

Es genügt hierfür eine größte Verstellbarkeit um ± 5 v. H. Beim Antrieb von Kompressoren und Pumpen werden größere Änderungen der Umlaufzahl, etwa im Verhältnis 1:2 bis 1:3, erforderlich. Besonders große Unterschiede im Gang der Maschine treten beim Dampfantrieb von Papiermaschinen auf, je nach den erforderlichen Vorschubgeschwindigkeiten, während gleichzeitig innerhalb jedes Betriebszustandes ein hoher Gleichförmigkeitsgrad im Maschinengang aufrecht zu erhalten ist.

Die konstruktiven Mittel zur Erzielung vorbezeichneter Änderungen der Betriebsverhältnisse eines Reglers werden im Anschluß an die Behandlung der wichtigsten Reglerbauarten erörtert werden.

k. Forderungen an den Reglerbau.

Aus vorstehenden Betrachtungen des Regelvorganges ist zu erkennen, daß zur Erhöhung der Empfindlichkeit der Regelung folgende Maßnahmen bei der Konstruktion des Reglers und der Maschine beitragen:

1. Vergrößerung der Schwungmassen der Maschine;
2. Verkleinerung der Eigenreibung des Reglers;
3. Vergrößerung der Rückdruckpendlungen;
4. Vergrößerung der mittleren Fliehkraft des Reglers (möglichst ohne Vermehrung der Reglermasse);
5. Verkleinerung des Ausschlages der Reglergewichte;
6. Größtmögliche Ausnutzung der Trägheitswirkung der Reglermassen.

Unter diesen Einzelheiten sind die inneren Reibungswiderstände des Reglers von entscheidendem Einfluß auf die Empfindlichkeit der Regelung. Es ist deshalb auf deren weitestgehende Verminderung durch Wahl eines rationellen Reglertypus besonderer Wert zu legen.

Die innerhalb der Steuerung auftretenden Massenwirkungen und Reibungswiderstände beeinflussen im allgemeinen die Regelung insofern günstig, als sie im Regler schwingende Bewegungen hervorrufen, durch die dessen Eigenwiderstände bei der Verstellung überwunden werden und dementsprechend die vom Regler selbst zu leistende Verstellarbeit sich verkleinert. Eine Verminderung dieser Rückwirkung der Steuerung ist daher nur dann anzustreben, wenn so bedeutende Rückdruckkräfte auftreten, daß ihre Dämpfung unbequem große Reglerabmessungen erfordern würde.

Kennzeich-
nung der
Reglersysteme.
Durch die vorausgegangenen theoretischen Feststellungen ist die Grundlage
für die vergleichende Behandlung der verschiedenen Reglerbauarten, wie solche
in den beiden Haupttypen der Gewichts- und Federregler gegeben sind, gewonnen, indem die statischen Eigenschaften eines Reglers sich unmittelbar aus
der Fliehkraftkurve der Schwunggewichte, der Charakteristik, ableiten lassen
und sein dynamisches Verhalten mit seiner absoluten Größe und mit der Rückwirkung der Steuerung zusammenhängt.

Bei den Gewichtsreglern wird die Stabilität im Reglersystem dadurch erreicht,
daß die Fliehkräfte der Schwungmassen sich ins Gleichgewicht mit den Gewichtswirkungen der Reglerteile setzen; bei den reinen Federreglern dagegen wird die
Fliehkraftwirkung lediglich durch Federn aufgenommen. Das letztere Prinzip
kommt ausschließlich bei den Exzenter- oder Flachreglern zur Anwendung,
während bei den Muffenreglern vielfach Gewichts- und Federwirkung gleichzeitig zum statischen Ausgleich der Fliehkräfte benützt werden.

2. Reglersysteme.

a. Ideale Reglerschemen.

Die allgemeinen Betrachtungen des vorhergehenden Abschnitts über Statik
und Dynamik des Regelvorgangs lassen nicht nur die Forderungen erkennen, die
betriebstechnisch an den Regler zu stellen sind, sondern sie geben auch den nötigen
Hinweis für die zweckmäßigste konstruktive Gestaltung der Regler. Maßgebend
in letzterem Sinne muß vor allen Dingen die Charakteristik erachtet werden, deren
gesetzmäßiger Verlauf grundlegend ist für die statischen Eigenschaften des Reglers,
die ihrerseits im Ungleichförmigkeitsgrad der Regelung ihren betriebstechnisch
wichtigen Ausdruck finden.

**Prinzipieller
Aufbau.**
Nachdem mit der Charakteristik bei den Muffenreglern die Fliehkraftskurve,
bei den Exzenterreglern die Fliehkraftmomente gegeben sind, so besteht für die konstruktive Ausbildung des Reglers nur die Aufgabe, die Reglerinnenkräfte mit den
Fliehkräften bzw. die beiderseitigen Momente auf die einfachste Weise ins Gleichgewicht zu bringen. Die theoretisch und praktisch vollkommenste Lösung hierfür
ermöglicht der Federregler, indem zum statischen Ausgleich mit den Fliehkräften
nur notwendig wird im Schwerpunkt der Schwungmassen Federn angreifen zu
lassen, deren Spannungsänderung mit der Änderung der Fliehkräfte in den einzelnen
Reglerstellungen übereinstimmt. Auf diese Weise ergibt sich das aus der kleinstmöglichen Zahl beweglicher Teile gebildete, ideale Reglerschema und zwar
lediglich bestehend aus den Schwunggewichten und den an ihren Schwerpunkten
angreifenden Federn. Losgelöst von den zum Reglerstellzeug gehörigen Übertra-
**Konstruktive
Grundform.**
gungsteilen, wie Hülse, Verbindungsgestänge, Winkelhebel u. dgl. zeigen die Skizzen
Fig. 995 bis 998 dieses Reglerschema in seiner Grundform für Muffen- und Exzenterregler, und in seiner äußerlichen Verschiedenheit je nach der gewählten Federart.

Bei unmittelbarer Übertragung der Fliehkräfte auf die Feder folgt aus dem
Vorteil der theoretisch einfachsten Gestaltung des Reglers der weitere Vorzug kleinster
beweglicher Massen (nur beschränkt auf die unentbehrlichen Schwunggewichte)
und der Fortfall durch Flieh- und Federkräfte belasteter Zapfen und Gelenke, so
daß auch die Empfindlichkeit eines solchen Federreglers nicht durch beträchtliche
Massenwirkung und Eigenreibung ungünstig beeinflußt wird. Diese, im Prinzip
des Federreglers begründeten und beim Gewichtsregler schon wegen der größeren
Reglermassen und des nur mittelbaren Kraftausgleichs nicht erzielbaren, wertvollen Eigenschaften lassen sich bei sorgfältiger Konstruktion und Ausführung des
Reglers zu solcher Auswirkung bringen, daß größere Vollkommenheit auf abweichender Grundlage vollständig ausgeschlossen ist.

**Vollkommen-
ste Regler-
konstruktion.**
Zur theoretisch und praktisch vollkommensten Konstruktion eines Reglers
überhaupt und des Federreglers im besonderen führt also nur jene Ausbildung,
bei der die Schwunggewichte und Federn so angeordnet und miteinander verbunden

sind, daß sich Flieh- und Federkräfte unmittelbar aufheben, wie dies Fig. 995 und 998 veranschaulicht und bei den Muffenreglern II, Taf. 37, 1 bis 4, und Taf. 40, 3 und 4,

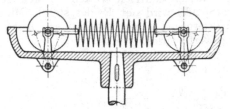

Fig. 995. Schematische Darstellung des ideellen Feder-Muffenreglers.

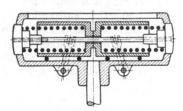

Fig. 996. Hartung.

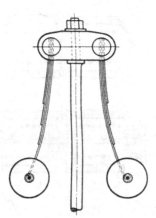

Fig. 997. Gutermuth.

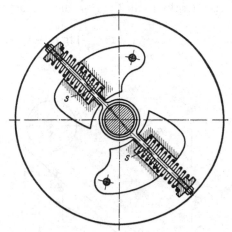

Fig. 998. Schematische Darstellung des ideellen Exzenter- oder Flachreglers.

Fig. 995 bis 998. Konstruktive Grundformen ideeller Federregler.

durchgeführt ist, von denen die mit horizontal liegender Schraubenfeder die ausgedehnteste Anwendung gefunden haben.

Die Schwunggewichte und Federn sind so miteinander zu verbinden und auf einer zur Drehachse senkrechten Bahn radial so zu führen, daß die Schwerpunkte der ersteren in der Federachse sich bewegen. Je nach der Ausbildung der Führungsbahn, als Rollen-, Lenker- oder Schwingenführung, und je nach der Bewegungsübertragung zur Muffe bzw. dem Exzenter eines Flachreglers ergeben sich äußerlich voneinander abweichende Reglerkonstruktionen.

Bleibt der von der Verbindung der Schwungmassen mit der Muffe herrührende Einfluß des Muffengewichtes unberücksichtigt, so besteht im Reglerschema Fig. 999 Gleichgewicht, wenn Flieh- und Federkraft gleichgroß sind. Der Ungleichförmigkeitsgrad ist somit nur abhängig von dem mit der Lagenänderung der Schwunggewichte sich ergebenden Span-

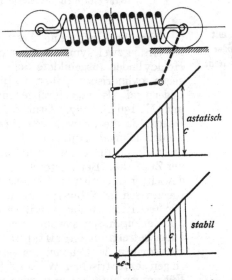

Fig. 999. Schema des einfachen Federreglers für astatische und stabile Wirkungsweise.

nungsverlauf der Feder. Würden die Spannungsverhältnisse der Feder so gewählt, daß in ihrem unbelasteten Zustand die Schwunggewichtsschwerpunkte in
der Spindelachse liegen, so würde der Regler astatisch wirken. Durch Verschiebung des Nullpunktes außerhalb der Spindel wird der Regler stabil. Mit zunehmendem Abstand e kann, nach den Erörterungen im vorhergehenden Abschnitt, der
Ungleichförmigkeitsgrad beliebig vergrößert werden.

Nach S. 760 besteht zwischen den Neigungswinkeln φ und dem Ungleichförmigkeitsgrad δ_r der Zusammenhang, daß

$$\delta_r = \frac{\operatorname{tg}\varphi_2 - \operatorname{tg}\varphi_1}{2\operatorname{tg}\varphi_m} = \frac{c}{2\,C_m}\,.$$

Hierin kann nach Fig. 1000 $\operatorname{tg}\varphi_1$ ersetzt werden durch den Neigungswinkel ψ der
Charakteristik C gegen die Nullachse, indem $r\operatorname{tg}\varphi_2 = (r-e)\operatorname{tg}\psi$, so daß

$$\delta_r = \frac{\left(1 - \dfrac{e}{r}\right)\operatorname{tg}\psi - \operatorname{tg}\varphi_1}{2\operatorname{tg}\varphi_m}\,.$$

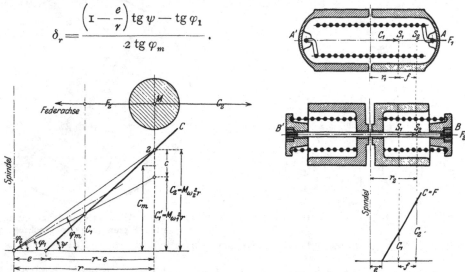

Fig. 1000. Einstellung der Federspannungen   Fig. 1001. Relativlage der Angriffspunkte
für stabilen Federregler.   der Federn und der Schwerpunkte der
                                                  Schwungmassen bei Zug- und Druckfedern.

Regler mit Zug- oder Druckfedern. Für die Ausführung dieser Regler kommen nicht Zugfedern, sondern fast allgemein je zwei symmetrisch angeordnete Druckfedern zur Anwendung, die in als
Hohlcylinder ausgebildete Schwunggewichte eingesetzt werden und sich außerdem
gegen cylindrische Teller abstützen, die zum Ausgleich der Spannungen beider
Federn mittels einer durchgehenden Stange miteinander verbunden sind, II, Taf. 37
und II, 136 und 137. Druckfedern gewähren größere Betriebssicherheit als Zugfedern, da die Schwunggewichte im Falle eines Federbruchs nicht abgeschleudert
werden können. Außerdem ist die Bemessung der Federn erleichtert, da ihre Länge
nicht durch die Schwerpunktslage der Schwunggewichte beeinflußt wird, wie bei
der Zugfeder. Bei letzterer gestaltet sich auch die Verbindung mit den Schwunggewichten unbequem im Gegensatz zur einfachen Stützung bei Druckfedern. Bei dem
theoretisch im Schwerpunkt der Schwunggewichte wirksam zu denkenden Angriff
der Feder müßte ihr spannungsloser Zustand dem Schwerpunktsabstand e von der
Spindel zugehören, sowohl für die Zug- wie für die Druckfeder. Die tatsächlich voneinander getrennten Angriffspunkte der Flieh- und Federkräfte innerhalb der üblichen
Hohlformen der Schwungmassen, Fig. 1001, verursachen an letzteren, bei einer geringen exzentrischen Wirkung beider Kräfte Kippmomente, die durch besondere
Führungen aufgehoben werden müssen. Da der Schwerpunkt der Schwunggewichte,
namentlich bei Anwendung von Druckfedern, sich, im Interesse geringen Un-

gleichförmigkeitsgrades, nahe an die Welle rücken läßt, kann bei vorgeschriebener Umdrehungszahl der Reglerwelle die Erzeugung eines gewissen inneren Arbeitsvermögens große Schwungmassen bedingen. Es wird aber dadurch der Regler befähigt, starke Rückdruckimpulse der Steuerung ohne empfindliche Reglerschwankungen aufzunehmen gegenüber einer Reglerausbildung mit größerem Schwerpunktsabstand und kleineren Massen bei gleichem Arbeitsvermögen.

Infolge des einfachen Zusammenhanges zwischen Feder und Schwunggewicht können sich in der praktischen Gestaltung des idealen Federreglers die verschiedenen Konstruktionen wesentlich nur noch durch die Art und Weise der Führung und Lagerung der Schwunggewichte sowie der Übertragung ihrer Bewegung auf die Hülse voneinander unterscheiden, wie auch die nachfolgend besprochenen Ausführungsbeispiele zeigen.

Federberechnung.

Der eingehenden Behandlung der Federreglerkonstruktionen mögen folgende Betrachtungen über Ausführung und Berechnung der Federn vorausgeschickt werden.

Bei Reglern werden vorwiegend cylindrische, aus homogenem Stahldraht in Spezialfabriken hergestellte Schraubenfedern verwendet. Die größte zulässige

**Feder-
berechnung.**

Drehungsbeanspruchung dieses Federstahls kann zu 4000 bis 4500 kg/qcm und dessen Schubelastizität zu 1/750000 angenommen werden. Im Regler kommen sowohl Zug- wie Druckfedern zur Anwendung, bei denen zur Erzielung kleinster Federlängen im ersteren Falle eine Berührung der einzelnen Windungen im unbelasteten Zustand, im zweiten Falle bei der größten Zusammenpressung erfolgen kann. Die Längenänderung der Federn ist bei vollkommen homogenem Material, sorgfältiger Ausführung und zentraler Kraftwirkung den Federkräften proportional, Fig. 1002. Der geringen Widerstandsfähigkeit gegen seitliche Kräfte wegen besteht bei Druckfedern eine gewisse Gefahr des Ausknickens, namentlich bei

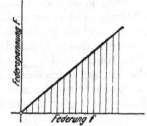

Fig. 1002. Federspannung und Längenänderung der Feder.

vielen Windungen; es ist deshalb bei diesen Federn geringe Länge und Windungszahl, sowie großer Durchmesser anzustreben; Zugfedern erfordern keine derartige Rücksichtnahme. Die Federmittellinie ist bei raschlaufenden Reglern möglichst in einen Durchmesser des Reglergehäuses zu verlegen, damit die Fliehkräfte der Reglerwindungen nur deren Abstände verändern. Bei seitlichem Einbau tritt eine Ausbiegung der Feder ein, durch welche deren Spannungszustand in schwer zu ermittelnder Weise sich verändert.

Die Berechnung der Schraubenfeder hat von der Torsionswirkung auszugehen, die eine zentrale Zug- oder Druckbeanspruchung F auf die Querschnitte des Federdrahtes ausübt. Bezeichnet nach Fig. 1003 und 1004 r den Windungshalbmesser,

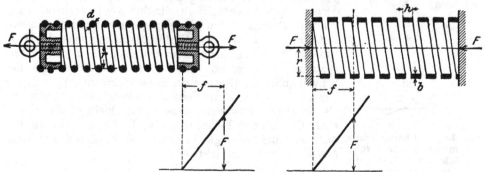

Fig. 1003 und 1004. Zusammenhang von Spannungs- und Längenänderung bei Zug- und Druckfedern.

W das Widerstandsmoment des Federquerschnittes auf Verdrehung und k_d die Drehungsbeanspruchung, so kann gesetzt werden $F \cdot r = W \cdot k_d$. Für Federn mit kreisförmigem Querschnitt ist $W = \frac{\pi}{16} d^3$, für die seltener angewendeten rechteckigen Federn $W = \frac{2}{9} b^2 h$. Für die größte auftretende Federbelastung F_{max} ist die oben angegebene größte zulässige Drehungsbeanspruchung einzuführen.

Unter dem Einflusse des Momentes $F \cdot r$ tritt eine Längenänderung f der Feder ein, die sich bei kreisförmigem Querschnitt der Windungen aus dem Verdrehungswinkel $\vartheta = \dfrac{F \cdot r}{\frac{d^4}{32} \cdot G}$ und der Länge der Windungen $2\,r\vartheta \cdot n$ berechnet zu

$$f = r \cdot \vartheta \cdot 2\,r\pi \cdot n = \frac{64\,n r^3}{d^4} \cdot \frac{F}{G} = \frac{4\,\pi n r^2}{d} \cdot \frac{k_d}{G}.$$

Für rechteckige Schraubenfedern beträgt die Federung $f = 1{,}6\,\pi n r \cdot \dfrac{b^2 + h^2}{b h^2} \cdot \dfrac{k_d}{G}$.

Mit Hilfe der vorstehenden Beziehungen zwischen den äußeren Kräften F und den Spannungs- und Längenänderungen der Federn lassen sich unter Einführung der durch die Konstruktion in engen Grenzen festliegenden Größen die Ausführungsverhältnisse der Federn berechnen.

Die gewählten Größen werden in erster Linie von Konstruktionsrücksichten abhängig, indem der verfügbare Raum meistens den größten zulässigen Außendurchmesser und die größte Federlänge festlegt. Bei Zugfedern können die Windungen in spannungslosem Zustande aufeinander liegen, so daß die kleinste Länge gleich $n \cdot d$ die größte $n d + f_{max}$ beträgt, wobei die Dehnung f_{max} den in den Außenlagen des Reglers auftretenden größten Fliehkräften entspricht. Bei Druckfedern besteht umgekehrt im unbelasteten Zustand die größte, im belasteten entsprechend kleinere Federlänge. Zur Erleichterung der Rechnung und raschen Feststellung der zweckmäßigen Federverhältnisse sei auf eine von Dr. Pröll entworfene Tafel zur Schraubenberechnung hingewiesen[1]).

b. Feder-Muffenregler mit unmittelbarer Gegenwirkung von Feder- und Fliehkraft.

Hartung-Regler.

Bei dem Hartungregler Fig. 1006 und II, 136, 8 erfolgt die Gewichtsführung und Bewegungsübertragung auf die Muffe mittels symmetrisch angeordneter rechtwinkliger Hebel. Zur Sicherung der wagerechten Lage und einer zuverlässigen Führung der Gewichte stützen sich diese in ihrer horizontalen Schwerpunktsachse je auf zwei gleich gerichtete Arme eines Winkelhebels. Tangentiale Antriebskräfte oder Reaktionen werden dabei durch die Stirnflächen der Hebelaugen übertragen bzw. aufgenommen.

Die Schwingenführung der Gewichte verändert den statischen Kräfteausgleich zwischen Flieh- und Federkraft dadurch, daß die Schwunggewichte an ihren Stützdrehpunkten mit der Stellung des Winkelhebels sich verändernde Kippmomente liefern, die durch entsprechend große Fliehkraftkomponenten C_g ausgeglichen werden müssen, Fig. 1005. Für bestimmte Stabilitätsbedingungen des Reglers ergeben sich somit größere Unterschiede in den Federspannungen zwischen der Innen- und Außenlage der Schwungmassen, als ohne deren Gewichtswirkung. Dieser Umstand beeinflußt die Federabmessung insofern günstig, als für gleiche Zusammenpressung eine kleinere Windungszahl, also kürzere Feder, nötig wird. Bei der Stabilitätsuntersuchung des Reglers ist auch der Einfluß des Muffengewichtes zu berücksichtigen.

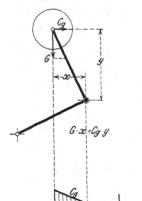

Fig. 1005. Charakteristik des mittels Stütze geführten Schwunggewichtes des Hartung-Reglers.

[1]) Dr. Pröll,

Was die Eigenreibung des Reglers angeht, so sind Zapfen, die den bedeutenden Federspannungen und Fliehkräften ausgesetzt sind, nicht vorhanden; nur das Eigengewicht der Schwungmassen und der Muffe belastet die Zapfen des Winkelhebels. Es genügen daher Bolzen von geringem Durchmesser, die zur Verhütung frühzeitiger Abnützung gehärtet und in gleichfalls gehärteten, langen Büchsen drehbar gelagert werden. Die von den Zapfendrücken herrührende Eigenreibung beträgt bei den üblichen Zapfenabmessungen bei langsam laufenden Reglern 0,3 v. H., bei rasch-

laufenden Reglern 0,2 des Muffendrucks für einen Reibungskoeffizienten $\mu = 0{,}1$. Infolge Zunahme des Muffendrucks mit dem Anheben der Hülse nimmt ε_r von den unteren nach den oberen Muffenstellungen ab.

Eine weitere Verminderung der Reibung bis auf etwa 0,1 v.H. des Muffendrucks ist noch durch Anwendung von Kugellagern erreichbar, doch kommt deren Einbau nur bei völlig rückdruckfreier Steuerung und empfindlichen Regelungsbedingungen, sowie ganz gleichmäßigem Antrieb in Frage, da erfahrungsgemäß die bei Zahnradantrieben infolge ungleicher Abnutzung auftretenden Stöße, selbst bei geringer Größe, Zerstörung der Kugellager bewirken.

Bei der außerordentlichen Verbreitung des Hartungreglers und seiner historischen Bedeutung ist es von Interesse seine von verschiedenen praktischen Gesichtspunkten beeinflußte bauliche Entwicklung bis zur Ausbildung des der gegenwärtigen fabrikmäßigen Herstellung dienenden einheitlichen Typus zu verfolgen.

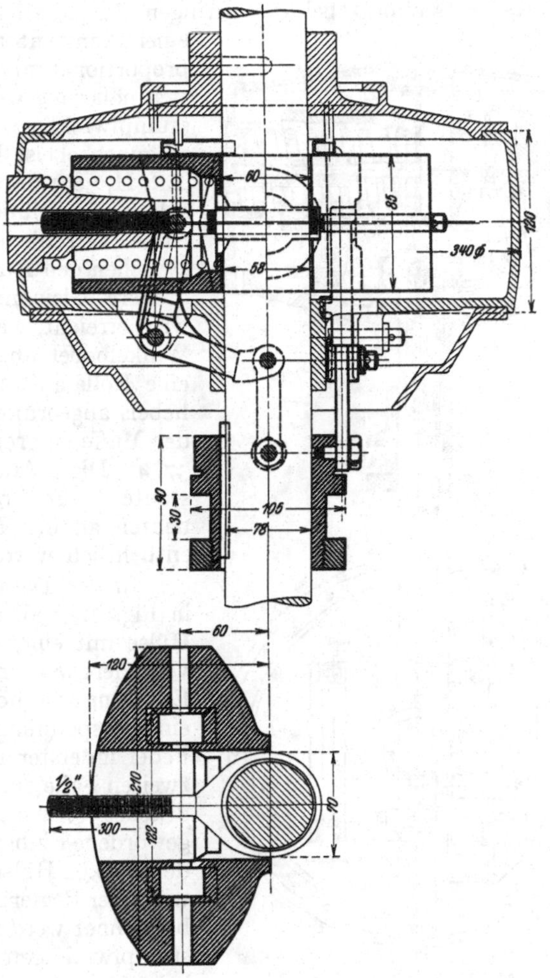

Die ursprüngliche Bauart des Reglers wird gekennzeichnet durch II, 136, 8 für eine liegende und Fig. 1006 für eine stehende Maschine. Die Federn stützen sich gegen Federteller ab, die

Bauliche Entwicklung des Hartung-Reglers.

Fig. 1006. Hartung-Regler für durchgehende Reglerwelle stehender Maschinen.

durch eine Stange einstellbar verbunden sind; bei durchgehender Reglerwelle ist diese Verbindungsstange ringförmig erweitert. Die Bewegungsübertragung zur Muffe erfolgt durch gleichschenklige, am Gehäuseboden drehbar gelagerte Winkelhebel, deren Schenkel unter 90° zueinander stehen und deren einer Arm stützend im Schwerpunkte je eines Gewichtes angreift. Die Muffendruckkurve, II, Taf. 37, 1, ist mit der Fliehkraftkurve identisch, der Muffendruck nimmt somit mit abnehmender Belastung zu.

Da letzteres im allgemeinen unerwünscht ist, so erscheint es auch nicht angängig, eine Verstellung der Umdrehungszahl, wie bei den Gewichtsreglern, durch

Zusatz einer konstanten Muffenbelastung zu erzielen, indem auch hierbei der Ungleichförmigkeitsgrad sich wesentlich ändern würde.

Die Verstellung der Umdrehungszahl durch Zufügung oder Entziehung einer
konstanten Kraft an der Hülse setzt für gleichbleibenden Ungleichförmigkeitsgrad voraus, daß auch der Muffendruck im verwendeten Ausschlagsgebiet sich
nicht ändert. Es müßte also die Hebelübertragung zwischen Pendelgewicht und
Muffe so gewählt werden, daß trotz der wachsenden Fliehkräfte C unveränderliche
Hülsenkräfte E sich ergeben. Da nun am Winkelhebel die Gleichgewichtsbedingung besteht $Cy = Ez$, so muß bei der geringen Veränderlichkeit von y zur Erzielung

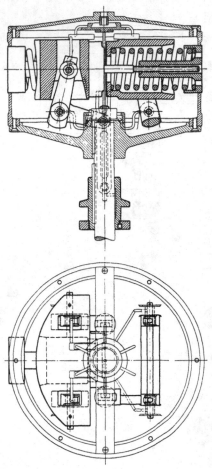

Fig. 1007. Hartung-Regler mit rechtwinkligen Übertragungshebeln.

einer konstanten Hülsenkraft, z ungefähr
proportional mit C sich verändern. Dies läßt
sich näherungsweise durch Anwendung eines
stumpfwinkligen ungleichschenkligen Über-
tragungshebels, II, 136, 9 erzielen. Die auf
Taf. II, 38, 1 dargestellte Untersuchung einer
solchen Hebelübertragung zeigt nurmehr geringe Verschiedenheiten der Muffendrucke
zwischen den Außenlagen des Reglers. Noch
größere Gleichmäßigkeit des Muffendrucks
wird erreicht, wenn statt der Kupplung von
Winkelhebel und Muffe mittels Lenkstange
eine Rolle am unteren Schenkel des Winkelhebels angeordnet wird, die in eine Ringnut
der Muffe eingreift, II, 137, 11, und II, Taf.
37, 4. Diese Anordnung ergibt nahezu konstante Hülsenkraft ohne Horizontalkomponenten an der Muffe, so daß Doppelhebel
entbehrlich werden.

In der Darstellung Taf. II, 38, 1 sowie
in Fig. II, 136, 10 zeigt die Verbindung der
Hülse mit einer Hilfsfeder, deren Spannung
verändert werden kann, eine Einrichtung zur
Erzielung veränderlicher Umlaufszahl, wobei
eine Anspannung der die Muffe belastenden
Feder im ersteren Falle eine Vermehrung, im
zweiten Falle eine Verminderung des Muffendruckes verursacht. Die hierbei notwendig
gewordene Einbeziehung einer mehr oder minder starken Hülsenbelastung in das Gleichgewicht der Reglerinnenkräfte muß als Nachteil
bezeichnet werden, da in den Gelenken des
stumpfwinkligen Hebels ungünstige Zapfenbelastungen entstehen, die überdies bei den
geringen Energiewerten am größten werden,
so daß die Empfindlichkeit des Reglers be-
sonders bei den kleineren Umdrehungszahlen verschlechtert wird. Diese Art der
Einstellung des Reglers auf veränderliche Umdrehungszahl ist daher aufgegeben
worden. Die gegenwärtige normalisierte Ausbildung des Reglers, die sich im wesentlichen auf die ursprüngliche Bauart stützt, zeigt Fig. 1007. Der rechtwinklige
Übertragungshebel ist beibehalten, wegen der bei belasteter Muffe geringeren Ge-
lenkbeanspruchung und weil sich gezeigt hat, daß ein von der unteren zur oberen Hülsenlage zunehmender Muffendruck keine Veranlassung zu Klemmungen gibt.

Zum Unterschiede von der ursprünglichen Bauart Fig. II, 136, 8 sind die Hebel
im Inneren des Gehäuses gelagert, wodurch ein äußerlich glattes Gehäuse als reiner
Drehkörper möglich wird. Die Spannmuttern der Federn sind in Gehäuseöffnungen

verschiebbar und zugänglich gelagert, damit Spannungsunterschiede beider Federn leicht erkannt und ausgeglichen werden können. Zur Vermeidung störender seitlicher Ausbiegungen der Federn sind ihre Windungsdurchmesser groß gewählt. Die Federn haben in der vorliegenden einfachsten Reglerkonstruktion zugleich die Aufgabe, die Gewichte während des Ausschlages in ihrer horizontalen Lage zu erhalten. Nur bei sehr unruhigem Antrieb neigen die Gewichte zum Pendeln um die Schwerpunktachse. In solchen Fällen ist an Stelle einfacher Stützung eine Parallelführung des Gewichtes vorzusehen, etwa wie Fig. 1008 für eine ältere Reglerausführung zeigt.

Die Schmierung der Reglergelenke erfolgt von Mitte Deckel aus mittels Rinnen, die auf den Gewichten aufgeschraubt sind und das Öl durch Röhrchen und Bohrungen nach den Stütz- und Lagerzapfen und der Muffe verteilen.

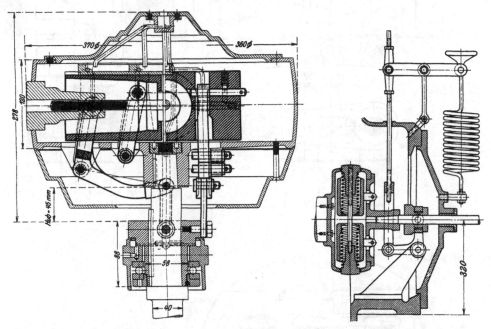

Fig. 1008. Regler mit Parallelführung der Schwunggewichte durch Lenker. Rechtwinklige ungleichschenklige Übertragungshebel.

Fig. 1009. Hartungregler auf horizontaler Welle und Zusatzfeder zur Änderung der Umlaufzahl.

Um typische Reglerkonstruktionen behufs ihrer rationellen Herstellung und Verbilligung in einer beschränkten Größenzahl normalisieren zu können, trotzdem sie sich den verschiedenartigsten Betriebsverhältnissen der Dampfmaschinen und abweichenden Steuerungskonstruktionen anzupassen haben, werden übereinstimmende Reglergrößen für verschiedene Umdrehungszahlen eingerichtet. Dies wird. erreicht durch Änderung der Schwunggewichte bei gleicher Federspannung und umgekehrt. Dadurch werden bei gleicher äußerer Ausführung die Regler beispielsweise durch Kombination zweier Schwunggewichtsgrößen und zweier Federn in 4 verschiedenen Größen für gleichen Hub hergestellt. Der Muffendruck bleibt bei gleichen Federn unverändert, während die Empfindlichkeit mit Verkleinerung der Schwungmasse sich vergrößert.

Die gleichen Regler können auch für größeren Hub eingerichtet werden, wenn der gleichschenklige Winkelhebel durch einen Winkelhebel mit vergrößertem Muffenarm ersetzt wird. Der mittlere Muffendruck wird alsdann entsprechend kleiner.

Hinsichtlich der Aufstellung der Regler ist zu bemerken, daß sie meist am oberen Ende senkrechter Wellen und nur ausnahmsweise um, durch das Reglergehäuse hindurchgeführte, Wellen herum angeordnet sind. Die Unterbringung des Reglers auf horizontaler Welle Fig. 1009 ist zu vermeiden, da allein schon der Einfluß der Gewichtswirkung der Schwungmassen dauernde Gleichgewichtsstörungen verursacht und eine ruhige Hülsenstellung im Beharrungszustand der Maschine unmöglich macht.

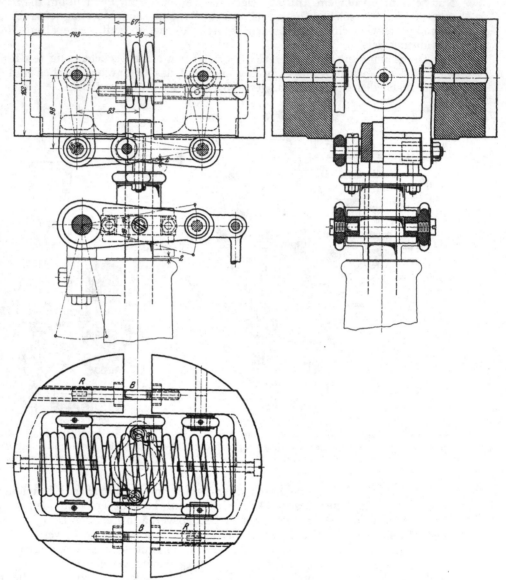

Fig. 1010. Regler mit Zugfeder und rechtwinklig gleichschenkligen Übertragungshebeln. Rice and Sargent, Providence.

Regler mit Zugfedern.   Fig. 1010 und 1011 zeigen dieselben Reglertypen amerikanischer Ausführung unter Anwendung von Zugfedern. In Fig. 1010 erfolgt wie beim Hartung-Regler die Stützung der Gewichte in der Schwerpunktsebene und die Bewegungsübertragung nach der Muffe durch gleichschenklige Winkelhebel, deren Arme rechtwinklig stehen. Ein Kippen der Gewichte wird durch ihre Parallelführung mittels eingeschraubter Bolzen B vermieden, die symmetrisch zur Spindel angeordnet sind und auf ihren vorstehenden Enden Rollen R tragen, mit denen sie in zugehörige Aussparungen der Gewichte gegenseitig eingreifen. Eine Eigentümlichkeit der Konstruktion besteht in dem Fehlen des Reglergehäuses, wodurch es notwendig wird, die Drehzapfen der Winkelhebel auf einer mit dem Spindelende fest verbundenen Traverse zu lagern. Durch Abdrehen der Außenseiten der halbcylindrischen Gewichte wird die erwünschte Rotationsform des Reglers erzielt.

Fig. 1011 benützt die Schwingenparallelführung des Reglers Fig. 1008 zur Abstützung der Gewichte und den ungleichschenkligen rechtwinkligen Hebel zur Ver-

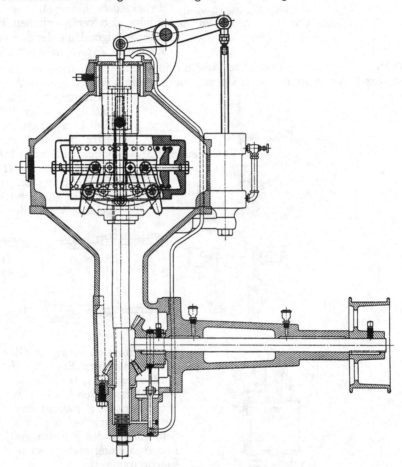

Fig. 1011. Regler mit Zugfeder und Schwingen-Parallelführung der Gewichte.
Allis-Chalmers & Co., Milwaukee.

größerung des Muffenhubes. Die Stellbewegung wird mittels einer achsial angeordneten Lenkstange nach oben abgeleitet. Der am Gehäuse gelagerte Stellhebel steht noch mit einer Ölbremse in Verbindung[1].

Bemerkenswert ist die vollständige Einkapselung des Reglers einschließlich des Räderantriebs der Spindel zwecks laufender Schmierung aller beweglichen Teile durch Vermittlung einer kleinen Ölpumpe, die das Öl aus dem unteren Gehäuseraum in den oberen Teil des Reglers pumpt.

---

[1] Die Notwendigkeit des Einbaus einer Ölbremse zeigt, daß im vorliegenden Falle das Trägheitsmoment der Reglermassen zur Aufnahme der Steuerungs-Rückdrücke zu gering ist. Die durch hohe Umdrehungszahl, kleinen Gewichtsausschlag, sowie kleine Schwungmassen erzielte hohe Empfindlichkeit geht durch die Ölbremse wieder verloren.

Der für den Hartung-Regler in Fig. 1005 gekennzeichnete Einfluß der Gewichtswirkung kann durch Schieflegen der Achsen der beiden Druckfedern aufgehoben
werden, indem letztere in die Richtung der Resultierenden aus Fliehkraft und
Eigengewicht gelegt werden, Fig. 1012 und Taf. 37,

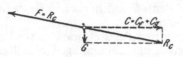

Fig. 3. Diese gekünstelte Lösung hat jedoch geringe
technische Bedeutung, da der bei normaler Lage
der Gewichte durch radiale Verbindung der Federteller mögliche Ausgleich der Spannung beider
Druckfedern aufgegeben werden muß; auch kann
infolge der veränderlichen Federspannung nur in
einer einzigen Lage der Schwunggewichte eine vollkommene Zapfenentlastung erzielt werden.

Fig. 1012. Aufhebung des Gewichts-
einflusses durch Schiefstellen der
Feder.

**Geradführung
der Schwung-
gewichte
durch Lenker.**

In naturgemäßer Weise erfolgt die Ausschaltung der Gewichtswirkung und die
Vermeidung des Kippens der Schwungmassen durch Anwendung von Geradführungen. Eine vollkommene Horizon-
talführung der Schwunggewichte liefert
die Lenkeranordnung Fig. 1013 und
1014 mittels Kreuzung der schwach geknickten Stange III—IV und der geraden
Hängestange I—II, wobei allerdings die
Einfachheit der baulichen Ausführung
verloren geht und die Anzahl der Reglergelenke wesentlich vermehrt ist.

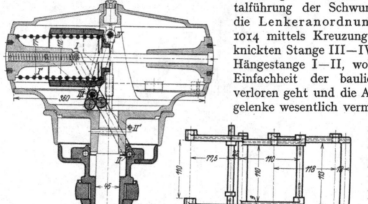

Wird das Reg-
lergestänge so ge-
wählt, daß die
Zapfen I Fig. 1013
in den Schwer-
punkten der
Schwunggewichte
angreifen, dann
befinden sich die
Schwungmassen im freien Gleichgewicht und ihr Gewicht übt keinen Einfluß auf die Fliehkraft und den
Muffendruck aus, so daß erstere der Federkraft gleich
wird. Der Muffendruck E ist zufolge der Ausmittlung, Fig. 1014, nahezu unveränderlich. Da die an
der Abstützung beteiligten Zapfen I—IV nur unter
dem Einfluß des Schwunggewichtes, aber nicht der
Federspannung stehen, so besitzt der Regler geringe
Eigenreibung.

Die Reglermuffe gleitet ohne Führungsfeder an
der Spindel und wird nur durch die Lenker I, II am
Verdrehen gehindert. Mit Rücksicht hierauf, sowie
auf die bei Belastungsänderung auftretenden seitlichen
Beschleunigungskräfte sind die aus Temperguß bestehenden Lenkerschenkel durch Querverstrebungen
miteinander verbunden, wie die Seitenfigur veranschaulicht.

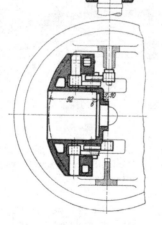

Fig. 1013.   Steinle-Hartung-
Regler mit Lenker-Geradführung der Gewichte.

Über die Eigenreibung liegen Versuche an einem Regler dieser Bauart von 60 mm
Muffenhub und rund 290 kg mittleren Muffendruck am stillstehenden Regler unter
Hinzufügung aller Massenkräfte vor[1]. Die Reglerzapfen waren aus weichem Stahl,
die Zapfenlager aus Temperstahlguß hergestellt.

---

[1] Versuche über die Unempfindlichkeit eines Fliehkraftreglers. Doktorarbeit des Dipl.-
Ing. A. Röver, Techn. Hochschule Hannover. G. Kreysing, Leipzig 1913.

Die Berechnung mit dem üblichen Reibungskoeffizienten $\mu = 0,1$ ergab einen mittleren Unempfindlichkeitsgrad von 0,2 v.H. infolge Belastung der Gelenkzapfen durch Schwunggewichte und Muffe. Gemessen wurde jedoch ein Unempfindlichkeitsgrad R/E von etwa doppelter Größe. Fig. 1015a. Es folgt hieraus, daß die wirklichen Reibungsziffern höher sind als 0,1. Das durch Gleitringreibung auf die Muffe übertragene Drehmoment erwies sich als vernachlässigbar gering.

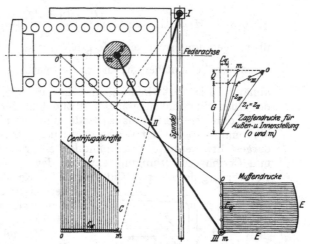

Fig. 1014. Federregler mit Lenker-Geradführung der Gewichte.

Bei der Verstellung des Reglers während der Belastungsänderung kommen zu den statischen Zapfendrücken noch Zapfenbelastungen durch die Winkelbeschleunigung der Maschine bzw. des Reglers und die Ausschlaggeschwindigkeit der Schwunggewichte hinzu, die die Eigenreibung des Reglers erhöhen. Ihr Einfluß läßt sich rechnerisch für verschiedene Verstellgeschwindigkeiten und Winkelbeschleunigung angenähert verfolgen. Bei einer Winkelbeschleunigung $d\omega/dt$ beträgt die auf die Masse M des Schwungkörpers im Schwerpunktsabstand r von der Drehachse ausgeübte Seitenkraft $= M \cdot r \, d\omega/dt$. Außerdem entsteht ein Drehmoment $J \cdot d\omega/dt$ um die Schwerpunktsachse jeden Schwungkörpers und ein solches $J_M \cdot d\omega/dt$ an der Muffe, die aber beide nur geringen Einfluß auf die Unempfindlichkeit ausüben. Die Ausschlaggeschwindigkeit v_1 erzeugt Seitenkräfte von einer der Coriolisbeschleunigung entsprechenden Größe $= 2 M v_1 \omega$. Durch die Lenker werden die Seitenkräfte

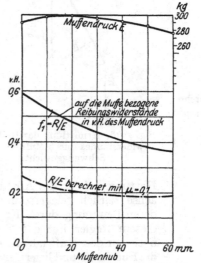

a. Veränderung des von der Gelenkzapfen- und Muffenreibung abhängigen Unempfindlichkeitsgrades f_1, bezogen auf den Muffenhub.

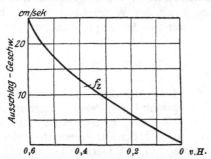

b. Veränderung des Unempfindlichkeitsgrades f_2 durch Zapfenbelastungen, infolge Winkel- und Coriolisbeschleunigung, abhängig von der Geschwindigkeit V.

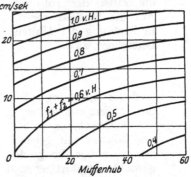

c. Resultierender Unempfindlichkeitsgrad $f_1 + f_2$, abhängig von Muffenhub und Geschwindigkeit V.

Fig. 1015 a, b, c. Versuchsergebnisse an einem Steinle-Hartung-Regler Fig. 1014.

$$2 M v_1 \omega + M r \, d\omega/dt = 2 M \omega \left(v_1 + \frac{r \, d\omega/dt}{2\omega} \right) = 2 M \omega \cdot V \quad \text{auf die Schwunggewichte}$$

übertragen und rufen eine Vergrößerung der von den Schwerkräften herrührenden Unempfindlichkeit hervor, die im wesentlichen von dem Werte $V = v_1 + \dfrac{r \, d\omega/dt}{2\omega}$ abhängt. Fig. 1015 b kennzeichnet die durch diese Kräfte hervorgerufene Erhöhung f_2 des Unempfindlichkeitsgrades mit Zunahme der gedachten Geschwindigkeit V und zeigt, daß der hierfür maßgebende Widerstand mit der Geschwindigkeit zu- und abnimmt, sein Verhalten also dem einer Ölbremse entspricht. Der in Fig. 1015 c dargestellte gesamte Unempfindlichkeitsgrad zeigt, daß durch die mit Winkel und Coriolisbeschleunigung entstehenden Seitendrücke eine **beträchtliche Vergrößerung der inneren Widerstände des Reglers** entsteht. Im Betriebe des Reglers

Prismatische Geradführung.

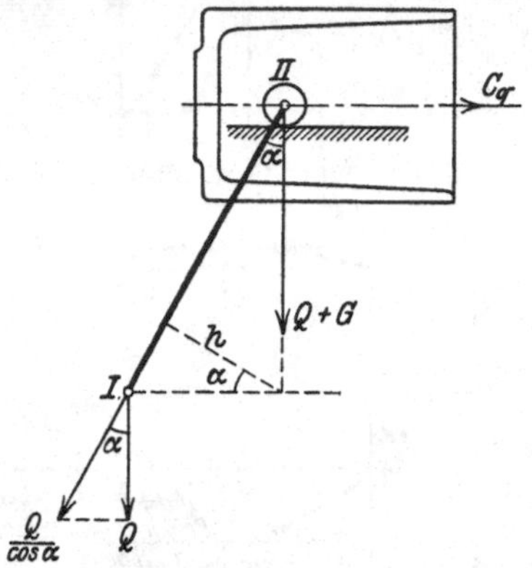

Fig. 1016. Ermittlung des Reibungswiderstandes durch Muffen- und Schwunggewicht.

vereinigen sich diese Widerstände mit den in den Regler übertragenen Rückdruckkräften aus Steuerung und Anhub.

Vorstehende Betrachtung kennzeichnet die Unzuverlässigkeit rein rechnerischer Ermittlung der Eigenreibung, insbesondere bei solchen Reglern, die in bezug auf Seitenbelastungen der Hebel statisch unbestimmt und daher unkontrollierbaren Klemmungen leicht ausgesetzt sind.

Im Vergleich mit der vorbesprochenen gelenkigen Stützung der Schwunggewichte bietet die **prismatische Geradführung** unter Einschaltung von Rollen konstruktiv die Schwierigkeit, den Rollendurchmesser so groß auszuführen, daß genügend kleine Reibungswiderstände erzielt werden. Bei dem Regler II, Taf. 37, 2, einer älteren Ausführung von Steinle und Hartung, erfolgt die Abstützung der Gewichte durch zwei in ihrer Schwerpunktsachse seitlich gelagerte und auf einer ebenen Fläche des Gehäuses geführte Rollen, deren Bewegung durch Kreuzschleifen auf die Muffe übertragen wird. Auch bei diesem Regler übt das Gewicht der Schwungmassen weder auf die Fliehkraft, noch auf den Muffendruck einen Einfluß aus. Nur das Muffengewicht Q beeinflußt die Fliehkraft und liefert eine C_q-Kurve, die in den Innenlagen der Schwunggewichte astatisch ist und nach außen stabil wird. Die Zapfen I und II, Fig. 1016, werden durch die Komponente $Q/\cos\alpha$ belastet, und auf die Gleitbahn wird ein Normaldruck $(Q + G)$ ausgeübt, der einen Widerstand $\mu' \cdot (Q + G)$ erzeugt, wobei die Ziffer der rollenden Reibung zu $\mu' \cong 1/3 \, \mu$ angenommen werden kann. Auf die Muffe bezogen, ergibt sich somit der Widerstand R der Eigenreibung in Richtung der Muffenbelastung Q, wenn d den Zapfendurchmesser der Gelenke bezeichnet, zu

$$R = \mu \frac{Q \, d}{h} + \mu' (Q + G) \cot\alpha;$$

in dieser Gleichung rührt das erste Glied von der Zapfenbelastung I und II durch das Muffengewicht her, das zweite entspricht der rollenden Reibung.

Nachrechnungen über die Eigenreibung von Federreglern mit Geradführung und solchen mit gelenkiger Aufhängung der Schwunggewichte zeigen nun, daß erstere infolge der größeren Reibungswege in den Geradführungen der Schwunggewichte ungünstiger sich verhalten als letztere, bei denen die geringen Zapfendrehungen nur kleine Reibungsarbeiten verursachen.

Jahns Regler. Günstiger verhält sich unter den Reglern mit prismatischer Geradführung der **Jahns-Regler**, II, Tafel 37, 4, und S. 137, 11, bei dem die Gewichte von

Rollen größeren Durchmessers getragen werden und der Angriff des Winkelhebels an Gewicht und Muffe ebenfalls durch Rollen erfolgt. Da die Größe der rollenden Reibung in beträchtlichem Maße von der Schmierung abhängt, so ist diese beim bezeichneten Regler in sehr vollkommener Weise durchgeführt. Das Gehäuse ist öldicht geschlossen und so hoch mit Öl gefüllt, daß die Führungsrollen und Drehzapfen sowie die Übertragungsrollen am unteren Arm des ungleichschenkligen stumpfwinkligen Hebels dauernd im Ölbad sich befinden. Die höher liegenden Zapfen werden von in den Gewichten ausgesparten Schmierrinnen aus geölt. Die Ölfüllung des Gehäuses bedingt öldichte Befestigung der Federteller unter Verzicht auf den gegenseitigen Ausgleich der Federspannungen. Zur Führung der Muffe an der Spindel dienen zwei Bolzen, die infolge ihres größeren Radialabstandes geringere Tangentialkräfte verursachen, also bei der Verstellung kleineren Widerstand erzeugen, als die sonst gebräuchlichen in die Spindel eingelegten Federn.

Unmittelbare Gegenwirkung von Feder und Fliehkraft unter Anwendung nur einer Druckfeder bezweckt der von Prof. Franke konstruierte Regler, II, 137, 12, dem in der Gestängeanordnung das Schema des später behandelten Kley-Reglers zugrunde liegt. Die Schwunggewichte umgreifen die Feder derart, daß für jedes Gewicht jeweils nur der Unterschied der auf beiden Spindelseiten gelegenen Gewichtsteile für die Fliehkraftwirkung ausgenützt wird. Bei der Bewegung der Schwunggewichte nach außen findet nicht nur ein Anheben derselben statt, sondern es wächst auch ihr Anteil an der Fliehkraftwirkung. Die Zapfen des Reglergestänges werden von den Schwunggewichten und der Muffe belastet, während die Feder keine Wirkung auf sie ausübt. Der Muffendruck des Reglers ist konstant, so daß eine Verstellung der Umdrehungszahl durch Spannungsänderung einer Außenfeder ohne Änderung der Stabilität möglich ist.

Vorstehend behandelte Federregler sind insoweit als vollkommene Reglerkonstruktionen zu betrachten, als sie die wirksamen Fliehkräfte unmittelbar an dem Angriffspunkt ihrer Resultante durch den Federwiderstand aufnehmen lassen, so daß diese Innenkräfte das Reglergestänge nicht belasten. Reibungswiderstand wird nur noch durch die Gewichtswirkung der Schwungmassen erzeugt, doch lassen sich auch diese noch beseitigen, wenn statt Schraubenfedern Blattfedern verwandt werden, die unmittelbar die Schwunggewichte tragen, wie solche in II, Taf. 40, 3 und 4 und den älteren für Drosselregelung verwendeten sogenannten Tangye-Reglern dargestellt sind. Belastete Zapfen kommen alsdann ganz in Fortfall. Zur Verbindung mit der Muffe ist nur ein leichtes Übertragungsgestänge erforderlich, das lediglich die Verstellkräfte und das Muffengewicht aufzunehmen hat.

Diese unmittelbare Aufhängung der Schwunggewichte an Blattfedern bildet die theoretisch einwandfreieste Lösung des Federreglers. Die konstruktive Ausgestaltung dieser Reglerausführungen verdient daher eine größere Beachtung als sie bis heute gefunden, denn das Bedenken, daß im Falle eines Federbruches ein unmittelbarer Widerstand zur Aufnahme der Fliehkräfte der Schwungmassen fehlt, läßt sich durch entsprechende widerstandsfähige Konstruktion des zur Verbindung mit der Muffe dienenden Übertragungsgestänges oder besondere Schutzeinrichtungen beheben.

c. Gewichts-Muffenregler.

Den einfachsten und unmittelbarsten Ausgleich der Fliehkraft der Schwungmassen durch Gewichtswirkung erzielt der Wattsche Regler, Fig. 1017. Das Schema ist bei diesem Regler durch das gewichtsbelastete Pendel gegeben, Fig. 1018, indem das Schwunggewicht G mittels einer Stange l am festen Punkt A hängt. Mit dem Ausschlagwinkel α nimmt die zur Erzielung des stabilen Gleichgewichts erforderliche Horizontalkomponente C_g zu, deren Größe aus dem Parallelogramm der am Schwunggewichtmittelpunkt angreifenden Kräfte G, C_g und R_g zu er-

Regler von Prof. Franke.

Blattfedern-Regler.

Wattscher Regler.

51*

mitteln ist, weil die Resultierende R_g stets in die Richtung der Aufhängestange, d. h. des Pendels l fallen muß[1]).

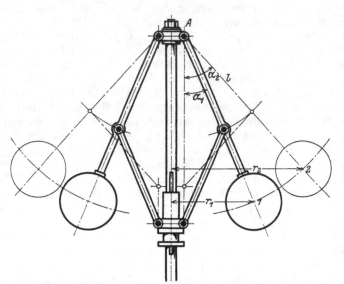

Fig. 1017. Wattscher Regler.

Aus dem Kräfte-parallelogramm bestimmt sich $C_g = G \operatorname{tg} \alpha$ abhängig von der Größe des Schwunggewichtes und vom Pendelwinkel α, jedoch unabhängig von der Pendellänge l. Wird davon ausgegangen, daß C_g durch Fliehkraftwirkung des Schwunggewichtes G um eine im Abstand r angenommene Drehachse mit der Winkelgeschwindigkeit ω erzeugt werden soll, so wird $C_g = \omega^2 r \cdot G/g$. Aus den beiden Beziehungen für C_g findet sich $\operatorname{tg} \alpha = r \omega^2/g$, also $\omega = \sqrt{g \operatorname{tg} \alpha / r}$, d. h. die Winkelgeschwindigkeit zur Erzeugung jener Fliehkraft, die beim Ausschlagwinkel α des Pendels der Gewichtswirkung der Schwungmasse das Gleichgewicht hält, ist nur abhängig vom Schwungradius dieser Pendelgewichtsmasse, jedoch unabhängig von ihrer absoluten Größe.

Aus vorstehender Gleichung lassen sich daher leicht für beliebige Lagen der Pendel und Drehachse die für das stabile Gleichgewicht des Reglers erforderlichen Winkelgeschwindigkeiten berechnen.

Seien beispielsweise für einen Wattschen Regler $\alpha_1 = 15^0$, $\alpha_2 = 45^0$, $l = 0,5$ m angenommen, so sind mit diesen Werten die Gleichgewichtslagen der Schwungkugeln gegenüber ihrem Aufhängepunkt A unabhängig von der Spindellage gegeben. Zur Feststellung des Einflusses verschiedener Spindellage auf die Winkelgeschwindigkeit bzw. Umdrehungszahl des Reglers seien drei Fälle betrachtet: Die Reglerachse durchgehend durch den Aufhängepunkt A, um 30 mm dem Schwerpunkt der Schwunggewichte genähert und um 30 mm entfernt. Dabei bleiben den drei Fällen folgende Größen gemeinsam:

Beispiel für Änderung des δ_r mit der Spindellage.

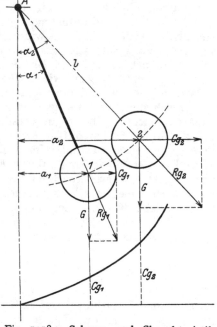

Fig. 1018. Schema und Charakteristik der Wattschen Regler.

$$\alpha_1 = 15^0$$
$$\alpha_2 = 45^0$$
$$\operatorname{tg} \alpha_1 = 0,268$$
$$\operatorname{tg} \alpha_2 = 1,0$$
$$l \sin \alpha_1 = a_1 = 0,130 \text{ m}$$
$$l \sin \alpha_2 = a_2 = 0,353 \text{ m}$$

---

[1]) Es sei im Interesse der Einfachheit der Darstellung zunächst von den im Verhältnis zum Schwunggewicht geringen Gewichten der Gestänge und der Muffe abgesehen.

1. **Fall.** Reglerachse geht durch den Aufhängepunkt A hindurch, Fig. 1019b. Es wird alsdann:

$$r_1 = a_1 = 0{,}130 \text{ m}; \quad \omega_1^2 = \frac{g \operatorname{tg} \alpha_1}{r_1} = 20{,}21; \quad \omega_1 = 4{,}5; \quad n_1 = \frac{30\,\omega_1}{\pi} = 43$$

$$r_2 = a_2 = 0{,}353 \text{ m}; \quad \omega_2^2 = \frac{g \operatorname{tg} \alpha_2}{r_2} = 27{,}8; \quad \omega_2 = 5{,}27; \quad n_2 = \frac{30\,\omega_2}{\pi} = 50{,}3$$

$$\delta_r = \frac{\omega_2 - \omega_1}{\omega_m} = \frac{n_2 - n_1}{n_m} = \frac{n_2 - n_1}{\frac{1}{2}(n_1 + n_2)} = \frac{7{,}3}{46{,}65} = 0{,}156.$$

2. **Fall.** Reglerachse ist 30 mm näher an den Schwerpunkt der Schwunggewichte gerückt, Fig. 1019c:

$$\left.\begin{array}{l} r_1 = a_1 - 0{,}03 = 0{,}1 \text{ m}: \quad n_1 = 49{,}2 \\ r_2 = a_2 - 0{,}03 = 0{,}323 \text{ m}; \quad n_2 = 52{,}7 \end{array}\right\} \delta_r = \frac{3{,}5}{50{,}95} = 0{,}069.$$

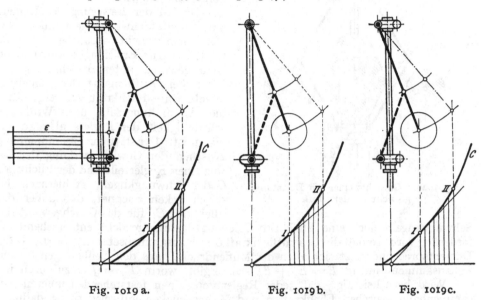

Fig. 1019a.   Fig. 1019b.   Fig. 1019c.

Fig. 1019a bis 1019c. Schema des Schwungkugelreglers bei verschiedener Spindellage und unveränderter Charakteristik.

3. **Fall.** Reglerachse ist 30 mm weiter vom Schwerpunkt der Schwunggewichte abgerückt, Fig. 1019a:

$$\left.\begin{array}{l} r_1 = a_1 + 0{,}03 = 0{,}160 \text{ m}; \quad n_1 = 39{,}7 \\ r_2 = a_2 + 0{,}03 = 0{,}383 \text{ m}; \quad n_2 = 48{,}3 \end{array}\right\} \delta_r = \frac{8{,}6}{44} = 0{,}195.$$

Vorstehende auf die drei betrachteten Spindelanordnungen bezüglichen Rechnungswerte sind zunächst ein Beleg für die dem Wattschen Regler eigentümliche niedrige Umdrehungszahl, die, wie oben bereits bemerkt, unabhängig von der Größe der Schwungmassen sich ergibt. Der Vergleich der Reglergeschwindigkeiten zeigt außerdem mit der Verminderung der Entfernung der Reglerspindel vom Schwerpunkt der Schwunggewichte eine stete Zunahme der Winkelgeschwindigkeiten und Umdrehungszahlen, sowie Abnahme der Geschwindigkeitsunterschiede beider Grenzlagen und damit Verkleinerung des Ungleichförmigkeitsgrades von $\delta_r = 0{,}195$ auf $0{,}069$. Dieselben Werte lassen sich aus der Charakteristik C mittels der durch die Richtungen φ sich ergebenden Abschnitte c und C_m ableiten, zufolge der Beziehung

$$\delta_r = \frac{c}{2\,C_m}.$$

Der Wattsche Pendelregler kommt für den heutigen Dampfmaschinenbau wegen seines geringen nur vom Gewicht der Pendel abhängigen Arbeitsvermögens nicht mehr in Betracht. Zur Vergrößerung des Arbeitsvermögens und der Hülsenkraft wird bei den normalen Gewichtsreglern außer den Schwunggewichten noch ein besonderes Belastungsgewicht an der Hülse angebracht, Fig. 1020, wodurch bei offenen Stangen der **Portersche**, bei gekreuzten Stangen der **Kleysche** Regler

Regler mit Belastungsgewicht.

entsteht, II, Taf. 34, Fig. 1 und 2. Der Muffendruck E jedes Reglers vergrößert sich alsdann um das Belastungsgewicht Q. Wird nunmehr die aus den Schwunggewichten allein sich ableitende Hülsenkraft mit E_g bezeichnet, so kann der gesamte Muffendruck gesetzt werden $E = E_g + Q$.

Wegen der symmetrischen Anordnung der beweglichen Massen eines Reglers und der daraus sich ergebenden gleichen, aber symmetrischen Wirkungsweise seiner Innenkräfte kann zur Vereinfachung der Untersuchung der statischen und dynamischen Kräftewirkungen die Untersuchung auf die eine Reglerhälfte beschränkt werden, indem entweder rechnerisch die doppelten Massen eingeführt oder am Ende der Berechnung die Verteilung auf die beiden Reglerhälften vorgenommen wird.

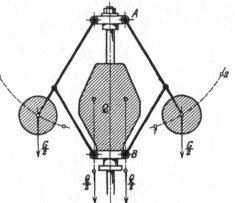

Fig. 1020. Gewichtsregler mit Belastungsgewicht an der Muffe.

Da bei der Bewegung des Reglers außer den Schwungkugeln auch das Belastungsgewicht anzuheben ist, so folgt, daß zur Erzielung des statischen Gleichgewichts unter Beibehaltung der Wattschen Aufhängung der Schwungkugeln ihre Fliehkraft zu vergrößern, die Umdrehungszahl und Winkelgeschwindigkeit des Reglers also zu erhöhen ist. Der statische Zusammenhang zwischen der Gewichtswirkung der beweglichen Reglerteile und der Fliehkraft C der Schwungkugeln ist hiernach dadurch gekennzeichnet, daß außer der Fliehkraft C_g für das Gleichgewicht der Schwungkugeln noch eine Fliehkraft C_q dem Belastungsgewicht entsprechend erforderlich wird, so daß die Gesamtfliehkraft C sich zusammensetzt aus $C = C_g + C_q$. Dementsprechend setzt sich auch der Muffendruck E aus den Teilbeträgen E_g und E_q zusammen, indem $E = E_g + E_q$ sich ergibt, worin $E_q = Q$ einzuführen ist.

Wird berücksichtigt, daß jeder Reglertypus einen feststehenden inneren Zusammenhang zwischen Fliehkräften und Muffendrücken aufweist, so ist dadurch die Übereinstimmung folgender, mit jeder Reglerlage jedoch sich ändernder Verhältnisgrößen bedingt:

$$\frac{C}{E} = \frac{C_g}{E_g} = \frac{C_q}{E_q} = \frac{C_q}{Q}.$$

Fliehkraftskurven verschiedener Gewichtsregler.

Je nach dem kinematischen Aufbau des Reglers stellt sich nun zwischen den Gewichten Q und G einerseits und der Fliehkraft $C = C_g + C_q$ andererseits ein verschiedener Zusammenhang heraus, so daß der Verlauf der Fliehkraftkurven C, C_g und C_q verschiedener Regler innerhalb ihrer Grenzlagen I und II voneinander abweichend sich ergibt, wie aus den Tafeln 34 und 35 für die normalen Gewichtsregler verschiedener Konstruktion entnommen werden kann.

Die betreffenden Darstellungen sind so gewählt, daß sie einen Vergleich der untersuchten Reglertypen ermöglichen hinsichtlich ihrer Ausnützung der vorhandenen Schwunggewichts- und Belastungsmassen zur Erzeugung des für die Verstellwirkung maßgebenden Muffendruckes, indem die Fliehkraftkurven C_g und C_q, sowie die Kurven der Muffendrücke E_g und E_q für $Q = G$ aufgezeichnet sind. Es ergibt sich dabei fast ausnahmslos, daß der Einfluß des Belastungsgewichtes Q auf den Muffendruck größer ist als der Einfluß einer gleich großen Schwungmasse G, woraus folgt, daß der erforderliche Muffendruck eines Reglers hauptsächlich von der Größe des Belastungsgewichtes abhängig zu machen und nur ein Bruchteil des letzteren in die Schwungmassen zu legen ist. Es sind deshalb in die Diagramme der Fliehkraftkurven auch noch die Charakteristiken C_2, C_3 und C_4 für zwei- bis vierfache Belastungsmassen eingezeichnet.

Um den Vergleich der Reglertypen, II, Taf. 34 und 35, übersichtlich zu gestalten, sind in Fig. 1021 ihre Fliehkraftkurven C_4 in einem Diagramm derart vereinigt, daß sie für eine gemeinsame innere Lage i der Regler die gleiche Fliehkraft C_i aufweisen; die relative Lage der Spindelachsen 1 bis 8, wie sie den Darstellungen auf den beiden Taf. 34 und 35 entsprechen, sind in diesem vereinigten Diagramm ebenfalls angegeben. Aus letzterem ist zunächst zu erkennen, daß die Regler Fig. 4 und 5 sowie Fig. 6 und 8 übereinstimmende C-Kurven lieferten, die selbst nur wenig von der C-Kurve der Fig. 2 abweichen,
so daß daraus der Schluß gezogen werden kann, daß die betreffenden Reglertypen 2, 4, 5, 6 und 8, bei übereinstimmender Relativlage der Spindelachse zur Charakteristik, in ihren statischen Verhältnissen praktisch als gleichwertig zu erachten sind, und die Wahl einer dieser Anordnungen nur von konstruktiven Erwägungen beeinflußt wird, die sich hauptsächlich darin äußern, ob der Regler mit zur Spindelachse gekreuzten Stangen oder mit geknickten Pendeln oder Stützen für die Schwunggewichte ausgeführt werden soll.

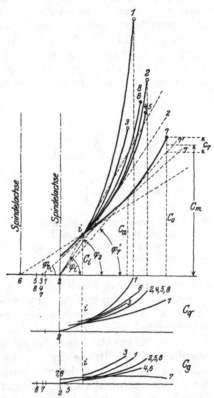

Nach den auf S. 759 angestellten allgemeinen Betrachtungen läßt sich aus dem Verlauf der C-Kurven und unter Zuhilfenahme der Richtungen φ Fig. 1021 erkennen, daß die betrachteten Gewichtsregler bei den Bd. II Taf. 34 und 35 angenommenen Lagen der Spindelachsen sämtlich große Stabilität zeigen. Die hieraus sich berechnenden Ungleichförmigkeitsgrade erscheinen für praktische Bedürfnisse jedoch im allgemeinen als zu groß, so daß fast bei sämtlichen Reglern Fig. 1 bis 8 die Spindeln näher an den Schwunggewichtsschwerpunkt zu rücken wären. Selbst die für den Kley-Regler, Fig. 2, gewählte Spindellage 2 würde für die meisten Fälle noch nicht günstig genug liegen und eine noch größere Annäherung an die C-Kurven verlangen; nur der Pröll-Regler, Fig. 7, weist bei Verlegung seiner Spindel von 7 nach 2

Fig. 1021. Relativer Verlauf der C-Kurven der Gewichtsreglertypen, II, Taf. 34 u. 35 für gleich große Centrifugalkräfte in ihrer Innenlage i.

einen genügend kleinen Wert c_7 und dementsprechend kleinen Ungleichförmigkeitsgrad $\delta_r = \dfrac{c_7}{2\,C_m}$ auf, wenn als unterste Lage des Reglers diejenige der Fliehkraft C_a angenommen wird, die dem tangierenden Strahl 2, 7' an die Kurve C_7 entspricht. Der Umstand, daß erst in der Nähe der Spindellage 2 die Richtungen φ brauchbare Werte c und C_m liefern, ist der erneute Beweis für die Zweckmäßigkeit und unter Umständen für die Notwendigkeit gekreuzter Stangen zur Erzielung kleiner Ungleichförmigkeitsgrade. Der Regler Taf. 34, Fig. 4, würde zufolge des teilweise radialen Verlaufs seiner Charakteristiken C_2 bis C_4 Astasie in seinen unteren Lagen besitzen.

Der Portersche Regler, II, Taf. 34, 1, mit rhombischer Stangenanordnung zeigt sehr große Stabilität und führt deshalb auch auf die größten Ungleichförmigkeitsgrade für seine Grenzlagen; auch ist aus dem Vergleich der Fliehkraftskurven C_g und C_q, sowie E_g und E_q, zu ersehen, daß der Einfluß der Schwungmassen auf Muffendruck und Arbeitsvermögen nur halb so groß ist wie der der Belastungs-

Porter- und Kley-Regler.

maooc. Beim Kley-Regler, Taf. 34, 2, ist der Einfluß der Schwunggewichte schon wesentlich günstiger infolge der längeren Pendel; auch führt ihre Annäherung an die Spindel vermittels Kreuzung der Stangen auf einen kleineren Ungleichförmigkeitsgrad.

Die volle Ausnützung der Schwunggewichte als Muffendruck an der Hülse würde sich unter Beibehaltung der rhombischen Aufhängung nur erreichen lassen, wenn die Schwunggewichte im doppelten Abstand des Angriffspunktes der Stützstange vom Aufhängepunkt angeordnet werden, Fig. 1022, da in diesem

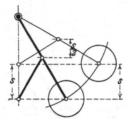

Fig. 1022. Schwunggewichtsaufhängung zur vollen Ausnützung des Schwunggewichts an der Hülse: $E_g = G$.

Fall der Muffenweg s gleich der Steighöhe des Schwerpunktes der Schwungkugeln wird. Die hiermit sich ergebende große Länge der Hängestangen führt aber auf praktisch so unbequeme Ausführungsverhältnisse des Reglers, daß von dem Vorteil dieser Anordnung außer beim Wattschen Regler kaum je Gebrauch gemacht worden ist. Die kürzere Aufhängung der Schwunggewichte hat also ganz allgemein auch ihre geringere Wirkung an der Hülse zur Folge; noch ungünstiger wird deren Einfluß auf die Hülsenkraft bei der umgekehrten Aufhängung, wie die Darstellungen II, Taf. 35, 6 bis 8, erkennen lassen.

Über den Anteil der Schwung- und Belastungsgewichte an der Gesamtfliehkraft C für die betrachteten Reglertypen Taf. 34 und 35, Fig. 1 bis 8, geben die unteren Diagramme der Textfiguren 1023 bis 1025 Aufschluß, die die relative Veränderung der Fliehkräfte C_g und C_q für gleich

Regler von Proell und Steinle-Hartung.

große Belastungs- und Schwungmassen also für $G = Q$, veranschaulichen.

Bei dem Pröllschen Regler, II, Taf. 35, 7, ergibt sich die Fliehkraftkurve C_g nicht stabil, sondern labil; desgleichen auch beim Steinle-Hartung-Regler, II,

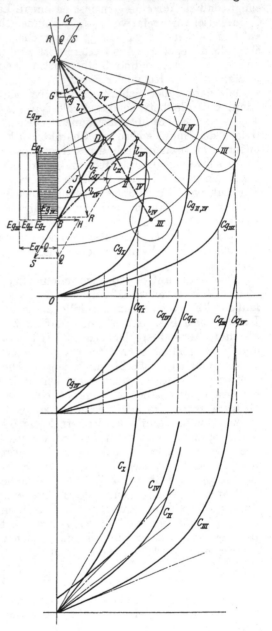

Fig. 1023. Rhombische Aufhängung und geknickte Hängestange.

Fig. 1023 bis 1025. Vergleichende

Taf. 35, 8. In diesen beiden Fällen wird erst durch den stark statischen Einfluß des Belastungsgewichtes die notwendige Stabilität des Reglers erzielt.

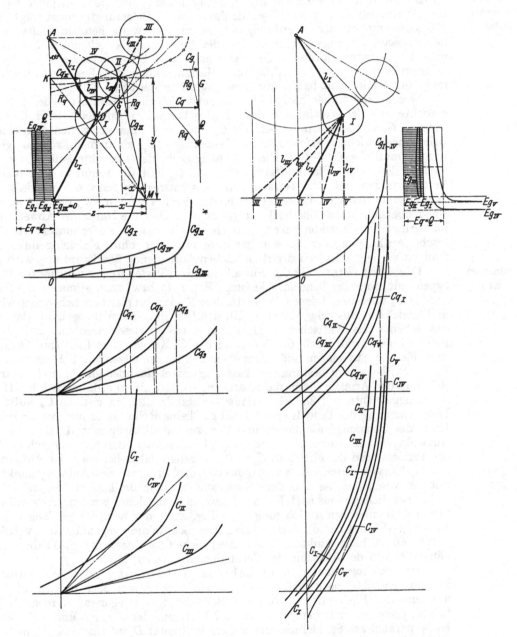

Fig. 1024. Umgekehrte Aufhängung und geknickte Stütze.

Fig. 1025. Schränkung der Stütze.

Darstellung der Charakteristiken C_g, C_q und C verschiedener Gewichtsreglertypen für $Q = G$.

Graphische Ermittlung der Charakteristik und des Muffendruckes von Gewichtsreglern.

Bei den am meisten verwendeten normalen Gewichtsreglern besteht Pendelaufhängung der Schwunggewichte und Übertragung der Bewegung der letzteren mittels Kurbeltrieb auf die Hülse, die ihrerseits das Belastungsgewicht trägt. Diese Übereinstimmung der Anordnung schafft in sehr weitgehendem Maße einheitliche Zusammenhänge zwischen den die Charakteristik bildenden Fliehkräften und den Gewichtswirkungen der Belastungs- und Schwungmasse. Von der verhältnismäßig geringen Gewichts- und Massenwirkung der Reglergestänge selbst möge der Einfachheit halber zunächst abgesehen werden.

Wie bereits früher hervorgehoben, setzt sich die Fliehkraft C der Schwunggewichte aus der Vereinigung des für den statischen Ausgleich ihrer Gewichtswirkung G erforderlichen Teilbetrages C_g und des für den statischen Ausgleich des Belastungsgewichtes erforderlichen Teilbetrages C_q zusammen, so daß gesetzt werden muß $C = C_g + C_q$. Diese Abhängigkeit der Charakteristik C von dem Verlauf der beiden Fliehkraftkurven C_g und C_q läßt die Kenntnis ihrer relativen Veränderungen bei den betrachteten Gewichtsreglertypen von grundsätzlicher Wichtigkeit erscheinen. Es ist deshalb mittels der Textfiguren 1023 bis 1025 versucht, einen übersichtlichen Überblick zu verschaffen über die Natur der Abweichungen im Verlauf der Charakteristiken, je nachdem eine normale oder umgekehrte rhombische Aufhängung der Schwunggewichte mit oder ohne Knickung ihrer Tragstangen vorliegt oder von der rhombischen Aufhängung überhaupt abgewichen ist.

Die Charakteristik C_g. Für alle mit dem Porter-Regler verwandten Reglertypen mit normaler Pendelaufhängung, Fig. 1023 bzw. 1025 stimmen die Fliehkräfte C_g überein mit denen des Wattschen Reglers bei gleichem Schwunggewicht G und gleichem Ausschlagwinkel α. Hinsichtlich ihrer Ermittlung kann daher auf das Schema des Wattschen Reglers Fig. 1018 verwiesen werden. Bei gleicher Pendellänge l wird auch der Verlauf der C_g-Kurven derselbe. Ihre Ordinaten sind für die auf einem und demselben Pendelarm sitzenden Schwunggewichte, Fig. 1023, bei einem bestimmten Ausschlagwinkel einander gleich, und verändern sich mit der Armlänge nur die Abscissen, so daß die Anordnungen I bis III der Schwunggewichte drei ähnlich verlaufende stabile Charakteristiken C_g aufweisen. Eine Knickung des Pendels spielt dabei gar keine Rolle, da es nur auf die relative Lage des Schwunggewichtsmittelpunktes zum Aufhängepunkt A, d. i. auf den Ausschlagwinkel α und die Pendellänge l ankommt. Bei der senkrechten Lage des Pendels wird die Fliehkraft $C_g = 0$; es gehen daher bei normaler Aufhängung alle C_g-Kurven durch den Schnittpunkt O der Ordinate des Aufhängepunktes A mit der Abscissenachse. Aus dem Reglerschema kann die Fliehkraft C_g mittels des Kräfteparallelogramms nach Fig. 1018 bzw. 1026 abgeleitet werden. Abweichungen von der rhombischen Aufhängung nach Fig. 1025 mit verschieden langen Stützarmen $l_I - l_V$ und der dadurch verursachten Schränkung gegenüber der Vertikalen durch den Aufhängepunkt A, liefern die gleiche Charakteristik C_{g_I}, da diese unabhängig ist von der Richtung der Verbindungsstange zur Muffe.

Bei der sogenannten umgekehrten Aufhängung oder Stützung der Schwunggewichte nach Fig. 1024 muß zur graphischen oder rechnerischen Ermittlung der Fliehkräfte C_g von der Betrachtung ausgegangen werden, daß die Schwunggewichte mit der Stütze l_I sich bewegen, deren einer Endpunkt an der Muffe parallel zur Spindel und der andere Endpunkt D auf einem Kreisbogen vom Radius l_I geführt ist; die Stütze l_I führt also eine augenblickliche Drehung um den Pol M aus, so daß auch für das Schwunggewicht G und die Fliehkraft C_g Drehmomente sich ergeben, deren Zusammenhang sich ausdrückt in der Beziehung

$$G \cdot x = C_g \cdot y, \text{ wonach } C_g = G \frac{x}{y}. \text{ Fig. 1027 zeigt die Bestimmung von } C_g \text{ mittels}$$

des Kräfteparallelogramms, dessen Resultante stets durch den Momentanpol M gehen muß.

Wenn das Schwunggewicht am Angriffspunkt D des Armes l_I sitzt, Fig. 1024, so ergibt sich wieder die für den Porter-Regler gefundene Fliehkraftkurve C_{g_I}. Wird jedoch bei rhombischer Aufhängung das Gewicht G auf dem nach oben verlängerten Arm l_I angeordnet, so verändert sich der Verlauf der C_g-Kurven mit Vergrößerung der Armlänge auf l_{II} bzw. l_{III} derart, daß die Fliehkräfte unter Beibehaltung ihres stabilen Charakters rasch abnehmen und für $l_{III} = 2\,l_I$ bei allen Reglerlagen auf $C_{g_{III}} = 0$ übergehen. Ein Regler der letzteren Art ohne Belastungsgewicht Q würde also schon im Ruhestand in jeder Lage im statischen Gleichgewicht sich befinden und sein Arbeitsvermögen würde gleich Null sein.

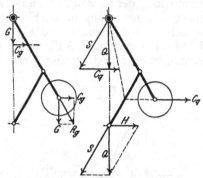

Fig. 1026. Ermittlung der Fliehkräfte C_g und C_q bei rhombischer Aufhängung der Schwunggewichte.

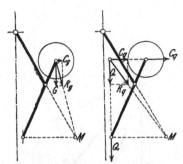

Fig. 1027. Ermittlung der Fliehkräfte C_g und C_q bei Stützung der Schwunggewichte.

Bei Stützung des Schwunggewichtes durch eine geknickte Stange $l_I\,l_{IV}$, Fig. 1024, vergrößern sich zwar die Fliehkräfte C_g gegenüber den Werten bei gerader Stütze l_{II} infolge Zunahme des Hebelarmes x auf x'; es stellt sich aber ein größtenteils labiler Verlauf der zugehörigen Fliehkraftkurve $C_{g_{IV}}$ ein.

Der Muffendruck E_g. Der die Schwunggewichte betreffende Teilbetrag E_g des Muffendruckes stimmt bei normaler Aufhängung der Schwunggewichte, Fig. 1023 überein mit den beim Wattschen Regler sich einstellenden konstanten Hülsenkräften E, wobei mit Vergrößerung der Pendellängen von l_I auf $l_{III} = 2\,l_I$ der Muffendruck sich erhöht von $E_g = \frac{1}{2}\,G$ auf $E_g = G$, also auf vollständige Ausnützung der aufgewendeten Schwunggewichte. Die Knickung des Pendelarms bei der Schwunggewichtslage II hat im Vergleich mit $E_{g_{II}}$ des geraden Pendels eine Verkleinerung des Muffendruckes auf die Werte der Kurve $E_{g_{IV}}$ und eine Vergrößerung des Hülsenhubes für die gleichen Grenzlagen der Schwunggewichte zur Folge.

Bei einer Veränderung des Reglerarmes l_I nach Fig. 1025 im Sinne einer Verkürzung auf l_{IV} bzw. l_V oder einer Verlängerung auf l_{II} bzw. l_{III} nehmen die Muffendrucke im Vergleich zu E_{g_I} des Porter-Reglers im Falle der Stangenverkürzung zu, der Stangenverlängerung dagegen ab.

Die Größe von E_g läßt sich am einfachsten beurteilen, wenn der Reglerarm BD, Fig. 1028, bis zum Schnitt P mit der Horizontalen durch A verlängert wird, indem dann gesetzt werden kann $G\,x = S \cdot m = E_g \cdot z = C_g \cdot y$. Je größer z im Vergleich zu x, um so kleiner ist E_g im Vergleich zu G. Steilere Lage des Reglerarms BD bewirkt wegen der Verminderung von z eine Vergrößerung des Muffendruckes.

Bei Stützung des Schwunggewichtes nach Fig. 1024 und rhombischer Getriebeanordnung ergibt Lage I eine dem Porter-Regler entsprechende Hülsenkraft $E_g = G/2$. Mit Verlängerung der Pendelstütze auf l_{II} vermindert sich der Muffendruck wegen der Verkleinerung des Momenthebelarmes x und würde für $l_{III} = 2\,l_I$ zu Null. Knickung der Stange, Lage IV, bewirkt infolge der Vergrößerung des Hebelarmes x auf x' auch eine Zunahme des Muffendruckes. Ebenso ließe sich durch Verkleinerung des Hebelarmes z eine günstigere Ausnützung des Schwunggewichtes für die Hülsenkraft erzielen. In allen Fällen aber sind die Muffendrucke E_g bei gestütztem Schwunggewicht kleiner als bei hängendem, wenn der Schwerpunktsabstand beider von der Reglerspindel der gleiche ist mit Ausnahme der Gewichtslage I.

Fliehkraft C_q und Muffendruck E_q.

Die Fliehkraft C_q und der Muffendruck E_q. Der Teilbetrag C_q, den das Belastungsgewicht Q der Hülse an der Gesamtfliehkraft C liefert, ändert sich mit der Reglerstellung in ähnlicher Weise wie C_g, während der Muffendruck bzw. die Hülsenkraft E_q für alle Reglerstellungen konstant gleich Q bleibt.

Um die relative Wirkung von Q im Vergleich zu derjenigen von G beurteilen zu können, ist in den Fig. 1023 bis 1025 bei der Ermittlung der C_q-Kurven von der Annahme $Q = G$ ausgegangen. Die Fliehkraft leitet sich unter Bezugnahme auf Fig. 1026 und 1029 bei normaler Aufhängung der Schwunggewichte in folgender Weise ab:

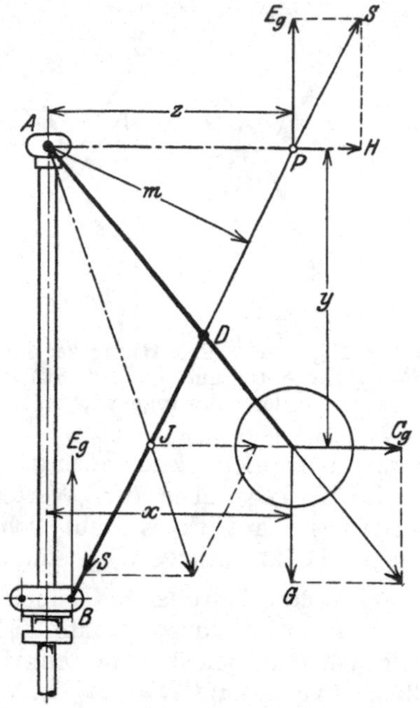

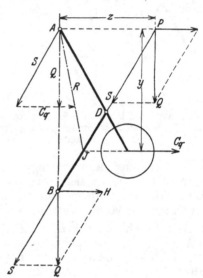

Fig. 1028. Ermittlung des Muffendruckes E_g bei normaler Aufhängung der Schwunggewichte.

Fig. 1029. Ermittlung der Fliehkraft C_q bei normaler Aufhängung der Schwunggewichte.

An der Hülse zerlegt sich die Kraft Q in eine Komponente S in Richtung der Stütze BD und in eine horizontale Komponente H, die sich mit der symmetrisch und entgegengesetzt gerichteten gleichen Komponente des Belastungsgewichts der zweiten Reglerhälfte ausgleicht und daher unwirksam wird; am Pendel AD greift im Punkt D die Stangenkraft S und im Schwunggewichtsmittelpunkt die Kraft C_q an; außerdem wird im Aufhängepunkt A eine Reaktionskraft R auftreten, mit der die beiden vorher genannten Kräfte im Gleichgewicht sich befinden müssen. Da die Kräfte S und C_q im Punkt J sich schneiden, so erfordert das Gleichgewicht, daß die Reaktionsrichtung im Aufhängepunkt mit AJ zusammenfällt. Unter Berücksichtigung der Kraftrichtungen S, R und C_q, sowie der bekannten Größe der Kraft S, läßt sich das Kräfteparallelogramm zeichnen und damit die Fliehkraft C_q bestimmen.

Zur vereinfachten Ausmittlung der Fliehkraft C_q mittels des Kräftepolygons kann das Belastungsgewicht Q an den Aufhängepunkt A senkrecht nach aufwärts oder abwärts, Fig. 1029, angetragen werden; auf der Horizontalen durch den Endpunkt von Q schneiden alsdann die durch A gezogenen Parallelen zu den Kraftrichtungen R und S die Größe C_q ab.

Einfacher ist die in Fig. 1028 zur Ermittlung von E_g benützte Konstruktion, aus der sich nach Fig. 1029 die Gleichgewichtsbedingung $Q \cdot z = C_q \cdot y$ abliest. Je größer z im Vergleich zu x, um so größer ist der Unterschied in der Ausnützung von Q und G zur Fliehkrafterzeugung, wie Fig. 1025 in der Vergrößerung der C_q-Werte für die Reglerarme l_{II} und l_{III} erkennen läßt. Es liegen also die Verhältnisse umgekehrt wie für E_g. Die durch Verkleinerung von z erreichbare Vergrößerung der Hülsenkraft E_g ist mit einer Verminderung der Fliehkraft C_q verbunden. Bei gleichem Pendelausschlag ist trotz des zunehmenden Muffendruckes das Arbeitsvermögen kleiner, da mit Verkürzung des Reglerarmes auch der Muffenhub abnimmt, das Belastungsgewicht Q der Muffe also weniger hoch gehoben wird.

Bei der umgekehrten Aufhängung d. h. Stützung der Schwunggewichte auf die Hülse Fig. 1027 sind für die Abhängigkeit von Q und C_q wieder ihre Abstände z bzw. y von dem augenblicklichen Drehpunkt M des stützenden Reglerarmes maßgebend, indem zu setzen ist $Q \cdot z = C_q \cdot y$, so daß $C_q = Qz/y$.

Unter Zuhilfenahme des Kräfteparallelogramms, wie in Fig. 1027 geschehen, ist zu berücksichtigen, daß die Resultierende R_q durch den Schnittpunkt der beiden Kraftrichtungen Q und C_q und durch den Pol M hindurch gehen muß.

Die vereinfachte Ausmittlung von C_g und C_q läßt sich durch zwei rechtwinklige Kräftedreiecke $G R_g C_g$ bzw. $Q R_q C_q$, Fig. 1024 erreichen, deren zu G und Q parallele Katheten hintereinander angetragen werden können. Die durch den Endpunkt von G zu R_g und durch den Endpunkt Q zu R_q gezogenen Parallelen schneiden in den zugehörigen Dreiecken die Fliehkräfte C_g bzw. C_q als zweite Katheten ab. Eine Knickung des Armes l_{II} in der Form $l_I l_{IV}$ ändert grundsätzlich nichts an dem vorstehend ermittelten Zusammenhang zwischen Q und C_q, es erhöht sich jedoch der Einfluß von Q auf die Fliehkräfte, wie die oberhalb der C_{q2} Linie verlaufende Charakteristik C_{q3} zum Ausdruck bringt.

Die Schränkung der Stützstangen l_{II} und l_{III} des Reglertypus Fig. 1025 führt auf Charakteristiken C_q mit rascherer Zunahme der gesamten Fliehkräfte zwischen Innen- und Außenlage der Schwunggewichte als die Verlegung der letzteren bei den Reglertypen Fig. 1023 und 1024.

Zusammenfassend ergibt die vergleichsweise Untersuchung der in den Darstellungen Fig. 1023 bis 1025 gekennzeichneten Gewichtsregler, daß der Einfluß des Belastungsgewichtes denjenigen des Schwunggewichtes sowohl bei der Erzeugung der Fliehkräfte wie der Muffendrucke überwiegt, und ist hieraus zu folgern, daß zur Erzielung großen Arbeitsvermögens, die Hauptmasse stets in das Belastungsgewicht zu legen ist.

Die beste Ausnützung der Reglermassen hinsichtlich Fliehkräfte und Muffendruck ergibt die direkte Aufhängung bei rhombischer Anordnung des Gestänges und Verlängerung des Pendelarmes über den Gelenkpunkt D. Wird auf große Muffendrucke Wert gelegt, so kann die Schränkung der unteren Stützstange benützt werden, bei der aber infolge der Verkleinerung des Hubes das Gesamtarbeitsvermögen sich verringert.

Für die Reglertypen Fig. 1023 bis 1025 sind die Charakteristiken $C = C_g + C_q$ für $Q = G$ in Fig. 1031 vergleichsweise zusammengezogen. Diese Darstellung veranschaulicht deutlich den vornehmlich stabilen Charakter sämtlicher Gewichtsreglertypen, wie auch aus der Einzeichnung einiger astatischer Richtungen in die C-Kurven der Diagramme Fig. 1023 bis 1025 unmittelbar hervorgeht. Da ihr Ungleichförmigkeitsgrad nur abhängig wird von der noch zu wählenden Spindellage und der inneren und äußeren Grenzlage des Reglers, so erweist sich zur Verkleinerung des Ungleichförmigkeitsgrades die Kreuzung der Stangen für die Gewichtsregler ganz allgemein ebenso wirksam, wie für den Wattschen Regler.

In der Zusammenstellung Fig. 1030 ist aus dem steilen Verlauf der Charakteristiken des Reglertypus Fig. 1025 zu entnehmen, daß die Schränkung der unteren Reglerstangen die gedrängteste Reglerausbildung ermöglicht, wobei die kurzen Stützstangen l_{IV} und l_V zur Erzielung kleinen Ungleichförmigkeitsgrades

Einfluß des Belastungs- und Schwunggewichtes auf das Arbeitsvermögen.

Beste Ausnützung der Reglermassen.

eine Rechtsverschiebung der Spindel vom Aufhängepunkt A aus verlangen, also Kreuzung der Reglerpendel, während bei den langen Stützstangen l_{II} und l_{III} deren eigene Kreuzung erforderlich wird. An Stelle der konstruktiv unbequemen Stangenkreuzung kann eine Verkleinerung des Ungleichförmigkeitsgrades durch Knickung der Pendelstange bei normaler oder der Stützstange bei umgekehrter Aufhängung erreicht werden, wie der Verlauf der Charakteristiken C_{IV} der beiden Reglertypen Fig. 1023 und 1025 erkennen läßt.

Gleichzeitige Schränkung und Knickung im Gestänge zeigt der in Fig. 1031 dargestellte Regler, bei dem außerdem das Belastungsgewicht als Gehäuse um das Reglergestänge herumgelegt ist zur Erzielung geringer Bauhöhe und vollständiger Geschlossenheit der äußeren Form.

Die rhombische Aufhängung weist nach den Diagrammen Fig. 1023 bis 1025 in den Innenlagen der Schwunggewichte bei einer durch den Aufhängepunkt A ge-

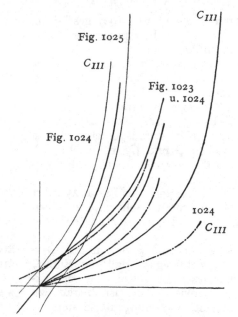

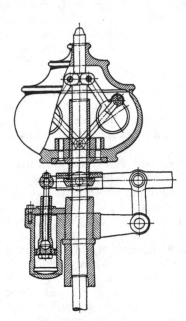

Fig. 1030. Vergleichsweise Zusammenstellung der C-Kurven der Gewichtsreglertypen Fig. 1023 bis 1025.

Fig. 1031. Gewichtsregler mit Schränkung und Knickung der Stangen und mit dem Belastungsgewicht als Gehäuse.

führten Spindel stets sogenanntes pseudoastatisches Verhalten des Reglers auf, indem die C-Kurven nahe der Spindel während eines größeren Ausschlaggebietes von astatischen Richtungen wenig abweichen, also die Winkelgeschwindigkeiten der Regler nur wenig zunehmen. Die Knickung der Stangen führt auf labiles Verhalten des Reglers in den Innenlagen.

Eigenreibung.

Systematische experimentelle Ermittlungen über die Größe der Eigenreibung der verschiedenen Reglertypen liegen noch nicht vor. Die wenigen zufälligen Feststellungen leiden an dem Umstande fehlender Einheitlichkeit in der Ausführung der untersuchten Regler und in den angewandten Versuchsmethoden. In Wirklichkeit müssen die Reibungskoeffizienten selbst bei übereinstimmenden Konstruktionen merkliche Verschiedenheiten aufweisen je nach der werkstattechnischen Behandlung der Zapfen, Gelenke und Führungen, der Möglichkeit von Klemmungen sowie der Art der Schmierung aller bewegten Teile.

Es kann sich daher bei einer rechnerischen Untersuchung der Eigenreibung nicht um die ziffernmäßige Erfassung der Reibungswiderstände im allgemeinen handeln, als vielmehr nur um einen Vergleich der wichtigsten Reglertypen hinsichtlich der relativen Größe ihrer Eigenwiderstände.

Für den Gleichgewichtszustand des Reglers können die durch die Innenkräfte und Fliehkräfte bedingten Reibungswiderstände verhältnismäßig leicht unter Annahme eines bestimmten Reibungskoeffizienten angenähert berechnet werden. Der Einfachheit halber seien im folgenden die Gesamtreibungswiderstände R auf die Reglermuffe bezogen.

Bei den Reglern mit gewöhnlicher Aufhängung ist der von Q herrührende Betrag R_q der Eigenreibung bedeutend größer als der auf G entfallende Anteil R_g, da die Schwunggewichte in der Regel nur einen Bruchteil des Belastungsgewichtes betragen. Die graphische Ermittlung der Zapfendrücke veranschaulicht Fig. 1033. Der Einfluß des Reibungswiderstandes auf die Beweglichkeit eines

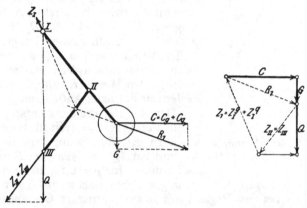
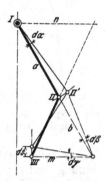

Fig. 1032 und 1033. Bestimmung der Zapfenbelastungen bei normaler Aufhängung der Schwunggewichte.

Fig. 1034. Ermittlung der Reibungsarbeiten.

Reglers wird am einfachsten dadurch gekennzeichnet, daß die Rückwirkung der Reibungskräfte, die die Zapfendrücke Z_{I-III} hervorrufen, auf die Hülse bestimmt wird. Zu diesem Zwecke wird von der Annahme ausgegangen, daß die Summe der Reibungsarbeiten in den Gelenken für eine kleine Lagenänderung des Reglers gleich der auf die Muffe bezogenen Reibungsarbeit $R\,ds$ gesetzt werden kann. Unter Bezugnahme auf Fig. 1034 ergibt sich alsdann

$$R \cdot ds = Z_I\,\mu\,\frac{d_1}{2}\,d\alpha + Z_{II}\,\mu\,\frac{d_2}{2}(d\alpha + d\beta) + Z_{III}\,\mu\,\frac{d_3}{2}\,d\gamma,$$

wenn d_1, d_2 und d_3 die Durchmesser der Gelenkzapfen I bis III bezeichnen.

Nachdem nun $ds = m\,d\gamma$ und $d\gamma = d\beta$, so kann auch geschrieben werden

$$Rmd\beta = Z_I\,\mu\,\frac{d_1}{2}\frac{m}{n}\,d\beta + Z_{II}\,\mu\,\frac{d_2}{2}\Big(1 + \frac{m}{n}\Big)\,d\beta + Z_{III}\,\mu\,\frac{d_3}{2}\,d\beta.$$

Für gleich große Zapfendurchmesser d berechnet sich aus vorstehender Beziehung der auf die Muffenstellung bezogene Betrag der Eigenreibung des Reglers nach einfacher Umformung zu

$$R = \mu\,\frac{d}{2}\cdot\Big(\frac{Z_I + Z_{II}}{n} + \frac{Z_{II} + Z_{III}}{m}\Big).$$

Bei umgekehrter Aufhängung der Schwungkugeln werden ähnlich wie vorher sämtliche Zapfen durch die Schwunggewichte und das Muffengewicht belastet. Mit Hilfe des Kräfteplanes, Fig. 1035, lassen sich wieder die Zapfendrücke und nach obiger Gleichung für R die Reibungsbeträge ermitteln.

Zur Beurteilung der relativen Größe der Eigenreibung wurden auf Taf. 34 und 35 die auf die Muffenstellung bezogenen Reibungsbeträge R für verschiedene Verhältnisse $\frac{Q}{G}$ und für $G = Q$ unter Voraussetzung gleicher Zapfendurchmesser und konstanten Reibungskoeffizienten $\mu = 0,1$ berechnet. Außer den Werten von R selbst wurden die Verhältniszahlen R/E, d. h. die prozentuelle Größe der Reibungs-

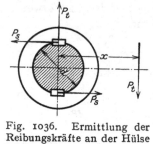

widerstände im Vergleich zum Muffendruck eingetragen. Diese Größe wird bisweilen als Unempfindlichkeitsgrad durch Reibung (ε_r) bezeichnet, eine Bezeichnung, die jedoch nur für völlig rückdruckfreie Regler Bedeutung hat. Wie aus dem Vergleich der Kurven R_g und R_q für $G = Q$ hervorgeht, überwiegt bei direkter Aufhängung der Einfluß von R_q, bei umgekehrter Aufhängung dagegen ist der Anteil von G und Q an der Eigenreibung nahezu gleich und liegt zwischen den Werten R_g und R_q der Regler mit normaler Aufhängung.

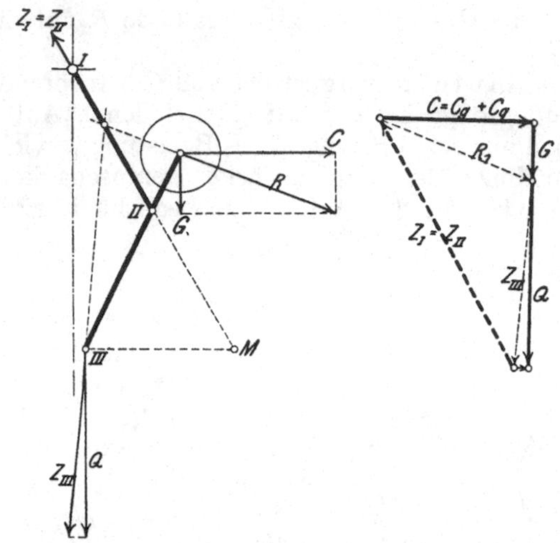

Der der Eigenreibung entsprechende Betrag $R/E = \varepsilon_r$ ist für beide Ausführungsformen wenig verschieden und beträgt im Gebiet der Normalfüllungen für $\mu = 0,1$ günstigen-

Fig. 1035. Bestimmung der Zapfenbelastungen bei umgekehrter Aufhängung der Schwunggewichte.

falls 1 bis 1,2 v.H. In den Innenlagen der Schwunggewichte wächst die Eigenreibung und erreicht namentlich bei den Reglern mit unsymmetrischer Gestängeanordnung, II, Taf. 34, Fig. 3 und 4, recht ungünstige Werte.

Bei Beurteilung dieser Ziffernwerte ist zu berücksichtigen, daß μ sowohl kleiner, wie bei vernachlässigter Schmierung auch größer als 0,1 sich ergeben kann. Den bei plötzlichen Änderungen der Umdrehungszahl in den Gelenken leicht auftretenden Klemmungen läßt sich rechnerisch nicht beikommen; sie sind durch große Zapfenlängen und Stützweiten möglichst unschädlich zu machen. Eine wesentliche Änderung erfährt die Eigenreibung des Reglers, wie bereits im vorausgehenden

Reibungswiderstände infolge Massenwirkung bei Änderung der Winkelgeschwindigkeit.

Fig. 1036. Ermittlung der Reibungskräfte an der Hülse infolge der Tangentialbeschleunigung bei einer Belastungsänderung.

Kapitel eingehend erörtert, durch die von periodisch wechselnden Rückdruckkräften hervorgerufenen Pendelungen, deren Einfluß auf den Regler nur durch gleichzeitige graphische Untersuchung der Steuerung näher verfolgt werden. kann.

Außer der vorstehend ermittelten Eigenreibung, die gewissermaßen den Verstellwiderständen des ruhenden Reglers entspricht, treten bei der Verstellung des sich drehenden Reglers noch vermehrte Reibungswiderstände in den Lagerungen der verschiedenen Gelenkzapfen und an der Spindel dadurch auf, daß bei Veränderung der Winkelgeschwindigkeit ω Tangentialbeschleunigungen auf das Belastungsgewicht und die Schwunggewichte übertragen werden müssen, die entsprechende Reibungswiderstände in der Hülsenführung und den Gelenkzapfen verursachen. Erfährt die Spindel eine Winkelbeschleunigung ϑ, so erleiden die Schwungmassen im Abstand x eine Tangentialbeschleunigung $b_t = \vartheta x$ und erzeugen eine Tangentialkraft $P_t = m \vartheta x$. Fig. 1036.

An der Hülse, die meist mittels Feder und Nut an der Spindel geführt wird, ergibt sich somit ein von der Massenwirkung des Belastungsgewichtes und der Schwunggewichte abhängiges Widerstandsmoment $P_s \cdot d = P_t \cdot x$, und der von P_s abhängige Reibungswiderstand μP_s vergrößert den Verstellwiderstand.

Außer dieser Massenwirkung tritt auch noch der Einfluß der Coriolisbeschleunigung, die in tangentialer Richtung während der Verstellbewegung der Schwunggewichte auftritt, in die Erscheinung. Es wird durch diese der Widerstand in den Lagern der Gelenkzapfen vergrößert. Bei einer radialen Verstellgeschwindigkeit v_x der Schwunggewichte, Fig. 1037, ergibt sich die Coriolisbeschleunigung zu $b_t = 2\,v_x\,\omega$ und der tangentiale Massendruck zu $P_t = 2\,M\,v_x\,\omega$. Da das Drehmoment dieses Massendruckes übertragen werden muß durch die Zapfengelenke, so bestimmt sich die Erhöhung Z des Zapfendruckes Z_I aus der Beziehung $P_t \cdot l = Z \cdot a$, wonach $Z = P_t\,l/a$, durch Wahl großer Stützweite a der Gabelzapfen um so kleineren Wert erreicht. Überhaupt ergibt sich der Einfluß der Coriolis-Beschleunigung an sich gering und meist vernachlässigbar, da die radiale Verstellgeschwindigkeit v_x der Schwunggewichte nur gering ist.

Wird hinsichtlich des Einflusses der Coriolisbeschleunigung die Aufhängung mit der Stützung der Schwunggewichte verglichen, so erweist sich erstere vorteilhafter, weil bei ihr nur der obere Zapfen des Aufhängepunktes A die Veränderung der Winkelbeschleunigung auf die Schwunggewichte zu übertragen hat, während bei der Stützung zwei Gelenke an dieser Übertragung teilnehmen.

Einfluß der Coriolis-beschleunigung auf die Eigen-reibung.

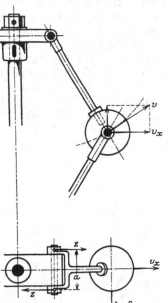

Fig. 1037. Beanspruchung der Gelenke durch die Coriolisbeschleunigung während der Verstellung.

Einfluß der Reglergestänge.

Bei den seitherigen statischen Untersuchungen der Regler wurde die Fliehkraft nur abhängig betrachtet von dem in seinem Schwerpunkt wirksam gedachten Schwunggewicht. Für genaue Ausmittlungen und experimentelle Untersuchungen ausgeführter Regler ist jedoch auch die Gewichts- und Fliehkraftwirkung des Reglergestänges zu berücksichtigen.

Zu diesem Zwecke ist beispielsweise bei normaler Aufhängung des Schwunggewichtes, Fig. 1038, die Pendelstange durch eine in einem Punkt A vereinigt gedachte Masse von gleicher Gewichts- und Fliehkraftwirkung zu ersetzen, deren Angriffspunkt sich durch folgende Überlegung findet: Wird konstanter Querschnitt des Pendels bc vorausgesetzt, so liegt dessen Schwerpunkt S_s in der Stangenmitte, während die Fliehkraftwirkung der einzelnen Stangenteile ihren Abständen von der Spindelachse proportional wird. Die resultierende Fliehkraft besitzt somit ihren Angriffspunkt im Schwerpunkt S_t der Trapezfläche $a\,b\,c\,d$, dessen Ausmittlung in Fig. 1038 angedeutet ist. Der Ersatz der Stange bc hinsichtlich ihrer Gewichts- und Fliehkraftwirkung erfolgt somit durch eine im Schnittpunkt A der Senkrechten durch S_s und der Horizontalen durch S_t anzuordnenden Ersatzmasse vom Gewichte G_s.

Bei der statischen und dynamischen Untersuchung des Reglers läßt sich nun

Einfluß auf das statische Gleichgewicht.

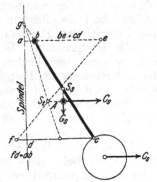

Fig. 1038. Ersatz der Pendelstange durch eine konzentrierte Masse gleicher statischer und dynamischer Wirkung.

die Gewichts- und Massenwirkung des Pendels dadurch einbeziehen, daß Stange und Schwunggewicht durch eine gemeinsame Masse G/g ersetzt werden, deren Angriffspunkt B nach Fig. 1039 sich aus der Momentengleichung für das Wattsche Pendel ergibt, indem gesetzt wird $Gx = Cy$ wobei $Cy = C_s \cdot a + C_g \cdot c$ und $Gx = G_k \cdot d + G_s \cdot b$. Ferner ist zu setzen: $C = C_s + C_g$ und $G = G_k + G_s$.

Analog findet sich für jede beliebige Form des Pendelarmes, sowie für die umgekehrte Aufhängung bei gegebener Spindellage der gemeinsame Angriffspunkt B von Gewichts- und Fliehkraftwirkung.

Werden für diesen Schwerpunkt B der reduzierten Schwungmassen die Untersuchungen und Betrachtungen über den Verlauf der Fliehkraftkurven durchgeführt, wie dies seither ohne Berücksichtigung der Stangenmasse geschah, so behalten alle aus den Charakteristiken gezogenen Folgerungen ihre Gültigkeit. Dies ist nicht der Fall, wenn nach wie vor die Fliehkraftkurven auf die Bahn des

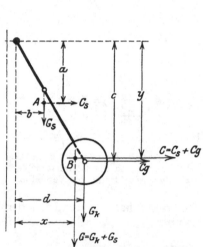

Fig. 1039.   Ersatz der Schwungkugel und des Pendels durch eine einzige Schwungmasse.

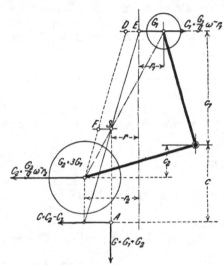

Fig. 1040.   Gewichts- und Fliehkraftwirkung beim Buß-Regler.

Schwerpunkts des Schwunggewichtes bezogen bleiben, wie dies in der Regel geschieht; die klaren Zusammenhänge zwischen der Form der Charakteristik, Astasie und Ungleichförmigkeitsgrad gehen alsdann verloren.

Die letztgenannten Überlegungen über den zur Berücksichtigung der Gestängemassen eines Reglers führenden Weg gewinnen besondere Bedeutung bei der Untersuchung der Doppelpendelregler, wie solche im Buß- und Cosinus-Regler vorliegen, bei denen mit dem Fliehkraftpendel durch einen zweiten Arm eine die Spindel umgreifende oder auf der entgegengesetzten Spindelseite angeordnete Masse verbunden ist, die größtenteils eine der Hülsenbelastung entsprechende Wirkung auszuüben hat.

Buß-Regler.   Bei dem Buß-Regler, Fig. 1040, II, 133, 3 und II, Taf. 36, 1, liegt der Schwerpunkt S der Belastungs- und Schwunggewichte G_1 und G_2 auf der dem Schwunggewicht G_1 gegenüberliegenden Spindelseite. Der Angriffspunkt der resultierenden Fliehkraft $C = C_2 - C_1$ ergibt sich aus dem resultierenden Moment $Cc = C_1 c_1 + C_2 c_2$ im Abstand c unterhalb des Pendeldrehpunktes. Das Doppelpendel kann somit bei Vernachlässigung der Stangenmassen hinsichtlich Gewichts- und Fliehkraftwirkung durch ein in A angreifendes Gewicht von der Größe $G = G_1 + G_2$ ersetzt werden.

Da sich nun bei zunehmender Umdrehungszahl und entsprechendem Anheben der Hülse der Angriffspunkt A der reduzierten Schwungmasse der Spindel nähert, wie die zeichnerische Untersuchung Taf. 36, Fig. 1, erkennen läßt, kann die auf A bezogene Kurve der resultierenden Fliehkräfte nicht zur Beurteilung der Regler-eigenschaften in der seither behandelten Weise benützt werden.

Der Ungleichförmigkeitsgrad ergibt sich vielmehr aus der Aufzeichnung der im Schwerpunkt des Gewichts G_1 angreifenden Fliehkräfte $C_1 = \dfrac{G_1}{g}\,\omega^2\,r$ allein, da letztere den Innenkräften des Reglers das Gleichgewicht zu halten haben, gleichviel welcher Natur und welchen Ursprungs diese sind.

Das innere Arbeitsvermögen bestimmt sich als Produkt der Radialverschiebung des Pendels G_1 und der auf dessen Schwerpunkt reduzierten Fliehkraftwirkung C_g' des Doppelpendels, die sich aus den Fliehkräften C_1 und den reduzierten Fliehkräften C_2' zusammensetzt, wie II, Taf. 36, 1 zeigt. Anschaulicher ergibt sich das Arbeitsvermögen aus der Muffendruckkurve und dem zugehörigem Muffenweg.

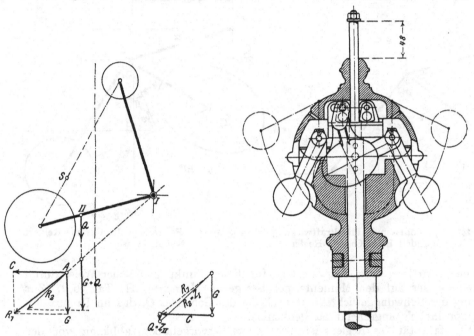

Fig. 1041. Bestimmung der Zapfen-   Fig. 1042. Cosinus-Regler.
belastungen beim Buß-Regler.

Die erzeugten Muffendrucke E_g sind größer als das Gesamtgewicht G des Doppelpendels, da dessen Schwerpunkt weiter entfernt vom Hebeldrehpunkt liegt, als der Angriffspunkt der Muffe. Das Hülsengewicht Q bedingt noch eine weitere Vergrößerung des Muffendruckes um den Betrag $E_q = Q$. Die Reibungswiderstände des Reglers bezogen auf den radialen Ausschlag des Gewichtes G_1 sind nahezu konstant, wie aus der Darstellung Taf. 36, Fig. 1 zu erkennen. Die Ausmittlung der zur Bestimmung der Reibungswiderstände erforderlichen Zapfendrücke zeigt Fig. 1041. Der Buß-Regler besitzt zwar den Vorteil einer gedrängten Anordnung der beweglichen Massen, weist aber großen Ungleichförmigkeitsgrad auf und hat deshalb nur für untergeordnete Regelbedürfnisse, wie namentlich in Verbindung mit Drosselventilen, Anwendung gefunden.

Dem Bußregler ähnliche Verteilung der Schwungmassen in der Nähe der Spindel zum Zwecke gedrängter Anordnung besitzt der Cosinus-Regler, Fig. 1042 und II, Taf. 36, 2 bis 4, jedoch mit einer abweichenden Aufhängung des Doppelpendels, darin bestehend, daß dessen Drehzapfen nicht festgelagert, sondern mit dem be-

Cosinus-Regler.

52*

woglichen Muffengewicht verbunden ist. Diese Anordnung gestattet im Gegensatz zum Buß-Regler beliebig kleinen Ungleichförmigkeitsgrad zu erreichen.

Die sämtlichen bewegten Massen werden auf jeder Reglerseite von einem Führungshebel getragen, der sich mittels einer Stütze auf eine an der Spindel befestigte Platte auflegt. Durch Verstellung des Winkels γ dieses Führungshebels mit der Verbindungslinie von Drehpunkt und Schwerpunkt S des Pendels kann die Größe des Ungleichförmigkeitsgrades verändert werden. Fig. 1043 gibt eine schematische Darstellung des Cosinus-Reglers, dessen statische Untersuchung ausführlich in II, Taf. 36 wiedergegeben und II, 350 erläutert ist. Unter Bezugnahme auf Fig. 1043 ergibt sich bei einem Massenschwerpunkt S der Schwunggewichte G_1 und G_2 der Angriffspunkt der resultierenden Fliehkraft $C = C_1 - C_2$ in dem aus der Momentengleichung $C c = C_1 c_1 - C_2 c_2$ sich berechnenden Abstand c. Die Gewichts- und Fliehkraftwirkung des Doppelpendels wird wieder durch die in A wirksam gedachte Masse $G = G_1 + G_2$ ersetzt.

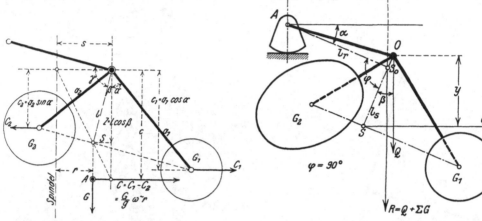

Fig. 1043. Gewichts- und Fliehkraftwirkung   Fig. 1044. Pendellage des Cosinus-Reglers
des Doppelpendels beim Cosinus-Regler.   bei Astasie.

Die Ermittlung der C-Kurve erfolgt für diesen Punkt in üblicher Weise durch Aufstellung der auf den Momentanpol bezogenen Momente, II, Taf. 36, 2. Zur Wirkung der Schwunggewichte tritt noch die des Gehäuses Q, das im Drehzapfen des Doppelhebels angreifend zu denken ist.

Die Stabilität des Reglers ist, wie bereits hervorgehoben, abhängig von der Größe des Winkels γ, Fig. 1043 und Taf. 36, Fig. 2 bis 4. Ist $\gamma = 90^0$, so verläuft die C_q-Kurve astatisch, die C_g-Kurve statisch. Eine Verkleinerung des Winkels γ macht C_q labil, C_g minder stabil und für $\varphi = 90^0$, Fig. 1044 und Taf. 36, Fig. 3 (worin $\varphi = \alpha = 90^0$), wird die resultierende C-Kurve astatisch. In diesem Falle wird die auf den Schwerpunkt S der Schwungmassen bezogene Fliehkraft C_s konstant, wie aus folgender, aus Fig. 1044 abzuleitenden Momentengleichung für das statische Gleichgewicht des Reglers hervorgeht:

$$R x = C_s \cdot y$$

$$C_s = R \frac{x}{y} = R \frac{l_r}{l_s} = \text{konst.}$$

Das mit der Lagenänderung des Reglers sich ergebende Stabilitätsmoment ist somit nur abhängig von dem veränderlichen Abstand $y = l_s \cos \beta$, ist also proportional mit dem Kosinus des Ausschlagwinkels β, eine Abhängigkeit, die zur Benennung des Reglers den Anlaß gab. Eine Vergrößerung von γ, Taf. 36, Fig. 4, bewirkt eine Erhöhung der Stabilität, indem sowohl C_g wie C_q statischen Charakter erhalten.

Als besonderer Vorzug des Cosinus-Reglers gilt sein großes Arbeitsvermögen, das aus dem Umstand resultiert, daß der Muffendruck E im Mittel annähernd gleich den gesamten aufgewendeten beweglichen Gewichten wird und der Muffenhub verhältnismäßig groß ausfällt.

Die Reibungswiderstände berechnen sich zwar zahlenmäßig größer wie für die übrigen Gewichtsregler; das Verhältnis R/E wird jedoch infolge des großen Muffendruckes E nicht wesentlich ungünstiger. Nachteilig wirkt die Schwierigkeit einer vollkommen symmetrischen und gleichmäßigen Verteilung der an den Enden der Doppelhebel angeordneten Schwungmassen, wodurch die Entstehung von Kippmomenten der Fliehkräfte gegenüber der Lagerung der Hebelachsen begünstigt und Nebenwiderstände hervorgerufen werden, die die Reglertätigkeit empfindlich beeinträchtigen. Dieses in der Konstruktion des Cosinus-Reglers begründete ungünstige praktische Verhalten scheint seine geringe Verbreitung verursacht zu haben.

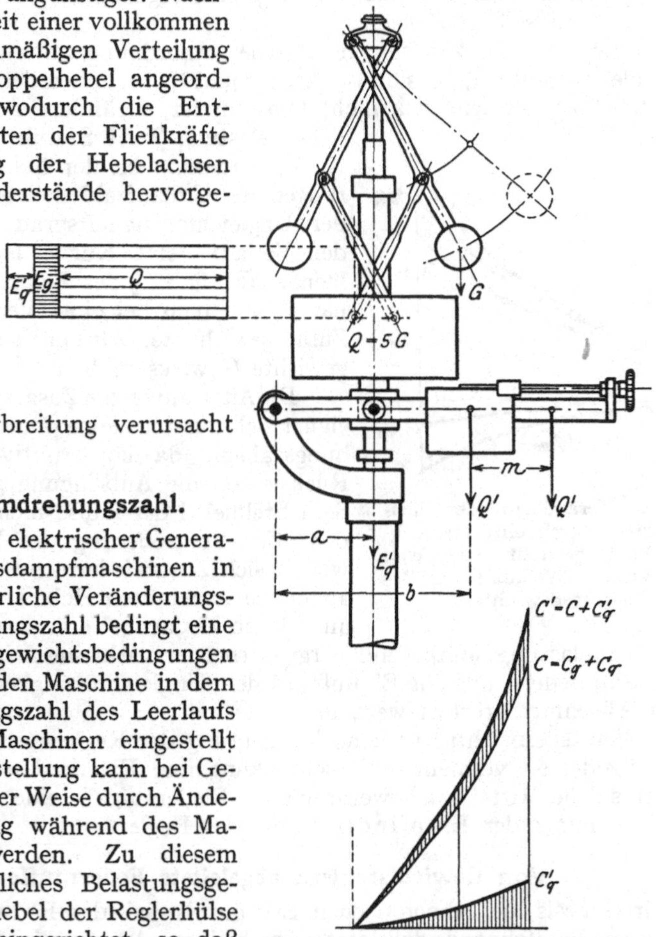

Veränderung der Umdrehungszahl.

Die bei Parallelarbeit elektrischer Generatoren für deren Antriebsdampfmaschinen in mäßigen Grenzen erforderliche Veränderungsmöglichkeit der Umdrehungszahl bedingt eine Veränderung der Gleichgewichtsbedingungen des Reglers der anlaufenden Maschine in dem Sinne, daß die Umdrehungzahl des Leerlaufs auf die der belasteten Maschinen eingestellt werden muß. Diese Einstellung kann bei Gewichtsreglern in einfachster Weise durch Änderung der Muffenbelastung während des Maschinenganges erzielt werden. Zu diesem Zwecke wird ein zusätzliches Belastungsgewicht Q' auf dem Stellhebel der Reglerhülse Fig. 1045 verschiebbar eingerichtet, so daß dieses Gewicht je nach der Größe seines wirksamen Hebelarmes verschieden große Reaktionskräfte an der Hülse erzeugt. Eine Ver-

Fig. 1045. Veränderung der Umdrehungszahl bei Gewichtsreglern mittels verschiebbaren Gegengewichts.

schiebung des Hilfsgewichtes Q' nach außen erhöht, eine entgegengesetzte Verschiebung erniedrigt die Muffenbelastung und damit die Umdrehungszahl.

Unrichtig wäre die Verwendung eines doppelarmigen Stellhebels, bei dem das Gegengewicht eine Entlastung des Belastungsgewichtes hervorrufen und für die gleiche Wirkung an der Muffe größeren Massenaufwand als beim einarmigen Hebel bedingen würde. Die dem Gegengewicht entsprechenden Fliehkräfte C_q' würden alsdann negativ, Fig. 1046.

Bei Anwendung solcher Einrichtungen zur Geschwindigkeitsänderung liegt das Interesse vor, daß der Ungleichförmigkeitsgrad innerhalb bestimmter Reglerstellungen sich nicht ändere, also $\delta_r = c/2\,C_m$ konstant bleibt. Diese Bedingung wird erfüllt, wenn c und C_m durch das Zusatzgewicht stets eine proportionale Änderung erfahren. — Dies wird erreicht bei rhombischer Aufhängung des Regler-

Zusatz-gewichte.

gestänges, indem hierbei sowohl für die Schwunggewichte wie für das Belastunggewicht konstante Muffendrucke entstehen. Erhöhung oder Verminderung des Muffendruckes Q um ein konstantes Zusatzgewicht Q' vergrößert oder verkleinert somit auch die Fliehkräfte um Werte, die den ursprünglichen Werten proportional sind, da $C_q'/Q' = C_q/Q$. Der proportionalen Verkleinerung oder Vergrößerung der Fliehkräfte entspricht für eine beliebige Lage der Reglerspindel eine proportionale Veränderung des mittels der Richtungen φ sich ergebenden Wertes c, so daß also $\delta_r = c/2\,C_m$ unverändert bleibt.

Bei Reglern mit von der rhombischen Anordnung abweichender Aufhängung der Pendelstangen (II, 34, 3 und 4; 35, 5, 7 und 8), bei denen der Anteil der Schwunggewichte G am Muffendruck nicht konstant ist, verändert sich durch die zusätz-

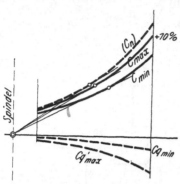

Fig. 1046. Veränderung der Fliehkraftkurven durch ein verschiebbares Zusatzgewicht von entgegengesetzter Wirkung des Belastungsgewichts.

liche Belastung Q' die Stabilität des Reglers, doch ist die Änderung bei den üblichen geringen Änderungen der Umlaufzahl meist nur geringfügig, da der Ungleichförmigkeitsgrad wesentlich von dem den Verlauf der C-Kurve hauptsächlich bestimmenden Einfluß C_q des Belastungsgewichtes Q abhängt, das auch bei einer Veränderung durch ein Zusatzgewicht stets als ein Vielfaches der Schwunggewichte G wirksam bleibt.

Die Anordnung von Zusatzgewichten, Fig. 1045, eignet sich nur für kleine Änderungen der Umdrehungszahlen, da konstruktive und dynamische Rücksichten die Anbringung großer Gewichte auf dem Stellhebel der Hülse nicht rechtfertigen würden. Zur Vergrößerung des Verstellbereiches erweisen sich Zusatzfedern zweckmäßiger, da diese an einem konstanten Hebelarm angreifen können und durch einfache Veränderung ihrer Spannung die Muffenbelastung weitgehend vergrößern oder verkleinern lassen. Die Wirkung dieser Zusatzfedern und ihr Einfluß auf den Ungleichförmigkeitsgrad wird im folgenden Abschnitt erörtert werden.

Da Verstelleinrichtungen eine Vermehrung der Reglermassen und der Gelenke und infolgedessen vermehrte Massenwirkung und Eigenreibung bedingen, so verursachen solche Mittel zur Erweiterung der Regleraufgabe eine sehr unwillkommene Verminderung der Empfindlichkeit des Reglers.

d. Von Gewichtsreglern abgeleitete Federmuffenregler.

Für Genesis der theoretischen Erkenntnis bei der Entwicklung der Federregler ist es bezeichnend, daß letztere nicht ihren Ausgang in dem einfachsten und theoretisch einwandfreiesten Reglertypus mit unmittelbarer Verbindung von Schwungmasse und Feder nehmen, sondern vom Gewichtsregler, indem nur einfach dessen Belastungsgewicht durch eine Feder ersetzt und der übrige kinematische Zusammenhang mit der Schwungmasse beibehalten wurde. Diese Tatsache ist ein Beleg dafür, daß die historische Entwicklung der Regler mehr empirischen Erwägungen folgte, als der theoretischen Erkenntnis von den einfachsten Gleichgewichtsbedingungen innerhalb des Reglers. Es ist naturgemäß, daß alle vom Prinzip der unmittelbaren Aufnahme der Fliehkräfte durch die Feder abweichenden Reglertypen mit Gestänge zwischen beiden Kraftwirkungen nicht nur theoretisch, sondern auch praktisch unvollkommener sich ergeben müssen. Die mehr oder weniger große Zahl durch die Fliehkräfte belasteter Gelenke erhöht die Eigenreibung und die Abnützung in den Zapfen, abgesehen von der unwillkommenen Massenwirkung des Reglergestänges und der Möglichkeit von Klemmungen in den einzelnen Gelenken.

Zu diesen wenig empfehlenswerten Konstruktionen von Federreglern gehört vor allen der Pröllsche Federregler, II, Taf. 40, 1, der Anfang der 80er Jahre aus dem Pröllschen Gewichtsregler mit feststehendem oder beweglichem Gehäuse entwickelt wurde. Da bei diesem Regler die Übertragung der Fliehkraft auf die Federkraft durch Vermittlung von 3 bzw. 4 belasteten Gelenken erfolgt, so mußte er an großer Unempfindlichkeit leiden. Er hat daher auch seine praktische Bedeutung verloren und besitzt heute nur noch geschichtliches Interesse dadurch, daß er den Übergang vom reinen Gewichts- zum Federregler durch unmittelbaren Einbau der Feder an Stelle der Gewichtsbelastung bildete, und daß er neben anderen ähnlich umkonstruierten Reglertypen seinerzeit die weitaus größte Verbreitung gefunden hat.

Die große Eigenreibung dieses Reglers führte Pröll selbst dazu, an Stelle der Schraubenfeder mit Winkelhebel zur Vereinfachung der Kraftleitung zwischen Schwunggewicht und Feder eine an der Stütze der Schwungkugeln angreifende Spiralfeder, II, Taf. 40, 2, zu setzen. Das Bestreben, die äußere Form des Reglers zu erhalten, ließ jedoch eine grundsätzliche Verbesserung dieses Reglersystems nicht erreichen, indem

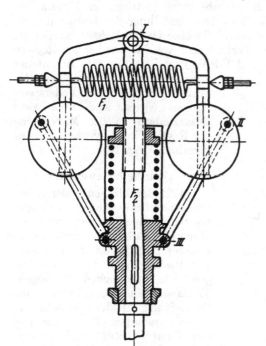

Fig. 1047. Tollescher Federregler.

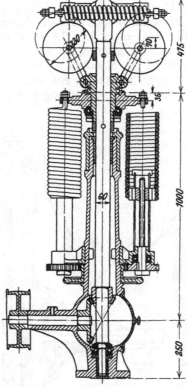

Fig. 1048. Tollescher Federregler mit Verstellung der Umlaufszahl.

immer noch vier Zapfen dem Einfluß des Schwunggewichtes bzw. der Flieh- und Federkraft ausgesetzt blieben.

Auch der der neueren Zeit angehörige Federregler von Tolle, Fig. 1047 und II, Taf. 38, 2, ist von vorbezeichneten Fehlern nicht frei, indem er gleichfalls komplizierte Kraftleitung und eine große Zahl belasteter Gelenke aufweist. Es erscheint bei ihm daher auch angebracht, wenigstens den Lagerwiderstand der horizontalen Hauptfeder F_1 durch Schneidenlagerung zu vermindern. Als Vorteil der Konstruktion wird angeführt, daß einerseits eine Verstellung der Umdrehungszahl durch die Muffenfeder ohne Änderung der Stabilität des Reglers erfolgen kann, während andererseits die Querfeder den Ungleichförmigkeitsgrad beliebig einzustellen gestattet. Diese Eigenschaften hängen mit dem Anteil der Innenkräfte dieses Reglers

an seiner Charakteristik zusammen, über die, auf Grund der Untersuchung auf
II, Taf. 38, noch folgendes hervorgehoben werden möge [1]).

Die Spannung der Querfeder F_1 liefert eine labile C_f-Kurve, während die als
Muffenbelastung wirkende Feder F_2 eine stark stabile Kurve erzeugt, so daß beide
gemeinsam und unter Berücksichtigung der Gewichtswirkung der Schwungmasse
eine dem gewünschten Ungleichförmigkeitsgrad entsprechende Charakteristik erreichen lassen. Die senkrechte Feder überträgt ihren Druck durch die Zapfen II
und III nach I, während das Schwunggewicht nur den Drehzapfen I belastet. Die
von den Innenkräften herrührende Reibung ist in ähnlicher Weise wie für Gewichtsregler zu berechnen; sie erhält dadurch, daß kleine Zapfendurchmesser ausgeführt
werden, und die von der Querfeder F_1 herrührende Gelenkbelastung durch die
Schneidenlagerung IV aufgehoben wird, rechnerisch verhältnismäßig günstige Werte.
Bei geringen Geschwindigkeitsänderungen ändert sich auch die Eigenreibung des
Reglers nur wenig, wie die in den Diagrammen II, Taf. 38, für 7,5 v. H. Steigerung
der Umdrehungszahl gemachten Feststellungen erkennen lassen. In dieser Eigenschaft kann jedoch eine Überlegenheit des Tolle-Reglers gegenüber den vorbetrachteten Reglern nicht erblickt werden, da die absoluten Beträge der Eigenwiderstände doch ungünstiger sind, und außerdem die Einstellung der Federn nur im
Stillstand der Maschine erfolgen kann, während für eine Geschwindigkeitsänderung
im Betrieb zusätzliche Außenfedern ebenso erforderlich werden, wie bei den Reglern
mit direkter Gegenwirkung von Feder- und Fliehkraft; die senkrechte Innenfeder
kann alsdann zwar fortfallen, der
großen erforderlichen Federspannungen wegen sind aber zwei
Zusatzfedern in der Mittelebene
der Reglerspindel symmetrisch anzuordnen, Fig. 1048.

Winkelhebelregler.

Von den übrigen Federregler-
Systemen beanspruchen besonde-
res technisches Interesse noch die
Winkelhebelregler mit feder-
belasteter Muffe, da sie normalen
Regelbedingungen noch befriedi-
gend zu entsprechen vermögen.
Sie haben daher noch heute weite
Verbreitung für kleine Maschinen.

Sie nehmen ihren Ausgang
vom Tangye-Regler, Fig. 1049,
der bei Dampfmaschinen kleiner
Leistung mit Drosselregelung ausgedehnte Anwendung gefunden
hat. Ein Winkelhebel, der in dem
die Spindel umgreifenden und mit
der Muffe verbundenen Gehäuse
gelagert ist, stützt sich mit dem
kürzeren Hebelarm gegen eine auf
der Spindel befestigte Platte.

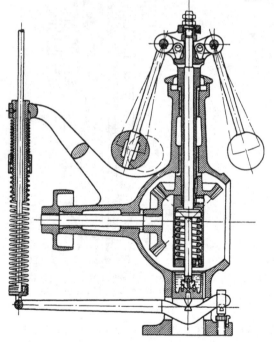

**Tangye-
Regler.**

Fig. 1049. Tangye-Regler mit Zusatzfeder zur
Veränderung der Umlaufzahl.

Durch die am langen Hebelarm wirkenden Fliehkräfte der Schwungkugeln wird
das Gehäuse angehoben und die zentrale Feder zusammengepreßt. Der Regler
verlangt meist hohe Umdrehungszahl, die mit der Federspannung in gewissen,
durch die Rücksicht auf den Ungleichförmigkeitsgrad gezogenen Grenzen verändert werden kann.

[1]) Dr. Ing. Tolle Regelung der Kraftmaschinen, 3. Aufl. 1921, S. 567 ff.

Die aus dem Tangye-Regler abgeleiteten neueren Bauarten des Winkelhebelreglers sind in II, Taf. 39, 1 bis 5, für einige Ausführungen vergleichsweise zusammengestellt. Allen gemeinsam ist die um die Spindel axial gelagerte Feder, das bewegliche Gehäuse und das ungleicharmige Winkelpendel, während verschiedene Abstützung des letzteren die einzelnen Ausführungen unterscheidet. Das Pendel wird entweder im Gehäuse, Fig. 1 bis 3, oder an einem Querhaupt der Spindel über oder unter dem Pendelschwerpunkt, Fig. 4 und 5, gelagert. Die Abstützung des kurzen Hebels erfolgt entweder mittels Rolle, Fig. 2 bis 4, oder Schneiden, Fig. 4, oder mittels Schwingen, Fig. 1.

Verschiedene
Konstruktionen.

Der Umstand, daß bei diesen Reglern der Winkelhebel die horizontalen Fliehkräfte auf die vertikal wirkenden Federspannungen und Gehäusegewichte zu übertragen hat, schließt naturgemäß wieder den Nachteil umständlicher Kraftleitung und dadurch entstehender starker Belastung der Hebelgelenke ein. Zur Ausmittlung der letzteren ergeben sich für die Regler mit festem und beweglichem

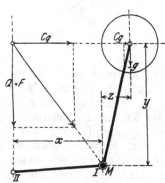
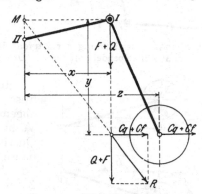

Fig. 1050. Winkelhebelregler
mit festem Drehpunkt des
Winkelhebels. (Beyer.)

Fig. 1051. Winkelhebelregler mit
Drehpunkt des Winkelhebels im
beweglichen Gehäuse.

Drehpunkt der Winkelhebel einheitliche Gleichgewichtsbedingungen, wenn die Kraftmomente bei den Reglern mit festem Pendeldrehpunkt M, Fig. 1050, auf diesen und bei Lagerung des Pendels am beweglichen Gehäuse bei I, Fig. 1051 auf den Momentanpol M bezogen werden, der als Schnittpunkt der Normalen auf die augenblicklichen Wegrichtungen der Stützpunkte I und II sich findet.

Wird die Fliehkraft C wieder zerlegt in die der Federspannung F, dem Gehäusegewicht Q und dem Schwungkugelgewicht G entsprechenden Teilbeträge C_f, C_q und C_g, desgleichen die Hülsenkraft E, so ist zu setzen

$$C = C_f + C_q + C_g \text{ und } E = F + Q + E_g.$$

Die Teilbeträge selbst ermitteln sich aus den Momentengleichungen $(Q + F)\,x = (C_q + C_f)\cdot y$ und $G\cdot z = C_g\cdot y$, sowie für E_g aus der Beziehung $E_g/Q = C_g/C_q$. Bei der Stützung des Pendels nach Fig. 1050 ergeben sich C_g und E_g entgegengesetzt gerichtet zu C_q und C_f bzw. Q und F, so daß $C = C_q + C_f - C_g$ und $E = Q + F - E_g$ wird; die Ausnützung der aufgewandten Konstruktionsgewichte ist also weniger vollkommen wie beim hängenden Pendel.

Den Winkelhebelreglern eigentümlich ist die Zunahme des Muffendruckes mit Abnahme der Maschinenbelastung, wie die betreffenden Diagramme Taf. 39 erkennen lassen.

Sämtlichen Pendelreglern ist der Nachteil gemeinsam, daß das statische Gleichgewicht innerhalb des Reglers Kräftewirkungen verursacht, die größer werden als die nutzbaren Fliehkräfte. Diese Innenkräfte, die auch als Zapfenbelastungen am Hebeldrehpunkt und am Hebelstützpunkt der Feder auftreten, verursachen dementsprechend große innere Reibungswiderstände.

Die Zapfenbelastungen sind für die Reglertypen mit feststehendem Pendeldrehpunkt nach dem Schema Fig. 1052 und für beweglichen Drehpunkt nach
dem Schema Fig. 1053 zu
ermitteln. Mit ihrer Hilfe
bestimmen sich alsdann die
Reibungsarbeiten unter Berücksichtigung der Reibungswege in den Drehzapfen, die
vom Zapfendurchmesser d
und von den zugehörigen
Drehwinkeln abhängen.

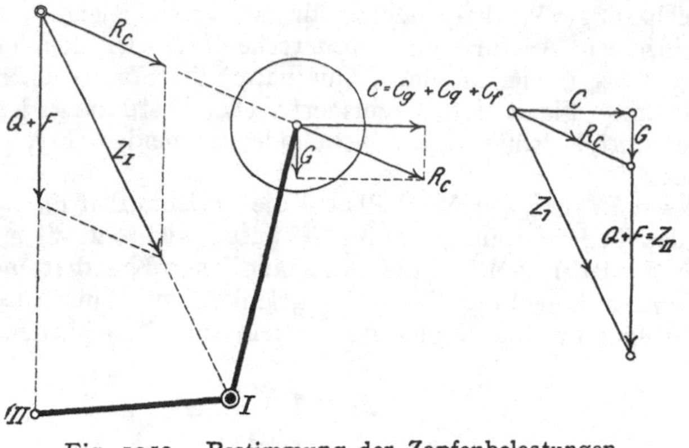

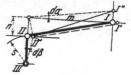

Fig. 1052. Bestimmung der Zapfenbelastungen
beim Winkelpendel mit festem Drehpunkt.

Fig. 1053.

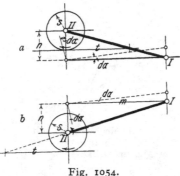

Fig. 1054.

Fig. 1053 und 1054. Bestimmung
der Zapfenbelastungen beim Winkelpendel mit beweglichem Drehpunkt.

In Betracht kommen die Reibungsverhält-
nisse an den Zapfen I, II und III, wenn der
allgemeinere Fall, Fig. 1053, der gelenkartigen
Verbindung des kurzen Pendelarmes mit dem
Querhaupt der Spindel (Zabel) oder dem Ge-
häuse (Trenk und Beyer) vorausgesetzt ist.
Die Reibungswege ergeben sich dabei für die
Zapfen II verschieden, je nachdem der kurze
Pendelhebelarm unterhalb oder oberhalb seiner
Horizontallage sich befindet.

Bei einer Bewegung dh der Muffe und damit zusammenhängendem Pendelausschlag $d\alpha$
sind die Reibungswege für die einzelnen Zapfen
einzuführen, und zwar:

für Zapfen I zu $\dfrac{d_1}{2} d\alpha$

für Zapfen II zu $\dfrac{d_2}{2}(d\alpha + d\beta) = \dfrac{d_2}{2} d\alpha\left(1 + \dfrac{n}{s}\right)$ ...... Fig. 1054a

$\dfrac{d_2}{2}(d\alpha - d\beta) = \dfrac{d_2}{2} d\alpha\left(1 - \dfrac{n}{s}\right)$ ...... Fig. 1054b

für Zapfen III zu $\dfrac{d_3}{2} d\beta = \dfrac{d_3}{2} \cdot \dfrac{n}{s} \cdot d\alpha$.

Bezeichnet R die zur Überwindung der Zapfenreibung aufzuwendende Hülsenkraft, so entspricht dem Muffenhub dh eine Reibungsarbeit

$$R\,dh = R\,m\,d\alpha = \left[Z_I \frac{d_1}{2} d\alpha + Z_{II} \frac{d_2}{2} d\alpha\left(1 \pm \frac{n}{s}\right) + Z_{III} \frac{d_3}{2}\frac{n}{s} d\alpha \right] \mu.$$

Werden die Zapfendurchmesser $d_1 = d_2 = d$ angenommen, während sich d_3 je nach
der Ausbildung als Gelenkzapfen oder als Schneidenlagerung gleich oder kleiner
als d ergibt, so berechnet sich R zu

$$R = \frac{d\,\mu}{2\,m}\left[Z_I + Z_{II}\left(1 \pm \frac{n}{s}\right) + \frac{d_3}{d} \cdot Z_{III} \cdot \frac{n}{s} \right].$$

Für den Federregler von Zabel und Trenk, II, Taf. 39, ist $Z_2 = Z_3$ und $d_3 \sim d$ zu setzen und daher

$$R_u = \frac{d}{2} \frac{Z_I + Z_{II}}{m} \cdot \mu$$

für Pendelausschläge unterhalb der horizontalen Lage des kurzen Pendelarms und

$$R_o = \frac{d\,\mu}{2} \left[\frac{Z_I + Z_{II}}{m} + 2 \frac{Z_{II}}{t} \right]$$

für Pendelausschläge oberhalb der horizontalen Lage des kurzen Pendelarmes, wenn der Einfachheit halber $\frac{m\,s}{n} = t$ gesetzt wird.

Die Reibungsverhältnisse am Zapfen der Wälzrollen, wie sie die Regler II, Taf. 39, 2 und 4 aufweisen, sind aus der Fig. 1054 zu entnehmen, in Übereinstimmung mit den Ermittlungen aus Fig. 1053 der Regler mit Lenkerverbindung am kurzen Hebelarm des Winkelpendels, wobei als Koeffizient der rollenden Reibung zwischen Wälzungsrolle und Führungsbahn $\mu' \sim \frac{1}{3} \mu$ eingeführt werden kann.

Auf Taf. 39 sind die Fliehkräfte, Reibungswiderstände und Unempfindlichkeitsgrade für 5 verschiedene Winkelhebel-Federregler vergleichsweise ausgemittelt, und zwar unter der Voraussetzung gleicher Gewichte der Schwungkugeln und Gehäuse, also $Q = G$, sowie gleicher Umdrehungszahlen. Hiernach verhalten sich die Federregler mit beweglichem Pendeldrehpunkt wesentlich günstiger hinsichtlich Reibungswiderstand und Unempfindlichkeitsgrad durch Eigenreibung, wie die Regler mit festem Drehpunkt, da in letzterem Falle die Zapfen größeren Belastungen ausgesetzt sind.

Durch Anwendung von Kugellagern für beide Tragzapfen I und II des kurzen Armes des Winkelpendels, wie beim Kienast-Regler, II, Taf. 39, 3, wird die Eigenreibung dieser Zapfen wesentlich vermindert. Bei Beurteilung der auf II, Taf. 39 veranschaulichten Werte R und ε ist zu beachten, daß die durch Tangentialkräfte hervorgerufenen Reibungswiderstände nicht berücksichtigt sind. Diese ergeben sich am größten, wenn die Führung des Gehäuses an der Spindel durch Feder und Nut erfolgt, wodurch ein nur kleiner Hebelarm für das eingeleitete Drehmoment gewährt und damit großer Führungsdruck verursacht wird. Dieser Nachteil ist beim Trenkschen Regler, Fig. 1055,

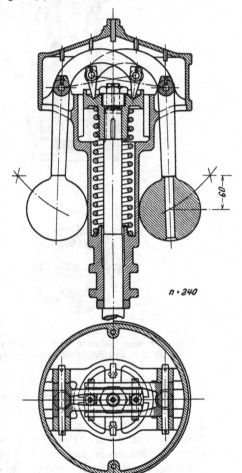

Fig. 1055. Regler von Trenk mit Schneidenlagerung am Federwiderlager. R. Trenk, Maschinenfabrik, Erfurt.

vermieden, bei dem die Aufnahme der Kräfte durch Führungsleisten am inneren Umfange des erweiterten oberen Gehäuseteiles erfolgt. Bei dem Kienastregler II, Taf. 39, 3 erfolgt die Mitnahme der Muffe durch die Reibung zwischen Feder und Federwiderlager, und die Schwankungen der Winkelgeschwindigkeit übertragen sich nicht unmittelbar, sondern erst durch Verdrehung der Feder gegenüber dem Gehäuse.

Diese Bewegungsübertragung, die eine gewisse Verzögerung in der Reglerbewegung bedingt, eignet sich besonders zur Aufnahme von Stößen, die beispielsweise ein Reglerantrieb mit unruhigem Rädervorgelege hervorrufen würde. Fig. 1056 zeigt eine zwischen Spindel und Gehäusenabe eingebaute besondere Kupplungsfeder. Den Nachteil des Klemmens bei der Bewegungsübertragung sucht auch der in Fig. 1057 veranschaulichte Regler von Wendel dadurch zu beseitigen, daß die Spindeldrehung mittels Rollen auf das Gehäuse übertragen wird. Zur Aufnahme der durch die Winkelbeschleunigung hervorgerufenen Tangentialkräfte der

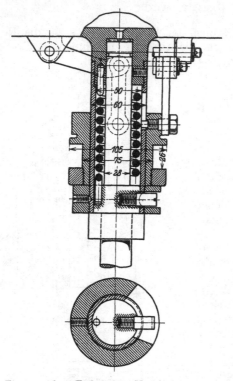 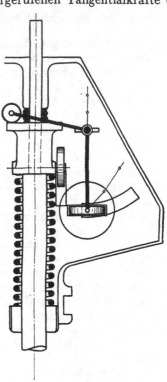

Fig. 1056. Federnde Verbindung von Spindel und Gehäuse zur Aufnahme von Stößen unruhiger Reglervorgelege.

Fig. 1057. Übertragung der Spindeldrehung auf das Gehäuse mittels Rollen.

Schwungmassen sind an Stelle einfacher Drehzapfen Kreuzgelenke angeordnet und die Pendelgewichte durch Rollen am Gehäuse abgestützt.

Diese konstruktiven Weitläufigkeiten sind zu vermeiden gesucht durch Sonderkonstruktionen von Reglern, bei denen die Kraftleitung zwischen horizontaler Fliehkraft und vertikaler Feder beispielsweise nach Fig. 1058 ohne Anwendung eines Winkelhebels und unter Vermeidung von Gelenken mittels walzenförmiger Schwungkörper erzielt werden, die sich unter Einwirkung der Fliehkraft zwischen schrägen Flächen pressen, von denen die oberen mit der Spindel fest verbunden sind, während die unteren, auf die Feder sich stützenden Keilflächen parallel mit der Spindelachse verschiebbar und mit der Muffe durch eine zentral angeordnete Stange verbunden sind. Die Keilwirkung der Schwungkörper bewirkt eine von der Größe der Fliehkräfte abhängige Einstellung der beweglichen Druckflächen bis zum jeweiligen Ausgleich ihrer Vertikalkomponenten mit der Federspannung.·

Federregler von Sulzer.   Sulzer, Fig. 1059, verwendet bei einem ähnlichen Regler statt der walzenförmigen Schwungkörper Kugeln. Durch Verstellen des oberen Widerlagers der

Feder mittels Handrad kann deren Spannung und damit die Umlaufzahl der Maschine in den Grenzen, die für Parallelbetrieb erforderlich sind, während des Betriebs verändert werden.

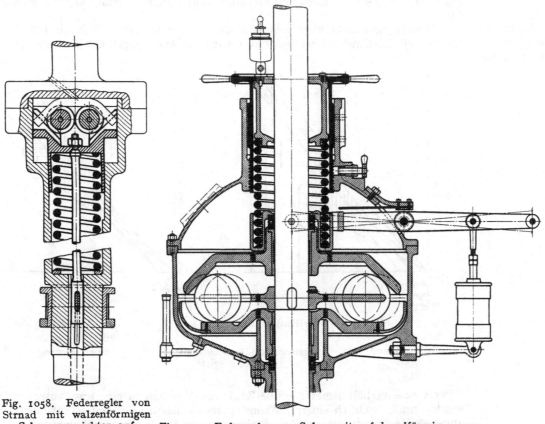

Fig. 1058. Federregler von Strnad mit walzenförmigen Schwunggewichten auf schiefen Ebenen geführt.

Fig. 1059. Federregler von Sulzer mit auf kegelförmiges, verschiebbares Gehäuse wirkenden Kugeln.

Veränderung der Umdrehungszahl bei Federmuffenreglern.

Die mittlere Umlaufszahl eines Federreglers kann innerhalb seiner Endlagen durch Vergrößerung oder Verkleinerung der Federspannungen erhöht oder erniedrigt werden. Dabei kann bei den üblichen Schraubenfedern durch deren Anspannen oder Entlasten eine für den Reglerhub konstante Spannungsänderung oder durch Vermehrung bzw. Verminderung der Windungszahl eine solche Spannungsänderung erzielt werden, daß die ursprüngliche Proportionalität der Federkräfte innerhalb des Reglerhubes bestehen bleibt. Die aus der Feder sich ableitenden Reglercharakteristiken werden im ersteren Falle durch parallel verlaufende Gerade Fig. 1060, im zweiten Falle durch Gerade dargestellt, die im Nullpunkt der Feder sich schneiden. Fig. 1061. Ersteres Diagramm läßt erkennen, daß bei konstanter Veränderung ΔF der Federspannung der Ungleichförmigkeitsgrad $\delta_r = \dfrac{c}{2\,C_m}$ mit Zunahme der Abschnitte e der Charakteristiken auf der Abszissenachse wächst. Den wachsenden Abschnitten e_1, e, e_2 entsprechen wachsende Ungleichförmigkeitsgrade $\delta_{r_1} = \dfrac{c_1}{2\,C_1\,m}$, $\delta_r = \dfrac{c}{2\,C_m}$ und $\delta_{r_2} = \dfrac{c_2}{2\,C_2\,m}$, indem gleichzeitig die Abschnitte c zu- und die Ordinaten C_m abnehmen. Die bei gemeinsamem Schnittpunkt der Charakteristiken sich ergebenden Spannungsänderungen nach Fig. 1061 zeigen dagegen eine proportionale Änderung der Werte c und C_m, so daß $\delta_r = \dfrac{c}{2\,C_m} = \dfrac{c_1}{2\,C_{m_1}} = \dfrac{c_2}{2\,C_{m_2}}$, also bei Änderung der Zahl der wirksamen Federwindungen der Ungleichförmigkeitsgrad konstant bleibt.

Änderung der Windungszahl der Hauptfeder.

Hinderlich für die allgemeine Anwendung der letzteren Reglereinstellungsart macht sich der Umstand geltend, daß für mäßige Änderungen der Winkelgeschwin-

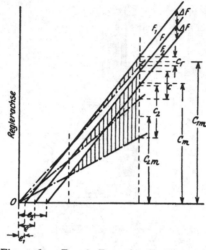

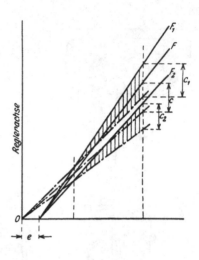

Fig. 1060. Durch Be- oder Entlastung der Feder.

Fig. 1061. Durch Änderung der Windungszahl.

Fig. 1060 und 1061. Änderung des Ungleichförmigkeitsgrades seines Hartung'schen Federreglers.

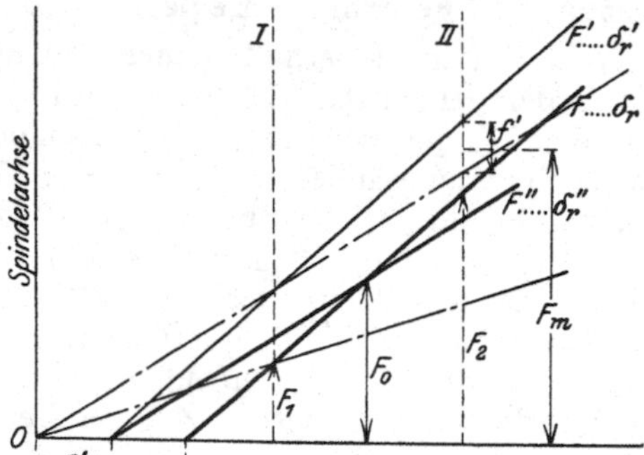

digkeit eine verhältnismäßig große Zahl von Windungen ein- bzw. ausgeschaltet werden muß, wodurch einerseits konstruktive Unbequemlichkeiten entstehen und andererseits bereits bei mäßiger Steigerung der Umdrehungzahl ungünstige Zunahme der Federbeanspruchung eintritt. Eine Veränderung der Umdrehungszahl von 10 v. H. erfordert die Ein- oder Ausschaltung von nahezu $\frac{1}{5}$ der Windungen.

Eine Vereinigung beider vorbezeichneter Methoden der Spannungsänderung zeigt beispielsweise der in Bd. II, Taf. 39, 5 dargestellte neue Regler von Beyer. Zur Veränderung der wirksamen Windungszahl läßt sich im Ruhezustand des Reglers das obere Widerlager der Feder an den Federwindungen auf- und niederschrauben. Außerdem kann durch einfaches Anspannen oder Entlasten der Feder eine gleiche Veränderung der Umlaufzahl wie vorher, jedoch mit Verkleinerung bzw. Vergrößerung des Ungleichförmigkeitsgrades erreicht werden. Soll nun beispielsweise der Ungleichförmigkeitsgrad bei normaler Umdrehungszahl

Fig. 1062. Veränderung der Umdrehungszahl durch gleichzeitige Änderung von Spannung und Windungszahl der Hauptfeder.

innerhalb der Reglerstellungen I und II, Fig. 1062 von δ_r auf $\delta_r{}'$ verkleinert werden, so ist die Feder ohne Änderung der Windungszahl von F auf F' so anzuspannen, daß das verlangte $\delta'_r = \dfrac{f'}{2F_m}$ entsteht; da hierbei aber eine Erhöhung der mittleren Umdrehungszahl eintritt, so ist diese wieder zu beseitigen durch eine solche Vermehrung der wirksamen Windungen, bis die mittlere Federspannung F_0 der ursprünglichen Charakteristik F innerhalb des Reglerausschlages I II erreicht ist. Die endgültigen Spannungsverhältnisse der Feder sind alsdann durch die Charakteristik F'' gegeben.

Die erreichbare Größe der Umdrehungsänderung bei gleichem Ungleichförmigkeitsgrad wächst mit Vergrößerung des Abstandes der Schwunggewichtsmittelpunkte von der Spindel im Vergleich zum Schwunggewichtsausschlage.

In Fig. 1063 ermöglicht beispielsweise die Spindellage A bei der Fliehkraftskurve F_1 nur eine Erhöhung der Federspannung um ΔF_1 bis zur Astasie, die Spindellage B dagegen führt bei unveränderter Größe der den Ungleichförmigkeitsgrad bestimmenden Werte c und C_{m1} auf eine Richtung F_2 der Fliehkraftskurve und gestattet daher eine Erhöhung der Federspannung um ΔF_2 bis zur Astasie also dementsprechend größere Änderung der Umdrehungszahl.

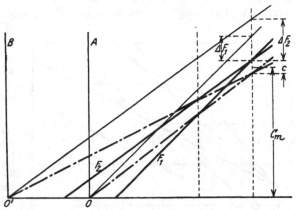

Fig. 1063. Einfluß der Spindellage auf den Verstellbereich der Umlaufzahl.

Bei obigen Betrachtungen über den Einfluß veränderter Federspannung auf Umdrehungszahl und Ungleichförmigkeitsgrad, galt die Voraussetzung, daß die Feder unmittelbar an den Schwungmassen angreift, so daß die Federspannungsgerade auch als Fliehkraftskurve und Reglercharakteristik betrachtet werden kann. In gleicher Weise läßt sich das Federspannungsdiagramm auch für den Winkelhebelregler verwenden, obwohl die Fliehkraftskurve von der Federspannungsgeraden insofern abweicht, als für den Zusammenhang zwischen der Fliehkraft C und der Federspannung F die Beziehung gilt $C = \xi F$, wobei $\xi = \dfrac{z}{y}$ das veränderliche Hebelverhältnis beider Kraftwirkungen ausdrückt. Da nun das mit dem Ausschlage der Schwunggewichte sich verändernde ξ bei geradliniger Veränderung der Federspannung einen kurvenförmigen Verlauf der Fliehkraft bedingt, so ist es zweckmäßiger und einfacher die Stabilitätsuntersuchung auf die Federkraft statt auf die Fliehkraft zu beziehen. Der für die astatischen Richtungen φ maßgebende Scheitelpunkt O ist aus dem der wirklichen Spindellage entsprechenden Ungleichförmigkeitsgrad $\delta_r = \dfrac{c}{2C_m}$ zu ermitteln, indem zu setzen ist $\delta_r = \dfrac{f}{2F_m}$.

Soll die Veränderung der Umdrehungszahl während des Betriebes vorgenommen und zu diesem Zwecke die Hauptfeder in vorbezeichneter Weise eingestellt werden können, so führt diese Aufgabe auf so umständliche konstruktive Einzelheiten, daß von einer unmittelbaren Einwirkung auf die Hauptfeder im allgemeinen abgesehen wird. Statt dessen wird auf dem einfacheren Wege der Veränderung der Muffenbelastung die Größe der Fliehkräfte und damit die Winkelgeschwindigkeit und Umdrehungszahl beeinflußt.

An der Muffe läßt sich leicht eine konstante oder veränderliche Hilfskraft entweder in Form eines verstellbaren Laufgewichtes wie bei den Gewichtsreglern, oder einer verstellbaren Schraubenfeder II, 38, 1 anbringen. Diese Muffenbelastung ist

Änderung der
Umdrehungs-
zahl mittels
Zusatzfeder.

selbstverständlich bei der Ausmittlung der Regler-Charakteristik von vornherein zu berücksichtigen.

Gewichtsbelastung bewirkt eine proportionale Änderung der Fliehkraftkurven C_q des Muffengewichtes. Zusatzfedern rufen Fliehkräfte C_{f_2} hervor, welche aus der Art der Verbindung von Muffe und Schwunggewicht abzuleiten sind. Die Hilfsfeder F_2 kann so angeordnet werden, daß ihre Wirkung auf die Hauptfeder entweder einer konstanten Spannungsänderung oder einer Änderung der Windungszahl entspricht.

Als wesentlicher Nachteil äußerer Stellfedern ist geltend zu machen, daß ihre Kraftwirkung durch das zum Schwunggewicht führende Übertragungsgestänge hindurchgeht und zusätzliche Zapfendrücke, sowie Belastungen des Gleitrings an der Muffe verursacht, die die Empfindlichkeit des Reglers herabsetzen. Tatsächlich scheint jedoch dieser Übelstand bei kleineren Änderungen der Umlaufzahl nur geringe Bedeutung zu besitzen, wie die II, Taf. 38, 1 ausgeführte Untersuchung eines Hartungreglers zeigt, derzufolge die Eigenreibung durch Zusatzgewichte oder -Federn nur wenig erhöht und dementsprechend auch der zugehörige Unempfindlichkeitsgrad nur wenig beeinflußt wird.

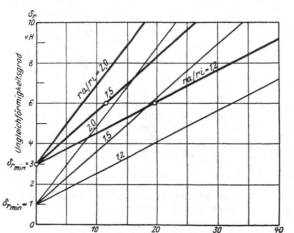

Fig. 1064. Einfluß des Verhältnisses r_a/r_i auf den Verstellbereich der Umlaufzahl.

Die nachteilige Wirkung der umständlichen Kraftleitung von der Zusatzfeder zum Schwunggewicht läßt sich dadurch abschwächen, daß die Feder in ihrer Mittellage spannungslos eingestellt wird, so daß für letztere die Zusatzkräfte verschwinden, während in den abweichenden Stellungen wesentlich kleinere Zug- oder Druckkräfte auftreten als bei einer Hilfsfeder, die erst in einer Endstellung entlastet ist. Freilich müssen dabei die in den Übertragungszapfen entstehenden Druckwechsel in Kauf genommen werden.

Um günstige Abmessungen zu erhalten, werden die Zusatzfedern meist in der Mitte zwischen Stellhebeldrehpunkt und Muffe angeordnet zur Ermöglichung großer Spannungsänderungen bei kleinem Ausschlage. Der Stellhebel hat dabei mittels Gleitring so an der Muffe anzugreifen, daß ein Klemmen der Muffe durch einseitige Belastung vermieden ist. Fig. 1009 zeigt die Einschaltung der Zusatzfeder in das Stellzeug eines horizontal am Wellenende einer stehenden Maschine befestigten Federreglers. Die Anordnung der Feder unmittelbar an der Muffe selbst II, 137, 13 ist weniger günstig, da bei ihr eine durch Anspannung der Feder bewirkte Verminderung des Muffendruckes die Reibungswiderstände an der Muffe dennoch vermehrt.

Zusatzfeder bei konstantem Muffendruck.

Die Einrichtung zur Änderung der Umdrehungszahl ohne wesentliche Änderung des Ungleichförmigkeitsgrades gestaltet sich am einfachsten, wenn der Regler unter Einschluß der Verstellfeder konstanten Muffendruck besitzt. In diesem Falle führt eine Erhöhung oder Erniedrigung der zusätzlichen Federspannung auf eine den normalen Fliehkräften proportionale Änderung derselben, die bei den in Betracht kommenden mäßigen Geschwindigkeitsänderungen den Ungleichförmigkeitsgrad nur wenig beeinflußt. Es wird deshalb häufig, namentlich für Regler elektrischer Betriebe die Forderung konstanten Muffendruckes gestellt. In wie weit diese Forderung bei den Federreglern erfüllt wird, ist für die wichtigsten Typen aus den graphischen Untersuchungen des Bd. II, Taf. 37—40 zu erkennen.

Trotz des bezeichneten Vorteils konstanten Ungleichförmigkeitsgrades δ_r bei konstantem Muffendruck wird doch häufig die Regleranordnung bevorzugt, bei der mit dem Heben der Muffe die Muffendrücke zunehmen, da hierdurch Klemmungen im Gestänge leichter vermieden werden. Erfolgt hierbei die Änderung der Umdrehungszahl durch einfaches Nachspannen, so ist die zulässige Verstellung der Umlaufzahl durch den höchsten und niedrigsten Ungleichförmigkeitsgrad der im Betrieb zugelassen werden kann begrenzt.

Der Bereich der zulässigen Verstellung ist um so größer, je kleiner der Ausschlag der Schwunggewichte im Verhältnis zum Schwerpunktsabstand von Wellenmitte ist, und je günstigere Regelungseigenschaften der zu verstellende Regler aufweist. Werden die Abstände der Außen- und Innenlage des Schwungpendelschwerpunktes von Wellenmitte mit r_a und r_i bezeichnet, so ist die Änderung des Ungleichförmigkeitsgrades mit Verstellung der Umlaufzahl abhängig von dem Verhältnis r_a/r_i. Die entsprechenden Werte von δ_r sind in Fig. 1064 für $r_a/r_i = 1,2$; 1,5 und 2,0 eingezeichnet. Wird als größter Ungleichförmigkeitsgrad bei niedrigster Umlaufzahl 6 v. H. und als kleinster 3 v. H. zugelassen, so ist nach dem genannten Diagramm bei $r_a/r_i = 1,5$ eine Verstellung der Umlaufzahl um 11 v. H. möglich, während bei $r_a/r_i = 1,2$ eine Verstellung von nahezu 20 v. H. erzielt werden kann. Berechnet sich nach den Arbeitsverhältnissen der Dampfmaschine und ihren Schwungmassen sowie nach den Reglereigenschaften ein so niedriger Grenzwert δ_g, daß sehr kleine Ungleichförmigkeitsgrade zugelassen werden können, so erweitert sich unter gleichen Annahmen das Verstellgebiet z. B. bei $\delta_{\min} = 1$ v. H. auf 20 bzw. 39 v. H. der Umlaufzahl ohne ungünstigen Einfluß auf die Regelung. Es liegt daher bei zweckmäßigen Reglertypen kein Grund vor, die konstruktiv einfache Nachspannung der Federn durch die umständlichere Änderung der Windungszahl zu ersetzen, solange die verlangten Änderungen der Umlaufzahl unter möglichster Aufrechterhaltung des Ungleichförmigkeitsgrades erreicht werden können. Beeinflußt wird letzterer rein theoretisch dadurch, daß die Massenwirkung des Schwungrads und die Fliehkraft des Reglers dem Quadrate der Umlaufzahl proportional sind und daher auch der Grenzwert des Ungleichförmigkeitsgrades umgekehrt mit dem Quadrate der Winkelgeschwindigkeiten $(\omega/\omega')^2$ sich ändert indem $\dfrac{\delta_g{}'}{\delta_g} = \sqrt{\dfrac{T}{T'} \cdot \dfrac{C_m}{C_m{}'}} = \left(\dfrac{\omega}{\omega'}\right)^2$.

Hierbei ist vorausgesetzt, daß das Verhältnis K zwischen Verstellkraft und Reglergeschwindigkeit durch die Geschwindigkeitsänderung nicht beeinflußt wird, d. h. daß sich die von Eigenreibung und Steuerungsrückdruck bedingten Widerstände im Regler nicht ändern. Wird nun angestrebt, daß der wirkliche Ungleichförmigkeitsgrad bei allen Umlaufzahlen in unverändertem Verhältnis zu dem Grenzwerte aperiodischer Regelung steht, daß also die bei einem Belastungswechsel auftretende Umlaufzahlschwankung unveränderte Größe behalte, so ergibt sich hieraus, daß bei Verstellung der Umdrehungszahl der Ungleichförmigkeitsgrad umgekehrt proportional dem Quadrate der Winkelgeschwindigkeiten zu ändern ist. In Rücksicht auf die Abnahme der Fliehkraft und des Arbeitsvermögens des Reglers mit sinkender Umdrehungszahl ist der Regler für die kleinste Betriebs-Umlaufzahl zu berechnen. Soll die Größe des Ungleichförmigkeitsgrades bei Veränderung der Umlaufzahlen bestehen bleiben, so muß nach früher eine entsprechende Zahl von Windungen der Zusatzfeder ein- oder ausgeschaltet werden. Fig. 1049 zeigt eine solche Verstelleinrichtung für die Zusatzfeder eines Tangye-Reglers. Die bei dieser Art der Umlaufzahlverstellung erforderlichen verhältnismäßig großen Federlängen lassen sich umgehen, wenn mehrere Zusatzfedern nacheinander zur Wirkung gebracht werden oder der Hebelarm, an dem die Feder angreift, veränderlich gemacht wird wie beim Pröll-Regler Fig. 1065. Eine Verstelleinrichtung mit zwei nacheinander zur Wirkung kommenden Zusatzfedern, wie sie für den Hartung-Regler mit rechtwinkligem Übertragungshebel bei Geschwindigkeitsänderungen von 5 bis höchstens 10 v. H. zur Anwendung gelangen, zeigt Fig. 1066. Die Zusatzfeder muß allmählich zur Wirkung gebracht werden. Um labile Punkte zu vermeiden, ist dabei die Zusatzfeder so einzuschalten, daß sie während des ganzen Muffenhubes zur Wirkung kommt, bevor die Hauptfeder astatischen Charakter annimmt, Fig. 1067.

Für höhere Umlaufzahlen arbeiten beide Federn F_b und F_c mit der Hauptfeder F_a während des ganzen Hubes zusammen, bis Astasie sämtlicher Federn
erreicht wird. Bei kleineren Umlaufzahlen kommen F_b und F_c nacheinander zur
Wirkung. Die Charakteristik weist beim Einschalten der Hilfsfeder F_b einen Knick
d auf, der für die Charakteristik aa'' verschwinden würde; desgleichen verursacht
die zweite Verstellfeder F_c den Knick bei f, der bei weiterer Anspannung von bb'
ab verschwindet. Für die Charakteristiken aa, bb und cc, mit ihrem gemeinsamen
Schnittpunkt auf der Abszissenachse in der Entfernung e von der Reglerachse bleibt
der Ungleichförmigkeitsgrad der gleiche.

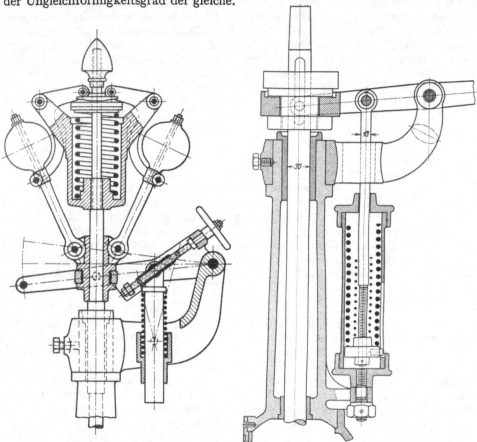

Fig. 1065. Pröll-Regler mit verstellbarer   Fig. 1066. Umlaufszahlverstellung mittels
Zusatzfeder zur Änderung der Umlaufszahl.   zweier nacheinander einschaltbaren Zusatz-
                                                                     federn.

Zur Verwendung für bedeutendere Änderungen der Umlaufzahl sind die am
Muffenhebel angreifenden Verstellfedern nicht geeignet, da die erforderlichen bedeutenden Spannungsänderungen unzulässig hohe Belastungen der Übertragungszapfen hervorrufen.

Die durch die Verstelleinrichtungen bewirkte zusätzliche Belastung F der
Muffe ruft zwischen Gleitring und Muffe einen nicht vernachlässigbaren Reibungswiderstand $\mu' F$ hervor mit einem Angriffsmoment $\mu' F \cdot D$ an der Muffe. Zur Überwindung dieses Reibungsmoments wird an der Reglerspindel vom Durchmesser d
eine Umfangskraft erforderlich von der Größe $P = \dfrac{\mu' F \cdot D}{d}$, die an der Muffe einen
parallel zur Spindel gerichteten Reibungswiderstand $R = \mu P$ hervorruft. Mit

$D = 2\,d$ und $\mu' = \mu = 0{,}1$ würde dieser Reibungswiderstand allein eine Unempfind-lichkeit von angenähert $\dfrac{R}{F} = 2$ v. H. verursachen, wenn die Belastung der Muffe wesentlich aus F bestehend angenommen wird.

Günstiger stellen sich diese Reibungsverhältnisse, wenn an Stelle der Führung mit Nut und Feder die Muffe durch doppelte Lenkstangen mitgenommen wird, vgl. Fig. 1055 und II, 137, 11, da diese Führungen wesentlich kleinere Tangentialkräfte aufzunehmen haben und bei großer Führungslänge Klemmungen leichter vermieden werden können (vgl. jedoch die experimentelle Untersuchung der Eigenreibung beim Steinle-Hartungregler, S. 803). Zur Erzielung empfindlicher Regelung erscheint es nach Vorstehendem geboten, die Reibung zwischen Gleitring und Muffe durch An-wendung von Kugellagern ge-ring zu halten. Ein Aus-führungsbeispiel hierfür bietet Fig. 1059.

Die grundsätzlich einwand-freieste Art der Einstellbarkeit eines Reglers auf verschiedene Winkelgeschwindigkeiten besteht naturgemäß in der Veränderung der Kraftwirkung der Haupt-feder, weil hierbei zusätzliche Belastungen vermieden werden. Von den früher angeführten Reg-lern wird dies beispielsweise er-zielt bei dem Federregler von Sulzer Fig. 1059, dessen Un-gleichförmigkeitsgrad mit der Umlaufzahl die gleiche Änderung aufweist, wie die Regler mit steigendem Muffendruck und Zusatzfedern.

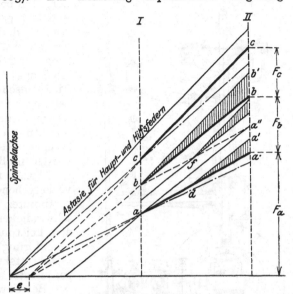

Fig. 1067. Veränderung der Charakteristik eines Feder-reglers mit nacheinander einzuschaltenden Zusatz-federn.

Ein größerer Verstellbereich mit nur geringer Veränderung des Ungleichförmig-keitsgrades läßt sich beherrschen durch gleichzeitige Veränderung sowohl der Federspannung, als eines im Reglerschema wirksam gemachten Momentes derselben. Dies Prinzip, das schon früher im Bau von Exzenterreglern angewendet wurde, ist neuerdings auch auf Muffenregler übertragen. Bei dem Drehzahlregler von Hartung, Kuhn & Co. sind beispielsweise die beiden Hauptfedern geneigt eingebaut und ihre Verstellung wird durch axiale Verlegung der der Spindel zunächst liegenden End-punkte der Federn erzielt, wodurch nicht nur die Federspannung sondern auch der wirksame Hebelarm sich ändert. Je nach der Anordnung läßt sich hierbei die Um-laufzahl auf die doppelte und dreifache steigern ohne empfindliche Änderung des Ungleichförmigkeitsgrades.

Derartig großen Bereich in der Änderung der Umlaufzahl wird nicht für die Regelung von Betriebsmaschinen für Kraftwerke beansprucht, sondern kommt nur für die Antriebsmaschinen von Pumpen, Gebläsen und Kompressoren, sowie beim Antrieb von Papiermaschinen in Betracht. Die hierfür ausgeführten Son-derkonstruktionen gehören mehr dem Gebiet der Leistungsregler als dem der Geschwindigkeitsregler an.

e. Leistungs-Muffenregler.

Geschwindigkeitsregler mit großem Ungleichförmigkeitgrad bilden die Grundlage der Leistungsregler. Während der normale Geschwindigkeitsregler die Aufgabe hat, die Steuerung einer Betriebsdampfmaschine so zu beeinflussen, daß ihre Hubleistung sich den Belastungswechseln bei möglichst geringer Änderung der Umlaufszahl in kürzester Zeit anpaßt, liegt beim Leistungsregler die umgekehrte Aufgabe vor, mit der Steuerung der Antriebsmaschine einen solchen Zusammenhang herzustellen, daß bei fast gleichbleibender Hubleistung Änderungen der Umlaufszahlen in weiten Grenzen möglich werden. Diese letztere Arbeitsweise wird vornehmlich beim Antrieb von Pumpen, Gebläsen und Kompressoren erforderlich, weil die Leistungsänderung dieser Arbeitsmaschinen im wesentlichen nur an eine entsprechende Änderung ihrer Umdrehungzahl unter Aufrechterhaltung gleicher Hubarbeit gebunden ist. Eine Einschränkung in der Regelungsaufgabe beliebiger Steigerung der Umdrehungzahl entsteht nur durch die Forderung, daß eine Überschreitung der für das Maschinenaggregat zulässigen Höchstgeschwindigkeit vermieden werden muß.

Aus den allgemeinen Betrachtungen im vorhergehenden Kapitel über die Erzielung bestimmter Ungleichförmigkeitsgrade des Geschwindigkeitsreglers geht hervor, daß der dem Leistungsregler entsprechende große Ungleichförmigkeitsgrad die Wahl stark statischer Fliehkraftskurven in Form der Charakteristik voraussetzt.

Bei Gewichtsreglern ist große Stabilität an eine verhältnismäßig große Entfernung der Schwunggewichtsmittelpunkte im Vergleich zu ihrem radialen Ausschlag geknüpft und bei Federreglern wächst die Stabilität mit der Entfernung des Schnittpunktes der Federspannungs-Charakteristik auf der Abszissenachse von der Spindelachse. Diese mechanischen Bedingungen sprechen sich auch in den Charakteristiken der drei auf Tafel 41 des II. Bandes untersuchten Leistungsregler von Weiß, Tolle und Stumpf deutlich aus.

Aus dem Verlauf der Fliehkraftskurven sowohl des Gewichtsreglers von Weiß wie des Federreglers von Tolle geht hervor, daß Steigerungen der Umlaufszahl bis auf das vierfache

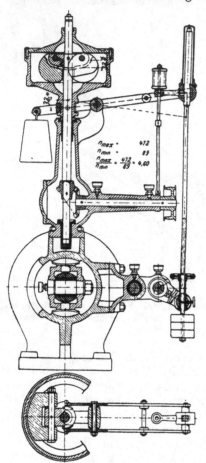

Fig. 1068. Leistungsregler von Weiß mit ausschaltbaren Belastungsgewichten.

der normalen mit sehr einfacher Ausbildung des Reglerschemas erreichbar sind. Die parabolische Form der Charakteristiken läßt aber auch erkennen, daß in den oberen Reglerlagen leicht eine Überschreitung der zulässigen Umdrehungzahl eintreten kann. Diesen Nachteil vermeidet der Stumpfsche Leistungsregler in seinem statischen Aufbau dadurch, daß er in seinen Außenlagen als Geschwindigkeitsregler mit kleinem Ungleichförmigkeitsgrad konstruiert ist und dadurch befähigt wird, bei einer kleinen Steigerung der höchstzulässigen Umlaufszahl die Steuerung auf kleinere Füllung einzustellen.

Bei den beiden vorhergenannten Leistungsreglern kann die Gefahr einer Über-

schreitung der zulässigen Geschwindigkeit durch Ausschalten von Belastungsgewichten im Reglerstellzeug (Fig. 1068) vermieden werden.

Auch der normale Hartungregler Fig. 1007 läßt sich als Leistungsregler
verwenden, wenn die Spannungsverhältnisse der Feder nach Fig. 1000 für entsprechend große Stabilität des Reglers angenommen werden. Die in einem solchen
Regler auftretende Veränderung der Muffendrücke und Umdrehungszahlen zeigt
beispielsweise Fig. 1069 für einen Muffenhub von 60 mm. Im vorliegenden Falle
dienen 40 mm des Hülsenhubes der Wirkung als Leistungsregler mit einer Zunahme
von 103 auf 360 Umdr/Min., während der noch verfügbare Hub von 20 mm als
Sicherheitshub zu wirken hat mit einer nur noch geringen Steigerung der Umlaufszahl von 360 auf 412.

Um nun mit einem Leistungsregler bei den mit der Umdrehungszahl sich
ändernden Hülsenlagen ein und dieselbe Steuerstellung für unveränderliche Füllung aufrecht zu erhalten oder eine mit auftretenden Schwankungen der Dampfspannung erforderliche Füllungsänderung bei gleichbleibender Hubleistung zu ermöglichen, ist es offenbar nur nötig, die Verbindungsstange zwischen Hülse und
Steuerung verlängern oder verkürzen zu können. Diese von Hand zu bewirkende
Einstellung des Reglerstellzeuges wird mittels Gewinde und Handrad erreicht,
wie Fig. 1068 allgemein gültig veranschaulicht.

Der Vorgang der Verstellung vollzieht sich dabei so, daß beispielsweise für
Vergrößerung der Umlaufzahl das Reglergestänge verkürzt wird, um der Reglerhülse die der Geschwindig-
keitssteigerung entspre-
chende Höhenlage zu er-
möglichen. Mit dieser Einwirkung auf den Regler
ist gleichzeitig eine Rückwirkung auf die Steuerung
in dem Sinne einer schwa-
chen Füllungsvergrößerung
verbunden, die in dem
Maße erforderlich wird, als
die Reibungswiderstände
mit der Umdrehungszahl
wachsen. Die mit der Fül-

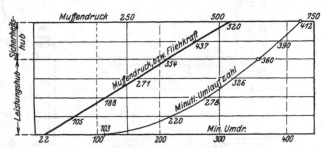

Fig. 1069. Verhalten eines Leistungsreglers mit
Sicherheitshub.

lungsvergrößerung eingeleitete Steigerung der Umlaufszahl wird am Regler für
dessen Einstellung auf die neue Gleichgewichtslage wirksam. Wird der Regler hierauf
sich selbst überlassen, so wirkt er selbsttätig im Sinne eines Geschwindigkeitsreglers
für die Aufrechterhaltung des neuen Beharrungszustandes. Übereinstimmendes
Verhalten zeigt der Regler beim Einstellen auf niedrigere Umlaufszahl durch
Verlängerung des Reglergestänges.

f. Exzenterregler.

Aus der theoretischen Feststellung des idealen Reglerschemas ergibt sich, daß
auch für den Exzenterregler diejenige Konstruktionsform zum vollkommensten Grund-
typus führt, bei der die Schwungmassen und die zum inneren Gleichgewicht erforderlichen Federn so angeordnet sind, daß die resultierende Fliehkraft sich mit der ent-
gegenwirkenden Federspannung unmittelbar ausgleicht. Bei getrennter Wirksamkeit beider Kräfte wird für ihren Ausgleich die Einschaltung von Übertragungshebeln
nötig, und damit eine Vermehrung der Konstruktionsteile mit belasteten Zapfen
und Gelenken, die entsprechend große Reibungswiderstände verursachen.

Im Vergleich mit dem Muffenregler ergibt sich jedoch in der Wirksamkeit der
aufzuwendenden Massen ein nicht unwesentlicher Unterschied dadurch, daß einerseits bei der meist üblichen symmetrischen Anordnung der Schwungmassen ihre
Gewichtswirkung gegenüber den Fliehkräften ausscheidet, andererseits aber ihre

Trägheitswirkung eine wichtige Rolle bei der Überwindung der Verstellwiderstände spielt und zur Erhöhung des Empfindlichkeitsgrades mit Vorteil verwendet werden kann. Da die Umdrehungszahl des Exzenterreglers stets mit derjenigen der Kurbelwelle übereinstimmt, während die Spindel des Muffenreglers meist wesentlich größere Umlaufszahlen erhält, so ergeben sich für gleiches inneres Arbeitsvermögen bei ersterem größere Schwungmassen, wodurch der Exzenterregler auch zur Aufnahme der verhältnismäßig großen Steuerungsrückdrucke, die durch seinen unmittelbaren Zusammenhang mit dem äußeren Steuerungsantrieb und den inneren Steuerorganen entstehen, geeignet wird. Der aus letzterem Grunde an sich schon gebotene Aufwand großer Trägheitsmassen führt hinsichtlich deren räumlichen Unterbringung zur Forderung möglichst gedrängter Konstruktion des Reglers. Bei seiner Anordnung auf der Steuerwelle von Ventilmaschinen wird der Durchmesser des Reglergehäuses beschränkt durch den Abstand der Steuerwelle vom Dampfcylindermantel. Freier gestaltet sich die Anordnung der Schwungmassen bei ihrer Unterbringung im Schwungrad, wie dies bei Schiebermaschinen in der Regel möglich ist, bei denen große Verstellwiderstände und Rückdruckkräfte für den Regler auftreten und dementsprechend große Reglermassen nötig werden.

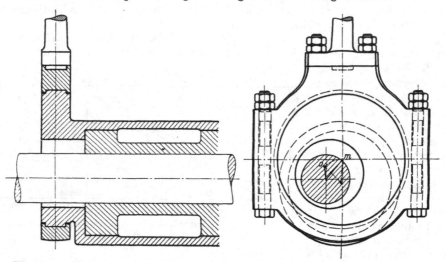

Fig. 1070. Exzenterordnung für Flachregler mit stark gekrümmter Verstellkurve.

Wie beim Muffenregler der kinematische Zusammenhang von Schwunggewicht, Feder und Hülse zu verschiedenen konstruktiven Ausdrucksformen führt, so lassen sich auch beim Exzenterregler aus der konstruktiven Verbindung von Schwunggewicht, Beharrungsmasse, Feder und Steuerexzenter äußerlich von einander abweichende Reglertypen entwickeln. Dabei spielt die Art der Verstellung des Exzenters, wie sie bereits in Kapitel Steuerungen S. 658 und 659 eingehend erläutert ist, eine nicht unwichtige Rolle. Die Ausführungsbeispiele von Exzenterreglern II S. 142—155 liefern dafür einen deutlichen Beleg. Unter den durch die Fig. 817a—d gekennzeichneten Arten der Verstellung des Steuerexzenters ist diejenige nach Fig. 817c am häufigsten angewendet. Ihre konstruktive Ausbildung veranschaulichen die Reglerdarstellungen II 144 und 145. Die Verdrehung des Steuerexzenters auf einem auf der Kurbel- oder Steuerwelle aufgekeilten Exzenter bietet den Vorteil einer guten Führung des ersteren zur Vermeidung von Klemmungen in den einseitig angreifenden, die Übertragung der Verstellbewegung des Reglers auf das Steuerexcenter vermittelnden Gelenken. Infolge der durch die Bewegungswiderstände der Steuerung am Exzenter wirksamen Rückdruckkräfte und Reibungswiderstände bedarf die Exzenterlauffläche sorgfältiger Schmierung, zumal das um ein festes Exzenter drehbare Steuerexzenter Laufflächen von großem

Durchmesser erhält. Eine Einschränkung der letzteren Abmessung kann nur dadurch erreicht werden, daß nach Fig. 1070 die Steuerexzentermittelebene seitlich des aufgekeilten Exzenters gelegt wird.

Bei Verstellung des Exzenters mittels Schwingen nach Schema Fig. 817b ist dessen ausreichende Führung und Stützung vornehmlich durch lange Gelenkzapfen und kurze Gelenke zu sichern. Beim Exzenterregler II, 149 ist das Steuerexzenter an seinen Seitenflächen noch geführt; eine solche Konstruktion dürfte jedoch das Auftreten vermehrter Reibungswiderstände begünstigen. Beispiele der Steuerexzenterverstellung nach Schema Fig. 817d geben die Ausführungen II, 147 und 148. Die hierbei erreichbare flache Verstellkurve hat im Vergleich zur Verstellung Fig. 817c den Nachteil mangelhafter Führung beider Exzenter und erhöhter Reibung, da beide Exzenter beweglich.

Eine bauliche Vereinfachung des Reglers läßt sich bei fester Verbindung des Exzenters mit einem Schwunggewicht erzielen, wie die Exzenterreglerausführung II,

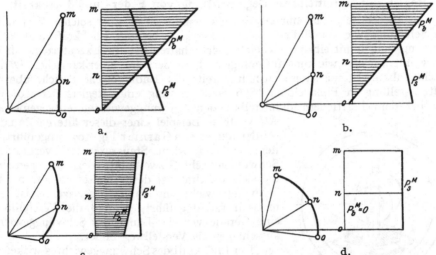

Fig. 1071a—d. Einfluß der Krümmung der Verstellkurve auf den Verlauf der mittleren Rückdrücke durch Massenbeschleunigung und Schieberreibung. ($P_b = P_s$ angenommen).

142 bei geradliniger Verstellkurve, und II 143, sowie Fig. 1084 bei nach innen, d. h. nach der Wellenachse zu, gekrümmter Verstellkurve zeigen.

Die nach innen gekrümmte Verstellkurve gewinnt dadurch besondere Bedeutung, daß sie eine unmittelbare Ausnützung der Beharrungswirkung der Schwunggewichtsmassen zur Verstellung dadurch ermöglicht, daß der Pendeldrehpunkt in den Krümmungsmittelpunkt der Verstellkurve sich verlegen läßt, wodurch bei einer Geschwindigkeitsänderung der entstehende Pendelausschlag durch eine gleichgerichtete Trägheitswirkung unterstützt wird. Auch bei Kuppelung des Exzenters mit den Schwungpendeln durch Lenker ist die Ausnützung der Beharrungswirkung bei Anwendung der angegebenen Krümmung der Verstellkurve möglich, Fig. 1075. Entgegengesetzt gekrümmte Verstellkurven, wie beispielsweise diejenigen der Fig. 1071b—d, verlangen für die Ausnützung der Beharrungswirkung der Schwunggewichte eine umständliche Verbindung zwischen Pendel und Exzenter.

Der betriebstechnische und konstruktive Vorteil der nach innen gekrümmten Verstellkurve behufs Ausnützung der Trägheitswirkung mit den einfachsten Mitteln ist im amerikanischen Maschinenbau besonders für rasch laufende Dampfmaschinen schon seit Jahrzehnten nahezu allgemein verwertet.

Welchen Einfluß die Krümmung der Verstellkurve auf die in der Verstellrichtung wirksam werdenden Rückdruckkräfte hat, möge noch in den Fig. 1071a—d für den Verlauf der durch Massenbeschleunigung P_b und Schieberreibung P_s hervorgerufenen mittleren Rückdruckkräfte P_{bm} und P_{sm} bezogen auf die Abwicklung verschiedener Verstellkurven unter Voraussetzung der gleichen Steuerung veranschaulicht werden. Bei geradliniger und schwach nach außen gekrümmter Verstellkurve Fig. 1071 a bzw. b wächst P_{bm} linear von Null auf einen Größtwert für kleinste bis größte Füllung; bei kreisförmiger, zur Wellenachse konzentrischer Verstellkurve ist P_{bm} Null. Für die Schieberreibung ergibt sich P_{sm} im ersten Falle beim Leerlauf am größten und nimmt mit zunehmender Füllung ab, während bei kreisförmiger Verstellkurve P_{sm} konstant bleibt. Für Verstellkurven nach der Fig. 1071 c stellen sich für P_{bm} und P_{sm} Zwischenwerte ein.

Zur genauen Ermittlung dieser in der Verstellrichtung wirksamen, mittleren rückwirkenden Kräfte, deren Kenntnis für die zuverlässige Bestimmung der Ausführungsverhältnisse der Feder nötig ist, sei auf den ersten Abschnitt des Reglerkapitels S. 771 ff. verwiesen.

Regler mit unmittelbarer Gegenwirkung von Feder- und Fliehkraft.

Das theoretisch vollkommene Reglerschema, das in einer solchen Verbindung von Schwunggewicht und Feder sich ausspricht, bei der Fliehkraft und Federspannung sich unmittelbar das Gleichgewicht halten, ist für Exzenterregler früher angewandt worden wie für Muffenregler, besonders im amerikanischen Dampfmaschinenbau. Beispielsweise enthält bereits der Radingersche Bericht über die Weltausstellung in Philadelphia 1876 die Zeichnung eines Reglers der Hoadley Co., bei dem Blattfedern unmittelbar den Schwunggewichten entgegenwirken.

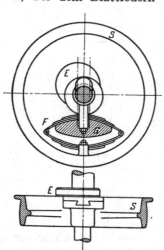

Als weiteres Beispiel einer dieser älteren Bauarten sei der Regler von Garnier Fig. 1072 angeführt, bei dem ein mit dem Steuerexzenter verbundenes Schwunggewicht G zwei Blattfedern entgegenwirkt, die sich am Umfange des Gehäuses abstützen. Das Schwunggewicht und damit das Exzenter ist prismatisch radial geführt, so daß die Verstellkurve eine Gerade von der Länge des Schwunggewichtsausschlages als Verstellweg bildet.

Der Fliehkraft des Schwunggewichtes wirken die mittlere rückwirkende Kraft P_{rm} und die Federspannung F entgegen, so daß sich $C = F + P_{rm} = \dfrac{G}{g}\omega^2 r$

Fig. 1072. Regler von Garnier mit geradliniger Exzenterverstellung und einem einzigen Schwunggewicht.

ergibt. Der statische Charakter des Reglers kann im vorliegenden Falle wie beim Muffenregler aus dem Verlauf der auf die Verstellgerade bezogenen Fliehkraftkurve und aus ihrer Lage zur Wellenmitte bestimmt werden. Der Regler weist zwar keine belasteten Zapfen auf, doch sind im Betriebe empfindliche Reibungswiderstände durch die seitlich der Exzentermittelebene angeordnete Geradführung unvermeidlich.

Die Anwendung nur einer einzigen Schwungmasse und ihre Vereinigung mit dem Exzenter gewährt zwar den Vorteil großer baulicher Einfachheit des Reglers; nachteilig wird dabei aber die einseitige Fliehkraftwirkung für die Lager der Reglerwelle, wenn sie nicht durch Aussparungen im Schwungrad oder durch entgegengesetzt wirkende Massen im Reglergehäuse ausgeglichen wird.

Einseitige Schwungmassen kommen nur für Maschinen mit hohen Umlaufzahlen und kleinen Leistungen und demgemäß kleinen Steuerwiderständen in Betracht; ihr Gewicht wird alsdann auch klein und die mit der Gewichtswirkung zusammenhängenden Pendelungen können auf ein zulässiges Maß beschränkt werden. Bei mäßiger Umlaufzahl dagegen würden infolge der zunehmenden Zeit-

dauer einer Schwingungsperiode die durch die Gewichtswirkung des Schwungkörpers hervorgerufenen Pendelausschläge stark anwachsen (etwa umgekehrt proportional dem Quadrat der Umlaufzahl) und eine Größe erreichen, bei der eine
wirksame Dämpfung der Pendelungen durch die Reglermassen allein nicht mehr
erzielbar ist.

Bei den üblichen Umdrehungszahlen langsam und schnellaufender Dampfmaschinen kommt daher für den Exzenterregler nur die Ausführung mit zwei symmetrisch zur Steuerwelle angeordneten Schwunggewichten in Frage, weil durch eine
solche nicht nur die einseitige Gewichts- und Fliehkraftwirkung auf die Steuerwelle
ausgeschaltet wird, sondern auch die größeren Reglermassen die Dämpfung der
Rückdruckpendelungen übernehmen können.

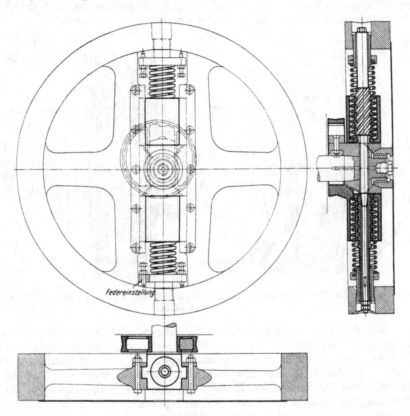

Fig. 1073. Strnad'scher Exzenterregler mit geradliniger Verstellung des
Steuerexzenters.

Eine äußerlich einfache konstruktive Form dieses Reglerschemas mit unmittelbarer Gegenwirkung von Fliehkraft und Feder bei geradliniger Verschiebung
des Steuerexzenters weist der Strnad'sche Exzenterregler[1]) auf, bei dem die Schwunggewichte parallel zur Verstellgeraden in der radial angeordneten Federachse geführt
werden, Fig. 1073 und II, 142, 1. Die zwangläufige Verbindung der beiden Schwunggewichte durch steile links- und rechtsgängige Schrauben hat bedeutende und mit
dem Zustand der Schmierung und der Abnützung veränderliche Eigenreibung zur
Folge. Die Empfindlichkeit der Regelung wird dadurch ungünstig beeinflußt,
wenn auch durch die Schraubenreibung Rückdruckschwankungen des Steuerungsantriebs wirksam aufgenommen werden.

---

[1]) Z. d. V. d. I. 1901, S. 981, und 1907, S. 23 und 62.

**Flachregler
mit besonderer
Beharrungs-
masse.**

Als ein weiterer Nachteil des Reglers ist anzusehen, daß die bei Belastungsänderung entstehende Beharrungswirkung der Schwungmassen die Reglerbewegung durch einseitige Belastung der Geradführung hemmt. Beharrungswirkung
kann daher nur durch Hinzufügung einer besonderen Beharrungsmasse etwa nach
Fig. 1074 in Form eines auf der Welle drehbar gelagerten Gehäuses nutzbar gemacht
werden, dessen Beharrungswirkung durch Kulisse und Gleitstein auf die Schwunggewichte übertragen wird. Das Exzenter wird durch den Bolzen *a* des einen
Schwunggewichtes mitgenommen und durch die Kulisse und den Gleitstein *b* des
anderen Schwunggewichtes gerade geführt. Dabei regelt das Gehäuse vermittels
der schrägen Schlitze den symmetrischen Ausschlag der beiden Schwunggewichte.
Auch bei dieser Konstruktion leidet die Empfindlichkeit der Regelung durch die
zusätzlichen Widerstände, welche die Kulissenführungen und die Abstützungen
der Beharrungsscheibe auf der Nabe des Reglers verursachen.

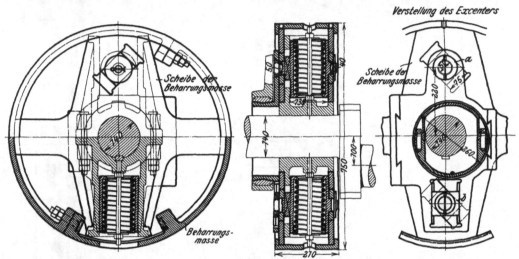

Fig. 1074. Strnad'scher Exzenterregler mit geradliniger Exzenterverstellung und Beharrungsscheibe.

Aus den betrachteten Reglerausführungen geht des weiteren hervor, daß ein
wesentlicher Übelstand ihrer Geradführungen sich darin geltend machen muß,
daß ihre Abnützung in den Reglerstellungen, die den am häufigsten auftretenden
Leistungen der Maschine entsprechen, am größten wird und dadurch ein gleich
zuverlässiges Verhalten des Reglers bei anderen Belastungslagen im Laufe der
Zeit ausgeschlossen ist. Diesen Nachteil prismatischer Führungen vermeidet die
Schwingenführung oder Lenkergeradführung und kommen diese daher auch bei
den meisten Exzenterreglern zur Anwendung.

**Schwung-
gewichte als
Beharrungs-
masse.**

Die einfachste Konstruktion eines solchen Flachreglers mit zwei drehbaren
statt gerade geführten Schwunggewichten zeigt Fig. 1075[1]). Sie erfüllt die Bedingung des idealen Reglerschemas durch unmittelbare Aufnahme der radialen
Fliehkraftresultanten mittels zweier durch die Schwunggewichtsschwerpunkte
gelegte Schraubenfedern, die einerseits gegen die Schwungpendel, andererseits
gegen zwei Teller als Widerlager sich stützen, die mittels einer radialen, durch die
Steuerwelle geführten Stange untereinander verbunden sind zum Ausgleich beider
Federspannungen. Das Steuerexzenter wird von parallel schwingenden und gleich
großen Armen beider Schwungpendel mittels Zapfen getragen und parallel geführt,
so daß die Verstellkurve einem der Wellenachse konvex zugekehrten (nach innen gekrümmten) Kreisbogen vom Radius ϱ entspricht. Bei der angenommenen Rechts-

---

[1]) Der **Regler** ist von Professor **Watzinger** gemeinsam mit den Assistenten Dipl.-Ing. Leif
Sölsnäs und Laboratoriumsingenieur Leif J. Hanssen ausgebildet.

drehung der Steuerwelle wird bei einer Änderung ihrer Winkelgeschwindigkeit die Fliehkraftwirkung noch durch die Trägheit der Schwungmassen im Sinne der jeweils erforderlichen Exzenterverstellung unterstützt. Es ergibt sich damit die vollkommenste Ausnützung der aufgewendeten Schwungmassen, da ihre Fliehkraft- und Trägheitswirkung gleichzeitig verwertet wird. Das Trägheitsmoment der Schwungpendel ist so groß zu wählen, daß eine Massendämpfung der Rückdruckpendelungen ohne Anwendung von Öl- oder Reibungsbremsen erzielt und eine besondere Beharrungsmasse entbehrlich wird. Da sämtliche Reglergelenke von den Fliehkräften entlastet sind und deren Zapfen nur die Gewichtswirkungen der Reglerteile und die Verstellkräfte aufzunehmen haben, so ermöglichen die geringen Auflagerdrücke eine selbsttätige Ölzufuhr nach den Gelenken durch Zentrifugalwirkung.

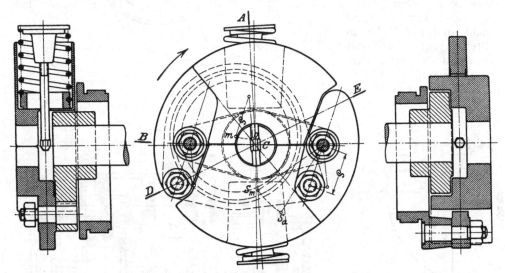

Fig. 1075. Exzenterregler von Prof. Watzinger mit nach innen gekrümmter Verstellkurve. Steuerexzenter mit beiden Schwungmassen verbunden.

Von den zahlreichen weniger einfach ausgebildeten Ausführungen des theoretisch vollkommensten Reglerschemas seien noch einige bemerkenswerte Konstruktionen im nachfolgenden betrachtet.

Eine hinsichtlich der Raumausnutzung geschickte Bauart zeigt der Exzenterregler II, 154, 13 von Dr.-Ing. Oskar Recke.

Jedes Schwungpendel ist durch zwei Schwingen derart parallel geführt, daß deren Schwerpunkte sich annähernd in der radial angeordneten Achse der Druckfedern verlegen. Letztere stützen sich gegen Federteller, die mittels langer Bolzen mit der Reglerwelle fest verschraubt sind. Die zur Federachse parallele Lagenänderung der Schwunggewichte wird durch Schwingenführung erreicht, für welche jedoch nur je ein Lenker bei beiden Schwunggewichten erforderlich ist, indem der zweite Lenker durch das als Beharrungsmasse wirkende Gehäuse ersetzt, und der Abstand der Pendeldrehpunkte von Wellenmitte gleich der Länge der Führungsschwingen gemacht wird. Die infolge entlasteter Gelenkzapfen nur noch vorhandene geringe Eigenreibung kann noch weiter vermindert werden, wenn das Eigengewicht des Gehäuses durch Kugellager an der Welle abgestützt wird.

Um bei Ausnützung der Beharrungswirkung des Gehäuses eine flache Verstellkurve zu erreichen, werden beide Exzenter durch den Regler beeinflußt, und zwar wird das innere, auf der Nabe der Beharrungsmasse sitzende von einem Schwunggewicht aus verdreht und das äußere vom Trägheitsgehäuse aus vermittels Gleitstein in Parallellagen zum Mittelpunktskreis des Innenexzenters geführt. (Seitenfig. II, 154, 13). In der Ausführung des Reckeschen Reglers nach II, 155, 14

bildet das Innenexzenter
einen Teil der Beharrungsmasse und das Außenexzen-
ter wird von den Schwung-
pendeln aus durch Lenker
verlegt.

    Bei einfacher Schwin-
genführung ist der vom
Schwerpunkt des Schwung-
pendels beschriebene Kreisbogen gegenüber der Federachse so zu legen, daß er
von dieser nur wenig ab-
weicht und die Feder un-
mittelbar gegen das Gewicht
abgestützt werden kann.
Die Abweichung des Schwerpunktes von der Federachse

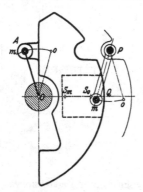

Fig. 1076. Lemniskoidengrad-
führung des Reglers von
Paul H. Müller.

läßt sich jedoch völlig vermeiden, wenn an Stelle der
Schwingenführung Gegen-
lenker nach Art der Lemnis-
koidenlenker zur Anwen-
dung kommen, Fig. 1076,
wobei durch geeignete Wahl
der Längenverhältnisse OA
und PQ eine nahezu vollständige Geradführung des
Schwunggewichtsschwer-
punktes erzielt wird, wenn
O und P relativ zueinander
festliegende Drehpunkte
bilden.

    Wird der Arm OA
durch das Gehäuse ersetzt,
so ergibt sich die Reckesche
Reglerbauart, bei der die
Pendel nur radiale Flieh-

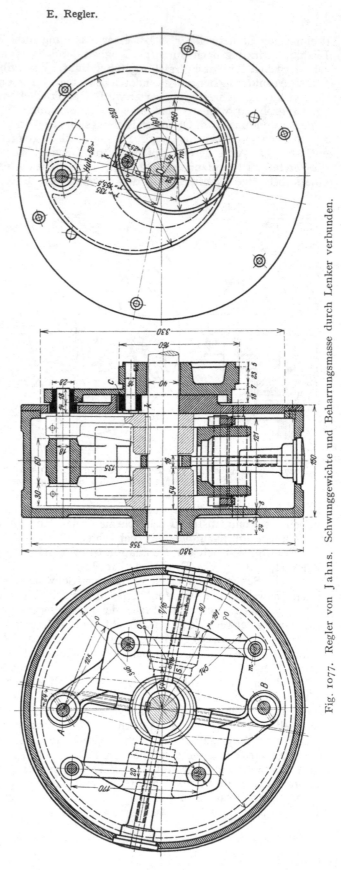

Fig. 1077. Regler von Jahns. Schwunggewichte und Beharrungsmasse durch Lenker verbunden.

kraftwirkung, die Beharrungsmasse nur tangentiale Beharrungswirkung während
der Verstellung äußern. Wird Punkt A als zur Welle festliegender Pendeldrehpunkt
angenommen und das Gehäuse OP durch den Lenker PQ vom Pendel aus geführt, so kommt neben der Beharrungswirkung des Gehäuses auch die des Pendels
zur Ausnützung, indem letzteres außer der rein radialen Relativbewegung zum Gehäuse auch eine schwingende Bewegung um den festen Drehpunkt A ausführt.
Bei diesen von Paul H. Müller[1]) konstruierten Reglern sitzt das Steuerexzenter
auf dem als Innenexzenter ausgebildeten hülsenförmigen Ende der Beharrungsmasse und wird durch einen mit der Welle fest verbundenen Bolzen vermittels Gleitstein gezwungen, an der Wellendrehung teilzunehmen. Die beiden Bewegungen
vereinigen sich zu einer nahezu geradlinigen Mittelpunktsverschiebung.

Im Regler von Jahns Fig. 1077 wird bei Aufhängung der Schwungpendel an
einem auf der Reglerwelle befestigten Doppelarm, das Gehäuse durch Lenker vom
Schwungpendel aus so geführt, daß die Achse der am Gehäuse abgestützten Druckfedern dauernd in die Richtung der Fliehkraft des Schwunggewichts fällt, so daß

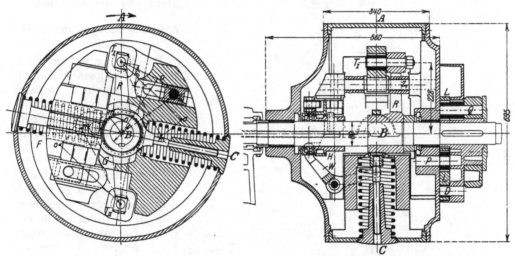

Fig. 1078. Regler von Jahns. Schwunggewichte und Beharrungsmasse durch
Kulissenführung verbunden.

wieder die Drehzapfen A, B von der Flieh- und Federkraft entlastet sind. Außer
der Beharrungswirkung des Gehäuses wird auch die des Schwungpendels ausgenützt. Das von der Beharrungsmasse durch den Kulissenstein C mitgenommene
Exzenter schwingt um den festen Drehzapfen A des Schwungpendels. Hierdurch
wird erreicht, daß die Verstellkurve ein nach außen gekrümmter flacher Kreisbogen wird.

Bei der Ausführung Fig. 1078 ist die Schwingenverbindung zwischen Trägheitsring und Pendel ersetzt durch eine Kulissengeradführung mit Gleitstein. Zum
Ausgleich der Relativverlegung sind dann auch in den Aufhängepunkten T_1 und T_2
Gleitsteine einzuschalten. Die Exzenterverstellung ist übereinstimmend mit derjenigen in Fig. 1077. Die bei Anwendung von Gleitsteinen häufig auftretenden
Klemmungen sowie die Abstützung des Trägheitsringes in Gleitlagern auf der Reglerwelle bewirken trotz entlasteter Zapfen verhältnismäßig hohe Eigenreibung,
durch welche die Empfindlichkeit der Regelung sich vermindert und die Nutz-
barmachung der Beharrungswirkung in Frage gestellt wird[2]). Es erscheint daher angebracht, die Beweglichkeit des Beharrungsgehäuses durch Kugellager zu erleichtern.

---

[1]) Dissertation des Dipl.-Ing. Paul H. Müller — Techn. Hochschule Hannover.
[2]) S. Versuche an dem Regler Fig. 51 ff. in Watzinger-Hanssen, Regelvorgang, S. 46 ff.

Die durch Gegenwirkung von Feder und Schwunggewicht erreichbaren Vorteile der Regelungseigenschaften werden erst dann voll ausgenützt, wenn in der Reglerkonstruktion alle zusätzlichen Reibungswiderstände insbesondere durch Geradführungen und Kulissen vermieden werden und wenn die Anzahl der Gelenke auf das notwendige Mindestmaß beschränkt wird, unter Ausschaltung jedweder Momentwirkung auf Gelenke, durch die Klemmungen entstehen könnten. Frei von allen diesen Mängeln erweist sich die in Fig. 1075 zuerst angeführte Exzenterreglerkonstruktion.

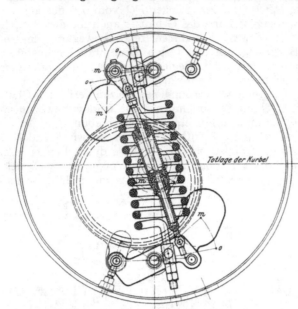

Fig. 1079a. Regler von Sondermann.

Winkelhebelregler mit zwei Pendeln.

Bei Verfolgung der Konstruktionsprinzipien der Muffenfederregler sowohl als der Exzenterregler ist es bezeichnend, daß die Typen mit radialer Feder zur unmittelbaren Aufnahme der Fliehkraft der Schwungmasse dem letzten Entwicklungsstadium dieser Reglergattungen angehören. Der frühere Bau der Exzenterregler, insbesondere in Deutschland, war hauptsächlich von dem Winkelhebelregler beherrscht, bei dem in Rücksicht auf die Federbemessung meist die Schwungmasse am großen, die Feder am kleinen Hebelarm des Winkelhebels angeordnet wurde.

Die Federinnenkräfte haben hierbei wesentlich größere Werte wie die Fliehkraft und rufen dementsprechend bedeutende Zapfenbelastung hervor. Die Anord-

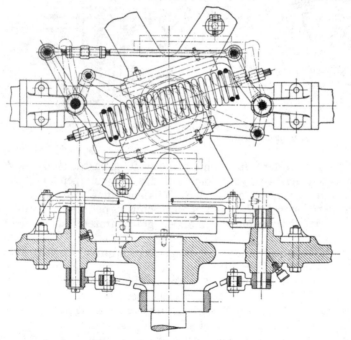

Fig. 1079b. Regler von Stein.
Fig. 1079a und b. Winkelhebelregler mit gemeinsamer radialer Zugfeder für beide Schwunggewichte.

nung der Feder ist abhängig von der Unterbringung des Reglers auf der Welle.

Kann der Regler auf das Wellenende fliegend aufgesetzt werden, so läßt sich die Feder radial anordnen und mit beiden Schwungpendeln unmittelbar verbinden.

Zugfedern bilden dabei die Regel (Fig. 1079a und b und II, 147, 6, 149, 8), da bei Druckfedern von größerer Länge die Gefahr des Ausknickens besteht (Fig. 1080). Bei durchgehender Welle werden zwei Federn erforderlich, die meist in Rücksicht auf die günstigere Raumausnützung und leichtere Unterbringung nicht radial liegen (II, 144, 3, 145, 4, 148, 7). Die seltenere radiale Anordnung zweier Druckfedern zeigt Fig. 1081 für den auf der Steuerwelle sitzenden Regler einer liegenden Ventilmaschine.

Bei seitlich liegenden Federn Fig. 1082 und 1083 ist zu berücksichtigen, daß ihre unter dem Einflusse der eigenen Fliehkraft entstehende Durchbiegung einerseits die Materialbeanspruchung erhöht, andererseits die Gesetzmäßigkeit der Spannungsänderung und damit die Stabilität des Reglers ändert.

Da je nach der Lage der Feder zum Pendel die Übertragung der Federkräfte innerhalb des Pendelausschlages verschieden sich gestaltet, läßt sich durch Änderung

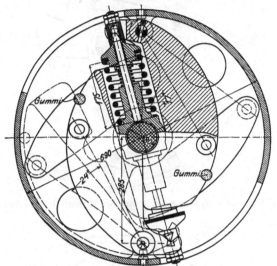

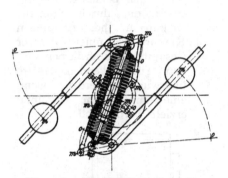

Fig. 1080. Winkelhebelregler mit gemeinsamer radialer Druckfeder für beide Schwunggewichte.

Fig. 1081. Winkelhebelregler mit zwei radialen Druckfedern.

der Angriffsrichtung der Feder der Ungleichförmigkeitsgrad beeinflussen. Im allgemeinen wird die Federachse zum Pendel so gelegt, daß sie bei dessen Ausschlag annähernd unveränderte Lage behält und daß in der Mittellage die Verbindungslinie von Pendeldrehpunkt und Federangriffspunkt senkrecht zur Federachse liegt. Der Hebelarm für die Momentenwirkung der Feder bleibt alsdann für das ganze Ausschlagsgebiet annähernd konstant.

Bei stumpfem Winkel der Federachse zum Angriffshebel in deren Mittelstellung nimmt der Hebelarm der Feder mit Vergrößerung des Ausschlags zu und damit auch die Stabilität des Reglers, doch ist die hierdurch zu erreichende Steigerung der Umdrehungszahl nur gering.

Bei seitlich der Welle liegenden Federn läßt sich deren Momentenwirkung wirksamer beeinflussen durch Verlegung des am Gehäuse befestigten Federendes e Fig. 1083. Eine Verschiebung des letzteren nach außen ergibt bei gleichbleibender Federlänge durch Vergrößerung der inneren Hebelarme eine Verminderung der Stabilität, eine Verschiebung nach innen eine Zunahme. Der Einfluß der Verschiebung ist um so größer, je kürzer die Feder.

Winkelhebelregler haben den bei den Muffenreglern ähnlicher Konstruktion bereits erwähnten Nachteil bedeutender Zapfenbelastungen. Zur Einschränkung ihrer Abnützung und ihres Reibungswiderstandes ist es daher in Anbetracht der Unzugänglichkeit der Zapfen im Betrieb unerläßlich eine sorgfältige Druckölschmierung vorzusehen.

Als Beispiel zur Beurteilung der Größe der Zapfenbelastungen sei auf den II,

Tafel 42 untersuchten Exzenterregler II 144,3 einer 150 pferdigen Verbundmaschine hingewiesen. In der Regleraußenanlage ist der Gelenkzapfen des Federangriffs

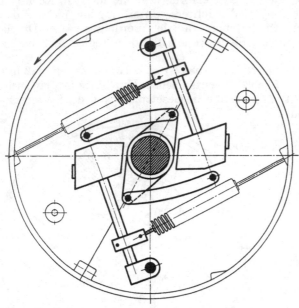

mit 760 kg, der Drehzapfen des Schwungpendels mit 480 kg belastet, ihre spezifischen Flächendrücke betragen 44,5 bzw. 7,3 kg/qcm. In der Verstellrichtung des Exzenters entsprechen die durch diese Zapfenbelastungen hervorgerufenen Reibungswiderstände (berechnet mit $\mu = 0,1$) ungefähr 2 v. H. der auf die Verstellkurve bezogenen Innenkräfte. Die außerdem durch Steuerungsrückdrucke erzeugten Reibungswiderstände zwischen den beiden Exzentern, sowie die durch Momentwirkungen hervorgerufenen Klemmungen müssen in ihrer Gesamtheit durch die pendelnden rückwirkenden Kräfte überwunden werden, wenn eine empfindliche Regelung erzielt werden soll.

Fig. 1082. Regler amerikanischer Konstruktion (Buckeye).

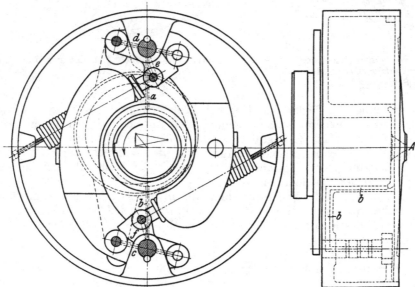

Fig. 1083. Regler von Steinle & Hartung, Quedlinburg.
Fig. 1082 und 1083. Exzenterregler mit seitlich der Welle angeordneten Federn.

Bei großen Reglern erreichen die Federdrucke so bedeutende Werte, daß ihre Aufnahme durch normale Tragzapfen auf ungünstig hohe Reibungswiderstände führt. Es ist daher zweckmäßig, stark belastete Zapfen durch Stahlschneiden zu ersetzen, wie dies beispielsweise beim Regler II, 149,8, für die Federlagerung und beim Regler II, 147,6 auch für die Lagerung des Schwungpendels geschehen. Die

Schneiden verkleinern wesentlich die Eigenreibung und erhöhen infolge des Wegfalls der Schmierung die Betriebssicherheit.

Die Entlastung der Pendeltragzapfen bei nicht radial an den Pendelschwerpunkten angreifenden Federn erreicht Pröll nach II, 145, 4 durch zwei mit beiden Schwungmassen symmetrisch zu deren Schwerpunkt verbundene Zugfedern.

Diese Bauart bildet den Übergang von den Winkelhebelreglern zu den Reglern mit unmittelbarer Gegenwirkung von Feder- und Fliehkraft, bei denen durch Anwendung radial eingebauter Druckfedern auch noch die zu Reibungswiderständen Veranlassung gebenden, belasteten Aufhängepunkte der Federn in Wegfall kommen.

Auch beim Winkelhebelregler läßt sich die Beharrungswirkung des Schwungpendels durch geeignete Wahl der Drehrichtung mit Vorteil ausnützen, doch ist ihre Anwendung infolge großer Eigenreibung des Reglers nur bei Maschinen mit kleinen Schwungmassen und empfindlicher Steuerungsrückwirkung von nennenswertem Einfluß auf die Regelung. Bei langsam laufenden Maschinen mit größeren Schwungmassen hat der Einbau besonderer Trägheitsscheiben (II 148, 7) oder Trägheitsgehäuse (II, 151—153) meist nur die Aufgabe, die Trägheitswirkung des Reglers zur Dämpfung der Rückdruckpendelungen zu vergrößern, ohne gleichzeitige Vergrößerung der die Fliehkräfte erzeugenden Massen, mit denen auch die Federinnenkräfte und Reibungswiderstände anwachsen würden. Das Trägheitsgehäuse bietet bei liegenden Ventil-Maschinen zugleich ein bequemes Mittel zur Übertragung der Reglerverstellbewegung auf die Steuerexzenter. Diese beiden Gesichtspunkte sind z. B. für die Verwendung eines Trägheitsgehäuses bei dem sehr verbreiteten Lentzregler II, 151—153 und Taf. 44 maßgebend. Die Aufnahme der Fliehkraft beider Pendel erfolgt bei diesem Regler durch eine kreisförmige Blattfeder, die ihr Widerlager einerseits in einem mit der Welle festen Arm, andererseits im Gehäuse findet, das mittels je einem kurzen Gelenk mit den beiden Schwungpendeln beweglich verbunden ist. Das Steuerexzenter enthält einen kulissenförmigen Ausschnitt II, 151, der es in der geraden Verstellrichtung auf einem auf der Welle aufgekeilten Gleitstück mittels eines am Trägheitsgehäuse befestigten Bolzens verschieben läßt. Die II, 151 dargestellte Reglerausführung dient für liegende Ventilmaschinen, die Konstruktion II, 152 für stehende Schiebermaschinen.

Lentz-Regler.

Einpendelregler für Schnelläufer.

Exzenterregler für Dampfmaschinen, deren Umdrehungszahlen etwa zwischen 400 und 800 gelegen sind, können zur Erzeugung ausreichender Fliehkräfte als Einpendelregler ausgeführt werden.

Die einfachste Ausführung eines solchen, Fig. 1084, liefert wieder das Reglerschema, bei dem eine Druckfeder in das Schwungpendel so eingebaut wird, daß die Federspannung der Fliehkraft in allen Pendellagen unmittelbar entgegenwirkt. Zu letzterem Zwecke ist die Federzugstange an der Welle drehbar abgestützt. Durch Vereinigung des Exzenters mit dem Schwungpendel zu einem Gußstück hat die Verstellung des Exzenters nach einem der Wellenachse abgekehrten Kreisbogen zu erfolgen, wenn bei der angenommenen Rechtsdrehung der Reglerwelle Fliehkraft- und Beharrungswirkung der Schwungmasse gemeinsam im Sinne der Verstellung wirken sollen.

Einfachster Einpendelregler.

Bei nicht radial und im Pendelschwerpunkt angreifenden Federn verursacht der weniger einfache Gleichgewichtszustand und der Umstand, daß dabei auch stark belastete Zapfen in Kauf genommen werden müssen, eine besondere Rücksichtnahme auf eine zweckmäßige Verteilung der Fliehkraft- und Massenwirkung der Reglerteile. Der einfache Verstellwiderstand der Steuerung ist vornehmlich durch die Fliehkraftänderung zu überwinden, während die Rückwirkung der Steuerung und des nicht ausgeglichenen Pendelgewichts durch ausreichende Massendämpfung aufzunehmen sind. Der Regelungseinfluß des Schwungrades von Schnelläufern mit außergewöhnlich hoher Umlaufzahl ist bei Belastungsänderungen sehr gering.

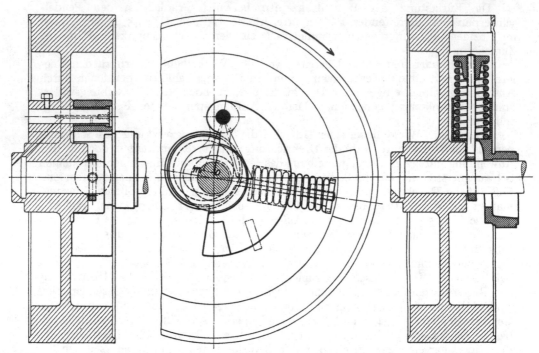

Fig. 1084. Einpendelregler von Prof. Watzinger mit Ausnützung der Beharrungswirkung des Schwungpendels.

Einpendel-regler mit großem Trägheitsmoment.

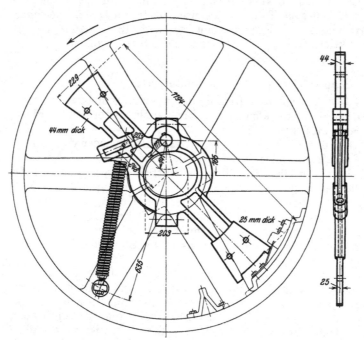

Fig. 1085. Einpendelregler von Prof. Rites mit Beharrungswirkung des Schwungpendels.

Bei dem in Amerika sehr verbreiteten Regler von Rites, Fig. 1085, sind Schwungpendel, Exzenter und Beharrungsmasse zu einem Gußstück vereinigt und wird ein großes Trägheitsmoment der letzteren dadurch erreicht, daß sie in zwei zur Wellenmitte symmetrisch liegenden und möglichst weit nach außen geschobenen, radial miteinander verbundenen Gewichten untergebracht wird, wobei die Lage des Schwerpunktes des ganzen Gußstückes zur

Wellenmitte durch entsprechende Materialverteilung der erforderlichen Größe der
Fliehkraft angepaßt werden kann.   Auf diese Weise läßt sich für die Verstellung eine
beliebig große Beharrungskraft nutzbar machen, namentlich bei Einbau des Reglers im Schwungrad. Die Reglerfeder ist seitlich angeordnet, wobei ihr Angriffspunkt am Schwungpendel so nahe an die Wellenmitte gerückt wird, wie die Schwungradnabe und das Exzenter gestatten.   Der im Schwungpendel vorgesehene Schlitz
dient zur Verlegung des Angriffspunktes der Feder und damit zur Veränderung
ihrer Momentwirkung, wodurch Umlaufzahl und Ungleichförmigkeitsgrad des
Reglers geändert werden können.   Infolge bedeutender Belastung des Pendeldrehpunktes durch die in verschiedenen Richtungen wirkende Fliehkraft und Federkraft
und durch die Belastung der Aufhängezapfen der Feder ist die Eigenreibung des
Reglers verhältnismäßig groß.   Die Vereinigung von Exzenter und Schwungpendel
in einem Gußstück bedingt beim Rites-Regler zwecks Ausnutzung der Beharrungswirkung eine nach innen gekrümmte Verstellkurve.

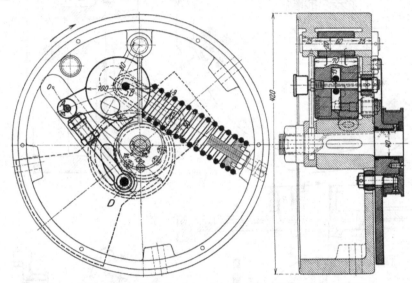

Fig. 1086. Einpendelregler von Stein ohne Beharrungsmasse.

Schematisch übereinstimmend mit dem betrachteten Regler, aber konstruk-   **Regler von**
tiv einfacher ist der Einpendel-Regler von Sulzer, II, 143, 2. Durch kleinen Mo-   **Gebr. Sulzer.**
menthebelarm der Rückdruckkräfte am Steuerexzenter und Einbau einer Öl-
bremse kann der Regler noch für 200 Umdrehungen angewandt werden. Zur Verminderung der Reibungswiderstände sind die kräftigen Drehzapfen des Schwungpendels auf Walzen gelagert.

Bei den folgenden Reglern erscheint die Beharrungskraft des Schwungpendels
belanglos gegenüber der Wirkung einer wesentlich größeren Beharrungsmasse,
die mit dem Exzenter vereinigt, getrennt vom Pendel ausgeführt und mit diesem
erst durch einen Lenker verbunden ist.   Eine vielfache Anwendung hat dieses Kon-   **Regler von**
struktionsprinzip in dem Regler von Dævel, II, Taf. 43 und Fig. II, 150, 9 ge-   **Dævel und**
funden.   Das Exzenter samt Beharrungsmasse schwingt um einen so gelegenen   **Stein.**
festen Drehpunkt, daß die Verstellkurve nach innen gekrümmt ist.   Bei dem Regler
von Stein, Fig. 1086, sitzt das Steuerexzenter auf einem zur Reglerwelle zentrisch drehbaren Innenexzenter und das Schwunggewicht verdreht beide mittels
der Gelenke AD und BC in entgegengesetzter Richtung, so daß eine flache nach
innen gekrümmte Verstellkurve mo entsteht.   Die Trägheitsmasse ist mit dem
Innenexzenter bei C verbunden und unterstützt mittels des Lenkers BC die Bewegung des Schwunggewichtes.

Bei der Reglerkonstruktion Fig. 1087 folgt unter Fortfall des Innenexzenters das Steuerexzenter mittels des Zapfens *A* dem Schwunggewicht und mittels des Zapfens *B* der auf der Reglerwelle drehbaren Trägheitsmasse, wodurch ebenfalls eine flach verlaufende Verstellkurve *mo* und die Rückwirkung der Beharrungsmasse im Sinne der Verstellbewegung des Schwunggewichtes erreicht wird.

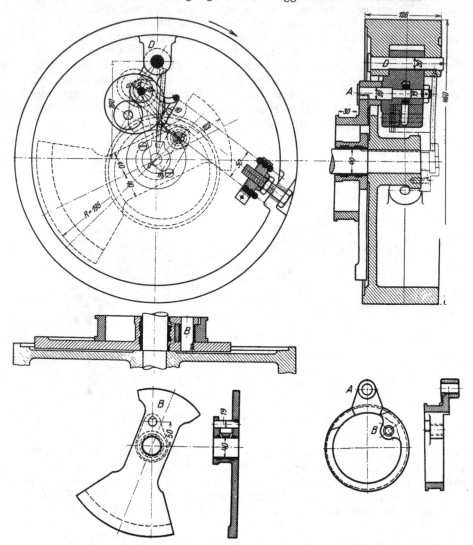

Fig. 1087. Einpendelregler von Stein mit Beharrungsmasse.

In II, 146, 5 wird bei ähnlicher Anordnung des Schwungpendels und der Feder das getrennt ausgeführte Exzenter in einer exzentrischen Aussparung des Gehäuses geführt (Umkehrung der Dörfel-Pröll-Anordnung). Die Verstellkurve muß bei Ausnutzung der Beharrungswirkung des Schwungpendels auch hier eine nach innen gekrümmte Kurve sein.

Alle diese Einpendelregler mit nicht radialer Feder leiden an dem Übelstand, daß letztere unter dem Einfluß ihrer eigenen Fliehkraft mit der Umdrehungszahl veränderliche Durchbiegungen erfährt, durch die insbesondere beim Anlaufen der Maschinen das Auftreten von Schwingungen der Feder in ihrer Quer- und Längsrichtung begünstigt und unruhiges Arbeiten der Regler verursacht wird.

Als Beispiel eines Einpendelfliehkraftreglers ohne Beharrungswirkung für raschlaufende Maschinen, sei noch der bei der amerikanischen Straight-Line-Maschine verwendete Flachregler
Fig. 1088 angeführt, bei dem
die Fliehkraft von der durch
ein Stahlband am Pendel angreifenden Blattfeder aufgenommen wird, unter geringer Belastung des Pendeldrehzapfens.
Zur Erzielung großer Fliehkraft
bei kleiner Masse ist die Schwungkugel möglichst weit von der
Reglerwelle gerückt.

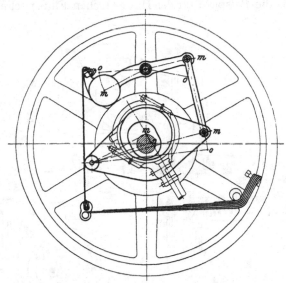

Infolge Fehlens wirksamer
Beharrungsmassen sind dauernde
Pendelungen durch Steuerungsrückdrucke unvermeidlich und
die Regeleigenschaften daher ungünstiger wie bei den vorausgehend betrachteten Reglern.

Verstellung der Umlaufzahl bei Exzenterreglern.

Fig. 1088. Einpendelregler mit Blattfeder und ohne
Beharrungsmasse.

Die Umlaufzahlveränderung
im Betrieb kann bei Exzenter-
reglern sowohl durch Verstellung der Hauptfedern wie auch durch Zusatzfedern
erzielt werden. Prinzipiell ist die erstere Art der Verstellung der letzteren vorzuziehen, da Zusatzfedern die Zapfenbelastungen vermehren. Die Einwirkung auf
die Hauptfeder kann erzielt werden durch

1. Änderung der Federspannung bei unveränderter Federlage im Regler.

2. Änderung des Hebelarms, an dem die Feder angreift, meist mit gleichzeitiger Änderung der Federspannung verknüpft.

3. Änderung des Fliehkraftmomentes durch Verlegung des Pendelschwerpunktes bei unveränderter Lage der Feder. Der Hebelarm der Fliehkraft bleibt
dabei unverändert oder wird mit Verlegung des Schwerpunktes gleichzeitig geändert.

Die Änderung der Umlaufzahl durch Spannungsänderung der Hauptfedern läßt sich in einfacher Weise erzielen bei den mit radial angeordneten
Druckfedern ausgestatteten Reglern, wenn der Regler auf Wellenende angeordnet
werden kann. Bei dem Zweipendelregler wird die zum Ausgleich der Federspannungen dienende Verbindungsstange der Federteller in Wellenmitte mit einem
Kegelradgetriebe versehen, das normal zusammen mit zwei Handrädern umläuft.
Durch Festhalten des einen oder anderen Handrades tritt eine Drehung der Stange
ein, die durch Rechts- und Linksgewinde auf die Federteller übertragen wird und
hierdurch die Federspannung verändert.

Beim Einpendelregler Fig. 1084 erfolgt die Verstellung der Umlaufzahl dadurch,
daß die Federzugstange sich gegen ein keilförmiges Stück in der hohlen Welle abstützt, das an der kleinen Schwingbewegung der Feder teilnimmt. Die Verstellung
erfolgt vermittels eines außerhalb des Reglers fest gelagerten Handrades.

Eine ähnliche Verstellung verwendet Lentz zur Spannungsänderung der
Spiralfeder, II, 153, 12, indem durch Verschieben eines in der Welle gelagerten
Keiles ein Stift senkrecht zur Welle verschoben wird, der die Federlage und Span-
nung verändert. Ursprünglich benützte Lentz zur Verstellung kleine, unter der
Federspannung stehende Zahnrädergetriebe innerhalb der Welle und an dem einen
Ende der Spiralfeder angeordnet, wie II, 152, 11 zeigt.

Spannungs-
änderung der
Hauptfedern.

Bei seitlich gelagerten Schraubenfedern führt die Einstellbarkeit ihrer Spannung während des Betriebes auf sehr umständliche Hebel- und Zahnradübertragungen wie die Beispiele für den Daevelschen Einpendelreglern II, 156, 15 und 16 zeigen.

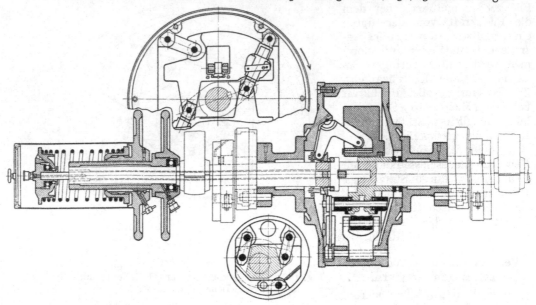

Fig. 1089. Exzenterregler von Steinle & Hartung mit Zusatzfeder zur Veränderung der Umlaufszahl.

**Spannungs-
änderung
mittels
Zusatzfedern.**
Bei Vorhandensein zweier Hauptfedern im Regler wird häufig die Umlaufszahlverstellung einer außerhalb des Reglergehäuses angeordneten Zusatzfeder über-

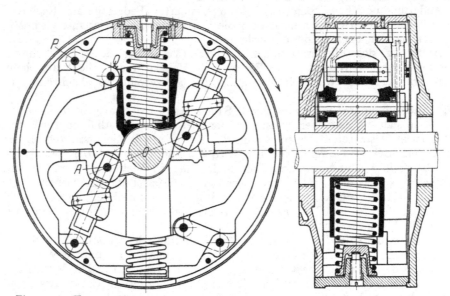

Fig. 1090. Exzenterregler von Steinle & Hartung mit Schwingungsdämpfung der Schwunggewichte.

tragen, Fig. 1089, ähnlich wie bei Muffenreglern durch Federbelastung der Muffe. Diese Verstellung eines Reglers von Steinle & Hartung, Fig. 1090, erfolgt vermittels einer zur Reglerwelle achsialen Feder, deren Wirkung durch zwei im Reglergehäuse gelagerte Winkelhebel auf die Schwunggewichte übertragen wird. Bei Anwendung rechtwinkliger gleichschenkliger Übertragungshebel bewirkt die Anspannung der Feder eine Vergrößerung der Fliehkraft um einen konstanten Betrag. Der Ungleichförmigkeitsgrad ändert sich also in gleicher Weise wie bei unmittelbarer Spannungsänderung der Hauptfeder. Da aber die Zapfen der Übertragungshebel der Spannung der Zusatzfeder ausgesetzt sind (im Gegensatz zur unmittelbaren Beeinflussung der Hauptfeder), wird die Innenreibung des Reglers vergrößert und dadurch die Empfindlichkeit des Reglers vermindert[1]).

Die gleiche Anordnung der Zusatzfeder läßt sich auch für unveränderlichen Ungleichförmigkeitsgrad ausbilden und damit für größere Tourenverstellungen verwenden, wenn mit Änderung der Spannung gleichzeitig auch eine entsprechende Änderung der Windungszahl vorgenommen wird.

Bei seitlichem Einbau der Zusatzfeder in das Reglergehäuse ergibt sich die Möglichkeit durch gleichzeitige Veränderung der Federspannung und des Hebelarms des Federmomentes die Gleichgewichtsbedingungen für die veränderte Umlaufszahl so zu regeln, daß der Ungleichförmigkeitsgrad der gleiche bleibt, bzw. nur in gewünschten Grenzen sich ändert. Dabei ergibt sich der Vorteil, daß die Spannungsänderungen der Feder (und die durch sie hervorgerufenen Gelenkbelastungen) geringer werden wie bei unveränderter Momentwirkung, bei der die resultierende Spannung proportional dem Quadrate der Umlaufszahl sich ändern müßte. Auch eine Veränderung des Hebelarms allein müßte proportional dem Quadrat der Umlaufszahl erfolgen. In der Regel wird sowohl Spannung wie Hebelarm der Zusatzfeder mit der einfachen Potenz der Umlaufszahl verändert, wobei infolge der relativ geringen Größe der Verschiebung die Verstelleinrichtung konstruktiv sich günstig unterbringen läßt[2]). Ein Beispiel für diese Art der Verstellung bietet der Reckeregler II, 155, 14, dessen konstruktive Ausbildung im Text der angeführten Stelle erläutert ist.

Das gleiche Prinzip läßt sich auch zur Verstellung der Hauptfedern von Winkelhebelreglern anwenden, wenn die Federn nicht radial eingebaut werden, wobei sich noch der Vorteil ergibt, daß die bei Zusatzfedern unvermeidlichen Belastungen der Zwischengelenke vermieden werden. Durch die Möglichkeit der Beeinflussung des Ungleichförmigkeitsgrades kann diese Verstellung für sehr weite Umlaufszahlveränderungen Anwendung finden, und ist sie hierfür von Dr.-Ing. R. Pröll besonders durchgebildet worden, Fig. 1091a und b. Als Grundform des Reglers ist dabei nicht der in II, 145, 4 dargestellte Regler mit entlasteten Drehzapfen der Schwungpendel gewählt, sondern das ursprüngliche Schema des Dörfel-Pröllreglers II, 144,3, bei welchem die seitlich angeordneten Federn an einem Ende in Drehzapfen gelagert und am anderen Ende mit dem Schwunggewichte verbunden sind. Zwecks veränderlicher Einstellung des Hebelarms stützt sich jede Feder vermittels Rolle auf einer Gleitbahn des Schwungpendels beweglich ab, Fig. 1091a. Der Abstand der Rolle vom Pendeldrehpunkt wird durch Hebel und Stange veränderlich eingestellt, Die Spannungsänderung der Feder erfolgt durch Verlegung ihres Aufhängepunktes, der zu diesem Zwecke nicht am Gehäuse festliegt, sondern vom Zapfen eines verstellbaren Hebels gebildet wird, der mit dem Verstellhebel der Rolle zu einem Winkelhebel vereinigt ist. Die Verstellung der Winkelhebel beider Reglerseiten erfolgt durch axiale Verschiebung eines Doppelkeils Fig. 1091b, indem zunächst die beiden mit umlaufenden Handräder von Hand zum Stillstand gebracht werden. Die Verdrehung des einen Handrades gegen das andere verschiebt den Keil und ändert damit die Umlaufszahl. Da die Handräder auf Kugellagern laufen, ist die bei der Verstellung zu überwindende Reibung gering. Die Anordnung gestattet eine Verstellung der Umlaufszahl im Verhältnis 1:8 bis 1:10.

Regler von O. Recke.

Regler von Dr. R. Proell.

---

[1]) Siehe Watzinger-Hanssen, Regelvorgang S. 48, Fig. 54.
[2]) Siehe Kaiser, Achsenregler mit während des Betriebs zu bedienender Verstellung per Umlaufszahl, Z. d. V. d. I. 1911, S. 508.

An Stelle des Federmomentes kann auch das Fliehkraftmoment verändert
werden durch Verlegung des Schwerpunktes der Schwunggewichte und Änderung

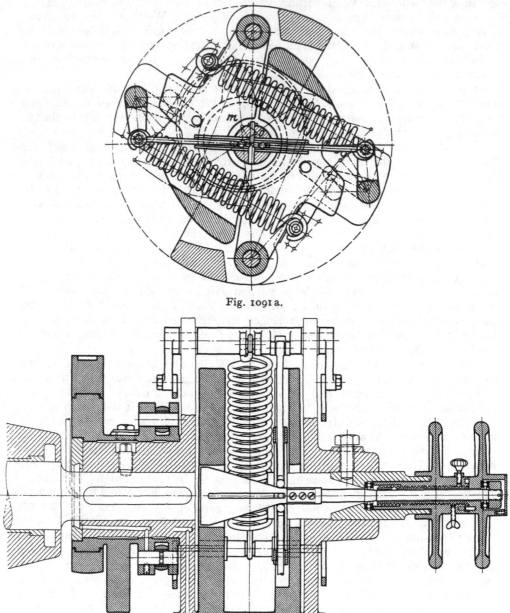

Fig. 1091 a.

Fig. 1091 b.
Fig. 1091 a und b. Exzenterregler von Dr. R. Proell mit Einrichtung zur Änderung
der Umlaufszahl.

des Hebelarms der Fliehkraft. In Ausführungen von Strnad mit gerade geführten
Gewichten wird eine Umlaufszahlverstellung erzielt durch zweiteilige Ausführung

der Schwungkörper, wobei der innere Teil gegen den sich die Feder abstützt, durch Schraube nach außen verschoben wird (Z. d. V. d. I. 1907, S. 27, Fig. 21/22). Hierbei wird gleichzeitig die Federspannung erhöht. Das Bereich der Umlaufzahlverstellung ist hierbei aus baulichen Gründen beschränkt.

In dem Regler Fig. 1092 wird eine wesentlich größere Veränderung durch gleichzeitige Änderung der Hebelarme der Feder und Fliehkraft erzielt. Sowohl das Schwunggewicht wie auch die Feder sind in Bewegungsbahnen, die zueinander senkrecht gelegen sind, gerade geführt. Die Zusammenarbeit beider wird durch einen Doppelhebel bewirkt, gegen den sich Schwungkörper und Feder mit Rollen abstützen. Der Drehpunkt des Doppelhebels ist im Gehäuse gelagert, durch dessen Drehung, etwa innerhalb des Winkels φ, gleichzeitig eine Verkleinerung des einen Hebelarms und Vergrößerung des anderen erzielt wird. Die Verstellung der Umlaufzahl beträgt je nach Größe des Reglers 1 : 3 bis 1 : 2,3.

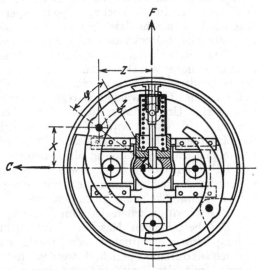

Fig. 1092. Exzenterregler für Veränderung der Umlaufszahl durch gleichzeitige Beeinflussung von Fliehkraft und Federspannung.

II. Dampfdruckregler.

In den Fällen, in welchen der Betriebsdampf einer Dampfmaschine außer zur Arbeitsleistung auch noch zu Fabrikations- und Heizungszwecken Verwendung finden kann, ergibt sich meist die Notwendigkeit, den für letztere Zwecke erforderlichen Dampfdruck möglichst geringen Änderungen auszusetzen, selbst bei größeren Veränderungen der Maschinenleistung oder des Wärmebedarfs der angeschlossenen Heizeinrichtungen. Diese Aufgabe der Aufrechterhaltung der Auspuffdampfspannung bei sogenannten Gegendruckmaschinen bzw. der Spannung des dem Aufnehmer entzogenen Zwischendampfes bei Mehrfachexpansionsmaschinen haben die Druckregler zu erfüllen.

Bei Gegendruckmaschinen mit gegebenem Druckgefälle und normaler Geschwindigkeitsregelung ist die zu Heiz- oder Kochzwecken verfügbare Abdampfmenge von der jeweiligen Belastung der Maschine abhängig. Ist der Kochdampfbedarf größer wie die von der Maschine gelieferte Dampfmenge, so ist Frischdampf zuzusetzen, im umgekehrten Falle entweicht überschüssiger Abdampf ungenützt.

Regler für Gegendruckmaschinen.

Die vollständige Ausnutzung einer bestimmten in der Fabrikation benötigten Dampfmenge zu gleichzeitiger Arbeitsleistung ist nur dann möglich, wenn die dem Abdampfverbrauch entsprechenden Maschinenleistungen innerhalb des gesamten Leistungsbedarfs liegen und ihre Schwankungen durch parallel arbeitende Kraftmaschinen ausgeglichen werden können. Dabei ist es belanglos, welche Maschinenart mit der Gegendruckmaschine parallel arbeitet. Die Dampfmaschine, deren Abdampf ausgenutzt werden soll, ist alsdann so zu bemessen, daß die bei größter Füllung verfügbare Abdampfmenge der größten zur Heizung benötigten Wärmemenge entspricht, während die parallelarbeitenden Maschinen imstande sein müssen, die Gesamtleistung zu übernehmen, wenn die Gegendruckmaschine ausgeschaltet wird.

Es ist bei diesen Betriebsverhältnissen nicht notwendig die Gegendruckmaschine mit einem normalen Geschwindigkeitsregler auszurüsten, sondern nur

durch eine Sicherheitseinrichtung zu verhüten, daß die Maschine durchgehen kann,
im Falle der Gesamtkraftbedarf der Anlage vorübergehend unter die durch die
Abdampfmenge bestimmte Leistung sinkt. Bei unmittelbarer Kupplung zweier
Dampfmaschinen kann diese Sicherung in der Weise erzielt werden, daß bei Leerlauf der mit einem Geschwindigkeitsregler arbeitenden zweiten Maschine, deren
erhöhte Umlaufzahl dazu benützt wird, einen Drosselschieber in der Dampfzuleitung zur Gegendruckmaschine so zu betätigen, daß sie am Durchgehen verhindert
wird. Die Sicherheitsregelung der Gegendruckmaschine kann auch in einem solchen
Zusammenhang von Druck- und Geschwindigkeitsregler bestehen, daß bei Steigerung
des Gegendrucks d. i. bei vermindertem Wärmebedarf, der Druckregler die Federspannung des Geschwindigkeitsreglers vermindert, so daß letzterer zunächst bei unveränderter Umdrehungszahl in seine äußeren Lagen rückt und kleine Füllungen
einstellt. Umgekehrt wird bei sinkendem Gegendruck die Reglerfeder gespannt und
die Maschinenfüllung vergrößert. In seinen Außenlagen wirkt der Geschwindigkeitsregler somit gleichzeitig als Leistungsregler.

Regler für Zwischen-dampfent-nahme. Bei Maschinen mit Zwischendampfentnahme hat der Dampfdruckregler die Aufnehmerspannung durch entsprechende Änderung der Niederdruckcylinderfüllung konstant zu halten, während die Hochdruckcylinderfüllung durch
einen Geschwindigkeitsregler dem Leistungsbedarf angepaßt wird.

Bei bestehenden Maschinen mit nicht veränderbarer Niederdruckcylinderfüllung kann die Entnahme von Zwischendampf gleichbleibender Spannung nachträglich dadurch eingerichtet werden, daß der Dampfdruckregler ein den Aufnehmer mit der Zwischendampfleitung verbindendes Überströmventil betätigt.

Druck-empfänger. Die Druckregler müssen, zwecks Verstellung eines Überströmventils oder
der Einlaßsteuerung meist indirekt wirkend ausgeführt werden. Ein federbelasteter
Kolben, sogenannter Druckempfänger, wird durch die Gegenwirkung der Ab-
dampf- oder Zwischendampfspannung jeweils in einer bestimmten Stellung im
Gleichgewicht gehalten. Bei Änderung der genannten Dampfspannung durch Veränderung der Dampfentnahme wird die dadurch eintretende Verstellung des
Druckempfängerkolbens auf den Steuerschieber eines Hilfsmotors übertragen, der
seinerseits eine entsprechende Einstellung des Überströmventils oder die Verlegung
der Einlaßsteuerung bewirkt. Im letzteren Falle können geringe Verstellwiderstände, wie beispielsweise diejenigen einer Ausklinksteuerung auch unmittelbar
vom Druckempfänger selbst überwunden werden, wie dies Fig. 1093 für den
ND-Cylinder einer Verbundmaschine zur Druckregelung bei Zwischendampfentnahme zeigt.

Druck-regelung durch Ände-rung der ND-Cylinder-füllung. Die Hochdruckcylindersteuerung wird dabei von einem Geschwindigkeitsregler
beeinflußt. Auf die Steuerung des Niederdruckcylinders wirkt ein mittels Queck-
silber arbeitender Druckregler, der den Entnahmedampfdruck im Betrieb auf
gleicher Höhe hält und die Niederdruckcylinderfüllung der entnommenen Dampfmenge entsprechend einstellt.

Der Quecksilberdruck- bzw. Füllungsregler Fig. 1093[1]), besteht im wesentlichen aus zwei durch ein elastisches Rohr verbundenen kommunizierenden Röhren,
R_1 und R_2, die mit Quecksilber gefüllt sind. Letztere hängen an einem Doppelhebel, der auf einer in zwei Kugellagern drehbaren Welle W aufgekeilt ist. Die
eine Seite des Druckreglers steht mit der atmosphärischen Luft, die andere
mit dem Aufnehmer mittels der Leitung V in Verbindung. Schwankungen des
Aufnehmer- bzw. Heizdampfdruckes haben eine Veränderung der Quecksilber-
verteilung in den beiden Rohrschenkeln R_1 und R_2 zur Folge. Wird beispielsweise
die Heizdampfentnahme geringer, so steigt im Aufnehmer der Druck, und das Quecksilber wird aus dem Rohrschenkel R_1 nach R_2 gedrückt. Das größere Quecksilber-
gewicht in R_2 bewirkt ein Senken des als Wagebalken wirkenden Doppelhebels und

---

[1]) Sächsische Maschinenfabrik vorm. Rich. Hartmann, Chemnitz.

damit eine Verdrehung der Reglerwelle *W*. Diese Drehbewegung wird auf die Welle *W'* der Steuerung derart übertragen, daß ein späteres Auslösen der Klinke zwecks Füllungsvergrößerung im Niederdruckcylinder erfolgt. Bei größer werdender Dampfentnahme und sinkendem Aufnehmerdruck führt der Quecksilberregler eine Verkleinerung der Niederdruckleistung herbei. Nachdem die in beiden Fällen durch den Füllungsregler hervorgerufene Veränderung der Niederdruckleistung unmittelbar eine Steigerung bzw. eine Abnahme der Maschinenumlaufzahl zur Folge hat, wird der Geschwindigkeitsregler veranlaßt, die Füllung des Hochdruckcylinders zu verringern bzw. zu vergrößern zur Aufrechterhaltung des Beharrungszustandes der Bewegung.

Die Verbundmaschine mit Zwischendampfentnahme gestattet innerhalb weiter Grenzen bei gleichbleibender wie bei veränderlicher Maschinenleistung verschieden

Grenzen der Dampfentnahme.

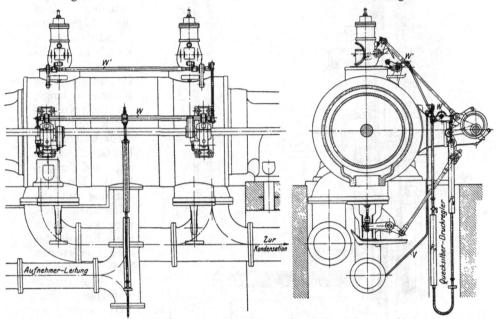

Fig. 1093. Quecksilber-Druckregler der ND-Ausklinksteuerung einer Verbundmaschine zur unmittelbaren Verstellung des Klinkeneingriffs.

große Entnahme aus dem Aufnehmer. Die größte zu entnehmende Dampfmenge wird nun einerseits durch die vom Fliehkraftregler erreichbare Höchstfüllung des Hochdruckcylinders, anderseits dadurch bedingt, daß der Niederdruckkolben nicht trocken laufen darf, daß also der Niederdruckcylinder stets noch eine Mindestfüllung von 2—4 v. H. erhalten muß. Ausgehend von diesem Entnahmehöchstwert, der etwa 80 v. H. der in den Hochdruckcylinder eintretenden Dampfmenge beträgt, können beliebig kleinere Dampfmengen dem Aufnehmer entzogen werden. Wird Heizdampf nicht benötigt, dann arbeitet die Maschine im normalen Kondensationsbetrieb mit günstigster gleichbleibender Niederdruckfüllung.

Die Verbundmaschine mit Zwischendampfentnahme wird meist mit hintereinanderliegenden Zylindern und mit einer Kurbel ausgeführt, da andernfalls die im Entnahmebetrieb sich ergebende ungleiche Leistungsverteilung auf beide Cylinder den Gleichförmigkeitsgrad des Maschinenganges wesentlich beeinträchtigen würde.

Für die Ausbildung des Druckempfängers geben Fig. 1094 und 1095a übliche Beispiele. An Stelle der beiden beweglichen und mit Quecksilber gefüllten Rohre tritt ein feststehender Cylinder, dessen Innenraum mit der Abdampfleitung, deren Druck unverändert erhalten werden soll, in Verbindung steht

Druckempfänger.

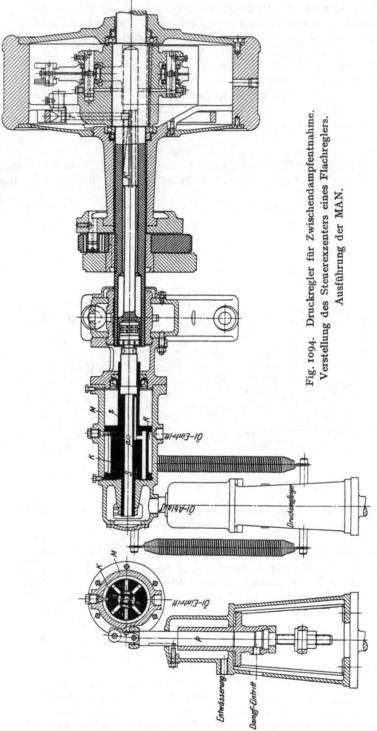

Fig. 1094. Druckregler für Zwischendampfentnahme.
Verstellung des Steuerexzenters eines Flachreglers.
Ausführung der MAN.

und der durch einen federbelasteten Kolben abgeschlossen wird, dessen Stellung vom Gleichgewicht zwischen der Dampfwirkung auf den Kolben und dem Federwiderstand abhängig ist. Bei sinkender Dampfentnahme und demzufolge zunehmendem Druck im Innenraum des Empfängers steigt der Kolben so lange, bis der Kolbendruck mit dem Federwiderstand im Gleichgewicht ist, und umgekehrt. Die Einwirkung auf die Maschinensteuerung kann durch ihn wieder in der oben erörterten Weise erfolgen.

Beim Druckempfänger Fig. 1094 wirkt der Dampfdruck unmittelbar auf einen durch zwei Zugfedern belasteten Plunscher P, dessen Bewegung durch Lenkerverbindung zur Verdrehung des Steuerschiebers S des Hilfsmotors M benutzt wird, der seinerseits die Dampfcylindersteuerung verstellt, im vorliegenden Falle die Federspannung einer Flachreglersteuerung verändert.

In Fig. 1095 a ist dem Druckempfänger ein Wassersack vorgeschaltet, der mittels einer, über dem Wasserspiegel angeordneten Ölschichte den Druck in der Heizleitung auf den mit einer Feder zentrisch belasteten Kolben K_1 überträgt.

Die teilweise Ölfüllung soll Rostbildung an der Kolben- und Cylinderlauffläche verhüten. Durch unmittelbare Verbindung des Kolbens mit dem Steuerschieber S_1 wird mit der Kolbenstellung eine Veränderung der Durchströmquerschnitte des Regleröls und damit dessen Druckes hervorgerufen.

Der zur Verstellung der Steuerung oder des Geschwindigkeitsreglers der Dampfmaschine dienende Hilfsmotor weist verschiedene konstruktive Behandlung auf. In Fig. 1095b besteht er aus einem Differentialkolben K_2, dessen oberem Ringraum m das Drucköl von etwa 1 Atm. Überdruck durch den Stutzen i zufließt. Ein kleiner Teil des Öls gelangt durch eine Nute aus diesem Ringraum auf die größere, untere Kolbenseite, die ihrerseits mit der Leitung a zum Steuerschieber S_1 des Druckempfängers in Verbindung steht. Nimmt der Druck in dieser Leitung und damit auf der größeren Kolbenseite ab, so senkt sich der Kolben unter dem Einfluß des konstant gebliebenen Druckes im Ringraum m und verlegt die Dampfmaschinensteuerung im Sinne kleinerer Füllung. Bei größerer Dampfentnahme sinkt der Druck im Empfänger D, Fig. 1095a, und verschiebt Kolben und Steuerschieber nach unten, wodurch eine stärkere Drosselung des Öldruckes eintritt, die den Hilfsmotorkolben K_2 nach oben und durch ihn die Dampfmaschinensteuerung im Sinne größerer Füllung verstellt.

Hilfsmotor.

Ein besonders rasch und genau wirkender Regelvorgang läßt sich erzielen, wenn der Hilfsmotor, wie in Fig. 1095b veranschaulicht, mit einer Rückführeinrichtung versehen wird, die bewirkt, daß für jeden in der Abdampfleitung herrschenden Dampfdruck der Kolben K_2 und somit auch die vom Hilfsmotor betätigte Steuerung sofort eine ganz bestimmte Stellung einnimmt. Das Öl tritt aus dem allgemeinen Drucköl system durch die Leitung i in den Ringraum m ein. Die Verbindung zwischen dem Raum m und dem Raum n besteht aber nicht mehr aus einer Nute, sondern sie wird gleichzeitig mit dem Abfluß aus dem Raum n durch den Schieber S_2 so gesteuert, daß der Druck im oberen Ringraum stets höher wie im unteren bleibt. Die untere Fläche des federbelasteten Steuerschiebers S_2 steht unter dem Drucke des im Schiebergehäuseboden zufließenden Regleröls. Steigt nun beispielsweise dieser Druck, so wird der Schieber in die Höhe getrieben. Hierdurch sinkt der Druck des Raumes m und steigt derjenige des Raumes n. Der Kolben K_2 steigt und spannt gleichzeitig durch Vermittlung der Hebelverbindung p, q und r die Federn f_2 und f_3 so weit, bis dieselben dem gesteigerten Druck des Regleröls das Gleichgewicht halten und der Schieber S_2 sich so weit senkt, daß der Öldurchfluß vom Raum m in den Raum n wieder aufhört. Durch diese Vorrichtung wird erreicht, daß jedem Druck des Regleröls in der Leitung d, Fig. 1095b, immer eine bestimmte Lage des Differentialkolbens K_2 entspricht. Diese Leitung d ist an die Leitung a des Druckempfängers angeschlossen und erhält einen ständigen Ölzufluß aus dem allgemeinen Drucköl- (bzw. Schmieröl-) Netz. Da nun der Druck der Leitung a von der Stellung des Schiebers S_1 des Druckempfängers abhängig ist, so wird durch die Zusammenarbeit der beiden Apparate erreicht, daß jedem Druck der Zwischen- oder Abdampfleitung eine bestimmte Lage des Hilfsmotorkolbens K_2 und damit eine bestimmte Stellung der von seinem Gestänge betätigten Steuerorgane der Maschine entspricht.

Hilfsmotor mit Rückführeinrichtung.

Hat der Hilfsmotor nicht die Cylinderfüllung, sondern die Drehzahl der Maschine zu verändern, so ist hierfür die Ausführung Fig. 1094 geeignet, bei der der Ringraum R des Hilfsmotorkolbens K in jeder Stellung des letzteren mit dem Öldruckraum in Verbindung steht. Die Steuerung des genannten Kolbens erfolgt durch einen innerhalb desselben zentrisch angeordneten cylindrischen Drehschieber S, der je nach seiner Stellung durch zwei Längskanäle Z den Druckölringraum R mit einer Cylinderseite in Verbindung setzt, während gleichzeitig das Öl der anderen Cylinderseite durch die Längskanäle a und einen im Innern des Schiebers befindlichen Ölablaufkanal in ein Sammelgefäß zurückläuft, aus dem die Zahnradumlaufpumpe ansaugt. Durch diese Druckölzuführung auf der einen und Abführung auf der anderen Seite wird der Kolben K verschoben und die Spannung der Feder

Druckregelung durch Änderung der Umdrehungszahl.

eines normalen Lentzreglers geändert. Die Spannungsänderung erfolgt in der aus II, 153, 12 bekannten Weise durch Verschieben eines in der hohlen Steuerwelle

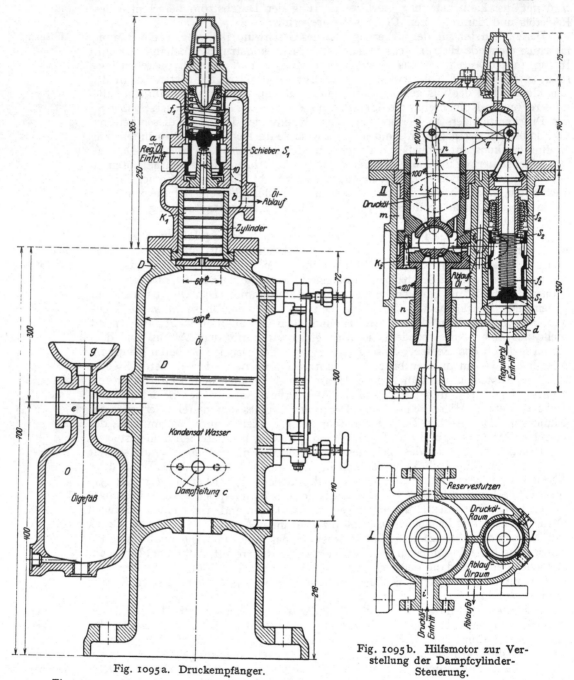

Fig. 1095a. Druckempfänger.

Fig. 1095b. Hilfsmotor zur Verstellung der Dampfcylinder-Steuerung.

Fig. 1095a und b. Druckregler für Zwischendampfentnahme nach Gebr. Sulzer, Winterthur.

gelagerten Keils K' vermittels Spannstift T. Ein Überregeln wird dadurch vermieden, daß die Längsnuten im Steuerschieber S als sehr steile Schraubennuten ausgebildet sind, so daß nach Verschiebung des Kolbens über dem Steuerschieber

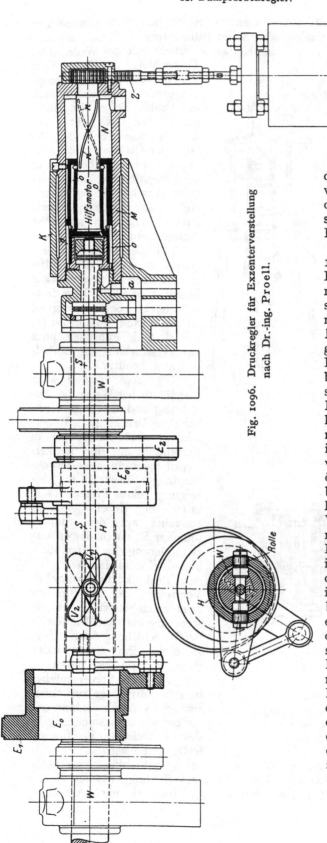

Fig. 1096. Druckregler für Exzenterverstellung
nach Dr.-ing. Proell.

die Kanäle sich selbsttätig wieder abschließen, wodurch jeder Steuerschieberstellung nur eine bestimmte Kolbenstellung zugehört.

Der Druckregler Fig. 1096 zeigt den gleichen Einbau eines Hilfsmotors mit Steuerung durch Drehschieber, der durch Zahnrad und Zahnstange Z vom Kolben des Druckempfängers betätigt wird. Der Drehschieber ist mit schraubenförmigen Kanälen versehen, durch die zwei im Kolben befindliche Ölkanäle je nach Bedürfnis mit dem Ölabflußraum N in Verbindung gebracht werden können. Das Drucköl tritt links vom Kolben K bei a ein und schiebt ihn so lange nach rechts, bis die Verbindung der Kanäle o mit den Kanälen n für den Druckölablauf hergestellt ist. Der Kolben bewegt durch die Längsspindel S in der hohlen Steuerwelle W ein Querstück T, das in einem geraden Schlitz V_1 der Welle geführt ist und seine Bewegung vermittels Rollen und schraubenförmiger Schlitze V_2 auf ein Rohrstück H überträgt, das die beiden Einlaßsteuerexzenter E_1 und E_2 verbindet und diese auf den mit der Welle verkeilten Exzentern E_0 verdreht.

In der Anordnung Fig. 1097 ist der Druckempfän-

**Druck-
regelung
durch
Füllungs-
änderung.**

ger P zwischen den Einlaßexzentern einer Lentzschen Ventilsteuerung angeordnet und trägt am oberen Ende den Drehschieber S des Hilfsmotors M. Dieser umgreift konzentrisch die Steuerwelle W, und sein Kolben K rotiert mit der Welle. Der

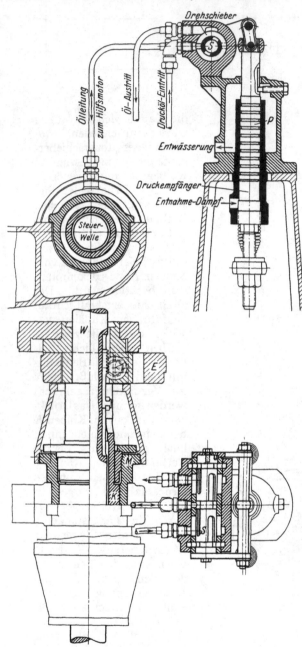

Drehschieber S läßt je nach der Stellung des Druckempfängers P Drucköl auf die eine der beiden Seiten des Hilfsmotorkolbens K, während er auf der anderen Seite den Ablauf des Öls frei gibt. Dadurch wird der Kolben K in der Längsrichtung der Steuerwelle verschoben. Bei Mittelstellung des Druckempfängers, entsprechend dem normalen Aufnehmerdruck, schließt der Drehschieber beide Cylinderseiten ab, so daß der Hilfsmotorkolben K unverrückbar in seiner jeweiligen Lage festgehalten ist. Seine Bewegung wird mittels Zahnstange, Ritzel und Führungsschlitz zur Verschiebung der Einlaßexzenter benützt.

Fig. 1098 zeigt in sehr übersichtlicher Weise die Anordnung und den Zusammenhang von Druckregler, Steuerschieber und Hilfsmotor in Verbindung mit einer Lenker-Ventilsteuerung. Der Druckempfänger überträgt die Bewegung seines Plunschers P mittels der Hebel h_1 und h_2 zunächst auf den Steuerschieber S, durch dessen Lagenänderung der Hilfsmotorkolben K in solcher Weise bewegt wird, daß die erwünschte Verstellung der mit ihm zusammenhängenden Lenkersteuerung eintritt. Die jeweilige Verschiebung des Kolbens K dient ihrerseits wieder dazu, mittels der Hebel h_1 und h_2 den Steuerschieber in seine Mittellage zurückzurücken, wodurch alsdann der Kolben K samt Steuerung in der erreichten Verstellung festgehalten wird.

Fig. 1097. Druckregler der MAN. Verstellung der Einlaßexzenter einer Lentz-Steuerung.

Bei Maschinen, die nachträglich für Zwischendampfentnahme ausgerüstet werden, betätigt der Dampfdruckregler ein in die Dampfleitung zwischen Hochdruck- und Niederdruckcylinder eingeschaltetes Doppelsitzventil, nach Art eines in die Auspuffleitung von Kondensationsmaschinen eingebauten Wechselventils, das eine gleichzeitige oder getrennte Überströmung des Austrittsdampfes des HD-Cylinders in den ND-Cylinder, bzw. in die Zwischendampfleitung ermöglicht. Bei normaler Heizdampfentnahme befindet sich der Hilfsmotorkolben in seiner Mittellage, und beide Ventile sind geöffnet. Bei zunehmender Dampfentnahme sinkt der Druck in der Heizleitung, der Kolben des Druckempfängers bewegt sich nach unten und bewirkt eine Verlegung des Hilfsmotorkolbens nach oben und Anheben des Doppelventils, das die Öffnung zur Heizleitung vergrößert und zum ND-Cylinder verkleinert. Diese Bewegung setzt sich so lange fort, bis im Druckregler wieder Gleichgewichtszustand herrscht.

Die Rückführung des Steuerschiebers in seine Mittellage erfolgt in ähnlicher Weise wie vorher beschrieben.

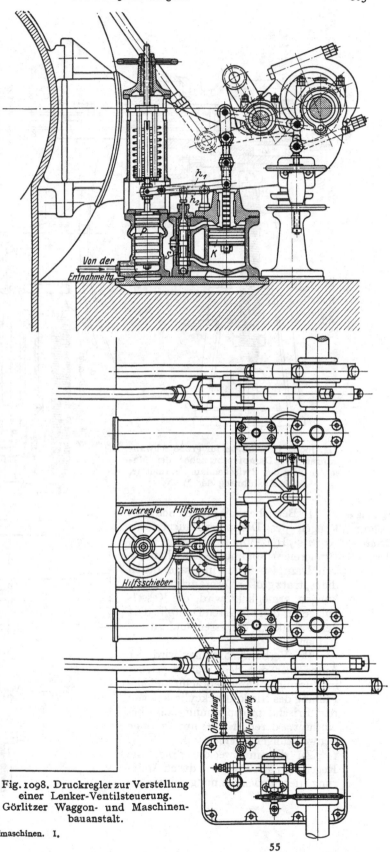

Fig. 1098. Druckregler zur Verstellung einer Lenker-Ventilsteuerung. Görlitzer Waggon- und Maschinenbauanstalt.

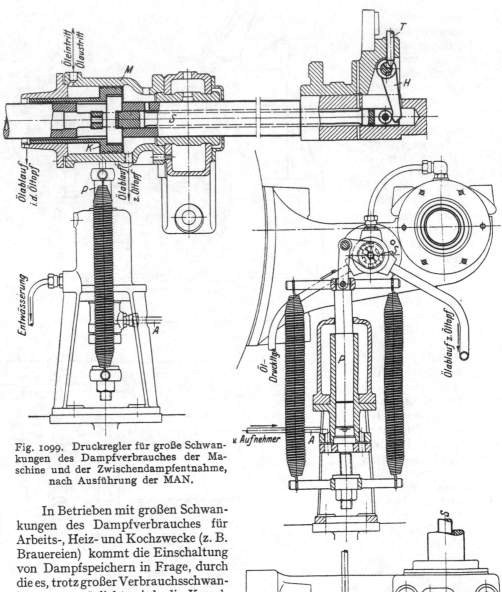

Fig. 1099. Druckregler für große Schwankungen des Dampfverbrauches der Maschine und der Zwischendampfentnahme,
nach Ausführung der MAN.

**Druckregelung
in Verbindung
mit Wärme-
speicher.**

In Betrieben mit großen Schwankungen des Dampfverbrauches für
Arbeits-, Heiz- und Kochzwecke (z. B.
Brauereien) kommt die Einschaltung
von Dampfspeichern in Frage, durch
die es, trotz großer Verbrauchsschwan-
kungen, ermöglicht wird, die Kesselanlage für den mittleren Dampfbedarf
der Fabrik zu bemessen und zu betreiben.

Bei Verbundmaschinen wird der
Aufnehmer mit dem Wärmespeicher
in Zusammenhang gebracht und die
Füllung des Niederdruckcylinders von
der Frischdampfspannung aus beeinflußt, deren Höhe nur geringe
Schwankungen erleiden soll.

Zu diesem Zwecke erfolgt die
Regelung nach Fig. 1099 durch Änderung der Federspannung eines die

Niederdrucksteuerung beherrschenden Exzenterreglers, während außerdem ein am Hochdruckcylinder wirkender Geschwindigkeitsregler zur Aufrechterhaltung des verlangten Ungleichförmigkeitsgrades dient.

Der auf den federbelasteten Kolben des Druckempfängers P wirkende Frischdampfdruck verstellt einen kleinen Drehschieber, der Drucköl einem einfach wirkenden Hilfsmotorcylinder M zuführt, oder Öl aus diesem abströmen läßt, oder endlich in dessen Mittellage Zu- und Abfluß absperrt. Zurückgeführt wird der Hilfsmotorkolben K durch den Rückdruck der Reglerfeder. Die Verstellbewegung des Hilfsmotorkolbens wird auf den Spannstift T der Reglerfeder durch einen ungleicharmigen Hebel H übertragen; letzterer erhält zweckmäßigerweise Kugellagerung zur möglichsten Verminderung der bei der Keilverstellung des normalen Lentz-Reglers infolge großer Federreaktion auftretenden Reibungswiderstände.

Der Regelvorgang vollzieht sich derart, daß bei steigendem Frischdampfdruck die Feder des Niederdruckreglers entspannt wird; die Pendel schlagen alsdann weiter aus und die Niederdruckfüllung wird verkleinert, so daß der Hochdruckcylinder mehr Leistung abgeben, also auch mehr Frischdampf aufnehmen muß. Die Kesselspannung sinkt infolge der größeren Dampfentnahme wieder auf ihre normale Höhe und der Überschußdampf des Aufnehmers wird im Niederdruckspeicher kondensiert. Umgekehrt bei sinkender Frischdampfspannung vergrößert der Druckregler die Niederdruckfüllung, der Hochdruckcylinder wird entlastet und die Aufnahme von Frischdampf geringer. Gebotenenfalls arbeitet dann der Niederdruckcylinder noch mit Dampf aus dem Speicher. Durch die verminderte Frischdampfentnahme kann der Kesseldruck wieder auf seine normale Höhe ansteigen. Ein Durchgehen der Maschine durch Dampfzufuhr vom Speicher ist deshalb ausgeschlossen, weil die Verstellung der Niederdrucksteuerung nicht unmittelbar, sondern durch Änderung der Federspannung des Exzenterreglers geschieht, der als Sicherheitsregler immer noch ein Überschreiten der höchstzulässigen Drehzahl verhindert.

Die vorliegende Ausführung gestattet bei Abschalten des Speichers eine Umstellung derart, daß die Beeinflussung der Niederdruckfüllung nicht vom Frischdampfdruck, sondern vom Aufnehmerdruck aus erfolgt und so letzterer konstant gehalten wird.

Die Empfindlichkeit der Dampfdruckregelung beruht darauf, daß die Rückdrucke ausschließlich vom Hilfsmotorkolben aufgenommen werden, dessen Verstellkraft beliebig groß bemessen werden kann, während der Kolben des Druckempfängers nur die geringe Eigenreibung sowie die Bewegungswiderstände des Steuerschiebers zu überwinden hat. In dieser Hinsicht ist besonders die Ausführung von Sulzer[1]), Fig. 1095 a und b beachtenswert, bei der die Schmierwirkung des als Übertragungsmittel verwendeten Öls die Bewegung aller Teile wesentlich erleichtert, während zugleich der mit dem Kolben ohne Zwischenglieder verbundene Steuerschieber nur sehr geringe Eigenreibung besitzt.

Im Betriebe der Dampfdruckregler ist dafür zu sorgen, daß der Kolben des Druckempfängers nicht bei jedem Hube der Maschine unter dem Einfluß der normalen Druckschwankungen im Aufnehmer zu stark auf und ab geht; um dies zu verhindern, ist der Aufnehmerdruck in der Verbindungsleitung zum Druckempfänger so abzudrosseln, daß der Kolben nur um etwa 3 bis 5 mm dauernd spielt. Der Öldruck beträgt in der Regel 1 Atm.; er darf nicht zu niedrig gewählt werden, da sich sonst die Steuerung infolge der einseitig wirkenden Rückdrucke auf kleinste Füllung einstellt, andrerseits bewirkt ein hoher Öldruck Überregeln. Das verwendete Öl soll nicht zu leichtflüssig sein, weshalb meist Maschinenöl mit Cylinderöl gemischt wird.

---

[1]) Siehe auch Z. d. V. d. Ing. 1926, S. 705: Regelung von Gegendruckdampfmaschinen, Bauart Sulzer.

F. Kondensationseinrichtungen.

Die Durchführung des Kondensationsbetriebes erfordert ein Niederschlagen des Auspuffdampfes hinter dem Dampfcylinder während der Austrittsperiode bei einer möglichst niedrigen Spannung. Zu der hierfür nötigen Wärmeentziehung des Dampfes dient Kühlwasser, das in entsprechend großen an den Dampfcylinder angeschlossenen Kondensationsräumen mit dem Auspuffdampf entweder unmittelbar oder durch Röhrenwände getrennt in Berührung gebracht wird, wonach sich Misch- und Oberflächenkondensation unterscheiden.

Zur Förderung des Kühlwassers und des Kondensats sind Kühlwasser- bzw. Kondensatpumpen anzuordnen; außerdem ist die in den Kondensationsraum durch den Auspuffdampf oder durch das Kühlwasser eingeführte Luft dauernd durch Luftpumpen fortzuschaffen. Ferner werden die Kondensationseinrichtungen sehr häufig durch Rückkühlwerke zur Verbilligung der Kühlwasserbeschaffung ergänzt.

I. Kondensatoren.
1. Allgemeines über den Kondensationsvorgang.

Vergleich zwischen Misch- und Oberflächenkondensator.

Beim Mischkondensator wird Wasser in den Auspuffdampf eingespritzt, Fig. 1100, so daß sich der niedergeschlagene Dampf mit dem erwärmten Kühlwasser mischt und dessen Höchsttemperatur t_a annimmt. Beim Oberflächenkondensator, Fig. 1101, dagegen werden wegen des für die Wärmeleitung durch die Rohrwände erforderlichen Temperaturgefälles vom Dampf zum Wasser die Kondensat- und Kühlwassertemperaturen verschieden, wobei die Abgangstemperatur t_k des Kondensats je nach der Dampf- und Wasserführung im Gleich- oder Gegenstrom höher oder niedriger wie t_a sich ergibt.

Die im Oberflächenkondensator erreichte Trennung des Dampfkondensats vom Kühlwasser bezweckt die Wiederverwendung des ersteren zur Kesselspeisung, da es, von mineralischen Beimengungen frei, Kesselsteinbildung ausschließt. Wegen des für den Wärmedurchgang durch die Rohrwände bedingten Temperaturunterschiedes zwischen Dampf und Kühlwasser ist im Vergleich mit der Mischkondensation bei gleicher Anfangstemperatur des Kühlwassers, zur Erzielung übereinstimmender Niederschlagstemperatur des Dampfes, eine geringere Erwärmung und daher größere Menge des Kühlwassers Voraussetzung. Da andererseits durch die Trennung von Dampf- und Wasserraum der Luftgehalt des Kühlwassers den Kondensatordruck nicht beeinträchtigen kann, ist der Oberflächenkondensator für die Erzeugung sehr niedriger Kondensatorspannungen besonders geeignet.

Ortsfeste Kolbendampfmaschinen erhalten nur

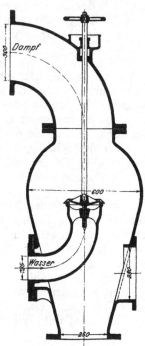

Fig. 1100. Mischkondensator mit Einspritzventil.

selten Oberflächenkondensation wegen des für den Dampfkesselbetrieb nachteiligen Ölgehaltes des Kondensats. Auf Dampfschiffen dagegen wurde von jeher Oberflächenkondensation zur Notwendigkeit, da das Meerwasser wegen seines Salzge-

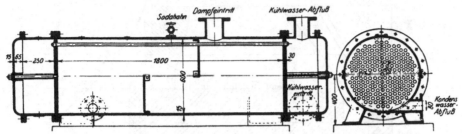

Fig. 1101. Oberflächenkondensator für Außenflächenkondensation und doppelten Wasserumlauf.

haltes sich nicht zur Kesselspeisung eignet. In jedem Falle setzt aber die Verwendung des Dampfkondensats als Kesselspeisewasser seine Reinigung von dem aus der Maschine mitgerissenen Öl voraus.

a. Idealer Kondensator.

In beiden Kondensatorsystemen entzieht das Kühlwasser dem Auspuffdampf die Verdampfungs- und Flüssigkeitswärme bis auf den Betrag der letzteren im ablaufenden Kondensat.

Die zur Kondensation erforderliche Kühlwassermenge kann daher abgeleitet werden aus der abzugebenden Wärmemenge des Auspuffdampfes und der Temperaturzunahme des Kühlwassers.

Kühlwassermenge.

Bedeutet i' den Wärmeinhalt des Auspuffdampfes und q_k die Flüssigkeitswärme des sich bildenden Dampfkondensats, so drückt sich bei einer Dampfmenge D die an das Kühlwasser abzugebende Wärme aus durch $D\,(i'-q_k)$. Durch Aufnahme dieser Wärme wird die Temperatur der Kühlwassermenge W von t_e beim Eintritt auf t_a beim Austritt erhöht und wenn die zugehörigen Flüssigkeitswärmen mit q_e und q_a bezeichnet werden, so besteht die Beziehung

$$D \cdot (i' - q_k) = W\,(q_a - q_e)$$

oder wenn der Einfachheit halber statt der Flüssigkeitswärme die Temperatur und $W = nD$ gesetzt wird, so ergibt sich $D\,(i' - t_k) = nD\,(t_a - t_e)$ und hieraus $n = \dfrac{i' - t_k}{t_a - t_e}$.

Wärmeinhalt des Auspuffdampfes.

Der Wärmeinhalt i' eines kg des bis zum Ende der Austrittsperiode den Cylinder verlassenden Dampf- und Wassergemisches bestimmt sich am einfachsten aus dem Wärmeinhalt i_1 des eintretenden Dampfes vermindert um den Wärmewert i_i der von 1 kg Dampf geleisteten Arbeit; letzterer Wert kann aus dem auf die PS_i/Stde. bezogenen Dampfverbrauch D_i berechnet werden zu $i_i = 632/D_i$, nachdem das Wärmeäquivalent einer PS/Stde 632 WE beträgt. Es wird also $i' = i_1 - i_i$.

Im Entropiediagramm Fig. 1102 ist der Wärmeinhalt i' des Auspuffdampfes ausgedrückt durch die schraffierten Verlustflächen $a\,b\,c\,d$ und $f\,g\,h\,i$, die der gesamten im Cylinder nicht ausgenutzten Dampfwärme entsprechen. Diese Auspuffwärme setzt sich zusammen aus dem Wärmeinhalt des Endzustandes e der adiabatischen Expansion auf die Kondensatorspannung, vermehrt um den Wärmewert der unvollständigen Kompression und Expansion $(i_c + i_e)$, sowie der Drosselungswärme i_d und der von den Cylinderwänden aufgenommenen und an den Auspuffdampf wieder abgegebenen Wärme i_v, wobei von den meist geringen und vernachlässigbaren Verlusten durch Strahlung und Leitung abgesehen ist. Die Rechteckfläche unterhalb *o o* stellt die Summe dieser letzteren im Auspuffdampf noch enthaltenen Verlustwärmen auf die Auspufftemperatur bezogen dar.

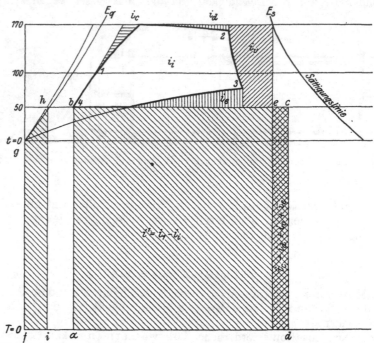

Fig. 1102. Darstellung der Auspuffwärme *i'* in ihrer Abhängigkeit von der indizierten Arbeit i_i und den Verlustwärmen.

Kühlwasserbedarf im idealen Kondensator.

Die zur Erzielung einer bestimmten Kondensatorspannung p_c erforderliche Kühlwassermenge $W = nD$ erreicht ihren Kleinstwert, wenn das Kühlwasser bis auf die beim Drucke p_c herrschende Sättigungstemperatur t_c des Dampfes erwärmt und das Dampfkondensat mit der gleichen Temperatur $t_k = t_c$ abgeführt wird. Der Kühlwasserbedarf $W_i = n_i D_i$ des idealen Kondensators berechnet sich hiernach aus $W_i = D_i \dfrac{i' - t_c}{t_c - t_e}$, so daß die für 1 kg Dampf erforderliche Kühlwassermenge ausgedrückt ist durch

$$W_i / D_i = n_i = \frac{i' - t_c}{t_c - t_e}.$$ Die Veränderung dieser Kühlwassermengen für verschiedene Ein- und Austrittstemperaturen und für einen mittleren Wärmeinhalt des Auspuffdampfes von 590 WE kennzeichnet Fig. 1103.

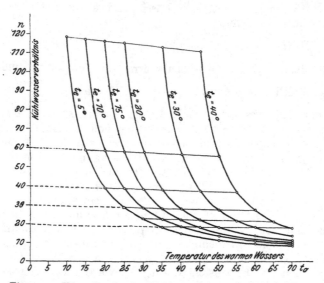

Fig. 1103. Veränderung der Kühlwassermenge mit deren Ein- und Austrittstemperatur beim idealen Kondensator.

Die schrägen Geraden entsprechen den vom Auspuffdampf bis zur Warmwassertemperatur abgegebenen Wärmemengen.

Theoretisches Vakuum.

Die niedrigste erreichbare Kondensatorspannung ist die zur

Ablauftemperatur t_a des Kühlwassers gehörige Dampfspannung p_a; sie kann als „theoretische Kondensatorspannung" bezeichnet werden. Ihre Veränderung

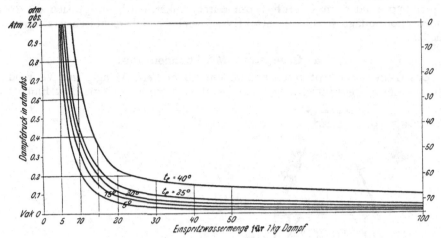

Fig. 1104. Theoretische Kondensatorspannungen für veränderliche Kühlwassermengen und Eintrittstemperaturen.

mit der Eintrittstemperatur t_e und mit der Menge des Kühlwassers veranschaulicht Fig. 1104. Der auf der rechten Seite des Diagramms angegebene Ordinatenmaßstab gibt den Unterdruck des Kondensators unter der Atmosphäre in cm Quecksilber an.

b. Einfluß der Luft.

Die wirkliche Kondensatorspannung wird durch die Gegenwart von Luft beeinflußt, die infolge Luftgehalt des Dampfes, Undichtheit der Cylinderstopfbüchsen und Auspuffleitungen, sowie — bei Mischkondensatoren — infolge des Luftgehaltes des Kühlwassers in den Kondensatorraum eintritt. Der Druck p_c im Kondensator erhöht sich daher über den der jeweiligen Dampftemperatur t_a entsprechenden Sättigungsdruck p_a um den Betrag der Luftspannung p_l, so daß zu setzen ist

$$p_c = p_a + p_l.$$

Da mit zunehmender Kühlwassermenge der Dampfdruck abnimmt, der Luftgehalt und mit ihm der Luftdruck im Kondensatorraum dagegen zunimmt, so ändert sich der Kondensatordruck mit der Kühlwassermenge und mit der ihr proportionalen Luftmenge, nach einer Kurve, deren charakteristischen Verlauf Fig. 1105 kennzeichnet. Das Diagramm bezieht sich auf eine Dampfmenge von 300 kg und Kühlwasser von 20° Anfangstemperatur mit 2 v. H. auf das Volumen bezogenem Luftgehalt.

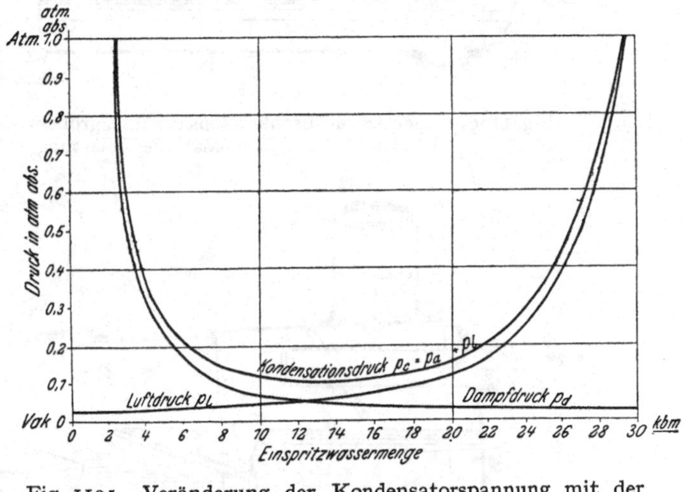

Fig. 1105. Veränderung der Kondensatorspannung mit der Einspritzwassermenge bei unveränderlichem Hubvolumen der Luftpumpe.

2. Mischkondensation.

Je nachdem die Wärmeübertragung vom Abdampf auf das Kühlwasser im Gegenstrom oder im Gleichstrom durchgeführt wird, ergibt sich die Misch-kondensationsanlage sowohl konstruktiv als auch betriebstechnisch wesentlich verschieden.

a. Gegenstrom-Mischkondensator.

Gegenstrom-Mischkonden-sator.

Das Gegenstromprinzip kommt nur für größere Anlagen zur Verwendung, da es weitläufigere Einrichtungen wie der Gleichstrom bedingt. Der Eintritt des

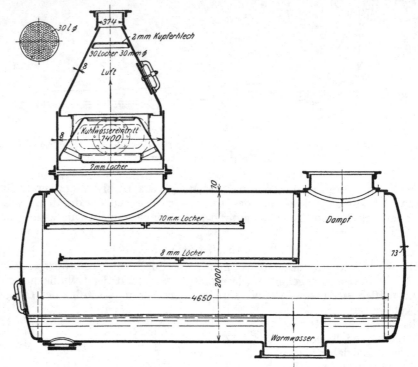

Fig. 1106. Gegenstrom-Mischkondensator mit großem Kondensationsraum für stark wechselnde Belastung.

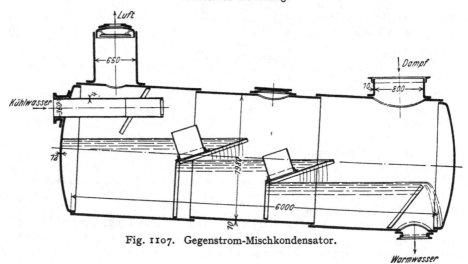

Fig. 1107. Gegenstrom-Mischkondensator.

Dampfes erfolgt dabei stets in einem dem Wassereintritt entfernten Teile des Kondensatorraumes, während der des Wassers so anzuordnen ist, daß es in möglichster Verteilung durch Einrichtungen der in Fig. 1106 und 1107 sowie II, 278 bis 283 dargestellten Art, dem Dampf entgegenfließen und dieser beim Durchgang durch den Kühlwasserregen sich rasch abkühlen und niederschlagen kann. Nach Maßgabe der nach dem Wassereintritt zu fortschreitenden Dampfkondensation und Abnahme der Dampftemperatur und -spannung nimmt der Druck der aus dem Dampf und dem Kühlwasser sich ausscheidenden Luft zu, so daß in den auf den Kondensatorraum aufgesetzten Domen die Luft mit größerer Dichte sich ansammelt und durch eine trockene Luftpumpe abgesaugt werden kann. Dem Gegenstrom-Mischkondensator ist die getrennte Luft- und Wasserabführung eigentümlich.

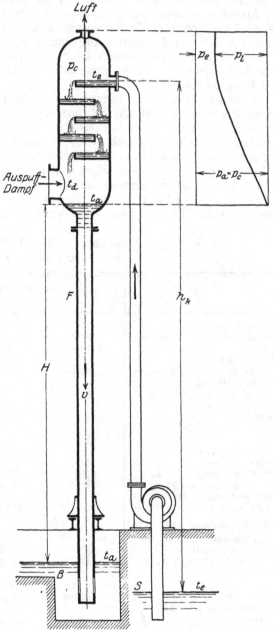

Zum Fortschaffen des erwärmten Kühlwassers dient eine Warmwasserpumpe, die entweder frei in die Atmosphäre ausgießt, oder, wie meist der Fall, behufs Wiederverwendung des Kühlwassers, auf ein Rückkühlwerk drückt. Die II, 281 dargestellte Kondensationsanlage dieser Art entspricht letzterem Betrieb. Das Warmwasser kann auch, wie in Fig. 1108 veranschaulicht, selbsttätig durch ein Fallrohr F ablaufen, zu welchem Zwecke der Kondensator in einer dem barometrischen Drucke p_b entsprechenden Höhe über dem Wasserspiegel des Ablaufbehälters B anzuordnen ist.

Die Länge des hierbei nötigen Fallrohres bestimmt sich aus dem Zusammenhang, daß die mit der Geschwindigkeit v abfallende Wassersäule H den Druckunterschied $p_b - p_c$ zwischen Atmosphäre und Kondensator, sowie den Reibungswiderstand des Wassers im Fallrohr zu überwinden hat.   Es ist

Fig. 1108. Schema des Gegenstrom-Mischkondensators mit Fallrohr.

somit zu setzen $H + \dfrac{v^2}{2g} = \dfrac{p_b - p_c}{\gamma} + \xi\,\dfrac{v^2}{2g}$ wenn p_b und p_c als Drücke auf den qm Fläche, γ als Gewicht von 1 cbm Wasser und ξ als der Rohrreibungskoeffizient in die Rechnung eingeführt wird. Die Wassergeschwindigkeit v im Abfallrohr von Gegenstromkondensatoren II, 279 und 280 kann zu etwa 0,6—0,8 m angenommen werden.

Um über die Druck- und Temperaturverteilung im Gegenstromkondensator theoretisch sich ein Bild zu machen, wird von der Annahme ausgegangen, daß an der Dampfeintrittsstelle die mitgeführte Luft rasch nach dem oberen Kondensatorraum abströmt, so daß im unteren Teil des Kondensators im wesentlichen nur der der Ablauftemperatur t_a des Kühlwassers entsprechende Dampfdruck p_a herrscht, während nach oben zu die Luftspannung p_l in dem Maße wächst wie die Dampfspannung sich auf die Sattdampfspannung p_e der Kühlwassereintrittstemperatur t_e vermindert. Es wäre hiernach als idealer Grenzzustand anzunehmen $p_c = p_a$ und außerdem $p_c = p_e + p_l$, etwa entsprechend dem in Fig. 1108 dargestellten Druckverteilungsdiagramm.

Über die Druck- und Temperaturverteilung in einem ausgeführten Gegenstromkondensator der II, 281 gekennzeichneten Anordnung bei verschiedenen Betriebsverhältnissen geben die in Tabelle 72 zusammengestellten und in den Diagrammen Fig. 1109 und 1110 veranschaulichten Versuchsergebnisse Aufschluß. Fig. 1109 zeigt die Temperaturverteilung, Fig. 1110 die Veränderung des Kondensatordruckes und seiner Teilspannungen, sowie den spezifischen Kühlwasserbedarf im Vergleich mit dem des idealen Kondensators, bezogen auf die in der Stunde niedergeschlagene Dampfmenge. Versuch 2 bis 4 wurden mit gleicher Kühlwassermenge und (infolge Verwendung rückgekühlten Wassers) mit der Belastung langsam ansteigender Eintritts-

Tabelle 72. Gegenstrom-Mischkondensationsanlage
für 10000 kg/Stde. Dampf.

		Gleiche Kühlwasser- und verschiedene Dampfmenge			
Versuchsnummer		1	2	3	4
Barometerstand	mm Hg	740,0	748,5	748,6	748,8
Vakuum	,, ,,	622,0	667,0	663,6	661,0
Abs. Kondensatordruck p_c	atm. abs.	0,160	0,111	0,116	0,119
Entspr. Sättigungstemperatur t_c	°C	55	47,6	48,5	49,0
Warmwassertemperatur t_a	,,	54,4	27,9	35,8	46,2
Kaltwassertemperatur t_e	,,	35,4	21,3	23,4	26,5
Erwärmung des Kühlwassers $t_a - t_e$	,,	19,0	6,6	12,4	19,7
Stdl. Dampfmenge	kg	9700	3350	6400	9985
Stdl. Kühlwassermenge	kg	288000	286000	295000	288000
Wärmeentziehung für 1 kg Dampf	WE	565,2	569,3	568,9	568,6
$\dfrac{\text{Kühlwassermenge}}{\text{Dampfmenge}} = \dfrac{W}{D}$ in Wirklichkeit		29,7	85,6	46,0	28,9
f. d. idealen Kondensator		28,8	21,7	22,7	25,3
Spannung p_a entsprechend t_a		0,155	0,038	0,059	0,105
Spannungsunterschied $p_c - p_a$		0,005	0,073	0,057	0,015
Mehrverbrauch an Kühlwasser	v. H.	3,1	295,0	102,6	14,2
Luftmenge	kg/Stde.	101,0	70,7	71,2	72,0
Kraftbedarf der Luftpumpe	PSi	—	6,46	6,7	6,8
Leistung der Antriebs-Dampfmaschine	PSi	50,0	50,0	51,3	50,8
Kraftbedarf der Kühlwasserpumpe	PSi	—	31,5	31,6	31,6
Mech. Wirkungsgrad des Pumpwerkes	v. H.	—	76,0	75,0	75,5

temperatur t_e des Kühlwassers ausgeführt; Versuch 1 bezieht sich auf dieselbe Kühlwassermenge bei höherer Eintrittstemperatur. Bei allen Versuchen zeigt sich die für den Gegenstromkondensator charakteristische Einstellung höheren Teildruckes des Dampfes im unteren, höheren Teildruckes der Luft im oberen Kondensatorraum, nachdem letztere Spannung als Unterschied zwischen Kondensator- und Sattdampfdruck angenommen werden muß. Den Versuchswerten zufolge wird die

Luft um so mehr in den kälteren Teil des Kondensators verdrängt und die Kondensatorspannung nähert sich um so mehr der der Warmwassertemperatur t_a entsprechenden Sattdampfspannung, je weniger die aufgewandte Kühlwassermenge vom theoretischen Kühlwasserbedarf abweicht, d. h. je größer bei gleicher Kühlwassermenge die Dampfbelastung ist. Der Unterschied zwischen beobachteter und theoretischer Kondensatorspannung betrug bei den mit geringstem Mehrverbrauch an Kühlwasser ausgeführten Versuchen 1 und 4 nur 0,005 und 0,015 atm. Demgegenüber zeigte die kleine Dampfbelastung der Versuche 2 und 3 im Vergleich mit den Versuchen 1 und 4 mit großer Dampfbelastung und gleicher Kühlwassermenge fast denselben Kondensatordruck und somit ein Vielfaches der theoretischen Spannung. Die Gegenstromwirkung wird also bei geringer Erwärmung des Wassers bzw. geringer Dampfbelastung schlechter aus-

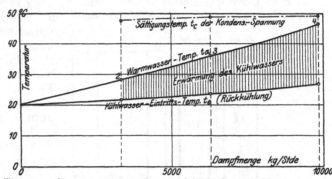

Fig 1109. Temperaturveränderung gleichbleibender Kühlwassermenge bei verschiedener Dampfbelastung.

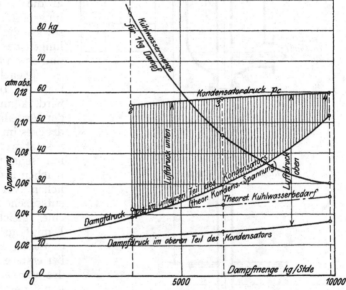

Fig. 1110. Spannungsverteilung im Kondensator für Luft und Dampf und spezifischer Kühlwasserbedarf.

Fig. 1109 und 1110. Versuche an der Gegenstrom-Kondensationsanlage II, 279,3 des städtischen Elektrizitätswerkes Darmstadt bei gleicher Kühlwasser- und verschiedener Dampfmenge.

genützt, indem nicht nur die dem bestehenden Undichtigkeitsgrad des Kondensators, der Anschlußleitungen und Pumpen, sowie des Dampfcylinders entsprechende Luftmenge einen größeren Bruchteil des Dampf-Luftgemisches ausmacht, sondern im unteren Teil des Kondensators auch größere Luftmengen zurückbleiben.

Diese Ergebnisse lassen erkennen, daß einerseits der Dichtigkeitszustand der Kondensationseinrichtungen und des Niederdruckdampfcylinders die Verminderung des Kondensatordruckes begrenzt und daß andererseits die erreichbare Verminderung der Kühlwassermenge vom Kondensatordruck abhängt, weil die größtzulässige

Untere Grenze des Kondensatordrucks.

Erwärmung durch die dem Kondensatordruck entsprechende Sattdampftemperatur gegeben ist.

Im Kondensatorkopf ist die Lufttemperatur nach Beobachtungen von Weiß an Kondensatoren der Bauart II, 279, um 4^0 bis 6^0 höher als die des Frischwassers, zunehmend mit wachsender Erwärmung des Kühlwassers.

b, Gleichstrom-Mischkondensator.

Gleichstrom-Mischkonden-sator.

Beim Gleichstrom-Mischkondensator, Fig. 1100 und 1111, begegnen sich der Auspuffdampf und das kalte Einspritzwasser an ihrer Eintrittsstelle. Der sich niedeı-

schlagende und mit dem Wasser mischende Dampf durchläuft in gleicher Richtung den Kondensatorraum bis zur Austrittsstelle, die im unteren Teile des Kondensators sich befindet und an eine sogenannte Naß-Luft-pumpe anschließt, die sowohl das erwärmte Kühlwasser wie die im Kondensator sich ausscheidende Luft gemeinsam absaugt.

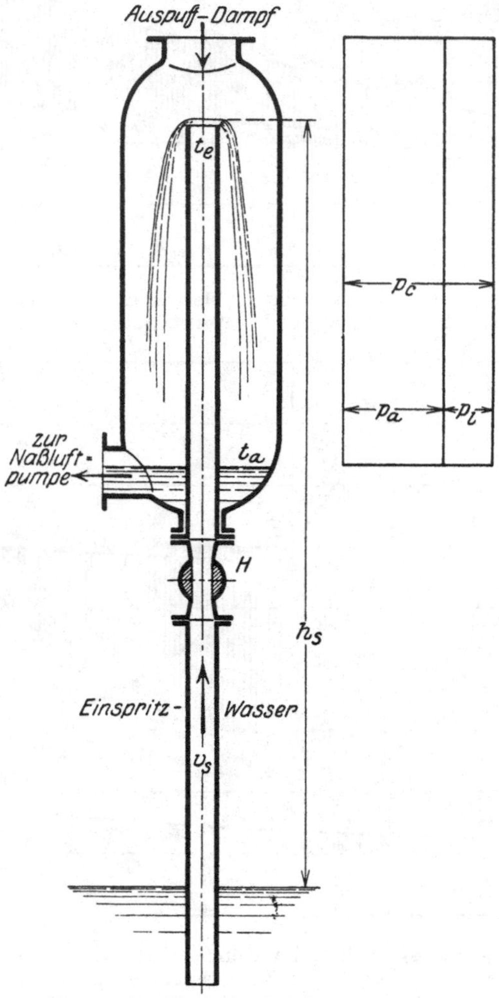

Über die mannigfaltige konstruktive Ausbildung solcher Gleichstromkondensatoren und ihres Anschlusses an die Luftpumpe geben die Darstellungen II, 278,1 und 283,9 und 10 sowie die Dampfmaschinenaufstellungen der Tafeln 2a, 3, 5—9, 11—13 und 15—17 näheren Aufschluß.

Verteilung des Luft- und Dampf-druckes.

Je nachdem nun der Kondensator liegend oder stehend angeordnet wird, könnte eine Verschiedenheit in der Verteilung des Luft- und Dampfdruckes im Kondensatorraum vorausgesetzt werden. Da sich hierfür aber nur sehr unzuverlässige Annahmen machen lassen, erscheint es den wirklichen Verhältnissen am besten zu entsprechen, wenn in beiden Fällen eine gleichmäßige Verteilung der Dampf- und Luftspannung im Kondensatorraum angenommen wird, wobei erstere von der Ablauftemperatur des warmen Kühlwassers und letztere von der eintretenden Luftmenge, ihrer Abgangstemperatur und vom Saugeraum der Luftpumpe abhängig wird.

Fig. 1111. Gleichstrom-Mischkondensator.

Die Luftspannung p_l berechnet sich aus der dem Kondensator minutlich zuge-

führten Luftmenge L (cbm von barometrischer Spannung p_b und t^0 bzw. T^0 C), dem minutlichen Saugvolumen L_s der Luftpumpe und der Absaugetemperatur t_a^0 bzw. T_a^0

mittels der Beziehung $\dfrac{L_s\,p_l}{T_a} = \dfrac{L p_b}{T}$ woraus sich ergibt $p_l = \dfrac{L}{L_s}\dfrac{T_a}{T}\,p_b = p_c - p_a$.

Kleinster Kondensatordruck.

Der Druck p_c im Gleichstromkondensator wird stets um die Größe des im Kondensatorraum herrschenden mittleren Luftdruckes p_l höher als die der Ablauftemperatur t_a des Kühlwassers entsprechende Sattdampfspannung p_a, indem $p_c = p_a + p_l$ zu setzen ist; im Gegenstromkondensator dagegen läßt sich der Kondensatordruck nahezu auf die Sattdampfspannung p_a vermindern, so daß $p_c = p_a$ sich einstellt, wenn für möglichst widerstandsfreies Abströmen der vom Dampfe mitgeführten Luft nach dem kälteren Teil des Kondensatorraumes gesorgt ist.

Verhältnis der Luftpumpen-saugräume für Gleich- und Gegenstrom-kondensa-toren.

Für die Gleichstromkondensation berechnet sich der Luftsaugeraum L'_s der Naßluftpumpe bei gleicher fortzuschaffender Luftmenge im Verhältnis der absoluten Temperaturen und im umgekehrten Verhältnis der Spannungen größer als der Luftsaugeraum L_s der Trockenluftpumpe bei Gegenstrom; $\dfrac{L'_s}{L_s} = \dfrac{T_a}{T_e} \dfrac{p_c - p_e}{p_c - p_a}$.

Dieser Nachteil erschwert beim Gleichstromkondensator die Erzielung niedriger Kondensatorspannungen.

Soll beispielsweise bei einer Kühlwasser-Eintrittstemperatur von 25° die Kondensatorspannung $p_c = 0{,}15$ kg/qcm $(t_c = 53{,}7°)$ betragen, so kann sich im Gegenstromkondensator das Wasser bis auf die Sattdampftemperatur $t_a = t_c = 53{,}7°$ erwärmen, im Gleichstromkondensator dagegen muß t_a unter allen Umständen $< t_c$ werden, um neben der zugehörigen Sattdampfspannung p_a noch eine solche Luftspannung p_i zu ermöglichen, daß $p_a + p_i = p_c$ sich ergibt. Ist die dem Kondensator minutlich zugeführte Luftmenge L (cbm von atm. Spannung und 0° C) bekannt, so kann mit Hilfe des minutl. Saugvolumens L_s der Luftpumpe die sich einstellende Luftspannung p_i berechnet werden aus:

$$L_s p_i = L p_b \qquad \text{wonach} \qquad p_i = \frac{L}{L_s} p_b.$$

Wird der hiernach sich ergebende Teildruck der Luft beispielsweise zu $p_i = 0{,}070$ Atm. $= p_c - p_a$ angenommen, so berechnet sich der zulässige Dampfdruck im Gleichstromkondensator im vorliegenden Fall zu $p_a = 0{,}150 - 0{,}070 = 0{,}080$ Atm., entsprechend einer Sattdampftemperatur von 41,3°. Die Ablauftemperatur t_a des Kühlwassers darf also auch nur 41,3° betragen. Beim Gegenstrom dagegen, für den die Eintrittstemperatur des Wassers von 25° auch als Temperatur des abziehenden Luft- und Dampfgemisches betrachtet werden kann, wird der Sattdampfdruck p_e nur 0,032 Atm., so daß die Luft an ihrer Abzugsstelle einen Druck von $p_c - p_e = 0{,}150 - 0{,}032 = 0{,}118$ abs. annimmt. Die Rauminhalte gleichgroßer abzusaugender Luftmengen bei Gleich- und Gegenstromkondensation verhalten sich somit im vorliegenden Falle wie $\dfrac{0{,}118 \cdot (273 + 41{,}3)}{0{,}070 \, (273 + 25)} = 1{,}77$ d. h. für Gleichstrom wird eine um 77 v. H. größere Luftpumpe benötigt. Noch ungünstiger stellen sich die Verhältnisse bei höherem Vakuum.

Abführung der Luft aus dem Kondensator.

Dieser Nachteil läßt sich auch im Gleichstromkondensator vermindern, wenn Luft und Wasser getrennt abgeführt werden, und die Luft vor Eintritt in die Luftpumpe gekühlt wird. Beispiele für solche Ausführungen bieten die amerikanischen Worthington-Kondensatoren II, 282, 7—9, bei denen die Luft einen besonderen in die Kühlwasserleitung eingebauten Röhrenkühler durchströmt.

Im Gegenstromkondensator wird durch die Entnahme der Luft an der kältesten Stelle des Kondensators das Warmwasser und dessen Dampf ziemlich luftfrei und infolgedessen auch eine stärkere Annäherung an das theoretische Vakuum und die theoretische Kühlwassermenge erzielt, als im Mischkondensator mit gemeinsamer Pumpe für Luft und Warmwasser.

Bei Gleichstromkondensatoren mit Fallrohr läßt sich eine besondere Luftpumpe entbehrlich machen, wenn durch Verkleinerung des Fallrohrdurchmessers die Wassergeschwindigkeit so gesteigert wird (bis 2,0 m und darüber), daß nach Art des hydraulischen Kompressors das niederfallende Wasser die Kondensatorluft mitreißt und sie dabei auf atmosphärische Pressung verdichtet.

Kühlwasser-zufuhr.

Beim Mischkondensator, dessen normale Wasserzuführung Fig. 1111 kennzeichnet, kann das frische Kühlwasser durch den Überdruck $p_b - p_c$ der Atmosphäre selbsttätig angesaugt werden (p_b = barometrische Druckhöhe), unter der Voraussetzung, daß dieser Überdruck mindestens gleich der Summe der statischen Saughöhe h_s, und des Bewegungswiderstandes des Einspritzwassers in seiner Zuleitung. Zur wirksamen Verteilung des Einspritzwassers im Kondensator erfolgt der Wassereintritt entweder durch eine Brause oder das Saugrohr wird im Kondensator so hochgeführt, daß beim Herabfallen des Wassers reichliche Oberflächenberührung mit dem niederzuschlagenden Auspuffdampf entsteht.

Regelung der Einspritzwassermenge.

Die Regelung der Einspritzwassermenge erfolgt bei selbständigem Ansaugen des Kondensators durch Absperrorgane *H*, Fig. 1111, deren konstruktive Ausbildung in Form von Hähnen, Drosselklappen, Ventilen oder Schiebern die Darstellungen II, 281, 6; 282, 7; 283, 9 und 300, 4 veranschaulichen.

Wird der Mischkondensator hochgelegt und mit einem Fallrohr für das ablaufende erwärmte Kühlwasser verbunden, wie dies in der Regel bei Gegenstromkondensatoren Fig. 1108 geschieht, so kommt der Wassereintritt wesentlich höher zu liegen als die barometrische Saughöhe beträgt, und es muß daher das Kühlwasser durch eine Kolben- oder Kreiselpumpe auf die entsprechende Kondensatorhöhe h_k gehoben werden.

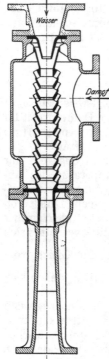

Für die Förderarbeit kommt dabei aber die barometrische Förderhöhe h_b in Abzug, so daß die Nutzleistung der Kaltwasserpumpe sich ausdrückt durch $L = W (h_k + h_c - h_b)$, wenn h_c den Kondensatordruck in m Wassersäule bedeutet. Durch Änderung der Umdrehungszahl der Kaltwasserpumpe kann die Einspritzwassermenge geregelt werden.

c. Strahlkondensator.

Die einfachste Einrichtung zur Durchführung des Kondensationsbetriebes bei Dampfmaschinen bildet der Strahl-

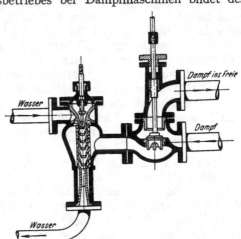

Fig. 1112. Strahlkondensator mit Wasserzuführung unter Druck.

Fig. 1113.   Anschluß eines Strahlkondensators und Wechselventils an die Auspuffleitung einer Dampfmaschine.

kondensator. Bei diesem übernimmt das zur Kondensation des Auspuffdampfes dienende Kühlwasser durch Düsenwirkung die Fortschaffung der Luft. Den Kondensatorraum durchzieht eine Düseneinrichtung der in Fig. 1112, sowie in II, 284, 12 und 285, 15 und 16 veranschaulichten Art. Das Kühlwasser tritt mit großer Geschwindigkeit in ein Führungsrohr ein, das zur Strömungsrichtung spitzwinklig gerichtete düsenförmige Öffnungen enthält, die reihenweise in entsprechender Zahl hintereinander angeordnet sind. Die Reihenzahl der seitlichen Öffnungen muß groß genug gewählt werden, um genügend Oberflächenberührung zwischen dem zu kondensierenden Dampf, der gleichzeitig fortzuschaffenden Luft und dem Kühlwasser zu ermöglichen. Für veränderliche Dampfmengen kann durch Einbau eines verstellbaren Rohrschiebers nach II, 285, 16 auch die Reihenzahl der wirksamen Dampfzutrittsöffnungen verändert werden. Die ringförmig angeordneten Öffnungen erhalten möglichst geringe Neigung zum Wasserstrahl.

Den Anschluß eines Strahlkondensators an die Auspuffleitung einer kleinen Dampfmaschine mit vorgeschaltetem Wechselventil zeigt Fig. 1113. In der gezeichneten Lage des Wechselventils ist der Strahlkondensator außer Betrieb und der Auspuffdampf strömt ins Freie.

Eine größere Niederschlagfläche und günstigere Ausnützung des Kühlwassers läßt sich in dem lotrecht anzuordnenden Vielstrahlkondensator Fig. 1114 erreichen, wenn das Kühlwasser in mehrere Strahlen zerlegt an den ringförmigen Dampf- und Luftdüsen mit großer Geschwindigkeit vorbeigeführt wird.

In den Düsen muß der Druck des Kühlwassers unterhalb der Kondensatorspannung p_c sich einstellen, wenn ein wirksames Absaugen von Luft und Dampf aus dem Kondensatorraum erfolgen soll. Für die Fortschaffung des Wasser-Luftgemisches ist dessen Drucksteigerung auf die Atmosphärenspannung nötig, die durch Umsetzung der kinetischen Energie des Wassers und der mitgerissenen Luft in potentielle innerhalb des sich erweiternden Ablaufrohres erreicht wird. Zur Überwindung des Gegendruckes dient nicht nur die kinetische Energie des Wassers, sondern auch diejenige des Dampfkondensats, in dem wegen der mit der Kondensation entstehenden Druckerniedrigung unter die Kondensatorspannung die Dampfgeschwindigkeit in den Düsen bis zur kritischen sich steigern kann. Es entsteht also eine Reaktionskraft P in den Düsenquerschnitten, die gemessen wird durch die Antriebsgröße $m \cdot w_d = P$, wenn m die sekundliche Dampfmenge und w_d die Dampfgeschwindigkeit am Düsenaustritt bezeichnet.

Die Oberflächenwirkung zwischen Kühlwasser und Dampf ist im Strahlkondensator erfahrungsgemäß geringer als im vorherbehandelten einfachen Mischkondensator, demgegenüber er daher auch große Wassermengen erfordert und geringe Erwärmung ergibt.

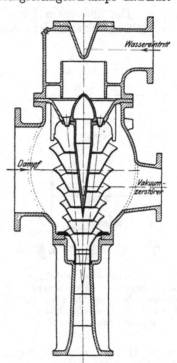

Fig. 1114. Vielstrahlkondensator von Gebr. Körting.

Wie das Versuchsdiragamm Fig. 1115 eines Strahlkondensators der Bauart II, 285, 16 für 100 cbm stündliche Kühlwassermenge von 10⁰ Eintrittstemperatur bei wechselnder Dampfbelastung erkennen läßt, ist die wirkliche Kondensatorspannung bedeutend höher als die der Austrittstemperatur des Kühlwassers entsprechende Dampfspannung. Dieser große Unterschied ist im wesentlichen in ungenügender Oberflächenwirkung des Wasserstrahles der mitzureißenden Luft gegenüber begründet. Einen Beleg hierfür liefern Beobachtungen Fig. 1116 an einem Vielstrahlkondensator über den Grad der Verminderung des Vakuums bei zunehmendem Luftgehalt des Wassers. Bei einer Steigerung der Luftmenge von 0,4 auf 3,0 v. H. verschlechterte sich das Vakuum von 92 v. H. auf 85 v. H.

Eine Steigerung der Saugwirkung des Wasserstrahles innerhalb der Düsen erreicht der Gefällestrahlkondensator, bei dem das Wasser mit Überdruck entweder durch natürliches Gefälle oder mittels einer Druckpumpe zugeführt wird; II, 284, 12 und 13; 285, 15.

Die dynamischen Vorgänge im Strahlkondensator kennzeichnen sich darin, daß die Strömungsgeschwindigkeit w des Wassers abhängig wird von dessen Überdruck vor dem Düsenrohr über den absoluten Druck p_c im Kondensatorraum und von der

Beziehung
zwischen
Kühlwasser-
austrittstem-
peratur und
Kondensator-
spannung.

Gefällekon-
densator.

Dynamische
Vorgänge im
Strahlkonden-
sator.

Stoßwirkung des kondensierenden Dampfes, dessen Geschwindigkeit w_d beim Übertritt aus der Düse in das Wasser bis zur kritischen sich steigernd angenommen werden kann.

Der Überdruck des eintretenden Wassers über den Kondensatordruck wird gemessen in dem Werte $h' = h + \dfrac{p_b - p_o}{\gamma}$ wenn h in m WS die statische Überdruckhöhe des Kühlwassers am Strahlkondensator und p_b den barometrischen Druck der Atmosphäre in kg/qm und γ das Gewicht eines Kubikmeter Wasser bezeichnet; die entsprechende Strömungsgeschwindigkeit am Eintritt in den Kondensator wird alsdann $w' = \sqrt{2 g h'}$. Die unter dem Einfluß der Stoßwirkung des Dampfkondensats sich ergebende größte wirkliche Strömungsgeschwindigkeit w der sekundlichen Kühl-

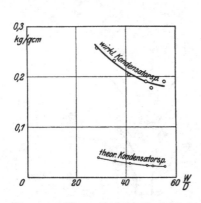

Fig. 1115. Theoretische und wirkliche Kondensatorspannung eines Strahlkondensators bei abnehmender Dampf- und unveränderter Kühlwassermenge.

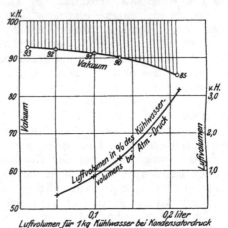

Luftvolumen für 1kg Kühlwasser bei Kondensatordruck

Fig. 1116. Körtingscher Vielstrahlkondensator. Veränderung des Vakuums mit Veränderung des Luftgehaltes des Kondensators bei gleichbleibender Belastung und Kühlwassermenge.

wassermenge W für eine zu kondensierende Dampfmenge D berechnet sich aus der Stoßgleichung

$$W \cdot w' + D \, w_d = (W + D) \cdot w;$$

wird $W = n D$ gesetzt, so ergibt sich $w = \dfrac{n w' + w_d}{n + 1}$.

Rein theoretisch betrachtet könnte nun die Dampfgeschwindigkeit, einem Überdruck gleich der üblichen Kondensatorspannung über das absolute Vakuum entsprechend, in der Größe der kritischen Geschwindigkeit von rund 450 m angenommen werden. Tatsächlich wird aber infolge der mitgeführten Luft eine kleinere Dampfgeschwindigkeit wirksam werden, die aber immer noch ausreichend sich erweisen muß dafür, daß die Strömungsgeschwindigkeit w noch jenen Wert der kinetischen Energie behält, der zur Überwindung des atmosphärischen Gegendruckes nötig ist, selbst wenn w' nur klein, wenn also beispielsweise das Wasser nicht mit Überdruck dem Strahlkondensator zuströmt, sondern angesaugt werden muß.

Da jedoch die Kondensation des Dampfes in den Düsen durch die mitgeführte Luft empfindlich beeinträchtigt wird und die Stoßwirkung des Dampfes sich nur unvollkommen auf die Außenfläche des Wasserstromes übertragen kann, so erfolgt eine ungenügende Umsetzung der kinetischen Energie des kondensierenden Dampfes auf die strömende Wassermenge. Die Kondensation wird daher auch bei Strahlkondensatoren leicht ungenügend, so daß Druckstauungen im Kondensatorraum und damit Abreißen des Kühlwassers auf der Saugseite entstehen.

Für veränderliche Dampfmengen erscheint wohl die Regelbarkeit der Düsen-
querschnitte nach II, 285, 16 von grundsätzlicher Bedeutung. Wird aber das Kühlwasser unter so großem Druck dem Strahlkondensator zugeführt, daß auf die Umsetzung und Ausnützung der Dampfenergie verzichtet werden kann, so ist eine
zuverlässigere Arbeitsweise des Strahlkondensators gesichert und der Regelschieber
erscheint entbehrlich.

Da die theoretischen Zusammenhänge im Strahlkondensator sich noch nicht in
einer für die Festlegung zweckmäßigster Ausführungsdimensionen geeigneten Weise
rechnerisch verfolgen lassen, so stützt sich die typische Ausgestaltung dieser Kondensatoren im wesentlichen auf die experimentellen und praktischen Erfahrungen einzelner
weniger mit deren Konstruktion und Ausführung sich beschäftigender Firmen[1].

3. Oberflächenkondensation.

Bei der Oberflächenkondensation bleiben Dampf und Kühlwasser getrennt.
Die Wärmeübertragung erfolgt durch Rohrwandungen, die auf der einen Seite der
Dampf, auf der anderen das Kühlwasser bespült, das meist im Gegenstrom zum Dampf
geführt wird, so daß der Abdampf zuerst das bereits erwärmte Kühlwasser trifft.
Die Abführung des Kühlwassers erfolgt an den wärmsten, der Luft an den kältesten
Stellen des Kondensators. Je nachdem der Dampf durch die Röhren strömt oder
der Dampfraum die Röhren umgibt, wird Innen- und Außenseitenkondensation
unterschieden. Die erstere Art entspricht den Tauch- und Berieselungskondensatoren der Landanlagen und war auch häufig bei den geschlossenen Kondensatoren von Kriegsschiffen angewendet, die zweite Art bildet bei den geschlossenen
Kondensatoren der Landdampfmaschinen und Handelsschiffsmaschinen die Regel.

Über die Vorgänge bei der Dampfkondensation und Wärmeübertragung an das
Kühlwasser und die damit zusammenhängende Temperatur- und Druckverteilung
im Oberflächenkondensator liegen zwar erschöpfende Beobachtungen und Versuche
noch nicht vor, doch ermöglichen die in der Literatur bekannt gewordenen an sich
zusammenhanglosen hierher gehörigen Untersuchungen und eigene Laboratoriums-
versuche eine allgemeine Klarstellung der Vorgänge innerhalb des Kondensators.

a. Physikalische Verhältnisse der Wärmeübertragung durch Rohrwandungen.

Rein physikalisch betrachtet handelt es sich bei der Dampfkondensation im
Oberflächenkondensator um die Wärmeübertragung von Dampf zu Wasser durch
eine metallische Wand. Die Wärmedurchgangszahl $\varkappa$ ist in diesem Falle abhängig von
dem Übergang der Wärme vom Dampf an die Wandung, von der Wärmeleitung
innerhalb des Rohrmaterials und von dem Übergang von der Wandung an das
Wasser, ein Zusammenhang, der seinen formalen Ausdruck in der Beziehung[2] findet

$$\frac{1}{\varkappa} = \frac{1}{\alpha_1} + \frac{\delta}{\lambda} + \frac{1}{\alpha_2},$$

wenn α_1 und α_2 die auf 1 qm Fläche und 1° Temperaturunterschied bezogenen Wärmeübergangszahlen vom Dampf an die Wandung bzw. von der Wandung an das Kühlwasser, δ die Dicke der Wandung in Millimeter und λ die Wärmeleitzahl einer Rohrwand von 1 mm Dicke, 1 qm Fläche und 1° C Temperaturunterschied bezeichnen.

Der Anteil der Rohrwand am Wärmewiderstand ist gering und wird nur bei der
im Betrieb eintretenden Verunreinigung der Innen- und Außenwände der Kondensatorröhren fühlbar. Bei Messingrohren mit reinen Oberflächen beträgt die Wärmeleitzahl $\lambda \sim 90000$, so daß der Wert $1/\lambda$ vernachlässigbar klein wird; es sind deshalb

---

[1] Untersuchung eines Strahlkondensators; Doktorarbeit von Walter Rohrbeck, Techn.
Hochschule Breslau. Über Theorie des Strahlkondensators s. auch Stodola, Dampfturbinen,
5. Auflage. S. 750.

[2] Dr. Mollier: Über Wärmedurchgang. Z. V. d. I. 1897, S. 153 und 197.

für den Wärmedurchgang vornehmlich die Wärmeübergangszahlen α_1 und α_2 bestimmend. Für den Wärmeübergang von Dampf zur Wand kann eine Wärmeübergangszahl $\alpha_1 \sim 12000$ angenommen werden[1]). Ihre Größe ist dadurch bedingt, daß die die Wandung bedeckende Kondensationsschicht den Wärmeübergang in besonderem Grade befördert. Letzterer ist abhängig vom spezifischen Gewicht, der Zähigkeit und der Wärmeleitzahl des Wassers, sowie von der Verdampfungswärme und der Sättigungstemperatur des Dampfes. Auch α_1 ist noch so groß, daß ausschlaggebend für die Größe der Wärmedurchgangszahl $\varkappa$ hauptsächlich die für die Berührung von Rohrwand und Kühlwasser maßgebende kleinste Übergangsziffer α_2 wird, die von der Wassergeschwindigkeit, dem Verhältnis von Länge zum Durchmesser des Rohres, der Wirbelung des Wassers u. dergl., abhängig ist.

Unter Berücksichtigung letzterer Tatsache, daß hauptsächlich die Wärmeaufnahmefähigkeit des Wassers den Wärmeübergang an Kühlröhren bedingt und dieser vornehmlich von der Wassergeschwindigkeit abhängt, erscheint es auch verständlich, daß für vereinfachte technische Rechnungen die Wärmedurchgangszahl $\varkappa$ auf die Wassergeschwindigkeit w allein bezogen wird. Aus zuverlässigen Ermittelungen leitet Hoefer[2]) die Beziehung ab: $\varkappa = 800 + 1950\,w^{0,8}$.

Diese für Sattdampf und reine metallische Oberflächen unter bestimmten Versuchsbedingungen gefundenen Übergangsziffern sind für die Feststellung der Kühlflächenwirkung der im Betrieb befindlichen Oberflächenkondensatoren nicht allgemein geeignet. Denn einerseits erweist sich die Wärmedurchgangszahl nicht nur von der Kühlwassergeschwindigkeit, sondern namentlich auch vom Temperaturgefälle zwischen Dampf und Wasser abhängig, andererseits beeinflußt die mit der Zeit sich ändernde Oberflächenbeschaffenheit, sowie besonders die dem Dampf beigemengte Luft die Wärmeleitung wesentlich.

Über diese Abhängigkeiten geben Untersuchungen über die Wärmeübertragung von Kondensator- und Vorwärmerröhren Aufschluß, welche nachfolgend in einer kurzen Übersicht erörtert werden mögen. Insoweit bei diesen Versuchen Luftbeimischung im Dampfe vermieden werden konnte, entsprechen ihre Ergebnisse größtmöglichen Kühlleistungen der Röhren. Ihrer näheren Erörterung seien folgende theoretische Betrachtungen vorausgeschickt.

Gesetze der Wärmeübertragung

Bezeichnet t_d die Dampf- und t die Wassertemperatur zu beiden Seiten eines Kühlflächenelementes dF, so kann, unter der Voraussetzung einer mit $\tau = t_d - t$ proportionalen Wärmeübertragung, die in der Zeiteinheit übertragene Wärme dq ausgedrückt werden durch die Beziehung $dq = \varkappa dF \cdot \tau$, wenn $\varkappa$ wieder die Wärmeleitziffer bedeutet. Da diese Wärmemenge bestimmend ist für die Temperaturerhöhung dt der Kühlwassermenge W, so kann auch gesetzt werden $dq = W\,dt$.

Wird die Wärmedurchgangszahl $\varkappa$ für einen bestimmten Betriebszustand der Kühlröhren konstant angenommen, so ist bei unveränderlicher Dampftemperatur t_d die für die Erwärmung des Kühlwassers von der Eintrittstemperatur t_e auf die Austrittstemperatur t_a nötige Kühlfläche ausgedrückt[3]) durch $F = \dfrac{W}{\varkappa} \cdot \ln \dfrac{t_d - t_e}{t_d - t_a}$ und die vom Kühlwasser aufgenommene Wärmemenge $Q = W(t_a - t_e)$ berechnet sich zu

$$Q = F \cdot \varkappa (t_a - t_e) : \ln \frac{t_d - t_e}{t_d - t_a} = F\varkappa \frac{t_a - t_e}{\ln \dfrac{\tau_e}{\tau_a}}. \quad \text{Die Wärmeaufnahme erfolgt somit bei}$$

unveränderten $\varkappa$ nach einer logarithmischen Linie, deren Verlauf, bezogen auf

---

[1]) Nusselt, Die Oberflächenkondensation des Wasserdampfes, Z. V. d. I. 1916, S. 543. English and Donkin, Transmission of heat from surface condensation through metal cylinders. Proc. of the Inst. of Mech. Engineers 1896 S. 501.

[2]) Dr.-Ing. K. Hoefer, Die Kondensation bei Kraftmaschinen. Jul. Springer, Berlin 1925.

[3]) Dr. Rich. Mollier: Über Wärmedurchgang. Z. V. d. I. Bd. 41. Dr.-Ing. Hoefer: Die Kondensation bei Dampfkraftmaschinen. J. Springer, 1925. S. 71 ff. Hausbrand: Verdampfen, Kondensieren und Kühlen. J. Springer, 1918. S. 2 ff.

die Kühlfläche, durch die Kurve B in Fig. 1117 für große und durch die dünn gezogene Kurve für kleine Temperaturzunahme $t_a - t_e = \delta t$, veranschaulicht ist. Die kondensierte Dampfmenge D bestimmt sich aus der Wärmemenge Q durch die Beziehung $Q = D (i' - q_x)$, wenn $i' - q_x$ die von 1 kg Dampf abgegebene Wärme bedeutet (s. auch S. 440).

Wird der Quotient $\dfrac{t_a - t_e}{\ln \dfrac{\tau_e}{\tau_a}} = \tau_m$ gesetzt, so bedeutet diese Größe in der

Gleichung $Q = F \varkappa \tau_m$ den mittleren Temperaturunterschied bezogen auf die gesamte Kühlfläche F. Derselbe läßt sich auch graphisch aus der Darstellung des Temperaturverlaufs für Dampf und Wasser, Fig. 1120—22, dadurch bestimmen, daß die zwischen den Temperaturkurven beider Medien sich ergebende Temperaturfläche in ein Rechteck von der Höhe τ_m verwandelt wird.

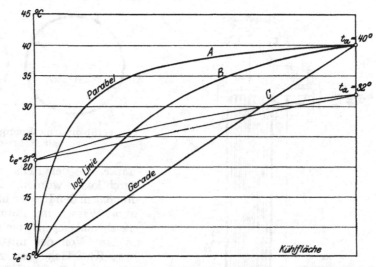

Fig. 1117. Temperaturzunahme des Kühlwassers mit der Kühlfläche bei verschiedener Gesetzmäßigkeit der Wärmeübertragung.

Wäre, zum Unterschied vom vorstehend angenommenen Wärmeleitgesetz, die Wärmeübertragung nur abhängig von der Kühlfläche, so daß $Q = \varkappa' F$ gesetzt werden könnte, unter $\varkappa'$ die von 1 qm Kühlfläche übertragene Wärmemenge verstanden, so würde die Wärmeaufnahme im Diagramm Fig. 1117 durch die Gerade C dargestellt. Das mitunter noch in Betracht gezogene Wärmeleitgesetz $dq = \varkappa'' dF \tau^2$ führt auf einen durch die Parabel A ausgedrückten Wärmeübergang an das Kühlwasser. Die Kurven A, B und C stellen gleichzeitig auch den Temperaturverlauf dar, da die Wärmeaufnahme des Kühlwassers dessen proportionale Temperaturzunahme verursacht. Geringe Temperaturzunahme δt, also großes Verhältnis W/D, weist einen solchen Temperaturverlauf für das Kühlwasser auf, daß mit praktisch genügender Annäherung statt des logarithmischen das lineare Gesetz der Wärmeübertragung angenommen werden kann, wie der Temperaturübergang von 21° auf 32° in Fig. 1117 erkennen läßt.

b. Wärmeübertragung in Vorwärmern mit Messingröhren bei Dampfspannungen $\leqq$ 1,0 Atm. abs.

Einen Beleg für die Übereinstimmung der vorausgehend erörterten theoretischen Gesetzmäßigkeit des Wärmeübergangs mit wirklichen Vorgängen liefern die nachfolgenden Versuche an Vorwärmern Fig. 1118 und 1119, bei denen die Wasser-

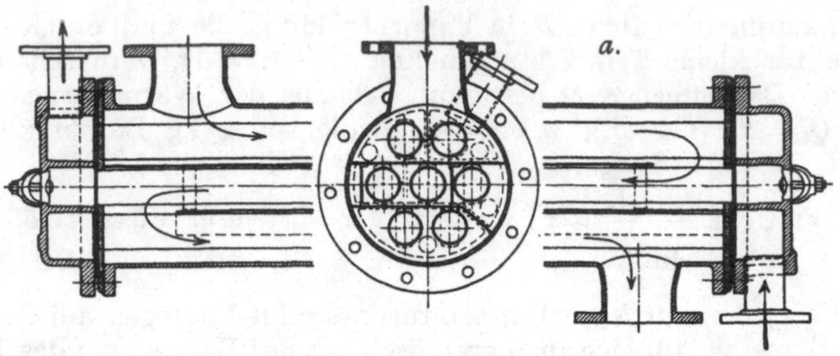

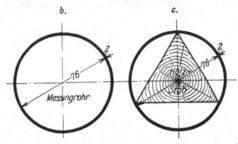

Fig. 1118a bis c. Vorwärmer I mit weiten Röhren von 2,403 qm wasserberührter Kühlfläche mit Außenseitenkondensation. Maschinenfabrik Aug. Fries, Frankfurt a. M.

Temperaturverlauf am Vorwärmer I mit Außenkondensation.

temperaturen an in gleichem Kühlflächenabstand voneinander angeordneten Thermometern gemessen wurden.

Der Vorwärmer I Fig. 1118a bis c mit Außenkondensation besaß 7 Messingröhren von 76 mm innerem Durchmesser und 2 mm Wand-

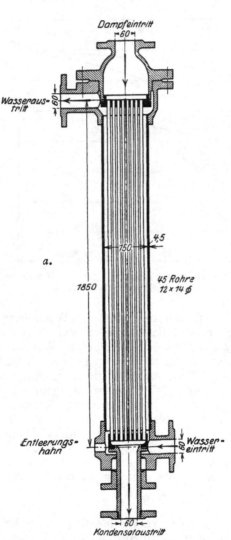

Fig. 1119a und b. Engröhriger Vorwärmer II 1,66 qm von wasserberührter Kühlfläche mit Innenseitenkondensation.   Maschinenfabrik H. Schaffstaedt, Giessen.

Fig. 1118b und c. Rohrquerschnitt ohne und mit Rohreinlage.

stärke, die der Reihe nach vom Wasser durchflossen wurden. Der Dampf wurde dreimal an den Röhren hin- und hergeführt, wobei Wasser und Dampf abwechselnd im Gleich- und Gegenstrom zueinander sich bewegten. Von der mittleren Gesamtheizbzw. Kühlfläche von 2,403 qm wirkten 1,373 qm im Gleichstrom, 1,03 qm im Gegenstrom. Die Kondensation wurde bei Dampfspannungen von 1,02, 0,47 und 0,266 Atm. abs. und verschiedenen spezifischen Kühlwassermengen W/D, jedoch mit gleicher Eintrittstemperatur des Kühlwassers von 13° C, durchgeführt. Bezüglich der Wirksamkeit des Vorwärmers ist zu bemerken, daß der zugeführte Dampf nur bei den größeren Wassermengen voll-

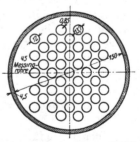

Fig. 1119b. Querschnitt durch den Vorwärmer.

ständig niedergeschlagen und das Kondensat noch unter die Dampfeintrittstemperatur abgekühlt wurde, während bei den kleinen Wassermengen ein Teil des Dampfes den Vorwärmer unkondensiert verließ und das Kondensat die Sättigungstemperatur des abziehenden Dampfes annahm.

Die Steigerung der Wassertemperaturen in den aufeinanderfolgenden Röhren zeigte bei den einzelnen Versuchen mit verschiedener Kühlwassermenge den aus

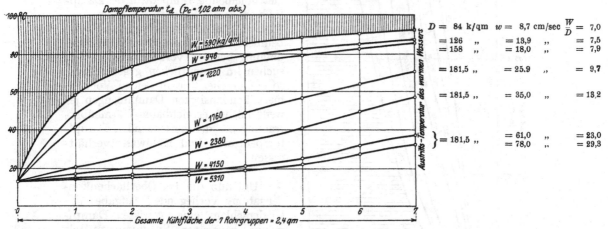

Fig. 1120. Dampfkondensation bei 1,02 Atm. abs.

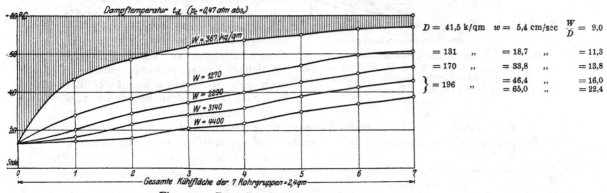

Fig. 1121. Dampfkondensation bei 0,47 Atm. abs.

Fig. 1120—21. Zunahme der Kühlwassertemperaturen am weitröhrigen Vorwärmer I (Fig. 1118) bei verschiedener Wassermenge W.

Fig. 1120—21 ersichtlichen, den Temperaturkurven des Diagramms Fig. 1117 angepaßten Verlauf. Bei Kühlwasserverhältnissen $W/D < 15$ und einem kleinsten Temperaturunterschied $\tau_m = 20,5^0$ C entsprachen die Temperaturkurven logarithmischen Linien und bei Verhältnissen $W/D \geqq 15$ und Temperaturunterschieden bis zu $73,7^0$ C näherten sie sich geraden Linien.

Analoge Verschiedenheit in der Temperaturzunahme des Kühlwassers weisen auch die Beobachtungen an dem stehenden Vorwärmer II Fig. 1119 mit **Innenkondensation** auf, dessen wasserberührte Heiz- bzw. Kühlfläche von 1,66 qm aus einem Bündel von 45 Messingröhren 11,9 mm lichte Weite, 0,9 mm Dicke und 858 mm Länge bestand. Das die Röhren umgebende Wasser floß in einfachem Gegenstrom zum Dampf. Fig. 1122 zeigt die Temperaturänderungen bei einer stündlichen Dampfbelastung von 203 kg/qm. Die kleinen Kühlwassermengen, denen Verhältnisse $W/D = 8,0 — 12,0$ und Kühlwassergeschwindigkeiten von 6,23—9,82 cm/sec. entsprachen, ergaben

Temperaturverlauf am Vorwärmer II mit Innenkondensation.

wieder logarithmische Wärmeaufnahme und bei $W/D \geq 15$ stellte sich noch deutlicher als bei dem teils im Parallel- teils im Gegenstrom wirkenden Vorwärmer I Fig. 1118 die mit der Kühlfläche nahezu proportionale Temperaturzunahme des Wassers ein.

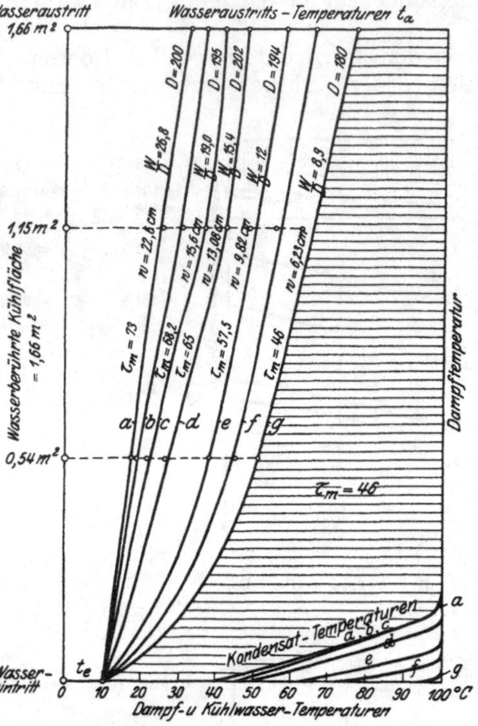

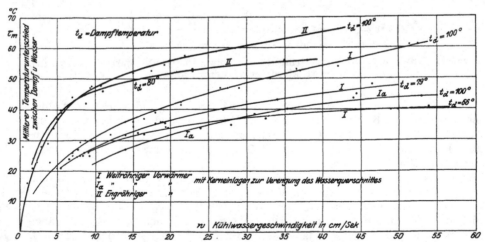

Fig. 1122. Zunahme der Kühlwassertemperaturen am engröhrigen Vorwärmer II (Fig. 1119) bei nahezu gleichbleibender Dampf- und veränderlicher Kühlwassermenge. Dampfdruck = 1,02 Atm. abs.

Da die größte Kühlflächenwirkung gleichbleibende Temperatur des Dampfes von seiner Eintritts- bis zur Austrittsstelle unter Vermeidung von Luftbeimischung voraussetzt und diese Bedingung bei den vorbezeichneten Versuchen im wesentlichen gegeben war, so entsprechen die in beiden Vorwärmern kondensierten Dampfmengen jeweils höchst erreichbarer Wärmeübertragung bei den herrschenden Dampftemperaturen und Kühlwasserverhältnissen.

Um nun die bei Oberflächenkondensation vorliegende Aufgabe des Niederschlags einer gewissen Dampfmenge gegebener Spannung mittels einer vorgeschriebenen Kühlwassermenge von bestimmter Eintrittstemperatur mit einem Aufwand kleinstmöglicher Kühlfläche in praktisch befriedigender Weise lösen zu können, seien nachfolgend zur Klarstellung der fraglichen Zusammenhänge zunächst noch eine Reihe experimenteller Erhebungen an den genannten Vorwärmern herangezogen.

Es handelt sich dabei in erster Linie um die Feststellung der Abhängigkeit des Temperaturgefälles von der Dampftemperatur und der Kühlwassergeschwindigkeit.

Fig. 1123. Zunahme des Temperaturgefälles mit Steigerung der Kühlwassergeschwindigkeit für größtmögliche Dampfkondensation bei gleichbleibender Dampf- und Kühlwassereintrittstemperatur.

Vorausgehend wurde bereits darauf hingewiesen, daß die Wärmeübertragung zwischen Dampf und Wasser bei reinen Kühlflächen nur unter geringem Widerstand der Oberfläche und des Materials der Kühlröhren erfolgt. Es läßt sich daher allgemein feststellen, daß bei einer gegebenen Kühlfläche die Steigerung der Dampfkondensation, wegen der beschränkten Wärmeaufnahmefähigkeit des Wassers, eine verhältnismäßig große Zunahme der Menge bzw. Geschwindigkeit des Kühlwassers, dagegen nur eine geringe Zunahme des Temperaturgefälles erfordert, und daß eine bestimmte Gesetzmäßigkeit zwischen beiden für die jeweils größte Niederschlagsdampfmenge besteht. Fig. 1123—26 veranschaulichen diese Zusammenhänge für die Versuchsergebnisse der vorerwähnten Vorwärmer. In Fig. 1123 ist die Veränderung des Temperaturgefälles τ_m mit der Kühlwassergeschwindigkeit gekennzeichnet für Dampftemperaturen von 66, 79 und 100° und unveränderter Eintrittstemperatur des Wassers von 13° C. Sämtliche Kurven τ_m nähern sich augenscheinlich asymptotisch einem jeweils von der Dampftemperatur abhängigen Höchstwert. Daraus folgt, daß die übertragene Wärmemenge Q nicht beliebig mit der Kühlwassermenge sich steigern läßt. An dem Kurvenverlauf des Diagramms Fig. 1123 ist außerdem bemerkenswert, daß bei den untersuchten Kühlwassergeschwindigkeiten der größere von engen Kühlröhren durchsetzte Wasserquerschnitt des Vorwärmers II, im Vergleich mit dem des weitröhrigen Vorwärmers I, größere Temperaturgefälle ergab als bei letzterem sich einstellten, ein Unterschied, der sich vornehmlich durch die erhöhte Wärmeaufnahmefähigkeit der größeren Wassermenge bei geringerer Erwärmung erklärt. Wegen der beim Vorwärmer I durch Kerneinlagen bedeutend verminderten Wassermenge und deren größeren Erwärmung weisen dagegen die Versuche Ia die kleinsten Temperaturgefälle bei den beobachteten Kühlwassergeschwindigkeiten auf.

Daß andererseits eine bedeutende Steigerung der Kühlflächenleistung nur eine geringe Zunahme des Temperaturgefälles erfordert, veranschaulicht sehr deutlich Fig. 1124, aus der gleichzeitig hervorgeht, daß bei beiden Vorwärmern I und II mit den bis zu 60° Temperaturgefälle durchgeführten Versuchen, bei 100° Dampftemperatur, wegen der weiteren Steigerungsfähigkeit von τ die größte Kühlflächenleistung noch nicht erreicht war.

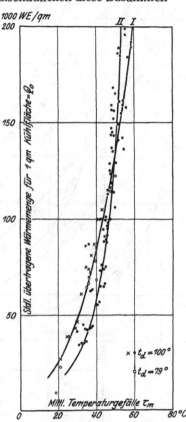

Fig. 1124. Zunahme der Niederschlagsdampfmenge mit wachsendem Temperaturgefälle bei den Vorwärmern I und II.

Die Höchstleistung der Kühlflächen findet ihre deutlichere Begrenzung bei Bezugnahme der übertragenen Wärmemenge auf die Kühlwassergeschwindigkeit w, wie aus den Diagrammen Fig. 1125 und 1126 hervorgeht. Der Kurvenverlauf Q_0 bzw. D_0 der Fig. 1125a und 1126a läßt unmittelbar die abnehmende Steigerung der auf zunehmende Kühlwassergeschwindigkeit bezogenen Wärmeübertragung ersehen. In dem Diagramm 1125a ist nicht nur die Leistung der beiden Vorwärmer bei verschiedenen Dampftemperaturen veranschaulicht, sondern außerdem für den weitröhrigen Vorwärmer I die Wirksamkeit des jeweils dem größten Temperaturgefälle unterworfenen ersten Rohres, durch das das Kühlwasser eintritt, sowie die infolge Verengung des Kühlwasserquerschnittes durch Rohreinlagen verminderte Dampfkondensation.

Die spezifische Dampfkondensation D_0 des ersten Rohres des Vorwärmers I ohne

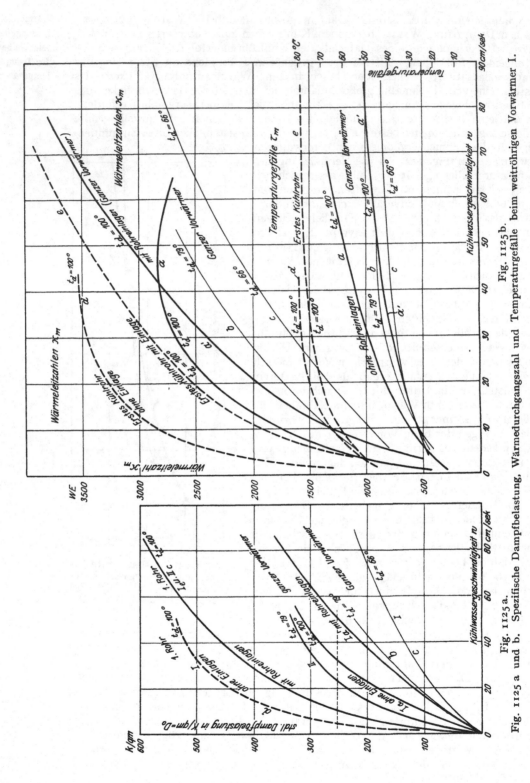

Fig. 1125b.

Fig. 1125a.

Fig. 1125 a und b. Spezifische Dampfbelastung, Wärmedurchgangszahl und Temperaturgefälle beim weitröhrigen Vorwärmer I.

Rohreinlagen Fig. 1125a ergab sich nach Kurve d am größten, u. z. ungefähr 80 v. H. über derjenigen des ganzen Vorwärmers (Kurve Ia). Mit Rohreinlagen wurde naturgemäß, wegen der verringerten Wassermenge bei gleichen Kühlwassergeschwindigkeiten, die Leistung im ersten Rohr sowohl wie im ganzen Vorwärmer geringer, doch läßt der Verlauf der betreffenden Leistungskurven Ie und Ia' erkennen, daß bei Kühlwassergeschwindigkeiten über die untersuchten hinaus, noch eine höhere spezifische Leistung sich erzielen läßt als ohne Rohreinlagen. Der engröhrige Vorwärmer II lieferte, nach Fig. 1126a Kurve c, bei einer Dampftemperatur $t_d = 100^0$ eine spezifische Dampfkondensation D_0, die sich mit derjenigen des ersten Rohres des Vorwärmers I mit Rohreinlagen, nach Fig. 1125a Kurve Ie, vollständig deckte,

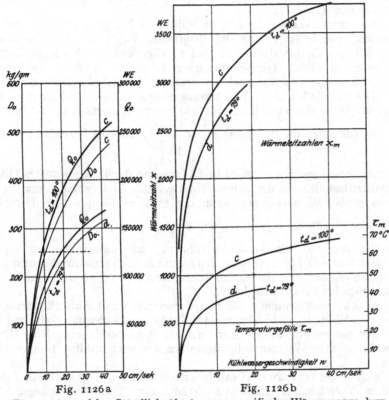

Fig. 1126a   Fig. 1126b

Fig. 1126a und b. Stündlich übertragene spezifische Wärmemenge bzw. Dampfbelastung, Wärmedurchgangszahl und Temperaturgefälle beim engröhrigen Vorwärmer II.

entsprechend einer um 57 v. H. höheren Leistung als Vorwärmer I. Auch bei $t_d = 79^0$ spricht sich im Verlauf der Kurven Ib und II ein ähnlich großer prozentualer Unterschied aus.

Die Analyse der Diagramme Fig. 1125a, b und 1126a, b liefert ferner nicht nur einen ergänzenden Beleg für die aus dem Diagramm Fig. 1123 gezogene Folgerung, daß das Temperaturgefälle bei gleicher Geschwindigkeit w mit der Wassermenge zu- oder abnimmt, je nach dem Strömungsquerschnitt des Wassers; sie zeigt auch, daß bei gleichen Werten w, t_d und t_e größere Temperaturgefälle auch größere Wärmedurchgangszahlen im Gefolge haben. Es tritt daher beispielsweise bei gleichbleibender Geschwindigkeit w eine wesentlich erhöhte Kühlflächenleistung ein, wenn durch Vergrößerung des Strömungsquerschnittes eine größere Wassermenge wirksam gemacht wird. Der Wärmeübergang ist darnach nicht nur von der Kühl-

Einfluß des Strömungsquerschnitts des Wassers.

wassergeschwindigkeit, sondern auch von der Wassermenge bzw. von der innerhalb der letzteren bestehenden Verteilung der Röhrenkühlflächen abhängig.

Mittlere Wärmedurch-gangszahl.

Der bestimmende Einfluß des Temperaturgefälles auf den Wärmedurchgang läßt
es zur bequemen Verfolgung der vorstehend gekennzeichneten Zusammenhänge und zur
Vereinfachung der Rechnung geboten erscheinen, als Maß für die übertragene Wärmemenge die auf den mittleren Temperaturunterschied τ_m zwischen Dampf und Wasser
bezogene mittlere Wärmedurchgangszahl $\varkappa_m = \dfrac{Q}{F\tau_m} = \dfrac{Q_0}{\tau_m}$ zu benützen, wobei
$Q_0 = D_0\, i'$ die mittlere von 1 qm Kühlfläche übertragene Wärmemenge ausdrückt.
Aus der Beziehung $\varkappa_m \tau_m = Q_0 = D_0\, i'$ folgt bereits allgemein die Proportionalität
der Wärmedurchgangszahl $\varkappa_m$ mit der Dampfbelastung D_0 für unveränderlichen
Temperaturunterschied τ_m.

Mittlerer Temperatur-unterschied.

Bei bekanntem Verlauf der auf die Kühlfläche bezogenen Dampf- und Wassertemperaturen, wie beispielsweise die Diagramme Fig. 1120—22 veranschaulichen,
wird der mittlere Temperaturunterschied τ_m allgemein durch Planimetrierung der
Fläche zwischen beiden Temperaturkurven bestimmt. Erfolgt die Wärmeübertragung und damit die Temperatursteigerung des Kühlwassers nach logarithmischem Gesetz, wie für kleine Wassermengen bzw. ein kleines Verhältnis $W/D = n$
anzunehmen ist, so drückt sich das mittlere Temperaturgefälle τ_m zwischen Dampf
und Wasser aus durch die Beziehung $\tau_m = \dfrac{t_a - t_e}{\ln \dfrac{\tau_e}{\tau_a}}$. Hierbei bezeichnet τ_e den Temperaturunterschied zwischen Dampf und Wasser an der Dampfeintrittsstelle und τ_a
an der Austrittsstelle. Bei der nahezu einer geraden Linie entsprechenden Wärmeaufnahme großer Wassermengen kann der mittlere Temperaturunterschied ausgedrückt werden durch $\tau_m = t_d - \dfrac{1}{2}\,(t_e + t_a) = t_d - t_m$.

Mittlere Wärmedurch-gangszahlen der beiden Vor-wärmer.

Werden nun aus den Versuchsergebnissen mit den weit- und engröhrigen
Vorwärmern I bzw. II Fig. 1118 und 1119 die mittleren Wärmedurchgangszahlen $\varkappa_m$[1])
berechnet, so ergeben sich die in den Schaulinien Fig. 1125 b und 1126 b zum Ausdruck kommenden Gesetzmäßigkeiten.

Fig. 1125 b veranschaulicht für den Vorwärmer I mit Außenkondensation die
Änderung der Werte $\varkappa_m$ mit zunehmender Kühlwassergeschwindigkeit, und zwar sowohl für den ganzen Vorwärmer (Kurven a, b u. c), wie für das erste Rohr (Kurven d),
das sowohl höchste Wärmedurchgangszahlen als auch größte Temperaturgefälle
aufweist.

Vorwärmer II.

Der engröhrige Vorwärmer II mit Innenkondensation zeigt nach Fig. 1126 b zwar
einen dem Vorwärmer I ähnlichen Verlauf der Wärmedurchgangszahlen und
Temperaturgefälle mit Veränderung der Wassergeschwindigkeit, doch sind die absoluten Werte sowohl für $\varkappa_m$ als für τ_m durchweg höher.

Vorwärmer I ohne Einlagen.

Die Temperaturunterschiede τ zwischen Dampf und Wasser nehmen mit der
Kühlwassergeschwindigkeit ungefähr logarithmisch zu und nähern sich einem
von der Dampftemperatur t_d abhängigen Höchstwert, der sich bei den vorliegenden Verhältnissen zu 80^0 bei $t_d = 100^0$, zu etwa 46^0 bei $t_d = 79^0$ und zu 43^0
bei $t_d = 66^0$ einstellte.

Einen eigenartigen Verlauf zeigen die Kurven des weitröhrigen Vorwärmers I
für verschiedene Dampftemperaturen. Bei $t_d = 100^0$ erreicht die Wärmedurchgangszahl für $w = 40$ cm/sec einen Höchstwert von $\varkappa_m = 2850$ WE des ganzen
Vorwärmers und von 3540 WE des ersten Kühlrohres. Bei niedrigerer Dampftemperatur überschreiten augenscheinlich die Werte $\varkappa$ für den ganzen Vorwärmer
den bei $t_d = 100^0$ gefundenen Höchstwert.

---

[1]) Die in sämtlichen Diagrammen dieses Kapitels noch verwendete Bezeichnung: „Wärmeleitzahl" für die Werte $\varkappa$ bzw. $\varkappa_m$ ist im Text ersetzt durch den neuerdings in der Literatur
allgemein gebräuchlichen Begriff: „Wärmedurchgangszahl".

Was den Einfluß einer Verkleinerung des Wasserquerschnittes durch teilweise Ausfüllung der Rohrinnenräume mittels prismatischer Holzstäbe nach Fig. 1118c angeht, so äußert er sich in kleinerem Temperaturgefälle τ_m (Fig. 1125b Kurve a') und geringerer Dampfkondensation D_0 (Fig. 1125a Kurve $I\,a'$), da bei denselben Kühlwassergeschwindigkeiten wie bei den Versuchen mit freiem Rohrquerschnitt kleinere Wassermengen der Wärmeaufnahme dienen und stärkere Erwärmung des Wassers erfolgt. Die Verkleinerung des Wasserquerschnitts vermindert somit einerseits die Ausnützung der Kühlfläche weiter Rohre in dem Grade, wie die Wassermenge vermindert ist, erhöht aber andererseits die Erwärmung des Wassers bei gleichzeitiger Verkleinerung des mittleren Temperaturgefälles unter dasjenige, das ohne Rohreinlagen bei gleichem w entsteht (vgl. in Fig. 1125b die Kurven a und a' der Temperaturgefälle τ_m).

Zusammenfassend lassen sich aus den Versuchsergebnissen des ersten Kühlrohres im Vergleich mit denjenigen des ganzen Vorwärmers I bei Betrieb ohne und mit Rohreinlagen wichtige Schlußfolgerungen ziehen. Die spezifische Kondensationsleistung des ersten Kühlrohres ist nach Fig. 1125a fast doppelt so groß wie die des ganzen Vorwärmers, sowohl ohne als mit Rohreinlagen. Begründet ist diese spezifische Leistungsverschiedenheit in großen Unterschieden des Temperaturgefälles τ_m, Fig. 1125b. Beim Betrieb ohne Rohreinlagen nähert sich die spezifische Niederschlagsdampfmenge, sowohl am ersten Kühlrohr als im ganzen Vorwärmer, Höchstwerten von $D_0 = 550$ kg bzw. 350 kg bei Geschwindigkeiten von etwa $w = 60$—80 cm, während mit Rohreinlagen die Tendenz zu einer Überschreitung dieser Höchstwerte für D_0 bei Kühlwassergeschwindigkeiten über 80 cm besteht.

Die Wärmedurchgangszahlen $\varkappa_m$ zeigen nach Fig. 1125b ein ähnliches unterschiedliches Verhalten; sie erreichen beim Betrieb ohne Rohreinlagen bereits bei 40 cm Kühlwassergeschwindigkeit einen Höchstwert sowohl für den ganzen Vorwärmer ($\varkappa_{max} = 2850$ WE, Kurve a), wie für das erste Kühlrohr ($\varkappa_{max} = 3540$ WE, Kurve d) und überschreiten diese Höchstwerte noch wesentlich beim Betrieb mit Rohreinlagen für höhere Werte von w, (Kurven a' und e). Die mit der Verengung der Wasserquerschnitte bedingte Verminderung der Kühlwassermenge ließ bei Kühlwassergeschwindigkeiten $w \leqq 40$ cm auch nur eine entsprechend geringere Wärmeaufnahme des Wassers selbst bei größerer Erwärmung zu, wodurch nicht nur die Temperaturgefälle τ_m, sondern auch die Wärmedurchgangszahlen $\varkappa_m$ kleiner wurden wie beim freien Rohrquerschnitt (vgl. Kurven d und e bzw. a und a' Fig. 1125b). Erst mit Steigerung der Kühlwassergeschwindigkeit über 40 cm/sec wächst $\varkappa_m$ beim Betrieb mit Einlagen über den Höchstwert des Betriebs ohne Einlagen hinaus und τ_m scheint einen Höchstwert von wenig über 50^0 bei $t_d = 100^0$ anzunehmen. Die steigende Tendenz der Werte D_0 und $\varkappa_m$ beim Betrieb mit Rohreinlagen ist ein deutlicher Beleg für die vergrößerte Wärmeaufnahmefähigkeit einer bestimmten Kühlwassermenge bei der durch Querschnittsverengung erzeugten größeren Geschwindigkeit.

Aus dem relativen Verlauf der Kurven des Diagramms Fig. 1125b ist wohl allgemein zu folgern, daß bei unveränderter Kühlwassergeschwindigkeit die Wärmedurchgangszahl mit dem Temperaturgefälle und damit auch mit der Sättigungstemperatur t_d bzw. der Dichte des zu kondensierenden Dampfes steigt und fällt. Die Annahme, daß die Wärmedurchgangszahl $\varkappa$ hauptsächlich nur von der Kühlwassergeschwindigkeit abhängig sei, ist somit nicht zutreffend; es sind sowohl das Temperaturgefälle als auch die Dampfdichte noch zu berücksichtigen.

Die vorstehend erörterten Versuchsergebnisse des eng- und weitröhrigen Vorwärmers bei Dampftemperaturen von 100, 79 und 66^0 C führen auf folgendes unterschiedliche Verhalten beider Vorwärmer:

Bei gleicher Kühlwassergeschwindigkeit ergibt nach Fig. 1125 und 1126 der engröhrige Vorwärmer II höhere Leistung als der weitröhrige Vorwärmer I, sowohl

Vorwärmer I mit Rohreinlagen.

Zusammenfassung.

Unterschiedliches Verhalten beider Vorwärmer.

hinsichtlich der erreichbaren spezifischen Dampfbelastung wie der Wärmedurchgangs-zahl. Es hängt dies mit dem großen Wasserquerschnitt des ersteren zusammen, der sich zu dem des letzteren ohne und mit Einlagen verhält wie $1 : 0,41 : 0,24$. Daher konnte auch bei größerer Wärmeübertragung der Kühlfläche des Vor-wärmers II als der des Vorwärmers I die Erwärmung des Kühlwassers bei jenem in dem Maße geringer bleiben, als die zur erhöhten Wärmeübertragung erforder-liche Steigerung des Temperaturgefälles bedingte.

Die relative Bewertung beider Vorwärmer rückt aber in ein anderes Licht, wenn ihre Wirksamkeit bezogen wird auf den für den Quadratmeter Kühlfläche sich ergebenden stündlichen Kühlwasserverbrauch $W_0 = W/K$. Dann zeigt sich nach Dia-gramm Fig. 1127 für gleiches W_0 die vom Quadratmeter Kühlfläche kondensierte Dampfmenge D_0 beim weitröhrigen Vorwärmer sowohl mit als ohne Einlagen

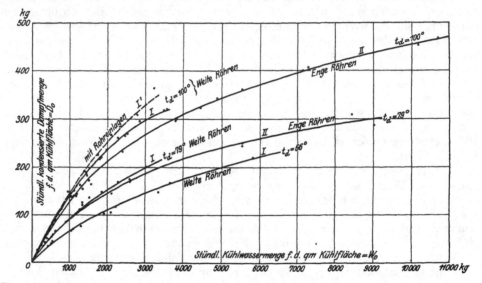

Fig. 1127. Spezifischer Dampfniederschlag im weit- und engröhrigen Vorwärmer, bezogen auf die Kühlwassermenge.

größer als beim engröhrigen. Das Verhältnis von Kühlwassermenge zu Dampfmenge $n = W/D = W_0/D_0$ stellte sich daher auch bei jenem kleiner als bei diesem heraus, wie ohne weiteres zu erkennen.

Nachdem der Unterschied in den Ausführungsverhältnissen beider Vorwärmer sich auch darin ausdrückt, daß der Kühlflächeneinheit beim weitröhrigen Vor-wärmer mit Außenseitenkondensation kleiner Wasserquerschnitt und große wasser-berührte Rohrlänge, beim engröhrigen Vorwärmer mit Innenseitenkondensation dagegen großer Wasserquerschnitt und kleine Rohrlänge entspricht, so folgt aus der erhöhten Wirksamkeit des weiten Rohres ohne und mit Einlagen, daß bei einer gegebenen Kühlwassermenge die Steigerung ihrer Strömungsgeschwindigkeit durch Verkleinerung des Wasserquerschnitts für den Wärmeaustausch wirksamer ist, als ein auf eine größere Zahl enger Kühlröhren verteilter großer Wasserquerschnitt. Hierauf stützt sich auch die Einführung mehrfachen Wasserumlaufs innerhalb eines bestimmten Kühlröhrensystems im Interesse der Erhöhung der Kühl-flächenwirkung.

Praktischer Wert enger und weiter Kühlröhren. Die große Erwärmung des Kühlwassers zulassenden weiten Kühlröhren mit und ohne Einlagen für Außenseitenkondensation können daher mit praktischem Vorteil der Ausbildung solcher Oberflächenkondensatoren zugrunde gelegt werden, die mit rück-gekühltem Wasser versorgt werden müssen, während die Wahl enger Kühlrohre mit

Innenkondensation bei reichlich verfügbarer Kühlwassermenge naturgemäß erscheint, wie dies beispielsweise für Schiffskondensatoren zutrifft, bei denen von vornherein große Wassermengen verfügbar sind.

c. Wärmeübertragung in Kondensator-Messingröhren bei Dampfspannungen $\leqq$ 1,0 Atm. abs.
Versuche von Orrok.

Besondere Beachtung unter den experimentellen Feststellungen über die Wärmeübertragung mittels Kühlrohren verdienen die zahlreichen, sorgfältigen Untersuchungen Orroks[1]) an bei amerikanischen Oberflächenkondensatoren verwendeten einzölligen Messingröhren.

Die Versuche sind mit Messingrohren von 1″ engl. Außendurchmesser, 1,2 mm Wandstärke und ein Quadratfuß wasserberührter Kühlfläche mit Außenseitenkondensation bei verschiedenen Kühlwassermengen und Dampfspannungen ausgeführt. Die dabei gewählten Versuchsbedingungen wurden den Betriebsverhältnissen der Oberflächenkondensatoren insofern angepaßt, als die untersuchten Dampfspannungen unter 1,0 Atm. abs. lagen und verschiedene Kühlwassereintrittstemperaturen zur Verwendung kamen.

Die Diagramme Fig. 1128 kennzeichnen die Ergebnisse einer Versuchsreihe mit konstanter Dampftemperatur von 46° entsprechend 0,1 Atm. abs. Dampfspannung und Veränderung der Kühlwassergeschwindigkeit zwischen 0,6 und 2,67 m/sec., sowie der Eintrittstemperatur zwischen 10 und 43° C.

Im Vergleich mit den vorher besprochenen Vorwärmeruntersuchungen besteht ein wesentlicher Unterschied in den Versuchsbedingungen dadurch, daß die Versuche nicht mit gleicher Eintrittstemperatur des Kühlwassers, sondern jeweils mit nahezu gleichem Temperaturgefälle τ_m durchgeführt sind, wozu es nötig wurde, stets eine entsprechende Änderung der Eintrittstemperatur des Kühlwassers vorzunehmen, wie in Fig. 1128 b für ein großes und ein kleines Temperaturgefälle τ_m gekennzeichnet ist. Zur Erreichung eines kleinen, bei allen Wassergeschwindigkeiten w möglichst gleichen τ_m mußte die Eintrittstemperatur t_e in der Nähe der Dampftemperatur t_d gehalten werden; es ergab sich infolgedessen auch nur eine kleine Erwärmung und damit eine wenig höhere Temperatur t_a. Ein großes τ_m dagegen setzte niedrige Eintrittstemperatur bei allen Geschwindigkeiten w voraus und die mit dem Temperaturgefälle gesteigerte Wärmeübertragung lieferte auch entsprechend höhere Erwärmung des Kühlwassers. Fig. 1128 d veranschaulicht die bei den Versuchen eingehaltenen Temperaturgefälle, die während der mehrfach wiederholten Versuche in den durch die schraffierten Flächen bezeichneten Grenzen sich hielten. Die zugehörigen Veränderungen der stündlich übertragenen Wärmemenge Q_0 sind in den Kurven Fig. 1128 c ausgedrückt. Ihr Verlauf stimmt überein mit dem in Fig. 1127 veranschaulichten Verlauf der spezifischen Dampfmengen D_0 der beiden Vorwärmer I und II, bezogen auf die spezifische Kühlwassermenge W_0, die proportional der Kühlwassergeschwindigkeit w zu setzen ist.

Die in das Diagramm noch eingezeichneten Kurven der beiden früher betrachteten Vorwärmer I und II ergänzen die Orrokschen Ergebnisse für das Gebiet der kleinen Kühlwassergeschwindigkeiten, bei denen für größtmögliche Wärmeübertragung die Temperaturgefälle mit der Geschwindigkeit w rasch ansteigen, während sie bei den größeren Werten von w nur allmählich zunehmen; der frühere oder spätere Übergang der Temperaturgefällekurven τ_m vom rasch ansteigenden in den allmählich sich erhebenden Ast ist von der Dampftemperatur t_d abhängig.

Versuche mit engen Röhren bei Außenseitenkondensation.

---

[1]) Transactions of the American Society of Mech. Engineers 1911, S. 1139 ff.

Einfluß des Temperaturgefälles.

Die Kurven der Wärmedurchgangszahlen Fig. 1128a zeigen nicht nur die nach früherem zu erwartende Zunahme mit der Kühlwassergeschwindigkeit, sondern gleichzeitig eine Abnahme mit zunehmendem Temperaturgefälle bei unveränderter Dampftemperatur. Diese Eigentümlichkeit kommt noch klarer zum Ausdruck bei Darstellung der Werte $\varkappa_m$ für unveränderliche Kühlwassergeschwindigkeit in Abhängigkeit vom Temperaturgefälle, wie in Fig. 1129 geschehen. Dieses Diagramm zeigt außerdem an der relativen Höhenlage der beiden Wärmedurchgangskurven $\varkappa_m$ für 2,67 m Kühlwassergeschwindigkeit und 0,1 Atm. bzw. 0,35 Atm. Dampfspannung, daß $\varkappa_m$ einerseits mit steigendem Temperaturgefälle ab-, mit der Temperatur und Dichte des Dampfes dagegen zunimmt. Letztbezeichneter Einfluß des Dampfzustandes kommt auch bei den Versuchsergebnissen beider Vorwärmer zum Ausdruck. Die diesen zugehörigen Kurven der spezifischen Wärmemengen, Wärmedurchgangszahlen und Temperaturgefälle sind in Fig. 1128a und d aus den Diagrammen Fig. 1125 und 1126 übertragen. Hiernach zeigt sich die Wärmedurchgangszahl von drei Einflüssen abhängig: der Kühlwassergeschwindigkeit, dem Temperaturgefälle und der

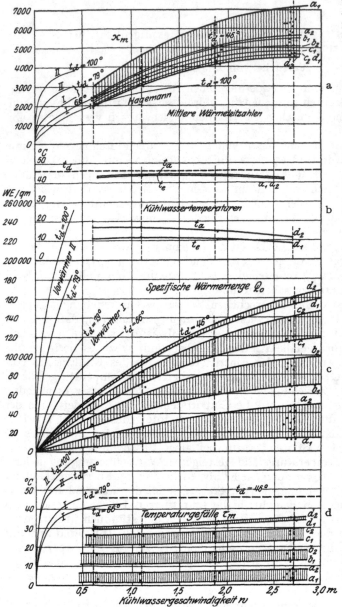

Fig. 1129. Versuche Orrok. Wärmedurchgangszahl und spezifische Wärmemenge für höchste Kühlrohrleistung bei 0,1 Atm. abs. Dampfspannung, veränderlicher Geschwindigkeit und Eintritts-Temperatur des Kühlwassers.

Dampfspannung, wenn Material- und Oberflächenbeschaffenheit der Rohre übereinstimmend angenommen werden.

Nachdem aber den Orrokschen Versuchen zufolge, bei Kühlwassergeschwindigkeiten $w > 0,6$ m der Einfluß steigenden Temperaturgefälles entgegengesetzt demjenigen steigender Dampftemperatur sich ergeben hat, so wird damit die in Fig. 1130a sich aussprechende Tatsache erklärlich, daß die Kurven der Wärmedurchgangszahlen für 0,1 bis 0,6 Atm. (Dampftemperatur von 46 bis 86⁰), nahezu zusammenfallen, wenn Kühlwasser von gleichbleibender Eintrittstemperatur t_e verwendet wird. Die Temperaturgefälle jeder Versuchsreihe mit konstanter Dampfspannung nehmen dabei nur wenig mit der Geschwindigkeit w zu.

Die durch Schraffur hervorgehobenen Versuchsgebiete Fig. 1130 veranschau-lichen wieder die Abweichungen, die bei einer vielfachen Wiederholung derselben Ver-suche infolge der mit der Zeit auf-tretenden Verände-rung der Ober-flächenbeschaffen-heit des Versuchs-rohres sich einstell-ten; das Verhalten eines alten ge-brauchten Konden-satorrohres zeigt den letztgenannten Einfluß ganz beson-ders deutlich.

Beim Vergleich der auf veränder-liche Kühlwasser-geschwindigkeit be-zogenen Kurven der spezifischen Wärme-mengen Q_0 und der Wärmedurchgangs-zahlen $\varkappa_m$ der Orrokschen Ver-suche Fig. 1130 mit denjenigen an den beiden Vorwärmern bei konstanter Dampf- und Kühl-wassereintrittstem-peratur ist ein Un-terschied im Ver-lauf der Tempera-turgefälle beider Versuchsreihen in-sofern vorhanden,

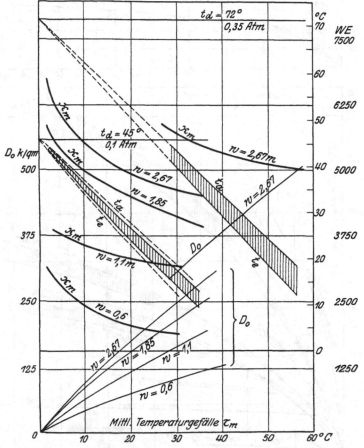

Einfluß der Kühlwasserge-schwindigkeit.

Fig. 1129. Versuche Orrok. Spezifischer Dampfniederschlag und Wärmedurchgangszahl bei konstanter Kühlwassergeschwindigkeit und zunehmendem Temperaturgefälle. Dampfdruck 0,1 und 0,35 Atm. abs.

als bei den an sich kleinen Kühlwassergeschwindigkeiten der Vorwärmerversuche mit $w = 0$ bis 0,6 m die Zunahme der Geschwindigkeit auch starke Zunahme des Temperaturgefälles verursacht, während bei den wesentlich größeren Kühlwasser-geschwindigkeiten der Orrokschen Versuche mit $w = 0,6$ bis 2,7 m und darüber die größte Kühlflächenleistung nur noch eine geringe Zunahme der Temperatur-gefälle τ_m mit der Geschwindigkeit w verlangt, wie auch aus dem Diagramm Fig. 1123 hervorgeht. Die ausschließliche Bezugnahme der Wärmedurchgangsziffer $\varkappa_m$ auf die Kühlwassergeschwindigkeit setzt also jene Änderung der Temperaturgefälle Fig. 1123 bzw. 1129 voraus, die sich bei konstanter Dampf- und Kühlwassereintritts-temperatur und größter Kühlflächenleistung von selbst einstellt. Die analytische Beziehung zwischen $\varkappa$ und w läßt sich alsdann für die Orrokschen Versuche ausdrücken durch die Gleichung $\varkappa = 2800 \sqrt{w}$.

Bei Kondensatoren kann von dieser Beziehung insofern kein unmittelbarer Gebrauch gemacht werden, als deren Betriebsverhältnisse wohl gleichbleibender Dampf- und Kühlwassereintrittstemperatur entsprechen, die Temperaturgefälle

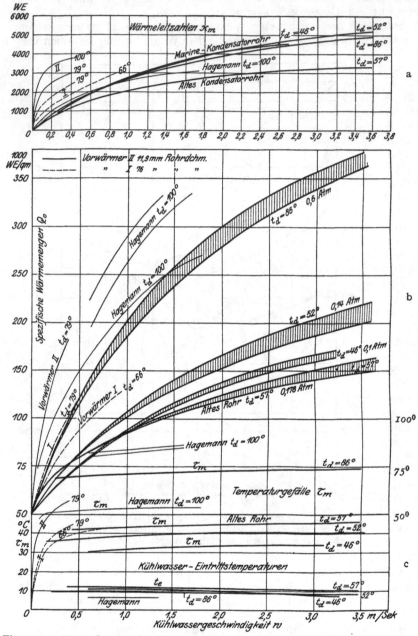

Fig. 1130. Versuche Orrok. Wärmedurchgangszahl und spezifische übertragene Wärmemenge bei zunehmender Geschwindigkeit und konstanter Eintritts-Temperatur des Kühlwassers für verschiedene Dampfspannungen.

aber von der Eintritts- bis zur Austrittsstelle des Kühlwassers sich stetig verkleinern. Bei konstanter Kühlwassergeschwindigkeit w bleibt daher die Wärmedurchgangszahl nicht an allen Stellen der Kühlfläche gleich groß, sondern nimmt mit abnehmendem Temperaturgefälle zu, während die spezifische Dampfmenge D_0 abnimmt, wenn auch nicht proportional mit τ, sondern in geringerem Grade.

Die Gesetzmäßigkeit in der Veränderung der Wärmedurchgangszahl mit dem Temperaturgefälle bei gleichbleibender Kühlwassergeschwindigkeit und Dampftemperatur veranschaulichte Orrok für seine Versuche mit Dampf von 0,1 Atm. abs. Spannung bzw. 45° Temperatur durch das logarithmische Diagramm Fig. 1131 mit den Logarithmen der Temperaturgefälle τ_m als Abszissen und derjenigen der Werte $\varkappa_m$ als Ordinaten. Die Zunahme des Temperaturgefälles wurde bei diesen Versuchen durch abnehmende Eintrittstemperatur des Kühlwassers erzeugt. Dem Diagramm zufolge

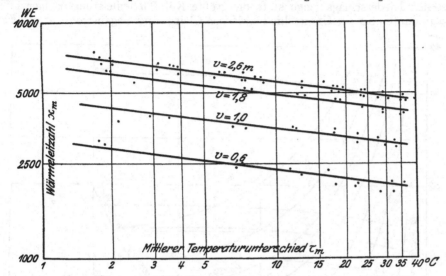

Fig. 1131. Versuche Orrok. Veränderung der Wärmedurchgangszahl mit dem Temperaturgefälle bei gleichbleibender Kühlwassergeschwindigkeit und unveränderter Dampftemperatur. (Logarithmisches Diagramm.)

gehören die Versuchspunkte gleicher Kühlwassergeschwindigkeit parallelen Geraden an, für deren analytischen Ausdruck Orrok die Beziehung angibt: $\varkappa_m = \dfrac{C}{\sqrt[6]{\tau_m}}$,

wobei die Konstante C mit der Kühlwassergeschwindigkeit sich ändernd gesetzt werden kann $C = 5000\,w$.

Aus Fig. 1129 ist des weiteren zu erkennen, daß für die Dampfspannung von 0,35 Atm. und 72° Dampftemperatur zwar eine gleiche relative Veränderung der Wärmedurchgangszahlen mit dem Temperaturgefälle sich einstellte, ihre absoluten Werte aber sich wesentlich höher ergaben als für 0,1 Atm. Die obige Beziehung für $\varkappa_m$ trifft somit nur für 0,1 Atm. Dampfspannung zu, und muß des weiteren gefolgert werden, daß, wie bereits wiederholt nachgewiesen, eine allgemein gültige Gleichung für $\varkappa_m$ bezogen auf τ_m auch den Einfluß der Dampftemperatur t_d enthalten müßte. Die im Diagramm Fig. 1129 noch eingezeichneten Ein- und Austrittstemperaturen des Wassers lassen erkennen, daß die bedeutende Steigerung der Werte $\varkappa_m$ mit einer Annäherung der Wassertemperatur an die Dampftemperatur zusammenhängt.

Zur allgemeinen analytischen Festlegung der Abhängigkeit der Wärmeleitzahl $\varkappa_m$ von den Größen W_0, w, τ_m, t_d und t_e fehlen noch genügend umfassende, systematische Versuche, die aus praktischen Gründen zunächst auf die für Oberflächenkondensatoren und Vorwärmer in Betracht kommenden Betriebsverhältnisse eingeschränkt werden könnten.

Der günstige Einfluß geringen Temperaturgefälles läßt sich besonders zugunsten des Gegenstromprinzips werten, bei dem die Temperatur des erwärmten Wassers an

Einfluß der Dampftemperatur.

die Eintrittstemperatur des Dampfes heranrückt. Andererseits darf aber nicht übersehen werden, daß die übertragene Wärmemenge dem Temperaturgefälle nahezu
proportional sich ergibt und somit kleinem τ_m auch kleines Q_0 bzw. D_0 entspricht.

Parallel- oder Gegenstrom?   Es kann hiernach mit Recht die Frage aufgeworfen werden, welche Arbeitsweise des Kondensators die vorteilhaftere ist, diejenige mit Gegenstrom oder mit
Parallelstrom zwischen Dampf und Wasser? Bei den vorausgehend behandelten
Versuchen, bei denen die Dampftemperatur während des ganzen Kondensations-
vorganges unverändert blieb und der zugeführte Dampf gar nicht vollständig niedergeschlagen wurde, sondern ein restlicher Teil unkondensiert abzog, wurde in der gemessenen Niederschlagsmenge stets die größte Kühlflächenleistung nachgewiesen.
Dabei konnte aber ein Unterschied zwischen Gleich- und Gegenstrom gar nicht zur

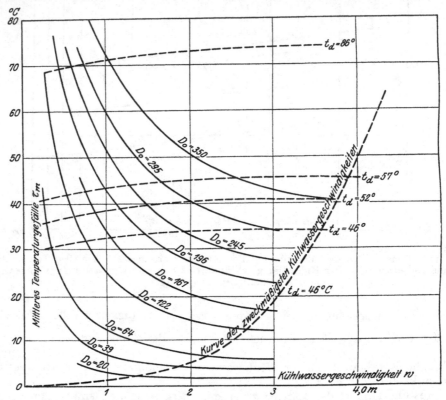

Fig. 1132. Versuche Orrok. Veränderung des Temperaturgefälles mit der Kühlwassergeschwindigkeit bei gleichbleibender Dampfbelastung.

Geltung kommen, da mit der Wärmeübertragung eine Temperaturänderung des
Dampfes nicht verbunden war. Ein solcher Betriebszustand ist im Kondensator
annähernd bei großer Beanspruchung vorauszusetzen, bei der also die Strömungs-
art des Wassers ohne wesentlichen Einfluß sich ergeben müßte. In der Tat wird
die berührte Frage für den Kondensator nur von Bedeutung bei nicht voller Beanspruchung der Kühlflächen und durch den Einfluß der im Dampf mitgeführten
Luft, worauf später noch näher eingegangen werden wird.

Temperatur-gefälle, Kühl-wasserge-schwindigkeit und Dampf-belastung.   Wird für die Orrokschen Versuche der Zusammenhang zwischen Temperaturgefälle τ_m und Kühlwassergeschwindigkeit w für gleichbleibende Dampfbelastung
D_0 graphisch veranschaulicht, Fig. 1132, so zeigen die D_0-Kurven hyperbelartigen
Verlauf, der erkennen läßt, daß bei kleinen zu kondensierenden Dampfmengen eine
Steigerung der sekundlichen Kühlwassergeschwindigkeit über 1,5—2,0 m und bei
großen Dampfmengen eine solche über 4,0 m das Temperaturgefälle nicht mehr

wesentlich vermindert. Da mit dem Temperaturgefälle bei gegebener Kühlwassertemperatur auch die Temperatur des kondensierten Dampfes zusammenhängt, so
ist mit dem kleinsten Temperaturgefälle auch ein Anhalt über die niedrigste Dampfspannung im Kondensatorraum gewonnen.

d. Wärmeübertragung bei Dampf-spannungen ≧ 1,0 Atm. abs.
Versuche von Hagemann.

Eine mit den Orrokschen
Versuchsergebnissen gut übereinstimmende Gesetzmäßigkeit in der
Zunahme der übertragenen Wärmemengen Q_0 und Abnahme der Wärmedurchgangsziffern mit zunehmendem Temperaturunterschied
bei gleicher Dampftemperatur und
gleichbleibenden Kühlwassergeschwindigkeiten zeigen auch die
Versuche Hagemanns Fig. 1133[1])
an einem für Außenseitenkondensation verwendeten 49 mm weiten
und 2 mm dicken Messingrohr, in
das zur Verkleinerung des Wasserquerschnittes noch ein geschlossenes Rohr von 38,5 mm äußerem
Durchmesser eingesetzt war. Es
liegen hier ähnliche Strömungsverhältnisse vor wie bei dem früher
besprochenen weitröhrigen Vorwärmer I mit Rohreinlagen.

In Betracht kommen zunächst
die Versuche a—d, Fig. 1133, bei
denen die Zunahme des Temperaturunterschiedes durch Erniedrigung der Eintrittstemperatur des
Kühlwassers erreicht wurde, wie
aus der graphischen Darstellung
der Kühlwassertemperaturen t_a
und t_e hervorgeht. Die Abnahme
der Wärmedurchgangszahl bei konstanter Dampftemperatur und
wachsendem τ_m wird für diese
Versuche abweichend von der
Orrokschen Formel ausgedrückt

durch $\varkappa_m = 18000 \sqrt{\dfrac{w}{\tau_m}}$.

Für die Versuchsreihen e, f
mit zunehmender Dampftemperatur und gleichbleibender Geschwindigkeit und Eintrittstemperatur des Kühlwassers, ergab
sich der auch beim Vorwärmer I,

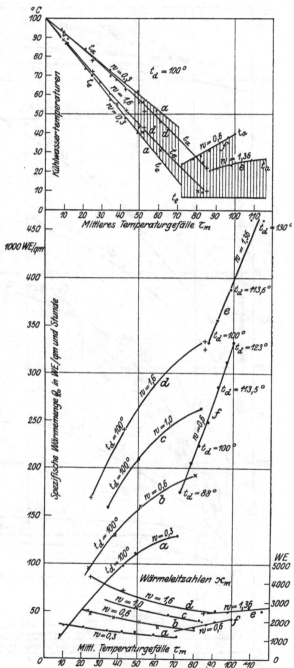

**Versuche mit
einem weiten
Messingrohr
und Außen-
seitenkonden-
sation.**

Fig. 1133. Versuche Hagemann. Spezifische Wärmemenge und Wärmedurchgangszahlen für verschiedene
Kühlwassergeschwindigkeiten bei veränderlicher und
gleichbleibender Kühlwasser-Eintrittstemperatur.

[1]) Proc. Inst. of Civ. Eng. Bd. 77. 1883.

Fig. 1133b und c, sowie bei Orrok Fig. 1137a unter ähnlichen Betriebsverhältnissen erhaltene, geradlinige Verlauf der Q_0-Kurven und das Anwachsen der Wärmedurchgangsziffern mit zunehmendem Temperaturgefälle und steigender Dampftemperatur.

Die Versuchsergebnisse von Orrok und Hagemann stehen in guter Über-

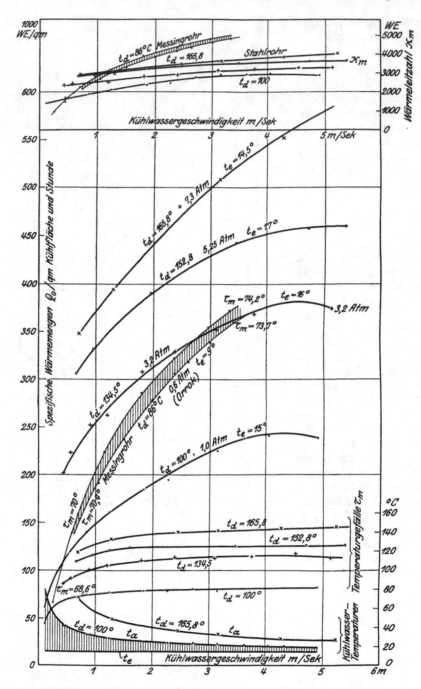

Fig. 1134. Versuche von Clement und Garland mit einem Stahlrohr. Wärmedurchgangszahl und spezifische Wärmemenge für verschiedene Dampfspannungen bei zunehmender Kühlwassergeschwindigkeit.

einstimmung mit solchen von Hoefer[1]), bei denen außer der gesamten Wärmeübertragung des Rohres auch der Temperaturanstieg des Kühlwassers im Rohrinnern
durch thermoelektrische Messungen festgestellt wurde. Betreffs der Einzelheiten
muß auf die Quelle verwiesen werden.

Versuche von Clement und Garland.

Die Zunahme der Kühlflächenwirkung mit der Dampfspannung wird sowohl
durch die Orrokschen Versuche, Fig. 1130, mit Dampfspannungen von 0,1, 0,14 und
0,6 Atm. abs. belegt, als auch durch Versuche von Clement und Garland[2]), Fig. 1134,
mit Dampfspannungen von 1,0—7,3 Atm. abs. an einem kaltgezogenen 2 m langen
Stahlrohr von 25,0 mm lichte Weite und 3,4 mm Wandstärke; die Dampfkondensation erfolgte im Rohrinnern.

Versuche an einem Stahlrohr und Innenseitenkondensation.

Die in Fig. 1134 veranschaulichten Vergleichsergebnisse zeigen sehr deutlich die
größere Wärmeleitfähigkeit des Orrokschen Messingrohres. Dasselbe ergab, unter
Bezugnahme auf zunehmende Kühlwassergeschwindigkeit, für $t_d = 86^0$ wesentlich
größere übertragene spezifische Wärmemengen, wie bei Clement und Garland für
$t_d = 100^0$, trotz des bei letzterer Dampftemperatur außerdem bestehenden größeren
Temperaturgefälles. Bezüglich der Veränderung der Wärmedurchgangszahlen weichen
aber beide Versuchsreihen insofern voneinander ab, als für das enge Messingrohr eine
ausgesprochene Abhängigkeit der Werte $\varkappa_m$ von Dampfspannungen zwischen 0,1 bis
0,6 Atm. nicht in Erscheinung trat, während beim weiten Stahlrohr die Steigerung
der Dampfspannung auch eine Zunahme von $\varkappa_m$ ergab. Die Wärmedurchgangszahlen
bleiben jedoch selbst für 7,0 Atm. Dampfspannung mit $\varkappa_m = 3300$ WE bei 2 m
Kühlwassergeschwindigkeit und 3800 WE bei 4,0 m noch wesentlich unter den bei
denselben Geschwindigkeiten w nachgewiesenen Orrokschen Werten von 4000 bzw.
5000 WE. Diese verschiedene Wirksamkeit gleich großer Kühlflächen beider Versuchsrohre muß außer auf die Verschiedenheit des Materials auch auf den Unterschied in den Rohrwandstärken
zurückgeführt werden, wie auch
eine Nachrechnung, unter Berücksichtigung des verschiedenen
Durchgangswiderstandes des
Stahl- bzw. Messingrohres, bestätigt.

e. Einfluß der Rohrlage auf die Wärmeleitung.

Versuche von Stanton und Nichols.

Fig. 1135· veranschaulicht
die auf die Kühlwassergeschwindigkeit bezogenen Wärmedurchgangszahlen einiger Vergleichsversuche von Stanton und
Nichols an Messingröhren in
stehender und horizontaler Lage
bzw. bei aufwärts und abwärts
strömendem Wasser.

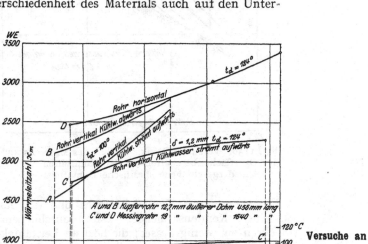

Fig. 1135. Versuche von Stanton und Nichols. Veränderung der Wärmedurchgangszahlen mit der Rohrlage.

Versuche an Messingröhren.

[1]) Dr.-Ing. K. Hoefer, Die Kondensation bei Dampfkraftmaschinen. Berlin, Julius
Springer 1925.
[2]) Bulletin 40 der Universität von Illinois, 27. September 1909, s. auch Transactions of
the Am. Soc. Mech. Eng. 1911, Vol. 32.

Aus dem relativen Verlauf der Kurven der Wärmedurchgangszahlen, der mit der vorausgehend ermittelten Gesetzmäßigkeit wenig übereinstimmt, ist hauptsächlich nur zu entnehmen, daß bei gleicher Kühlwassergeschwindigkeit im vertikalen Rohr abwärtsfließendes Wasser wesentlich günstigere Wärmeübertragung ergibt als aufwärtsfließendes und daß das horizontale Rohr unter sonst gleichen Umständen am günstigsten sich verhält.

Der nicht unbeträchtliche Einfluß der Rohrlage hängt wohl damit zusammen, daß bei horizontalen Röhren die vom Dampf berührte Rohroberfläche am raschesten vom Kondensat frei wird, das bei Innenkondensation nur an der unteren Mantellinie des Rohres abläuft oder bei Außenkondensation sofort abtropft, während bei

vertikalen Röhren das sich bildende Kondensat an der ganzen vom Dampfe berührten Fläche entlang abläuft und damit die Wärmeleitung des Dampfes an die Wandung beeinträchtigt.

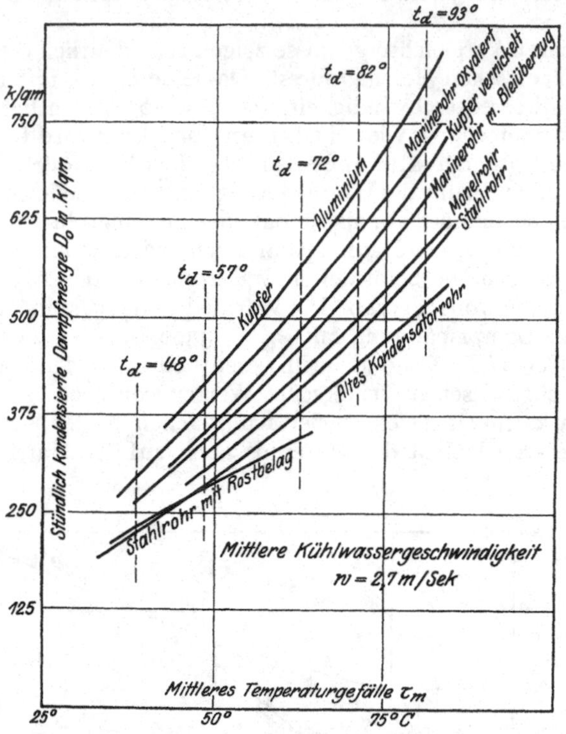

f. Einfluß des Materials und der Oberflächenbeschaffenheit der Rohre auf die Wärmeleitung.

Material- und Oberflächenbeschaffenheit der Kühlrohre beeinflussen den Wärmedurchgang merklich, wie das Diagramm Fig. 1136 Orrokscher Versuche deutlich zeigt, das die Wärmeleitverhältnisse von Röhren gleicher Größe aus verschiedenem Material oder von verschiedenem Zustand ihrer Oberfläche bei gleicher Geschwindigkeit von 2,6 m und Eintrittstemperaturen des Kühlwassers von 5—11 ⁰ veranschaulicht. Mit steigendem Temperaturgefälle τ_m erhöhte sich für die verschiedenen Rohrmaterialien der Unterschied in den kondensierten Dampfmengen.

Fig. 1136. Versuche Orrok. Einfluß des Materials und der Oberflächenbeschaffenheit der Kühlröhren auf die niedergeschlagene spezifische Dampfmenge.

Ein gebrauchtes Kondensatorrohr und ein Stahlrohr mit Rostbelag ergab die kleinste Kondensatmenge. Daran anschließend erwiesen sich Zink- und Zinnröhren nur wenig besser; die höchste Leitfähigkeit besaßen nicht nur die Röhren aus Kupfer, sondern auch diejenigen aus Aluminium und daher auch Kupferröhren mit Aluminiumüberzug.

Öl und mineralische Niederschläge.

Den Einfluß der Oberflächenbeschaffenheit bei Versuchsrohren von gleichem Material aber verschiedenem Gebrauchszustand geben Fig. 1137 a bis c wieder und zwar bei einem neuen Rohr, einem Kondensatorrohr, das während der Versuche nicht gereinigt wurde und einem gebrauchten, ungereinigten Kondensatorrohr. Sämtliche in Fig. 1137 a dargestellten Versuchsergebnisse wurden mit gleicher Kühlwassergeschwindigkeit von 2,7 m und einer mittleren Eintrittstemperatur $t_e = 5$ ⁰ C, sowie Dampftemperaturen von 46 bis 122 ⁰ C, entsprechend 0,1 — 2,1 Atm. Dampfspannung, gewonnen. Das neue Rohr, bei welchem außerdem noch starke Strömung des Dampfes veranlaßt wurde, zeigt die höchsten übertragenen Wärmemengen.

Bei dem während häufig wiederholter Versuche nicht gereinigten Marinerohr wurde zu verschiedenen Zeiten die niedergeschlagene Dampfmenge bzw. die übertragene Wärmemenge Q_0 ermittelt. Bei unveränderter Dampfspannung und dementsprechend nahezu gleichbleibendem Temperaturgefälle hatte die mit der Zeit fortschreitende Verunreinigung des Versuchskühlrohres eine laufende Verminderung der Wärmeübertragung zur Folge, wie die im schraffierten Feld A Fig. 1137a veranschaulichte Streuung der, übereinstimmenden Versuchsbedingungen zugehörigen, Versuchspunkte erkennen lassen. Auch in den Fig. 1128 und 1130 sprechen sich gleiche Erscheinungen bei den unter gleichen Bedingungen wiederholten Versuchen aus. Die durch die Linie B verbundenen Versuchspunkte kleinster übertragener Wärmemengen und Wärmedurchgangszahlen lassen noch die im längeren praktischen Betrieb auftretende Verschlechte-

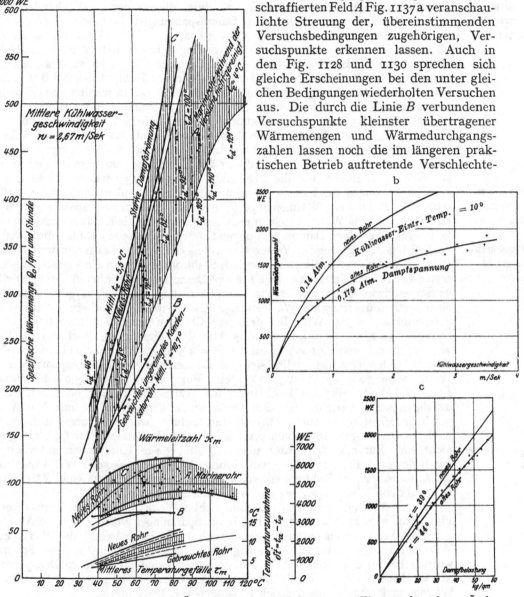

Fig. 1137a. Versuche Orrok. Änderung der spezifischen Wärmemenge und der Wärmedurchgangszahl mit dem Temperaturgefälle bzw. der Dampftemperatur bei unveränderter Geschwindigkeit und Eintrittstemperatur des Kühlwassers, sowie zunehmender Verunreinigung des Rohres.

Fig. 1137b und c. Änderung der Wärmedurchgangszahl mit der Beschaffenheit der Rohroberfläche.

rung der Wärmeleitung eines gebrauchten ungereinigten Kondensatorrohres erkennen. Die Wärmedurchgangszahlen zeigen bei diesen Versuchen neben der mit der übertragenen Wärmemenge Q_0 übereinstimmenden Änderung ein Ansteigen mit dem

Temperaturgefälle τ_m bei konstanter Geschwindigkeit und Eintrittstemperatur des Kühlwassers und zunehmender Dampftemperatur, im Zusammenhang mit der bereits früher (Fig. 1129) festgestellten Steigerung von $\varkappa_m$ mit der Dampftemperatur.

g. Allgemeine Ergebnisse der vorausgehend angeführten Versuche.

Dampf-
spannung und
-temperatur.

Es erscheint naturgemäß und wird durch die vorausgehend behandelten Versuche mit niederen und höheren Dampfspannungen bestätigt, daß der Einfluß der Dampfspannung und -Temperatur auf die Kondensationsverhältnisse sich zunächst darin äußert, daß niedriger Druck naturgemäß nur kleines, von der Temperatur des Dampfes und des eintretenden Kühlwassers abhängiges Temperaturgefälle zuläßt, während mit wachsendem Dampfdruck bei den gleichen Wasserverhältnissen steigendes Temperaturgefälle wirksam werden und demzufolge die übertragene Wärmemenge mit der Dampfspannung zunehmen muß.

Aus Fig. 1133 und 1134 geht außerdem deutlich hervor, daß die Wärmedurchgangszahl $\varkappa_m$ bei gleichbleibender Kühlwassergeschwindigkeit für steigendes Temperaturgefälle zunimmt, wenn letzteres durch Erhöhung der Dampfspannung verursacht wird, während bei unveränderter Dampfspannung unter sonst gleichen Umständen $\varkappa_m$ abnimmt, wie die Fig. 1129, 1131 und 1133 erkennen lassen.

Höchstwerte
der spezif.
Wärmemenge
Q_0 und
Wärmedurch-
gangszahl.

Ferner zeigen die Untersuchungen an Kühlröhren übereinstimmend, daß die stündlich übertragene Wärmemenge Q_0 bzw. die kondensierte spezifische Dampfmenge D_0, sowie die Wärmedurchgangszahlen bezogen auf die Kühlwassergeschwindigkeit bei den einzelnen Dampfspannungen Größtwerte annehmen, über die hinaus sie bei beliebiger Steigerung der Wassergeschwindigkeit nicht mehr nennenswert wachsen. Bei dem Vorwärmer I mit 76 mm weiten Stahlrohren zeigten die Feststellungen am ersten Rohre nach Fig. 1125 a und b für 100° Dampftemperatur bereits bei 0,5 m Kühlwassergeschwindigkeit eine größte Dampfbelastung $D_0 = 525$ kg/qm entsprechend einer größten übertragenen Wärmemenge $Q_0 = 283\,000$ WE und einer Wärmedurchgangszahl $\varkappa_m = 3540$ WE. Bei dem von Clement und Garland untersuchten Stahlrohr traten für 1,0, 3,2 und 5,25 Atm. Dampfspannung Höchstwerte Q_0 von 245\,000, 380\,000 und 460\,000 WE auf, bei $w = 4,5$ bis 5,0 m, und die obere Grenze der Wärmedurchgangszahlen stellte sich für die bezeichneten Dampfspannungen mit Werten $\varkappa_m = 3000$, 3300 und 3600 WE ein. Für 7,3 Atm. war bei 5,0 m Kühlwassergeschwindigkeit weder der Höchstwert der Wärmeübertragung noch der Wärmedurchgangszahl erreicht. Bei den Orrokschen Versuchen, die mit Kühlwassergeschwindigkeiten bis zu 3,4 m/sec. durchgeführt wurden, traten auch bei den niederen Dampfspannungen von 0,1 bis 0,6 Atm. Höchstwerte für Q_0 und $\varkappa_m$ noch nicht ein. Für 0,6 Atm. Dampfspannung und 3,4 m Kühlwassergeschwindigkeit ergab sich nach Fig. 1134 $Q_0 = 360\text{---}370\,000$ WE bei $\varkappa_m = 5000$ WE, während bei 0,1 Atm. und 2,7 m Kühlwassergeschwindigkeit nach Fig. 1128 eine Wärmemenge $Q_0 = 160\,000$ WE bei $\varkappa_m = 4500$ WE übertragen wurde.

Der mit Kühlröhren von 12,0 mm lichter Weite untersuchte Vorwärmer II, Fig. 1119, wies nach Fig. 1126 a und b bei Spannungen von 0,5 und 1,0 Atm. und bei Wassergeschwindigkeiten bis 0,4 m noch keine Höchstwerte der übertragenen Wärmemengen und Wärmedurchgangszahlen auf. Bei 1,0 Atm. abs. Spannung wurden bei 40 cm sekundlicher Kühlwassergeschwindigkeit 468 kg Dampf stündlich kondensiert, entsprechend einer spezifischen Wärmeübertragung von $Q_0 = 254\,000$ WE/qm und Stunde, aus der sich $\varkappa_m = 3800$ WE berechnet.

Die höchsten Werte der Wärmedurchgangszahlen ergeben sich verschieden, je nachdem sie bezogen werden auf veränderliches Temperaturgefälle und gleichbleibende Kühlwassergeschwindigkeit oder umgekehrt auf veränderliche Kühlwassergeschwindigkeit und gleichbleibendes Temperaturgefälle. Der erstere Fall entspricht den bei Vorwärmern und Kondensatoren in der Regel vorliegenden Betriebsverhältnissen. Die Dampfspannung und -temperatur, sowie die Eintrittstemperatur des Kühlwassers sind dabei meist nur geringen Änderungen ausgesetzt.

Bei konstanter Kühlwassergeschwindigkeit ändert sich das Temperaturgefälle τ vom Eintritt bis zum Austritt aus dem Kondensator infolge der Erwärmung des Kühlwassers, und zwar um so mehr, je kleiner die Geschwindigkeit des letzteren gewählt wird. Kleine Wassergeschwindigkeiten bedingen die Vorwärmer, große die Kondensatoren. Die spezifische Leistung der einzelnen Teile der Kühlfläche wird danach sehr verschieden sowohl hinsichtlich der übertragenen Wärmemengen als der Größe der Wärmedurchgangszahlen, wie bereits für den Vorwärmer I an der Leistung des ersten Kühlrohres verglichen mit der des ganzen Vorwärmers gezeigt werden konnte. Die rechnerische Ermittlung der Kühlflächenleistung mit Hilfe der $\varkappa$-Werte hätte daher unter Zugrundelegung des logarithmischen Gesetzes der Wärmeübertragung zu erfolgen. Aus praktischen Gründen rechtfertigt sich jedoch, namentlich bei Kondensatoren mit ihrer verhältnismäßig geringen Erwärmung des Kühlwassers, die gesamte Wärmeübertragung in der mittleren Leistung Q_0 eines Quadratmeter Kühlfläche auszudrücken und eine mittlere Wärmedurchgangszahl $\varkappa_m$, die auf das mittlere Temperaturgefälle τ_m bezogen wird, an Stelle der veränderlichen $\varkappa$-Werte zu setzen.

Die Versuchsergebnisse mit den beiden Vorwärmern geben keinen bequemen Anhalt zur Ableitung der Werte $\varkappa_m$ bei konstantem w, da die Versuche mit veränderlicher Geschwindigkeit und gleichbleibender Eintrittstemperatur des Kühlwassers durchgeführt worden sind. Dagegen ist aus den Orrokschen Versuchsergebnissen Fig. 1137 zu entnehmen, daß Kühlwasser bei konstanter Geschwindigkeit, gleichbleibender Eintrittstemperatur und steigender Dampftemperatur mit dem Temperaturgefälle proportionale Wärmemengen Q_0 aufnimmt; die Wärmedurchgangszahlen $\varkappa_m$ erreichen dabei einen Höchstwert bei $\tau_m = 85^0$. Bei einer Eintrittstemperatur des Wassers von 2—8°C und 2,7 m Geschwindigkeit hatte bei diesen Versuchen eine Steigerung der Dampftemperatur über 92° hinaus keine Erhöhung von $\varkappa_m$ mehr zur Folge, vielmehr nahm es bei weiterer Steigerung von t_d dauernd ab. Die Höchstwerte $\varkappa_m$ ergaben sich dabei je nach der Oberflächenbeschaffenheit der Versuchsrohre verschieden: Für das neue Messingrohr stieg die Wärmedurchgangszahl auf $\varkappa_m = 6500$ WE; beim normalen Marinerohr sank nach wiederholten Versuchen der Höchstwert auf $\varkappa_m = 4200$ WE und beim gebrauchten, ungereinigten Kondensatorrohr auf $\varkappa_m = 3500$ WE.

Anders liegen die Verhältnisse bei Änderung der Kühlwassertemperatur. Dann wächst die Wärmedurchgangszahl mit zunehmendem t_e und dementsprechend verkleinertem Temperaturgefälle τ_m, wie Fig. 1129 und 1131 für die Orrokschen und Fig. 1133 für die Hagemannschen Versuche erkennen läßt. Die unter diesen Umständen entstehenden Höchstwerte treten somit nur bei kleinen Kühlflächenleistungen auf, während den vorausgehend bezeichneten Höchstwerten $\varkappa_m$ auch größere Kühlflächenleistungen angehören. Auch die Orrokschen Versuche, Fig. 1128, bei 0,1 Atm. Dampfspannung zeigen deutlich die mit dem Temperaturgefälle bzw. der Eintrittstemperatur des Kühlwassers zusammenhängende Veränderung von $\varkappa_m$. Aus den Diagrammen a—d ist zu ersehen, daß für die kleinen Kühlflächenbelastungen zwischen den Kurven a_1 a_2 mit den zugehörigen hohen Eintrittstemperaturen sich die kleinen Temperaturgefälle und die hohen Wärmedurchgangszahlen $\varkappa_m$ ergaben. Große Belastungen Q_0 bedingen kleine Eintrittstemperaturen t_e, um bei allen Kühlwassergeschwindigkeiten das erforderliche große τ_m zu erreichen; die Werte $\varkappa_m$ ergeben sich aber kleiner als vorher. Die Höchstwerte bewegen sich dem Diagramm a, Fig. 1128, zufolge zwischen $\varkappa_m = 7200$ WE für $\tau_m = 2^0$C bei $Q_0 = 14000$ WE/qm Kühlfläche und $\varkappa_m = 4500$ WE für $\tau_m = 35,5^0$C bei $Q_0 = 160000$ WE/qm.

Es möge noch auf die in Fig. 1128 eingezeichneten Kurven der Vorwärmerversuchsergebnisse hingewiesen werden, deren Gesetzmäßigkeit in der Veränderung der spezifischen Kühlflächenleistung Q_0 übereinstimmend mit der der Orrokschen Versuche erscheint. Aus dem Verlauf der mittleren Temperaturgefälle geht hervor, daß bei den niedrigen Kühlwassergeschwindigkeiten das mittlere Temperaturgefälle τ_m mit der Geschwindigkeit w, infolge abnehmender Erwärmung, rasch steigt,

Wärmedurchgangszahl bei gleichbleibender Geschwindigkeit und Eintrittstemperatur des Kühlwassers.

Wärmedurchgangszahl bei gleichbleibender Geschwindigkeit und veränderlicher Eintrittstemperatur des Kühlwassers.

während bei den größeren Wassergeschwindigkeiten das Temperaturgefälle nur noch wenig mit der Geschwindigkeit w wächst, da die Abnahme der Kühlwassererwärmung relativ immer kleiner wird.

Unterschied
der Betriebs-
verhältnisse im
Vorwärmer
und Konden-
sator.

Werden die vorausgehend betrachteten Versuche über den Wärmedurchgang in ihren Versuchsbedingungen und Ergebnissen miteinander verglichen, so gründen sich ihre wesentlichen Abweichungen auf die praktischen Bedürfnisse, denen die betreffenden Wärmeaustauscheinrichtungen in der Form der Vorwärmer oder Oberflächenkondensatoren zu dienen haben. Ein grundsätzlicher Unterschied ergibt sich dabei für die anzuwendende Kühlwassergeschwindigkeit.

Den Betriebsverhältnissen der Speisewasservorwärmung durch Abdampf, deren Zweck nicht in der Kondensation des Auspuffdampfes, sondern in einer möglichst hohen Erwärmung des Speisewassers besteht, entsprechen die bei den Vorwärmern I und II angewendeten Wassergeschwindigkeiten $w \leq 0,6$ m, die auf ein Verhältnis der zugeführten Speisewassermenge zum kondensierten Teil D der Auspuffdampfmenge führen in der Größe $n = W/D = 5 \div 10$. Den Vorgängen Fig. 1120—22 gemäß erfolgt die angestrebte große Erwärmung des Wassers alsdann nach dem logarithmischen Gesetz der Wärmeaufnahme bzw. nach einer Exponentialfunktion $dW = c\,d\,F\,(t_d - t_w)^x$ mit wechselnden Temperaturexponenten x [1]) und dementsprechend bei großer Veränderung der Temperaturgefälle und der Wärmedurchgangsziffern.

Umgekehrt liegt die Aufgabe beim Kondensator, der die Kondensation der ganzen Auspuffdampfmenge bei niedrigster Dampfspannung und -temperatur bezweckt und deshalb stets eine Kühlwassermenge verwendet, deren Verhältnis zur niederzuschlagenden Dampfmenge $n = W/D \geq 30$ beträgt. Die danach sich ergebende geringe Erwärmung des Kühlwassers führt nach Fig. 1122 auf nahezu lineare Temperaturzunahme bezogen auf die Kühlfläche und aus ersterem Grund auch auf geringe Änderung des Temperaturgefälles, wie Fig. 1128d veranschaulicht, so lange die gesamte Röhrenkühlfläche von Dampf gleicher Spannung umgeben ist, also wenn große Beanspruchung derselben vorliegt.

h. Die Wärmeübertragung an Kühlröhren innerhalb des Kondensators.

Die mit Verminderung des Temperaturgefälles erreichbaren Höchstwerte von $\varkappa_m$, wie sie in Fig. 1128 besonders zum Ausdruck kommen, haben nur Bedeutung entweder für an sich warmes Kühlwasser, wie es bei mangelhafter Rückkühlung entsteht, oder für die Teile der Kondensatorrohrflächen, die schon erwärmtem Kühlwasser ausgesetzt sind; in beiden Fällen wird aber, wegen des geringen Temperaturunterschiedes τ_m zwischen Dampf und Wasser, nur eine geringe spez.f.sche Beanspruchung der Kühlflächen möglich. In diesem Zusammenhange ist also eine Steigerung der Wärmedurchgangszahl mit Abnahme der spezifischen Kühlflächenleistung verbunden. Eine große spezifische Beanspruchung der Kondensatorkühlfläche setzt großes Temperaturgefälle und dementsprechende Beschränkung auf kleinere Wärmedurchgangszahlen voraus.

Die Aufrechterhaltung großen Temperaturgefälles an der ganzen Kühlfläche des Kondensators bedingt geringe Erwärmung des Kühlwassers, also die Anwendung reichlicher Kühlwassermenge. Für diesen allgemeinen Fall des Kondensatorbetriebs sind daher die für geringe Veränderung der Temperaturgefälle festgestellten Gesetzmäßigkeiten der Wärmeübertragung und die entsprechenden Höchstwerte der Wärmedurchgangszahlen maßgebend. Für die niederen Dampfspannungen und Temperaturen des Kondensationsraumes können die Wärmedurchgangszahlen nach der aus den Orrokschen Versuchen abgeleiteten einfachen Beziehung zur Kühlwassergeschwindigkeit bestimmt werden, die sich für reine Metallröhren ausdrückt in der Formel $\varkappa = 2800 \sqrt{w}$. Diese geht für in Betrieb befindliche Kühlröhren in

---

[1]) s. Dr.-Ing. Hoefer, Die Kondensation bei Dampfmaschinen S. 80—82.

$\varkappa = 2000\sqrt{w}$ über, entsprechend dem Verlauf der Kurve $\varkappa_m$ für das gebrauchte Rohr in Fig. 1130a.

Betriebsverhältnisse des Oberflächenkondensators.

Die vorausgehend angeführten Versuchsergebnisse entsprechen Höchstleistungen der Röhrenoberflächen, die beim Oberflächenkondensator jedoch niemals erreicht werden können, da dessen Kondensationsraum nicht nur Dampf, sondern außerdem mehr oder weniger große Luftmengen in veränderlicher Verteilung enthält. Die Luft als schlechter Wärmeleiter beeinträchtigt aber die Wärmeübertragung beträchtlich und, je nach ihrer Menge und den Konstruktionsverhältnissen des Kondensators hinsichtlich Dampf-, Luft- und Wasserführung, in verschieden großem Maße. An ausgeführten Oberflächenkondensatoren gemachte Feststellungen sind leider wenig geeignet, eine rechnungsmäßige Klärung der infolge des Luftgehaltes des Austrittsdampfes sich abspielenden Vorgänge zu ermöglichen, da die Beobachtungen in der Regel sich auf die Ermittlung der Dampf- und Wassermengen und deren Ein- und Austrittstemperaturen beschränken, und Temperaturmessungen längs der Kühlflächen meist ebenso fehlen, wie Erhebungen über den Luftgehalt des Kondensationsraumes.

Einfluß des Luftgehaltes des Kondensationsraumes.

Wärmeleitung der Luft.

Allgemein gültigen Aufschluß über die Wärmeaufnahme und -abgabe von Luft geben Versuche über Wärmeleitung von Dampf von 100° an Luft niederer[1]) und höherer[2]) Spannung, sowie über den Wärmeübergang von Dampf verschiedenen Luftgehaltes an Wasser[3]). Nach den in Fig. 1138a veranschaulichten Ergebnissen

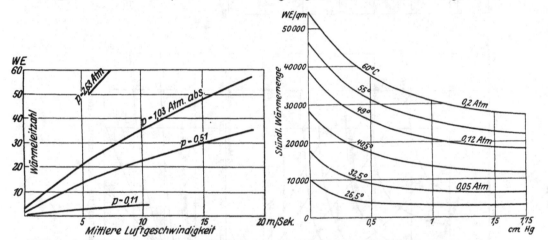

Fig. 1138a. Versuche v. Prof. Josse: Wärmeübertragung von Dampf von 100° an Luft verschiedener Spannung und Geschwindigkeit.

Fig. 1138b. Versuche Smith. Einfluß des Luftgehaltes von Dampf verschiedener Spannung auf die Wärmeübertragung eines Messingrohres von 16 mm äußerem Durchm. und 0,46 mm Dicke bei einer Kühlwassergeschwindigkeit $w = 0{,}44$ m/sec.

solcher Versuche ist die Wärmedurchgangszahl $\varkappa$ für Luft an sich sehr klein und abnehmend mit Verminderung der Luftspannung und Dichte, so daß die Wirksamkeit der Kondensatorkühlflächen durch die Luft um so mehr beeinträchtigt wird, je niedriger die Kondensatorspannung zu halten ist. Infolge der geringen Wärmeleitfähigkeit der Luft kommt für sie der Einfluß der Kühlwassergeschwindigkeit praktisch nicht in Betracht, dagegen ist nach Fig. 1138a ihre eigene Strömungsgeschwindigkeit

[1]) Prof. Josse, Z. V. d. I. 1909, S. 322.
[2]) Prof. Nusselt, Forschungsarbeiten, Heft 89, S. 26.
[3]) Engineering 1906, S. 395.

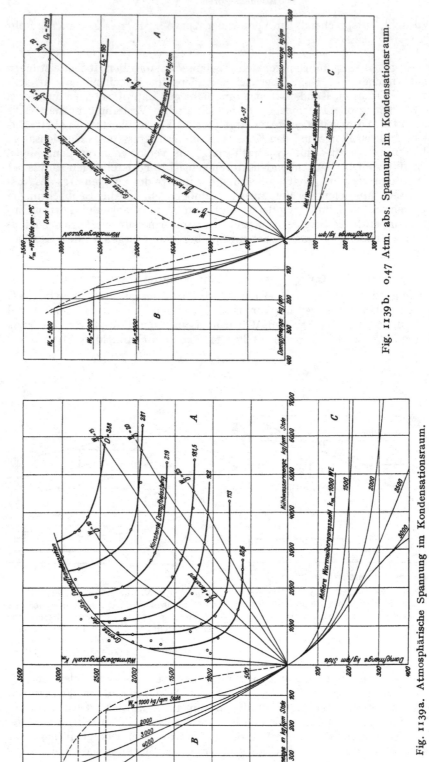

Fig. 1139b. 0,47 Atm. abs. Spannung im Kondensationsraum.

Fig. 1139a. Atmosphärische Spannung im Kondensationsraum.

insofern von Bedeutung, als mit deren Steigerung auch der Wärmeübergangswiderstand an den Wandungen merklich abnimmt. Wirksame Abkühlung von Luft läßt sich daher bei gegebenen Kühlwasserverhältnissen besonders durch Erhöhung der Luftgeschwindigkeit längs der Kühlflächen erreichen.

Das Diagramm Fig. 1138b zeigt, wie stark schon ein geringer Luftgehalt des Dampfes die Wärmeübertragung an das Kühlwasser verschlechtert. Bei Dampftemperaturen von 26,5—60 °C und einer Kühlwassergeschwindigkeit von 0,44 m wurde durch Mischung des Dampfes mit Luft verschiedener Spannung bis zu 1,75 cm Hg (0,023 Atm. abs.) die stündlich übertragene Wärmemenge bereits auf die Hälfte derjenigen reinen gesättigten Dampfes vermindert.

Im Dampfraum eines Oberflächenkondensators wird der Zustand des Luftgehaltes einerseits abhängig von der vom Dampf mitgeführten Luftmenge, andererseits von

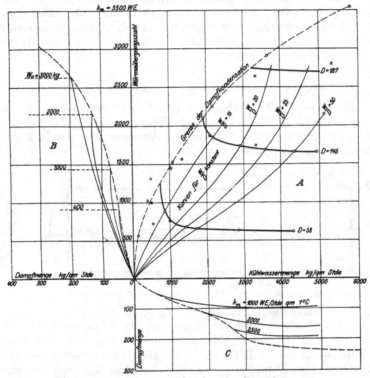

Fig. 1139c. 0,27 Atm. abs. im Kondensationsraum.

Fig. 1139a—c. Weitröhriger Vorwärmer I ohne Rohreinlagen, Änderung der mittleren Wärmedurchgangszahlen $\varkappa_m$ bei zunehmender Kühlwassermenge von 13 °C Anfangstemperatur, gleichbleibenden Dampfbelastungen und unveränderlicher Spannung im Kondensationsraum.

dem Saugvolumen der Luftpumpe. Über das Zusammenwirken dieser beiden Einflüsse geben die mit dem weitröhrigen Vorwärmer Fig. 1119 gewonnenen Diagramme Fig. 1139a bis c deutlich Aufschluß. Sie stellen die Veränderung der Wärmedurchgangszahlen bei verschieden großer Niederschlagsdampfmenge und zunehmender Kühlwassermenge dar, wenn die Spannung im Kondensationsraum durch entsprechende Einstellung der Saugverhältnisse der Luft- und Kondensatpumpe konstant gehalten wird. Für die Versuchsreihen der Diagramme 1139a bis c wurde jeweils im Kondensationsraum des Vorwärmers atm. Druck, bzw. 0,47 und 0,27 Atm. abs. aufrecht erhalten. Die Höchstwerte der Wärmedurchgangszahlen werden für die verschiedenen Dampfbelastungen D_0 durch die Grenzkurven gekennzeichnet, deren Abscissen den kleinsten Kühlwassermengen entsprechen, bei denen eine vollständige

Kondensation der verschiedenen Dampfmengen unter den bezeichneten Druckver-
hältnissen im Kondensationsraum eben erreicht wird. Von den Höchstwerten $\varkappa_m$
der Grenzkurve ausgehend, tritt bei Vergrößerung der Kühlwassermenge für unveränderte Dampfbelastung eine Verringerung der Wärmedurchgangszahlen, infolge
Zunahme der Temperaturgefälle τ_m, ein, die durch den sich vermehrenden Luftgehalt des Kondensationsraumes verursacht wird; denn mit zunehmender Kühlwassermenge sinkt die Temperatur des Dampfkondensats unter die Eintrittstemperatur des Dampfes und die damit verbundene Abnahme dessen Teildruckes
im Kondensationsraum hat größere Luftansammlung in letzterem und dementsprechende Verschlechterung der Wärmeleitung gegenüber reiner Dampfwirkung
zur Folge, bei der, nach Fig. 1132, mit zunehmender Kühlwassermenge die
Temperaturgefälle und Dampftemperaturen des Kondensationsraumes abnehmen.

Das vorbezeichnete Zusammenwirken von Dampf und Luft erklärt auch das
Sinken der mittleren Wärmedurchgangszahlen für konstante Dampfbelastung
bei Erhöhung des Kondensatordruckes durch vermehrte Luftzufuhr im Gegensatz
zu deren Steigen mit zunehmender Dampfspannung bei Abwesenheit von Luft.
(s. Fig. 1129 und 1134.)

Temperatur- und Spannungsverlauf im Dampf- und Wasserraum.

Temperatur-
verteilung.
Einen wertvollen Anhalt zur Beurteilung der Wärmeleitung im Oberflächenkondensator bietet die im Diagramm Fig. 1141a und b veranschaulichte Temperaturverteilung innerhalb des Dampf- und Wasserraumes des in Fig. 1140 dargestellten
Oberflächenkondensators.

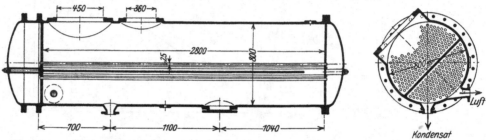

Fig. 1140. Oberflächenkondensator von 60 qm Kühlfläche mit zweifachem Wasserumlauf.
270 Messingröhren von 25 mm äußerem Dchm. und 1 mm Wandstärke.

Im vorliegenden Falle blieb bei allen Beanspruchungen der Kühlfläche nur
im oberen vom Dampf zuerst bestrichenen Kondensatorraum die Temperatur unverändert und entsprach fast genau der Sättigungstemperatur des Dampfes von Kondensatorspannung, die Temperatur des unteren Kondensationsraumes dagegen verminderte sich mit abnehmender Dampfbelastung und sank sogar auf die Eintrittstemperatur des Kühlwassers beim kleinsten Dampfniederschlag von 12,5 kg/qm
und 80facher Kühlwassermenge.

Die Verschiedenheit der Dampftemperaturen im Kondensatorraume trotz des
in ihm herrschenden einheitlichen Druckes ist dadurch verursacht, daß zum
Niederschlag kleiner Dampfmengen ein gewisser dem eintretenden Dampf zunächst
liegender Teil der Kühlfläche bereits ausreicht, so daß im anschließenden Kondensationsraum nur noch reine Abkühlung des Dampf-Luftgemisches erfolgt.

Diese ungleichartige Ausnützung der Kühlflächen besteht bei Oberflächen-
kondensatoren ganz allgemein und tritt besonders in die Erscheinung, wenn im
Vergleich zur Größe der Kühlfläche und der Wassermenge die zu kondensierende
Dampfmenge klein, also das Verhältnis W/D groß ist.

Verteilung der
Dampf- und
Luftspannung.
Da angenommen werden kann, daß im ganzen Kondensationsraum gleicher
Druck herrscht und dieser aus der Dampf- und Luftspannung sich zusammensetzt,

so muß im Kondensatorraum die mit abnehmender Temperatur des Kondensats sich vermindernde Dampfspannung eine Zunahme der Luftspannung bewirken; hierdurch wird die Luft hauptsächlich nach dem unteren Teil des Kondensators gedrängt und kann von dort mit einer ihrer Abkühlung entsprechend großen Dichte abgezogen werden.

Wie unstetig und ungleichmäßig die Wirksamkeit der Röhrenkühlflächen hinsichtlich der Temperaturverteilung des Dampf- und Luftgemisches im Kondensationsraum sich ergeben kann, veranschaulichen sehr drastisch die Diagramme Fig. 1142 b und c eines Oberflächenkondensators Fig. 1142a von 22,15 qm Röhrenkühlfläche, dessen Innenraum durch eine Querwand in zwei Hälften geteilt und letztere durch eine Längswand in einen oberen und unteren Teil getrennt waren. Trotzdem der Dampf in der Mitte des Kondensationsraums zugeführt wurde,

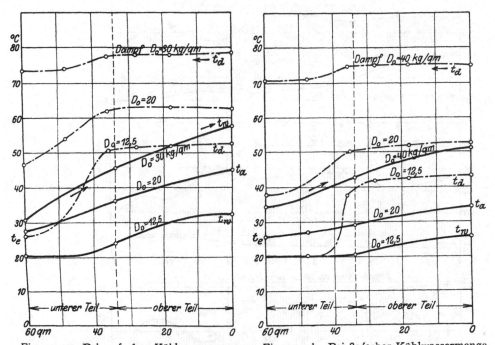

Fig. 1141a. Bei 40facher Kühlwassermenge. Fig. 1141b. Bei 80facher Kühlwassermenge.

Fig. 1141a und b. Temperaturverteilung auf der Dampf- und Wasserseite in dem Oberflächenkondensator, Fig. 1140, von 60 qm äußerer Röhrenkühlfläche.

war, infolge einseitigen Kühlwasserein- und -austritts, ein symmetrisches Verhalten der beiden Kondensatorhälften hinsichtlich der Wärmeleitung in das Kühlwasser und der Spannungsverteilung von Luft und Dampf im Kondensationsraum ausgeschlossen. Es ergab sich eine Unstetigkeit im Temperaturverlauf, die mit abnehmender Dampf- und Kühlwassermenge größer wurde, wie Diagramme b und c deutlich erkennen lassen.

Die beiden Diagramme Fig. 1143a und b veranschaulichen noch für den Oberflächenkondensator Fig. 1140 den Zusammenhang zwischen Kondensatorspannung, Kühlwasserverbrauch und Dampfbelastung, wobei gleichzeitig der wirkliche Verbrauch an Kühlwasser als Vielfaches desjenigen des idealen Kondensators für die beobachteten Kondensatorspannungen dargestellt ist. Dieses Verhältnis nimmt nach Fig. 1143a bei unveränderter Kühlwassermenge mit zunehmender Dampfbelastung bis etwa 30 kg/qm Kühlfläche rasch ab und bleibt darüber hinaus nahezu gleich. Große Dampfbelastung verursacht hiernach den relativ geringsten Kühlwasseraufwand. Fig. 1143b veranschaulicht die für gleiche zu kondensierende Dampfmengen

Zusammenhang zwischen Kondensatorspannung, Kühlwasserverbrauch und Dampfbelastung.

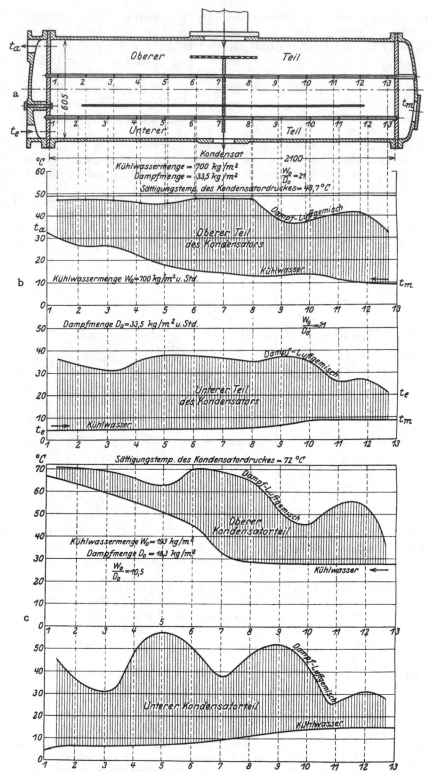

Fig. 1142 a—c. Oberflächenkondensator von 22,15 qm Röhrenkühlfläche. Temperaturveränderung des Kühlwassers und des Luft- und Dampfgemisches im Kondensationsraum bei verschiedener Dampf- und Kühlwassermenge. Oberer Teil 15,74 qm, unterer Teil 6,41 qm.

aufgetretene Abnahme der Kondensatorspannungen bei zunehmender Kühlwassermenge. Für die kleinen Dampfmengen ergaben sich einerseits die niedrigsten Kondensatordrücke, andererseits wurde aber für sie der Mehrverbrauch an Kühlwasser am größten.

Ähnliche Verschiedenheit in der Wärmeübertragung weisen Beobachtungen über die Veränderungen der Wasser- und Dampftemperaturen an einem Kondensator von 89 qm Kühlfläche[1]) mit 18 mm weiten Kühlrohren von 1 mm Wandstärke und 2,3 m Länge auf. Die Dampf- und Wasserführung im Gegenstrom mit einmaliger Umkehr war übereinstimmend mit derjenigen des vorher betrachteten Kondensators von 60 qm Kühlfläche, nur waren zur Erhöhung der Wassergeschwindigkeit in das Rohrinnere Wirbelstreifen eingesetzt, die dem Wasser eine Drehbewegung verleihen.

Fig. 1144 kennzeichnet die thermoelektrisch gemessene Temperaturzunahme des Kühlwassers bei gleichbleibender Dampfbelastung von $D_0 = 35$ kg/qm und verschiedener Kühlwassermenge. Wie aus den Fig. 1141a und b, ist auch aus diesem Diagramm ersichtlich, daß mit Steigerung der Kühlwassermenge die an der Wärmeübertragung teilnehmende Kühlfläche sich verkleinert. Nach Fig. 1145a fand eine bedeutende Annäherung der Warmwassertemperaturen an die Sättigungstemperaturen t_c des

Kondensator mit Wirbelstreifen innerhalb der Kühlröhren.

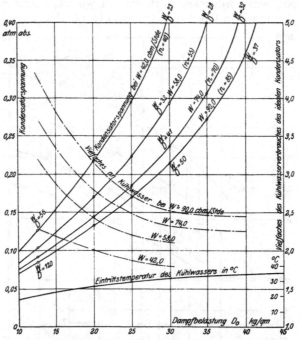

Fig. 1143a. Zunahme der Kondensatorspannung mit steigender Dampfbelastung bei gleicher Kühlwassermenge.

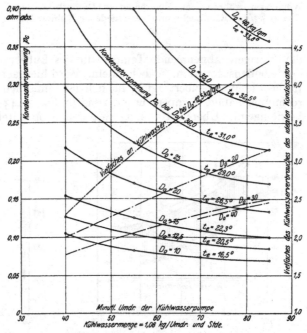

Fig. 1143b. Abnahme der Kondensatorspannung mit zunehmender Kühlwassermenge bei verschiedener Dampfbelastung.

Fig. 1143a und b. Versuchsergebnisse mit dem Oberflächenkondensator von 60 qm Kühlfläche Fig. 1140 und Betrieb mit Rückkühlwerk.

[1]) Josse, Versuche über Oberflächenkondensation, Z. V. d. I. 1909, S. 322, 376 und 406.

Gutermuth, Dampfmaschinen. I.

58

Kondensatordruckes statt und der wirkliche Kühlwasserverbrauch näherte sich bei abnehmender Wassermenge nach Fig. 1145 b dem Bedarfe des vollkommenen Kondensators, so daß be.sp.elsweise bei einem Verhältn.s $W/D =$ 17,4 des Versuches 4 der Mehrverbrauch an Kühlwasser nur noch 5 v. H. des Verbrauchs im idealen Kondensator betrug. Mit Vergrößerung der Kühlwassermenge nahm der Unterschied zwischen wirklichem und theoretischem Verbrauch annähernd linear zu, übereinstimmend mit den Feststellungen Fig. 1143b; gle.chzeitig nahm die Kondensatorspannung ab, entsprechend der Abnahme der Austrittstemperatur t_a, Fig. 1145a.

Rechnerische Verfolgung der Wärmeübertragung.

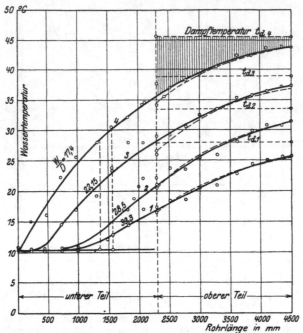

Fig. 1144. Temperaturzunahme des Kühlwassers in den Kondensatorröhren bei unveränderter Dampfbelastung $D = 35$ kg/qm Kühlfläche und verschiedener Kühlwassermenge.

Zur rechnerischen Verfolgung des verschiedenen Verhaltens der einzelnen Teile der Kühlröhrenfläche erscheint es hiernach geboten, einen gewissen, dem Dampfeintr.tt am nächsten gelegenen Teil des Kondensatorraumes mit konstanter Temperatur des Eintr.ttsdampfes wirksam anzunehmen und getrennt von dem übrigen, abnehmende Temperatur des Luft- und Dampfgem:sches aufweisenden Kondensatorraum, zu behandeln. Wird hiernach für den ersten Teil der Kühlfläche die Wärmeübertragung nach logarithmischem Gesetz angenommen und die rechnungsmäßige Temperaturänderung in Fig. 1143 eingetragen, so zeigt sich eine befriedigende Übereinstimmung mit den beobachteten Wassertemperaturen. Der

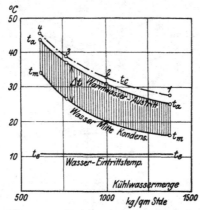

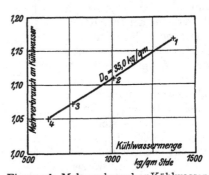

Fig. 1145a. Temperaturunterschiede im unteren und oberen Kondensatorraum bei verschiedener Kühlwassermenge.

Fig. 1145b. Mehrverbrauch an Kühlwasser gegenüber dem idealen Kondensator bei konstanter Dampfbelastung und verschiedener Kühlwassermenge.

Fig. 1144—46. Oberflächenkondensator von 89 qm Kühlfläche. Lichter Querschnitt der Rohre mit Wirbelstreifen Fig. 1153 versehen.

Temperaturunterschied $t_a - t_m$ in
diesem Kondensatorteil ergibt
sich nach Fig. 1144 für die verschiedenen Kühlwassermengen
wenig verschieden und damit
das Verhältnis der Kühlwassermenge W zu der in diesem Teile
des Kondensators niedergeschlagenen Dampfmenge D_1 also
$$\frac{W}{D_1} = \frac{i'}{t_a - t_m}$$ veränderlich zwischen 55 und 64. Die in Fig. 1146
graphisch veranschaulichten
Wärmedurchgangszahlen nähern
sich den bei den Orrokschen Versuchen gefundenen Werten; ihre
abweichende Veränderung mit
der Kühlwassergeschwindigkeit
ist allein schon dadurch bedingt,
daß mit der Zunahme der Kühlwassergeschwindigkeit gleichzeitig eine Abnahme der Dampftemperaturen t_d bzw. t_e verknüpft
war, während bei den Orrok-
schen Versuchen, Fig. 1147, die
Dampftemperatur konstant blieb.

Für den übrigen,
den unteren Konden-
satorraum bildenden
Teil, wird verständlich,
daß die noch zu kon-
densierenden geringen
Dampfmengen $D - D_1$
der einzelnen Versuche
Temperaturverände-
rungen des Kühlwas-
sers verursachten, die
von dem für den oberen
Kondensatorteil an-
nähernd zutreffenden
logarithmischen Gesetz
um so mehr abwichen,
je größer die Kühlwas-
sermenge war. Aus
dem Temperaturver-
lauf Fig. 1144 ist zu
ersehen, daß das Kon-
densatorende, von
$W/D = 22,15$ ab, über-
haupt keinen Dampf
mehr niederzuschla-
gen, sondern nur noch
das Dampf-Luftge-
misch und das Konden-
sat abzukühlen hatte.

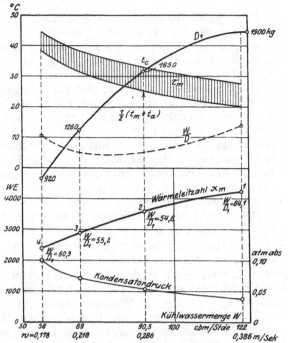

Fig. 1146. Zunahme der Wärmedurchgangszahl im
oberen Teile des Kondensators mit steigender Dampfbelastung und nahezu gleichem $\frac{W}{D}$; $t_e = 10,3^0$ C.

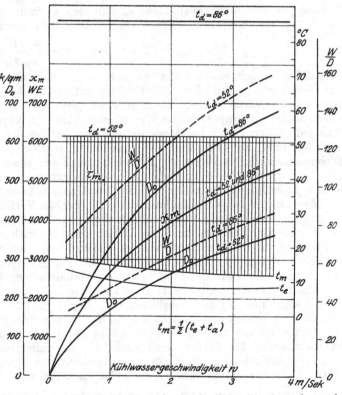

Fig.1147. Versuche Orrok. Veränderung der Dampfkondensation und
Wärmedurchgangszahl mit der Kühlwassergeschwindigkeit.

58*

Diese jedem Kondensator eigentümliche, verschiedenartige Wirksamkeit einzelner Teile der Kühlfläche hängt offenbar nicht nur von dem Verhältnis der zu kondensierenden Dampfmenge zur Kühlwassermenge ab, sondern auch von der Konstruktion des Kondensators in Bezug auf die Dampf- und Wasserführung und auf die Luftverteilung im Kondensatorraum.

Es ist jedoch anzunehmen, daß bei geringem Luftgehalt des Auspuffdampfes dessen Kondensation an den seiner Eintrittsstelle zunächstliegenden Kühlflächen, unter Aufrechterhaltung seiner Sättigungstemperatur, so lange erfolgt, bis die ganze Verdampfungswärme an das Kühlwasser übertragen ist. Unter dieser Voraussetzung läßt sich die hierfür wirksame Kühlfläche nach den vorausgehend abgeleiteten Gesetzen näherungsweise ermitteln. Die übrigbleibende Kühlfläche dient dann nur noch der Abkühlung des Kondensats und der mitgeführten Luft. Wird angenommen, daß diese Abkühlung bis auf die Eintrittstemperatur des Kühlwassers stattfinden würde, so ergibt sich rechnerisch folgender Zusammenhang:

Die Abkühlung des Dampfkondensats von der Sättigungstemperatur t_s auf t_e verursacht eine Erwärmung $\delta t'$ des Kühlwassers W, die sich berechnet aus $W \delta t' = D (q_s - q_e)$, wenn q_s und q_e die Flüssigkeitswärmen des Kondensates bei den Temperaturen t_s und t_e bedeuten; das Kühlwasser kommt somit mit einer Temperatur $t_e' = t_e + \delta t'$ an dem Teil der Kühlfläche an, der die Verdampfungswärme des zu kondensierenden Dampfes zu übertragen hat. Die hierbei auftretende weitere Erwärmung $\delta t''$ des Kühlwassers bestimmt sich somit aus der Beziehung $W \delta t'' = x D i''$, wenn i'' die latente Wärme des zu kondensierenden Dampfes und x seine spezifische Menge in dem Dampf- und Wassergemisch des Auspuffdampfes bedeutet. Die hiermit sich bestimmende Austrittstemperatur des Kühlwassers in der Größe $t_a = t_e + \delta t' + \delta t''$ ermöglicht nun die Bestimmung des mittleren Temperaturgefälles zu $\tau_m = t_d - 1/2 (t_e' + t_a)$, wenn eine mit der Kühlfläche lineare Steigerung der Wassertemperatur vorausgesetzt wird. Unter Einführung der Wärmedurchgangszahl $\varkappa_m$ läßt sich alsdann diejenige Kühlfläche F', die zur reinen Dampfkondensation ausgereicht haben würde, berechnen aus

$$F' \varkappa_m \tau_m = x D i'' \quad \text{zu} \quad F' = \frac{x D i''}{\varkappa_m \tau_m}.$$

Tatsächlich braucht sich nun der Wärmeübergang nicht dieser getrennten Ableitung von Verdampfungs- und Flüssigkeitswärme entsprechend zu vollziehen, sondern es können beide Wärmemengen nahezu gleichzeitig vom Wasser aufgenommen werden, indem die Dampftemperatur der Wassertemperatur sich anpassend stetig abnimmt, ohne jedoch den Druck im Kondensationsraum, infolge der sich entsprechend verteilenden Luft, zu ändern. Diese Abweichung von den Voraussetzungen obigen Rechnungsverfahrens verstärkt sich naturgemäß bei einer gegebenen Kühlfläche mit Verkleinerung der Dampfbelastung, da alsdann auch eine relativ zu letzterer größere Luftmenge sich aufhält und die Wärmeleitung beeinträchtigt[1].

Wenn daher zur Vereinfachung der rechnerischen Verfolgung der Kühlflächenwirkung bei allen Betriebsverhältnissen eines Oberflächenkondensators die niedergeschlagene Dampfmenge und die lineare oder logarithmische Erwärmung des Kühlwassers auf die ganze Kühlfläche bezogen wird, so ist einleuchtend, daß damit dem wirklichen Wärmeübergang nicht mehr Rechnung getragen ist, und daher auch eine übereinstimmende Gesetzmäßigkeit im Verhalten verschiedener Kondensatorkonstruktionen nicht mehr erwartet werden kann.

Es käme hier für eine möglichst weitgehende Ausnützung von Kondensatorröhrenflächen darauf an, dafür zu sorgen, daß in dem dem Dampfeintritt zunächst liegenden Kondensatorteil die größtmögliche Dampfbelastung wirksam wird, wofür der Gleichstrom bei großer Geschwindigkeit des eintretenden Kühlwassers und dem dabei erreichbaren größtmöglichen Temperaturgefälle sich besonders eignen würde. Wenn auch unter diesen Umständen nach Fig. 1128 die Wärmedurchgangs-

---

[1] Vergleiche hierzu Höfer, Die Kondensation bei Dampfmaschinen. S. 108—110.

ziffer nicht ihren höchstmöglichen Wert annimmt, ist doch nur auf diese Weise die größte Ausnützung einer bestimmten Röhrenfläche erreichbar. Bei den stärkere

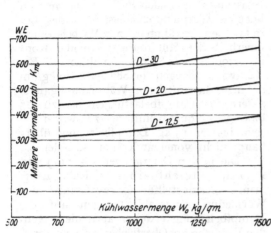

Fig. 1148. Veränderung der mittleren Wärmedurchgangszahl des Kondensators Fig. 1140 mit der auf den qm Kühlfläche bezogenen Dampfbelastung und Kühlwassermenge.

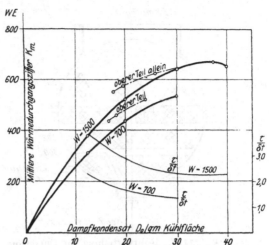

Fig. 1149. Veränderung der mittleren Wärmedurchgangszahl des Kondensators Fig. 1140 bei konstanter Wassermenge und veränderlicher Dampfbelastung.

Luftansammlung im Kondensationsraum verursachenden kleineren Dampfmengen dagegen tritt ungenügende und ungleiche Ausnützung der Kühlflächen auf, wie sie die Kondensatordiagramme Fig. 1141a und b und 1144 veranschaulichen.

i. Versuche an Oberflächenkondensatoren.

Die auf S. 911 ff. angeführten Versuche mit einem Oberflächenkondensator von 60 qm Kühlfläche ergeben nach Fig. 1148 bei gleichbleibender Dampfbelastung eine mit der Kühlwassermenge nahezu lineare Zunahme der mittleren Wärmedurchgangsziffer, dagegen bei gleichbleibender Kühlwassermenge, Fig. 1149, eine Zunahme von $\varkappa_m$ nur bis zu einem gewissen Größtwerte der Dampfbelastung. In Fig. 1149 sind die für den oberen Teil des Kondensators allein berechneten Wärmedurchgangszahlen durch die gestrichelten Kurven besonders gekennzeichnet. Die mittleren Werte $\varkappa_m$ [1]) haben sich für diesen Kondensator verhältnismäßig niedrig ergeben, und zwar

60 qm Kühlfläche.

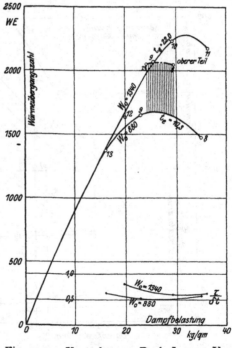

Fig. 1150. Versuche von Prof. Josse. Veränderung der mittleren Wärmedurchgangszahl bei gleicher Kühlwassermenge und zunehmender Dampfbelastung. Kühlrohre mit Wirbelstreifen.

[1]) Die mittleren Wärmedurchgangsziffern für den Kondensatorbetrieb sind rechnungsmäßig der Einfachheit halber bezogen auf die ganze Kühlfläche und auf das zugehörige mittlere Temperaturgefälle $\tau_m = t_d - 1/2 (t_c + t_a)$.

89 qm Kühlfläche.

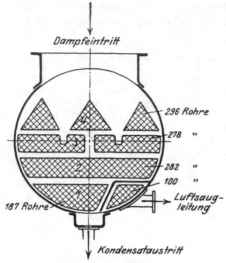

Dampfeintritt

296 Rohre

278 „

282 „

100 „

Luftsaug-leitung

187 *Rohre*

Kondensataustritt

Fig. 1151. Rohrverteilung für Querstrom des Dampfes und vierfachen Wasser-umlauf.

für eine Dampfbelastung von 35 kg/qm Kühlfläche zu einem Höchstwerte $x_m = 670$ WE.

Dieselbe Veränderung mit der Dampfbelastung zeigen nach Fig. 1150 die an sich höheren Wärmedurchgangsziffern des bereits oben erwähnten, mit Wirbelstreifen innerhalb der Kühlrohre arbeitenden Kondensators von 89 qm Kühlfläche. Bei Kühlwassermengen von 880 und 1340 kg/qm nahmen die mittleren Wärmedurchgangsziffern für Dampfbelastungen bis zu 25 bzw. 32 kg/qm Kühlfläche zu, wobei sie sich bis zu 15 kg Dampfbelastung überhaupt nicht voneinander unterschieden.

Die in den Diagrammen Fig. 1149 und 1150 für gleichbleibende Kühlwassermenge festgestellte obere Grenze der Wärmedurchgangszahl bezogen auf die Dampfbelastung erweisen auch die folgenden Versuche an Oberflächenkondensatoren mit großer Kühlfläche.

Oberflächen-kondensator 400 qm Kühlfläche.

Fig. 1152 bis 1154 veranschaulichen die Versuchsergebnisse an einem Oberflächenkondensator (Fig. 1151) von 400 qm Kühlfläche[1]), der bei gleichbleibender Kühlwassermenge von rund 390 cbm mit vierfachem Umlauf, veränderlicher Dampfmenge und verschiedenem Luftgehalt des Dampfes untersucht wurde. Die relative Größe des letzteren ist bei den Ordinaten der Versuchspunkte durch eingeklammerte Ziffern angegeben. In sämtlichen Diagrammen sind die Versuche mit wenig voneinander verschiedenem Luftgehalt durch Linienzüge miteinander verbunden.

Die höchsten Werte x_m und niedrigsten Kondensatordrücke ergaben nach Fig. 1152 die Versuche 4, 5 und 8 mit kleinstem relativem Luftgehalt (1- bis 2,8 fach); die Steigerung des Luftgehaltes auf den 8,3-fachen Wert verminderte die Wärmedurchgangszahl bei nahezu gleicher Dampfbelastung auf 70 v.H. derjenigen bei einfacher Luftmenge, unter gleichzeitiger Erhöhung des Kondensatordruckes. Die günstigsten Betriebsverhältnisse stellten sich für eine Dampfbelastung

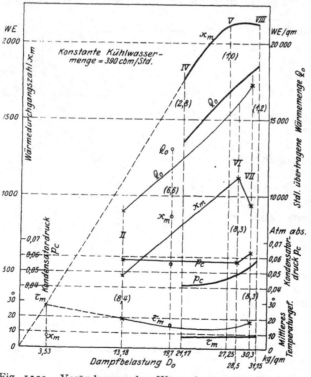

Fig. 1152. Veränderung der Wärmedurchgangszahl, der spezifischen Wärmemenge und des Kondensatordruckes mit der Dampfbelastung und verändertem Luftgehalt.

¹) Versuche von Prof. Dr. Ing. Watzinger im Elektrizitätswerk Trondhjem.

von ungefähr 30 kg/qm Kühlfläche ein, sowohl beim einfachen wie beim 8 fachen Luftgehalt; nur ergaben sich im
letzteren Falle die Werte $\varkappa_m$
niedriger, die Kondensatordrücke p_c höher infolge des,
für die ausreichende Wärmeübertragung selbsttätig sich
einstellenden, größeren mittleren Temperaturgefälles τ_m.

Aus dem Temperaturver-
lauf der Fig. 1153 ist zu ersehen, daß bei den Versuchen
mit kleinem Luftgehalt des
Dampfes die Temperatur des
Kondensats und der abziehenden Luft nur wenig unter die
Dampftemperatur zu liegen
kam, beim größeren Luftgehalt
der Versuche 2, 6 und 8 stellte
sich dagegen ein größerer Unterschied gegenüber der Dampftemperatur ein, ohne wesentliche Verschiedenheit der Kon-
densat- und Lufttemperaturen,
trotz der räumlichen Trennung der Ableitstutzen für
Kondensat und Luft.

Die in Fig. 1154 veran-
schaulichte Zunahme der Kühlwassertemperaturen mit der
Kühlfläche zeigt bei den Versuchen 5 und 8 für geringen
Luftgehalt (1,0 und 1,2) befriedigende Übereinstimmung mit
dem früher angeführten logarithmischen Gesetz der Wärmeaufnahme. Bei großem Luftgehalt (8,3fach) dagegen spricht
sich dessen nachteiliger Einfluß
durch den abweichenden Verlauf
der Temperaturkurven VI und
VII von dem der Kurve V in
dem Sinne aus, daß bei ungefähr gleicher Dampfbelastung
die unteren, vom kälteren
Kühlwasser durchströmten
Kühlröhren, trotz des an ihnen
wirksamen, größtmöglichen
Temperaturgefälles τ_m, weniger Wärme übertragen als die
oberen, vom erwärmten Kühlwasser, also bei geringerem
Temperaturgefälle, durchflosse-

Tabelle 73. Oberflächenkondensator, Bauart Fig. 1151. Kühlfläche = 400 qm, 4facher Wasserumlauf.

Versuchsnummer	I	II	III	IV	V	VI	VII	VIII
Stündl. Dampfmenge D_0 auf den qm Kühlfläche bezogen . . . kg	3,53	13,18	19,7	21,17	27,25	28,5	30,3	31,15
Kondensatordruck p_c	0,082	0,058	0,054	0,042	0,046	0,057	0,063	0,058
Dampftemperatur beim Eintritt t_d . . . °C	42,0	35,4	34,0	29,9	31,2	34,9	36,5	35,1
Kondensattemperatur t_k . . . . . . °C	15,1	17,4	20,4	28,5	30,0	26,5	23,4	34,1
Lufttemperatur t_l beim Austritt aus dem Kondensator °C	19,1	20,9	22,9	24,3	29,8	26,9	23,5	33,9
Kühlwassertemperatur beim Eintritt t_e . . . . . °C	14,00	14,73	14,93	14,15	12,11	12,60	11,62	14,01
„ „ nach Abt. I . . . . . °C	14,0	15,0	15,2	17,5	18,9	15,4	12,2	22,1
„ „ „ 2 . . . . . °C	14,2	15,1	16,3	23,4	24,5	20,3	15,4	27,3
„ „ „ 3 . . . . . °C	14,8	18,5	23,0	27,0	28,5	25,9	24,6	31,9
„ „ beim Austritt t_a . . . . . °C	16,30	23,00	27,33	28,00	29,48	29,10	29,30	33,10
Temperatursteigerung des Kühlwassers δt . . . . °C	2,30	8,27	12,40	13,85	17,27	16,50	17,68	19,09
Mittlerer Temperaturunterschied zwischen Dampf und Wasser τ_m . . . . °C	27,60	19,06	15,20	7,68	7,90	14,37	18,35	8,75
Mittlere Wärmedurchgangszahl $\varkappa_m$	82,0	472	860	1760	2120	1120	940	2120
Dampfdruck in der Saugleitung der Luftpumpe p_d . . . atm.abs.	0,023	0,025	0,028	0,031	0,042	0,036	0,030	0,053
Luftdruck in der Saugleitung der Luftpumpe p_l . . . . „	0,059	0,033	0,026	0,011	0,004	0,021	0,033	0,005
Relative Änderung des Luftgewichts . . . . . „	15,2	8,4	6,6	2,8	1,0	8,3	8,3	1,2

nen Kühlröhren. Es ist dies ein Beleg dafür, daß die vom Dampf mitgeführte Luft nach dem unteren Teil des Kondensators gedrängt wird und die schlechtere Wärmeübertragung verursacht, der zufolge auch wegen des erforderlichen größeren Temperaturgefälles der Kondensatordruck sich erhöht.

Der Umstand, daß im laufenden Maschinenbetrieb, durch wechselnden Zustand von Dichtungsstellen, der Luftgehalt des Auspuffdampfes unkontrollierbaren Veränderungen unterworfen ist, hat zur Folge, daß im Kondensator, selbst bei gleichen Dampf- und Kühlwassermengen, merkliche Veränderungen des Betriebszustandes auftreten können.

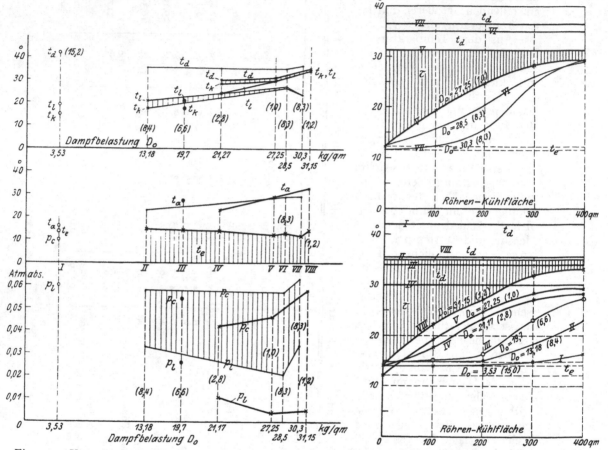

Fig. 1153. Veränderung der Kühlwasser-, Kondensat- und Lufttemperatur mit der Dampfbelastung und dem Luftgehalt.

Fig. 1154. Temperaturzunahme des Kühlwassers bei verschiedener Dampfbelastung und verändertem Luftgehalt, bezogen auf die Röhrenkühlfläche.

Fig. 1151—1154. Versuchsergebnisse mit einem liegenden Oberflächenkondensator von 400 qm Kühlfläche.

2310 qm Kühlfläche. Einen deutlichen Beleg hierfür liefern die Untersuchungen eines Dampfturbinenkondensators von 2310 qm Kühlfläche[1]), die aus 5000 Messingröhren von 25,4 mm äußerem Durchmesser gebildet war. Die Diagramme Fig. 1155 veranschaulichen die Veränderung der Wärmedurchgangszahl und der Kondensatordrücke mit der Dampfbelastung unter gleichzeitiger Darstellung der zur Anwendung gebrachten Kühlwassergeschwindigkeiten und der aufgetretenen Temperaturgefälle. Eine Versuchsreihe wurde mit Kühlwasser von 1° C und eine zweite mit 23° C Eintrittstemperatur durchgeführt. Versuche mit wenig voneinander abweichenden Kühlwassergeschwindigkeiten sind in den Diagrammen durch Gerade oder Kurven

[1]) Trans. Am. Society M. E., Vol. 32, S. 69.

miteinander verbunden. Diese in mangelhafter Gesetzmäßigkeit verlaufenden Verbindungslinien geben folgende allgemeine Aufschlüsse:

Der Wärmedurchgang durch die Röhrenkühlfläche ist bei den Versuchen f bis i mit kaltem Kühlwasser ($t_{e1} = 1^0$ C) insofern verschieden von derjenigen bei den Versuchen a bis e mit wärmerem Kühlwasser ($t_{e2} = 23^0$ C) als zur Kondensation gleicher Dampfmengen bei den ersteren Versuchen Temperaturgefälle $\tau_m = 18—25^0$ nötig waren, bei den letzteren dagegen $\tau_m = 5—15^0$ C genügten.

Mit dem wärmeren Kühlwasser war daher auch nicht eine dem Temperaturunterschied $t_{e2} — t_{e1} = 22^0$ entsprechende Erhöhung der Kondensatorspannung p_c verbunden. Ausgehend von den Kondensatordrücken $p_c = 0,05—0,075$ beim kalten Kühlwasser würde das warme Kühlwasser um 22^0 höhere Dampftemperaturen im

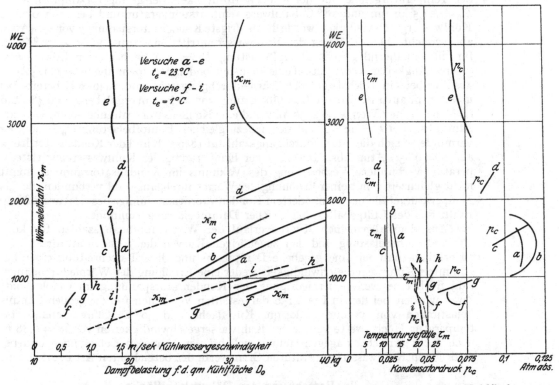

Fig. 1155. Unregelmäßiges Verhalten eines Oberflächenkondensators von 2310 qm Kühlfläche bei veränderlicher Dampfbelastung infolge unkontrollierbaren Luftgehaltes.

Kondensatorraume bedingen und Drücke von je 0,16—0,22 Atm. abs. verursachen; in Wirklichkeit aber stellten sich Kondensatordrücke von nur 0,06—0,12 Atm. ein. Dieser günstige Einfluß warmen Kühlwassers auf die Werte $\varkappa_m$ bei konstanter Dampfspannung wurde bereits bei den Orrokschen Versuchen an Messingkühlröhren aus dem Diagrammverlauf Fig. 1128 festgestellt. Andererseits ergab sich im Gegensatz zu den vorherigen Feststellungen an Versuchsröhren, die eine Steigerung der Wärmedurchgangszahl mit zunehmender Dampfspannung erweisen, bei dem untersuchten Kondensator eine Zunahme von $\varkappa_m$ mit abnehmendem Kondensatordruck. Die Ursache dieser Abweichung ist in veränderlichem Luftgehalt des Kondensators zu suchen, indem größerer Luftgehalt größeres Temperaturgefälle bedingt, das seinerseits die höhere Kondensatorspannung im Gefolge hat. Kleiner Luftgehalt dagegen läßt kleinstes Temperaturgefälle, also auch niedrigsten Kondensatordruck unter sonst gleichen Verhältnissen erreichen, und die Wärmedurchgangszahl wird größer.

Aus dem Gesamtverlauf der Versuchsergebnisse mit diesem großen Oberflächenkondensator ist zu erkennen, daß auch bei ihm die günstigsten Betriebsverhältnisse bei einer Dampfbelastung von 32 kg/qm eintraten und größere Dampfkondensation eine merkliche Erhöhung des Kondensatordruckes zur Folge hatte.

Allensche Versuche. 27,8 qm Kühlfläche. Auch die in den Diagrammen Fig. 1156 dargestellten Allenschen Versuchsergebnisse[1]) an einem Oberflächenkondensator von 27,8 qm Kühlfläche aus Röhren von 16,6 mm lichte Weite und 1,2 mm Wandstärke zeigen zunächst für gleiche Dampfbelastung bei Kühlwasser von 30^0 C kleineres Temperaturgefälle und größere Wärmedurchgangszahlen als bei Kühlwasser von niedriger Temperatur. Dabei nehmen die $\varkappa$-Werte mit der Dampfbelastung zu unter gleichzeitiger Steigerung der Temperaturgefälle und der Kondensatordrücke. Bei geringer Dampfbelastung $D_0 = 24{,}5$ kg/qm und 18^0 C Kühlwassereintrittstemperatur und bei etwa 0,26 m Kühlwassergeschwindigkeit wurde die niedrigste Kondensatorspannung von 0,04 Atm. abs. erreicht. Die Erhöhung der Kühlwassereintrittstemperatur auf $t_e = 30^0$ führt für die annähernd gleiche Dampfbelastung $D_0 = 24{,}1$ kg bei einer Kühlwassergeschwindigkeit $w = 0{,}29$ m auf eine kleinste Kondensatorspannung $p_e = 0{,}075$ Atm. abs., wobei ein Höchstwert der Wärmedurchgangszahl von 1440 WE bereits bei $w = 0{,}24$ m auftrat. Größere Dampfbelastung von 48 kg/qm ergab bei $w = 0{,}486$ und $t_e = 30^0$ C einen Wert $\varkappa = 2350$ WE und eine Kondensatorspannung von $p_e = 0{,}093$ Atm. abs. Bei $t_e = 18^0$ C und der nahezu gleichen Dampfbelastung $D_0 = 48{,}5$ kg verminderte sich die Wärmedurchgangszahl auf 1840 WE und der Kondensatordruck auf $p = 0{,}059$ Atm. abs. Die mit einer Erniedrigung der Kühlwassereintrittstemperatur verbundene Verbesserung des Vakuums im Kondensatorraum ist somit nicht gleichzeitig mit einer Erhöhung der Wärmedurchgangszahl verbunden, da das Temperaturgefälle mit vermindertem Kondensatordruck, infolge des relativ größeren Einflusses des Luftgehaltes, bei gleicher Dampfbelastung zunimmt.

Aus dem allgemeinen Kurvenverlauf der Wärmedurchgangszahlen für konstante Dampfbelastung und den zugehörigen Kurven der Kondensatordrücke ist zu ersehen, daß für eine gegebene Dampfbelastung die Überschreitung einer bestimmten Kühlwassergeschwindigkeit weder eine Erhöhung der Wärmedurchgangszahl noch eine weitere Erniedrigung der Kondensatorspannung im Gefolge hat. Zwar wurden bei den in Fig. 1156 dargestellten Versuchen für die großen Dampfbelastungen von 48 und 40 kg/qm Kühlfläche und 30^0 C Kühlwassereintrittstemperatur Höchstwerte von $\varkappa_m$ bei Kühlwassergeschwindigkeiten von $w = 0{,}48$ m noch nicht erreicht; dagegen stellten sich bei den kleineren Belastungen und bei niedrigeren Kühlwassertemperaturen Grenzwerte der bezeichneten Art deutlich ein.

k. Berechnung der Röhrenkühlfläche.

Aus den vorhergehend behandelten Versuchen über den Wärmeaustausch im Oberflächenkondensator und an Röhrenkühlflächen überhaupt folgt, daß der Wärmeübergang mit der Dampfbelastung infolge Zurückdrängens des Lufteinflusses sich erhöht, unter gleichzeitiger Verkleinerung des Temperaturgefälles τ_m und Annäherung der Kühlwasseraustrittstemperatur an die im Kondensatorraum herrschende Sattdampftemperatur; der Kondensatorbetrieb nähert sich damit den theoretischen Verhältnissen des idealen Kondensators.

Nachdem nun die vom Kühlwasser aufgenommene Wärmemenge $D\,i' = W\,\delta\,t = W\,(t_a - t_e)$ sich auch ausdrücken läßt durch die von der Kühlfläche F übertragene Wärme $F\,\varkappa_m \cdot \tau_m$, so ermittelt sich die Kühlflächengröße aus der Beziehung

$$F = \frac{D\,i'}{\varkappa_m\,\tau_m}.$$

Hierin sind also D und i' gegebene Größen und $\varkappa_m$ und τ_m aus den Betriebsbedingungen des Kondensators abzuleiten, die außer in der zu kondensierenden Dampfmenge D,

---

[1]) Proc. Inst. C. E., 28. Febr. 1905.

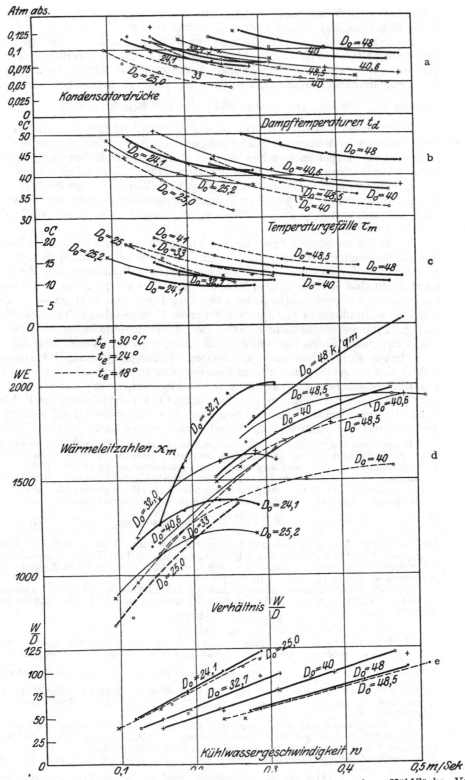

Fig. 1156. Versuche Allen an einem Oberflächenkondensator von 27,8 qm Kühlfläche. Veränderung der Wärmedurchgangszahlen, der Niederschlags-Dampfmengen und der Kondensatordrücke mit dem Temperaturgefälle, der Geschwindigkeit und Eintrittstemperatur des
Kühlwassers.

der verfügbaren Wassermenge W und deren Eintrittstemperatur t_e, in der erforderlichen Kondensatorspannung p_e ihren Ausdruck finden.

Bei gegebener Menge und Eintrittstemperatur des Kühlwassers liegt auch die Erwärmung $\delta t = D\, i'/W = t_a - t_e$ und damit die Austrittstemperatur t_a fest. Wird nun von einer möglichst weitgehenden Ausnützung der Kühlfläche ausgegangen, die unveränderlicher Dampftemperatur von der Ein- bis zur Austrittsstelle entspräche,

so kann das mittlere Temperaturgefälle aus der Beziehung $\tau_m = (t_a - t_e)\,/\ln \dfrac{\tau_e}{\tau_a}$

berechnet werden und aus den Diagrammen Fig. 1129—31 läßt sich, nach Annahme einer bestimmten Kühlwassergeschwindigkeit w, die mittlere Wärmedurchgangszahl ableiten. Dabei entsprechen die den zunehmenden Kühlwassergeschwindigkeiten w zugehörigen, wachsenden Temperaturgefälle τ_m den größtmöglichen Niederschlagsdampfmengen und damit auch den größten Werten $\varkappa_m$ bei der herrschenden Dampftemperatur t_d. Bei kleineren Temperaturgefällen τ'_m vermindert sich die übertragene Wärmemenge Q im Verhältnis τ'_m / τ_m, wenn Anwesenheit von Luft ausgeschlossen ist.

Dieser Rechnungsweg liefert die kleinstmögliche metallisch reine Kühlfläche des Oberflächenkondensators für eine bestimmte Niederschlagsdampfmenge D. Im Hinblick auf die während des Betriebs auftretende Verunreinigung der Röhrenoberflächen sind letztere in dem Maße zu vergrößern als die mittlere Wärmedurchgangszahl $\varkappa_m$ bei gebrauchten Röhren sich nach Fig. 1130 und 1137 a—c verkleinert. Auch der Einfluß eines mehr oder weniger großen Luftgehaltes läßt sich mit Hilfe der in Fig. 1138 b veranschaulichten Smithschen Versuchsergebnisse berücksichtigen. Dabei darf nicht übersehen werden, daß mit eintretender Verunreinigung bei unveränderten Kühlflächen und gleichbleibender Dampfbelastung das Temperaturgefälle sich vergrößert und demzufolge der Kondensatordruck sich erhöht, also, praktisch gesprochen, das Vakuum sich verschlechtert, wenn nicht diesem Nachteil durch Erhöhung der Kühlwassergeschwindigkeit d. i. Vergrößerung der Kühlwassermenge begegnet werden kann; bei Neuanlagen ist naturgemäß durch entsprechende Vergrößerung der Kühlfläche die Verschlechterung der Luftleere zu verhüten.

Zahlen-
beispiel.
Beispiel: Es soll für $D = 5000$ kg Auspuffdampf, dessen Wärmeinhalt $i_2 = 580$ WE betrage, die Kühlfläche F eines Oberflächenkondensators berechnet werden, wenn die Kondensatorspannung $= 0,1$ Atm. und möglichst geringe Kühlwassermenge von 20^0 Eintrittstemperatur anzustreben ist. Unter Vernachlässigung des Luftgehaltes des Dampfes entspricht der Kondensatorspannung von $0,1$ eine Sattdampftemperatur $t_d = 45^0$. Hiernach wäre eine Erwärmung des Kühlwassers bis etwa 40^0 anzunehmen, so daß ein Kühlwasseraufwand erforderlich wird von

$$W = \frac{5000\,(i_2 - 45)}{40 - 20} = 133\,750 \text{ kg} .$$

Die Kühlfläche berechnet sich aus der zu übertragenden Wärmemenge $Q = D\,(i_2 - 45) = 2\,675\,000$ WE mittels der Beziehung $Q = F\tau_m \varkappa_m$. Das mittlere Temperaturgefälle kann bei der geringen Erwärmung des Kühlwassers von $t_e = 20^0$ auf $t_a = 40^0$ der Einfachheit wegen angenommen werden zu $\tau_m = t_d - \tfrac{1}{2}\,(t_e + t_a) = 15^0$.

Bei Wahl einer Kühlwassergeschwindigkeit $w = 0,6$ m beträgt nach Fig. 1128, 1129 oder 1131 die mittlere Wärmedurchgangszahl $\varkappa_m = 2200$ WE und die metallisch reine Kühlfläche würde sich ergeben zu

$$F = \frac{Q}{\tau_m \cdot \varkappa_m} = \frac{2\,675\,000}{15 \cdot 2200} = 81 \text{ qm} .$$

Wird der eintretenden Verunreinigung der Rohroberflächen Rechnung getragen und nach Fig. 1130 für ein gebrauchtes Kondensatorrohr $\varkappa_m = 1500$ WE gesetzt, so vergrößert sich die

Kühlfläche auf $F = \dfrac{Q}{\tau_m \cdot 1500} = 120$ qm. Die weitere durch den Luftgehalt des Dampfes bedingte

Vergrößerung von F würde sich nach Fig. 1138 b bei einer Spannung der mitgeführten Luft von $0,1$ cm Hg $= 2,7$ v. H. des Dampfgewichtes zu rund $\tfrac{1}{6}$ ergeben, so daß eine Kühlfläche $F = 140$ qm erforderlich würde.

Unter Zugrundelegung der in Fig. 1149 und 1150 veranschaulichten Feststellungen an Kondensatoren, wonach bei einer Dampfbelastung von $D_0 = 30-35$ kg/qm Kühlfläche die günstigste Wärmeübertragung an den Kühlröhren stattfindet, würde sich im vorliegenden Falle für die zu kondensierende stündliche Dampfmenge von 5000 kg eine Kühlfläche berechnen von

$F = \dfrac{5000}{D_0} = \dfrac{5000}{35} = 143$ qm in befriedigender Übereinstimmung mit dem oben ermittelten Wert.

Vorstehende, aus den experimentellen Erhebungen über den Wärmedurchgang zwischen Dampf und Wasser in Vorwärmer- und Kondensatorröhren abgeleiteten Rechnungsgrundlagen führen auch zu jenen praktischen Angaben, welche in der Literatur über die mittlere Größe der Kühlflächen für eine bestimmte Dampfmenge oder Maschinenleistung gemacht werden. Beispielsweise wird für 1 kg stündliche Dampfmenge die erforderliche Kühlfläche zu 0,02—0,03 qm angegeben. Diese Verhältnisse entsprechen besonders den für Schiffskondensatoren üblichen Abmessungen, und zwar gilt der kleinere Wert für mehrmaligen Umlauf, also erhöhte Geschwindigkeit des Kühlwassers im Kondensator, der größere für einmaligen Umlauf. Auf die PS_i bezogen, berechnet sich die Kühlfläche je nach dem Dampfverbrauch der Dampfmaschine bei Einfachexpansion zu 0,23—0,28; bei Zweifachexpansion zu 0,14—0,16 und bei Dreifachexpansion zu 0,10—0,14 qm.

Neben den oben genannten Versuchswerten zur Berechnung der Kühlflächen normaler Oberflächenkondensatoren möge noch darauf hingewiesen werden, welchen Einfluß auf die Rechnungsgrundlagen der betriebstechnisch unwillkommene Einbau von Kernen, Fig. 1118c, oder von Wirbelstreifen, Fig. 1157, in die lichten Rohrquerschnitte, nimmt.

Die Diagramme 1125a und b des weitröhrigen Vorwärmers I zeigen, daß für Kühlwassergeschwindigkeiten bis 40 cm die Wärmedurchgangszahlen und bis etwa 60 cm die Niederschlagsdampfmengen bei den Röhren mit Kerneinlagen sich kleiner ergaben als ohne diese; bei gleichen Kühlwassermengen dagegen

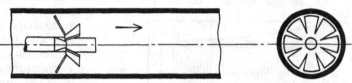

Fig. 1157. Anordnung von Wirbelstreifen innerhalb der Kondensator-Kühlröhren.

stellten sich zwar nach Fig. 1127 mit Kerneinlagen größere Niederschlagsdampfmengen ein als beim freien Rohrquerschnitt, der betreffende Unterschied ist jedoch bei den normalen Dampfbelastungen von 3c—40 kg/qm Kühlfläche der Oberflächenkondensatoren so gering, daß Rohreinlagen der bezeichneten Art wärmetechnisch wertlos erscheinen; außerdem erhöhen sie den Durchgangswiderstand des Kühlwassers infolge erhöhter Wassergeschwindigkeit nicht unbeträchtlich.

Günstiger hinsichtlich Wärmedurchgang und Durchflußwiderstand verhält sich dagegen der Einbau von Wirbelstreifen, Fig. 1157, durch welche, ohne Verengung des lichten Durchflußquerschnitts der Röhren, eine wirbelnde Bewegung des Kühlwassers hervorgerufen und damit der Wärmeübergang verbessert wird.

Die Wirkungsweise eines Oberflächenkondensators von 89 qm Kühlfläche[1]) mit und ohne Wirbelstreifen veranschaulicht Fig. 1158. Aus dem nahezu übereinstimmenden Verlauf der Kurven Q beider Betriebsweisen ist unmittelbar zu erkennen, daß auch hierbei ein nennenswerter Unterschied in der gesamten stündlich übertragenen Wärmemenge für gleiche Kühlwassermengen und in diesem Falle auch für gleiche Kühlwassergeschwindigkeiten nicht besteht. Dagegen hat die durch die Wirbelstreifen verursachte Wirbelbewegung des Wassers an der Rohrinnenfläche eine bedeutende Verkleinerung der Temperaturgefälle τ_m und damit niedrigere Kondensatordrücke zur Folge, wie dies Fig. 1158 sehr deutlich zeigt.

Zu erwähnen wären hier noch jene deutschen und amerikanischen Sonderkonstruktionen von Vorwärmern oder Kondensatoren, die zwecks Steigerung der Wärmeübertragung aus einem System je zweier konzentrischer Rohre bestehen, deren Ringraum das Kühlwasser durchströmt, während der zu kondensierende Dampf die Außenfläche der weiten und die Innenfläche der engen Rohre bespült. Die Kühlflächenwirkung einer solchen Anordnung entspricht offenbar derjenigen des weitröhrigen Vorwärmers mit den oben erwähnten Rohreinlagen. Zugunsten einer der-

[1]) Prof. Josse: Versuche über Oberflächenkondensation. Z. V. d. Ing. 1909, S. 32.

artigen konstruktiv und betriebstechnisch unbequemen Anordnung der Kühlflächen spricht lediglich die geringere Raumbeanspruchung zur Unterbringung einer bestimmten Kühlflächengröße, im Gegensatz zur Anwendung einfacher Röhren mit Einlagen.

Zusammenfassung.

Zusammenfassend kann hinsichtlich der angeführten Mittel zur Leistungssteigerung der Kondensatoren oder zur Verringerung ihrer Raumbeanspruchung bemerkt werden, daß sie nur begrenzt praktische Bedeutung besitzen, indem eine bedeutsame Verbesserung des Wärmeübergangs nur mit Wirbelstreifen zu gewärtigen ist. In jedem Falle muß aber eine Leistungserhöhung mit umständlicherer Ausführung, größerem Durchgangswiderstand des Wassers und damit erhöhtem Arbeitsverbrauch der Kühlwasserpumpe, sowie schwierigerer Reinigung des Kondensators erkauft werden.

Kondensat-kühlung.

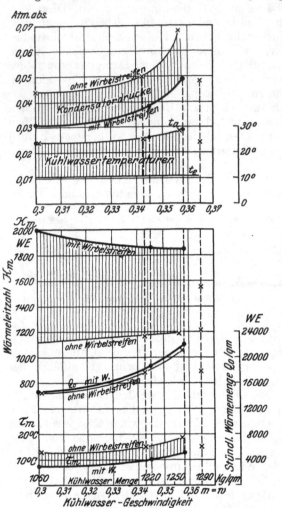

Fig. 1158. Oberflächenkondensator von 89 qm Kühlfläche. Vergleichsversuche mit und ohne Wirbelstreifen.

Die für die Kondensatkühlung besonders erforderliche Kühlfläche im Vergleich zu der für die Dampfkondensation benötigten, berechnet sich aus dem Verhältnis der aufzunehmenden Flüssigkeitswärme zur Verdampfungswärme und unter Berücksichtigung der Verschiedenheit der Wärmedurchgangszahlen.

Beispielsweise würde für 0,1 Atm. Kondensatorspannung und zugehöriger Sattdampftemperatur von 45° bei einem Wärmeinhalt des Auspuffdampfes von etwa 560 WE die an das Kühlwasser zu übertragende Verdampfungswärme 560 — 45 = 515 WE betragen, während das Kondensat eine Flüssigkeitswärme von 45 — 15 = 30 WE noch abzugeben hätte, wenn die Kühlwassereintrittstemperatur 15° beträgt. Da nun im gegebenen Fall das mittlere Temperaturgefälle für die Dampfkondensation zu rund 22°, für das Kondensat im Gegenstrom zu 14° sich bestimmt, so würde bei gleicher Wärmedurchgangszahl für

beide Wärmeübergänge ein Kühlflächenverhältnis von $\dfrac{30}{515} \cdot \dfrac{22}{14} \cong \dfrac{1}{11}$ sich berechnen. In dem Maße aber, wie die Wärmedurchgangszahlen für Dampf — Wasser mindestens zu $\varkappa_m = 2200$, für Wasser — Wasser etwa zu $\varkappa'_m = 1000$ WE[1]) gesetzt

---

[1]) Nach Mollier: Z. V. d. Ing. 1897, S. 160, kann die Wärmedurchgangszahl $\varkappa'$ für Wasser—Rohrwand—Wasser gesetzt werden

$$\varkappa' = \frac{300}{\dfrac{1}{1 + 6\sqrt{v_1}} + \dfrac{1}{1 + 6\sqrt{v_2}}},$$

werden dürften, erhöht sich die zur Kondensatkühlung erforderliche Kühlfläche auf $\frac{1}{11} \cdot \frac{2200}{1000} = \frac{1}{5}$ der für die Dampfkondensation allein nötigen Größe.

Dieses Rechnungsergebnis zeigt wieder sehr deutlich den ungünstigen Einfluß des Luftgehaltes des Dampfes, da ohne diesen die Abkühlung des Kondensats und damit die entsprechende Vergrößerung der Kühlfläche überhaupt nicht in Frage käme. Eine Annäherung an diese vollkommenste Arbeitsweise des Kondensators setzt offenbar die äußerste Verminderung der vom Dampf mitgeführten Luftmenge voraus, zu welchem Zwecke auf zuverlässige Stopfbüchsenabdichtung der Niederdruckseite und auf luftdichte Auspuffleitung besonderer Wert gelegt werden muß, auch würde weitgehende Entlüftung des vorgewärmten Speisewassers nötig sein.

4. Konstruktion der Oberflächenkondensatoren.

Um die für gegebene Kühlwasserverhältnisse und für eine bestimmte Kondensatorspannung berechnete kleinstmögliche Kühlfläche auch so wirksam zu machen, wie die Rechnung voraussetzt, ist es vor allen Dingen erforderlich, dafür zu sorgen, daß Luftansammlung im Kondensationsraum vermieden wird und nur die mit jedem Auspuffhub der Maschine unvermeidlich eintretende Luft die Wirksamkeit der Kühlfläche beeinträchtigen kann. Es ist deshalb für eine dauernd zuverlässige Absaugung der Luft zu sorgen und dies um so mehr, je niedriger die Kondensatorspannung werden soll. Die Erfüllung dieser Bedingung ist wichtiger, als die Rücksicht auf Parallel- oder Gegenstrom von Dampf und Kühlwasser, da diese unterschiedliche Wirkungsweise um so weniger zum Ausdruck kommt, je mehr die Austrittsspannung des Dampfes im ganzen Kondensatorraum aufrecht erhalten bleibt, im Sinne der vorliegenden wesentlichen Aufgabe, den Auspuffdampf zu kondensieren und das Kondensat möglichst mit der Sattdampftemperatur des Auspuffdampfes abzuführen. Nur wenn das Kondensat zum Zwecke zuverlässiger und bequemer Luftabscheidung abgekühlt werden soll, spielt Gegenstromwirkung für den betreffenden Teil der Kühlfläche eine Rolle. Eine Abkühlung des Kondensats etwa bis auf die Eintrittstemperatur des Kühlwassers bewirkt, daß in dem betreffenden Gebiete des Kondensationsraumes der Kondensatordruck aus einer entsprechend niedrigeren Dampf- und höheren Luftspannung als im übrigen Kondensatorraum sich zusammensetzt, so daß die Luft naturgemäß in diesen kälteren Teil des Kondensators gedrängt wird und aus diesem mit größerer Dichte abgesaugt werden kann.

Da die Wärmeübertragung von Dampf an Wasser hauptsächlich von der Wassergeschwindigkeit beeinflußt wird, die Dampfgeschwindigkeit längs der Kühlrohre dagegen von untergeordneter Bedeutung ist, so spielt letztere selbst bei Gegenstrom keine wesentliche Rolle. Wirksamer für eine Steigerung der Wärmeübertragung erweist sich die Dampfführung senkrecht zu den Röhrenflächen, weil dadurch letztere rascher von dem sich bildenden Kondensat befreit und für einen dauernd günstigeren Wärmeübergang geeignet werden. Beim Gleichstromkondensator erscheint es daher naturgemäß, die Dampfzuströmung und Führung innerhalb des Kondensationsraumes quer zu den Kühlröhren zu bewirken.

Nachdem stets mit mehr oder weniger großem Luftgehalt des Auspuffdampfes zu rechnen ist, so hängt die Durchbildung des Kondensators behufs vollkommenster Ausnützung der Kühlfläche mit der wichtigen Aufgabe zusammen, neben der Dampfkondensation die fortlaufend zuverlässige Beseitigung der vom Dampf mitgeführten Luft aus dem Kondensationsraum bei niedrigstem Kondensatordruck zu ermöglichen. Die konstruktive Ausbildung des Kondensators in Anpassung an die Leistungs-

Allgemeine Grundlagen.

Luftab-scheidung.

wenn v_1 und v_2 die Geschwindigkeiten des Wassers auf beiden Seiten der Rohrwand bezeichnen. Bei wirbelnder Wasserbewegung kann $\varkappa'$ bis 3500 WE steigen. Siehe auch Dr.-Ing. Hoefer: Die Kondensation bei Dampfmaschinen. 1925, S. 115, Abb. 82.

forderungen hängt dabei von Voraussetzungen ab, die hauptsächlich durch die Kühlwasserverhältnisse gegeben sind.

Beschränkte Kühlwassermenge. Ist die Kühlwassermenge beschränkt und starke Erwärmung derselben daher die Folge, so erscheint Gegenstrom zwischen Dampf und Wasser geboten, um eine entsprechende Luftverdrängung nach dem kalten Teil des Kondensatorraumes zu veranlassen, aus dem die Luft mit hoher Teilspannung und dementsprechend großer Dichte abgesaugt werden kann. In diesem Fall ist es auch möglich, so niedrigen Kondensatordruck zu erreichen, wie er nach unten durch den der Temperatur des erwärmten Kühlwassers entsprechenden Sattdampfdruck begrenzt wird. Für eine solche Arbeitsweise des Kondensators eignet sich besonders die senkrechte Anordnung der Kühlröhren, da bei dieser eine ganz natürliche Trennung des warmen Kondensats von der gekühlten Luft sich durchführen läßt.

Große Kühlwassermenge. Steht große Wassermenge von niederer Temperatur zur Verfügung, so tritt nur geringe Erwärmung des Wassers ein und Gleichstrom des Dampfes kann unmittelbar angewendet werden. Es ergibt sich dadurch eine einfache, von Zwischenwänden freie Ausbildung des Kondensationsraumes, in welchem sich Luft- und Dampfspannung mehr oder weniger gleichmäßig verteilen, da Kondensat- und Lufttemperatur nur geringe Unterschiede aufweisen können. Die Absaugung der Luft kann an beliebiger Stelle des Kondensators erfolgen. Diesen Betriebsverhältnissen, die vor allem bei den Kondensationsanlagen von Schiffsmaschinen vorliegen, passen sich ohne weiteres die Kondensatoren mit horizontalen Röhrensystemen am bequemsten an. Der Dampfeintrittsstutzen ist in diesen Fällen bei Außenseitenkondensation am rationellsten so zu legen, daß der Dampf, zur Erhöhung der Wärmeübertragung, die Kühlröhrenflächen im sogenannten Querstrom nahezu senkrecht trifft.

Außenseitenkondensation. Die Bauart des Kondensators wird außerdem noch wesentlich beeinflußt durch die Rücksicht darauf, ob Außen- oder Innenseitenkondensation an den Kühlröhren in Betracht kommt. Bei der Außenseitenkondensation können die Kühlröhren geringere Wandstärke erhalten, weil sie innerem Druck ausgesetzt sind; die äußere und innere Reinigung der Röhren ist auf chemischem bzw. mechanischem Wege leicht ausführbar. Gesteigerte Kühlwassergeschwindigkeit läßt sich durch mehrfachen Wasserumlauf auf konstruktiv einfache Weise erreichen; die innerhalb des Kondensators wirksame Wassermenge ist verhältnismäßig gering.

Innenseitenkondensation. Zugunsten der Innenseitenkondensation läßt sich dagegen die geringe Beanspruchung der Außenwände des Kondensators und ihre niedrige Temperatur anführen, die als Annehmlichkeit in der Umgebung des Kondensators betrachtet werden darf. Das vom Dampf mitgeführte Öl wird zum großen Teil schon an der Rohrwand des Dampfeintrittraumes abgeschieden, so daß die Verunreinigung der Rohrinnenfläche sich verringert. Dagegen sind die Kühlröhren äußerem Überdruck ausgesetzt und benötigen daher größere Wandstärke. Ihre äußere Reinigung von den mineralischen Niederschlägen des Kühlwassers ist sehr erschwert; auch erfordert die zweckmäßige Verteilung des eintretenden Dampfes in die Kühlröhren entsprechend große Vorkammern, während bei Außenseitenkondensation der Anschluß des Auspuffdampfrohres unmittelbar an den Kondensatorraum erfolgen kann.

a. Kondensatoren mit vertikalen Kühlröhren.

Oben offene Kondensatoren mit Gegenstromwirkung. Zu der Ausbildung des Gegenstromkondensators, bei welcher die zuverlässigste Scheidung des warmen Kondensats von der gekühlten Luft des Kondensationsraumes erreicht wird, führt die Anwendung vertikaler Kühlrohre, wie sie die Bauart der stehenden oben offenen Kondensatoren II, 287, 1 u. 2 aufweist. Die Ansammlung des Kondensats findet im unteren, der Eintrittstemperatur des Dampfes und Ablauftemperatur des warmen Kühlwassers ausgesetzten Teil des Kondensationsraumes statt, während davon entfernt die Luft in der Nähe des Kühlwassereintritts, also unter dem Einfluß der dort herrschenden, niedrigsten Temperatur abgesaugt wird.

Bei dem Doppelkondensator II, 287, 1 findet in dem einen Kondensationsraum, in welchem der Dampf von unten eintritt, Gegenstrom, im anderen Gleichstrom zwischen Dampf und Wasser statt. Die Ausführung II, 287, 2 dagegen weist vollständigen Gegenstrom auf, indem das Kühlwasser durch die eine Hälfte der Rohre abwärts, durch die andere Hälfte aufwärts geführt ist, während der Dampf in dem durch eine Zwischenwand geteilten Kondensationsraum dem Wasser entgegenströmt.

**Doppel-
kondensator.**

Die stehenden Kondensatoren haben in neuerer Zeit bei Landanlagen größere Verbreitung gefunden, da sie sicherer als Kondensatoren mit horizontalen Kühlröhren die Bildung von Luftsäcken vermeiden lassen und die Verdrängung der Luft nach den im kältesten Teil des Kondensationsraumes anzuordnenden Absaugestellen erleichtern, so daß die Röhrenfläche gleichmäßiger und in erhöhtem Grade für die Dampfkondensation ausgenützt wird. Auch bieten sie für die Reinigung dadurch Vorteile, daß die Rohre von oben unmittelbar zugänglich sind und unten eine naturgemäße Anordnung des Schlammablasses ermöglichen. Eine große Anlage für 65000 kg/Std. Dampf zeigt II, Taf. 28.

b. Kondensatoren mit horizontalen Kühlröhren.

Beim liegenden Kondensator, Fig. 1159 bzw. II, 288 ist ebenfalls der Gegenstrom wirksam zu machen gesucht. Zu diesem Zwecke bestehen die Dampf- und Kühlwasserräume aus je 4 Abteilungen, die nacheinander einerseits vom Kühlwasser, andererseits vom Dampf- und Luftgemisch im Gegenstrom durchflossen werden.

**Liegende
Gegenstrom-
Oberflächen-
kondensa-
toren.**

Der Dampfniederschlag erfolgt hauptsächlich im ersten und zweiten Dampfabteil und aus letzterem die Entnahme des Kondensats ungefähr mit der dem

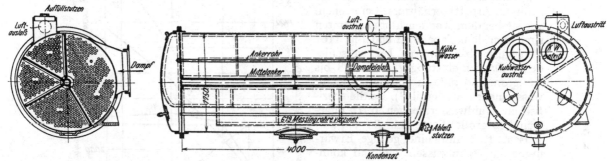

Fig. 1159. Gegenstrom-Oberflächenkondensator von 325 qm Kühlfläche.

Dampfdruck entsprechenden Sättigungstemperatur, während in den beiden letzten Abteilungen das Dampfluftgemisch allmählich unterkühlt und aus einem als Dom ausgebildeten Sammelraum in der Nähe des Kühlwassereintritts abgesaugt wird. Da nun die Luftkühlung, wegen ihrer niedrigen Wärmeübergangszahlen bei den geringen Spannungen des Kondensationsraumes, erhebliche Kühlflächen erfordert, so erscheinen letztere im Vergleich mit denjenigen der ersten beiden Dampfabteile ungenügend ausgenützt.

Als Mängel vorbezeichneter Kühlflächenunterteilung kann wohl noch die Ungleichheit der Bewegungsverhältnisse des Wassers in den einzelnen Abteilungen betrachtet werden, indem die Luftkühlung bei großer und der Dampfniederschlag bei kleiner Kühlwassergeschwindigkeit erfolgt, also gerade umgekehrt wie im Interesse größerer Ausnützung der dem eintretenden Dampf gebotenen Kühlflächen gelegen wäre.

Bei dem Oberflächenkondensator Fig. 1160 ist zwar Gegenstrom zwischen Dampf und Wasser gegeben, das abfließende Kondensat kommt aber mit den

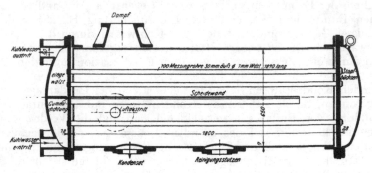

Fig. 1160. Oberflächenkondensator von 17 qm Kühlfläche mit Gegenstromwirkung und doppeltem Wasserumlauf.

vom kalten Wasser durchströmten Röhren in Berührung, so daß es die Sättigungstemperatur des in den Kondensator eintretenden Dampfes nicht erreichen kann;

andererseits befindet sich der Luftabzugsstutzen zwar in der Nähe der vom kalten Kühlwasser durchflossenen Rohrbündel, gleichzeitig aber in dem von den Dämpfen des warmen Kondensats erfüllten Raum.

Es müssen sich bei solchen Kondensatoren Arbeitsverhältnisse einstellen, wie sie bei dem Kondensator eingetreten sind, von dem Tabelle 74 und Fig. 1161 Versuchsbeobachtungen bei verschiedener Dampfbelastung D_0 von 4,8 bis 33 kg/qm und nahezu konstanter Kühlwassermenge wiedergibt[1]). Da die spezifischen Kühlwassermengen W/D ungewöhnlich große Werte von 98—596 aufweisen, trat nur eine geringe Erwärmung des Kühlwassers ein und konnten ungewöhnlich niedrige Kondensatorspannungen erreicht werden. Das Kondensat erfuhr eine um so größere Unterkühlung unter die Eintrittstemperatur des Auspuffdampfes, je kleiner die Dampfbelastung war. Eine befriedigende Ausnützung der Kühlfläche ließ nur der Versuch III mit einer Dampfbelastung $D_0 = 33$ kg/qm zu, bei der die Wärmedurchgangszahl den Wert $\varkappa_m = 1365$ WE erreichte.

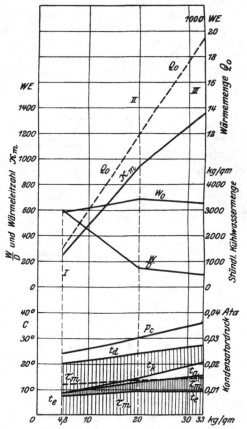

Fig. 1161. Kondensator von 175 qm Kühlfläche. Versuche mit nahezu konstanter Kühlwassermenge. Tab. 74.

[1]) Prof. Josse: Versuche über Oberflächenkondensation. Z. V. d. Ing. 1909, S. 340.

Tabelle 74. Oberflächenkondensator Bauart Fig. 1160, Kühlfläche = 175 qm.

Versuch	I	II	III
Stündliche Dampfmenge D_0 . . . . . kg/qm	4,8	20	33
Stündliche Kühlwassermenge W_0 . . . . kg/qm	2860	3380	3234
Luftleere. . . . . v. H.	97,6	97,0	96,4
Druck beim Eintritt i. d. Kondensator . Atm. abs.	0,024	0,030	0,036
Temperatur des Auspuffdampfes . . . .°C	(20)	24	27
,, ,, Kondensats . . . .°C	8,5	14,5	20,5
,, ,, eintretenden Kühlwassers . . .°C	7,5	9,5	9,5
,, ,, austretenden Kühlwassers . . .°C	8,5	13,0	15,5
Spez. Kühlwasserverbrauch W_0/D_0	596	169	98
,, ,, ,, des idealen Kondensators	47,7	40,7	33,5
Mittlere Wärmedurchgangszahl $\varkappa_m$ . . . . .WE	240	945	1365

Kondensat- und Luftabscheidung.

Die bei der Kondensation großer Dampfmengen auftretende konstruktive und wirtschaftliche Notwendigkeit, die Kühlflächen des Kondensators möglichst zu beschränken, führt auf den Verzicht des Gegenstroms und der Unterkühlung der Luft im Kondensator. Kondensatoren dieser Art zeigen Fig. 1162a und 1163. Der in der Mitte eintretende Dampf wird bei Fig. 1162a durch eine wagerechte Scheidewand zum Bestreichen aller Röhren gezwungen, bei Fig. 1163 bestreicht der Dampf im Querstrom sämtliche Kühlröhren, während das Kühlwasser in beiden Kondensatoren im unteren Teile hin- und im oberen zurückströmt. Das Kondensat wird im tiefsten Punkte des Kondensators, die Luft in der Mitte der unteren Abteilung abgesaugt, und zwar in dem einen Falle noch durch ein besonderes, auf die ganze Länge des Kondensators sich erstreckendes Saugrohr mit gleichmäßig verteilten Absaugestutzen.

Tab. 75 und Fig. 1162b kennzeichnen die mit einem Kondensator der Bauart Fig. 1162a erzielten Ergebnisse[1]).

Die Temperatur t_k des Kondensats liegt wenig unter der Sättigungstemperatur t_d des Kondensatordampfdrucks. Die vor-

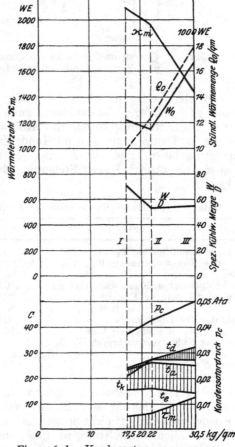

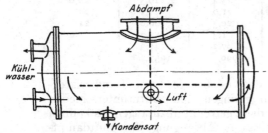

Fig. 1162a. Oberflächenkondensator für Querstrom des Dampfes und Unterkühlung des Kondensats und der Luft.

Fig. 1162b. Kondensator von 420 qm Kühlfläche. Wärmetechnisches Verhalten bei Veränderung der Niederschlagsdampf- und Kühlwassermengen. Tab. 75[2]).

[1]) Stodola, Die Dampfturbinen, 4. Auflage, 1910. S. 556.
[2]) Versuchspunkte I und II der t_d-Linie sind zu niedrig eingezeichnet, p_c für Versuch III etwas zu hoch.

handene Kühlfläche ist somit vornehmlich für den Dampfniederschlag wirksam, weshalb auch günstige mittlere Wärmedurchgangszahlen erreicht wurden. Ihre Abnahme mit zunehmender Dampf- und Kühlwassermenge erklärt sich aus der mit steigender Dampfbelastung von $D = 17,5$ auf $30,5$ kg/qm Kühlfläche vermehrten Luftmenge und dem dadurch erhöhten Temperaturgefälle. Bei der bezeichneten Zunahme der Kondensatorleistung entsprach die Temperatur der abgesaugten Luft zwar noch einer Unterkühlung von 0,5 bis 5,8° C unter die des Kondensats, sie blieb aber 5,2 bis 7,2° C über derjenigen des eintretenden Kühlwassers.

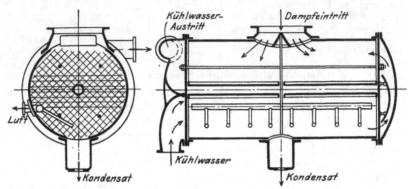

Fig. 1163. Querstrom-Oberflächenkondensator mit zweifachem Wasserumlauf und Verteilungsrohr zur gleichmäßigen Luftabsaugung.

Trotz der geringen Schwankung der spezifischen Kühlwassermenge W/D zwischen 71,3 und 52,7 und der damit zusammenhängenden geringen Verschiedenheit der Austrittstemperaturen des Kühlwassers nahm doch mit der Dampfbelastung die Dampftemperatur im Kondensator zu, infolge erforderlichen größeren Temperaturgefälles, und damit stieg auch der Kondensatordruck von 0,03 auf 0,046 Atm. abs., bei einer Steigerung der Abdampfmenge von $D_0 = 17,5$ auf 30,5 kg/qm.

Tabelle 75. Oberflächenkondensator Bauart Fig. 1162a, Kühlfläche = 420 qm.

Versuch	I	II	III
Stündliche Dampfmenge D_0 . . . . . . kg/qm	**17,2**	**22,0**	**30,5**
Stündliche Kühlwassermenge W_0 . . . . . kg/qm	1225	1160	1670
Luftleere . . . . v. H.	**97**	**96.5**	**95,4**
Dampftemperatur a. Kondensatorstutzen . . . °C	27,2	31,2	33,0
Kühlwassertemperatur Eintritt . . . . °C	15,3	15,9	14,2
,, Austritt. . . . . °C	23,4	26,5	25,0
Temperatur des Kondensats . . . . °C	21,0	28,1	27,2
,, der abgesaugten Luft . . . . . °C	20,5	26,8	21,4
Spezifischer Kühlwasserverbrauch W_0/D_0	**71,3**	**52,7**	**54,6**
,, ,, d. ideal. Kondensat.	67,2	47,3	33,2
Mittlere Wärmedurchgangszahl . . . . . . .WE	**2090**	**1957**	**1437**

Diese Versuchsergebnisse zeigen auch, daß es bei niederen Kondensatorspannungen und den dabei sich ergebenden geringen Temperaturunterschieden von Kondensat und Luft nicht notwendig ist, diese getrennt abzusaugen; es können in diesen Fällen Naßluftpumpen für gemeinsame Absaugung des Luftdampfgemisches und Kondensats verwendet werden.

Zur Erzielung kleinen Luftpumpenvolumens durch weitgehende Luftkühlung ohne besonderen Kühlflächenaufwand im Kondensator kann auch derart vorgegangen werden, daß lediglich eine Unterkühlung des Kondensates durch Führung desselben im Gegenstrom zum eintretenden kalten Kühlwasser erfolgt, und daß erst nachträglich durch Zusammenführen des kalten Kondensats mit dem warmen Luft-Dampfgemisch die Abkühlung der Luft bewirkt wird. Statt der für die Luftkühlung an den Kondensatorröhren notwendigen großen Kühlflächen benötigt die getrennte Unterkühlung der Luft erfahrungsgemäß nur etwa 4 v. H. der Gesamtkühlfläche.

Wird das Kondensat zur Kesselspeisung benützt, so kann es nach der Entlüftung zum Zwecke der Vorwärmung in vom Abdampf zuerst getroffene Kondensatorröhren zurückgeführt werden, um wieder eine Erwärmung nahezu auf die Sättigungstemperatur des Kondensatordampfes zu erreichen (Brown-Boveri), Fig. 1164. Bei Schiffsmaschinenanlagen dient der Abdampf von Hilfsmaschinen zur Vorwärmung des Kondensats.

Besonders ungünstig hinsichtlich der Art der Luftabscheidung hat sich der Kondensator Fig. 1142a erwiesen. Die aus den Diagrammen Fig. 1142b und c ersichtliche Unstetigkeit im Verlauf der Dampftemperaturen und damit zusammenhängend auch der Dampfspannungen, mußte eine entsprechend unregelmäßige Luftverteilung innerhalb des Kondensationsraumes zur Folge haben, so daß eine ratio-

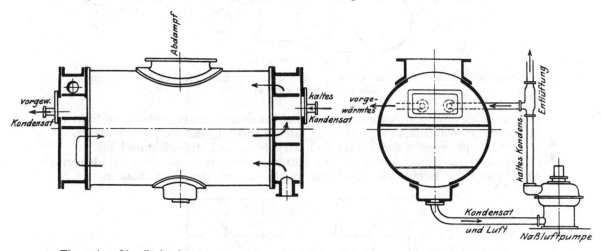

Fig. 1164. Oberflächenkondensator mit nachträglicher Erwärmung des Kondensats.

nelle Ableitung der Luft aus dem Kondensator ausgeschlossen war. Da diese unstete Wirksamkeit der Kühlflächen im vorliegenden Falle durch die Art der Dampfverteilung und Kühlwasserführung verursacht ist, so muß die aus Rücksicht auf die Abstützung der Kühlrohre erfolgte Unterteilung des Kondensationsraumes durch die beiden Zwischenwände nach Fig. 1142a als besonders unzweckmäßig bezeichnet werden. Es erscheint deshalb auch berechtigt, den Kondensationsraum ohne Zwischenwände auszuführen und eine möglichst gleichmäßige Dampfverteilung auf die Kühlröhrenfläche nur durch von Röhren nicht besetzte Kanäle zu erleichtern, wie beispielsweise die Kondensatorquerschnitte Fig. 1151 und 1174b veranschaulichen.

Als weiteres Beispiel der wärmetechnischen Veränderungen, welche im Kondensator bei abweichenden Betriebsverhältnissen sich einstellen, mögen noch Beobachtungen an einem Schiffsmaschinenkondensator von 151,3 qm Kühlfläche für eine Dreifachexpansionsmaschine von 850 PS_i Höchstleistung angeführt werden.[1] Der Kondensator mit Außenseitenkondensation bestand aus zwei Abteilungen mit je 380 Kühlröhren von $^3/_4''$ engl. äußerem Durchmesser und 3,327 m Länge. Das Kühlwasser durchströmte die Röhren in zweifachem Umlauf. Fig. 1165 zeigt die Anordnung des mit den Ständern der Dampfmaschine vereinigten

Schiffsmaschinen-Kondensator 151,3 qm Kühlfläche.

---

[1] Von Prof. Dr.-Ing. Watzinger ausgeführte Beobachtungen an Bord des Dampfers Tore Jarl.

Kondensators nebst der vom Kreuzkopf des Niederdruckzylinders angetriebenen
Luft- und Kondensatpumpe (Edwards-Pumpe von 457 mm Kolbendurchmesser und
559 mm Hub).

Da die zu kondensierende Dampfmenge von der Umdrehungszahl der Schiffsmaschine abhängt und mit letzterer im vorliegenden Falle auch das Luftpumpen-

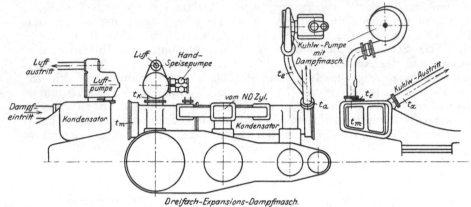

Fig. 1165. Oberflächenkondensations-Anlage einer Schiffsmaschine von 850 PS$_i$. Röhrenkühlfläche des Kondensators 151,3 qm.

volumen sich verändert, während die Kühlwassermenge konstant bleibt, so führen
diese Umstände auf die in Fig. 1166 dargestellte Änderung des Kondensatordruckes
mit der Dampfmenge, wobei das auf die letztere bezogene Luftgewicht nach Fig. 1167
sich verändernd gefunden wurde. Der Luftdruck überwiegt dabei nur bei kleinen
Belastungen den Teildruck des Dampfes, infolge des mit der Umdrehungszahl der

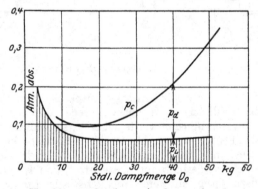

Fig. 1166. Änderung des Kondensatordruckes mit der zu kondensierenden Dampfmenge in
Rücksicht auf die mit letzterer zunehmendem Umdrehungszahl der Luftpumpe.

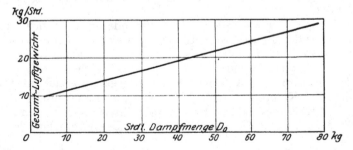

Fig. 1167. Zunahme des Luftgewichtes mit der Arbeitsdampfmenge.

Maschine abnehmenden Saugvolumens der Luftpumpe. (Bei den an normalen Betriebsmaschinen angehängten Luftpumpen bleibt deren Saugvolumen für alle Belastungen bzw. Auspuffdampfmengen, wegen der geringen Änderung der minutlichen Umdrehungen, fast konstant.) Mit zunehmender Dampfbelastung steigt im

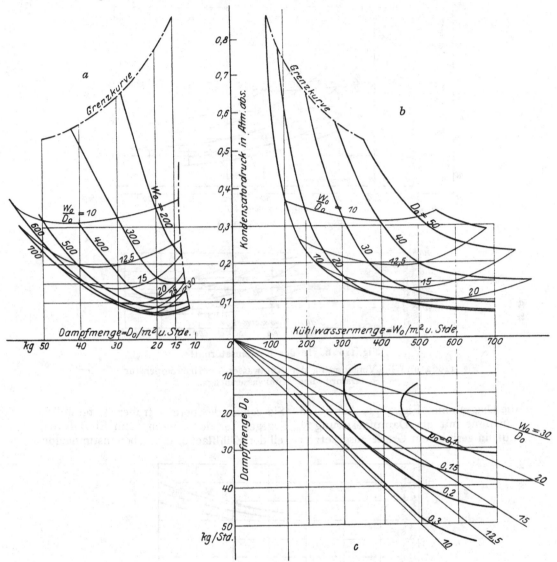

Fig. 1168a—c. Veränderung des Kondensatordruckes mit der Dampf- und Kühlwassermenge.

vorliegenden Falle naturgemäß die Erwärmung des Kühlwassers und damit der Teildruck des Dampfes, während der Teildruck der Luft nahezu unverändert bleibt.

In der Darstellung des Zusammenhanges zwischen Kondensatordruck, Dampf- und Kühlwassermenge, Fig. 1168a—c zeigen sich daher für gegebene spezifische Kühlwassermengen W_0/D_0 die niedrigsten Kondensatordrücke bei ganz bestimmten Dampfmengen D_0, mit deren Über- oder Unterschreitung ein verhältnismäßig rasches Ansteigen des Druckes p_c verbunden ist. Die zugehörigen Veränderungen der Kühlwassertemperaturen, Fig. 1169a und b, ließen die mittleren Temperaturgefälle τ_m für den ganzen Kondensator sowohl, wie für dessen oberen Teil berechnen.

Die letzteren sind in Fig. 1170 für die Kondensatordrücke 0,1 bis 0,3 Atm. abs. veranschaulicht. Über die Veränderung der Wärmedurchgangszahlen $\varkappa_m$ der gesamten Kühlfläche, sowie derjenigen des oberen Teils des Kondensators geben

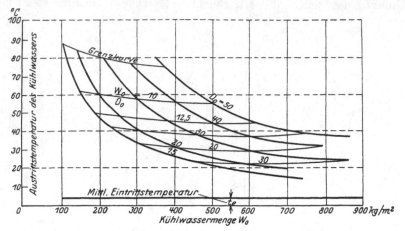

Fig. 1169a. Am Austritt.

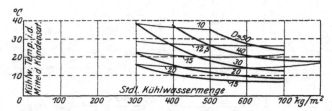

Fig. 1169b. In der Kondensatormitte.

Fig. 1169a und b. Veränderung der Kühlwasser-Austrittstemperatur mit der
Dampf- und Kühlwassermenge.

die Diagramme, Fig. 1171, Aufschluß. Sie zeigen die bereits früher festgestellte Zunahme mit der Dampfbelastung D_0, dagegen für den oberen, dem Einfluß der Luft in geringerem Grade ausgesetzten Teil der Kühlfläche, eine übereinstimmende

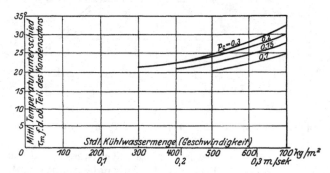

Fig. 1170. Veränderung des mittleren Temperaturunterschiedes mit der
Kühlwassergeschwindigkeit und Kondensatorspannung.

Zunahme mit der Kühlwassergeschwindigkeit bei Dampfbelastungen $D_0 = 30$ bis 50 kg und Kondensatordrücken von 0,1 bis 0,3 Atm. abs.

Die an sich ungewöhnlich niederen Werte der Wärmedurchgangszahlen sind die Folge eines verhältnismäßig großen Luftgehaltes des Dampfes (Fig. 1167).

sowie einer starken Verunreinigung der Röhrenoberflächen. Für die übliche Kondensatorspannung von 0,1 Atm. abs. zeigen die Diagramme Fig. 1168b und c eine größte Dampfbelastung von 30 kg/qm bei 20facher Kühlwassermenge von 4° C Anfangstemperatur.

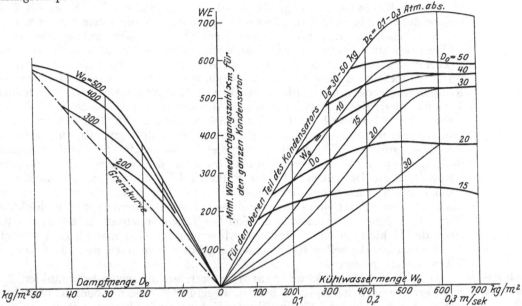

Fig. 1171. Veränderung der mittleren Wärmedurchgangszahl $\varkappa_m$ mit der Kühlwasserge-schwindigkeit und Dampfbelastung.

Fig. 1166—1171. Diagramme der Versuchsergebnisse bei verschiedenen Betriebsverhältnissen der Oberflächenkondensationsanlage Fig. 1165.

c. Tauch- und Berieselungskondensatoren.

Neben den Oberflächenkondensatoren mit Außenkondensation haben diejenigen mit Innenkondensation nur geringe Bedeutung. Zu letzteren gehören die Tauch- und Berieselungskondensatoren.

Steht Kühlwasser durch einen Fluß oder Teich in beliebiger Menge zur Ver-fügung, so können von Dampf durchströmte Röhrenbündel, Fig. 1172, unmittelbar in einen entsprechend großen Kühlwasserbehälter verlegt werden. Ähnlich ergibt sich die Unterbringung in den Sammelbehältern von Rückkühlwerken. Letzteren Fall veranschaulicht II, Taf. 30 und II, 289, 5, wobei das Kühlwasser, am einen Ende des Behälters durch Schie-ber reguliert, vom Rückkühlwerk aus un-ten eintritt und nach Umspülen der Röhren oberhalb dieser am ent-gegengesetzten Ende in den Saugbehälter der Kühlwasserpumpe überläuft. Es befinden sich somit die unteren

Tauch-kondensatoren.

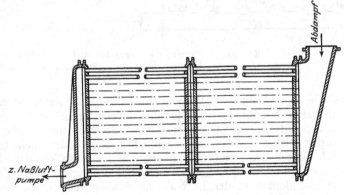

Fig. 1172. Schema eines Tauchkondensators

Röhren im kalten, die oberen im erwärmten Wasser, wodurch das nach unten flie-
ßende Kondensat auf die Kaltwassertemperatur abgekühlt, die nach oben steigende
Luft auf die Warmwassertemperatur erwärmt wird. Um die Luft wieder abzukühlen
und das Kondensat zu erwärmen, kann das Saugrohr der Luftpumpe in die Zuleitung des Kühlwassers verlegt und das Kondensat auf der Druckseite der Luftpumpe durch ein in die Abdampfleitung eingebautes Röhrensystem geführt werden.

Der Tauchkondensator ist besonders am Platze bei Verwendung des warmen
Kühlwassers zu Nebenzwecken und bei wechselndem Bedarf an Kühlwasser. Auch
erscheint sein durch große ausgleichende Wassermassen begünstigtes Beharrungs-
vermögen besonders geeignet zur Vermeidung empfindlicher Schwankungen des
Kondensatordruckes bei stark schwankenden Dampfmengen. Das tatsächliche
Verhalten dieser Kondensatoren entspricht aber nicht dieser Annahme, da die Wasser-
masse sich nur langsam bewegt, und ihre Wärmeaufnahmefähigkeit sich wachsender
Dampfmenge nur anpassen kann bei Erhöhung der Dampftemperatur und damit des
Kondensatordruckes. Für die Bedienung dieser Kondensatoren spielt die chemische
Beschaffenheit des Wassers insofern eine Rolle, als der Niederschlag mineralischer
Bestandteile an der Außenfläche der Röhren erfolgt und daher zum Zwecke der
Reinigung ein Ausbau des Kondensators erforderlich wird. Bei zu erwartenden
starken Niederschlägen sind daher geschlossene Kondensatoren wegen ihrer leichteren
Reinigungsmöglichkeit vorzuziehen. Soll bei Tauchkondensatoren durch das Rei-
nigen der Kühlröhren eine Betriebsunterbrechung vermieden werden, so erscheint
die Ausführung doppelter Röhrensysteme geboten, wie auch die Ausführung II,
Taf. 30 veranschaulicht.

Berieselungs-kondensatoren. Die Berieselungskondensatoren bestehen aus einer beschränkten Zahl
von Vertikalreihen freiliegender horizontal geführter Messing- oder Kupferröhren,
senkrechte Wände bildend, über welche das Kühlwasser frei herunter rieselt, Fig. 1173,

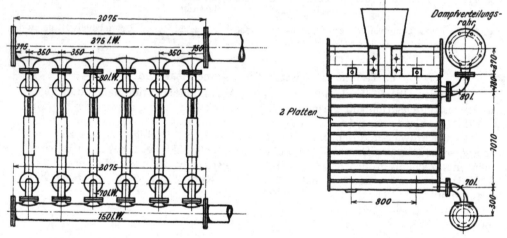

Fig. 1173. Berieselungskondensator aus dünnwandigen Hohlplatten.
Klein, Schanzlin & Becker, Frankenthal.

sowie II, Taf. 29 und II, 290, 6. Die Dampfkondensation erfolgt durch Entziehung
der zum Verdunsten des Kühlwassers erforderlichen Verdampfungswärme. Die
Wärmeentziehung ist bei reinen Kühlröhren und genügender Kühlflächengröße
derart wirksam, daß vorübergehende größere Dampfbelastungen ohne wesentliches
Schwanken des Vakuums aufgenommen werden können. Die Kühlwirkung hängt
von der der Atmosphäre gebotenen Verdunstungsoberfläche, der Temperatur und dem
Feuchtigkeitsgrad der Luft ab, nicht aber von der Dicke der rieselnden Wasser-
schicht. Es ist daher nur so viel Kühlwasser zuzuführen, daß die Kondensator-

röhren überall vom Wasser bedeckt sind, wozu in der Regel eine Wassermenge $W_0 = 20$—$25\,D_0$ genügt. Die zum Absaugen der Luft und zur Kondensatentnahme geeigneten Stellen des Berieselungskondensators läßt die Anlage II, Taf. 29 erkennen.

Eine praktisch wertvolle Eigenschaft der Berieselungskondensatoren besteht noch darin, daß sie auch angewandt werden können, wenn das Kühlwasser freie Säuren enthält, da letztere bei der Verdunstung entweichen. Nachteilig ist dagegen ihre Neigung zum Steinansatz bei salzhaltigem Wasser infolge der Verdunstung, insbesondere bei Vorhandensein von schwefelsaurem und kohlensaurem Kalk[1]), durch deren Niederschlag die Wärmeübertragung in erheblichem Maße beeinträchtigt wird. Doch läßt sich der auf der äußeren Röhrenoberfläche sich bildende mineralische Belag wegen der bequemen Zugänglichkeit und Reinigung leicht beseitigen. Auch springt dieser schalenförmige Niederschlag durch das Arbeiten der Rohre während des Betriebes zeitweise von selbst ab.

Berechnung der Kühlfläche.

Oberfläche der Tauch-kondensatoren.

Für Tauchkondensatoren besteht kein Unterschied in den Rechnungsgrundlagen gegenüber den vorher behandelten geschlossenen Oberflächenkondensatoren mit Ausnahme des Umstandes, daß in der Regel nur geringe Wassergeschwindigkeiten vorliegen. Unter sonst gleichen Betriebsbedingungen ergeben sich daher größere Kühlflächen. Zur praktischen Beschränkung dieses Nachteils bildet das Vorhandensein von Kühlwasser mit dauernd niedriger Temperatur eine wesentliche Voraussetzung für die Anwendung der Tauchkondensatoren.

Oberfläche der Berieselungs-kondensatoren.

Die Berechnung der Kühlfläche von Berieselungskondensatoren stützt sich darauf, daß das Kühlwasser einerseits erwärmt wird, andererseits bei gleichbleibender Temperatur teilweise verdampft. Bei gleichbleibender Dampftemperatur im Rohrinnern setzt sich daher der Wärmedurchgang aus zwei Perioden zusammen: Der Periode der Erwärmung des Wassers auf die Ablauftemperatur t_a und der Periode teilweiser Verdampfung bei der Temperatur t_a. Für eine gegebene Dampftemperatur t_d würde sich darnach für die Periode der Verdampfung ein Temperaturgefälle $\tau_m = t_d - t_a$ ergeben und dementsprechend für diesen Teil der Kühlröhren eine übertragene Wärmemenge Q_0, die sich aus dem Diagramm Fig. 1124 bzw. Fig. 1129 ableiten läßt.

Für den Teil der Röhrenfläche, welcher der Erwärmung des Kühlwassers dient, käme ein mittleres Temperaturgefälle von $\tau_m' = t_d - \frac{1}{2}(t_e + t_a)$ in Betracht. Auch hierfür läßt sich die stündlich übertragene Wärmemenge Q_0' aus den angeführten beiden Diagrammen berechnen unter Berücksichtigung einer bestimmten Ablaufgeschwindigkeit des Wassers, die zu etwa 0,2 m/sek angenommen werden kann. Die durch Verdunsten vom Kühlwasser aufgenommene Wärme ist noch in Rücksicht auf die Wärmeaufnahmefähigkeit der Atmosphäre bei der herrschenden Temperatur und dem Feuchtigkeitsgehalt der Luft zu kontrollieren. Die entsprechenden Zusammenhänge sind im Kapitel Rückkühlwerke erläutert.

d. Konstruktive Einzelheiten der Oberflächenkondensatoren.

Material der Kühlrohre.

Für Oberflächenkondensatoren werden der guten Wärmeleitfähigkeit wegen und zur Verhütung der Rostgefahr meist nahtlose gezogene Messingröhren verwendet mit einem Kupfergehalt von 60—70 v. H. und einem Zinkgehalt von 40—30 v. H. Bei Schiffskondensatorröhren beträgt gewöhnlich der Gehalt an Kupfer 70 v. H., an Zink 29 und Zinn 1,0 v. H. Auch die Rohrplatten sind aus einer Kupferlegierung, die sich in der Regel aus 62 v. H. Kupfer, 37 v. H. Zink und 1 v. H. Zinn zusammensetzt. Um die beim Ziehen der Röhren auftretenden feinen Risse unschädlich zu machen, werden die Rohre häufig innen und außen verzinnt. Die Röhren besitzen 16—25 mm Außendurchmesser und 1 bis 1,5 mm Wandstärke. Um

[1]) Kiesselbach: Z. V. d. Ing. 1896, S. 1316.

möglichst große Kühlfläche auf kleinem Raum unterzubringen, werden die Röhren
so nahe wie möglich zusammengerückt, Fig. 1174a; die Aussparung besonderer
Dampfwege im Rohrbündel, wie Fig. 1174b und 1151 veranschaulicht, soll eine
gleichmäßige Dampfverteilung über die
gesamte Kühlfläche erleichtern.

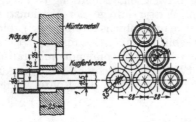

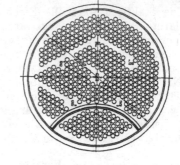

Fig. 1174a. Rohranordnung und Abdichtung   Fig. 1174b. Rohranordnung in einem Quer-
   bei Schiffs-Oberflächenkondensatoren.   stromkondensator mit Dampfwegen zwischen
                                                    Rohrbündeln für gleichmäßige Dampfverteilung.

Abdichtung   Die Abdichtung der Rohre in den Kondensatorböden erfolgt zweckmäßig am
der Kühlrohre.   einen Ende mittels Stopfbüchsen, am anderen durch Einwalzen. Dem einfacheren
                     und billigeren Verfahren des beiderseitigen Einwalzens stand lange Zeit das Beden-
ken entgegen, daß die dünnwandigen Messingrohre hierfür zu schwach seien
und daß sie bei wechselnder Dehnung leicht undicht würden. Die geringe Wandstärke hat sich jedoch für das Einwalzen als unbedenklich erwiesen und der wechseln-

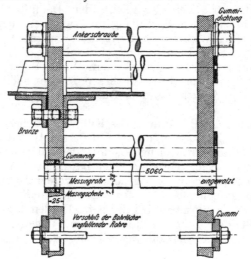

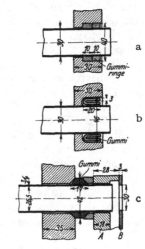

Fig. 1175. Einbau der Kühl- und Ankerrohre   Fig. 1176a—c. Verschiedene Abdichtungs-
        liegender Kondensatoren.   arten der Kondensator-Kühlrohre.

den Ausdehnung läßt sich bei liegenden Kondensatoren dadurch begegnen, daß die
Rohre mit geringer Durchbiegung eingesetzt werden, während bei stehenden Kondensatoren die Ausdehnung sich durch elastische Flanschen an den oberen Rohr-
böden aufnehmen läßt (II, 287, 1). Die vollkommenste Art des Rohreinbaues bildet
aber die erstgenannte Abdichtung durch Stopfbüchse am einen und Einwalzen
am anderen Rohrende, Fig. 1175.

       Verschiedene Ausführungsformen der Stopfbüchsen zeigen II, 289, 4, sowie
Fig. 1174a, 1176a—c und 1177. Als Dichtungsmaterial dienen mit Öl getränkte

Baumwollenringe, Gummiringe oder Gummimanschetten, die entweder durch den Überdruck der Atmosphäre über den Kondensatordruck oder außerdem durch besondere Verschlüsse in die Liderungsräume eingepreßt werden. Die Befestigung der Kühlwasserkästen an den Rohrplatten der Kondensatorkörper muß so erfolgen,

daß erstere zum Zwecke der Reinigung ohne Abnahme der Platten gelöst werden können. (II, 288, 3, 289, 4.)

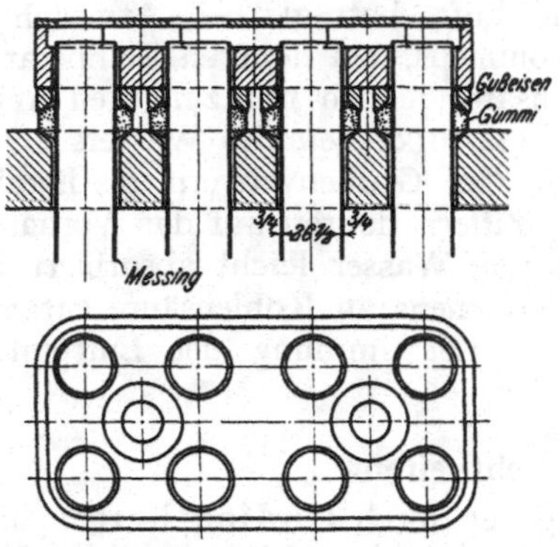

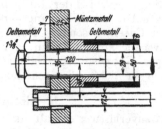

Fig. 1177. Abdichtung mittels Gummiringen und gemeinsamer Druckplatte für 8 Rohre.

Fig. 1178. Verankerung der Rohrwände für einen Kondensator mit großer Kühlfläche.

Die Abdichtung der Rohrplatten erfolgt auf der Dampfseite mittels Messinggewebe, Leinwand oder Hanf mit Mennige, auf der Kühlwasserseite mittels Gummi. Zu ihrer Versteifung dienen in beschränkter Zahl eingezogene Anker, deren Verbindung mit den Rohrplatten eines kleinen und eines großen Kondensators die Fig. 1175 und 1178 veranschaulichen.

Abdichtung der Rohrplatten.

Cylindrische Kondensatorkörper werden stets aus Kesselblech von 7—11 mm Stärke hergestellt, kastenförmige Kondensatoren für Schiffe aus Gußeisen; in letzterem Falle sind die Kondensatoren nicht selten in den Ständern stehender Dampfmaschinen untergebracht.

Kondensatorkörper.

II. Die Luftpumpen.

1. Berechnung des Saugvolumens der Luftpumpen.

Die Größe des aus dem Kondensator abzusaugenden Luftvolumens berechnet sich mit Hilfe des Gay-Lussac-Mariotte'schen Gesetzes für jedes kg der in den Kondensator gelangenden Luftmenge aus dem am Luftpumpeneintritt herrschenden Teildruck $p_l = p_c - p_d$ und der Temperatur t_l bzw. T_l des Luftdampfgemisches zu

Saugvolumen der Luftpumpe.

$$V_l = \frac{R T_l}{p_l} \text{ cbm,}$$

worin die Luftkonstante $R = 29{,}27$ zu setzen ist. Für 1 kg fortzuschaffender Luft ergibt sich hieraus das Hubvolumen V der Luftpumpe unter Berücksichtigung ihres volumetrischen Lieferungsgrades η_v zu

$$V = \frac{1}{\eta_v} V_l = \frac{R T_l}{\eta_v \, p_l}.$$

In der rechnerischen Verwertung dieser Gleichung macht die Einführung eines zutreffenden Wertes für die in der Zeiteinheit aus dem Kondensationsraum fortzuschaffende Luftmenge L gewisse Schwierigkeiten, da Luft in den Kondensator auf verschiedene Weise gelangt, und zwar durch die Stopfbüchsen der angeschlossenen Betriebsmaschinen, durch die Flanschenverbindungen aller unter Kondensatorspannung stehenden Leitungen, sowie durch den Luftgehalt des Arbeitsdampfes; außerdem bei Mischkondensation durch die im Kühlwasser enthaltene Luft, welche infolge der Druckerniedrigung im Kondensator frei wird.

In den Kondensator gelangende Luftmenge.

a. Luftgehalt des Einspritzwassers.

Luftgehalt des Kühlwassers.

Der aus dem Einspritzwasser sich ergebende Anteil der Kondensatorluft ist am zuverlässigsten zu ermitteln, da er bei atmosphärischer Spannung und 15^0 Temperatur zu etwa $1/_{100}$ des Kühlwasservolumens angenommen werden kann. Die Absorptionsfähigkeit frischen Wassers für Luft beträgt bei Atmosphärenspannung und 15^0 etwa 1,8 v. H. seines Volumens, bei höheren Temperaturen weniger[1]). Diese Luftmenge wird im Kondensator jedoch nur zum Teil frei, da vollständige Entlüftung nur durch wiederholtes Aufkochen des Wassers erreichbar wäre. Meist ist der Luftgehalt geringer (bei Grubenwässern bis herab zu 0,001 v. H.)[2]). Bisweilen angegebene höhere Ziffern deuten auf das Vorhandensein von Gasen, besonders Kohlensäure, die von Wasser leicht absorbiert wird. Grubenwässer können bis zu 12 v. H. ihres Volumens an Kohlensäure enthalten. Derartiger Gasgehalt ist selbstverständlich bei Bestimmung der Luftpumpenabmessungen nicht außer acht zu lassen.

b. Einfluß von Undichtheiten.

Undichtheit der Stopfbüchsen.

Ein zuverlässiger Anhalt zur Bestimmung der durch Undichtheiten in den Kondensator gelangenden Luft besteht begreiflicherweise nicht, da deren Menge lediglich vom Zustande der Stopfbüchsen- und Flanschendichtungen abhängt. Die möglichste Beschränkung dieser Undichtheiten wird zur praktischen Forderung. Zu deren Erfüllung dient vor allem der unmittelbare Anschluß des Kondensators an die Dampfmaschine und Vermeidung langer Verbindungsleitungen zur Naßluftpumpe (II, Taf. 2a).

Es ist alsdann der Luftgehalt des Dampfes hauptsächlich nur noch von der Dichtheit der ND-Stopfbüchsen abhängig. Über deren Größe kann nach Mc. Brude[3]) aus Versuchen an Dampfmaschinen auf 1000 kg Dampf ein Luftgehalt von 0,45 kg angenommen werden. Bei sehr sorgfältiger Abdichtung der Stopfbüchsen vermindert sich der Lufteintritt noch unter diesen Betrag, doch finden sich andererseits bei weniger gut unterhaltenen Stopfbüchsen wesentlich höhere Werte. Das von Grashof[4]) angegebene Luftvolumen von 1,8 v. H. des Volumens des Dampfkondensats erscheint für neuere sachgemäß unterhaltene Dampfmaschinen als zu hoch.

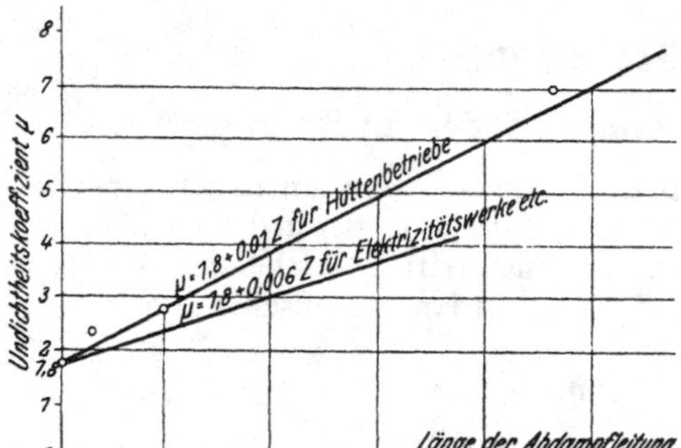

Undichtheit der Auspuffleitungen.

Fig. 1179. Veränderung des Undichtheitskoeffizienten mit der Länge der Abdampfleitung nach Weiß.

Bei Zentralkondensationsanlagen ist der Einfluß der Undichtheit der verschiedenen Auspuffleitungen zwischen den einzelnen Maschinen und dem Kondensator durch einen Zuschlag zu berücksichtigen, der von der Gesamtleitungslänge Z in Metern abhängig gemacht werden kann, so daß das Luftvolumen V_L für eine Dampfmenge D in kg sich ausdrückt durch die Beziehung $V_L = 0,001 (\lambda W + \mu D)$ cbm, worin der Absorptionskoeffizient $\lambda = 0,018$; der Undichtheitskoeffizient μ kann nach Weiß, auf Grund von praktischen Feststellungen, gesetzt werden zu $\mu = 1,8 + 0,006 Z$ bei Dampfmaschinenanlagen von Elektrizitätswerken und zu $\mu = 1,8 + 0,01 Z$ [5]), bei solchen von Hütten- und Walzwerken, Fig. 1179.

[1]) Bunsen: Gasometrische Methoden. 1857.
[2]) Kiesselbach: Z. V. d. Ing. 1893, S. 255.
[3]) Engg. Bd. 85, 1904, S. 866.
[4]) Grashof: Theoretische Maschinenlehre, III. Bd., 1890, S. 674.
[5]) Weiß: Kondensation. 2. Aufl. S. 33. Berlin 1910.

c. Einfluß der Lufttemperatur.

Der obigen Gleichung für V_L liegt eine Lufttemperatur von 15° zugrunde; bei Bestimmung der Luftpumpenabmessungen ist daher auch die Temperatur des anzusaugenden Luftvolumens zu berücksichtigen. Wird die Luft getrennt vom warmen Kühlwasser oder vom Kondensat abgesaugt, so kann ihre Temperatur bis nahe auf die Eintrittstemperatur des Kühlwassers erniedrigt und hierdurch eine entsprechende Beschränkung der Pumpenabmessungen erzielt werden. Am naturgemäßesten ergibt sich diese vom Wasser getrennte Ableitung der Luft für den Gegenstrom-Mischkondensator, bei dem am obersten von der Eintrittstemperatur des Kühlwassers beherrschten Teil des Kondensatorraumes die Saugleitung der trockenen Luftpumpe anschließt, während das warme Kühlwasser im untersten Teil des Kondensators frei abfließt.

Für die nassen Luftpumpen des Parallelstrom-Mischkondensators und auch unter gewissen Umständen im Oberflächenkondensator wird dagegen das Ansaugevolumen der Luft von der Temperatur des warmen Wassers abhängig. Beim Oberflächenkondensator kann aber durch Unterkühlung des Kondensates mittels des kalten Kühlwassers auch die Lufttemperatur unter die Sattdampftemperatur des Kondensatorraumes erniedrigt werden.

Umgekehrt ist bei einer vorhandenen Luftpumpe die Erzielung eines verlangten Vakuums an eine bestimmte Temperatur des abzusaugenden Luftdampfgemisches gebunden, bei der dessen Volumen dem nutzbaren Saugvolumen der Pumpe entspricht; hierbei ist zu berücksichtigen, daß das Hubvolumen der Naßluftpumpe nicht nur die Kondensatorluft, sondern auch die Kühlwassermenge abzusaugen hat.

d. Abhängigkeit der Saugspannung einer Naßluftpumpe von der Kühlwassermenge.

Fig. 1180 kennzeichnet den theoretischen Zusammenhang zwischen Kühlwassermenge und Kondensatorspannung eines Parallelstrom-Mischkondensators für eine gegebene Naßluftpumpe, bei verschiedenen zu kondensierenden Dampfmengen.

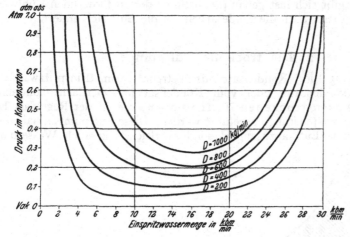

Fig. 1180. Veränderung des Kondensatordruckes mit der Einspritzwassermenge für eine gegebene Luftpumpe bei verschieden großen Abdampfmengen.

Das Vakuum ist bei mittlerer Einspritzwassermenge am günstigsten; es verschlechtert sich bei kleinerer Wassermenge durch den mit der höheren Erwärmung zunehmenden Dampfdruck und bei großer, durch die entsprechend größere frei werdende Luftmenge unter gleichzeitiger Verminderung des für die Luftförderung nutzbaren Saugvolumens der Pumpe.

Die in Fig. 1181a und b wiedergegebenen Versuche an der Naßluftpumpe einer liegenden 900 pferdigen Verbundmaschine bestätigen die vorbezeichnete Veränderung der Kondensatorspannung mit zunehmender Wassermenge und gleichbleibendem, prozentualem Luftgehalt. In den Diagrammen ist auch der Druckabfall zwischen

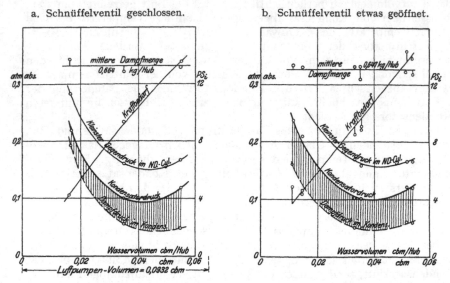

a. Schnüffelventil geschlossen.   b. Schnüffelventil etwas geöffnet.

Fig. 1181 a und b. Veränderung des Kondensatordruckes eines Gleichstrom-Einspritzkondensators mit liegender Naßluftpumpe $\frac{445}{600}$ einer liegenden Verbundmaschine von 900 PS (Abb. der Pumpe II, 300, 14) bei zunehmender Kühlwassermenge und verändertem Luftgehalt.

ND-Cylinder und Kondensator, sowie die mit der Wassermenge sich ergebende Veränderung des indizierten Kraftbedarfs der Luftpumpe ersichtlich gemacht. Der Kraftbedarf ergibt sich fast genau proportional der zu fördernden Kühlwassermenge, indem mit dieser auch die Förderarbeit für die Luft sich ändert.

2. Die trockene Luftpumpe.

Zur Beseitigung der Kondensatorluft getrennt vom Einspritzwasser im Gegenstrom-Mischkondensator oder vom Kondensat im Oberflächenkondensator dienen die sogenannten trockenen Luftpumpen, die in der Regel als Kompressoren mit Schiebersteuerung ausgeführt werden. Diese Luftpumpen haben aber tatsächlich nicht nur Luft abzusaugen, sondern gleichzeitig auch Wasserdampf,

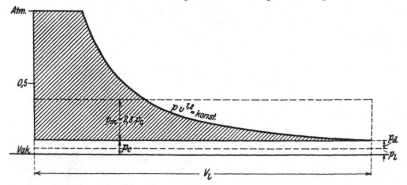

Fig. 1182. Theoretisches Kompressionsdiagramm der trockenen Luftpumpe.

dessen Spannung zusammen mit derjenigen der Luft den Kondensatordruck und damit die Saugspannung der Luftpumpe ergibt.

Das Kompressionsgesetz dieses Luft- und Dampfgemisches kann zwischen dem der Adiabate für Luft und Sattdampf liegend angenommen werden und läßt sich mit genügender Annäherung ausdrücken in der Gleichung der Polytrope $pv^{1,2} =$ konst. Die entsprechende theoretische Diagrammform einer solchen Trockenluftpumpe veranschaulicht Fig. 1182 für einen Kondensatordruck von 0,1 Atm. Der hieraus für die Verdichtung und Fortschaffung der Luft bei atmosphärischer Spannung sich berechnende mittlere Druck ist angenähert $p_m = 2,8 \, p_c$, so daß sich die indizierte Luftpumpenarbeit für das theoretische Saugvolumen V_l bestimmt zu $V_l \cdot p_m = 2,8 \, V_l p_c$ mkg, wenn V_l in cbm und p_c in kg/qm eingesetzt wird. Allgemein berechnet sich für die Polytrope $pv^{1,2} =$ konst. die Förderarbeit zu

$$A_l = 6 \, p_c V_l \left[\left(\frac{p_b}{p_c} \right)^{0,167} - 1 \right]$$

wenn p_b den barometrischen Luftdruck in kg/qm bezeichnet. Diese theoretische Arbeit ist unabhängig vom Einfluß des schädlichen Raumes; sie vergrößert sich zum tatsächlichen Arbeitsaufwand um den Durchflußwiderstand der Steuerorgane und um die mechanischen Verluste, die 10 bis 15 v. H. nicht übersteigen.

a. Schieberluftpumpen.

Die allgemeine Verwendung von Schieberluftpumpen ist in der Einfachheit und guten Dichtheit ihrer Steuerung mittels Flachschieber, bei Fortfall selbsttätiger Saugorgane, und in der störungsfreien Arbeitsweise der auf der Druckseite des Schiebers erforderlichen selbsttätigen Druckorgane zu suchen. Da die Anwendung des Flachschiebers auf verhältnismäßig große schädliche Räume führt, so würde die Nachexpansion aus dem schädlichen Raum die Saugwirkung empfindlich beeinträchtigen. Zur Vermeidung dieses Nachteils dient heute allgemein ein von Zivilingenieur J. Weiß zuerst angewendeter im Schieber untergebrachter Überströmkanal, durch den im Hubwechsel ein Ausgleich des Luft- und Dampfgemisches von einer Kolbenseite zur anderen auf einen wenig über der Saugspannung gelegenen Druck hergestellt wird, von dem aus nur noch eine geringe Nachexpansion auf die Saugspannung erfolgt.

Bei einem schädlichen Raum von beispielsweise 5 v. H. würde nach Diagramm Fig. 1183 durch Nachexpansion das wirkliche Saugvolumen s_1 nur höchstens 70 v. H.

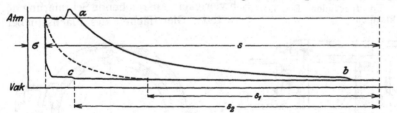

Fig. 1183. Einfluß der Überströmung bei Schieberkompressoren auf den Saugvorgang.

des Kolbenhubvolumens s betragen. Durch Einführung der Überströmung erhöht sich das wirkliche Saugvolumen auf s_2 entsprechend etwa 92 v. H. des theoretischen. Der hiermit zusammenhängende Zeitpunkt des Beginns der Saugperiode verändert sich auch bei den unvermeidlichen Schwankungen des Kompressionsenddruckes infolge des Druckausgleichs nur wenig. Da außerdem das Ende der Saug- und Druckperiode mit den Hubwechseln zusammenfällt und nur der Beginn des Ausschubes bei a bei Druckschwankungen Veränderungen unterworfen ist, so ergibt sich die Möglichkeit mittels eines einfachen Schiebers die erstgenannten drei Punkte des Luftpumpendiagrammes unveränderlich zu steuern, während für den veränderlichen Beginn der Druckperiode bei a selbsttätig arbeitende Druckventile oder Klappen entweder auf dem Schieberrücken Fig. 1184a und b oder im Druckkanal hinter dem Schieber Fig. 1185 angeordnet werden. Infolge des Umstandes, daß

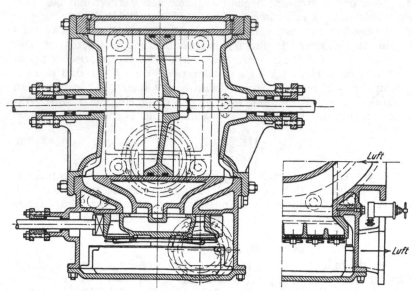

Fig. 1184a. Flachschieber-Luftpumpe mit Überströmung im Schieber und Druckklappen auf Schieberrücken.

auch das Ende der Druckperiode durch den Schieber gesteuert und dadurch das Schließen des selbsttätigen Druckventils unabhängig von der mechanischen Gesetz-

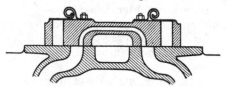

Fig. 1184b. Flachschieber mit Weiß'schem Überströmkanal und federnden Druck-klappen.

mäßigkeit der Kolbenbewegung wird, können hohe Umdrehungszahlen angewandt und dadurch kleine Abmessungen der Luftpumpe erreicht werden.

Dieser auch in verbilligter Herstellung sich äußernde Vorteil der Schieber- Luftpumpen wird nur beeinträchtigt durch die Schwierigkeit, ausreichende Schmierung der belasteten Gleitflächen des Flachschiebers

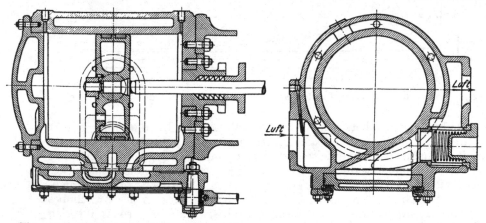

Fig. 1185. Flachschieber-Luftpumpe mit Überströmkanal im Schieber und Druckventil im Druckkanal.

zu sichern. Dabei wirkt der geringe Dampfgehalt der Kondensatorluft, infolge der durch hohen Kompressionsgrad entstehenden Lufterhitzung, noch erschwerend. Von diesem Nachteil würde zwar die Verwendung des entlasteten Kolbenschiebers befreien; zur Erzielung günstigen Vakuums erscheint er aber wegen seiner auf die Dauer ungenügenden Dichtheit nicht geeignet.

b. Verbund-Luftpumpen.

Zur Erzielung und Sicherung sehr niedriger Kondensatorspannungen werden Verbund-Luftpumpen angewendet. Dieselben können wie üblich aus zwei verschieden großen Cylindern oder auch aus zwei gleich großen Luftpumpencylindern bestehen, von denen der eine unmittelbar aus dem Kondensator mit der Spannung p_c saugt und das Luft- und Dampfgemisch in schwach komprimiertem Zustande mit der Spannung p_a dem zweiten Cylinder zudrückt, in welchem

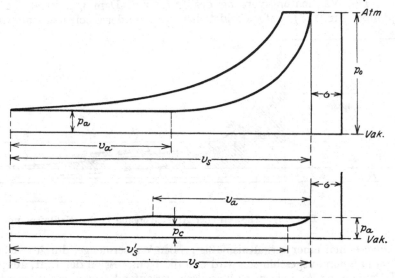

Fig. 1186. Diagramme der trockenen Verbund-Luftpumpe.

erst die Kompression auf die Austrittsspannung p_0 erfolgt (Fig. 1186). Dadurch, daß im ersten Cylinder nur eine geringe Kompression auf die Saugspannung p_a des zweiten Cylinders eintritt, findet in ihm auch nur eine geringe Nachexpansion selbst bei großem schädlichen Raum statt, so daß nur ein geringer Unterschied zwischen dem wirklichen Saugvolumen v'_s und dem theoretischen v_s entsteht. Es können daher in diesem Falle auch Luftcylinder mit großen schädlichen Räumen, wie sie die Anwendung von selbsttätigen Saug- und Druckventilen bedingen, oder Schieberluftpumpen ohne Druckausgleich ausgeführt werden. Die Zwischenspannung p_a ist bedingt durch das aus dem nutzbaren Saugvolumen beider Cylinder sich ergebenden Kompressionsverhältnis und beträgt bei gleicher Größe beider Luftcylinder

$$p_a = \frac{p_c\,(1+\sigma) + p_0\sigma}{1+2\sigma},$$

wenn σ das Verhältnis der Größe des schädlichen Raumes eines Luftpumpencylinders zu seinem theoretischen Hubvolumen v ausdrückt und angenommen wird, daß Expansion und Kompression nach einer Hyperbel erfolgen. Der volumetrische Wirkungsgrad des ersten Luftpumpencylinders ergibt sich dabei zu

$$\eta_v = \frac{v'_s}{v_s} = 1 - \sigma^2 \frac{p_0 - p_c}{p_c\,(1+2\sigma)}.$$

60*

Beispielsweise berechnet sich für den in Fig. 1186 angenommenen schädlichen Raum beider Cylinder von $\sigma = 0{,}10$ und für eine Kondensatorspannung $p_c = 0{,}1$ Atm abs. bei einer Gesamtkompression auf Atmosphärenspannung der Zwischendruck zu $p_a = 0{,}175$ Atm und der volumetrische Wirkungsgrad zu $\eta_v = 0{,}925$.

3. Die Naßluftpumpen.

a. Allgemeines über die Arbeitsweise der Naßluftpumpen.

Aufgabe der Naßluftpumpen. Die Naßluftpumpen haben die Aufgabe der gemeinsamen Fortschaffung der im Kondensatorraum dauernd sich ansammelnden Kondensationsprodukte, die sich zusammensetzen einerseits aus dem Luft- und Dampfgemisch des Kondensatorraumes und andererseits aus dem warmen Kühlwasser samt Dampfkondensat beim Mischkondensator oder dem Dampfkondensat allein beim Oberflächenkondensator.

Arbeitsweise. Der Verdichtungsvorgang des Luft- und Dampfgemisches bei der Naßluftpumpe, Fig. 1187, unterscheidet sich von dem der trockenen Luftpumpe durch die

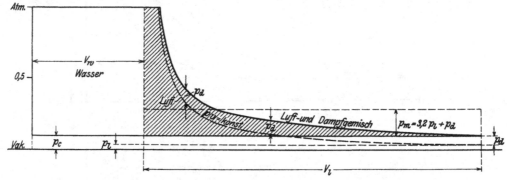

Fig. 1187. Theoretischer Arbeitsvorgang in der Naßluftpumpe.

Anwesenheit einer verhältnismäßig großen Wassermenge, durch welche eine Dampfkompression ausgeschlossen wird und die Kompression der Luft, ausgehend von der Teilspannung p_l, nahezu isothermisch verlaufend angenommen werden kann. Die Spannungsänderung während der Kompression setzt sich daher zusammen aus der ansteigenden Luftspannung und der unveränderlichen Dampfspannung p_d.

Arbeitsaufwand. Wird die Verdichtungsarbeit wieder auf das Saugvolumen V_l des Luft- und Dampfgemisches bezogen, so läßt sich der Arbeitsaufwand für die Kompression des Luft- und Dampfgemisches auf den barometrischen Druck p_b berechnen aus der Gleichung

$$A_l = V_l \left(p_l \ln \frac{p_b - p_d}{p_c - p_d} + p_d \right) \cong V_l \left(p_l \ln \frac{p_b}{p_c} + p_d \right) = V_l \cdot p_m$$

Wird wieder eine normale Kondensatorspannung $p_c = 0{,}1$ Atm. $= 1000$ kg/qm und eine Teilspannung der Luft $p_l = 0{,}03$ Atm $= 300$ kg/qm angenommen, so kann für die Kompression der Luft auf atm. Spannung der mittlere Druck $p_m = 3{,}2\, p_l + p_d$ gesetzt werden. Hierzu kommt noch die Förderarbeit für das Kühlwasser einschließlich Kondensat in der Größe $A_w = 10\,(W + D) \cdot (p_b - p_c)$, so daß die indizierte Leistung der Naßluftpumpe sich angenähert berechnet zu $A_n = 1{,}15\,(A_l + A_w)$, wenn 15 v. H. der theoretischen Arbeit noch als innere Widerstandsarbeit der Saug- und Druckseite hinzugerechnet werden.

Das Verhältnis der angesaugten Wassermenge zum Hubvolumen des Luftpumpenkolbens beträgt bei Mischkondensation ungefähr $^1/_3$, bei Oberflächenkondensation dagegen $^1/_{50}$ und darunter. Für die Größe der Förderarbeit der Naßluftpumpe ist daher im ersten Fall hauptsächlich die Wassermenge, im letzteren die Luftmenge maßgebend.

b. Konstruktive Gesichtspunkte.

Der Umstand, daß ein Gemisch von Luft, Dampf und Wasser gleichzeitig anzusaugen und zu verdichten ist, erschwert eine rationelle Konstruktion der Naßluftpumpe insofern, als die Erzielung möglichst günstigen Vakuums und stoßfreien Ganges an bestimmte Bedingungen hinsichtlich der Luft- und Wasserführung innerhalb der Pumpe geknüpft ist, deren Erfüllung praktisch um so weniger gelingt, je größer der Kolbenhub und die Hubzahl der Pumpe gewählt werden muß. Diese Bedingungen bestehen im wesentlichen darin, daß Luft und Wasser auf möglichst getrennten Wegen in die Pumpe eintreten, sich innerhalb derselben nicht mischen und keine Veranlassung zur Blasen- und Schaumbildung geben sollen, da andernfalls die angesaugte Luft nicht vollkommen bei jedem Druckhub entweicht, und die hierdurch zurückbleibende Luft durch Nachexpansion die Saugwirkung empfindlich beeinträchtigt. Ferner soll während des Druckhubes die Übertragung der Kolbenbewegung auf die das Kolbenhubvolumen nur teilweise ausfüllende Wassermasse mit möglichst kleinen Höhenänderungen des Wasserspiegels verbunden sein unter Vermeidung von Wellenbildung oder Schleuderns des den Kolbenhubraum nur teilweise ausfüllenden Wassers; denn nur unter dieser Voraussetzung kann die Luft bei jedem Druckhub zuverlässig entweichen und die Pumpe möglichst stoßfrei arbeiten. In Verfolg dieser Betriebsbedingungen wird der Kolbenhub bei Naßluftpumpen möglichst klein genommen zur Verringerung der Beschleunigungs- und Verzögerungskräfte der von der Kolbenbewegung beeinflußten Wassermassen. Am zweckmäßigsten lassen sich die vorbezeichneten Forderungen bei der vertikalen Anordnung der Naßluftpumpen erfüllen.

Ausführungsbeispiele der Konstruktionen stehender und liegender Naßluftpumpen bieten die Abbildungen II, 294 bis 305 und ihres Zusammenbaues mit den Dampfmaschinen die Tafeln des Bd. II.

c. Stehende Naßluftpumpen.

Stehende Naßluftpumpen mit selbsttätigen Saug- und Druckorganen.

Bis in die neuere Zeit waren die einfachwirkenden stehenden Naßluftpumpen mit durchbrochenem Kolben (II, 294 u. 295 Fig. 1—6) bei Landmaschinen überwiegend, bei Schiffsmaschinen fast ausschließlich in Anwendung.

In ihrer einfachsten Ausführung II, 294, 1 besitzen sie einen Ventilsatz auf der Saugseite und einen solchen im Kolben für die Druckseite. Der Kondensator schließt unmittelbar mit einem entsprechenden Stutzen an die Saugseite der Luftpumpe an. Beim unteren Hubwechsel sitzt der Kolben zum Zwecke der vollständigen Luftverdrängung auf einer im unteren Kondensator- und Luftpumpenraum dauernd verbleibenden Wassermasse auf. Mit dem Kolbenaufgang tritt das Kühlwasser aus dem Kondensator in den Saugraum der Luftpumpe ein, wobei der Wasserspiegel in beiden Räumen gleich hoch sich einzustellen und der Druck im Kondensator- und Luftpumpenraum durch Luftübertritt von ersterem in letzteren sich auszugleichen sucht. Da die dabei übertretende Kondensatorluft den Durchgangswiderstand durch die Saugwassermasse überwinden, also Überdruck besitzen muß, so kann die Kondensatorspannung sich nie auf die Saugspannung der Luftpumpe ausgleichen.

Um diesen Nachteil möglichst zu vermindern, sind die Saugwassersäule und die Schwankungen ihres Wasserspiegels klein zu halten. Mit dieser Forderung hängt die Gepflogenheit zusammen, die stehenden Naßluftpumpen kurzhübig (100 bis 250 mm Hub) und mit entsprechend großen Kolbenquerschnitten auszuführen, wodurch gleichzeitig auch der Vorteil ausreichenden Durchflußquerschnittes für die auf dem Kolben unterzubringenden Hubventile sowie geringer Eintrittsgeschwindigkeit der Saugwassermasse in den Pumpenraum erzielt wird.

Der kurze Kolbenhub liegt außerdem im Interesse geringer Kolbengeschwindigkeit beim Auftreffen des niedergehenden Kolbens auf die angesaugte Wassermasse,

Stehende Naßluftpumpen mit durchbrochenem Kolben. Mit zwei Ventilsätzen.

um ruhigen und stoßfreien Gang der Pumpe zu ermöglichen. Der Kolbenniedergang dient zur Kompression der Luft und zum Übertritt der angesaugten Luft- und Wassermenge in den Raum oberhalb des Kolbens. Die Förderung des Wassers findet erst während des Kolbenaufganges statt, wobei das über dem Kolben angesammelte Wasser auch eine wirksame Abdichtung der Hubventile gegen Lufteintritt in den Pumpenraum während der Saugperiode abgibt.

Mit drei Ventilsätzen.

Eine wesentliche Verbesserung der Naßluftpumpe mit durchbrochenem Kolben bewirkt die Anordnung eines dritten Ventilsatzes oberhalb des Kolbens, Fig. 1188, II, 294, 2, 295, 4 und 5, indem hierdurch die gleiche Verbundwirkung entsteht, wie bei der trockenen Luftpumpe durch Anwendung zweier Luftcylinder. Der Vorteil dieser konstruktiven Erweiterung äußert sich in der fast vollständigen Beseitigung der Nachexpansion im Saugraum, insoweit nicht Luftblasen im Wasser am Ende der Überströmperiode zurückbleiben. Die Verdichtungsarbeit für die Luft verlegt sich in den Kolbenaufgang und die Nachexpansion im oberen Kolbenhubraum ist für die Saugwirkung unterhalb des Kolbens unschädlich gemacht.

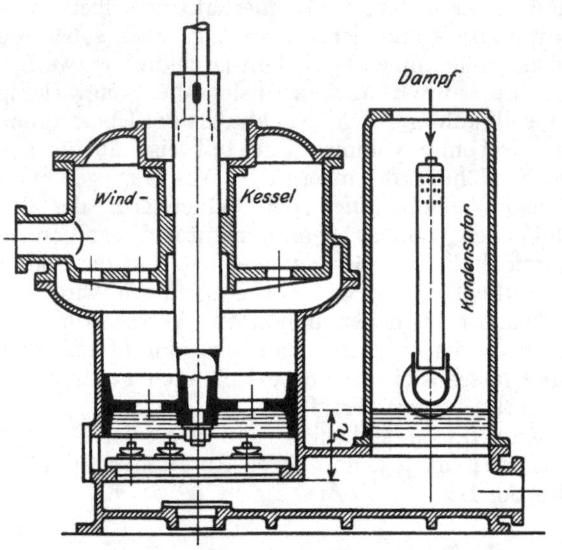

Fig. 1188. Stehende Luftpumpe mit durchbrochenem Kolben, drei Ventilsätzen und unmittelbar anschließendem Kondensator.

Der bei diesen Pumpen zur Kürzung ihrer Konstruktionshöhe mit dem durchbrochenen Kolben meistens verbundene Tauchkolben, in den der Pleuelstangenangriff verlegt ist, hat eine Verkleinerung des Hubvolumens der oberen Kolbenseite zur Folge, durch welche eine entsprechende Erhöhung des Ausgleichsdruckes beider Kolbenräume entsteht.

Die Verbundanordnung bietet noch die Möglichkeit, den oberen Raum des Pumpengehäuses als Windkessel wirksam zu machen, um einen weichen Übergang des Druckwassers aus dem Pumpenraum in die Abflußleitung zu sichern. II, 294, 2 und 295, 4 und 5. Der Windkessel ist besonders bei solchen Luftpumpen empfehlenswert, bei denen das fortzuschaffende Kühlwasser nicht frei abläuft, sondern auf ein Rückkühlwerk zu drücken ist.

Verminderung des Saugwiderstandes für die Luft.

Obwohl die Verbundwirkung das wirksamste Mittel zur Erreichung eines die Aufrechterhaltung niedriger Kondensatorspannung sichernden hohen Lieferungsgrades darstellt, so ist zugunsten des letzteren außerdem noch wichtig, den Unterschied zwischen Kondensatorspannung und Saugspannung der Luftpumpe zu beseitigen, der beim Luftübertritt aus dem Kondensator in die Naßluftpumpe, durch Überwindung der Wassersäule *h*, Fig. 1188, entsteht. Diese Beeinträchtigung der Höhe der Luftleere im Kondensator läßt sich durch getrenntes Ansaugen der Luft aus dem Kondensatorluft und -dampfraum in den Luftpumpenraum oberhalb des durchbrochenen Kolbens erreichen, wie beispielsweise die Luftpumpe II, 294, 2 aufweist.

Stehende Naßluftpumpe mit zwei Ventilsätzen und hängenden Saugventilen.

Vollkommenen Druckausgleich zwischen Kondensator- und Luftpumpenraum ohne besondere Luftventile ermöglicht die Konstruktion II, 295, 6, bei welcher der Kondensatorraum an den Hubraum oberhalb des Kolbens angeschlossen ist, die Saugventile aber an den durchbrochenen Kolben angehängt sind und die Druckventile den Luftpumpencylinder konzentrisch umgeben zum Zwecke der Vergrößerung des Wasserspiegels und Verkleinerung seiner Höhenänderung. Während eines Kolbenspiels sammelt sich zwischen Kondensator und Pumpe nur das in dieser Zeit zugeführte Kühlwasser bzw. Kondensat an, das beim Kolbenaufgang durch die Saugventile in den Saugraum der Pumpe fällt, wobei gegen Hubende der Saugventilquerschnitt auch für den ungehinderten Luftübertritt frei wird. An der Kolbenbewegung nehmen daher größere tote Wassermassen nicht teil. Die allmähliche Wasserverdrängung durch die Kegelform des Plunschers und die Verzögerung des Luftaustrittes aus dem Pumpenraum bis gegen Ende der Druckperiode gewährleisten einen stoßfreien und geräuschlosen Gang der Pumpe. Die Anfangsbeschleunigung und Endverzögerung des Kolbens begünstigt das selbsttätige Spiel der am Kolben hängenden Saugventile im Sinne rascher Eröffnung und rechtzeitigen Schlusses, und der große für den Luftübertritt verfügbare Querschnitt sichert vollständigen Druckausgleich zwischen Kondensator und Pumpensaugraum, in dem ein merkbarer Durchgangswiderstand für die Luft bei dem für Wasser bemessenen Durchtrittsquerschnitt der Saugventile nicht eintreten kann.

Stehende Schlitzluftpumpen.

Die gleiche Absicht der Erzielung kleinsten Saugwiderstandes für das Luft- und Dampfgemisch des Kondensators liegt den von Brown zuerst vorgeschlagenen sogenannten Schlitzluftpumpen zugrunde, bei denen Saugventile überhaupt vermieden sind und vom Kolben gesteuerte Schlitze den Übertritt von Luft und Dampf in den Pumpensaugraum ermöglichen. Hierher gehörige Konstruktionen sind Bd. II, 296—299 dargestellt.

Einfach wirkende Schlitzpumpen mit durchbrochenem Kolben.

Bei einfachwirkenden Schlitzpumpen II, 296, 7 und 297, 8 läßt sich auch noch der durchbrochene Kolben mit Hubventilen verwenden und das Hubvolumen beider Kolbenseiten im Sinne der oben erörterten Verbundwirkung durch Anordnung eines zweiten Ventilsatzes auf der Druckseite ausnützen. Die Saugperiode gehört dem Kolbenaufgang an, doch tritt die Verbindung mit dem Kondensator erst kurz vor Hubende auf dem Kolbenwege $h =$ der Schlitzhöhe ein, so daß die Zeit für den Übertritt des Warmwassers und des Luft- und Dampfgemisches $2\,\Delta\,t$ beträgt, wenn $\Delta\,t$ die dem Kolbenweg h entsprechende Hubzeit ausdrückt. Da die Luftverdichtung beim Kolbenniedergang erst nach Zurücklegung des Kolbenweges h eintreten kann, geht letzterer für die Verdichtung und für die Saugwirkung verloren, so daß der volumetrische Nutzeffekt der Pumpe gemessen wird in dem Verhältnis $(s-h)/s = \eta_v$, das um so größer sich ergibt, je größer der Kolbenhub und je kleiner die Schlitzhöhe h gewählt wird. Das Indikatordiagramm Fig. 1189 einer Schlitzluftpumpe zeigt die starke Verkürzung des wirksamen Saughubes im Vergleich zum tatsächlichen Kolbenhub und außerdem für den ersteren eine nutzlose Unterschreitung des Kondensatordruckes, der zufolge die Luftpumpenarbeit sich unnötig um den unterhalb der Kondensatorspannung fallenden Betrag vergrößert; doch wird dieser Nachteil nur bei schlechtem Vakuum von größerer Bedeutung.

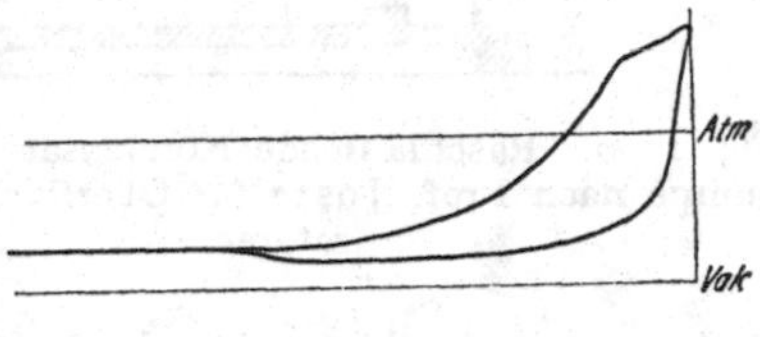

Fig. 1189. Indikatordiagramm einer Schlitzluftpumpe.

Einfach wirkende Schlitzpumpen mit Tauchkolben.

Am häufigsten sind stehende Schlitzpumpen mit einfachwirkenden Tauchkolben ausgeführt in Verbindung mit einem Satz von Druckventilen; ihre üblichen Konstruktionen sind in den Darstellungen II, 298, 10 bis 299, 12 veranschaulicht.

Die Saugwirkung tritt gegen Ende des Kolbenniederganges und bei beginnendem Aufgang innerhalb des Kolbenweges h und der Zeit $2 \cdot \Delta\,t$ ein. Das Wasser fällt dabei in den Hohlraum des Plunschers und das Luft- und Dampfgemisch sammelt sich unterhalb der Druckventile an, so daß bei Kolbenaufgang und erfolgter Verdichtung auf den Außendruck die Luft zuerst die Ventile öffnet und entweicht, worauf durch dieselben Ventile der Wasseraustritt erfolgt. Am Luftpumpenkörper hinter den Druckventilen angeordnete Windhauben sichern wieder einen stetigen Wasserablauf, namentlich bei Verbindung mit Rückkühlwerken, und entlasten die Luftpumpe von der Massenwirkung der Druckwassersäule.

Um die Schlitzhöhe zur Vergrößerung des Saugeffektes verkleinern zu können, lassen sich nach II, 299, 12 zwei Übertrittsstellen für das Wasser im Tauchkolben ausführen. Der Leerhub des Kolbens beträgt alsdann nur noch $h/2$, wenn die gesamte wirksame Schlitzhöhe h betragen soll.

Der mit dem Kondensator verbundene ringförmige Gehäuseraum des Pumpenkörpers ist so groß zu wählen, daß das in ihm befindliche Wasser, dessen Oberfläche entgegengesetzt der Kolbenbewegung sich hebt und senkt, beim Abwärtsgang des Kolbens nicht gegen die obere Begrenzungswand des Gehäuseringraumes geschleudert wird und Wasserschläge verursacht.

Schlitzluftpumpe von Prof. Josse.

Eine eigenartige Bauart weist die Schlitzluftpumpe von Prof. Josse auf, die in Fig. 1190 als Kondensatpumpe dargestellt ist. Das beim Kolbenaufgang durch Schlitze angesaugte Kondensat- und Luftgemisch wird beim Kolbenniedergang durch hängende Druckventile weggedrückt. Gegen Hubende gelangt dabei ein Teil des Wassers durch einen Überströmkanal auf die obere Kolbenseite, welche hauptsächlich der Luftförderung dient. Das überspritzende Wasser bezweckt eine gewisse Ableitung der Kompressionswärme und Ausfüllung des schädlichen Raumes.

Edwards-Pumpe.

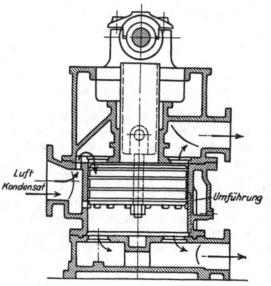

Fig. 1190. Raschlaufende Kondensat- und Luftpumpe nach Prof. Josse für Oberflächenkondensatoren.

Die in England verbreitete Edwards-Pumpe (II, 297, 9) unterscheidet sich von den vorher erwähnten Schlitzpumpen nur in der Einführung des Wassers. Der kegelförmige Kolben schleudert vor seinem unteren Hubende mittels einer entsprechenden wulstförmigen Erweiterung des äußeren Pumpenkörpers das Saugwasser durch die Schlitze in den oberen Hubraum des Kolbens. Die mit starken Richtungswechseln verbundene Zerteilung des Wassers und Begünstigung der Blasenbildung hat einerseits weichen Gang der Pumpe zur Folge, muß aber andererseits den Arbeitsbedarf der Pumpe ungünstig beeinflussen.

Stehende doppeltwirkende Schlitzpumpe.

Als Beispiel einer doppelt wirkenden stehenden Schlitzpumpe möge die Darstellung II, 299, 13 dienen, und zwar für Mischkondensation und Förderung von Luft und Wasser auf beiden Kolbenseiten. Der Kolben überschleift die Schlitze an den beiden Hubenden und ermöglicht dadurch den jeweiligen Übertritt des Kühlwassers und des Luft- und Dampfgemisches aus dem Kondensator in den auf der entsprechenden Kolbenseite frei gewordenen Saugraum.

d. Liegende Naßluftpumpen.

Nicht weniger häufig wie stehende Luftpumpen finden für den Kondensationsbetrieb von Einzeldampfmaschinen liegende Luftpumpen Verwendung, die stets doppeltwirkend ausgeführt werden und deren Saugraum sehr häufig unmittelbar als Kondensatorraum dient.

Liegende Pumpen mit selbsttätigen Saug- und Druckorganen.

Die typische Anordnung solcher Luftpumpen zeigt Fig. 1191, bei der oberhalb des Pumpencylinders symmetrisch zur Kolbenmittelstellung Saug- und Druckventile so angeordnet sind, daß erstere teilweise den Kondensatorraum begrenzen und auf letztere ein Druckraum sich aufsetzt, der als Windkessel für die nach dem Rückkühlwerk zu hebende Warmwassermasse dient.

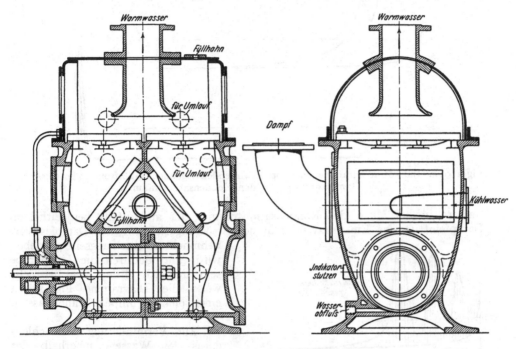

Fig. 1191. Liegende doppeltwirkende Naßluftpumpe.

Diese Anordnung hat jedoch den Nachteil großer schädlicher Räume, deren Wasserinhalt zusammen mit dem bei jedem Saughub der Pumpe eintretenden Wasser-, Luft- und Dampfgemische vom Kolben auf- und niedergeschleudert wird, so daß, namentlich infolge großer Querschnittsänderungen der Pumpenräume und mehrfacher Richtungswechsel der Wasserführung innerhalb der Pumpe, Schaumbildung verursacht wird und gegen Ende des Druckhubes stets ein Gemisch von Wasser und Luft in der Pumpe noch zurückbleibt. Ungenügende Ausnützung des Kolbenhubvolumens während der Saugperiode infolge Nachexpansion der zurückbleibenden Luft, sowie starke und unregelmäßige Druckschwankungen während der Druckperiode durch pendelnde Wassermassen, verstärkt durch die Massenwirkung der selbsttätig arbeitenden Druckklappen, sind die Folge, wie die Indikatordiagramme Fig. 1192a und b solcher Pumpen erweisen.

Eine gewisse Verbesserung in der Anordnung der Saug- und Druckräume, sowie in der Lage der Saug- und Druckventile zeigt die Luftpumpenkonstruktion II, 300 in dem Sinne, daß die Höhenänderungen des Wasserspiegels der vom Kolben hin- und hergeschobenen toten Wassermassen durch große Oberflächen und die Geschwindigkeit der Wasserbewegung durch weite Übergangsquerschnitte vom Pumpenraum in den Anschlußraum der Ventilsitze verkleinert sind.

Verbesserte Form der Saug- und Druckräume.

Noch etwas günstiger erscheinen die Konstruktionsverhältnisse hinsichtlich der Wasserführung bei der ganz ähnlichen Pumpenanordnung II, 301.

Die Anbringung von Windkesseln auf der Druckseite, wie in der Ausführung II, 302 vorgesehen, vermag an den nachteiligen Wirkungen ungünstiger Wasserführung innerhalb der Pumpe naturgemäß wenig zu ändern; sie bezwecken hauptsächlich nur die Ausschaltung der Massenwirkung der Druckwassersäule auf den Pumpengang.

Ungleiche Saugwirkung. Wesentlich für eine gleichmäßige Saugwirkung der liegenden Pumpen auf beiden Kolbenseiten ist die Zuführung des Auspuffdampfes und des Einspritz-

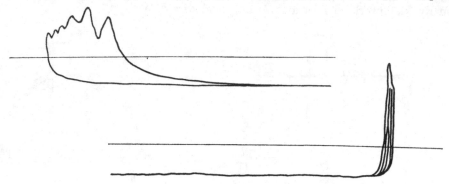

Fig. 1192a. Indikatordiagramme einer doppeltwirkenden liegenden Naßluftpumpe bei einseitiger Dampfzuführung in den Kondensationsraum.

wassers in der Mitte des Kondensationsraumes, da andernfalls bei seitlichem Dampfeintritt das Einspritzwasser in der Strömungsrichtung des Dampfes vornehmlich auf eine Saugseite getrieben wird, und dadurch die Luftpumpe sehr ungleich fördert, wie beispielsweise die Diagramme Fig. 1192a einer solchen Pumpe erkennen lassen.

Einschränkung der Wasserpendelungen.

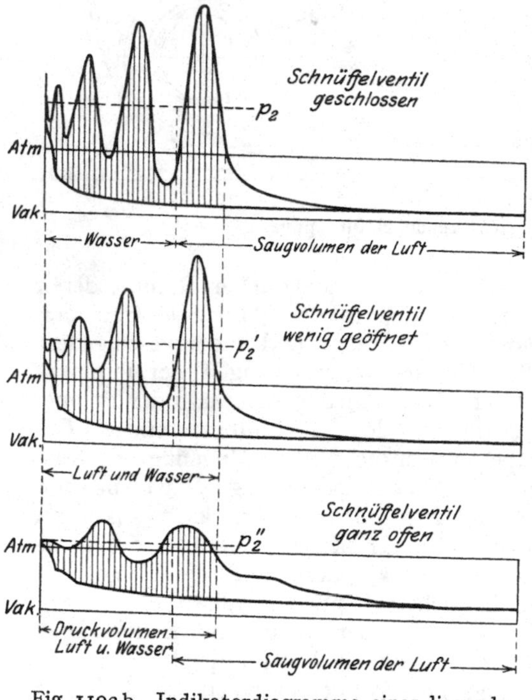

Fig. 1192b. Indikatordiagramme einer liegenden Naßluftpumpe bei verschieden großer angesaugter Luft- und gleicher Wassermenge.

Zur Verminderung des Schleuderns des Wassers innerhalb der Pumpe sind konische Endflächen des Kolbens den ebenen jedenfalls vorzuziehen; hohle Kolbenkörper nach II, 300 tragen dagegen nichts zu genanntem Zwecke bei.

Infolge der bei Naßluftpumpen stets nur teilweisen Ausfüllung des Kolbenhubvolumens durch Wasser und der bei liegender Anordnung unvermeidlichen Richtungswechsel in den Strömungsverhältnissen vor und hinter den Abschlußorganen, ist stoßender und geräuschvoller Gang der Naßluftpumpen eine allgemeine Erscheinung. Eine Verbesserung dieses Betriebszustandes wird nicht selten durch Ansaugen von Luft mittels besonderer Schnüffelventile angestrebt, um durch größeren Luftgehalt der Wassermasse des Pumpenraums

die Stoßwirkungen zu mildern. Die Kondensatorspannung wird aber durch solches Luftansaugen erhöht, Fig. 1181a und b.

Die drei Indikatordiagramme Fig. 1192b einer liegenden Naßluftpumpe normaler Bauart (II, 300, 14) lassen die mit vermehrter Luftzufuhr durch das Schnüffelventil bewirkte Abnahme der während der Ausschubperiode auftretenden Druckschwankungen deutlich erkennen.

Eine wirksame Einschränkung der Wasserpendelungen in der Pumpe setzt auch entsprechende Verkleinerung der schädlichen Räume voraus, wie sie beispielsweise durch die Pumpenkonstruktion II, 303 erzielt wird. Durch Verlegung der Saugorgane unterhalb und der Druckorgane oberhalb des Luftpumpencylinders bei Ausbildung kleinster schädlicher Räume sind die toten Wassermassen auf eine praktisch belanglose Größe vermindert. Empfindliche Stoßwirkungen durch pendelnde Wassermassen sind ausgeschlossen, da auch im Kondensatorraum der Wasserspiegel des Kühlwassers nur wenig über die untenliegenden Saugorgane sich erhebt. Die Luft tritt aus dem oberen Kondensatorraum durch besondere in den Druckventilsitzen untergebrachte Saugklappen ein.

Verkleinerung der schädlichen Räume.

Liegende Schlitzluftpumpen.

Das Bestreben, den Widerstand der Saugorgane zu beseitigen, im Interesse einer Übereinstimmung der Kondensatorspannung mit der durch die Luftpumpe erreichbaren Saugspannung, hat auch bei den liegenden Luftpumpen zur

Liegende Luftpumpen mit Saugschlitzen.

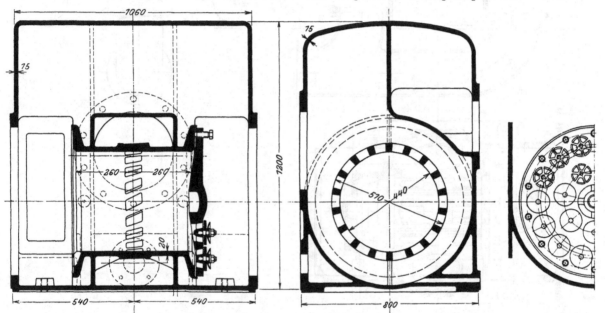

Fig. 1193. Luftpumpenkörper mit Saugschlitzen.

Anwendung von Saugschlitzen am Cylinderumfang geführt, die wegen der stets doppeltwirkenden Arbeitsweise der Pumpen in der Cylindermitte angeordnet werden. Eine entsprechende Ausbildung des Pumpenkörpers zeigt Fig. 1193 und 1194, sowie II, 304 und 305.

.Durch Unterbringung der Druckventile in den Cylinderdeckeln ist es möglich, einen kleinen schädlichen Raum zu erreichen und dadurch Wasserschläge innerhalb der Pumpe abzuschwächen. Andererseits wird aber großer Überdruck beim Verdrängen des Wassers aus der Pumpe dadurch erzeugt, daß hinter den Druckventilen das Wasser so hoch zu stehen hat, daß durch sie, im Falle ihrer Undichtheit, der Eintritt von Luft in die Pumpe ausgeschlossen ist. Auch vergrößert die Abströmung des Wassers mit 90° Richtungswechsel den Überdruck. Dieser Nachteil wird durch kleine Austrittsgeschwindigkeiten praktisch unempfindlich zu machen gesucht, indem die Cylinderenden für große Deckelquerschnitte zur Unterbringung

einer genügenden Zahl von Ventilen erweitert werden, II, 304 und 305, oder Ventile
außer in den Deckeln auch noch am Umfang der Cylinderenden angeordnet werden,
Fig. 1194.

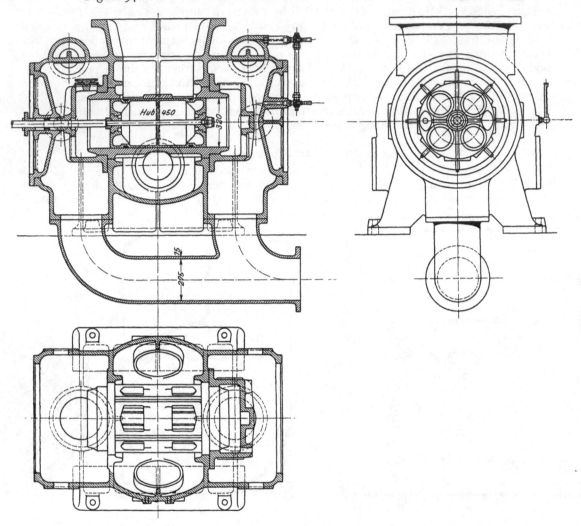

Fig. 1194. Liegende Schlitzluftpumpe einer Mischkondensationsanlage.

Nasse Verbund-Luftpumpen.

Auch bei Naßluftpumpen läßt sich die Saugwirkung steigern, behufs Er-
niedrigung des Kondensatordruckes, durch Kupplung zweier gleich- oder ver-
schiedengroßer Luftpumpencylinder derart, daß der unmittelbar aus dem Konden-
sator saugende als Niederdruckcylinder, der zweite als Hochdruckcylinder zur
Wirkung kommt, Fig. 1195. Der Druck in der Überstromleitung zwischen beiden
Cylindern ist wieder abhängig, wie bei der trockenen Verbundluftpumpe vom
Verhältnis der Luftsaugvolumen beider Cylinder, die jeweils aus der Größe der
Nachexpansion sich ableiten. Das Saugvolumen des NDCylinders weicht, infolge
der geringen Nachexpansion in letzterem, nur wenig von dem um das angesaugte
Einspritzwasser verminderten Kolbenhubvo umen ab; der beträchtliche Kompres-
sionsgrad im HD-Cylinder verursacht dagegen entsprechend große Nachexpansion,

die abhängig wird von dem am Ende des Druckhubes zurückbleibenden Luftgehalt des Wassers. Das Saugvolumen des HD-Cylinders wird daher dauernd gewissen Veränderungen unterworfen sein und damit auch der Druck in der Überströmleitung.

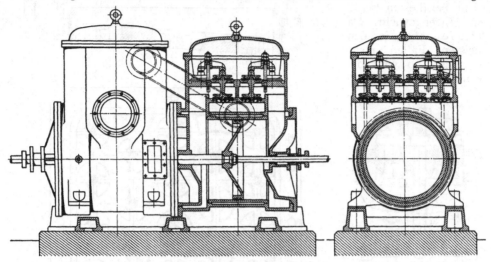

Fig. 1195. Nasse Verbund-Luftpumpe von Sack & Kieselbach.

Gegenüber der bei stehenden Naßluftpumpen mit drei Ventilsätzen bereits mit einem einzigen Pumpencylinder erzielbaren Verbundwirkung besitzt die vorstehend erörterte mittels zweier liegenden Naßluftpumpen den Vorteil doppelter Wirkung.

e. Abschlußorgane der Naßluftpumpen.
Form und Material der selbsttätigen Abschlußorgane.

Als Abschlußorgan für die Saug- und Druckseite der Naßluftpumpen dienen Ventile oder Klappen aus Metall oder Gummi. Am meisten verbreitet sind die elastischen Gummiklappen, einerseits wegen ihrer selbsttätigen Federung und geringen Masse, hauptsächlich aber wegen ihrer guten Dichtheit und des weichen Spieles, das sie trotz der meist unruhigen Arbeitsweise der Naßluftpumpen besitzen. Zur Sicherung ihrer Dichtheit gegen Luft ist es geboten, sie so anzuordnen, daß sie im Betrieb dauernd unter Wasser arbeiten.

Die Gummiklappen lassen sich entweder rund mit zentraler Führung Fig. 1196 a, b und c oder rechteckig mit einseitiger oder doppelseitiger Beweglichkeit ausführen. Die Querschnitte müssen in Rücksicht auf die Nachgiebigkeit des Gummimaterials in kleine Öffnungen unterteilt werden, deren Größe von der Dicke der Ventilplatte (12 bis 16 mm) und dem auf dem Ventil lastenden Überdruck abhängt. Der bei diesen Klappen unerläßliche Hubfänger ist durchlocht, um ein Anhaften der geöffneten Klappe an diesem zu vermeiden. Zur Verminderung des Öffnungswiderstandes und der Biegungsbeanspruchung wird die runde Klappe nicht selten mit Spiel in der Richtung der Hubbewegung eingesetzt, II, 301.

Als empfindlicher Nachteil der Gummiklappen macht sich ihre ungenügende Hitzebeständigkeit geltend, der zufolge hocherwärmtes Wasser oder in die Pumpe eintretender Dampf, im Falle des Versagens des Kondensators, eine Zerstörung des Klappenmaterials im Gefolge hat. Solchen Möglichkeiten gegenüber schützt nur die Anwendung von Metallventilen, welche aus dem bezeichneten Grund auch fast ausschließlich bei den Luftpumpen der Schiffsmaschinen in Gebrauch sind, doch finden sie auch bei den Luftpumpen der Kondensationsanlagen von Kraftwerken in neuerer Zeit mehr und mehr Verwendung.

Gummiklappen.

Metallventile.   Die Metallventile werden in Form kreis- oder ringförmiger Platten von geringer Dicke ausgeführt, wie beispielsweise ein solches in II, 296, 7 wiedergegeben ist. Als Schlußkraft dient bei diesem Ventil sein Eigengewicht. Da letzteres aber in den meisten Fällen nicht ausreicht, so wird die Ventilplatte an sich so

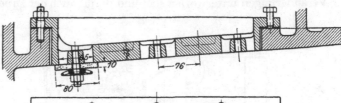

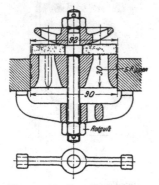

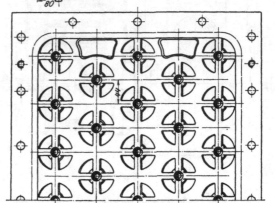

Fig. 1196a. Runde Gummi-klappe mit auswechsel-barem Sitz.

Fig. 1196b. Saugklappen-Einsatzkörper für große liegende Naßluftpumpe.

dünn ausgeführt, als die Festigkeitsrücksicht erlaubt und die Schlußkraft durch besondere Federn hervorgerufen (Fig. 1197). Ein praktischer Nachteil dieser von Corliß zuerst angewendeten Ventile besteht in ihrem geräuschvollen Gang, namentlich wenn sie erst im Hubwechsel unter dem Einfluß des entstehenden Überdrucks zugeworfen werden.

Ein bei Schiffsluftpumpen häufig verwendetes Ventil von Beldam zeigt Fig. 1198 (der Ventilteller besteht aus einer 2 bis 5 mm dicken, gewellten Messingplatte), das sich durch weiches Spiel auszeichnen soll, indem beim

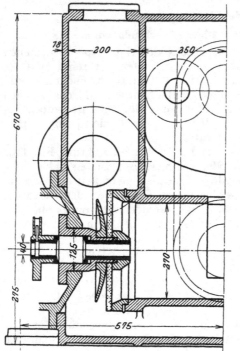

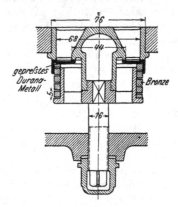

Fig. 1196c. Ungewöhnlich große Gummiklappe als einziges Abschlußorgan der Druckseite.

Fig. 1197. Metallisches Ringventil mit doppeltem Durchflußquerschnitt.

Öffnen Wasser zwischen Hubbegrenzer und Ventil, beim Schluß zwischen Ventil und Sitz verbleibt und den Aufschlag dämpft. Auch das Ventil von K i n g h o r n Fig. 1199 soll ein gleich ruhiges Spiel ermöglichen; es besteht aus drei übereinander liegenden Scheiben aus Kupfer oder Phosphorbronze, von denen die beiden unteren gegeneinander versetzte Löcher von etwa 4 mm enthalten, um ein allmähliches Anheben und Aufsetzen der Ventile zu veranlassen.

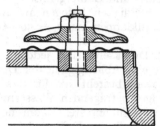

Fig. 1198. Metallventil von Beldam.

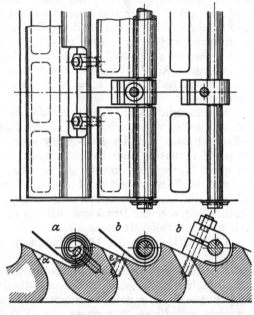

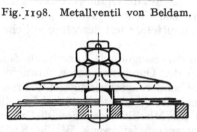

Fig. 1199. Metallventil von Kinghorn.

Fig. 1200. Anordnung der federnden Klappen, System Gutermuth, für Naßluftpumpen. Darstellung der Befestigungsweisen mit und ohne Spindel.

Federnde Metallklappen System Gutermuth.

In vollkommenster Weise ermöglicht die metallische Klappe in der durch Fig. 1200 gekennzeichneten federnden Gestalt und bei der besonderen Sitzform vollkommen stoßfreies und geräuschloses Spiel. Voraussetzung für letztere Arbeitsweise ist, daß die Richtung des Kanals unter einem möglichst spitzen Winkel α die Klappensitzfläche schneidet und daß die die Strahldicke bestimmende Kanalweite e nicht größer gewählt wird als dem zulässigen Klappenhub entspricht. Die Anwendung dieser Klappen als Druckorgane bei einer stehenden Schlitzluftpumpe zeigt II, 297, 9 und ihr Einbau auf der Saug- und Druckseite einer liegenden Pumpe mittels konischer Sitzkörper veranschaulicht die Konstruktion II, 303, 17. Die Stärke des dem Kanalabschluß dienenden Teils der Klappe beträgt 0,8—1,0 mm; diejenige der federnden Windungen nur 0,5—0,6 mm. Durch geeignetes Walzverfahren sind diese metallischen Klappen aus einem Stück mit verschiedener Blechstärke herzustellen. Auch lassen sie sich, wie Fig. 1200b zeigt, durch Aufschieben auf eine mit dem Sitz verbundene Spindel mittels umgebördelten Randes der inneren Windung sehr einfach und leicht einsetzen. Die einfachste Befestigungsweise der Klappe ermöglicht ihre Ausbildung nach Fig. 1200a mit rückläufiger Federwindung, wobei das eine, meist verstärkte Ende des Klappenbleches den Kanalabschluß bewirkt, während das andere Ende zur Befestigung der Klappe am Sitzkörper dient.

Eine konstruktiv besonders wertvolle Eigenschaft dieser federnden Klappen besteht darin, nicht an eine bestimmte Anordnung und Lage gebunden zu sein, wie beispielsweise die Ventile, welche ein zuverlässiges Spiel nur bei vertikaler Hubbewegung gewährleisten. Für ein einwandfreies Spiel der Klappen ist es gleichgültig, ob sie stehend oder liegend, geneigt oder hängend angeordnet werden. Wegen der durch den Spaltquerschnitt begrenzten Strahldicke und vorgeschriebenen Strahlrichtung ist eine Hubbegrenzung der Klappe entbehrlich.

Abmessungen der selbsttätigen Abschlußorgane.

Zulässige Durchfluß-geschwindig-keiten. Die Abmessungen der Abschlußorgane werden von den Durchtrittsquerschnitten und diese von den zulässigen sekundlichen Durchflußgeschwindigkeiten v_w des Wassers und denjenigen v_l des Luft- und Dampfgemisches abhängig. Bei den Ventilen und Gummiklappen kann auf der Saugseite $v_s = 1$—2 m, auf der Druckseite $v_d = 2$—3 m gewählt werden. Bei den federnden Metallklappen sind in den Spaltquerschnitten wesentlich größere Durchflußgeschwindigkeiten zulässig, und zwar $v_s = 2$—3 m bzw. $v_d = 4$—8 m. Für das Luft- und Dampfgemisch ist bei den üblichen Abschlußorganen die Strömungsgeschwindigkeit bezogen auf freien Durchflußquerschnitt zu $v_l = 30$ m, bei den Metallklappen zu $v_l = 50$—60 m anzunehmen.

Die Rechnungsgrundlagen für die Saug- und Druckseite sind jedoch noch dadurch weiter verschieden, daß auf der Saugseite eine Abhängigkeit der Durchflußverhältnisse von der Kolbenbewegung nur insoweit besteht, als für das Ansaugen der meist $^1/_3$ des Kolbenvolumens und weniger betragenden Wassermenge der ganze Kolbenhub und die ganze Hubzeit zur Verfügung steht, während der Austritt des Wassers und des Luft- und Dampfgemisches durch die Druckorgane sich auf die kurze Druckperiode beschränkt. Die Strömungsvorgänge in den Abschlußorganen der Druckseite hängen daher unmittelbar mit der veränderlichen Kolbengeschwindigkeit zusammen.

Berechnung der Saug-organe. Die Bestimmung der Durchflußquerschnitte der Saugorgane kann nach dem Vorerwähnten von der Annahme ausgehen, daß der Durchtritt des Kühlwassers und des Luft- und Dampfgemisches mit gleichbleibender Geschwindigkeit während der Hubzeit t erfolgt, die für eine minutliche Umdrehungszahl n der Antriebswelle sich zu $t = 60/2n = 30/n$ bestimmt. Nachdem für Mischkondensation die anzusaugende stündliche Wassermenge $= W + D$ zu setzen ist, wenn W die Kühlwassermenge und D die kondensierte Dampfmenge ausdrückt, so bestimmt sich der Durchflußquerschnitt f_s der Saugorgane, bei einer Durchströmgeschwindigkeit w_s aus der Beziehung $\dfrac{W + D}{60 \cdot n} = f_s \cdot w_s \cdot t$ für einfachwirkende Pumpen und aus $\dfrac{W + D}{60\,n} = 2 \cdot f_s w_s t$ für doppeltwirkende Pumpen. Desgleichen bestimmt sich der Saugquerschnitt f_l für das auf eine Umdrehung der Luftpumpe bezogene Luft- und Dampfgemischvolumen V_l, wenn v_l die zulässige Durchflußgeschwindigkeit durch die Luftventile bezeichnet, aus $V_l = f_l \cdot w_l \cdot t$ bzw. $V_l = 2 \cdot f_l \cdot w_l \cdot t$.

Für Naßluftpumpen, bei denen Wasser und Luft mehr oder weniger gleichzeitig bzw. gemeinsam durch dieselben Saugorgane eintreten, wäre die Summe beider Rechnungswerte $f_s + f_l$ als Durchtrittsquerschnitt der Ausführung zugrunde zu legen.

Die Bemessung der Saugschlitze für Luftpumpen ohne Saugorgane kann sich zunächst auf dieselben Gleichungen stützen nur mit dem Unterschied, daß statt der Hubzeit t die Eröffnungszeit $\varDelta t$ des Schlitzes zu setzen ist[1]).

Berechnung der Druck-organe. Für die Abmessungen der Druckorgane ist die Abhängigkeit der Durchströmgeschwindigkeiten in den Eröffnungsquerschnitten von der Kolbengeschwindigkeit maßgebend, weil die Fortschaffung erst beginnt, wenn das Luft- und Dampfgemisch auf den Austrittsdruck verdichtet ist. Bezeichnet F den Kolbenquerschnitt, c_2 die Kolbengeschwindigkeit bei Eröffnung der Druckventile, f_d den zugehörigen Durchflußquerschnitt der Druckorgane und w_d die entsprechende Durchflußgeschwindigkeit von Wasser bzw. Luft- und Dampfgemisch, so kann gesetzt werden $F \cdot c_2 = f_d \cdot w_d$, woraus sich der theoretisch erforderliche größte Durchflußquerschnitt f_d der Abschlußorgane berechnet. Nachdem durch die Druckorgane im allgemeinen

---

[1]) Eingehende theoretische Verfolgung der Durchflußverhältnisse auf der Saugseite der Schlitzluftpumpen s. Dubbel, Entwerfen und Berechnen der Dampfmaschinen. 3. Aufl. S. 233.

zuerst das verdichtete Luft- und Dampfgemisch und hierauf das Wasser entweicht, wird der Eröffnungsvorgang durch die zunächst nur erforderlichen kleinen Durchflußquerschnitte erleichtert.

4. Aufstellung und Antrieb der Luftpumpen.

a. Kolbenluftpumpen.

Die Kolbenluftpumpen werden bei Einzelkondensation von der Dampfmaschine selbst, bei Zentralkondensationsanlagen durch Hilfsdampfmaschinen oder Elektromotoren angetrieben.

Stehende Luftpumpen bilden für stehende Dampfmaschinen die Regel und werden bei diesen vom Kreuzkopf aus durch Balanciers, welche an den Ständern ihre Lagerung finden, betätigt; auch die Pumpe findet dabei am Maschinenständer oder Rahmen eine naturgemäße Lagerung (II, Taf. 22a und 26). Bei tief aufzustellenden Luftpumpen kann der Antrieb sowohl vom Kreuzkopf (II, Taf. 23), als auch von einem Ende der Maschinenwelle aus mittels besonderer Kurbel erfolgen.

Stehende Luftpumpen.

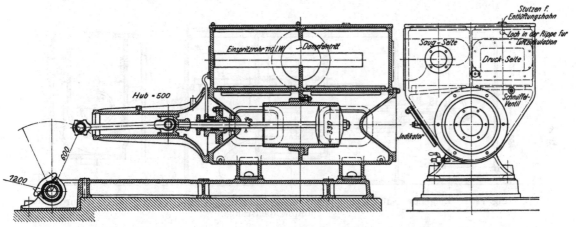

Fig. 1201. Luftpumpenanordnung für Winkelhebelantrieb mit einer Übersetzung 2:1.

Bei liegenden Maschinen wird die Bewegung stehender Luftpumpen meist von der Kurbel abgeleitet, II, Taf. 3, 6, 7, 16 und 17, selten vom Kreuzkopf, II, Taf. 5, von der verlängerten Kolbenstange, II, Taf. 8 oder von einer Hilfskurbel, II, Taf. 11. Bei kleineren Ausführungsverhältnissen, insbesondere bei Lokomobilen, werden auch auf die Kurbelwelle aufgesetzte Exzenter zum Antrieb benützt.

Liegende, im Fundamentraum aufgestellte Luftpumpen werden meist von der Kurbel aus angetrieben, ausnahmsweise von der rückwärts verlängerten Kolbenstange, unter Einschaltung eines Winkelhebels oder einer Schwinge. Anordnungen der ersteren Art zeigen II, Taf. 12, 13, 15 und Fig. 1201, der letzteren II, Taf. 8 und 14, wobei die Bewegungsübertragung stets so ausgebildet ist, daß der Luftpumpenhub wesentlich kleiner als der der Dampfmaschine sich ergibt, um die von der veränderlichen Kolbengeschwindigkeit abhängige Massenwirkung des Wassers im Interesse eines ruhigen Pumpenganges zu verringern.

Liegende Luftpumpen.

Die Luftpumpen-Antriebshebel und deren Dreh- und Lagerzapfen sind wegen der innerhalb der Pumpe möglichen Wasserschläge und ihrer unmittelbaren Wirkung auf das Triebwerk besonders kräftig zu bemessen und die Abnützungsflächen der Zapfen groß zu wählen. Zur Sicherung ausreichender Führung der meist langarmigen Hebel und des Übertragungsgestänges sind große Stützweiten für die Drehzapfen der Balanciers und Winkelhebel unerläßlich. Als Material für letztbezeichnete Elemente kommt entweder Stahlguß (II, 306, 20) oder Schmiedeisen (II, 306, 22) in Betracht; Gußeisen eignet sich, seiner ungenügenden Biegungs-

festigkeit und der daraus folgenden Bruchgefahr bzw. der sich ergebenden großen
Ausführungsdimensionen und Massenwirkung wegen nur für Maschinen kleiner
Leistung.

Selten erfolgt der Antrieb des Luftpumpenkolbens unmittelbar von der rückwärts verlängerten Kolbenstange aus durch Aufstellung der Pumpe in der Maschinenachse, so daß ihr Kolbenhub übereinstimmend mit dem der Dampfmaschine
wird, Fig. 1202, sowie II, Taf. 9 und II, 303. Nur bei mäßiger Umdrehungszahl
von nicht über 60—80 in der Minute ist diese Antriebsweise anwendbar, ohne unruhigen Gang der Luftpumpe infolge starken Schleuderns des Wassers gewärtigen
zu müssen.

Die Anordnung der Luftpumpe in der Cylinderachse hat aber noch den großen
Übelstand, daß im Falle Eindringens zu großer Kühlwassermengen in die Luftpumpe, etwa durch mangelhafte Regelung des Einspritzhahns, gleichzeitig die
Gefahr des Wassserübertritts in den Niederdruckcylinder der Dampfmaschine
besteht, wodurch Wasserschläge verursacht werden können, die eine Zertrümmerung
der Cylinderdeckel und des Maschinenrahmens, sowie Triebwerksbrüche zur Folge
haben.

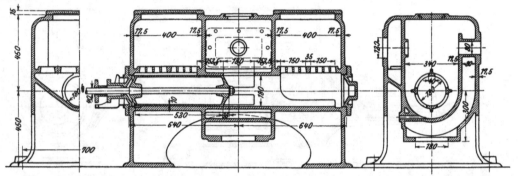

Fig. 1202. Liegende Naßluftpumpe mit Saugschlitzen für unmittelbaren Antrieb durch die
Dampfkolbenstange.

Eine zuverlässige Beseitigung dieses Nachteils verlangt den Anschluß des
Auspuffrohres an den Kondensationsraum der Luftpumpe in Form eines so stark
überhöhten U-Rohres, daß dessen oberer Scheitel sich mindestens bis zur Höhe
der barometrischen Wassersäule über den Saugwasserspiegel der Einspritzleitung
erhebt. Die gleiche Vorsichtsmaßregel ist beispielsweise bei der Verbundwalzen-
zugsmaschine II, Taf. 8 angewendet, indem der Niederdruckcylinder und die
hinter ihm wenig unterhalb der Maschinenachse aufgestellte Luftpumpe durch ein
beiderseits von oben anschließendes Auspuffrohr mit entsprechend hochgeführtem
Krümmer miteinander verbunden sind.

Die Gefahr des Wasserübertritts in den Dampfcylinder entsteht beim Aus-
lauf der Maschine vor ihrem Stillstand, wenn die Einspritzung nicht abgestellt
wird und die Luftpumpe, infolge der sich vermindernden Hubzahl, das durch das
Vakuum angesaugte Wasser nicht mehr wegschafft. Auch bei vorübergehender
Verlangsamung des Maschinenganges ohne gleichzeitige Verringerung der Einspritzwassermenge tritt die gleiche Gefahr auf.

Der vereinzelt angewendete Antrieb mittels Exzenter auf der Kurbelwelle
gewährt wohl den Vorteil gedrängter Gesamtanordnung einer Kondensationsmaschine (II, Taf. 2a), besitzt aber den Nachteil großer, am Exzenter auftre-
tender Reibungsarbeiten, die eine den zuverlässigen Pumpenbetrieb erschwe-
rende Erwärmung der Exzenterlaufflächen herbeiführen. Des eingangs erwähnten
Vorteils halber findet der Exzenterantrieb am häufigsten bei Lokomobilen Anwendung.

b. Wasserstrahl-Luftpumpen.

Allgemeine
Gesichts-
punkte.

In neuerer Zeit haben, mit der Entwicklung der rotierenden Kraft- und Arbeitsmaschinen, auch bei Kondensationsanlagen von Kolbendampfmaschinen die Kreiselpumpen in Verbindung mit Strahlapparaten zur Luftabsaugung Eingang gefunden, infolge ihrer betriebstechnischen Einfachheit und Sicherheit, geringen Raumbeanspruchung und größeren Billigkeit. Hinsichtlich Kraftaufwand und Wasserverbrauch stehen jedoch diese Einrichtungen wegen ihres geringen Wirkungsgrades hinter denjenigen mit Kolbenpumpen zurück.

Eine vielseitige und erfolgreiche Entwicklung in Bezug auf die Erzielung hohen Vakuums haben die Wasserstrahlluftpumpen für die Oberflächen-Kondensationsanlagen moderner Großkraftwerke erfahren, im Hinblick auf die besondere, wirtschaftliche Bedeutung niedriger Kondensatorspannung bei Dampfturbinen großer Leistung[1]).

Die mit dem Kondensator verbundenen Einrichtungen dieser Art bestehen aus einem durch Kühlwasser beaufschlagten Düsenapparat (Wasserstrahlsauger), der das Luft- und Dampfgemisch aus dem Kondensator absaugt und durch Diffusorwirkung in einer Auffangdüse auf atmosphärische Spannung komprimiert. Dabei wird die für die Wirksamkeit des Strahlapparates erforderliche potentielle oder kinetische Energie des Kühlwassers in der Regel durch eine Kreiselpumpe bzw. durch ein Schleuderrad erzeugt.

Im Zusammenhang mit dem Dampfmaschinenbetrieb sei nur auf einige bei diesem zur Anwendung gekommene Wasserstrahlluftpumpen hingewiesen.

Wasserstrahlsauger in Verbindung mit Kreiselpumpe.

Kühlwasser-
Kreiselpumpe
in Verbindung
mit Wasser-
strahl-
Luftpumpe.

Bei Oberflächenkondensatoren kann die Wasserstrahl-Luftpumpe entweder in die Saugleitung, oder in die Druckleitung der Kühlwasser-Kreiselpumpe eingebaut werden. Fig. 1203 zeigt eine Anordnung der letzteren Art mit vor dem Kondensator eingebautem Wasserstrahlluftsauger. Die aus dem Kondensator abgesaugte und mit dem Kühlwasser sich mischende Luft wird in diesem Falle in die Kühlröhren mit fortgeführt. Wenn auch dadurch der Wärmeübergang an das Wasser erfahrungsgemäß nicht empfindlich leidet, so erscheint es doch rationeller, nach dem Vorschlage von Paul H. Müller die Luft vom Kühlwasser

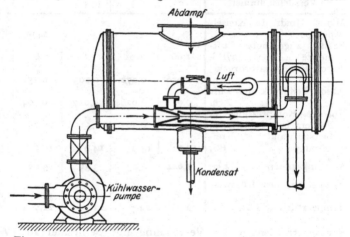

Fig. 1203. Oberflächenkondensator mit Wasserstrahl-Luftpumpe in der Druckleitung der Kreiselpumpe.

vor seinem Eintritt in den Kondensator durch Luftabscheider zu trennen, Fig. 1204. Wird die Wasserstrahl-Luftpumpe so konstruiert, daß sie mit der gesamten Kühlwassermenge betrieben werden kann, dann benötigt sie nur geringen Überdruck und kann nach Josse-Gensecke auch in die Saugleitung der Kühlwasser-Pumpe

---

[1]) Ausführliche Behandlung der Wasser- und Dampfstrahl-Luftpumpen s. Dr. Hoefer: Die Kondensation bei Dampfkraftmaschinen Berlin: Julius Springer 1925. S. 232ff. Stodola, Die Dampf- und Gasturbine. 5. Aufl. Berlin: Julius Springer 1922. S. 750—763. S. auch Prof. Josse, Mitteilungen aus d. Maschinenlaboratorium d. Techn. Hochschule Berlin. 1913 und Prof. Pfleiderer, Z. d. V. d. Ing. 1914. S. 965.

eingebaut werden, besonders wenn die Kreiselpumpe keine Saughöhe zu überwinden hat oder das Wasser ihr unter Druck zufließt.

Durch seitlichen Anschluß der Wasserstrahl-Luftpumpe an die Druckleitung der Kreiselpumpe und ihren Betrieb mit nur einem Teil des Druckwassers kann die Abscheidung der Luft erleichtert und außerdem der Wasserwiderstand verkleinert werden, der andernfalls durch einen mit der gesamten Wassermenge arbeitenden Strahlapparat sich ergibt.

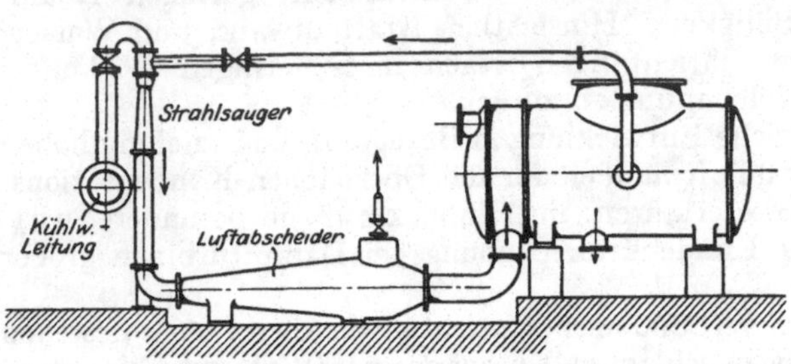

Wirkungs-grad.

Fig. 1204. Wasserstrahl-Luftsauger mit in die Kühlwasser-Druckleitung eingebautem Luftabscheider bei Oberflächenkondensation.

Der Wirkungsgrad dieser Wasserstrahl-Luftpumpen ist erfahrungsgemäß sehr gering und nimmt mit zunehmendem Vakuum ab. In Ermangelung theoretischer Unterlagen über die Wirksamkeit der Wasserstrahlen in Düsenapparaten muß auf die praktischen Ergebnisse ausgeführter Wasserstrahlpumpen hingewiesen werden. Bei den üblichen Kondensatordrücken von 0,05 bis 0,2 Atm. kann günstigenfalls mit Wirkungsgraden von 2 bis 6 vH. gerechnet werden. Über die Wirksamkeit einer, von einer Kreiselpumpe mit Druckwasser versorgten Wasserstrahl-Luftpumpe bei verschiedenen Betriebsverhältnissen hinsichtlich Kondensatordruck und Luftmenge gibt beispielsweise Tab. 76 näheren Aufschluß.

Tabelle 76. Wasserstrahl-Luftsauger mit Kreiselpumpe[1]).

Versuchsnummer	2	3	4	5	6	7	8
Minutl. Umdr. der Kreiselpumpe				1450			
Sekdl. angesaugte Luftmenge . . . . .ltr/PS.	1,06	1,61	1,66	1,63	1,41	1,29	1,29
Absol. Kondensatordruck Atm	0,056	0,072	0,1035	0,152	0,238	0,345	0,45
Absol. Teildruck der Luft Atm	0,01	0,0264	0,0576	0,104	0,19	0,298	0,4
Theoret. Kompressions- u. Förderarbeit N_i . . PS$_i$	0,096	0,303	0,535	0,750	0,858	0,897	0,910
Arbeitsaufwand a. d. Kreiselpumpe . . . . . PS$_e$	14,9	14,9	14,9	14,9	14,8	14,9	15,0
Wirkungsgrad $\eta = \dfrac{N_i}{N_e}$ .v.H.	0,644	2,03	3,59	5,04	5,80	6,02	6,07
Temperatur des Kühlwassers . . . . ⁰C	31	31	31	32	32	32	32
Temperatur der Luft . ⁰C	22,5	22,7	22,7	22,7	22,7	22,7	22,7

Wasserstrahlsauger in Verbindung mit Schleuderrad (Westinghouse-Leblanc).

Schleuderrad-Luftpumpe von Westinghouse-Leblanc.

Die in Band II, Taf. 33, 3 und 4 dargestellte Westinghouse-Leblanc'sche Schleuderrad-Luftpumpe mit Strahlapparat ist für Mischkondensatoren häufig ausgeführt. Zu der dort gegebenen Erläuterung einer solchen Kondensationsanlage sei nur noch bemerkt, daß im vorliegenden Falle die zur Saugwirkung erforderliche kinetische Energie des Kühlwassers schon vor der Düse des Strahlapparates durch das Schleuderrad Fig. 1205 erzeugt wird, das an seinem Umfang ähnlich einem Wasserrad beschaufelt und von innen teilweise beaufschlagt ist. Das mit großer Umfangsgeschwindigkeit des Schleuderrades ($n = 500$—2000 Umdr/min) aus den nicht vollständig ausgefüllten Schaufelkanälen austretende Wasser reißt

---

[1]) Versuche von Prof. Grunewald, Z. d. V. d. Ing. 1912. S. 1980. Zahlentafel 2.

die aus der Luftabzugsleitung des Kondensatorraumes zuströmende Luft nach dem Strahlapparat, um mittels diesem auf atmosphärische Spannung komprimiert und nach außen abgeführt zu werden.

Der Wirkungsgrad dieser Schleuderrad-Luftpumpen ist zwar auch noch gering, aber doch nicht unwesentlich günstiger als derjenige der vorher betrachteten Strahlsauger, wie aus Versuchen an einer 20- und an zwei 40pferdigen Leblanc'schen Pumpen hervorgeht, deren Ergebnisse Tab. 77[1]) und Fig. 1206[2]) enthält. Für die

Wirkungs-grad.

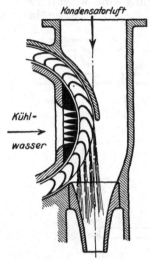

Fig. 1205. Schleuderrad und Verdichtungsdüse der Westinghouse-Leblanc'schen Wasserstrahl-Luftpumpe.

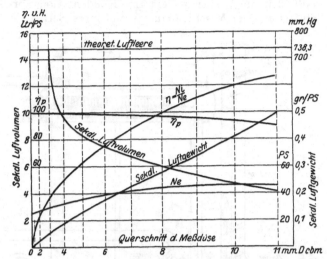

Fig. 1206. Erzielte Luftleere und Wirkungsgrad einer 40pferd. Schleuderrad-Luftpumpe bei zunehmender Leistung und Luftmenge. $n = 550$—600 Umdr/min. (Die sekundlich angesaugte Luftmenge ist durch unmittelbar über dem Eintrittsstutzen der Kondensatorluft, Fig. 1205, eingebaute Meßdüsen bestimmt.)

Luftverdrängungsarbeit kommt hiernach nur 1,6 bis 12,8 v. H. der eingeleiteten Arbeit des Schleuderrades, zunehmend mit dem Kondensatordruck, zur Ausnutzung. Da der Wirkungsgrad der Verdichtungsdüse zu 80—90 v. H. angenommen werden darf, so ist die Ursache des großen Verlustes innerhalb des Wasserstrahls zwischen Schleuderrad und Diffusor und nicht etwa in der Wirkung des letzteren zu suchen.

Tabelle 77. Schleuderrad-Luftpumpen von Westinghouse-Leblanc.

Versuchsnummer	2	3	4	6	7	8	9
Minutl. Umdr. des Schleuderrades		480				720	
Sekdl. angesaugtes Luftvolumen . . . . . cbm	0,150	0,174	0,232	0,075	0,079	0,079	0,072
Absoluter Kondensatordruck. . . . . Atm	0,0150	0,0245	0,0326	0,0204	0,0435	0,0820	0,1850
Absoluter Teildruck der Luft . . . . . . Atm	0,0041	0,0136	0,0218	0,0082	0,0312	0,0693	0,1360
Theoret. Kompressions- u. Förderarbeit (N_t) . PS	0,45	1,36	2,60	0,40	1,15	1,96	2,63
Arbeit des Schleuderrades (N_e) . . . . PS	28	36,5	36,5	11,3	15,7	19,6	20,5
Wirkungsgrad $\eta = \dfrac{N_t}{N_e}$ v. H.	1,6	3,7	7,1	3,5	7,3	10,0	12,8
Wassertemperatur . . . ° C		8,5			9,5		

[1]) Karl Schmidt, Die Berechnung der Luftpumpen. Berlin: Julius Springer 1909.
[2]) Prof. Grunewald, Vergleichende Untersuchungen an Wasserstrahl-Luftpumpen. Z. d. V. d. Ing. 1912, S. 2017, Fig. 25. Zu Fig. 1206 gehörige Versuchsbeobachtungen siehe a. a. O. Z. T. 11 S. 2018.

Andere Konstruktionen rotierender Luftpumpen für Dampfturbinenanlagen sind gekennzeichnet in Stodola, Dampf- und Gasturbinen, 5. Auflage, 1922, S. 750 und Pfleiderer, Z. d. V. d. Ing. 1914, S. 965.

III. Zentral-Kondensationsanlagen.

Arbeiten mehrere Dampfmaschinen eines Kraftwerkes mit Kondensation, so läßt sich durch eine gemeinsame Kondensationseinrichtung eine wesentliche Vereinfachung der Maschinenanlage und ihres Betriebs erreichen. Es werden dadurch

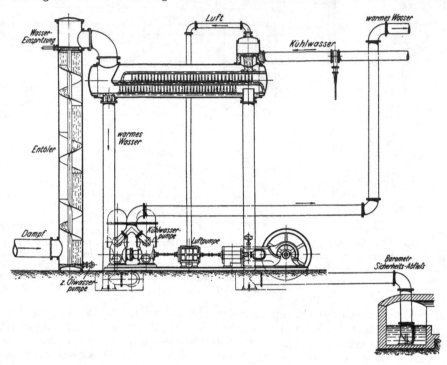

Fig. 1207. Zentral-Gegenstrom-Mischkondensationsanlage mit barometrischem Fallrohr und Abdampfentöler, Kühlwasser- und Trockenluftpumpe.

nicht nur die Gesamtanlagekosten verbilligt, sondern vor allem wird die Erhaltung eines günstigen Vakuums für die Betriebsmaschinen gesichert, der Arbeitsbedarf für die Kondensation wesentlich vermindert und die Überwachung des Kondensationsbetriebes der verschiedenen Dampfmaschinen auf eine einzige Einrichtung beschränkt.

Öl-abscheidung. Zur rationellen Ausgestaltung einer solchen Sammel- oder Zentralkondensation gehört außer dem Kondensator, den Kühlwasser-, Luft- und Kondensat-Pumpen noch ein Ölabscheider, um den Abdampf vor seinem Eintritt in den Kondensator von dem in den Dampfcylindern aufgenommenen Schmieröl zu befreien. Unerläßlich ist diese Abdampfentölung beim Oberflächenkondensator, da anderenfalls das Kondensat für die Kesselspeisung unbrauchbar wäre. Aus gleichem Grunde ist auch beim Einspritzkondensator die Ölabscheidung nicht entbehrlich, wenn das warme Kühlwasser zum Teil wieder zur Kesselspeisung Verwendung finden soll.

Da eine vollständige Entölung des Abdampfes sehr weitläufige und umständliche Einrichtungen erfordert, so erfolgt sie im Zusammenhang mit Oberflächenkondensatoren zunächst nur in dem Grade, wie für Aufrechterhaltung ausreichender

Wärmeleitfähigkeit der Kühlröhren erforderlich erscheint. Der Ölgehalt des Abdampfes darf hierbei höchstens 10—15 g/cbm Kondensat betragen. Da aber für die Verwendung des Kondensats als Kesselspeisewasser ein wesentlich geringerer Ölgehalt nötig ist, so ist es noch durch entsprechende Filtrierung weitgehend von Öl zu reinigen. Die Schwierigkeiten der Dampfentölung werden natürlich wesentlich vermindert durch sparsame Schmierung der Dampfcylinder und sind aus diesem Grunde gut regelbare Schmiereinrichtungen geboten. Hierzu möge erwähnt werden, daß für große Dampfmaschineneinheiten der Verbrauch an Cylinderöl auf $^{1}/_{20}$ bis $^{1}/_{30}$ desjenigen kleiner Maschineneinheiten sich vermindert und dementsprechend auch die Abmessungen der Ölabscheider relativ sich verkleinern lassen.

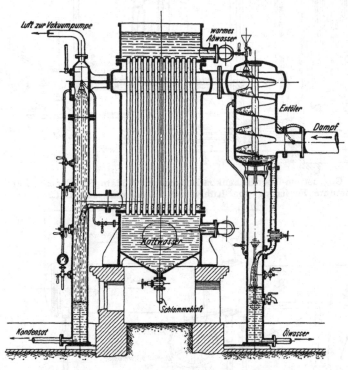

Fig. 1208. Stehender Gegenstrom-Oberflächenkondensator mit Abdampfentöler und Sammelrohr für Kondensat- und Luftabscheidung.

Eine sehr einfache und wirksame Art der Ölabscheidung wird dadurch erreicht, daß der Dampf mit Wasser in innige Berührung gebracht wird, wie beispielsweise bei der Gegenstrom-Mischkondensations-Anlage Fig. 1207 und der Oberflächenkondensations-Anlage Fig. 1208 geschehen. Bei ersterer durchströmt der Abdampf vor Eintritt in den Kondensator einen hohen vertikalen Blech-Cylinder von unten nach oben, während Einspritzwasser von oben durch einen durchlochten Boden fein verteilt herabfällt. Mehrere im Entöler in größerem Abstand angeordnete, durchlochte Schraubenflächen unterbrechen den Regen, zur Beschränkung der Fallgeschwindigkeit des Wassers im Interesse wirksamerer Ölabscheidung.

Dem stehenden Oberflächenkondensator Fig. 1208 ist ebenfalls ein vertikaler Cylinder mit inneren Schraubenflächen vorgeschaltet, die zur Dampf- und Wasserführung im Gegenstrom dienen. Das im unteren Teil des Ölabscheiders sich ansammelnde Ölwasser läuft in das als Tragsäule verwendete Sammelrohr ab, um von da in einen Öl-Rückgewinner geleitet zu werden. Bei diesem Gegenstrom-Oberflächenkondensator zieht Kondensat und Luft gleichzeitig aus dem unteren

Gegenstrom-
Misch-
kondensator
mit
Ölabscheider.

Oberflächen-
konden-
satoren
mit Entöler.

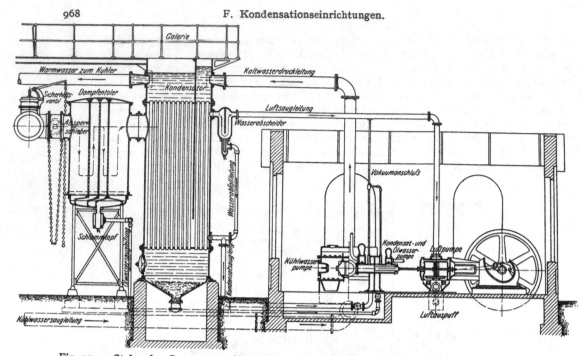

Fig. 1209. Stehender Gegenstrom-Oberflächenkondensator mit Abdampfentöler und Pumpwerk
für getrennte Förderung von Kühlwasser, Kondensat und Luft.

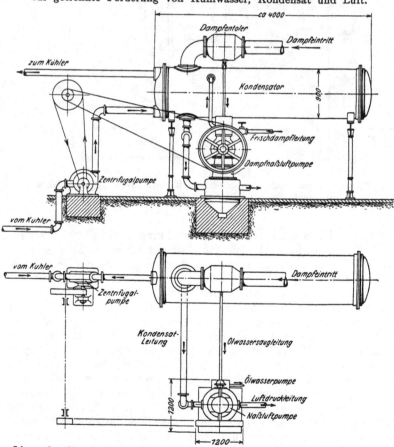

Fig. 1210. Liegender Oberflächenkondensator mit Dampfentöler, Kreiselpumpe für Kühlwasser
und Naßluftpumpe für Kondensat.

Teil des Kondensatorraumes ab in ein senkrecht stehendes Sammelrohr, in dessen oberem Teil die aufsteigende Luft noch durch eine Brause auf die Eintrittstemperatur des kalten Kühlwassers erniedrigt wird.

Bei der Kondensationsanlage Fig. 1209 mit stehendem Gegenstrom-Oberflächenkondensator der gleichen Dampf- und Wasserführung wie II, 287, 2 ist in die Abdampfleitung ein Entöler in Form eines geräumigen Cylinders mit vertikalen, durchlöcherten Zwischenwänden eingebaut, in welchem die Ölabscheidung durch Geschwindigkeitsverminderung und Richtungswechsel des Dampfes erfolgt.

Fig. 1210 zeigt den Einbau eines Dampfentölers vor einem liegenden Oberflächenkondensator. Zur Ölabscheidung dienen schraubenförmige Führungsflächen innerhalb des Entölers, durch welche dem Abdampf eine drehende Strömungsbewegung erteilt wird, derzufolge das Öl durch Fliehkraftwirkung ausscheidet.

Beispiele über den Gesamtaufbau großer Oberflächen-Kondensationsanlagen geben noch im Band II die Tafeln 28—30, sowie über die Anordnung der zugehörigen Pumpwerke für Kühlwasser, Luft und Kondensat die Tafeln 31 und 32.

IV. Rückkühlwerke.

Voraussetzung für den Kondensationsbetrieb bildet die Beschaffung ausreichender Kühlwassermengen, die zur Erzielung möglichst niederer Kondensatorspannungen das 30-bis 60fache und mehr des Dampfverbrauchs der Maschinenanlage betragen. Anlagen von großer Leistung benötigen daher so große Kühlwassermengen, daß ihre dauernde Beschaffung aus Brunnen, Flüssen oder Seen sehr häufig so kostspielige Wassergewinnungsanlagen erfordern würde, daß der wirtschaftliche Nutzen des Kondensationsbetriebes in Frage gestellt wäre.

Diesen praktischen Schwierigkeiten und wirtschaftlichen Bedenken begegnet das Rückkühlwerk. Durch Anlage eines solchen kann der Wasserverbrauch und damit die Wasserbeschaffung im wesentlichen auf die Speisewassermenge der für den Maschinenbetrieb erforderlichen Dampfkesselanlage beschränkt werden. Die Aufgabe des Rückkühlwerkes besteht daher darin, eine bestimmte, für den Kondensationsbetrieb erforderliche Kühlwassermenge dauernd verwendbar dadurch zu machen, daß die im Kondensator vom Kühlwasser aufgenommene Abdampfwärme aus diesem durch Verdunsten beseitigt und damit das Kühlwasser wieder auf seine Anfangstemperatur zurückgeführt wird. Das Kühlwasser führt also einen dauernden Kreislauf mit abwechselnder Erwärmung und Abkühlung durch.

Im Zusammenhang mit Mischkondensationsanlagen erfolgt daher im Rückkühlwerk die Verdunstung der im Kondensator vom Kühlwasser unmittelbar aufgenommenen Auspuffdampfmenge, um den Anfangszustand des Kühlwassers wieder herzustellen. Der Betrieb einer Dampfmaschinenanlage mit Mischkondensation und Rückkühlwerk benötigt also nur den Ersatz der als Dunst entweichenden Auspuffdampfmenge in Form der Speisewassermenge. Bei Oberflächenkondensatoren muß im Rückkühlwerk zur Beseitigung der mittelbar vom Kühlwasser aufgenommenen Abdampfwärme eine der Abdampfmenge gleiche Kühlwassermenge verdunsten. Da zur Aufhebung dieses Wasserverlustes eine Zusatzwassermenge gleich der Abdampfmenge erforderlich ist, so ergibt auch dieser Vorgang einen Wasserverbrauch ungefähr gleich der Speisewassermenge, während das Kondensat unmittelbar als Speisewasser dauernd wieder verwendet wird.

Das Rückkühlwerk kann nach Vorstehendem als eine Einrichtung betrachtet werden, in der die im Kessel erzeugte Dampfmenge, nach ihrer Arbeitsleistung und Kondensation, bei niederer Temperatur abermals verdampft wird. Es geht somit im Gesamtwärmeprozeß der Kondensationsdampfmaschinenanlage die Abdampfwärme ohne oder mit Rückkühlwerk endgültig verloren.

Nachdem bei den modernen Dampfkraftanlagen das Bestreben vorherrscht, die Abdampfwärme zu Fabrikations- und Heizzwecken noch nutzbar zu machen, verlieren für stationäre Dampfmaschinen der Kondensationsbetrieb und damit auch die Rückkühlwerke mehr und mehr ihre seitherige wirtschaftliche Bedeutung.

1. Konstruktion der Rückkühlwerke.

Um dem Kühlwasser die im Kondensator aufgenommene Abdampfwärme durch die Atmosphäre wieder zu entziehen, ist es notwendig, das Wasser zur Erleichterung der Wärmeabgabe in der zur Kühlung und Verdunstung dienenden Luft möglichst fein zu verteilen. Diese physikalische Forderung läßt sich in praktisch zweckmäßiger und befriedigender Weise durch Kaminkühler, offene Gradierwerke oder Streudüsenanlagen erfüllen.

Bei den Kaminkühlern erfolgt die Wasserverteilung innerhalb eines Kamins in der Regel mittels Rieselvorrichtungen aus Holz, den Hordeneinbauten, seltener mittels Streudüsen; die Luftzufuhr wird durch natürlichen oder künstlichen Zug bewirkt.

Offene Gradierwerke weisen die gleichen Wasserverteilungseinrichtungen mittels Holzhorden auf, während die Luft in nahezu horizontaler Richtung seitlich zu- und abströmt. Auch Streudüsen finden in freier Luft oberhalb eines Teiches oder genügend großen Wasserbehälters als offene Gradierwerke Anwendung.

a. Kaminkühler.

Die Kaminkühler haben unter den in Betracht kommenden Ausführungsarten von Rückkühlwerken die weiteste Verbreitung gefunden, weil sie, bei kleiner Grundflächenbeanspruchung, sowie geringem Arbeitsaufwand zur Wasserhebung und Luftförderung, für gegebene Temperatur- und Feuchtigkeitsverhältnisse der Luft größtmögliche Kühlwirkung erreichen lassen.

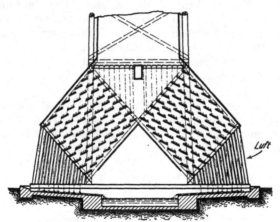
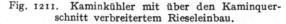
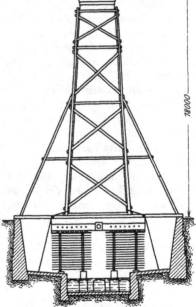

Fig. 1211. Kaminkühler mit über den Kaminquerschnitt verbreitertem Rieseleinbau.

Fig. 1212. Unterflurkühler.

Um die zur Kühl- und Verdunstungswirkung notwendige Luftmenge zuzuführen und diese innerhalb der Berieselungs- oder Wasserzerstäubungseinrichtung mit dem erwärmten Kühlwasser in wirksame Berührung zu bringen, ist, zur Überwindung der Durchgangswiderstände durch den Rieseleinbau oder die Zerstäubungskegel der Streudüsen, für ausreichende Geschwindigkeit und genügenden Überdruck der Luft zu sorgen. Diese dynamische Forderung kann, bei natürlichem Luftzug durch entsprechende Höhe des Kamins oder bei künstlich zu verstärkendem Luftzug durch gleichzeitige Anwendung eines Ventilators, erfüllt werden. Ausführungen der ersteren Art zeigen die Figuren Bd. II, 309, 3 bis 311, 5; der zweiten Art 312, 9 und 313, 10.

Die Berieselungseinrichtung ist im unteren Teile des Kühlturmes untergebracht, und bei mäßigen Kühlwassermengen in der Regel auf dessen Querschnitt beschränkt, II, 310, 4; 311, 5; 312, 9 und 313, 10. Bei großen Wassermengen wird der Rieseleinbau, um seine Höhe vermindern zu können, über den Querschnitt des Kamins erweitert, Fig. 1211, 1212; II, 309, 3 und 312 8,. Wird dabei die Rieseleinrichtung, wie in zwei der letztgenannten Ausführungen, als Unterflurkühler vertieft gelegt, so kann einerseits die Förderarbeit der Naßluftpumpe oder der Kühlwasserpumpe verkleinert, andererseits die Stabilität des Kaminkühlers namentlich gegen Winddruck wesentlich gesteigert werden. Die erforderlichen Fundamentbauten werden aber wesentlich größer und weitläufiger, besonders wegen der für den Lufteinfall notwendigen Vergrößerung ihrer Grundfläche.

b. Rieselvorrichtungen.

Zur Erreichung weitgehender Wasserverteilung werden am häufigsten Holzeinbauten verwendet, deren gebräuchlichste Formen in den Ausführungen II, 309—313, sowie in den Fig. 1211 und 1213 bis 1215 gekennzeichnet sind. Im wesentlichen handelt es sich bei einer zweckmäßigen Ausbildung einer Rieselvorrichtung darum, durch zahlreiche übereinander angeordnete, horizontal, vertikal und geneigt gestellte Latten das Wasser durch wiederholte Zerstäubung oder abwechselnd in Regenform und dünnen Schichten, bei kleinen Geschwindigkeiten und dadurch in langen Gesamtfall- und Fließzeiten mit der Luft in Berührung zu bringen.

Um eine gleichmäßige Verteilung des warmen Kühlwassers über den Horden zu erreichen, dient ein über letzteren angeordneter Zuführungskanal Z Fig. 1214, an den sich zu beiden Seiten Verteilungskanäle KK anschließen, von deren durchlöcherten Böden aus das Wasser mittels eingesetzter Röhrchen entweder auf darunter befindliche Tropfteller, Fig. 1214 und 1215, oder auf Latten fällt, an denen es zerstäubt und bei weiterem Fallen über das ganze Hordensystem abwechselnd rieselt und zerstäubt. Bei Fig. 1213a sind Verteilungskanäle KK unterhalb des Zuführungskanales Z angeordnet, die durch Verbindungsröhrchen gespeist werden. Das Wasser fließt an den gekerbten Seitenwänden

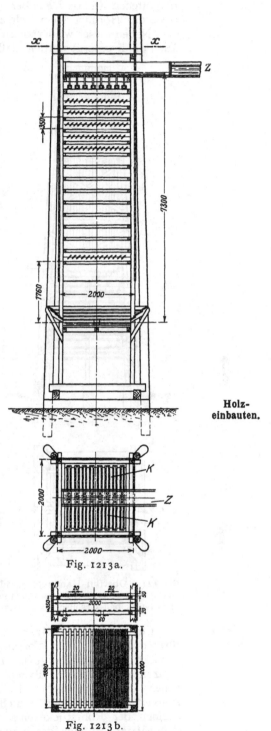

Holz-einbauten.

Fig. 1213a.

Fig. 1213b.

Fig. 1213a u. b. Versuchs-Kaminkühler des Dr.-Ing. C. Geibel. Holzhorden nach Einbau I (a) bzw. Einbau II (b).

der offenen Kanäle *KK* über, um entsprechend gleichmäßig verteilt in Regenform über das Hordensystem sich zu ergießen.

Neben dieser wiederholten Zerstäubung oder Zerteilung des Wassers muß aber auch dafür gesorgt werden, daß die aufsteigende Luft den Rieseleinbau gleichmäßig durchströmt. Hierfür sind beispielsweise die sogenannten Schlitzböden Fig. 1216 besonders geeignet. Der Rieseleinbau besitzt einen jalousieartigen durchbrochenen Boden, dessen zahlreiche Spalten die Luft, gleichmäßig auf den ganzen Eintrittsquerschnitt verteilt, zuströmen lassen, während das gekühlte Wasser, unterhalb der Horden an den schrägen, zueinander parallelen Bretterwänden der Jalousien mittels durchbrochener Leisten sich sammelnd, in einzelnen Wasserstrahlen zum Abfluß gebracht wird, zwischen denen ein ausreichender Querschnitt für die eintretende Luft bestehen bleibt. Bei dem Rieseleinbau Fig. 1214 tritt die Luft nicht nur im Gegenstrom zum herabrieselnden Wasser von unten frei in den Kühlturm ein, sondern außerdem auch im Querstrom durch Jalousien der Seitenwände.

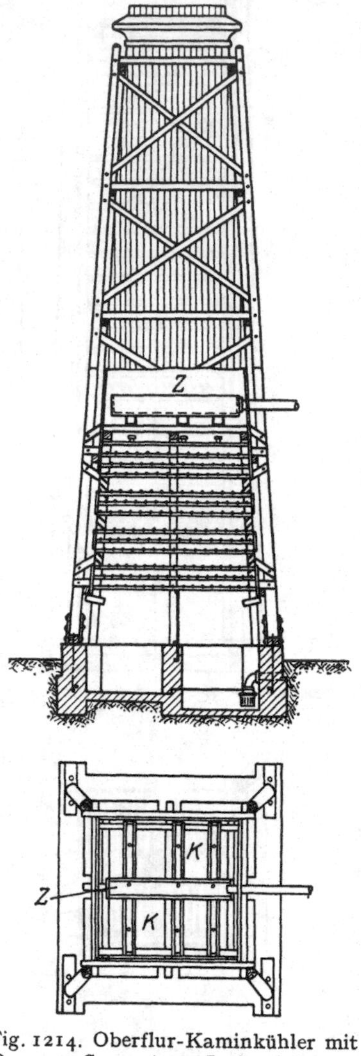

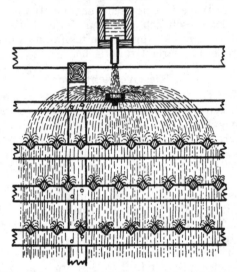

Fig. 1214. Oberflur-Kaminkühler mit Quer- u. Gegenstrom-Luftzuführung. Kühlwerksbau-Gesellschaft Gotha.

Fig. 1215. Rieseleinrichtung des Kaminkühlers Fig. 1214.

Worthington-kühler. Ein eigenartiger Rieseleinbau kommt bei den eisernen cylindrischen Kühltürmen Fig. 1217 der Worthington-Pumpen Co. zur Anwendung, bestehend aus kurzen, ineinandergefügten Rohrstücken Fig. 1218, die in 20 und mehr horizontalen Schichten übereinander so gelagert sind, daß das Kühlwasser an den Innen- und Außenflächen der Rohrstücke herunterrinnt und dabei in dauernder Neuverteilung bei jedem Schichtwechsel zerstäubt, während die Luft in den Hohlräumen der Rohrstücke emporsteigt und mit dem freiwerdenden Wasserdampf sich sättigt. Infolge der geringen Wandstärke von etwa 1 mm der Rohrstücke bleibt für die aufsteigende Luft ein größerer Querschnitt des Kamins frei als bei Holzeinbauten, so daß für gleiche Kaminverhältnisse bei ersterer Rieseleinrichtung größere Luftgeschwindigkeit als bei letzterer und außerdem kleinere Strömungsverluste infolge des Fortfalls von Richtungswechseln sich ergeben. Es lassen sich daher auch bei Worthington-Kühlern kleine Kaminhöhen erreichen bzw. bei großem Luftbedarf Ventilatoren entbehren.

Die Verteilung des Wassers über dem Rieseleinbau erfolgt beim Worthington-Kühler mittels radialer Rohre Fig. 1219, die an einen am oberen Ende des zentralen Wasserzuführungsrohres drehbaren Verteiler anschließen. Durch eine große Zahl kleiner, in einem Horizontalquerschnitt der radialen Rohre einseitig angebrachter, Öffnungen erfolgt der Wasseraustritt unter gleichzeitiger, entgegengesetzter, durch den Rückdruck hervorgerufener Drehung des Rohrsystems, wodurch eine dauernde, gleichmäßige Berieselung des ganzen Querschnitts des Rieseleinbaues Fig. 1217 erzielt wird.

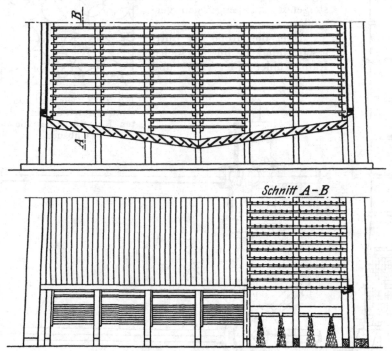

Schnitt A–B

Fig. 1216. Anordnung der Holzhorden und des Schlitzbodens der Kühlwerksbau-Gesellschaft Gotha.

Alle vorgenannten Einbauten werden bei Anwendung von Streudüsen II, 311, 6 und Fig. 1220a entbehrlich. Es ist alsdann nur erforderlich die entsprechende Anzahl Streudüsen, wie Fig. 1220b beispielsweise für den Versuchskühler

Kaminkühler mit Streudüsen.

Tabelle 78. Luftgeschwindigkeiten und Widerstandshöhen bei verschiedenen Berieselungseinrichtungen des Versuchskühlers Fig. 1213[1]).

	Einbau I	Einbau II	Streudüsen
Regenhöhe . . . . m	3,6	3,6	4,1
Mittlere Luftgeschwindigkeit im Einbau . . . . m/sec	0,63	0,68	1,29
Mittlere Luftgeschwindigkeit am Austritt. . . . . m/sec	0,87	0,94	1,78
Geschwindigkeitshöhe . . . . . mWS	0,040	0,051	0,187
Widerstandshöhe . . . . mWS	1,072	0,974	0,371

[1]) Aus Forschungsarbeiten des V.D.I. Heft 242, Dr. Ing. C. Geibel: Über die Wasserrückkühlung mit selbstventilierendem Turmkühler.

Fig. 1213 zeigt, vertikal nach oben gerichtet, im unteren Teil des Kaminkühlers in zweckmäßiger Verteilung auf den Horizontalquerschnitt des Kamins anzuordnen und sie mit Druckwasser von 1,0—1,5 Atm. zu betreiben. Der Strömungswiderstand für die aufsteigende Luft wird wesentlich kleiner als bei den vorgenannten Einbauten, so daß auch die Kaminhöhe dementsprechend verkleinert werden kann bzw. bei unveränderter Kaminhöhe die Luftgeschwindigkeit und damit die aufsteigende Luftmenge sich vergrößert.

Über die Größe der Luftgeschwindigkeit im Versuchs-Kaminkühler Fig. 1213 und

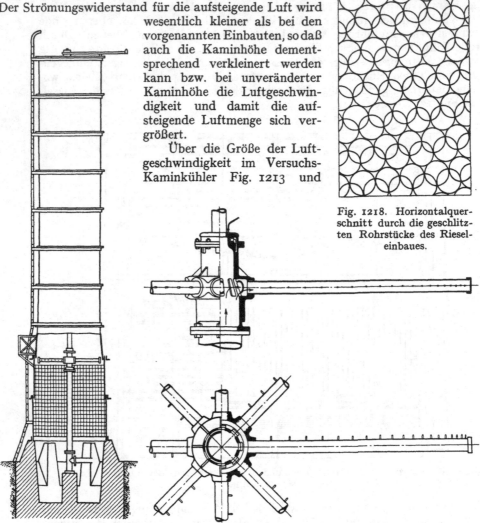

Fig. 1218. Horizontalquerschnitt durch die geschlitzten Rohrstücke des Rieseleinbaues.

Fig. 1217. Blechkamin mit Rieseleinbau.   Fig. 1219. Drehbare Kühlwasser-Verteilungsrohre für die Berieselungseinrichtung.

Fig. 1217—1219. Worthington-Kühler für natürlichen Luftzug.

über die Widerstandshöhen bei verschiedenen Rieseleinbauten gibt die vorstehende Tabelle 78 (S. 973) wertvollen Aufschluß.

Aus dieser Zusammenstellung ist zu erkennen, daß der Versuchskühler mit Streudüsen einen Widerstand von nur 35 bzw. 38 v. H. desjenigen der Holzeinbauten aufweist und daß außerdem bei den Streudüsen 50 v. H. dieser Widerstandshöhe zur Erzeugung der Luftgeschwindigkeit wirksam wurde, während bei den Horden nur 5—7 v. H. ihrer wesentlich größeren Widerstandshöhe für letzteren Zweck verfügbar blieb. Dementsprechend ergaben sich die mittleren Luftgeschwindigkeiten bei Streudüsen größer als b.i Rieseleinbauten, wonach auch für gleichen Luftbedarf der Kaminkühler mit ersterer Einrichtung geringere Höhe als mit letzterer benötigt.

c. Gradierwerke.

Zur Rückkühlung kleiner Wassermengen oder, wenn die Platzfrage keine Rolle spielt, auch großer Wassermengen, läßt sich das billigere Gradierwerk verwenden. In seiner einfachsten Ausführung besteht es aus einem, über einem betonierten

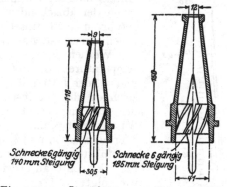 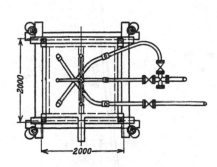

Fig. 1220 a. Streudüsen zum Versuchskühler Fig. 1213.

Fig. 1220 b. Anordnung der Streudüsen innerhalb des Versuchskühlers.

Wasserbehälter errichteten und mit Horden oder Reisigbündeln ausgefüllten Holzgerüst von geringer Tiefe, mäßiger Höhe aber großer Länge, wie beispielsweise in Bd. II, 309, 1 veranschaulicht ist. Das warme Kühlwasser fließt einer auf dem Gerüst entlang geführten Verteilungsrinne zu, von der aus das Wasser über die Horden regenförmig abtropft, während die Luft horizontal hindurchstreicht.

Das in Bd. II, 309, 2 dargestellte Lattengradierwerk bezweckt geringe Wasserverluste gegenüber dem vorgenannten offenen Gradierwerk dadurch, daß das Wasser nicht in Regenform herabfällt, sondern an Bretterwänden in dünner Schicht herunterfließt und die Luft zwischen den parallel gestellten Wänden hindurchströmt. Bei der in Rede stehenden Ausführung sind drei Serien parallel gestellter, senkrechter Holzwände übereinander und abwechselnd um 90° zueinander versetzt, angeordnet.

Die Kühlwirkung eines solchen Lattengradierwerkes läßt sich noch erhöhen, wenn dasselbe in einen Kamin eingebaut und die Luft durch einen Ventilator von unten nach oben hindurchgeblasen wird.

d. Streudüsen über offenen Wasserbehältern.

Die in freier Luft über einem offenen Wasserbehälter oder Teich angeordneten Streudüsen II, 311 6, haben den Vorteil guter Kühl- und Verdunstungswirkung bei großer Einfachheit der Anlage. Sie benötigen aber eine verhältnismäßig große Wasserfläche zum Auffangen des zerstäubten Wassers. Bei windigem Wetter sind außerdem größere Wasserverluste durch Verspritzen unvermeidlich. Der zum Betrieb der Düsen erforderliche Wasserdruck beträgt 1—1,5 Atm. Der Streuungskegel einer senkrecht gerichteten 15 mm weiten Streudüse beansprucht eine Kreisfläche von 5—7 qm Radius, einer 20 mm weiten Düse 7—10 qm. Für eine bestimmte Kühlwassermenge ergibt sich hiernach, unter Berücksichtigung des Wasserverbrauches einer Düse, die Düsenanzahl und damit die erforderliche Fläche des Wasserbehälters oder Teiches, die nahezu mit der eines offenen Gradierwerkes mit natürlichem Luftzug übereinstimmt.

2. Wirkungsweise der Rückkühlung.

Bei Verfolgung der Wärmeübertragung vom warmen Kühlwasser an die atmosphärische Luft ist davon auszugehen, daß die Temperaturabnahme des Kühlwassers verursacht wird, einerseits durch Erwärmung der Luft, andererseits durch

Verdunstung eines Teiles des Wassers infolge der mit der Temperatursteigerung der Luft im Kühler gleichzeitig eintretenden Vermehrung ihres Dampfgehaltes. Die der Wärmeabgabe des Wassers gleiche Wärmeaufnahme der feuchten Luft läßt sich somit ausdrücken in dem Unterschied des Wärmeinhaltes zwischen der abziehenden und der zugeführten Luft einschließlich ihres jeweiligen Gehaltes an Wasserdampf.

Werden die Ein- und Austrittstemperaturen des Wassers mit t_e und t_a, der Luft mit t_{le} und t_{la} bezeichnet, die spezifischen Volumen der trockenen Luft am Ein- und Austritt mit v_e und v_a, so kann der Wärmeinhalt λ_e und λ_a des zu- bzw. abgeführten Luft-Dampfgemisches für 1 kg Luft ausgedrückt werden wie folgt:

$$\lambda_e = c_p \cdot t_{le} + \psi_e \frac{v_e}{v_{de}} \cdot i_e = \lambda_{le} + d_e \cdot i_e$$

$$\lambda_a = c_p \cdot t_{la} + \psi_a \frac{v_a}{v_{da}} \cdot i_a = \lambda_{la} + d_a \cdot i_a$$

$$\lambda_a - \lambda_e = \lambda_{la} - \lambda_{le} + d_a \cdot i_a - d_e \cdot i_e.$$

In diesen Gleichungen bedeutet $c_p =$ spezifische Wärme der Luft bei konstantem Druck, $\psi =$ Sättigungsgrad der Luft durch Wasserdampf, $d =$ Gewicht des in 1 kg Luft enthaltenen Wasserdampfes, $\lambda_l =$ Wärmeinhalt der Luft, $v =$ spez. Volumen der Luft in cbm/kg, $v_d =$ spez. Volumen des in der Luft enthaltenen Dampfes in cbm/kg, $i =$ Gesamtwärme eines kg dieses Dampfes.

Der Index e bezieht sich auf den Eintritts-, der Index a auf den Austrittszustand der Luft, des Dampfes oder des Wassers am Kühler.

Zur Veranschaulichung dieser Wärmeaufnahme können die Diagramme Fig. 1221a und b dienen, die in den Abszissen die jeweilige Lufttemperatur und in den Ordinaten den Wärmeinhalt der Luft einschließlich desjenigen ihres Wasserdampfgehaltes ausdrücken. Da der Wärmeinhalt der trockenen Luft sich proportional mit der Temperatur ändert, so werden die entsprechenden Ordinaten λ_l begrenzt durch eine durch die Temperatur 0^0 der Abszisse gehende Gerade. Zu diesen Wärmemengen addiert sich der Wärmeinhalt i_d des in der feuchten Luft enthaltenen Wasserdampfes unter Berücksichtigung des Sättigungsgrades ψ.

Die oberste Kurve der Diagramme begrenzt den dem Sättigungszustand der

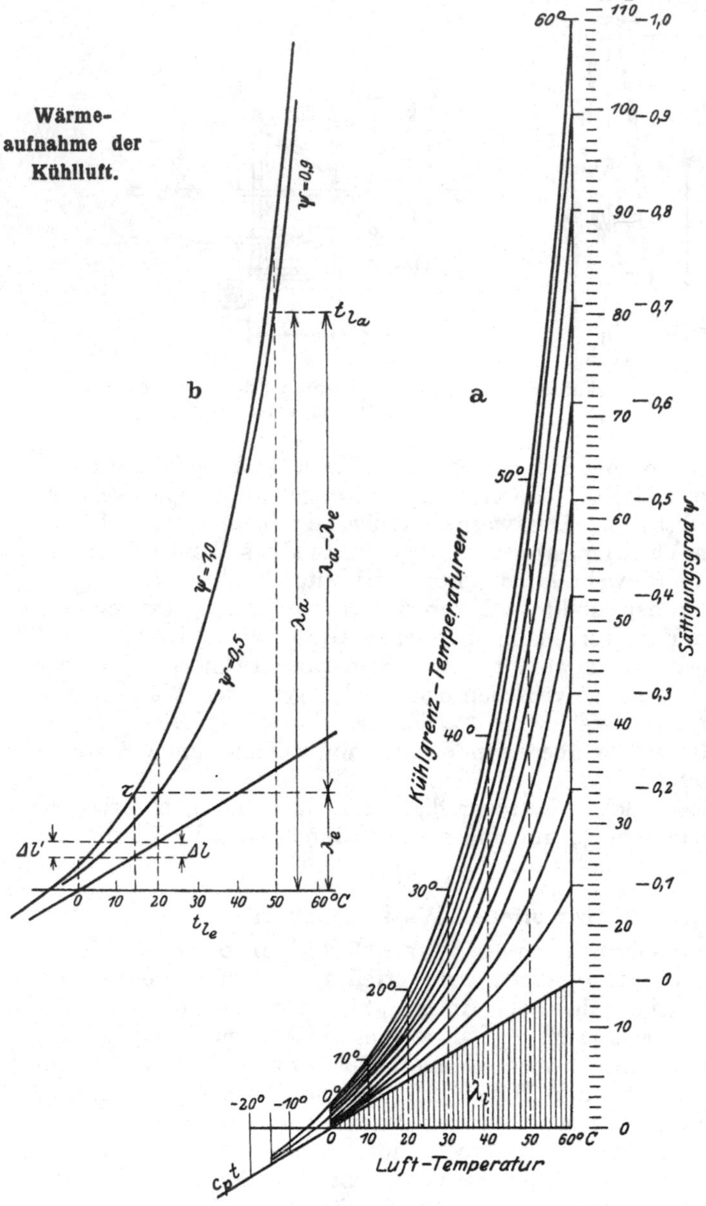

Fig. 1221a und b. Wärmeinhalt trockener und feuchter Luft.

Luft entsprechenden Gesamtwärmeinhalt innerhalb der Temperaturen o und 60⁰ C. Die übrigen Wärmekurven gehören niedrigeren Sättigungsgraden an.

Würde z. B. Luft von einer Temperatur $t_{le} = 20^0$ und einem Feuchtigkeitsgehalt $\psi_e = 0{,}50$ beim Durchströmen eines Kühlers auf $t_{la} = 50^0$ erwärmt unter Zunahme ihrer Sättigung auf $\psi_a = 0{,}90$, so hätte eine Wärmeaufnahme stattgefunden, die in dem Diagramm Fig. 1221 b durch den Unterschied der beiden Ordinaten λ_a und λ_e gemessen wird[1]).

Aus dem Diagramm ist außerdem zu ersehen, daß der anfängliche Wärmeinhalt λ_e der feuchten Luft von der Temperatur t_{le} auch bestehen bleibt bei Erniedrigung der Lufttemperatur auf τ^0, wenn gleichzeitig der Sättigungsgrad auf $\psi = 1{,}0$ wächst. Bei diesem Übergang liefert eben die durch die Temperaturerniedrigung von t_{le}^0 auf τ^0 freiwerdende Luftwärme Δl die zur Sättigung bei der Temperatur τ noch erforderliche Dampfwärme $\Delta l' = \Delta l$. Da die Temperatur τ den Taupunkt der Luft kennzeichnet, wie er am feuchten Thermometer eines Psychrometers sich einstellt, so ist mit dieser Temperatur die unterste Grenze bestimmt, bis zu welcher eine Abkühlung der Luft vom Wärmeinhalt λ_e eintreten kann. Da auch eine Temperaturerniedrigung des Kühlwassers im Rückkühlwerk unter den betreffenden Taupunkt τ der äußeren Luft ausgeschlossen ist, so bildet dieser unterste, theoretische Grenzwert der Kühlwirkung der Luft die sogenannte Kühlgrenze.

Wird nun berücksichtigt, daß im Rückkühlwerk der stündlichen Kühlwassermenge W von der im Kondensator aufgenommenen Abdampfwärme $D \cdot i_2$ der Betrag $D\,(i_2 - q_a) \cong D\,(i_2 - t_a)$ zu entziehen ist, wenn D die stündliche Abdampfmenge und i_2 den Wärmeinhalt eines kg derselben bezeichnet, so bestimmt sich die erforderliche Temperaturerniedrigung Δt des Kühlwassers im Kühler aus der Beziehung

$$W \cdot \Delta t = W\,(t_e - t_a) = D\,(i_2 - t_a)\,.$$

In dieser Gleichung ist für gleichbleibende Kühlwasser- und Abdampfmenge oder für deren gleichzeitige proportionale Veränderung, der Temperaturunterschied Δt, die sogenannte Kühlzone, eine konstante Größe; dagegen sind die absoluten Werte von t_e und t_a Veränderungen unterworfen, die von der Wirksamkeit des Kühlers und dem Zustand der Atmosphäre abhängig werden.

Ein theoretisch vollkommener Kühler hätte die Kühlwassertemperatur auf $t_a = \tau$ abzukühlen, so daß die Wiedererwärmung im Kondensator auf eine Wassertemperatur $t_e = t_a + \Delta t = \tau + \Delta t$ führen würde. Eine so niedere Lage der Kühlzone wird jedoch nie erreicht, da die zeitlich bedingte Kühlleistung auch stets einen, mit der Größe der letzteren zunehmenden Temperaturunterschied zwischen Wasser und Luft voraussetzt. Der Unterschied der wirklichen Höhenlage von t_e über τ, verglichen mit dem theoretischen Unterschied Δt kann daher als ein Maß für den wärmetechnischen Wirkungsgrad eines Kühlers betrachtet und ausgedrückt werden durch den Quotienten $\varphi = \Delta t/(t_e - \tau)$.

Tabelle 79. Leistung von Kaminkühlern verschiedener Größe der Zschokke-Werke Kaiserslautern.

Grundfläche F_k	Einlaufhöhe	Turmhöhe	Stdl. Kühlwassermenge W	Regenhöhe q	Kühlwassertemperatur			Luftzustand		Wirkungsgrad
					Eintritt	Austritt	Abkühlung Δt	Temp. t_{le}	Kühlgrenze τ	
cm	m	m	cbm	m	⁰ C	⁰ C	⁰ C	⁰ C	⁰ C	φ
7,4 × 33	6	24	1200	4,9	35	25	10	10	5	0,33
12,5 × 20	6	23	1200	4,8	34	26,4	7,6	21	15	0,40
17 × 24	5,5	21	1700	4,2	43	32,7	10,3	21,7	18,5	0,42
			1920	4,7	42,3	35,1	7,2	26,2	17	0,285
			2048	5,0	41,2	34,8	6,4	25,4	18,5	0,28

[1]) Die Berechnungen werden erleichtert durch Benutzung der von Prof. Mollier vorgeschlagenen I_s-Tafeln. Siehe: Grubenmann, I_s-Tafeln für feuchte Luft. Berlin, Springer 1926.

Über die normale Größe dieses Wirkungsgrades bei ausgeführten Rückkühlwerken gibt vorstehende Tab. 79 praktischen Aufschluß.

Regenhöhe eines Kühlers.
Wird, wie in Tab. 79 geschehen, die stündliche Kühlwassermenge W cbm auf die
Grundfläche F_k qm des Rieseleinbaues bezogen, so bildet dieser Wert $W/F_k = q$, die
sogenannte Regenhöhe, ein bequemes Maß für die Beanspruchung eines Kühlers;
auch ermöglicht die Bezugnahme auf die Regenhöhe eine zweckmäßige Vergleichsgrundlage zur Beurteilung der Wirksamkeit verschiedener Kühlerkonstruktionen.

Höhenlage der Kühlzone.
Bei gleichbleibender Kühlwassermenge und Kühlzonenbreite ändert
sich mit der Kühlgrenze, also mit dem Zustand der umgebenden Luft, die Höhenlage der Ein- und Austrittstemperaturen des Kühlwassers, d. i. der Kühlzone,
in der durch Fig. 1222 schematisch veranschau-
lichten Weise. Als Ordinaten enthält das Diagramm die Kühlwassertemperaturen t_e und t_a bezogen auf die Kühlgrenztemperaturen τ als Abszissen. Letztere Temperaturen auch noch als
Ordinaten aufgetragen, werden durch eine unter
45° geneigte Gerade, ausgehend vom Nullpunkt
der Temperaturen, begrenzt. Diese Gerade stellt
im Vergleich mit den wirklichen Ablauftempera-
turen t_a deren unterste theoretische Grenze dar.

Die Abweichung des Wertes $t_e - \tau$ von der
Kühlzonenbreite $\varDelta t$ bzw. der Ablauftemperatur t_a
von der Kühlgrenze τ ist, wie bei der Betrachtung über den Wirkungsgrad bereits bemerkt,
darin begründet, daß es bei normalen Betriebsverhältnissen des Kühlers nicht gelingt, weder
das Kühlwasser auf den Taupunkt der trockenen
Luft abzukühlen, noch die Luft auf die Eintrittstemperatur des Wassers zu erwärmen, da die
Übertragung einer bestimmten Wärmemenge von
Wasser an Luft in einer gegebenen Zeit auch ein
bestimmtes Temperaturgefälle zwischen beiden
Medien verlangt. Nähere Aufklärung über diesen
Zusammenhang gibt Fig. 1224.

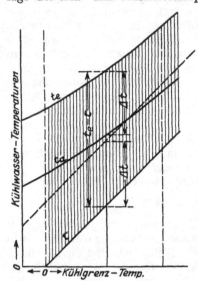

Fig. 1222. Schematische Darstellung
des Verlaufs der Kühlwasser-Ein- und
Austrittstemperatur bei konstanter
Kühlzonenbreite $\varDelta t$ und zunehmender Kühlgrenze τ.

3. Versuche mit Kaminkühlern.

Über die tatsächlichen wärmetechnischen Vorgänge in Kaminkühlern geben
sorgfältige, unter veränderlichen Betriebsverhältnissen ausgeführte Vergleichsversuche von Dr. Ing. Carl Geibel[1] an dem bereits angeführten Versuchskamin-
kühler Fig. 1213, mit verschiedenen Rieseleinbauten aus Holz, Fig. 1213a und b,
sowie mit Streudüsen Fig. 1220a und b, klaren und weitgehenden Aufschluß.

Konstante Regenhöhe und Kühlgrenze, verschieden große Kühl-zonenbreite.
Aus diesen Vergleichsversuchen ist zunächst, hinsichtlich der Abweichung der
Kühlwasser-Ablauftemperatur t_a vom Taupunkt τ der zugeführten Luft, zu entnehmen, daß für eine bestimmte Regenhöhe q des Kühlers, aber verschieden große
Kühlzonen, bei unveränderter Kühlgrenze τ der atmosphärischen Luft, die Höhenlage der Ein- und Austrittstemperaturen des Kühlwassers sich nach einer Gesetzmäßigkeit ändert, die aus Fig. 1223a bis c zu erkennen ist. Die auf die Kühlzonenbreiten $\varDelta t$ bezogenen Temperaturkurven t_e und t_a für gleichbleibende Kühlgrenze τ
schneiden sich stets auf der zu $\varDelta t = 0$ zugehörigen Ordinate in Höhe der Kühlgrenze τ. Hiernach entfernt sich die Ablauftemperatur des Kühlwassers um so
weiter von τ, je größer die Kühlzone $\varDelta t$, d. h. also je mehr Dampf im Kondensator
niederzuschlagen ist.

---

[1] Forschungsarbeiten des V. d. Ing. Heft 242.

Allgemein betrachtet ermöglicht der nach Fig. 1223a—c von der Ordinatenachse in Taupunkthöhe ausgehende stetige Verlauf der Kühlwasserzu- und -ablauf-
temperaturen eine bequeme Feststellung der Wirkungsweise eines Kaminkühlers
bei verschiedener im Kondensator niedergeschlagener Dampfmenge, sobald nur
einige Punkte der Kurve t_e oder t_a bei konstanter Kühlwassermenge und Kühlgrenze
experimentell bestimmt sind.

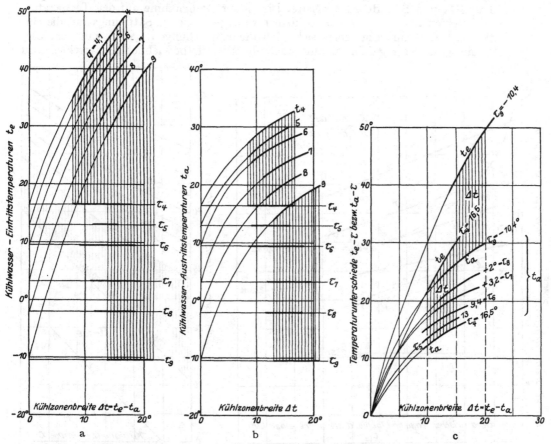

Fig. 1223a—c. Versuchskühler Fig. 1213 mit Streudüsen Fig. 1220. Änderung der Kühlwasser-
Ein- und Austrittstemperaturen bei konstanter Regenhöhe $q = 4{,}1$ m, veränderlichen Kühlzonenbreiten Δt und verschiedenen Kühlgrenzen τ.

Diese selbsttätige Einstellung der Kühlwassertemperaturen bei unveränderter
Wassermenge und wachsender Kühlzonenbreite unterscheidet sich von derjenigen
bei Kondensationsbetrieb ohne Rückkühlwerk dadurch, daß im letzteren Falle die
Eintrittstemperatur des Kühlwassers im Kondensator konstant bleibt, während
sie beim Betrieb mit Rückkühlwerk als Ablauftemperatur t_a im Kühler mit der
Kühlzonenbreite wächst. Mit Rückkühlwerk stellt sich daher der Kondensatordruck bei der mit wachsender Maschinenleistung sich vergrößernden Kühlzonenbreite Δt stets höher ein, als wenn von einer Wiederverwendung des Kühlwassers
abgesehen werden kann.

Ab-
hängigkeit des
Kondensator-
druckes von
der
Maschinen-
leistung.

Hinsichtlich des Temperaturunterschiedes $t_e - t_{la}$ zwischen dem eintretenden
Wasser und der abziehenden Luft hat sich beim Einbau I und II für eine Regenhöhe von 3,6 m ein Mittelwert von 8°, bei den Streudüsen für eine Regenhöhe von
4,1 m und bei größerer Luftgeschwindigkeit als vorher ein solcher von 13,5° ergeben. Die relative Feuchtigkeit wurde in allen Fällen größer als 0,95 gefunden,

Temperatur-
unterschied
zwischen
Kühlwasser
und Luft.

so daß für mittlere Regenhöhen und mittlere Kühlzonenbreiten nahezu Sättigung
der Abluft angenommen werden kann.

Größere Verschiedenheiten zeigen sich beim Vergleich der Temperaturen t_a
des ablaufenden Wassers mit den Kühlgrenzen τ_e der eintretenden Luft, wie aus
dem Diagramm Fig. 1224 entnommen werden kann, das ebenfalls aus den Beobachtungen am Versuchskühler Fig. 1213 bei dessen Betrieb mit den Holzeinbauten
I und II und Streudüsen abgeleitet ist. Unter Bezugnahme auf den Temperaturunterschied $t_{le} - \tau_e$, der um so kleiner wird, je größeren Sättigungsgrad die eintretende Luft aufweist, zeigt sich, daß die Abweichungen $t_a - \tau_e$ mit dem Sättigungsgrad der zugeführten Luft wachsen. Der letztbezeichnete Unterschied wird

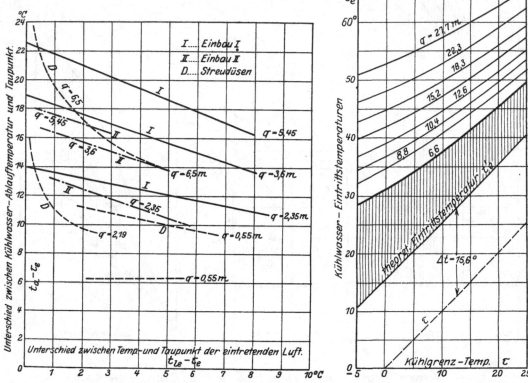

Fig. 1224. Veränderung des Unterschiedes zwischen
der Kühlwasser-Ablauftemperatur t_a und dem Taupunkt τ_e der eintretenden Luft bei verschiedener
Regenhöhe q des Versuchskühlers Fig. 1213 und
verschiedener Berieselung.

Fig. 1225. Worthington-Kühler. Veränderung der Kühlwasser-Eintrittstemperatur t_e mit der Regenhöhe q
und der Kühlgrenze τ bei konstanter
Kühlzonenbreite $\Delta t = 15,6^\circ$.

also bei kalter Luft und dem ihr eigenen hohen Sättigungsgrad am größten. Bei
höheren Lufttemperaturen und dabei meist bestehendem geringerem Feuchtigkeitsgehalt nähert sich die Temperatur t_a des ablaufenden Wassers mehr dem Taupunkt
der eintretenden Luft, infolge deren größerer Wärmeaufnahmefähigkeit und zwar
beim Betrieb mit Streudüsen mehr wie bei den Holzhorden. Mit der Regenhöhe
nimmt der Unterschied $t_a - \tau_e$ unter sonst gleichen Umständen zu.

**Höhenlage
der Kühlzone
bei
zunehmender
Regenhöhe.**

Bei wachsender Regenhöhe q tritt bei ein und demselben Kühler, infolge relativer Verminderung der Berührungsflächen zwischen Wasser und Luft eine unvermeidliche Zunahme der Kühlwasserein- bzw. -austrittstemperaturen ein, wenn
gleichgroße Abkühlung Δt nötig wird. Das Diagramm Fig. 1225 veranschaulicht
diese Zunahme der Höhenlage der Eintrittstemperaturen t_e bezogen auf veränderliche Kühlgrenzen τ beispielsweise für einen Worthington-Kühler, bei Steigerung

seiner Regenhöhen von $q = 6,6$ auf 27,7 m, unter Aufrechterhaltung einer Kühlzonenbreite $\Delta t = 15,6^0$ C, wenn am Kondensator die Kühlwassermenge proportional mit einer steigenden Niederschlagsdampfmenge geregelt wird.

Den gleichen Nachweis liefert das Diagramm Fig. 1226, das die Zunahme der Wasserablauftemperaturen t_a verschiedener Rieseleinbauten für eine gleichbleibende Kühlgrenze $\tau = 18^0$ C bei steigender Kühlzonenbreite Δt darstellt. Hierbei kommt auch wieder der bereits in Fig. 1223a—c gekennzeichnete Verlauf der Temperaturkurven t_a zum Ausdruck, demzufolge sie bei der Kühlzonenbreite $\Delta t = 0$ ihren Ausgang auf der Ordinatenachse in der Temperaturhöhe τ_e des Taupunktes der eintretenden Luft nehmen.

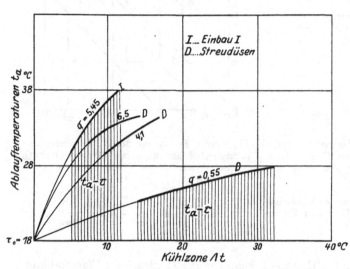

Fig. 1226. Versuchskühler Fig. 1213. Veränderung der Kühlwasser-Ablauftemperatur mit der Regenhöhe q bei gleichbleibender Kühlgrenze $\tau = 18^0$ und wachsender Kühlzonenbreite Δt.

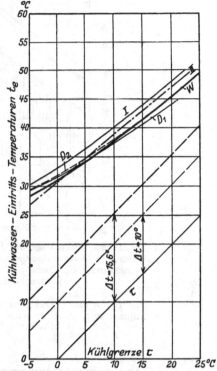

Fig. 1227. Verlauf der Kühlwasser-Eintrittstemperaturen bei verschiedenen Kaminkühlern und Rieseleinrichtungen.

			q	Δt
W	= Worthington-Kühler	. . . . .	.6,6 m	$15,6^0$
D_1	= Versuchskühler mit Streudüsen		.6,5 ,,	10^0
D_2	= GroßerKaminkühler m.Streudüsen		5,5 ,,	10^0
I	= Versuchskühler, Einbau I	. .	.5,45 ,,	10^0
II	= Versuchskühler, Einbau II	. .	.5,45 ,,	10^0

Allgemein ist aus dem Vorhergehenden zur Beurteilung der Temperaturkurven t_e oder t_a bereits abzuleiten, daß ihre Höhenlage für ein und denselben Kühler zunimmt, sowohl mit der Regenhöhe q als auch mit der Kühlzonenbreite Δt.

Eine Verschiedenheit in der Einrichtung der Rieseleinbauten beeinflußt den Verlauf der vom Luftzustand und der Kühlzonenbreite bedingten Temperaturkurven nur wenig, wie besonders deutlich aus dem Diagramm Fig. 1227 der Temperaturkurven t_e für ganz verschiedene Wasserverteilungseinrichtungen und Kühlergrößen, sowie für unterschiedliche Kühlzonenbreiten, hervorgeht.

Die Wirksamkeit abweichender Rieseleinbauten in ein und demselben Turmkühler bei steigenden Temperaturen der Kühlgrenze τ ist noch in den Diagrammen Fig. 1228a und b durch Ergebnisse mit dem Versuchskühler für den Betrieb mit Holzhorden nach Einbau I und II, sowie mit Streudüsen veranschaulicht. In Fig. 1228a beziehen sich die Kurven der Eintrittstemperaturen t_e auf eine konstante Kühlzonenbreite von 10^0 C, sowie auf Regenhöhen von 2,19 bis 2,35 m und 5,45 m. Bei der großen Kühlwassermenge zeigt sich die Düsenzerstäubung wesentlich günstiger wie die Zerteilung des Wassers mittels Rieseleinbauten, besonders von $\tau = 10^0$ C ab, also bei warmer Luft von geringem Feuchtigkeitsgrad.

Verlauf der Temperaturkurven bei verschiedener Berieselungseinrichtung. Höhenlage der Kühlwasser-Eintrittstemperaturen.

Bei der kleineren Wassermenge dagegen erscheinen die drei verschiedenen Einbauten für Kühlgrenzen von 10—25⁰ C nahezu gleichwertig; nur für tiefere Kühlgrenzen

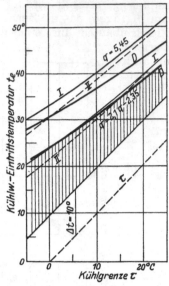

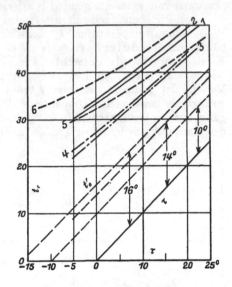

Fig. 1228a. Höhenlage der Eintrittstempera-turen bei zwei verschiedenen Regenhöhen, konstanter Kühlzone und veränderlichem Luftzustand.

Fig. 1228a und b. Kühlkurven des Versuchs-kühlers mit den Einbauten I, II und Streu-düsen (D).

Fig. 1228b. Höhenlage der Kühlwassertempe-raturen t_e bei nahezu gleicher Wärmeableitung Q, aber verschiedener Kühlzonenbreite Δt.

	WE/Std	⁰C	
1.	$Q = 54500$	$\Delta t = 10$	Einbau I
2.	$= 50400$	$= 14$	
3.	$= 36000$	$= 10$	Einbau II
4.	$= 33040$	$= 14$	
5.	$= 65000$	$= 10$	Streudüsen
6.	$= 65600$	$= 16$	

Gleiche abzu-leitende Wär-memengen Q bei verschie-dener Kühl-wassermenge.

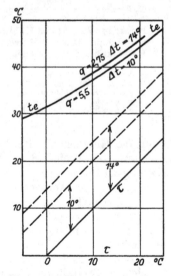

Fig. 1229. Höhenlage der Tem-peraturkurven t_e bei einem mit Streudüsen arbeitenden großen Kaminkühler von 748 qm Grund-fläche.

$q = 2{,}75$ m　　$Q = 38500$ WE
　$= 5{,}5$ „　　　$= 55000$ „

stellten sich beim Einbau II niedrigere Wasserablauf-temperaturen als beim Einbau I und den Streu-düsen ein.

Die Kurven t_e der Fig. 1228b für dieselben Rieseleinrichtungen des Versuchskühlers beziehen sich auf je 2 verschiedene Kühlzonenbreiten Δt, aber nahezu gleiche abgeleitete Wärmemengen Q; letztere berechnet für die auf 1 qm Grundfläche des Kühlers bezogene Kühlwassermenge. Die Zer-stäubung durch Holzhorden der Einbauten I und II zeigt dabei die Eigentümlichkeit, daß bei nahezu gleicher Wärmeableitung die Höhenlage der Tempe-raturen t_e sich nur wenig ändert und die Kühl-wasserablauftemperaturen bei der größeren Kühl-zonenbreite sich demnach niedriger einstellen. Bei den Streudüsen dagegen rückt, zunehmender Kühl-zonenbreite entsprechend, die Temperatur t_e höher, so daß die Kühlwasserablauftemperatur unverändert bleibt. Diesem letzteren Verhalten des Versuchs-kühlers entspricht auch die Beobachtung Fig. 1229 an einem großen, mit Streudüsen ausgerüsteten Ka-minkühler, bei welchem die Temperaturkurven t_e bei Kühlzonenbreiten von 10 und 14⁰ in dem Maße sich änderten, als nach früheren Feststellungen mit

geringerer Regenhöhe und kleinerer abzuleitender Wärmemenge auch ein Tiefer-
rücken der Kühlzone verbunden sein mußte.

Die Überlegenheit der Streudüsen über die Holzeinbauten des Versuchskühlers
bei den normalen Regenhöhen $q = 4$—6 m zeigen auch die Darstellungen Fig. 1230a
und b der Zulauftemperaturen t_e des Kühlwassers bei den ungefähr gleichen
Regenhöhen $q = 5{,}1$ und $5{,}45$ m, sowie verschiedener Kühlgrenze τ der eintretenden Luft und zunehmender Kühlzonenbreite. In beiden Diagrammen sind auch

Wirksamkeit
der
Streudüsen.

noch für den Betrieb mit Streudüsen Temperaturkurven t_e bei Regenhöhen $q = 0{,}55$
und $1{,}04$ m eingetragen. Fig. 1230a stellt
die wirkliche Höhenlage der Kühlwasser-
Eintrittstemperaturen bei den gekenn-

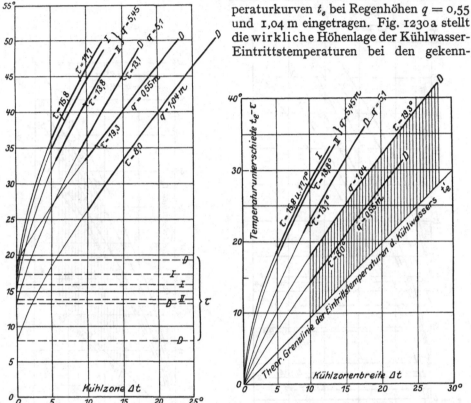

Fig. 1230a. Absolute Höhenlage.

Fig. 1230b. Relative Höhenlage zur jeweiligen
Kühlgrenztemperatur.

Fig. 1230a und b. Versuchskühler mit Einbauten I, II und Streudüsen (D). Höhenlage der
Kühlwasser-Eintrittstemperaturen bei verschiedenen Regenhöhen, Kühlgrenzen und Kühlzonenbreiten.

zeichneten Betriebsverhältnissen dar; Fig. 1230b dagegen gibt vergleichsweise die
relative Höhenlage der Temperaturkurven t_e zur jeweiligen, als Abszissenachse angenommenen Kühlgrenze τ an. Die in letzterem Diagramm eingezeichnete theoretische Grenzlinie t'_e der Eintrittstemperaturen des Kühlwassers läßt unmittelbar
erkennen, inwieweit mit abnehmender Regenhöhe die wirklichen Temperaturen t_e
sich diesen ideellen Werten nähern.

In den beiden Diagrammen Fig. 1231a und b sind in gleicher Weise wie vorher
die Temperaturen t_e für den mit Streudüsen arbeitenden Versuchskühler dargestellt und zwar für Regenhöhen $q = 4{,}1$ und $6{,}5$ m. Aus Fig. 1231b wird besonders deutlich, daß mit abnehmender Kühlgrenze unter sonst gleichen Umständen
der Temperaturunterschied $t_e - \tau$ zunimmt; eine Erscheinung, die mit der geringen Aufnahmefähigkeit der Luft an Verdunstungswärme bei niedriger Temperatur zusammenhängt.

984   F. Kondensationseinrichtungen.

Wirksamkeit des Worthington-Kühlers.

Eine ausgesprochene Überlegenheit in der Kühlwirkung gegenüber den Streudüsen besitzt nach Fig. 1232 der Rieseleinbau des Worthington-Kühlers. Bei nahezu gleichen Regenhöhen $q = 6{,}5$ bzw. $6{,}6$ m beider Kühler fiel die Kurve W der Eintrittstemperaturen des Worthington-Kühlers für eine Abkühlung des Wassers um $15{,}6^0$ C noch unter die Kurve D der Streudüsen, deren Kühlzone nur 10^0 C betrug. Bei nahezu gleichen Kühlzonen von 15,6 bzw. 16^0 C lieferte der Worthington-Kühler bei einer Regenhöhe von 6,6 m noch wesentlich niedrigere Kühlwassertemperaturen als die Streudüsen bei einer Regenhöhe von nur 4,1 m.

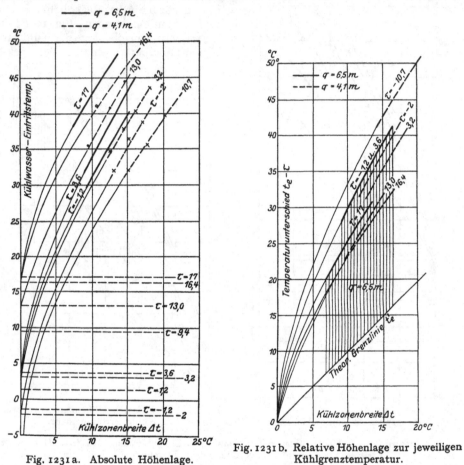

Fig. 1231 a. Absolute Höhenlage.

Fig. 1231 b. Relative Höhenlage zur jeweiligen Kühlgrenztemperatur.

Fig. 1231 a und b. Versuchskühler mit Streudüsen. Höhenlage der Temperaturkurven t_e bei Regenhöhen $q = 4{,}1$ und 6,5 m, zunehmender Kühlzonenbreite Δt und verschiedener Kühlgrenze τ.

Da außerdem nach Fig. 1230b die Wirksamkeit der Holzeinbauten am Versuchskühler bei normalen Regenhöhen ungünstiger als die der Streudüsen sich ergab, so darf die Rieseleinrichtung des Worthington-Kühlers auch als den Holzeinbauten überlegen erachtet werden. Es ist dies auch dadurch erklärlich, daß die Berieselungszeit zwischen Wasser und Luft durch das Herabgleiten dünner Wasserschichten an den kurzen Rohrstücken wesentlich größer sich ergeben muß, als bei den Rieseleinrichtungen mit größtenteils frei fallenden Wassertropfen. Außerdem sichert der sich drehende Verteiler eine geregeltere und gleichmäßigere Wasserzerstäubung, als bei Holzeinbauten und Streudüsen möglich.

Eine Steigerung der Wirksamkeit des Kaminkühlers läßt sich durch Vermehrung der Luftmenge, die bei natürlichem Zug unmittelbar durch Vergrößerung der Kaminhöhe sich einstellt, erzielen. Die dadurch erreichbare Verbesserung zeigt sich in der Erniedrigung der Eintrittstemperatur des Kühlwassers, wie beispielsweise die Diagramme Fig. 1233a und b des Versuchskühlers bei Veränderung der Kaminhöhe oberhalb der Berieselungseinbauten von $h = 0$ bis 15 m erkennen lassen. Gleiche Vergrößerung der Kaminhöhe verursacht zwar bei den Holzhorden

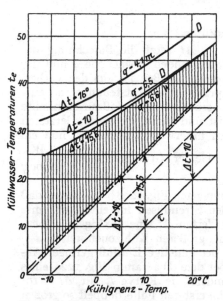
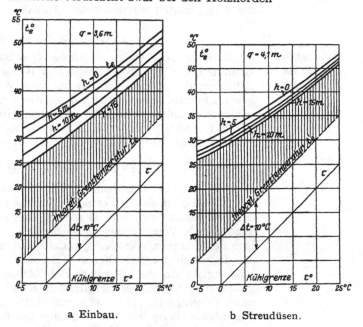

Fig. 1232. Verhalten eines Worthington-Kühlers (W) und des Versuchskühlers mit Streudüsen (D) bei gleichen Regenhöhen q und verschiedener Kühlzonenbreite Δt und umgekehrt.

a Einbau. b Streudüsen.

Fig. 1233 a und b. Kühlkurven des Versuchskühlers bei verschiedenen Turmhöhen.

eine größere Temperaturerniedrigung als bei den Streudüsen; die absoluten Temperaturen t_e und t_a ergeben sich aber bei letzteren an sich niedriger als bei ersteren; die Kühlzonen fallen nur bei der größten untersuchten Kaminhöhe von 15 m nahezu zusammen, wobei jedoch noch zu berücksichtigen ist, daß bei Einbau I die Regenhöhe nur 3,6 m, bei den Streudüsen 4,1 m betrug. Die höhere Lage der Kühlzone bei den Holzhorden ist eine Folge der größeren Durchgangswiderstände der letzteren für die Luft und dementsprechender Verminderung der Luftmenge, während bei der keinem Richtungswechsel unterworfenen Luftströmung durch den Sprühregen der Streudüsen auch bei kleiner Kaminhöhe genügend große Luftgeschwindigkeit zur Förderung ausreichender Luftmengen sich einstellt.

4. Berechnung der Rückkühlwerke.

Bei der Berechnung der Rückkühlwerke ist von der stündlichen Wärmemenge $Q = D\,(i_2 - t_a)$ auszugehen, die das Kühlwasser im Kondensator aufzunehmen und bei seinem Umlauf wieder an die atmosphärische Luft abzugeben hat. Während des Beharrungszustandes dieser Wärmewanderung muß daher die Temperaturerniedrigung des Kühlwassers im Kühlwerk seiner Temperatursteigerung im Kondensator gleich sein. Die Breite Δt der Kühlzone für eine bestimmte abzuleitende Wärmemenge Q hängt dabei von der stündlichen Umlaufwassermenge W bzw.

von der Regenhöhe $q = \dfrac{W}{1000\,F_k}$ ab, wenn W nicht wie in Tab. 79 in cbm, sondern, wie bereits auf S. 977, in kg eingeführt wird. Nachdem nun die Leistung des Kühlwerks ausgedrückt werden kann durch die an die Luft zu übertragende Wärmemenge $Q = W \Delta t = 1000\, F_k \cdot q \cdot \Delta t$, so bildet diese Gleichung den Anhalt zur Ermittlung der Grundfläche des Kühlwerks bzw. der Rieseleinrichtung.

Außer der Grundfläche kommt noch die Konstruktionshöhe des Kühlwerks in Frage, soweit es sich um Gradierwerke und Kühltürme handelt, indem mit der Höhenabmessung die Luftzufuhr zusammenhängt. Beide Konstruktionsgrößen möglichst klein zu halten, ist eine naturgemäße und damit auch in Rücksicht auf die Anlagekosten wirtschaftliche Aufgabe.

a. Grundfläche der Rückkühlwerke.

Zweckmäßige Größe der Kühlzonen- breite.

Zufolge der obigen Gleichung $Q = 1000\, F_k \cdot q \cdot \Delta t$ setzt die Berechnung der Grundfläche F_k die Kenntnis der in Betracht kommenden Regenhöhe q und der Kühlzone Δt voraus. Die zweckmäßige Wahl dieser Größen ist aus den vorhergehend besprochenen Versuchsergebnissen und praktischen Feststellungen an ausgeführten Kühlern abzuleiten, andererseits ist zu berücksichtigen, daß für bestimmte Werte Q und F_k das Produkt $q \cdot \Delta t$ konstant ist und somit die beiden letzteren Faktoren stets entgegengesetzten Veränderungen unterworfen sind. Da nun ein großer Wert von q im Interesse der Erzielung kleiner Grundfläche $F_k = \dfrac{W}{1000\, q}$ liegt, so wäre Δt entsprechend klein zu wählen.

Die Ergebnisse am Versuchskühler lassen nun nach Fig. 1228b erkennen, daß bei den Einbauten I und II sowohl, wie bei den Streudüsen für eine bestimmte abzuleitende Wärmemenge Q bei den kleineren Werten Δt eine niedrigere Höhenlage der Temperaturkurven t_e erzielt wird, als bei größeren Kühlzonenbreiten.

In gleich ausgesprochener Weise zeigt sich der günstige Einfluß geringer Abkühlung Δt auf die Höhenlage der Kühlzone bei dem Diagramm Fig. 1229 eines großen mit Streudüsen arbeitenden Kühlers, indem die Kurve t_e für $\Delta t = 10^0$ unter diejenige für $\Delta t = 14^0$ rückt, trotz einer im ersteren Falle doppelt so großen Regenhöhe als im letzteren und einer um fast 50 v. H. größeren Wärmeableitung.

Es erscheint daher für Kaminkühler zweckmäßig, bei den üblichen Holzhorden und Streudüsen kleine Kühlzonenbreiten und zwar $\Delta t \cong 10^0$ C anzunehmen, womit die Umlaufwassermenge $W = \dfrac{Q}{\Delta t}$ bestimmt ist. Niedrige Kühlwassertemperaturen im Rückkühlwerk und damit günstigere Luftleere im Kondensator bedingt also in diesem Falle lediglich vergrößerten Arbeitsaufwand der Kühlwasserumlaufpumpe bzw. der Naßluftpumpe.

Zweckmäßige Größe der Regenhöhe.

Bei der sich anschließenden Festlegung der Fläche $F_k = \dfrac{W}{1000\, q}$ ist hinsichtlich der einzuführenden Regenhöhe q noch dem Umstande Rechnung zu tragen, daß eine Verkleinerung von q die Zulauftemperaturen t_e des Kühlwassers ebenfalls erniedrigt und damit geringeren Kondensatordruck erreichen läßt.

Für Holzeinbauten und Streudüsen kann bei natürlichem Zug zweckmäßig eine Regenhöhe von 4—6 m zugrunde gelegt werden; desgleichen für die aus senkrechten Bretterwänden gebildeten Einbauten II, 309, 2. Regenhöhen von 6—10 m läßt nach Fig. 1225 und 1232 der Worthington-Kühler, bei noch gleich günstiger Größe und Höhenlage der Kühlzone wie der vorher genannten Rieseleinrichtungen, zu.

Die offenen Gradierwerke mit Latten oder Reisigbündel gestatten für günstige Kühlwirkung erfahrungsgemäß nur geringe Regenhöhen von $q = 1$—2 m. Sie benötigen daher wesentlich größere Grundfläche von geringer Breite und großer Länge, um bei mäßiger Höhe des Gradierwerks ausreichend große Wirkungsfläche für die Luft verfügbar zu machen. Daß bei offenen Gradierwerken Regenhöhen $q = 2$—4 m auf ungünstige Höhenlagen der Kühlzonen führen, selbst bei trockener Luft von mäßiger Temperatur, möge noch aus Tab. 81 ersehen werden.

Tabelle 81. Offenes Gradierwerk mit 6 Rieselböden aus Blechstreifen und Reisig-Zwischenlagen. Grundfläche = 240 qm. Höhe = 6,5 m.

Regenhöhe q m/Std.	Kühlwassertemperatur Eintritt °C	Austritt °C	Kühlzone Δt °C	Luft-temperatur °C	Witterung
2,5	61	45	16	15	klar, windstill
2,7	62	42	20	14	trübe, windig
3,0	58,5	43	15,5	14	feucht, windstill
3,2	54	43	11	14	klar, windstill, trocken
3,4	65	46	19	21,5	,, ,,
3,7	65	50	15	15	,, ,,
4,0	67	50	17	19	,, ,,

Die Flächenbeanspruchung der zu offenen Gradierwerken verwendeten Streudüsen führt zwar auch nur auf kleine Regenhöhen von $q = 2$ m. Es wird aber durch die feine Zerstäubung eine wesentlich stärkere Abkühlung des Wassers als bei Latten- oder Reisig-Gradierwerken, auch bei verhältnismäßig hohen Lufttemperaturen, erreicht, wie nachfolgende Tab. 82 der Temperaturbeobachtungen an einem Streudüsen-Kühlwerk erweist.

Tabelle 82. Versuche mit Körtingschen Streudüsen.

Weite und Stellung der Düsen	15 mm Düse			20 mm Düse					
	ver-tikal	45° ge-neigt	ver-tikal	ver-tikal	ver-tikal	60° ge-neigt	ver-tikal	60° ge-neigt	ver-tikal
Wasserpressung . . . . . . Atm.	1,5	1,5	2,0	1,0	1,5	1,5	2,0	2,0	3,25
Stdl. Wassermenge einer Düse cbm	10,5	10,5	12,2	10,8	14,1	14,1	17,8	17,8	20,6
Kühlwassertemperatur. { Eintritt °C	58	58	58	60	61	61	56	56	60
{ Austritt °C	21	21	20	26	32	27	22	19	20
Abkühlung Δt . . . . °C	37	37	38	34	29	34	32	37	40
Lufttemperatur . . . . °C	11	11	11	24	24	24	24	17	24
Streuungsfläche einer Düse . . .qm	5—7			7—10					

b. Konstruktionshöhe der Rückkühlwerke.

Um die zur wirksamen Wärmeübertragung zwischen Wasser und Luft aus-reichende Berieselungszeit zu sichern, ist eine entsprechende Rieselhöhe vor-zusehen. Offene Gradierwerke erhalten meist 8—10 m Höhe und die Rieseleinbauten in Kaminkühlern in der Regel 6—8 m. In letzterem Falle vergrößert sich die Kon-struktionshöhe des Rückkühlwerks noch um den zur Zugerzeugung dienenden Kamin.

Die Kaminhöhe wird natürlich abhängig von der erforderlichen Zugwirkung zur Überwindung des Durchgangswiderstandes der Luft innerhalb der Rieselein-bauten oder der Düsenstreukegel, sowie zur Erzeugung der Luftgeschwindigkeit im Kamin. Einen Anhalt über die diesen Strömungsverhältnissen normaler Kamin-kühler entsprechenden Rechnungsgrößen bietet die Tab. 78. Außerdem geben die Diagramme Fig. 1233a und b über die zu wählende Kaminhöhe oberhalb des Rieseleinbaues insoweit noch weiteren Aufschluß, als sie die Wirkung verstärkten Luftzuges durch zunehmende Kaminhöhe auf die Erniedrigung der Kühlwasser-temperaturen beim Versuchskühler zum Ausdruck bringen.

Rieselhöhe.

Kaminhöhe.

V. Der Arbeitsbedarf der Kondensationsanlagen.

1. Arbeitsverbrauch der Luftpumpen.

a. Förderarbeit der trockenen Luftpumpe.

Förderarbeit der trocknen Luftpumpe.

In der trockenen Luftpumpe ergibt sich nach Fig. 1182, S. 944, die Förderarbeit für ein Saugvolumen V_l cbm des Luftdampfgemisches bei dem normalen Kondensatordruck $p_c = 0,1$ Atm. = 1000 kg/qm und Kompression auf 1 Atm. zu

$$A_l = 2,8\, V_l \cdot p_c = 2800\, V_l \text{ mkg.}$$

In Rücksicht auf die mechanischen Verluste und die Drosselverluste in den Abschlußorganen, wäre der wirkliche Arbeitsaufwand anzunehmen zu ungefähr

$$A_{lo} = 1,20\, A_l.$$

b. Förderarbeit der Naßluftpumpe.

Naßluftpumpe für Mischkondensation.

Der theoretische Arbeitsbedarf der Naßluftpumpe für Mischkondensation zerfällt in den Arbeitsaufwand A_w zum Ansaugen und Fördern der Kühlwassermenge einschließlich des Kondensats und in die Luftförderarbeit A_l.

Die beiden Arbeiten wurden bereits früher nach Fig. 1187 gefunden zu

$$A_w = (W + D) \cdot 10\, (p_b - p_c)$$

und

$$A_l = V_l \left[p_l \ln \frac{p_b - p_d}{p_c - p_d} + p_d \right].$$

Einfluß der Kondensatorspannung auf die Luftförderungsarbeit.

Fig. 1234 kennzeichnet den Einfluß der Kondensatorspannung auf die isothermische Luftförderungsarbeit für 1 cbm in der Minute angesaugtes Gemisch bei einem äußeren Luftdruck von 1 kg/qcm. Hiernach sinkt für die praktisch wichtigen Kondensatorspannungen unter 0,2 Atm, der Kraftbedarf mit zunehmendem Vakuum. Beim Anlaufen der Pumpe ist somit der Arbeitsbedarf vorübergehend größer mit einem Maximalwerte bei etwa 0,37 Atm[1]). Dieser Leistungsunterschied ist bei Bemessung der Antriebsmaschinen zu berücksichtigen und besonders bei Kreiselpumpen deren Charakteristik entsprechend zu wählen.

Im Gesamtkraftbedarf der Naßluftpumpe überwiegt stets die Arbeit der Wasserförderung diejenige der Luftförderung, Fig. 1187 und nimmt mit zunehmender Wassermenge rasch zu. Dieser Umstand beeinflußt den Kondensationsbetrieb insofern, als der wirtschaftlich günstigste Kondensatordruck nicht dem höchst erreichbaren Vakuum entspricht, sondern gleichzeitig von der erforderlichen Wassermenge abhängig wird.

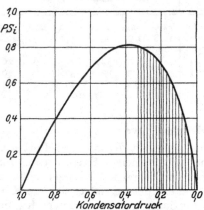

Fig. 1234. Isothermische Luftförderungsarbeit für 1 cbm minutlich angesaugtes Dampf-Luftgemisch bei Kompression auf 1,0 Atm. abs.

In dieser Beziehung darf auf die Diagramme Fig. 1181 a und b der Naßluftpumpe einer 900 pferdigen Dampfmaschine hingewiesen werden, welche zeigen, daß der indizierte Kraftverbrauch nahezu proportional mit dem Wasserverbrauch zunimmt und fast unabhängig vom Kondensatordruck sich ergibt.

Der indizierte Kraftbedarf beträgt ungefähr 1 bis 1,5 v. H. der normalen Maschinenleistung, und da der mechanische Wirkungsgrad zu etwa 0,50 anzunehmen

---

[1]) Zur Berechnung können die graphischen Tafeln von Hinz, Thermodynamische Grundlagen der Kolben- und Turbokompressoren, Julius Springer, Berlin 1914, benützt werden.

ist, so benötigt der Luftpumpenbetrieb im allgemeinen eine Arbeit von 3 v. H. der Maschinenleistung, um welchen Betrag sich der mechanische Nutzeffekt der Betriebsmaschine vermindert.

Naßluftpumpen für Oberflächenkondensation erfordern geringeren Arbeitsaufwand, da sie nur das Kondensat zu fördern haben und die Kühlwasserförderung von ihnen nicht zu leisten ist. Von Prof. Josse wurde bei einer Dampfmaschinenleistung von 400 PS ein normaler Arbeitsbedarf der Kondensation von nur 2,1 PS$_e$ = 0,5 v. H. festgestellt, Fig. 1235; zunehmende Luftmenge steigerte daher auch merklich den Kraftbedarf.

Naßluftpumpe für Oberflächenkondensation.

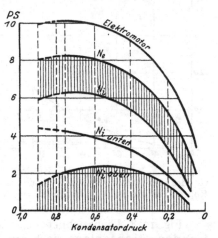

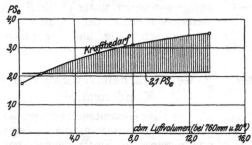

Fig. 1235. Steigerung des Kraftbedarfs der Naßluftpumpe Fig. 1190 des Oberflächenkondensators einer 400 PS-Dampfmaschine mit zunehmendem Luftgehalt des Auspuffdampfes.

Fig. 1236. Arbeitsbedarf der Naßluftpumpe Fig. 1190 beim Anfahren.

Bei selbständigen Kondensationsanlagen ist für die Abmessung der Antriebsmaschine die beim Leersaugen des Kondensators nach Fig. 1234 sich ergebende größte Widerstandsarbeit, die ein Vielfaches des normalen Arbeitsbedarfs werden kann, in Rechnung zu stellen. Dieser charakteristische Verlauf der Widerstandsarbeit zeigte sich beispielsweise auf der zur Luftförderung dienenden Oberseite der Pumpe, Fig. 1190[1]) mit einem bei etwa 0,5 Atm. Kondensatorspannung eintretenden Höchstwert, Fig. 1236.

2. Arbeitsverbrauch der Kühlwasserpumpe für Oberflächenkondensation.

Auch bei der Oberflächenkondensation überwiegt der Arbeitsbedarf der Kühlwasserförderung denjenigen der Luft- und Kondensatförderung und wird, außer von der Kühlwassermenge, wesentlich vom Widerstand der Kühlrohre bedingt.

Wird die Abhängigkeit des letzteren von der Kühlwassergeschwindigkeit mit der allgemeinen Formel für den Rohrwiderstand

$$R = \zeta \frac{l}{d} \cdot \frac{v^2}{2g}$$

verglichen, so findet sich sehr gute Übereinstimmung, nur nehmen die Beizahlen ζ bedeutend höhere Werte als in gewöhnlichen Rohrleitungen an. Prof. Josse[2]) fand beispielsweise bei einem Oberflächenkondensator von 89 qm Kühlfläche, in dessen Kühlröhren zur Steigerung der Wasserbewegung Wirbelstreifen eingebaut waren, volle Übereinstimmung des Strömungswiderstandes mit obiger Formel und $\zeta = 0,07$, während für freien Rohrquerschnitt $\zeta = 0,04$ sich berechnet.

Desgleichen zeigt das Diagramm Fig. 1237 für den Kondensator Fig. 1140 von 60 qm Kühlfläche mit 270 Röhren von 23 mm l. W. und 2,86 m Länge genaue Änderung des Widerstandes mit dem Quadrate der Kühlwassergeschwindigkeit. Der für die gemessenen Widerstandshöhen sich berechnende größere Wert $\zeta = 0,103$

---

[1]) Z. d. V. d. Ing. 1909, S. 382, Fig. 30.　　[2]) Z. d. V. d. Ing. 1909, S. 322.

erklärt sich daraus, daß die Beobachtungswerte auch die Widerstände der Zu- und Ableitung des Wassers enthalten.

Da die Kondensatorspannung vom Kühlwasseraufwand vornehmlich abhängt, dieser aber für den Arbeitsbedarf der Kondensationseinrichtungen hauptsächlich maßgebend wird, so lassen sich die wirtschaftlich zweckmäßigsten Betriebsver-

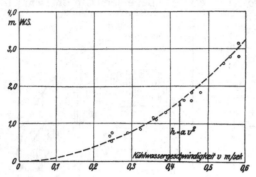

Fig. 1237. Veränderung des Kühlröhrenwiderstandes bei einem Oberflächenkondensator mit Röhren von 18 mm l.W. und 2,86 m Länge ($\alpha = 9,3$).

hältnisse erst aus einem rechnerischen Vergleich zwischen der Leistungserhöhung der Betriebsmaschine durch erhöhtes Vakuum und durch Vergrößerung der Widerstandsarbeiten der Pumpen der Kondensationsanlage gewinnen, unter gleichzeitiger Berücksichtigung der Kosten der Wasserbeschaffung und gegebenenfalls der Rückkühlung.

3. Gesamtarbeitsverbrauch der Kondensation.

Über den Gesamtenergieverbrauch größerer Kondensationsanlagen liegen nur vereinzelte Feststellungen vor.

Gegenstrom-Misch-kondensation. Fig. 1238 kennzeichnet den Leistungsaufwand einer Gegenstrom-Misch-Kondensationsanlage nach Fig. II, 281, 6, deren Pumpmaschinen auf Taf. 31 dargestellt sind.

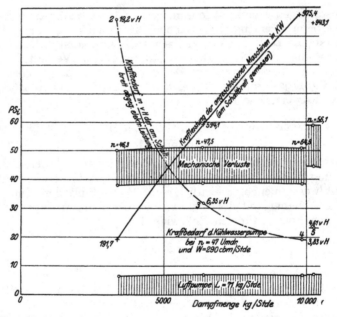

Fig. 1238. Leistungsbedarf für die Kühlwasser- und Luftpumpe der Gegenstrom-Mischkondensationsanlage II, 281, 6, bei gleicher Kühlwassermenge von 290 cbm/Std. und veränderter Dampfmenge. Rückkühlung des Wassers. S. a. Fig. 1109 und 1110 S. 875.

Der gesamte Arbeitsbedarf beträgt ungefähr 3,83 v. H. der Normalleistung der Betriebsmaschine; hiervon entfällt auf die trockene Luftpumpe 0,5 v. H., auf die Wasserpumpe bei Förderung auf das Kühlwerk 3,2 v. H. der Maschinenleistung, oder 0,84 des Gesamtarbeitsbedarfes der Kondensation. Die Arbeit der Luftpumpe beträgt nur $^1/_5$ derjenigen der Kühlwasserpumpe, bzw. $^1/_7$ des gesamten Arbeitsbedarfs.

Auch das Diagramm Fig. 1239 über den Arbeitsverbrauch der von einer stehenden, eincylindrigen Dampfmaschine unmittelbar angetriebenen Kühlwasser-Plunscherpumpen, der Kondensat- und Schieberluftpumpe für den Oberflächenkondensator (Fig. 1140) von 60 qm Kühlfläche zeigt ein Verhältnis zwischen Luftpumpenarbeit und gesamter Widerstandsarbeit der Kondensation von $^1/_3$ bis $^1/_5$ abnehmend mit steigender Umdrehungszahl der Pumpmaschine. Dabei nimmt aber

Oberflächenkondensation.

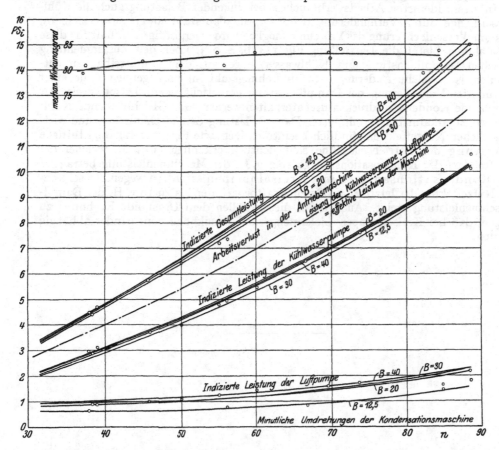

Fig. 1239. Leistungsbedarf des Oberflächenkondensators Fig. 1140 von 60 qm Kühlfläche bei verschiedener stündlicher Dampfbelastung ($B = 12,5$ bis 40 kg/qm) und zunehmender Kühlwassermenge.

der Arbeitsbedarf der Kühlwasserpumpe zum Heben des Warmwassers auf das 8 m hoch gelegene Ausgußrohr eines Rückkühlwerkes, wegen des mit der Wassermenge wachsenden Kühlröhrenwiderstandes, von 63,0 auf 69,0 v. H. des gesamten Arbeitsverbrauches der Kondensation zu.

Wird noch die vorgenannte Widerstandsarbeit zur indizierten Leistung der Antriebsmaschine in Beziehung gesetzt, so ergibt sich im Mittel ein mechanischer Wirkungsgrad $\eta_m = 0,82$. Der höhere Nutzeffekt im Vergleich mit dem aus den Versuchsergebnissen Fig. 1238 sich ableitenden mittleren Wirkungsgrad $\eta_m = 0,74$ der vorher angeführten Kondensationsanlage ist vornehmlich in den geringen Reibungswiderständen der stehenden gegenüber der liegenden Anordnung der Wasser- und Luftpumpen begründet.

Der gesamte Kraftbedarf der betrachteten Kondensationsanlage betrug ungefähr 6 v. H. der indizierten Leistung der Betriebsmaschine, deren stündlicher Dampfverbrauch infolge hohen Kondensatordruckes von meist über 0,2 Atm. abs. im Mittel zu 2000 kg anzunehmen ist.

Daß der Arbeitsverbrauch der Kondensation hauptsächlich von der Kühlwassermenge abhängig ist, zeigt sich bei dem Diagramm Fig. 1239 sehr deutlich darin, daß die Leistungskurven der Antriebsmaschine sich nur wenig mit der Größe der Dampfbelastungen $B = 12,5$ bis 40 kg/qm Kühlfläche änderten. Es liegt daher im Interesse kleinsten Arbeitsverbrauches, bei sinkender Belastung auch die Kühlwassermenge durch Verminderung der Pumpenumlaufszahl soweit zu verkleinern, als ohne Verschlechterung des Vakuums möglich wird. Den nötigen Anhalt für diese Maßnahmen bietet die Darstellung Fig. 1143b, S. 913, über den Zusammenhang zwischen Dampfbelastung und Kühlwassermenge, aus dem unmittelbar zu entnehmen ist, welche Änderung der Umdrehungszahl im vorliegenden Falle einer bestimmten Veränderung der Dampfbelastung entspricht, wenn beispielsweise der bestehende Kondensatordruck aufrechterhalten werden soll. Gleichbleibende Kühlwassermenge kann bei verminderter Dampfbelastung den mechanischen und wirtschaftlichen Nutzeffekt empfindlich beeinträchtigen, wie Fig. 1241 für die kleinste Belastung der Betriebsmaschine sehr deutlich erkennen läßt, bei welcher der Kraftbedarf der Kondensationsanlage 19,2 v. H. der Maschinenleistung beträgt.

Kondensationsanlagen mit Kreiselpumpen erfordern wegen des schlechten Nutzeffektes der letzteren größeren Kraftbedarf, der bis zu 10 v. H. der Dampfmaschinenleistung steigt. Auch ist in diesen Fällen dem Umstande Rechnung zu tragen, daß bei Kreiselpumpen Liefermenge und Druckhöhe voneinander abhängig werden.

Der Regelvorgang bei Kraftmaschinen auf Grund von Versuchen an Exzenterreglern. Von Professor Dr.-Ing. **A. Watzinger,** Trondhjem und Dipl.-Ing. **Leif J. Hanssen,** Trondhjem. Mit 82 Abbildungen. 92 Seiten. 1923. RM 7.—

Aus den zahlreichen Besprechungen:

... Die Verfasser haben nun diese Einflüsse in ausführlichen Versuchen an verschiedenen Maschinen geprüft und daneben in übersichtlicher Weise durch die Rechnung und Diagrammdarstellung gezeigt, wie weit die bisherige Theorie hier eine Ergänzung finden muß. Bei diesen Rechnungen führt die bewußte Vernachlässigung der die Reglermassen beschleunigenden Kräfte gegenüber den hier wesentlich größeren Verstellkräften auf verhältnismäßig einfachere Differentialgleichungen der Reglerbewegung, als es früher der Fall war. Sehr vielseitig sind die verschiedenen Versuchsmöglichkeiten durchgeführt: Immer ist durch Änderung einer der maßgebenden Faktoren, wie Reibung, Verstellkraft, Belastung usw., der Überblick über den besonderen Einfluß jedes einzelnen gewahrt und deutlich gemacht. Für den Elektrotechniker mag noch darauf hingewiesen werden, daß der günstige Einfluß, den elektrische Maschinen ohne Spannungsregler auf den Regelvorgang haben, in einem eigenen Kapitel auseinandergesetzt wird ...   *„Elektrotechnische Zeitschrift".*

Kolbendampfmaschinen und Dampfturbinen. Ein Lehr- und Handbuch für Studierende und Konstrukteure. Von Prof. **Heinrich Dubbel,** Ingenieur. Sechste, vermehrte und verbesserte Auflage. Mit 566 Textfiguren. VII, 523 Seiten. 1923. Gebunden RM 14.—

Die Steuerungen der Dampfmaschinen. Von Prof. **Heinrich Dubbel.** Ingenieur. Dritte, umgearbeitete und erweiterte Auflage. Mit 515 Textabbildungen. V, 394 Seiten. 1923. Gebunden RM 10.—

Anleitung zur Berechnung einer Dampfmaschine. Ein Hilfsbuch für den Unterricht im Entwerfen von Dampfmaschinen. Von Geh. Hofrat o. Prof. **R. Graßmann,** Reg.-Baumeister a. D., Karlsruhe i. B. Vierte, umgearbeitete und stark erweiterte Auflage. Mit 25 Anhängen, 471 Figuren und 2 Tafeln. XV, 643 Seiten. 1924. Gebunden RM 28.—

Dampf- und Gasturbinen. Mit einem Anhang über die Aussichten der Wärmekraftmaschinen. Von Prof. Dr. phil. Dr.-Ing. **A. Stodola,** Zürich. Sechste Auflage, Unveränderter Abdruck der V. Auflage mit einem Nachtrag nebst Entropie-Tafel für hohe Drücke und B^1T-Tafel zur Ermittelung des Rauminhaltes. Mit 1138 Textabbildungen und 13 Tafeln. XIII, 1109 und 32 Seiten. 1924. Gebunden RM 50.—

Nachtrag zur fünften Auflage von Stodolas Dampf- und Gasturbinen nebst Entropie-Tafel für hohe Drücke und B^1T-Tafel zur Ermittelung des Rauminhaltes. Mit 37 Abbildungen und 2 Tafeln. 32 Seiten. 1924. RM 3.—

Dieser der 6. Auflage angefügte Nachtrag ist auch als Sonderausgabe einzeln zu beziehen, um den Besitzern der 5. Auflage des Hauptwerkes die Möglichkeit einer Ergänzung auf den Stand der 6. Auflage zu bieten.

Bau und Berechnung der Dampfturbinen. Eine kurze Einführung von Studienrat a. D. **Franz Seufert,** Oberingenieur für Wärmewirtschaft. Zweite, verbesserte Auflage. Mit 54 Textabbildungen. IV, 85 Seiten. 1923. RM 2.—

Die Kondensation bei Dampfkraftmaschinen einschließlich Korrosion der Kondensatorrohre, Rückkühlung des Kühlwassers, Entölung und Abwärmeverwertung. Von Oberingenieur Dr.-Ing. **K. Hoefer,** Berlin. Mit 443 Abbildungen im Text. XI, 442 Seiten. 1925. Gebunden RM 22.50

O. Lasche. Konstruktion und Material im Bau von Dampfturbinen und Turbodynamos. Dritte, umgearbeitete Auflage von **W. Kieser,** Abteilungsdirektor der AEG-Turbinenfabrik. Mit 377 Textabbildungen. VIII, 190 Seiten. 1925. Gebunden RM 18.75

Die Dampfkessel nebst ihren Zubehörteilen und Hilfseinrichtungen. Ein Hand- und Lehrbuch zum praktischen Gebrauch für Ingenieure, Kesselbesitzer und Studierende. Von Reg.-Baumeister Prof. **R. Spalckhaver,** Altona a. E. und Ing. **Fr. Schneiders †,** M.-Gladbach (Rhld.). Zweite, verbesserte Auflage. Unter Mitarbeit von Dipl.-Ing. **A. Rüster,** Oberingenieur und stellvertretender Direktor des Bayerischen Revisions-Vereins. Mit 810 Abbildungen im Text. VIII, 481 Seiten. 1924.   Gebunden RM 40.50

F. Tetzner, Die Dampfkessel. Lehr- und Handbuch für Studierende Technischer Hochschulen, Schüler Höherer Maschinenbauschulen und Techniken sowie für Ingenieure und Techniker. Siebente, erweiterte Auflage von Studienrat **O. Heinrich,** Berlin. Mit 467 Textabbildungen und 14 Tafeln. IX, 413 Seiten. 1923.   Gebunden RM 10.—

Die Dampfkessel. Lehrbuch für höhere technische Lehranstalten und zum Selbstunterricht. Von Dipl.-Ing. **Karl Schmidt.** Mit 105 Abbildungen und 4 Tafeln. VIII, 118 Seiten. 1909.
RM 4.20

(C. W. Kreidel's Verlag, München)

Theorie und Bau der Dampfturbinen. Von Ing. Dr. **Herbert Melan,** Privatdozent an der Deutschen Technischen Hochschule in Prag. Mit 3 Tafeln, 163 Abbildungen und mehreren Zahlentafeln. 320 Seiten. 1922. (Technische Praxis, Band 29.)   Gebunden RM 2.50
(Verlag von Julius Springer in Wien I)

Geometrie und Maßbestimmung der Kulissensteuerungen. Ein Lehrbuch für den Selbstunterricht. Von Geh. Hofrat Prof. **R. Graßmann,** Regierungsbaumeister a. D., Karlsruhe. Zweite, unveränderte Auflage. Mit zahlreichen Übungsaufgaben und 20 Tafeln. VIII, 140 Seiten. 1927.   RM 13.50

Die Schaltungsarten der Haus- und Hilfsturbinen. Ein Beitrag zur Wärmewirtschaft der Kraftwerksbetriebe. Von Dr.-Ing. **Herbert Melan.** Mit 33 Textabbildungen. VI, 120 Seiten. 1926.   RM 10.50; gebunden RM 12.—

Der Einfluß der rückgewinnbaren Verlustwärme des Hochdruckteils auf den Dampfverbrauch der Dampfturbinen. Von Privatdozent Dr.-Ing. **Georg Forner,** Berlin. Mit 10 Textabbildungen und 8 Zahlentafeln. 36 Seiten. 1922.   RM 1.50

Einrichtung, Betrieb, Kraftübertragung und Berechnung ortsfester Dampfkessel und Dampfmaschinen. Mit Erörterung der bei der gesetzlichen Prüfung vorkommenden Fragen für Heizer, Maschinenwärter, Besitzer von Dampfmaschinenanlagen und Besucher technischer Lehranstalten. Von Ing. **August Ulbrich,** Professor an der Staatsgewerbeschule in Wien. Vierzehnte, umgearbeitete und erweiterte Auflage. Mit 170 Abbildungen, 4 Tafeln und den Kesselgesetzen für Deutschland und Österreich. 478 Seiten. 1922. (Technische Praxis, Band XVI.)   Gebunden RM 4.50
(Verlag von Julius Springer in Wien I)

Drehschwingungen in Kolbenmaschinenanlagen und das Gesetz ihres Ausgleichs. Von Dr.-Ing. **Hans Wydler,** Kiel. Mit einem Nachwort: Betrachtungen über die Eigenschwingungen reibungsfreier Systeme von Prof. Dr.-Ing. **Guido Zerkowitz,** München. Mit 46 Textfiguren. VI, 100 Seiten. 1922.   RM 6.—

Die kritischen Zustände zweiter Art raschumlaufender Wellen. Von **Paul Schröder,** Stuttgart. 47 Seiten. 1924.   RM 2.80

Die Berechnung der Drehschwingungen und ihre Anwendung im Maschinenbau. Von **Heinrich Holzer,** Oberingenieur der Maschinenfabrik Augsburg-Nürnberg. Mit vielen praktischen Beispielen und 48 Textfiguren. IV, 200 Seiten. 1921.   RM 8.—; gebunden RM 9.—

Regelung und Ausgleich in Dampfanlagen. Einfluß von Belastungsschwankungen auf Dampfverbraucher und Kesselanlage sowie Wirkungsweise und theoretische Grundlagen der Regelvorrichtungen von Dampfnetzen, Feuerungen und Wärmespeichern. Von **Th. Stein.** Mit 240 Textabbildungen. VIII, 389 Seiten. 1926. Gebunden RM 30.—

Wahl, Projektierung und Betrieb von Kraftanlagen. Ein Hilfsbuch für Ingenieure, Betriebsleiter, Fabrikbesitzer. Von Dipl.-Ing. **Friedrich Barth.** Vierte, umgearbeitete und erweiterte Auflage. Mit 161 Figuren im Text und auf 3 Tafeln. XII, 525 Seiten. 1925. Gebunden RM 16.—

Die Wärmeübertragung. Ein Lehr- und Nachschlagebuch für den praktischen Gebrauch von Prof. Dipl.-Ing. **M. ten Bosch,** Zürich. Zweite, stark erweiterte Auflage. Mit 169 Textabbildungen, 69 Zahlentafeln und 53 Anwendungsbeispielen. VIII, 304 Seiten. 1927. Gebunden RM 22.50

Einführung in die Lehre von der Wärmeübertragung. Ein Leitfaden für die Praxis von Dr.-Ing. **Heinrich Gröber.** Mit 60 Textabbildungen und 40 Zahlentafeln. X, 200 Seiten. 1926. Gebunden RM 12.—

Reutlinger-Gerbel, Kraft- und Wärmewirtschaft in der Industrie. I. Band von Dr.-Ing. **Ernst Reutlinger,** Vorstand der Ingenieurgesellschaft für Wärmewirtschaft A.-G., Köln, unter Mitwirkung von Oberbaurat Ing. **M. Gerbel,** beh. aut. Zivilingenieur für Maschinenbau und Elektrotechnik, Wien. Gleichzeitig dritte, vollständig erneuerte und erweiterte Auflage von Urbahn-Reutlinger, Ermittlung der billigsten Betriebskraft für Fabriken. Mit 109 Textabbildungen und 53 Zahlentafeln. V, 264 Seiten. 1927. Gebunden RM 16.50

Hochleistungs- und Hochdruckkessel. Studien und Versuche über Wärmeübergang, Zugbedarf und die wirtschaftlichen und praktischen Grenzen einer Leistungssteigerung bei Großdampfkesseln nebst einem Überblick über Betriebserfahrungen. Von Prof. Dr.-Ing. **Hans Thoma,** Karlsruhe. Zweite Auflage. In Vorbereitung.

Die Leistungssteigerung von Großdampfkesseln. Eine Untersuchung über die Verbesserung von Leistung und Wirtschaftlichkeit und über neuere Bestrebungen im Dampfkesselbau. Von Dr.-Ing. **Friedrich Münzinger.** Mit 173 Textabbildungen. X, 164 Seiten. 1922. Gebunden RM 6.—

Amerikanische und deutsche Großdampfkessel. Eine Untersuchung über den Stand und die neueren Bestrebungen des amerikanischen und deutschen Großdampfkesselwesens und über die Speicherung von Arbeit mittels heißen Wassers. Von Dr.-Ing. **Friedrich Münzinger.** Mit 181 Textabbildungen. VI, 178 Seiten. 1923. RM 6.—

Höchstdruckdampf. Eine Untersuchung über die wirtschaftlichen und technischen Aussichten der Erzeugung und Verwertung von Dampf sehr hoher Spannung in Großbetrieben. Von Dr.-Ing. **Friedrich Münzinger.** Zweite, unveränderte Auflage. Mit 120 Textabbildungen. XII, 140 Seiten. 1926. RM 7.20; gebunden RM 8.70

Die Widerstandsfähigkeit von Dampfkesselwandungen. Sammlung von wissenschaftlichen Arbeiten deutscher Materialprüfungs-Anstalten. Herausgegeben von der **Vereinigung der Großkesselbesitzer E. V.**
Erster Band: **Stuttgarter Arbeiten bis 1920** mit einem Anhang neuerer Stuttgarter Arbeiten. Mit 176 Textabbildungen. VIII, 81 Seiten. 1927. Gebunden RM 13.50

Zur Sicherheit des Dampfkesselbetriebes. Berichte aus den Arbeiten der Vereinigung der Großkesselbesitzer E. V. Verhandlungen der Technischen Tagung in Cassel 1926 und Forschungen des Arbeitsausschusses für Speisewasserpflege. Herausgegeben von der **Vereinigung der Großkesselbesitzer E. V.** Mit 311 Textabbildungen. VI, 189 Seiten. 1927. Gebunden RM 28.50

Richtlinien für die Anforderungen an den Werkstoff und Bau von Hochleistungsdampfkesseln. Für die Mitglieder der Vereinigung der Großkesselbesitzer als Grundlage für die Bestellung, Materialabnahme und Bauüberwachung zusammengestellt. Ausgabe Juli 1926. Herausgegeben von der **Vereinigung der Großkesselbesitzer, E. V.,** Charlottenburg. IV, 68 Seiten. 1926. RM 4.—

Kesselbetrieb. Sammlung von Betriebserfahrungen als Studie zusammengestellt vom Arbeitsausschuß für Betriebserfahrungen der Vereinigung der Großkesselbesitzer E. V. Sonderheft Nr. 14 der Mitteilungen der **Vereinigung der Großkesselbesitzer E. V.** Charlottenburg, Oktober 1927. IV, 137 Seiten. 1927. Gebunden RM 10.—

Die Kessel- und Maschinenbaumaterialien nach Erfahrungen aus der Abnahmepraxis kurz dargestellt für Werkstätten- und Betriebsingenieure und für Konstrukteure. Von **O. Hönigsberg,** Zivilingenieur, Wien. Mit 13 Textfiguren. VIII, 90 Seiten. 1914. RM 3.—

Die Werkstoffe für den Dampfkesselbau. Eigenschaften und Verhalten bei der Herstellung, Weiterverarbeitung und im Betriebe. Von Oberingenieur Dr.-Ing. **K. Meerbach.** Mit 53 Textabbildungen. VIII, 198 Seiten. 1922. RM 7.50; gebunden RM 9.—

Die Grundlagen der deutschen Material- und Bauvorschriften für Dampfkessel Von Prof. **R. Baumann,** Stuttgart. Mit einem Vorwort von Prof. Dr.-Ing. **C. von Bach.** Mit 38 Textfiguren. III, 131 Seiten. 1912. RM 2.90

Freytags Hilfsbuch für den Maschinenbau für Maschineningenieure sowie für den Unterricht an technischen Lehranstalten. Unter Mitarbeit zahlreicher Fachleute herausgegeben von Professor **P. Gerlach.** Berichtigter Neudruck der siebenten, vollständig neubearbeiteten Auflage. Mit 2484 in den Text gedruckten Abbildungen, 1 farbigen Tafel und 3 Konstruktionstafeln. XVI, 1488 Seiten. 1928. Gebunden RM 17.40

Taschenbuch für den Maschinenbau. Bearbeitet von zahlreichen Fachleuten. Herausgegeben von Prof. **Heinrich Dubbel,** Ingenieur, Berlin. Vierte, erweiterte und verbesserte Auflage. Mit 2786 Textfiguren. In zwei Bänden. XI, 1728 Seiten. 1924. Gebunden RM 18.—
Russische Ausgabe Gebunden RM 34.—

Vorrichtungen im Maschinenbau nebst Anwendungsbeispielen aus der Praxis. Von **Otto Lich,** Oberingenieur. Zweite, vollständig umgearbeitete Auflage. Mit 656 Abbildungen im Text. VIII, 500 Seiten. 1927. Gebunden RM 26.—

Zeitsparende Vorrichtungen im Maschinen- und Apparatebau. Von **O. M. Müller,** Berlin, Beratender Ingenieur. Mit 987 Abbildungen im Text. VIII, 357 Seiten. 1926. Gebunden RM 27.90

Printed in the United States
By Bookmasters